Gesamtverzeichnis des deutschsprachigen Schrifttums (GV) 1700 – 1910

Bearbeitet unter der Leitung von
Hilmar Schmuck und Willi Gorzny
Bibliographische und redaktionelle Beratung:
Hans Popst und Rainer Schöller

63

Hoff - Hols

K · G · Saur München · New York · London · Paris 1982

CIP-Kurztitelaufnahme der Deutschen Bibliothek

Gesamtverzeichnis des deutschsprachigen Schrifttums :
(GV). – München, New York, London, Paris : Saur.
Bd. 1 – 6 bearb. unter d. Leitung von Peter Geils
u. Willi Gorzny.
ISBN 3-598-30000-X

1700 – 1910 / bearb. unter d. Leitung von Hilmar
Schmuck u. Willi Gorzny. Bibliograph. u. red.
Beratung: Hans Popst u. Rainer Schöller

NE: Schmuck, Hilmar [Bearb.]

63. Hoff – Hols. – 1982.

Techn. Realisierung und Druck: Norbert Gärtner, Mainz-Kastel
Binden: Karl Schaumann, Darmstadt
Printed in the Federal Republic of Germany
ISBN 3-598-30000-X (Gesamtwerk)

v. Hoff, die deutschen Gelehrten, Kaufleute, Handwerker u. Tagelöhner in England, Schottland u. Irland, mit ihren Institutionen, in ihrem Leben u. Treiben. Mannheim 863. Vögler. (Segnitz.) gr. 8. (20 S.) 3 ngr

Hoff (Hrsg.), s. Monatsschrift, Allgemeine juristische.

Hoff, A: Festschrift des Altonaer Industrie-Vereins zu dessen 50jährigem Jubiläum. 1846—1896. Altona 1896

v. Hoff, A. Geschichte der natürlichen Veränderung der Erdoberfläche. Theil I—III. Gotha. 1822—1834.

v. Hoff, Aug., († d. 8. Mai 1813.) Etwas über Ursprung, Begriff u. Geschichte d. Eides ꝛc. 8. Berl. 790. Akad. B. 4 gl

Hoff, Aug. von: „Ueber Gesinde, Gesindeordnungen und deren Verbesserungen", Berlin 1789 (Himburg).

v. Hoff, A.: Ueb. Verbrechen a. indirecter Absicht; ein Sendschreiben an *Christiani*. *Berlin*, Himburg. 791. 8. (6 Gr.)

— über Verbrechen aus indirecter Absicht. 8. Berl. 791. (Reimer). 4 gl

Hoff, C. Umrisse nach alt-italiänischen und alt-deutschen Gemälden im Besitze von C. F. Wendelstadt. Frankfurt am Main 1828. 4°.

Hoff, Carl, s. Hoff, Karl

Hoff, Cph., Beschreib. e. neuerfundenen Handmühle. Mit Kpf. 4. Manh. 767. Schwan u. G. 3 gl

Hoff, Christoph Fr.

Hoff, Cph. Fr., Anleitung zur richtigen Vergleichung d. Münzen, Maaße u. Gewichte im Königreich Westphalen u. in d. vornehmsten Städten d. Königr. Preußen ꝛc. 8. Magdeb. 808. (Lauffer in Leipz.) 8 gl

Hoff, Cph Fr., († ...) d. doppelte Buchhaltung nach dem Deutschen u. Italien. System ꝛc. 4. Magdeb. 805. (Lauffer in Leipz.) 2 rß 16 gl Schrbp. 3 rß Hbg. Pr. 2 rß

Hoff, C. F.: „Die doppelte Buchhaltung nach dem deutschen und italienischen System, in Vergleichung mit der einfachen Buchhaltung", Zerbst 1805 (v. Schütz).

Hoff, Chr. F.: „Allgemeine Buchhaltungsregeln für angehende Kaufleute", Magdeburg 1785 (Creuz).

Allgemeine Buchhaltungsregeln für angehende Kaufleute, entworfen von *Cp. F. Hoff.* Magdeburg, Creutz. 66 Seiten. 8. 1786.

— vollst. Hand- u. Rechenbuch f. Kaufl. u. Oekonomen ꝛc. 2 Thle. gr. 8. Magdeb. Creuß (a. Schütz) 810.

— vollständ. Hand- u. Taschenbuch für angehende Kaufleute u. Oekonomen, u. besonders für Europa's Handlungsschulen. 8. Magdeb. 784. 2e Aufl. 2 Thle. 790. 802. 3e umgearb. Aufl. v. Chr. Fr. Behrens. 810. (Lauffer in Leipz.) 3 rß (2r Thl. A. u. d. T.: Behrens, Anweis. zu Zinns- u. Wechsel-Rechnungen.)

Hoff, C. F.: „Vollständiges Haus- und Rechenbuch für angehende Kaufleute und Oekonomen . . . .", 2. sehr verm. und verbesserte Auflage, mit Nachtrag, Magdeburg 1810 (Creuz).

— Lehrbuch d. kaufmänn. Regel de Tri, Reductions- u. Arbitrage-Rechnung. gr. 8. Magdeb. 790. (Lauffer in Leipz.) 2 rß

Lehrbuch der Kaufmännischen Regel de Tri, wie auch Reductions- und Arbitrage-Rechnung nach neuen Grundsätzen zum Waaren- und Wechselhandel aller europäischen Staaten mit practischen Beispielen und Erklärungen von *Cp. F. Hoff.* Magdeburg in Comm. b. Scheidhauer. 672 S. gr. 8. (2 Rthlr 12 gr.) 1790.

— Prüfung d. unentbehrlichen Nachlese d. Hrn. Behrens zu meinem Lehrb. d. Regel de Tri. 8. Magdeb. 790.

* Hoff, C. F., Rechenbuch f. angehende Kaufleute und Oeconomen, umgearbeitet von C. F. Behrens. 2 Thle. 8. Magdeb. v. Schütz. 810.

— prakt. Rechenbuch für Lehrer u. Lernende ꝛc. 8. Magdeb. 809. N. A. 815. (Lauffer in Leipz.) 20 gl

C. F. Hoff's vollständiges Rechenbuch für angehende Kaufleute und Oekonomen, ganz neu gearbeitet und für alle Stände brauchbar gemacht von *Chr. Friedrich Behrens*, Kön. Banko-Buchhalter zu Magdeburg. 1r Theil, 286 S. gross 8. Magdeburg, b. Creuz. 1790.

— 2ter Theil. (zusammen 2 Rthlr.) 1791.

Hoff, C. F.: „Vollständiges Rechenbuch für angehende Kaufleute und Oekonomen; umgearbeitet von Behrens", 2 Teile, Zerbst 1810 (v. Schütz).

— Reduktions-Tabellen d. Preuß. Curant gegen Francs et Centimes. gr. Fol. Magdeb. 808. (v. Schütz). 6 gl

— Tabellen zur leichtern Uebersicht u. Ausmittelung aller Zins- u. Wechselgeschäfte. gr. 8. Mageb. 817. (Lauffer, a. Klinkhardt in Leipz.) 12 gl

— prakt. Wegweiser d. Interesse, Interesse auf Interesse, Interesse von Interesse ꝛc. gr. 8. Magdeb. 805. (Lauffer in Leipz.) 10 gl

Hoff, E., die Empörung Korach's u. die der „großen Nation." Zeitpredigt geh. am Sabbath „Korach" 5631 — 24. Juni 1871 im Tempel zu Prostnitz. gr. 8. (14 S.) Wien 871. Brüder Winter. n. — 40

Hoff, E. Biblische Geschichte f. die israelitische Jugend in den Volksschulen. 1. Thl. 6. unveränd. Aufl., nebst e. Anh.: „Geographie Palästinas". 8. (V, 130 S.) Wien 892, Hölder. * 1 —

Hoff, E., biblische Geschichte f. d. israelit. Jugend in d. Volksschulen. II. Thl. 3., neu durchgesch Aufl. 8. (V, 120 S.) Wien 896. A. Hölder. n. 1. —

— biblische Geschichte f. die Oberklassen der israelitischen Volksschulen. 2. Thl. gr. 8. (VII, 119 S.) Ebend. 874. n. 1. —

— biblische Geschichte für die Oberclassen der israelitischen Volksschulen. 2 Thle. gr. 8. Wien 874, Hölder. [1. Thl. 2. unveränd. Aufl. (VI, 124 S.); 2. Thl. (VII, 119 S.)] à Thl. *M 1. *

Hoff, E., biblische Geschichte f. die Oberclassen der israelitischen Volksschulen. 2. Thl. 2., neu durchgesch. Aufl. 8. (VIII, 120 S.) Wien 883. Hölder. n. 1. —

— biblische Geschichte f. die israelit. Volksschulen. 1. Thl. gr. 8. (IV, 124 S.) Proßnitz 874. Hoffmann & Stein. n. — 80

— dasselbe. 1. Thl. 3., verm. u. verb. Aufl., nebst e. Anh. „Geografie Palästina's". 8. (XI, 132 S.) Wien 876. Hölder. n. 1. —

Hoff, E., biblische Geschichte für die israelitischen Volksschulen. 2 Thle. 8. Wien, Hölder. à Thl. *M 1. *
Inhalt:
Thl. 1. Nebst einem Anhang: „Geografie Palästina's". 4. verm. und verb. Aufl. (XI, 132 S.) 880.
2. Für die Oberklassen israelitischer Volksschulen. 2. neu durchgesehene Aufl. (VIII, 120 S.) 883.

Hoff, E., biblische Geschichte für die israelitischen Volksschulen. 1. Thl. 5. revid. Aufl., nebst einem Anhang „Geographie Palästinas". 8. (VI, 130 S.) Wien 886, Hölder. *
2. Thl. Ebendas. 1883. *M 1.—.

Hoff, E., Handbuch zur biblischen Geschichte. Mit Ergänzungen u. Erläuterungen, historisch-geograph. Bemerkungen, religiös-moral. Andeutungen u. Legenden aus Midrasch u. Talmud. 1. Hft. gr. 8. (60 S.) Wien 878. Hölder. n. — 60

— Kranz u. Krone. Festrede, geh. am 1. Tage d. Wochenfestes 5651 = 12. Juni 1891 anläßlich d. 70. Geburtsfestes Sr. Ehrwürden d. Hrn. Adf. Jellinek, im Tempel zu Proßnitz. gr. 8. (13 S.) Prag 891. J. B. Brandeis. n. — 40

Hoff, E., hebräische Lese- u. Sprach-Fibel f. Schule u. Haus. Nebst e. Anh.: Anleitung zum wörtl. Uebersetzen. gr. 8. (52 S.) Prag 888. Brandeis. cart. — 50

— hebräische Lese- u. Sprach-Fibel f. Schule u. Haus. 1. Abth.: Leselehre. 2., vollständig umgearb. Aufl. gr. 8. (44 S.) Ebd. 894. Kart. n. — 50

Hoff, E. M., s.: Strassenhygiene in europ. Städten.

Hoff, Emilie v., der Findling vom Belchen-See, — Gottes Wege sind wunderbar, — ein Mutterherz, } s.: Hoffmann's, Frz., Jugendbibliothek.

Hoff, Emilie v. (Frau v. Hahn), aus goldner Mädchenzeit — des Lebens Lust u. Leid. Erzählung f. junge Mädchen. Mit 8 Tonbildern v. Kurt Liebich. gr. 8. (159 S.) Stuttgart (900). Loewe. Geb. in Leinw. 3.—

Hoff, Ernst. Ueber die Einführung der Nitrogruppe in die Seitenkette aromatischer Basen. (Bern) Berlin, 1896.

Hoff, F. G., interess. Schilderungen u. Gemälde. 8. Leipz. 789. (Wienbrack). 7 gr

v. Hoff, F. H. B., commentatio de mytho Helenae Euripideae. 8maj. Lugduni-Batavorum 813, Hazenberg et Socii. 1 Rthlr

Hoff, Ferdinand: Auf zur Landtagswahl! Gesetzliche und reglementarische Bestimmungen über das preussische Landtagswahlrecht nebst Erl. u. prakt. Vorschlägen f. d. Wahlarbeit. Im Auftr. d. Wahlvereins d. Liberalen hrsg. Berlin 1908. 8°. [Umschlagt.]

Hoff, Ferdinand: Die Reform des preußischen Wahlrechts. e. preuß. u. deutsche Zukunftsfrage. Berlin 1910. 8°

Hoff, Ferdinand: Der Wahlrechtskampf in Preußen. Berlin 1910. 8° [Umschlagtit.]

Hoff, Friedrich Carl (Frankfurt/M.), Observationes quasdam de transmissione hereditatum. Diss. jur. Präs. Julius Friedrich Malblanc. Tübing. (Reiss & Schmid) Febr. 1809. 28 S. (6.80) 15474
Gew.: Friedrich Sigismund Feyerlein.

Hoff, Fritz

Der Vorschuß-Verein zu Prenzlau, e. G. m. u. H., von der Gründung bis zum 50jähr. Jubiläum. 1856—1906. Von Fritz Hoff. — Prenzlau 1906: Mieck. 69 S. 8°

Hoff, G., polit. Streifereyen in 7 Göttergespräch. 8. Berlin, Franke. 795. Rthlr.
s.a. Hoff, H. Schreibp.

Hoff, G. H. Kurze Biographien oder Lebensabrisse merkwürdiger und berühmter Personen neuerer Zeiten von unterschiedlichen Nationen und allerley Ständen. (Mit 4 Portraits.) (4 Bde.) 8. Brünn 1782.

Hoff, Georgius Frid(ericus) Guil(ielmus) ab: De epilepsia quaedam. Halae (1828): Gebauer. 32 S. 8°
Halle-Wittenberg, Med. Diss. v. 6. Sept. 1828
Geb. Klötze (Altmark) [30. 1.] 1802. V.

Hoff, H. v., Darstellung unseres Militair-Gerichtswesens, nebst einer Studie über die Nothwendigkeit einer Reform unserer Militair-Gerichts-Ordnung. gr. 8. (36 S.) [Berlin 881, Baensch.] Rathenow, Babenzien.

Hoff H. v.: Das Gewichtsverhältnis d. Körner zum Stroh bei Weizen, Roggen u. Hafer. Nach den Ermittelungen auf dem Versuchsfelde d. landwirtschaftlichen Institutes d. Universität Leipzig. Diss. Leipz. 1904. 77 S.

Hoff, H., polit. Streifereien in 7 Göttergesprächen. 8. Berl. 795. Franke; (a. Barth in Leipz.) 16 gr Schrbp. 18 gr
s.a. Hoff, G.

Hoff, H. v., ein Wort zur Erwiderung auf die zweite bei Walther und Apolant in Berlin erschienene anonyme Schrift „Die Offiziere". gr. 8. (32 S.) [Berlin 884, Baensch.] Rathenow, Babenzien.

Hoff, H. E. von, Karte sämmtlicher Europäischen Staaten nach den durch den Wiener Congress und den Pariser Definitiv-Tractat vom J. 1815, sowie durch einige spätere Separat-Verträge beschlossenen neuesten Länder-Abgrenzungen. Tübingen o. J. 9 Bll. . . . . (BPA.)

Hoff, Hans, a. Hannover: Die Eigenschaften der Ordnungskurven einer beliebigen Reciprocität in der Ebene. Halle a. S. 1906: C. A. Kaemmerer. (62 S.) 8°
Halle, Phil. Fak., Ref. Wangerin, Diss. v. 3. März 1906
[Geb. 16. Jan. 82 Hannover; Wohnort: Magdeburg; Staatsangeh.: Preußen; Vorbildung: Pädagog. z. Kloster Unser lieben Frauen Magdeburg Reife O. 01 Studium: Halle 7 S.; Rig. 17. Nov. 05 u. 6. Jan. 06.]

Hoff, Hans Philipp, aus Neckarau: Die Passionsdarstellungen Albrecht Dürers. Heidelberg: A. Emmerling & Sohn 1898. (133 S.) 8°
Heidelberg, Phil. Diss. v. [15. Dez.] 1898.

Hoff, Heinrich von a. Wernigerode a. Harz: Das Gewichtsverhältnis der Körner zum Stroh bei Weizen, Roggen und Hafer. Nach den Ermittelungen auf dem Versuchsfelde des Landwirtschaftlichen Institutes der Universität Leipzig. Leipzig 1904: O. Schmidt. (77 S.) 8°
Leipzig, Phil. Fak., Ref. Kirchner u. Pfeffer, Diss. v. 8. Okt. 1904
[Geb. 7. März 80 Wernigerode a. H.; Wohnort: Wernigerode; Staatsangeh.: Preußen; Vorbildung: Gymn. Wernigerode Reife f. Prima O. 97; Studium: Leipzig 6 S.; Rig. 16. Juni 04.]

Hoff, Hnr., Karl Gutzkow u. die Gutzkowgraphie. Ein gemüthliches Literaturbild, als Antwort auf die Abfertigung des Buchhändlers Hoff Wohlgeboren, von Karl Gutzkow. 8. Mannheim 839. Hoff. 1/4 Rthlr

Hoff, Heinr., meine Verhaftung, Einkerkerung und fortdauernde Gefangenhaltung zu Bruchsal wegen angebl. Hochverraths durch die Presse und in einer Rede. Mit sachgemäßer Beleuchtung des wieder gültigen bad. Preß-Gesetzes von 1831. gr. 8. (34 S.) Mannheim 848, [Göh, Brlgsh.]

Hoff, Heinrich Ewald

Hoff, Hinrich Ewald, Schleswig-holstein. Heimatgeschichte. 1. Bd. Von den ältesten Zeiten bis zur Wahl Christians I. zum Landesherrn, 1460. (IX, 488 S.) 8. Kiel 910. Lipsius & Tischer. Geb. in Leinw. 4.20

Schleswig-holsteinische Heimatgeschichte v. Hinrich Ewald Hoff. Bd. 1. 2. Kiel u. Leipzig. 8°
1: Von den ältesten Zeiten bis zur Wahl Christians I. zum Landesherrn, 1460. 1910.
2: Vom Jahre 1460 bis zur Gegenwart. 1911.

Hoff, Heinrich Georg

s. Abriß aller Künste u. W.

s. Allerlei unterhalt.

s. Beitrag zum Nutzen u. Vergnügen.

Hoff, H. G. Biographie des Herzogs von Sully, Oberfinanzaufseher und Staatsminister Heinrichs IV., Königs von Frankreich. 8°. Leipzig, Frankfurt u. Brünn 1782.

HOFF, Heinrich Georg
Kurze Biographien oder Lebensabriße merkwürdiger und berühmter Personen neuerer Zeiten von unterschiedlichen Nazionen und allerley Ständen.
Aus verschiedenen authentischen Quellen zusammen getragen und herausgegeben von H. G. Hoff.
Erster [- Vierter] Band.
Brünn: Neumann. 1782. 8°.
Lippische Landesbibliothek Detmold
Nachdr. v. Bd. 3. 1783, s. Nr. 304.

[HOFF, Heinrich Georg]
Kurze Biographien berühmter Staatsmänner, Helden, Künstler und Frauenzimmer.
Frankfurt-Leipzig. 1783. 334 S. 8°.
Newberry Library Chicago
Nachdr. v. H. G. Hoff, Kurze Biographien ... 4 Bde., Brünn 1782, Bd. 3, s. Nr. 265.
Frankfurt-Leipziger Meßkatalog, Ostermesse 1783, S. 512.

s. Betrachtungen über Grund d. Religion.

— Briefe a. d. letzten Jahrzehend, s. Briefe.

Hoff, H. G.: „Das Buch für Oekonomen", 2 Teile, Salzburg 1793 (Mayr).

— neues Damenjournal. 4 Quartale. 8. Grätz 794, 95. (Mayr in Salzb.) (a 12 gr.) 2 rthl.

— histor.-kritische Encyklopädie über verschiedene Gegenstände, Begebenheiten u. Charaktere. 8 Thle. 8. Preßb. 787. Mahler. 5 rthl. 8 gr.

— histor.-krit.-moral. Ergötzungen für Frauenzimmer. 8. Brünn 779.

– s. Fabeln, 100 prosaische.

— allgemein. Feld- u. Wirthschaftslehre. 2 Thle. 8. Grätz 798. Ferstl. 1 rthl.

— über Flor u. Verbesserung der Stadt- u. Landwirthschaft rc. 8. Grätz 793. Tusch. (Mayr in Salzb.) 8 gr.

Hoff, H. G.: „Ueber Flor und Verbesserung der Stadt- und Landwirthschaft", Salzburg 1793 (Mayr).

HOFF, H. G., Gallerie getreu nach der Natur gezeichneter Gemälde aus dem menschlichen Leben für Denker und Denkerinnen. 2 Theile. Celle und Leipzig 793. 8°.
Gmähle's Münchner Leihbibl.-Cat., no. 5450—51.

— H. G. Gallerie getreu nach der Natur gezeichneter Gemählde aus dem menschlichen Leben für Denker und Denkerinnen, 2 Theile, 8. Cilli, 793'94. Jenko. 1 Rthl. 5 sgl.

— Gallerie nach d. Natur gezeichneter Gemälde aus dem menschl. Leben. 2 Thle. 8. Cilli 793. (J. F. Korn in Bresl.) 1 rthl. Schrbp. 1 rthl. 4 gr. 2 Thle. 8. Grätz 815. Miller. 12 gr.

— historisch-statist.-topograph. Gemälde vom Herzogthum Krain. 2 Thle. 8. Laybach 808. (Wien, A. Doll). 1 rthl. 8 gr.

— — dasselbe, 3 Theile. 8. Wien, Geistinger.

– s.a. Hand- u. Volksbuch.

Hoff, H. G. (anonym): „Hand- und Volksbuch für Stadt- und Landwirthe", Grätz 1793 (Tusch).

— d. Steyermärk. Hausvater als Vieharzt. 8. Grätz 804. Ferstl. 10 gr.

– s.a. Leben D'Eon's.

Leben, Sehr merkwürdiges, des ehemaligen Ritters d'Eon (von *Heinr. Georg Hoff*); neue .... Auflage. Frankfurt und Leipzig 1780.
Anon.-Lex. III. p. 25 (nach Meusel, Kayser, Pohler).

– s. Lebensgemälde merkwürd. Personen.

– s.a. Lebensläufe.

LEBENSLÄUFE, Geschichte und Erzählungen, meistens moralischen Inhalts .... (von *Heinrich Georg Hoff*). Brünn und Leipzig 1780.
Anon.-Lex. III. p. 31 (nach Kayser u. Meusel).

— goldne Legende, oder Lehr-, Hand- u. Anekdotenbuch. 2 Thle. 8. Grätz 794. (Mayr in Salzb.) 1 rthl.

— Magazin nützl. u. angenehmer Lektüre. 4 Stcke. 8. Brünn u. Dessau 783. (Wienbrack in Leipz.), 2 rthl.

– s. Mulen. d. Sohn Abdallah.

— — Interessante Schilderungen und Gemälde zur Erholung des Geistes für empfindsame Leser. Leipzig und Linz 1789. 8°. (10 Mk. Bernh. Liebisch. 1911.)
Beitrag zur Wertherliteratur. (Der beschämte Verführer. — Wilhelm u. Laura.)

— interess. Schilderung z. Erholung d. Geistes rc. 8. Lpz. Gräff (a. Bauer) 789.

Skizze von Linz, theils als Beytrag, theils als Gegenstück zu Herrn Nicolai's .... Beschreibung dieser Stadt (von *Heinr. Georg Hoff*). Mit Nachtrag. O. O. (Linz) 1787. 8°. Rar! (3 fl., ohne Nachtr., die vorige Firma.)
Anon.-Lex. IV. p. 90 (nach Weber u. Meusel).

– s.a. Skizzen, biograph., v. Selbstmördern.

SKIZZEN, Biographische, von Selbstmördern, als eine Nachlese zu den Biographien der Selbstmörder (des Chrn. Heinr. Spiess, von *Heinr. Georg Hoff*). Leipzig u. Berlin 1793. 8°. (2 Mk. Lehmann u. Lutz, c. 1884.)
Zieml. seltenes Curiosum, nicht von Spiess. — 118 SS. (incl. Tit. m. Vign. u. 1 Bl. Vorr.), nebst 1 Bl. Inh. Enth. u. a.: Selbstmörder aus Liebe. (E. Pachterstochter im Obersächsischen; e. junge Schauspielerin zu Hermannstadt; e. Fräulein v. Ikstadt in München &c.) — Selbstmörder durch muthwillige Verrückung der Ordnung der Natur. (E. junges Mädchen von Stande; Johann Kruse.) &c.
Anon.-Lex. IV. p. 91 (nach Meusel u. Kayser).

– s. Taschenbuch zur Unterhaltung.

— Tugenden u. Laster d. Engländer rc. 8. Wien 800. A. Doll. 1 rthl.

– s. Unterhaltungen f. Deutschl. Töchter.

– s. Bertol, Geschichte.

Hoff, H. G., s.a. Vorleser, der.

VORLESER, Der, an der Toilette der Frauenzimmer (von *Heinr. Georg Hoff*). 2 Thle. Mit Kpfrn. Wien, Gerold, 1781—82. 8°.
Anon.-Lex. IV p. 351 (nach Kayser u. Meusel) hat: „am Toilette".

— patriot. Vorschläge, wie die Stadt- u. Landwirthschaft in bessern Flor zu bringen ist. 1 Abschn. 8. Brünn 778.

— d. Oesterreich. Wirthschafter, oder d. Kunst, sich durch die Land- u. Hauswirthschaft zu bereichern, nach Thaers engl. Landwirthschaft ꝛc. In 3 Thln. bearb. 8. Wien 803. Ant, Doll. 1 ℔

Hoff, J., Harmonie. Ein kulturgeschichtl. Bild. 2., durch Zusätze und Berichtigungen verm. Aufl. 8. (XLIX und 274 S.) Stuttgart 868, Schober.

Hoff, J. C. Ludw., die mosaischen Opfer, nach ihrer sinnbildlichen u. vorbildl. Bedeutung. Ein Beitrag zur richtigen Würdigung der israelit. Gottesverehrung in früherer Zeit. 8. (4 B.) Warschau 815. (Cracau, Friedlein.)

Hoff, J. C. Ludw., die Mosaischen Opfer, nach ihrer sinnbildlichen u. vorbildlichen Bedeutung. Ein Beitrag zur richtigen Würdigung der Israelitischen Gottesverehrung in früherer Zeit. 3. Aufl. Berlin 859. (Beck.) 8. (VII, 41 S.) n. 4 ngr.

Hoff, J. G.: „Allgemeine Feld- und Wirthschaftslehre", 2 Theile, Grätz 1798 (Ferstl).

Hoff, Jacob Heinrich van 't

Hoff, J. H., s.a. Van't Hoff.

Hoff, J. H. van't, dix années dans l'histoire d'une théorie. [2. éd. de „la chimie dans l'espace".] gr. 8. (104 S. m. 1 Steintaf.) Rotterdam 887. (Leipzig, Engelmann.) n. 3. 50

Hoff, J. H. van't, Ansichten über die organische Chemie. 2 Lfgn. gr. 8. Braunschweig 878, Vieweg und Sohn. [1. Lfg. (I—VII, S. 1—160.) * ℳ 4,80.; 2. Lfg. (VIII—XVII, S. 161—291.) * ℳ 4.] *

Hoff, J. H. van 't, Ansichten über die organische Chemie. 3. (Schluss-)Lfg. gr. 8. (2. Thl. XVI, 263 S.) Braunschweig 881, Vieweg und Sohn. *
1. und 2. Lfg. Ebendas. 1878. * ℳ 8,80.

Hoff, J. H. van't, über d. zunehmende Bedeutg. d. anorganischen Chemie. Vortrag, geh. auf d. 70. Versammlung d. Gesellschaft deutscher Naturforscher u. Ärzte zu Düsseldorf. [Aus: „Zeitschrift f. anorgan. Chemie".] gr. 8. (17 S.) Hamburg 898. L. Voss. n. — 60

Hoff, J. H. van't, zur Bildung der ozeanischen Salzablagerungen. 1. Heft. (VI, 85 S. m. 34 Abbildgn.) gr. 8. Braunschweig 905. F. Vieweg & Sohn. n. 4. —

Hoff, J. H. van't, zur Bildung der ozeanischen Salzablagerungen. 2. Heft. (VI, 90 S. m. 15 Abbild.) gr. 8. Braunschweig 909. F. Vieweg & Sohn. 5. —
1. Heft. Ebd. 905. 4.—

van't Hoff. J. H. Bildung und Spaltung von Doppelsalzen. Deutsch von Th. Paul. Leipzig, 1897.

Hoff, J. H. van't, über die Entwickelung der exakten Naturwissenschaften im 19. Jahrh. u. die Betheiligung der deutschen Gelehrten an dieser Entwickelung. Vortrag, geh. auf der 72. Versammlg. der Gesellschaft deutscher Naturforscher u. Aerzte zu Aachen. gr. 8. (18 S.) Hamburg 900. L. Voss. n. — 80

— u. G. Just, der hydraulische od. sogenannte Estrichgips. (10 S. m. 3 Abbildgn.) gr. 8. Ebd. 903. n. — 50
Sonderabdruck aus: „Sitzungsber. d. preuss. Akad. d. Wiss."

— études de dynamique chimique, s.: Cohen, Ernst, Studien zur chem. Dynamik.

— Über synthetische Fermentwirkung. I u. II. gr. 8. Berlin, G. Reimer. à — 50
I. (S. 1065—1076.) 909. — II. (S. 963—970.) 910.
Sonderabdr. a.: „Sitzungsber. d. k. preuss. Akad. d. Wiss."

Hoff, J. H. van't, die Gesetze des chemischen Gleichgewichtes f. den verdünnten, gasförmigen od. gelösten Zustand, s.a. Ostwald's, W., Klassiker der exakten Wissenschaften.

Die Gesetze des chemischen Gleichgewichts für den verdünnten gasförmigen oder gelösten Zustand. Von J[akob] H[einrich] van't Hoff. ⟨Der Kgl. Schwed. Akad. d. Wiss. vorgelegt am 14. Okt. 1885.⟩ Uebers. u. hrsg. von Georg Bredig. Mit 7 Fig. im Text. *Leipzig: W. Engelmann 1900.* (105 S.) 8°
— Klassiker, Ostwald's, d. exakten Wissenschaften. No 110. [00. 9433 2

Hoff, Jakobus Henricus van 't [Hrsg.], s. Horstmann, August: Abhandlungen . . .

van't Hoff, J. H. Die Lagerung der Atome im Raume. Deutsch von F. Herrmann. Braunschweig, 1871.

—— die Lagerung der Atome im Raume. Nach des Verf. Broschüre „La chimie dans l'espace" deutsch bearb. von F. Herrmann. Nebst einem Vorwort von Johs. Wislicenus. gr. 8. (XI, 53 S. mit in den Text eingedr. Holzschn.) Ebendas. 877. *

Hoff, J. H. van't, die Lagerung der Atome im Raume. 2., umgearb. u. verm. Aufl. Mit e. Vorwort v. Johs. Wislicenus. gr. 8. (XII, 147 S. m. 19 Holzst.) Braunschweig 894. F. Vieweg & Sohn. n. 4. —

— Die Lagerung der Atome im Raume. 3. umgearb. u. verm. Aufl. (XV, 147 S. m. 24 Abb.) gr. 8. Braunschweig 908. F. Vieweg & Sohn. 4. 50

— Stereochemie. Nach H.'s „dix années dans l'histoire d'une théorie". Unter Mitwirkg. d. Verf. neu bearb. v. W. Meyerhoffer. gr. 8. (VIII, 128 S. m. Fig.) Wien 892. F. Deuticke. n. 4. —

— über die Theorie der Lösungen, s.a. Sammlung chemischer u. chemisch-techn. Vorträge. V. 1.

Hoff, J. H. van't: Ueber die Theorie der Lösungen. Stuttgart 1900

— u. W. **Meyerhoffer,** dasselbe. I.—V. u. IX. Mitteilg. [Aus: „Sitzungsber. d. Kgl. Preuss. Akad. d. Wiss."] gr. 8. Ebd. n. 3. 50
- I. (7 S. m. 1 Fig.) 897. n. — 50
- II. (5 S. m. 1 Fig.) 897. n. — 50
- III. D. Existenzbedinggn. u. Löslichkeitsverhältnisse v. Carnallit. (21 S. m. 2 Taf.) 897. n. 1. —
- IV. Dasselbe v. Tachhydrit. Von H. u. F. B. Kenrick. (8 S.) 897. n. — 50
- V. D. Auskrystallisiren d. Lösgn. v. Magnesiumchlorid, Kaliumsulfat, Magnesiumsulfat, Kaliumchlorid u. deren Doppelsalzen bei 25°. (16 S. m. 2 Fig.) 897. n. — 50
- IX. D. Lösgn. v. Magnesiumchlorid, Kaliumsulfat, Magnesiumsulfat, Kaliumchlorid u. deren Doppelsalzen b. gleichzeit. Sättigg. an Chlornatrium b. 25°. Quantitativer Thl.: 1. D. Umrandg. d. Sättigungsfeldes. (8 S.) 898. n. — 50

Nr. VIII ist nur in d. „Sitzungsber. d. Kgl. Preuss. Akad. d. Wiss.", Jahrg. 1898, nicht als Separatabdruck, erschienen.

— u. F. G. **Donnan,** Untersuchgn. über d. Bildungsverhältnisse d. ocean. Salzablagerungen, insbes. d. Stassfurter Salzlagers. VI. Mitteilg. D. Maximaltensionen d. gesätt. Lösungen v. Magnesiumchlorid, Kaliumsulfat, Magnesiumsulfat, Kaliumchlorid u. deren Doppelsalzen bei 25°. [Aus: „Sitzungsber. d. Kgl. Preuss. Akad. d. Wiss."] gr. 8. (6 S.) Berlin 897. (G. Reimer.) n. — 50 (I.–VI.: n. 3. 50)

— u. A. P. **Saunders,** dasselbe. VII. D. Lösgn. v. Magnesiumchlorid, Kaliumsulfat, Magnesiumsulfat, Kaliumchlorid u. deren Doppelsalzen bei gleichzeit. Sättigg. an Chlornatrium bei 25°. Qualitativer Theil: 1. Thenardit, Glaserit u. Sulphohalit. [Aus: „Sitzungsber. d. Kgl. Preuss. Akad. d. Wiss."] gr. 8. (7 S.) Berlin 898. (G. Reimer.) n. — 50

— Untersuchungen üb. die Bildungsverhältnisse der oceanischen Salzablagerungen, insbesondere des Stassfurter Salzlagers. VIII u. X—XXVII. gr. 8. Berlin (G. Reimer). n. 10. — (I—XXVIII n. 14. 50)
- VIII. Die Lösungen v. Magnesiumchlorid, Kaliumsulfat, Magnesiumsulfat, Kaliumchlorid u. deren Doppelsalzen bei gleichzeitiger Sättigung an Chlornatrium bei 25°. Qualitativer Thl.: 2. Magnesiumsulfatpenta- u. tetrahydrat. Mit T. Estreicher-Rozbierski. (4 S.) 898. n. — 50
- X. Die Lösungen v. Magnesiumchlorid, Kaliumsulfat, Magnesiumsulfat, Kaliumchlorid u. deren Doppelsalzen bei gleichzeitiger Sättigung an Chlornatrium bei 25°. Qualitativer Thl.: 3. Das Auftreten v. Kaliastrakanit (Leonit) bei 25°. Mit Percy Williams. (6 S.) 898. n. — 50
- XI. Dasselbe. Quantitativer Thl.: 2. Die Krystallisationsbahnen u. der Krystallisationsendpunkt. Mit W. Meyerhoffer. (9 S.) 898. n. — 50
- XII. Das Magnesiumsulfatfünfviertelhydrat. Mit H. M. Dawson. (4 S.) 899. n. — 50
- XIII. Das Eintrocknen des Meerwassers bei 25°. Mit W. Meyerhoffer. (12 S. m. 1 Fig.) 899. n. — 50
- XIV. Einfluss des Drucks auf die Tachhydritbildung. Mit H. M. Dawson. (6 S. m. 1 Fig.) 899. n. — 50
- XV. Die Bildung von Glauberit bei 25°. Mit D. Chiaraviglio. (9 S.) 899. n. — 50
- XVI. XVII. Das Magnesiumkaliumsulfatfünfviertelhydrat. Mit N. Kassatkin. — Eine Beziehung in der Zusammensetzung der bei 25° an Chlornatrium u. Chlorkalium gesättigten Lösungen. Von Harold A. Wilson. (3 u. 2 S.) 899. n. — 50
- XVIII. Gips u. Anhydrit. 1. Das Halbhydrat v. schwefelsaurem Kalk, $CaSO_4 \cdot \frac{1}{2} H_2O$. Mit E. F. Armstrong. (18 S. m. Fig.) 900. n. 1. —
- XIX. Die Maximaltensionen der Lösungen v. den Chloriden u. Sulfaten des Magnesiums u. Kaliums bei gleichzeitiger Sättigung an Chlornatrium bei 25° u. das Auftreten v. Kainit bei dieser Temperatur. Mit H. v. Euler-Chepliu. (5 S.) 900. n. — 50
- XX. Die Bildung v. Syngenit bei 25°. Mit Harald A. Wilson. (7 S. m. 2 Fig.) 900. n. — 50
- XXI. Die Bildung v. Kainit bei 25°. Mit W. Meyerhoffer. (8 S.) 901. n. — 50
- XXII. Gips u. Anhydrit. 2. Der lösl. Anhydrit ($CaSO_4$). Mit W. Hinrichsen u. F. Weigert. (9 S. m. 1 Fig.) 901. n. — 50
- XXIII. Das Auftreten v. Kieserit bei 25°. Abschluss u. Zusammenfassg. der bei Sättigg. an Chlornatrium bei 25° u. Anwesenheit der Chloride u. Sulfate v. Magnesium u. Kalium erhaltenen Resultate. Mit W. Meyerhoffer u. Norman Smith. (11 S. m. 1 Fig.) 901. n. — 50
- XXIV. Gips u. Anhydrit. 3. Der natürl. Anhydrit u. dessen Auftreten bei 25°. Mit F. Weigert. (9 S. m. 1 Fig.) 901. n. — 50
- XXV. Die Bildung v. Langbeinit u. deren untere Temperaturgrenze in den Salzlagern bei 37°. Mit W. Meyerhoffer u. F. G. Cottrell. (7 S.) 902. n. — 50
- XXVI. Die Bildung v. Loewenit u. deren untere Temperaturgrenze bei 43°. Mit A. o'Farelly. (6 S.) 902. n. — 50
- XXVII. Die künstliche Darstellung v. Pinnoit. Mit G. Bruni. (3 S.) 902. n. — 50
- XXVIII. Die künstl. Darstellung von Kaliborit. (5 S.) 902. n. — 50

Sonderabdrucke aus: „Sitzungsber. d. preuss. Akad. d. Wiss."

Hoff, J. H. van't, **Untersuchung** üb. die Bildung der oceanischen Salzablagerungen. XXIX—IL. Lex.-8. Berlin (G. Reimer). n. 10. 50
- XXIX. Die Temperatur der Hartsalzbildung. Mit W. Meyerhoffer. (4 S.) 902. n. — 50
- XXX. Die isomorphen Mischungen: Glaserit, Arkanit, Aphthalose u. Natronkalisimonyit. Mit H. Barschall. (13 S. m. 1 Fig.) 903. n. — 50
- XXXI. Die untere Temperaturgrenze d. Bildung v. Vanthoffit bei 46°. Mit G. Just. (5 S.) 903. n. — 50
- XXXII. Die obere Existenzgrenze von Schönit, Magnesiumsulfathepta- u. -hexahydrat, Astrakanit, Leonit u. Kainit bei Anwesenheit v. Steinsalz. Mit W. Meyerhoffer. (7 S. m. Fig.) 903. n. — 50
- XXXIII. Das Auftreten der Kalksalze Anhydrit, Glauberit, Syngenit u. Polyhalit bei 25°. Mit F. Farup. (11 S.) 903. n. — 50
- XXXIV. Die Maximaltension der konstanten Lösungen bei 83°. Mit U. Grassi u. R. B. Denison. (4 S. m. 2 Fig.) 904. n. — 50
- XXXV. Die Zusammensetzg. der konstanten Lösungen bei 83°. Mit H. Sachs u. O. Biach. (11 S. m. 1 Fig.) 904. n. — 50
- XXXVI. Die Mineralkombinationen (Paragenesen) von 25° bis 83°. Mit W. Meyerhoffer. (12 S.) 904. n. — 50
- XXXVII. Kaliumpentakalziumsulfat u. e. dem Kaliborit verwandte Doppelverbindung. (8 S.) 904. n. — 50
- XXXVIII. Die Identität von Mamanit u. Polyhalit. Mit G. L. Voerman. (3 S.) 904. n. — 50
- XXXIX. Bildungstemperaturen unterhalb 25°. Mit W. Meyerhoffer. (4 S.) 904. n. — 50
- XL. Existenzgrenze von Tachhydrit. Mit L. Lichtenstein. (4 S. m. 1 Fig.) 905. n. — 50
- XLI. Die Bildungstemperatur des Kaliumpentacalciumsulfats. Mit G. L. Voermann. u. W. C. Blasdale. (6 S.) 905. n. — 50
- XLII. Die Bildung v. Glauberit. (6 S.) 905. n. — 50
- XLIII. Der Calciumgehalt der konstanten Lösungen bei 25°. Mit W. C. Blasdale. (3 S.) 905. n. — 50
- XLIV. Existenzgrenze von Tachhydrit bei 83°. Mit J. d'Ans. (4 S.) 905. n. — 50
- XLV. Das Auftreten v. Tinkal u. oktaedrischem Borax. Mit W. C. Blasdale (5 S.) 905. n. — 50
- XLVI. Anhydrit, Syngenit, Glauberit u. Pentasalz bei 83° u. das Entstehen von Chlorcalcium u. Tachhydrit. Mit P. Farup u. J. d'Ans. (7 S. m. Fig.) 906. n. — 50
- XLVII. Polyhalit u. Krugit bei 83°. Mit J. d'Ans. (8 S.) 906. n. — 50
- XLVIII. Existenzgebiet u. Spaltung v. Boronatrocalcit, Tricalciumpentaborat u. d. künstliche Darstellung v. Pandermit. (9 S.) 906. n. — 50
- IL. Künstliche Darstellung v. Colemanit. (5 S.) 906. n. — 50

Sonderabdrucke aus: „Sitzungsber. d. preuss. Akd. d. Wiss."

— Untersuchungen üb. die Bildung der ozean. Salzablagerungen. L—LII. (Schluss.) Lex. 8. Berlin, G. Reimer. 1. 50
- L. Franklandit u. e. neue, dem Boronatrocalcit verwandte Verbindung. (5 S.) 907. — 50
- LI. Borocalcit u. die künstliche Darstellung v. Ascharit. (12 S.) 907. — 50
- LII. [Aus: „Sitzungsber. d. preuss. Akad. d. Wiss."] Der Verband f. die wissenschaftl. Erforschg. der deutschen Kalisalzlagerstätten. (S. 438—441.) 908. — 50

— Der Verband f. die wissenschaftl. Erforschung der deutschen Kalisalzlagerstätten. 2. Bericht. (S. 772—786.) Lex. 8. Ebd. 910. — 50

4 Sonderabdr. a.: „Sitzungsber. d. preuss. Akad. d. Wiss."

HOFF, J. H. VAN'T.

Verbeeldingskracht (De) in de wetenschap. Inaugureele oratie, 1879.

— u. U. Behn, die gegenseitige Verwandlung der Calciummonoborate. (4 S.) Lex.-8. Berlin 906. (G. Reimer.) n. — 50

Sonderabdruck aus: „Sitzungsber. d. preuss. Akad. d. Wiss."

— Vorlesgn. üb. Bildg. u. Spaltg. v. Doppelsalzen. Deutsch bearb. v. Thdr. Paul. gr. 8. (IV, 95 S. m. 54 Fig.) Leipzig 897. W. Engelmann. n. 3. —; kart. n. 3. 50

— Vorlesgn. üb. theoret. u. physikal. Chemie. 1. Hft. D. chem. Dynamik. Mit in den Text eingedr. Abb. gr. 8. (XI, 252 S.) Braunschweig 898. F. Vieweg & Sohn. n. 6. —

— Vorlesungen über theoretische u. physikalische Chemie. 1.—3. Hft. gr. 8. Braunschweig, F. Vieweg & Sohn. n. 14. —
1. Die chem. Dynamik. 2. Aufl. (XI, 251 S. m. Abbildgn.) 901. n. 6. —
2. Die chem. Statik. Mit in den Text eingedr. Abbildgn. (X, 148 S.) 899. n. 4. —
3. Beziehungen zwischen Eigenschaften u. Zusammensetzg. Mit in den Text eingedr. Abb. (X, 136 S.) 900. n. 4. —

— Vorlesungen üb. theoretische u. physikalische Chemie. 2. u. 3. Heft. gr. 8. Braunschweig, F. Vieweg & Sohn. à n. 4. —
2. Die chem. Statik. 2. Aufl. (X, 150 S. m. Abbildgn.) 903
3. Beziehungen zwischen Eigenschaften u. Zusammensetzung. 2. Aufl. (X, 155 S. m. Abbildgn.) 903.

— 8 Vorträge üb. physikalische Chemie, geh. auf Einladg. der Universität Chicago, 20.—24. VI. 1901. gr. 8. (VII, 81 S. m. Abbildgn.) Ebd. 902. n. 2. 50

— s.: Zeitschrift f. physikal. Chemie.

— Zinn, Gips u. Stahl vom physikalisch-chemischen Standpunkt. Vortrag, geh. im Verein der deutschen Ingenieure zu Berlin. gr. 8. (35 S. m. Abbildgn.) München 901. R. Oldenbourg. n. 2. —

Hoff, Ida. Beitrag zur Histologie der Schwangerschaft im rudimentären Nebenhorn. Diss. Med. Bern. [Mit Figuren und 1 Tafel.] ⟨Sonderabdruck aus dem Archiv für Gynäkologie. Band 80. Heft 2.⟩ *Kopftitel:* Aus der Universitäts-Frauenklinik der Königl. Charité. ⟨Director: Geh. Med.-Rath Prof. Dr. E[rnst] Bumm.⟩ 25 S. 8. Berlin, L. Schumacher, 1906.

Hoff, Johann Friedrich

Amt und Muße, Ludwig Richter als Freund. Von Joh. Friedrich Hoff. Mit 12 Bild., 2 autogr. Briefen von L. Richter an J. F. Hoff. u. 1 Vign. von Prof. W. Steinhausen. *Frankfurt a. M.: J. Alt 1903.* (246 S.) 8° [J.]
— Hoff: Aus einem Künstlerleben. [4.]

Hoff, Joh. Frdr., ein Künstlerheim vor 70 Jahren. Der Alt-Frankfurter Familiengeschichte „Aus e. Künstlerleben" Fortsetzg. Mit 11 Bildern in Lichtdr., 1 autogr. Brief v. Felix Mendelssohn-Bartholdy u. 1 Vignette auf dem Umschlag v. Wilh. Steinhausen. 4. (VIII, 180 S.) Frankfurt a/M. 902. J. Alt. n. 4. —; geb. n. 5. 20

Aus einem Künstlerleben. Eine Alt-Frankfurter Familiengesch. erzählt von Joh. Friedr. Hoff. Mit Bild. u. Vign. [1–4.] *Frankfurt a. M.: J. Alt 1901–03.* 4 Bde 8° [J.]
1. 1901. 2 [u. d. T.:] Ein Künstlerheim vor 70 Jahren. 1902.
3 [u. d. T.:] Lehrjahre bei Ludw. Richter u. in München. 1903.
4 [u. d. T.:] Amt u. Muße, Ludwig Richter als Freund. 1903.

— Lehrjahre bei Ludwig Richter u. in München. Fortsetzung v. „Aus e. Künstlerleben" u. „Ein Künstlerheim vor 70 Jahren". Mit 14 Bildern in Lichtdr., e. autogr. Brief u. e. Vignette v. Wilh. Steinhausen. 8. (VIII, 278 S.) Ebd. 903. n. 6. —; geb. in Halbfrz. n.n. 8. 50

Hoff, Joh. Friedr., Adrian Ludw. Richter, Maler und Radirer. Des Meisters eigenhänd. Radirungen, sowie die nach ihm erschienenen Holzschnitte, Radirungen, Stiche, Lithographieen, Lichtdrucke und Photographien, gesammelt, geordnet, zum Theil beschrieben und versehen mit Nachweisungen, Tabellen und dem Verzeichniss der nach Richter thätigen Künstler. Mit einer Einleitung von Herm. Steinfeld nebst dem (phototyp.) Bildnisse und der Handschrift Richter's. gr. 8. (XL, 489 S. mit 4 S. lithogr. Facs.) Dresden 877, J. H. Richter.

Hoff, Joh. Frdr., s.: Richter, Ludw., „Gottes Lieb' in Ewigkeit".

Hoff, Josef [cand. phil.]: Die Staatslehre Spinoza's m. bes. Berücks. d. einzelnen Regierungsformen u. d. Frage nach d. besten Staate ... Prag, Druck v. J. B. Brandeis. 1895; 1 Bl., 56 S., 1 Bl. 8.
Jena, Phil. Fak., Inaug.-Diss. v. [23. Febr.] 1895

Hoff, Jos., d. Staatslehre Spinozas. M. bes. Berücksicht. d. einz. Regierungsformen u. d. Frage nach d. besten Staate. gr. 8. (57 S.) Berlin 895. S. Calvary & Co. n. 1. 20

Hoff, Justus, approb. Arzt aus Löhne i. Westf.: Einige Versuche über die Anwendung kalkhaltiger Salzlösungen zur Infusion. *Rostock 1904: C. Hinstorff.* (32 S.)
Rostock, Med. Diss. v. [20. März] 1904

Hoff, Karl

Hoff, Carl [app. Arzt aus Markirch] : Zur Aetiologie der septischen und pyämischen Erkrankungsprocesse . . . Strassburg, Els. Druckerei u. Verlagsanst. 1890; 32 S. 8°
Strassburg, Med. Fak., Inaug.-Diss. v. 1890.

Hoff, Carl, Künstler und Kunstschreiber. Ein Act der Nothwehr. (50 S.) 1882; 2. Aufl. gr. 8. (59 S.) München 883, Stroefer. *

Hoff, Carl, Schein. Ein Skizzenbuch in Versen. 8. (242 S.) Stuttgart 878, Spemann. cart. *
geb. mit Goldschn. *

Hoff, Karl Ernst Adolf von

Hoff, K. E. A., Abriß geogr.-statist., der Länder des Hauses Sachsen 2c. s.a. Länder- und Völkerkunde. 20r Bd.

— geogr.-statist. Abriß der Länder d. Hauses Sachsen Ernestin. Linie Mit 1 Karte u. Kpf. gr. 8. Weimar 820. Industrie-Compt. 1 ₰ 12 gr (Aus d. Länder- u. Volkskunde. 20r Bd.)

v. Hoff, Karl Er. Ad., geognost. Bemerkk. über Karlsbad. Mit 3 ill. Kpft. gr. 8. Gotha 825. Perthes. 21 gr

Hoff (K. E. A. v.). Chronik der Erdbeben und Vulkan-Ausbrüche. Mit vorausgehender Abhandlung über die Natur dieser Erscheinungen. 2 Theile. Gotha 1840 und 1841. 8. (Bildet den 4. und 5. Theil von desselben Geschichte etc. der natürlichen Veränderungen der Erdoberfläche.)

— Teutschland nach seiner natürlichen Beschaffenheit u. seinen frühern und jetzigen politischen Verhältnissen geschildert. Nebst einer kleinen Uebersichtskarte von Teutschland. gr. 8. Gotha 838. J. Perthes. 1 2/3 ₰

— s. Entwickelung, histor., d. Grundsätze d. Erbfolge.

— Gemälde d. physischen Beschaffenheit insbesondere d. Gebirgsformationen von Thüringen. gr. 8. Erf. 812 (Otto). 6 gr

Geschichte der durch Überlieferung nachgewiesenen natürlichen Veränderungen der Erdoberfläche. Ein Versuch von Karl Ernst Adolf von Hoff. Th. 1-5. Gotha: Perthes 1822-41. 8°

Th. 1: 1822.
Th. 2: 1824.
Th. 3: 1834.
Th. 4. 5: Hoff: Chronik der Erdbeben und Vulcan-Ausbrüche. M. vorausgehender Abh. über d. Natur dieser Erscheinungen. ([Hrsg.:] Heinrich Karl Wilhelm Berghaus.) Th. 1. 2. 1840-41.

Hoff, K. E. A.: Höhen-Messung einiger Orte und Berge zwischen Gotha und Coburg durch Barometerbeobachtungen versucht und den in der siebenten Jahresversammlung zu Berlin vereinigten Naturforschern dargebracht. Mit einer illuminirten Steindrucktafel. Gotha 1828. 34 (24) S., 1 Tf. Fol.

— Höhenmessungen in und um Thüringen. Verglichen und mit einigen Bemerkungen begleitet. Mit 2 Steindruck-Bl. gr. 4. Gotha 833. J. Perthes. n. 1 5/6 ₰

— Die stärkste Januar- und Februar-Kälte zu Gotha, während des laufenden Jahres; beobachtet von —. (Aus: Archiv für Chemie und Meteorologie. Bd. 1, Heft 2.)

Hoff, K. Ernst Adolph v., Magazin f. d. gesammte Mineralogie, s.a. Magazin.

Hoff, C. E. A. von: „Magazin für die gesammte Mineralogie, Geognosie und mineralogische Erdbeschreibung", Leipzig 1801. — Vorh.: Preußisches Oberbergamt Dortmund — M. 227.

Hoff (K. E. A. v.). Nachrichten über den Gang der Witterung zu Gotha während der Jahre 1829. 1831—34 (aus Archiv für Chemie und Meteorologie). Adh.:
1) ——— Neue Beiträge zu Chladni's Verzeichnissen von Feuermeteoren und herabgefallenen Massen. Lief. 8.
2) ——— Erinnerungen an Blumenbach's Verdienste um die Geologie etc. Gotha 1826.

Hoff, K. E. A. v., Nachrichten über den Gang der Witterung zu Gotha, während des Jahres 1830. (Aus: Archiv f. Chemie u. Meteorol. B. 2, H. 3.)

Hoff, K. E. A. v., Das Nordlicht vom 7. Jan., beobachtet zu Gotha. (Aus: Archiv für Chemie und Meteorol., Bd. 3, Heft 1.) 1831.

— das deutsche Reich vor d. Ausbruche der Französ. Revolution u. nach den Lüneviller Frieden. 2 Thle. Mit 1 Karte. gr. 8. Gotha 801—5. Perthes. (1r Thl. 1 ₰ 2r Thl. 2 ₰) 3 ₰

— u. C. W. Jakobs, d. Thüringer Wald, besonders für Reisende geschildert. 2 Hfte. mit Kpf. u. 1 Karte. 8. Gotha 807. Ettinger. 2 ₰ 12 gl 2r oder süd-östliche Hälfte. 2 Hfte. Mit Kpf. u. 1 Karte. 8. Ebd. 812. 2 ₰

Hoff, Ludwig

Hoff, L., u. W. Kaiser, Abriß der Rhetorik u. Poetik. 2. Aufl., bearb. v. H. Wernecke. (IV, 84 S.) 8. Essen 907. G. D. Baedeker. n. 1. —

Hoff, Ludw. Die Einweihung des neuen Gymnasialgebäudes. 13 S. Progr. *Attendorn* 1879.

Hoff, Ludwig [Dr., Dir]: Gedichtkanon für die einzelnen Klassen. Coesfeld, Buchdr. v. J. Fleissig, *1892;* 12—13 S. 4.
Coesfeld, k. G Nepomucenianum, OP 1892 (350)

Hoff, Ldwg, Über die Glaubwürdigkeit und den Kunstcharakter der Germania des Tacitus. Essen 1868. 4.
Realschul-Progr.

Hoff, L., und W. Kaiser, Handbuch für den deutschen Unterricht an höheren Schulen. 2 Thle. gr. 8. Essen 879, Bädeker. *
Inhalt:
Thl. 1. Leitfaden für den Unterricht in der deutschen Grammatik für höhere Lehranstalten. 3. verb. Aufl. (VIII, 64 S.) * 60 Pf.
„ 2. Abriß der Rhetorik und Poetik. (88 S.) * ℳ 1.

—— und W. Kaiser, Handbuch für den deutschen Unterricht auf höheren Schulen. 1. Thl.: Leitfaden für den Unterricht in der deutschen Grammatik für höhere Lehranstalten. 4. Aufl., bearb. von L. Hoff. gr. 8. (VIII, 89 S.) Essen 885, Bädeker. *

Hoff, L., u. W. Kaiser, Handbuch f. den deutschen Unterricht auf höh. Schulen. 1. Tl. Leitfaden f. den Unterricht in der deutschen Grammatik f. höh. Lehranstalten. 5. Aufl., bearb. v. Buning. gr. 8. (VIII, 89 S.) Essen 899. G. D. Baedeker. n. — 60

Hoff, Ludw., über Homer als Quelle für die griechische Geschichte. 4. (36 S.) Attendorn 878. (Leipzig, Fock.) *

Hoff, Ludwig [Dr., Dir.]: Die Kenntnis Germaniens im Altertum bis zum zweiten Jahrhundert nach Chr. Coesfeld, Druck v. J. Fleissig, 1890; 86 S. 8°
Coesfeld, k. G Nepomucenianum, P 1890

Hoff, L., die Kenntniss Germaniens im Altertum bis zum 2. Jahrh. n. Chr. gr. 8. (86 S.) Coesfeld 890. (Leipzig, Fock.) n. 1. 50

Hoff, L., und W. Kaiser, Leitfaden für den Unterricht in der deutschen Grammatik für höhere Lehranstalten. 1. Aufl. (VI, 48 S.) 1872, und 2. verb. Aufl. gr. 8. (VI, 58 S.) Essen 875, Bädeker. *

Leitfaden für den Unterricht in der deutschen Grammatik f. höh. Lehranst. von Dr. L[udw.] Hoff u. Dr. W[ilh.] Kaiser. 5. Aufl., bearb. von Prof. [Gerh.] Buning, Oberl. zu Coesfeld. *Essen: G. D. Baedeker 1899.* (VI, 89 S.) 8°
— Hoff: Handbuch f. d. deutschen Unterr. T. 1.

Leitfaden für den Unterricht in der deutschen Grammatik für höhere Lehranstalten von Dr. L[udwig] Hoff, Dir. zu Coesfeld, u. Dr. W[ilhelm] Kaiser, Oberl. zu Elberfeld. 6. Aufl., bearb. von Prof. [Gerhard] Buning, Oberl. Essen-R.: G.D. Baedeker 1906. (IV, 92 S.) 8° [F.]

Hoff, Ludov. Ferd. (geb. Lützen 29. 3. 1824): De herniarum incarceratarum diagnosi quaedam. Berolini (1853). (31 S.) 8°
Berlin, Med. Diss. v. 20. Sept. 1853

Hoff, Marie, Drei Jahre im Weiber-Zuchthaus. Erlebnisse u. Erfahrgn. 8. Taus. (278 S.) 8. Dresden '07, H. Minden. 3. —; geb. 4. —

— Drei Jahre im Weiber-Zuchthaus. Erlebnisse u. Erfahrgn. 6. Taus. (274 S.) 8. Ebd. (908.) 3.—; geb. n 4. —

Hoff, Marie, neun Monate in Untersuchungshaft. Erlebnisse u. Erfahrgn. 3. Taus. (V, II, 254 S.) 8. Dresden (909). H. Minden. 3.—; geb. n 4. —

Hoff, Marcus [geb. Adelnau in Posen 24. 11. 1846]: Thesen. Berlin (1870). (2 Bl.) 8°
Berlin, Med. Thes. v. 18. Juli 1870

Hoff, Otto, s.: Adress-Buch der Offiziere usw. der Städte Düsseldorf u. Crefeld.

Hoff, Otto, s.: Wohnungsliste der Offiziere u. Beamten usw. der Garnison Düsseldorf.

Hoff, Sophie, Die verstossenen Geschwister. Novelle. 8. (26 S.) geh. 20 kr. Wien: Hölder 1882.

Hoff, Sylvius [aus Berlin]: Aus d. med. Klinik zu Bonn. Ueber einen Fall von Diplegia facialis ... Bonn, Buchdr. J. Bach Wwe, 1893; 31 S. 8.
Bonn, Med. Fak., Inaug.-Diss. v. [12. Aug.] 1893

Hoff, Wilh., Anleitung zur Verrechnung der Montur und Rüstung bei der kaiserl. königl. Armee. Nach der allerh. sanctionirten neuen Monturs-Gebarungs- und Verrechnungs-Instruction und allen seit dem Erscheinen derselben stattgefundenen Modificationen und Ergänzungen sistematisch zusammengestellt, und mit Erläuterungen vom buchhalter. Standpunkte aus, versehen. Mit Formularien und dem, in Folge der hohen Ortes nachträglich erflossenen Bestimmungen, geänderten Monturs-Portionen-Tarife. gr. 8. (VIII und 158 S.) Wien 856. (Pesth, Geibel.) *

Hoff, Wilhelm — Anleitung zur Verrechnung der Montur und Rüstung bei der k. k. Armee. Nach der allerhöchst sanktionirten neuen Monturs-Gebarungs- und Verrechnungs-Instruktion und allen seit dem Erscheinen derselben stattgefundenen Modifikationen und Ergänzungen systematisch zusammengestellt und mit Erläuterung, vom buchhalterischen Standpunkte aus, versehen von — —. Eigenthum des Verfassers. Wien, 1856. Aus J. B. Wallishaussers k. k. Hoftheater-Druckerei. (VIII. 124 S. XXXIV. 8.)

Nordamerikanische Eisenbahnen. Ihre Verwaltung u. Wirtschaftsgebarung. Von W[ilhelm] Hoff, Geh. Ober-Reg.R., u. F[elix] Schwabach, Geh. Reg.R. Berlin: J. Springer 1906. (XII, 377 S.) 8° [06. 8494

Hoff, Wilh., für unsere Lieblinge. Kinderlieder. 8. (V, 157 S.) Patschkau 888, Buchal.

Hoff, Wilhelm: Für unsere L i e b l i n g e . Kinderlieder von —. Patschkau: G. Buchal [1902]. (157 S.) 8°

Hoffa, Albert

Hoffa, Alb., A n l e i t u n g f. Krankenpfleger. Gemeinverständliche Darstellg. der Krankenpflege u. Verbandlehre. gr. 16. (VIII, 72 S.) Würzburg 894. Stahel. n. 1. —

Hoffa, Alb., A n l e i t u n g f. Krankenpfleger. Gemeinverständliche Darstellg. der Krankenpflege u. Verbandslehre. 2. Aufl. (VIII, 78 S.) kl. 8. Würzburg (902). Stahel's Verl. Kart. n. 1. 20

— u. G. A. **Wollenberg,** Arthritis deformans u. sogen. chronischer Gelenkrheumatismus. Eine röntgolog. u. anatom. Studie. (VIII, 299 S. m. 178 Abbild.) Lex. 8. Stuttgart 908. F. Enke. 12. —

Atlas der orthopädischen Chirurgie in Röntgenbildern hrsg. von Geh.R. Prof. Dr. A[lbert] **Hoffa** u. Dr. L[udwig] R a u e n b u s c h, Berlin. 137 Bilder auf 80 Taf. Mit erkl. Text. Stuttgart: F. Enke 1906. (8, 3 S., 80 Taf. mit je 1 Erl.Bl.) 4° [06. 10089

Hoffa, Alb., Atlas u. Grundriss d. Verbandlehre, s.a. L e h m a n n ' s medicin. Handatlanten.

Hoffa, Albert: A t l a s und Grundriss der Verbandlehre für Studierende u. Aerzte von Albert Hoffa, Prof., Würzburg. Mit 144 Taf. 2. verm. u. verb. Aufl. München: J. F. Lehmann 1900. (XIII, 134 S.) 8°
= Handatlanten, Lehmann's medicinische. Bd 13.

Atlas und Grundriß der Verbandslehre für Studierende und Aerzte von Dr. Albert **Hoffa**, Prof. Mit 144 Taf. von Maler Joh. Fink. 3. verm. u. verb. Aufl. München: J. F. Lehmann 1904. (XIII, 139 S.) 8°
— **Handatlanten**, Lehmann's medizinische. Bd 13. [05. 19444 II

Atlas und Grundriss der Verbandlehre für Studierende u. Aerzte von Dr. Albert **Hoffa**, Prof. Nach d. Verf. Tod bearb. von Privatd. Dr. Rudolf G r a s h e y, München. Mit 170 Taf. u. 134 Textabb. 4. wesentl. verm. Aufl. München: Lehmann 1910. IV, 152 S. 8°
(Lehmann's Medizinische Handatlanten. Bd 13.) [10. 16010

— **die ambulante B e h a n d l u n g der tuberkulösen Hüftgelenkentzündung mittelst portativer Apparate.** [Aus: „Festschrift f. F. v. Esmarch".] gr. 8. (78 S. m. 78 Abbildgn.) Kiel 893. Lipsius & Tischer. n. 2. —

— die Behandlung der Gelenktuberkulose im kindlichen Lebensalter, s.: A b h a n d l u n g e n, Würzburger, aus dem Gesamtgebiet der praktischen Medizin. III. 12.

— die medizinisch-pädagog. B e h a n d l u n g gelähmter Kinder. gr. 8. (16 S. m. 1 Taf.) Langensalza 901. H. Beyer & Söhne. n. — 40
Sonderabdruck aus: „Zeitschr. f. Kinderforschung."

— d. moderne Behandlg. d. angebor. H ü f t g e l e n k s l u x a t i o n e n. gr. 8. (29 S.) München 898. Seitz & Schauer. n. — 80

— die moderne B e h a n d l u n g der angeborenen Hüftgelenksluxationen, des Klumpfusses u. der Spondylitis. gr. 8. (29, 22 u. 28 S. m. Abbildgn.) Ebd. 900. n. 3. —

Ⓑ — mod. Behandlung d. Hüftgelenksluxationen. 900. — Dass. d. Spondylitis. 900. (KBL 31.) J e t z t : München, Verlag d. ärztl. Rundschau.

— die moderne B e h a n d l u n g des Klumpfusses. gr. 8. (21 S. m. 24 Fig.) München 899. Seitz & Schauer. n. 1. 80
Sonderabdruck aus: „Deutsche Praxis".

— die moderne B e h a n d l u n g der Spondylitis. (Vortrag.) gr. 8. (28 S. m. 10 Fig.) München 900. Seitz & Schauer. n. 2. —

H o f f a, Alb. Ueber die operative B e h a n d l u n g der angeborenen Hüftgelenksverrenkgn. gr. 8. (2 S.) Würzb. 891, Stahel. — 30
Vorstehende 3 Schriften sind aus: Sitzungsber. d. Würzb. phys.-medic. Gesellsch., besonders abgedruckt.

— casuistische B e i t r ä g e zur Chirurgie. [A u s : „Sitzungsberichte d. Würzb. phys.-med. Gesellsch."] gr. 8. (8 S.) Würzburg 891. Stahel. n. — 50

— weitere B e i t r ä g e zur Kenntniss der Fäulniss-Bacterien. Ueber einige Stoffwechselprodukte d. Bacillus fluorescens liquefaciens. [A u s : „Sitzungsber. d. Würzb. phys.-med. Gesellsch."] gr. 8. (4 S.) Ebd. 891. n. — 50

— Chirurgie d. unteren Extremitäten, s.: B o r c h a r d t, M.

— d. Endresultate m. Operationen d. angebor. Hüftgelenksverrenkgn., s.: K l i n i k, Berliner.

— die chronisch ankylosirende Entzündung der Wirbelsäule, s.a. S a m m l u n g klinischer Vorträge.

Hoffa, Albert: Die chronisch ankylosirende E n t z ü n d u n g der Wirbelsäule von Albert Hoffa (Würzburg). Leipzig: Breitkopf & Härtel 1899. (26 S.) 8°
= Sammlung Klinischer Vorträge. N.F. No 247.

Hoffa, Albert, Die körperliche Erziehung der Jugend, Würzburg 1896, 29 S., 8°.

Hoffa, A., über die F o l g e n der Kropfoperationen. Mit 3 (Lichtdr.-)Taf. [Aus: „Verhandlgn. der physikal.-med. Gesellsch. zu Würzburg".] gr. 8. (17 S.) Würzburg 888. Stahel. n. 2. —

— der menschliche F u s s u. seine Bekleidung. Mit 18 Abbildgn. nach Federzeichngn. u. Röntgen-Bildern. gr. 8. (16 S.) Würzburg 899. Stahel's Verl. n. 1. —

— Gymnastik u. Massage als Heilmittel, s.a. V o l k s - B i b l i o t h e k, medizinische. 1. Bd.

Gymnastik und Massage als Heilmittel. Von Prof. Dr. [A l b e r t] **Hoffa**, Geh. Med.R. in Berlin. *Berlin: O. Coblentz 1904.* (28 S.) 8° [F.]
— **Volks-Bibliothek**, M e d i z i n i s c h e. Bd 1. [05. 16178

Hoffa, A., üb. doppelseitige Hüftgelenksresectionen. gr. 8. (5 S.) Würzburg 885. Stahel. —30

— Kinesiotherapie. [Aus: „Lehrb. d. allg. Therapie".] gr. 8. (111 u. S. 456—514.) Wien 898. Urban & Schwarzenberg. n. 1. 60

—— über doppelseitige Kniegelenksresection. gr. 8. (4 S.) Ebendas. 885.
Vorstehende zwei Schriften sind aus: Sitzungsberichte der physikalisch-medicinischen Gesellschaft zu Würzburg, besonders abgedruckt.

— Lehrbuch der orthopädischen Chirurgie. gr. 8. (XII, 748 S. m. 555 Abbildgn.) Stuttgart 891. F. Enke. n. 16. —

— dasselbe. 2. Aufl. (Bibliothek d. Arztes.) gr. 8. (XIV, 771 S. m. 596 Abbildgn.) Ebd. 894. n. 18. —

Hoffa, Albert: Lehrbuch ... der orthopädischen Chirurgie bearb. v. Dr. Albert Hoffa, a.o. Prof. an d. Univ. Würzburg. 3. Aufl. M. 686 in d. Text gedr. Abb. Stuttgart: F. Enke 1898. (XIV, 858 S.) 1 Bd 8.
(Bibliothek d. Arztes. E. Samml. medic. Lehrbücher.)

— **Lehrbuch der orthopädischen Chirurgie.** (Bibliothek des Arztes.) 4. Aufl. gr. 8. (XIV, 956 S. m. 810 Abbildgn.) Stuttgart 902. F. Enke. n. 23. —; geb. in Leinw. n. 24. 60

Lehrbuch der orthopädischen Chirurgie bearb. von Dr. Albert Hoffa, Prof. 5. Aufl. Mit 870 Abb. Stuttgart: F. Enke 1905. (XIV, 880 S.) 8° (Bibliothek d. Arztes.) 10

—— Lehrbuch der Fracturen und Luxationen für Aerzte und Studierende. (Mit 335 Holzschn. und 29 Taf.) [Die Originale gezeichnet von Bruno Florschütz.] 3 Lfgn. gr. 8. Ebendas. [1. Lfg. (IV, S. 1—240.) 887. *M 6.—; 2. Lfg. (S. 241—404.) 888. *M 8.—; 3. Lfg. (S. 405—632.) 888. *M 6.—.] *M 20.—; geb. **

—— Lehrbuch der Fracturen u. Luxationen f. Aerzte u. Studierende. 2. verm. u. verb. Aufl. Mit 378 Abbildgn. im Text u. 29 color. Taf. 3 Lfgn. gr. 8. Würzb. 891. Stahel. [1. Lfg. (VII. S. 1—240.) * 6 —; 2. u. 3. Lfg. (S. 241—714.) * 14 —.] * 20 — geb. in Hlbfrz. * 22 50

Lehrbuch der Fracturen und Luxationen für Ärzte und Studierende. Bearb. v. Dr. Albert Hoffa, Privatd. ... an d. Univ. Würzburg. 3. verm. u. verb. Aufl. M. 408 Text-Abb. u. 29 color. Taf. *Würzburg: Stahel 1896.* (VIII, 716 S., 29 Taf.) 1 Bd 8.

— **Lehrbuch der Frakturen u. Luxationen f. Ärzte u. Studierende.** 4. verm. u. verb. Aufl. (X, 614 S. m. 554 Abbildgn.) gr. 8. Stuttgart 904. F. Enke. n. 13. —; geb. in Leinw. n. 14. 40

— u. Aug. Blencke, die orthopädische Literatur. Zugleich Anh. zu Prof. Dr. Hoffa's Lehrbuch der orthopäd. Chirurgie. (III, 446 S.) Lex.-8. Stuttgart 905. F. Enke. n. 14. —; geb. in Leinw. n. 15. 60

— s.a. Mitteilungen aus der chirurgisch-orthopädischen Privatklinik zu Würzburg.

—— Mittheilungen aus seiner chirurgisch-orthopädischen Privatklinik zu Würzburg. I. gr. 8. (VI. 111 S. m. Illustr. u. Taf.) Münch. 889, J. A. Finsterlin. * 3 60

Hoffa, Albert. Mitteilungen a. d. chirurg-orthopädischen Privatklinik des Privatdozenten Dr. A. Hoffa. In-8°. 121 S. Oberstrass-Zürich, E. Speidel. 1894. 4 —

— d. Nachbehandlg. d. nach abgelauf. Coxitis zurückgebliebenen Deformitäten, s.a. Sammlung klin. Vorträge.

Die Nachbehandlung der nach abgelaufener Coxitis zurückgebliebenen Deformitäten. Von Albert Hoffa, (Würzburg). *Leipzig: Breitkopf & Härtel 1896.* (22 S.) 8.
= Sammlung Klinischer Vorträge. N. F. No 166.

—— die Natur des Milzbrand-Giftes. gr. 8. (VII, 52 S.) Wiesbaden 886, Bergmann. *

— die blutige Operation der angeborenen Hüftgelenksluxation, s.: Abhandlungen, Würzburger, auf dem Gesamtgebiet d. prakt. Medizin. I. 3.

— die Orthopädie im Dienste der Nervenheilkunde. gr. 8. (159 S. m. 80 Abb.) Jena 900. G. Fischer. n. 4. —
Sonderabdruck aus: „Mitteilgn. a. d. Grenzgebieten d. Medizin u. Chirurgie".

— die Osteotomie bei der Behandlung der Hüftgelenksdeformitäten. gr. 8. (40 S. m. 9 Taf.) Würzburg 899. A. Stuber's Verl. n. 2. —
Sonderabdruck aus: „Festschrift d. phys.-med. Gesellschaft Würzburg".

—— Zur Pathogenese der arthritischen Muskelatrophien, s. Sammlung klinischer Vorträge.

— u. A. Lilienfeld, die Prophylaxe in der Chirurgie, s.: Handbuch der Prophylaxe.

—— über den sogenannten chirurgischen Scharlach, s. Sammlung klinischer Vorträge.

— Schema der antiseptischen Wundbehandlungsmethode. Tabelle in qu. gr. Fol. Stuttgart 889. Enke. n. 1. —

— Technik der Massage. gr. 8. (VIII, 74 S. m. 29 z. Thl. farb. Abbildgn.) Stuttgart 893. F. Enke. n. 3. —

— Technik d. Massage. M. 33, theilweise farb. Abb. im Text. 2., verb. Aufl. gr. 8. (VIII, 79 S.) Stuttgart 897. F. Enke. n. 3. —

— **Technik der Massage.** Mit 43 theilw. farb. Abbildgn. im Text. 3. verb. Aufl. gr. 8. (VIII, 88 S.) Stuttgart 900. F. Enke. n. 3. —

— **Technik der Massage.** 4. verb. Aufl. Mit 43 teilweise farb. Abbildgn. im Text. (VIII, 88 S.) gr. 8. Ebd. 903. n. 3. —; geb. in Leinw. n. 4. —

— Technik der Massage. 5. verb. Aufl. (XII, 90 S. m. 45 teilweise farb. Abbildgn.) Lex. 8. Stuttgart 907. F. Enke. 3.—; geb. in Leinw. n 4. —

— s.: Zeitschrift f. orthopäd. Chirurgie.

— s.: Zentralblatt f. physikal. Therapie u. Unfallheilkunde.

Hoffa, Berthold [app. Arzt aus Frankfurt a. M.]: Uber [!] den Einfluss der Pankreasverdauung auf das Salzsäure-Bindungsvermögen des Eiweisses ... Würzburg, Druck d. k. Universitätsdr. v. H. Stürtz, 1897; 14 S. 8.
Würzburg, Med. Fak., Inaug.-Diss. v. 1897

Hoffa, Erwin Friedrich. Ueber die Hydrazinoessigsäure. Berlin [1897].

Hoffa, J.

— s. Bojesen, E. F., Handbuch der röm. Antiquitäten.

— s. Cicero's Cato d. Aeltere.

— s. dess. epistolarum ad Quintum fratrem etc.

Hoffa, J., s. Cicero de petitione consulatus ad M. Tullium fratrem.

— s. Florian fables.

Hoffa, J., erklärendes Fremdwörterbuch oder Handbuch der in der deutschen Schrift- u. Umgangssprache mehr oder weniger gebräuchlichen, aus anderen Sprachen entlehnten Wörter, Ausdrücke u. Redensarten, nebst Angabe ihrer Betonung u. Aussprache. gr. 8. Marburg 845, Elwert. 1 ꝓ

Hoffa, J., erklärendes Fremdwörterbuch oder Handbuch der, in der deutschen Schrift- u. Umgangssprache mehr oder weniger gebräuchl., aus andern Sprachen entlehnten Wörter, Ausdrücke u. Redensarten, nebst Angabe ihrer Betonung u. Aussprache. 2., wohlfeile (Titel-)Ausg. Frankfurt a. M. (845) 865. Völcker. gr. 8. (IV, 439 S.) n. 10 ngr.

— Hülfsbuch zum Erlernen der Englischen Sprache. Nach der neuesten Aufl. der Wagner'schen Englischen Sprachlehre für die Deutschen bearb. Mit einem Vorwort v. Karl Frz. Chr. Wagner. gr. 8. Ebend. 841. 2/3 ꝓ

— s. **Isocrates Panegyrikus.**

— s. **Plinius Lobrede auf Trajan.**

— s. Saint-Pierre, Paul u. Virginie.

***Hoffa*, J., de senatu romano, qualis fuerit reipublicae liberae temporibus. Pars I. de ordine senatoris. gr. 8. Marb. 827. (Garthe). 9 gr (Krieger). 6 gr**

— s. Shakespeare's Hamlet. — dess. Romeo and Juliet.

Hoffa, Guilelmus: De Seneca patre quaestiones selectae. Gottingae 1909: Dieterich. 70 S. 8°
Göttingen, Phil. Diss. v. 29. Okt. 1909, Ref. Leo, Wendland
[Geb. 2. Febr. 87 Kassel; Wohnort: Kassel; Staatsangeh.: Preußen; Vorbildung: Wilhelms-Gymn. Kassel Reife O. 05; Studium: Göttingen 2, Berlin 2, Göttingen 4 S.; Rig. 28. Juli 09.] [U 10. 1421

Hoffacker, Fr. B., der Bau u. das Leben unserer Culturpflanzen u. Hausthiere. Ein Buch für Winterabende für den Landwirth u. besonders für strebsame Bauernsöhne in leichtfaßlicher Darstellung. Lahr 860. Geiger. 16. (VIII, 134 S. mit Holzschn.) 7½ ngr.

Hoffacker, F., und A. v. Babo, landwirthschaftliche Bilderbogen, s. Babo, A. v.

Hoffacker, Fr. B., d. Hausgarten in Stadt u. Land. Leichtfassl. Anleit. z. Gartenbau f. Besitzer städtischer u. ländl. Hausgärten. 4 Hfte. Mit Holzschn. gr. 8. Lahr, 1. u. 2. Aufl. 1859. Geiger. — 17½

— der Hausgarten in Stadt u. Land, leichtfaßliche Anleitung zum Gartenbau für Besitzer städtischer u. ländlicher Hausgärten. Ebend. 859. gr. 8. (4 Bl., 191 S. mit Holzschn.) n. 17½ ngr.

Hoffacker, Fr. B., der Hausgarten in Stadt und Land. Eine leichtfaßl. Anleitung zum Gartenbau für Besitzer städt. und ländl. Hausgärten. 3. verb. Aufl. 8. (VIII, 192 S. mit 54 eingedr. Holzschn.) Lahr 881, Schauenburg. cart.
2. Aufl. erschien 1871.

—— der Tabak und sein Anbau, s. Babo, A. v.

— s. Verhandl. d. Versammlung.

Hoffart kommt zum Fall. Das ist: Zeno vor dem Tod begraben ... O. O. 1722. V: *Wissling, Georg.* (Jes)

HOFFART, Die, der Welt. (c. 1710?)
Ohne nähere Angabe mit mehreren moralisirenden Schriften von 1712 etc. in der Bibl. Ranslebiana. Berol. 1714. p. 5.

Hoffarth, Josef: Die bisherige Getreideeinfuhr, der Wiederbeginn und das Ende der Selbstproduktion des erforderlichen Getreides auf deutschem Boden. Münster (Westf.) 1910: Westfäl. Vereinsdr. VI, 100 S. 8°
Leipzig, Phil. Diss. v. 22. Juli 1910, Ref. Kirchner, Bücher
[Geb. 27. Aug. 67 Neuweiler, Kr. Zabern; Wohnort: Münster i. W.; Staatsangeh.: Preußen; Vorbildung: Oberrealsch. Basel Reife M. 06; Studium: Münster 7 S.; Rig. 29. April 10.] [U 10. 3156

Hoffäus, Urteil üb. den Jesuitenorden, s.: Aktenstücke, kirchliche.

Hoffbauer, Paris à travers les âges. Aspects successifs des monuments et quartiers historiques de Paris depuis le 13. siècle jusqu' à nos jours, fidèlement restitués d'après les documents authentiques. Texte par Éd. Fournier, Paul Lacroix, A. de Montaiglon etc. 1. Livr. gr. Fol. (72 S. m. eingedr. Holzschn. u. 9 lith. u. chromolith. Taf.) Paris 875. Didot & Co. In Mappe. n. 24. —

Hoffbauer, Anna, allgem. österreich., oder neuestes wiener Kochbuch in jeder Haushaltung brauchbar. Mit Titelkupfer. gr. 8 Wien 825. Mörschner u. J. 1 ꝓ 16 gr

Hoffbauer, C.

Leitfaden eines neuen Schriftwesens für den Schulmann und Kundigen von C. Hoffbauer. *Elberfeld: [J. Faßbender in Komm. 1903].* (8 S.) 8°
[Umschlagt.] [lithogr.] [03. 16407

Hoffbauer, C. M., der erste deutsche Redemptorist, s. Bibliothek guter kathol. Bücher.

Hoffbauer, E., kurzer Abriss der deutschen Litteraturgeschichte. gr. 8. (III, 47 S.) Frankfurt a/O. 883. (Harnecker & Co.) n. — 90

Hoffbauer, Ernst v.

Hoffbauer, E. v., Altes u. Neues aus der deutschen Feldartillerie. Kriegsgeschichtliche u. taktisch-artilleristische Studie. Für Offiziere aller Waffen. (XI, 238 S.) gr. 8. Berlin 903. E. S. Mittler & Sohn. n. 5. —; geb. n. 6. 50

Hoffbauer, die deutsche Artillerie in den Schlachten bei Metz mit Berücksicht. der allgemeinen Verhältnisse in denselben unter Benutzung der officiellen Berichte der deutschen Artillerie zusammengestellt. 1.—4. Thl. gr. 8. Berlin, Mittler und Sohn. *

Inhalt:

Thl. 1. Borny-Courcelles. 1. Aufl. 1872, und 2. unveränd. Aufl. Mit einem (chromolithogr.) Schlachtplan (in gr. Fol.) und einem (lithogr.) Uebersichtskärtchen (in 4.). (IV, 59 S. und 1 Ordre de bataille in Fol.) 873. *M 2,40.

" 2. Mars la Tour und Vionville. 1. Aufl. 1872, und 2. Aufl. mit einem (chromolithogr.) Schlachtplan (in Imp.-Fol.) und einem (lithogr.) Uebersichtskärtchen (in 4.). (III, 115 S.) 873. *M 3,20.

" 3. Gravelotte und St. Privat. Mit einem (chromolithogr.) Schlachtplan (in gr. Fol.) und einem (lithogr.) Uebersichtskärtchen (in 4.). (242 S.) 873. *M 5,50.

" 4. Mit 2 (chromolithogr.) Schlachtplänen (in gr. Fol.) und einem (lithogr.) Uebersichtskärtchen (in 4.). (III, 183 S.) 875. *M 4,25.

Hoffbauer, E. v., u. Leo. Die deutsche Artillerie in den Schlachten und Treffen des deutsch-franz. Krieges. Mit Krt. u. Pl. H. 1—8. Berlin 1872—1878.

H. 1. Das Treffen von Weißenburg. (Hoffbauer.) 1876
H. 2. Die Schlacht bei Wörth. (Leo.) 1876.
H. 3—6. Die deutsche Artillerie in den Schlachten bei Metz. T. 1—4. (Hoffbauer.) 1872—1875.
H. 7. Die Kämpfe am 29. 30 u. 31. Aug. (Leo.) 1876.
H. 8. Die Schlacht bei Sedan (Leo.) 1878.

Hoffbauer und Leo. Die deutsche Artillerie in den Schlachten und Treffen des deutsch-französischen Krieges 1870—1871. Auf Grund des Generalstabswerkes und der officiellen Berichte und Tagebücher der deutschen Artillerie. Auf dienstliche Veranlassung zusammengestellt. Heft I. Das Treffen von Weissenburg am 4. August 1870. Von E. Hoffbauer, Major etc. Mit 1 Schlachtplan und 1 Uebersichtskarte. Heft II. Die Schlacht bei Wörth am 6. August 1870. Von Leo, Hauptm. etc. Mit 1 Schlachtplan und 1 Uebersichtskarte. Heft III—VI siehe: Hoffbauer. Die deutsche Artillerie in den Schlachten bei Metz. Heft VII. Die Kämpfe am 29., 30. und 31. August 1870. Von Leo, Hauptm. etc. Mit 2 Schlachtplänen und 1 Uebersichtskarte. (Und 3 Skizzen und 1 Beilage.) Heft VIII. Die Schlacht bei Sedan. Von Leo, Major, etc. Mit 1 Uebersichtskarte und 1 Schlachtplan. (4 Bde.)

Hoffbauer, E. v., Entwickelung des Massengebrauchs d. Feldartillerie u. des Schießens in größeren Artillerieverbänden in Preußen. Für Offiziere aller Waffen. gr. 8. (VII, 301 S.) Berlin 900. E. S. Mittler & Sohn. n. 5.—; geb. in Leinw. n.n. 6. 50

Entwickelung des Waffengebrauchs der Feldartillerie und des Schiessens in grösseren Artillerieverbänden in Preussen. Für Officiere aller Waffen von E[rnst] v. Hoffbauer, Gen. d. Art. Berlin: E. S. Mittler & Sohn 1900. (VII, 301 S.) 8° [F.] [illegible]

— schwebende Feldartillerie-Fragen. Taktisch-artilleristische Studie f. Offiziere aller Waffen. (III, 110 S. m. 1 eingedr. Skizze.) gr. 8. Ebd. 904. n. 2. 50; geb. n. 4. —

— zur Frage der Schnellfeuer-Feldgeschütze u. ihrer taktischen Verwendung. Für Offiziere aller Waffen. gr. 8. (VI, 80 S.) Ebd. 902. n.n. 1. 75; geb. in Leinw. n.n. 2. 75

— applikatorische Studie über Verwendung der Artillerie in größeren Truppenverbänden. Vortrag, gehalten in der militär. Gesellschaft zu Posen am 15. März 1884. gr. 8. (III, 44 S. mit 1 Stnt. [1 Uebersichtskärtchen und 2 Planskizzen].) Berlin 884, Mittler und Sohn.

Hoffbauer, neue Studie über Verwendung der Artillerie in der geplanten Angriffs-Schlacht. Vortrag, geh. in der militär. Gesellschaft zu Posen am 11. Febr. 1882. Mit 2 lith. Taf. gr. 8. (38 S.) Berlin 882. Wilhelmi. n. 1. 20

— Taktik der Feld-Artillerie, unter eingeh. Berücksichtg. der Erfahrgn. der Kriege v. 1866 u. 1870—71, wie d. Gefechtes der Infanterie u. Cavallerie f. Officiere aller Waffen. gr. 8. (VIII, 246 S.) Berlin 876. Schneider & Co. n. 5. —

Hoffbauer, E., das Treffen v. Weißenburg am 4. Aug. 1870, s.: Artillerie, die deutsche, in den Schlachten u. Treffen d. deutsch-französischen Krieges 1870—71.

Hoffbauer, E. Das Treffen bei Weissenburg am 4. August 1870. (III. 64) 8. M. 1 Pl. u. 1 Krte. Berlin 1876. 2.00.

— zur Verwendung der Feldhaubitzen im Feld- u. Positionskriege. Für Offiziere aller Waffen. gr. 8. (63 S.) Ebd. 901. n. 1. 40; geb. in Leinw. n. 2. 50

Hoffbauer, F., Cäsar, Loyola, Bismarck u. die Zukunft Deutschlands. Historiodram od. Geschichtsschau in 4 Abtlgn. (69 S.) gr. 8. Frankfurt a/M. (909). Gebr. Knauer. 1. 50

— Entwurf e. begründeten Strafrechts. (16 S.) kl. 8. Ebd. 907. — 20

— Johann Huß. Drama in 3 Akten. (40 S.) gr. 8. Ebd. (908). 1. —

— Vier Taunusgeschichten. (152 S.) gr. 8. Ebd. (907). 2. —

Hoffbauer, Hein. (geb. Bielefeld 9. 11. 1797): De cornea eiusque morbis. Berolini (1820). (48 S.) 8°

Berlin, Med. Diss. v. 30. Sept 1826

Hoffbauer, J., s. Hoffbauer, Johann Heinrich

— s. Voltaire, Henriade.

Hoffbauer, J. G., s. Hoffbauer, Johann Heinrich.

Hoffbauer, J. H., s.a. Hoffbauer, Johann Heinrich

Hoffbauer, J. H., über den Aberglauben. 8. (8 B.) Lemgo 837, Meyersche Hofbuchh.

— d. Atmosphäre u. deren Einfluß auf den Organismus, ein Beitrag zu d. allgemeinen Pathologie. gr. 8. Leipz. 826. Engelmann. 9 gGr

Hoffbauer, J. H., Gott und das Wichtigste aus der Natur. gr. 8. Lemgo 835. Meyer. 2/3 Thlr

— d. Mensch in allen Zonen d. Erde. gr. 12. Leipz. 832. Engelmann. 12 gGr

— über den Selbstmord, seine Arten u. Ursachen. gr. 8. (11½ B.) Lemgo 812, Meyer'sche Hofbuchh.

Hoffbauer, J. H., über die Ursachen der in neuester Zeit so sehr überhandnehmenden Selbstmorde und deren Verhütung. Eine von der „deutschen Gesellschaft für Psychiatrie und gerichtl. Psychologie" gekrönte Abhandlung. gr. 8. (III und 138 S.) Neuwied 859, Heuser.

Hoffbauer, über die Ursachen der in neuester Zeit so sehr überhandnehmenden Selbstmorde und deren Verhütung. (Gekrönte Preisschrift.) 2. (Titel-)Aufl. gr. 8. (III und 138 S.) Neuwied (859)62, Heuser.

— das Weltgebäude. 8. (6½ B.) Lemgo 837, Meyersche Hfbh.
Vgl. Hofbauer.

Hoffbauer, Johann Christoph

— das allgemeine oder Naturrecht u. d. Moral, in ihrer gegenseit. Abhängigkeit u. Unabhängigkeit von einander dargestellt. 8. Halle 816. Schimmelpfennig. 16 gl

J. Cp. **Hoffbauer** üb. d. Analysis in d. Philosophie; e. grösstenth. analyt. Versuch, veranl. durch d. erste diesen Gegenst. betreff. Preisfr. d. kgl. Akad. d. Wiss. zu Berl.; nebst Abhdll. verwandten Inhalts. *Halle*, Hemmerde u. Schwetschke. 810. 8° 14gl

Hoffbauer, Jh. Cph., († d. 4. Aug. 1827.) über d. Analysis in der Philosophie, ein größtentheils analyt. Versuch. 8. Halle 816. Schwetschke u. S. 14 gl

J. Cp. **Hoffbauer's** Analytik d. Urtheile u. Schlüsse. *Halle*, Hemmerde u. Schwetschke. 792. 8° 12gl

J. Cp. **Hoffbauer's** Anfangsgrr. d. Logik. *Halle*, Hemmerde u. Schwetschke. (794.) 2e m. e. psychol. Vorbereit. vm. u. vb. A. 810. 8° 21gl

J. Cp. **Hoffbauer's** Anfangsgrr. d. Moralphilosophie, u. insbesondere d. Sittenlehre, nebst e. allgem. Gesch. ders. *Halle*, Kümmel. 798. 8° 22gl

— ub. d. sicherste u. leichteste Anwendung der Analysis. 8. Leipz. Reclam. 810.

Hoffbauer, Joh(ann) Christ(oph) (Hrsg.):

s.: Beiträge zur Beförderung einer Kurmethode auf psychischem Wege. Hrsg. von Johann Christian Reil und J. Ch. Hoffbauer. Bd 1 - 2. Halle: 1808 - 1812

JB 4.496

— Beitrr. zur Beförder. e. Kurmethode rc., s. Jh. Chr. Reil.

— s. Crichton, Untersuchungen.

— über d. Gelüste, besonders d. Schwangern u. ihren Einfluß auf d. rechtliche Zurechnung. (Aus d. neuen Archiv d. Criminalrechts abgedruckt.) 8. Halle 818. Schwetschke u. S. 6 gl

— Geschichte der Universität Halle bis z. J. 1805. 8. Halle 805. Schimmelpfennig. 1 rß 20 gl

. *Eb.* Grundriss d. Erfahrungs-Seelenlehre, (aus d. Anfangsgrr. d. Logik verb. 2e A. *Halle*, Hemmerde u. Schwetschke. 810. 8° 9gl

— Johann Adam Müller, d. Prophet u. sein Vater. Eine Parallele von H. Engelbrecht, einem zweimal gestorb. Propheten des 17n Jahrhunderts. 8. Halle 817. Waisenhaus-B. 16 gl

Hoffbauer, J. [1]) E. Mutter v. 8 Kindern vergiftet d. beiden jüngsten während ihrer Schwangersch. mit d. 9. — [2]) Rezension d. N. Leipz. Literaturzeitg. — [3]) Üb. d. Gelüste, besonders d. Schwangern. Halle 1817.

HOFFBAUER, Joh. Chp., Naturlehre der Seele in Briefen. Halle 1796. 8°. XXXVI—484 S. (5 Mk. E. Frensdorff, 1909.)
Enthält u. A.: Coquetterie, bloss sinnliche Liebe. — Platonische Liebe, als Abart der eigentlichen Liebe — Intriguen-Sucht und Kuppeley. — Erklärungen gewisser Verirrungen, die bei der Liebe möglich sind.

Hoffbauer, J. Cp.: Naturrecht a. d. Begriffe d. Rechts entwickelt. *Halle*, Hemmerde u. Schwetschke. (793. 798.) 804. 8. (1 Thl.)
Desselb. Werks 4. verb. Aufl., mit Rücks. auf d. Drontheimer Preisaufgabe. *Merseburg*, Sonntag. 824. gr. 8. (1 Thl. 6 Gr.)

— Naturrecht aus d. Begriff d. Rechts entwickelt. 8. Halle 793. 2e A. 798. 3e A. 804. Schwetschke u. S. 1 rß 4e verb. Aufl., mit Rücksichten auf d. Drontheimer Preisaufgabe. gr. 8. Merseb. 824. (Weidemann). 1 rß 6 gl Fein Papier. 1 rß 12 gl

— über d. Perioden d. Erziehung. 8. Leipz. 800. (Enobloch). 1 rß 6 gl

J. Cp. **Hoffbauer**: die Psychologie in ihrer Hauptanwend. auf d. Rechtspflege, nach d. allgem. Gesichtspp. d. Gesetzg., od. d. sogenannte gerichtl. Arzneywiss. nach ihrem psychol. Theile. *Halle*, Schimmelpfennig. (808.) 2e vb. u. vm. A. 823. gr 8° 1 rß 12gl

Hoffbauer, J. Cp.: Allgem. Staatsrecht, mit beyläuf. Anmerkk. üb. *Kant's* methaphys. Anfangsgründe d. Rechtslehre. *Halle*, Kümmel. 797. 99. 8. (1 Thl. 4 Gr.)

— tentamina semiologica. 8maj. Görl. 789. (Anton in Halle). 8 gl

— **Johann Christoph** (Bielefeld), Tentamina semiologica, sive quaedam generalem theoriam signorum spectantia. Disp. philos. Präs. Johann August Eberhard. Halle (Francke) 22. IX. 1789. 6 Bl., 60 S. (7.—) 15477
Gew.: Carl Christoph v. Hoffmann (Dieskau, Bruckdorff), Heinrich Ludwig Meierotto.

Hoffbauer, J(ohann) C(hristoph) (Hrsg.):

s.: Trotter, Thomas: Über die Trunkenheit und deren Einfluß auf den menschlichen Körper. Eine philosophische, medicinische und chemische Abhandlung. (An Essay, medical, philosophical, and chemical, on drunkenness and its effects on the human body. 4.ed. Dt.) Lemgo: 1821

JB 2.888

J. Cp. **Hoffbauer's** Untersuchh. üb. d. wichtigsten Gegenstände d. Moral-Philosophie, insbes. d. Sittenlehre u. Moral-Theologie. 1r Th. nebst vorläuf. Bemerkk. üb. die verdienstl. Bemühungen um d. Sittenlehre, vorzügl. in d. neuern Zeiten. *Dortm.*, Blothe. 799. 8° 1 rß 4gl

Hoffbauer, J. C., Untersuchungen über die wichtigsten Gegenstände der Moralphilosophie rc. 1r Bd. 8. 799. jetzt Krüger in Dortmund. 1/3 ℛ

HOFFBAUER, J. Cp.: Untersuch. üb. d. wicht. Gegenstände d. Naturrechts, nebst e. Censur d. verdienstlichsten Bemühungen um diese Wissenschaft, vorzügl. in d. neuern Zeiten, u. Anwendung ders. auf speciellere Rechtsfragen. *Halle*, Kümmel. 795. 8. (1 Thl.)

— Untersuchung über d. Krankheiten d. Seele u. d. verwandten Zustände. 2 Thle. 8. Halle 802. u. 803. (Hahn in Hannov.) 2 ℛ 12 gGr. 3r Thl. A. u. d. T.: Psycholog. Untersuchungen über den Wahnsinn. 8. Ebd. 807. Schwetschke u. S. 1 ℛ 12 gGr.

Untersuchungen über die Krankheiten der Seele und die verwandten Zustände. Von Johann Christoph Hoffbauer. Th. 1 - 3. Halle: Trampe (3: Hemmerde & Schwetschke) 1802 - 07. 8°

Th.1: Welcher allgemeine Betrachtungen über die Seelenkrankheiten u. e. Klassifikation derselben enth. 1802.
Th.2: Vorzüglich über d. Krankheiten in den einzelnen Geistesvermögen, nebst Jdeen über die psychische Heilung derselben. 1803.
Th.3: Hoffbauer: Psychologische Untersuchungen über d. Wahnsinn, d. übrigen Arten d. Verrückung u. die Behandlung derselben. 1807.

— phys. Untersuchungen über d. Wahnsinn, s.a. Untersuch. üb. d. Krankh. d. Seele. 3r Bd.

— phys. Untersuchungen üb. d. Wahnsinn rc. 8. Halle, Hemmerde u. S. 807.

Eb. Versuch üb. d. sicherste u. leichteste Anwend. d. Analysis in d. philosoph. Wiss.; c. v. d. kgl. pr. Akad. d. Wiss. gekr. Preisschr.; mit ein. v. d. Akad. veranlassten Zusätzen. *Lpz.*, Reclam. 810. 8° 1 ℛ

HOFFBAUER, J. Ch.: Versuch ein. allg. Staatspolizei. *Grätz*, Ferstl. 815. 8. (12 Gr.)

Hoffbauer, J(ohann) H(einrich): Ueber die Erkenntnis und Kur des Brustkrampfs Erwachsener. 201 S., gbd.

Leipzig: Engelmann 1828

JB 2.484

Hoffbauer, J(ohann) H(einrich): Ueber die Kopfverletzungen, in Bezug auf ihre Gefahr und Tödtlichkeit; und wie ihre Tödtlichkeit in foro zu beurtheilen ist. 80 S., gbd.

Berlin: Förstner 1842

JB 5.352

Hoffbauer, J(ohann) H(einrich): Die psychischen Krankheiten und die damit verwandten Zustände in Bezug auf die Rechtspflege. Vornämlich zum Gebrauch für Gerichtsärzte und Rechtsgelehrte. 266 S., gbd.

Berlin: Förstner 1844

JB 5.353

Hoffbauer, J(ohann) H(einrich): Wie ärztlich-physiologische Gutachten organisiert und ausgefertigt sein müssen, wenn sie den Zwecken des Richters entsprechen sollen. Zum Gebrauch für Gerichtsärzte und Rechtsgelehrte. 25 S., gbd.

Berlin: Förstner 1845

JB 5.354

Hoffbauer, Joseph, Gedanken auf Verkürzung des österreichischen Verfahrens in bürgerl. Rechtssachen, u. zur Beschleunig. desselben durch die Advocaten. 8. Grätz 836. Kienreich. 5/12 ℛ

— Gedanken auf Verkürzung d. österr. Civilrechtsverfahrens. 1r Hft. gr. 8. Grätz 819. Ferstl. 4 gGr.

Hoffbauer, Jos., Heimathsliebe eines Steyermärkers. Eine Samml. vaterländischer Dichtungen. 12. Grätz 828. (Damian u. Sorge). 9 gGr.

— Mozart. Ein dramat. Gedicht. 8. Grätz 823. Ferstl. 6 gGr. (Leipz., Kummer.)

Hoffbauer, J., (Dr. d. Rechte) Versuch einer allgem. Staatspolizei. 8. Grätz 815. Ferstl. 12 gGr.

Hoffbauer, K., kurzer Abriss der deutschen Litteraturgeschichte. 2., veränd. Aufl. gr. 8. (III, 44 S.) Frankfurt a/O. 887. Harnecker & Co. n. — 90

Hoffbauer, K., kurzer Abriss d. deutschen Litteraturgeschichte. 3., wenig veränd. Aufl. gr. 8. (III, 46 S.) Frankfurt a/O. 894. G. Harnecker & Co. n. — 90; kart. n.n. 1. —; geb. n. 1. 20

Hoffbauer, K., kurzer Abriss der deutschen Literaturgeschichte. 4., verb. Aufl. m. neuer Orthographie. (52 S.) 8. Frankfurt a/O. 905. G. Harnecker & Co. n. — 90

Hoffbauer, Carl [aus Halberstadt]: Beiträge zur Kenntnis der Insektenflügel ... M. 2 Taf. u. 3 Holzschn. (Aus: Zeitschr. f. wiss. Zool., Bd. LIV Heft 4.) Leipzig, W. Engelmann, 1892; 54 S., 1 Bl., 2 Taf. 8.
Gottingen, Phil. Fak., Inaug.-Diss. v. [3. Nov.] 1892

Hoffbauer, [Karl]: Ausgeführter Lehrplan der städtischen höheren Mädchenschule ⟨Augusta-Schule⟩ zu Frankfurt a. Oder. — Frankfurt a. O. [1900]: Haensch & Pahl (aufgekl.: Harnecker). 60 S. 8°

Hoffbauer, C[arolus]: *De peculiari pronominum demonstrativorum usu Plautino. 88 S. 4° (2°)
Halle-Wittenberg, Phil. Diss. v. 23. Dez. 1874
Geb. [Derenburg (Kr. Halberstadt) 29. 3. 1850]

Hoffbauer, Richard. Beiträge zur Kenntnis der Aloe. Diss. Phil. Bern. ([Mit 1] Spektral-Tafel.) 64 S. 8. Berlin, Gustav Schade, 1905.

Hoffbauer, Th., Liederbuch für preußische Soldaten, darin zu lesen und daraus zu singen. 16. (VIII, 144 S.) Berlin 869, Janke. *

Hoffbauer, Th., Liederbuch für preußische Soldaten, darin zu lesen u. daraus zu singen. Berlin 870. Janke. 16. (VIII, 144 S.) n. 4 ngr

Hoffbauer, Th., Wo ist H. H. v. Katte in Küstrin hingerichtet worden? Küstrin 1867. 8.

Hoffbauer, Wlh., s. Sachs, medicin. Almanach für das J. 1847.

Erneuerte Chur-Cöllnische Hoff-Cantzley-Ordnung. [Dat.:] Arensberg den 11. 8. 1724. Bonn 1726. [2 Ex.] fol.

Höffding, Harald, Charles Darwin. E. populäre Darstellg. s. Lebens u. s. Lehre. Autor. Uebersetzg. aus d. Dän. gr. 8. (30 S. m. Bildn.) Berlin 895. Buchhandlung Vorwärts. — 25

[S.] Charles Darwin. E. populäre Darstellg s. Lebens u. s. Lehre v. Harald Höffding, Prof. an d. Univ. Kopenhagen. Autoris. Uebs. aus d. Dän. M. e. Bildn. Charles Darwins ... Berlin: B. Heymann 1895. (30 S., 1 Bl., 1 Portr.) 1 Bd 8.

Höffding, H., Einleitung in d. englische Philosophie unserer Zeit. Autoris. Uebersetzg. von H. Kurella. gr. 8. (VII, 249 S.) Leipzig 889. Thomas. n. 4. —

— Ethik. Eine Darstellg. der ethischen Principien u. deren Anwendung auf besondere Lebensverhältnisse. Unter Mitwirkg. des Verf. aus dem Dän. übers. von F. Bendixen. gr. 8. (XIV, 492 S.) Leipzig 888. Reisland. n. 8. —

Höffding, Harald, Ethik. Eine Darstellung der eth. Prinzipien u. deren Anwendg. auf besondere Lebensverhältnisse. 2. Aufl. der deutschen Ausg. Unter Mitwirkg. des Verf. nach der vielfach geänd. u. erweit. 2. dän. Ausg. übers. v. F. Bendixen. gr. 8. (XVI, 618 S.) Leipzig 901. O. R. Reisland. n. 10. —

— Geschichte d. neueren Philosophie. E. Darstellg. d. Geschichte d. Philosophie von dem Ende d. Renaissance bis zu uns. Tagen. 1. u. 2. Bd. Unter Mitwirkg. d. Verf. a. d. Dän. ins Deutsche übers. v. F. Bendixen. gr. 8. (XV, 587 u. VI, 677 S.) Leipzig 895. 96. O. R. Reisland. à n. 10. —

Höffding, Harald, die Grundlage der humanen Ethik. Aus dem Dän. gr. 8. (III, 107 S.) Bonn 880, Strauss.

Höffding, Harald, Sören Kierkegaard als Philosoph, s.a. Frommann's Klassiker der Philosophie. III.

Höffding, Harald: Sören Kierkegaard als Philosoph. Von Harald Höffding, Prof., Kopenhagen. Übers. von A[ugust] Dorner u. Chr[istoph] Schrempf. Mit Bildn. 2. durchges. Aufl. Stuttgart: F. Frommann 1902. (167 S.) 8° = Klassiker, Frommanns, d. Philosophie. 3.

Höffding, Harald, Lehrbuch der Geschichte der neueren Philosophie. (X, 286 S.) gr. 8. Leipzig 907. O. R. Reisland. 4.50; geb. 5. 20

Moderne Philosophen. Vorlesungen, geh. an d. Univ. i. Kopenhagen 1902 von Harald Höffding. Unter Mitw. d. Verf. übers. von F. Bendixen. Leipzig: O. R. Reisland 1905. (VI, 217 S.) 8°

— ethische Principienlehre, s.a. Vortragskurse, ethisch socialwissenschaftl.

Höffding, H. Ethische Principienlehre. In-8°. 64 S. Bern, A. Siebert. 1896. — 60
*** Ethisch-socialwissenschaftliche Vortragskurse. Band I.

Philosophische Probleme. Von Harald Höffding. Leipzig: O. R. Reisland 1903. (VIII, 109 S.) 8°

— Psychologie in Umrissen auf Grundlage der Erfahrung. Unter Mitwirkg. d. Verf. nach der 2. dän. Aufl. übers. von F. Bendixen. gr. 8. (VI, 463 S.) Ebd. 887. n. 8. —

Höffding, Harald, Psychologie in Umrissen auf Grundlage der Erfahrung. 2. deutsche Ausg., unter Mitwirkg. d. Verf. nach der vielfach geänd. 3. dän. Ausg. übers. v. F. Bendixen. gr. 8. (VIII, 500 S.) Leipzig 893. O. R. Reisland. n. 9. —

— Psychologie in Umrissen auf Grundlage der Erfahrung. 3. deutsche Ausg., unter Mitwirkg. des Verf. nach der vielfach geänd. 4. dän. Ausg. übers. v. F. Bendixen. gr. 8. (VIII, 485 S.) Leipzig 901. O. R. Reisland. n. 9. —; geb. n. 10. 20

— Psychologie in Umrissen auf Grundlage der Erfahrung. 4. deutsche, nach der vielfach geänderten 5. dän. bearb. Ausg. (VIII, 485 S.) gr. 8. Ebd. 908. 9. —; geb. 10. 20

— Religionsphilosophie. Unter Mitwirkg. des Verf. aus dem Dän. übers. v. F. Bendixen. gr. 8. (VI, 369 S.) Ebd. 901. n. 6. 40; geb. n. 7. 60

Höffding, Harald, Rousseau u. s. Philosophie, s.a. Frommann's Klassiker der Philosophie. IV.

Rousseau und seine Philosophie. Von Harald Höffding, Prof. ... zu Kopenhagen. Stuttgart: F. Frommann 1897. (158 S.) 1 Bd 8.
= Klassiker, Frommanns, d. Philosophie. (Bd) IV.

Höffding, Harald. (Jean Jacques) Rousseau und seine Philosophie. 2. durchgesehene Aufl. 150 S. 8. Stuttgart, Fr. Frommann, 1902. (br. M. 1. 75, geb. M. 2. 25)
(Frommanns Klassiker der Philosophie, hrg. von Richard Falckenberg.... [Band] 4....)

Höffding, Harald. Rousseau und seine Philosophie. 3. durchgesehene Aufl. 152 S. 8. Stuttgart, Fr. Frommann, 1910. (M. 2.—, geb. 2. 50)
(Frommanns Klassiker der Philosophie, hrg. von Richard Falckenberg.... [Band] 4....)

Hoffe das Beste bei Lungenschwindsucht (Tuberkulose) von der Schwefeldampf-Kur! Eine vom Verf. vieljährig prakt. erprobte Radikalkur durch Einatmung von Schwefeldämpfen. Von E. N. in B. P. Leipzig: Modern-Mediz. Verl. 1903. (16 S.) 8° [S.]

Hoffe, John Robert Tyler (London)
De dentitione. Inaug. Diss.
[lt. Dekanatsbuch nur handschriftlich eingesandt.]
Dr. med. Giessen 6.2.1845.

Höffel, der Einfluß der Unsittlichkeit auf Erkrankung u. Sterblichkeit. Vortrag, geh. in der Männerversammlg. der VI. allgemeinen Konferenz der deutschen Sittlichkeits-vereine in Kolmar i/E. am 19. Septbr. 1894. gr. 8. (25 S.) Berlin 894. (Leipzig, R. Werther.) n. — 50

Höffel, d. Theorie d. notwend. Übels u. d. Stellg. des Staates demselben gegenüber. Vortrag, geh. in öffentl. Männerversammlg. z. Straßburg u. Dresden. 8. (24 S.) Dresden 895. (Hannov. Münden, R. Werther.) n. — 30

Hoeffel, Jean, aperçu historique sur l'ancienne faculté de médecine de Strasbourg gr. 8. (138 S.) Strassburg 872. Treuttel & Würtz. n. 1. 60

Hoeffel, Timotheus [app. Arzt aus Breuschwickersheim]: Dystrophia muscularis progressiva. . . . Strassburg, Univ. Buchdr. v J. H. E. Heitz, 1891; 2 Bl., 59 S. 8°
Strassburg, Med. Fak., Inaug. Diss. v. 1891

Hoffeld, Max v., u. Lorenzen, ein Justizmord u. and. Studenten-Geschichten, s.: Collection Seitz & Schauer.

Höffelein, Karl Aug. Hnr., Abhandll. aus d. deutschen Staats- u. Lehnrecht. gr. 8. Stuttg. 785.

— s. 1) Geschichte d. reform. Kirche. 2) Wirkungen d. westphäl. Friedensunterhandl.

— Betrachtungen üb. das Leben Jesu Christi m. Berücksicht. seines Lebens im allerheiligsten Sacramente f. alle Tage d. Jahres. Autoris. Uebersetzg. aus dem Franz. 1. u. 2. Bd. 2. Aufl. 12. (XVIII, 520 u. VI, 520 S.) Aachen 884. Jacobi & Co. à 2. 50

— der Christ in der Schule des heil. Joseph während des Monates März. Autoris. Uebersetzung. 16. (VIII, 288 S.) Mainz 884, Kirchheim.

Hoffelize, Adele Gräfin v., s.a. Handbüchlein, neues, f. tägl. Besucher d. Allerheiligsten.

— neues Handbüchlein für tägliche Besucher des Allerheiligsten. Von dem Verf. der Avis spirituels [A. v. H.]. Autoris. Uebersetzung aus dem Französ. 2. Aufl. 16. (VIII, 328 S. mit 1 Stahlst.) Ebendas. 881. 90 Pfg.; geb.

— neues Handbüchlein für tägliche Besucher des Allerheiligsten. Von dem Verf. der Avis spirituels. [A. v. H.] Autoris. Uebersetzung aus dem Französ. 3. Aufl. 16. (VIII, 328 S.) Ebendas. 884. * 90 Pf.; geb. * ℳ 1.20. und *

— Hülfe im Leiden. Ein Trostbuch für jeden Tag des Jahres. Autoris. Uebersetzung. 8. (XVI, 647 S.) Ebendas. 882.

Hoffelize, Gräfin Adele v., Hülfe im Leiden. Ein Trostbuch f. jeden Tag d. Jahres. Autoris. Uebersetzg. 2. Aufl. 8. (XVI, 647 S.) Mainz 894. F. Kirchheim. 4. —

— Hülfe im Leiden. Ein Trostbuch f. jeden Tag des Jahres. Autoris. Uebersetzg. 3. Aufl. (XVI, 647 S.) kl. 8. Mainz 905. Kirchheim & Co. n. 4. —; geb. in Halbldr. n. 5. —

— das Leiden Jesu Christi. Fromme Anmuthgn., nebst Kreuzweg-Andachten. Aus dem Französ. gr. 16. (XV, 649 S.) Ebend. 884. n. 3. —; geb. n. 4. 20

— das Leiden Jesu Christi. Fromme Anmuthgn., nebst Kreuzweg-Andachten. Aus dem Franz. 2. Aufl. 12. (XV, 649 S.) Mainz 898. F. Kirchheim. n. 3 —; geb. in Leinw. n. 4. —

— geistliche Rathschläge f. Seelen, welche nach der Vollkommenheit streben. Autoris. Uebersetzg. 12. (XX, 568 S.) Ebd. 892. n. 3. —; geb. in Leinw. n. 4. —

— Reflexionen u. Gebete für die heilige Communion. Autoris. Uebersetzung. Nach der 14., französ. Aufl. 12. (XVI, 720 S.) Ebend. 882. n. 3. —

— Reflexionen u. Gebete f. die heil. Communion. 2. Bd. A. u. d. T.: Communionbuch. Neue Sammlg. v. Reflexionen u. Gebeten f. die heil. Communion. Autoris. Uebersetzg. Nach der 5. franz. Aufl. 12. (632 S.) Ebend. 885. n. 3. —; geb. n. 4. — (1. u. 2.: n. 6. —; geb. n. 8. —)

Hoffelize, Adele Gräfin v., Reflexionen u. Gebete für die heil. Communion. 1. Bd. Autoris. Uebersetzg. Nach der 14. französ. Aufl. 2. Aufl. gr. 16. (XVI, 720 S.) Mainz 886. Kirchheim. 3. —; geb. n. 4. —

— Reflexionen u. Gebete f. die hl. Communion. 1. Bd. Autoris. Uebersetzg. Nach der 14. französ. Aufl. 3. Aufl. 12. (XVI, 720 S.) Ebd. 891. * 3 —; geb. in Callico * 4 —
— dass. — 2. Bd.: Communionbuch. Neue Sammlg. v. Reflexionen u. Gebeten. Nach der 5. französ. Aufl. 2. Aufl. 12. (632 S.) Ebd. 891. * 3 —; geb. in Callico * 4 —

— Reflexionen u. Gebete f. d. hl. Communion. 2. Bd. Communionbuch. Neue Sammlg. v. Reflexionen u. Gebeten f. d. hl. Communion. Autor. Uebersetzg. nach d. 5. franz. Aufl. 3. Aufl. 12. (632 S.) Ebd. 897. n. 3. —; geb. in Leinw. n. 4. —

— Reflexionen u. Gebete f. die hl. Communion. 1. u. 2. Bd. 12. Ebd. à n. 3. —; geb. in Leinw. à n. 4. —
1. Autoris. Uebersetzg. Nach der 14. französ. Aufl. 5. Aufl. (XVI, 720 S.) 903.
2. Communionbuch. Neue Sammlg. v. Reflexionen u. Gebeten f. die hl. Communion. Autoris. Uebersetzg. nach der 5. französ. Aufl. 4. Aufl. (632 S.) 904.

Hoffelize, Adele Gräfin v., Reflexionen u. Gebete f. die hl. Kommunion. I. Bd. 6. Aufl. (XVI, 720 S.) kl. 8. Mainz 909. F. Kirchheim & Co. 3. —; geb. in Leinw. 4. —; in Ldr. 5. —

— kurze Unterweisungen im christlichen Leben für Frauen u. Jungfrauen. Autoris. Uebersetzung nach der 12. französ. Aufl. 12. (XXXI, 672 S.) Ebend. 880. 3. —

— kurze Unterweisungen in den christlichen Tugenden f. Frauen, die in der Welt leben. Autoris. Uebersetzg. 12. (XXIII, 611 S.) Ebd. 887. n. 3. —; geb. n. 4. —

— kurze Unterweisungen im christlichen Leben f. Frauen u. Jungfrauen. Autoris. Uebersetzg. nach der 12. französ. Aufl. 2. Aufl. 12. (XXXI, 631 S.) Ebd. 892. n. 3. —; geb. in Leinw. n. 4. —

Hoffelize, Adele Gräfin v., von Bethlehem bis zum Calvarienberg oder die Liebe Jesu Christi zu den Menschen. Nach der 3. französ. Aufl. 16. (VII, 334 S.) Mainz 886, Kirchheim.

Hoffendahl, Karl Friedrich

Hoffendahl, Carl Friedrich (Neubrandenburg/Meckl.), De tendinis Achillis ruptura et conglutinatione. Diss. pathol.-chir. Bln. (Jordan) 20. XII. 1828. 24 S. mit Biogr. (M.: C. Ulrich) u. 1 Tfl. Abb. (C. L. Müller ad nat. del. C. Guinand sc. Berol.) (6.80) 15478
Oppon.: E. Gabler, J. Fromm, D. Meyer. — Gew.: v. Hieronymi, Götz.

Hoffendahl, Kurt

Hoffendahl, K: Adhäsionsplatten aus Silberfolien für obere Zahnersatzstücke. Berlin 1905

Hoffendahl, K: Die Anwendung des konstanten galvanischen Stromes bei Behandlung pathologischer Zustände an den Zähnen. Wien 1905

Hoffendahl, Kurt, Assistent am zahnärztl. Institut d. kgl. Universität Berlin: **Beitrag zur Entwicklungsgeschichte und Anatomie von Poecilasma aurantium Darwin.** Mit 4 Taf. *Jena: G. Fischer 1904.* (39 S.) 8° ¶ (Aus: Zoolog. Jahrbücher. Abth. f. Anat. u. Ontog. d. Tiere Bd 20, H. 3.)
Leipzig, Phil. Diss. v. 1904

Hoffendahl, Kurt, zahnärztliche Materia technica u. medica. (VIII, 155 S.) gr. 8. Berlin (909). H. Meusser. 4.40; geb. in Leinw. 5. 40

Hoffensthal, Hans von

Das Buch vom Jäger Mart. Roman von Hans v. **Hoffensthal**. Berlin: E. Fleischel & Co. (1908). (281 S.) 8° [F.] [o5. 6796]

Hoffensthal, Hans v.: Lori Graff. Roman von –. 2. Aufl. Berlin: Fleischel 1909. 384 S. 8°

Hoffensthal, Hans v., Lori Graff. Roman. 4. Aufl. (384 S.) 8. Berlin 910. E. Fleischel & Co. 5.—; geb. 6. 50

— Hildegard Ruhs Haus. Novellen. (Umschlag u. Einbd. sind nach e. Orig.-Holzschn. v. Carl Moser reproduziert worden.) (V, 239 S.) 8. Ebd. 910. 3.—; geb. 4. 50

Hoffensthal, Hans v., Helene Laasen. Roman. (318 S.) 8. Berlin 906. E. Fleischel & Co. n. 4. —; geb. n. 5. 50

— Helene Laasen. Roman. 2. Aufl. (313 S.) 8. Ebd. 907. 4.—; geb. 5. 50

— Maria-Himmelfahrt. Roman. 1. u. 2. Aufl. (355 S.) 8. Ebd. (905). n. 4. —; geb. n. 5. 50

Maria-Himmelfahrt. Roman von Hans v. **Hoffensthal**. Berlin: E. Fleischel & Co. [1905]. (355 S.) 8° [F.] [o5. 13481]

Hoffentlich ein Wort zu seiner Zeit! bey der Erscheinung eines Gesetzesvorschlages zu Aufhebung des Stiftes. Zürich 1832. V: *Usteri, Leonhard.* (Cat. d. Stadtbibl. Zürich. Zürich 1864—97.)

Hoffer's allgemeiner österreichischer Haus- und Geschäfts-Sekretär und Rechtsfreund. Ein unentbehrliches Hülfs- u. Auskunftsbuch in allen Angelegenheiten des Familien- u. Geschäftslebens. (Enthltd.: Eine deutliche Anleitung zur Abfassung von schriftlichen Aufsätzen aller Art u. s. w. Nebst einem erklärenden Verdeutschungs-Wörterbuche. 5., gänzlich umgearb. Aufl. 2 Thle. in 1 Bde. Wien 853. Haas. gr. 8. (2 Bl., 532 S. u. 6 Tab. in 4. u. Fol., 459 S. u. Verdeutschungs-Wörterbuch 114 S.) n. 3 ₰.

Hoffer, Alex., S. J., Fundorte röm. Alterthümer im Bez. Travnik, s.: Mittheilungen wissenschaftl., aus Bosnien u. d. Hercegovina.

— d. röm. Inschrift v. Fazlići, s.: Truhelka, Ciro, u. Carl Patsch, römische Funde im Lašvathale.

Antonius Hoffer. Theses logicae, quas publicae disputationi expositas, praeside *Antonio* Hoffer, aa. ll. et philosophiae magistro eiusdemque in principali Athenaeo Marchio-Badensi professore publico et ordinario propugnabunt nobiles, ingenui ac eruditi adolescentes I. Lambertus Roos, Bingensis, II. Henricus Hartardus Durbach, Spirensis, III. Ignatius Wolff, Badensis, IV. Joannes Valentinus Loreye, Mahlbergensis. Badenae in aula principalis Athenaei die 13. Septembris anno 1734. Horis ante et post meridiem consuetis.
Rastadii typis A. M. Tuschin, vid. Typ. Aul. Per Ferdinandum Andream Laurentium Eller. 4°. 8 S. Rastatt, P 1734

Antonius Hoffer. Theses ex universa philosophia, quas in aula principalis Athenaei Marchio-Badensis mense Septembri die 10. anno MDCCXXXV. praeside Antonio Hoffer aa. ll. et philosophiae magistro, eiusdemque in dicto principali Athenaeo professore publico et ordinario horis ante et post meridiem consuetis publice defendendas susceperunt ornati et eruditi philosophiae emeriti: I. Lambertus Roos, Bingensis, II. Henricus Hartardus Durbach, Spirensis, III. Ignatius Wolff, Badensis, IV. Joannes Valentinus Loreye, Mahlbergensis.
Rastadii typ. A. M. Tuschin vid. aul. typogr. Per F. A. L. Eller. 4°. 8 S. Rastatt, P 1735

Hoffer Dr. B.: Zur Gründungsgeschichte des Frauenklosters St. Bernhard bei Horn. 32. Melk 74. **Progr.**

Hoffer Dr. B.: P. Odilo Hochfellner †. 3. Melk 81. **Progr.**

Hoffer, C., Vorschläge zur zeitgemäßen Ausgestaltung der Kirchenvermögenswirtschaft Gr.-8°. (26 S.) † K —.60
Saaz: Ippoldt 1904.

Hoffer, Christianus: De personarum usu in P. Terentii comoediis. Halis Saxonum (1877: Haack in Berlin). 43 S. 8°
Halle-Wittenberg, Phil. Diss. v. 11. Jan. 1877
Geb. Königstädt (Kr. Ruppin) 15. 10. 1851. V.
Im Buchhandel Berlin: Mayer & Müller 1877.

Hoffer, Chrn., de personarum usu in P. Terentii comoediis. gr. 8. (43 S.) Berlin 877, Mayer und Müller.

Hoffer, [Christian]: **[Worte zum Andenken an Professor Dr. Karl Lehmann.]** *Berlin 1898: A. Haack.* (12—13 S.) 4°
Berlin, Humboldts-G, OP 1898 (56)

Hoffer, Eduard

— Beiträge zur Entomologie Steiermarks. 8 (28 S.). **Progr.** Landes-Oberrsch. *Graz* 1890.

Höffer, E. Ueber Flecht-Maschinen. gr. 4. (55 S. m. 9 lithogr. Taf.) Berl. 885, (Berg). 8 —
Aus: Verhandlgn. d. Vereins zur Beförderg. d. Gewerbfleisses, besonders abgedruckt.

Hoffer, E.: Die Hummeln Steiermarks mit 3 Tafeln. 94 u. 98 S. – Graz, Progr. 1882. 1883.

Hoffer, Ed., die Hummeln Steiermarks. Lebensgeschichte u. Beschreibung derselben. 1. Hälfte. Mit 1 lith. u. 2 chromolith. Taf. gr. 8. (IV, 92 S.) Graz 882. Leuschner & Lubensky. n. 3. —

Hoffer, Ed., die Hummeln Steiermarks. Lebensgeschichte u. Beschreibg. derselben. 2. Hälfte. Mit 3 chromolith. Taf. gr. 8. (98 S.) Graz 883. Leuschner & Lubensky. n. 3. 60 (cplt.: n. 6. 60)

Hoffer, Eduard: Krystallformen-Netze, s.a. Pappermann, Gustav

Hoffer's, E., Krystallformen-Netze. 17 Blatt. gr. Fol. Graz 888. (Wien, Amonesta.) n. 2. 50

Hoffer, Dr. Eduard, Lehrbuch der Thierkunde für Lehrer- und Lehrerinnen-Bildungsanstalten. Wien und Prag. Verlag von F. Tempsky, 1897. (Min.-Erl. vom 14. Juni 1897, Z. 13881.) Geh. 1.50, geb. 1.75

Hoffer, Ed., Lehrbuch d. Thierkunde f. Lehrer- u. Lehrerinnen-Bildungsanst. M. 293 Abb. gr. 8. (284 S.) Wien u. Prag 898. F. Tempsky. — Leipzig, G. Freytag. Geb. in Leinw. n. 3. 50

Hoffer, Eduard, Lehrbuch der Tierkunde f. Lehrer u. Lehrerinnen-Bildungsanstalten. Mit 300 Abbildgn. u. 1 farb. Taf. „Tier-Regionen u. Subregionen" nach Wallace. 2., nach biolog. Grundsätzen bearb. Aufl. gr. 8. (IV, 315 S.) Leipzig 903. G. Freytag. Geb. in Leinw. n. 3.50

Hoffer, Eduard, Lehrbuch der Tierkunde f. Lehrer- u. Lehrerinnen-Bildungsanstalten. Mit 302 Abbildgn. u. 1 farb. Taf. „Tier-Regionen u. Subregionen" nach Wallace. 3. Aufl. Im wesentlichen unveränd. Abdr. der 2., nach biolog. Grundsätzen bearb. Aufl. (V, 314 S.) 8. Wien 905. F. Tempsky. Geb. n. 4.—

Hoffer, Dr. Eduard, Lehrbuch der Tierkunde für Lehrer- und Lehrerinnenbildungsanstalten. Mit 294 Abbildungen im Texte und einer farbigen Karte „Tierregionen und Subregionen" nach Wallace. 4., nach biologischen Grundsätzen bearbeitete Auflage. Wien 1907. F. Tempsky. Geb. K 4.—.

Hoffer, Eduard, Lehrbuch der Tierkunde f. Lehrer- u. Lehrerinnenbildungsanstalten. Mit 294 Abbildgn. u. e. farb. Karte „Tier-Regionen u. Subregionen" nach Wallace. 4., nach biolog. Grundsätzen bearb. Aufl. (248 S.) gr. 8. Wien 908. F. Tempsky. Geb. 4.—

Hoffer, Eduard: Leo Leguerney's Mineralien- und Petrefakten-Sammlung an der Landes-Oberrealschule zu Graz. S. 3 bis 15. 8. Progr. Steiermärkische Landes-Oberrealschule *Graz* 1909.

Hoffer, Eduard Naturhistorische Miscellanea. 8 (34 S.). Progr. Landes-Oberrsch. *Graz* 1889.
I. Mammaliologisches. II. Ornithologisches. III. Herpetologisches. IV. Entomologisches. V. Helminthologisches. VI. Botanisches.

Hoffer, Ed., Praxis der Insektenkunde. Anleitung, Insekten zu fangen, zu tödten u. zu präpariren, zu züchten u. Sammlgn. anzulegen. 8. (X, 231 S. m. 83 Abbildgn.) Wien 892. A. Pichler's Wwe. & Sohn. n. 2. 50; geb. in Leinw. n. 3. —

— illustriertes Schmetterlingsbuch. Beschreibung der am häufigsten gesammelten Großschmetterlinge Mittel-Europas, nebst e. Anleitung, dieselben zu fangen u. zu präparieren, Raupen u. Puppen zu behandeln u. eine Sammlg. anzulegen. Mit 305 Orig.-Abbildgn. auf 24 color. Taf. u. 15 Illustr. im Text. gr. 8. (IV, 130 S.) Wien 890. Pichler's Wwe. & Sohn. geb. n. 5. —

Hoffer, Eduard Skizzen aus dem naturhistorischen Museum der Landesoberrealschule in Graz. 16 S. 8. Progr. LOR. *Graz* 1881.

Hoffer, Ed.: Der gegenwärtige Standpunkt der Infusorienkunde. 56 S. – Graz, L.-OR., Progr. 1871. 1872.

Hoffer, Dr. Eduard, Tierkunde für Lehrer- und Lehrerinnen-Bildungsanstalten. 2., nach biologischen Grundsätzen bearbeitete Auflage. Wien und Prag 1902. F. Tempsky. Preis, gebunden 4 K.

Hoffer Dr. E.: Über den Ursprung, das Alter und den Gang der Entwicklungsgeschichte des Menschengeschlechtes. Eine anthrop. Skizze. 56. Graz L.-R. 75. Progr.

Hoffer, Eduard Verzeichnis der in Steiermark von Professor Dr. E. H. bis jetzt gesammelten Osmia- und Andrena-Arten. 8 (9 S.) Progr. Steierm. Landes-Oberrsch. *Graz* 1895.

Hoffer, Frz., e. kleiner Beitrag zur neuesten Geschichte d. Leobner Factorie-Vermögens. gr. 8. (50 S.) Graz 876. Hesse. n. — 60

Hoffer, Frz., Verhaltungsregeln bei d. Trink- u. Badegebrauche des Tazmanndorfer Mineralwassers. Mit 1 Situationsplane. 8. Güns 834. Reichard. (Leipzig, Volckmar.) 3/8 ß

Hoffer, Hans, Entwurf eines Lehrplanes für den Turnunterricht an Volks- und Bürgerschulen für Knaben, Wien 1874, 14 S., 4°.

Hoffer, Hans, Das Turnen im allgemeinen und der Turnunterricht in der k. k. Theresianischen Akademie (S. Abdr. a. d. Jber. üb. d. Gymnas. d. k. k. Theresianischen Akademie), Wien 1879, 42 S., 8°.

Programma quo solemnem Societatis historicae circuli ad Moenum inferioris sodalium conventum ad diem XXVI. Augusti MDCCCXXXVI concelebrat F. A. REUSS. Inest JOANNIS HOFFERI Descriptio urbis Kitsingae. Wirceburgi. Typis Friderici Ernesti Thein. 8°.

Hoffer, Johann — Die k. k. privil. österreichische Nationalbank und das Silberagio, nebst einem Vorschlage, der allen bestehenden Verhältnissen Rechnung trägt, eine Restriktion der Noten in den Geschäften der Bank im gegenwärtigen Augenblicke unnöthig macht, und zugleich den Verkauf der der österreichischen Nationalbank überlassenen Staatsgüter zu ihrem wahren Werthe in erhöhter Weise sicher stellt. Eine Studie von — —. Als Manuskript gedruckt. Wien, 1856. Druck und Papier von Leopold Sommer. (IV. 42 S. 8.)

Hoffer, Jh. Brhd., († d. 1. Oct. 1792.) Beiträge zum Polizeirecht der Deutschen. 2 Stcke. gr. 8. Altd. 764, 65. (Monath u. K. in Nürnb.) 1 ß

— s. Bibliotheca Heumanniana.

Hoffer, Johann Bernhard (Nürnberg), De quibusdam caussis exhaeredationis. Specim. jur. German. Altdorf (Johann Adam Hessel) 17. III. 1757. 48 S. (7.50) 15479
Widm. v.: D. Georg Friedrich Deinlin, Wolfgang Albert Spis.

— s. J. B. Heumann, Katechismus.

— — De lege VI hac edictali cod. de secundis nuptiis ad Germanorum mores caute applicanda. Comment. acad. Altdorf (Johann Adam Hessel) 14. III. 1759. 32 S. (7.—) 15480

Hoffer, Josef

Hoffer, Jos., neuester vollständigster wiener Briefsteller rc. Ein treuer Rathgeber in allen schriftl. Angelegenheiten d. Familien- u. Geschäftslebens f. alle Stände. 3., gänzl. umgearb. u. verm. Aufl. gr. 8. (61¾ B., 1 Tab. u. 1 Stnt.) Wien 840, Haas'sche Buchh.
Aus: Dess., Haus- u. Geschäftssecretär, besond. abgedruckt.

Hoffer, Jos., allgem. österr. Haus- u. Geschäfts-Secretär, Rechtsfreund u. Rathgeber. Nebst e. Anh., enth.: Ein erklär. u. gemeinnütz. Verdeutschungswörterbuch. 2 Thle. gr. 8. (85¾ B., 1 Tab. u. 1 Stnt.) Wien 840, Haas'sche Bh. Thlr.

— der wohlunterrichtete österr. Rechtsfreund und Rathgeber, od. faßliche Anweisung, wie man sich in vorkommend. Rechtsfällen zu benehmen hat rc. Mit besond. Rücksicht auf das bürgerl. Gesetzbuch. gr. 8. Ebd. 840. 1½ ℔

Hoffer, Carl, Vorschläge zur zeitgemässen Ausgestaltung der Kirchen-Vermögenswirtschaft. (28 S.) gr. 8. Saaz 903. (A. Ippoldt's Nachf.) n.n. — 60

Hoffer, L. v., über Blutkörperchenzählung und deren Verwerthung zu klinischen Zwecken. Vortrag, gehalten am 16. Aug. 1882 bei der Wanderversammlung des Vereines der Aerzte Steiermarks zu Knittelfeld. gr. 8. (16 S.) Graz 883, Leuschner und Lubensky.
Aus: Wiener medizinische Wochenschrift, besonders abgedruckt.

— die Leukämie, s.: Sonderabdrücke der Deutschen Medizinal-Zeitung.

Hoffer, Ludw., klinische Propädeutik. Ein Lehrbuch der klin. Untersuchungs-Methoden m. e. kurzgefassten Diagnostik der wichtigsten Lungen- u. Herzkrankheiten. 12. (VIII, 203 S.) Graz 894. Leuschner & Lubensky. Geb. in Leinw. n. 3. 60

Hoffer, Max: Feier des 60jährigen Regierungsjubiläums Seiner Majestät. S. 27—32. 8. K. k. Staats-Gymn. *Marburg a. D.* 1909.
Progr.

Hoffer, Max: Das k. k. Staatsgymnasium in Marburg von 1858 bis 1908. Marbg '08. S. 5—37. Marburg, Staats-G., P. 1908.

Hoffer, Max: Die Verteilung des bäuerlichen Grundbesitzes in der Umgebung von *Marburg* zu Beginn des XIX. Jahrhunderts. Marbg '07. S. 3—29. Marburg a. D., Staats-G., Jahresb. 1907.

Hoffer, P. Alexander, S. J., Fundorte röm. Alterthümer im Bezirke Travnik. Mit sechs Abbildungen im Text. Lex.-8. (18 S.) * —.24
Separat-Abdruck. Wien: Gerold 1898.

Hoffer, Raimund

Hoffer, Raim., Kautschuk und Guttapercha. Eine Darstellung der Eigenschaften und der Verarbeitung des Kautschuks und der Guttapercha auf fabrikmäß. Wege, der Fabrikation des vulcanisirten und gehärteten Kautschuks, der Kautschuk- und Guttapercha-Compositionen, der wasserdichten Stoffe, elast. Gewebe u. s. w. Für die Praxis bearb. 8. (XVI, 243 S. mit 8 eingedr. Holzschn.-Abbild.) Wien 880, Hartleben's Verlag.

Hoffer, Raimund, Kautschuk u. Guttapercha. Eine Darstellg. der Eigenschaften u. der Verarbeitg. d. Kautschuks u. der Guttapercha auf fabriksmäß. Wege, der Fabrikation d. vulcanisirten u. gehärteten Kautschuks, der Kautschuk- u. Guttapercha-Compositionen, der wasserdichten Stoffe, elast. Gewebe u. s. w. Für die Praxis bearb. 2., erweit. Aufl. 8. (VII, 227 S. m. 16 Abbildgn.) Wien 892. A. Hartleben. n. 3. 25; geb. n. 4. 5

Hoffer, Raim., Kautschuk u. Guttapercha. Eine Darstellg. der Eigenschaften u. der Verarbeitg. des Kautschuks und der Guttapercha auf fabriksmäß. Wege, der Fabrikation des Weich- u. Hart-Gummis, der Kautschuk- u. Guttapercha-Kompositionen der wasserdichten Stoffe, elast. Gewebe usw. Für die Praxis bearb. 3., vollständig neu bearb. Aufl. (VII, 238 S. m. 22 Abbildgn.) 8. Wien 908. A. Hartleben. 3.25; geb. 4.05

Hoffer, Robert, appr. Arzt a. Heidelberg: Die klinische Stellung der einfachen Melancholie. Freiburg i. B. 1904: K. Kuss. (26 S.) 8°
Freiburg i. B., Med. Fak., Ref. Hoche, Diss. v. 1904
[Geb. 20. April 76 Heidelberg; Wohnort: Freiburg; Staatsangeh.: Baden; Vorbildung: Gymn. Lahr Reife Juli 95; Studium: Karlsruhe 6 S. (Forstl.) Freiburg 6, Straßburg 1, Freiburg 3 S.; Coll. 1. Juli 04.]

Höffer, E., über Flecht-Maschinen. [Aus: „Verhandlgn. d. Vereins zur Beförderg. d. Gewerbefleisses".] gr. 4. (55 S. m. 9 lith. Taf.) Berlin 885. (E. F. W. Berg.) n. 8. —

Höffer, Karl Hnr., Idyllen, oder Klagen über d. flüchtige Zeit. 8. Leipz. 764.

Höffer, Karl Hnr., († 1793.) Idyllen u. Erzählungen. 8. Leipz 777.

Höffer O. Bericht über die elektr. Ausstellg zu Frankfurt a. M. (16 S) 4° Breslau 1892

— Tabellen z. Festigkeitslehre, Baumechanik u. z. Benutzg. beim Berechnen u. Entwerfen v. Eisenkonstruktionen. gr. 8. (41 S. m. Fig.) Breslau 896. (Max & Co., Sort.) n. 1. —

Höffer, O.: Tabellen zur Festigkeitslehre, Baumechanik und zur Benutzung beim Berechnen und Entwerfen von Eisenkonstruktionen zsgest. von O. Höffer, Ingen. Breslau: Gebr. Wellmann in Komm. 1896. (41 S.) 8°

Höffer, O.: Über Verwendung von Cementdielen und Cementbrettern m. bes. Berücks. d. ausgeführten Bauten d. Oberschles. Cementdielen-Fabrik in Beuthen O.-S. M. 94 Abb. u. 4 Taf. v. O. Höffer, Ingen. Breslau: J. Max 1895. (1 Bl., 107 S., 1 Bl., 4 Taf.) 1 Bd 8.

Höffer, O., üb. Verwendg. v. Cementdielen u. Cementbrettern m. besond. Berücksicht. d. ausgef. Bauten d. oberschles. Cementdielen-Fabrik in Beuthen O.-S. gr. 8. (108 S. m. 94 Abb. u. 4 Taf.) Breslau 895. M. Tietzen. n. 3. —

Höffer, P., von Meer zu Meer. Posse u. Ausstattungsstück in 8 Bildern. 8. (130 S.) Berlin 889. Exped. d. deutschen Schriftstellerwelt. n. 1. 50

Höffer, Paul (Eug. Richter), Papa Bertolin. Singspiel mit Tanz in 1 Aufzuge. 8. (38 S.) Hamburg 878. Eug. Richter. — 75

Höffer, Paul, die wahre Lebensgeschichte der kühnen Luftgymnastikerin Miß Zenobia. Nach mündl. Mittheilungen wiedererzählt. 12. (15 S.) Hamburg 880, E. Richter.

Höffer, W., Schwester Honora; die Insel im See, s.: Lektüre, interessante.

Höffer, W. Schwester Honora; die Insel im See, s. Novelletten, vier.

Hofferichter, Paul (geb. Breslau 11. 1. 1857): Über einige neue Derivate der Trichloressigsäure. Breslau 1878. (32 S.) 8° [Im Buchhandel 1878 bei Koebner in Breslau.]

Breslau, Phil. Diss. v. 17. Juni 1878

Hofferichter, Thdr., deutsche Akkorde auf der Davidischen Harfe. 8. Lauban 845. (Exped. d. Wochenblattes.) $1\frac{1}{2}$ ℛ

Hofferichter, Th., Altes u. Neues. Gedichte. 1. Heft. Lauban 860. Baumeister. 16. (47 S.) n. 5 ngr

Hofferichter, Theod., die 21 Artikel des Dr. Ottomar Behnsch beleuchtet. gr. 8. (40 S.) Breslau 847, Kern. $\frac{1}{6}$ ℛ

— Unser Bekenntniß am Jahresschluß. Predigt über Psalm 126, 1—3. 8. Breslau 846, Trewendt. n. 2 ngr

— die kirchliche Bewegung. Briefe an seine Freunde. 1—4. Hft. gr. 8. (S. 1—250.) Breslau 847. 48. Scholz. (à $\frac{1}{6}$ ℛ) $\frac{2}{3}$ ℛ

— der Bund freireligiöser Gemeinden in seiner nationalen Bedeutung. Rede, gehalten am 17. Juni 1860 vor der christkatholischen Gemeinde in Breslau. Ebend. 860. 16. (18 S.) $1\frac{1}{4}$ ngr

Hofferichter, Theodor, Der Entwurf des deutschen Reichsgrundgesetzes. (A. u. d. T.: Zeitfragen. Erstes Heft.) Breslau, A. Brehmer u. Minuth, 1848. 52 S. 8°.

— Festrede zur Schillerfeier. Gehalten am 13. Novbr. 1859 vor der freien christlichen Gemeinde zu Schweidnitz. Mit einem Anhange: Gedicht zur Schillerfeier, vorgetragen von demselben bei dem Schillerfeste des Handwerker-Vereins in Breslau am 10. Novbr. 1859. Ebend. 860. 8. (15 S.) $1\frac{1}{2}$ ngr

— der Geist ist über dem Gesetz. Predigt über Matth. 5, 20—26. geh. vor der christkathol. Gemeinde zu Breslau. 8. Lauban 845, Exped. d. Wochenbl. 2 ngr

— Theod., Gesangbuch f. d. Gottesdienst christ.-kathol. Gemeinden, s. Gesangbuch.

— Ihr seid das Salz der Erde. Matth. V, 13. Festrede, gehalten zur Einführung des Pred. Quit als Sprecher der zweiten freien religiösen Gemeinde zu Danzig am 25. Aug. 1861. Mit 2 Gedichten als Anhang. Danzig 861. Doubberck. gr. 8. (24 S.) nn. $2\frac{1}{2}$ ngr

— der Kirchenbann. Predigt über Luc. 6, 37. 8. Breslau 845, Trewendt. n. 2 ngr

— der Kirchenbann. Predigt üb. Lucas 6, 37. 8. (1 B.) Breslau 846, Trewendt. *

— u. Fr. Reder, Deutsche Lieder. 8. (IV u. 32 S.) Breslau 848, Scholz. n. $\frac{1}{12}$ ℛ

— Neujahrswunsch für die allgem. christl. Kirche. Predigt über 4 Moses 6, 24—26. geh. am Neujahrstage in d. Armenhaus-Kirche zu Breslau. 8. Ebend. 846. n. 2 ngr

— Ob Schrift? Ob Geist? Predigt über 2 Cor. 3, 4—11. geh. vor der christkathol. Gemeinde zu Glogau. 8. Ebend. 845. 2 ngr

— das Patent und die Christkatholiken zur Rechtfertigung des Verhaltens der christkathol. Gemeinden im preuß. Staate gegenüber der Gesetzgebung vom 30. März 1847. gr. 8. (27 S.) Breslau 848, Scholz.

— das Patent vom 30. März, die Bildung neuer Religions-Gesellschaften betreffend, gegenüber den Forderungen der Zeit. gr. 8. (46 S.) Breslau 847, Gosohorsky's Buchh.

— Pharisäer ringsum. Sechs Vorträge über das 23. Cap. im ersten Evangelium. 8. (IX und 61 S.) Oederan 851, Schlesinger. *

— Predigten. 1. Bd. A. u. d. T.: Wir wissen, daß wir aus dem Tode in das Leben gekommen sind. 12 Predigten. Gehalten in den christkathol. Gemeinden zu Breslau, Friedeberg a. d. O., Görlitz, Landeshut, Lauban, Liegnitz, Lüben, Striegau u. Waldenburg. gr. 8. Lauban 845, Exped. des Wochenbl. (Leipzig, Kirchner.) $\frac{1}{2}$ ℛ

— Rede zur Einweihung des Kirchhofes der christkathol. Gemeinde zu Breslau, nebst einem Grab-Gebete, gehalten am 27. Juli 1845. 8. Ebend. 845. 1 ngr

— Rede zum Gedächtniß an Robert Blum. Gehalten bei der Blum-Feier zu Breslau am 9. Novbr. 1849. 8. (18 S.) Breslau 849, Schuhmann. n. $\frac{1}{12}$ ℛ

— und E. Herrendörfer, Religion und Zeit, s. Herrendörfer.

— Religionslehre. In Vorträgen. 1. Theil: Grundlehre. 1. Abschnitt: Das Wahre. 1. u. 2. Bd. Breslau 861, 62. (Gotha, Stollberg.) gr. 8. n. $28\frac{1}{2}$ ngr

Inhalt: 1. Bd.: Haben die freien Gemeinden Religion? Freireligiöse Vorträge. (IX, 112 S.) n. $12\frac{1}{2}$ ngr — 2. Bd.: Gott u. Welt. Freireligiöse Vorträge. (XXIII, 135 S.) n. 16 ngr

Hofferichter, Thdr., Religionslehre. In Vorträgen. 1.—3. Bd. gr. 8. Berlin 865, C. Heymann. *]

Inhalt:

Bd. 1. Haben die freien Gemeinden Religion? Neue (Titel-)Ausg. (V und 112 S.) (861.) * $12\frac{1}{2}$ Ngr.

» 2. Gott und Welt. Neue (Titel-)Ausg. (XXIII und 135 S.) (862.) * 16 Ngr.

» 3. Himmel und Erde. (XIII und 348 S.) 865. * 1 Thlr.

Hofferichter, Thr., für die Semiten. Vortrag, gehalten am 28. Novbr. 1880 vor der freireligiösen Gemeinde zu Breslau. gr. 8. (12 S.) Breslau 880. (Barschak.) — 15

Hofferichter, Thdr., für die Semiten. Vortrag, gehalten am 28. Novbr. 1880 vor der freireligiösen Gemeinde zu Breslau. gr. 8. (12 S.) Breslau 880, (Preuß und Jünger.)

Hofferichter, Für d. Semiten. Breslau 881.

Hofferichter, Theod., der Tod ist der Sünden-Sold. Predigt über Röm. 6, 19—23. 8. ($\frac{3}{4}$ B.) Lauban 845. (Expedition d. Wochenbl.) Thlr.

— die Union der freien Gemeinden des Katholizismus u. des Protestantismus. Ein Beitrag zur Geschichte der religiösen Bewegung dieser Zeit. 8. (VIII u. 102 S.) Leipzig 850, Kollmann. $\frac{1}{2}$ ℛ

— das Vater unser. Im Geiste unserer Zeit erklärt. gr. 8. (104 S.) Wohlau 848, Leuckart. (Leipzig, W. Engelmann.) $\frac{1}{3}$ ℛ

Hofferichter, Thdr., vom Himmel zur Erde. gr. 16. (VII, 400 S.) Berlin 871. Heimann. n. 5. —

— Was ist unsern jungen Gemeinden zu wünschen? Predigt beim Gottesdienste der christkathol. Gemeinde zu Brieg am 10. Novbr. 1845. 8. Brieg 846, Schwartz. 1 ngr

— womit sollen wir uns rüsten gegen unsere Feinde? Predigt über Eph. 6, 10—17. 8. Breslau 846, Trewendt. n. 2 ngr

— woran erkennt man die falschen Propheten? Predigt über Matth. 7, 15—23. 8. Lauban 845, Exped. d. Wochenbl. 2 ngr

— Zeitfragen. In zwanglosen Heften. 1. Hft.: Der Entwurf des deutschen Reichsgrundgesetzes beleuchtet. gr. 8. (52 S.) Breslau 848 Brieg, Ziegler in Comm. n. 1/6 Thlr

Höfferlein, K. A. Neueste Gesch der Ref Kirche in d unteren Pfalz, aus ächten Quellen erläutert. Dessau, 1791.

Hofferrichter, Paul, s. Hofferichter.

Hoffers, Alex., Annoncen-Katechismus. Antworten auf die Fragen: Wo, wie u. wann soll man annoncieren? od. prakt. Anleitg. behufs zweckmäß. Abfassg. v. Bekanntmachgn. aller Art. In Fragen u. Antworten dargestellt u. durch Beispiele erläutert. 2. verb. u. verm. Aufl. Lex.-8. (80 S.) Glashütte 873. Schneider. 1. 50

— die Wiener Weltausstellung im Jahre 1873 u. deren Benutzg. zur vortheilhaften Publikation v. Fabrikaten, Erfindgn. etc. durch die Wiener Weltausstellungs-Zeitg., Central-Organ f. die Weltausstellg. im J. 1873, sowie f. alle Interessen d. Handels u. der Industrie. Auf Grund amtl. Mittheilgn. u. eigener Wahrnehmgn. dargestellt. Lex.-8. (39 S.) Ebend. 873. 1. 50

Hoffers, Rud., die Hautmassage zur Verschönerung des Teints. Thatsächlich bewährte u. v. Erfolg gekrönte Methode zur Beseitigg. v. Hautunreinlichkeiten, Pickeln, Mitessern, Sommersprossen, Hautröthe etc., nebst Anh.: Pflege der Zähne u. des Mundes. Pflege der Haare. Haarfärben. Pflege der Hände u. Nägel. 47.—52. Taus. Vermehrt u. verbessert. gr. 8. (16 S. m. Abbildgn.) Berlin (902). Berolina-Versand-Buchh.) — 80

— die Ungezieferplage. Ein Wegweiser zur absolut sicheren Vertilgg. v. Wanzen, Schwaben etc. Nach eingeh. Untersuchgn. u. jahrelangen Erfahrgn. zusammengestellt. gr. 8. (18 S.) Ebd. 899. — 20

Hoffers, Walther, Referendar: Grund und Grenze der Haftung des Tierhalters. ‹§ 833 B.G.B.› *Berlin 1903: Schmitz & Bukofzer.* (71 S.) 8°
Rostock, Jur. Diss. v. [22. Juli] 1903

Hoffert, J. H., Ansichten eines Wundarztes erster Classe über des Herrn Geh.-R. Dr. J. H. Schmidt Reform der Medicinal-Verfassung Preussens. gr. 8. (83 S.) Berlin 847, A. Hirschwald, Vrlgsh. *

Hoffert, J. H., Kritik der hauptsächlichsten gegen Kuhpocken-Impfungen angeführten Einwürfe. Lex.-8. (62 S.) Danzig 868, Kafemann.

Hoffert, J. H., über Noth- und Hausapotheken preussischer Aerzte. Eine Rechtsverwahrung. 8. (38 S.) Cammin 862. (Stettin, Saunier.) *

Hoffert, Joan. Armin. (geb. Danzig 30. 4. 1812): De trepanatione cranii. Berolini (1865). (32 S.) 8°
Berlin, Med. Diss. v. 22. Dez. 1865

Hoffest, das, zu Ferrara, s.a. Festspiel-Halle, deutsche.

Das Hoffest zu Ferrara. E. Festspiel m. grossen Aufz. u. lebenden Bildern . . . Erfurt: F. Bartholomäus (übergekl.: Berlin: E. Bloch) [1894]. (1 Bl., 19–28 S.) 1 Bd 8.
= Festspiel-Halle, Deutsche. H. 22.

Hoffet, Emilie

Hoffet, E.: Die Unzucht, ihre Ursachen und ihre Bekämpfung m. bes. Berücks. ihrer Reglementierung durch d. Staat. Vortrag, geh. im Instruktionskursus f. innere Mission in Karlsruhe ‹Okt. 1899›. 2. Taus. — (Colmar:) Selbstverl. [1899]. 23 S. 8°

Hoffet, Emilie, warum bekämpfen wir die Reglementierung der Prostitution?, s.a. Flugschriften, abolitionistische. 7. Heft.

Hoffet, Emile. Warum bekämpfen wir die Reglementierung der Prostitution? Von E' H', Pfarrer in Leysin in der Schweiz. II + 16 S. 8. Dresden-Radebeul, Kupky & Dietze, 1906.
Abolitionistische Flugschrift Heft 7. Hrg. von Katharina Scheven, Dresden

Hoffet, Fritz, der Fall François-Martin od. d. Straßburger Universitätsstreit. gr. 8. (30 S.) Straßburg 897. (C. A. Bomhoff.) — 60

— aus d. Heimat. Elsäss. Erzählgn. 8. (128 S.) Straßburg 898. Verlag der „Heimat". Geb. n. 1. —

Hoffet, Fritz, Kaiser-Kurzel, s.: Volksschriften f. das evangelische Lothringen. 2. Heft.

— Das reformierte Kirchenrecht in Elsaß-Lothringen und seine wichtigsten Urkunden. (58 S.) gr. 8. Straßburg 909. Buchh. der evang. Gesellschaft. 2. —

— Reiseeindrücke a. d. Elsaß, s.: Nach 25 Jahren.

Hoffet, Fritz, das Vereins- u. Ordenswesen in Frankreich u. die parlamentar. Kämpfe um das Gesetz v. 1. VII. 1901, s.a. Bibliothek f. Politik u. Volkswirthschaft.

Hoffet, Fritz: Das Vereins- und Ordenswesen in Frankreich und die parlamentarischen Kämpfe um das Gesetz vom 1. Juli 1901. Von Fritz Hoffet, Pfarrer in Kurzel. Berlin: Verl. d. Deutschen Stimmen 1902. (160 S.) 8°
= Bibliothek f. Politik u. Volkswirthschaft. H. 6.

Hoffet, J. G., Manuel d'exercices de style et de compositions françaises etc. Manuel de l'Instituteur. gr. in-12. Strasbourg et Paris 837. Levrault. 2/3 Thlr — IIe édit. 839. 2/3 Thlr

— le même. Manuel de l'Elève. gr. in-12. le même 837. 1/4 Thlr — IIe édit. 839. 1/4 Thlr

Hoffet, J. G., manuel d'exercices de style et de compositions françaises etc. 3e édit. Manuel de l'Élève. gr. 12. Strasbourg 843, Vve. Levrault. 1/4 Thlr

Hoffet, J. G., manuel d'exercices de style et de compositions françaises. Renferm. plus de 1150 proposit. graduées, simples et composées, et 500 compositions et sujets etc. 3e édit. rev. et augm. Manuel de l'Instituteur. gr. 12. Strasbourg 843, Ve. Levrault. 2/3 nf

—— Manuel d'exercices de style et de compositions françaises. 3. édit. (3¾ B.) 843. et 4. édit., revue, corr. et augm. Manuel de l'Elève. 12. (3⅚ B.) Strasbourg 845, Libr. Levrault. à

Hoffet, J. G., Manuel d'exercices de style et de compositions françaises. Renferm. plus de 1150 proposit. graduées, simples et composées, et 500 compositions et sujets etc. 3. édit., 843. et 4. édit. rev. et augm. Manuel de l'Instituteur. gr. 12. (à 10½ B.) Strasbourg 845, Libr. Levrault. à

Hoffeuerordnung, churfürstl. (*Carl Theodor's*, de dato München, den 3. August 1794). Fol. Beibd.
9 unpag. Bll. — Interess. u. selten!

Hoffheim, Elias Benedict (Leipzig), De Josephi Blancani rotunditate globi terraquei perfecte sphaerica. Diss. geogr. Präs. M. Johann Sebald Büttner (Zwickau). Lpz. (Christian Göz) 11. V. 1701. 16 Bl. (7.50) 15481

Hoffheinz, Bruno, über Gesichtslagen. Inaugural-Dissertation. 8. (40 S.) Königsberg i. Pr. 885, (Koch.) **

Hoffheinz, Fritz, Arzt: Aus d. Kgl. med. Universitäts-Poliklinik zu Königsberg i. Pr. Dir.: Prof. Dr. Julius Schreiber. Ueber das **Verhältnis** von Hyperämie und Hyperhydrosis bei lokaler Applikation überhitzter, trockener Luft. *Königsberg i. Pr. 1903: O. Kümmel.* (30 S.) 8°
Königsberg, Med. Diss. v. 9. Nov. 1903

Hoffheinz, G. D., Abwehr des Unglimpfs. Ein offener Brief an den Correspondenten d. Berliner allgem. Kirchenzeitung: ⊙ ⊙ Aus Ostpreußen. Anfangs Dezmbr. Jahrg. 1844. No. 101. gr. 8. Königsberg 845, Gräfe u. Unzer. 3 nγ

— Bruchstücke aus den einsamen Denkbewegungen eines Landpfarrers. gr. 8. Ebend. 844. 12 nγ

Hoffheinz, Gustav Theodor

Hoffheinz, G. Th., das Blutgericht in Königsberg in Pr. [Aus: „Altpreuss. Monatsschr."] gr. 8. (9 S.) Königsberg 880. Beyer. n. — 30

— die sieben Brücken in Königsberg. [Aus: „Altpreuss. Monatsschr."] gr. 8. (13 S.) Ebend. 881. n. — 30

Festrede, vor der traurenden Provinzial-Gross-Loge zu Königsberg i. Pr. am 23. März 5860 gehalten von G[ust.] T[heod.] **Hoffheinz.** (Auf Wunsch d. Brr als Ms. gedr.) Königsberg 1860: Dalkowski. 11 S. 8° [Umschlagtit.]
Abgedr. in: FZ. 14 (1860) S. 252—256.
Holländ. Übers. in: MW. 9 (1860) No 43.
Thema: Was beruhigt den Frmr bei dem Gedanken an seinen Tod? 157.

Festrede vor der trauernden Provinzial-Gross-Loge zu Königsberg i. Pr., am 12. März 5862, gehalten von G[ust.] T[heod.] **Hoffheinz.** (Auf Verlangen der Bbr als Ms. gedruckt.) Königsberg 1862: Dalkowski. 11 S. 8° [Umschlagtit.]
Üb. den Trost am Grabe. 358.

Festrede, am Stiftungsfeste der vereinigten Loge zum Todtenkopf und Phönix in Königsberg i. Pr. am 21. März 5858, gehalten vom Br G[ust.] T[heod.] **Hoffheinz.** (Auf den Wunsch der Brüder als Ms. gedruckt.) Königsberg 1858: Dalkowski. 13 S. 8° [Umschlagtit.]
Beantwortung der Fragen: Wie weit bist du gekommen? wie fern noch vom Ziele? u. üb. Weisheit, Schönheit u. Stärke. 258.

Festrede, am Stiftungsfeste der vereinigten Loge zum Todtenkopf und Phönix in Königsberg i. Pr. am 21. März 1859 gehalten vom Br. G[ust.] Th[eod.] **Hoffheinz.** (Auf den Wunsch der Brr als Ms. gedr.) Königsberg 1859: Dalkowski. 8 S. 8° [Umschlagtit].
Thema: Warum heisst die Frmrei eine Kunst? 258.

Festrede, am Tage Johannes des Täufers den 24. Juni 5860 in der vereinigten Loge zum Todtenkopf und Phönix gehalten vom Br. G. T. **Hoffheinz.** (Auf den Wunsch der Brr als Ms. gedr.) Königsberg 1860: Dalkowski. 12 S. 8° [Umschlagtit.]
Üb. moralische Halbheit. 258.

Festrede, am Tage Johannes des Täufers den 24. Juni 5861 in der vereinigten Loge zum Todtenkopf und Phönix [in Königsberg] gehalten von G[ust.] T[eod.] **Hoffheinz.** (Auf den Wunsch der Bbr als Ms. gedr.) Königsberg [1861]: Dalkowski. 10 S. 8° [Umschlagtit.]
Üb. das menschliche Herz. 358.

Kreuz: Festrede, am Tage Johannis des Täufers den 24. Juni 5862 in der Provinzial-Gross-Loge zu Königsberg in Pr. gehalten von G[ust.] T[heod.] **Hoffheinz.** (Auf den Wunsch der Brr als Ms. gedr.) Königsberg 1862: Dalkowski. 12 S. 8° [Umschlagtit.]
Thema: Das Kreuz ist des Sternes Fundament. 358.

Festrede, am Tage Johannis des Täufers den 24. Juni 5863 in der Provinzial-Gross-Loge zu Königsberg in Pr. gehalten von G[ust.] T[heod.] Hoffheinz. (Auf den Wunsch der Brr als Ms. gedr.) Königsberg 1863: Dalkowski. 21 S. 8° [Umschlagtit.]
Üb. die rechte Art, das Leiden aufzufassen u. zu benutzen. 358.

Hoffheinz, Gust. Thdr., ein Freundeswort an die Arbeiter unserer Provinz. gr. 8. (16 S.) Königsberg 848, Gräfe & Unzer in Comm. n. 1 ngl

— Grundzüge der christl. Religionslehre vom nationalen Standpunkte. 8. (40 S.) Ebd. 848. n. 4 ngl

Hoffheinz, G. T., die Verfassung, eine Lebensfrage der evangel. Kirche der Gegenwart. gr. 8. (27 S.) Königsberg 862, Theile's Buchh. *

Hoffheinz, G. Th., eine Wanderung durch Königsberg vor 280 Jahren. gr. 8. (24 S.) Königsberg 887. Koch. — 50

Hoffheinz, W., Giesmin Balsai. Litauische Kirchen-Gesänge, gesammelt durch W. H. Hrsg. v. der Litauischen litterar. Gesellschaft. qu. gr. 4. (IV, 113 S.) Tilsit. Heidelberg 894. (C. Winter.) n. 5. —

Hoffiller Viktor: Untersuchungen zum sogenannten „Thrakischen Reiter".
1900 PN 1314 Diss. Wien. Univ. 2589

Hoffing, Julo, am Fuss der Karawanken. Lieder u. Dichtgn. (98 S.) kl. 8. Strassburg 904. J. Singer. n. 1. 50

Hoffinger, s.a. Groß-Hoffinger.

Hoffinger, v., Dr.: Von der Universität. I. Die Doctoren-Collegien. II. Erinnerung an die Doctoren: Moriz Hörnes, Carl Freiherr von Hock, Victor Aimé, Huber, Heinrich Ritter. Wien 1869.

Hoffinger, v., von der Universität. I. Die Doctoren-Collegien. II. Erinnerung an die Doctoren: Carl Frhr. v. Hock u. Mor. Hörnes; Vict. Aimé Huber u. Heinr. Ritter. Wien 870. (Mayer & Co.) gr. 8. (58 S.) n. 10 ngr

Hoffinger, J. B. v. — Ueber die Stellung des Katholiken zur Literatur. Vortrag gehalten am 5. September 1853 in der Plenarversammlung des Severinus-Vereines von — —. (Separat-Abdruck aus dem österr. Volksfreunde.) 8. (18 S.) Wien. Gedruckt bei A. Pichler's Witwe u. Sohn. 1853.

Hoffinger, L. M., de dolor. parturientium. 4. Viennae. 752.

Hoffinger, J. R. von: Pachtassoziation. Wien 1865.

(**Hoffinger**, Dr. Johann Ritter v., k. k. Ministerialsecretär etc. etc.) Lorbeer und Cypressen von 1866. Dem Heere und Volke Oesterreichs gewidmete Blätter der Erinnerung an schöne Waffenthaten (Südarmee). kl. 8. Wien 1868.
— — Nordarmee. kl. 8. Wien 1868.

(**Hoffinger**.) Lorbern. gesammelt von den Soldaten des kais. österreichischen Heeres im Feldzuge 1859. Nach officiellen Quellen. (4 Bde.) 8. Wien 1863.

Hoffinger, Jh. Geo., († 1790.) über d. Einfluß d. Anquickung d. gold- u. silberhalt. Erze, auf d. Gesundheit der Arbeiter. 8. Wien 790. (Sammer). 8 gl

— vermischte medicin. Schriften. 1r Bd. 8. Wien 791. Blumauer. 12 gl

— Sendschreiben an J. G. Wolstein über d. Gebrauch d. Tabaks. 8. Chemnitz 790.

Hoffinger, Josepha v., Kronen aus Italiens Dichterwalde. Uebersetzungen. Mit e. Anh. eigener Dichtungen. Halle 860. Barthel. 16. (VI, 201 S.) n. 1 ₰; in engl. Einb. mit Goldschn. n. 1 ₰ 10 ngr.

Hoffinger, Josefa v.: Licht- und Tonwellen. Ein Buch d. Frauen u. d. Dichter. Aus d. Nachlass. Hrsg. u. mit e. Lebens- u. Charakterskizze der Verf. vers. durch Joh. v. Hoffinger. — Wien: Prandel 1870. XIII, 244 S. 8°

Hoffinger, Josefa, Licht- u. Tonwellen. Ein Buch der Frauen u. Dichter. Aus ihrem Nachlaß hrsg. u. m. e. Lebens- u. Charakter-Skizze der Verf. versehen durch Joh. v. Hoffinger. 2. verb. u. verm. Aufl. 8. (XII, 268 S.) Wien 871. Gronemeyer. n. 3. -

Hoffinger, Ph. H. F., s. Normalien-Sammlung.

— s.a. Sammlung badischer Baugesetze.

Hoffinger, Ph. H. F., Sammlung badischer Baugesetze. Nebst einem Anh. rechtl. Abhandlungen u. gerichtl. Entscheidungen über Baustreitigkeiten rc. Mit 9 lith. Taf. (in qu. Fol.) Neue (Titel-)Ausg. gr. 8. (VIII u. 999 S.) Mannheim (815) 852, Bensheimer. 1¾ ₰

Hoffinger, R. R. v. Beiträge zur Kenntnis der europäischen Heere u. Flotten u. hierauf bezüglichen Budget-Verhältnisse. Wien 1862. 42 S. 4°

Hoffinger, R. R. v., Beiträge zur Kenntniss der europäischen Heere und Flotten und hierauf bezügl. Budget-Verhältnisse. Lex.-8. (42 S.) Wien 863, (Gerold's Sohn.) *
Aus: Oesterreichische militärische Zeitschrift, besonders abgedruckt.

Höffinger, Karl. Der Curort Gleichenberg in Steiermark. 6. wesentl. verb. u. verm. Aufl. Mit 6 Ans., 1 Plan u. 1 Karte. 8. (VII, 144 S.) Wien 892, Braumüller. cart. in Leinw. * 4 —

Höffinger, C., Gries-Bozen in Deutsch-Südtirol, als klimatischer Terrain-Kurort u. Touristenstation. Vademecum f. Einheimische, Kurgäste, Reisende u. Touristen in Gries-Bozen u. im Etsch- u. Eisack-Gebiete. Ausgestattet mit Illustr. v. Toni Grubhofer u. Wilh. Huber, Phototypien nach Orig.-Aufnahmen, e. Skizze der Bozner Dolomiten v. A. Härting, Orig.-Plänen v. Gries-Bozen u. e. Umgebungs-Terrainkarte vom k. k. militär-geograph. Institute in Wien, e. Strassen- und Touren-Karte v. Paul Hölzl u. e. Eisenbahn-Uebersichtskarte. 8. (X, 492 S.) Innsbruck 887. (Wagner.) cart. n. 10. —

Höffinger, Dr. Carl, Curarzt in Gries-Bozen, Gries-Bozen als klimatischer Terrain-Curort und Touristen-Station. Ein Begleiter für Curgäste, Reisende und Touristen. Zweite ergänzte Auflage. Mit Illustrationen und Karten. 8. (X, 492 S. u. Inserate 160 S.) In Comm. Cart. Wien: Braumüller 1895. 2.—

Höffinger, Karl: Burg Runkelstein bei Bozen ... Vom Kaiserl. Rathe Dr. Carl Höffinger, Curarzte. Gries-Bozen: Selbstverl. [um 1904]. 26 S. 8°

—— Vademecum für Besucher des Curortes Gleichenberg [Steiermark]. 5. ganz neu bearb. und vergrösserte Aufl. 8. (96 S. mit 1 Photogr. und 4 Karten.) Gleichenberg 885. (Graz, Leuschner und Lubensky.) *

Hoeffken, William *Denick* [aus Norwood, Minn. U. S. A.]: Über die Darstellung und das Verhalten der Hexylita-, -Citra- und -Mesaconsäure ... Strassburg, Druckerei d. „Strassb. Neuesten Nachr.", 1893; 2 Bl., 29 S. 8.
Strassburg, Math.-naturw. Fak., Inaug.-Diss. v. 1893

Hoffkuntz, A. F., de *ανθρωποθυσία* Pilati. Lips. 1721. 4; rep. in Ikenii thes. 2. p. 443 ss.

Höffler, C. J. W., die Staats Oberaufsicht über das Privat Waldeigenthum in der preußischen Rheinprovinz vom praktischen Standpunkt bearb. Coblenz 862. Hölscher. gr. 8. (17 S.) 7½ *ngr.*

Höffler, Caspar, s. Höffler, Kaspar

Höffler, Friedrich. [von Frankfurt a. M.]: Untersuchungen über die Existenz der objectiven Aberration. Zür. F. Schulthess Dr. 1895. 2 Bl., 49 S., 1 Taf. 4°.
Zürich. Phil. Diss. [v. 9. Aug. 1895].

Hoeffler, Heinr., Bibliographie 1906, s.: Zeitschrift für romanische Philologie.

Hoeffler, Heinrich, aus Frankfurt a. M.: Entwicklung der kommunalen Verfassung und Verwaltung der Stadt Aachen bis zum Jahre 1450. *Marburg 1901: H. Kaatzer in Aachen.* (121 S.) 8° ¶ (Aus: Zeitschrift d. Aachener Geschichtsver., Bd 23.)
Marburg, Phil. Diss. v. [5. Dez.] 1901

Hoeffler, Heinr., Entwicklung der kommunalen Verfassung u. Verwaltung der Stadt Aachen bis zum J. 1450. Diss. gr. 8. (123 S.) Marburg 901. Aachen, Cremer. n. 2. —

Hoeffler, Jh. Jak., de primis et genuinis legum fontibus. 8 maj. Leipz. 761. Weygand. 4 *gr.*

Höffler, Kaspar

Höffler, Casp., Anweisung zur Bienenzucht. 8. Leipzig, Junius 753.

Höffler, Rich., de nomothesia attica. Dissertatio. gr. 4. (42 S.) Kiel 877. Haeseler. n. 1. 60

Höffler, W.

— Gedanken von der Zeit insgemein, insbesondere aber von der letzten bösen Zeit, in Betrachtungen. 8. Nrnb. Raspe. 739.

Höffler, W., Passionsbetrachtungen. 8. Nrnbg. Monath. 739.

Höfflich, Georg Christoph (Bayreuth), De his quae principum statuumve imperii libertati perperam accensentur. Präs. Nic. Christoph Lyncker. Jena (Joh. Dav. Werther) April 1688. 21 Bl. (6.80) 15344

— — Dasselbe. Neudruck o. J. 22 Bl. mit dtsch. Widm. (7.—) 15345

— — Dasselbe. Wittbg. (Hake) 1737. 40 S., ohne Widm. (6.80) 15346

— — (Bayersd. Frk.), De re pecunia aliena comparata. Diss. jur. Präs. Peter Müller. Jena (Bauhofer) 19. IX. 1688. 40 S. (7.—) 15347

— — Dasselbe. Jena (Paul Ehrich) 1715. (7.—) 15348

— **Gottlieb Friedr.** (Bayreuth), Commentatio de dominio directo in alieno territorio cumprimis sereniss. marggraviorum Brandenburgensium tanquam burggraviorum Noribergensium in Austria. Präs. Burc. Gotthelf Struve. Jena 16. X. 1724. 88 S. (8.—) 15349

Höfflich, J. W.: De juribus minerarum. Halle, 1737. 56 S.

Höffliger, Jost Bernhard Barrab.

— Gedichte. 8. Luzern 813.

Höffliger, Jost Brhd. Barrab., schweizerische Volkslieder nach der Luzernischen Mundart. 8. Luzern 815. Mayer. (Leipz., Schmidt). 1 ℛ 8 *gr.*

Höffling, Franciscus. Philosophia Herbipolensis, æternæ episcoporum ... memoriæ devota. Quorum Vultus & imagines, æri primùm incisas, Seræ Posteritatis oculis animisque suspiciendas, theses vero suas ... Publicæ Disputationi exponit. Et ... præside R. P. Joanne Seyfrid ... Defendet ... Antonius Reinhardus Franciscus Höffling ... Anno MDCCXII [1712] ... Herbipoli, Typis Joannis Michaëlis Kleyer ...
Titelkupfer, Tit., 4 S. Widmung; 70 Taf. in Kupferst. von Joh. Salver. 4°.
S. auch Of 17 Coronelli, Ordinum equestrium ac militarium brevis narratio. [1715.] Anhang.

Höfflmayr, Martin, Anleitung zu e. verbess. Verfahren bei d. Schnell-Essig-Bereitung, welches bei größter Einfachheit u. mit ganz unbedeut. Kosten ein, dem besten französ. Wein-Essig nicht nur vollkomm. gleich kommendes, sondern an Reinheit, Haltbarkeit u. Wohlgeschmack bei Weitem übertreff. Fabrikat erzielt, u. demnach jed. and. unbedingt vorzuziehen ist. Zum Gebr. f. Fabrikanten rc. rc.; auch vorzügl. zu Bereit. v. Bleizucker, Bleiweiß, Grünspahn u. d. essigsauren Salze. (Mit Abbild. u. genauer Beschreib. d. Apparats.) 12. (4 B.) Würzburg 833, Stahel.

— Anleitung zu einem verbess. Verfahren bei der Schnell-Essig-Bereitung, welches bei größter Einfachheit u. mit ganz unbedeut. Kosten ein dem besten französ. Weinessig nicht nur vollkommen gleichkommendes, sondern an Reinheit, Haltbarkeit u. Wohlgeschmack bei Weitem übertreffendes Fabrikat erzielt, u. dennoch jedem andern unbedingt vorzuziehen ist. Mit Abbild. u. Beschreibung d. Apparates. (2. verb. Ausg.) gr. 12. Würzburg 842, Stahel'sche Buchh. 1/4 rf

—— und C. P. Prückner, die Fabrikation d. Blausalzes od. des krystallisirten Kalium-Eisen-Cyanürs im Grossen. Eine durch Erfahr. begründ. techn.-chem. Abhandl. gr. 8. (5 1/4 B. u. 1 Taf.) Hof 837, Grau.

HÖFFLMAYR, MARTIN.
Fabrikation (Die) der Knochenkohle, des Salmiaks und der dabei vorkommenden Nebenprodukte, als schwefelsauren Ammoniums, Natrons, Kali's, der Magnesia, etc., des thierischen Theers und des brennbaren Gases, sowie des Knochenleims, der Bouillontafeln, des feinsten präparirten Hirschhorns, des Phosphors, der Phosphorsäure und der Phosphor-Feuerzeuge. Nebst dem neuesten Verfahren, das Berliner-, Erlanger-, Englisch- oder Pariser-Blau ganz sicher und schön zu bereiten, und Anweisungen zu mehreren hierbei nöthigen Kitten, verglasbaren Massen, Töpfermassen und Glasuren. Quedlinburg, 1841. 8vo.

Höfflmayr, Mart., die Fabrikation der Knochenkohle, des Salmiaks u. der dabei vorkommenden Nebenprodukte. Nebst dem neuesten Verfahren, das Berliner-, Erlanger-, Englisch- oder Pariser-Blau ganz sicher u. schön zu bereiten rc. Mit 4 Taf. Abbild. 8. Quedlinburg 841, Basse. 1 1/3 rf

Hoffmann, Johannes, Streiflichter auf den heutigen Protestantismus. 8. (139 S.) geh. 1 fl. 8 kr. Wien: Wörl 1882.

Hoffman, s.a. H o f f m a n n

Hoffman, s.a. H o f m a n n

de Hoffman, Alexander (geb. Nowydwor in Galizien 23. 1. 1805): De retentione urinae observationes tres cum epicrisi. Berolini (1845) (30 S.) 8°
Berlin, Med. Diss. v. 1. Febr. 1845

Hoffman, Alfred, a. New York ⟨U. S. A.⟩: Untersuchungen in der Sesquiterpenreihe, über Cedren. (Berlin 1907: G. Schade.) (42 S.) 8°
Berlin, Phil. Fak., Ref. Fischer, Diss. v. 1. Juni 1907
[Geb. 1. Nov. 81 New York; Wohnort: Berlin; Staatsangeh.: Vereinigte Staaten; Vorbildung: Bachelor of Arts u. Master of Arts, Columbia University, U. S. A.; Studium: Columbia Univ. 4, Berlin 3 S.; Rig. 16. Mai 07.]

Hoffman, Charles Fen., s. H o f f m a n n , Charles Fenow

Hoffman, Elisha A., Glaubens-Lieder. Eine Sammlung geistl. Gesänge, geeignet für Erbauungsstunden, Erweckungen und Lagerversammlungen. gr. 16. (64 S.) Cleveland, O. 876. (Philadelphia, Schäfer und Koradi.) geb. * 1 —

Hoffman, H. (Bearb.), s. M a e r c k e r , M.: Die Kalisalze.

Hoffman, Karl — Direktor. Promemoria über die nächst der Stadt Mies, Pilsner Kreises in Böhmen gelegene St. Mariahilf-Bleierzzeche und den an deren nördlichen Scherrenbreite bestehenden Freischurf Z. 3221 B. H. 1855. (Verfaßt über mündliches Ansuchen des k. k. Pilsner Berghauptmanns, behufs Einlage in die Akten.) Prag, 1856. Druck und Papier des artistisch-typographischen Instituts von Karl Bellmann (8 S. 4.)

Hoffman, Nicolas: Theses theologicae scholastico-dogmaticae de divina gratia. Quas in Aula publica theolog. Gymn. PP. S.J. Treviris Mense Februario Anno MDCCLXXIII defendebant ornatissimi, ac pereruditi Domini Ss. Theolog. aud. . . . D. Nicolaus Hoffman, ex Harspelt. Opponebant ornatissimi, ac pereruditi Domini . . . Ss. Theologiae auditores. Augustae Trevirorum [1773]. 8 S. 4°

Hoffmann, Hans. Leipzig 1909. V: *Schultze, Wilhelm Hermann.* (zuwzür 1911)

Hoffmann, s.a. H o f m a n n

H o f f m a n n , Freyherr von: „Abhandlung über die Eisenhütten" Hof 1785. — Vorh.: Preuß. Oberbergamt Dortmund — F. I. 12.

Hoffmann, Abschiedspredigt, geh. in der Stadtkirche in Blaubeuren am 13. Sonntag nach Trinitatis, den 6. IX. 1903 üb. das Evangelium des Sonntags, Luc. 10, V. 23—37. (12 S.) 12. Blaubeuren 903. F. Mangold, Sort. n.n. — 25

Hoffmann, Abzahlungsgeschäfte, s. Guttentags Reichsgesetze.

Hoffmann's Album prakt. Handarbeiten. 1. Thl. gr. 8. (186 S. m. Abb.) Ruhrort 896. 97. (Berlin, W. H. Kühl.) Geb. in Leinw. n. 2. —

Hoffmann's Album praktischer Handarbeiten. 1. u. 2. Thl. Ruhrort. (Berlin, W. H. Kühl.) Geb. in Leinw. à n. 2.—
1. 2., neu durchgearb. Aufl. 4. (186 S. m. Abbildgn.) 898|99.
2. gr. 8. (187 S. m. Abbildgn.) 899/900.

Hoffmann's Album praktischer Handarbeiten. 3. Tl. (187 S. m. Abbildgn.) 8. Ruhrort 904. 905. (Berlin, W. H. Kühl.) Geb. in Leinw. n. 2. —
1. u. 2. Tl. Ebd. 898—900. à n. 2. —.

Hoffmann, ..., alle fürchten sich; kom. Operette in 1 Aufz. Nach d. Französ. v. Castelli. Wien 808. Wallishausser. 4 g/

Hoffmann, v., Generallieut. a. D. Antwort auf den Nachtrag u. s. w. des Herrn Major v. Steinmetz in Nr. 34 v. 1847. Aus: „Milit.-Wochenblatt". Berlin 1848.

Hoffmann: Anwendung der analytischen Geometrie auf die wichtigsten Aufgaben der Geometrie. 20 S.– Bayreuth, Progr. 1863.

Hoffmann, Die auf den Tod bezügl. Ausdrücke in den röm. Dichtern. Pr. 1875. 12 S. 4°. 1.50

Hoffmann, v., s. Baden-Baden und seine Kurmittel.

Hoffmann, d. Befugnisse z. Gewerbebetrieb. Berichtigg. d. Urtheile üb. Gewerbefreiheit u. Gewerbezwang. Berlin 841. (7. 50)

Hoffmann, (I.), Beitrag zur Beantwortung der Frage rc., s. Beitrag.

Hoffmann: B e i t r ä g e zur geometrischen Analysis. Münster. 1865.
Schul-/Univ.-Schrift

Hoffmann, zweiter Bericht über die Schritte der Geistlichen des Consistorialbezirks Cassel zur Erhaltung der Kirchenordnung vom J. 1657. Nebst einer Digression über die Folgen jener Schritte u. die dermal. Lage des kirchl. Rechts. Hanau 867. Prior. gr. 8. (24 S.) n. 3½ ngr.

Hoffmann, Beschreibung aller Entdeckungen, Entstehungen, Erfindungen rc. 8. Oettingen, Schmeißer. 808.

(Hoffmann): „Betrachtungen über das Andringen auf erhöhten Schutz der Gewerbsamkeit im deutschen Zollverein gegen fremde Mitbewerbung", Berlin 1846. — Vorh.: Preuß. Staatsbibl. Berlin, Com. Bibl. Hamburg.

Hoffmann, (V.), und Büsscher, vergleichende Betrachtungen über landwirthschaftliche Gebäude, s. Büsscher.

Hoffmann, die alten Bewohner der Mark Brandenburg. Einbeck 894. R. Lesser.
Angezeigt, wird aber nicht erscheinen.

Hoffmann, (H.), über den Bildungsgang der Volksschullehrer. Bemerkungen und Andeutungen mit besond. Beziehung auf Bayern. gr. 8. (45 S.) Nördlingen 849, Beck'sche Buchh.

Hoffmann, der Blutmord zu Konitz. Wortlaut der Eingabe, die der des Mordes verdächtigte Fleischermeister H. am 6. VI. 1900 dem Amtsgerichte zu Konitz einreichte. 1.—4. Aufl. (1.—40. Taus.) gr. 4. (à 4 S.) Berlin (900). Deutsche nation. Buchh. u. Verlagsanstalt. — 10

Hoffmann, über die Brillen. Lpz. Fr. Bruder. 810.

(Hoffmann ?) Carmen latinum. Zum Geb.-T. des Königs, 15. Okt. 2 S.
Progr. Posen M. 1840

Hoffmann ? Carmen natalitiis Frider. Guil. IV. rite celebrandis Idib. Octobr. superioris anni a discip. cantatum. 1 S.
Progr. Posen M. 1841

Hoffmann, ..., Christenthum oder Heidenthum? Ein Votum in Sachen des Religionsunterrichts an Gymnasien u. höheren Bürgerschulen. 8. (13 S.) Neiße 848, Müller. 1/12 ℛ

Hoffmann. Uebersichtliche Darstellung des Inhalts von Montesquieu's Esprit des lois. Bromberg, G., 1866. 19 S. 4. Progr.

Hoffmann, Dienst-Instruction für die Kanoniere der königlich preußischen Artillerie. Berlin 865. Voßische Buchh. gr. 8. (VI, 97 S.) n. 5 ngr

Hoffmann, (Em. Heinr. Otto Kühner), Dispositionen zum Religionsunterrichte nach dem Katechismus Luthers. Für Volksschullehrer in den obern Classen u. für Geistliche beim Confirmanden-Unterrichte. 8. (IV u. 204 S.) Hildburghausen 851. (Kesselring.) n. 1/12 ℛ

Hoffmann, Dissertation sur les eaux et les sels de Sedlitz. 8. Basel, Flick.

Hoffmann: Die Elemente d. Projectionslehre mit Einschluß d. Axonometrie und Perspective. Plauen 1864. 4. 28 p.
Schul-/Univ.-Schrift

Hoffmann (I.), der Emigrant, s. Novellen-Sammlung.

[Umschlagt.:] Entstehung und Heilung von Lungen-Krankheiten '(Chronischen Katarrhen)' und Schwindsucht. Dr. Hoffmann (in Meerane i. S.) (Meerane i. S. 1898.) 1 Bd 8.

Hoffmann, Entstehung u. Heilung v. Lungenkrankheiten, (chronischen Katarrhen) u. Schwindsucht. 12. (20 S.) Berlin (899). (Berolina-Versand-Buchh.) — 20

Hoffmann: Das Erbrecht nach Frankfurter Recht. Frankfurt 1837.

Hoffmann, Erbschaftssteuergesetze, s. Guttentag's Sammlg.

— neue Ergebnisse der Therapie der Lungentuberculose. gr. 8. (20 S.) Ebd. (899). — 40

Hoffmann (H.), Erinnerung an Carl Wilh. Friedrich Göriz, Dr. der Staatswirthschaft und ord. Prof. der Land- und Forstwirthschaft zu Tübingen. gr. 8. (20 S.) Tübingen 853, Laupp'sche Buchh.
Aus: Zeitschrift für die gesammte Staatswissenschaft, besonders abgedruckt.

Hoffmann, Erinnerungen an Langensalza aus dem Sommer 1866. Hannover 867. Schmorl & v. Seefeld. 8. (95 S.) n. 10 ngr

Hoffmann, v., Generallieut. a. D. Erklärung über die Beleuchtung einiger kritischen Bemerkungen in dem Werke: „Geschichte des Feldzuges von 1815 u. s. w." von v. Steinmetz, Major im Garde-Reserve-Reg. Aus: „Milit.-Wochenblatt".
Berlin 1846.

Hoffmann: Montesquieu's Esprit des Lois, übersichtlich dargestellt. 19 S.–Bromberg, Progr. 1866

HOFFMANN, weiland Nachtwächter. Die Falkenjagd. Eine sehr spassige Geschichte, in Reimlein gebracht von — Im Land der deutschen Freiheit. 1797. Karl Weller, fing. Druckorte.

— der Feld-Kanonier. Ein Handbuch für den artillerist. Vortrag für die Kanoniere der Feldartillerie. 1. Aufl. 1865. 10 ngr, 2. Aufl. 1867 u. 3. Aufl. Ebend. 869. gr. 8. (XI, 237 S. mit 39 eingedr. Holzschn.) n. 20 ngr

Hoffmann, der Feld-Kanonier. Ein Handbuch f. den Vortrag f. die Kanoniere der Feld-Artillerie. [Mit (eingedr.) Holzschn.] 4. Aufl. Mit Zustimmg. d. Verf. neu bearb. v. Philipp. gr. 8. (X, 242 S.) Berlin 872. Voß. n. 1. 50

— dasselbe. 5. Aufl. Mit Zustimmg. d. Verf. neu bearb. v. Philipp. gr. 8. (X, 256 S.) Ebend. 874. n. 1. 75

— dasselbe. Nachtrag zur 5. Aufl. Mit Zustimmg. d. Verf. in den beiden letzten Aufl. neu bearb. v. Philipp. gr. 8. (50 S.) Ebend. 875. n. — 40

Hoffmann, der Feld-Kanonier. Ein Handbuch zum Vortrag für die Kanoniere der Feld-Artillerie. Mit 54 (eingedr.) Holzschn. 6. Aufl. Auf Grund der neuesten Bestimmungen mit Zustimmung des Verfassers neu bearb. von Franke. 8. (VII, 260 S.) Berlin 878. Voß. n. 1. 20

Hoffmann, Oberst, der Feld-Kanonier. Ein Handbuch zum Vortrag für die Kanoniere der Feld-Artillerie. Auf Grund der neuesten Bestimmungen mit Zustimmung des Verf. neu bearb. von Franke. 7. Aufl. Vervollständigt und bis auf die Neuzeit berichtigt von Böhmer. 8. (VII, 269 S. mit 54 eingedr. Holzschn.) Berlin 880, Voßische Buchh. *
—— dass. — Neu bearb. von Böhmer. 8. Aufl. 8. (VII, 263 S. mit 61 eingedr. Holzschn.) Ebendas. 883. *

Hoffmann, Oberst z. D., der Feld-Kanonier. Ein Handbuch für die Kanoniere der Feld-Artillerie. Auf Grund der neuesten Bestimmungen mit Zustimmung des Verf. neu bearb. von Kolbe. Mit Genehmigung der königl. General-Inspektion der Artillerie. 9. Aufl. 8. (338 S. mit 101 eingedr. Holzschn.) Berlin 886, Vossische Buchh. *

Hoffmann, der Feld-Kanonier. Ein Handbuch f. die Kanoniere der Feld-Artillerie. Auf Grund der neuesten Bestimmgn. m. Zustimmg. d. Verf. neu bearb. 10. Aufl. Mit 101 Holzschn. 8. (X, 366 S.) Berlin 889. Voss. n. 1. —

Hoffmann (I.). Der Feld-Kanonier. Ein Handbuch f. die Kanoniere der Feld-Artillerie. 11. Aufl. (XII, 332 S.) 890; 12. Aufl. (XII, 294 S.) 891; 13. Aufl. Mit Portr. Sr. Maj. d. Kaisers u. 63 Holzschn. 8. (XII, 275 S.) Berl. 892, Vossische Buchh. * 1 —
— dass. — 14. Aufl., s. Preiss.

[F.] Der Feld-Kanonier. **Hoffmann's** Handbuch f. d. Kanoniere d. Feld-Artillerie. Auf Grund d. neuesten Bestimmgn bearb. v. [Eug. B. Th.] Preiss, Maj. a. D. 18. Aufl. M. Portr. ... d. Kais. u. 52 Holzschn. *Berlin: Voss 1897.* (XIV, 280 S.) 1 Bd 8. [97. 1657

Der Feld-Kanonier. Hoffmann's Handbuch für die Kanoniere der Feld-Artillerie. Auf Grund d. neuest. Bestimmungen bearb. von Eug. B. Th. Preiss, Major a. D. 19. Aufl. Mit Port. Sr. Maj. d. Kaisers, 43 Holzschn. u. 8 Taf. in Buntdr. Berlin: Voss 1898. 284, 18 S. 8°.

— der Festungs-Kanonier. Ein Handbuch für den Vortrag für Kanoniere der Festungs-Artillerie. 1. Aufl. 1865. u. 2. Aufl. Ebend. 868. 8. (XI, 250 S. mit 17 eingedr. Holzschn.) n. 20 ngr

Hoffmann, d. Reichskanzlers Finanzpolitik u. d. Bauern. Mannheim 879.

Hoffmann's medizinischer Führer durch Wien, dessen Unterrichts-, Sanitäts- u. Humanitäts-Anstalten, nebst allen einschläg. Gesetzen u. e. vollständ. Verzeichnisse d. medizin. Lehrköpers u. sämmtl. Sanitätspersonen nach neuesten authent. Quellen bearb. 8. (XI, 256 S.) Wien 874. Czermak. n. 5. —

Hoffmann, die staatsbürgerl. Garanticen, od. üb. d. wirksamsten Mittel, Throne geg. Empörungen u. d. Bürger in ihren Rechten zu sichern. Preisschr.; auf- u. hrsg. v. Ch. Carl André. 1. Thl. gr. 8. (82½ B.) Stuttgart 828, Cotta.

(Hoffmann:) Meine Gedanken üb. d. Pacification d. erzherz. österr. Gesandten mit d. kurfürstl. 794. 4.

Hoffmann, Gefängnisswesen in Hessen. Seine geschichtl. Entwicklg. u. jetz. Lage. Heidelberg 900.

Hoffmann, Major, Geschichte des Westfälischen Pionier-Bataillons Nr. 7. Unter Benutzung amtl. Quellen auf dienstl. Veranlassung bearb. (Mit 1 Bildniß.) [Berlin 888, Mittler und Sohn.]
Nur vom Bataillon zu beziehen.

— Gesetzsammlg, s. Grotefend.

Hoffmann, Gewerbe-Unfall-Vers., s. Taschen-Gesetzsammlg.

Hoffmann, über Gottesdienst und Religionslehre rc. 5 Bde. Wien, Wucherer.

— über die Grundsätze der unendlichen Theilbarkeit in d. Geometrie. gr. 8. Ebend. 804.

Hoffmann, Haftung für Schadenszufügungen durch Thiere nach Hamburger Recht. Breslau 896.

— Häkel-Album. I. u. II. Thl. gr. 4. (à 15 Lichtdr.-Taf. m. II, 9 S. bezw. II, 7 S. Text.) Ebd. 899.
In Mappe à n.n. 2. —

Hoffmann's Handbuch f. d. Kanoniere d. Feld-Artillerie, s.: Preiss, d. Feld-Kanonier.

Hoffmann und Haase. Das Handlungshaus — in Magdeburg, dessen Stockung und Fall. Leipzig 1845.

Hoffmann, Handlungs-Rechenbüchlein. 8. Nrnb. 721.

Hoffmann's Haushaltungsbuch für die J. 1883—1885. Für den tägl. Gebrauch eingerichtet und durch Beispiele erläutert, nebst Küchen-Kalender, Waschtabellen und Notiz-Kalender. Fol. (à Jahrg. 71 S.) Stuttgart, Thienemann's Verlag. geb. à Jahrg. *

Hoffmann's (I.) Haushaltungsbuch für das J. 1886. Für den tägl. Gebrauch eingerichtet und durch Beispiele erläutert, nebst Küchen-Kalender, Wasch-Tabellen und Notiz-Kalender. Fol. (71 S.) Stuttgart 885, J. Hoffmann. cart. *
— dass. — für die J. 1887—1889. Für den tägl. Gebrauch eingerichtet und durch Beispiele erläutert, nebst Küchen-Kalender, Wasch-Tabellen, Notiz-Kalender und einem von Sophie Roberts verfaßten Ratgeber für den Haushalt. Fol. (à Jahrg. 75 S.) Ebendas. cart. à Jahrg. *

Hoffmann's (III.) Haushaltungsbuch f. d. J. 1890—1893. Nebst Küchen-Kalender, Wasch-Tabellen, Notiz-Kalender u. e. v. Sophie Roberts verf. Ratgeber f. den Haushalt. Fol. (à Jahrg. 74 S.) Stuttg., J. Hoffmann. cart. à Jahrg. 1 2

Hoffmann's Haushaltungsbuch f. d. J. 1899. Für d. tägl. Gebrauch einger. u. durch Beispiele erläut., nebst Küchen-Kalender, Wasch-Tabellen, Notiz-Kal. u. e. v. Sophie Roberts verf. Ratgeber f. d. Haushalt. Fol. (78 S.) Stuttgart 898. J. Hoffmann. Kart. n. 2. —

Hoffmann's Haushaltungsbuch f. d. J. 1903. Für den tägl. Gebrauch eingerichtet u. durch Beispiele erläutert, nebst Küchen-Kalender, Wasch-Tabellen, Notiz-Kalender, Porto-Tarif u. e. v. Sophie Roberts verf. Ratgeber für den Haushalt. Fol. (82 S.) Stuttgart, J. Hoffmann. Kart. n. 2. —

Hoffmann's Haushaltungsbuch f. d. J. 1907. Für den tägl. Gebrauch eingerichtet u. durch Beispiele erläutert, nebst Küchen-Kalender, Wasch-Tabellen, Notiz-Kalender, Porto-Tarif u. e. v. Sophie Roberts verf. Ratgeber f. den Haushalt. (82 S.) 4. Stuttgart, J. Hoffmann. Geb. n. 2. —

Hoffmann's Haushaltungsbuch f. das J. 1911. Für den tägl. Gebrauch eingerichtet u. durch Beispiele erläutert, nebst Küchen-Kalender, Wasch-Tabellen, Notiz-Kalender, Porto-Tarif u. e. v. Sophie Roberts verf. Ratgeber für den Haushalt. (82 S.) 33×22,5 cm. Stuttgart, J. Hoffmann. Geb. 2. —

Heilung der Tuberculose durch Glandulēn, ein specifisch wirkendes Mittel der Organotherapie. Dr. **Hoffmann.** *(Hamburg: Dr. u. Gebr. Lüdeking [1898?].)* (16 S.) 1 Bd 8. [98. 4790

— Heilung der Tuberculose durch Glandulēn, e. specifisch wirkendes Mittel der Organotherapie. gr. 8. (24 S.) Ebd. (899). — 40

Hoffmann, die Hohkönigsburg nebst Schlettstadt-Rappoltsweiler. Ein Geleit- u. Erinnerungsbuch, bearb. unt. Mitwirkg. einiger Vogesenfreunde. Mit 16 Bildern, 2 Plänen u. 1 Karte. 8. (91 S.) Freiburg i/B. 902. F. P. Lorenz. n. 1. —

Hoffmann: Für Hypochondristen..., s. Mueller.

Hoffmann, die Innungskrankenkassen nach d. Novelle z. Gewerbeordng. v. 26. VII. 1897. [Aus: „Arbeiter-Versorgung".] Lex.-8. (31 S.) Berlin 898. Verlag d. Arbeiter-Versorgg. A. Troschel. n. — 80

Hoffmann: Inwiefern bildet der Unterricht in den exacten Wissenschaften die nothwendige Ergänzung des sprachlich-geschichtlichen Unterrichts auf dem Gymnasium? (1. Th. hinsichtlich der Grundlage). Freiberg 1867. 4. 32 p.

der letzte Ire, s. Novellen-Sammlung.

Hoffmann, der gebildete Jüngling im Gespräch mit Gott. Mit Kpf. 18. Prag 806. Polt. 6 gr.

— der Kanonier der Fuß-Artillerie. Ein Handbuch f. die Kanoniere der Fuß-Artillerie. 3. Aufl. d. Handbuches: Der Festungs-Kanonier. Mit 12 (eingedr.) Holzschn. gr. 8. (XIII, 285 S.) Ebend. 876. n. 1. 75

— der Kanonier der Fuß-Artillerie. Ein Handbuch für die Kanoniere der Fuß-Artillerie. Auf Grund der neuesten Bestimmungen mit Zustimmung des Verf. neu bearb. von D. 4. Aufl. 8. (IX, 197 S.) Ebendas. 885. *

Hoffmann (Red.), s. Kartell-Turn-Zeitung.

Hoffmann, Kinderbüchlein. 12. Duisburg, Bädecker und Kürzel.

Hoffmann, Krankenversichrgs.-Gesetz, s. Taschen-Gesetzsammlg.

Hoffmann, Kriegs-Tagebuch des 2. Westfälischen Infanterie-Regiments Nr. 15. (Prinz Friedrich der Niederlande) aus dem Feldzuge gegen Dänemark 1864. Minden 866. (Volkening.) gr. 8. (113 S. mit 2 lithogr. Karten in 4. u. Fol. versehen.) n. 27 ngr.

Hoffmann: Patricische und plebeische Curien im röm. Staatsrecht. Wien 1869.

Hoffmann, die Lebensfunctionen d. Menschen u. ihre diätetische Pflege als Grundlage zur Würdigg. der Heilmittel d. Kurorts Salzbrunn bei Freiburg in Schlesien. 8. (44 S.) Stuttgart 873. Ebner & Seubert. n. 1. —

Hoffmann, Leitfaden der Pädagogik, s.: Ostermann, W.

Hoffmann's Methodologie für gelehrte Schulen. 8. Jena, Schreiber. 816.

Hoffmann, Mittheilungen üb. die wasserdichten Baumaterialien, s.: Büsscher.

— s.: Monatsblätter f. den kathol. Religions-Unterricht an höh. Lehranstalten.

— de morbis infantum. 8. ibid.

Hoffmann: De morte in fulmine tactis, s. Buechner, And. El. [Praes.]

Hoffmann, ..., Musterblätter für Stubenmaler u. Stuckaturarbeiter. .. Darmstadt ... Dingeldey. 1884

Hoffmann, Notizbuch z. Aufzeichng. amtl. Verfüggn. rc. rc. v. bleib. Werth m. Angabe d. Registratur-Einteilg. gr. 8. (149 S.) Leipzig 899. F. Luckhardt. n. 1. 50

Hoffmann, über das schweizerische Obligationenrecht. Oeffentlicher Vortrag. [Mit Einwilligung des Vortragenden nach stenograph. Aufzeichnungen veröffentlicht.] gr. 8. (44 S.) St. Gallen 883, Wirth. *

Hoffmann: Organisation des Handwerks und Regelung des Lehrlingswesens auf Grund des Reichsgesetzes vom 26. VII. 1897. Erläut. mit Ergänzungsheft. Berlin 1897–98.

Hoffmann, Ueber eine Admonter Pergament-Handschrift d. Excerpte des alt. Seneca. Gel. 1874. 10 S. 4°. —.90

Hoffmann Landgraf Philipp von Hessen. 4. Guben 1872.

Hoffmann: Der Plebiscit als Correctiv d. Wahlen. Berlin 1884.

— Predigt zur Gedächtnisfeier f. weil. Se. Hoheit den Herzog Friedrich I. v. Anhalt, geh. in der Schloß- u. Stadtkirche zu St. Marien in Dessau am Sonntag Sexagesimä, 7. II. 1904. (12 S.) gr. 8. Ebd. (904). n. — 20

Hoffmann, Predigt üb. Ebräer 4, 3 nach der Beisetzung weil. Sr. Hoh. des Herzogs Friedrich I. v. Anhalt, geh. in der Schloß- u. Stadtkirche zu St. Marien in Dessau am Sonntag Septuagesimä, 31. I. 1904. (10 S.) gr. 8. Dessau (904). A. Haarth. n. — 20

Hoffmann, Scholz, Doeblin, drei Predigten, bei der 52. Hauptversammlung des evangel. Vereins der Gustav-Adolf-Stiftung in Braunschweig am 19. u. 20. IX. 1899 geh. gr. 8. (87 S.) Leipzig 899. (J. C. Hinrichs' Verl.) n. — 60

Hoffmann, s.: Predigten, 5, bei der 61. Hauptversammlung des evangel. Vereins der Gustav-Adolf-Stiftung.

Hoffmann. Quid est, quod nunc vulgo postulatur, gymnasiorum institutionem ad temporum rationes accommodare? Bautzen, G., 1848. Progr.

Hoffmann: Das Schulturnen und die öffentliche Gesundheitspflege. Berlin 1872. 56 S.

Hoffmann, Corv.-Capt., Segel-Anleitung für die deutsche Küste des mittleren Theiles der Ostsee. Zusammengestellt auf Grund der Vermessungen in den J. 1875, 1876, 1877. [Beilage zu den Annalen der Hydrographie und maritimen Meteorologie.] hoch 4. (63 S.) Berlin 878, Mittler und Sohn. **

Hoffmann, Segel-Anleitung für die deutsche Küste des mittleren Theils der Ostsee, auf Grund der Vermessungen in den Jahren 1875, 76, 77. Ist enthalten in: Beilagen zu den Annalen der Hydrogr. u. marit. Meteorol. Berlin 1878—82. 4. . . . . . . (HC.)

Hoffmann: Die Seidenraupe, ein Lehrgedicht des Hieronymus VIDA Cremonensis, lat. u. deutsch. 47 S. 8°–Neisse, Progr. 1864

— s. J. v. Seyfried, Arieban.

Hoffmann, Sieges- u. Friedenslieder für das deutsche Volk. Berlin 870. Kastner. 16. (16 S.) 1½ ngr.

Hoffmann: Der spinozist. Staat. I. Neidenb. 1863.
Schul-/Univ.-Schrift

Hoffmann, directe Steuern in Baiern. Leipz. 883.

Hoffmann, civilist. Studie üb. d. Lebensversich.-Vertrag. Berlin 879.

Hoffmann. Statist. Studien aus d. 40 J. umfassenden Totenbüchern d. Karlsr. Garnisonspitals. (S.-A.) 1861.

Hoffmann, systema medic. rational. VII Vol. 4. ibid. 783

Hoffmann v., k. preuss. General-Major etc. Tagebuch des zweiten russischen Corps in den Feldzügen 1812, 1813 und 1814. Erster Theil. 8. Münster 1830.

Hoffmann, zwei Tagespaare aus Bismarcks Leben, s.a. Weihnachtsrosen.

Hoffmann: Zwei Tagespaare aus Bismarcks Lebens. Von Superintendent Hoffmann. Cöthen:Ev. Vereinsh. (Berlin: Sonntagsschulbuchh. 1896.) 8 S. 8°.
Weihnachts-Rosen. H. 13,1.

Hoffmann, Taschenbuch f. Gefechts-, Marsch- u. größere Truppenübungen der Infanterie. Bearb. nach den neuesten Bestimmgn. u. unter Zugrundelegg. der Felddienstordng. v. 1. I. 1900. 16. (X, 135 S.) Berlin 900. [Militär-Verlagsanstalt.] W. Thoms. Geb. in Leinw. n. 1.20

— dasselbe. 2. verb. u. verm. Aufl. 16. (XII, 153 S.) Straßburg 901. W. Heinrich. Geb. in Leinw. n. 1.50

Hoffmann: Ueber künstlichen Terpentin. (Stuttg.) [1890]. 12 S. (Sa.-tr.). P.

Hoffmann: Uebersetzungen sophokl. Chorgesänge und eine Vorbemerkung. 18 & 36 S. – Berlin Soph. G., Progr. 1869/70.

Hoffmann, Uebersicht der orographischen und geognostischen Verhältnisse vom nordwestlichen Deutschland. 2 Abthl. Leipzig 1830. 8.

Untersuchung, Kurtze, von (sol) Kobold, insofern gewisse phaenomena unter diesem Nahmen dem Teuffel zugeschrieben werden. Auf Veranlassung einer besond. Begebenheit wobey überhaupt von denen sichtbaren Würckungen des Teuffels in u. durch die natürlichen Cörper gehandelt, auch gezeiget wird, wie der Herr Autor derer Lehrsätze von dem Laster der Zauberey etliche hieher gehörige Schrifftstellen zur Ungebühr verdrehet .... Von einen (!) nach Engelland reisenden Passagier. (Vf.: *Hoffmann.*) Mit curiosem Titelkpfr. Rotterdam (Halle) 1719. 8°. 108 S. Sehr rar! (4 Mk., Hprgtbd., Friedr. Klüber, 1905.)
Gegen Thomasius. — Anon. Lex. IV. p. 271 (nach Weller). — Mylius u. Grässe haben „Untersuchungen".

Hoffmann, (Lieut.,) s. Ursachen der Unzufriedenheit des griech. Volkes.

Hoffmann, Verfassungs- u. Verwaltungsrecht des Deutschen Reiches u. des Königr. Preussen, in seinen Grundzügen gemeinverständl. dargestellt. Leipzig 899.

Hoffmann, Versuch einer neuen und gründlichen Theorie d. Parallellinien. gr. 8. Offenbach, Brede. 801.

Hoffmann (Red.), s. Verwaltungsblatt, Preußisches.

Hoffmann, Verzeichniss sämmtlicher Ortschaften des Regierungs-Bezirks Bromberg. Mit Angabe des Kreises, des Gerichts-, Polizei- u. Gemeindebezirks, der Grundherrschaft, des Pachters etc. Nebst Beilagen historischen u. statistischen Inhalts etc. Grösstentheils aus amtlichen Quellen geschöpft u. herausg. von der Verlagshandlung. Bromberg 860. Aronsohn. 4. (LXIV, 220 S.) n. 1 ₰ 20 ngr.

— Vorschriften f. den Geschäftsbetrieb der Gesindevermieter u. Stellenvermittler. Erläutert v. H. 2. Aufl. (III, 65 S.) kl. 8. Berlin, C. Heymann. 1907. Kart. 1. —

Hoffmann: Das Walten der Gottheit im Menschenleben nach Aeschylos und Sophokles. 1.Th. S. 19-44. – Berlin Soph. G., Progr. 1869.

Hoffmann, Wanderungen durch das Altertums-Museum in Wiesbaden. Mit Benutzg. der Annalen des Nass. Altertums-Vereins, insbesondere „v. Cohausen, Führer durch das Altertums-Museum in Wiesbaden". 12. (48 S.) Wiesbaden 890. Bechtold & Co. — 50

— Wandfibel nach der synthetischen Methode. 9. Aufl. 23 Taf. à 87×61 cm. Ebd. (903). n.n. 6. —

Hoffmann, pädagogisch-didaktische Winke f. Lehrseminaristen, s.: Bamberg, Fr.

Hoffmann, d. Wohnungen d. Arbeiter u. Armen. Berlin 852.

Hoffmann, Wörterb. d. gesammten deut. Prozessverfahrens. 2. Aufl. Berl. 880.

Hoffmann. Wtbch. zu d. Reichsjustizges. Berl. 880.

Hoffmann, neue Zeichenhefte für Stadt- u. Landschulen. Bearb. unter Mitwirkung bedeutender Fachmänner. 6 Hfte. 4. (à 16 S.) Harburg 881. Elkan. à n. — 15

Hoffmann (H.), neue Zeichenhefte für Stadt- und Landschulen. Bearb. unter Mitwirkung bedeutender Fachmänner. 6 Hefte. [35.—40. Aufl.] 4. (à Heft 16 S.) Harburg 885—88, Elkan. à Heft 15 Pf.
Inhalt:
Heft 1. 2. Linienneßzeichnen.
" 3. Zeichnen im quadratischen Punktsystem.
" 4—6. Das Zeichnen ebener und flacher Formen aus freier Hand.

Hoffmann, deutsches Zollrecht. 1. Bd. Rechtsgeschichte. 1. Abtlg.: Bis zum bayerisch-württemberg. Zollvereine v. 1828. Leipzig 900.

Hoffmann, A., Auswahl aus Joh. Kochanowski's latein. Gedichten. Pr. 1841. 20 S. 4°. —.90

Hoffmann, A. IV., Bemerkk. über den religiösen Zustand d. k. k. Staaten. 1r, 2r Bd. 3r, 4r fortges. v. K. Tschink. Wien 787.

Hoffmann, A. Poetar. Polonicor. deliciae. Part. I. Joann. Cochanovii poemata selecta (lat.) interpretat. est (German.) 17 S.

Progr. Posen M. 1841

Hoffmann, A. H., Enchiridion. 8. ... 824. 1 ₰ 16 ₰ (Wimmer in Wien). Hbg. Pr. 16 ₰

Hoffmann, A., Erfahrungs-Seelenlehre. Empirische Psychologie nach Kant's Anthropologie [od. Menschenkunde] u. nach den Forschgn. der größten Denker u. Schriftsteller Deutschlands zusammengestellt. Mit e. Anh., v. der Prüfg. der Zeugnisse. Ein Leitfaden f. alle Eltern, Lehrer, Staatsmänner ꝛc. gr. 8. (IV, 243 S.) Gotha 874. Fellmer in Comm. n. 3. —

Hoffmann, A., üb. Erziehg. zur Religion, s.: Hefte zur „Christlichen Welt".

Ethik v. Dr. phil. A. Hoffmann, Pfarrer in Gruibingen (Württemberg). Freiburg i. B. & Leipzig: J. C. B. Mohr 1897. (IV, 120 S.) 1 Bd 8. [98. 7545

Hoffmann, A., fürchte nicht, glaube nur! s.: Schriften d. protestantischen liberalen Vereins in Elsaß-Lothringen.

Hoffmann, A. I., d. unvollkommene Fußgeburt, eine prakt. geburtshülfl. Abhandl. 8. Berl. 829. Hirschwald. 8 gr.

Hoffmann, A., badische Geschichte, nebst e. Anh.: Geschichtliches v. merkwürd. Orten d. Großherzogtums. Nach dem bad. Normal-Lehrplan u. mit Beziehg. auf d. Lesebuch f. bad. Volksschulen bearb. 7., verb. Aufl. gr. 8. (16 S.) Bühl 888. Konkordia, Aktiengesellschaft f. Druck u. Verlag. n.n. — 25

Hoffmann, A., badische Geschichte, nebst e. Anh.: Geschichtliches v. merkwürd. Orten des Großherzogthums. Nach dem bad. Normal-Lehrplan u. m. Beziehg. auf das Lesebuch f. bad. Volksschulen bearb. 8. Aufl. gr. 8. (10 u. VI S.) Bühl 888. Konkordia. n.n. — 25

— Geschichtsbilder. Darstellung der wichtigsten Begebenheiten u. berühmter Personen aus der alten Geschichte. Für Volksschulen bearb. 7., verb. Aufl. gr. 8. (24 S.) Ebd. 890. n.n. — 30

Die Gültigkeit der Moral. Von Dr. A. Hoffmann, Pfarrer in Gruibingen. Tübingen: J. C. B. Mohr 1907. (VII, 118 S.) 8° [07. 7623

Hoffmann, A., kleine biblische Handconcordanz für Volkslehrer. 8. Gießen, Tasché und Müller. 810. (hat a. d. Titel: Bibelsprüche.)

Hoffmann, A., über Kinder-Gärten. 8. Aarau, Christen. 1874.

Hoffmann, A., Mater admirabilis-ora pro nobis! 12 Marienlieder. Jauer 868. (Hiersemenzel.) qu. 4. (27 S.) 10 ngr

Hoffmann, A. Plan von Breslau und den angrenzenden Ortschaften Gabitz, Höfchen, Neudorf, Lehmgruben, Huben, Morgenau, Zedlitz, Scheitnig. 1 : 10 000. Breslau (1867). 1 Bl. L.
Desgl. Ausgabe von 1871. 1 : 15 500. 1 Bl. c. L.

Die Sage vom Schlossberg bei Zoppot. (Von A. Hoffmann.) Zoppot: E. R. Weberstaedt 1902. (55 S.) 8° [F.] [02. 11015 10

Hoffmann, A. III., Sendschreiben an Röwer, nebst Nachtrag. 8. Goslar 799. Kircher. 4 gr.

Hoffmann, A., aus Stadt u. Land, s.: Bargmann, A.

Hoffmann, A., rationalistisch-theolog. Tractat. 1. Abschn.: Die Prophetie. gr. 8. (42 S.) Strassburg 902. J. H. E. Heitz. n. — 80

Hoffmann, A., Volksschul-Geographie. Nach den Bestimmgn. des bad. Normallehrplans u. mit Beziehg. auf das Lesebuch für die bad. Volksschulen bearb. 4., verb. Aufl. [Allgemeine Geographie. Die 5 Erdteile.] 8. (24 S.) Bühl 887. Konkordia, Aktiengesellschaft f. Druck u. Verlag. n. — 30

— Volksschul-Geographie. Nach den Bestimmgn. des bad. Normallehrplans u. m. Beziehg. auf das Lesebuch f. die bad. Volksschulen. 2 Hfte. gr. 8. Ebd. à n n. — 30
1. Allgemeine Geographie. Die 5 Erdteile. 6. Aufl. (24 S.) 892. — 2. Erd- u. Himmelskunde. Deutschland. (36 S.) 889.

—— Volksschul-Geographie. Nach den Bestimmgn. d. bad. Normallehrplans u. m. Beziehg. auf d. Lesebuch f. d. bad. Volksschulen. 2 Hefte. (Ebd.) 891. à Heft ** — 30; ** — 60

Hoffmann, A., was muß der Erzieher vom Wesen u. v. der Heilung der Sprach- u. Stimmkrankheiten wissen? Zugleich eine Anleitg. zum Studium der elementaren Lautkunde u. zur Erlerng. des richt. Atmens. Mit 42 Abb. u. 4 Lauttaf. (IV, 52 S. m. 14 Taf.) gr. 8. Meißen (910). Sächs. Schulbuchh. 1. 50

Hoffmann, A., das Wichtigste aus der badischen Geschichte. Nach dem bad. Normal-Lehr-Plan f. die Hand der Schüler bearb. 3. verm. Aufl. gr. 8. (12 S.) Mannheim 872. Loeffler. n. — 20

Hoffmann, A., 3 Zeitpredigten. Gehalten am 27. Juni, 15. Juli u. 11. Novbr. 1866. Zeitz 867. Leipzig, Webel. gr. 8. (40 S.) n. 4 ngr

Hoffmann, A. G.: Grundlinien..., s. Hofmann, August Gottlob

Hoffmann, A. Hnr., s. Hoffmann von Fallersleben, August Heinrich

Hoffmann, A. W., wie kommt jeder zu Vermögen? Praktischer Wegweiser m. zahlreichen Beispielen aus dem Leben, sowie Berechngn., wie man sicher Kapitalist werden, Schaden v. dem Seinen abwenden u. sich e. sorgenfreie Zukunft schaffen kann. Ein Ratgeber f. Personen aller Stände u. Berufsarten. (128 S.) 8. Berlin (906). H. Steinitz. n. 2. —

Hoffmann, Abrah., René Descartes, s. a. Frommann's Klassiker der Philosophie. XVIII.

René Descartes. Von Abraham Hoffmann. Stuttgart: F. Frommann 1905. (X, 194 S.) 8°
— Klassiker, Frommanns, d. Philosophie. 18. [05. 13686

Hoffmann, Abraham, aus Berlin: Die Lehre von der Bildung des Universums bei Descartes in ihrer geschichtlichen Bedeutung. T. 1: Descartes' Vorgänger und seine naturphilosophischen Anschauungen. Berlin 1903: G. Reimer. (37 S.) 8° ¶ [Erschien vollst. 1904 in: Archiv f. Philosophie. Abt. 1: Archiv f. Gesch. d. Philos., Bd 17.]
Berlin, Phil. Diss. v. 21. Dez. 1903

[F.] K. v. Holteis und E. T. A. Hoffmanns Bergreise. Beiträge zu ihrem Lebensbilde m. Benutzg e. bisher unbekannten Holteischen Hs. Erinnergsgabe z. 24. Jan. 1898. Von Adalbert Hoffmann. Oppeln [&] Leipzig: G. Maske 1898. (63 S.) 1 Bd 8. [98. 3497

Hoffmann, Adb., deutsche Dichter im schles. Gebirge. Neues aus d. Leben v. Goethe, Günther u. Körner. M. je 3 Portraits in Heliograv. u. i. Lichtdr., darunter e. Bildniß d. v. Goethe zur Gattin begehrten, bisher unbekannten Schlesierin, u. m. 8 Abb. im Text. gr. 8. (IV, 136 S.) Warmbrunn 897. M. Leipelt. n. 4. —; geb. in Leinw. n. 5. —

— d. Einnahme v. Striegau. Lustsp. in 2 Aufzgn. Z. Striegauer 150jähr. Gedenkfeier d. Schlacht v. Hohenfriedeberg od. Striegau verf. 8. (13 S.) Striegau 895. A. Hoffmann. n.n. — 50

[F.] Schlesiens Geschichte und Geschichtliche Sage im Liede ... Von Adalb. Hoffmann. *Oppeln: G. Maske 1897.* (2 Bl., III, 165 S., 1 Bl., 2 Taf.) 1 Bd 8. [98. 3408

(B) — Schlesiens Geschichte. 897. (KBL 29.) Jetzt: Breslau, Koebner.

Hoffmann, A, Das bürgerliche Gesetzbuch m. seinen Nebengesetzen u. Ausführungsvorschriften. Unter Wiedergabe seiner Verweisgn. u. Gegenüberstellg. der m. besond. Berücksicht. der Uebergangsvorschriften erläuterten Ein- u. Ausführungsbestimmgn. des Reichs u. der grösseren Bundesstaaten, nebst sonst. Ergänzungsgesetzen, sowie m. Hinweisen auf die eingreif. Bestimmgn. des Gesetzbuches u. aller Nebengesetze, m. den Entscheidgn. des Reichsgerichts u. e. Sachregister. (In 3 Abthlgn.) 1. Abth. gr. 8. (S. 1—224.) Oppeln, G. Maske. 1900. 3. —

Hoffmann, Adb., Das bürgerliche Gesetzbuch m. seinen Nebengesetzen u. Ausführungsvorschriften. 2—4. (Schluss-)Abth. gr. 8. (XVI u. S. 225—880.) Oppeln, G. Maske. 1900. 8. —

Hoffmann, Adalb., das bürgerliche Gesetzbuch m. seinen Nebengesetzen u. Ausführungsvorschriften. Handausg. m. Einfügg. der Verweisgn., der eingreif. Nebengesetze u. der Ein- u. Ausführungsbestimmgn. der größeren Bundesstaaten, sowie m. Anmerkgn. f. den prakt. Gebrauch. 2., um die höchstgerichtl. Rechtsprechg. von 1900 bis Anfang 1903 verm. Aufl. (XVI, 930 S.) gr. 8. Oppeln 904. Salzbrunn, G. Maske. n. 4. —

Die preussischen Gesetze, betreffend das Kostenwesen und das Verfahren. Mit d. zugehörigen Kostentarifen ... hrsg. von Adalbert Hoffmann, Landrichter. *Oppeln: G. Maske 1900.* (VIII, 219 S.) 8° [F.]
— Hoffmann: Die durch d. BGB. abgeänd. preuss. Landes- u. Reichsgesetze. 1. [01. 8451

[F.] Goethe in Breslau und Oberschlesien und seine Werbung um Henriette v. Lüttwitz. Neue Beitr. zu Goethe's Lebensgeschichte v. Adalbert Hoffmann. M. 2 Vollb., 1 Facs., 1 Kt. u. 8. Textabb. *Oppeln, Leipzig: G. Maske 1898.* (64 S., 2 Taf., 1 Facs., 1 Kt.) 1 Bd 8. [98. 1316 Bu

Hoffmann, Adalbert [Hrsg.], s. Günther, Johann Christian: Leben.

Helden von Hohenfriedeberg. Geschichtl. Lustspiel in 2 Aufz. von Adalbert Hoffmann. 2., umgearb. Aufl. *Oppeln: G. Maske 1899.* (23 S.) 8° [F.] [01. 6008

Der 4. Juni 1745. Quellenmäßige Darstellung der Schlacht von Hohenfriedeberg. Mit neuen Beiträgen, Gelände-Abbildungen u. Pl. von Adalbert **Hoffmann**, Kgl. sächs. Hauptm. d. L. a. D. Freiburg i. Schl.: Heiber (1910). 47 S. 8° [10. 8591 2

— die durch das bürgerl. Gesetzbuch abgeänderten preuß. Landes- u. Reichsgesetze in der vom 1. I. 1900 ab geltenden Gestalt. Für den Handgebrauch unter Hervorhebg. der Abweichgn. u. m. der Rechtsprechg. der höchsten Gerichtshöfe hrsg. I u. III. gr. 8. Ebd. 900. n. 4. 60
I. Die preußischen Gesetze, betr. das Kostenwesen u. das Verfahren. Mit den zugehör. Kostentarifen. (VIII, 219 S.) n. 2. 60
III. Das Reichsgesetz üb. die Beurkundung des Personenstandes u. die Eheschließung m. allen f. das Reich u. f. Preußen ergangenen Nebengesetzen, Verordngn. u. Ministerialerlassen. (VIII, 131 S.) Kart. n. 2. —

Hoffmann, Adalb., Johann Christian Günthers Leben, s.: Heyer, Alfons.

— Johann Christian Günthers Schulzeit u. Liebesfrühling. Ein Beitrag zum Lebensbilde des Dichters. (43 S.) 8. Jauer 908. Glogau, Hellmann. 1. —
Sonderabdruck aus: „Wanderer im Riesengeb."

Hoffmann, Adalb., s. Spruchsammlung, ..., der deutschen Juristenzeitung.

— d. Tag v. Hohenfriedeberg u. Striegau (4. Juni 1745). Eine Darstellg. d. gleichnam. Schlacht. z. 150. Wiederkehr dieses Tages. M. vielen z. 1. Male veröffentl. Beilagen, darunter 1 Plan, nebst Skizze u. d. Wiedergabe d. einzigen v. d. Schlacht überkommenen Bildes. gr. 8. (II, 49 S.) Striegau 895. A. Hoffmann. n. 1. 50

Der Tag von Hohenfriedeberg und Striegau. Mit vielen zum ersten Male veröffentl. Beilagen. 2., verm. Ausg. Von Adalbert Hoffmann. *Oppeln: G. Maske 1903.* (68 S.) 8° [F.] [03. 2804

— was errungen d. Alten, wir wollen's erhalten. Festspiel in 3 Bild. z. 25jähr. Erinnerungsfeier a. d. Feldzug 1870/71. gr. 8. (44 S.) Wüstegiersdorf 895. M. Jacob. n. 1. —

Hoffmann, Adam, Referendar a. Löveling (Kreis Neuß): Der Besitzschutz von Grunddienstbarkeiten nach bürgerlichem Gesetzbuche unter besonderer Berücksichtigung des gemeinen Rechts. Düsseldorf o. J.: L. Schwann. (VII, 62 S.) 8° [F.]
Heidelberg, Jur. Fak., Ref. Bekker, Diss. v. 6. Jan. 1906
[Geb. 11. Nov. 77 Holzheim; Wohnort: Düsseldorf; Staatsangeh.: Preußen, Vorbildung: Gymn. Brilon Reife Juli 98; Studium: Freiburg i. B. 1, Berlin 1, Bonn 4 S.; Rig. 27. Okt. 05.]

[F. u. Ant.] Arm und Reich. Der Arbeit ABC. E. lehrreiches Bilderbuch f. kleine u. grosse Kinder ... (Vf.: Adolf Hoffmann und B. Strzelewicz.) (2. Aufl.) *Pankow-Berlin: A. Hoffmann [1894?].* (22 S.) 1 Bd 4. [96. 501

Hoffmann, Adolph, Volontärassist. am Kgl. Pathol. Inst. zu Breslau: Aus d. Kgl. Universitäts-Frauenklinik zu Breslau (Geheimrat Prof. Dr. Küstner). Die geburtshilfliche Bedeutung der foetalen Hydrocephalie. Klinische u. poliklinische Beobachtungen von Oktober 1893 bis Oktober 1901. *Breslau 1902: Bresl. Genoss.-Buchdr.* (46 S.) 8°
Breslau, Med. Diss. v. 1. Juli 1902

Hoffmann, Adph., Entwurf einer Medicinal-Ordnung für deutsche Heere mit begründenden Erläuterungen. Ein Beitrag zu den Reformbestrebungen unserer Zeit. 8. (X u. 119 S.) Pforzheim 851, Flammer. 1/2 ꞵ

Die Erhöhung der Zivilliste. Reden d. sozialdemokratischen Abgeordneten Adolf **Hoffmann** u. Paul Hirsch im preuß. Abgeordnetenhaus v. 7. u. 9. Juni 1910. Berlin: Vorwärts (1910). 32 S. 8° [Umschlagt.] [11. 1301

[F.] Friede auf Erden? E. Weihnachtstraum f. Erwachsene v. Adolph Hoffmann (Vf. der '10 Gebote u. die besitzende Klasse.'). Ein neues Jahr — ein schlimmres Jahr! E. Mahng in elfter Stunde v. Adolph Hoffmann ... *Pankow-Berlin: A. Hoffmann [1894?].* (7 S.) 1 Bd 8. [96. 502

Hoffmann, Adph. Die 10 Gebote u. die besitzende Klasse. Nach dem gleichnam. Vortrage v. A. H. vielfach ergänzt. 3. unveränd. Aufl. gr. 8. (80 S.) Zeitz 892, (Verlag d. Volksboten). — 30

Hoffmann, Adph., die 10 Gebote u. die besitzende Klasse. Nach dem gleichnam. Vortrage v. A. H. Vielfach ergänzt m. Berücksicht. der Einwürfe der Gegner u. der Zugeständnisse der Herren Pastoren. 6. unveränd. Aufl. gr. 8. (80 S.) Zeitz. Pankow-Berlin 893. A. Hoffmann. n. — 30

Hoffmann, Adph., die zehn Gebote u. d. besitzende Klasse. N. d. gleichnam. Vortrage. M. e. Nachwort unt. Berücksicht. d. Zugeständnisse d. Herren Pastoren, sow. d. Einwürfe v. Gegnern dieser Schrift. 8. Aufl. (8. Zehntaus.) gr. 8. (80 S.) Berlin 898. A. Hoffmann. — 30

Hoffmann, Adolf, Die 10 Gebote und die besitzende Klasse. 10. Aufl. Mit Vorwort von Kl. Zetkin. 8⁰. Berlin, A. Hoffmann, 1905.

Hoffmann, Adolph, Die zehn Gebote und die besitzende Klasse. Nach d. gleichnam. Vortr. . . mit e. Geleit-Brief von Clara *Zetkin* u. e. Nachw. u. Berücks. d. Zugeständnisse d. Herren Pastoren, sowie d. Einwürfe von Gegnern dieser Schrift. 11. Aufl. Berlin o. J. 8⁰. *[1. Aufl. 1904.]*

Hoffmann, Adph., die 10 Gebote u. die besitzende Klasse. Nach dem gleichnam. Vortrage v. H. m. e. Geleit-Brief v. Frau Clara Zetkin u. e. Nachwort, unter Berücksicht. der Zugeständnisse der Herren Pastoren, sowie der Einwürfe v. Gegnern dieser Schrift. 13. Aufl. 121.—130. Taus. (80 S.) 8. Berlin (910). A. Hoffmann. — 30

— um meines Sohnes Glück. Für Mütter u. junge Männer. (16 S.) kl. 8. Berlin (904). Vaterländ. Verlags- u. Kunstanstalt. n. — 20

Hoffmann, Frau Adolf. Um meines Sohnes Glück. Ein Mahnwort für Mütter und junge Männer. 6.—10. Tausend. 24 S. 8. Berlin, Vaterländische Verlags- und Kunstanstalt, [1909]. [M. —. 20]

Hoffmann, Adolf [app. Arzt aus Meppen]: Hat das enge Becken der Mutter Einfluss auf das Geschlecht des Foetus? . . . Würzburg. Becker's Univ.-Buchdr., 1887; 22 S. 8⁰
Würzburg, Med. Fak., Inaug.-Diss. v. 1887

Hoffmann, Ad., Holzsculpturen u. Intarsien. In Ebenholz u. Elfenbein gearb. an e. Gedächtniss-Schränkchen in italien. Renaissance, ausgeführt nach Entwürfen von M. Hoffmann. 10 Taf. gr. 4. Berlin (899). B. Hessling. In Mappe n. 10. —

— Holzsculpturen u. Möbel in Barock. Füllungen zu Wanddecorationen, Superporten, Möbel u. Details. 40 Taf. Fol. (III S. Text.) Ebd. (899). In Mappe n. 24. —

Hoffmann, Adph., Holzsculpturen und Möbel in Rococo. Spieltische, Spiegelrahmen, Luxusschränke, Guéridons, Stühle, Sopha's, Console und detaillirte Ornamente, entworfen und ausgeführt, zumeist für die königl. Schlösser. 3 Serien. gr. 4. (à Serie 30 Taf. in Photogr. auf Carton.) Berlin 885—88, Claesen und Comp. In Mappe à Serie * ℳ 37.50. * 1

—— dass. — 4. Serie. (In 3 Lfgn.) 1. Lfg. gr. 4. (10 Photogr.) Ebendas. 888. In Mappe *

Hoffmann, Ad., Holzsculpturen u. Möbel in Rococo. Stühle, Sessel, Tische, Schemel, Guéridons, Uhrgehäuse, Consolen, Spiegel- u. Bilder-Rahmen, Ornamente etc., nebst vielen Details. Entworfen u. zumeist f. die kgl. preuss. Schlösser ausgeführt. 2., verm. Aufl. 1. u. 2. Serie. gr. 4. (à 30 Lichtdr.-Taf.) Berlin 891. Hessling & Spielmeyer. In Mappe. à n. 20. —

Hoffmann, Ad., Holzsculpturen u. Möbel in Rococo. Stühle, Sessel, Tische, Schemel, Guéridons, Uhrgehäuse, Consolen, Spiegel- u. Bilder-Rahmen, Ornamente etc., nebst vielen Details. Entworfen u. zum. f. d. kgl. preuss. Schlösser ausgeführt v. H. 3. [Titel-] Aufl. 1. Serie. gr. 4. (30 Taf.) Berlin (891) 896. B Hessling. In Mappe n. 20. —

— dasselbe. 3. Aufl. 2. Serie. gr. 4. (30 Lichtdr.-Taf.) Ebd. 897. In Mappe n. 20. —

— dasselbe. 3. Serie. gr. 4. (40 Lichtdr.-Taf.) Ebd. 898. In Mappe n. 20. —

⑧ — Holzskulpturen u. Möbel in Rococo. 3 Serien. 896—898. (KBL 29.) Jetzt: Berlin, Ornament-Verlag.

Hoffmann, Adph., Holzsculpturen in Rococo. 1. u. 2. Serie. à 30 Photogr. auf Carton. gr. 4. Berlin 885. Claesen & Co. In Mappe. à n. 37. 50

Hoffmann, A., Holzsculpturen in Rococo. 3. Serie. 30 Photogr. auf Carton. gr. 4. Berlin 888. Claesen & Co. In Mappe. n. 37. 50 (1—3. Serie: n. 112. 50)

— dasselbe. 4. Serie. (In 3 Lfgn.) 1. Lfg. gr. 4. (10 Photogr.) Ebd. 888. In Mappe. n. 12. 50

Hoffmann, Adph., Kammer-Gericht contra Kammer-Gericht. Durch Rechts-Irrthum des höchsten preuß. Gerichtshofes zur strafbaren Handlung verleitet u. dann v. demselben Gericht dafür bestraft. Ein Beitrag zur modernen Rechtsprechg. gr. 8. (37 S.) Berlin 900. A. Hoffmann. n. — 50

Hoffmann, Adf., im türkischen Kerker. Wie ich Garabed Thoumajan fand. E. armenisch-türk. Geschichte. 8. (208 S. m. Abb.) Berlin-Westend 897. Verlag d. Akadem. Buchh. W. Faber & Co. n. 2. —; geb. n. 3. —

Hoffmann, Frau Adf., ins volle Leben, ins volle Glück! Ein Wort an alle unsere Töchter. 1 - 3. Taus. u. 4. Aufl. (à 46 S.) 8. Hamburg (906). Agentur des Rauhen Hauses. n. — 50

— Ins volle Leben, ins volle Glück! Ein Wort an alle unsre Töchter. 15.—20. Taus. (46 S.) 8. Hamburg (909). Agentur des Rauhen Hauses. p — 50; geb. 1. 20

Hoffmann, Adolph, Los von der Kirche! E. durch 3 Ordnungsrufe u. Wortentzieh. unterbrochene, aber im „Feenpalast" zu Berlin vollendete Landtagsrede m. Einführ. d. durch d. Präs. Herrn v. Kröcher verhinderten Erg. u. ein. Anh. über alle Austrittsformalitäten. 3. Aufl. Berlin (1908). 8⁰.

Los von der Kirche! Eine ... im 'Feenpalast' zu Berlin vollendete Landtagsrede ... von Adolph **Hoffmann**. 4. Aufl. Berlin: A. Hoffmann [1910]. 52 S. 8⁰ [11. 1879

— Los v. der Kirche! Eine durch 3 Ordnungsrufe u. Wortentziehg. unterbrochene, aber im „Feenpalast" zu Berlin vollendete Landtagsrede m. Einführg. der durch den Präsidenten Hrn. v. Kröcher verhinderten Ergänzgn. u. e. Anh. üb. alle Austrittsformalitäten. 4. Aufl. (52 S.) gr. 8. Ebd. (910). — 20

Hoffmann, Frau Adolf. Mutter. Allen mütterlichen Herzen gewidmet Von Frau A' H'-Genf. [Mit Porträt-Tafel.] VIII + 251 S. 8. Hamburg, Agentur des Rauhen Hauses, (1909). [geb. M. 3. —]

Hoffmann, Mme Adolf. Für Mütter und junge Männer: Um meines Sohnes Glück, von Frau A' H'-Genf. II + 16 S. 8. Berlin, Vaterländische Verlags- und Kunstanstalt, [1904]. M. —. 20.

— Näher zum Ideal! Ein Mädchenbuch, auch den Eltern dargeboten. Mit Buchschmuck v. A. Biedermann. 1.—15. Aufl. (253 S.) 8. Ebd. 907—10. Geb. in Leinw. 3.—; m. Goldschn. 4. —

— Nicht umsonst gelebt, s. a. Aus klaren Quellen.

Hoffmann, Frau Adolf. Nicht umsonst gelebt. Drei Lebensbilder (Herzogin Helene von Orleans — Dr. Marie Wood-Allen — Eva von Prosch) von Frau A' H' — Genf. [Mit 3 Porträt-Tafeln und illustriertem Umschlag.] 167 S. 8. Stuttgart, Verlag der Ev. Gesellschaft, 1910. [geb. M. 2. 50]
(Aus klaren Quellen.)

Hoffmann, Mme Adolf. Unserer Töchter soziale Pflicht. Eine ernste Mahnung an alle Mütter von Frau A' H'-Genf. II + 30 S. 8. Berlin, Vaterländische Verlags- und Kunstanstalt, [1905]. M. —.30

Hoffmann, Mme Adolf. Unserer Töchter soziale Pflicht. Eine ernste Mahnung an alle Mütter. 8. Berlin, Vaterländische Verlags- und Kunstanstalt.
Von Frau A' H'-Genf. 3.–4. Tausend. II + II + 30 S [1907/08.] M. —.30
Von Frau A' H' ⟨Genf⟩. 5. bis 7. Tausend. II + 30 S. [1908.] (M. – .30)

Hoffmann, Adolf: Das Psyche-Märchen des Apuleius in der englischen Literatur. Strassburg 1908: Huber. IX, 111 S. 8°
Straßburg, Phil. Diss. v. 23. Mai 1908, Ref. Koeppel
[Geb. 8. Juni 85 Straßburg; Wohnort: Straßburg; Staatsangeh.: Elsaß-Lothringen; Vorbildung: Oberrealsch. Straßburg Reife Juli 03; Studium: Straßburg 10 S.] [U 09. 3834

Hoffmann, Adf., Der Arbeit Rechte und Pflichten. Christliche Reden über sociale Fragen. 8°. Basel, R. Reich, 1893. 2. Aufl. 8°. Ebd. 1894.

Hoffmann, Adf., der Arbeit Rechte u. Pflichten. Christliche Reden üb. sociale Fragen. 1. u. 2., verb. Aufl. 8. (VIII, 71 S.) Basel 894. R. Reich. n.n. — 75

Hoffmann, Adph., Rococo-Möbel. qu. Fol. (15 Lichtdr.-Taf.) Berlin 886. Claesen & Co. n. 30. —

— moderne Rococo-Möbel in reicher Ausführung. 2. Aufl. gr. Fol. (15 Lichtdr.-Taf.) Ebd. 891. In Mappe. n. 15. —

— Die Sozialdemokraten kommen. Vorsicht! Hütet Euch! Eine wahre Dorfgeschichte. 1. Aufl. 8°. Zeitz, „Volksbote", 1892 2. Aufl. gr. 8°. Zeitz, Pankow-Berlin, A. Hoffmann, 1893. 3. Aufl. gr. 8°. Ebd. 1894.

— die Sozialdemokraten kommen! Vorsicht! Hütet Euch! Eine wahre Dorfgeschichte. 2. Aufl. gr. 8. (16 S.) Ebd. 893. n. — 10

Die Sozialdemokraten kommen! Eine wahre Dorfgeschichte, welche schon oft passiert ist u. noch passiert. von Adolph Hoffmann. 6. Aufl. *Berlin: A. Hoffmann 1896.* (16 S.) 8° [F.] 11

Hoffmann, Adf., Salzburgs Strassen, Gassen u. Plätze. Eine Erklärung der Bedeutung und des Ursprunges der heute gebräuchl. Benenngn. auf Grund geschichtl. u. zeitgenöss. Quellen, nebst Angabe der hervorrag. Bauwerke, Denkmäler etc. (IV, 57 S.) kl. 8. Salzburg (908). E. Höllrigl. — 75

Hoffmann, Adph., aus den jungen Tagen e. alten Erfurters. (Nach dem Tode hrsg. v. seiner Frau.) 8. (114 S.) Berlin 899. M. Schildberger. 8. —

Hoffmann, Adolf, Vorsicht! Hütet Euch! Die Sozialdemokraten kommen! E. wahre Dorfgesch., welche schon oft passiert ist u. noch passiert. 8. Aufl. Berlin o. J. 8°.

— Ein Warnungsruf! An die Frauen und Mädchen aller Stände. 2. Aufl. 8°. Pankow-Berlin, A. Hoffmann, 1893.

Ein Warnungsruf! An d. Frauen u. Mädchen aller Stände. Von Adolph Hoffmann. (3. Aufl.) *Berlin: A. Hoffmann 1895.* (16 S.) 8° [F.] 11

Hoffmann, Adf., Landwehrmanns Weihnacht, s. a. Bloch's, Ludw., Herren-Bühne.

[F.] Landwehrmanns Weihnacht. Genrebild m. Gesang in 1 Akt v. Adolf Hoffmann. *Berlin: E. Bloch (1893).* (12 S.) 1 Bd 8.
= Herren-Bühne, Ludwig Blochs. No 15. [96. 3344

— **Wenn wieder Weihnachtsrosen blühen!** Aus e. Frauenleben der Wirklichkeit nacherzählt. 1. u. 2. Aufl. (1.—6. Tausd.) (154 S.) 8. Hamburg (908. 09). Agentur des Rauhen Hauses. 1.80; geb. in Leinw. 2.50

Hoffmann, Frau Adolf. Wie Helden werden. Ein Buch für Knaben und Mädchen von Frau A' H'-Genf. Mit Zeichnungen von Elisabeth Voigt. VIII + 285 S. 8. Leipzig, Deutscher Kinderfreund. [1909]. [geb. M. 3. —]

— u. B. Schröder, aus dunkler Zeit. Lebende Bilder. Dichtung v. C. M. Scävola. gr. 8. (15 S.) Ebd. (900). — 10

Zum Bahnbrechen berufen. Lebensbild von Peter Wieselgren, dem Vorkämpfer der skandinavischen Mässigkeitsbewegung. Von Frau ADOLF HOFFMANN, Genf. Berlin 1912. Mässigkeits-Verlag. kl. 8°.

Hoffmann, Adolph Fr., Vernunftlehre. 8. Lpz. 737.

Hoffmann, M. Adolph Friedrich (Präs.), s. Heinsius, Johann Sigismund: De ratiocinatione causali.

Hoffmann, Agnes, Anne u. ihre Brüder. Erzählung für Mädchen von 12–14 Jahren. (209 S. m. 4 Vollbildern) 8. Stuttgart (905). G. Weise. Geb. in Leinw. 3. —

— Binchen u. Finchen. Zwei fröhliche Kindergeschichten. (238 S. m. 4 farb. Vollbildern.) 8. Stuttgart (905). Levy & Müller. Geb. n. 4. —

Hoffmann, Agnes, Doktors Evchen u. Die wilde Fränzel. 2 Erzählgn. f. Kinder von 8—12 Jahren, m. 4 Tondr.-Bildern v. M. Hohneck. (187 S.) 8. Stuttgart (907). G. Weise. Geb. in Leinw. 3. —
Hieraus einzeln:
Doktors Evchen. (108 S. m. 2 Bildern.) Geb. 2. —
Die wilde Fränzel. (81 S. m. 2 Bildern.) Geb. 1. 50

— **Alte liebe Fabeln u. Geschichten.** Für die Jugend ausgewählt. Mit (farb.) Bild. v. Arpad Schmidhammer. (VIII, 200 S.) 8. Stuttgart (907). Levy & Müller. Geb. in Leinw. 4. —

Hoffmann, Agnes, Fee u. Anderes. Erzählungen f. junge Mädchen. Mit 12 Illustr. v. R. Gutschmidt. 8. Aufl. gr. 8. (VII, 275 S.) Stuttgart (899). G. Weise. Geb. in Leinw. 4. 50

— das Finkenhaus. Erzählung f. junge Mädchen. Mit 4 Vollbildern v. O. Herrfurth. (III, 187 S.) 8. Stuttgart (904). G. Weise. Geb. in Leinw. 3. —

Hoffmann, Agnes, das Glückskind. Erzählung f. Kinder von 10—12 Jahren. 8. (119 S. m. 6 Bildern in Farbendruck.) Stuttgart 892. G. Weise. Kart. n. 1. —

— d. Glückskind. Erzählg. f. Kinder v. 10—12 Jahren. 2. Aufl. 8. (119 S.) Ebd. 895. Kart. n. 1. —

— das Glückskind. Erzählung f. Kinder v. 10—12 Jahren. 7.—9. Taus. 8. (119 S. m. 6 farb. Bildern.) Ebd. (902). Geb. 1. —

Hoffmann, A., das rote Haus. Eine Erzählg. f. Kinder von 8 bis 12 Jahren. Mit Vorwort v. K. Schneider u. 5 Farbdr.-Bildern v. W. Zweigle. 12. (79 S.) Stuttgart 891. G. Weise. Kart. n. — 50

— Heideblümchen. Eine Erzählg. f. Kinder von 8—12 Jahren. Mit 4 Aquarellen v. Fritz Bergen. 8. (225 S.) Stuttgart (900). Levy & Müller. Geb. in Leinw. n. 4. —

HOFFMANN, AGNES. *Heideblümchen*, Erzählung f. Kinder. 3. Aufl. Stuttgart, Levy & Müller [1900]. M. 4 farb. Taf. 8°. Orlwd. 6.—

— Heimchen. Erzählung f. Mädchen von 8—10 Jahren. Mit 8 Farbdr.-Bildern v. W. Claudius. (III, 141 S.) gr. 8. Ebd. (903). Geb. in Leinw. 2. 50

— Ein Jahr aus Lottes Leben. Erzählg. f. junge Mädchen. (6. Aufl. v. „Lottes Tagebuch".) (III, 187 S. m. 4 Vollbildern.) 8. Stuttgart (909). G. Weise. Geb. in Leinw. 3. —

— Das letzte Jahr im Elternhaus. Erzählung f. Kinder v. 8—10 Jahren. Mit 4 (farb. Voll-) Bildern von Carl Brener. (V, 208 S.) 8. Ebd. (910). Geb. in Leinw. 3. —

— Marienthal. E. Erzählg. f. junge Mädchen. Mit 4 Bild. v. M. Zweigle. 8. (III, 286 S.) Ebd. 898. Geb. in Leinw. 4. 50

Hoffmann, Agnes, Marienthal. Eine Erzählg. f. junge Mädchen. Mit 4 (Voll-) Bildern v. W. Zweigle. 3. Aufl. (III, 286 S.) 8. Stuttgart (910). G. Weise. Geb. in Leinw. 4. 50

— illustr. Novellenbuch f. junge Mädchen. M. 12 Illustr. v. R. Gutschmidt. 8. (VII, 275 S.) Ebd. 896. Geb. in Leinw. 4. —; in Celluloid 5. 50

— das feige Peterle u. andere Geschichten. Mit 4 farb. Vollbildern u. zahlreichen Textillustr. (IV, 284 S.) 8. Stuttgart (906). Levy & Müller. Geb. in Leinw. n. 4. —

Hoffmann, Agnes, Postlieschen. Erzählg. f. junge Mädchen. Mit 4 Illustr. v. M. Flashar. 8. (III, 184 S.) Stuttgart (902). G. Weise. Geb. in Leinw. 3. —

— Prinzeßchen vom Lindenhof. Eine Erzählg. f. junge Mädchen. Mit 4 Vollbildern nach Aquarellen v. Fritz Bergen. (222 S.) 8. Stuttgart (910). Levy & Müller. Geb. in Leinw. 4. —

— Resi Reinwald. Erzählung f. junge Mädchen, m. 4 Tondr.-Bildern v. Rich. Scholz. (III, 186 S.) 8. Stuttgart (908). G. Weise. Geb. in Leinw. 3. —

Hoffmann, Agnes, Elses erste Reise. E. einfache Geschichte f. junge Mädchen. M. 4 Vollbild. v. W. Zweigle. 2. [Titel-] Aufl. gr. 8. (128 S.) Stuttgart (895) 896. G. Weise. Geb. in Leinw. n. 2. —

— Elses erste Reise. Eine einfache Geschichte f. junge Mädchen. Mit 4 Vollbildern v. W. Zweigle. 6. Aufl. (145 S.) 8. Ebd. (910). Geb. in Leinw. 2. 40

— wilde Rose. Erzählg. f. junge Mädchen. 2. [Titel-] Aufl. gr. 8. (III, 280 S. m. 1 Bild.) Ebd. (896) 896. Geb. in Leinw. 4. 50; in Celluloid 6. —

— Ruth. Erzählung f. erwachsene Mädchen. 8. (V, 270 S.) Ebd. 893. Geb. in Leinw. 4. 50

— Ruth. Erzählg. f. erwachs. Mädchen. 4. Aufl. gr. 8. (III, 270 S.) Ebd. 896. Geb. in Leinw. 4. 50; in Celluloid 6. —

— das Stiftskind. Erzählung f. junge Mädchen. Mit Titelbild v. R. Gutschmidt. gr. 8. (278 S.) Ebd. (899). Geb. in Leinw. 4. 50

— Lottes Tagebuch. Erzählung f. Mädchen von 12—14 Jahren. 8. (219 S. m. 4 Abbildgn.) Ebd. 894. Geb. in Leinw. 3. —

— Tannhausen. Erzählg. f. Kinder v. 8—10 Jahren. M. 4 Bild. in Farbendr. n. Aquarellen v. E. H. Walther. 8. (V, 208 S.) Ebd. 897. Geb. in Leinw. 3. —; in Celluloid 4. 50

— unser Traudchen. Erzählung f. junge Mädchen. 8. (III, 279 S. m. Abb.) Ebd. (900). Geb. in Leinw. 4. 50

HOFFMANN, A. *Unser Traudchen*. Erzählung für junge Mädchen. M. 20 Illustr. Stuttgart, G. Weise, [1900]. 8°. Orlwd. 7.—

— Waldeszauber. Erzählung f. junge Mädchen. Mit Buchschmuck v. Pet. Schnorr. (83 S.) 8. Stuttgart (903). G. Weise. Geb. in Leinw. 2. —

— „Zu jung". Erzählung f. junge Mädchen. gr. 8. (III, 268 S. m. 4 Vollbildern.) Ebd. (901). Geb. in Leinw. 4. 50

Hoffmann, Alb., klinische Beobachtungen über die Wirkung der Condurangorinde bei Carcinom. Inaugural-Dissertation. gr. 8. (56 S.) Basel 882. (Georg.) n. 1. —

Hoffmann, Alb., u. Ernst Wentscher, Schreib-Maschinen. Nebst Anh.: Vervielfältigung der Maschinenschrift. [Aus: „Papier-Zeitg."] gr. 8. (123 S. m. Abbildgn.) Berlin 893. C. Hofmann. Geb. in Leinw. n. 3. —

Hoffmann, Albin. Die traumatische Neurose u. das Unfallversicherungs-Gesetz, s. Sammlung klin. Vorträge.

Hoffmann, Albrecht [pr. Arzt aus Homberg]: Beitrag zur Kenntniss der Darmveränderungen besonders der Bildung des Schorfes bei Typhus abdominalis. . . . Braunschweig, Druck u. Papier v. Friedrich Vieweg u. Sohn, 1890; 32 S. u. 2 Taf. 8°
Marburg, Med. Fak., Inaug.-Diss. v. [14. März] 1890

Hoffmann, Albr.: Geschichte des Deutschen Zollrecht. Leipzig 1902.

Hoffmann, Albr., deutsches Zollrecht. 1. Bd. Rechtsgeschichte. 2 Abtlgn. gr. 8. Leipzig, Roßberg'sche Verlagsbuchh. n. 11.—
1. Geschichte des deutschen Zollrechtes bis z. bayerisch-württemberg. Zollvereine v. 1828. (VIII, 164 S.) 900. n. 4. —
2. (IX—XVI u. S. 165—456.) 902. n. 7. —

Hoffmann, Albr. Rud., das Reichs-Erbschaftssteuergesetz vom 3. VI. 1906, s. Handbibliothek, juristische, 137. Bd.

Hoffmann, Albr. Rud.: Das Reichs-Erbschaftssteuergesetz vom 3. Juni 1906 nebst den Ausführungsbestimmungen des Bundesrats u. den Vollzugsanweisungen Preußens, Bayerns, Sachsens, Württembergs u. Badens. Leipzig 1907.

Hoffmann, Alex., am hl. Abend, s.: Album f. Liebhaber-Bühnen.

— Bellermann's Brautschau, s.: Album f. Liebhaber-Bühnen.

— Eine gelbe Gefahr od. Lehrjungenstreiche, s.: Album f. Liebhaber-Bühnen.

HOFFMANN, Alexander: Die Productionsverhältnisse der Kgl. Ungarischen Fonds-Domänen-Forste. - Budapest 1873. 34 S., 1 Kt.

Hoffmann, Alexander, a. Steinpleis b. Werdau i. Sa.: Die direkten Staatssteuern im Königreich Sachsen seit Einführung der konstitutionellen Verfassung von 1831 mit besonderer Berücksichtigung der allgemeinen Einkommensteuer. Leipzig: Jäh & Schunke 1900. (VIII, 230 S.) 8° ¶[Erschien im Buchhandel im gleichen Verlage.]
Tübingen, Staatsw. Fak., Ref. v. Neumann, Diss. v. 4. Dez. 1905
[Geb. 1. Okt. 79 Steinpleis; Wohnort: Steinpleis; Staatsangeh.: Sachsen; Vorbildung: Realsch. Werdau Reife O. 96; Studium: Leipzig Handelshochsch. 4, Tübingen 6 S.; Rig. 23. Febr. 05.]
(Nicht für den Austausch)

Hoffmann, Alex., die direkten Staatssteuern im Königr. Sachsen m. besond. Berücksicht. der allgemeinen Einkommensteuer. Geschichtlich u. kritisch dargestellt. (VIII, 230 S.) gr. 8. Leipzig 906. Roth & Schunke. n. 5. —

Hoffmann, Alfons, Immanuel Kant, s.: Jachmann, Rhold. Bernh.

Vom Bewusstsein. Von Dr. phil. Alfred **Hoffmann**. Leipzig: M. Heinsius Nachf. 1907. (41 S.) 8° [07. 14659]

Hoffmann, Alfred [aus Breslau]: Kaiser Friedrichs III. (IV.) Beziehungen zu Ungarn in den Jahren 1458—1464 .... Breslau (Druck v. C. H. Schulze & Co. in Gräfenhainichen) 1887; 2 Bl. + 50 S. + 1 Bl. 8°.
Breslau, Phil. Fak., Inaug.-Diss. v. 14. Febr. 1887.

Hoffmann, A., Kaiser Friedrich's III. [IV.] Beziehungen zu Ungarn in den J. 1458—1464. Inaug.-Diss. gr. 8. (50 S.) Breslau 887. (Köhler.) n. 1. —

Hoffmann, Alfred, (wiss. Hilfsl.) Dr.: Kaiser Friedrichs III. ⟨IV.⟩ Beziehungen zu Ungarn in den Jahren 1464—1477. ⟨T. 1: Bis 1470.⟩ *Gross-Glogau (1900): C. Flemming.* (16 S.) 8° ¶[Forts. d. phil. Diss. Bresl. 1887.]
Gross-Glogau, k. kath. G, OP 1900 (198)

Hoffmann, Alfred, Dr., (wiss. Hilfsl.): Kaiser Friedrichs III. ⟨IV.⟩ Beziehungen zu Ungarn in den Jahren 1464—1477. ⟨T. 2: 1470—1474.⟩ *Gräfenhainichen (1901): W. Hecker.* (20 S.) 8° ¶(Forts. d. phil. Diss. Breslau 1887: ... Beziehungen ... 1458—1464 u. d. P-Beil. 1900: ... 1464—1470.)
Gross-Glogau, k. kath. G, OP 1901 (200)

Hoffmann, Alfred, aus Metz: Edme Boursault nach seinem Leben und in seinen Werken. *Metz 1902: Lothringer Druckanstalt.* (145 S.) 8°
Straßburg, Phil. Diss. v. 1902

Hoffmann, Alfredus, Nissensis: De Platonis in dispositione legum consilio. Gryphiae 1907: H. Adler. (66 S.) 8°
Greifswald, Phil. Fak., Ref. Gercke, Diss. v. 26. Juni 1907
[Geb. 25. März 83 Kattowitz; Wohnort: Neiße; Staatsangeh.: Preußen; Vorbildung: Gymn. Neiße Reife O. 03; Studium: Breslau 4, Greifswald 4 S.; Rig. 7. März 07.]

Hoffmann, Alfred, approb. Arzt: Zur Differentialdiagnose zwischen Mycosis fungoides und Sarcoma cutis. *Breslau [1901]: Kreisblatt.* (22 S.) 8°
München, Med. Diss. v. 1901

Hoffmann, *Karl* Alfred [app. Zahnarzt in Leipzig]: Über die Entwicklung des Kronencementes an den Backenzähnen der Wiederkäuer m. Berücks. d. Zahnentwicklg im allgemeinen ... M. e. Taf. (Aus: Zeitschr. f. wiss. Zool., Bd. LVIII Heft 4.) Leipzig, W. Engelmann, 1894; 54 S., 1 Bl., 1 Taf. 8.
Leipzig, Phil. Fak., Inaug.-Diss. v. [4. Dez.] 1894

Hoffmann, Alfred [app. Arzt aus Ratibor '(Prov. Schles.)']: Einige Fälle von Sarcoma femoris m. bes. Berücks. d. Casuistik ... München, kgl. Hof- u. Univ.-Buchdr. v. Dr. C. Wolf & Sohn, 1893; 19 S. 8.
München, Med. Fak., Inaug.-Diss. v. 1893

Hoffmann, Alfred, Referendar aus Crimmitschau: Die Handelsniederlassung. *Borna-Leipzig 1903: R. Noske.* (VIII, 55 S.) 8°
Leipzig, Jur. Diss. v. 1903

Hoffmann, Alfr., systemat. Theologie, s.: Christlieb, Max.

Hoffmann, Alfred [Tierarzt, Unterveterinär zu Langensalza]: Aus der Poliklinik für gr. Haustiere der Kgl. tierärztl. Hochschule zu Berlin. Untersuchungen über den Einfluss der Hetolbehandlung auf die Impftuberculose der Meerschweinchen und der Kaninchen. (S.-A. a. d. Archiv f. wissensch. u. prakt. Tierheilkunde. Bd. 30. 1904.) Berlin 1904. 30 S. 8°. [17. VII. 03.]
Bern. Vet.-med. Diss. 1903/1904.

Hoffmann, Alfred. Untersuchungen über den Einfluss der Hetolbehandlung auf die Impftuberculose der Meerschweinchen und der Kaninchen. Diss. Vet.-Med. Bern. (Sonder-Abdruck aus dem Archiv f. wissensch. u. prakt. Tierheilk[unde]. Bd. 30. 1904.) *Kopftitel:* Aus der Poliklinik für gr. Haustiere der Kgl. tierärztl. Hochschule zu Berlin. 30 S. 8. Berlin, L. Schumacher, 1904.

Hoffmann, Alfred, Betriebs-Chemiker: Aus d. chemischen Institut d. Universität Breslau. Untersuchungen über Gleichgewichtszustände im System: Ferricyankalium und Jodkalium. *Breslau 1901: R. Golle.* (37 S.) 8°
Breslau, Phil. Diss. v. 3. [vielm. 12.] Sept. 1901

Hoffmann, Alfred [pr. Arzt aus Strassburg i. E.]: Über die Virulenz der Bubonen nach ulcus molle. . Leipzig-Reudnitz, Druck v. Max Hoffmann, 1888; 30 S. 8°
Strassburg, Med. Fak., Inaug.-Diss. v. 1886

Hoffmann, Aline, s. Hoffmann, Adolf

Hoffmann, Alois [Kand. d. Med. aus Gleiwitz]: Die zur Zeit herrschenden Ansichten über die Aetiologie der Carcinome ... Würzburg, Buchdr. d. „Neuen Bayer. Landeszeitg", 1893; 45 S. 8.
Würzburg, Med. Fak., Inaug.-Diss. v. 1893

Hoffmann, Aloys, naturhistor. Atlas nach Funke's neu umgearb. Natur- u. Kunstlexikon &c. 1r—3r Bd. in 16 Heften. Mit ill. u. schwarzen Kpf. gr. 4. Wien 826. (Tendler). 11 ₰

— s. Handlungs- u. Industrie-Zeitung.

— neue allgem. Wiener Handlungs-Industrie-Zeitung 1827, July — Dec. gr. 4. Wien, Ludwig.

Hoffmann, Aloys, neuer encyclopädischer Inbegriff des deutschen Sprachschatzes. 3 Thle. 8. Wien ... Neueste Ausg. ... Sammer. n. 2/3 ₰

Hoffmann, Andr. Ephr., ökonom. nützl. Allerlei; nebst e. Belustigungen. 8. Königsb. 802.

Hoffmann, Andr. Fl. Die Geschichte der Pfarrei Marienweiher im Mainkreise des Königr. Bayern. 8. Culmbach 1816.

— dass., s.a. Hofmann

Hoffmann, Andr. Gll., die Apokalyptiker der ältern Zeit unter Juden u. Christen, in vollständ. Uebersetzung mit fortlauf. Commentar, historisch-krit. Einleitung u. Excursen. 1r Bd. A. u. d. T.: Das Buch Henoch. 1 Abthl. Einleitung, Uebersetzung u. Commentar zu Kap. 1—55. gr. 8. Jena 833. Cröker. 1⅓ ₰ — 1r Bd. 2e Abthl. Das Buch Henoch in vollständ. Uebersetz. mit fortlaufendem Commentar, ausführl. Einleit. u. erläut. Excursen. 2r Abthl. Uebersetzung u. Commentar zu Kap. 56—105 nebst Excursen. Mit 2 Holzschn. gr. 8. Ebd. 838. 2⅓ ₰

Hoffmann, Andreas Theophilus, Commentarius philologico-criticus in benedictionem Mosis Deut. XXXIII. Pars I [Diss.]. II [Habilitationsschrift]. [III. IV] Observationes in Mosis benedictionem Deut. XXXIII. VIII. 3 voll. Lipsiae 1822. Ienae 1833. 1843.

Hoffmann, Andreas Theophilus: Commentarius philologico-criticus in benedictionem Mosis Deut. 33. Lipsiae: Barth 1822. 46 S. 8° (4°)

Halle-Wittenberg, Phil. Hab.-Schr. v. 1. Apr. 1822

Auf dem Titel steht: cujus primam partem ... officia pro summis in philosophia honoribus sibi collatis expleturus, alteram vero partem ... ad obtinendam docendi facultatem ... defendet. Also war T. 1 berechnet als Diss. pro impetratis honoribus. Verf. war am 27. Dez. 1820 promoviert worden.

— — Ad solemnia disputationis publ. pro gradu licentiati in theologia. — Inest commentarii philologico-critici in Mosis benedictionem Deut. XXXIII. pars V. Jena (Schlotter) 28. VIII. 1833. 12 S. mit Biogr. v. Johann August Gottfried Hoffmann (Pösneck; M.: Münzer.) (6.40) 15486

— — Dasselbe p. VII. Jena (Georg Schreiber) 12. I. 1839. 16 S. mit Biogr. v. Ernst Julius Kimmel (Duerrenebersdorf b. Gera; M.: M. S. Hempel). (6.40) 15487

—— Entwurf d. hebr. Alterthümer, s. Warnekros, Heinr. Ehren

—— allgem. Encyklopädie d. Wissenschaften u. Künste, s. Encyklopädie rc., 2. Sect.

— s. Gesenius, Wlh., Lexicon manuale Hebraicum.

— ܓܪܡܛܝܩܝ ܣܘܪܝܝܐ — Grammaticae Syricae libri III. Cum III tabb. varia scripturae Aramaicae genera exhib. 4maj. Halle 827. Waisenh.-B. 4 ₰ Weiss Pap. 4 ₰ 8 ℊ

Hoffmann, Andreas Theophilus: •Syriacae linguae historiam et antiquiorem et recentiorem scripsit. 36 S. 8° (4°)

Halle-Wittenberg, Phil. Diss. v. 27. Dez. 1820

Geb. [Welbsleben (Gebirgskr. Mansfeld) 13. 4. 1796]

Vom Verf. ersch.: Grammaticae Syriacae libri III. Cum 3 tabulis varia scripturae Aramaicae genera exhibentibus. Halae: Orphanotropheum 1827. XVI, 418 S., 3 Taf. 4°

Hoffmann, Andreas Theophil (Prorector), Index scholarum publice privatimque in universitate litterarum Jenensi per hiemem a. 1828 inde a die 20. Oct. — Praefatus est Heinr. Carl Abr. Eichstad. Jena (Bran). 16 S. (3.50) 15484

— — Dasselbe per aestatem a. 1836 inde a die 2. Mai. — Praefatus est H. C. A. Eichstad. Jena (Bran). 14 S. (3.50) 15485

— — (Prorector), Index scholarum aestivarum publice et privatim in universitate litterarum Jenensi inde a die 22. Mai usque ad diem 7. Sept. 1844. — Praefatus est Heinr. Carl Abr. Eichstad. Jena (Bran). 19 S. (3.50) 15488

— A. T., Inscriptiones tres in Curia Atheniensi nuper repertae. Pr. 1852. 6 S. 4°.

—— oriental. Literaturkarte, s. Literatur-Charte.

— — Observationes in difficiliora V. T. loca. Part. I. Observationes in Mosis benedictionem Deut. XXXIII. Ienae 1823.

Hoffmann, Andr. Gli., observationes in difficiliora vet. Test. loca. Part. I. 4maj. Jena 823. Cröker. 12 ℊ

Hoffmann, A. G., und G. M. Redslob, allgemeines Volks-Bibellexikon, s. a. Volks-Bibellexikon.

Hoffmann, A. G., und Redslob, Gustav Moritz, Allgemeines Volks-Bibellexicon. Band 1. 2. 2 voll. Leipzig 1846—1850.

Hoffmann, Anna, neues Märchenbuch. Eine Sammlg alter u. neuer Märchen erzählt f. art. Knaben u. Mädchen v. der alten Großmutter. Für das Alter von 5—8 Jahren. Mit 6 Orig.-Illustr. in Farbendr. u. Colorit v. W. Schäfer. gr. 8. (VI, 312 S.) Berlin 872. Berlin u. Leipzig, H. Voigt. geb. 4. —

— **Anton** (Milckau/Schles.), Atrophiam infantilem novo examini subjecit. Diss. med. Frankfurt/O. (Apitz) 7. VII. 1797. 31 S. (6.20) 15489

Gew.: Johann Gottfried Morgenbesser (Breslau), Friedrich Zirtzow (Breslau).

Hoffmann, Anton: Beitrag zur Lehre von der Tabaksamblyopie. *Strassburg i. E. 1898: Ch. Müh & C.* (31 S. mit Taf.) 8°

Strassburg, Med. Diss. v. 1898

Hoffmann, Ant., der Buren-Krieg, s.: Bley, Fritz.

— s. a. Darstell. d. Mainzer Revolution.

(Hoffmann, Ant.) Darstellung der Mainzer Revolution oder Geschichte der Stadt Mainz, von Entstehung des Revolutionskrieges bis nach der Wiedereroberung. 2 Bd. 8. Frankfurt u. Leipzig 1794. 8,00.

Hofmann, Ant.: Unmaassgebl. Entwurf zu e. neuen Vormundschaftsordn. in e. deutsch. Territorialstaate. *Frankf.* (Schäfer.) 785. 8. (8 Gr.)

Hoffmann, Ant., Entwurf zu e. neuen Vormundschaftsordnung in einem deutschen Territorialstaate, 8. Frankf. a. M. 788. (Schäfer). 8 ℊ

Hoffmann, Ant., Gebet- u. Gesang-Buch zum Gebrauche der studirenden Jugend an der Ober-Realschule zu Reichenberg. 2., verb. u. sehr verm. Aufl. Reichenberg 866. Schöpfer. 8. (X, 379 S.) geb. n.n. 25 ngr.

Hoffmann, Ant., die Gedenk-Urkunden, welche bei der feierlichen Aufsetzung des Knopfes und Kreuzes auf den Thurm der Erzdekanalkirche in Reichenberg am 10. Aug. 1880 in den Thurmknopf eingeschlossen worden sind. gr. 8. (38 S.) Reichenberg 880, Schöpfer.

Hoffmann, Ant., Geschichte der Haupt- und Mädchenschule in Reichenberg. gr. 8. (IV, 162 S. mit 2 Stnt.) Reichenberg 868, (Schöpfer.) *

Hoffmann, A., Geschichte der alten Häuser auf der Nordseite des Altstädter Marktplatzes in Reichenberg, welche aus Anlaß d. Erbauung e. neuen Rathhauses im Mai 1888 abgetragen worden sind. gr. 8. (286 S. m. 2 Bildern.) Reichenberg 888. Wien, Schöpfer's Verl. n. 4. --

—— die Grüfte der Reichenberger Erzdecanalkirche. gr. 8. (40 S.) Ebendas. 881. *

Hoffmann, Anton Dr. „Grundlinien zu einer Geschichte des fränkischen Keuper-Gebirges im mittleren Main-Gebiete". pg. 3—47. 4°. F. E. Thein.
Würzburg, Progr. 1834/35

Hoffmann, Ant., kurzer, systemat. Grundriß für e. encyclopäd. Landwirthschaftslehre, mit besond. Rücksicht auf d. allgem. Grundsätze d. Pflanzenbaues u. d. Thierzucht, f. systemat. Denkübung u. allgem.-theoret. Belehr. d. mittl. Jugend bearb. gr. 12. (6⅓ B.) Regensburg 838, (Reitmayr.)

—— Handbuch d. fränkischen Seide-Erzeugung als e. privatl. Nebengewerbes in d. Stadt u. auf d. Lande, od. Samml. d. hauptsächl. Vorkenntnisse f. d. Anfänger dies. Industriezweiges mit besond. Rücksicht auf Frankens Verhältnisse u. Bedürfnisse, nach fremder u. eigener Erfahr. verfaßt. 8. (28 B., 1 Tab. u. 2 Stnt.) Würzburg 839, (Stahel'sche Buchh.) *

Hoffmann, Ant., Handbuch der Seide-Erzeugung als eines privatl. Nebengewerbes in der Stadt u. auf dem Lande rc. Mit einer Dandolo'schen Raupenzuchttabelle u. 2 Steindrucktaf. 2. Ausg. 8. Würzburg 844, Voigt u. Mocker. n. 7/12 ₰

Hoffmann, Ant., das Heer des blauen Königs. Die Soldaten des Kurfürsten Max II. Emanuel v. Bayern 1682—1726. Geschildert in Wort u. Bild. (VII, 72 u. III S. m. 58 [3 farb.] Taf.) 42×32 cm. München (910). Piloty & Loehle. In Leinw.-Mappe 30. --

Hoffmann, Ant., tract. de vectigalium jure in genere, in specie vero de vectigalibus subsidiariis, vulgo v. d. Wehrzollen. 4. Mainz 788. (W. Vogel in Leipz.) 6 gr.

—— katholische Kirchen-Lieder. Zunächst zum Gebrauche der Schuljugend zusammengestellt. gr. 16. (71 S.) Reichenberg 874, Schöpfer. geb. *

Hoffmann, Ant., katholische Kirchen-Lieder. Zunächst zum Gebrauche der Schuljugend zusammengestellt. 2. und 3. Aufl. 8. (71 S.) Reichenberg 875,76, Schöpfer. geb. ** — 50

—— katholische Kirchen-Lieder. Zunächst zum Gebrauche der Schuljugend zusammengestellt. 4.—6. Aufl. 8. (71 S.) Ebendas. 877—82. geb. **

—— katholische Kirchen-Lieder. Zunächst zum Gebrauche der Schuljugend zusammengestellt. 7. Aufl. 8. (83 S. mit 1 Stahlst.) Ebendas. 885. geb. *

—— dass. — 8. Aufl. 8. (119 S. mit 1 Stahlst.) [Wien 888, Schöpfer's Verlag.] Reichenberg, Fritsche. geb. *

Hoffmann, Anton [pr. Arzt aus Giesdorf '(Rheinprov.)']: Über Neubildungen an der Bauchdecke ... Würzburg, Becker's Univ.-Buchdr., 1895; 25 S., 1 Bl. 8.
Würzburg, Med. Fak., Inaug.-Diss. v. 1895

– s. Privatgedanken über Erhöhung.

— Reihenfolge der Bürgermeister der Stadt Reichenberg. (Nebst einer kleinen Chronik der Stadt.) Ebend. 867. 8. (36 S.) 3 nkr.

— u. Karl Staudinger, der deutsche Soldat m. Waffe u. Werkzeug. Armee-Bilderbuch. (Farb.) Bilder v. H., Text v. S. (35 S.) 28×36,5 cm. Straubing (910). C. Attenkofer's Verl. Geb. in Halbleinw. 4. —

Hoffmann, Arno, s. a.: Phar, Ad. St.

— Hinter den Kulissen. Enthüllungen aus d. Bühnenleben. (163 S.) 8. München (909). G. Birk & Co. 1. —

— Silvester 2999. (XI, 233 S.) 8. Leipzig 907. Webel's Verl. 3.—; geb. 4. —

Hoffmann, [Arnold]: Bérangers Einfluß in Chamissos Gedichten. Suhl (1908): Kaufmann. S. 3—10. 4°
Suhl, k. OR P 1908 (355) [S 08. 195

Hoffmann, Arnold, Referendar: **Ist das rechtskräftige Urteil ein Ersitzungstitel?** *Rostock 1902: C. Hinstorff.* (64 S.) 8°
Rostock, Jur. Diss. v. [15. Apr.] 1902

Hoffmann, Arnold, aus Brandenburg a. H.: **Laut- und Formenlehre in Reginald Pecocks 'Repressor'.** *Greifswald 1900: J. Abel.* (68 S.) 8°
Greifswald, Phil. Diss. v. 3. Aug. 1900

Hoffmann, A[ron], Medizinalpraktikant a. Wolbeck i/W.: Zur Kenntnis der spindelförmigen Dilatationen der Speiseröhre. München 1907: Kastner & Callwey. (36 S.) 8°
München, Med. Fak., Ref. v. Bollinger, Diss. v. 27. Febr. 1908
[Geb. 25. Sept. 79 Wolbeck i. W.; Wohnort: Wolbeck i. W.; Staatsangeh.: Preußen; Vorbildung: Realgymn. Munster i. W. Reife O. 01; Studium: Freiburg i. B. 4, Berlin 4, München 2 S.; Coll. 27. Febr. 08; Approb. 14. Febr. 08.]

Hoffmann, Arthur [prakt. Arzt aus Goldberg i. Schl.]: Uber Beziehungen der Refraction zu den Muskelverhältnissen des Auges, auf Grund einer an den Augen der Schüler des Strassburger Lyceums ausgeführten Untersuchung. Strassburg, Buchdruckerei von R. Schultz u. Comp., 1884. 8. 71 S.

Hoffmann, Arth., üb. Beziehungen der Refraction zu den Muskelverhältnissen d. Auges, auf Grund e. an den Augen der Schüler d. Strassburger Lyceums ausgeführten Untersuchg. gr. 8. (71 S.) Strassburg 884. (Wiesbaden, Bergmann.) n.n. 2. —

Hoffmann, Arth., mein Dornröschen. Ein Schauspiel in 4 Akten. (V, 102 S.) 8. Dresden (907). E. Pierson. 2. —

Hoffmann, Arthur [aus Darmstadt]: Ueber die Hippursäurebildung in der Niere. Leipzig, Druck von J. B. Hirschfeld, 1877. 8. 16 S.

Hoffmann, A[rthur]. Die neue Militärorganisation. Vortrag des Herrn Ständerat Dr. A. H'..., gehalten vor Offizieren der Offiziersgesellschaft des Kantons Zürich am 16. August 1907 in Z'. 27 S. 8. Winterthur, Buchdr. W', 1907.

Hoffmann, Arthur, von St. Gallen: Das Recht auf die Versicherungssumme bei der Lebensversicherung zu Gunsten Dritter. Stuttgart Hammer u. Liebich Dr. [1880]. 4 Bl., 62 S., 1 Bl., 1 Bl. Thesen. 8°.
Zürich. Jur. Diss. [v. 1. Juni 1880].

Hoffmann, Arth., Siegerinnen. 3 Einakter. (79 S.) gr. 8. Dießen 903. J. C. Huber. n. 2.50

Hoffmann, A(rthur Richard) *(geb. Tichau in Oberschles. 7. 2. 1860)*: Der bildliche ausdruck im Beówulf und in der Edda. 1. (Altenburg 1882.) (32 S.) 8° *(Vollst. in: Englische Studien hrsg. v. E. Kölbing. Bd 6. [1883.])*
Breslau, Phil. Diss. v. 16. Dez. 1882

Hoffmann, August [Apotheker aus Nürnberg]: Über den Anteil Lavoisier's an der Feststellung der das Wasser zusammensetzenden Gase. Leipzig 1896. XII—58 S. 8°.
Basel. Phil. Diss. 1896/97.

Hoffmann, Aug., üb. d. Anwendg. d. physikal. Heilmethoden b. Nervenkrankheiten in der Praxis, s. a. Sammlung zwangloser Abhandlgn. aus d. Gebiete d. Nerven- u. Geisteskrankheiten.

Über die Anwendung der physikalischen Heilmethoden bei Nervenkrankheiten in der Praxis. Von Dr. Aug. Hoffmann ... *Halle a. S.: C. Marhold 1898.* (85 S.) 8.
— Sammlung zwangl. Abhandlungen aus d. Gebiete d. Nerven- u. Geisteskrankheiten. Bd II. H. 3 u. 4. [98. 8638 II.

Hoffmann, August [aus Münster in Westfalen]: Klinischer Beitrag zur Lehre von der Halbseitenlaesion des Rückenmarks und der Spinalapoplexie .... (Sep.-Abdr. a. d. Münchener Med. Wochenschrift.) München, Jos. Ant. Finsterlin, 1887. 20 S. 8°.
Erlangen, Med. Fak., Inaug.-Diss. v. 7. März 1887.

Hoffmann, Aug., Berufswahl u. Nervenleben, s. a. Grenzfragen des Nerven- u. Seelenlebens, 26. Hft.

Berufswahl und Nervenleben. Von Prof. Dr. Aug. Hoffmann, Düsseldorf. *Wiesbaden: J. F. Bergmann 1904.* (26 S.) 8°
— Grenzfragen d. Nerven- u. Seelenlebens. H. 26. [04. 5351

Hygienische und soziale Betätigung deutscher Städte auf den Gebieten des Gartenbaus. Im Auftr. d. Vorst. d. Internat. Kunstausstellung u. grossen Gartenbauausstellung Düsseldorf 1904 bearb. von Prof. Dr. Aug. Hoffmann, [pr. Arzt in Düsseldorf]. Düsseldorf (1904): A. Bagel. (343 S.) 8° [07. 7930 B

Hoffmann, Aug., consiliorum in causis arduis etc. III Tomi. 4. Frft. Fleischer. 713–33.

Funktionelle Diagnostik und Therapie der Erkrankungen des Herzens und der Gefässe. Von Prof. Dr. Aug. Hoffmann, Düsseldorf. Mit 100 Abb. u. 1 Taf. Wiesbaden: Bergmann 1911. XIII, 483 S. 4°(8°) [10. 13177

— d. Einführung d. Lavoisier'schen Theorie etc., s.: Kahlbaum, Geo. W. A.

Hoffmann, Aug. (I.), ein Fall von multipler Neuritis. Inaugural-Dissertation. gr. 8. (28 S.) Helmstedt 884. (Göttingen, Vandenhoeck und Ruprecht's Verlag.) *

Hoffmann, August [approb. Arzt aus Weimar]: Ueber einige seltnere Formen von syphilitischen Geschwüren der äusseren Genitalien und deren Umgebung .... Weimar, Druck d. Hof-Buchdr., 1885; 52 S. 8°.
Strassburg, Med. Fak., Inaug.-Diss. v. 1885.

Hoffmann, August, über einige seltnere Formen von syphilitischen Geschwüren der äusseren Genitalien und deren Umgebung. Diss. Strassburg i. Els. 1885, Trübners Buchh. u. Antiqu. (E. d'Oleire). 8°. 52 S.

Hoffmann, Aug., Gedichte. gr. 8. Erlang. 836. (Bläsing.) 2/3 +

Hoffmann, Aug., mathematische Geographie. Ein Leitfaden zunächst für die oberen Klassen höherer Lehranstalten bearb. gr. 8. (V, 147 S. mit 50 in den Text gedr. Fig. in Holzschn. und 1 lithogr. Sternkarte in 4.) Paderborn 870, Schöningh. *

Hoffmann, Aug., mathematische Geographie. Ein Leitfaden zunächst f. die oberen Klassen höherer Lehranstalten. Mit 50 in den Text gedr. (Holzschn.-)Fig. u. e. (lith.) Sternkarte (in qu. 4.) 2. verm. u. verb. Aufl. gr. 8. (VII, 152 S.) Paderborn 876. Schöningh. n. 2. —

Hoffmann, Aug. (II.), mathematische Geographie. Ein Leitfaden zunächst für die oberen Klassen höherer Lehranstalten. 3. verm. und verb. Aufl. gr. 8. (VII, 150 S. mit 50 in den Text gedr. Fig. und 1 lithogr. Sternkarte.) Paderborn 881, F. Schöningh. *

Hoffmann, A., mathematische Geographie. Ein Leitfaden, zunächst f. die oberen Klassen höherer Lehranstalten bearb. 4., verm. Aufl., bearb. v. J. Plaßmann. Mit 50 in den Text gedr. Fig. u. e. großen Sternkarte. gr. 8. (VIII, 174 S.) Paderborn 890. F. Schöningh. n. 2. —

Mathematische Geographie. Ein Leitfaden zunächst f. d. oberen Klassen höh. Lehranst. bearb. von Prof. Dr. A[ugust] Hoffmann, weil. Oberl. zu Münster. 5., verb. Aufl. bearb. von J[osef] Plaßmann. Mit 50 Fig. u. 1 Sternkarte. *Paderborn: F. Schöningh 1903.* (VI, 172 S.) 8° [F.] [04. 4147

— August (Halle), Dissertatio de liquido ejusque jure. Präs. Peter Müller. Jena (Gollner) Mai 1682. 28 Bl., tlws. dtsch. (8.—) 15490
Gew.: Joachim Martin Unverfährt. — Widm. v. Präs.

— — Dasselbe oder: Von dem / was eine gültige und gewisse Schuld=Forderung sey / deren Beschaffenheit / und was dießfalls Rechtens. Ed. II. Jena (Heller) 1721. 60 S. mit Widm. v. Präs. (8.—) 15491

– (Hrsg.), s. Lyncker, Nikolaus Christoph von: De individuitate.

Hoffmann, A., die Nervosität (Neurasthenie), s.: Hausbibliothek, medizinische, Nr. 1.

Die Nervosität (Neurasthenie). Ihre Ursachen, Verhütung u. Behandlung. Von Dr. med. A[ugust] Hoffmann. Aachen: H. Köster [1905]. (48 S.) 8° [J. u. Ant.]
— Hausbibliothek, Medizinische. No 1. [07. 730

Pathologie und Therapie der Herzneurosen und der functionellen Kreislaufstörungen. Von Dr. August Hoffmann in Düsseldorf. Mit 19 Textabb. *Wiesbaden: J. F. Bergmann 1901.* (IX, 367 S.) 4°(8°) [01. 9090

— Sammlung planimetrischer Aufgaben nebst Anleitung zu deren Auflösung. Systematisch geordnet u. für den Schulgebrauch eingerichtet. Mit 5 lith. Figurentaff. (in qu. 4.) Ebend. 868. gr. 8. (X, 209 S.) n. 24 ngr.

— Sammlung planimetrischer Aufgaben nebst Anleitung zu deren Auflösung. Systematisch geordnet u. f. den Schulgebrauch eingerichtet. 2. verm. u. verb. Aufl. Mit 6 lith. Fig.-Taf. (in 4.) 8. (X, 212 S.) Ebend. 875. n. 2. 70

Hoffmann, Aug. (II.), Sammlung planimetrischer Aufgaben, nebst Anleitung zu deren Auflösung. Systematisch geordnet und für den Schulgebrauch eingerichtet. 3. verm. und verb. Aufl. gr. 8. (X, 212 S. mit 6 lithogr. Fig.-Taf.) Paderborn 880, F. Schöningh. *

Hoffmann, A[ug.], Sammlung planimetrischer Aufgaben, nebst Anleitung zu deren Auflösung. Systemat. geordnet und für den Schulgebrauch eingerichtet. 4. verb. Aufl., besorgt durch P. K. Conrads. gr. 8. (X, 212 S. mit 6 lithogr. Fig.-Taf.) Paderborn 885, F. Schöningh. *

Hoffmann, A., Sammlg. planimetr. Aufgaben, nebst Anleitg. zu deren Auflösg. Systemat. geordnet u. f. d. Schulgebr. eingerichtet. 5., verb. Aufl., besorgt v. J. Plaßmann. gr. 8. (X, 211 S. m. 6 lith. Taf.) Paderborn 895. F. Schöningh. n. 2. 70

Die paroxysmale Tachycardie. (Anfälle von Herzjagen.) Von Dr. August Hoffmann in Düsseldorf. *Wiesbaden: J. F. Bergmann 1900.* (215 S.) 8° [00. 8043

Hoffmann, August (geb. Berlin 7. 10. 1847): Ueber Thrombose und Embolie der Pfortader. Berlin (1872). (32 [vielmehr 30] S.) 8°
Berlin, Med. Diss. v. 31. Juli 1872

Hoffmann, August (Darmstadt)
Ueber die wahrscheinlichen Ursachen der Geburt nach dem Tode der Mutter.
Giessen: Brühl 1848. 28 S.
Diss. med. 10.6.1848. vorh. 4.11.
„Thesen" in Δ.

Hoffmann, A.: W e l c h e s sind die besten Ermunterungsmittel ..., s. H o f m a n n , Aug.

Hoffmann, Aug., u. **H. Simon,** Wohlfahrtspflege in den Provv. Rheinland, Westfalen, dem Reg.-Bez. Wiesbaden, den Städten Offenbach u. Hanau. Im Auftrage u. unter Mitwirkg. des Vorstandes der Gruppe XXI (Gesundheitspflege u. Wohlfahrtseinrichtgn.) der Industrie-, Gewerbe- u. Kunstausstellung in Düsseldorf 1902 hrsg. gr. 4. (217 S.) Düsseldorf (902). F. Wolfrum. 2. —

– dass., s.a. W o h l f a h r t s p f l e g e.

— **M. August Gottlob,** De delectu in legendis auctoribus classicis eorumque singulis locis a praeceptore adolescentium observando. — Commentatio qua viro Frid. August Wilh. Wenck (Schenkenberg . .) diem natalem gratul. Lpz. (Jo. Heinr. Gottl. Richter) 20. IX. 1796. 20 Seiten. (6.—) 15493

— — Recitatio super psalmo 115. in collegio philobiblico habita. — Qua viro Johann Carl Litzkendorf (Grossboehlen) hoc ipsum pastoris munus felicissimis auspiciis nuper susceptum nomine collegii philobiblici quod praes. S. V. Keilio Lipsiae floret gratul. Lpz. (Richter) Febr. 1798. 16 S. (6.—) 15494

Hoffmann, August Heinrich, s. H o f f m a n n von Fallersleben

Hoffmann, Augustus Guil. (geb. Erfurt 26. 7. 1818): De haemorrhagia uteri. Berolini (1843). (27 S.) 8°
Berlin, Med. Diss. v. 24. Febr. 1843

Hoffmann, B. v., s.a. H o f m a n n

— allgem. Bemerkk. über den Stadt in Rücksicht seiner Aufnahme. gr. 8. Berl. 796. Unger. 6 gr.

v. Hoffmann, B., etwas über Gesetze. 1s Heft. 8. Berl. 796. Unger. 4 gr.

Hoffmann, B., die Fabrikation der Harzproducte, insbesondere der Wagenfette, des Maschinenöls, der Firnisse und Lacke. Nach zuverlässiger und billiger, in der Praxis bewährter Methode. gr. 8. (28 S. mit 1 Stnt.) Pancsova 872, Wittigschlager. *

Hoffmann, B. Zur Geschichte des Furfurglamins. Neue Amidinsynthese. In-8°. Basel (Georg & Co.). Thèse. 1895.

Ein Jahr aus der Jugendzeit des Botanikers Hermann Hoffmann. Von **B. Hoffmann.** Giessen 1905: Lange. 47 S. 8° [11. 1905] 7

Hoffmann, B., Margarethe Minden. Histor. Gemälde in 5 Aufzgn. gr. 8. (94 S.) Bad Kissingen 886. (München, Rubinverlag.) n. 1. —

Hoffmann, B., über Säugethiere aus dem ostindischen Archipel [Mäuse, Fledermäuse, Büffel]. Mit 1 Lichtdr.-Taf. [Abhandlungen u. Berichte des kgl. zoolog. u. anthropol.-ethnograph. Museums zu Dresden 1886/87, hrsg. v. A. B. Meyer, Nr. 3.] Imp.-4. (29 S.) Berlin 887. Friedländer & Sohn. n. 4. —

Hoffmann, B., die erste deutsche Turnfahrt nach dem Orient. Tagebuchblätter. Mit Übersichtskarte u. kleiner Notenbeilage. gr. 8. (226 S.) Dresden 892. A. Köhler. n. 2. —; kart. n. 2. 50

Hoffmann, B. A., die soziale Frage d. Gegenwart u. d. Versuche ihrer Lösg. gr. 8. (32 S.) München 898. (Regensburg, Nationale Verlagsanstalt.) — 60

Hoffmann, B. A., Grundlinien e. sozialen Bank. (32 S.) gr. 8. München (908). A. Heindl. 1. —

Hoffmann, B. Th., poesie scelte de' primi poeti italiani antichi e moderni raccolte. Altona 868. Lehnkuhl & Co. 8. (VI, 153 S.) n. 24 ngr.

— **M. Balthasar** (Rector), Sacrum seculare secundum gymnasii Martisburgensis celebrandum indicit. — De antiquiore et recentiore scholae nostrae statu praefatus. Merseburg (Laitenberger) 19. XII. 1775. 18 S. mit Namen. (6.—) 15495

— **Balthasar Gottlob** (Harthens. Misn.), De servanda inter homines aequalitate ex jurisprudentia naturali. Präs. M. Carl Fried. Kranewitter (Chemnitz). Wittenbg. (Kreusig) 16. XII. 1713. 14 Bl. (6.80) 15496

Hoffmann, Bdkt., introductio in univers. mathesin, 4. Manh. 777. Ed. II. 785. Schwan u. G. 9 gr.

* *Bd. Hofmanni* Introductio in universam Mathesin, tyronum usui accommodata. II. Edit. Manheim. Schwan. 100 S. 8. 1786.

— latein. Sprachkunst zum Gebrauch d. Jugend. 8. Manh. 777. Löffler. 1 rthlr.

Hoffmann's, B., Lateinische Sprachkunst, tabellarisch abgefaſst. Mannh. 778. 8. 1 rthlr.

— **Benjamin** (Breslau), Historiam cycli Dionysiani cum argumentis paschalibus et aliis eo spectantibus nunc primum ex mss. integre editi. Präs. Jo. Wilh. Janus. Wittbg. (Gerdes) Juni 1718. 120 S. (12.—) 15497
Widm. v.: Präs., Friedrich Strunz.

— — Ululatum in sacris Minervae. Präs. Friedrich Strunz. Wittbg. (Gerdes) 1719. 28 Seiten. (6.80) 15498
Gew.: Gottlob Kranz (Breslau). — Widm. v. Präs.

Hoffmann, Benno, herberget gern! Jubiläumsschrift des schles. Herbergsverbandes, e. V. Unter Mitwirkg. vieler Freunde der christl. Herbergssache hrsg. (XII, 429 S. m. Abbildgn.) gr. 8. Liegnitz 904. Buchh. d. schles. Prov.-Ver. f. innere Mission. n. 3. —; geb. in Leinw. n.n. 3. 60

Hoffmann, Benno Karl Otto, s. Hoffmann, Otto

Hoffmann, Bernard [Assistenzarzt im k. b. Infant.-Reg. in Bamberg]: Beitrag zur Casuistik der Gallenblasenfisteln mit spontaner Perforation von Gallensteinen durch die Bauchdecken .... Erlangen, Druck d. Univ.-Buchdr. v. Junge & Sohn, 1887; 32 S. 8°.
Würzburg, Med. Fak., Inaug.-Diss. v. 1887.

Hoffmann, Bernard, Beitrag zur Casuistik der Gallenblasenfisteln mit spontaner Perforation von Gallensteinen durch die Bauchdecken. Diss. Würzburg 1887, Stahelsche Univ.-Buchh. 8°. 32 S.

Hoffmann, *Wilhelm* Bernhard Die durch pulsierende oder vibrierende Körper hervorgerufene Anziehung und Abstofsung. 8 (9 S.).
In: Festschrift z. Erinnerung an d. 50j. Jubil. Rg. *Nordhausen* 1885.
Nicht im Tauschverkehr.
Progr.

Hoffmann, Bernhard [Dr.]: Über die Behandlung der mathematischen Geographie in den unteren und mittleren Klassen. Nordhausen, Druck v. C. Kirchner's Buchdr., 1890; S. 1—16; 4°
Nordhausen, k. RG, OP 1890

Hoffmann, Bernhard, approb. Arzt aus Wiesbaden: **Epityphlitis im frühen Kindesalter und ihre Beziehungen zu der gleichen Erkrankung Erwachsener.** *Marburg 1903: J. A. Koch.* (35 S.) 8°
Marburg, Med. Diss. v. 20. Jan. 1903

Hoffmann, Bernh., Fastenpredigten. gr. 8. (V, 48 S.) **Leipzig 893. Fr. Richter.** n. —75

Hoffmann, Bernhard: Das Bärsche Gesetz. Halle a/S. 1878: Plötz. 29 S, 2 Taf. 8°
Halle-Wittenberg, Phil. Diss. v. 26. Nov. 1878
Geb. Hirschfeld (Kr. Liebenwerda) 23. 3. 1855. V.

Hoffmann, Bernhard, Prof. Dr.: **Zur Gestaltung des Unterrichts in der mathematischen Himmelskunde. Bromberg** 1907: R. Krahl. (S. 3—22.) 4°
Bromberg, k. G P 1907 (195)

[Umschlagt.:] **Hoffmann,** Bernhard [Dr.]: (I.) Die geodätischen Konstanten eines Punktes (Kopft.: des Nullpunkts) im physikalischen Lehrzimmer. (II.) Die magnetischen Konstanten für Nordhausen und die Epoche 1894,0. Nordhausen, Druck v. C. Kirchner's Buchdr., 1894; 1—18 S. 4.
Nordhausen, k. RG, OP 1894 (260)

Hoffmann, Bernh., Kunst u. Vogelgesang in ihren wechselseitigen Beziehungen v. naturwissenschaftl.-musikalischen Standpunkte beleuchtet. (IX, 230 S.) 8. Leipzig 908. Quelle & Meyer. 3.80; geb. in Leinw. 4.20

Hoffmann, Bernh. v., Lieder des Herzens. 16. (VIII und 167 S.) Breslau 852, Kern.

Hoffmann, (Bernhard): Die Zeitbestimmung. Rawitsch (1910): Frank. S. 1—11. 4°
Rawitsch, k. G m. realem Ersatzunterr. P 1910 (241) [S 10. 187

— Bernhard Moritz (Nürnberg), De usu practico utilis remedii servi corrupti. Diss. jur. Altdorf (Meyer) Juni 1735. 32 S. (6.80) 15499

Hoffmann, Berth., Versuche m. flüss. Luft, s.: Ebert, Herm.

Hoffmann, Bertha

Hoffmann, B. (B. Krais), Silvia Baglione, s. a. Kürschner's, Jos., Bücherschatz.

Silvia Baglione. Novelle von B(ertha) Hoffmann (Bertha Krais). Mit Ill. von Martin Ränike. *Berlin. Eisenach. Leipzig: H. Hillger [1899].* (128 S.) 8° [F.]
= Bücherschatz. Kürschners. No 152. Ing. 11780

Hoffmann, Berthold: **Einwirkung von Ammoniak auf Phosphorpentasulfid und Darstellung von Phosphorstickstoff P_3N_5.** *Berlin 1903: A. W. Schade.* (50 S.) 8°
Berlin, Phil. Diss. v. 25. Juli 1903

HOFFMANN, BERTHOLD. Zur Geschichte des Furfurylamins. Neue Amidinsynthese. (Basel) Berlin, 1895.

Hoffmann, Br., s.: Beecher-Stowe, Harriet, Onkel Tom's Hütte.

— s.: Cooper's Lederstrumpf-Geschichten.

— s.: Ferry, Gabr., der Waldläufer.

Hoffmann, Br., der Held des Niger, s. Ebhardt's Jugendbibliothek.

— s.: Reid, Mayne, die Skalpjäger.

—— **Tante Tipp-Tapp's Spitznase. Erzählungen, Märchen und Gedichte. gr. 8. (VIII, 261 S. mit 5 Illustr., 1 Titelbild und dem Portr. der Verf.) Berlin 883, Ißleib.** cart.

— s.: Verne, Jules, die Kinder des Kapitän Grant.

—— die Weltfahrt des Centurion, s. a. Ebhardt's Jugendbibliothek.

Hoffmann, Br., die Weltfahrt d. Centurion. Eine Geschichte aus dem Seemannsleben. Der lernbegierigen Jugend erzählt. 2. Aufl. gr. 8. (III, 272 S. m. 6 Holzschn.-Taf.) Berlin 889. Norddeutsches Verlags-Institut, Jolowicz. geb. n. 3.—

Hoffmann, Bruno, d. biblische Realismus insbes. d. Idee d. himml. Leiblichkeit als Gegengift wider d. materialist. Irrtümer d. Zeit, s.: Allotria, ernste.

Hoffmann, C., s.a. Hoffmann, Karl

Hoffmann, C., Adele. Novelle. 8. Stolberg 846. (Schlegel.) 3/4 ℔

Hoffmann, C., s.: Amerika. Zeitschrift.

Hoffmann, C. (III.), Anleitung zum Gebrauch des Rechnenschieber's. (Sliding rule — Règle à calcul.) Mit besond. Berücksicht. der Maaß-, Münz- und Gewichts-Verhältnisse des deutschen Zollverein's und der Nachbarstaaten. Anweisung zum Gebrauch dieses Apparats mit Uebungs-Beispielen. 12. (VI und 114 S. mit 1 Figurentaf. in 4.) Berlin 847, Amelang'sche Sortimentsh.

Hoffmann, C., Anleitung zum Gebrauch des Rechnenschiebers (Sliding rule — Règle à calcul.) Mit besonderer Berücksichtigung der Maaß-, Münz- und Gewichtsverhältnisse des deutschen Zollvereins und der Nachbarstaaten. Eine rein prakt. Anweisung zum Gebrauch dieses Apparates mit mehr als 100 Uebungs-Beispielen für die mannichfachsten Fälle, 1 (lith.) Fig.-Taf. (in Fol.) u. 1 Tabelle zur Stellung des Rechnenschiebers. 2. Aufl. Berlin 854. Gärtner. 12. (XVIII, 121 S.) 15 ngr

Hoffmann, C. (I.), Anleitung z. Rechnen in Elementarschulen. 8. ($6\frac{1}{2}$ B.) Breslau 830, Aderholz.

Hoffmann, C., s.: Archiv f. Volksschullehrer.

Hoffmann, C. Aussichten für die evangelische Kirche Deutschlands in Folge der Beschlüsse der Reichsversammlung in Frankfurt. Stuttgart, J. F. Steinkopf 1840. 79 S. 8.

Hoffmann, C., Beschreibung der Walzenpresse. Leipzig. 1828.

— Bibelkunde. Nach den neuen Lehrplänen f. den Religions-Unterricht in den kgl. Schullehrerseminaren bearb. Mit 10 Abbildgn. u. 5 Karten. 8. (VIII, 176 S.) Habelschwerdt 902. Franke. n. 1.90; geb. n.n. 2.40

Hoffmann, C., Bibelkunde. Nach den neuen Lehrplänen f. den Religions-Unterricht in den kgl. Schullehrerseminarien bearb. 2., verm. u. verb. Aufl. Mit 10 Abbildgn. u. 5 Karten. (VIII, 214 S.) 8. Habelschwerdt 906. Franke. n. 1.90; geb. n. 2.40

Hoffmann, C., Bibelkunde. Nach d. neuen Lehrplänen f. den Religions-Unterricht in den kgl. Schullehrerseminarien bearb. 3., verm. u. verb. Aufl. Mit 10 Abb. u. 5 Karten. (VIII, 220 S.) 8. Habelschwerdt 908. Franke. 1.90; geb. n 2.40

Hoffmann, C. (I.), Blicke in die früheste Geschichte des gelobten Landes. gr. 8. (IV, 196 S. mit 1 chromolithogr. Karte in gr. 4.) Basel 870, Spittler. *

Hoffmann, C., Blicke in die früheste Geschichte d. gelobten Landes. 2. Thl. gr. 8. Basel 871. Spittler. n. 1.60 (1. u. 2.: n. 3.60)
Das gelobte Land in den Zeiten d. getheilten Reiches bis zur babylonischen Gefangenschaft. (VII, 180 S.)

Hoffmann, C. (IV.) u. H. Muus. Decorations-Malereien. 1. Serie: Decken- und Wandmuster, Friese, Füllungen u. s. w. Blatt 1—14. Fol. Hamb. 892, Boysen u. Maasch. * 10 —

Hoffmann, C., u. H. Muus, Decorations-Malereien. 18 Taf. (in Lichtdr.). 2., verm. Aufl. Fol. Hamburg 894. Boysen & Maasch. In Mappe. n. 10.—

Hoffmann, C. (II.), Entwurf einer zeitgemäß. Apotheker-Ordnung rc., s. Herberger, Joh. Ed.

Hoffmann, C., belehrende u. unterhaltende Erzählungen f. die liebe Jugend. 8. (112 S. m. 4 Chromolith.) Reutlingen 887. Bardtenschlager. geb. 1.40

Hoffmann, C., belehrende u. unterhaltende Erzählungen f. die Jugend. Gesammelt u. hrsg. v. H. (112 S. m. 4 farb. Vollbildern.) 8. Reutlingen (910). R. Bardtenschlager. Geb. in Halbleinw. — 80

Hoffmann, C., Handbuch für den Geschichtsunterricht in preußischen Volksschulen. Ein Hilfsbuch für Lehrer u. Seminaristen. gr. 8. (XX, 427 S.) Langensalza 887. Beyer & Söhne. n. 4.—; geb. n. 5.20

— dasselbe. 2., verm. Aufl. gr. 8. (XXII, 445 S.) Ebd. 889. n. 4.—

Hoffmann, C. (I.). Handbuch f. den Geschichtsunterricht in preuß. Volksschulen. Ein Hilfsbuch f. Lehrer u. Seminaristen. 4., auf Grund d. Allerhöchsten Erlasses v. 1. Mai 1889 umgearb. Aufl. gr. 8. (XXII, 486 S.) Langensalza 891, Beyer u. Söhne. * 4 —; geb. * 5 20

Hoffmann, C., Handbuch f. den Geschichtsunterricht in preußischen Volksschulen. Ein Hilfsbuch f. Lehrer u. Seminaristen. 5., auf Grund d. Allerhöchsten Erlasses vom 1. Mai 1889 umgearb. Aufl. gr. 8. (XXII, 486 S.) Langensalza 893. H. Beyer & Söhne. n. 4.—; geb. n. 5.20

Hoffmann, C., Handbuch f. d. Geschichtsunterricht in preuß. Volksschulen. E. Hilfsbuch f. Lehrer u. Seminaristen. 7. Aufl. gr. 8. (XXII, 488 S.) Langensalza 897. H. Beyer & Söhne. n. 4.—; geb. n. 5.20

Handbuch für den Geschichtsunterricht in preussischen Volksschulen. Ein Hilfsbuch f. Lehrer u. Seminaristen von C. Hoffmann, Sem.Oberl. in Hohenstein. 8. Aufl. *Langensalza: H. Beyer & S. 1900.* (XXIV, 496 S.) 8° [F.] [01. 3398 3

— Handbuch f. den Geschichtsunterricht in preußischen Volksschulen. Ein Hilfsbuch f. Lehrer u. Seminaristen. 9. Aufl. (XXXII, 500 S.) gr. 8. Langensalza 903. H. Beyer & Söhne. n. 5.60; geb. n. 6.80

— Handbuch f. den Geschichtsunterricht in preuß. Volksschulen. Ein Hilfsbuch f. Lehrer u. Seminaristen. 10. Aufl. (XXXII, 502 S.) gr. 8. Langensalza 907. H. Beyer & Söhne. 5.60; geb. 6.80

Afrikanische Heidengötter und ihre Knechte. Vom Missionsfelde in Sekukunis Land (Ost-Transvaal) u. Maschonaland. Von Missionar C. Hoffmann. [Berlin:] Berliner evang. Missionsgesellsch. [1904]. (32 S.) 8° [Umschlagt. F.] [04. 4338

Hoffmann, C., Herbarium, s.: Spiel u. Arbeit.

Hoffmann, C., der Honig in historischer, naturwissenschaftlicher, medicinischer u. culinarischer Hinsicht, nebst Anleitgn. zur Erzeugung von Honiggetränken, Bäckereien etc. 8. (38 S.) Freiwaldau 889. Blažek. n. — 90

Hoffmann, C., s. Jahrbuch für praktische Pharmacie und verwandte Fächer.

Hoffmann, C., Karte der centralen Ortler-Gruppe, unter Benützung der neuesten Materialien ausgeführt. Redig. von C. Haushofer. 1:72,000. Fol. München 872, (Lindauer'sche Buchh.)

Der Römisch-katholische Katechismus f. d. Gebr. b. Unterr. in Lehrerseminaren ... erl. von C. Hoffmann, Sem.Oberl. Habelschwerdt: Franke 1907. (VIII, 517 S.) 8° [F.] [08. 3927

— Kindergarten-Spiele nach Froebel. I.—XI. Serie. Ravensburg, O. Maier. 11.30
I. Ausnäh-Bilder. (27 [3 farb.] Bl. m. 1 Bl. Text.) 22×16 cm. (907.) 1.—
II. Stäbchen-Legen. (20 z. Tl. farb. Bl. m. 1 Bl. Text.) 21,5×16,5 cm. (907.) — 60
III. Modellier-Arbeiten. (12 farb. Bl. m. 4 S. Text.) 16,5×21,5 cm. (907.) 1.—
IV. Kleben u. Malen. (17 [12 farb.] Bl. m. 1 Bl. Text.) 21,5×16,5 cm. (907.) 1.—
V. Verschränken. (12 farb. Bl.) 21,5×16,5 cm. (907.) 1.—
VI. Figuren-Legen. (24 [4 farb.] Bl. m. 1 Bl. Text.) 20×20 cm. (907.) 1.—
VII. Spielend. Zeichnen. (45 farb. Bl. u. 1 Pausbog.) 23,5×23,5 cm. (907.) 2.50
VIII. Flechten. (12 farb. Bl. m. 2 Bl. Text.) 17×23 cm. (908.) 1.—
IX. Modellier-Arbeiten. (B.) (6 [4 farb.] Bl. m. 2 S. Text 31,5×26,5 cm.) 17×23 cm. (908.) — 60
X. Korkstecken. (Erbsen-Arbeiten.) (24 Bl. m. 1 Bl. Text.) 17×23 cm. (908.) — 60
XI. Ausschneiden u. Ausmalen. (24 [13 farb.] Bl. m. 1 Bl. Text.) 17×23 cm. (908.) 1.—
Fortsetzg., s.: Beschäftigungen, Froebelsche.

—— und W. Busch, die Kriegsfeuerwerkerei der preuß. Artillerie, s. Busch, W.

Hoffmann, C., Lic., das Gelobte Land in den Zeiten des getheilten Reichs bis zur babylon. Gefangenschaft. 12 Bogen. 8. Basel, C. F. Spittler. 2. —
1871.

— u. H. Riedel, Lehrbuch d. katholischen Religion f. mittlere u. höh. Lehranstalten, insbesondere f. Lehrer- u. Lehrerinnenseminare. 2. u. 4. Tl. gr. 8. Habelschwerdt, Franke. 4. —; geb. n 5. —
2. Systematische Religionslehre. Bearb. v. R. (VIII, 193 S.) 910. 2.20; geb. n 2. 70
4. Kirchengeschichte u. Einzeldarstellgn. m. angefügten Quellentexten. Bearb. v. R. (VI, 151 S.) 910. 1.80; geb. n 2. 30

— Lehrbuch der Schulgesundheitspflege f. Lehrer u. Seminaristen. gr. 8. (VIII, 118 S.) Ebd. 891. n. 1. 60; geb. n. 2. 40

Hoffmann, C., Leitfaden f. den Geschichtsunterricht in Mittelschulen, den unteren u. mittleren Classen v. Realschulen ꝛc. 8. (128 S.) Magdeburg 875. Heinrichshofen. geb. n. 1. —

Hoffmann, C., Malübungen f. Kinder. Methodische Malhefte. Anleitung zum Malen. 3 Hefte. (Je 6 z. Tl. farb. Taf. m. je 3 S. illustr. Text.) qu. Fol. Ravensburg (904). O. Maier. à — 80

— dasselbe. 4.—7. Heft. (Je 8 [4 farb.] Bl.) qu. 8. Ebd. (906). à — 80

— Malübungen f. Kinder. 8.—11. Heft. (à 8 [4 farb.] Bl.) 21,5×30 cm. Ebd. (910). à — 60

— die auserlesensten u. schönsten Märchen f. die liebe Jugend. Mit (4) feinen Farbendr.-Bildern. 8. (191 S.) Ebd. 887. geb. 2. 40

— schönste Märchen f. die liebe Jugend. 2., verb., umgearb. Aufl. 4. (120 S. m. 4 Farbendr.) Ebd. 890. geb. 3. —

— Methodik des Volksschulunterrichts, kathol. Ausg., s.: Schwochow, Hermann

Hoffmann, C., Monographie der Gas-Beleuchtung. Sechs Vorträge gehalten in den Versammlungen der Polytechn. Gesellschaft zu Berlin im April u. Mai 1845. (Mit eingedr. Holzschn.) gr. 8. Berlin 845, Möser u. Kühn. 1/2 ℛ

Hoffmann, C., zur Morphologie der Geweihe der rezenten Hirsche. Mit Abbildgn. nach Photogr. des Verf. gr. 8. (75 S. m. 22 Taf.) Cöthen 901. P. Schettler's Erben. n. 4. 50

— Netz-Zeichnen. 1. u. 2. Heft. Erste Uebungen. (à 18 Bl.) 23×31 cm. Ebd. (910) à 1. —

— s.: Papier- u. Karton-Arbeiten f. Kinder.

— — u. H. Schildberg, d. dtschn. Pflanzenfamilien v. botan.-descriptiven u. physiolog.-chem. Standpunkte. 2. Aufl. 1851. 2.70

Hoffmann, C., Der Praterwurstel, Roman. Wien, o. J. Kl. 8°. (4 Kr., Hlwd., Gilhofer & Ranschburg, 1908.)

— Predigt üb. Evang. Matthäi 10, Vers 39, am 15. Mai 1870 in der reform. Immanuels-Kirche zu Barmen geh. gr. 8. (14 S.) Barmen 871. (Berlin, E. Beck.) n. — 25

Hoffmann, C., Sammlung der Gesetze u. Verordnungen, welche das Apothekerwesen in Bayern, insbesondere jenes in der Pfalz betreffen. Im Auftr. des Apotheker-Gremiums der Pfalz verfaßt. Lex. 8. (124 S.) Erlangen 848, Enke. n. 18 ngr.

Der Sohn der Wüste. Erzählung aus Nord-Transvaal. Von C. **Hoffmann**, Missionar. Berlin: Berliner ev. Missionsgesellsch. [1908]. (64 S.) 8° [F.] (08. 690)

— — chem. techn. Universalrecepthandbuch
I. Lief. 1—12, 1879—1881 à —.50
II. Lief. 1—18 (Schluss), 1881—1882 „ —.50

Hoffmann, C., was der afrikanische Großvater seinen Enkeln erzählt. Fabeln u. Märchen aus Nord-Transvaal. (66 S.) gr. 8. Berlin (906). Buchh. der Berliner ev. Missionsgesellschaft. n. 1. —; geb. in Leinw. n. 1. 50

— Wiederholungs- u. Übungsbuch f. den Geschichtsunterricht. gr. 8. (VI, 155 S.) Ebd. 888. cart. n. 1. 50

— Wiederholungs- u. Übungsbuch f. d. Geschichtsunterricht. 2., verb. Aufl. gr. 8. (VIII, 156 S.) Langensalza 898. H. Beyer & Söhne. Kart. n. 1. 50

— s.a. Zeichen-Kunst.

— Zeichen-Kunst. Lehrreiche Vorlagen zum Abzeichnen. I. Kinderzeichnen. 5 Lfgn. (Je 12 Taf. m. 4 S. Text.) qu. Lex.-8. (903). Ebd. à n. 1. —
1—3 v. E. Sannwald. — 4, 5 v. K. Walter.

— das Zeichnen auf der Schiefertafel. Neue Vorlagen f. Kinder von 5—7 Jahren. (12 Taf.) qu. 4. Ravensburg (904). O. Maier. Kart. n. 1. —

Hoffmann, C. A., s.a. Hoffmann, Karl August

• Hoffmann, C. A., kleine Handconcordanz für Prediger u. zum Gebrauch in Schulen. 8. Gießen, Müller. 809.

Hoffmann, C. A., die Schönheit des Gesichts und des Körpers und ihre cosmetische Pflege zur Erhaltung und Erhöhung ihrer Reize, Anmuth und Jugendfrische. Ein Geschenk der Grazien. Mit (2) Titelkpfrn. Weimar 857. Voigt. 12. (XXIV, 259 S.) 17½ ngr.

Hoffmann, C. A., die Schönheit des Gesichts und des Körpers und ihre cosmetische Pflege zur Erhaltung und Erhöhung ihrer Reize, Anmuth und Jugendfrische. Ein Geschenk der Grazien. 2. verm. Aufl. Weimar 862. Voigt. 12. (XXIV, 304 S.) 17½ ngr

Hoffmann, C. A., Vermischte kleine Schriften. 2 Thle. 8. Pest, Eggenberger. 785.

Hoffmann, C. A. J., s. Hoffmann, Karl August Julius

Hoffmann, C. Ch., kurze Abhandlung über die Münzen, Medaillen u. Orden der souverainen Fürsten v. Monaco. Homburg 870. (Fraunholz.) gr. 8. (VI, 14 S.) n. 10 ngr

— die Münzen u. Medaillen der souv. Landgrafen v. Hessen-Homburg. Nebst e. Anh.: Die Hessen-Homburg. Militairdienst-Auszeichngn. u. Feldzugs-Denkzeichen. Ebend. 870. gr. 8. (VIII, 16 S.) n. 10 ngr

—— die Münzen und Medaillen der souverainen Landgrafen von Hessen-Homburg. Nebst einem Anh.: Die Hessen-Homburg. Militairdienst-Auszeichnungen und Feldzugs-Denkzeichen. gr. 8. (VIII, 16 S.) (Ebendas.) 871. *

Hoffmann, C. E., Anleitung Insekten zu sammeln, zu tödten, aufzubewahren und zu versenden. Neue Ausg. Nördlingen 1841. 8.

Hoffmann, C. E. E., s. Hoffmann, Karl Ernst Emil

Hoffmann, C. F., s.a. Hoffmann, Karl Fr.

Hoffmann, C. F. (I.), die neuesten Erfahrungen in d. Bienenzucht, mit besond. Rücksicht auf d. künstl. Vermehrung d. Bienen. Leichtfaßl. f. alle Diejen. bearb., welche ohne viele Zeitverschwendung Bienen nicht bloß z. Vergnügen, sond. auch mit Nutzen halten wollen. 8. (7 B.) Quedlinburg 837, Basse.

Hoffmann, C. F., Greyslaer. Eine romantische Erzählung der Mohawk-Indianer zur Zeit des nordamerikanischen Freiheitskrieges. Aus dem Engl. in's Deutsche übertragen von H. Künzel, Mitglied der Londoner Camden Society. 8. Pforzheim 841, Dennig, Fink u. Co. Stuttgart, Scheible, R. u. S. $1^3/_4$ ß

Hoffmann, C. F., s.: Kalender f. Photographie u. verwandte Fächer.

Die Kunst des Copierens. Von C. F. Hoffmann, prakt. Photogr. in Wien. *Halle a. S.: W. Knapp 1896.* (2 Bl., 56 S.) 1 Bd 8. [97. 33]

Hoffmann, C. F. Ernst, Grundriß der Weltgeschichte f. die mittlere Unterrichtsstufe an Töchterschulen. gr. 8. (X, 216 S.) Regensburg 875. Manz. 2. 40

— Hilfsbücher f. den Geschichtsunterricht. 1. Bd. 2. Bd. 1. Abth. u. 3. Bd. 1. Abth. gr. 8. Ebend. 875. 76. 11. 20

I. Charakterbilder aus der Weltgeschichte f. die erste Unterrichtsstufe an höheren Bildungsanstalten. In 2 konzentrisch sich erweit. Kursen. 1. Kurs. (XX, 394 S.) 4. 20

II. 1. Charakterbilder aus der Weltgeschichte f. die erste Unterrichtsstufe an höheren Bildungsanstalten. In 2 konzentrisch sich erweit. Kursen. 2. Kurs. 1. Abth. (XVI, 496 S.) n. 5. —

III. 1. Grundriß der Weltgeschichte f. die erste [biografische] Unterrichtsstufe an Knaben- u. Mädchenschulen. (XII, 180 S.) 2. —

Hoffmann, C. F. Ernst, Hilfsbücher für den Geschichtsunterricht. In 3 [2], konzentrisch sich erweit. Kursen. 2. Bd. 2. Abth. gr. 8. Regensburg 877. Manz. 9. — (I—III, 1.: 20. 20)

Charakterbilder aus der deutschen u. brandenburgisch-preußischen Geschichte für den Unterricht an höheren Bildungsanstalten u. den Privatgebrauch. (XX, 887 S.)

Hoffmann, C. F. L., vollständ. polit. Taschenwörterbuch. Ein Handbuch zur leichten Verständigung der Politik, der Staatswissenschaften u. Rechtsurkunden, so wie überhaupt eine ausführliche Erklärung aller polit. u. socialen Fragen rc. 32. (IV u. 236 S.) Leipzig 849, Sechtling. 12 ngr

Hoffmann, C. F. V., s. Hoffmann, Karl Friedrich Vollrath

Hoffmann, C. Fr. Wilh., Casual-Reden. Eine Sammlung kirchlicher Reden für besondere Amtsfälle. 3., verb. u. sehr verm. Aufl. 2 Abthlgn. gr. 8. (X, 389 u. VIII, 325 S.) Ansbach 879. Junge. n. 6. 50

Hoffmann, C. Fr. Wilh., Casual-Reden. Eine Sammlg. kirchl. Reden f. besondere Amtsfälle. Der 3., verb. u. sehr verm. Aufl. neue, wohlf. [Titel-]Ausg. gr. 8. (X, 389 u. VIII, 325 S.) Leipzig [879.] (898). G. Strübig. n. 4. —; geb. in Leinw. n. 5. —

Hoffmann, C. G., de cultu imaginum relativo. Viteb. 1743 4.

Hoffmann, C. G., Die Ehre des Hauses von Mansfeld. Mit Bildnissen u. 6 geneal. Tabellen. Leipzig 1718. 8.

— Dass., s.a. Hofmann, Christian Gottfried

— Festgesänge und Tafellieder für Lehrerkreise, s. Jacob, A.

— Geburtstagswünsche für kleine und größere Kinder, s. Jacob, A.

Hoffmann, C. G., kurze Geschichte d. Gesangvereine u. Gesangfeste am Fuße d. niederschles. Gebirges. gr. 8. ($4^1/_2$ B.) Breslau 835, Graß, Barth u. Comp.

Hoffmanni, C. G., Historia Juris Romano-Justinianei. Lips. 718. 26. 2 Vol. 4. ib. 734. 2 Vol. 4. 2 rthl. 8 gr. Der zweite Band enthält die Fragmente der ältern Griech. und Römischen Gesetze.

— Zur Hochzeit, s. Jacob, A.

Hoffmann, C. G., Jesus ein Emigrantenkind. Leipz. 1734. 8.

Hoffmann, C. G., de vera et falsa pedilavii Christi imitatione. Viteb. 1740; rec. 1748. 4.

— Immortellenkränze auf Gräber geliebter Entschlafener, s. Jacob, A.

— Dem Jubelpaare! s. Jacob, A.

— Jubiläumsgrüße, s. Jacob, A.

— Kinderlieder, s. Jacob, A.

Hoffmann, C. G., Der Lamische Krieg. Pr. 1868. 24 S. 4°.

— Neujahrswünsche für kleine und größere Kinder, s. Jacob, A.

— Polterabend-Vorträge, s. Jacob, A.

— Auserlesene Stammbuchverse, s.: Jacob, A.

Hoffmann, C. G., vollständiges alphabetisches Verzeichniß sämmtlicher in dem Departement der Königl. Preuß. Regierung zu Frankfurt a. d. O. belegenen Städte, Flecken, Dörfer, Colonien, Vorwerken rc. für Geschäftsmänner entworfen. gr. 8. Berlin, Flittner. 817. 1/2 Rthlr.

Hoffmann, C. G., Weihnachtswünsche f. Kinder, s.: Jacob, A.

Hoffmann, C. G., der Heldenkönig Wilhelm u. seine tapfern Preußen in blutigen Kämpfen. Hauptereignisse aus dem glorreichen Kriege gegen Oesterreich u. dessen Verbündete im J. 1866. 2 Hefte. Striegau 867. Hoffmann. 8. (91 S.) [1. Heft n. 2 ngr, 2. Heft n. 4 ngr] n. 6 ngr

— Worte der Weihe, s. Jacob, A.

PLAGEGEIST, Der versteckte, oder der kleine Ueberall. Eine Geschichte für die Lesewelt (von *C. G. F. Hoffmann*). Mit TKpf. Mannheim, bei Tob. Loeffler, 1804. 8°. (4 Mk. 50 Pfg. Scheible, c. 1888.)

4 Bll. u. 414 SS. Jocose und pikante Erlebnisse eines Flohs!

Fehlt im Anon.-Lex. — 4 Bll., 414 S., 1 Bl. Verlag d. Firma. Auf Bl. 5 der Nebentitel: Leben, Meinungen, Wanderungen und Schicksale eines Flohes. (Unter diesem Titel mit dem Namen des Vf. zuerst ebd. 1803 gedruckt.)

Hoffmann, C. God., aerarium public. oder biblische Sprüche. 12. Lpz. Jauinus. 736.

Hoffmann, C. Gl., Leichenpredigten. 8. Baut. 723.

Hoffmann, C. Glieb., s. a. H o f m a n n , Karl Glo.

H o f f m a n n, (C. G.,) Auslegung d. Fragstücke im II. Katechismus Luthers, in 27 Buß- u. Abendmahlsandachten. 2e Aufl., besorgt v. Cl. Harms. 8. Kiel 822, Akadem. Buchh.

— Auslegung der Fragstücke Mart. L u t h e r i in 27 Buß- u. Abendmahls-Andachten. 8. Lpz. Fritsch. 754.

— B e t r a c h t. z. Beruh. des Herzens im Leiden. 2 Thle. gr. 8. Nrnbg. Schmidmer. 771–73.

Hoffmann, C. H. L., s.a. H o f f m a n n , Karl Heinrich Ludwig

H o f f m a n n, C. H. L., Beitrag zur Würdigung des von dem k. württemberg. Finanz-Ministerium bei den Ständen eingebrachten Gesetzes-Entwurfes; betr. die Besteuerung des Grundeigenthums, der Gefälle, Gebäude und Gewerbe. gr. 8. (IV, 39 S.) Tübingen 869, Laupp'sche Buchh.

Hoffmann, C. H. L., das Finanzwesen von Würtemberg zu Anfang des 16. Jahrhunderts. Ein Beitrag zur Würtemb. Finanzgeschichte. gr. 8. Tübingen 840, Fues. n. 1/2 ℛ

Hoffmann, C. J., s. H o f f m a n n , Karl Johann

H o f f m a n n, C. L., pract. A n l e i t u n g im Projections-Zeichnen, in systemat. geordn. Aufgaben f. Architecten, Bauhandwerker u. Gewerbeschulen. gr. 4. (56 Vorlegebl., Kpfrst., u. 2 1/2 B. Text.) Potsdam 838, Riegel. *

H o f f m a n n CL, praktische Anleitung im Projektionszeichnen. 2. A. (56 Bl) Berlin 1862

H o f f m a n n, C. L., Leitfaden für den Gesang-Unterricht in der sechsklassigen Volksschule. 8. (III, 51 S.) Erfurt 877, Keyser'sche Buchh. * — 50

H o f f m a n n, C. L.: „Die gebräuchlichsten Maschinen, zusammengesetzt und in ihren einzelnen Theilen dargestellt durch genaue Zeichnungen nach dem Massstabe und mit ausführlichen Beschreibungen versehen. 1) Bockwindmühle, 2) Sägemühle, 3) Walkmühle, 4) Oelmühle, 5) holländische Windmühle". In drei Atlanten dargestellt, Berlin 1831—1840. — Vorh.: Preuß. Oberbergamt Dortmund — Text N. a. 61; Atlanten H. 65.

Hoffmann, C. L., (Conducteur), d. gebräuchlichsten Maschinen, zusammengesetzt u. in ihren einzelnen Theilen dargestellt durch genaue Zeichnungen nach dem Maßstabe, u. mit ausführl. Beschreibb. versehen. 1s Heft, d. Bockwindmühle. Mit 6 Zeichn. gr. Fol. u. gr. 8. Berl. 831. Herbig. 2 ℛ

— s. M i t t h e i l u n g e n aus dem Gebiet d. Technik.

H o f f m a n n, C. (III.), und G. Salzenberg, trigonometr. Nivellement d. Oder v. Oderberg unterhalb Küstrin bis z. oesterr. Grenze. Auf Befehl d. k. Finanz-Ministerii ausgeführt in d. J. 1839 u. 1840. gr. 4. (30 B. u. 2 Kart., Fol.) Berlin 841, (Duncker u. Humblot.) *

Hoffmann, C. L., (Baukondukteur) Sammlung der gebräuchlichsten Maschinen, sowohl zusammengesetzt als in ihren einzelnen Theilen. 1s Heft. Die Bockwindmühle mit einem Mahlgange. 2e Aufl. Mit 6 Zeichnn. gr. 8. Berlin 833. Rücker u. Puchler. 2 ℛ

— dass. 2s Heft. Die Sägemühle, durch ein mittelschlächtiges Wasserrad betrieben. Mit 6 Zeichnn. gr. 8. Ebd. 833. 2 ℛ

— dass. 3s Heft. Die Walkmühle, durch Wasserkraft betrieben. Mit 6 Zeichnn. gr. 8. Ebd. 834. 2 ℛ

— dass. 4s Heft. Die Oelmühle. Mit 6 genauen Zeichnn. nach dem Maaßstabe. gr. 8. Ebd. 836. n. 2 ℛ

—— dass. — Neue Folge 1. Hft., od. d. ganz. Samml. 5. Hft.: Die holländ. Windmühle mit drei auf amerikan. Art eingericht. Mahlgängen. M. 6 Kpfrt. gr. Fol. Potsdam 840, Riegel. *
1—3. Hft. Berlin 833. 34., Rücker u. Püchler. à * 2 Thlr.

— Schema zu Nivellements- u. Situations-Plänen von Eisenbahnen. gr. Fol. Lithochrom. Berlin 840. (Ernst & Korn.) baar n. 1 ℛ

— prakt. Unterricht im geometrischen Zeichnen, in systematisch geordneten Aufgaben u. deren Auflösungen für Architekten, Bauhandwerker u. Gewerbtreibende. Auf 48 in Kupfer gestoch. Vorlegeblättern in 190 Figuren. gr. 4. Berlin 839. Ende. n. 1 1/3 ℛ

Hoffmann, C. O., der Bruch mit der Reformation u. die Wiederherstellung des Katholizismus. 8. (24 S.) Berlin 851. (Stuhr'sche Sort.-B.) n. 2 ngr.

Hoffmann, C. O. An den Gräbern im Friedrichshain. Am Sonntag, den 4. Juni 1848. Berlin. Druck von E. Litfaß. 1 Bl. 8.
Flugblatt. Berlin, 1848/49.

Hoffmann, C. O. Der König von Preußen und der Erzherzog Reichsverweser. 1 Bl. Fol.
Flugblatt. Berlin, 7. Sept. 1848.

Hoffmann, C. O., u. W. Viol, Schlesische Lieder. Mit Zeichnn. von Hosemann (auf 2 Bl.) 16. Berlin 840. Krause. 1/2 ℛ

H o f f m a n n, C. O., die preuß. National-Encyclopädie, s. N a t i o n a l - E n c y c l o p ä d i e.

— Revolution u. Contrerevolution. Eine Denkschrift zur 1. Jahresfeier des 18. März. gr. 8. (IV u. 80 S.) Frankfurt a./O. 849, Koscky & Co. 1/4 ℛ

— die Schweiz. Die Eidgenossenschaft u. der Sonderbund. Histor. Skizzen aus den J. 1831 bis 1847. 12. (28 S.) Berlin 847, Litfaß. 1/12 ℛ

— Schwertlilien. Novell. u. Erzählungen. 8. Ebd. 841. 1 3/8 ℛ

— s. S c r i b e, E., eine Fessel. — dess. das Glas Wasser.

H o f f m a n n, C. O., Umrisse u. Skizzen. — Novellen u. Erzählungen. 8. (15 B.) Leipzig 842, Kollmann.

Hoffmann, C. O., eine ungehaltene Vorlesung über die Schicksale der Waldenser. Berlin 854. (Geelhaar.) gr. 8. (18 S.) nn. 2 1/2 ngr.

Hoffmann, C. R., s. H o f f m a n n , Karl Richard

Hoffmann, C. Sigm., Erklärung des öffentl. Kirchensegens. 4 B. Mos. 6, V. 22. 24. 8. Leipz. 778. (Brockhaus). 4 gr

— P a s s i o n s a n d a c h t e n. 8. Lpz. 732.

Hoffmann, C. W., die neueren Entdeckungsreisen. Für die Jugend bearb. Eingeführt u. mit e. Vorwort versehen von M. Schweitzer. Mit vielen Stahlst. 1. Bd. 1. u. 2. Hft. 16. (Mit 3 Stahlst.) Leipzig 846, Naumburg. à n. 1/6 ℛ

Hoffmann, C. W., die neueren Entdeckungsreisen. Für die Jugend bearbeitet. Eingeführt u. mit einem Vorwort versehen v. M. S c h w e i z e r. 3–6., 7 u. 8. Hft. gr. 16. (1. Bd. S. 129 – 368 u. 2. Bd. S. 1 — 128 m. 3 Kpfrn.) Leipzig 847, Meißner. à n. 1/6 ℛ

Hoffmann, C. W., die neueren Entdeckungsreisen. Für die Jugend bearb. 6—10. Heft. (1. Bd. bis Schluß und 2. Bd.) gr. 16. Leipzig 847 [Keil.] [1. Bd. (442 S.) 2. (256 S.) Mit 4 Stahlst. à Heft * 5 Ngr.] *
Die Fortsetzung erschien u. d. T.: Keil, Jul., die neueren Entdeckungsreisen.

Hoffmann, C. W., über das Urheberrecht an Briefen. Dissertation. 61 Stn. 8. St. Gallen, Zollikofer'sche Buchdr. 1874.

Hoffmann, C. W., Wohnhäuser und Wirthschaftsgebäude entworfen und ausgeführt. 1. Heft. Berlin 853. Schroeder. gr. Fol. (Text: S. 1—13. u. 6 lith. Taf.) n. 2 ₰.

Hoffmann, C. W., die Wohnungen der Arbeiter u. Armen. 1. Hft.: Die Berliner gemeinnützige Bau-Gesellschaft. Imp. 4. (IV u. 99 S. m. 12 lith. Taf.) Berlin 852, Schroeder. n. 3⅓ ₰

Hoffmann, C. W. D., s. Hoffmann, Karl Wlh. Dav.

Hoffmann, Caj., s. Hoffmann, Kajetan

Hoffmann, Camill, Adagio stiller Abende. Gedichte. Mit Orig.-Holzschn. v. Adf. Zdrasila. 8. (109 S.) Berlin 902. Schuster & Loeffler. 2.—

Hoffmann, Camill. Anguoscha. Ein Engadinerbild in drei Akten. Der lieben St. Moritzer-Jugend gewidmet von Pfr. C' H'. Weihnachten 1908. 56 S. 8. St. Moritz, Manatschal Ebner & Cie., 1908.

Hoffmann, Camill. The Baths of St. Moritz. By Pastor Camille H'. With 15 Illustrations by J[ohann] Weber [1 Plate] and a Map. [New Ed.] IV + 44 p. 8. Zurich, Orell Füssli, [1902]. ([fr. 1. –,] per number 6 d.)
(Illustrated Europe. № 168. 169.)

Hoffmann, Camill, St. Moritz-Bad, s.a. Europe, illustrated.

— s.a. *L'Europe illustrée.*

— dasselbe, s.a. Wanderbilder, europäische.

Hoffmann, Camill. St. Moritz-Bad. Mit 15 Illustrationen von J[ohann] Weber [wovon 1 Tafel] und einer Karte. (Europäische Wanderbilder. N° 236. 237.) 8. Zürich ([18]95). 44 S.

Hoffmann, Camill. St. Moritz-Bad. Mit 15 Illustrationen von J[ohann] Weber [wovon 1 Tafel] und einer Karte. IV + 44 S. 8. Zürich, Art. Institut Orell Füssli, [1902]. [fr. 1.—]
(Europäische Wanderbilder. № 236. 237.)

Hoffmann. Camill. St-Moritz-les-Bains. Par le pasteur Camille H'. Avec 15 Illustrations par J[ohann] Weber [dont 1 planche] et une carte. (L'Europe illustrée. N° 184. 185.) 8. Zurich ([18]95).

Hoffmann, Camill, die Vase. Neue Gedichte. (75 S.) 8. Berlin-Charlottenburg (910). A. Juncker Verl. 3.—

Hoffmann, Carl ..., s. Hoffmann, Karl ...

Hoffmann, Caspar, s. Hoffmann, Kaspar

Hoffmann, Catharina, s. Hoffmann, Katharina

Hoffmann, Ch. Fr., s.: Marshall, Humphry.

Hoffmann, Charles, l'Alsace au 18e siècle, s.a. Revue d'Alsace.

Hoffmann, Ch.: L'Alsace au 18° siècle au point de vue historique, judiciaire, administratif, économique, intellectuel, social et réligieux, publié par A.-M.-P. Ingold. Tome I. (XV, 746 S. m. Bildnis.) Colmar: H. Hüffel 1906. 8°
Revue d'Alsace (Suppl.) Bibliothèque. Tome IX.

Hoffmann, Charles. L'Alsace au dix-huitième siècle, au point de vue Historique, Judiciaire, Administratif, Economique, Intellectuel, Social et Religieux, publié par A[ugustin]-M[arie]-P[ierre] Ingold. Tome 2me. IV + 576 p. 8. Colmar, Henri Huffel, 1906. [M. 12.—]
Bibliothèque de la Revue d'Alsace. [Volume] 10.

— la Haute-Alsace à la veille de la révolution. La Haute-Alsace durant l'administration provinciale (d'après les documents inédits). Introduction, et I—III. gr. 8. Colmar, H. Hüffel. n.n. 9. 20
Introduction. (117 S.) (902.) n.n. 2. —.
I. Le conseil souverain. — II. Les premières municipalités. (224 S.) (902.) n.n. 4. —
III. Les États généraux. Publié par A. M. P. Ingold. (III u. S. 225—399.) 906. n.n. 3. 20

Hoffmann, Ch., la Haute-Alsace à la veille de la révolution. La Haute-Alsace durant l'administration provinciale (d'après les documents inédits). IV et V. Lex. 8. Colmar, H. Hüffel. nn 6. 40
IV. Les troubles de 1789. Publié par A. M. P. Ingold. (137 S.) 907. nn 3. 20
V. Les villes impériales en 1789. Publié par A. M. P. Ingold. (152 S.) 907. nn 3. 20
I—III. Ebd. 902—906. nn 9. 20

Hoffmann, Charles, quelques mots sur les traités publics chez les Romains. (48 S.) gr. 8. Rixheim 903. (Colmar, H. Hüffel.) n.n. 1. 50
Sonderabdruck aus: „Revue catholique d'Alsace".

— les anciens règlements municipaux d'Ammerschwir (1561—1563), s.: Revue d'Alsace. I.

Hoffmann, Charles Fenow

—— wilde Scenen ꝛc., s.a. Gerstäcker, Fr.

Hoffmann, Charles Fenow, wilde Scenen in Wald und Prairie mit Skizzen amerikanischen Lebens. Aus dem Engl. von Fr. Gerstäcker. 2 Bde. 2. verb. Aufl. Leipzig 860. Arnold. 8. (XIV, 482 S.) 2 ₰

Hoffman, Charles Fen., the Vigil of Faith and other poems. Campe's edition. 16. Nürnberg 846, Fr. Campe. ⅓ ₰

Hoffmann, Charlotte Valeska, Skizzen. (83 S.) qu. 8. Plau 905. L. Hancke. Geb. n. 1.—

Hoffmann, Charlotte Valeska, „Deutsche Volkslieder", s.: Jugend- u. Volksbühne.

Hoffmann, Chr., Beschreib. d. Walzen-Presse, welche 1000 Centner Preßkraft durch d. Einwirkung einer Menschenkraft ausübt. Bestimmt für Papiere, Tuche ꝛc., überhaupt zu jeder Anwendung geeignet, zu welcher bisher Wasser-, Luft- od. Schraubenpressen gedient haben, mit 1 lithograph. Abbild. 8. Leipz. 828. Fest. 6 gl

—— und C. F. Weithas, C. Hoffmann's Buchdrucker-Presse von Gusseisen. Lex.-8. (⅝ B. u. 1 Kpfrt.) Leipzig 826, (Hirschfeld.)

Hoffmann, Christ., (II.), das Dasein, die Beschaffenheit u. Lage des Fegfeuers, od. des 3. Ortes, eigentl. Reinigungsortes, sowohl aus klaren Stellen d. heil. Schrift, als aus Vernunftgründen bewiesen, geschildert u. bestimmt. 1. Aufl. 845 u. 2. Aufl. gr. 8. (à 2 B.) Heilbronn 846, Landherr. à

Hoffmann, Chr., vom Hausschlachten. Enthalt. die Bereitung u. Aufbewahrung der Würste, Bereitung von Schmalz, u. das Zerlegen u. Einsalzen des Fleisches. Mit besonderer Beziehung auf den Genuß des Blutes. 11.8. Heilbronn 844. (Drechsler'sche Buchh.) n. 4 ngl

—— Stimmen der Weissagung über Babel und das Volk Gottes. Aus dem Wort Gottes geschöpft und auf die Gegenwart und nächste Zukunft angewendet. gr. 8. (IV und 135 S. mit 1 Tab. in qu. gr. 4. und 1 lithogr. Karte in qu. Fol.) Stuttgart 849, Paulus.

— s. Warte, süddeutsche.

Hoffmann, Chr. Aug., Anleitung zu Entwerfung von Familienbüchern für Prediger, nebst tabellar. Formular. Mit 2 lithogr. B. Tabellen. 8. Gießen 834. Ricker. ¼ ℛ

— s. Anleitung, lesen zu lehren.

— Jesus Christus, der Lehrer und Beglücker der Welt. 8. Gießen 803, (Leipzig, Fr. Fleischer.) ⅓ ℛ

Hoffmann, Chr. Aug., kleiner Katechismus, oder Unterricht in d. christl. Religion. 8. Gießen 808. Tasché. 2 gl

Hoffmann, Chr. Aug., das Leben Jesu. 8. Gießen 808. Tasché. 6 gl

— kurzer christl. Lehrbegriff für den Schul- u. Confirmanden-Unterricht. 2e Aufl. 8. Gießen 813. 3e A. 817. Tasché. 4 gl

— Lehrbuch d. christl. Religions- u. Tugendlehre, für Lehrer an Volksschulen. 2 Thle, wovon d. 2e d. Spruchregister enthält. 8. Gießen 813. Tasché. 1 ℛ 16 gl Ohne d. Spruchregister. 8. 806. 16 gl (1r Thl. A. u. d. T.: Repertorium bibl. Texte für freie Vorträge rc. 1 ℛ)

– s. Lesebuch, Progressives.

— christl. Religions- u. Tugendlehre. 8. Ebd. 813. (Ebd.) 1⅔ ℛ (Das Spruchregister besonders ⅔ ℛ)

— — christliche Religions- und Tugendlehre. 8. Ebend. 817.

— Repertorium bibl. Texte. 8. Ebd. 813. (Ebd.) 1 ℛ

— Samml. auserles. Bibelstellen zum Gebrauch in Schulen, als auch zur häusl. Erbauung. Zugleich als Handconcordanz für Prediger. 8. Gießen 809. (Ferber). 8 gl

Hoffmann, Chr. F., s.a. Hofmann, Chr. Dn. Fr.

Ueber die Zerstörung der Römerstädte am Rheine, zwischen Lahn und Wied, durch die Deutschen in der Mitte des 3. Jahrhunderts, wie sie die Nachgrabungen bei Neuwied gezeigt haben. Von C. F. Hoffmann. Neuwied. 1819. 8°

Hoffmann, Chr. F., (Hauptmann), († d. 30. Oct. 1820.) über d. Zerstörung d. Römerstädte am Rheine, zwischen Lahn u. Wied durch d. Deutschen in d. Mitte des 3ten Jahrh., wie sie d. Nachgrabungen bei Neuwied gezeigt haben. gr. 8. Neuwied 820. 2e vom Direkt. Matthiä verm. Aufl., mit Steindr. 823. Lichtfers u. Faust. (Guilhaumann in Frankf.) 8 gl

Hoffmann, C. F. Ueber die Zerstörung der Römerstädte an dem Rheine, zwischen Lahn und Wied, durch die Deutschen in Mitte des 3 Jahrh. 8. 2. Aufl. Neuwied 1823. 1,00.

Hoffmann, Chr. Fr., Lehrbuch d. Arithmetik. 2., durchaus verb. u. verm. Aufl. 8. (51¼ B.) Stuttgart 828, Steinkopf.

Hoffmann, Chr. Gottfried, s.a. Hofmann, Christian Gottfried

Hoffmann, Chr. Godofr.: Diss. jur. qua Constitutio Joachimi I. electoris de successionibus a. 1527 lata notis illustratur. [Resp.:] Joh. Sam. Steyer. Ed. nova. Berolini 1761.

Hoffmann, Chr. Gottfr. Programma de Friderico Wilhelmo, Borussiae rege. 4. Francofurti 1730.

Hoffmann, Chr. Gfrd, Specimen conjecturarum de origine et natura legum Germanicarum privatarum antiquarum. Lipsiae 1715. 4. . . . . (D.)

Hoffmann, Chr. Godofr.: Tr. de origine et natura legum Germ. privatarum antiquarum. *Lips.* 715. 4.

– (Hrsg.), s. Panziroli, Guido: De claris legum interpretibus.

—— Dissertatio de principiis et fontibus jurisprudentiae Germanicae. O.O. o. J. 8. (D.)

Hoffmann, Chr. Gottl.: Vom Rang u. Praecedenz d. grossen Herren. *Berlin.* 729. 8.

Hoffmann, Chr. Gottlieb, s.a. Hofmann, Christian Gottlieb

Hoffmann, Chr. Gli., († d. 4. Juni 1784.) Abhandl. über die am Würtemberg. Hofgericht eingeführte Appellationssumme. 8. Tübing. 783. (Osiander). 8 gl

Hoffmann, C. Glieb, Nachr. v. d. Anstalt f. arme Kranke in Altorf. 7 Stck. gr. 8. Nrnb. Monath und K. 787–93. (1s 4 gr. 2s 5 gr. 3s 4s 5s und 6s à 4 gr. 7s 3 gr.)

– dass., s.a. Nachricht von der Anstalt für arme Kranke in Altdorf.

Hoffmann, Christiaan Karel

Hoffmann, C. K., Amphibien, s.: Bronn's, H. G., Klassen u. Ordnungen d. Thier-Reichs.

Hoffmann, C. K., die Bildung d. Mesoderms, die Anlage der Chorda dorsalis u. die Entwickelung d. Canalis neurentericus bei Vogelembryonen. Mit 5 (lith.) Taf. gr. 4. (109 S.) Amsterdam 883. J. Müller. n.n. 4. 20

— crustacés et echinodermes, s: Recherches sur la faune de Madagascar.

Zur Entwicklungsgeschichte des Sympathicus von C. K. Hoffmann. 1. *Amsterdam: J. Müller 1900.* 4°(8°)
= Verhandelingen d. Koninkl. Akademie v. Wetenschappen te Amsterdam. Sect. 2. D. 7, No 4. (09. 1931 B)

Hoffmann, C. K., zur Entwicklungsgeschichte des Sympathicus. I u. II. gr. 8. Amsterdam, J. Müller. n. 5.40
I. Die Entwicklungsgeschichte des Sympathicus bei den Selachiern (Acanthias vulgaris). (Verhandelingen der koninkl. akademie van wetenschappen te Amsterdam.) (80 S. m. 3 Taf.) 900. n. 2.40
II. Die Entwicklungsgeschichte des Sympathicus bei den Urodelen. (Verhandelingen der koninkl. akademie van wetenschappen te Amsterdam.) (101 S. m. 4 Taf.) 902. n. 3.—

Hoffmann, C. K., zur Ontogenie der Knochenfische. [Fortsetzung der 1881 (Natuurk. Verh. der koninkl. Akademie van Wetens. te Amsterdam) veröffentlichten Abhandlung.] Veröffentlicht durch die königl. Akademie v. Wissenschaften zu Amsterdam. Mit 4 (chromolith.) Taf. gr. 4. (60 S.) Amsterdam 882. J. Müller. n.n. 2. 40

Hoffmann, C. K., u. H. **Weyenbergh** jr., die Osteologie u. Myologie v. sciurus vulgaris L., verglichen mit der Anatomie der Lemuriden u. der Chiromys u. über die Stellung der letzteren im natürl. Systeme. [Gekrönte Abhandlg.] Harlem 870. Loosjes' Erben. gr. 4. (IV, 136 S. mit 4 Steintaf.) cart. n. 2 Thlr. 10 ngr.

Hoffmann, C. K., Reptilien, s.: Bronn's, H. G., Klassen u. Ordnungen d. Thier-Reichs.

—— Untersuchungen über den Bau und die Entwickelungsgeschichte der Hirudineen. gr. 4. (69 S. mit 12 lithogr. Taf.) Haarlem 880, Erven Loosjes. cart. *

Untersuchungen ueber den Ursprung des Blutes und der blutbereitenden Organe von C[hristiaan] K[arel] **Hoffmann**. *Amsterdam: J. Muller 1893.* (26 S.) 4°(8°)
= Verhandelingen d. Kkl. Akademie van Wetenschappen te Amsterdam. Sectie 2. D. 3, No 4. [illegible] 4

Hoffmann, Christian

Hoffmann, Chr., Aussichten für die evangel. Kirche Deutschlands in Folge der Beschlüsse d. Reichsversammlung in Frankfurt. gr. 8. (80 S.) Stuttgart 849, J. F. Steinkopf. 1/4 Thlr.

Hoffmann, Chrn., das Christenthum im ersten Jahrhundert. Achtzehn geschichtliche Vorträge über die Neugeburt des geselligen Lebens der Menschheit durch die Entstehung des Christenthums, gehalten in Ludwigsburg und Stuttgart. Stuttgart 853. Quack. gr. 8. (VIII, 255 S.) 1 Thlr.

Hoffmann, Chr., Fortschritt und Rückschritt in den zwei letzten Jahrhunderten geschichtlich nachgewiesen, oder Geschichte des Abfalls. 3 Bde. gr. 8. Stuttgart 864, J. F. Steinkopf. *
Inhalt:
Bd. 1. Die Entwicklung des Abfalls von seinen Anfängen bis zu seiner Erhebung als Fahne des Fortschritts durch Voltaire. (296 S.) * 1 Thlr.
" 2. Die religiösen und polit. Reformen im Geist des Abfalls bis zum Umsturz der alten Zustände in der französ. Revolution. (390 S.) * 1 Thlr. 6 Ngr.
" 3. Die Versuche zum Aufbau einer neuen Weltordnung auf dem Boden des Abfalls von 1800 bis 1866. (546 S.) * 1 Thlr. 24 Ngr.

— Gedichte u. Lieder. Ebend. 869. gr. 16. (VIII, 155 S.) n. 18 ngr.

—— die Geschichte des Volkes Gottes, als Antwort auf die sociale Frage dargestellt. gr. 8. (VI und 178 S.) Stuttgart 855, J. F. Steinkopf. *

—— Grundriß der Weltgeschichte. Als Leitfaden für den Unterricht in mittleren und höheren Schulen ausgearb. 8. (IV und 126 S.) Stuttgart 853, Paulus.

Hoffmann, Chr., Grundriß der Weltgeschichte. Als Leitfaden für den Unterricht in mittleren und höheren Schulen ausgearbeitet. 2. (eigentlich 3.) Aufl. 8. (IV und 131 S.) Stuttgart 860. (Ludwigsburg, Riehm.)

— **Christian** (Wittenberg), De jure principis circa supputationem temporis subditorum. Disp. philos. Präs. Jo. Philipp Palthen. Greifswald (Daniel Benjamin Starcke) 18. X. 1703. 36 S. (7.—) 15505

— — De mortuo vivo. Disp. jur. Präs. Jo. Balthas. Wernher. Wittbg. (Gerdes) 14. X. 1709. 24 S. (6.80) 15506
Gew.: Adam Ernst Senft v. Bilsach (Loebnitz).

Hoffmann, Chrn., Uebersicht üb. die Gehalts- u. Pensionsverhältnisse der Volksschullehrer in den grösseren Städten Bayerns. Hrsg. nach den Erhebgn. der statist. Kommission d. Bezirkslehrervereins Nürnberg-Stadt. gr. 8. (7 S.) Nürnberg 891. (Korn.) n.n. — 20

Hoffmann, Chrn. Aug., einige Hülfsmittel zur pfarramtlichen Geschäftsführung in Bezug auf Familienbuch, Notizen zur Führung der Kirchenprotocolle, pfarramtliche Registratur und Geschäftsdiarium. Friedberg 854. Scriba. gr. 4. (1 Bl., 22 S.) 10 ngr.

Hoffmann, Chrstn. Aug. Siegfr.

Hoffmann (C. A. S.), Handbuch der Mineralogie. fortgesetzt von **Breithaupt**. — Band 1 und 2, Abth. 1 und 2. — Band 3, Abth. 1 und 2. — Band 4, Abth. 1 und 2. — Freiberg 1811—18. 8.

Hoffmann, C. A. S., († ...) Handbuch d. Mineralogie, nach dessen Tode fortges. von A. Breithaupt. 4 Bde, à 2 Abtheill. gr. 8. Frberg 812—18. Craz u. G. 11 Thlr. 16 gr.

— s. Journal, bergmänn.

— systematische Uebersicht u. Darstellung d. Resultate von 242 chemischen Untersuchungen mineralischer Wasser v. Gesundbrunnen u. Bädern in d. Ländern d. deutschen Staatenvereins. 8. Berl. Gädicke. 815.

— M. **Christian Benjamin** (Mugela [= Mügeln] Misnicus), Dissertationum crypticarum seu de occultatione poetica alteram. Präs. Jo. Wilhelm Berger. Wittbg. (Gerdes) Dez. 1702. 72 Seiten. (8.—) 15507

— **Christian Ernst** (Riesa), Collectanea quaedam ad cognitionem morborum ventriculi organicorum. Diss. med. Lpz. (Elberti) 23. IX. 1829. 42 S. u. 1 Abb. (J. F. Schröter ad nat. del., J. F. Schröter jun. sc.) (6.50) 15508
Gew.: Ludwig Cerutti, Carl Friedrich Richter (Riesa), Friedrich Wilhelm Hoffmann (Riesa).

Hoffmann, Chr. E., Diss. inaug. medica, sistens collectanea quaedam ad cognitionem morborum ventriculi organicorum. Acced. tabula aenea. 4maj. Leipz. 829. (Hinrichs). 16 gr. Beigefügt ist: E. H. Weber, annotationes anatomicae et physiologicae. Prol. V.

Christian Friedrich Hoffmann
aus Rentweinsdorf 1815

De morbis capitis Analecta quaedam. ([Würzburg] 1815:) Nitribitt. IV, 36 S. 8°

Würzburg, Med. Diss. v. 21. Sept. 1815

— — (Oywin/Ob.-Laus., Zittau), De discrimine diagnostico inter arthritidem et rheumatismum. Diss. med. Bln. (C. A. Platen) 20. X. 1818. 41 S. mit Biogr. (M.: M. E. Pauli.) (6.50) 15510
Gew.: Friedrich Ruetenik.

— **Christian Friedrich** (Düben), De lege Anastasiana. Exercit. jur. civilis. Präs. Jo. August Bach. Lpz. (Stopffel) 7. XI. 1755. 18 S. mit Widm. v. Präs. (6.50) 15509

Hoffmann, Christian Friedrich Ferdinand, s. H o f f m a n n , Ferdinand

Hoffmann, Chrn. Fürchtegott, Handbuch des im königl. preußischen Herzogth. Sachsen gegenwärtig geltenden Lehnrechts. Leipzig 865. J. A. Barth. gr. 8. (VIII, 118 S.) 21 ngr

Hoffmann, Christian Gott. (Präs.), s. H e r r m a n n , Johann Gottlieb: De communionis bonorum conjugalium vera natura atque principiis.

Hoffmann, Christian Gottfried, s.a. H o f m a n n

— — **De majori aetate in electione imperatoris observanda, ad dissertat. inaug. viri Martin Wilhelm Mundt (Hamburg). Frankfurt a. O. (Sigismund Gabriel Alex) 24. XI. 1734. 6 Bl. mit Biogr. M.'s. (M.: S. D. Boehm.) (6.—)** 15523

— — (Frauenstein/Misn.), De causis contumaciam excusantibus. Diss. jur. Präs. Joh. Gottfried Kraus. Wittbg. (Schlomach) 28. IX. 1729. 27 S. (6.80) 15518

— — De juris Lubecensis antiquo quodam codice, disserit ad dissertat. inaug. a Nicolaus Rumpff (Hamburg) pro licentia summos in utr. jure honores. Frankfurt a. O. (Tob. Schwartz) 8. V. 1731. 8 Bl., tlws. dtsch. mit Biogr. R.'s. (M.: A. C. v. Spreckelsen.) (6.—) 15521

— — **(Leipzig) De commoditate compascuorum per revocationem unius, altero licet dissentiente extincta. Diss. jur. Rector Christoph Ignaz v. Guden. Präs. Johann Heinr. Meier. Erfurt (Grosch) 8. X. 1725. 20 S. (6.30)** 15517

Hof[f]mannus, Chr. Godofr.: De insignioribus defectibus jurisprudentiae criminalis Germanicae eorumque emendandorum ratione ac mediis commentatio acad. Francofurti ad V. 1757.

— — **De effectibus, benedictioni nuptiali perperam adscriptis, ad dissertat. inaug. a Johann Gottlieb Herrmann (Chemnitz) pro summis in utr. jure honoribus . Frankfurt a. O. (Tobias Schwartz) 13. XII. 1730. 4 Bl. (4.—)** 15519

Hoffmannus, Chn. Godofr.: „Diss. politica de fatis studii politici praesertim in academiis, et de insignioribus quibusdam cirva illud defectibus", Lipsiae 1517. — Vorh.: UB Berlin.

Hoffmann, Christian Gottfried (Präs.), s. G ä r t n e r , Karl Wilhelm: De fundamento decidendi controversias de praecedentia . . .

Hoffmann, Chrn. Gottfr.: G e d a n c k e n

— —, A u f r i c h t i g e u n d u n p a r t h e y i s c h e, ü b e r d i e J o u r n a l e, E x t r a c t e u n d M o n a t h s - S c h r i f t e n w o r i n n e n d i e s e l b e n e x t r a h i r e t . . . . werden (von *Chrn. Gottfr. Hoffmann*). 24 Stücke (soviel ersch.). Mit vielen Kpfrn. Freyburg (fing.) 1714—17. 8°. (12 Mk., Expl. in 2 voll. gebdn., Ernst Frensdorff, 1907:)
„Kulturgeschichtlich und bibliographisch werthvoll." Selten so cplt.! — Anon.-Lex. II. p. 151 (nach Mylius u. Weller).

Hoffmann, Christian Gottfried (Präs.), s. G r a n t z e , Ludwig Caspar: De clericorum in feuda imprimis S. R. I. majora successione.

Hoffmann, Christian Gottfried (Präs.), s. G r a e v e n , Christian Friedrich: De coemeteriis ex urbibus tollendis.

— — **De jure separandi allodium a feudo vulgo Wie Erb= und Frey=Güter von Lehn=Gütern zu unterscheiden. Tractat. jurid.** — Accedit appendicis loco Ahasver F r i t s c h , Exercitatio **brevis de feudo solari, Vom Sonnen=Lehn. Frankfurt u. Leipzig 1743. 70 S.**, tlws. dtsch. **(7.50)** 15524

— — **Oratio de triplici jurisprudentia, superficiaria, otiosa et solida. Frankfurt a. O. (Johann Gottfried Conradi) 2. VII. 1723. 22 S. (6.—) 15516**

— — u. (Respond.) **Theophil Friedrich Lang** (Pfullingen), Primae lineae juris publici Germanici de cancellaria imperiali aulica. Tübingen (Fues) 28. III. 1778. 46 S., tlws. dtsch. (6.50) **15527**

— — De minore contra aditam hereditatem citra probationem laesionis in integrum restituendo. Präs. Gottfried Daniel Hoffmann (Vater). Tüb. (Fues) 23. III. 1776. 46 S. (7.—) 15525

— — **Nucleus legum imperii et pacificationum novissimarum i. e. analysis pacis Westphalicae ejusdemque cum pace religiosa, pace Noviomagensi, Ryswicensi, Rastadiensi, ac Badensi, Altranstadiensi item conventione nec non recessu imp. de a. 1654 et capitulationibus subsequentibus harmonica collatio. Frankfurt a. O. (Johann Gottfried Conradi) 1731. 9 Bl., 50 S. (7.—) 15520**
Gew.: Samuel v. Cocceji.

— — **De origine et conditione procuratorum jure Romano et canonico, nec non eorum progressu in forum Germanicum. Diss. jur. Halle 10. VII. 1716. 52 S. (7.—) 15512**
Gew.: Georg Grf. v. Werthern (Beuchlingen . . .).

— — **De origine, progressu et natura jurisprudentiae criminalis Germanicae, lectionibus publ. in regula juris criminalis ex constitutione Caroli V. criminali concipiendas praemisit. Praenotiones jurid. Lpz. (Georg Christoph Wintzer) 1722. 10 Blatt. (4.80) 15513**

— — Praecognita generalia jurisprudentiae in quibus de varia studii juridici methodo, vera juris et jcti conditione, nec non legislatoria atque judiciali prudentia agitur. Accedunt dissertationes ac orationes academicae I. De causis querelarum corruptae jurisprudentiae. II. De jure Romano defectum juris universalis haud supplente. III. De investigandis verborum in jure significationibus. IV. De vera JCti dignitate & officio. V. De Verborum in jure Germanico significatione. Lpz. (Johann Gross' Erb.) 23. IV. 1723. 66 Bl. (9.50) 15514

— — Dissertat. de juris canonici praejudiciis in causis publicis S. R. Imperii. Frankfurt a. O. (Joh. Christoph Schwartz) 2. VII. 1723. 14 S. (4.80) 15515

— — De rege Romanorum vivente imperatore electo. Commentat. jur. publ. Frankfurt a. O. 1733. 125 S., tlws. dtsch. (10.—) 15522

— — De prisco senatu supplicationum in comitiis Germaniae forte instaurando. Disp. jur. Präs. Gottfried Dan. Hoffmann (Vater). Tübing. (Fues) 19. IX. 1776. 42 S., tlws. dtsch. (7.—) 15526

— **Christian Gottfried** (Lauban/Laus.), De senio eruditorum. Diss. histor.-philos. Präs. M. Christian Altmann (Siegersd. Laus.). Lpz. (Brandenburger) 3. X. 1711. 48 S. (7.—) 15511

— **Christian Gotthold** (Elterlein), De bonorum universitatis et praecipue curiarum alienatione. Diss. jur. Präs. Gottfried Ludwig Mencken. Wittenbg. (Schlomach) 9. V. 1740. 36 S. (6.80) 15528

Hoffmann's, Christian Gotthold, Dr., Erklärung seiner doppelten Barometer und Anweisung zu deren richtigen Gebrauch. Zuerst entworfen 1774. Hier und da mit neuen Erfahrungen suppliirt. 1775—1781. [o. O.]

Hoffmann, Christian Gottlieb

— — De veneficii sivè homicidii per venenum attentati in casu ubi mors non ipsa secuta poena capitali exemplo casus specialis coram praefectura Lipsiensi ventilati. Diss. jur. prior. Rector Philipp Wilhelm Graf v. Boineburg. Präs. Thomas Wagner. Erfurt (Joh. Heinrich Grosch) 2. X. 1715. 33 Bl., tlws. dtsch. (7.50) 15530

— **Christian Gottlieb** (Dresd.), De jure succedendi agnatorum in feudum alienatum vivo alienatore imprimis j. Sax. Disp. jur. feudal. Präs. D. Christian Ludwig Stigliz. Lpz. (Immanuel Titius) 21. XII. 1714. 40 S. (7.—) 15529

— — (Lauban Laus.), De mandato praesumto ex lege descendente, occasione §. 2. tit. VII. ord. processus Sax. Diss. jur. Rector Philipp Wilhelm Graf v. Boineburg. Erfurt (Joh. Heinrich Grosch) 24. II. 1716. 32 S. (6.80) 15531

— **Christian Ludwig** (Knittling.), De servitute apud Romanos num juri naturae fuerit conformis. Diss. moralis. Präs. Christoph Friedrich Schott. Tübing. (Erhardt) Okt. 1755. 16 S. mit Widm. v. Präs. (6.50) 15532

Hoffmann, Christian Ludwig

Hoffmann, Chr. L., Aglaja. Bilder aus der Jugendwelt. In Erzählungen, Biographieen, Mährchen, Fabeln, Gedichten, Liedern, Räthseln ꝛc. Mit 6 Kpfr. 12. Hamburg ... Niemeyer. schwarz ¼ Thlr. ill. 1 Thlr.

—— das Alpenröschen. Erzähln., Fabeln, Gedichte, Räthsel u. Charaden. M. 1 Kpfrt. 16. Hamburg 835, Niemeyer.

—— Anekdoten aus d. Leben Napoleon Bonaparte's. Mit 1 Titkpfr. 16. Hamburg ..., Niemeyer.

— Anekdoten zum Todtlachen. Eine Auswahl drolliger und witziger Einfälle, überraschender und erheiternder Scherze. Mit 1 Kpfr. 16. Ebd. 837. 1/4 Thlr.

Hoffmann, Chr. Ldw., neue Bilder-Fibel, oder: Erste Nahrung für Geist u. Herz unserer Lieblinge. Enth. ABC-, Buchstabir- u. Lesebuch, kurze Gedanken ꝛc. Mit 25 bildl. Darstellungen. 12. Hamburg ..., Bödecker. geb. 1/12 Thlr.

— s. C. Cottin, die Verbannten.

—— der überraschende Erzähler. Zur geistigen Unterhalt. f. Jung u. Alt. Mit Titkpfr. 16. Hamburg ..., Niemeyer.

—— höchst interessante Erzählungen, Anekdoten u. Charakterzüge aus d. Leben Friedrichs d. Gr. Mit Titkpfr. 16. Hamburg ..., Niemeyer.

— Euphrosyne. Taschenbuch für gesellschaftl. Spiel u. Vergnügungen. Ein Hausschatz der unterhaltendsten Spiele im Zimmer und im Freien. Polterabendscherze, sinnreiche Wortspiele u. Scherzfragen, Anekdoten, Witze, Possen u. Schwänke ꝛc. 16. Ebd. 1 Thlr.

Hoffmann, Chr. Ludw., Freu't Euch des Lebens, s. a. Freu't Euch des Lebens.

— freut Euch des Lebens! Auswahl von mehr als 300 der beliebtesten Gesellschaftslieder. 3. stark verm. Aufl. 32. Ebend. 845. 1/8 Thlr. — 4. verm. Aufl. 16. Ebend. 846. 1/8 Thlr.

Hoffmann, Chr. Ludw., Freut Euch des Lebens! Auswahl von mehr als 500 der beliebtesten Gesellschaftslieder von Methfessel, Langbein, Schiller, Körner ꝛc. 8. Aufl. 853. — 9. Aufl. 855. — 10. Aufl. Hamburg 857. Jowien. 32. (2 Bl., 220 S.) n. 4 ngr.

Hoffmann, Chr. Ludw., Freu't Euch des Lebens! Auswahl von mehr als 500 der beliebtesten Gesellschaftslieder. 14—16. Aufl. Hamburg 862—64. Jowien. 32. (224 S.) 4 ngr.

Hoffmann, Chr. Ludw., freut Euch des Lebens! Auswahl von mehr als 500 der beliebtesten Gesellschaftslieder, Trinksprüche, Gesundheiten ꝛc. 18. Aufl. Hamburg 869. Jowien. 32. (224 S.) 4 ngr.

Hoffmann, Chr. Ludw., freu't Euch d. Lebens! Auswahl v. mehr als 500 der beliebtesten Gesellschaftslieder, Trinksprüche, Gesundheiten ꝛc. 19. Aufl. 32. (199 S.) Hamburg 875. Jowien. n. — 50

Hoffmann, Chr. Ludw., Fröhlich u. Wohlgemuth! Sorgfält. Auswahl d. schönsten Lieder. Für Freunde d. Scherzes. Neue Samml. Mit Titkpfr. 16. Hamburg ..., Niemeyer. Thlr.

—— Irene. Erhebungen d. Geistes u. Herzens in moral. u. relig. Gedichten. M. 1 Kpfr. 16. Hamburg 835, Niemeyer.

— der Wunder erregende Kartenkünstler. 2. verm. u. verb. Aufl. Mit 2 Kupfertaf. 16. Hamburg 843, Niemeyer. n. 1/8 ℛ

— Kinderbibliothek 1. Bdchn. A. u. d. T.: Reisen u. Abenteuer des Robinson Crusoe, eines auf eine unbewohnte Insel verschlagenen Schiffsjungen. Frei nach dem Engl. für die Jugend u. ihre Freunde bearb. 2. verb. Aufl. Mit gemalt. Kupf. 16. Hamburg 845, Bödecker. geb. n. 1/8 ℛ

—— die Kunst, in 24 Stunden e. geschickter Schwimmer zu werden 2c., s. Kunst.

– s.a. Schicksale, Reisen und Abenteuer Robinson Crusoe.

—— wunderbare Schicksale, Reisen u. Abenteuer d. Robinson Crusoe. Frei n. d. Engl. M. 1 col. Kpfr. 16. Hamburg 835, Niemeyer.

—— Schilderungen, Reisen u. Abenteuer, besond. in fremde Welttheile. Für die Jugend gesammelt u. bearb. (Neue Ausg.) gr. 12. (10 B. u. 4 ill. Kpfr.) Hamburg 842. (Niemeyer.) –

— Spaßvögel. Auswahl drolliger und witziger Anekdoten, erheiternder Scherze, komischer Einfälle, Possen, Schwänke 2c. Mit 4 Kpfr. 8. Ebd. 839. 1/8 ℛ

—— Taschenbibliothek interessanter Erzählungen f. d. Jugend. 3 Bdchn. M. Kpfrn. 16. Hamburg ..., Niemeyer. à 3 Gr.

— der Tausendkünstler. Eine Auswahl höchst überraschender und ganz leicht ausführbarer Kunststücke aus der natürlichen Zauberei, in Karten, Zahlen u. a. scherzh. Belustigungen. 3e verm. u. verb. Aufl. Mit 15 Abbildd. in Kpfr. 16. Ebd. 1/16 ℛ

— der Tausendkünstler. Eine Auswahl höchst überraschender u. leicht ausführbarer Kunststücke 2c. 4. verm. u. verb. Aufl. Mit 3 Kupfertaf. 16. Hamburg 843, Bödecker. 1/8 ℛ
— 5. verm. u. verb. Aufl. 16. Ebend. 846. 1/8 ℛ

— der allgemeine nützliche Tausendkünstler. Eine Sammlung geprüfter Künste, Geheimnisse und Hausmittel, zur Erlangung vieler Vortheile und zur Hülfe bei manchen Unfällen im häuslichen Leben. 2e verm. u. verb. Aufl. Mit Abbild. 16. Ebd. 837. 1/16 ℛ

Hoffmann, Chr. L., Turandot. Almanach des Räthselhaften. In Spielen des Witzes und der Laune für Jung u. Alt. Mit 1 Kpfr. 16. Hamburg 835. Niemeyer. 1/8 ℛ

– s.a. Vater Unser, Das.

—— das Vater Unser. In 40 metrischen Bearbeitungen v. Witschel, Freudentheil, Jacobi 2c. Ein Andachtsb. f. gebild. Familien. M. 2 Kpfrn. 16. Hamburg 835, Niemeyer.

— Wunder über Wunder! oder der kleine Taschenspieler. Eine sorgfältige Auswahl von 106 der überraschendsten Kunststücken, Scherzen und Unterhaltungen aus der Mathematik, Mechanik, Optik, Chemie und Physik, mit Ringen, Geldstücken 2c. Mit Kpfr. 8. Ebd. 839. 1/16 ℛ

— Wunder über Wunder! oder: Der kleine Taschenspieler. Zur gesellschaftlichen Unterhaltung u. Belustigung. 2. verm. Aufl. Mit 2 Kupfert. 16. Hamburg 842, Niemeyer. n. 1/8 ℛ

–– — Wunder über Wunder! od.: Der kleine Taschenspieler. 2., verm. Aufl. 12. (3 B. u. 2 Kpfrt.) Hamburg 843, Niemeyer.*

Hoffmann, Christoph: De arrestis. 28 S.– Basel, Jur.Diss.v. 3.Juli.1705.

Hoffmann, Chrph., Bibelforschungen. 1. Bd.: Erklärung der 11 ersten Kapitel des Römerbriefs. gr. 8. (IV, 244 S.) Jerusalem 882. (Stuttgart, J. F. Steinkopf.) n. 4. 50

Hoffmann, Chrph., Bibelforschungen. 2. Bd. I. Erklärung der 5 letzten Kapitel d. Römerbriefs. II. Erklärung d. Briefs an die Kolosser. Nebst e. Exkurs üb. Kol. 1, 15. gr. 8. (270 S.) Jerusalem 884. (Stuttgart, J. F. Steinkopf.) n.n. 4. — (1. u. 2.: n.n. 8. 50)

Hoffmann, Chrph., Occident u. Orient. Eine kulturgeschichtl. Betrachtg. vom Standpunkt der Tempelgemeinden in Palästina. gr. 8. (274 S.) Stuttgart 875. J. F. Steinkopf. 3. —

Hoffmann, Chrph., biblische Poesieen. gr. 8. (VII, 117 S.) Gotha 887. F. A. Perthes. n. 1. 60

Hoffmann, C., 21 Sätze wider die neuen Gottesläugner. 2. unveränd. Aufl. gr. 8. Ludwigsburg 845. (Stuttgart, Beck u. Fränkel.) 1/24 ℛ

—— Schulbuch der deutschen Sprachlehre. 1. Kurs. gr. 8. (28 S.) Stuttgart 847, Paulus. *

—— Schulbuch der neuhochdeutschen Sprachlehre. gr. 8. (162 S.) Ebendas. 877. * 1 60

— Sendschreiben an Prof. Fr. Th. Vischer in Tübingen in Betreff seiner Inauguralrede. Nebst einer Anmerkung für den Beobachter. 2. unveränd. Aufl. gr. 8. Ebend. 845. 1/8 ℛ

Hoffmann, Christoph: Theses miscellaneae ex jure civili. 1 Bl. Basel, Jur.Diss.v. 6.Sept.1706.

Hoffmann, Chl.: Wahrheit meiner 21 Sätze wider die neuen Gottesläugner, erwiesen gegen die Antithesen eines Ungenannten im Beobachter Nr. 23. Stuttgart: Beck & Fr. 1845.

—— mein Weg nach Jerusalem. Erinnerungen aus meinem Leben. 2 Thle. 8. Jerusalem. (Stuttgart, J. F. Steinkopf.) **

Inhalt:
Thl. 1. Erinnerungen aus meiner Jugend. (II, 726 S.) 881. **ℳ 8.—.
" 2. Erinnerungen des Mannesalters. (526 S.) 884. **ℳ 6.—.

— Christoph Anton (Leipzig), De mandato praesumto. Diss. jur. civil. Präs. Christian Heinrich Breuning. Lpz. (Langenheim) 10. IV. 1764. 16 S. (6.—) 15534
Gew.: Andreas Wagner (Zweynaundorf). — Widm. v. Präs.

Hoffmann, Christoph Christian: De qualitatibus insensibilibus ..., s. Verdries, Johann Melchior [Praes.]

Hoffmann, Cph. Gli., († d. 11. Nov. 1796.) succincta descriptio ossium corporis humani, cum XIX tabb. aen. (Latein. u. deutsch). Fol. maj. Nürnb. 783, Wiesing. 5 ℛ 8 gl

Hoffmann, Christoph Ludwig

— Abhandlung von d. Empfindlichkeit u. Reizbarkeit d. Theile des Menschen. gr. 8. Münster 779. Perrenon, 12 gl. 2e Aufl. gr. 8. Frankf. 792. Fischer. (Wienbrack in Leipz.) 16 gl.

Hoffmann, C. L., Abhdl. v. d. Empfindlichkeit u. Reizbarkeit der Theile. 2. Aufl. Mainz. 12°.

1792

— — dasselbe. gr. 8. Frankf. Fischer. (a. Gräff in Lpz.) 792.

C[hristoph] L[udwig] Hofmanns [Hoffmann] Abhandlung von den Pocken. Th. 1. Münster & Hamm (Anh.: Münster): Perrenon 1770-76. 8°

Th. 1: [Nebst] Anh. 1770-76.
Th. 1: Worinn die Erzeugung der Pockenmaterie u. andrer ansteckenden Krankheiten vor Augen geleget wird. 1770.
Anh. [u.d.T.]: [Hoffmann] Hofmann: Von den Pocken, worinn die angegebene Ursache von der Assimilation der ansteckenden Fiebermaterien ferner erwiesen und die Existenz der Pockendrüsen außer Zweifel gesetzt wird. 1776.

— Abhandl. von den Pocken, 2 Thle, mit Anhang u. Nachtr., herausg. v. N. K. Molitor. gr. 8. Münster 770—89. Perrenon. 2 rthl 12 gl. (2r Thl. A. u. d. T.: Pathologie d. Pockenkrankheit. 789.) (Leipz., W. Rauck). 1 rthl 16 gl.

— von den Arzneikräften des rohen Quecksilbers. 8. Mainz 796. Fischer. 14 gl. (Wienbrack in Leipz.) 12 gl.

— — dasselbe. 8. Lpz. Gräff. 796.

— v. d. Arzneykräften des rohen Quecksilbers etc. 8. Mainz. Fischer. 797.

— über Aufklärung. gr. 8. Mainz 796.

— Beantwortung zweier Briefe etc. wegen Pocken. s. Chavet.

— Beantwortung d. Einwürfe von J. A. Unzer, üb. d. Ansteckung, besonders d. Pocken. 8. Münster 781. Coppenrath. 12 gl.

* Berichtigung der ersten Gründe der Geometrie, nebst dem Beweise, dass ein einzelnes Körpertheilchen einen Raum einnimmt. (Von *C. L. Hoffmann*) Mainz gedruckt in der kurfürstl. privilegirten Buchdruckerey bey Joh. Benjamin Wailandt. 8. 31 Seiten. 1786.

— Bestätigung d. besondern Kraft des neuen Mittels bei bösartigen u. zusammenfließenden Pocken. 4. Münster 765.

— Bestätigung d. Nothwendigkeit, einem jeden Kranken in einem Hospitale sein Zimmer u. Bette zu geben. gr. 8. Frankf. 788. (Wienbräck in Leipz.) 10 gl.

Christoph Ludwig Hoffmann

Christoph Ludwig Hoffmann. Bestattigung [Bestätigung] der Nothwendigkeit, einem jeden Kranken in einem Hospitale sein eigenes Zimmer zu geben. Gegen Herrn Karl Strack. Mainz: Universitäts-Buchh. 1788. 204 S. 8°

* *Cp. Ludw. Hoffmann's* Erklärung von Eins. Mainz, mit Crassischen Schr. 8. 16 S. 1790.

Christoph Ludwig Hoffmann

Geschichte einer mit seltenen Zufällen verknüpften Brustkrankheit nebst der mislungenen Operation und demjenigen was sich nach dem Tode bey der Oefnung gefunden hat wobey die Entstehungsart der Krankheit... vor Augen gelegt wird. Hrsg. von H.C. ([Verf.:] C[hristoph] L[udwig] Hoffmann.) Frankfurt & Leipzig 1778. 144 S. 8°

— Geschichte e. mit seltenen Zufällen verknüpften Brustkrankheit. 8. Münster 778. Coppenrath. 6 gl.

— Geschichte eines Ohrenwehes. 4. Cassel (Münster) 776.

—, C. L., Der Magnetiser. Frkf. a. Main. 8°. A. D. B. LXXVIII, 91. A. L. Z. 1788, n. 2, Tüb. Anz. 1787, p. 530.

— d. Magnetist, nebst Nachtrag. 4. Leipz. 787. W. Vogel. (Varrentrapp in Frkf.) 4 gl.

— s. Medicinalordnung, Hessische.

Hoffmann, C. Von d. Notwendigkt. einem jeden Kranken i. e. Hospitale sein eigenes Zimmer u. Bett z. geben. Mainz 1788.

— v. d. Nothwendigkeit, jed. Kranken sein Zimmer und Bette zu geben. gr. 8. Frkf. Andreä. 789.

— opuscula med. ex ed. Chavet. 8. Münster, Theissing. 789.

— Pathologie der Pockenkrankheiten. 8. Lpz. Sommer.

— vom Scharbock, von Verhütung d. Pocken im Gesichte, von der Lustseuche etc. 8. Münster 782. Coppenrath. 14 gl.

Christoph Ludwig Hoffmann

[Teils.] Christoph Ludwig Hoffmann, Vom Scharbock, von der Lustseuche, von der Verhütung der Pocken im Angesichte, von der Ruhr; u. einigen bes. Hülfsmitteln, nebst einer Nachricht von dem Zustande und der Verbesserung der Arzneyverfassung im Hochstifte Münster... Münster: Perrenon 1782. 306 S. 8°

Christoph Ludwig Hoffmann

[Teils.] C[ristoph] L[udwig] Hoffmanns [Hoffmann] Vermischte medicinische Schriften. Hrsg. von Heinrich Chavet. Th. 1-4. Münster: Theißing 1790-95. 8°
Th. 1: 1790.
Th. 2: 1791.
Th. 3: 1792.
Th. 4: 1795.

Hoffmann, Christoph Ludwig. De sensibilitate et irritabilitate partium libellus . . . Düsseldorf 1794. Ü: *Gall, Friedrich.* (MGT)

— de sensibilitate et irritabilitate partium. 8. Dusseld. Daenzer. 794.

Hoffmann, C(hristoph) L(udwig): Unterricht von dem Collegium der Aerzte in Münster wie der Unterthan bey allerhand ihm zustossenden Krankheiten die sichersten Wege und die besten Mittel treffen kann seine verlorne Gesundheit wieder zu erhalten, nebst den münsterschen Medicinalgesetzen. 390 S., gbd.

Münster in Westphalen: typ. Köerdink 1777

JB 2.992

Hoffmann, Cph. Ldw., († d. 28. Juli 1807.) Unterricht von dem Collegio d. Aerzte in Münster, bei Krankheiten d. besten Mittel zu treffen. gr. 8. Münster 778. Perrenon. 1 ₰

HOFFMANN, Chstph. Wilh.: Ueb. d. Kriegs- u. Staatslist d. Alten m. Hinsicht auf unser Zeitalter. *Halle.* 802. 8.

Hoffmann, Cph. Wlh., über d. Kriegs- u. Staatslisten d. Alten, mit Hinsicht auf unser Zeitalter. 1r Thl. 8. Halle 802. Gebauer. 1 ₰ Dann mit folg. T.: Kriegslisten, oder verschmitzte Einfälle alter u. neuer Feldherren u. Staatsmänner. 2 Bde. 8. Leipz. 805, 6. 3e A. 812. Mit n. T. 821 u. 26. (W. Nauck). 1 ₰ 6 gl

— Kriegslisten, oder verschmitzte Einfälle alt. und neuer Feldh. ꝛc. 2 Bde. 8. Lpz. Sommer. 807.

— — Kriegslisten, oder verschmitzte Einfälle alter und neuer Feldherren und Staatsmänner. Zur Unterhaltung für allerley Leser, besonders aber für Officiere und für andere Militairpersonen. 3. Aufl. (2 Bde. in 1 Bde.) 8. Leipzig 1812.

Hofmann, C. W., Kriegslisten, od. verschmitzte Einfälle alter u. neuer Feldherren u. Staatsmänner. 2 Bde. 3te Aufl. 8. Leipz. Sommer. 812.

Hofmann, Ch. W. Kriegslisten oder verschmitzte Einfälle alter und neuer Feldherrn u. Staatsmänner. 2. Ausg. Bd 1. 2. Leipzig 1807.
— — 4. Aufl. 1820.

Hoffmann, Ch. W., Kriegslisten, oder verschmitzte Einfälle alter und neuer Feldherren und Staatsmänner. 2 Bde. 4te Aufl. 8. Leipzig Sommer. 821.

Hoffmann, (C. W.,) Kriegslisten: od. ausgezeichn. Beispiele v. Heldenmuth, Klugheit, List- u. Vaterlandsliebe. 2 Bde. N. A. 8. Leipz. 826, Sommer. Rthlr.

Hoffmann, Conrad ..., s. Hoffmann, Konrad ...

Hoffmann, Constantin, s. Hoffmann, Konstantin

Hoffmann, Cosmann, s. Hoffmann, Kosmann

Hoffmann, Cosmas, s. Hoffmann, Kosmas

Hoffmann, Curt, s. Hoffmann, Kurt

Hoffmann, D., Abhandlungen der pentateuchischen Gesetze. 1. Heft. gr. 8. (III, 92 S.) Berlin 886, [Pinn.] Rosenbaum und Hart. *

Hoffmann, D., Zur Aufklärung üb. die badische Gebetbuchreform. Ein Sendschreiben an den „Verein zur Wahrg. des gesetzestreuen Judentums in Baden". (42 S.) 8. Rödelheim (907). (Frankfurt a/M., J. Kauffmann.) — 60

Hoffmann, D., die wichtigsten Instanzen gegen die Graf-Wellhausensche Hypothese. 1. Heft. Programm. (154 S.) gr. 8. Berlin 904. (L. Lamm.) n.n. 3. —

— das Buch Leviticus. Uebersetzt u. erklärt. 2 Halbbde. Lev. I—XVII u. XVIII—Ende. (VIII, 479 u. VI, 413 S.) Lex.-8. Berlin 905 906. M. Poppelauer. à n. 6. —; erhöhter Preis à n. 7. 50; geb. in Leinw. à n. 7. 20; erhöhter Preis à n. 8. 70; in Halbfrz. à n. 8. —; erhöhter Preis à n. 9. 50

Hoffmann, D. (Hrsg.), s. Magazin für die Wissenschaft des Judenthums.

— Midrasch Tannaïm zum Deuteronomium, aus der in der königl. Bibliothek zu Berlin befindl. Handschrift des „Midrasch haggadol" gesammelt u. m. Anmerkgn. versehen nebst mehreren Beilagen. 1. u. 2. Heft. Lex. 8. Berlin, (M. Poppelauer). à nn 4. —
1. Deut. 1,1- 20,9. (VIII, 128 S.) 908.
2. Deut. 20,10 — Ende. Mit Subvention der „Jüdisch-literar. Gesellschaft" zu Frankfurt a. M. gedr. (S. 127 - 264.) 909.

Hoffmann, D., Seder Tohoroth, s.: Mischnaiot.

Hoffmann, D., Die Zeit der Omer-Schwingung [und] des Wochenfestes. [Jahres-Bericht des Rabbiner-Seminars für das orthodoxe Judenthum pro 5634 (1873—74).] Berlin. 4°.

Hoffmann, D. C. H., Von den Meriten der Nesenschen Familie. Zittau 1727.

Hoffmann, D. Max Samuel, Rector der jüd. Akademie zu Nehardea in Babylonien. Lebensbild e. talmud. Weisen der ersten Hälfte d. dritten Jahrh. nach den Quellen dargestellt. gr. 8. (79 S.) Leipzig 873. Leiner. n. 1. 75

— s.: Simon b. Jochai, Mechilta.

Hoffmann, Da., resp. El. Chr. Klaiber, Paralysis cum quaestione, cur pes paralyticus citius restituatur quam brachium. 28 pp. Tub. 4°. Cons. Cent. 1 n. 22. 1746

Hoffmann, Dan., annotat., med., ad hypothes. Goveyanas de generatione foetus, ejusq. partu. 8. Frft. Mulz. 719.

Hoffmann, David

— — De censu Romanorum primo recentiores quasdam controversias. Präs. Jo. Wilh. Jan. Wittbg. (Samuel Kreusig) 26. IV. 1715. 48 S. (7.—) 15547

— — (Breslau), Controversias ex historia ecclesiastica ac sigillatim seculis primo alteroque novissime excitatas. Präs. M. Friedrich Strunz. Wittbg. (Gerdes) 1712. 52 S. (7.—) 15546

Hoffmann, David(Praes.), s. Daetrius, Georg Christian: Otfridum Monachum Weissenburgensem quatuor evangeliorum interpretem celeberrimum in memoriam versionis B. Lutheri Germanicae ipso anno saeculari II.

Hoffmann, Dav., praes. Jo. Chr. **Camerarius,** Historia rarissima sanationis cerebri quassati cum deperditione substantiae notabili. Tüb. 4°. Auch in: *Haller,* Diss. chir. 1, S. 7. 4°. Laus. 1715. 1, 107–119. 1719

— Dav., Dissertatio de Dea Moneta. Cum figg. Helmstad. 717. 4. (22 Seiten).

—, resp. Ch. G. **Stoudner,** De palpitatione cordis. 29 pp. Hal. 4°. 1719

Hoffmann, David *(geb. Kolomea in Galiz. 1851)*: Die Refraction der Augen der Schulkinder in verschiedenen Städten Europas. Breslau 1875. (31 S.) 8°
Breslau, Med. Diss. v. 26. Juni 1875

Hoffmann, E., 100jährige Arbeit auf Gebieten d. Verkehrswesens in der deutschen Ostmark. [Aus: „Zeitschr. d. histor. Gesellsch. f. d. Prov. Posen".] gr. 8. (26 S. m. 1 Karte.) Posen 891. (Jolowicz.) n. 1. 20

Hoffmann, E., praes. A. H. **Fasch,** De αὐτοχειρία. Jen. 4°. 1720

Hoffmann, E., einige Bemerkk. über Balz's Schrift: freimüth. Worte ꝛc. gr. 8. Koblenz 820. Hölscher. 4 Rthlr

Hoffmann, E., die Entwickelung des deutschen Reichs-Telegraphenwesens seit dem J. 1875. Eine Skizze. gr. 8. (80 S.) Berlin 880, Herbig. *
Aus: Vierteljahrsschrift für Volkswirthschaft, Politik und Kulturgeschichte, besonders abgedruckt.

Hoffmann, E., der Geschichtsunterricht in der Volksschule, s. a. Abhandlungen, pädagogische. IX. 10.

Hoffmann, E.: Der Geschichtsunterricht in der Volksschule. (Vortrag geh. in Grimma 1899.) Von Dr. E. Hoffmann, Schuldir. in Wurzen. Bielefeld: A. Helmich [1904]. (16 S.) 8°
= Abhandlungen, Pädagogische. N. F. Bd 9, H. 10.

Hoffmann, E.: Die schädlichen Insekten des Garten- und Feldbaues, s. Jäger, G.

— die Karte der Heimat, s. a. Abhandlungen, pädagog. N. F. X. 7.

Hoffmann, E.: Die Karte der Heimat. Von Dr. E. Hoffmann, Schuldir. in Wurzen. Bielefeld: A. Helmich [1904]. (11 S.) 8°
= Abhandlungen, Pädagogische. N. F. Bd 10, H. 7.

Hoffmann, E., historische Nachrichten aus Alt-Merseburg. Aus den Akten des königl. Regierungs-Archivs zu Merseburg gesammelt u. wiedergegeben. (96 S.) 8. Merseburg 908. F. Stollberg. n. 1. 50; geb. n.n. 2. 25

Hoffmann, E.: Über den Ort der Durchschnittspunkte der Polaren u. üb. d. Enveloppe d. Verbindungslinien d. Pole v. Punkten, resp. Tangenten einer gegebenen Curve in Bezug auf ein Kegelschnittbüschel, resp. eine Kegelschnittschaar. 1884. 8°
Diss. Marburg

Hoffmann, E. Plan von **Breslau.** Breslau 1827. 2 Bl. c. I.

Hoffmann, E. A. F., d. Getränke-Prüfer. Oder Anweis., alle Arten Getränke u. spirituöse Flüssigkeiten, sowohl auf ihre Aechtheit u. Güte, als auch auf ihre, d. Gesundheit schädlichen u giftigen Eigenschaften u. Beimischungen zu prüfen u. d. damit vorgenomm. Verfälschungen zu entdecken. 8. Quedlinb. 826. Basse. 10 Rthlr

Hoffmann, E. (II.), und E. Baumgärtner, Sammlung der über das Tax- und Stempelwesen im Königr. Bayern bestehenden Gesetze und Verordnungen, nebst einem Anhang spezieller Vollzugsbestimmungen systematisch zusammengestellt. gr. 4. (XXVI, 86 S.) München 878, (L. Finsterlin.) *

Hoffmann, E., die Schwaben an der Marne, s.: Jugend- u. Volksbibliothek, deutsche.

Hoffmann, E., Die tarquinischen Sibyllen-Bücher. S.-A. O. J. 42 S.

Hoffmann, E., die Städteordnung f. die sechs östlichen Provinzen der preussischen Monarchie ꝛc., s.: Marcinowski, F.

— Die Stellung der Frau im Entwurf eines Schweizerischen Civilgesetzbuches. Vortrag . . . , gehalten an der Jahresversammlung des Schweiz. gemeinnützigen Frauenvereins den 20. Juni 1901 in Bern. 8 S. 8. Lenzburg, Buchdr. Müller. —. 05, per Hundert 2. —

Hoffmann, E., Sylloge epigrammatum Graecorum quae ante medium saeculum a. Chr. n. III. incisa ad nos pervenerunt. Diss. 1893. 47 S.

Hoffmann, E. (I.), das Telephon. Vortrag, gehalten am 17. Novbr. (1877) im Saale des Architekten-Hauses zu Berlin für die Mitglieder des Architekten-Vereins. gr. 8. (30 S. mit 5 in den Text gedr. Holzschn.) Berlin 878, Springer. *

Hoffmann, E., die Vocale der Lippischen Mundart. gr. 8. (IV, 69 S.) Hannover 887. Helwing's Verl. n. 2. —

Hoffmann, E. (II.), das Weltsystem des Kopernikus, s. Broschüren, zeitgemäße.

Hoffmann, E., s.: Zeitschrift, dermatologische.

— E., Schweizerisches Civilgesetzbuch. Erläuterungen zum Vorentwurf des Eidgenössischen Justiz- und Polizeidepartements. Heft 1: Einleitung. Personen- und Familienrecht. IV + 306 S. 8. Bern, Büchler & Co. 1901.

Hoffmann, E. F., und D. F. Ronweiler, zwei Predigten, s. Ronweiler, D. F.

Hoffmann, E. F., üb. den Zusammenhang der Nerven m. Bindegewebskörperchen u. m. Stomata d. Peritoneums, nebst einigen Bemerkgn. üb. das Verhalten der Nerven in dem letzteren. [Mit 2 (lith.) Taf.] [Aus: „Sitzungsber. d. k. Akad. d. Wiss."] Lex.-8. (11 S.) Wien 887. (Tompsky.) n. — 60

Hoffmann, E. G. W., Erzählungen f. d. Jugend. Nebst e. Vorw. v. G. Vogel. 8. (10½ B. u. Titbild.) Leipzig 839, [Jackowitz.]

—— moral. Erzählungen f. d. Jugend, s. Vogel, G., der deutsche Kinderfreund, I. Abthl. 3. Bd.

—— neues orthograph. Lesebuch, od. Wegweiser durch einige Klippen d. Rechtschreibekunst in belehr. u. unterhalt. Sätzen. 2., unveränd. Ausg. gr. 8. (8½ B.) Leipzig 838, Gerigsche Bh.

Hoffmann, F. G. W., Schneeflocken. Erzählungen für Jung u. Alt. Nebst einem Vorworte von Karl Vogel. 8. (Mit 4 color. Kupf.) Leipzig 844, Naumburg. geb. 3/4 ℔

Hoffmann, F. G. W., Wegweiser durch einige Klippen der Recht-schreibekunst. gr. 8. Leipz. 831. Frohberger. 8 gl.

Hoffmann, E. H., die Bauten v. Stein, s.a. Taschen-bibliothek, deutsche bautechnische.

Hoffmann, E. H: Bauten von Stein. 2. Aufl. Leipzig 1881

Hoffmann, E. H., über Form und Starke gewölbter Bögen. Ein Handbuch, im ersten Abschnitt enthltd. Untersuchungen u. Tabellen über Form u. Starke gewölbter Bögen, im zweiten Abschnitt enthltd. Untersuchungen ausgeführter Bauwerke, zum Gebrauch bei Aufstellung von Entwürfen bearbeitet. Berlin 853. Nauck'sche Buchhdlg. br. gr. 8. (XXII, 206 S. 7 Tab. in 4. u. Fol., u. 8 lith. Taf. in 8., 4. u. Fol.) n. 3 ℛ. 20 ngr.

Hoffmann, E. H., über landwirthschaftliche feuersichere Tiefbauten. Vortrag gehalten im Club der Landwirthe. Mit mehreren in den Text gedr. Skizzen. Neustadt in Westpr. 867. (Berlin, Wiegandt & Grieben.) gr. 8. (40 S. mit 5 Steintaff. in Fol.) n. 1 ℛ

Hoffmann, E. T. A., s. H o f f m a n n , Ernst Theodor Amadeus

Hoffmann, Eberh., O. Cist., das Konverseninstitut des Cisterzienserordens, s.a. Studien, Freiburger historische. I.

Hoffmann, Eberhard. Das Konverseninstitut des Cisterzienserordens in seinem Ursprung und seiner Organisation.... 8. Freiburg ⟨Schweiz⟩ ... 1905.

Ausg. A: Diss. Dokt. Theol. Freiburg in der Schweiz ... von P. Dr E' H', S. Ord. Cist. VIII + 101 S. Fr' ..., Buchdr. der Gebrüder Fragnière, 1905.

Ausg. B: ... dargestellt von P. Dr. E' H', Prof. ... in der Abtei Marienstatt. XII + 104 S. Fr' ..., Verlag der Univ.-Buchh. ⟨Otto Gschwend⟩, 1905. [fr. 2. 50.] – Freiburger Historische Studien.... (Heft) 1.

Das Konverseninstitut des Cisterzienserordens in seinem Ursprung und seiner Organisation dargest. von P. Dr. Eberhard Hoffmann, Prof., Marienstatt. Freiburg ⟨Schweiz⟩: Univ.-Buchh. 1905. (XII, 104 S.) 8°
= Studien, Freiburger historische. 1. [05. 14431

Hoffmann, Ed.

Historische Nachrichten aus Alt-Merseburg. Aus d. Akten d. Kgl. Reg.-Archivs zu Merseburg gesammelt u. wiedergegeben von E[d.] Hoffmann, Rechn.R. *Merseburg: F. Stollberg 1903.* (96 S.) 8° [F.] [04. 1457 3

Hoffmann, Ed., Alt-Wiener Studien, s. Universal-Bibliothek Nr. 2101.

Hoffmann, E., der mundartliche Vokalismus v. Basel-Stadt, in seinen Grundzügen dargestellt. gr. 8. (VI, 94 S.) Basel 890. Georing. n. 2. —

Hoffmann, *Ernst* Edmund [aus Grossenhain]: Die Psychologie Friedrich Adolf Trendelenburgs ... Greifswald, Druck v. F. W. Kuniko, *1892;* 2 Bl., 64 S. 8.
Greifswald, Phil. Fak., Inaug.-Diss. v. 8. März 1892

Hoffmann, Edmund, aus Winfild ⟨N.-Amer.⟩: U n t e r s u c h u n g über die chemische Natur des Ferrum oxydatum saccharatum solubile. Regensburg 1904: F. Pustet. (32 S.) 8⁰
Erlangen, Phil. Diss. v. 16. Dez. 1903

Hoffmann, Eduard, Ein Beitrag zur Lösung der Arbeiterfrage. 8⁰. Cincinnati 1882.

Hoffmann, Eduardus *(geb Freystadt in Schles. 13. 9. 1815)*: De combustione corporis humani spontanea. Vratislaviae (1840). (48 S.) 8⁰ *[Verf. erlebte die Diplomerneuerung 1890 als Kreisphysikus u. Geh. Sanitätsrat in Glogau. vgl. Anh. Nr 303.]*
Breslau, Med. Diss. v. 18. Nov. 1840

Hoffmann, Eduard [aus Strassburg i. E.]: Über die E r w ä r m u n g der Dielectrica durch wechselnde elektrische Ladung und Entladung .. Reudnitz-Leipzig, Druck v. Max Hoffmann, 1888, 29 S. + 1 Bl.u. 1 Taf. 8⁰
Giessen, Phil. Fak., Inaug.-Diss. v. 1888

Hoffmann, Eduard, Gesetz zur Bekämpfung des unlauteren Wettbewerbs vom 27. V. 1896, nebst Erläuterungen für Laien in gemeinverständl. Form. (VI, 66 S.) 8. Erfurt 904. (C. Villaret.) n. 1. 20

Hoffmann, Eduard [aus Ludwigshafen a. Rh.]: Über O x i m e halogenirter Benzophenone und über die Dioxime des Cuminils ... Heidelberg, Univ.-Buchdr. v. J. Hörning, 1891, 33 S. 8⁰
Heidelberg, Naturw.-math. Fak., Inaug.-Diss. v. [26. Jul.] 1891

Hoffmann, Dr. Eduard: Stärke, Höhe, Länge. Ein Beitrag zur Physiologie der Akzentuation mit spezieller Berücksichtigung des Deutschen. Strassburg K. J. Trübner 1892. IX, 51 S. 8⁰.
Zürich, Phil. Fac., Habilitationsschrift.

Hoffmann, Eduard [Dr.]: Ueber das kürzeste Verbindungssystem zwischen vier Punkten der Ebene. Wetzlar, Druck v. F. Schnitzler, 1890; S. 1—18, 1 Taf. 4⁰
Wetzlar, k. G, OP 1890

Hoffmann, Eduard, Woher und Wohin? Eine populaire Schrift zur Aufklärung über die social-politische Bewegung der Neuzeit. Königsberg, Pfitzer u. Heilmann, 1848. 16 S. 8⁰.

Hoffmann, Eduard Otto, s. H o f f m a n n , Otto

Hoffmann, Edwin

Nach dem Harz. 111 Touren ins Harzgebirge. Nach eigenen Wander-Erfahrungen zsgest. von Edwin Hoffmann. *Magdeburg [1900]: Friese & Fuhrmann.* (38 S.) 8° [00. 9956 8

Hoffmann, Edwin, nach dem Harz. 111 Touren ins Harzgebirge. Nach eigenen Wander-Erfahrgn. zusammengestellt. 12. (38 S.) Magdeburg 900. (A. Rathke.) n. — 60

Nach dem Harz. 111 Touren ins Harzgebirge. Nach eigenen Wander-Erfahrungen zsgest. von Edwin Hoffmann. *Magdeburg: [A. Rathke in Komm. 1901].* (38 S.) 8° [F. u. Ant.] [01. 7626

Hoffmann, Egon, zur Behandlg. d. bewegl. Scoliose, s.a. Klinik, Berliner.

Hoffmann, Egon: Zur B e h a n d l u n g der beweglichen Scoliose. Von Privatd. Dr. Egon Hoffmann in Greifswald. Berlin: Fischer 1897. (27 S., 3 Taf.) 8⁰
= Klinik, Berliner. H. 106.

Hoffmann, Egon (Hrsg.), s. V e r h a n d l u n g e n des medizinischen Vereins zu Greifswald.

Hoffmann, Elisha A., Glaubens-Lieder, eine Sammlung geistlicher Gesänge, geeignet für Erbauungsstunden, Erweckungen u. Lagerversammlungen. gr. 16. (64 S.) Cleveland, O. 876. (Philadelphia, Schäfer & Koradi.) geb. n. 1. —

Hoffmann, Emanuel, der Agricola des Tacitus. gr. 8. (35 S.) Wien 870, Gerold's Sohn. *
Aus: Zeitschrift für Gymnasien, besonders abgedruckt.

Hoffmann, Eman., die Arvalbrüder. (Mit Zusätzen vermehrter Abdr. aus den Verhandlungen der 17. Versammlung deutscher Philologen, Schulmänner und Orientalisten zu Breslau.) gr. 4. (IV und 47 S.) Breslau 858', Max und Comp. *

Hoffmann, Eman., zu Agustin ‚De civitate Dei'. gr. 8. (15 S.) Wien 900. (C. Gerold's Sohn.) n. — 50
Sonderabdruck aus: „Sitzungsber. d. k. Akad. d. Wiss."

– (Hrsg.), s. Caesar, C. Julius: Commentarii de bello Gallico et civili.

Hoffmann, Emanuel *(geb. Neiße 11. 4. 1825)*: De Plautinae Amphitruonis exemplari et fragmentis. Vratislaviae (1848). (73 S.) 8° *[Verf. erlebte die Diplomerneuerung 1898 als Prof. in Wien.]*
Breslau, Phil. Diss. v. 6. Apr. 1848

Hoffmann, Eman., das Gesetz der Zwölf-Tafeln von den Forcten und Sanaten. Nebst einem Anh. über die Accensi Velati und über das altrömische Schuldrecht. gr. 8. (74 S.) Wien 866, Gerold's Sohn.
Aus: Zeitschrift für die österreichischen Gymnasien, besonders abgedruckt.

Hoffmann, Eman., Historiae antiquae usque ad Caesaris Augusti obitum libri XII. Locis ex scriptoribus latinis excerptis contexuit et scholarum in usum edidit. Editio I. 1854. et Editio II et III. 8. (XII und 247 S.) Vindobonae 856, Gerold filius. *

—— historiae antiquae usque ad Caesaris Augusti obitum libri XII. Locis ex scriptoribus latinis excerptis contexuit et scholarum in usum edidit. Editio IV. 8. (VIII und 247 S.) Wien 857, Gerold's Sohn. *

Hoffmann, Eman., Historiae antiquae usque ad Caesaris Augusti obitum libri XII. Locis ex scriptoribus latinis excerptis contexuit et scholarum in usum edidit. Edit. retractata passimque immutata. 8. (XII, 267 S.) Wien 880, Gerold's Sohn.

— historia antiqua. Wörterbuch dazu (von J. A. Rożek), s. Wörterbuch.

— Homeros und die Homeriden-Sage von Chios. Wien 856. Gerold. gr. 8. (IV, 106 S.) n. 20 ngr.

Hoffmann, Eman., die Construction der lateinischen Zeitpartikeln. (Abgedr. aus der Zeitschrift für die österreich. Gymnasien 1860.) Wien 860. Gerold. gr. 8. (103 S.) n. 16 ngr.

Hoffmann, Emanuel, die Construction der lateinischen Zeitpartikeln. 2. umgearb. Aufl. gr. 8. (VIII, 207 S.) Wien 873. Gerold's Sohn. n. 5. —

Hoffmann, Eman., patricische und plebeische Curien. Ein Beitrag zum röm. Staatsrecht. gr. 8. (80 S.) Wien 879, Konegen. *

Hoffmann, Em.: Die Lehre von den Servituten, eine civilist. Abhandl. Bd. 1. *Darmstadt*, Heil. 838. 8. (21 Gr.)

Hoffmann, Eman., das Modus-Gesetz im lateinischen Zeitsatze, Antwort auf William Gardner Hale's: 'The cum-Constructions'. gr. 8. (V, 48 S.) Wien 891. C. Gerold's Sohn. n. 1. —

— Mythen aus der Wanderzeit der graeko-italischen Stämme. 1. Thl. Kronos u. Zeus. gr. 8. (VIII, 203 S.) Leipzig 876. Teubner. n. 4. 80

Studien auf d. Gebiete d. lateinischen Syntax. 1883. 184 S.

—— Studien auf dem Gebiete der lateinischen Syntax. gr. 8. (IV, 134 S.) Wien 884, Konegen.

Hoffmann, Emanuel (Hrsg.), s. Vergilius Maro, Publius: Aeneis. Epitome.

Hoffmann, Emil Der Anfangsunterricht in der Geometrie. (Probe eines Leitfadens.) 20 S. Progr. *Reichenbach i/Schl.* 1881.

Hoffmann, Emil, Volontärassistent an der med. Klinik zu Gießen: Aus der medizinischen Klinik zu Gießen. Über die Ausscheidungsgröße von organischen Säuren im Harn unter verschiedenen Bedingungen, insbesondere beim gesunden Menschen. Greifswald 1906: J. Abel. (22 S.) 8°
Greifswald, Med. Fak., Ref. Minkowski, Diss. v. 19. Mai 1906
[Geb. 27. Febr. 79 Oldenburg i. Großh.; Wohnort: Oldenburg; Staatsangeh.: Oldenburg; Vorbildung: Gymn. Oldenburg Reife M. 97; Studium: Erlangen 2, Greifswald 4, Erlangen 2, Greifswald 6 S.; Coll. 30. März 06; Approb. 30. Nov. 05.]

Hoffmann, Emil, s. Bau-Kalender.

Hoffmann, E., s. Baulexicon.

Hoffmann, Emil, approb. Arzt aus Halle a. S.: Die Behandlung des äußeren Milzbrandes beim Menschen. *Halle a. S. 1904: C. A. Kaemmerer & Co.* (30 S.) 8°
Halle, Med. Diss. v. 7. Mai 1904

Hoffmann, Emil, Beiträge zur Beurtheilung des Entwurfes der ersten Abtheilung d. bürgerl. Gesetzbuches f. d. Großherzogth. Hessen Darmstadt. 1844. gr. 8. (13½ B.) Darmstadt 845, Jonghaus. *

Hoffmann, Emil, ausführliche Erläuterung der allgemeinen deutschen Wechselordnung nebst einer Einleitung in das Wechselrecht. Gießen 859. Heyer. gr. 8. (XVI, 672 S.) n. 2 ₰ 27 ngr.

— Grundzüge des sogenannten civilen Wechselrechts. Zugleich als Anhang der Schrift: Ausführliche Erläuterung der allgemeinen deutschen Wechselordnung. Ebend. 862. gr. 8. (29 S.) n. 5 ngr.

Hoffmann, Emil, die Lehre v. d. Servituten n. röm. Rechte. Eine civilist. Abhandl. 1. Bd. gr. 8. (13 B.) Darmstadt 838, [Pabst.]

Hoffmann, Emil, die Lehre von den Servituten nach Röm. Rechte. Eine civilist. Abhandlung. 2. Bd. gr. 8. Darmstadt 843, Leske. 1½ ₰ — 1. u. 2. Bd. 2⅙ ₰

Hoffmann, Emil (Großenlinden)
Thesen, welche zur Erlangung der Würde eines Doctors beider Rechte ... am 19.12.1829 öffentlich vertheidigen wird: Emil Hoffmann aus Grosenlinden.
Giessen: Lichtenberger 1829. 6 S.
Dr. jur. 7.11.1829. vorh. 26.

—— civilist. Versuche, s. Fuhr, J. W. L. F.

Hoffmann, E[mil] A[dolf]. Das Eitz'sche Tonwortsystem. [Mit 2 Tafeln.] 10 S. 8.
Bericht über die Städtischen Schulen, Aarau. Schuljahr 1907/08. Aarau, G. Keller, 1908. (Beilagen: [2].)

Hoffman, Emile. Veilchen und rothe Nelken, Gedichte. Indianapolis, 1905. UC

Hoffmann, Emmanuel, s. Hoffmann, Emanuel.

Hoffmann, Er., Wanderlieder. Mit Vorrede v. Fr. de la Motte Fouqué. 8. Greiz 828. Henning. 21 gl.

Hoffmann, Er. Emil., actenmäßige Darstell. nebst Vertheidigung in Untersuchungssachen gegen den Commerzienrath Ernst Emil Hoffmann in Darmstadt, wegen Einmischung in d. Wahlen d. Abgeordneten zum Landtage von 1826 ꝛc. 3e A. gr. 8. Darmst. 829. (Winter in Heidelb.) 6 gl.

Hoffmann, Er. Em., Ueber die Ursachen des Rückganges der Gewerbe. Eine Antwort auf eine Anfrage. gr. 8°. Gotha, Becker's Verl., 1846.

Hoffmann, Erdmann Andr., Bekäntniss und Hofnung bey dem Siege des Königs den 15. August 1760 ohnweit Liegnitz in Schlesien ... im Nahmen und Anwesenheit der am 12. Trinit. Sontage ein andächtiges Sieges-Fest feyrenden Gemeinde in Magdeburg. Magdeburg 1760. 4.

Hoffmann, Erich [Unterarzt aus Witzmitz in Pomm.]: '(Aus d. 1. anatom. Institut d. Univ. Berlin.)' Ueber einen sehr jungen Anadidymus des Hühnchens ... (Erscheint vollst. im Arch. f. mikrosk. Anat.) Berlin, Buchdr. v. G. Schade, *1892*; 30 S., 1 Bl. 8.
Berlin, Med. Fak., Inaug.-Diss. v. 16. Dez. 1892

Die Ätiologie der Syphilis. Von Prof. Dr. Erich Hoffmann, Oberarzt zu Berlin. Mit 2 Taf. Berlin: J. Springer 1906. (58 S.) 8°
Aus: Verhandlungen d. Deutsch. Dermatol. Gesellsch. 9. Kongr. in Bern. [07. 5419]

Hoffmann, Erich, Atlas der ätiologischen u. experimentellen Syphilisforschung. Mit Unterstützung der deutschen dermatolog. Gesellschaft hrsg. (34 z. Tl. farb. Taf. u. VII, 56 S. Text m. 1 Bildnis.) Lex. 8. Berlin 908. J. Springer. Geb. in Leinw. 48. —

Hoffmann, Erich, approb. Arzt aus Wiesbaden: Aus d. psychiatr. u. Nervenklinik zu Kiel. Beitrag zur Lehre der Neuritis alcoholica. *Kiel 1904: Schmidt & Klaunig.* (17 S.) 8°
Kiel, Med. Diss. v. [17. Febr.] 1904

Hoffmann, Erich, Cornelia. Erzählung aus der Zeit der Christenverfolgg. unter Kaiser Nero. (64 S.) 16. Flensburg 911. G. Soltau. 1. —

Hoffmann, Erich, appr. Arzt: Aus d. inn. Abt. d. Auguste-Viktoria-Krankenh. zu Schöneberg-Berlin. Ein Fall von Aortenruptur. Leipzig 1908: Georgi. 31 S. 8°
Leipzig, Med. Diss. v. 28. Nov. 1908, Ref. Curschmann
[Geb. 9. Aug. 82 Potsdam; Wohnort: Potsdam; Staatsangeh.: Preußen; Vorbildung: Gymn. Potsdam Reife M. 01; Studium: Erlangen 4, Kiel 2, Berlin 1, Leipzig 1, Kiel 3 S.; Coll. 17. Dez. 08; Approb. 14. Juli 08.] [U 09. 2793

— Der arme Heinrich. Erzählung aus dem Bauernleben. (48 S.) 8. Dresden 910. E. Pierson. 1.—; geb. n 2. —

— Lieder u. Balladen. (XI, 152 S.) 8. Ebd. (907). 1.50; geb. n 2. 50

Hoffmann, Erich [Referendar zu Oranienburg]: Die Rechtsverhältnisse des Handlungsreisenden ... Göttingen, Druck d. Dieterich'schen Univ.-Buchdr., 1894; 42 S. 8.
Göttingen, Jur. Fak., Inaug.-Diss. v. [2. Aug.] 1894

Hoffmann, Erich, Ger.-Refer. im Oberlandesgerichtsbez. Cassel: Die Wollensbedingung. Marburg 1910: Koch. VIII, 65 S. 8°
Marburg, Jur. Diss. v. 15. Sept. 1910, Ref. Leonhard
[Geb. 3. Okt. 86 Leipzig; Wohnort: Marburg; Staatsangeh.: Preußen; Vorbildung: Friedrichs-Gymn. Kassel Reife O. 05; Studium: Paris 1, Leipzig 3, Marburg 2 S.; Rig. 29. Juli 10.] [U 11. 3381

Hoffmann, Ernestine Joh., († d. 20. April 1789.), s. Für Hamburgs Töchter.

Hoffmann, Ernst Ritter von, s.a. Hofmann.

Hoffmann, Ernst. Die Bestandtheile der Hauhechelwurzel. (Erlangen) Wiesbaden, 1890.

Hoffmann, Ernst, aus Naumburg a. S.: Naumburg a. S. im Zeitalter der Reformation. Ein Beitrag zur Geschichte d. Stadt u. d. Bistums. *Dresden 1900: B. G. Teubner.* (32 S.) 8° ¶ (Erscheint vollst. in: Leipziger Studien aus d. Gebiet d. Geschichte.)
Leipzig, Phil. Diss. v. [8. Apr.] 1900

Hoffmann, Ernst [aus M.Gladbach]: Aus d. Poliklinik f. Nervenkranke d. Hrn Prof. Dr. Mendel in Berlin. Ein Beitrag zur Lehre von der spinalen und primär myopathischen progressiven Muskelatrophie ... Bonn, Buchdr. J. Bach Wwe, 1893; 63 S. 8.
Bonn, Med. Fak., Inaug.-Diss. v. [22.] Juli 1893

Hoffmann, Ernst [aus Grossenhain]: Die Bestandteile der Hauhechelwurzel (Ononis spinosa) ....
Wiesbaden, Druck v. Rud. Bechtold & Comp. 1890. 1 Bl. + 13 S. 8°
Erlangen, Phil. Fak., Inaug.-Diss. v. 1890

Hoffmann, Ernst, Erzählungen aus Sage u. Geschichte. Ein Lesebuch f. den ersten Geschichtsunterricht an höheren Lehranstalten. 1. u. 2. Tl. 8. Berlin 884. Friedberg & Mode. n. 2. 25
1. Götter- u. Heldensagen. (IV, 140 S.) n. 1. —; Einbd. n.n. — 35
2. Biographische Geschichtsbilder aus alter u. neuer Zeit. (IV, 207 S.) n. 1. 25; Einbd. n n. — 25

Hoffmann, Ernst, approb. Arzt aus Weissenfels a. S.: Ueber einen bemerkenswerten Fall von Eisensplitterverletzung des hinteren Bulbusabschnittes. *Jena 1902: A. Kämpfe.* (32 S.) 8°
Jena, Med. Diss. v. (28. Juli) 1902

Hoffmann, Ernestus: De Aristotelis Physicorum libri septimi duplici forma. P. 1. Friedenau 1908: Brücker. 12 S. 4°
Charlottenburg, Mommsen-G OP 1908 (81) [S 08. 196

Hoffmann, Ernestus: De Aristotelis Physicorum libri septimi duplici forma. P. 2. Friedenau 1909: Brücker. S. 13—23. 4° ¶ [Forts. d. P.-Beil. 1908.]
Charlottenburg, Mommsen-G OP 1909 (80) [S 09. 202

—— die deutsche Geschichte in Lebensbildern und Darstellungen. Für Schule und Haus bearb. 8. (IV, 496 S.) Mainz 884, Kirchheim.

Hoffmann, Ernst, s.: Gymnasial-Bibliothek.

Hoffmann, E., Handbuch der brandenburgisch-preußischen Geschichte. In geschichtl. Bildern u. Darstellgn. f. Schule u. Haus. Mit dem Bildnis Kaiser Wilhelm's II. gr. 8. (VIII, 551 S.) Leobschütz 889. Schnurpfeil. n. 5. —

Hoffmann, Ernst, der dreißigjährige Krieg kurz u. schlicht dargestellt. 2. Aufl. 8. (96 S.) Prag 876. Calve. n. — 80

Hoffmann, Ernst, Preußens Krieg mit Oesterreich. Kurzgefaßte Geschichte des denkwürd. Feldzuges von 1866. Ein Erinnerungsbuch für Preußens Volk und Heer. gr. 8. (32 S.) Liegnitz 866, Kuhlmey. *

Hoffmann, Ernst (v. Neurode). Aus s. Leben, s. Staude, Augustin. Hoffmannia oder ernste u. heitere Ereignisse 2c.

Hoffmann, Ernst, Referendar a. Insterburg: Die rechtliche Natur des Berichtigungsanspruchs aus § 894 des B.G.B. Insterburg 1905: A. Bittner. (70 S.) 8° [F.]
Rostock, Jur. Fak., Ref. Matthiaß, Diss. v. 30. Nov. 1905
[Geb. 27. Sept. 81 Insterburg; Wohnort: Insterburg; Staatsangeh.: Preußen; Vorbildung: Gymn. Insterburg Reife O. 00; Studium: Freiburg i. B. 1, Berlin 1, München 1, Königsberg 3 S.; Rig. 24. Juli 05.]

Hoffmann, Ernst, Naumburg a. S. im Zeitalter der Reformation, s.a. Studien, Leipziger, a. d. Gebiet d. Geschichte. VII. 1.

Hoffmann, Ernst: Naumburg a. S. im Zeitalter der Reformation. Ein Beitrag z. Gesch. d. Stadt.und d. Bistums von Ernst Hoffmann. Mit 1 Stadtpl. Leipzig: B. G. Teubner 1901. (XVI, 175 S.) 8°.
Studien, Leipziger, aus d. Geb. d. Geschichte. Bd. 7, H. 1.

Hoffmann, Ernestus, Berolinensis: De Aristotelis Physicorum libri septimi origine et auctoritate pars prior. [Berlin u. Potsdam] (1905: A. W. Haynii hered.) (33 S.) 8°
Berlin, Phil. Fak., Ref. Diels, Vahlen, Diss. v. 6. Mai 1905
[Geb. 13. Jan. 80 Berlin; Heimatsort: Friedenau; Staatsangeh.: Preußen; Vorbildung: Prinz Heinrichs-Gymn. Berlin Reife M. 99; Studium: Berlin 1, Heidelberg 1, Göttingen 1, Berlin 5 S.; Rig. 2. März 05.]

Hoffmann, Ernst, Lignicensis: De titulis Africae latinis quaestiones phoneticae. Borna 1907: R. Noske. (80 S.) 8°
Breslau, Phil. Fak., Ref. Skutsch, Diss. v. 28. Sept. 1907
[Geb. 15. Dez. 80 Berlin; Wohnort: Liegnitz; Staatsangeh.: Preußen; Vorbildung: Gymn. Liegnitz Reife O. 99; Studium: Breslau 14 S.; Rig. 6. März 07.]

Hoffmann, Ernst, die Schwaben an der Marne, s.: Jugend- u. Volksbibliothek, deutsche.

Hoffmann, Ernst, a. Kattowitz: Ostdeutsche Stadtlagen. Kattowitz 1907: Gebr. Böhm. (89 S.) 8°
Kiel, Phil. Fak., Ref. Krümmel, Diss. v. 28. Okt. 1907
[Geb. 28. Okt. 84 Kattowitz; Wohnort: Kattowitz; Staatsangeh.: Preußen; Vorbildung: Gymn. Kattowitz Reife O. 03; Studium: Breslau 4, Kiel 4 S.; Rig. 29. Juni 07.]

Hoffmann, Ernst, s.a. Sylloge epigrammatum graecorum etc.

Hoffmann, Ernestus [Pomeranus]: Sylloge epigrammatum Graecorum, quae ante medium saeculum a. Chr. n. tertium incisa ad nos pervenerunt ... [Erschien vollst. 1893 im gl. Verl.] Halis Sax., form. Kaemmererianis, 1892; 2 Bl., 7—47 S. 8.
Halle, Phil. Fak., Inaug.-Diss. v. [1. Okt.] 1892

Hoffmann, Ernst, im Urwald. Eine lehrreiche Geschichte f. Auswanderungslustige. Mit Illustr. nach Photographien. 2. Aufl. (56 S.) kl. 8. Berlin (902). D. Dreyer & Co. — 50

Hoffmann, Ernst, üb. das Verhalten d. Dünndarmsaftes bei acutem Darmcatarrh. Diss. gr. 8. (23 S.) Jurjew (Dorpat) 891. (E. J. Karow.) n. 1. —

Hoffmann, **Ernst**: Danzigs Verhältnis zum Deutschen Reich in den Jahren 1466—1526. Halle a. S. 1910: Kafemann, Danzig. 49 S. 8° ¶ (Aus: Zeitschrift d. Westpreuß. Geschichtsver. H. 53.)
Halle, Phil. Diss. v. 29. Sept. 1910, Ref. Lindner
[Geb. 30. Dez. 84 Brandenburg a. H.; Wohnort: Danzig; Staatsangeh.: Preußen; Vorbildung: Gymn. Brandenburg Reife O. 04; Studium: Straßburg 4, Halle 3 S.; Rig. 9. Juli 10.] [U 11. 1843

Hoffmann, (Ernst,) Wanderlieder. Mit Vorr. v. Fr. de la Motte Fouqué. 8 Greiz 827, Henning.

— die Weltgeschichte in Lebensbildern u. Darstellungen. Für Schule u. Haus bearb. 4 Bde. gr. 8. Ebend. 884—86. n. 9. 75
1. Das Altertum. (VIII, 261 S.) n. 2. —
2. Das Mittelalter. (336 S.) n. 2. 50
3. Die Neuzeit. (367 S.) n. 2. 75
4. Die neueste Zeit. Vom Sturze Napoleon's bis zum 1. Frankfurter Frieden. (VIII, 300 S.) n. 2. 50

Hoffmann, Ernst, die Weltgeschichte in Lebensbildern und Darstellungen. Für Schule und Haus bearb. 4. Bd.: Die neueste Zeit. Vom Sturze Napoleon I. bis zum Frankfurter Frieden. 8. (VIII, 300 S.) Mainz 886, Kirchheim. *
1.—3. Bd. Ebendas. 1884. *M 7.25.; compl. geb. in 2 Bde. *M 12.—.

Hoffmann, Ernst August Konstantin

Hoffmann, Ernst Aug. Const., Anweisung zur Behandlung des kleinen Lutherschen Katechismus in der Volksschule innerhalb 75 Lehrstunden, mit Rücksicht auf die Bestimmungen der drei Preuß. Regulative vom 1., 2. u. 3. Octbr. 1854 herausg. Wittenberg 855. Zimmermann. 8. (80 S.) 5 ngr

Hoffmann, E. A. C., das ewig giltige Evangelium von Jesu Christo. Predigt gehalten in der Pfarrkirche zu Wittenberg. Veranlaßt durch den Versuch des Prediger Uhlich, einen Verein protestant. Freunde daselbst zu gründen. 8. Wittenberg 845, v. Schröter. (Kölling.) 2 ngr

Hoffmann, E. A. C., Inbegriff d. christl. Glaubens, als Leitfaden z. Religionsunterr. in kurzen Sätzen dargestellt. 8. (1¼ B.) Leipzig 836, C. H. Reclam.

Hoffmann, Ernst Aug. Const., Predigten üb. Haupt-Glaubenslehren der evangel. Kirche. Zur Belehrung gehalten u. hrsg. Als Anh. eine Predigt zur Belehrung üb. die symbol. Bücher. 2. unveränd. Aufl. gr. 8. (IV u. 96 S.) Wittenberg 849, Kölling. 6 ngr

Hoffmann, Ernst Aug. Const., Predigten über Haupt-Glaubenslehren der evangel. Kirche. Zur Belehrung gehalten und hrsg. Als Anhang eine Predigt zur Belehrung über die symbol. Bücher. 2., unveränd. Aufl. gr. 8. (IV und 96 S.) Wittenberg 850, Kölling.

— die Protestation der protestant. Freunde in Wittenberg zur Belehrung für Jedermann über die Glaubensansichten der protestant. Freunde überhaupt, beleuchtet. Anh. enth. die Breslauer Protestation, das Nicänische u. Athanasianische Glaubensbekenntniß. 8. Ebend. 845. n. 1/6 rf

Hoffmann, Ernst C. F., Gregor VII. u. Heinrich IV. Vortrag geh. in der kathol. Ressource zu Prag. 8. (24 S.) Prag 876. Steinhauser. n. – 40

Hoffmann, Ernest. Christian. Sigism. (geb. am 3 Juni 1796 in Drossen Rgbz. Frankfurt a. O.): De cautione in adhibenda materia vaccinica ad insitionis variolarum vaccinarum usum summe necessaria; adiuncta observatione ... Bonnae, ex off. Thormanniana (1825). 31 S. 8.
Bonn, Med. Fak., Diss. v. 22 Aug. 1825

Hoffmann, Ernst Edmund, s. Hoffmann, Edmund

Hoffmann, Ernst Emil (Hrsg.), s. Abdruck, Wörtlicher, der neueren Eingaben und Erlasse ...

Hoffmann, Ernst Emil, actenmäß. Darstellung nebst Vertheidigung in Untersuchungssachen geg. d. Großhrzgl. Hess. Commerzienrath Ernst Emil Hoffmann in Darmstadt, wegen Einmischung in d. Wahlen d. Abgeordneten z. Landtage v. 1826 u. wegen Propalirung e. Ministerial-Rescripts. Copieen gerichtl. Aktenstücke. 3. Aufl. gr. 8. (7¼ B.) Darmstadt 829. (Heidelberg, Winter.)
Vgl. Beleuchtung.

Hoffmann, Ernst Emil, Gerichts-Accessist in Darmstadt: Das **Gefängniswesen** in Hessen. Seine geschichtl. Entwicklung u. jetzige Lage. *Mannheim 1899: M. Hahn & Co.* (71 S.) 8°
¶ [Aus: Blätter f. Gefängnisskunde.]
(Giessen, Jur. Diss. v. 1899)

Hoffmann, Ernst Emil, d. Gefängniswesen in Hessen. Seine geschichtl. Entwicklg. u. jetz. Lage. Diss. gr. 8. (VII, 71 S.) Heidelberg 899. Kassel, G. Weiss, Verlag. n. 1.20
Sonderabdruck aus: „Blätter f. Gefängnisskunde".

Hoffmann, E. E., Das Gefängniswesen in Hessen. Seine geschichtl. Entwicklg. u. jetz. Lage. Diss. [Aus: „Blätter f. Gefängnisskunde".] gr. 8. (VII, 71 S.) Heidelberg, G. Weiss, Verl. 1900. 1. 20.

Hoffmann, Ernst Em., üb. die Ursachen des Rückgangs der Gewerbe. Eine Antwort auf eine Anfrage. gr. 8. (¾ B.) Gotha 846, Becker'sche Vrlgsh. *
Aus: Allgem. Anzeiger d. Deutschen 1845. Nr. 351. besond. abgedruckt.

Hoffmann, Ernst Theodor Amadeus

Hoffmann, E. T. A., der Artushof. Der Magnetiseur, s.: Volksbibliothek des Lahrer hinkenden Boten.

Hoffmann, E. T. A. Musikalische Aufsätze und Rezensionen. (Sämtliche Werke. 15. Bd.) Leipzig.

— Die Bergwerke v. Falun, s.: Volkes, des, Lieblingsbücher.

E[rnst] T[heodor] A[madeus] **Hoffmann** und sein Leihbibliothecar. Fünf Billets Hoffmanns an Kralowsky, dem 6. Bibliophilentage vorgelegt v. Mitglied Hans v. Müller in Berlin. *Berlin 1904: O. v. Holten.* (12 S.) 8° [F.]

Hoffmann, Er. Thdr., (Amad.) W., Prinzessin Brambilla. Mit 8 Kpf. 8. Bresl. 821. Max u. C. (Reimer in Berl.) 2 ℛ 6 ℊ Schweiz. Pap. 3 ℛ

Die Brautwahl, eine berlinische Geschichte von E[rnst] T[heodor] A[madeus] **Hoffmann** mit 2 Zeichn. von Ludwig Wolf. In d. 1. Fassung v. 1819 mit Angabe d. Aenderungen v. 1820 hrsg. von Hans v. Müller. 1. Einzelausg. Mit 1 Faks., 14 Abb., e. Nachw. d. Hrsg. ... Berlin 1910: (Mittler; Leipzig: Drugulin). 77, XLVII S. 8°
[Erschien zuerst in: Schriften d. Vereins f. d. Gesch. Berlins. H. 43. S. 73–149.]

— Die **Brautwahl**, e. berlinische Geschichte; m. 2 Zeichngn. v. Ludw. Wolf. In der ersten Fassg. vom Frühj. 1819 m. Angabe der Aendergn. vom Frühj. 1820 hrsg. von Hans v. Müller. 1. Einzelausg. des Werkes; m. 1 Fksm., 14 histor. Abbildgn., e. Nachwort des Hrsgs. u. 1 Titelkpfr. v. Marcus Behmer. (IV, 77 u. XLVII S.) gr. 8. Berlin (W. 15, Uhlandstr. 145 III) 910. H. v. Müller. 10.—; m. Radiergn. in signierten Abzügen 20.—

(Ernst Theodor Amadeus) **Hoffmanns** Briefwechsel ⟨mit Ausnahme der Briefe an Hippel⟩. Mit zwei Anh. (Gesammelt u. erl. von Hans v. Müller.) Mit Selbstportr. u. Facs. H. 1–3. Berlin: Gebr. Paetel 1912. 8°
1. Von Plock bis Leipzig. 1803–1814. 2. Berlin 1814–1822. Mit Hensels Hoffmann-Portr. u. 5 Zeichn. 3. Anhänge betr. H.'s Tod u. Begräbniß, d. Nachlaß u. d. Hinterbliebenen ... Mit d. Abb. d. echten Grabsteins.
(Hoffmann, E. T. A., im persönl. u. briefl. Verkehr. Bd 2.) A 12. 10616

— Der große Räuberhauptmann Ignaz Dennar, s.: Volkes, des, Lieblingsbücher.

— **Doge u. Dogaresse. Des Vetters Eckfenster,** s.a. **Universal-Bibliothek.**

— Doge u. Dogaresse. Die Fermate, s.a. Volksbibliothek des Lahrer hinkenden Boten.

— dasselbe. Des Vetters Eckfenster, s.a. Volksbücher, Wiesbadener.

Doge und Dogaressa. Signor Formica. Zwei italien. Novellen v. E[rnst] T[heodor] A[madeus] **Hoffmann.** Neue Ausg. f. Bücherliebhaber. *Berlin: Fischer & Franke [1897].* (VI S., 1 Bl., 253 S.) 1 Bd 8.
= **Bibliothek,** Fischer & Franke's, f. Bücherliebhaber. Bd 1.

— die Doppeltgänger. Der Feind. s.a. Hesse's, Max, Volksbücherei.

— Die Doppelgänger, s.a. Volkes, des, Lieblingsbücher.

— **der Doppelgänger. (Aus den Feierstunden.) Mit d. Verf. Bildn. 8 Brünn 824, Traßler.**

— die Elixiere des Teufels, s.a. Bibliothek der Gesamtlitteratur.

— dasselbe, s.a. Elixiere, die, des Teufels.

— **dasselbe, s.a. Hempel's Klassiker-Bibliothek.**

— d. Elixire d. Teufels, s.a. Meyer's Volksbücher.

— dasselbe, s.a. Universal-Bibliothek.

(Hoffmann, Ernst Theod. Amadeus eigentl. Wilh.,) die Elixiere d. Teufels. Nachgelaß. Papiere d. Bruders Medardus, e. Capuziners. 2 Thle. Neue (2.) Aufl. 8. (26 B.) Berlin 827, Duncker u. Humblot.

—— die **Elixiere** des Teufels. Nachgelassene Papiere des Bruders Medardus, eines Kapuziners. 2 Thle. 12. (171; 168 S.) Berlin 884, Hempel.
geb. in 1 Bd.

— **Elixiere des Teufels. Hrsg. v. Ed. Grisebach. 12. (282 S.) Ebd. (899). Geb. in Leinw. 1.—**

Die Elixiere des Teufels. Nachgelassene Papiere d. Bruders Medardus, e. Kapuziners. Hrsg. von d. Verf. d. Phantasiestücke in Callots Manier. Von E(rnst) Th(eodor) A(madeus) **Hoffmann.** Mit d. Bilde d. Dichters u. e. Vorbemerkung. Halle a. d. S.: O. Hendel (1905). (VIII, 283 S.) 8° [F.]
(Bibliothek d. Gesamtlitteratur d. In- u. Auslandes. No 1887–90.)

— **Die Elixiere des Teufels.** Hrsg. u. eingeleitet v. Geo. Ellinger, m. Zeichngn. v. Hugo Steiner. (XVII, 283 S.) gr. 8. Berlin 907. G. Grote. Geb. in Leinw. 10.—

(E[rnst] Th[eodor] A[madeus] **Hoffmann.**) Die Elixiere des Teufels. Nachgelass. Papiere d. Bruders Medardus, e. Kapuziners. Mit 4 Ill. von Ernst Stern. (Vorr.: Karlernst Knatz.) Berlin-Leipzig: Buchverl. fürs Deutsche Haus 1908. (304 S.) 8° [F.]
= **Bücher,** Die, d. Deutschen Hauses. Reihe 1. Bd 3.

Hoffmann, E. Th. A., les émigrants, s.: Bibliothèque de voyages.

— **Erzählungen,** s.a. **Meyer's Volksbücher.**

— **Erzählungen. Illustr. v. C. Køystrand. 20 Lfgn. gr. 8. (1. Bd. III, 468 u. 2. Bd. III, 340 S.) Wien 889. Bondy. à Lfg. n. —30**

Hoffmann's, E. T. A., größere Erzählungen. 2 Thle. 12. (262; 342 S.) Berlin 884, Hempel. *
geb. in 1 Bd. *

- dasselbe, s.a. Meyer's Volksbücher.

— kleinere Erzählungen, s.a. Hempel's Klassiker-Bibliothek.

—— kleinere Erzählungen. 12. (528 S.) Ebendas. 884. *
geb. *

— die letzten Erzähll. Vollständig gesammelt u. mit Nachtrr. zu d. Werke: Aus Hoffmanns Leben u. Nachlass, herausgg. von dessen Verfass. 2 Abtheill 8. Berl. 825. Dümmler. 3 ℔ A. u. d. T.: Die Serapionsbrüder ꝛc. Supplement.

— letzte Erzählungen. Hrsg. v. Ed. Grisebach. 3 Tle. in 1 Bd. Mit 2 Illustr. v. L. Wolf. 12. (214, 228 u. 185 S.) Leipzig (899). M. Hesse. Geb. in Leinw. 1.50

— Fantasiestücke in Callots Manier. Blätter aus dem Tagebuche eines reisenden Enthusiasten. Mit einer Vorrede v. Jean Paul. Dritte Aufl. 2 Thle. Mit Bildn. 8. Leipzig 825, Brockhaus.

— Fantasiestücke in Callot's Manier. Hrsg. v. Ed. Grisebach. 12. (823 S.) Ebd. (899). Geb. in Leinw. 1.20

— Meister Floh, s.a. Bücher-Schätze.

— Meister Floh; e. Mährchen in sieben Abentheuern zweier Freunde. 8. Frankf. 822. (Reimer in Berl.) 1 ℔ 16 gr

— Meister Floh; ein Mährchen in sieben Abenteuern zweier Freunde. 8. Frankf. 822, Fr. Wilmans.

— Meister Floh. Ein Märchen in 7 Abentheuern zweier Freunde. Zum 1. Male vollständig hrsg. von Hans v. Müller. Mit 10 (farb.) Zeichngn. v. Ernst Stern. (261 S.) 8. Berlin 908. J. Bard. 7.50; geb. 10.—;
Luxusausg. 25.—

— Signor Formica, s.a. Bücherei, deutsche, 36. Bd.

— Signor Formica, s.a. Novellen-Bibliothek, klassische.

Signor Formica. Von E[rnst] Th[eodor] Am[adeus] Hoffmann. Die Verlobung in St. Domingo. Von Heinrich v. Kleist. Berlin: H. Neelmeyer [1905]. (138 S.) 8° [F.]
— Bücherei, Deutsche. Bd 36.

— Der unheimliche Gast, s.: Volkes, des, Lieblingsbücher.

— s. Geschichten, Mährchen u. Sagen.

— s.: Geschichten, unheimliche.

s.: Hempel's Klassiker-Bibliothek.

— s.: Humorist, der.

Hoffmann, Ernst Theodor Amadeus: Der Kampf der Sänger auf der Wartburg. Einer alten Chronik nacherzählt von –. Eisenach: Eifert & Scheibe [um 1910]. 63 S. 8°

— s.: Kindermärchen.

Hoffmann, Ernst Theod. Amadeus, Kinder-Mährchen, s. Contessa, C. W.

Hoffmann, Ernst Theod. Amad., Klein Zaches, s.a. Classiker des In- u. Auslandes.

— Klein Zaches, s.a. Universal-Bibliothek.

— Klein Zaches. Hrsg. v. Ed. Grisebach. 12. (98 S.) Ebd. (899). Geb. in Leinw. —75

— dasselbe. Prinzessin Brambilla, s.: Hempel's Klassiker-Bibliothek.

— Klein Zaches, genannt Zinnober, s.a. Hesse's, Max, Volksbücherei.

— Klein-Zaches, genannt Zinnober. 8. Berl. 819. 2e A. 824. Dümmler. 1 ℔ 4 gr

— Klein Zache's, genannt Zinnober, ein Mährchen. 2e Aufl. 8. Berlin 824, Duncker u. H.

Das Kreislerbuch. Texte, Compositionen und Bilder von E[rnst] T[heodor] A[madeus] Hoffmann, zsgest. von Hans v. Müller. *Leipzig: Inselverl. 1903.* (XLIX, 391, 12 S.) 8° [F.]

Hoffmann's, Er. Thdr. Amad., (eigentl. W.), († d. 25. Juli 1822.) Aus dessen Leben u. Nachlaß. Mit dessen Bildniß, Facsimile, Karrikatur u. Musikblättern, herausg. (v. J. E. Hitzig). 2 Thle. 8. Berl. 823. Dümmler. 3 ℔ 18 gr

Hoffmann Leben Nachlass

Aus Hoffmann's Leben und Nachlass. Hrsg. von dem Verf. des Lebens-Abrisses Friedrich Ludwig Zacharias Werners. Neue verm. und verb. Ausg. Bdchn 4–6. 1831

s. Hitzig, Julius Eduard [Hrsg.]

— Lebensansichten des Katers Murr, nebst fragmentar. Biographie des Kapellmeisters Johannes Kreisler, s.a. Handbibliothek, Cotta'sche.

— Lebensansichten des Katers Murr, s.a. Klassiker des In- und Auslandes.

— Lebensansichten d. Katers Murr, nebst fragmentar. Biographie d. Kapellmeisters Johannes Kreisler, s.a. Meyer's Volksbücher.

— s.a. Universalbibliothek.

—— Lebens-Ansichten d. Katers Murr, nebst fragmentar. Biographie d. Kapellmeisters Joh. Kreisler in zufäll. Makulaturblättern. 2 Thle. Neue, wohlf. Ausg. gr. 12. (21 B.) Berlin 828, Dümmler.

Hoffmann, E(rnst) T(hdr.) A(madeus), Lebens-Ansichten des Katers Murr nebst fragmentarischer Biographie des Kapellmeisters Johannes Kreisler in zufälligen Makulaturblättern. 3. Aufl. 1. Abdr. 1855. und 2. Abdr. 2 Bde. gr. 16. (VIII und 455 S.) Berlin 856, Dümmler's Vrlgsh. *

—— Lebens-Ansichten des Kater Murr. 2 Thle. 12. (224; 221 S.) Berlin 884, Hempel. *
geb. in 1 Bd. *

— Lebensansichten des Katers Murr. Erzählg. Illustr. v. Ernst Liebermann. 2. Ausg. (4.–5. Taus.) 4. (V, 134 S.) Leipzig (901). H. Seemann Nachf.
Geb. in Leinw. n. 4.—

Lebensansichten des Katers Murr nebst fragment. Biogr. d. Kapellmeisters Johannes Kreisler in zufälligen Makulaturblättern von E[rnst] Th[eodor] A[madeus] Hoffmann. *Stuttgart & Berlin: J. G. Cotta Nachf. [1903].* (388 S.) 8° [F.]
— Handbibliothek, Cotta'sche. No 51. [03. 14570

— s. Leiden eines Theaterdirektors.

— das Majorat, s.: Bibliothek der Gesamt-Litteratur d. In- u. Auslandes.

— das Majorat, s.: Meyer's Volksbücher.

— Das Majorat, s. Universalbibliothek,

— Das Majorat, s.: Volkes, des, Lieblingsbücher.

— die Märchen der Serapionsbrüder. (Hortus deliciarum.) Mit 5 Vollbildern v. E. T. A. Hoffmann u. Thdr. Hosemann. Titelblatt u. Initialen v. Marcus Behmer, Einbd. u. Vorsatz v. Const. Somoff. Erste krit. Ausg. m. e. Nachwort von Hans v. Müller.) (867 S.) kl. 8. Berlin (906). J. Bard. Kart. n. 4.50; geb. in Ldr. n. 5.50; Luxusausg., geb. in Perg. n. 15.—

—— Meister Martin der Küfner und seine Gesellen

— dasselbe. Die Bergwerke zu Falun, s.a. Bibliothek der Gesamtlitteratur.

— dasselbe. Die Bergwerke zu Falun, s.a. Bücherei, deutsche. Nr. 2.

— Meister Martin der Küfner u. seine Gesellen, s.a. Erzählungen des deutschen Hausfreundes.

— dasselbe, s.a. Familien-Bücherschatz.

— Meister Martin, d. Küfer u. s. Gesellen, s.a. Hansjakob, Heinr., d. närrische Maler.

— dasselbe, s.a. Hausbibliothek, kleine, f. die Jugend.

— Meister Martin der Küfner u. seine Gesellen, s.a. Hausbibliothek, neue, f. Stolze'sche Stenographen.

— Meister Martin der Küfner u. seine Gesellen, s.a. Jugend- u. Volksbücherei, illustrierte.

— dasselbe, s.a. Meisterwerke unserer Dichter.

—— dass. —s.a. Meyer's Volksbücher.

— s.a. Novellen-Bibliothek, klassische.

— Meister Martin der Küfner u. seine Gesellen, s.a. Schaffstein's Volksbücher f. die Jugend.

— dasselbe, s.a. Schatz deutscher Volkserzählungen.

—— Meister Martin der Küfner und seine Gesellen, s.a. Universal-Bibliothek der Gabelsberger'schen Stenographie.

— dasselbe, s.a. Volkes, des, Lieblingsbücher.

Hoffmann, E. Th. A., Meister Martin der Küfner und seine Gesellen, s.a. Volksbibliothek des Lahrer Hinkenden Boten.

— dasselbe, s.a. Volksbücherei.

— dasselbe, s.a. Vom Jahrmarkt d. Lebens.

Hoffmann, E. T. A.: Meister Martin, der Küfer, und seine Gesellen. Eine Erzählung von –. Stereotpy-Ausgabe. Reutlingen. Druck und Verlag von Enßlin und Laiblin.
(= Neue Volksbücher, 192). o. J., 63 S. + 1 S. Anzeigen, U.-Fig.: Rosa nestelte sogleich den Strauß los und gab ihn Konrad ...

—— dass. — Erzählung. Illustrirte Diamant-Ausg. Mit Zeichnungen (Holzschntaf.) nach E. Röhling dem Jüngern, in Holz geschn. von H. Käseberg. 16. (80 S.) Berlin 875, Grote'sche Verlagsh. geb. mit Goldschn. *

—— Meister Martin der Küfer und seine Gesellen. Erzählung. gr. 16. (74 S.) Bremen 876, Nordwestdeutscher Volksschriften-Verlag. *

— Meister Martin, der Küfer, u. seine Gesellen. Eine Erzählg. Ster.-Ausg. 8. (63 S.) Reutlingen 884. Enßlin & Laiblin. —20

— Meister Martin u. seine Gesellen. Eine Erzählg. 12. (74 S.) Leipzig 893. Greßner & Schramm. Kart. n. —60

— Meister Martin u. seine Gesellen. E. Erzählg. 12. (74 S.) Leipzig 893. Berlin, L. Lewin. Kart. —60

Hoffmann, E[rnst] T[heodor] A[madeus]: Meister Martin, d. Küfer, u. s. Gesellen. *Weimar & Berlin [1897].*
in: Hansjakob, Heinrich: D. närrische Maler. [97. 6640

(F) Hoffmann, E. T. A., Meister Martin der Küper und seine Gesellen. [Volksbücherei Nr. 9.] 8°. (90 S.) Graz: Styria 1902.

Hoffmann, Ernst Theodor Amadeus: Meister Martin der Küfner und seine Gesellen. Die Bergwerke zu Falun. Erzählungen von –. Mit e. Vorbemerkung u. d. Bilde d. Dichters. Halle a. d. S.: O. Hendel (1902). (91 S.) 8°
(Bibliothek d. Gesamtlitteratur d. In- u. Auslandes. No 1563.)

Meister Martin der Küfner und seine Gesellen. Die Bergwerke zu Falun. Erzählungen von E[rnst] Th[eodor] Am[adeus] Hoffmann. Berlin: Christl. Versandbuchh. [1904]. (111 S.) 8° [F.]
— Bücherei, Deutsche. Bd 2. [05. 2915

Hoffmann, Ernst Theodor Amadeus: Meister Martin der Küfner und seine Gesellen. Erzählungen von –. Für d. reifere Jugend hrsg. von W[ilhelm] Spohr. Köln a. Rh.: H. & F Schaffstein [1906]. (63 S.) 8°
= Volksbücher, Schaffsteins, f. d. Jugend. Bd 23.

— die sieben weisen Meister, s.: Bücher-Schätze.

— Menschen u. Mächte, s.: Bücher, die, der Rose. 6.

— Schwester Monika erzählt u. erfährt. Eine erotisch-psychisch-physisch-philantropisch-philantropin. Urkunde des säkularisierten Klosters X. in S..., neu hrsg., eingeleitet u. m. Anmerkgn. versehen v. Gust. Gugitz. (Privatdruck.) (LXXVI, 240 S.) kl. 8. Wien (910). Dr. R. Ludwig. Kart. 20.—

— Kater Murr. Hrsg. v. Ed. Grisebach. Mit e. Nachbildg. des v. Hoffmann gezeichneten Orig.-Umschlages. 12. (372 S.) Leipzig (899). M. Hesse. Geb. in Leinw. 1.20

—s.a. Nachtstücke.

– Nachtstücke. Seltsame Leiden eines Theaterdirektors. Hrsg. v. Ed. Grisebach. 2 Tle in 1 Bd. 12. (281 u. 100 S.) Leipzig (899). M. Hesse. Geb. in Leinw. 1.20

— Nachtstücke in Callot's Manier, s.a. Hempel's Klassiker-Bibliothek.

— Nachtstücke in Callot's Manier. 2 Thle. 12. (152 u. 188 S.) Berlin 884. Dümmler's Verl. n. 1.20; in 1 Bd. geb. n. 2. —

s.: National-Litteratur, deutsche.

— Novellen, s. Classiker des In- und Auslandes.

—— ausgewählte Novellen, s.a. Classiker des In- und Auslandes.

E. T. A. Hoffmann. Ausgewählte Novellen. Zwei Theile. Berlin 1853. 8°.

— s.: Novellen, klassische.

—— Nußknacker und Mausekönig, s.a. Breitkopf und Härtel's Text-Bibliothek Nr. 63.

– dasselbe. Das fremde Kind, s.a. Erzähler, unsere.

– Nußknacker u. Mausekönig, s.a. Gerlach's, Mart., Jugendbücherei.

– dasselbe, s.a. Jugendschriften. Hrsg. vom Lehrerhausvereine f. Oberösterreich.

– dasselbe, s.a. Meister des Märchens.

– Nußknacker u. Mausekönig. Das fremde Kind, s.a. Schaffstein's Volksbücher f. die Jugend.

—— Nußknacker und Mausekönig, s.a. Universal-Bibliothek Nr. 1400.

Hoffmann, Ernst Theodor Amadeus: Nußknacker und Mausekönig. Das fremde Kind. 2 Märchen von –. Für große u. kleine Kinder hrsg. von Wilhelm Spohr. Köln a. Rh.: H. & F. Schaffstein 1906. (106 S.) 8°
= Volksbücher, Schaffsteins, f. d. Jugend. Bd 22.

Hoffmann, Ernst Theodor Amadeus: Nußknacker und Mausekönig. Das fremde Kind. Münster i. W.: Aschendorff [1909]. 127 S. 8°
(Unsere Erzähler, Buch 10.)

— Phantasiestücke in Callots Manier. 2 Thle. 8. Bamb. 814. N. Aufl. 8. Leipz. 819. Brockhaus. 4 ℛ

— Phantasiestücke in Callot's Manier. Blätter aus dem Tagebuche eines reisenden Enthusiasten. Mit einer Vorrede von Jean Paul. 4. Aufl. 2 Thle. Leipzig 854. Brockhaus. 8. (XVIII, 252; 3 Bl., 357 S.) n. 3 ℛ.; geb. n. 3 ℛ. 18 ngr.

—— Phantasiestücke in Callot's Manier. 2 Thle. 12. (VIII, 137; 232 S.) Berlin 884, Hempel. geb. in 1 Bd.

– Der Retter u. andere Erzählungen, s.: Mugge, Thdr.

Hoffmann, E[rnst] T[heodor] A[madeus]. Sammlung grotesker Gestalten nach Darstellungen auf dem K. National-Theater in Berlin. Gezeichnet und in Farben ausgeführt von E. T. A. Hoffmann. Erstes Heft. (Berlin 1808.) Berlin, Axel Juncker Verlag (1922).
Tit., 6 Bl.; 3 Taf. 2°

Hoffmann, E. Th. A., „Das Sanctus" u. „Die Brautwahl", s.a. Schriften des Vereins f. Geschichte Berlins.

'Das Sanctus' und 'Die Brautwahl'. Von E[rnst] T[heodor] A[madeus] **Hoffmann**. Einl. von Friedrich Holtze. Texte von Hans v. Müller. Berlin: Ver. f. d. Geschichte Berlins; Mittler in Komm. 1910. 154 S. 8°
(Schriften d. Vereins f. d. Geschichte Berlins. H. 43.) [11. 1063] 10

Hoffmann, (E. T. A.) ausgewählte Schriften. 1—8r Bd. 1r—4r Bd. A. u. d. T.: Die Serapions-Brüder, gesammelte Erzählungen u. Mährchen, herausgeg. v. E. T. A. Hoffmann. 4 Bde. 3 Rthl. 12 gr. — 5r u. 6r Thl. A. u. d. T.: Die Elixiere des Teufels. Nachgelassene Papiere des Bruders Medardus, eines Capuziners. Herausgeg. v. d. Verf. d. Phantasiestücke in Callots Manier. 2 Thle. 7r u. 8r Thl A. u. d. T.: Nachtstücke, herausgeg. v. d. Verf. d. Phantasiestücke in Callots Manier. 2 Thle. 4 Rthl. 12 gr. 8. Berlin 827, Reimer. 8 Bde. 8 Rthl. — Fein Papier 10 Rthl. 6 gr. Velin-Pap. Rthlr.

—— ausgewählte Schriften. 9. u. 10. Bd. — A. u. d. Tiln.: Klein Zaches gen. Zinnober. — Prinzessin Brambilla. — Seltsame Leiden e. Theater-Direktors. — Meister Floh. gr. 12. (25 B.) Berlin 828, Reimer.
10 Bde. zusamm. Ebendas. 1827, 28., hrbgs. Pr. 8 Thlr., weiß Pap. 10 Thlr., Velinp. 15 Thlr.

Hoffmann, Ernst Theod. Amadeus, ausgewählte Schriften. 11—15. Bd. gr. 12. Stuttgart 839, [Schrible, Rieger u. Sattler.] * 5 Thlr., hrbgs. Pr.
A. u. d. T.:
Erzählungen aus seinen letzten Lebensjahren, sein Leben u. Nachlaß. Hrsg. v. Micheline Hoffmann, geb. Rorer. Vollständ. rechtmäß. Ausg. 5 Bde.
Bd. 1., 2. Erzählungen. 2 Bde. (30 B., 5 Kunstbeil. u. 1 Facsim.)
" 3—5. Leben u. Nachlaß. Von Jul. Ed. Hitzig. 3 Bde., 3., verm. u. verb. Aufl. (35½ B., 4 Kpfr. u. 1 Federzeichn.)
1—10. Bd. Berl. 827, 28. Reimer. * 8 Thlr., weiß Pap. * 10 Thlr., Velinp. * 15 Thlr.

— erzählende Schriften, in einer Auswahl herausgg. v. seiner Wittwe Micheline Hoffmann, geb. Rorer. 3 Bdchen. 12. Stuttg. 827. — Ausgabe letzter Hd. In 18 Bdchn. 1s Bdchn. A. u. d. T.: Meister Martin u. seine Gesellen. 12. Stuttg. 831. Brodhag. 4 gr — 2s—15s Bdchen. (Enthaltend: 2s Bdchn. Der unheiml. Gast. Die Automate. — 3s, 6s, 9s, 12s u. 15s Bdchen. Aus Hoffmanns Leben u. Nachlaß 1s—5s Bdchn. — 4s u. 5s Bdchen. Signor Formica. 2 Abtheill. Spielerglück. — 7s Bdchn. Doge u. Dogaresse. — 8s Bdchn. Rath Krespel. Die Fermate. — 10s u. 11s Bdchn. Fräulein Scudery. 2 Abthll. Abentheuer dreier Freunde. — 13s Bdchn. Der Zusammenhang d. Dinge. — 14s Bdchn. Datura Fastuosa). (Mit Hoffmanns Bildn.) 16. Ebd. 831. (à 4 gr) 2 ℛ 8 gr 16s—18s Bdchn. (Enthaltend: 16s Bdchn. Der Kampf d. Sänger. Der Artushof. — 17s Bdchen. Meister Johannes Wacht. — 18s Bdchn. Aus Hoffmanns Leben u. Nachlaß 6s Bdchn.) 16. Ebd. 832. (à 4 gr) 12 gr

Hoffmann, (E. T. A.,) erzählende Schriften in einer Auswahl. Herausgeg. v. seiner Witwe Micheline Hoffmann, geb. Rorer. 3 Bdchen. 1s B. enth. Meister Martin und seine Gesellen. 2s Bdchn. der unheimliche Gast, die Automate. 3s Bdchn. enth: Aus Hoffmanns Leben u. Nachlaß. 1s Bdchn. 12. Stuttg. 827, Frankh.

—— erzählende Schriften, in e. Auswahl. Hrsg. von seiner Wittwe Micheline Hoffmann, geb. Rorer. 18 Bdchn. (Mit Hoffmann's Bildn.) 16. ... Stuttgart 831, Brodhag. à 4 Gr.
Bdchn. 1. Meister Martin u. seine Gesellen.
 " 2. Der unheimliche Gast. Die Automate.
 " 3., 6., 9., 12., 15. u. 18. Aus Hoffmann's Leben u. Nachlaß. 6 Bdchn.
 " 4., 5. Signor Formica. Spielerglück.
 " 7. Doge u. Dogaresse.
 " 8. Rath Krespel. Die Fermate.
 " 10., 11. Fräulein Scudery. Abenteuer dreier Freunde.
 " 13. Der Zusammenhang der Dinge.
 " 14. Datura fastuosa.
 " 16. Der Kampf der Sänger. Der Artushof.
 " 17. Meister Johannes Wacht.

Hoffmann, Ernst Theod. Amadeus, gesammelte Schriften. Mit Federzeichnungen von Theod. Hosemann. 12 Bde. gr. 16. (281⅞ B.) Berlin 844, 45, G. Reimer. à Bd. * 20 Ngr. *
A. u. d. Ttln.:
Bd. 1—4. Die Serapions-Brüder. Gesammelte Erzählungen u. Mährchen. 4 Thle.
 " 5. Nachtstücke. 2 Thle.
 " 6. Die Elixire des Teufels. 2 Thle.
 " 7. Fantasiestücke. 2 Thle.
 " 8. Lebensansichten des Katers Murr. 2 Thle.
 " 9. Klein Zaches genannt Zinnober. Prinzessin Brambilla.
 " 10. Seltsame Leiden eines Theater-Direktors. Meister Floh.
 " 11., 12. Erzählungen aus Hoffmann's letzten Lebensjahren. 2 Thle.

—— gesammelte Schriften. (In 12 Bdchn.) 1. Lfg. gr. 16. (1. Bd. S. 1—128.) Berlin 856, G. Reimer. *

Hoffmann's, E(rnst) T(heod.) A(madeus), gesammelte Schriften. Neue Ausg. Mit Federzeichnungen von Thdr. Hosemann. 2—36. (Schluß-)Lfg. gr. 16. Berlin 857, G. Reimer. [1. Bd. (III und S. 129—351.) 2. Bd. (IV und 357 S.) 3. Bd. (IV und 342 S.) 4—12. Bd. (XXXVI und 3390 S.) à Lfg. * 4 Ngr.] *
1. Lfg. Ebendas. 1856. * 4 Ngr.
Vgl.: Hosemann, Thdr., Federzeichnungen dazu.

Hoffmann's, E. T. A., gesammelte Schriften. 1—12. Bd. Mit Federzeichngn. v. Thdr. Hosemann. 8. (260 S.) Berlin 871—73. G. Reimer. à n. — 80
1—4. Die Serapions-Brüder. Gesammelte Erzählgn. u. Märchen. 4 Bde. (260, 262, 254 u. 253 S.)
5. Nachtstücke. 2 Thle. (398 S.)
6. Die Elixiere d. Teufels. Nachgelassene Papiere d. Bruders Medardus, e. Capuziners. 2 Thle. (300 S.)
7. Phantasiestücke in Callot's Manier. Blätter aus dem Tagebuche e. reis. Enthusiasten. Mit e. Vorrede v. Jean Paul. 2 Thle. (348 S.)
8. Lebens-Ansichten d. Katers Murr nebst fragmentar. Biographie d. Kapellmeisters Johannes Kreisler in zufäll. Makulaturblättern. 2 Bde. (382 S.)
9. Klein Zaches genannt Zinnober. Ein Märchen. Prinzessin Brambilla. Ein Capriccio nach Jakob Callot. (233 S.)
10. Seltsame Leiden e. Theater-Direktors. Meister Floh. Ein Märchen in 7 Abenteuern zweier Freunde. (245 S.)
11. 12. Erzählungen. 2 Thle. (220 u. 217 S.)

— Musikalische Schriften, s.a. Bücher der Weisheit u. Schönheit.

— musikalische Schriften, s.a. Universal-Bibliothek f. Musiklitteratur. Nr. 15/17.

E[rnst] T[heodor] A[madeus] **Hoffmann's** musikalische Schriften m. Einschluss der nicht in d. gesamm. Werke aufgenommenen Aufsätze über Beethoven, Kirchenmusik ... nebst Biographie. Hrsg. v. H. vom Ende ... Köln a. Rh. [&] Leipzig: H. vom Ende [1899]. (XXIV, 287 S.) 1 Bd 8°
= Universal-Bibliothek f. Musiklitteratur. No 15–17.

– – Das Fräulein von Scuderi

— dasselbe, od. d. Goldschmid v. Paris, s.a. Bibliothek f. Alle.

—— das Fräulein v. Scuderi, s.a. Bibliothek der Gesamt-Litteratur des In- und Auslandes, Nr. 293.

— Das Fräulein v. Scuderi u. Der goldene Topf, s.a. Bücher. die, des deutschen Hauses.

— das Fräulein v. Scuderi, s.a. Meyer's Volksbücher.

Hoffmann, E. T. A., das Fräulein v. Scuderi, s.a. Universalbibliothek.

— dasselbe, s.a. Verein f. Verbreitg. guter Schriften. Zürich.

— das Fräulein v. Scuderi, s.a. Volksbibliothek des Lahrer hinkenden Boten.

— dasselbe, s.a. Volksbücher der deutsch. Dichter-Gedächtnis-Stiftung.

— das Fräulein v. Scuderi. Erzählg. aus d. Zeitalter Ludwig XIV. (25. Bd. v. Reclams Universal-Bibliothek.) In vereinf. Stenographie (System Schrey) übertr. v. H. Möning. 12. (120 autogr. S.) Berlin 894. F. Schrey. n. 1. —; geb. in Leinw. n. 1. 60

Das Fräulein von Scuderi. Erzählg aus d. Zeitalter Ludwig XIV. v. E[rnst] T[heodor] A[madeus] **Hoffmann.** '(25. Bd v. Reclams Univ.-Biblioth.)'. In Vereinfachte Stenogr. '(System Stolze-Schrey)' übertr. v. H. Helikum, Lehrer. *Berlin: F. Schrey 1898.* (108 S.) 1 Bd 8. [Text lithogr.] [98. 8em

Hoffmann, Ernst Theodor Amadeus: Das Fräulein von Scudery. Von –. (Berlin: Bong & Co. [1899].) (S. 371–443.) 8°
= Meister-Novellen des XIX. Jhs. Bd 1, [5.]
= Klassikerbibliothek, Illustrierte. Bd 15, [5.]

— das Fräulein v. Scuderi. Erzählung aus dem Zeitalter Ludwig XIV. (Buchschmuck v. R. Bossert u. M. Loose.) Elzevierausg. gr. 16. (193 S.) Leipzig (901). H. Seemann Nachf. Geb. in Ldr. n. 3. —

Hoffmann, Ernst Theodor Amadeus: Das Fräulein von Scuderi. Erzählung aus d. Zeitalter Ludwigs XIV. u. Der goldene Topf. Ein Märchen aus d. neuen Zeit. Von –. Ill. von Ernst Stern. Berlin-Leipzig-Wien: Buchverlag fürs Deutsche Haus 1908. 304 S. 8°
(Die Bücher d. Deutschen Hauses. Bd 51.)

Hoffmann, Ernst Theodor Amadeus: Das Fräulein von Scudery. Meister Martin: Doge und Dogaresse. Erzählungen von –. [Teilsamml.] Berlin: Scherl [1909]. 286 S. 8°
(Bibliothek August Scherl. Bd 88.)

– Die Serapionsbrüder

— dasselbe, s.a. Hempel's Klassiker-Bibliothek.

— die Serapionsbrüder, s.a. Hesse's, Max, Volksbücherei.

— die Serapionsbrüder. 4 Thle. 8. Berl. 819—21. N. A. 827. Reimer. 5 ₰ Weiß Pap. 6 ₰ 8 ℊ Velinp. 8 ₰ 12 ℊ

—— die Serapionsbrüder. Gesammelte Erzählungen und Märchen. 4 Thle. 12. (III, 291; 300; 286; 288 S.) Ebendas. 883. * M 3,60.; geb. in 2 Bde.

— die Serapionsbrüder. Gesammelte Erzählgn. u. Märchen. Hrsg. v. Ed. Griesebach. 4 Tle. in 2 Bdn. 12. (251, 253, 244 u. 240 S.) Leipzig (899). M. Hesse. Geb. in Leinw. 3. —

— Spielerglück, s.a. Bibliothek f. Alle.

— Spielerglück, s.a. Bücher, bunte.

— Spieler-Glück, s.a. Hausbibliothek, kleine, f. die Jugend.

— der goldene Topf, s.a. Bibliothek der Gesamt-Litteratur d. In- u. Auslandes.

— Der goldene Topf, s.a. Bücherei, deutsche. 41.

dasselbe, s.a. Meyer's Volksbücher.

—— der goldene Topf, s.a. Universal-Bibliothek.

— der goldene Topf, s.a. Volksbibliothek d. Lahrer Hinkenden Boten.

Der goldene Topf. Von E[rnst] Th[eodor] Am[adeus] Hoffmann. Das Erdbeben in Chili von Heinrich v. Kleist. Berlin: H. Neelmeyer [1905]. (118 S.) 8° [Z.]
= Bücherei, Deutsche. Bd 41.

Undine. Zauberoper in 3 Akten von E[rnst] T[heodor] A[madeus] Hoffmann. Im Klavierausz. neu bearb. von Hans Pfitzner. Leipzig: C. F. Peters (1906). (IV, 246 S.) 4° [Ant. u. Z.]
(Edition Peters. No 3116.)

— s.a. Vision auf dem Schlachtfelde.

Hoffmann, Ernst Theodor Amadeus: Die Vision auf dem Schlachtfelde bei Dresden. Vom Verf. d. Fantasiestücke in Callots Manier (d. i. E[rnst] T[heodor] A[madeus] Hoffmann.) Deutschland 1814. (Facs. Dr. Den Teilnehmern der 1909 zu München stattfindenden Generalversammlung d. Gesellsch. d. Bibliophilen gewidmet von Carl Georg v. Maassen. München 1909: M. Müller.) 16 S. 8°

— Th. Justus u. Wilh. v. Chézy, Meister Johannes Wacht u. andere Erzählungen, s.: Bücher, bunte.

— dasselbe, s.: Schatzgräber, der.

— dasselbe, s.: Volkes, des, Lieblingsbücher.

Hoffmann's, E. T. A., Werke, s.a. National-Bibliothek sämmtlicher deutschen Classiker.

Hoffmann's, E. T. A., Werke. 15 Thle. 12. (III, 291; 300, 286, 288; VIII, 157; 232; III, 152; 188, 171, 168, 224, 221, 263, 342; III, 592 S.) Berlin 883. Dümmler's Verl. In 6 Bde. geb. n. 16. —

Hoffmann's, E. T. A., Werke. 15 Thle. 12. Berlin 883, Hempel. geb. in 6 Bde. *

Inhalt:
Thl. 1.—4. Die Serapionsbrüder. Gesammelte Erzählungen und Märchen. 4 Thle. (III, 291; 300; 286; 288 S.)
5. 6. Phantasiestücke in Callot's Manier. 2 Thle. (VIII, 137; 232 S.)
7. 8. Nachtstücke in Callot's Manier. 2 Thle. (III, 152; 188 S.)
9. 10. Die Elixiere des Teufels. Nachgelassene Papiere des Bruders Medardus, eines Kapuziners. 2 Thle. (171; 168 S.)
11. 12. Lebensansichten des Kater Murr. 2 Thle. (224; 221 S.)
13. Klein Zaches; Prinzessin Brambilla. (263 S.)
14. Meister Floh; die Doppelgänger; Leiden eines Theater-direktors. (342 S.)
15. Kleinere Erzählungen. (III, 528 S.)

[Z.] (Ernst Theodor Amadeus) Hoffmanns Werke. Hrsg. v. Dr. Viktor Schweizer. Kritisch durchges. u. erl. Ausg. Bd 1—3. *Leipzig & Wien: Bibliogr. Institut (1896).* 3 Bde 8.
1. (52 S., 1 Bl., 301 S., 1 Portr., 1 Facs.) 2. (2 Bl., 419 S.) 3. (2 Bl., 354 S.)
(Meyers Klassiker-Ausgaben in 150 Bdn.)

Hoffmann's, E. Th. A., Werke. Hrsg. v. Vikt. Schweizer. Kritisch durchgeseh. u. erläut. Ausg. 4. (Schluß-)Bd. Bearb. v. Paul Zaunert. (447 S. m. 1 Taf.) 8. Leipzig 909. Bibliograph. Institut. Geb. in Leinw. 2.—; in Halbldr. 3. —

Hoffmann, E. Th. A., ausgewählte Werke, s.a. Bibliothek, Cotta'sche, der Weltlitteratur.

—— ausgewählte Werke, s.a. Bibliothek der deutschen National-litteratur.

— dasselbe, s.a. Volksbibliothek, Cotta'sche.

— ausgew. Werke in 4 Bdn. M. Einleitg. v. Jos. Lautenbacher. 8. (294, 236, 234 u. 388 S. m. Bildn.) Stuttgart (894). J. G. Cotta Nachf. In 2 Leinw.-Bdn. n. 4. —

— dasselbe in 6 Bdn. 12. (218, 206, 204, 324, 247 u. 263 S. m. Bildn.) Ebd. (894). In 3 Leinw.-Bdn. n. 3. —

— Ausgewählte Werke in 8 Bdn. Mit 1 Bildnis des Dichters u. e. Einleitg. v. Rich. Schaukal. (XXXII, 323; 98, 372, 135, 251, 253, 244 u. 240 S. m. 2 Abbildgn.) 11. 8. Leipzig (908). Hesse & Becker Verl. 3.—; in 2 Bde. geb., Leinw. 4.—; feine Ausg., Halbfrz. 6.—; Luxusausg., Liebh.-Halbfrz. 8. —

E(rnst) T(heodor) A(madeus) Hoffmann's sämtliche Werke in 15 Bänden. Hrsg. mit e. biogr. Einl. von Eduard Grisebach. Mit 3 Selbst-Portr. Hoffmanns, 1 Faks. seiner Handschr. u. 12 die Orig. der 1. Ausg. wiederholenden Ill. Bd 1-15 (in 4 Bdn). Leipzig: M. Hesse 1900. 4 Bde. 8°
1. Biogr. Einl. Fantasiestücke in Callot's Manier.
2. Die Elexiere d. Teufels.
3. Nachtstücke.
4. Seltsame Leiden e. Theater-Direktors.
5. Klein-Zaches gen. Zinnober.
6-9. Die Serapionsbrüder. 1-4.
10. Lebensansichten d. Katers Murr.
11. Prinzessin Brambilla. Mit 8 Abb. nach Callot.
12. Meister Floh.
13. 14. Letzte Erzählungen. T. 1. Mit 2 Ill. von L. Wolf, T. 2.
15. Vermischte Schriften.

— Sämtliche Werke in 15 Bdn. Hrsg. m. e. biograph. Einleitg. v. Eduard Grisebach. Mit 3 Selbst-Portr. Hoffmanns, e. Fksm. seiner Handschrift u. 12 die Originale der ersten Ausgaben wiederhol. Illustr. Neue, um die musikal. Schriften verm. Ausg. (CXII, 323; 282, 281, 98, 251, 253, 244, 240, 372, 119, 135, 214, 228 u. 270 S.) 11. 8. Leipzig (907). Hesse & Becker Verl. 6.—; in 4 Bde. geb., Leinw. 8.—; feine Ausg., Halbfrz. 12.—; Luxus-Ausg., Liebh.-Halbfrz. 15. —

— dasselbe. Historisch-krit. Ausg. m. Einleitgn., Anmerkgn. u. Lesarten von Carl Geo. v. Maassen. 1.—4. Bd. 8. München, G. Müller. à 5.—; geb. in Halbfrz. à 7.—; Luxusausg. auf van Geldern, geb. in Ldr. à 15. —
1. Fantasiestücke in Callots Manier. Mit 10 Bilderbeigaben u. e. Fksm. (XXVIII, 508 S.) 908.
2. Die Elixiere des Teufels. Mit 6 Bildbeigaben u. 1 Stammtaf. (XXIII, 374 S.) 908.
3. Nachtstücke. Mit 9 Bildbeigaben u. 1 Fksm. (XXVIII, 447 S.) 909.
4. Seltsame Leiden e. Theater-Direktors Klein Zaches, genannt Zinnober. Mit 15 Bildbeigaben u. 1 Vignette im Text. (CIV, 343 S.) 910.

E[rnst] T[heodor] A[madeus] **Hoffmanns** sämtliche Werke in 15 Bden. Hrsg. mit e. borgr. Einl. von Eduard Grisebach. Mit 3 Selbstportr. Hoffmanns, 1 Facs. u. 12 Ill. Neue, um d. musikal. Schriften verm. Ausg. Bd 1–15. Leipzig: Hesse [1909]. 8°

1. Biogr. Einl. Fantasiestücke in Callots Manier.
2. Die Elixiere d. Teufels.
3. Nachtstücke.
4. Seltsame Leiden e. Theater-Direktors.
5. Klein Zaches genannt Zinnober.
6.-9. Die Serapionsbrüder. 1-4.
10. Lebensgeschichten d. Katers Murr.
11. Prinzessin Brambilla.
12. Meister Floh.
13. 14. Letzte Erzählungen. T. 1. 2.
15. Musikal. Aufsätze u. Rezensionen. Vermischte Schriften.
(Max Hesses Neue Leipziger Klassiker-Ausgaben.)

Hoffmann, Eugenie, s.: Jugendspiegel.

Hoffmann, Eugenie, s.: Kinderbücher, neue.

Hoffmann, Eva: Aus d. med. Poliklinik zu Marburg. Experimentelle Untersuchungen über die hemmende Wirkung inactivirter Sera. Marburg 1909: [Schumacher, Berlin]. 16 S. 8° ¶ (Aus: Zeitschr. f. exper. Pathol. u. Therapie. Bd 4.)

Marburg, Med. Diss. v. 10. Febr. 1909, Ref. Brauer

[Geb. 21. Jan. 84 Spandau; Wohnort: Berlin; Staatsangeh.: Preußen; Vorbildung: Luisen-Gymn. Berlin Reife M. 02; Studium: Freiburg i. B. 5, Berlin 2, Marburg 3 S.; Coll. 25. Jan. 08; Approb. 3. Jan. 09.] [U 09. 3136

Hoffmann, Ewald Friedr., Antritts- und Abschiedspredigt bei seinem Amtswechsel an den Sonnt. Invocavit und Reminiscere zu Freiberg gehalten. gr. 8. (31 S.) Freiberg 852, Craz und Gerlach. *

Hoffmann, Ewald Friedr., daß die evangel. Kirche für ihr Bestehen u. Gedeihen noch immer nichts zu fürchten hat. Predigt, am Reformationsfeste 1844. gr. 8. (1 B.) Freiberg 845. (Craz u. Gerlach.)

Hoffmann, Ew. Friedr., wahre Menschengröße, — eine Offenbarung der Herrlichkeit des großen Gottes. Predigt bei der Gedächtnißfeier der vor 300 Jahren erfolgten Beisetzung des Churfürsten Moritz in Freiberg am 22. Juli 1853 gehalten. Freiberg, Craz u. Gerlach. gr. 8. (16 S.) nn. 2½ ngr.

——— die freiberger Petition um Verleihung einer freieren kirchl. Verfassung in ihrem Zusammenhange mit der leipziger, mit besond. Rücksicht auf die Beleuchtung der letzteren im 1. Hfte. d. „Neuen Tempels" dargestellt. gr. 8. (2¼ B.) Freiberg 845. (Craz u. Gerlach.) *

Hoffmann, Ewald Friedr., acht Predigten. Mit e. Vorw. v. Mor. Ferd. Schmaltz. gr. 8. (9½ B.) Hamburg 836, (Herold'sche Buchh.) *

Hoffmann, Ewald Frdr., das Werk des Gustav-Adolf-Vereines — im Bilde der wunderbaren Speisung der vier Tausend. Predigt über St. Marc. VIII, 1—9 den 3. Oktbr. 1860 in der Stadtkirche zu Döbeln gehalten. Döbeln 860. Schmidt. gr. 8. (19 S.) n. 2½ ngr.

Hoffmann, F., Anleitung f. Schwimmlehrer, Schwimmschüler u. Schwimmer. gr. 16. (18 S. m. 2 Fig.) Berlin 887. Musterer. n. — 50

Hoffmann, F.: Anleitung für Schwimmlehrer, Schwimmschüler und Schwimmer. Hrsg. von F. Hoffmann, Schwimmlehrer. Berlin [1899]: P. Görlich. (18 S.) 8°

Hoffmann, F., die Arbeiterversicherungsgesetze des Deutschen Reiches. Erläutert v. H. gr. 8. (XII, 1139 S.) Berlin 902. C. Heymann. n. 7.—

Hoffmann, F., und R. **Rothe**: Über die Ausdehnung des technischen Pentans in tiefen Temperaturen und die Skale der Pentanthermometer. Berlin 1907 (Mitteil. a. d. Physik.-Techn. Reichsanst.)

Hoffmann, F., u. B. Zölffel, Beiträge zur Glockenkunde d. Hessenlandes, s. a. **Zeitschrift des Vereins f. hess. Geschichte u. Landeskunde.**

Beiträge zur Glockenkunde des Hessenlandes von F. **Hoffmann** u. B. Zölffel. Mit 30 Taf. Hrsg. vom Ver. f. hessische Gesch. u. Landeskunde. Kassel: G. Dufayel in Komm. 1906. (20 S.) 4°
= **Zeitschrift** d. Vereins f. hessische Geschichte u. Landeskunde. N. F. Suppl. 15. [06. 13000

– Lusuum epigrammaticorum centuriae, s. Hofmann, Friedrich

— chymia ration. et experim. 8. Leid. 748.

— de differentia inter ej. doctr. medico-mechanicam e Stahl medico-organicam. 8. Frft. Varrentrapp. 746.

Hoffmann, F., der Einfluß der Natur auf die Kulturentwicklung der Menschen, s. a. Sammlung gemeinverständlicher wissenschaftlicher Vorträge.

Hoffmann F, der Einfluss der Natur auf die Kulturentwicklung des Menschen. (Sammlung gemeinverständlicher wissenschaftlicher Vorträge 464) Berlin 1885

Hoffmann, F: Das Salzungener Elektrizitätswerk. (Elektrizitäts-Aktiengesellschaft vormals Schuckert & Co., Nürnberg.) Nürnberg 1896

Hoffmann, F., die neuesten Entdeckungen auf dem Planeten Mars, — aus der Kulturgeschichte Europa's [Pflanzen u. Thiere], } s. a. Sammlung gemeinverständlicher wissenschaftlicher Vorträge.

Hoffmann F, die neuesten Entdeckungen auf dem Planeten Mars. (Sammlung gemeinverständlicher wissenschaftlicher Vorträge 400) Berlin 1882

Hoffmann, F., s.: Entwurf e. Gesetzes betr. d. Abänderg. d. Gewerbeordng.

Hoffmann, F., die wissenschaftliche Fortbildung der Geistlichen durch möglichst regelmäßige Fortsetzung theologischer Studien. Vortrag. gr. 8. (27 S.) Dessau 894. P. Baumann. n. — 60

— Gesetz-Sammlung 1806—1902, s.: Grotefend, G. A.

Hoffmann, F., preußisch-deutsche Gesetz-Sammlung 1806—1904, s.: Grotefend, G. A.

Hoffmann, F., Glückwunschbüchlein f. die Jugend. Gedichte zu festl. Gelegenheiten. 2. Aufl. (156 S.) kl. 8. Leipzig (904). Einbeck, A. Oehmigke. Geb. 1. 20

Die launische | Grafentochter | oder des | jungen Pächters | verschmähte Liebe. | Eine spannende Erzählung aus der Zeit der französischen | Revolution von | F. Hoffmann. *(Auf dem U.:)* Druck und Verlag von Rob. Bardtenschlager, Reutlingen. (= *Nro.* 245).
o. J. (1882), 64 S., 164 × 106, U.-Fig.: *Streit zweier Männer vor einem Planwagen*, 91 × 87.
LBS d. D. oct K 3365.

Hoffmann, F. (II.), die launische Grafentochter oder des jungen Pächters verschmähte Liebe. Eine spannende Erzählung aus der Zeit der französ. Revolution. 8. (64 S.) Reutlingen 883, Bardtenschlager.

Hoffmann, F., eine Hündchen-Geschichte, s. Hündchen-Geschichte, eine.

Hoffmann, F. IV., s. Jugendbibliothek d. Auslandes. 103, 116 Bdchen.

— von den vornehmsten Kinderkrankheiten. 8. Frst. u Lpz. Kochendörfer. (a. Brönner.) 741.

Hoffmann F.: Aus der Kulturgeschichte Europa's (Pflanzen u. Hausthieren). Vortr. Berl. 1880. 48 S. P.
(Samml. gemeinverständl. wissenschaftl. Vorträge. H. 348).

– Dass., s.a. Sammlung ...

Hoffmann, F., Liederbuch f. gemischten Chor. (VI, 264 S.) 8. Straßburg 905. F. Bull. Geb. in Leinw. n. 1. 60; m. Anh.: 32 Choräle v. Joh. Seb. Bach. (VI, 264 u. 60 S.) n. 1. 80

— elsaß-lothringischer Liederschatz. III. Tl.: Gemischte Chöre, f. Gymnasien u. Realschulen hrsg. (VI, 264 S.) 8. Ebd. 905. Geb. n. 1. 60
Vergl.: Albrecht, B., E. Hütt u. R. Müller.

— König Lord der Zehnte. Eine Hündchen-Geschichte. Allen artigen Kindern erzählt. 2. Aufl. Berlin 867. Kießling. 4. (22 S. mit 10 kunstvoll ausgeführten lithogr. u. color. Bildern vom Thiermaler Rhold. Werner.) cart. 15 ngr.

Hoffmann, F., neue Märchen. Mit 12 kolor. Bildern von Henry Albrecht. 8. (III, 132 S.) Berlin 883. Dörner. cart. 1. —

— der Mummelsack. Ein Sittenspiegel der Jugend. Zu Nutz u. Frommen der Kinderwelt hersg. Ebend. 867. gr. 4. (24 color. Holzschntaff. mit Text.) cart. 22½ ngr.

Hoffmann, F. (I.), die Pachtmeierhöfe in den Fürstenthümern Göttingen und Grubenhagen. gr. 8. (27 S.) Hannover 869, Meyer. *

— musei petrefacta et lapides v. Frisch ed. 4. Genf, de Tournes. 752.

Hoffmann, F.: De principio vitali, s. Apinus, Johannes Ludovicus (Präs.)

Hoffmann, F., Raumlehre f. Mittelschulen, s.: Brückmann, R.

Hoffmann, F., und R. Rothe: Über das Registriergalvanometer von Siemens & Halske und eine damit gefundene Anomalie im flüssigen Schwefel. Berlin 1905 (Mitteil. a. d. Physik.-Techn. Reichsanst.)

Hoffmann, F., (Prediger u. Rektor) Lateinische Sprachlehre für Bürgerschulen u. den Elementarunterricht überhaupt, mit beigefügten Uebungs-Aufgaben, 1r Kursus, enthalt. die Formenlehre. 8. Berlin 834. Recht. ¼ rß

Hoffmann, F., Lateinische Sprachlehre für Bürgerschulen u. den Elementar-Unterricht überhaupt, mit beigefügten Uebungs-Aufgaben. 1. Kursus, enthalt. die Formenlehre. 2. verb. u. verm. Aufl. 8. Berlin 842, Recht. (jetzt: Gust. Bethge.) n. ⅙ rß

— s. Spruchsammlung.

— (Hrsg.), s. Steffens, H.: Philosophische Schriften und Aufsätze. Bd 3.

Hoffmann, F., Uebersicht der Familiengeschichte des erlauchten Dynastengeschlechts der Leszczye, Grafen von Radolin-Radolinski. Mit Wappenabbildgn. u. Stammtfl Dresden 1873. fol. Nicht im Handel.

Hoffmann, F., Unters. v. d. Pest. 4. Berlin. 710. Rthlr.

Hoffmann, F., verdient der kleine Luther'sche Katechismus den Vorzug vor allen andern Katechismen der evang. Kirche, oder nicht? Eine Conventsfrage, beantwortet. 8. (30 S.) Kassel 847, Krieger. 3 ngr

— das Verfassungs- und Verwaltungsrecht des Deutschen Reiches u. des Königr. Preußen, in seinen Grundzügen gemeinverständlich dargestellt. gr. 8. (119 S.) Leipzig 899. Dürr'sche Buchh. n. 1. 60

Hoffmann, F., wie bauen wir unsere Lokalbahn? Eine Sammlg. prakt. Erfahrungsresultate zur Information f. Lokalbahnkomité's, Gemeindebehörden, Industrielle u. sonst. Lokalbahn-Interessenten. gr. 8. (40 S.) München 901. Staegmeyr. n. — 80

Hoffmann, F., die Zuziehung der Laien zu den kirchlichen Synoden. Ein Conferenzvortrag nebst e. Nachwort. 8. (32 S.) Hanau 872 Prior. n. — 50

F. A. Hoffmann. Beiträge zur Geschichte des Lyceums in Konstanz. I. T. 38 S.
Derselbe. Beiträge zur Geschichte des Lyceums in Konstanz. II. T. 46 S.
Konstanz. P 1859. 1861

Hoffmann, F. A., die Glaubenslehre der christlichen Kirche. Ein Hülfsbuch für Lehrer beim Religionsunterricht in Volksschulen. Mit e. Vorworte von J. C. Kröger. Hamburg 857. Fr. Schuberth. gr. 8. (XVI, 287 S.) 1 rß. 6 ngr.

Hoffmann, F. A., der kleine Katechismus Luthers erläutert u. den Müttern u. Elementarlehrern zum Gebrauch dargeboten. Hamburg 865, Nolte. gr 8. (VIII, 302 S.) n. 1 rß

Hoffmann, F. A., zur Kritik des Entwurfs einer neuen Hamburgischen Schulordnung. gr. 8. (50 S.) Hamburg 847, Herold. n. 6 ngr

Hoffmann, F. A., zur Kritik des Entwurfs einer neuen hamburgischen Schulordnung. gr. 8. (50 S.) Hamburg 849, Heroldsche Buchh. *

Hoffmann, F. A., vindiciae Venusinae. gr. 8. (16 S.) Neisse 873. (Hinze.) — 60

Hoffmann, F. B., de mutatione nominis baptismalis Christiano non libera. Viteb. 1727. 4.

Hoffmann, F. C., s. Hoffmann, F. K.

Hoffmann, F. Chr., 56 (lithogr.) Vorlegeblätter zum Zeichnen, für Volksschulen u. den Selbstunterricht stufenweis geordnet, nebst e. kurzen Anweis. zum zweckmäß. Gebrauch derselben. 8. Berl. 828. Hold. 22 gl.

– Dass., s.a. Hoffmann, F. G.

Hoffmann, F., F.: Untersuch. d. Frage: Lässt sich d. gänzl. Aufheb. aller Familienfideicommisse im Königr. Baiern durch d. königl. Edicte v. 25. Juli 1808 und 22. Dec. 1811 auch auf d. gem. Fideicommisse u. and. ihnen ähnl. röm. Rechtsinstit. ausdehnen? *Landshut*, Krüll. 814. gr. 8. (7 Gr.)

Hoffmann, F. G., 56 (lith.) Vorlegeblätter z. Zeichnen, f. Volksschulen u. d. Selbstunterr. stufenweis georb., nebst e. kurzen Anweis. z. zweckmäß. Gebr. ders. 8. (1 B. Text.) Berlin 828, Hold.

– Dass., s.a. Hoffmann, F. Chr.

Hoffmann, F. G. Hugo, des Gerippe v. Goethes Faust, e. Zeichng. unseres geschichtl. Entwicklungsganges nach seinem inneren Werte. I—IV. 8. (129 S.) Frankfurt a/M. 894. Gebr. Knauer. n. 2. 50

Hoffmann, F. K., Beiträge zur Bildung glücklicher Handwerker, mit Beziehung auf das Buchbinderhandwerk. 1s Hft. 8. Wien 819. (Gerold). 8 gr. Schrbp. 12 gr.

Hoffmann, F. R., der Druck auf der Schnellpresse, erläutert f. die Geschäftsführung. Verm. Abdr. aus dem typograph. Jahrbuch. 8. (77 S.) Breslau 876. Hoffmann. n. 1. 20

Hoffmann, F. R., Grundzüge einer Geschichte d. Bilderräthsels. Mit zahlreichen Illustr. (in Holzschn.) Berlin 869. Hoffmann. gr. 8. (IV, 44 S.) n. 15 ngr.

— typographisches Jahrbuch. Hrsg. unter Mitarbeiterschaft fortschrittl. Fachgenossen. 1. u. 2. Bdchn. 8. (à 128 S.) Ebend. 876. à n. 1. 80

Hoffmann, F. R., die gemeinübliche deutsche Rechtschreibung, geordnet nach einheitlichen Gesichtspunkten. gr. 8. (47 S.) Mittelwalde 879. Hoffmann. n. —75

Hoffmann, F. R., orthographisches Wörterbüchlein für Lehrer und Lernende. Prakt. Leitfaden beim schriftl. Gebrauch fremdsprachl. Ausdrücke. 8. (16 S.) Berlin 867, Hoffmann.

Hoffmann, F. T. A., s. Hoffmann, Ernst Theodor Amadeus

Hoffmann's, F. W., Führer durch den Ober-Spreewald. Mit 1 Karte vom Spreewald, Stadtplan v. Lübbenau, 5 kol. Postkarten (Farbenlichtdr.) u. 7 Autotyp. (Orig.-Aufnahmen). (48 S.) qu. 16. Leipzig-Oetzsch (905). (Lübbenau, E. Bruchmann.) n. — 50

Hoffmann, F. W., die Nürnberger Kirchen, s.a. Baukunst, die

Die Nürnberger Kirchen von F. W. **Hoffmann**. Berlin & Stuttgart: W. Spemann [1904]. (16 S., 6 Taf.) 2°
= **Baukunst**, Die. Ser. 2. H. 12. [07. 3580 11

Hoffmann, F. W., Studien üb. Hornhautentzündung. [Vorläufige Mittheilg.] [Aus: „Fortschritte d. Medicin".] gr. 8. (2 S.) Berlin 887. Fischer's med. Buchh. n. — 50

Hoffmann, F. W., das Ziel der kirchlichen Renitenz in Hessen, mit Bezugnahme auf die sogenannten Verbesserungspunkte in Niederhessen, zunächst für die renitenten Gemeinden verfaßt. gr. 8. (VII, 70 S.) Kassel 877. Jungklaus in Comm. n. — 50

Hoffmann, Felix: 1. Über einige neue Chinolinderivate und die an ihnen beobachtete sterische Hinderung. 2. Versuche einer Darstellung von Chinolinindolderivaten aus Amidochinaldin. Kiel 1910: Handorff. 50 S. 8°
Kiel, Phil. Diss. v. 10. Febr. 1910, Ref. Harries
[Geb. 2. Aug. 79 Berlin; Wohnort: Kassel; Staatsangeh.: Preußen; Vorbildung: Gymn. Neubrandenburg Reife M. 99; Studium: Marburg 2, Kiel 9 S.; Rig. 15. Jan. 10.] [U 10. 2505

Hoffmann, Felix [aus Ludwigsburg]: Ueber einige Derivate des Dihydroanthracens und des Dekahydrochinolins ... München, Druck v. V. Höfling, 1893; 11 S. 8.
München, Phil. Fak., Inaug.-Diss. v. 1893

Hoffmann, Fel. Ernst, Traum u. Leben. Berlin 855. Schindler. 8. (2 Bl., 460 S.) n. 2 rℬ.

Hoffmann, Ferd., Anleitung zur schnellen Ausmittlung richtiger Einheitspreise für Bauhölzer. Unter Berücksicht. der bei Bauführungen gewöhnlich vorkommenden Dimensionen u. Querschnitte u. unter Anschluss von Tabellen über Preisverhältnisszahlen für Ingenieure, Architekten, Mechaniker, Forstmänner, Bau- u. Zimmermeister etc. Wien 858. Gerold. 4. (V, 50 S.) n. 16 ngr.

— — Theor. u. prakt. Anleitung zum Entwurfe u. zur Ausführung schiefer Ziegel- u. Quader-Brückengewölbe, einschliesslich der für dieselben durchzuführenden Construction der Anlaufsteine. Mit 7 Zeichnungsblättern. (Sep.-Abdr. aus der allg. Bauz.) Wien 1872. 4°.

Hoffmann, Ferd., theoretische und praktische Anleitung zum Entwurfe und zur Ausführung schiefer Ziegel- und Quader-Brückengewölbe, einschliesslich der für dieselben durchzuführenden Construction der Anlaufsteine. gr. 4. Wien 872, v. Waldheim. *

Hoffmann, F., Enoch Arden, s.a. Volks-Bibliothek, neue.

Hoffmann, Ferd., Enoch Arden, der Verschollene, s.a. Volks- u. Jugenderzählungen.

Enoch Arden, – der Verschollene. · Eine Erzählung von | Ferd. Hoffmann. | Oberhausen u. Leipzig. | Druck und Verlag von Ad. Spaarmann. (= No. 4).
o. J., 48 S., 165 × 110, kol. U.-Fig.: *Sie hatten sich's gesagt, daß sie sich heirathen wollten*, 133 × 97.
Priv.-Bes.
Nach der Verserzählung von Alfred Lord Tennyson (1864).

Hoffmann, Ferd., Auswahl aus römischen Dichtern f. höhere Lehranstalten. Zusammengestellt u. erklärt. 2 Tle. gr. 8. Berlin 899. H. Th. Hoffmann. n. 2. 70
1. Text. (X, 127 S.) n. 1. 20
2. Anmerkungen. (VI, 180 S.) n. 1. 50

Hoffmann, Ferdinand: Auswahl aus Römischen Dichtern f. höh. Lehranst. Zsgest. u. erkl. v. Prof. Dr. Ferdinand Hoffmann in Gera. Th. 1. Berlin & Hannover: A. W. Köllner 1899. 8°

Hoffmann, Ferd., der Bau der Kettenbrücken, begründet auf die Gesetze des Gleichgewichtes der dabei in Wechselwirkung tretenden Kräfte, u. bearb. für das prakt. Bedürfniss ohne Hilfe der Differential- u. Integral-Rechnung. Mit 7 Kpfrtaf. Lex. 8. (VIII u. 114 S.) Wien 850, Gerold. 1½ rℬ

Hoffmann, Ferd. (I.), ein Beitrag zur Physiologie und Pathologie der farblosen Blutkörperchen. Inaugural-Dissertation. gr. 8. (106 S. mit 4 Stnt.) Dorpat 881, (Karow.) *

Hoffmann, Ferdinand [aus Charlottenburg]: Beiträge zur Kenntnis der Flora von Central-Ost-Afrika. . . . Berlin, Druck v. W. & S. Loewenthal, 1889; 39 S. 8°
Jena, Phil. Fak., Inaug.-Diss. v. 1889

Hoffmann, F., Beiträge zur Kenntnis der Flora von Central-Ost-Afrika. Inaug.-Diss. gr. 8. (39 S.) Berlin 889. Rudolstadt, Dabis. n. 1. 20

– Die Belagerung von Rhodus, s. Volksbibliothek, Neue.

Hoffmann, F., Bemerkungen, wie der Waidbau und die Indigo-Fabrikatur in d. k. k. Erbstaaten ins Große gebr. werden kann. 8. Wien, Tendler. 802.

Hoffmann, Fd., gründl. Bemerkk., wie d. Waidbau u. d. Indigo-Fabrikatur in den gesammten k. k. Erbstaaten in kurzer Zeit ins Große gebracht ꝛc. werden kann. 8. Wien 802. Trattner. 5 gl.

– Die Bluthochzeit, s. Volksbibliothek, Neue.

Hoffmann, Ferd., die feindlichen Brüder, s.: Volkserzählungen, neue.

Methode Rustin. Chemie von Oberl. Dr. Ferdinand **Hoffmann**. Lfg 1. Potsdam & Leipzig: Bonneß & Hachfeld [um 1905]. 4°(8°) [F.]
= **Selbst-Unterrichts-Briefe**. [23.] 108. 344

– Der Deserteur, s. Volksbibliothek, Neue.

– Erläuterungen

– dasselbe zu Lessings Abhandlung: Wie die Alten den Tod gebildet, s.: König's, Wilh., Erläuterungen zu den Klassikern.

– Erläutergn. zu Sophokles' Ajas, s.: König's, Wilh., Erläutergn. zu den Klassikern 124. Bdchn.

Hoffmann, Erläutergn. zu Goethes Egmont,
– Erläutergn. zu Lessings Emilia Galotti,
– Erläutergn. zu Schillers Braut v. Messina,
} s.: König's, Wilh., Erläuterungen zu den Klassikern.

– Erläutergn. zu Otto Ludwigs „Erbförster", s.: König's Wilh., Erläutergn. zu den Klassikern. 99. Bdchn.

– dasselbe zu Tacitus' Germania, s.: König's, Wilh., Erläutergn. zu den Klassikern.

– Erläutergn. zu Otto Ludwig's Trauerspiel „Die Makkabäer" s.: König's, Wilh., Erläutergn. zu den Klassikern. 100. Bdchn.

Hoffmann, Ferd., Erläutergn. zu Euripides' „Medea", s.: König's, Wilh., Erläutergn. zu den Klassikern. 133. Bdchn.

– dasselbe zu Karl Immermanns Roman „Der Oberhof", s.: König's, Wilh., Erläuterungen zu den Klassikern.

– dasselbe zu Wolfram v. Eschenbachs Parzival, s.: König's, Wilh., Erläuterungen zu den Klassikern.

– dasselbe zu Ernst Schulze, „Die bezauberte Rose", s.: König's, Wilh., Erläuterungen zu den Klassikern.

Hoffmann, Ferd., Erläuterungen zu Grimmelshausens Simplicius Simplicissimus, s.: König's, Wilh., Erläuterungen zu den Klassikern.

– dasselbe zum Waltharilied von Ekkehard v. St. Gallen, s.: König's, Wilh., Erläuterungen zu den Klassikern.

– Die Ermordung im Walde, s. Volksbibliothek, Neue.

– Der Findling von Smolensk, s. Volksbibliothek, Neue.

– der Findling, s.: Volks- u. Jugend-Erzählungen.

– Die Gründung der Kätterburg, s. Volksbibliothek, Neue.

– Harold, der Zigeunerkönig, s.: Volks-Bibliothek, neue.

– Kaspar Hauser, s.a. Volksbibliothek, Neue.

Kaspar Hauser, | der | Findling von Nürnberg. | Eine Erzählung | von | Ferdinand Hoffmann. | *(Vignette mit der Reihennummer* 16) | Oberhausen u. Leipzig. | Druck und Verlag von Ad. Spaarmann.
o. J., 48 S., 165 × 110; kol. U.-Fig.: *Ein roher Griff mit der Rechten, welche den Knaben blitzschnell und unerwartet aus ihren Armen riß* …, 125 × 85, Lith. u. Druck Weilandt Düsseldorf.
Priv.-Bes.

– Der Kampf um eine Million, s. Volkserzählungen, Neue.

– s.: König's, Wilh., Erläutergn. zu den Klassikern.

Hoffmann, Ferd., Konstrukzion d. Anlaufsteine f. schiefe Ziegelgewölbe u. Bemerkungen üb. schiefe Ziegelgewölbe im Allgemeinen. Für Architekten, Ingenieurs, Bau- u. Steinmetzmeister ꝛc., namentlich zur Anwendung bei Eisenbahnbauten. Mit 22 Konstrukzionen auf 5 Taf. gr. 4. (2⅛ B.) Wien 845, Jasper's Verl. *

Hoffmann, Ferd. (III.), das Kriegsbeil, s. Erzählungen, neue, für die Jugend.

Hoffmann, Ferd., s.: Lesebuch, deutsches, f. höhere Lehranstalten

– (Hrsg.), s. Lessing, Gotthold Ephraim: Hamburgische Dramaturgie.

Hoffmann, Ferd., Materialien und Dispositionen zu deutschen Aufsätzen für die obersten Klassen höherer Lehranstalten, sowie zum Selbstunterricht. gr. 8. (XVI, 272 S.) Hannover 885, Hahn'sche Buchh. * 8 –

Hoffmann, Ferd., Materialien u. Dispositionen zu deutschen Aufsätzen f. d. obersten Klassen höh. Lehranst., sow. z. Selbstunterr. 2., verm. u. verb. Aufl. 2 Tle. 8. Hannover 898. Hahn. 3. 30
1. Kurze Anleitg. z. Abfassg. deutscher Aufsätze. Themata zur deutschen Litteratur u. Geschichte. (VIII, 188 S.) 1. 80
II. Themata z. griech. u. röm. Litteratur u. Geschichte. Themata allgem. Inhalts. (IV, 166 S.) 1. 50

— Materialien u. Dispositionen zu deutschen Aufsätzen f. die obersten Klassen höh. Lehranstalten, sowie zum Selbstunterricht. 3. Tl. Aufgaben zur deutschen Literatur u. Geschichte sowie zu Shakespeares Dramen. (XI, 278 S.) 8. Hannover 909. Hahn. 2. 80

Hoffmann, Nachklänge altgermanischen Götterglaubens im Leben und Dichten des deutschen Volkes. (Erinnerungen an Wodan.) Gera 1887. 4. . . . . do.

Hoffmann, *Ferdinand* Nachklänge altgermanischen Götterglaubens im Leben und Dichten des deutschen Volkes. 4 (S. 21—32).
Progr. Rg. u. Vorsch. *Gera* 1887 (659).

Hoffmann, F., Nachklänge altgermanischen Götterglaubens im Leben u. im Dichten d. deutschen Volkes. gr. 8. (144 S.) Hannover 888. Hahn. n. 1. 80

– Eine Nacht im Grabe, s. Volkserzählungen, Neue.

—— die Predil-Bahn verglichen mit ihren Rivalinnen, den Bahnlinien über Seifnitz und Ponteba, dann über Laak und St. Lucia. Mit 1 Zeichnungsblatte. gr. 4. Ebendas. 872. *

– Die Rache des Gaucho, s. Volksbibliothek, Neue.

– Die Rache eines Helden, s. Volksbibliothek, Neue.

– Der Raubmörder, s. Volksbibliothek, Neue.

– Schreckimwalds Rosengärtlein, s. Volksbibliothek, Neue.

—— Rothhaut und Blaßgesichte, s. Volks-Bibliothek, neue.

– Die Schlacht bei Regensburg, s. Volksbibliothek, Neue.

– Hinter Schloß und Riegel, s. Volksbibliothek, Neue.

– Hinter Schloß und Riegel, s. Volkserzählungen, Neue.

– Der Raubritter Schreckimwald, s. Volkserzählungen, Neue.

– Das rote Schwert, s. Volksbibliothek, Neue.

— das rothe Schwert, s.: Volks- u. Jugend-Erzählungen.

Hoffmann, *Christian Friedrich* Ferdinand Seiner Hochfürstlichen Durchlaucht Herrn Heinrich XIV gnädigst regierendem Fürsten j. L. Reuſs bringen zu Höchstseinem fünfundzwanzigjährigem Regierungsjubiläum am 12. Juli 1892 ehrfurchtsvollst die unterthänigsten Glückwünsche der Direktor und Lehrerkollegium des Realgymnasiums in Gera. 4 (1 Bl.).
Progr. Städt. Rg. mit Vsch. *Gera* 1892.
Nicht im Tauschverkehr.

– (Hrsg.), s. Shakespeare, William: Hamlet. 1902.

Hoffmann, F., der Sinn f. Naturschönheiten in alter u. neuer Zeit, s. a. Sammlung gemeinverständlicher wissenschaftlicher Vorträge.

Hoffmann F, der Sinn für Naturschönheiten in alter und neuer Zeit. (Sammlg gemeinverständlicher wissenschaftlicher Vorträge NF 69) Hamburg 1889

– Die Strandfee, s. Volkserzählungen, Neue.

Hoffmann, Ferdinandus: De philosophorum ac sophistarum qui fuerunt ante Aristotelem studiis Homericis. Part. 1. De philosophis antiquissimis. Halae Saxonum (1874): Ploetz. 31 S. 8°
Halle-Wittenberg, Phil. Diss. v. 12. Febr. 1874
Geb. Uftrungen (Kr. Sangerhausen) 2. 9. 1849. V.
Teil einer Hall. mit dem Accessit ausgezeichneten philos. Preisschrift v. 1873

— Julius Sturm, s. a. Sammlung gemeinverständlicher wissensch. Vorträge. 306. Hft.

Hoffmann F, Julius Sturm. (47 S) (Slg wissenschaftl. Vorträge NF 306) Hamburg 1898

Hoffmann, Ferd. (II.), fünfzig Themata zu deutschen Aufsätzen für die obersten Klassen höherer Lehranstalten. gr. 8. (VII, 68 S.) Leipzig 882, Teubner.

—— über Tracirung von Eisenbahnlinien im offenen und coupirten Terrain. 1. Aufl. 1870, und 2. Aufl. gr. 4. (64 S. mit 21 lithogr. Zeichnungsblättern in qu. Fol.) Ebendas. 871. *

— Ferd., Ueber Tracirung von Eisenbahnlinien im offenen u. coupirten Terrain. Mit 21 Zeichnungsblättern. 2. Aufl. (Sep.-Abdruck aus der allgem. Bauztg.) Wien 1871. 4°.

— u. Wilh. Votsch, lateinisches Übungsbuch f. die mittleren Klassen höherer Lehranstalten, im Anschluß an Stegmanns latein. Schulgrammatik. 2 Tle. gr. 8. Leipzig, B. G. Teubner. n. 3. 60
1. (VIII, 257 S.) 891. n. 2. —. – 2. (VIII, 210 S.) 892. n. 1. 60.

– Der Verschollene, s. Volkserzählungen, Neue.

Hoffmann, Ferd. (II.), s. Volkserzählungen, neue. — Volks- u. Jugenderzählungen.

– Die Waldschenke, s. Volksbibliothek, Neue.

Hoffmann, Ferdinand, Dr.: Botanische Wanderungen in den südlichen Kalkalpen. T. 1. *Berlin: Weidmann 1903.* (33 S.) 4°
Berlin, Fünfte st. R (HB), OP 1903 (131)

Hoffmann, Ferdinand: Botanische Wanderungen in den südlichen Kalkalpen. T. 2. Berlin: Weidmann 1910. 28 S. 4° ¶(Forts. d. P-Beil. 1903.)
Berlin, 5. st. R OP 1910 (161) [S 10. 188

— die Zerstörung von Washita-Village, / – der Zigeunerkönig, } s.: Volks- u. Jugend-Erzählungen.

v. Hoffmann, Fd. Bhrd., († d. 20. Febr. 1802.) Darstellung d. reinen Wahrheit, gegen d. Lügen d. Rottberg. Schrift, betitelt: Vertheidigung gegen einen Angriff d. Präsidenten v. Hoffmann u. Consorten. 8. Lemgo 794. Meyer. 8 gr.

Hoffmann, Fr., Abenteuer Robinson Crusoe's. Nach Defoe u. Campe hrsg. u. f. die Jugend bearb. Mit Farbendr.-Illustr., gezeichnet u. lith. v. O. Woite. gr. 8. (220 S.) Berlin 888. Drewitz Nachf. cart. 3.—

Hoffmann, Fr., Anweis., wie d. schädl. Folgen des Bisses v. e. wüthenden Thiere zu vermeiden, u. wie verletzte Personen zu behandeln. Altenb. 8°.
1781

Hoffmann, Fr. (Bearb.), s. A r n d t , Ernst Moritz: Märchen.

Hoffmann, Fr. (Bearb.), s. A r n d t , Ernst Moritz: Märchenbuch.

Hoffmann, Fr. (Bearb.), s. A r n d t , Ernst Moritz: Im Märchenland.

Hoffmann, Fr., und R. Rothe: Bemerkung zu der Arbeit »Über den amorphen Schwefel. 4.« der Herren A. Smith und C. M. Carson. Leipzig 1907

Hoffmann, Fr. XI., (Pastor), Bemerkk. zu d. Antwort eines alten Freundes d. Wahrheit, (d. Pfarrer L. Wolf), auf d. Sendschreiben an protestant. Bürger u. Edelleute: „Wir bleiben Protestanten." gr. 8. Frankf. a. M. 827. Sauerländer. 8 gr.

Hoffmann, Fr. II., Bericht vom Gebrauch d. Lauchstädter Gesundbrunnens. 4. Halle 762. Renger. 2 gr.

—, Fr. resp. Ge. G. Gumprecht, De consensu partium. Hal. 4°.
1777

— Robinson Crusoe. Nach Defoe u. Campe hrsg. u. f. die Jugend bearb. Mit (6) Farbendr.-Illustr., gezeichnet u. lith. v. O. Woite. gr. 8. (III, 220 S.) Ebd. 887. geb. 6.—

Hoffmann: Analytische Darstellung der krummlinigen Bewegung eines freien Punktes in der Ebene. 24 S. 8°.– Klagenfurt OR., Progr. 1865.

Hoffmann. Fr., Analytische Darstellung der krummlinigen Bewegung eines freien Punktes in der Ebene. Klagenfurt.
Schul-/Univ.-Schrift 1861

— daß d. bösartige Tripper wirklich venerisch sey. 8. Frft. Brenner. (a. Grattenauer in Nürnb.) 779.

Hofmann, Fr., Abhandlung, daß der bösartige Tripper wirklich venerisch sey. Aus d. Latein. 8. Nürnberg. 778. Jetzt Eichhorn.

Hoffmann, Fr. Gaskraftmaschinen. Frankfurt a. M. 1907.

Hoffmann, Fr., s.: Hauff's Märchen.

Hoffmann, **Fr. III.**, († d. 15. Nov. 1783.) commentatio de gonorrhoeae virulentae indole vere venereae. 8. Jena 778. Dass., von ihm selbst ins Deutsche übersetzt: Daß d. bösartige Tripper wirklich venerisch sey. 8. Frankf. a. M. 778. (Eichhorn in Nürnb.) 3 gr.

Hoffmann, Fr., Commers-, Bummel- u. Volks-Lieder-Buch. 9. Aufl. (48 S.) 8. Neuweißensee (905). E. Bartels. — 60

Hoffmann, Fr. Preussens Krieg für Deutschlands Einheit. (IV. 191.) 8. M. Plän. u. Krtn. Berlin 1866. 4.50. — ib. 1868.

Hoffmann, Fr., Preußens Krieg für Deutschlands Einheit. Ein Gedenkbuch an das glorreiche J. 1866 in Wort u. Bild. Für die Jugend u. ihre Freunde. 1—3. Aufl. n. 1 Thlr 15 ngr u. 4. Aufl. Berlin 867. A. Cohn. br. 8. (VI, 191 S. mit 45 Illustr., Schlachtplänen u. Karten in eingedr. Holzschn. u. Steintaf.) cart. n. 1 Thlr; color., geb. mit Goldschn. n. 2 Thlr

— d. Lehre d. kathol. Kirche vom Ablasse. Eine Ablaß-Predigt erschienen im Jubeljahre. 8. Bresl. 825. (Max u. C.) 2 gr.

Hoffmann, Fr., Lionel Lincoln oder die Belagerung von Boston. Nach J. F. Cooper für die reifere Jugend u. das Volk bearbeitet. Mit 4 Bildern in Lichtdruck nach Aquarellen von Cajetan Schweitzer. 8. (141 S.) Teschen 879. Feitzinger. geb. n. 3. 75

Hoffmann, Fr., Missionsgeschichten. Mit einem Vorw. von W. Hoffmann. 1. 2. Bdchn. Potsdam 857, 58. Riegel'sche Buchhdlg. gr. 8. (4 Bl., 204 S.; 2 Bl., 223 S.) 1.: n. 15 ngr; 2.: n. $17\frac{1}{2}$ ngr

Hoffmann, Fr., Missionsgeschichten. Mit einem Vorwort von W. Hoffmann. 3—6. Bd. Mit einem Sachregister zu jedem Theile, sowie ausführlichem General-Register über die Namen, Bibelstellen u. Luthers Katechismus. Potsdam 859—61. Riegel'sche Buchhdlg. gr. 8. (3.: 2 Bl., 271 S.; 4.: 2 Bl., 275 S.; 5.: 2 Bl., 267 S.; 6.: 2 Bl., 619 S.) 3—5.: à n. $17\frac{1}{2}$ ngr; 6.: n. 1 Thlr 15 ngr

— de morbis infantium. 8. Frankf. 771. Vandüren. 5 gr. (Basel, Neukirch). 19 gr.

Hoffmann, Fr., die ätherischen Öle, s.: Gildemeister, E.

Hoffmann, F., Georg Raven. Erlebnisse in den Diamanten-Feldern Brasiliens. gr. 8. (295 S.) Berlin 875. Wallroth. 3.—

HOFFMANN, FR. *Georg Raven.* Erlebnisse in den Diamanten-Feldern Brasiliens. 2. Aufl. Berlin, H. Kastner (c. 1870). M. 8 Chromolithogr. (inkl. Titel u. Frontispiz). Kl.-8°. Orhlwd. m. lithogr. Deckeln. Leicht benutzt. 14.—

Hoffmann: Das Rechnen mit unvollst. Dezimalbrüchen. 44 S. 8°–Klagenfurt OR., Progr. 1857

Hoffmann, Fr., Signaturen für das Herbarium. Mit besonderer Rücksicht auf die in der Pharmazie, Land- u. Forstwirthschaft, Technik u. Oekonomie benutzten, in Deutschland wachsenden Pflanzen. Zum Gebrauche für Jedermann bearb. Mit einem Vorworte von Otto Berg. Stettin 859. Grassmann. gr. 4. (VIII S., 104 Bl.) n. 1 Thlr

— sollen d. kathol. Geistlichen heirathen, oder noch länger unverheirathet bleiben? Eine alte Frage aufs Neue beantwortet. 8. Bresl. 826. (Max u. C.) 2 gr.

— üb. d. Tripper u. Tod. gr. 8. Kopenh. 781. (Vandenhöck u. R. in Götting.) 3 gr.

— s. Universal-Rathgeber, ökonomischer.

Hoffmann, Fr., die Verschwörung der Pazzi. Sittengemälde aus den Tagen Lorenzo's de' Medici, des Erlauchten. 8. (200 S.) Basel 880, Schwabe. *

— von d. gewissen Vorherhersagung d. Todes; aus d. Latein., mit Anmerkk. v. B. W. Rödder. 8. Frankf. 775. 2e A. 777. Brönner. 6 gr

— von d. gewissen Vorhersagung des Todes, aus d. Lat. v. Radder. 8. Frkf. Brönner. 777.

Hoffmann, Fr.: Was können wir vom Erie-Canal lernen? Berlin 1875.

Hoffmann, Fr. A., s. a. Ausstellungen.

Hoffmann, Ausstellungen. 1r Thl. 8. Magdeburg 825, Heinrichshofen.

Hoffmann, Fr. Aug., s.a. Hoffmann, Friedrich

Hoffmann, Fr. A., (Hofpred. in Ballenst.) Beringer v. Anhalt; ein Drama in 2 Abth. 8. Bernb. 825.

Hoffmann, Fr. Aug. II., Fibel für Land- u. Stadtschulen. 8. Bernb. 826.

— das Gelübde. Festspl. mit Gesang. 8. Bernb. 826.

Hoffmann, Fr. Aug. II., (Hofprediger), kurze bibl. Glaubens- u. Sittenlehre zum Gebrauch in Volksschulen. 8. Halle 826. Anton. 1 gr

Hoffmann, Fr. A. III., (Rector), der Protestantismus in seiner geschichtl. Begründung, in seinem Einflusse u. in seinen Hauptlehren, nach den besten Quellen dargestellt für gebildete evangel. Christen. gr. 8. Stuttg. 826. (Brodhag). 1 Thlr 6 gr

— der Protestantismus in seiner geschichtl. Begründung, in seinem Einflusse u. in seinen Hauptlehren nach d. best. Quellen dargestellt. Für gebildete evangel. Christen. gr. 8. Stuttgart 827 Brodhag. 1¼ Thlr

— sehet euch vor vor d. falschen Propheten, die in Schafskleidern zu euch kommen, inwendig aber sind sie reißende Wölfe. 8. Stuttg. 827. Hoffmann. 6 gr

— s. Wir bleiben Protestanten.

Hoffmann, Fr. Jul., der Gottes- u. Schöpfungsbegriff d. Joh. Scotus Erigena. Inaugural-Dissertation. gr. 8. (68 S.) Jena 876. (Deistung.) n. 1. 20

Hoffmann, Fr. L. W., Logik der Harmonie. Ein Harmoniesystem der Obertöne. (III, 35 S.) 8. Leipzig 905. C. F. Kahnt Nachf.. n. 1. —

Hoffmann, Fr. Ludwig, s. Hofmann

Hoffmann, Fr. W.

Hoffmann, (F. W.,) zwanzig Gedichte, s. Gedichte.

Hoffmann, Fr. W. II., orthographische u. deutsche Sprach-Uebungen in kalligraph.-lithograph. Vorlegeblättern. Eltern, Erziehern u. Privatlehrern, besonders aber Elementarschullehrern gewidmet, ihren Kindern als häusl. Uebung an die Hand zu geben. 4. Berl. 828. (Lüderitz). 1 Thlr 12 gr

Hoffmann, Francis A. [wirkl. Name], s.a. Buschbauer, Hans [Pseud.]

Hoffmann, Francis A. Amerikanische Bienenzucht ... von Hans Buschbauer (pseud.). Milw. 1886.

Hoffmann, Frz., der weiße Aal, und andere deutsche Sagen. Neu für die Jugend bearbeitet. Mit 6 (lith. u. color.) Bildern. Stuttgart 853. Chelius. 16. (1 Bl., 88 S.) 10 ngr.

Hoffmann, Frz., häusliche Abende. Beliebte Erzählungen. 2. Aufl. Stuttgart 865. Chelius. 16. (III, 338 S.) cart. 15 ngr.

Hoffmann, Frz., häusliche Abende. Beliebte Erzählungen. 3. Aufl. Stuttgart 865. Chelius. 16. (2 Bl., 338 S.) 15 ngr.

Hoffmann, Frz., häusliche Abende. Beliebte Erzählgn. 4. Aufl. gr. 16. (III, 390 S.) Stuttgart 873. Leipzig, Berndt. geb. 1. 50

Hoffmann, Frz., Abendstunden. Erzählungen für meine jungen Freunde. gr. 8. (304 S. mit 4 Lith.) Stuttgart 849, E. Hallberger. 1 Thlr

— Abendstunden. Erzählungen für meine jungen Freunde. 3. Aufl. Stuttgart 856. Ed. Hallberger. gr. 8. (360 S. u. 6 color. Lithogr.) 1 Thlr. 7½ ngr.

Hoffmann, Frz. (II.), Abendstunden. Erzählungen für meine jungen Freunde. 3. Aufl. gr. 8. (360 S. mit 6 ill. Stnt. in Tondr.) Stuttgart 857, E. Hallberger.

— Abenteuer aller Arten u. Orten. Für die Jugend von 11 bis 15 Jahren. 2. Aufl. Mit (8) color. Bildern. gr. 16. (III, 208 S.) Ebend. 873. geb. 2. 25

Hoffmann, Frz., Abenteuer aller Arten u. Orten, f. die Jugend von 11 bis 15 Jahren. 2. Aufl. Mit (8) color. Bildern. 16. (208 S.) Leipzig 879. Berndt. cart. 2. 50

— Abenteuer zu Wasser und Land. Interessante Erzählungen für die erwachsene Jugend. 8. (III und 344 S. mit 8 ill. Stnt.) Stuttgart 851(52,) Schmidt und Spring.

Hoffmann, Frz. (I.), acht philosophische Abhandlungen über Frz. v. Baader und seine Werke. (Abdr. der Einleitungen zu Fr. v. Baader's s. Werken, 1. Hauptabthl. 1—10. Bd.) gr. 8. (IV und 488 S.) Leipzig 857, [Literarisches Institut.] *

— der alte Gott lebt noch! Eine Erzählung für meine jungen Freunde. Mit 4 Stahlst. 16. Ebend. (846) 847. ¼ Thlr

— der alte Gott lebt noch! Eine Erzählung für meine jungen Freunde. Mit 4 Stahlst. 2. unveränd. Aufl. gr. 16. (110 S.) Ebd. 851. ¼ Thlr

— der alte Gott lebt noch! Eine Erzählung für meine jungen Freunde. Mit 4 Stahlst. 5. unveränd. Aufl. Ebend. 855. 16. (110 S.) 7½ ngr.

— der alte Gott lebt noch! Renó. Zwei Erzählgn. für meine jungen Freunde. Mit 2 Bildern in Farbendr. v. C. Offterdinger. Neue Ausg. 8. (102 u. 109 S.) Stuttgart 888. Schmidt & Spring. geb. 2. 25

—— an Gottes Segen ist Alles gelegen. Eine Erzählung für meine jungen Freunde. 16. (110 S. mit 4 Stahlst.) Ebendas. 869. cart.

— das malerische u. romantische Anhalt. Ein Album, enth. die Beschreibung, Geschichte, Sagen des Landes etc. Mit 24 maler. Ansichten nach der Natur gez. von Gust. Frank, u. 15 Portr. lith. v. (Ed.) Uber. 4. (IV u. 92 S.) Dessau 852, Aue. n. 3 ℛ

Hoffmann, Frz., das malerische und romantische Anhalt. Ein Album, enthltd. die Beschreibung, Geschichte, Sagen des Landes etc. Dessau (853.) Stange. (Aue'sche Buchhdlg.) 4. (IV, 92 S., 24 Lithogr. u. 15 lith. Bildnisse.) n. 3 ℛ.

Hoffmann, Frz., Anleitung zur Fortbildung in der Botanik, s.a. Zur Fortbildung des Lehrers.

Anleitung zur Fortbildung in der Botanik. Ein Ratgeber f. d. 2. Lehrerprüfung. Von Franz **Hoffmann**, Seminarl. Berlin: Gerdes & Hödel 1909. 51 S. 8°
(Zur Fortbildung d. Lehrers. H. 17.) [10. 12184

— dasselbe in der Mathematik, s.a. Zur Fortbildung des Lehrers.

Anleitung zur Fortbildung in der Mathematik. Ein Ratgeber f. d. 2. Lehrerprüfung u. d. Mittelschulexamen von Franz **Hoffmann**, Seminarl., Altdöbern. Berlin: Gerdes & Hödel 1908. 75 S. 8°
(Zur Fortbildung d. Lehrers. H. 3/4.) [09. 8965

— die Ansiedler in der Prairie. Ein Robinson der Wüste. Nach dem Engl. des Kapitän Reid für die Jugend bearbeitet. Mit 8 (lith. u.) color. Bildern. Stuttgart 854. Schmidt u. Spring. 8. (1 Bl., 302 S.) 1 ℛ. 7½ ngr.

—— die Ansiedler am Strande. Eine Erzählung für meine jungen Freunde. 16. (118 S. mit 4 Stahlst.) Stuttgart 855(56,) Schmidt und Spring.

Hoffmann, Frz., Ansprache an die Verehrer u. Freunde der Baaderschen Philosophie in den Staaten Europas u. Vereinigten Staaten Amerika's. [Aus: Vorrede zum 1. Bde. der philosophischen Schriften.] Erlangen 868. Deichert. gr. 8. (50 S.) 7½ ngr.

Hoffmann, Franz (Hrsg.), s. Apollo. 1895 ff.

Hoffmann, Frz., Apologie der Naturphilosophie Franz Baader's wider directe u. indirecte Angriffe der modernen Philosophie u. Naturwissenschaft. [Abdr. der Einleitung zu Frz. v. Baader's sämmtl. Werke, 1. Hauptabthlg. 3. Bd.] gr. 8. (68 S.) Leipzig 852, Bethmann. n. 12 ngr.

Hoffmann, Frz., Arbeit und Geld. Eine Erzählung für meine jungen Freunde. Mit 4 Stahlst. Stuttgart 865. Schmidt & Spring. 16. (85 S.) 7½ ngr.

Hoffmann, Frz., Arm und Reich. Eine Erzählung für die Jugend. Mit 4 Stahlst. 16. Stuttgart 845. Schmidt u. Spring. ¼ ℛ

— Arm u. Reich. Eine Erzählung f. d. Jugend. Mit 4 Stahlst. 3. unveränd. Aufl. gr. 16. (90 S.) Stuttgart 851, Schmidt & Spring. ¼ ℛ

— Arm und Reich. Eine Erzählung für die Jugend. Mit 4 Stahlst. 4. unveränd. Aufl. Stuttgart 853. Schmidt u. Spring. 16. (90 S.) 7½ ngr.

Hoffmann, Frz. (II.), Arm und Reich. Das wahre Glück. Zwei Erzählungen für die Jugend. Mit 2 Bildern in Farbendr. von Offterdinger. Neue Ausg. 8. (88, 123 S.) Stuttgart 882, Schmidt und Spring. geb.

die Auswanderer. Eine Erzählung für meine jungen Freunde. Mit 4 Stahlst. Ebend. 864. 16. (146 S.) 7½ ngr.

Hoffmann, Franz (Hrsg.), s. Bader, Franz von: Biographie u. Briefwechsel.

Hoffmann, Frz. (Hrsg.), s. Baader, Franz von: Grundzüge der Societätsphilosophie.

Hoffmann, Frz. (Hrsg.), s. Baader, Franz von: Sammlung der . . . Recensionen.

— Franz von Baader in seinem Verhältniß zu Hegel u. Schelling. Eine Beleuchtung von drei Recensionen der 1. Ausg. v. Baader's kleinen Schriften. [Abdr. der Vorrede zu Frz. Baader's kleinen Schriften. 2. um die Hälfte verm. Ausg.] gr. 8. (138 S.) Ebd. 850. n. ⅔ ℛ

— Franz Baader im Verhältnisse zu Spinoza, Leibnitz, Kant, Jacobi, Fichte, Schelling, Hegel, Herbart. [Abdr. der Einleitung zu Frz. v. Baader's sämmtl. Werke, 1. Hauptabthlg. 2. Bd.] gr. 8. (74 S.) Ebd. 851. n. 16 ngr.

Hoffmann, Franz (Hrsg.), s. Baader, Franz von: Sämmtliche Werke.

— die Bahn des Lasters. Eine Erzählung für meine jungen Freunde. Mit 4 Stahlst. Ebend. 860. 16. (171 S.) 7½ ngr.

— die Banknoten. Eine Erzählung für meine jungen Freunde. Mit 4 Stahlst. Stuttgart 853. Schmidt u. Spring. 16. (108 S.) 7½ ngr.

— Ludwig van Beethoven. Eine Erzählg. f. meine jungen Freunde. Mit 4 Stahlst. 16. (77 S.) Stuttgart 871. Schmidt & Spring. — 75

—— Beharrlichkeit führt zum Ziel. Eine Erzählung für meine jungen Freunde. 16. (110 S. und 4 Stahlst.) Stuttgart 851(52,) Schmidt und Spring.

Hoffmann, Franz

Der Bekehrte. Eine Erzählung für meine jungen Freunde. Mit 4 Stahlst.
Stuttgart: Schmidt & Spring 1862. 90 S. 8°

—— die Belagerung von Boston. Für die reifere Jugend frei nach J. F. Cooper bearb. 8. (128 S. mit 4 farb. Lichtdr.-Bildern.) Eßlingen 881, Schreiber. geb. *

—— Beleuchtung der neuesten Urtheile über Baader's Lehre. gr. 8. (74 S.) Leipzig 854, Bethmann. *
Ist ein besonderer Abdruck der Einleitung zu Frz. v. Baader's sämmtl. Werke. 1. Hauptabthl. 4. Bd.

— Beleuchtung der neuesten Urtheile über Baader's Lehre. Abdr. der Einleitung zu Fr. v. Baader's sämmtl. Werken, I. Hauptabth. 5. Bd. Ebend. 854. gr. 8. (LXXIV S.) n. 12 ngr.

Hoffmann, Franz

Ein Bibelblatt. Eine Erzählung für meine jungen Freunde. Mit 4 Stahlst.
Stuttgart: Schmidt & Spring 1860. 8°
169 S.

Hoffmann, Frz., c. Bibelblatt. — Unverhofft kommt oft. Zwei Erzählgn. f. meine jungen Freunde. Neue Ausg. 8. (132 u. 107 S. m. 2 Farbendr.) Stuttgart 890. Schmidt & Spring. In 1 Bd. geb. 2. 25

—— Bilder und Skizzen nach der Natur. Zur Unterhaltung und Belehrung für die reifere Jugend. br. 8. (III und 413 S. mit 8 ill. Stnt.) Stuttgart 855(56,) Schmidt und Spring.

—— Bilder-Quodlibet. Mit Denksprüchen u. Fibelversen. qu. 4. (5½ B. u. 24 ill. Taf.) Stuttgart 845, Schmidt u. Spring.

— Biographie Franz v. Baader's. (Abdr. aus Fr. v. Baader's sämmtl. Werken.) Ebend. 857. gr. 8. (160 S.) n. 20 ngr.

Hoffmann, Franz [Bearb.]
s. Bird, R.M.: Die Gefahren der Wildniß. 1847.

Hoffmann, Franz
Das treue Blut- Eine Erzählung für meine jungen Freunde. Mit 4 Stahlstichen.
Stuttgart: Schmidt & Spring 1861. 83 S. 8°

Hoffmann, Frz., der Brand-Müller, s. a. Sammlung beliebter Jugendschriften. Bd. 5.

Hoffmann, Franz
Der Brand-Müller. Eine Erzählung für meine jungen Freunde. Mit 4 Stahlst.
Stuttgart: Schmidt & Spring 1858. 107 S. 8°

— die Brüder. Eine Erzählung für meine jungen Freunde. Mit 4 Stahlst. Ebend. 864. 16. (130 S.) 7½ ngr.

— Die beiden Brüder. Eine Erzählung aus dem Leben. 1872.

—— (das bunte Buch.) Neue 150 moralische Erzählungen für kleine Kinder. 16. (VIII und 441 S. mit 14 Stnt.) Stuttgart 850, Schmidt und Spring.

Hoffmann, Frz., das bunte Buch. Neue 150 moral. Erzählgn. f. kleine Kinder. 16. Aufl. 12. (VIII, 370 S. m. 13 Farbdr.) Stuttgart (899). E. Barth. Kart. 3. —

— die Büffeljäger. Reisebilder u. Naturschildergn. aus dem Westen, nach Mayne Reid der reifern Jugend erzählt. Neu bearb. v. Vikt. Reicke. 8. Aufl. 8. (323 S. m. 4 Farbdr.) Ebd. (899). Geb. in Leinw. 4. 50

— der Büffeljäger am Lagerfeuer. Reisebilder und Naturschilderungen aus dem Westen nach Kapitän Maine Reid für die reifere Jugend bearb. Mit 8 (lith. u.) color. Bildern. Ebend. 858. gr. 16. (1 Bl., 392 S.) 1 ₰. 15 ngr.

— die Büffeljäger am Lagerfeuer. Reisebilder u. Naturschildergn. aus dem Westen nach Maine Reid f. die reifere Jugend bearb. Mit 8 Bildern in Farbendr. 2. Aufl. gr. 8. (323 S.) Ebend. 875. 6. —

—— Captal. Eine Erzählung f. d. Jugend. 16. (10½ B. u. 4 Stahlst.) Stuttgart 840, Schmidt u. Spring.

— Captal. Eine Erzählung für die Jugend. Mit 4 Stahlst. 3. unveränd. Aufl. gr. 16. (116 S.) Ebd. 851. ¼ ₰

— Captal. Eine Erzählung für die Jugend. Mit 4 Stahlst. 4. unveränd. Aufl. Ebend. 853. 16. (116 S.) 7½ ngr.

— Mylord Cat. Eine Erzählung für Kinder rc. Mit 4 Stahlst. 16. Ebend. 843. ¼ ₰

—— Mylord Cat. Eine Erzählung für Kinder und deren Freunde. 2. Aufl. (125 S.) 1848. und 3., unveränd. Aufl. gr. 16. (94 S. und 4 Stahlst.) Stuttgart 851, Schmidt und Spring.

—— s. Cervantes-Saavedra, Miguel de, Don Quixote de La Mancha.

– Cesta nepravosti, s. Biblioteka obrázková pro mládež.

— siehe: Charaden, Worträthsel u. Räthselfragen, 300 geographische. — — — 300 naturhistorische.

Hoffmann, Dr. Franz (Prof. d. Philos. in Würzburg), kurze Charakteristik der Societätsphilosophie Franz v. Baader's. (S.-A.) Leipzig, Herm. Bethmann, 1854. 8°. Cart. *)
Tit. u. VIII S. —

— kurze Charakteristik der Societätsphilosophie Franz v. Baader's. Abdr. der Einleitung zu Baader's sämmtl. Werken. I. 6. Ebend. 854. gr. 8. (8 S.) n. 2 ngr.

—— kurze Charakteristik der Societätsphilosophie Frz. v. Baader's. (Abdr. der Einleitung zu Baader's s. Werken, 1. Hauptabthl. 6. Bd.) gr. 8. (8 S.) Leipzig 854(58), [Literarisches Institut.] *

— Conanchet. Eine Erzählung für die reifere Jugend. Nach dem Engl. des J. F. Cooper. Mit (6 lith. u.) color. Illustr. von Rothbarth. Stuttgart 857. Thienemann. 16. (IV, 301 S.) 1 ₰.

— Conanchet, der Indianerhäuptling. Eine Erzählung für die reifere Jugend. Nach dem Engl. des J. F. Cooper. Mit (6 lith. u.) color. Illustr. von Rothbarth. 2. unveränderte Aufl. Stuttgart 864. Thienemann. 16. (IV, 283 S.) 1 ₰

—— Conanchet, der Indianerhäuptling. Eine Erzählung für die reifere Jugend. Nach dem Engl. des J. F. Cooper bearb. 3. Aufl. 1871, und 4. Aufl. Mit (6) Bildern in Farbendr. nach Aquarellen von J. Simmler. gr. 8. (208 S.) Stuttgart 874, Thienemann. geb.

— Conanchet, der Indianerhäuptling. Eine Erzählg. f. die reifere Jugend. Nach dem Engl. d. J. F. Cooper bearb. 5. Aufl. Mit (6) Bildern in Farbendruck nach Aquarellen v. J. Simmler. gr. 8. (208 S.) Stuttgart 876. Thienemann. 4. 50

— Conanchet, der Indianerhäuptling. Eine Erzählg. f. die reifere Jugend. Nach dem Engl. d. J. F. Cooper bearb. 6. Aufl. Mit 6 Bildern in Farbendr. nach Aquarellen v. J. Simmler. gr. 8. (208 S.) Stuttgart 886. Thienemann. geb. n. 4. 50

Hoffmann, Frz., Conanchet, d. Indianerhäuptling. E. Erzählg. f. d. reifere Jugend. N. d. Engl. d. J. F. Cooper bearb. 7. Aufl. M. vielen Textill. u. 6 Farbendr.-Bild. nach Aquarellen v. W. Hoffmann. gr. 8. (229 S.) Stuttgart 895. K. Thienemann. Geb. in Leinw. n. 4. 50

—— s. Cooper's Lederstrumpf-Erzählgn.

Hoffmann, Franz [Bearb.]
s. Cooper, J.F.: Narramatta und Conanchet. 1845.

Hoffmann, Franz [Bearb.]
s. Cooper, J.F.: Der rothe Seeräuber. 1861.

Hoffmann, Frz. Die Deklamation deutscher Gedichte an höheren Lehranstalten. 24 S. Progr. Ülzen 1885.

— der üb. den Wolken. Eine Erzählg. f. meine jungen Freunde. Mit 4 Stahlst. 16. (77 S.) Ebend. 871. — 75

— F., Die Dialektik Platons. Diss. 1832. 41 S.

Hoffmann, Dr. Frz., die Dialektik Platons. gr. 8. Münch. 832. Jaquet. 6 gl

— Die mit Thränen säen, werden mit Freuden ärndten. Eine Erzählung f. meine jungen Freunde. Nebst einigen kleineren Beiträgen. Mit 3 Stahlst. 8. (158 S.) Wriezen 849, Röder.

—— die mit Thränen säen, werden mit Freuden ärndten. Eine Erzählung für meine jungen Freunde. 1. Aufl. (158 S.) Wriezen 1849. und 2. Aufl. 8. (128 S. und 3 Stahlst.) Wesel 852, A. Bagel.

Die mit Tränen säen, werden mit Freuden ernten. Eine Erzählung f. meine jungen Freunde. Von Franz Hoffmann. 9. Aufl. *Gütersloh: C. Bertelsmann [1901].* (136 S.) 8° [F.]
— Nieritz, Gust.: Jugendbibliothek. No 36. [03. 409

— die m. Tränen säen, werden m. Freuden ernten. Eine Erzählg. f. meine jungen Freunde. 9. Aufl. (136 S.) 8. Gütersloh (903). C. Bertelsmann, Sep.-Cto. n. — 60; kart. n. — 70; geb. in Bibliotheksbd. n. — 80; in Leinw. n. — 90

—— Dienst um Dienst. Eine Erzählung für meine jungen Freunde. 16. (116 S. mit 4 Stahlst.) Stuttgart 856(57,) Schmidt und Spring.

Hoffmann, Franz, Leiter d. Kgl. Auslandsfleischbeschauamtes in Breslau: Aus d. Hygien. Inst. d. tierärztl. Hochsch. in Berlin. Leiter: Ostertag. Zur Differenzierung ähnlicher Bakterien durch Züchtung auf farbstoff-, traubenzucker- und sanatogenhaltigen Nährböden. Leipzig: Fock 1908. 46 S. 8°
Gießen, Veterinär-Med. Diss. v. 28. Nov. 1908, Ref. Olt
[Geb. 4. Sept. 75 Wüstewaltersdorf; Wohnort: Breslau; Staatsangeh.: Preußen; Vorbildung: Gymn. Bocholt i. W. Reife O. 06; Studium: Gießen 1, Tierärztl. Hochschulen Dresden 4, Berlin 1, Dresden 2, Stuttgart 1 S.; Rig. 28. Febr. 08.] [U 09. 1150

—— Du sollst nicht stehlen. Mohr und Weisser, s. a. Trewendt's Jugendbibliothek.

—— du sollst nicht stehlen. — Mohr und Weißer. Zwei Erzählungen für die Jugend. 8. (134 S. und 1 Stahlst.) Breslau 850, [Trewendt und Granier.]

— durch Nacht zum Licht. Eine Erzählung für meine jungen Freunde. Mit 4 Stahlst. Stuttgart 870. Schmidt & Spring. 16. (111 S.) 7½ ngr

— Ehre Vater und Mutter. Eine Erzählung für meine jungen Freunde. Mit 4 Stahlst. Stuttgart 860. Schmidt & Spring. 16. (72 S) 7½ ngr.

—— Jacob Ehrlich. Eine Geschichte f. Kinder rc. 16. (8⅓ B. u. 4 Stahlst.) Stuttgart 843, Schmidt u. Spring.

— Jakob Ehrlich. Eine Geschichte f. Kinder u. Kinderfreunde. Mit 4 Stahlst. 2. Aufl. gr. 16. (124 S.) Stuttgart 848, Schmidt & Spring. — 3. unveränd. Aufl. gr. 16. (92 S.) Ebd. 851. ⅓ rf

—— Jakob Ehrlich. Hoch im Norden. Zwei Erzählungen für die Jugend. Mit 2 Bildern in Farbendr. von Offterdinger. Neue Ausg. 8. (94, 112 S.) Stuttgart 883, Schmidt und Spring. geb.

— Eigensinn u. Buße. Eine Erzählung für meine jungen Freunde. Mit 4 Stahlst. gr. 16. (166 S.) Ebd. 849. ¼ rf

— Eigensinn und Buße. Eine Erzählung für meine jungen Freunde. Mit 4 Stahlst. 2. unveränd. Aufl. Ebend. 852. 16. (126 S.) 7½ ngr.

—— der Eisenkopf. Eine histor. Erzählung. 16. (133 S. mit 4 Stahlst.) Stuttgart 868, Schmidt und Spring. cart.

Fr. **Hoffmann**'s speculat. Entwickel. der ewigen Selbsterzeug. Gottes; a. *Fr. v. Baaders* sämmtl. Schriften zusammengest. *Amb.*, Schmidt. 835. gr 16° 9 gl

Hoffmann, Franz
Unter der Erde. Eine Erzählung für meine jungen Freunde. Mit 4 Stahlst.
Stuttgart: Schmidt & Spring 1863. 88 S. 8°

— Erheiterungen. Beliebte Erzählungen. 3. Aufl. Stuttgart 868. Chelius. 16. (334 S.) cart. 15 ngr.

—— die Eroberung von Mexico. Eine Erzählung. Nach van der Velde für die reifere Jugend bearb. gr. 8. (IV, 195 S. mit 8 Bildern in Farbendr.) Stuttgart 879, Schmidt und Spring. geb.

— Erzählungen, s.: Universal-Bibliothek f. die Jugend.

— ausgewählte Erzählungen f. die Jugend. 1. u. 2. Bd. Mit je 16 Vollbildern v. Fritz Bergen. 8. (III, 365 u. III, 368 S.) Leipzig (900. 991). Schmidt & Spring. Geb. à 3. —

Hoffmann's, Frz., ausgewählte Erzählungen für die Jugend. 3. Bd. Mit 16 Vollbildern v. Fritz Bergen. (III, 398 S.) 8. Leipzig (903). Schmidt & Spring. Geb. 3. —

— Ausgewählte Erzählungen f. die Jugend. (1. 4. u. 5. Bd.) 8. Leipzig, Schmidt & Spring. Geb. in Leinw. à 3. —
(1.) Mit 16 Vollbildern v. Fritz Bergen. 2. Aufl. (III, 365 S.) (909.)
(4.) Mit 16 Vollbildern v. Fritz Bergen. (III, 400 S.) (907.)
(5.) Mit 14 Vollbildern v. Fritz Bergen. (III, 402 S.) (909.)

— beliebte Erzählungen. 3. Aufl. Stuttgart 864. Chelius. 16. (2 Bl., 378 S.) 15 ngr.

— beliebte Erzählungen. 4. Aufl. 16. (III, 378 S.) Stuttgart 872. Leipzig, Berndt. geb. 1. 50

— beliebte Erzählungen. 4. Aufl. 16. (378 S.) Leipzig 879. Berndt. cart. 1. 50

— 150 moralische Erzählungen für kleine Kinder. Mit 48 Bildertaf. 16. Stuttgart 842. Hoffmann. 1 rf

—— 150 moralische Erzählungen für kleine Kinder. 3. Aufl. 1848. und 4., unveränd. Aufl. 16. (VIII und 392 S. mit 48 Stnt.) Stuttgart 850, Schmidt und Spring.

HOFFMANN, FR. *Hundertundfünfzig moralische Erzählungen* für kleine Kinder. Mit sechzehn colorirten Bilder [handkolor. getönte Lithogr.] 9. unveränd. Aufl. Stuttgart, Schmidt & Spring, 1861. VIII, 303 S. Kl.-8° (fast quadrat.) Chromolith., illustr. Or.-Karton in graugrün, weiß u. gelb. 30.—
Fein illustrierter, hübscher Bd. in wohlerhalt. Or.Karton. Innen stellenweise leicht fleckig.

— 150 moralische Erzählungen für kleine Kinder. Mit 16 (lith. u.) color. Bildern. 10. unveränd. Aufl. Stuttgart 862. Schmidt & Spring. 16. (VIII, 303 S.) 1 Thlr.

— 150 moralische Erzählungen f. kleine Kinder. Mit 16 color. Bildern. 15. unveränd. Aufl. 16. (VIII, 303 S.) Stuttgart 876. Schmidt & Spring. 3. —

HOFFMANN, FR. *Hundertundfünfzig moralische Erzählungen* ... 17. Aufl. Stuttgart, Schmidt & Spring, [c. 1870]. Kl.-8°. Neuerer Hlwd. mit aufgezog. chromolithogr. Or.-Umschlag. — Bibliotheksstempel der Prinzessin Maria zu Anhalt. 40.—

— neue 150 moral. Erzählungen f. kleine Kinder. [Das bunte Buch.] Mit 24 (lith.) Bildern. 16. (VIII u. 441 S.) Stuttgart 850, Schmidt & Spring. — 2. unveränd. Aufl. 16. (VIII u. 370 S.) Ebd. 851. 1 Thlr.

HOFFMANN, FR. *Neue hundertundfünfzig moralische Erzählungen* für kleine Kinder. Mit sechzehn [hand]colorirten Bildern [Lithographien auf getöntem Grund]. 6. Aufl. Stuttgart, Schmidt & Spring. 1862. 2 Bl. 370 S. Kl.-8°. Einfacher Lwd. d. Z. 30.—
Die sehr hübschen Tafeln sind sorgfältig koloriert. Der Text hie u. da etw. fleckig.

— neue 150 moralische Erzählungen f. kleine Kinder (Das bunte Buch.) Mit 16 color. Bildern. 11. unveränd. Aufl. 16. (VIII, 370 S.) Ebend. 876. 3. —

HOFFMANN, FR. *Neue hundertundfünfzig moralische Erzählungen.* ... 12. Aufl. Stuttgart, Schmidt & Spring, [c. 1875]. VIII, 370 S. Kl.-8°. Chromolithogr. Or.-Pappbd. 20.—
Frisches Ex. mit sorgfältigem Kolorit der hübschen Illustrationen. Einbandrücken erneuert.

—— neue moralische Erzählungen für Kinder von 5 bis 8 Jahren. 1. Aufl. (168 S.) 1848. und 2. Aufl. gr. 16. (167 S. mit 8 ill. Stnt.) Stuttgart 851, Stoppani.

— neue moralische Erzählungen für Kinder von 5 bis 8 Jahren. 3. (Titel-)Aufl. Mit 8 (lith. u.) color. Bildern. Leipzig (854.) 856. Friedlein. 16. (1 Bl., 166 S.) 15 ngr.

—— neue moralische Erzählungen für Kinder von 5 bis 8 Jahren. 4. Aufl. gr. 16. (III und 180 S. mit 8 ill. Stnt.) Stuttgart 863, Nitzschke. cart.

— neue moralische Erzählungen für Kinder von 5 bis 8 Jahren. 4. Aufl. Stuttgart 863. Nitzschke. 16. (2 Bl., 160 S. u. 8 color. Lithogr.) 21 ngr.

— neue moralische Erzählungen f. Kinder von 5 bis 8 Jahren. 8. (151 S. m. 8 Chromolith.) Stuttgart 871. Nitzschke. geb. 2. 10

—— neue moralische Erzählungen für Kinder von 5 bis 8 Jahren. 6. Aufl. 8. (149 S. mit 8 bunten Bildern.) Stuttgart 880, Nitzschke. geb.

— neue moralische Erzählgn. f. Kinder v. 5—8 Jahren. 6. Aufl. Mit 8 bunten Bild. 12. (149 S.) Stuttgart 895. W. Nitzschke. Kart. n. 1. 50

- neue moralische Erzählungen f. Kinder mittleren Alters. 7., durchgeseh. Aufl. Mit vielen Textillustr. u. 6 Farbendr.-Bildern nach Aquarellen v. O. Andres u. Walt. Zweigle. gr. 8. (III, 112 S.) Stuttgart (899.) W. Nitzschke. Geb. 2. —

—— Erziehung und Leben. Eine Erzählung für die reifere Jugend. Nach dem Engl. des Kapit. Marryat bearb. Mit 24 Bildern. br. 8. (IV und 216 S. mit 8 Stnt.) Stuttgart 847, Stoppani.

MARRYAT. — HOFFMANN, FRANZ. *Erziehung und Leben* ... Nach Kapitän Marryat bearb. Mit 8 feinen Stahlstichen (R. GEISSLER del., E. DERTINGER sc.) 2. Aufl. Stuttgart, W. Nitzschke [c. 1845]. 8°. Olivfarb., farbig illustr. Or.-Karton, mod. Leinenrücken. 12.—
Gute Bearbeitung des „Midshipman Easy". — Wenige unbedeut. Fleckchen.

— Erziehung und Leben. Eine Erzählung für die reifere Jugend. Nach dem Engl. des Kapitän Marryat bearb. Mit 8 feinen Stahlst. 2. Aufl. Ebend. 863. (IV, 215 S.) 1 Thlr.

—— Erziehung durch Schicksale. Eine Erzählung f. Kinder rc. 16. (9 B. u. 4 Stahlst.) Stuttgart 844, Schmidt u. Spring.

—— Erziehung durch Schicksale. Eine Erzählung für Kinder und Kinderfreunde. 2. Aufl. (132 S.) 1848. und 3., unveränd. Aufl. gr. 16. (100 S. und 4 Stahlst.) Stuttgart 851, Schmidt und Spring.

Hoffmann, Frz. (II.), Excurse über österreichisches allgemeines bürgerliches Recht, s. Pfaff, L.

Hoffmann, Franz

Eine Familiengeschichte. Eine Erzählung für meine jungen Freunde. Mit 4 Stahlstichen.
Stuttgart: Schmidt & Spring 1863. 99 S. 8°

—— Feierstunden. Beliebte Erzählungen. 3. Aufl. 16. (III und 324 S.) Stuttgart 867, Chelius. cart.

— Feierstunden. Beliebte Erzählgn. 4. Aufl. gr. 16. (326 S.) Leipzig 877. Berndt. 1. 80

—— akademische Festrede zur Feier des 100jährigen Geburtstages Joh. Glieb. Fichte's gehalten am 19. Mai 1862 in der Aula der Hochschule zu Würzburg. gr. 4. (48 S.) Würzburg 862, Stahel'sche Buchh. *

— Fleiß u. Trägheit. Eine Erzählung für meine jungen Freunde. Mit 4 Stahlst. Stuttgart 870. Schmidt & Spring. 16. (121 S.) cart. 7½ ngr.

— auf der Flucht. Eine Erzählung für die reifere Jugend. Mit 4 Stahlst. Ebend. 870. 16. (124 S.) 7½ ngr.

— Folgen des Leichtsinns. Eine Erzählung für meine jungen Freunde. Mit 4 Stahlst. gr. 16. (160 S.) Stuttgart 849, Schmidt & Spring. ¼ Thlr.

— Folgen des Leichtsinns. Eine Erzählung für meine jungen Freunde. Mit 4 Stahlst. 2. unveränd. Aufl. Stuttgart 852. Schmidt u. Spring. 16. (120 S.) 7½ ngr.

— Friedl u. Nazl. Eine Geschichte aus dem Tiroler Land für meine jungen Freunde. Mit 4 Stahlst. gr. 16. (127 S.) Ebd. 851. ¼ Thlr.

— Friedl und Nazi. Eine Geschichte aus dem Tiroler Land für meine jungen Freunde. Mit 4 Stahlst. 2. unveränd. Aufl. Ebend. 854. 16. (127 S.) 7½ ngr.

—— Friedl und Nazl. Eine Geschichte aus dem Tiroler Land. — Treue gewinnt. Eine Erzählung für meine jungen Freunde. Neue Ausg. 8. (125, 119 S. mit 2 Bildern in Oelfarbendr. von Offterdinger.) Stuttgart 885, Schmidt und Spring. geb. 2 25

—— frisch gewagt ist halb gewonnen, s. a. Universal-Bibliothek für die Jugend.

— Frisch gewagt ist halb gewonnen. Eine Erzählung für die Jugend. Mit 4 color. Kpfrn. Stuttgart 853. Chelius. 16. (1 Bl., 139 S.) 15 ngr.

— fürchte Gott, thue recht u. scheue niemand, s. a. Universal-Bibliothek f. die Jugend.

— Fürchte Gott, thue recht und scheue Niemand. Eine Erzählung für die Jugend. Mit 4 color. Kpfrn. Stuttgart 853. Chelius. 16. (1 Bl., 152 S.) 15 ngr.

Hoffmann, Franz

Furchtlos und treu. Eine Erzählung für meine jungen Freunde. Mit 4 Stahlst.
Stuttgart: Schmidt & Spring 1853. 119 S. 8°

Bird, Robert Montgomery

Die Gefahren der Wildniß. Eine Erzählung für die reifere Jugend. Nach dem Engl. des Dr. Bird bearb. von Franz Hoffmann. Mit 16 Bildern.
Stuttgart: Stoppani 1847. 22o S. 8°

Hoffmann, Frz. (II.), die Gefahren der Wildniß. Eine Erzählung für die reifere Jugend. Nach dem Engl. des Dr. Bird bearb. 2., verb. Aufl. Mit Illustr. von Rothbarth. gr. 16. (VI und 321 S. mit 6 ill. Stnt.) Stuttgart 856(57,) Thienemann's Verlag. Thlr.

— die Gefahren der Wildniß. Eine Erzählung für die reifere Jugend. Nach dem Engl. des Dr. Bird bearb. 4. verb. Aufl. Mit 6 (lith.) Illustr. (in Farbendr.) von H. Offterdinger. Stuttgart 869. Thienemann. 4. (IV, 228 S.) cart. 1 ℛ 15 ngr.

— die Gefahren der Wildniß. Eine Erzählg. f. die reifere Jugend. Nach dem Engl. d. Dr. Bird bearb. 7. Aufl. Mit Illustr. (6 Chromolith.) v. C. Offterdinger. gr. 8. (IV, 228 S.) Stuttgart 875. Thienemann. n. 4. 50

—— die Gefahren der Wildnis. Eine Erzählung für die reifere Jugend. Nach dem Engl. des Dr. Bird bearb. Mit 6 Illustr. in Farbendr. nach Aquarellen von Herm. Vogel. 8. Aufl. gr. 8. (IV, 206 S.) Stuttgart 883, Thienemann's Verlag. cart. *

— die Gefahren der Wildnis. Eine Erzählung f. die reifere Jugend. Nach dem Engl. d. Bird bearb. 9. Aufl. gr. 8. (IV, 206 S. m. 6 Farbendr.) Stuttgart 889. Thienemann. geb. n. 4. 50

—— Geyer-Wälty. Eine Erzählung für meine jungen Freunde. 16. (116 S. mit 4 Stahlst.) Stuttgart 855(56,) Schmidt und Spring.

— Geier-Wälty. Nur immer brav. Zwei Erzählgn. f. meine jungen Freunde. Mit 2 Bildern in Farbendr. v. Offterdinger. Neue Ausg. 8. (104 u. 95 S.) Stuttgart 887. Schmidt & Spring. geb. 2. 25

— der böse Geist. Ein Mährchen f. die Jugend. Mit 4 Stahlst. 16. Stuttgart 845, Schmidt u. Spring. 1/4 ℛ

—— der böse Geist. Eine Erzählung für die Jugend. 2., unveränd. Aufl. gr. 16. (74 S. und 4 Stahlst.) Stuttgart 851, Schmidt und Spring.

— der böse Geist. Eine Erzählung für die Jugend. Mit 4 Stahlst. 3. unveränd. Aufl. Stuttgart 853. Schmidt u. Spring. 16. (74 S.) 7 1/2 ngr.

— dem Gerechten wird Gutes vergolten, | s. a. Universal-
— frisch gewagt ist halb gewonnen, | Bibliothek f.
— wen Gott lieb hat, den züchtiget er, | die Jugend.

—— den Gerechten wird Gutes vergolten. Eine Erzählung für die Jugend. gr. 16. (158 S. und 4 Stahlst.) Stuttgart 851, [Krais und Hoffmann.]

— den Gerechten wird Gutes vergolten. Eine Erzählung f. die Jugend. Mit 4 Stahlst. (Lithochrom.) gr. 16. (158 S.) Stuttgart 851, Scheitlin & Krais. 1/2 ℛ

Der Geschäftsbetrieb der Versteigerer in Preussen. Von Dr. F[ranz] Hoffmann, Geh. Reg.R. im Min. f. Handel. *Berlin: C. Heymann 1902.* (VI, 166 S.) 8° [F.] [illegible]

— der Geschäftsbetrieb der Versteigerer in Preußen. 1. u. 2. unveränd. Aufl. gr. 8. (à VII, 166 S.) Ebd. 902. Kart. n. 2. 40

– Zur Geschichte der Fideikommisse, s. Pfaff, L.

— die Geschichte von Reineke dem Fuchs. Für die Jugend neu bearb. Mit 24 Bildern. br. 8. Dresden 846, Bromme. geb. 3/4 ℛ

— die Geschichte von Reineke dem Fuchs. Für die Jugend neu bearb. Mit 24 Bildern (auf 12 lith. Taf.) gr. 16. (189 S.) Stuttgart 847, Stoppani. 3/4 ℛ — 2. Aufl. gr. 16. (189 S.) Stuttgart 850, Hoffmann. 2/3 ℛ

— die Geschichte von Reineke dem Fuchs. Für die Jugend neu bearb. 3. Aufl. 859. — 4. Aufl. Mit 8 (lith. u.) color. Bildern. Stuttgart 861. Chelius. 8. (163 S.) 27 ngr.

— die Geschichte von Reineke dem Fuchs. Für die Jugend neu bearb. 5. Aufl. Stuttgart 867. Chelius. br. 8. (160 S. mit 8 color. lith. Bildern in Tondr.) cart. 27 ngr.

— die Geschichte von Reineke dem Fuchs. Für die Jugend neu bearb. 6. Aufl. Mit (8) kolor. Bildern. 8. (160 S.) Leipzig 878. Berndt. cart. 3. —

Hoffmann, Frz., Geschichte v. Schloss u. Stadt Teupitz. (93 S. m. 1 Bildnis.) 8. Teupitz (902). (Berlin, G. Nauck.) n.n. 1. 25

—— die Geschichte vom Tell. Eine Erzählung f. d. Jugend. 16. (7 1/4 B. u. 4 Stahlst.) Stuttgart 845, Schmidt u. Spring.

— die Geschichte vom Tell. Eine Erzählung für die Jugend. Mit 4 Stahlst. 3. unveränd. Aufl. gr. 16. (84 S.) Stuttgart 851, Schmidt & Spring. 1/4 ℛ

— die Geschichte vom Tell. Eine Erzählung für die Jugend. Mit 4 Stahlst. 4. unveränd. Aufl. Ebend. 853. 16. (84 S.) 7 1/2 ngr.

— Geschichtenbuch für die Kinderstube. Kleine moralische Erzählungen für Kinder von 5—8 Jahren. 16. (Mit 24 Lithogr.) Stuttgart 844, Stoppani. geb. 1 ℛ

— Geschichtenbuch für die Kinderstube. Kleine moral. Erzählungen f. Kinder v. 5 bis 8 Jahren. 2. Aufl. Mit vielen (13 lith.) neuen Abbildgn. 16. (IV u. 281 S.) Stuttgart 850, Hoffmann. 1 ℛ

— Geschichtenbuch für die Kinderstube. Kleine moralische Erzählungen für Kinder von 5 bis 8 Jahren. 3. Aufl. 16. (IV und 234 S. mit 8 ill. Stnt.) Stuttgart 855(56,) Chelius.

— Geschichtenbuch für die Kinderstube. Kleine moralische Erzählungen für Kinder von 5 bis 8 Jahren. 3. u. 4. Aufl. Mit (8 lith. u.) color. Bildern. Stuttgart 856, 57. Chelius. 16. (2 Bl., 234 S.) 1 ℛ.

Geschichtenbuch für die Kinderstube. Kleine moralische Erzählungen für Kinder von 5—8 Jahren. 5. Aufl. Mit (8) color. Stahlst. Ebend. 860. 16. (IV, 220 S.) 1 ℛ

— Geschichtenbuch f. die Kinderstube. Kleine moral. Erzählgn. f. Kinder von 5 bis 8 Jahren. 6. Aufl. Mit (8) kolor. Stahlstichen. 16. (IV, 196 S.) Stuttgart 872. Leipzig, Berndt. geb. 3. —

— Geschichtenbuch für die Kinderstube. Kleine moral. Erzählungen für Kinder von 5 bis 8 Jahren. 7. Aufl. Mit 8 color. Stahlst. 8. (272 S.) Ebend. 879. cart. 3. —

— Geschwisterliebe. Eine Erzählung f. die Jugend. Mit 4 Stahlst. (Lithochrom.) gr. 16. (160 S.) Stuttgart 851, Scheitlin & Krais. ½ ℛ

— die Gewerbe-Ordng. f. das Deutsche Reich, s. a. Brauchitsch, M. v.

— d. Gewerbeordng. m. d. ges. Ausführungsverordngn. f. d. Deutsche Reich u. Preußen, s. a. Taschen-Gesetzsammlung.

Hoffmann F, die Gewerbeordnung mit den gesamten Ausführungsbestimmungen für das Deutsche Reich und Preussen. 2. Auflage. (1023 S) 16° Berlin 1901

Hoffmann, Franz, Die Gewerbe-Ordnung m. d. gesamten Ausführungsbestimm. f. d. Deutsche Reich u. Preussen. Erl. 4. Aufl. Berlin 1904. 8°.
[Dasselbe] 5. Aufl. Berlin 1906. 8°.
Dasselbe 6. Aufl. Berlin 1907. 8°.
Dasselbe 7. u. 8. Aufl. Berlin 1910. 8°.
(Taschen-Gesetzsammlung, 36.)

— Gewerbe-Unfallversicherungsgesetz nebst Gesetz, betr. die Abänderg. der Unfallversicherungsgesetze. s. a. Taschen-Gesetzsammlung.

Hoffmann F, Gewerbe-Unfallversicherungsgesetz. 2. Aufl. (368 S) 16° Berlin 1901

Hoffmann, F[ranz], Gewerbe-Unfallversicherungsgesetz nebst Gesetz, betr. d. Abänderung der Unfallversicherungsgesetze. Erl. 3. Aufl. Berlin 1906. 8°.

—— böses Gewissen. Eine Erzählung für meine jungen Freunde. 16. (122 S. mit 4 Stahlst.) Stuttgart 866, Schmidt und Spring. cart.

— äußerer Glanz und innerer Werth. Eine Erzählung für meine jungen Freunde. Mit 4 Stahlst. Stuttgart 864. Schmidt & Spring. 16. (137 S.) 7½ ngr.

— das wahre Glück. Eine Erzählung für die Jugend. Mit 4 Stahlst. 16. Stuttgart 846, Schmidt u. Spring. ¼ ℛ

— das wahre Glück. Eine Erzählung für die Jugend. Mit 4 Stahlst. 3. unveränd. Aufl. 16. (126 S.) Stuttgart 851, Schmidt & Spring. ¼ ℛ

— das wahre Glück. Eine Erzählung für die Jugend. Mit 4 Stahlst. 5. unveränd. Aufl. Ebend. 854. 16. (126 S.) 7½ ngr.

—— Glückswechsel. Eine Erzählung für meine jungen Freunde. 16. (125 S. mit 4 Stahlst.) Stuttgart 866, Schmidt und Spring. cart.

—— der Goldsucher. Eine Erzählung für meine jungen Freunde. 16. (115 S. mit 4 Stahlst.) Stuttgart 853, Schmidt und Spring.

— Gott lenkt! Eine Erzählung für meine jungen Freunde. Mit 4 Stahlst. 4. unveränd. Aufl. Ebend. 870. 16. (118 S.) cart. 7½ ngr.

— Ueber die Gottesidee des Anaxagoras, d. Socrates und des Platon, im Zusammenhange ihrer Lehren von der Welt u. dem Menschen. Pr. 1860. 82 S. 4°. 3.50

Hoffmann, Franz, Über die Gottesidee des Anaxagoras, Sokrates u. Plato. Würzburg 1860.

die Gouvernante. Eine Erzählung für die Jugend. Mit 4 Stahlst. Ebend. 865. 16. (147 S.) 7½ ngr.

— Aus dem Grabe. Eine Erzählg. f. meine jungen Freunde. Mit 4 Stahlst. 16. (89 S.) Stuttgart 873. Schmidt & Spring. — 75

Hoffmann, Franz

Graf und Bärenführer. Eine Erzählung für meine jungen Freunde. Mit 4 Stahlst.
Stuttgart: Schmidt & Spring 1863. 94 S. 8°

— die Großmutter. Erzählungen f. die Jugend. 5. Aufl. Mit 6 Bildern in Farbendr. nach Aquarellen von C. Offterdinger. 8. (III, 220 S.) Stuttgart 888. Nitzschke. geb. 3. —

— d. Großmutter. Erzählgn. f. d. Jugend. M. 6 Farbdr.-Bildern v. C. Offterdinger. 6. Aufl. 12. (III, 220 S.) Stuttgart 896. F. Loewe. Geb. in Leinw. n. 2. —

— die Großmutter im Kreise ihrer Enkel. Moralische Erzählungen für die Jugend. Mit 6 (lith. u.) fein gemalten Bildern. gr. 16. (327 S.) Stuttgart 851, Stoppani. 1 ℛ

— die Großmutter im Kreise ihrer Enkel. Moralische Erzählungen für die Jugend. 2. Aufl. Stuttgart 863. Nitzschke. gr. 16. (327 S. u. 8 color. Lithogr.) 1 ℛ

— die Großmutter im Kreise ihrer Enkel. Moralische Erzählgn. f. die Jugend. 3. Aufl. 8. (285 S. m. 8 Chromolith.) Stuttgart 871. Nitzschke. geb. 3. —

— die Großmutter im Kreise ihrer Enkel. Acht Erzählungen für die Jugend. 4. Aufl. Mit 8 fein color. (lith.) Bildern von Rothbart. 8. (V, 222 S.) Stuttgart 877. Nitzschke. cart. 3. —

— Grundriß der allgemeinen reinen Logik als Leitfaden für akademische Vorlesungen. 2. verb. Aufl. Würzburg 855. Halm. 8. (VI, 122 S.) 15 ngr.

Grundzüge zur Erkenntnißlehre als Einleitung in das Studium der Baader'schen Philosophie. Von Dr. Franz Hoffmann, P. der Philos. — 1834. — S. 3—16.
Progr. Amberg

Hoffmann, Frz. (I.), Grundzüge einer Geschichte des Begriffs der Logik in Deutschland von Kant bis Baader. 1. und 2. Bd. gr. 8. Leipzig 851, Bethmann. [1. (68 S.) * 14 Ngr., 2. (74 S.) * 16 Ngr.] Thlr. *
Vorstehende drei Werke wurden aus den Vorreden und Einleitungen zu Franz von Baader's sämmtl. Werken, besonders abgedruckt.

— Die Grundzüge der Physik des Okkultismus. (41 S.) 8. Strassburg 908. J. Singer. — 75

— Gut u. Böse. Eine Erzählung für die Jugend u. Jugendfreunde. Mit 4 Stahlst. Ebend. (846) 847. 1/4 ℛ

— Gut u. Böse. Eine Erzählung für die Jugend u. Jugendfreunde. Mit 4 Stahlst. 2. unveränd. Aufl. gr. 16. (115 S.) Stuttgart 851, Schmidt & Spring. 1/4 ℛ

— Gut Wort findet gute Statt. — Baierlein, Jos., Musikantenblut. — Reicke, W., im Busch. — Jordan, Gust., wiedergefunden!, s.: Sammlung beliebter Jugendschriften. Bd. 7.

—— gut Wort findet gute Statt. Eine Erzählung für meine jungen Freunde. 16. (93 S. mit 4 Stahlst.) Stuttgart 864, Schmidt und Spring. cart.

Hoffmann, Franz
In demselben Hause! Eine Erzählung für meine jungen Freunde. Mit 4 Stahlst.
Stuttgart: Schmidt & Spring 1855. 124 S. 8°

Hoffmann, Fr., Politisches Hausbüchlein für den deutschen Bürger und Bauersmann. 8°. Halle, Ed. Anton, 1838.

— polit. Hausbüchlein f. d. deutschen Bürgers- u. Bauersmann. 8. (IV u. 164 S.) Halle 848, Anton. n. 8 ngl

—— Fritz Heiter. Eine Erzählung für meine jungen Freunde. 16. (106 S. mit 4 Stahlst.) Stuttgart 859, Schmidt und Spring.

Hoffmann, Frz., deutsche Helden der Vorzeit. Ein belehrendes Unterhaltungsbuch für die reifere Jugend. Mit 4 Stahlst. 8. Stuttgart 844, Stoppani. geb. 1 ℛ

—— der Henkeldukaten. Frisches Wagen. Der Schiffbruch, s. a. Trewendt's Jugendbibliothek.

—— der Henkeldukaten. — Frisches Wagen. — Der Schiffbruch. — Drei Erzählungen für die Jugend. 8. (124 S. und 1 Stahlst.) Breslau 850, [Trewendt und Granier.]

Der Henkeldukaten. Frisches Wagen. Der Schiffbruch. 3 Erzählungen f. d. Jugend von Franz Hoffmann. 4. Aufl. Mit 1 Stahlstich. Berlin: E. Trewendt [1907]. (128 S.) 8° [F.]
(Trewendt's Jugendbibliothek. Bd 1.) [08. 8484

—— der Herr hat alles wohl gemacht! Eine Erzählung für meine jungen Freunde. 12. (88 S. mit 4 Stahlst.) Stuttgart 885, Schmidt und Spring. cart. — 75

— der Herrenhof. Eine Erzählg. f. meine jungen Freunde. Mit 4 Stahlst. 16. (78 S.) Stuttgart 873. Schmidt & Spring. — 75

— des Herrn Wege sind wunderbar. Eine Erzählung für die Jugend. Mit 4 Stahlst. (Lithochrom.) gr. 16. (157 S.) Stuttgart 850, Schreitlin & Krais. 1/2 ℛ

— Ein gutes Herz, s. a. Sammlung beliebter Jugendschriften. Bd. 1.

—— ein gutes Herz. Eine Erzählung für meine jungen Freunde. 16. (130 S. mit 4 Stahlst.) Stuttgart 866, Schmidt und Spring. cart.

—— Herzlos und herzensgut. Eine Erzählung für meine jungen Freunde. 16. (120 S. mit 4 Stahlst.) Ebendas. 869. cart.

— Heute mir, morgen dir. Eine Erzählung für meine jungen Freunde. Nebst einigen kleineren Beiträgen. Mit 3 Stahlst. 8. (158 S.) Wriezen 849. (Röder.) — 2. Aufl. 8. (132 S. mit 3 Stahlst.) Wesel 852, A. Bagel. 1/4 ℛ

[F.] Heute mir, morgen dir! E. Erzählg f. meine jungen Freunde. Von Franz Hoffmann. 9. Aufl. *Gütersloh: C. Bertelsmann [1897].* (128 S.) 1 Bd 8.
= Nieritz, G.: Jugendbibliothek. No 34. [98. 1875

— Heute mir, morgen dir. Eine Erzählg. f. meine jungen Freunde. 10. Aufl. (127 S.) kl. 8. Gütersloh (910). C. Bertelsmann Sep.-Kto. — 60; geb. in Halbleinw. — 70; in Bibliotheksbd. — 80

Hoffmann, Franciscus: De ecclesiae catholicae hierarchia sive demonstratio: esse in ecclesia catholica hierarchiam quandam cum ordinis tum jurisdictionis eamque et ecclesiae utilem et rei publicae haud damnosam. Vratislaviae 1825. (VIII, 79 S.) 8° *[Im Buchhandel 1825 bei Max & Ko. in Breslau. Verf. hielt mit Genehm. der Fak. eine öff. Disput. über diese Diss. ab, ohne aber die Habilitation zu erlangen, die ihm von Fak. u. Regierung wegen unvorschriftsmäßiger Meldung abgeschlagen wurde.]*
Breslau, Kath.-theol. Disput.-Progr. v. [9. Aug.] 1825

Hoffmann, Fr. VII., (Dr. d. Philos.) de ecclesiae catholicae hierarchia, sive demonstratio: esse in ecclesia catholica hierarchiam quandam cum ordinis, tum jurisdictionis, eamque et ecclesiae utilem, et rei publicae haud damnosam. Dissertatio. 8. Bresl. 825. (Max u. C.) 8 ngl

— Hirt u. Flüchtling. Eine Erzählg. nach J. Porchat. Mit 4 Stahlst. gr. 16. (100 S.) Ebend. 872. — 75

—— Hoch im Norden. Eine Erzählung für meine jungen Freunde. 16. (112 S. mit 4 Stahlst.) Stuttgart 858, Schmidt und Spring.

Hoffmann, Franz
Hoch im Norden. Eine Erzählung für meine jungen Freunde. Mit 4 Stahlst.
Stuttgart: Schmidt & Spring 1859. 112 S. 8°

—— Hochmuth kommt vor dem Fall. Eine Erzählung für meine jungen Freunde. 16. (117 S. mit 4 Stahlst.) Ebendas. 869. cart.

— Hüte dich vor dem ersten Fehltritt. Eine Erzählung. Mit 4 Stahlst. gr. 16. (160 S.) Stuttgart 848, Schmidt & Spring. 1/4 ℛ

—— Hüte dich vor dem ersten Fehltritt. Eine Erzählung. 3., unveränd. Aufl. 16. (115 S. mit 4 Stahlst.) Stuttgart 853, Schmidt und Spring.

Hoffmann, Franz [app. Arzt aus Mettlach a/Saar]: Über Hyperpyrexie. . . . Freiburg i. B., Univ.-Buchdr. v. Chr. Lehmann, 1890; 48 S. 8°
Freiburg i. B., Med. Fak., Inaug.-Diss. v. 1890

— Jack der tapfere Midshipman. Eine Erzählg. f. die reifere Jugend. Nach dem Engl. d. Capitän Marryat bearb. 3. durchgeseh. u. verb. Aufl. v. Erziehg. u. Leben. Mit 7 Bildern in Farbendr. nach Aquarellen v. H. Effenberger u. P. Krämer. gr. 8. (240 S.) Stuttgart 873. Nitzschke. geb. 5. —

—— Jack, der tapfere Midshipman. Eine Erzählung für die reifere Jugend. Nach dem Engl. des Marryat bearb. 4. Aufl. gr. 8. (218 S. mit 5 Bildern in Farbendr.) Ebendas. 879. geb.

— Jagdbilder. Skizzen u. Abentheuer aus allen Welttheilen. Mit 8 (lith. u.) color. Bildern gr. 8. (295 S.) Stuttgart 851, Ed. Hallberger. 1 1/3 ₰

Hoffmann, Frz., (I.), über die Idee der Universitäten. Rede beim Antritte d. Rektorats. gr. 4. (5 B.) Würzburg 845. (Stahel'sche Buchh.) Thlr. *-

—— Jeder in seiner Weise. Eine Erzählung für meine jungen Freunde. 16. (100 S. mit 4 Stahlst.) Stuttgart 856(57,) Schmidt und Spring.

Hoffmann, Franz

Jeder ist seines Glückes Schmied. Eine Erzählung für meine jungen Freunde. Mit 4 Stahlst.
Stuttgart: Schmidt & Spring 1855. 121 S. 8°

Hoffmann, Franz

Im Schnee begraben! Nach einer wahren Begebenheit seinen jungen Freunden erzählt. Mit 4 Stahlst.
Stuttgart: Schmidt & Spring 1855. 125 S. 8°

Hoffmann, Francisc., De ecclesiae catholicae infallibilitate. Breslau, Max u. Co., 1823, 8°, 1 Mk.
Recens. Tüb. Theol. Quartalschr. 1824, S. 290—2.

— Invalidenversicherungsgesetz, s.a. Taschen-Gesetzsammlung.

Invalidenversicherungsgesetz vom 19. Juli 1899 nebst Ausführungsbestimmungen. Erl. von Dr. F[ranz] Hoffmann, Reg.R. im Minist. f. Handel. 2. Aufl. *Berlin: C. Heymann 1900.* (XVII, 312, 180 S.) 8° [F.]
— Taschen-Gesetzsammlung. 42. [00. 7197]

Hoffmann, F[ranz]: Invalidenversicherungsgesetz vom 19. Juli 1899 nebst Ausführungsbestimmungen. 3. Aufl. Berlin 1905.

Hoffmann, F[ranz]. Invalidenversicherungsgesetz vom 19. Juli 1899 nebst Ausführungsbestimm. 4. Aufl. Berlin 1906. 8°.

—— Jugendbibliothek. Nr. 221—225. 12. Ebendas. 888. cart. à Nr. — 75

Inhalt:
Nr. 221. Decken, E. v. der, Gott ist der Waisen Vater. Eine Erzählung. (76 S.)
" 222. Höcker, O., ein frohes Herz, gesundes Blut 2c. Eine Erzählung. (94 S.)
" 223. —— für's Vaterland. Eine Erzählung. (96 S.)
" 224. Wiedemann, F., ein Kindesraub. Eine Erzählung. (106 S.)
" 225. Buddeus, Th., Jung Harald. Eine Erzählung. (98 S.)

Hoffmann, Frz., Jugendbibliothek. 236.—250. Bdchn. 12. (Mit je 4 Stahlst.) Stuttgart, Schmidt & Spring. Kart. à — 75
236. Unter Frühlingsstürmen. Eine Erzählg. von E. v. d. Decken. (112 S.) 891.
237. Verraten u. errettet. Eine Erzählg. aus den deutschen Schutzgebieten Westafrikas. Von Rhold. Ortmann. (123 S.) 891.
238. Getreu bis in den Tod. Aus heidn. Vorzeit. Erzählt v. M. Ermann. (125 S.) 891.
239. Gottes Wege sind wunderbar, aber Er führet sie herrlich hinaus. Eine Erzählg. von Emilie v. Hoff. (108 S.) 891.
240. Die Rosner Tochter. Eine histor. Erzählg. v. J. C. Maurer. (107 S.) 891.
241. Der Heidekrieg. Historische Erzählg. f. meine jungen Freunde. Von M. Ermann. (147 S.) 892.
242. Der Findling vom Belchen-See. Eine Erzählg. f. meine jungen Freunde. Von Emilie v. Hoff. (106 S.) 892.
243. Handwerk hat goldenen Boden. Eine Erzählg. f. die Jugend u. das Volk von E. v. der Decken. (169 S.) 892.
244. Auf der Fährte. Eine Erzählg. aus dem Westen Nordamerikas f. die reifere Jugend v. Jos. Baierlein. (106 S.) 892.
245. Ein Mutterherz. Eine Erzählg. f. meine jungen Freunde. Von Emilie v. Hoff. (94 S.) 892.
246. Jan Kattegatt, der Schiffsjunge. Eine Seegeschichte, f. die Jugend erzählt v. Jos. Baierlein. (91 S.) 893.
247. Besenfriedel. Eine Erzählg. f. die Jugend v. E. Eras. (81 S.) 893.
248. Der Trotzkopf v. Tenzin. Eine Erzählg. f. die Jugend v. M. Ermann. (132 S.) 893.
249. Das Kind des Seiltänzers. Eine Erzählg. f. die liebe Jugend v. Osk. Höcker. (93 S.) 893.
250. Der Gefangene vom Türnstein. Eine Erzählg. v. J. C. Maurer. (81 S.) 893.

Fortsetzung s. weiter unten: Hoffmann's, Frz., Volks- u. Jugendbibliothek.

Hoffmann, Frz., neuer deutscher Jugendfreund für Unterhaltung und Veredlung der Jugend. (19.) Jahrg. 1864. 12 Hefte. Mit vielen Abbildgn. Ebend. gr. 8. (IV, 572 S. m. Holzschn., 6 Stahlst., 16 color. Lithogr. u. 4 Holzschntaf.) 2 ₰

Vgl. Jugendfreund.

— neuer deutscher Jugendfreund für Unterhaltung u. Veredelung der Jugend. (20—24.) Jahrg. 1865—69, à Jahrg. 12 Hefte. Mit vielen Abbild. Ebend. gr. 8. Jeder Jahrg. (ca. IV, 570 S. mit eingedr. Holzschn., 8 Stahlst. 16 color. Stein- u. Holzschntaff. in Tondr.) geb. 2 ₰

— neuer deutscher Jugendfreund f. Unterhaltung u. Veredlung der Jugend. 25—31. Jahrg. 1870—1876. Mit vielen Abbildgn. gr. 8. (à ca. IV, 572 S. m. eingedr. Holzschn., 4 Holzschntaf. i. Tondr., 15 color. Steintaf. u. 8 Stahlst.) Stuttgart, Schmidt & Spring. geb. à Jahrg. 6. —

Hoffmann, Frz., neuer deutscher Jugendfreund für Unterhaltung u. Veredlung der Jugend. Jahrg. 1877—1882. Mit vielen Abbildungen. (Tondr.-Taf., Stahlst. u. Chromolith.) gr. 8. (à IV, 572 S.) Stuttgart 877—81. Schmidt & Spring. geb. à 6. —

— neuer deutscher Jugendfreund f. Unterhaltung u. Veredlung der Jugend. 38—40. Jahrg. 1883—1886. Mit vielen Abbildgn. (in Holzschn., Tondr., Chromolith. u. Stahlst.) gr. 8. (à ca. IV, 572 S.) Stuttgart, Schmidt & Spring. geb. à 6. —

— neuer deutscher Jugendfreund für Unterhaltung u. Veredelung der Jugend. 42.—45. Bd. Mit vielen Abbildgn. (in Holzschn., Tondr., Chromolith. u. Stahlst.). gr. 8. (à IV, 572 S.) Stuttgart 887—889. Schmidt & Spring. geb. à Bd. n. 6 —

— neuer deutscher Jugendfreund f. Unterhaltung u. Veredelung der Jugend. 46.—49. Bd. gr. 8. (à IV, 572 S. m. Abbildgn.) Ebd. 891—894. Geb. in Leinw. à 6. —

— neuer deutscher Jugendfreund f. Unterhaltg. u. Veredelg. d. Jugend. 50.—53. Bd. gr. 8. (à IV, 572 S. m. z. Tl. farb. Abb.) Stuttgart 895—898. Leipzig, Schmidt & Spring. Geb. in Leinw. à Bd. 6. —

— neuer deutscher Jugendfreund. Zur Unterhaltg. u. Belehrg. der Jugend. 54.—57. Bd. gr. 8. (à IV, 572 S. m. Textabbildgn. u. z. Tl. farb. Vollbildern.) Leipzig (899—902). Schmidt & Spring. Geb. in Leinw. à 6. —

— neuer deutscher Jugendfreund. Zur Unterhaltg. u. Belehrg. der Jugend. 58.—61. Bd. (à IV, 572 S. m. Abbildgn. u. z. Tl. farb. Taf.) gr. 8. Leipzig (903—906). Schmidt & Spring. Geb. in Leinw. à n. 6. —

— neuer deutscher Jugendfreund. Zur Unterhaltg. u. Belehrg. der Jugend. 62.—64. Bd. (à IV, 572 S. m. Abbildgn. u. zum Tl. farb. Taf.) gr. 8. Leipzig (907—09). Schmidt & Spring. Geb. in Leinw. à Bd. 6. —
Fortsetzung s.: Jugendfreund, neuer deutscher.

— Mozarts Jugendjahre. Eine Erzählung für meine jungen Freunde. Mit 4 Stahlst. Ebend. 870. 16. (85 S.) 7½ ngr.

—— Mozarts Jugendjahre. Ludwig van Beethoven. Der Jugend erzählt. Mit 2 Bildern in Farbendr. von Offterdinger. Neue Ausg. 8. (94, 88 S.) Ebendas. 882. geb.

— Schiller's Jugendjahre. Eine Erzählg. f. meine jungen Freunde. Mit 4 Stahlst. gr. 16. (75 S.) Stuttgart 872. Schmidt & Spring. — 75

Hoffmann, Frz., neuer Jugendschatz der schönsten Erzählungen, s.: Schmid, Chrph. v.

Hoffmann, Franz

Jung gewohnt, alt gethan. Eine Erzählung für meine jungen Freunde. Mit 4 Stahlst.
Stuttgart: Schmidt & Spring 1858. 106 S. 8°

Hoffmann, Frz., Kalender-Geschichten. 8. (IV u. 380 S.) Breslau 852, Trewendt & Granier. 18 ngr.

Hoffmann, Frz., Kalender-Geschichten. 2. (Titel-)Aufl. Mit 1 Titelkpfr. Breslau (852.) 858. E. Trewendt. 8. (2 Bl., 380 S.) 18 ngr.

Hoffmann, Franz

Gute Kameraden. Eine Erzählung für meine jungen Freunde. Mit 4 Stahlst.
Stuttgart: Schmidt & Spring [1874]. 72 S. 8°

—— auf der Karroo. Eine Erzählung frei nach dem Engl. für meine jungen Freunde. 16. (116 S. mit 4 Stahlst.) Ebendas. 869. cart.

— auf der Karroo. Eine Erzählung frei nach dem Engl. für meine jungen Freunde. Mit 4 Stahlst. Ebend. 870. 16. (116 S.) 7½ ngr.

—— die Kinder sollen dankbar sein den Eltern. Eine Erzählung. 16. (60 S. mit 4 Stahlst.) Ebendas. 878. cart.

— Kindesliebe. Eine Erzählung für die Jugend. Mit 4 color. Kpfrn. Stuttgart 853. Chelius. 16. (1 Bl., 141 S.) 15 ngr.

—— treue Kindesliebe. Eine Erzählung für meine jungen Freunde. 1. Aufl. (158 S.) Wriezen 1849. und 2. Aufl. 8. (128 S. und 3 Stahlst.) Wesel 851(52,) A. Bagel.

Treue Kindesliebe. Eine Erzählung f. meine jungen Freunde. Von Franz Hoffmann. 9. Aufl. *Gütersloh: C. Bertelsmann [1899].* (128 S.) 8° [ß.]
= Nieritz, Gustav: Jugendbibliothek. No 35. [99. 6959]

Hoffmann, Frz., Kirche u. Staat. I. Die Revolution v. Oben in der r.-kathol. Kirche. II. Beiträge zur Politik u. Staatsphilosophie. Eine Sammlg. zerstreuter Aufsätze, Recensionen u. Anzeigen. gr. 8. (LVIII, 224 S.) Gütersloh 872. Bertelsmann. n. 4. —

— Ein armer Knabe, s.a. Jugendbücher, Stuttgarter.

—— ein armer Knabe. Eine Erzählung für die Jugend. 16. (162 S. und 4 ill. Stahlst.) Stuttgart 851(52,) Chelius.

Ein armer Knabe. Erzählung von Franz **Hoffmann**. Mit 4 Abb. von Max Vogel. Stuttgart, Berlin, Leipzig: Union 1907. (147 S.) 8° [ß.]
= **Jugendbücher**, Stuttgarter. 5. [08. 2429]

—— der blinde Knabe, s.a. Trewendt's Jugendbibliothek.

—— der blinde Knabe. — Der kleine Robinson. Zwei Erzählungen für die Jugend. 8. (125 S. und 1 Stahlst.) Breslau 850, [Trewendt und Granier.]

— der Knabe auf Helgoland. Eine Erzählung für meine jungen Freunde. Mit 4 Stahlst. Ebend. 864. 16. (121 S.) 7½ ngr.

—— ein rechtschaffener Knabe. Eine Erzählung für meine jungen Freunde. gr. 16. (196 S. und 4 Stahlst.) Stuttgart 849, Schmidt und Spring.

— ein rechtschaffener Knabe. Eine Erzählung für meine jungen Freunde. Mit 4 Stahlst. 3. unveränd. Aufl. Stuttgart 854. Schmidt u. Spring. 16. (118 S.) 7½ ngr.

Hoffmann, Franz [Hrsg.], s. Kommentar zur Reichsversicherungsordnung.

—— ein Königssohn. Eine Erzählung für meine jungen Freunde. 16. (115 S. mit 4 Stahlst.) Stuttgart 855(56,) Schmidt und Spring.

Hoffmann, F., Krankenversicherungsgesetz, s.a. Taschengesetzsammlung Nr. 43.

Hoffmann, F[ranz], Krankenversicherungsgesetz und Gesetz üb. d. eingeschr. Hilfskassen nebst Ausführungsbestimm. Erl. 5. Aufl. Berlin 1905. 8°.
(Taschen-Gesetzsammlung. 43.)

Hoffmann, F., Krankenversicherungsgesetz und Gesetz über die eingeschriebenen Hilfskassen nebst Ausführungsbestimmungen. Mit Erläuterungen. 6. Aufl. Berlin, 1908. 462 S.

— Das Krankenversicherungsgesetz m. dem Hilfskassengesetz u. den Ausführungsbestimmungen. Erläutert. (XII, 744 S.) gr. 8. Berlin 908. C. Heymann. 16. —; geb. 18. —

– Věrna krev, s. Biblioteka obrázková pro mládež.

HOFFMANN, FR. *Kriegsbilder* aus alter und neuer Zeit für die reifere Jugend herausgegeben von Franz Hoffmann. Mit 8 [lithogr. hand]colorirten Bildern. Stuttgart, Schmid & Spring, 1857. 2 Bl. 385 S. 8°. Schöner lithogr. Or.-Pappbd. (a. d. Vorderdeckel eine römische Schlacht, a. d. Rückendeckel Reiterbild Napoleons). 22.—
Schlachtenbilder von den Thermopylen bis Napoleon. Die figurenreichen Taf. stellen die Schlacht v. Nancy, Marengo, Austerlitz, Waterloo u. a. dar. — Vereinz. Flecken, Einbd. leicht benutzt.

Hoffmann, Frz., Kritik üb. Geist, Kraft, Stoff, hrsg. v. Katharina Adelma u. Vedön Bay. gr. 8. (19 S.) Wien 871. (Lechner's Verl.) n. — 40

— Land- u. See-Bilder in Erzählgn. f. d. reifere Jugend. 1. Bd. A. u. d. T.: Wilde Scenen in Süd-Afrika. Natur- u Sittengemälde. 8. (232 S. mit 1 Stahlst.) Wriezen 848. (Röder, jetzt: Wesel, A. Bagel.) ¾ ngr.

— dies. 2. Bd. A. u. d. T.: Scenen u. Abentheuer in Ceylon. Natur- u. Sittengemälde. 8. (218 S. mit 1 Stahlst.) Ebd. 849. 3/4 ℛℬ

— Land- und See-Bilder in Erzählungen für die reifere Jugend. 2 Thle. in 1 Bde. 2. Aufl. Wriezen (857.) Roeder. 8. (381 S. u. 2 Stahlst.) n. 20 ngr.; color. 27 ngr.

Hoffmann, Frz., Land- u. See-Bilder in Erzählungen f. die reifere Jugend. 2 Thle. in 1 Bd. 3. Aufl. 8. (382 S. m. 8 Chromolith.) Stuttgart 873. Schmidt & Spring. geb. 4. 50

Hoffmann, Franz: Caspar Schwenckfelds Leben und Lehren. Tl 1. Berlin, R. Gaertner, 1897; 29 S. 4.
Berlin, Erste R, OP 1897 (116)

Hoffmann, Frz., Caspar Schwenckfelds Leben u. Lehren. 1. Tl. Progr. 4. (29 S.) Berlin 897. R. Gaertner. n. 1. —

— Lebensbilder, s. a. Universal-Bibliothek f. d. Jugend.

— und J. Dohmke, Lebensbilder. Erzählungen für die Jugend. Mit color. Bildern von Jul. Schnorr. 12. (192 S.) Leipzig 880, Berndt's Verlag. cart.

— Lebenskämpfe. Eine Erzählung für meine jungen Freunde. 16. (114 S. mit 4 Stahlst.) Ebendas. 870. cart.

— die Lebensversicherung. Eine ernste Erzählung für meine jungen Freunde. 16. (91 S. mit 4 Stahlst.) Stuttgart 860, Schmidt und Spring.

Hoffmann, Franz
Die Lebensversicherung. Eine ernste Erzählung für meine jungen Freunde. Mit 4 Stahlstichen.
Stuttgart: Schmidt & Spring 1861. 91 S. 8°

— Lebensversicherungspolicen. 1882.

— Lebenswege. Eine Erzählung für meine jungen Freunde. 12. (78 S. mit 4 Stahlst.) Stuttgart 885, Schmidt und Spring. cart. — 75

— Lederstrumpf-Erzählungen, s. a. Cooper, J. F.

Hoffmann, Frz. (II.), Lederstrumpf-Erzählungen von Cooper. Für die Jugend bearb. 2. Aufl. gr. 8. (666 S. und 20 Stahlst.) Stuttgart 851(52,) Schmidt und Spring. Thlr.

— Lederstrumpf-Erzählungen von Cooper. Für die Jugend bearb. 3., unveränd. Aufl. gr. 8. (666 S. mit 20 Stahlst.) Stuttgart 856(57,) Schmidt und Spring.

— Lederstrumpf-Erzählungen von Cooper. Für die Jugend bearb. Mit 16 Stahlst. [Gestochen von C. Oertinger.] 4. Aufl. 861. — 5. unveränd. Aufl. Ebend. 864. gr. 8. (656 S.) 2 ℛℬ 22½ ngr.

— Lederstrumpf-Erzählungen von Cooper. Für die Jugend bearb. 5. Aufl. 1864. und 6., unveränd. Aufl. gr. 8. (656 S. mit 16 Stahlst., gestochen von C. Oertinger.) Stuttgart 867, Schmidt und Spring. geb.

Coopers Lederstrumpf-Erzählungen. Für d. Jugend bearb. von F. Hofmann. Berlin: [R. Gahl 1899]. (93 S.) 8°

Hoffmann Fr, Lehrbuch der Physik für gewerbliche Wiederholungs- und Fortbildungsschulen. Wien 1867

Hoffmann, Frz. (III.), Lehrbuch der Physik zum Gebrauche beim Unterrichte an gewerblichen Fortbildungsschulen und ähnlichen Fachschulen. 2. verm. und umgearb. Aufl. gr. 8. (XII, 506 S. mit 366 in den Text gedr. Holzschn.) Prag 879, Tempsky. *

— Sophiens Leiden. Kleine moralische Erzählungen für Kinder u. deren Mütter. Nach dem Französ. der Gräfin von Segur, geb. Rostopchine. Mit 8 (lith. u.) color. Bildern. Ebend. 864. 16. (138 S.) 15 ngr.

— Sophiens Leiden. Kleine moral. Erzählungen für Kinder u. deren Mütter. Nach dem Franz. der Gräfin von Segur, geb. Rostopchine. Mit 8 color. (lith.) Bildern. 2. Aufl. 12. (138 S.) Ebend. 880. cart. 1. 50

— brave Leute. Eine Erzählung für meine jungen Freunde. 16. (121 S. mit 4 Stahlst.) Stuttgart 855(56,) Schmidt und Spring.

— brave Leute. Furchtlos und treu. Zwei Erzählungen für die Jugend. Mit 2 Bildern in Farbendr. von Offterdinger. Neue Ausg. 8. (106, 118 S.) Ebendas. 883. geb.

— Liebet Eure Feinde! Eine Erzählung f. die Jugend. 16. (10 B. u. 4 Stahlst.) Stuttgart 846, (47,) Schmidt u. Spring.

— Liebet Eure Feinde. Eine Erzählung f. die Jugend. Mit 4 Stahlst. 2. unveränd. Aufl. gr. 16. (112 S.) Ebd. 851. 1/4 ℛℬ

— Loango. Eine Negergeschichte für die Jugend u. deren Freunde. Mit 4 Stahlst. 16. Ebend. 845. 1/4 ℛℬ

— Loango. Eine Negergeschichte für die Jugend u. deren Freunde. Mit 4 Stahlst. 3. unveränd. Aufl. gr. 16. (98 S.) Ebd. 851. 1/4 ℛℬ

— Loango. Eine Negergeschichte für die Jugend und deren Freunde. Mit 4 Stahlst. 4. unveränd. Aufl. Ebend. 853. 16. (98 S.) 7½ ngr.

— der Bösen Lohn. Eine Geschichte aus alter Zeit. 16. (96 S. mit 4 Stahlst.) Ebendas. 877. cart.

— das große Loos. Eine Erzählung für meine jungen Freunde. 16. (123 S. mit 4 Stahlst.) Stuttgart 856(57) Schmidt und Spring.

— die Macht des Gewissens. Eine Erzählung für meine jungen Freunde. 16. (120 S. und 4 Stahlst.) Stuttgart 851(52,) Schmid und Spring.

— die Macht des Gewissens. Eine Erzählung für meine jungen Freunde. Mit 4 Stahlst. 2. unveränd. Aufl. Ebend. 854. 16. (120 S.) 7½ ngr.

— die Macht des Goldes. Eine Erzählung für meine jungen Freunde. Nebst einigen kleineren Beiträgen. Mit 3 Stahlst. 8. (158 S.) Wriezen 849. (Röder.) — 2. Aufl. 8. (112 S. mit 3 Stahlst.) Wesel 852, A. Bagel. 1/4 ℛℬ

— **Die Macht des Goldes. Eine Erzählg. f. meine jungen Freunde. 8. Aufl. (120 S. m. Titelbild.) 8. Gütersloh (910). C. Bertelsmann. — 60; geb. — 70 in Bibliotheksbd. — 80; in Leinw. — 90**

— malé okolnosti znamenitých výsledků. Poučlivá povídka pro milou mládež. Prag 863. Bellmann. 16. (171 S. u. 4 color. Lithogr.) n. 10 ngr.

Hoffmann, Franz

Man muß sich durchschlagen. Eine Erzählung für meine jungen Freunde. Mit 4 Stahlst.
Stuttgart: Schmidt & Spring 1861. 93 S. 8°

—— ein Mann ein Wort. Eine Erzählung für meine jungen Freunde. 16. (109 S. mit 4 Stahlst.) Stuttgart 856(57,) Schmidt und Spring.

— Mährchen und Fabeln für kleine Kinder. Mit 24 Abbild. 16. Stuttgart 842, Hoffmann. geb. 1 ℛ

—— Mährchen und Fabeln für kleine Kinder. 2. Aufl. 16. (IV und 320 S. mit 16 ill. Stnt. in Tondr.) Stuttgart 851(52) Schmidt und Spring.

— Märchen und Fabeln für kleine Kinder. Mit 16 (lith. u.) color. Bildern. 3. Aufl. 859. — 4. Aufl. 862. — 5. unveränd. Aufl. Ebend. 865. 16. (320 S.) 1 ℛ

—— Märchen und Fabeln für kleine Kinder. 4.—6., unveränd. Aufl. 16. (V und 320 S. mit 16 lithogr. und ill. Bildern.) Stuttgart 861—67, Schmidt und Spring. cart.

— Märchen u. Fabeln f. kleine Kinder. Mit 16 color. Bildern. 8. unveränd. Aufl. 16. (IV, 320 S.) Ebend. 876. 3. —

Hoffmann, Fr. *Märchen und Fabeln* für Kinder. Mit [7] farbigen Bildern. 11. neu durchges. Aufl. Stuttgart, E. Barth [c. 1895]. 1 Bl. 320 S. 12°. Farb. Or.-Halbleinenbd. (etwas lose). 7.—

—— die schönsten Mährchen der Tausend und Einen Nacht. Für die Jugend bearb. 2., durchgesehene Aufl. br. 8. (III und 419 S. mit 20 ill. Stahlst.) Stuttgart 851, Schmidt und Spring.

—— die schönsten Mährchen der Tausend und Einen Nacht. Für die Jugend bearb. 3., durchgeseh. Aufl. br. 8. (III und 360 S. mit 16 lithogr. und ill. Bildern in Tondr.) Stuttgart 859, Schmidt und Spring.

— die schönsten Mährchen der 1001 Nacht. Für die Jugend bearb. 5., unveränd. Aufl. Ebend. 866. gr. 8. (III, 373 S. mit 16 color. lith. Bildern in Farbendr.) cart. 2 ℛ

—— die schönsten Mährchen der Tausend und Einen Nacht. Für die Jugend bearb. Mit 16 color. Bildern in Farbendr. 6. unveränd. Aufl. gr. 8. (VII, 354 S.) Stuttgart 871, Schmidt und Spring. cart.

— die schönsten Märchen der Tausend u. Einen Nacht. Für die Jugend bearb. Mit 16 color. Bildern in Farbendr, 7. unveränd. Aufl. gr. 8. (VII, 354 S.) Stuttgart 876. Schmidt & Spring. 6. —

—— die schönsten Märchen der 1001 Nacht. Für die Jugend bearb. 8. Aufl. 8. (III, 294 S. mit 6 Bildern in Farbendr.) Ebendas. 886. geb. 8 —

Hoffmann, Franz

Jenseits des Meeres. Eine Erzählung für meine jungen Freunde. Mit 4 Stahlst.
Stuttgart: Schmidt & Spring 1861. 92 S. 8°

—— der Mensch denkt und Gott lenkt. Eine Erzählung für die Jugend. gr. 16. (153 S. und 4 Stahlst.) Stuttgart 851, [Krais und Hoffmann.]

— der Mensch denkt u. Gott lenkt. Eine Erzählung für die Jugend. Mit 4 Stahlst. (Lithochrom.) gr. 16. (153 S.) Stuttgart 851, Scheitlin & Krais. ½ ℛ

— Der Mensch denkt u. Gott lenkt, s. a. Jugendbücher, Stuttgarter.

Der Mensch denkt und Gott lenkt. Erzählung von Franz **Hoffmann**. Mit 4 Abb. von Emil Bachrach-Barée. Stuttgart, Berlin, Leipzig: Union [1907]. (139 S.) 8° [F.]
= **Jugendbücher**, Stuttgarter. 4. [08, 2448]

Hoffmann, Frz., neue Methode in der analytischen Darstellung der krummlinigen Bewegung eines freien Punktes in der Ebene sammt der wissenschaftl. Ableitung der vier Kepler'schen Central-Bewegungsgesetze auf elementarem Wege. Klagenfurt 865. Leon's Buchh. gr. 8. (IV, 23 S. mit 1 Steintaf. in qu. Fol.) n. 10 ngr.

Za mořem, s. Bibliotèka obrázková pro mládež.

— Moschele. Eine Erzählung für meine jungen Freunde. Mit 4 Stahlst. Ebend. 854. 16. (1 Bl., 117 S.) 7½ ngr.

— s.: Münchhausen, d. Frhrn. v., Reisen u. Abenteuer.

— (Bearb.), s. Musäus, Johann Karl August: Volksmärchen der Deutschen.

— die erzählende Mutter. Kleine moralische Erzählungen für Kinder von 5—8 Jahren. Mit (14) color. Kupf. 16. Stuttgart 846, Stoppani. geb. 1 ℛ

— die erzählende Mutter. Kleine moral. Erzählungen für Kinder von 5 bis 8 Jahren. 2. Aufl. Mit vielen color. neuen Bildern. 16. (IV u. 315 S. mit 12 Kpfrn.) Stuttgart 850, Hoffmann. 1 ℛ

—— die erzählende Mutter. Kleine moral. Erzählungen für Kinder von 5 bis 8 Jahren. 2. Aufl. (IV und 315 S.) 1850, und 3. Aufl. gr. 16. (IV und 278 S. mit 12 ill. Stahlst.) Stuttgart 852, Chelius.

—— die erzählende Mutter. Kleine moralische Erzählungen für Kinder von 5—8 Jahren. 3. Aufl. 1853. und 4. Aufl. 16. (IV und 278 S. mit 8 ill. Stnt.) Stuttgart 855(56,) Chelius.

—— die erzählende Mutter. Kleine moralische Erzählungen für Kinder von 5 bis 8 Jahren. 5. Aufl. gr. 16. (IV und 278 S. mit 8 lithogr. und ill. Bildern.) Stuttgart 859, Chelius.

Hoffmann, Fr. *Die erzählende Mutter.* Kleine moralische Erzählungen für Kinder von fünf bis acht Jahren. 6. Aufl. Mit [8 hand]colorirten [lithogr.] Bildern. Stuttgart, R. Chelius, 1862. IV, 278 S. Kl.-8°. Besonders schöner Or.-Prägeband aus weißem Glanzkarton mit Titel u. Kolophon in Medaillons und reicher stilisierter Umrahmung in Gold-Rot-Blau auf beiden Deckeln. 38.—
Entzückend illustriertes und entzückend gebundenes Buch. Frisches Ex., nur die Ränder weniger SS. mit kleiner Brandspur. Einz. winz. Fleckchen.

— die erzählende Mutter. Kleine moralische Erzählungen für Kinder von 5 bis 8 Jahren. 7. Aufl. Mit 8 (lith. u.) color. Bildern. Stuttgart 870. Chelius. gr. 16. (IV,

— die erzählende Mutter. Kleine moralische Erzählgn. f. Kinder von 5—8 Jahren. 8. Aufl. Mit (8) color. (lith.) Bildern. 8. (268 S.) Stuttgart 875. Leipzig, Berndt. geb. 3. —

— die erzählende Mutter. Kleine moral. Erzählungen f. Kinder von 5—8 Jahren. 8. Aufl. Mit (8 lith. u.) color. Bildern. gr. 16. (IV, 268 S.) Leipzig 878. Berndt. cart. 3. —

— Mutterliebe. Eine Erzählung f. meine jungen Freunde. Mit 4 Stahlst. gr. 16. (128 S.) Stuttgart 851, Schmidt & Spring. ⅓ ℛ

— Mutterliebe. Eine Erzählung für meine jungen Freunde. Mit 1 Stahlst. 2. unveränd. Aufl. Stuttgart 854. Schmidt u. Spring. 16. (128 S.) 7½ ngr.

—— Narramatta u. Conanchet. Eine Erzählung f. d. reifere Jugend. Nach dem Engl. des J. F. Cooper. 8. (12¾ B. u. 8 Stnt.) Stuttgart 845, Stoppani.

— Natur und Leben. Bilder für die reifere Jugend. Mit 8 (lith. u.) color. Bildern. Ebend. 854. 8. (2 Bl., 436 S.) 1 ℛ. 15 ngr.

Hoffmann, Frz., neueste Naturheilmethode. D. Heilkunde d. Waldheilkraft. (Fichtenlohkuren.) Heilmethode z. Anwendg. u. Selbsthilfe geg. Krankheiten b. Menschen u. Hausthieren, sow. z. Verhütg. u. Vorbeugg. v. Erkrankgn. u. z. Stärkg. u. Kräftigg. d. menschl. Gesundheit. E. Heilkunde f Arm u. Reich u. f. jede Familie nöthig, nützlich u. ausführbar. gr. 8. (24 S.) Wekelsdorf 898. (Trautenau, G. Lorenz.) n. 1. —

—— ein Negerleben. Eine Erzählung für meine jungen Freunde. 16. (119 S. mit 4 Stahlst.) Stuttgart 868, Schmidt und Spring. cart

Hoffmann, Franz
Nemesis. Eine Erzählung für meine jungen Freunde. Mit 4 Stahlst.
Stuttgart: Schmidt & Spring 1863. 84 S. 8°

Hoffmann, Franz
Nicht immer. Eine Erzählung für meine jungen Freunde. Mit 4 Stahlst.
Stuttgart: Schmidt & Spring [1874.]. 85 S. 8°

—— Nichts ist so fein gesponnen, der Herr bringt's an die Sonnen. Eine Erzählung für die Jugend. 16. (154 S. und 1 ill. Stahlst.) Stuttgart 851(52,) Chelius.

— Nord u. Süd, wilde Scenen u. Geschichten. gr. 16. (253 S. mit 8 color. Lith.) Stuttgart 851, Ed. Hallberger. 1 ℛ

— die Noth am höchsten u. die Hülfe am nächsten. Eine Erzählung für Kinder rc. Mit 4 Stahlst. 16. Stuttgart 843, Schmidt u. Spring. 1/4 ℛ

—— die Noth am höchsten, die Hülfe am nächsten. Eine Erzählung für Kinder und deren Freunde. 2. Aufl. gr. 16. (129 S.) 1849. und 3., unveränd. Aufl. 16. (98 S. und 4 Stahlst.) Stuttgart 851, Schmidt und Spring.

—— Nur immer brav. Eine Erzählung für meine jungen Freunde. 16. (104 S. mit 4 Stahlst.) Stuttgart 856(57,) Schmidt und Spring.

— nur immer grade durch. Eine Erzählg. f. meine jungen Freunde. Mit 4 Stahlst. 16. (72 S.) Ebend. 876. — 75

— Nur Kleinigkeiten. Eine Erzählung für meine jungen Freunde. Mit 4 Stahlst. Ebend. 853. 16. (111 S.) 7½ ngr.

— Oheim u. Neffe. Eine Erzählung. Mit 4 Stahlst. gr. 16. (176 S.) Ebd. 848. 1/4 ℛ

—— Oheim und Neffe. Eine Erzählung für meine jungen Freunde. Mit 4 Stahlst. 3. unveränd. Aufl. Ebend. 853. 16. (128 S.) 7½ ngr.

— Ohnmacht des Reichtums, s.a. Sammlung beliebter Jugendschriften. Bd. 6.

Hoffmann, Franz
Ohnmacht des Reichthums. Eine Erzählung für meine jungen Freunde. Mit 4 Stahlst.
Stuttgart: Schmidt & Spring 1859. 100 S. 8°

—— Opfer d. Freundschaft. Eine Erzählung f. d. Jugend. 16. (10½ B. u. 4 Stahlst.) Stuttgart 846, (47,) Schmidt u. Spring.

— Opfer der Freundschaft. Eine Erzählung für die Jugend. Mit 4 Stahlst. 2. unveränd. Aufl. gr. 16. (118 S.) Ebd. 851. 1/4 ℛ

— d. Organisation d. Handwerks u. d. Regelg. d. Lehrlingswesens auf Grund d. Reichsgesetzes v. 26. VII. 1897. Erläut. v. H. 1. u. 2., unveränd. Aufl. gr. 8. (à IV, 176 S.) Berlin 897. C. Heymann's Verl. Kart. n. 2. —

— dasselbe. Ergänzungsheft. gr. 8. (IV, 104 S.) Ebd. 898. Kart. n. 1. —

— die Organisation des Handwerks u. die Regelung des Lehrlingswesens auf Grund des Reichsgesetzes vom 26. VII. 1897. Erläutert v. H. 3. Aufl. gr. 8. (VIII, 383 S.) Berlin 902. C. Heymann. n. 4. —; geb. n. 5. —

—— der Pachthof. Eine Erzählung für meine jungen Freunde. 16. (109 S. und 4 Stahlst.) Stuttgart 851(52,) Schmidt und Spring.

— Aus vergilbten Papieren. Eine Erzählung für die Jugend. Mit 4 Stahlst. Ebend. 864. 16. (89 S.) 7½ ngr.

—— der Pascherjunge. Eine Erzählung für meine jungen Freunde. 16. (125 S. mit 4 Stahlst.) Stuttgart 866, Schmidt und Spring. cart.

—— das Pfarrhaus. Eine Erzählung für meine jungen Freunde. 16. (124 S. mit 4 Stahlst.) Stuttgart 868, Schmidt und Spring. cart.

—— Pflichtgetreu. Eine Erzählung für meine jungen Freunde. 12. (82 S. mit 4 Stahlst.) Ebendas. 884. cart.

— pflichtgetreu. Im Schnee begraben. 2 Erzählgn. f. die Jugend. Neue Ausg. 8. (82 u. 112 S. m. 2 Farbendr. von Offterdinger.) Stuttgart 889. Schmidt & Spring. geb. 2. 25

– Přitel v nouzi, s. Biblioteka obrázková pro mládež.

—— Prüfungen. Eine Erzählung für meine jungen Freunde. gr. 16. (167 S. und 4 Stahlst.) Stuttgart 849, Schmidt und Spring.

— Prüfungen. Eine Erzählung für meine jungen Freunde. Mit 4 Stahlst. 2. Aufl. 852. — 3. unveränd. Aufl. Ebend. 855. 16. (126 S.) 7½ ngr.

—— Don Quixote, s. Leben.

— Don Quixote de La Mancha nach Miguel Cervantes de Saavedra. Für die Jugend bearb. Mit 6 Bildern in Farbendruck nach Aquarellen v. A. Schrödter u. W. Simmler. 3. Aufl. gr. 8. (225 S.) Stuttgart 873. Thienemann. 4. 50

—— Don Quixote von La Mancha, nach Miguel Cervantes de Saavedra. Für die Jugend bearb. Mit 6 Bildern in Farbendr. nach Aquarellen von A. Schrödter und W. Simmler. 4. und 5. Aufl. gr. 8. (226 S.) Stuttgart 875,84, Thienemann's Verlag. cart. *

— Don Quichotte v. La Mancha. Eine Erzählg. f. d Jugend. Nach Miguel Cervantes de Saavedra bearb. Mit vielen Textillustr. u. 4 Farbendr.-Bild. n. Aquarellen v. Adf. Wald. gr. 8. (219 S.) Ebd. 897. Geb. in Leinw. n. 3. —

— dasselbe. 6. Aufl. Mit vielen Textill. u. 6 Farbendr.-Bild. nach Aquarellen v. Adf. Wald. gr. 8. (221 S.) Ebd. 896. Geb. in Leinw. n. 4. 50

— Don Quichotte v. La Mancha. Eine Erzählg. f. die Jugend. Nach Miguel Cervantes de Saavedra bearb. Mit vielen Textillustr. u. 4 Farbendr.-Bildern nach Aquarellen v. Adf. Wald. 8. (219 S.) Stuttgart (899). K. Thienemann. Geb. in Leinw. n. 2. —

— die Rache ist mein, ich will vergelten, s.a. Universal-Bibliothek f. die Jugend.

— die Rache ist mein, ich will vergelten. Eine Erzählung für die Jugend. Mit 4 color. Kpfrn. Stuttgart 853. Chelius. 16. (1 Bl., 146 S.) 15 ngr.

(Hoffmann, Franz
Recht muß Recht bleiben. Erzählung. Für meine jungen Freunde. Nach Kapitain Marryat bearb. Mit 4 Stahlstichen.
Stuttgart: Schmidt & Spring 1858. 112 S. 8°)
Titelbl. fehlt.

Hoffmann, Franz, Syndikus d. Handelskammer: Die Rechtsnatur der Abrechnungsstelle im Skontrationsverfahren. Stuttgart 1909: Union. 28 S. 8° ¶ (Aus: Zeitschrift f. d. ges. Handelsrecht. Bd 65.)
Göttingen, Jur. Diss. v. 20. Sept. 1909, Ref. Beyerle
[Geb. 11. Juni 82 Hannover; Wohnort: Göttingen; Staatsangeh.: Preußen; Vorbildung: Gymn. Josephinum Hildesheim Reife M. 80; Studium: Göttingen 6 S.; Rig. 29. März 09.] [U 10. 1340

— Reichsgesetz betr. Kinderarbeit in gewerbl. Betrieben, s.a Taschen-Gesetzsammlung.

— Gulliver's Reisen in unbekannte Länder, s.a. Swift, Jonathan.

— Gullivers Reisen in unbekannte Länder von Jonathan Swift. Für die Jugend u. deren Freunde frei nach dem Engl. bearb. 861. — 3. unveränd. Aufl. Stuttgart 864. Thienemann. 16. (215 S. u. 7 color. Lithogr.) 22½ ngr.

— Guliver's Reisen in unbekannte Länder v. Jonathan Swift. Für die Jugend u. deren Freunde frei nach dem Engl. bearb. 5. Aufl. Mit (9) Illustr. in Farbendr. nach Aquarellen v. C. Offterdinger. gr. 8. (177 S.) Stuttgart 873. Thienemann. 4. 50

— Gullivers Reisen in unbekannte Länder. E. Erzählg. f. d. Jugend. Nach Jonathan Swift frei bearb. 10. Aufl. Mit vielen Textill. u. 8 Farbendr.-Bild. n. Originalen v. C. Offterdinger u. A. Wald. gr. 8. (196 S.) Stuttgart 896. K. Thienemann. Geb. in Leinw. n. 4. 50

— Gullivers Reisen in unbekannte Länder. Eine Erzählg. f. die Jugend. Nach Jonathan Swift frei bearb. Mit vielen Textillustr. u. 4 Farbendr.-Bildern nach Originalen v. C. Offterdinger u. A. Wald. 8. (167 S.) Stuttgart (899). K. Thienemann. Geb. in Leinw. n. 2.—

— Gullivers Reisen in unbekannte Länder. Eine Erzählung f. die Jugend. Nach Jonath. Swift frei bearb. Mit vielen Textillustr. u. 4 Farbdr.-Bildern nach Originalen v. C. Offterdinger u. A. Wald. 2. Aufl. (167 S.) 8. Stuttgart (906). K. Thienemann. Geb. in Leinw. n. 2.—

— Gullivers Reisen in unbekannte Länder. Eine Erzählung f. die Jugend. Nach Jonath. Swift frei bearb. 11. Aufl. Mit vielen Textillustr. u. 6 Farbendr.-Bildern nach Originalen v. C. Offterdinger u. A. Wald. (196 S.) 8. Stuttgart (907). K. Thienemann. Geb. in Leinw. 4. 50

— dasselbe. Mit vielen Textillustr. u. 4 Farbendr.-Bildern nach Originalen v. C. Offterdinger u. A. Wald. 2. Aufl. (167 S.) 8. Ebd. (910). Geb. in Leinw. 3. —

Hoffmann, Frz., Gullivers Reisen in unbekannte Länder. (Billige Ausg.) 3. Aufl. (167 S.) 8. Stuttgart (910). K. Thienemann. Geb. in Leinw. 2. —

— René. Eine Erzählung für meine jungen Freunde. Mit 4 Stahlst. gr. 16. (118 S.) Stuttgart 851, Schmidt & Spring. ⅓ ₰

— René. Eine Erzählung für meine jungen Freunde. Mit 4 Stahlst. 2. unveränd. Aufl. Ebend. 854. 16. (118 S.) 7½ ngr.

Hoffmann, Frz., Reue versöhnt. Eine Erzählung. Mit 4 Stahlst. gr. 16. (166 S.) Stuttgart 848, Schmidt & Spring. ¼ ₰

— Reue versöhnt. Eine Erzählung für meine jungen Freunde. Mit 4 Stahlst. 3. unveränd. Aufl. Ebend. 853. 16. (120 S.) 7½ ngr.

— Mark's Riff. Nach Cooper für die reifere Jugend bearbeitet. Mit (5 lith. u.) color. Bildern. Ebend. 855. 8. (1 Bl., 422 S.) 1 ₰. 7½ ngr.

— Mark's Riff. Nach Cooper f. die reifere Jugend bearb. Mit 8 color. Bildern. 2. Aufl. gr. 8. (324 S.) Ebend. 871. geb. 4. 50

— Mark's Riff. Nach Cooper für die reifere Jugend bearb. 3. Aufl. gr. 8. (III, 268 S. mit 8 Bildern in Buntdr.) Ebendas. 881. geb.

— Ritter und Bauer. Eine Erzählung für meine jungen Freunde. 16. (84 S. mit 4 Stahlst.) Stuttgart (861)62, Schmidt und Spring.

— der kleine Robinson, s.: Trewendt's Jugend-Bibliothek.

— s.a. Robinson, Der neue.

— der neue Robinson oder Schiffbruch des Pacific. Eine Erzählung für die Jugend. Nach dem Engl. des Kapit. Marryat bearb. 2., aufs Neue durchges. Aufl. br. 8. (396 S. und 54 Abbild.) Stuttgart 848, Schmidt und Spring.

— der neue Robinson oder Schiffbruch des Pacific. Eine Erzählung für die Jugend. Nach dem Engl. des Marryat bearb. 3., verschönerte Aufl. br. 8. (364 S. mit 77 eingedr. Holzschn.) Stuttgart 854, Schmidt und Spring.

— der neue Robinson oder Schiffbruch des Pacific. Eine Erzählung für die Jugend. Nach dem Engl. des Kapitän Marryat bearb. 4., mit 77 (eingedr.) Holzschn. verschönerte Aufl. br. 8. (364 S.) Stuttgart (861)62, Schmidt und Spring.

— der neue Robinson oder der Schiffbruch des Pacific. Eine Erzählung für die Jugend. Nach dem Engl. des Kapt. Marryat. 5., mit 77 (eingedr.) Holzschn. verschönerte Aufl. br. 8. (364 S.) Ebendas. 870. geb.

— der neue Robinson od. Schiffbruch d. Pacific. Eine Erzählg. f. die Jugend. Nach d. Engl. d. Kapit. Marryat. 6., m. 77 (eingedr.) Holzschn. verschönerte Aufl. br. 8. (364 S.) Stuttgart 876. Schmidt & Spring. geb. 2. 40

— der neue Robinson od. der Schiffbruch d. Pacific. Eine Erzählg. f. die Jugend. Nach dem Engl. d. Kapit. Marryat bearb. Neue Ausg. Mit 4 Bildern in Farbendr. gr. 8. (264 S.) Stuttgart 883. Schmidt & Spring. 3. 75

—— Rübezahl, und andere deutsche Sagen. Neu für die Jugend bearb. 16. (84 S. und 4 ill. Kpfr.) Stuttgart 851(52,) Chelius.

Hoffmann, Franz
Keine Rückkehr. Eine Erzählung für meine jungen Freunde. Mit 4 Stahlst.
Stuttgart: Schmidt & Spring 1861. 83 S. 8°

—— deutsche Sagen, neu für die Jugend bearb. 1—4. Bdchn. gr. 16. (374 S. mit à Bdchn. 6 Stnt.) Stuttgart 848—50, Stoppani. à Bdchn. 7⅓ Ngr.

Hoffmann, Frz., deutsche Sagen in vier Büchern neu für die Jugend bearb. 2. Aufl. Mit vielen (12 lith.) bunten Bildern. Stuttgart 853. Chelius. 16. (2 Bl., 374 S.) 1 ₰. 3 ngr.

— deutsche Sagen. Neu für die Jugend bearb. 3. Aufl. 859. — 4. Aufl. Mit (8 lith. u.) color. Bildern. Stuttgart 862. Chelius. 16. (2 Bl., 399 S.) 1 ₰ 7½ ngr.

—— deutsche Sagen. Neu für die Jugend bearb. 5. Aufl. (V, 399 S.) 1869. ℳ 3,75., und 6. Aufl. 8. (IV, 404 S. mit 8 color. lithogr. Bildern.) Stuttgart 875, Chelius. [Leipzig, Berndt's Verlag.] geb.

— deutsche Sagen. Neu f. die Jugend bearb. 6. Aufl. Mit (8) color. (lith.) Bildern. 8. (IV, 404 S.) Stuttgart 875. Leipzig, Berndt. geb. 4. —

— deutsche Sagen. Neu f. die Jugend bearb. 6. Aufl. Mit color. Bildern. 12. (404 S.) Ebend. 880. cart. 4. —

— kleines Sagenbuch. Ein Nachtrag zu der größern Sammlung. 3. Aufl. Mit (4 lith. u.) color. Bildern. Ebend. 863. 16. (2 Bl., 196 S.) 22½ ngr.

— kleines Sagenbuch. Ein Nachtrag zu der größeren Sammlung. 4. Aufl. Ebend. 865. 16. (III, 184 S. mit 4 lith. u. color. Bildern.) cart. 22½ ngr.

Hoffmann, Frz. (II.), die Sandgrube. Eine Erzählung für meine jungen Freunde. 16. (116 S. und 4 Stahlst.) Stuttgart 851(52,) Schmidt und Spring. Thlr.

— Der Satz vom Fermat. Sein seit dem J. 1658 gesuchter Beweis. (24 S.) 8. — 50
Straßburg & Leipzig: Singer 1908.

—— geographische Charaden ꝛc., s. Charaden.

Hoffmann, Franz
Der Schatz des Inka. Eine Erzählung für meine jungen Freunde. Mit 4 Stahlst.
Stuttgart: Schmidt & Spring 1856. 98 S. 8°

— der Schatz d. Inka. Liebet eure Feinde. 2 Erzählgn. f. die Jugend. Mit 2 Bildern in Farbendr. v. Offterdinger. Neue Ausg. 8. (96 u. 108 S.) Ebend. 883. geb. 2. 25

—— der Schein trügt, die Wahrheit siegt. Eine Erzählung. 16. (192 S. und 4 Stahlst.) Stuttgart 848, Schmidt und Spring.

— der Schein trügt, die Wahrheit siegt! Eine Erzählung für meine jungen Freunde. Mit 4 Stahlst. 3. unveränd. Aufl. Ebend. 853. 16. (135 S.) 7½ ngr.

— Der Schiffbruch, s. Trewendts Jugendbibliothek.

—— Schilderungen und Begebenheiten. Ein Buch zum Vorlesen im Familienkreise. br. 8. (III und 288 S. mit 8 ill. Bildern.) Stuttgart 851, Schmidt und Spring.

Hoffmann, Franz
Schmulche-Leben. Eine Erzählung für meine jungen Freunde. Mit 4 Stahlst.
Stuttgart: Schmidt & Spring 1855. 117 S. 8°

—— philosophische Schriften. 3 Bde. gr. 8. Erlangen, Deichert. [1. Bd. (LII, 579 S.) 867. *ℳ 8.; 2. Bd. (XXXVI, 453 S.) 869. *ℳ 5,60.; 3. Bd. (XXXII, 512 S.) 872. *ℳ 8.] *

Hoffmann, Frz., philosophische Schriften. 4—7. Bd. gr. 8. (à ca. VI, 472 S.) Erlangen 877—81. Deichert. à n. 6. —

Hoffmann, Franz, Philosophische Schriften. Erlangen, Deichert. gr. 8°. Bd. 7: Spiritualistische Studien. 1881, XIV, 464 S., 6 Mk.

— dasselbe. 8. Bd. gr. 8. (XX, 319 S.) Ebend. 882. n. 5. — (1—8.: n. 41. 40)

Hoffmann, Frz. (II.), die Schule der Leiden. Eine Erzählung f. d. Jugend u. deren Freunde. 16. (8½ B. u. 4 Stahlst.) Stuttgart 846, Schmidt u. Spring. Thlr.

— die Schule der Leiden. Eine Erzählung für die Jugend u. deren Freunde. Mit 4 Stahlst. 4. unveränd. Aufl. Ebend. 853. 16. (96 S.) 7½ ngr.

— gute Seelen. Eine Erzählg. f. meine jungen Freunde. Mit 4 Stahlst. gr. 16. (77 S.) Ebend. 875. — 75

— der rothe Seeräuber. Eine Erzählung von John Fenimore Cooper. Für die reifere Jugend frei bearb. Mit 8 color. (lith.) Bildern. Stuttgart 861. Schmidt & Spring. gr. 16. (230 S.) 1 ₰ 15 ngr.

— der rothe Seeräuber. Eine Erzählg. v. John Fenimoore Cooper, f. die reifere Jugend frei bearb. Mit 8 (lith.) Bildern in Farbendr. 2. Aufl. gr. 8. (315 S.) Ebend. 874. 4. 50

— der rote Seeräuber. Nach J. F. Cooper d. reiferen Jugend erzählt. Neu bearb. v. Vikt. Reicke. 3. Aufl. 8. (287 S. m. 4. Farbdr.) Stuttgart 898. E. Barth. Geb. in Leinw. 4. 50

— Der Segen d. Herrn macht reich ohne Müh. — Baterlein, Jos., auf der Fährte. — Maurer, J. C., die Rosner Tochter. — Blanck, Rud., anno dazumal, s.: Sammlung beliebter Jugendschriften.

— der Segen des Herrn macht reich ohne Mühe. Eine Erzählung f. meine jungen Freunde. Mit 4 Stahlst. gr. 16. (172 S.) Ebd. 849. ¼ ₰

— der Segen des Herrn macht reich ohne Mühe. Eine Erzählung für meine jungen Freunde. Mit 4 Stahlst. 3. unveränd. Aufl. Ebend. 854. 16. (129 S.) 7½ ngr.

Hoffmann, Franz

Der Segen des Herrn macht reich ohne Mühe. Eine Erzählung für meine jungen Freunde. Mit 4 Stahlst. 4. unveränd. Aufl.
Stuttgart: Schmidt & Spring 1857. 129 S. 8°

— Segen des Wohlthuns, s. a. Universal-Bibliothek f. die Jugend.

—— Segen des Wohlthuns. Eine Erzählung für die Jugend. 16. (154 S. und 4 ill. Stahlst.) Stuttgart 851(52,) Ehelius.

Hoffmann, Franz

Selig sind die Barmherzigen, denn sie werden Barmherzigkeit erlangen. Eine Erzählung für meine jungen Freunde. Mit 4 Stahlst.
Stuttgart: Schmidt & Spring 1854. 118 S. 8°

— Selig sind die Barmherzigen, denn sie werden Barmherzigkeit erlangen. Eine Erzählung für meine jungen Freunde. Mit 4 Stahlst. 854. — 2. unveränd. Aufl. Ebend. 856. 16. (118 S.) 7½ ngr.

– Na severu, s. Biblioteka obrázková pro mládež.

—— der Silbergroschen. Eine Erzählung für meine jungen Freunde. 16. (94 S. mit 4 Stahlst.) Stuttgart (861)62, Schmidt und Spring.

—— Peter Simpel. Eine Erzählg. f. d. Jugend. 16. (7⅞ B. u. 4 Stahlst.) Stuttgart 845, Schmidt u. Spring.

—— Peter Simpel. Eine Erzählung für die Jugend. 3., unveränd. Aufl. gr. 16. (89 S. und 4 Stahlst.) Stuttgart 851, Schmidt und Spring.

— Peter Simpel. Eine Erzählung für die Jugend. Mit 4 Stahlst. 4. unveränd. Aufl. Ebend. 853. 16. (89 S.) 7½ ngr.

— Peter Simpel. Der Pascherjunge. 2 Erzählungen f. meine jungen Freunde. Mit 2 Bildern in Farbendr. von Offterdinger. Neue Ausg. 8. (88 u. 139 S.) Stuttgart 882. Schmidt & Spring. geb. 2. 25

— věrný služebník. Zábavná povídka pro útlou i dospělejší mládež. Zčeštil Frant. Boh. Tomsa. Prag 863. Bellmann. 16. (157 S. u. 4 color. Lithogr.) n. 10 ngr.

—— ein guter Sohn. Eine Erzählung für meine jungen Freunde. gr. 16. (111 S. mit 4 Stahlst.) Ebendas. 870. cart.

Hoffmann, Franz

Der verlorne Sohn. Eine Erzählung für die Jugend und Jugendfreunde. Mit 4 Stahlst.
Stuttgart: Schmidt & Spring 1846. 174 S. 8°

—— der verlorne Sohn. Eine Erzählung für die Jugend und Jugendfreunde. 3., unveränd. Aufl. gr. 16. (124 S. und 4 Stahlst.) Stuttgart 851, Schmidt und Spring.

— der verlorne Sohn. Eine Erzählung für die Jugend und Jugendfreunde. Mit 4 Stahlst. 4. unveränd. Aufl. Ebend. 853. 16. (124 S.) 7½ ngr.

—— die Sonne bringt es an den Tag. Eine Erzählung für meine jungen Freunde. 16. (124 S. mit 4 Stahlst.) Stuttgart 855(56,) Schmidt und Spring.

— kleine dramatische Spiele f. die Jugend. Zur Aufführung im Familienkreise. Mit 6 (lith. u.) color. Bildern. gr. 16. (IV u. 201 S.) Stuttgart 851, Stoppani. 27 ngr.

—— Capitän Spike oder die Golf-Inseln. Nach J. F. Cooper. Für die reifere Jugend bearb. Mit 8 (lithogr.) Bildern in Farbendr. gezeichnet von C. Hartmann. br. 8. (309 S.) Ebendas. 869. cart.

— ein Spion. Eine Erzählg. aus dem siebenjähr. Kriege. Mit 4 Stahlst. gr. 16. (83 S.) Ebend. 872. — 75

Hoffmann, Fr., der Spion. Eine amerikanische Erzählung aus dem Jahre 1780. Nach J. F. Cooper für die Jugend u. das Volk bearbeitet. 2. Aufl. Mit farb. Umschlag u. 3 Bildern in Farbendruck. gr. 16. (151 S.) Leipzig 878. Siegismund & Volkening. cart. 1. 20

— Starrsinn u. fester Wille. Eine Erzählg. f. meine jungen Freunde. Mit 4 Stahlst. 16. (80 S.) Ebend. 871. — 75

— Das Stellenvermittlergesetz vom 2. VI. 1910 m. allen preußischen Ausführungsbestimmungen. 3. Aufl. der Vorschriften f. den Geschäftsbetrieb der Gesindevermieter u. Stellenvermittler. (VIII, 172 S.) kl. 8. Berlin 910. C. Heymann. 2. —

— dasselbe, s. a. Heymann's Taschengesetzsammlung.

— die Stimme des Herrn. Eine Erzählung für meine jungen Freunde. Mit 4 Stahlst. Ebend. 870. 16. (108 S.) 7½ ngr.

Hoffmann, Franz

Der Strandfischer. Nach einer wahren Begebenheit seinen jungen Freunden erzählt. Mit 4 Stahlst.
Stuttgart: Schmidt & Spring 1854. 115 S. 8°

— der Strandfischer. Nach einer wahren Begebenheit seinen jungen Freunden erzählt. Mit 4 Stahlst. 854. — 2. unveränd. Aufl. Ebend. 856. 16. (115 S.) 7½ ngr.

Hoffmann, Frz. (I.), philosophische Studien. 7. und 8. (Schluss-) Bd. gr. 8. Erlangen, Deichert. [7. Bd. (XVI, 464 S.) 881. *ℳ 6.; 8. Bd. (XX, 319 S.) 882. *ℳ 5.] *
1.—6. Bd. Ebendas. 1868—79. *ℳ 39,60.

— Ein armer Sünder, s. a. Sammlung beliebter Jugendschriften.

Hoffmann, Franz

Ein armer Sünder. Eine Erzählung für meine jungen Freunde. Mit 4 Stahlst.
Stuttgart: Schmidt & Spring 1863. 82 S. 8°

—— s. Swift, J., Gulliver's Reisen.

— wilde Scenen und Geschichten, zur Unterhaltung u. Belehrung für die reifere Jugend. Mit 8 (lith. u.) color. Bildern. Stuttgart 853. Schmidt u. Spring. 8. (2 Bl., 384 S.) 1 ℛ︀. 7½ ngr.

—— bange Tage. Eine Erzählung für meine jungen Freunde. 16. (97 S. mit 4 Stahlst.) Stuttgart (861)62, Schmidt und Spring.

—— Taschenbuch f. d. deutsche Jugend. 1—3. Jahrg. br. 8. Stuttgart, Schmidt u. Spring. [1. (27¼ B. u. 8 Kpfr.) 844, 2. (25 B. u. 8 Kpfr.) 45, 3. (22¼ B. u. 8 Kpfst.) 46. à 22½ Ngr.]

Hoffmann, F., s. Taschen-Gesetzsammlung.

— Taubenfeder, die weiße Indianerin, s.: Jugend-Bibliothek, neue.

—— über Theismus und Pantheismus. Eine Vorlesung gehalten vor einer Versammlung gebildeter Männer und Frauen zu Würzburg am 14. März 1861. Lex.-8. (32 S.) Würzburg 861, Stahel'sche Buchh.

Hoffmann, Franz, Zur katholischen Theologie und Philosophie. Aschaffenburg. Pergay in Komm., 1836, 134 S.

—— zur kathol. Theologie u. Philosophie. gr. 8. (8½ B.) Aschaffenburg 837, (Pergay.) *

-- Eine neue Theorie üb. Erdbeben u. vulkanische Erscheinungen. (31 S.) 8. Ebd. 907. — 50

— Toby u. Maly. Eine Erzählg. für meine jungen Freunde. Nebst einigen kleineren Beiträgen. Mit 3 Stahlst. (Abgedr. aus d. neuen deutschen Jugendfreund.) 8. (158 S.) Wriezen 849. (Röder.) — 2. Aufl. 8. (112 S. mit 3 Stahlst.) Wesel 852, A. Bagel. ¼ ₰

— Toby u. Maly. Treue Kinderliebe. Heute mir, morgen dir! 3 Jugend-Erzählgn. Mit 3 Farbendr.-Bildern v. C. Offterdinger. Neue Ausg. gr. 8. (285 S.) Düsseldorf 886. F. Bagel. geb. 4. 50

— Toby u. Maly. Eine Erzählg. f. meine jungen Freunde. 10. Aufl. (123 S. m. Titelbild.) kl. 8. Gütersloh (910). C. Bertelsmann Sep.-Kto. — 60; geb. in Halblw. — 70; in Bibliotheksbd. — 80

— Treue gewinnt. Eine Erzählung f. meine jungen Freunde. Mit 4 Stahlst. gr. 16. (129 S.) Stuttgart 851, Schmitt & Spring. ¼ ₰

— Treue gewinnt. Eine Erzählung für meine jungen Freunde. Mit 4 Stahlst. 4. unveränd. Aufl. Ebend. 854. 16. (129 S.) 7½ ngr.

— s. Trewendt's Jugendbibliothek.

— Tüchtig u. untüchtig, s. a. Sammlung beliebter Jugendschriften.

—— Tüchtig und untüchtig. Eine Erzählung für meine jungen Freunde. 16. (91 S. mit 4 Stahlst.) Stuttgart (861)62, Schmidt und Spring.

—— die Tulpenzwiebel. Liebe deinen Nächsten. Die Stiefmutter, s. a. Trewendt's Jugendbibliothek.

— die Tulpenzwiebel. — Liebe deinen Nächsten. — Die Stiefmutter. Drei Erzählungen für meine jungen Freunde. Mit 1 Stahlst. 8. (118 S.) Breslau 851, Trewendt & Granier. ¼ ₰

—— Thust du was Gutes, wirf's in's Meer, sieht's nicht der Fisch, sieht's doch der Herr! Eine Erzählung für meine jungen Freunde. 16. (135 S. mit 4 Stahlst.) Ebendas. 869. cart.

— Unfallversicherungsgesetz f. Land- u. Forstwirthschaft, s.: Taschen-Gesetzsammlung.

— Untreue schlägt den eigenen Herrn. Eine Erzählung für meine jungen Freunde. Mit 4 Stahlst. Ebend. 854. 16. (114 S.) 7½ ngr.

— unverhofft kommt oft. Eine Erzählung. Mit 4 Stahlst. 16. (164 S.) Stuttgart 848, Schmidt & Spring. ¼ ₰

Unverhofft kommt oft. Eine Erzählung für meine jungen Freunde. Mit 4 Stahlst. 3. unveränd. Aufl. Ebend. 853. 16. (134 S.) 7½ ngr.

—— kleine Ursachen. Eine Erzählung für meine jungen Freunde. 16. (158 S. mit 4 Stahlst.) Stuttgart 859, Schmidt und Spring.

Hoffmann, Franz

Kleine Ursachen. Eine Erzählung für meine jungen Freunde. Mit 4 Stahlst.
Stuttgart: Schmidt & Spring 1860. 158 S. 8°

Hoffmann, Frz., Vergeltung. Eine Erzählung für meine jungen Freunde. Mit 4 Stahlst. Stuttgart 865. Schmidt & Spring. 16. (125 S.) 7½ ngr.

—— der Tugenden Vergeltung. Erzählung f. Kinder 2c. 16. (8⅞ B. u. 4 Stahlst.) Stuttgart 843, Schmidt u. Spring.

Hoffmann, Franz

Der Tugenden Vergeltung. Erzählung für Kinder. Mit 4 Stahlst.
Stuttgart: Schmidt & Spring 1844. 136 S. 8°

— der Tugenden Vergeltung. Erzählung f. Kinder. Mit 4 Stahlst. 2. Aufl. gr. 16. (133 S.) Ebd. 848. — 3. unveränd. Aufl. gr. 16. (99 S.) Ebd. 851. ¼ ₰

—— kleine Versäumnisse. Eine Erzählung für meine jungen Freunde. 16. (128 S. mit 4 Stahlst.) Stuttgart 866, Schmidt und Spring. cart.

— der Vogelhändler. Eine Erzählung für die Jugend. Mit 4 Stahlst. 16. Ebend. 845. ¼ ₰

—— der Vogelhändler. Eine Erzählung für die Jugend. 3., unveränd. Aufl. gr. 16. (138 S. mit 4 Stahlst.) Stuttgart 851, Schmidt und Spring.

— der Vogelhändler. Eine Erzählung für die Jugend. Mit 4 Stahlst. 5. unveränd. Aufl. Ebend. 854. 16. (138 S.) 7½ ngr.

— Volks- u. Jugendbibliothek. 251.—255. Bdchn. 12. (Mit je 4 Bildern.) Stuttgart 894. Schmidt & Spring. Kart. à — 75
251. Wiedergefunden! Eine Erzählg. aus dem Kriegsj. 1870. Der Jugend gewidmet v. Gust. Jordan. (86 S.)
252. Auf dem Raubschiffe. Eine Erzählg. v. Max Haffburg. (117 S.)
253. Bei den Dragonern. Eine Soldatengeschichte f. die Jugend u. das Volk v. Osk. Höcker. (91 S.)
254. Schloß u. Mühle. Eine Geschichte aus früheren Tagen. Für die Jugend u. das Volk erzählt v. Osk. Höcker. (104 S.)
255. Die Grenzräuber. Eine Erzählg. aus Texas. Von Jos. Balerlein. (84 S.)
s. oben: Hoffmann's, Frz., Jugendbibliothek.

— Volks- u. Jugendbibliothek. 46., 84., 135., 155. u. 256—275. Bdchn. 12. (Mit je 4 Bildern.) Stuttgart. Leipzig, Schmidt & Spring. Kart. à — 75
Balerlein, Joh., Musikantenblut. Ein Lebenslauf vor 100 Jahren. Für d. Jugend u. d. Volk erz. (83 S.) 895. (260. Bdchn.)
Düsterhoff, E., dem Tode entrissen od. Üb' immer Treu u. Redlichkeit. Eine Erzählung für jung u. alt. (71 S.) 897. (270. Bdchn.)
Ermann, M., d. Letzte seines Stammes. Eine Erzählg. f. d. Jugend u. d. Volk. (106 S.) 895. (256. Bdchn.)
Höcker, Osk., Du sollst Deinen Bruder nicht hassen in Deinem Herzen. (3. Mos. 19, 17.) E. Erzählg. 14.—16. Taus. (90 S.) 893. (155. Bdchn.)
— vom alten Dessauer. Eine historische Erzählg. der deutschen Jugend gewidmet. (96 S.) 896. (265. Bdchn.)
— Aus Goethe's Studentenzeit od. Das Vermächtnis des alten Magisters. E. Erzählg. f. m. jungen Freunde. (81 S.) 895. (258. Bdchn.)

— Mit Gott f. König u. Vaterland! od. Der Freiheit Morgenrot. Vaterländ. Erzählg. aus d. J. 1808—1809. Für alt u. jung. (107 S.) 897. (269. Bdchn.)
— der rote Montenegriner. Eine Erzählg. a. d. Herzegowina. (79 S.) 897. (267. Bdchn.)

Hoffmann, Frz., Frisch gewagt ist halb gewonnen. Eine Erzählg. (129 S.) 898. (275. Bdchn.)
— Geschwisterliebe. Eine Erzählg. (144 S.) 898. (271. Bdchn.)
— Des Herrn Wege sind wunderbar. Eine Erzählg. (114 S.) 895. (272. Bdchn.)
— Man muß sich durchschlagen. Eine Erzählg. 31.—33. Taus. (79 S.) 898. (84. Bdchn.)
— Mozarts Jugendjahre. E. Erzählg. 25.—27. Taus. (82 S.) 898. (135. Bdchn.)
— Segen des Wohlthuns. Eine Erzählung. (136 S.) 898. (273. Bdchn.)
— Selig sind die Barmherzigen, denn sie werden Barmherzigkeit erlangen. Eine Erzählg. 37.—42. Taus. (103 S.) 898. (46. Bdchn.)
— Wen Gott lieb hat, den züchtiget er. Eine Erzählg. (142 S.) 896. (274. Bdchn.)

Jiriczek, Luitpold, Sigmund, der Wiking. E. Erzählg. aus d. Norden. (90 S.) 896. (264. Bdchn.)
Maurer, J. C., der Glücksthaler. Eine Erzählg. (86 S.) 896. (261. Bdchn.)
— Waldemar, der Heldenbote. Eine Erzählg. f. meine jungen Freunde. (93 S.) 895. (257. Bdchn.)
Reicke, B., Im Busch. E. Erzählg. aus Australien. (154 S.) 896. (262. Bdchn.)
— Schwarzhaupt. Eine Erzählg. f. d. Jugend. (88 S.) 895. (259. Bdchn.)
— die Stiefbrüder. Eine Erzählg. a. d. 13. Jahrh. (110 S.) 897. (268. Bdchn.)
Storck, Frida, der tolle Franz. Wahre Geschichte aus dem Leben e. Wilderers. (131 S.) 897. (266. Bdchn.)
Wagener, M., das Schlupferl. Eine Geschichte aus d. bayr. Bergen. Der reif. Jugend erz. (79 S.) 896. (263. Bdchn.)

— Volks- u. Jugendbibliothek. Nr. 14, 46, 84, 85, 135, 155 u. 276—282. 12. (Mit je 4 Bildern.) Leipzig, Schmidt & Spring. Kart. à — 75
14. Das wahre Glück. Eine Erzählg. Von Frz. Hoffmann. 76.—78. Taus. (108 S.) (900.)
46. Selig sind die Barmherzigen, denn sie werden Barmherzigkeit erlangen. Eine Erzählung. Von Frz. Hoffmann. 37.—42. Taus. (103 S.) (900.)
84. Man muß sich durchschlagen. Eine Erzählg. Von Frz. Hoffmann. 31.—33. Taus. (79 S.) (900.)
85. Jenseits des Meeres. Eine Erzählg. Von Frz. Hoffmann. 25.—27. Taus. (84 S.) (900.)
135. Mozarts Jugendjahre. Eine Erzählg. Von Frz. Hoffmann. 25.—27. Taus. (82 S.) (900.)
155. Du sollst deinen Bruder nicht hassen in deinem Herzen! (3. Mos. 19, 17.) Eine Erzählg. Von Osk. Höcker. 14.—16. Taus. (90 S.) (900.)
276. Wer Böses thut, der thut es sich. (Die Rache ist mein, ich will vergelten. Röm. 12, 19.) Eine Erzählg. Von Frz. Hoffmann. (123 S.) 899.
277. Haydns Jugendjahre. (Fürchte Gott, thue recht, scheue niemand.) Eine Erzählg. Von Frz. Hoffmann. (124 S.) 899.
278. Kindesliebe. Eine Erzählg. Von Frz. Hoffmann. (118 S.) 899.
279. Dem Gerechten wird Gutes vergolten. Eine Erzählg. Von Frz. Hoffmann. (130 S.) 899.
280. Der Mensch denkt u. Gott lenkt. Eine Erzählg. Von Frz. Hoffmann. (132 S.) 899.
281. Unrecht Gut gedeihet nicht. (Nichts ist so fein gesponnen, der Herr bringt's an die Sonnen.) Eine Erzählg. Von Frz. Hoffmann. (131 S.) 899.
282. Ein armer Knabe. Eine Erzählg. Von Frz. Hoffmann. (136 S.) 899.
Weitere Bdchn. s. u. d. T.: Schmidt & Spring's Volks- u. Jugendbibliotheken.

— s. Volksfreund, Neuer Deutscher.

— illustrirter Volkskalender in Monatsheften f. 1852. [F. Hoffmann's illustrirtes Volksbuch. 1. Jahrg.] Unter Mitwirkung v. L. Bechstein, Roderich Benedix, L. Dieffenbach u. A. Die Illustr. v. Düsseldorfer Künstlern. Januar bis December-Heft. gr. 4. (IV u. 244 S. m. eingedr. Holzschn., 12 Lith. u. 1 Eisenbahn-Karte.) Stuttgart, Ed. Hallberger. (à 6 ngr) 2 ₰ 12 ngr

—— illustrirter Volkskalender für 1853. Ein Familienbuch für Alt und Jung aus allen Ständen in 12 Heften. Unter Mitwirkung von: Bauernfeld, L. Bechstein, A. Becker u. A. Mit Stahlst. von Eug. Neureuther und Ferd. Rothbart. gr. 4. Stuttgart 852, Ed. Hallberger.

— Volks-Märchen. Nach Musäus für die reifere Jugend neu bearb. Ebend. 867. br. 8. (V, 360 S. mit 8 lith. u. color. Bildern.) cart 1 ₰ 7½ ngr

— Volks-Märchen. Nach Musäus f. die reifere Jugend neu überarb. Mit 8 color. Bildern. 2. unveränd. Aufl. gr. 8. (V, 344 S.) Ebend. 872. geb. 3. 75

—— deutsche Volksmährchen. br. 8. (7½ B. u. 16 Bild.) Dresden 846, Bromme.

— Deutsche Volksmährchen. Mit 16 Bildern. gr. 16. (119 S.) Stuttgart 847, Stoppani. — 2. Aufl. Mit 16 Bildern. gr. 16. (119 S. m. 8 Kpfrtaf.) Stuttgart 850, Hoffmann. ⅔ ₰

—— deutsche Volks-Märchen. 3. Aufl. 16. (128 S. mit 6 ill. Stnt.) Stuttgart 855(56,) Chelius.

—— deutsche Volks-Mährchen. 4. Aufl. 16. (122 S. mit 6 ill. Bildern in Stahlst.) Stuttgart 860, Chelius.

—— deutsche Volks-Märchen. 5. Aufl. 16. (116 S. mit 6 lithogr. und ill. Bildern.) Stuttgart 865, Chelius. cart.

— deutsche Volks-Märchen. 6. Aufl. Mit 6 schön color. (lith.) Bildern. 8. (116 S.) Stuttgart 874. Leipzig, Berndt. 1. 75

— Volksmärchen der Deutschen nach Musäus. Für die reifere Jugend bearb. Mit 8 Bildern in Farbendr. 8., verb. Aufl. gr. 8. (V, 309 S.) Ebend. 881. geb. 6. —

Fr. Hoffmann's Vorhalle z. speculat. Lehre Fr. Baader's. *Aschaffenb.*, Pergay. 836. gr 8° 2 ₰ 8 gl

— Vorschriften f. den Geschäftsbetrieb der Gesindevermiether u. Stellenvermittler. Erläutert v. H. gr. 16. (34 S.) Berlin 901. C. Heymann. n. — 50

— Vorschriften f. den Geschäftsbetrieb der Gesindevermieter u. Stellenvermittler. Erläutert v. H. 2. Aufl. (III, 65 S.) kl. 8. Berlin 907. C. Heymann. Kart. 1. —

—— der treue Wächter. Der Widerspenstige, s. a. Trewendt's Jugendbibliothek.

—— der treue Wächter. — Der Widerspenstige. Zwei Erzählungen für die Jugend. 8. (118 S. und 1 Stahlst.) Breslau 850, [Trewendt und Granier.]

— am Wachtfeuer. Eine Erzählg. f. meine jungen Freunde. Mit 4 Stahlst. 16. (79 S.) Stuttgart 871. Schmidt & Spring. — 75

—— frisches Wagen, s. Trewendt's Jugendbibliothek.

— die Waisen. Eine Erzählung f. meine jungen Freunde. Mit 4 Stahlst. gr. 16. (126 S.) Stuttgart 851, Schmidt & Spring. ¼ ₰

— die Waisen. Eine Erzählung für meine jungen Freunde. Mit 4 Stahlst. 2. unveränd. Aufl. Stuttgart 854. Schmidt u. Spring. 16. (126 S.) 7½ ngr

Hoffmann, Fr. *Die Familie Waldmann*. Eine Robinsonade von Franz Hoffmann. Mit 12 Abbildungen [= Lithogr. v. E. Hackdanz]. Stuttgart, Hoffmann, 1842. 1 Bl. 462 S. 1 Bl. Kl.-8°. Gelber bedruckter Or.-Karton. 14.—
Rahmenerzählung, die zahlr. Märchen, Sagen, Schwänke etc. einschließt. ★ 1. Ausg. Etwas abgegriffen, einige Flecken. Rücken fehlt (mit Papier sauber ergänzt).

—— die Familie Waldmann. Eine Robinsonade. 8. (29⅛ B. u. 12 Abbild.) Stuttgart 842, 43. [Schmidt u. Spring.]

— Was du thu'st, thu'st du dir selbst. Eine Erzählung für meine jungen Freunde. Stuttgart 868. Schmidt & Spring. 16. (128 S. mit 4 Stahlst.) cart. 7½ ngr

— was einer wert ist, das widerfährt ihm. Eine Erzählg. f. meine jungen Freunde. Mit 4 Stahlst. 12. (88 S.) Stuttgart 883. Schmidt & Spring. cart. — 75

— Was Gott thut, ist wohlgethan. Eine Erzählung f. meine jungen Freunde. Nebst einigen kleinen Beiträgen. Mit 3 Stahlst. (Aus dem neuen deutschen Jugendfreund abgedr.) 8. (160 S.) Wriezen 848. (Röder.) — 2. Aufl. 8. (132 S. m 3 Stahlst) Wesel 852, A. Bagel. 1/3 ₰

— was Gott thut, ist wohlgethan. Die mit Thränen säen, werden mit Freuden ernten. Die Macht des Goldes. 3 Jugend-Erzählgn. Neue Ausg. gr. 8. (296 S. mit 3 Farbendr.) Düsseldorf 889. F. Bagel. cart. 4. 50

— was Gott thut, ist wohlgethan. Eine Erzählg. f. meine jungen Freunde. 9. Aufl. 12. (143 S.) Gütersloh 899. C. Bertelsmann. — 60; kart. m. farb. Titelbild — 70; in Bibliotheksbd. — 80; in Leinenbd. — 90
= Nieritz, Gustav: Jugendbibliothek. No 31.

—— krumme Wege und grade Wege. Eine Erzählung für meine jungen Freunde. 16. (137 S. mit 4 Stahlst.) Stuttgart 867, Schmidt und Spring. cart.

—— Weihnachten! Eine Erzählung für meine jungen Freunde. 16. (123 S. mit 4 Stahlst.) Stuttgart 854(55,) Schmidt und Spring.

—— Weihnachtsgabe f. gute Kinder in neuen Fabeln u. Erzählungen. gr. 16. (7 B. u. 8 Bild.) Dresden 840. [Stuttgart, Hoffmann'sche Vrlgsh.]

Hoffmann, Frz., Weihnachtsgabe f. gute Kinder in neuen Fabeln u. Erzählungen. Mit 8 (lith.) Bildern. gr. 16. (110 S.) Stuttgart 847, Stoppani. 1/2 ₰ — 2. Aufl. Mit 8 (lith.) Bildern. gr. 16. (110 S.) Stuttgart 850, Hoffmann. 1/2 ₰

— die Weltalter. Lichtstrahlen aus Franz v. Baader's Werken. Erlangen 868. Besold. gr. 8. (V, 410 S.) n. 2 ₰

—— Aus allen Welttheilen. Scenen und Bilder zur Unterhaltung und Belehrung für die reifere Jugend. br. 8. (III und 355 S. mit 8 ill. Stnt.) Stuttgart 854, Schmidt und Spring.

Hoffmann, Fr. *Aus allen Welttheilen.* Scenen und Bilder zur Unterhaltung und Belehrung für die reifere Jugend herausgegeben von Franz Hoffmann. Mit acht colorirten Bildern [Lithogr.] Stuttgart, Schmidt und Spring, 1855. 2 Bl. 355 S. 8°. Blaugrauer Or.-Pappbd. m. reicher rötl. Deckel- u. Rückenverzierung. 22.—
Merget p. 103. ★ 1. Ausg. Nach G. Ferry, Mayne-Reid, Arago u. a. Die unsign. Illustr. sehr fein in Zeichnung u. Kolorit. — Mit leichten Flecken. Einband etwas benutzt.

—— wen Gott lieb hat, den züchtiget er. Eine Erzählung für die Jugend. 16. (155 S. und 4 ill. Stahlst.) Stuttgart 851(52,) Chelius.

– Dass., s.a. Universalbibliothek für die Jugend.

—— wenn die Not am höchsten, ist die Hilfe am nächsten oder die Silbergruben von Baxter-Hill, s. Jugend-Bibliothek, neue.

— wenn Gott hilft, geht Alles. Eine Erzählung für meine jungen Freunde. Mit 4 Stahlst. Ebend. 870. 16. (84 S.) 7½ ngr.

— Wenn man nur recht Geduld hat! Eine Erzählung für meine jungen Freunde. Mit 4 Stahlst. Ebend. 854. 16. (120 S.) 7½ ngr.

—— Wer Sünde thut, der ist der Sünde Knecht. Eine Erzählung f. d. Jugend. 16. (9½ B. u. 4 Stahlst.) Stuttgart 846, (47,) Schmidt u. Spring. à

— Wer Sünde thut, der ist der Sünde Knecht. [Joh. 8, 34.] Eine Erzählung f. die Jugend. Mit 4 Stahlst. 2. unveränd. Aufl. gr. 16. (104 S.) Stuttgart 851, Schmidt & Spring. 1/3 ₰

— zur Widerlegung der absoluten und bedingten Atomistik. Abdruck der Einleitung zum 10. Bd. der Baader'schen Werke. Leipzig 855. Bethmann. gr. 8. (70 S.) n. 10 ngr.

— zur Widerlegung des Materialismus, Naturalismus, Pantheismus und Monadologismus. Abdr. der Einleitung zu Fr. v. Baader's sämmtl. Werke, I. Hauptabth. 4. Bd. Ebend. 854. gr. 8. (LII S.) n. 10 ngr.

—— Zur Widerlegung des Materialismus, Naturalismus, Pantheismus und Monadologismus. gr. 8. (52 S.) Leipzig 854, Bethmann. *
Ist ein besonderer Abdruck der Einleitung zu Frz. v. Baader's sämmtl. Werke, I. Hauptabthl. 5. Bd.

Hoffmann, Franz

Wie der Herr, so der Knecht. Eine Erzählung für meine jungen Freunde. Mit 4 Stahlst.
Stuttgart: Schmidt & Spring 1859. 1o2 S. 8°

—— wie die Saat, so die Aerndte. Eine Erzählung für meine jungen Freunde. 16. (108 S. und 4 Stahlst.) Stuttgart 851(52,) Schmidt und Spring.

— wie die Saat, so die Aernte. Eine Erzählung für meine jungen Freunde. Mit 4 Stahlst. 2. unveränd. Aufl. Ebend. 854. 16. (108 S.) 7½ ngr.

— wie man's treibt so geht's. Eine Erzählung für meine jungen Freunde. Mit 4 Stahlst. Ebend. 869. 16. (120 S.) cart. 7½ ngr.

—— Willy. Eine Erzählung für meine jungen Freunde. 1. Aufl. 1852. und 2., unveränd. Aufl. 16. (113 S. mit 4 Stahlst.) Stuttgart 856, Schmidt und Spring.

Hoffmann, Franz

Willy. Eine Erzählung für meine jungen Freunde. Mit 4 Stahlst.
Stuttgart: Schmidt & Spring 1853. 113 S. 8°

— Willy. Eine Erzählung für meine jungen Freunde. Mit 4 Stahlst. 2. unveränd. Aufl. Ebend. 855. 16. (113 S.) 7½ ngr.

Hoffmann, Frz., u. Ernst Eccardt, praktische Winke u. Ratschläge f. Bauinteressenten. (47 S.) 8. Döbeln (906). C. Schmidt's Verl. n. 1. 50

Hoffmann, Franz

Wohlthun trägt Zinsen. Eine Erzählung für meine jungen Freunde. Mit 4 Stahlst.
Stuttgart: Schmidt & Spring 1858. 69 S. 8°

— Fürst Wolfgang. Historische Erzählung. Mit 4 Stahlst. Ebend. 860. 16. (172 S.) 7½ ngr.

Hoffmann, Franz

Fürst Wolfgang. Historische Erzählung. Mit 4 Stahlst. 4.Aufl.
Stuttgart: Schmidt & Spring [um 1860]. 153 S. 8°

— zur Würdigung der herrschenden Vorurtheile über die Lehre Baader's. Besond. Abdr. der Einleitung zu: Fr. v. Baader's sämmtl. Werke. 1. Hauptabth. 7. 8. u. 9. Bd. Ebend. 855. gr. 8. (LXXXIV S.) n. 10 ngr.

— Aus eiserner Zeit. Eine Erzählung für meine jungen Freunde. Mit 4 Stahlst. Ebend. 859. 16. (100 S.) 7½ ngr.

— aus der guten alten Zeit. Eine Erzählg. f. meine jungen Freunde. Mit 4 Stahlst. 16. (78 S.) Ebend. 871. — 75

— Zeit ist Geld, s.a. Sammlung beliebter Jugendschriften. Bd. 4.

— Zeit ist Geld. Eine Erzählung für die Jugend. Mit 4 Stahlst. Ebend. 864. 16. (125 S.) 7½ ngr.

— Zeit ist Geld. Die Sonne bringt es an den Tag. 2 Erzählgn. Neue Ausg. 8. (131 u. 114 S. m. 2 Farbendr.) Stuttgart 892. Schmidt & Spring. Kart. 2. 25

—— Zigeuner-Friedel. Das treue Blut. Zwei Erzählungen für die Jugend. Mit 2 Bildern in Farbendr. von Offterdinger. Neue Ausg. gr. 8. (124, 84 S.) Ebendas. 884. geb.

HOFFMANN, FR. *Zonen-Bilder*, Natur- und Sittengemälde für die reifere Jugend. Herausgegeben von Franz Hoffmann. [Farb. Titelbild]. Mit 6 colorirten Bildern [= Lithogr.]. Stuttgart. A. Stoppani [c. 1850]. 269 S. 2 Bl. 8°. Grüner, weiß illustr. Or.-Karton. 26.—
★ Erstausgabe. Bilder aus Australien, d. Arktis, Nord- u. Südamerika usw., teilw. v. G. Ferry u. F. Gerstäcker. Gut illustr. — Einbd. etwas benutzt.

— Zonen-Bilder, Natur u. Sittengemälde f. die reifere Jugend. Mit 6 (lith. u.) color. Bildern. br. 8. (269 S.) Stuttgart 852, Stoppani. 1¼ ß

Hoffmann, Frz. Al., Anleitung zum latein. Stil für die mittleren Klassen der Gelehrtenschulen. 1. Cursus. gr. 8. Karlsruhe 843, Braun. n. ½ ß

F. A. Hoffmann. De lege contra philosophos, inprimis Theophrastum, auctore Sophocle. Amphiclidae filio. Athenis lata. 21 S. Rastatt, P 1842

—— de lege contra philosophos, inprimis Theophrastum, auctore Sophocle, Amphiclidae filio, Athenis lata. 8. (1⅜ B.) Carlsruhe 842, Libr. aul. Braun.

Hoffmann, Franc. Ant., De epilepsia. 68 pp. Vindeb. 8°.
Consultat. cent. I n. 28.

1776

Hoffmann, Franc. Ant., De epilepsia. 68 pp. Vindeb. 8°. 1777

Hoffmann, Frz. C., d. Regelung d. österr. Apothekenwesens, s.: Mück, J. J.

Hoffmann, Franciscvs Iosephvs (geb. am 21 Aug. 1858 in Linz a. Rh.): Qvomodo qvando Titvs imperator factvs sit ... Bonnae, typ. P. Nevsseri (1883). 2 Bl., 51 S. 8.
Bonn, Phil. Fak., Diss. v. 13 März 1883

Hoffmann, Franz Karl, d. neue Kiesreinigungsmethode behufs z. Beschotterung d. Staats-, Kreis-, Distrikts- u. Vicinalstrassen etc., dann Läuterung d. steinigen Gartenerde. Nebst Beschreib. u. Zeichng. d. Maschinen. Mit 1 Taf. gr. 12. München, 1839. Franz. — 10

– Dass., s.a. Hofmann, Franz Karl von

Hoffmann, Franz Ludwig
Hoffmann, Frz. L., s.: Passer, Arnold v. der.

Hoffmann, Franz L., neue Gedichte, s. Gedichte, neue, von †Arnold v. der Passer.

Hoffmann, Frz. Sales, der Christ in der Einsamkeit. Zum Gebrauche der neuntägigen geistl. Uebungen. Nebst Morgen-, Abend-, Meß- 2c. und Communion-Gebeten. 32. (415 S. mit 1 Stahlst.) Regensburg 865, Manz.

Hoffmann, Franc. Sal., Manuale precum seu varia pia exercitia, complectens pias preces, meditationes hymnosque sacros. Ad usum piorum sacerdotum saecularium ac regularium nec non juventutis litterarum studiosae. 32. (344 S.) Regensburg 859, Manz.

Hoffmann, Frz. Schub., vier Predigten. 4. Bresl. Korn d. j. 784.

Hoffmann, Franz Sigmund: Praktischer Unterricht der in den chirurgischen Officinen vorkommenden Operationen und des Rettungsverfahrens so wie der in denselben zu verabfolgenden Parère... 130 S., gbd.

Wien: Tendler 1838

JB 3.430

Hoffmann, Frz. Xav., Lesemethode; theoret. u. prakt. Theil — Uebungsbüchlein zur Hoffmann. Lesemethode, nebst e. Buchstabentabelle 2c. 8. München 780.

Hoffmann, Frz. Xav. v., Maria. Ein Andachts- und Erbauungsbuch zur Verehrung der gnadenreichen Jungfrau u. Mutter unsers allerheiligsten Erlösers Jesus Christus. Landshut 856. Rietsch. 12. (XI, 174 S. u. 2 Stahlst.) 9 ngr.; Velinp. 15 ngr.

Hoffmann, Franziska, die Akustik im Theater der Griechen. 8. (82 S.) Thun 882. (Zürich, Schröter.) n. 1. —

Hoffmann, Franziska, die Akustik im Theater der Griechen. 8. (32 S.) Thun 881. (Genf, Müller.)

— über die Asklepien. 8. (18 S.) Ebend. 881. n. — 75

Hoffmann, Franziska, Die politische Kraft des Weibes. Historische Skizzen. Medea, Der vestalische Cult in Rom. (154 S.) Basel 1881. Krüsi.

Hoffmann, Franziska, das Orakelwesen im Alterthume. Zum Selbstunterricht. gr. 8. (VII, 225 S.) Stuttgart 877, (Grüninger.) *

— Das Orakelwesen im Alterthum. Zum Selbstunterricht. Gr. in-8°, 255 S. Basel. in Commission bei Chr. Krüsi. 1881. 6 —

—— die Traumdeutung in den Asklepien. Ein Beitrag zur Geschichte der Medicin. gr. 8. (36 S.) Zürich 882, Schröter. *

Hoffmann, Fridolin, e. betrügerischer Bankerott im J. 1761. Ein Kapitel aus der Geschichte des Jesuitenordens, s.: Flugschriften des Evangelischen Bundes.

Hoffmann, Fridol., Bilder römischen Lebens. 8. (III, 515 S.) Münster 871. Russell. n. 4. 50

Hoffmann, Fridolin. Isaak Casaubon (1559–1614). [Biographie. A.] 8. (Leipzig 1880.)

Hoffmann, Fridolin, Geschichte der Inquisition. Einrichtung u. Thätigkeit derselben in Spanien, Portugal, Italien, den Niederlanden, Frankreich, Deutschland, Süd-Amerika, Indien u. China. Nach den besten Quellen allgemein faßlich dargestellt. 2 Bde. gr. 8. (VIII, 448 u. IV, 464 S.) Bonn 878. Neusser. à n. 6. —

— s. Michaud, E., der gegenwärtige Zustand der römisch-kathol. Kirche in Frankreich.

Hoffmann, F., Karl Graf v. Montalembert, der „französische O'Connell", s.: Bilder aus der Geschichte der kathol. Reformbewegung d. 18. u. 19. Jahrh.

Hoffmann, Fridol., die Scornati. Eine römische Familiengeschichte aus der Gegenwart. 2 Thle. Paderborn 870. Schöningh. 8. (III, 239 u. III, 296 S.) 1 ₰ 15 ngr

—— die Töchter des Hauses. Eine Familiengeschichte aus der engl. Gesellschaft. Der Lady Charles Thynne frei nacherzählt. 8. (404 S.) Ebendas. 870.

Hoffmann, Friedrich: Abhandlung von der gewissen Vorhersagung des Todes in Krankheiten (De certo mortis praesagio. Dt.)...Übers.u. ...mit...Anmerkungen vermehrt v.Bernhard Wilhelm Rödder. 2.Aufl., 164 S., gbd.

Franckfurt, Leipzig: Brönner 1777

JB 1.092

Friedrich Hoffmann
1660 - 1742

De Abortu oder: Von der unzeitigen Geburt. [Resp.] Daniel Migdner. Halae Magdeb. (1733:) Hilliger. 27 S. 8°

Halle, Med. Diss. v. März 1733

Friedrich Hoffmann
1660 - 1742

De cauta et circumspecta veneni dati Accusatione. Von der vorsichtigen Anklage einer Vergifftung. [Resp.:] Johannes Godofredus Farrejit. Halae Magdeb. (1734:) Hilliger. 34 S. 8°

Halle, Med. Diss. v. 29. Mai 1734

Friedrich Hoffmann
1660 - 1742

Affectus rarissimus, perpetui succi nutritii ex thorace stillicidii. [Resp.:] Joh[annes] Ernest[us] Leidenfrost. Halae Magdeb. (1704:) Grunert. 40 S. 8°

Halle, Med. Diss. v. 11. Juli 1704

– (Praes.), s. Alde, Chr.: Diss. sist. compend. et clinicam ... praxin ...

Hoffmann, Friedr. (Aug.), Amak, der Kaffer. Eine Erzähl. f. d. Jugend. 16. (6¼ B. u. 4 Stnt.) Wesel 845, Bagel.

Hoffmann, Frdr., das Anfeuern u. der Betrieb des Ringofens, s. Aufl., s.: Dümmler, Karl, das Brennen der Ziegelsteine.

Hoffmann, Friedr. (V.), Anleitung z. franz. Schnell-Oelmalerei ꝛc. Auf prakt. Erfahrn. gegründet. 8. (2¼ B.) Magdeburg 834, Bühler.

Hoffmann, Fr., resp. Bauer, De specificis antispasmodicis. Hal. 4°.
1704

— — Auch: Opp. Suppl. I, 2, p. 81.

Friedrich Hoffmanns [Hoffmann] Gründliche Anweisung vom nützlichen Gebrauch und zuverlaßiger Wirckung einiger bewährten Medicamenten bey vielerley Arten Kranckheiten welche auch zu einer Hauß-u.Reise-Apotheck dienlich. Halle 1734: Hilliger. 40 S. 8°

[Teils. Deutsch] Friderich Hoffmanns [Hoffmann] Gründliche Anweisung wie ein Mensch vor den frühzeitigen Tod und allerhand Arten Kranckheiten durch ordentliche Lebens-Art sich verwahren könne. Th. [1]-9. Halle im Magdeb.: Renger 1715-28. 3 Bde 8°

[Th.1:]1715.
Th.2: Gründliche Anweisung, wie ein Mensch seine Gesundheit erhalten u. vor allerhand Kranckheiten durch ordentliche Lebens-Art sich verwahren könne. 1716.
Th.3: ..., wie ein Mensch durch vernünfftigen Gebrauch der mineralischen kalten u.warmen Gesund-Brunnen, insonderheit des Carls-Bades seine Gesundheit erhalten... könne. 1717.
Th.4: Gründliche Anweisung, wie ein Mensch durch vernünfftigen Gebrauch Hau(s) u. andern diätetischen Mittel, insonderheit des Weines, seine Gesundheit erhalten... könne. 1718.
Th.5: ..., wie ein Mensch durch vernünfftigen Gebrauch der Leibes- Bewegungen u. Mäßigkeit... seine Gesundheit erhalten... könne. 1719.
Th.6: ..., wie ein Mensch sich vor unsichern u. schädlichen Medicamenten, auch unfürsichtigen Curen hüten u. dadurch seine Gesundheit conserviren... könne. 1721.
Th.7: ..., wie ein Mensch bey verschiedenen Umständen und Zufällen seine Gesundheit erhalten... könne. o. J.
Th.8: Gründliche Anweisung, wie ein Mensch durch vernünfftigen Gebrauch verschiedener mineralischen Wasser, der Esels-Milch u. Molcken, deßgleichen der mit Milch vermischten Sauer-Brunnen seine Gesundheit erhalten... könne. 1727.
Th.9: ..., wie ein Mensch in Ansehung der Temperamente, Stuffen-Jahre, Erbschaffts- u. Bergwercks-Kranckheiten, auch Studierenden durch gute Diät die Gesundheit erhalten... können. 1728.

[Werke, Ausz. Deutsch] Vollständige Anweisung zu einer sichern, vernünfftigen und in Erfahrung stehenden praxi medica, aus Friedrich Hoffmanns [Hoffmann] scriptis u. Manuscriptis mit grossem Fleiß verfertiget... von Georg Friederich Reimann [Reimann]. Ulm: Bartholomäi 1724. 355 S. 8°

— Anweis. z. e. sichern Praxi medic. 8. Ulm. 744.

Hoffmann, Friedrich: (Opera. Auszüge. Dt.) Vollständige Anweisung zu einer sichern vernünftigen und in Erfahrung stehenden medicinischen Praxi, aus dessen gedruckten und geschrieben hinterlassenen Schriften...verfertiget von Georg Friedrich Reimann. 746 S., gbd.

Ulm: Bartholomäi 1752

JB 1.980

Friedrich Hoffmann
1660 - 1742

De Apoplexia. [Resp.:] Jacobus Henricus Christianus Adami. Halae Magdeb. (1728:) Hilliger. 72 S. 8°

Halle, Med. Diss. v. Juni 1728

— — Auch: Opp. Suppl. II, 2.

Fridericus Hoffmannus [Hoffmann]: De Asthmate convulsivo cum hydrope pectoris. [Resp.:] Johannes Georgius Lanckisch. Halae Magdeb. (1707:) Henckel. 32 S. 8°

Halle, Med. Diss. v. Aug. 1707

Hoffmann, Fr.: De athletis veterum, eorum diaeta et habitu. Auctor resp. J. H. Schulze. Halae Magdeburgicae 1717. 67 S. Halle, Med. Diss. 1717.

Hoffmann, Frdr., Geognostischer Atlas vom nordwestlichen Deutschland. (Mit 1 petrograph. Karte, 2 Durchschnittskarten u. 4 Bll. Text.) Berlin 1830. Fol. . (FBA.)

Hoffmann, Friedr. (II.), geognost. Atlas vom nordwestl. Deutschland. Roy.-Fol. (3 ill. Kpfrt. u. 4 B. Text.) Berlin 830. (Stuttgart, Cotta.)

Geognostischer Atlas vom nordwestlichen Deutschland. Berlin. 1838. Folio.

Hoffmann, Fr., resp. Mat. *Naboth*, Diss. de auditu difficili. 30 pp. Hal. 4°. Auch in: Opp. Suppl. II, 2, p. 296. Bibl. anat. II, 19.

1703

Auswahl aus Römischen Dichtern f. höh. Lehranst. Zsgest. u. erkl. v. Prof. Dr. Friedrich Hoffmann in Gera. Th. 1. *Berlin & Hannover: A. W. Kollner 1899.* 8. 1/7 3080

Hoffmann, Friedr. (Präs.), s. B a c m e i s t e r, Matthias Jacob: De vesicatoriorum praestanti in medicina usu.

(Hoffmann, Friedr. I.), der Bahnhof der berlin-hamburger Eisenbahn in Berlin. gr. Fol. (6 S. Text in Fol. mit Zeichnungen auf 6 Kpfrt. in gr. Fol. und 1 Plan in qu. Imp.-Fol.) Berlin 857, Ernst und Korn. Thlr. *

Fridericus Hoffmannus [Hoffmann]: De Balsamo Peruviano. [Resp.:] Immanuel Lehmann. Halae 1706: Gruner. 31 S. 8°

Halle, Med. Diss. v. 12. Jan. 1703

– (Praes.), s. B a s s, Heinrich: De fistula ...

Hoffmann, Friedrich (Präs.), s. B a u e r, Christoph Heinrich: De specificis antispasmodicis.

Hoffmann, Friedrich (Präs.), s. B a u e r, Georg Friedrich: De specifica quorundam remediorum efficacia.

Hoffmann, Friedr., s.: Beitrag zur Beantwortung d. Frage: welches sind die Ursachen der Auflösung aller Disciplin.

Hoffmann, Fr. X, Beiträge zur genauern Kenntniß d. geognost. Verhältnisse Norddeutschlands. 1r Thl. A. u. d. T.: Beschreibung d. Herzogth. Magdeburg, Fürstenth. Halberstadt u. ihrer Nachbarländer. Mit 2 ill. Karten. gr. 8. Berl. 823. Mittler. 1 ₰ 16 K.

—— die Belagerung von Ostende. Eine Erzählung f. d. Jugend. 16. (6⅛ B. u. 4 ill. Stnt.) Wesel 846, Bagel.

Hoffmann, Friedr. (Praes.), s. B e n e m a n n, Jo. Gottl.: Compendiosam et clinicam convulsionum praxim cum cautelis.

Hoffmann, Friedrich, Dr. phil.: J. Bentham und Ad. Smith. Leipzig: Duncker & Humblot 1910. S. 33—89. 8° [Umschlagt.] ¶(Aus: Jahrbuch f. Gesetzgeb., Verwalt. u. Volkswirtsch. im Dtsch. Reich. N. F. Bd 34, H. 2.)
Kiel, Phil. Hab.-Schr. v. 1910 [U 10. 2518
(Nicht für den Austausch)

– (Praes.), s. B e n t z i g, M.: De dolore cephalico.

Hoffmann, Friedr. (I.), geognost. Beobachtungen. Gesammelt auf e. Reise durch Italien u. Sicilien in d. J. 1830—32. gr. 8. (45½ B., 1 ill. Karte gr. Imp.-Fol. u. 1 Stnt.) Berlin 839, Reimer.
Aus: Archiv f. Mineralogie, 13. Bd., besond. abgedruckt.

Friedrich Hoffmanns [Hoffmann] Gründlicher Bericht vom Altwasser-Sauern-Brunnen in Schlesien, dessen Gehalt, Würckung u. Krafft, und wie derselbe in allerley Zufällen und Kranckheiten, so wohl innerlich als äusserlich mit Nutzen zu gebrauchen. Leipsig 1732. 47 S. 8°

— gründl. Bericht. von dem Selterbrunnen. 8. Basel, Schweighäuser. 737.

Friderich Hoffmanns [Hoffmann], Gründlicher Bericht von dem Selter-Brunnen, dessen Gehalt, Würkung und Kraft, auch wie dieselbe so wohl allein, als mit Milch vermischt, bey verschiedenen Kranckheiten mit Nutzen zu gebrauchen. Coblentz 1766: Krabbe. 48 S. 8°

— — **Gründlicher Bericht von der herrlichen Würckung, vortrefflichen Nutzen und rechten Gebrauch des zu Sedlitz in Böhmen neuentdeckten bittern purgierenden Brunnens. Aus dem Lateinischen, mit Genehmhaltung des Herrn Auctoris, ins Teutsche übersetzt, nebst verschiedenen Anmerckungen hin und wieder vermehret / und auff Verlangen zum andern mahle heraus gegeben von D. Christian Gottlieb T r o p p a n n e g e r (Hof-Medico). Dresden (Johann Conrad Stößel) 1725. 56 S. (10.—)** 15549

Friedrich Hoffmanns [Hoffmann] Gründlicher Bericht von der herrlichen Würckung, vortreflichen Nutzen und rechten Gebrauch des zu Seidlitz in Böhmen neuentdeckten bittern purgierenden Brunnens. Aus d. Lat. ...ins Teutsche übers. u. mit verschiedenen Anm. ...verm. Halle im Magdeb.: Renger 1725. 56 S. 8°

—— über d. geognost. Beschaffenheit d. Liparischen Inseln. Schreiben an Hrn. Leop. v. Buch, Mitglied d. Kgl. Acad. d. Wissenschn. zu Berlin. Nebst 4 Kpfrt. (Fol. u. ill. — Abdr. a. d. „Annalen der Physik u. Chemie.") gr. 8. (5½ B.) Leipzig 832, (Barth.)

Hoffmann (Fried.), Geognostische Beschreibung der Hervorragungen des Flötzgebirges bei Lüneburg und bei Segeberg etc. (Separat-Abdruck aus Gilbert's Annalen der Physik. Band 76.) (Ohne Druckort.) 1823. 8.

Hoffmann, Fr. Geognostische Beschreibung des Herzogthums Magdeburg, Fürstenthums Halberstadt und ihrer Nachbarländer. Auch unter dem Titel: Beiträge zur genaueren Kenntniss der geognostischen Verhältnisse von Norddeutschland. 1. Vol. Berlin u. Posen. 1823. 8.

— s. Beschreibung von Rom.

***Hoffmann, Friedr., Med. Prof. Hal., Gründliche, Vernunft- und Schriftgemäße Betrachtung von der Wirkung, Macht und Gewalt des Teufels in der Luft und menschlichen Körpern. Sorau 749. 8.**

— Betr. v. der Macht 2c. des Teufels in d. Luft u. menschl. Körper 2c. 8. Sorau, Hebold. 749.

Die soziale Bewegung der Angestellten. Vortrag, geh. vor d. Ortsgruppe Kiel d. Deutschen Bankbeamtenverein, von Privatd. Dr. Friedrich **Hoffmann**. Kiel: Cordes 1010. 11 S. 8° [11. 210] 8

— Beweis d. göttlichen Wesens und dessen Eigenschaften ꝛc. a. d. Lat. von Rambach. 8. Halle, Renger. 742.

Hoffmann, Friedr., Bilder aus Geschichte und Menschenleben in Erzählungen für die Jugend. 8. (264 S. mit 8 ill. Stnt. in Tondr.) Stuttgart 852, Ed. Hallberger.

Hoffmann, Friedr. [Praes.], s. B i t t s t e t, Bartholom. Caspar: De prudenti medicamentorum continuatione.

Hoffmann, Friedrich [Praes.], s. B l ü d o r n, Christian: De generatione mortis in morbis.

Hoffmann, Friedr., Katharina v. Bora [Luther's Käthe]. Eine histor. Erzählung für das Volk und die reifere Jugend. gr. 8. (40 S.) Basel 884, Riehm. *

Hoffmann, Friedrich (Präs.), s. B u d a e u s, Gottlob Heinrich: De aetatis mutatione morborum causa et remedio.

Hoffmann, Friedrich (Präs.), s. B u d d e u s, Christian Conrad: Compendiosam et clinicam spasmodico-convulsivorum morborum praxin cum cautelis.

Hoffmann, Friedrich (Präs.), s. B u s s e, Friedrich August: Observationes de cauto et praestantissimo vomitoriorum usu.

– (Praes.), s. B ü t t n e r, Christoph Gottlieb: De vera mali epileptici caussa.

Friedrich Hoffmann
1660 - 1742

Casus de purpura scorbutica praegresso haemorrhoidum fluxu nimio ex principiis solidis deductus. Vom scorbutischen Friesel nach vorhergegangenen allzustarcken göldenen Ader- Fluß. [Resp.:] Christianus Andreas Cothenius. Halae Magdeb. (1732:) Hilliger. 38 S. 8°

Halle, Med. Diss. v. Aug. 1732

Friedrich Hoffmann
1660 - 1742

De vera mali epileptici Caussa [Causa]. [Resp.:] Christophorus Gottlieb Büttner. Halae Magdeb. (1732:) Hilliger. 40 S. 8°

Halle, Med. Diss. v. Aug. 1732

Friedrich Hoffmann
1660 - 1742

De Cephalaea cum immoderato haemorrhoidum fluxu saepius repetente. [Resp.:] Christianus Carolus Mullerus [Mueller]. Halae Magdeb. (1735:) Hilliger 36 S. 8°

Halle, Med. Diss. v. Mai 1735

Hoffmann, Friedr., Christbäumchen. Lieder Erzählungen und Fabeln. Mit vielen Illustr. (Holzschn. im Text, theilw. color.) Stuttgart (855.) Thienemann. gr. 8. (1 Bl., 56 S.) 15 ngr.

Hoffmann, Fr. (Aug.) H., Christgeschenk. Unterhaltung für die Winterabende in Erzählungen, Fabeln u. Sagen für Kinder von 8—10 Jahren. Mit 20 Bildern. gr. 8. Stuttgart 842, Hoffmann. geb. 3/4 ℛ .

—— Christgeschenk. Unterhaltung f. d. Winterabende in Erzählungen, Fabeln u. Sagen f. Kinder v. 8—10 Jahren. gr. 8. (11 B. u. 20 Bild.) Stuttgart 842. [Schmidt u. Spring.]

— de admirando sanguinis circuitu, omnis solidae ac ration, medicinae vero fundam. 4. Halae, Renger. 736.

Hoffmann, Friedr., Columbus. Die Entdeckung von Amerika. Nach den besten Quellen der Jugend erzählt. 2. Aufl. Neu bearb. von F. Lichterfeld. br. 8. (XVI und 618 S. mit 6 Bildern in lithogr. Farbendr.) Breslau 866, Trewendt. geb.

Hoffmann, Frdr., Columbus, Cortes u. Pizarro. Geschichte der Entdeckg. u. Eroberg. v. Amerika. Nach den besten Quellen der Jugend erzählt. Bearb. v. F. Lichterfeld. 3. Aufl. (3 Thle. in 1 Bd.) Mit 12 Bildern in lith. Farbendr. 8. (VIII, 228; IV, 208 u IV, 180 S.) Breslau 876. Trewendt. geb. 7. 50

Hoffmann, Frdr., Columbus, Cortez u. Pizarro. Geschichte der Entdeckg. u. Eroberg. v. Amerika. Nach den besten Quellen der Jugend erzählt. 4. Aufl. Mit 12 Bildern v. R. Knötel u. 1 Karte. gr. 8. (VIII, 469 S.) Breslau 889. Trewendt. geb. n. 8.—

Hoffmann, Friedr. (Präs.), s. C o n r a d i, Joh. Friedr.: De passione iliaca.

Friedrich Hoffmann
1660 - 1742

Vitae animalis Consideratio theorico- practica. Oder: Wie das menschliche Leben, auf eine theoretische und pracktische Art, könne betrachtet werden? [Resp.:] Balthasar Ludovicus Tralles. Halae Magdeb. (1731:) Hilliger. 77 S. 8°

Halle, Med. Diss. v. Apr. 1731

— Consultat. et responsa medic. 3 Cent. 4. Frft. Varrentrapp.

Hoffmann, Friedrich: Consultationum et responsorum medicinalium centuria prima, complectens morbos capitis et pectoris, centuria secunda et tertia, complectens morbos abdominis et artuum externorum. Tom.1 - 2, gbd.

Francofurti ad Moenum: Buchner 1734 - 1735

JB 1.773

Friderici Hoffmanni [Hoffmann] Consultationum et responsorum medicinalium centuria... T.1.2. Halae Magd.: Renger 1734. 8°

T.1= Centuria 1: Complectens morbos capitis et pectoris.
T.2= Centuria 2/3:Complectens morbos abdominis et artuum externorum.

Friedrich Hoffmann
1660 - 1742

Opii Correctio genuina et usu. [Resp.:] Fridericus Christianus Müller dictus Wohlheiser. Recusa. Halae Magdeb. 1730: Hilliger. 13 [vielm. 31] S. 8°

Halle, Med. Diss. v. 4. Febr. 1702

— — Auch: Opp. Suppl. II, 1 p. 648.

—, De opii correctione et usu. Hal. 4°. 1 7 3 0

Hoffmann, Friedrich (Präs.), s. C r e u t z , Carl Friedrich: Diss. de medicamentis infidis.

Friedrich Hoffmann
1660 - 1742

De Cura doloris podagrici praeservatoria per simplicissima remedia. [Resp.:] Samuel Ernestus Krugnerus [Krugner] Halae Magdeb. (1738:) Hilliger. 28 S. 8°

Halle, Med. Diss. v. Febr. 1738

Friderici Hoffmanni [Hoffmann] Demonstrationes physicae curiosae, experimentis et observationibus mechanicis ac chymicis illustratae. Halae Magd.: Zeitler 1700. 56 S. 8°

Fridericus Hoffmannus [Hoffmann]: De Dentibus eorumque morbis et cura. [Resp.:] Johannes Fridericus Trefurth. Halae Magdeb. 1714: Zeitler. 40 S. 8°

Halle, Med. Diss. v. 5. Aug. 1698

— Diätetik. 8. Ulm, Wohler. 745.

Hoffmann, Fridericus, [Dr. med. u. Berliner Dr. phil. h. c.]: De vallium in Germania boreali principalium directione memorabili congrua. Halae (1823): Grunert. 19 S. 8°

Halle-Wittenberg, Phil. Hab.-Schr. v. 24. Juni 1823

Hoffmann, Fr., Diss. phys. medicae selectiores, ad sanitatem tuendam maximo pertinentes. Hal. 4°.
1702

—, Doctrina morborum convulsivorum. Hal. 4°. *Haller*, Bibl. med. pr. III, 543. 1734

Kritische Dogmengeschichte der Geldwerttheorien. Von Dr. Friedrich Hoffmann. Leipzig: C. L. Hirschfeld 1907. (VI, 294 S.) 8° [07. 14006

Friedrich Hoffmann
1660 - 1742

De Dolore ex calculo renum. Vom Stein- Schmertz in den Nieren. [Resp.:] Iohannes Bernhardus Doblin. Halae Magdeb. (1731:) Hilliger. 28 S. 8°

Halle, Med. Diss. v. Mai 1731

—, De dolore cephalico. Hal. 4°. 1730

Hoffmann, Fr., resp. Chr. Fr. Ludolf, Diss. de doloribus. 34 pp. Hal. 4°. In: Oper. Suppl. II, 2. 1730

Friedrich Hoffmann
1660 - 1742

De Dysenteria. Von der rothen Ruhr. [Resp.:] Andreas Soterius. Halae Magdeb. (1734:) Hilliger. 36 S. 8°

Halle, Med. Diss. v. Mai 1734

Hoffmann, Friedrich (Präs.), s. E m m r i c h , Gottfried: Compendiosam et clinicam praxin . . .

Hoffmann, Friedrich (Präs.), s. E n g e l , Christ. Franz: De inflammatione ventriculi.

Hoffmann, Friedr. *Die Entdeckung von Amerika.* Nach den neuesten Quellen der Jugend erzählt von Friedrich Hoffmann. Columbus. Mit sechs Lithographien. Wesel, J. Bagel, 1846. VIII, 328 SS. 8°. Leicht ben. Or.-Karton. — Vereinz. Flecken. 14.—

Hoffmann, Friedr., die Entdeckung von Amerika. Nach den neuesten Quellen der Jugend erzählt. (2. Thl.) Cortez. 8. (VIII und 367 S. mit 4 Stnt. in Tondr.) Wesel 848, A. Bagel.

—— dass. — (3. Thl.:) Die Pizarro's. 8. (VI und 318 S. mit 4 Stnt. in Tondr.) Wesel 849, A. Bagel.
(1. Thl.: Columbus.) Ebendas. 1846. 25 Ngr.

Hoffmann, Friedrich [Dr.]: Über die Entwicklung des Begriffs der Grammatik bei den Alten. Königsberg, Hartungsche Buchdr., 1891; S. 1—18; 4°
Königsberg i. Pr., k. Friedrichs-K, P 1891 (7)

Hoffmann, Frdr., üb. die Entwicklung d. Begriffs der Grammatik bei den Alten. gr. 4. (18 S.) Königsberg i/Pr. 891. (Gräfe & Unzer.) n. — 80

[5.] Entwurf einer Erklärung der Augsburgischen Konfession f. Primaner v. Dr. Friedrich Hoffmann, Oberl. . . . zu Königsberg i. Pr. *Königsberg: Ostpreuss. Zeitgs- u. Verl.-Dr. 1898.* (30 S.) 1 Bd 8.

Hoffmann, Friedrich (Präs.), s. E n y e d i , Stephan: De medicina Hippocratis mechanica.

Friedrich Hoffmann
1660-1742

De Eo, quod plurimi aegrotorum moriantur contra leges artis. [Resp.:] Johann Dieterich Lilly. Halae Magdeb. 1717: Zeitler. 22 S. 8°

Halle, Med. Diss. v. Mai 1717

—— die Eroberung von Jerusalem durch die Kreuzfahrer. Eine Erzählung für die Jugend. 16. (100 S. und 4 ill. lithochrom. Bilder.) Wesel 848, A. Bagel.

Fridericus Hoffmannus [Hoffmann]: De Erroribus circa venena vulgaribus. [Resp.:] Joachimus Sigismundus Girschnerus. ([Halle] 1718:) Zeitler. 40 S. 8°

Halle, Med. Diss. v. Mai 1718

— Ueber einige neuentdeckte geognostische Erscheinungen in der norddeutschen Ebene. (Aus Poggendorff's Ann.) Leipzig 1828. 8.

--- historische Erzählungen für die reifere Jugend. Mit 2 (lith.) Abbildungen. Leipzig (858.) E. Fleischer. gr. 16. (3 Bl., 173 S.) 27 ngr

Hoffmann, Friedr. (II.), historische Erzählungen für die reifere Jugend. br. 8. (V und 178 S. mit 2 lithogr. Abbild. in Tondr.) Leipzig 859, E. Fleischer.

——— historische Erzählungen für die reifere Jugend. 2. neu durchgeseh. und verm. Aufl. gr. 8. (IV, 257 S.) Ebendas. 884. geb. *

– s. E u t r o p i u s : Abriß der römischen Geschichte.

Fridericus Hoffmannus [Hoffmann]: Examen chymico-medicum fontis Sedlicensis in Bohemia. [Resp.:] Michael Christian Claussen. Halae Magdeb. (1724:) Hilliger. 24 S. 8°

Halle, Med. Diss. v. Juli 1724

Hoffmann, Frdr., Nouvelles expériences et observations sur les eaux minérales de l'Allemagne. Trad. par Costo jun. Berlin 1752. 8. . . . . (FBA.; D.)

Friedrich Hoffmann
1660 - 1742

Explanatio affectus maniaci levi oris rarissimo sensuum quorundam augmento stipati. [Resp.:] Iohannes Conradus Fischer. Halae Magdeb. (1734:) Hilliger. 32 S. 3°

Halle, Med. Diss. v. Aug. 1734

— — Auch in: Consult. Cent. I, n. 33.

— Einhundert neue Fabeln für die Jugend. Mit 50 ill. Abbildd. gr. 8. Stuttgart 840. Hoffmann'sche Verlagsb. 1 ½ rf

— einhundert neue Fabeln f. d. Jugend. gr. 8. (13½ B. u. 50 ill. Abbild.) Stuttgart 840, [Schmidt u. Spring.]

— neueste Fabeln und Bilder für die Jugend. 8. (100 S. und 50 lithogr. Abbild.) Stuttgart 850, Hoffmann'sche Vrlgsb.

Hoffmann, Fr., De fato physico et medico, ejusque rationali explicatione disquisitio, in qua multa subtilioris indaginis argumenta de fato stoicorum Spinozae, medico et physico, de fortuna, providentia divina, harmonica praestabilita, miraculis nec non de declinatione fati curatius paullo tranctantur et executiuntur. 53 pp. Hal. 4°.

1724

Friedrich Hoffmann
1660 - 1742

De Febre erysipelacea, von der Rose. [Resp.:] Franz Ludwig Dietrich. Halae Magdeb. (1729:) Hilliger. 24 S. 8°

Halle, Med. Diss. v. März 1729

Hoffmann, F., die vier Feldzüge des Germanikus in Deutschland, aus d. Quellen erzählt mit geographischen u. andern Erläuterungen. 4. Götting. Brose. 816.

Hoffmann, Fr. Vl. (Dr.), die vier Feldzüge d. Germanikus in Deutschland, aus den Quellen erzählt mit geograph. u. andern Erläuterungen. 4. Götting. 816. (Vandenhöck u. R.) 6 ℛ

— acht Festpredigten. gr. 8. (III und 60 S.) Quedlinburg 848, Basse.

Zwei Festreden von Dr. Friedrich Hoffmann. [Gymn.Oberl., Königsberg]. *Königsberg i. Pr.: Ostpr. Dr. & Verlagsanst. 1902.* (28 S.) 8° [R.]
·e4 6?4 10

Friedrich Hoffmann
1660 - 1742

De Fistula ani feliciter curanda. [Resp.:] Heinrich Bass. Halae Magdeb. (1718:) Lehmann. 27 S. 8°

Halle, Med. Diss. v. Juli 1718

Friedrich Hoffmann
1660 - 1742

De Fonte medicato Lignicensi. [Resp.:] Christian Ehrenfried Zuckert. Halae Magdeb. (1729:) Hilliger. 24 S. 3°

Halle, Med. Diss. v. 4. Okt. 1729

Fridericus Hoffmannus [Hoffmann]: De Fontibus medicatis Lauchstadiensibus. [Resp.:] Christianus Augustus Lichtenhahn. Halae Magdeb. (1723:) Hilliger. 44 S. 8°

Halle, Med. Diss. v. 12. Mai 1723

Friedrich Hoffmann
1660-1742

De praecipuis medicatis Germaniae Fontibus eorumque examine chymico. [Resp.:] Georgius Godofredus Hoffmannus [Hoffmann]. Halae Magdeb. 1724: Hilliger. 48 S. 8°

Halle, Med. Diss. v. Dez. 1724

(——) Freundliches f. freundl. Kinder v. 4—6 Jahren. gr. 8. (14 B. u. 20 Bild.) Stuttgart 840, [Stoppani.]

– Dass., s.a. Freundliches ...

Hoffmann, Friedrich (Präs.), s. Funckert, Karl Ludwig: Annorum climactericorum rationalem et mediam explicationem . . .

Hoffmann, Friedrich: Fundamenta diaeteticae sive positiones genuinam tradentes methodum vitam et sanitatem per salubrem diaetam conservandi... (Editio secunda). 142 S. (S. 227 - 368), gbd.

(Halae Magdeburgicae: Renger 1746)
in: Hoffmann, F.: Fundamenta physiologiae sive positiones statum corporis humani vivi et sani delineantes... 1746

JB 958

Hoffmann, Friedrich: Fundamenta medicinae ex principiis mechanicis et practicis in usum philiatrorum succincte proposita... multis in locis aucta et emendata. 213 S., gbd.

Halae Magdeburgicae: Renger 1703

JB 1.125

— fundamenta medicinae. 8. ibid. 747.

Hoffmann, Friedrich: Fundamenta pathologiae generalis, seu positiones, statum corporis humani morbosi et inprimis universales morborum origines rerumque insalubrium...naturam et vires delineantes et demonstrantes... (Editio secunda). 312 S., gbd.

Halae Magdeburgicae: Renger 1746

Hoffmann, Friedrich: Fundamenta pathologiae specialis seu positiones statum corporis humani morbosi et inprimis singulorum morborum, diversimode illud adfligentium, historiam, symptomata et genuinas causas delineantes et exponentes. 816 S., gbd.

Halae Magdeburgicae: Renger 1747

JB 1.126

(Medicina rationalis systematica. [Ausz.]) Fundamenta pathologiae specialis, seu Positiones, statum corporis humani morbosi et inprimis singulorum morborum, diversimode illud adfligentium, historiam, symptomata et genuinas causas delineantes et exponentes. Ex Friderici Hoffmanni [Hoffmann] Medicina rationale systematica... depromtae. Halae Magdeb.: Renger 1747. 748 S. 8°

Hoffmann, Friedrich: Fundamenta physiologiae sive positiones statum corporis humani vivi et sani delineantes, ex solidis physico-mechanicis et anatomicis principiis deductae. (Editio secunda). 224 S., gbd.

Halae: Magdeburgicae: Renger 1746
beigedr.: Hoffmann, F.: Fundamenta diaeteticae sive positiones genuinam tradentes methodum vitam...conservandi... (1746)

Hoffmann, Friedrich: Fundamenta praxeos medicae seu therapiae specialis, methodum singulis morbis prudenter et feliciter medendi. 926 S., gbd.

Halae Magdeburgicae: Renger 1748

JB 1.979

[Medicina rationalis systematica, Ausz.] Fundamenta praxeos medicae seu Therapiae specialis, methodum singulis morbis prudenter et feliciter medendi, una cum cautelis et regulis practicis undiquaque observandis, exponentia. Ex Friderici Hoffmanni [Hoffmann] Medicina rationali systematica... deprompta. Halae Magdeb.: Renger 1748. XVI,851 S. 8°

— fundamenta Semiologiae med. 8. Halae, Renger. 749.

— fundam. therapiae gener. 8. Halae, Renger. 747.

Hoffmann, Fr., Tomus quo vera therapiae fundamenta, medendi methodus et leges et selectissima remedia traduntur. Hal. 4°. *Haller*, Bibl. med. pr. III, 541.

1727

— Die Gebirgsverhältnisse in der Grafschaft Massa-Carrara. (Aus Karstens Arch. f. Mineral. VI. Vol.) Berlin. 1833. 8.

Ernste Gedanken. Rede, gehalten bei der Schwestern-Andacht, Sylvester 1896 von Friedr. Hoffmann. Königsberg i. Pr. 1897. 12 S. 8°
Recens: L. 20 (1897) S. 40.
Entwickelt die Bestimmung des Lebens als ein treu Gedenken, kraftvoll Streben, selig Lieben.

—— Gedenkbuch deutscher Kraft und Größe. Für die reifere Jugend. 2 Bde. 8. (942 S. und 8 Stnt.) Wesel 848, A. Bagel.

Hoffmann, Friedrich (Präs.), s. G e i g e r, Martin: Praxin clinicam morborum infantum.

Hoffmann, Friedrich (Präs.), s. G e i n i z, Wolfgang Siegmund: Compendiosam et clinicam praxin dolorum cum cautelis.

Hoffmann, Friedrich, a. Kiel: Die Geldwerttheorien der Anhänger und der Gegner des Currencyprinzips. Leipzig 1907: J. B. Hirschfeld. (50 S.) 8°
Kiel, Phil. Fak., Ref. Adler, Diss. v. 5. Dez. 1906
[Geb. 13. Okt. 80 Kiel; Wohnort: Kiel; Staatsangeh.: Preußen; Vorbildung: Kgl. Gymn. Kiel Reife M. (x); Studium: Kiel 4, Berlin 1, Kiel 2, Berlin 1, Kiel 4 S.; Rig. 28. Juli 06.]

Friedrich Hoffmann
1660 - 1742

De praecavenda polyporum Generatione. [Resp.:] Philippus Adolphus Böhmer. Halae Magdeb. (1736:) Heyhius. 82 S. 8°

Halle, Med. Disp. v. 15. Mai 1736

Hoffmann, F., Physikalische Geographie. Vorlesungen. Berlin, 1837. 620 S.

Hoffmann, Friedrich, I. Physikalische Geographie. II. Geschichte der Geognosie und Schilderung der vulkanischen Erscheinungen.
Berlin 1837, 38.

Hoffmann, Fr[iedrich], Dr.: Das messianische Gericht im Neuen Testament. T. 1. *Königsberg Pr. 1902: Hartung.* (28 S.) 4°
Königsberg Pr., k. Friedrichs-K, P 1902 (6)

Hoffmann F.: Geschichte d. Geognosie u. Schilderung d. vulkanischen Erscheinungen ... Berl. 1838. 596 S.
(=: Hinterlassene Werke. 2. Bd.).

Hoffmann, Friedr. (IV.), Gesundheits-Regeln. Mit Hinsicht auf d. Ausübung d. Heilkunst, u. als Beytr. z. Staats-Arzneykunde hrsg. v. C. A. Werres. 8. (9 B.) Köln 828, (Bachem.)

Hoffmann, Friedr. (III.), die christl. Glaubenslehre, dargest. f. d. Gebildeten im Volke. gr. 8. (16 B.) Stuttgart 829, [Brodhag.]

Hoffmann, Friedrich (Präs.), s. G r o t h u s, Theodor Wilhelm: Aegrum hydrope ex quartana laborantem et restitutum.

Hoffmann, Fr., Schwedens Heldenkönige Gustav Wasa, Gustav Adolf, Karl XII. Lebens- u. Charakterbilder, f. die Jugend gezeichnet. Mit 4 Farbendrucken u. e. Tondruckbilde nach Aquarellen v. Cajetan Schweitzer. 3 (lith.) Porträts u. e. (lith.) Plane. gr. 8. (VI, 288 S.) Leipzig 871. E. Fleischer. 5. 40

Hoffmann, Friedr. (Präs.), s. H a c k von Anckerau, Ludwig: Compendiosam et clinicam praxin inflammationum cum cautelis.

Hoffmann, Fr., Haemorrhagia et dolores. Hal. 4°. *Haller*, Bibl. med. pr. III, 542.

1732

Hoffmann, Friedr., Handbuch z. Unterricht in d. christl. Religion f. Schule u. Haus. 4 Curse. 8. Halle 829, Anton.
Curs. 1. Leitfaden beim ersten Unterr. in der Religion. (1 1/2 B.) 2 Gr.
" 2. Buch der Sprüche. (5 B.) 4 Gr.
" 3. Leitfaden beim Unterr. d. Confirmanden. (2 1/4 B.) 2 Gr.
" 4. Ausführl. Belehr. üb. d. christl. Religion u. ihre Geschichte. (15 B.) 12 Gr.

Hoffmann, Frdr., Handbuch d. Ziegelfabrikation, s.: Dümmler, K.

Hoffmann, Friedr. (Präs.), s. H a r t m a n n, Friedrich Wilhelm: De morbis ex spasmo vesicae.

—— christlicher Haus-Altar, s. Haus-Altar.

Hoffmann, Friedrich (Präs.), s. H e i n i c h e n, Joh. August Difficultates in medicina addiscenda recensens.

Hoffmann, Friedrich [Praes.], s. H i e n l i n, Wolffg. Friedr.: De diarrhoea in febribus malignis ...

Friedrich Hoffmann
1660 - 1742

Curiosa pulli gallinacei in foemina cachectica formati Historia. [Resp.:] Johannes Jacobus Stangius. [Halle] 1702:) Henckel. 40 S. 8°

Halle, Med. Diss. v. 28. Apr. 1702

Hoffmann, Friedrich (Präs.), s. H u s z t i , Stephan: De prudenti medicamentorum applicatione in tempore.

Friedrich Hoffmann
1660 - 1742

De vera perpetui mobilis in homine vivo Idea oder: (Beweiß, daß in dem Leben des Menschen ein wahrer Begriff des perpetui mobilis zu finden sey) [Resp.:] Georg Wachter. Halae Magdeb. (1731:) Hilliger. 68 S. 8°

Halle. Med. Diss. v. Mai 1731

—, resp. Fr. jun., De morbi hysterici vera indole, sede, origine et cura, od. v. d. wahren Beschaffenheit u. Ursache der Mutter-Beschwerungen. 45 pp. Hal. 4°. Obs. I. 4 Opp. III p. 127. 1 7 3 3

Fridericus Hoffmannus [Hoffmann]: De Inflammatione ossium. [Resp.:] Christianus Philippus Glass. Halae Magdeb. (1737:) Hilliger. 51 S. 8°

Halle, Med. Diss. v. 20. Dez. 1737

Hoffmann, Frdr., John'tzer Jungens. Allerhand Jeschichten aus's ahle John'tz. (64 S.) 8. Dessau 908. C. Dünnhaupt. n. 1.—

Hoffmann, Frdr., u. L. v. **Buch,** Geognostische Karte von Deutschland und den umliegenden Staaten in 24 Blättern. Berlin 1826—29. qu.-Fol. . . . . (Br. Mus.)

— Geognostische Karte von Deutschland u. den umliegenden Staaten, in 42 Blättern, . . . Berlin, Schropp, 1826—29. Berichtigt 1833. 5. Aufl. Berlin 1839. qu.-4. (Br. Mus.)
—, —— Ebda. 1841. qu.-4. . . . . (Br. Mus.)
——, —— Ebda. 1851. qu.-4. . . . . (Br. Mus.)
——, —— 42 Blätter nach den vorzüglichsten mitgetheilten Materialien herausgegeben. M. 1 : 1115000. 4. Ausgabe. Berlin, Schropp u. Co., 1843. Imp.-Fol. (40 ℳ.

—— geognost. Charte v. nordwestl. Deutschland, in 24 Bl. (incl. 1 Bl. Erläutern. in deutscher u. franz. Sprache.) qu. Fol. Berlin 829, Schropp u. Comp.

– Geognostische Karte vom nordwestlichen Deutschland in 24 Bll. Berlin, Schropp u. Co., 1830. qu.-Fol. Kolor. (incl. 1 Blatt Erläuterungen in deutsch. und französ. Sprache). . . . . (FBA.; Br. Mus.)

Hoffmann, F. Geognostische Karte von Sicilien. (Aus Karsten's Archiv für Mineralogie.) Berlin. 1839. Fol.

— d. christl. Kinderfreund, ein Lese- u. Hülfsbuch für Volksschulen. Mit Luthers Bildn. 8. Halle 826. Anton. 6 K

—— der christl. Kinderfreund, e. Lese- u. Hülfsbuch f. Volksschulen. 2., verm. u. verb. Aufl. (2 Abthln.) 8. (26½ B.) Halle 833, Anton.

—— der christl. Kinderfreund, e. Lese- u. Hülfsb. f. Volksschulen. 3. Aufl. 8. (27 B.) Halle 840, Anton. *

—— der christl. Kinderfreund, ein Lese- u. Hülfsb. f. Volksschulen. 4. u. 5. Aufl. 8. (à 27 B.) Halle 842, 43, Anton. à *

—— der christliche Kinderfreund, ein Lese- und Hülfsbuch für Volksschulen. 7. Aufl. (Mit Stereotypen gedruckt.) 8. (X und 421 S.) Halle 848, Anton. *

—— der christliche Kinderfreund, ein Lese- und Hülfsbuch für Volksschulen. 9. Aufl. (Mit Stereot.) Halle 857. Anton. 8. (X, 421 S.) n. 7½ ngr.

– s. K i r c h e n j a h r , Das.

Hoffmann, Frdr., die Augsburgische Konfession, s.: Hilfsmittel zum evangelischen Religionsunterricht. 17. Heft.

– Dass., s. K o n f e s s i o n , Augsburgische.

— Lebensweisheit in Fabeln für d. Jugend. Mit 100 Bildern. gr. 8. Stuttgart 840. Hoffmann'sche Verlagsb. 2 ℳ

— Lebensweisheit in Fabeln für die Jugend. Mit 100 Bildern. — A. u. d. T.: Vollständ. Fabelbuch. Ausgabe mit color. Abbild. gr. 8. Ebend. 840. geb. 2⅝ ℳ

—— Lebensweisheit in Fabeln f. d. Jugend. gr. 8. (37¾ B. u. 100 Bild.) Stuttgart 840, [Schmidt u. Spring.] 2 Thlr., col.

— Lebensweisheit in Parabeln u. Gleichnissen für die reifere Jugend. Mit 20 Stahlst. 8. Stuttgart 842, Hoffmann. geb. 1½ ℳ — 2. Ausg. 846. 1½ ℳ

—— Lebensweisheit in Parabeln u. Gleichnissen f. d. reifere Jugend. 1. Ausg. (30½ B.) 842 u. 2. Ausg. 8. (31 B. u. 20 Stahlst.) Stuttgart 846, Schmidt u. Spring. à

Hoffmann, *Johann Friedrich* Herders Lehre von der Person und dem Werke Christi. 4 (S. 3—22 = 123—142).
In: Festschrift z. Einweihung der neuen Gebäude des Kgl. Friedrichs-Kolleg. *Königsberg i. Pr.* 1892.
Nicht im Tauschverkehr.
Progr.

— Lehren der Weisheit und Tugend, Beispiele aus der Menschen- und Thierwelt in Wort und Bild. Mit 12 (lith.) bunten Bildern. Stuttgart 853. Chelius. gr. 8. (IV, 52 S.) 25 ngr.

Hoffmann, Friedrich, Direktor Dr.: Ausführlicher Lehrplan des Lateinischen für Gymnasium und Realgymnasium. Insterburg 1906: A. Bittner. (32 S.) 4° [F.]
Insterburg, k. G u. RG OP 1906 (5)

—— Lesebuch f. höh. Töchterschulen. 1. Aufl. 835. 1 Thlr., u. neue Ausg. in 3 Curs. 8. (à 35¾ B.) Halle 841, Anton. à 5 Gr.

Hoffmann, Frdr., Lieder u. Gedichte. 8. (XII, 163 S.) Ballenstedt 873. Ackermann. 1. 80

—— Lieder aus dem Herzen. gr. 8. (2 B.) Quedlinburg 844, Basse.

Hoffmann, Friedrich, aus Berlin: Ueber die **Löslichkeitsbeeinflussung** schwacher Säuren durch Nichtelektrolyte und Elektrolyte mit nur fremden Jonen. *Berlin (1903): E. Ebering.* (66 S.) 8°
Berlin, Phil. Diss. v. 14. Aug. 1903

—— die schönsten Mährchen der Tausend u. Einen Nacht. Für die Jugend bearb. 8. (32 B. u. 20 ill. Stahlst.) Stuttgart 842, Hoffmann'sche Vrlgsb.

—— neues Märchenbuch für artige Kinder. Mit Zeichnungen der vorzüglichsten Meister Deutschlands. 4. (. . . S.) Wien 861, Wenedikt.
ill.

—— neues Mährchenbuch f. d. Jugend. 8. (25 B. u. 24 col. Stahlst.) Stuttgart 841, [Scheible, Rieger u. Sattler.]

—— Jacob Marlot, der treue Bekenner des Evangeliums auf den Galeeren. Eine Erzählung f. d. Volk u. d. reifere Jugend. 16. (8 B. u. 4 Stnt.) Wesel 845, Bagel.

—— Matteo, der junge Seefahrer. Ein Geburtstags- und Christgeschenk für fleißige Knaben von 5 bis 10 Jahren. Mit vielen Illustrationen. 4. (... S.) Wien 860, Wenedikt. geb. ill.

Friedrich Hoffmann
1660 - 1742

De Medicamentis balsamicis. [Resp.:] Ioachimus Scholvien. Halae Magdeb. (1715:) Zeitler. 38 S. 8°

Halle, Med. Diss. v. Mai 1715

Hofmann, Fr., resp. G. L. **Schott,** De medicamentis insecuris. Hal. 4°. 1713

Friderici Hoffmanni [Hoffmann] Medicina consultatoria, worinnen unterschiedliche uber einige schwehre Casus ausgearbeitete Consilia, auch Responsa facultatis medicae enthalten, u. in 5 Decurien eingetheilet...hrsg. Th.1-12. Halle im Magd. :Renger 1721-39. 4 Bde 8°

Th.1.2: 1721.
Th.3: 1723.
Th.4: Nebst e. Ind.generali casuum u.vollst. Reg. der merckwürdigsten in allen 4 Th. befindlichen Sachen. 1724.
Th.5: 1726.
Th.6: Nebst e. Ind. casuum u.vollst. Real-Reg. über d.6.u.vorhergehenden 5.Th. 1728.
Th.7: 1730.
[Sondert.:] Hoffmann: Gründlicher Bericht vom dem Selter-Brunnen, dessen Gehalt, Würckung u.Krafft... 1727.
Th.8: 1731.
Th.9: 1732.
Th.10: Mit e.angehengten Decurie von auserlesenen Responsis des Caspari Hoffmanni, Matthiolo, Fallopii, Peuceri, Bellocati u. Cassiani. Nebst e. Ind. casuum u. vollst. Real-Reg. über d.vorhergehenden 7.8.9.u.10.Th. 1733.
Th.11: 1738.
Th.12: Nebst e.Ind.casuum u. vollst. real-Reg. über d.vorhergehenden 11.u.12.Th. 1739.

Frid. Hoffmann de diaetetica Sacrae Scripturae medicina. Hal. 1718. 4. — *Redit in* H. opusc. theologico-physico-medic. Hal. 1740. 4. p. 54—85. — *German.* Ulm 1745. 8.

Frid. Hoffmann (resp. S. Enyedi) de medicina Hippocratis mechanica. Hal. 1719. 4.

— medicina rational. system. c. supplem. IX Vol. 4. ibid. 729—40.

— — id. l. IX Vol. 4. Frft. Varrentrapp.

Friderici Hoffmanni [Hoffmann] Medicinae rationalis systematicae t.1-4 [nebst] Suppl. Halae Magd.:Renger [1718]-40. 2 Bde 8°

T.1: Quo philosophia corporis humani vivi et sani ex solidis mechanicis et anatomicis principiis methodo plane demonstrativa per certa theoremata ac scholia trad. et pathologiae ac praxi medicae clinicae ceu verum fundamentum praemittitur in usum docentium et discentium.[1718]
T.2: Quo philosophia corporis humani morbosi ex accuratis observationibus... traditur et vera pathologiae fundamenta nec non praeservatio ab omnis generis morbis clare exponuntur...1720
T.3: Quo vera therapiae fundamenta medendi methodus et leges tam naturae quam artis nec non selectissima remedia...traduntur. 1727.
T.4,P.4-5: Quo specialis morborum pathologia et... therapia. 1737-39.
P.4: Doctrinam morborum ex viscerum labe partiumque solidarum atonia perspicua et demonstrativa methodo tradens. 1737.
P.5: Doctrinam morborum ac vitiorum externas potissimum partes affligentium perspicua et demonstrativa methodo tradens. 1739.
Suppl.: De praecipuis infantum morbis. 1740.
[Sondert.:] [Schulze] Schultze, Io[annes] Henr[icus],[1687-1744]: Commentarius de vita Friderici Hoffmanni.

Hoffmann, Fr., Medicinae rationalis systematicae tom. primus: quo philosophia corporis humani vivi et sani ex solidis phys.-mechanicis et anatomicis principiis methodo plane demonstrativa per certa theoremata ac scholia traditur et pathologiae ac praxi medicae clinicae ceu verum fundamentum praemittitur. Ed. sec. Hal. 1728. 4°.

Friderici Hoffmanni [Hoffmann] Medicinae rationalis systematicae t.1-4 [nebst] Suppl. Halae Magd.: Renger 1729-40. 4 Bde 8°

T.1: Quo philosophia corporis humani vivi et sani ex solidis physico-mechanicis et anatomicis principiis methodo plane demonstrativa per certa theoremata ac scholia trad.et pathologiae ac praxi medicae clinicaeceu verum fundamentum praemittitur in usum docentium et discentium. Ed. nova auctior longe et em. 1739.
T.2: Quo philosophia corporis humani morbosi...trad. et vera pathologiae fundamenta nec non praeservatio ab omnis generis morbis clare exponuntur...Ed.2.1729.
T.3: Quo vera therapiae fundamenta medendi methodus et leges tam naturae quam artis nec non selectissima remedia...traduntur... Ed.2.,auctior longe et em. 1732.
T.4,P.1-5: Quo specialis morborum pathologia et therapia...exhibentur. 1734-39.
P.1: Doctrinam de omnis generis febribus...tradens. Ed.2.1734.
P.2: Doctrinam haemorrhagiarum et dolorum ... tradens. 1736.
P.3: Doctrinam spasmodicorum et convulsivorum morborum...tradens. 1737.
P.4: Doctrinam morborum ex viscerum labe partiumque solidarum atonia... tradens. 1739.
P.5: Doctrinam morborum ac vitiorum externas potissimum partes affligentium ...tradens. 1739.
Suppl.: De praecipuis infantum morbis. 1740.
[Sondert.:] [Schulze] Schultze, Io[annes] Henr[icus],[1687-1744]: Commentarius de vita Friderici Hoffmanni.

Friderici Hoffmanni [Hoffmann] Medicinae rationalis systematicae t.1. 4.[nebst] Suppl. Halae Magdeb.: Renger 1735-39. 6 Bde 8°

T.1: Quo philosophia corporis humani vivi et sani ex solidis physico-mechanicis et anatomicis principiis methodo plane demonstrativa per certa theoremata ac scholia trad. et pathologiae ac praxi medicae clinicae ceu verum fundamentum praemittitur in usum docentium et discentium. Ed.nova auctior longe et em. 1739.

T.4,P.1. 4.5:Quo specialis morborum pathologia, et...therapia...exhibentur. 1735-39.

P.1: Doctrinam de omnis generis febribus...tradens. Ed.2.1735.

P.4: Doctrinam morborum ex viscerum labe partiumque solidarum atonia...tradens. 1739.

P.5: Doctrinam morborum ac vitiorum externas potissimum partes affligentium...tradens. 1739.

Suppl.: De praecipuis infantum morbis. 1740.

[Sondert.:] [Schulze] Schultze, Io[annes] Henr[icus],[1687-1744]: Commentarius de vita Friderici Hoffmanni.

Hoffmann, Friedrich: Medicina rationalis systematica. Editio nova auctior longe et emendatior. Tom.1 - 4, Suppl., gbd.

Tom.1 - 4: Francofurti ad Moenum: Varrentrapp 1738 - 1739
Suppl.: Halae Magdeburgicae: Renger 1740

JB 1.772

— medicinae ration. system. compend. s. fundamenta physiologiae. 8. ibid. 746.

— medicus politicus s. regulae prudentiae. 8. Leiden. 746.

Hoffmann, Fr.l., (†...) polit. Medicus, oder d. Klugheitsregeln, nach welchen ein junger Mann seine Lebensart einrichten soll. 8. Leipz. 752. (Brockhaus). 5 K

— polit. Medicus, od. Klugheitsregeln rc. 8. Lpz. Gleditsch. 752.

Friedrich Hoffmanns [Hoffmann: Medicus politicus. Deutsch:] Politischer Medicus, oder Klugheits-Regeln, nach welchen ein junger Medicus seine studia und Lebensart einrichten soll, wenn er sich will berühmt machen, auch geschwinde eine glückliche Praxin zu erlangen u.zu erhalten begehret. Ins Deutsche übers. von Johann Moritz Auerbach. Leipzig: Lankisch 1752. 212 S. 8°

Hoffmann, Friedrich: Politischer Medicus, oder Klugheits-Regeln, nach welchen ein junger Medicus seine Studia und Lebensart einrichten soll... (Medicus politicus sive regulae prudentiae secundum quas medicus juvenis studia sua et vitae rationem dirigere debet... Dt.) Übers.von Johann Moritz Auerbach. 2.verm.Aufl. 224 S., gbd.

Leipzig: Lankisch 1753

JB 1.981

Friedrich Hoffmann
1660 - 1742

Medicus sui ipsius. [Resp.:] Christianus Goetze. Halae Magdeb. (1704:) Hilliger. 32 S. 8°

Halle, Med. Diss. v. 5. Apr. 1704

– s. Messala, Corn. Marc. Valer.

Hoffmann, Frid. (Albert.) (geb. Nimptsch 24. 4. 1820): Alimentorum in corpore humano metamorphoseon specimem [!]. Berolini (1844). (33 S.) 8°

Berlin, Med. Diss. v 15. Febr. 1844

Friedrich Hoffmann
1660 - 1742

De Metastasi sive sede morborum mutata. Oder: Wie sich öffters eine Kranckheit in die andere verwandele. [Resp.:] Samuel Sontag. Halae Magdeb. (1731) Hilliger. 45 S. 8°

Halle, Med. Diss. v. Sept. 1731

Fridericus Hoffmannus [Hoffmann]: Methodus examinandi aquas salubres. [Resp.:] Hieronymus Peter Sultzer. Halae 1714: Zeitler. 26 S. 8°

Halle, Med. Diss. v. Nov. 1703

Friedrich Hoffmann
1660 - 1742

De Morbis foetuum in utero materno. [Resp.:] Philippus Jacobus Duttel. Halae Magdeb. (MDCII [viels. 1702]:) Henckel. 32 S. 8°

Halle, Med. Diss. v. Febr. 1702

—, resp. Jo. Gttl. Blochmann, De morbis ex atonia cerebri nervorumque nascentibus. 34 pp. Hal. 4°. Auch in dessen: Opp. Suppl. II, 2, p. 274. 1708

—, Diss. de morbis a nimia et intempestiva venere oriundis. Hal. 4°. (Epilepsia.)

1725

Friedrich Hoffmann
1660 - 1742

De Morbis peregrinantium. [Resp.:] Ioannes Wallenkay. Halae Magdeb. (1734:) Hendel. 42 S. 8°

Halle, Med. Diss. v. Mai 1734

Friedrich Hoffmann
1660 - 1742

De Morbis ex spasmo vesicae. [Resp.:] Fridericus Wilhelmus Hartmann. Halae Magdeb. (1727:) Hilliger. 26 S. 8°

Halle, Med. Diss. v. Aug. 1727

Friedrich Hoffmann
1660 - 1742

De Morbo lazari. [Resp.:] Samuel Gottfried Feige. Halae Magdeb. (1733:) Hilliger. 29 S. 8°

Halle, Med. Diss. v. Sept. 1733

Frid. Hoffmann (resp. Jo. Casim. Hertius) diss. de morbo nigro Hipp. Hal. 1701. 4.

Hoffmann, Friedrich: (Fridericus Hoffmannus.) De motu optima corporis medicina. (Resp.) Engelbertus Andreas Otto.
Halle, Med. F., Diss. 1701

Friedrich Hoffmann
1660 - 1742

De aquae Natura ac virtute in medendo. [Resp.:] Hieronymus Martinus Henrici. Halae Magdeb.(1716:) Henckel. 30 S. 8°

Halle, Med. Diss. v. Juli 1716

Hoffmann, Friedrich: De natura et praestantia vini Rhenani in medicina. ...
[Resp.:] Joannes Valentinus Kauppers. Halle: Zeitler 1703. 56 S. Halle, Med. Diss. v. 18.5.1703 -- 5*.7*.29. Frei 100*
[Wahrscheinlich identisch mit: Beschreibung und Unterricht des Weinbaues u. vom Nutzen und Wirkung des Rheinweines. 1709.]
[Teilweise nach Aufbau und Inhalt ähnlich mit: Sentiment Von Fürtrefflichkeit / Unterscheid / Nutzen und Wirckungen Des Rhein-Weins / ... . 1709.]

BJ: Hofmann, F. -- Simon: Bibliotheca vinaria: Hofmann, D. -- Anmerkung bei Thienemann Anonyme Übers. u.d.T.: Sentiments der Fürtrefflichkeit des Rheinweines. Magdeburg 1709.

Fridericus Hoffmannus [Hoffmann]: De Natura et praestantia vini Rhenani in medicina. [Resp.:] Joannes Valentinus Kauppers. ([Halle] 1703:) Zeitler. 56 S. 8°

Halle, Med. Diss. v. 19. Mai 1703

--- Dass. Halae 1706. -- [Zit. nach Gatterer]

Hoffmann, Friedrich: De vini Hungarici excellente natura, virtute et usu, ...
[Resp.:] Johann Melchior Welsch. Halae Magdebvrgicae: Henckel 1721. 32 S.
Halle, Med. Diss. v. Nov. 1721 -- 11.29*

--- Dass. deutsch. Ulm 1735. -- [Zit. nach BJ]
BJ: Hofmann, F.

Hoffmanni. Friderici, Observationes barometrico-meteorologicae et epidemicale Hallenses. Anni 1700. Halae Magdeburgicae 1701.

Friedrich Hoffmann
1660-1742

Friderici Hoffmanni [Hoffmann] Observationes barometrico meteorologicae, & epidemicae Hallenses anni 1700 praemissae sunt curiosae physicae meditationes circa ventorum causas, vires & operationes in corpora humana ac barometron etc. Halae Magd.: Renger 1702: Zeitler. 48 S. 8°

Friedrich Hoffmann
1660 - 1742

Observationes et cautelae circa acidularum et thermarum usum et abusum. [Resp.:] Wilhelmus Andreas Kellner. Halae Magdeb. (1717:) Henckel. 46 S. 8°

Halle, Med. Diss. v. Juli 1717

Friderici Hoffmanni [Hoffmann] Observationum physico-chymicarum selectiorum libri 3, in quibus multa curiosa experimenta et lectissimae virtutis medicamenta exhibentur... Halae: Renger 1722. 378 S. 8°

— observationum physico chymicar. selectior. L. III. 4. Halae, Renger. 736.

Friedrich Hoffmann
1660 - 1742

Observationes de cauto et praestantissimo vomitoriorum usu. [Resp.:] Frider[icus] Augustus Russius. Halae Magdeb.(1725:) Hilliger. 44 S. 8°

Halle, Med. Diss. v. Febr. 1725

— Friedrich, De officio boni theologi ex idea boni medici. Halle (Christoph Andreas Zeitler) 1702. 16 S. (6.30) 15548
Gew.: Joachim Justus Breithaupt.

Opera omnia physico-medica. Genevæ, 1740. 6 vols., fol.
Zweite Auflage, nebst 5 Supplementbänden, 1748, 1749, 1753 und 1760.

— opera omnia XI Tomi. fol. Bern, Typogr. 748.

— opera omnia c. supplem. XI Tom. Fol. Genf 753. (v. Jenisch u. St. in Augsb.) 30 ƒl

— — ead. c. supplem. XI Tomi. fol. Genf (Stage, A.) 761.

Hoffmann, Fr., Diss. do differenti medicamentorum operationo secundum diversam corporis humani idiosyncrasiam. Hal. 4°.
1731

— opuscula medica varii argum. 4. ibid. 739.

Hoffmann, Friedrich: Opuscula medico-practica seu dissertationes selectiores antea diversis temporis editae nunc revisae et auctiores. 608 S., gbd.

Halae: Renger 1736

JB 1.775

— opuscula patholog.-practica s. dissertat. select. 4. ibid 738.

[Teils.] Friderici Hoffmanni [Hoffmann] Opuscula physico-medica de elementis, viribus, utilitate et usu medicatorum fontium. Antehac seorsim ed. iam rev., aucta, em. et delectu habito recusa. T. 2. Ulmae: Bartholomaeus 1726. 8°

T.2: 1726.

— opuscula physico-medica. II Tomi. 8. Ulm, Wohler (a. Korn sen. Bresl.) 741.

— opuscula theolog.-phys.-medica. 4. Halae, Renger 740.

Friedrich Hoffmann
1660 - 1742

De scorbuti vera Origine indole ac curatione. [Resp.:] Ioannes Martinus Struvius [Struve]. Halae Magdeb. (1738:) Grunert. 44 S. 8°

Halle, Med. Diss. v. Sept. 1738

—— der Bürgermeister Ottfried, od. wie das Städtchen Gernau zum Wohlstande kommt. Eine Erzählung f. das Volk u. d. reifere Jugend. 16. (6 B. u. 4 Stnt.) Wesel 846, Bagel.

—— Pastoral-Grundsätze. gr. 8. (18 B.) Stuttgart 829, [Brodhag.]

Hoffmann, Fr., resp. G. Th. Barthold, Diss. de peregrinationibus sanitatis causa instituendis. Hal. 4°. 1701

Friedrich Hoffmann
1660 - 1742

De Pinguedine seu succo nutritio superfluo. [Resp.:] Daniel Wilhelm[us] Trillerus [Triller]. Halae Magdeb. (1718:) Henckel. 24 S. 8°

Halle, Med. Diss. v. 2. Aug. 1718

Hoffmann, Friedrich [aus Königsberg in Pr.]: Hydroxylaminhaltige Platinbasen. . . . Königsberg in Pr., Buchdr. v. R. Leupold, 1889; 2 Bl. + 80 S. + 2 Bl. 8°
Königsberg, Phil. Fak., Inaug.-Diss. v. 23. Dez 1889

Hoffmann, Frdr., hydroxylaminhaltige Platinbasen. Inaug.-Diss. gr. 8. (39 S.) Königsberg i/Pr. 889. (Koch.) n. – 80

Hoffmann, Fr. et Gdfr., diss. med.-philos. de potentia Diaboli in corpora. Hal. 703. 4.

—, Fr., De potentia diaboli in corpora. 20 pp. Hal. 1703. 1712. 1770. 4°. Ulm 1725. 8°. *Haller*, Bibl. med. pr. III, 556. (Daemones in spiritus animales agere, potissimum in melancholicis hominibus, somnia et falsas imaginationes producere.)

Hoffmann, Fr., De diaboli potentia in corpora. 19 l. Hal. 1725. 40 pp. Hal. 1729. 4°.

— Fr., de diaboli potentia in corpora, diss. physico-medica curiosa, emendatior jam edita. Hal. Magd. 737. 4.

Friderici Hoffmanni [Hoffmann]: De Praestantia remediorum domesticorum. [Resp.:] Theodoricus Israel. Halae Magdeb. (1719:) Henckel. 43 S. 8°

Halle, Med. Diss. v. Apr. 1719

Friedrich Hoffmann
1660 - 1742

Praxis clinica et compendiosa febrium, cum cautelis. [Resp.:] Johannes Andreas Mahler. Halae Magdeb. (1705:) Gruner. 16 Bl. 8°

Halle, Med. Diss. v. 15. Jan. 1705

Friedrich Hoffmann
1660 - 1742

Compendiosa et clinica convulsionis Praxis cum cautelis. [Resp.:] Joannes Gottlieb Benemann. Halae Magdeb. (1707:) Zeitler. 34 S. 8°

Halle, Med. Diss. v. Aug. 1707

Hoffmann, Fr., resp. Jo. Gttl., **Benemann,** Diss. compendiosa et clinica convulsionum praxis cum cautelis. 34 pp. Hal. 4°.
1707

—, Diss. compendiosa et clinica praxis dolorum cum cautelis. Hal. 4°. 1707

—, Diss. Compendiosa et clinica morborum spasmodico-convulsivorum praxis cum cautelis. Hal. 4°.
1702

— — Auch: Opp. Suppl. II, 2, p. 201.

—, resp. Chr. Conr. **Buddeus,** Compendiosa et clinica spasmod.-convulsivorum morborum praxis cum cautelis. 28 pp. Hal. 4°.
1707

Hoffmann, Friedrich, appr. Arzt: Aus der psychiatr. Klinik d. Univ. Bonn. Psychosen bei Infektionskrankheiten. Bonn 1909: Foppen. 48 S. 8°
Bonn, Med. Diss. v. 10. Febr. 1909, Ref. Westphal
[Geb. 14. Dez. 79 Cöln; Wohnort: Cöln-Ehrenfeld; Staatsangeh.: Preußen; Vorbildung: Lessing-Gymn. Frankfurt a. M. Reife O. 02; Studium: Bonn 6, Berlin 1, Bonn 3 S.; Coll. 6. Febr. 09; Approb. 8. Jan. 09.] [U 09. 340

Hoffmann, Fridericus [stud. phil.]: De Festi de verborum significatione libris quaestiones . . . . Regim., ex offic. Hartung. (1886); 4 + 52 S. 8°.
Königsberg. Phil. Fak., Inaug.-Diss. v. 28. Jan. 1886.

Hoffmann, Friedr., de festi de verborum significatione libris quaestiones. Dissertatio inauguralis. gr. 8. (49 S.) Königsberg 886, (Koch.) * 1 —

— exercitatio de optima philosophandi ratione, 4. Halae, Renger. 741.

—— fünfzig Räthsel u. Bilder f. Kinder v. 8—12 Jahren. (1. Buch.) Die Zeichnn. v. Otto Grashof u. Levy Elkan. gr. 8. (6¾ B. o. Pag.) Essen 839, Bädeker.

—— neue Räthsel u. Bilder. 2. Buch. gr. 8. (6¾ B., 50 Bild. u. Text o. Pag.) Essen 841, Bädeker.

— zweites Räthselbuch, mit 50 Bildern v. Reinhard. gr. 8. Ebend. 841. geb. 1⅓ ₰

HOFFMANN, FREDERICK, and EDWARD KREMERS.
See Pharmaceutische Rundschau.

Friedrich Hoffmann
1660 - 1742

De Sale medicinali Carolinarum. Von der Krafft und Würckung des Carls- Bad- Saltzes. [Resp.:] Nicolaus Borries. Halae Magdeb. (1734:) Hilliger. 30 S. 8°

Halle, Med. Diss. v. Mai 1734

— Sammlung auserles. casuum. v. d. vornehmst. Krankheit. zusammengetr. v. G. Schaarschmidt. 4. Halle, Renger. 735.

Hoffmann, Friedrich (Comm.):

s.: Schröder, Johann: Pharmacopoeia universalis, das ist allgemeiner medicinisch-chymischer Artzney-Schatz. 4. Aufl. Nürnberg: 1746 - 1748

JB 1.698

Friedrich Hoffmann
1660 - 1742

De Motuum convulsivorum vera sede et indole. [Resp.:] Ioannes Franciscus Booke. Halae Magdeb. (1733:) Grunert. 40 S. 8°

Halle, Med. Diss. v. Okt. 1733

—, Fr., resp. A. Chr. **Meineke,** Diss. de vera morbi hypochondriaci sede, indole ac curatione. 36 pp. Hal. 4°. 1719

—— die Seeschlacht v. Lepanto u. die Eroberung v. Constantinopel durch die Kreuzfahrer. Zwei Erzählungen f. d. Jugend. 16. (6⅛ B. u. 4 Stnt.) Wesel 846, Bagel.

Friedrich Hoffmann
1660 - 1742

De Singultu oder vom Schlucken. [Resp.:] Franciscus Henricus Gottfriedt. Halae Magdeb. (1733:) Hilliger. 28 S. 8°

Halle, Med. Diss. v. Juni 1733

HOFFMANN, FRIEDR. *Sommerlust auf dem Lande.* Ein ländliches Gemälde in neun Gesängen für die reifere Jugend und ihre Freunde von Friedrich Hoffmann. Stuttgart, Ed. Hallberger [ca. 1848?]. 2 Bl. 103 S. und 9 entzückende, handkolor. Aquatintablätter (einschließl. d. Titelbilder) von W. SCHROLL. Kl.-8°. Halbleinenbd. d. Z. 50.—
Seltene ★ Originalausgabe dieser hübschen idyllischen Dichtung, besonders bemerkenswert durch ihren Bilderschmuck, der von einem Speckter nahestehenden Künstler herrührt. Jedes Bild (Szenen d. Landlebens usw.) hat unten noch eine kleine, unkolorierte Bildleiste. — Das Kupfer m. d. Titeltext ist auf den Vorderdeckel des Einbands aufgezogen. Bei 2 Stichen fehlen kleine Teile des weißen Randes, ein Blatt mit repar. Riß, einige Bll. lose, im ganzen aber gut erhaltenes Ex. ★★

—— Sommerlust auf dem Lande. Ein ländl. Gemälde in 9 Gesängen für die reifere Jugend und ihre Freunde. br. 8. (III und 103 S. mit 8 ill. Stahlst.) Stuttgart 850, E. Hallberger.

—, resp. Jo. Chr. **Hofsteter**, De somnambulatione. Acc. Fr. *Hoffmann*, De animae ac corporis commercio. 44 pp. Hal. 4°. (1. ed. 1695). 1704

(——) der Sonntags-Morgen, s. Sonntags-Morgen.

Friedrich Hoffmann
1660 - 1742

De Spasmis gulae inferioris et de nausea. Oder: Vom Krampff des Unter-Mundes und vom Eckel. [Resp.:] Johannes Christianus Zweigel. Halae Magd. (1733:) Hilliger. 30 S. 8°

Halle, Med. Diss. v. Okt. 1733

Friedrich Hoffmann
1660 - 1742

De Spasmis pharyngis. [Resp.:] Andreas Gottlieb Marggraff. Halae Magdeb. (1733:) Hilliger. 27 S. 3°

Halle, Med. Diss. v. Aug. 1733

—, De spasmo pharyngeo. Hal. 4°. 1733

— der Spion. Eine amerikan. Erzählg. aus dem J. 1780. Nach J. F. Cooper f. die Jugend u. das Volk bearb. Mit 1 Abbildg. (in Stahlst.) gr. 16. (151 S.) Ebend. 873. 1. 50

— Sprichwörter-Wäldchen. Fabeln, Erzählungen und Gleichnisse über 100 deutsche Sprüchwörter. Für das jugendl. Alter. Mit 40 Bildern. 8. Stuttgart 840. Hoffmann. 1 ℔

—— Sprichwörter-Wäldchen. Fabeln, Erzähln. u. Gleichnisse üb. hundert deutsche Sprichwörter. Für d. jugendl. Alter. 8. (12 B. u. 40 Bild.) Stuttgart 840, [Schmidt u. Spring.]

Hoffmann, Friedrich, Direktor Dr.: Die Stellung und Behandlung des Alten Testaments im evangelischen Religionsunterricht der höheren Schulen. Insterburg 1907: A. Bittner. (17 S.) 4° [F.]
Insterburg, k. G u. RG OP 1907 (5)

Observationum physico-medicarum Sylloge comprehendens quam plurima medicinam tam theoreticam quam practicam clinicam ac forensem nec minus philosophiam naturalem utramque insigniter illustrantia et confirmantia medici veterani phoenomena experimenta coll. ... ad Friderici Hoffmanni [Hoffmann] ...atque insuper ind. alphab. instructa. Francofurti & Lipsiae 1736. 712 S. 8°

Hoffmann, Frdr., Taschenwörterbuch d. ungar. u. deutschen Sprache. (In 2 Tln.) 1. Tl.: Deutsch-Ungarisch. gr. 16. (VI, 400 S.) Leipzig 896. O. Holtze's Nachf. n. 2. 20; geb. in Leinw. n. 2. 60

Hoffmann, Frdr., Taschenwörterbuch der ungarischen u. deutschen Sprache. 2. Tl. Ungarisch-deutsch. gr. 16. (II, 396 S.) Leipzig 900. O. Holtze's Nachf. n. 2. 30; geb. in Leinw. n. 2. 80; (kplt. in 1 Bd. 4. 60; geb. in Halbfrz. n. 5. 25)

Hoffmann, Fr., resp. Thomas **Kennedy**, Diss. de temperamento fundamento morum et morborum in gentibus. 38 pp. Hal. 4°. 1705. 1706. 4°. 1708. 8°. Auch: Opp. V p. 103.

— physikalische Theologie. 8. Halle. 742.

—— Thierbilderbuch, neuestes, s. Thierbilderbuch.

— dissertat. physico-medicar. trias. 4. Ienae, Hans. 729.

Friedrich Hoffmann
1660 - 1742

De Tussi convulsiva oder Vom Husten womit ein allgemeiner Krampf verbunden. [Resp.:] Jo[annes] Samuel Pitsch. Halae Magdeb. (1732:) Hilliger. 29 S. 8°

Halle, Med. Diss. v. Dez. 1732

— Friedrich, Uebersicht der orographischen und geognostischen Verhaltnisse vom nordwestlichen Deutschland. 1. Abth. Orographische Uebersicht. Leipzig 1830.

— Uebersicht d. orograph. u. geognost. Verhältnisse vom nordwestl. Deutschland, nebst e. Darstell. d. ältesten Flötzsandstein-Formation, nach F. W. Werner v. Veltheim. 2 Abtheill., mit 3 Kpft. gr. 8. Leipz. 830. Barth. 4 ℔

— Übungsbuch zum Übersetzen aus dem Deutschen in das Lateinische f. Primaner. 2 Tle. Text u. grammatisch-stilist. Bemerkgn. u. Wortkunde. (V, 95 u. 132 S.) 8. Berlin 910. Weidmann. Geb. in Leinw. 8. 20

Payne's Illustrirtes Deutschland. Universal-Lexikon der Geographie, Statistik und Topographie sämmtlicher deutschen Bundesstaaten im weitesten Umfange. Von Wilh. Hoffmann u. Frdr. Thdr Hoffmann. H. 1—23. Mit 1 Atlas von 20 General- u. Special-Karten in farb. Stahlst. Leipzig. Payne. 1860—65. Hoch-4. . . . . . . (D.)

[Teils. Deutsch] Friederich Hoffmanns [Hoffmann] Gründlicher Unterricht, wie ein Mensch nach den Gesundheits-Regeln der Heil. Schrifft und durch vorsichtigen Gebrauch weniger außerlesener Artzneyen ... sein Leben u. Gesundheit lang conserviren könne. Deme noch beygefüget ein außführlicher Bericht von der Natur, Eigenschafft u. herrlichen Krafft deß ungarischen Weins, u. von dem unvergleichlichen Nutzen der Wasser-Bäder...wie auch Von dem Gebrauch u. Mißbrauch deß Schnupff-Tobacks...verfertiget u. hrsg. von Georg Friederich Reismann [Reimann]. Ulm: Bartholomäi 1722. 400 S. 8°

[Teils. Deutsch] Friederich Hoffmanns [Hoffmann] Gründlicher Unterricht, wie ein Mensch nach den Gesundheits-Regeln der Heil. Schrift und durch vorsichtigen Gebrauch weniger außerlesener Artzneyen.. sein Leben und Gesundheit lang conserviren könne. Deme noch beygefüget ein außführlicher Bericht von der Natur, Eigenschafft und herrlichen Krafft deß ungarischen Weins, und von dem unvergleichlichen Nutzen der Wasser-Bader ... wie auch Von dem Gebrauch u. Mißbrauch deß Schnupff-Tobacks... verfertiget u. hrsg. von Georg Friederich Reismann [Reimann]. Ulm: Bartholomäi 1735. 400 S. 8°

— Unterricht, wie ein Mensch sein Leben und Gesundheit lange conserviren könne. 8. Ulm, Bartholomäi. (Wohler.) 745.

D. Friedrich Hofmanns (Prof. in Halle) philosophische und medicinische Untersuchung von Gewalt und Wurckung des Teufels in natürlichen Cörpern. Frkf. u. Leipz. 704. 4.

Fridericus Hoffmannus [Hoffmann]: De balneorum artificialium ex scoriis metallicis Usu medico, Germ. Schlacken- Badern. [Resp.:] Joannes Carolus Schröter. Halae Magdeb. (1722:) Krottendorff. 28 S. 8°

Halle, Med. Diss. v. 9. Apr. 1722

Friedrich Hoffmann
1660 - 1742

De fonticulorum Usu medico. [Resp.:] Carolus Beniamin Cochlovius. Halae Magdeb. (1727:) Hilliger. 28 S. 8°

Halle, Med. Diss. v. Aug. 1727

Friedrich Hoffmann
1660 - 1742

De Usu interno camphorae securissimo et praestantissimo. [Resp.:] Christoph[orus] Henricus Keil. Halae Magdeb. (1714:) Zeitler. 36 S. 8°

Halle, Med. Diss. v. 15. Dez. 1714

Hoffmann, Fr., Diss. de pulverum sternutatoriorum usu et abusu. Hal. 4°.
1700

– s. Valerius Maximus.

Friedrich Hoffmann
1660 - 1742

De militum Valetudine tuenda in castris. [Resp.:] Iohannes Georgius Lesser. Halae Magdeb. (1735:) Hilliger. 22 [viel.40]S. 8°

Halle, Med. Diss. v. 15. Apr. 1735

— Ueber das Verhalten der krystallinischen Gesteine zum Schiefergebirge am Harze, im Erz- und im Fichtelgebirge. (Aus Poggend. Ann.) Leipzig 1829. 8.

—, De variis visionis vitiis. Hal. 4°. 1736

Friedrich Hoffmann
1660 - 1742

De Vomitu. Vom Brechen. [Resp.:] Matthias Philippus Ritter. Halae Magdeb. (1733:) Hilliger. 30 S. 8°

Halle, Med. Diss. v. März 1733

Hoffmann, Fr. Ueber die Vulkane der Südsee-Inseln. (Aus Poggendorf's Ann. IX Vol.) Leipzig. 1827. 8.

Hoffmann, Friedr. (II.), vom Wasser als Universalmedizin, s. a. Universal-Wasserdoktor.

Hoffmann, Friedr. (I.), vom Wasser als Universalmedizin. Neu a. d. Latein. übers. u. erläut. v. (Euch. Ferd. Chr.) Oertel. Nebst e. Hoffmannischen Nachlasse. 12. (4 B.) Stuttgart 834, Scheible.

– s. Weihnachtsbaum für arme Kinder.

Hoffmann, Friedrich: Vom Weine und insonderheit von Rheinischen Weinen: Derselben Vortrefflichkeit und rechtem Gebrauche. In: Hoffmann: Gründliche Anweisung, wie ein Mensch Durch vernünfftigem Gebrauch der Haus- und andern Diätetischen Mittel, insonderheit des Weines, seine Gesundheit erhalten, und sich von schweren Kranckheiten befreyen könne. Th. 4. Halle 1718, S. 152-285. -- Frei 100. Rüd. *

Hoffmann, Frildr. *Der Weltspiegel*, das Wissenswürdigste vom Weltgebäude, von der Erde, von den Völkern der Erde. Für die reifere Jugend bearbeitet. Stuttgart, Schmidt und Spring, 1844. Lithogr. Titel, 180 S. Text, 1 Weltkarte und 49 lithogr. Tafeln mit vielen Abb. (Landkarten, Ansichten, histor. Szenen, Kostümen, Porträts etc.). Quer-Fol. Einfacher Halbldr. d. Z. 22.—
Sehr interessant illustr. Anschauungsunterrichtswerk. Teilw. leicht fleckig. Einband benutzt.

Hoffmann, Friedr., Hinterlassene Werke. Bd. 1: Physikal. Geographie. Bd. 2: Geschichte der Geognosie u. Schilderung der vulkanischen Erscheinungen. Berlin 1837/38. 8°.

—— hinterlass. Werke. 1. u. 2. Bd. — A. u. d. T.: Geschichte d. Geognosie, u. Schilderung d. vulkan. Erscheinungen. Vorlesungen, geh. an d. Univers. zu Berlin in d. J. 1831 u. 1835. 2 Bde. gr. 8. (38 B.) Berlin, Nicolaische Buchh. [1. (11 ½ B.) 837., 2. (38 B.) 838. à 3 Thlr.]

— Wiederholungs-Büchlein f. meine Confirmanden. 16. (11 S.) Ascherdleben 872. Schlegel. cart. u. durchschossen. — 25

Hoffmann, Friedr. A., Wesen u. Wirken d. Elementarschule. 8. (12 B.) Hamburg 828, Herold.

Hoffmann, Frdr. Albin, Atlas der Anatomie des Mediastinum im Röntgenbilde. (25 Lichtdr.-Taf. m. 25 Bl. Erklärgn. u. 16 S. Text m. 1 Abbildg.) 24×31,5 cm. Leipzig 909. Dr. W. Klinkhardt. Geb. 12. —

Hoffmann, F. A., Emphysem u. Atelektase, s. a. Pathologie u. Therapie, specielle, XIV. 2. III.

Specielle Pathologie und Therapie herausgegeben von Hofrath Prof. Dr. Hermann Nothnagel unter Mitwirkung von Geh. San.-R. Dr. E. Aufrecht, Prof. Dr. V. Babes etc. etc. XIV. Bd. II. Theil, III. Abtheilung.
Enthält:
HOFFMANN, F. A.
Emphysem und Atelektase. Von Prof. Dr. F. A. Hoffmann. Mit 14 Holzschnitten. Wien. 1900. Hölder. Gr.-8°. 138 S. K 4.20

Hoffmann, Frdr. Albin, Erkrankgn. d. Mediastinums, — d. Krankheiten d. Bronchien, } s.: Pathologie u. Therapie, specielle.

Erkrankungen des Mediastinums. Von Prof. Dr. Friedrich Albin Hoffmann in Leipzig. M. 2 Holzschn. *Wien: A. Hölder 1896.* (2 Bl., 84 S.) 8.
= Pathologie, Specielle, u. Therapie. Bd 13. Th. III. Abth. II. [96. ...

Hoffmann, Friedr. Alb., Experimental-Studien über Diabetes, s. Bock, Carl.

Hoffmann, Friedr. Albin (geb. Ruhrort 13. 11. 1843): Ueber Contractilitätsvorgänge im vorderen Epithelium der Froschhornhaut. Berlin (1868). (30 S.) 8°
Berlin, Med. Diss. v. 11. März 1868

Die Krankheiten der Bronchien. Von Prof. Dr. Friedrich Albin Hoffmann in Leipzig. M. 10 Holzschn. u. 3 Taf. in Farbendr. *Wien: A. Hölder 1896.* (VI, 231 S., 3 Taf. m. 1 Erl.-Bl.) 8.
= Pathologie, Specielle, u. Therapie. Bd 13. Th. III. Abth. I. [96. 870

Lehrbuch der Constitutionskrankheiten von Dr. Friedrich Albin Hoffmann, Prof., Leipzig. Mit zahlr. Curven. *Stuttgart: F. Enke 1893.* (VIII, 391 S.) 8°
(Bibliothek d. Arztes.) [94. 5399 11

— und Eberhardt, Preis-Courant pharmaceutischer, chemischer und physikalischer Geräthschaften; meteorologischer und medizinisch-chirurgischer Instrumente, sowie mehrerer anderer wissenschaftlicher Gegenstände. Berlin.

Hoffmann, Frdr. Albin, Vorlesungen üb. allgemeine Therapie m. besond. Berücksicht. der inneren Krankheiten. gr. 8. (X, 453 S.) Leipzig 885. F. C. W. Vogel. n. 10.—

Hoffmann, Frdr. A., Vorlesungen üb. allgemeine Therapie, m. besond. Berücksicht. der inneren Krankheiten. 2., umgearb. Aufl. gr. 8. (XII, 476 S.) Leipzig 888. F. C. W. Vogel. n. 10.—

— Vorlesungen üb. allgemeine Therapie m. besond. Berücksicht. der inneren Therapie. 3., umgearb. Aufl. gr. 8. (XII, 491 S.) Leipzig 892. F. C. W. Vogel. n. 10. —; geb. n. 11. 40

— Vorlesgn. üb. allgem. Therapie m. bes. Berücksicht. d. inn. Krankheiten. 4., umgearb. Aufl. gr. 8. (VIII, 510 S.) Leipzig 895. F. C. W. Vogel. n. 10.—; geb. n.n. 12.—

Hoffmann, Friedrich August, s.a. Hoffmann, Friedrich

Hoffmann, Friedr. Aug., Buch f. Leidende. gr. 8. (21 B.) Quedlinburg 837, Basse.

—— die Burgen u. Burgfesten d. Harzes u. d. nächsten Umgegend. Für Harzwanderer. gr. 8. (10 B. u. 12 Abbild.) Quedlinburg 836, Basse.

—— vollständ. Gallerie aller Nationen in treuen Gemälden. Ein Handb. f. Jedermann, z. Kenntniß d. Charakters, d. Sitten 2c. d. Völker, nebst Beschreib. ihrer Länder. 1. Bd. Afrika. (1. u. 2. Lfg.) gr. 8. (à 2 B. u. 1 Stnt.) Naumburg 837, 38, Zimmermann. à L. *

— **Friedrich Christian** (Pulsnitz/Laus.), De odio defensionis. Diss. jur. Präs. Augustin Leyser. Wittenbg. (Ephraim Gottlob Eichsfeld) 4. II. 1734. 30 S. (7.—) 15551

Hoffmann, Friedrich David

— — Historiam et jus unionis territorii Wurtembergici. Specim. jur. publ. Wurtembergici. Präs. Gottfried Daniel Hoffmann. Tübing. (Löffler) Dez. 1754. 136 S., z. gr. Tl. dtsch., mit Widm. v. Präs. (15.—) 15553

— — Dasselbe (ohne Präs.) Tübing. (Jo. Georg Cotta). (15.—) 15554

Hoffmann, F. D., specimen juris publ. Wurtembergici. 4. Tübing. 755.

— **Friedrich David** (Stuttgart), De suprema in Imperio Romano Germanico jurisdictione. Präs. Friedrich Wilhelm Tafinger. Tübing. (Erhardt) 26. VI. 1753. 38 S., tlws. dtsch. (7.—) 15552

Hoffmann, Friedrich Heinrich, s. Hoffmann, Heinrich

Hoffmann, Friedrich Lorenz

—— zur Erinnerung an Nikolaus Heinrich Julius, Dr. der Heilkunde, als Bücherfreund und literarhistorisch-bibliographischer Schriftsteller. 8. (35 S.) Hamburg 864, Mauke Söhne. *

Hoffmann, Friedr. Lor., der gelehrte Buchhändler Georg Ludwig Frobenius in Hamburg. Biographisches. — Verzeichniss seiner Schriften. 8. (III und 38 S.) Hamburg 867, Hoffmann und Campe.

Hoffmann, F. Lor., Günther von Schwarzburg, s.a. Taschenbuch der Geschichte Thüringens 2c. 2s Bdchn.

Hoffmann, F. L. Günther von Schwarzburg, erwählter römischer König. 8. Rudolstadt 1819.

— siehe: Katalog der Commerzbibliothek.

—— Peter Lambeck (Lambecius) als bibliographisch-literarhistorischer Schriftsteller und Bibliothekar. Nebst biograph. Notizen. Lex.-8. (V und 29 S.) Soest 864, Schulbuchh. *

—— der älteste, bis jetzt bekannte Lehrplan für eine deutsche Schule (die Schule der Stadt Eisleben) im J. 1525, aufgefunden und nach dem Originaldrucke nebst einigen Bemerkungen hrsg. 8. (32 S.) Hamburg 865, Mauke Söhne. *

Hoffmann, Friedr. Lor., Versuch einer Bibliographie der Geschichte der Buchdruckerkunst in Dänemark und in Schweden und Norwegen. gr. 8. (20 S.) Dresden 861, Schönfeld's Buchh. *
Aus: Petzholdt's „Neuem Anzeiger für Bibliographie etc.", Jahrg. 1861, besonders abgedruckt.

— Versuch einer Bibliographie der Geschichte der Buchdruckerkunst in Dänemark und in Schweden und Norwegen. (Abdr. aus Petzholdt's „Neuem Anzeiger für Bibliographie u. Bibliothekwissenschaft.") Dresden 862. Schönfeld. gr. 8. (20 S.) n. 8 ngr.

Hoffmann, F(rdr.) L(or.), ein Verzeichniss von Handschriften der ehemaligen Heidelberger Bibliothek. Aus einer Handschrift der Hamburger Stadtbibliothek mitgetheilt. [Aus dem Serapeum 1850. No. 11. 12. u. 13. abgedr.] gr. 8. (31 S.) Leipzig 850, T. O. Weigel. 1/4 ß

Hoffmann, Friedr. Ludw., Verzeichniss von Schriften, welche die Geschichte der Buchdruckerkunst in der Schweiz zum Gegenstande haben. Halle (854.) (Schmidt.) gr. 8. (11 S.) n. 6 ngr.

Hoffmann, Friedrich Ludwig, s. Hoffmann, Friedrich Lorenz

Hoffmann, Friedrich Richard, Gerichtsref.: Die Rechtsstellung des Mieters nach dem Verkauf der vermieteten Sache. Nach d. Rechte d. Bürgerl. Gesetzbuches f. d. Deutsche Reich. *Greifswald 1900: J. Abel.* (49 S.) 8° [J.]
Greifswald, Jur. Diss. v. [22. Aug.] 1900

Hoffmann, Friedrich Theodor, s.a. Hoffmann, Theodor

Hoffmann, Friedr. Thdr., und W. Hoffmann, Universal-Lexikon der Geographie, s. Payne's illustrirtes Deutschland.

Hoffmann, Friedrich Wilhelm, s.a. Hoffmann, Wilhelm

Hoffmann, Friedr. Wilh., Blüthen portugiesischer Poesie. Metrisch übertragen. 16. (VIII und 224 S.) Magdeburg 868, Baensch.

Hoffmann, F. W., Blüthen spanischer Poesie, s.a. Blüthen.

Hoffmann, Friedr. Wilh., Blüthen spanischer Poesie. Metrisch übertragen. 3. stark verm. Aufl. Leipzig 857. Baensch. (Graebner.) 16. (XIX, 472 S.) 2 ℛ. 15 ngr; geb. 3 ℛ.

– (Übers.), s. C a r r a s c o , José Matias: Beschreibung der Provinz Mojos in Südamerika.

Hoffmann, F. W., Chronik der Stadt Magdeburg. 1—16. Lfg. od. 1—3. Bd. 1. Lfg. gr. 8. Magdeburg, Baensch. [1. Bd. (8 Lfgn.) (32¾ B., 7 Stahlst., 1 Bl. in Farbendr., 5 Stnt. u. 1 Plan v. Magdeburg.) 843, 44, 2. Bd. (7 Lfgn.) (27½ B., 5 Stahlst. u. 6 Stnt.) 45—47, 3. Bd. (1. Lfg.) (4 B. u. 2 Stnt.) 47. à Lfg. 7½ Ngr., Vlnp. à * 10 Ngr.] 4 Thlr., Velinp. *

Hoffmann, Frdr. Wilh., Chronik der Stadt Magdeburg. 14—22. Lfg. u Geschichte der Stadt Magdeburg. 23 u. 24. Lfg. gr. 8. (II. Bd.: VI S. u. S. 321—434 m. 3 lith. Taf. III. Bd.: VI u. 555 S. m. 10 lith. Taf., 5 Stahlst. u. 1 lith. Plane in gr. Fol.) Magdeburg 847—50, Baensch. à ⅙ ℛ Velinpap. à n. ½ ℛ (cmplt. 6 ℛ Velinp. n. 8 ℛ)

– D e s i d e r i a mathematica nov-antiqua, ad geodaesiam ... spect., s. L i e b k n e c h t , Johann Georg [Praes.]

— die Erde nach ihrem Bau rc., s.: B ü r g e r b i b l i o t h e k, Neue Serie 1—3. 6 u. 7. Lfg.

Hoffmann's, Friedr. Wilh., Geschichte der Stadt Magdeburg. Neu bearb. von G. Hertel und Fr. Hülße. (In 39 Lfgn.) 2 Bde. gr. 8. (VIII, 590; V, 659 S. mit zahlreichen Illustr., Karten und Plänen in getreuer Wiedergabe vorhandener alter Stiche und Abbild., 6 Lichtdr.-Taf. und 2 Stahlst.) Magdeburg 885,86, Rathke. Subscr.-Pr. à Lfg. * 50 Pf. * 19 50
Ladenpr. 2 Bde. *ℳ 24.—; geb. * 30 —

Hoffmann, Frdr. Wilh., Grundzüge der allgemeinen Erdkunde in einer Schilderung der Erde nach ihrem Bau, ihren Beziehungen zum Weltall u. ihren merkwürdigsten Erscheinungen. Ein Lehr- u. Lesebuch f. Schule u. Haus. Mit 1 Farbendrucken u. vielen Holzschn. (Neue Titel-Ausg.) 8. (VI u. 392 S.) Stuttgart (847) 850, J. B. Müller. 1 ℛ

Hoffmann, Friedr. Wilh., Otto v. Guericke, Bürgermeister der Stadt Magdeburg. Ein Lebensbild aus der deutschen Geschichte d. 17. Jahrh. Hrsg. v. Jul. Otto Opel. Mit e. Anh. v. dem Hrsg. üb. die Zerstörg. Magdeburgs u. e. Portrait (Holzschntaf.) gr. 8. (VI, 250 S.) Magdeburg 874. E. Baensch. n. 4. 50

— M. Friedrich Wilhelm (Rector), Ad memoriam D. Gregorii Maettigii de gymnasio Budissino immortaliter meriti annivers. solemn. — Praemissa est pars prior disputat. ab Ernst Friedrich L e o p o l d , theol. licent. philos. D. et AA. LL. Magistro, gymnasii collega octavo, scriptae, qua exponitur, quae Hermogenis de mundi origine fuerit sententia. Bautzen (Mons) April 1843. 17 u. 4 S. mit Schulnachr. (5.50) 15555

— — Dasselbe. — Praemissa est epitome Confessionis Augustanae a Friedrich Reinhold S c h a a r s c h m i d t , gymnasii collega sexto, composita. Bautzen (Mons) März 1853. 28 u. 16 S. mit Schulnachrichten. (6.20) 15556

Hoffmann, Friedrich Willy, s. H o f f m a n n , Willy

HOFFMANN, Fritz (Augsburg): Die Follikel des Dünndarms beim Menschen.- München: Oldenbourg 1878.
52 S., Taf.
30.5.1877 - Urk (Titel: De glandulis soliteriis tubi intestinalis hominis.); Chr 1876/77,10
Diss. Ingolst.-Landsh.-Mchn.

Hoffmann, Fritz: Das Partizipium bei Spenser mit Berücksichtigung Chaucers und Shakespeares. (Berlin: Mayer & Müller 1909.) VI, 48 S. 8°
Berlin, Phil. Diss. v. 28. Mai 1909, Ref. Brandl
[Geb. 6. Nov. 84 Berlin; Wohnort: Rixdorf b. Berlin; Staatsangeh.: Preußen; Vorbildung: Leibniz-Gymn. Berlin Reife O. 03; Studium: Berlin 10 S.; Rig. 4. Febr. 09.] [U 09. 198

Hoffmann, Fritz, der Rechtsbeistand in allen Lebenslagen. 2., vervollständigte Aufl. gr. 8. (XVI, 265 S.) Berlin 883. A. Genff. n. 1. —

– (Hrsg.), s. T u r n b l a t t , Breslauer

Hoffmann, Fritz Adolf [aus Jüterbog]: **Petrographische Untersuchung der Basalte des Ebsdorfer Grundes bei Marburg . . . (Aus: N. Jahrb. f. Mineral., Geol. u. Palaeontol., Beil.-Bd. x.)** Marburg, *k. Hofbuchdr. Zu Guttenberg '(C. Grüninger)' in Stuttgart*, 1895; 1 Bl., 196—247 S., 1 Bl., 1 Kt. 8.
Marburg, Phil. Fak., Inaug.-Diss. v. [16. Dez.] 1895

Hoffmann, G., Darstellung u. Kritik der v. Herder gegebenen Ergänzung u. Fortbildung der Ansichten Lessings in seinem Laokoon. Progr. gr. 8. (V, 53 S.) Augsburg (901). (Lampart & Co.) n. — 80

Lehrreiche Erzählungen | für die Jugend. | Eine Auswahl | anmuthiger Geschichten | zur Bildung | des Verstandes und Gemütes | von G. Hoffmann. | Neueste Auflage. | Reutlingen. | Druck und Verlag von Enßlin & Laiblin. (= *Neue Volksbücher*, 254).
o. J. (1882), 111 S., 166 × 108, U.-Fig.: *Bernhardinerhund entdeckt einen im Schnee vergrabenen Jäger*, 96 × 75, sign. CA
LBS d. D. oct K 3268.
Mit Texten von Hebel, Caspari, Pustkuchen-Glanzow, Schlez, Redenbacher, Herder, Ahlfeld, G. F. Bossert, Stöber, Schmid, Flugblätter aus dem Rauhen Hause.

Hoffmann, G., lehrreiche E r z ä h l u n g e n für die Jugend. Eine Auswahl anmuthiger Geschichten zur Bildung des Verstandes u. Gemütes. Neueste Aufl. 8. (112 S.) Reutlingen 882. Enßlin & Laiblin. — 40;
feine Ausg. m. 4 Chromolith. cart. 1. 20

Hoffmann, G., lehrreiche Erzählungen f. die Jugend. Eine Auswahl anmut. Geschichten zur Bildg. des Verstandes u. Gemütes. 27.—32. Tauf. (96 S. m. 4 Farbdr.) kl. 8. Reutlingen (909). Enßlin & Laiblin. Geb. — 50

Hoffmann, G., Von gelehrten Fischern. Liegnitz 1780. 4.

Hoffmann, G., der Freibeuter. Eine Seegeschichte nach engl. Original. Der Jugend erzählt. Neue Ster.-Ausg. 8. (152 S. m. 4 Farbdr.-Bildern.) Reutlingen 891. Enßlin & Laiblin. Geb. n. 2. —

— zur Geschichte des Feldzuges v. 1813. gr. 8. Posen 838. (Berlin, Mittler.) n. 1⅓ ℛ

Kommentar von Reichsgerichtsräten des B ü r g e r l i c h e n G e s e t z b u c h s. Mit besonderer Berücksichtigung der Rechtsprechung des Reichsgerichts erläutert von G. Hoffmann u. a. 2 Bde. Nürnberg. 1910. 3018 S.

Hoffmann, G. Der Lamische Krieg. (24) 4. Erfurt 1868.

Hoffmann, G., liegt die Annahme der Gehaltsregulierungs-Vorschläge bezüglich der Geistlichen u. Kirchenbeamten im Interesse unserer Gemeinden od. nicht?, s.: Jacob, E.

Hoffmann, G., der träge Lorenz, oder der durch das gute Beispiel gebesserte Knabe. Eine lehrreiche Erzählung. Zur Belehrung u. Warnung f. d. Jugend nach Ch. Schmid. gr. 12. Reutlingen 837. Enßlin u. Laiblin. 1 1/2 ℔

Hoffmann, G. Über die thermische Molekularbewegung und historische Notiz betreffs Entdeckung der wahren Bahnform der Cometen. Dresden 1870.

— Moritz u. Heinrich, od. die Versöhnung zweier Familien. Eine Erzählung für die zarte Jugend. Frei aus d. Franz. .. Reutlingen ... Enßlin u. Laiblin. 1 1/2 ℔

Hoffmann, G., Histor. Nachricht von dem alten evangelischen Prediger-Geschlecht Gottwald. Liegnitz 1780. 4.

Hoffmann, G., de nominibus dierum dominicalium in tempore quadragesimali. Lauban. 1712. f.

Hoffmann, G., Predigt zum Neujahrstag üb. Römer 8, V. 24–28. gr. 8. (8 S.) Halle 873. Fricke. n. — 20

Hoffmann, G., acht Skelett-Tafeln (in Lichtdr.) zum Einzeichnen v. Gelenkbändern, Muskeln u. anderen Organen. Ein Hülfsmittel zum Studium der Anatomie d. Menschen. Fol. (1 S. Text.) Berlin 884. Gaertner. In Mappe. n. 2. 50; einzelne Taf. à n. — 30

Hoffmann, G. v., Untersuchungen über Spaltpilze im menschlichen Blute. Ein Beitrag zur allgemeinen Pathologie. gr. 8. (V, 82 S. mit 2 lithogr. Taf.) Berlin 884, Hirschwald.

—— die Waisen, s. Waisen.

— die Waisen oder die belohnte Redlichkeit. Für d. zarte Jugend. Aus d. Franz. frei übers. .. Reutling. ... Enßlin u. Laiblin. 1 1/2 ℔

— u. J. Hoffmann, Weihnachtsfreude. Ein Bilderbuch für kleine Kinder. gr. 8. (16 lith. u. color. Bl.) Stuttgart 851, Hoffmann. 1/2 ℔

– (Hrsg.), s. Zeitschrift für Maschinenbau und Schlosserei.

Hoffmann, G. A., Anfangsgründe der Kegelschnitte. 8. Offenb. 810. (Brede). 1 ℔ 8 ℊ

– Dass., s.a. Hofmann, G. N.

Hoffmann, G. A. C., und F. L. Rebe, Spruchbuch, oder Sammlung von Bibel- u. Liederversen nach den Wahrheiten d. christl. Glaubens- u. Sittenlehre, als wöchentliche Aufgaben zum Auswendiglernen in Volksschulen zusammengestellt. 8. Bitterfeld 839. Leipzig, Reclam. n. 1/8 ℔ cart. n. 1/6 ℔

Hoffmann, G. C. J., Philosophie der Rede oder Grundlinien der Rhetorik, wissenschaftlich dargestellt. gr. 8. Stuttgart u. Tübingen 841, Cotta'scher Verlag. 1 ℔

Hoffmann, G. C. J., die fünfzig Tage, oder die Geschichte der Gründung der christl. Kirche. Eine Festgabe f. Christen aller Confessionen. gr. 8. Stuttgart u. Tübingen 842, Cotta'scher Verlag. 2/3 ℔

Hoffmann, G. Cph., Diss. de pancreate ejusq. morbis cum annexo casu pancreat. morbo in ing. deg. molent. 8 maj. Nürnb. 807 (v. Ebner). 3 ℊ

Hoffmann, G. C. M., Dissertatio de Pancreate ejusq. morbis cum annexo casu pancreat. morbo in ing. deg. molem. 8. maj. Nürnb. Lechner. 807.

Hoffmann, G. F., s. Hofmann, Georg Fr.

Hoffmann, G. Fr., (Dr. der Philos.,) Beitr. z. Kulturgeschichte Neapels. In Erzählung d. Schicksale der Erziehungs- u. Bildungsanstalt, desselben (Verfass.) gr. 8. Aarau 823. Sauerländer. 1 ℔ 20 ℊ

– Dass., s.a. Hofmann, Georg Franz

Hoffmann, G. L., s.a. Hoffmann, Georg Franz

Hoffmann Sohn G J, Frankfurt a. M. Zeichnungen v. Thon-Ofen. fol Frankfurt a. M.

Hoffmann, G. L., Opuscula latina medici argumenti separatim prius edita nunc vero in unum collecta. Praefatus est Henr. *Charet.* 344 pp. Monast. Westph. 1789. 8°.

1789

Hoffmann, G. R. Einleitung zu einer Kasuslehre der griechischen Sprache und den Gebrauch des Akkusativ. 28 S.

Breslau, Fr., Progr. 1850

Hoffmann, G. R., Einleitung zu e. Kasuslehre der griechischen Sprache u. Gebrauch d. Akkusativ. Pr. 1859. 28 S. 4°. 1. –

(v. Hoffmann, Gen.) Beitrag z. Beantwortung d. Frage: Welches sind die Ursachen der plötzlichen Auflösung aller Disziplin in dem badischen Armee-Corps? (16) 8. Karlsruhe 1849. 0,20.

Hoffmann, Georg Der römische ager publicus vor dem Auftreten der Gracchen. I Teil. Allgemeines. 4 (S. 3—24). II. Teil. 4 (S. 3—26). Progr. G. *Kattowitz* 1887 (177). 1888 (178).

Hoffmann, G., Bad Alt-Haide. Mit Abbildgn. versehen u. hrsg. v. der Kur-Verwaltung. 8. (56 S.) Glatz 888. (Breslau, Aderholz.) geb. n. 1. —

Hoffmann, Geo. (II.), der vereinigte Anschauungs-, Sprech-, Schreib- und Leseunterricht im ersten Schuljahre. Praktische Anweisung zum Gebrauche der „Hoffmann'schen Fibel für den vereinigten Anschauungs-, Sprech-, Schreib- und Leseunterricht" und der damit in Verbindung stehenden „Hoffmann'schen Wandfibel nach der synthetischen Methode". gr. 8. (IV, 139 S.) München 877, Expedition des k. Central-Schulbücher-Verlages. ** 1 50
geb. * 1 75

Hoffmann, Geo. (I.), der vereinigte Anschauungs-, Sprech-, Schreib- und Leseunterricht im ersten Schuljahre. Praktische Anweisung zum Gebrauche der „Hoffmann'schen Fibel für den vereinigten Anschauungs-, Sprech-, Schreib- und Leseunterricht" und der damit in Verbindung stehenden „Hoffmann'schen Wandfibel nach der synthet. Methode". 2. Aufl. Durchgesehen von Geo. Zippelius. gr. 8. (VIII, 142 S.) München 883, Expedition des k. Zentral-Schulbücherverlags. geb. 3 4

Hofmann, Gg., d. verein. Anschauungs-, Sprech-, Schreib- u. Leseunterricht im 1. Schuljahre. Prakt. Anweisg. z. Gebrauche d. „Hoffmann'schen Fibel f. d. verein. Anschauungs-, Sprech-, Schreib- u. Leseunterricht" u. d. damit in Verbindg. steh. „Hoffmann'schen Wandfibel u. d. synthet. Methode". 3., verb. Aufl. gr. 8. (VIII, 142 S. m. Fig.) München 891. R. Oldenbourg, Abteilg. f. Schulbücher. Geb. in Leinw. n.n. 2. —

Ansichten über Belohnungen und Strafen in der Schule von Georg Hoffmann, Subrector.
1856. Ebend. 2. 3—10.
Progr. Thurnau.

Hoffmann, Geo., Anziehung od. Zutreibung? Eine neue Erklärg. der Anziehungskräfte. (8 S. m. Fig.) 8. Dresden (909). R. Kraut. —50

Hoffmann, Geo. (II.), Auszüge aus den syrischen Akten persischer Märtyrer, s.a. Abhandlungen für die Kunde des Morgenlandes.

— — Auszüge aus syrischen Akten persischer Märtyrer. [= Abhandlungen für die Kunde des Morgenlandes VII. 3.] Leipzig 1880.

Bemerkungen über Historiographie von Georg Hoffmann, Rektor. 1854. Ebend. 2. 3—10.
Progr. Thurnau.

—: [Bericht über seine Einführung als Direktor der Anstalt.]
S. 15—19. 4. Progr. Städt. Gymn. *Kattowitz* 1905 (229).

Hoffmann, Georg, Direktor Prof. Dr.: Bücherverzeichnis der Lehrerbücherei des Gymnasiums zu Kattowitz. T. 1. Kattowitz O.-S. 1905: Gebr. Böhm. (58 S.) 8°
Kattowitz, st. G P 1905 (229)

Hoffmann, Georg, Direktor Prof. Dr.: Bücherverzeichnis der Lehrerbücherei des Königl. Gymnasiums zu Kattowitz. T. 2. Kattowitz 1906: Gebr. Böhm. (67 S.) 8° ¶(Forts. d. P-Beil. 1905.)
Kattowitz, k. G OP 1906 (239)

Hoffmann, Geo., u. Ernst **Groth**, deutsche Bürgerkunde. Kleines Handbuch des politisch Wissenswerten f. jedermann. 8. (VIII, 312 S.) Leipzig 894. F. W. Grunow. Geb. in Leinw. n. 2. —

Hoffmann, Geo., u. Ernst **Groth**, deutsche Bürgerkunde. Kleines Handbuch d. politisch Wissenswerthen f. jedermann. 2., verm. Aufl. 8. (VIII, 360 S.) Leipzig 897. F. W. Grunow. Geb. n. 2. 50

Hoffmann, Geo., u. Ernst **Groth**, Deutsche Bürgerkunde. Kleines Handbuch des politisch Wissenswerten f. jedermann. 3., verm. Aufl. 23. bis 28. Tauf. 8. (VIII, 382 S.) Leipzig 902. F. W. Grunow. Geb. in Leinw. n. 2. 50

Hoffmann, Geo., u. Ernst **Groth**, deutsche Bürgerkunde. Kleines Handbuch des politisch Wissenswerten f. jedermann. 4., verm. Aufl. 29.—31. Tauf. (VIII, 385 S.) 8. Leipzig 906. F. W. Grunow. Geb. in Leinw. n. 2. 50

Hoffmann, Geo., u. Ernst **Groth**, deutsche Bürgerkunde. Kleines Handbuch des politisch Wissenswerten f. jedermann. 5., verm. Aufl. 32. bis 34. Tauf. (VIII, 384 S.) 11.8. Leipzig 908. F. W. Grunow. Geb. in Leinw. 2. 50

Hoffmann, Geo., u. Ernst **Groth**, Deutsche Bürgerkunde. Jetzt: Berlin, G. Reimer.

Hoffmann, Geo., ein Feuer auf Erden! s.a. Predigt-Hausschatz, evangelischer.

[S.] Ein Feuer auf Erden! Pfingstpred. über Ev. Lucä 12,49 v. Georg Hoffmann, .. Pastor ... in Breslau. *Halle a. S.: E. Strien [1899].* (18 S.) 1 Bd 8.
= Predigt-Hausschatz, Evangelischer. No 13.

— Fibel für den vereinigten Anschauungs-, Sprech-, Schreib- und Leseunterricht. 2 Abthlgn. Mit eingedr. Holzschn. 8. Ebendas. 877—79. ** — 35
cart. in 1 Bd. ** — 43

Inhalt:
Abthl. 1. Für die erste Hälfte des ersten Schuljahres. 52.—83. neu bearb. Aufl. (56 S.) ** 15 Pf.; geb. ** 22 Pf.
" 2. Für die zweite Hälfte des ersten Schuljahres. 59.—79. neu bearb. Aufl. (72 S.) ** 20 Pf.; geb. ** 27 Pf.

— Fibel für den vereinigten Anschauungs-, Sprech-, Schreib- und Leseunterricht. 2 Abthlgn. Durchgesehene und der amtl. Rechtschreibung angepaßte Aufl. 8. Mit eingedr. Holzschn. Ebendas. 880—84. ** 45 Pf.; geb. in 1 Bd. **

Inhalt:
Abthl. 1. Für die erste Hälfte des ersten Schuljahres. 84.—93. Aufl. (56 S.) ** 20 Pf.; geb. ** 28 Pf.
2. Für die zweite Hälfte des ersten Schuljahres. 80.—85. neu bearb. Aufl. (72 S.) ** 25 Pf.; geb. ** 33 Pf.

Hoffmann, Geo. (I.), Fibel für den vereinigten Anschauungs-, Sprech-, Schreib- und Leseunterricht. 2 Abthlgn. Durchgeseh. und der amtl. Rechtschreibung angepaßte Aufl. 8. Mit eingedr. Holzschn. München 885—89, R. Oldenbourg, Abtl. für Schulbücher. ** 45 Pf.; geb. in 1 Bd. ** — 53

Inhalt:
Abthl. 1. Für die erste Hälfte des ersten Schuljahres. 94.—214. Aufl. (56 S.) ** 20 Pf.; geb. ** 30 Pf.
" 2. Für die zweite Hälfte des ersten Schuljahres. 86.—153. neu bearb. Aufl. (68 S.) ** 25 Pf.; geb. ** 35 Pf.

Hoffmann (IV.). Fibel f. den vereinigten Anschauungs-, Sprech-, Schreib- u. Leseunterricht. 2 Abtlgn. 8. (Mit Bildern.) Münch. 892, Oldenbourg. [1. 259. durchgeseh. Aufl. (56 S.) ** — 20; 2. 174. durchgeseh. Aufl. (68 S.) ** — 25.] ** — 45; cart. ** — 55
geb. in 1 Hlbleinw.-Bd. ** — 60
— dass. — 2. Abtl. Kleine Ausgabe, (bisher u. d. T.: Marschall. Anfangsunterricht). 105. durchgeseh. Aufl. 8. (36 S. mit Bildern.) Ebd. 892. ** — 15; cart. ** — 25
Mit Anh.: Schmid. Unterricht v. Gott. (24 S.) * — 21; cart. * — 31

Hoffmann, Fibel f. den vereinigten Anschauungs-, Sprech-, Schreib- u. Leseunterricht. 2 Abtlgn. 8. (Mit Bildern.) München 894. R. Oldenbourg, Abteilg. f. Schulbücher. n.n. — 45; geb in Halbleinw. n.n. — 65
1. 279. Aufl. (56 S.) n.n. — 20; geb. n.n. — 30
2. 179. u. 180. Aufl. (68 S.) n.n. — 25; geb. n.n. — 35

— dasselbe. 2. Abtlg. Kleine Ausg., bisher u. d. T.: Anfangsunterricht, bearb. v. mehreren öffentl. Lehrern. 113. Aufl. 8. (24 S. m. Bildern.) Ebd. 894. n.n. — 15; geb. in Halbleinw. n.n. — 25

Hoffmann's Fibel f. d. verein. Anschauungs-, Sprech-, Schreib- u. Lesenterr. 2 Abtlgn. 8. (Mit Abb.) München 898. R. Oldenbourg. n. — 45; kart. n.n. — 65; in 1 Bd. kart. n.n. — 60
1. Ster.-Dr. d. 259. Aufl. 310. Aufl. (56 S.) n. — 20; kart. n.n. — 30
2. Ster.-Dr. d. 174. Aufl. 192. Aufl. (68 S.) n. — 25; kart. n.n. — 35

— dasselbe. 2. Abtlg. Kleine Ausg., bisher u. d. T.: Anfangsunterricht, bearb. v. mehreren öffentl. Lehrern. Ster.-Dr. d. 107. Aufl. 127. Aufl. 8. (36 S.) Ebd. 898. n. — 15; m. Anh.: Erster Unterricht v. Gott f. d. lieben Kleinen. (36 u. 24 S.) Kart. n.n. — 31

— dasselbe. Ausg. B. Neu bearb. v. mehr. Volksschullehrern. 2 Abtlgn. 8. (Mit Abb.) Ebd. 898. n. — 45; kart. n.n. — 65; in 1 Bd. kart. n.n. — 60
1. M. e. Rechnungsanh. f. d. Zahlenraum v. 1 b. 10. 11. Aufl. (60 S.) n. — 20; kart. n.n. — 30
2. Mit e. Rechnungsanh. f. d. Zahlenraum v. 1 b. 15. 9. Aufl. (72 S.) n. — 25; kart. n.n. — 35

Hoffmann's Fibel f. den vereinigten Anschauungs-, Sprech-, Schreib- u. Leseunterricht. 2 Abtlgn. 8. München (902). R. Oldenbourg. n. — 45; kart. n.n. — 65
1. Ster.-Dr. der 260. Aufl. 346. Aufl. (56 S. m. Abbildgn.) n. — 20; kart. n.n. — 30
2. Ster.-Dr. der 174. Aufl. 203. Aufl. (68 S. m. Abbildgn.) n. — 25; kart. n.n. — 35

— dasselbe. 2. Abtlg. Kleine Ausg. bisher u. d. T.: Anfangsunterricht, bearb. v. mehreren öffentl. Lehrern. Ster.-Dr. der 107. Aufl. 139. Aufl. 8. (86 S.) Ebd. (902). n. — 15; m. Anh.: Erster Unterricht v. Gott f. d. lieben Kleinen. (36 u. 24 S.) Kart. n.n. — 31

— dasselbe. Ausg. B. Neu bearb. v. mehreren Volksschullehrern. 2 Abtlgn. 8. Ebd. (902). n. — 45; kart. n.n. — 65
1. Mit e. Rechnungsanh. f. den Zahlenraum von 1—10. 20. Aufl. (60 S. m. Abbildgn.) n. — 20; kart. n.n. — 30
2. Mit e. Rechnungsanh. f. den Zahlenraum von 1—15. 17. Aufl. (72 S. m. Abbildgn.) n. — 25; kart. n.n. — 35

Hoffmann's Fibel f. den vereinigten Anschauungs-, Sprech-, Schreib- u. Leseunterricht. 2 Abtlgn. (Mit Abbildgn.) 8. München (906). R. Oldenbourg. n.n. — 45; kart. n.n. — 65; in 1 Bd. kart. n.n. — 60
1. Ster.-Dr. der 259. Aufl. 288. Aufl. (58 S. m. Abbildgn.) (906.) n.n. — 20; kart. n.n. — 30
2. Ster.-Dr. der 174. Aufl. 213. Aufl. (68 S.) n.n. — 25; kart. n.n. — 35

— dasselbe. 2. Abtlg. Kleine Ausg., bisher u. d. T.: Anfangsunterricht, bearb. v. mehreren öffentl. Lehrern. 157 Aufl. (36 S.) 8. Ebd. (906). n.n. — 15; m. Anh.: Erster Unterricht v. Gott f. die lieben Kleinen. (36 u. 24 S.) Kart. n.n. — 31

— dasselbe. Ausg. B. Neu bearb. v. mehreren Volksschullehrern. 2 Abtlgn. 8. Ebd. (906). n.n. — 45; kart. n.n. — 65; in 1 Bd. geb. n.n. — 60
1. Mit e. Rechnungsanh. f. den Zahlenraum von 1 bis 10. 36. Aufl. (60 S.) n.n. — 20; kart. n.n. — 30
2. Mit e. Rechnungsanh. f. den Zahlenraum von 1 bis 15. 27. Aufl. (72 S.) n.n. — 25; kart. n.n. — 35

Hoffmann, Fibel f. den vereinigten Sprach-, Schreib- und Leseunterricht. Neubearbeitung. 2 Tle. gr. 8. München, R. Oldenbourg. nn — 50; bezw. nn — 70; geb. nn — 80; bezw. nn 1. —
1. Mit Zeichnungen v. Max Dasio. Ausg. in Schwarzdr. 27. unveränd. Aufl. (74 S.) (910.) nn — 25; geb. nn — 40; Ausg. in Buntdr. 13. Aufl. nn — 45; geb. nn — 60
2. Mit Zeichnungen von Paul Hey. 35. unveränd. Aufl. (68 S.) (910.) nn — 25; geb. nn — 40

— dasselbe. 2. Abtlg. Kleine Ausg., bisher u. d. Tl.: Anfangsunterricht, bearb. v. mehreren öffentl. Lehrern. 159. Aufl. (36 S.) 8. Ebd. (907). nn — 15; m. Anh.: Erster Unterricht v. Gott f. die lieben Kleinen. (36 u. 24 S.) nn — 31

— dasselbe. Ausg. B. Neu bearb. v. mehreren Volksschullehrern. 2 Abtlgn. 8. Ebd. (907). nn — 45; kart. nn — 65; in 1 Bd. geb. nn — 60

— Fort m. dem griechischen Sprachunterricht! Mehr Wissen fürs Leben! 2. [Titel-]Aufl. (38 S.) 8. Ebd. [909] 909. — 75

Hoffmann, Geo., der badische Gemeinderath als Sachwalter der Gemeinde-Interessen. Ein bequemer Leitfaden zum Gebrauch f. Gemeinderäthe, Bürgerausschuß-Mitglieder u. Gemeindebürger. Unter Zugrundelegg. v. „Wielandt's Gemeinde-Ordnung" bearb. gr. 8. (X, 50 S. Tauberbischofsheim 875. Lang. n. — 70

Hoffmann, Geo., Geschichte d. Stadt Kattowitz. Im Auftrage d. Magistrats bearb. gr. 8. (IV, 183 S.) Kattowitz 895. G. Siwinna. n. 5. —; geb. n. 6. —

Hoffmann, Geo., s.: Gesetzbuch, das bürgerliche, m. besond. Berücksicht. der Rechtsprechung des Reichsgerichts.

Hoffmann, Georg (Hrsg.), s.a. G l o s s e n , Syrisch-arabische. Bd. 1.

Hoffmann, Geo., syrisch-arabische Glossen. 1. Bd. Autographie e. gothaischen Handschrift enth. Bar Ali's Lexikon von Alaf bis Mim. 4. (VIII, 281 S.) Kiel 874. Schwers'sche Univ.-Buchh. n. 20. —

Hoffmann, Geo., syrisch-arabisch. Glossen. 1. Bd. Autographie e. Gothaischen Handschrift, enth. Bar Ali's Lexikon von Alaf bis Mim. Neue bill. Ausg. 4. (VIII, 284 S.) Kiel 886. C. F. Haeseler. n. 10. —

Hoffmann, Geo., syrisch-arabische Glossen. I. Bd. 4. (VIII, 284 S.) Kiel 886. Berlin, Gose & Tetzlaff. n. 10. —

Hoffmann, Georg. Hannibal. Eine Tragödie in fünf Aufzügen. 112 S. 8. Zürich ⟨*und* Leipzig⟩, Komm. Th. Schröter, 1903. [fr. 3.15]

Hoffmann, (Ioan.) Georg. (Ern.) (geb. Berlin 25. 4. 1845): De hermeneuticis apud Syros Aristoteleis. Berolini (1868). (32 S.) 8° ¶ Vollst. ersch. Leipzig: Hinrichs 1869. Ed. 2. Ebenda 1873.
Berlin, Phil. Diss. v. 20. Apr. 1868

Hoffmann, Jo. Georg. Ern., de hermeneuticis apud Syros Aristoteleis adjectis textibus et glossario. Leipzig 869. Hinrichs' Verl. Lex.-8. (IX, 218 S.) n. 4 *ℛ* 10 *ngr.*

Hoffmann, Joh. Geo. Ern., de hermeneuticis apud Syros Aristoteleis. Adjectis textibus et glossario. Edit. 1., 1869. * *M.* 13., et Edit. 2. immutata. hoch 4. (VII, 218 S.) Leipzig 873, Hinrichs' Verlag. *

Hoffmann, Geo., Herr, lehre uns beten! E. evang. Gebetbuch. M. 1 Lichtdr. 8. (VI, 110 S.) Schweidnitz 898. C. Lerch. Geb. in Leinw. n. 1. 60; m. Goldschn. n. 1. 80

— Herr, lehre uns beten! Ein evangel. Gebetbuch. 2.—4. Taus. 12. (VI, 110 S. m. Titelbild in Lichtdr.) Schweidnitz 899. C. Lerch. Geb. in Leinw. n. 1. 60; m. Goldschn. n. 1. 80

Hoffmann, Joh. Geo. Ernst, Hiob. gr. 8. (106 S.) Kiel 891. Haeseler's Verl. n. 2. —

Hoffmann, Georg, Ueber einige phönikische Inschriften. [Aus dem 36. Bande der AKGWG.] Göttingen 1889. 4°

Hoffmann, G., üb. einige phönikische Inschriften. [Aus: „Abhandlgn. der k. Gesellsch. der Wiss."] 4. (59 S.) Göttingen 889. Dieterich's Verl. n. 3. 60

Hoffmann, Joh. G. E., Julianos der Abtrünnige. Syrische Erzählungen. 4. (XVIII, 250 S.) Leiden 880, Brill. **

Hoffmann, Joh. Geo. Ernst, Julianos der Abtruennige. Syrische Erzählungen, hrsg. von J. G. E. H. Neue billige unveränd. Ausgabe. 4. (XVIII, 250 S.) Kiel (880)887, C. F. Haeseler. *

— Der Kulturarzt. Gemeinverständl. Abhandlgn. üb. die Beziehgn. der Naturkräfte zum Menschen u. seiner Kultur. (Umschlag: Auf zu höherer Kultur durch tiefere Erkenntnis der Natur!) 1. u. 2. Bd. 8. Ebd. 2. 75
1. Entstehung, Entwicklung, Erziehung des Geistes nach neuesten Forschungsergebnissen. (108 S. m. Abbildgn.) 910. 1. 50
2. Erklärung der Naturkräfte in ihren Einwirkungen auf den menschl. Organismus (Umschlag: in ihren Beziehungen zum menschl. Organismus) nach neuester Forschung. (124 S.) 910. 1. 25

Hoffmann, Georg, Lic. theol., Pastor an St. Bernhardin in Breslau: Die Lehre von der Fides implicita innerhalb der katholischen Kirche. ⟨Abschn. 1.⟩ *Leipzig 1903: A. Pries.* (77 S.) 8° ¶[Erschien vollst. 1903 bei J. C. Hinrichs in Leipzig.]
Jena, Theol. Diss. v. (12. März) 1903

Hoffmann, Geo., die Lehre von der fides implicita innerhalb der katholischen Kirche. (IV, 408 S.) gr. 8. Leipzig 903. J. C. Hinrichs' Verl. n. 8. —; geb. in Leinw. n. 9. —

— dasselbe. 2. Bd. Die Reformatoren. (VIII, 281 S.) gr. 8. Ebd. 906. n. 4. 50; geb. in Leinw. n. 5. 50

Hoffmann, Geo., die Lehre v. der fides implicita. 3. (Schluss-)Bd. Vom Ende des Reformationszeitalters bis zur Gegenwart. (VII, 536 S.) 8. Leipzig 909. J. C. Hinrichs' Verl. 10.—; geb. in Leinw. n 11. —
Bd. 1 u. 2. Ebd. 903. 906. 12.50; geb. 14.50

Hoffmann, Geo., Lieder e. jungen Seele. 8. (XII, 140 S.) Dresden 902. E. Pierson. n. 2. —; geb. n. 3. —

Mahdithum v. Georg **Hoffmann**. Kiel. 1899. 8°. Univ.-Rede.

Sadebeck, A., [richtig Hoffmann, Georg], Über den Namen „Markasit". [SA. aus dem Neuen Jahrbuch für Mineralogie etc. 1878.]

Johann Meyer als schleswig-holsteinischer Patriot v. Georg **Hoffmann**. ⟨Schleswiger Nachrichten Nr. 181 v. 6. Aug. 1889.⟩ (Schleswig. 1889.) 8°, geb. in 4° [Kopft.]

Hoffmann, [Georg]: [Direktor Dr. Ernst Müller † 5. März 1903.] S. 17—18 der Schuln. 4. Progr. Städt. Gymn. *Kattowitz* 1903 (224).

Hoffmann, Georg. Über eine am Euphrat gefundene Mumie mit goldener Gesichtsmaske. [Abdruck aus der Archäologischen Zeitung. Jahrgang XXXVI. 1878.] [Berlin 1878.] 4°.

Hoffmann, Geo., Musenklänge, s. Weidemann, H.

Hoffmann, Georg, Namen und Sachen. [A. aus Zeitschr. f. Assyriologie, II.]

von **Hoffmann**, Georg (geb. Steinbeck in Lippe-Detmold 12. 1. 1843) Ueber Oedema glottidis. Berlin (1873). (44 S.) 8°
Berlin, Med. Diss. v. 31. März 1873

Hoffmann, Georgius (Rupertus) *(geb. Münsterberg in Schles. 24. 11. 1860)*: De oratione dominica. Vratislaviae 1884. (36 S.) 8°
[Im Buchhandel 1884 bei Koebner in Breslau.]
Breslau, Ev.-theol. Liz.-Diss. v. 8. Febr. 1884

Hoffmann, Geo. (III.), de oratione dominica. Dissertatio ad historiam religionum pertinens. gr. 8. (33 S.) Breslau 884, (Koebner.)

Hoffmann, Geo., Panorama des Maderaner-Thales im Kanton Uri, nach einer hinterlass. Zeichnung, nach der Natur aufgenommen im Juli 1852. Dazu ein Führer in die Gebirge des Maderaner Thales. Verfasst von einigen Mitgliedern der Basler Section des schweizer. Alpenclubs. 4 Blatt. Lith. Basel 865. Schneider. Imp.-Fol. (IV, 58 S. Text in gr. 8.) In Carton n. 27 ngr.

— die Rabenaasstrophe. gr. 8. (47 S.) Liegnitz 898. (Breslau, Evangel. Buchh.) n. — 50

— Nachlese zur „Rabenaasstrophe". gr. 8. (15 S.) Ebd. 899. n. — 20
2 Sonderabdrucke aus: „Correspondenzblatt d. Ver. f. Gesch. d. ev. Kirche Schlesiens".

Hoffmann, Georg, Referendar: Die verbrauchbaren Sachen im deutschen Bürgerlichen Gesetzbuch unter besonderer Berücksichtigung der geschichtlichen Entwicklung. Borna-Leipzig 1910: Noske. x, 124 S. 8°
Breslau, Jur. Diss. v. 4. April 1910, Ref. Schott, Leonhard
[Geb. 23. Aug. 85 Görlitz; Wohnort: Landeshut; Staatsangeh.: Preußen; Vorbildung: Gymn. Görlitz Reife O. 05; Studium: München 3, Berlin 1, Breslau 2 S.; Rig. 30. Juli 08.] [U 10. 496

Hoffmann, Geo., der Schönheitsapostel. Novelle. Mit Illustr. v. R. Blumenau. 1.—5. Taus. gr. 8. (92 S.) Dresden 902. (F. Tittel Nachf.) n. 1. —

Zweite sizung der zweiten synode zu Efesos am 22. August 449 (Julian. Kalenders) v. Georg **Hoffmann**. Festschrift, Justus Olshausen zu seinem 50jährigen Doctorjubiläum am 29. Nov. 1873 gewidmet von der Universität zu Kiel. Kiel 1873. Siehe in: Schriften d. Univ. zu Kiel, Bd. 20. Kiel 1874. 4°

Hoffmann, Geo., unser Glaube ist der Sieg. Predigten. gr. 8. (82 S.) Schweidnitz 886. Weigmann. n. 1. 25

Hoffmann, Georg *(geb. Breslau 27. 7. 1853)*: Das Verhältniss Gregors VII. zu Frankreich. Breslau (1877). (51 S.) 8°
Breslau, Phil. Diss. v. 7. März 1877

— Verhandlungen der Kirchenversammlung zu Ephesus am 22. Aug. CDXLIX aus e. syrischen Handschrift vom J. DXXXV übersetzt. gr. 4. (107 S.) Ebend. 874. n. 3. 60

H[offmann]. G[eorg]. Wanderungen in der Gletscherwelt. Mit lithographirten Gebirgsansichten [4 Tafeln]. 8. Zürich 1843.

Was ist die Aufgabe der isolirten Lateinschulen? Von Georg Hoffmann, Rektor. 1853. Bayreuth, Hereth. — S. 3—7.
Progr. Thurnau.

— das Wiedersehen jenseits des Todes. Eine geschichtl. Untersuchg. (79 S.) 8. Ebd. 906. n. 1. —

Hoffmann, G. Zusammenstellung der Tropen und Redefiguren. Thurnau. Lateinschule, 1855. 10 S. 4. Progr.

Hoffmann, Georg, Arzt in Patschkau: Aus d. patholog. Institut d. Universität zu Breslau. Über Zwerchfellbrüche. Breslau 1905: L. Freund. (68 S.) 8°
Breslau, Med. Fak., Ref. Ponfick, Diss. v. 5. Aug. 1905
[Geb. 5. Nov. 75 Ohlau; Heimatsort: Leobschütz; Staatsangeh.: Preußen; Vorbildung: Gymn. Leobschütz Reife O. 96; Studium: München 1, Würzburg 1, Freiburg i. B. 3, Breslau 4 S.; Coll. 5. Juni 05; Approb. 18. Mai 01.]

Hoffmann, Georg Daniel, s. Hoffmann, Gottfried Daniel

Hoffmann sen., Geo. Fr., skizzirte Geschichte u. Beschreibung des Friedhofs zu Frankfurt am Main, nebst einigen gemeinnütz. Bemerkungen. Mit 3 Steintaf. gr. 8. Frankfurt a. M. 834. Körner. 1/2 Rthlr

Hoffmann, Geo. Frz. I., († d. 17. März 1826.) Abbildungen der Schwämme. 1s—3s Hft. Tab. 1—30. 4. Berl. 793.

— s. Blätter, phytographische.

Hoffmann, (G. F.,) Compendium pharmacalogiae juxta pharmacopoeiam Castrensem Ruthenicam, in us. praelect. acad. 8. Moskau 821, Acad. Druckerey (233 Seiten.)

— über Entwickelung u. Bildung d. Erkenntnißkräfte zur Verbindung des Pestalozzischen Elementarunterrichts. gr. 8. Basel 805 (Neukirch). 14 gr.

— enumeratio lichenum icon. et descript. illustr. Vol. I. II. à IV Fasc. Vol. III. Fasc. I. 784—96. 4 maj. Erlang. (Heyder). 9 ₰ (Auch unter dem Titel: Descriptio et adumbratio plantar. e classe cryptogam. Linnaei, quae lichenes dicuntur.)

— enumeratio Lichenum icon. et descript. illustr. III fasc. 4. maj. Erlang. Walther. 784-86.

HOFFMANN, Georg Franz: Deutschlands Flora oder botanisches Taschenbuch für das Jahr 1791. - Erlangen 1791. 360 S. - 2. verm. Aufl. ebd. 1800 u. 1804. 2 Bdchen. - 2. Tl. f. d. J. 1795: Kryptogamen. ebd. 1795. 100, 200 S.

Georg Franz Hoffmann
1796

Deutschlands Flora oder botanisches Taschenbuch. Von Georg Franz Hoffmann. Th. 2. Erlangen: Palm (1796). 8°

Th. 2: für das Jahr 1795. Cryptogamie. (1796.)

— flora Germanica, Deutschlands Flora, oder botan. Taschenbuch auf d. J. 1791 u. 2r Thl. für d. J. 1795. (Auch u. d. T.: flora Germanica portatilis etc.) 2e Aufl., 2 Thle. 12. Erl. 800—804. Palm. Mit schwarz. Kpf. 5 ₰ 14 gr. Velinp. 6 ₰ 16 gr. ill. 8 ₰ 3 gr. Velinp. 9 ₰ ohne Kpf. 2 ₰ 22 gr.

— Deutschlands Flora. 1r u. 2r Bd. mit deutsch. franz. od. engl. Texte. (a. m. d. Tit.: Flora Germaniae.) 12. Ebend. 800-804. (I. 1ste u. 2te Abth. à 1 Rthlr. 3 gr. II. 1 Rthl.)
mit schwarz. K. (I. 1ste 2 Rthlr. 2te 2 Rthlr. 6 gr. II. 2 Rthlr.)
mit illum. K. (I. 1ste 5 Rthlr. 2te 3 Rthlr. 6 gr. II. 2 Rthlr. 21 gr.)

Hoffmann G. F.: Deutschlands Flora, od. botan. Taschenbuch f. das Jahr 1804. Jahrg. 4 od. Jahrg. 3 Abth. 2. Klasse 14—23. Erlang. 308 S. 12 kol. Tvl.

— Genera plantarum umbelliferarum earumque characteres naturales secundum numerum, figuram et proportionem omnium fructificationis partium. Cum III tabb. aen. 8 maj. Moskau 814. Ed. II. 816. (Fr. Fleischer in Leipz.) 5 ₰ Velinp 8 ₰

Hoffmann, G. J., Genera plantarum Umbelliferarum earumque Characteres naturales secundum numerum, figuram et proportionem omnium fructificationis partium. Cum Tabul. aen. 8maj. Lips. Benj. Fleischer. 815.
Schreibp.
Velinp.

Hoffmann, Gg. Frz., Historia salicum icon. illustratae. Tom. I. IV. Fasc. et Tom. II. Fasc. I. Cum XXX fig. Fol. maj. Leipzig, 1785—91. (Göttingen, Dieterich.) (5. 10) 1. —

HOFFMANN, Georg Franz: Historia Salicum iconibus illustrata. - Lipsiae 1785-1791. 2 Tl. - Tl. 1: Fasc. I-IV. 78 S. - Tl. 2: Fasc. I 12 S. - Hiezu 1 Bd. m. 31 Taf.

— historia salicum icon. illustratae. Tom. I. IV Fasc. et Tom. II. Fasc. I. Cum XXX fig. nigr. Fol. maj. Leipz. 785—91. (W. Vogel). 5 ₰ 8 gr. c. iconib. color. 10 ₰

Hoffmann G. F.: Hortus gottingensis ... Gotting. 1793. 14 S. Fig. 1 kol. Tvl. Fol.

— Progr. Hortus Gottingensis, c. tabb. aen. Fol. Gött. 793. Vandenhöck u. R. 1 ₰ color. 1 ₰ 16 gr. Velinp. 2 ₰

Hoffmann G. F.: Cryptogamie. Erlang. 1795. (40), 200 S. 14 Tvl. (Deutschlands Flora o. botanisches Taschenbuch. 2. Th.). 8.

— Amoreux et Willemet, mémoires sur l'utilité des lichens, dans la médicine et dans les arts. av. fig. gr. 8. Strasbourg, König. 787.

HOFFMANN, Georg Franz: Nomenclator Fungorum, oder Verzeichniß der Schwämme. Pars I: Agarici oder I. Tl.: Blätterschwämme. - Berlin 1789. 256 S., 6 Taf.

— nomenclator fungorum Fasc. I. Agarici. 8 maj. Berl. 789. — Prs. I. Agarici contin. I. indice locupletata. 8 maj. Berl. 790. Auch deutsch.

— Diss. medica sistens observatt. botanicas. 4. Erl. 787. Palm. 2 gr.

HOFFMANN, Georg Franz: Plantae lichenosae. Descriptio et adumbratio plantarum e classe cryptogamica Linnaei, quae Lichenes dicuntur. - Leipzig 1789-1801. 3 Bd. - Bd. 1: IV, 104 S., Taf. 1-24. - Bd. 2: 78 S., Taf. 25-48. - Bd. 3: 62 S., Taf. 49-72

— plantae lichenosae delineatae et descriptae, III Voll. à IV Fasc. Cum LXXII fig. color. Fol. maj. Leipz. 789 —801. W. Vogel. 42 ₰

— s. J. E. Smith, compend. florae.

Hoffmann, G. Frz., lat. Sprachlehre in system. Ordn. 8. Mannh. Schwan. 791.

— G. F., Lateinische Sprachlehre in systemat. Ordnung. Mannh. 791. 8. 1 rthlr. 6 gr Ebend. 808. 8. 1 rthlr. 6 gr.

— — dieselbe. 8. Mannh. Löffler. 809.

— Syllabus plantarum officinal. Systemat. Verzeichniß der einfachen Arzneimittel d. Gewächsreichs. 8. Götting. 802. Vandenhöck u. R. 5 gr.

— Syllabus plantar. umbelliferar. denuo disponendar., exhibens enumerat. omnium specierum hucusque in pharmacopoliis receptarum iconum accuratam citationem, ortographiam, etymologiam et prosodiam nominum botanicorum. 8maj. Moskau 814. (Leipz., Fr. Fleischer). 8 gr.

Hoffmann, G. J., Umbellatae, acced. icones aeri incisae Mosquae. 8maj. Lips. W. Vogel. 814.
Schreibp. Rthlr.

— Diss. de vario lichenum usu. Sect. I. 4. Erlang. 786. Palm. 5 gr.

— Vegetabilia in Hercyniae subterraneis collecta, iconibus descript. et observationibus illustrata, cum 18 Tab. aen. color. fol. maj. Norimb. Frauenholz.

— vegetabilia in Herciniae subterran. collecta iconibus descr. et observat. illustrata. Mit 18 ill. Kpf. Fol. maj. Nürnb. 797—811. (Schrag). 18 ₰ Hbg. Pr. 12 ₰

— vegetabilia cryptogam. icon. illustr. II Fasc. Acced. tabb. aen. VIII. 4. Erlang. 787—90. Palm. 4 ₰ Schrbp. 5 ₰ 16 gr.

— **Georg Friedrich** (Frankfurt/M.), De indossatione cambii a Judaeo in Christianum facta. Diss. jur. Götting. (Barmeier) 28. III. 1801. 28 S. (6.—) 15559
Gew.: Georg Friedrich Hoffmann, Joh. Phil. u. Theod. Vogel.

— comment. de indossat. cambii a judaeo in christian. facta. 8 maj. Götting. 801. Brose. 4 gr.

Hoffmann, Georg Ludwig, Gedächtnisspredigt auf das Absterben Friedrichs des Grossen im Betsaale des Königl. Hofgerichts gehalten. Berlin 1786. 8.

Hoffmann, G. L., Gedächtnißpredigt auf das Absterben Friedrichs d. Großen. gr. 8. Braunschw. 786. Vieweg. 2 gr.

Hoffmann, Georg Wilhelm (Ober-Roßbach)
Ueber moralische Erziehung und Weltgeschichte als bestes Mittel zu derselben.
Diss. phil. Giessen 10.4.1805.
[Haupt: Hess. Biographien, Bd 1, S. 218.]

Hoffmann, Georg Rupert, s. Hoffmann, Georg

Hoffmann, G(erhard), a. Lübeck: Diffusion von Thorium X. Leipzig: J. A. Barth 1906. (40 S.) 8°
Bonn, Phil. Fak., Ref. Kayser, Diss. v. 25. Juli 1906
[Geb. 4. Aug. 80 Lübeck; Wohnort: Lübeck; Staatsangeh.: Lübeck; Vorbildung: Gymn. Catharineum Lübeck Reife O. 99; Studium: Göttingen 4, Leipzig 2, Göttingen 4, Bonn 3 S.; Rig. 23. Mai 06.]

Hoffmann, Gottfried

– Annotationes Ienicae. Von Gottfried Hoffmann und Philipp Friedrich Hiller. - Tübingen 1722. 76 S.

Hofmanni, G., Atrium latinae linguae, d. h. kurze und deutliche Anweisung zur latein. Sprache. Ausg. 3. Zittau 728. 8. Ebend. 741. 8. 10 gr.

— atrium latinae linguae. 8. Zittau, Spickermann. 741.

— Ausz. des bibl. Spruchbüchl. 12. Zittau. 753.

Hoffmann, Gf., comment. in augustan. confession., et caet. libros. symbol. 4. Tub. Heerbrand. 727.

— Einleit. z. latein. Spr. 8. Leipz. Lankisch. 718.

— Kurze und deutliche Einleitung in die lateinische Sprache. Ausg. 5. Leipzig 735. 8. 8 gr.

— Klugheit u. Gerecht. in Bußandachten von den vier letzten Dingen. 12. Stutta. Metzler. 708.

— Lebensbeschr. nebst etl. sein. Schrift. 8. Zittau. 721.

— — (Weissenfels. Dresden), Patrocinium homicidarum. Disp. jur. Präs. Ernst Friedrich Schröter (Wikkerstädt). Jena (Nis) Aug. 1667. 32 Bl. (8.—) 15562

— — Dasselbe. Von dem Beystand oder Schutz der Todtschläger. Jena 1715. 32 Bl. (8.—) 15563

— kleine Schr. v. Erziehung der Jugend u. d. Schulwesens. 8. Zittau. 720.

— synops. theologiae purior. dogmat. 4. Tub. Heerbrand. 730.

— — idem liber. 4. Mannh. Löffler. 730.

— de veritate et carit. contra Hottinger. 4. Tub. Heerbrand. 707.

— God., Ordentlicher und gründlicher Weg zur Composition der latein. Sprache. Ausg. 7. Leipzig 737. 8.

— Ordentlicher und gründlicher Weg zur Composition der latein. Sprache. Neue Ausgabe. Leipzig 760. 8. 12 gr.

Hoffmann, Gottfried August

— ökon. Abhandl. d. Chymie, z. Gebr. d. Wirthe, Fabrikanten rc. 8. Leipz. Fritsch. 757.

Hoffmann, G. A. Anleit. z. Chemie für Künstler und Fabrikanten. 2. A. Gotha 1779.

Hoffmann, Gf. Aug., Anl. z. Chemie. f. Künstler u. Fabrikant. n. mit Rissen. gr. 8. Gotha, Ettinger. 779.

— Beschr. d. Gerade u. d. Heergeräthes v. Ober- u. Nieder-Sachsen. 4. Dresd. Gröll. 733.

— **Gottfried August** (Leisnig), De conferendis bonis secundum jus Saxonicum electorale. Diss. jur. Präs. Justus Henning Böhmer. Halle (Johann Friedrich Grunert) 9. II. 1734. 28 S. mit Widm. v. Präs. (6.50) 15564

Hofmann, Gottfried August.
Chymie zum Gebrauch des Haus-, Land- und Stadtwirthes, des Künstlers, Manufacturiers, Fabrikanten und Handwerkers. Leipzig, 1757. 8vo.
Another edition: Chemie für Künstler und Fabrikanten . . . mit Anmerkungen von J. C. Wiegleb. Leipzig, 1779.

Hoffmann, Gf. Aug., († d. .. 1775.) Chymie zum Gebrauch des Haus-, Land- u. Stadtwirthes rc. Mit 14 Kpft. 8. Leipz. 758. Fritsch. 12 gr. Dass. mit e. Abänderr., unt. d. T.: chymischer Manufakturier u. Fabrikant rc. Mit dazu gehör. Rissen. 8. Gotha 758. Mevius. 8 gr. Mit n. Titelbl.: A. Hofmann's Unterricht in d. Chymie, Metallurgie, Oekonomie rc. Mit Rissen. 8. Ebd. 774. Alsdann unter d. T.: G. A. Hofmann's Anleit. zur Chemie f. Künstler u. Handwerker rc. Mit dazu gehör. Rissen. 2e Aufl. Mit bericht. Anmerkk. von J. C. Wiegleb. gr. 8. Ebd. 779. Ettinger. 20 gr.

Tabellarischer Entwurf der pharmaceutischen Scheidekunst. Weimar, 1791.

Hoffmann, Gottfried August: „Klugheit Haus zu halten, oder prudentiam Oeconomicam in fornam artio redactam", I. Teil nebst einem Anhang vom „Interusurio und D. Andreas Rüdigers Vorrede von der Anfangs-Haushaltung vornehmer Jugend durch auf Academien angenommene Hofmeister", Dresden und Leipzig 1731, II. Teil, nebst einem Anhange „Vom Studio Juris theoretico und einer Vorrede von den Mitteln zu Errichtung einer Republique und derselben Erhaltung", Dresden und Leipzig 1732.

HOFFMANN, Gottfried August: Klugheit Hauss zu halten, oder Prudentia oeconomica in formam artis redacta. - Dresden, Leipzig 1730. 5 Bd. - 3. Aufl. ebd. 1744. 5 Bd. - 4. Aufl. ebd. 1753-1755. 5 Bd. m. Reg.

Hoffmann G. A.: Klugheit Haus zu halten, oder Prudentia oeconomica in formam artis redacta. 4. Aufl. 2: neue Aufl. 1: m. Vorr. A. Rüdigers. 5 Bücher (c: 5 Vol.). Dressd. u. Leipz. (3: u. Warschau) 1753, 76, 64, 49, 55.
[1. Udg. 2 Th. 1731-32].

— chemischer Manufacturier u. Fabrikant. m. K. 8. Gotha, Mevius. 758.

— prudentia oeconomica, od. Kunst, Haus zu halten. 5 Büch. 8. Dresd. 731—55. Richter. 1 rthl 20 gr.

— prudentia oeconomica, od. Klugheit Haus zu halten. 5 Büch. 8. Dresd. Richter. 736-55.

HOFFMÄNN, Gottfr. Aug. (Jur. Pract.), Statuta localia, d. i. ausführliche Beschreibung der Gerade (!) u. des Heer-Geräthes von Ober- u. Nieder-Sachsen, auch andern Orten u. Städten mehr, sowohl einer Abhandlung von denen weiblichen Gerechtigkeiten überhaupt, als auch insonderheit, wie dem weiblichen Geschlechte durch Ehe-Pacta u. andere Contracte hierunter in allen Fällen zu prospiciren, nebst denen beygefügten rechtlichen Responsis, welche der Succession, der Gerade, des Heergeräthes u. Erbes halber an einen u. den andern Ort von vielen Rechts-Collegiis ertheilet worden. 2 Theile. Franckfurt u. Leipzig, zu finden bey denen Lanckischen Erben. 1733. 4°.
I: Titel (roth u. schwarz), 7 Bll. Vorr., 440 S. II: Titel, 3 Bll. Verz. d. angeführten Städte u. Aemter, 954 S., 16 Bll. Register. — Culturgeschichtlich interessantes Werk mit Abdruck vieler Urkunden. — Selten!

Tabelle über einige 40 Mineralwässer. Weimar, 1789.

Hofmann, G(eorg) A(ugust): Unterricht in der Chymie, Metallurgie, Ökonomie, den Handwerkern und anderen Künstlern nöthigen Kenntnissen. 360 S., gbd., Abb.

Gotha: Ettinger 1774

JB 282

— Gottfried Benjamin (Jüterbog), Capita quaedam de jure fidejussionis in creditorum concursu. Präs. Ernst Gottfr. Christian Kluegel. Wittbg. (Carl Christian Dürr) 14. X. 1785. 8 S. (4.50) 15565

Hoffmann, Gottfried Daniel

— Abhandl. v. d. am Herzogl. Hofgericht eingeführten Appellationssumme. 8. Tübingen, Heerbrand. 782.

HOFMANN, G. D.: Abhandl. v. der am Herzogl. Hofgericht eingeführten Appellatioussumme. *Tübingen.* (Osiander.) 782. 8. (8 Gr.)

— Abhandl. von Melanchthons Verdiensten. 4. Tübing. 760. v. Cotta. 4 gr

Hofmann, Geo. Dan., de advocatia imperatoris iudaica, praesertim de homagio praestando. 4. Tub. Heerbrand. 749.

HOFMANN, G. D.: De advocatia imperatoris judaica, praes. de homagio praestando. *Tubing.*, Osiander. 749. 4. (6 Gr.)

— — (Tübingen), Antiquitates et jura pomatii non nulla strictim edisserit. Tübing. (Erhard) 1765. 120 S., z. gr. Tl. dtsch. (10.—) 15574
Anhang zwölf Herzoglich=Würtembergischer General=Rescripten das Obst=Mosten betreffend 1643—1748.

— — De aetate et numero caussarum revisionis cameralium meletemata quaedam actorum publicorum. Tübing. (Fues) 1767. 46 S. (7.—) 15575

— diplomat. Belustigung mit d. vertauschten Gütern schwäb. Nürtingen u. Baden. 4. Ulm 760. Stettin. 8 gr

Hofmann, Geo. Dn., († d. 31. Aug. 1780.) vermischte Beobachtt. aus d. deutschen Staatsgeschichte u. Rechten. 4 Thle. 8. Ulm 760 — 64. Stettin; (auch v. Jenisch u. Stage in Augsb.) 2 rf

HOFFMANN, Gf. Dn.: Vermischte Beobachtt. aus d. deutschen Staatsgeschichten u. Rechten. *Ulm*, Stettin. 761—64. 4 Thle. gr. 8. (2 Thl.)

— von den ältesten kaiserl. u. landesherrl. Bücherdruck- oder Verlagsprivilegien. 8. Tübing. 777. v. Cotta. 3 gr

Hoffmann, Gottfried Dan. (Präs.), s. Camerarius, Friedr. Jacob: Vindiciae capitulationum noviss. circa uniones et conventus electorales.

Hoffmann, Gottfried Daniel [Praes.], s. Dertinger, Christoph Friedrich: Solani tuberosi esculenti (der Grundbiren) jura quaedam.

Hoffmann, Gottfried Daniel (Präs.), s. Dertinger, Christoph Friedrich: De Termino apanagiorum ad quem . . .

— — De die decretorio kalendis Januarii anni 1624 omnique ex pace Westphalica restitutione. Ulm (Dan. Bartholomäi & Sohn) 1750. 198 S. (12.50) 15571

— — (Erfordii 1787.)

Hoffmann, Gottfried Daniel (Präs.), s. Dreher, Johann Ferdinand: De pluralitate suffragiorum in electione imperatoris.

— — De novo ducatu Oldenburgico pauca haec verba fecit. — Adjectis nunc nonnullis ea in re actis publicis. Tübing. (Jacob Friedrich Heerbrandt) 1779. 70 S., z. gr. Tl. dtsch. (8.50) 15580

— de novo ducatu Oldenburgico. 4. Tübing. 779. (Osiander). 6 gr

Hoffmann, Gottfr. Dan. Eberhards, des Stifters der hohen Schule Tübingen, Ehrengedächtniss. 4. Tübingen 1777.

— — De electione et coronatione imperatoris regisque Romanorum generatim et de loco electionis atque coronationis regis Romanorum speciatim libri singularis. Tübing. 1764. 32 u. 84 S. (12.50) 15573
U. a.: Francofurti ad Moenum quinam imperatores electi fuerint? — Argumenta pro Francofurto adfirmativa. — Novissimae regum Romanorum electiones aliaque publica regni negotia Augustae Vindelicorum pertractata.

HOFMANN, Gfr. Dan.: De electione et coronatione imperatoris regisque Roman. generatim et de loco electionis atque coronationis regis romanor. speciatim. *Tubingae*, Osiander. 764. 4. (6 Gr.)

HOFMANN, Godofr. Dan.: De expuncto nunc electoratu octavo ad instrum. pacis Osnabrug. Art. IV. §. 9. verba finalia etc. *Tubingae*, Osiander. 778. 4. (5 Gr.)

— — De eo quod visitatio judicii cameralis in singularibus coram hoc pendentibus causis potest et solet. Commentat. jur. publ. Germanici. Frankfurt u. Leipzig (Aug. Lebr. Stettin, bibl. Ulm) 1769. 130 S. (12.50) 15576

— Comment. juris publici de eo, quod visitatio cameralis in causis coram camera pendent. citra revisionem potest et solet. 4. Ulm 770. Stettin. 8 ℋ

Hoffmann, Gf. Dn.: De eo, quod visitatio judicii camer. in singularibus coram hoc pendentibus facere potest et solet. (*Frankf. a. M.* 769. 4.) *Ulm*, Wohler. 770. 4. (9 Gr.)

Hofmann, Gf. Dn.: „Von der Geschichte und dem Rechte der Seldenwürmer und der Maulbeerbäume", Tübingen 1758 (Heerbrandt).

Hoffmann, Gottfried Daniel (Präs.), s. Gmelin, Christian: De Scamnis . . .

Hoffmann, Gottfried Daniel (Präs.), s. Gronmayr, Jos. F. M.: Jus imperatoris . . . in Mutinam . . .

Hoffmann, Gottfried Daniel (Präs.), s. Haackh, Johann Friedrich (Resp.): Utrum jus comitum ad deputationes imperii et visitationes camerales . . .

Hoffmann, Gottfried Daniel (Präs.), s. Haerlin, Johann Gottfried: Positiones quaedam extemporales de syndicis ...

Hoffmann, Gottfried Daniel (Präs.), s. Harpprecht, Ferdinand Christoph: De assecuratione aedium.

Hoffmann, Gottfried Daniel (Präs.), s. Harpprecht, Johann Heinrich: De uno eodemque jure et modo ferendi leges tam publicas quam privatas.

Hoffmann, Gottfried Daniel (Präs.), s. Hartmann, Christoph Friedrich: De principibus ecclesiasticis in comitiis plura suffragia habentibus.

Hoffmann, Gottfried Daniel (Präs.), s. Haspel, Friedrich Lorenz: De centena sublimi Suevo-Halensi.

Hoffmann, Gottfried Daniel (Präs.), s. Hezel, Georg Wilh.: De praesenti Forma S. Imperii Rom. Germ.

Hoffmann, Godofr. Dan.: Specimen juris publ. Wuertemberg. sistens histor. et jus unionis territorii Wuertemberg. *Tubingae*. (Goethe in *Leipzig*.) 754. 4. (12 Gr.)

— — De independentia juris circa sacra statuum ordinumque Imperii Germanici evangelicorum intuitu imperatoris et imperii. Diss. jur. publ. Präs. Johann Jacob Helfferich. Tübing. (Roebel) 1739. 56 S. mit Widm. v. Präs. (7.50) 15567

— — Commentatio de instauratione suffragii comitialis S. R. I. liberae et immediatae civitatis Hamburgensis. Tübing. (Berger) 1770. 70 Seiten. (8.50) 15577

— de instauratione suffragii in comitiis S. R. J. liberae et immed. civit. Hamburgensis. 4. Tüb. 770. (Osiander).

Hoffmann, Gfrd. Dan.: De interdictis exportationis frumentorumt erritorialibus. [Resp.:] Johs. Aug. Reuss. Tubingae 1772.

Hoffmann, Geo. Dan. Indicia eruditorum in opuscula historicorum longe gravissimorum de Henrico VI., Germaniae imperatore. 4. Heilbronn 1757.

— Judicia eruditor. et opuscula histor. longe gravissimor. illustr. Comit. Kayserlingii, Ritteri, Scheidii, de Henrici VI. imp. conatu imperium genti suae haereditarium reddendi. 4. Tübing. 757. (Class in Heilbr.) 6 ℋ

— Soloni Tuberosi esculenti jura quaed. 8. Erfurt, Gerling. 788.

— — De jure imperatoris principibus Germaniae veniam aetatis concedendi. Ex genuinis juris publ. originibus et principiis disserit. Tübingen (Sigmund-Mez) [1744]. 130 S., tlws. dtsch. (12.—) 15569

S. 60—88: Wurtembergica veniae aetatis exempla.

— — De jure principum statuumque suffragandi ad capitulationes imperatorum liber singularis adpendice auctus. Dtsch. Anh.: Secunda pars opusculi sistens acta quaedam publica edita partim partim inedita argumentum uberius illustrantia. Tübing. (Erhardt) 1748. 111 u. 60 S. (12.50) 15570

Im Anh.: Patriotische Gedancken über das Recht der Fürsten u. Stände des Heil. Röm. Reichs, Monita ad Capitulationem Caesaream zu formiren. — Capitulatio Ferdinandi IV.

Hofmann, Gfr. Dan.: De jure principum statuumque suffragandi ad capitulat. imperatorum. *Tubingae*, Heerbrand. 764. 4. (8 Gr.)

Hofmann, Gfr. Dan.: Ueb. d. Oldenb. Lehen d. Stad- u. Butjadinger-Landes. *Tüb.*, Osiander. 779. 4. (3 Gr.)

— von dem Mangel alter deutscher Gedächtnißmünzen rc. 8. Tübing. 768.

Hoffmann, Gottfried Daniel: Miscellanea quaedam historiae Universitatis Tubingensis, occasione tertii jubilaei saecularis. Tub. 1777.

Hofmann, Geo. Dn., von dem Münzwesen der Universitäten. 4. Tübing. 768.

— — De numis Romanorum frumentariis. Tübing. (Fues) 20. VII. 1772. 12 S. (4.—) 15578

— de numo divae Aureliae omniq: re numis mat. vet. augustarum. 4. Tübing. 776. (Stettin in Ulm). 4 ℋ

Hoffmann, Gottfr. Dan. (Praeses): „De nummo Maximiliani I. camerali . . . . Resp.: Frid. Jac. Camerarius . . . .", Tubingae (Formis Erhardianis) (1755). — Vorh.: StB Nürnberg.

— observationes circa bombyces, sericum etc. Von der Geschichte u. dem Rechte d. Seidenwürmer, der Seide u. den Maulbeerbäumen. 4. Tübing. 757. ... 7 ℋ

— Dass. 4. Heilbr. 757. (Claß). 8 ℋ

— Gottfried Daniel (Tübingen), Observationes juridicae miscellae. Präs. Christoph Friedrich Harpprecht. Tüb. (Roebel) Jan. 1739. 28 S. mit Widm. v. Präs. (7.—) 15566

— opuscula historicor. longe gravissimor., illustr. Comit. Kayserlingi, Ritteri, Scheidii etc. 4. Heilbr. Class. 757.

Hoffmann, Godfr. Daniel (J. U. Lic. Supremi Dicast. Wurt. Advoc.)
Positiones quaedam juris miscellaneae.
Giessae 16. Aug. 1740: Eb. Henr. Lammers. 4 Bl. 4°

— — Profectiones et adventus Augustorum in nummis. 1775. 18 S. (4.—) 15579

Hoffmann, Gfried. Dan.: De restitutione Universitatis Tubingensis ex pace Westphalica. [Resp.:] Conr. Frider. Hoser. Tubingae: Schramm [1769].

— florum sparsio in jus marmoris regale. 4. Tübing. 757. (Stettin in Ulm). 4 gl

Hoffmann, G. Dan.: Diss. de conjungendo cum studio juris S. Theologiae studio. *Tubing.* 763. 4.

Hoffmannus, Godofr. Dan.: De suffragiis quae electores in collegio principum tam habent, quam postulant commentatio juris publici Germanici. Tubingae [1755].

— — De non usu judicii parium curiae in caussis vasallorum Hassiacorum singulatim Cattimelibocensium inter se et cum exteris litigantium. Tübing. (Erhard) 1757. 118 S., tlws. dtsch. (12.50) 15572

Hoffmann, Godfr. Dan. [Präs.] u. Theophil Lyncker [Resp.]
De voto evangelicorum communi.
Giessae 23. Aug. 1740: Eb. Henr. Lammers. 60 S. 4°

— — De voto evangelicorum communi. Commentat. jur. publ. Giessen 1740 (Jo. Jac. Braun) 1770. 92 S. (9.—) 15568
Widm. v.: H. C. Senckenberg.

— üb. die Wappenschildhalter ꝛc. 4. Tüb. 779. (Osiander). 3 gl

Hoffmann, Gottfried Stephan, s.a. Hofmann

—, Gttfr. Steph., Anweis. f. d. Landmann zur Verhütung der Wasserschen. Kob. 8°.

1782

Hoffmann, G. St., üb. d. Scheintod u. d. gewaltsamen Todesart. 8. Cob. Ahl. 790.

— üb. das Verhalten u. der Lebensordn. in hitzigen Krankheiten. 8. Ebend. 792.

Hoffmann, Ghelf., s.: Kutschke.

Hoffmann, Gli., s.a. Kunst, aus d. Gesichte Krankheiten zu erkennen.

Gottlieb Hoffmann

Die Kunst aus dem Gesichte Krankheiten zu erkennen und zu heilen. Ein semiologisches Fragment aus d. Lat. von Gottlieb Hoffmann. Frankfurt & Leipzig 1797. VIII, 83 S. 8°

Hoffmann, G., die Kunst aus dem Gesicht Krankheiten zu erkennen u. zu heilen. Aus dem Lat. Neue Ausg., m. Vorwort v. Wilh. Kühn. (VIII, 72 S.) 8. Leipzig (904). Krüger & Co. n. 1. 80; geb. n. 2. 40

Heimatkunde des Kreises Namslau. Beilage z. Flemmingschen Schulkarte d. Kreises Namslau. Von G[ottlob] Hoffmann, Lehrer in Namslau. Glogau: C. Flemming [1906]. (19 S.) 8° [F.] [07. 3688

Hoffmann, G., Heimatkunde des Kreises Namslau. Beilage zur Flemmingschen Schulkarte des Kreises Namslau. (19 S.) kl. 8. Glogau (906). Berlin, C. Flemming. n. — 10

Hoffmann, Guido K(onstantin) A(lbrecht): Stratigraphie und Ammoniten-Fauna des unteren Doggers in Sehnde. Teildr. Göttingen 1910: Thaden & Schmemann, Essen. 80 S. 8° ¶ (Soll vollst. ersch.)
Göttingen, Phil. Diss. v. 10. Nov. 1910, Ref. Pompeckj
[Geb. 14. Juli 78 Essen a. R.; Wohnort: Essen; Staatsangeh.: Preußen; Vorbildung: Realgymn. Lippstadt Reife O. 05; Studium: Halle 2, Marburg 2, Bonn 2, Bern 2, Greifswald 2, Göttingen 4 S.; Rig. 2. Juni 10.] [U 11. 1503

Hoffmann, Gust., Anleitung zur Lösung planimetrischer Aufgaben mit Übungsbeispielen für Schüler höherer Lehranstalten, insbesondere der Gymnasien, Realgymnasien und Realschulen. gr. 8. (XII, 170 S. mit 40 Fig. im Text.) Leipzig 885, Fues's Verlag. cart. * *

Hoffmann, G., Anleitung zur Lösung planimetrischer Aufgaben m. Übungsbeispielen f. Schüler höherer Lehranstalten, insbes. der Gymnasien, Realgymnasien u. Realschulen. Mit 44 Fig. im Text. 2., verb. Aufl. gr. 8. (XV, 210 S.) Leipzig 887. Reisland. geb. n. 1. 80

— Anleitung zur Lösung planimetrischer Aufgaben m. Uebungsbeispielen f. Schüler höherer Lehranstalten, insbesondere der Gymnasien, Realgymnasien u. Realschulen. 3., verb. Aufl. gr. 8. (XV, 210 S. m. 44 Textfig.) Leipzig 891. O. R. Reisland. n. 1. 60; geb. n. 1. 80

Hoffmann, Gust., Anleitg. z. Lösg. planimetr. Aufgaben m. Übungsbeispielen f. Schüler höh. Lehranst., insbes. d. Gymnasien, Realgymnasien u. Realschulen. 4., verb. Aufl. gr. 8. (XIII, 210 S. m. 44 Fig.) Leipzig 897. O. R. Reisland. Geb. n.n. 1. 80

Hoffmann, Gust., Anleitung zur Lösung planimetrischer Aufgaben m. Uebungsbeispielen f. Schüler höherer Lehranstalten, insbesondere der Gymnasien, Realgymnasien u. Realschulen. 6., verb. Aufl. (XIII, 210 S. m. 44 Fig.) gr. 8. Leipzig 903. O. R. Reisland. Geb. n n. 1. 80

Hoffmann, Gust. (geb. Schlottnig bei Liegnitz 14. 9. 1855): De Taciti annalibus historiisque capita duo. Berolini 1878. (54 S.) 8° • Fortsetzung bis 1899 nicht erschienen.
Berlin, Phil. Diss. v. 22. Nov. 1878

Hoffmann, Gustav, Aufgaben zum Uebersetzen aus dem Deutschen in's Französische zum Gebrauch für Gymnasien und Realschulen. 8. (X und 302 S.) Berlin 850, A. Duncker. *

Hoffmann, Gust., Aufgaben zum Uebersetzen aus d. Deutschen in's Französische zum Gebrauch f. Gymnasien u. Realschulen. 8. (X u. 302 S.) Berlin 852, A. Duncker. n. 24 gl

Hoffmann, Gust., der einzige Ausweg aus dem Labyrintho des Culturkampfes. Eine altkatholische Zeitbotrachtung. gr. 8. (23 S.) Essen 880. Silbermann. n. — 50

Hoffmann, Gustav, appr. Arzt: Aus d. path. Inst. zu Kiel. Ein Beitrag zur Kenntnis der isolierten Kompressionsfrakturen der Wirbelsäule. Emmendingen: Dölter 1908. 28 S. 8°
Kiel, Med. Diss. v. 24. Febr. 1909, Ref. Heller
[Geb. 17. Mai 83 Hamburg; Wohnort: Hamburg; Staatsangeh.: Hamburg; Vorbildung: Wilhelm-Gymn. Hamburg Reife M. 02; Studium: München 3, Berlin 3, Freiburg i. B. 1, Berlin 2, München 2 S.; Coll. 27. Juni 08; Approb. 31. Jan. 08.] [U 09. 2200

—— Cours élémentaire de langue française. — Elementarbuch der französ. Sprache. 2. Aufl. gr. 8. (212 S.) Berlin 850, Grobe. *

Hoffmann, Gust., die Andorssohn'sche Drucktheorie u. ihre Bedeutung f. die einheitliche Erklärung der physischen Erscheinungen. gr. 8. (III, 47 S.) Halle a/S. 892. G. Schwetschke. n. 1. —

Hoffmann, Gustav: Die alte und die neue Genfer Konvention. Gelsenkirchen 1908: Dienst. 72 S. 8°
Jena, Jur. Diss. v. 22. Aug. 1908, Ref. Rosenthal
[Geb. 18. Juli 85 Essen a R.; Wohnort: Gelsenkirchen; Staatsangeh.: Preußen; Vorbildung: Gymn. Gelsenkirchen Reife O. 05; Studium: Berlin 1, Jena 2, Rostock 2, Jena 1 S.; Rig. 10 Juni 08.] [U 09. 2093

Hoffmann, Gust. (II.), Leitfaden für den physikalischen Unterricht in Lehrerinnenseminaren und höheren Töchterschulen. Mit Fig. im Text. gr. 8. (X, 132 S.) Leipzig 883, Teubner. geb.

Hoffmann, G., Märchen f. Jung u. Alt. Mit 78 in den Text eingedr. Illustr. (Holzschn.) 8. (VI u. 312 S.) Berlin 852, Grobe. n 1/3 Thlr; cart. n. 5/12 Thlr

Hoffmann, Gust., Märchen für Jung und Alt. 3. Aufl. 8. (IV und 312 S. mit 8 lithogr. und ill. Bildern und 78 Illustr. in eingedr. Holzschn.) Berlin 860, Bergemann.

Hoffmann, G., Märchen für Jung und Alt. 9. Aufl. 861. — 10. Aufl. 862. — 11. Aufl. Mit 8 (lith. u.) color. Bildern u. 78 Illustr. (Holzschn.). Berlin 864. Bergemann. 8. (IV, 312 S.) 1 Thlr

— — 12. Aufl. Volks-Ausgabe. Mit 78 in den Text eingedr. Illustr. (Holzschn.). Ebend. 864. 8. (VI, 312 S.) 12½ ngr

Hoffmann, G., Märchen für Jung u. Alt. 13—15. Aufl. Berlin 865—67. Bergemann. 8. (V, 312 S. mit 8 lith. u. color. Bildern u. 78 Illustr. in eingedr. Holzschn.) cart. 1 Thlr

Hoffmann, G., Märchen f. Jung u. Alt. Volks-Ausg. 15. Aufl. Mit 78 in den Text eingedr. Illustr. (in Holzschn.) 8. (VI, 312 S.) Berlin 870. Bergemann. geb. 1. 25
Pracht-Ausg. 17. Aufl. Mit 8 feinen (lith.) u. color. Bildern u. 78 Illustr. (in Holzschn.) 8. (VI, 312 S. geb. 3. —

Hoffmann, G. *Märchen für Jung und Alt.* 17te Aufl. Mit 8 fein colorirten Bildern (Titel und 7 Tafeln, handkol. Lithogr.) und 78 Illustrationen. Berlin, Ernst Bergemann [c. 1855]. 2 Bl. 312 S. 8°. Chromolithogr. Orhlwd. 33.—
Eine Sammlung von Kunst- und Volksmärchen v. Grimm, Bechstein, Andersen, Büchmann u. v. a. Ganz entzückend illustriert im Stile Th. Hosemanns. Frisches Ex.

Hoffmann, G., Märchen für Jung und Alt. Volks-Ausg. 18.—26. Aufl. 8. (VI, 312 S. mit 78 in den Text gedr. Holzschn.-Illustr.) Berlin 871—79, Barthol und Comp. cart. 1 50
— dass. — Pracht-Ausg. 18.—26. Aufl. 8. (VI, 312 S. mit 8 fein color. und lithogr. Bildern und 78 Holzschn.-Illustr.) Ebendas. 871—79. geb. 3 —

— — **Märchen** für Jung und Alt. Pracht-Ausg. 27.—31. Ster.-Aufl. Mit 6 nach Zeichnungen von G. Bartsch künstlerisch in Farbendr. hergestellten Bildern und 78 in den Text eingedr. Illustr. gr. 8. (VI, 312 S.) Berlin 880—84, Barthol und Comp. geb.
Volks-Ausg. ohne Farbendr.-Bilder cart.

— **Märchen** für Jung u. Alt. Pracht-Ausg. 28. Ster.-Aufl. Mit 6 nach Zeichnungen von G. Bartsch künstlerisch in Farbendr. hergestellten Bildern u. 78 in den Text eingedr. (Holzschn.-)Illustr. 8. (VI, 312 S.) Berlin 882. Barthol & Co. geb. 3. —; Volks-Ausg. 29. Ster.-Aufl. Ohne die 6 Chromolith. cart. 1. 50

Hoffmann, G., Märchen f. Jung u. Alt. Pracht-Ausg. 31. Ster.-Aufl. Mit 6 nach Zeichngn. v. G. Bartsch künstlerisch in Farbendr. hergestellten Bildern u. 78 in den Text eingedr. Illustr. 32. Ster.-Aufl. 8. (VI, 312 S.) Berlin 884. Barthol & Co. geb. 3. —;
Volksausg., ohne die Chromolith., cart. 1 50

Hoffmann, G., Märchen für Jung und Alt. Volks-Ausg. 32.—35. Ster.-Aufl. 8. (VI, 312 S. mit 78 in den Text eingedr. Illustr.) Berlin 885—88, Barthol und Comp. cart. 1 50

Hoffmann, G., Märchen für Jung u. Alt. Volks-Ausg. 35. Ster.-Aufl. 8. (VI, 312 S. m. 78 in d. Text eingedr. Illustr.) Berlin 886. Barthol & Co. cart. 1. 50

— — die schönsten **Märchen** für die Jugend. 8. (224 S. mit 4 Bildern in Farbendr.) Reutlingen 882, Enßlin und Laiblin's Verlagsh. geb.

Hoffmann, [Gustav]: Zur **Methode** des griechischen Grammatikunterrichtes. [T. 1.] *Gross-Strehlitz (1900): G. Hübner.* (S. 1—16.) 4°
Gross-Strehlitz, k. G, OP 1900 (224)

Hoffmann, Gustav: Zur **Methode** des griechischen Grammatikunterrichtes. T. 2. *Gross-Strehlitz (1901): G. Hübner.* (S. 1—13.) 4° ¶(Forts. d. P-Beil. 1900.)
Gross-Strehlitz, k. G, OP 1901 (224)

Hoffmann, Gust., zur Methode des griechischen Grammatikunterrichtes. 1. u. 2. Tl. Progr. gr. 4. (16 u. 18 S.) Gross-Strehlitz 900. 901. (A. Wilport.) à n. 1.—

Hoffmann, Gust., s.: **Normalkalender**, königl. sächsischer.

— — G., Orbis pictus. Natur, Leben u. Verkehr in Bildern für lernbegierige Kinder. Mit deutscher, böhm., engl., franz. u. ital. Nomenklatur. qu. 4. (62 S. m. 16 col. Steintaf.) Prag. Scheiba. cart 1 fl. 50 kr. 1860.

—— **Orbis pictus.** Natur, Leben und Verkehr in Bildern für lernbegierige Kinder. Mit deutscher, böhm., engl., französ. und italien. Nomenklatur. qu. 4. (62 S. mit 16 ill. Stnt.) Prag 860, [Silber.]

Hoffmann, Gustav [Dr.]: Schimpfwörter der Griechen und Römer. Berlin, R. Gaertner, 1892; 33 S. 4.
Berlin, Friedrichs-RG, OP 1892 (96)

—— **Tableau de la première croisade tiré de l'histoire des croisades de Michaud. Ouvrage destiné à l'enseignement dans les classes moyennes des gymnases et des écoles dites réales, et muni d'un vocabulaire. gr. 8. (VI und 181 S.) Berlin 818, libr. Decker.**

Hoffmann, Gust. Experimentelle Untersuchungen über die vom galvanischen Strome bewirkte Änderung der absoluten Festigkeit eiserner Drähte. 16 S. **Progr.** G. *Neustadt-Dresden* 1880.

Hoffmann, Gustav Friedrich

Hoffmann, G. F., de diebus arbitrariis. Lips. 1729. 4.

— **Gustav Friedrich** (Leipzig), De diebus arbitrariis. Diss. jur. Lpz. (Hirschfeld) 24. IX. 1829. 35 S. (6.50) 15581
Gew.: Carl Einert.

Hoffmann, H., kurzer Abriß der wichtigsten geschichtlichen Ereignisse vom Frankfurter Frieden bis zur Thronbesteigung Wilhelm's II. [Als Nachtrag zu Hoffmann's Geschichtsauszug.] gr. 8. (16 S.) Berlin 890. Wilh. Schultze's Verl. n. — 20

Hoffmann, (H.).: Ueber Accomodation. Giessen, 1876. 4°

Deutscher Verein gegen den Missbrauch geistiger Getränke (E. V.). — Alkohol und Erziehung mit besonderer Berücksichtigung der höheren Schule von Oberlehrer H. HOFFMANN, Breslau. 2. Auflage. Berlin 1913. Mässigkeits-Verlag. 4°.

Hoffmann, H. (I.), der Ankauf der Stettiner Festungswerke durch die Stadtgemeinde. Die Rentabilität des Geschäfts und die Finanz-Operationen der Stadt. gr. 8. (52 S. mit 1 Stnt.) Stettin 872, v. der Nahmer. *

Hoffmann, H.: Anleitung zur Syrupfabrikation. München 1826.

Hoffmann, H., s. Baulexicon.

Hoffmann, H., zur konservativen u. operativen Behandlg. der Salpingitiden u. der entzündlichen Erkrankungen des Beckenbindegewebes, s.: Mitteilungen aus den hamburg. Staatskrankenanstalten. XI, 5.

Hoffmann H, biblische Bilder. (5 Wandtafeln) auf Lwd mit Stäben. Breslau

Eintracht hält Macht! [Unterz.:] H.·. Hoffmann. o. O. u. J. 1 Bl. 8° [Kopftit.]
Gedicht: „O Einigkeit! erhalte . . .“ 140.

Hoffmann, H. Essay on the Satires of Burns against the Church. Weissenfels, Pg. u. H. B., 1876. 13 S. 4. Progr.

Hoffmann, H. (III.), im Grabgewölbe, s.a. Volks-Erzählungen, kleine.

Im Grabgewölbe. Eine Erzählung von H. Hoffmann. Mülheim a.d. Ruhr: J. Bagel [1903]. (64 S.) 8° [F.] (G. 4754)

Hoffmann, H.: Kurzer systematischer Grundriß der encyklopädischen Landwirtschaftslehre. Regensburg 1838.

Hoffmann, H. (III.), Hand- und Notiz-Buch für Unteroffiziere und Capitulanten der Infanterie. Nach den neuesten Bestimmungen bearb. 16. (VII, 87, 28 S.) Brieg 882, (Bänder.) *

Hoffmann, H., Hand- u. Notiz-Buch f. Unteroffiziere u. Capitulanten der Infanterie. Nach den neuesten Bestimmgn. bearb. 16. (VII, 87 u. 28 S.) Brieg 883. (Leipzig, Mathis.) geb. n.n. — 75

Hoffmann, H., russisch-deutsche u. deutsch-russische Handels-Korrespondenz, s.: Alexejew, P.

Hoffmann, H., Der II. u. III. Hauptteil von Plato's Theaetet, vom philosoph.-krit. Standpunkte aus. Pr. 1884 S. 20 S. 4°. 1.—

— 40 evang. Confirmations-Scheine, s.: Ahlfeld, Frdr.

Hoffmann, H., Lieder und Romanzen. 8. Köln, Bachem. 821.

Hoffmann, H., Liederbote. 1. u. 2. Hft. 2. Aufl. 8. Leipzig 877. Klinkhardt. n. — 75
1. 50 ein- u. zweistimmige Lieder, nebst Vorübungen im Singen für Elementarschüler von 6 bis 10 [11] Jahren. [Untere u. mittlere Stufe.] (36 S.) n. — 25
2. Zwei- u. dreistimmige Lieder u. Singübungen f. die Oberklassen der Volks- u. Bürgerschulen. (III, 96 S.) n. — 50

Hoffmann, H., Liederbote II. Zwei- u. dreistimm. Lieder u. Singübgn., f. die Oberklassen der Volks- u. Bürgerschulen ausgewählt u. bearb. 3. Aufl. 8. (III, 96 S.) Wiesbaden 883. Limbarth. n. — 50

Hoffmann, H. (II.), ein Liederbuch für Naturforscher etc., s. Liederbuch.

[HOFFMANN, H.]. — MELODIEN ZU DR. HEINRICH HOFFMANNS STRUWWELPETER. Zusammengestellt von Alexander Hußla. Frankfurt a. M., Rütten & Loening [c. 1910?]. 16 S. 4°. Gelbl. illustr. Or.-Umschlag. 18.—

Hoffmann, H. (I.), der Badeort Salzloch, s. Salzloch, der Badeort.

Hoffmann. H., Den Schwestern. Compon. von Müller. (Loge Apollo Schwesternfest Leipzig 1856.) 8. 1 Bl.
Auf, Bruder, auf! ein Lied! Ein hell erklingendes, etc.

Hoffmann, H., Skizzen aus dem Heidelberger Schloss, nach der Natur gez. qu. gr. 4. (16 Lichtdr.-Taf.) Heidelberg 892. E. v. König. In Mappe. n. 10. —

—— die Somnambüle von Beienheim. Zur Verständigung für Freunde. 2. Aufl. 8. (1 B.) Gießen 843, Ricker.

Hoffmann, H.: Versuche an Wasserhaltungen, s. Baum, Georg. – Mitteilungen über Forschungsarbeiten.

Hoffmann, H., s.: Volks-Erzählungen, kleine.

Hoffmann, H. A.: Anleitung zum zweckmäß. Anbau der Burgunder- oder Runkelrüben ..., s. Hofmann, H. Al.

Hoffmann, H. W., Anw. d. Festungen zu bauen u. anzuordnen. 4. Jena. 747.

Hoffmann, H. C. E., deutsche Volksgeschichte, aus dem ersten Jahrhundert vor und nach Christi Geburt. Mit 10 Kupfern und 1 Land-Charte. gr. 8. Heidelberg, Mohr u. W. 821.

Hoffmann, H. Franz

Hoffmann, H. (I.), Stadt und Land. Frei nach Porchat für die Jugend bearb. 8. (144 S. mit 4 Stahlst.) Breslau 866 Trewendt.

Hoffmann, H., Stadt u. Land, s.a. Trewendt's Jugendbibliothek. 39.

Stadt und Land. Frei nach Porchat f. d. Jugend bearb. von H. (Franz) Hoffmann. 2. Aufl. Mit 4 Stahlst. *Breslau: E. Trewendt [1902].* (132 S.) 8° [F.]
(Trewendt's Jugendbibliothek. [39.]) (G. 230)

Hoffmann, H. M., Diss. jur. inaug. de gentium pactionibus et foederibus ex historia illustratis. gr. 8. Utrecht 825. Altheer. (Fr. Fleischer in Leipz.) 1 ₰ 4 ℊ

Hoffmann, H. N.

Einfluß der allgemeinen Einführung eines schnellfeuernden Hinterladungsgewehres auf die Taktik der Infanterie etc. Von H. N. (Hoffmann.) München 1867. 15 S.

Hoffmann, H. Th., Leitfaden f. d. Gesangunterricht etc., s.a. Hand- u. Taschenbibliothek, pädagog., II. Abthl. 20. Bdchn.

Hoffmann, H. Th., method. Leitfaden für d. ersten Gesangunterricht in Elementarschulen. 8. Neiße 838. Hennings. n. 1/3 ℔

Hoffmann, Hans, das ABC des BGB. Vademecum für junge u. alte Juristen. schmal gr. 8. (IV, 353 S.) Berlin 900. R. v. Decker. Geb. in Leinw. n. 4. —

Hoffmann, Hans, s.: Aus Wald u. Grund.

Hoffmann, Hans, approb. Arzt aus Dresden: Aus d. pathol. Institut zu Leipzig. Ein Beitrag zu den angeborenen Sakralgeschwülsten. *Leipzig 1904: B. Georgi.* (48 S.) 8°
Leipzig, Med. Diss. v. (16. Mai) 1904

Hoffmann, Hans, Brigitta von Wisby. Eine Erzählung aus dem 14. Jahrh. 8. (163 S.) Leipzig 884, [Schlicke.] Elischer. *ℳ 3.; geb. *

— Brigitta v. Wisby. Eine Erzählg. aus dem 14. Jahrh. 2. Aufl. 8. (163 S.) Leipzig (901). B. Elischer Nachf. n. 2. —; geb. in Leinw. n. 3. —

Hoffmann, Hans, Tante Fritzchen. Skizzen. 8. (135 S.) Berlin 899. Gebr. Paetel. n. 2. —; geb. in Leinw. n. 3. —

Hoffmann, Hans, Tante Fritzchen. Skizzen. 2. Aufl. (135 S.) 8. Berlin 909. Gebr. Paetel. 2. —; geb. in Leinw. 3. —

— Allerlei Gelehrte. Humoresken. 2. Aufl. 8. (VII, 250 S.) Ebd. 897. n. 5. —; geb. in Leinw. n. 6. 50

[F.] Allerlei Gelehrte. Humoresken v. Hans Hoffmann. 2. Aufl. *Berlin: Gebr. Paetel 1898.* (250 S.) 1 Bd 8. [97. 8197

— Geschichten aus Hinterpommern. Vier Novellen. 8. (VII, 276 S.) Ebd. 891. n. 4. —; geb. in Leinw. n. u. 5. 50

— dasselbe. 2. Aufl. 8. (286 S.) Ebd. 894. n. 4. —; geb. in Leinw. n. 5. 50

Hoffmann, Hans, Geschichten aus Hinterpommern. 4 Novellen. 3. Aufl. (285 S.) 8. Berlin 905. Gebr. Paetel. n. 4. —; geb. in Leinw. n. 5. —

— das Gymnasium zu Stolpenburg. Novellen. 8. (VII, 306 S.) Ebd. 891. n. 5. —; geb. n. n. 6. 50

— dasselbe. 2. Aufl. 8. (281 S.) Ebd. 893. n. 5. —; geb. in Leinw. n. 6. 50

— das Gymnasium zu Stolpenburg. Novellen. 3. u. 4. Aufl. 8. (à 289 S.) Ebd. 899. 903. n. 4. —; geb. in Leinw. n. 5. —

— Das Gymnasium zu Stolpenburg. Novellen. 5. u. 6. Aufl. (283 S.) 8. Ebd. 908. 10. 4. —; geb. in Leinw. 5. —

Von Haff und Hafen. Neues von Tante Fritzchen. Skizzen von Hans Hoffmann. *Berlin: Gebr. Paetel 1903.* (196 S.) 8° [F.] [03. 11650

Hoffmann, Hans, d. Haftung f. ausserkontraktl. Schadenszufüggn. durch Tiere nach Hamburger Recht, s. a. Untersuchungen z. deutschen Staats- u. Rechtsgeschichte.

Hoffmann, Hans: Die Haftung für ausserkontraktliche Schadenszufügungen durch Tiere nach Hamburger Recht. *Breslau: W. Koebner 1896.* (X, 72 S.) 8° ¶ (= Untersuchungen zur Deutschen Staats- und Rechtsgeschichte, H. 51.)
Erlangen, Jur. Diss. v. 1896

— der Harz. Unter Mitwirkg. von v. Koenen, Regel, Peter 2c. hoch 4. (VIII, 352 S. m. Abbildgn., 17 Taf. u. 1 Karte.) Leipzig 899. C. F. Amelang. Geb. in Leinw. n. 15. —

— Harzwanderungen. Dem Prachtband „Der Harz" entnommen u. ergänzt. 8. (IV, 389 S.) Ebd. 902. Geb. in Leinw. n. 3. —

— der Hexenprediger und andere Novellen. 8. (255 S.) Berlin 883, Gebr. Paetel. *ℳ 5.; geb. **

— der Hexenprediger u. andre Novellen. 2. u. 3. Aufl. (à 257 S.) 8. Ebd. 906. n. 4. —; geb. in Leinw. n. 5. —

Hoffmann, Hans, unter blauem Himmel. Novellen. 8. (236 S.) Berlin 881. Paetel. n. 4. —

— unter blauem Himmel. Novellen. 2. Aufl. 8. (VII, 220 S.) Berlin 900. Gebr. Paetel. n. 3. —; geb. in Leinw. n. 4. —

— Iwan der Schreckliche u. sein Hund, s. a. Deva-Roman-Sammlung. 60. Bd.

— Iwan der Schreckliche u. sein Hund. Roman. 8. (224 S.) Stuttg. 889, Deutsche Verlags-Anstalt. * 3 —; geb. * 4 —

— Iwan der Schreckliche u. sein Hund. Roman. (Neue Titel-Ausg.) 8. (224 S.) Stuttgart 894. Deutsche Verlags-Anstalt. n. 1. —; geb. n. 1. 25

— Der gestiefelte Kater. Für die Jugend neu erzählt. (16 S. m. Abbildgn. u. 8 farb. Taf.) 30,5×24,5 cm. Nürnberg (910). E. Nister. Geb. 2. —

Hoffmann, Hans, neue Korfu-Geschichten. 8. (VIII, 279 S.) Berlin 887, Gebr. Paetel. *ℳ 5. —; geb. **
Inhalt: Die Weinprobe. — Die Gekreuzigten. — Die vier Büßerinnen. — Der blinde Mönch. — Das Antikenkabinet.

— wider den Kurfürsten. Roman. 3 Bde. 8. (271, 272 u. 264 S.) Berlin 894. Gebr. Paetel. n. 14. —; geb. in Leinw. n. 18. —

Wider den Kurfürsten. Roman von Hans Hoffmann. 2., veränd. Aufl. Bd 1–3. Berlin: Gebr. Paetel 1906. 3 Bde 8° [F.] [06. 10390

— im Lande der Phäaken. Novellen. 8. (245 S.) Ebendas. 884. *ℳ 5.; geb. *

— Im Lande der Phäaken. Novellen. 2. Aufl. (183 S.) 8. Berlin 907. Gebr. Paetel. 4. —; geb. in Leinw. 5. —

— Landsturm. Erzählung. 8. (291 S.) Ebd. 892. n. 5. —; geb. n. n. 6. 50

— dasselbe. 2. Aufl. 8. (292 S.) Ebd. 893. n. 5. —; geb. in Leinw. n. 6. 50

— Landsturm. Erzählung. 3. Aufl. (285 S.) 8. Ebd. 903. n. 4. —; geb. in Leinw. n. 5. —

Hoffmann, Hans, der Lebensversicherungs-Vertrag u. die für denselben geltenden Rechtsgrundsätze im Lichte der Entscheidungen des deutschen Reichs-Ober-Handels-Gerichts. Civilistische Studie. gr. 8. (IV, 88 S.) Berlin 879. Mittler & Sohn. n. 1. —

— vom Lebenswege. Gedichte. 8. (XII, 393 S. m. Vignetten.) Leipzig 893. A. G. Liebeskind. n. 6. 60; geb. in Halbfrz. n. 9. —

— vom Lebenswege. Gedichte. 2. [Titel-]Ausg. gr. 8. (XII, 393 S.) Leipzig (893) 896. Stuttgart, J. G. Cotta Nachf. Geb. in Leinw. n. 3. 80

Hoffmann, Hans: Bozener Märchen und Mären v. –. Leipzig: A. G. Liebeskind 1896. (4 Bl., 224 S.) 1 Bd 8°.

— Bozener Märchen u. Mären. Mit Bilderschmuck v. Kunz Meyer. 2. Aufl. (4. Tausd.) (213 S.) kl. 8. Stuttgart 907. J. G. Cotta Nachf. Geb. in Leinw. 3. 50

Hoffmann, Hans: Bozener Märchen und Mären. Von –. Mit Bildschmuck von Kunz Meyer. 3. Aufl. Stuttgart & Berlin: Cotta 1910. 213 S. 8°

Hoffmann, Hans, aus Coblenz am Rh.: Über das **Maß** der Ausnutzung der in Form von künstlichen Düngemitteln gegebenen Nährstoffe durch frühreife, mittelspäte und spätreife Kartoffeln. *Coblenz 1904: H. L. Scheid.* (106 S.) 8°
Leipzig, Phil. Diss. v. 1904

Hoffmann, Hans: Irrende Mutterliebe. 2 Novellen von – Berlin: Gebr. Paetel 1900. (152 S.) 8°

Ostseemärchen von Hans **Hoffmann**. Mit Bildschmuck von Kunz Meyer. Leipzig: A. G. Liebeskind 1897. (294 S.) 8° [06. 1161]

Ostseemärchen. Von Hans **Hoffmann**. Mit Bildschmuck von Kunz Meyer. 2. Aufl. Stuttgart & Berlin: J. G. Cotta Nachf. 1906. (263 S.) 8° [F.] [06. 11030]

—— Peerke von Helgoland, s. Novellenschatz, neuer deutscher.

Hoffmann, Hans, das Puppendorf. Lustige Reime. Mit vielen farb. Bildern u. Zeichngn. (89 S.) qu. Lex.-8. Nürnberg (906). E. Nister. Geb. n. 3. —

— **Wilhelm Raabe,** s.a. **Dichtung, die, 44. Bd.**

Wilhelm Raabe von Hans **Hoffmann**. Berlin & Leipzig: Schuster & Loeffler [1906]. (77 S.) 8°
= **Dichtung,** Die. Bd 44. [07. 4081]

Hoffmann, Hans, d. Reichs-Börsengesetz v. 22. VI. 1896 m. d. Ausführungsbestimmgn. u. d. Makler-Ordnung, sow. d. neuen Börsen-Ordnung f. Berlin, unter eingeh. Berücksicht. d. Börsen-Ordngn. f. Frankfurt a./M. u. Hamburg erläut. gr. 8. (VIII, 161 S.) Berlin 897. Haude & Spener. Geb. in Leinw. n. 4. —

— der eiserne Rittmeister. Roman. 3 Bde. 8. (V, 210; 246 u. 230 S.) Berlin 890. Gebr. Paetel. n. 12. —; geb. n.n. 16. —

Der eiserne Rittmeister. Roman von Hans **Hoffmann**. 2. Aufl. Bd 1. 2. *Berlin: Gebr. Paetel 1900.* 2 Bde 8° [F.] [00. 3064 10]

— **Ruhm. Novelle. 8. (V, 197 S.) Berlin 891. Gebr. Paetel. n. 4. —; geb. in Leinw. n.n. 5. 50**

— **Pablo de Sarasate. Schwank in 1 Akt. 8. (46 S.) Barmen 879. Inderau. n. 1. 20**

Hoffmann, Hans: Ein Schreckensmahl. Berlin: Vita [1898]. (24 S.) 8°
= Geschichten, Kurze. 1, 8, [1.]

— aus d. Sommerfrische. Kleine Geschichten. 8. (V, 215 S.) Berlin 898. Gebr. Paetel. n. 3. —; geb. in Leinw. n. 4. —

— **Das Sonnenland u. andere Erzählungen aus dem Nachlaß. (V, 330 S.) 8. München 911. G. Müller. 4.—; geb. 5. 50**

— **Spätglück, Sturmwolken, s.: Volksbücher, Wiesbad.**

— Der Teufel vom Sande, s.: **Volksbücher, Wiesbadener.**

Hoffmann, Hans. Von Frühling zu Frühling. Bilder u. Skizzen. 8. (VII, 448 S.) Berl. 889, Gebr. Paetel. * 6 —; geb. ** 7 50

Hoffmann, Hans, von Frühling zu Frühling. Bilder u. Skizzen. 2. Aufl. 8. (399 S.) Berlin 893. Gebr. Paetel. n. 5. —; geb. in Leinw. n. 6. 50

— **von Frühling zu Frühling. Bilder u. Skizzen. 3. Aufl. 8. (399 S.) Berlin 898. Gebr. Paetel. n. 5. —; geb. in Leinw. n. 6. 50**

— **Von Frühling zu Frühling. Bilder u. Skizzen. 4. Aufl. (399 S.) 8. Ebd. 907. 5.—; geb. in Leinw. 6. —**

—— der feige Wandelmar. Ein erzählendes Gedicht in vier Gesängen nach einer altdeutschen Sage. 12. (104 S.) Leipzig 883, Liebeskind.

Hoffmann, Hans, a. Ratzebuhr: Die Wegebaulast in Pommern. Berlin 1907: M. Silberberg. (X, 50 S.) 8°
Tübingen, Staatsw. Fak., Ref. Fleiner, Diss. v. 18. Nov. 1907
[Geb. 9. April 79 Ratzebuhr (Pommern); Wohnort: Tübingen; Staatsangeh.: Preußen; Vorbildung: Gymn. Colberg Einj.-Freiw.-Zeugnis 08; Studium: Bonn 1, Berlin 1, Tübingen 7 S.; Rig. 10. Mai 07.]

— **vom guten u. schlechten Wein,** s.a. **Handbibliothek, Cotta'sche.**

Vom guten und schlechten Wein. Von Hans **Hoffmann**. Stuttgart & Berlin: J. G. Cotta Nachf. [1905]. (63 S.) 8° [F.]
= **Handbibliothek,** Cotta'sche. No 122. [06. 3009]

Hoffmann, [Hans Jacob] .: Anklage über das Vergehen des Br. [Johann] Jakob Schweizers Pfarrer von Embrach; dem Distriktr-Gericht Basserstorf vorgelegt den 19 ten März 1801. Von Br. H', Distriktsrichter ... 8° o. O. 1801.

Hoffmann, Hans Wlh., Dippels Leben u. Meinungen. 8. Darmstadt 782.

Hoffmann, Harald, a. Reval: Aus d. Tübinger Univ.-Augenklinik. Klinische Beiträge zur Hemianopsie. Tübingen 1908: H. Laupp jr. (VI, 35 S.) 8°
Tübingen, Med. Fak., Ref. Schleich, Diss. v. 9. Juli 1908
[Geb. 10. Juni 83 Reval; Wohnort: Reval; Staatsangeh.: Rußland; Vorbildung: Petri-Realsch. Reval Reife O. 03; Studium: Petersburg 5, Königsberg 2, Tübingen 3 S.; Rig. 9. Juli 08.]

Hoffmann, Heinr. (II.), s.a. Hoffmann, Aug. Heinr.

Hoffmann, Heinrich, s.a. Hoffmann, Heinrich Friedrich Karl

Hoffmann, H., Abschiedspredigt üb. Matth. 21, 1—11, am 1. Advent 1895/96 geh. gr. 8. (8 S.) Halle 895. R. Mühlmann's Verl. — 15

Hoffmann, Heinr., Allerseelen-Büchlein. Eine humoristische Friedhofs-Anthologie. Frankfurt a. M. 858. Literarische Anstalt. 8. (VIII, 112 S.) n. 16 ngr.

Hoffmann, H., kurzgefaßte Anleitung zur Ertheilung e. methodischen Schreibunterrichts nebst 14 lith. Taf. (in qu. 4), welche in genet. Folge die Buchstaben der deutschen Current- u. engl. Cursivschrift, sowie hierzu ausgewählte Vorübgn. u. Wörter enthalten. Zunächst f. die städt. Schulen in Meerane entworfen. gr. 8. (20 S.) Meerane 871. (Leipzig, Siegismund & Volkening.) n. 1. —

Hoffmann, Heinr. (II.), Anleitung zur Ertheilung eines methodischen Schreibunterrichts. Nebst 12 lithogr. Taf. [enth. die Buchstaben der deutschen Current- und engl. Cursivschrift in genet. Folge, sowie Vorübungen und Wörter in großer Anzahl]. Zum Gebrauch in Schulen. 2. verb. Aufl. qu. 4. (III, 12 S.) Leipzig 876, Wöller. *

Hoffmann, Heinr. (II.), Anleitung zur Erteilung eines methodischen Schreibunterrichts. 3. verb. Aufl. qu. 4. (14 S. mit 12 lithogr. Taf.) Leipzig 882, Wöller.

Hoffmann's, Heinr. (II.), Anleitung zur Erteilung eines methodischen Schreibunterrichts. Nebst 12 lithogr. Taf. 4. und 5. verm. und verb. Aufl. Bearb. von C. F. Otto Westphal. qu. 4. (15 S.) Leipzig 887, Wöller. geb. *

Hoffmann's, Heinr., Anleitung zur Erteilung eines methodischen Schreibunterrichts. Nebst 12 lith. Taf. Preisgekrönt auf der allgemeinen Ausstellg. v. Erzeugnissen der Kunst, Wissenschaft u. Industrie f. die Jugend zu Dresden 1879. 7. umgearb. Aufl. Durchgesehen v. F. R. Rother. (17 S.) qu. kl. 8. Meerane, Gera 899. Hoffmann. Kart. n. 1.25

Hoffmann, H. (II.), kurzgefaßte Anleitung zur Ertheilung eines methodischen Schreibunterrichts nebst 14 lithogr. Taf. (in qu. 4.), welche in genet. Folge die Buchstaben der deutschen Current- und engl. Cursivschrift, sowie hierzu ausgewählte Vorübungen und Wörter enthalten. Zunächst für die städtischen Schulen in Meerane entworfen. gr. 8. (20 S.) Meerane 871. (Leipzig, Siegismund und Volkening.) *

Hoffmann, Heinrich, Athanasia. Kämpfe u. Siege eines Frauenherzens. 16. (194 S.) Hamburg 877. Nestler & Melle. n. 8. —; geb. n. 4. —; Kronprinzessinbd. n. 15. —

[F.] Die geistliche Auferstehung. Predigt z. Sonntag Misericordias Domini ... v. D. H[einr.] Hoffmann, Pastor zu St. Laurentii ... Halle a. S.: R. Mühlmann 1896. (8 S.) 8.
= Sonntagsfreude. [Bd] (1.) [No] 10. [98. 3586

[F.] Die leibliche Auferstehung. Predigt z. Sonntag Kantate ... v. D. [Heinr.] Hoffmann, Pastor zu St. Laurentii ... Halle a. S.: R. Mühlmann 1896. (8 S.) 8
= Sonntagsfreude. [Bd] (1.) [No] 12. [98. 3588

Hoffmann, H., die Aussicht vom Himmelfahrtsberg. Predigt, am Himmelfahrtsfeste 1892 üb. Apostelgeschichte 1, 1—12 geh. gr. 8. (8 S.) Halle a/S. 892. R. Mühlmann's Verl. — 15

[F.] Die Aussicht auf Vollendung. Predigt z. 8. Sonntag nach Trinitatis üb. Röm. 8, 28—39 v. D. H[einr.] Hoffmann, Pastor zu St. Laurentii ... Halle a. S.: R. Mühlmann 1896. (8 S.) 8.
= Sonntagsfreude. [Bd] (1.) [No] 24. [98. 3600

[F.] Die Aussicht auf Vollendung. Predigt z. 9. Sonntag nach Trinitatis üb. 1. Joh. 3, 2—3 v. D. H[einr.] Hoffmann, Pastor zu St. Laurentii ... Halle a. S.: R. Mühlmann 1896. (8 S.) 8.
= Sonntagsfreude. [Bd] (1.) [No] 25. [98. 3601

Hoffmann, H. (I.), die Aussicht auf das Weltende. Predigt zum 2. Advent 1884 über 2. Petri 3, 3—14. gr. 8. (8 S.) Halle 884, Mühlmann. *

[F.] Die Aussicht auf das Weltende. Predigt z. 2. Advent ... v. D. H[einr.] Hoffmann, Pastor zu St. Laurentii ... Halle a. S.: R. Mühlmann 1896. (8 S.) 8.
= Sonntagsfreude. [Bd] (1.) [No] 42. [98. 3618

— Bastian, der Faulpelz. Eine Bildergeschichte für Kinder verzeichnet und gereimt von dem Verf. des „Struwwelpeter." Frankfurt a. M. (854.) Jäger. 4. (25 Bl. mit color. Holzschn. im Text.) n. 22 ngr.

Hoffmann, Heinr. (I.), Bastian der Faulpelz. Eine Bildergeschichte für Kinder, verzeichnet und gereimt von dem Verf. des „Struwwelpeter". 2.—7. Aufl. gr. 4. (24 color. Taf. mit eingedr. Text.) Frankfurt a. M. 868—84, Literar. Anstalt. cart.

Hoffmann, Heinr., 60 Beichtreden. gr. 8. (VI, 233 S.) Halle 902. R. Mühlmann's Verl. n. 3.60; geb. n. 4.50

Fünfzig Beichtreden, geh. von D. H(einrich) Hoffmann, weil. Pastor zu St. Laurentii. 2. Aufl. (Hrsg.: [Prof.] M[artin] Kähler.) Halle a.S.: R. Mühlmann 1906. (VI, 232 S.) 8° [F.] [06. 1933

[F.] Pauli Bekehrung, ein Exempel wahrer Bekehrung. Predigt z. 2. Sonntag nach Epiphanias ... v. D. H[einr.] Hoffmann, Pastor zu St. Laurentii ... Halle a. S.: R. Mühlmann 1897. (7 S.) 8.
= Sonntagsfreude. [Bd] (1.) [No] 50. [98. 3626

—— Beobachtungen und Erfahrungen über Seelenstörung und Epilepsie in der Irren-Anstalt zu Frankfurt a. M. (1851—1858.) gr. 8. (IV und 176 S.) Frankfurt a. M. 859, Literarische Anstalt. *

— die Bergpredigt d. Herrn Jesu Christi, in 14 Predigten ausgelegt. gr. 8. (VII, 107 S.) Ebd. 893. n. 1. 60; geb. n. 2. 40

— die Bergpredigt des Herrn Jesu Christi, in 14 Predigten ausgelegt. 2. Aufl. gr. 8. (VII, 107 S.) Ebd. 899. n. 1.60; geb. n. 2.40

Hoffmann, Heinr., d. Bergstraße m. ihren Schlössern, Klöstern u. Burgen. qu. Fol. (16 Bl. in Ffsm.-Dr. M. beschreib. Text v. Lorentzen. (8 S.) Heidelberg 898. E. v. König. In Leinw.-Mappe 15. —

Kurze Beschreibung des Selser Mineralbrunnen zwischen Kloppenheim, Groskarben und Okarben gelegen. Von Heinrich Hoffmann. Offenbach 1828: Brede. 15 S. 8°

Hoffmann, *Friedrich* Heinrich [aus Delitzsch]: Über die Beteuerungen in Shakespeare's Dramen ... Halle a. S., Hofbuchdr. v. C. A. Kaemmerer & C., 1894; 52 S., 1 Bl. 8.
Halle, Phil. Fak., Inaug.-Diss. v. [25. Mai] 1894

[F.] Ein Blick über die irdischen Standesunterschiede hinaus auf die himmlische Krone. Predigt z. 13. Sonntag nach Trinitatis ... v. D. H[einr.] Hoffmann, Pastor zu St. Laurentii ... Halle a. S.: R. Mühlmann 1896. (7 S.) 8.
= Sonntagsfreude. [Bd] (1.) [No] 29. [98. 3605

HOFFMANN, Heinr. (Vf. des Struwwelpeter), Das Breviarium der Ehe. (Gedichte.) Mit Titelstahlstich von Ludwig Richter. Leipzig 1853. 16°. (2 Mk., Orglbd., Ant. Creutzer, Aachen, 1906; 9 Mk. 50 Pfg., hübsch. Origlpbd., Edm. Meyer, Berlin, 1908.) Zahm.

— das Breviarium der Ehe. Leipzig 853. Brandstetter. 16. (IV, 95 S. u. 1 Stahlst.) 22½ ngr.

— — Dasselbe. Ebd. 1854. 8°.
Vente de Dresde, 1868. no. 544.

— Briefe. Gesammelt v. M. Hart. gr. 8. (VII, 208 S.) Ebd. 902. n. 2.50

— Christblumen. Eine Sammlg. v. Ansprachen zu den Christvespern, geh. in der St. Laurentii-Kirche. 1. u. 2. Aufl. 12. (79 S.) Ebd. 893. 895. n. — 80; geb. n. 1.20

— Christblumen. E. Sammlg. v. Ansprachen zu d. Christvespern geh. in d. St. Laurentii-Kirche. 3. Aufl. 12. (79 S.) Ebd. 897. n. — 80; geb. in Leinw. n. 1. 20

Christblumen. Eine Sammlung von Ansprachen zu d. Christvespern von D. H[einrich] **Hoffmann**, Pastor zu St. Laurentii. Sammlung 1. 2. Halle a. S. R. Mühlmann 1900-1901. 2 Bde 8°
[1]. 4. Aufl. 1900. 2. (Vorr. Martin Kähler.) 1901 [01. 3410

Neue Christblumen. Eine zweite Sammlung von Ansprachen zu d. Christvespern geh. von H[einrich] **Hoffmann**. Halle a. S.. R. Mühlmann 1901. (IV, 98 S.) 8° [F.] [01. 3952 S

Neue Christblumen. Eine zweite Sammlung von Ansprachen zu d. Christvespern, geh. von D. H[einrich] **Hoffmann**, weil. Pastor zu St. Laurentii. 2. Aufl. (Vorr.: D. M[artin] Kähler.) Halle a. S.. R. Mühlmann *1902*. (IV, 98 S.) 8° [F.] [03. 11676

Hoffmann, Heinrich: Neue Christblumen. Eine zweite Sammlung von Ansprachen zu d. Christvespern, geh. von D. H[einrich] Hoffmann, weil. Pastor [in Halle a. S.] (Hrsg.: D. M[artin] Kähler.) 3. Aufl. Halle a. S.: Mühlmann 1908. IV, 95 S. 8°

— 22 Christblumen. Zwei Sammlgn. v. Ansprachen zu den Christvespern, geh. in der St. Laurentii-Kirche. (5. u. 3. Aufl.) (IV, 79 u. V, 95 S.) kl. 8. Halle 908. R. Mühlmann's Verl. Geb. in Leinw. 2. —
Hieraus einzeln:
Christblumen. 5. Aufl. (79 S.) 908. — 80; geb. 1. 20
Neue Christblumen. 3. Aufl. (V, 95 S.) 908. — 80; geb. 1. 20

[F.] Christenstand, geistlicher Priesterstand. Predigt z. 1. Sonntag nach Epiphanias ... v. D. H[einr.] **Hoffmann**, Pastor zu St. Laurentii... Halle a. S. R. Mühlmann 1897. (8 S.) 8.
= **Sonntagsfreude.** [Bd] (1.) [No] 49. [98. 3605

Hoffmann, H[einrich], Dr.: London curiosities, and how they are to be treated in our english lessons. Eisleben 1906: E. Schneider. (S. 3—15.) 4° [F. u. Ant.]
Eisleben, st. R P 1906 (323)

[F.] Dass Er uns aussöhnen kann mit den unverschuldeten Übeln unseres Lebens. Predigt z. 10. Sonntag nach Trinitatis .. v. D. H[einr.] **Hoffmann**, Pastor zu St. Laurentii Halle a. S.. R. Mühlmann 1896.
— **Sonntagsfreude.** [Bd] (1.) [No] 26. [98. 3602

[F.] Dass Gott dem Menschen die Ewigkeit in die Brust gelegt hat. Predigt z. Sonntag Quasimodogeniti ... v. D. H[einr.] **Hoffmann**, Pastor zu St. Laurentii .. Halle a. S.. R. Mühlmann 1896. (7 S.) 8.
— **Sonntagsfreude.** [Bd] (1.) [No] 9. [98. 3583

Hoffmann, H., „Daß Gottes Walten zu unserm Heil uns unerforschlich bleibt.“ Predigt gehalten am Trin.-Feste (den 18. Mai) 1856. Mühlhausen 856. (Halle, Mühlmann.) gr. 8. (15 S.) 3 *ngr.*

— **denk an den Kauf in deiner Tauf. Predigt zum 6. Sonntag nach Trinitatis über die Epistel Römer 6, V. 3—11. gr. 8. (8 S.) Ebd. 888.** n. — 20

[F.] Denk an den Kauf in deiner Tauf! Predigt z. 6. Sonntag nach Trinitatis.... v. H[einr.] **Hoffmann**, Pastor zu St. Laurentii .. Halle a. S.: R. Mühlmann 1896. (8 S.) 8.
— **Sonntagsfreude.** [Bd] (1.) [No] 22. [98. 3598

[F.] Die Einfalt des inneren Auges. Predigt z. 17. Sonntag nach Trinitatis ... v. D. H[einr.] **Hoffmann**, Pastor z. St. Laurentii ... Halle a. S.: R. Mühlmann 1896. (7 S.) 8.
— **Sonntagsfreude.** [Bd] (1.) [No] 33. [98. 3609

Hoffmann, H., Einführung in die Phonetik u. Orthoepie der deutschen Sprache. Mit 1 Taf. gr. 8. (V, 75 S.) Marburg 888. Elwert's Verl. n. 1. 60

— **Eins ist not! Ein 3. Jahrgang Predigten, meistens üb. freie Texte. gr. 8. (IX, 399 S.) Ebd. 895.** n. 5. 60; geb. n. 6. 60

Eins ist not! Ein dritter Jahrgang Predigten, meistens über freie Texte, geh. von D. H[einrich] **Hoffmann**, weil. Pastor in Halle a. S. 2. Aufl. *Halle a. S.: R. Mühlmann 1903.* (IX, 401 S.) 8° [F.] [03. 7300 S

[F.] Jesu Einzug in Jerusalem. Predigt z. 1. Advent v. D. H[einr.] **Hoffmann**, Pastor zu St. Laurentii Halle a. S.. R. Mühlmann 1896. (8 S.) 8.
= **Sonntagsfreude.** [Bd] (1.) [No] 41. [98. 3617

—— (Für unsere Kinder.) Elisabeth. Gedanken über Erziehung der Kinder in ihrer frühesten Lebensperiode. In kurzen Sätzen, besonders für Frauen und Jungfrauen niedergeschrieben. 1. Bdchn. gr. 16. (126 S.) Hannover 856. (Hamburg, Würger.) *

[F.] Entweder für mich, oder wider mich. Predigt z. Sonntag Oculi . v. D. H[einr.] **Hoffmann**, Pastor zu St. Laurentii Halle a. S. R. Mühlmann 1896. (8 S.) 8.
= **Sonntagsfreude.** [Bd] (1.) [No] 4. [98. 3580

[F.] Die Erniedrigung und die Erhöhung des Gekreuzigten. Predigt z. Palmsonntag Christi Kreuz, unser Gnadenthron. Predigt z. Karfreitag . v. D. H[einr.] **Hoffmann**, Pastor zu St. Laurentii ... Halle a. S.. R. Mühlmann 1896. (16 S.) 8.
— **Sonntagsfreude.** [Bd] (1.) [No] 7. [98. 3583

[F.] Die Erweckung. Predigt z. 21. Sonntag nach Trinitatis . v. D. H[einr.] **Hoffmann**, Pastor zu St. Laurentii Halle a. S. R. Mühlmann 1896. (8 S.) 8.
— **Sonntagsfreude.** [Bd] (1.) [No] 37. [98. 3613

Hoffmann, H., Jericho's Fall und Rahab's Errettung. Auslegung von Josua Cap. 2 u. 6 in drei Bibelstunden. Berlin 861. Beck in Comm. 8. (24 S.) 2½ *ngr.*

Hoffmann, H. (II.), liturgische Festtags-Vespern, auf Grund der lutherischen Vesper-Ordnung zusammengestellt. 4. Aufl. 8. (III, 34 S.) Halle 885, Fricke's Verlag. * *

Hoffmann, H., für od. wider? Predigt, üb. Lukas 11, 14—28 am Sonntag Oculi 1890 geh. gr. 8. (8 S.) Halle a/S. 890. Mühlmann's Verl. — 15

[F.] Die Feuertaufe mit dem Pfingstgeist! Predigt z. 1. Pfingstfesttag . Pfingstsegen im Haus! Predigt z. 2. Pfingstfesttag Von D. H[einr.] **Hoffmann**, Pastor zu St. Laurentii ... Halle a. S. R. Mühlmann 1896. (14 S.) 8.
— **Sonntagsfreude.** [Bd] (1.) [No] 15. [98. 3590

[F.] Die Fürsorge der Gemeinden für ihre Armen. Predigt z. 7. Sonntag nach Trinitatis v. D. H[einr.] **Hoffmann**, Pastor zu St. Laurentii .. Halle a. S.. R. Mühlmann 1896. (7 S.) 8.
= **Sonntagsfreude.** [Bd] (1.) [No] 23. [98. 3599

[F.] Die Gaben, wodurch der heilige Geist erleuchtet. Predigt z. 22. Sonntag nach Trinitatis . v. D. H[einr.] **Hoffmann**, Pastor zu St. Laurentii ... Halle a. S.: R. Mühlmann 1898. (8 S.) 8.
— **Sonntagsfreude.** [Bd] (1.) [No] 38. [98. 3614

Gedächtnißrede am Sarge des verstorbenen Verlagsbuchhändlers Herrn Julius Fricke ... geh. ... 1895 in d. St. Laurentii-Kirche von D. H[einrich] **Hoffmann**. Halle 1895: Wischan & Wettengel. (6 S.) 8° [Umschlagt. F.] [06. 10129 S

Hoffmann, Hnr., Gedichte. 8. Frankfurt a/M. 842, Sauerländer. ⅓ *ß*

[F.] Die gottgefällige Geduld. Predigt z. 14. Sonntag nach Trinitatis ... v. D. H[einr.] **Hoffmann**, Pastor zu St. Laurentii ... Halle a. S.. R. Mühlmann 1896. (7 S.) 8.
— **Sonntagsfreude.** [Bd] (1.) [No] 30. [98. 3606

[F.] Die Gelindigkeit des Herrn. Predigt z. 3. Sonntage nach Trinitatis v. D. H[einr.] **Hoffmann**, Pastor zu St. Laurentii Halle a. S.. R. Mühlmann 1896. (7 S.) 8.
— **Sonntagsfreude.** [Bd] (1.) [No] 19. [98. 3595

[F.] Drei Gerichtshöfe. Predigt z. 3. Advent ... v. D. H[einr.] Hoffmann, Pastor zu St. Laurentii ... Halle a. S.: R. Mühlmann 1896. (8 S.) 8.
= Sonntagsfreude. [Bd] (1.) [No] 43. [98. 3619

[F.] Gottes Gnadenwahl. Predigt z. 4. Advent ... v. D. H[einr.] Hoffmann, Pastor zu St. Laurentii ... Halle a. S.: R. Mühlmann 1896. (8 S.) 8.
= Sonntagsfreude. [Bd] (1.) [No] 44. [98. 3620

[F.] Gottvertrauen, unser Anker. Predigt z. Sonntag nach Neujahr ... v. D. H[einr.] Hoffmann, Pastor zu St. Laurentii ... Halle a. S.: R. Mühlmann 1896. (8 S.) 8.
= Sonntagsfreude. [Bd] (1.) [No] 48. [98. 3624

— vom Grund unseres Glaubens. 3 Predigten am 6., 8. u. 9. Sonntage nach Trinitatis. gr. 8. (20 S.) Ebd. 893. n. — 30

[F.] Der eine grosse Grundfehler. Predigt z. 2. Sonntag nach Trinitatis ... v. D. H[einr.] Hoffmann, Pastor zu St. Laurentii ... Halle a. S.: R. Mühlmann 1896. (8 S.) 8.
= Sonntagsfreude. [Bd] (1.) [No] 18. [98. 3594

—— Prinz Grünewald und Perlenfein mit ihrem lieben Eselein. Ein Bildermärchen, verzeichnet und gereimt von dem Verf. des „Struwwelpeter." 1.—5. Aufl. gr. 4. (24 color. Taf. mit eingedr. Text.) Ebendas. 871—84. cart.

Hoffmann, Heinr., Prinz Grünewald u. Perlenfein m. ihrem lieben Eselein. Ein Bildermärchen, verzeichnet u. gereimt vom Verf. des Struwwelpeter. 6. Aufl. gr. 4. (24 farb. Bl.) Frankfurt a/M. 894. Literar. Anstalt. Kart. 2. 40

Heinrich Hoffmann. Der zweite und dritte Hauptteil von Platos Theaetet. 20 S. Offenburg, P 1884

[F.] Von der Heiligung. Predigt z. 23. Sonntag nach Trinitatis ... Gottes Trost bei drohenden Völkergerichten! Predigt z. Landesbusstag ... v. D. H[einr.] Hoffmann, Pastor zu St. Laurentii ... Halle a. S.: R. Mühlmann 1896. (8, 3–8.) (8, 3–8 S.) 8.
= Sonntagsfreude. [Bd] (1.) [No] 39. [98. 3615

[F.] Der Heilsweg. Vier Predigten v. D. H[einrich] Hoffmann, em. Pastor ... in Halle a. S. 3. Aufl. *Halle a. S.: R. Mühlmann 1897.* (4 Bl., 95 S.) 1 Bd 8. [97. 6693

Hoffmann, Heinr., der Heulerspiegel, s. Heulerspiegel.

— Im Himmel und auf der Erde. Herzliches u. Scherzliches aus der Kinderwelt. Frankfurt a. M. (858.) Literar. Anstalt. gr. 4. (26 Bl. mit color. Holzschn. im Text u. color. Titel in Holzschn.) n. 22⅓ ngr.

Hoffmann, Heinr. (I.), im Himmel und auf der Erde. Herzliches und Scherzliches aus der Kinderwelt. 7. Aufl. (26 Bl. mit eingedr. color. Holzschn.) 1880; 8. Aufl. gr. 4. (27 color. Taf. mit eingedr. Text.) Frankfurt a. M. 883, Literar. Anstalt. cart.
1.—6. Aufl. Ebendas. 1858—1876. ℳ 1,80.

Hoffmann, Heinr. (I.), im Himmel und auf der Erde. Herzliches und Scherzliches aus der Kinderwelt. 9. Aufl. gr. 4. (26 Bl. mit eingedr. color. Bildern.) Frankfurt a. M. 885, Literarische Anstalt. cart.

Hoffmann, Heinr., im Himmel u. auf der Erde. Herzliches u. Scherzliches aus der Kinderwelt. 11. Aufl. gr. 4. (26 farb. Bl.) Frankfurt a/M. 894. Literar. Anstalt. Kart. 2. 10

Hoffmann, H. *Im Himmel und auf der Erde.* Herzliches und Scherzliches aus der Kinderwelt von Heinrich Hoffmann. Frankfurt a. M. Literarische Anstalt Rütten & Loening [c. 1895?]. Farb. illustr. Titel u. 26 S. m. vielen Illustr. in Farbendruck. Gr.-4°. Gelbl., bedruckter u. farb. illustr. Or.-Karton, Lwd.-Rücken (ergänzt). 24.—

Hoffmann, Heinr., im Himmel u. auf der Erde. Herzliches u. Scherzliches aus der Kinderwelt. 12. u. 13. Aufl. (à 26 farb. Bl.) gr. 4. Frankfurt a/M. (901. 902). Literar. Anstalt. Kart. 2. 10

[F.] Die Hochzeit des Königssohnes. Predigt z. 20. Sonntag nach Trinitatis ... v. D. H[einr.] Hoffmann, Pastor zu St. Laurentii ... Halle a. S.: R. Mühlmann 1896. (8 S.) 8.
= Sonntagsfreude. [Bd] (1.) [No] 36. [98. 3612

Hoffmann, Heinr.: Die Ideale und das Leben. Vortrag gehalten in der Loge z. Einigkeit zu Frankfurt a. M. am 16. Sept. 1837. 8° 14 S.

Idealismus und Freimaurerei: Die Ideale und das Leben. Ein Vortrag gehalten in der Loge zur Einigkeit zu Frankfurt a. M. am 16. Sept. 5837 von Heinr. Hoffmann. Ausgegeben als Festgabe der Loge am Johannisfeste 5838. [Frankfurt a. M. 1838.] 14 S. 8° [Umschlagtit.]
Abgedr. in: Al. 19 (1893) S. 262—267, 293, 304—309; Bh. 36 (1893) S. 243—246.
Kl. 1268, Tt. 2069. Berührt auch die Aufgabe der Mrei in bezug auf Versöhnung von Ideal u. Wirklichkeit. 193.

[F.] Jesus, der Arzt Leibes und der Seele. Predigt z. 15. Sonntag nach Trinitatis ... v. D. H[einr.] Hoffmann, Pastor zu St. Laurentii ... Halle a. S.: R. Mühlmann 1896. (7 S.) 8.
= Sonntagsfreude. [Bd] (1.) [No] 31. [98. 3607

[F.] Jesus der Auferstandene, der Fels des Heils! Predigt z. 1. Osterfesttag ... Die Zeugen d. Auferstehg Jesu. Predigt z. 2. Osterfesttag ... v. D. H[einr.] Hoffmann, Pastor zu St. Laurentii ... Halle a. S.: R. Mühlmann 1896. (16 S.) 8.
= Sonntagsfreude. [Bd] (1.) [No] 8. [98. 3584

—— unser Kaiser, uns ein Wahrzeichen. Predigt über Psalm 20, 7, am Tage des 25jährigen Regierungsjubiläums des Kaisers gehalten. gr. 8. (8 S.) Halle 886, Mühlmann. *

Hoffmann, Heinrich, aus Potsdam: Zur Kenntnis des Pinons und der Pinonsäure. *Greifswald 1902: J. Abel.* (40 S.) 8°
Greifswald, Phil. Diss. v. 8. Febr. 1902

— einige Kennzeichen gesunden Christentums. Predigt üb. Kolosser 1, 9—14, am 24. Sonntag nach Trin. geh. gr. 8. (8 S.) Halle 889. Mühlmann's Verl. n. — 20

Hoffmann, Heinr., Für unsere Kinder. Elisabeth. 1. Bdchn. Gedanken über Erziehung der Kinder in ihrer frühesten Lebensperiode. In kurzen Sätzen, besonders für Frauen und Jungfrauen niedergeschrieben. Hannover (857.) (Hamburg, Würger.) 16. (126 S.) n. 10 ngr.

[F.] Die Kirche Christi, die einzige unbezwingliche Macht. Predigt z. 5. Sonntag nach Trinitatis ... v. D. H[einr.] Hoffmann, Pastor zu St. Laurentii ... Halle a. S.: R. Mühlmann 1896. (8 S.) 8.
= Sonntagsfreude. [Bd] (1.) [No] 21. [98. 3597

—— unterm Kreuz. Ein Jahrgang Predigten meistens über freie Texte. gr. 8. (IX, 488 S.) Halle 884, Mühlmann. * geb. * ℳ 6,60.; mit Goldschn. *

— unterm Kreuz. Ein Jahrgang Predigten, meistens üb. freie Texte. 2., verb. Aufl. gr. 8. (XI, 451 S.) Ebd. 889. n. 5. 60; geb. n. 6. 60; m. Goldschn. n. 7. 20

— unterm Kreuz. E. Jahrg. Predigten, meistens über freie Texte. 3. Aufl. gr. 8. (XI, 471 S.) Ebd. 897. n. 5. —; geb. in Leinw. n. 6. —

— unterm Kreuz. Ein Jahrgang Predigten, meistens üb. freie Texte. 4. Aufl. (XI, 471 S.) gr. 8. Ebd. 907. n. 5. —; geb. n. 6. —

[J.] Das Kreuz Christi und das Gebot der Keuschheit. Predigt z. Sonntag Reminiscere ... v. D. H[einr.] Hoffmann, Pastor zu St. Laurentii ... Halle a. S.: R. Mühlmann 1896. (8 S.) 8.
= Sonntagsfreude. [Bd] (1.) [No] 3. [98. 3579

[J.] Das Kreuz Christi, das Warnungszeichen wider das Ärgernis an Gottes Wegen. Predigt z. Sonntag Estomihi ... v. D. H[einr.] Hoffmann, Pastor zu St. Laurentii ... Halle a. S.: R. Mühlmann 1896. (2 Bl., 8 S.) 8. 8.
= Sonntagsfreude. [Bd] (1.) [No] 1. [98. 3577

— Kreuz u. Krone. Ein Jahrgang Predigten, meistens üb. freie Texte. gr. 8. (X, 398 S.) Ebd. 891. n. 5. 60; geb. n. 6. 60

Kreuz und Krone. Ein Jahrgang Predigten, meistens über freie Texte, geh. von H[einrich] Hoffmann, Past. 2. Aufl. Halle a. S.: R. Mühlmann 1897. (X, 396 S.) 8. [... 7

— Kreuz u. Krone. Ein Jahrgang Predigten, meistens üb. freie Texte. 3. Aufl. (X, 400 S.) gr. 8. Ebd. 909. 5.—; geb. 6. —

Hoffmann, Heinr.: Kriegsversicherung, s. Hofmann.

[J.] Unser irdischer Lebensberuf im Licht dieses Worts. Predigt z. 11. Sonntag nach Trinitatis ... v. D. H[einr.] Hoffmann, Pastor zu St. Laurentii ... Halle a. S.: R. Mühlmann 1896. (7 S.) 8.
= Sonntagsfreude. [Bd] (1.) [No] 27. [98. 3603

[J.] Die christliche Leidensfreudigkeit. Predigt z. 4. Sonntag nach Trinitatis ... v. D. H[einr.] Hoffmann, Pastor zu St. Laurentii ... Halle a. S.: R. Mühlmann 1896. (8 S.) 8.
= Sonntagsfreude. [Bd] (1.) [No] 20. [98. 3596

[J.] Die Liebe ist des Gesetzes Erfüllung. Predigt z. 5. Sonntag nach Epiphanias ... D. H[einr.] Hoffmann, Pastor zu St. Laurentii ... *Halle a. S.: R. Mühlmann 1897.* (8 S.) 8.
= Sonntagsfreude. [Bd] (1.) [No] 53. [98. 3629

— die völlige Liebe treibt die Furcht aus. Predigt, am 1. Sonntag nach Trinitatis üb. 1. Johannis 4, 16—21 geh. gr. 8. (8 S.) Ebd. 892. — 15

— Liederbote. 80 zwei- u. dreistimm. Lieder, f. den Gesangunterricht sowohl in den Oberklassen der Volks-, als auch in Real- u. Bürgerschulen. gr. 16. (IV, 79 S.) Frankfurt a. M. 872. Hamacher. n. — 30

— Liederbote. 50 ein- u. zweistimm. Lieder, nebst Vorübgn. im Singen f. Elementarschüler von 6 bis (10) 11 Jahren. [Untere u. u. mittelere Stufe.] 8. (36 S.) Ebend. 873. n. — 20

—— Liederbote. 2 Hefte. 2. Aufl. 8. Leipzig 877, Klinkhardt. *

Inhalt:
Heft 1. 50 ein- und zweistimmige Lieder, nebst Vorübungen im Singen für Elementarschüler von 6—10 [11] Jahren. [Untere und mittlere Stufe.] (36 S.) * 25 Pf.
" 2. Zwei- und dreistimmige Lieder und Singübungen für die Oberklassen der Volks- und Bürgerschulen. (III, 96 S.) * 50 Pf.

[J.] Das Lob der Christlichen Zufriedenheit. Predigt z. Sonntag nach Weihnachten ... v. D. H[einr.] Hoffmann, Pastor zu St. Laurentii ... *Halle a. S.: R. Mühlmann 1896.* (8 S.) 8.
= Sonntagsfreude. [Bd] (1.) [No] 46. [98. 3622

[J.] Jesu Mitleid gegen die Herde seines Volkes. Predigt z. 3. Sonntag nach Epiphanias ... v. D. H[einr.] Hoffmann, Pastor zu St. Laurentii ... *Halle a. S.: R. Mühlmann 1897.* (7 S.) 8.
= Sonntagsfreude. [Bd] (1.) [No] 51. [98. 3627

—— die Mondzügler. Eine Komödie der Gegenwart. gr. 8. ($5\frac{1}{2}$ B.) Frankfurt a. M. 844, Jägersche Buchh. *—

Hoffmann, H., d. letzte Nacht u. d. Todestag d. Herrn Jesu. Passionsbetrachtgn. gr. 8. (VII, 194 S.) Halle 898. R. Mühlmann's Verl. n. 2. 25; geb. in Leinw. n. 3. —

— die letzte Nacht u. der Todestag des Herrn Jesu. Passionsbetrachtungen. 2. Aufl. (VII, 194 S.) gr. 8. Ebd. 904. n. 2. 25; geb. n. 3. —

Hoffmann, Hnr., († d. 4. Juli 1833.) über die Natur u. Heilung einiger chron. Krankheiten. 16 Bdchn. Auch u. d. T.: Zur Heilkunst Nr. 1. 26 Bdchn. Auch u. dem T.: Ueber acute u. chron. Wesenheit, nebst Beobachtt. über chron. Krankheiten u. e. Pathogenie der Cholera orientalis. gr. 12. Darmst. 828 — 31. Leske. à 20 gGr. 1 Rthl. 16 gGr.

[J.] Nicht Begabung, sondern Begnadigung ist wahrer Grund z. Christenfreude. Predigt z. Sonntag Lätare ... v. D. H[einr.] Hoffmann, Pastor zu St. Laurentii ... Halle a. S.: R. Mühlmann 1896. (7 S.) 8.
= Sonntagsfreude. [Bd] (1.) [No] 5. [98. 3581

— Normal-Alphabete in deutscher und lateinischer Schrift für die Hand der Kinder. qu. 4. (2 Stnt.) Meerane 884. (Leipzig, Wöller.)

Hoffmann, Heinr., König Nußknacker u. der arme Reinhold. Ein Kindermährchen in Bildern. 4. (31 Bl. m. color. Holzschn.) Frankfurt a. M. 851, Literarische Anstalt. n. 1 fl.

Hoffmann, Heinr. (I.), König Nußknacker und der arme Reinhold. Ein Kindermährchen in Bildern. 10.—15. unveränd. Aufl. gr. 4. (32 color. Holzschntaf. mit eingedr. Texte.) Frankfurt a. M. 879, Literarische Anstalt. cart.

—— König Nußknacker und der arme Reinhold. Ein Kindermärchen in Bildern. 16. und 17. unveränd. Aufl. gr. 4. (32 color. Holzschntaf. mit eingedr. Text.) Ebendas. 881,83. cart. Unzerreißbar geb. ³

—— König Nußknacker und der arme Reinhold. Ein Kindermährchen in (color.) Bildern. 18.—20. unveränd. Aufl. gr. 4. (32 Bl.) Ebendas. 885—88. cart. ℳ 2.40.; unzerreißbar

— König Nußknacker u. der arme Reinhold. Ein Kindermärchen in Bildern. 21. unveränd. Aufl. gr. 4. (32 farb. Bl.) Ebd. 891. Kart. 2. 70; unzerreißbar 4. —

Hoffmann, Heinr., König Nußknacker u. d. arme Reinhold. Ein Kindermärchen in Bild. 22., unveränd. Aufl. gr. 4. (32 farb. Bl. m. Text.) Frankfurt a/M. 895. Literar. Anstalt. Kart. 2. 70

— König Nußknacker u. der arme Reinhold. Ein Kindermärchen in Bildern. 24. u. 25. unveränd. Aufl. (à 32 farb. Bl.) gr. 4. Ebd. (901. 902.) Kart. 2. 70; unzerreißbar 4. —

— dasselbe. (Neue Ausg.) 26. Aufl. (32 farb. Bl.) gr. 4. Ebd. (902). Kart. 2. —; unzerreißbar 27. Aufl. 3. —; neue feine Ausg. (28. Aufl.) 3. —

Hoffmann, H. *König Nußknacker* und der arme Reinhold. Ein Kindermährchen in Bildern. 53. Aufl. Frankfurt a. M. [c. 1910]. 32 Bl. m. vielen farbigen Bildern. Gr.-4°. Farb. illustr. Or.-Karton mit (ergänztem) Leinenrücken. Leicht benutzt. 12.—

— d. Ohnmacht d. Gesetzes u. d. Macht d. Gnade. 2 Predigten, üb. Römer 7, 7—25 u. 8, 1—11 geh. gr. 8. (16 S.) Ebd. 895. n. — 20

Hoffmann, H., Platon's Philobus, erläut. u. beurteilt. gr. 4. (23 S.) Offenburg 888. (Leipzig, Fock.) n. — 80

Hoffmann, Henricus: De Phlegmasia alba. Francofurti ad Moenum 1833: Broenner. 67 S. 8°

Halle-Wittenberg, Med. Diss., nachgeliefert von dem am [10. Aug.] 1833 auf Thesen promovierten Verf.

Geb. Frankfurt a. Main [13. 6. 1809]

Verf. führte später den Namen Hoffmann-Donner. Er erlebte die Diplomerneuerung 1883 als Geheimer Sanitätsrat und Direktor der Irrenanstalt in Frankfurt a. M. und 1893 das 60jährige Dr.-Jubiläum.

—— die Physiologie der Sinnes-Hallucinationen. Ein Vortrag in der öffentl. Versammlung der senkenberg. naturforschenden Gesellschaft am 4. Mai 1851. 8. (21 S.) Frankfurt a. M. 851, Literarische Anstalt.

Breslauer Polizei-Handbuch ... Hrsg. von Heinrich Hoffmann, Präsidial-Secr., u. Paul Höhne, Secr. zu Breslau. Bd [1.] 2. Breslau: A. Langewort (2: F. W. Jungfer) (1899-1904). 2 Bde 8° [F.] [01. 7276 2

Predigt zum Gedächtnis der Verstorbenen. Psalm 90, 12. Von Pastor D. [Heinrich] Hoffmann †. Halle a. S. [1904?]: Wischan & Burkhardt. (8 S.) 8° [F.] [04. 15718 8

— Predigt z. Gedächtnisfeier d. Verstorbenen üb. Phil. 1, 21—24. gr. 8. (8 S.) Ebd. 895. — 15

— Predigt zur Jubelfeier des Hubertsburger Friedens und der Erhebung des preußischen Volkes zum Befreiungskriege über 1. Könige 8, 57. 58. Halle 860. Fricke. gr. 8. (15 S.) 3 ngr.

Hoffmann, H. (III.), Predigt zur Jubelfeier des Hubertsburger Friedens und der Erhebung des preußischen Volkes zum Befreiungskriege über 1. Könige 8, 57. 58. gr. 8. (15 S. Halle 863. Fricke.

Hoffmann, H., Predigt zum Neujahrstag 1879 über Matthäi 14, 22—23. gr. 8. (8 S.) Halle 880. Petersen. n.n. — 25

— Predigt zum Neujahrstag 1882 über Matthäi 16, V. 25. gr. 8. (8 S.) Halle 882. Mühlmann. n. — 20

—— Drei Predigten üb. Evangelium Johannis 21, geh. in der österl. Zeit 1891. gr. 8. (23 S.) Ebd. 891. * — 40

— drei Predigten zu Ostern, Pfingsten u. Trinitatis 1891 geh. gr. 8. (23 S.) Ebd. 891. n. — 40

— zwei Predigten an den Landes-Buß- u. Bettagen den 15. Mai u. 9. Juni 1878 geh. gr. 8. (19 S.) Halle 878. Fricke's Verl. n. — 40

—— Rede, zur Einsegnung der Confirmandinnen am Palmensonntag 10. April 1881 über Lucä 10, 38—42 in der St. Laurentii-Kirche gehalten. gr. 8. (8 S.) Halle 881, Fricke's Verlag. *

— das tausendjährige Reich. Versuch e. Auslegg. d. Offenbarg. Joh. 20, 1—10. 12. (20 S.) Ebd. 899. n. — 30

Hoffmann, Heinrich, aus Leipzig: Die Leibniz'sche Religionsphilosophie in ihrer geschichtlichen Stellung. *Tübingen 1903: H. Laupp jr.* (VIII, 108 S.) 8°

Leipzig, Phil. Diss. v. [25. Juni] 1903

Die Leibniz'sche Religionsphilosophie in ihrer geschichtlichen Stellung. Von Dr. phil. Heinrich Hoffmann. *Tübingen & Leipzig: J. C. B. Mohr 1903.* (VIII, 107 S.) 8° [03. 5908

[F.] Ringet danach, dass ihr stille seid. Predigt z. Sonntag Exaudi ... v. D. H[einr.] Hoffmann, Pastor zu St. Laurentii ... Halle a. S.: R. Mühlmann 1896. (7 S.) 8.
— Sonntagsfreude. [Bd] (1.) [No] 14. [98. 3390

[F.] Jesu Ruhm, dass Er alles wohl macht. Predigt z. 12. Sonntag nach Trinitatis ... v. D. H[einr.] Hoffmann, Pastor zu St. Laurentii ... Halle a. S.: R. Mühlmann 1896. (7 S.) 8.
— Sonntagsfreude. [Bd] (1.) [No] 28. [98. 3604

— Rundschriftübungsheft für Schulgebrauch und Selbstübung. Abtl. A.: Vollständiger Cursus der Rundschrift in genetischer Folge. qu. 4. (32 lithogr. S. mit 1 Bl. Text.) Leipzig 881, Wöller.

— Rundschriftübungsheft f. Schulgebrauch u. Selbstübung. Abt. A. Vollständiger Cursus der Rundschrift in genetischer Folge. qu. 4. (32 lith. S. m. 1 Bl. Text.) Ebend. 884. n.n. — 75

Hoffmann's, Heinr. (H.), Rundschriftübungsheft, Abtl. B. mit hierzu gehörigen Separat-Rundschriftvorlagen. qu. 4. (32 lithogr. S. mit 1 Bl. Text.) Meerane 885. (Leipzig, Wöller.)
Abtl. A. Ebendas. 1881 [neuer Abdruck 1884]. ** 75 Pf.

— Rundschriftübungsheft. Für Schulgebrauch u. Selbstübg. Abt. A u. B. (à II, 32 S. m. 3 Fig.) qu. kl. 8. Ebd. n. — 90
A. Vollständiger Cursus der Rundschrift in genetischer Folge. Meerane 891. — 60
B. Mit hierzu gehörig. Separat-Rundschriftvorlagen. 903. — 30

— der Scheideweg am Kreuz. Predigt, am Sonntag Invokavit üb. 1. Korinther 1, 18 geh. gr. 8. (8 S.) Ebd. 893. — 15

Hoffmann, Heinr., die kaufmännische Schönschrift in ihrem ganzen Umfange. Praktische Anweisung ohne Lehrer in 22 Lectionen eine schöne, geläufige, kaufmännische Handschrift zu erlernen. Zugleich auf langjähriger Erfahrung begründeter Lehrgang zum Gebrauche in Handels-, Gewerbe- u. Fortbildungs-Schulen. In Gemeinschaft m. W. Pflug bearb. u. hrsg. Fol. (16 Steintaf. m. 4 Linienblättern u. 8 S. Text in 4.) Leipzig 878. Wöller. In Mappe. 6. —

— Schreibwandtafel f. Schulen. Deutsche Schrift. Imp.-Fol. Ebend. 884. n. 5. 50; auf Leinw. m. Stäben n. 7. 50

— dasselbe. Lateinische Schrift. Imp.-Fol. Ebend. 884. n. 6. 60; auf Leinw. m. Stäben n. 7. 60

[F.] Die Schule der Demut. Predigt z. Sonntag Sexagesimä ... v. D. H[einr.] Hoffmann, Pastor zu St. Laurentii ... *Halle a. S.: R. Mühlmann 1897.* (8 S.) 8.
— Sonntagsfreude. [Bd] (1.) [No] 56.

— d. Schule d. Krankheit. Predigt, am 19. Sonntag nach Trinitatis üb. Matth. 9, 1—8 geh. gr. 8. (8 S.) Halle 895. R. Mühlmann's Verlag. — 15

—— Seelenruhe, eine Frucht des Glaubens. Predigt, am 4. Sonntag nach Epiphanias über Matth. 8, 23—27 gehalten. gr. 8. (8 S.) Halle 886, Mühlmann. *

[F.] Seelenruhe, eine Frucht des Glaubens! Predigt z. 4. Sonntag nach Epiphanias ... v. D. H[einr.] Hoffmann, Pastor zu St. Laurentii ... *Halle a. S.: R. Mühlmann 1897.* (8 S.) 8.
— Sonntagsfreude. [Bd] (1.) [No] 52.

[F.] Seine Geburt, die Hoffnung der Welt. Predigt z. 1. Weihnachtstag ... Es erschien d. Freundlichkeit u. Leutseligkeit Gottes unseres Heilandes. Predigt z. 2. Weihnachtsfesttag ... Von D. H[einr.] Hoffmann, Pastor zu St. Laurentii ... *Halle a. S.: R. Mühlmann 1896.* (14 S.) 8.
— Sonntagsfreude. [Bd] (1.) [No] 45.

—— Separat-Rundschriftvorlagen zu Hoffmanns Rundschriftübungsheft, Abtl. B. Vollständiger Cursus der Rundschrift in genetischer Folge. qu. 4. (8 lithogr. S. mit 1 Bl. Text.) Ebendas. 885.

— Separat-Rundschriftvorlagen zu H.'s Rundschriftübungsheft Abt. B. Vollständiger Cursus der Rundschrift in genet. Folge. Für Schulgebrauch u. Selbstunterricht. (III, 8 S. m. 8 Fig.) qu. kl. 8. Meerane 896. Gera, Hoffmann. n. — 30

– s.a. Struwwelpeter.

—— der Struwwelpeter oder lustige Geschichten und drollige Bilder für Kinder von 3—6 Jahren. 1—15. Aufl. 1847—51. und 16. Aufl. 4. (24 ill. Bl. in Holzschn. mit Text.) Frankfurt a. M. 852, Literarische Anstalt. *

—— der Struwwelpeter oder lustige Geschichten und drollige Bilder für Kinder von 3—6 Jahren. 16. Aufl. 4. (24 ill. Bl. in Holzschn. mit Text.) Frankfurt a. M. 852, Literarische Anstalt. *

Hoffmann, Heinr., der Struwwelpeter oder lustige Geschichten un drollige Bilder für Kinder von 3—6 Jahren. 35. Aufl. 4 (24 ill. Holzschnitaf. mit Text.) Frankfurt a. M. 862, Literarische Anstalt. cart. *

Hoffmann, Heinr., der Struwwelpeter oder lustige Geschichten und drollige Bilder für Kinder von 3—6 Jahren. 85. Aufl. 4. (24 illustr. Holzschntaf. mit Text.) Frankfurt 873, Literarische Anstalt. cart. *

Hoffmann, Heinr. (I.), der Struwwelpeter oder lustige Geschichten und drollige Bilder für Kinder von 3—6 Jahren. 86.—99. Aufl. gr. 4. (25 color. Holzschntaf. mit eingedr. Texte.) Frankfurt a. M. 874—76, Literarische Anstalt. cart. *
—— dass. — 100. Aufl. Jubiläums-Ausg. mit dem neuen vom Verf. angefertigten Jubiläums-Blatt. gr. 4. (25 color. Stnt. mit eingedr. Texte.) Ebendas. 876. cart. *
—— dass. — 101.—111. Aufl. mit dem Jubiläums-Blatt zur 100. Aufl. gr. 4. (25 color. Holzschntaf. mit eingedr. Texte.) Ebendas. 876—79. cart. *

Hoffmann, H. *Der Struwelpeter* oder lustige Geschichten und drollige Bilder für Kinder von 3—6 Jahren. Von Dr. Heinrich Hoffmann. 184. Auflage mit dem Jubiläumsblatt zur hundertsten Auflage. Frankfurt a. M., Rütten & Löning [ca. 1880]. 1 Bl. („Wie der Struwelpeter entstand"), 1 Bl. (Jubil.-Bl.) und 24 farbig illustrierte Seiten. Gr.-4°. Original-Einband mit erneuertem Leinenrücken. (Einige Fleckchen.) 29.—

—— der Struwwelpeter oder lustige Geschichten und drollige Bilder für Kinder von 3—6 Jahren. 112.—137. Aufl. mit dem Jubiläums-Blatt zur 100. Aufl. gr. 4. (25 color. Holzschntaf. mit eingedr. Texte.) Ebendas. 881—84. cart. *
—— dass. — Große Ausg. in lithogr. Farbendr. gr. 4. (25 Bl.) Ebendas. 881. geb.

—— der Struwwelpeter oder lustige Geschichten und drollige Bilder für Kinder von 3—6 Jahren. 138., 140—142., 144—147., 149—152. Aufl. mit dem Jubiläums-Blatt zur 100. Aufl. gr. 4. (25 color. Taf. mit eingedr. und 1 Bl. Text.) Ebendas. 884—88. cart. *

—— dass. — 139., 143., 148. und 153. Aufl. mit dem Jubiläums-Blatt zur 100. Aufl. gr. 4. (25 color. Taf. mit eingedr. und 1 Bl. Text.) Ebendas. 888. unzerreißbar *

Hoffmann, H., der Struwwelpeter oder lustige Geschichten u. drollige Bilder f. Kinder von 3—6 Jahren. Neue feine Ausg. 1.—10. Tausend. gr. 4. (25 color. Taf. m. eingedr. u. 1 Blatt Text.) Frankfurt a/M. 889. Literar. Anstalt. cart. n. 2. 25

— der Struwwelpeter od. lustige Geschichten u. drollige Bilder f. Kinder von 3—6 Jahren. 159.—166. Aufl. m. dem Jubiläums-Blatt zur 100. Aufl. gr. 4. (25 color. Taf. m. eingedr. u. 1 Bl. Text.) Frankfurt a/M. 890. Literar. Anstalt. cart. n. 1. 80; 167. Aufl. unzerreißbar n. 3. —; m. engl. Text. 38. Aufl. 2. 10

—— Der Struwwelpeter od. lustige Geschichten u. drollige Bilder f. Kinder von 3—6 Jahren. 176. Aufl. m. dem Jubiläums-Blatt zur 100. Aufl. gr. 4. (25 color. Taf. m. eingedr. u. 1 Bl. Text.) Ebd. 892. cart. 1 80; 175. Aufl. unzerreißbar * 3 — m. engl. Text. 38. Aufl. 2 10
—— dass. — Neue feine Ausg. 10. Tausend. gr. 4. (25 color. Taf. m. eingedr. u. 1 Bl. Text.) Ebd. 889. cart. * 2 25

— der Struwwelpeter od. lustige Geschichten u. drollige Bilder f. Kinder v. 3—6 Jahren. 184. Aufl. mit dem Jubiläums-Blatt zur 100. Aufl. gr. 4. (25 farb. Bl. m. 1 Bl. Text.) Ebd. 894. Kart. n. 1. 80; 186. Aufl. unzerreißbar n. 3. —

— dasselbe. gr. 4. (25 farb. Bl. m. 1 Bl. Text.) Pracht-Ausg. in lith. Farbendr. (191. Aufl.) Ebd. 895. Kart. n. 3. —; neue, feine Ausg. 11.—15. Tausd. (193. Aufl.) n. 2. 25

— d. Struwwelpeter od. lust. Geschichten u. droll. Bild. f. Kinder v. 3—6 Jahren. 211.—213. u. 215. Aufl. m. d. Jubiläums-Blatt z. 100. Aufl. gr. 4. (25 farb. Bl. m. 1 Bl. Text.) Frankfurt a/M. 898. Literar. Anstalt. Kart. n. 1. 80; 210. u. 214. Aufl., unzerreißbar n. 3. —

— der Struwwelpeter od. lust. Geschichten u. droll. Bilder f. Kinder von 3—6 Jahren. 248. Aufl. m. dem Jubiläums-Blatt zur 100. Aufl. (25 farb. Bl. m. 1 Bl. Text.) gr. 4. Ebd. (902). Kart. n. 1. 80; 247. Aufl. unzerreißbar n. 3. —; neue feine Ausg. 231. Aufl. n. 2. 25; 230. Aufl. Pracht-Ausg. in lith. Farbendr. n. 3. —

Hoffmann, Heinr., der Struwwelpeter od. lust. Geschichten u. droll. Bilder f. Kinder von 3—6 Jahren. 300. Aufl. Mit der Wiedergabe e. Handschreibens v. Heinr. Hoffmann. (25 farb. Bl., 1 Bl. Text m. Bildnis u. 2 Bl. in Fksm.) Lex. 8. Frankfurt a/M. 908. Literar. Anstalt. Kart. 1.80; unzerreißbar 3.—; neue feine Ausg. 2. 25; Pracht-Ausg. in lith. Farbendr. 3. —

—— the English Struwwelpeter, s.a. Struwwelpeter.

— the English Struwwelpeter or pretty stories and funny pictures for little children. 46. and 47. ed. gr. 4. (24 farb. Bl. m. 1 Bl. Text.) Ebd. 896. Kart. 2. 10

Hoffmann, Heinr., s.: Studien zur Geschichte des neueren Protestantismus.

—— humoristische Studien. 8. (IV und 364 S.) Frankfurt a. M. 847, Literarische Anstalt. *

—— phänologische Studien, s. Forst- und Jagd-Zeitung, allgemeine, Supplemente, 13. Bd. 1. Heft.

— phänologisch-klimatologische Studien üb. den Hollunder, Sambucus nigra. gr. 8. (10 S.) Halle 886. Schmidt. n. — 60

—— der Stufengang des neuen Lebens. Predigt am Sonntag Quasimodogeniti. gr. 8. (10 S.) Halle 881, Fricke's Verlag.

[F.] Der Stufengang des zukünftigen neuen Lebens. Predigt z. Sonntag Jubilate ... v. D. H[einr.] Hoffmann, Pastor zu St. Laurentii ... *Halle a. S.: R. Mühlmann 1896.* (8 S.) 8.
= Sonntagsfreude. [Bd] (1.) [No] 11. [vgl. 3587

[F.] Die kleinen Sünden. Predigt z. 16. Sonntag nach Trinitatis ... v. D. H[einr.] Hoffmann, Pastor zu St. Laurentii ... Halle a. S.: R. Mühlmann 1896. (7 S.) 8.
= Sonntagsfreude. [Bd] (1.) [No] 32. [vgl. 3608

Hoffmann, H., aus dem Tagebuche des D. H. Hoffmann, Pastor zu St. Laurentii in Halle, nach Miterlebtem fortgeführt v. M. Hart. 8. (V, 251 S. m. Bildnis.) Halle 900. R. Mühlmann's Verl. n. 2. 80; geb. n. 3. 50

— die großen Taten Gottes. Festpredigten. Mit Vorwort v. M. Kähler. (V, 264 S.) gr. 8. Leipzig 906. A. Deichert Nachf. n. 4. 20; geb. n. 5. —

— dasselbe. Neue Folge. (IV, 221 S.) 8. Ebd. 906. n. 3. 60; geb. n. 4. 35

Hoffmann, Heinrich, Dr. phil., cand. rev. min. a. Leipzig: Die Theologie Semlers. Leipzig 1905: G. Kreysing. (IV, 128 S.) 8°
Leipzig, Theol. Fak., Ref. Kirn, Diss. u. Hab.-Schr. v. 8. März 1905
[Geb. 7. März 74 Leipzig; Wohnort: Leipzig; Staatsangeh.: Sachsen; Vorbildung: Gymn. Dresden-N. Reife O. 93; Studium: Tübingen 1, Leipzig 3, Halle 2, Leipzig 4, Berlin 1 S.; Rig. 20. Mai 04.]

— die Theologie Semlers. (VIII, 128 S.) gr. 8. Leipzig 905. Dieterich. n. 2. 40

Hoffmann, Henricus: Theses. Halae (1833): Baentsch. 2 Bl. 8°
Halle-Wittenberg, Med. Thesen v. 10. Aug. 1833

-- der Tod e. Knecht d. Lebensfürsten. Predigt, zur Gedächtnisfeier der Verstorbenen üb. 2. Timoth. 1, 10 geh. gr. 8. (8 S.) Ebd. 890. — 15

[F.] Der Tod ein Knecht des Lebensfürsten. Predigt z. Gedächtnisfeier d. Verstorbenen ... v. D. H[einr.] Hoffmann, Pastor zu St. Laurentii ... Halle a. S.: R. Mühlmann 1896. (8 S.) 8.
= Sonntagsfreude. [Bd] (1.) [No] 40. [vgl. 3646

—— in der Todesnähe. Predigt, zur Gedächtnißfeier der Verstorbenen über Matth. 25, 1—13 gehalten. gr. 8. (8 S.) Ebendas. 884. *

[F.] Die bewahrende Treue des Herrn. Predigt z. 18. Sonntag nach Trinitatis ... v. D. H[einr.] Hoffmann, Pastor zu St. Laurentii ... Halle a. S.: R. Mühlmann 1896. (8 S.) 8.
= Sonntagsfreude. [Bd] (1.) [No] 34. [vgl. 3640

Hoffmann, Henr. (August.) (geb. Calau 21. 11. 1842): De ulcere ventriculi simplici. Berolini (1866). (31 S.) 8°
Berlin, Med. Diss. v. 29. Mai 1866

Hoffmann, Heinrich: Untersuchungen über den weissen Infarct der Placenta. Halle a. S. 1882: Heynemann. 22 S., 1 Taf. 8°
Halle-Wittenberg, Med. Diss. v. 16. [vielmehr: 14.] Nov. 1882
Geb. Halle a. d. S. 8. 10. 1857. V.

— das ewige Verderben, die Ruhe des Volkes Gottes u. die Gnadenwahl, 3 Predigten üb. 2. Thessal. 1, 3—10, Hebr. 4, 9—11, Ephes. 1, 3—6. gr. 8. (23 S.) Ebd. 889. n. — 40

[F.] Die Versuchung Jesu in der Wüste. Predigt z. Sonntag Invocavit ... v. D. H[einr.] Hoffmann, Pastor zu St. Laurentii ... Halle a. S.: R. Mühlmann 1896. (8 S.) 8.
= Sonntagsfreude. [Bd] (1.) [No] 2. [vgl. 3578

—— liturgische Vespern zum Wochenschluß, den Sonn- und Festtagen auf Grund der lutherischen Vesperordnung zusammengestellt 3. Aufl. 8. (III und 72 S.) Halle 864, Fricke. geb.

[F.] Die völlige Liebe treibt die Furcht aus! Predigt z. 1. Sonntag nach Trinitatis ... v. D. H[einr.] Hoffmann, Pastor zu St. Laurentii ... Halle a. S.: R. Mühlmann 1896. (8 S.) 8.
= Sonntagsfreude. [Bd] (1.) [No] 17. [vgl. 3593

[F.] Die Vollmacht, Sünde zu vergeben. Predigt z. 19. Sonntag nach Trinitatis ... v. D. H[einr.] Hoffmann, Pastor zu St. Laurentii ... Halle a. S.: R. Mühlmann 1896. (8 S.) 8.
= Sonntagsfreude. [Bd] (1.) [No] 35. [vgl. 3641

—— vom Tode des Leibes bis zu seiner Auferstehung. Homilie über 1. Cor. 15, V. 35—38, gehalten am Sonntag Jubilate. gr. 8. (8 S.) Ebendas. 882. *

[F.] Was ihr bitten werdet in meinem Namen, das will ich thun. Predigt z. Sonntag Rogate ... D. Bedeutg d. Himmelfahrt Jesu. Predigt z. Himmelfahrtstag ... v. D. H[einr.] Hoffmann, Pastor zu St. Laurentii ... Halle a. S.: R. Mühlmann 1896. (14 S.) 8.
= Sonntagsfreude. [Bd] (1.) [No] 13. [vgl. 3589

[F.] Der himmlische Wettlauf. Predigt z. Sonnt. Septuagesimä ... v. D. H[einr.] Hoffmann, Pastor zu St. Laurentii ... *Halle a. S.: R. Mühlmann 1897.* (8 S.) 8.
= Sonntagsfreude. [Bd] (1.) [No] 55. [vgl. 3631

[F.] Welcher unter euch kann mich einer Sünde zeihen? Predigt z. Sonntag Judica ... v. D. H[einr.] Hoffmann, Pastor zu St. Laurentii ... Halle a. S.: R. Mühlmann 1896. (8 S.) 8.
= Sonntagsfreude. [Bd] (1.) [No] 6. [vgl. 3580

— wie sich Jesu Herrlichkeit im christlichen Ehestand spiegeln will. Predigt am 2. Sonntag nach Epiphanias üb. Ev. Johannis 2, 1—11. gr. 8. (8 S.) Ebd. 894. — 15

[F.] Von der Wiedergeburt. Predigt z. Trinitatissonntag ... v. D. H[einr.] Hoffmann, Pastor zu St. Laurentii ... Halle a. S.: Mühlmann 1896. (8 S.) 8.
= Sonntagsfreude. [Bd] (1.) [No] 16. [vgl. 3590

[F.] Wir haben hier keine bleibende Stadt, sondern die zukünftige suchen wir.. Predigt z. Neujahrstage ... D. H[einr.] Hoffmann, Pastor zu St. Laurentii ... Halle a. S.: R. Mühlmann 1896. (8 S.) 8.
= Sonntagsfreude. [Bd] (1.) [No] 47. [98. 3623

[F.] Ein Wort vom wahren Lebenszweck. Predigt z. 6. Sonntag nach Epiphanias v. D. H[einr.] Hoffmann ... Halle a. S.: R. Mühlmann. 1897. (8 S.) 8.
= Sonntagsfreude. [Bd] (1.) [No] 54. [98. 3630

— die christliche Zufriedenheit und die Aergerniß an Gottes Wegen. Zwei Predigten zu Neujahr und Estomihi 1879 gehalten. gr. 8. (17 S.) Ebendas. 879. *

zurück zum Gesetz u. Zeugnis. Predigt, am Bußtag 1889 üb. Jesaias 8, 19—22 geh. gr. 8. (8 S.) Halle 889. Fricke's Sort. — 15

Hoffmann, Heinrich Anton

Sechs Gesänge für Frey-Maurer mit Begleitung des Piano Forte, den ger.·. und vollk.·. ⊡ zur Einigkeit und Socrates zur Standhaftigkeit im O.·. zu Frankfurt am Mayn gewidmet von H[einr.] A[nton] Hoffmann. [H. 1.] Bonn: Simrock [1814]. 21 S. 4⁰ [Kupfertit.]
Kl. 1670. Ganz in Kpfr gestochen.

Hoffmann, Heinrich Friedrich Karl, s.a. Hoffmann, Heinrich

Die Apostelgeschichte S. Lucä ausgelegt in Bibelstunden von D. H[einrich Friedrich Karl] Hoffmann. Leipzig: Deichert 1903. VI, 320 S. 8°
(Hoffmann: Neutestamentl. Bibelstunden. Bd 1.) [11. 10598 4

Hoffmann, Heinrich Friedrich Karl: Die Apostelgeschichte S. Lucä ausgelegt in Bibelstunden von D. H[einrich Friedrich Karl] Hoffmann, weil. Pastor zu St. Laurentii, Halle a. S. 2. Aufl. Leipzig: A. Deichert 1907. (VI, 320 S.) 8⁰
= Hoffmann: Neutestamentl. Bibelstunden. Bd 1.

Neutestamentliche Bibelstunden gehalten von D. H[einrich Friedrich Karl] Hoffmann, Pastor ... Mit Vorw. von D. M[artin] Kähler. Bd 1-5, 1. 2. Leipzig: Deichert 1903-04. 8°
1. Hoffmann: Die Apostelgeschichte. 1903. 2. Hoffmann: Der Brief Pauli an d. Römer. 1904. 3. Hoffmann: Der 1. u. 2. Brief Pauli an d. Korinther. 1904. 4. Hoffmann: Die Briefe Pauli an d. Galater, Epheser, Philipper. 1903. 5, 1. Hoffmann: Die Briefe Pauli an d. Kolosser, Thessalonicher, Timotheus. 1904. 5, 2. Hoffmann: Die Briefe Pauli an Titus, Philemon, 1. u. 2. Petri- u. 1. Johannisbrief. 1904. [11. 10597 4

Hoffmann, H., neutestamentliche Bibelstunden. Mit Vorwort v. M. Kähler. 1.—3. Bd. u. 5. Bd. 2 Abtlgn. 8. Leipzig, A. Deichert Nachf. 21.80; geb. 25. —
I. Die Apostelgeschichte S. Lucä, ausgelegt in Bibelstunden. 2. Aufl. (VI, 320 S.) 907. 5.20; geb. 6. —
II. Der Brief Pauli an die Römer, ausgelegt in Bibelstunden. 2. Aufl. (240 S.) 908. 4.—; geb. 4. 80
III. Der 1. u. 2. Brief Pauli an die Korinther, ausgelegt in Bibelstunden. 2. Aufl. (318 S.) 910. 5.20; geb. 6. —
V. 1. Die Briefe Pauli an die Kolosser, Thessalonicher, Thimotheus, ausgelegt in Bibelstunden. 2. Aufl. (206 S.) 910. 3. 80
2. Die Briefe Pauli an Titus, Philemon, 1. u. 2. Petri- u. 1. Johannisbrief, ausgelegt in Bibelstunden. 2. Aufl. (202 S.) 910. 3.60; 1. u. 2. Abtlg. in 1 Bd. geb. 8. 20

Der erste u. zweite Brief Pauli an die Korinther ausgelegt in Bibelstunden von D. H[einrich Friedrich Karl] Hoffmann. Leipzig: Deichert 1904. 318 S. 8°
(Hoffmann: Neutestamentl. Bibelstunden. Bd 3.) [11. 10600 4

Der Brief Pauli an die Römer ausgelegt in Bibelstunden von D. H[einrich Friedrich Karl] Hoffmann. Leipzig: Deichert 1904. 240 S. 8°
(Hoffmann: Neutestamentl. Bibelstunden. Bd 2.) [11. 10599 4

Die Briefe Pauli an die Galater, Epheser, Philipper ausgelegt in Bibelstunden von D. H[einrich Friedrich Karl] Hoffmann. Leipzig: Deichert 1903. IV, 260 S. 8°
(Hoffmann: Neutestamentl. Bibelstunden. Bd 4.) [11. 10601 4

Die Briefe Pauli an die Kolosser, Thessalonicher, Timotheus ausgelegt in Bibelstunden von D. H[einrich Friedrich Karl] Hoffmann. Leipzig: Deichert 1904. 206 S. 8°
(Hoffmann: Neutestamentl. Bibelstunden. Bd 5, Abt. 1.) [11. 10602 4

Die Briefe Pauli an Titus, Philemon, 1. u. 2. Petri- u. 1. Johannisbrief ausgelegt in Bibelstunden von D. H[einrich Friedrich Karl] Hoffmann. Leipzig: Deichert 1904. 198 S. 8°
(Hoffmann: Neutestamentl. Bibelstunden. Bd 5, Abt. 2.) [11. 10603 4

Hoffmann, H. F. C., bürgerliche Eheschliessung u. kirchliche Trauung. Predigt am 2. Sonntag nach Epiph. 1874 geh. in der St. Laurentii-Kirche zu Halle a/S. gr. 8. (14 S.) Halle 874. Mühlmann. — 30

— Einsegnungsrede zum Palmsonntag, 24. März 1872. gr. 8. (8 S.) Halle 872. Fricke. n. — 20

Hoffmann, Heinr. Friedr. Carl, zwölf Festpredigten. gr. 8 (VII und 150 S.) Halle 862, Mühlmann.

— der Heilsweg. Vier Predigten. 1. Aufl. 1864. * 6 Ngr und 2. Aufl. gr. 16. (93 S.) Halle 867, Mühlmann. '
geb. mit Goldschn '

— Predigt zum Landes-Bet- und Bußtage beim Beginn des Krieges 1870 über Daniel 9, 18. gr. 8. (11 S.) Ebendas. 870. *

— Predigt zum Landes-Bet- und Bußtage beim Beginn de Krieges über Jeremias 18, 7—10 gehalten. gr. 8. (15 S. Halle 866, Mühlmann.

— Predigt zum Landes-Bet- u. Bußtage beim Beginn des Krieges über Jeremias 18, 7—10 gehalten. Ebend. 870. gr. 8. (15 S.) n. 2⅓ ngr

— Predigt über Lucas 5, 1—11 am 5. Sonntage nach Trin. den 17. Juli 1870 gehalten. gr. 8. (11 S.) Ebendas. 870. *

— Predigt über Lucas 19, 41—44 am 10. Sonntag nach Trin. den 21. Aug. 1870 gehalten. gr. 8. (12 S.) Ebendas. 870. *

— Predigt zum Neujahrstag 1873 über Römer 8, 24—28. gr. 8. Ebendas. 873. *

— Predigt zum Neujahrstag 1874 üb. Lucä 2, 21. gr. 8. (8 S.) Ebend. 874. n. — 20

Hoffmann, H. F. C., am Scheideweg. Predigt zum 16. Sonntag nach Trinitatis, 13. Septbr. 1874 üb. 1. Petri 2, 16. geh. gr. 8. (11 S.) Halle 874. Fricke. n. — 20

— Sünde u. Erlösung. 12 Predigten in der Fasten- u. Osterzeit geh. gr. 8. (98 S.) Halle 873. Mühlmann. n. 1. 60

— Sünde u. Erlösung. 12 Predigten, in der Fasten- u. Osterzeit geh. 2. Aufl. gr. 8. (VI, 98 S.) Ebd. 890. n. 1. 60; geb. n. 2. 40

— Sünde u. Erlösung. 14 Predigten, in d. Fasten- u. Osterzeit geh. 3., verm. Aufl. gr. 8. (IV, 108 S.) Ebd. 898. n. 1. 80; geb. in Leinw. n. 2. 60

— Sünde u. Erlösung. 14 Predigten, in der Fasten- u. Osterzeit geh. 4. Aufl. (IV, 108 S.) gr. 8. Ebd. 908. 1.80; geb. 2. 60

Hoffmann, Hnr. Herm. Karl: Phaenologische Karte von Mitteleuropa. 1:3,700000. (Peterm. Mitt. 1881.) Lith. & kolor. Gotha, J. Perthes.

Hoffmann, Heinrich Karl Georg, s. Hofmann.

Hoffmann, Heinrich Karl Hermann (Rödelheim)
Das Protein und seine Verbindungen in physiologischer und nosologischer Beziehung.
Giessen 1842. 73 S.
Habil. med. 1842. vorh. 36. △.

Hoffmann, H., das Protein u. seine Verbindungen in physiol. u. nosolog. Beziehung. gr. 8. (Mit 1 Tab.) Gießen 842, Ricker. n. 1/2 ₰

Hoffmann, Hemmann, s.a. Hoffmann, Hermann.

Hoffmann, Hem.: Auch eine Festgabe zum 25 jährigen Jubiläum des eidg. Polytechnicums. Basel 1880.

Hoffmann, Hemmann, Californien, Nevada und Mexico. Wanderungen eines Polytechnikers. 1. Ausg. 1871, und 2. Ausg. gr. 8. (IV, 426 S.) Basel 874, Schweighauser'sche Verlagsh.

Hoffmann, Herbert [aus Altwasser '(Schles.)']: Der Zeitpunkt des Glaubigerwechsels bei Abtretung von Forderungen ... Göttingen, Druck d. Univ.-Buchdr. v. W. F. Kästner, 1890; 32 S. 8.
Göttingen, Jur. Fak., Inaug.-Diss. v. [12. März] 1890

Hoffmann, Herm. Anleitung zum Messer-Holzschnitt. Mit 29 Kunstblättern u. Vorlagen aus allen Gebieten d. Accidenzdruckes. 1. (46 S.) Berl. 890, Max Krause. cart. • 10 —

Hoffmann, Herm., Atlas zur Flora von Hessen und den angrenz. Ländern, in naturgetreuen Abbildungen bearb. nach Koch's Synopsis und Schnittspahn's Flora des Grossherzogth. Hessen. 1. Heft. Imp.-4. (8 Stnt. und 2 S. Text.) Darmstadt 850, Diehl. *—

— Auszug aus den meteorol. Beobachtungen im botan. Garten 1855.

Hoffmann, Hermann, Referendar: Der Begriff der Gesetzesumgehung. Berlin 1905: F. Rosenthal. (43 S.) 8°
Jena, Jur. Fak., Ref. Thon, Diss. v. 7. März 1905
[Geb. 28. Nov. 80 Berlin; Wohnort: Berlin; Staatsangeh.: Preußen; Vorbildung: Gymn. Berlin Reife O. 00; Studium: Berlin 6 S.; Rig. 7. März 05.]

Hoffmann, Hermann, ein Beitrag zur Prognose der Beckenendlagen mit besonderer Berücksichtigung der operativen Fälle. Diss. Berlin 1887, Mayer & Müller. 8°. 30 S.

Hoffmann, Hermann [aus Granau bei Hirschberg i. Schl.]: Ein Beitrag zur Prognose der Beckenendlagen mit besonderer Berücksichtigung der operativen Fälle .... Berlin, Buchdr. v. Gustav Schade (Otto Francke) (1887); 30 S. + 1 Bl. 8°.
Berlin, Med. Fak., Inaug.-Diss. v. 2. Aug. 1887.

— Beiträge zur Klimatologie von Giessen 1853.

Hoffmann, H., Dr., Klimatologische Beiträge. I. Zur Meteorologie von Ulrichstein. II. Zur Meteorologie von Giessen. III. Zur Meteorologie von Salzhausen. (Bleistift-Marginalbemerk.: aus dem 3. Ber. der oberhess. Ges. f. Natur- u. Heilk. 1853.)

— Klimatologische Beiträge. I. Uebersicht der meteorolog. Beobachtungen im botanischen Garten zu Giessen 1856. II. Uebersicht der höchsten und niedersten Temperaturen in Braunfels.

— Klimatologische Beiträge. Beobachtungen über den Niederschlag. (In Giessen und Umgebung). 1857 und 58.

Bemerkungen zur Übertragung des Epithetons bei den drei grossen griechischen Tragikern. Von Hermann Hoffmann.
s.a. Jahresbericht des Gymnasiums zu Kempten 1898/99, Programm

Hoffmann, Hermann: Bemerkungen zur Übertragung des Epithetons bei den drei grossen griechischen Tragikern. *Kempten 1899: J. Kösel.* (52 S.) 8°
Kempten, k. humanist. G, P 1899*

Hoffmann, Herm., phänologische Beobachtungen aus den J. 1879—82, s. Beiträge zur Phänologie.

Hoffmann, Herm., mykologische Berichte. Uebersicht der neuesten Arbeiten auf dem Gebiete der Pilzkunde. Giessen 870. Ricker. (VIII, 95 S.) n. 20 ngr

Hoffmann, Herm., mykologische Berichte. Uebersicht der neuesten Arbeiten auf dem Gebiete der Pilzkunde. II. u. III. 1870 u. 1871. gr. 8. (118 u. 130 S.) Giessen 871. 72 Ricker. n. 5. 40 (1. 2.: n. 7. 40)

Hoffmann, Hermann: Crefelder Bürger-Buch. Sammlung von Ortsstatuten, Polizei-Verordnungen, Regulativen sowie vieler sonst. Bestimmungen f. d. Stadt Crefeld. Zsgest. von H[ermann] Hoffmann, Bur.-Dir. Crefeld (1902): J. B. Klein. (XX, 591, XXII S.) 8°

Hoffmann, H. Edler v., die Entscheidung üb. Krieg u. Frieden nach germanischem Recht. (VII, 70 S.) gr. 8. Tübingen 907. J. C. B. Mohr. 2. —

Hoffmann, Hermann: Gemeinsame Erziehung von Knaben und Mädchen. Programm des Landerziehungsheims Laubegast. — Berlin: Gerdes & Hödel (1903). 66 S. 8°

Hoffmann, Herm., systematische Farbenlehre. Für die Technik, insbesondere f. den Gebrauch in Buchdruckereien bearb. Mit 40 Farbentaf. u. Demonstrations-Beilagen in Farbendr. gr. 8. (120 S. m. Fig.) Zwickau 892. Förster & Borries. n. 20. —; geb. in Leinw. u. in Leinw.-Mappe n.n. 25. —

Hoffmann, Herm., s.: Friedens-Blätter.

Hoffmann, [Herm.]: Gefängnishygiene. Nache. Vortrag, gehalten im Lehrkursus für Gefängniswesen in Berlin. (Berlin 1905.)

Hoffmann, Hermann, Referendar: Die Genehmigung im Bürgerlichen Gesetzbuch. *Stettin 1903: A. Hornemann.* (VIII, 52 S.) 8°
Greifswald, Jur. Diss. v. [11. Apr.] 1903

Hoffmann, Herm., der ländliche Grundbesitz im Ermlande von der Eroberung Preussens durch den deutschen Ritterorden bis zum Jahre 1375. Inaugural-Dissertation. gr. 8. (52 S.) Königsberg 877. (Jena, Deistung.) n. — 80

Hoffmann, Herm., Grundlinien der physiolog. u. patholog. Chemie. Für Aerzte u. Studirende. Mit 1 Taf. Abbild. gr. 8. Heidelberg 845, C. F. Winter. 1⅓ ₰

— s.: Heliand.

Hoffmann, Herm., Icones analyticae fungorum. Abbildungen und Beschreibungen von Pilzen mit besond. Rücksicht auf Anatomie und Entwickelungsgeschichte. 1. Heft. Fol. (III und 31 S. mit 6 ill. Kpfrt.) Giessen 861, Ricker. *

Hoffmann, Herm., Icones analyticae fungorum. Abbildungen und Beschreibungen von Pilzen mit besonderer Rücksicht auf Anatomie und Entwickelungsgeschichte. 2.—4. Heft. Fol. (S. 32—105 mit 18 ill. Kpfrt.) Giessen 862—65, Ricker. In Mappe. à Heft * 2 Thlr. 20 Ngr. *
1. Heft. Ebendas. 1861. * 2 Thlr. 20 Ngr.

—— Index fungorum, sistens icones et specimina sicca nuperis temporibus edita; adjectis synonymis. Indicis mycologici editio aucta. Lex.-8. (VI und 153 S.) Leipzig 863, Felix. *

— s. Jones, H. B., über Gries, Gicht rc.

Hoffmann, Hermann, Californien, Nevada u. Mexico. Wanderungen e. Polytechnikers. 2. Ausg. gr. 8. (426 S.) Basel 874. Schweighauser. 4. 80
s.a. Hoffmann, Hemmann.

Hoffmann, H. Californien, Nevada u. Mexiko. Wanderungen eines Polytechnikers. Wohlfeile Ausgabe. Basel, H. Richter. 1879. **3 75**

Hoffmann, Herm. Edler v., das Kirchenverfassungsrecht der niederländischen Reformierten bis zum Beginne der Dordrechter Nationalsynode v. 1618/19. gr. 8. (VIII, 168 S.) Leipzig 902. C. L. Hirschfeld. n. 3. 80

(B) **Hoffmann,** Herm. Edler v., Kirchenverfassungsrecht. 902. (KBL 31.) Jetzt: Tübingen, J. C. B. Mohr.

— Zur Klimatologie von Giessen nach den Beobachtungen im botanischen Garten 1854.

— Deutsches Kolonialrecht, s.a. Sammlung Göschen.

Das Deutsche Kolonial-Gewerberecht. Von Dr. Hermann Edler v. **Hoffmann,** Privatd. Berlin: W. Süsserott (1906). (77 S.) 8° [J.]
Aus: Zeitschrift f. Kolonialpolitik, Kolonialrecht u. Kolonialwirtsch. Bd 8. [06.10799 G

Hoffmann, H. v., Deutsches Kolonialrecht. (150 S.) kl. 8. Leipzig, G. J. Göschen. 1907 Geb. in Leinw. —. 80.
Sammlg. Göschen, Bd. 318.

— H. Edler v., Deutsches Kolonialrecht. (150 S.) kl. 8. Leipzig, G. J. Göschen. 1907 Geb. in Leinw. —. 80.
Sammlung Göschen. Bd. 318.

Hoffmann, Herm., Lehrbuch der Botanik zum Gebrauche beim Unterricht an Schulen u. höheren Lehranstalten. Mit 92 in den Text gedr. Abbildgn. (Holzschn.) Darmstadt 857. Diehl. gr. 8. (2 Bl., 252 S.) n. 16 ngr.

Hoffmann, Herm (II.), geheime Liebesbriefe, s. Bloch's, E., Theater-Gartenlaube.

Hoffmann, H[ermann]: 'Die Majestät', Rede gehalten am Geburtstage Sr. Maj. des Kaisers. Insterburg 1909: Bittner. S. 14—18. 4°
Insterburg, h. Lehrerinnen-Sm u. st. HM P 1909** [S 09. 203

Hoffmann, Hermann von, Referendar: Die **Militärhoheit** über das deutsche Landheer in geschichtlicher Entwicklung. *Göttingen 1899: Dieterich.* (40 S.) 8°
Göttingen, Jur. Diss. v. [7. Okt.] 1899

Hoffmann, Herm. v., die **Militärhoheit** üb. d. deutsche Landheer in geschichtl. Entwicklung. Diss. gr. 8. (40 S.) Göttingen 899. (Vandenhoeck & Ruprecht.) n. 1. —

Hoffmann, H.: Pflanzenklimatologie. Leipzig, 1857. 8°

Hoffmann, Herm., Pflanzenverbreitung und Pflanzenwanderung; eine botanisch-geograph. Untersuchung. gr. 8. (140 S.) Darmstadt 852, Jonghaus'sche Hofbuchh. —

Hoffmann, H.: Pflanzenverbreitung und Pflanzenwanderung. Darmstadt 1862.

— Herrmann, Dr., Das Problem der thermischen Vegetations-Constanten. 1867.

Protein (Das) und seine Verbindungen in physiologischer und nosologischer Beziehung. Giessen, 1842. 8vo.

— **Resultate** der wichtigsten pflanzenphänologischen Beobachtungen in Europa, nebst e. (chromolith.) Frühlingskarte. Anh.: Egon Ihne, die norweg., schwed. u. finnländ. Beobachtungen. gr. 8. (XV, 184 S.) Giessen 885. Ricker. n. 5. —

Hoffmann, H., Sammlg. d. f. d. Stadt Crefeld erlaff. Polizeiverordngn., Ortsstatuten, Regulative rc. In amtl. Auftr. hrsg. gr. 8. (XI, 297 u. XX S.) Crefeld (894), Kramer & Baum. Geb. in Leinw. n. 4. —

Hoffmann, Hermann [Distriktsarzt in Kirchhausen b. Heilbronn]: Über das Schicksal einiger Fermente im Organismus. . . . Bonn, Univ.-Buchdr. v. C. Georgi, 1890; 31 S. 8°
Tübingen, Med. Fak., Inaug.-Diss. v. 1890

—— Schilderungen der deutschen Pflanzenfamilien vom botanisch-descriptiven u. physiolog.-chemischen Standpunkte. gr. 8. (18¾ B. u. 12 Taf. Abbild.) Giessen 846, Heyer's Verl. *

—— **Schilderung** der deutschen Pflanzenfamilien vom botanisch-descriptiven und physiologisch-chem. Standpunkte. Mit Abbildungen. 2. (Titel-)Ausg. gr. 8. (XX und 280 S. mit 12 Stnt.) Mainz 851, Wirth Sohn.

Hoffmann, H., zur Speziesfrage. [Aus: „Naturkundige Verhandelingen der Hollandsche Maatschappij der Wetenschappen."] gr. 4. (72 S. m. 5 zum Theil farb. Steintaf.) Haarlem 875. Erven Loosjes. n. 5. —

HOFFMANN, Hermann: Phänologisch-klimatologische Studien über den Hollunder, Sambucus nigra. - Halle 1886. 10 S.

Hoffmann, Hermann: Pharmakologische Studien über die Alkaloide der Quebrachorinde mit besonderer Berücksichtigung der muskellähmenden Wirkung. Halle a. S. 1884: Plötz. 79 S., 3 Bl. Curven. 8°
Halle-Wittenberg, Med. Diss. v. 17. Mai 1884
Geb. Breitungen (Harz) 24. 7. 1858. V.

— Untersuchungen zur Bestimmung des Werthes von Species u. Varietät. Ein Beitrag zur Kritik der Darwin'schen Hypothese. Ebend. 869. gr. 8. (III, 171 S. mit 1 Steintaf.) n. 24 ngr.

Hoffmann, H.: Untersuchungen zur Klima- und Bodenkunde. 1865. 4°

—— Untersuchungen über den Pflanzenschlaf. gr. 8. (29 S.) Giessen 851, Heinemann'sche Buchh.

Hoffmann, Herm., Untersuch. üb. d. Pflanzenschlaf. gr. 8. Giessen, 1851. Heyer's Univ. Buchh. — 6

Programm Sr. Königl. Hoheit dem Grossherzoge ... Ludewig IV zum 25. Aug. 1887 gewidmet von Rector und Senat der Landesuniversität. Phaenologische Untersuchungen von Dr. Hermann Hoffmann, Geh. Hofrath, o. Prof. d. Botanik a. d. Landes-Universität. Giessen, C. v. Münchow, Univ.-Druckerei, 1887; 82 S. u. 7 Tab. + 7 Taf. 4°

Hoffmann, H., phaenologische Untersuchungen. gr. 4. (82 S. mit 7 Tab. u. 7 Taf.) Giessen 887. Ricker. n. 4. —

HOFFMANN, Hermann: Vergangenheit, Gegenwart und Zukunft des deutschen Waldes. - Giessen 1877. 17 S.

Hoffmann, Hermann [pract. Arzt aus Leer, Hannover, z. Z. Assistent der medicinischen Klinik zu Strassburg]: Stereognostische Versuche, angestellt zur Ermittlung der Elemente des Gefühlssinnes, aus denen die Vorstellung der Körper im Raume gebildet werden. Konstanz, Druck von Friedr. Stadler, 1883. 8° 152 S.

— Verwaltungs- u. Gerichtsverfassung der deutschen Schutzgebiete. (138 S.) gr. 8. Leipzig 908. G. J. Göschen. 2. 70

—— Witterung und Wachsthum oder Grundzüge der Pflanzenklimatologie. gr. 8. (III und 584 S. mit 1 Stnt. in Farbendr. in Imp.-Fol.) Leipzig 856(57,) Förstner'sche Buchh. *

Hoffmann, Hermann A. O. (Hrsg.), s. Sonntagspost, Die.

Hoffmann, Horst, Das Bäckergewerbe in Jena. Schriften d. Vereins f. Socialpolitik, Bd. 70. gr. 8°. Leipzig 1897.

[F.] Hoffmann, Horst [aus Leipzig]: Das Brauwesen in Jena und Umgegend. E. Beitr. z. gewerbl. Entwicklungsgeschichte ... Leipzig, Duncker & Humblot, 1896; 2 Bl., 111—208 S., 1 Kt. 8.
Jena, Phil. Fak., Inaug.-Diss. v. [7. Nov.] 1896

Hoffmann, Hubert, s.a. Hoffmann, Hubert Wilhelm

Hoffmann, Hub., Christus, der Weg u. das Leben. 9 Predigten. (VII, 135 S.) 8. Nürnberg 908. A. Leimann. (Nur direkt.) Geb. in Leinw. 1. 50

Hoffmann, Hub. Wilh., praktische Aufgaben aus der Invaliditäts- u. Altersversicherung, nebst erläut. Bemerkgn. üb. die wichtigsten Bestimmgn. d. Gesetzes. Für die Volks- u. Fortbildungsschulen. 12. (42 S.) Düsseldorf 891. F. Bagel. n. — 40

— dasselbe. 2., verb. u. verm. Aufl. [4.—6. Tausend] 12. (60 S.) Ebd. 892. n. — 50

Hoffmann, Hugo, kurzer Abriß der wichtigsten geschichtlichen Ereignisse vom Frankfurter Frieden bis zur Thronbesteigung Wilhelms II. (Als Nachtrag zu Hoffmanns Geschichtsauszug.) gr. 8. (16 S.) Berlin 890. Wilh. Schultze's Verl. n. — 20

[F.] Begleitwort zur deutschen Schreib-Lese-Fibel auf phonetischer Grundlage v. Hugo Hoffmann. Marburg: N. G. Elwert 1897. (XIV S.) 1 Bd 8.
[96. 336 M.

Hoffmann, Hugo [aus Liegnitz]: Beiträge zur Kenntnis der Kondensationen von Aldehyden mit Acetessigester ... Heidelberg, Univ.-Buchdr. v. J. Hörning, 1897; 45 S. 8.
Heidelberg, Naturw.-math. Fak., Inaug.-Diss. v. [21. Juli] 1897

— Das Brauwesen in Jena und Umgegend. Ebd. Bd. 70. gr. 8°. Leipzig 1897.

von Hoffmann, Hugo (geb. am 12 Nov. 1846 in Steinbeck Lippe-Detm.): Ueber ein Colobom der inneren Augenhäute ohne Colobom der Iris. Mit 2 Taf. ... Frankfurt a. M., Druck v. Mahlau & Waldschmidt 1871. 28 S., 1 Bl., 2 Taf. 8. ¶ In Komm. bei Cohen & Sohn in Bonn.
Bonn, Med. Fak., Diss. v. 29 Dez. 1871

Hoffmann, Hugo v., ueb. e. Colobom der inneren Augenhäute ohne Colobom der Iris. Mit 2 (lith.) Taf. gr. 8. (29 S.) Frankfurt a. M. 871. (Bonn, Cohen & Sohn. n. 1. 50

Hoffmann, Hugo, Einführung in die Phonetik und Orthoepie der deutschen Sprache. Für Volksschullehrer, angehende Taubstummenlehrer, wie für alle Freunde der Phonetik unter Benutzung der besten Quellen leichtfasslich dargestellt. gr. 8. (V, 75 S. mit 1 Taf.) Marburg 888, Elwert's Verlag. *

Hoffmann, Hugo, die Erziehung zur Production, die Aufgabe der realistischen Pädagogik. gr. 8. (236 S.) Köln 881. Mayer. n. 4. —

Hoffmann, Hugo Essay on the satires of Burns against the church. 13 S. Progr. *Weissenfels* 1876.

Hoffmann, [Hugo]: [Festrede, gehalten bei der Feier anläßlich des vor 100 Jahren erfolgten Todes Schillers.] S. 18—25 der Schuln. 4. Progr. Kgl. Gymn. *Erfurt* 1906 (289).

Hoffmann, Hugo, s.: Gymnasial-Bibliothek.

Hoffmann, Hugo [aus Carlsruhe in Baden]: Ueber „Hemichorea posthemiplegica". (Weir Mitchell und Charcot). Carlsruhe, W. Hasper'sche Hofbuchdruckerei (A. Horchler & Co.), 1879. 8. 62 S. u. 2 Taf.

Hoffmann, Hugo, die Lautwissenschaft (Phonetik) u. ihre Verwendung beim muttersprachlichen Unterrichte in der Schule. gr. 8. (VIII, 120 S. m. 22 Abbildgn.) Breslau 901. F. Hirt. n. 2. —

Hoffmann, Hugo, das Märlein v. dem Fischer u. seiner Frau. Eine dramat. Symphonie v. Friedrich Klose. Gedicht. (90 S). 8. Karlsruhe 903. G. Braun'sche Hofbuchdr. n. 1. —

Die schlesische Mundart (unter zugrundelegung der mundart von Haynau-Liegnitz). Mit besond. Berücks. ihrer lautverhältnisse dargest. von Hugo Hoffmann. *Marburg: N. G. Elwert 1900.* (70 S.) 8°

Hoffmann, Hugo, deutsche Schreib-Lese-Fibel a. phonet. Grundlage. gr. 8. (83 S. m. Abb.) Marburg 897. N. G. Elwert's Verlag. n. — 60; Begleitwort (XIV S.) n. — 20

—— die Sprachentwickelung und die darauf sich gründende Einführung in den ersten Sprachunterricht in der Elementarschule. gr. 8. (IV, 60 S.) Leipzig 887, Gräbner. *

Hoffmann, Hugo: Der erste Sprachunterricht in Schulen zweisprachigen Gebiets. Eine method.-prakt. Anleitung z. Erteilung desselben. Von Hugo Hoffmann, Lehrer. Mit e. Vorw. von E. Woitylak. Marburg: Elwert 1893. VIII, 80 S. 8°

der erste Sprech- u. Sprach-Unterricht in der Taubstummenschule. Mit besond. Berücksicht. der neueren phonet. Ergebnisse hrsg. gr. 8. (V, 63 S. m. 1 Taf.) Marburg 890. Elwert's Verl. n. 1. 50

Hoffmann, H[ugo]: Experimentelle Studien über die Nutzeffekte von Thermoketten. Rostock 1898: C. Boldt. (50 S. mit Taf.) 8°
Rostock, Phil. Diss. v. [22. Juni] 1898

Hoffmann, Hugo: Der Wert des Begriffes 'Interesse' für Unterricht und Erziehung. Ein Streifzug durch d. Gebiet d. Didaktik u. Pädagogik. *Gütersloh (1901): C. Bertelsmann.* (S. 77—125.) 8° [J.]
Gütersloh, ev. G, Festschr. 1901**

Hoffmann, J., d. Adel d. Geistes u. d. Geburt. — Klerikalismus u. Socialismus. — Gedanken am Grabe. 3 Aufsätze. gr. 8. (32 S.) Leipzig 896. (O. Mutze.) n. — 60

Hoffmann, J. (Hrsg.), s. Ashelm, Friedrich: Post- u. Formularheft f. Schule u. Haus.

Hoffmann, J, d. alte Dessauer. Marschall Vorwärts, s.: Streißler, Fr.

Hoffmann, J. Die Entstehung der Erde und der Gebirge. Leipzig, 1837.

HOFFMANN, J. *Frag- und Antwort-Bilderbuch* für Kleine Kinder von 3 bis 6 Jahren. 18 Bilder, mit Text, für den ersten Anschauungs-Unterricht. 3. Aufl. Stuttgart, J. Hoffmann [ca. 1885]. 2, 18 Bl. Gr.-4°. Or.-Kartonbd. m. Leinenrücken u. farbig verziertem Deckel. 35.—
Sehr instruktives, reichhaltiges Bilderbuch. Der rotgedruckte Frage- und Antworttext jeder Seite ist von reizenden handkolorierten Bildern (Kinderszenen, Gebrauchsgegenstände, Tiere, Obst, Pflanzen, Spielzeug, Bedarfsdarstellungen, Musiker etc.) umgeben. — Einband etwas benutzt, sonst sehr gut erhalten.

HOFFMANN, J.: Der Gemeindeschreiber u. Briefsteller. Ein Handbuch u. s. w. *Wien*. Grund. 829. 8.

HOFFMANN, J.: Der Gerichtsschreiber. Rathgeber bei tägl. vorkommenden Geschäften u. Rechtsfällen. 2. Aufl. *Wien*. (829.) 831. 8. (12 Gr.)

Hoffmann, J., Geschäftsaufsätze, s.a. Haumann, E.

— u. O. Haerter, Geschäfts-Aufsätze. 1—3. Berlin 910. F. Ashelm. nn — 75
1. (36 S.) 8. nn — 20. — 2. (36 S.) Lex. 8. nn — 25. — 3. (36 S.) 33×21,5 cm. nn — 30

Hoffmann, J. [Dr., I. Assistenzarzt a. d. med. Klinik in Heidelberg]: Zur Lehre von der Tetanie .... (Aus d. Deutsch. Arch. f. klin. Med. XLIII. Bd.) Leipzig, Druck v. J. B. Hirschfeld, 1888; 60 S. 8°
Heidelberg, Med. Fak., Hab.-Schr. v. 1888

Hoffmann, J., De Pseudoapuleiano libro de mundo. Diss. 1880. 27 S. 1.—

Nochmals zur Kanalisierung Berlins. J. HOFFMANN, E. BOESE ... ib. —. Flugbl. Berlin o.J.: Ed. Krause.

Die Reinigung und Entwässerung Berlins. Aufruf an alle Mitburger, denen das Wohl der Stadt wahrhaft am Herzen liegt, die insbesondere die Ursachen der immer heftiger auftretenden Epidemien verringern wollen. J. HOFFMANN, E. BOESE ... Berlin o. J. Druck von Eduard Krause.

Hoffmann, J., de stilo Pauli. Tubing. 1757. 4.

Hoffmann, J., eine offene Stimme aus den Sächsischen Landen für Dr. Schenkel in Heidelberg u. seine Schrift: „Das Charakterbild Jesu" gegen Oberschulrath Dr. Weidemann in Meiningen u. sein Buch: „Die neuesten Darstellungen des Lebens Jesu rc." Salzungen 865. Scheermesser. gr. 8. (38 S.) 7½ ngr.

Hoffmann, J., s. Tsiän dsü wen, das.

HOFFMANN, J.
Neue Vorschläge bezüglich einer Reform des höheren Unterrichtes. Von Prof. Dr. Hoffmann. Wr.-Neustadt. 1901. Folk. Gr.-8°. 20 S. K —.50

— Marschall Vorwärts (Fürst Gebhard Leberecht von Blücher), s.: Bücherei, vaterländ.

HOFFMANN, J.: Was muss man wissen u. beobachten, um e. Testam. od. and. Anordnn. auf d. Todesf. gültig zu machen. Ein Hülfsb. f. jene, welche Testamente, Codicille, Schenkungen auf den Todesfall, od. Erbverträge machen wollen, mit beygef. Formul. *Wien*. 832. 8. (6 Gr.)

— Weiherede, bei der Thurm- u. Glockenweihe am 6. Octbr. 1887 auf dem Kirchplatz vor der St. Paulikirche geh. gr. 8. (12 S.) Ebd. 887. n. — 25

Hoffmann, J., s. Wer hat den rechten, wahren und seligmachenden Glauben?

Hoffmann, J. (I.), das Wesen der Philosophie im Dienste der Schule. gr. 8. (24 S.) Mähr.-Ostrau 886, Prokisch. *

Hoffmann, J. A., s.a. Hofmann, Julius Albert

Hoffmann, J. A. I., Kriegslieder der k. k. Armee. 8. Prag 800. Neureutter. 3 gr.

Hoffmann, J. A., Lesebuch f. die Mittelstufe ostfriesischer Volksschulen, s.: Smid, Arend.

Hoffmann, J. Andr., s.a. Hoffmann, Johann Andreas

— üb. d. Studium d. philos. Gesch. 8. Wien, Ghelen. 779.

Hoffmann, J. Aug. Thdr.

— s. A. Karbe, Wechselwirthschaft.

Hoffmann, J. Aug. Thdr., radikale Verbesser. d. Ackerbaues u. d. Viehzucht, insonderh. f. Thüringen u. angrenz. Gegend. Mit 2 Tabb. u. Anmerkk. v. Jh. Riem. gr. 8. Lpz. 803. Hartknoch. 16 gr.

— welches sind die besten Ermunterungsmittel zur Aufnahme des Ackerbaues? gr. 8. Berl. 805. Lange. (Reimer). 8 gr.

— üb. Fellenbergs Wirthschaft auf Hofwyl. Nebst Anmerkk. u. Nachschrift v. A. Thaer. 8. Berl. 809. Reimer. 12 gr.

Hoffmann, (J. B.,) allgem. Haus-Schatz rc., s. a. Hausschatz.

Hoffmann, J. B., allgem. Haus-Schatz. Ein neuer zuverlässiger Rathgeber f. Jedermann. 8. Münch. u. Landsh. 825. 2e A. u. 2r Bd. 826. 3e A. 828. 4e A. gr. 12. Ebd. 832. (Jaquet). 16 gr.

Hoffmann, J. B.: „Allgemeiner Hausschatz; ein neuer und zuverlässiger Rathgeber für Jedermann, in drei Abtheilungen: 1) Mittel gegen Uebel und Krankheiten der Menschen; 2) Gemeinnützige Mittel und Vorschriften für jede Haushaltung; 3) Kurzes Vieharzneibuch", 2 Bände, München 1826 (Michaelis); Neue Auflage ebenda 1827; 4. verm. Auflage München 1832 (Lindauer).

Hoffmann, J. B., allgem. Hausschatz. Ein neuer zuverläss. Rathgeber f. Jedermann. 2 Bdchn. Enthalt.: Mittel u. Recepte geg. d. meisten Uebel u. Krankheiten d. Menschen. Gemeinnütz. Mittel f. jede Haushaltung. Vollständ. Vieh-Arzneybuch. Anh.: Mittel geg. d. Cholera-morbus. 4., verm. Aufl. gr. 12. (16½ B.) München 832, (Jaquet.)

Hoffmann, J. B., allgemeiner Hausschatz od. Sammlung bewährter Hausmittel in leichten Krankheitsfällen als gegen Augen-, Ohren-, Zahnschmerzen rc. m. einer Anweisung Heftpflaster, Opodeldock, Seifen-Spiritus anzufertigen, dann Mittel f. jede Haushaltung als: Verschiedenes aufzubewahren, Fleisch, Eier, Obst rc. zu bereiten. 5. viel verm. u. verb. Aufl. 8. (XVI u. 176 S.) Augsburg 851, Jaquet. ½ Thlr.

— Vieharzneibuch f. jede Haushaltung. Kurz u. zweckmäßig verfaßt. 8. München 832. Jaquet. 5 gr.

—— vollständiges Vieharzneibuch oder Unterricht über die Erziehung, Wartung, Fütterung, Krankheiten und deren Heilung von Pferden, Rindvieh, Schafen, Schweinen, Ziegen, Federvieh und Hunden. Nebst einem Anhange über die Krankheiten der Stubenvögel und deren Heilung. 2., verm. und verb. Aufl. 8. (X und 132 S.) Augsburg 850, Jaquet's Vrlgsh.

—— Weihnachtsfreude, s. Hoffmann, G.

Hoffmann, J. B. A., der Tausendkünstler, od. Auswahl belustigender Kunststücke aus d. Chemie, Elektricität, Magie, Oekonomie rc. 8. Regensb. 827. Daisenberger. 18 gr.

– dass., s.a. Hoffmann, J. L. A.

Hoffmann, J. B. M., Familienstammbuch, Fragebogen f. Familienaufzeichngn. zur Vererbg. auf nachkomm. Geschlechter. 4. (21 S.) Nürnberg 898. C. Koch. Kart. n. 1. —

Hoffmann, J. C., Anweisung zum Vervielfältigen einer Schrift oder Zeichnung, ausgeführt mit der Feder oder Reißfeder, durch Hülfe der galvanischen Kupferausscheidung. Mit 1 galvanogr. Tafel. (Aus dem Dänischen übersetzt.) Lex.-8. Kopenhagen 842. (Reitzel.) n. 6¼ ngr.

Hoffmann, J. C., Chronik u. Führer v. Zuckmantel u. Umgebung. Mit Abbildgn. 12. (IV, 128 S.) Zuckmantel 889. (Ziegenhals, Roello.) cart. n. 1. 90

—— der preuß. Kanonier. Zur Belehrung in dienstl. u. artilleristischer Beziehung. 12. (9½ B.) Neisse 844, Hennings. *

Hoffmann, der preußische Kanonier. Zur Belehrung in dienstlicher und artilleristischer Beziehung. Nach den neuesten Bestimmungen zusammengetragen. 2. sehr veränd. u. verm. Aufl. Nach dem Tode des Verf. herausg. von Gärtner. Leipzig 856. Amelang's Verlag. 8. (XVII, 217 S.) n. 10 ngr.

Hoffmann, J. C., De passione hypochondriaca flatulenta-endemica. Erf. 4°.
1762

Hoffmann, J. C. F., Buchhaltung oder gründl. u. vollständ. Anleitung zur doppelten italien. Buchführg. zum Selbst-Unterricht f. angeh. Kaufleute rc. Mit einem Anh., enth. eine aufgemachte General-Schiffs-Abrechnung über 11 zurückgelegte Seereisen; nebst beigefügter Wechsel-Cours-Verzeichnung u. Münzen-Eintheilung der europ. Hauptstätte. Für angehende Correspondent-Arbeiter, Schiffs-Capitaine rc. gr. 8. (VIII u. 191 S.) Anclam 848, Dietze in Comm. n. ⅔ Thlr.

Hoffmann, J. C. V., s.a Sammlung d. Aufgaben d. Aufgaben-Repertoriums d. etc. Zeitschrift f. mathemat. u. naturwissenschaftl. Unterricht.

Sammlung der Aufgaben des Aufgaben-Repertoriums der ersten 25 Bände der Zeitschrift für mathematischen und naturwissenschaftlichen Unterricht unter Mitw. von Prof. Dr. Stoll systemat. geordnet von Dr. Emmerich u. C. Müsebeck u. hrsg. von J. C. V. Hoffmann. Leipzig: Teubner 1898. XII, 399 S. 8° [illegible]

Hoffmann, J. C. V., Vorschule der Geometrie. Ein method. Leitfaden beim Unterricht in der geometr. Anschauungslehre f. die unteren Klassen der Gymnasien, Realschulen, Lehrerseminare, sowie zum Selbstunterricht, besonders f. Volksschullehrer. 1. Lfg. 1. Hälfte der Planimetrie. Mit 230 in den Text eingedr. Holzschn. u. 2 (lith.) Fig.-Taf. (in 4.) gr. 8. (IV u. S. 1—168.) Halle 874. Nebert. n. 3. —

Hoffmann, J. C. V., Vorschule der Geometrie. Ein method. Leitfaden beim Unterricht in der geometr. Anschauungslehre für die untern Klassen der Gymnasien, Realschulen, Lehrerseminare, sowie zum Selbstunterricht, besonders für Volksschullehrer. 2. (Schluss-)Lfg. 2. Hälfte der Planimetrie nebst Curvenlehre. gr. 8. (XII, S. 159—241 mit in den Text eingedr. Holzschn.) Halle 881, Nebert.
1. Lfg. Ebendas. 1871. *.M 3.

— s.: Zeitschrift f. mathemat. u. naturwissenschaftl. Unterricht.

Hoffmann, J. Chr. Ed., Almanach dramat. Spiele zur gesellschaftl. Unterhaltung. (Enth.: die schnelle Bekehrung. — Wie doch die Zeit vergeht. — Das Leibgericht. — Die Zwillingsbrüder. — Das Lotterieloos.) 8. Neust. 822. Wagner. 16 gr.

— dramat. Beiträge. 8. Eisenb. 826, Schöne.

Hoffmann, J. Chr. Ed., dramat. Beiträge r. die Ueberraschung. — Der Kuß. — Petro del Castro. 8. Eisenb. 827. Schöne, 12 gr.

— Margaretha von Düben. Schauspiel in 5 Akten. 8. Eisenb. 827, Schöne.

Hoffmann, J. D., Faust. Eine Tragödie. (Fortsetz. d. Goethe'schen Faust. 16. (15½ B.) Leipzig 833, Lauffer.

Hoffmann, J. D., die Halbschwester. Trspl. in 5 Aufz. 8. Leipzig 834. Lauffer. 7/12 Thlr.

— Tasso's Tod. Trspl. in 5 Aufz. A. mit d. Umschlagst.: Torquato Tasso von Göthe. Fortgesetzt von Hoffmann. 8. Leipzig 834. Lauffer. 7/12 Thlr.

Hoffmann, J. F., Antiochus IV. Epiphanes, König von Syrien. E. Beitrag z. allgem. u. insbesondere israelit. Geschichte. Diss 1873. 111 S. 1.50

Hoffmann, I. F. Antiochus IV. Epiphanes, König von Syrien. 8. Leipzig 1873.

Hoffmann, J. F., Spec. geographico-medicum de Europa australi. Tom. I. 8maj. Lugduni Batav. 838. Luchtmans. (Lipsiae, libr. Weidmann; T. O. Weigel.) n. 1 2/3 Thlr.

Hoffmann J. F.: Das Getreidekorn, seine Bewertung u. Behandlung in der Praxis nebst Beschreibung v. Speicherbauten u. ihrem Zubehör. 2 Bd. Berl.
(1. Die Bewertung d. Getreides. 1912. 249 S. — 2. Die Getreidespeicher … 1916. 829 S. Fig.).

Hoffmann, J. F. l., Nachricht v. dem Zwecke u. der Anordnung d. Verträge. gr. 8. Berl. 823. Nicolai. 4 Gr.

Hoffmann, I. F., praxis juris et processus cameral. s. supplication. 4. Wetzl. Winkler. 721.

— responsion. select. secund. mater. et quaest. juris. 4. ibid. 731.

Hoffmann, J. Friedrich

Hoffmann, J. F., s.a. Versuchs-Kornhaus, das, u. seine wissenschaftlichen Arbeiten.

Das Versuchs-Kornhaus und seine wissenschaftlichen Arbeiten. Eine Sammlung von Aufsätzen u. Vorträgen hrsg. von Dr. J. F. **Hoffmann**, Vorsteher. Mit 2 Taf., 6 Pl. u. 65 Bild. Berlin: Versuchs-Kornhaus 1904. (XII, 593 S.) 8° [08. 3100

(Hoffmann, J. G.): „Drei Aufsätze über das Münzwesen. Abgedruckt aus der allgemeinen preussischen Staatszeitung, mit Rücksicht auf beabsichtigte Münzvereine", Berlin 1832. — Vorh.: Preuß. Staatsbibl. Berlin, Com. Bibl. Hamburg.

Hoffmann, J. G. Besitzsteuersystem, die künftige, einzige direkte Steuerquelle aller Rechtsstaaten dargelegt unter besonderer Berücksichtigung der bayerischen Staatsverhältnisse. 3. Aufl. gr. 8°. Passau 1889.

Hoffmann, J. G., Singularia capita ex historia triumviratus. Francof. 733. 4. (69 S.).

Hoffmann, J. G. l., schlesisches Handlungs-Adreßbuch von den in dieser Provinz und der Grafschaft Glatz befindlichen Kaufleuten etc. 12. Bresl. 820. (Holäufer). 22 Gr.

– De ischuria senili, s. Alberti, Michael [Praes.]

Hoffmann, J. G., ruina superstitionis paganae. Viteb. 1738. 4.

Hoffmanni, J. G., Diss. Tertulliani, quae supersunt omnia, in Montanismo scripta videri. Witteb. 738. 4.

Hoffmann, J. G. Ueber staatswirthschaftliche Versuche, den ganzen Bedarf für den öffentlichen Aufwand durch eine einzige Steuer aufzubringen. Abhandlung. der Kgl. Akad. der Wiss. zu Berlin, 1815.

Hoffmann, J. Gf., geistl. Moralien üb. d. vornehmst. Freudensprüche heil. Schr. 8. Leipz. Junius. 723.

Hoffmann, J. H.: De causa foecunditatis gentis circumcisae. . . , s. Bauer, J. F. (Praes.)

Hoffmann, J. H. Chr., ganze Pflicht ein. Communicanten. 8. Querfurt. 739.

Hoffmann, J. H. Ch., d. Reden üb. d. Verhalt. wahr. Christ. b. d. Vereinig.m. Christo. 8. Ebend. 741. Rthlr.

Hoffmann, J. J., s.a. Hofmann, Johann Jakob

Hoffmann, J. J., japanese-english diotionary. By order of the dutch Government elaborated and edited by L. Serrurier. Vol. 1 and 2. 8. (X, 188 u. 76 S.) Leiden 882. Brill. n.n. 10. 50

Hoffmann, J. J., Erzählungen aus dem Schwarzwalde. 2. u. 3. Bd. Bonndorf (904). Spachholz & Ehrath. n. 1.40
II. (III, 84 S.) n. — 60
III. In der Verbannung. (III, 126 S.) n. — 80
Bd. I u. d. T.:

Hoffmann, J. J., Erzählungen aus d. Schwarzwald. Erinnerungen aus vergangenen Tagen. (III, 199 S.) kl. 8. Bonndorf (910). Spachholz & Ehrath. Geb. 1. —

— lustige Geschichten aus dem Schwarzwalde. (III, 196 S.) kl. 8. Ebd. (908). n. — 80; kart. n.n. 1. —

— das Gesetz des Gleichgewichts der Kräfte am Hebel etc. m. K. gr. 8. Paderborn, Wesener. 806.

— üb. d. Grunds. d. unendl. Theilbarkeit in d. Geometrie. gr. 8. Ebend. 805.

— die Berghauptener Kohlengräber, s.: Konkordia-Jugendschriften. 10. Bd.

Hoffmann, J. J., s.: Konkordia-Jugendschriften.

Hoffmann, J. J., Lustiges aus'm Schwarzwald, s.: Reiß, Fritz.

— Der Mord auf der Landeck u. Erzählungen aus d. Bauernkrieg. (178 S.) 8. Ebd. (910). Geb. 1. 50

Hoffmann, J. J., d. Schulkreis Offenburg. Heimatkunde. Auf Anregg. u. unt. Leitg. v. P. Schenk nach Beiträgen sämtl. Lehrer d. Schulkreises bearb. 1. Tl. gr. 8. (240 S.) Lahr 898. Ch. Schömperlen. n.n 4. 50

— der Schulkreis Offenburg. Heimatkunde. Auf Anregg. u. unter Leitg. von P. Schenk nach Beiträgen sämtl. Lehrer des Schulkreises bearb. 2. Tl. gr. 8. (VII u. S. 241—384 u. Anh. 176 S.) Lahr 899. Ch. Schömperlen Nachf. (Nur direkt.) n.n. 6.—; (kplt. n.n. 10.50)

— in den Oelfeldern Amerikas. Merkwürdige Schicksale Schwarzwälder Auswanderer. (123 S.) kl. 8. Bonndorf 904. Spachholz & Ehrath. n. — 80

— badische Schul-Statistik, s.: Vorbach, H.

Hoffmann, J. J.: Japansche Spraakleer. Leiden 1867.

— japanische Sprachlehre. [Nach der holländ. Ausg. von 1868 ins Deutsche übertragen.] Lex.-8. (XVI, 372 S. m. 2 Steintaf.) Ebend. 877. n.n. 19. —

— japanische Studien. 1. Nachtrag zur japan. Sprachlehre. Lex.-8. (III, 64 S.) Ebend. 878. n.n. 4. —

— Trachten, Sitten, Bräuche u. Sagen in der Ortenau u. im Kinzigthal. I. Abschn. Trachten, Sitten u. Bräuche. [Aus: „H., d. Schulkreis Offenburg".] gr. 8. (176 S.) Lahr 899. Ch. Schömperlen Nachf. (Nur direkt.) n.n. 2.50

— Versuch e. n. Theorie d. Parallellinien. gr. 8. Offenbach, Brede. 805.

— Volkstümliches aus Schapbach, s.: Zur deutschen Volkskunde. Nr. 3.

— Volkstümliches aus Schapbach in Baden. [Aus: „Alemannia". gr. 8. (50 S. m. 1 Abb. u. 1 Taf.) Bonn 895. P. Hanstein. n. 1. —

Hoffmann, J. K., hist. physikal. Nachr. von e. Stahl- oder Mineral-Trink- u. Badebrunnen des Fürstenth. Meinungen. 8. Eisenach, Wittekind. 753.

Hoffmann, J. L.

— Göthe's Dichterwerth. Für einen gebildeten Leserkreis geschildert. gr. 16. (XI und 287 S.) Nürnberg 851, Bauer und Raspe.

Hoffmann, J. L., Lucian der Satiriker im Hinblick auf Glauben u. Leben der Gegenwart geschildert. Abdr. aus dem Album des literar. Vereins in Nürnberg. Nürnberg 856. Bauer u. Raspe. gr. 8. (3 Bl., 115 S.) 18 ngr.

Hoffmann, J. L., Michel und seine Kinder. Fastnachtsspiel. Nürnberg 861. Bauer & Raspe in Comm. gr. 8. (31 S.) 3 ngr.

Hoffmann, J. L. Fichtes Reden an die deutsche Nation im Hinblick auf die Gegenwart. Ein Vortrag gehalten im literarischen Verein in Nürnberg am 19. Januar 1849. Nürnberg, Bauer und Raspe 1849. 36 S. 8.

J. L. HOFFMANN, Hans Sachs. Sein Leben und Wirken aus seinen Dichtungen nachgewiesen. Nürnberg 1847. Bauer und Raspe. (Julius Merz). 8°.

— Hans Sachs. Sein Leben und Wirken aus seinen Dichtungen nachgewiesen. 8. (VIII und 152 S.) Nürnberg 847, Bauer und Raspe.

— Ludwig Tieck. Eine literarhistor. Skizze. gr. 8. (III und 180 S.) Nürnberg 855(56,) Bauer und Raspe.
Vorstehende beide Schriften des Verf. wurden aus: Album des literar. Vereins in Nürnberg, besonders abgedruckt.

— Uebungsstücke zum Uebersetzen ins Lateinische für mittlere Klassen lateinischer Schulen (Quinta u. Quarta) bearb. 854. (VIII, 275 S.) 22½ ngr. — 2. stark verm. rc. Aufl. Nürnberg 858. Bauer u. Raspe. 8. (VIII, 368 S.) n. 20 ngr.

Hoffmann, J. L., Uebungsstücke zum Uebersetzen ins Lateinische für eine Altersstufe von 12—14 Jahren bearb. 3., verm. und sorgfältig verb. Aufl. 8. (VIII und 408 S.) Nürnberg 863, Bauer und Raspe. *

Hoffmann, J. L. A., d. Tausendkünstler, oder Auswahl belustigender Kunststücke aus d. Chemie, Elektricität, Magie, Mechanik, Oekonomie, Optik u. andern Zauberkünsten d. Natur, zur nützl. Kenntniß u. Unterhaltung. 8. Regensb. 828. Daisenberger. 20 gr.

– dass., s.a. Hoffmann, J. B. A.

Hoffmann, J. M., Abhdl. v. d. guten u. bösen Wirkungen aller angenehmen und unangenehmen Leidenschaften im Menschen. Frkf. 8°. A. D. B., XCVI, 1778.
1788

HOFFMANN (J. M.). Florae altdorfinae deliciae hortenses . . . Altdorfii, 1703. 4°.

Hoffmann, J. M. Die Freiheit des Staatsdieners und von den persönlichen Staatslasten überhaupt. 8°. Regensburg 1811. (Montag u. Weiss.)

Hoffmann, J. M. I., (Oberlehrer) Vorschriften zur gründl. Erlernung d. Schönschreibekunst, zum Gebrauch für Schulen. gr. 4. Frankf. a. M. 826. Jäger. 1 rthl 20 gr (Hermann das.) 1 rthl 8 gr

Hoffmann, I. Maur.

— über der Bleichsucht, Jungfernkrankheit rc. 3 Hefte. 8. Frankf. Jäger. 789.

— von all. angen. u. unangen. Leidenschaften d. Menschen. 2 Hefte. 8. Frankf. Jäger. 789.

— üb. d. Urspr. u. Heil. d. meist. Wassersuchten. 2 Hefte. 8. Frankf. Jäger. 789.

Hoffmann, J. S., vollständiges theoretisches u. prakt. Rechenbuch f. alle Stände rc. 4. Gieß. Tasché.

Hoffmann, Jacob (geb. Ostrowo in Pos. 10. 8. 1846): Beitrag zu den Erscheinungen der Tumoren des Gehirns, welche vom pedunculus cerebri ausgehen. Breslau (1869). (24 S.) 8°
Breslau, Med. Diss. v. 12. Aug. 1869

Hoffmann, Jak., s.: Beschreibung, historisch-topograph.-statist., d. Amtsbez. Mosbach.

Hoffmann, Jakob [Dr. Kurat u. Religionslehrer an d. städt. Handelsschule in München]: Geschichte der Laienkommunion bis zum Tridentinum. . . . Speyer, Verl. d. Jäger'schen Buchh., 1891; IV S., 1 Bl., 209 S. 8°
München, Theol. Fak., Inaug.-Diss. v. 1891
(Nur in beschränkter Zahl für den Austausch)

Hoffmann, Jak., katholische Kirchengeschichte f. Gymnasien, Lehrerbildungsanstalten, Oberrealschulen u. Realschulen. 2. u. 3. Aufl. (VIII, 144 S.) 8. München 908. R. Oldenbourg. Geb. 1.10

— Kleine kathol. Kirchengeschichte f. höh. Lehranstalten. 2. Aufl. (VII, 88 S.) 8. Ebd. 910. — 90

Hoffmann, Jak., die hl. Kommunion im Glauben u. Leben der christlichen Vergangenheit, s.: Glauben u. Wissen. 2. Hft.

— die heil. Messe nach ihrem Wesen u. äußeren Verlauf erklärt in 7 Vorträgen. gr. 8. (VI, 78 S.) Regensburg 891. Nationale Verlags-Anstalt. 1. —

— dasselbe, s. a. Fastenprediger, der.

— s.: Monatsblätter f. d. kath. Religionsunterricht an hhh. Lehranst.

Hoffmann, Jacob (Seligenstadt)
Zur Pathologie der männlichen Brustdrüsen.
Giessen: M.A.J. Merck 1855. 19 S. u. 1 Taf. (n Δ mit „Thesen")
Diss. med. 12.5.1855. vorh. 26. 7. 11.Δ.

— die hl. Schrift, e. Volks- u. Schulbuch in der Vergangenheit. Soll sie dieses auch in Gegenwart u. Zukunft sein? gr. 8. (XI, 147 S.) Kempten 902. J. Kösel. 2. 40

Hoffmann, Jakob, a. Feil-Bingert ⟨Rheinpfalz⟩: Die tiefsten Temperaturen auf den Hochländern des südäquatorialen tropischen Afrika ⟨insbesondere des Seenhochlandes⟩. Gotha 1904: Perthes. (54 S.) 8° ¶(Der übrige Teil soll erscheinen in: Petermanns Geogr. Mitteilungen, 1905.)
Gießen, Phil. Fak., Ref. Sievers, Diss. v. 29. Dez. 1904
[Geb. 18. Jan. 73 Feil-Bingert; Wohnort: Hannover-Linden; Staatsangeh.: Bayern; Vorbildung: Ludwig Georgs-Gymn. Darmstadt Reife O. 96; Studium: Darmstadt T.H. 4, Gießen 3 S.; Rig. 1. Febr. 04.]

Hoffmann, Jak., d. Verehrg. u. Anbetg. d. allerheiligsten Sakramentes d. Altars. Geschichtl. dargest. 8. (IX, 293 S.) Kempten 897. J. Kösel. 3. —

Hoffmann, J., Wirtschaftslehre, s.: Bergmann, Aug.

Hoffmann, Jak. Dan., Dichtung u. Urtheil. In zwangl. Hftn. hrsg. 1. Bd. 1. Hft. gr. 8. (4 B.) Blankenhain 837. [Leipzig, Klinkhardt.]

Hoffmann, Jak. Dn., Eduard u. Julie, oder der Sieg der Erkenntniß. Ein lyrisch-philosoph. Roman. 2 Thle. 8. Altenburg 836. Expedition d. Eremiten. 2½ Thlr

— Reise in Savoyen und Piemont: Reise-Tagebuch. Im Juli 1836. Poesie des Wandrers. Bemerkungen auf der Reise. 12. Blankenhain 837. Anhalt. ½ Thlr

Hoffmann, Jakob Friedrich

v. Hoffmann, J. F. H., drei physiolog.-botanische Abhandll. (Enth.: Befruchtungsproceß d. Pflanzen u. Reifung des Saamens. Der Bau des Saamens, besonders die Lage, Richtung u. Bestimmung des Funiculi umbilicalis u. d. Ductus spermaceti. — Die Entwickelung des Saamens, die Ursache d. heruntersteig. Richtung des Rostelli corculi u. der aufsteigenden der Plumula.) gr. 8. Warschau 828. (Hofmeister in Leipz.) 12 gr

v. Hoffmann, J. F. H., Beschreib. des Weichselzopfes, Auffindung der Ursachen, welche zu dessen Entstehung Gelegenheit geben. Beschreibung d. Symptome u. des Verlaufs dieser Krankheit; Verhaltungsvorschrift während derselben, u. Bestimmung d. Arzneimittel zu ihrer Heilung; z. Gebrauche der Bewohner d. Landes. gr. 8. Warschau 826. (Hofmeister in Leipz.) 12 gr

Hoffmann, Jak. Fr., Beschreib. des Weichselzopfs, zum Besten d. Landvolks. 8. Königsb. 792. Nicolovius. 2 gr

— meine Krankheitsgeschichte im Monat Sept. 1823. Meinen Zuhörern nach meiner Genesung vorgetragen. Nebst Bemerkk. üb. die erregende Ursache der Fieber, deren Behandlungsart während der Krankheit selbst, u. bei der Genesung; mit Erfahrungen erläutert. gr. 8. Warschau 826. (Hofmeister in Lpz.) 12 gr

—— Theorie d. Feuers. gr. 8. (4½ B. u. 2 Stnt.) Warschau 828. (Leipzig, Hofmeister.)

Hoffmann, Jak. Jos., altgerman. Sagen. 12. (88 S.) Bonndorf 891. J. A. Binder's Nachf.
Geb. in Leinw. n.n. — 75

Hoffmann, Ida (Hrsg.), s. Zentralblatt des Verbandes für hauswirtschaftl. Frauenbildung.

HOFFMANN, IGNATZ: Predigt zur besonderen Feyer des ersten Jahrhunderts, das die Priester der frommen Schulen zu Groß-Károly mit Verwaltung der christlichen Seelsorge nebst jugendlichen Unterricht zubrachten. Groß-Karoly 1828. o. Dr. 9 S. - 230 mm

Hoffmann, Ign. (Hrsg.), s. Zimmerl, J. Mich. v.: Handb. der allgem. Gerichtsordnung ...

Hoffmann, Immanuel, a. Stuttgart: Die Anschauungen der Kirchenväter über Meteorologie. Ein Beitrag zur Geschichte der Meteorologie. München 1907: Th. Ackermann. (VIII, 96 S.) 8°
Tübingen, Phil. Fak., Ref. Sapper, Diss. v. 16. Juli 1907
[Geb. 2. Febr. 82 Jerusalem; Wohnort: Stuttgart; Staatsangeh.: Württemberg; Vorbildung: Gymn. Tübingen, Eberhard-Ludwigs-Gymn. Stuttgart Reife M. 02; Studium: Tübingen 7 S.; Coll. 12. Juli 06.]

Hoffmann, Imman., die Anschauungen d. Kirchenväter üb. Meteorologie, s. a. Studien, Münchener geograph. 22.

Die Anschauungen der Kirchenväter über Meteorologie. Ein Beitrag z. Geschichte d. Meteorologie von Immanuel **Hoffmann**. München: Th. Ackermann 1907. (VIII, 96 S.) 8°
= **Studien**, Münchener geographische. Stück 22. (07. 13124

Hoffmann, Imman., (†... 1772.) demonstratio evangelica per ipsum script. consensum in oraculis ex V. Test. in novo allegatis, ed. obss. illustr. a Th. Gf. Hegelmaier. III Tom. 4. Tübing. 774—82. Heerbrand. 3 Thlr

— **Immanuel** (Präses), Dissert. philol.-crit. in duo allegata n. t. e pluribus uno locis v. t. petita, Rom. XI, v. 8. & ej. cap. v. 26, 27. Tübing. (Erhard) Okt. 1763. 28 S. (6.80) 15585
Respond.: Johann Friedrich Ludwig Maier (Löchgau), Carl Friedrich Theophil Binnicker (Neustadt), Philipp Friedrich Jacob Essich (Bessigheim).

Hoffmann, Immanuel [app. Arzt aus Frauendorf]: Ueber einen Fall von congenitalem Sarkom der Achselhöhle ... München, Buchdr. Kastner & Lossen, 1895; 19 S. 8.
München, Med. Fak., Inaug.-Diss. v. 1896

Hoffmann, Imm., Gedichte. 8. (VII, 96 S.) Leipzig 875. H. Schultze's Sort. n. 1. 60

Der Gründonnerstag. Für Freunde gedr. [Verf.: Immanuel **Hoffmann**.] Kirchhain N.-L. 1910: Schmersow. 68 S. 8° (11. 14981) 11

—— Die Hoffnung der Getreidebörsen. Offenes Schreiben an die Redactionen der „Köln. Zeitg." u. Berliner „National-Zeitg." gr. 8. (16 S.) Düsseld. 890, F. Bagel. * — 50
Vgl.: Hoffnung, die, der Landwirthschaft u. d. Handels.

Hoffmann, Imman., das Württembergische Konfirmations-Büchlein in Fragen und Antworten erklärt. 3. unveränd. Aufl. Nagold 853. Zaiser. gr. 8. (2 Bl., 103 S.) 5 ngr

Hoffmann, Imman., das Plebiscit als Correctiv der Wahlen. gr. 8. (31 S.) Berlin 884. Puttkammer & Mühlbrecht. n. — 80

Hoffmann, J., das Reichsgesetz, betr. die Abzahlungsgeschäfte, s.: Guttentag's Sammlung deutscher Reichsgesetze.

Hoffmann, J., das Reichsgesetz, betr. die Abzahlungsgeschäfte, 2. Aufl. von Ernst Wilke, s.: Guttentag's Sammlung deutscher Reichsgesetze.

Hoffmann, J., das Reichsgesetz betr. die Abzahlungsgeschäfte v. 16. V. 1894, 3. Aufl. v. Ernst Wilke, s.a. Guttentag's Sammlung deutscher Reichsgesetze.

Hoffmann, I[mman.]. Das Reichsgesetz betreffend die Abzahlungsgeschäfte. Vom 16. Mai 1894. M. Einl., Anm. u. Sachreg. 3. verm. u. verb. Aufl. besorgt von Ernst *Wilke*. Berlin 1910. 8°.
(Guttentag'sche Sammlung Deutscher Reichsgesetze. Nr 34.)

Hoffmann, Imman., Mariä Traum. Ein Gedicht. gr. 8. (29 S.) Berlin 902. K. Siegismund. n. 1. —

Hoffmann, Imman, was bedeutet die Aufhebung d. Identitätsnachweises? Vortrag, geh. am 17. Dezbr. 1890 in der Lokal-Abth. Neuß d. landwirthschaftl. Vereins f. Rheinpreußen. Mit e. Anh.: „Neujahrsgruß an Mercator". gr. 8. (33 S.) Düsseldorf 891. F. Bagel. — 75

— **Immanuel Christian** (Pulsnitz/Laus.), De Cicerone juris civilis teste ac interprete speciatim in suis de inventione libris. Diss. jur. Präs. Heinrich Brokes. Wittbg. (Ephraim Gottlob Eichsfeld) 23. VI. 1739. 56 S. (7.—) 15586

— **Jo. Gottfried** (Leipzig), Meditationes de mente sensu non errante, adjuvante autore sensuum. Präs. M. Gottlieb Samuel Treuer. Lpz. (Christian Goez) 21. IX. 1707. 12 Bl. (6.80) 15609

—, Jo. Gttl., De dysuria senili. 32 pp. Hal. 4°. 1728

— **Jo. Gottl. Leberecht** (Liegnitz / Schles.), Theoriam generalem de causis justitiae et potestate judiciaria. Diss. jur. publ. Germanor. Präs. D. Dan. Nettelbladt. Halle (Wwe. Curtius) 4. VII. 1789. 24 S. (6.50) 15613
Widm. v.: Präs., Carl Friedrich Streckenbach (Schles.), E. G. Menzel (Schles.).

— **Jo. Gregor**, De in effigie suspenso. Disp. jur. Präs. Christian Hoffmann. Wittbg. (Christian Gerdes) 30. IV. 1711. 28 S. (6.80) 15614
Gew.: Jo. Friedrich Patow (Mallehnichen, Glüche, Neudeck).

Hoffmann, Jo. Wilhelm [Präs.], s. Edelmann, Christian Gottlob: De legitimis impedimentis ex jure Germanico.

Hoffmann, Joachim, Turnen und Bewegungsspiel in ihrer Bedeutung für die Gegenwart, Eschweiler 1893, 30 S., 8°.

Hoffmann, Joach., Turnen u. Bewegungs-Spiel in ihrer Bedeutg. f. d. Gegenwart. Im Anh. kurzgef. Anleitg. z. Spielbetrieb m. Beschreibg. d. wichtigsten Bewegungsspiele. gr. 8. (45 S.) Stolberg (Rheinl.) 895. Jos. Mathes. n. — 50; geb. n. — 75

Hoffmann, Johann, s.a. Hofmann

— Anleit. zur Naturlehre f. Ungelehrte. 8. Frankf. 775. (Leipz., Hinrichs). 6 gl.

— — kurze topographische Beschreibung des merkwürdigen Herrnhuts, nebst Entstehung, Verfassung, Sitten und Gebräuchen der Herrnhuter. 8. Ebend. 817.

— — vom Bestand-Vertrage und den entgeldlichen Verträgen über Dienstleistungen, oder von Mieth, Pacht, Lohn, Verlagsvertrage ꝛc. 8. Wien, v. Mösle. 819.

Hoffmann, Jh. l., der betende Christ. 8. Frankf. 778. Univers.-Buchh. in Marb. 8 gl.

Hoffmann, J., betend. Christ. 8. Marb. Univers. Bhdl. 779.

HOFFMANN, J.: Vom Darleihensvertrage und d. Befestigung d. Rechte u. Verbindlichk., od. Unterricht bei Geld- u. Wechselgeschäften, vorschriftsmäss. Führung d. Bücher d. Handelsleute, Fabrikanten u. Handw., nebst beigefügt. Formul. von Schuldsch., Wechs., Bürgschaft-, Cessions-Urkunden, Vormerkungsgesuchen, nach d. allg. österr. bürgerl. Gesetzb. u. den besteh. Verordnn. bearb. *Wien*, (v. Mösle u. Braumüller.) 818. 8. (8 Gr.)

— — vom Darleihensvertrage und der Befestigung der Rechte und Verbindlichkeiten, oder Unterricht in Geld- und Wechselgeschäften, nebst vorschriftmäßiger Führung der Bücher der Handelsleute ꝛc. 8. Ebend. 819.

Hoffmann (J.). Neue, mit Gründen belegte Darstellung über die Entstehung der Erde und der Gebirge. Quedlinburg und Leipzig 1837. 8.

Hoffmann, Jh. (Johannes?) neue, mit Gründen belegte Darstellung über die Entstehung der Erde und der Gebirge. gr. 8. Quedlinburg 837. Basse. 5/12

Zeitverhältnisse, Die Darstellung der, in 2 Tabellen. Eintheilung d. Minuten, Stunden d. Tages. d. Wochen u. d. Zeitunterschiedes in d. Städten. Von Joh. Hoffmann u. Joh. Klika. Tabór, Karl Jansky. 1 fl. 40 kr., aufgespannt auf Lwd. 2 fl. 80 kr.
— — in böhmischer Sprache. (Znázornéni poměrů časových.) Ebds Ebenso. 1885.

— — (R.), Declamatiunculas de Faustinae M. Aurelii Antonini philosophi conjugis moneta. Frankenhausen 2. III. 1709. Erfurt (Limprecht). 6 Blatt. (4.50) 15590
Theodos. Lor. Hübner (Weissensee), Heinr. Chn. Gehe (Visenensis), El. Ad. Schleiffer (Günstet), Nicol. Benj. Struv (Ebeleben). Chph. Ant. Hanckel (Frankenhaus.), Joh. Peter Gräfe (Frankenhaus.), Joh. Gottfr. Dünckel (Günstet).

Hoffmann, Johann [app. Arzt aus Bautzen (Kgr. Sachsen)]: Ueber einen Fall von Mediastinalsarkom ... München, Buchdr. Kastner & Lossen, 1896; 32 S., 1 Bl. 8.
München, Med. Fak., Inaug.-Diss. v. 1896

Ders.: Hülfsbuch bey Darleihens-Geschäften, od. was haben jene, welche Geld aufnehmen od. darleihen, zu wissen nöthig, um keinen Schaden zu leiden. Nebst Anweis. z. Verfass. d. Schuldsch. u. s. w. 2te verb. u. verm. Aufl. *Wien*, (v. Mösle u Braumüller.) 825. gr. 8 (8 Gr.)

Hoffmann, J., juristisches Hülfsbuch für Partheyen u. Geschäftsmänner u. d. Gange ein. Sollicitators. 8. Wien, Kupfer u. W. 809.

Hoffmann, J.: Jurist. Hülfsbuch f. Partheyen u. Geschäftsmänner, worin theils d. Art u. Weise die Geschäfte bei Gerichten u. Stellen einzuleiten u. s. w., theils die Mittel z. Verminderung d. Gefahren u. d. Nachtheils auf dem Rechtswege dargest. werden, u. d. Ganze eines Sollicitators u. s. w. *Wien*, Wimmer. 809. 8. (16 Gr.)

Hoffmann, Joh., Der politische Jesus Syrach oder: Eine Sammlung von 2000 kurtzen, sinnreichen, moralischen [Sprüchen?] Langensaltza 1740. 8.

Hoffmann, Joh., Nachricht von dem Eismeere. 8. Pesth, Hartleben. 818.

—— Der Protestantismus, sein Wesen, seine Vergangenheit u. seine Zukunft. Dai. 1880, 8°.

— die Reise auf d. Eisenbahn v. Baden bis Neustadt. Eine Darstellung d. vorzügl. Orte auf dieser Route, nebst Geschichte und Beschreibung d. Wiener Neustadt. 16. Wien 840. Pichler; Singer u. Göring. 3/4 Rthlr.

— die Reise auf der Kaiser-Ferdinands-Nordbahn von Wien bis Brünn. Ein Taschenbuch für Reisende. 2e Aufl. 16. Wien 840. Singer u. Göring. 1/2 Rthlr.

Hoffmann, Jh. V., Samml. der auserles. Visceralarzneimittel für hypochondr. u. hyster. Kranke. 8. Augsb. 789. Rieger. 6 gr.

Hoffmann, Jh. I, Sendschreiben an Christen, welche der Herr durch Trübsal zu bewahren sucht. 8. Lauterbach 760.

Hoffmann, J.: Der Sollicitator od. Geschäftsaufsätze in Streitsachen. 3. A. *Wien*. (824.) 835. 8. (8 Gr.)

Hoffmann, Joh. Syringomyelie, s. Sammlung klin. Vorträge.

Taschenbuch zur Ermittelung der Eisenbahnfracht für Getreide aller Art, Mühlenfabrikate, Futtermittel, Düngemittel u. a. m. im Verkehre zw. a) Berlin einerseits u. deutschen, sowie einigen wichtigeren österreich-ungar. Eisenbahn-Stationen andererseits, b) den bedeutenderen ost- bezw. norddeutschen Eisenbahn-Knotenpunkten einerseits u. sächs., thüring. etc. Eisenbahn-Knotenpunkten andererseits . . . bearb. von J. Hoffmann, Secr. d. Kom. d. Kaufmannsch. *Berlin: Selbstverl. d. Aeltesten d. Kaufmannsch. 1901.* (167 S.) 8° [F.] (o. 9310

Hoffmann, J., Taschenbuch zur Ermittelung der Eisenbahnfracht f. Getreide aller Art, Mühlenfabrikate, Futtermittel, Düngemittel, Sämereien, Öle, Spiritus, Heu, Stroh, leere Emballagen u. a. m. im Verkehr zwischen a) Berlin einerseits u. deutschen, sowie einigen wichtigeren österr.-ungarischen Eisenbahn-Stationen andererseits, b) den bedeutenderen ost- bezw. norddeutschen Eisenbahn-Knotenpunkten einerseits u. sächsischen, thüringischen rc. Eisenbahn-Knotenpunkten andererseits. Unter besond. Berücksicht. der Bedürfnisse des Berliner Getreide- u. Produktenhandels im Auftrage der Aeltesten der Kaufmannschaft v. Berlin auf Grund amtl. Quellen bearb. 2. verm. u. verb. Aufl. (VIII, 195 S.) kl. 8. Berlin (C, Börse) 907. Verkehrsbureau der Korporation der Kaufmannschaft.
Geb. in Leinw. 1. 50

Hoffmann, Jh., Taschenbuch für Reisende auf dem Dampfschiffe von Wien nach Linz, nebst der Geschichte von Abteyen, Städten, Märkten, Ritterschlössern, welche man auf dieser Reise nahe u. ferne sieht. 16. Wien 838. Heubner. 1/4 Rthlr.

Hoffmann, Johann Adolf, s.a. Hofmann

HOFFMANN, JOHANN ADOLF. Politische Anmerkungen von der wahren und falschen Staatskunst, worinnen aus den Geschichten aller Zeiten bemerket wird, was den Regenten, Bürgern und Einwohnern eines Landes zuträglich oder schädlich ist. 3. verb. u. verm. Auflage. Hamburg, Bohn, 1758. Gr. 8°. LVI S. (inkl. *Frontispiz, von C. Fritzsch*, und Titel mit Druckermarke), 686 S., 20 Bl. Hübsches GanzLd. d. Z. auf Bünden mit rotem Rsch. und reicher Rv. (Ecken etw. bestoßen, 2 winzige Wurmlöcher im Rücken). 45.—

Hoffmann, J. A., polit. Anmerkung der wahren und falschen Staatskunst rc. 8. Hamburg. 758. Ist jetzt Verlag von Schnupphase in Altenburg.

Hoffmann, Johann Adolf, Des // Römischen Kaysers // Marcus Aurelius // Antoninus// Erbauliche // Betrachtungen // über Sich Selbst. // Aus dem Griechischen übersetzet, // Und nebst // Kurtzen Anmerckungen, auch mit Seinem Leben // Vermehret // Durch // Johann Adolf Hoffmann. // Hamburg, // Bey Theodor Christoff Felginer, 1723. - 8 Blatt (nicht paginiert; Titelkupfer, Titelblatt, Widmung und Vorrede.
111 Seiten: Des Römischen Kaysers Marcus Aurelius Antoninus Leben und Thaten.
243 Seiten: Des Römischen Kaysers Marcus Aurelius Antoninus Erbaulicher Betrachtungen Erstes Buch bis Zwelftes Buch. -
8 Blatt (nicht paginiert) Inhaltsangabe.
B. S. T. 8°.82.

— — zwey Bücher von der Zufriedenheit. gr. 8. Ebend. 760. Ebend.

Hoffmann, Jo. Ad., Zwey Bücher v. d. Zufriedenheit nach den Gründen der Vernunft u. des Glaubens. Von neuem durchgesehen. 648 S. Hamb. 8°.
1766

Hoffmann, J. Adolph., n. Erklär. u. Uebers. d. B. Hiob. 4. Hamb. Bohn. 734.

Hoffmann, J. A. Leben des römischen Kaisers Marcus Aurelius. 8. Hamburg 1735.

— von d. wahren Zufriedenheit rc. gr. 8. Ebend. 760.

Hoffmann, Johann Andreas, s.a. Hofmann

— Abhandl. von dem vormal. u. heutigen Kriegsstaate in Deutschland; 1r, 2r Thl. gr. 8. Lemgo 769. Meyer. 1 Rthlr. 18 gr.

— antiquit. et jura pomatii nonnulla strictim. 4. Frankf. a. M. 766. (Hermann u. Gebhard u. Körber). 8 gr.

Hoffmann, J. And., jurist. Bibliothek. 3 Thle. 8. Jena, Cröcker. 748.

Hoffmann, J. Andr.: Collectio selectorum opusculorum de unionibus electorum S. R. J.; accedunt omnium consociationum septemviralium formulae, aurea Bulla et sanctio pragmatica. Ed. nov. *Jenae*, Croeker. 752. 4. (16 Gr.)

— Entwurf von d. Umfang, Gegenständen, Einrichtt. rc. des Polizeiwesens. 4. Marb. 765. (Brönner in Frankf. a. M.) 12 gr.

— Entw. von d. Umfang rc. des Polizeywesens. 4. Marb. Müller. (Brönner in Frankf.) 765.

– s. Estor, Johann Georg: Bürgerliche Rechtsgelehrsamkeit in Deutschland.

Hoffmann, Johann Andreas [Praes.], s. Freytag, Johann Friedrich: De cura mulierum quando licite vel adcommodanda vel legitime praetermittenda.

Hoffmann, Johann Andreas (Präs.), s. Hager, Johann Friedrich (Resp.): De anno gratiae et praecipue quatenus ad heredes collaterales transferri queat

— Handbuch d. deutsch. Eherechts, nach d. allgem. Grundsätzen d. deutsch. u. d. besond. Landes-, Stadt- u. Ortsrechte. gr. 8. Jena, Acad. Bhdl. 788.

Hoffmann, Jh. Andr., († d. ...) Handbuch d. deutschen Eherechts, nach den allgem. Grundsätzen d. deutschen u. d. besond. Landes-, Stadt- u. Ortsrechte. gr. 8. Jena 788. (Hennings in Neisse). 1 ß 20 gl

— — (Tambach/Gotha), De hypotheca mobilium. Diss. jur. Präs. Jo. August Hellfeld. Jena (Schill) Apr. 1743. 70 S. mit Widm. v. Präs. (5.—) 15592

— — Dasselbe. 1759. 72 S. (7.—) 15593

— de jure constituendi pontifices. 8. Frankf. a. M. 783. Bayrhöfer. 4 gl

— — De juribus indigenarum Germaniae. Diss. jur. Präs. Johann Rudolph Engau. Jena (Joh. Christ. Crocker) 13. V. 1747. 30 S. (6.80) 15595
Widm. v.: Jo. Aug. Hellfeld, Stephan Werner v. Dewitz (Mecklenburg).

— s. Nachr. von jurist. Büchern.

— — De potentatu statuum S. R. G. I. quibus origo atque effectus eruuntur cum discursu praeliminari de superioritate territoriali et indice necessario. Jena u. Weissenfels (Johann Christoph Croeker) 1746. 32 u. 111 S. (9.50) 15594

— — Programma de procuratoribus ex officio constituendis. Marburg (Philipp Casimir Müller) 13. V. 1754. 28 S. (5.50) 15596

Hoffmann, J. Andr.: Deutsche Reichspraxis, worunter der Unter- und Obergerichts, besonders aber der ordentliche gemeine und Reichsprocess in seinen Haupt-Nebenstücken in der ersten und übrigen Instanzen in drei Theilen abgehandelt wird. 3 Thle. *Frcf. a. M.*, Brönner. 765. 8. (3 Thl. 8 Gr.)

Hoffmann, J. Andr.: Neueste teutsche Reichs-Praxis. 3 Thle. *Frankf.*, Brönner. 765. 8. (3 Thl. 8 Gr.)

— selecta de unionibus electorum i. e. opuscula C. Wildvogel et al. de hac materia. 4. Jena et Weissenf. 745. N. Aufl., unt. d. T.: Collectio selectorum opusculorum etc. 4. Jena 752. Cröker. 16 gl

Hoffmannus, Jo. Andr.: Selecta de unionibus electorum. Hoc est opuscula Chr. Wildvogelii, Nic. Hieron. Gundlingii et Ew. Fridr. de Hertzberg, de hac materia. Acc. ipsarum electoralium formulae aurea bulla et sanctio pragmatica. Jenae et Weissenfelsae 1748.

— thesaur. jurisprudentiae Rom. German. forens., sec. ord. pandectar. T. I. fasc. I et II. 4. Jenae. 749.

— thesaurus jurisprudentiae Romano-Germanicae forensis, secund. ordin. Pandect. Fasc. I. II. 4. Jena 850.

Hoffmann, J. Andr., religiöse Unterhaltungen eines Lehrers m. seinen Schülern erster Klasse. (Kindern zwischen d. 5. u. 7. Lebensjahre.) 16. (8 B.) Zürich 845, Meyer u. Zeller.

Hoffmann, Jh. Aug. Gf., Anleitung zum Katechisiren über biblische Abschnitte. 8. Jena 833. Cröker. 1/2 ß

— Jo. Aug. Gott. (Pösneck), Commentationis in orationem Petri act. ap. II, 14—41 particula prior introductionem in eam exhibens. Jena (Walz) 28. VIII. 1833. 27 S. (6.50) 15597

— — Dasselbe. Part. secunda, interpretationem vers. 14—16. exhibens. Jena (Schlotter) 18. II. 1835. 8 S. (1.50) 15598

Hoffmann, Jo. Aug. Godof., Commentationis in oration. Petri actor II, 14—41. Part. II., interpretat. vers. 14—16. exhibens. 4. (1 B.) Jenae 836, (libr. Croeker.)
Part. I. ibid. 1838. 8 Gr.

— s. Jacotot's Universal-Unterricht.

Hoffmann, Jh. Aug. Gttfr., Katechetik, oder Anleitung zum Unterrichte der Jugend in d. christl. Religion, vorzüglich für Volksschullehrer. gr. 8. Jena 841, Cröker'sche B. 3/4 ß

— Methodik u. Materialien d. populären christl. Religionsunterrichts. Ein Handb. f. angeh. Lehrer an Kirche u. Schule. gr. 8. (24 1/2 B.) Leipzig 830, Baumgärtners Buchh.

— Predigt zur 300jähr. kirchl. Gedächtnißfeier Dr. Mart. Luthers, am 15. Febr. 1846, gehalten. 8. Salzungen 846, Wocke. n. 1/12 ß

— Repertorium über Pastorallehre u. Casuistik in alphabet. Ordnung. 2 Bde. in 4 Abthll. gr. 8. Jena 837—39. Cröker. 6 ß

— Jacotot's Universal-Unterricht, s. Jacotot, J.

— Versuch einer Darstellung des in den sächs. Herzogthümern geltenden Kirchenrechts. gr. 8. Hildburghausen 843. (Nürnberg Recknagel.) n. 1 ß

— Versuch einer Darstellung des in dem Großherzogthume S.-Weimar-Eisenach geltenden protestant. Kirchenrechts. gr. 8. Jena 845, Cröker'sche Buchh. 1 1/2 ß

Hoffmann, Johann August Leberecht

Hoffmann, J. A. L., de Christo doctrinae suae originem vere divinam vindicante. Misen. 1813. 4.

— prakt. Handbuch der deutschen Volksverfassung u. des Schulrechts f. Volksschullehrer, Volksschulaufseher, prakt. Geschäftsmänner u. Volksschulfreunde, zur bequemen Uebersicht aller auf das Volksschulwesen Bezug habenden Gegenstände, zunächst in Beziehung auf die in den königl. sächs. u. königl. preuß. Staaten bestehenden Gesetze u. Einrichtungen. 1e Abthl. gr. 8. Dresd. 832. (Grimmer). 1 ß 6 gl

Hoffmann, Jh. Aug. Lebr., prakt. Handbuch d. deutschen Volksschulverfassung u. des Schulrechts, zur bequemen Uebersicht aller auf das Volksschulwesen Bezug habenden Gegenstände. 2e Abthl. A. u. d. T.: Prakt. Handbuch des Schulrechts. gr. 8. Dresden 836. Grimmer. 1½ Rthlr.

— Katechismus der Landesverfassung für das Königreich Sachsen. Zum Handgebrauche für gebildete Leser aller Stände, insbesondere aber f. Volksschullehrer. 1e Abthl. Allgem. Staatsverfassung nach den Bestimmungen der Verfassungsurkunde u. den Gesetzesvorschriften über die ständischen Wahlen. gr. 8. Leipzig 833. Teubner. ¼ Rthlr.

Hoffmann, Jh. Aug. Leb., quomodo singularis illa Iesu anxietas et tristitia ante mortem, quam Lucas *ἀγωνίαν* vocat, sit explicanda, nec non cum ipsius virtute et auctoritate divina concilianda. Commentatio. 4 maj. Lpz. 830. (Hilscher in Dresden). 4 gGr.

— **Johann August Leberecht** (Radeberg), Quomodo singularis illa Jesu anxietas et tristitia ante mortem, quam Lucas *ΑΓΩΝΙΑΝ* vocat, sit explicanda, nec non cum ipsius virtute et auctoritate divina concilianda. Commentat. theol. Lpz. (Fr. Chr. Wilh. Vogel) 1830. 24 S. (6.30) 15599

— s. Wochenblatt, literar., für Volkslehrer.

Hoffmann, Jh. Bapt., († d. 24. April 1798.) kurzgefaßte Erdbeschreibung nach d. vier Theilen der Welt. 1r Bd. 8. Würzb. 773 u. 2r Bd. 784. Stahel. 2 Rthlr.

— Erdbeschreib. v. Europa, Asia ꝛc. 2 Thle. gr. 8. Würzburg. Stabel. 783.

Hoffmann, Johann Chr.

— Abhandll., technischen Inhalts. 1e Abthl. Auch u. d. T.: Neue Ansichten in der Bierbrauerei u. Branntweinbrennerei. Mit Kpf. gr. 8. Berl. 814. Sander. 18 gGr.

Hoffmann, J. C., Abhandlungen, technischen Inhalts. 1ste Abtheilung.
Auch unter dem Titel:
Neue Ansichten in der Bierbrauerey und Branntweinbrennerey. M. Kupf. gr. 8. Berlin, Sandersche Buchhandlung. 819.

Hoffmann, J. C., allgem. Annalen d. Gewerbkunde, s. Annalen.

— Anleit. z. Naturlehre f. Ungelehrte. 8. Eisen. 799. (Bärecke). 6 gGr.

— prakt. Anweis., auf eine leichte u. wohlfeile Art gute Elektrisirmaschinen zu bauen. Mit 2 Kpf. 8. Lpz. 798. (W. Vogel). 8 gGr.

— Beschr. u. Abbild. ein. neuen Apparats, d. Wasser mit Luftart anzufüllen. m. K. 4. Leipz. Gleditsch. 803.

Hoffmann, Jh. Chr. II., Beschreib. u. Abbildung eines neuen u. bequemen Apparats, das Wasser mit Luftarten anzufüllen. Mit 1 Kpf. 4. Leipz. 803. (Brockhaus). 8 gGr.

— Beschr. u. Abbild. zwey n. Dampfmaschinen. m. K. 4. Leipz. Gleditsch. 803.

— Beschreib. u. Abbildung zwei neuer Dampfmaschinen. Mit 2 Kpf. 4. Leipz. 803. (Brockhaus). 10 gGr.

— Beschreib. u. Abbildung e. Wagenwinde v. außerordentl. Wirksamkeit. Mit 1 Kpf. gr. 4. Leipz. 801. Er. Fleischer. 10 gGr.

— die neuesten Entdeck. über das Seifensieden ꝛc. 8. Leipz. 800.

— Erfahrungen u. Versuche f. Künstler ꝛc. 3 Bdch. 8. Lpz. Meyer. 795–98. (à 9 gr.)

— Erfahrr. u. Versuche f. Künstler, Handwerker ꝛc. 5 Bdchn. 8. Lpz. 795 — 98. (Central-Cpt.) 1 Rthlr. 21 gGr. (2s Bdchn. Auch u. d. T.: Tronçon du Coudray, Abhandl. üb. das Verfahren, Salpeter auszuziehen ꝛc. 12 gGr.)

— Etwas üb. Bley, Bleyglasur ꝛc. 8. Leipz. Gräff. 797.

— Etwas üb. das Blei, die Bleiglasur u. wie man eigentl. die Auflöslichkeit d. letztern betrachten müsse. 8. Leipz. 797. (Wienbrack). 4 gGr.

Hoffmann J. C.: Holz-Spar-Kunst. Ein Buch f. Jedermann. 2 Th. Leipz. 1800-04. (339) S. 17 Tvl.

— Holzsparkunst. 2 Thle m. K. 8. Leipz. Bruder u. Hoffmann. 807.

— Holzsparkunst. 2 Thle., mit 10 Kpf. 8. Leipz. 800. 2e Aufl. 807. (Schönian in Elberf.) 1 Rthlr. 12 gGr.

Hoffmann, J. Ch., Holzsparkunst ꝛc. 2 Thle. mit 23 Kpfrn. 2te Aufl. 8. Leipzig. 807. Ist Verlag von Büschler in Elberfeld.

— üb. Küchenheerdfeuerungen u. Küchengeräthe, nach Rumford'schen Grundsätzen bearb. Mit 2 Kpft. 4. Leipz. 803. (Brockhaus). 1 Rthlr.

Hoffmann J. C.: Ueber Küchen-Heerd-Feurungen u. Küchen-Geräthe. Nach B. v. Rumfords Grundsätzen bearb. u. m. vielen eignen Bemerkungen u. Zusätzen begl. Leipz. 1804. 83 S. 2 Tvl.

— Küchenherdfeuerungen u. Küchengeräthe. m. K. 4. Leipz. Gleditsch. 804.

— Nachricht von d. Anfang u. Fortgang e. Kirchenbibliothek zu Stadtfeld. 4. Eisenach 780. Wittekind. 2 gGr.

Hoffmann, I. C., Petrus de mandato Christi Luc. XXII. 32. 4. Eisen. Wittekind. 760.

— Prüf. des Norbergischen Destillirgeräthes. mit K. 4. Leipz. Gleditsch. 804.

— gründl. Prüfung des Norbergischen Destillirgeräthes. Mit 1 Kpft. 4. Leipz. 804. (Brockhaus). 9 gGr.

— s. Skrimshire, Fenwick: Erster Unterricht in den Anfangsgründen der Chemie ...

Hoffmann, Jh. Chr. IV., († d. 2. April 1826.) über die Wahl u. den Gebr. d. Brillen u. deren Erhaltung d. Gesichts. gr. 8. Lpz. 810. Verf. 8 gGr.

— **Johann Christian** (Leipzig), De ossium cylindraceorum fissura. Disp. med. Präs. Georg Christian Reichel. Lpz. (Breitkopf) 29. VI. 1764. 32 S. u. 2 Abb. (G. C. Reichel ad nat. delin.) (6.80) 15600

Hoffmann, Joan. Christian. (geb. Meissen 11. 8. 1796): De nymphis degeneratis adiecto earum excrescentiae exstirpatae casu. Berolini (1826). (22 S.) 4°
Berlin, Med. Diss. v. 3. Mai 1826

— — (Merseburg), De remediis haemorrhagiarum internarum. Disp. med. Präs. Carl Christian Krause. Lpz. (Langenheim) 27. III. 1778. 36 S. (6.50) 15601

— **Johann Christoph** (Halle), De testimonio injurato. Diss. jur. Präs. Jo. Sam. Stryk. Halle (Orphanotrophei Glauchensis) 19. IV. 1707. 62 S. (7.50) 15602
Widm. v.: Friedrich Hoffmann, Samuel Stryk, Präs.

— — Dasselbe. Vom unbeschworenen Zeugniß Halle (Hendel) 1740. 64 S. (7.50) 15603

Hoffmann, Jh. Dn., († d. 10. Juni 1804.) von den ältesten Bücherprivilegien. 8. Tübing. 777. v. Cotta. 3 gr

Hoffmann, Joh. Daniel (Präs.), s. Camerer, Gottlieb Friedrich: Observationes in litem recentiorem de retractu equestri.

— **Johann Daniel**, De jure publico potissimum Imperii Romano Germanici generatim. Präs. Gottfried Daniel Hoffmann (Vater). Tübing. (Erhard) Sept. 1762. 12 S. (6.—) 15604

— — Linguae Gallicae jus publicum Germanicum. Präs. Gottfried Daniel Hoffmann (Vater). Tüb. (Erhard) 13. IV. 1765. 64 S. (7.50) 15605

— de typographiis earumque initiis et increm. in Polon. et Lithuania. 4. Dant. Knock. 740.

— **Johann Ehrenfried Friedrich** (Steinbruck / Schwarzburg), De virtutis et peccati magnitudine recte judicanda. Disp. moralis. Präs. Michael Weber. Wittbg. (Adam Christian Charisius) 7. IV. 1791. 24 S. (6.50) 15606
Gew.: Carl Gerth v. Ketelhodt (Lichstedt). — Widm. v. Präs.

Hoffmann, Johann Friedrich

— Ansichten u. Bemerkk. über d. Brechruhr u. deren Behandlung. 8. Stuttg. 831. Hoffmann. 9 gr

— **M. Johann Friedrich** (Sangerhausen/Thür.) u. **Johann August Loechner** (Megalo-Haynens. Misn. [= Grossenhain]), Auspiciis immortalis numinis Athenodorum, Tarsensem, philosophum Stoicum, publicae disputationi. Lpz. (Jo. Christian Langenheim) 28. VI. 1732. 32 S. (7.—) 15607
Gew.: Josia v. Veltheim (Ostrau ...).

. Bericht über die Thätigkeit und die Verhältnisse der Loge zur Brudertreue an der Elbe vom Jahre 1855—1860. Abgestattet am Johannisfeste 1860 vom Br. J[oh.] F[riedr.] **Hoffmann.** [Hamburg 1860: Hartwig & Müller.] 16 S. 8⁰ [Umschlagtit.]
Tt. 641. 215.

Hoffmann, J. F., Bericht über die Thätigkeit und die Verhältnisse der Loge zur Brudertreue an der Elbe v. J. 1855—1860 u. v. 1868—1869. 2 Hefte. Hamburg 1860 u. 1869. 8. 16 u. 8 S.

Hoffmann, (Arzt) Jh. Fr., neue prakt. Erfahrungen über d. Milzbrand-Carbunkel. gr. 8. Stuttg. 830. Hoffmann. 12 gr

— — Neue praktische Erfahrungen über den Milzbrand-Karbunkel. Ebd. 30. Stoppani. VI, 72 S. M. 1.50

—— neue pract. Erfahrungen üb. d. Milzbrand-Carbunkel. gr. 8. (4½ B.) Stuttgart 830, (Weise.)

Hammerlied. [Unterz.:] Joh. Friedr. **Hoffmann.** [Hof] o. J. 1 Bl. 4⁰. [Kopftit.]
Ohne Noten: „Auf Brüder begrüsset die fröhliche Stunde" ...

Hammerlied für eine gewöhnliche Tafelloge. Text von Joh. Friedr. **Hoffmann.** o. O. u. J. 2 Bl. 8⁰ [Umschlagtit.]
Ohne Noten: „Auf, Brüder, begrüsset die fröhliche Stunde, . . ."

— der Milzbrand, oder contagiöse Carfunkel d. Menschen, mit Berücksichtigung e. damit zu verwechselnden Krankheitsformen rc. gr. 8. Stuttg. 827. Brodhag. 1 rf 6 gr

Historischer Rückblick auf die Geschichte der Entstehung und Fortentwicklung der Loge zur Brudertreue a. d. Elbe vom Jahre 1845 bis zum Jahre 1870. Eine Festgabe zur Erinnerung an die Feier des 25jährigen Bestehens derselben. Von Joh. Friedr. **Hoffmann.** [Hamburg 1871: Kümpel.] 28 S. 8⁰
Recens: FZ. 26 (1872) S. 6.
Tt. 629.

— — De testamento per procuratorem judici oblato. Diss. jur. Präs. Jo. Florens Rivinus. Lpz. (Johann Christian Langenheim) 21. VI. 1735. 32 S. (7.—) 15608

Hoffmann, Johann Georg

— s. Beweis v. der Gewißheit.

Hoffmann, Jh. Geo. III., Denkwürdigkeiten aus d. Leben eines würdigen Priesters des 19ten Jahrh. gr. 8. Augsb. 2e unveränd. Ausg. gr. 8. Ebd. 831. Rieger. 15 gr

Hoffmann, Jh. Geo. I., († d. 10. Mai 1772.) die Erbauung nach ihrem wahren Begriff, schriftmäßig abgehandelt. 8. Hof 765. Vierling. 6 gl.

— Erklär. d. klein. Katechismus Lutheri. 8. Halle, Waisenh. 756.

Johann Georg Hoffmann
Halle 1726

Johann George Hoffmanns[Hoffmann]Kurze Fragen von den natürlichen Dingen, oder Geschöpfen und Werken Gottes... ([Vorr.:] Johann Daniel Herrnschmidt: Von den rechten Grenzen der natürlichen Philosophie.) 7.,durchgängig verb.u.verm.Aufl. Halle: Waisenhaus 1775. 56,346 S. 8°

Johann Georg Hoffmann
Halle, 1726

Johann George Hoffmanns[Hoffmann:] Kurze Fragen von den natürlichen Dingen.] Unterricht von natürlichen Dingen oder Geschöpfen und Werken Gottes... 11.Aufl.,ganz verb.u.umgearb. von Johann Christian Wilhelm Nicolai. Halle:Waisenhaus 1796. X,254 S.8°

[Nebent.:] Nicolai,Johann Christian Wilhelm: Unterweisung in gemeinnützigen Kenntnissen der Naturkunde.3.Aufl.

Johann Georg Hoffmann
Halle, 1726

Johann George Hoffmanns ([Hoffmann:] Kurze Fragen von den natürlichen Dingen.] Unterricht von natürlichen Dingen oder Geschöpfen und Werken Gottes... 22.Aufl.,ganz verb.u.umgearb. von Johann Christian Wilhelm Nicolai. Halle:Waisenhaus 1826. X,300 S. 8°

[Nebent.:] Nicolai,Johann Christian Wilhelm: Unterweisung in gemeinnützigen Kenntnissen der Naturkunde. 14.Aufl.

— Geschichte des Helden Davids, oder ausführl. Erklärung der schweren Schriftstellen 2 Sam. 23, 8—39 u. 1. Chor. 12, (11), 10 u. f. 8. Frankf. 767. Andreä. 5 gl.

— grammatica hebraica princip. Danz. method. brev. compl. 8. Marb. 776. Krieger. 8 gl.

— Leben des J. C. M. Birkel, Pfarrers zu Güntelsheim. 8. Augsburg 812. Rieger. 4 gl.

– s. Lock, J.: Paraphrast. Erklärung.

— geistl. engländ. Redner. 4. Leipz. Junius. 706.

Hoffmann, Johann Georg. Geistlicher Engeländis. Redner. Worinne Die Schrifften Der Engelländischer Prediger untersucht, gegen die Evangelische Prediger-Methode gehalten, und überall, daß es damit nicht allein auff euserliche Moden und Ohren-juckende Zierathen sondern auff Beweisung des Geistes... ankomme, bewiesen wird... Mit einer Vorrede und Catalogo über die geistl. Engelländischen Schrifften versehen von J. M. SCHAMEL. Leipzig, F Lanckische Erben, 1706. 4°. 4 Bl. 48 S. 9 Bl. 416 S. 7 Bl.

— Trauer-Predigt bei d. Leichen-Gottesdienst des höchstsel. Fürsten-Erzbischofs Joseph, aus d. Geschlecht der Grafen v. Stubenberg, Erzbischofs zu Bamberg u. Fürstbischofs zu Eichstädt, gehalten in der Domkirche zu Eichstädt am 5. Febr. 1824. gr. 8. Augsb. 824. Rieger. 1½ gl.

Hoffmann, Jh. Geo. II. Unterricht von natürl. Dingen ꝛc. 1te Aufl. von J. C. W. Nicolai. 790. 22e, ganz verb. u. umgearb. Aufl. Auch u. d. T.: Nicolai, Unterweis. in gemeinnütz. Kenntnissen d. Naturkunde f. die Jugend. 8. Halle 826. Waisenh.-Buchh. 6 gl.

— Unterricht von natürlichen Dingen, od. Geschöpf. und Werke. Gottes ꝛc. umgearb. v. Nicolai. 8. Ebend. 809.

— Unterricht von natürl. Dingen, od. Geschöpfen und Werken Gottes ꝛc. 17te Aufl. ganz verb. u. umgearb. v. J. Chr. W. Nicolai.
Auch unt. d. Titel:
J. Chr. W. Nicolai, Unterweisung in gemeinnützigen Kenntnissen d. Naturkunde. 9te Aufl. 8. Halle, Waisenhausbuchh. 813.

— — Unterricht von natürl. Dingen. 19te Aufl. verb. und neu herausg. v. Nicolai. 8. Halle, Waisenh.-Buchhdl. 819.

Hoffmann, Joh. Geo., Unterricht v. natürl. Dingen od. Geschöpfen u. Werken Gottes, zum Lobe d. großen Schöpfers u. z. Dienste d. Unstudirten, sonderl. aber d. kleinern Schuljugend, aufgesetzt. Ganz verb. u. umgearb. v. Joh. Christ. Wilh. Nicolai. 23., aufs Neue durchges. Aufl. — A. u. d. T.: Anweisung in gemeinnütz. Kenntnissen d. Naturkunde, z. ersten Unterr. d. Jugend, v. Nicolai. 15. Aufl. 8. (20 B.) Halle 838, Buchh. d. Waisenhauses.

Hoffmann, Johann Georg Ernst, s. Hoffmann, Georg

Hoffmann, Johann Gottfried

— Anleit. z. Verzeichnung der Kämme d. Räderwerks in Mühlen z. ein. Anh. zu sr. Schrift d. Wassermühlenbau. Mit 1 Kpf. gr. 8. Königsb. 802. Unzer. 8 gl.

Hoffmann, Joh. Gtfr., die Befugniss z. Gewerbbetriebe, zur Berichtigung d. Urtheile üb. Gewerbefreiheit u. Gewerbezwang, mit besond. Rücksicht auf d. preuss. Staat dargestellt. gr. 8. (30 B.) Berlin 841, Nicolaische Buchh. *

Hoffmann, J. G. Ueber den Begriff von direkten und indirekten Steuern. Hoffmanns Nachlass kl. Schriften staatswirthsch. Inhalts, Berlin 1847.

— s.a. Beitr. zur Statistik d. Preuß. Staats.

Hoffmann, J. G.. „Beiträge zur Statistik des preussischen Staats" (enthält eine Bevölkerungs-Tabelle von 1819), Berlin 1821 — Vorh.: Preuß. Staatsbibliothek Berlin.

Hoffmann, Beyträge zur Statistik des preuß. Staats. gr. 4. Berlin, Duncker und Humblot. 821.

Hoffmann, J. G. Bemerkungen über den Einfluss der Salzsteuer auf den Zustand der Arbeiterfamilien. Hoffmann's Nachlass kleiner Schriften staatswirthschaftl. Inhaltes. Berlin 1847.

Hoffmann, Jh. Gf., d. Berechnung u. Benutzung des Bauholzes. gr. 8. Königsb. 799. Unzer. 8 gl.

Hoffmann, Jh. Gfr., über die Besorgnisse, welche die Zunahme der Bevölkerung erregt. Der Königl. Academie d. W. vorgel. am 22. Okt. 1835. gr. 4. Berl. 835. (Dümmler.) 1/3 rthl.

— die Bevölkerung d. Preuß. Staats, nach dem Ergebnisse der zu Ende d. Jahres 1837 amtlich aufgenommenen Nachrichten, in staatswirthschaftl., gewerb. u. sittlicher Beziehung dargestellt. gr. 4. Berlin 839. Nicolai. n. 3 rthl.

— Darstellung der Bevölkerungs-, Geburts-, Ehe- und Sterblichkeits-Verhältnisse in den 15 Jahren v. 1820—1834, s. a. Abhandlungen d. Academie d. W. zu Berlin aus d. J. 1841.

Hoffmann, J. G.: „Darstellung der Bevölkerungs-, Geburts-, Ehe- und Sterblichkeitsverhältnisse, welche im preussischen Staate 1820 bis 1834 bestanden", Berlin 1843. — Vorh.: Preußische Staatsbibliothek Berlin.

—— Einleitung zu neuen Untersuchungen üb. d. wahrscheinl. Dauer d. menschl. Lebens. Eine in d. kgl. Akad. d. Wissensch. geles. Abhandl. 4. (2 B.) Berlin 837, (Nicolaische Buchh.) *

§ AULANDERS von Hoffnungs-Berge (d. i. *Joh. Gottfr. Hoffmann*) Gesichte von fünff lustigen Brüdern, Vorgestern, Gestern, Heute, Morgen, Uebermorgen und fünff traurigen Schwestern, Alethea, Asträa, Constantia, Concordia und Patientia, genandt. IV. Gesichte (cplt.). Mit 1 Kupfer. Dantzig 1672. 12°. (In Göttingen.)
Stellenweise derb-satyr-moralische Allegorie, vieles in Reimen. Wenig bekannt und rar!

— — Dasselbe mit d. Titel: Ungerechte Freude, und Gerechte Traurigkeit, oder Erbauliche Betrachtung Fünff lustiger Brüder und Fünff trauriger Schwestern. Nebst einem Poetischen Anhange von der Betrübten Schwestern fünffacher Trauer-Stimme. In II. Theilen vorgestellet durch *Aulandern von Hoffnungs-Berge*. Mit Titelkupfer (2 Darstellungen mit je 2 beigestoch. Reimzeilen). Franckfurt und Leipzig, verlegts Christian Weinmann, Buchhändl. (darüber roth gedrucktes Signet) 1731. 8°. (Im Besitze des Univ.-Prof. Dr. Konrad Burdach, Berlin.)
7 Bll. Vorst. (incl. Titel in Roth- u. Schwarzdruck), 64+59 S., nebst 5 unbez. S. poet. Anhang, auf dessen erster Seite sich der Verfasser nennt. Weller, Lex. Pseud., p. 53; fehlt in Holzmann & Boschatta's Ps.-Lex.

— die Hauszimmerkunst, Mit 23 Kpf. gr. 8. Königsb. 802. Unzer. 2 rthl 16 gr 1819. Hbg. Pr. 2 rthl

– s.a. Interesse d. Menschen und d. Bürgers.

(Hoffmann, J. G.): „Das Interesse des Menschen und Bürgers bei den bestehenden Zunftverfassungen", Königsberg 1803. — Vorh.: Preuß. Staatsbibliothek Berlin und Com. Bibl. Hamburg.

Hoffmann, Johann Gottfried. Zur Judenfrage. Statistische Erörterung. Anzahl und Vertheilung der Juden im preußischen Staate, nach einer Vergleichung der Zählungen zu Ende der Jahre 1840 und 1822. Berlin, berliner Lesekabinet 1842. 29 S. 8.

— zur Judenfrage. Statistische Erörterung. Anzahl und Vertheilung der Juden im Preußischen Staate, nach einer Vergleichung der Zählungen zu Ende der Jahre 1840 u. 1842. gr. 8. Berlin 842, Berliner Lesekabinet. n. 1/6 rthl

—— zur Judenfrage. Statist. Erörterung. Anzahl u. Vertheilung der Juden im preuß. Staate, nach neuer Vergleichung der Zählungen zu Ende der J. 1840 u. 1842. gr. 8. (2 B.) Berlin 843. [Adolf u. Comp.] *

— die Lehre vom Gelde, als Anleitung zu gründl. Urtheilen üb. das Geldwesen, mit besond. Beziehung auf d. Preuß. Staat vorgetragen. gr. 8. Berlin 838. Nicolai. n. 1 1/6 rthl

—— die Lehre von d. Steuern, als Anleit. zu gründl. Urtheilen üb. d. Steuerwesen, mit besond. Bezieh. auf d. preuss. Staat vorgetragen. gr. 8. (20 1/2 B.) Berlin 840, Nicolaische Buchh. *

Hoffmann, J(oh.) G(ottfr.), Nachlass kleiner Schriften staatswissenschaftlichen Inhalts. gr. 8. (VIII und 708 S.) Berlin 847, G. Reimer.

Hoffmann, Joh. Gottfried: „Nachricht von dem Zwecke und der Anordnung der Vorträge des Dr. Joh. Gottfried Hoffmann", Berlin 1823. — Vorh.: UB Breslau.

—— über d. wahre Natur u. Bestimmung d. Renten aus Boden- u. Kapital-Eigenthume. Eine in d. kgl. Akad. d. Wissensch. am 20. Oct. 1836 geles. Abhandl. gr. 4. (3 3/4 B.) Berlin 837, (Dümmler.) *

—— Sammlung kleiner Schriften staatswirthschaftl. Inhalts. gr. 8. (37 7/8 B.) Berlin 843, Nicolaische Buchh. *

—— Teplitz u. sein romant. Thal. Ein Taschenb. f. Badereisende u. Freunde d. Natur u. Romantik, m. Musik-Beilagen. 8. (13 1/2 B.) Berlin 846. (Weyl.)

– s.a. Uebersicht d. Bodenfläche und Bevölkerung d. Preuß. Staats.

Hoffmann, J. G.: „Uebersicht der Bodenfläche und Bevölkerung des preussischen Staats", Berlin 1817. — Vorh.: Preußische Staatsbibliothek Berlin.

— — Uebersicht der Bodenfläche und Bevölkerung des preußischen Staats, aus den für das Jahr 1817 amtlich eingegangenen Nachrichten. 2r unveränd. Abdruck. gr. 4. Ebendas.

—— Uebersicht der Geburten, neuen Ehen u. Todesfälle in d. J. 1816 bis mit 1841, nach den für die Stadt Berlin amtlich aufgenommenen Tabellen. Nebst e. erläut. Einleitung. Im Auftrage des k. Ministeriums der Geistl., Unterrichts- u. Medicinal-Angelegenheiten hrsg. gr. 4. (6 B.) Berlin 843, Nicolaische Buchh. *

Hoffmann, J. G., neueste Uebersicht d. Bodenfläche, d. Bevölkerung u. d. Viehstandes d. einzelnen Kreise d. preuss. Staats. Nach d. zu Ende d. J. 1831 ämtl. aufgenomm. Verzeichnissen. gr. 4. (12 3/4 B.) Berlin 833, Duncker u. Humblot.

—— Uebersicht der allgemeinsten staatswirthschaftl. Verhältnisse, welche die Verschiedenheit der Bildung u. des Besitzstandes unter den Staatsangehörigen erzeugt. Der k. Akademie d. Wissenschaften vorgelegt am 7. Novbr. 1844. gr. 4. (4 B.) Berlin 845. (Nicolai'sche Buchh.) *

Hoffmann, J(ohann) G(ottfried). Das Verhältniß der Staatsgewalt zu den Vorstellungen ihrer Untergebenen. Ein Beitrag zur Erleichterung gründlicher Urtheile über die Anforderungen, welche das Zeitalter an die Staatsverwaltungen macht. Berlin, Nicolai 1842. VIII 184 S. 8.

— d. Wassermühlen, mit bes. Rücksicht auf Mahlmühlen. m. K. gr. 8. Ebend. 800.

— der Wassermühlenbau, mit besond. Rücksicht auf Mahlmühlen. Mit Kpf. gr. 8. Königsb. 800. Unzer. 2 rthl 8 gr Mit n. Tit. 819. Hbg. Pr. 2 rthl

—— die Wirkungen d. asiat. Cholera im preuss. Staate während d. J. 1831. Nach d. bei d. statist. Büreau eingegang. Nachrichten. Der Kgl. Akad. d. Wissensch. vorgelegt am 22. Nov. 1832. gr. 4. (7 3/4 B.) Berlin 833, (Dümmler.)

J. G. Hoffmann, Die Zeichen der Zeit im deutschen Münzwesen, als Zugabe zu der Lehre vom Gelde und mit besonderer Rücksicht auf den preußischen Staat vorgetragen. Berlin, 1841. (162 S.)

— die Zeichen der Zeit im deutschen Münzwesen, als Zugabe zu der Lehre vom Gelde und mit besond. Rücksicht auf den Preuß. Staat vorgetragen. gr. 8. Berlin 841, Nicolaische Buchh. n. 5/6 rthl — compl. n. 2 rthl

Hoffmann, Johann Gottlieb. Nach der erläuterten und verbesserten Churfürstl. Sächsischen Process-Ordnung eingerichteter modus procedendi ... Leipzig 1736. H: *Hayme, Thomas.* (ML) (Adel) 4. Aufl. 1765. H: *Müller, Carl Wilh.* (Adel) (Ky)

Hoffmann, J. Gl., nach der erläutert. sächs. Proceßordnung eingerichtet. modus procedendi, mit d. summar. Proceß von Wisenhaver vermehrt. 8. Leipz. Fritsch. 763.

– Dass., s.a. H o f f m a n n , Johann Gottlob

— — Theologum *ΑΠΟΡΗΤΙΚΟΝ*, h. e. male dubitantem, ad studium *ΠΛΑΠΡΟΦΟΡΙΑΣ* succinctô excitatum schediasmate. Präs. D. Gottlob Friedr. Seligmann. Lpz. (Christian Göz) 27. IV. 1700. 24 Bl. (7.50) 15612

Hoffmann, Johann Gottlob

– s. Concilii Tridentini.

– s. G o t t s c h e d , Johann Christoph: Kern der deutschen Sprachkunst.

HOFFMANN, J. Glo.: Nach der erläuterten u. verbessert. churfürstl. Sächs. Processordnung eingerichteter modus procedendi in causis ordinariis, mit dem summar. Process von *Wiesenhaver* vermehrt. *Leipzig*, (Hahn.) 763. 8. (12 Gr.)

Hoffmann, Jh. Glo. I., († d. 11. Jan. 1797.) nach der erläutert. Sächs. Proceßordnung eingerichteter Modus procedendi, mit Zusätzen u. e. Anh. vom Modo procedendi im Leipzig. Handelsgerichte vermehrt (v. Karl W. Müller). 8. Leipz. ... 4e Aufl. 765. (Hahn). 12 Gr.

– Dass., s.a. H o f f m a n n , Johann Gottlieb

– de juris naturae principio Epistola: 4. Leipz. 763.

– s. S c h o e t t g e n , Chr.: Triturae.

Hoffmann, Johann Heinrich, s.a. H o f m a n n

Hoffmann, J. H., Belehrungsbuch gemeinnütz. Kenntnisse. 8. Anspach. Gassert. 806.

Hoffmann, Jh. Hnr. II., Beleuchtung d. Kritik, welche Fr. Chr. Ermel über die Verfassung d. Kollegiatstifts in Wurzen 2c. aufgestellt hat. gr. 8. Leipz. 805. (Cnobloch). 6 Gr.

– Beleuchtung der Kritik 2c. gr. 8. Leipzig, Martini. 805.

— **Johann Heinrich** (Harrade/Thür.), De bonis receptitiis uxori testamento paterno constitutis. Präs. Christoph Ludwig Crell. Wittbg. (Scheffler) Juni 1737. 24 S. (6.50) 15615

Hoffmann, J. H., Geschichte uns. Zeit. Eine Darstellung d. Ereignisse seit 10 Jahren. 8. Nürnb. Zeh. 814.

Hoffmann, J. H., Geschichte unserer Zeit. Darstell. der polit. Ereignisse in den Jahren 1812, 13, 14. 8. Dinkelsbühl. (Leipzig, Cnobloch.) 816.

— Handbuch f. Liebhaber u. Liebhaberinnen d. Schönen u. Angenehmen. 8. Cölln. Firdorf u. Kl. 811.

— — (Wurzen), De modis interrumpendi praescriptionem civilibus. Diss. jur. Wittenbg. (Tzschiedrich) 27. III. 1797. 24 S. (6.—) 15616

Hoffmann, Joh. Jos. Ign., Abhandlungen aus d. Mathematik u. Physik, nebst mathemat. u. phys. Belustigungen, z. Belehr. u. Unterhalt. gr. 8. (23¼ B. u. 15 Stnt.) Mainz 838, Kupferberg. Thlr.

— Anleit. zur Arithmetik, für Anfänger. 8. Offenb. 805. Brede. 16 Gr. 2e Aufl., unt. d. T.: Anleit. zur Elementararithmetik. 1r Thl. Niedere Elementararithmetik. 8. Ebd. 819. 3e Aufl. 826. 14 Gr. 2r Thl. Höhere Elementararithmetik. 819. 2e A. 824. 3e verb. u. verm. Aufl. 830. 1 Rthlr 8. Offenb. (Hermann in Frankf. a. M.) 1 Rthlr 14 Gr. (Auch u. dem T.: Hoffmann, J. J. J., Anleit. zur Elementar-Arithmetik.)

— — Anleitung zur Elementararithmetik. 1r Thl. Niedere Elementararithmetik. 2te Aufl. 8. Offenbach, Brede. 819.

— Anleit. z. Elementar-Arithmetik. 1r Thl. Niedere Elementar-Arithm. 3e Aufl. 826. 16 gr. 2r Thl. Höhere Elementar-Arithmetik. 2e Aufl. 822. 1 Rthl. 8. Offenbach, Hermann in Frkft.

Hoffmann, Joh. Jos. Ign., Anleitung z. Elementar-Arithmetik. 2. Thl. Höhere Elementar-Arithmetik. 3., verb. u. sehr verm. Aufl. 8. (20½ B.) Frankfurt a. M. 830, Hermann.
1. Thl. 3. Aufl. Ebendas. 1826. 16 Gr.

—— Anleitung z. Elementar-Arithmetik. 1. Thl. Niedere Elementar-Arithmetik. 5., verb. u. verm. Aufl. 8. (16 B.) Frankfurt a. M. 839, Kettembeil.
2. Thl. Ebendas. 1830. 1 Thlr.

A n l e i t u n g zur Elementar-Arithmetik v. Johann Joseph Ignaz **Hoffmann.**
Th. 1. Niedere Elementar-Arithmetik. 6. Aufl. Frankfurt am Main 1841.
Th. 2. Höhere Elementar-Arithmetik. 3. Aufl. ebd. 1830.
Bei desselben Encyclopädische Uebersicht der Mathematik. 8°

— Anmerkk. zu den geometrischen Büchern der Elemente des Euclides, zur Berichtigung, Erläuterung u. Erweiterung des bei dem öffentl. oder Privat-Unterrichte zu gebrauchenden Textes. Mit e. Anhange von d. Berechnung der Figuren u. Körper. Mit 7 Steindrucktaf. gr. 8. Mainz 832. Kupferberg. 20 Gr.

— geometr. Anschauungslehre 2c. Mit 7 Steintaf. 8. Mainz 815. 2e verb. u. verm. Aufl. 8. Ebd. 818. 3e Aufl. 823. Kupferberg. 15 Gr.

Hoffmann, (Joh. Jos. Ign.,) geometr. Anschauungslehre; e. Vorbereitung z. leichten u. gründl. Studium d. Geometrie. Mit 7 Steindr. 3e verb. u. verm. Aufl. 8. Mainz 824, Kupferberg.

Geometrische Anschauungslehre. Von Johann Joseph Jgnaz Hoffmann. Mit 8 Steintafeln. 4. Aufl. Mainz. 1839. 8°.

— geometrische Anschauungslehre. Eine Vorbereitung zum leichten u. gründl. Studium der Geometrie. Mit 8 Steintaf. 8. Mainz 839. Kupferberg. 5 Rthlr

— stereometrische Anschauungs- u. Wissenschaftslehre. Eine Anleitung zum leichten u. gründl. Studium der Stereometrie. Mit 8 Steintaf. 8. Mainz 820. Kupferberg. 20 Gr.

— vermischte Aufsätze aus d. Physik, Philosophie u. Mathematik, f. Liebhaber dieser Wissenschaften. gr. 8. Frankf. 826. Andreä. 1 Rthlr 6 Gr.

Hoffmann, Joh. Jos. Ign., das eilfte Axiom der Elemente des Euclides, neu bewiesen, mit erläuternden und erweiternden Bemerkungen versehen. gr. 8. (VI und 38 S. mit 2 Stnt. in qu. gr. 4.) Halle 859, Schmidt's Verlagsh. *

Hoffmann, Joh. Jos. Ign., Beiträge zur Elementar-Geometrie. Programm des k. bayer. Lyceums zu Aschaffenburg für 1847 in 1848. gr. 4. (32 S. und 2 Stnt.) Aschaffenburg 849. (Regensburg, Manz.) Thlr.

—— Beiträge z. Schachspiel; theoret. Vorschriften u. pract. Beispiele, grossentheils nach italien. Meistern bearb. 16. (10¼ B.) Mainz 833, Kupferberg.

—— Bemerkungen zu d. geometr. Büchern d. Elemente d. Euclides, z. Berichtigung, Erläuterung u. Erweiterung des bei dem öffentl. od. Privat-Unterr. zu gebrauchenden Textes. Mit e. Anh. v. d. Berechnung d. Figuren u. Körper. M. 7 Stnt. (qu. Fol.) gr. 8. (14 B.) Mainz 832, Kupferberg. Thlr.

— die Berechnung d. Dreieckslehre aus ihren gegebenen drei Seiten. Nach frühern Methoden dargest. u. bewiesen. Mit 1 Kpf. 4. Frankf. 814. 2e Aufl. 832. Jäger. 8 gr

— Beschreibung eines einfachen u. sehr wirksamen Papier-Electrophors. 8. (24 S.) Aschaffenburg 847, Pergay. ⅛ ß

—— die geometr. Bücher der Elemente des Euclides, s. Euclides.

(——) Charaden u. Räthsel, s. Charaden rc.

— s. K. v. Dalberg, Untersuchung.

— populäre Darstell. der Grundlehren d. niedern u. höhern Algebra, f. Anfänger. 8. Mainz 825. Kupferberg. 1 ß 4 gr

— Erde, Wasser, Luft und Feuer, als Stoff zu belehrenden und erbauenden Dictir-Uebungen in öffentl. Schulen benützt. — Ausgabe für Lehrer u. Erzieher. 8. Landsh. 834. Manz. ⅙ ß

— s. Euclides: Geometr. Bücher der Elemente.

HOFFMANN, Johann Josef Ignaz: Die Forsttaxation für angehende und ausübende Forstmänner und Cameralisten. - Gotha 1823. 123 S., 1 Taf. - (=VII. T. v.: Die Forst- und Jagdwissenschaft nach allen ihren Theilen für angehende und ausübende Forstmänner und Jäger. Hrsg. v. J. M. Bechstein, fortges. v. C. P. Laurop)

— die Forsttaxation f. angehende u. ausübende Forstmänner und Cameralisten. Mit 2 Kpf. gr. 8. Gotha 823. Hennings. 1 ß (Auch u. d. T.: Bechstein, Forst- u. Jagdwissenschaft, 7r Thl.)

Hoffmann, Johannes, die Forsttaxation rc. gr. 8. Gotha; jetzt Hennings u. Hopf in Erfurt. 1 ß

Gegengruss, Seinen Hochverehrten Collegen im Lehramte, Hrn. Prof. Dr. Jos. Merkel, u. s. w., Hrn Prof. Dr. Martin Balduin Kittel u. s. w., Hrn. Prof. Dr. Jos. Holzner, u. s. w., Hrn. Prof. Martin Beitelrock, u. s. w., als dieselben am 17. Jan. 1857 Jhrem an diesem Tage mit dem Ehrenkreuze des k. Ludwigsordens geschmückten Vorstande einen poetischen Festgruss überreicht hatten, zur dankbaren Erwiederung dargebracht v. Jubilare Dr. J. J. J. v. Hoffmann. — ½ Bog. — Ein Couvert ohne Druckort.
Progr. Aschaffenburg

— das Gesetz des Gleichgewichts am Hebel, aus d. Theorie d. Zusammensetzung u. Zerlegung d. Kräfte direkt bewiesen. Mit 3 Kpft. gr. 8. Paderb. 806. Wesener. 12 gr

— die Grundanschauung der Geometrie zur Bildung des jugendl. Geistes. (Aus d. 3n Aufl. der geometr. Anschauungslehre besond. abgedr.) Mit 4 Steintaf. 8. Mainz 823. Kupferberg. 1 ß

Das Grundgesetz des Hebels und das Parallelogramm der Kräfte, auf leicht faßliche und überzeugende Art gegenseitig auseinander abgeleitet von Dr. Joh. Jos. Ign. Hoffmann, Hofrathe, R. des L., P. der Math. u. Phys. u. s. w. — 1842. Ebend. — Titelbl. u. Vorw. ½ B., dann S. 1—16 nebst einer Fig. Taf.
Progr. Aschaffenburg

Hoffmann, Jh. Jos. Ign., Grundlehren der Algebra, höhern Geometrie u. Infinitesimalrechnung. Mit 14 Kpfrtaf. gr. 8. Gießen 817. (Leipzig, Fr. Fleischer.) 1⅔ ß
Hieraus besonders:
— Grundlehren d. Algebra, mit 3 Kpftaf. gr 8. Ebd. 816. ⅔ ß
— Grundlehren der Geometrie u. Infinitesimalrechnung. Mit 11 Kpfrtaf. gr. 8. Ebd. 817. 1 ß

Hoffmann, Jh. Jos. Ign., Grundlehren d. Algebra, höhere Geometrie u. Infinitesimalrechnung. Mit 14 Kpf. gr. 8. Gießen 817. Tasche. 1 ß 16 gr Auch unter nachsteh. zwei besond. Titeln: Grundlehren der Algebra. Mit 3 Kpf. gr. 8. Ebd. 816. 16 gr Grundlehren der höhern Geometrie rc. Mit 11 Kpf. gr. 8. Ebd. 817. 1 ß

— über den Grundsatz der unendlichen Theilbarkeit in der Geometrie. Mit 1 Kpf. gr. 8. Offenb. 804. Brede. 5 gr

— Handbuch d. allgemeinen Bewegungslehre d. Statik u. Mechanik in öffentl. Vorlesungen u. zum Selbstunterrichte f. Anfänger. Mit 6 Steindr. gr. 8. Mainz 823. Kupferberg. 1 ß

— s. Horatius Flaccus, Quintus: Erste Satyre.

— der mathemat. Jugendfreund. Der arithmet. Abtheil. 1r u. 2r Bd. Auch u. d. T.: der arithmet. Jugendfreund; ferner auch u. d. T.: populäre Darstellung der Grundlehren d. niedern u. höhern Algebra. 2 Abthelll. 8. Mainz 824 u. 25. Kupferberg. 2 ß 16 gr Der geometr. Abtheil. 1r Bd. Auch u. d. T.: der geometr. Jugendfreund. Mit 11 Steintafeln. 8. Mainz 827. Kupferberg. 1 ß 8 gr

— dess. 2r Bd. Auch u. d. T.: d. stereometr. Jugendfreund. Mit 7 Steintaf. 8. Mainz 827. Kupferberg. 1 ß 8 gr (5r Bd.) der höhern arithmet. u. geometr. Abtheil. 1r Bd. A. u. d. T.: der höher-geometr. Jugendfreund. Mit 11 Steintaf. 8. Mainz 829. Kupferberg. 1 ß 4 gr

—— der mathemat. Jugendfreund, od. popul. Darstell. d. Grundlehren d. reinen u. angewand. Mathematik f. Anfänger. 8. Abthl. 1. Bd. — A. u. d. T.: Der höhere geometr. Jugendfreund. M. 11 Stnt. qu. Fol. 8. (15½ B.) Mainz 829, Kupferberg.
1. u. 2. Abthl. (à 2 Bde.) Ebendas. 1825—27. 6 Thlr. 8 Gr.

— Kritik d. Paralleltheorie. 1r Thl. Mit 10 Kpft. 8. Jena 807. Cröcker. 1 ß 4 gr

— Lehrbuch der allgemeinen Physik, Mechanik u. Optik, f. öffentl. Vorlesungen u. zum Selbstunterrichte entworfen, in 2 Theilen. 1r Thl. Lehrbuch der allgem. Physik. Mit 3 Steintaf. 8. Mainz 821. Kupferberg. 1 ß

— die Lehre von der gleichförmig beschleunigten Bewegung, aus d. wahren Begriffe d. gleichförmig beschleunigend. wirkenden Kraft abgeleitet. Mit 1 Kpft. gr. 8. Heidelb. 807. Mohr. 8 gr

— die Lehre von d. Zusammensetzung u. Auflösung der Kräfte unabhängig von d. Theorie d. Hebels. Mit 2 Steintaf. 4. Mainz 815. Kupferberg. 9 gr

Hoffmann, Jh. Jos. Ign., der Pythagoräische Lehrsatz, mit 32 theils bekannten, theils neuen Beweisen versehen. Mit 2 Steint. 4. Mainz 819. 2e Aufl., mit 38 eingedr. Holzschnitten. 821. Kupferberg. 12 gr

Ueber Naturerscheinungen, Naturgesetze und ihre Erklärungsweisen, von Joh. Jos. Ign. Hoffmann, K. B. Hofrathe, Direct. des L., Prof. der Math. und Physik am L., erstem Prof. an dem Forst-Lehrinstitute u. s. w. — 1826. Aschaffenburg. M. J. Wailandt's Witt. — S. 1—8.
Progr. Aschaffenburg

— Physik u. Mechanik f. angehende u. ausüb. Forstmänner. Mit 16 Kpft. 1e u. 2e Abthl. (A. u. d. T.: Bechstein, Jh. Matth., die Forst- u. Jagdwissenschaft. 8r Thl.) gr. 8. Gotha 823, 24. Hennings. 3 Thlr. 16 gr.

Hofmann, J. J.: „Physik und Mechanik für angehende und ausübende Forstmänner, Cameralisten und Oekonomen", 2 Abteilungen, Gotha 1823, 1824 (Hennings).

— Physik u. Mechanik für ꝛc. Forstmänner. 2 Abthll. gr. 8. Gotha, jetzt Hennings u. Hopf in Erfurt. 3²/₃ Thlr.

— d. Pothenotische Problem u. seine Auflösungen. Mit 2 Steint. gr. 8. Mainz 826. Kupferberg. 6 gr.

— die Quadratur d. Parabel des Archimedes, mit nöthigen Hülfssätzen u. Erläuterungen u. 2 Steintaf. versehen. 4. Mainz 817. Kupferberg. 10 gr.

— Roberwals-Wage, historisch erläutert, u. nach ihren pädagogisch scheinenden Wirkungen streng bewiesen. Mit Kupf. 4. Frankf. a. M. Andreä. 816. 8 gr.

—— Hoffmann, Ludw. (I.), die Sägemühle mit d. neuesten Constructionen, in den Hauptansichten, Profilen u. einzelnen Theilen nach dem Maasstabe gezeichnet u. beschrieben. gr. Fol. (4 Kpfrt. u. 2 Bl. Text.) Leipzig 843, Romberg.*

— d. 28ste Satz des XI. Buchs d. Elemente des Euclides, geprüft u. neu erwiesen. Mit 1 Steintaf. 4. Mainz 818. Kupferberg. 9 gr.

Biographische Skizze von Dr. Joh. Jos. Ign. v. Hoffmann. — 1858. Ebend. — S. 3—20. S. 11—20. Chronologisches Verzeichniß v. dessen Druckschriften.
Progr. Aschaffenburg

Hoffmann, Dr. Johann Joseph Ignaz von, biographische Skizze. 2., verm. Aufl. Aschaffenburg 863. Krebs. gr. 8. (32 S.) 4 ngr.

— Sonne, Erde und Mond. Astronomische Elementarlehren, faßlich dargestellt. 12. (Mit 10 lith. Taf.) Aschaffenburg 845, Pergay. 1/6 Thlr.

— s. Karl Ph. Chr. Stein, Grundlehren der prakt. Geometrie.

— logarithmisch-trigonometr. Tafeln, enthaltend d. Logarithmen für alle ganze Zahlen von 1 bis 10,000 in sieben Decimal-Bruchstellen, nebst den Sinus, Logarithmen d. Sinus u. Tangenten, von Minute zu Minute, für alle Winkel von 1' bis 90° ebenfalls in sieben Bruchstellen, u. einer ausführl. Anweis. zu ihrem Gebrauche. 8. Mainz 826. Kupferberg. 16 gr.

HOFFMANN, Johannes Josef Ignaz: Der Turnus der Forste und die Unter-Hauung der Wälder zur wahren Erlangung ihres höchsten Holzertrags; als Vorläufer und Ankündiger einer höhern Forsttaxation. H. 1: Über den Turnus der Forste. - Meiningen 1821. 70 S.

Hoffmann, Johannes, der Turnus d. Forste u. die Unterhaltung der Wälder, zur wahren Erlangung ihres höchsten Holzertrags; als Vorläufer u. Ankündiger einer höhern Forsttaxation. 8. Meining. 821. Keyßner. 8 gr.

Hoffmann, Jh. Jos. Ign., encyclopädische Uebersicht der Mathematik, nach Begriff, Methode, Nutzen, Eintheilung u. Lehrvortrag derselben. 8. (Mit 1 Tab.) Frankfurt a/M. 841, Kettembeil. 1/3 Thlr.

—— Uebungen im Kopfrechnen. 8. (3 B.) Frankfurt a. M. 839, Kettembeil.

— Versuch e. neuen u. gründl. Theorie der Parallellinien ꝛc. Mit 1 Kpf. gr. 8. Offenb. 801. Brede. 6 gr.

— s. Vida: Lehrgedicht und Schachspiel.

— geometrische Wissenschaftslehre. Eine Anleit. zum leichten u. gründl. Studium der Geometrie. Mit 6 Steintaf. 8. Mainz 816. 2e verb. u. verm. Aufl. 819. 3e A., mit 7 Steint. (826). Kupferberg. 20 gr.

HOFFMANN, Johann Leonhard (Meiningen): De angina membranacea.- Landishuti: Thomann (1810).
45 S., 4 Bl.
31.3.1810 - Pe 312; F 57
Diss. Ingolst.-Landsh.-Mchn.

— s. Anweis. z. Verfert. d. Zeichen-Instruments.

— Anw. z. Gebr. d. allgem. Zeicheninstrum. ohne Gläser. m. K. 8. Anspach, Gassert. 780.

Hoffmann, Jh. Leonh., († d. 29. Sept. 1814.) Farbenkunde, für Maler u. Liebhaber d. Kunst. 8. Erlang. 798. Palm. 12 gr.

— Geschichte d. malerisch. Harmonie u. Farbenharmonie ꝛc. gr. 8. Halle, Hendel. 786.

— s. Schlüssel zur Kopierkunst.

HOFFMANN, Johann Leonhard (Freising; Landshut): Die Sünde und Sünden gegen den heiligen Geist.- Regensburg: Manz 1847. XII,110 S.
29.7.1847 - Urk (Titel: De peccato et peccatis in spiritum sanctum.); F 44
Diss. Ingolst.-Landsh.-Mchn.

Hoffmann, Joh. Leonh., die Sünde u. die Sünden gegen den heil. Geist. Eine gekrönte Preisabhandlung. gr. 8. (XII u. 110 S.) Regensburg 847, Manz. 1/3 Thlr.

— Versuch e. Geschichte der maler. Harmonie überhaupt u. der Farbenharmonie insbesondere. gr. 8. Halle 768. Hendel. 10 gr.

Hoffmann, Joh. M., praktisches Sprach-Lese-Buch für die deutsch sprechende Jugend der Verein. Staaten von Nord-Amerika. gr. 12. (IV und 180 S.) Pittsburg 855(57). (Philadelphia, Schäfer und Koradi.) Thlr. *

Der verfürte (!) und wieder gebesserte Student; oder der Triumph der Tugend über das Laster. Ein prosaisches Lustspiel in fünf Aufzügen (von *Joh. Mich. Hoffmann*). Frankfurt u. Leipzig, 1770. 8⁰. Rar!

Goedeke hat unrichtig „1771". — Darin der „Landesvater" und „St. Paulus war ein Medicus". S. unsere volksthüml. Lieder. Von Hoffmann v. Fallersleben. 1859. S. 116. — Cfr. Maltzahn 546 no. 2436.

Anon.-Lex. IV. p. 129 (nach Maltzahn); Hoff hat „*Hofmann*" als Vf.

— dass., s.a. Hofmann

Hoffmann, Johann Moritz, s. Hofmann

Hoffmann, Jh. Pt., s.a. Hofmann

Hoffmann, J. Pet., Anw. wie d. Jug. z. Briefschreiben anzuführ. 8. Prag, Widtmann. 796.

— Feuerbüchlein f. d. Jugend. 8. Ebend. 796.

— Feuerkatechism. f. Landvolk ꝛc. 8. Ebend. 798.

Hoffmann, Joh. Pet., die gebildete Jungfrau im Gespräche mit Gott, ein christlich-kathol. Gebetbuch. Taschenformat. Prag, Enders. 816.

— Kriegslieder d. k. k. Armee. 8. Prag, Neureutter. 800.

— — die Pfarrcompetenz zu Spreudlingen. Eine Passionsgeschichte und Apologie. 8. Frankfurt a. M., Boselli. 817.

— — der Stern von Nepomuck, oder Gesang und Gebete zur Ehre des heil. Nepomuck. Prag, Enders. 816.

— Vers. in ernsth. Gedichten. 8. Prag, Buchler. (a. Haslinger in Linz). 795.

— **Johann Philipp** (Worms), De origine libertatis liberarum & imperii civitatum. Diss. jur. Heidelberg (Franz Müller) Mai 1719. 32 S. (7.—) 15619

Widm. v.: C. O. Thyllius, Johann Bartholomäus Busch, J. C. Graff (Worms; dtsch.).

— **Joh. Theodor** (Kerspleb/Thür.), Dissertationem quartam, quae logicae peripateticae vestigia, in theologorum orthodoxorum scriptis, quantum ad doctrinam de accidente. Präs. L. Christian Ludovici. Lpz. (Johann Gottlieb Bauch) 9. IX. 1713. 8 Bl. (6.50) 15620

Hoffmann, Joh. Tobias (Präs.), s. Breßler, Heinrich Christian: De Jurisprudentia symbolica.

— **Johann Tobias** (Freiburg/Thür.), Jurisprudentiam veterum Germanorum observationibus quibusdam historico-politicis illustratam. Präs. M. Heinrich Gottlieb Francus (Teichwitz/Vogtl.). Lpz. (Andreas Martin Schede) 1728. 38 S. (6.80) 15621

Gew. (v. Präs.): Jo. Gottlob Carpzov, Friedrich Frisius, Urban Gottfr. Siber, M. Justus Gotthart Rabener.

— — De jurisprudentia symbolica, antehac in dissertatione juridica exhibita. Tractat. jurid. Jena u. Leipzig 1730. 72 S., tlws. dtsch. (8.—) 15622

Hoffmann, Joh. Tob. De patrimonio Principis privato, Chatoullengelder. 8°. Jenae 1727.

Hoffmann, Johann Wilhelm

— — De decanis et decanissis dissertatio. Wittbg. (Ephraim Gottlob Eichsfeld) 6. I. 1739. 36 S. (6.50) 15628

— — Disputationes publicas ex historia Germanica. Wittbg. (Ephraim Gottlob Eichsfeld) 8. VIII. 1739. 38 S. (6.—) 15629

— Erklärung d. kl. Katechismus Luthers, nebst e. Vorr. v. Joh. Geo. Knapp. 8. Halle 758. Waisenhaus B. 8 gr

— **M. Johann Wilhelm** (Zittau), De juribus emigrantium propter religionem. Disp. jur. Frankfurt a. O. (Sigismund Gabriel Alex) 15. XI. 1732. 34 S. (6.50) 15623

— — Dasselbe. Ohne Ort u. Drucker. 1733. (6.50) 15624

— — (Professor zu Wittenberg), Dasselbe. (De jure emigrantium propter religionem. Vom Rechte der Emigranten. Diss. histor.-jur.) Wittenbg. (Tzschiedrich) 1740. (6.50) 15625

— — Ad legem Juliam de adulteriis coercendis liber singularis in quo multa juris et veterum auctorum loca explicantur ac illustrantur. Frankfurt a. O. (Johann Gottfr. Conradi) 1732. 7 Bl. 190 S. (10.—) 15626

Gew.: Samuel Frh. v. Coccejl (Puchlin, Roepkow).

— — id. l. 4. Francf. Strauss. 738.

Hoffmann, J. W., († ...) ad legem Juliam de adulteriis. 4. Leipz. 751. Klauharth. 6 gr

Hoffmann, J. Guil.: Ad legem Juliam de adulteriis coërcendis lib. sing. (*Frcf. ad Viadr.* 732. 4.) Edit. nova. *Lps.* 752. 4.

Hoffmann, J. W: Ad legem Juliam de adulteriis coercendis liber sing. *Lpz.*, Langenheim. (738.) 752. 4. (6 Gr.)

— — De lubrico artis diplomaticae disserit et ad audiendam orationem qua munus historiarum publice docendarum clement. sibi mandatum invitat. Wittbg. (Eichsfeld) 15. VII. 1737. 53 Seiten. (7.50) 15627

S. a. Nr. 15630.

— meditamenta in pandectas semetria II. 4. Frcf. Strauss. 752.

Hoffmann, J. W.: Meletematum academicor. ad Pand. semestria duo. *Frcf. ad Viadr.* 735. 4.

Hoffmann, Joh. Wilh., De modo judicia privata exercendi apud veteres Germanos. Diss. quam exam. subm. C. L. Wesenfeld. Francofurti a. V. 1736. 4. . . . . . . (D.)
—, — Ed. 2. Ebda 1757. 4. . . . . (BRO.)

Hoffmannus, Jo. Guil.: Observationum iuris Germanici libri duo. Francofurti et Lipsiae 1738.

— observationes juris german. libri II. 8. Lips. Junius. 738.

— observation., quae ad us. fori spect., Dissert. VII. 4. ibid. 736.

— quinarius dissertationum in mater. sel. 4. Francf. Strauss. 736.

— et Oberkamp de re diplomatica lucubratio. 4. Leipz. 758. Klauharth. 6 gr

— — u. **Heinrich Oberkamp**, De re diplomatica lucubrationes. Edidit et praefatus est D. Heinrich Gottlieb Francke. Accedit index rerum praecipuarum. Lpz. (Johann Christian Langenheim) 1758. XXIV, 180 S. (15.—) 15630
Enth.: Hoffmann, De lubrico artis diplomaticae disquisitio. [s. a. Nr. 15627.] — Oberkamp, De sincera ac secura artis diplomaticae crisi ac Chuonradi I. et Henrici Aucupis cura ac re diplomatica. — Adpendix sistens notitiam quandam litterariam circa rem diplomaticam.

— Sammlung ungedr. u. zu der Gesch. des h. röm. Reichs gehör. Nachricht. Dokument. u. Urkund. 2 Thle. 4. Halle, Waisenh. 736. 37.

Hoffmann, Jh. Wlh., († ...) Sittenbüchlein. 12. Halle ... 2e A. 824. Waisenhaus B. 1 ℛ

Hoffmann, Johannes, s.a. Hoffmann, Johann Josef Ignaz

Hoffmann, Joh., das Abendmahl im Urchristentum. Eine exeget. u. historisch-krit. Untersuchg. (VII, 267 S.) gr. 8. Berlin, 903. G. Reimer. n. 4.—

Hoffmann, Joh., amerikanische Bilder. Eindrücke e. Deutschen in Nord-Amerika. 8. (III, 103 S.) Berlin 893. K. Siegismund. n. 1. 20

Hoffmann, Johannes: Aus der Frauenklinik der Kgl. Charité (Herr Geh. Medicinalrat Prof. Dr. Gusserow). Über Dermoide des Eierstockes. *Berlin (1898): W. Röwer.* (54 S.) 8°
Berlin, Med. Diss. v. 24. Juni 1898

Hoffmann, Johannes, appr. Arzt: Über den Einfluss von Hemizellulosen und von Zellulose auf die Stickstoffbilanz und den Phlorhizindiabetes von Kaninchen. Halle a. S. 1910: John. 27 S. 8°
Halle, Med. Diss. v. 5. Aug. 1910, Ref. Schmidt
[Geb. 27. Aug. 84 Hamm i. W.; Wohnort: Aachen; Staatsangeh.: Preußen; Vorbildung: Paulin. Gymn. Münster i. W. Reife O. 04; Studium: Halle 2, Würzburg 3, Leipzig 1, Halle 4 S.; Coll. 24. Sept. 09; Approb. 22. Juli 10.]
[U 10. 1687

Hoffmann, Johannes [prakt. Arzt aus Neustadt i. W.-Pr.]: Ueber Empyem-Behandlung .... Berlin, Buchdr. v. Gustav Schade (Otto Francke) (1886); 51 +1 S. 8°.
Berlin, Med. Fak., Inaug.-Diss. v. 11. Jun. 1886.

Hoffmann, Johannes, über Empyem-Behandlung. Diss. Berlin 1886, Mayer & Müller. 8°. 51 S.

Hoffmann, Joh., die Entwickelung der socialistischen Idee u. die rechte Art, sich ihrer Fortschritte zu erwehren. gr. 8. (71 S.) Münster 882. Theissing. n. — 80

Hoffmann, J., die Erdenarbeit im Lichte d. göttlichen Wortes. Mehr Arbeiter in Christi große Ernte! Zwei Predigten, an den Sonntagen XVII. p. Trin. 1888 u. V p. Epiph. 1889 in der St. Paulikirche zu Chemnitz geh. gr. 8. (21 S.) Chemnitz 889. May. n. — 30

Hoffmann, Joh., Erinnergn. an d. 25jähr. Regierungsjubiläum u. d. 70. Geburtstag d. Königs Albert v. Sachsen. Festpredigt, geh. am 24. IV. 1898 in d. St. Paulikirche zu Chemnitz. gr. 8. (11 S.) Chemnitz 898. O. May. n. — 25

Hoffmann, Joh. (H.), der Freund des himmlischen Bräutigams Jesu Christi. Antrittspredigt, gehalten am D. 22. p. f. Trinit. den 21. Octbr. 1883 in der St. Pauli-Kirche zu Chemnitz. gr. 8. (15 S.) Chemnitz 883, Focke.

Hoffmann, Johannes, aus Berlin: Die Wormser Geschäftssprache vom 11. bis 13. Jahrhundert. *Berlin 1902: A. Hopfer, Burg b. M.* (51 S.) 8° ¶ [Erschien vollst. 1903 in: Acta Germanica.]
Berlin, Phil. Diss. v. 20. Dez. 1902

Die Wormser Geschäftssprache vom 11. bis 13. Jahrhundert. Von Johannes Hoffmann. *Berlin: Mayer & Müller 1903.* (S. 124–214.) 8°
— Acta Germanica. Bd 6, H. 2.

Hoffmann, Johs., der zuverlässige Gichtarzt oder Belehrung über das einzige, sichere, leichte u. schnelle Heilverfahren bei Gicht u. Rheumatismus durch wohlfeile naturgemäße u. in allen Fällen wirksame Mittel. Zum Besten aller derart. Leidenden u. zur Warnung vor schwindelhaften, nutzlosen oder schädlichen Medicamenten u. Präparaten. Leipzig 865. Poenike's Schulbuchh. 16. (40 S.) 7½ ngr

Hoffmann, Johannes, Referendar: Die Haftung der Gastwirte nach dem Bürgerlichen Gesetzbuch. *Borna-Leipzig 1903: R. Noske.* (X, 54 S.) 8°
Leipzig, Jur. Diss. v. 1903

Hoffmann, Johs., Illustrationen zu den Worten des Kaisers über die „auflösenden Bestrebungen" unserer Zeit. 8. (32 S.) Würzburg 877, Wörl.

— der deutsch-französische Krieg 1870/71, s.: Bücherei, vaterländische.

Hoffmann, Johannes, a. Schlawe: Schillers 'Maria Stuart' und 'Jungfrau von Orleans' auf der Hamburger Bühne in den Jahren 1801—1848. Greifswald 1906: F. W. Kunike. (109 S.) 8°
Greifswald, Phil. Fak., Ref. Reifferscheid, Diss. v. 29. Mai 1906
[Geb. 7. Febr. 84 Schlawe; Wohnort: Greifswald; Staatsangeh.: Preußen; Vorbildung: Gymn. Stolp Reife O. 02; Studium: Tübingen 3, Greifswald 5 S.; Rig. 20. Dez. 05.]

Hoffmann, Johs., Musica sacra. Zwei Predigten, geh. am Sonntag Judica zur Orgelweihe u. am Sonntag Cantate 1904 in der St. Paulikirche zu Chemnitz. (20 S.) 8. Chemnitz (904). (O. May.) n. — 20

Hoffmann, Johannes: De Nibelungiadis altera parte. Halis (1871): Orphanotropheum. 30 S. 8°
Halle-Wittenberg, Phil. Diss. v. 20. Jan. 1871
Geb. Stettin 27. 7. 1848. V.
H.'s Diplom wurde, zum ersten Mal auf einer preussischen Universität, „Auspiciis Guilelmi Imperatoris Germaniae" ausgefertigt.

—— die großen Parteien in Deutschland, s. Compaß für das katholische Volk.

Hoffmann, Johs., Predigt, geh. beim Gedächtnißgottesdienst für König Albert in der St. Paulikirche zu Chemnitz. gr. 8. (10 S.) Chemnitz 902. O. May. n. — 20

—— Streiflichter auf den heutigen Protestantismus, s. a. Studien, katholische.

— **Streiflichter auf den heutigen Protestantismus.** gr. 8. (VI, 189 S.) Ebend. 882. 1. 80

Hoffmann, Johs., modernes Verbrechertum. Banken, Börsen, Aufsichtsräte u. Vampire aller Art. Enthüllungen aus Millionärskreisen. Nebst e. offenen Brief an den deutschen Reichskanzler. Warnungsruf an alle Sparer u. Kapitalisten. (X, 67 S.) gr. 8. Leipzig (905). Aktueller Verlag A. Rade. n. 1. —

Hoffmann, Joh(annes) Bern(ard): Ueber löffelförmige Schädelimpressionen bei Neugebornen. Halle (1869): Plötz. 29 S. 8°
Halle-Wittenberg, Med. Diss. v. 14. Aug. 1869
Geb. Nottuln (Westf.) 14. 4. 1843. V.

[F.] **Hoffmann,** *Johannes Friedrich* [Pastor Dr.]: Gebet, gesprochen *bei der Einweihung der Realschule.* (Umschlagt.: Die bei der Einweihung des Hauses gehaltenen Reden ... 3. ...) Chemnitz, Druck v. J. C. F. Pickenhahn & Sohn, 1894; 12—13 S. 4.
Chemnitz, st. R, OP 1894 (552 [vielm. 501])

Hoffmann, Joannes Gottfried, De solutione aequationum directa. Regiomonti 1787.

Hoffmann, Johannes Josef Ignaz, s. H o f f m a n n , Johann Josef Ignaz

Hoffmann, Jos., der Kurort Baden bei Wien. Die Heilwirkung der Schwefeltermen Badens. 8. (X, 144 S.) Wien 882. Braumüller. n. 2. —

—, Jos. Beitrag zur Untersuchung der Abhängigkeit der elektromotorischen Kraft eines Daniellschen Elementes von dem Konzentrationsgrade der elektromotorischen Flüssigkeiten. 3 S. 8.
Progr. I. G. *Graz* 1882.

Hoffmann, Jos., Beiträge zur Semiologie d. Harns. gr. 8. (40 S.) Berlin 884. Dümmler's Verl. n. 1. —

Hoffmann, Jos., 15 ärztliche Briefe üb. den Gebrauch der Schwefelbäder u. der Schwefel-Trinkkur in Baden bei Wien. (XV, 106 S.) 8. Wien 905. W. Braumüller. n. 1. 50

[F.] **Hoffmann,** Jos*eph* [aus Calcar (Rheinl.)]: Die Deutschordensritter-Commende zu Mülheim an der Möhne kunsthistor. dargest. ... Coblenz, Buchdr. d. „Cobl. Volkszeitg", 1895; 58 S., 3 Bl., 1 Pl. 8.
Münster, Phil. Fak., Inaug.-Diss. v. [8. Aug.] 1895

Hoffmann, Jos., s.: Fläche, die.

Hoffmann, Jos. Die Geometrie in ihrer Abhängigkeit von den Maßverhältnissen des Raumes. 19 S. 8. **Progr.** I. G. *Graz* 1881.

HOFFMANN, Josephus: Joannes Hussius et concilium Constantiense. — (1864) 194 S. 4° (Handschr.) Diss. 254
Diss. Wien, Univ.

Hoffmann, J o s e f. Österreichisches Jägerlied. Klgft., Leon, (typ. Eberle in Wien), (ca. 1895). Folio. 3 S.

Hoffmann, Jos., das Wiener k. k. allgemeine Krankenhaus. gr. 8. (98 S. m. 2 Steintaf. in 4.) Wien 873. Braumüller. n. 2. —

Hoffmann, Jos., die Raumlehre in der Elementarschule. Bearb. nach den Bestimmgn. d. kgl. pr. Unterrichtsministeriums vom 15. Octob. 1872. 8. (VIII, 88 S. m. eingedr. Holzschn.) Köln & Neuß 874. Schwann. n. 1.—

Hoffmann, Jos., die Raumlehre in der Elementarschule. Bearb. nach den Bestimmungen des kgl. preuß. Unterrichtsministeriums vom 15. Octbr. 1872. 2. und 3. Aufl. 8. (VIII, 87 S. mit eingedr. Fig.) Düsseldorf 875,79, Schwann. * 1 —

—— und J. Klein, Rechenbuch für Seminaristen und Lehrer. 1. Aufl. (IV, 347 S.) 1872, und 2. Aufl. gr. 8. (392 S. mit eingedr. Holzschn.) Ebendas. 873. *

—— —— dass. — Antworten. 2. Aufl. gr. 8. (56 S.) Ebendas. 874. *

—— und J. Klein, Rechenbuch für Seminaristen und Lehrer. 3. Aufl. gr. 8. (IV, 387 S.) [Köln und Neuß 876.] Düsseldorf, Schwann. * 3 —
Antworten (52 S.) * — 60

—— —— dass. — 4. Aufl. gr. 8. (VII, 408 S.) Düsseldorf 879, Schwann. * 3 —
Antworten (59 S.) * — 60

Hoffmann, Jos. (H.), und J. Klein, Rechenbuch für Seminaristen und Lehrer. 5. und 6. Aufl. gr. 8. (IV, 408 S.) Düsseldorf 881,82, Schwann'sche Verlagsh. *ℳ 3.; geb. *
Antworten dazu (59 S.) *

— dasselbe. Antworten. 6. Aufl. gr. 8. (59 S.) Ebend. 882. n. — 60

Hoffmann, Jos., und J. Klein, Rechenbuch für Seminaristen und Lehrer. 7. Aufl. (IV, 408 S.) 1885; 8. Aufl. gr. 8. (V, 420 S.) Düsseldorf 887, Schwann. *ℳ 3.—; geb. *
Antworten dazu (59 S.) *

Hoffmann, J., u. J. Klein, Rechenbuch f. Seminaristen u. Lehrer. 9. Aufl. gr. 8. (V, 420 S.) Düsseldorf 890. Schwann. n. 3. —; geb. n. 3. 50; Antworten (59 S.) n. — 60

Hoffmann, J., u. J. Klein, Rechenbuch f. Seminaristen u. Lehrer. Antworten. 9. Aufl. gr. 8. (59 S.) Düsseldorf 885. Schwann. n. — 60

— — dasselbe. 10. Aufl. gr. 8. (V, 420 S.) Ebd. 890. n. 3. —; geb. n.n. 3. 50

Hoffmann, J. u. J. Klein. Rechenbuch f. Seminaristen u. Lehrer. 11. Aufl. gr. 8. (V, 420 S.) Düsseld. 891, Schwann. * 3 —
geb. ** 3 50

Hoffmann, J., u. J. Klein, Rechenbuch f. Seminaristen u. Lehrer. Neubearb. v. P. Klauke u. J. Klein. 12. Aufl. gr. 8. (X, 407 S.) Düsseldorf 893. L. Schwann. n. 3. —; geb. n.n. 3. 50; Antworten (63 S.) n. — 60

Hoffmann, J., u. J. Klein, Rechenbuch f. Seminaristen u. Lehrer. Neu bearb. v. P. Klauke u. J. Klein. 13. Aufl. gr. 8. (X, 407 S.) Düsseldorf 895. L. Schwann. n. 3. —; geb. n. 3. 50; Auflösgn. (63 S.) n. — 60

Rechenbuch für Seminaristen und Lehrer. Von J[osef] **Hoffmann**, Kreis-Schulinsp., u. J[ohannes Josef] Klein, Kreis-Schulinsp. Neubearb. von P[eter] Klauke, Kreis-Schulinsp., u. Klein. [Nebst] Antworten z. Rechenbuch. *Düsseldorf: L. Schwann 1896–1900.* 2 Bde 8° [F.]
Rechenbuch. 15. Aufl. 1896 (auf d. Umschl.: 1897).
Antworten. 16. Aufl. 1900.

Hoffmann, J., u. J. Klein, Rechenbuch für Seminaristen u. Lehrer. Neubearb. v. P. Klauke u. J. Klein. 16. Aufl. gr. 8. (X, 399 S.) Düsseldorf (901). L. Schwann. n. 3. —; geb. in Halbfrz. n. 3. 50; Antworten. 18. Aufl. (61 S.) 902. n. — 60

Rechenbuch für Seminaristen und Lehrer. Von Schulrat J[osef] **Hoffmann**, weil. Kreisschulinsp., u. Schulrat J. Klein, Kreisschulinsp. Neubearb. von P[eter] Klauke, Kreis-Schulinsp., u. Schulrat J. Klein. 17. Aufl. *Düsseldorf: L. Schwann (1901).* (X, 399 S.) 8° [F.]

Antworten zum Rechenbuche für Seminaristen und Lehrer. Von Schulrat J[osef] **Hoffmann** u. Schulrat J. Klein. Neubearb. von P[eter] Klauke u. Schulrat J. Klein. 18. Aufl. *Düsseldorf: L. Schwann 1902.* (61 S.) 8° [F.]

— die Selbstübung im Gebrauche der Harmonie f. Anfänger im Orgelspielen bearb. 2. Ausg. gr. 8. (85 S.) Ebend. 873. n. 2. —

Hoffmann, Josef (geb. Köppernig in Schles. 4. 12. 1855): Zur Semiologie des Harns. Berlin 1884. (40 S.) 8°
Berlin, Med. Diss. v. 20. Jan. 1884

Hoffmann Josef: Historisch-mineralogische Skizze von Schlaggenwald. 17. Elbogen R. 03.
Progr.

— Josef, Uebungsstoff zum geometrischen Zeichnen an Real-, gewerblichen Fach- u. Fortbildungsschulen und höheren Classen d. Bürgerschulen. gr. Fol. (27 Bl. mit Text.) Wien, A. Pichler's Ww. & Sohn. In Umschlag 3 fl. 1883.

Hoffmann, Jos. Jul., Grundlehren d. Logik. (IV, 125 S.) 8. Wien 908. F. Deuticke. Geb. 2. —

Hoffmann, Julie, Mythologie der Griechen und Römer für die reifere und gebildete weibliche Jugend. br. 8. (IV und 264 S. mit 63 eingedr. Holzschn. von A. Gaber und R. Brend'amour, nach klass. Orig. gez. und in einem Anh. erläut. von A. Bräuer. Berlin 864, Trewendt. 1 Thlr.; cart.

Hoffmann, Julie, nach der Schule. Eine freundl. Gabe für die weibl. Jugend. 16. (VI und 92 S.) Stuttgart 861(62), Schmidt und Spring. geb.

Hoffmann, Julius [aus Weimar]: Ueber Alkylderivate des Methyluracils. . . . Weimar, Druck d. Hof-Buchdr., 1889; 96 S. + 1 Bl. 8°
Leipzig, Phil. Fak., Inaug.-Diss. v. 20. Jan. 1889

Hoffmann, Jul[ius]. Alpen-Flora für Touristen und Pflanzenfreunde. Mit 250 farbigen Abbildungen auf 40 Tafeln. Nach Aquarellen von Hermann Friese. Nebst textlicher Beschreibung der verbreitetsten und schönsten Alpenpflanzen. IV + 86 S. 8. Stuttgart, Verlag für Naturkunde (Dr. Jul. Hoffmann), 1902. [geb. M. 6.50]

Ⓑ **Hoffmann**, Jul., Alpenflora. 902. (KBL 31.) Jetzt: Stuttgart, E. Schweizerbart.

Hoffmann, J., Anleitung, Schmetterlinge zu fangen, aus Raupen zu erziehen u. eine Sammlung anzulegen. Beigabe zum Apparat f. junge Schmetterling-Sammler. gr. 8. (15 S. m. Apparat u. Holzkasten.) Stuttgart 888. J. Hoffmann. n. 7. 50

Hoffmann, Jul. (II.), die Ansiedler auf Van-Diemens-Land. Eine Erzählung aus dem austral. Ansiedlerleben von Charles Rowcroft. Für die Jugend bearb. br. 8. (III und 188 S. mit 4 Lithochrom.) Breslau 854(55,) [Trewendt.]

Hoffmann, Jul., Baukunst u. dekorative Skulptur der Renaissance in Deutschland. s.: Bauformen-Bibliothek. I.

Hoffmann, Jul., der zerbrochene Becher, s. a. Trewendt's Jugendbibliothek.

Hoffmann, Jul., der zerbrochene Becher. Eine Erzählung für die Jugend. 8. (162 S. und 4 Stahlst.) Breslau 851, Trewendt und Granier.

Hoffmann, Jul. (II.), der zerbrochene Becher. Eine Erzählung für die Jugend. 2. Aufl. 8. (164 S. mit 4 Stahlst.) Breslau 866, Trewendt. cart.

Hoffmann, Jul. *Europäische Bilder und Skizzen*. Zur Belehrung für die reifere Jugend bearbeitet von Julius Hoffmann. Mit sechs Kupfern in lithographischem Farbendruck nach Originalzeichnungen von Th. Hosemann. Breslau, Trewendt, 1858. VIII, 284 S. 2 Bl. (Verlagsanz.). 8° (fast quadrat.). Brauner Or.-Halblwd. m. emblemat. Goldpressung (Luftballon etc.). 26.—
BrHobr. 255. Rüm. 849. Schön illustr. Erstausgabe, hrsg. v. Friedrich Hoffmann. Gutes Exemplar.

Hoffmann, Jul., botan. Bilder-Atlas, s.: Hoffmann, Carl.

— Robinson Crusoe, s.: Campe, Joach. Heinr.

Hoffmann, J., ehrlich währt am längsten; die Eisfahrt, s. a. Trewendt's Jugendbibliothek.

—— Ehrlich währt am längsten. Die Eisfahrt. Zwei Erzählungen für die Jugend. 8. (120 S. mit 4 Stahlst.) Breslau 854(55,) [Trewendt.]

Ehrlich währt am längsten. Die Eisfahrt. 2 Erzählungen f. d. reifere Jugend von Julius Hoffmann. 3. Aufl. Mit 4 Bild. Berlin: E. Trewendt [1907]. (119 S.) 8° [F.]
(Trewendt's Jugendbibliothek. Bd 23.) [08. 84:5

Hoffmann Julius: Einiges aus dem Reiche der Pflanzengifte. 29. Wien I. R. 03.
Progr.

Hoffmann, J., Fabelbuch f. die Jugend. Eine Auslese der besten Fabeln. Mit 8 Bildern in Farbendr. nach Aquarellen v. C. Offterdinger u. Fr. Specht. Imp.-4. (68 S.) Stuttgart 872. Thienemann. geb. 6. —

Hoffmann, Jul. (I.), Fabelbuch für die Jugend. Eine Auslese der besten Fabeln. Mit 8 Bildern in Farbendr. nach Aquarellen von C. Offterdinger und F. Specht. 2. und 3. Aufl. gr. 4. (IV, 68 S.) Stuttgart 873,76, Thienemann. cart. * 6 —

— Fabelbuch für die Jugend. Eine Auslese der besten Fabeln. Mit 8 Bildern in Farbendr. nach Aquarellen von C. Offterdinger u. F. Specht. 3. Aufl. gr. 4. (IV, 68 S.) Stuttgart 877. Thienemann. cart. n. 6. —

— der Jugend Fabelschatz. E. Auswahl d. schönsten Fabeln, f. d. Jugend bearb. M. 4 Farbdr.-Bild. v. C. Offterdinger u. Fr. Specht. gr. 8. (148 S.) Stuttgart 897. K. Thienemann. Geb. n. 2. —

Hoffmann, Jul., s. Ferry, Gabr., der Waldläufer.

Hoffmann, Jul. (I.), die Gerichtsorganisation im Deutschen Reiche. Verzeichniß sämmtl. Orte, in denen sich der Sitz einer Gerichtsbehörde befindet. Nach amtl. Materialien zusammengestellt. 1. und 2. Aufl. gr. 8. (46 S.) [Berlin 879, Bolm.] Leipzig, Litterarische Gesellschaft. *

– Die Geschwister, s.a. Trewendt's Jugendbibliothek.

—— die Geschwister. Eine Erzählung für die Jugend. 8. (111 S. und 1 Stahlst.) Breslau 851, Trewendt und Granier.

—— die Geschwister. Eine Erzählung für die Jugend. 2. Aufl. 8. (110 S. mit 1 Stahlst.) Breslau 866. Trewendt. cart.

— s.: Gesetz- u. Rechtsbuch, deutsches.

—— die vollständige Gesinde-Ordnung. Vom 8. Novbr. 1810. Hrsg. und mit Anmerkungen versehen. gr. 8. (16 S.) Ebendas. 880.

— **Haß u. Liebe, s. a. Trewendt's Jugendbibliothek. 7. Bd.**

—— Haß und Liebe. Eine Erzählung für die Jugend. 8. (121 S. und 1 Stahlst.) Breslau 851, Trewendt und Granier.

Hass und Liebe. Eine Erzählung f. d. Jugend von Julius Hoffmann. Mit Titelbild. 4. Aufl. *Breslau: E. Trewendt [1901]*. (128 S.) 8° [F.]
(Trewendt's Jugendbibliothek. Bd 7.) [04 : 13

Hoffmann, Jul., die Homburger Heilquellen mit in den Text eingedr. Holzschn. zur Erläuterung der Entstehung, Bohrung, Fassung und Chemie der Sprudelquellen. Homburg 856. Frannholz in Comm. gr. 8. (V, 166 S.) n. 1 ₰.

—— ich sehe dich schon, s. a. Trewendt's Jugendbibliothek.

—— ich sehe dich schon. Eine Erzählung für die Jugend. 8. (106 S. und 1 Stahlst.) Breslau 851, Trewendt und Granier.

Ich sehe Dich schon. Eine Erzählung f. d. Jugend von Julius Hoffmann. 4. Aufl. M. Titelb. Breslau: E. Trewendt [1898]. (118 S.) 8°
= Jugendbibliothek, Trewendt's. No 6.

Hoffmann, Julius [Dipl. Chemiker aus Zgierz (Russisch-Polen)]: Zur Kenntnis des Dibromthymochinons und einiger seiner Derivate. Freiburg (Schweiz) 1901. 48 S. 8°.
Freiburg i. Schw. Math.-naturw. Diss. 1900/1901.

Hoffmann, Julius. Zur Kenntnis des Dibromthymochinons und einiger seiner Derivate. Diss. Math.-Naturw. Freiburg in der Schweiz. 50 S. 8. Freiburg (Schweiz), St.-Paulus-Druckerei, 1901.

—— die Lehre von den Verträgen. Vertrags-Formulare aller Art mit Erläuterungen und einem Anhang: Wie schützt man sich vor Schaden beim An- und Verkauf von Grundstücken, sowie im Hypothekenverkehr. 2. Aufl. gr. 8. (96 S.) Ebendas. 880. *

Hoffmann, J., die Lehre v. den Verträgen. Vertrags-Formulare aller Art m. Erläutergn. u. e. Anh.: Wie schützt man sich vor Schaden beim An- u. Verkauf v. Grundstücken, sowie im Hypothekenverkehr. Neue (Titel-) Ausg. gr. 8. (III, 96 S.) Leipzig 888. Fock. cart. n. 1. 60

Hoffmann, Jul., Großvaters Liebling. Marie, d. Blumenmädchen, s. a. Trewendt's Jugendbibliothek. 14. Bd.

—— Großvater's Liebling. Marie, das Blumenmädchen. Zwei Erzählungen für die Jugend. 8. (134 S. und 1 Stahlst.) Breslau 851, Trewendt und Granier.

—— Großvaters Liebling. Maria, das Blumenmädchen. 2 Erzählungen für die Jugend. 2. Aufl. 8. (140 S. mit 1 Stahlst.) Breslau 866, Trewendt. cart.

Grossvater's Liebling. Marie, das Blumenmädchen. Zwei Erzählungen f. d. Jugend v. Julius Hoffmann. Mit Titelb. 3. Aufl. *Breslau: E. Trewendt [1899].* (136 S.) 8° [J.]
= Jugendbibliothek. Trewendt's. Bd 14.

Hoffmann, Jul.: Der Lieselberg und die Oderquelle. 10 S. – Wien, R. I., Progr. 1889.

Hoffmann, Jul., der junge Mann als angenehmer Gesellschafter im Kreise junger Mädchen und Damen. Nebst e. Anhange. Enthalt.: Ueber Briefe und Titulatur an Frauenzimmer, Liebeserklärungen und Heirathsanträge 2c. 12. Kaschau 836. (Heckenast in Pesth.) ²/₃ ₰

Hoffmann, Jul. (I.), Märchen und Sagen. Ein Festgeschenk für die deutsche Jugend. Ausgewählt und bearb. Mit 8 Farbendr.-Bildern nach Aquarellen von C. Offterdinger. Lex.-8. (IV, 378 S.) Stuttgart 879, Thienemann. geb. *

Hoffmann, J., Märchenbuch für die Jugend. Eine Auswahl der schönsten deutschen Märchen gesammelt. Mit 9 Bildern in Farbendr. nach Aquarellen von C. Offterdinger. Stuttgart 870. Thienemann. gr. 4. (III, 68 S.) geb. 2 ₰

— Märchenbuch für die Jugend. Eine Auslese der schönsten deutschen Märchen, gesammelt u. bearb. Mit 9 Bildern in Farbendr., nach Aquarellen von C. Offterdinger. 5. Aufl. gr. 4. (68 S.) Ebend. 879. geb. n. 6. —

— Märchenwelt. Eine Auswahl der schönsten Märchen f. die Jugend bearb. Mit Farbendr.-Bildern nach Aquarellen v. C. Offterdinger u. R. E. Kepler. gr. 8. (208 S.) Stuttgart 888. Thienemann. geb. n. 2. —

Hoffmann, Jul. (II.). Märchenwelt. Eine Auswahl der schönsten Märchen f. die Jugend. Mit 4 Farbendr.-Bildern. 2. Aufl. 8. (208 S.) Stuttg. 891, Thienemann. cart. * 2 —

— Märchenwelt. E. Auswahl d. schönsten Märchen, f. d. Jugend bearb. M. Farbendr.-Bild. nach Aquarellen v. C. Offterdinger u. R. C. Kepler. 4. Aufl. 8. (208 S.) Ebd. 896. Geb. n. 2. —

— Märchenwelt. Eine Auswahl der schönsten Märchen, f. die Jugend bearb. Mit Farbendr.-Bildern nach Aquarellen v. P. Grot Johann u. R. Leinweber. 6. Aufl. 8. (208 S.) Stuttgart (902). K. Thienemann. Geb. in Leinw. n. 2. —

— Pflanzen-Atlas, s.: Hoffmann, Carl.

—— der Rechtsbeistand in allen Lebenslagen. Ein Rathgeber zur Führung aller Prozesse. Wörterbuch des gesammten Prozeßverfahrens. Formularbuch zu Klagen, Rechtsgeschäften und Verträgen aller Art. Anhang: 1. Verzeichniß der Amts-Gerichte, Landgerichte 2c. 2. Rathschläge bei An- und Verkauf von Grundstücken und Hypotheken. gr. 8. (294 S.) Ebendas. 879. * geb. in Leinw. *

—— der Rechtsbeistand in allen Lebenslagen. Ein Rathgeber zur Führung aller Prozesse. Wörterbuch des gesammten Prozeßverfahrens. Formularbuch zu Klagen, Rechtsgeschäften und Verträgen aller Art. Anhang: 1) Verzeichniß der Amtsgerichte, Landgerichte 2c. 2) Rathschläge bei An- und Verkauf von Grundstücken und Hypotheken. 2. Aufl. gr. 8. (VI, 296 S.) Ebendas. 880. *

Hoffmann, J., der Rechtsbeistand in allen Lebenslagen. Ein Rathgeber zur Führg. aller Prozesse. Nebst e. Formularbuch zu Klagen, Rechtsgeschäften u. Verträgen aller Art. Anh.: 1. Rathschläge bei An- u. Verkauf v. Grundstücken u. Hypotheken. 2. Verzeichniß der Amts-Gerichte, Landgerichte u. s. w. Neue (Titel-)Ausg. gr. 8. (IV, 294 S.) Leipzig 888. Fock. cart. 4. 50

—— deutsches Rechts-Lexikon. Zugleich ein vollständ. Sachregister zu den deutschen Reichs-Gesetzen von 1867—1879. Im Verein mit mehreren Juristen bearb. Mit Nachtrag. gr. 8. (223 S.; Nachtrag 77 S.) Ebendas. 879. *

— neue Reisebilder. Erzählungen für die reifere Jugend. 1—4. Bdchn. Ebend. 854—56. 8. Jedes Bdchn. 15 ngr
1. Bdchn.: Weltgegenden. Mit 4 Stahlst. (2 Bl., 172 S.)
2. „ Aus allen Zonen. Mit 4 Stahlst. (157 S.)
3. „ Erzählungen eines alten Seemannes an seine jungen Freunde nach dem Engl. Mit 4 Stahlst. in Buntdr. (2 Bl., 204 S.)
4. „ Winter-Abende. Erzählungen an seine jungen Freunde nach dem Engl. Mit 4 Stahlst. in Buntdr. (2 Bl., 188 S.)

— Rosenbuch f. Gartenliebhaber. (XIII, 143 S. m. 20 Farbentaf.) 8. Stuttgart (905). J. Hoffmann. Geb. in Leinw. n. 6. —

– Rufe mich an in der Not ..., s. a. Trewendt's Jugendbibliothek.

— Rufe mich an in der Noth, so will ich dich erretten! Eine Erzählung f. die Jugend. Mit 4 Stahlst. 8. (122 S.) Ebd. 852. 1/4 ₰

Hoffmann, Jul., rufe mich an in der Noth, so will ich dich erretten! Eine Erzählg. f. die Jugend. Mit 4 Stahlst. 2. Aufl. 8. (124 S.) Breslau 876. Trewendt. — 75

— der schwarze Sam, s.a. Trewendt's Jugendbibliothek.

—— der schwarze Sam oder Menschenraub in Amerika. Eine Erzählung für die reifere Jugend. 8. (128 S. mit 4 Stahlst.) Breslau 854(55,) [Trewendt.]

[J.] Der schwarze Sam od. Menschenraub in Amerika. E. Erzählg f. d. Jugend v. Julius Hoffmann. M. 4 Stahlst. 3. Aufl. *Breslau: E. Trewendt [1897?].* (123 S., 4 Taf.) 1 Bd 8.
— Jugendbibliothek, Trewendt's. (Bd 24.) [97. 7220

Hoffmann, Jul. (I.), deutsche Satz- und Interpunktionslehre. Kurzgefaßte, systemat. Darstellung der deutschen Satz- und Interpunktionslehre. Nebst einem Anhang: Das Wichtigste aus der Metrik. Zunächst für Mittel- und höhere Mädchenschulen bearb. gr. 8. (IV, 38 S.) Leipzig 887, Reichardt Verlag. **

Hoffmann, Jul. (I.). Deutsche Satz- u. Interpunktionslehre. Nebst e. Anh.: Das Wichtigste aus der Metrik. Zunächst f. Mittel- u. höhere Mädchenschulen bearb. 2. Aufl. gr. 8. (IV, 40 S.) Lpz. 890, Reichardt. cart. ** — 50

Hoffmann, Jul., deutsche Satz- u. Interpunktionslehre. Nebst e. Anh.: Das Wichtigste aus d. Metrik. Zun. f. Mittel- u. höh. Mädchenschulen bearb. 4., unveränd. Aufl. gr. 8. (IV, 40 S.) Leipzig 898. G. Reichardt. Kart. n.n. — 50

Hoffmann, Jul., deutsche Satz- u. Interpunktionslehre. Nebst e. Anh.: Das Wichtigste aus der Metrik. Zunächst f. Mittel- u. höhere Mädchenschulen bearb. 6., unveränd. Aufl. (IV, 40 S.) 8. Leipzig 906. G. Reichardt. Kart. n.n. — 50

Hoffmann, Jul., deutsche Satz- u. Interpunktionslehre. Nebst e. Anh.: Das Wichtigste aus d. Metrik. Zunächst f. Mittel- u. höhere Mädchenschulen bearb. 7., unveränd. Aufl. (IV, 40 S.) 8. Leipzig 909. G. Reichardt. Kart. nn — 50

— Schmetterlingsbuch, s.: Berge, Fr.

—— der Schmetterlingssammler. Beschreibung und Abbildung der vorzüglichsten in Mitteleuropa heimischen Schmetterlinge. Nebst ausführl. Anleitung, Schmetterlinge zu fangen, aus Raupen zu erziehen und eine Sammlung anzulegen. Für die Jugend verfaßt. gr. 8. (IV, 158 S. mit 263 color. Abbild. auf 19 lithogr. Taf.) Stuttgart 877. Thienemann. cart. *

—— der Schmetterlings-Sammler. Beschreibung und Abbild. der vorzüglichsten in Mitteleuropa heimischen Schmetterlinge. Nebst ausführl. Anleitung, Schmetterlinge zu fangen, aus Raupen zu erziehen und eine Sammlung anzulegen. Für die Jugend verf. 2. Aufl. gr. 8. (IV; 158 S. mit 263 kolor. Abbild. auf 19 Taf.) Ebendas. 887. geb. *

—— Der Schmetterlingssammler. Beschreibung u. Abbildg. der vorzüglichsten in Mitteleuropa heim. Schmetterlinge. Nebst ausführl. Anleitg., Schmetterlinge zu fangen, aus Raupen zu erziehen u. e. Sammlg. anzulegen. Für die Jugend verf. Mit 263 color. Abbildgn. auf 19 Taf. 3. Aufl. gr. 8. (IV, 158 S.) Stuttg. 889, Thienemann. geb. * 6 —

Hoffmann Jul.: Sibirien. Eine kurz gefasste geogr. Skizze. 34. Wien R. I. 85. Progr.

Hoffmann, Julius (geb. Worms 12. 12. 1840): Die vasculären und perivasculären Spalträume des Gehirns. Berlin (1876). (30 S.) 8°
Berlin, Med. Diss. v. 4. Juli 1876

Hoffmann jun., Jul., der moderne Stil. 11.—13. Lfg. Fol. (à 8 Taf.) Stuttgart 897. 98. J. Hoffmann à n. 1.—

Hoffmann jun., Jul., der moderne Stil. Eine internationale Rundschau üb. die besten Leistgn. der auf gewerbl. Gebiete thät. Künstler unserer Zeit, m. besond. Berücksicht. des Auslandes. 1. Bd. 120 Taf. in farb. Buchdr. 14. u. 15. Lfg. Fol. (16 Taf. m. 2 Bl. Text) Stuttgart 899. J. Hoffmann. à n. 1.—; (1. Bd. kplt. kart. n. 16.50)

– dasselbe. 5. Bd. 12 Hfte. Fol. (à 8 Taf.) Ebd. 899—902. à Hft. n. 1.—

Hoffmann jun., Jul., der moderne Stil. Eine internationale Rundschau üb. die besten Leistgn. der auf gewerbl. Gebiete tät. Künstler unserer Zeit, m. besond. Berücksicht. des Auslandes. 6. u. 7. Bd. à 12 Hefte. (à 8 Taf.) Fol. Stuttgart 903. 904. J. Hoffmann. à Hft. n. 1. —
Erscheint nicht mehr.

Hoffmann, Jul., Taschenbuch f. Vogelfreunde. Eine Schilderg. der häufigsten in Mitteleuropa heim. Vögel. Mit farb. Abbildgn. v. 115 Vogelarten auf 56 Taf. u. erläut. Text. 12. (VI, VIII, 98 u. 16 S.) Stuttgart 900. Verlag f. Naturkunde. Geb. in Leinw. n. 4. 80; auch in 7 Lfgn. à n. — 70

Ⓑ — Taschenbuch f. Vogelfreunde. 900. (KVB 31.) Jetzt: Stuttgart, E. Schweizerbart.

– Kapitän Tisdale, s.a. Trewendt's Jugendbibliothek.

—— Capitain Tisdale. Eine Erzählung für die Jugend. 8. (140 S. und 1 Stahlst.) Breslau 851, Trewendt und Granier.

—— Capitain Tisdale. Eine Erzählung für die Jugend. 2. Aufl. 8. (140 S. mit 1 Stahlst.) Breslau 866, Trewendt. cart.

Capitän Tisdale. Eine Erzählung f. d. Jugend von Julius Hoffmann. 3. Aufl. Mit Titelb. Breslau: E. Trewendt [1899]. (132 S.) 8°
= Jugendbibliothek, Trewendt's. Bd 13.

Hoffmann Julius: Kurze geschichtliche Übersicht der Nilquellenforschung. 8. Wien I. R. 91. Progr.

— die letzte Wacht, s.a. Trewendt's Jugendbibliothek.

Hoffmann, Jul. (II.), die letzte Wacht. Eine Erzählung für die Jugend. 8. (130 S. mit 1 Stahlst.) Breslau 853, [Trewendt.] Thlr. ·

— die letzte Wacht. Eine Erzählung für die Jugend. Mit 1 Stahlst. Ebend. 854. 8. (130 S.) 7½ ngr.

Hoffmann, Jul., die letzte Wacht. Eine Erzählung für die Jugend. Mit 1 Stahlst. 2. Aufl. 8. (122 S.) Breslau 879. Trewendt. cart. — 75

— der Waldläufer, s.a. Ferry, Gabr.

—— der Waldläufer. Erzählungen aus dem amerikan. Waldleben von Gabr. Ferry. Für die Jugend bearb. 1. Aufl. 1852. und 2. Aufl. 2 Bde. br. 8. (IV und 567 S. mit 12 Lithochrom.) Breslau 854, [Trewendt.]

—— der Waldläufer. Erzählungen aus dem amerikan. Waldleben von Gabr. Ferry. Für die Jugend bearb. 2 Bde. 4. Aufl. br. 8. (IV und 563 S. mit 12 chromolithogr. Kpfrn.) Breslau 860, E. Trewendt. geb.

—— der Waldläufer. Erzählungen aus dem amerikan. Waldleben von Gabr. Ferry. Für die Jugend bearb. 2 Bde. 5. Aufl. 1865. und 6. Aufl. br. 8. (IV und 560 S. mit 12 Kpfrn.) Breslau 868, Trewendt. geb.

Hoffmann, Jul. (I.), die Waldschnepfe. Ein monograph. Beitrag zur Jagdzoologie. Lex.-8. (VII und 151 S.) Stuttgart 867, Thienemann. *

— die Waldschnepfe. Ein monograph. Beitrag zur Jagdzoologie. 2., verm. Aufl. Mit 1 Bilde in Lichtdr. Lex.-8. (VIII, 196 S.) Stuttgart 887. J. Hoffmann. n. 4.--

Ⓑ — Die Waldschnepfe. 887. (KBL 25.) Jetzt: Neudamm, J. Neumann. Erm. Pr. 3.—

Hoffmann, Jul., romanische Wandmalereien d. kgl. bayer. Burg Neuschwanstein nach d. Entwürfen v. H. gr. Fol. (40 Lichtdr.-Taf.) München 896. Jos. Albert. In Mappe n. 40.—

Ⓑ — Roman. Wandmalereien d. Burg Neuschwanstein. 896. (KBL 29.) Jetzt: Leipzig, Baumgärtner. Erm. Pr. 20.—

— u. G. Hoffmann, Weihnachtsfreude, s.: Hoffmann, G.

— — Wie schützt man sich vor Schaden bei An- und Verkauf von Grundstücken, sowie im Hypothekenverkehr. Nebst einem Anhang: Die Rechtsgeschäfte des Obligationen- und Sachenrechts. [Kauf-, Tausch-, Miethe- und Pacht- sowie Bau-Verträge mit Erläuterungen.] Für Hypotheken-Banken und Hypotheken-Besitzer; für Baumeister, Maurer- und Zimmermeister und Bauherren; für Hausbesitzer und Häuser-Spekulanten. Aus der Geschäftspraxis entnommen. gr. 8. (48 S.) Ebendas. 880. *

Hoffmann, Jul. (III.), wie schützt man sich vor Schaden bei An- und Verkauf von Grundstücken sowie im Hypothekenverkehr? Nebst einem Anhang, enthaltend Formulare zu Kauf-, Tausch-, Miets- und Pacht-, sowie Bau-Verträgen mit Erläuterungen. Aus der Geschäftspraxis entnommen. 2. Ausg. gr. 8. (48 S.) [Berlin 887, Böttcher.] Oranienburg, Freyhoff's Verlag. cart. * 1 20

— Wörterbuch des gesammten deutschen Prozeßverfahrens u. tabellarische Uebersicht der Verbrechen, Vergehen u. ihrer Strafen, nebst der Zuständigkeit der Gerichte. Ein Handbuch für Juristen, für Schöffen u. Geschworene, sowie ein Selbstanwalt für jeden Laien. Zugleich ein Repetitorium der Civil-Prozeßordnung, Straf-Prozeßordnung u. Konkurs-Ordnung für jüngere Juristen. 2. Aufl. gr. 8. (152 S.) Ebend. 880. n. 2.50

—— deutsche Wort- und Formenlehre. Vorstufe zur deutschen Satz- und Interpunktionslehre. Zunächst für Mittel- und höhere Mädchenschulen bearb. gr. 8. (VI, 57 S.) Ebendas. 888. **

Hoffmann, Jul., deutsche Wort- u. Formenlehre. Zunächst f. Mittel- u. höhere Mädchenschulen bearb. 2. Aufl. gr. 8. (IV, 58 S.) Leipzig 892. G. Reichardt. Kart. n. —60

— deutsche Wort- u. Formenlehre. Zun. f. Mittel- u. höh. Mädchenschulen bearb. 4., unveränd. Aufl. gr. 8. (IV, 58 S.) Ebd. 898. Kart. n. — 60

Hoffmann, Jul., deutsche Wort- u. Formenlehre. Zunächst f. Mittel- u. höhere Mädchenschulen bearb. 6., unveränd. Aufl. (IV, 58 S.) 8. Leipzig 905. G. Reichardt. Kart. n. — 60

— Deutsche Wort- u. Formenlehre. Zunächst f. Mittel- u. höhere Mädchenschulen bearb. 7. unveränd. Aufl. (IV, 58 S.) 8. Ebd. 909. Kart. —60

Hoffmann, K., kurze Anleit. in d. Verlassenschaftsabhandlungspflege für d. Königr. Böhmen. 8. Prag 792.

Hoffmann, K., Beispiel-Sammlung zur Einübung der deutschen Rechtschreibung. Im Anschluß an das amtliche Regelbuch u. Wörter-Verzeichnis für preußische Schulen bearb. 8. (48 S.) Wiesbaden 880. Limbarth. cart. n. — 40

Hoffmann, K., das Buch d. jungen Frau u. Mutter. Enth.: Belehrg. f. junge Frauen u. Mütter üb. d. ersten Mutterpflichten u. d. erste Kindespflege, ferner üb. d. Kinder- u. Frauenkrankheiten, deren Verhütg. u. Heilg. 8. (VII, 142 u. 176 S.) Berlin 897. Aug. Schultze's Verl. 3. —; kart. n. 3. 50

Hoffmann, K., die Gesundheits-Pflege oder Das richt. Leben d. Menschen in leibl., geist. u. geschlechtl. Beziehg. Enth. Belehrg. über: D. richt. Leben d. Menschen v. d. Wiege b. z. Grabe; üb. Kleidg., Hautpflege (Wasser, Luft, Sonnenschein), Ernährg., körperl. u. geist. Arbeit, Ruhe, Erholg., Schlaf; üb. d. Geschlechtsleben, d. Ehe, Kindererziehg. ꝛc. 8. (160 S.) Berlin 897. Braunschweig, Frdr. Euler's Verlag. n. 1.—

Hoffmann, K., die Hygieine od. Das richt. Leben des Menschen in leibl., geist. u. geschlechtl. Beziehg. Mit spezieller Berücksicht. der sexuellen Hygieine. 8. (VII, 160 u. 136 S.) Berlin 897. Aug. Schultze's Verl. 3. —; kart. n. 3. 50

Hoffmann, C. v., Oberst und Commandeur des Reg. Das königl. bayer. 4. Inft.-Reg. König Carl von Württemberg von seiner Errichtung 1706—1806. Mit Titelbild, 3 Uniformbildern und 2 Karten. gr. 8. Berlin 1881.

Hoffmann, C. v., das königl. bayerische 4. Infanterie-Regiment König Karl von Württemberg von seiner Errichtung 1706 bis 1806. gr. 8. (XXVII, 614 S. mit Titelbild in Lichtdr., 3 lithogr. und color. Uniformsbildern und 2 lithogr. Karten.) Berlin 881, Mittler und Sohn.

Hoffmann, K., d. kleine Katechismus Dr. Martin Luthers, s.: Lange, F.

— die Kinderkrankheiten, deren Verhütg. u. Heilg. Nebst Belehrg. üb. d. ersten Mutterpflichten u. d. erste Kindespflege, sowie üb. d. Frauen-Krankheiten. 8. (VIII, 142 S.) Ebd. 897. n. 1.—

Hoffmann, K. z T., Jan Kochanowski w Czarnolesie, s. Biblioteka pisarzy polskich.

— K., Zur Construction der Conjunctionen quam, postquam, antequam (priusquam). Pr. 1868. 19 S. 4°. 1.20

Hoffmann, K., Landeskunde des Großherzogt. Hessen f. höhere Schulen. (V, 34 S.) 8. Gotha 906. J. Perthes. Kart. n. — 40

— — K., Lehrb. d. physiolog. Chemie I. Abth.: Zoochemie 1879 6.—

— d. ersten Mutterpflichten, s.: Ammon, Aug. Fr. v.

Hoffmann, K., Sammlung v. Musteraufsätzen f. die mittleren Klassen der Gymnasien, Real- u. höheren Bürgerschulen. gr. 8. (VIII, 230 S.) Berlin 874. W. Schultze. n. 2.20

Hoffmann, K., Amtlich erlassene Vorschriften über Anlage u. Betrieb der Eisenbahnen in Preussen. Berlin 1849. 8°.

Hoffmann, K., praktische Vorschule zur leichten Erlernung der Weltsprache [Volapük]. 12. (IV, 34 S.) Kirchheimbolanden 887. (Grünstedt, Schäffer.) cart. — 50; Schlüssel zu den deutschen Uebersetzungs-Aufgaben (8 S.) — 10

— dasselbe, m. Schlüssel. 2., verb. Aufl. 12. (IV, 58 S.) Ebd. 887. — 75

Hoffmann, K. A. S., s. Hoffmann, Chrstn. Aug. Siegfr.

Hoffmann, K. Benj., einige Kirchen- u. andere Nachrr., bei Gelegenheit d. 50jähr. Jubelfestes d. evangel. Kirche zu Dittmannsu. Neußendorf, welche am 21. Sonnt. nach Trinit. gefeiert wurde. 8. Striegau 793.

— Lieder u. Gesänge, welche bei diesem Jubelfeste gesungen werden sollen. 8. Ebd. (1793).

Hoffmann, K. Emil, von Tönen klingt es in mir. Gedichte. (72 S.) kl. 8. Florenz (Via Alessandro Volta 25) 910. Selbstverlag. 2. 40

Hoffmann, K. F., Reisehandbuch. Führer durch Deutschlands Städte u. Sehenswürdigkeiten mit vollständig. Hotel-Adressbuch. 12. (IV, 227 S.) Delitsch 899. C. Hoffmann. n. 1. —; geb. n. 1. 50

Hoffmann, K. Fr., Volapük. Praktischer Lehrgang zur leichten u. gründl. Erlerng. der Schleyer'schen Weltsprache f. Unterrichtskurse u. zum Selbststudium. Nach den neuesten Beschlüssen d. Münchener Kongresses bearb. Mit e. systemat. u. alphabet. Wörterbuche u. Schlüssel zu den Übungsaufgaben. 8. (IV, 92 S.) Gießen 888. Roth. n. 1. —

Hoffmann, K. G., (Pfarrer) kurze Geschichte der Gesangvereine u. Gesangfeste am Fuße des niederschlesischen Gebirges. gr. 8. Breslau 835. Graß, Barth u. Comp. 1/6 Rthlr

Hoffmann, K. G., (Pfarrer) Geschichte Schlesiens von d. frühesten Zeiten bis auf unsere Tage. Zur Belehrung u. Unterhalt. f. den Bürger u. Landmann. Mit 1 Kpf. gr. 8. Schweidnitz 825. (Leipz., Reclam). 12 gr

Hoffmann, K. G., Uebergang vom Sprechen durch Schreiben zum Lesen. Ein Uebungsbüchlein für Elementarschüler. Zeitz 855. Garcke'sche Buchhdlg. 8. (48 S., wovon 16 lith.) n. 3 ngr.

— christl. Wochenblatt. 1r Jahrg. 8. Schweidnitz 826.

Hoffmann, K. Gust. F., (Rechn.-Rath) Corvaz ein Gemälde häusl. Scenen. 8. Manh. 808. Kaufmann.

— s. Hoffnungslösen, die.

— Leben, Meinungen und Schicksale eines Flohes. Mannheim: Löffler 1803. 8°
s.a. Plagegeist, Der versteckte.

HOFFMANN, Direktor, Louise Saalheim oder Liebe und Leidenschaft, eine (zahme) Geschichte in Briefen von —. Mannheim, b. Tobias Loeffler 1808. 8°.
Tit., 1 Bl. Vorr., 224 S.

— Versuch e. Rechnungsrechts, sowohl im Allgemeinen, als in besond. Beziehung auf Baden. gr. 8. Karlsr. 820. Müller. 12 gr

Hoffmann, K. W. B., Antrittspredigt üb. Evang. St. Joh. 20, 19—23, bei seiner Einweihg. am Sonntag Quasimodogeniti 1887 in der Stadtkirche zu Pirna geh. gr. 8. (10 S.) Pirna 887. Diller & Sohn. n. — 25

Hoffmann, Kajetan Nekrolog des verstorbenen Direktors Regierungsrat Dr. Rich. Peinlich. 14 S. 8. Progr. 1 Staatsg. *Graz* 1883.

Hoffmann Caj.: Über eine Admonter Pergament-Handschrift der Excerpte des älteren S. 10⁴ Graz I. 74. Progr.

Hoffmann, Kajetan Über Tyrtaeus und seine Kriegslieder. 44 S. 8. Progr. I. Staatsg. *Graz* 1877

Hoffmann, Karl, Abriß der Geschichte der Philosophie von ihren Anfängen bis auf die Gegenwart. Ein Leitfaden zur Uebersicht u. Orientirg. 2., großentheils umgearb. u. verm. Aufl. gr. 8. (XVI, 108 S.) Passau 872. Waldbauer. n. 2. —

Pädagogisch-Didaktische Ährenlese. Erste Hälfte. Acht, von 1859 bis 1866 an der kgl. Studienanstalt zu Passau gehaltene Schulreden am Schlusse des Schuljahres 1877/78 seinen ehemaligen Schülern und Zuhörern zur freundlichen Erinnerung. — Von Dr. Karl Hoffmann, L. R. u P. — 1878. Passau, ibid. — S. 1—51⁸.
Progr. Passau, K. Lyzeum

Hoffmann, Karl: Angiokeratoma Mibelli und Angioma Keratosum. Heidelberg 1909: Dörr. 36 S. 8°
Heidelberg, Med. Diss. v. 18. Juli 1910, Ref. Krehl
[Geb. 27. Jan. 84 Schorndorf; Wohnort: Göppingen; Staatsangeh.: Württemberg; Vorbildung: Gymn. Stuttgart Reife Sommer 03 (Extraneus); Studium: Tübingen Phil. 1, Med. 1, München 1, Tübingen 3, Straßburg 1, Heidelberg 4 S.; Coll. 27. Mai 09; Approb. 6. Juli 10.] [U 10. 2064

Ansprache des k. Lycealrektors Dr. Hoffmann aus Anlaß der Feier des 700jährigen Jubiläums der Regierung des Wittelsbacher Fürstenhauses. — 1880, Passau, ibid. — S. 1—3⁸.
Progr. Passau, K. Lyzeum

Ansprachen an die Kandidaten des K. Lyceums zu Passau beim Beginn und am Schlusse der Semester innerhalb der Schuljahre 1864/65 bis 1882/83 gehalten von Dr. Karl Hoffmann, L. R. — Eine pädagogisch didaktische Beigabe zur Denkschrift (1914 a). — 1883, Passau, ibid. — S. 3—51⁸.
Progr. Passau, K. Lyzeum

Hoffmann, Carl, zur Anthropologie u. Psychologie. Passau 868. Elsässer & Waldbauer. Lex.-8. (35 S.) n. 10 ngr.

Hoffmann, Carl (geb. Berlin 9. 3. 1844): Ueber die Aetiologie und Ausbreitung der amyloiden Entartung. Berlin (1868). (50 S.) 8°
Berlin, Med. Diss. v. 7. März 1868

— die etymologische Bedeutsamkeit der deutschen Sprache, nachgewiesen an Worten für wichtige, der intellektuellen und religiös-sittlichen Sphäre des Menschenlebens angehörenden Begriffe. gr. 8. (36 S.) Ebendas. 868.

Hoffmann, Karl: Beitrag zur Kenntnis des Campherpinakons. *Erlangen 1897: F. Junge.* (32 S.) 8°
Erlangen, Phil. Diss. v. 2. Juni 1897

Hoffmann, Karl: Beiträge zur Anatomie und Jahresringbildung der Vitaceen. (Schkeuditz 1909: Wachsmuth.) 50 S. 8°
Berlin, Phil. Diss. v. 20. März 1909, Ref. Schwendener
[Geb. 13. Juli 80 Bernau; Wohnort: Berlin; Staatsangeh.: Preußen; Vorbildung: Gymn. Spandau Reife M. 99; Studium: Berlin 7 S.; Rig. 18. Febr. 09.] [U 09. 199

Hoffmann, Karl [aus Magdeburg]: Beiträge zur Kenntniss des Isochinolins. . . . Magdeburg, R. Wapler, Buchdr., 1891; 26 S., 1 Bl. 8°
Freiburg i. B., Phil. Fak., Inaug.-Diss. v. 1891

— aus der Bibliothek. Epigrammatisches. gr. 8. (32 S.) Ebend. 872. n.n. — 90

Hoffmann, Carl (II.), botanischer Bilder-Atlas nach De Candolle's natürlichem Pflanzensystem. 85 fein kolor. (lithogr.) Taf. mit erläut. Text. 15 Lfgn. hoch 4. (XXVI, 102 S.) Stuttgart 883,84, [Thienemann's Verlag.] Jul. Hoffmann. à Lfg. *M 1.

Hoffmann's, Carl, botanischer Bilder-Atlas. Nach d. natürl. Pflanzensystem v. De Candolle, Jussieu, Endlicher, Reichenbach u. A. 2. Aufl. m. 459 farb. Pflanzenbild. n. Aquarellen v. P. Wagner u. G. Ebenhusen u. ca. 500 Holzschn. Gänzl. umgearb. v. Jul. Hoffmann. gr. 4. (IV, XXXVIII, 194 S. m. 80 Taf.) Stuttgart 896. Verlag f. Naturkunde. Kart. n. 18. —
Erschien auch in 18 Lfgn. à n. 1. —.

Hoffmann, Karl, Botanischer Bilderatlas. Nach dem natürlichen Pflanzensystem von De Candolle, Jussieu, Endlicher, Reichenbach u. a. 2. Auflage mit 459 farbigen Pflanzenbildern nach Aquarellen von P. Wagner und G. Ebenhusen und circa 500 Holzschnitten. Gänzlich umgearbeitet von Dr. Julius Hoffmann. Prag. Verlag von F. L. Kober. Geb. [1898.] 11.—

— u. E. Dennert, botanischer Bilderatlas nach dem natürlichen Pflanzensystem. Zugleich e. Flora zur Bestimmg. sämtl. in Deutschland vorkomm. Pflanzen. 3., vollständig veränd. Aufl. Nach dem gegenwärt. Stande der botan. Wissenschaft unter besond. Berücksicht. der Biologie gänzlich neu bearb. Mit etwa 500 Abbildgn. auf 86 Taf. sowie 959 Textfig. (III, 272 S.) Lex. 8. Ebd. 910. 11. 20.—; geb. in Leinw. 22.—; in Halbfrz. 23.50; auch in 16 Lfgn. à 1. 20

Hoffmann, Carl (V.), das Buch der Erfindungen für Haus- und Landwirthschaft, Gewerbe und Industrie oder 1000 Anweisungen neuester Erfindung für alle, welche ihren Erwerb erhöhen wollen, als: Kauf- und Handelsleute, Gastwirthe, Bäcker 2c., besonders aber auch für jede Haushaltung und Landwirthschaft. 8. (160 S.) Hainichen 884. (Chemnitz, Hager.) cart.

Hoffmann, Car. (II.), Camillus vindex, carmen epicum. Accedunt minora poemata nonnulla. 8 maj. ($3^1/_4$ B.) Moguntiae 829, Kupferberg.

Hoffmann, Carolus: De Pseudo-Orphei catalogo Argonautarum. . . . Norimbergae, typ. expr. J. L. Stich, 1888; 1 Bl. 39 S. 8°
Erlangen, Phil. Fak., Inaug.-Diss. v. 1888

Hoffmann, Karl, de Pseudo-Orphei catalogo Argonautarum. [Beilage zum Jahresbericht 1887/88 der königl. Studienanstalt zu Nürnberg.] gr. 8. (39 S.) Nürnberg 888, (Ballhorn.) ** — 50

— Carl (Merseburg), Criteria partus olim enixi diagnostica. Diss. med.-forens. Bln. (August Petsch) 12. XII. 1825. 39 S. mit Biogr. (M.: R. E. Schoelzicher.) (6.50) 15500
Oppon.: Barchewitz, Brandt, Hildebrand.

Hoffman, C., Dank- und Ehrentempel. s. a. Dank- und Ehrentempel.

Hoffmann, K.: Des Teutschen Volkes feuriger Dank- und Ehrentempel oder Beschreibung, wie das aus 20jähriger franz. Sklaverei gerettete Teutsche Volk die Tage d. entscheidenden Völker- u. Rettungsschlacht bei Leipzig 1814 zum erstenmale gefeiert hat. Offenbach 1815. 2 Bde

Denkschrift zur Erinnerungs-Feier des fünfzigjährigen Bestehens des kgl. Lyceums zu Passau. — Von Dr. Karl Hoffmann, L. R. — 1883, Passau, ibid. — S. 3 - 77ᵇ.
Progr. Passau, K. Lyzeum

Hoffmann, Carl (I.), Dichterblüthen. Eine Festgabe für deutsche Frauen. 8. (224 S. mit chromolithogr. Titel.) Bonn 867, Henry. geb. mit Goldschn. *

— Distichen aus dem bayerischen Hochland. Ebend. 870. gr. 8. (24 S.) cart. mit Goldschn. n. 6 ngr

*Hoffmann, Carl (I.), allgem. Einleitung in d. physikal. Geographie, u. Grundzüge d. Terrainlehre. In Verbind. mit e. Freunde hrsg. M. 4 Taf. Abbild. (auf $2^1/_2$ lith. Bog. Fol.) gr. 8. (18 B.) Breslau 834, Pelz.

— zur Einleitung in das Studium der Philosophie. Ebend. 868. Lex.-8. (IV, 47 S.) n. 12 ngr

Hoffmann, Carl, Erfahrungen üb. die Anwendung des dreifachen Chlorkohlenstoffes bei der epidem. Cholera. [Separat-Abdr. aus der medicin. Zeitung des Vereins f. Heilkunde in Preussen, Octbr. 1848.] gr. 8. (28 S.) Frankfurt a./O. 848, Trowitzsch & Sohn. n. ⅙ ℛ

Hoffmann jun., Carl, Erfahrungen über die Anwendung des dreifachen Chlorkohlenstoffes bei der epidem. Cholera. gr. 8. (28 S.) Frankfurt a. O. 849, Trowitzsch und Sohn. *
Aus: Medicinische Zeitung des Vereins für Heilkunde in Preussen Jahrg. 1848, besonders abgedruckt.

Hoffmann, Carl: Eine Excursion nach dem Volcan de Cartago in Central-America. ([S.-A.] Bonplandia. 1856. No. 3.) (Hannover) 1856. 8 S. 4°.

Hoffmann, Karl [app. Arzt aus Mantel]: Ueber einen Fall von intrathoracischem Sarkom ... München, kgl. Hof- u. Univ.-Buchdr. v. Dr. C. Wolf & Sohn, 1891; 27 S. 8.
München, Med. Fak., Inaug.-Diss. v. 1891

Hoffmann, Car. (geb. Stettin 7. 12. 1823): De febri intermittente. Berolini (1847). (31 S.) 8°
Berlin, Med. Diss. v. 31. Mai 1847

Hoffmann, *Karl: Aus der Festrede zur 25jährigen Gedenkfeier der Wiederaufrichtung des deutschen Reiches.* 4 (S. 5—6 der Schuln.). **Progr.** Fürstl. Rsch. *Arnstadt* 1896

Hoffmann, Carl Ritter v., die Feuerdisciplin. 8. Wien 872. (v. Waldheim.) 27 S. *

Hoffmann, Carl, Führer durch den bayerischen Wald. Handbuch für Reisende. Mit einer Reisekarte (Kpfrst. in 4.). Passau 861. Elsässer & Waldbauer. 16. (VIII, 134 S.) n. $12^1/_2$ ngr

— Führer durch den bayerischen Wald. Handbuch f. Reisende. Mit e. Reisekarte (Kpfrst. in 4.) 16. (172 S.) Ebend. 872. n. 1. 50

Hoffmann, C. a., Führer durch den bayerischen Wald. Mit 1 Karte. 2. Auflage. Passau 1872. 8.

Hoffmann's, Carl (IV.), Führer durch den Bayrischen Wald. Neu bearb. von J. Mayenberg. 3. Aufl. Mit 1 (chromolithogr.) Reisekärtchen. 12. (IV, 164 S.) Passau 880, Waldbauer's Buchh. cart. *

Hoffmann, Karl (Hrsg.), s. F ü r e r , Wilh.: Aus Gnaden.

Gedicht zur Erinnerung an die nächstbevorstehende hundertjährige Wiederkehr des Geburtstages Seiner Majestät des Königs Ludwig I. von Bayern, des Gründers des Königlichen Lyzeums zu Passau. -- Von Dr. Karl Hoffmann, L.-R. --- 1886, Passau, ebenda. — S. 3—15.
Progr. Passau, K. Lyzeum

Hoffmann, Karl VI. (Artill.-Lieut.), mathematische Geographie. In Verbindung mit e. Freunde herausg. Mit 5 (7) Taf. Abbildd. gr. 8. Breslau 834. Pelz. 1⁵/₆ ℳ

Hoffmann, K., Die Geschichte der Philosophie und der katholische Standpunkt. Passau 1854, 4°, 16 S., Programm.

Hoffmann, Karl, die Geschichte der Philosophie u. der katholische Standpunkt. Passau 857. Elsässer u. Waldbauer. 4. (18 S.) 5 ngr.

Hoffmann, Karl (I.), Geschichtsauszug für die mittleren Klassen höherer Lehranstalten. gr. 8. (IV, 103 S.) Berlin 877, W. Schultze's Verlag.

— Geschichtsauszug für die mittleren Klassen höherer Lehranstalten. 2. verb. und verm. Aufl. gr. 8. (VIII, 96 S.) Berlin 883, W. Schultze's Verlag.

Hoffmann, K., Geschichtsauszug, Nachtrag, s.: Hoffmann, Hugo, kurzer Abriß der wichtigsten geschichtlichen Ereignisse vom Frankfurter Frieden bis zur Thronbesteigung Wilhelms II.

Hoffmann, Karl, aus Lobben: Über Lord Byrons 'The Giaour'. *Halle a. S. 1898: E. Karras.* (64 S.) 8°
Halle, Phil. Diss. v. 1898

— Glauben, Wissen, Leben. Ein Sonettenkranz. Regensburg 854. Pustet. 16. (133 S.) 15 ngr.

—— Grundlehren d. Physik, nach ihrer jetzigen Ausdehnung, u. in ihren besond. Beziehungen auf d. Militairwissenschaften in leichtfaßl. Vortrage z. Selbstunterr. u. als Leitfaden f. Militärschulen bearb. 1. u. 2. Bd. gr. 8. Berlin 834, Reimer.
Bd. 1. Die quantitative Physik, od. Grundlehren d. festen, tropfbarflüssigen u. gasförmigen Körper. (12 B. u 4 Stnt qu. ½ gr. Fol) 1 Thlr.
= 2. Die qualitat. Physik, od. Grundlehren d. Lichts, d. Wärme, Elektricität u. d. Magnetismus. (16½ B. u. 3 Stnt. qu. ½ gr. Fol) 1 Thlr. 8 Gr.

Hoffmann, (Prem.-Lieut.) C., Grundlehren der Physik, nach ihrer jetzigen Ausdehnung und in ihren besondern Beziehungen auf die Militairwissenschaften in leichtfaßl. Vortrage z. Selbstunterricht u. als Leitfaden für Militairschulen bearbeitet. 1r Bd. Die quantitativ. Physik od. Grundlehren der festen, tropfbarflüssigen u. gasförmigen Körper. Mit 4 Steintaf. gr. 8. Berlin 834. Reimer. 1 ℳ — 2r Bd. Die quantitative Physik oder Grundlehren des Lichts, der Wärme, Elektricität und des Magnetismus. Mit 3 Steintaf. gr. 8. Ebd. 834. 1⅓ ℳ

Grundlinien der Logik oder Denklehre mit Rücksicht auf die theoretische und praktische Wichtigkeit ihres Studiums. — Von Dr. Karl Hoffmann, L. R. — 1884, Passau, ibid. — S. 3—53°.
Progr. Passau, K. Lyzeum

Die Haltung des Erzbistums Köln in den kirchenpolitischen Kämpfen Ludwigs des Bayern. Von Karl **Hoffmann**, Pfarrer in Mülheim bei Blankenheim (Ahr). Bonn: Hanstein 1910. VII, 164 S. 8° (11. 165)

Hoffmann, C., die Heeres-Organisation, s.: Friedl, Franz

[F. u. Ant.] Hilfsbuch zum Unterricht in der Biblischen Geschichte. F. Seminaristen u. Lehrer bearb. v. C. **Hoffmann**, Seminar- u. Religionsl. ... *Habelschwerdt: Franke 1896.* (X, 300 S.) 1 Bd 8. (97. 190)

— Hilfsbuch z. Unterr. in d. biblischen Geschichte. F. Seminaristen u. Lehrer bearb. 2., verb. Aufl. (4, 5. u. 6. Taus.) gr. 8. (X, 300 S.) Habelschwerdt 898. Franke. n. 2. 40; geb. n. 2. 80

Hilfsbuch zum Unterricht in der Biblischen Geschichte. Für Seminaristen u. Lehrer bearb. von C. **Hoffmann**, Seminaroberl. 3., verm. u. verb. Aufl. *Habelschwerdt: Franke 1900.* (XI, 333 S.) 8° [F.] (01. 3-6)

— Hilfsbuch zum Unterricht in der biblischen Geschichte. Zum Gebrauche in Präparanden-Anstalten, Lehrerseminarien u. Volksschulen bearb. 4., verb. Aufl. 11., 12. u. 13. Taus. gr. 8. (XII, 345 S.) Habelschwerdt 902. Franke. n. 3. —

Hilfsbuch zum Unterricht in der Biblischen Geschichte. Zum Gebr. in Präparanden-Anstalten, Lehrerseminarien u. Volksschulen bearb. von C. **Hoffmann**, Seminaroberl. 5. u. 6. verb. Aufl. *Habelschwerdt: Franke 1903.* (XIII, 328 S.) 8° [F. u. Ant.] (04. 184)

Hilfsbuch für den Unterricht in der Biblischen Geschichte für die Diözese Paderborn. Zum Gebr. in Präparandenanst., Lehrerseminarien u. Volksschulen bearb. von C. **Hoffmann**, Sem.Oberl. Habelschwerdt: Franke 1904. (X, 324 S.) 8° [F. u. Ant.] (05. 437)

— Hilfsbuch zum Unterricht in der biblischen Geschichte. Zum Gebrauche in Präparanden-Anstalten, Lehrerseminarien u. Volksschulen bearb. 7. u. 8., verb. Aufl. (XIII, 344 S.) 8. Habelschwerdt 906. Franke. n.n. 3.—; geb. n. 3. 50

— Hilfsbuch zum Unterricht in d. biblischen Geschichte. Zum Gebrauche in Präparanden-Anstalten, Lehrerseminarien u. Volksschulen bearb. 9. u. 10., verb. u. verm. Aufl. (XIII, 403 S.) 8. Habelschwerdt 910. Franke. 3.40; geb. in Leinw. n 3.80

Hoffmann, C., am Hofe der Büffel. Schildergn. aus dem Leben e. afrikan. Fürstenfamilie in Transvaal. Mit 9 Federzeichngn. (72 S.) 8. Berlin 909. Buchh. der Berliner ev. Missionsgesellschaft. 1. —

Hoffmann, Karl, (Prof.), s. Horatius Fl., sämmtl. lyrisch. Dichtungen.

Hoffmann, Carl, „10 Jahre in Afrika". Reise-Erlebnisse in Egypten, Nubien, Sudan, Deutsch Ost- u. Südwest-Afrika. 21.—30. Taus. 2 Tle. in 1 Bde. (Je 256 S. m. Abbildgn.) gr. 8. Berlin (905). (Koburg, O. Mur.) Geb. 5. —

Hoffmann, Carl, 10 Jahre in Egypten. Schilderungen dieses merkwürd. Landes. Erlebnisse während e. 10jähr. Aufenthaltes unter den Eingeborenen vom Mittelmeer bis zur Nilquelle. Wahrhaft, treu, humoristisch, freudvoll u. leidvoll erzählt. 2 Thle. 3., verm. Aufl. gr. 8. (480 u. 482 S.) Wien 892. (Leipzig, Literar. Anstalt A. Schulze.) n. 6. —

Hoffmann, Karl, der Kampf um feste Plätze [Festungskrieg] u. dessen Geschichte f. Infanterieofficiere Cadeten der activen Armee u. der Reserve. Mit 1 (lith.) Plane (in gr. Fol.) gr. 8. (VIII, 110 S.) Wien 872. Seidel & Sohn. n. 2. 40

Hoffmann, Carl. Zur Kenntniss der Chlorirten r-Pentendioxycarbonsäuren und deren Umwandlung in Pyridin-α-Hexamethylenderivate. Ueber Hydroxamsäuren der Fettreihe. (Basel) Zürich, 1890.

Hoffmann, Karl, Kompendium der Anthropologie. Passau, Waldbauer, 1871, 8°, 123 S., 3. Aufl., 1,50 Mk.

— Compendium der Anthropologie. 3. verb. u. verm Aufl gr. 8. (VI, 123 S.) Ebend. 871. n. 1. 50

Hoffmann, Karl: Die Kunst, die Lebens- u. Dienstdauer der Pferde zu verlängern, s. Hofmann, Karl

Hoffmann, Karl: Laut- und Flexionslehre der Mundart der Moselgegend von Oberham bis zur Rheinprovinz. *Metz 1900: Lothringer Zeitung.* (87 S.) 8°
Strassburg, Phil. Diss. v. 1900

Hoffmann, Carl (I.), Leben und Wirken des Dr. Ludwig Friedrich Wilhelm Hoffmann. Mit dem (phototyp.) Bildniß des Verewigten. 1. Hälfte. gr. 8. (VII, 175 S.) Berlin 878, Wiegandt und Grieben. * 2 50

Hoffmann, Carl (I.), Leben und Wirken des Dr. Ludwig Friedrich Wilhelm Hoffmann. 2. Hälfte. gr. 8. (III, 217 S.) Berlin 880, Wiegandt und Grieben. *
1. Hälfte. Ebendas. 1878. *. ℳ 2,50.

Hoffmann (K.). Lehrbuch der praktischen Pflanzenkunde in Wort und Bild, fuer Schule und Haus . . . Stuttg. 1875–6. fol.

Hoffmann, Karl, Lehrbuch der praktischen Pflanzenkunde in Wort u. Bild, f. Schule u. Haus, f. Gebildete aller Stände. Mit üb. 1000 Abbildgn. auf 60 color. (lith.) Taf. in Doppelfol. u. 214 (eingedr. Holzschn. 20 Lfgn. Fol. (XLVIII, 126 S.) Stuttgart 876. Hoffmann. à n. 1.50 cplt. geb. n. 35. —

Hoffmann, Lehrbuch der praktischen Pflanzenkunde. 3. Aufl. (In 20 Lfgn.) 1–18. Lfg. Fol. (XLIV, 80 S. m. je 3 color. Steintaf.) Stuttgart 885. 86. Hoffmann's Verl. à — 90

— Lehrbuch der praktischen Pflanzenkunde in Wort u. Bild f. Schule u. Haus, f. Gebildete aller Stände. 3. Aufl. Mit üb. 1000 color. Abbildgn. auf 61 Taf. in Doppelfolio. Neu bearb. v. K. G. Lutz. 19. u. 20. (Schluß-)Lfg. Fol. (IV u. S. 81—96 m. 7 color. Steintaf.) Stuttgart 886. C. Hoffmann's Verl. à — 90 (cplt. geb.: n. 21. —)

Hoffmann, Carl, Lehrbuch der praktischen Pflanzenkunde in Wort u. Bild f. Schule u. Haus, f. Gebildete aller Stände. 4. Aufl., neu bearb. v. K. G. Lutz. 30 Lfgn. Fol. (72 color. Steintaf. m. Text XLIV, III, 96 S.) Stuttgart 889. C. Hoffmann's Verl. à Lfg. n. — 60

Hoffmann, Carl (IV.), Leitfaden der Geschichte der Philosophie nebst einem gedrängten Ueberblicke derselben. Zum Gebrauche bei seinen Vorlesungen. Lex.-8. (VIII und 79 S.) Passau 866, Elsäßer und Waldbauer. *

Zur Literatur und Ideen-Geschichte. 12 Studien von Karl **Hoffmann** in Charlottenburg. Charlottenburg: Günther 1908. (VI, 105 S.) 8°

Hoffmann, Karl, zur Literatur- u. Ideen-Geschichte. 12 Studien. (Neue [Titel]-Ausgabe.) (VII, 167 S.) gr. 8. Dresden [908] 909. C. Reissner. 8. —

— s. Mdr. Meyer, Lehrbuch d. Pyrotechnik.

Hoffmann, Karl, und Frz. Frield, Militär-Handbibliothek für k. k. Officiere und Cadetten des k. k. Heeres und der Landwehr. 3. Aufl. 3 Thle. mit 32 (lithogr.) Taf. (in qu. 4.). 8. Wien 880, Seidel und Sohn. *
Inhalt:
Thl. 1. Militär-Stil. Militär-Administration. Heeresorganisation. (VI, 396 S. mit 1 Tab.)
» 2. Terrainlehre, Terrain-Darstellung, Terrain-Aufnahme. Taktik und Felddienst. (VII, 230 S. mit 2 Tab.)
» 3. Waffenlehre. Pionnier-Dienst. Feldbefestigung, beständige Befestigung. Festungskrieg. (IX, 408 S.)

Hoffmann, Carl, u. F. Friedl, Militär-Handbibliothek f. Officiere, Cadeten u. Einjährig-Freiwillige. 4. Aufl. Mit 350 Fig. im Texte u. 2 Taf. 8. (X, 1024 S.) Wien 888. Seidel & Sohn. n. 8. —; geb. n. 9. 60

Hoffmann, Karl, k. k. Oberlieut. im 12. Feldjäger-Bat. etc. und Franz Friedl, k. k. Lieut. im 21. Inft.-Reg. etc. Militär-Taschenbibliothek. Ein Nachschlagebuch für k. k. Offiziere und Cadetten des k. k. Heeres und der Landwehr. In 3 Theilen mit 27 Taf. 1. Theil. Ueber Militär-Geschäftsstil, Militär-Administration und Organisation des k. und k. Heerwesens. (Mit Tabellen auf 13 Blättern.) 2. Theil. Ueber Terrainlehre, Terrain-Darstellung, Terrain-Aufnahme, Felddienst und Taktik. (Mit 9 Taf. und 1 Tabelle.) 3. Theil. Ueber Waffenlehre, Pionnierdienst, Feld-Fortification, Permanente Fortification, Festungskrieg und Pferdewesen. (Mit 18 Taf.) (3 Bde.) 8. Wien 1875.

— u. Frz. **Friedl**, Militär-Taschenbibliothek. Ein Nachschlagebuch f. k. k. Officiere u. Cadeten d. k. k. Heeres u. der Landwehr. In 3 Thln. m. 27 (lith.) Taf. (in qu. gr. 4.) gr. 8. (XXVII, 868 S.) Ebend. 875. n. 10. —

—— —— Militär-Taschenbibliothek für k. k. Offiziere und Cadeten des k. k. Heeres und der Landwehr. Mit 31 Stnt. in qu. gr. 4. und qu. gr. Fol. 2. Aufl. 3 Thle. gr. 8. Ebendas. 877. *
Inhalt:
Thl. 1. Militär-Styl, Militär-Administration, Heeres-Organisation. (XXIII, 316 S.)
» 2. Ueber Terrain-Lehre, Terrain-Darstellung, Terrain-Aufnahme. Felddienst, Taktik und Waffenlehre. (376 S.)
» 3. Ueber Pionierdienst, Feld-Fortification, Permanente Fortification, Festungskrieg, Pferdewesen. (252 S.)

HOFFMANN, Carolus: De ministro sacramenti matrimonii et de potestate ecclesiae quoad rem matrimonialem. — (1883) 89 S. 4° (Handschr.) Diss. 374
Diss. Wien, Univ.

Hoffmann, C., Nicht vergeblich gearbeitet. Missions-Erlebnisse aus Kriegs- u. Friedenszeiten. (39 S. m. Abbildgn.) 8. Berlin 910. Buchh. der Berliner ev. Missionsgesellschaft. — 40

—— die Organisation der bewaffneten Macht, s. Friedl, Frz.

*—— Orographie u. Hydrographie v. Europa. In Verbind. mit e. Freunde hrsg. M. 3 Landkarten (Fol.). gr. 8. (27½ B.) Breslau 834, Pelz.
Die mit * bezeichn. Schriften sind aus der „Zeitschrift f. allgem. Geographie, hrsg. v. C. Hoffmann," vgl. diese, besond. abgedruckt.

[K.] **Hoffmann**, *Karl* [Prof. Dr.]: *Über die Ortsnamen Thüringens.* Arnstadt, fürstl. Hofbuchdr. v. A. Bussjaeger, 1895; S. 4. 4.
Arnstadt, fürstl. R, OP 1895 (745)

Hoffmann, *Karl Über Ortsnamen Thüringens, insbesondere Schwarzburgs. Aus einer Rede.* 4 (8. 4).
Progr. Fürstl. Rsch. *Arnstadt* 1895 (745).

— C., Panathenaikos. Diss. 1886. 76 S.

Hoffmann, Car. (II.), Panathenaikos. Archaeologicum librum. 12maj. (3½ B.) Cassellis 835, libr. Krieger.

—— Pflanzen-Atlas nach dem Linné'schen System. 80 fein color. (lithogr.) Taf. mit mehr als 800 Abbild. und erläut. Text. hoch 4. (IV, 88 S.) Ebendas. 881. cart. *

Hoffmann, Carl, Pflanzen-Atlas nach dem Linné'schen System. 80 fein kolor. Taf. m. mehr als 800 Abbildgn. u. erläut. Text. 2. Aufl. Lex.-8. (IV, 88 S.) Stuttgart (897). Verlag f. Naturkunde. Kart. n. 12. —

— dasselbe. Ein Handbuch zur Einführg. in die heim. Flora. 3. Aufl. m. ca. 400 farb. Pflanzenbildern nach Aquarellen v. P. Wagner u. G. Ebenhusen u. 500 Holzschn. Gänzlich umgearb. v. Jul. Hoffmann. gr. 4. (VIII, 140 S. m. Abbildgn. u. 66 farb. Taf.) Stuttgart 901. Verlag f. Naturkunde. Kart. n. 12.50
Erschien auch in 16 Lfgn. à — 75.

Hoffmann, Carl, Pflanzen-Atlas nach dem Linné'schen System. Ein Handbuch zur Einführg. in die heim. Flora. 4., unveränd. [Titel-]Aufl. m. ca. 400 farb. Pflanzenbildern nach Aquarellen v. P. Wagner u. G. Ebenhusen u. 500 Holzschn. Gänzlich umgearb. v. Jul. Hoffmann. (VIII, 140 S.) Lex. 8. Stuttgart [901]. (910). E. Schweizerbart. Geb. 12. 50

—— deutsche Poesie. Methodisch geordnete Auswahl für Schulen. 2 Abthlgn. gr. 8. Darmstadt 879, Jernin. *
Inhalt:
Abthl. 1. I. und II. Stufe. (VII, 94 S.) *M. 1,20.
" 2. III.—V. Stufe. (VIII, 196 S.) *M. 1,80.

Probe einer neuen Uebersetzung der Oden des Horaz. Zugleich ein Versuch, dieselben nach innerem Zusammenhang zu ordnen. Von Dr. Carl Hoffmann, G. P. — 1842. Ebend. — S. III—VI u. 7—31. [Vollständig erschienen 1845.]
Progr. Dillingen

— **philosophische Propädeutik.** Encyklopädische Einleitg. in das Studium der Philosophie. Zum Gebrauche bei seinen Vorlesgn. 2. verm. u. verb. Aufl. gr. 8. (IV, 79 S.) Ebend. 872. n.n. 1. 50

Hoffmann, Karl VI., (Artill. Lieutn.) Rechenbuch für Soldaten, od. Darstellung d. wichtigsten Lehrsätze aus d. Arithmetik u. ihre Anwendung auf Beispiele aus d. gewöhnl. Leben; z. Gebrauch für junge Militairs. 8. Bresl. 824. Schöne. 16 gr.

Hoffmann, Karl, die neuhochdeutsche Rechtschreibung vom Standpunkte der Sprachphysiologie u. Sprachgeschichte. Versuch e. wissenschaftlich richt. u. praktisch einfachen Lösg. gr. 8. (118 S.) Arnstadt 875. Frotscher n. 1. 60

[J.] **Hoffmann,** *Karl* [Prof. Dr.]: *Aus der Rede zur 25jährigen Gedenkfeier der Wiedererrichtung des deutschen Reiches.* Arnstadt, fürstl. Hofbuchdr. v. A. Bussjaeger, 1896; 5—6 S. 4.
Arnstadt, fürstl. R, OP 1896 (730)

Rede, am Stiftungsfeste der □ Karl zu den 3 Adlern im O.·. zu Erfurt den 20. Feb. 1876 gehalten vom Br [Karl] Hoffmann. Auf Wunsch der Mstrschaft als Ms. gedr. f. d. BBr der □ Karl zu den 3 Adlern. Erfurt [1876]: Bartholomäus. 10 S. 8° [Umschlagtit.]
Weisheit, Schönheit, Stärke — Gott, Tugend, Unsterblichkeit: die heilige Dreizahl der Mr.

Hoffmann, Karl, s.: Reichs-Chemiker-Kalender.

Hoffmann, Karl: Praktische Rossheilkunde oder Anleitung z. Kenntniss u. Heilung d. örtlichen u. allgemeinen Krankheiten ... Nebst e. Vorr. von S. v. Tennecker. Bd 1. 2. Erfurt 1805—08.

— prakt. Roßheilkunde. 2 Bde. 8. Erfurt, Keyser. 805—808. (1r 1 Rthlr. 6 gr. 2r 1 Rthlr.)

– dass., s. a. Hofmann

Hoffmann, Karl, Prof. Dr.: Sagenvergleichungen und ihre Verwertung im Gymnasialunterrichte. Stadtamhof 1904: J. & K. Mayr. (34 S.) 8°
Regensburg, k. Altes G P 1904*

Hoffmann, Karl, Sammlung der auf die ökonomischen Angelegenheiten der k. k. Gerichte Bezug nehmenden u. gegenwärtig geltenden Gesetze u. Verordnungen, sammt den betr. Formularien systematisch zusammengestellt. gr. 8. (VII, 107 S.) Prag 877. Haase in Comm. n.n. 2. 40

Hoffmann, Karl und Frz. Friedl

— — **Sammlung mathematischer Aufgaben** m. besond. Anpassung auf militärische Verhältnisse f. k. k. Militär-Schulen. gr. 8. (VI, 140 S.) Ebend. 876. n. 2. 40

Hoffmann, Carl (III.), ein Schlosser in Egypten. Meine Erlebnisse während eines zehnjährigen Aufenthaltes im Lande der Pyramiden. 20 Hefte. gr. 8. (636 S.) Berlin 879, [Dörner.] Zollern'sche Buchh. à Heft 30 Pf. 6 —

Hoffmann, Carl, ein Schlosser in Egypten. Meine Erlebnisse während eines zehnjährigen Aufenthaltes im Lande der Pyramiden. Mit 12 Lichtdr.-Bildern nach Orig.-Photogr. von W. Hammerschmidt. 12 Lfgn. gr. 8. (636 S.) Berlin 880. Zollern. à — 50

Hoffmann, Carl (III.), ein Schlosser in Egypten. Meine Erlebnisse während eines zehnjähr. Aufenthaltes im Lande der Pyramiden. Neue Volks-Ausg. 3. Aufl. gr. 8. (636 S.) Berlin 881, Dreyer. *

Hoffmann, Karl Dr. „Ueber vorbereitende technische Schulbildung". pg. 3 bis 13. 4°. Dr. Brennl's Off.
Passau, Progr. 1857/58

Hoffmann, K. Rtt. v. Der Schwarm als Kampfform. Wien 1872. 20 S.

Hoffmann, Carl (II.), die Seelöwen oder die verlornen Robbenjäger. Erzählung von James Fenimore Cooper. Für die reifere Jugend bearb. 8. (336 S. mit 8 lithogr. Bildern in Farbendr.) Stuttgart 868, Schmidt und Spring. cart.

Hoffmann, Carl: S p i r i t i s m u s u. Naturwissenschaft, s.: F l u g s c h r i f t e n spiritistische.

— deutsche Sprachlehre. Ein methodischer Leitfaden für Mittelschulen u. höhere Lehranstalten. 1. u. 2. Tl. gr. 8. Gießen 881. Roth. à n. — 60
1. Satzlehre. Mit 96 Übungsaufgaben. (VI, 56 S.) — 2. Wortlehre. Mit 221 Übungsaufgaben. (VI, 74 S.)

Hoffmann, Karl, deutsche Sprachlehre. Ein method. Leitfaden f. Mittelschulen u. höhere Lehranstalten. 2 Tle. 2., durchgeseh. u. verb. Aufl. 8. Gießen, E. Roth. à n. — 60; in 1 Bd. geh. n. 1. —
1. Satzlehre. Mit 96 Übungsaufgaben. (VIII, 56 S.) 890.
2. Wortlehre. Mit 221 Übungsaufgaben. (IV, 74 S.) 892.

Hoffmann, Karl, deutsche Sprachlehre. Ein method. Leitfaden f. Mittelschulen u. höh. Lehranstalten. 2 Tle. 3., durchgeseh. u. verb. Aufl. gr. 8. Gießen 908. E. Roth. à n. — 60; geb. à n. — 80; in 1 Bd. n. 1.—; geb. in Halbleinw. n.n. 1. 80
1. Satzlehre. Mit 96 Übungsaufgaben (II, 52 S.)
2. Wortlehre. Mit 223 Übungsaufgaben. Anh.: Die wichtigeren Regeln der deutschen Rechtschreibg., nebst e. Wörterverzeichnis. (II u. S. 53—139.)

Hoffmann, Karl, approb. Arzt aus Glogau: **Studien über die** Folgen von Netzabbindungen und -alterationen auf Leber und Magen. *Leipzig 1900: B. Georgi.* (29 S.) 8°
Leipzig, Med. Diss. v. (14. Juli) 1900

Hoffmann, Carl (I.), Taschenbuch f. Kunstfeuerwerker. Enth.: Beiträge z. Kunstfeuerwerkerei. Ein Versuch diese Kunst in e. rein wissenschaftl. begründetes System zu bringen. 12. (6 B. u. 4 Stnt.) Berlin 835, Reimer.

—— **Tragoedia graecorum** cum plasticae artis operibus comparata. Dissert. inaug. 8 maj. (3 B.) Moguntiae 834, Kupferberg.

De verborum transpositionibus in Cornifici Rhetoricorum ad C. Herennium libris. Particula prima. — Scrips. Dr. Carolus Hoffmann. — 1879, München, J. G. Weiss (Gottfr. Schöninger). — S. 3—50.
Progr. München, Realymn.

Einige Uebersetzungs-Proben aus dem Sanscrit. Von Dr. Karl Hoffmann, L. P. — 1850. Ebend. — S. 3—22.
Progr. Passau.

— Die Umbildung d. Kantischen Lehre v. Genie in Schellings System des transzendentalen Idealismus, s.a Studien, Berner, zur Philosophie. 53.

Die Umbildung der Kantischen Lehre vom Genie in Schellings System des transzendentalen Idealismus. Von Karl **Hoffmann**, Charlottenburg. Bern 1907: Scheitlin, Spring & Cie. (68 S.) 8°
— **Studien**, Berner, z. Philosophie u. ihrer Geschichte. Bd 53. [07. 10897

Hoffmann, Carl, erster Unterricht in der lateinischen Sprache. Eisleben 863. Reichardt. 8. (146 S.) 6 ngr

Hoffmann, Karl Der lateinische Unterricht in Sexta. 23 S. *Büdingen* 1885.
Progr.

— Untersuchungen zur Klima- und Bodenkunde mit Rücksicht auf die Vegetation.

— Vegetationszeiten im Jahre 1856.

— Vegetationszeiten im Jahre 1864 und 1865 in Giessen.

Hoffmann, Dr. Karl H., Verfassungsurkunde u. Gesetze d. deutschen Gesellschaft zu .... gr. 4. ohne O. 815. (Frankf.), Körner. 3 gr

Hoffmann, Karl: Wachstumsverhältnisse einiger holzzerstörender Pilze. Halle 1910: Karras. 94 S. 8° ¶(Aus: Zeitschrift f. Naturwiss. Bd 82.)
Königsberg, Phil. Diss. v. 31. Mai 1910, Ref. Mez
[Geb. 30. Jan. 87 Züllichau; Wohnort: Halle a. S.; Staatsangeh.: Preußen; Vorbildung: Gymn. Züllichau Reife O. 06; Studium: Halle 2, Straßburg 1, Berlin 1, Halle 3 S.; Rig. 26. Juli 09.] [U 10. 2005

— s.: Wochenschrift, philosophische.

Hoffmann, Karl, s. Zeitblatt für Gewerbtreibende.

— Zeitschrift f. d. allgem. Geographie rc., s. Zeitschrift.

Hoffmann, Karl [pr. Arzt]: Über die Cysten der Nierenkapsel ... Königsberg i. Pr., Druck v. M. Liedtke, 1895; 2 Bl., 39 S., 2 Bl. 8.
Königsberg, Med. Fak., Inaug.-Diss. v. 25. März 1895

Hoffmann, Karl, üb die Cysten d. Nierenkapsel. Diss. gr. 8. (38 S.) Königsberg 895. (W. Koch.) n. 1.—

Hoffmann, Carl Albert, Die Stellung des erbländischen ritterschaftlichen Creditvereins im Kgr. Sachsen zu dem Verlangen nach einer Erweiterung seiner Verfassung. 8°. Leipzig 1856.

Hoffmann, Carl Albin, a. Leipzig: Aus d. medicinisch-poliklinischen Institut d. Univ. Berlin. ⟨Leiter Geh. Rat Prof. H. Senator.⟩ Experimentelle Untersuchungen über die Wirkung des Collargols auf Leukocyten und Opsonine. Leipzig 1908: B. Georgi. (21 S.) 8°
Leipzig, Med. Fak., Ref. Boehm, Diss. v. 1. Juli 1908
[Geb. 3. Aug. 79 Dorpat; Wohnort: Berlin; Staatsangeh.: Preußen; Vorbildung: Thomas-Gymn. Leipzig Reife O. 99; Studium: Freiburg i. B. 1, Leipzig 5, Straßburg 1, München 1, Berlin 3 S.; Coll. 3. Juli 08; Approb. 28. April 08.]

Hoffmann, Karl Alfred, s. Hoffmann, Alfred

Hoffmann, Karl Aug., tabellar. Bestimmung der Bestandtheile der Neutral- u. Mittelsalze in hundert Theilen rc. 2 Blätter in Fol. Weimar 792. Hoffmann. 8 gr

— tabellar. Entwurf d. pharmaceut. Scheidekunst nach ihren Operationen. gr. Fol. Weimar 791. Hoffmann. 4 gr

— s. Hellot, Färbekunst.

— üb. den Hopfen u. chem. Untersuchung dessen in Rücksicht auf Bierbrauer. II) J. B. Trommsdorff, chem. Untersuchung eines Quellwassers aus d. sogenannten Dreibrunnen bei Erfurt. 4. Erfurt 792. Keyser. 3 gr

Hoffmann, Karl Aug., Erweiterte Tabelle über etliche 40 Mineralwässer und Gesundbrunnen Deutschlands, welche in neuern Zeiten genauer untersucht worden. Weimar 1789. Fol.

— erweiterte Tabelle üb. etliche 40 Mineralwässer u. Gesundbrunnen Deutschlands. Fol. Weimar 789. Hoffmann. 3 gr

— Taschenbuch f. Aerzte, Physiker u. Brunnenfreunde rc. 8. Weimar 793. 2e Aufl. 798. 3e Aufl. 808. Hoffmann. 16 gr

Hoffmann, Karl Aug., Taschenbuch für Ärzte, Physiker und Brunnenfreunde zur bequemen Übersicht der Resultate aller in neuern Zeiten geschehenen genauern Untersuchungen der Gesundbrunnen und Bäder Deutschland, und der zunächst damit verbundenen Staaten. Weimar 1794. 12. . . . . (D.)
——. —— 2. Aufl. Ebda 1798. 12.

HOFFMANN, CARL AUGUST.
Systematische Uebersicht und Darstellung der Resultate von zwey hundert und zwey und vierzig chemischen Untersuchungen mineralischer Wasser von Gesundbrunnen und Bädern in den Ländern des deutschen Staatenvereins und deren nächsten Begränzungen. Nebst Anzeige aller über diese Heilwasser erschienenen Schriften. Berlin, 1815. pp. vi–410, 12mo.

— systemat. Uebersicht u. Darstellung d. Resultate von 242 chem. Untersuchungen mineral. Wasser in d. Ländern des deutschen Staatenvereins u. deren nächsten Begrenzungen rc. 8. Berl. 815. (Henning in Greiz). 1 rthl 8 gr

— tabellar. Uebersicht aller z. pharmaceut. Scheidekunst gehörigen Werkzeuge u. Geräthschaften, nebst kurzer Beschreibung derselben. Fol. Weimar 791. Hoffmann. 4 gr

Hoffmann, Karl Aug. Jul., Abriß der Logik. Für den Gymnasialunterricht entworfen. Clausthal 859. Grosse. gr. 8. (VIII, 49 S.) n. 10 ngr

Hoffmann, Carl Aug. Jul., Abriß der Logik. Für den Gymnasialunterricht entworfen. 2. verm. u. verb. Aufl. Clausthal 868. Grosse. gr. 8. (VIII, 68 S.) n. 11¼ ngr

Hoffmann, Karl Aug. Jul., Abriß der Logik. 3. Aufl. besorgt v. Chr. Frdr. Alb. Schuster. gr. 8. (X, 69 S.) Klausthal 872. Grosse. n. 1. 25

Hoffmann, Carl Aug. Jul., Abriß der Logik. 4. Aufl., besorgt von Chrn. Friedr. Alb. Schuster. gr. 8. (X, 69 S.) Klausthal 878, Grosse'sche Buchh. * 1 25

Hoffmann, Karl Aug. Jul., Abriß der Logik. 5. Aufl., besorgt von Chrn. Friedr. Alb. Schuster. gr. 8. (X, 70 S.) Halle 888, Mühlmann. * 1 25

Hoffmann, Carl Aug. Jul., 21. und 22. Buch (Φ und X) der Ilias. Nach Handschriften und den Scholien hrsg. 2 Abthlgn. gr. 8. (XIV und 417 S.) Clausthal 864, Grosse'sche Buchh. *

— neuhochdeutsche Elementargrammatik. Mit Rücksicht auf die Grundsätze der histor. Grammatik bearbeitet. 8. Clausthal 839. Schweiger. (Leipzig, Hinrichs.) ⅓ rthl

Hoffmann, Carl Aug. Jul., neuhochdeutsche Elementargrammatik. Mit Rücksicht auf die Grundsätze der histor. Grammatik bearb. 3. Aufl. gr. 8. (XVI und 112 S.) Clausthal 851, Schweigersche Buchh.

(—) orthographische Beilage zu K. A. J. Hoffmann's neuhochdeutscher Elementargrammatik. Hannover 854. Rümpler. gr. 8. (12 S.) 2 ngr.

Hoffmann, Karl Aug. Jul., neuhochdeutsche Elementargrammatik. Mit Rücksicht auf die Grundsätze der histor. Grammatik bearb. 4. Aufl. Clausthal 856. Grosse. gr. 8. (XVI, 128 S.) 12½ ngr.

— neuhochdeutsche Elementargrammatik. Mit Rücksicht auf die Grundsätze der historischen Grammatik bearb. 5. Aufl. Ebend. 859. gr. 8. (XVI, 176 S.) 15 ngr.

— neuhochdeutsche Elementargrammatik. Mit Rücksicht auf die Grundsätze der histor. Grammatik bearb. 7. Aufl. Ebend. 868. gr. 8. (XV, 204 S.) n. 16 ngr.

—— neuhochdeutsche Elementargrammatik. Mit Rücksicht auf die Grundsätze der histor. Grammatik bearb. 8. und 9. Aufl. besorgt von Chr. Friedr. Alb. Schuster. gr. 8. (XV, 204 S.) Ebendas. 872,75. *

Hoffmann, Karl Aug. Jul., neuhochdeutsche Elementargrammatik. Mit Rücksicht auf die Grundsätze der histor. Grammatik bearb. 10. Aufl., besorgt von Christ. Friedr. Alb. Schuster. gr. 8. (XI, 204 S.) [Klausthal 880, Grosse'sche Buchh.] Halle, Grosse. *

—— neuhochdeutsche Elementargrammatik. Mit Rücksicht auf die Grundsätze der histor. Grammatik. 11. Aufl., besorgt von Chrn. Friedr. Alb. Schuster. gr. 8. (XI, 212 S.) Ebendas. 885. * 1 80

—— dass. — Aufl. 11 A, besorgt von Chrn. Friedr. Alb. Schuster. Österreichische, nach der officiellen Orthographie und mit Rücksicht auf die neuen Instructionen bearb. Ausg. gr. 8. (XI, 216 S.) Ebendas. 885. * 1 80

Hoffmann, C. A. J., Formarum doricarum quinam sit in lyricis tragoediarum partibus apud Aeschylum usus quaeritur. Adduntur nonnulla de Aeschyli dialecto. Pr. 1842. 18 S. 4°.

Hoffmann, C. A. J., Prüfung des von Lachmann üb. die letzten Gesänge der Ilias gefällten Urteils. Pr. 1850. 9 S. 4°. —.75

Hoffmann, Car. Aug. Jul., quaestiones Homericae. Vol. I. Insunt quaestiones tres. I. De caesuris et numeris versus Homerici. II. De hiatu. III. De syllabis finalibus brevibus etc. 8maj. Clausthaliae 843, Schweiger. 1 ℔

Hoffmann, Car. Aug. Jul., Questiones Homericae. Vol. II. Insunt questiones tres: IV. De digamma ante vocales literas initiali. V. Quaeritur quomodo statuendum sit de locis Iliadis in quibus neglectum esse digamma videatur. VI. De varia carminum Iliacorum aetate colliguntur nonnulla ex questionibus superioribus. 8maj. (XII und 256 S.) Clausthaliae 848, libr. Schweiger. Thlr.
Vol. I. Ibid. 1843. 1 Thlr.

— Rhetorik für Gymnasien. 2 Abthlgn. Ebend. 859, 60. gr. 8.
1. Abth.: Die Lehre vom Stil. (VIII, 44 S.) n. 7½ ngr.
2. Abth.: Die Lehre von der Erfindung, von der Anordnung, von den wichtigsten Kunstformen der prosaischen Darlegung. (X, 104 S.) n. 11¼ ngr.

—— Rhetorik für Gymnasien. 2. Aufl. 2 Abthlgn. gr. 8. Clausthal 867, Grosse'sche Buchh. *—
Inhalt:
Abthl. 1. Die Lehre vom Stil. (VIII und 44 S.) * 7½ Ngr.
„ 2. Die Lehre von der Erfindung, von der Anordnung, von den wichtigsten Kunstformen der prosaischen Darlegung. (X und 104 S.) * 11¼ Ngr.

— — 1. Abthlg. 3. Aufl. besorgt von Alb. Schuster. Ebend. 869. gr. 8. (VIII, 44 S.) n. 7½ ngr.

— Rhetorik f. höhere Schulen. 1. Abth. Die Lehre vom Stil. 4. Aufl. besorgt v. Chr. Frdr. Alb. Schuster. gr. 8. (VIII, 44 S.) Ebend. 873. n. — 75

-- dasselbe. 2. Abth. Die Lehre v. der Erfindg., v. der Anordng., v. den wichtigsten Kunstformen der pros. Darlegg. 4. Aufl., besorgt v. Alb. Schuster. gr. 8. (X, 108 S.) Ebend. 875. n. 1. 25

Hoffmann, Karl Aug. Jul., Rhetorik für höhere Schulen. 1. u. 2. Abth. 5. Aufl. besorgt v. Christ. Frdr. Alb. Schuster. gr. 8. Klausthal 878. 82. Grosse. n. 2. 10
1. Die Lehre vom Stil. (XI, 44 S.) n. — 85
2. Die Lehre von der Erfindung, von der Anordnung, von den wichtigsten Kunstformen der pros. Darlegung. (X, 108 S.) n. 1. 25; nach der neuen österr. Rechtschreibung n. 1. 25

Hoffmann, Karl Aug. Jul., Rhetorik f. höhere Schulen. 1. Abtlg. Die Lehre vom Stil. 6. umgearb. Aufl., besorgt v. Christ. Frdr. Alb. Schuster. gr. 8. (XI, 44 S.) Halle 888. Grosse. n. -- 85

—— Rhetorik für höhere Schulen. 2. Abtl.: Die Lehre von der Erfindung, von der Anordnung, von den wichtigsten Kunstformen der prosaischen Darlegung. 6. Aufl., besorgt von Chrn. Friedr. Alb. Schuster. gr. 8. (XI, 108 S.) Ebendas. 888. * 1 25
1. Abtl. Ebendas. 1883. * 85 Pf.

Hoffmann, Karl Aug. Jul., Rhetorik f. höhere Schulen. 1. Abtlg. Die Lehre vom Stil. 7., verm. u. verb. Aufl., besorgt v. Christ. Friedr. Alb. Schuster. gr. 8. (XI, 44 S.) Halle a/S. 891. R. Mühlmann's Verl. n. — 85

Hoffmann, Karl Aug. Jul., neuhochdeutsche Schulgrammatik für Gymnasien und Progymnasien. Mit Rücksicht auf Sprachvergleichung bearbeitet. gr. 8. Clausthal 839. Schweiger. (Leipzig, Hinrichs.) ¾ ℔

— neuhochdeutsche Schulgrammatik. Mit Rücksicht auf Sprachvergleichung bearb. 2., größtentheils umgearb. Aufl. Clausthal 853. Schweiger. Lex.-8. (XX, 279 S.) 25 ngr.

— acht Schulreden über pädagogische Zeitfragen. Für Freunde des Gymnasialwesens herausg. Ebend. 859. gr. 8. (VII, 72 S.) n. 10 ngr.

—— 7 Schulreden pädagogischen Inhaltes. Für Freunde des Gymnasialwesens hrsg. (2. Sammlung der Schulreden.) gr. 8. (V und 86 S.) Clausthal 866, Grosse'sche Buchh. *—
(1. Sammlung.) Ebendas. 1859. * 10 Ngr.

— Supplementum lectionis graecae. Auswahl griech. Prosa für obere Gymnasialclassen. Leipzig 866. Teubner. gr. 8. (VIII, 152 S.) 15 ngr.

—— Homerische Untersuchungen. I. und II. 1—3. Abthl. gr. 4. Clausthal, Grosse'sche Buchh. 3 *
Inhalt:
I. 'Αμφί in der Ilias. (30 S.) 857. * 10 Ngr.
II. 1—3. Abthl. Die Tmesis in der Ilias. [1. Abthl. (22 S.) 858., 2. Abthl. (16 S.) 859., 3. Abthl. (27 S.) 860. à Abthl. * 7½ Ngr.] * 22½ Ngr.
Aus dem „Programm des Johanneums zu Lüneburg" besonders abgedruckt.

Hoffmann, Karl August Otto, s. Hoffmann, Otto

Hoffmann, Karol. Borom., Historya reform politycznych w dawnej polsce. gr. 8. (III und 317 S.) Leipzig 867, Rhode. *

— o panslawizmie zachodnim. Studium historyczne. Wydanie dziennika poznańskiego. Poznan. Berlin 868. Behr. gr. 8. (147 S.) n. 22½ ngr.

Hoffmann, Karl Christian Otto, s. Hoffmann, Otto

v. Hoffmann, Karl Cph., († d. 8. Jan. 1801.) Anweis. zur Anlegung e. engl. Gartens. 8. Leipz. 795.

Hoffmann, Karl Ernst Emil

Hoffmann, Carl Ernst Emil
Ueber das endosmotische Aequivalent des Glaubersalzes.
Giessen 1858. 21 S.
Inaugural-Diss. pro venia practicandi. vorh. 26.7.

Hoffmann, Carl Ernst Emil
Beiträge zur Anatomie und Physiologie des Nervus vagus bei Fischen.
Giessen: Keller 1860. 31 S. u. 1 Taf.
Habil. med. 24.11.1860. vorh. 7.

Hoffmann, Carl Ernst Emil, Beiträge zur Anatomie und Physiologie des Nervus vagus bei Fischen. Nebst 1 (lith.) Taf. Abbildgn. Giessen 860. Ricker. gr. 4. (34 S.) 15 ngr.

Die Einweihung des neuen maurerischen Tempels [Ludewig zur Treue] zu Giessen. [Von Karl Ernst Emil Hoffmann.] Giessen 1858: Keller. IV, 67 S. 8°
cf. FZ. 11 (1857) S. 307—309.
Tt. 528. Bericht üb. die Feier nebst statistischer Übersicht der Loge von 1817—1857.

Hoffmann, Carl Ernst Emil, Grundriss der Anatomie des Menschen. Für Studirende bearb. gr. 16. (VIII und 423 S.) Leipzig 865, Engelmann. cart. * 1

Hoffmann, Karl Ernst Emil, die Körperhöhlen d. Menschen u. ihr Inhalt. Nebst Anleitg. zu ihrer Eröffng. u. Untersuchg. 2. Aufl. der Lage der Eingeweide. Mit 16 farb. Taf. Abbildgn. u. 16 (eingedr.) Holzschn. gr. 4. (124 S. u. 20 S. Tafel-Erklärgn.) Erlangen 873. Besold. n. 20. 75

— die Lage der Eingeweide des Menschen. Nebst Anleitung zu ihrer Untersuchung und Herausnahme aus dem Körper. Mit 15 (lith. u. color.) Taf. Abbildgn. Leipzig 863. Engelmann. Lex.-8. (VIII, 119 S.) n. 2 ₰

Hoffmann, Carl Ernst Emil, Lehrbuch der Anatomie des Menschen. In 2 Bdn. 2. umgearb. und verm. Aufl. der Bearbeitung von Quain's Elements of anatomy. 1. Bd. 2 Abthlgn. und 2. Bd. 1. Abthl. gr. 8. Erlangen, Besold. * 25 —

Inhalt:
Bd. 1. 1. Abthl. Acussere Körperform, einfache Körperbestandtheile und Bewegungsorgane. (VII, S. 1—454 mit 348 eingedr. Holzschn.) 877. *M. 9.
„ 1. 2. Abthl. Eingeweidelehre. (VII, S. 455—778 mit 231 eingedr. Holzschn.) 877. *M. 8.
„ 2. 1. Abthl. Gefässlehre. (VIII, S. 1—286 mit 186 eingedr. Holzschn.) 878. *M. 8.

Hoffmann, Carl Ernst Emil, Lehrbuch der Anatomie des Menschen. 2. umgearb. und verm. Aufl. Fortgesetzt von G. Schwalbe. 2. Bd. 2. Abthl. 3 Lfgn. und 3. Abthl. 1. Lfg. gr. 8. Erlangen, Besold. *

Inhalt:
Abthl. 2. Schwalbe, G., Lehrbuch der Neurologie. 3 Lfgn. (1. Lfg. (S. 287—574 mit 165 eingedr. Holzschn.); 2. Lfg. (S. 575—878 mit 112 eingedr. Holzschn.) 880. à *M 8.; 3. Lfg. (VI, S. 879—1026 mit 43 eingedr. Holzschn.) 881. *M 5.] *M 21.
„ 3. — Lehrbuch der Anatomie der Sinnesorgane. 1. Lfg. (S. 1—216 mit 99 eingedr. Holzschn.) 883. *M 7.
1. Bd. und 2. Bd. 1. Abthl. Ebendas. 1877,78. *M 25.

Hoffmann, Carl Ernst Emil, Lehrbuch der Anatomie des Menschen. 2. umgearb. und verm. Aufl., fortgesetzt von G. Schwalbe. 2. Bd. 3. Abthl. Lehrbuch der Anatomie der Sinnesorgane von G. Schwalbe. 2. Lfg. 1. und 2. Hälfte. (XIII, S. 217—570 mit 100 Holzschn.) gr. 8. Erlangen 885,86, Besold. à Hälfte *M 6.—. *
1. Bd., 2. Bd. 1. und 2. Abthl., und 3. Abthl. 1. Lfg. Ebendas. 1877—83. *M 53.—.

— und Aug. Rauber, Lehrbuch der Anatomie des Menschen in 2 Bdn. in 4 Abthlgn. 3. theilweise umgearb. und verm. Aufl. gr. 8. Ebendas. 886. *

Inhalt:
Bd. 1. 1. Abthl.: Aeussere Körperform, einfache Körperbestandtheile und Bewegungsorgane. Bearb. von Carl Ernst Emil Hoffmann. 2. Aufl. (XI, S. 1—454 mit 348 Holzschn.) *M 9.—. 2. Abthl.: Eingeweidelehre. Bearb. von Carl Ernst Emil Hoffmann. 2. Aufl. (VII, S. 455—778 mit 231 Holzschn.) *M 8.
„ 2. 1. Abthl.: Gefässlehre. Bearb. von Carl Ernst Emil Hoffmann. 2. Aufl. (VIII, S. 1—286 mit 186 Holzschn.) *M 8.—. 2. Abthl.: Die Lehre von dem Nervensystem und den Sinnesorganen. 3. Aufl. Bearb. von Aug. Rauber. (VII, S. 287—846. mit 300 Holzschn.) *M 14.—.

Hoffmann, Carl Ernst Em., Untersuchungen über das endosmotische Aequivalent des Glaubersalzes. Giessen 858. Ricker. gr. 4. (21 S.) n. 10 ngr

— Untersuchungen über die pathologisch-anatomischen Veränderungen der Organe beim Abdominaltyphus. Mit 9 (lith.) Taf., (wovon 1 in Buntdr.) Leipzig 869. F. C. W. Vogel. gr. 8. (IX, 402 S.) n. 5 ₰

Hoffmann, Karl Fr., († d. 13. Juli 1772.) Anzeige bedenkl. Sätze in Büsching's symbol. Büchern. 8. Leipz. 771. Heinsius. 4 gr.

Hoffmann, Karl Fr. H., kurze deutsche Grammatik f. Bürger- u. Landschulen. 8. Leipz. 802. 2e Aufl. 816. 3e Aufl. 820. Hinrichs. 8 gr.

Hoffmann, C. F., kurze deutsche Grammatik für Bürger- u. Landschulen. 3te Aufl. 8. Leipzig, Hinrichs. 815.

— f. G. F. Hillmer, 30 Psalmen.

Hoffmann, Karl Friedrich [wirkl. Name], s.a. Felswangen, Karl Friedrich [Pseud.]

Hoffmann, Karl Friedrich, appr. Arzt: Aus d. pathol. Institut d. Städt. Krankenhauses in Wiesbaden. Prosektor Prof. Dr. Herxheimer. Ueber den Einfluß der Röntgenstrahlen auf den Kaninchenhoden. Mannheim 1908: H. Haas. (58 S.) 8°
Bonn, Med. Fak., Ref. Ribbert, Diss. v. 5. Juni 1908
[Geb. 27. März 83 Mannheim; Wohnort: Mannheim; Staatsangeh.: Baden; Vorbildung: Gymn. Wiesbaden Reife O. 02; Studium: Würzburg 3, Jena 1, Göttingen 2, Berlin 1, Bonn 3 S.; Coll. 30. Mai 08; Approb. 8. Mai 08.]

— — Die Familie Hellwig (zus. mit *F. W. Hempel*). 2 Bdchn. Mit Kpfrn. u. Musik. Ebd. 1803—4. 8°.
Rassmann p. 56.

FELSWANGEN, Karl Friedr. (d. i. *Karl Frdr. Hoffmann*, geb. 177*, † 1813), Heraldo der Unergründliche. 2 Bde. Leipzig, Hinrichs, 1803. 8°. (2 Rthl.)

Hoffmann, Karl Fr. H, Katechismus d. christl. Lehre, in Grundsätzen d. Denkens u. Handelns, z. Auswendiglernen für Kinder von 7 bis 14 Jahren, in zwei Lehrgänge u. funfzig Wochenlectionen geordnet. 8. Hirschb. 807. (anonym). 8e Aufl. 824. 11e Aufl. 832. (Nesener). 4½ gr.

— Catechismus im Denken u. Handeln f. Kinder von 7 bis 14 Jahren. 8. Hirschb. Thomas. 811.

— Katechismus d. christl. Lehre in Grundsätzen d. Denkens u. Handelns zum Auswendiglernen f. Kinder von 7—14 Jahren. 4te Aufl. 8. Hirschb. Thomas. 813.

Hoffmann, K. F., Katechismus der christl. Lehre in Grundsätzen des Denkens und Handelns. 7te Aufl. Hirschberg, Thomas. 821.

(Hoffmann, Karl Friedr.,) Katechismus d. christl. Lehre in Grundsätzen d. Denkens u. Handelns, z. Auswendiglernen f. Kinder v. 7 bis 14 Jahren, in 2 Lehrgängen u. 50 Wochenlectionen geord. Nebst e. mit d. bibl. Geschichte zu verbind. kurzen Abrisse d. christl. Lehre f. d. ersten Anfänger. 10—12., verb. Aufl. (à 10 B.) Hirschberg 829, 32, 34, Nesener. à

— Katechismus d. christl Lehre in Grundsätzen des Denkens und Handelns ꝛc. 12e verb. Aufl. 8. Hirschberg 834. Nesener. 1/6 ℛ — 13e, mit e. neuen Anhange verm. Aufl. 8. Ebd. 836. 1/6 ℛ — 14e Aufl. 839. n 1/6 ℛ

Hoffmann, Karl Fr., Katechismus der christlichen Lehre in Grundsätzen des Denkens u. Handelns ꝛc. Nebst einem mit der biblischen Geschichte zu verbind. kurzen Abrisse der christlichen Lehre für die ersten Anfänger. 15. verm. Aufl. 8. Hirschberg 841, Nesener. n. 1/6 ℛ — 16. verm. Aufl. 8. Ebend. 843. n. 1/6 ℛ

Hoffmann, Carl Friedr., Katechismus der christlichen Lehre in Grundsätzen des Denkens und Handelns, ausgesprochen in der Form eines Selbstgesprächs, geordnet in 50 Wochenlectionen, und zum leichtern und vollständ. Auswendiglernen für die obern Religionsklassen evangel. Bürger- und Elementar-Schulen eingerichtet. Nebst einem mit der bibl. Geschichte zu verbindenden kurzen Abrisse der christl. Lehre für die ersten Anfänger. 18., verm. Aufl. 8. (VIII und 151 S.) Hirschberg 851(52,) Nesener. *

Hoffmann, Karl Friedr., Katechismus der christlichen Lehre in Grundsätzen des Denkens und Handelns, ausgesprochen in der Form eines Selbstgesprächs, geordnet in 50 Wochenlectionen und zum leichtern und vollständigen Auswendiglernen für die obern Religionsklassen evangelischer Bürger- und Elementar-Schulen eingerichtet. Nebst einem mit der biblischen Geschichte zu verbindenden kurzen Abrisse der christlichen Lehre für die ersten Anfänger. 19. unveränd. Aufl. Hirschberg in Schl. 854. Nesener. 8. (VIII, 152 S.) n. 5 ngr.

LAUNEN und Einfälle, Schwänke, Abentheuer, Schicksale und Wanderungen eines Anti-Hypochondristen. Hrsg. vom Verf. Heraldo's des Unergründlichen (d. i. *Carl Friedr. Hoffmann*). 2 Thle. Mit Titelkpfrn. (G. Böttger sen. del. et sc.). Leipzig, bey Bruder und Hofmann. 1806. Kl. 8⁰. (2²/₃ Rthl.) (6 Mk. Adolf Weigel, 1906; 8 Mk. Gust. Fock, 1908.)
1: 2 Bl., XII u. 266 S. 2: VI u. 282 S.

— K. F. (emerit. Waisenhaus= u. Seminar=Director zu Bunzlau), Die Lehre vom heiligen Abendmahle, von der kirchenhistorisch=symbolischen Seite aufgefaßt und in Beziehung auf die neuesten versuchten kirchlichen Trennungen nochmals erwogen. Ein Beitrag zur Förderung des Kirchenfriedens. Bunzlau (Samuel Luge) 1836. Breslau (Max & Comp.), Liegnitz (Kuhlmey), Hirschberg (Nesener), Berlin (Eichler), Leipzig (Dyk). 44 S. (6.80) 15631

— Materialien zu einer ausführlichen und vollständigen Erklärung des Katechismus der christl. Lehre. Für die 12e Ausg. bearbeitet, u. zum Gebrauch für die obern Religionsklassen, in Bürger- u. Elementarschulen ꝛc., herausg. von demselben. 8. Bunzlau 834. (Leipzig, Dyk.) 1 ℛ

—— Materialien zu e. ausführl. u. vollständ. Erklär. d. Katechismus d. christl. Lehre in Grundsätzen d. Denkens u. Handelns. Hand- u. Hülfsb. bei d. sorgfält. Unterweis. d. evangel. Jugend im Christenthume vor u. bei d. Confirmations-Unterr., f. Prediger u. Schullehrer. 2., neu überarb., verb., verm. u. mit e. Begriffserklärungs-Register verseh. Aufl. gr. 8. (45 B. u. 1/2 B., qu. Fol.) Leipzig 837, Dyk'sche Buchh.

MORD- u. Geister-Geschichten. Herausgeg. v. Verfasser Heraldo's des Unergründlichen (von *Carl Friedr. Hoffmann*). 2 Thle. Mit Titelkpfr. Leipzig 1811. 8⁰. (3 Mk. Franz Teubner, Bonn, c. 1895.)
— — Dasselbe. 2 Bde. Mit Titelkpfr. Elberfeld 1824. 8⁰, 282 u. 293 S. (7 Mk. Hugo Streisand, Berlin, 1908.)

— Rede an dem schauervollen Grabe von 11 christl. Mitbürgern, welche am 24. Mai 1810 in Schmiedeberg in der Wasserfluth ihren Tod fanden. 8. Berl. 810. Mittler. 2 gr

Hofmann, Car. Frid. (geb. Markendorf bei Juterbog 27. 5. 1798): De periculoso systematum theoreticorum usu in medicina. (Berolini 1822.) (32 S.) 8⁰
Berlin, Med. Diss. v. 30. Nov. 1822

—— Versuch, das Gebet d. Herrn in d. Reichthume u. d. Tiefe seines Inhalts näher darzustellen u. faßl. zu entwickeln, nach e. dazu entworf. Uebersichtstab. (gr. Fol.) 8. (6³/₄ B.) Bunzlau 835. (Leipzig, Dyk'sche Buchh.)

Hoffmann, Karl Friedr. Vollrath, allgem. Atlas üb. alle Theile d. Erde f. Schulen u. z. Selbstunterr. Gest. (in Stein) von W. Pobuda u. J. Rees. 3. Aufl. Imp.-4. (20 Bl. u. 15 Bl. Text.) Stuttgart 837, [Scheible, Rieger u. Sattler.]

— die morgenländ. Brechruhr nach ihrem Zuge u. ihrer Verbreit., auf 3 Karten bildlich dargestellt. 1 lith. u. ill. Blatt in Imp.-Fol. Stuttg. 832. Hoffmann. Auf Leinw. in Etuis. 1 ℛ 12 gr

— Deutschland und seine Bewohner; ein Handbuch der Vaterlandskunde für alle Stände. 4 Bde. in 11 Lfrgg. gr. 8. Stuttgart 834—36. Hoffmann; Scheible's Verlags-Expedition in Leipzig. 7 ℛ

—— Deutschland u. seine Bewohner; e. Handb. d. Vaterlandskunde f. alle Stände. 4 Thle. gr. 8. Stuttgart, [Scheible, Rieger u. Sattler.] 7 Thlr., hrbgs. Pr.
Thl. 1. Deutschland im Allgemeinen. (45¹/₂ B. u. 1 Tab.) 834.
„ 2. Die süddeutschen Bundesstaaten, od. d. österr. deutsch. Länder, die Königr. Baiern u. Würtemberg, d. Fürstenth. Hohenzollern, u. d. Großh. Baden. (33³/₄ B., 1 lith. Plan v. Wien, 1 Kpfrt., 1 Stnt. u. 3 Tab.) 835.
„ 3. Die Schweiz, die Niederlande, d. Hrzgth. Nassau, d. Großh. Hessen, d. Landgrafsch. Hessen-Homburg, d. Fürstenth. Waldeck, d. sächs., reuß. u. schwarzburg. Lande, u. d. Königr. Preußen. (38 B., 1 lith. Plan v. Berlin gr. 4. u. 3 Tab.) 835.
„ 4. Die Großh. Mecklenburg, d. Hrzgth. Holstein, d. freie Stadt Hamburg, d. Königr. Hannover, d. freie Stadt Bremen, d. Großh. Oldenburg, die Fürstenth. Lippe, d. Hrzgth. Braunschweig, die Hrzgth. Anhalt u. d. Register zum ganzen Werke. (26³/₄ B., 2 schw. u. 1 ill. Karte, 1 Stnt. u. 1 Kpfrt.) 836.

— Deutschland und seine Umlande, für Schulen (als Wandkarte) bearbeitet. 4 Bl. in Imp.-Fol. Nürnberg 833. Krauß. (Leipzig, Barth.) ill. n. 2⁵/₆ ℛ

(Hoffmann, C. F. V.), Deutschland und seine Umlande. Zunächst als geographischer Leitfaden zu C. F. V. Hoffmann's Wandkarte von Deutschland; aber auch bei allen andern Karten über das deutsche Vaterland brauchbar. Nürnberg 1840. 8.

—— der Erdball, s. Erdball.

— allgemeine Erdbeschreibung für Schulen, ein Leitfaden für Lehrer u. Lernende. gr. 8. Stuttgart 833. (Gaul u. Tonger in Cöln.) 1/2 ℛ

Hoffmann, Karl Fr. Vollr., die Erde u. ihre Bewohner; ein Lehr- u. Lesebuch für Schule u. Haus. 2e, durchgesehene Aufl. Mit 4 Erläuterungstafeln (in Steindruck, kl. Fol.) gr. 8. Stuttg. 833 (832). Hoffmann. 1 ℛ

— die Erde und ihre Bewohner, ein Hand- u. Lesebuch für alle Stände. 3e berichtigte u. verm. Aufl. in 7 Lfrgg. Mit Stahlstichen u. Erläuterungstaf. u. 2 Tabellen. gr. 8. Stuttgart 833. (834.) Hoffmann. 1⁵/₆ ℛ — 4e berichtigte u. verm. Aufl. in 7 Lfrgg. Lex.-8. Ebd. 835. Scheible; jetzt Gaul u. Tonger in Cöln. — 5e, mit der 4n gleichlaut. u. durch angehängte Berichtigungen u. Zusätze, bis Michaelis 1838, fortgesetzte Ausg. Mit 7 Stahlst., 7 gestoch. Erläuterungstaf. u. 25 Holzschn. 8 Abthll. Lex.-8. Ebd. 838, 39. Ebdies. 2⁵/₈ ℛ

—— die Erde u. ihre Bewohner, e. Hand- u. Lesebuch f. alle Stände. 2., durchges. Aufl. ($26\frac{1}{4}$ B. u. 4 lith. Erläuterungstaf. kl. Fol.) 833. 1 Thlr., 3., bericht. u. verm. A. (7 Lfgn.) ($45\frac{1}{4}$ B., 5 Stahlst., 6 lith. Erläuterungstaf. u. 2 Tab. qu. gr. Fol.) 833. 1 Thlr. 20 Gr., 4., ber. u. verm. A. (7 Lfgn.) ($48\frac{1}{2}$ B., 7 Stahlst., 2 Stnt. qu. gr. Fol., 25 Holzschn. u. 7 Erläuterungstaf. ½ gr. Fol.) Stuttgart 835, Scheible. à Lfg. 9 Gr.

Als 1. Aufl. ist wahrscheinl. dess. „allgem. Erdbeschreibung" anzusehen. — Bei der 2. Aufl. heißt es im Nachsatz: ein Lehr- u. Lesebuch f. Schule u. Haus, statt: ein Hand- u. Lesebuch ꝛc.

Hoffmann, Carl Friedr. Vollrath, die Erde und ihre Bewohner. Ein Hand- und Lesebuch für alle Stände. 6., durchaus neu bearb. Aufl. von Heinr. Berghaus. Mit Karten, Stahlst. und mehreren 100 Illustr. (In 12 Lfgn.) 1—11. Lfg. Lex.-8. (VIII und S. 1—880 mit 22 Stahlst., eingedr. Holzschn. und 11 chromolithogr. Karten in qu. gr. 4.) Stuttgart 861,62, Rieger'sche Verlagsbuchh. à Lfg. 9 Ngr.

Hoffmann, Carl Friedr. Vollrath, die Erde und ihre Bewohner. Ein Hand- und Lesebuch für alle Stände. 6., durchaus neu bearb. Aufl. von Heinr. Berghaus und Dan. Völter. 12.—24. Lfg. Lex.-8. (X und S. 881—1928. mit 24 Stahlst., eingedr. Holzschn. und 11 chromolithogr. Karten in gr. 4.) Stuttgart 862—65, Rieger'sche Verlagsh. [12.—23. Lfg. à 9 Ngr., 24. Lfg. gratis.]

1.—11. Lfg. Ebendas. 1861,62. 3 Thlr. 9 Ngr.

Hoffmann, Carl Friedr. Vollrath, die Erde und ihre Bewohner. Ein Hand- und Lesebuch für alle Stände. 6., durchaus neu bearb. Aufl. von Heinr. Berghaus und Dan. Völter. 2., billigere (Titel-)Ausg. (In 24 Lfgn.) 1. und 2. Lfg. gr. 8. (VIII und S. 1—160 mit eingedr. Holzschn., 2 Stahlst. und 2 chromolithogr. Karten in gr. 8. und 4.) Stuttgart 867, Rieger'sche Verlagsh. à Lfg. 6 Ngr.

Hoffmann, C. F. V. [Hrsg.], s.a. Europa und seine Bewohner.

—— Europa u. seine Bewohner. Ein Hand- u. Leseb. f. alle Stände. In Verbind. mit mehr. Gelehrten hrsg. 8 Bde. Mit Stahlst., Stnt. u. 100 in d. Text gedr. Holzschn. gr. 8. Stuttgart 835—40, [Scheible, Rieger u. Sattler.] 29 Thlr. 19 Gr., hrbgs. Pr. zus. genomm. Thlr.

A. u. d. Tln.:

Bd. 1. Boden u. Geognosie, od. d. Land. (4 Lfgn.) (30 B. u. Tlkpfr.) 1 Thlr. 16 Gr., hrbgs. Pr. 1 Thlr.

- 2. Die Gewässer Europa's. (18 B., 1 Stahlst. u. 6 Stnt.) 1 Thlr. 12 Gr., hrbgs. Pr. 1 Thlr.
- 3. Europa's Naturerzeugnisse u. Bewohner. ($27\frac{3}{4}$ B., 6 Stnt. u. Tlvign.) 2 Thlr., hrbgs. Pr. 1 Thlr.
- 4. Die europä. Türkei, Griechenland, Italien, Spanien u. Portugal. 2 Abthln. [1. ($12\frac{3}{4}$ B.), 2. ($11\frac{3}{4}$ B.) à 1 Thlr. 3 Gr.] 2 Thlr. 6 Gr., hrbgs. Pr. 1 Thlr. 6 Gr.
- 5. Die Königreiche Frankreich u. England. Von W. T. A. Zimmermann. 2 Abthln.
  - Abthl. 1. Das Königr. Frankreich. ($37\frac{1}{4}$ B.) 2 Thlr., hrbgs. Pr. 1 Thlr.
  - 2. Das Königr. Großbritannien. ($47\frac{3}{4}$ B.) 2 Thlr., hrbgs. Pr. 1 Thlr.
- 6. Beschreibung von Deutschland, d. Schweiz, Dänemark, den Niederlanden u. Belgien. 2 Abthln. [1. ($27\frac{1}{4}$ B.), 2. ($43\frac{1}{4}$ B. u. Stnt.) à $1\frac{7}{8}$ Thlr.] 3 Thlr. 18 Gr., hrbgs. Pr. 1 Thlr. 18 Gr.
- 7. Das Kaiserthum Oesterreich. Gemälde d. Landes u. Volkes. Von M. Zimmermann. 2 Abthln. [1. ($20\frac{3}{4}$ B.), 2. ($21\frac{3}{4}$ B.) à 1 Thlr. 12 Gr.] 3 Thlr., hrbgs. Pr. 1 Thlr. 12 Gr.
- 8. Die Königr. Schweden u. Norwegen, d. Kaiserthum Rußland u. Königr. Polen, u. Freistaat Krakau. 3 Abthln.
  - Abthl. 1. Die Königr. Schweden u. Norwegen. Von P. A. F. C. Possart. ($49\frac{1}{2}$ B.) 3 Thlr. 9 Gr., hrbgs. Pr. 1 Thlr. 15 Gr.
  - 2. Das Kaiserth. Rußland. Von P. A. F. C. Possart. 2 Thle.
    - Thl. 1. Statistik. ($32\frac{1}{2}$ B.) 3 Thlr., hrbgs. Pr. 1 Thlr. 12 Gr.
    - 2. Topographie. (67 B.) 4 Thlr., hrbgs. Pr. 2 Thlr.
  - 3. Das Königr. Polen u. d. Freistaat Krakau. Von P. A. F. C. Possart, Jos. Lukaszewicz u. Ad. Mulkowski. (13 B.) 1 Thlr. 6 Gr., hrbgs. Pr. 18 Gr.

— Europa und seine Bewohner. Ein Hand- u. Lesebuch für alle Stände. In Verbindung mit mehreren Gelehrten herausg. In 8 Bden. 1r Bd. 4 Lfrgg. Mit Karten, Grundrissen u. Holzschn. gr. 8. Stuttgart u. Leipzig 835. Scheible's Buchh. $1\frac{2}{3}$ ℛ

— dass. 2r Bd. A. u. d. T.: Die Gewässer Europa's. Mit 1 Stahlst. u. 6 Steindr. gr. 8. Ebd. 836. $1\frac{1}{2}$ ℛ

— dass. 3r Bd. A. u. d. T.: Europa's Naturerzeugnisse u. Bewohner. Mit 6 Steintaf. gr. 8. Ebd. 836. 2 ℛ

— dass. 4r Bd. A. u. d. T.: Die europäische Türkei, Griechenland, Italien, Spanien u. Portugal. Von Hoffmann. 1e u. 2e Abthl. gr. 8. Ebd. 836, 37. $2\frac{1}{4}$ ℛ

— dass. 5r Bd. A. u. d. T.: Die Königreiche Frankreich u. England. Von W. T. A. Zimmermann. 1e Abthl. Das Königr. Frankreich enthaltend. gr. 8. Ebd. 837. 2 ℛ — 5r Bd. 2e Abthl. Großbritannien. Von W. T. A. Zimmermann. gr. 8. Ebd. 837. 2 ℛ

Hoffmann, Karl Fr. Vollr., Europa und seine Bewohner ꝛc. 6r Bd. 1e Abthl. A. u. d. T.: Beschreibung v. Deutschland, d. Schweiz, Dänemark, den Niederlanden und Belgien. Von Karl Friedr. Vollrath Hoffmann. gr. 8. Stuttgart u. Leipzig 837. Scheible's Buchh. $1\frac{7}{8}$ ℛ

— dass. 7r Bd. A. u. d. T.: Das Kaiserthum Oesterreich. Gemälde des Landes u. Volkes. Von M. Zimmermann. (Vollständig in Einem Bande. — 1e u. 2e Abthl.) gr. 8. Ebd. 836. (à $1\frac{1}{2}$ ℛ) 3 ℛ — 1r—7r Bd. ist jetzt Verlag von Hermann in Leipzig u. d. Pr. nur n. 5 ℛ

— dass. 8r Bd. (1e Abthl.) A. u. d. T.: Die Königr Schweden u. Norwegen, d. Kaiserth. Rußland u. Königr. Polen, u. Freistaat Krakau. Von P. A. F. K. Possart. 1e Abthl. Die Königreiche Schweden u. Norwegen enthaltend. gr. 8. Stuttgart 838. Literatur-Comptoir. $3\frac{3}{8}$ ℛ — 8r Bd. (2e Abthl.) A. u. d. T.: Die Königreiche Schweden u. Norwegen ꝛc. 2e Abthl. — Das Kaiserthum Rußland. Von P. A. F. K. Possart. 1r Thl. Statistik. gr. 8. Ebd. 840. 3 ℛ — 8r Bd. (2e Abthl. 2r Thl.) A. u. d. T.: Das Kaiserthum Rußland. Von P. A. F. K. Possart. 2r Thl. Topographie. gr. 8. Ebd. 841. 4 ℛ — 8r Bd. (3e Abthl.) A. u. d. T.: Die Königreiche Schweden u. Norwegen ꝛc. 3e Abthl. — Das Königreich Polen und d. Freistaat Krakau. Von Prof. Possart, Jos. Lukaszewicz und Ad. Mulkowski. gr. 8. Ebd. 840. $1\frac{1}{4}$ ℛ

— s.a. Hertha.

Hoffmann, Karl Friedr. Vollrath, Hertha, Hand- u. Hausbuch d. Erd-, Länder-, Völker- u. Staatenkunde, aus d. Quellen u. nach d. bewährt. Hilfsmitteln, f. d. gebild. Stände, z. Belehr. u. Unterhalt. bearb. 1. Thl. (2 Hälft.) u. 2. Thl. 1. Hälfte. — A. u. d. T.: Allgem. Einleit. in d. Erdkunde. 1. Thl. u. 2. Thl. 1. Hälfte. Lex.-8. Ulm, Stettin'sche Vrlsbuchh. [1. 1. (20 B. u. 1 Stahlst.) 840., 2. ($25\frac{1}{8}$ B.) 2. 1. ($20\frac{1}{4}$ B. u. 2 Tab.) 841. à $1\frac{1}{3}$ Thlr.]

Hoffmann, Karl Fr. Vollrath, Hertha, Hand- und Hausbuch der Erd-, Länder-, Völker- u. Staatenkunde, aus den Quellen u. nach den bewährt. Hilfsmitteln, für die gebildeten Stände, zur Belehrung u. Unterhaltung bearbeitet. 1. Thl. 2. Hälfte. — A. u. d. T.: Allgemeine Einleitung in die Erdkunde. 1. Thl. (2. Hälfte.) Lex.-8. Ulm 841, Stettin'sche Buchh. à Abthl. $1\frac{1}{4}$ ℛ 1. Thl. 1. 2. $2\frac{1}{2}$ ℛ — 2. Thl. 1. Hälfte. Lex.-8. (Mit 2 Tab.) Ebend. 842. $1\frac{1}{4}$ ℛ Einzeln jede Abthl. $1\frac{1}{2}$ ℛ

— vollständiger Himmels-Atlas für Freunde u. Liebhaber der Sternkunde, nach den vorzügl. Hülfsquellen u. eigenen Beobachtt. gezeichnet. In 28 Bl. (6 Lfrgg.) qu. Fol. Stuttgart 835—37. Scheible. schwarz compl. $8\frac{1}{2}$ ℛ

— vollständiger Himmels-Atlas für Freunde u. Liebhaber der Sternkunde, nach den vorzügl. Hilfsquellen u. eigenen Beobachtungen gezeichnet. 2. durchgeseh. Aufl. qu. ½ Roy.-Fol. (32 Bl.) Stuttg. 842, Scheible; Rieger u. Sattler. n. $3\frac{5}{6}$ ℛ

Hoffmann, K. F. Höhenkarte, oder bildlich vergleichende Uebersicht der vorzüglichsten Erhebungen im Lande der Deutschen. Stuttgart u. Tübingen, 1823. Querfolio.

Hoffmann, Karl Frdr. Vollr. Höhenkarte, oder bildlich vergleichende Uebersicht der vorzüglichsten Erhebungen im Lande der Deutschen. In Stein gravirt von F. Fleischmann. Stuttgart. Cotta. 1824. qu.-Roy. Fol.

— s.a. J a h r b u c h der Reisen . . .

Hoffmann, Karl Friedrich Vollrath. J a h r b u c h d e r R e i s e n und neuesten Statistik. 1. Jahrgang. Mit Stahlstichen und 1 Karte
8. Stuttgart 1833.

— J a h r b u c h der Reisen. 1r Jahrg. 1833. gr. 8. Stuttgart, jetzt Gaul u. Tonger in Cöln. 2 ₰

Hoffmann, K. F. V., Karte für den Handels- und Gewerbestand Deutschlands, oder die Zoll- und Postämter, auch Eilwagenstrassen im deutschen Zollverbande und in den angrenzenden Ländern. Stuttgart 1838. . . . . (M.)

Hoffmann, K. F. V., Reise-, Post- und Zoll-Karte von Deutschland mit Angabe der Eilwagenkurse. M. 1 : 2220000. Stuttgart 1834. . . . . (Br. Mus.)

— Reise-, Post- und Zoll-Karte von Deutschland, mit Angabe der Eilwagen-Kurse und besonderer Rücksicht auf die in dem grossen Deutschen Zoll-Verbande vereinigten Staaten. Im M. von 1 : 800000 der natürl. Länge bearb. 2. neu gez. u. verm. Aufl. Mit dem Umschlags-Titel: Deutsche Handelskarte zu Mac-Culloch's Comptoir-Handbuch (in sämmtlichen Bearbeitungen für Deutschland) und zu A. Schiebe's Universal-Lexicon für Kaufleute. Stuttgart, Rieger, 1838. Imp.-Fol. Lithogr. u. kolor. (15⅓ ₰) . . . . (M.)

— R e i s e -, P o s t - u. Z o l l k a r t e von Deutschland, mit Angabe der Eilwagen-Kurse u. besond. Rücksicht auf die in dem großen deutschen Zollverbande vereinigt. Staaten. Im Maaßstabe von $\frac{1}{800000}$ der natürl. Länge bearbeitet. 2e, neugezeichnete u. verm. Aufl. Lithogr. gr. Imp.-Fol. Stuttgart 838. Scheible. Illum. In Futteral n. 1⅚ ₰

s. S c h i f f n e r, A.

— Umrisse z. Erd- u. Staatenkunde vom Lande d. Deutschen. 1r Thl. Mit 2 Charten. gr 8. Stuttg. 823. v. Cotta.

— Umrisse zur Erd- u. Staatenkunde v. Lande der Deutschen. 1r Thl. Mit 2 Karten. gr. 8. Stuttg. 824. v. Cotta. 3 ₰

— das V a t e r l a n d der Deutschen, beschrieben. (1e Abthl.) Lex.-8. Nürnberg 839. Stein. 1 ₰

Hoffmann, Karl Friedrich Vollrath. Die Völker der Erde, ihr Leben, ihre Sitten und Gebräuche zur Belehrung und Unterhaltung geschildert. Stuttgart, Hoffmann'sche Verlags-Buchhdlg. 1840.
2 Bde 8°
1. XVI + 447 S.; 5 Taf. in kol. Kupferst. 2. XII + 482 S.; 3 Taf. in kol. Kupferst.

—— die V ö l k e r d. Erde, ihr Leben, ihre Sitten u. Gebräuche, z. Belehr. u. Unterhalt. geschildert. 2 Thle. gr. 8. (60 B. u. 8 ill. Kpfrt.) Stuttgart 840, [Schmidt u. Spring.]

— W a n d - K a r t e von Europa, für Schulen und zum Selbst-Unterrichte entworfen im Maaßstabe von $\frac{1}{3000000}$ der natürl. Länge. 4 lithogr. Bl. in Imp.-Fol. ohne Namen. Nebst: Erläuterungen. 8. Ludwigsburg 834. Nast. (Leipzig, Herbig.) Politisch oder nach Meergebieten ill. à n. 2 ₰

— W a n d k a r t e der alten Welt für Schulen; in 4 großen Bl. In Stein gestochen v. E. Winckelmann. gr. Imp.-Fol. Stuttgart 839. Weise u. Stoppani. n. 2 ₰

Karl Friedrich Wilhelm Hoffmann

Carol[us] Frider[icus] Guilielmus Hoffmann: De Insitione febris bullosae epizooticae. Ienae (1816) Ioch. 23 S. 8°
Jena, Med. Diss. v. 14. Dez. 1816

Hoffmann, Karl Geo., Lieder u. Gedichte. (72 S.) 8. Leipzig 908. Modernes Verlagsbureau. 1.50

Lieder und Gedichte von Karl Georg **Hoffmann**. Berlin-Leipzig: C. Wigand 1908. (72 S.) 8° [Fr.] 108. 1933

Hoffmann, Karl H. A.

Hoffmann, K. H. A., s. Dagobert v. Greifenstein.

RITTER R a i m u n d s F a h r t e n, A b e n t h e u e r und S c h i c k s a l e, oder D e r h e i l i g e B u n d im F e l s t h a l e. Eine Rittergeschichte aus den Zeiten König Arturs und der Tafelrunde (von *K. H. A. Hoffmann*). Mannheim, bei Tob. Loeffler. 1825. 8.
Tit. u. 198 S. Zahm. — Anon.-Lex. II. p. 85 (nach Kayser u. Meusel) hat „1824". (?)

Hoffmann, K. H. A., (Buchhändler) s. 1) Galanteriebüchlein, unentbehrl., f. angeh. Elegants &c., u. setze hinzu: (v. K. H. A. Hoffmann).

s.a. S c h a t z k ä s t l e i n, Neues, für Freunde munterer Laune ...

SCHATZKÄSTLEIN, N e u e s, f ü r F r e u n d e m u n t e r e r L a u n e und h e i t e r e n S i n n e s (von *K. H. A. Hoffmann*). Mannheim 1825.
Anon.-Lex. IV. p. 29 (nach Kayser u. Meusel).

— s.a. U l r i c h v. Löwenrode.

ULRICH von L ö w e n r o d e, F r e i g r a f d e r h e i l. V e h m e, oder d a s B l u t b a d i n d e r T o d t e n s c h l u c h t . . . . (von *Carl H. A. Hoffmann*). Mannheim 1825.
Anon.-Lex. IV. p. 251 (nach Kayser u. Meusel).

Hoffmannus, Carolus Henricus: De opio pharmaco. Halis Saxonum (1857): Gebauer-Schwetschke. 30 S. 8°
Halle-Wittenberg, Med. Diss. v. 20. Mai 1857
Geb. Halle a. d. S. [25. 11.] 1831. V.
Des Verf. Name lautet im Taufbuch: Hofmann.

Hoffmann, Karl Heinr. Ludw., Darstellung des ökonom. Zustandes der Tübinger Hochschule gg. die Mitte des 16. Jahrhunderts. Progr. Tübingen: Eifert 1843. 4°.

Hoffmann, Karl Hnr. Ldw., die Domanial-Verwaltung des Württembergischen Staates nach den bestehenden Normen u. Grundsätzen. gr. 8. Tübingen 842, Laupp'sche B. n. 1½ ₰

Hoffmann, (Carl Heinr. Ludw.) Erinnerung an Carl Wilh. Friedrich Göriz, Dr. der Staatswirthschaft u. o. Prof. der Land- und Forstwirthschaft zu Tübingen. (Abgedr. aus d. Zeitschrift f. d. gesammte Staatswissenschaft.) Tübingen 853. Laupp. gr. 8. (20 S.) 4 ngr.

— das Württembergische Finanzrecht oder die Finanz-Gesetzgebung und Verwaltung des Württembergischen Staates in ihrem gegenwärtigen rechtlichen Bestande, nach den Quellen dargestellt. 1. Bd. Tübingen 857. Laupp. gr. 8. (XVIII, 720 S.) n. 3 ₰. 8 ngr.

— das gesammte Württemberg. Polizeirecht nach seinem gegenwärt. Bestande. 1. Bd. 1. Abthl. gr. 8. Ebend. 846. n. 1⅙ ₰

Hoffmann, Carl Heinr. Ludw., das gesammte württemberg. Polizeirecht nach seinem gegenwärt. Bestande. 1. Bd. 1. Abthl. gr. 8. (X und S. 1—224.) Tübingen 847, Laupp'sche Buchh. *

HOFFMANN, Carl Heinrich Ludwig: Sammlung der württembergischen Finanz-Gesetze. - Tübingen 1845 u. 1848. 1. Tl. 1. Abt.: Cameral-Gesetze von 1495-1805. 776 S. - 1. Tl. 2. Abt.: Cameral-Gesetze von 1805-1846. 1150 S. - (Vollständige, historische u. kritisch bearb. Samml. d. württbg. Gesetze. Hrsg. A. L. Reyscher Bd. 16)

Hoffmann, Carl J. Ueber die Einwirkung einiger Reagentien auf ein polymeres Anethol und die Zersetzungsprodukte welche dabei entstehen. Tübingen, 1873.

Hoffmann, Karl Johann

— methodische Anleitung zum Uebersetzen aus d. Lateinischen ins Deutsche und aus d. Deutschen ins Lateinische, gleich von Erlernung der ersten Sprachelemente an, mit besond. Berücksichtigung der Grammatiken von Schulz, Zumpt u. Ramshorn. gr. 8. Leipzig 836. Hinrichs. 2/3 Thlr.

Hoffmann, Karl Jh., methodische Anleitung zum Uebersetzen aus dem Lateinischen ins Deutsche u. aus dem Deutschen ins Lateinische, gleich von Erlernung der ersten Sprachelemente an, mit besonderer Berücksichtigung der Grammatiken von Schulz, Zumpt, Ramshorn, Krebs (Geist), nebst einem vollständigen lateinisch deutschen u. deutsch lateinischen Wörterbuche. 2. verb. u. mit Lesestücken verm. Ausg. gr. 8. Leipzig 843, Hinrichs'sche Buchh. 2/3 Thlr.

Hoffmann, Karl Jh., doppelte, aus den Klassikern gewählte Beispielsammlung für die Syntax der kleinen und großen Grammatik von Zumpt, nebst e. Beispielsammlung für die Syntaxis ornata u. e. Lesebuche für Anfänger. Mit 2 Tabellen. gr. 8. Berlin 836. Dümmler. 5/6 Thlr.

Hoffmann, Carl Joh., Beweis u. Darstellung d. ausgebild. musikal. Taktes d. alten Griechen aus ihren eignen Musikern. Angehängt: Deutsche Uebersetzung d. wichtigsten griech. u. latein. Beweisstellen, f. nicht in d. alten Sprachen bewand. Kunstfreunde. gr. 8. (4 B.) Berlin 832, Bechtold u. Hartje.

— das reine Christenthum für jedes Volk, jeden Stand und jedes Alter. gr. 8. Leipzig 837. Kollmann. 5/8 Thlr.

— Hegel in sr. Wahrheit vom Standpunkte d. strengsten Unbefangenheit. 8. Berl. 833 (832). Bechtold u. H. 6 gGr.

— Kampfbilder. (Gedichte.) — Anhang 1) Treue Uebersetzung d. goldnen Sprüche des Pythagoras. Anh. 2) Probe e. möglichst treuen Uebersetzung der homerischen Odyssee in Ottave Rime. Gesang 1. 8. Berl. 832. L. Oehmigke. 16 gGr.

— grammatikalisches lateinisches Lesebuch für Gymnasien, Selbststudium u. Privatunterricht, mit fortlauf. Beziehung auf die lateinische Schulgrammatik von Otto Schulz. 1r Cursus. gr. 8. Leipzig 835. Hinrichs. 1/3 Thlr. — 2r Cursus, mit hinzugef. Verweisungen auf die Gramm. von Zumpt u. Ramshorn u. mit besond. Bemerkk. versehen. gr. 8. Ebd. 835. 5/12 Thlr.

— Griechisches Lesebuch für Anfänger und Geübtere, nebst einer Beispielsammlung für die Etymologie und für die Syntax der Griechischen Grammatik von Buttmann, u. 1 Karte von Griechenland. gr. 8. Berlin 837. Dümmler. 1 1/3 Thlr.

— das Nichtvorhandensein der Schicksals-Idee in der alten Kunst, nachgewiesen am König Oedipus des Sophokles. gr. 8. Berl. 832. L. Oehmigke. 8 gGr.

— s. Phaedri fabulae.

Hoffmann, Karl Jh., die Principien der wissenschaftlichen Metrik im Gegensatze zu dem Hermannischen Systeme. Auch als erweiternder Anhang zu des Verf. Lehrbuch d. Metrik. 8. Berlin 835. List. 3/8 Thlr.

—— die Wissenschaft d. Metrik. Für Gymnasien, Studirende u. z. Gebr. f. Vorlesn. Anh. I. Die antike Rhythmik u. Musik in ihrem Verhältnisse z. Metrik. II. Regeln z. deutsch. Versbau. gr. 8. (11 3/4 B.) Leipzig 835, Hinrichssche Buchh.
Anhang hierzu, s. dess., die Principien d. wissenschaftl. Metrik rc.

— die Wissenschaft der Metrik. Für Gymnasien, Studirende u. zum Gebrauche für Vorlesungen. Anhang I. Die antike Rythmik u. Musik in ihrem Verhältnisse zur Metrik. II. Regeln z. deutschen Versbau. gr. 8. Leipzig 838. Hinrichs. 3/4 Thlr.

—— die Centralphilosophie im Grundrisse. gr. 8. (37 1/8 B.) Berlin 836, Plahnsche Buchh.

Hoffmann, Karl Josef

Hoffmann, Karl J., (Forstsecretair) vollst. Hülfstafeln zur Berechnung d. Kegel u. Walzen. Nebst e. Anweis., hiernach ganze Waldstämme in 10 u. 12theiligem Maß in Cubikschuhen u. Scheitklaftern leicht u. richtig zu taxiren, u. mittelst e. Preistaf. zu verwerthen. Zum Gebrauch f. Forstbeamte u. Waldbesitzer. 16 Bdchn. 4. Stuttg. 814. Steinkopf. 2 Thlr. 9 gGr. (Auch u. d. T.: Vollst. Hülfstafeln rc.)

Hoffmann, Carl Jul. Ad., Gesanglehre. Ein Leitfaden z. Gebr. in d. beiden obersten Klassen d. Stadtschulen u. in d. beiden untersten Gymnasialklassen, so wie f. solche, die sich z. Aufnahme in Schullehrer-Seminare vorbereiten wollen. gr. 4. (10 B.) Breslau 834, Aderholz.

Hoffmann, Karl Jul. Ad., (Chor-Director) Samml. vierstimm. Gesänge zum Gebr. beim öffentl. Gottesdienst auf kathol. Gymnasien, so wie bei Begräbnissen. gr. 4. Bresl. 830. 2e A. 831. Aderholz. 12 gGr.

— die Tonkünstler Schlesiens. Ein Beitrag zur Kunstgeschichte Schlesiens v. J. 960 – 1830. Enth.: biograph. Notizen über schles. Componisten, musikal. Schriftsteller u. Pädagogen, Virtuosen, Sänger, Kantoren, Kammer-Musiker, Instrumentenmacher, so wie üb. Beförderer u. Liebhaber d. Tonkunst. gr. 8. Bresl. 830. Aderholz. 1 Thlr. 12 gGr.

Hoffmann, Carl R. [prakt. Arzt von Basel]: Beitrag zur operativen Behandlung der Choledochussteine. Basel 1900. 67 S. 8°.
Basel, Med. Diss. 1899/1900.

Hoffmann, Karl Rich., die Bedeutung d. Excretion im thier. Organismus. 8. Erlang. 823. Palm u. E. 16 gGr.

Hoffmann, Karl Richard, vergleichende Idealpathologie. Ein Versuch, die Krankheiten als Rückfälle der Idee des Lebens auf tiefere normale Lebensstufen darzustellen. gr. 8. Stuttgart 834. Balz. 3 1/3 Thlr. — Neue wohlf. Ausg gr. 8 Ebd. 839. 1 Thlr.

— Diss. pathologica. Sententia de inflammationis natura. 8 maj. Erlang. 819. (Heyder). 3 gGr.

— **Carl Richard,** Sententia de suppurationis natura. Diss. pathol. Erlang. 1818. 23 S. (6.—) 15502

— sententia de suppurationis natura. 8 maj. Erlang. 819. Heyder. 3 gGr.

— die Triebfeder d. Geburt. Eine physiolog. Abhandlung. gr. 8. Landsh. 825. Weber in Münch. 6 gGr.

Hoffmann, Carl Rich., das Civil-Medizinal-Wesen im Königr. Bayern mit den dermalen in Wirksamkeit bestehenden Medizinal-Verordnungen. 2 Bde. Landshut, Thomann'sche Buchh. à Bd. * 2 Thlr. 5 Ngr. *

Inhalt:
Bd. 1. Die private Medizin. (VIII und 648 S.) 858.
" 2. Die Medizinalpolizei. (IV und 724 S.) 860.

Hoffmann, Carl Rich., das Civil-Medizinal-Wesen im Königreich Bayern mit den dermalen in Wirksamkeit bestehenden Medizinal-Verordnungen. 2. u. 3. Bd. Die Medizinal polizei. Landshut 861, 63. Thomann. gr. 8. (IV, 724; VIII, 612 S.) Jeder Bd. n. 2 ₰ 5 ngr

Hoffmann, Carl Sam., histor. Beschreibung d. Stadt, d. Amtes u. d. Diöces Oschatz in ält. u. neu. Zeiten. Nach zuverläss. Quellen bearb. 2 Thle. gr. 8. Oschatz, Verf. (gedr. b. Oldecop.)
Thl. 1. Beschreib. d. Stadt. (40 B.) 813. 2 Thlr. 12 Gr.
" 2. Beschreib. d. Amtes. (27⅝ B.) 817. 1 Thlr. 18 Gr.

Hoffmann, Karl Sam., († d. 5. Juni 1826.) histor. Beschreibung d. Stadt, d. Amtes u. d. Diöces Oschatz in ältern u. neuern Zeiten. 1r, 2r Thl. 8. Oschatz 815—17.

Hoffmann, Karl Sam., historische Beschreibung der Stadt, d. Amtes u. der Diöces Oschatz in älteren u. neueren Zeiten. Nach zuverläss. Quellen bearb. 2., aufs Neue durchgeseh. u. verm. Aufl. 1. Thl. Beschreibg. der Stadt. (IV, 442 S.) Oschatz 872. 73. Oldecop's Erben. n. 4.—

— dasselbe. 2. Thl. Beschreibung d. Amtes. gr. 8. (III, 294 S.) Ebend. 874. n 2. 40

— s. Chr. A. Crusius, v. d. Jotham. Jahrzahl.

— histor. Nachrr. von d. ehemal. Jungfrauenkloster in Staucha. 8. Oschatz 803.

— üb. den Mosaischen Segen. 8. Leipz. 778.

— chronolog. Uebersicht d. merkwürd. Vorfälle bei d. Superintendur Oschatz seit ihrer Errichtung bis auf gegenwärt. Zeit. 8. Oschatz 808.

Hoffmann, C[arl] W[erner], aus St. Gallen: Ueber das Urheberrecht an Briefen. St. Gallen Zollikofer Dr. 1874. 2 Bl., 61 S. 8⁰.
Zürich, Jur. Diss. [v. 30. Mai 1874].

Hoffmann, Karl Wlh.

Hoffmann, C. Wilh.: Die ehel. Gütergemeinschaft u. d. Erbrecht d. Ehegatten nach Frankf. Statutar-Recht. *Frankf.*, Baer. 837. 8. (12 Gr.)

Hoffmann, Karl Wlh. Dav., († d. 8. Febr. 1807.) mathemat. Elementarbuch, od. Anleit. zum kunstlosen Denken über mathemat. Gegenstände. Mit 7 Kpf. 8. Berl. 803. Duncker u. H. 2 ₰ Hbg. Pr. 1 ₰ 8 ℊ

— ein Wort üb. die herrschende Irreligiosität u. e. zweckmäß. Religionsunterrichts. Nebst d. Leben d. Verfassers. 8. Berl. 804. Duncker u. H. 15 ℊ Hbg. Pr. 8 ℊ

Hoffmann, Karl Wilhelm Paul, s. Hoffmann, Paul

Hoffmann, Kaspar

Hoffmanni, Casp., Specimen correctionum Galenicarum. Ed. Gruner. Jen. 776. 8. (4.)

Hoffmann, Casp., disquisitio corporis humani anatom.-pathol. 8. Altd. 713.

Hoffmann, Kaspar Armin Gottfried Max, s. Hoffmann, Max

— **Caspar Friedrich** (Wetzlar), De summorum imperii tribunalium concurrente jurisdictione ejusque conflictu in caussis antiquioribus ex ipsorum tribunalium origine dijudicando. Diss. jur. Präs. Johann Stephan Pütter. Götting. (Jo. Heinrich Schulz) 15. XI. 1760. 64 S., tlws. dtsch. (7.50) 15504

Hoffmann, Katharina

HOFFMANN, CATHARINA geb. von BLEI: Zur festlichen Jubelfeier der fünfzigjährigen Priesterweihe . . . des Herrn Agramer Bischof Alexander von Alagovich am 30. Dezember 1834. Agram (1834): Franz Suppan. 2 f. - 4⁰

Hoffmann, Konrad

Hoffmann, Conrad, Referendar in Hamburg: Der privatrechtliche Begriff der Verwaltung im BGB. *Rostock 1902: C. Hinstorff.* (89 S.) 8⁰ [J.]
Rostock, Jur. Diss. v. [7. Febr.] 1903

Hoffmann, Konr, Entwürfe f. moderne Kunstschlosser- u. Kunstschmiede-Arbeiten, s.: Brand, F.

Hoffmann, Conr., Geschichte des königl. preußischen Grenadier-Regiments Graf Kleist v. Nollendorf (1. westpreußischen) Nr. 6. II. Abschn. Vom J. 1857 bis 1903. Auf Befehl des Regiments bearb. Abgeschlossen im Juni 1903. Mit 8 Bildern in Lichtdr., 5 farb. Fahnentaf. u. 8 Karten in Steindr. (XII, 407 S.) gr. 8. Berlin 903. E. S. Mittler & Sohn. 10.— (I u. II.: 16.—)

Hoffmann, Konrad Philipp

— — **Schediasma de aetate juvenili, contrahendis sponsalibus ac matrimoniis idonea, sive von Junger Leute Heyrathen. Ut & de annis, quibus quis sub poena matrimonium inire tenetur, sive von Bestrafung unterlassenen Heyrathen. Königsberg u. Leipzig (Joh. Philipp Haas) 1721. 96 S., tlws. dtsch. (10.—)** 15539

— — *Conradi Philippi Hoffmanni* J. V. D. in Acad. Regiom. Schediasma De AEtate Juvenili, Contrahendis Sponsalibvs ac Matrimoniis Idonea. Sive Von Junger Leute Heyrathen. Ut & de Annis, qvibus qvis sub Poena Matrimonivm inire tenetvr, sive Von Bestafung (!) unterlassenen (so!) Heyrathen. Regiomonti et Lipsiae. Impensis Francisci Bortoletti. 1743. 4⁰. 96 S. (1 fl. 15 xr. Scheible, vor 1870.)

HOFFMANN, Conr. Phil., Discursus historico-juridicus de die ac nocte nuptiali, von dem Hochzeit-Tage und der Braut-Nacht . . . . Regiomonti et Lipsiae, Joh. Phil. Haass, 1720. 4⁰. 88 S. (In Rostock, Landesbibl.) (3 Mk. R. Levi, Stuttg., 1901; 3 Mk. Oswald Weigel, 1908.)
Vogel, Lex. jurid. I, 262. — Frühere Ausgabe: Ibid. 1712. 4⁰. (2 Mk. 50 Pfg. Ernst Geibel, Hannover, 1908.)

— — Dasselbe, titulo: Dissertatio historico-juridica de die ac nocte nuptiali: Von dem Hochzeitstage u. der Brautnacht. Ibid. 1720. 4⁰. 11 Bogen. (24 Sgr. Ludolph St. Goar, Frankf. a. M., vor 1880.)

— de die et nocte nuptiali, v. Hochzeittage und Brautnacht. 4. Könbg. 731.

— — Dasselbe. Ibid. 1732. 4°. 11 Bogen.
Cat. Meissner II.

— — Dasselbe. Königsberg u. Leipzig 1743. 80 S. (10.—) 15538

— vom Heyrathen junger Leute. 4. Ebend. 743.

Hoffmann, Conr. Phil., vom Heyrathen alt. Personen rc. 4. Jena. 743.

— Conrad Philipp (Königsberg/Pr.), Jus parentum in liberos ingratos, qui in contrahendis nuptiis illorum consensum negligunt, ex jure civili Rom. canonico ac prutenico deductum. Diss. jur. Rector Peter Latane. Franeker (Franz Halma) 8. VI. 1717. 38 S. (7.50) 15535

— Schediasma de matrimonio sexagenarii cum quinquagenaria, senis cum juvencula, et vetulae cum juvene, sive Vom Heyrathen alter Persohnen. Cui annexa tractatio de notabilioribus circa nuptias contrahendas temporibus, sive Von denen Zeiten der Verlobungen. Regiomonti et Lipsiæ, Joh. Phil. Haase, 1721. 4°.
112 S. Vieles in Versen. (1 Mk. L. St. Goar 43. no. 4713. 2 Mk. Bielefeld 60. no. 462.)

— — Tractatio juridica de matrimonio sexagenarii cum quinquagenaria, senis cum juvencula, et vetulae cum juvene, sive vom Heyrathen alter Persohnen. Cum annexa tractatio de notabilioribus circa nuptias contrahendas temporibus, sive von denen Zeiten der Verlobungen. Königsberg u. Leipzig (Joh. Philipp Haas) 1722. 112 S., tlws. dtsch. (11.—) 15540

— Idem opus. Ibid. 4°.
O. M. V. 1723. D 1 a.

Hoffmannus, Conr. Phil.: Tractatio jur. de matrimonio sexagenarii cum quinquagenaria . . . sive vom Heyrathen alter Personen. Cui annexa tractatio de notabilioribus circa nuptias contrahendas temporibus, sive von denen Zeiten der Verlobungen. Regiomonti et Lipsiae 1743.

— — Diatribe juridica sistens nuptiarum secundarum tempora, sive in welcher Zeit man zur andern Ehe schreiten könne. Accesserunt quaestiones nonnullae, ad tempora matrimonii, tum constituendi, tum dissolvendi spectantes. Königsberg u. Leipzig (Joh. Philipp Haase) 1724. 104 Seiten. (10.—) 15542

— — Idem opus tit.: De nuptiarum secundarum temporibus: In welcher Zeit man zur andern Ehe schreiten könne. Ibid. 1725. 4°. (In Rostock, Landesbibl.)

— — Schediasma de insignioribus puerperii temporibus, sive Von Sechs-Wöchnerinnen. Ibid. 1723. 4°.
12 Bog. Mit einer 3 Seiten langen deutschen Erzählung, dass eine Frau in Württemberg 53 Kinder geboren, in Versen. (1 Mk. 80 Pfg. Bielefeld, vor 1885.)

— — De insignioribus puerperii temporibus, sive von Sechs=Wöcherinnen. Königsberg u. Leipzig (Joh. Philipp Haas) 1723. 96 S., tlws. dtsch. (10.—) 15541

— — Schediasma de notabilioribus delictorum matrimonialium temporibus sive Von denen Zeiten der ehelichen Verbrechen. Ibid. 1726. 4°. (In Rostock, Landesbibl.)
12 Bog. — Cat. Meissner II.
Alle diese Traktate sind ziemlich selten geworden u. steigen im Preise.

HOFFMANN, Konstantin: Die Behandlung eines Rotwildstandes. Vortrag. - Berlin 1908. 48 S. - 2. Aufl. ebd. 1913. 46 S., 17 Abb.

Die Behandlung eines Rotwildstandes. Vortrag, geh. 1908 in d. Landw. Akad. zu Bonn-Poppelsdorf von Konstantin Hoffmann, Forstmeister. Mit 17 Abb. Berlin: Parey 1909. 48 S. 8°
Aus: Wild u. Hund   log. 1320 II

— Constantin (Merseburg), Quaedam, de staphylomate. Diss. med. Bln. (Brandes & Klewert) 29. X. 1829. 24 S. mit Biogr. (M.: R. E. Schoelzicher.) (6.50) 15543
Oppon.: P. Kops, F. Unger, J. Braun.

Hoffmann, Kosmann

Hoffmann, Cosmann, Beiträge zur Lehre von der Typhlitis. Inaugural-Dissertation. gr. 8. (30 S.) Göttingen 884, (Vandenhoeck und Ruprecht's Verlag. *

Hoffmann, Kosmas

Hoffmann, Cosmas, approb. Arzt aus Sagan: Aus d. Tübinger Universitäts-Augenklinik. Zur Kasuistik der indirekten Verletzungen des Sehnerven. *Tübingen: F. Pietzcker 1904.* (24 S.) 8°
Tübingen, Med. Diss. v. 1904

Hoffmann, Kurt

Hoffmann, Curt [aus Dresden]: Beitrag zur Kenntniss der (4) Nitro-Isophtalsäure. . . . Freiburg i. B., Buchdr. v. Chr. Ströcker, 1889; 30 + 1 S. 8°
Freiburg i. B., Phil. Fak., Inaug.-Diss. v. 1888

Hoffmann, Curt, Beitrag zur Kenntniss der (4) Nitro-Isophtalsäure. Inaug.-Diss. gr. 8. (39 S.) Freiburg i/Br. 888. (Baden-Baden, Spies.) n. 1. 20

Hoffmann, Curt: Aus dem Königl. pathologischen Institut in Königsberg i. Pr. Ein Fall von totaler angeborener und bleibender Atrichie. Königsberg i. Pr. 1905: Karg & Manneck. (24 S.) 8°
Königsberg, Med. Fak., Ref. Beneke, Diss. v. 20. März 1905
[Geb. 11. Apr. 78 Carlsberg b. Strasburg, W.-Pr.; Wohnort: Königsberg i. Pr.; Staatsangeh.: Preußen; Vorbildung: Gymn. Marienburg W.-Pr. Reife O. 97; Studium: Tübingen, München u. Königsberg (Jura) 7, Königsberg (Med.) 9 S.; Coll. 16. März 05.]

Hoffmann, Kurt, approb. Arzt aus Wiesbaden: Ueber hyperpyretischen Gelenkrheumatismus. *Leipzig 1902: B. Georgi.* (25 S.) 8°
Leipzig, Med. Diss. v. (7. Juni) 1902

Hoffmann, Kurt, deutsche Lieder u. Gesänge. (XII, 288 S.) 8. Dresden 906. E. Pierson. n. 3. 50; geb. n. 4. 50

Hoffmann, Curt, schöne Tage im Orient. Reisebilder aus Aegypten, Syrien, Palästina, Griechenland, Kleinasien u. der Türkei. (VII, 199 S. m. Abbildgn.) gr. 8. Leipzig (903). (J. J. Weber.) Geb. in Leinw. n. 4. —

Hoffmann, Curt, a. St. Petersburg: Das Abelsche Theorem für die elliptischen Integrale. Leipzig 1907: B. G. Teubner. (47 S.) 8°
Tübingen, Naturw. Fak., Ref. v. Stahl, Diss. v. 17. Dez. 1903
[Geb. St. Petersburg; Staatsangeh.: Rußland; Coll. 17. Dez. 03.]

Hoffmann, L.

— Anweisung zum geregelten Anbau, der Ernte und Aufbewahrung der Kürbis, Cucurbita l., als nothwendige Voraussendung zur Darstellung d. Krystall-Zuckers aus denselben, sammt Vergleichung mit der Erzeugung des Zuckers aus der Runkelrübe. Mit Vorbericht von B. v. Sonnenthal. Mit 1 Steintaf. gr. 8. Wien 837. (Leipzig, Polet.) n. 5/12 ₰
s.a. Hofmann.

— das Rudel Axishirsche im königl. Favoritepark bei Ludwigsburg, beschrieben. Photogr. Aufnahme v. R. Wetzig. qu. Fol. (18 S. m. 3 Taf.) Stuttgart 883. Wittwer. geb. m. Goldschn. n. 18. —

— Caistaing, s. Castaing.

Hoffmann, L., Erinnerungen eines alten Soldaten und ehemaligen Freiwilligen aus den Kriegsjahren 1813 und 1814. 8. (VII und 149 S.) Bonn 863, Weber.

Hoffmann, L., die Farrenhaltung in Württemberg. Gesetz vom 12. VI. 1897, betr. die Abänderg. des Gesetzes vom 16. VI. 1882 m. Vollzugsverfügg. vom 23. XII. 1897 u. 2 Mustern üb. Farrenhaltungs-Verträge, nebst erläut. Anmerkgn. u. e. Anh.: Praktisch-tierärztl. Ratschläge zur richt. Auswahl u. Behandlg. der Zuchtstiere in den Gemeinden, bearb. auf Grundlage von U. v. Rueff's Ratgeber. Mit alphabet. Sachregister. gr. 8. (IV, 131 S.) Stuttgart 902. J. B. Metzler. n. 1. 80

Hoffmann, L., der praktische Geflügelzüchter, neue Aufl., s. a. Schnetder, Joh., die Nutzgeflügelzucht.

—— der praktische Geflügelzüchter. Ausführl. Anleitung zum wirtschaftl. Betrieb eines Geflügelhofs in leichtfaßl. Darstellung der verschiedenen Rassen und ihrer Vorzüge, der zweckmäßigsten Fütterung, Mast, Eierproduktion, des natürl. und künstl. Ausbrütens, der Stallung, Aufzucht, der Krankheiten und ihrer Behandlung 2c. Neue Aufl. 8. (104 S. mit Abbild.) Reutlingen 886, Enßlin und Laiblin.

Hoffmann, L., Herleitung u. Zusammenstellung d. Materialbedarfs f. den eisernen Oberbau v. geraden Straßenbrücken u. zwar f. Lichtweiten von 3 bis einschließlich 25 m u. f. Brückenbreiten von 3 bis einschließlich 8 m, im Ganzen f. 365 Brücken. Fol. (VI, 103 S. m. 134 Abbildgn.) Leipzig 891. J. M. Gebhardt. n. 10. —

Hoffmann, L.: Die Herstellung der lohgaren Leder. Weimar 1893 (= Neuer Schauplatz d. Künste u. Handwerke. Bd 282)

Hoffmann, L., s.: Goethe's Hermann a. Dorothea.

Hoffmann, L.: Der vollkommene Jäger, s. Hofmann.

Hoffmann, (L.) Magazin d. Polizeigesetze 2c., s. Magazin auch Polizei-Archiv.

Hoffmann, L., die Marmorlager v. Auerbach an der Bergstrasse in geologischer, mineralogischer u. technischer Beziehung, s.: Abhandlungen der grossh. hessischen geologischen Landesanstalt zu Darmstadt.

Hoffmann, L., die Maschine ist nothwendig. gr. 8. Berl. 832. (Rauck). 16 ₰

Hoffmann, L.: Mitteilungen ..., insbesondere des Entstehens, Verhinderns und Löschens von Bränden. 3 Jahrg. Berlin 1855–57.

Hoffmann, L., e. Programm zu Beethoven's neunter Symphonie. gr. 8. (32 S.) Berlin 870. Grosser n. — 60

Hoffmann-Nesselbach, L., der Schwarz' v. Orlich. Erzählg. in fränk. Mundart. 8. (93 S.) Schwäb. Hall 896. W. German's Verl. n. 1. 20

Hoffmann, L., der Schwarze v. Orlach. Der Heiretsbooch. D'Hochzet. D'Kinddsdaaf. Zu der Vorsetz. Volkssage u. Volksleben. 2. [Titel-]Ausg. (93 S.) 8. Schwäb. Hall. [896] (904). W. German's Verl. n. 1. 20

Hoffmann, L., über die Stelle des Menon im Platon p. 87. ed. St. Berlin 853. Dümmler's Buchhdlg. gr. 8. (27 S. m. geometr. Fig. im Text.) n. 5 ngr.

Hoffmann, L.: Versuch eines Rechnungsrechts, sowohl im Allgem., als in besond. Bezieh. auf das Grossherzogth. Baden. *Karlsruhe*, Müller. 820. gr. 8. (12 Gr.)

Hoffmann, L., Das Vorkommen der oolithischen Eisenerze (Minette) in Luxemburg und Lothringen. Bonn, 1898. 25 S. mit 1 Taf.

— Wandtafel f. erste Hilfe bei landwirtschaftl. Haustieren. 48×103 cm. Farbdr. Nebst Text am Fusse m. 3 Abb Ebd. 897. In Mappe n. 2. 50; f. Aufzug auf Leinw. u. in Mappe n.n. 2. 30; f. Aufzug, lackiert u. m. Stäben n.n. 3. 50

— — Wandtafeln üb. die Rassen, Gangarten u. Farben d. Pferdes. 2 Taf. m. Text. 60:75 cm. Ebd. 98. In Mappe M. 10.- , auf Leinw. M. 12.50 Albumausgabe mit Text M. 14.—

Hoffmann, L. A., der Dorfpfarrer. Schspl. 8. Wien 790. ... 5 ₰

Hoffmann, Leo, a. Krefeld: Das württembergische Zunftwesen und die Politik der herzoglichen Regierung gegenüber den Zünften im 18. Jahrhundert. (Nebst einem Anhang: Die Reichszunftordnung vom 16. August 1731 und ihre Bedeutung für das Herzogtum Württemberg.) Krefeld 1906: M. Buscher. (VIII, 63 S., 2 Beilagen.) 8° [F.]
Tübingen, Staatsw. Fak., Ref. v. Schönberg, Diss. v. 12. Nov. 1906
[Geb. 12. Sept. 80 Krefeld; Wohnort: Krefeld; Staatsangeh.: Preußen; Vorbildung: Gymn. Krefeld Reife O. 00; Studium: München 1, Tübingen 8 S; Rig. 25. Mai 05.]

Hoffmann, Leonh., die Abstammung der Hunde u. die Entstehung der Rassen. Vortrag. 2. Aufl. gr. 8. (24 S.) Stuttgart 891. Vom Verein der Hundefreunde in Stuttgart zu beziehen. n. 1. —

— thierärztliche Arzneiverordnungslehre. 5., verb. Aufl. der Erdmann u. Hertwig'schen thierärztl. Receptirkunde u. Pharmakopöe, nebst e. Sammlg. bewährter Heilformeln. 8. (IX, 208 S.) Berlin 891. Hirschwald. n. 4. —

Hoffmann, Leonh., Atlas d. tierärztl. Operationslehre in 5 Büchern. (XXIV, 508 S. m. 807 Fig. u. 107 Taf.) Lex. 8. Stuttgart 908. E. Ulmer. Geb. in Leinw. 30. —

—— Die Bevölkerungszunahme ist keine Gefahr! Gegen die Malthusianer. 8. (III, 155 S.) Stuttg. 892, Schickhardt u. Ebner. * 2 —

— das Buch vom gesunden u. kranken Hunde. Lehr- u. Handbuch üb. das Ganze der wissenschaftl. u. prakt. Kynologie. gr. 8. (X, 549 S. m. Abbildgn. u. Taf.) Wien 901. M. Perles. n. 14. —; geb. n. 16. —

— Das Buch v. gesunden u. kranken Pferd. Körperbau u. Tätigkeit, Beurteilungslehre, Fütterung u. Pflege, Hufbeschlag, sowie d. wichtigsten Krankheiten u. deren Heilg. Für Offiziere u. Pferdebesitzer bearb. 2. neubearb. u. erweit. Aufl. (XVI, 218 S. m. 154 Abb.) Lex. 8. Stuttgart 909. F. Enke. 5.—; geb. in Leinw. n 6.60

Hoffmann, L., das Buch v. d. Ziege, s.a. Landmanns, des, Winterabende.

— — Das Buch von der Ziege. Mit Anhang: Der Ziegenstall, seine Anlage und Ausführung. Von A. Schubert. Mit 4 Tafeln und 8 Abbildungen. Ebd. 98. Ulmer. Geb. M. 1.20

— Tierärztliche Chirurgie. 2 Bde. Mit Abbild. (In 10 Lfgn. à 4 M.) (XVI., 982 u. VIII., 578 S.) Ebd. 91/92. M. 40 —, kompl. Hfrz. M. 45.-
I. Spezielle Chirurgie. Ebd. 91. M. 24.—, Hfrz. M. 27.
II. Allgemeine Chirurgie. Ebd. 92. M. 16.—, Hfrz. M. 18.

Hoffmann, L., thierärztliche Chirurgie f. praktische Thierärzte u. Studirende. (In 10 Lfgn.) 1. u. 2. Lfg. gr. 8. (S. 1—320 m. Abbildgn.) Stuttgart 891. Schickhardt & Ebner. à n. 4. —

— tierärztliche Chirurgie f. praktische Tierärzte u. Studierende. 3.—10. (Schluss-)Lfg. gr. 8. (1. Bd. XVI u. S. 321—967 u. 2. Bd. VIII, 578 S. m. Abbildgn.) Ebd. 891. 892. à Lfg. n. 4. —

— die Entwicklung des Militair-Veterinairwesens in Württemberg. Ein Beitrag zur Geschichte und Statistik. Unter Benützung der Akten des k. Kriegsministeriums hrsg. 8. (IV, 76 S.) Ludwigsburg 883. (Stuttgart, Schickhardt und Ebner.) *

— Für die Erhaltung u. Fortentwicklung der württ. tierärztl. Hochschule. Anerkennende u. ehr. Aussprüche u. Reden, Wünsche, Forbergn. u. Anträge v. d. Herren Landtagsabgeordn., Standesherren u. d. Herrn Kultusminister. (77 S.) kl. 8. Stuttgart 910. (H. Lindemann.) b 1. —

Hoffmann, L., Oberrossarzt, Das Exterieur des Pferdes. Allgemeines über die Pferdegattung. Die einzelnen Körperteile. Statik und Mechanik. Pferdekauf u. Handel. Mit 64 Abb. gr. 8. Berlin 77. Hirschwald. M. 7.

— das Exterieur d. Pferdes. Allgemeines über die Pferdegattg. u. üb. den Pferdekörper. Die einzelnen Körperteile. Statik u. Mechanik des Pferdekörpers. Pferdekauf u. Handel. Mit 64 Abbildgn. gr. 8. (X, 370 S.) Berlin 887. Hirschwald. n. 7. —

— vollst. Handbuch d. prakt Haustierheilkunde, s.a. Merk, Th.

— — Th. Merks Vollständiges Handbuch der praktischen Haustierheilkunde. (VIII.) Mit 128 Abbildungen. Ebd. M. 4.20

— Hufpflege, Hufbeschlag u. Hufkrankheiten, s.a. Landmanns, des, Winterabende. 65. Bdchn.

— Hufpflege, Hufbeschlag u. Hufkrankh. Mit 62 Abb. Ebd. 99. Ulmer. M. 1.-

— über die Kastration der Hausthiere, s.a. Vorträge, thiermedizinische.

Hoffmann, Leonhard: Über die Kastration der Hausthiere von Leonhard Hoffmann, Prof. in Stuttgart. Leipzig: A. Felix 1892 (46 S.)8°.
Vorträge, Thiermedizinische. Bd 2, H. 12.

— Chirurgische Klinik d. tierärztlichen Hochschule Stuttgart. (8 S. m. 8. Taf.) 30,5×21 cm. Stuttgart (907). E. Ulmer. 4. —

— Kompendium der inneren Tiermedizin. Stuttgart 96. Schickhardt & Ebner. Geb. M. 4.50

— Kompendium d. inn. Tiermedizin. Kurzgef. Hand- u. Lehrbuch f. Tierärzte u. Studierende. 8. (XII, 306 S.) Stuttgart 897. Schickhardt & Ebner.
Geb. in Leinw. n. 4.50

— üb. allgemeine Narkose u. lokale Anästhesie in der Thierheilkunde, s.a. Vorträge, thiermedizinische.

— Über allgemeine Narkose u. lokale Anästhesie in der Tierheilkunde. gr. 8°. (47 S.) Halle 88. (Graubner & Larsen, Leipzig.) M. 3.—

Hoffmann, Leonhard: Über allgemeine Narkose und lokale Anästhesie in der Thierheilkunde vom klin. Standpunkte bearb. Leipzig 1890. 46 S.
(Thiermedizinische Vorträge. 1, H. 5.6.)

Hoffmann, L., das gesunde Pferd. Bau u. Thätigkeit desselben, seine Beurtheilung, Fütterung u. Pflege. Für Offiziere u. Besitzer besserer Pferde bearb. Mit in den Text gedr. Holzschn. gr. 8. (VIII, 168 S.) Stuttgart 878. Enke. n. 4. —

— d. Pferd in 8. Rassen, Gangarten u. Farben. 32 in Farbendr. ausgeführte Abb., m. erläut. Text. (Album-Ausg.) qu. 4. (Bilder auf Karton m. 1 Bl. Text.) Nebst Beschreibg. d. Rassen, Gangarten u. Farben d. Pferdes. gr. 8. (IV, 89 S.) Stuttgart 898. E. Ulmer. In Leinw.-Mappe n. 14. —; geb. in Halbfrz. n. 16. —; Bilder auf 2 Wandtafeln à 61 × 77,5 cm, nebst Beschreibg. in gr. 8, in Mappe n. 10 —; Aufzug auf Leinw, in Mappe n n. 2. —

— spezielle Pferdezucht. Zugleich e. Lanze f. die Zucht des schweren Pferdes. gr. 8. (VII, 815 S.) Leipzig 902. R. C. Schmidt & Co. Geb. in Leinw. n. 7. —

(B) — Pferdezucht. 902. (KBB 81.) Jetzt: Hannover, M. u. H. Schaper.

— Ratgeber b. Krankheits- u. Unglücksfällen uns. Haustiere, s.a. Landmanns, des, Winterabende.

— Ratgeber bei Krankheits- u. Unglücksfällen unserer Haustiere. Mit 11 Abbildungen. Ebd. 97. Ulmer. M. 1.—

—— Die Sattel- u. Geschirrdrücke, s.a. Bibliothek f. Pferdeliebh.

— die Sattel- u. Geschirrdrücke u. deren Heilung. gr. 8. (XI, 129 S. m. eingedr. Abbildgn.) Stuttgart 890. Schickhardt & Ebner. n. 3. —; geb. n. 3. 40

Eine Schwesternloge mit nur sehr ernster Freimaurerei. Auszug aus dem Protokollbuch über die geistige Arbeit, im Schw. Kränzchen der Loge „Wilhelm zur aufgehenden Sonne“, Or. Stuttgart. Leitender: Br. Krebs (1848—51). (Mitgeteilt von L[eonh.] Hoffmann.) Februar 1910. Bayreuth [1910]: Mühl. 23 S. 8°. [Umschlagtit.]
aus: BayrBbl. 430.

—— Über das Seelenleben d. Hundes. Vortrag. gr. 8. (19 S.) Stuttg. 891. (Gerschel). * 1 —

—— Taschen-Lexikon der Pferdekunde. Für Offiziere, Landwirthe, Thierärzte und jeden Pferdebesitzer. gr. 8. (IV, 453 S. mit 441 in den Text gedr. Holzschn.) Berlin 883, Gebr. Parey. geb. *

—— Thier-Psychologie. gr. 8. (XI, 130 S.) Stuttgart 881, Schickhardt und Ebner. *

— allgemeine Tierzucht. Ein Lehr- u. Handbuch f. Studierende u. Praktiker. M. 25 Abb. gr. 8. (XVI, 547 S.) Stuttgart 899. E. Ulmer. n. 10. —; geb. in Leinw. n.n. 11. 20

Hoffmann, Leonhard Willibald: „Alter und neuer Müntz-Schlüssel", 3 Teile in einem Bande, Nürnberg 1715. — Vorh.: Bibl. des Oberlandesgerichts Celle — Tc. 371.

Hoffmann, Leonhard Willibald: „Alter und neuer Müntz-Schlüssel, oder Beantwort- und Eröffnung 222 curiöser Fragen, das Müntz-Wesen betreffend", Nürnberg 1683 (Joh. Jonathan Felssecker). — Vorh.: Com. Bibl. Hamburg und StB Nürnberg. — Dasselbe, neue Auflage, in III Teilen, Nürnberg 1715 (bei Joh. Frd. Rüdiger), vorh.: StB Nürnberg.

Hoffmann, Leopold [aus Schlotheim]: George Lillo. (1693 1739.) ... Marburg, *Druck v. Herm. Erdenberger in Schlotheim i. Th.*, 1888; 9 Bl. + 37 + 1 S. + 1 Bl. 8°
Marburg, Phil. Fak., Inaug.-Diss. v. [18. Apr.] 1888

Hoffmann, Leopold, George Lillo. (1693—1739.) Diss. Marburg 1888, N. G. Elwertsche Univ.-Buchh. 8⁰. 37 S.

Hoffmann, Leopold Alois

Hofmann, Leop. Aloy., († d. 2. Sept. 1806.) Anleit. zur geistl. Beredtsamkeit. Ein Handbuch f. Prediger. 8. Wien 790. 2e Aufl. 791. Wucherer. 22 kr

– s. Babel.

– s.a. Briefe e. Biedermanns.

Briefe eines Biedermannes an einen Biedermann ueber die Freymaeurer in Wien. [Von Leop. Alois Hoffmann.] München [Wien] 1786. XLIV S. 8⁰
Abgedr. in: Sammlung aller aus Gelegenheit d. k. k. Verordn. v. 16. Dez. 1785 z. Vorschein gekommenen Schriften d. Frmr. betr. 1 (1786) S. 15—52.
Kl. 470. Selten. Greift die Wiener Logen an. 23.

– s. Briefe von d. Schles. Gränze.

Aktenmässige Darstellung der Deutschen Union, und ihrer Verbindung mit dem Illuminaten-Freimaurer- und Rosenkreutzer-Orden. Ein nöthiger Anh. zu den höchst wichtigen Erinnerungen zur rechten Zeit. Von Leop. Alois Hoffmann. Wien: Rehm 1796. 301 S. 1 Tab. 8⁰
cf. Bahrdt, K. F.: Gesch. u. Tagebuch meines Gefängnisses. 1790 S. 55—89, 175 bis 186 der 2. Pag.
Kl. 3290. 193. 358.

Hofmann, Leop. Aloy., actenmäß. Darstell. der deutschen Union. 8. Wien 796. Schaumburg u. Comp. 18 kr

DORFSCHULMEISTER, Ein, auf die Frage: Was ist der Pabst? Von dem Verfasser des vertrauten Mönchs (*Leop. Alois Hoffmann*). Mit gestoch. Titelbl. Wien 1782. 8⁰. (3 Kr. Franz Malota's Wiener Novbr.-Auct. 1909:)
Sehr selten! Lange Zeit galt als Verfasser dieser das Papsttum verteidigenden Schrift J. Fr. Edler von Retzer.

– Einleitungsrede beim Antritt des öffentlichen Lehramtes des deutschen Stils an der hohen Schule zu Wien vorgetragen von Professor– . Weimar, Wien 1790. 1 vol. 46 S.

Ueber den wahren Endzwek [!] der Freimaurerei. Einleitungsrede zur Stiftung der im Or. von ††† [Pest] neu entstehenden □ zur Grossmuth, vorgetragen von [Leopold Alois] H[offman]n den 5. 4. 5786. [Pest]: Selbstverl. [1786]. 37 S. 8⁰
Recens: WJ. 3, 3 (1786) S. 213.
Kl. 1069, Tt. 2068. Selten. 430.

HOFFMANN, Leop. Aloys (Reaktionär, Gegner der Freimaurer, Censor. — „Ehemal. Prof. d. deutschen Sprache u. Lit. auf der Universität zu Wien, † 2. Sept. 1806, ein hündischer u. prahlerischer Charlatan". Ebeling II. p. 498, Anmerkg.), Höchst wichtige Erinnerungen zur rechten Zeit über einige der allerernsthaftesten Angelegenheiten dieses Zeitalters. 2 Bde. Wien, Rehm, 1795—96. 8⁰. XII—346 u. CXX—362 Seiten. (12 Mk. Taussig. 1906.) Selten!
Veranlasst durch Sonnenfels' Rectoratsrede 1794. Ueber Illuminaten, Buchhändler, Nachdrucker, Pressfreiheit, Litteratur der Wollust, die wilden Genies etc. – Bd. II. S. 64: „Der Räuber-Apolog ist Schiller."

— höchstwicht. Erinnerungen üb. Angelegenheiten unsers Zeitalters. 2 Thle. 8. Wien 795, 96. Schaumburg u. Comp. 2 rß

Hoffmann, Leopold Alois: Etwas mehr als Anmerkungen zu der 1. Vorlesung ... Von –. Wien-Prag: Schönfeld 1782. 1 vol.,24 S.

— Gedichte. 8. Bresl. 778. J. F. Korn. 10 kr

— Geschichte der Päpste v. Petrus bis Urban II. 2 Thle. 8. Wien 786—91. Hartl. 20 kr 3 Thle. (bei Schaumburg u. C.) 2 rß

— üb. den Gottesdienst u. die Religion in d. Oesterr. Staaten. 6 Thle. 8. Wien 783—85. 4 rß

— prakt. Handbuch für Prediger u. Seelsorger. gr. 8. Pest, Wucherer. 789.

— Herzenserleichterung an d. Publikum, besonders an die Leser meiner Geschichte d. Päpste, üb. die Fortsetzung dieser Geschichte durch einen Anonymus. 8. Wien 801. Rehm. 3 kr

– s. Joseph II.

— üb. die Juden u. deren Duldung. 8. Prag 781.

— Lehrbuch e. christl. aufgeklärten Lebensweisheit f. alle Stände. 1r Thl. 8. Wien 797. Rehms Wwe. 20 kr

Manifest der unbekannten Ordens-Obern an die Glieder geheimer Grade und Systeme. [Von Leop. Aloys **Hoffmann.**] [Hannover: Hahn] 1793. 24 S. 8⁰

[Dasselbe.] ... geheimer Grade und Sisteme [!] Wien: Weimar 1793. 31 S. 8⁰

Aus: ⁰Wiener Zeitschr. Bd 3 H 1.
Abgedr. in: Frmr-Bibliothek. 7 (1794) S. 91 bis 116.
cf. Berlinische Monatsschr. 22 (1793) S. 160 bis 186; 23 (1794) S. 257—264; D. neuesten Religionsbegebenheiten. 16 (1793) S. 251 bis 284.
Kl. 8460. Über die Degeneration der geheimen Bundessysteme. Nach Schröder von d. Rosenkreuzern, nicht von d. Illuminaten hrsg.
Ausg. Hannover in 23. 25. 193; Wien in 3.

Hoffmann, Leopold Aloys: Der von seinem Ursprunge an bis auf diese Stunde in seiner Blösse dargestellte Mönch, s. Uebelacker, Franz

— Miscellen. 8. Pesth 788. Käpf. 16 gr

– s.a. Mönch, d. vertraute.

MONCH, Der vertraute, in seiner Blösse (von *Leop. Aloys Hoffmann*). Prag und Wien 1783.
Anon.-Lex. III. p. 155 (nach Kayser u. Meusel).

MONCHE und der Teufel. Gezeichnet und gestochen (von *Leop. Aloys Hoffmann*). Wien 1782. Kl. 8⁰. (4 Kr. Gilhofer & Ranschburg, Wien, 1912.)

– Mönche und der Teufel, gezeichnet u. gestochen von *Hoffmann*. Wien, Edler v. Schonfeld, 1782. 8⁰. 46 S. (1 Mk. 50 Pfg. L. Rosenthal, c. 1888.)

s. Ninive.

Achtzehn Paragraphen über Katholizismus, Protestantismus, Jesuitismus, geheime Orden und moderne Aufklärung in Deutschland. Eine Denkschrift an deutsche Regenten und das deutsche Publikum. [Von Leop. Aloys **Hoffmann.**] In Deutschland [Wien: Hartl.] 1787. 116 S. 8⁰

Kl. 3392. Selten. Verteidigung des Katholizismus. Kap. 10—13 beschäftigt sich mit der Frmrei u. eifert gegen den Illuminatismus.

Kaiser Josephs **Reformation** der Freymaurer. Eine Denkschrift fürs achtzehnte Jahrhundert. Von E... [d. i. Leop. Alois **Hoffmann.** Lfg 1.] 2. Deutschland [Wien: Wucherer] 1786. 8⁰

1. 53 S.; 2. 39 S.
Abgedr. in: Sammlung aller aus Gelegenheit d. k. k. Verordn. v. 16. Dez. 1785 z. Vorschein gekommenen Schriften d. Frmr. betr. 2 (1786) S. 83—134; 6 (1786) S. 85—120.
cf. ⁰Wiener Real-Ztg vom 28. Febr. 1786; FZ. (Wien) 4 (1877) S. 125, 130—132 (G. Brabbée).
Kl. 473. Selten. Verteidigung der kaiserlichen Verordnung. Lfg 1 in 430; 2. in 23.

— Schreiben an d. Oberconsul Frankreichs Bonaparte. gr. 8. Ebend. 800.

— Schreiben an den Oberconsul Frankreichs, Bonaparte. gr. 8. Wien 820. Rehm. 5 gr

— verm. kl. Schriften. 2 Thle. 8. Pesth 785. Eggenberger. 20 gr

— Seelenbeschreib. der Stadt Wien. 8. Wien 782.

Hoffmann, Leop. Aloy, Triumph d. Friedens; ein Melodrama. 8. Prag 779.

– 1. Vorlesung beim Antritt des öffentlichen Lehramtes der deutschen Sprache . . . a. d. Universität zu Pest, gehalten von–. Wien: Trattner 1784. 1 vol. 20 S.

Hoffmann, Leopold Alois: Vorlesungen über die Philosophie des Lebens. Ein Lesebuch für alle Stände . . . Von –. Weimar, Wien 1791. 1 vol. XII + 280 S. + 4 Bl. Reg.

— Vorles. üb. die Philosophie des Lebens. 8. Wien 791. Schladebach in Leipz. 16 gr

– s. Wahrheiten f. u. üb. d. Frauenzimmer.

– s.a. Wahrheiten f. Prediger.

– Wahrheiten

, Wöchentliche, für und über die Prediger in Wien (von *Leop. Alois Hoffmann*). 11 Stücke. Ebd. 1782—84. 8⁰.
Anon.-Lex. IV. p. 368 (nach Kayser u. Wurzbach). — Nur 6 Stücke, ebd. 1782—83, in Karajan's Bibl. II. no. 1412.)

– s. Werden wir Katholiken.

Hoffmann, Leop. Aloys, s.a. Willmars Leben.

WILLMAR'S Leben und Reisen (von *Leop. Aloys Hoffmann*). Th. 1. (einz.) Prag 1783. 8⁰. (In Dresden: 8⁰ Litt. Germ. rec. C. 402.) Rar!

– Das zweitemal: Was ist der Staat? Nach Gründen aus der Natur, aus der Schrift und aus der Vernunft beantwortet. . . Von Ludwig August Hartberg (–). Wien: Hartleben 1783. 1 vol. 87 S.

— Wiener Zeitschrift. 1r Jahrg., 12 Stücke u. 2r J., 6 Stücke. 8. Wien 792, 93. Breitkopf u. H. in Leipz. 6 ₰

Hoffmann, Louis, der Langschwellen-Oberbau der Rheinischen Eisenbahn und die bekannteren zweitheiligen Oberbau-Systeme der Neuzeit. Im Auftrage des Ober-Ingenieurs der Neubau-Verwaltung der Rhein. Bahn Hrn. Menne bearb. gr. 8. (VIII, 62 S. mit 7 lithogr. Taf.) Berlin 880, Springer.

Hoffmann, Louis (geb. Allenstein in Ostpr. 16. 6. 1843): Ueber die sogenannte Muskelhypertrophie. Berlin (1867). (32 S.) 8°
Berlin, Med. Diss. v. 20. Juli 1867

Hoffmann, Louise, Anweisg. z. Ausführg. d. Lehrplans f. den Handarbeits-Unterricht in d. Mädchenschulen d. Stadtkreises Straßburg. Für d. Hand d. Schülerinnen. 2., verb. u. erweit. Aufl. gr. 8. (II, 60 S. m. 80 Abb.) Straßburg 897. (Schlesier & Schweikhardt.) n. — 60

Hoffmann, Louise, die Sprache u. Litteratur der Wenden, s.a. Sammlung gemeinverständl. wissenschaftl. Vorträge.

Hoffmann, Louise: Die Sprache und Litteratur der Wenden. Von –. Hamburg: Verlagsanst. u. Dr. A.-G. 1899. (39 S.) 8°.
Sammlung gemeinverständlicher wiss. Vorträge. N.F. Ser. 14. H.318.

Hoffmann, Ludw., Bau-Kalender — Bau-Taschenbuch, s.a. Bau-Kalender.

— s.a. Bau-Kalender. — Bau-Taschenbuch. — Kalender, neuer, f. pract. Baumeister.

Hoffmann. L., Baukalender für 1850. Ein Geschäfts- und Notizbuch für Baumeister, Zimmer- und Maurermeister und alle übrigen Baugewerksmeister, so wie für Ingenieure und Geometer. Berlin. 1849. 8. (Erscheint jährlich).

Hoffmann, Ludw. (L.), u. E. Knoblauch, Baulexikon, s. Baulexikon.

Hoffmann, Ludw. (L.), Betrachtungen üb. Rede- u. Preßfreiheit u. Censur. (Aus dess. „staatsbürgerl. Garantieen" abgedruckt.) 8. (3 B.) Zweibrücken 831, Ritter.

Hoffmann, Ldw., s. Bibliothek, ausgewählte historische.

— s. Biblioth. d. n. Geschichtswerke d. Auslandes.

Hoffmann, (Ludw.), üb. den Bildungsgang d. Volksschullehrer. Bemerkungen u. Andeutgn. m. besond. Beziehg. auf Bayern. gr. 8. (45 S.) Nördlingen 849, Beck. 1/6 Thlr

Hoffmann, Ludw., das Branntwein-Monopol. Posse m. Gesang in 1 Act. gr. 8. (15 S.) Berlin (891). M. Böhm. 1. 50

— s.a. Castaing, d. Giftmischer.

Hoffmann, Ludw. (L.): Castaing: Der zweifache Giftmischer, nach franz. Actenstücken bearbeitet. *Berlin*, Oehmigke. 824. gr. 8. (1 Thl. 6 Gr.)

Hoffmann, Ludwig: Eine systematische Darstellung der nach dem Sprengstoffgesetze vom 9. Juni 1884 strafbaren Handlungen. *Erlangen 1897: A. Vollrath.* (63 S.) 8°
Erlangen, Jur. Diss. v. 11. Febr. 1897

HOFFMANN, Ludwig (München): Einleitung in die Geschichte der direkten Steuern in Baiern vom Ende des XIII. bis zum Beginn des XIX. Jahrhunderts.- Leipzig: Duncker & Humblot 1883. 2 Bl.,24 S. 5.12.1883 - Urk (Titel: De tallionibus directis in ducatu Bavariae a saeculo XIII usque ad saeculum XIV (!) impositis.); Chr 1883/84,12
Diss.Ingolst.-Landsh.-Mchn.

Hoffmann, Ludwig: Festschmuck der Stadt Berlin am 22. März 1897. (Vf.: Baurath Ludwig Hoffmann.) Bd. 1.2. Berlin: Lichtdr. Meisenbach, Riffarth & C. (2: Photolith. u. Dr. v. Giesecke & Devrient, Leipzig & Berlin 1897.) 2 Bde gr.2. 1. 1 Bl., 10 photogr. Taf. 2. 7 Bl. Zeichnungen.

Hoffmann, Ludw., s.: **Festschrift z. Eröffnung d. Kaiserin Auguste Victoria-Hauses.**

Hoffmann, Ludw., 1. Die staatsbürgerlichen Garantien, oder über die wirksamsten Mittel, Throne gegen die Empörungen und die Bürger in ihren Rechten zu sichern. 2. völl. umgearb. Aufl. 2 Bde. 8°. Leipzig, Hartmann, 1831.

— die staatsbürgerl. Garantien, oder uber die wirksamsten Mittel, Throne gegen Empörungen u. die Bürger in ihren Rechten zu sichern. Preisschrift; auf u. herausgeg. von C. C. André. 1r Thl. gr. 8. Stuttg. 828. v. Cotta. 1 Thlr 8 gr 2e verbess. Aufl., 2 Bde. gr. 8. Zweibrücken 831. (Hartleben in Pesth). 4 Thlr 18 gr

Hoffmann, (Dr.), Ldw., Gedichte. 8. Berlin 846. (Weyl u. Comp.) 1/2 Thlr

Hoffmann, Ludw., ökonomische Geschichte Bayerns unter Montgelas, s.a. Wirthschafts- und Verwaltungsstudien, bayerische.

Hoffmann, ökonom. Geschichte Bayerns unter Montgelas. 1799—1817. Leipzig 885.

Hoffmann, Ludw. (L.), Geschichte der direkten Steuern in Baiern vom Ende des XIII. bis zum Beginne des XIV. Jahrh., s.a. Forschungen, staats- und socialwissenschaftliche.

— L, Geschichte der direkten Steuern in Bayern vom Ende des 13. bis zum Beginn des 19. Jahrhunderts. (Forschungen, Staatswissenschaftliche IV, 5) Leipzig 1883

— allgem. Gesinde-Ordnung f. d. preuß. Staaten, nebst Anh. die über das Gesindewesen erlassenen spätern Rescripte, Verordnn. u. Publikanda enthalt. 8. Berl. 827. (Cosmar u. Kr.)

— allgem. Gesinde-Ordnung f. die preuß. Staaten, nebst Anh. die über das Gesindewesen erlassenen spätern Rescripte, Verordnn. u. Publicanda enthalt. 8. Berl. 827. (Krause). 12 gr

— Allgemeine Gesindeordnung für die preußischen Staaten, nebst Anhang, die über das Gesindewesen erlassenen späteren Rescripte, Verordnungen und Publicanda enthaltend. 8. 839, Halle, Colbitz'sche B. 1/6 Thlr

Hoffmann, (Polizei-Rath Dr.), Ldw., die Allgemeine Preuß. Gesinde-Ordnung nebst ihren Ergänzungen u. Erläuterungen. (Ein Handbuch für Polizei-Behörden, Magisträte u. Dienstherrschaften. 16. Berlin 840, 41, Rücker u. Püchler. 1/3 Thlr

—— die Gewerbeverfassung des deutschen Reiches. Systematisch dargestellt. 8. (XII, 267 S. mit 1 Tab.) Erlangen 886, Deichert'sche Verlagsh. Nachf. *M 2.40.; cart. *

Hoffmann, Ludw., das Handelsrecht, s.a. Handbibliothek der gesamten Handelswissenschaften.

Hoffmann L, das Handelsrecht. Handelsgesetzbuch mit Erläuterungen. 2. Aufl. (Handbibliothek der Handelswissenschaften 7) Stuttgart 1890

— das Hausir-Regulativ für die Königl. Preußischen Staaten, mit den dasselbe erläut., abänd. u. ergänz. Bestimmungen, unter besond. Hinweisung auf den gewerbl. Verkehr in den Staaten des deutschen Zollvereines. gr. 8. Berlin 842, Heymann. 1½ ℛ

Hoffmann, L., Hercynia. Taschenbuch f. Reisende in den Harz. Mit 12 Kpf. u. 1 Karte. 16. Berl. 829. Müller. 2 ℛ 12 ₰

Hoffmann, Lud., Hercynia. Taschenbuch für Reisende in den Harz. 2e Aufl. Mit 6 Kpfr. u. 1 Karte. 16. Berlin 833. Müller. 1½ ℛ

Hoffmann, Ludw., ist Religion Privatsache? Eine Erörterg. d. Verhältnisses der Sozialdemokratie zum Christenthum. 8. (39 S.) Berlin 891. (L. Abel.) — 30

Hoffmann, Ldw. II., s. Jak. Fid. Ackermann, Lehrbegriff u. dess. Samml. kl. latein. Schriften, u. verbessere C. in Ldw. II.

— s. Magazin d. Polizeigesetze.

Hoffmann, Ludw., Frau Magdalena. Ein Schauspiel in 4 Akten. gr. 16. (39 S.) München 890. Schweitzer. n. — 50

Hoffmann, Ludw. (II.), die Maschine ist nothwendig. gr. 8. (6 B.) Berlin 832, (Nauck.)

Hoffmann, Ludw., Mittheilungen aus dem Gebiete des Feuer-Versicherungswesens, dessen gesammter Technik, insbesondere des Entstehens, Verhinderns u. Löschens von Branden, so wie die Feststellung von Brandschaden durch Sachverständige. Zum Gebrauch für Polizeibehörden u. deren Beamte etc. 1—3. Jahrg. 1855—57. à 6 Hefte (à 4 Bgn. mit lith. Taf.) Berlin, Bosselmann. gr. 8. Jeder Jahrg. n. 2 ℛ. 15 ngr.

Hoffmann, Ludwig: Neubauten der Stadt Berlin. Gesamtansichten und Einzelheiten nach den mit Maßen versehenen Originalzeichnungen d. Fassaden u. d. Innenräume, sowie Naturaufnahmen d. bemerkenswertesten Teile der seit d. J. 1897 in Berlin errichteten städt. Bauten. Mit beschreib. Text von Stadtbaurat Ludwig Hoffmann, Architekt. Bd 1–3. Berlin & New York: B. Heßling 1902–04. 3 Bde gr. 2°
1. 1902. 2. 1903. 3. 1904.

— Neubauten der Stadt Berlin. Gesamtansichten u. Einzelheiten nach den m. Massen versehenen Orig.-Zeichngn. d. Fassaden u. d. Innenräume, sowie Naturaufnahmen d. bemerkenswertesten Teile der seit d. J. 1897 in Berlin errichteten städt. Bauten. Mit beschreib. Text. 4.—9. Bd. 53,5×41,5 cm. Berlin, E. Wasmuth. In Mappe à 50. —
4. (50 Taf. m. III, XVIII S. illustr. Text.) 905.
5. (50 Taf. m. III, XXII S. illustr. Text.) (907.)
6. Rudolf Virchow-Krankenhaus. (60 Taf. m. III, XX S. illustr. Text.) 907.
7. Irrenhaus in Buch. (50 Taf. m. III, X S. illustr. Text.) 908.
8. Märkisch. Museum. (50 Taf. m. III, XVI S. illustr. Text.) 909.
9. (50 Taf. m. III, XVIII S. illustr. Text.) 910.

Hoffmann, Ludov., Otto I. episcopus Babenbergensis, quomodo ecclesiae suae auctoritatem et dignitatem promoverit. Particula prior. Dissertatio inauguralis historica. Halle 869. (Herrmann.) gr. 8. (39 S.) n. 7½ ngr.

Hoffmann, Ludovicus: Otto I. episcopus Babenbergensis, quomodo ecclesiae suae auctoritatem et dignitatem promoverit. Part. prior. Halae (1869): Ploetz. 39 S. 8°
Halle-Wittenberg, Phil. Diss. v. 30. März 1869
Geb. Kopriebeu bei Polzin (Pomm.) 3. 4. 1845. V.
Im Buchhandel Halle: Herrmann 1869.

Hoffmann, Dr. Edw., (Polizei-Secr.), das Pfarrhaus; e. Gemälde des menschl. Herzens. 8. Berl. 823. Petri. 1 ℛ 16 ₰

— s. Polizei-Archiv.

Hoffmann, Ludw., das Recht d. Adels u. d. Fideikommisse in Bayern. 8. (XVI, 256 S.) München 896. J. Schweizer, Verl. Geb. in Leinw. n. 5. —

Hoffmann, Ludw., d. Reichsgerichtsbau zu Leipzig. Gesammt-Ansichten u. Einzelheiten nach d. m. Maassen verseh. Orig.-Zeichngn. d. Façaden u. d. Innenräume, sow. Naturaufn. d. bemerkenswerthesten Theile dieses in d. J. 1887 bis 1895 erricht. Gebäudes. M. beschreib. Text. M. Genehmigg. u. Unterstützg. d. Reichsjustizamts. Imp. Fol. (100 Taf. m. 15 S. Text.) Berlin 898. B. Hessling. In Mappe n. 75. —

— das Reichsgesetz betr. die Gewerbegerichte. Vom 29. Juli 1890. Mit Einleitg., Anmerkgn. u. alphabet. Sachregister hrsg. 16. (IV, 88 S.) München 890. Beck. cart. n. 1. —

Hoffmann, Reichsges. betr. Kinderarbeit, s. Taschen-Gesetzsmmlg.

— u. v. Reiswitz, Repertorium d. europ. Paß-Polizei-Gesetze. 2 Bde. 8. Berl. 821.

— s. Rheinbaiern.

Hoffmann, (Baumeister), Ldw., die Sägemühle mit d. neuesten Constructionen, in den Hauptansichten, Profilen u. einzelnen Theilen nach dem Maaßstabe gezeichnet u. beschrieben. gr. Fol. (4 Kpfrtaf. u. Text.) Leipzig 843, Romberg. n. 1½ ℛ

Hoffmann, Ludw. (II.), Fürst Schwarzenberg. Schematismus für das J. 1884. Nach offiziellen Daten der Wittingauer fürstl. Schwarzenberg'schen Central-Buchhaltung hrsg. 1. Jahrg. gr. 16. (158 S.) Krumau 884. (Budweis, Hansen's Buchh.) geb. *
Prachtausg. *

— s. v. Segür, Geschichte Ludwig's XI.

Hoffmann, L., die Sonntagsruhe. Ein Vortrag. Imp.-4. (7 S.) München 889. (Literar. Inst. v. Dr. M. Huttler.) n. — 40

Hoffmann, Ludwig, approb. Arzt aus Oelde: Aus d. pathol. Institute zu Kiel. Statistik der nicht diagnosticirten Krebse. *Kiel 1902: Schmidt & Klaunig.* (24 S.) 8°
Kiel, Med. Diss. v. [10. März] 1902

— über d. Studium u. d. Arbeitsweise d. Meister der italienischen Renaissance. Festrede, geh. b. Schinkelfeste d. Architekten-Vereins in Berlin am 13. III. 1898. [Aus: „Centralbl. der Bauverwaltg."] Lex.-8. (12 S.) Berlin 898. W. Ernst & Sohn. — 50

Ueber das Studium und die Arbeitsweise der Meister der italienischen Renaissance. Festrede geh. zu Berlin von Ludwig Hoffmann, Stadtbaurath zu Berlin. Als Ms. gedr. *Berlin 1898: A. Unger.* (15 S.) 8°
[illegible]

—— Tabellen der Renten als aliquoter Theile einer erforderlichen Bausumme je nach Dauer und Alter der Bauwerke, mit deren Logarithmen zusammengestellt und geordnet nebst Begründung ihrer Richtigkeit und Anweisung zur Anwendung. Zum Gebrauch bei Ablösungen von fortdauernden Bauverpflichtungen und Bauberechtigungen. gr. 8. (XXIV und 39 S.) Berlin 857, (Wiegandt und Hempel.) *

— Teplitz u. sein romant. Thal. Ein Taschenbuch f. Badereisende und Freunde der Natur und Romantik, mit Musik-Beilagen. 8. Ebend. 846. 1 ℔

—— Teplitz und sein romant. Thal. Ein Taschenbuch für Badereisende und Freunde der Natur und Romantik, mit Musik-Beilagen. Neue Ausg. 8. (IV und 207 S.) Berlin 849, A. Friedländer.

Hoffmann, Ludwig [aus Uehlfeld]: Untersuchung über das Gold .... Erlangen, Druck d. Univ.-Buchdr. v. E. Th. Jacob, 1887; 38 S. 8°
Erlangen, Phil. Fak., Inaug.-Diss. v. 1887

Hoffmann, Edw. L., Untersuchungen üb. die wichtigsten Angelegenheiten des Menschen als Staats- u. Welt-Bürger. 2 Bde. gr. 8. Zweibr. 830. G. Ritter. 4 ℔

Hoffmann, Ludw., Vademecum d. prakt. Baumeisters u. sämmtl. Baugewerksmeister. Enthaltend in alphabet. Ordnung die während der Bau-Praxis unentbehrl. Notizen u. Tabellen, überhaupt die Hülfsmittel zu schneller Anordnung, Veranschlagung u. Berechnung, nebst Tagelohn- u. Zins-Tabellen. 16. (IV u 123 S.) Berlin 849, Wiegandt (& Grieben.) n. ½ ℔

Hoffmann, Ludw., Vademecum des praktischen Baumeisters, sämmtlicher Baugewerksmeister und Techniker. I. (Thl.) Enthaltend in alphabet. Ordnung die während der Bau-Praxis unentbehrlichen Notizen und Tabellen, überhaupt die Hülfsmittel zu schneller Anordnung, Veranschlagung und Berechnung, nebst Tagelohn- und Zins-Tabellen. 2., gänzlich umgearb. Aufl. gr. 16. (VIII und 119 S.) Berlin 853, K. Wiegandt. *

—— dass. — II. (Thl.) 2., umgearb. Aufl. A. u. d. T.: Zeiger in der Münz-, Maass- und Gewichtskunde. Verzeichniss sämmtlicher Münzen, Maasse und Gewichte der wichtigsten europ. und aussereurop. Länder nach dem Alphabet der Münzen geordnet, und mit den preuss. etc. Münzen etc. verglichen. gr. 16. (V und 267 S.) Ebds. 855. *

— Vademecum des praktischen Baumeisters, sämmtlicher Baugewerksmeister und Techniker. I. Enthaltd. in alphabet. Ordnung die während der Bau-Praxis unentbehrlichen Notizen und Tabellen, überhaupt die Hülfsmittel zu schneller Anordnung, Veranschlagung und Berechnung, nebst Tagelohn- und Zins-Tabellen. 2., gänzlich umgearb. Aufl. 853. (VIII, 134 S.) — 3. etc. Aufl. Ebend. 858. gr. 16. (VIII, 119 S.) n. 15 ngr.

Hoffmann, Ludw., Vademecum des praktischen Baumeisters, sämmtlicher Baugewerkmeister u. Techniker. Berlin, Bosselmann. (Wiegandt & Hempel.) gr. 16.
II.: Zeiger in der Münz-, Maass- u. Gewichtskunde. Verzeichniss sämmtlicher Münzen, Maasse u. Gewichte der wichtigsten europäischen u. aussereuropäischen Länder nach dem Alphabet der Münzen, Maasse u. Gewichte geordnet, u. mit den preussischen zum Theil auch französischen u. englischen Münzen, Maassen u. Gewichten verglichen. 3. gänzlich umgearb. Aufl. 859 (284 S.) n. 20 ngr.
III. Vademecum für den Techniker. Die mathematischen Berechnungen nothwendiger Formeln aus der Arithmetik, der Geometrie, der Trigonometrie etc.; ferner eine Sammlung von zahlreichen Differenzial- u. Integralformeln etc. Alphabetisch geordnet. Mit 111 Holzschnitten. 860. (VII, 416 S.) n. 1 ℔ 15 ngr.

Hoffmann, Ludw., Vademecum des praktischen Baumeisters, sämmtlicher Baugewerkmeister und Techniker. I. Enth. in alphabet. Ordnung die während der Bau-Praxis unentbehrl. Notizen und Tab., überhaupt die Hülfsmittel zu schneller Anordnung, Veranschlagung und Berechnung. 4., gänzlich umgearb. Aufl. Hrsg. von Emil Hoffmann und Adf. Lämmerhirt. 8. (VIII, 102 S. mit eingedr. Holzschn.) Berlin 868, Wiegandt, Hempel und Parey. *

— die staatsbürgerl. Verhältnisse d. Juden in d. gesammten königl. Preuß. Staaten. gr. 8. Berl. 829. Petri. 1 ℔

—— öffentl. Verhandlungen geg. D. Wirth 2c. 2c., s. Verhandlungen.

Hoffmann, Ludw., welche Züchtungsgrundsätze lassen sich aus d. Einrichtungen zur Förderung der Tierzüchtung in England feststellen?, s.a. Arbeiten d. deutsch. Gesellsch. f. Züchtungskunde.

Hoffmann, Ludwig: Welche Züchtungsgrundsätze lassen sich aus den Einrichtungen zur Förderung der Tierzüchtung in England feststellen? Heide i.H. 1909. IV, 150 S. 8° ¶ (Ersch. auch als: Arbeiten d. dtsch. Gesellsch. f. Züchtungskunde. H. 4.)
Gießen, Phil. Diss. v. 21. Okt. 1909, Ref. Gisevius
[Geb. 24. März 81 Holgüll; Wohnort: Gießen; Staatsangeh.: Hessen; Vorbildung: Realgymn. Gießen Reife M. 01; Studium: Leipzig 3, Gießen 3 S.; Rig. 19. Dez. 08.] [U 10. 1281

— mathematisches Wörterbuch. Alphabetische Zusammenstellung sämmtlicher in die mathemat. Wissenschaften gehörender Gegenstände in erklärenden und beweisenden synthetisch u. analytisch bearb. Abhandlungen. 1—7. Lief. Ebend. 857, 58. gr. 8. (1. Bd.: 2 Bl., 455 S.; 2. Bd.: S. 1—80 m. Holzschn. im Text.) Jede Liefg. n. 20 ngr.

— mathematisches Wörterbuch. Alphabetische Zusammenstellung sämmtlicher in die mathematischen Wissenschaften gehörender Gegenstände in erklärenden u. beweisenden synthetisch u. analytisch bearb. Abhandlungen. 8—19. Liefg. Ebend. 859—62. gr. 8. (2. Bd. S. 81—342; 3. Bd.: 398 S.; 4 Bd.: 320 S. m. Holzschn.) Jede Liefg. n. 20 ngr.

—— mathematisches Wörterbuch. Alphabetische Zusammenstellung sämmtl. in die mathemat. Wissenschaften gehör. Gegenstände in erklär. und beweis. synthetisch und analytisch bearb. Abhandlungen. Fortgesetzt von L. Natani. 19.—46. (Schluss-)Lfg. gr. 8. (4. Bd. S. 241—344, 5. Bd. 813 S., 6. Bd. 734 S., 7. Bd. III und 528 S., mit eingedr. Holzschn.) Berlin 862—67, Wiegandt und Hempel. *
1.—18. Lfg. [Ebendas.] 1857—62. * 12 Thlr.

Hoffmann, Ludwig. Als die Inaug.-Schrift vertretend wurde angenommen des Verf. Druckschrift: Censur und Pressfreiheit historisch-philosophisch bearbeitet. Th. 1. Geschichte der Büchercensur. [Mehr nicht ersch.] Berlin: N. Berl. Buchhdlg (Leipzig: Gräff in Komm.) 1819. VIII, 312 S. 8°
[Halle-Wittenberg, Phil. Diss. v. 9. Dez. 1818]
Geb. [Berlin 12. 3. 1793]
Verf. hatte außerdem eingereicht: * Specimen de famosis libellis. 11 S. 8° (4°). Er wurde ohne Rigorosum promoviert.

— Censur- u. Preßfreiheit, histor.-philosoph. bearbeitet. 1r Thl. Auch u. d. T.: Geschichte der Büchercensur. gr. 8. Berl. 819. Petri. 1 ℔ 12 gr.

Hoffmann, Lud(ovicus) Godofr(edus): De anthrace. Halae (1820): Orphanotropheum. 52 S. 8°
Halle-Wittenberg, Med. Diss., nachgeliefert nach Verteidigung der Thesen am 18. Sept. 1820
Geb. Bernburg (Anhalt) 17. 3. 1798. V.

Hoffmann, M., s.: Apparate u. Transportwagen zur Verwertung u. Beseitigung v. Tierkadavern u. Schlachthofskonfiskaten.

Hoffmann, M., Berg- und Stadtschreiber zu Clausthal: seine Zeit und seine Stiftung. Clausthal, 1879.

Hoffmann, M.: Die Eisenbahnen zum Truppentransport. Basel 1868. 8°.

Hoffmann, M., fröhliche Feste! Neues Glückwunschbuch f. Jung u. Alt, enth. Glückwünsche zu allen festl. Gelegenheiten, als: Neujahrs-, Geburts- u. Namenstage, Hochzeiten, Kindtaufen, Jubiläen 2c. 8. (94 S.) Köln 890. Büttmann. n. — 50

Hoffmann, M., fröhliche Feste. Neues Glückwunschbuch f. Jung u. Alt, enth. Glückwünsche zu allen festl. Gelegenheiten, als: Neujahrs-, Geburts- u. Namenstage, Hochzeiten, Kindtaufen, Jubiläen ꝛc. 3. Aufl. 8. (94 S.) Köln 893. J. Blittmann n. — 50

Hoffmann, M., Flitterwochen, s.: Schweikart, B.

Hoffmann, M., die offizinellen Gewächse der preussischen Pharmacopöe für Mediciner, Pharmaceuten und Droguisten bildlich dargestellt und beschrieben. 1.—3. Lfg. gr. 8. (à 6 ill. Kpfrt. und 12 S. Text.) Jena 863,64, Mauke. à Lfg. 7½ Ngr.

Hoffmann, M., s. Haußmann, neue Verfahrungsart.

Hoffmann, M. (Hrsg.), s. Hefte, Ökonomische.

Hoffmann, M., Heimatkunde d. Prov. Ostpreußen. Nach d. Landschaftsprinzip dargestellt. (52 S.) 8. Halle 906. H. Schroedel. nn — 50·

Hoffmann, M., geographische Länder-Fibel, m. Text in Versen u. 16 Karten neu bearb. (173 S.) 8. Leipzig 904. Modernes Verlagsbureau. n. 2. 40

Hoffmann, M. Geographische Länder-Fibel mit Text in Versen und 16 [*d. i.* 15] Karten, neu bearb. von [Frau? Frl.?] M. H'. 174 S. 8. Leipzig, Curt Wigand, 1904. [M. 2. 40]
Darin S. 87—94: Die Schweiz. [Mit Karte.]

Hoffmann, M.: Der Lehr- und Unterrichts plan der Realschule zu Greiz. Greiz 1867.
Schul-/Univ.-Schrift

Hoffmann, M., psychologisches Lesebuch. gr. 8. (64 S.) Wien 902. A. Hölder. n. 1.—

—— Mädchen-Philosophie auf der Hochschule des Lebens, } s. Schweikart, B.
der Militär-Dienst im deutschen Landheer u. in der Marine. Ein Handbuch f. jeden Militärpflichtigen. 8. (VIII, 124 S.) Ebd. 889. 1. 50

Hoffmann, M., der Seelenfriede, s.: Chaignon.

Hoffmann, M., Die ethische Terminologie bei Homer, Hesiod und den alten Elegikern u. Jambographen. Diss. 1914. IV, 103 S. 4.—

Versuch einer staatsrechtl. Theorie von d. deutschen Reichskreisen überhaupt u. dem schwäbischen insbesond. (v. M. Hoffmann.) 2 Thle. *Kempten*, (Köhler in *Leipzig*. 787—98.) gr. 8. (3 Thl.)

(*Eb.*) (Anh.) Vers. e. Theorie v. d. innern Collegialverfass. d. Schwäb. Reichsgrafenstandes. *Eb.* 788. 8. (8 Gr.)

Hoffmann, M., neue Zinstabellen. Einfache Berechnung der Zinse von 5 Kreuzer bis 100,000 Gulden bei jedem Zinsfuß u. von 1 Tag bis zu 1 Jahr. Nebst einer Vergleichungstabelle der Rheinländischen u. Oesterreichischen Gulden, Preußischen Thaler u. Franken (in Fol.). Tuttlingen 861. Kling. 4. (8 S.) 6 ngr.

Hoffmann, M., praktische Zins-Tabellen f. alle Fälle, sowohl f. alle Capital-Größen, Zinsfüße u. alle Tage, als auch f. alle Münz-Systeme; nebst e. Zeit-, e. Münz- u. e. Decimalbruch-Umwandlungs-Tab., sowie e. Provisions-, Sconto- od. Rabatt-Tab. u. e. kurzen Belehrg. qu. gr. 8. (IV, 124 S.) Tuttlingen 873. Kling. 2. 40; geb. 3. —

— dasselbe. Neue wohlf. Ausg. qu. 4. (IV, 124 S.) Ebend. 876. n. 1. 50; geb. n 2. —

Hoffmann, M., praktische Zins-Tabellen f. alle Fälle, sowohl f. alle Capitalgrößen, Zinsfüße u. alle Tage, als auch f. alle Münz-Systeme; nebst e. Zeit-, e. Münz- u. e. Decimalbruch-Umwandlungs-Tabelle, sowie e. Provisions-, Sconto- od. Rabatt-Tabelle u. e. kurzen Belehrg. 2. (Titel-)Aufl. qu. gr. 8. (II, 124 S.) Luzern 891. Schweizer. Verlags-Anstalt. n. 2.—; geb. in Leinw. 3. —

Hoffmann, M [Conrad]. Zur Analyse von Niederen Molybdänoxydverbindungen und Beiträge zur Chemie der Salze derselben. Diss. Phil. Bern ... von M. K. Hoffmann.... 43 S. 8. Leipzig, Gustav Fock, 1903.

Hoffmann, M. D., Rabboth Machschawoth, enth. biblisch-talmud. Exegesen, Richtigstellg. u. Erläuterg. dunkler Partien im Talmud u. Midrasch. I. u. II. Bd. (In hebr. Sprache.) gr. 8. (VI, 160 u. II, 160 S.) Wien 893. (Ch. D. Lippe.) à n. 2. —

HOFFMANN, M. Gottfr. (geb. 5. Dez. 1658 zu Plagwitz bei Löwenberg, besuchte die Schule in Lauban und Zittau, wo er Christian Weise's Amanuensis war, studierte bis 1688 in Leipzig, dann Konrektor und 1695 Rektor in Lauban. 1708 in Zittau, wo er am 1. Octob. 1712 starb. — Goedeke III, 293, 32, wo aber die hier aufgeführten Schriften fehlen). —

— — Denck-Zettel, Drey, auf welchen eine Warnung für die Wollust, Trunckenheit und Spiel-Sucht ertheilet ist. Zittau, Dav. Richter, 1709. 4⁰. 3 Bogen.
Cat. Meissner II.

— — Erster—Sechzehnter Denck-Zettel .... der studirenden Jugend in dem Zittauischen Gymnasio bey dem Gebrauche des H. Abendmahls.... überreichet von M. *Gottfried Hoffmann*, R(ector). Zittau, druckts Michael Hartmann. Zufinden bey Joh. Jac. Schöpsen, Buchhändl. 1709—12. (16 Predigten in 1 vol.) 4⁰. (In Dresden: Theol. evang. mor. 29 m; sehr schönes breitrand. Expl.)
So cplt. rar! — 131 fortlaufend gez. S. (incl. 16 Sondertiteln). — Enth. Warnung vor der Jugend-Sünde der fleischlichen Wollust (S. 1—8), Trunckenheit u. Sauff-Sucht (S. 9—16), Spiel-Sucht (S. 17—24), Müssiggang u. Faulheit, Verwahrung vor der leiblichen Pest, Hochmuth u. Ehrgeiz, Eigen-Sinn u. Hartnäckigkeit, Splitter-Richten u. Verleumdung, Verschwendung, Zeit-Verderb (= Verlust), Gewohnheit zu Lügen, Entheiligung der Gotteshäuser, Verderb der Leibes- u. Gemüthskräfte, Menschen-Gefälligkeit (Liebedienerei u. Kriecherei), Scherzsucht u. Possenreissen, Neid u. Schadenfreude. — Die meisten „Denck-Zettel" haben am Schluss moralisirende Verse.

— — Denckzettel von der Jugend-Sünde der fleischlichen Wollust. Zittau 1709. 4⁰.
Bibl. Val. Ern. Loescheri, I. Dresd. & Lips. 1750. p. 574.

§ — — Schrifften, Kleine Teutsche, von Erziehung der Jugend. Ebd. 1720. 8⁰. Rar! (In Dresden: Paedagog. 825.)

— — Unterricht, wie sich die Jugend wider die Wollust u. andere Untugend verwahren soll. Zittau, Dav. Richter, 1711. 12⁰. Rar!
Bibl. J. A. Fabricii I. Hbg. 1738. p. 238; Bibl. Schadeloock. I. 2. p. 132. Verleger genannt im Frf. u. Lpz. O. M. V. 1711. G 4b.

Hoffmann, M. K. [aus Leipzig]: Zur Analyse von niederen Molybdänoxydverbindungen und Beiträge zur Chemie der Salze derselben. Leipzig 1903. 42 S. 8⁰.
Bern. Phil. Diss. 1902/1903.

Hoffmann, M. K., Lexikon d. anorganischen Verbindgn. Hrsg. m. Unterstützg. d. königl. sächs. Ministeriums des Kultus u. öffentl. Unterrichts, der königl. preuss. Akademie der Wissenschaften u. der königl. sächs. Gesellschaft der Wissenschaften. Mit e. Rechentaf. v. A. Thiel. (In deutscher, engl., französ. u. italien. Sprache.) 1. u. 3. Bd. Lex. 8. Leipzig 910. J. A. Barth. 8. —

1. Einleitg. etc., Tl. I—V. Wasserstoff bis Bor, Nr. 1—55. (XII, 80 S.) 4. —
3. Rechentafel, Register etc., Tl. XIII—XVI. (III, 72 S.) 4. —

Hoffmann, M. Willibald [aus Potsdam]: Ueber Entladungsstrahlen und einige Beziehungen derselben zu den Kathodenstrahlen und Röntgenstrahlen ... Leipzig, J. A. Barth, 1896; 35 S. 8.
Erlangen, Phil. Fak., Inaug.-Diss. v. 29. Juli 1896

Hoffmann, Maria Anna, Kochbuch f. den bürgerlichen Haushalt u. den wohlbestellten Gasthof. Gründliche Anleitg. zur Bereitg. schmackhafter Speisen u. Getränke Nebst e. Anh. Der Gemüsegarten. (5. Aufl.) gr. 8. (260 u. XIII S.) Horb a/N. 892. H. Christian. Geb in Leinw. 2. —

Hoffmann, Maria Anna, neues Kochbuch f. den bürgerl. Haushalt u. den wohlbestellten Gasthof. Gründliche Anleitg. zur Bereitg. schmackhafter Speisen u. Getränke. Nebst e. Anh.: Der Gemüsegarten. 6. Aufl. gr. 8. (XVI, 224 S.) Horb (900). P. Christian. Geb. 1.50

— oberschwäbisches Kochbuch f. den bürgerl. Haushalt u. den wohlbestellten Gasthof. Gründliche Anleitg. zur Bereitg. schmackhafter Speisen u. Getränke. Nebst e. Anh.: Der Gemüsegarten. gr. 8. (XVI, 224 S.) Ravensburg (900). H. Kitz. Geb. in Leinw. n. 1.50

Hoffmann, Martin & Joan. Petr. Ludewig. Martini Hoffmanni annales Bambergensis episcopatvs. Ab origine ad an. CIϽIϽC Fide tabularii publica scripti et ex quatuor codicibus manuscriptis emendati continuatique ad an. Ch. CIϽIϽCC e museo Ioan. Petr. Lvdewig [Fortsetzung mit dem besonderen Titel:] Ioann. Petr. Lvdewig ... Bambergensivm episcoporvm novissimi secvli continvatio, ab anno 1600. ad annvm 1718. cvm adnotationibvs [In:] ... Scriptores rervm episcopatvs Bambergensis ... cvra Ioan. Petr. Ludewig ... Francofvrti & Lipsiae anno CIϽIϽCCXVIII [1718].
Titelkupfer. Kop'tit., 256 Sp. + 101 Sp., 24 Taf. in Kupferst. von Joh. Salver. 2°

Hoffmann, Martin, Assistent am „Institut für landwirtschaftl. Pflanzenproduktionslehre" d. Kgl. Universität Breslau: Aus d. chemischen Institut der Universität Breslau: Kondensationen von o-Methylchinaldin mit einigen Aldehyden. Breslau 1905: H. Fleischmann. (53 S.) 8°
Breslau, Phil. Fak., Ref. Ladenburg, Diss. v. 3. Jan. 1905
[Geb. 10. Nov. 77 Dziedlitz, Kreis Bielitz Österr. Schlesien; Heimatsort: Myslowitz O. S.; Staatsangeh.: Preußen; Vorbildung: Realgymn. Tarnowitz Reife O. 97; Studium: Breslau 9 S.; Rig. 21. Dez. 04.]

Hoffmann, Martin (geb. Alt-Oels in Schles. 4. 10. 1857): Ueber die Verdaulichkeit des Caseïns aus erhitzter Milch. Berlin (1881). (32 S.) 8°
Berlin, Med. Diss. v. 23. Dez. 1881

(**Hoffmann, Matth.**): Entwickelung der Hauptbegriffe der Lehre von der Grundherrschaft, den Zwischenregierungs-, Staats- und Wahlcapitulationsrechten d. teutschen Domcapitel. *Kempten.* 790. 8.

Hoffmann, Matth., s. Versuch e. Theorie v. Reichskreisen.

Hoffmann. Matt. (geb. Sept. 1800): De febre puerperali. (Berolini 1823.) (32 S.) 8°
Berlin, Med. Diss. v. 16. Dez. 1823

Hoffmann, Maurus, von der Kunst des ästhetischen Geniessens. gr. 8. (45 S.) Mähr.-Ostrau 887, Wattolik. *

Hoffmann, M., Leitfaden der Aesthetik. Zum Schulgebrauch u. zur Selbstbelehrg. gr. 8. (VII, 90 S. m. Fig.) Wien 891. Perles. n. 2. —

Hoffmann, Maurus, Leitfaden der Aesthetik f. den Schul- u. Selbstunterricht. 2. (Titel-)Ausg. gr. 8. (VII, 90 S. m. 15 Fig.) Wien 894. Bermann & Altmann. Geb. in Leinw. n. 1.80

Hoffmann, Maurus, Leitfaden der Aesthetik. Zum Schul- u. Selbstunterricht. 3. Ausg. gr. 8. (VII, 90 S.) Wien 901. A. Hölder. n. 1.60

Hoffmann, Max. Abriss der brandenburgisch-preussischen Geschichte. s.: Dietsch, Rud

Hoffmann, Max [aus Tapiau]: Über die Allegorie in Spensers Faerie Queene .... Gleiwitz O.-S., gedr. in Neumann's Stadtbuchdr., 1887; 2 Bl. + 44 S. + 1 Bl. 4°.
Königsberg, Phil. Fak., Inaug.-Diss. v. 18. Jul. 1887.

Hoffmann, M. Ueber die Allegorie in Spensers Faerie Queene. Diss. Königsberg 1887, u. Gleiwitz, O. R., 1888. 44 S. 4. Progr.

Hoffmann, M., über die Allegorien in Spenser's Faerie Queene. Inaug.-Diss. gr. 4. (44 S.) Gleiwitz 887. (Leipzig, Fock.) n. 1.50

Hoffmann, Max, Auszug aus d. alten, mittleren u. neueren Geschichte, s.: Plötz, Karl.

Hoffmann, M., die Bakterien, s.a. Landmann's, des, Winterabende. 62. Bdchn.

Hoffmann, Max, Bakterien u. Hefen in der Praxis des Landwirtschaftsbetriebes. gr. 8. (VI, 120 S. m. Abbildgn.) Berlin 899. P. Parey. n. 3. —

Hoffmann, Max von, a. Baden-Baden: Ein Beitrag zur Kasuistik der doppelseitigen Netzhautgliome mit Knochenbildung. Würzburg 1906: A. Borst. (22 S.) 8°
Würzburg, Med. Fak., Ref. Heß, Diss. v. 19. April 1906
[Geb. 5. Sept. 80 Baden-Baden; Wohnort: Stuttgart; Staatsangeh.: Baden; Vorbildung: Gymn. Baden-Baden Reife Juli 99; Studium: München 2, Freiburg i. B. 2, Würzburg 6 S.; Coll. 14. März 06; Approb. 22. Febr. 05.]

Hoffmann, Max (I.), de Viriathi Numantinorumque bello. gr. 8. (74 S.) Berlin 865, Weidmann'sche Buchh. *

Hoffmann, Max, Referendar: Das Bergregal im Sachsenspiegel. Neisse 1909: Bär. VIII, 45 S. 8°
Breslau, Jur. Diss. v. 14. Sept. 1909, Ref. Meyer, Dahn
[Geb. 16. Okt. 84 Gallenau; Wohnort: Neiße; Staatsangeh.: Preußen; Vorbildung: Gymn. Neiße Reife O. 03; Studium: München 1, Breslau 5 S.; Rig. 11. Jan. 09.]
[U 10. 497

Hoffmann, Max, s.a. Böckh, Aug., u. Ludolf Dissen, Briefwechsel.

Hoffmann, Max, August Böckh. Lebensbeschreibung u. Auswahl aus seinem wissenschaftl. Briefwechsel. gr. 8. (VIII, 483 S. m. 1 Bildnis.) Leipzig 901. B. G. Teubner. n. 12. —

Hoffmann, Max, Chronik der Stadt Lübeck. Mit 2 Taf. u. Stadtplan. (III, 59 S.) gr. 8. Lübeck 908. Lübcke & Nöhring. Geb. in Leinw. 1.80; auf Bütten, geb. in Perg. n 5. —

Hoffmann, Max [Dr.]: Der Codex Mediceus Pl. XXXIX N. 1 des Vergilius. Leipzig, Druck v. Breitkopf & Härtel, 1889; XX, 36 S. 4°
Pforta, k. Landes-S, OP 1889 (233)

Hoffmann, Max (II.). Der Codex Mediceus pl. XXXIX n. 1 d. Vergilius. gr. 4. (XX, 36 S.) Berl. 889, Weidmann. * 3 —

Hoffmann, Max, Prof. Dr.: Der **Codex** Mediceus Pl. XXXIX N. 1 des Vergilius. T. 2. *Leipzig 1901: Breitkopf & Härtel.* (VIII, 56 S.) 4° ¶(Forts. d. P-Beil. 1889.)
Pforta, k. Landes-S, P 1901 (264)

— **der Codex Mediceus pl. XXXIX u. 1 des Vergilius. 2. Tl. Progr. gr. 4. (VIII, 56 S.) Leipzig 901. (Berlin, Weidmann.) n. 3. 60**
1. Tl. Ebd. 889. n. 3. —.

Hoffmann, *Caspar Armin Gottfried* Max [pr. Arzt]: Ueber Darminvagination. . . . Greifswald, Druck v. J. Abel, 1890; 21 S. 8°
Greifswald, Med. Fak., Inaug.-Diss. v. 20 Dez. 1890

— **die heutige Düngerfrage, s.: Arbeiten der deutschen Landwirtschafts-Gesellschaft. 121. Heft.**

— **Düngungsversuche m. Kalk,** s. a. **Arbeiten der deutschen Landwirtschafts-Gesellschaft. 106. Hft.**

Hoffmann, Max: Düngungsversuche mit Kalk. Auf Veranlassung d. Deutschen Landwirtsch.-Gesellsch. . . . zsgest. von Dr. Max Hoffmann-Berlin. Berlin: Deutsche Landwirtsch.-Gesellsch. 1905. (XIV, 276 S.) 8°.
Arbeiten d. Deutschen Landwirtschafts-Gesellschaft. H. 106.

Ecce der Königlichen Landesschule Pforta 1894. 8 (38 S.).
Progr. Kgl. Landessch. *Pforta* 1894.
Allgemeines Ecce gehalten von *Max* Hoffmann. (S. 3–34).
Ansprache *von demselben.* (S. 34–38).

Hoffmann, Max [Prof. Dr.]: Zur Erinnerung an August Böckh. Lübeck, Druck v. Gebr. Borchers, 1894; 1—44 S. 4.
Lübeck, Katharineum, OP 1894 (745)

Hoffmann, Max s. **Familienbibliothek,** Schweizer. Nr. 89. 90.

Hoffmann, Max s. Familienbibliothek, Schweizer. Nr. 115.

Hoffmann, Max, deutsche Fibel, s.: **Elsner, A.**

Hoffmann, Max, Fragen aus der Heimathskunde, ein Leitfaden für Wiederholung des durch Anschauung gewonnenen Materials. 1. Heft. gr. 8. (32 S.) Greiz 868, Bredt. *

Futterfibel. Ein Leitfaden zu d. Futtertafel der D. L. G. Auf Grund d. neuesten Forschungsergebnisse im Auftr. d. Vorstandes der D. L. G. bearb. von Dr. M[ax] **Hoffmann**-Berlin. 1. Aufl. Berlin: Deutsche Landwirtsch.-Ges. 1910. VIII, 104 S. 8°
(Flugschriften d. Deutschen Landwirtschafts-Gesellschaft. H. 12.) [11. 3614

— Zwanzig Gebote d. Kalkdüngung. 5. (erweit.) Aufl. Berl. 1906. 22 S.
(Flugblätter d. deutschen Landw.-Gesellschaft. Blatt 3). 373.

Hoffmann, M., Geschichte der Freien u. Hansestadt Lübeck. 1. Hälfte. Lex.-8. (V, 213 S. m. 1 Taf.) Lübeck 889. Schmersahl. n. 3, 50

— Geschichte der freien u. Hansestadt Lübeck. 2. Hälfte m. e. Auswahl lübeck. Münzen, beschrieben v. Carl **Curtius.** gr. 8. (III, 242 S. m. 2 Lichtdr.-Taf.) Lübeck 892. E. Schmersahl. n. 4. — (kplt.: n. 7. 50; geb. in Halbfrz. n. 9. 25)

Hoffmann, Max, Geschichtsbilder aus Leopold v. Rankes Werken, s.: **Ranke, Le. v. v.**

Hoffmann, Max, kleine Grammatik der deutschen Sprache. Ein Uebungsbuch für die Unter- u. Mittelklassen der Realschulen u. Gymnasien. 1. Heft: Buchstaben, Silben, Wörter. Greiz 864. Bredt. gr. 8. (31 S.) n. 5 ngr.

— kleine **Grammatik** der deutschen Sprache. Ein Uebungsbuch für die Unter- u. Mittelklassen der Real-Schulen u. Gymnasien. 2. Heft. Satzlehre. Anh.: Gleich u. ähnlich lautende Wörter, als Material zu orthograph. Uebungen. Ebend. 866. gr. 8. (38 S.) n. 5 ngr.

Hoffmann, M., Grundsätze u. Bedingungen f. die Habilitation als Privatdozent bei den philosophischen Fakultäten der Universitäten des deutschen Reiches. Nach amtl. Unterlagen zusammengestellt u. hrsg. gr. 8. (III, 39 S.) Leipzig-Reudnitz 890. M. Hoffmann. n. 1. —

—— **desgl. — bei den philosophischen Fakultäten. gr. 8. (III, 39 S.) Ebd. 890. * 1 —**

Hoffmann, Max, Grundsätze u. Bedingungen f. die Habilitation als Privatdozent bei den juristischen Fakultäten der Universitäten d. deutschen Reichs. Nach amtl. Unterlagen zusammengestellt u. hrsg. gr. 8. (III, 40 S.) Leipzig-R. 891. M. Hoffmann. n. 1. —

— dasselbe bei den medizinischen Fakultäten. gr. 8. (III, 40 S.) Ebd. 891. n. 1. —

Hoffmann, Max: Gründung der Breslauer Berufsfeuerwehr und d. ersten 50 Jahre ihres Bestehens 1859–1909. Im amtl. Auftr. unter Benutz. amtl. Quellen bearb. von Max Hoffmann, Brandmeister. Breslau (1909): Graß, Barth & Ko. 92 S. 8°.

Hoffmann, Max Über allgemeine Hansetage in Lübeck. 36 S.
Progr. G. *Lübeck* 1881.

Hoffmann, Max, das Heiratshaus, s.: Enslin's Roman- u. Novellenschatz.

Hoffmann, Max, Hochzeitnacht. Geschichten in Moll u. Dur. 8. (419 S.) Breslau 903. Schles. Buchdruckerei usw. **n. 4. — ; geb. n. 5. —**

Max Hoffmann. Hochzeitnacht. Geschichten in Moll u. Dur. *Breslau: S. Schottlaender 1903.* (419 S.) 8° [F.] [03. 4378

Hoffmann, Max: Die Jagd im Rahmen der Volkswirtschaft mit besonderer Berücksichtigung der Staats- und Gemeindereviere Preussens. Elberfeld [1909]: Langewiesche. X, 95 S. 4°
Tübingen, Staatswiss. Diss. v. 25. Okt. 1909, Ref. Fuchs
[Geb. 17. Dez. 79 Barmen; Wohnort: Barmen; Staatsangeh.: Preußen; Vorbildung: Realgymn. Barmen bis Obersek.; Studium: Hann.-Münden Forstakad. 5, Göttingen 2, Tübingen 4 S.; Rig. 24. Febr. 09.] [U 10. 4212

— **s.: Jahres-Bericht üb. d. Erfahrgn. u. Fortschritte auf d. Gesamtgebiete d. Landwirtschaft.**

— **s.: Jahres-Bericht üb. usw. Landwirtschaft.**

— **die Kalisalze, s.: Maercker, M.**

Hoffmann, Max, appr. Arzt a. Loewen in Schlesien: Ueber Carcinom der Mammilla. München 1905: C. Wolf & Sohn. (58 S.) 8°
München, Med. Fak., Ref. v. Angerer, Diss. v. 7. Juli 1905
[Geb. 26. März 77 Loewen, Schlesien; Wohnort: Loewen; Staatsangeh.: Preußen; Vorbildung: Gymn. Liegnitz Reife O. 98; Studium: München 9 S.; Coll. 8. März 05; Approb. 20. Nov. 03.]

HOFFMANN, Max (München): Zur Kasuistik der Schädeltumoren im Kindesalter. (Titel nach der Urkunde)
25.7.1891 – Urk; Chr 1891/92,25
Diss. Ingolst.-Landsh.-Mchn.

Hoffmann, Max [aus Greiz R. j.]: Zur Kenntnis der Pseudothioharnstoffe ... Berlin, Druck v. A. Ostrowski, 1893; 34 S., 1 Bl. 8.
Berlin, Phil. Fak., Inaug.-Diss. v. 5. Juli 1893

-- Im Korallenmeer, s.: Enslin's Roman- u. Novellenschatz.

Hoffmann M.: Latrine, Müll u. Wasen. Bearb. im Auftrage d. Dünger-Abteilung ... Berl. 1907. 48 S. Fig.
(Flugblätter d. deutschen Landw.-Gesellschaft. Blatt 6). 371.

Hoffmann, Max: L a t r i n e , Müll und Wasen. Bearb. von Dr. Max Hoffmann- Berlin. Mit 23 Abb. 3. Aufl. Berlin: Deutsche Landwirtsch. Ges. 1910. 59 S. 8°.
(Flugschriften d. Deutschen Landwirtschafts-Gesellschaft. H.6.)

Hoffmann, Max, irdische Lieder. 12. (VII, 163 S.) Großenhain 891. Baumert & Ronge. n. 1. 50

Hoffmann, Max, Freie u. Hansestadt Lübeck, s.: Landes- u. Provinzialgeschichten.

Hoffmann, Max: M e l a s s e , Futterkalk und Salz. Bearb. von Dr. Max Hoffmann- Berlin. 3. Aufl. Berlin: Deutsche Landwirtsch.-Ges. 1910. 32 S. 8°. (Umschlagt.).
Flugschriften d. Deutschen Landwirtschafts-Gesellschaft. H. 10.

—— Der Militär-Dienst im deutschen Landheer u. in der Marine. Ein Handbuch f. jeden Militärpflichtigen, insbesondere f. Einjährig-Freiwillige, Volksschullehrer rc. 8. (VIII, 124 S.) Ebd. 889. 1 50

v. Hoffmann, die Militärhoheit üb. das deutsche Landheer in geschichtl. Entwicklung. Diss. Göttingen 900.

Hoffmann, Max [Cand. med.]: Eine Mischgeschwulst des harten Gaumens. Ein Beitrag zur Lehre von den Drüsen-Enchondromen. ... (Aus: v. Langenbeck's Arch. Bd. XXXVIII. H. 1. Berlin, gedr. bei L. Schumacher, 1888; 1 Bl. + 33 S. 8°
Jena, Med. Fak., Inaug.-Diss. v. (19. Jan.) 1888

Hoffmann, Max, approb. Arzt aus Zaborze: Aus d. Ohrenabt. d. Kgl. Universitätspoliklinik. ⟨Docent Dr. Haug.⟩ **Mißbildungen des äußeren Ohres.** *Kattowitz [1902]: Gebr. Böhm.* (21 S.) 8°
München, Med. Diss. v. 1902

Hoffmann, Max, Morgenstimmen u. anderes. 8. (V, 158 S. m. Bildnis.) München 893. Dr. E. Albert & Co., Sep.-Cto. n. 3. —; geb. n. 4. —

Hoffmann, Max [aus Jätzdorf in Schlesien]: Vergleichende Morphologie und Anatomie von Sambucus nigr. L. Sambucus racemosa L. und Sambucus Ebulus L. . . . Würzburg, Druck d. Ferdinand Röhrl'schen Buchdr., 1889; 63 S. 8°
Freiburg i. B., Phil. Fak., Inaug.-Diss. v. 1889

H[offmann], M[ax]: [Zweiter Nachtrag zum Pförtner Stammbuch 1543—1893.] *(Naumburg a. S. 1898: Lippert & C.)* (24 S.) 8° ¶ [Nachtrag zu: Max Hoffmann, Pförtner Stammbuch 1543—1893 z. 350jährigen Stiftungsfeier d. kgl. Landesschule Pforta herausgegeben. Berlin 1893. — Nachtrag [1] erschien Berlin 1894.] [Kopft.]
Pforta, k. Landes-S, P 1898 (255)**

Hoffmann, Max, s.: Pförtner-Stammbuch.

Hoffmann, Max, das Problem, s.a. Kürschner's, Jos., Bücherschatz.

Das Problem. Originalroman von Max **Hoffmann**. Mit Ill. von W. Roegge. Berlin, Eisenach, Leipzig: H. Hillger [1906]. (110 S.) 8° [F.]
— Bücherschatz, Kürschners. No 491. [07. 13309]

Hoffmann, [Max]: [Aus der Rede zur Feier des 100jährigen Todestages Klopstocks.] S. XXI—XXIII. 4.
Progr. Kgl. Landesschule *Pforta* 1902 (287).

Hoffmann, [Maximilian], Prof., Dr.: [R e d e zur Feier des 100jähr. Todestages Klopstocks.] Naumburg a. S. 1903: H. Sieling. (S. XXI—XXIII.) 4°
Pforta, k. Landes-S., P. 1903 (287)

— Satzungen u. Bedingungen f. die Erwerbung des Doktorgrades bei den juristischen Fakultäten der Universitäten d. deutschen Reiches. Nebst e. Anh., enth. die Promotionsordngn. der staatswirtschaftl. Fakultät München u. der staatswissenschaftlichen Fakultät Tübingen. Nach amtl. Unterlagen zusammengestellt u. hrsg. gr. 8. (III, 44 S.) Ebd. 889. n. 1. —

— dasselbe bei den medizinischen Fakultäten der Universitäten d. deutschen Reiches. Nach amtl. Unterlagen zusammengestellt u. hrsg. gr. 8. (III, 35 S.) Ebd. 889. n. 1. —

— dasselbe bei den philosophischen Fakultäten der Universitäten d. deutschen Reiches. Nebst e. Anh., enth. die Promotionsordngn. der mathemat. u. naturwissenschaftl. Fakultät Strassburg u. der naturwissenschaftl. Fakultät Tübingen. Nach amtl. Unterlagen zusammengestellt u. hrsg. gr. 8. (III, 60 S.) Ebd. 889. n. 1. —

Hoffmann, Max, neueste Satzgn. u. Bedinggn. f. d. Erwerbg. d. Doktorgrades bei d. medizinischen Fakultäten d. deutschen Universitäten. Nach amtl. Unterlagen zusammengest. u. hrsg. Neueste verb. Aufl. gr. 8. (III, 37 S.) Ebd. 897. n. 1. —

Hoffmann, Max, neueste Satzgn. u. Bedingn. f. d. Erwerbg. des Doktorgrades bei d. juristischen Fakultäten d. deutschen Universitäten. Als Anh. d. Promotionsordngn. d. staatswirtschaftl. Fakultät München u. d. staatswissenschaftl. Fakultät Tübingen. N. amtl. Unterlagen zusammengest. u. hrsg. Neueste verb. Aufl. gr. 8. (III, 45 S.) Leipzig 897. M. Hoffmann. n. 1. —

Neueste Satzungen und Bedingungen für die Erwerbung des Doktorgrades bei den Philosophischen Fakultäten der deutschen Universitäten. Nebst e. Anh. enth. die Promotionsordnungen d. naturw.-math. Fak. Heidelberg, d. math. u. naturw. Fak. Strassburg u. d. naturw. Fak. Tübingen. Nach amtl. Unterlagen zsgest. u. hrsg. von M a x **Hoffmann**. Rev. von Dr. phil. G. R i c h t e r. (2. durchges. u. verb. Aufl.) *Leipzig: M. Hoffmann (1897).* (VII, 67 S.) 8° [03. 4373]

— Der Sohn aus Afrika, s.a. Kürschner's Bücherschatz.

Hoffmann, Max: Der S o h n aus Aufrika. Roman von –. Berlin, Leipzig: Hillger 1909. 112 S. 8°.
(Kürschners Bücherschatz. Nr. 652.)

Hoffmann, Max: Zum Pförtner Stammbuch 1543–1893. 8 (6, 24 S.). **Progr.** Kgl. Landessch. *Pforta* 1894. 1898.
Nicht im Tauschverkehr.

Hoffmann, Max Pförtner Stammbuch 1543 – 1893 zur 350jährigen Stiftungsfeier der Königlichen Landesschule Pforta herausgegeben von M. H. 8 (XV, 564 S.). Berlin, Weidmannsche Buchhandlung 1893. ℳ 10, –.
Nicht im Tauschverkehr.
Progr.

[Hoffmann, Max]: Verzeichnis der von der Kgl. Landesschule Pforta seit 1820 herausgegebenen wissenschaftlichen Abhandlungen. 2 Bl. 4. **Progr.** Kgl. Landesschule *Pforta* 1909 (336).

Hoffmann, Max, Verzeichnis der Sommerfrischen, Kur- u. Badeorte im Harz, s.a. Huch, H. C.

Verzeichnis der Sommerfrischen, Kur- und Badeorte im Harz. Hrsg. im Auftr. d. Harzklubs von dessen beiden Schriftführern H[einrich] C[onrad] **Huch** u. Max **Hoffmann**. 4. verm. u. verb. Aufl. Quedlinburg: H. C. Huch 1907. (72 S.) 8°
[Umschlagt.:] Die Sommerfrischen, Kur- u. Badeorte im Harz zsgst. v. Harzklub. [c8. 1671

Hoffmann, M.: V o r s i c h t beim Ankauf v. Dünge- und Futtermitteln. 10. Aufl. Berlin 1907. 34 S.
(Flugblätter d. deutschen Landwirtschafts-Gesellschaft. Blatt 1). 373.

— Was die Liebe kann, s.: **Enßlin's Roman- u. Novellenschatz.**

Hoffmann M, ländliche Wohlfahrt. (16 S) (Sozialer Fortschritt 26) Leipzig 1904

Hoffmann, Max, ländliche Wohlfahrtspflege, s. a. **F o r t s c h r i t t ,** sozialer. Nr. 26.

Hoffmann, Max, Ländliche Wohlfahrtspflege. (Mit Geleitwort von Heinr. Sohnrey.) 8°. Leipzig, F. Dietrich, 1904. (Socialer Fortschritt, Nr. 26.)

Hoffmann, M., ein Wort üb. Nervenleiden u. ihre sichere Heilung. Namentlich üb. die Grundursache v. Hypochondrie, Melancholie, Hysterie, Krämpfe rc. [Auszug aus seinem franz. Werke.] gr. 16. (22 S.) Leipzig 848, Matthes. n. 6 ngr.

Hoffmann, Max., ein Wort über Nervenleiden und ihre sichere Heilung, namentlich über die Grundursache von Hypochondrie, Melancholie, Hysterie rc. Auszug aus einem französischen Werke. 2. Aufl. Leipzig (855.) Matthes. gr. 8. (1 Bl., 29 S.) 7½ ngr.

— Mittlere Zusammensetzung der gebräuchlichsten Wirtschaftsfutterstoffe u. Handels-(Kraft-)Futtermittel, s.a. **A r b e i t e n der deutschen Landwirtschafts-Gesellschaft.**

Hoffmann, Max: Mittlere Z u s a m m e n s e t z u n g der gebrächlichsten Wirtschaftsfutterstoffe und Handels-Kraft-Futtermittel. Auf Grund d. neueren Forschungsergebnisse von Prof. Dr. Kellner-Möckern entworfen von Dr. Max Hoffmann-Berlin . . . Fütterungsnormen f. d. einzelnen Nutzviehgattungen pro Tag u. 1000 kg Lebendgewicht. Berlin: Parey 1909. 1 Bl. 115×78 cm.
(Arbeiten d. Deutschen Landwirtschafts-Gesellschaft .153.)

— Mittlere Zusammensetzung der wichtigsten Wirtschaftsdünger u. Handelsdünger, s.a. **A r b e i t e n d. deutsch. Landwirtschafts-Gesellschaft.**

Hoffmann, Max: Mittlere Z u s a m m e n s e t z u n g der wichtigsten Wirtschaftsdünger (und Handelsdünger) an Kernnährstoffen Stickstoff. . . in 1000 kg. (Auf Grund d. neueren Forschungsergebnisse) entworfen von Dr. Max Hoffmann-Berlin. 2. Aufl. (Berlin: Deutsche Landwirtsch.-Gesellsch. 1909.) 1 Bl. 94 68 cm.
(Arbeiten d. Deutschen Landwirtschafts-Gesellschaft. H. 160.)

Mittlere Zusammensetzung der wichtigsten Wirtschaftsdünger und Handelsdünger. Auf Grund d. neueren Forschungsergebnisse entworfen von Dr. M[ax] **Hoffmann**-Berlin. 2. (3.) Aufl. Berlin: Deutsche Landwirtsch.-Gesellsch. 1910. 102×76 cm. 8° [Umschlagt.]
(Arbeiten d. Deutschen Landwirtschafts-Gesellschaft. 160.) [11. 13957 11

Hoffmann, Maximilian, s.a. H o f f m a n n , Max.

Hoffmann, Maximilianus [Sedinensis] : Index grammaticus ad Africae Provinciarum Tripolitanae, Byzacenae Proconsularis titulos latinos. Argentorati apud Carolum I. Truebner, 1878. 8°. 166 S.

Hoffmann, Maximilianus, Meiningensis: De ratione quae inter glossas graecolatinas et grammaticorum latinorum scripta intercedat. Jena 1907: G. Neuenhahn. (52 S.) 8°
Jena, Phil. Fak., Ref. Goetz, Diss. v. 19. Nov. 1907
[Geb. 22. Okt. 83 Camburg; Wohnort: Meiningen; Staatsangeh.: Sachsen-Meiningen; Vorbildung: Gymn. Eisenberg Reife O. 02; Studium: Jena 3, Berlin 2, Jena 3 S.; Rig. 29. Juni 07.]

Hoffmann, Meinhard, über die Einwirkung von Phosphorpentachlorid auf substituirte Amide einbasischer Säuren. Inaugural-Dissertation. gr. 8. (72 S.) Wiesbaden 876. (Göttingen, Vandenhoeck & Ruprecht.) n. 1. 60

Hoffmann, Michael, appr. Arzt a. Berlin: Über Veränderungen des Magen-Darmkanales bei Leukämie und Pseudoleukämie. Halle a. S. 1905: C. A. Kaemmerer & Co. (41 S.) 8°
Halle, Med. Fak., Ref. Eberth, Diss. v. 28. Juni 1905
[Geb. 19. Nov. 81 Berlin; Wohnort: Berlin; Staatsangeh.: Preußen; Vorbildung: Gymn. Berlin Reife O. 00; Studium: Berlin 7, Halle 3 S.; Coll. 20. Mai 05; Approb. 1. Juni 05.]

Hoffmann, Michael Max

Hoffmann, Mich. M., s.: A d r o s s e n - B u c h d. Schanklizenzbesitzer etc. v. Ungarn.

Hoffmann, Mich. Max, Spiritus-Schanksteuer- u. Wein-Getränksteuer-Ausrechnungs-, ferner Spiritus-Alkohol-, Traubenmaische- u. Weinmost-, wie auch Gebinde-Ausmessung-Umrechnungs-Tabelle. Versehen auch m. der Namensliste der ungarländ. Spiritus-Producenten. (In ungar. u. deutscher Sprache.) (2. Aufl.) 12. (VI, 109 S.) Budapest 894. (C. Grill.) n. 2. 50

— die V e r z e h r u n g s-, Getränke- u. Schanksteuergesetze üb. Spirituosen-Schanksteuer, Wein- u. Bier-Getränkesteuer, Zucker- u. Fleisch-Verzehrungssteuer, ergänzt durch d. v. J. 1883 b. Ende d. J. 1895 erschien. finanzminister. Verordngn. u. Entscheidgn. prinzip. Bedeutg. m. alphabet. Inhaltsverzeichniß u. Kommentar vers., systemat. erläut. u. vers. gr. 8. (XIII, 215 S.) Budapest 896. (M. Ráth.) n. 5. —

Hoffmann, Micheline, s. E. T. A. **Hoffmann, ausgewählte Schriften.**

Hoffmann, Micheline, s. Hoffmann's, E. T. W., erzählende Schriften.

Hoffmann, Mor., Frauenspiegel, Ein Buch f. denk. Frauen. gr. 8. (IV, 142 S.) Leipzig 876. Pönicke. 2.25
Ist e. Titel-Ausg. d. 1873 erschienenen Buches „das Weib u. seine Erziehung."

— Frauenspiegel. Ein Buch f. denkende Frauen. (142 S.) Ebd. 1878.

— Ein Kapitel üb. die Erziehung d. weiblichen Geschlechts. Prämiirte Preisschrift nebst e. Anh.: das Ideal e. Mutter. gr. 8. (59 S.) Gross-Kanizsa 872. Fischel. — 75

Hoffmann, Moriz: Ungarisch-deutsches und Deutsch-ungarisches T a s c h e n w ö r t e r b u c h . M. besond. Berücks. d. österreich. Orthographie . . . von Prof. Moriz Hoffmann. Berlin: Neufeld & Henius 1899. (740, 678 Sp.) 8°.
Nebent.: Magyar-német és Német-magyar Zsebszotar . . . szerkesztette H.M.

Hoffmann, Moriz: Ungarisch-deutsches und deutsch-ungarisches Taschenwörterbuch. Mit besond. Berücks. d. österr. Orthogr. Mit vielen Beispielen u. Redensarten. Für d. Schul-, Comptoir- u. Privatgebr. von Prof. Moriz Hoffmann. 4. Aufl. Berlin: Neufeld & Henius; Budapest: Schenk 1909. VIII S., 739, 678 Sp. 8°.
Nebent.: Magyar-német és nemet-magyar zsebszótár. . . szerkesztette Hoffmann Mór.
(Neufeld's neue fremdsprachliche Taschenwörterbücher. 7.)

Hoffmann, Mor., Ungarisch, s.: Neufeld's Sprachführer.

Hoffmann, Moritz: Das Weib und seine Erziehung. — Leipzig: Poenicke 1873. 142 S. 8°

Hoffmann, Moses, der Geldhandel der deutschen Juden während d. Mittelalters bis z. J. 1350, s.a. Forschungen, staats- u. sozialwissenschaftliche. 152. Heft.

Hoffmann, Moses, Rabbiner: Der Geldhandel der deutschen Juden während des Mittelalters bis zum Jahre 1350. Ein Beitr. z. deutschen Wirtschaftsgeschichte im Mittelalter. ⟨Teildr.⟩ Altenburg, S.-A. 1910: Pierer. 40 S. 8° ¶ (Vollst. als: Staats- u. sozialwiss. Forschungen. H. 152.)
Erlangen, Phil. Diss. v. 27. Okt. 1910, Ref. Beckmann
[Geb. 17. Nov. 73 Berlin; Wohnort: Randegg; Staatsangeh.: Baden; Vorbildung: Gymn. z. grauen Kloster Berlin Reife M. 91; Studium: Berlin 8 S.; Rig. 18 Juli 10.] [U 11. 952

Der Geldhandel der deutschen Juden während des Mittelalters bis zum Jahre 1350. Ein Beitrag z. Wirtschaftsgeschichte im Mittelalter. Von Moses **Hoffmann**, Rabbiner. Leipzig: Duncker & Humblot 1910. IX, 230 S. 8°
(Staats- u. Sozialwissenschaftl. Forschungen. H. 152.) [10. 17857

Hoffmann, N.: Th. M. Dostojewsky. Eine biograph. Studie von –. Mit Bildnis. Berlin: E. Hofmann & Co. 1899. VII, 451 S. 8°

Hoffmann, N., einige Beobachtungen betr. die Functionen der Leber- u. Milzzellen. Inaug.-Diss. gr. 8. (20 S.) Dorpat 890. (Karow.) n. 1. —

Hoffmann, Nicol., Vorlegeblätter z. Unterricht im Schönschreiben. qu. Fol. Neuwied 822. Lichtfers u. F. 7 gl

Hoffmann, Nik. Jos., Frageordnung bei Abnahme der Generalbeichten von Personen weltlichen Standes. 8. (68 S.) Paderborn 879. Bonifacius-Druckerei. — 60

Handbuch für den Geschichtsunterricht in preussischen Volksschulen. E. Hilfsb. f. Lehrer u. Seminaristen v. O. **Hoffmann**, Kgl. Seminarl. (in Rheydt). 7. Aufl. *Langensalza: H. Beyer & Söhne 1897.* (XXII, 488 S.) 1 Bd 8. [97. 4866

Hoffmann, O. Spiritismus u. Naturwissenschaft, s. Flugschriften, spiritistische.

Hoffmann, O. Uebersichtskarte der Königlich Bayerischen Staatseisenbahnen. Nach dem Stande vom 1. Januar 1875. München. 1 Bl. c. I.

Hoffmann, O.: Versuche an Wasserhaltungen, s. Mitteilungen über Forschungsarbeiten.

Hoffmann's, O. G., Musterbriefsteller f. alle Lebensverhältnisse, neu bearb. v. J. Jung. E. allgem. Geschäfts- u. Familien-Briefsteller f. Jedermann. Große vollst. Ausg. m. Anh.: Fremdwörterbuch. Die besten Denksprüche f. Album 2c. gr. 8. (IV, 236 S.) Leipzig 895. G. A. Kaufmann. Kart. n. 1. 60; bill. Ausg. (IV, 204 S.) geh. n. 1. —

Hoffmann's, O. G., Musterbriefsteller f. alle Lebensverhältnisse, neu bearb. v. J. Jung. Ein allgem. Geschäfts- u. Familien-Briefsteller f. Jedermann. Billige Ausg. 8. [Titel-] Aufl. gr. 8. (IV, 204 S.) Leipzig [895.] (902). Dresden, G. A. Kaufmann, Verl. n. 1. —

— dasselbe. Große vollständ. Ausg. m. Anh.: Fremdwörterbuch. Die besten Denksprüche f. Album 2c. 3. [Titel-]Aufl. gr. 8. (IV, 236 S.) Ebd. [895.] (902). Kart. n. 1. 60

— Taschen-Fremdwörterbuch, neu bearb. v. J. Jung. Anh.: Auswahl d. besten Denksprüche f. Album 2c. 32. (119 S.) Ebd. 895. Kart. n. — 50

Hoffmann, Osk., Bezwinger der Natur, s.a. Champion-Romane.

Bezwinger der Natur. Phantasieroman von Oskar **Hoffmann**. 3. Aufl. Berlin & Leipzig: H. Seemann [1908]. 198 S. 8°
(Champion-Romane. Bd 3.) [09. 208

Bezwinger der Natur. Phantasieroman von Oskar **Hoffmann**. 6. Aufl. Berlin & Leipzig: H. Seemann [1908]. 198 S. 8°
(Champion-Romane. Bd 3.) [10. 8236 II

Hoffmann, Osk., der deutsche Brief. Muster-Briefsteller (f. alle Arten Geschäfts- u. Privat-Briefe, Eingaben, Titulaturen 2c.) (Wissen ist Macht!) (104 S.) 8. Hannover (906). W. Ottens. n. 1. —

— Die vierte Dimension, s.a. Champion-Romane.

Die vierte Dimension. Metaphys. Phantasieroman von Oskar **Hoffmann**. 2. Aufl. Berlin & Leipzig: H. Seemann [1909]. 205 S. 8°
(Champion-Romane. Bd 4.) [09. 13397

Hoffmann, Oskar: Erfindungen und Entdeckungen auf allen Gebieten der Wissenschaft und Technik. Leipzig 1910 (7)

Hoffmann, *Otto Gustav Wilhelm*: Erklärungen zu Lykurgs Rede gegen Leokrates, für den Schulgebrauch bestimmt. I. Teil. cap. 1–17. 4 (S. 3–16). II. Teil. cap. 18–37. 4 (S. 3–16).
Progr. G. u. Rprg. *Hamm* 1887 (331). 1889 (338).

Hoffmann, O. [Dr.]: Erklärungen zu Lykurgs Rede gegen Leokrates, für den Schulgebrauch bestimmt. II. Teil. cap. 18–37. Hamm, Grote'sche Buchdr. (Griebsch u. Müller), 1889; S. 3–16; 4°
Hamm, f G, OP 1889 (338)

— Die Eroberung der Luft, s.a. Champion-Romane.

Die Eroberung der Luft. Kulturroman v. J. 1940 von Oskar **Hoffmann**. 3. Aufl. Berlin & Leipzig: H. Seemann [1908]. 230 S. 8°
(Champion-Romane. Bd 2.) [09. 207

Die Eroberung der Luft. Kulturroman v. J. 1940 von Oskar **Hoffmann**. 6. Aufl. Berlin & Leipzig: H. Seemann [1908]. 230 S. 8°
(Champion-Romane. Bd 2.) [10. 8235 II

Die Eroberung der Luft. Kulturroman v. J. 1940 von Oskar **Hoffmann**. 9. bis 13. Aufl. Berlin & Leipzig: Seemann [1910]. 239 S. 8°
(Siesta. 19.) A 12. 1760 II

— dasselbe, s.a. Siesta.

— **Moderne Gelderwerbs-Praxis nach amerikan. Muster. Nebst e. Revue üb. eigenart. u. konkurrenzlose Erwerbssysteme, die e. sichere Einnahme f. Jedermann bilden. (79 S.) 8. Dresden. Leipzig, M. Wendel. 2.50; erh. Pr. 3. —**

— Geographie, s.: Lassig, G. Arno.

— das elektrische Glühlicht, s.: Wagner, Carl.

— Der Goldtrust, s.a. Champion-Romane.

Der Goldtrust. Internat. Finanzroman von Oskar **Hoffmann**. 3. Aufl. Berlin & Leipzig: H. Seemann [1907]. 261 S. 8°
(Champion-Roman [Nr 1.]) [07. 2277 11

Der Goldtrust. Internat. Finanzroman von Oskar **Hoffmann**. 6. Aufl. Berlin & Leipzig: H. Seemann [1907]. 261 S. 8°
(Champion-Romane Bd 1.) [10. 8434 11

Der Goldtrust. Internat. Finanzroman von Oskar **Hoffmann**. 4. Aufl. Berlin & Leipzig: H. Seemann [1908]. 261 S. 8°
(Champion-Roman [Nr 1.]) [08. 206

— Onkel Toms Hütte, s.: Beecher-Stowe, Harriet.

Hoffmann, Osk., Kollektion Kosmos. Moderne reich illustr. Unterhaltungsschriften im Stile à la Jules Verne. I. Bd. (In ca. 10 Hftn.) 1. Hft. 4. Papiermühle b. Roda, Gebr. Vogt. n. — 50
I. Mac Milfords Reisen im Universum. 1. Bd. Von der Terra zur Luna od. Unter den Seleniten. 1. Hft. (S. 1—32 m. Abbildgn. u. 2 [1 farb.] Taf.) (902.)

— Kollektion Kosmos. Moderne reich illustr. Unterhaltungsschriften im Stile à la Jules Verne. I. Bd. 2—8. Heft. 4. Papiermühle b. Roda, Geb. Vogt. à n. — 50
I. Mac Milfords Reisen im Universum. 1. Bd. Von der Terra zur Luna od. Unter den Seleniten. 2—8. Heft. (S. 33—239 m. Abbildgn. u. 8 [1 farb.] Taf.) (902. 903.)
Erscheint nicht mehr.

— Lederstrumpfgeschichten, s.: Cooper, James Fenimore.

Unter Marsmenschen. Erzählung. Von Oskar **Hoffmann**. 1. Taus. Breslau: Schles. Verlagsanst. 1905. (490 S.) 8° [F.]
(Collektion Schottlaender.) [05. 13446

Qualitätsstähle. Das Wesen u. d. Behandlung derselben, mit besond. Berücks. d. Stahles zu Werkzeugen. Mit vielen Abb. Für d. Praxis bearb. von Oscar **Hoffmann**. Krefeld: J. Greven in Komm. 1907. (80 S.) 8° [07. 2097

— Schule der Amateurphotographie f. Jedermann. Eine prakt. Anleitg. f. Anfänger u. Fortgeschrittene zur Ausübg. der photograph. Kunst in allen ihren Zweigen. (Wissen ist Macht!) (111 S. m. Abbildgn.) 8. Hannover (906). W. Ottens. n. 1. —

— Sittenbilder. Raffinierte Tricks galanter Frauen. (96 S.) 8. Dresden (909). M. Fischer. 1. 20

— das Stiftungs-Auskunftsbuch, nebst e. Anh. der deutsch-österreichischen Stiftungen. Ein Ratgeber f. alle Unterstützungsbedürftige, Kranke, Gebrechliche usw. Nach amtl. Statistiken bearb. (VIII, 237 S.) 8. Dresden (906). F. Casper & Co. n. 1. 60

Das Stiftungs-Auskunftsbuch. Ein Ratgeber f. alle Unterstützungsbedürftige, Kranke, Gebrechliche usw. Nach amtl. Statistiken bearb. von Oskar **Hoffmann**. Dresden: Casper [1910]. 160 S. 8° [11. 1877

Hoffmann, Oscar [aus Breslau]: Studien zu Alexander Montgomerie … (Aus: Engl. Studien, Bd. xx, 1.) Altenburg, Pierer'sche Hofbuchdr., 1894; 50 S., 1 Bl., 1 Musikbeil. 8.
Breslau, Phil. Fak., Inaug.-Diss. v. 27. Juni 1894

— Vögel ohne Nester. Die Komödie vom grünen Zweig. Eine Zeitglosse in 4 Akten. (133 S.) 8. Leipzig (908). Radebeul, F. E. Bilz. 1. —

Wie erlerne ich das Photographieren? Eine prakt. Anleitung f. Anfänger u. Geübte. Hrsg. von Oskar **Hoffmann**, (Dresden). Mit 64 Ill. Berlin: S. Mode (1905). (125 S.) 8° [F.] [06. 3000

Hoffmann, Ottilie: Familienglück und Alkohol. Vortr., geh. i. d. Jahres-Versamml. des Vereins geg. d. Missbrauch geist. Getränke Stettin, 27. Sept. 1899. — Bremen [1900]: Meierdierks. 8 S. 8°

Hoffmann, Ottilie, sind d. Mässigkeitsbestrebungen deutscher Frauen patriot. Pflicht? gr. 8. (8 S.) Bremen 896. (Rühle & Schlenker.) — 15

— Sind die Mässigkeitsbestrebungen deutscher Frauen patriotische Pflicht? 2. Aufl. Bremen 1900. 8 S. Mk. - 15.

— Sind die Temperenzbestrebungen deutscher Frauen patriotische Pflicht? Vortr., geh. i. Kiel i. d. Jahresversamml. d. deutschen Vereins geg. d. Missbrauch geist. Getränke 7. Juli 1896. 4., rev. Aufl. — Bremen 1900: Guthe. 8 S. 8°

Hoffmann, Otto (I.), Abenteuer in Afrika oder die Sendung. Eine Erzählung für die reifere Jugend, nach Marryat bearb. gr. 8. (147 S. mit 4 Farbendr.-Bildern.) Stuttgart 877, Thienemann. cart.

Hoffmann, Otto, Abdrich im Moos. Eine Erzählung für die reifere Jugend. Nach J. D. H. Zschokke frei bearb. Mit 6 Farbendr.-Bildern nach Aquarellen von G. Bartsch. gr. 8. (190 S.) Stuttgart 880, Thienemann's Verlag. geb. *

—— Afraja. Romantische Erzählung aus dem hohen Norden. Nach Thdr. Mügge für die Jugend bearb. Mit 6 Farbendr.-Bildern nach Aquarellen von Herm. Vogel. Lex.-8. (193 S.) Ebendas. 883. cart. *

—— die Ansiedler in Canada. Eine Erzählung für die reifere Jugend, nach Marryat bearb. gr. 8. (141 S. mit 4 Farbendr.-Bildern.) Ebendas. 879. geb. *

—— die Ansiedler in Canada. Eine Erzählung für die reifere Jugend, nach Marryat bearb. 2. Aufl. gr. 8. (141 S. mit 4 Farbendr.-Bildern.) Ebendas. 881. geb. *

Hoffmann, Otto, a. Dresden: Die Bedeutung praktischer Schülerübungen in der Chemie an deutschen Mittelschulen. Weida i. Th. 1907: Thomas & Hubert. (81 S.) 8°
Leipzig, Phil. Fak., Ref. Volkelt-Le Blanc, Diss. v. 18. Nov. 1907
[Geb. 17. Juli 82 Dresden; Wohnort: Dresden; Staatsangeh.: Sachsen; Vorbildung: Gymn. z. heil. Kreuz Dresden Reife O. 02; Studium: Leipzig 11 S.]

Hoffmann, Otto, Peter Bracy, der Kundschafter, od. die Flüchtlinge. Eine Indianergeschichte aus dem Staate Ohio, f. die reifere Jugend bearb. Mit 4 Farbendr.-Bildern. gr. 8. (159 S.) Stuttgart 876. Thienemann n. 3. —

— Peter Bracy, der Kundschafter, oder die Flüchtlinge. Eine Indianergeschichte aus dem Staate Ohio, für die reifere Jugend bearb. Mit 4 Farbendr.-Bildern. 2. Aufl. gr. 8. (159 S.) Ebend. 879. geb. n. 3. —

Hoffmann, Otto, Compositae, s.: Engler, A., u. K. Prantl, die natürlichen Pflanzenfamilien.

—— s. Cooper, J. F., der Lootse.

—— Costal, der Indianer. Szenen aus dem mexikan. Befreiungskriege. Eine Erzählung für die reifere Jugend. Frei nach G. Ferry bearb. gr. 8. (143 S. mit 4 Chromolithogr.) Ebendas. 883. cart. *

Hoffmann, Otto (I.), Costal, der Indianer. Scenen aus dem mexikan. Befreiungskriege. Eine Erzählung für die reifere Jugend. Frei nach G. Ferry bearb. [Neue Ausg.] gr. 8. (143 S. mit 4 Farbendr.-Bildern.) Stuttgart 887, Thienemann. geb. * 3 —

Hoffmann, Otto [Hannoveranus]: De mixtis Graecae linguae dialectis . . . . Gottingae, typ. expr. offic. acad. Dieterichiana. Guil. Fr. Kaestner, 1888; 2 Bl + 69 + 1 S. 8°
Göttingen, Phil. Fak., Inaug.-Diss. v. 9. Jan. 1888

Hoffmann, Otto (III.), de mixtis graecae linguae dialectis. gr. 8. (72 S.) Göttingen 888, Vandenhoeck und Ruprecht's Verlag. * 1 60

Hoffmann, O., die griechischen Dialekte, in ihrem histor. Zusammenhange m. den wichtigsten ihrer Quellen dargestellt. 1. Bd. Der süd-achäische Dialekt. 8. (XVI, 344 S. m. 1 Taf.) Göttingen 890. Vandenhoeck & Ruprecht's Verl. n. 8. —

Hoffmann, Otto, die griechischen Dialekte in ihrem historischen Zusammenhange m. den wichtigsten ihrer Quellen. 1. u. 2. Bd. gr. 8. Göttingen, Vandenhoeck & Ruprecht. n. 22. —
1. Der süd-achäische Dialekt. (XVI, 344 S. m. 1 Taf.) 891. n. 8. —
2. Der nord-achäische Dialekt. (XII, 608 S.) 892. n. 14. —

Hoffmann, Otto, die griechischen Dialekte, in ihrem histor. Zusammenhange m. d. wichtigsten ihrer Quellen dargest. 3. Bd. D. ionische Dialekt. Quellen u. Lautlehre. Als Anh. e. Wort d. Entgegng. gr. 8. (X, 626 u. 20 S.) Göttingen 898. Vandenhoeck & Ruprecht. n. 16. — (1.—3.: n. 38. —)

– Meine Griechischen Dialekte u. Herr W. Schulze in Göttingen. S.-A. 1898. 20 S.

Hoffmann, Otto. Ueber die Einwirkung von Zink und Jodallyl auf Acetessigester und Diaethylacetessigester. Würzburg, 1878.

Hoffmann, *Benno Karl* Otto [aus Nelben a. S.]: Der Lüneburger Erbfolgestreit . . . Halle a. S., Druck v. Wischan & Wettengel, 1896; 2 Bl., 96 S., 1 Bl., 1 Tab. 8.
Halle, Phil. Fak., Inaug.-Diss. v. [5. Sept.] 1896

Hoffmann, Otto, Erzählungen aus der griechischen u. römischen Geschichte, s.: Andrä, J. C.

—— Prinz Eugen, der edle Ritter, und seine Heldenthaten. Erzählung für die reifere Jugend. Nach den Quellen bearb. gr. 8. (167 S. mit 4 Farbendr.-Bildern nach Aquarellen von R. Haug.) Ebendas. 886. geb. * 3 —

Hoffmann, Otto, Prinz Eugen, der edle Ritter u. seine Heldengestalten. Eine Erzählg. f. die Jugend, nach den Quellen bearb. Mit 4 Farbendr.-Bildern nach Aquarellen v. Rob. Haug. 2. Aufl. gr. 8. (152 S.) Stuttgart 891. K. Thienemann. Geb. in Leinw. n. 3. —

— Prinz Eugen, d. edle Ritter, u. s. Heldenthaten. E. Erzählg. f. d. Jugend, n. d. Quellen bearb. M. 4 Farbendr. Bild. n. Aquarellen v. Rob. Haug. 3. Aufl. gr. 8. (152 S.) Ebd. (894). Geb. in Leinw. n. 3. —

Hoffmann, Otto, Prinz Eugen, der edle Ritter u. seine Heldenthaten. Eine Erzählg. f. die Jugend, nach den Quellen bearb. Mit 4 Farbendr.-Bildern nach Aquarellen v. Rob. Haug. 4. Aufl. gr. 8. (152 S.) Stuttgart (900). K. Thienemann. Geb. in Leinw. n. 3. —

Hoffmann, Otto, Prinz Eugen, der edle Ritter u. seine Heldentaten. Eine Erzählg. f. die Jugend, nach den Quellen bearb. Mit 4 Farbendr.-Bildern nach Aquarellen v. Rob. Haug. 5. Aufl. (152 S.) 8. Stuttgart (906). K. Thienemann. Geb. in Leinw. n. 3. —

Hoffmann, Otto, s.: Fölsing, Rechenbuch.

— der rothe Freibeuter. Nach J. F. Cooper f. die reifere Jugend bearb. Mit 6 Farbendr.-Bildern nach Aquarellen v. J. Simmler u. C. Offterdinger. 2. Aufl. gr. 8. (204 S.) Ebend. 875. n. 4. 50

—— Der rote Freibeuter. Erzählg. f. die Jugend. Nach Cooper frei bearb. Mit 6 Farbendr.-Bildern. 4. Aufl. gr. 8. (220 S.) Ebd. 891. geb. * 4 50

— der rote Freibeuter. Eine Erzählg. f. die Jugend. Nach J. Fenimore Cooper frei bearb. Mit 6 Farbendr.-Bildern nach Aquarellen v. C. Offterdinger u. J. Simmler. 4. Aufl. gr. 8. (220 S.) Ebd. 491. Geb. in Leinw. n. 4 50

—— der Freihof. Eine Erzählung für die reifere Jugend. Nach J. D. H. Zschokke frei bearb. Mit 6 Farbendr.-Bildern nach Aquarellen von Herm. Vogel. gr. 8. (196 S.) Ebendas. 881. geb. *

Hoffmann, Otto, evangelische Gemeindekunde f. Schlesien. Ein Leitfaden besonders f. Mitglieder der kirchl. Körperschaften in der evangel. Landeskirche Schlesiens. (100 S.) 8. Görlitz 904. R. Dülfer. Kart. n. 1. —

— Geschichtserzählungen, s. a. Andrä, J. C.

Hoffmann, Otto, Geschichtserzählungen f. Sexta u. Quinta höh. Lehranst. Auf Grundlage d. Erzählgn. aus d. Weltgeschichte v. J. C. Andrä bearb. 2., unveränd. Aufl. 8. (IV, 148 S.) Leipzig 898. R. Voigtländer. Geb. n. 1. —

Hoffmann, Otto, Grammatik u. Wortregister zur 1. Hälfte des 3. Bds., s.: Sammlung d. griech. Dialekt-Inschriften.

Hoffmann, Otto, der weiße Häuptling. Eine Sage v. Nord-Mexiko. Nach Mayne Reid f. die reifere Jugend bearb. Mit 6 Farbendr.-Bildern nach Aquarellen v. Gust. Bartsch. gr. 8. (219 S.) Stuttgart 875. Thienemann. n. 4. 50

— der weiße Häuptling. Eine Sage von Nord-Mexiko. Nach Mayne-Reid für die reifere Jugend bearb. Mit 6 Farbendr.-Bildern nach Aquarellen von Gust. Bartsch. 2. Aufl. gr. 8. (219 S.) Ebend. 877. cart. n. 4. 50

— der weiße Häuptling. Eine Erzählg. f. die Jugend. Nach Kapit. Mayne-Reid frei bearb. Mit 6 Farbendr.-Bildern nach Aquarellen v. Gust. Bartsch. 2. Aufl. gr. 8. (219 S.) Ebd. 891. Geb. in Leinw. n. 4. 50

Die Preußische Hauptverwaltung der Staatsschulden vom Jahre 1820 bis 1895. Urkundl. dargest. von [Otto] v. **Hoffmann**, Präsident d. Hauptverw. d. Staatsschulden. Berlin 1895: Reichsdr. (VI, 251 S.) 8° [J.] 07. 18066 2

Hoffmann, Otto v., d. preuss. Hauptverwaltg. d. Staatsschulden vom J. 1820 bis 1896. Urkundl. dargest. gr. 8. (VIII, 252 S.) Berlin 896. E. S. Mittler & Sohn. n. 5. —

Hoffmann, *Eduard* Otto Herder-Funde aus Nicolais Allgemeiner Deutscher Bibliothek. 4 (20 S.). Köllnisch. G. *Berlin* 1888 (50) Progr.

Hoffmann, Otto (II), Herder-Funde aus Nicolais Allgemeiner Deutscher Bibliothek. gr. 4. (20 S.) Berlin 888, Gärtner's Verlag. * 1 —

— Andreas Hofer, der Sandwirth vom Passeyrthale. Eine Erzählg. f. die reifere Jugend. Mit 4 Farbendr.-Bildern nach Aquarellen v. G. Bartsch. gr. 8. (150 S.) Ebend. 876. n. 3. —

— Andreas Hofer, der Sandwirth vom Passeyrthale. Eine Erzählung für die reifere Jugend. Mit 4 Farbendr.-Bildern nach Aquarellen v. G. Bartsch. 2. Aufl. gr. 8. (150 S.) Ebend. 879. geb. n. 3. —

— Andreas Hofer, der Sandwirt vom Passeyrthale. Eine Erzählung f. die reifere Jugend. Mit 4 Farbendr.-Bildern nach Aquarellen v. C. Henseler. 3. Aufl. gr. 8. (156 S.) Ebd. 890. geb. n. 3. —

— Andreas Hofer, der Sandwirt vom Passeyrthale. Eine Erzählg. f. die reifere Jugend. Mit 4 Farbendr.-Bildern nach Aquarellen v. C. Henseler. 4. Aufl. gr. 8. (156 S.) Ebd. 894. Geb. in Leinw. n. 3. —

— Andreas Hofer. Der Sandwirt vom Passeyrthale. Eine Erzählg. f. die reifere Jugend. Mit 4 Farbendr.-Bildern nach Aquarellen v. C. Henseler. 5. Aufl. gr. 8. (156 S.) Ebd. (899). Geb. in Leinw. n. 3. —

— Andreas Hofer, der Sandwirt vom Passeiertale. Eine Erzählg. f. die reifere Jugend. Mit 4 Farbendr.-Bildern nach Aquarellen v. C. Henseler. 6. Aufl. (156 S.) gr. 8. Ebd. (903). Geb. in Leinw. n. 3. —

Hoffmann, Otto, Andreas Hofer, der Sandwirt v. Passeiertale. Eine Erzählg. f. d. reifere Jugend. Mit 4 Farbendr.-Bildern nach Aquarellen v. C. Henseler. 8. Aufl. (156 S.) 8. Stuttgart (909). K. Thienemann. Geb. in Leinw. 3. —

— der fliegende Holländer. Eine Matrosen-Sage. Nach Marryat für die reifere Jugend bearb. Mit 4 Farbendr.-Bildern. gr. 8. (IV, 140 S.) Ebend. 879. geb. n. 3. —

— der fliegende Holländer. Eine Matrosen-Sage. Nach Kapit. Marryat f. die reifere Jugend frei bearb. Mit 4 Farbendr.-Bildern nach Aquarellen v. Joh. Gehrts. 2. Aufl. gr. 8. (151 S.) Ebd. 891. Geb. in Leinw. n. 3. —

— der fliegende Holländer. Eine Matrosen-Sage. Nach Marryat f. die reifere Jugend frei bearb. Mit 4 Farbendr.-Bildern nach Aquarellen v. Joh. Gehrts. 3. Aufl. gr. 8. (151 S.) Ebd. (899). Geb. in Leinw. n. 3. —

— die Jagd d. weißen Rosses. Eine Erzählg. f. die Jugend. Nach Kapit. Mayne-Reid frei bearb. Mit 6 Farbendr.-Bildern nach Aquarellen v. Alb. Richter. gr. 8. (205 S.) Ebd. 892. Geb. in Leinw. n. 4. 50

— die wilde Jägerin. Nach Mayne Reid f. die reifere Jugend bearb. Mit 6 Farbendr.-Bildern nach Aquarellen v. W. Simmler. gr. 8. (205 S.) Ebend. 875. n. 4. 50

— die wilde Jägerin. Nach Mayne-Reid für die reifere Jugend bearb. Mit 6 Farbendr.-Bildern nach Aquarellen von W. Simmler. 2. Aufl. gr. 8. (205 S.) Ebend. 877. cart. n. 4. 50

Hoffmann, Otto, die sicilischen Inschriften u. die Söldnerinschriften v. Abu-Simbel, s.: Sammlung der griechischen Dialekt-Inschriften. III. 2.

— Isolina od. die Jagd d. weissen Roßes. Für die reifere Jugend frei nach Mayne Reid bearb. Mit 6 Illustr. (Chromolith.) nach Aquarellen v. Gust. Bartsch. gr. 8. (201 S.) Ebend. 874. n. 4. 50

Hoffmann, Otto (III.), König und Tänzerin. 1. und 2. Aufl. 8. (138 S.) Essen 878, Geck.

—— der Kriegspfad. Eine Erzählung aus Mexiko. Nach dem Originale des Mayne-Reid frei für die reifere Jugend bearb. Mit 6 Farbendr.-Bildern nach Aquarellen von G. Bartsch. gr. 8. (204 S.) Ebendas. 877. cart. *

—— der Kriegspfad. Eine Erzählung aus Mexiko. Nach dem Orig. des Mayne Reid frei für die reifere Jugend bearb. Mit 6 Farbendr.-Bildern nach Aquarellen von G. Bartsch. 2. Aufl. gr. 8. (204 S.) Ebendas. 880. geb. *

— der Kriegspfad od. die Skalpjäger auf dem Kriegszuge gegen die Navajoes. Nach Kapit. Mayne-Reid f. die reifere Jugend frei bearb. Mit 4 Farbendr.-Bildern nach Aquarellen v. W. Hoffmann. 3. Aufl. gr. 8. (159 S.) Ebd. 893. Geb. in Leinw. n. 3. —

Hoffmann, Otto, über sphärische Curven. Inaugural-Dissertation. gr. 8. (44 S.) Göttingen 876. (Vandenhoeck & Ruprecht.) n. — 80

Lebenserinnerungen des Königlich Preußischen Generalleutnants Otto von **Hoffmann**, geb. 1816, gest. 1900, nach eigenen Aufzeichnungen. Bearb. u. hrsg. von Oberst O[tto] v. Hoffmann. Oldenburg & Leipzig: Schulze (1907). (235 S.) 8° [F.] 07. 11318

Hoffmann, Otto, Dr., Progymnasialdir.: **Lob und Tadel in der Schule.** *Münster i. W. 1903: J. Bredt.* (20 S.) 8° [F.] Münster i. W., k. PG, P 1903 (417)

Die Makedonen, ihre Sprache u. ihr Volkstum. Von Dr. Otto **Hoffmann**, Prof., Breslau. Göttingen: Vandenhoeck & Ruprecht 1906. (V, 284 S.) 8° 06. 7063

Hoffmann, Otto, die Nibelungen, Gudrun, s.: Andrä, J. C., Erzählungen aus der Weltgeschichte.

Hoffmann, Otto, das Nibelungenlied. Gudrun, s.: Andrä, J. C., Erzählungen u. Lebensbilder aus der deutschen Geschichte.

— Oberschlesien u. der Gustav Adolf-Verein, s.: Festschriften f. Gustav Adolf-Vereine. 31. Hft.

— die Orakelinschriften aus Dodona. Die Inschriften Achaia's u. seiner Colonieen, s.: Sammlung der griechischen Dialekt-Inschriften.

—— der Pirat. Nach dem Orig. des Marryat für die Jugend frei bearb. Mit 4 Farbendr.-Bildern nach Aquarellen von G. Bartsch. gr. 8. (153 S.) Ebendas. 880. geb. *

—— der Pirat. Nach dem Originale des Kapitän Marryat für die Jugend frei bearb. [Neue Ausg.] gr. 8. (153 S. mit 4 Farbendr.-Bildern nach Aquarellen von G. Bartsch.) Ebendas. 887. geb. * 3 —

— der Pirat. Eine Seegeschichte. Nach Kapitän Marryat f. die reifere Jugend frei bearb. Mit 4 Farbendr.-Bildern nach Aquarellen v. Joh. Gehrts. 2. Aufl. gr. 8. (151 S.) Stuttgart 893. K. Thienemann. Geb. in Leinw. n. 3. —

Hoffmann, Otto, Poseidon. (11 S.) gr. 8. Breslau 906. G. P. Aderholz. n. — 50
Sonderabdruck aus: „84. Jahresber. d. schles. Gesellsch. f. vaterl. Cultur".

Hoffmann, Otto, der Prairievogel. Eine Erzählg. f. die Jugend. Nach Charles Murray frei bearb. Mit 4 Farbendr.-Bildern nach Aquarellen v. W. Hoffmann. 8. (176 S.) Stuttgart 893. K. Thienemann. Geb. n. 2. —

Hoffmann, Otto, der Prairievogel. E. Erzählg. f. d. Jugend. Nach Charles Murray frei bearb. M. 4 Farbendr.-Bild. nach Aquarellen v W. Hoffmann. 2. Aufl. 8. (176 S.) Stuttgart 897. K. Thienemann. Geb. n. 2. —

— der Prairievogel. Eine Erzählg. f. die Jugend. Nach Charles Murray frei bearb. Mit 4 Farbendr.-Bildern nach Aquarellen v. W. Hoffmann. 3. Aufl. 8. (176 S.) Ebd. (902). Geb. in Leinw. n. 2 —

— das Praesens der indogermanischen Grundsprache in seiner Flexion u. Stammbildung. Ein Beitrag zur indogerman. Formenlehre. gr. 8. (IV, 145 S.) Göttingen 889. Vandenhoeck & Ruprecht's Verl. n. 3. 60

Hoffmann, Otto: Quaestiones grammaticae de conjunctionum temporalium usu apud historicos Romanos. Halis Saxonum 1880: (Krauss in Neu-Haldensleben). 57 S. 8°
Halle-Wittenberg, Phil. Diss. v. [18. Febr.] 1880
Geb. Kalbe a. d. S. 23. 8. 1856. V.

Hoffmann, Otto, Erich Randal. Eine Erzählung aus der Zeit der Eroberung Finnlands durch die Russen im J. 1808. Nach Thdr. Mügge für die reifere Jugend frei bearb. Mit 5 Farbendr.-Bildern nach Aquarellen von Herm. Vogel. gr. 8. (208 S.) Stuttgart 884, Thienemann's Verlag. cart. *

— Rechenbuch f. Gymnasien rc., s.: Fölsing.

Hoffmann, *Eduard* Otto Rede zur Gedächtnisfeier für Herrn Professor Franz *Georg Gustav* Kern geb. zu Stettin 9. Juli 1830 gest. zu Berlin 14. Dezember 1894. 4 (S. 25—28 der Schuln.).
Köllnisches G. *Berlin* 1895 (59).
Progr.

Hoffmann, [Karl Christian Otto]: [Aus der Rede über den britischen Imperialismus (nach Seeley).] S. 26—28. 4.
Progr. Katharineum *Lübeck* 1909 (967).

Hoffmann, Otto: Reimformeln im Westgermanischen .... Darmstadt, Buchdr. v. C. W. Leske, 1885; 90 S. 8°.
Freiburg i. B., Phil. Fak., Inaug.-Diss. v. 1885.

—— Reimformeln im Westgermanischen. gr. 8. (90 S.) Leipzig 886, Fock. * 1 25

—— Repliken des Apollo von Belvedere aus der Kaiserzeit, s. Commentationes in honorem Guilelmi Studemund.

Hoffmann, Otto, das schwarzweiße Rind in den baltischen Provinzen. Einführung, Verbreitg. u. Körperbau desselben, nebst eigenen Erfahrgn. üb. Züchtg., Wartg., Fütterg. u. Nutzg. des Rindviehes. Practisches Handbuch. (VIII, 100 S.) gr. 8. Reval 902. F. Kluge. n. 4. —; geb. in Leinw. n. 5. 50

— kleine Sagenkunde, s.: Andrä, J. C.

Hoffmann, Otto, Dr.: Schuljugend und Elternhaus. Lübeck 1904: Gebr. Borchers. (S. 1—42.) 4°
Lübeck, Katharineum OP 1904 (830)

Hoffmann, Otto, Schuljugend u. Elternhaus. Progr. (42 S. m. 1 Taf.) gr. 4. Lübeck (904). (Lübcke & Nöhring.) n. 1. 20

—— Peter Simpel oder die Lebensschicksale eines Midshipman. Eine Erzählung für die reifere Jugend, frei nach Marryat bearb. Mit 6 Farbendr.-Bildern nach Aquarellen von W. Simmler. gr. 8. (198 S.) Ebendas. 877. cart. *

Hoffmann, Otto [Dr.]: Die neuere Systematik der natürlichen Pflanzenfamilie der Compositen. Berlin, R. Gaertner, 1894; 34 S. 4.
Berlin, Friedrichs-Werdersches G. OP 1894 (55)

— Toussaint, der Negerheld. Eine Erzählg. f. die reifere Jugend. Mit 6 Farbendruckbildern nach Aquarellen v. Gust. Bartsch. 2. Aufl. gr. 8. (184 S.) Ebend. 876. n. 4. 50

Hoffmann, O., Ungereimtes aus der Pflanzenanatomie, s. Utile cum dulci.

Hoffmann, Otto, Gerichtsassessor: Verfügungen über künftige Gegenstände. Breslau 1909: Breslauer Genossensch.-Buchdr. 44 S. 8°
Breslau, Jur. Diss. v. 8. Juni 1909, Ref. Schott-Fischer
[Geb. 17. Juli 81 Liegnitz; Wohnort: Liegnitz; Staatsangeh.: Preußen; Vorbildung: Städt. ev. Gymn. Liegnitz Reife O. 00; Studium: Freiburg i. B. 1, Heidelberg 1, Breslau 5 S.; Rig. 28. Nov. 02.] [U 09. 486

Hoffmann, Otto, Referendar a. Oliva (Westpr.): Die Verjährung der Einreden nach dem B.G.B. Rostock 1906: Adlers Erben. (VIII, 46 S.) 8°
Rostock, Jur. Fak., Ref. Bernhöft, Diss. v. 30. Juni 1906
[Geb. 16. Aug. 82 Paderborn; Wohnort: Oliva b. Danzig; Staatsangeh.: Preußen; Vorbildung: Gymn. Danzig Reife O. 01; Studium: Göttingen 2, München 1, Freiburg i. B. 1, Königsberg 2 S.; Rig. 4. April 06.]

— die Wassernixe od. das Schmugglerschiff. Eine Erzählg. v. der See. Für die reifere Jugend nach J. F. Cooper frei bearb. gr. 8. (150 S. m. 4 Chromolith.) Ebend. 875. n. 3. —

Hoffmann, Otto, die Wassernixe oder das Schmugglerschiff. Eine Erzählung von der See. Für die reifere Jugend nach J. F. Cooper frei bearb. 2. Aufl. gr. 8. (150 S. m. 4 Chromolith.) Stuttgart 877. Thienemann. cart. n. 3. —

—— im fernen Westen. Eine Erzählung für die reifere Jugend nach Sir John Retcliffe's deutschem Orig.-Roman „Der Schatz der Ynka's" bearb. gr. 8. (153 S. mit 4 Farbendr.-Bildern.) Ebendas. 884. cart. *

[F.] Hoffmann, Otto [Prof. Dr.]: Der Wortschatz des jungen Herder. E. lexikal. Versuch. Berlin, R. Gaertner, 1895; 25 S. 4.
Berlin, Köllnisches G. OP 1895 (59)

Hoffmann, Otto Adalbert Ägis oder Bogen? Beitrag zur Erklärung des Apollo von Belvedere. 4 (21 S., 1 Taf.) Lyc. *Metz* 1887 (474).
Progr.

Hoffmann, O[tto] A[dalbert], Dr., ⟨ehem. Vorstand d. Altertums-Museums d. Stadt Metz⟩: **Gymnasium** und Museum. Zur Verwertung unsrer Landesaltertümer für d. Gymnasialunterricht; erläutert an d. gallo-römischen und fränkischen Beständen d. Metzer städt. Sammlungen. *Metz (1899): P. Even.* (40 S.) 4°
Metz, L., P 1800 (543)

— Hermes u. Kerykeion. Studie zur Urbedeutung d. Hermes. Mit e. Taf. gr. 8. (52 S.) Ebd. 890. n. 1. 50

Hoffmann, Otto Adb., am goldenen Horn. Wanderbilder aus Konstantinopel. 8. (V, 112 S.) Leipzig 892. G. Lang. n. 2. —

—— Eine Neugestaltung d. griechischen Unterrichts, besonders d. Elementarunterrichts. Unter Zugrundelegg. der Lehrpläne vom 31. März 1882. gr. 8. (28 S.) Ebd. 889. * — 80

Hoffmann, Otto Adb. **Herm-Apollo Stroganoff.** Ein Beispiel v. Personal-Verschmelzg. aus dem Gebiete d. antiken Kunsthandwerks. gr. 8. (40 S.) Marb. 889, Elwert's Verlag. * 1 20

Hoffmann, Otto Adlb., de imperatoris Titi temporibus recte definiendis. Dissertatio inauguralis. gr. 8. (34 S.) Marburg 883, Elwert'sche Verlagsh. *

Hoffmann, Otto Jul., die begnadigten Verbrecher. Predigt am XXI. p. Trin. 1843 in der Kirche zu Rechsburg gehalten. gr. 8. Leipzig 843, Klinkhardt. 3 ngl

Hoffmann, P., Johannes Arndt in Braunschweig, s.: Jugend- u. Volksbibliothek, deutsche.

Hoffmann, P., s. a. Beówulf.

Hoffmann, P., Beówulf. Aeltestes deutsches Heldengedicht. Aus dem Angelsächs. übertr. gr. 8. (VII, 183 S.) Züllichau 893. H. Liebich). n. 3. —

* **Hoffmann,** P., neuer Blumenkranz f. Kinder beiderlei Geschlechts, bestehend aus Fabeln, Gedichten, Gesprächen, klein. Erzählungen ꝛc. aus d. Jugendſ. vortreffl. Männer, Sitten- und Klugheitslehren ꝛc. 8. Prag, Krammer. 803.

Hoffmann, P. — Erläuterungen zu P. Hoffmann's astronomisch-tellurisch-planetarischen Darstellungen. Der Lauf des Mondes um die Erde und mit dieser um die Sonne und die durch diese Bewegungen entstehenden Erscheinungen, als: Die Entstehung der Jahreszeiten, das Ab- und Zunehmen der Tage, die Entstehung der Sonnen- und Mondesfinsternisse, Mondphasen ꝛc. populär dargestellt. Allen Freunden der Himmelskunde gewidmet von — —. 8. (20 S.) Wien. Gedruckt bei Anton Benko. 1854.

Hoffmann, P., Friedrich Friesen, s. a. Vorträge f. Turnvereine.

Hoffmann, P.: Friedrich Friesen. Leipzig 1908. 20 S. (Vorträge f. Turnvereine. 5.)

– Paulus Gerhardt, der große geistl. Sänger Deutschlands, s. Jugend- u. Volksbibliothek, Deutsche.

— Friedrich Ludwig Jahn, s. a. Vorträge f. Turnvereine.

Hoffmann, P.: Friedrich Ludwig Jahn. Leipzig 1908. 32 S. (Vorträge für Turnvereine. 4.)

Hoffmann, P., die öffentlich-rechtliche Interessenvertretung der gesamten badischen Landwirtschaft in e. Landwirtschaftskammer. Ein freies Wort an die großh. Regierg., an die Landstände, an die bad. Landwirte u. Freunde der Landwirtschaft. gr. 8. (III, 87 S.) Karlsruhe 901. (E. Kundt.) n.n. — 60

Hoffmann, P., gegen die Canalisation als solche, welche anderen Zwecken dient, als Haus- u. Niederschlagwasser abzuführen. Ein Beitrag zur Lösung der Städte-Reinigungs-Frage mit specieller Berücksicht. des Heidelberger Tonnen-Systems. Mit zahlreichen in den Text gedr. Holzschn. Lex.-8. (32 S.) Berlin 878. Polytechn. Buchh. n. 1. —

Hoffmann, P. (I.), gegen die Canalisation als solche, welche anderen Zwecken dient, als Haus- und Niederschlagwasser abzuführen. Ein Beitrag zur Lösung der Städte-Reinigungs-Frage mit specieller Berücksicht. des Heidelberger Tonnen-Systems. Lex.-8. (32 S. mit zahlreichen in den Text gedr. Holzschn.) Berlin 881, Polytechn. Buchh. *

Hoffmann, P., Die Lebensbedürfniss-(Konsum-)Vereine der Städte. Eine wirtschaftspolitische Betrachtung. gr. 8°. Karlsruhe, Druck der Actiengesellsch., 1894.

Hoffmann, P., Lesebuch f. den Stimmbildungsunterricht (Sprachgebrechen, Stimmkrankheit). Auf Grundlage der Stimmbildungslehre des Professors E. Engel bearb. (V, 36 S. m. 1 Abbildg.) 8. Halle 910. Gebauer-Schwetschke. Geb. — 80

Hoffmann, P. (II.), zur Mechanik der Meeresströmungen an der Oberfläche der Oceane. Ein Vergleich der Theorie mit der Erfahrung. gr. 8. (VI, 99 S.) Berlin 884, Mittler und Sohn. *

Das oraculum astronomico-geomanticum oder die Kunst und Weisheit im Kaffee und alle and. Wirkungen das Schicksal aller zukünftigen Dinge der Menschen zu sehen, regulirt von P. **Hoffmann.** Dabam Rabbae in Hungaria. 756. 8. 20 Bl.

Hoffmann, P., Raupen- u. Schmetterlingskalender. 12. (III. 137 S.) Guben 888. (Leipzig, Knaur.) geb. n. 1. 50

— Schul-Liederbuch, s.: Reinhardt, E. L.

Das Siegelbuch (Jesus Sirach) höchster Weisheit, von P. **Hoffmann** (Jesuit) mit 6 illum. Siegeln und Constantins Portr. 746. gr. Fol. 1 Bg.

Das astrologische System der Sonne in den 4 Jahreszeiten oder die unfehlbare Kraft und Wirkung der Sonnenkräuter zur Genesung der Kranken und Verwandlung der Metalle ꝛc., von Constantin nach Rom geschickt 320, von P. **Hoffmann.** Mischinski Raab 746. mit 4 illum. Figg. gr. Fol. 1 Bg.

Hoffmann, P., die Veranstaltung von Jugendfesten an städt. Knabenschulen, s.: Peters, W.

Hoffmann, P., nautische Vermessungen, s.: Anleitung zu wissenschaftl. Beobachtungen auf Reisen.

Hoffmann, P. Eduard —. Grab-Rede. Ein Ehrendenkmal dem verstorbenen Pfarrschullehrer Josef Wiede gewidmet von — —. Böhmisch-Leipa. 1855. Buch- und Steindruckerei des Philipp Gerzabek. (14 S. 8.)

Der schleswig-holsteinische Befreiungskrieg im Jahre 1864 für die Jugend bearb. v. **P. F. L. Hoffmann.** Hamburg. (1864.) 8°.

Hoffmann, P. G., die Abschaffung der Getreidezölle in England. (VII, 107 S.) gr. 8. Berlin 904. F. Siemenroth. n. 2. 50

– **Inval.-Versich.-Gesetz, s. Taschen-Gesetzsammlg.**

— observationes circa Bombices, Sericum et Moros ex antiquitatum, historiarum, juriumque penu depromptae. 4. Heilbr. 757. Class. 8 ℊ

***Hoffmann*, P. G., opuscula historicorum longe gravissimorum illustrissimi Comitis Kayserlingii, J. D. Ritteri, Ch. L. Scheidii et J. F. Joachimi, de Henri IV. G. Imper. A. etc. 4. Heilbr. 757. Class. 6 ℊ**

Prozeß Hüger. Die Plaidoyers d. Königl. Staatsanwaltschaft, d. Verteidiger, d. Oberst Hüger, sowie die Urteilsbegründung. Nach stenogr. Aufzeichn. zsgest. von P. W. **Hoffmann.** Dortmund: R. Keßler in Komm. 1906. (79 S.) 8° [F.] [06. 14035

Prozeß Hüger. Die Plaidoyers der Königlichen Staatsanwaltschaft, der Verteidiger, des Oberst Hüger, sowie die Urteilsbegründung. Nach stenogr. Aufzeichn. zsgest. von P. W. **Hoffmann.** ⟨2. Aufl.⟩ Dortmund: R. Keßler in Komm. 1906. (79 S.) 8° [F.] [06. 4371 6

Hoffmann, Paulus: De anagnorismo. Vratislaviae 1910: Favorke. 71 S. 8°
Breslau, Phil. Diss. v. 5. April 1910, Ref. Skutsch
[Geb. 7. Febr. 87 Glogau; Wohnort: Glogau; Staatsangeh.: Preußen; Vorbildung: Ev. Gymn. Glogau Reife O. 06; Studium: Berlin 2, Heidelberg 1, Breslau 4 S.; Rig. 15. Dez. 09.] [U 10. 609

Hoffmann, Paul: Artig und galant. Rokokoskizzen. 1. Artig und galant. 2. Das Tabaksdöschen. 3. Die Musche. 4. Das L'Hombre. Frankenberg (1909): Roßberg. 53 S. 8° ¶[Zuerst anonym ersch. in: Grenzboten. 1891.]
Frankenberg i. Sa., R m. PG P 1909 (769) [S 09. 204

Hoffmann, Paul, Prof. Dr.: Die Bedeutung der Farbenblindheit für die Schule. Reichenbach i. Schl.: R. Walter. (39 S.) 8°
Reichenbach i. Schl., König-Wilhelms-S OP 1907 (269)

Hoffmann, Paul, die Bedeutung der Farbenblindheit f. d. Schule. (89 S.) 8. Leipzig 907. Quelle & Meyer. — 80

Hoffmann, Paul, Medizinalprakt.: Aus d. Pathol. Inst. d. Univ. Leipzig. Ein Beitrag zur Kenntnis der sogenannten Kittlinien der Herzmuskelfasern. ⟨Von d. med. Fak. d. Univers. Leipzig preisgekrönte Arbeit.⟩ Leipzig 1909: Georgi. 30 S. 8°
Leipzig, Med. Diss. v. 20. Jan. 1909, Ref. Marchand
[Geb. 1. Juli 84 Dorpat; Wohnort: Leipzig; Staatsangeh.: Sachsen; Vorbildung: Thomassch. Leipzig Reife O. 03; Studium: Leipzig 8, Marburg 1, Berlin 1 S.; Coll. 17. Febr. 09.] [U 09. 2794

Hoffmann, (Karl Wilhelm) Paul *(geb. Breslau 17. 2. 1862)*: Beiträge zu dem Thema: „Über die Strömung der Luft durch Röhren von beliebiger Länge". (Breslau 1883.) (48 S., 3 Taf.) 8°
[Im Buchhandel 1883 bei Köhler in Breslau.]
Breslau, Phil. Diss. v. 15. Dez. 1883

Hoffmann, Paul, kirchen-politische Briefe aus Schwaben. 1. Heft. gr. 8. (IV und 109 S.) Mannheim 866, Schneider. *

Hoffmann, Paulus (Armin. Gust.) (geb. Stolp in Pomm. 22. 2. 1845): De Demosthene Isaei discipulo. Berolini (1872). (57 S.) 8°
Berlin, Phil. Diss. v. 8. Aug. 1872

Hoffmann, Paul, de Demosthene Isaei discipulo. Dissertatio inauguralis. gr. 8. (III, 59 S.) Berlin 872. (Calvary & Co.) n. 1. 20

Hoffmann, Paul, aus Arnstadt i. Th.: **Über die Einwirkung gasförmiger salpetriger Säure auf einige sekundäre Amine.** *Rostock 1898: C. Boldt.* (43 S.) 8°
Rostock, Phil. Diss. v. [26. Nov.] 1898

Deutscher Eisenbahner-Liederschatz. Hrsg. f. d. Deutschen Eisenbahn-Beamten-Verein von Paul **Hoffmann.** (Vorr.: Ch. Schirmer.) Berlin: A. Bodenburg [1904]. (112 S.) 8° [F.] [05. 5831

Hoffmann, Paul [pr. Arzt]: Führt die in der Nahrung gesteigerte Eiweisszufuhr bei an chronischer diffuser Nephritis Leidenden zu einer Steigerung der Eiweissausscheidung im Harn? . . . Königsberg in Pr., Druck v. M. Liedtke, 1888; 27 S. + 2 Bl. 8°
Königsberg, Med. Fak., Inaug.-Diss. v. 29. Dez. 1888

Das Gehör- und Notensingen in den Elementarschulen. Eine method. Handreichung f. den Lehrer von P[aul] **Hoffmann.** *Halle a. S.: R. Mühlmann 1901.* (59 S.) 8° [F.] [01. 8008 3

Hoffmann, Paul: Das grammatische Genus in Lagamons Brut. Halle a. S. 1909: Karras. 38 S. 8° ¶(Ersch. vollst. als: Studien z. engl. Philol. Bd 36.)
Göttingen, Phil. Diss. v. 8. Juni 1909, Ref. Morsbach
[Geb. 13. Aug. 81 Holzminden; Wohnort: Holzminden; Staatsangeh.: Braunschweig; Vorbildung: Gymn. Holzminden Reife M. 03; Studium: Berlin 1, Göttingen 9 S.; Rig. 2. Dez. 08.] [U 09. 1360

Hoffmann, Paul, das grammat. Genus in Lazamons Brut, s. a. Studien zur englischen Philologie. 36. Heft.

Das grammatische Genus in Lazamons Brut von Paul **Hoffmann.** Halle a. S.: Niemeyer 1909. 69 S. 8°
[Ein T. erschien als Inaug.-Diss. Göttingen 1909.]
(Studien z. Englischen Philologie. Bd 36) [09. 11571 2

Hoffmann, Paul, Grossgrundbesitzer- u. Güter-Lexikon, zugleich Adressbuch der Ritterguts- u. Gutsbesitzer in der Prov. Brandenburg. gr. 8. (VIII, 206 S.) Berlin 884. P. Lentz. n. 4. 50

— dasselbe. Prov. Posen. gr. 8. (VIII, 361 u. Nachträge 16 S.) Ebend. 883. n. 5. —

Hoffmann, Paul, aus Landeshut i. Schl.: **Heinrich I. von Würben, Bischof von Breslau.** *Breslau 1904: H. Fleischmann.* (45 S.) 8° ¶(Enthält nur Kap. 1—4 d. eingereichten Arbeit.)
Breslau, Phil. Diss. v. 7. Juni 1904

Hoffmann, Paul [aus Schlesien]: Zur Casuistik der Knochenerkrankungen nach Typhus abdominalis . . . . Greifswald, Druck v. Julius Abel, 1888; 32 S. 8°
Greifswald, Med. Fak., Inaug.-Diss. v. 4. Aug. 1888

*Hoffmann, Paul, Die deutschen Kolonien in Transkaukasien. 292 S. Berlin: Dietrich Reimer (Ernst Vohsen) 1905 IWK, IfA, UBT, HJM, STBM, LBST

Hoffmann, Paul, die deutschen Kolonien in Transkaukasien. Mit 1 Bildnis des Verf. u. 2 Lichtdr.-Taf. (X, 292 S.) gr. 8. Berlin 905. D. Reimer. Geb. in Leinw. n. 6. —

Hoffmann, Paul, Konradin. Historisches Schauspiel in 5 Akten. (VII, 36 S.) 8. Dresden 905. E. Pierson. n. 1. —

Lied und Spiel. Neue Singspiele f. d. Jugend von Paul **Hoffmann.** Halle a. S.: Gebauer-Schwetschke (1907). (27 S.) 8° [F.]
Aus: Kinderlust. Festwünsche u. Singspiele [08. 8064 3

Hoffmann, Paul, a. Eisleben: Die Mischprosa Notkers des Deutschen. I. Teil. Göttingen 1906: Dieterich. (66 S.) 8° ¶ (Erscheint vollst. als: Palaestra H. 58.)
Göttingen, Phil. Fak., Ref. Schröder, Diss. v. 13. Nov. 1906
[Geb. 26. Apr. 81 Eisleben; Wohnort: Eisleben; Staatsangeh.: Preußen; Vorbildung: Gymn. Eisleben Reife O. 01; Studium: München 1, Berlin 1, Marburg 1, Göttingen 6 S.; Rig. 15. Nov. 05.]

— Die Mischprosa Notkers des Deutschen, s. a. **Palaestra.** 58.

Die Mischprosa Notkers des Deutschen. Von Paul Hoffmann. Berlin: Mayer & Müller 1910. VI, 222 S. 8°
(Palaestra. 58.) (10. 3146

Hoffmann, Paul: Prüfung von Geschwindigkeitsmessern. 1909. 39 S. 4°
¶ Auch in: Mitteilungen über Forschungsarbeiten auf d. Gebiete d. Ingenieurwesens. H. 100. 1911.
Danzig, Dr.-Ing.-Diss. v. 23. 7. 1909

—— Schlaglichter auf das heutige Erziehungs- und Unterrichtswesen. gr. 16. (VI und 250 S.) Frankfurt a. M. 864, (Gebhard und Körber.) *

Hoffmann, Paul, Studien zu Leon Battista Albertis zehn Büchern: De re aedificatoria. gr. 8. (53 S.) Frankenberg 883. (Leipzig, Hinrichs' Sort.) n. 1. —

Hoffmann, Paul [app. Arzt aus Lewin]: Über den Horner'schen Symptomencomplex (Ptosis, Myosis, Anidrosis, Enophthalmus unilateralis.) . . . Strassburg i. E., Buchdr. C. Gœller, 1891: 42 S. 8°
Strassburg, Med. Fak., Inaug.-Diss. v. 1891

Hoffmann, Paul Bruno, der Golm. Nach e. Ostseesage. Ein Gedicht. (IV, 72 S.) 8. Dresden 905. E. Pierson. n. — 75; geb. n. 1. 75

— **Paul Christian** (Pulsnitz/Laus.), An legatum sub conditione in alterius arbitrium collata, si casu impediatur conditio, deficiat. Quaestio juris controv. Präs. Christian Heinr. Breuning. Lpz. (Rumpf) 6. X. 1772. 8 S. (4.80) 15635

Hoffmann, Paul E. F., die Jesuiten. Geschichte u. System des Jesuitenordens. (In 12 Liefgn.) 1—10. Liefg. Ebend. 870. gr. 8. (1. Bd. 264 S. u. 2. Bd. 200 S.) Jede Liefg. 5 ngr.

Hoffmann, P[aul] F[rdr.] L[udwig]

Hoffmann, P. F. L., Hamburger Bilderbuch für den Anschauungs-Unterricht mit Text. qu. 4. (16 color. Stnt. und 34 S.) Hamburg 870, Niemeyer. cart.

Hoffmann, P. F. L., allgem. Briefsteller f. den geselligen u. geschäftl. Verkehr. Ein unentbehrl. Rathgeber bei Abfassung aller nur denkbaren Arten v. Briefen, Eingaben ꝛc. Nebst einer Anweisung die Regeln der deutschen Sprache auf eine leichte u. sichere Weise einzuüben. Zur Selbstbelehrung durch eine große Anzahl v. Mustern, Beispielen u. Formularen anschaulich erläutert. Mit 3 Kpfrtaf. 2. (Titel-)Aufl. gr. 8. (678 S.) Leipzig (845) 849, Sechling. 3/4 ß

Hoffmann, P. F. L., allgemeiner Briefsteller für den geselligen und geschäftl. Verkehr. Ein unentbehrl. Rathgeber bei Abfassung aller nur denkbaren Arten von Briefen, Eingaben ꝛc. Nebst einer Anweisung die Regeln der deutschen Sprache auf eine leichte und sichere Weise einzuüben. Zur Selbstbelehrung durch eine große Anzahl von Mustern, Beispielen und Formularen anschaulich erläutert. 2. (Titel-)Aufl. gr. 8. (678 S. mit 3 Kpfrt.) Leipzig 850, [E. Fleischer.] —

—— allgemeiner Familien- und Geschäfts-Briefsteller nach den Anforderungen der neuesten Zeit oder Musterbuch zur Abfassung von Briefen, Aufsätzen, Documenten und Verträgen, wie sie in den verschiedensten bürgerl. und geschäftl. Verhältnissen nur irgend vorkommen. Ein vollständ. Geschäftshandbuch für Personen jeden Standes, enth.: eine kurze, leichtfaßl. Sprach- und Rechtschreiblehre ꝛc. nebst mehreren Anhängen enth. eine leichtfaßl. Anleitung zur einfachen Buchführung; ein Stammbuch, oder Auswahl von Devisen für Albums; ein gedrängtes, aber vollständ. Fremdwörterbuch. 3., umgearb. und verb. Aufl. Lex.-8. (XVIII und 394 S.) Leipzig 850, [E. Fleischer.] —

Hoffmann, P. F. L., allgemeiner Familien- und Geschäfts-Briefsteller nach den Anforderungen der neuesten Zeit, oder Musterbuch zur Abfassung von Briefen, Aufsätzen, Documenten ꝛc. Ein vollständiges Geschäftshandbuch für Personen jeden Standes ꝛc. 4. verb. ꝛc. Aufl. Leipzig 858. Brandstetter. gr. 8. (XX, 397 S.) 22 1/2 ngr.

Hoffmann, P. F. L., allgemeiner Familien- und Geschäfts-Briefsteller nach den Anforderungen der neuesten Zeit, oder Musterbuch zur Abfassung von Briefen, Aufsätzen, Documenten ꝛc. Ein vollständiges Geschäftshandbuch für Personen jeden Standes. 5. verb. u. verm. Aufl. Leipzig 862. Brandstetter. gr. 8. (XVIII, 406 S.) 22 1/2 ngr.; cart. 27 1/2 ngr.

Hoffmann, P. F. L., allgemeiner Familien- und Geschäfts-Briefsteller nach den Anforderungen der neuesten Zeit, oder Musterbuch zur Abfassung von Briefen, Aufsätzen, Documenten ꝛc. Ein vollständ. Geschäftshandbuch für Personen jeden Standes. 5., verb. und verm. Aufl. gr. 8. (XVIII und 406 S.) Leipzig 863, Brandstetter. 22 1/2 Ngr.; cart. —

—— allgemeiner Familien- und Geschäftsbriefsteller nach den Anforderungen der neuesten Zeit, oder Musterbuch zur Abfassung von Briefen, Aufsätzen, Documenten und Verträgen, wie sie in den verschiedensten bürgerlichen und geschäftlichen Verhältnissen nur irgend vorkommen. Ein vollständiges Geschäftshandbuch für Personen jeden Standes nebst mehreren Anhängen, enth. eine leicht faßl. Anleitung zur einfachen Buchführung; ein Stammbuch oder Auswahl von Devisen für Albums; ein gedrängtes, aber vollständ. Fremdwörterbuch. 7. verb. und verm. Aufl. 8. (29 Bog.) Leipzig 873, Brandstetter. ℳ 2,50.; geb.

Hoffmann, P. F. L., allgemeiner Familien- und Geschäfts-Briefsteller nach den Anforderungen der neuesten Zeit, oder Musterbuch zur Abfassung von Briefen, Aufsätzen, Dokumenten und Verträgen, wie sie in den verschiedensten bürgerl. und geschäftl. Verhältnissen nur irgend vorkommen. Ein vollständ. Geschäftshandbuch für Personen jeden Standes, nebst mehreren Anhängen, enthaltend: eine leichtfaßl. Anleitung zur einfachen Buchführung, eine Auswahl von Stammbuchsversen und ein gedrängtes, aber vollständ. Fremdwörterbuch. 8. verb. Aufl. gr. 8. (XII, 412 S.) Leipzig 884, Brandstetter. *ℳ 2.; geb. *

Hoffmann, P. F. L., allgem. Familien- u. Geschäfts-Briefsteller nach den Anforderungen der neuesten Zeit, od. Musterbuch zur Abfassg. v. Briefen, Aufsätzen, Dokumenten u. Verträgen, wie sie in den verschiedensten bürgerl. u. geschäftl. Verhältnissen nur irgend vorkommen. Ein vollständ. Geschäftshandbuch f. Personen jeden Standes, nebst mehreren Anhängen, enth.: e. leichtfaßl. Anleitg. zur einfachen Buchführg.; e. Auswahl von Stammbuchsversen u. e. gedrängtes, aber vollständiges Fremdwörterbuch. 9. verb., in neuester Rechtschreibg. gedr. Aufl. gr. 8. (XII, 412 S.) Leipzig (902). F. Brandstetter. n. 2. —; kart. n. 2. 60

Hoffmann, P. F. L., allgem. Familien- u. Geschäfts-Briefsteller nach den Anforderungen der neuesten Zeit, od. Musterbuch zur Abfassg. v. Briefen, Aufsätzen, Dokumenten u. Verträgen, wie sie in den verschiedensten bürgerl. u. geschäftl. Verhältnissen nur irgend vorkommen. Ein vollständ. Geschäftshandb. f. Personen jeden Standes, enth.: kurze leichtfaßl. Sprach- u. Rechtschreiblehre; allgemeine Regeln üb. d. Abfassg. schriftl. Aufsätze; besond. Regeln u. Förmlichkeiten beim Briefschreiben u. s. w., nebst mehreren Anhängen, enth.: e. leichtfaßl. Antleitg. z. einfachen Buchführg.; e. Auswahl v. Stammbuchsversen u. e. gedrängtes, aber vollständ. Fremdwörterbuch). 10., in neuester Rechtschreibg. gedr. Aufl. (XII, 412 S.) 8. Leipzig (910). F. Brandstetter. 2. —; geb. in Halbleinw. 2. 60

Hoffmann, P. F. L., lustige Fibel, od. so lernen Kinder spielend das ABC u. lesen. Mit 25 color. Bildern (auf 8 lith. Taf.) 8. (16 S.) Hamburg 852, Berendsohn. 9 ngr

Hoffmann, P. F. L., lustige Fibel oder so lernen Kinder spielend das ABC und lesen. Mit 25 ill. Bildern. 8. (16 S. mit 8 Stnt.) Hamburg 855, B. S. Berendsohn.

— gedrängtes aber vollständiges Fremdwörterbuch zur Erklärung aller in der Schrift- u. Umgangssprache rc. vorkommenden fremden Wörter u. Redensarten. Mit genauer Angabe der richtigen Aussprache. Ein bequemes Handbuch für jeden Stand u. jedes Alter. Nach den Anforderungen der neuesten Zeit bearb. 4. verb. Aufl. 32. (343 S.) Leipzig 850, Schtling. n. 1/3 ℳ

Hoffmann, P. F. L., gedrängtes aber vollständiges Fremdwörterbuch zur Erklärung aller in der Schrift- und Umgangssprache rc. vorkommenden fremden Wörter u. Redensarten. Mit genauer Angabe der richtigen Aussprache rc. Nach den Anforderungen der neuesten Zeit bearb. 5. verb. u. bis auf 18,000 Wörter verm. Aufl. Leipzig 857. Brandstetter. 16. (VIII, 437 S.) 10 ngr

— gedrängtes, aber vollständiges Fremdwörterbuch zur Erklärung und Verdeutschung aller in der Schrift- und Umgangssprache, in den Zeitungen, sowie in den verschiedensten bürgerlichen und geschäftlichen Verhältnissen vorkommenden fremden Wörter und Redensarten. 6. Aufl. 859. (VIII, 439 S.) — 7. Aufl. 860. (VII, 468 S.) — 8. Aufl. 862. (VIII, 472 S.) — 9. tausendfältig verb. u. bis auf mehr als 21,000 Wörter verm. Aufl. Ebend. 864. 16. (VIII, 502 S.) 10 ngr; cart. 12 ngr

— gedrängtes, aber vollständiges Fremdwörterbuch zur Erklärung u. Verdeutschung aller in der Schrift- u. Umgangssprache, in den Zeitungen, sowie in den verschiedensten bürgerlichen u. geschäftlichen Verhältnissen vorkommenden fremden Wörter u. Redensarten. 10., tausendfältig verb. u. bis auf mehr als 24,000 Wörter verm. Aufl. Leipzig 865. Brandstetter. 16. (VIII, 512 S.) 10 ngr; cart. 12 ngr

—— gedrängtes aber vollständiges Fremdwörterbuch zur Erklärung aller in der Schrift- oder Umgangssprache, in den Zeitungen, sowie in den verschiedensten bürgerl. und geschäftl. Verhältnissen vorkommenden fremden Wörter und Redensarten. Mit genauer Angabe der richt. Aussprache. Ein bequemes Handbuch für jeden Stand und jedes Alter. Nach den Anforderungen der neuesten Zeit. 11.—17. neu bearb., tausendfältig verb. und bis auf 24,000 Wörter verm. Aufl. 16. (VIII, 512 S.) Ebendas. 867—75. ℳ 1,10.; geb.

Hoffmann, P. F. L., gedrängtes, aber vollständiges Fremdwörterbuch zur Erklärung und Verdeutschung aller in der Schrift- und Umgangssprache, in den Zeitungen, sowie in den verschiedensten bürgerl. und geschäftl. Verhältnissen vorkommenden fremden Wörter und Redensarten. Ein bequemes Handbuch für jeden Stand und jedes Alter. 18. neu bearb., tausendfältig verb. und bis auf mehr als 24,000 Wörter verm. Aufl. 12. (II, 633 S.) Leipzig 877, Brandstetter. ℳ 1,10.; cart. 1 35

—— gedrängtes aber vollständiges Fremdwörterbuch zur Erklärung und Verdeutschung aller in der Schrift- und Umgangssprache, in den Zeitungen, sowie in den verschiedensten bürgerl. und geschäftl. Verhältnissen vorkommenden fremden Wörter und Redensarten. Mit genauer Angabe der richt. Aussprache und Betonung der Wörter. Ein bequemes Handbuch für jeden Stand und jedes Alter. 19. verb. und ansehnlich verm. Aufl. gr. 16. (658 S.) Ebendas. 884. geb. *

Hoffmann, P. F. L., gedrängtes aber vollständiges Fremdwörterbuch. 20., verb. Aufl. 16. (XIV, 658 S.) Leipzig 892. F. Brandstetter. n. 1. 20; kart. n. 1. 60

Hoffmann's, P. F. L., gedrängtes vollständiges Fremdwörterbuch zur Erklärung u. Verdeutschung aller in der Wissenschaft, Schrift- u. Umgangssprache, in den Zeitungen sowie den verschiedensten bürgerlichen u. geschäftlichen Verhältnissen gebräuchlichen fremden Wörter u. Redensarten. In neuer Rechtschreibg. u. m. genauer Angabe der richt. Aussprache, Betong. u. Fallbiegg. der Wörter. Ein bequemes Handbuch f. jedermann. 22. Aufl., neu bearb. v. Theod. Matthias. (IV, 664 S.) 16. Leipzig 905. F. Brandstetter. n. 1. 20; kart. n. 1. 60

— gedrängtes vollständiges Fremdwörterbuch zur Erklärung u. Verdeutschung aller in der Wissenschaft, Schrift- u. Umgangssprache, in den Zeitungen sowie den verschiedensten bürgerl. u. geschäftl. Verhältnissen gebräuchl. fremden Wörter u. Redensarten. In neuer Rechtschreibg. u. m. genauer Angabe d. richt. Aussprache, Betong. u. Fallbiegg. der Wörter. Ein bequemes Handbuch f. jedermann. Neu bearb. v. Theod. Matthias. 23. Aufl. (IV, 664 S.) 16. Ebd. 907. 1.20; kart. 1. 60

Hoffmann, P. F. L., der Führer zur Weisheit und Tugend, in Fabeln, Liedern, Parabeln, Erzählungen rc. Zur Uebung des Gedächtnisses und eines schönen Redevortrages. Nach einer zweckmäß. der kindl. Fassungskraft angemess. Stufenfolge geordnet und mit Angabe einer richtigen Betonung versehen. 2., verm. und verb. Aufl. 8. (XII und 264 S.) Hamburg 851, Jowien.

—— der Führer zur Weisheit und Tugend, in Fabeln, Liedern, Parabeln, Erzählungen rc. Zur Uebung des Gedächtnisses und eines schönen Redevortrages. Nach einer zweckmäß., der kindl. Fassungskraft angemessenen Stufenfolge geordnet und mit Angabe einer richtigen Betonung versehen. 3., stark verm. und verb. Aufl. 8. (XII und 264 S.) Hamburg 863, Jowien. cart

—— der Führer zur Weisheit und Tugend, in Fabeln, Liedern, Parabeln rc. Mit Beiträgen von Schiller, Goethe, Herder rc. Zur Uebung des Gedächtnisses und eines schönen Redevortrages. Nach einer zweckmäß., der kindlichen Fassungskraft angemessenen Stufenfolge geordnet und mit Angabe einer richt. Betonung versehen. 4. Aufl. 8. (XII, 264 S.) Hamburg 869, Jowien. geb.

Hoffmann, P. F. L., der vollkommene Kartenkünstler. Leichtfaßliche Anleitg. zu den überraschendsten Kartenkunststücken, vom einfachsten bis zu der schwierigsten, die überhaupt nur ausgeführt werden können. 10., bis zu 120 Kunststücken verm. Aufl. 16. (80 S.) Hamburg 873. B. S. Berendsohn. — 75

— der Meister in allen Kartenspielen. Eine prakt. Anleitg. zur schnellen Erlerng. aller beliebten Kartenspiele. 8. (V, 263 S.) Ebend. 874. n. 3. —

Hoffmann, P. F. L., Quelle nützlicher Beschäftigungen für die Jugend. In leicht auszuführenden Künsten, Spielen u. Unterhaltungen mannigfacher Art. Mit 13 Kpfrtaf. u. 5 Holzschn. 2e verb. Aufl. gr. 12. Altona 841. Aue. 7/8 ℛ︁

— der kleine Schmetterlingsfänger. Eine leichtfaßl. Anweisung ohne alle Vorkenntnisse Schmetterlinge zu fangen, aus Raupen u. Puppen zu erziehen, zuzubereiten u. in Sammlungen aufzubewahren. Nebst Beschreibung der vorzüglichsten, in unserer Gegend bekannten Schmetterlinge. 2. (Titel-)Aufl. Mit (2) color. Kpfrn. 12. (VI u. 90 S.) Leipzig (843) 850, Sechtling. 12 ngr

—— der kleine Schmetterlingsfänger. Eine leichtfaßl. Anweisung ohne alle Vorkenntnisse Schmetterlinge zu fangen, aus Raupen und Puppen zu erziehen, zuzubereiten und in Sammlungen aufzubewahren. Nebst Beschreibung der vorzüglichsten, in unserer Gegend bekannten Schmetterlinge. 2. (Titel-)Aufl. 12. (VI und 90 S. mit 2 ill. Kpfrn.) Leipzig 850, [E. Fleischer.]

— vollständ. Taschen-Wörterbuch zur Erklärg. u. Rechtschreibung von mehr als 17000 fremden Wörtern, welche in Zeitungen, in der Umgangssprache ꝛc. oft vorkommen; nebst Angabe ihrer richtigen Aussprache. 3. stark verm. u. verb. Aufl. 16. (VI u. 426 S.) Ebd. 849. n. 12 ngr

—— vollständiges politisches Taschenwörterbuch. Ein Handbuch zur leichten Verständigung der Politik, der Staatswissenschaften und Rechtsurkunden, so wie überhaupt einer ausführl. Erklärung aller polit. und socialen Fragen, constitutionellen und staatsrechtl. Begriffe, Ausdrücke, Parteinamen und Fremdwörter. Neue, mit einem Anh. verm. und verb. Ausg. 16. (VI und 270 S.) Leipzig 865, Brandstetter. cart.

—— der hamburgische Tourist. Ein ausführlicher Wegweiser für Lustreisende durch Hamburgs Umgebungen, sowohl bei Touren in der nächsten Umgegend, als auch bei weiteren Ausflügen durch Holstein ꝛc., nebst Bemerkung alles Sehenswerthen der Städte: Hamburg und Altona. gr. 16. (XII und 304 S.) Hamburg 852, Gaßmann. *
Mit lithogr. Karte in gr. Fol. *

— Was fangen wir heute an? Ein Schatz interessanter Unterhaltungen, belehrender Spiele u. Selbstbeschäftigungen der mannigfachsten Art. Zur Entwickelung u. Stärkung der Körper- u. Verstandeskräfte der Jugend. Mit vielen (theils color.) Abbildgn. auf 16 Kpfrtaf. gr. 12. (IV u. 164 S.) Hamburg 850, Jowien. n. 24 ngr

Hoffmann, P. F. L., neuestes Wörterbuch der deutschen Sprache, nach dem Standpunkte ihrer heutigen Ausbildung. Mit besonderer Rücksicht auf die Schwierigkeiten in der Beugung, Fügung ꝛc. der Wörter, u. mit vielen erläuternden Beispielen aus dem praktischen Leben. Nach Adelung, Campe, Grimm, Sanders u. A. bearb. Leipzig 860. Brandstetter. 8. (IV, 615 S.) 1 ℛ︁; cart. 1 ℛ︁ 5 ngr

—— neuestes Wörterbuch der deutschen Sprache nach dem Standpunkte ihrer heutigen Ausbildung. Mit besond. Rücksicht auf die Schwierigkeiten in der Beugung, Fügung, Bedeutung und Schreibart der Wörter und mit vielen erläut. Beispielen aus dem prakt. Leben. Nach Adelung, Campe, Grimm, Heyse, Sanders ꝛc. 8. (13¼ Bog.) Leipzig 872, Brandstetter. geb.

Hoffmann, Paul Frdr. Ldwg, Neuestes Wörterbuch der deutschen Sprache, nach dem Standpunkt ihrer heutigen Ausbildung ... Nach Adelung, Campe, Grimm u. a. bearb. Leipzig 1860. 8. . . . . (886.; b.)
——, —— 2. gänzl. umgearb. Aufl. Ebda 1872. 8.
——, —— 3. Aufl. Leipzig 1884. 8.

— prakt. grammatikalisches Wörterbuch d. deutschen Sprache. Ein Rathgeber f. diejenigen, welche ohne Kenntniß der grammat. Regeln richtig sprechen u. schreiben wollen. Mit besond. Rücksicht auf den richtigen Gebrauch d. Dativ's u. Accusativ's. In alphabet. Ordnung durch Tausende v. Beispielen aus dem prakt. Leben erläutert. Nach Adelung, Becker, Campe u. A. bearb. 2. Aufl. 16. (VIII u. 486 S.) Leipzig 849, Sechtling. ½ ℛ︁

— praktisches grammatikalisches Wörterbuch der deutschen Sprache. Ein Rathgeber für Diejenigen, welche ohne Kenntniß der grammatikal. Regeln richtig sprechen u. schreiben wollen ꝛc. In alphabet. Ordnung ꝛc. Nach Adelung, Becker, Campe, Grimm ꝛc. bearb. 3. verb. Aufl. Ebend. 858. 16. (XII, 516 S.) 12 ngr

—— praktisches grammatikalisches Wörterbuch der deutschen Sprache. Ein Rathgeber für diejenigen, welche ohne Kenntniß der grammatikal. Regeln richtig sprechen und schreiben wollen. Mit besond. Rücksicht auf den richt. Gebrauch des Dativs und Accusativs, oder der Wörter: mir, mich, Ihnen, Sie, dem, den ꝛc. In alphabet. Ordnung durch Tausende von Beispielen aus dem prakt. Leben erläut. Nach Adelung, Campe, Grimm, Heyse, Sanders u. A. 4. verb. Aufl. 16. (39 Bog.) Ebendas. 871. geb.

—— praktisches grammatikalisches Wörterbuch der deutschen Sprache. Ein Ratgeber selbst für diejenigen, welche ohne Kenntnis der grammatikal. Regeln richtig sprechen und schreiben wollen. Mit besond. Rücksicht. auf den richt. Gebrauch des Dativs und Accusativs, oder der Wörter: mir, mich, Ihnen, Sie, dem, den ꝛc. In alphabet. Ordnung, durch Tausende von Beispielen aus dem prakt. Leben erläutert. Nach Adelung, Campe, Grimm, Heyse, Sanders u. a. bearb. 5. verb. Aufl. 16. (XII, 612 S.) Ebendas. 882. *
cart. *

— praktisches grammatikalisches Wörterbuch der deutschen Sprache. Ein Ratgeber selbst f. diejenigen, welche ohne Kenntnis der grammatikal. Regeln richtig sprechen u. schreiben wollen. Nach Adelung, Campe, Grimm, Heyse, Sanders u. a. bearb. 6., verb. Aufl. 12. (VIII, 628 S.) Ebd. 894. n. 1. 50; geb. in Halbleinw. n. 1. 80

— praktisches grammatikalisches Wörterbuch der deutschen Sprache. Ein Ratgeber selbst f. diejenigen, welche ohne Kenntnis der grammatikal. Regeln richtig sprechen u. schreiben wollen. Mit besond. Rücksicht auf den richt. Gebrauch des Dativs u. Accusativs, oder der Wörter: mir, mich, Ihnen, Sie, dem, den ꝛc. In alphabet. Ordng. durch Tausende v. Beispielen aus dem prakt. Leben erläutert. Nach Adelung, Campe, Grimm, Heyse, Sanders u. a. bearb. 7. verb. Aufl. 12. (VIII, 628 S.) Ebd. 901. n. 1. 50; geb. n. 1. 80

— praktisches grammatikalisches Wörterbuch der deutschen Sprache. Ein Ratgeber beim mündl. u. schriftl. Sprachgebrauche, besonders f. solche, die ohne Kenntnis der grammatikal. Regeln richtig sprechen u. schreiben wollen. Mit besond. Rücksicht auf den richt. Gebrauch d. Dativs u. Akkusativs, od. der Wörter: mir, mich, Ihnen, Sie, dem, den ꝛc. In alphabet. Ordng. durch Tausende v. Beispielen aus dem prakt. Leben erläutert. Nach den besten Quellen umgearb. v. Ernst Lüttge. 8. Aufl. (VIII, 620 S.) 16. Leipzig 909. F. Brandstetter. 1.50; kart. 1. 80

—— Wörterbuch der deutschen Sprache, nach dem Standpunkt ihrer heutigen Ausbildung. Mit besond. Rücksicht. auf die Schwierigkeiten in der Beugung, Fügung, Bedeutung und Schreibart der Wörter, und mit vielen erläut. Beispielen aus dem prakt. Leben. Nach Adelung, Campe, Grimm, Heyse, Sanders u. A. bearb. 3. gänzlich umgearb. Aufl. 8. (VI, 705 S.) Ebendas. 884. * ℳ 3,60.; cart. *

Hoffmann, P. F. L., Wörterbuch d. deutschen Sprache, nach d. Standpunkt ihrer heut. Ausbildg. M. bes. Rücksicht auf d. Schwierigkeiten in d. Beugg., Függ., Bedeutg. u. Schreibart d. Wörter, u. m. vielen erläut. Beispielen aus d. prakt. Leben. Nach Adelung, Campe, Grimm, Heyse, Sanders u. A. bearb. 4. Aufl. 8. (VI, 705 S.) Leipzig 896. F. Brandstetter. n. 3. 60; kart. n. 4. 20

— **Wörterbuch** der deutschen Sprache, nach dem Standpunkt ihrer heutigen Ausbildung. Mit besond. Rücksicht auf die Schwierigkeiten in der Beugg., Függ., Bedeutg. u. Schreibart der Wörter u. m. vielen erläut. Beispielen aus dem prakt. Leben. 5. Aufl. neubearb. v. Gust. Mohr. (IV, 620 S.) 8. Ebd. 905. Geb. in Leinw. n. 4. 20

Hoffmann, P. F. L., Wörterbuch der deutschen Sprache nach dem Standpunkt ihrer heutigen Ausbildung. Mit besond. Rücksicht auf die Schwierigkeiten in der Beugg., Függ., Bedeutg. u. Schreibart der Wörter u. m. vielen erläut. Beispielen aus d. prakt. Leben. Neubearb. v. Gust. Mohr. 7. Aufl. (IV, 620 S.) 8. Leipzig 910. F. Brandstetter. Geb. in Leinw. 4. 20

— **volksthümliches Wörterbuch** der deutschen Synonymen nach alphabetischer Ordnung, oder Erklärung der in der deutschen Sprache vorkommenden sinnverwandten Wörter. Für Alle, welche die feinen Unterschiede der Begriffe kennen lernen u. die Fertigkeit eines leichten, richtigen u. bestimmten Ausdrucks sich erwerben wollen. Ebend. 859. 16. (IV, 351 S.) 10 ngr; cart. 12 ngr

Hoffmann, P. F. L., volksthümliches Wörterbuch der deutschen Synonymen nach alphabetischer Ordnung oder Erklärung der in der deutschen Sprache vorkommenden sinnverwandten Wörter. Für Alle, welche die feinen Unterschiede der Begriffe kennen lernen u. die Fertigkeit eines leichten, richtigen u. bestimmten Ausdrucks sich erwerben wollen. 2. Aufl., rev. u. ergänzt durch Alfr. Hoffmann. 16. (357 S.) Leipzig 878. Brandstetter. n. 1. 20; cart. 1. 40

Hoffmann, P. F. L., volksthümliches Wörterbuch der deutschen Synonymen nach alphabetischer Ordnung oder Erklärung der in der deutschen Sprache vorkommenden sinnverwandten Wörter. Für alle, welche die feinen Unterschiede der Begriffe kennen lernen und die Fertigkeit eines leichten, richtigen und bestimmten Ausdrucks sich erwerben wollen. 3. gänzlich umgearb. Aufl. 16. (IV, 379 S.) Leipzig 888, Brandstetter. * 1 20
cart. * 1 40

— **volkstümliches Wörterbuch der deutschen Synonymen nach alphabetischer Ordnung, od. Erklärg. der in der deutschen Sprache vorkomm. sinnverwandten Wörter. Für alle, welche die feinen Unterschiede der Begriffe kennen lernen u. die Fertigkeit e. leichten, richt. u. bestimmten Ausdrucks sich erwerben wollen. 5. Aufl. 12. (IV, 379 S.) Ebd. 901. n. 1. 20; geb. n. 1. 40**

— **volkstümliches Wörterbuch der deutschen Synonymen nach alphabetischer Ordnung, od. Erklärg. der in der deutschen Sprache vorkomm. sinnverwandten Wörter. Für alle, welche die feinen Unterschiede der Begriffe kennen lernen u. die Fertigkeit e. leichten, richt. u. bestimmten Ausdrucks sich erwerben wollen. 6. Aufl. (IV, 379 S.) 16. Ebd. 906. n. 1. 20; geb. n. 1. 40**

Hoffmann, Paul Gerhard, Referendar beim Landgericht in Posen: **In wie weit kennt das bürgerliche Gesetzbuch ein gesetzliches Rücktrittsrecht vom Vertrage?** *Greifswald 1900: J. Abel.* (63 S.) 8°
Greifswald, Jur. Diss. v. [9. Nov.] 1900

Der Gabelsberger Stenographenverein Ansbach. Gegr. am 2. Aug. 1869. **Erster Bericht üb. d. Thätigkt d. Ver. u. üb. d. Verbreitg u. Verwertg d. Gabelsb. Stenogr. in Ansbach überhaupt. 1869 1894.** Im Auftr. d. Ver. an d. Hand der Protok. bearb. v. Peter Hoffmann ... *Ansbach: Dr. v. C. Brügel & Sohn 1894.* (2 Bl., 16 S.) 1 Bd 8. [95. 3675

Hoffmann, Pet., des Reichskanzlers Finanzpolitik u. die Bauern. Mittheilungen von der VII. Wander-Versammlung badischer Landwirthe u. Gutsbesitzer zu Karlsruhe am 10. Febr. 1879. Den deutschen Landwirthen gewidmet. gr. 8. (70 S.) Mannheim 879. Hermann. n. — 80

Die statistischen Konstruktionen des Großh. Bad. Regierungsassessors Dr. Moritz Hecht zu Gunsten des Modernen Industriestaates in seiner von d. Univ. Freiburg i. Br. gekrönten Preisschrift (Die Badische Landwirtschaft am Anfange d. XX. Jahrhunderts). Eine Kritik von Peter **Hoffmann,** Domänen-Dir. in Karlsruhe (Baden). *Berlin: W. Ißleib [1903].* (78 S.) 8° [F.] [04. 13741

REISEABENTEUER (von *Peter Friedr. Ludw. Hoffmann*). Hamburg 1840.
Anon.-Lex. III. p. 363 (nach Schröder).

SPASSVÖGEL. Auswahl drolliger und witziger Anekdoten, erheiternder Scherze .... (von *Peter Frdr. Ludw. Hoffmann*). Hamburg 1839.
Anon.-Lex. IV. p. 100 (nach Schröder).

Hoffmann, Peter Johann G.

— s. Bibliothek f. Preuß. Juristen.

Hoffmann, P. J. G.: Prüfung der zur Behauptung der Abschoßpflichtigkeit der Prediger in der Mark Brandenburg in Erbfällen von dem Legationsrath Reitemeyer aufgestellten Rechtsgründe. Züllichau 1801.

— Prüfung d. zur Behauptung d. Abschoß-Pflichtigkeit d. Prediger in d. Mark Brandenburg in Erbfällen von Reitemeier aufgestellten Rechtsgründe. 8. Züllichau 802. Darnmann. 7 gr

Hoffmann, Pt. J. Jac.: Repert. der in Criminal- u. Fiscal-Untersuchungss. — ergang. näheren Bestimm. d. preuss. Landesgesetze nach alphab. Mat.-Folge. *Züllichau,* **Darnmann. 817. gr. 8. (18 Gr.)**

— Repertorium der in criminal- u. fiscalischen Untersuchungssachen v. Verbrechen u. Strafen ergangenen nähern Bestimmungen der Preuß. Landesgesetze, nach alphabet. Materienfolge. gr. 8. Züllichau 817. (Gerig in Leipz.) 18 gr

Hoffmann, Repertorium zur allgemeinen Hypothekenordn. vom 20. December 1783. rc. gr. 8. Züllichau, Darnmann. 805.

— Repertorium z. allgem. Hypothekenordnung der preuß. Staaten. gr. 8. Züllichau 805. (Gerig in Lpz.) 1 ℛ Hbg. Pr. 18 gr

Hoffmann, P. J. G.: Repertorium der Preußisch-Brandenburgischen Landesgesetze, welche in den ältern u. neuern Edicten-Sammlungen enthalten sind. Züllichau. 8 Bde
[Th. 1.] 1800.
1. auf das Neue Archiv u. die Oeconomia Forensis mitgerichtete Forts. 1802.
2. bes. auf die Ressortverfassung gerichtete Forts. 1803.
3. bes. auf die Forst- u. Jagdgesetze gerichtete Forts. 1804.
„ 2. ... mit Hinweisung auf den Inh. der neuen Criminal-Ordnung. 1810.
„ 3. bes. auf die Sportel- u. Stempelgesetze gerichtet. 1813.
„ 4. auch auf die Pommerschen- Chur. u. Neumärk. Amtsblätter, u. auf die Neumärk. Lehnsverfassung gerichtet. 1814.
„ 5. auch auf die Pommerschen- Chur- u. Neumärk. Amtsblätter gerichtet. 1817.

Hoffmann, P. J. G.: „Repertorium der preussisch-brandenburgischen Landesgesetze, welche in den ältern und neuen Edicten-Sammlungen enthalten sind, mit Hinweisung auf das allgemeine Landrecht und die allgemeine Gerichtsordnung, ingleichen auf die in den Annalen der Gesetzgebung, in den ältern und neuen Beiträgen zur juristischen Litteratur in den preussischen Staaten und in einigen andern classischen Privatwerken aufgenommenen gesetzlichen Verordnungen und practischen Rechtsmaterien für Cameral- und Justizbediente, nach alphabetischer Materienfolge entworfen", 5 Teile nebst Fortsetzungen, Züllichau 1800 bis 1817.

— Repertorium d. Preuß. Brandenburg. Landesgesetze, welche in d. Ediktensamml. d. Beitrr. zur jurist. Litt. u. d. Annalen d. Gesetzgebung enthalten sind. Küstrin 793. N. Aufl., unt. d. Tit.: Repertorium der Preuß. Landesgesetze, welche in d. Ediktensammll. enthalten sind. 8 Thle. gr. 8. Züllichau 800—17. (Fr. Fleischer in Lpz.) 14 Thlr 21 Gr 1e—3e Fortsetzung. gr. 8. Ebd. 802—4. 4 Thlr 16 Gr

HOFFMANN, Peter Johann G.: Repertorium der Preussisch-Brandenburgischen Landesgesetze, welche in den älteren und neueren Edicten-Sammlungen enthalten sind ... für Camer- und Justizbediente nach alph. Materienfolge entworfen 3. und letzte besonders auf die Forst- und Jagdgesetze gerichtete Fortsetzung. - Züllichau 1804

HOFFMANN (Pt. J. Jac.): Repertorium sämmtl. d. Hypothekenwesen in d. preuss. Staaten betreff. Landesgesetze; nach alphab. Materien-Folge f. Justizbeamte entw. *Züllichau*, Darnmann. 805. gr. 8. (1 Thl.)

– Repertorium der ... Paß-Polizei-Gesetze, s. Reiswitz

Hoffmann, Pt. J. Jac.: „Vollständiges Repertorium der Königl. Preussischen Stempelverordnungen, nach alphabetischer Materienfolge entworfen", Züllichau 1815 (Darnmann).

— vollständ. Repertorium d. Preuß. Stempelverordnungen, nach alphabet. Materienfolge. gr. 8. Züllichau 815. (Serig in Lpz.) 18 Gr

HOFFMANN, Pet. J. J.: Vollständ. Samml. der näheren Bestimm. der allgem. Gebühren-Taxe für sämmtl. Justiz-Collegia u. für die Justiz-Commissarien u. Notarien in d. Preuss. Staaten v. 23. Aug. 1815.; nebst ein. Anhang, welcher eine vollst. Uebersicht d. zehnten Abschnitts des 20. Titels, Thl. 2. des allgem. Landrechts, v. Beleidigungen der Ehre u. d. ergang. Erläuter. dess. u. eine Nachweisung der zum 8. Tit. v. Wechseln ergang. Declarationen enthält. *Berlin*. (Sander.) 822. gr. 8. (1 Thl. 6 Gr.)

— Topographie der Neumark Brandenburg, nach ihren gegenwärt. statist. u. kirchl. Zustande. gr. 4. Züllichau 802. (M. Grau in Leipz.) 2 Thlr 6 Gr Hbg. Pr. 1 Thlr (auch Michelsen in Leipz.) 2 Thlr 6 Gr

— Topographie d. Neumark f. Geschäftsmänner. gr. 8. Ebend. (in Comm.) 815.

— vollst. alphabet. Verzeichniß sämmtl. in d. Departement der königl. Preuß. Regierung zu Frankfurt a. d. O. belegenen Städte, Flecken, Dörfer, Kolonien, Vorwerke ꝛc. für Geschäftsmänner entworfen. gr. 8. Berl. 817. (Sander). 1 Thlr

HOFFMANN, Pt. J. Jac.: d. Vormundsch.-R. nach d. Grundss. d. allg. L. R. f. d. Preuss. Staaten. *Züll.*, Darnmann. 811. gr. 8. (1 Thl. 8 Gr.)

— das Vormundschaftsrecht nach d. Grundsätzen des allgemeinen Landrechts, f. die Preuß. Staaten. gr. 8. Züllichau 811. (Serig in Leipz.) 1 Thlr 8 Gr Hbg. Pr. 1 Thlr

Hoffmann, Pt. Joh. Jak., s. Hoffmann, Peter Johann G.

Hoffmann, Peter Werner, Assistenzarzt im 1. Lothringischen Pionier-Bataillon Nr. 16 in Metz: Aus der Akademie für praktische Medizin in Köln. Chirurgische Abteilung (Bürgerhospital): Herr Geh.-Rat Prof. Dr. Bardenheuer. Ueber isolierte Frakturen des Tuberkulum mains humeri. Leipzig 1906: B. Georgi. (44 S.) 8°

Leipzig, Med. Fak., Ref. Trendelenburg, Diss. v. 26. Febr. 1906

[Geb. 6. Febr. 79 Loeveling Kr. Neuß; Wohnort: Metz; Staatsangeh.: Preußen; Vorbildung: Gymn. Brilon Reife O. 99; Studium: Kaiser Wilh.-Akad. Berlin 9 S.; Coll. 26. Febr. 06; Approb. 5. April 05.]

Der Ameisenstaat, dessen Bewohner und innere Organisation. Von Philipp Hoffmann, P. der Naturgeschichte u. Chem. am l. P. — 1860. Ebend. — S. 3—30.
Progr. Bamberg

Hoffmann, Phil. (I.), Anleitung zum Studium der allgem. Naturgeschichte. gr. 8. (VIII und 269 S.) Regensburg 848, Manz.

— **Philipp** (Worms), De differentiis feudi novi et antiqui. Diss. jur. Giessen (Joh. Reinh. Vulpius) Dez. 1709. 20 S. (7.—) 15636
Widm. v.: Jo. Nicolaus Hert, Georg Ludw. Handwerck, C. A. v. Volgt (Schwed. Adel; Brem.; dtsch.), Joh. Jac. v. Bertram (Ltus.; dtsch.).

Hoffmann, Philipp, landwirtschaftl. Düngerlehre, s.: Lehrmeister-Bibliothek.

Hoffmann, Phpp., Excursionsflora für die Flussgebiete der Altmühl sowie der schwäbischen u. unteren fränkischen Rezat. Ein Taschenbuch zum Bestimmen der wildwachs. u. häufiger cultivirten Gefässpflanzen. 8. (L, 118 u. 330 S.) Eichstätt 879. Stillkrauth. n. 4. 80

Hoffmann, Phil., Grundriß e. Systems der Nosologie u. Therapie. gr. 8. Elberf. 798. (Schönian). 12 Gr N. wohlf. Ausg. Ebd. 812. 8 Gr

Hoffmann, Phil., Mustersammlung für Maurer. Bürgerl. Wohngebäude, ausgeführt in der neuesten Zeit in München. Als VII. Hft. od. III. Hft. des II. Bds. der Muster-Sammlung (v. Carl Wilh. Dempp). gr. 4. (12 lith. Taf. u. 2 Bl. Text.) München 847, Roller. 2/3 Thlr

HOFFMANN, PHIL. Ueber Nitroaethylparaox[illegible]zoësäure aus Aethylparakresol und Salpetersäure. Tübingen, [illegible].

— — (Mannheim), Positiones selectae ex philosophia. Präs. Johann Koch. Heidelberg (Johann Wiesen) 20. IX. 1791. 32 S. (6.50) 15637
Respond. ferner: Philipp Christ (Heidelberg), Conrad Heiligenstein (Mannheim).

Hoffmann, Phpp., Prodromus florae Eystettensis. Versuch e. systemat. Characteristik der in der näheren u. ferneren Umgebg. Eichstätt's wildwachs. Gefässpflanzen. 2 Hälften. 8. Eichstätt 868. 69. (Krüll.) n. 3. 60
1. Die Gattungen. (147 S.)
2. Die Arten. (278 S.)

—— dass. — 8. (CLVI, 278 S.) (Ebendas.) 870. *

HOFFMANN (P.). Prod. florae eystettensis. Eichstaedt, 1872. 8°.

— Der Tabakbau, s.: Merkblätter, landwirtschaftliche.

Hoffmann, Pierre: Kirchlicher Anzeiger für die Dioecese Luxemburg. Luxemburg: Brück 1871 - 1884. 14 Bde. 4°

Hoffmann, Pierre: Circular vom 23. Juli 1870, worin eine Sammlung von Geldern und Naturalien vorgeschrieben wird für die Verwundeten der beiden Nationen im deutsch-französischen Kriege. Luxemburg: Brück [1870]. 1 S. 4°

Hoffmann, Pierre: Circular vom 6. Juni 1870, worin öffentliche Gebete um gedeihlichen Regen vorgeschrieben werden. Luxemburg: Brück [1870]. 1 S. 4°

Hoffmann, Pierre: Schreiben vom 30. September 1881, an die HH. Pfarrer betreffs des Fallimentes der Luxemburger Nationalbank. Autogr. 2 S. 4°

Hoffmann, R.

— die Bedeutung d. Exkretion im Thier-Organismus. 8. Erlang. 823, Palm u. E.

Hoffmann, R., Beiträge zur gründl. wissenschaftl. Ausbildg. angeh. Apotheker, s.: Utile cum dulci.

Hoffmann, R.: Christus der Erlöser. Schmerzhafte Mutter. (Gegenstücke.) 1/2 Fol. Ton. Goldl. Wien: Paterno 1865

Hoffmann, R., die Frauen u. das Reich Gottes. Vortrag. 8. (31 S.) Leipzig 890. Boehme Nachf. n. — 30

Hoffmann, R., neueste Geburtstags-Gedichte. Orig.-Ausg. gr. 16. (24 S.) Hainichen 896. G. E. Hoffmann. — 10

(**Hoffmann, R.**) Geschichte des kgl. bayer. 5. Infanterie-Regiments Grossherzog von Hessen von seiner Errichtung 1722 bis 1868. (141) 8. Bamberg 1868.

Hoffmann, R., Geschichte des Realschulwesens in Deutschland, s.: Schmid, K. A., Geschichte der Erziehung. V. 2.

Hoffmann, R., Grundsätze u. Bedinggn. f. die Habilitation als Privatdozent bei den philosophischen Fakultäten d. Universitäten d. deutschen Reichs. Nach amtl. Unterlagen zusammengest. u. hrsg. gr. 8. (III, 40 S.) Leipzig-Reudnitz (893). M. Hoffmann. n. 1.—

— Grundsätze der Habilitation. 3 Hefte. Leipzig 890.

Hoffmann, R., der weiße Häuptling. Eine Sage von Nord-Mexico. Nach Mayne-Reid für die reifere Jugend bearb. Mit 6 Farbendr.-Bildern nach Aquarellen von E. A. Röhling. gr. 8. (236 S.) Leipzig 881, Bergmann. geb.

Hoffmann, R.: Inquisitiones microscopicae de vesicae urinariae epithelio. Gryphiae. 27 S. 1865.
Schul-/Univ.-Schrift

Hoffmann, R., ein Kampf um die Heimat. Ein Blatt aus der Geschichte der Pfalz. Orig.-Roman. gr. 8. (159 S.) Karlsruhe 886, Pollmann.

Hoffmann, R. [cand. med. aus Kottbus]: Statistische Mitteilungen über geburtshülfliche Operationen an der Frauenklinik zu Jena in den letzten 25 Jahren. . . . Jena, Druck v. G. Neuenhahn 1889; 85 + 1 S. 8°
Jena, Med. Fak., Inaug.-Diss. v. [23. Mai] 1889

— d. tapfere Panima, s.: Unterhaltungsbücher.

— — die Reise um die Erde in achtzig Tagen. Nach Jules Verne für die Jugend bearb. gr. 8. (IV, 232 S. mit 6 Oelfarbendr.-Bildern.) Ebendas. 881. geb.

Hoffmann, R. (Red.), s. Rundschau, Bibliographische, auf dem Gebiete der Theologie.

Hoffmann, R., Satzungen u. Bedingungen f. die Erwerbung des Doktorgrades bei den philosoph. Fakultäten, 10. Aufl. s.a. Satzungen u. Bedingungen etc.

Hoffmann, Satzungen u. Bedingungen f. die Erwerbung d. Doktorgrades bei d. jurist. Facultäten der Universitäten d. deut. Reiches. Leipzig-Reudnitz 889.

Hoffmann, R.: Satzungen und Bedingungen für die Erwerbung des Doktorgrades bei den philosophischen Fakultäten der Universitäten des Deutschen Reiches. Nebst e. Anh. enth. d. Promotionsordnungen d. naturwiss.-math. Fakultät Heidelberg, d. math. u. naturwiss. Fakultät Strassburg u. d. naturwiss. Fakultät Tübingen. Nach amtl. Unterlagen zsgest. u. hrsg. von - . Leipzig-Reudnitz: M. Hoffmann [übergekl.: A. Hoffmann] [nach 1892]. 79 S. 8°

Hoffmann, Satzungen u. Bedingungen f. die Erwerbung des Doktorgrades bei den medizinischen Fakultäten der Universitäten des deutschen Reiches. Nach amtlichen Unterlagen zusammengestellt u. hrsg. 4. Aufl. gr. 8. (III, 39 S.) Leipzig-R. 893. M. Hoffmann. n. 1. —
s.: Hoffmann, Max.

Hoffmann, R., Satzungen u. Bedingungen f. die Erwerbung des Doktorgrades bei den juristischen Fakultäten der Universitäten des deutschen Reiches. Nebst e. Anh., enth. die Promotionsordngn. der staatswissenschaftl. Fakultät München u. der staatswissenschaftl. Fakultät Tübingen. VI. Aufl. gr. 8. (III, 43 S.) Leipzig-R. 894. M. Hoffmann. n. 1. —
s. a.: Hoffmann, Max.

— Satzgn. u. Bedinggn. f. d. Erwerbung d. Doktorgrades bei d. philosoph. Fakultäten d. Universitäten d. deutschen Reiches. Nebst e. Anh., enth. d. Promotionsordngn. d. naturwissenschaftl.-mathemat. Fakultät Heidelberg. d. mathemat. u. naturwissenschaftl. Fakultät Strassburg u. d. naturwissenschaftl. Fakultät Tübingen. Nach amtl. Unterlagen zusammengest. u. hrsg. VIII. Aufl. gr. 8. (79 S.) Ebd. 896. n. 1. —

Hoffmann, R., neueste Schul-, Haus- u. Reisekarte v. Deutschland, mit Angabe d. Hauptpoststrassen, Eisenbahnen u. der Dampfschifffahrt. gr. Fol. In lith. Farbendr. Halle 847, Fernow. 1/6 ℳ

Hoffmann, R., Neueste Schul-, Haus- und Reisekarte von Deutschland, mit Angabe der Hauptpoststrassen, Eisenbahnen und der Dampfschifffahrt. Entworfen und zum Unterdruck eingerichtet. Halle a. d. Saale, Fernow, 1848. Imp.-Fol. Lith. und in Farben gedr. (1/6 ℳ)

Hoffmann, R., s. Spruchsammlung der deutschen Juristen-Zeitung.

Hoffmann, (R.,) d. Triebfeder d. Geburt. Eine physiolog. Abhandl. A. m. d. Umschlags-Titel: die Bedeutung der Excretion. gr. 8. Landshut 825, Weber.

— neue Weihnachts- u. Neujahrs-Gedichte. Orig.-Ausg. 8. (69 S.) Hainichen 896. G. E. Hoffmann. — 30; kleine Ausg. gr. 16. (24 S.) — 10

Hoffmann, R., Weissagung u. Erfüllung. Predigten üb. d. alttestamentl. Texte d. im Auftr. der deutschen evang. Kirchenkonferenz hrsg. Perikopenbuches. gr. 8. (142 S.) Dessau 899. Buchh. d. ev. Vereinshauses. n. 2. —

Hoffmann, R., Weissagung u. Erfüllung. Predigten üb. die alttestamentl. Texte des im Auftrag der deutschen evangel. Kirchenkonferenz hrsg. Perikopenbuches. II u. III. gr. 8. Dessau. [Buchh d. ev. Vereinshauses.] Schwerin, F. Bahn. à n. 2. —
II. Der Oster- u. Pfingstkreis. Vom Sonntag Estomihi bis Trinitatisfest. (S. 143—274.) 899.
III. Die Trinitatiszeit. Vom Trinitatisfest bis 27. Sonntag nach Trinitatis. (S. 275—462.) 900.

Hoffmann, Raimund, Erzählungen aus der röm. u. griech. Geschichte. Ein Festgeschenk für die studirende Jugend. Mit 8 (col.) Bildern. 8. (68 S.) Wien 847, Pfautsch & Voss. 24 ngl

H o f f m a n n, Raoul. (Sören) Kierkegaard und die religiöse Gewissheit. Biographisch-kritische Skizze. Aus dem Französischen übersetzt von Dr. phil. G Deggau. Vorwort von Dr. phil. H[ermann] Gottsched-Basel. Mit einem Bilde Kierkegaards [Tafel]. X + 210 S. 8. Göttingen, Vandenhoeck & Ruprecht, 1910. [M. 3. —, geb. 4. —]

Hoffmann, Reinhard [aus Braunschweig]: Aus d. pharmakolog. Institut d. Univ. Greifswald. Die Arzneimittel Rademachers. E. histor. Beitrag z. Arzneimittellehre ... Greifswald, Druck v. J. Abel, 1895; 50 S. 8.
Greifswald, Med. Fak., Inaug.-Diss. v. 17. Okt. 1895

Hoffmann, Reinhold, a. Erfurt in Thüringen: Die Ausdehnung der Lebensversicherung im Stadtbezirk Halle a. S. im Jahre 1903. Halle a. S. 1905: Gebauer-Schwetschke. (35 S.) 8° ¶(T. 2 einer größeren Arbeit, selbst. erschienen bei Gebauer-Schwetschke, Halle a. S. T. 1 soll anderweit veröffentlicht werden.)
Halle, Phil. Fak., Ref. Conrad, Diss. v. 6. Mai 1905
[Geb. 7. Aug 66 Erfurt; Wohnort: Halle; Staatsangeh.: Preußen; Vorbildung: Realgymn. Erfurt Reife O. 84; Studium: Halle 6 S.; Rig. 27. Febr. 05.]

Hoffmann, Reinhold [app. Arzt aus Ludwigsburg (Württ.)]: Beiträge zur Kenntnis der Keratitis parenchymatosa ... Strassburg i. E., Buchdr. C. Goeller, 1891; 24 S., 1 Bl. 8.
Strassburg, Med. Fak., Inaug.-Diss. v. 1891

Hoffmann, Rhold. Die Frauen u. das Reich Gottes. Vortrag. 8. (31 S.) Lpz. 890, [Boehme Nachf.]. Ungleich. * — 30

Hoffmann, Rhold., unser Ruhm: Jesus der Gekreuzigte. Abschiedspredigt, gehalten in der Dankeskirche zu Berlin am Sonntag Oculi, den 28. März 1886. gr. 8. (14 S.) Berlin 886, Fr. Schulze's Verlag. **

Hoffmann, Rhold., Luther in Worms. Vortrag. 8. (34 S.) Berlin 883, Rother.

HOFFMANN, REINHOLD. Ueber Monochloressigsäure. Heidelberg, 1857.

— - Johannes Tauler. Vortrag, gehalten auf dem Pastoral-Tage von Köln-Land zu Berlin am 6. Febr. 1883. gr. 8. (34 S.) Berlin 883, W. Schultze's Verlag.

—— tröstet, tröstet mein Volk! Predigten, dem Gedächtnisse Ihrer Majestäten, Kaiser Wilhelms I. und Kaiser Friedrichs III., gehalten in der Stadtpfarrkirche zu Zielenzig. 8. (29 S.) Ebendas. 888. *

Hoffmann, Reinhold (Red.), s. Turnzeitung, Akademische.

HOFFMANN, R. Ultramarin. (Gesammtbild der technischen Leistungen des Fabrikbetriebes bis zum Jahre 1885 und der wissenschaftlichen Erkenntniss der chemischen Constitution aller Ultramarinverbindungen bis heute.) Braunschweig, 1902. Ill.

Hoffmann, Rhold., Ultramarin. gr. 8. (VI, 164 S. m. Abbildgn.) Braunschweig 902. F. Vieweg & Sohn.) n. 4. —; geb. n. 5. —

Hoffmann, Reinoldus: De Joannis Scoti Erigenae vita et doctrina. Halis Saxonum 1877: Ploetz. 37 S. 8°
Halle-Wittenberg, Phil. Diss. v. 22. Jan. 1877
Geb. Sorau 26. 6. 1852. V.

—— das Zoar der Erziehung oder Pestalozzi und Zeller. Vortrag. gr. 8. (21 S.) Berlin 883, Bouillon.

Hoffmann, Rhold. Ed., Seewasser-Aquarien im Zimmer. Für den Druck bearb. und hrsg. von Karl Ruß. 8. (215 S.) Magdeburg 887, Creutz'sche Buchh. *

Hoffmann, Rich., der Altarbau im Erzbist. München u. Freising in seiner stilistischen Entwicklung, s.a. Beiträge zur Geschichte, Topographie u. Statistik des Erzbist. München u. Freising. 9. Bd.

Hoffmann, Richard: Der Altarbau im Erzbistum München und Freising in seiner stilistischen Entwicklung vom Ende des 15. bis zum Anfang des 19. Jahrhunderts. München: J. Lindauer 1905. (64 S.) 8° [F.] ¶(Aus: Deutinger, Beiträge z. Geschichte, Topographie u. Statistik d. Erzbistums München u. Freising, fortgesetzt von Specht Bd IX. N. F. Bd III.)
München, Phil. Fak., Ref. Riehl, Diss. v. 15. Apr. 1905
[Geb. 10. Sept. 76 Freising; Wohnort: München; Staatsangeh.: Bayern; Vorbildung: Gymn. Landshut Reife Juli 95; Studium: München 8, Lyzeum Freising 2, München 8 S.; Rig. 14. Juli 04.]

Hoffmann, Richard: Über Fortpflanzungserscheinungen von Monocystideen des Lumbricus Agricola. Jena: Fischer 1908. 29 S. 8° ¶(Aus: Archiv f. Protistenkunde. Bd 13, H. 2.)
Würzburg, Phil. Diss. v. 10. Dez. 1908, Ref. Boveri
[Geb. 30. Jan. 84 Würzburg; Wohnort: Würzburg; Staatsangeh.: Bayern; Vorbildung: Altes Gymn. Würzburg Reife Juli 03; Studium: Würzburg 9 S.; Rig. 3. Juni 08.] [U 09. 4165

Hoffmann, Rich., der einjährige Freiwillige im bayerischen Heere. Eine systemat. Zusammenstellung u. Bearbeitung aller hierauf bezügl. Gesetze, Verordnungen u. Rescripte, sowie e. Instruktion für den Dienst des einjährigen Freiwilligen. Bamberg 868. Buchner. gr. 8. (VIII, 87 S.) 15 ngl

Hoffmann, R., d. Fremdkörper d. Ohres, ihre Beziehgn. zur Nachbarschaft u. ihre Behandlg., s.a. Sammlung zwangloser Abhandlgn. aus d. Gebiete d. Nasen-, Ohren- etc. Krankheiten.

Die Fremdkörper des Ohres, ihre Beziehgn z. Nachbarschaft u. ihre Behandlg v. Dr. R[ichard] Hoffmann in Dresden ... *Halle a. S.: K. Marhold 1896.* (35 S.) 8.
= Sammlung zwangl. Abhandlungen a. d. Gebiete d. Nasen-, Ohren-, Mund- u. Hals-Krankhtn. Bd I, H. 12. [97. 2570

Maurerischer Gesang. „Eine kurze Spanne Zeit dauert dieses Erdenleben". Dichtung von Alb[ert] Linge. Für Männerchor und Pianoforte komp. von Rich. Hoffmann. Op. 130. Leipzig: Kahnt o. J. 7 S. 8° [Umschlagtit.] Mit Noten. 358 a.

Hoffmann, Rich., die letzten Goten. Drama. (158 S.) 8. Leipzig-Gohlis 910. B. Volger. 2.50

Hoffmann, Richard, Referendar aus Gr. Wanzleben: **Die Haftung des Schuldners für seine Gehülfen nach § 278 B.G.B.** *Halle a. S. 1902: C. A. Kaemmerer & Co.* (218 S.) 8°
Freiburg i. B., Rechts- u. staatswiss. Diss. v. 1901

Die Haftung des Schuldners für seine Gehülfen. Eine Studie über § 278 BGB. v. Dr. iur. Richard **Hoffmann**. *Berlin: Struppe & Winckler 1902.* (218 S.) 8°
[Erschien zuerst als jur. Diss. Freiburg i. B. 1902.] [03. 79

Hoffmann, Rich., s.: Jahres-Mappe d. deutschen Gesellschaft f. christliche Kunst.

— Die Kunstaltertümer im erzbischöfl. Klerikalseminare zu Freising. (VIII, 152 S. m. 32 Abb.) gr. 8. München 907. J. Lindauer. 2.50
Sonderabdr. a.: „Beiträge z. Gesch. usw. d. Erzbist. München u. Freising".

Hoffmann, Rich., u. Geo. Hager, die Kunstdenkmäler des Bez.-Amts Cham, s.: Kunstdenkmäler, die, des Königr. Bayern.

— u. Fel. **Mader,** die Kunstdenkmäler des Bez.-Amts Nabburg, s.: Kunstdenkmäler, die, des Königr. Bayern.

— u. Geo. **Hager,** die Kunstdenkmäler d. Bez.-Amts Vohenstrauss, s.: Kunstdenkmäler, die, des Königr. Bayern.

— — dasselbe v. Waldmünchen, s.: Kunstdenkmäler, die, des Königr. Bayern.

Hoffmann, Rich., üb. d. chronischen Ohrenfluss. gr. 8. (36 S.) Halle 900. C. Marhold. n. — 80
Sonderabdruck aus: „Sammlung zwangloser Abhandlungen aus dem Gebiete der Nasen- etc. Krankheiten".

Hoffmann, Richard [aus Potsdam]: Über das Verhältnis der Sehnerven-Atrophie zur Tabes dorsalis .... Berlin, Buchdr. v. Gustav Schade (Otto Francke) (1888); 30 S. + 1 Bl. 8°
Berlin, Med. Fak., Inaug.-Diss. v. 28. Jul. 1888

Hoffmann, Richard Adolf

Hoffmann, Rich. Adf., die Abendmahlsgedanken Jesu Christi. Ein biblisch-theolog. Versuch. gr. 8. (VII, 151 S.) Königsberg 896. F. Beyer. n. 2.80

Die Abendmahlsgedanken Jesu Christi. E. bibl.-theol. Versuch v. Richard Adolf **Hoffmann.** Königsberg i. Pr.: Thomas & Oppermann 1896. (4 Bl., 151 S.) 1 Bd 8°. [96. 1877

Hoffmann, Rich. Adf., Kant u. Swedenborg, s.a. Grenzfragen des Nerven- u. Seelenlebens. 69. Heft.

Kant und Swedenborg. Von Lic. Richard Adolf **Hoffmann,** Prof., Königsberg. Wiesbaden: Bergmann 1909. 29 S. 8°
(Grenzfragen d. Nerven- u. Seelenlebens. H. 69.) [09. 18294

Hoffmann, Rich. Ad., das Marcusevangelium u. seine Quellen. Ein Beitrag zur Lösg. der Urmarcusfrage. (IX, 644 S.) gr. 8. Königsberg 904. F. Beyer. n. 16. —

Lic. Rich(ard) Ad(olf) **Hoffmann,** Privatd. in Königsberg. Das Marcusevangelium und seine Quellen. Ein Beitrag z. Lösung d. Urmarcusfrage. Königsberg i. Pr.: Thomas & Oppermann 1904. (IX, 644 S.) 8° [F.] [05. 8081

Hoffmann, Ricardus Adolphus [cand. theol.]: De origine ac fide antiquissimorum qui de coena domini exstant fontium ... (Erschien vollst. 1896 u. d. T.: Die Abendmahlsgedanken Jesu Christi. E. bibl.-theolog. Versuch.) Regimonti, ex offic. Leupoldiana, 1897; 35 S. 8.
Königsberg, Theol. Fak., Lic.-Diss. v. 17. Juli 1897

Das Selbstbewußtsein Jesu nach den drei ersten Evangelien. Vortrag zu Königsberg i. Pr. 1904 geh. von Privatd. Lic. Rich. Ad[olf] **Hoffmann.** Königsberg i. Pr.: Thomas & Oppermann 1904. (29 S.) 8° [04. 15741 10

[F.] Was hat Sudermann im 'Johannes' gewollt, was erreicht? Vortrag, geh. in d. Dramat. Leseklub zu Königsberg i. Pr. v. Privatd. Lic. Rich. Ad. **Hoffmann.** *Königsberg i. Pr.: Thomas & Oppermann 1898.* (33 S.) 1 Bd 8. [98. 5543

[F.] Was versteht man unter wissenschaftlicher Bibelforschung? Von Lic. theol. Richard Adolf **Hoffmann,** Privatd. an d. Univ. Königsberg. *Königsberg i. Pr.: T. Oppermann 1897.* (20 S.) 1 Bd 8. [97. 7783 K.

Hoffmann, Richard Arthur Julius

Hoffmann, R. A. J. Italienische Humanisten und Rabelais und Montaigne als Pädagogen. I. Theil: Vegerio, Vegio, Enea Silvio, Filelfo, Jakob von Porcia, Sadolet, Rabelais. Stettin, Marienstifts-G., 1876. 28 S. 4. Progr.

Hoffmann, Rich. Konst., die Leipziger Stadtverordneten-Wahlen. Mit Berücksicht. der Reinhard'schen Schrift besprochen. gr. 8. (16 S.) Leipzig 894. Siegismund & Volkening. n. — 20

Hoffmann, R(ichard) Wolfgang: Über Zellplatten und Zellplattenrudimente. M. 2 Taf. u. 7 Fig. im Text. *Leipzig ([übergeklebt:] Marburg): W. Engelmann 1898.* (56 S. mit Taf.) 8° ¶ (Aus: Zeitschrift für wissenschaftliche Zoologie, Bd 63 H. 3.)
Marburg, Phil. Diss. v. [10. Febr.] 1898

Hoffmann, Rob. (II.), theoretisch-praktische Ackerbau-Chemie, s.a. Gohren, Thdr. v.

Hoffmann, Rob., theoretisch-praktische Ackerbau-Chemie nach dem heutigen Standpunkte der Wissenschaft und Erfahrung für die Praxis faßlich dargestellt. Mit Abbildgn. (in Holzschn.) u. Tab. 1—3. Liefg. Prag 863, 64. André gr. 8. (S. 1—304 u. 1 Tab. in 4.) 1. u. 2.: à n. 15 *ngr.*; 3.: n. 8 *ngr.*

(4.) **Hoffmann,** Dr. Robert, Theoretisch-praktische Ackerbau-Chemie, nach dem heutigen Standpunkte der Wissenschaft u. Erfahrung für die Praxis faßlich dargestellt. Mit Abbildungen u. Tabellen. 3. Lfg. 8. (S. 225—304.) Prag, André. 1864. 10 kr

Hoffmann, Rob., theoretisch-praktische Ackerbau-Chemie nach dem heutigen Standpunkte der Wissenschaft u. Erfahrung für die Praxis faßlich dargestellt. 4. Liefg. Prag 866. (Leipzig, Hirschfeld.) gr. 8. (IX, 396 S. mit Abbildungen in eingedr. Holzschn. u. Tabb.) n. 10 *ngr.*; compl. geb. n. 1 *rf* 15 *ngr.*

— — 2. gänzlich umgearb. Aufl. Mit Abbildgn. (in eingedr. Holzschn.) u. Tabb. Ebend. 869. gr. 8. (XIII, 344 S.) In engl. Einb. n. 1 *rf* 15 *ngr.*

Hoffmann's, Rob., theoretisch-praktische Ackerbau-Chemie nach dem heut. Standpunkte der Wissenschaft u. Erfahrung. 3. gänzlich umgearb. Aufl. von Thdr. v. Gohren. Mit zahlreichen (eingedr. Holzschn.-)Abbildgn. u. Tab. (In 3 Lfgn.) 1. Lfg. gr. 8. (160 S.) Leipzig 876. Hirschfeld. n. 2. —

Hoffmann's, Rob., theoretisch-praktische Ackerbau-Chemie nach dem heutigen Standpunkte der Wissenschaft u. Erfahrung. 3., gänzlich umgearb. Aufl. von Thdr. v. Gohren. Mit zahlreichen (eingedr. Holzschn.-)Abbildgn. u. Tab. 2—4. (Schluss-)Lfg. gr. 8. (XII u. S. 161—564.) Leipzig 877. Hirschfeld. n. 5. 20 (cplt.: n. 7. 20)

Hoffmann, Rob., Briefsteller für Liebende. Eine Sammlung von 119 Liebesbriefen für Herrn u. Damen. Nebst Anleitung, wie man Liebesbriefe schreiben soll u. einem Anh., enthltd.: Gelegenheits-Gedichte u. Stammbuchverse. Berlin 865. Mode's Verlag. 8. (VIII, 151 S.) 15 *ngr.*

— — 5. verm. u. verb. Aufl. Ebend. 868. 8. (VIII, 160 S.) 15 *ngr.*

Hoffmann, Rob. (I.), Briefsteller für Liebende. Eine Sammlung von Liebesbriefen für Herren und Damen. Nebst Briefen berühmter Personen und einer Anleitung, wie man Liebesbriefe schreiben soll, sowie einem Anh., enth.: einige Regeln der Metrik, Gelegenheitsgedichte und Stammbuchverse. 5.—8. verm. und verb. Aufl. 8. (176 S.) Berlin 869—75, Mode's Verlag.

Hoffmann, Rob. (I.), Briefsteller für Liebende. Eine Sammlung von Liebesbriefen für Herren und Damen. Nebst Briefen berühmter Personen und eine Anleitung, wie man Liebesbriefe schreiben soll, sowie ein Anhang, enth. einige Regeln der Metrik, Gelegenheitsgedichte, Lieder und Stammbuchverse. 9.—11. verm. und verb. Aufl. 8. (176 S.) Berlin 879, Mode's Verlag.

Hoffmann, Rob., Briefsteller für Liebende. Eine Sammlung von Liebesbriefen für Herren und Damen. Nebst Briefen berühmter Personen und einer Anleitung, wie man Liebesbriefe schreiben soll, sowie einem Anhang, enthaltend: einige Regeln der Metrik, Gelegenheitsgedichte, Lieder und Stammbuchverse. 12. und 13. verm. und verb. Aufl. 8. (176 S.) Berlin 880,82, Mode's Verlag.

Hoffmann, Rob., Briefsteller für Liebende. Eine Sammlung von Liebesbriefen für Herren und Damen. Nebst Briefen berühmter Personen und eine Anleitung, wie man Liebesbriefe schreiben soll, sowie einem Anhang, enthaltend: einige Regeln der Metrik, Gelegenheitsgedichte, Lieder und Stammbuchverse. 14.—16. verm. und verb. Aufl. 8. (176 S.) Berlin 884—86, Mode's Verlag.

Hoffmann, R., Briefsteller f. Liebende. Eine Sammlg. v. Liebesbriefen f. Herren u. Damen. Nebst Briefen berühmter Personen u. e. Anleitg., wie man Liebesbriefe schreiben soll, sowie e. Anh., enth.: einige Regeln der Metrik, Gelegenheitsgedichte, Lieder u. Stammbuchverse. 19., verm. u. verb. Aufl. 8. (176 S.) Berlin 890. Mode's Verl. 1. 50

Hoffmann, Rob., Briefsteller f. Liebende. E. Sammlg. v. Liebesbriefen f. Herren u. Damen. Nebst Briefen berühmter Personen u. e. Anleitung, wie man Liebesbriefe schreiben soll, sowie e. Anh., enth.: ein. Regeln d. Metrik, Gelegenheitsgedichte, Lieder u. Stammbuchverse. 22., verm. u. verb. Aufl. 8. (176 S.) Berlin 895. S. Mode's Verl. 1. 50

Hoffmann, Rob., Briefsteller f. Liebende. Eine Sammlg. v. Liebesbriefen f. Herren u. Damen. Nebst Briefen berühmter Personen u. e. Anleitg., wie man Liebesbriefe schreiben soll, sowie e. Anh., enth.: einige Regeln der Metrik, Gelegenheitsgedichte, Lieder u. Stammbuchverse. 24. verm. u. verb. Aufl. 8. (176 S.) Berlin (900). S. Mode's Verl. 1. 50

Hoffmann, Rob., Briefsteller f. Liebende. Eine Sammlg. v. Liebesbriefen f. Herren u. Damen. Nebst Briefen berühmter Personen u. e. Anleitg., wie man Liebesbriefe schreiben soll, sowie e. Anh., enth.: einige Regeln der Metrik, Gelegenheitsgedichte, Lieder u. Stammbuchverse. 26. verm. u. verb. Aufl. (176 S.) 8. Berlin (903). S. Mode. 1. 50

Hoffmann, Rob., Briefsteller f. Liebende. Eine Sammlg. v. Liebesbriefen f. Herren u. Damen. Nebst Briefen berühmter Personen u. e. Anleitg., wie man Liebesbriefe schreiben soll, sowie e. Anh., enth.: einige Regeln der Metrik, Gelegenheitsgedichte, Lieder u. Stammbuchverse. 28. verm. u. verb. Aufl. (176 S.) 8. Berlin (907). S. Mode. 1. 50

Hoffmann, Robert: •Dissertatio de themate: „Civitas Spinozensis, quomodo e statu naturali exoriatur praemissa historico-dogmatica explicatione juris disciplinarum, quae viguerint ante Spinozam." 30 Bl. 4° (2°)
Halle-Wittenberg, Phil. Diss. v. 29. Juli 1850
Geb. [Thomaswaldau (Kr. Bunzlau) 11. 9. 1824]

— Ergebniß-Bericht der agrikultur-chemischen Versuchsstation zu Prag im Jahre 1861. (Abdr. aus den Mittheilungen u. Verhandlungen der k. k. patriot. ökonom. Gesellsch.) Prag 862. André in Comm. gr. 4. (30 S.) n. 10 ngr

—— Jahresbericht über die Fortschritte der Agriculturchemie, s.a. Jahresbericht.

— Jahresbericht über die Fortschritte der Agriculturchemie mit besonderer Berücksichtigung der Pflanzenchemie und Pflanzenphysiologie herausg. 1. Jahrg. 1858—1859. Mit einem vollständigen Sach- u. Namen-Register. Berlin 860. J. Springer. Lex.-8. (V, 248 S.) n. 1 ß 15 ngr

— — 2. Jahrg. 1859—1860. Mit einem vollständ. Sach- u. Namen-Register. Ebend. 861. Lex.-8. (IV, 330 S.) n. 1 ß 27½ ngr

— — 3. Jahrg. 1860—1861. Mit einem vollständ. Sach- u. Namen-Register. Ebend. 862. Lex.-8. (IV, 292 S.) n. 1 ß 22½ ngr

— — 4. Jahrg. 1861—1862. Mit einem vollständ. Sach- u. Namen-Register. Ebend. 863. Lex.-8. (299 S.) n. 1 ß 20 ngr

— — 5. Jahrg. 1862—1863. Mit einem vollständ. Sach- u. Namen-Register. Ebend. 864. Lex.-8. (268 S.) n. 1 ß 20 ngr

— — 6. Jahrg. 1863—1864. Mit einem vollständ. Sach- u. Namen-Register. Ebend. 865. Lex.-8. (235 S.) n. 1 ß 15 ngr

Hoffmann, Robert, s.: Maler, deutsche.

—— Sammlung aller wichtigen Tabellen, Zahlen und Formeln für Chemiker. Nach den neuesten Fortschritten der Chemie zusammengestellt. 8. (IX und 176 S.) Berlin 861, Springer's Verlag.

— Sammlung aller wichtigen Tabellen, Zahlen u. Formeln f. Chemiker. Nach den neuesten Fortschritten der Chemie zusammengestellt v. Carl Schaedler. 2. verm. u. verb. Aufl. gr. 8. (VII, 312 S.) Berlin 877. Springer's Verl. geb. n. 7. 60

—— der gegenwärtige Standpunkt der Cloakenfrage. 8. (44 S.)
Prag: Reichenecker 1868. *

Hoffmann, Robert, a. Ludwigshafen a. Rh.: 1. Untersuchung über Äthylthiomethylmorphimethin. 2. Synthese des 8-Methylphenanthrens. 3. Einwirkung von Benzylchlorid auf N-Methylchinolon. (Berlin 1906: G. Schade.) (38 S.) 8°
Berlin, Phil. Fak., Ref. Fischer, Diss. v. 17. Febr. 1906
[Geb. 7. Sept. 79 Ludwigshafen; Wohnort: Charlottenburg; Staatsangeh.: Bayern; Vorbildung: Gymn. Mannheim Reife Juli 98; Studium: Karlsruhe T.H. 6, Berlin 5 S.; Rig. 29. Jan. 06.]

— chemische Untersuchungen, s. Arbeiten für die naturwissenschaftl. Landesdurchforschung von Böhmen.

Hoffmann, Rob. (geb. Haussömmern in d. Prov. Sachsen 14. 9. 1857): Untersuchungen über die Wirkung mechanischer Kräfte auf die Teilung, Anordnung und Ausbildung der Zellen beim Aufbau des Stammes der Laub- und Nadelhölzer. Sondershausen (1885). (23 S.) 4°
Berlin, Phil. Diss. v. 13. Juli 1885

Hoffmann, Robert (Thalenberg/Böhmen)
Ueber Wert und Zusammensetzung des Schlammes aus Teichen, Gräben, Flüssen, Bächen und dergleichen.
[In: Centralblatt für die gesamte Landeskultur. Prag. 1859, S. 82 ff.]
Dr. phil. Giessen 29.12.1859.

Hoffmann, Rudolf: Descriptio Chalcidicae Thracicae geographica.
Halle-Wittenberg, Phil. Diss. v. 14. Febr. 1846
Geb. [Schneidemühl 1823]
Berliner gekrönte philologische Preisschrift v. 1844.
Ms. fehlt.
Ersch. u. d. T.: Descriptio Chalcidicae, Thracicae sive Macedonicae. Part. 1. chorographiam complectens. Bromberg 1854: Fischer. 18 S. 8° (4°) Kgl. Gymn., Progr.

Hoffmann, Rudolphus: • De P. Vergilii Maronis Ecloga Quarta. 113 S. 4° (2°)
Halle-Wittenberg, Phil. Diss. v. 1. Dez. 1873
Geb. [Burbach (Kr. Siegen) 22. 1. 1850]
Gekürzte Bearb. ersch. u. d. T.: De quarta Vergili ecloga interpretanda. Halle 1877: Waisenhaus. 16 S. 8° (4°) Rossleben, Klosterschule, Progr.

Hoffmann, R. [Oberl.]: Lessings Kunstgesetz und die Odysseebilder Prellers. Chemnitz, Druck v. J. C. F. Pickenhahn & Sohn, 1889; 32 S. 4°
Chemnitz, RG, OP 1889 (624)

Hoffmann, R., Lessing's Kunstgesetz u. die Odysseebilder Preller's. gr. 4. (32 S.) Leipzig 889. Fock. n. 1. —

Hoffmann, Rud., Leitfaden und Repetitorium der Physik zum Gebrauche beim Unterricht an höheren Schulen. gr. 8. (VIII, 216 S.) Plauen 885, Neupert. *M 3.—; geb. *

Hoffmann, Rud., die Missouri-Synode in Nord-Amerika, historisch und kritisch beleuchtet. Ein Vortrag. 8. (34 S.) Gütersloh 881, Bertelsmann.

Hoffmann, Rudolf, Vol.-Assist. an d. Prosektur d. Krankenhauses r. I., München: 'Das Myelom.' *Jena: G. Fischer 1904.* (42 S.) 8° ¶(Aus: Beiträge zur pathol. Anat. u. zur allg. Pathol., Bd 35.)
München, Med. Diss. v. 1902

Hoffmann, R[udolf]: Über Talg- und Schweissdrüsen. *Tuttlingen 1898: G. Enkerlin.* (44 S. mit Taf.) 8° [Umschlagt.]
Tübingen, Naturw. Diss. v. 1898

Hoffmann, Rudolf, Prof. Dr.: Textvorlagen für die lateinischen Arbeiten in Prima und bei der Reifeprüfung. *Salzwedel (1901): A. Menzel.* (16 S.) 4° ¶Schluss im nächsten Progr.
Salzwedel, k. G, OP 1901 (267)

Hoffmann, Rudolf, Prof. Dr.: Textvorlagen für die lateinischen Arbeiten in Prima und bei der Reifeprüfung. (Forts. u. Schluß.) *Salzwedel (1902): A. Menzel.* (16 S.) 4° ¶[Schluß d. P-Beil. 1901.]
Salzwedel, k. G, OP 1902 (275)

Hoffmann S.: Das Exterieur d. Pferdes. Berl. 1887. 370 S. Fig. 4°.

Hoffmann, S., Gesundheitsregeln mit Hinsicht auf d. Ausübung d. Heilkunst u. als Beitrag zur Staats-Arzneikunde. Herausg. von C. A. Werres. 8. Köln 828. Bernheim, (Bachem). 12 gGr.

Hoffmann, S., ethisches Lesebuch, zusammengest. mit Rücksicht auf pädagog. Vorwortg. gr. 8. (V, 184 S.) Leipzig 897. E. Wunderlich. n. 1. 60; geb. n. 2. —

— psychologisches Lesebuch, zusammengest. m. Rücksicht auf pädagog. Vorwortg. gr. 8. (VIII, 168 S.) Ebd. 896. n. 2. —; geb. n. 2. 40

Hoffmann, S. E., Entwurf z. Einrichtung eines Cholera-Hospitals. Mit e. genauen Angabe eines f. die Behandlungsart der Cholera-Kranken in Vorschlag gebrachten Krankenlagers. Mit 1 Steindr. gr. 8. Berl. 831. Lüderitz. 8 gGr.

Hoffmann, S. E., Façaden-Skizzen nach der zeitgemässen Bauart Berlins zur Ideenerregung f. Bauherren u. Meister, sowie f. angehende Architekten u. Handwerker. 1—5. Hft. qu. gr. 4. (à 12 Kpfrt.) Berlin 843, Winckelmann u. Söhne. à

Hoffmann, S. E., Façaden-Scizzen nach der zeitgemässen Bauart Berlins zur Ideenerregung für Bauherren und Meister sowie für angehende Architekten und Handwerker theils entworfen, theils nach dem Vorhandenen aufgenommen. 6. Heft enthltd. spezielle Façaden-Details. Berlin (854.) Winckelmann. qu. 4. (12 lith. Taf.) Jedes Heft 20 ngr.
1—5. Heft. Ebend. 843.

—— Ideen zu Stadt- u. Landgebäuden. 1. Hft. qu. gr. 8. (12 lith. Bl. u. 1/4 B. Text.) Berlin 833, Logier.

— architekton. Portefeuille in lith. Blättern. 1e u. 2e Liefer., à 6 Tafeln. qu. gr. Fol. Berl. 830. Logier. 2 Thlr 16 gGr.

— architekton. Portefeuille in lithogr. Blättern. 3e u. 4e Lfrg. qu. gr. Fol. Berlin 834, 36. Logier. 2 1/2 Thlr (1—4: 5 1/6 Thlr)

— (Hrsg.), s. Zeitschrift für Bauwesen ...

Hoffmann, S. G.

— Gewichts- u. Maaßvergleichungen des Preuß. mit dem Breslauer, Amsterdamer, Hamburger, Kopenhagner, Londner, Petersburger, Wiener u. Leipziger Gewicht u. Maaße. Bresl. 819. (Graß, B. u. C.) 12 gGr.

Hoffmann, S. G. H., Vergleichungstafeln des Preuß. Gewichts mit dem Breslauer, u. umgekehrt, von 1/4 Loth bis 31 Loth berechnet. Bresl. 820. J. F. Korn. 6 gGr.

Hoffmann, S. G.: „Verhältniss des Preussischen Gewichts und Maasses zu dem Breslauer oder Schlesischen; so wie das Verhältniss des Breslauer, Amsterdamer, Kopenhagner, Londoner, Petersburger, Wiener und Leipziger Gewichts und Maasses zu dem Preussischen, gemäß den im Amtsblatt enthaltenen Bestimmungen und nach den neuesten 10 Vergleichungen in 10 Tafeln", Breslau 1824 (Korn d. Aelt.).

Hoffmann, S. G., Verhältniß d. Preuß. Gewicht's u. Maaßes zu d. Breslauer od. Schlesischen, so wie d. Verhältniß d. Breslauer, Amsterdamer, Hamburger, Kopenhag., Lond'ner, Petersburger, Wiener u. Leipziger Gewicht's u. Maaßes zu d. Preuß. Gewichte u. Maaße; gemäß denen im Amtsblatte d. K. Bresl. Regier. darüber enthalt. Bestimmungen, u. nach d. neu'sten Vergleich. auf d. Grund d. Franz. Gewicht's u. Maaß-Einheit ausgemittelt, u. in X ausführl. Vergleichungs-Tafeln genau u. richtig berechnet. gr. 8. (3 1/2 B.) Breslau (834), Graß, Barth u. Comp.

Hoffmann, S. G. H., Verhältniß des Preuß. Gewichts u. Maaßes zu dem Breslauer oder Schlesischen, so wie das Verhältniß des Breslauer, Amsterdamer, Hamburger, Kopenhagener, Londoner, Petersburger, Wiener u. Leipziger Gewichts und Maaßes zu dem Preuß. Gewichte u. Maaße; gemäß denen im Amtsblatte der K. Breslauer Regierung darüber enthalt. Bestimmungen u. nach d. neuesten Vergleichungen auf den Grund der franz. Gewichts- u. Maaß-Einheit ausgemittelt u. in 10 ausführl. Vergleichungs-Tafeln genau und richtig berechnet. gr. 8. Breslau 835. Graß, Barth u. Comp. 1/3 Thlr

Hoffmann, S[amu]. Klinische Studien über die Dorsalskoliose. Aus dem Orthopädischen Institut von Dr. A[ugust] Lüning und Dr. W[ilhelm] Schulthess in Zürich. Diss. Med. Univ. Zürich. II + 48 S. 8. Stuttgart, Union Deutsche Verlagsgesellschaft, 1904.

Hoffmann, Sam. Frider. Guil., Additamenta ad Harlessii brevior. notit. litteraturae graecae etc., s. Harless, Theoph. Chrstph.

—— die Alterthumswissenschaft. Ein Lehr- u. Handb. f. Schüler höh. Gymnasialclassen u. f. Studirende. M. 16 mytholog. u. archäolog. Kpfrt., v. Ant. Krüger. (In 4 Lfgn.) gr. 8. (70 1/4 B.) Leipzig 834, Hinrichs.
5 Thlr. 6 Gr., Schrbp.

— s. Arriani Periplus etc.

Hoffmann, Sam. Friedr. Wilh., die alten Geographen etc. s. Geographen.

—— Griechenland u. d. Griechen im Alterthum. Mit Rücksicht auf d. Schicksale u. Zustände d. späteren Zeit. Sechs Bücher od. 2 Abthln. gr. 8. (135 B.) Leipzig 841, Dyk'sche Buchh.
Abthl. 1. Das griech. Festland.
- 2. Die Inseln u. Kolonien d. Griechen.

—— Handbuch d. Bücherkunde f. Lehre u. Studium d. beiden alten klassischen u. deutschen Sprache. Nebst e. Verzeichn. d. Alterthumsforscher u. Philologen. gr. 8. (30 B.) Leipzig 838, Cnobloch.

— die Iberer im Westen u. Osten. Eine ethnograph. Untersuchung über deren Stammverwandtschaft, nach der Mythe u. Geschichte, mit Rücksicht auf die Cultur u. Sprache dieses Volkes; nebst einer Ansicht der homerischen Kimmerier u. der sogenannten homerischen Geographie überhaupt. Artemidorus der Geograph. 8. Leipzig 838. Kollmann. 1 1/4 ℬ

– s. Lebensbeschreibung berühmter Humanisten.

—— Lexicon bibliograph. sive index editionum et interpretation. scriptor. Graecor. tum sacror. tum profanor. Tom. I—III. Fasc. 1 et 2. 8 maj. Lipsiae, Weigel. [I. (35 B.) 832., II. (41 B.) 833. à 3 Thlr., III. 1. 2. (à 15 B.) 835. à 1 Thlr. 8 Gr.]

—— Lexicon bibliograph., sive index edition. et interpretation. scriptor. Graecorum tum sacror. tum profanorum. Tom. III. Fasc. 3. (et ult.) 8maj. (22⅛ B.) Lipsiae 836, [T. O. Weigel.]
Tom. I—III. Fasc. 1. 2. Ibid. 1832—35. 8 Thlr. 6 Gr.

—— bibliograph. Lexicon d. gesammten Literatur d. Griechen u. Römer. I. Thl. 1. u. 2. Abthl. Griechen. A—Euklid. gr. 8. Leipzig, Hartmann. [I. 1. (22½ B.) 830., 2. (16 B.) 833.] 2 Thlr., fein Pap.

—— bibliograph. Lexicon d. gesammt. Litteratur d. Griechen. 2., umgearb., durchaus verm., verbess. u. fortgesetzte Ausg. 1. u. 2. Thl. gr. 8. Leipzig, [Geuther.] à 3 Thlr.
Thl. 1. A—D. (35⅞ B.) 838.
- 2. E—N. (41⅞ B.) 839.

Hoffmann, Sam. Friedr. Wilh., bibliograph. Lexicon der gesammten Litteratur d. Griechen. 2., umgearb., verm., verb. u. fortgesetzte Ausg. 3. Thl. O—Z. 3 Lfgn. gr. 8. (41⅝ B.) Leipzig 844, Geuther.
1. u. 2. Thl. Ebendas. 1838. 39. 6 Thlr.

– s. Marciani Periplus etc.

—— Menippos, dessen Zeit u. Werk, s. Geographen.

—— Orbis terrar. antiquus. — Schul-Atlas d. alt. Welt, nach d. Schriften d. Alten u. d. Untersuchn. v. Beauford, Burckhard, Dodwell, Gell, Gosselin, v. Hoff, A. u. W. v. Humboldt, u. A. angeordnet u. mit Gedenktafeln. Zeichn. v. Muhlert, Stich v. H. Leutemann. 2 Lfgn. qu. ½ Fol. (12 Kart. u. 12 Bl. Text.) Leipzig 837—41, Hinrichssche Buchh. à ¾ Thlr.

Hoffmann, S. F. W., Orbis terrarum antiquus. Schul-Atlas der alten Welt, nach den Schriften der Alten und den Untersuchungen von Beaufort, Burckhard, Dodwell u. A. Zeichnung von C. F. Muhlert. Stich von H. Leutemann. Mit 12 Gedenktafeln. 2. (Titel-)Ausg. qu. Fol. (12 in Kpfr. gest. Karten.) Leipzig 853, Hinrichs'sche Buchh. * -

—— Pytheas u. d. Geographie seiner Zeit etc., s. Lelewel.

Hoffmann, S. F. W., vollständ. Register aller citirten u. erläut. Stellen des N. Test. in Winer's Grammatik des neutestamentl. Sprachidioms rc. gr. 8. Leipz. 826. Lehnhold. 6 Gr

—— vollständ. Register aller citirten u. erläut. Stellen d. N. Testam. in Winer's „Grammatik d. Neutestam. Sprachidioms," als nützl. Beitr. z. Erleichterung d. Gebrauches dies. Grammatik, aus d. 1. u. 2. Ausg. ders. zusammengest. gr. 8. (3 B.) Leipzig 828, [Lehnhold.]

– s. Sophocles Tragödien.

– s. Fr. Aug. Wolf, Darstellung d. Alterthums.

– s. Fr. A. Wolf's Vorlesungen

— **Samuel Gottlieb** (Ulrichstein/Hessen). Dissertatio de matrimonio instaurato et conscientiae. Präs. Johann Nicolaus Hert. Okt. 1702. Giessen 1719. 36 S. (7.—) **15638**
Betr. u. a. d. Familie v. Buseck.

— — Dasselbe. Von der wiederereneuerten, und Gewissens=Ehe. Wittbg. 1740. (6.80) 15639

— **Samuel Justus** (Idstein/Nassau), Jura egressus e potestate parentum Germanica ac Romana. Präs. D. Heinrich Christian Senckenberg. Giessen (E. H. Lammers) 9. III. 1743. 34 S. (6.80) 15640
Gew.: Hartmann Samuel Hoffmann.

Hoffmann, Siegfried: Über die Rechtsstellung einer Ehefrau, welche selbständig ein Erwerbsgeschäft betreibt. — Greifswald: Abel 1901. 70 S. 8°
Greifswald, Jur. Diss. v. 20. Apr. 1901.

Hoffmann, Stephan

Hoffmann, S., s.: Archiv, sächs., f. bürgerliches Recht u. Prozeß.

— neuere Entscheidungen zu d. bürgerl. Gesetzbuche f. d. Königr. Sachsen. Nachtrag zu d. bürgerl. Gesetzbuch für das Königr. Sachsen, hrsg. v. S. Hoffmann, P. Kaden u. G. Scheele. gr. 8. (IV, 393 S.) Leipzig 895. Roßberg. n. 9. 60; geb. n. 11. 60

Hoffmann, S., Gesetz, betr. die Erwerbs- u. Wirthschaftsgenossenschaften. Vom 1. Mai 1889. Mit Erläutergn. aus den amtl. Materialien d. Gesetzes, sowie e. Einleitg. u. e. ausführl. Sachregister hrsg. 8. (VI, 210 S.) Leipzig 889. Roßberg. n. 2. —; cart. n. 2. 40

— die zum Gesetz, betr. die Erwerbs- u. Wirthschaftsgenossenschaften erlassene Bekanntmachung des Reichskanzlers, nebst den Ausführungs-Verordnungen d. Einzelstaaten. 8. (IV, 72 S.) Ebd. 890. n. 1. —; geb. n. 1. 30

Hoffmann, S., das bürgerliche Gesetzbuch für das Königreich Sachsen. Mit Erläuterungen aus der Rechtsprechung und unter Berücksichtigung der neueren Gesetzgebung in Gemeinschaft mit P. Kaden und G. Scheele hrsg. 1. Bd. 5 Lfgn. gr. 8. (480 S.) Leipzig 888, Roßberg'sche Buchh. Subscr.-Pr. à Lfg. * ℳ 1.80. *

Hoffmann, S., das bürgerliche Gesetzbuch für das Königreich Sachsen. Mit Erläuterungen aus der Rechtsprechung und unter Berücksichtignng der neueren Gesetzgebung in Gemeinschaft mit P. Kaden und G. Scheele hrsg. 2. Bd. 1. und 2. Lfg. gr. 8. (S. 1—192.) Leipzig 888, Roßberg'sche Buchh.
Subscr.-Pr. à Lfg. * ℳ 1.80. *

— das bürgerliche Gesetzbuch für das Königr. Sachsen. Mit Erläutergn. aus der Rechtsprechg. u. unter Berücksichtigung der neueren Gesetzgebung in Gemeinschaft mit P. Kaden u. G. Scheele hrsg. 2 Bde. [1. Bd. 7 Lfgn., 2. Bd. 5 Lfgn.] gr. 8. (XXXV, 654; XXI, 403 S.) Ebd. 888. 889. Subscr.-Pr. à Lfg. n. 1. 80; cplt.: Ladenpr. n. 22. —; in 1 Bd. geb. n.n. 24. 50

Hoffmann, Steph., griechische Grammatik für Quarta und Tertia. gr. 8. (III und 116 S.) Neustadt, Westpr., 863. (Danzig, Anhuth.) geb *

—— königlich sächsische Subhastationsordnung. Gesetz, betr. die Zwangsversteigerung und die Zwangsverwaltung unbewegl. Sachen, nebst der Ausführungs-Verordnung und dem Kostengesetz. Mit einer Einleitung über die Voraussetzungen der Zwangsversteigerung und Zwangsverwaltung von Grundstücken, sowie mit Parallelstellen und Sachregister hrsg. 8. (VIII, 153 S.) Ebendas. 885. *ℳ 1.50.; geb. **

Hoffmann, Steph., königl. sächsische Subhastationsordnung. Gesetz, betr. die Zwangsversteigerg. u. die Zwangsverwaltg. unbewegl. Sachen, nebst der Ausführungs-Verordng. u. dem Kostengesetz. Mit e. Einleitg. üb. die Voraussetzgn. der Zwangsversteigerg. u. Zwangsverwaltg. v. Grundstücken, sowie m. Parallelstellen u. Sachregister hrsg. 2., neu bearb. Aufl. 8. (VIII, 171 S.) Leipzig 892. Roßberg. n. 2. —; kart. n.n. 2. 40

Hoffmann, T., Gewerbeordnung, siehe Taschengesetzsammlung No. 36.

Hoffmann, T., ins Märchenland. Eine Sammlg. echter Kindermärchen. Mit 6 Farbdr.-Bildern nach Aquarellen v. E. Klimsch u. C. Offterdinger. Fol. (III, 32 S.) Stuttgart 893. F. Loewe. Kart. 4. —

Hoffmann, T., ins Märchenland. Eine Sammlg. echter Kindermärchen. Mit 6 Farbdr.-Bildern nach Aquarellen v. E. Klimsch u. C. Offterdinger. Fol. (III, 32 S.) Stuttgart (902). Loewe. Geb. 4. —

— Märchen-Wundergarten. Eine Sammlg. echter Kindermärchen. Mit 6 Farbdr.-Bildern nach Aquarellen v. E. Klimsch, H. Leutemann u. C. Offterdinger. Fol. (III, 32 S.) Ebd. 893. Kart. 4. —

- Märchen-Wundergarten. Eine Sammlg. echter Kindermärchen. Mit 6 Farbdr.-Bildern nach Aquarellen v. E. Klimsch, H. Leutemann u. C. Offterdinger. Fol. (III. 32 S.) Ebd. (902). Geb. 4. —

— Märchenzauber. Eine Sammlg. echter Kindermärchen. Mit 12 Farbdr.-Bildern nach Aquarellen v. E. Klimsch, H. Leutemann u. C. Offterdinger. Fol. (III, 64 S.) Ebd. 893. Kart. 8. —

— Märchenzauber. Eine Sammlg. echter Kindermärchen. Mit 12 Farbdr.-Bildern nach Aquarellen v. E. Klimsch, H. Leutemann u. C. Offterdinger. 5. Aufl. Fol. (III, 32 S.) Ebd. (902). Geb. 6. —

Hoffmann, T., De Th. Melesiae filio Atheniensi. Diss. 1867. 40 S. 1.—

Hoffmann, T. A., Lesebuch f. die Mittelstufe ostfriesischer Volksschulen, s.: Smid, Arend.

Hoffmann, T. A., Schreiblese-Fibel. [In 2 Abtlgn.] Mit getreu nach dem „Normal-Duktus“ ausgeführter Schreibschrift. gr. 8. Hannover 887, Meyer. [1. Abtl. (IV, 12, 32 S. mit 1 Holzschn.) 887. cart. ** 30 Pf.; 2. Abtl. (IV, 80 S. mit 12 Abbild.) 888. cart. ** 50 Pf.] **

Hoffmann, T. A., Schreiblese-Fibel. In 2 Abtlgn. Mit getreu nach dem „Normal-Ductus“ ausgeführter Schreibschrift. gr. 8. Hannover, C. Meyer. cart. n.n. — 80
1. 2. Aufl. (IV, 12 u. 32 S.) 890. n.n. — 30. — 2. (IV, 80 S.) 888. n.n. — 50.

—— Schreiblese-Fibel. 2 Abtlgn. Mit getreu nach dem „Normal-Duktus“ ausgeführter Schreibschrift. gr. 8. Hannov., Meyer. [1. Abtlg. 3. Aufl. 21.—30. Taus. (IV, XII, 32 S.) 892. cart. * — 35; 2. Abtlg. 2. Aufl. 11.—20. Taus. (IV, 83 S. m. Bildern.) 891. cart. ** — 50.] cart. in 1 Bd. ** — 80

— Schreiblese-Fibel. In 2 Abtlgn. Mit getreu nach dem „Normal-Duktus“ ausgeführter Schreibschrift. gr. 8. Hannover, C. Meyer. Kart. n. — 85
1. 4. Aufl. (IV, XII, 32 S.) 894. n. — 35. — 2. 2. Aufl. (IV, 83 S. m. Bildern.) 891. n. — 50.

Hoffmann, T. A., Schreiblese-Fibel. In 2 Abtlgn. gr. 8. Hannover 898. C. Meyer. Kart. n.n. — 85
1. Mit getreu nach d. „Normal-Duktus“ ausgef. Schreibschrift. 7. Aufl. 61. bis 70. Taus. (IV, XII, 32 S. m. 1 Abb.) n. — 35
2. 5. Aufl. 41. bis 50. Taus. (IV, 83 S. m. 13 Abb.) n.n. — 50

Hoffmann, T. A., Schreiblese-Fibel. In 2 Abtlgn. Ausg. A. 2. Abteilg. 6. Aufl. 51.—60. Taus. gr. 8. (VI, 83 S. m. 13 Abbildgn.) Hannover 900. C. Meyer. n.n. — 38; geb. in Halbldr. n.n. — 55

— dasselbe. Ausg. B. In 2 Abtlgn. 8. Ebd. Kart. n.n. — 95
1. Mit getreu nach d. „Normal-Duktus“ ausgeführter Schreibschrift. (IV, XII, 32 u. 16 S. m. 1 Abb.) 899. n.n. — 40
2. Mit 13 Abbildgn. (IV, 76 u. 16 S.) 899. n.n. — 55

Hoffmann, T. A., Schreiblese-Fibel. Ausg. A. In 2 Abtlgn. gr. 8. Hannover, C. Meyer. Geb. in Halbldr. n.n. — 95
1. Mit getreu nach dem „Normal-Duktus“ ausgeführter Schreibschrift. 13. Aufl. 121.—123. Taus. (IV, 12 u. 32 S. m. 1 Abbildg.) 906. Geb. n.n. — 40
2. 9. Aufl. 81—90. Taus. (IV, 83 S. m. 13 Abbildgn.) 906. Geb. n.n. — 55

— dasselbe. Ausg. B. In 2 Abtlgn. 8. Ebd. Geb. n.n. 1.05
1. Mit getreu nach dem „Normal-Duktus“ ausgeführter Schreibschrift. 4. Aufl., in der Rechtschreibg. v. 1901. (IV, XII, 32 u. 16 S. m. 1 Abbildg.) 906. Geb. n.n. — 45
2. (IV, 83 u. 16 S. m. 13 Abbildgn.) 903. n.n. — 45; geb. n.n. — 60

Hoffmann, T. A., Schreiblese-Fibel. Ausg. A. In 2 Abtlgn. 8. Hannover, C. Meyer. Geb. nn — 95
1. Mit getreu nach dem „Normal-Duktus“ ausgeführter Schreibschrift. 14. Aufl. 124.—125. Taus. (IV, 12 u. 32 S. m. 1 Abb.) 907. Geb. nn — 40
2. 10. Aufl. 91. bis 93. Taus. (IV, 83 S. m. 13 Abbildgn.) 908. Geb. nn — 55

— dasselbe. Ausg. B. In 2 Abtlgn. 8. Ebd. Geb. nn 1. 05
1. Mit getreu nach dem „Normal-Duktus“ ausgeführter Schreibschrift. 5. Aufl., in der Rechtschreibg. v. 1901. (IV, 12, 32 u. 16 S. m. 1 Abbildg.) 907. Geb. nn — 45
2. 4. Aufl., in der Rechtschreibg. v. 1901. (IV, 83 u. 16 S. m. 13 Abbildgn.) 908. Geb. nn — 60

— der Unterricht im Deutschen im 1. Schuljahre, begründet, erteilt u. geleitet. (94 S.) 8. Ebd. 904. n. 1.80

— Wandfibel. Imp.-Fol. (28 Taf.) Ebd. 900. n. 10. —; auf 14 Papptaf. n.n. 20.60

Hoffmann, Th.

Die Einführung der Union in Preußen und die durch die Union veranlaßte Separation der Altlutheraner. Eine kirchenhist. Studie von Pastor Th. Hoffmann, Oberl. in Riga. *Leipzig: A. Deichert Nachf. 1903.* (133 S.) 8° [F.] [03. 2314]

Hoffmann, Th., allerlei Gotteswege, s. Hausbibliothek

Hoffmann, Th., u. R. Neumann, Inhaltsangaben v. 20 Kirchenliedern. Zum Schulgebrauche f. Mittel- u. Oberstufe bearb. 8. (27 S.) Görlitz 893 (R. Rother). n. — 30; m. den Lernstoffen f. den evangel. Religionsunterricht in 1 Bd. geb. n. — 50

Hoffmann, Th., de divina institutione confessionis ejusque necessitate. Mogunt. 1780. 8.

Hoffmann, Th., die augsburgische Konfession, s.: Werbatus, M.

— Johannes Mettenheimer, s.: Hausbibliothek.

Hoffmann, Th., Tabelle zur Umrechnung der an den deutschen Börsen notirten Course österreichischer Banknoten auf die Wiener Notiz deutscher Reichsmark. 32. (70 S.) Wien 876. Perles. n. — 80

Hoffmann, Theodor [aus Düsseldorf]: Beiträge zur Kenntniss der γ-Ketonsäuren Berlin, Buchdr. d. „Post", Kayssler & Co., 1890, 31 + 1 S. 8°
Erlangen, Phil. Fak., Inaug.-Diss. v 1890

Hoffmann, Thdr., die Burg Berwartstein (Ruino Bärbelstein) m. d. Thurm Kleinfrankreich zu Erlenbach u. d. St. Anna-Kapelle bei Niederschlettenbach in d. Pfalz. gr. 8. (48 S. m. Abb. u. 1 Taf.) Ludwigshafen 897. (A. Lauterborn.) n. 1. —

Hoffmann, Theod. (Eduard.) (geb. Friedeberg in d. Neum. 17. 10. 1837) De bronchitide putrida Berolini (1862). (34 S.) 8°
Berlin. Med. Diss. v. 1 Juli 1862

— s. Fürstenbilder, pfälzische.

— s. Haus-Bibliothek.

Hoffmann, Thdr., das Licht auf unserem Wege. 8 Erzählgn. f. das Volk u. seine Freunde. 12. (287 S.) Basel 894. Jaeger & Kober. n. 1. —; geb. n. 1. 60

Hoffmann, Theodor: Die Lungen-Lymphgefässe der Rana temporaria. Diss. Dorpat. 8°. 54 pp. mit einer Farbendruck-Tafel 1875

Hoffmann, Thdr., Otto Heinrich der Großmüthige, Churfürst v. der Pfalz, s.: Fürstenbilder, pfälzische.

Hoffmann, Thdr., Rede bei der 36jährigen Stiftungsfeier des schulwissenschaftlichen Bildungsvereins am 21. April 1861. Nebst Jahresbericht von J. H. C. Grabo. Hamburg 861 (Nolte) gr. 8. (40 S.) n. 1 ngr.

Hoffmann, Théodore Theses theologicae scholastico-dogmaticae de divina gratia Quas in Aula publica Theolog Gymn PP. S J Treviris Mense Februario Anno MDCCLXXIII defendebant ornatissimi, ac pereruditi Domini Ss. Theolog. audit. D. Theodorus Hoffmann, ex Krautscheid, AA LL ac Philosoph Magister Opponebant ornatissimi, ac pereruditi Domini . Ss. Theologiae auditores. Augustae Trevirorum [1773] 8 S 4°

Hoffmann, Theod. (Guil.) Jonas (geb. Suhl 16. 1 1820). De trepanatione cranii. Berolini (1843). (26 S) 8°
Berlin, Med. Diss. v. 5. Aug. 1843

Hoffmann, Thdr., um d. Glaubens willen, s.a. Wiemann's Hausbibliothek.

Hoffmann, Theodor: Um des Glaubens willen. Kulturhist. Roman aus d. Zeit d. Reformation. Hrsg. nach alten Urkunden u. e. ungedr. Ms. von –. Barmen. D B. Wiemann [1898]. (251 S.) 8°
= Hausbibliothek, Wiemanns. Bd 4.

Hoffmann, *Friedrich* Theodor [aus Strassburg]: Ueber die Umwandlung der Phenyl-βγ-pentensäure (Cinnamenylpropionsäure)' in Phenyl-αβ-pentensäure ... Strassburg, Univ.-Buchdr. v. J. H. E. Heitz, 1892; 30 S. 8.
Strassburg, Math.-naturw. Fak., Inaug.-Diss. v. 1892

— s. Volksbücher.

Hoffmann, Thdr., die allgemeine Volksschule. Beiträge zur Kritik der Vorschläge des Herrn Dr. Rée und Genossen. gr. 8. (48 S.) Hamburg 866, Nolte. *

— von Weißenburg bis Sedan, s. Volksbücher.

Hoffmann, Thom., Hamburg: Dissertatio inauguralis medicophysica de praesagiis tempestatis naturalibus.
Basel: Med. Diss. 1771

Hoffmann, Tobias Benjamin

Hoffmann, Tb. Bj.: Codex leg. milit. Saxon., od. Samml. d. kursächs. militär. Verordnn. *Dresden*, Walther. 763. fol. (4 Thl. 12 Gr.)

Hoffmann, Tob. Benj, († 1765.) codex legum militar. saxon. Fol. Dresd. 764. Walther; (u. W. Nauck in Lpz.) 4 ₰

Hoffmann, Traug., d. Mönch v. Zofingen od. d. Mordsnacht am Othmarustag 1238, s.a. Bibliothek vaterländ. Schauspiele.

[F.] Der Mönch von Zofingen oder die Mordnacht am Othmarustag 1238. Histor. Drama in 5 Akten v. Traug. **Hoffmann**. *Aarau: H. R. Sauerländer & C. 1896.* (83 S.) 1 Bd 8.
— Bibliothek vaterländischer Schauspiele. [No] 45. [96. 176

Hoffmann, Ulrich

— die preußischen Erbschaftssteuergesetze, s.a. Guttentag's Sammlung preußischer Gesetze. Nr. 20.

Die preußischen Erbschaftssteuergesetze vom 30. Mai 1873, 19. Mai 1891 und 31. Juli 1895. Erl. von Ulrich **Hoffmann**, Geh. Registrator Berlin. J Guttentag 1905. (501 S.) 8° [F.]
— Sammlung, Guttentag'sche, preußischer Gesetze No 20. [05. 1401]

Hoffmann, Ulr., das Erbschaftssteuergesetz f. das Deutsche Reich, s.a. Guttentag's Sammlung deutscher Reichsgesetze. Nr. 77.

Hoffmann, Ulrich. Das Erbschaftssteuergesetz für das Deutsche Reich vom 3. Juni 1906. Erl. Berlin 1906. 8°
(Guttentag'sche Sammlung Deutscher Reichsgesetze Nr 77)

Ulrich Hoffmann's neu aufgelegtes Handlungs-Rechenbüchlein. Nürnberg. 8. 18 B. (5 gr.) 1721.

Ulrich Hoffmann's der im rechnen wohl unterwiesene Kaufmanns-Junge und perfectionirte Handlungs-Diener. Franckfurt. 8. 1730.

Hoffmann, V., d. vierte Geschlecht. Federzeichnungen. 1. u. 2. Aufl. 8. (à 136 S.) Barmen (901). D. B. Wiemann. n. 1. —

Hoffmann, V.: Sammlung von mathematischen Aufgaben. Leipzig 1898.

Hoffmann, Vikt. Über den Gebrauch der Partikel ὤν bei Herodot. 11 S. Progr. *Schneidemühl* 1884

Hoffmann, Victor De particularum nonnullarum apud Herodotum usu Halis Saxonum (1880): Raemisch in Görlitz. 51 S. 8°
Halle-Wittenberg, Phil. Diss. v 28. Febr 1880
Geb. Sobótka (Kr. Pleschen; Posen) 6. 2. 1856. V
Vom Verf. ersch. ferner deutsch: Ueber den Gebrauch der Partikel ἄν bei Herodot. Schneidemühl 1884. 11 S. 4° Gymn.-Progr

Hoffmann

-- W., Aeschylos u. Herodot über den φθόνος der Gottheit. 1860.

Hoffmann, W., geschäftliche Aufsätze, Briefe ꝛc. Anleitung für alle Schüler der Mittel-, Bürger-, Volks- u. Fortbildungsschulen. gr. 8. (III, 79 S.) Harburg 879. Elkan. — 60

Hoffmann, W., W. Pahl u. K. Pfaff, Beschreibung d. Erde nach ihrer natürl. Beschaffenheit, ihren Erzeugnissen, Bewohnern u. deren Wirkungen u. Verhältnissen, wie sie jetzt sind. Ein Hand- u. Leseb. f. alle Stände. 3 Bde. (od. 48 Hfte.) gr. 8. (309 B., 4 Kart., 1 Stnt. u. 2 Tab.) Stuttgart 832—42, Schweizerbart'sche Buchh. Thlr.
Ausg. in 6 Bdn. m. 21 Stahlst.
Bd. 1. (od. 1—10. Hft.) Einleitung. Asien.
„ 2. Thl. 1. (od. 11—20. Hft.) Afrika. Europa: Uebersicht, Spanien, Portugal, Italien.
„ 2. (od. 21—30. Hft.) Europa: Frankreich, Schweiz, Deutschland.
„ 3. (od. 31—40. Hft.) Europa: Holland, Belgien, Großbritannien u. Irland, Dänemark, Schweden u. Norwegen, Rußland, Türkei, Griechenland.
„ 3. (od. 41—48. Hft.) Amerika. Australien u. Polynesien.
Die unvollständ. Angabe d. Werkes, im 8 Bde., ist zu streichen.

Hoffmann, W., f.: Blumenstrauß a. unsern zwei größten Dichtern.

Hoffmann, W., Buch der Märchen. Feen-Geschichten. Kleine Erzählgn. f. Knaben u. Mädchen im Alter bis zu 14 Jahren. gr. 8. (III, 234 S. m. 8 Chromolith.) Berlin 872. Wallroth. geb. 3. —

— neues Buch der Märchen. Feengeschichten u. kleine Erzählgn. f. Knaben u. Mädchen. 8. (234 S. m. 8 Chromolith.) Ebend. 874. geb. 2. 50

— dasselbe. 2. Aufl. 8. (238 S. m. chromolith. Taf.) Ebend. 874. 3. —

—— Deutschland über Alles! oder der Leibhusar und der Zuaven-Offizier. Eine Erzählung für die reifere Jugend. 1. und 2. Aufl. br. 8. (91 S.) Langensalza 871, Schulbuchh. von Greßler.

Hoffmann, W., Deutschland üb. Alles! od. der Leibhusar u. der Zuaven-Offizier. Eine Erzählg. f. die reifere Jugend. 2. Aufl. 8. (91 S.) Langensalza 875. Schulbuchh. — 60

Hoffmann, W., die Elemente der Waffenlehre. Ein Handbuch für Offizier-Aspiranten u. Subaltern-Offiziere der Infanterie u. Kavallerie. Mit 200 in den Text gedr. Holzschn. Berlin 860. Mittler's Sortbdlg. (Bath.) gr. 8. (XXIV, 316 S.) n. 1 ₰ 15 ngr.

Hoffmann, W., der neue praktische Georginen-Gärtner od. faßliche, auf vieljährige eigene Erfahrung gegründete Anleitung zur Behandlung der Georginen. Königsberg 853. (Nürnberger in Comm.) 16. (16 S.) n. 5 ngr.

Hoffmann, W. (IV.), der neue praktische Georginen-Gärtner oder faßliche, auf vieljährige eigene Erfahrung gegründete Anleitung zur Behandlung der Georginen. 16. (16 S.) Königsberg 853, (Nürnberger.) *

Hoffmann, W., neuer Jugendschatz der schönsten Erzählungen, f.: Schmid, Chrph. v.

Hoffmann, W.: Kriegslisten. 2 B. 8° (21 1/2 B.) Leipzig 1822. 2. Aufl. ibid. 1826.

Hoffmann, W., siehe: *Lackowitz.*

Hoffmann, W., Leitfaden der Desinfektion f. Desinfektoren, Verwaltungsbeamte, Tierärzte u. Aerzte. (IX. 138 S. m. 105 Abbildgn.) 8. Leipzig 905. J. A. Barth. Kart. n. 3. —

—— Liederbuch für Schule und Haus. Eine Sammlung der schönsten ein- und mehrstimm. Lieder. Mit Rücksicht auf die ministeriellen „Allgemeinen Bestimmungen" vom 15. Octbr. 1872 hrsg. 1.—3. Aufl. 8. (III, 104 S.) Ebendas. 874,75. Ausg. ohne Noten. (46 S.)

Hoffmann, W.: Die Morgenröthe d. tropischen Afrika, s. Abbeokuta oder Sonnenaufgang zwischen den Wendekreisen.

— Muster-Zeichnenhefte, unter Berücksicht. der allgemeinen ministeriellen Bestimmgn. vom 15. Octbr. 1872. 5 Hfte. 4. (à 24 S. m. eingedr. Vorzeichngn.) Ebend. 876. à — 30

—— Reden am Sarge und am Grabe Alexanders v. Humboldt, gehalten am 10. und 11. Mai 1859. gr. 8. (15 S.) Berlin 859, Fr. Schulze's Buchh. *

— Schatzkästlein ausgewählt. Erzählgn., s. Schmid, Christoph von

Hoffmann, W., f. Sheridan's dramat. Werke.

—— Sieges- und Friedenslieder für das deutsche Volk. 16. (16 S.) Berlin 870, Kastner.

Hoffmann, W., s.: Tierstudien.

Hoffmann. W.. De infinitivi apud Ovidium usu. Pr. 1889. 50 S.

Hoffmann, W., Barbara Ultmann, f.: Lebensbilder ausgezeichneter u. merkwürdiger Männer u. Frauen. 2. Hft.

Hoffmann, W., die Waffenlehre. Ein Leitfaden zur Vorbereitung für das Offizier-Examen. Mit 163 in den Text eingedr. Holzschn. Berlin 855. Mittler's Sortbdlg. gr. 8. (XV, 271 S.) n. 1 ₰. 10 ngr.

Hoffmann, W., Das Walten der Gottheit im Menschenleben nach Aescylos u. S. I. Pr. 1869. 26 S. 4°. 2.—

Hoffmann, W., Wanderungen durch das Altertums-Museum in Wiesbaden. 8. (48 S.) Wiesbaden 890. Bechtold & Co. — 50

— was den Kindern gefällt. Märchen, Geschichten u. Gedichtchen f. Knaben u. Mädchen von 7 bis 12 Jahren. 16. (IV, 186 S. m. 5 color. Holzschntaf.) Ebend. 873. geb. 2. —

Hoffmann, W: Die Wohnungen der Arbeiter und Armen. Berlin H. 1. Die Berliner gemeinnützige Bau-Gesellschaft. 1852

Hoffmann, W. (I.), neue Zeichenhefte für Stadt- und Landschulen. Bearb. unter Mitwirkung bedeutender Fachmänner. 6 Hefte. 4. (à Heft 16 S.) Harburg 881, Elkan.
à Heft 15 Pf.

— der Zeichnen-Unterricht. Kurzgefaßter pract. Leitfaden f. den Elementar-Unterricht in Mittel- u. Volksschulen, sowie den unteren Classen höherer Schul-Anstalten, zugleich ein Handbuch zu Hoffmann's Zeichnenbüchern. Unter Rücksichtnahme auf die allgemeinen ministeriellen Bestimmgn. vom 15. Octbr. 1872 hrsg. unter Mitwirkg. bewährter Kräfte. gr. 8. (63 S. m. eingedr. Holzschn.) Ebend. 876. n. 1. 80

Hoffmann, W., s.: Zeitung, allgem.

HOFFMANN, W. *Der kleinen Kinder Zeitvertreib* in Bildern und Erzählungen. Zweite unveränderte Auflage. Stuttgart . . . Wilhelm Nitzschke [c. 1845]. 32 S. u. 12 handkolor., lithogr. Tafeln. 4°. Or.-Karton m. reiz. farb. Deckelbild (vorlesende Mutter, spielende Kinder), Leinenrücken. 35.—
Seltenes, sehr hübsches Stück. Jede Tafel zeigt oben eine größere häusliche Szene mit kleinen Kindern und darunter allerlei Gegenstände: Möbel, Geräte, Spielzeug, Musikinstrumente, Tiere, Blumen, markante Personen, kleine Spiel- u. andere Szenen: reizende, gut kolorierte Illustrationen. — Eine Anzahl kleiner Flecken u. leichter Gebrauchsspuren, Einband benutzt u. fleckig, Ecken bestoßen.

Hoffmann, W. (I.), der kleinen Kinder Zeitvertreib in Bildern und Erzählungen. 1. Aufl. 1858. und 2., unveränd. Aufl. gr. 4. (32 S. mit 12 ill. Stnt.) Stuttgart 861, Nitzschke.

—— der kleinen Kinder Zeitvertreib in Bildern und Erzählungen. 3., unveränd. Aufl. 4. (32 S. mit 12 ill. Stnt.) Stuttgart 865, Nitzschke. cart.

— der kleinen Kinder Zeitvertreib in Bildern u. Erzählungen. 4. unveränd. Aufl. (32 S. m. 12 color. Steintaf.) Ebend. 874. geb. 2. —

Hoffmann, W. A., In scholia Horatiana quaestiones selectae. Diss. 1874. 72 S. 2.—

Hoffmann, W. B. und A. F. Meißner

— — romantisch-geographisches Gemälde des K. Preußen. Nach den besten Quellen als Haus- und Reisebuch bearbeitet. Nebst 1 großen Tableaux, enth. die Regierungs-Geschichte Friedrich Wilhelm III. von Jul. Löwenberg, und 8 lithogr. Ansichten. gr. 8. Ebend. 843. 1¾ ℛ

—— und A. F. Meissner, romantisch-geographisches Gemälde des Königr. Preußen. Nach den besten Quellen als Haus- und Reisebuch bearb. Neue (Titel-)Ausg. gr. 8. (706 S. mit 8 Stnt.) Nordhausen 848, Büchting.

Hoffmann, W. B., u. A. F. Meissner, romant. Reisen durch d. Welt, od.: Umfassende Gemälde aller merkwürd. Orte d. gesammten Erde mit Rücksicht auf d. Sitten u. Zustände ihrer Bewohner. Ein vollständ., romant.-geograph. Haus- u. Reisebuch mit vielen lith. Abbildn., Holzschn. u. Karten, zur Lust u. Lehre f. Alt u. Jung. 1. Bd. Europa. (12 Hfte.) — A. u. d. T.: Romant.-geograph. Gemälde d. Königr. Preußen. Nach d. besten Quellen als Haus-, Schul- u. Reisebuch bearb. 12 Hfte. gr. 8. (12 B., 21 Stnt. u. 1 ill. Karte.) Berlin 840, 41. [Nordhausen, Schmidt'sche Buchh.] à ⅙ Thlr.
Vgl. Hofman. — Hofmann.

Hoffmann, W. B., u. A. F. Meißner, romantische Reisen durch die Welt rc. 1. Bd. Europa. 3.—12. Heft. — A. u. d. T.: Romantisch-geograph. Gemälde des Königreichs Preußen. Nach den besten Quellen als Haus-, u. Reisebuch bearbeitet. 3.—12. Heft. gr. 8. (Mit 21 Steintaf.) Berlin 841, 42, Liebmann u. Comp. (⅙ ℛ) 1⅔ ℛ

Hoffmann, W. A., Das Ornament in der Kunstschlosserei und den verwandten Gewerben. Vorlagen für Fach- und Zeichenschulen und den praktischen Gebrauch für Schlosser und für andere Kunstgewerbetreibende. 25 Tafeln in Lichtdruck und Photolithographie. Wien 1895. Artistische Anstalt von Max Jaffé. (Min.-Erl. v. 18. December 1895, Z. 27970) 15.—

Hoffmann, W. R., Hosianna! Eine Sammlung von Motetten, Arien und Chorälen für Kirchen, Begräbnißfeierlichkeiten und Familienfeste. Componirt und für Männerstimmen wie gemischten Chor harmonisirt. qu. 4. (52 S.) Sorau 865, (Klinkmüller.) *

Hoffmann, [Waldemar]: Die Lehnfolge der Stadt Schlawe in den Jahren 1583—1663. Schlawe 1908: Moldenhauer. S. 3—25. 4°
Schlawe, st. PG m. R-Abt. OP 1908 (195) [S 08. 197

Hoffmann, Waldemarus: Ad antiquae Atticae comoediae historiam symbolae. (Berolini 1910: Ebering.) 40 S. 8°
Berlin, Phil. Diss. v. 16. Febr. 1910, Ref. v. Wilamowitz-Moellendorff
[Geb. 19. Mai 86 Rixdorf; Wohnort: Rixdorf; Staatsangeh.: Preußen; Vorbildung: Luisenstädt. Gymn. Berlin Reife M. 04; Studium: Berlin 3, Heidelberg 1, Berlin 6 S.; Rig. 9. Dez. 09.] [U 10. 176

Hoffmann, Walther, approb. Arzt: Beitrag zur Kenntnis der Tuberkuloseverbreitung in Baden. *Würzburg: A. Stuber 1903.* (44 S.) 8° ¶(Aus: Beiträge zur Klinik d. Tuberkulose, H. 1.)
Heidelberg, Med. Diss. v. 1903

Hoffmann-Heidelberg, Walth., Bismarck-Ehrung durch die deutsche Studentenschaft. Im Auftrage des Ausschusses derselben. gr. 8. (40 S. m. Abbildgn.) Heidelberg 899. O. Petters. n.n. — 50

Hoffmann, W[alter], bacc. jur., Leipzig: Der Gegenstand des musikalischen Urheberrechts mit besonderer Berücksichtigung des Rechtes der Melodie. Leipzig: O. Wigand 1908. (55 S.) 8°
Leipzig, Jur. Fak., Diss. v. 27. Febr. 1908
[Geb. 23. Febr. 84 Leipzig; Wohnort: Leipzig; Staatsangeh.: Sachsen; Vorbildung: Nikolai-Gymn. Leipzig Reife O. 03; Studium: Jena 1, Leipzig 7 S.; Rig. 28. Juni 07.]

Hoffmann, Walter: Aus der Geschichte des Königl. Gymnasiums zu Wurzen bis Ostern 1908. Wurzen (1908): Jacob. XV S. 4°
Wurzen, k. G OP 1908 (717) [S 08. 198

Hoffmann, Walther, Ref. a. Naumburg a. S.: Die Gesellschaft des Bürgerlichen Gesetzbuchs als gegenseitiger Vertrag. Borna-Leipzig 1905: R. Noske. (VIII, 70 S.) 8° [F.]
Leipzig, Jur. Fak., Diss. v. 13. Sept. 1905
[Geb. 2. Aug. 81 Naumburg a. S.; Wohnort: Naumburg a. S.; Staatsangeh.: Preußen; Vorbildung: Domgymn. Naumburg a. S. Reife O. 01; Studium: München, Leipzig, Halle; Rig. 22. Nov. 04.]

Hoffmann, Walther, a. Bremen: Über die Herstellung von halogensubstituierten Diamidodiphenylmethanen und ihre Reaktion mit Schwefelsesquioxyd. Weida i. Th. 1907: Thomas & Hubert. (73 S.) 8°
Leipzig, Phil. Fak., Ref. Hantzsch-Beckmann. Diss. v. 16. Jan. 1908

Hoffmann, Walter, Humor aus der Kinder- und Schulstube. Eine Sammlung der vorzüglichsten Anekdoten aus der Kinderwelt. 1. Aufl. (VII, 107 S.) 1871, und 2. stark verm. Aufl. 16. (VI, 196 S.) Leipzig 872, Arnoldische Buchh.

Hoffmann, Walter: Die heredis institutio ex re certa bei Konkurrenz von gehörig eingesetzten Erben. *Berlin 1897: Gebr. Unger.* (40 S.) 8°
Erlangen, Jur. Diss. v. 23. Okt. 1897

Hoffmann, Walther, a. Werdohl (Westf.): Die Quellen des Didot Perceval. Halle a. S. 1905: C. A. Kaemmerer & Co. (80 S.) 8°
Halle, Phil. Fak., Ref. Wagner, Diss. v. 4. Juli 1905
[Geb. 29. Aug. 81 Werdohl, Westfalen; Wohnort: Halle; Staatsangeh.: Preußen; Vorbildung: Gymn. Soest Reife O. 00; Studium: Halle 2, Kiel 1, Berlin 1, Halle 4 S.; Rig. 17. Dez. 04.]

Hoffmann, Walther, Referendar in Schweidnitz: Die **Rechtsfolgen** mangelhafter Beschaffenheit der Ware beim Kauf einer nur der Gattung nach bestimmten Sache nach Handelsrecht. *Borna-Leipzig 1904: R. Noske.* (VII, 78 S.) 8°
Leipzig, Jur. Diss. v. 1904

Hoffmann, Walther, appr. Arzt a. Berlin: Aus dem städtischen Krankenhaus am Urban. Direktor: Herr Prof. Dr. A. Fränkel. Die klinischen Symptome der adhäsiven Perikarditis. Berlin (1905): G. Schade. (49 S.) 8°
Berlin, Med. Fak., Ref. Kraus, Diss. v. 28. Aug. 1905
[Geb. 13. Okt. 80 Berlin; Wohnort: Berlin; Staatsangeh.: Preußen; Vorbildung: Friedrich-Werdersches Gymn. Berlin Reife O. 99; Studium: Berlin 9 S.; Coll. 21. Aug. 05; Approb. 1. Apr. 04.]

Hoffmann, *Walter* [Oberl. Dr.]: Ueber Wasseraufnahme von Gesteinen. Wurzen, Druck v. G. Jacob (1890); S. 3—15, 1 Taf. 4°
Wurzen, k. G, OP 1890

Hoffmann, Walter James

--Gschicht fun dä altä Tsaitä in Pensilfani ("Sketch of the olden time in Pa"). Paper pres to the An Philos Soc ... 150th anniv of its foundation, May 22-24, 1893. Phila, 1894; repr in An Philos Soc Proc, v32 (1894) 325-31.

Hoffmann, Wern., das literarische Porträt Alexanders des Grossen im griechischen u. römischen Altertum, s.a. **Abhandlungen, Leipziger historische. 8. Heft.**

Hoffmann, Werner, a. Dresden: Das literarische Porträt Alexanders des Großen im griechischen und römischen Altertum. Leipzig: Quelle & Meyer 1907. (VI, 115 S.) 8°
¶ [= Leipziger historische Abhandlungen H. 8.]
Leipzig, Phil. Fak., Ref. Wilcken-Lipsius, Diss. v. 4. Okt. 1907
[Geb. 19. Nov. 83 Dresden; Wohnort: Dresden; Staatsangeh.: Sachsen; Vorbildung: Gymn. Dresden-N. Reife O. 02; Studium: Leipzig 3, Berlin 1, Leipzig 6 S.; Rig. 18. Juni 07.]

Hoffmann, Wilhelm (Pseud.), s.a. B l e y s t e i n e r , Georg

—— **buntes ABC- und Bilder-Buch für kleine Kinder. 1. Aufl. 1862. und 2. Aufl. 4. (38 S. mit vielen ill. Abbild. auf 8 Stnt.) Stuttgart 866, Nitzschke.** cart.

—— **naturhistorisches ABC- und Bilder-Buch. Zur Unterhaltung und Belehrung für Kinder. 1. Aufl. 1862. und 2. Aufl. 4. (42 S. mit 150 ill. Abbild. auf 8 Stnt.) Stuttgart 866, Nitzschke.** cart.

Hoffmann, Wilhelm, a. Frauendorf i. P.: Über Acetyl- und Chloracetyl-Derivate des Diphenyls sowie des Di- und Tri-Phenylmethans. Rostock 1905: C. Hinstorff. (52 S.) 8°
Rostock, Phil. Fak., Ref. Michaelis, Diss. v. 31. Okt. 1904
[Geb. 30. Sept. 78 Frauendorf i. P.; Wohnort: Insterburg; Staatsangeh.: Preußen; Vorbildung: Stadtgymn. Stettin Prima-Reife M. 97; Studium: Greifswald 2, Leipzig 1, Rostock 7 S.; Rig. 28. Okt. 04.]

Hoffmann, W. (I.), die Altersstufen. In Bildern und Erzählungen für Kinder. 8. (32 S. mit 11 ill. Stnt.) Stuttgart 863, Nitzschke. cart. *

Hoffmann, W(ilhelm), aus Schwerin i. M.: Aus d. Kgl. chirurg. Universitäts-Klinik Greifswald. Atresia oesophagi congenita et communicatio inter oesophagum et tracheam. *Greifswald 1899: J. Abel.* (40 S.) 8°
Greifswald, Med. Diss. v. 9. März 1899

Hoffmann, Wilhelm, Referendar und Baccalaureus juris, zu Caternberg bei Essen (Ruhr): Die Besonderheiten der Höchstbetragshypothek nach dem Bürgerlichen Gesetzbuche. Bonn a. Rh. 1904: S. Foppen. (83 S.) 8°
Leipzig, Jur. Fak., Diss. v. 10. Dez. 1904
[Geb. 20. Juli 80 Caternberg bei Essen; Wohnort: Caternberg; Staatsangeh.: Preußen; Vorbildung: Gymn. Essen Reife O. 00; Studium: Freiburg i. B. 1, Bonn 5 S.; Rig. 1. Aug. 03.]

Hoffmann, Wilhelm [aus Naumburg a. Saale]: Ueber eine Bewegung eines materiellen Punktes auf einem Ringe, dessen Querschnitt ein Kegelschnitt ist.... Halle a. Saale, Druck v. Carl Koepsel, Berlin, 1888; 25 + 1 S. + 1 Bl. 4°
Halle, Phil. Fak., Inaug.-Diss. v. 21. Jan. 1888

Hoffmann, Wilhelm, über eine Bewegung eines materiellen Punktes auf einem Ringe, dessen Querschnitt ein Kegelschnitt ist. Diss. Halle 1888, Lippertsche Buchh. 4°. 25 S.

Hoffmann, Wilh. (II.), s. **Casual-Reden.**

HOFFMANN, W. *Charakterbilder aus der Thierwelt* verschiedener Welttheile. Zur Belehrung und Unterhaltung der Jugend von W. Hoffmann. Mit 12 fein [hand]colorirten Holzschnitt-Tafeln, W. VOTTELER sc. Stuttgart, Wilh. Nitzschke [c. 1855]. Titel u. 54 S. Quer-Gr.-8°. Etwas beschäd. chromolithogr. Or.-Pappbd. mit Leinenrücken (viele Tierbilder auf beiden Deckeln). 75.—
★ Dramatische Erzählungen mit schönen Jagdbildern (Eisbären-, Löwen-, Bären-, Panther-, Tiger-, Rhinozeros-, Hirsch-, Wildschwein-, Büffel-, Crocodil- u. Straußenjagd). Schönes Ex. mit sorgfältigem Kolorit. ★★

HOFFMANN, W. *Charakterbilder aus der Thierwelt* verschiedener Welttheile. Mit 12 fein colorirten Bildern [= Federlithogr.]. 2. unveränd. Aufl. Stuttgart, W. Nitzschke [c. 1858?]. 1 Bl. 43 S. Quer-Kl.-Fol. Orhlwd. m. kolor. lith. Titelbild. 65.—
Schönes Buch mit prächtigen Jagdbildern u. anregenden Erzählungen. — Einband leicht benutzt.

—— **Charakterbilder aus der Thierwelt verschiedener Welttheile. Zur Belehrung und Unterhaltung der Jugend. qu. gr. 4. (54 S. mit 12 lithogr. und ill. Bildern.) Stuttgart 862, Nitzschke.** cart.

Hoffmann, W., Charakterbilder aus der Thierwelt verschiedener Welttheile. Zur Belehrg. u. Unterhaltg. der Jugend. Mit 12 fein color. (lith.) Bildern. 2. unveränd. Aufl. qu. Fol. (54 S.) Stuttgart 873. Nitzschke. geb. 3. —

Hoffmann, Wilhelm [Prof. Dr.]: Die Chorlieder und Wechselgesänge aus den Tragödien des Sophokles in deutscher Übersetzung. Tl 1: König Oedipus. Oedipus auf Kolonos. Antigone. Berlin, R. Gaertner, 1896; 30 S. 4.
Berlin, Sophien-G, OP 1896 (64)

Hoffmann, Wilhelm [Prof. Dr.]: Die Chorlieder und Wechselgesänge aus den Tragödien des Sophokles in deutscher Übersetzung. Tl 2: Aias. Elektra. Philoktetes. Trachinierinnen. Tereus. [Forts. d. P-Beil. 1896.] Berlin, R. Gaertner, 1897; 28 S. 4.
Berlin, Sophien-G, OP 1897 (64)

—— **Deutschland einst und jetzt im Lichte des Reiches Gottes. gr. 8. (XI, 532 S.) Berlin 868, van Muyden.** *

—— **Deutschland und Europa im Lichte der Weltgeschichte. Ein zurückgelegtes Capitel aus: Deutschland einst und jetzt im Lichte des Reiches Gottes. gr. 8. (XII, 253 S.) Berlin 869, van Muyden.** *

Hoffmann, Wilh., die letzten Dinge des Menschen. Eine Reihe von Predigten und Betrachtungen. Berlin 854. Wiegandt u. Grieben. gr. 8. (192 S.) n. 25 ngr.

Hoffmann, Wilh., s.a. **Eisenbahn-Betriebs-Dienst, der.**

Hoffmann, Wilhelm, Der Eisenbahn-Betriebs-Dienst Taschenbuch und Kalender für den österr. Eisenbahn-Betriebs-Beamten für das Jahr 1899. IV. Jahrgang. 16. (162 S., mit Notizblättern.) In Lnwd. geb. 1.50
Wien: Pollak 1898.

Hoffmann, Wilh. (II), Encyclopädie, Allgemeine, für Kaufleute, s.a. Encyclopädie.

Hoffmann, W.: Allgemeine Encyclopädie für Kaufleute, Fabrikanten, Geschäftsleute, Handels-, Industrie-, Gewerbe- und Realschulen. Leipzig 1847–48. 2 Bde.

Hoffmann, Dr. W., Allgem. Encyclopädie für Kaufleute, Fabrikanten, Geschäftsleute, Handels-, Industrie-, Gewerbe- u. Realschulen. 8. Aufl. Leipzig 1849. 2 Bde. lex. 8°.

Hoffmann, Wilh., Encyklopädie der Erd-, Völker- und Staatenkunde, eine geographisch-statistische Darstellung der Erdtheile, Länder, Meere, Inseln &c. nebst den geographisch-astronomischen Bestimmungen der Lage der Orte. 1—30. Liefg. Leipzig 854—58. Arnold. 4. (S. 1—1200.) Jede Liefg. n. 4 ngr.

Hoffmann, Wilh., Encyklopädie der Erd-, Völker- und Staatenkunde. 31—56. Liefg. Leipzig 859—64. Arnold. 4. (S. 1201—2240.) Jede Liefg. n. 4 ngr.

— — 2. Abdr. 1—18. Liefg. Ebend. 863, 64. 4. (S. 1—2160.) Jede Liefg. n. 12 ngr.

Hoffmann, Wilh., Encyklopädie der Erd-, Völker- u. Staatenkunde. 57—73. Liefg. Leipzig 865—69. Arnold'sche Buchh. hoch 4. (S. 2241—2944.) Jede Liefg. n. 4 ngr.
— — 2. Abdr. 19—25. Liefg. Ebend. 865—68. hoch 4. (X, u. S. 2161—2944.) [19—24. Liefg. à n. 12 ngr., 25. Liefg. n. 6 ngr.] n. 2 ₰ 18 ngr.
— — 3. (Titel-)Ausg. 25 Liefgn. Ebend. 870. Lex.-8. (X, 2944 S.) Jede Liefg. n. 5 ngr.

die Epochen der Kirchengeschichte Indiens. Ein Vortrag am 31. Januar 1853 gehalten. Berlin 853. W. Schultze. gr. 8. (25 S.) 4 ngr.

Hoffmann, W. (IV.), die Erdkunde im Lichte des Reiches Gottes. Zur Erinnerung an Alex. v. Humboldt und Carl Ritter. Ein Vortrag. gr. 8. (22 S.) Berlin 860, Wiegandt und Grieben. *
Aus: Deutsche Zeitschrift für christliche Wissenschaft, besonders abgedruckt.

Hoffmann, W[ilhelm]: Die Erziehung des weiblichen Geschlechts in Indien. E. Aufruf an die christl. Frauen Deutschlands u. der Schweiz. Hrsg. i. Namen d. ev. Missionsgesellsch. i. Basel. — Stuttgart: Liesching 1841. 88 S. 8°

Hoffmann, Wilh., die Erziehung des weiblichen Geschlechts in Indien. Ein Aufruf an die christl. Frauen Deutschlands u. der Schweiz. Herausgeg. im Namen der evangel. Missionsgesellschaft in Basel. gr. 8. Stuttgart 841, Liesching's Verlagsbuchh. 1/4 ₰ — 2. unveränd. Abdruck. gr. 8. Ebend. 841. 1/4 ₰

— die Erziehung des weiblichen Geschlechts in Indien und anderen Heidenländern. Ein Aufruf an die christlichen Frauen Deutschlands und der Schweiz. 3., gänzlich umgearb. Aufl. 1. Heft. Der Zustand des weibl. Geschlechts in der Heidenwelt. Heidelberg 853. K. Winter. 8. (VIII, 238 S.) n. 16 ngr.

Hoffmann, W., Experimentelles üb. das Wärmeleitungsvermögen des Linoleums im Vergleich zu Holzfussböden. (11 S. m. 4 Abbildgn.) gr. 8. Charlottenburg 908. P. J. Müller. —20
Sonderabdruck aus: „Das Schulzimmer".

Hoffmann, W., De fide et auctoritate orationis Ciceronianae, quae inscribitur de haruspicum responso. Pr. 1876. 20 S. 4°. —.90

Hoffmann, Wilh. De fide et auctoritate orationis ciceronianae quae inscribitur de haruspicum responso. 20 S. Progr. *Burg* 1878.

Hoffmann, Wilhelm [aus Cassel]: Ueber die Frage der Regeneration des Rückenmarks ... Berlin, C. Vogts Buchdr., 1894; 29 S., 1 Bl. 8.
Berlin, Med. Fak., Inaug.-Diss. v. 7. Aug. 1894

—— allgemeines Fremdwörterbuch zur Verdeutschung und Erklärung der in unserer Sprache vorkommenden fremden Ausdrücke. Mit Angabe ihrer Abstammung, Aussprache und Betonung. 2 Thle. in 1 Bd. gr. 8. (VII und 768 S.) Leipzig 852, Weber. *

— allgemeines Fremdwörterbuch zur Verdeutschung und Erklärung der in unserer Sprache vorkommenden fremden Ausdrücke. Mit Angabe ihrer Abstammung, Aussprache u. Betonung. Neue (Titel-)Ausg. Leipzig 865. Zander. gr. 8. (VII, 768 S.) n. 20 ngr.

Hoffmann, Wilh., König Friedrich Wilhelm IV., s. Jugend- und Volksbibliothek, neue illustrirte.

— der neueste Führer auf den Eisenbahnen Deutschlands u. der angrenz. Länder, enthalt. die Tarife u. Fahrpläne d. Eisenbahnen, sowie d. anschließenden Dampfschifffahrten, Nachweisungen der Posten-Anschlüsse, nebst anderen Reisenotizen. Hrsg. im Sommer 1847. gr. 16. (214 S.) Leipzig 847, O. Wigand 1/2 ₰ — enth. die Tarife u. Fahrpläne der Eisenbahnen, Nachweisgn. der anschließenden Dampfschifffahrten, Merkwürdigkeiten &c. Nach amtl. Mittheilgn. 2., für den Sommer 1848 bericht. Ausg. 16. (244 S.) Ebd. 848. 1/2 ₰

— über den rechten Gebrauch der Bibel in Kirche, Schule u. Haus. Ein Vortrag gehalten am 7. ev. Kirchentage zu Frankfurt a. M. (Septbr. 1854.) Berlin 855. Hertz. 12. (30 S.) n. 2 ngr.

Hoffmann, Wilhelm [Prof. Dr.]: Gedächtnisrede *auf Direktor Prof. Dr. Wilhelm Theodor Paul, gest. am 17. Sept. 1894.* Berlin, Druck v. C. H. Müller, 1895; 22—25 S. 4.
Berlin, Sophien-G, P 1895 (65)

[Gedicht] Dem Meister vom Stuhl. [Unterz.:] Wilh. **Hoffmann.** o. O. u. J. 1 Bl. 8°. [Kopftit.]
„Kennt ihr Ihn wohl, der hochverehrt" ... 21.

[Gedicht.] Den geliebten Schwestern am Stiftungstage der Loge Amalia 24. Oct. 1841. [Unterz.:] W[ilh.] H[offmann]. [Weimar 1841.] 1 Bl. 4^0 [Kopftit.]
„Es ist gewiss nicht leerer Dunst, ...“ 446.

— Geschichte des Handels, der Erdkunde u. Schifffahrt aller Völker u. Staaten, von der frühesten Zeit bis auf die Gegenwart, mit Rücksicht auf die polit. Verhältnisse, die Zustände der Kultur, Industrie, des Gewerbewesens u. der Landwirthschaft, nebst statist. Uebersichten u. 4 Tab. 4 Liefg. gr. 8. Leipzig 844, O. Wigand. 2 ℛ

— die Geschichte des Handels, der Erdkunde u. Schifffahrt aller Völker u. Staaten von der frühesten Zeit bis auf die Gegenwart, nebst statist. Uebersichten u. 4 Tabell. (in Fol.) 2. Aufl. gr. 8. (VI u. 609 S.) Ebd. 847. 1⅓ ℛ

— das Gnadenmittel des göttlichen Wortes, s. Gnadenmittel.

— Handbuch der Geographie. Nach den neuesten polit. Veränderungen u. vorzüglichsten Quellen. gr. 8. (VIII u. 398 S.) Ebd. 849. 1 ℛ

Hoffmann, W. (III.), der Hausarzt. Aerztlicher Rathgeber für Leidende, Familie und Haus, oder Ursachen, Verhütung und Heilung von allen Krankheitsfällen, so wie Behandlung und Pflege des neugeborenen Kindes 2c. und ein Gesundheits-Katechismus für die Jugend und Erwachsene. 2. Aufl. Berlin (1855)57. und 3. (Titel-)Aufl. gr. 8. (IV und 288 S.) Köln (855)59. [Berlin,] Nelte, Böltje und Comp. *

Hoffmann, (Dr.) Wilh., der Hausarzt bei den Unterleibsleiden, der Brust- u. Halsdrüsenanschwellung, Fallsucht (Epilepsie, bösem Wesen) und den damit zusammenhäng. Leiden. Nebst Nachweisung der Heilmittel. 8. Leipzig 839. Behme. ¾ ℛ

— die Haustafel. Zeugnisse aus dem Amte in einer fortlaufenden Reihe von Predigten und Betrachtungen. 1. Bd. 15 Lfgn. gr. 8. (1. Lfg. 16 S.) Berlin 858, Wiegandt und Grieben. Thlr. *

— dass. — 2. Abthl.: Die Familie. gr. 8. Ebendas. 860. 61. *
Inhalt:
1. Hälfte. Die christliche Ehe. (172 S.) * 22½ Ngr.
2. " Die Erziehung und das Regiment des Hauses. (347 S.) * 1 Thlr. 2 Ngr.

Hoffmann, W. (II.), die Haustafel. 3. Abthl.: Obrigkeit und Unterthan. Predigten über das bürgerl. Leben im Staate. gr. 8. (V und 222 S.) Berlin 863, Wiegandt und Grieben. *
1. und 2. Abthl. Ebendas. 1858—61. * 2 Thlr. 24½ Ngr.

Hoffmann, Wilh., s. Haustaufen. 2 Taufformulare, nebst 198 Texten zu Taufreden. Für angeh. u. vielbeschäftigte Geistliche zusammengestellt. 8. (28 S.) Leipzig 892. A. Deichert Nachf. n. — 50

— die Hoffnung des Reiches Gottes auf Erden. Predigt zur Eröffnung der beiden Häuser des Landtages am 29. Novbr. 1855 gehalten 2c. zu Berlin. Berlin 856. Wohlgemuth. gr. 8. (8 S.) 3 ngr.

— ein Jahr der Gnade in Jesu Christo. Predigten über die Evangelien auf alle Sonn-, Fest- und Feiertage. Mit kurzen Betrachtungen über die einzelnen Zeiten des Kirchenjahres. 3 Abthlgn. Lex.-8. Berlin 864, Wiegandt und Grieben. *
Inhalt:
Abthl. 1. Die Zukunft des Menschensohnes oder der Advents-, Weihnachts- und Epiphanienkreis. (VIII und S. 1—224.) * 1 Thlr.
" 2. Der Mittler und sein Werk oder der Ostern- und Pfingstenkreis. (III und S. 225—495.) * 1 Thlr. 7½ Ngr.
" 3. Der Bau des Reiches Christi oder die Trinitatis-Zeit. (III und S. 496—797.) * 1 Thlr. 12½ Ngr.

Hoffmann, Wilh., eilf Jahre in der Mission. Ein Abschiedswort an den Kreis der Evangelischen Missionsgesellschaft zu Basel. Mit e. Anh. von in Tübingen gehaltenen Missionsstunden u. Predigten. Stuttgart 853. J. F. Steinkopf. 8. (128; 191 S.) 1 ℛ.

Hoffmann, W. (II.), Jahresbericht üb. die Wirksamkeit d. evangel. Missionsgesellschaften in allen Ländern der Erde im Jahre 1841—1845. (M. e. Verzeichniß sämmtl. deutsch. evang. Missionarien.) Lex.-8. (2¼ B.) Basel 846, Schneider. *

— Die Infektionskrankheiten u. ihre Verhütg., s.a. Sammlung Göschen.

Hoffmann, Wilhelm: Die Infektionskrankheiten und ihre Verhütung von Stabsarzt Dr. —. Mit 12 Abb. u. 1 Fiebertaf. Leipzig: Göschen 1907. 120 S. 8^0
(Sammlung Göschen. 327.)

— s. Josephus Flavius, Geschichte.

Hoffmann, Wilhelm, approb. Arzt aus Gross-Wanzleben: Aus d. chirurg. Klinik zu Kiel. Zur Casuistik der Duodenalstenose und deren Behandlung durch Gastroenterostomie. *Kiel 1902: Schmidt & Klaunig.* (19 S.) 8°
Kiel, Med. Diss. v. [21. Juni] 1902

— s. C. W. Kern, Predigten.

— **372 Konfirmations-Denksprüche** aus dem alten u. neuen Testamente. Für angeh. u. vielbeschäftigte Geistliche zusammengestellt. gr. 8. (24 S.) Ebd. 891. n. — 50

Kranz-Rede am neuen Logen-Hause [Amalia] in der Friedhofsstrasse den 6. Sept. 1852. [Unterz.:] W[ilh]. H[offmann]. [Weimar 1852.] 2 Bl. 8^0 [Kopftit.]
Zum Teil in Versen. 446.

Hoffmann, Wilh., das Leben Jesu, kritisch bearbeitet von D. F. Strauß. Geprüft für Theologen u. Nichttheologen. 3 Lfrgg. gr. 8. Stuttgart 836. Balz. 1⅞ ℛ — Neue wohlf. Ausg. gr. 8. Ebd. 839. ⅔ ℛ

— Lebensabriß des entschlafenen Dr. Carl Immanuel Nitzsch. Nebst Gedächtnißpredigt gehalten am 21. Septbr. 1868. gr. 8. (56 S.) Berlin 868, Wiegandt und Grieben. *

— s.: Lehrbuch der Militärhygiene.

Hoffmann, Wilhelm: Leichen-Rede bei der Beerdigung von Herrn M. Daniel La Roche, Rektor des Gymnasiums, gehalten ... den 18. Christmonat 1842 ... [zu Basel] . 8. Basel.

Hoffmann, Wilh., Abraham Lincoln, der Befreier der Neger-Sclaven. Eine Erzählung für die Jugend. Breslau 867. Trewendt. 8. (132 S. mit 4 Stahlst.) cart. 7½ ngr.

— die christliche Litteratur als Werkzeug der Mission unter den Heiden. 1. Die Bibelübersetzung. Ein Vortrag auf Veranstaltung des evangel. Vereins für kirchl. Zwecke gehalten am 12. Febr. 1855. Berlin 855. W. Schultze. gr. 8. (28 S.) 5 ngr.

Hoffmann W. macht Linoleum einen warmen Fussboden? (45 S.) München 1908

— Macht Linoleum e. warmen Fussboden? Untersuchungen üb. das Wärmeleitungsvermögen des Linoleums als Fussbodenbelag im Vergleich zu Holz- u. Estrichfussböden. (45 S. m. Fig.) gr. 8. München (909). R. Oldenbourg. 1. —
Sonderabdruck aus: „Archiv f. Hygiene".

Hoffmann, W. (I.), Mährchen und Geschichten wie sie die Mutter den Kindern erzählt. Für meine jungen Freunde hrsg. 4. (80 S. mit 8 ill. Stnt.) Schwäbisch Hall 855, Nitzschke.

Hoffmann, Wilh., Mährchen und Geschichten wie sie die Mutter den Kindern erzählt. Für meine Freunde herausg. Mit 8 (lith. u.) color. Bildern. Schw. Hall 857. (Stuttgart) Nitzschke. 4. (80 S.) 27 ngr.

— die innere Mission der deutsch-evangelischen Kirche im Lichte ihrer Geschichte. Vortrag gehalten im ev. Verein am 17. Decbr. 1855. Berlin 856. Wiegandt u. Grieben. gr. 8. (24 S.) n. 4 ngr.

Hoffmann, Wilh. (I.), Missions-Fragen. 1. Abthl. Ist es Zeit zur evangel. Missionsthätigkeit? 1. Hälfte. gr. 8. (X und 388 S.) Heidelberg 848, K. Winter. *

—— die evang. Missionsgesellschaft zu Basel, s. Magazin.

—— Missions-Stunden. 32 Vorträge, über das evangel. Missionswerk, nebst 7 Missions-Festreden. 1. Aufl. 1847. und 2., unveränd. Abdr. gr. 8. (X und 534 S.) Stuttgart 848, J. F. Steinkopf.

—— dass. — Neue Sammlung. Mit einem Anhange aus Wilson's „Missionsreden über Indien." gr. 8. (VI und 338 S.) Stuttgart 851, J. F. Steinkopf.

Hoffmann's, Wilh., neues Modelbuch. 1604. qu. Fol. (19 Bl. in Fksm.-Druck m. 1 Bl. Text.) Berlin 891. E. Wasmuth. In Leinw. kart. n. 10. —

Hoffmann, Wilhelm, Rechtspraktikant a. Kaiserslautern: Die Niederlassung und rechtliche Behandlung von Fremden vornehmlich nach Staatsverträgen des Deutschen Reichs. Eine völkerrechtliche Abhandlung. Borna 1907: R. Noske. (59 S.) 8° [F.]
Würzburg, Jur. Fak., Ref. Meurer, Diss. v. 9. Jan. 1907
[Geb. 28. Apr. 83 Kaiserslautern; Wohnort: Kaiserslautern; Staatsangeh.: Bayern; Vorbildung: Gymn. Kaiserslautern Reife Juli 02; Studium: Berlin 1, München 2, Würzburg 5 S.; Rig. 24. Juli 06.]

Hoffmann, (Frid.) Guil. (geb. Danzig 5. 5. 1836): De hydrophobia nonnulla. Berolini (1859). (31 S.) 8°
Berlin, Med. Diss. v. 21. Okt. 1859

Hoffmann, Wilh., Notizen z. kleinen Lutherkatechismus aus größ. u. kleineren katechet. Werken. 1. Hauptstück. Für angeh. Katecheten zusammengestellt. gr. 8. (32 S.) Stuttgart 898. Greiner & Pfeiffer. n. — 60

— s. Pearson, Hugh., Christ. Fr. Schwertz.

Hoffmann, Wilhelm [pr. Arzt in Rohrbach '(Pfalz)']: Über Perispermatitis purulenta funiculi spermatici '(Pyocele funiculi spermatici)' ... Würzburg, kgl. Universitätsdr. v. H. Stürtz, 1892; 20 S. 8.
Würzburg, Med. Fak., Inaug.-Diss. v. 1892

— Predigt zur Eröffnung des sechsten deutschen evangelischen Kirchentages gehalten den 20. Septbr. ꝛc. zu Berlin. Berlin 853. Hertz. gr. 8. (14 S.) 3 ngr.

—— Predigt zur Eröffnung des Landtages. Gehalten am 14. Decbr. 1870. gr. 8. (11 S.) Berlin 871, van Muyden. *

—— Predigt zur Jahresfeier des Hauptvereins für christliche Erbauungsschriften gehalten in der Parochial-Kirche am Montag den 15. Septbr. 1862. gr. 8. (15 S.) Berlin 862, (Beck.)

— die Predigt Jerusalems. Predigt am 10. Sonntage nach Trinitatis. Ebend. 859. gr. 8. (16 S.) 3 ngr.

—— die Predigt Jerusalems. Predigt am 10. Sonntage nach Trin. gr. 8. (16 S.) Berlin 860, Wiegandt und Grieben.

— Predigt bei der Krönung Ihrer königl. Majestät des Königs Wilhelm und der Königin Augusta von Preußen gehalten in der Schloßkirche zu Königsberg am 18. Octbr. 1861. Berlin, Wiegandt & Grieben. gr. 8. (12 S.) n. 2 ngr.

— Predigt am Krönungs- und Ordensfeste den 22. Jan. 1854 gehalten in der Königl. Schloß-Kapelle zu Berlin. Berlin 854. Wiegandt u. Grieben. gr. 8. (8 S.) n. 2 ngr.

— Predigt am 2. Nov. (24. p. Trinitatis) gehalten bei Eröffnung der evangel. Kirchen-Conferenz in Berlin. Berlin 856. Hertz. gr. 8. (8 S.) n. 2 ngr.

Hoffmann, W. (I.), zwei Predigten zu Tübingen und Hechingen gehalten. gr. 8. (29 S.) Tübingen 851, Osiander'sche Buchh.

— s. Propheten, die großen.

Hoffmann, (Dr.), Wlh., s. Rammler, Otto Fr., Universal-Briefsteller.

Hoffmann's, W., ärztlicher Rathgeber für Leidende, Familie u. Haus, oder Ursachen, Verhütung u. Heilung von Augenentzündungen, Staar, Ohrensausen u. Entzündung, Taubheit, von Gehirn- u. Nervenkrankheiten, Epilepsie ꝛc., so wie Behandlung u. Pflege des neugebornen Kindes, dessen Ernährung nach Entwöhnung von der Brust, u. Verfahren beim Durchbruch der Zähne. Gesundheitskatechismus für die Jugend u. Erwachsene. n. 25 ngr. — 2. (Titel-)Aufl. Berlin 855. Hirsch. gr. 8. (2 Bl., 288 S.) 15 ngr.

— Rathgeber für Unterleibskranke, oder Hausarzt für Alle, die an Appetitlosigkeit, schlechter Verdauung, Aufstoßen ꝛc. leiden. Nach bewährten Ansichten u. Erfahrungen. 4. Aufl. 863. — 5. verb. u. mit neuen Erfahrungen verm. Aufl. Altona 864. Verlags-Bureau. 8. (69 S.) 7½ ngr.

Hoffmann, Wilh., der Richard Wagner-Taumel. Ein Mahnruf gegen den Verfall der Künste. gr. 8. (54 S.) Leipzig 894. Siegismund & Volkening. n. — 80

—— und Strauss, Carl Ritter, s. Strauss.

— s. Ritter, geogr.-statist. Lexicon.

— Auf zum Herrn. Zeugnisse aus dem Amte in einer fortlaufenden Reihe von Predigten. Berlin, Wiegandt u. Grieben. gr. 8.
1. Bd. 854. (245 S.) n. 1 ℛ℘. 2 ngr.
2. Bd. A. u. d. T.: Die letzten Dinge des Menschen. Eine Reihe von Predigten u. Betrachtungen. 1. u. 2. Aufl. 856, 57. (192 S.) n. 25 ngr.
3. Bd. Advent 1854 bis Pfingsten 1855. (288, 88 S.) n. 1 ℛ℘. 10 ngr.
4. Bd. A. u. d. T.: Stimmen der Hüter im Alten Bunde. Predigten u. Betrachtungen über die Weissagung und die Vorbilder des Alten Testaments. 855. (225 S.) n. 28 ngr.
5. Bd. 856. (271 S.) n. 1 ℛ℘. 4 ngr.
6. Bd. A. u. d. T.: Maranatha. Predigten und Betrachtungen über die Weissagungen des Neuen Bundes. 1. Abth.: Die Weissagungen des Herrn. 857. (191 S.) n. 25 ngr.
7. Bd. 857. (332 S.) n. 1 ℛ℘. 12 ngr.
8. Bd. A. u. d. T.: Maranatha ꝛc. 2. Abth.: Die Weissagungen der Apostel. 858. (VII, 208 S.) n. $27\frac{1}{2}$ ngr.

[Rundgesang für] Den 30. Oktober 1839. [Unterz.:] Wilh. Hoffmann. [Weimar 1839.] 1 Bl. 8⁰. [Kopftit.]
„Was regt die Stadt so mächtig auf" ... 358a.

– s. Sieg, der, des Kreuzes auf Tahiti.

—— kleines Sittenbüchlein. Moralische Erzählungen in Bildern und Versen. gr. 16. (64 S. mit 9 ill. Stnt. Text.) Schwäbisch Hall 850, Nitzschke. *

— kleines Sittenbüchlein. Moralische Erzählungen in Bildern und Versen. Ebend. (857.) 16. (64 S. u. 9 color. Lithogr.) 10 ngr.

Hoffmann, W. *Kleines Sittenbüchlein.* Moralische Erzählungen. 3. Auflage. Stuttgart, W. Nitzschke [c. 1860]. 60 (statt 64) SS. und 8 handkolor. Lithographien. 12⁰. Chromolithogr. Or.-Pappbd. (Rücken repariert). SS. 39—42 fehlen. 14.—

—— kleines Sittenbüchlein. Moralische Erzählungen. 2. Aufl. gr. 16. (64 S. mit 8 ill. Stnt.) Stuttgart 865, Nitzschke. cart. *

Hoffmann, W. (H.), kleines Sittenbüchlein. Moralische Erzählungen für Kinder von 5 bis 8 Jahren. Mit 8 bunten Bildern. 3. und 4. Aufl. 8. (64 S.) Stuttgart 872,80, Nitzschke. geb.

Hoffmann, W., kleines Sittenbüchlein. Moralische Erzählgn. f. Kinder von 5 bis 8 Jahren. 5. Aufl. 8. (64 S. m. 4 farb. Bildern.) Stuttgart 894. W. Nitzschke. Kart. 1.20

Hoffmann, W., kleines Sittenbüchlein. Lehrreiche Erzählgn., Denksprüche u. Gedichte, f. die Hand der Kinder u. Kinderfreunde ausgewählt. 6. Aufl. (72 S. m. 4 Farbbr.) 8. Stuttgart (907). W. Nitzschke. — A. Brettinger. Geb. 1.—

— Soll die Sache der Heidenmission wie bisher von freiwilligen Gesellschaften, oder von den amtlichen Repräsentanten der Kirche betrieben werden? Ein Referat, auf Verlangen in Druck gegeben. gr. 12. Schaffhausen 842, Brodtmann'sche Buchh. 1/6 ℛ℘

Hoffmann, Wilh., s.: Sophokles, Chorlieder u. Wechselgesänge.

Hoffmann, Wilhelm. Wilhelm Hoffmann's Spitzen-Musterbuch. Nach der im Besitze des k. k. oesterr. Museums befindlichen Originalausgabe vom Jahre 1607 herausgegeben vom k. k. oesterreichischen Museum für Kunst und Industrie. Wien. Verlag des k. k. oesterr. Museums 1876.
Tit. 1 Bl. 19 Taf. 8⁰.
Facsimile Nachbildung des Werkes: Gantz new Modelbuch / Kunstlicher vnd lustiger Visirung vnd Muster von allerhand schöner/artiger Zügen vnd Blumwerck ... furgerissen und für Augen gestellt Durch Wilhelm Hoffman Formenschneidern. Getruckt zu Franckfurt am Mayn / in Verlegung gemeltes Wilhelm Hoffmanns. M. DC. VII

-- kurzgefaßte deutsche Sprachlehre zum Gebrauch in der Schule u. zum Selbstunterricht, mit Beispielen aus unsern Klassikern. Leipzig 853. Goldiß. gr. 8. (VI, 142 S.) $7\frac{1}{2}$ ngr.

Hoffmann, Wilhelm: Aus der Kgl. Universitäts-Augenklinik Königsberg i. Pr. Statistik über 3000 Fälle von Conjunctivitis granulosa. Königsberg i. Pr. 1906: Karg & Manneck. (33 S.) 8⁰
Königsberg, Med. Fak., Ref. Kuhnt, Diss. v. 28. März 1906
[Geb. 3. Juli 80 Jerusalem; Wohnort: Königsberg i. Pr.; Staatsangeh.: Württemberg; Vorbildung: Gymn. Tübingen Reife Juli 01; Studium: Tübingen 4, Berlin 1, München 1, Königsberg 3 S.; Coll. 10. März 06; Approb. 30. Juni 05.]

— die Stellung der wissenschaftl. Theologie zur gegenwärt. Zeit. Eine Antritts-Vorlesung an der Universität zu Basel gehalten am 5. Mai 1843. gr. 8. Basel 843, Schweighauser. $6\frac{1}{4}$ ngr.

— die göttliche Stufenordnung im Alten Testament. Ein Vortrag auf Veranstaltung des evangelischen Vereins für kirchliche Zwecke gehalten am 30. Januar 1854. (Aus der deutschen Zeitschrift f. christl. Wissenschaft ꝛc. abgedruckt und erweitert.) Berlin 854. W. Schultze. gr. 8. (40 S.) $7\frac{1}{2}$ ngr.

—— Taufe u. Wiedertaufe. Sechs Gespräche. 8. (13 B.) Stuttgart 840, S. G. Liesching's Verlsbuchh. *

Hoffmann, Wilhelm: 380 Texte aus dem alten und neuen Testamente zu Grabreden und Leichenpredigten. Für angehende u. vielbeschäftigte Geistliche zsgest. von Wilhelm Hoffmann, Pfarrer in Gattenhofen. Erlangen & Leipzig: A. Deichert 1892. (48 S.) 8⁰

Toast auf die Schwestern. [Unterz.:] Wilh. Hoffmann. [Weimar] o. J. 2 Bl. 8⁰ [Kopftit.]
In Versen: „Es ist gewiss nicht leerer Dunst, . . ." 157.

Hoffmann, Wilh., der gute Ton in der Gesellschaft. Handbüchlein der prakt. Lebensweisheit. 12. (III, 80 S.) Hamburg 889, Verlagsanstalt u. Druckerei. n. —50

—— und Friedr. Thdr. Hoffmann, Universal-Lexikon der Geographie, s. Payne's illustrirtes Deutschland.

—— Unterhaltungsbuch für Kinder in Bildern aus dem Leben. 4. Mit 12 fein ill. Stnt. Stuttgart 863, Nitzschke. cart.

Hoffmann, Wilh., kurze Unterweisung für kleine Kinder. Mit einer Sammlung von Beispielen. Neu hrsg. von G. A. Berchter. 8. (80 S.) Mülheim 883, Buchh. des evangel. Vereinshauses.

— das Vater Unser in Bildern und Erzählungen. Ebend. 861. 4. (24 S. u. 8 color. Lithogr.) 15 ngr.

—— das Vater Unser in Bildern und Erzählungen. 4. (24 S. mit 8 ill. Stnt.) Stuttgart 863, Nitzschke. cart.

Hoffmann, Wilhelm, die Verwendung des Sublimats als Desinficienz in der Geburtshülfe. Kritische Zusammenstellung der Vorteile und Nachteile des Gebrauchs von Sublimat gegenüber Karbol. Diss. Marburg 1886, N. G. Elwertsche Univ.-Buchh. 8⁰. 24 S.

Hoffmann, Wilhelm [approb. Arzt aus Amoeneburg]: Die Verwendung des Sublimats als Desinficienz in der Geburtshülfe. Kritische Zusammenstellung der Vorteile und Nachteile des Gebrauchs von Sublimat gegenüber Karbol . . . . Marburg, *Druck v. Ferdinand Schöningh in Paderborn,* 1886; 24 S. 8⁰.
Marburg, Med. Fak., Inaug.-Diss. v. 4. Aug. 1886.

— Visitations-Reden. Berlin 855. Wiegandt u. Grieben. gr. 8. (83 S.) 15 ngr.

— das Volkswohl. Eine Predigt zur Eröffnung der Kammern am 29. Novbr. 1852 gehalt. zu Berlin. gr. 8. (10 S.) Berlin 852, G. Reimer. n. 2 ngr.

— s. Weltbrecht, J. J., die protest. Missionen.

Hoffmann, W[ilhelm]: Über den Wert des Alttuberkulins als diagnostisches Spezifikum in der Gynäkologie. Leipzig 1908: Hoffmann. 50 S. 8⁰
Freiburg i. B., Med. Diss. v. 1909, Ref. Krönig
[Geb. 17. Juli 80 Saarbrücken; Wohnort: Neubreisach; Staatsangeh.: Elsaß-Lothringen; Vorbildung: Gymn. Saarbrücken Reife O. 00; Studium: Freiburg i. B. 4, Berlin 2, Freiburg i. B. 4 S.; Coll. 12. Juli 07; Approb. 11. Juli 06.] [U 09. 939

— Worte des Andenkens an die Kirchspielgemeinde Winnenden u. die Bewohner der Heilanstalt Winnenthal, in fünf Antritts- u. Abschiedspredigten. gr. 8. Stuttg. 839. Liesching. n. 1/6 ℛ

—— Worte der Erinnerung an Dr. Snethlage, s. Kögel, R.

Hoffmann, Wilh. (II.), vollständiges Wörterbuch der deutschen Sprache, wie sie in der allgem. Literatur, der Poesie, den Wissenschaften, Künsten ꝛc. gebräuchlich ist, mit Angabe der Abstammung, der Rechtschreibung, der Wortformen ꝛc., nebst einer kurzen Sprachlehre und einer besonderen vollständ. Uebersichtstafel aller unregelmäß. Zeitwörter mit den gebräuchl. und veralteten Zeitformen. 1—12. Heft. Lex.-8. (1. Bd. 810 S. und 2. Bd. S. 1—160.) Jüterbog 851—52, Colditz. à Heft 7½ Ngr. Thlr.

— vollständiges Wörterbuch der deutschen Sprache, wie sie in der allgem. Literatur, der Poesie, den Wissenschaften, Künsten, Gewerben ꝛc. gebräuchlich ist, mit Angabe der Abstammung, der Rechtschreibg., der Wortformen ꝛc., nebst e. kurzen Sprachlehre u. e. besonderen vollständ. Uebersichtstafel aller unregelmäß. Zeitwörter ꝛc. 15—51. Heft. Leipzig 853—58. Dürr'sche Buchhdlg. Lex.-8. (2. Bd.: S. 321—800; 3. Bd.: 800 S.; 4. Bd.: 800 S.; 5. Bd.: 800 S.; 6. Bd.: S. 1—80.) Jedes Heft 7½ ngr.

— vollständigstes Wörterbuch der deutschen Sprache, wie sie in der allgemeinen Literatur, der Poesie, den Wissenschaften ꝛc. gebräuchlich ist, mit Angabe der Abstammung, der Rechtschreibung, der Wortformen ꝛc. nebst einer kurzen Sprachlehre. 52—64. (letzte) Liefg. Leipzig 859—61. Dürr'sche Buchhdlg. Lex.-8. (6. Bd.: S. 81—1139.) Jede Liefg. 7½ ngr.

Hoffmann, Wilh. (III.), vollständiges Wörterbuch der deutschen Sprache, wie sie in der allgemeinen Literatur, den Wissenschaften, Künsten, Gewerben, dem Handelsverkehr, Gerichtswesen ꝛc. gebräuchlich ist, mit Angabe der Abstammung, der Rechtschreibung, der Wortformen, der verschiedenen, sowohl eigentlichen als bildlichen Wortbedeutung in den einzelnen Ausdrücken und besonderen Redensarten des grammatischen Gebrauchs, sowie auch der Sinnverwandtschaft der ähnlichen Worte. Neue Ausg. 6 Bde. gr. 8. (5180 S.) Leipzig 871, Dürr'sche Buchh. [Zander.] (ℳ 48.)
geb. in 3 Bdn.
geb. in 6 Bdn.

—— Franz Xavier, s. Benn.

Hoffmann, Wilh[elm]: Der Zustand des weiblichen Geschlechts in der Heidenwelt. 3., gänzl. umgearb. Aufl. Neue Ausg. — Heidelberg: Winter 1873. 238 S. 8⁰

Hoffmann, Wilhelm Bernhard, s. Hoffmann, Bernhard

Hoffmann, Wilh. Chr., Disquisitio medico-forensis de ossibus foetus, quatenus inserviunt ejusdem determinandae aetati in casu suspecti infanticidii. Nebst angehängtem Actenmässigem Medicin. Rechts-Handel, betreffend einen zu befördern gesuchten Abtrieb eines Kindes im Mutter-Leib und verdächtigen Kinder-Mord, mit Beylagen u. Anmerkungen über die Beylage D. Frankfurt u. Leipzig 1751. 4⁰. Rar!

Hoffmann, Wilhelm Christian (Darmstadt)
Dissertatio inauguralis medica de salivatione Mercuriali.
Giessae [18.] Juli 1743: E.H. Lammers. (6), 50 S. 4⁰
pro gradu doctoris rite ac legitime impetrando.

Hoffmann, Wilh. Rud., orthodoxe Angriffe auf Goethe. Eine Abwehr. 8. (79 S.) Breslau 872. Stuttgart, Heitz. n. — 80

Hoffmann, Wilh. Rud., der Entwicklungsgang des deutschen Schauspiels. Nach den besten Quellen dargestellt. gr. 8. (52 S.) Löbau Westpr. 879. Skrzeczek. n. 1. 20

— Goethes Hermann u. Dorothea, in gemeinfaßl. Darstellg. erläut. Mit e. Vorwort v. Karl Rosenkranz. 8. (87 S.) Ebend. 872. 1. —

Hoffmann, W. R., Knackmandeln. 260 scherzhafte Räthsel nebst Auflösungen enthltd. 2. Aufl. Schwiebus 870. Wagner. 16. (21 S.) 1⅓ ngr.

— Knackmandeln. 260 scherzhafte Räthsel nebst Auflösgn. enth. 3. Aufl. 16. (21 S.) Schwiebus 872. Wagner. — 15

Hoffmann, Wilh. Rud., Leseschatz für gute und fleißige Kinder. Insterburg 855. Reinert. 12. (X, 300 S.) 12 ngr.

—— der kleine Lese- und Schreibschüler. 2. Aufl. gr. 8. (24 S., wovon 8 lithogr., mit eingedr. Holzschn.) Grünberg 869, (Weiß.) *

— pädagogische Lichtblicke. 8. (VIII, 135 S.) Leipzig 876. Theile. n. 1. 80

— der Pflanzen- u. Thierfreund. Ermahnungen, Beispiele u. Dichtungen zur Schonung u. sinn. Betrachtung der Pflanzen u. Thiere gesammelt u. bearb. Schwiebus 870. Wagner. 8. (143 S.) n. 8 ngr.

—— der Pflanzen- und Thierfreund. Ermahnungen, Erzählungen, Schilderungen und Dichtungen zur Förderung der Schonung und sinnigen Betrachtung der Pflanzen und Thiere. 2. verm. und verb. Aufl. 8. (IV, 208 S.) Stuttgart 879, Lempvenau. cart.

— großer deutscher Räthselschatz. Enth. mehr als 1600 Räthsel, Charaden, Logogryphe, Palindrome, Homonyme ꝛc. Für die Jugend u. gesell. Kreise. Mit zahlreichen (eingedr.) Holzschn. 8. (389 S.) Stuttgart 874. Hofmann & Hohl. geb. 4. —

—— großer deutscher Räthselschatz. Enth.: mehr als 1600 Räthsel, Charaden, Logogriphe, Palindrome, Homonyme, scherzhafte Räthselfragen, Figurenräthsel, Rebusse, Kunststückchen, arithmet. Räthsel und Räthselmärchen. Für die Jugend und gesellige Kreise gesammelt und bearb. Mit zahlreichen Holzschn. 8. (IV, 389 S.) [Stuttgart 877, Hofmann und Hohl.] Eßlingen, Schreiber. *

—— logarithmisches Rechnen. Mit besonderer Anwendung auf Zinseszins- und Rentenrechnung. Für Seminarien und Mittelschulen wie zum Selbstunterricht gemeinverständlich dargestellt. 8. (40 und XXIV S.) Breslau 878, Görlich's Verlag. cart. *

— **wer kann rathen? Neuester Räthselschatz f. Jung u. Alt. Mit fein color. Titelbild u. zahlreichen (eingedr.) Holzschn. 8. (166 S.) Ebend. 874. geb. 1. 50**

—— Wer kann rathen? Neuester Räthselschatz für Jung und Alt. 8. (166 S. mit fein color. lithogr. Titelbild und zahlreichen Holzschn.) [Stuttgart 877, Hofmann und Hohl.] Eßlingen, Schreiber. cart.

—— praktische Winke für den deutschen Sprachunterricht in der Volksschule. 8. (25 S.) Minden 870, Volkening. [Leipzig, Siegismund und Volkening.]

Hoffmann, Wilhelmine, das erste nützliche Spiel für kleine Mädchen in Bildern und Mustern zu Erlangung der ersten Fertigkeiten im Nähen und Sticken. Enthält auf 8 Stnt. 55 Gegenstände, als: Blumen, Guirlanden, Früchte ꝛc. qu. 8. (1 Bl. Text.) Hamburg 851, Berendsohn.

Hoffmann, Willi

Lese- und Erholungs-Gesellschaft Bonn. Bücherverzeichnis. 1906. Zsgest. von d. derzeit. Bibliothekar Dr. W[illi] **Hoffmann**. Bonn: C. Georgi (1906). (152 S.) 8° [illegible]

Hoffmann, William, approb. Arzt aus Berlin: B e i t r a g zur Lehre von den Urethral-Divertikeln beim Weibe. Leipzig 1901: B. Georgi. (36 S.) 8°
Leipzig, Med. Diss. v. (11. März) 1901

Hoffmann, Willy, a. Berlin: William Cowpers Belesenheit und literarische Kritik. (Berlin: Mayer & Müller 1908.) (98 S.) 8°
Berlin, Phil. Fak., Ref. Brandl, Diss. v. 4. Juli 1908
[Geb. 2. Mai 82 Berlin; Wohnort: Berlin; Staatsangeh.: Preußen; Vorbildung: Leibniz-Gymn. Berlin Reife O. 01; Studium: Berlin 12 S.; Rig. 7. Mai 08.]

Hoffmann, *Friedrich* Willy [aus Kreuznach]: Der Einfluss des Reims auf die Sprache Wolframs von Eschenbach ... Strassburg i. E., Buchdr. Ch. Müh & C., 1894; 71 S. 8.
Strassburg, Phil. Fak., Inaug.-Diss. v. 1894

Hoffmann, Willy, a. Schkeuditz: Aus der medizinischen Poliklinik zu Leipzig. Direktor Geh. Med.-Rat Prof. Dr. F. A. Hoffmann. Ueber Urticaria haemorrhagica. Leipzig 1906: B. Georgi. (26 S.) 8°
Leipzig, Med. Fak., Ref. Hoffmann, Diss. v. 20. Dez. 1906
[Geb. 29. Jan. 78 Schkeuditz; Wohnort: Leipzig; Staatsangeh.: Preußen; Vorbildung: Kgl. Gymn. Leipzig Reife O. 98; Studium: Leipzig Naturw. 6, Med. 9 S.; Coll. 24. Dez. 06; Approb. Dez. 05.]

Hoffmann, Woldemar: B e i t r ä g e zur Kenntniss der physiologischen Wirkungen der Carbolsäure und des Kamphers. Diss. Dorpat. 8°. 80 pp. 1866

Hoffmann, Wolfgang *Gerhard* [pr. Arzt]: Aus d. Kgl. medizin. Klinik zu Königsberg i. Pr. Über Hemiplegia diabetica ... Königsberg i. Pr., Druck v. M. Liedtke, 1895; 2 Bl., 45 S., 1 Bl. 8.
Königsberg, Med. Fak., Inaug.-Diss. v. 13. Aug. 1895

Hoffmann, Wolfg., üb. H e m i p l e g i a d i a b e t i c a. Diss. gr. 8. (46 S.) Königsberg 895. (W. Koch.) n. — 80

Hoffmann, X, Lesemethode. 8. München, Kleischmann. 780.

Hoffmann-Merian, Theodor. Ein Lebensbild nach seinen eigenen Aufzeichngn., zusammengestellt v. A. Altherr. Nebst e. Bildnis u. Anh. 8. (142 S.) Basel 889. Schwabe. n. 2. —

Hoffmann-Aul, Henriette, Vaterland u. Religion. Gedichte. (VII, 217 S.) 8. Frankfurt a/M. (906). Gebr. Knauer. Geb. in Leinw. n. 3. —

Hoffmann-Bühle, Flora, der C h r i s t m a r k t; Epiphanias,
— der F i e d e l f r i t z,
— des H a m m e r s c h m i e d s Bärbel,
der K o m m e r z i e n r a t h und seine Söhne,
s.: K ö h l e r 's illustrierte Jugendbibliothek.

Hoffmann-Bühle, Flora, der L ü g e n m ü l l e r,
— ein M e i s t e r von Gottes Gnaden,
das V e r m ä c h t n i ß der Großmutter,
s.: K ö h l e r 's illustrierte Jugendbibliothek.

H[offmann]-B[urckhardt], A[lbert]: August R a i l l a r d (1821–1889) als Klubist und als Bergsteiger. Vortrag, gehalten am 3. Januar 1890 in der Section Basel des S. A. C. [Mit Porträt-Tafel.] 8°. [Basel.]

Hoffmann-Courtier, Willy s. F a m i l i e n b i b l i o t h e k, Schweizer. Nr. 79.

Hoffmann-Courtier, Willy s. F a m i l i e n b i b l i o t h e k, Schweizer. Nr. 91.

Hoffmann-Courtier, Willy, ein Menschenleben. Grafenschloß u. Heidehaus, s.: E n ß l i n 's Roman- u. Novellenschatz.

— Aus meiner Welt, s.: E n ß l i n 's Roman- u. Novellenschatz.

Hoffmann-Donner, H., Prinz Grünewald u. Perlenfein m. ihrem lieben Eselein. Ein Bildermärchen verzeichnet u. gereimt v. den Verf. d. Struwwelpeter. hoch 4. (24 lith. u. color. Taf. m. eingedr. Text.) Frankfurt a. M. 871. literar. Anstalt. 2. 10
s.a. H o f f m a n n, Heinrich

Hoffmann von D o n n e r s b e r g, August, s. H o f m a n n von Donnersberg.

Hoffmann-Ehingen, Hans, seine beiden Frauen, s.: G e s c h i c h t e n, intime.

Hoffmann-Ehingen, Hans, d. Freundin v. Zweien, s.: G e s c h i c h t e n, intime.

— der keusche Joseph, s.: G e s c h i c h t e n, intime.

— merkwürdige Leute. Roman. (258 S.) 8. Berlin 906. A. Sarganek. n. 4. —; geb. n. 5. —

**— „Magdalena“,
— das kleine Nest,
— die Unschuld,
s.: G e s c h i c h t e n, intime.**

Hoffmann von Fallersleben, August Heinrich

Hoffmann von Fallersleben, Heinrich (Hrsg.), s. Actenstücke, Zehn, über die Amtsentsetzung des Prof. Hoffmann v. Fallersleben.

— Althochdeutsches, aus Wolfenbüttl. Handschriften. gr. 8 Bresl. 826. Graß, B. u. C. 6 ggr.

Hoffmann, Aug. Heinr. (auch Hoffmann v. Fallersleben gen.), Althochdeutsches, aus wolfenbüttler Handschriften hrsg. gr. 8. (2 B.) Breslau 827. (Leipzig, Brockhaus.)

An meine Freunde. Briefe von [Heinrich] Hoffmann v. Fallersleben. Hrsg. von Dr. H[einrich] Gerstenberg. Berlin: Concordia [1907]. (XVI, 370 S.) 8° [F.] 107. 10755

Hoffmann (Aug. Heinr.) von Fallersleben, s. Aesopus, niederdeutscher.

Hoffmann, (Aug. Heinr.) von Fallersleben, de vlaamsche Beweging. Met een voorwoord van A. de Jager. Rotterdam 856. Baedeker. gr. 8. (4 Bl., 41 S.) n. 10 ngr.

—— altdeutsche Blätter, s. Blätter.

Hoffmann von Fallersleben, A. H., Briefe an Ferd. Wolf, s.: Wolf, A.

— Briefwechsel mit Hendrik van Wyn, s.: Briefwechsel.

— Bonner Bruchstücke vom Otfried, nebst and. deutschen Sprachdenkmälern. Mit Schriftproben. 4. Bonn 821. Habicht. 16 ggr.

Hoffmann v. Fallersleben, (H.,) Bonner Bruchstücke vom Otfried, nebst andern deutschen Sprachdenkmälern. Mit Schriftproben. 4. Bonn 822, Habicht.

Hoffmann (Aug. Heinr.) v. Fallersleben, Bruchstücke mittelniederländischer Gedichte, nebst Loverkens, s. Horae belgicae.

— Bruchstücke aus Tristan rc., s. Gottfried v. Straßburg.

Hoffmann, Aug. Heinr., (Hoffmann v. Fallersleben gen.,) das Buch d. Liebe. (Gedichte.) 8. (6 B.) Breslau 836, Aderholz.

Hoffmann [von Fallersleben], Henricus: Caerl ende Elegast critice edidit. Vratislaviae (1836). (VIII, 72 S.) 8° [F. u. Ant.] *[Erschien 1836 auch als P. 4 der „Horae Belgicae" d. Verf. bei Brockhaus in Leipzig.]*

Breslau, Phil. Fak., Antr.-Progr. als ord. Prof. v. 22. Dez. 1836

Hoffmann (Aug. Heinr.) von Fallersleben, Deutschland über Alles! Zeitgemäße Lieder. Leipzig 859. Günther. 16. (63 S.) n. 5 ngr.

Hoffmann v. Fallersleben, (Aug. Heinr.), Diavolini. (Gedichte.) 2. verm. Aufl. Cum Notis Variorum in usum Delphini. 8. (XXIV u. 100 S.) Darmstadt 848, Leske. 1/12 Rthlr.

—— Elnonensia, s.a. Elnonensia.

— Elnonensia. Monuments des langues Romane et Tudesque dans le IXème siècle, contenus dans un manuscrit de l'Abbaye de St, Amand, conservé à la bibliotheque publique de Valenciennes; publiés; avec une traduction et des remarques par J. F. Willems. Avec 1 lithogr. gr. in-4. Gand 837. Bonn, Marcus. 1 Rthlr.

— Findlinge. Zur Geschichte deutscher Sprache und Dichtung. 1—4. Heft. Leipzig 860. Engelmann. gr. 8. (1. Bd.: VIII, 496 S.) Jedes Heft n. 24 ngr.

— Fragment uit het verloren geraakde gedeelte der IV. Partie Jak. v. Maerlant's Spiegel Historial. 8. Dortr. 825.
(Aus Nieuwe Werken van de Maatschappy van Nederl. Letterkunde te Leyden rc. abgedr.)

—— Fragmenta theotisca, s. Fragmenta.

—— Fundgruben f. Geschichte deutscher Sprache u. Litteratur, s.a. Fundgruben.
[Ist jetzt (1836) v. Brockhaus in Leipzig zu beziehen.]

— Fundgruben für Geschichte deutscher Sprache u. Literatur. 1r Thl. gr. 8. Bresl. 830. Graß, B. u. C. 2 Rthlr.

—— Fundgruben f. Geschichte deutscher Sprache u. Litteratur. II. Thl. — A. u. d. T.: Iter Austriacum. Altdeutsche Gedichte, grösstenth. aus österr. Bibliotheken. gr. 8. (21 1/2 B.) Breslau 837, Aderholz.
I. Thl. Ebendas. 1830. 2 Thlr.

Hoffmann, Aug. Heinr., (gen. Hoffmann von Fallersleben,) deutsche Gassenlieder. 2. Aufl. 16. (3 1/2 B.) Zürich. [Rothplet.]

Hoffmann v. Fallersleben, Deutsche Gassenlieder. 8°. Zürich und Winterthur 1843.

— gaudeamus igitur. Eine Studie. Nebst e. Sendschreiben u. Carmen an denselben v. Gust Schwetschke. gr. 8. (22 S.) Halle 872. Schwetschke. n. — 40

— Gedichte. gr. 12. Breslau 827, Gräson u. C. 20 gr. Vel. Pap. geb.

— Gedichte. gr. 12. Bresl. 827. (Hentze). 20 ggr. Velinp. 1 Rthlr. 12 ggr.

—— Gedichte. 2 Bdchn. gr. 12. (25 1/2 B.) Leipzig 834, Brockhaus.

—— Gedichte. Neue Samml. 8. (9 1/2 B.) Breslau 837, Aderholz.

— Gedichte. gr. 12. Leipzig 843, Weidmann'sche B. 2 Rthlr.

— Gedichte. 4. Aufl. 853. — 5. Aufl. Hannover 856. Rümpler. 16. (1 Bl., 446 S. u. Bildniß in Stahlst.) 2 Rthlr. 7 1/2 ngr.

— Gedichte. Auswahl von Frauenhand. Hannover 862. C. Rümpler. 16. (XII, 372 S.) 1 Rthlr.

— Gedichte. 8. Aufl. Mit dem Bildniß d. Dichters in Stahlst. 8. (IV, 414 S.) Berlin 874. Lipperheide. n. 4. —; geb. n. 5. 50

— Gedichte. Mit dem Bildnisse des Dichters, gest. von Weger. 9. Aufl. 8. (IV, 413 S.) Berlin 887. [Grote.] F. Fontane. n. 4. —; geb. n. 5. —

— Gedichte. Mit dem Bildnisse des Dichters, gestochen v. Weger. 10. Aufl. (IV, 413 S.) 8. Berlin 904. F. Fontane & Co. n. 4. —; geb. n. 5. —

— allemannische Gedichte. 2e Aufl. gr. 12. Breslau 827, Grüson u. C.

— Ausgewählte Gedichte, s.: Universal-Bibliothek.

– s. Gedichte, politische, aus deutscher Vorzeit.

—— Geschichte d. deutschen Kirchenliedes b. auf Luthers Zeit. Ein litterarhistor. Versuch. M. 1 Musikbeil. 8. (13⅜ B.) Breslau 832. (Leipzig, Brockhaus.)

--- Geschichte des deutschen Kirchenliedes bis auf Luthers Zeit. 2. Ausg. (vermehrt u. erweitert.) Hannover 854. Rümpler. gr. 8. (XI, 540 S.) 2 ℛ︀. 22½ ngr.

-- Geschichte des deutschen Kirchenliedes bis auf Luthers Zeit. Nebst einem Anhang: In dulci jubilo, nun singet u. seid froh. Ein Beitrag zur Geschichte der deutschen Poesie. 3. Ausg. Ebend. 861. gr. 8. (XI. 668 S.) n. 2 ℛ︀ 20 ngr.

— Geschichte d. deutschen Kirchenlieder bis auf Luthers Zeit. Ein literar.-histor. Versuch. Mit 1 Musikbeilage. gr. 8. Bresl. 832. Graß, B. u. C. 16 gGr.

Hoffmann v. Fallersleben, Zur Geschichte des Wunderhorns. Weimar 1855. 8°. 22 S.

§ * HOFFMANN von Fallersleben, Aug. Heinr. — Die deutschen Gesellschaftslieder des 16. und 17. Jahrhunderts. Aus gleichzeitigen Quellen gesammelt von —. Leipzig, W. Engelmann, 1844. 12°. XViij, 306 S. (Auch in Breslau, Kgl. u. Univ.-Bibl.: Lit. Teut. I 8° 137 m.)

— — Dasselbe. 2. Aufl. 2 Thle. Ebd. 1860. 8°. (2 Mk. 50 Pfg. G. Fritzsche, Hamburg, 1892; 4 Mk., unbeschn. im Orig.-Umschl., Carl Beck, Lpz., 1911.)
I: XX u. 376 S. II: 274 S.

– Glossarium Belgicum, s. Horae Belgicae.

Hoffmann [von Fallersleben], Aug. Henr.: Glossarium vetus Latino-Germanicum e codice Trevirensi primum editum. Vratislaviae 1825. (8, 28 S.) 4°
Breslau, Progr. z. Rektoratswechsel am 24. Okt. 1825

—— althochdeutsche Glossen. 1. Samml., nebst e. litt. Uebersicht althochdeutscher u. altsächs. Glossen. gr. 4. (12½ B.) Breslau 826. (Leipzig, Brockhaus.)

Hoffmann, A. Hnr., (v. Fallersleben), althochdeutsche Glossen. 1e Samml., nebst e. literar. Uebersicht althochdeutscher u. altsächs. Glossen. gr. 4. Bresl. 826. Graß, B. u. C. 18 gGr.

—— Joh. Chrstn. Günther. Ein literar.-histor. Versuch. (Aus d. „Schles. Provinzial-Blättern" abgedr.) 8. (4½ B.) Breslau 832, (W. G. Korn.)

—— Handschriftenkunde f. Deutschland. Ein Leitfaden zu Vorlesn. gr. 8. (3 B.) Breslau 831. (Leipzig, Brockhaus.)

— Handschriftenkunde für Deutschland. Ein Leitfaden zu seinen Vorlesungen. gr. 8. Bresl. 831. Graß, B. u. C. 6 gGr.

—— Heimathklänge. Lieder. 1. und 2. Aufl. 8. (V und 52 S.) Mainz 851, Wirth Sohn. *

— s.: Henneke, Knecht.

— Die Herzen auf! Ausgewählte Gedichte. Mit (farb.) Bildern v. Lena Baurnfeind. [Aus: „Das deut. Bilderb."] (16 S.) 22,5×29,5 cm. Mainz (909). J. Scholz. Kart. 1. —

— dasselbe. Nebst: Reinick, Rob., wie ist die Erde doch so schön! Verse v. R. (Farbige Bilder v. Hans Schroedter.) [Aus: „Das deut. Bilderb."] (16 u. 15 S.) 23×30 cm. Ebd. (909). Kart. 2. —

—— Horae belgicae, s.a. Horae belgicae.

—— Horae Belgicae. Pars I. 8 maj. (8¼ B. u. 1 lith. Schrifttaf.) Vratislaviae 830. (Lipsiae, Brockhaus.)

—— id. Pars II. — A. u. d T.: Holländische Volkslieder. Erläutert. M. 1 Musikbeil. gr. 8. (12½ B.) Ibid. 833.

—— Horae belgicae. Ps. III — VI. gr. 8. [Leipzig u.] Breslau, Aderholz.
A. u. d. Ttln.:
Ps. III. Floris ende Blancefloer door Diederic van Assenede. Mit Einleit., Anmerkn. u. Glossar. (12⅞ B.) Leipz. 836. 1 Thlr.
- IV. Caerl ende Elegast. (6 B.) Leipz. 836. 12 Gr.
- V. Lantsloot ende die scone Sandrijn. Renout van Montalbaen. (6½ B.) Bresl. 837. 12 Gr.
- VI. Altniederländische Schaubühne. Abele Spelen ende Sotternien. (19¾ B.) Bresl. 838. 1 Thlr. 12 Gr.
Ps. I. II. Ebendas. 1831, 33. 1 Thlr. 16 Gr.

— Horae Belgicae. Pars VII. Et. s. t.: Niederländische Glossare des XIV. u. XV. Jahrh. nebst einem Niederdeutschen. gr. 8. Ebend. 845. n. ⅓ ℛ︀

— Hymnus theotiscus in St. Georgium. Ad fidem codicis Vaticani edidit et supplevit. 8. Bresl. 824..

—— Jägerlieder, s.a. Jägerlieder.

— Jägerlieder. Mit Melodien v. A. Fuhrmann. gr. qu. 4. Bresl. 828. Aderholz. 4 gGr.

– (Hrsg.), s. Jahrbuch, Weimarisches, für deutsche Sprache

-- die vier Jahreszeiten. Vier Kinder-Gesangfeste. Mit 2-stimmigen Volks- u. anderen Weisen. 860. (VIII, 92 S.) n. 15 ngr. -- Neue, mit einem Anhang verm. Ausg. Berlin 864. Th. Enslin. gr. 8. (VIII, 103 S.) 9 ngr.

— die Jahreszeiten. Vier Kindergesangsfeste mit verbind. Deklamation, komp. v. F. H. Reiser. 1. Hft. Der Frühling. Ein Festspiel f. Schule u. Haus. 4. Aufl. gr. 8. (23 S.) Leipzig 890. Siegismund & Volkening. — 30

(——) Immergrün, s. Immergrün.

---- in dulci jubilo nun singet und seid froh. Ein Beitrag zur Geschichte der deutschen Poesie. Mit einer Musikbeilage von L. Erk. Hannover 854. Rümpler. gr. 8. (IV, 128 S.) n. 24 ngr.

—— Adam v. Itzstein. 8. (112 S.) Frankfurt a. M. 848, Meidinger.
Aus: Die Männer des Volks, besonders abgedruckt.

— s. Kinder-Gesangfeste.

— Kinderlieder, s.a. Universal-Bibliothek.

Hoffmann v. Fallersleben, Kinderlieder. 1., vollständ. Ausg., besorgt durch Lionel v. Donop. 8. (VII, 310 S.) Berlin 877. Grote. n. 4. —; geb. n. 5. —

—— alte und neue Kinderlieder. Nach Original- und Volks-Weisen mit Clavierbegleitung hrsg. von Ludwig Erk. 4 Hefte. gr. 8. (121 S.) Berlin 873, Lipperheide. à Heft geb.

— 50 Kinderlieder. Nach Original- und bekannten Weisen mit Klavierbegleitung von Ernst Richter. 1. Heft. 6. Ster.-Aufl. qu. 4. (57 S.) Gotha 871, Haendcke und Lehmkuhl.

Hoffmann (Aug. Heinr.) v. Fallersleben, 43 Kinderlieder. Nach Orig.- u. Volksweisen mit Clavierbegleitung herög. von Hans Mich. Schletterer. Cassel 865. Freyschmidt. qu. gr. 4. (62 S.) 15 ngr.

— 50 Kinderlieder. Nach Original- u. bekannten Weisen mit Clavierbegleitung von Er. Richter. gr. qu. 4. Leipzig 843, Mayer. 1/2 ℛ

50 Kinderlieder. Nach Original- u. bekannten Weisen mit Clavierbegleitung von Ernst Richter. 4. Stereot.-Ausg. Altona 862. (Händtke & Lehmkuhl.) qu. gr. 4. (57 S.) 15 ngr.

— 50 Kinderlieder. Nach Orig.- u. bekannten Weisen mit Clavierbegleitung von Ernst Richter. 4. Ster.-Ausg. Altona 866. Haendcke & Lehmkuhl. qu. 4. (57 S.) 15 ngr.

— u. A., 60 Kinder- u. Jugendlieder. Nach bekannten u. beliebten Weisen bearb., m. Clavierbegleitg. (u. Fingersatz) versehen u. neu hrsg. v. Aug. Reiser. Mit Orig.-Beiträgen v. A. Bornschener, C. T. Eckhard, M. Ender rc. 4. Aufl. qu. Fol. (III, 76 S. m 1 Farbendr.) Stuttgart 892. W. Nitzschke. Geb. in Leinw. m. Gold- u. Farbendr. n. 4. 50; in imit. Leinw. m. Gold- u. Schwarzdr. n. 3. 50

— 50 neue Kinderlieder. Nach Original- u. bekannten Weisen mit Clavierbegleitung von Er. Richter. Mit Beiträgen von Marx, F. Mendelssohn-Bartholdy, Otto Nicolai, C. G. Reißiger, Rob. Schumann u. L. Spohr. gr. qu. 4. Mannheim 846, Bassermann. n. 1/2 ℛ

— 50 neue Kinderlieder. Nach Orig.- u. bekannten Weisen mit Clavierbegleitung von Ernst Richter. Mit Beiträgen von Marx, Fel. Mendelssohn-Bartholdy, Otto Nikolai rc. 2., unveränd. Abdr. Heidelberg 866. Bassermann'sche Verlagsh. qu. 4. (62 S.) 15 ngr.

— 50 neue Kinderlieder. [IV.] Nach Original- und bekannten Weisen mit Clavierbegleitung von Ernst Richter. Mit Beiträgen von Marx, Felix Mendelssohn-Bartholdy, Otto Nicolai rc. 3. Aufl. Illustr. Ausg. qu. Fol. (62 S. mit 4 Chromolithogr.) Stuttgart 871, Nitzsche. geb.

— dass. — 3. Aufl. [Neue] Illustr. Ausg. qu. 4. (62 S. mit 4 Chromolithogr.) Ebendas. 874. geb.
II. Heidelberg 866. Bassermann'sche Verlagsh. ℳ 1,50. — III. Leipzig 862. Engelmann. ℳ 1,50.

— 50 neue Kinderlieder. Nach Original- u. bekannten Weisen m. Clavierbegleitg. v. Ernst Richter. Mit Beiträgen v. Marx, Felix Mendelssohn-Bartholdy, Otto Nicolai rc. 3. Aufl. Illustr. Ausg. qu. 4. (62 S. m. 4 color. Taf.) Stuttgart 874. Nitzschke. geb. 3. —

— 44 Kinderlieder. Nach Original- und Volks-Weisen mit Clavierbegleitung. Herausg. von Carl Ed. Pax. (3. Sammlung.) Nebst einem alphabetischen Inhaltsverzeichnisse aller drei Sammlungen. Leipzig 862. Engelmann. qu. 4. (IV, 51 S.) 15 ngr.

— 40 Kinderlieder. (3. Sammlung.) Nach Original- u. Volks-Weisen mit Clavierbegleitung. gr. 4. (IV u. 47 S.) Leipzig 847, W. Engelmann. n. 1/3 ℛ

Hoffmann, Aug. Heinr. (genannt Hoffmann von Fallersleben), die Kinderwelt in Liedern. gr. 16. (224 S.) Mainz 853, [Wirth und Comp.] Thlr.

die Kinderwelt in Liedern. (Neue Titel-Ausg.) Mainz (847.) 855. (Wirth u. Co.) 16. (224 S.) 12 ngr.

Hoffmann von Fallersleben, s. Klassiker, moderne.

— Kuckuck, Kuckuck ruft aus dem Wald, s.: Mickelait, E.

— mein Leben. Aufzeichnungen und Erinnerungen. 6 Bde. gr. 8. (2140 S.) Hannover 868, Rümpler.

— mein Leben. In verkürzter Form hrsg. u. bis zu des Dichters Tode fortgeführt v. H. Gerstenberg. 2 Bde. (6 Thle.) 8. Berlin, F. Fontane & Co. à n. 3. 50; in Leinw. geb. à n. 4. 50; in Halbfrz. à n. 5. —
1. Bd. = 1.—4. Thl. (X, 424 S.) 893. — 2. Bd. = 5. u. 6. Thl. (VIII, 429 S.) 894.

— Lieben u. Leiden d. fahrend. Schülers, e. Cyclus v. Liedern. In Musik ges. v. Sauermann. Mit Begl. d. Pianof. 4. ... Breslau ..., Hentze.

— mein Lieben. Gedicht. Für 4stimm. Männergesang in Musik gesetzt v. Th. Hansen. Lex.-8. (4 S.) Kiel 846, Naeck. *

— Liebeslieder. 16. (142 S.) Mainz 851, Wirth Sohn. *

— allemannische Lieder. gr. 12. Bresl. 827, Grüson u. C.

— allemann. Lieder. gr. 12. Fallersl. 826. 2e A. (Bresl.) 827. Henze. 12 gGr 3e Aufl. 8. Ebd. 833. (832.) Aderholz. 12 gGr

— allemannische Lieder. Nebst Worterklärung und einer allemann. Grammatik. 5., im Wiesenthale verb. u. verm. Ausg. 8. Mannheim 843, Bassermann. 5/8 ℛ

— deutsche Lieder aus der Schweiz. 8. Zürich .... [Rothpletz.]

Hoffmann von Fallersleben, Deutsche Lieder aus der Schweiz. 3. Aufl. 8°. Zürich und Winterthur, Liter. Compt., 1845. 1. Aufl. anonym; vide: Lieder (deutsche) aus der Schweiz.

— Fränzchens Lieder. Lübeck 859. Dittmer. 16. (VII, 99 S.) n. 15 ngr.

— Lieder der Landsknechte unter Georg u. Caspar v. Frundsberg. Ebend. 868. gr. 16. (48 S.) 7½ ngr.

Hoffmann, Aug. Heinr., (auch Hoffmann v. Fallersleben gen.,) Lieder an Meieli. In Musik ges. v. Richter. Mit Begleit. d. Pianof. 4. ... Breslau ..., Hentze. Thlr.

Hoffmann von Fallersleben, Aug. Hnr., Lieder der Landsknechte unter Georg und Caspar von Frundsberg. Hannover 1868. 16.

— Lieder u. Romanzen. 12. Köln 821. Bachem. 9 gGr

— Lieder f. unsere deutschen Schulkinder. Gedichte. Melodien u. Satz von Wald. v. Baußnern. Schulausg. (19 S.) 8. Weimar (910). G. Kiepenheuer. — 30

— sechs Lieder für Schleswig-Holstein. Cassel 864. Freyschmidt. 16. (8 S.) 1 ngr.

—— 37 Lieder für das junge Deutschland. Vom Verf. der „Unpolitischen Lieder." (Mit Melodien.) gr. 8. (VIII und 37 S.) Leipzig 848. [Mainz, Wirth Sohn.]

— unpolitische Lieder. 1r Thl. 2e Aufl. 8. Hamburg 840. Hoffmann u. Campe. 1 Thlr

Hoffmann (von Fallersleben), Aug. Hnr., unpolitische Lieder. 1. Thl. 2. Aufl. 8. Hamb. 842, Hoffmann u. Campe. 1 Thlr — 2. Thl. 8. Ebend. 841. 1 Thlr

—— unsere volksthümlichen Lieder. 2. Aufl. gr. 8. (XL und 171 S.) Leipzig 859, Engelmann.

—— unsere volksthümlichen Lieder. 3. Aufl. Mit Fortsetzung und Nachträgen. gr. 8. (XL, 214 S.) Leipzig 869, Engelmann.

Hoffmann v. Fallersleben, unsere volkstüml. Lieder. 4. Aufl. Hrsg. u. neu bearb. v. Karl Herm. Prahl. gr. 8. (VIII, 348 S.) Leipzig 900. W. Engelmann. n. 7. —; geb. n. 8. —

— Lieder aus Weimar. 854. (95 S.) — 2. Aufl. 855. (95 S.) n. 10 ngr — 3. verm. Aufl. Hannover 856. Rümpler. 16. (106 S. u. Bildniß in Stahlst.) 15 ngr

Hoffmann [von Fallersleben], Henricus: De antiquioribus Belgarum literis. Vratislaviae (1831). (128 S., 1 Taf.) 8°

Breslau, Phil. Fak., Antr.-Progr. als außerord. Prof. v. 28. Febr. 1831

—— Loverkens, s. Horae belgicae.

—— Merigarto, s. Merigarto.

—— Monatsschrift von u. f. Schlesien, s. Monatsschrift.

(——) Muckiade, s. Muckiade.

— braunschweigisches Namenbüchlein. Einwohner-Namen der herzogl. Haupt- u. Residenzstadt Braunschweig, nach ihrer Bedeutung geordnet u. erläut. Braunschweig 866. Wagner. 8. (VII, 80 S.) n. 10 ngr

—— Breslauer Namenbüchlein, d. i. Einwohner Namen von Breslau nach Stand u. Würden u. sonstigen Eigenschaften geordnet. Für Liebhaber der deutschen Sprache. 16. (2 B.) Leipzig 843. [Carl Engelmann jun.] *

— Breslauer Namenbüchlein, d. i. Einwohner-Namen von Breslau nach Stand u. Würden und sonstigen Eigenschaften geordnet. Für Liebhaber der deutschen Sprache. 16. Leipzig 845, Engelmann. n. 1/6 Thlr

— Hannoversches Namenbüchlein. Einwohner-Namen der Königl. Haupt- u. Residenzstadt Hannover, nach ihrer Bedeutung geordnet u. erläutert. 8. (XVIII u. 66 S.) Hannover 852, Rümpler. n. 1/3 Thlr

Casseler Namenbüchlein. Einwohner-Namen der kurfürstlichen Haupt- u. Residenzstadt Cassel, nach ihrer Bedeutung geordnet u. erläutert. Cassel 863. Freyschmidt. 8. (XVI, 76 S.) n. 10 ngr

— Martin Opitz v. Boberfeld. Vorläufer u. Probe der Bücherkunde der deutschen Dichtung bis zum J. 1700. Leipzig 858. Engelmann. gr. 8. (32 S.) 6 ngr

— das Parlament zu Schnappel. Nach stenograph. Berichten hrsg. 8. (256 S.) Bingerbrück 850. (Düsseldorf, Schaub.) n. 1/2 Thlr

Hoffmann von Fallersleben, Heinrich. Das Parlament zu Schnappel. Nach stenographischen Berichten herausgegeben. Bingerbrück, Selbstverlag 1850. 256 S. 8.

Hoffmann, Aug. Heinr., (Hoffmann v. Fallersleben gen.,) die deutsche Philologie im Grundriss. Ein Leitfaden zu Vorlesn. gr. 8. ($17^3/_4$ B.) Breslau 836, Aderholz. Thlr.

— Poesien d. dichtenden Mitglieder.

—— Reineke Vos, s. Reineke.

Hoffmann von Fallersleben [Aug. Heinr.], s. Reiser, die Jahreszeiten.

—— Rheinleben. Lieder (mit Melodien.) 8. (35 S.) Mainz 851, Wirth Sohn. *

Hoffmann (Aug. Heinr.) v. Fallersleben, Rheinleben. 24 Lieder. Mit Singweisen hrsg. von H. M. Schletterer. qu. 4. (43 S.) Neuwied 865, Heuser.

Hoffmann, Aug. Hnr., (v. Fallersleben) Bartholomäus Ringwaldt u. Benjamin Schmolck. Ein Beitrag zur deutschen Literaturgeschichte des 16. u. 18. Jahrh. gr. 8. Breslau 833. Hentze in Berlin. 5/12 Thlr

—— Ruda. Polnische Volkslieder der Oberschlesier. gr. 8. (56 S.) Cassel 865, Freyschmidt. *

Hoffmann, Aug. Heinr., deutsche Salonlieder. 8. (... B.) Zürich 844. [Rothpletz.] Thlr.

(——) das breslauer Schillerfest 1840. gr. 8. ($1^1/_2$ B.) Hamburg 841, Hoffmann u. Campe.

Schleswig-Holstein. 10 Lieder. Ebend. 864. 8. (15 S.) 2 ngr

— 100 Schullieder. Mit bekannten Volksweisen versehen u. in 3 Hftn hrsg. v. Ludw. Erk. 8. 1, 33 Lieder für Kinder von 5 — 7 Jahren. (IV u. 16 S.) 2. 33 Lieder für Kinder von 8 — 11 Jahren. (IV u. 20 S.) 3. 34 Lieder für Kinder von 11 — 13 Jahren. (IV u. 23 S.) Leipzig 848, W. Engelmann. à 3 ngr

—— 100 Schullieder. Mit bekannten Volksweisen versehen und hrsg. von Ludw. Erk. Neue verb. Aufl. 8. (IV und 60 S.) Leipzig 862, Engelmann. *

110 Schullieder. Mit bekannten Volksweisen versehen u. herausg. von Ludw. Erk. Neue verb. Aufl. Leipzig 862. Engelmann. 8. (IV, 60 S.) n. 5 ngr

— Soldatenlieder. 20 Lieder mit Melodien, theils ein-, theils mehrstimmig. gr. 16. (IV u. 36 S.) Mainz 851, Wirth Sohn. 3 ngr

—— Spenden zur deutschen Literaturgeschichte. 2 Bdchn. 8. Leipzig 844. [Carl Engelmann jun.] *

Bdchn. 1. Aphorismen u. Sprichwörter aus d. 16. u. 17. Jahrh., meist polit. Inhalts. (10 B.) * 20 Ngr.
2. Adam Puschmann, Barth. Ringwoldt, Mart. Opitz, Benj. Schmolck, Joh. Christ. Günther, Dan. Stoppe, einige Vor-Opitzianer. (15 B.) * 25 Ngr.

—— Spitzkugeln. Zeit-Distichen. gr. 12. (33 S.) Darmstadt 849, (Leske.) **

Hoffmann von Fallersleben, A. H., Streiflichter. 8. (VI, 130 S.) Berlin 872. Lipperheide. n. 1. 75

—— Sumerlaten, s.a. Sumerlaten.

Hoffmann, Aug. Hnr., Sumerlaten. Mittelhochdeutsche Glossen aus den Handschriften der k. k. Hofbibliothek zu Wien. Wien 1834. 8. . . . . (0.)

Theophilus, s. Theophilus.

—— Hoffmannsche Tropfen. 8. (...B.) Zürich 844. [Rothpletz.]

—— s. Tunnicius.

—Willirams Uebersetzung u. Auslegung des Hohen Liedes, s.a. Salomo.

Hoffmann, A. H., Willirams Übersetzung und Auslegung des Hohenliedes in doppelten Texten, aus Handschriften und mit einem vollständigen Wörterbuche, nebst Facsimile. Breslau, Graß, 1827, gr. 8°, 3,80 Mk.

—— Uebersicht der mittelniederländ. Dichtung, s. Horae belgicae.

— Vaterlandslieder. Mit ein- u. mehrstimmigen Weisen u. Clavierbegleitg. verseh. v. Hans Mich. Schletterer. qu. 4. (66 S.) Hamburg 871. Niemeyer. 1. 80

—— Verzeichniss d. altdeutschen Handschriften d. k. k. Hofbibliothek zu Wien. gr. 8. (28 B.) Leipzig 841, Weidmann'sche Buchh.

—— deutsches Volksgesangbuch, s.a. Volksgesangbuch.

—— Deutsches Volksgesangbuch. Mit 174 eingedruckten Singweisen und Nachrichten über Dichter u. Tonsetzer. Ebd. 1848. Kl.-8°. IV, 188 Seiten. (2 Mk. 50 Pfg. Carl Beck. 1911.)

—s.a. Volkslieder, Schlesische.

* — — und Ernst Richter. — Schlesische Volkslieder mit Melodien. Aus dem Munde des Volkes gesammelt und hrsg. von —. 4 Lfrgn. Leipzig 1842. Gr. 8°. (2 Rthl.) (5 Mk., Prachtexpl. im Orig.-Umschl., O. Rauthe, Berlin, 1909; 3 Mk. 50 Pfg. C. Skopnik, Berlin, 1910:)

Hoffmann von Fallersleben, Aug. Hnr., Volkswörter aus der deutschen Scherz-, Spott- und Gleichniss-Sprache. 1. Gabe. Wien 1873. 8.
Sep.-Abdr. aus: Wagner's Archiv. Bd. I.

— unser Weinhaus. Weinlieder u. Sprüche. Auf Wunsch d. Dichters hrsg. v. G. 8. (46 S.) Dresden 875. E. Arnold's Kunstverl. 1. —

(Heinrich) Hoffmann von Fallersleben. Ausgewählte Werke in 4 Bden. Hrsg. u. mit Einl. versehen von Hans Benzmann. Mit 2 Bildn., 1 Abb. d. Denkmals auf Helgoland, sowie 1 Gedicht als Handschriftprobe. Bd 1–4. Leipzig: M. Hesse (1905). 4 Bde (in 1 Bde) 8° [G.]
1. Einl. d. Hrsg. Lyrische Gedichte (T. 1).
2. Lyrische Gedichte (T. 2, Volkslieder). – Zeitgedichte. – Gelegenheitsgedichte u. Trinksprüche.
3. 'Mein Leben'. 1–3. 4. 'Mein Leben'. 4–7. Personenverz. [05. 3394

Hoffmann v. Fallersleben, gesammelte Werke. (In ca. 48 Lfgn. od. ca. 8 Bdn.) 1.—6. Lfg. 8. (1. Bd. XX, 406 S. m. Stahlst.-Portr.) Berlin 890. Fontane. à n. — 50 (1. Bd. cplt.: n. 3.—; geb. n. 4.—)

Hoffmann's v. Fallersleben gesammelte Werke. Hrsg. v. Heinr. Gerstenberg. 7.–60. (Schluß-)Lfg. 8. (2. Bd. 412 S; 3. Bd. 366 S.; 4. Bd. X, 368 S.; 5. Bd. 392 S.; 6. Bd. XII, 370 S.; 7. Bd. X, 424 S.; 8. Bd. VIII, 429 S.) Berlin 891—893. F. Fontane & Co. à n. — 50; in Bdn. Bd. 1—6 à n. 3.—; geb. à n. 4.—; Bd. 7 u. 8 à n. 3. 50; geb. à n. 4. 50

Hoffmann v. Fallersleben, Heinrich: Gesammelte Werke. Neue Pracht-Ausg. Hrsg. von Prof. Dr. K[arl] Macke. Ill. von Hermann Tischler. Berlin: Herlet [1909]. 176 S. 8°
[Enth. nur Dichtungen.]
[Beigedr.:] Voss, Joh. Heinr.: Gesammelte Werke. Hrsg. v. Macke. [Enth. nur Dichtungen.]

Hoffmann-Hemmingen, Ernst, s.a. Ueberfall, der, im Wildbad.

Hoffmann-Hemmingen, Ernst, der Überfall im Wildbad od. Schwäbische Bauerntreue. Dichtung. Zur Aufführg. f. Schulen u. Vereine. 3. Aufl. (16 S.) 8. Stuttgart 908. J. F. Steinkopf. p — 30

Hoffmann von Hoffmannswaldau, Christian, s. Hofman von Hofmanns-Waldau.

Hoffmann von Hoffmansegg, Johann Centurias von

Hoffmansegg, J. C., Comte de, et H. F. Link. Flore Portugaise ou description de toutes les plantes, qui croissent naturellement en Portugal, avec figures color. cinq planches de terminologie et une Charte. Cahier I —VIII. roy. Fol. impr. sur papier velin. Berl. Maurer'sche Buchh. (in Comm.) 1:

— et H. F. Link, flore Portugaise ou description de toutes les plantes, qui croissent naturellement en Portugal. Avec fig. color. et carte. Cah. I—XXI. Roy. fol. Berl. 809—29. Reimer. 218 ℛ 12 ℊ

Hoffmansegg, Jo. Centurius Comte de, et Henr. Frider. Link, Flore Portugaise, ou Description de toutes les plantes qui croissent naturalement en Portugal. Livr. 19—22. gr. in-Roy.-Fol. (à 8 B. französ. u. latein. Text u. à 5 ill. Kpfrt.) Berlin 827—33, (Reimer.) (à 2 Frd'or.)
Livr. 1—18. Ebendas. 1809—23. 207 Thlr.

v. Hofmansegg, Comte J. C., et H. F. Link, flore portugaise ou description de toutes les plantes, qui croissent naturellement en Portugal. Avec fig. color. Livr. XXII. Imp.-Fol. Berlin 833. Reimer. 2 Frd'or. (Livr. I. — XXI. auch à 2 Frd'or. Vergl. Thl. III. S. 171.)

Hoffmansegg, J. C.: Orchideen in Graeflich H. Garten zu Dresden. Dresden, 1842. 8°. Ed. 3. 1844.

Hofmannsegg, Johann Centurias Graf von. Reise in einige Gegenden von Ungarn, bis an die türkische Gränze . . . Görlitz 1800. H: *Jähne, Caspar Gottlob.* (Ky) (EngG) (CBH)

v. Hofmannsegg, Graf Jh. Centurius, Reisen in einigen Gegenden von Ungarn bis an die Türk. Grenze. Ein Auszug aus e. Samml. von Originalbriefen (v. G. Jähne.) 8. Görlitz 800. (Anton in Halle). 1 ℛ 4 ℊ Schrbp. 2 ℛ

v. Hoffmannsegg, (J. C. Graf,) Verzeichniß d. Pflanzenculturen rc., s.a. Verzeichniß.

HOFFMANSEGG (J. C.). Verzeichniss der Pflanzenkulturen in den Graefl. Hoffmanseggischen Gaerten zu Dresden und Rammenau. Dresden, 1824. 8°. Nachtr. 1826-42.

Hoffmann-Krayer, E(d[uard]). Ein Stück A b e r g l a u b e in Basel a. 1705. Mitgeteilt von E. H'-K'. (SA.) 8° (Zürich 1899.)

Hoffmann-Krayer, Ed., s.: Archiv, schweizerisches, f. Volkskunde.

Hoffmann-Krayer, E(d[uard]). Die Berufe in der Volkskunde. Eine Umfrage von E. Hoffmann-Krayer. (Separat-Abdruck [aus:] Schweizerisches Archiv für Volkskunde.... Jahrg. 5. Heft 4. Ausgegeben November 1901.) II + 5 S. 8. (Zürich, Emil Cotti's Wwe., 1901.)

Hoffmann-Krayer, E(d[uard]). Bibliographie über schweizerische Volkskunde für das Jahr 1900. (Separat-Abdruck [*d. i.* Ausschnitt, aus:] Schweizerisches Archiv für Volkskunde.... Jahrg. 5. Heft 1. Ausgegeben März 1901.) II S. + S. 73—80. 8. (Zürich, Emil Cotti's Wwe., 1901.)

Hoffmann-Krayer, E[duard]. Bibliographie über schweizerische Volkskunde für das Jahr 1901. ([Ausschnitt aus: Schweizerisches Archiv für Volkskunde....] Band 6, Heft 1, ausgegeben 15. März 1902.) S. 69—80. 8. [Zürich, Emil Cotti's Wwe., 1902.]

Hoffmann-Krayer, E[duard]. Bibliographie über schweizerische Volkskunde für das Jahr 1902. ([Ausschnitt aus: Schweizerisches Archiv für Volkskunde....] Band 7 Heft 1, ausgegeben 20. März 1903.) S. 71—80. 8. [Zürich, Juchli & Beck, 1903.]

Hoffmann-Krayer, E[duard]. Bibliographie über schweizerische Volkskunde für das Jahr 1903. [Aus] Schweiz. Archiv für Volkskunde Bd. 8 ⟨1904⟩. [Heft 1.] S. 71—80. 8. [Zürich, Juchli & Beck.]

Hoffmann-Krayer, E[duard]. Bibliographie über schweizerische Volkskunde für das Jahr 1904. ([Sep.-Abdr. aus: Schweizerisches Archiv für Volkskunde.] Band 9, Heft 1, ausgegeben 20. April 1905.) S. 72—80. 8. [Zürich, Juchli & Beck.]

Hoffmann-Krayer, E[duard]. Bibliographie über die schweizerische Volkskundelitteratur des Jahres 1905. [Sep.-Abdr. aus: Schweizerisches Archiv für Volkskunde. Jahrg. 10, 1906, Heft 1/2.] S. 113—120. 8. [Zürich, Juchli & Beck.]

Hoffmann-Krayer, E[duard]. Bibliographie über die schweizerische Volkskundeliteratur des Jahres 1906 u. 1907. [Sep.-Abdr. aus: Schweizerisches Archiv für Volkskunde. Jahrg. 11, 1907, Heft 3 und 4 u. Jahrg. 12, 1908, Heft 1.] S. 297—304 u. S. 70—76. 8. [Zürich, Juchli & Beck.]

Hoffmann-Krayer, E[duard]. Bibliographie über die schweizerische Volkskundeliteratur des Jahres 1908. [Sep.-Abdr. aus:] Schweiz. Archiv für Volkskunde Bd. 13 ⟨1909⟩.... S. 74—80. 8. [Zürich, Juchli & Beck.]

Hoffmann-Krayer, E(d[uard]). Bibliographie über die schweizerische Volkskundeliteratur des Jahres 1909. (Sonderabzug [aus:] Schweizerisches Archiv für Volkskunde.... Jahrg. 14. Heft 1.) I S. + S. 92—96. 8. (Basel, Verlag der Schweiz. Gesellschaft für Volkskunde. 1910.)

Hoffmann-Krayer, E. Bilder aus dem Fastnachtsleben im alten Basel. In-8°. 22 S. Zürich-Hottingen, Selbstverlag des Verfassers. 1896. — 50
*** Sonderabdruck aus der „Allg. Schweizer Zeitung" in Basel.

Hoffmann-Krayer, E[duard]. Zwei Briefe Goethes mit einem Briefe Carl Augusts. [1. Brief Goethes.] (Sonder-Abdruck aus dem Goethe-Jahrbuch 23. Band 1902.) II S. + S. 69—70. [Frankfurt a. M., Literarische Anstalt.]

Hoffmann-Krayer, Eduard. Die Entwicklung des Naturgefühls in deutscher Dichtung und Kunst. Von Eduard Hoffmann-Krayer (Basel). 8.
Sonderabdruck [*d. i.* Ausschnitt] aus: Studien zur vergleichenden Litteraturgeschichte. Hrg. von Dr. Max Koch.... Band 1. Heft 2. Berlin, Alexander Duncker, 1901. S. 145-181.

Hoffmann-Krayer, Eduard. Etymologische Erläuterungen zu [Johann Peter] Hebels mundartlichem Wortschatz. ([Ausschnitt aus:] Zeitschrift für hochdeutsche Mundarten. [Jahrg.] 4 [1903, Heft 3].) S. 145—172. 8. [Heidelberg, Carl Winter.]

Hoffmann-Krayer, Eduard. Ferndissimilation von r und l im Deutschen. Ein Beitrag zu den Prinzipien des Lautwandels. Aus der Festschrift zur 49. Versammlung Deutscher Philologen und Schulmänner. Basel 1907. II S. + S. 491—506. 8. [Basel, Buchdr. Emil Birkhäuser; Leipzig, Verlag Carl Beck, 1907.] [M. —. 60]

Hoffmann-Krayer, E[duard]. Fragebogen über Volksmedizin in der Schweiz. [Hrg. durch die] Schweizerische Gesellschaft für Volkskunde.... Im Auftrage des Gesellschaftsvorstandes zusammengestellt. [Mit 2 Formular-Tabellen.] 20 S. 8. [Zürich, Juchli & Beck, 1904.]

Hoffmann-Krayer, E[duard]. Fruchtbarkeitsriten im schweizerischen Volksbrauch. (Separatabdruck [aus:] Schweizerisches Archiv für Volkskunde.... Jahrg. 11. Heft 3 und 4.) II S. + S. 238—269. 8. (Basel, Verlag der Schweiz. Gesellschaft für Volksk', 1907.) N6530²⁴

Hoffmann-Krayer, Ed., s.: I d i o t i k o n, schweizerisch.

Hoffmann-Krayer, E[duard]. Suffix *-is*, *-s* in schweizerischen Mundarten. ([Ausschnitt aus:] Zeitschrift für hochdeutsche Mundarten. [Jahrg.] 3. [1902. Heft 1/2.]) S. 26—46. 8. [Heidelberg, Carl Winter.]

Hoffmann-Krayer, E[duard]. Knabenschaften und Volksjustiz in der Schweiz. (Stark erweiterte Überarbeitung eines akademischen Vortrages, gehalten am 12. Januar 1904 in der Basler Universitäts-Aula.) Separat-Abdruck aus Schweiz. Archiv für Volkskunde, Bd. 8 ⟨1904⟩. II + 37 S. 8. Zürich, Juchli & Beck, 1904.

Hoffmann-Krayer, E[duard]. Alte Kulturbestände in der Sprache. Sonderabdruck aus Wissen und Leben [Jahrg. 2, 1908/09, Heft 11]. II + 20 S. 8. Zürich, Buchdr. zur Steinmühle, [1909].

Hoffmann-Krayer, Eduard. Naturgesetz im Volksleben? Von Eduard Hoffmann-Krayer, Basel. (Sonderabdruck aus den Hessischen Blättern für Volkskunde. Band 2 Heft 1. 1903.) II S. + S. 57—64. 8. [Leipzig, B. G. Teubner.]

Hoffmann-Krayer, E[duard]. Neujahrsfeier im alten Basel und Verwandtes. Separat-Abdruck aus Schweiz. Archiv für Volkskunde, Bd. 7 ⟨1903⟩. 55 S. 8. Zürich, Juchli & Beck, 1903

Hoffmann-Krayer, E[duard]. Schatzgräberei in der Umgebung Basels ⟨1726 und 1727⟩. Mitgeteilt von E. Hoffmann-Krayer in Basel. (Separat-Abdruck [aus:] Schweizerisches Archiv für Volkskunde.... Jahrg. 7. Heft 1.) II + 22 S. 8. (Zürich, Juchli & Beck, 1903.)

Hoffmann-Krayer, E[duard]. Die Volkskunde als Wissenschaft. [Veränderter Abdruck der Antrittsvorlesung]... an der Universität Basel. 34 S. 8. Zürich, Comm. Fritz Amberger, 1902. [fr. 1. —]

Ⓢ — Volkskunde als Wissenschaft. 902. (KBL 31.) Jetzt: Leipzig, C. Beck.

Hoffmann-Krayer, E(d[uard]). Volksmedizinisches. (Auszug aus ... Antworten auf den ... Fragebogen über Volksmedizin in der Schweiz. Separat-Abdruck [aus:] Schweizerisches Archiv für Volkskunde.... Jahrg. 8. Heft 2.) II S. + S. 141—153. 8. (Zürich, Juchli & Beck, 1904.)

Hoffmann-Krayer, E., Walther v. der Vogelweide. Ein Vortrag. gr. 8. (V, 46 S.) Basel 894. Georg & Co. n. 1. —

Hoffmann-Krayer, Ed[uard]. Wege und Ziele schweizerischer Volkskunde. Vortrag, gehalten an der 13. Generalversammlung der Schweiz. Gesellschaft für Volkskunde in Heiden. Sonderabdruck aus dem Schweiz. Archiv für Volkskunde Band 12. II + 21 S. 8. Basel, Verlag der Schweiz. Gesellschaft für Volkskunde, 1908.

Hoffmann-Krayer, E(d[uard]). Ein Zauberprocess in Basel 1719. Mitgetheilt von E. H'-K'. (SA.) 8°(Zürich 1898.)

(Hoffmann-Krayer, E[durard].) Wilhelm Ziely (†1540/41.) [Biographische Skizze. SA.] 8°. [Leipzig 1900.]

(Hoffmann-Krayer, E[duard].) Joseph Ignaz Zimmermann (1737–1797). [Biographische Skizze. SA.] 8°. [Leipzig 1900.]

Hoffmann-Kutschke, Artur: Die altpersischen Keilinschriften des Grosskönigs Darajawausch des Ersten am Berge Bagistan. Stuttgart 1908: Kohlhammer. 67 S. 8° ¶(Ein Teil ersch. auch als Buch ebd. 1909.)
Jena, Phil. Diss. v. 2. Juni 1909, Ref. Wilhelm
[Geb. 24. Juni 82 Hansdorf i. Schl.; Wohnort: Berlin; Staatsangeh.: Preußen; Vorbildung: Gymn. Bunzlau Reife O. 05; Studium: Berlin 11 S.; Rig. 20. Juni 08.] [U 09. 2184

Hoffmann-Kutschke, A., die altpers. Keilinschriften des Grosskönigs Dārajawausch I. bei Behistun. (35 S.) Lex. 8. Stuttgart 909. W. Kohlhammer. 1. 80

— dasselbe am Berge Bagistan. (Text u. Übersetzg.) Diss. (68 S.) Lex. 8. Ebd. 908. 2. 80

Die Wahrheit über Kyros, Darius und Zarathuschtra. Beiträge z. Erforschung d. älteren arischen Geschichte. Die Perser z. Zeit d. Darius I., nach Zarathuschtra Spitama, u. ihre Bedeutung f. d. Weltgeschichte. Von Artur **Hoffmann-Kutschke**. Berlin, Stuttgart, Leipzig: Kohlhammer 1910. 34 S. 8° [11. 7034

Hoffmann-Kutschke, Gotthelf

Hoffmann-Kutschke, Allerlei aus Krieg u. Frieden. Ernste u. humorist. patriot. Erzählgn. u. Gedichte f. jedermann. Mit e. Vorwort v. H. Unbescheid. 2. Aufl. (VIII, 228 S. m. Abbildgn.) 8. Breslau 905. Berlin, S. Schottländer's schles. Verlagsanstalt. n. 3. —; geb. n. 4. —

Bürgertreue und Soldatentugend oder Die historischen Bäcker von Wien bei der Belagerung 1683 durch die Türken. Hist. Schauspiel in 5 Akten von G[otthelf] **Hoffmann-Kutschke**. Breslau 1909: Petscheck. 44 S. 8° [11. 11677 2

Kutschke's [d. i. Gotthelf **Hoffmann-Kutschke**] Ausgewählte Gedichte. Ein patriot. Liederbuch f. alte u. junge Krieger. Breslau: Schottlaender 1895. V, 212 S. 8° [11. 1399

Hoffmann-Marion. Zur Alkoholfrage. Vergleichende Darstellung der wesentlichsten Bestimmungen der kantonalen Wirtschaftsgesetze. Bern 1883. 73 S. 8°.

Hoffmann-Merian, Th: Alkoholfrage, 1884: s. Alkoholfrage

Hoffmann-Merian, Th.: Vergleichende Darstellung der wesentlichsten Bestimmungen der kantonalen Wirtschaftsgesetze. 8°. 73 S. Bern. 1883.

Hoffmann-Merian: Denkschrift über das neue eidgen. Zollgesetz, Basel 1852.

Hoffmann-Merian, Thdr., die Eisenbahnen zum Truppentransport u. für den Krieg im Hinblick auf die Schweiz. Basel 868. Schweighauser. gr. 8. (160 S. mit 4 lith. Tabb. in 4. u. Fol.) n. 1 ⅓ ℛ

Hoffmann-Merian, Thdr., die Eisenbahnen zum Truppen-Transport u. f. den Krieg im Hinblick auf die Schweiz. Mit 3 lith. Taf. u. 2 Tabellen (in qu. 4. u. Fol.) 2. Ausg. gr. 8. (160 S.) Basel 871. Richter. n. 3. —

Hoffmann-Merian, Thdr., Giuseppe Garibaldi. Ein Liedercyklus. 16. (128 S. mit Lichtdr.-Portr.) Basel 886, Schwabe. geb. mit Goldschn. *

Hoffmann-Merian, Thdr., Gedichte. 12. (XIV, 160 S.) Glarus 888. A. Vogel. 2. —

Hoffmann-Merian, Th., Hebung des inländischen (schweizer.) Gewerbes. 8°. Basel 1870.

Hoffmann-Merian, Th., die kantonalen Ohmgeld- und Konsumosteuern in der Schweiz. Aus den bezüglichen Gesetzen, Verordnungen und Instruktionen gesammelt und zusammengestellt. Basel 858. Schweighauser'sche Sorthdlg. gr. 8. (2 Bl., 160 S. u. 1 Tab. in 4.) n. 16 ngr.

— die kantonalen Ohmgeld- u. Konsumosteuern in der Schweiz. Aus den gegenwärtig gült. Gesetzen, Verordnungen u. Instructionen gesammelt u. zusammengestellt. 2. vollständig umgearb. Aufl. gr. 8. (III, 184 S. m. 3 Tab. in gr. 4.) Basel 872. Schweighauser. n. 2. 40

Hoffmann-Merian, Th., u. **Steinmann-Bucher**, zur Zollfrage, s.a. Zeitfragen, Schweizer.

Hoffmann-Merian und Steinmann-Bucher. Zur Zollfrage. Zwei Referate im Auftrage des Vorstandes des schweizerischen Gewerbevereins für dessen Sectionen bearbeitet. In-8°, 76 S. Zürich, Orell Füssli & Cie. 1881.

Hoffmann-Nesselbach, L., der Schwarze v. Orlach, s. Hoffmann, L.

Hoffmann-Rühle, Flora

— durch d. Welt z. Heimat. 2 Erzählgn. f. junge Mädchen. Illustr. v. E. H. Walther. 8. (278 S.) Dresden 895. A. Köhler. Geb. in Leinw. n. 3. —

— durch Nacht zum Licht, s.: Köhler's ill. Jugend- u. Volksbibliothek.

Hoffmann-Rühle, Flora, Giotto (Ambrogiotto di Bondone), s.: Köhler's illustr. Jugend- u. Volksbibliothek.

Hoffmann-Rühle, Flora, auf den Höhen der Gesellschaft, od. Bleibe dir selbst getreu!, s.: Köhler's ill. Jugend- u. Volksbibliothek.

Hoffmann-Rühle, Flora. Die schönsten Märchen u. Erzählungen aus Nord u. Süd. Mit 6 Farbendr. Bildern. 8. (238 S.) Dresd. 891, A. Köhler. geb. * 2 50

Hoffmann-Rühle, Flora, das Vermächtnis der Großmutter, s.: Köhler's illustrierte Jugend- u. Volksbibliothek. 19. Bd.

Hoffmann-Schaumberg, H., die Nihilisten, s.a. Dilettanten-Bühne.

Hoffmann-Schaumberg, Geo., d. Nihilisten, s.a. Dilettanten-Theater.

Hoffmann-Schaumberg, Georg: Die N i h i l i s t e n. Original-Schwank in 3 Aufz. Von –. 4. Aufl. Paderborn: F. Schöningh [1902]. (32 S.) 8°
= Dilettanten-Theater. H. 12.

Hoffmann-Sonnewalde, Nicolaus Ludwig Graf v. Zinzendorf, s.: Für Feste u. Freunde der inneren Mission.

Hoffmann-Teupitz, Frz., unsere Matrosen, s.a. Bloch's, Ludw., Kinder-Theater. Nr. 106.

Unsere Matrosen. Festspiel mit Gesang u. Reigen ... Zsgest. von Franz Hoffmann-Teupitz. Berlin: E. Bloch [1905]. (31 S.) 8° [F.]
= **Kinder-Theater**, Ludwig Blochs. No 106. [06. 9810

Hoffmann v. **Wangenheim, P.**, eine Eisbekanntschaft, s.: Wallner's allgemeine Schaubühne.

Hoffmann-**Westphal**, M. F. E., christliche Frauenbilder aus allen Zeiten u. allen Landen. Eine Festgabe f. unsere Töchter. Gesammelt u. hrsg. gr. 8. (V, 397 S.) Osnabrück 890. Wehberg. n. 3.

Hoffmann-Fibel f. den vereinigten Sprach-, Schreib- u. Leseunterricht. Wandfibel. Neubearbeitung. (30 Taf.) 90× 64 cm. München (908). R. Oldenbourg. nn 7.—; auf Pappe nn 16.—

de Hoffmans, de la Régence. Opinion de l'Abbé Maury, prononcée à l'assemblée nationale le 22 mars 1791, annotée et publiée avec tous les documents qui se rattachent à cette question. gr. in-8. Paris et Leipzig 842, Brockhaus et Avenarius. n. 2/3 ℳ

Hoffmannsegg, Johann Centurias von,
s. H o f f m a n n von Hoffmansegg.

Hoffmannsthal, Hugo von, s. H o f m a n n s t h a l.

Hoffmanowa, Klementynę

Hofman, Klementynę, Karolina. Powieść w trzech Tomach. Wydanie J. N. Bobrowicza. III Ti. 16. (47½ B.) Lipsku 839, Breitkopfa i Haertela.

— **siehe: Krystyna.**

Hofmanowa, Klementyne z Tanskich, Opis Przejazdu przez Niemcy w listach wacława do siostry swojéj jadwigi. 16. Lipsk 844, Breitkopfa i Härtela. 2/3 ℳ

Hofmanową, Klementynę, z Tańskich, pismo święte wybrane z ksiąg starego i nowego zakonu objaśnione uwagami pobożnych uczonych i ofiarowane matkom i dzieciom polskim. 2 Tomy. gr. 12. (1112 S.) Lemberg 846, Millikowski.
Mit 57 Kpfrn.

Hofmanow, Klementyna, z Tańskich nowe Rozrywki dla Dzieci. 2 Vols. 8. Berlin 840. B. Behr. n. 4 ℳ

Hoffmans, s.a. H o f m a n s.

Hoffmans, Carl, s. H o f f m a n s, Karl

Hoffmans, Iosephus (geb. am 6 Aug. 1842 in Dülken): De salium quorundam endosmosi et de processus endosmotici theoria ... Bonnae, form. Carthausianis (1864). 2 Bl., 42 S., 1 Bl. 8.
Bonn, Phil. Fak., Diss. v. 13 Mai 1864

Hoffmans, Josef, appr. Arzt a. Dulken i. Rhld.: Über primäres Vulvacarcinom. Borna-Leipzig 1908: R. Noske.
Gießen, Med. Fak., Ref. Pfannenstiel, Diss. v. 22. Juni 1908
[Geb. 24. Jan. 79 Lüttelbracht (Reg.-Bez. Düsseldorf); Wohnort: Dortmund; Staatsangeh.: Preußen; Vorbildung: Gymn. Warburg Reife O. 02; Studium: Freiburg i. B. 1, Würzburg 1, Kiel 3, Berlin 1, Straßburg 1, Gießen 3 S.; Coll. 6. Mai 07; Approb. 1. Juni 08.]

Hoffmans, Karl

Hoffmans, Carl, approb. Arzt aus Breyell (Rheinl.): **Aus d. chirurg. Klinik zu Kiel. Über Bauchschußverletzungen.** *Kiel 1902: Schmidt & Klaunig.* (28 S.) 8°
Kiel, Med. Diss. v. [3. Jan.] 1903

Hoffmans, Carolvs (geb. am 12 Sept. 1838 in Schaag Kr. Kempen): De commvtationibvs, qvae vrethrae strictvra organica addvcvntvr ... Bonnae, typ. F. Krvegeri (1863). 29 S., 1 Bl. 8.
Bonn, Med. Fak., Diss. v. 4 Aug. 1863

Hoffmans, L., die Apokalypse od. d. dem hl. Johannes gewordene Offenbarg., im Anschl. an d. wichtigsten Ereignisse d. Welt-, Kultur- u. Kirchengeschichte n. neuen, streng einheitl. Gesichtspunkten ausgelegt. 8. (II, 257 S.) Leipzig 897. P. Friesenhahn Nachf. n. 2.—

Hoffmans, L., die Herstellung der lohgaren Leder. Mit besond. Berücksicht. der Vorzüge u. Nachteile der verschiedenen Methoden u. Hilfsmittel, der Einrichtg. neuer Anlagen u. der bei Leitg. u. Führg. e. Betriebes zu beacht. Umstände u. Verhältnisse. gr. 8. (XVI, 219 S. m. 120 Abbildgn.) Weimar 893. B. F. Voigt. 6.—

Hoffmans, Lorenz, ist der Engel'sche Zonentarif-Vorschlag durchführbar? gr. 8. (89 S.) Berlin 891. Puttkammer & Mühlbrecht. n. —60

Hoffmansegg, Johann Centurias von,
s. H o f f m a n n von Hoffmansegg.

Hoffmeier, R., Wetterstudien zur Benutzung der täglichen Witterungsberichte. Mit Genehmigung des Verf. und auf Veranlassung von W. v. Freeden übers. von R. Parkinson. gr. 8. (20 S. mit 12 lithogr. Wetterkarten.) Hamburg 874, O. Meißner.

Hoffmeier U, Wetterstudien z. Benutzung d. tägl. Witterungsberichte. Hamburg 1874

Hoffmeister

— **s. a. Hofmeister.**

Hoffmeister, kritische Beleuchtung des Miles'schen Hufbeschlags u. Vergleichung desselben mit dem deutschen. (Abdr. aus d. „Magazin f. die gesammte Thierheilkunde.") Berlin 853. (A. Hirschwald.) gr. 8. (31 S.) n. 6 ngr.

Hoffmeister, v., meine Erlebnisse in China. Ein Vortrag, geh. in der Abtlg. Karlsruhe der deutschen Kolonial-Gesellschaft am 9. I. 1903. (39 S.) gr. 8. Karlsruhe 903. G. Braun'sche Hofbuchdr. n. 1.—

Hoffmeister, Führer durch die kgl. Landhäuser Rosenstein u. Wilhelma, nebst Katalog üb. die in denselben befindl. Gemälde-Sammlgn. Mit 11 Vollbildern u. 1 Situationsplan. (45 S.) 8. Stuttgart (907). H. Wildt. 1.—

Hoffmeister.: G e s c h i c h t e des ostpreuss. Ulanen-Regiments No. 8. Berlin 1862.

Hoffmeister: De quibusdam locis xx orationis Lysiacae. 12 S. – Stargard, Progr. 1872.

Hoffmeister, v., aus Ost u. Süd. Wandergn. u. Stimmgn. 1.—3. Tauf. (VII, 229 S. m. 62 Abbildgn.) 8. Heidelberg 907. C. Winter, Verl. Kart. 3. —

Hoffmeister, das europäische Rußland. Militairische Landes- u. Volks-Studie. gr. 8. (VIII, 54 S.) Berlin 876. Mittler & Sohn. n. 1. 20

Hoffmeister, der Jude Wolff. Eine Novelle. 8. (15 B.) Gotha 836, Müller.

Hoffmeister, A., s. Hoffmeister, W., die bis jetzt bekannten Arten der Regenwürmer.

Hoffmeister, Alexius (Frid. Guil.) (geb. Treptow an d. Rega 17. 7. 1842): De tussi convulsiva. Berolini 1866. (32 S.) 8°
Berlin, Med. Diss.
nachgeliefert v. dem am 4. Juli 1866 auf Grund gedruckter Thesen promov. Verf.

Hoffmeister, Arno, Erhebungen üb. die Seßhaftmachung der Landarbeiter in Ostpreußen u. üb. den Bau v. Arbeiterwohnungen in Ostpreußen, s.a. Arbeiten der Landwirtschaftskammer f. die Prov. Ostpreußen.

Erhebungen über die Seßhaftmachung der Landarbeiter in Ostpreußen und über den Bau von Arbeiterwohnungen in Ostpreußen mit Unterstützung der Landes-Versicherungsanstalt. Im Auftr. d. Vorstandes d. Landwirtschaftskammer bearb. von Arno **Hoffmeister**. Königsberg i. Pr.: Ostpreuß. Dr. u. Verlagsanst. 1907. (58 S.) 4°(8°) [F.]
— **Arbeiten** d. Landwirtschaftskammer f. d. Prov. Ostpreußen. No 19. [08. 111]

Hoffmeister, Arno: Erhebungen über die Seßhaftmachung der Landarbeiter in Ostpreußen und über den Bau von Arbeiterwohnungen in Ostpreußen mit Unterst. d. Landes-Versicherungsanstalt nebst Verhandlungsprotokollen v. 26. Nov. 1907 u. v. 1. Febr. 1908. Im Auftr. d. Vorst. d. Landwirtschaftskammer bearb. von –. [Neue Ausg.] Königsberg: Ostpr. Dr. & Verlagsanst. (auf d. Umschl.: Gräfe & Unzer) 1908. (145 S.) 8⁰
= Arbeiten d. Landwirtschaftskammer f. d. Prov. Ostpreußen. No 19.

— Erhebungen üb. den Verbleib der schulentlassenen ländlichen Jugend der Prov. Ostpreußen aus den J. 1895, 1900 u. 1905 u. die Wanderbewegung der landwirtschaftlichen Arbeiter aus 12 typischen Kreisen der Prov. Ostpreußen, s.a. Arbeiten der Landwirtschaftskammer f. die Prov. Ostpreußen.

Erhebungen über den Verbleib der schulentlassenen ländlichen Jugend der Provinz Ostpreußen aus den Jahren 1895, 1900 und 1905 u. d. Wanderbewegung d. landwirtschaftl. Arbeiter aus 12 typischen Kreisen d. Prov. Ostpreußen innerhalb d. Jahres 16. Nov. 1905 bis 15. Nov. 1906. Auf Grund des durch d. Ausschuß d. Landwirtschaftskammer f. Arbeiterwesen aufgestellten Erhebungsplanes bearb. von Arno **Hoffmeister**, wiss. Hülfsarb. Königsberg i. Pr.: Ostpr. Dr. u. Verlagsanst. 1907. (78 S.) 8° [F.]
—**Arbeiten** d. Landwirtschaftskammer f. d. Prov. Ostpreußen. No 18. [07. 13610]

Hoffmeister, Arno: Die wirtschaftliche Lage der Landarbeiter in Ostpreußen. Halle-S. 1908: Ostpr. Druck. u. Verlagsanst. A.-G., Königsberg. 155 S. 8° ¶(Ersch. vollst. u. d. T.: Die Landarbeiterfrage in Ostpreußen, e. bevölkerungstatist. u. wirtschaftspolit. Studie.)
Halle, Phil. Diss. v. 26. Sept. 1908, Ref. Conrad
[Geb. 8. Okt. 81 Altenbrak; Wohnort: Königsberg i. P.; Staatsangeh.: Preußen; Vorbildung: Päd. z. Kloster U. L. F. Magdeburg Reife O. 00; Studium: Göttingen 3, Münster 1, Halle 4 S.; Rig. 4. März 08.] [U 09. 1661

— Die wirtschaftliche Lage der Landarbeiter in Ostpreussen. Diss. 8⁰. Halle 1909.

Hoffmeister, Arno: Die Landarbeiterfrage in Ostpreußen. Eine bevölkerungsstatist. u. wirtschaftspolit. Studie. von Arno Hoffmeister, Dr. phil. Königsberg i. Pr.: Ostpr. Dr. & Verlagsanst. 1910. 104, LXI S. 4⁰ (8⁰)

Hoffmeister, Arno, Die Lebensmittelversorgung und die Mitarbeit der ländlichen Bevölkerung bei der Lebensmittelversorgung, Vortragsstoff, als Hs. gedr., 118 S., 8°.

Hoffmeister, C. De Cyro Xenophonteo. 18 S. . . . .
Progr. Meurs 1826

Anstalt für Blinde und Taubstumme in Zürich. 62. Rechenschaft über d. J. 1870/71, abgelegt v. D. S. Hoffmeister. 33 Stn. 8. Zürich, Druck v. Fr. Schulthess. 1872.

Hoffmeister, E. v., Kairo-Bagdad-Konstantinopel. Wanderungen u. Stimmgn. Mit 11 Vollbildern u. 157 Abbildgn., fast nur nach Orig.-Aufnahmen des Verf., im Text sowie 1 Kartenbeilage. 1.—3. Taus. (X, 262 S.) Lex. 8. Leipzig 910. B. G. Teubner. Geb. in Leinw. 8.—

Hoffmeister, E., Schnellschönschreiben, f. Jedermann in wenigen Stunden ohne Lehrer zu erlernen. 21. Tauf. (9 S.) Heidelberg (910). E. Hoffmeister. —80

Hoffmeister, Ed., die Rugardsage. Epos in 10 Gesängen. (71 S.) 8. Stettin 905. A. Schuster. n. 1. —

Die Witwe von Ephesus. Ein Satyrspiel in 1 Akt von Ed. **Hoffmeister**. (Nach Lessings Fragment.) (Stettin: A. Schuster 1906.) (49 S.) 8° [F.]
[06. 8644 9

Hoffmeister, Edmund

Hoffmeister, Edm., die militärische Bedeutung des Terrains, dessen Recognoscirung und Beurtheilung in taktischem Sinne im freien Felde und auf Karten. Hierzu 1 (lithogr.) Karte (in Fol.). 2. Aufl. gr. 8. (XV, 193 S.) Wien 880, (Seidel und Sohn.)
1. Aufl. war nicht im Handel.

Hoffmeister, E., die militärische Bedeutung d. Terrains, dessen Recognoscirung u. Beurtheilung in takt. Sinne im freien Felde u. auf Karten. 3. Aufl. Hiezu 1 Karte. gr. 8. (VIII, 191 S.) Wien 889. Seidel & Sohn. n. 2. —

Meine Erlebnisse in China. Ein Vortrag geh. in Karlsruhe 1903 von Gen. Major [Eduard] v. **Hoffmeister**. *Karlsruhe: G. Braun 1903.* (39 S.) 8° [F.]
[03. 5058

Hoffmeister, E., unser Exercier-Reglement f. die Fusstruppen im Lichte der Zukunfts-Taktik. gr. 8. (73 S.) Wien 892. L. W. Seidel & Sohn. n. 1. 40

Hoffmeister, Eduard v.: Kairo-Bagdad-Konstantinopel. Wanderungen u. Stimmungen von E[duard] v. Hoffmeister, General-lt. z. D. Mit 11 Vollbild. u. 157 Abb. sowie 1 Kt. Befl. Leipzig & Berlin: Teubner 1910. X, 262 S. 4⁰ (8⁰)

— Moses u. Josua. Eine kriegshistor. Studie. Nach den Aufzeichnungen der heil. Schrift als Beitrag zur Geschichte des jüd. Kriegszuges verf. Hiezu 1 Taf. [Aus: „Organ der militär-wissenschaftl. Vereine".] gr. 8. (53 S.) Wien 878. v. Waldheim in Comm. n. 1. —

Hoffmeister, Eduard v.: Aus Ost und Süd. Wanderungen u. Stimmungen von Gen. Lt. z. D. –. Mit 62 Abb. Heidelberg: Winter 1907. VII, 229 S. 8⁰

Hoffmeister, Emma

Cantate – singet! aber singet recht! Eine kurze Abhandlung f. diejenigen, welche singen u. sprechen bez. beides erlernen wollen, von Emma **Hoffmeister**. ([Berlin: O. Jonasson-Eckermann & Co.] 1907.) (12 S.) 8°
[07. 11319

Hoffmeister, F., Wandtafeln f. d. Elementar-Unterr. im Zeichnen, um in Volks-, Real- u. Handwerksschulen eine ganze Klasse gleichzeitig mit einer Aufgabe beschäftigen zu können. 1. Abthl.: Freihandzeichnen. 1. Lfg. gr. Imp.-Fol. (23 lith. Bl. u. 3½ B. Text, Lex. 8. Eßlingen 841, Dannheimer'sche Buchh. *

Hoffmeister, F., Wandtafeln f. den Elementar-Unterricht im Zeichnen, um in Volks-, Real- u. Handwerksschulen eine ganze Klasse gleichzeitig mit einer Aufgabe beschäftigen zu können. 1. Abthl. Freihandzeichnen. 2. u. 3. Lfg. Imp.-Fol. (39 Stnt.) Nebst erläut. Texte. gr. 8. (4½ B. u. 1 Stnt.) Eßlingen 843, Dannheimer. *
1. Lfg. Ebendas. 1841. * 2 Thlr.

Lieder gesungen am 31sten Dec. 1801 von den vereinten Brüdern und Schwestern der Freimaurer □ □ zur Leipzig. In Musik gesetzt von F. A. Hoffmeister. Leipzig [1801]: Schödel. 19 S. 8⁰ [Umschlagtit.]
Kantate u. 6 Lieder ohne Noten. 281.

Allgemeines: **Lieder gesungen am Schlusse des achtzehnten Jahrhunderts von den vereinten Brüdern und Schwestern der Freymaurer □ □ zu Leipzig. In Musik gesetzt von F. A. Hoffmeister. [Leipzig 1800.] Schödel. 20 S. 8⁰ [Umschlagtit.]**
7 Lieder ohne Noten. 193.

Hoffmeister, F. L. Plan von Basel. Heidelberg. 1 Bl. L.

Hoffmeister, F. L. Plan von Düsseldorf. Heidelberg. 1 Bl. L.

Hoffmeister, F. L. Plan von Frankfurt a. M. Heidelberg. 1 Bl. L.

Hoffmeister, F. L. Plan von Coblenz. Heidelberg. 1 Bl. L.

Hoffmeister, F. L. Plan von Cöln. Heidelberg. 1 Bl. L.

Hoffmeister, Friedrich August (Eisleben), De juramento documentorum noviter repertorum. Diss. jur. Präs. D. Johann Florens Rivinus. Lpz. (Langenheim) 11. XI. 1749. 32 S. (6.80) 15643
Gew.: Hermann Werner Frh. v. Asseburg (Wallhausen, Hinnenburg, Schermcke).

HOFFMEISTER, H. u. A. JOSEPH: Bericht über die Gewinnung und Behandlung der Eichenlohrinden in Ungarn und Siebenbürgen. - Stuttgart 1890. 18 S., 7 Abb.

Hoffmeister, H., s.: Wie unterscheiden sich die verschied. Oberledersorten am fertig verarbeiteten Stiefel?

Hoffmeister, Harry, u. Karl Wanscheidt, Lehrgänge der Rund- u. Steilschrift. Heft Ia u. b u. II. 17,5× 23 cm. Hannover 908. C. Meyer. 1. 20
Ia. Lehrgang der Rundschrift f. höhere Lehranstalten, Mittel- u. Volksschulen, besonders f. kaufmännische u. gewerbliche Schulen sowie zum Selbstunterricht. Lehrheft m. Vorschriften. Von Harry Hoffmeister. 1.—5. Taus. (IV, 35 S.) nn — 50
Ib. Dasselbe. Übungsheft ohne Vorschriften. 1.—5. Taus. (IV, 35 S.) (908.) nn — 25
II. Lehrgang der Steilschrift f. gewerbliche Lehranstalten sowie zum Selbstunterricht. Lehr- u. Übungsheft m. Vorschrift. Von Karl Wanscheidt. 1.—5. Taus. (I, 22 S.) nn — 45

Hoffmeister, Harry, u. Rob. Linnarz, Liederstrauß. Lieder u. Gesänge f. höhere Lehranstalten (Gymnasien, Realgymnasien, Reformschulen, Oberrealschulen, Realschulen). (In 5 Bdn. hrsg.) I.—III. Bd. u. V. Bd. A u. B. 8. Hannover, Norddeutsche Verlagsanstalt O. Goedel. n. 8. 80
I. 60 einstimmige Lieder u. 10 Spiellieder nebst Zifferübungen u. den Elementen des Notenwesens f. Vorklassen. (77 S.) 906. n. — 50
II. Enth. 175 zweistimmige Lieder u. 20 Kanons nebst den unerläßlichen Gesangs-Uebungen u. Regeln m. scharfer Berücksicht. der Tonhöhe u. genauer Einführung in das Wesen der gangbarsten Tonarten f. Unter- u. Mittelklassen. (253 S.) 906. Kart. n. 1. 80
III. Enth. 155 dreistimmige weltliche u. 50 geistliche Gesänge, sowie Uebgn. zur Einführg. in den dreistimm. Gesang, die Baßnoten, den Vierklang u. die verschiedenen Kunstformen der Vokalmusik. (405 S.) 906. Kart. n. 2. 30
V. A. Geistliche Gesänge f. gemischten Chor. (IV, 167 S.) 906. Geb. n. 1. 40
B. Weltliche Gesänge f. gemischten Chor. (399 S.) 906. Geb. n. 2. 80; A u. B in 1 Bd. geb. n. 4. —
Bd. IV ist noch nicht erschienen.

Hoffmeister, Harry, u. Rob. Linnarz, Liederstrauß. Lieder u. Gesänge f. höhere Lehranstalten (Gymnasien, Realgymnasien, Reformschulen, Oberrealschulen, Realschulen). (In 5 Bdn. hrsg.) I. II. IV. Bd. u. V. Bd. A u. B. 8. Hannover Norddeutsche Verlagsanstalt O. Goedel. Geb. 8. 10
I. 60 einstimmige Lieder u. 10 Spiellieder nebst Zifferübungen u. den Elementen des Notenwesens f. Vorklassen. 2. Aufl. (77 S.) 909. — 60
II. Enth. 175 zweistimmige Lieder u. 20 Kanons nebst den unerläßl. Gesangs-Übgn. u. Regeln m. scharfer Berücksicht. der Tonhöhe u. genauer Einführung in das Wesen der gangbarsten Tonarten f. Unter- u. Mittelklassen. 3. Aufl. (253 S.) 910. Geb. in Halbleinw. 1. 80
IV. Enth. 130 vierstimm. weltl. u. 50 geistl. Gesänge f. Männerchor. (391 S.) 907. Geb. 2. 30
V. A. Geistliche Gesänge f. gemischten Chor. 2. Aufl. (IV, 168 S.) 909. Geb. 1. 10
B. Weltliche Gesänge f. gemischten Chor. 2. Aufl. (399 S.) 909. Geb. 2.30; A u. B in 1 Leinw.-Bd. nn 3. —

Hoffmeister, Heinrich

Hoffmeister, Heinr.: E s werde Licht! Lied componirt von Carl Lauterbach. Hildesheim, Lax. 1861. Fol. 2 Notenblätter mit Text.
Mit handschriftl. Dedication des Dichters. Schöne Worte, kräftige schwungvolle Composition. Das Lied ist abgedr. Bauhütte 1861, S. 256.

Ülzen: **Festlied den Brüdern der □ Georg zur deutschen Eiche i. O. von Uelzen am 21. Sept. 1860 gewidmet von Heinr. Hoffmeister. [Stade 1860: Pockwitz.] 2 Bl. 8⁰ [Umschlagtit.]**
Tt. 2485. Ohne Noten: „Kennst du den Ritter, der mit scharfem Schwert . . .“ 439.

Hoffmeister, Heinr., Stil u. Ornament im Accidenzsatz. 8. (36 S. m. Fig.) Leipzig 897. Verlag des graph. Beobachter. n. 1. —

Hoffmeister, Heinz

— durch Süd-Spanien nach Marokko. Tagebuchblätter. 8. (VIII, 199 S.) Ebd. 889. n. 3. —

Hoffmeister, Heinz, der alte Rabe. Stimmungsbilder. 12. (VII, 252 S.) Berlin 891. M. Schildberger. Geb. in Leinw. n.n. 4. —

Hoffmeister, H., von Capri nach Jerusalem. Tagebuchblätter. 8. (XI, 122 S.) Berlin 887. Wilhelmi. n. 2. —

Hoffmeister, Hermann, s.a. Hoffmeister, Hermann Wihelm

Hoffmeister, Herm., deutsche Bildungs-Warte. Vollständige, in sich abgeschlossene, Einzeldarstellungen der geschichtl. Entwickelung hervorragender Wissenschaften und Künste für höhere Unterrichtsanstalten, Fortbildungsschulen und Bildungsvereine, sowie zur Selbstbelehrung Jedermanns. I.—III. 8. Berlin, Kogge und Fritze. cart. *

Inhalt:
I. Geschichte der beschreibenden Geographie und Länderentdeckung. (VIII, 167 S.) 881. *ℳ 1,50.
II. Geschichte und Charakteristik der Geologie. (VII, 127 S.) 882. *ℳ 1,50.
III. Völkerkunde oder Ethnographie und Ethnologie. (VIII, 307 S.) 882. *ℳ 2,50.

Hoffmeister, Herm., Charakter-Bilder klassischer Frauen-Gestalten. br. 8. (VIII, 167 S.) Berlin 871. München, Th. Ackermann. n. 2. —

— Examen-Katechismus. Ein Repetitionsbuch für Abiturienten, Schulamts-Candidaten u. Aspiranten der Mittelschullehrer- u. Rectoratsprüfung. 3—7. Hft. 8. Berlin 877—81. H. W. Müller. n. 14. 25. (1—7.: n. 20. —)
3. Pädagogik. (IV, 181 S.) n. 2. 50
4. Allgemeine Weltgeschichte. (VI, 270 S.) n. 3. —
5. Deutsche Kulturgeschichte. (VII, 284 S.) n. 3. —
6. Brandenburg-preuß. Geschichte. Repetitionsbuch für Zöglinge höherer Unterrichtsanstalten u. Aspiranten der Mittelschullehrer- bezw. Rectoratsprüfung. (XIII, 148 S.) n. 2. 25
7. Geographie. (226 S.) n. 3. 50

— Examen-Katechismus. 1. u. 2. Hft. 8. Berlin 876. Bichteler & Co. n. 5. 75
1. Das positive Wissen in der Religion. Ein Repetitionsbuch f. Abiturienten, Schulamts-Candidaten u. Aspiranten der Mittelschullehrer- u. Rectoratsprüfg. (IV, 147 S.) n. 2. 25
2. Das positive Wissen in der deutschen Sprache u. Literatur. Ein Repetitionsbuch f. Abiturienten, Schulamts-Candidaten u. Aspiranten der Mittelschullehrer- u. Rectoratsprüfg. (IV, 258 S.) n. 3. 50

Hoffmeister, Herm., Examen-Katechismus. Ein Repetitionsbuch f. Abiturienten, Schulamts-Kandidaten u. Aspiranten der Mittelschullehrer- u. Rektoratsprüfung. 1. u. 3. Hft. 2., umgearb. u. verb. Aufl. 8. (IV, 174 S.) Leipzig, Klinkhardt. n. 4. 40
1. Religionswissenschaft. (IV, 174 S.) 890. n. 2. 40
3. Pädagogik. (IV, 148 S.) 889. n. 2. —

— Deutschlands Freiheitslieder 1870, s.: Freiheitslieder.

Hoffmeister, Herm., der Glaube unserer Väter als der Germanen ureigenes altes Testament und Grundlage einer kräft. nationalen Volkserziehung allen Vaterlands-Freunden „so weit die deutsche Zunge klingt“. 10 Lfgn. gr. 8. (462 S.) Berlin 882,83, Kogge und Fritze. à Lfg. * 50 Pf. *

— der Glaube unserer Väter als Grundlage e. kräftigen vaterländischen Volkserziehung. Neue (Titel-)Ausg. gr. 8. (462 S.) Berlin 889. Reinecke. 2. 50; geb. 3. 50

— Gustav Adolf der Retter deutscher Glaubensfreiheit. Ein histor. Heldengedicht. 8. (VII, 180 S.) Berlin 871. München, Th. Ackermann. n. 2. —

— neuestes preußisches Helden-Denkmal. Ein poetisches Gedenkbuch zur Feier der Großthaten des J. 1866 für das preuß. Volk u. Militär, ein Declamations- u. Prämienbuch für Schulen. Allegorisches Titelbild (in Holzschn.) von Herm. Lüders. Berlin 867. Heinicke. gr. 8. (VIII, 139 S.) n. 20 ngr

—— s.a. Kaiser-Bilderbuch, das.

— das Kaiser-Bilderbuch. Mit Reimversen. 2. Aufl. gr. 4. (35 S. m. eingedr. Holzschn.) Leipzig 877. Leiner. geb. 4. 50

— am Kaiserhofe zu Goslar. Eine histor. Novelle. gr. 16. (IV, 137 S.) Osterwieck 889. Zickfeldt. n. — 75

— das Königs-Bilderbuch. Mit Reimversen. gr. 4. (35 S. m. eingedr. Holzschn.) Berlin 870. Leipzig, Allgem. deutsche Verl.-Anstalt. geb. n. 4. —

—— Deutschlands Kulturgeschichte. In ihren Grundzügen für Schule und Haus. 8. (VII, 276 S.) Berlin 880, H. W. Müller. *

—— Luther und Bismarck als Grundpfeiler unserer Nationalgröße. Parallele zur Erweckung der Vaterlandsliebe und Pflege des Deutschthums. 1.—4. Aufl. gr. 8. (VIII, 87 S.) Berlin 883,84, Maurer-Greiner. *

— das National-Siegesdenkmal der deutschen Kaiserstadt in Photogr. nebst e. volksthüml. Darstellg. d. Entwicklungsganges der dem Berliner neuen Siegesdenkmal zu Grunde lieg. deutschen Einheitsidee. Ein Gedenkbuch f. das deutsche Volk. Als Anh.: Sämmtl. amtl. Depeschen d. Krieges 1870/71. 2. Aufl. 32. (64 u. Anh. 207 S.) Berlin 875. Lichtwerk. n. — 75

— der Schmiedehans. Eine Erzählg. aus Niedersachsen. Mit e. Bilde (Holzschntaf.) v. H. Lüders. 8. (142 S.) Bremen 875. nordwestdeutscher Volksschriften-Verl. n. 1. —

Hoffmeister, Hermann, aus Berlin: Über Stromleitung in gemischten Salzlösungen. *Berlin (1899): G. Schade.* (29 S.) 8°
Berlin, Phil. Diss. v. 15. März 1899

—— das patriotische Vermächtnis der vier großen deutschen Seher Jahn, Arndt, Fichte, Stein an die deutsche Nation. 1. Bd.: Friedrich Ludwig Jahn. 8. (221 S.) Berlin 884, Le Coutre. In 4 Lfgn. à * 60 Pf. *

Hoffmeister, Hermann: V ö l k e r k u n d e oder Ethnographie und Ethnologie. (Deutsche Bildungs-Warte. Vollständige, in sich abgeschlossene Einzeldarstellungen der geschichtlichen Entwickelung hervorragender Wissenschaften und Künste für höhere Unterrichtsanstalten, Fortbildungsschulen und Bildungsvereine, sowie zur Selbstbelehrung jedermanns. Bd. 3.) Berlin (1883). VIII, 308 S. 8°

— deutsche Volksbilder. 3 Bde. 16. Brandenburg 874. Müller. cart. à — 60; in 1 Bd. geb. 1. 50
1. Das Glückskleeblatt, od. e. deutscher Bauer. (81 S.)
2. Die Wünschelruthe od. e. deutscher Handwerker. (54 S.)
3. Der Talisman od. e. deutscher Künstler. (69 S.)

—— vom Christbaum ins Osterherz! Eine Geschichte für die reifere Jugend in Schule und Haus. br. 8. (V, 143 S. mit 4 bunten Bildern in Holzschntaf. in Buntdr.) Dresden 868, Meinhold und Söhne. [Gera, F. E. Köhler.] cart. (ℳ 2,40.) *

Hoffmeister, Herm., vom Christbaum ins Osterherz! Eine Geschichte für die reifere Jugend in Schule u. Haus. Mit 4 bunten Bildern (Holzschntaff. in Buntdr.). Dresden 869. Meinhold & Söhne. br. 8. (V, 143 S.) cart. 24 ngr

— Weihnachtskerzen. Christfesterzählung f. Mädchen bis zu 12 Jahren. gr. 8. (IV, 106 S.) Braunschweig 889. Bruhn's Verl. geb. — 75

Hoffmeister, Herm., hie Welf, hie Zoller! Ein oberharz. Berg-Roman. (424 S. m. Bildnis.) 8. Leipzig 908. Reform-Verlag. 3.—; geb. in Leinw. 4. —

Hoffmeister, Herm., Wildeschler. Eine histor. Erzählg. aus dem 16. Jahrh. 12. (IV, 211 S.) Osterwieck 891. A. W. Zickfeldt. n. — 75

Hoffmeister, Hermann Wilhelm, s.a. Hoffmeister, Hermann

Hoffmeister, Herm. Wilh., die Bismarck-Parole „Bienen u. Drohnen", zur Reichstags-Wahlschlacht 1898. gr. 8. (71 S.) Leipzig 898. R. Friese, Sep.-Cto. n. — 80

Hoffmeister, Herm. Wilh., die Magdeburger Bluthochzeit (10. V. 1631). Ein psychodramatisches Charakterbild des Schwedenkönigs Gustav Adolf. 12. (12 S.) Dresden-Blasewitz 902. Gustav Adolf-Verlag. — 25

Hoffmeister, Herm. Wilh., Comenius u. Pestalozzi, s.a. Abhandlungen, pädagogische.

— Comenius u. Pestalozzi als Begründer der Volksschule. Wissenschaftlich dargestellt. 8. (III, 93 S.) Berlin 877. Straßburg, Schultz & Co. n. 1. 50

— Comenius u. Pestalozzi als Begründer d. Volksschule. Wissenschaftl. dargest. in e. Parallele unt. obigem Titel u. d. Dissertation „Comenii didactica Magna". 2., verb. Aufl. gr. 8. (97 S.) Leipzig 896. J. Klinkhardt. n. 1. 50

Comenius und Pestalozzi. Eine szenische Dichtung f. Lehrer- u. Schulfestlichkeiten, insonderheit aber z. Pflege e. stärkeren Verbind. zwischen Schule u. Haus von Dr. Hermann Wilh. Hoffmeister. Bielefeld: A. Helmich [1907]. (14 S.) 8° [F.]
— Abhandlungen, Pädagogische. H. 102.

— zur Deutschreformation unseres Judenchristentums. Ein Weckruf f. denk. Patrioten. 8. (98 S.) Leipzig 896. R. Friese, Sep.-Cto. n. 1. —

— d. getreue Eckart. Ein histor.-romant. Wartburg-Schausp. m. Gesang u. leb. Bild. in 5 Aufzgn. nebst 2 Verwandlgn. gr. 8. (78 S.) Ebd. 896. n. 1. —

— die jüdische Erziehung der christl. Jugend. E. Vergewaltigg. uns. deutschen Volksgewissens. 8. (VII, 320 u. 63 S.) Ebd. 897. n. 3. 50

Himmelspforten. Eine Klostergeschichte aus d. Harzbergen. Zeitgemäßes Spiegelbild z. Jesuitenfrage. Von Hermann Wilhelm Hoffmeister. Ill. von Heinrich Otto. *Berlin: W. Schultz-Engelhard [1904].* (450 S.) 8° [F.]

Hoffmeister, Herm. Wilh., Himmelspforten. Eine Klostergeschichte aus den Harzbergen. Zeitgemäßes Spiegelbild zur Jesuitenfrage. Illustriert v. Heinr. Otto. 2. Aufl. (450 S.) 8. Berlin (904). W. Schultz-Engelhard Nachf. n. 3. —; geb. n. 4. —

—— die Hohenzollern. In Photogr., Gedichten und biograph. Skizzen. 8. (44 S. mit 18 Photogr.) Berlin 877, Lichtwerck. geb.

Hoffmeister, Herm. Wilh., die Hohenzollern. Vaterländ. Gedenkbüchlein für Haus, Schule und Heer. 8. (IV, 77 S. mit 2 Portr.-Taf.) Berlin 885, Le Coutre. *

—— Ikarusflüge. Ein humorist. Kulturbild der letzten 50 Jahre. gr. 8. (VIII, 394 S. mit Porträt.) Berlin 888, George und Fiedler.

— ewiger Jude u. deutscher Michel. E. zeitgem. Parallele. 1. Tl.: Litterar-histor. Begründg. gr. 8. (12 S.) Gießen 895. K. Krebs. n. — 50

Hoffmeister, Herm. Wilh., Pestalozzi. Historisches Volksschauspiel in 5 Aufzügen, aus der 2. Hälfte des 18. Jahrh. gr. 8. (IV, 138 S.) Gießen 894. K. Krebs. n. 1. 50

— der Schmiedehans. Eine Erzählg. aus Niedersachsen. Mit 1 Bilde v. H. Lüders. Neue Ausg. 8. (126 S.) Reutlingen 894. Enßlin & Laiblin. Kart. — 50; m. Bunttitel — 60

Hoffmeister, Herm., der Schmiedehans. Eine Erzählg. aus Niedersachsen Mit e. Bilde v. H. Lüders. Neue Ster.-Ausg. 12. (126 S.) Reutlingen (901). Enßlin & Laiblin. — 25

—— der eiserne Siegfried. Eine neuzeitl. Nibelungenmär. gr. 8. (VIII, 246 S.) Berlin 885, Ebhardt. cart. *

—— dass. — 2. verb. Aufl. 12. (X, 276 S.) Berlin 888, R. v. Decker's Verlag. geb. *

— der Marschall Vorwärts, Lebrecht Fürst Blücher v. Walstatt, s.: Geschichtsbilder f. Jugend u. Volk.

—— Wilhelm der Einzige. Ein Sang auf Deutschlands ersten deutschen Kaiser. 8. (XI, 292 S. mit 1 phototyp. Titelbilde: Königin Luise mit ihren beiden ältesten Söhnen von Paul Thumann.) Minden 886, Bruns. *M 5.50.; geb. *

Hoffmeister, Jac., im Feld-Lazareth, od.: unter'm rothen Kreuz. Charakterbild in 1 Akt. gr. 16. (20 S.) Berlin 870. Laffar. n. 3. —

Hoffmeister, Jac., hessische Zeiten und Persönlichkeiten von 1751 bis 1831, s. Fulda, K.

Hoffmeister, Jakob Christoph Karl

Hoffmeister, Jak. C. C., Bemerkungen über die zweckmäßigste Anordnung und Einrichtung einer Münzsammlung, mit besond. Rücksicht auf eine hessische. Mit 1 (lith.) Abbildg. Cassel 858. Scheel. 16. (32 S.) 6 ngr.

J. C. C. Hoffmeister, Historisch-kritische Beschreibung aller bis jetzt bekannt gewordenen hessischen Münzen, Medaillen und Marken, in genealogisch-chronologischer Folge. Cassel, 1852—66. 3 Bde. gr. 4. Mit Abbildungen.

— historisch-kritische Beschreibung aller bis jetzt bekannt gewordenen Hessischen Münzen, Medaillen u. Marken in genealog.-chronolog. Folge. 2 Bde. Cassel 857. Bohné. gr. 4. (4 Bl., 534 S. u. 5 lith. Taf.; 4 Bl., 5767 S., 4 lith. Taf. u. lith. Titel.) nn. 22 ℛ 20 ngr.

—— historisch-kritische Beschreibung aller bis jetzt bekannt gewordenen hessischen Münzen, Medaillen und Marken in genealogisch-chronolog. Folge. 2 Bde. gr. 4. Cassel 857, [Leipzig, T. O. Weigel.] [1. Bd. (VII und 534 S. mit 5 Stnt. und lithogr. Titel.) 2. (X und 567 S. mit 4 Stnt.)] **

—— dass. — 1. und 2. Bd. (Neue Titel-Ausg.) gr. 4. (XV und 1104 S. mit 9 Stnt. und lithogr. Titel.) Leipzig (857)62, T. O. Weigel. *

Hoffmeister, Jac. Chrph. Carl, historisch-kritische Beschreibung aller bis jetzt bekannt gewordenen hessischen Münzen, Medaillen und Marken in genealogisch-chronologischer Folge. 3. Bd. gr. 4. (219 S.) Cassel 866, Vollmann'sche Buchh. **

Hoffmeister, Jac. Chrph. Carl, historisch-kritische Beschreibung aller bis jetzt bekannt gewordenen hessischen Münzen, Medaillen u. Marken in genealogisch-chronologischer Folge. 4. Bd., nebst dem in 2. Aufl. vorgedruckten 3. Bd. gr. 4. (XXIV, 456 S.) Hannover 880. Meyer. n. 30. — (1—4.: n. 66. —)

Hoffmeister, Jac. Chrph. Carl, historische Entwickelung des kurfürstl. hessischen Gesammtwappens. In einer 2. vom Verf. durchges. und vervollständ. Ausg. gr. 8. (52 S. mit 1 Stnt.) Kassel 885, Hühn. *

Hoffmeister, Jac. C. C., kleine Gedanken. 16. (VI u. 123 S.) Cassel 850, Bohné in Comm. ½ Rthlr. — 2. verm. Aufl. 16. (VI u. 134 S.) Ebd. 852, in Comm. ½ Rthlr.; in Engl. Einb 24 ngl

— — historisch-genealogisches Handbuch über alle Grafen und Fürsten von Waldeck und Pyrmont seit 1228. gr. 8. (X, 113 S.) Kassel 883, Klaunig. *

—— historisch-genealogisches Handbuch über alle Linien des hohen Regentenhauses Hessen. gr. 8. (XVI und 222 S. nebst 1 Regententaf. in 4.) Cassel 861, Scheel. *

Hoffmeister, Jac. Chrph. Carl, historisch-genealogisches Handbuch üb. alle Linien d. hohen Regentenhauses Hessen. Nebst e. Regententaf. 3. gänzlich umgearb. u. sorgfältig ergänzte Aufl. gr. 8. (VII, 274 S.) Marburg 874. Ehrhardt. n. 4. —

— Carl II. Landgraf zu Hessen-Philippsthal. Nach Leben, Wirken u. Bedeutung dargestellt. Marburg 869. Elwert. gr. 8. (64 S.) 15 ngr

— Hessische Münzkunde. Mit 2 lith. Taf. gr. 8. (VIII u. 144 S.) Cassel 847, Luckhardt. ¾ Rthlr.

—— gesammelte Nachrichten über Künstler und Kunsthandwerker in Hessen seit etwa 300 Jahren. Hrsg. von G. Prior. gr. 8. (136 S.) Hannover 885, Meyer (G. Prior). *

— Johann Heinrich Ramberg, in seinen Werken dargestellt. gr. 8. (IV, 83 S.) Ebend. 877. n. 2. 40

Hoffmeister, Jac. Chrph. Carl, Hessens Regenten in historischen Umrissen für Volk u. Jugend. gr. 8. (VI, 44 S. m. 1 Holzschntaf.) Hannover 878. Meyer. n. 1. 20

Hoffmeister, Joh., Homilien üb. d. Evangelien, welche an den Sonn- u. and. Fest-Tagen d. ganze Jahr hindurch gelesen werden, meist alle auf d. kais. Reichstagen zu Worms u. Regensburg gehalten. Uebersetzg. nach d. 3. Ausg. Antwerpen 1570. gr. 8. (IV u. 470 S.) Wesel 848, Becker. n. 1⅔ Rthlr.

Hoffmeister, *Julius Wilhelm* [app. Arzt aus Hannover]: Über kongenitale Cysten am Boden der Mundhöhle ... Marburg, Buchdr. O. Ehrhardt, 1891; 22 S., 1 Bl. 8.
Marburg, Med. Fak., Inaug.-Diss. v. [10. Jan.] 1892

Hoffmeister, K. Ueber Berücksichtigung der Individualität bei Unterricht und Erziehung. 16 S. . . . .
Progr. Kreuznach 1840

Hoffmeister, K., Beschreibung des Festes auf d. Wartburg. Ein Sendschreiben an d. Gutgesinnten, gedr. in Deutschland u. f. Deutsche 1818, 65 S., 8°.

Hoffmeister, K. Bildung als geistige Schönheit, von dem Rector, zu den Schülern gesprochen bei der Feier des Geburtsfestes Sr. Maj. des Königs am 3. August 1825. 10 S. . . . .
Progr. Meurs 1825

Hoffmeister, K. Ueber die Entwickelung des Natursinns. (Natursinn als Anlage der ästhetisch-religiösen Naturbetrachtung.) 22 S. .
Progr. Kreuznach 1834

Hoffmeister, K. Festrede bei'm Jubiläum von H. Limborg. 13 S. 8. . .
Progr. Meurs 1829

Hoffmeister, K. Ueber die Grundsätze der Erziehung. 21 S. . . . . .
Progr. Meurs 1829

Hoffmeister, K. Ueb. d. Kardinaltugenden des deutschen Volkes, bes. in Rücks. auf Preußen. Rede, geh. z. Feier des 3. Aug. 1832. 8 S.
Progr. Cöln e. 1832

— K. (Rector), Ueber den Begriff *ΣΩΦΡΟΣΥΝΗ* bei Platon. Zur öffentl. Prüfung d. Schüler d. Progymnasiums zu Meurs 28. VIII. 1827. Essen (G. D. Bädeker). 40 S. mit Schulnachrichten. (6.—) 15644

Hoffmeister, K., Zeichenhefte, s.: Henze.

Hoffmeister, Karl

— s. Aristoteles Werke.

Hoffmeister, Karl, praktische Aufgaben f. das Rechnen f. Maler u. Anstreicher. s.: Gewerbetreibende, der rechnende. 4. Heft.

Hoffmeister, Karl, Beiträge z. wissenschaftl. Kenntniß d. Geistes d. Alten. 1. Bdchn. — A. u. d. T.: Die Weltanschauung d. Tacitus. 8. (16 B.) Essen 831, Bädeker.

—— dass. 2. Bdchn. — A. u. d. T.: Sittlich-relig. Lebensansicht d. Herodotos. 8. (9¼ B.) Essen 832, Bädeker.

Hoffmeister, Karl, die wirtschaftliche Entwicklg. Roms. Eine social-polit. Studie. gr. 8. (III, 96 S.) Wien 899. Manz. n. 2.—

— Erörterung der Grundsätze der Sprachlehre, mit Berücksichtigung d. Theorien Beckers, Herlings, Schmitthenners u. anderer Sprachforscher; als Prolegomena zu jeder künftigen allgemeinen Grammatik. 2 Bdchn. gr. 8. Essen 830. Bädecker. 1 Rthlr. 10 gr

Hoffmeister, Karl, die Grundgesetze aller völkergeschichtlichen Entwicklung. (III, 85 S.) Lex. 8. Wien 909. C. Fromme. 3.—

Hoffmeister, Karl, Schiller's Leben, Geistesentwickelung u. Werke im Zusammenhang. — A. u. d. T.: Supplement zu Schiller's Werken. 5 Thle. (od. 7 Lfgn.) gr. 8. (121½ B.) Stuttgart 837—42, Balz'sche Buchh.
Vgl. Hofmeister.

Hoffmeister, Carl, Schiller's Leben für den weitern Kreis seiner Leser. Ergänzt und hrsg. von Heinr. Viehoff. 2. (Titel-)Ausg. (Supplement zu den deutschen Classikern.) 3 Thle. gr. 16. Stuttgart 853, Becher's Verlag. [1. (287 S.) 2. und 3. (XII und 701 S.)] *

Hoffmeister, Karl, Schiller's Leben für den weitern Kreis seiner Leser. Ergänzt u. herausg. von H. Viehoff. 2. u. 3. (Titel-)Ausg. 3 Thle. Stuttgart (846.) 854, 57. Becher. (287; XIV, 277; XII, 424 S. u. Portr. in Stahlst.) 1 Rthlr. 6 ngr

Hoffmeister, Carl, Schiller's Leben für den weitern Kreis seiner Leser. Ergänzt und hrsg. von Heinr. Viehoff. 3. (Titel-)Ausg. 9 Lfgn. gr. 16. Stuttgart (846) 57. 58, Becher's Verlag. [1. Thl. (287 S.) 2. und 3. (XXVI und 701 S. mit Portr. in Stahlst.) à Lfg. 4 Ngr.]

— Die soziale Lehre u. soziale Ethik der altgerman. Göttersage, s.a. Forschung u. Wissenschaft. Nr. 3.

Hoffmeister, Karl, Die sociale Lehre und sociale Ethik in der altgermanischen Göttersage. 8°. Wien, Halm und Goldmann, 1908. (Forschung und Wissenschaft, Nr. 3.)

— Der Metallarbeiter, s.: Bodesohn, A., u. Wüster, der Handwerker.

— Nachlese zu Schiller's Werken, s. Classiker, deutsche.

— Romeo, od. Erziehung u. Gemeingeist. Aus den Papieren eines nach Amerika ausgewanderten Lehrers. 1s Bdchn. 8. Essen 831. Bädecker. 1 ℛ

Hoffmeister, Karl, Romeo, oder Erziehung u. Gemeingeist. Aus den Papieren eines nach Amerika ausgewanderten Lehrers herausg. 2s u. 3s Bdchn. 8. Essen 834. Bädeker. 2 ℛ (Alle 3 Bdchn. 3 ℛ)

— Supplement zu Schiller's Werken. 1e — 3e Abthl. A. u. d. T.: Schiller's Leben, Geistesentwickelung u. Werke im Zusammenhange. 1r — 3r Thl. gr. 8. Stuttgart 837 — 39. Balz. (à 5/6 ℛ) 2½ ℛ — 4e Abthl., enthalt d. Rest des 3n Theils sammt Titel u. Inhalt u. die 1e Hälfte des 4n Theils. gr. 8. Ebd. 839. 5/6 ℛ

— Der Tischler. Fachkundlicher Anh. zum Lesebuch f. gewerbl. Fortbildungsschulen „Der Handwerker" v. Bodesohn u. Wüster. (100 S. m. Abbild.) gr. 8. Wittenberg (908). R. Herrosé. —80

— dasselbe, s.a. Bodesohn u. Wüster, der Handwerker.

Hoffmeister, Karl, Censuren-Buch f. d. Hand d. Lehrers. schmal Fol. (23 B.) Hannover (902). F. Cruse. n. —30

Hoffmeister, L., s. Panorama vom Bade Geilsweiler.

Hoffmeister, L. F. A., Predigten z. Beförderung häusl. Tugenden u. häusl. Freuden. 8. Braunschw. 801. Vieweg. 14 gr. Velinpap. 20 gr.

Hoffmeister, Ludw. Fr. Aug., über meine Verbindung mit den Durchl. Herzögen Karl und Wilhelm zu Braunschweig-Lüneburg. Tagebuchblätter, hrsg. von dessen Sohne Past. Dr. Hoffmeister. 8. (72 S. mit 2 Lichtdr.-Bildern.) Wolfenbüttel 885, Zwißler. *

Hoffmeister, Phil., das Leben Philipps des Großmüthigen, Landgrafen von Hessen. gr. 8. (23¼ B. u. 1 Stahlst.) Kassel 846, Luckhardt'sche Buchh.

Hoffmeister, Ph., Philipp des Großmüthigen Nachfolger. Als Beitrag zur Geschichte der Reformation. (3 Lfgn.) gr. 8. (IV und 336 S.) Cassel 855—56, J. G. Luckhardt.

Hoffmeister, Phil., die Rechte u. Freiheiten des J. 1848 f. Kurhessen. Nach ihrem Einflusse u. ihren Verpflichtgn. zusammengestellt in e. offenen Anspruche an das Volk. 8. (96 S.) Kassel 850, Luckhardt. ⅓ ℛ

— Hans Rommel. Romantische Erzählung aus den Zeiten Philipps des Großmüthigen. 8. (IV u. 304 S.) Cassel 851, Hotop. 1 ℛ

Hoffmeister's, Phpp., Schatzkästlein f. Knaben u. Mädchen. Eine neue Sammlg. v. Märchen, Sagen u. Erzählgn. aus dem Heimatlande der Brüder Grimm. Mit e. Vorwort v. Hugo Brunner. 8. (VII, 184 S. m. 1 Farbendr.) Kassel 893. Th. G. Fisher & Co. Kart. n. 1. 60

— deutsche Schwänke. Erzählt von ꝛc. Illustr. von W. Pfaff. Cassel 858. Fischer. gr. 4. (19 S. u. 6 Lithogr.) n. 25 ngr.

Hoffmeister, Phil., hessische Volksdichtung in Sagen u. Märchen, Schwänken u. Schnurren ꝛc. Marburg 869. Ehrhardt. gr. 8. (XII, 184 S. mit 1 Holzschntaf.) n. 15 ngr. cart. n. 17½ ngr.

— **Sigfr. Gunther** (Hildesheim), De jure dispensandi. Diss. jur. Giessen (Joh. Reinh. Vulpius' Wwe.) 28. XI. 1715. 46 S. (7.50) 15646
Gew.: Johann Melchior Hoffmeister (Vater).

Hoffmeister, W., die bis jetzt bekannten Arten aus d. Familie der Regenwürmer. Als Grundlage zu ein. Monographie dies. Familie. Mit Zeichnungen nach d. Leben v. A. Hoffmeister. gr. 4. (6 B. Text u. 1 ill. Taf.) Braunschweig 845, Vieweg u. Sohn. Thlr. *
Vgl. Hofmeister.

Hoffmeister, W., Briefe aus Indien. Nach dessen nachgelassenen Briefen u. Tagebüchern hrsg. v. A. Hoffmeister. Mit e. Vorrede v. C. Ritter u. 7 topograph. Karten. gr. 8. (XII u. 393 S. nebst 2 Tab. in 4.) Braunschweig 847, Westermann. n. 2½ ℛ

Hoffmeister, W., das Königtum im altgermanischen Staatsleben. gr. 4. (22 S.) Belgard 886. (Leipzig, Fock.) n. — 75

Hoffmeister, W. [cand. med. aus Hannover]: Ueber die Wirkung der Herbae Thujae occidentalis und der Herbae Juniperi Sabinae. Eine von der medicinischen Facultät zu Göttingen gekrönte Preisschrift . . . Göttingen, Druck d. Dieterich'schen Univ.-Buchdr. (W. Fr. Kästner), 1889; 1 Bl. + 46 S. 4°
Göttingen, Med. Fak., Inaug.-Diss. v. 15. März 1889

Hoffmeister, W., üb. die Wirkung der Herbae Thujae occidentalis u. der Herbae Juniperi Sabinae. Eine v. der medicin. Facultät zu Göttingen gekrönte Preisschrift. 4. (46 S.) Göttingen 889. (Vandenhoeck & Ruprecht's Verl.) n. 2. —

Hoffmeister, Wernerus (Frid. Ludov. Albert.) (geb. Braunschweig 1819): De vermibus quibusdam ad genus Lumbricorum pertinentibus. Berolini (1842). (25 S.) 4°
Berlin, Med. Diss. v. 23. Sept. 1842

Hoffmeister, Wilh., u. Karl Wüster, Buchführung. Lehrerheft. Erläuterung der Buchführg., ausgeführte Buchgn. u. Auflösg. der Aufgaben. 2., verb. Aufl. (141 S. m. 5 Tab.) 8. Wittenberg 910. R. Herrosé. 2.80; geb. 3. 40

— — Amerikanische Buchführung f. Handels- u. kaufmännische Fortbildungsschulen. Ausg. C u. D. 5 Hefte u. Bilanzbogen. Ebd. (910). In Mappe 5. 75
Hieraus einzeln:
C. Inventarienbuch. (8 S.) 33×21,5 cm. —25. — Journal. (22 S.) 41×26 cm. —80. — Kontokorrentbuch. (22 S.) 33,5×21,5 cm. —45. — Rechnungsbuch. (20 S.) 33,5×21,5 cm. —40. — Wechselbuch. (3 S.) 35,5×23 cm. —30. — Bilanzbogen. 22,5×106 cm. —10. — D. Inventarienbuch (8 S.) 33,5×21,5 cm. —25. — Journal. (60 S.) 41×26,5 cm. 1.20. — Kontokorrentbuch. (22 S.) 33,5×21,5 cm. —45. — Rechnungsbuch. (20 S.) 33,5×21,5 cm. —40. — Wechselbuch. (3 S.) 35,5×23 cm. —30. — Bilanzbogen. 22,5×106 cm. —10.

— — Buchführung f. ländliche Fortbildungsschulen. Ausg. F. Tagebuch (Journal). (14, 12, 4 u. 4 S. u. 1 Bl. in 23×60 cm.) Ebd. (910.) In Mappe nn 1. 10

— — Gewerbliche Buchführung in 3 Heften f. mittlere u. grössere gewerbl. Fortbildungsschulen. Ausg. B. Ebd. (907). 1. 10
Hauptbuch. (19 S.) 33,5×21,5 cm. —35. — Inventar- u. Bilanzbuch. (11 S.) 33,5×21,5 cm. —20. — Journal (Tagebuch). (23 S.) 35,5×23 cm. —55.

— — dasselbe. Ausg. B. Ladenbuch. (86 S.) 33×17 cm. Ebd. (908). —30

— — dasselbe. Rechnungsbuch. (28 S.) 33×21 cm. Ebd. (908). —30

Hoffmeister, Wilh., d. gewerbl. Buchführung f. Wirte, s.: Lehrhefte für d. Einzelunterr. an Gewerbe- u. Handwerkerschulen.

Hoffmeister, Wilh. u. Karl Wüster, prakt. Buchführung f. Gewerbetreibende. gr. 8. (15 S. m. 1 Formular.) Hildesheim (902). H. Helmke. n. —50;
Journal zur Buchführg. Fol. (27 S.) n.n. —80

— — Buchungsstoff u. Aufgaben z. Wirtschaftsbuchführ. f. Frauenschulen, Haushaltungsschulen u. Mädchenfortbildungsschulen. Ausg. B. (16 S.) 8. Ebd. 909. —20

— — dasselbe zur Wirtschaftsbuchführg. f. Mittelschulen Ausg. C. (20 S.) gr. 8. Ebd. 910. —25

Geschäftsgänge und Aufgaben für den Unterricht in der gewerblichen Buchführung. Hrsg. von **Hoffmeister** u. Wüster. H. 1. Wittenberg: H. Herrosé 1907. 8° [F.] [illegible] 3

Hoffmeister, Wilh., u. Karl Wüster, Geschäftsgänge u. Aufgaben f. den Unterricht in der gewerbl. Buchführung. 1.—22. Heft. 8. Wittenberg, R. Herrosé. 5. 60
1. Allgemeiner Geschäftsgang f. Klassen m. verschiedenen Berufen. 2. Aufl. (19 S.) (910.) —25
2. Für Schlosser. (21 S.) 907. —25
3. Für Schmiede. (20 S.) 908. —25
4. Für Klempner u. Installateure. (20 S.) 908. —25
5. Für Tischler. (19 S.) 907. —25
6. Für Sattler u. Tapezierer. Bearb. v. J. Ohlendorf. (20 S.) (908.) —25
7. Für Maler. (10 S.) 907. —25
8. Für Schneider. Bearb. v. J. Ohlendorf. (20 S.) (908.) —25
9. Für Schuhmacher. (20 S.) (908.) —25
10. Für Maurer. Bearb. v. K. Bode. 2. Aufl. (32 S.) (909.) —30
11. Für Zimmerer. Bearb. v. K. Bode. (24 S.) (909.) —25
12. Für Bäcker. (18 S.) (908.) —25
13. Für Fleischer. (21 S.) (908.) —25
14. Für Friseure u. Barbiere. Bearb. v. J. Ohlendorf. (20 S.) (908.) —25
15. Für Buchbinder. Bearb. v. J. Ohlendorf. (20 S.) (908.) —25
16. Landwirtschaftliche Buchführung. (Rein landwirtschaftl. Betrieb.) Bearb. v. A. Trapp. (23 S.) (908.) —25
17. Geschäftsgänge f. ländliche Fortbildungsschulen. 1. Geschäftsgang: Landwirtschaftlicher Betrieb. 2. Geschäftsgang: Gewerbe u. Landwirtschaft verbunden. Bearb. v. D. Breitholz. (16 S.) (910.) —25
18. Für Wirte. (20 S.) (908.) —25
19. Für Maschinenbauer. Bearb. v. G. Bode. (31 S.) (909.) —30
20. Für Buchdrucker u. Schriftsetzer. Bearb. v. Hugo Paas. (23 S.) (909.) —25
21. Für Stellmacher. (19 S.) (910.) —25
22. Für Elektrotechniker u. Mechaniker. (19 S.) (910.) —25

— — Geschäftsgänge u. Übungsbeispiele f. den Unterricht in der Buchführg. f. Handelsschulen u. kaufmänn. Fortbildungsschulen. (31 S.) 8. Ebd. 908. —40

— — Lehrerheft zur Buchführung. Erläuterung der Buchführg., ausgeführte Buchg. e. Geschäftsganges u. Auflösg. der Aufgaben. (96 S. m. 1 Tab.) 8. Ebd. 907. 2.—

Hoffmeister, Wilhelm: Ratgeber für Gewerbetreibende, zugleich Hülfsbuch zur Meisterprüfung ... Bearb. von –, Karl Wüster unter Mitw. von A[ugust] Hartjenstein. 2. erw. Aufl. Hildesheim: H. Helmke 1903. (66 S.) 8°

Hoffmeister, Wilh., u. Karl Wüster, Ratgeber f. Gewerbetreibende, zugleich Hülfsbuch zur Meisterprüfung. Praktische Buchführung f. Gewerbetreibende nebst Belehrg üb. Kostenberechng, Wechsel, Arbeiter-Versicherungs-Gesetze u. Gewerbeordng. Bearb. unter Mitwirkg. v. A. Hartjenstein. 4. verb. Aufl. (100 S.) gr. 8. Hildesheim 906. [H. Helmke.] Wittenberg, R. Herrosé. Kart. n. 1. 20; Hauptbuch dazu. (24 S.) Fol. n. —30; Inventur- u. Bilanzbuch (12 S.) Fol. n.—20; 4 Journal-Bücher. (28, 24, 28 u. 22 S.) Fol. u. gr. Fol. n.n. —65; n n. —70; n.n. —80 u. n. 1.—
2. Aufl. (67 S.) 903. — 3. Aufl. (82 S.) 904. à 1.—.
Auch ders. Verf. „Prakt. Buchführg." ist an Herrosé übergegangen.

— — Ratgeber f. Gewerbetreibende. Hilfsbuch zur Meisterprüfg. Praktische Buchführg. f. Gewerbetreibende nebst Belehrg. üb. Kostenberechng., Wechsel, Arbeiterversicherungs-Gesetze u. Gewerbe-Ordng. Bearb. unter Mitwirkg. v. A. Hartjenstein. 5. verb. Aufl. (144 S.) 8. Ebd. 909. Kart. 1. 60

Hoffmeister, Wilh., s.: Schülertaschenbuch, elsaß-lothringisches.

— — Übungs- u. Prüfungsaufgaben aus der Buchführg., Wechsellehre u. Kalkulation f. die Meisterprüfg. Im Auftrage der Handwerkskammer zu Hannover hrsg. (26 S.) 8. Ebd. (908). nn —35;
Auflösung. (26 S.) nn —35

— — Wirtschaftsbuchführung. Haushaltungsbuch. (27 S.) 33,5×15,5 cm. Nebst: Übungsstoff zur Haushaltungsbuchführg. (7 S.) 8. Ebd 909. —60

— — dasselbe. Ausg. B. Wirtschaftsbuch (Kassabuch). Ausg. B. (25 S.) 33×15,5 cm. Ebd. 910. —60

— — dasselbe. Kassabuch. (20 S.) Lex. 8. Nebst: Übungsstoff u. Aufgaben zur Wirtschaftsbuchführg. (Ausg. A f. einfache Fortbildungsschulen.) 2. Aufl. (13 S.) Lex. 8. Ebd. (909). —60

— — dasselbe. Ausg. B. Wirtschaftsbuch (Kassabuch). Ausg. B. (25 S.) 33×15,5 cm. Ebd. 910. —60

— — dasselbe. Lehrerheft. Ausg. A u. B f. Fortbildungsschulen. (81 S.) gr. 8. Ebd. 910. 1. 50

— — dasselbe. Lehrerheft. (Hauswirtschafts- od. Haushaltungsbuchführung.) Ausg. C f. Mittelschulen. (62 S.) 8. Ebd. 910. 1. 30

Wirtschaftsbuchführung für Fortbildungsschulen von **Hoffmeister** u. Wüster. [Nebst] Übungsstoff u. Aufgaben. Wittenberg: R. Herrosé 1907. 1 Bd 4°. 1 Bd 8° [illegible] 3

Hoffmeister, Wilh. Herm., Das Königtum im altgermanischen Staatsleben. Belgard 1886. 4.
Progr. Gymn. ebda. . . . . (1886.: D.)

Hoffmeister, *Wilhelm Hermann* Das Königtum im altgermanischen Staatsleben. 4 (22 S.). 1886. **Progr.** G. *Belgard* 1887 (118)

Hoffmeyer, Inf. Oberst, tabellarischer Unterricht üb. die Manövers d. franz. Infanterie, in Frag- u. Antworten, mit 41 K. 8. Düsseld. Gondan. 812.

Hoffmeyer, Carl Wilhelm, s. Hoffmeyer, Karl Wilhelm

Hoffmeyer, Fritz, Führer durch Harburg u. dessen schönste Umgegend. 16 (16 S. m. 2 Karten.) Harburg 891. G. Elkan. n. — 50

Hoffmeyer, Fritz, Handbuch für den Schreibunterricht in Schulen, Präparanden-Anstalten u. Seminaren. gr. 8. (125 S. m. 9 Steintaf.) Hannover 879. Hahn. n. 1. 60

Hoffmeyer, Fritz, Karte von Schleswig-Holstein. hoch 4. Schleswig 872, Schulbuchh. [Bergas.]

Hoffmeyer, F., Musterschreibhefte. Nr. 1—3. Deutsch. Harburg 870. Elkan. 4. Jede Nr. (24 lith. S.) n.n. 1¼ ngr.

— — Latein. Nr. 1. u. 3. Ebenb. 870. 4. Jede Nr. (24 lith. S.) n.n. 1¼ ngr.

Hoffmeyer, Fritz, Musterschreibhefte. Deutsch. 1—6. Heft. 4. Aufl. 4. (à 24 S.) Harburg 874. Elkan. à — 15

— dasselbe. Griechisch. 1. u. 2. Hft. br. 8. (à 24 S.) Ebend. 873. à — 20

— dasselbe. Lateinisch. 1—6. Hft. 4. Aufl. 4. (à 24 S.) Ebend. 874. à n. — 15

— dasselbe. Gemischte Ausg. 1—4. Hft. 4. (à 24 S.) Ebend. 874. à — 15

—— Musterschreibhefte. Deutsch. Heft 4b und 4c. 4. (à Heft 24 S.) Harburg 879, Elkan. à Heft ** 15 Pf. **

—— dass. — Griechisch. 3.—6. Heft. br. 8. (à Heft 24 S.) Ebendas. 878. à Heft * 20 Pf. *

—— dass. — Ergänzungen. 4 Hefte. br. 8. (40; 41; 57; 48 S.) Ebendas. 879. à Heft 30 Pf.

Hoffmeyer, F., Muster-Schreibhefte. Nach dem Normal-Duktus d. königl. Provinzial-Schul-Kollegiums der Prov. Hannover. Hrsg. v. Otto Kurth. Deutsch. 1.—6. Hft. 4. (à 24 S.) Harburg 887. Elkan. à — 15

— dasselbe. Deutsch u. lateinisch. 1.—4. Hft. 4. (à 24 S.) Ebd. 887. à — 15

— dasselbe. Lateinisch. 1.—6. Hft. 4. (à 24 S.) Ebd. 887. à — 15

—— Musterschreibhefte. Ergänzungshefte, bearb. v. Lehrern d. Prov. Hannover. 16. Aufl. 1. Heft. Briefe u. Formulare aus dem Geschäftsleben. I. 4. (40 S.) Ebd. 891. — 30

—— Musterschreibhefte. Griechisch. 1. Heft. 6. Aufl. 4. (24 S.) Ebd. 891. * — 20
2.—6. Heft. Ebd. 1887. à [* — 15] * — 20.

— dasselbe. Griechisch. 1. u. 2 Hft. 6. Aufl. 4. (24 S.) Ebd. 891. 894. à n. — 20
3.—6. Hft. s.: Willerding, Wilh.

— Musterschreibhefte. Ergänzungshefte, bearb. v. Lehrern der Prov. Hannover. 1. u. 2. Hft. 4. Ebd. 894. — 50
1. Briefe u. Formulare aus dem Geschäftsleben. I. 19. Aufl. (40 S.) — 30. — 2. 6. Aufl. — 20.

Hoffmeyer's Musterschreibhefte. Ergänzungshefte, bearb. v. Lehrern d. Prov. Hannover. 1. Hft. Briefe u. Formulare aus d. Geschäftsleben. I. 21. Aufl. 4. (40 lith. S.) Harburg 898. G. Elkan. — 30

— dasselbe. Griechisch. 1. u. 2. Hft. 7. Aufl. 4. (à 24 S.) Ebd. 899. 900. à n. — 20

Hoffmeyer's, Fritz, Musterschreibhefte. Ergänzungshefte, bearb. v. Lehrern der Prov. Hannover 1. u. 2. Hft. Briefe u. Formulare aus dem Geschäftsleben. I u. II. 4. Harburg (901). G. Elkan. à — 30
I, 22. Aufl. (40 S.) — II. 18. Aufl. (42 S.)

Hoffmeyer, Fritz, Musterschreibhefte. Griechisch. 2. Heft. 8. Aufl. (24 S.) 8. Harburg (904). G. Elkan. n. — 20

Hoffmeyer, Fritz, Musterschreibhefte. Griechisch. 1. Heft. 8. Aufl. (24 S.) 8. Harburg (907). G. Elkan. — 20

— das Schulzeichnen. Ein Leitfaden f. den Zeichenunterricht in Volksschulen u. den Unter-Klassen höherer Schulen. In Uebereinstimmg. m. den „Allgemeinen Bestimmgn. vom 15. October 1872" bearb. 1. u. 2. Hft. gr. 8. (XVI, 84 u. IV, 64 S. m. eingedr. Holzschn.) Hannover 873. 74. Helwing's Verl. n. 2. 50

—— das Schulzeichnen. Ein Leitfaden für den Zeichenunterricht in Volksschulen und den Unterklassen höherer Schulen. In Uebereinstimmung mit den „Allgemeinen Bestimmungen vom 15. Octbr. 1872" bearb. 2 Hefte. 2. Aufl. gr. 8. Hannover, Helwing'sche Verlagsh. [1. Heft. (XVI, 84 S. mit 243 eingedr. Holzschn.) 874. * ℳ 1,30.; 2. Heft. (VIII, 64 S. mit 152 eingedr. Holzschn.) 878. * ℳ 1,20.]

Hoffmeyer, Fritz, das Schulzeichnen. Ein Leitfaden f. den Zeichenunterricht in Volksschulen u. den Unterklassen höherer Schulen. 1. u. 2. Hft. 2. Aufl. gr. 8. (Mit eingedr. Fig.) Hannover 884. Helwing's Verl. n. 2. 50
1. (XVI, 84 S.) n. 1. 30. — 2. (VII, 64 S.) n. 1. 20.

—— Vorschriften. 2 Hefte. 1.—3. verm. und verb. Aufl. qu. 4. (à Heft 24 lithogr. S.) Harburg 868, Elkan. à Heft (* 20 Pf.) **

— — Vorschriften. 2 Hefte. Ebend. 869. qu. 4. Jedes Heft (16 lith. S.) n. 2 ngr.

— — 2. verm. u. verb. Aufl. Ebend. 869. qu. 4. Jedes Heft (24 lith. S.) n.n. 2½ ngr.

— Vorschriften. 1. u. 2. Hft. 3. verm. u. verb Aufl. qu. gr. 8. (à 24 S.) Harburg 873. 74. Elkan. à n. — 25

—— Vorschriften. 1. und 2. Heft. 4. verm. und verb. Aufl. schmal 8. (24 lithogr. S.) Ebendas. 885. à Heft * 25 Pf. *

— Vorschriften. 2. Hft. 4., verm. Aufl. qu. gr. 8. (24 lith. Bl.) Ebd. 890. n. — 25

—— Vorschriften. 2 Hefte. qu. gr. 8. (à Heft 24 S.) Ebd. 892. [1. Heft. 7. verm. u. verb. Aufl.; 2. Heft. 5. verm. u. verb. Aufl.] à Heft * — 25; * — 50

— Vorschriften. 1. Hft. 8. Aufl. qu. schmal gr. 8. (24 S.) Ebd. 896. n. — 25

— dasselbe. 2. Hft. 6. Aufl. schmal qu. gr. 8. (24 S.) Ebd. 896. n. — 25

— Vorschriften. 1. u. 2. Hft. schmal qu. gr. 8. (à 24 S.) Ebd. à n. — 25
1. 9. Aufl. (900). — 2. 7. Aufl. (901).

Hoffmeyer, Fritz, Vorschriften. 1. Heft. 10. Aufl. (24 S.) 9,5×22,5 cm. Harburg (904). G. Elkan. — 25

— Wandtafeln für den Zeichen-Unterricht. 1—3. Hft. gr. 4. (à 10 Steintaf. in qu. gr. Fol.) Ebend. 877—80. à n. 3. —

— neue Zeichenhefte für Stadt- u. Landschulen. 1—6. Hft. 4. (à 16 lith. S.) Ebend. 881. 82. à n.n. — 15
1. Netzzeichnen. 8. Aufl.
2. Netzzeichnen. 7. Aufl.
3. Punktzeichnen. 5. Aufl.
4. Die gerade (senkrechte, wagerechte u. schräge) Linie; Teilung derselben. Der Winkel. 4. Aufl.
5. Verflechtungen, Flächenmuster, Reliefmuster. 2. Aufl.
6. Die krumme Linie.

—— neue Zeichenhefte für Stadt- und Landschulen. 6 Hefte. 4. (à Heft 16 lithogr. S.) Hannover 885—88, Helwing's Verlag. à Heft ** 15 Pf. **
Inhalt:
Heft 1. Netzzeichnen. 11.—46. Aufl.
" 2. —— dass. — 12.—51. Aufl.
" 3. Punktzeichnen. 10.—45. Aufl.
" 4. Die gerade (senkrechte, wagerechte und schräge) Linie; Teilung derselben. Der Winkel. 7.—30. Aufl.
" 5. Verflechtungen, Flächenmuster, Reliefmuster. 3.—17. Aufl.
" 6. Die krumme Linie. 2.—11. Aufl.

—— dass. — nach den ministeriellen Bestimmungen vom 20. Mai 1887 bearb. 10 Hefte. 4. (à Heft 16 S.) Ebendas. 888. à Heft * 15 Pf. *

Hoffmeyer, Fritz. Neue Zeichenhefte für Stadt- und Landschulen. Umgearb. v. 20. Mai 1887. 1.—4. Heft. 4. (à Heft 16 S.) Hannov. 889, Helwing. [1. Heft. 55. Aufl.; 2. Heft. 53. Aufl.; 3. Heft. 48. Aufl.; 4. Heft. 32. Aufl.] à Heft * — 15

—— Zeichenhefte mit Rücksicht auf die allgemeinen ministeriellen Bestimmungen vom 15. Octbr. 1872 hrsg. 1. und 2. Heft. 4. Hannover 875, Helwing'sche Hofbuchh. **
Inhalt:
Heft 1. Die gerade Linie. (24 Stnt.) 25 Pf.
" 2. Der Winkel. 2. Aufl. (32 S. mit eingedr. Holzschn.) ** 30 Pf.

—— Zeichenhefte, mit Rücksicht auf die allgemeinen ministeriellen Bestimmungen vom 15. Octbr. 1872 hrsg. 6 Hefte. 4. Ebendas. 877—79. *
Inhalt:
Heft 1. Die gerade Linie. 2.—12. Aufl. (24 S.) * 25 Pf.
" 2. Der Winkel. 3.—11. Aufl. (32 S.) * 30 Pf.
" 3. Dreieck und Viereck. 1.—7. Aufl. (32 S.) * 30 Pf.
" 4. Der Kreis. 1.—3. Aufl. (32 S.) * 30 Pf.
" 5. Die Ellipse. 1.—7. Aufl. (32 S.) * 30 Pf.
" 6. Regelmässige Figuren und geometrische Körper. 1.—6. Aufl. (32 S.) * 30 Pf.

Hoffmeyer, H(ermann), aus Holtorf: Ein Fall von beweglichem parostalen Osteom des rechten Oberschenkels. *Erlangen 1903: Junge & Sohn.* (28 S.) 8°
Erlangen, Med. Diss. v. 29. Juni 1903

Hoffmoyer, Hermann [aus Mackenstedt in Hannover]: Zur Kenntniss des Fluoresceïns ... Rostock, Univ.-Buchdr. v. Adler's Erben, 1893; 43 S. 8.
Rostock, Phil. Fak., Inaug.-Diss. v. [18. Mai] 1893

Hoffmeyer, J. J., Sendschr. von der bisher an viel Personen in seiner Gegend gefundenen Kriebel- oder Krummen und schweren Noth Krankheit, deren Ursach und Heilungsmittel. Brl. 8°.
1742

Hoffmeyer, Karl [aus Lüneburg]: Ueber Verbandstoffe und ihre Verwendbarkeit zu Dauerverbänden. . . . Berlin, Buchdr. v. Gustav Schade (Otto Francke) (1889); 30 + 1 S. 8°
Berlin, Med. Fak., Inaug.-Diss. v. 12. März 1889

Hoffmeyer, Karl Wilhelm

Hoffmeyer, Carl Wilhelm. Untersuchungen über normales und abnormales Fischblut. Diss. Phil. II. Bern. 31 S. 8. Bern, K. J. Wyss, 1907.

Hoffmeyer, L., u. W. Hering, Bilder aus der ostfriesischen Geschichte für Schule u. Haus. Mit 2 (chromolith.) Karten. gr. 8. (IV, 72 S.) Aurich 881. Reents. n. — 75

Hoffmeyer, L., und W. Hering, Bilder aus der ostfriesischen Geschichte für Schule und Haus. Mit 2 (chromolithogr.) Karten. gr. 8. (IV, 72 S.) Aurich 882, Reents. *

Dreikaiserbüchlein. Lebensbilder unserer Hohenzollernkaiser. Deutschlands Jugend gewidmet von **L. Hoffmeyer**, (Sem.Oberl.). Mit 51 Abb. *Breslau: F. Hirt (1896–)1902.* (48, 46, 40 S.) 8° [F.]
[Sondert. 1.] Kaiser Wilhelm d. Große. Zum Gedächtnis s. 100j. Geburtstages. Von L. Hoffmeyer. 4. Aufl. 1897.
[2.] Friedrich III. Deutscher Kaiser u. König v. Preußen. Ein Fürstenbild. Von L. Hoffmeyer. 1901.
[3.] Wilhelm II. Deutscher Kaiser u. König v. Preußen. Ein Fürstenbild. Von L. Hoffmeyer. 3. Abdr. 1896.

Hoffmeyer, L., Einrichtungs- u. Lehrplan der königl. Präparandenanstalt zu Aurich. Zusammengestellt u. von neuem durchgesehen. 2. Aufl. Bestätigt durch das königl. Provinzial-Schul-Kollegium in Hannover. gr. 8. (32 S.) Hannover 889. C. Meyer. n. — 60

– und W. Hering

—— Erzählungen aus der Weltgeschichte. Für den Gebrauch in Mittelschulen bearb. gr. 8. (VI, 174 S.) Hannover 884, Helwing'sche Verlagsb. *

—— und W. Hering, Erzählungen aus der Weltgeschichte. Für den Gebrauch der Mittelschulen bearb. 2. Aufl. gr. 8. (VI, 194 S.) Hannover 886, Helwing's Verlag. *

—— u. W. Hering. Erzählungen aus der Weltgeschichte. Für den Gebr. in Mittelschulen bearb. Ausg. A. 5. verm. u. verb. Aufl. gr. 8. (VI, 202 S.) Hannov. 891, Helwing. * 1 —
—— —— dass. — Ausg. B. 3 Tle. gr. 8. Ebd. 890. [1. Tl. (VI, 108 S.) * — 90; 2. Tl. (IV, 140 S.) * 1 —; 3. Tl. (IV, 168 S.) * 1 10.] * 3 —

— u. W. Hering, Erzählungen aus der Weltgeschichte. Für den Gebrauch in Mittelschulen bearb. 6. Aufl. Ausg. A. gr. 8. (VI, 210 S.) Hannover 893. [Helwing's Verl.] Breslau, F. Hirt. n. 1. —; geb. n.n. 1.30

— u. W. Hering, Erzählgn. aus d. Weltgeschichte. F. den Gebr. in Mittelschulen. Ausg. A. 7., verb. Aufl., ausgestattet m. e. Bilderanh. gr. 8. (224 S.) Ebd. 895. Geb. in Halbleinw. n.n. 1. 35

Hoffmeyer, L.: Erzählungen aus der Weltgeschichte. Für d. Gebr. in Mittelschulen bearb. von L. Hoffmeyer, Semin.-Oberl. zu Osnabrück, u. W. Hering, Seminarl. zu Aurich. Ausg. A. Ausgestattet mit e. Bilderanh. 8., umgearb. Aufl. Breslau: F. Hirt 1899. (200 S.) 8°

Erzählungen aus der Weltgeschichte. Für d. Gebr. in Mittelschulen bearb. von **L. Hoffmeyer**, Sem.Oberl. zu Osnabrück, u. W. Hering, Seminarl. zu Northeim. Ausgestattet mit e. Bilderanh. 9., durchges. Aufl., gedr. in der vom K. Preuss. Kultusmin. angeordn. neuen Rechtschreibung. *Breslau: F. Hirt 1902.* (196 S.) 8° [F.]

— u. W. Hering, Erzählungen aus der Weltgeschichte. Für den Gebrauch in Mittelschulen bearb. Ausgestattet m. e. Bilderanh. 10., durchgeseh. Aufl. (196 S.) gr. 8. Breslau 906. F. Hirt. Geb. n.n. 1. 35

— u. W. Hering, Erzählungen aus der Weltgeschichte. Für den Gebrauch in Mittelschulen bearb. Ausgestattet m. e. Bilderanh. 11. Aufl. (196 S.) gr. 8. Ebd. 909. Geb. nn 1. 35

— Friedrich III., deutscher Kaiser u. König v. Preußen. Ein Fürstenbild, der Schule u. dem Hause gewidmet. gr. 8. (48 S. m. 17 Abbildgn.) Ebd. 901. n. — 25

Hoffmeyer, L., Geschichte auf Grund d. kaiserl. Erlasses, s.a. Vorbereitungen u. Entwürfe aus dem gesamten Unterrichtsgebiete der deutschen Volksschule.

Hoffmeyer, L.: Geschichte auf Grund des Kaiserlichen Erlasses von L. Hoffmeyer zu Aurich. Breslau: F. Hirt 1892. (92 S.) 8°
= Vorbereitungen u. Entwürfe aus d. ges. Unterrichtsgebiete d. deutschen Volksschule. H. 27. 28.

Illustrierte Preußische Geschichte von L. Hoffmeyer, Sem.Oberl. in Osnabrück. Mit 166 Abb., Skizzen u. Plänen sowie 7 Karten. Breslau: F. Hirt 1904. (VIII, 368 S.) 8° [F.]

— Geschichte der Stadt u. des Reg.-Bez.-Osnabrück in Bildern. (VIII, 236 S.) gr. 8. Osnabrück 904. Rackhorst. n. 2.20; geb. n. 2.80

Hoffmeyer, L., Die wichtigsten Gesetze u. Verfügungen betr. d. Volksschulwesen i. Preussen. (118 S.) Hannover 1895. Manz u. Lange.

– und W. Hering

—— —— Handbuch für den Geschichtsunterricht. Zum Gebrauch für Lehrer an Volks- und Mittelschulen. 3 Tle. gr. 8. (VII, 320; VI, 326; VI, 412 S.) Ebendas. 886—88. 1. und 2. Tl. à *M 2.—.; 3. Tl. *M 2.60. *

— d. Lehrers Handbuch f. den schriftlichen Verkehr mit den verschiedenen Behörden. 2. Aufl. gr. 8. (VIII, 100 S.) Hannover-Linden 890. Manz. cart. n. 1.40

—— Des Lehrers Handbuch. 2 Tle. gr. 8. Hannov.-Linden 892, Manz u. Lange. cart. * 2 80
1. Der schriftl. Verkehr m. den Behörden. 3. umgear. Aufl. (VI, 82 S.) * 1 20.
2. Die wichtigsten Gesetze u. Verfügungen betr. das Volksschulwesen in Preußen. 2. Aufl. (VII, 118 S.) * 1 60.
(1. Tl.) 1. u. 2. Aufl. Ebd. 890. * 1 40; 2. Tl. 1. Aufl. Ebd. 891. * 1 60.

— d. Lehrers Handbuch. 1. u. 2. Tl. gr. 8. Hannover, Manz & Lange. Kart. n. 2.60
1. D. schriftl. Verkehr m. d. verschied. Behörden. 4., verb. Aufl. (VI, 72 S.) 896. n. 1.—
2. Die wichtigsten Gesetze u. Verfügn. betr. d. Volksschulwesen in Preußen. 2. (Titel-) Aufl. (VI, 118 S.) (891) 895. n. 1.60

— des Lehrers Handbuch. Der schriftl. Verkehr der Präparanden, Seminaristen, Lehrer u. Lehrerinnen m. den verschiedenen Behörden. 5., umgearb. Aufl. gr. 8. (VI, 70 S.) Hannover 901. Manz & Lange. Kart. n. 1.—

– und W. Hering

— — Hülfsbuch für den Geschichtsunterricht in Präparanden-Anstalten u. Mittelschulen, zugleich den Geschichtsstoff der Volksschule in geeigneter Auswahl u. Form enthaltend. 1—3. Hft. gr. 8. Hannover 878. 79. Helwing's Verl. à n. 1.50
1. Alte Geschichte. (VI, 122 S.)
2. Deutsche Geschichte bis 1648. (200 S.)
3. Brandenburgisch-preußische Geschichte. (V, 196 S.)

— — dasselbe. 3 Tle. 2., verb. Aufl. gr. 8. Ebend. 880. 81. à n. 1.—
1. Alte Geschichte. (VI, 152 S.)
2. Mittlere u. neue Geschichte bis 1648. (VI, 154 S.)
3. Neue, speciell preußische Geschichte. (V, 192 S.)

— — dasselbe. 1 Tl.: Alte Geschichte. 3., verb. Aufl. gr. 8. (VI, 158 S.) Ebend. 881. n. 1.—

— — Hülfsbuch f. den Geschichtsunterricht in Präparanden-Anstalten u. Mittelschulen, zugleich den Geschichtsstoff der Volksschule in geeigneter Auswahl u. Form enth. 3 Tle. gr. 8. Hannover, Helwing's Verl. à n. 1.—
1. Altertum. 5. Aufl. (VI, 130 S.) 886.
2. Mittlere u. neue Geschichte bis 1648. 3. Aufl. (VI, 154 S.) 883.
3. Neue, speciell preußische Geschichte. 3. Aufl. (IV, 186 S.) 883.

— — dasselbe. 4. verb. Aufl. gr. 8. (VIII, 408 S.) Ebend. 885. n. 3.—

—— —— dass. — 1. und 2. Tl. 5. verb. Aufl. gr. 8. Ebendas. à Tl. *M 1.—. *
Inhalt:
Tl. 1. Altertum. (VI, 130 S.) 886.
2. Mittlere und neue Geschichte bis 1648. (IV, 136 S.) 887.
3. Tl. Ebendas. 1883. *M 1.—.

— — Hilfsbuch f. den Geschichtsunterricht in Präparandenanstalten. 6. Aufl. gr. 8. (VIII, 438 S.) Ebd. 889. n. 3.—

— — dasselbe. 1.—3. Tl. gr. 8. Ebd. à n. 1.—
1. Altertum. 6. Aufl. (VI, 138 S.) 889.
2. Mittlere u. neue Geschichte bis 1648. 5. Aufl. (IV, 136 S.) 887.
3. Neuzeit. 4. Aufl. (VI, 166 S.) 889.

— — Hilfsbuch f. den Geschichtsunterricht in Präparandenanstalten. 7., umgearb. Aufl. gr. 8. (VIII, 327 S.) Ebd. 892. n. 2.50; geb. n.n. 2.90

— — dasselbe. 7. Aufl. 2 Tle. gr. 8. Ebd. 892. à n. 1.25; geb. à n.n. 1.55
1. Bis 1648. (VII, 180 S.) — 2. Seit 1648. (VI, 155 S.)

[F.] Hilfsbuch für den Geschichtsunterricht in Präparandenanstalten v. L. Hoffmeyer, Seminar-Oberl. zu Osnabrück, u. W. Hering, Seminar-Lehrer zu Aurich. 8., umgearb. Aufl., erweitert durch e. Anh. v. 66 Abb. *Breslau: F. Hirt 1896.* (392 S.) 1 Bd 8.

— — Hilfsbuch f. d. Geschichtsunterr. M. e. Anh. v. 66 Abb. z. Kultur- u. Kunstgeschichte. 9., umgearb. Aufl. gr. 8. (400 S.) Ebd. 899. Geb. in Leinw. n. 3.—

Hilfsbuch für den Geschichtsunterricht in Präparandenanstalten von L. Hoffmeyer, Sem.Oberl., u. W. Hering, Seminarl. Mit e. Anh. von 86 Abb. 10. Aufl. umgearb. auf Grund d. Lehrplans f. d. K. Preuß. Präparandenanst. v. 1. Juli 1901. *Breslau: F. Hirt 1902.* 2 Bde 8° [F.]
= Hoffmeyer: Lehrbuch f. d. Geschichtsunterr. in Lehrerbildungsanst. T. 1.

Hoffmeyer, L.: Hilfsbuch für den Geschichtsunterricht in Präparandenanstalten bearb. von L. Hoffmeyer, Sem.-Oberl. in Osnabrück, u. W. Hering, Seminarl. in Northeim. Mit 1 Taf. u. e. Anh. von 86 Abb. [Text u.] Bilderanhang. 11., durchges. Aufl. Breslau: F. Hirt 1905. 2 Bde 8°
= Hoffmeyer: Lehrbuch f. d. Geschichtsunterr. in Lehrerbildungsanst. T. 1

Hilfsbuch für den Geschichtsunterricht in Seminaren von L. Hoffmeyer, Sem.Oberl. in Osnabrück, u. W. Hering, Seminarl. in Northeim. Mit 1 Anh. u. 66 Abb. 2. Aufl., umgearb. auf Grund d. Lehrplans f. d. Kgl. Preuß. Seminare v. 1. Juli 1901. *Breslau: F. Hirt 1903.* (528 S.) 8° [F.]
— Hoffmeyer: Lehrbuch f. d. Geschichtsunterr. in Lehrerbildungsanst. T. 2.

Hilfsbuch für den Geschichtsunterricht in Seminaren bearb. von L. Hoffmeyer, Sem.Oberl., u. W. Hering, Sem.Lehrer. Mit e. Skizze d. Limes Romanus u. e. Anh. von 66 Abb. z. Kultur- u. Kunstgeschichte. 3., durchges. u. erw. Aufl. [Text u.] Bilderanh. Breslau: F. Hirt 1905. 2 Bde 8° [F.]
— Hoffmeyer: Lehrbuch f. d. Geschichtsunterr. in Lehrerbildungsanst. T. 2.

Hilfsbuch für den Geschichtsunterricht in Seminaren bearb. von L. Hoffmeyer, Sem.Oberl., u. W. Hering, Sem.Lehrer. Mit 9 Kartenskizzen u. Schlachtpl. u. e. Anh. von 94 Abb. 4., verb. Aufl. Breslau: F. Hirt 1908. 2 Bde 8° [F.]
— Hoffmeyer: Lehrbuch f. d. Geschichtsunterricht in Lehrerbildungsanst. T. 2.

[F. u. Ant.] Die Katechismusschule und das Seminarium Candidatorum zu Aurich, eine Stiftung des Pietismus. Von L. Hoffmeyer, Sem.-Oberl. *Breslau: F. Hirt 1896.* (61 S., 1 Bl.) 1 Bd 8.

– und W. Hering

— — Lehrbuch für d. Geschichtsunterr. in Seminaren. 3 Tle. gr. 8. Ebd. 898. Geb. in Leinw. n. 8. 75
1. Geschichte d. Altertums. (166 S. m. 35 Abb.) n. 2. 25
2. Geschichte d. Mittelalters u. d. Neuzeit bis 1648. (244 S. m. 22 Abb.) n. 3. –
3. Geschichte der Neuzeit seit 1648. Mit 4 S. Abb. im Text. (328 S.) n. 3. 60

Lehrbuch für den Geschichtsunterricht in Lehrerbildungsanstalten von L. **Hoffmeyer**, Sem.Oberl., u. W. Hering, Seminarl. In 3 T. Mit zahlr. Abb. T. 1–3. *Breslau: F. Hirt 1902–03.* 3 Bde 8° [F.]
1 = Hilfsbuch f. d. Geschichtsunterr. in Präparandenanst. 10. Aufl. 1902.
2 = Hilfsbuch f. d. Geschichtsunterr. in Seminaren. 2. Aufl., umgearb. auf Grund d. Lehrplans f. d. Kgl. Preuß. Seminare v. 1. Juli 1901. 1903.
3 = Quellenbuch f. d. Geschichtsunterr. in Seminaren. 1903. [04. 3010

und W. Hering

— — Lehrbuch f. den Geschichtsunterricht in Lehrerbildungsanstalten. In 3 Tln. gr. 8. Ebd. n. 12. —
1. Hilfsbuch f. den Geschichtsunterricht in Präparandenanstalten. Mit 1 Taf. „Dorisches Gebälk" in Farbendr. u. e. Anh. v. 86 Abbildgn. in Schwarzdr. 11., durchgeseh. Aufl. (367 u. 48 S.) 905. Geb. u. geh. n. 3. —
2. Hilfsbuch f. den Geschichtsunterricht in Seminaren. Mit e. Skizze des Limes Romanus u. e. Anh. v. 66 Abbildgn. zur Kultur- u. Kunstgeschichte. 3., durchgeseh. u. erweit. Aufl. (X, 631 u. 48 S.) 905. Geb. u. geh. n. 6. —
3. Quellenbuch f. den Geschichtsunterricht in Seminaren. Mit 1 Taf. Schriftproben u. der verkleinerten Wiedergabe des ältesten Originals der in den deutschen Archiven aufbewahrten Königsurkunden. (XII, 464 S.) 903. n. 3. —

Hoffmeyer, L., u. W. Hering, Lehrbuch f. den Geschichtsunterricht in Lehrerbildungsanstalten. (In 3 Tln.) Mit zahlr. Abbild. zur Kultur- u. Kunstgeschichte. 1. Tl. gr. 8. Breslau, F. Hirt. Geb. u. geh. 9. —
1. Hilfsbuch f. d. Geschichtsunterricht in Präparandenanstalten. Mit 1 Taf. „Dorisches Gebälk" in Farbendr. u. e. Anh. v. 94 Abb. in Schwarzdr. 12., verb. Aufl. (367 u. 48 S.) 909. Geb. u. geh. 3. —
2. Dasselbe in Seminaren. Mit 9 Kartenskizzen u. Schlachtplänen im Text u. e. Anh. v. 94 Abbildgn. zur Kunst- u. Kulturgeschichte. 4., verb. Aufl. (X, 642 u. 52 S.) 908. Geb. u. geh. 6. –

Hoffmeyer, L., das königl. evangel. Lehrerseminar zu Osnabrück. Eine Festschrift z. Jubelfeier seines 100jähr. Bestehens am 2. VII. 1910. Mit e. Ansicht d. Seminargebäudes. (72 S.) 8. Breslau 910 F. Hirt. 1. 25

Hoffmeyer, L., Lehrplan der königl. Präparandenanstalt zu Aurich. Auf Grund der Allgemeinen Bestimmgn. vom 15. Octbr. 1872 entworfen. Bestätigt durch das königl. Provinzial-Schul-Collegium in Hannover u. auf dessen Anordng. veröffentlicht. gr. 8. (40 S.) Hannover 876. Meyer. n. — 80

- unser Preußen. Die Entwickelg. des Preuß. Staates, insonderheit unter der 200jährigen Königsherrschaft der Hohenzollern. Mit 166 Abbildgn, Skizzen u. Plänen im Text, sowie 7 farb. Karten. 1. u. 2., unveränd. Aufl. gr. 8. (VIII, 368 S.) Breslau 901. F. Hirt. Geb. in Leinw. n. 4. —

Hoffmeyer, L.: Unser Preußen. Die Entwickelung d. preuß. Staates unter d. Herrschaft d. Hohenzollern. Von –. Mit 167 Abb., Skizzen u. Pl., sowie 7 Kt. 3., verb. Aufl. Breslau: Hirt [um 1908]. VIII, 368 S. 8°

— — Quellenbuch f. den Geschichtsunterricht in Seminaren, s.a. Beck, K. A., u. Jos. Dahmen, Lesebuch f. den Geschichtsunterricht in Lehrerbildungsanstalten.

Quellenbuch für den Geschichtsunterricht in Seminaren, zsgest. von L. **Hoffmeyer**, Sem.Oberl. in Osnabrück, u. W. Hering, Seminarl. in Northeim. Mit 1 Taf. Schriftproben u. d. verklein. Wiedergabe d. ältesten Orig. der in d. deutschen Archiven aufbewahrten Königsurkunden. *Breslau: F. Hirt 1903.* (XII, 464 S.) 8° [F.]
= **Hoffmeyer:** Lehrbuch f. d. Geschichtsunterr. in Lehrerbildungsanst. T. 3. [04. 3012

Hoffmeyer, L.: Quellenbuch für den Geschichtsunterricht in Seminaren. Unter Mitw. von Dr. Joseph Dahmen zsgest. von L. Hoffmeyer in Osnabrück u. W. Hering in Northeim. 2., verb. Aufl. Breslau: F. Hirt 1904. (XII, 464 S.) 8°
= Beck, A. K.: Lehrbuch f. d. Geschichtsunterr. in Lehrerbildungsanst. T. 3.

[F.] 1797 * 22. März * 1897. Kaiser Wilhelm der Grosse. Z. Gedächtn. s. hundertj. Geburtst. Von L. **Hoffmeyer**, Semin.-Oberl. M. 18 Abb. *Breslau: F. Hirt 1897.* (48 S.) 1 Bd 8. [97. 801

Hoffmeyer, L., Wilhelm II., deutscher Kaiser u. König v. Preußen. Ein Fürstenbild, der Schule u. dem Hause gewidmet. gr. 8. (32 S. m. 9 Abbildgn.) Breslau 895. F. Hirt. n. — 20

— Wilhelm II., Deutscher Kaiser u. König v. Preußen. E. Fürstenbild, d. Schule u. d. Hause gewidmet. 6.–17. Taus. gr. 8. (32 S. m. 9 Abb.) Ebd. 895. n. — 20

— Wilhelm II., Deutscher Kaiser u. König v. Preußen. Ein Fürstenbild, der Schule u. dem Hause gewidmet. 4., verm. Aufl. (28.–33. Taus.) (48 S. m. 17 Abbild.) 8. Ebd. 907. — 30

Hoffmeyer, N., Strömungs- und Temperatur-Verhältnisse des Meeres bei Island. (Veröffentlichter Vortrag in der „Geografisk Tidskrift" 1878; in der Uebersetzung nach dem Original mitgetheilt von G. von Boguslawski. Aus den „Ann. der Hydrogr." etc. 1880, Heft IV.) Berlin.

-- Wetterstudien zur Benutzung der täglichen Witterungsberichte Uebersetzt von R. Parkinson. Hamburg 1874.

Hoffmeyer, Niels, Glühwürmchen. Roman a. d. Leben. Aus dem Dän. übers. v. Mathilde Stilling. (194 S.) 8. Mannheim 908. Dr. H. Haas. 2.—; geb. in Leinw. 2. 80

Hoffmeyer, N., das Trinkgeld u. die wirthschaftliche Lage der Kellner u. Berufsgenossen, s.: Ebert, L.

Hoffmüller, J., dramat. Versuche. (Enth.: Die Geniestreiche. — Die Bürgschaft.) 8. Wien 802. Wallishausser. 16 gl.

— der Zauberkuß. Zauber-Oper in 2 A. Wien 807. Wallishausser. 6 gl.

Hoffnaaß, Franziska v., Dichtungen. 8. (VIII, 277 S.) München 882. Stahl. n. 3. —

—— Jenseits des Brenners, s. Woerl's Reisebibliothek.

Hoffnaaß, Franziska v., Maria Felicia Orsini [Herzogin Montmorency]. Ein Lebensbild. 12. (184 S.) Donauwörth 888. Auer. cart. n. – 90

— am Quell der Wahrheit u. d. Lebens. Sonette. 8. (III, 224 S.) Regensburg 891. Coppenrath's Verl. n. 1. 80; geb. n.n. 2. 80

— die sieben Schmerzen Mariae. (Gedicht.) 16. (VI, 49 S. m. 1 Holzschntaf.) Würzburg 877. Woerl. n. 1. —

Hoffner, Karl, approb. Arzt, Heidelberg: **Schwangerschaftsveränderungen** ausserhalb der Genitalsphäre. *Leipzig: A. Georgi 1901.* (34 S.) 8°
Heidelberg, Med. Diss. v. 1901

Höffner, J., evangelische Pastoraltheologie in Beispielen. (XI, 696 S.) gr. 8. Stuttgart 907. J. F. Steinkopf. n. 7. —; geb. n. 8. 20

Höffner, Johs., s.: Aus Biedermeiertagen.

— Frau Rat Elisabeth Goethe, geb. Textor, s.a. Frauenleben. XII.

Höffner, Johannes: Frau Rat. Elisabeth Goethe, geb. Textor. Von --. Mit 5 Kunstdr. Bielefeld & Leipzig: Velhagen & Klasing 1908. (186 S.) 8°
= Frauenleben. 12.

— Der Sinn des Lebens. Novellen. (VII, 196 S.) 8. Berlin 908. F. Fontane & Co. 2.50; geb. 3.50

— Der scharfe Weingesang. (186 S.) kl. 8. Heilbronn 910. E. Salzer. 1.50; geb. 2.50

Hoffnung. Ein Gedicht in 3 Gesängen. 8. Hof 832. Grau. 10 gr

Hoffnung, Die. Organ für Realitäten- und Hypotheken-Verkehr, Engagement-Vermittlung, Verwerthung geistiger Arbeit und Geschäftsleben. 24 Nrn. Fol. (a 1 Bg.) Wien, Expedition. 1868.

Hofnung, die bald., besser. u. fröhlicher. Menschen unter dem Monde. 8. Hamb. Bohn. 777.

— die, bald. Besserung u. fröhlicher Menschen unter dem Monde, (v. M. J. Lihme). 8. Hamb. 777. (Schnuphase in Altenb.) 8 gr.

Hoffnung, die christliche. Fastenmandat Sr. Gnaden des hochwürdigsten Herrn Augustinus (Egger), Bischof v. St. Gallen auf d. J. 1905. (27 S.) Lex.-8. St. Gallen 905. (J. & A. Köppel.) n.n. — 30

Hoffnung, die eine, aller Gläubigen, nachgewiesen aus d. heil. Schrift. Ein Wort z. Mahnung u. z. Stärkung in einer bösen Zeit. gr. 8. (1¾ B.) Frankfurt a. M. 846, Zimmer. *

Hoffnung, die eine, aller Gläubigen, nachgewiesen aus der heil. Schrift. Ein Wort zur Mahnung u. zur Stärkung in einer bösen Zeit. 2. Aufl. gr. 8. (16 S.) Frankfurt a. M. 847, Heyder & Zimmer. n. 1/12 ℛ

Hoffnung auf Gott. Vollständiges kathol. Gebetbüchlein f. alle Stände. Von e. Priester der Erzdiöcese Köln. 2. Aufl. 16. (320 S. m. Farbentitel u. 1 Farbendr.) Salzburg 887. Pustet. — 40

Israels Hoffnung. Ein Botschafter d. kommenden Königs. III. Monatsblatt. Hrsg.: Pastor Dolman-Wandsbek. 1903. No 1. *Wandsbek: [Selbstverl.] 1903.* 4° [03. 6491

Israels **Hoffnung**. Hrgg. v. (Dirk) Dolman. Jg. 1908 ff Wandsbek. (1908 ff.) 4°

— die, der Kirche JEsu Christi u. das Volk Israel. Ein Beitrag zur Lösg. der großen Fragen unserer Zeit v. J. E. G. L. Neu bearb. u. hrsg. v. P. Wigand. gr. 8. (XI, 110 S.) Augsburg 887. Preyß. n. 1.30

—— die, der Kirche u. ihre Pflicht in unserer Zeit. Ein Wort der Warnung an die Gegenwart. Aus d. Engl. gr. 8. (2¾ B.) Berlin 844, G. W. F. Müller's Verl. *

— die, der Kirche u. ihre Pflicht in unserer Zeit. Ein Wort der Warnung an die Gegenwart. Aus dem Engl. Neue Ausg. gr. 8. (43 S.) Ebd. 847. n. 1/6 ℛ

Hoffnung, Kurlandes freudenvolle, eines allgemeinen dauerhafts Glücks ... Mitau ... 1765. V: *Herder, Johann Gottfried von.* (GGr)

Hoffnung, die, der Landwirthschaft u. d. Handels in den östlichen Provinzen. Offene Antwort an Hrn. Reg.-Rath Hoffmann in Düsseldorf auf seinen offenen Brief „Die Hoffng. der Getreidebörsen". gr. 8. (16 S.) Danzig 850, Kafemann. * — 50
Aus: Danziger Zeitung, besonders abgedruckt. — Vgl.: Hoffmann, Imman.

— die letzte, d. Zeitalters in Ansehung d. National-Erziehung 2c. 8. Berl. Realschulbuchhandl. 810.

— die letzte, des Zeitalters in Ansehung d. National-Erziehung 2c. Nachtrag zu Fichte's Reden. 8. Berl. 810. (Reimer). 6 gr

Maurers **Hoffnung**. Gedicht zur Stiftungs-Feier der g. u. v. St. J. □ Horus im O. von Breslau den 23sten Febr. 1817 vom Br. R. in Musik gesetzt vom Br. [G. B.] **Bierey.** o. O. [1817]. 4 Bl. 8° [Umschlagtit.]
Kantate ohne Noten.

Hoffnung, Die, baldiger besserer und froherer Menschen unterm Monde; ein Lesebuch ... Hamburg 1777. V: *Lihme, Martin Friedrich.* (MGT) (BrMm)

Hoffnung, Die neugekrönte, am Tage der Vermählung Franzens mit Elisabeth. Von S.s.g. Wien 1788. V: *Veith von Schittersberg, Augustin.* (Heck 4, Nr. 403/17) (GGr VI/549, Nr. 26a) (Hdschr. Mitth. von Gustav Gugitz, Wien.) biblPort)

Hoffnung, die, Polens auf die Wiederherstellung des Polnischen Reiches mit Hülfe Frankreichs und des Hauses Napoleon. Eine histor. Beleuchtung der Adresse des Generals Rybinski und der emigrirten Polen bei Gelegenheit des Attentats auf Louis Napoleon. Berlin 855. Rauh. gr. 8. (1 Bl., 56 S.) n. 10 ngr

Die Endlich mit Freuden erfüllete Schwedische Hoffnung Das ist Das Curiöse Mittbringen Einer durchpaßirenden Schwedischen Staffetta, Welche In einer Zeit von 10. Tagen aus Bender zu Franckfurt am Mayn, den 10. Jul. 1710. Glücklich arriviret, Und Von dem Zustande ... Caroli XII. Folgende zuverläßige lesenswürdige Nachricht abgestattet. [Frankfurt?] Gedruckt im Jahr 1710. 4°. 2 Bl.

Hoffnung, die selige, des Wiedersehens in jenem Leben. Rein Evangelisch betrachtet (von E. A. Dann.) gr. 8. Stuttgart, Steinkopf. 817.

— üb. die trostvolle, unsere Lieben im andern Leben wieder zu sehen. 8. Halle 794. Kümmel. 4 gr Anh. dazu. 8. Ebd. 796. 2 gr

Hoffnung, unsere. Von A. E. 8. (120 S.) Berlin 883. Hugo Rother. n. 1.20

— unsere. Nachgeschriebenes aus der Berner Januarwoche 1906. Vom Redner nicht durchgesehen. (63 S.) 8. Gotha 906. Missionsbuchh. P. Ott. n. — 60

Hoffnung und Wiedersehen. Oder Belehrungen und Tröstungen an den Gräbern unserer Lieben. Nebst den sämmtlichen Grabschriften der Todtenhöfe Monbijou und Rosengarten in Bern. ([Mit 2 Tafeln. Hrg. von] C[arl] Rätzer.) 8⁰. Bern 1839.

— üb. die, uns wieder zu sehen, s. Aufaldi H. zr.

Hoffnung, Jul., Bade-Orte usw. in Deutschland, Österreich-Ungarn u. der Schweiz, s.: Grieben's Reiseführer.

Hoffnung, Julius (geb. Freistadt in Westpr. 15. 3. 1861): Ueber Hämoptoe bei Kindern. Berlin (1885). (30 S.) 8°
Berlin, Med. Diss. v. 30. Juli 1885

Für Radfahrer. Kleines Handbüchl. vf. v. Dr. J[ul.] Hoffnung, pr. Arzt in Luckenwalde. 2. Aufl. *Berlin: A. Goldschmidt 1897.* (96 S.) 1 Bd 8. [97. 5040

Hoffnung, J.: Für Radfahrer. 3. Aufl. 1897. Berlin, 8⁰. (76 S. m. Fig.)

Hoffnungen. Roman von d. Verfasserin der Frauen, Cousinen, Standesunterschiede, Täuschungen rc. Aus d. Schwed. v. Carl Eichel. 5 Thle. 8. (108½ B.) Leipzig 845, 46, Kollmann. à Thl. 1 Thlr. 7½ Ngr.

Hoffnungen, blühende, und verwelkte Freuden. Aus dem Engl. übers. gr. 16. (232 S. mit 4 Holzschnt.) Cincinnati 857. (Bremen, Heyse's Verlag.) geb. *-

Hoffnungen, Deutschlands. Leipzig 1813. V: *Körner, Chn Glieb.* (Ky)

Hoffnungen, freudige, üb. die Ausdauer d. Bibel im 19ten Jahrh. 8. Berl. Schöne. 801.

Hoffnungen, Die, der Kirche Christi und des Volkes Israel in der Gegenwart. Nürnberg 1848—49. V: *Lutz, Joh. Evang. Georg.* (BrMm)

Hoffnungen, die, der Kirche Christi u. d. Volkes Israel in der Gegenwart. Ein Beitrag zur Lösung der großen Fragen unserer Zeit. 1 u. 2. Hft. gr. 8. (1: VI u. 73 S. 2: 122 S.) Nürnberg 848. 49, Raw. (1: 1/6 ℔ 2: 1/4 ℔) 5/12 ℔

Hoffnungen, die, der deutschen Schauspielkunst, gegründet auf die Principien der Schopenhauer'schen Philosophie. Zwei Schauspielerbriefe. Oldenburg 864. Schmidt in Comm. gr. 8. (32 S.) 6 ngr.

Hoffnungen u. Trostgründe f. Gastwirthe, Fuhrleute u. Lohnkutscher vor d. Entstehen d. Eisenbahn zwischen Leipzig u. Dresden. Launiges Gedicht v. e. Manne d. Zeit. gr. 8. (¼ B.) Leipzig 834, Glück.

Hoffnungen, über die, zu welchen uns ein Rückblick auf die neuere u. neueste Literaturgeschichte der Deutschen berechtigt, und über die Anforderungen, welche an Jeden gemacht werden können, der durch Amt oder Talent berufen ist, auf die Gestaltung d. Literatur in Schrift u. Rede zu wirken. Eine Rede, gehalten von C. A. W. gr. 8. Berlin 838. Stackebrandt. 1/6 ℔

— über die, zu welchen uns ein Rückblick auf die neuere und neueste Literaturgeschichte der Deutschen berechtigt, und über die Anforderungen, welche an jeden gemacht werden können, der durch Amt oder Talent berufen ist rc. Eine Rede von C. A. W(olff). 1838. gr. 8. Halle Colditz'sche B. 1/6 ℔

Hoffnungen, Wünsche und Vorschläge an Hamburgs Senat und Bürgerschaft, nach dem großen Brande vom 5. bis 8. Mai 1842. gr. 8. Leipzig 842, Böhme. 4 ngl

Hoffnungsbund, der. Ratgeber f. Leiter u. Freunde der Jugendvereine d. Blauen Kreuzes. 1. Jahrg. Septbr. 1898—Dezbr. 1899. 8 Nrn. (Bog.) gr. 8. Bern. Barmen, „Elim", Buchh. d. Blauen Kreuzes. n. 1. 60

Hoffnungsbund, der. Illustrierte Monatsschrift f. die enthaltsame Jugend. Red.: Agentur des Hoffnungsbundes Bern. 6. u. 7. Jahrg. 1905 u. 1906. à 12 Nrn. (à 8 S.) Lex.-8. Bern. (Barmen, „Elim", Buchh. d. Blauen Kreuzes.) à Jhrg. n. 1. 20

Hoffnungsbund, der. Red.: H. v. Redern. 9. Jahrg. 1907. 52 Nrn. (à 4 S.) Lex. 8. Berlin. (Barmen, Buchh. des Blauen Kreuzes.) 1. 20

Hoffnungsbund. Der H'. Ratgeber für Leiter und Freunde der Jugendabteilung des Blauen Kreuzes. 2. Aufl. 176 S. 8. Bern, Schweiz. Agentur des Bl' Kr'; Barmen ..., (1909). [fr. 2. —]

Hoffnungslieder, meist aus schwedischen Quellen gesammelt. gr. 8. (15 S.) Elberfeld 885. (Bonn, Schergens.) **

Hoffnungslieder, meist aus schwedischen Quellen gesammelt. gr. 8. (15 S.) Elberfeld 889. (Faßbender.) n. — 20

Hoffnungs-Lieder, eines auf das Kommen d. Herrn Wartenden. gr. 16. (157 S.) Basel 874. Spittler. n. 1. —; geb. n.n. 2. —

Hoffnungslose, der. 8. Braunschw. 800. Schröder. 8 ℊ

Hoffnungslosen, Die, eine Rittergeschichte . . . nach d. Engl. . . . Mannheim 1791. V: *Hoffmann, Carl Gustav F.* (MGT) (Ky) (GGr)

Hoffnungslosen, die, e. Rittergesch. aus d. Zeiten d. babylon. Kaiserthums, a. d. Engl. v. H. 8. Mannheim, Schwan u. Göt. 791.

Hoffnungsreich, des Herrn von, hinterlassene Briefe, herausg. v. J. C. F. v. T. 8. Halle Hendel. 772.

v Hoffnungsreich, des Herrn, hinterlaß. Briefe; herausgeg. von J. E. F. v. T. (Jh. Friedel). 8. Halle 780. Hendel. 12 g

Hoffnungsstern, ein, beobachtet und näher bezeichnet von einem Namenlosen. Hamburg 857. Harder. 12. (28 S.) 5 ngr.

Hoffory, Jul., s.: Acta germanica.

Hoffory, J., Eddastudien. 1. Thl. Mit 3 Taf. 8. (IV, 175 S.) Berlin 889. G. Reimer. n. 4. —

Hoffory, Jul., Professor Sievers u. die Principien der Sprachphysiologie. Eine Streitschrift. gr. 8. (48 S.) Berlin 884. Weidmann. n. 1. —

Hoffs, Friedrich van

Hoffs, Frdr. van, Gedichte. 8. (VIII, 87 S.) Essen 883. Bädeker. geb. n. 2. 40

Hoffs, Frdr. van, Herbstblumen. Gesammelte Gedichte. (VIII, 95 S.) 8. Wiesbaden 909. Moritz & Münzel. 1.60

Hoffs, Friedr. v., vaterländische Klänge. 8. (32 S.) Trier 888, Lintz'sche Buchh. *

— Zu d. Persern d. Aeschylus. Pr. 1880. 10 S. —.90

Hoffs, Frdr. van, d. ungar. Volksdichter Alexander Petöfi, s.: Studien, kleine.

Hoffs, Fr. van Probe einer Übersetzung horazischer Oden. Nebst einem Anhang: Zu den Persern des Aeschylus. 23 S. 8.
Progr. *Emmerich* 1880.

Hoffs, Friedr. van. Die Säcularnachtwächter v. Berncastel. Festspiel zur 600jähr. Jubelfeier der Stadt Berncastel [26. u. 27. Juli 1891]. gr. 8. (15 S.) Trier 891. (Coblenz, Groos.) * — 30

Hoffs, Friedrich van Zwei Satiren des Horaz [II. 4. 8], nach Edmund Vogts Grundsätzen übersetzt und als Ergänzung seines hinterlassenen Werkes veröffentlicht von F. v. H. 4 (16 S.).
Progr. G. *Trier* 1887 (430).

Hoffs, Frdr. van, bunte Schmetterlinge. Lieder u. Schwänke. 8. (VIII, 88 S.) Leipzig 900. E. Avenarius. n. 1.60; geb. n. 2.40

— Friedrich Spe v. Langenfeld. Vortrag, geh. in der allgemeinen Versammlg. der Gesellschaft f. nützl. Forschgn. zu Trier am 11. Juni u. in weiterer Ausführg. m. Anmerkgn. hrsg. gr. 8. (19 S.) Trier 893. J. Lintz. n. — 50

Hoffs, Friedr. van, de rerum historicarum in Aeschyli Persis tractatione poetica. Dissertatio philologica. gr. 8. (75 S.) Coloniae Agrippinae 866. (Münster, Niemann.) *

Hoffschild, Franz, s. Hoffschildt.

Hoffschild, Wilh., aus Dämmerstunden. Gedichte u. Lieder. 8. (XIII, 102 S.) Erfurt 894. E. Moos n. 2 25; geb. n. 3. —

Mimosen. Gedichte von Wilhelm **Hoffschild**. *Bonn-Leipzig: E. Moos 1900.* (VII, 108 S.) 8° [J.] [01. 8444 6

Hoffschildt, Frz., erster Unterricht d. jungen Drogisten. gr. 8. (VIII, 238 S. m. Abbildgn.) Berlin 901. J. Springer. n. 4. —; geb. in Leinw. n. 5. —

Erster Unterricht des jungen Drogisten. Von Franz **Hoffschildt** 2., verm. u. verb. Aufl. Überarb. von Emil Drechsler, Breslau. Mit zahlr. Textabb. Berlin: J. Springer 1907. (VIII, 284 S.) 8° [07. 6137

Hoffschildt, R., der Kanarienvogel, s.: Ruß, Karl.

Hoffschläger, Gust. Kunterbunte Läuschen, s. Sammlung plattdeutscher Dichtungen.

Hoffschneider, Johann Gottlieb (Dahme), De contractibus extrajudicialibus mulierum innuptarum in immobilibus sine curatore sexus validis. Präs. Christian Gottlieb Hommel. Wittbg. (Carl Christian Dürr) 6. IV. 1768. 12 S. (6.—) 15647

Hoffschulte, [Heinrich], Dr.: Bedeutung und Entwickelung der lateinlosen höheren Schulen in Preußen. Münster 1905: Theißing. (S. 3—18.) 4°
Münster i. W., R i. E. P 1905 (456a)

Hoffschulte, H[einrich], Direktor Dr.: Berechtigungen der höheren Schulen. (Münster 1907: Theissing.) (S. 29—30.) 4°
Münster i. W., R OP 1907 (476)

[F. u. Ant.] **Hoffschulte,** Heinrich [wiss. Hülfsl. Dr.]: Über Ben Jonsons ältere Lustspiele. Münster, Westfäl. Vereinsdr. vorm. Coppenrathsche Buchdr., 1894; 3—37 S. 4.
Münster i. W., RG, P 1894 (375)

Hoffschulte, H[einrich], Direktor Dr.: Aus dem englischen Rechtsleben. Eine Studie zur Volks- u. Landeskunde im Dienste der Schule. (Münster 1907: Theissing.) (S. 3—13.) 4°
Münster i. W., R OP 1907 (476)

Hoffschulte, H[einrich]: Zum augenblicklichen Stande und zur Entwicklung des höheren Schulwesens des In- und Auslandes. Berechtigungen der Realanstalten in Preußen. Münster 1908: Theissing. S. 3—20. 4°
Münster i. W., R P 1908 (501) [S 08. 190

Hoffschulte, H[einrich]: Zum augenblicklichen Stande und zur Entwicklung des höheren Schulwesens. Münster: Theissing 1909. S. 3—7. 4°
Münster i. W., R OP 1909 (521) [S 09. 205

Hoffschulte, H(einrich): Zum augenblicklichen Stande und zur Entwicklung des höheren Schulwesens (Preußens). Münster: Theissing 1910. S. 23. 4°
Münster i. W., R P 1910 (524) [S 10. 189

Hoffschulte, H[einrich] Der gegenwärtige Stand der höheren Schulen mit besonderer Berücksichtigung der lateinlosen und der sog. Reform-Schulen siehe: Lateinlose höh. Schulen S. 5.
Schmitz, Friedrich: Zur Reformschulfrage. (Bruchstück eines Vortrags.) (Umschlagtitel: ... frage.) S. 3—12. 4.
Progr. Realprogymn. *Langenberg* 1905 (578)

Hoffschulte, H[einrich], Direktor Dr.: Der gegenwärtige Stand der höheren Schulen mit bes. Berücksichtigung d. lateinlosen u. d. sog. Reform-Schulen. Münster 1906: Theissing. (S. 3—7.) 4°
Münster, R i. E. P 1906 (473)

(**Hoffschulte,** H[einrich], Direktor Dr.): Der gegenwärtige Stand der höheren Schulen mit besonderer Berücksichtigung der lateinlosen und der sog. Reform-Schulen. (Münster 1907: Theissing.) (S. 13—15.) 4°
Münster i. W., R OP 1907 (476)

Hoffschulte, H(einrich): Münsters Stellung im Weltverkehre des Mittelalters. Ein Beitr. z. Geschichte d. Westfälinger als Kolonisatoren und Kaufherren im 11.—16. Jh. Münster: Theissing 1910. S. 1—22. 4°
Münster i. W., R P 1910 (524) [S 10. 190

Hoffschulte, H[einrich], Dr.: University Extension Movement in England. Bericht üb. seine Teilnahme an d. 'University Extension Meeting' in Oxford während d. Monats August 1901. *Münster 1902: Westfäl. Vereinsdr.* (S. 3—18.) 4°
Münster i. W., RG, P 1902 (417)

Hoffstadt, Friedr., gothisches A.B.C.Buch, das ist: Grundregeln d. goth. Styls f. Künstler u. Werkleute. M. 42 Vorlegeblättern u. e. Abhandl. üb. Gesch. u. Restauration d. deutschen Baukunst, nebst e. Wortverzeichnisse üb. deren Kunst- u. Handwerks-Ausdrücke. 1. Lfg. Roy.-Fol. (10 B., 10 gemalte Vign., 9 lith. Taf., ½ Roy.-Fol., u. 2 gem. Ttl.-Bl., ½ Roy.-Fol.) Frankfurt a. M. 840. [Halle, Kersten.] *

Hoffstadt, Friedr., Gothisches A. B. C. Buch, das ist: Grundregeln des goth. Styls f. Künstler u. Werkleute. Mit 42 Vorlegeblättern (worunter einige, z. Theil ausgeführte, Entwürfe) u. ein. Abhandlung üb. Geschichte u. Restauration d. deutschen Baukunst, nebst e. Wortverzeichnisse üb. deren Kunst- u. Handwerks-Ausdrücke. 2—6. Lfg. Roy.-Fol. (60 B. u. 33 Stnt.) Frankfurt a. M. 842—45, Schmerber'sche Buchh. Schreibp. In Mappe à Lfg. *

—— dass. Pracht-Ausg. 2—6. Lfg. gr. Roy.-Fol. (Text m. Einfassung u. gemalten Vignetten.) In Mappe *
1. Lfg. Ebendas. 1840. * 2 Thlr., Pracht-Ausg. * 9 Thlr.

Hoffstadt's, Frdr., gothisches ABC-Buch d. i. Grundregeln des gothischen Styls für Künstler und Werkleute fortgesetzt von Frdr. Lange. 7. Lieferung. Frankfurt a. M. 863. Keller. gr. Fol. (S. 269—316. m. Holzschn.) n. 2 ₰; Pracht-Ausg. n. 4 ₰; color. n. 6 ₰

Hoffstadt, Friedr., über die Anwendung des gothischen Ornaments bei Einfassungen zu Compositionen. Fol. (6 Stnt. in Tondr. und 2 Bl. Text.) Frankfurt a. M. 847, Schmerber'sche Buchh. *

—— Principes du style gothique exposés d'après des documents authentiques du moyen age, avec planches à l'usage des artistes et des ouvriers. Traduit de l'Allemand par Thdr. Aufschlager. gr. 8. (XXIII und 622 S. mit 40 Kpfrt.) Francfort s. M. 847, libr. Schmerber. *

Hoffstädt, A. J., d. richtige Zins-Anzeiger, od. Zinstabellen von 1. Thaler bis zehn Tausend Thaler à 1—6 pCt. auf jeden Zeitraum bis e. Jahr, den Thaler à 30 Silbergr. à 12 Pf. gerechnet, nebst Anweis., wie man diese Tabellen auch in denjenigen Ländern u. Handelsplätzen benutzen kann, wo man nach Thalern à 24 gute Groschen à 12 Pf. u. nach Gulden à 60 Kreuzer à 4 Pf. rechnet. Ein Handbuch f. Kaufleute, Rechtsgelehrte, Kapitalisten u. jeden Privatmann. 4. Berl. 830. Mittler. 1 ₰

Hoffstetter, Gust. v., s. Alpenbahnen. Die schweizerischen. in militärischer Beziehung.

Hoffstetter, Gustav: Die schweizerischen Alpenbahnen. s. Salis, E.

Hoffstetter, G., der Bedeckungsdienst bei Geschützen. Zürich 856. Schultheß. 16. (2 Bl., 55 S. u. 9 lith. Taf.) n. 16 ngr.

Hoffstetter, Gustav von: Bericht des nachmaligen Oberst G(ustav) v. Hoffstetter über seine Teilnahme am Sonderbundsfeldzuge als Ordonnanz-Offizier ... 30. Okt. bis 4. Dez. 1847. Mit biogr. Notizen über d. Verf. u. e. kriegsgeschichtl. Einl. nebst sachl. Anm. u. e. Literaturverz. hrsg. v. Generalstabsbureau. Als Ms. gedr. Bern 1894: Michel & Büchler. 132 S. 8°

— das Exerzir-Reglement für die eidgenössischen Truppen mit taktischen Erläuterungen u. Begründungen. Zürich 855. Schultheß. 16. (2 Bl., 152 S.) n. 16 ngr.

v. Hoffstetter, G. Garibaldi in Rom. Tagebuch aus Italien 1849. (VII. 456.) 8. M. 2 Krtn. u. 5 Pl. Zürich 1851. 5.00. — ib. 1860. 3.75.

v. Hoffstetter, Gust., Tagebuch aus Italien 1849. Mit 2 (lith.) Uebersichtskarten v. Rom u. den röm. Staaten (in Imp. 4. u. gr. Fol.) u. 5 (lith.) Taf. mit Plänen u. Croquis (in 4. u. Imp. 4.) gr. 8. (VIII u. 456 S. m. 1 Tab. in qu. gr. 4.) Zürich 851, Schultheß. 1⅔ ₰

– Dass. 2. Ausg. a. u. d. T.: Garibaldi in Rom 1849.

Hoffstetter, Gust. von, Tagebuch aus Italien 1849. 2. Ausg. A. u. d. T.: Garibaldi in Rom 1849. Mit 2 (lith.) Uebersichtskarten von Rom u. den römischen Staaten (in Fol.) u. 5 (lith.) Taf. mit Plänen u. Croquis (in 4.). Zürich 860. Schultheß. gr. 8. (VII, 456 S. u. 1 Tab. in 4.) 1 ₰ 7½ ngr.

Hoffstetter, Hans: Aus d. Prov.-Hebammenlehranstalt zu Cöln. Schwangerschaft kompliziert mit Uteruscarcinom. (Köln 1909: Scharmitzel.) 17 S. 8°
Bonn, Med. Diss. v. 21. April 1909, Ref. Fritsch
[Geb. 26 März 81 Cöln; Wohnort: Much; Staatsangeh.: Preußen; Vorbildung: Kaiser-Wilhelm-Gymn. Cöln Reife O. 02; Studium: Freiburg i. B. 2, Bonn 1, Freiburg i. B. 3, Gießen 1, Bonn 2 S.; Coll. 21. Apr. 09; Approb. 1. Juli 08.] [U 09. 341

Hoffstetter, J B, le chemin de fer de Saint Petersbourg à Moscou. Vienne. 1846. 8.

Hoffström. K. A.: Eine Stoffwechseluntersuchung während der Schwangerschaft. Leipzig 1910. 96 pg. 8°
Diss. Hels.

Hoffsümmer, Karl

Hoffsümmer, Carl, Gerichtsref. aus Düsseldorf: **Haftung eines Korrealschuldners für culpa und mora des Anderen.** *Köln: Kölner Verl.-Anst. u. Druckerei 1898.* (39 S.) 8°
Erlangen, Jur. Diss. v. 26. Febr. 1898

Hoefft, das erste Buch f. Mutter, s.: Haus-Bibliothek, kleine medicin., 3. Hft.

Hoefft, Carl Moritz, s. Hoefft, Karl Moritz

Hoefft, Carl Theodor, s. Hoefft, Karl Theodor

Fran(ciscus) Math[aeus] Stan[islaus] Val[entinus] Hoefft: De sanguinis Transfusione. Berolini (1819:) Bruschcke. 48 S. 8°
Berlin, Med. Diss. v. 11. Mai 1819

Hoefft, Georg Jakob: Diss. jur. de cessione literarum cambialium, s. Grolmann, Melchior Dethmar (Präs.)

Hoefft, Georg Jakob (Hamburg)
Dissertatio inauguralis juridica de virgine stuprata a stupratore non dotanda.
Gissae 28. Jan. 1712: Vidua J.R. Vulpii. 39, (1) S. 4°
pro summis in utroque jure honoribus ... rite capessendis.

Hoefft, Georg Jakob (Hamburg)
Dissertatio inauguralis juridica, de virgine stuprata a stupratore non dotanda. [Diss. v. 28. Jan. 1712]. Editio secunda.
Gissae 1719: Vidua Joh. Reinh. Vulpii et E.H. Lammers. 30 S. 4°
pro summis in utroque jure honoribus et privilegiis doctoralibus rite capessendis.

— — Idem opus. Ibid. 1734. 4°.
¼ Rthlr. Derselbe 348. p. 19.

Hoefft, Georg Jakob (Hamburg)
Dissertatio inauguralis juridica, de virgine stuprata a stupratore non dotanda. [Diss. v. 28. Jan. 1712] Editio tertia.
Giessae 1743: Eberh. H. Lammers. 32 S. 4°
pro summis in utroque jure honoribus et privilegiis doctoralibus rite capessendis.

— — Dasselbe. Wittbg. (Hake) 1746. 38 Seiten. (6.80) 15352
Widm. v.: B. L. Mollenbec, Simon Nicolaus Orth (Hessen-Darmstadt).

— — Dasselbe. Giessen (Joh. Jacob Braun) 1754. 46 S. ohne Widm. (6.80) 15353

Hoefft, Karl Moritz

Hoefft, Carl Mor., schmerzlose, rasche und sichere Behandlung der Verbrennungen. Ein therapeut. Scheidegruß an die Aerzte der Naturforscher-Gesellschaft in Hamburg, Septbr. 1876. 1. und 2. Aufl. 16. (28 S.) Hamburg 877, Grüning.

Hoefft, Carl Mor., Fusssteige u. Richtwege durch die Niederungen der Chirurgie. Neue Folge der „planlosen Vorträge." Hamburg 870. Grüning. gr. 16. (VI u. S. 99—179.) n. 10 ngr.

Hoefft, Carl Mor., sichere Heilung der Diphtheritis. Ein therapeut. Festgruß an die Aerzte der Naturforscher-Versammlung im Septbr. 1876 zu Hamburg. 3. Aufl. gr. 16. (21 S.) Hamburg 876. Grüning. — 50

— sichere Heilung der Diphtheritis. Ein therapeut. Festgruß an die Aerzte der Naturforscher-Versammlung im September 1876 zu Hamburg. 4. u. 5. Aufl. 16. (21 S.) Ebend. 877. — 50

Hoefft, C. M., Leitfaden z. naturgemäßen Ernährung der Kinder. Nebst e. Anh.: Anti-Tod's acht Feldzüge od.: die Kunst, die Pforten des Todes in's menschliche Leben zu verringern. 8. (4½ B.) Hamburg 815, Schuberth u. Comp.

— planlose Vorträge aus dem Gebiete der niederen Chirurgie gehalten im „Wundärztlichen Verein" zu Hamburg. Ebend. 866. 8. (III, 98 S.) n. 15 ngr.

Hoefft, Karl Theodor

Hoefft, Carl Theodor [aus Hamburg]: France, Francois & Franc im Rolandsliede . . . Strassburg i/E., Buchdr. v. E. Hubert, 1891; 1 Bl., 74 S. 8°
Strassburg, Phil. Fak., Inaug.-Diss. v. 1891

Hoefft, Carl Th., France, Francois u. Franc im Rolandliede. gr. 8. (74 S.) Strassburg i/E. 891. K. J. Trübner Verl. n. 2. —

Hoefft, *Robert* [app. Arzt aus Hamburg]: Aus d. Augenklinik zu Jena. Über einen Fall von Eisensplitter-Extraktion mittelst des starken Elektromagneten ... Jena, Univ.-Buchdr. G. Neuenhahn, 1895; 28 S. 8.
Jena, Med. Fak., Inaug.-Diss. v. [14. Okt.] 1895

Hoffweiler, G. F. v., Sicilien. Schilderungen aus Gegenwart u. Vergangenheit. Mit 36 Orig.-Zeichnungen (in 12 Holzschntaf. u. eingedr. Holzschn.) von Alfr. Metzener. Leipzig 870. A. Dürr. Imp.-4. (IV, 299 S.) n. 5 ₰ 10 ngr.; in engl. Einb. mit Goldschn. n. 7 ₰

Hofgängerleben in Mecklenburg. Selbsterlebtes u. Selbsterschautes v. e. Berliner Arbeitslosen. M. e. Vorwort v. A. Bebel. gr. 8. (39 S.) Berlin 896. Buchh. Vorwärts. n. — 25

HOFGÄRTNER, Der, oder die Braut von Aragona. Eine abentheuerliche Geschichte. 2 Thle. Erfurt, 1815, bei Joh. Carl Müller. 8°. (3 Mk. L. M. Glogau Sohn, Hamb., 1888.)
220 u. 248 Seiten. Theilweise freien Inhalts.

Hofgärtner, der, od. die Braut v. Arragona; e. abentheuerl. Geschichte. 8. Erf. 815, Müller. (Leipz., Weygand). 1 ₰ 16 gr

Hofgärtner, Fr. Jos., die Lage der deutschen Landwirthschaft. Eine Beantwortung der Vorschläge in Beziehung auf die Gegenstände der Verhandlung bei dem am 6. Novbr. 1848 in Frankfurt a. M. zusammentretenden Congreß von Abgeordneten deutscher landwirthschaftl. Vereine. 8. (56 S.) Augsburg 849, Rieger'sche Buchh. Thlr.

Hofgärtner, Fr. Jos. Ueber Landwirthschaft, Proletariat und Auswanderung. Augsburg 1849. 22 S. 8.

Hofgärtner, Fr. Jos., über Proletariat, Landwirthschaft und Auswanderung. Ein zeitgemäßes Wort an alle Deutsche. 8. (22 S.) Augsburg 849, Rieger'sche Buchh.

Hofgärtner, Fr. Jos., der heilige Rosenkranz in Betrachtungen, Gebeten u. Gesängen f. jeden Freund u. Verehrer dies. schönen Gebetsweise verfaßt. 8. (4½ B. u. 2 Bl. in Gold- u. Farbendr.) Neuburg 844, Prechter.

— die betende u. lernende Unschuld. Ein Gebet- u. Lehrbüchlein f. die Kinder der 1. Klasse der Werktagsschule. 16. (6 B. u. 1 Stahlst.) Neuburg a. d. D. 843, Prechter.

— die Wallnuß, od. der Weg zum Himmel. Ein dramat. Gedicht in 3. Aufz. f. christl. Familienkreise. 12. (5 B.) Neuburg a. d. D. 843, Prechter.

Hofgastein. Ein Führer für Curgäste und Touristen. Hrsg. von der Cur-Commission in Hofgastein. gr. 16. (VIII, 46 S. mit 1 lithogr. Kärtchen.) Salzburg 877, (Dieter.) * *

Hofge, Jak., erster Unterricht in der franz Sprache. Vorbereit. Lehrgang. gr. 8. Rostock u. Schwerin 839. Stiller'sche Hofbuchh. (Eberstein u. Otto.) n. ⅙ ₰ — (2e Abthl.) Grundzüge der Formen- u. Satzbildungslehre nebst Uebungsstücken. gr. 8. Ebd. 839. n. ½ ₰
Abthl. 1. Vorbereitender Lehrgang. (3 B.) * 4 Gr.
" 2. Grundzüge d. Formen- u. Satzbildungslehre, nebst Uebungsstücken. (10⅝ B.) * 12 Gr.

Hofgeismar [Schlagwort]

Hofgeismar, s.: Deutschland. Kürschner-Pelp.

Hofgeismar, s.: Preussen. Messtischblätter.

Hofgericht, des Königl., Unterland Baierns. 1r Thl., 1r Bd. Das königl. Hofgericht mit seinem Gerichtssprengel. Mit Beilagen. 4. Straubing. 808, Heigl. 1 ₰ 14 gr

Das Königl. Hofgericht f. d. Unterland Baierns. 1r Bd. 1r Thl. Das königl. Hofgericht mit sein. Gerichtssprengel. Mit Beil. *Straubingen*, Schmidt. 808. (1 Thl. 14 Gr.)

Unsere Otten, Grafen zu Holstein, Schaumburg etc. Hof-Gerichts-Ordnung: Gedruckt in Rinteln, im Jahr 1640. Gedruckt und verlegt aufs neue. Bückeburg. 1745. 4°k.
—— (Neue Ausg. Altona. 1750.) Siehe in: Corpus Constitutionum Regio-Holsaticarum. Nebenbd. 1. Altona. 1750. 4°.

HESSEN-HANAU. — Hof- u. Ehe-Gerichts-Ordnung, Fürstl. Hessen-Hanauische. Hanau 1747. Fol. (3 Mk. List & Francke, Lpz., 1911.)

HESSEN-NASSAU. — Hof- u. Ehe-Gerichts-Ordnung, Fürstl. hessen-nassauische. Hanau 1747. Fol. (3 Mk. List & Francke, 1904.)

Hofgerichtsordnung, Neue Hessen-Hanauische. Hanau 1747. V: *Hombergk zu Vach, Wilh. Frdr.* (ML) (Roterm)

Hof- und Adels-Geschichten. Vom Verfasser der »Dunklen Geschichten aus Österreich« ... Wien 1869. V: *Bermann, Mor.* (EB)

Hof- und Adelsgeſchichten. Eine Sammlung von 45 Schilderungen pikanter Ereigniſſe in hohen und höchſten Kreiſen. gr. 8. (48 Bog. mit 16 Scenenbildern.) Wien 869, v. Waldheim. geb. (*M. 10.) *

Hof- Kriegs- u. Staatsgeſpräche zw. Perſ: allerl. Standes u. v. unterſch. Völkern. 3 Unterred. Frft. Decr. 741. •

Das k. k. *Hofgestüt* zu Lippiza 1580-1880. V. k. k. Oberststallmeisteramte. Als Manuscr. gedr. Wien 1880. 167 S. 15 Tab. 5 Lystr.-Tvl. 1 Kt. 40.

Hofhammor, Martin [cand. med. aus München]: Ueber Accommodation bei Aphakischen ... München, M. Pössenbaher'sche [!] Bubhdr. [!]. 1894; 24 S. 8.
München, Med. F., Inaug.-Diss. v. 1893

Hof u. Adress-Handbuch des Fürstenth. Hohenzollern-Sigmaringen nebst einer Uebersicht des Organismus der Verwaltung u. der geograph. Verhältnisse des Landes. gr. 8. (18⅞ B.) Stuttgart 844, Beck u. Fränkel. *

Deutsches **Hof-Handbuch**. Adreßbuch d. Mitglieder, Hofstaaten u. Hofbehörden d. regierenden deutschen Häuser. Ausg. 1. [2.] — Würzburg: Deutscher Hof-Adreßbuch-Verl. (1914: Berlin: Verl. d. Deutschen Hofhandbuches) 1907—14. 8°

Hof- u. Offizier-Handbuch, grossherzogl., f. Baden. Adressbuch des grossherzogl. bad. Hofes u. der dem XIV. Armeekorps zugehör. Offiziere u. Beamten einschliesslich Reserve u. Landwehr. Ausg. 1899, nach amtl. Quellen hrsg. u. dem Stande v. Ende Oktbr. 1899. 8. (142 S.) Ebd. n. 2. —

— — großherzogl., f. Heſſen. XVIII. Armeekorps. Adreßbuch des großherzogl. heſſ. Hofes u. der Offiziere, Beamten u. Behörden, Geſchäftszimmer u. Kaſinos der dem XVIII. Armeekorps zugehör. Truppenteile u. Militärbehörden. Ausg. 1900, nach amtl. Quellen hrsg. u. dem Stande v. Juni 1900. 8. (79 S.) Ebd. n. 2. —
Vergl.: Hof- u. Offizier-Adreßbuch.

Hof- und Staatshandbuch

—— —— kurfürſtlich heſſiſches, auf die J. 1850—1852. gr. 8. Caſſel, (Bohné — Krieger.) [1850. (LVI und 493 S.) 1851. (XXVI und 533 S.) 1852. (XXVI und 489 S.)] à Jahrg. *
Poſtp. à Jahrg. *

— Kurfürſtlich Heſſiſches, auf das J. 1853—58. Caſſel, (Bohné.) gr. 8. Jeder Jahrg. (à ca. 500 S.) n. 1 Rthlr. 10 ngr.; Schreibpap. n. 1 Rthlr. 20 ngr.

— kurfürſtlich heſſiſches, auf die Jahre 1859—64. (à ca. 550 S.) Caſſel, (Freyſchmidt.) gr. 8. Jeder Jahrg. n. 1 Rthlr. 10 ngr.

— — kurfürſtlich heſſiſches, auf die J. 1865—66. Caſſel, (Bertram'ſche Buchh. — Freyſchmidt.) gr. 8. [1865 (XVI, 534 S.), 1866 (XVI, 537 S.).] Jeder Jahrg. n. 1 Rthlr. 10 ngr.

Hof- u. Militär-Handbuch, königl., f. Bayern. Adressbuch des königl. bayer. Hofes u. der Offiziere u. Beamten, Geschäftszimmer etc. d. königl. bayer. Armee einschliesslich Reserve u. Landwehr. Ausg. 1900, nach amtl. Quellen hrsg. u. dem Stande v. Mai 1900, 8. (200, 108 u. 96 S.) Stuttgart. Wimpfen b/Heilbronn, Verl. d. deutsch. Hof- u. Militär-Adressbücher. n. 6. —

Hof- und Civil-Staats-Handbuch, Chursächsisches, auf 1804, nebst Schematismus. Dresden. V: *Donat, Christian Gottlob.* (Ky)

Hof- u. Civil-Staats-Handbuch, Churſächſiſches, auf 1804, nebſt Schematismus (v. Chr. G. Donat.) gr. 8. Dresd., Arnold. 1 [illegible]

Hof- u. Civil-Staats-Handbuch, Churſächſiſches a. 1805. gr. 8. Dresden, Arnold.

Hof- und Offizier-Handbuch

— f. Oldenburg, Braunschweig u. Hannover. X. Armeekorps. Adressbuch des grossherzogl. oldenburg. u. herzogl. braunschweig. Hofes u. der Offiziere, Beamten u. Behörden, Geschäftszimmer u. Kasinos der dem X. Armeekorps zugehör. Truppenteile u. Militärbehörden. Ausg. 1900, nach amtl. Quellen hrsg. u. dem Stande v. Juni 1900. 8. (83 S.) Ebd. n. 2. —

— — für Sachſen. XII. u. XIX. (1. u. 2. k. ſ.) Armeekorps. Adreßbuch des königl. ſächſ. Hofes u. der Offiziere u. Beamten, Geſchäftszimmer ꝛc. der königl. ſächſ. Armee einſchließlich Reſerve u. Landwehr. Ausg. 1900. 8. (128 u. 120 S.) Ebd. n. 4. —
Vergl.: Hof- u. Offizier-Adreßbuch.

Herzoglich Sachsen-Meiningisches Hof- und Staats-Handbuch. 1843
s.a. Hof- und Staats-Handbuch des Herzogthums Sachsen-Meiningen.

—— herzogl. ſachſen-meiningiſches. 1843. gr. 8. (31½ B. u. 2 Stnt.) Meiningen, (Keſſelring'ſche Hofbuchh.) **

— daſſ. Nachträge, enthaltend die bis Ende 1844 eingetretenen Veränderungen. gr. 8. (6 B.) Hildburghauſen 845. (Meiningen, Blum.) *

— Herzoglich Sachſen Meiningiſches. 1853. (XII, 304 S.) — 1857. Meiningen, Brückner u. Renner in Comm. gr. 8. (XVI, 390 S.) Jeder Jahrg. n. 1 Rthlr.

—— —— herzoglich ſachſen-meiningiſches. 1857. gr. 8. (XVI und 390 S.) Meiningen, (Brückner und Renner.)

—— —— daſſ. — 1861. gr. 8. (XX und 389 S.) Ebendaſ. *
Für die Jahre 18[illegible]—60 iſt das Hof- und Staats-Handbuch nicht erſchienen.

— — Sachſen-Meiningen'ſches. 1867. Meiningen, (Brückner & Renner.) gr. 8. (XXI, 401 S.) cart. n.n. 1 Rthlr. 5 ngr.

— — herzoglich Sachſen-Meiningi'ſches. 1874. gr. 8. (XXII, 463 S.) Meiningen 874. Brückner & Renner. n. 4. —

—— —— herzogl. Sachſen-Meiningiſches, 1880. gr. 8. (XXI, 381 S.) Meiningen, (Brückner und Renner.) cart. *
Jahrg. 1875—1879 ſind nicht erſchienen.

— — herzogl. Sachsen-Meiningen'sches. 1885. gr. 8. (XXII, 390 S.) Meiningen 885. (Brückner & Renner.) cart. n. 4. —

— — für d. Herzogth. Sachsen-Meiningen. 1896. gr. 8. (XVI, 461 S.) Meiningen, Brückner & Renner. Kart. n.n. 2. 50

Hof- u. Staats-Handbuch, s. Staatshandb.

Hof- und Staats-Handbuch für das Herzogth. Anhalt 1867. Mit Höchster Genehmigung hrsg. von Joh. Friedr. Melchert. gr. 8. (XV und 475 S.) Dessau, (Aue. — Bernburg, Schmelzer.) *

Hof- u. Staats-Handbuch f. das Herzogth. Anhalt 1876. Mit höchster Genehmigg. hrsg. v. Joh. Frdr. Melchert. gr. 8. (XVIII, 381 S.) Dessau. (Bernburg, Schmelzer.) n. 8. —

Hof- und Staats-Handbuch für das Herzogth. Anhalt. 1883. Mit höchster Genehmigung hrsg. von C. Trenkel. gr. 8. (XV, 478 S.) Dessau, (Reißner.) geb. **

Hof- u. Staats-Handbuch für das Herzogthum Anhalt. 1887/88. Mit Höchster Genehmigung hrsg. v. Trenkel. gr. 8. (XV, 520 S.) Dessau, (Baumann). n.n. 6. —; geb. n.n. 7. —

Hof- u. Staats-Handbuch f. das Herzogth. Anhalt 1894. Hrsg. v. Trenkel. gr. 8. (XVI, 575 S.) Dessau, (R. Kahle). Geb. in Leinw. n.n. 6. —

Hof- u. Staats-Handbuch f. das Herzogth. Anhalt 1902. Mit Höchster Genehmigung hrsg. von Trenkel. gr. 8. (XXIV, 662 S.) Dessau 902. C. Dünnhaupt. Geb. in Leinw. n.n. 7. 50

Hof- u. Staats-Handbuch f. das Herzogt. Anhalt. 1907. Mit Höchster Genehmigg. hrsg. v. Jäger. (XVII, 632 S.) 8. Dessau 907. Hofbuchdr. C. Dünnhaupt. Geb. in Leinw. 7. 50

Hof- u. Staats-Handbuch des Großherzogthums Baden. J. 1834, 1836, 1838, 1841 u. 1843, (1845) u. 1846. gr. 8. Carlsruhe, Braun'sche Hofbuchh. à n. $1\frac{1}{12}$ ℛ

Hof- und Staats-Handbuch des Großherzogthums Baden. 1847. Nach dem Stand am 1. Febr. gr. 8. (XVI und 350 S.) Karlsruhe 847, Braun'sche Hofbuchh. *

—— —— dass. — 1850. 8. (XVI und 406 S.) Ebds. 850. *

Hof- und Staats-Handbuch des Großherzogthums Baden. 1853. Carlsruhe, Braun. gr. 8. (XVI, 390 S.) n. 1 ℛ. 4 ngr; Schreibpap. n. 1 ℛ. 10 ngr

Hof- und Staats-Handbuch des Großherzogth. Baden. 1857 und 1858. gr. 8. Carlsruhe, Braun'sche Hofbuchh. [Jahrg. 1857. (XVI und 428 S.) 1858. (XVIII und 442 S.)] à Jahrg. *

Erscheint nicht für jedes Jahr.

Hof- und Staats-Handbuch des Großherzogthums Baden 1862. Carlsruhe, Braun. gr. 8. (XX, 458 S.) n. 1 ℛ 6 ngr

— — des Großherzogth. Baden 1865, 1868, 1869. Carlsruhe, Braun'sche Hofbuchh. gr. 8. (XVIII, 548 S., XIV, 586 S., XII, 588 S.) Jeder Jahrg. n. 1 ℛ 6 ngr

— — des Großherzogth. Baden. 1876. gr. 8. (XV, 630 S.) Karlsruhe, Braun. n. 5. 40

—— —— des Großherzogth. Baden. 1884. gr. 8. (XV, 710 S.) Karlsruhe, Braun'sche Hofbuchh.

— — d. Großherzogth. Baden. 1888. 8. (XVI, 785 S.) Karlsruhe, Braun. cart. n. 8. —

— — d. Großherzogth. Baden. 1892. gr. 8. (XVI, 876 S.) Karlsruhe, G. Braun. Kart. n. 8. —

— — dasselbe. (Gekürzte Zwischenausg.) 1893. 8. (XII, 220 S.) Ebd. Kart. n. 2. —

Hof- u. Staats-Handbuch d. Großherzogth. Baden. 1896. gr. 8. (XVI, 841 S.) Karlsruhe, G. Braun'sche Hofbuchdruckerei u. Verlag. Kart. n. 8. —

— dasselbe. (Gekürzte Zwischenausg.) 1898. (Nach d. Stande v. Novbr. 1898.) 8. (XII, 335 S.) Ebd. Kart. n. 3. —

— — d. Großherzogth. Baden. 1902. gr. 8. (XVI, 977 S.) Karlsruhe, G. Braun'sche Hofbuchdr. Kart. n. 9. —

Hof- u. Staatshandbuch des Großherzogt. Baden. (Gekürzte Zwischenausg.) 1905. (Nach dem Stande v. Mitte Januar 1905.) (XVI, 313 S.) 8. Karlsruhe, G. Braun'sche Hofbuchdr. Kart. n. 3. —

— — des Großherzogt. Baden. 1910. (XVI, 1130 S.) 8. Karlsruhe, G. Braun'sche Hofbuchdr. Geb. in Halbleinw. 10. —

Hof- u. Staats-Handbuch d. Königr. Baiern. gr. 8. Landsh., Krüll. Münch., Weber. Erscheint alle Jahre.

Hof- u. Staatshandbuch des Königr. Baiern 1812. gr. 8. Landsh. Krüll. 812.

— — dasselbe f. 1813. 8. Münch. Lindauer.

— und Staats-Handbuch des Königreichs Baiern. gr. 8. Sulzbach, Seidel. 819.

— — Dasselbe auf das Jahr 1820 und 21. gr. 8. München, Lindauer (in Comm.)

Hof- u. Staats-Handbuch d. St. Baiern f. 827. gr. 8. München, (Fleischmann.)

— des Königreichs Bayern. 1833. $1\frac{2}{3}$ ℛ — 1835. gr. 8. Münch. 835. (Franz.) $1\frac{1}{6}$ ℛ — für 1839. gr. 8. Ebd. $1\frac{1}{3}$ ℛ

— des Königreichs Bayern 1843, 1845. gr. 8. München 843—45. (Palm. Franz.) n. à $1\frac{1}{2}$ ℛ

—— —— des Königreichs Bayern 1853. gr. 8. (XX und 523 S.) München 853, (Palm's Hofbuchh.) **

—— —— dass. — (Jahrg.) 1856. gr. 8. (XX und 551 S. mit lithogr. Titel.) München 856, (Kaiser. — Palm's Hofbuchh.) **]

—— —— des Königr. Bayern 1858. gr. 8. (XX und 567 S. mit lithogr. Titel.) München, (Palm's Hofbuchh.) **

—— —— dass. — 1859. gr. 8. (XX und 572 S. mit lithogr. Titel.) München, (Kaiser.) **

— — 1861—1864. (à ca. 650 S.) München, (Franz. — Kaiser.) Jeder Jahrg. n. 1 ℛ 26 ngr

— — für das Königreich Bayern 1865. München, (Franz'sche Buchh. — Kaiser.) gr. 8. (XX, 639 S.) n. 1 ℛ 26 ngr.

— — — 1867. München, (Franz'sche Buchh.) gr. 8. (XX, 686 S.) n.n. 1 ℛ 20 ngr.

— — — 1870. München, (Kaiser.) gr. 8. (1. Abth. XXIV, 444 S.) n.n. 2 ℛ

— — des Königreich Bayern. 1873. gr. 8. (XXIV, 613 S.) München 873. (Ackermann—Franz.) n. 6. —

— — dasselbe. 1875. gr. 8. (XXIV, 592 S.) München 875. k. Central-Schulbücher-Verl. n.n. 4. 40

— — des Königr. Bayern. 1877, 1879 und 1880. gr. 8. (XXIV, 615; XXIV, 627; XXIII, 626 S.) München, k. Central-Schulbücher-Verlag. à Jahrg. **
Jahrg. 1876 und 1878 sind nicht erschienen.

— — des Königr. Bayern. 1882. gr. 8. (XXIV, 632 S.) München, Expedition des Zentral-Schulbücher-Verlags. ** geb. **

— — dass. — 1884. Nach dem Stande vom 5. Mai 1884. gr. 8. (XXIV, 651 S.) Ebendas. geb. **
Erscheint alle zwei Jahre.

— — des Königr. Bayern. 1886. Nach dem Stande vom 5. Mai 1884. gr. 8. (XXIV, 680 S.) München 886. Exped. d. k. Zentral-Schulbücher-Verlags. n.n. 5. —; geb. n.n. 5. 75

— — des Königr. Bayern. 1886. Nach dem Stande vom 1. Juni 1886. gr. 8. (XXIV, 680 S.) München, Oldenbourg, Abtl. für Schulbücher. ** ℳ 5.—.; geb. **

Hof- und Staats-Handbuch des Königr. Bayern. 1888. Nach dem Stande vom 1. Juni 1888. gr. 8. (XXIV, 702 S.) München, Oldenbourg, Abtl. für Schulbücher. ** geb. **

— — des Königr. Bayern. 1890,1892. Nach dem Stande vom 1. Juni 1890 bezw. v. 5. Juli 1892. gr. 8. (XXIV, 730; XXIV, 799 S.) Münch. 890,92, Oldenbourg.
Jahrg. 1890 cart. ** 5 75; Jahrg. 1892 ** 5 —; geb. ** 5 75

— — des Königr. Bayern. 1894. Nach dem Stande vom 1. Juli 1894. gr. 8 (VIII, 554 S.) München, R. Oldenbourg, Abteilg. f. Schulbücher. n. 6. 50; geb. in Halbl. n.n. 7. —

— — d. Königr. Bayern. 1898. Schluß d. Red. 20. X. 1898. gr. 8 (XX, 603 S.) München, R. Oldenbourg. n.n. 6. 50; geb. in Halbleinw. n.n. 7. —

Hof- u. Staats-Handbuch des Königr. Bayern. 1900. Schluss der Red. 24. X. 1900. gr. 8. (XX, 640 S.) München, R. Oldenbourg 1900 6. 50; geb. 7. —

— — des Königr. Bayern. 1902. Schluß der Red. 10. XI. 1902. gr. 8. (XX, 668 S.) München, R. Oldenbourg. n.n. 7. 50; geb. n.n. 8. —

Hof- u. Staats-Handbuch des Königr. Bayern. 1904. Schluss der Red. 9. XII. 1904 (XX, 640 S.) gr. 8. München, R. Oldenbourg. 1905. 7. 50; geb. 8. —

— — des Königr. Bayern. 1906. Schluß der Red. 8. XII. 1906. (XXVII, 670 S.) 8. München (906). (J. Lindauer.) Geb. n.n. 4. 50

Hof- u. Staats-Handbuch des Königr. Bayern. 1908. (XXVII, 668 u. Nachträge 2 S.) 8. München, J. Lindauer. 1908 4. 50.

Hof- u. Staats-Handbuch des Königr. Bayern. 1909. Schluss der Red. 29. V. 1909. (XXVII, 629 u. Nachträge 2 S.) 8. München, J. Lindauer. 1909. Geb. 4. 50.

— — des Königr. Bayern. 1910. Schluß d. Red. 29. V. 1910. (XXVII, 639 S. u. Nachträge 1 Bl.) 8. München, J. Lindauer. Geb. in Halbleinw. nn 4. 50

— — d. Herzogth. Braunschweig f. 1898. M. hoher Genehmigg. unt. Mitwirkg. d. herzogl. geheimen Canzlei d. herzogl. Staats-Ministeriums bearb. gr. 8. (VIII, 44 u. 198 S. m. 2 Abb.) Braunschweig, J. H. Meyer. Kart. n.n. 3. —; auf Schreibpap. n.n. 3. 50

Hof- u. Staats-Handbuch des Herzogth. Braunschweig f. 1900. Mit hoher Genehmigg. unter Mitwirkg. der herzogl. geheimen Canzlei des herzogl. Staats-Ministerium bearb. gr. 8. (VIII, 50 u. 203 S.) Braunschweig, J. H. Meyer. Kart. 3. 50; auf Schreibpap. 4. —

Hof- u. Staats-Handbuch des Herzogth. Braunschweig f. 1901. Mit hoher Genehmigg. unter Mitwirkg. der herzogl. geheimen Canzlei des herzogl. Staats-Ministerium bearb. gr. 8. (VIII, 48 u. 208 S.) Braunschweig, J. H. Meyer. Kart. 3. 50; auf Schreibpap. 4. —

— — des Herzogth. Braunschweig f. 1902. Mit hoher Genehmigung unter Mitwirkung der herzogl. geheimen Canzlei des herzogl. Staats-Ministerium bearb. gr. 8. (VIII, 53 u. 209 S.) Braunschweig, J. H. Meyer. Kart. n.n. 3.50; auf Schreibpap. n. 4. —; m. d. Braunschweiger Adreßbuch in 1 Bd. geb. n.n. 7. —; a. Schreibpapier n.n. 8. —

Hof- u. Staats-Handbuch des Herzogth. Braunschweig f. 1904. Mit hoher Genehmigg. unter Mitwirkg der herzogl geheimen Kanzlei des herzogl. Staats-Ministerium bearb. (VIII, 58 u. 214 S.) gr. 8. Braunschweig, J. H. Meyer. 1904 Kart. 3. 50; auf Schreibpap. 4. —

— — des Herzogt. Braunschweig f. 1905. Mit hoher Genehmigg. unter Mitwirkg. der herzogl. geheimen Kanzlei des herzogl. Staats-Ministerium bearb. (VIII, 59 u. 215 S.) gr. 8. Braunschweig, J. H. Meyer. 1905 Kart. 3. 50; auf Schreibpap. 4. —; m. dem Braunschweiger Adressbuch in 1 Bd. geb. 8. —; auf Schreibpap. 9. —

— — des Herzogt. Braunschweig f. 1906. Mit hoher Genehmigg. unter Mitwirkg. der herzogl. geheimen Kanzlei d. herzogl. Staatsministeriums bearb. (VIII, 61 u. 216 S.) gr. 8. Braunschweig, J. H. Meyer. Kart. n.n. 3. 50; auf Schreibpap. n.n. 4. —; m. dem Braunschweiger Adreßbuch in 1 Bd. geb. n.n. 8. —; auf Schreibpap. n.n. 9. —

— — des Herzogt. Braunschweig f. 1907. Mit hoher Genehmigg. unter Mitwirkg. der herzogl. geheimen Kanzlei des herzogl. Staats-Ministeriums bearb. (VIII, 62 u. 218 S.) gr. 8. Braunschweig, J. H. Meyer. 1907. Kart. 3. 50; auf Schreibpap. 4. —; m. dem Braunschweiger Adressbuch in 1 Bd. geb. 8. —; auf Schreibpap. 9. —

Hof- u. Staats-Handbuch des Herzogt. Braunschweig f. 1909. Mit hoher Genehmigg. unter Mitwirkg. der herzogl. geheimen Kanzlei des herzogl. Staatsministeriums bearb. (VIII, 44 u. 224 S. m. 1 Stammtaf.) gr. 8. Braunschweig, J. H. Meyer. 1909. Geb. in Leinw. 4. —; auf Schreibpap. 4. 50.

— — des Herzogt. Braunschweig f. 1910. Mit hoher Genehmigg. unt. Mitwirkg. d. herzogl. geheim. Kanzlei des herzogl. Staatsministeriums bearb. (VIII, 87 u. 228 S. m. 1 Stammtaf.) gr. 8. Braunschweig, J. H. Meyer. Geb. in Leinw. 4.—; auf Schreibpap. 4. 50

— für das Königr. Hannover auf das Jahr 1837. 8. Hannover 837. (Hahn'sche Hofbuchh.) n. 1 7/12 ℛ — dass. auf d. Jahr 1839. 8. Ebd. 839. n. 1 7/12 ℛ

— — für das Königr. Hannover auf die J. 1857 — 61. 8. (à Jahrg. ca. X und 961 S. mit 3 Tab. in qu. 4.) Hannover. (Celle, Schulze'sche Buchh.) à Jahrg. ** à Jahrg. geb. **

— — für das Königr. Hannover auf die J. 1862—65. 8. [1862. (X und 1026 S. mit 3 Tab. in 4. und qu. Fol.) 1863. (X und 992 S. mit 3 Tab. in 4. und qu. Fol.) 1864. (XII und 1002 S. mit 3 Tab. in 4. und qu. Fol.) 1865. (XII und 1012 S. mit 3 Tab. in 4. und qu. Fol.)] Hannover. (Celle, Schulze'sche Buchh.) à Jahrg. * 1 Thlr. 27½ Ngr.; geb. *

Hof- und Staatshandbuch für das Grossherzogthum Hessen für 1835. 1840. Darmstadt 1835. 1840. Nachtrag 1842 ... H: *Rabenau, Georg Ludw.* (HS)

— des Großherzogthums Hessen, für das Jahr 1835. gr. 8. Darmstadt 835. (Leske.) $1^{3}/_{4}$ ℛ

— des Kurfürstenth. Hessen a. d. J. 1841. gr. 8. Cassel 841. (Luckhardt.) n. 1 ℛ — dass. f. d. J. 1844. gr. 8. Ebend. (Leske.) n. 1 ℛ 17 ngr

—— —— des Großherzogthums Hessen. 1854. gr. 8. (XVIII und 400 S.) Darmstadt 854, (Jonghaus'sche Hofbuchh.)

—— —— des Großherzogth. Hessen. 1857—61. gr. 8. Darmstadt, (Jonghaus'sche Hofbuchh.) [Jahrg. 1857. (XX und 470 S.) 1858. (XX und 480 S.) 1859. (XX und 520 S.) 1860. (XX und 583 S.) 1861. (XXII und 546 S.)] à Jahrg. :

—— —— das Großherzogth. Hessen. 1862. 1864. 1865. gr. 8. [1862. (XXII und 464 S.) 1864. (XXIV und 523 S.) 1865. (XXIV und 527 S.)] Darmstadt, (Jonghaus'sche Buchh.) à Jahrg. **

—— —— dass. — 1866—68. gr. 8. [1866. (XXIV und 536 S.) 1867. (XXIV und 363 S.) 1868. (XXIV und 537 S.)] (Ebendas.) à Jahrg. * 1

— — 1869. 1870. Ebend. gr. 8. [1869 (XXIV, 536 S.), 1870 (XXIV, 554 S.).] Jeder Jahrg. n.n. 1 ℛ 15 ngr

—— —— des Großherzogth. Hessen für die J. 1869, 1870 1873, 1874, 1875. (Stand vom 1. Aug. 1875.) gr. 8. (XXIV, 436; 557; 536; XXIV, 360; XXIV, 367 S.) Darmstadt, (Jonghaus' Verlag.) à Jahrg. **

— — des Großherzogth. Hessen. 1876. Stand vom 1. Mai 1876. gr. 8. (XXIV, 365 S.) Darmstadt, (Jonghaus.) n.n. 4. 50

— — des Großherzogth. Hessen. 1877. gr. 8. (XXVI, 416 u. 36 S.) Darmstadt, (Jonghaus). n.n. 4. 50

Hof- u. Staats-Handbuch des Großherzogth. Hessen. 1878. gr. 8. (XX, 577 u. Anh. XXVI S.) Darmstadt 878. (Jonghaus). n. 5. —

— — dasselbe. 1879. gr. 8. (XX, 613 u. Anh. 22 S.) Ebend. 880. n. 8. —

—— —— des Großherzogth. Hessen. 1881, 1883 und 1885. gr. 8. (XX, 598; XXII, 579, 25; XXIII, 410; 214 S.) Darmstadt, (Jonghaus'sche Hofbuchh.) à Jahrg. *
Erscheint alle zwei Jahre.

— — des Großherzogth. Hessen. 1886/87. gr. 8. (XXIII, 406; Anh. 27 u. Ordensliste 109 S.) Darmstadt, (Jonghaus). n. 6. —

— — d. Großherzogth. Hessen. 1890. gr. 8. (XXIV, 438 u. 29 S.) Darmstadt, (Jonghaus). n. 5. 50

— — des Großherzogth. Hessen. 1894. gr. 8. (XXIII, 459 u. 32 S.) Darmstadt, (G. Jonghaus). n. 5. 50

— — des Herzogth. Hessen. 1896. gr. 8. (XXIII, 465 u. 36 S.) Darmstadt, (G. Jonghaus). n. 5. 50

Hof- u. Staats-Handbuch des Grossherzogth. Hessen. 1900. gr. 8. (XXIV, 561 u. 46 S.) Darmstadt, G. Jonghaus. 6. —

— — des Großherzogt. Hessen 1902. gr. 8. (XXIV, 581 u. 54 S.) Darmstadt (G. Jonghaus). n. 6. —

Hof- u. Staats-Handbuch des Grossherzogt. Hessen 1904. (XXVIII, 566 u. 56 S.) 8. Darmstadt, G. Jonghaus. 1904 6. —

— — des Großherzogt. Hessen 1905/06. (XXVIII, 580 u. 37 S.) 8. Darmstadt (G. Jonghaus). n. 6. —

Hof- u. Staats-Handbuch des Grossherzogt. Hessen 1907/08. (XXX, 620 u. 41 S.) 8. Darmstadt, G. Jonghaus. 1908 6. 50.

— — des Großherzogt. Hessen f. 1909/10. (XXV, 415 u. 26 S.) 8. Darmstadt, Buchh. großherz. Staatsverl. nn 6. 50

—— des österreich. Kaiserthumes. 2 Thle. gr. 8. (77 1/4 B.) Wien 845. (Gerold, Verl.) *

—— —— des Großherzogth. Mecklenburg-Strelitz für 1873—1875. (XII, 509; XII, 494; XII, 491 S.) Neustrelitz. (Neubrandenburg, Brünslow.) cart. 1873 und 1875 à * 1874 *

— — des Großherzogth. Mecklenburg-Strelitz für 1876. 8. (XII, 307; 100 u. 83 S.) Neustrelitz. 1876. (Neubrandenburg, Brünslow.) n 8. —

— — des Großherzogthums Mecklenburg-Strelitz für 1877. 8. (XII. 307; 90 u. 83 S.) Neustrelitz. (Neubrandenburg, Brünslow.) cart. n. 8. —

— — dasselbe für 1878. 8. (XII. 472 S.) Ebend. n.n. 7. —

— — dasselbe für 1879. 8. (XII, 474 S.) Ebend. cart. n.n. 7. 50

—— —— des Großherzogth. Mecklenburg-Strelitz für 1880—1885. 8. (XII, 460; XI, 443; XI, 441; 450; 451; XI, 455 S.) Neustrelitz, (Barnewitz.)
Jahrg. 1880—1884 geb. à **
Jahrg. 1885 geb. **

—— —— des Großherzogth. Mecklenburg-Strelitz für 1886, 1887 und 1888. 8. (XII, 298, 87; XII, 466; XII, 468 S.) Neustrelitz, (Barnewitz.) geb. à Jahrg. **

—— —— des Großherzogth. Mecklenburg-Strelitz f. 1889—1892. 8. (XII, 315; 75, 84 S.; XII, 306; 75, 96 S.; XII, 306; 76, 91 S.; XII, 317; 75, 84 S. m. je 1 genealog. Tab.) Neustrelitz 889—92, (Jacoby). Jahrg. 1889 cart. * 7 50; Jahrg. 1890 u. 1891 à * 6 — Schreibpap. * 7 —; geb. * 8 —; Jahrg. 1892 * 6 75

— — des Großherzogth. Mecklenburg-Strelitz f. 1894. 8. (XII, 319; 77 u. 88 S.) Neustrelitz, (R. Jacoby's Verl.). Kart. n. 6. 75

— — d. Großherzogth. Mecklenburg-Strelitz f. 1895. 8. (XII, 317; 77 u. 79 S. m. 1 Stammtaf.) Neustrelitz, (G. Barnewitz). Geb. n. 6. —

Hof- u. Staats-Handbuch der österreichisch-ungarischen Monarchie. Wien. Jährlich

— — der oesterreich-ungarischen Monarchie f. 1874. 1. Jahrg. Lex.-8. (XXIV, 824 S.) Wien, k. k. Hof- u. Staatsdruckerei. n. 10. —

— — dasselbe. Register. 4. (144 S.) Ebend. 874. geb. n.n. 8. —

—— —— der österreichisch-ungarischen Monarchie für 1876—1879. Lex.-8. (XX, 1021; XXIV, 1037; XX, 1104; XX, 1123 S.) Wien, k. k. Hof- und Staatsdruckerei. à Jahrg. ** ℳ 10.; geb. à Jahrg. **
Jahrg. 1875 ist nicht erschienen.

—— —— der österreichisch-ungarischen Monarchie für 1880—1885. Lex.-8. (XX, 1150; XXII, 267, 915; XXII, 271, 885; XXV, 329, 895; XXIV, 336, 932; XXIV, 987 S.) Wien, Hof- und Staatsdruckerei. à Jahrg. *
geb. à Jahrg. *

—— —— der österreichisch-ungarischen Monarchie für 1866—1888. Lex.-8. (XXIV, 348, 1002; XXIV, 1032; XXIV, 1391 S.) Wien, Hof- und Staatsdruckerei. à Jahrg. *M 10.—.; geb. à Jahrg. *

—— —— der österreichisch-ungarischen Monarchie f. 1889—1892. Lex.-8. (XXIII, 1356; XXIV, 1390; XXIV, 1425; XVIII, 1222 S.) Wien 889—92, Hof- u. Staatsdruckerei. Jahrg. 1891 * 11 60; Jahrg. 1889, 1890 u. 1892 à * 10 —

Hof- und Staatshandbuch der österr.-ungar. Monarchie für 1893. Gr.-8. (XVIII, 1280 S.) Ebd. 5.—, in Lwd. geb. 5.80

— — der österreichisch-ungarischen Monarchie f. 1894. Lex.-8. (XIX, 1229 S.) Wien, Hof- u. Staatsdruckerei. Geb. in Leinw. n.n. 11. 60

Hof- und Staatshandbuch der österr.-ungar. Monarchie für 1895. Gr.-8. (XVIII, 1280 S.) Wien: Verlag der k.k. Hof- und Staatsdruckerei 1895.

Hof- und Staatshandbuch der österr.-ungar. Monarchie. für 1896. Gr.-8. (XX, 1308 S.) 5.—, in Leinwand geb. 5.80 Wien: Hof- u. Staatsdruckerei 1896

— — d. österreichisch-ungarischen Monarchie f. 1898. Lex.-8. (XXIII, 1290 S.) Wien, Hof- u Staatsdruckerei. n. 10. —; geb. n.n. 11. 60

Hof- und Staatshandbuch der österreichisch-ungarischen Monarchie für 1899. Wien. Hof- und Staatsdruckerei. Lex.-8°. XVI, 1372 S. fl. 5.—, in Lnwd. geb. fl. 5.80

Hof- und Staatshandbuch der österreichisch-ungarischen Monarchie für 1900. Wien. Hof- und Staatsdruckerei. Lex.-8°. XVI, 1364 S. K 10.—, geb. K 11.60

Hof- und Staats-Handbuch der österreichisch-ungarischen Monarchie für 1901. Wien. Hof- und Staatsdruckerei. Lex.-8°. XVI, 1384 S. K 10.—, geb. K 11.60

Hof- u. Staats-Handbuch der österreichisch-ungarischen Monarchie f. 1902. Lex.-8. (XIX, 1377 S.) Wien, Hof- u. Staatsdruckerei. n. 10. —

Hof- und Staats-Handbuch der österr.-ungar. Monarchie für das Jahr 1903. 29. Jahrg. Lex.-8°. (XVI, 1446 S.) Wien: Hof- und Staatsdruckerei 1903 K 10.—, geb. K 11.60

— der österreichisch-ungarischen Monarchie f. d. J. 1904. 30. Jahrg. Nach amtl Quellen zusammengestellt. (XIX, 1353 S.) Lex.-8. Wien, Hof- u. Staatsdruckerei. 1904 10. —

— der österreichisch-ungarischen Monarchie f. d. J. 1905. 31. Jahrg. Nach amtl. Quellen zusammengestellt. (XIX, 1372 S.) Lex.-8. Wien, Hof- u. Staatsdruckerei. 1905 10. —

— — der österreichisch-ungarischen Monarchie f. d. J. 1906. 32. Jahrg. Nach amtl. Quellen zusammengestellt. (XIX, 1406 S.) Lex.-8. Wien, Hof- u. Staatsdruckerei. n. 10. —; geb. n. 11. 60

Hof- u. Staats-Handbuch der österreichisch-ungarischen Monarchie f. d. J. 1907. 33. Jahrg. Nach amtl. Quellen zusammengestellt. (XVI, 1434 S.) Lex.-8. Wien, Hof- u. Staatsdruckerei. 1907 Geb. 11. 60.

— der österreichisch-ungarischen Monarchie f. d. J. 1908. 34. Jahrg. Nach amtl. Quellen zusammengestellt. (XXXIII, 1456 S.) Lex.-8. Wien, Hof- u. Staatsdruckerei. 1908 10. 40; geb. in Leinw. 12. —

— der österreichisch-ungarischen Monarchie f. d. J. 1909. 45. Jahrg. Nach amtl. Quellen zusammengestellt. (XXXIII, 1501 S.) Lex.-8. Wien, Hof- u. Staatsdruckerei. 1909 10. 40; geb. in Leinw. 12. —

— — der österreichisch-ungarischen Monarchie f. d. J. 1910. 36. Jahrg. Nach amtl. Quellen zusammengestellt. (XXXIII, 1581 S.) Lex. 8. Wien, Hof- u. Staatsdruckerei. Geb. in Leinw. nn 12. —

—— —— des Großherzogthums Oldenburg für 1851 und 1852. 8. Oldenburg, Schulze'sche Buchh. [1851. (LXXII und 435 S.) 1852. (X und 451 S.)] à Jahrg. *

— des Großherzogthums Oldenburg für 1853—58. Oldenburg. Schulze. gr. 8. Jeder Jahrg. (à ca. 440 S.) n. 1 ₰. 10 ngr.

— des Großherzogthums Oldenburg für 1859—64. (à ca. 470 S.) Oldenburg, Schulze. gr. 8. Jeder Jahrg. n. 1 ₰ 10 ngr.

— — des Großherzogth. Oldenburg für 1865—70. Oldenburg, (Schulze'sche Buchh.) gr. 8. [1865 (XIV, 437 S.), 1866 (XIV, 457 S.), 1867 (XIV, 491 S.), 1868 (XIV, 494 S.), 1869 (XII, 440 S.), 1870 (XII. 247 S.)] Jeder Jahrg. n. 1 ₰ 10 ngr.

—— —— des Großherzogth. Oldenburg für 1869—70 und 1870—71. (XII, 440; XII, 247 S.) à Jahrg. *M 4.; 1872—73. 2 Thle. (XII, 304; 244 S.) *M 6., und 1874. 8. (XII, 360 S.) Oldenburg, Schulze'sche Buchh. cart. *

—— —— dass. — 1875. 100. Jahrg. seit der ersten Veröffentlichung des Personaletats der Hof- und Staatsverwaltung für das Herzogthum. 8. (XII, 385 S.) Ebendas. cart. *

— — des Großherzogth. Oldenburg f. 1876. gr. 8. (XII, 344 S.) Oldenburg 876. Schulze. n. 8. —

—— —— dass. — für 1877—1879. 8. (XII, 332, 60; XII, 401; XII, 344, 60 S.) Ebendas. cart. à Jahrg. *

—— —— des Großherzogth. Oldenburg für 1880—1885. 8. (XII, 416; XIV, 424; XVI, 407; XVI, 414; XVI, 455; XVI, 372, 84 S.) Oldenburg, Schulze'sche Hofbuchh. Jahrg. 1880—1883 cart. à * Jahrg. 1884 und 1885. cart. à *

—— —— des Großherzogth. Oldenburg für 1885—1888. 8. (XVI, 456; XVI, 436; XVI, 414; XVI, 346 S.) Oldenburg, Schulze'sche Hofbuchh. cart. à Jahrg. **

—— —— des Großherzogth. Oldenburg f. 1889—1892. 8. (XVI, 364; XVI, 367; XVI, 373; XVI, 376 S.) Oldenb. 889—92, Schulze. à Jahrg. cart. * 1 80

— — **des Großherzogth. Oldenburg f. 1894. 8. (XVI, 389 S.) Oldenburg, Schulze. Kart. n. 1. 80**

— — d. Großherzogth. Oldenburg f. 1898. 8. (XVI, 422 S.) Oldenburg, Schulze. Kart. n. 1. 80

— — des Großherzogth. Oldenburg f. 1902. 8. (XVI, 459 S.) Oldenburg, Schulze. Kart. n. 1. 80

Hof- u. Staats-Handbuch des Grossherzogth. Oldenburg f. 1904. (XXX, 500 S.) 8. Oldenburg, Schulze. 1904 Kart. 1. 80.

Hof- u. Staats-Handbuch des Grossherzogth. Oldenburg f. 1905. (XXX, 516 S.) 8. Oldenburg, Schulze. 1905 Kart. 1. 80.

— — des Großherzogt. Oldenburg f. 1906. Bearb. vom statist. Amt für das Großherzogt. Oldenburg. (XXX, 533 S.) 8. Oldenburg, Schulze. Kart. n. 1. 80

— des Grossherzogt. Oldenburg f. 1907. Bearb. vom statist. Amt f. das Grossherzogt. Oldenburg. (XXX, 570 S.) 8. Oldenburg, Schulze. 1. 80.
1907

Hof- u. Staats-Handbuch des Grossherzogt. Oldenburg f. 1908. Bearb. vom statist. Amt f. das Grossherzogt. Oldenburg. (XXX, 584 S.) 8. Oldenburg, Schulze. 1908 Kart. 1. 80.

Hof- u. Staats-Handbuch des Grossherzogt. Oldenburg f. 1909. Bearb. vom statist. Amt f. das Grossherzogt. Oldenburg. (XXXI, 623 S.) 8. Oldenburg, Schulze. 1909 Kart. 1. 80.

— — des Großherzogt. Oldenburg f. 1910. Bearb. v. statist. Amt f. das Großherzogt. Oldenburg. (XXXI, 648 S.) 8. Oldenburg 910. Schulze. Geb. 1. 80

— des Kaiserthumes Österreich für das J. 1856. 1. Thl. Wien. (Braumüller.) Lex.-8. (XV, 280 S.) n. 1 ₰. 18 ngr.

— — für das J. 1858. 6 Thle. Wien 858. (Braumüller.) Lex.-8. nn. 10 ₰.
1. Thl.: Der k. k. Hofstaat, der Oberste Rath und die Oberste Staats-Verwaltung. (X, 309 S.) nn. 1 ₰. 12 ngr. — 2. Thl.: Österreich unter und ob der Enns, Salzburg, Steiermark, Krain, Kärnthen, Küstenland, Tirol. (XIII, 585 S.) nn. 2 ₰. — 3. Thl.: Böhmen, Mähren, Schlesien, Galizien, Krakau und die Bukowina. (XIII, 557 S.) nn. 2 ₰. — 4. Thl.: Sämmtliche Verwaltungsgebiete des Königreichs Ungarn. (XI, 429 S.) nn. 1 ₰. 24 ngr. — 5. Thl.: Siebenbürgen, die serbische Wojwodschaft mit dem Temeser Banate, Croatien und Slawonien, Dalmatien u. die croatisch-slawonische Militär-Gränze. (XI, 327 S.) nn. 1 ₰. 14 ngr. — 6. Thl.: Das lombardisch-venetianische Königreich. (IX, 314 S.) nn. 1 ₰. 10 ngr.

Hof- und Staats-Handbuch des Kaiserth. Oesterreich für das J. 1858. I—VI *Wien. K. k. Hof- u. Staatsdr.* X, 309. XIII, 585; XIII, 557; XI, 429; XI, 327; IX, 314 S. gr. 8°. 6 Bde. compl. 11 fl. 10 kr.
I. Theil Enth.: Hofstaat und oberste Staatsverwaltung. **II Theil** Enth.: Oesterr. unt. u. ob d. E., Salzb., Steierm., Krain, Kärnth., Küstenl., Tirol. — **III. Theil** Enth.: Böhm., Mähren, Schles., Galiz., Krakau u. die Bukow. — **IV. Theil.** Enth.: sämmtl. Verwaltungsgeb. d. Königr. Ung. **V. Theil.** Enth.: Siebenb., die serb. Woiwodschaft mit dem Temes. Ban., Croatien u. Slavon., Dalmat. und die croat.-slaw. Milit.-Gränze. **VI. Theil.** Enth.: Das lomb.-venet. Königreich.

Hof- und Staatshandbuch des Kaiserthumes Oesterreich für das J. 1860. I. Thl.: Enth. den k. k. Hofstaat, den obersten Rath u. die oberste Staatsverwaltung. Lex. 8. (X u. 286 S.) Ebd. 1 fl. 20 kr.
1860 In Leinw. geb. 1 fl. 40 kr.

—— —— das Kaiserth. Österreich für das J. 1866. Lex.-8. (XX und 847 S.) Wien, Manz' Verlag. geb. *

—— —— dass. — 1868. Lex.-8. (XVIII und 822 S.) Ebendas. * 8 Thlr. 20 Ngr.; geb. *

— — für das Fürstenth. Reuß jüngerer Linie. 1883. gr. 8. (VIII, 93 S.) Gera 883. (Kanitz' Sort.) n. 1. 35

— — für das Fürstenth. Reuß jüngerer Linie. 1893. gr. 8. (VIII, 115 S.) Gera, H. Kanitz' Verl. Geb. in Leinw. n. 1. 50

— — für d. Fürstenth. Reuß jüngerer Linie. 1898. gr. 8. (VIII, 123 S.) Gera, H. Kanitz' Verl. Geb. n. 1. 50

— — für das Fürstent. Reuß jüngere Linie 1906. (IX, 130 S.) 8. Gera, H. Kanitz' Verl. Geb. in Leinw. n. 1. 50

— — f. die Herzogthümer Sachsen-Coburg u. Gotha 1890. Bearb. von v. Ebart u. Erfurth. gr. 8. (VIII, 437 u. 6 S.) Gotha, Thienemann. geb. n.n. 7. 20

— — f. d. Herzogthümer Sachsen-Coburg u. Gotha 1897. gr. 8. (IV, 210 u. 6 S.) Gotha, E. F. Thienemann. Geb. in Leinw. n.n. 6. 50

— — f. die Herzogthümer Sachsen-Coburg u. Gotha 1901. gr. 8. (VIII, 244 S.) Gotha, E. F. Thienemann. Geb. in Leinw. n.n. 6. 50

— — f. die Herzogtümer Sachsen-Coburg u. Gotha 1907. (XX, 261 S.) 8. Gotha, E. F. Thienemann. Geb. in Leinw. nn 7. —

Hof- und Staats-Handbuch des Herzogthums Sachsen-Meiningen.
Meiningen: Gadow (1843: Kesselring in Komm. [1838—1843]). 8°
[1838: Stahlst. Tit.]
1843 [u. d. T.]: Herzoglich Sachsen-Meiningisches Hof- und Staats-Handbuch.

1838. X, 265 S.
1834. 1 Bl., XVI, 485 S., 2 Taf.

— — f. das Herzogthum Sachsen-Meiningen. 1889. gr. 8. (XVII, 190 S.) Meiningen, (Brückner & Renner). cart. n.n. 2. 60

— — f. das Herzogthum Sachsen-Meiningen. 1900. gr. 8. (XVI, 169 S.) Meiningen, Brückner & Renner. Kart. n.n. 2. 60

— — für das Herzogt. Sachsen-Meiningen. 1904. (XVI, 176 S.) 8. Meiningen, Brückner & Renner. Kart. n.n. 2. 60

— — f. d. Herzogt. Sachsen-Meiningen. 1908. (II, XVII, 187 S.) 8. Meiningen, Brückner & Renner. Kart. nn 2. 50

— für Sachsen-Weimar-Eisenach, auf d. J. 1819. gr. 8. Weim. Indust.-Cpt. 1 ₰

— für d. Königr. Westphalen. gr. 8. Hannov. 811. Hahn. 1 ₰
Hbg. Pr. 6 ℳ

— — des Königreichs Westphalen. gr. 8. Hannover Hahn. 812.

Hof- und Staatshandbuch des Königreichs Württemberg für 1847. 50. 54. 66. 69. 73. 77. 81. 86. 87. 89. 92. 94. 96. 98. 99. 1900. Stuttgart 1847-1900

Hof- und Staatshandbuch des Königreichs Württemberg. 1858. 62. 1908 bis 1913. Stuttgart 1858. 62. 1908-13

— — des Königr. Württemberg. 1869. Hrsg. von dem königl. statistisch-topographischen Bureau. Stuttgart 869. Grüninger. gr. 8. (XVI, 998 S.) In engl. Einb. n.n. 2 ₰

— — des Königr. Württemberg. Hrsg. v. dem königl. statistisch-topograph. Bureau. 1873. gr. 8. (XX, 1199 S.) Stuttgart 873. Grüninger. n.n. 6. —; geb. n.n. 7. —

—— —— des Königr. Württemberg. Hrsg. von dem königl. statistisch-topograph. Bureau. 1877. Lex.-8. (XXXI, 592, LXIV, 127 S.) Stuttgart, Kohlhammer. cart. * *
Erscheint alle vier Jahre.

—— —— des Königr. Württemberg. Hrsg. von dem königl. statistisch-topograph. Bureau. 1881. gr. 8. (XL, 839 S. mit 4 Tab.) Stuttgart, Kohlhammer. geb. **
Erscheint alle vier Jahre.

—— —— des Königr. Württemberg. Hrsg. von dem königl. statist. Landesamt 1886/87. gr. 8. (XL, 863 S.) Stuttgart, Kohlhammer. cart. *
Der vorhergehende Band ist vom J. 1881.

—— —— des Königr. Württemberg. Hrsg. v. dem Königl. statist. Landesamt. 1889 u. 1892. gr. 8. (XXXI, 872; XXXII, 839 S.) Stuttg. 889,92, (Metzler Sort.). Jahrg. 1889 cart. ** 4 50
Jahrg. 1892 cart. ** 4 —

— — das Königr. Württemberg. Hrsg. v. dem königl. statist. Landesamt 1894. gr. 8. (XXXII, 891 S.) Stuttgart; (W. Kohlhammer). Kart. n. 3. 75

— d. Königr. Württemberg. Hrsg. v. d. kgl. statist. Landesamt 1898. gr. 8. (XL, 483 S.) Stuttgart, (W. Kohlhammer). Kart. n. 2. —

Hof- u. Staats-Handbuch des Königr. Württemberg. Hrsg. v. dem königl. statist. Landesamt 1900. gr. 8. (XXXVIII, 495 S.) Stuttgart, W. Kohlhammer. Kart. 2. —

— — des Königr. Württemberg. Hrsg. v. dem königl. statist. Landesamt 1901. 2 Tle. gr. 8. Stuttgart (W. Kohlhammer). Kart. n. 4. 50
1. (XXXII, 704 u. 82 S.) — 2. Ortschaftsverzeichnis d. Königr. Württemberg nach d. Volkszählung v. 1. XII. 1900. (380 S.)

Hof- u. Staatshandbuch des Königr. Württemberg. Hrsg. v. dem königl. statist. Landesamt 1904. (XLII, 527 S.) gr. 8. Stuttgart, W. Kohlhammer. 1904 Kart. 2. —

— — des Königr. Württemberg. Hrsg. v. dem königl. statist. Landesamt 1905. (XL, 546 S.) gr. 8. Stuttgart, W. Kohlhammer. 1905 Kart. 2. —

— — des Königr. Württemberg. Hrsg. v. dem königl. statist. Landesamt 1906. (XL, 567 S.) gr. 8. Stuttgart (W. Kohlhammer). Kart. n. 2. —

— — des Königr. Württemberg. Hrsg. v. d. kgl. statist. Landesamt 1907. 2 Tle. gr. 8. Stuttgart (W. Kohlhammer). Kart. 4. 50
1. (XXXVI, 701 u. 78 S.) 2. 50
2. Ortschaftsverzeichnis des Königr. Württemberg m. den Ergebnissen d. Volkszählg. v. 1. XII. 1905. (VIII, 387 S.) 2. —

— des Königr. Württemberg. Hrsg. v. dem königl. statist. Landesamt 1908. (XLI, 568 S.) gr. 8. Stuttgart, W. Kohlhammer. 1908 Kart. 2. —

Hof- u. Staatshandbuch des Königr. Württemberg. Hrsg. v. dem königl. statist. Landesamt 1909. (XLII, 596 S.) gr. 8. Stuttgart, W. Kohlhammer. Kart. 2. 50.
1909

— — dasselbe. 1910. (XLII. 612 S.) gr. 8. Ebd. Geb. 2. 50

Hof-Hand- und Adreßbuch, statistisches, für die Hohenzollernschen Lande von K. Zingeler. gr. 8. (XVI, 421 S.) Sigmaringen 876, (Liehner.) **

Hof- und Staats-Handbuch, Königlich württembergisches, auf das Jahr 1807—1815. (7 Bde.) 8. Stuttgart 1807—1815.

* — — dasselbe. Jahrg. 1807—10, s. Staatshandbuch.
(Für 1811 ist es nicht erschienen.)

— Königl. Würtembergisches, für d. J. 1809—12. 1813—31. 8. Stuttg., Steinkopf. à 2 Thlr.

— Königl. Würtembergisches. 1835. gr. 8. Stuttgart 835. Steinkopf. 2 Thlr. — dass. für 1839. Ebd. n. 2 Thlr. — Nachträge, enthaltend die seit dessen Erscheinen im Laufe des Jahres 1839 eingetret. u. veröffentl. Veränderungen, nebst einem Post-Verzeichniß. 1840. gr. 8. Ebd. n. 1/2 Thlr.

—— königl. württembergisches. 1843. gr. 8. (58 B.) Stuttgart, J. F. Steinkopf. *

—— —— königl. württembergisches. 1847. gr. 8. (XVI, 796 und 60 S.) Stuttgart 847, Hofbuchdr. zu Guttenberg. **

—— —— dass. — als Fortsetzung der Ausg. von 1847 enth. die Veränderungen bis 1. Octbr. 1850. Lex.-8. (X und 230 S.) Ebds. 850. *

—— —— königlich württembergisches. Hrsg. von dem königl. statistisch-topograph. Bureau. 1854. gr. 8. (XVI und 847 S. mit 1 lithogr. Karte.) Stuttgart, J. F. Steinkopf. *

Hof- und Staats-Handbuch, Königlich Württembergisches. Herausg. von dem Königl. statistisch-topographischen Bureau. 1858. Stuttgart, Aue. gr. 8. (XVI, 843 S.) n. 1 Thlr. 18 ngr.; geb.: n. 1 Thlr. 26 ngr.

— königlich Württembergisches. Herausg. von dem königlich statistisch topographischen Bureau. 1862. Stuttgart, Aue. gr. 8. (XVIII, 864 S.) n. 1 Thlr 18 ngr.

— — königlich Württembergisches. Herausg. von dem königlich topograph. Bureau. 1866. Stuttgart, (Koch.) gr. 8. (XVI, 944 S.) cart. n. 1 Thlr 16 ngr.

Hofheim [sachl. OW]

Hofheim und Heppenheim, die Irrenanstalten des Grossherzogth. Hessen. Berichte über Organisation, Verwaltung und Leistungen derselben in den J. 1866 bis 1877, mit 2 (lithogr.) Plänen. Hrsg. von dem grossh. hess. Ministerium des Innern und der Justiz, Abtheilung für öffentl. Gesundheitspflege. gr. 8. (XXXII, 69, 92 S.) Darmstadt 880, Jonghaus'sche Hofbuchh. *

Hofheim [Schlagwort]

Hofheim, s.: Bayern. Karte.

Hofheimer, Leop., Beantwortung der Frage: „Worauf gründet sich die Forderung: aller Unterricht in den Volksschulen sei religiös, und in welcher Weise soll der Volksschullehrer dieser Forderung entsprechen?" Eine von der k. württemberg. Ober-Schulbehörde, dem k. kathol. Kirchenrathe, mit dem ersten Preis gekrönte Schrift. 8. (XII und 140 S.) Biberach 847. Ravensburg, (Dorn'sche Buchh.) *

Hofheimeri, Pauli, harmonias poeticas sive carmina nonnulla Horatii aliorumque poetarum romanorum vocum cantui accommodata denuo edid. Innocent. Achleitner. Salzburg 869. (Kroll.) Lex.-8. (VI, 24 S.) n. 20 ngr.

Hofheinz, Karl Camill, Verletzung u. Gefährdung als Kriterien der Zweiteilung im Systeme der strafbaren Handlungen, s.a. Abhandlungen, strafrechtliche.

Hofheinz, Karl Camill, Grossh. Bad. Amtmann in Überlingen: Verletzung und Gefährdung als Kriterien der Zweiteilung im Systeme der strafbaren Handlungen. Breslau: Schletter 1907. (79 S.) 8° ¶ [— Strafrechtl. Abhandlungen H. 79.]
Tübingen, Jur. Fak., Ref. Frank, Diss. v. 19. Okt. 1907
[Geb. 25. Sept. 74 Lörrach; Wohnort: Überlingen; Staatsangeh.: Baden; Vorbildung: Gymn. Offenburg Reife M. 93; Studium: Straßburg 4, Heidelberg 4 S.; Rig. 11. Mai 07.]

Hofheinz-Gyfin, Anna, gibt es e. Christkind? Ein Adventsspiel f. Kinder. (23 S.) 8. Karlsruhe (910). J. J. Reiff. — 30

Hofherr, Albert, a. Emmendingen: Thomas Rymers dramatische Kritik. T. 1: Die Kritik Beaumonts und Fletchers. Freiburg i. Br. 1908: C. A. Wagner. (80 S.) 8° ¶ (Erscheint vollst. als: Beiträge zur neueren Literaturgeschichte Bd 1 H. 1.)

Freiburg i. B., Phil. Fak., Ref. Wetz, Diss. v. 1908

[Geb. 28. Sept. 84 Emmendingen; Wohnort: Emmendingen; Staatsangeh.: Baden; Vorbildung: Oberrealsch. Freiburg i. B. Reife Juni 03; Ergänzungsprüfung in Latein Realgymn. Karlsruhe Reife 03; Studium: Freiburg i. B. 8 S.; Rig. 14. Nov. 07.]

Hofherr, Alb., Thomas Rymers dramat. Kritik, s. a. Beiträge zur neueren Literaturgeschichte. I, 1.

Thomas Rymers dramatische Kritik. Von Albert Hofherr. Heidelberg: Winter 1908. 165 S. 8°

Ein Teil erschien als Inaug.-Diss. Freiburg i. Br. 1908.
(Beiträge z. neueren Literaturgeschichte. Bd 1, H. 1.) [10. 4741

Hofherr, Otto: Aus d. Inst. f. Seuchenlehre d. Tierärztl. Hochsch. zu Stuttgart. Vorst.: Reinhardt. Experimentelle Beiträge zur Milzbrandinfektion des Geflügels durch Fütterung. Jena: Fischer 1910. 31 S. 8° ¶ (Aus: Centralblatt f. Bakteriol. Abt. 1. Bd 55, H. 6.)

Gießen, Veterinär-Med. Diss. v. 21. Sept. 1910, Ref. Olt

[Geb. 25. Febr. 85 Freiburg i. B.; Wohnort: Stuttgart; Staatsangeh.: Baden; Vorbildung: Oberrealsch. Freiburg Reife Juli 04; Studium: Stuttgart Tierärztl. Hochsch. 9 S.; Rig. 13. Juni 10.] [U 11. 1291

Hofhund, der, des Kapitals. Antimilitaristische Liga Zürich. (16 S.) 16. Zürich (906). (Buchh. des schweiz. Grütlivereins.) n. — 10
Im Deutschen Reiche mit Beschlag belegt.

Hofhund. Der H' des Kapitals. [Herausgeber:] Antimilitaristische Liga Zürich. II + 16 S. 8. (Zürich, Verlag der Antimilitaristischen Liga, [Buchdr.] K[irsten] & Z[eisberg], 1906.) fr. —. 10

Höflchen, Georg Friedrich (Bautzen), Creditoris hypothecarii aequale jus in bonis debitoris generaliter et specialiter obligatis ex L. 2. c. de pignor. Präs. Carl Otto Rechenberg. Lpz. (August Samuel Cruciger) 6. V. 1729. 24 S. (6.80) 15354

— — Dasselbe. Lpz. (Gottfried August Stopffel) 1745. (6.80) 15355

— **Johann Christian** (Liegnitz), De rescissoria actione occasione Scti Vellejani. Diss. jur. Präs. Friedrich Philipp. Lpz. (Brandenburger) 13. XII. 1712. 44 S. (7.—) 15356
Gew.: L. Johann Peter Henrici (Meschwitz, Jesniz), L. Casp. Christian Hübsch (Niederkayna), Christian Henrici (Bautzen).

[Gedicht.] Der g. u. v. St. Johannes-Loge „Zur Treue an der Katzbach" im Or. Goldberg am Tage ihrer Weihe, den 26. Aug. 1858, von der „Gekrönten Schlange" im Or. Görlitz. [Unterz.:] **Hoefig.** Görlitz 1858: Rämisch. 2 Bl. 4° [Umschlagtit.]
„Treu an der Katzbach — gegen die Tartaren ..."

Höfig, Armin Gustav

Höfig. Ciceros Ansicht von d. Staatsreligion. Pr. 1863. 17 S. 4°.

Arminii Hoefigii de Senecae rhetoris quatuor codicibus Mss. Schottianis ad Frider. Haasium prof. Vratislaviensem epistula. 27 S.–Görlitz. Progr. 1858

Hoefig, Arminius Gustavus *(geb Seifersdorf bei Goldberg in Schles 14. 12. 1827)*: De Papirii Fabiani philosophi vita scriptisque. Vratislaviae (1852). (59 S.) 8°

Breslau, Phil. Diss. v. 11. Aug. 1852

Beiträge zur Quellenkunde der Acten und zur Vorgeschichte der heutigen Freimaurerei. Vom Br.·. [Herm.] **Höfig.** [Berlin 1872: Mittler & S.] 42 S. 3 Taf. 8° [Kopftit.]
Aus: BZC. 2 (1873) S. 107—148.
cf. Ebendas. 1 (1872) S. 211—242.
Nachweis, dass die älteste Rosenkreuzerei die moderne Frmrei stark beeinflusst hat u. Betrachtung üb. den Zshang von Rosenkreuzern u. Templern.

Lateinische Hymnen aus angeblichen Liturgien des Tempelordens. Krit. und exegetisch bearb. von Herm. **Hoefig.** Parchim: Wehdemann 1870. VII, 58 S. 8°
Text, Kommentar, Übersetzungsprobe.

Höfig, Herm., zwei Schulreden. Gymnasium und Realschule im Verhältniß zu den Faktoren der Bildung. Die geschichtliche Mission der Hohenzollern und Friedrich Wilhelm IV. gr. 8. (III und 36 S.) Görlitz 858, Koblitz'sche Buchh. *

Höfig, Wilhelm, Referendar: Nichtigkeit eines Rechtsgeschäftes wegen Verstosses gegen ein gesetzliches Verbot. § 134 B.G.B. Greifswald 1908: Abel. 89 S. 8°

Greifswald, Jur. Diss. v. 31. Dez. 1908, Ref. Frommhold

[Geb. 9. Febr. 85 Schwersenz; Wohnort: Ehrenbreitstein; Staatsangeh.: Preußen; Vorbildung: Auguste-Viktoria-Gymn. Posen Reife O. 04; Studium: Heidelberg 1, Berlin 1, München 3, Greifswald 2 S.; Rig. 5. Febr. 08.] [U 09. 1459
16°

Hofinger, Fritz [aus Fürth]: Euripides und seine Sentenzen ... Schweinfurt, Druck v. F. J. Reichardt, 1896; 1 Bl., 39 S. 8.

Erlangen, Phil. Fak., Inaug.-Diss. v. 31. Okt. 1895

Hofinger, Fritz [Dr., Assist.]: Euripides und seine Sentenzen. 1. Tl. [= Inaug.-Diss. v. Erlangen 1890.] Schweinfurt, Druck v. F. J. Reichardt, 1896; 39 S. 8.

Schweinfurt, k. G, P 1896*

Hofinger, Fritz, Dr.: Euripides und seine Sentenzen. T. 2. *Landau 1899: K. & A. Kaussler.* (34 S.) 8° ¶ [Schluss d. P-Beil. Schweinfurt 1896.]

Landau i. d. Pfalz, k. humanist. G, P 1899*

Hofinger, Joh. Bapt., d. Verjüngungs-Kunst d. Obstbäume. Od. Anweis. z. ihrer besseren Pflege, in Bruchstücken u. Bildern. D. Landmann, d. austretenden Feyertagsschülern u. Freunden d. Obstbaumzucht. Mit 36 lith. Taf. 8. Linz, 1833. (Eurich u. Sohn.) — 20

Hofinger, Joh. G. v

-- Ansichten über das Rechtliche bei ausserehelichen Schwängerungen. Landshut 1817. 8°. (2 Mk. 50 Pfg. Ludw. Stark, München, 1912.)

Hofinger, J. G., Ansichten über das Rechtliche bey außerehelichen Schwängerungen.
Auch unter dem Titel:
Ueber die widerrechtliche Begunstigung außerehelich geschwängerter Mädchen. Eine Revision der baierischen Schwängerungsgesetze. gr. 8. Landshut, Krüll. 819.

Hoflinger, L., Kampf ums Dasein im Pflanzenreiche, s.: Jugend- u. Volksbibliothek, naturwissenschaftliche. 33. Bdchn.

— die verleumdete Mutter. Ist die kathol. Kirche e. Feindin des Volkes? (VIII, 117 S.) 8. Regensburg 904. Verlagsanstalt vorm. G. J. Manz. n — 80

Hoefinghoff: Bericht über die Welt-Ausstellung in Chicago. (Ms.) Berlin 1893

Hoefinghoff, [Eugen]: Über die neueren Bestrebungen zur Umgestaltung des mathematischen Unterrichts. Wittstock 1909: Wessoly. S. 3—18. 4°
Wittstock, k. G P 1909 (106) [S 09. 106

Hoefinghoff, Eugenius [Guestphalus]: Krystallographisch-optische Untersuchung einiger organischer Körper. . . . Halis Saxonum, form. Gebauerio-Schwetschkeanis, 1889; 2 Bl. + 48 S. + 1 Bl. u. 1 Taf. 8°
Halle, Phil. Fak., Inaug.-Diss. v. 9. Jul. 1889

Hof- u. Liebesintriguen alter und neuer Zeiten u. s. w. 8. Berl. u. Leipz. (Gerold in Wien.)

HOF- und Liebesintriguen alter und neuer Zeiten. Mit untermischten charakteristischen Zügen aus dem Leben berühmter Personen. Aus der wahren Geschichte gesammelt. Mit Titelkpf. (Schubert del., Liebe sc.). Leipzig, Weygand. 1788. 8°. (3 Kr. Halm & Goldmann, 1907; 4 Kr. Stähelin & Lauenstein, Wien, 1907; 9 Mk. Rossberg, Lpz., 1910.)
269 S. (incl. TKpf.) u. 1 Bl. Register der 42 kurzen Geschichten und Anekdoten; u. a.: Agnes Sorel, Gräfin v. Chateau-Briant, Gabrielle d'Etrées, Mlle. Molière, Frau v. Pompadour. — Moritz, Marschall v. Sachsen, Herzog v. Lauzun, Mann mit d. eisernen Maske, Alphons VI. (von Portugal), der Czarewiz (Sohn Peter d. Gr.), der Herzog von Braganza (Johann IV. von Portugal), Gonsalvo von Cordova (unter Ferdinand u. Isabella), Saint Mars und Marion de Lormes, etc.

Hofirek Josef: Die slavische Liturgie in Mähren. H. 1910 PN 2970 Diss. Wien, Univ.

Hofius, C., Anleitung zur evangelischen Heiligung aus dem Werke d. W. Marschall. 8. (84 S.) Ruhrort 869, (Andreae und Comp.) **

Hofius, Heinrich: Aus d. gynaekolog. Klinik zu Bonn. Ueber Exstirpation von Uterusmyomen . . . . Bonn. Buchdr. Jos. Bach Wwe., 1888; 2 Bl. + 19 + 1 S. 8°
Bonn, Med. Fak., Inaug.-Diss. v. 11. Aug. 1888

Werde gesund. Dr. med. H[einrich] **Hofius**, Hochheide. Berlin: H. Th. Hoffmann [1904]. (118 S.) 8° [F.] [05. 13867

Hofius, H., & H. Schmidt: Das Wissen vom Leben. Gemeinverständl. Anl. zum Verständnis d. Lebensvorgänge i. Schule u. Haus. Homberg um 1880. 90 S.

Hofius, Karl: Bemerkungen zu Juvenal. Wesel, Buchdr. v. C. Kühler, 1891; S. 3—10; 4°
Wesel, k. G, P 1891 (461)

Hoffabale u. Mädchenlist; v. Gruber. s. Weißenf. Severin. Böse. (a. Feind in Lpz.) 794.

Hofkalender, s. Kalender.

Hof- und Adreß-Calender des Hochstifts Münster auf die Jahre 1785. 97. Münster. 2 Bde

Hof- und Behörden-Kalender für das Fürstenthum Reuß j. L. 1864. Gera, (Kanitz.) gr. 8. (70 S.) un. 10 ngr

Hof- u. Behörden-Kalender für das Fürstenth. Reuß j. L. 1870. Gera, (Kanitz' Sort.) gr. 8. (VIII, 88 S.) u.u. 12½ ngr

Hof- u. Behörden-Kalender für das Fürstenth. Reuß j. L. 1878. 8. (VII, 94 S.) Gera, (Kanitz' Sort.). n.n. 1. 25

Königlich Dänischer Hof- und Staats**kalender**. — Altona 1751 bis 1801. 8°

Hof- und Staatskalender, Königlich Dänischer, Staatshandbuch der dänischen Monarchie für das Jahr 1853—55. Kopenhagen, Reitzel. (Leipzig, Lorck.) 4. Jeder Jahrg. à ca. 400 S.) un. 2 ₰. 12 ngr

— — für das Jahr 1857. Herausg. von J. P. Trap. Ebend. 4. (4 Bl., 8 S., XXXVI, 720, 142 Sp.) au. 2 ₰. 12 ngr

Hof- und Staatskalender, Königlich dänischer. Staatshandbuch der dänischen Monarchie für das Jahr 1862. Herausg. von J. P. Trap. Red. von H. C. Erichsen. Kopenhagen. (Altona, Mentzel. — Leipzig, A. Dürr.) Lex.-8. (XXXVI, 848 Sp.) n. 2 ₰ 24 ngr

Hof- u. Staatscalender, königl. dänischer. Staatshandbuch der dänischen Monarchie für die Jahre 1863—68. Herdg. von J. P. Trapp. Redig. von H. C. Erichsen. Kopenhagen, (Gyldendal'sche Buchh.) Lex.-8. Jeder Jahrg. (ca. XXXIV S. u. 860 Sp.) n. 2 ₰ 20 ngr

Gothaischer **Hof-Kalender** zum Nutzen und Vergnügen eingerichtet. (Hrsg. Jg. 1 ff.: Emanuel Christoph Klüpfel [u. s. w.]
Gotha: Joh. Chr. Dieterich (13—50: C. W. Ettinger, 53 ff.: J. Perthes)
[Jg. 7—44. 46—59: Kupfertit.] 16°
[Umschlag- u. Rückent.:] Hof-Kalender.
In d. Jgg. 53/1816, 100/1863 u. 150/1913 ist e. Geschichte d. Gothaischen Hofkalenders enthalten!
Jg. 45/1808 [u. d. T.]: Gothaischer Kalender.
Jg. 46/1809—51/1814 [u. d. T.]: Gothaischer Kalender zum Nutzen und Vergnügen.
Jg. 53/1816—60/1823 [u. d. T.]: Gothaischer genealogischer Kalender.
Jg. 61/1824—85/1848 [u. d. T.]: Gothaischer genealogischer Hof-Kalender.
Jg. 86/1849—156/1919 [u. d. T.]: Gothaischer genealogischer Hof-Kalender nebst Diplomatisch-statistischem Jahrbuche.
Jg. 57/1920 ff. [u. d. T.]: Gothaischer Kalender. Genealogischer Hofkalender u. diplomat.-statist. Jahrbuch.
Franz. Ausg. u. d. T.: Almanac de Gotha.

Gothaischer **Hof-Kalender**, zum Nutzen und Vergnugen . 1793. 1794. 1797. 1800 1808. 1824. 1844. 1887—1905. Gotha, bey Joh. Christian Dieterich [u. a.].
Mit Modekupfern und Kupfern von Chodowiecki, Bendixen, Préault u. a. 8°.
Vorläufer ist der seit 1740 bei Andreas Reyher erscheinende: Neuverbesserter Gothaischer Genealogischer und Schreibkalender. Seit 1766 Gothaischer Hof-Kalender. Verleger Christian Dieterich, seit 1778 C. W. Ettinger. Späterer Verleger Justus Perthes.
Erscheint als: Gothaischer Kalender, Gothaischer genealogischer Kalender, Gothaischer genealogischer Hofkalender (vorh. hier 1887—1905), Gothaisches genealogisches Taschenbuch (vorh. 1824, 1844).
Seit 1768 deutsche u. franz. Ausg.

Hof-Kalender, Gothaischer, zum Nutzen u. Vergnügen auf d. J. 1764 — 75. Mit Kpf. 16. Gotha 763 — 74. Dieterich in Götting. 8 ₰ Ders. auf d. J. 1776 — 1815. 12. Gotha, Ettinger. (1776 — 1800. à 16 ₰ 1800 — 1815. à 1 ₰) 31 ₰ 16 ₰

HOFKALENDER, Gothaischer, zum Nutzen u. Vergnügen auf d. J. 1784. Mit 4 Modekpfrn. u. 12 Kupfern zum Gil Blas v. D. Chodowiecki. Gotha. 12°. Pgt. m. Goldschn. (35 Mk. K. W. Hiersemann, Lpz., 1899.)

— Gothaischer, genealogischer auf d. J. 1786 — 1800. Mit Kpf. 16. Gotha, Perthes. 10 ℛ Ders., 53r — 70r Jahrg. 1816 — 1833. Mit Kpf. 16. Ebd. 815 — 32. (53r — 62r Jahrg. 9 ℛ) 63r — 70r J., à 1 ℛ vergl. Taschenbuch d. gräfl. Häuser.

— — Derselbe auf d. J. J. 1786. Mit 4 Pariser Modekupfern u. 12 Kupfern zu Figaros Hochzeit nach D. Chodowiecki. 12°. Pgt. m. Goldschn. (35 Mk. der Vorige.)

Gothaischer Hofkalender zum Nutzen und Vergnügen auf das Jahr 1787. Gotha, Ettinger. Selten! Mit 12 Kupfern zu den Novellen der Königin Margarethe von Navarra. (3. 6. 15. 22. 29. 32. 36. 39. 59. 60. 61. 68. Novelle) von Freudenberger, mit deutscher und französischer Unterschrift. 12°. (10 Mk. Rich. Sattler, Brnschw.; 20 Mk. Scheible, 1883; jetzt theurer!)

— — Derselbe unter dem Titel: Gothaisches Taschenbuch zum Nutzen u. Vergnügen) auf d. J. 1787. Mit Titelkpfr., 4 Bll. Coiffures de Leipsic et habillements de Paris u. 12 Monatskupfern zu Novellen der Königin Margarethe, Freudenberg(er) inv., Geyser sc. 12°. (10 Mk., 1 Kpf. fehlte, mit 1 Beibd., M. Hauptvogel, Gotha, 1909.)

— — Derselbe auf d. J. 1790. 12°. Mit 4 Pariser Mode- u. 12 histor. Kpfrn. nach Chodowiecki. Gotha. 12°. Pgt. m. Goldschn. (25 Mk. K. W. Hiersemann, 1899.)

— — Derselbe auf d. J. 1792. Mit Titelkpfr., gest. Titel, 3 Kupfern mit Coeffuren, Henne u. Endner sc., 12 Monatskupfern D. Chodowiecki del., Henne sc., u. 2 Sternbildertfln. 12°. (17 Mk., Orig.-Prgt. m. G., der Vorige, 1909.)

— — Derselbe auf d. J. 1794. Mit 2 Mode- u. 12 Monatskpfrn. nach Chodowiecki. Gotha. 12°. (20 Mk., Expl. in weissem, gestickten Seidenbd. m. Goldschn., der Vorige, 1899.)

— — Derselbe auf d. J. 1796. Mit 4 Mode- u. 12 Monatskpfrn. nach Chodowiecki. Pgt. m. Goldschn. (18 Mk. der Vorige.)

— — Derselbe auf d. J. 1797. Gotha, C. W. Ettinger, 1797. Mit Titelkpfr., 2 Modekpfrn. mit antikem Kopfputz u. 12 Monatskpfrn., D. Chodowiecki del., E. Henne sc. 12°. (28 Mk., cart., L. Rosenthal, 1908; 12 Mk., cart. m. Goldschn., K. W. Hiersemann, 1899.)

Hof-Kalender, Gothaischer genealogischer, auf die Jahre 1834 — 1841. 71r — 78r Jahrg. Mit Kpfrn. 32. Gotha 833 — 40. J. Perthes. (à J. 1 ℛ) 8 ℛ, Velinp. in Maroquin (à J. 2 ℛ) 16 ℛ (J. 1816 — 1840 ungetrennt n 12½ ℛ)

Hof-Kalender, Gothaischer genealogischer, auf das Jahr 1842—1847. 79.—84. Jahrg. (Mit 7 Portraits.) kl. 16. Gotha 841—46, J. Perthes. Eleg. geb. m. Goldschn. à n. 1 ℛ — Auf geleimt. Velinpap. in gepreßt. Maroquin à n. 2 ℛ

Hof-Kalender, Gothaischer genealog., auf das Jahr 1848—1853. 85—90. Jahrg. 32. (85: XIV u. 724 S., 6 Stahlst. u. astronom. Kalender. 86: XXXVI u. 796 S. m. 6 Stahlst. u. astronom. Kalender 48 S. 87: XVIII u. 815 S. m. 6 Stahlst. u. astronom. Kalender 48 S. 88: XIV u. 866 S. m. 6 Stahlst. u. astronom. Kalender 48 S. 89: XII u. 806 S. m. 6 Stahlst. u. astronom. Kalender 48 S. 90: XIV u. 766 S. m. 6 Portr. in Stahlst. u. astronom. Kalender 48 S.) Gotha, J. Perthes 85 u. 86: à n. 1 ℛ 87—90: à n. 1⅙ ℛ Prachtausg. geb m. Goldschn. à n. 2 ℛ (Ausg. ohne astronom. Kalender u. d. T.: Gothaisches genealog. Taschenbuch zu gleichen Preisen.)

Hof-Kalender, Gothaischer genealogischer, nebst diplomatisch-statistischem Jahrbuche auf das Jahr 1854 u. 1855. 91. 92. Jahrg. (Herausg. von L. Davanture.) Gotha, J. Perthes. 32. Jeder Jahrg. mit 6 Portr. in Stahlst. n. 1 ℛ. 5 ngr; Prachtausg. m. Goldschn. n. 2 ℛ.

— — auf das Jahr 1856 — 59. 93— 96. Jahrg. (Herausg. von L. Davanture.) Gotha, J. Perthes. 32. Jeder Jahrg. mit 6 Portr. in Stahlst. n. 1 ℛ. 10 ngr; Prachtausg. mit Goldschn. n. 2 ℛ. 10 ngr

Hofkalender, Gothaischer genealogischer, nebst diplomatisch-statistischem Jahrbuche auf die Jahre 1860—64. 97—101. Jahrg. Gotha, J. Perthes. 32. Jeder Jahrg. mit 6 Portr. in Stahlst. 60—62.: à n. 1 ℛ 10 ngr; Prachtausg. n. 2 ℛ 10 ngr; 63 u. 64.: à n. 1 ℛ 15 ngr; Prachtausg. n. 2 ℛ 20 ngr

Ausgabe ohne astronomischen Kalender u. d. T.: Gothaisches genealogisches Taschenbuch zu gleichen Preisen.

Hofkalender, Gothaischer genealogischer, nebst diplomatisch-statistischem Jahrbuche auf die J. 1865—70. 102—107. Jahrg. (à Jahrg. mit 6 Portr. in Stahlst. u. astronom. Kalender.) Gotha, J. Perthes. 32. [102 (XVI, 1035 S. u. 34 S.), 103 (XVI, 1075 S. u. 34 S.), 104 (XVI, 1090 S. u. 36 S.), 105 (VIII, 1105 S. u. 36 S.), 106 (XVI. 1051 S. u. 30 S.), 107 (XII, 1067 S. u. 32 S.)] geb. jeder Jahrg. n. 1 ℛ 15 ngr; Prachtausg. geb. mit Goldschn. n. 2 ℛ 20 ngr

Ausg. ohne astronom. Kalender u. d. T.: Gothaisches genealog. Taschenbuch zu gleichen Preisen.

Hofkalender, Gothaischer genealogischer, nebst diplomatisch-statistischen Jahrbuch 1871—1873. 108—110. Jahrg. 16. (XIV, 869, XXX, 890 u. XXXII, 894 S. m. je 5 Stahlst. u. astronom. Kalender 16 S.) Gotha, J. Perthes. geb. à n. 5. —; Prachtausg. geb. m. Goldschn. à n. 8. 50

Ausg. ohne astronom. Kalender u. d. T.: „Gothaisches genealogisches Taschenbuch" zu gleichem Preise.

— dasselbe. 1874—1876. 111—113. Jahrg. 16. (XXXII 921, XXXII, 920 u. XXXII, 977 S. m. je 4 Stahlst.) Ebend. geb. à n. 6. —; Pracht-Ausg. à n. 9. 50

Hofkalender, Gothaischer genealogischer, nebst diplomatisch-statist. Jahrbuch. 1877—1879. 114—116. Jahrg. 16. (à ca. XXXI, 1035 S. m. 4 Stahlst.) Gotha, J. Perthes. geb. à n. 6. —; Pracht-Ausg. n. 9. 60

Ausg. ohne astronom. Kalender u. d. T.: „Gothaisches genealogisches Taschenbuch" zu gleichem Preise.

— dasselbe. 117—119. Jahrg. 16. (à XXXII, 1054 S. m. 4 Stahlst.) Ebend. 880—82. geb. à n. 6. 80; Prachtausg. à n. 10. 40

Hofkalender, Gothaischer genealogischer, nebst diplomatisch-statist. Jahrbuch. 1883—1886. 120—123. Jahrg. 16. (à ca. XXXVI, 1075 S.) Gotha, J. Perthes. geb. n. 6. 80; Prachtausg. n. 10. 40

Ausg. ohne astronom. Kalender u. d. T.: „Gothaisches genealogisches Taschenbuch" zu gleichen Preisen.

Hofkalender, Gothaischer genealogischer, nebst diplomatisch-statist. Jahrbuch. 1887—1890. 124.—127. Jahrg. 16. (à ca. XXXII, 1080 S. m. 4 Stahlst.) Gotha, J. Perthes. geb. à Jahrg. n. 6. 80; Prachtausg. n. 10. 40

Ausg. ohne astronom. Kalender u. d. T.: „Gothaisches genealogisches Taschenbuch" zu gleichem Preise.

Hofkalender, Gothaischer genealogischer, nebst diplomatisch-statist. Jahrbuch 1891—1894. 128.—131. Jahrg. 16. (à ca. XXIV, 1190 S. m. 4 Stahlst.) Gotha, J. Perthes. Geb. à Jahrg. n. 6. 80; Prachtausg. à n. 10. 40

Ausg. ohne astronom. Kalender u. d. T.: „Gothaisches genealogisches Taschenbuch" zu gleichem Preise.

— dasselbe. 1895. 132. Jahrg. 16. (XXIV, 1280 S. m. 4 Stahlst.) Ebd. Geb. in Leinw. n. 8. —; Prachtausg. n. 12. —
Ausg. ohne astronom. Kalender u. d. T.: „Gothaisches genealogisches Taschenbuch" zu gleichem Preise.

Hofkalender, Gothaischer genealogischer, nebst diplomatisch-statist. Jahrbuch. 1896—1899. 133.—136. Jahrg. 16. (à ca. XXIV, 1335 S. m. 4 Stahlst.) Gotha, J. Perthes. à Jahrg. geb. in Leinw. n. 8. —; Prachtausg. n. 12. —
Erscheint auch ohne den astronom. Kalender u. d. T.: „Gothaisches genealog. Taschenbuch" zu gleichem Preise.

Hofkalender, Gothaischer genealogischer, nebst diplomatisch-statist. Jahrbuch. 1900—1903. 137.—140. Jahrg. gr. 16. Gotha, J. Perthes. Geb. in Leinw. à n. 8. —; Prachtausg. à n. 12. —
1900. (XXIV, 1136 S.) — 1901. (XXIV, 1093 S.) — 1902. (XXIV, 1136 S.) — 1903. (XXIV, 1127 S. m. je 4 Stahlst.) Die Ausg. ohne astronom. Kalender hat mit 1900 zu erscheinen aufgehört.

Hofkalender, Gothaischer genealogischer, nebst diplomatisch-statist. Jahrbuch. 1904—1907. 141.—144. Jahrg. (XXIV, 1126; XXIV, 1176; XXIV, 1120 u. XXIV, 1128 S. m. je 4 Stahlst.) kl. 8. Gotha, J. Perthes.
geb. in Leinw. à n. 8. —; Prachtausg. à n. 12. —

Hofkalender, gothaischer genealogischer, nebst diplomatisch-statist. Jahrbuche. 1911. 148. Jahrg. (XXIV, 1192 S. m. 4 Stahlst.) 16. Gotha, J. Perthes.
Geb. in Leinw. 8.—; Prachtausg. 12. —

Großherzogl. Hessischer Hofkalender.
s.a. Rheinisches Taschenbuch. [*Textgleiche Ausg.*]

Großherzogl. Hessischer *Hofkalender*.
Darmstadt
1811 – 1813.
[Textgleich mit „Rheinisches Taschenbuch".]

—— kurfürstl. hessischer, vom J. 1875. gr. 8. (XII, 75 S.) Prag 876, (Calve'sche Universitäts-Buchh.) **
Nicht weiter erschienen.

Kayserlicher Hof-Calender [Hofkalender] auf das Jahr... 1743. Franckfurt a.M.: Fischer von Fischheim [1742.] 8°

1743: [1742.]

Kaiserl. auch Kaiserl. Königl. Hof=Kalender auf das Jahr ...
Wien: v. Ghelen [1805—1812].
1813 [u. d. T.]: Oesterreichisch-Kaiserlicher Hof-Kalender ...

1806: [1805.] 36 Bl., 1 Titelkupf.
1813: [1812.] 40 Bl.

Kayserlicher Hof- und Ehren-Calender [Hofkalender] auff das Jahr ... 1715–23. 1725. 1727–33. Wien: Koll [u.a. 1714–32]. 8°

1722 ff. Wien [1721 ff.:] Reichs- u. Hofbuchdruckerei.
1725 Wien [1724:] Frey.
1727 ff. Wien [1726 ff.:] Schilgen.

1715:	[1714.]	1725:	[1724.]
1716:	[1715.]		
1717:	[1716.]	1727:	[1726.]
1718:	[1717.]	1728:	[1727.]
1719:	[1718.]	1729:	[1728.]
1720:	[1719.]	1730:	[1729.]
1721:	[1720.]	1731:	[1730.]
1722:	[1721.]	1732:	[1731.]
1723:	[1722.]	1733:	[1732.]

Hof- u. Residenzkalender, Karlsruher, f. 1894. 1. Jahrg. Verf. von E. v. der Becke-Klüchtzner. gr. 8. (III, 251 S.) Baden-Baden, (E. Sommermeyer's Nachf.). n.n. 2. 20

Churköllnischer Hof-Kalender. Auf d. J. 1773. 1784–91. 1794. (1789 ff.:) Bonn. 10 Bde
[Einzelne Jge u. d. Tit.:] Almanac de la cour de S. A. S. E. de Cologne.

HOFKALENDER, Lauenburgischer. (15 Mk., Titel u. 2 Modekpfrn. fehlten, 3 defekt, cart. m. Goldschn., K. W. Hiersemann, Lpz., 1899:)

Oran.-Nassauischer Hof-, Staats- u. Bergwerkskalender. Herborn, 1791.

Hof-Kalender, kaiserlich-österreichischer, für das Jahr 1868. Lex. 8. (XXXVIII u. 243 S.) Wien, k. k. Hof- u. Staatsdruckerei. 1867 In Leinw. geb. 2 fl.

—— österreichisch-kaiserlicher, s.a. Handbuch des allerhöchsten Hofes etc.

Oesterreichisch-Kaiserlicher Hof-Kalender ... 1813
s.a. Kaiserl. auch Kaiserl. Königl. Hof-Kalender.

—— oesterreichisch-kaiserlicher, für die J. 1869—1875. hoch 4. (à Jahrg. XVI, 262—316 S.) Wien, k. k. Hof- und Staatsdruckerei. cart. à Jahrg. *

—— österreichisch-kaiserlicher, für die J. 1876—1880. Lex.-8. (XVI, 298; XVI, 300; XVI, 302; XIV, 306; XIV, 306 S.) Wien, k. k. Hof- und Staatsdruckerei. geb. à Jahrg. *

—— österreichisch-kaiserlicher für die J. 1881—1885. Lex.-8. (XVI, 324; 328; XVI, 334; 342; XVI, 348 S.) Wien, Hof- und Staatsdruckerei. geb. à Jahrg. *

Hof- u. Staats-Kalender, Churfürstl. Pfalzb. a. d. J. . . . .
1802.
München.

Hof- u. Adreß-Kalender, herzogl. Sachsen-Gothaischer u. Altenburg., für d. J. 1810—17. à 14 gr. Für d. J. 1818, 19. à 18 gr. Für d. J. 1820, 21. à 20 gr. Gotha, Ettinger.

— Herzogl. Sachs.-Weimar. u. Eisenachischer, auf 1810 u. 11. Jena, Göpfert. 1 Rthlr. 3 gr.

Hof- u. Staats-Kalender, Königl. Sächs. f. 1811. gr. 8. Lpz. Weidmann. (erscheint alljährlich.)

* — — dasselbe f. das Jahr 1810. Ebend.

Hof- u. Staats-Kalender, königl. sächs., f. d. Jahre 1812 u. 13. gr. 8. Leipzig, Weidmann. (1812. 1 Rthlr. 4 gr. 1813. 1 Rthlr. 6 gr.)

— Schwarzburg-Sondershäusischer, auf d. J. 1831. 8. Sondersh. Eupel. 8 gr.

Hof- u. Staats-Kalender f. d. J. . . . .
1790.
München.

Hof- und Staatskalender für das Königr. Württemberg. (1.) Jahrg. 1879. hoch 4. (LXX S.) Stuttgart, Kohlhammer. *
Aus: Württembergische Jahrbücher für Statistik und Landeskunde, besonders abgedruckt.

—— —— dass. — (2.) Jahrg. 1880. Hrsg. von dem statistisch-topograph. Bureau. Lex.-8. (75 S.) Ebendas. *

Hof- u. Staatskalender für das Königr. Württemberg. Hrsg. v. dem k. statistisch-topograph. Bureau. Jahrg. 1881. Lex.-8. (75 S.) Stuttgart 880. Kohlhammer. n. 1. —

Hof- und Staatskalender für das Königr. Württemberg. Hrsg. von dem k. statistisch-topograph. Bureau. Jahrg. 1881, 1883, 1884 und 1885. Lex.-8. (75; 87; 77; IV, 76 S.) Stuttgart, Kohlhammer. à Jahrg. *
Jahrg. 1882 nicht erschienen.

Hof- und Staats-Kalender, Königl. westphälischer, auf das Jahr 1812. 8. Kassel 1812.

— Königl. Würtembergischer, (v. Lehr.) 12. Tübing., v. Cotta. 2 ℔ 6 ℊ

— — Königl. Würtembergischer f. 1811. gr. 8. Tübingen, Cotta.

Wirzburger Hof- Staats- und Standskalender für das Jahr . . .
Wirzburg: Arbeitshaus; Rienner [in Komm. 1779—1786]. 8°
1780: 1779. 18 Bl., 154 S., 1 Bl.
1785: 1784. 15 Bl., 156 S., 1 Bl.
1787: 1786. 16 Bl., 160 S., 1 Bl.
Forts s. Großherzoglich Würzburgischer Hof- und Staats-Kalender 1812. [1811.]

Großherzoglich Würzburgischer Hof= und Staats=Kalender für . . .
Würzburg: Jntelligenz-Comt. [1811]. 8°
Anf. s. Wirzburger Hof- Staats- und Standskalender. 1780 ff.
1812: 1811. 10 Bl., 340 S.

Churpfältzischer Hof-Kammer-Erlass über betrügerisches [illegible] von Wein. Mannheim 1773. -- Zit. nach Bibliotheca oenologica, Nachtr. 3

Churpfältzischer Hof-Kammer-Erlass [illegible] Füllwein, Heckenrecht und [illegible] des Weins. Mannheim 1773. -- Zit. nach Bibliotheca oenologica, Nachtr. 3

Churpfältzischer Hof-Kammer-Erlass, Wein-Schatzung betreffend. Mannheim 1761 ? -- [Zit. nach Bibliotheca oenologica, Nachtr. 3]

Churpfältzischer Hof-Kammer-Erlass, den Wein-status genauert zu conferiren. Mannheim 1766. -- Zit. nach Bibliotheca oenologica, Nachtr. 3

Hofkapellane, die obersten u. Großalmosengeber in Baiern; e. histor. Abhandl. (v. W. Wiedenmann). 8. Ulm 792. Wohler. 4 ℊ

Hofkaplan, der. Wiener Erinnergn. e. kathol. Priesters. 8. (192 S.) Leipzig 901. [O. Gracklauer.] Leipziger Verlags-Comptoir. n. 3. —

HOFKAPLAN, Der. Wiener Erinnerungen eines katholischen Priesters. Leipzig, O. Gracklauer, 1901. 8°. (Mk. 3—.) (1 Mk. B. Liebisch, Lpz., 1909.)
Verboten v. L.-G. Wien, 23. IX. 1901. § 64.

Höfken, Gustav, deutsche Auswanderung und Kolonisation mit Hinblick auf Ungarn. gr. 8. (205 S. und 1 Plan in 4.) Wien 850, Gerold, Verlag.

Höfken, Gustaf, Belgien in seinem Verhältniß zu Frankreich u. Deutschland mit Bezug auf die Frage der Unterscheidungszölle für den Zollverein. gr. 8. Stuttgart 845, Cotta'sche Buchh. 2¼ ℔

— Erweiterung des deutschen Handels und Einflusses durch Gesellschaften, Verträge und Ansiedelung. Mit besond. Beziehung auf die Errichtung einer süddeutschen Handels- und Colonisationsgesellschaft. (Aus der deutschen Vierteljahrsschrift besond. abgedruckt.) gr. 8. Stuttgart u. Tübingen 842, Cotta. ⅜ ℔

Höfken, Gust., die Principien der Steuerreform in Oesterreich. Referat. gr. 8. (23 S.) Wien 875. Manz. n. — 60

Höfken G., die Prinzipien der Steuerreform in Österreich. (Schriften der Gesellschaft österreichischer Volkswirte) Wien 1875

Höffen, Gust., die Reform der directen Besteuerung in Oesterreich auf Grund der Anträge des k. k. Finanz-Ministeriums. gr. 8. (VIII und 160 S.) Wien 860, Hof- und Staatsdruckerei.

Höfken, Gust., zur Steuerreform in Oesterreich. Lex.-8. (XI und 307 S.) Wien 864, Typographisch-literarisch-artistische Anstalt.

— über das Studium der Rechts- u. Staatswissenschaften, mit Bezug auf die Neugestaltung des höhern Unterrichts u. die Staatsprüfung in Oesterreich. gr. 8. (VI u. 48 S.) Wien 851, Jasper, Hügel & Mänz. n. ⅓ ℔

— Tirocinium eines deutschen Offiziers in Spanien. 1.—4. Bd. 8. Stuttgart 841, 42, Göpel. 6⅔ ℔

— Vlämisch-Belgien 2 Bde. gr. 8. (1. Bd. XII u. 277 S. m. 1 lith. Portr. 2. Bd. 316 S.) Bremen 847, Schlodtmann. 3½ ℔

Höfken, G. (Hrsg.), s. Volkswohl.

— — der deutsche Zollverein in seiner Fortbildung. gr. 8. (40 B.) Stuttgart 842, Cotta'sche Buchh.

— — Englands Zustände, Politik u. Machtentwicklung. Mit Beziehung auf Deutschland. 2 Thle. gr. 8. (41½ B.) Leipzig 846, Mayer.

Höfken, Rudolf v. (Hrsg.), s. Archiv für Bracteatenkunde.

Höfker, Hinrich [Gymnasialoberl. zu Wattenscheid]: Ueber die Wärmeleitung der Dämpfe von Aminbasen ... [Progr. v. Wattenscheid 1893.] *Wattenscheid, 1892*; 30 S., 1 Taf. 4.
Jena, Phil. Fak., Inaug.-Diss. v. 1892

Höfker, *Hinrich* [Dr.]: Über die Wärmeleitung der Dämpfe von Aminbasen. [= Inaug.-Diss. v. Jena 1892.] Wattenscheid, 1893; 30 S., 1 Taf. 4.
Wattenscheid, PG, P 1893 (308)

Höfker, Johannes [aus Wybelsum '(Preussen)']: Über die N-Oxychlorphosphine des Mesidins, Pseudocumidins und Phenetidins ... Rostock, C. Boldt'sche Hof-Buchdr., 1895; 29 S. 8.
Rostock, Phil. Fak., Inaug.-Diss. v. [1. Aug.] 1895

Hofklatsch. Indiskretionen aus hohen Kreisen v. Prinz Fr . . . 8. (82 S. m. 4 Bildern.) Berlin-Steglitz 896. F. Wesemann. n. 1. 50

Hofkleid f. jene Ordensritter, welche sich bei ihrem Erscheinen bei angesagten Hoffesten weder e. Uniform, noch e. Nationalkleides bedienen können. gr. 4. (2 S. m. 3 Taf.) Wien 894. Hof- u. Staatsdruckerei. n. — 80

Hofkriegsraths-Praesidenten, die, u. Kriegsminister der k. k. oesterreichischen Armee. Biographische Skizzen nach Acten und gedruckten Quellen. gr. 8. (74 S.) Wien 874. Seidel & Sohn n. 2. 40

Höfl, Frdr., ein einfaches ABC u. f. Anwendung zu einer leichten, korrekten u. deutlichen Geschwindschrift. gr. 8. (23 autogr. S.) Basel 877. Schweighauser. n. 1. —

Höfl, G. F. J., Figuren-Sprache oder die Kunst Charaktere und Bilder grammatikalisch zu construiren. Versuch einer Pasigraphie. 8. (19 lithogr. S.) Basel 850, Schweighauser'sche Vrlgsh.

Höft, J. Chr., üb. die Aufnahme der Naturwissenschaften in den baierschen Schulplan, wider den Hrn. Hofr. Oken. gr. 8. München 830. v. Cotta. 12 gl.

Hoflacher, Ant., Tiroler Gemeinde-Ordnung u. Gemeinde-Wahlordnung vom 9. Jänner 1866. 2. Aufl. Dem neuesten Standpunkte der Gesetzgebg. gemäß umgearb., m. Erläutergn., Entscheidgn. u. Formularien versehen, sowie durch e. Anh. der einschläg. Gesetze ergänzt. Ergänzt bis Ende 1893. 8. (IV, 348 S.) Innsbruck 894. Wagner. n. 3. 60

Hoflacher, Ant., Handbuch der Gemeinde-Ordnung und Gemeinde-Wahlordnung für die gefürstete Grafschaft Tirol, erläutert, mit Entscheidungen, Verordnungen und Formularien versehen, dann durch einen Anhang einschläg. Gesetze ergänzt. gr. 8. (277 S.) Innsbruck 876. Wagner'sche Universitäts-Buchh.

— Tiroler Landtags-Wahlordnung, Landesordnung, Geschäftsordnung für den Landtag u. Landesausschuß &c., durch alle einschläg. Gesetze bis auf die neueste Zeit, ergänzt, u. die Wahlordnung m. ausführl. Erläuterungen, Entscheidungen u. Formularien versehen. (Deutsch u. italienisch.) 8. (364 S.) Ebend. 880. n. 4. —

— Tiroler Landtags-Wahlordnung, Landesordnung, Geschäftsordnung f. den Landtag u. Landesausschuß &c., durch alle einschläg. Gesetze bis auf die neueste Zeit ergänzt, u. die Wahlordng. m. ausführl. Erläutergn., Entscheidgn. u. Formularien versehen. Deutsch u. italienisch. 2., bis 1889 ergänzte Ausg. 8 (185 Doppels.) Ebd. 889. n. 4. —

Hofland

Hofland, Mrs., der geraubte Knabe, s. Knabe.

— der geraubte Knabe. Eine amerikanisch-indische Erzählung. Nach d. Engl. Mit ill. Kpfrn. 16. Reutlingen 839. Mäcken jun. 7/12 ℳ

Hofland, Mrs., der geraubte Knabe. Eine amerikanisch-indianische Erzählung. Nach dem Engl. Mit (illum.) Titelbild. 16. Reutlingen 842, Mäcken jun. geb. 1/2 ℳ

— der schiffbrüchige Knabe oder die öde Insel in der Südsee. Eine Erzählung für die Jugend. Frei nach der 19. Aufl. des Engl. von Rud. Binder. Mit 1 Kpfr. 12. Reutlingen 845, Enßlin u. Laiblin. 1/4 ℳ

Hofland, Frau, die Offizierswittwe und ihre Kinder. — Der junge Kadet, oder die Wunder Indiens. Zwei Erzählungen, nach d. Engl. von Franz Demmler. Mit 4 (ill.) Kpfrn. 16. Stuttgart 839. Erhard. 7/12 ℳ

— die Tochter Menzikoff's, s. Toiletten-Romane, 6.—9. Bdchen.

Hofländer, C. G., Antrittspredigt am 14n Sonnt. nach Trinit. 1817. 8. Coburg 817. (Riemann). 1 gl.

Höfle, Anton, a. Otterbach: Die Gewerbeordnung der Pfalz seit der französischen Revolution bis 1868. München: J. Schweitzer 1908. (43 S.) 8° [F.]
Erlangen, Phil. Fak., Ref. v. Eheberg, Diss. v. 27. Juli 1908
[Geb. 19. Okt. 82 Otterbach (Rheinpfalz); Wohnort: Erlangen; Staatsangeh.: Bayern; Vorbildung: Gymn. Kaiserslautern Reife Juli 03; Studium: München 6, Erlangen 2 S.; Rig. 11. Juli 07.]

Höfle, Fr. Jos.: Von den Eigenschaften eines Criminalbeamten. *Prag.* 772. 8.

Hölle, Jakob: Die Moore der bayerischen Hochebene als Folgeerscheinung der Eiszeit. 1909. 41 S., 3 Taf. 8°
München, Dr.-Ing.-Diss. v. 6. 8. 1907

Hoefle, Mark-Aurel: Chemie und Mikroskop am Krankenbette. Ein Beitrag zur medizinischen Diagnostik, mit besonderer Rücksicht auf das Bedürfniß des praktischen Arztes bearbeitet. 201 S., gbd., Abb.

Erlangen: Enke 1848

JB 1.123

Hoefle, Mark-Aurel, Chemie und Mikroskop am Krankenbette. Ein Beitrag zur medizin. Diagnostik, mit besond. Rücksicht auf das Bedürfniß des prakt. Arztes bearb. 1. Aufl. (XII und 684 S. mit 3 Stnt.) 1848 und 2., verb. und verm. Ausg. Lex.-8. (XII und 705 S. mit Holzschn. und 4 Stnt.) Erlangen 850, Enke's Vrlgsb. *

— die Flora der Bodenseegegend mit vergleichender Betrachtung der Nachbarfloren. Lex.-8. (VIII und 175 S.) Erlangen 850, Enke's Vrlgsb. *

— Grundriß der angewandten Botanik. Zum Gebrauche bei Vorlesungen u. zur Selbstbelehrung f. Aerzte, Pharmazeuten u. Kameralisten bearb. Lex. 8. (VIII u. 268 S.) Ebd. 851. — 2. (Titel-)Ausg. Lex. 8. (268 S.) Ebd. 852. n. 1 ℳ 6 gl.

Höfle, M. A., die Pflanzensysteme von Linné, Jussieu, de Candolle nebst tabellar. Uebersicht d. Arznei-, Gift- u. Nahrungspflanzen nach de Candolle's System, unter Hinweisung auf das System von Linné, &c. (Als Rahmen zu meinen Vorlesungen über medicinische Botanik.) gr. 4. Heidelberg 845, K. Winter. n. 1/3 ℳ

Hofleben unter Kaiser Wilhelm II. Berlin 1892. V: *Robolsky, Herm.* (Berl)

Hofleben unter Kaiser Wilhelm II. 8. (III, 280 S.) Berlin 892. H. Steinitz' Verl. n. 3. 50

Höflein, M., Genie u. Arbeit. (Soziale Gegensätze.) Ein dramat. Gedicht. gr. 8. (VI, 130 S.) Leipzig 896. W. Friedrich. n. 2. —

Höfler, Alois

Höfler, A. (Hrsg.), s. Abhandlungen zur Didaktik u. Philosophie d. Naturwissenschaft.

Höfler Alois, Schabus Anfänge der Naturlehre. Zum Gebrauche an den unteren Classen der Mittelschulen. 14. Auflage, neu bearbeitet und mit Uebungen versehen. Wien 1881. K Gerold's Sohn. Preis, 1 fl. 80 kr. 1882

Metaphysische Anfangsgründe der Naturwissenschaft von Immanuel Kant. Neu hrsg. von Alois Höfler. *Leipzig: C. E. M. Pfeffer 1900.* (104 S.) 8°
= Veröffentlichungen d. Philos. Gesellschaft an d. Univ. zu Wien. Bd 3a.

Höfler, A., psychische Arbeit. [Aus: „Zeitschr. f. Psychologie u. Physiologie der Sinnesorgane".] gr. 8. (III, 129 S.) Hamburg 894. L. Voss. n. 3. 50

— die humanistischen Aufgaben des physikalischen Unterrichtes. Akademische Antrittsvorlesg., geh. am 16. XI. 1903. (17 S.) gr. 8. Braunschweig 904. F. Vieweg & Sohn. n. — 50

Höfler A.: Über die formelle Behandlung der Lehre von den Folgerungen. 21. Wien VI. 79.
Progr.

Höfler, Alois, Bomerkungon zu den Borlinor Verhandlungon üb. Fragon d. höheron Untorrichtos. Mit bosond. Beziehg. auf Mathomatik u. Naturwissonschaften. Rede, geh. auf dem 3. deutsch-österreich. Mittelschultage, Ostern 1891. [Aus: Österr. Mittelschule".] gr. 8. (38 S.) Wien 891. A. Hölder. n. — 80

— Didaktik des mathemat. Unterrichts, s.a. Handbücher, didaktische, f. d. realist. Unterricht an höh. Schulen. I.

Didaktik des mathematischen Unterrichts von Dr. Alois **Höfler**, Prof. Mit 2 Taf. u. 147 Fig. Leipzig & Berlin: Teubner 1910. XVIII, 509 S. 8°
(Didaktische Handbücher f. d. realist. Unterricht an höh. Schulen. Bd. 1.) 10. 2731

— Zum Gebrauche der Oberstufe der Naturlehre beim mündl. Unterricht. Zugleich als Vorwort zur 2. Aufl. der Oberstufe der „Naturlehre" (1910). Nur f. die Hand des Lehrers. (61 S.) gr. 8. Braunschweig 910. F. Vieweg & Sohn. — Wien, C. Gerold's Sohn. — 60

— Grenzfragen d. Mathematik u. Philosophie, s.: Klein, Fel.

— Die philosophischen Grundlagen der pädagogischen Vorbildung zum Mittelschullehreramte. Correferat, erstattet auf dem IV. deutsch-österreich. Mittelschultage, Ostern 1892. gr. 8. (20 S.) Ebd. 892. — 60
aus: Oesterreich. Mittelschule, besonders abgedruckt.

Höfler, Dr. Alois, Grundlehren der Logik. Lehrtext und Uebungen aus des Verfassers Lehrbuch der philosophischen Propädeutik. (I. Theil: Logik.) Prag, Wien, Leipzig 1890. Tempsky-Freytag. (Min.-Erl. 25. Juni 1890. Z. 374/C. U. M.) Geheftet 1.20, gebunden 1.40

Höfler, Alois, Grundlehren d. Logik. Lehrtext u. Übgn., aus d. Verf. Lehrbuch d. philosoph. Propädeutik. (I. Thl., „Logik") hrsg. 2. Aufl. Unveränd. Abdr. d. 1. Aufl. gr. 8. (190 S.) Wien u. Prag 896. F. Tempsky. Leipzig, G. Freytag. Geb. in Leinw. n. 2. 90

— Grundlehren der Logik. 3. Aufl. (VI, 181 S.) gr. 8. Wien 904. F. Tempsky. Geb. in Leinw. n. 2. 90

— Grundlehren der Logik. 4. Aufl. Unveränd. Abdruck aus der Gesamtausg. v. „H.'s Grundlehren der Logik u. Psychologie". (VI, 181 S.) 8. Leipzig 907. G. Freytag. — Wien, F. Tempsky. Geb. 2. 90

Höfler, Alois, Grundlehren der Logik u. Psychologie. Mit e. Anh.: Zehn Lesestücke aus philosoph Klassikern. gr. 8. (XII, 400 S. m. 40 Fig.) Leipzig 903. G. Freytag. Geb. in Leinw. n. 4. 40

Höfler, Dr. Alois, Grundlehren der Logik und Psychologie. Mit einem Anhange: Zehn Lesestücke aus philosophischen Klassikern. 2., unveränderte, sonach gemäß Min.-Erl. vom 29. Jänner 1903, Z. 2326, allgemein zulässige Auflage. Wien und Leipzig 1906. F. Tempsky und G. Freytag. Geh. K 4.50, geb. K 5.—.

— Grundlehren d. Psychologie. Lehrtext u. Übgn. f. d. Unterr. an Gymnasien. gr. 8. (VI, 168 S. m. 41 Holzschn. Ebd. 898. Geb. in Leinw. n. 2. 70

— Grundlehren der Psychologie. 2. Aufl. (174 S. m. 41 Fig.) 8. Ebd. 905. Geb. n. 2. 70
Sonderabdruck aus: „H's. Grundlehren der Logik u. Psychologie".

— Grundlehren der Psychologie. 4. Aufl. Im wesentlichen unveränd. Abdr. aus der Gesamtausg. v. „H.'s Grundlehren der Logik u. Psychologie, 2. Aufl." (174 S.) 8. Ebd. 908. Geb. 2. 70

— Hilfsbuch zur Naturlehre f. die Oberstufe der Gymnasien, Realschulen u. verwandten Lehranstalten, enth. Zusätze aus der angewandten Mathematik, der Logik u. der Psychologie u. 80 Leitaufgaben. Verf. unter Mitwirkg. v. Eduard Maiss u. Frdr. Poske. (93 S. m. 110 Abbildgn.) 8. Braunschweig 904. F. Vieweg & Sohn. n. 1. 20

Hilfsbuch zur Physik, enth. Zusätze aus d. angewandten Math., aus d. Logik u. Psychol. u. 230 physik. Leitaufgaben. Verf. von Dr. Alois **Höfler**, unter Mitw. von Dr. Eduard Maiß & Dr. Friedrich Poske. Mit 255 Abb. Braunschweig: F. Vieweg & Sohn 1904. (VII S., S. 698–954). 8°
Aus: Höfler. Physik mit Zusätzen aus d. angew. Math. 1904. 05. 3035 7

Höfler, Alois Der neue Lehrsaal für Physik im Theresianischen Gymnasium. 8 (S. 85–90).
G. d. k. k. Theresianischen Akademie Wien 1895.
Progr.

Höfler, A., zehn Lesestücke aus philosophischen Classikern. Als Anh. zum Lehrbuche der philosoph. Propädeutik unter Mitwirkung v. A. Meinong. gr. 8. (VII, 40 S.) Prag 890. Tempsky. — Leipzig. Freytag. geb. n.n. — 90

— 10 Lesestücke aus philosoph. Classikern. Als Anh. z. Lehrbuche d. philosoph. Propädeutik unt. Mitwirkg. v. Alexius Meinong hrsg. 2. Aufl. Unveränd. Abdr. d. 1. Aufl. gr. 8. (40 S.) Ebd. 896. Geb. in Leinw. n. 1. —

— Zehn Lesestücke aus philosophisch. Klassikern. 4. Aufl. [Aus: „Grundlehren d. Logik u. Psychol."] (51 S.) 8. Ebd. 906. Kart. 1. —

— Modellier-Netze zu e. transparenten Himmels-Globus. Nach Zeichngn. v. Frdr. Kleindienst. Durchmesser des Globus 24 cm, Höhe samt Gestell 36 cm. Nebst: Der Sternhimmel. Anleitung zur Benützg. des transparenten Himmelsglobus. Ausg. I. gr. 8. (VI, 29 S.) Eßlingen (888). J. F. Schreiber. In Mappe n. 1. 50; Ausg. II Modelliernetze u. fert. Holzteile in Karton n. 8. —; Ausg. III fert. Globus in Karton n. 4. —

— u. Ed. Maiß, Naturlehre f. die unteren Classen der Mittelschulen. Mit 290 Holzschn., 3 farb. Fig., 1 lith. Sterntaf. u. e. Anh. v. 140 Denkaufgaben. gr. 8. (IV, 182 S.) Wien 893. C. Gerold's Sohn. n. 2. 30; geb. in Leinw. n.n. 2. 60

Höfler, Alois, Naturlehre f. d. unt. Classen d. Mittelschulen. Unt. Mitwirkg v. Ed. Maiß. M. 290 Holzschn., 3 farb. Fig., 1 lith. Sterntaf. u. e. Anh. v. 140 Denkaufgaben. 2., im wesentl. unveränd. Aufl. gr. 8. (IV, 190 S.) Wien 897. C. Gerold's Sohn. Geb. in Leinw. n. 2. 60

— Naturlehre f. die unteren Classen der Mittelschulen. Unter Mitwirkung v. Ed. Maiß. Mit 290 Holzschn., 3 farb. Fig., 1 lith. Sterntaf. u. e. Anh. v. 140 Denkaufgaben. 3. verb. Aufl. gr. 8. (IV, 194 S.) Wien 900. C. Gerold's Sohn. Geb. in Leinw. n. 2. 60

— Naturlehre f. die unteren Klassen der Mittelschulen. Verf. unter Mitwirkg. v. Eduard Maiß u. Gust. Schilling. Mit 290 Holzschn., 3 farb. Fig., 1 lith. Sterntaf. u. e. Anh. von 140 Denkaufgaben. 4. verb. Aufl. (VI, 194 S.) gr. 8. Wien 906. C. Gerold's Sohn. Geb. n. 2. 60

— Naturlehre f. höhere Lehranstalten des Deutschen Reiches, s. Poske, Frdr.

— Naturlehre f. die Oberstufe der Gymnasien, Realschulen u. verwandter Lehranstalten. Verf. unter Mitwirkg. v. Eduard Maiss u. Frdr. Poske. (XIII, 407 S. m. 459 Abbildgn. u. 9 Taf.) gr. 8. Braunschweig 903. F. Vieweg & Sohn. n. 4.50; geb. n. 5.—

Höfler, Dr. Alois, Naturlehre. 2., wesentlich unveränderte Auflage. Wien 1910. Karl Gerolds Sohn. A. Ausgabe für Gymnasien und Reformrealgymnasien. Geh. K 4.60, geb. K 5.—. B. Ausgabe für Realschulen und Realgymnasien. Geh. K 4.40, geb. K 4.80.

— zur gegenwärtigen Naturphilosophie, s. Abhandlungen zur Didaktik u. Philosophie der Naturwissenschaft. I. 2.

Zur gegenwärtigen Naturphilosophie. Von Dr. Alois Höfler, Prof., Prag. Berlin: J. Springer 1904. (136 S.) 4°(8°)
= Abhandlungen z. Didaktik u. Philos. d. Naturwiss. Bd 1, H. 2.
= Sonderhefte d. Zeitschrift f. d. physikal. u. chem. Unterricht. H. 2.

— Physik m. Zusätzen aus der angewandten Mathematik, aus der Logik u. Psychologie u. m. 230 physikalischen Leitaufgaben. Verf. unter Mitwirkg. von Eduard Maiss u. Frdr. Poske. (XXXI, 966 S. mit 981 Abbildgn. u. 12 z. Tl. farb. Taf.) gr. 8. Braunschweig 904. F. Vieweg & Sohn. n. 15.—; geb. n. 16.—

— Philosophische Propädeutik. Unter Mitwirkung von A. Meinong. 1. Thl. Logik. gr. 8. (XIII, 244 S.) Ebd. 890. n. 3.20

Höfler, Alois Zur Propädeutikfrage. 100 S. 8. Ther. Wien 1884.
Progr.

Höfler, Alois, zur Propädeutik-Frage. gr. 8. (100 S.) Wien 884, Hölder. *

Psychologie v. Dr. Alois Höfler, Privatd. ... in Wien. M. 77 Holzschn. im Text. Wien & Prag: F. Tempsky 1897. (XII, 604 S.) 1 Bd 8.

— u. Steph. Wittasek, physiolog. od. experiment. Psychologie am Gymnasium? 2 Vorträge, geh. in d. philosoph. Section d. VI. deutsch-österreich. Mittelschultages, Wien, Ostern 1897. [Aus: „Österr. Mittelschule".] gr. 8. (32 S.) Wien 898. A. Hölder. n.— 54

— Repetitorium der Physik. (VIII, 203 S. m. 241 Abbildgn.) gr. 8. Ebd. 904. n. 3.—; geb. n.n. 3.50
Sonderabdruck aus: „H., Physik".

— Friedrich Schiller u. Richard Wagner. Festrede. (10 S.) gr. 8. Bayreuth 906. C. Giessel. n. — 40
Sonderabdruck aus: „Bayreuther Blätter".

— u. Steph. Witasek, 100 psychologische Schulversuche m. Angabe der Apparate. 2. sehr verm. Aufl. (VIII, 44 S. m. Abb.) gr. 8. Leipzig 903. J. A. Barth. n. 2.—

— u. Steph. Witasek, psychologische Schulversuche m. Angabe der Apparate. gr. 8. (VIII, 30 S.) Leipzig 900. J. A. Barth. n. 1.20

— Studien zur gegenwärtigen Philosophie der Mechanik, s. Veröffentlichungen d. philosoph. Gesellschaft an der Universität zu Wien. III.

Studien zur gegenwärtigen Philosophie der Mechanik. Als Nachw. zu: Kant's Metaphys. Anfangsgründe d. Naturwiss. Von Dr. Alois Höfler, Prof. in Wien. Leipzig: C. E. M. Pfeffer 1900. (168 S.) 8°
= Veröffentlichungen d. Philos. Gesellschaft an d. Univ. zu Wien. Bd 3b.

— d. metaphysischen Theorien v. den Beziehgn. zwischen Leib u. Seele. Einige Fragen an d. Monisten. [Aus: „H., Psychologie".] gr. 8. (24 S.) Ebd. 897 n. — 40

Sieben Thesen zu Professor Dr. Franz von Liszt's Vortrag 'Die strafrechtliche Zurechnungsfähigkeit.' Von Dr. Alois Höfler. Mit e. SA. aus d. Verf.: 'Psychologie': Willensfreiheit u. Zurechnung. Wien & Prag: F. Tempsky 1897. (IV, 43 S.) 8°

— Vorschläge zu e. zeitgemässen Umgestaltung des mathematischen Unterrichts an den österreichischen Gymnasien u. Realschulen. Im Auftrage der deutschen Mittelschule in Prag erstattet. (III, 15 S.) gr. 8. Leipzig 906. B. G. Teubner. n. — 40
Sonderabdr. aus: „Ztschr. f. mathemat. u. naturwiss. Unterr."

— Drei Vorträge zur Mittelschulreform. I. Die Reformbeweggn. des realist. Unterrichtes in Deutschland u. Österreich. II. Der Organisationsentwurf v. 1849 als Fundament f. den Ausbau der österreich. Mittelschulen. III. Pädagogik u. Philosophie (akad. Antrittsvorlesg.). (VII, 167 S.) 8. Wien 908. W. Braumüller. 2.—

Höfler, Alois Welche Himmelserscheinungen während der Schuljahre 1889 und 1890 von den Schülern der dritten und vierten Classe beobachtet worden sind. Eine Mitteilung. 8 (S. 111—128).
Progr. G. der Theresian. Akademie Wien 1890.

Höfler, Alois: Welche Himmelserscheinungen während des Schuljahres 1896/97 von unseren Schülern beobachtet worden sind. Mit Beschreibung einer Schülersternwarte. Eine Mittheilung von A. H. (Umschlagtitel: ... sind.) 8 (S. 81—88).
Progr. G. der k. k. Theresian. Akademie Wien 1897.

— Worte der Erinnerung an Theodor Meynert u. an sein Verhältniss zur philosophischen Gesellschaft an der Universität zu Wien. Gesprochen in der Monatsversammlg. der philosoph. Gesellschaft am 10. Juni 1892. gr. 8. (28 S.) Wien 892. W. Braumüller. n. 1.—

Höfler, Alois, Wotan. Eine Studie z. „Ring des Nibelungen". 2. Aufl. gr. 8. (IV, 38 S.) Wien 896. (Leipzig. Th. Rüttig). n. 1.—

Höfler, Carl Adolph Constantin, s. Höfler, Konstantin

Höfler, Constantin, s. Höfler, Konstantin

Höfler, E., Friedr. Wilh. Dörpfeld. Aus seinem Leben u. Wirken. gr. 8. (37 S. m. Portr.) Leipzig 890. Siegismund & Volkening. n. — 60; geb. n. 1.—

Höfler, E. M., Bilder aus der französischen Revolution. Mit besond. Berücksicht. der Schicksale Ludwig's XVI. u. seiner Familie. Nach gedr. Quellen zusammengestellt. 2 Bde. 8. (V, 404 u. III, 319 S.) Münster 889. Aschendorff. 6.—

Höfler, Edmund

Höfler, Edm., die Anwendung der Feldbefestigung nach den Erfordernissen der Taktik. Zunächst für Officiere der Infanterie zusammengestellt. gr. 8. (VIII und 152 S. mit 2 lithogr. Plänen in gr. 4. und gr. Fol. und 42 eingedr. Holzschn.) Augsburg 861, Rieger'sche Buchh.

Hoefler, Edm., Aphorismen über taktische Begebenheiten des 7jährigen Krieges. Würzburg 869. Stahel. gr. 8. (III, 63 S.) n. 14 ngr.

Höfler, Edm., der Feldzug vom J. 1809 in Deutschland u. Tyrol mit besonderer Beziehung auf die Taktik. Mit Benützung neuer bayer. Quellen bearb. Mit 1 (lith.) Uebersichtskarte u. einem Detailplane (in Fol.). Augsburg 858. Rieger. 8. (XII, 274 S.) n. 24 ngr.

—— Gedanken über die taktische Ausbildung der Truppen überhaupt, zunächst der Infanterie, im Geiste der neueren Kriegführung. 8. (VIII und 156 S.) Augsburg 861, Rieger'sche Buchh.

Hoefler, Edm., zur Taktik der Gegenwart. gr. 8. (53 S.) Würzburg 868, Stahel'sche Buchh.

Höfler, Franz: Ueber die Ausdehnung der säcularen Bewegungen des festen Erdbodens. Th. I. (Einladungsschrift zu der öffentlichen Prüfung der Musterschule in Frankfurt am Main. 1877.) Frankfurt am Main 1877. 28 S. 8°.

Höfler, [Franz], Prof. Dr.: [Bericht über die Abschiedsfeier des Direktors Prof. Dr. Moritz Simon.] *Frankfurt a. M. 1902: F. Housack & Co.* (S. 31—36.) 4°
Frankfurt a. M., Klinger-OR, OP 1902 (459)

Höfler, Frz., method. Entwicklg. d. Grundbegriffe der allgem. Erdkunde im Anschl. an d. nächste u. weit. Umgebung als Einleitg. f. d. erdkundl. Unterricht, zunächst f. d. Sexta an höh. Lehranst. 2., verm. Aufl. gr. 8. (65 S. m. 3 Abb.) Frankfurt a/M. 897. (F. B. Auffarth.) n. 1. 20

Höfler, Franz, aus Döringstadt: Ἱππολύτου εἰς τὰ ἅγια θεοφάνεια. Untersuchung über d. Echtheit. *München 1904: C. Wolf & Sohn.* (61 S.) 8°
München, Phil. Diss. v. 1903

*Höfler, Franz [Xaver]: Ἱππολύτου εἰς τὰ ἅγια θεοφάνεια. Untersuchung über die Echtheit. 61 S. 8. Kgl. Progymn. *Schäftlarn* 1904.
Kurze Geschichte der Echtheitsfrage. I. Hauptteil. II. Hauptteil. Von der Sprache des Hippolytus. III. Hauptteil. Gedankengehalt der Predigt im Vergleich mit jenem der echten Schriften des Hippolytus. Schluß.
Progr.

Höfler, Fr., s.: Jahresbericht d. Frankfurter Vereins f. Geographie u. Statistik.

— deutsches Lesebuch f. höhere Lehranstalten, s.: Paldamus, F. C., u. Scholderer.

Höfler, Franz [Prof. Dr., Direktionsgehülfe]: Das erdkundliche Pensum der Quinta an höheren Lehranstalten in Bezug auf Inhalt und Methode. Tl 1. Grundzüge d. mathemat. Erdkunde. M. 14 Abb. Frankfurt a. M., A. Weisbrod, 1897; 1 Bl., 90 S. 8.
Frankfurt a. M., Klinger-S (OR), OP 1897 (439)

— das erdkundliche Pensum d. Quinta an höh. Lehranst. in Bezug auf Inhalt u. Methode. 1. Tl. Grundzüge d. mathemat. Elemente. gr. 8. (90 S. m. 14 Abb.) Leipzig 898. (Buchh. G. Fock.) n. 1. 50

Höfler, Franz [Dr.]: Das geographische Pensum der Sexta an höheren Schulen in Bezug auf Inhalt und Methode. Vorbegrifflicher Teil. *Frankfurt a. M., Druck v. A. Mahlau* (1890); 51 S. 4°
Frankfurt am Main, Muster-S (RG), OP 1890

HOEFLER, Gustav (Memmingen): De charactere morborum Monachii anno 1832/33 observato.- Monachii: Jaquet 1833. 35 S.
3.2.1832 - Urk; F 60
Diss.Ingolst.-Landsh.-Mchn.

Höfler, Gust., Führer von Tölz und Umgebung. gr. 16. (VIII, 84 S. mit 1 lithogr. Karte in 4.) München 871, J. A. Finsterlin. *
Mit Heuberger's Specialkarte *
—— dass. — [Tegernsee, Schliersee, Miesbach, Kochel- und Walchensee, Achensee.] 2. verb. Aufl. gr. 16. (96 S. mit 1 lithogr. Karte in gr. 4.) Ebendas. 875. cart. *

Höfler's, Gust. (H.), Führer von Tölz und Umgebung. Tegernsee, Schliersee, Kochel-, Walchen- und Achensee, sowie das angrenz. Gebirge. 3. verm. Aufl. Von Max Höfler. Mit (lithogr.) Spezialkarte der nächsten Umgebung von Tölz — (lithogr.) Routenkarte für weitere Ausflüge und 3 (lithogr.) Gebirgspanoramen. gr. 16. (XXI, 135 S.) München 878, J. A. Finsterlin. geb. *

Höfler, Gust., Bad Krankenheil zu Tölz in Oberbayern (jod- und schwefelhaltige doppeltkohlensaure Natron-Quellen) zugleich Führer in Tölz und seiner Umgebung. gr. 8. (VIII und 143 S. mit 1 Tab. und 1 Chromolithogr. in qu. Fol.) Freiburg im Br. 866, Herder'sche Verlagsh. *

Höfler, Gust., die jod- und schwefelhaltigen doppelt kohlensauren Natronquellen zu Krankenheil bei Tölz in Oberbayern physikalisch, chemisch u. therapeutisch dargestellt. Freiburg im Br. 856. Herder. gr. 8. (IV, 58 S.) 8 sgr.

Höfler, Gust., die jod- und schwefelhaltigen doppelt kohlensauren Natron-Quellen zu Krankenheil-Tölz in Oberbayern u. ihre Wirkungen Nach eigenen u. auswärtiger Aerzte Erfahrgn. dargestellt. 8. (VIII, 128 S.) Freiburg i. Br. 871. Herder. n. 1. 20

Hoefler, Gust., die Verlagsveränderungen d. deutschen Buchhandels während d. J. 1870—1876 [August incl.]. Im Anschluss an die gleichart. Werke v. Götschel, Conrad, Volger u. Strabel bearb. gr. 16. (50 S.) Leipzig 876. Johannssen. n.n. 1. —

Hoefler, Gust., die Verlagsveränderungen d. deutschen Buchhandels während der Jahre 1876 [Aug.] bis 1879 [Aug.]. Supplement zu den Verlagsveränderungen der Jahre 1870—1876, nebst Anh. über einzelne in anderen Verlag übergegangene ältere Bücher, Zeitschriften etc. 8. (95 S.) Leipzig 879. Johannssen. n.n. 1. 20

Höfler, Gust., die Verlagsveränderungen des deutschen Buchhandels während der J. 1879 [Aug.] bis 1882 [Aug.]. Suppl. zu den Verlagsveränderungen der J. 1870—1879, nebst Anhang über einzelne in anderen Verlag übergegangene ältere Bücher, Zeitschriften etc. 12. (100 S.) Leipzig 882, Höfler. * *

Höfler, Gust., die Verlagsveränderungen d. deutschen Buchhandels vom Aug. 1882 bis Ende 1884. Suppl. zu den Verlagsverändergn. der J. 1870—1882, nebst Anh. üb einzelne in anderen Verlag übergegangene ältere Bücher, Zeitschriften etc. 12. (84 S.) Leipzig 885. Hoefler. n.n. 1. 50

Hoefler, G., die Verlagsveränderungen des deutschen Buchhandels vom Aug. 1884 bis Aug. 1887. Suppl. zu den Verlagsveränderungen der J. 1870—1884, nebst Anh. über einzelne in anderen Verlag übergegangene ältere Bücher, Zeitschriften etc. 12. (99 S.) Leipzig 887. Hoefler. n.n. 1. 30

— dasselbe, vom Aug. 1887 bis Aug. 1890. Suppl. zu den Verlagsveränderungen d. J. 1870—1887, nebst Anh. über einzelne in anderen Verlag übergegangene ältere Bücher, Zeitschriften etc. 12. (104 S.) Ebd. 890. n.n. 1. 50

Höfler, Hans: Les Échecs Amoureux. Untersuchung über die Quellen des II. Teiles. 1. Hälfte. Neustadt a. d. Haardt [1906]: Aktien-Druckerei. (VIII, 76 S.) 8°
München, Phil. Fak., Ref. Breymann, Diss. v. 26. Juli 1905
[Geb. 15. März 77 Döringstadt, Oberfranken; Wohnort: Döringstadt; Staatsangeh.: Bayern; Vorbildung: Neues Gymn. Bamberg Reife Juli 97; Studium: Lyzeum Bamberg 2, München 6 S.; Rig. 26. Juli 05.]

Höfler, J., Entwurf zu einem Jagdschlosse, s.: Studien aus der Special-Schule von Th. R. v. Hansen.

Höfler, J. C., Geographie von Bayern, für Schüler in deutschen Schulen. 2. verb. u. verm. Aufl. 8. Bayreuth 844. (Grau'sche Buchh.) $1\frac{1}{4}$ ngr

Höfler, J. M., die Anklage des Predigers der freien Gemeinde C. Scholl gegen den christlichen Glauben in ihrer Nichtigkeit dargelegt und allen denkenden Christen zur Prüfung mitgetheilt. gr. 8. (16 S.) Erlangen 868, Deichert. *

Höfler, J., die Anklage des Predigers der freien Gemeinde C. Scholl gegen den christlichen Glauben in ihrer Nichtigkeit dargelegt u. allen denkenden Christen zur Prüfg. mitgetheilt. Erlangen 870. Deichert. gr. 8. (16 S.) n. 2 ngr

Höfler, J. M., wie dünket euch um Christo? Weß Sohn ist er? Eine Weihnachtsfrage. Für das christl. Volk beantwortet. gr. 16. (XI, 96 S.) Erlangen 871. Deichert. — 75

Höfler, Johann Gottfried

Höfler, J. G., Festgabe in den Jubelkranz unserer erhabenen Mutter der Universität Jena am Tage ihrer dritten Säcularfeier, am 15. August 1858. Mit beigefügten Erläuterungen. Altenburg, Pierer. Lex.-8. (2 Bl., 124 S.) 15 ngr

Broke, Friedr. Franz v.: [Gedicht.] Dem verehrten Jubelpaare Fr. Franz v. Broke und seiner theuren Lebensgefährtin der Schwester Aug. Georgine v. Broke geb. Puruckherr am Tage ihrer silbernen Hochzeit den 27. Mai 1853 in herzlicher Liebe gewidmet von den Brrn und Schwestern der St. Joh. Fr. Mr. Loge Archimedes z. d. 3 R[eissbretern] i. M. v. Altenburg. [Von Joh. Gottfr. **Höfler.**] Altenburg [1853]: Hofbuchdr. 4 Bl. 4⁰ [Umschlagtit.]
Abgedr. in: Brblr. 1853 S. 74.
Tt. 2482. „Steig' auf, geweihter Morgen, . . ."

Reichardt, Karl Aug.: [Gedicht.] Unsern lieben Reichardts zur frohen Feier ihres silbernen Ehejubelfestes am 8. Juli 1859. [Von Joh. Gottfr. **Höfler.**] [Altenburg 1859: Hofbuchdr.] 1 Bl. 4⁰ [Kopftit.]
Tt. 2483. „Du treuer Gefährte der pilgernden Welt, . . ."

[Zwei Gedichte von Joh. Gottfr. **Höfler** u. Rich. **Glass.**] Dem Fr[eund] u. Bruder [Karl] Back als er — am 23. Horn. 1864 — in sein 66. Lebensjahr eintrat. [Eisenberg 1864: Schnorr.] 1 Bl. 8⁰ [Kopftit.]

Höfler, J. G., Predigten für Straf- und Untersuchungsgefangene. Ein Beitrag zu Andachtsübungen in Besserungsanstalten u. Gefängnissen. 1. Bdchen. gr. 8. Altenburg 846, Schnuphase'sche B. n. 2/3 ₰

Höfler, J. G., Predigten für Straf- und Untersuchungsgefangene. Ein Beitrag zu Andachtsübungen in Besserungsanstalten und Gefängnissen. 1. Bdchn. 2., mit einer Predigt verm. Aufl. gr. 8. (XII und 160 S.) Altenburg 847, Schnuphase'sche Buchh. *

Hoefler, Johann Jacob (Noricus [= Bayern]), De licita jurisjurandi judicialis delatione super facto illicito et speciatim libertatem testandi impediente. Exercit. jurid. Präs. Georg Friedrich Deinlin. Altdorf (Joh. Georg Meyer) März 1739. 32 S. mit Widm. v. Präs. (7—) 15357

— — De discrimine inter testamenti sollemnitatem et probationem ejusque usu practico. Prolusio acad. ad dissertat. publ. et sollemn. a Philipp Schoene et Conrad Heineken (Bremen). Helmstedt (Michael Günther Leuckart) 30. III. 1762. 16 S. mit Biographien v. S. (M.: G. M. v. Erberfeld) u. He. (M.: H. G. Smith). (6.20) 15360

— — De primis et genuinis legum fontibus. Helmstedt (Paul Dietrich Schnorr's Wwe.) Okt. 1758. 23 S. (6.—) 15359

Hoefler. Joh. Jac.: De primis et genuinis legum fontibus commentatio. Acc. de solida jurisprudentia genuinis fundamentis superstructa declamatio solemnis. Helmstadii 1761.

— — Jurisprudentiae analogicae fundamenta. Altdorf (Johann Georg Meyer) März 1742. 20 Bl. (6.80) 15358
Widm. v.: Wolfg. Albert Spis.

Höfler, Jos., Skizze zu einem Cursalon mit Bädern, s. Studien aus der Special-Schule von Th. R. v. Hansen.

HÖFLER, Karl (Bad Tölz): De duobus casibus graviditatis extrauterinae.- (Titel nach der Urkunde) 18.3.1871 - Urk: F 73: Chr 1870/71,14
Diss.Ingolst.-Landsh.-Mchn.

Höfler, Konstantin von

Höfler, (Carl Adolph) Const., Abhandlungen aus dem Gebiete der alten Geschichte. I—VI. Lex.-8. Wien, (Gerold's Sohn.) *
Inhalt:
I. Über Hannibal's Zug nach Etrurien 207 v. Chr. (20 S.) 870. * 40 Pf.
II. Würdigung des L. Cornelius Sulla als Gesetzgeber und Staatsmann. (18 S.) 870. 30 Pf.
III. Untersuchung der Frage ob Griechenland mit der Zerstörung Korinths römische Provinz geworden sei. (44 S.) 870. * 60 Pf.
IV. Ueber die richtige Abgrenzung der alten Geschichte gegen das Mittelalter. (12 S.) 870. 30 Pf.
V. Ueber den Auslauf der römischen Geschichte in die byzantinische und die Gliederung beider. (90 S.) 871. * ℳ 1,40.
VI. Die Construction der römischen Geschichte. (16 S.) 872. * 30 Pf.
Aus: Sitzungsberichte der k. Akademie der Wissenschaften, besonders abgedruckt.

Höfler, Const. R. v., Abhandlungen aus der alten Geschichte. VII.: Kritische Bemerkungen über den Zosimos [Ζωσίμου, Κόμητος καὶ Αποφισκοσυνηγόρου ἱστορίας νέας βίβλια ἕξ] und den Grad seiner Glaubwürdigkeit. Lex.-8. (47 S.) Wien 880, (Gerold's Sohn.) *
I—VI. (Ebendas.) 1870—72. * ℳ 3,30.

— Abhandlungen zur Geschichte Oesterreichs unter den Kaisern Leopold I., Josef I., Karl VI. I. II. Lex.-8. Wien, (Gerold's Sohn.) [Prag, Calve'sche Universits-Buchh.] (* ℳ 3,20.) *
Inhalt:
I. Zum ungarischen Ausgleich im J. 1705. Nach den Actenstücken der diplomat. Correspondenz des Grafen Wenzel Gallas, kaiserl. Gesandten in London. (84 S.) 870. (* ℳ 1,20.) * 80 Pf.
II. Habsburg und Wittelsbach. Als Einleitung zu den vertrauten Briefen des Churfürsten Max II. von Baiern mit seiner Gemahlin Therese Sobieska. Von 1695, 1696, 1697, 1704. (134 S.) 871. (* ℳ 2.) * ℳ 1,20.
Aus: Archiv für Kunde österreichischer Geschichtsquellen, besonders abgedruckt.

— — Abhandlungen aus dem Gebiete der slavischen Geschichte. I.—V. Lex.-8. (Ebendas.) *
Inhalt:
I. Die Walachen als Begründer des zweiten bulgarischen Reiches, der Asaniden, 1186—1257. (19 S.) 879. * 40 Pf.
II. III. Der Streit der Polen und der Deutschen vor dem Constanzer Concil. — Die Schlacht am Ziskaberge vor Prag 14. Juli 1420. (40 S.) 880. ** 50 Pf.
IV. Die Epochen der slav. Geschichte bis zum J. 1526. (118 S.) 881. * ℳ 1,80.
V. Streiflichter auf die serb. Geschichte. (106 S.) 882. * ℳ 1,60.
Vorstehende zwei Schriften sind aus: Sitzungsberichte der k. Akademie der Wissenschaften, besonders abgedruckt.

—— Don Antonio de Acuña, genannt der Luther Spaniens. Ein Lebensbild aus dem Reformations-Zeitalter. Aus größtentheils unbekannten span. Quellen bearb. gr. 8. (XII, 120 S.) Wien 1882, Braumüller.

—— Papst Adrian VI. 1522—1523. gr. 8. (XI, 574 S.) Wien 880, (Gerold's Sohn.) *

Höfler, Constant. Ritter v. Der Anfang vom Ende. Drama in 5 Aufzügen. gr. 8. (88 S.) Prag 889, (Dominicus). 2 —

Höfler, C. v., Anna von Luxemburg, Kaiser Karls IV. Tochter, König Richards II. Gemahlin, Königin v. England 1382—1394. (152 S.) Wien 1861. C. Gerold's S.

Höfler, C. v., Anna v. Luxemburg, Kaiser Karls IV. Tochter, König Richard's II. Gemahlin, Königin v. England 1382—1394. [Aus „Denkschriften d. k. Akad. d. Wiss."] gr. 4. (152 S.) Wien 871. Gerold's Sohn in Comm. n. 7. 60

— dasselbe. Vorläufiger Bericht. [Aus d. Sitzungsber. d. k. Akad. d. Wiss.] Lex.-8. (12 S.) Ebend. 870. — 30

Höfler, Const. R. v., die Ära der Bastarden am Schlusse d. Mittelalters. [Aus: „Abhandlgn. d. k. böhm. Ges. d. Wiss."] Imp.-4. (III, 64 S.) Prag 891. (F. Řivnáč.) n. 2. 40

— Über das Fuggersche Archiv zu Augsburg. S. 10. 60
Separatabdruck

v. Höfler, Const. Der Aufstand der castilianischen Städte gegen Kaiser Karl V. 1520—1522. (266.) 8. Prag 1866. 1,00.

— der Aufstand der castillianischen Städte gegen Kaiser Karl V. 1520—1522. Ein Beitrag zur Geschichte d. Reformationszeitalters. gr. 8. (VIII, 266 S.) Prag 876. Tempsky. n. 4. —

— K. Karl's (V.) erstes Auftreten in Spanien. [Aus: „Sitzungsber. d. k. Akad. d. Wiss."] Lex.-8. (66 S.) Ebend. 874. n. 1. —

Höfler, C., Ueb. den Auslauf d. röm. Geschichte in die byzantinische u. die Gliederung beider. S. A. 1871. 88 S. 1.50

—— aus Avignon. gr. 4. (48 S.) Prag 868, (Calve'sche Universitäts-Buchh.) *

Höfler, (Carl Adolph) Const., Barbara, Markgräfin zu Brandenburg, verw. Herzogin in Schlesien, vermählte Königin von Böhmen, Verlobte Konrads Herrn zu Haydek. Ein deutsches Fürstenbild aus dem XV. Jahrhunderte. Nach den geheimen Correspondenzen des hohenzollerschen Hausarchives bearb. 2 Abthlgn. gr. 4. (VI und 100 S.) Prag 867, (Tempsky.) à Abthl. * 20 Ngr. *

— über die Bastarddynastien d. ausgehenden Mittelalters. Vortrag, geh. am 9. Febr. 1891. [Aus: „Sitzungsber. d. böhm. Gesellsch. d. Wiss."] gr. 8. (S. 15—24.) Ebd. 891. n. — 40

Höfler, C(onst.), Bayern, sein Recht u. seine Geschichte. gr. 8. (VI u. 72 S.) Regensburg 850, Manz. ¼ ₰

—— neue Beiträge zu dem carmen occulti autoris. Lex.-8. (34 S.) Wien 868, (Gerold's Sohn.) *
Aus: Sitzungsberichte der k. Akademie der Wissenschaften, besonders abgedruckt.

Höfler, C. — Einleitende Bemerkungen zum ersten Bande des Lehrbuches der allgemeinen Geschichte von — —. (Als Manuskript gedruckt.) Prag. 1857. Druck und Papier; von Karl Bellmann. (7 S. 8.)

Höfler, Konst., Betrachtungen über das deutsche Städtewesen im 15. und 16. Jahrhunderte. (O. O. o. J.) 8. . . . .(1)60

Höfler, Constant., Betrachtungen üb. die Ursachen, welche im Laufe des 16. u. 17. Jahrhund. den Verfall d. deutschen Handels herbeiführten. Festrede für die Feier d. Ludwigstages 25. Aug. 1842 geles. in der k. Akad. d. Wissensch. zu München. gr. 4. (2⅓ B.) München 842. (Franz.) *

Höfler, Constantin, s. Bibliothek des litterarischen Vereins in Stuttgart XII.

Höfler, Const. Ritter v., Bonifatius, der Apostel der Deutschen, und die Slavenapostel Konstantinos [Cyrillus] und Methodios. Eine histor. Parallele. gr. 8. (64 S.) Prag 887, Dominicus. * — 80
Aus: Mittheilungen des Vereins für Geschichte der Deutschen in Böhmen, besonders abgedruckt.

— Don Rodrigo de Borja [Papst Alexander VI.] u. seine Söhne, Don Pedro Luis, erster, u. Don Juan, zweiter Herzog von Gandia aus dem Hause Borja. [Aus: „Denkschr. d. k. Akad. d. Wiss."] Imp.-4. (84 S.) Wien 888. (Tempsky.) n. 4. 20

Höfler. Das kaiserliche Buch des Markgrafen Albrecht Achilles. Vorkurfürstliche Periode. 1440—1470. (XX. 219) 8. Bayreuth 1850. 2,80.

Höfler Karl Adolf Konstantin Ritter von, Dr.: Carmen historicum occulti autoris saec. XIII. Aufgefunden in einer Handschrift der Prager Universitäts-Bibliothek. S. 37. 183 . . . .
Separatabdruck

— Noch einmal das carmen occulti autoris. S. 38. 1[illegible] . . . .
Separatabdruck

—— Concilia Pragensia. 1353 — 1413. Prager Synodal-Beschlüsse. Zum ersten Male zusammengestellt und mit einer Einleitung versehen. gr. 4. (LXI und 116 S.) Prag 862, (Tempsky.) * 2 Thlr. [Frankfurt, Baer.] *
Aus: Abhandlungen der k. böhmischen Gesellschaft der Wissenschaften, besonders abgedruckt.

Höfler, Dr. C. (Prof. d. Gesch. a. d. Universität Prag), der hochberühmten Charitas Pirkheimer, Aebtissin von S. Clara zu Nürnberg, Denkwürdigkeiten aus dem Reformationszeitalter. Aus den Originalhandschriften zum 1. Male hrsg. u. mit e. urkundl. Commentare versehen. Bamberg 1852. Gedr. bei J. M. Reindl. 8⁰. Ppb. (aus Roming's Bibl.). CXII S. (incl. 8 Beilagen), 207 S., 1 Bl. Err.

—— Depeschen des venetianischen Botschafters bei Erzherzog Philipp, Herzog von Burgund, König von Leon, Castilien, Granada, Dr. Vincenzo Quirino 1505—1506. Lex.-8. (212 S.) (Ebendas.) 884. *
Aus: Archiv für österreichische Geschichte, besonders abgedruckt.

— das Ende. Eine Tragödie in 5 Aufzügen m. e. Vorspiele [König Lothar's V. v. Frankreich Tod]. gr. 8. (119 S.) Ebd. 890. n. 2. —

— Kaiser Karl's d. fünften Ende. Drama in 5 Aufzügen. gr. 8. (109 S.) Prag 889. Dominicus. n. 2. —

Höfler, (Karl Adph.) Const., die philosophische Fakultät, ihre Stellung zur Wissenschaft und zum Staate. Eine Rede, gehalten 2c. bei Gelegenheit der ersten Verkündigung von Preis-Aufgaben durch die philosoph. Fakultät. Prag 857. Tempsky. gr. 8. (15 S.) n. 4 ngr.

—— Fragmente zur Geschichte Kaiser Karl's VI. Nach geheimen brandenburg. Archivalien und den Aufzeichnungen des Grafen Stefan Kinsky bearb. Lex.-8. (61 S.) (Ebendas.) 869. *
Vorstehende drei Schriften sind aus: Sitzungsberichte der k. Akademie der Wissenschaften, besonders abgedruckt.

—— und Paul Jos. Šafařík, glagolitische Fragmente. gr. 4. (68 S. mit 5 Stnt., wovon 3 in Tondr.) Prag 857, (Rziwnatz.) * *
Aus: Abhandlungen der k. böhmischen Gesellschaft der Wissenschaften, V. Folge, 10. Bd., besonders abgedruckt.

—— Franken, Schwaben und Bayern. Eine Rede gehalten zu Culmbach am 8. Juli 1850. Nebst einer archival. Beilage: das älteste offizielle Verzeichniß der fränkischen Reichsritterschaft von 1495 enthaltend. gr. 8. (16 S.) Bamberg 850, Buchner'sche Buchh.

— Kaiser Friedrich II. Ein Beitrag zur Berichtigung der Ansichten über den Sturz der Hohenstaufen. Mit Benutzung handschriftl. Quellen der Bibliotheken zu Rom, Paris, Wien u. München. gr. 8. München 844, liter.-art. Anst. n. 2⅙ ℳ

— s. Garzetti, J. B., Römische Geschichte.

Höfler, Const., Genesis der Revolution. (1648—1806.) gr. 8. (XXVIII und 584 S.) Regensburg 850, Manz.
Aus des Verf. Lehrbuch der allgemeinen Geschichte 3. Bd. 2. Abthl., besonders abgedruckt.

Höfler, Const., Geschichte der engl Civilliste. gr. 8. Stuttgart u. Tübingen 834. v. Cotta. ⅓ ℳ

—— Geschichtsschreiber der husitischen Bewegung in Böhmen, s.a Fontes rerum austriacarum.

Höfler, C. Die Geschichtschreiber der Hussitischen Bewegung in Böhmen. 3 Bd (LXIII. 642; III. 845; 279). 8. (Fontes Rerum Austriacarum I, 2 6. 7.) Wien 1856 60. 18,30.

—— Magister Johannes Hus und der Abzug der deutschen Professoren und Studenten aus Prag 1409. gr. 8. (XI und 327 S.) Prag 864, Tempsky.

— der Hohenzoller Johann, Markgraf v. Brandenburg, Ritter d. goldenen Vliesses, Capitangeneral d. Königr. Valencia, design. König v. Bugia, General der Königin Germaine, geb. Gräfin v. Foix. [Aus: „Abhandlgn. d. k. bayer. Akad. d. Wiss."] 4. (83 S.) München 890. (Franz' Verl.) n.n. 2. 40

— Über Johannes genannt Porta de Avvoniaco. Eine bisher unbekannte Quelle zur Geschichte des Römerzuges Kaiser Karls IV. S. 35. 302 . . . . \
Separatabdruck

—— das diplomatische Journal des Andrea del Burgo, kaiserl. Gesandten zum Congresse von Blois 1504, und des erzherzogl. Secretärs und Audienciers Philippe Haneton. Denkschrift über die Verhandlungen K. Philipps und K. Ludwigs XII. 1498—1506. Nach Materialien des k. k. geheimen Haus-, Hof- und Staatsarchivs bearb. Lex.-8. (94 S.) Wien 885, (Tempsky.) * 1 50
Aus: Sitzungsberichte der k. Akademie der Wissenschaften, besonders abgedruckt.

—— Donna Juana, Königin von Leon, Castilien und Granada, Erzherzogin von Österreich, Herzogin von Burgund, Stammmutter der habsburg. Könige von Spanien und der österreich. Secundogenitur des Hauses Habsburg. 1479—1555. Aus den Quellen bearb. Imp.-4. (116 S.) (Ebendas.) 885. * 6 —
Aus: Denkschriften der k. Akademie der Wissenschaften, besonders abgedruckt.

—— zum Jubiläum der Universität Heidelberg. gr. 8. (50 S.) Prag 886, Dominicus. + — 80
Aus: Mittheilungen des Vereins für Geschichte der Deutschen in Böhmen, besonders abgedruckt.

— der deutsche Kaiser u. der letzte deutsche Papst. Karl V. und Adrian VI. [Aus: „Sitzungsber. d. k. Akad. d. Wiss."] Lex.-8. (81 S.) Wien 876. Gerold's Sohn in Comm. n. 1. 20

—— Kaiserthum und Papstthum. Ein Beitrag zur Philosophie der Geschichte. gr. 8. (215 S.) Prag 862, Tempsky.

— die Katastrophe d. herzogl. Hauses der Borja's v. Gandia. Niederlage u. Flucht Don Juan's II. Plünderung d. Palastes Borja. 25. Juli 1521. [Aus: „Denkschr. d. k. Akad. d. Wiss."] Imp.-4. (54 S.) Wien 892. (F. Tempsky.) n. 3. —

—— der Congress von Soissons, s.a Fontes rerum Austriacarum.

— Der Kongreß von Soissons. Nach den Instruktionen des kaiserlichen Kabinettes und den Berichten des kaiserlichen Botschafters Stefan Grafen Kinsky. 1. Band: Die Instruktionen und Berichte des Jahres 1729 enthaltend. Siehe F. II. 32. Band.

— Der Kongreß von Soissons. 2. Band: Die Instruktionen und Berichte der kaiserlichen Botschafter in Paris vom 2. Janner 1730 bis zum 6. Marz 1732. Siehe F. II. 38. Band.

— die Königsmutter. Drama in 5 Aufzügen. gr. 8. (109 S.) Prag 891. H. Dominicus. n. 2. —

. (Höfler, Const.), Concordat u. Constitutionseid der Katholiken in Bayern. Eine histor. Denkschrift mit Benützung bisher unbekannter Actenstücke, verfasst von dem Autor d. Erläut. u. Zusätse zu der Rede des Fürsten v. Wallerstein Durchl. über Quarta u. Klöster. Augsburg, B. Schmid, 1847. Gr. 8º. Ppb.
XVIII—204 S. — Lothar Anselm Frhrn. v. Gelbsattel, weil. Erzbischof v. München-Freising, gewidm.

— — die diplomatische Correspondenz des Grafen Gallas; s.a. Archiv für österreichische Geschichte.

Höfler, C., Die diplomatische Correspondenz der Grafen Johann Wenzel Gallas, kaiserlichen Gesandten in London und Haag während des spanischen Successionskrieges. Nach den in Prag und in Friedland aufgefundenen Archivalien zusammengestellt und der philosophisch-historischen Classe der kaiserlichen Akademie d. Wissenschaften vorgelegt. (Sonder-Abdr. a. d. Sitzungsber. d. k. Akad. d. Wiss.) gr. 8. (21 S.) Wien, Gerold in Comm. 1869 15 kr.

—— Kritik der Geschichte des Julius Caesar von Napoleon III. gr. 8. (21 S.) Prag 866, Steinhauser. *
Aus: Sitzungsberichte der k. böhmischen Gesellschaft der Wissenschaften, besonders abgedruckt.

— zur Kritik u. Quellenkunde der ersten Regierungsjahre K. Karl's V. [Aus: „Denkschr. d. k. Akad. d. Wiss."] Imp.-4. (84 S.) Ebend. 876. n. 3. —

— zur Kritik u. Quellenkunde der ersten Regierungsjahre K. Karls V. 2. Abth. [Aus: „Denkschriften d. k. Akad. d. Wiss."] Imp.-4. (148 S.) Wien 878. Gerold's Sohn in Comm. n. 7. 40 (1. u. 2: n. 10. 40)

—— zur Kritik und Quellenkunde der ersten Regierungsjahre K. Karls V. 3. Abthl.: Das J. 1521. Nach den authent. Correspondenzen im Archive zu Simancas zusammengestellt. Imp.-4. (208 S.) (Ebendas.) 883. *
1. und 2. Abthl. Ebendas. 1876,78. *ℳ 10,40.
Aus: Denkschriften der k. Akademie der Wissenschaften, besonders abgedruckt.

—— die Krönung Kaiser Karls IV., s.a Beiträge zur Geschichte Böhmens.

Die Krönung Kaiser Karls IV. (De coronatione Caroli IV. Rom. Imperatoris 1355.) Nach Johannes dictus Porta de Avonniaco. Hrsg. von K[arl] A[dolf] C[onstantin] Höfler. — Prag: Mercy in Comm. 1864. IX, 64 S. 4°
(Beiträge zur Gesch. Böhmens. Abt. 1: Quellensammlung, Bd. 2.)

—— **Antoine de Lalaing, Seigneur de Montigny, Vincenzo Quirino und Don Diego de Guevara als Berichterstatter über König Philipp I. in den J. 1505, 1506.** Lex.-8. (80 S.) (Ebendas.) 883.
Aus: Sitzungsberichte der k. Akademie der Wissenschaften, besonders abgedruckt.

— Lehrbuch der allgemeinen Geschichte. 1. Bd. Geschichte des Alterthums. 1. Liefg. gr. 8. München 845, Central-Schulbücher-Verlag. (Regensburg, Manz.) n. 13¾ ngr

— dass. 1. Bd. 2. Liefg. gr. 8. Ebend. 845. n. 12 ngr

—— Lehrbuch der allgemeinen Geschichte. I. Bd. A. u. d. T.: Geschichte des Alterthums. gr. 8. (VIII und 484 S.) Regensburg 850, Manz.

——. dass. — 2. Bd. 1. und 2. Abthl. A. u. d. T.: Geschichte des Mittelalters. 1. und 2. Abthl.: Von 330—1453. gr. 8. Ebds. [Abthl. I. (264 S.) 850. 12½ Ngr., 2. (X und 392 S.) 851. 22½ Ngr.]

—— dass. — 3. Bd. 1. Abthl. A. u. d. T.: Geschichte der neueren Zeit. 1. Abthl.: Von der Eroberung Konstantinopel's durch die Osmanen bis zum westphäl. Frieden. 1453—1648. gr. 8. (XII und 380 S.) Ebds. 852(53.)

—— Lehrbuch der allgemeinen Geschichte. 3. Bd. 2. Abthl. A. u. d. T.: Geschichte der neueren Zeit. 2. Abthl.: Die Genesis der Revolution bis zu ihrem vollständigen Siege. 1648—1804 (1806.) gr. 8. (XII und 596 S.) Regensburg 856, Manz.
1—3. Bd. 1. Abthl. Ebendas. 1850—53. 2 Thlr. 20 Ngr.

— Lehrbuch der allgemeinen Geschichte. Für Unter-Gymnasien u. Mittelschulen. 1. Bd. Geschichte des Alterthums. Mit 1 Atlas (von 6 lith., theilw. in Farben gedr. Taf. u. 1 Holzschn. in 4. u. Fol.) Prag 857. Tempsky. gr. 8. (322 S.) 1 rf. 6 ngr

—— Leonore von Oesterreich, Königin von Portugal. Drama in 5 Aufzügen. gr. 8. (113 S.) (Ebendas.) 888. * 2 —

—— Karl's des fünften erste Liebe. Ein dramat. Idyll, mit einem Vorspiele: Margaretha von Oesterreich. gr. 8. (90 S.) (Ebendas.) 888. * 1 68

– s. Mazas, Al.: Geschichte der französischen Revolution.

– (Hrsg.), s. Monumenta Hispanica

—— **Monumenta hispanica, s. Abhandlungen der königl. böhmischen Gesellschaft der Wissenschaften.**

—— **die avignonesischen Päpste, ihre Machtfülle und ihr Untergang. Vortrag gehalten in der feierl. Sitzung der kaiserl. Akademie der Wissenschaften am 30. Mai 1871.** 8. (55 S.) (Ebendas.) 871. *

— die deutschen Päpste. Nach handschriftl. u. gedruckten Quellen verfaßt. 1e Abthl. Die Päpste Gregor V., Clemens II. u. Damasus II. — 2e Abthl. Die Päpste Leo IX., Victor II., Stefan IX, Nicolaus II. Mit 1 Plane des mittelalterlichen Roms. (Mit Tabb.) gr. 8. Regensburg 839. Manz. 3⅛ rf

— **Heinrich's IV., Königs von Frankreich, Plan dem Hause Habsburg Italien zu entreißen. Eine historische Abhandlung.** Prag 859. Credner. gr. 8. (IV, 31 S.) n. 10 ngr

Höfler, Dr. Constantin, k. k. Prof. der Geschichte etc. Quellensammlung für fränkische Geschichte. 1. Bd. Ritter Ludwig's v. Eyb Denkwürdigkeiten brandenburgischer (hohenzollerischer) Fürsten. 2. Bd. Das kaiserliche Buch des Markgrafen Albrecht Achilles. Vorkurfürstliche Periode (1440—1470.) 3. Bd. Friederich's v. Hohenlohe, Bischof's v. Bamberg, Rechtsbuch. (1348.) 4. Bd. Der hochberühmten Charitas Pirkheimer, Aebtissin von St. Clara zu Nürnberg, Denkwürdigkeiten aus dem Reformationszeitalter. (4 Bde.) 8. Bayreuth und Bamberg 1849—1852.

— über die politische Reformbewegung in Deutschland im XV. Jahrh. u. den Antheil Bayerns an derselben. Eine Rede, gehalt. an d. 91. Stiftungstage der k. bayer. Akademie der Wissensch. zu München, am 28. März 1850. gr. 4. (77 S.) München 850. (Franz.) n. ⅟₁₂ rf

— **Ruprecht von der Pfalz, genannt Clem, römischer König. 1400—1410.** Freiburg im Br. 861. Herder. Lex.-8. (XII, 484 S.) n. 2 rf 15 ngr

— **die Schutzschrift d. Dichters Simon Lemnius [Lemchen] gegen das gewaltsame Verfahren der Wittenberger Akademie wider ihn 1538. Zum 1. Male vollständig hrsg. u. eingeleitet.** [Aus: „Sitzungsber d. k. böhm. Gesellsch. d. Wiss."] gr. 8. (147 S.) Prag 892. (F. Řivnáč.) n. 1. 20

– s. Schwarz, Jh. Geo.: Die heilige Mathilde.

— Böhmische Studien. I. Der Sieg der B[illegible] bei Kul[illegible] 1126. II. Streiflichter auf die böhmische Geschichte. III. Beiträge zur Geschichte der politischen Reformation. IV. Streiflichter auf die Zeit der Glaubensspaltung. Ar. 12. [illegible]
Separatabdruck

— Fränkische Studien. I. II. III. [illegible]
— — 1. Abteilung. Die ältesten Urkunden des Bamberger Archives über das Emporkommen der Burggrafen von Nürnberg [illegible] Stammes. 2. Abteilung. Die ältesten Aufzeichnungen über den [illegible] Erwerb der Hohenzollern [illegible] in Franken. Aus dem [illegible] Haus-, Hof- und Staatsarchive der [illegible] von Brandenburg [illegible] Plassenberg, gegenwärtig in Bamberg. (Zweite [illegible] von der Hand des Ritters Ludwig von Eyb.) Ar. 4. [illegible]
— — 3. Abteilung. Das Epistolarium des [illegible] XII. Aus der gräflichen [illegible] zu [illegible]. Ein Beitrag zur Geschichte der [illegible] Macht. Ar. 5. [illegible]
— — 4. Abteilung. Urkundliche Beiträge zur Geschichte der Häuser Brandenburg und Österreich, der Länder Ungarn und Böhmen. Namentlich aus der Zeit des Markgrafen Albrecht Achilles von Brandenburg. Ar. 7. [illegible]
— — 4. Abteilung. Urkunden zur Beleuchtung der Entwicklungsgeschichte der monarchischen, [illegible] und [illegible] Elementes im Deutschen Reiche. Briefe [illegible] von Fürsten [illegible] 1520. Ar. 8. [illegible]
Separatabdruck

— Fränkische Studien. 4. Abteilung (Schluß). Des Herzogs von Friedland Plane und Verfahren, März bis November 1633. Kurfürst Friedrich Wilhelm von Brandenburg und sein Verhältnis zu Österreich wie zur katholischen Kirche. Ar. 11. 1
Separatabdruck

— Fränkische Studien. IV. Lex. 8. (146 S.) Wien 852. (Braumuller.) n. ⅔ rf

— Fränkische Studien. V. VI. (Aus dem Archiv für Kunde österreich. Geschichtsquellen abgedr.) Wien 853, 57. Braumüller. gr. 8. (68; 52 S.) V.: n. 15 ngr; VI.: n. 8 ngr

Hoefler, Const., Tafeln f. die pharmaceutische Officin und das pharmaceutische Laboratorium. Nach der Pharmacopoea germanica zusammengestellt. gr. Fol. (3 Blatt.) Nürnberg 873. Korn. n. — 90

— vergleichende Uebersicht der Pharmacopoea germanica [1872] u. der Pharmakopoe für das Königr. Bayern [1859]. Zum Gebrauch f. Aerzte, Apotheker u. Droguisten bearb. gr. 8. (IV, 64 S.) Ebend. 872. n. 1. 20

—— **historische Untersuchungen.** Lex.-8. (17 S.) Wien 861, (Gerold's Sohn.)
Aus: Sitzungsberichte der k. Akad. der Wissenschaften, Jahrg. 1861, besonders abgedruckt.

—— kritische Untersuchungen über die Quellen der Geschichte Philipps des Schönen, Erzherzogs von Oesterreich, Herzogs von Burgund, Königs von Castilien. Lex.-8. (90 S.) Wien 883, (Gerold's Sohn.)
Aus: Sitzungsberichte der k. Akademie der Wissenschaften, besonders abgedruckt.

Ueber den von Kaiser und Fürsten ausgehenden Versuch, das freie Volk der Dithmarschen dänischer Erbherrschaft zu unterwerfen v. Constantin **Höfler**. (Wien. 1850.) 8° Ausschnitt aus: Sitzungsberichte der Kaiserlichen Akademie der Wissenschaften zu Wien, philos.-histor. Classe. Jg. 1850. H. 4 u. 5.

—— Karl's I. (V.), Königs von Aragon und Castilien Wahl zum römischen Könige. 28. Juni 1519. Lex.-8. (114 S.) Wien 874, (Gerold's Sohn.) *

—— Wahl und Thronbesteigung des letzten deutschen Papstes Adrian's VI. 1522. Lex.-8. (98 S.) Wien 872, (Gerold's Sohn.) *

—— Wenzel's von Luxemburg Wahl zum römischen Könige 1376. Eine histor. Untersuchung. Lex.-8. (28 S.) (Ebendas.) 869. *
Aus: Sitzungsberichte der k. Akademie der Wissenschaften, besonders abgedruckt.

— Die romanische Welt und ihr Verhältniss zu den Reformideen des Mittelalters. S. 91. 287 . . . .
Separatabdruck.

— die romantische Welt u. ihr Verhältniss zu den Reformideen des Mittelalters. [Aus: „Sitzungsber. d. k. Akad. d. Wiss."] Lex.-8. (284 S.) Ebend. 878. n. 4. 80

— die Zeit der luxemburgischen Kaiser: Karl IV. — (Wenzel.) — Sigmund, s. Geschichte, österreichische. für das Volk

Höfler, Const. Die Zeit der luxemburgischen Kaiser Karl IV. bis Sigismund. 8. Wien 1867.

Höfler, C. Ueber Hannibals Zug nach Etrurien 217 v. Chr. [Abhandlungen aus dem Gebiete der alten Geschichte. I.] (20) 8. Wien 1870 0,40.

Höfler, Konst., Deutsche Zustände im 13. u. 14. Jahrhunderte vom fränkischen Standpunkte aus. Bamberg 1855. 8.
Ist: Bericht 18. u. d. Wirken d. hist. Ver. zu Bamberg. . . . . (D.)

HOEFLER, Max (Bad Tölz): Ueber die Behandlung des Icterus catarrhalis.- München: Mühlthaler 1872. 16 S.
13.3.1872 - Urk (Titel: De ictero catarrhali.); F 73; Chr 1871/72,19
Diss. Ingolst.-Landsh.-Mchn.

Höfler, Max, volksmedizinische Botanik der Germanen, s.a. Quellen u. Forschungen z. deutsch. Volkskunde. 5. Bd.

Volksmedizinische Botanik der Germanen. Von Max Höfler. Wien: Ludwig 1908. 124 S. 8°
(Quellen u. Forschungen z. deutschen Volkskunde. Bd 5.) [illegible]

Hoefler, M., Führer von Tölz und Umgebung, Tegernsee, Schliersee, Kochelsee, Waldensee, Achen- und Barmsee, sowie in das angrenzende Gebirge. 4. verm. Aufl. Mit Specialkarte der nächsten Umgebung von Tölz (in Kpfrst.), 1 (lithogr.) Routenkarte für weitere Ausflüge und 4 Gebirgspanoramen. 12. (IV, 139 S.) München 882, J. A. Finsterlin. geb. 3

Höfler, M., Führer von Tölz und Umgebung, Tegernsee, Schliersee, Kochelsee, Walchensee, Achen- und Barmsee, sowie in das angrenzende Gebirge. 5. verm. Aufl. 12. (179 S. mit Specialkarte der nächsten Umgebung von Tölz, 1 Routenkarte für weitere Ausflüge und 4 Gebirgspanoramen.) München 886, J. A. Finsterlin. geb. * 2 40

Höfler, M., Führer v. Tölz u. Umgebung, Tegernsee, Schliersee, Kochelsee, Walchensee, Achen- u. Barmsee, sowie in die angrenz. Gebirge. 6., verm. Aufl. Mit Specialkarte der nächsten Umgebg. v. Tölz, 1 Routenkarte f. weitere Ausflüge u. 4 Gebirgspanoramen. 12. (264 S.) München 891. [J. A. Finsterlin.] Tölz, J. Dewitz. Geb. in Leinw. n. 3. 50

— Führer v. Tölz u. Umgebung, Tegernsee, Schliersee, Kochelsee, Walchensee, Achen- u. Barmsee, sow. in d. angrenz. Gebirge. 6. Aufl., 2., ergänzte Ausg. M. Specialkarte d. nächsten Umgebg. v. Tölz, 1 Tourenkarte f. weit. Ausflüge u. 4 Gebirgspanoramen. 12. (13 u. 264 S.) Ebd. 895. Geb. in Leinw. n. 3. —

Höfler, M., Führer durch Bad Tölz u. Umgebung, Tegernsee, Schliersee, Kochelsee, Walchensee, Achen- u. Barmsee, sowie in das angrenz. Gebirge. 7. verm. Aufl. Mit 4 Landschaftsbildern nach Gemälden v. J. Wenglein, 1 Karte u. 4 Gebirgspanoramen. gr. 16. (VI, 267 S.) Tölz 901. J. Dewitz. Geb. in Leinw. n. 3. —

— dasselbe. Der kleinen Ausg. 2. Aufl. 12. (III, 92 S. m. 1 Karte u. 1 Panorama.) Ebd. 900. n. 1. —

— Führer durch Tölz-Krankenheil. [Aus: „H., Führer durch Tölz u. Umgebg."] Mit 1 Karte u. 1 Panorama. 12. (V, 62 S.) Ebd. 896. n. 1. —

— Gebildbrote der Faschings-, Fastnachts- u. Fastenzeit, s.a. Zeitschrift f. österreich. Volkskunde. 5. Suppl.-Bd.

Höfler, M., Gebildbrote der Faschings-, Fastnachts- und Fastenzeit. [Supplementheft V (zu Band XIV) der Zeitschrift für österr. Volkskunde.] Gr.-8°. (ill. 104 S.) † K 4.—
Wien: Gerold 1908.

— das Jahr im oberbayerischen Volksleben m. besond. Berücksicht. der Volksmedicin. gr. 4. (48 S.) München 899. F. Bassermann. n. 1. 50
Sonderabdruck a.: „Beitr. z. Anthropol. u. Urgesch. Bayerns".

Höfler, Max, über Jodtheraphie. (10 S.) gr. 8. Leipzig 904. Verlag der Monatsschrift f. Harnkrankh. n. — 60
Sonderabdruck aus: „Monatsschr. f. Harnkrankh."

Höfler, M. Der Isar-Winkel, ärztlich-topographisch geschildert. gr. 8. (V, 280 S. m. Abbildgn. u. Karten.) Münch. 891, [Stahl sen.] Galler. * 5 —

Höfler, M., der Isarwinkel. Aerztlich-topographisch geschildert. (Neue Titel-Ausg.) gr. 8. (V, 280 S. m. 1 Illustr. u. 2 farb. Taf.) München 893. O. Galler. n. 5. —

— Bad Krankenheil-Tölz in den bayerischen Voralpen u. seine Wirkungen. gr. 8. (47 S.) München 881. (Freiburg i/Br., Herder.) n. — 80

Hoefler, M., Bad Krankenheil-Tölz in den bayerischen Voralpen u. seine Wirkungen. 2., verm. Aufl. gr. 8. (V, 199 S. m. 1 Bildniss.) Tölz 889. Stahl's Buchhandlg. n. 2. 40; geb. n. 2. 80

Bad Krankenheil-Tölz in den bayerischen Voralpen und seine Wirkungen. Von Dr. M[ax] **Hoefler**. 3. Aufl. Tölz: Stahl 1896. 232 S. 8° [illegible] 11

— **Bad Krankenheil-Tölz in den bayerischen Voralpen u. seine Wirkungen. 4. Aufl. (268 S. m. 1 Taf.) gr. 8. Tölz 903. J. Dewitz. n. 1. 50**

— deutsches Krankheitsnamen-Buch. Lex.-8. (XI, 922 S.) München 899. Piloty & Loehle. n. 35. —

Die volksmedizinische Organotherapie und ihr Verhältnis zum Kultopfer. Von M[ax] **Höfler.** ⟨Bad Tölz⟩. Stuttgart, Berlin, Leipzig: Union [1908]. (305 S.) 8° [08. 0361 2

— Ostergebäcke, s.a. Zeitschrift f. österreichische Volkskunde. 4. Suppl.-Bd.

Ostergebäcke. Eine vergleich. Studie d. Gebildbrote zur Osterzeit. Von Dr. Max **Höfler,** Hofrat, Tölz. Mit 103 Abb. auf 0 Taf. u. im Text. Wien: Ver. f. österr. Volkskunde 1906. (67 S.) 4°(8°)
— **Zeitschrift** f. österreich. Volkskunde. Suppl.H. 4. [06. 7060

—— balneologische Studien aus dem Bade Krankenheil-Tölz. gr. 8. (65 S.) [München 886, Literar.-artist. Anstalt.] Krankenheil-Tölz, Selbstverlag. * 1 —

— Bad Tölz-Krankenheil in den bayer. Voralpen u. seine Wirkungen. 7. Aufl. (136 S. m. Abb. u. 1 Bildnistaf.) 8. Tölz 910. J. Dewitz. 1. —

Höfler, Max, therapeutische Verwendung u. Wirkung der jod- und schwefelhaltigen doppeltkohlensauren Natronquellen zu Krankenheil-Tölz [Oberbayern] f. Aerzte u. Kurgäste. Mit 5 chromolith. Beilagen (in gr. 8. u. qu. 4.) gr. 8. (IV, 48 S.) Freiburg i/Br. 875. Herder. n. 1. 20

— Volksmedizin u. Aberglaube in Oberbayerns Gegenwart u. Vergangenheit. Mit e. Vorw. v. F. v. Hellwald. gr. 8. (XII, 244 S. m. 2 Lichtdr.-Taf.) München 888. Stahl sen. n. 2. 80

Volksmedizin und Aberglaube in Oberbayerns Gegenwart und Vergangenheit. Von M[ax] Höfler, Arzt. Mit e. Vorw. von Friedrich v. Hellwald. Neue [Titel-] Ausg. *München: O. Galler 1893.* (XII, 243 S.) 8° [F.] [01. 7365 11

—— Wald- u. Baumkult in Beziehung zur Volksmedizin Oberbayerns. gr. 8. (VIII, 170 S. m. Abbildgn.) Münch. 892 [Stahl sen.] Galler. * 2 —; geb. * 2 80

Wald- und Baumkult in Beziehung zur Volksmedizin Oberbayerns. Von M[ax] Höfler (Tölz). *München: O. Galler 1894.* (VIII, 170 S.) 8° [F.] [01. 7366 11

Höfler, Max, Weihnachtsgebäcke, s.a. **Zeitschrift f. österreichische Volkskunde, III. Suppl.-Hft.**

Weihnachtsgebäcke. Eine vergleichende Studie d. german. Gebildbrote z. Weihnachtszeit. Von Dr. Max **Höfler,** Hofrat in Tölz. Mit 13 Figurentaf. ⟨69 Abb.⟩ Wien: Verein f. österr. Volkskunde 1905. (77 S.) 4°(8°)
— **Zeitschrift** f. österreichische Volkskunde. Jg. 11, Suppl.H. 3. [05. 7797

Höfler, Rud., d. Assentpflichtige u. Rekrut. Ein Buch, welches üb. die Wehr- u. Stellungspflicht, die erreichbaren Begünstiggn. in der Erfüllg. der Wehrpflicht, dann den Vorgang bei der Stellg. etc. Aufschluss gibt u. den Rekruten das Militärleben eingehendst schildert, sowie alles Wissenswerte f. den Aktivdienenden, Reservisten u. Ersatzreservisten enthält. Zusammengestellt auf Grund der besteh. amtl. Vorschriften u. prakt. Erfahrgn. Mit Mustern zu allen Gesuchen. (XX, 221 S.) gr. 8. Wien (908). C. Fromme. 2. 50

— Die Geschäftsordnung (Dienstbuch A—5a; I. Abschnitt) m. den bisher verlautbarten Ergänzungen samt Mustern der im Dienstbuche angegebenen Ausfertiggn. u. vollständ. Sachregister, nebst e. Anh. der Titulaturen der Zivilbehörden in Österreich u. Ungarn. 3. Aufl. (147 S.) kl. 8. Wien (909). (Preßburg, G. Heckenast's Nf.) 1.50

— Der Soldat. Für Rekruten zur Aufklärg., f. gewesene Soldaten zur Erinnerg. Wehrpflicht im allgemeinen. Eingehendste Schilderg. d. Militärlebens. (78 S.) 8. Pressburg (909). (G. Heckenast's Nf.) 1. 20

Höfler, Rud., der nichtactive Soldat. (46 S. m. 1 Erinnerungsbl.) 8. Preßburg (904). (G. Heckenast's Nachf.) n. — 50

— Tableau der Unterschiede zwischen der bisherigen u. neuen militärischen Rechtschreibung. 5. Aufl. 70,5 × 107,5 cm. Ebd. 904. n. — 60

Höfler, R., Übersicht über die Ausstellungsverhältnisse des längerdienenden Unteroffiziers. 2. Aufl. 8°. (Tabellenform) K —.80
Pressburg: G. Heckenast's Nachf. Drodtleff 1905.

— s.: Unterricht, brieflicher, des Wissens.

Höfler, R., Unterschiede zwischen der bisherigen und neuen militärischen Rechtschreibung. 3. Aufl. 16°. (72 S.) K —.70
Pressburg: Drodtleff 1903.

— Unterschiede zwischen der bisherigen u. neuen militärischen Rechtschreibung. 4. Aufl. (72 S.) 16. Pozsony (Preßburg) 903. (G. Heckenast's Nachf.) n. — 70

— der schriftliche Verkehr des Offiziers u. Militärbeamten in persönlichen Angelegenheiten auf Grund der bestehenden Vorschriften. 1. u. 2. Aufl. (à XIV, 239 S.) kl. 8. Ebd. 905. n. 2. —

— Der schriftliche Verkehr des Offiziers u. Militärbeamten in persönl. Angelegenheiten auf Grund der bestehenden Vorschriften. 4. Aufl. (III, 168 S.) kl. 8. Wien 909. (Preßburg, G. Heckenast's Nachf.) 2. —

Hofleute, die, Ein Lustsp. in 5 Aufz. v. K. Hennings. 8. Erfurt, Keyser. 811.

Hofleute, die, Lustspiel in 5 Aufz. von C. Hennings. N. Aufl. 8. Erfurt u. Gotha, Hennings. 817.

Hoflich, D. H., praes. C. F. **Luther,** De epilepsia. 24 pp. Kil. 4°. 1730

Höflich, Carl [aus München]: Kultur- und Entwicklungsgeschichte der Cladothrix dichotoma Cohn. Wien 1901. 35 S. 8°. (S.-A. aus „Österreichische Monatsschrift für Tierheilkunde". XXVI. Jahrg.)
Freiburg i. Schw. Math.-naturw. Diss. 1900/1901.

Höflich, **Lhrd. Cph.,** commentatio de herniarum incarceratarum curatione rejecto scalpello tentanda. 8 maj. Nürnb. 804 (v. Ebner). 4 gGr.

Hoflichii, L. C., Commentatio de herniarum incarceratarum curatione rejecto scalpello tendando. 8. maj. Nrnb. Lechner. 804.

Höflich, Nanette. Die wohlerfahrene, elegante Strickerin . . . Leitfaden für junge Damen . .
Nürnberg, Verlag der Friedr. Korn'schen Buchhandlung. [1855—1878].
6 Bändchen. 8°.
I Fünfte Auflage [1869]: 230 S., 2 Bl. m. 71 Holzschn. — II Zweite Auflage [1855]: Haupttit., Nebentit., IV + 188 S.; 1 Taf. — III Dritte Auflage. [1877]: VIII + 176 S., 1 Bl., 1 Taf. — IV Dritte Auflage. [1877]: IV + 171 S.; 1 Taf. — V 1877: Tit., 222 S.; 1 Taf. — VI 1878. Tit., 1 Bl. 248 S. — Taf. in Lithogr.
Bd. 1. 1. Aufl. 1843. Bd. 4 verloren

Höflich, Nanette, die wohlerfahrene, elegante Strickerin. Ein gründl. u. faßl. Leitfaden für junge Damen zur Anfertigung verschied. Strickarbeiten. Nebst einem kurzen Anhang über Waschen, Bleichen, Fleckenreinigen ꝛc. Mit 73 Abbild. (auf 1 Tafel.) 8. Nürnberg 843, Korn'sche Buchh. 1/3 ₰ — 2. Bdchen. A. u. d. T.: Sammlung von 154 der neuesten und elegantesten Muster zum Stricken, Häkeln und Filetstricken. Mit 88 Abbild. 8. Ebend. 845. 3/8 ₰ — 2. verm. u. verb. Aufl. 1. Bdchen. Ebend. 845. 3/8 ₰

Höflich, Nanette, die wohlerfahrene, elegante Strickerin. Ein gründl. und faßl. Leitfaden für junge Damen zur Anfertigung verschied. Strickarbeiten. 1. Bdchn. 3. (Titel-)Aufl., 2. Bdchn. 2., verb. Aufl. und 3. Bdchn. 8. Nürnberg 855, Korn'sche Buchh.

Inhalt:

Bdchn. 1. 96 Muster zu Strumpftouren, 12 dergl. zum Stricken verschied. Strümpfe ꝛc., 24 zu durchbrochenen Strümpfen, Hauben, Handschuhen, 3 Ränder zu Häubchen, 19 Spitzenmuster ꝛc. Nebst einem kurzen Anhange über Waschen, Bleichen, Fleckenreinigen ꝛc. Mit 73 Abbild. (218 S. mit 1 Stnt. in Fol.) 11½ Ngr.
2. Sammlung von 160 der neuesten und elegantesten Muster zum Stricken, Häkeln und Filetstricken. Mit 88 Abbild. (VIII und 168 S. mit 1 Stnt. in gr. Fol.) 11½ Ngr.
3. Neues Arbeitsbuch für Damen. Eine Sammlung der neuesten und elegantesten Muster zum Stricken, Häkeln und Filetstricken. (Mit 34 Abbild. auf 1 Stnt. in gr. Fol.) 12½ Ngr.

Höflich, Nanette, die wohlerfahrene, elegante Strickerin. Ein gründl. und faßl. Leitfaden für junge Damen zur Anfertigung verschied. Strickarbeiten. 1. Bdchn. 4., verm. und verb. Aufl. 8. (232 S. mit 73 Abbild. in eingedr. Holzschn.) Nürnberg 864, Korn'sche Buchh.

Höflich, Nannette, die wohlerfahrene, elegante Strickerin. Ein gründl. u. faßl. Leitfaden für junge Damen zur Anfertigg. verschied. Strickarbeiten. 1. Bdchn. Mit 72 Abbildgn. (in Holzschn.). 5., verm. u. verb. Aufl. Nürnberg 869. Korn. gr. 16. (234 S.) 11½ ngr

— — 4. Bdchn. Enthltd.: 80 neue elegante u. erprobte Muster zu verschied. Strickarbeiten. Mit Abbildgn. (auf 1 Steintaf. in qu. Fol.) Ebend. 869. gr. 16. (IV, 220 S.) 11½ ngr

Höflich, Nannette, die wohlerfahrene, elegante Strickerin. Ein gründl. u. faßl. Leitfaden zur Anfertigg. verschiedener Strickarbeiten. 1. Bdchn. Mit 72 Abbildgn. (in eingedr. Holzschn.) 6. verm. u. verb. Aufl. 8. (230 S.) Nürnberg 874. Korn. 1. 15

— dasselbe. 2. Bdchn. A. u. d. T.: Sammlung von 160 der neuesten u. elegantesten Muster zum Stricken, Häkeln u. Filetstricken. Enth.: Mehrfache Anweisg. zum Stricken verschied. Kinderhäubchen, Kinderjäckchen, Kindersöckchen ꝛc. Mit 88 Abbildgn. (auf e. Steintaf.) 3. verb. u. verm. Aufl. 16. (VIII, 187 S.) Nürnberg 871. Korn. 1. 15

Höflich, Nannette, die wohlerfahrene elegante Strickerin. Ein gründl. u. faßl. Leitfaden zur Anfertigg. verschiedener Strickarbeiten. 5. Bdchn., enth. 80 neue elegante u. erprobte Muster zu verschiedenen Strickarbeiten. Mit Abbildgn. (auf 1 Holzschntafel. in qu. Fol.) 8. (232 S.) Ebend. 875. n. 1. —

Höflich, Nannette, die wohlerfahrene, elegante Strickerin. Ein gründl. u. faßl. Leitfaden f. junge Damen zur Anfertigung verschiedener Strickarbeiten. 1—4. Bdchn. 8. Nürnberg 878. Korn. à n. 1. —
1. Mit 72 (eingedr. Holzschn.-) Abbildgn. 7., verm. u. verb. Aufl. (VI, 224 S.)
2. Mit 88 Abbildgn. (auf 1 Steintaf.). 4., verb. u. verm. Aufl. (VIII, 192 S.)
3. Mit 1 (lith.) Taf. Abbildgn. 3., verb. Aufl. (VIII, 176 S.)
4. Mit 1 (lith.) Taf. Abbildgn. 3., verb. Aufl. (IV. 171 S.)

Höflich, Nannette, die wohlerfahrene, elegante Strickerin. Ein gründl. und faßl. Leitfaden zur Anfertigung verschiedener Strickarbeiten. 1., 2. und 5. Bdchn. gr. 16. Nürnberg, Korn'sche Buchh. à Bdchn. ¹ℳ 1.

Inhalt:

Bdchn. 1. 8. verm. und verb. Aufl. (194 S. mit 72 Abbild. in Holzschn.) 880.
2. Sammlung von 169 der neuesten und elegantesten Muster zum Stricken, Häkeln und Filetstricken. Enthaltend: Mehrfache Anweisungen zum Stricken verschied. Kinderhäubchen, Kinderjäckchen, Kindersöckchen ꝛc. 5. verb. und verm. Aufl. (VIII, 208 S. mit 1 lithogr. Taf.) 884.
5. 80 neue elegante und erprobte Muster zu verschiedenen Strickarbeiten. 2. Aufl. (222 S. mit 1 Holzschntaf. in qu. Fol.) 879.
3., 4. und 6. (Schluß-)Bdchn. Ebendas. 1877,78. à *ℳ 1.

Höflichkeit u. Anstand f. Kinder. Von e. Schulmanne. 2. Aufl. (31 S.) gr. 16. M. Gladbach (908). L. Boltze. n. — 20

Höflichkeits- u. Anstandslehre f. Feiertags-, Fortbildungs-, Gewerbs-, Präparanden- u. Lateinschulen, sowie f. Erwachsene zum Selbstunterrichte v. e. prakt. Schulmann. 2. Aufl. 8. (91 S.) Kempten 874. Kösel. — 75

Höflichkeitslehre in Denksprüchen. Bearbeitet für die Elementarschulen. 3. Aufl. Mannh. 1851. V: *Mühling, Eduard Joh. Jos.* (Ky)

Höflichkeitslehre in Denksprüchen. Neu bearb. f. die Elementarschulen. 3. Abdr. 12. (24 S.) (Mannheim 851, Löffler.) n. n. ¹/₁₂ ℛ︀

— f. Elementarschüler, aber auch zum Nutzen f. Sonntagsschüler u. Erwachsene. Mit besond. Rücksicht auf das Landvolk. Nach den Forderungen der Vernunft u. d. Christenthums. 12. (104 S.) Wiesensteig 851, Schmid. 8 ngl

Höflichkeitsregeln

— d. i., Grundsätze, wie man sein Leben dem Anstande, d. guten Lebensart u. der wahren Höflichkeit gemäß führen kann. 8. München, Jaquet. ord. Pap. 3 gl weiß Druckp. 4 gl

Höflichkeitsregeln, moderne, um in der Welt weiter zu kommen. 8. Leipz. 785. Barth. 10 gl

Höfliger, (A.,) (J. J.) Müller und (J. F.) Schubiger, Kantonsschule und Wälderverkauf. Gutachten gegen den Entwurf einer Uebereinkunft vom Juli 1856 an das kathol. Großraths-kollegium des Kantons St. Gallen. 28. Aug. 1856. gr. 8. (35 S.) St. Gallen 856, Köppel.

Höfliger, Ferdinand [med. prakt. von Wollerau (Kant. Schwyz)]: Die operative Behandlung irreponibler traumatischer Hüftgelenkluxationen. Zürich 1900. 74 S. 2 Taf. 8°.
Bern. Med. Diss. 1899/1900

Höfliger, Fr. Jos., s.a. H ö f l i g e r, Joseph

Höfliger, Fr. Jos., Die goldene Mittelstraße gegen den eisernen Radikalismus vertheidigt. Das. 1836, 8°.

Höfliger, Fr. Jos., Dr. Strauß als das Werkzeug des Radikalismus, oder: Der Angriff des sich selbst vergötternden Verstandes gegen das gläubige Gemüt. St. Gallen, Scheitlin u. Zollikofer, 1839, 8°. 2. Aufl.

Höfliger, Fr. Jos., Worte eines gläubigen Katholiken an die gläubigen Protestanten . . . über die Berufung des Dr. Strauß (nach Zürich als Professor der Kirchengeschichte u. Dogmatik). St. Gallen, Scheitlin, 1839, 8°, 40 Bf.

Höfliger, J. B., schweizerische Volkslieder nach d. Luzernischen Mundart. 8. Luzern, Mayer. (Leipz. Schmidt in Comm.) 815.

Höfliger, Joseph, s.a. H ö f l i g e r, Fr. Joseph

— und G. Kaiser, Gebete und Gesänge bei dem katholischen Gottesdienste. Insbesondere für die christliche Jugend. 5. verm. Aufl. St. Gallen 854. Scheitlin u. Zollikofer. 16. (VIII, 232 S.) 5 ngr; mit (36 Bl.) Musikbeilagen 7½ ngr

— und G. Kaiser, Gebete und Gesänge bei dem katholischen Gottesdienste. Insbesondere für die christl. Jugend. 6. Aufl. 16. (VIII und 208 S.) St. Gallen 859, Scheitlin und Zollikofer. * 6 Ngr.; geb. *
Ausg. mit Melodien (74 S.) * 8 Ngr.; geb. *

Höfliger, J., der Glauben u. die Liebe des heil. Stephanus. Dargestellt in einer Predigt am 26. Dezbr. 1849 zu St. Gallen. 8. (23 S.) St. Gallen 850, Huber & Co. 3 ngr

Höfliger, J., das apostolische Glaubensbekenntniß, erklärt für die kathol. Schuljugend der mittlern u. obern Klassen; und auch für die erwachsenen kathol. Christen. Nebst e. Anleitung zum würdigen Empfang der heil. Sakramente der Buße und des Altars. Schaffhausen 853. Hurter. 16. (75 S.) 6 ngr

— der Gruß des Engels an Maria. Betrachtet in einer Predigt am Feste Mariä Verkündigung zu St. Gallen. 8. (18 S.) St. Gallen 851, Huber und Comp.

Höfliger, J., Jesus am Oelberge betend: „Mein Vater, wenn es möglich ist, so gehe dieser Kelch an mir vorüber ꝛc." Predigt, gehalten am Charfreitage des Jahres 1859 in der Cathedralkirche zu St. Gallen. St. Gallen 859. Huber & Co. gr. 8. (20 S.) 3 ngr

— Johannes der Täufer als Vorbild der Starkmuth u. Demuth Den Zöglingen der kathol. Kantonsschule St. Gallens dargestellt am 24. Juni 1851. 8. (20 S.) Ebd. 852. 3 ngr

— Katechismus der christkathol. Religion f. d. Schuljugend. 8. (82 S.) St. Gallen 847, Scheitlin & Zollikofer. n. 4 ngr

Höfliger, Jos., Katechismus f. d. christkathol. Schuljugend in den mittl. Klassen. 24. ($3^7/_8$ B.) St. Gallen 845, Scheitlin u. Zollikofer. *

— die christkatholische Kirche u. ihr Verhältniß zum Staate. gr. 8. (40 S.) St. Gallen 850, Huber & Co. 3 ngr

Höfliger, Joseph. Die goldene Mittelstrasse gegen den eisernen Radikalismus vertheidigt. 8. St. Gallen *o. J.* [1830-40].

Höfliger, Joseph *s.* Strauss. Dr. St' als Werkzeug des Radikalismus.... St. Gallen 1839.

— das Wort ist Fleisch geworden, und hat unter uns gewohnet... voll der Gnade und Wahrheit. (Joh. 1, 14.) Ueber diese Schriftstelle eine Predigt auf das heil. Weihnachtsfest. St. Gallen 854. Huber u. Co. 8. (22 S.) 3 ngr

Hoefliger, Walter. Die Rechnungswährungen der Banken. Sonderabdruck aus der Deutschen Handelsschul-Lehrer-Zeitung. II + 24 S. 8. Dresden-Blasewitz, Bleyl & Kaemmerer, 1910.
Mitteilungen aus dem handelswissenschaftlichen Seminar der Universität Zürich... [Heft 9.]

Hoefling, Bernh., Bildnisse Düsseldorfer Künstler. Nach dem Leben gezeichnet u. lithogr. 1. 2. Liefg. Düsseldorf 853. Schaub. Fol. Jede Liefg. von 4 Bl. n. 1 ꝛf.; einzelne Blätter à n. 12 ngr
Inhalt: 1. Liefg.: J. P. Hasenclever. Hilgers. J. W. Schirmer. C. F. Lessing.
2. Liefg.: A. Aschenbach. Hans Gude. Ad. Tidemand. A. Weber.

Hoefling, B., und Merkel, Initialen des Mittelalters. Eine Sammlung von Mustern verschiedener Stylarten aus den Bibliotheken zu Fulda, Bonn, Paderborn, Kloster-Altenberg, Düsseldorf, aus Privatsammlungen zu Cöln und anderen vorzügl. Quellen. 6 Hefte. Fol. (31 Stnt., wovon 14 in Buntdr.) Düsseldorf 865,66, Spaarmann. à Heft * 15 Ngr. *

Höfling, B., die Künste des Mittelalters, s. Künste, die, des Mittelalters.

— malerisches Rhein-Album. Nach der Natur gez. u. lith. 1. 2. Liefg. Bonn (855, 57.) Matz. qu. gr. Fol. (6 lith. Taf. in Farbendr.) Jede Liefg. n. 1 ꝛf. 15 ngr

— Sammlung von Initialen, Ornamenten, Paramenten etc. aus dem Mittelalter. 1--3. Liefg. Ebend. 855--57. gr. Fol. (18 lith. Taf. in Farbendr.) Jede Liefg. n. 1 ꝛf.

Höfling, Eugen, Botanisch u. chemisch technisches, lateinisch-deutsches Wörterbuch, zum Uebersetzen der Pharmacopöen, zunächst der Pharmacopoea Hassiae electoralis. 8. Bacha 844, Müller. (Leipzig, Brauns.) n. $^1/_3$ ꝛf

Höfling, Franz [cand. med. aus Seligenstadt (Hessen)]: Zur Frage über den Zusammenhang von Ovulation und Menstruation .... Würzburg, Anton Boegler'sche Buchdr., 1888; 15 S. 8°
Würzburg, Med. Fak., Inaug.-Diss. v. 1888

Höfling, G., Geschichte und Beschreibung des im k. b. U. M. Kreise liegenden Marktfleckens Oberschwarzach u. der Ruine Stolberg am Steigerwalde. Mit 1 lithogr. Beilage. gr. 8. Würzburg 836. (Stahel.) n. $^1/_3$ ꝛf

Höfling, Johann Wilhelm Friedrich

Höfling, (Pfarrer Dr.) Jh. Wlh. Fr., Beleuchtung des Daumerischen Sendschreibens an Pfarrer Kindler, mit besond. Rücksichtnahme auf Vertheidigung d. in demselben angegriffenen heiligen Schrift. gr. 8. Nürnb. 832. Raw. 12 gl. Velinp. 16 gl.

Hoefling, Jh. Wlh. Fr., Origenis doctrinam de sacrificiis christianorum in examen vocavit, particula I--III. 4. Erlang 841. (Blaesing.) $^1/_2$ ꝛf

— von den Festen oder heiligen Zeiten der christlichen Kirche. gr. 8. Erlangen 838. Bläsing. $^1/_4$ ꝛf

— über den Geist der protestant. Kirche. Programm. gr. 8. Erlangen 835. Bläsing. $^1/_4$ ꝛf

Höfling, Joh. Wilh. Friedr., Grundsätze evangelisch-lutherischer Kirchenverfassung. 1. Aufl. (IV und 104 S.) 1850. * 10 Ngr., 2. Aufl. (VIII und 180 S.) 1851. und 3., verm. und verb. Aufl. gr. 8. (XII und 326 S.) Erlangen 852(53,) Blaesing. *

Höfling, Jh. Wlh. Fr., von der Composition der christl. Gemeinde-Gottesdienste, oder von d. zusammengesetzten Akten der Communion. Eine liturg. Abhandlung. gr. 8. Erlangen 837. Palm. $^1/_3$ ꝛf

— die Lehre des Irenäus vom Opfer im christl. Cultus. Programm, bei der homilet. Preisvertheilung zu Erlangen für d. Jahr 1840 geschrieben. gr. 8. Erlangen 840. (Bläsing.) $^1/_6$ ꝛf

— die Lehre Justin's des Märtyrers vom Opfer im christl. Cultus. gr. 8. Erlangen 839. Bläsing. $^1/_8$ ꝛf

— die Lehre der ältesten Kirche vom Opfer im Leben u. Cultus d. Christen. Zeugenverhör, in einer Reihe akademischer Programme angestellt. gr. 8. (VIII u. 236 S.) Erlangen 851, Palm. $1^1/_3$ ꝛf

Höfling, Joh. Wilh. Friedr., des Clemens von Alexandrien Lehre vom Opfer im Leben u. Cultus der Christen. Programm. gr. 8. ($1^1/_2$ B.) Erlangen 842. (Bläsing.)

— die Lehre Tertullians vom Opfer im Leben und Cultus der Christen. Programm bei der homilet. Preisvertheilung zu Erlangen für das Jahr 1843. gr. 8. Ebend. 844. 1/6 ℛ

— Mysticismus, der wahrhafte historische u. der heutzutage so genannte. gr. 8. Erlang. 832. Heyder. 6 gr

— de Symbolorum natura, necessitate, auctoritate atque usu dissert. 8 maj. Erlangen 834. (Blaesing.) 3/8 ℛ

Hoefling, Jh. Wlh. Fr., de Symbolorum natura, necessitate, auctoritate atque usu. Edit. II. non mutata. 8maj. Erlangae 841. (Blaesing.) 3/8 ℛ

— das Sakrament der Taufe, nebst den anderen damit zusammenhäng. Akten der Initiation. Dogmatisch, histor., liturgisch dargestellt. I. Bd., welcher die dogmatisch-histor. Einleitung u. Grundlegung, so wie die Darstellung des Katechumenates u. der Taufe der Proselyten enthält. Lex.-8. (38 B.) Erlangen 846, Palm'sche Vrlgsbuchh. *

— das Sakrament der Taufe nebst den anderen damit zusammenhängenden Akten der Initiation. Dogmatisch, histor., liturg. dargestellt. 2. Bd., die Darstellung u. Beurtheilung der kirchl. Praxis hinsichtlich d. Taufe u. d. Katechumenates d. Christenkinder enth. gr. 8. (XII u. 452 S.) Ebd. 848. n. 2 1/6 ℛ (I. II.: n. 4 2/3 ℛ)

— liturgisches Urkundenbuch enthltd. die Akte der Communion, der Ordination und Introduction, und der Trauung. Herausg. von Thomasius und Harnack. Leipzig 854. Teubner. gr. 8. (XII, 244 S.) 1 ℛ. 7 1/2 ngr.

Höfling, Richard

Höfling, R., das bürgerl. Gesetzbuch in Frage u. Antwort Ein Repetitorium zum Selbststudium. 2 Bde. 8. Berlin, O. Liebmann. Geb. in Leinw. n. 7. 20
1. Allgemeiner Tl., Recht der Schuldverhältnisse u. Sachenrecht. (VIII, 352 S.) 899. n. 4. —
2. Familienrecht u. Erbrecht. (VIII, 289 S.) 900. n. 3. 20

Höfling, R., Bürgerliches Gesetzbuch in Frage u. Antwort. Ein Repetitorium zum Selbststudium. 2., gänzlich neubearb. Aufl. I. u. II. Bd. 8. Berlin, O. Liebmann. Geb. in Leinw. 8. 50
I. Allgemeiner Tl., Recht der Schuldverhältnisse u. Sachenrecht. (XI, 359 S.) 909. Geb. 4. 50
II. Familienrecht u. Erbrecht. (IX, 292 S.) 910. Geb. 4. —

Höfling, R., die Polizeibehörden in ihrer Thätigkeit als Hülfsbeamte der Staatsanwaltschaft u. als Polizeirichter. Nach den Bestimmungen der Strafprozeßordnung u. sämmtl. Landesgesetze für Bürgermeister, Amtsvorsteher, Ortsvorstände u. andere Polizeibeamte sämmtl. deutschen Staaten zusammengestellt. 8. (167 S.) Leipzig 881. Veit & Co. cart. n. 2. —

Höfling, Strafmittel gegen Jugendliche. Bericht. [Aus: „Jahrb. d. Gefängnis-Gesellsch. f. d. Prov. Sachsen u. d. Herzogt. Anhalt".] gr. 8. (27 S.) Halle 894. (A. Kogel.) n. — 25

Höfling, Rudolf, appr. Tierarzt a. Römhild ‹S.-M.›: Aus d. Pharmakol. Institut d. Universität Gießen. Der Ätherextrakt des tierischen Blutes. Gießen 1906: v. Münchow. (22 S.) 8°

Gießen, Med. Fak., Ref. Geppert, Diss. v. 12. April 1906

[Geb. 16. März 82 Römhild, S.-M.; Wohnort: Römhild; Staatsangeh.: Sachsen-Meiningen; Vorbildung: Hennebergisches Gymn. Schleusingen Reife O. 02; Studium: Berlin Tierärztl. Hochsch. 5, Gießen 3 S.; Rig. 30. Febr. 06.]

Höflinger, Christoph

Höflinger, Ch., Anstandsregeln. Aus bewährten Quellen zusammengetragen und geordnet. Neue gänzlich umgearb. Aufl. gr. 16. (108 S.) Regensburg 877, Pustet. — 60

Höflinger, Ch., Anstandsregeln. Aus bewährten Quellen zusammengetragen u. geordnet. 6. Aufl. 16. (126 S.) Regensburg 881. Pustet. cart. n. — 60

Höflinger, Chrph., Anstandsregeln. Aus bewährten Quellen zusammengetragen und geordnet. 7.—10. Aufl. 16. (128 S.) Regensburg 882—87, Pustet. cart. * — 60

Höflinger, Ch., Anstandsregeln. Aus bewährten Quellen zusammengetr. u. geordnet. 14. Aufl. 16. (128 S.) Regensburg 897. F. Pustet. Kart. n. — 60

Höflinger, Ch., Anstandsregeln. Aus bewährten Quellen zusammengetragen u. geordnet. 15. Aufl. gr. 16. (128 S.) Regensburg 902. F. Pustet. Kart. n. — 60

Höflinger, Ch., Anstandsregeln. Aus bewährten Quellen zusammengetragen u. geordnet. 16. Aufl. (128 S.) 16. Regensburg 905 F. Pustet. Geb. in Leinw. n. — 60

Hoeflinger, Chrph., casus liturgici ad usum neocuratorum et conferentiarum pastoralium ordine alphabetico propositi et breviter resoluti. Ratisbonae 853. Manz. 12. (222 S.) 12 1/2 ngr.

— directorium rituum pro ecclesiis parochialibus, in quibus praestantiores sacrae functiones sine diacono et subdiacono persolvendae sunt, ex s. rit. congreg. decretis et approbatis rubricistis excerptum. Ratisbonae 854. Manz. 12. (144 S.) 10 ngr.

Höflinger, Cph., kurze Erklärung der vorzüglichsten Feste der heil. kathol. Kirche, mit bildl. Darstellungen, geistl. Gesängen und Kirchengebeten. Zur Erbauung und Belehrung, besonders der Jugend zusammengetragen. gr. 20. Sulzbach 842, v. Seidel'sche Buchh. 1/2 ℛ — Velinpap. 2/3 ℛ

Höflinger, (Beneficiat) Chr., Handbüchlein f. Meßner u. Schullehrer auf dem Lande, um bei den gottesdienstl. Handlungen, bei der Ausspendung der heil. Sakramente ꝛc. genau dienen zu können. gr. 12. Regensb. 831. Pustet. 3 gr

Höflinger, (Fr.) Chstph, Handbüchlein für Meßner u. Schullehrer auf dem Lande, um bei den gottesdienstl. Handlungen, bei der Ausspendung der heiligen Sakramente ꝛc genau dienen zu können. 2e verb. u. verm. Aufl. gr. 12. Regensburg 837. Pustet, jetzt Kollmann in Augsburg. 1/6 ℛ

— brevis instructio practica de missis votivis et pro defunctis, tam solemnibus quam privatis, rite celebrandis, in usum neosacerdotum. 12maj. (28 S.) Augustae Vind. 852, libr. Kollmann.

— Leben, Wirken und Leiden der Heiligen. Ein kathol. Erbauungs- u. Belehrungsbuch auf alle Tage des Jahres. 1r u. 2r Bd. 2 Abthll. (Jan. — Decbr.) gr. 4. Regensburg 838, 39. Manz. 4 1/2 ℛ

— dass. Ausgabe in Heften. 1s — 35s Hft. (1r Bd. 1s — 17s u. 2r Bd. 1s — 18s Hft.) Mit Titelkpfr. gr. 4. Ebd. 839, 40. à 1/8 ℛ

— Manuale rituum, s. Manuale.

—— manuale rituum in ss. sacrificio missae et in aliis ecclesiast. functionibus observandorum in us. neosacerdotum ex Rubricis, S. Rit. Congr. decretis ac probatiss. Rubricistis collectum. Edit. III. auct. 12. (9 B. u. 1⅓ B. Musikbeil.) Augustae Vind. 843, libr. Kollmann.

Hoeflinger, Chrph., Manuale rituum in SS. sacrificio missae et in aliis ecclesiasticis functionibus observandorum in usum neosacerdotum ex rubricis, s. rit. congr. decretis ac probatissimis rubricistis collectum. Editio V. Additis 2 figuris aere incisis et 30 tabulis (lith.) intonationum. 12. (XVI und 198 S.) Augustae Vindel. 850, libr. Kollmann.

— manuale rituum in ss. sacrificio missae et in aliis ecclesiasticis functionibus observandorum in usum neosacerdotum ex rubricis, s. rit. congreg. decretis ac probatissimis rubricistis collectum. Editio VII. auctior et emendatior. Additis 2 fig. lapide incisis et 30 tabulis (lith.) intonationum. Augustae Vindelic. 856. Kollmann. 12. (XVI, 236 S.) 15 ngr

Hoeflinger, Christophor., Manuale rituum in ss. sacrificio missae et in aliis ecclesiasticis functionibus observandorum in usum neosacerdotum ex rubricis, s. rit. congr. decretis ac probatissimis rubricistis collectum. Editio VIII. auctior et emendatior. 12. (XVI und 282 S. mit Fig. in Kpfrst. und 30 Stnt.) Augsburg 860, Kollmann'sche Buchh. Thlr.

Hoeflinger, Christoph., manuale rituum in ss. sacrificio missae et in aliis ecclesiasticis functionibus observandorum in usum neosacerdotum ex rubricis, s. rit. congr. decretis ac probatissimis rubricistis collectum. Editio VIII. 860. (XVI, 252 S.) — Edit. IX. emendatior. Additis 2 fig. lapide incisis et 30 tab. intonationum. Augsburg 863. Kollmann. 8. (XIV, 264 S.) 15 ngr

Hoeflinger, Christoph., Manuale rituum in ss. sacrificio missae et in aliis ecclesiasticis functionibus observandorum in usum neosacerdotum ex rubricis, s. rit. congr. decretis ac probatissimis rubricistis collectum. Editio IX 1863. et edit. X emendatior. Additis 2 fig. lapide incisis et 30 tab. (lithogr.) intonationum. 8. (XIV und 264 S.) Augsburg 868, Kollmann'sche Buchh.

Hoeflinger, Chrph., manuale rituum in ss. sacrificio missae et in aliis ecclesiasticis functionibus observandorum, in usum neosacerdotum ex rubricis, s. rit. congr. decretis ac probatissimis rubricistis collectum. Ed. XI. emendata et aucta. Additis 2 figuris modum incensationis exhibentibus (in eingedr. Holzschn.) 8. (XII, 343 S.) Regensburg 876. Manz. n. 2. 40

Hoeflinger, Chr., manuale rituum in ss. sacrificio missae et in aliis ecclesiasticis functionibus observandorum in usum neosacerdotum ex rubricis, s. rit. congr. decretis ac probatissimis rubricistis collectum. Ed. XII. emendata et aucta. Additis 2 figuris modum incensationis exhibentibus. 8. (XII, 343 S.) Regensburg 886. Verlags-Anstalt. n. 2. 40

—— Sacerdos curatus, s. Sacerdos curatus.

— s. Sammlung der nöthigsten Lehren des Anstandes.

(Cp.. Höflinger's) Samml. d. nöthigsten Lehren d. Anstandes u. d. Wohlgezogenh.; f. d. Jug. überh., zunächst aber f. d. Studirenden. *Sulzb.*, v. Seidel. B. 842. 12° 3gl

— Sammlung v. Nachmittags-Andachten f. die Sonn- u. Fest- u. einige andere Tage des kathol. Kirchenjahres. Zum Gebrauche in den Kirchen auf dem Lande. 8. (183 S.) Regensburg 852, Manz. ⅛ Thlr

Höflinger, J., die goldene Mittelstraße gegen den eisernen Radikalismus. Vertheidigt. 8. St. Gallen ... Scheitlin u. Zollikofer. ⅙ Thlr

vergl. Höfliger, J.

Höflinger, Paul, s.: Jäger's, des, Jagdbuch.

Höflings- u. Strebertum am Berliner Hofe. Von Frhr. v. St. 1. u. 2. Aufl. [1.—6. Taus.] gr. 8. (III, 63 S.) Berlin 892. C. Skopnik. n. 1. —

HÖFLMAYR, K., Wien und die Wiener. Wien, o. J. (ca. 1890). 8°. (60 Heller Carl Greif, 1914.)

Hoeflmayr, Ludwig [app. Arzt aus Würzburg]: Atrophische Lebercirrhose und Pseudoleukaemie mit letaler Magenblutung. . . . Würzburg, Becker's Univ.-Buchdr., 1890; 23 S. 8°
München, Med. Fak., Inaug.-Diss. v. 1890

Hofmaier, Michael. Geschichte der Pfarrkirche St. Marein im Lavantthale. Klgft., Leon. 1863. 47 S.

Hofman, A. Das Verhältnis Boileau's zu seinen Zeitgenossen. (In böhm. Sprache.) Karolinenthal, R., 1878. 30 S. Progr.

Hofman, Carl Gottl., s. Hofmann, Karl Gottlob

Hofman, Christian, s. Hofman v. Hofmannswaldau, Christian

Hofman, J. R. S., vollständ. Taschen-Lexikon d. Waarenkunde. Eine ausführl. Beschreib. d. Rohwaaren, sowie d. Fabrik- u. Manufakturerzeugnisse (Natur- u. Kunstprodukte), die im Handel en gros u. en detail vorkommen, nebst e. Menge d. Waarenhandel betreff. Notizen aus d. Erfahr. d. neuesten Zeit. 8 Hfte. 32. (36 B.) Erfurt 841, 43, Hennings u. Hopf. à * $^1/_{12}$ Thlr. *

Hofman, J. R. S., vollständ. Taschen-Lexikon der Waarenkunde. 2. Aufl. 32. (604 S.) Erfurt 845, Hennings u. Hopf. *

Hofman, K., s. Hofmann, Karl

Hofman, Karl Gottlob, s. Hofmann.

Hofman, Klementyne, s. Hoffmanowa.

Hofman, Tamme Sebe [aus Holwierde]: Über die Einwirkung von Acidylhydrazyden [!] auf Säureazide in Acetonlösung und das Phenylcarbaminsäurehydrazid. $CO\begin{matrix} NH.C_6H_5 \\ NH.NH_2 \end{matrix}$ ... Kiel, Druck v. P. Peters, 1895; 32 S. 8.
Kiel, Phil. Fak., Inaug.-Diss. v. [25. Nov.] 1895

[HOFMAN, TYCHO.] Leben einiger wohlverdienten Dänen, in einem Versuche dargestellet. O. O. 1741. Kl. 8°. 68 unnum. Bl. (1 davon weiß). *Mit Titelvignette, 6 großen Vignetten von Sysang u. a., 4 Porträts von Houbraken, C. v. Mander, Aveline u. Sysang gestochen, 1 Wappenkupfer, 1 gestoch. Stammbaumtaf. v. Schönemann, 2 Kupfern im Text u. 6 gefalt. Stammtafeln.* Berieb. Hldr. d. Z., Rücken oben läd. 35.—

Hofman [Bang], N. E., Anleitung zur Behandlung der Zwerg-Apfel- u. Birnbäume. 8. (89 S.) Kopenhagen 879. Höst & Sohn. n. 2. —

— Grundsätze der Thierzucht. Mit einem Vorwort von B. Prosch. Mit Bewilligung des Verf. aus dem Dän. übers. von Chrn. Jenssen. gr. 8. (56 S.) Bremen 880. Heinsius. n. 1. 20

Hofmann [Bang], N. E., die Obstzucht auf zwerg- u. niedrigstämmigen Bäumen. Mit e. Vorwort von Heinr. v. Nathusius. Mit 19 Abbildgn. (in eingedr. Holzschn.) gr. 8. (VII, 71 S.) ' Berlin 872. Wiegandt, Hempel & Parey. n. 1. —

HOFMAN-BANG, Ove Malling.
Studien über schwedische Fluss- und Quellwässer. Inaugural-Dissertation von O. Hofman-Bang. Uppsala 1904. 8:o. 57 s. (Ur: Bull. of the Geol. Instit. Ups., Vol. 11.)
Diss. Uppsal. phil.

Hofman von Hofmannswaldau, Christian

— — *Hofmann v. Hofmannswaldau*, Lohenstein, Zigler u. Kliphausen, Mühlpfort, v. Aszig, v. Abschatz, Gryphius, v. Haugwitz, Hallmann u. Zigler, Asiatische Banise, hrsg. v. Bobertag. 2 Bde. Berlin und Stuttgart, o. J. 8°. (Orig.-Hfrz. Mk. 7—.) (4 Mk. S. Calvary & Co., Berlin, 1897.)

§ — — Reisender Cupido, in anmuthigen mit kurtzen Lateinischen u. Teutschen Erklärungs-Versen untersetzten Kupffer-Bildern (10 Bll., Joh. Andr. Thelott inv.) vorgestellet. Augspurg, Leopold, 1703. Quer-4°. Höchst selten!

— — Dasselbe. Negotium Acad. Caes. Franc. excudit Aug. Vind. (circa 1750). Quer-4°. (60 Mk., 10 Bll. Kupferst. mit vollem Rande, Jos. Baer & Co., Frf. a. M., 1911.)

* — — *C. H. v. H.* Er reitzt sie zur Liebe an. (Obscönes Gedicht in 7 sechsz. Str.)
In: S. v. G. Auferweckte Gedichte (s. dort) . . . Franckf. u. Lpz. (Stettin), Joh. Adam Plener, 1702. 8°. S. 256—57. — Sep.-Abdr. Cöln [Franz Teubner] 1890. Kl. 8°. Büttenp. (Wirkl. Druckort Budapest.) Vergriffen!

Hofman von Hofmanswaldau, s. Friebe, Karl.

Hoffmann v. Hoffmannswaldau, Chr., auserles. Gedichte, s.a. Bibliothek deutscher Dichter. XIV.

* **HOFFMANNSWALDAU**, Herrn von, und andrer Deutschen auserlesene und bissher ungedruckte Gedichte, nebst einer (literargeschichtl. wichtigen) Vorrede von der deutschen Poesie (gesammelt u. herausg. von Benj. Neukirch). 6 Thle. Leipzig, Thom. Fritsch, 1695. 1697. 1703. 1708. 1709. (Nebst 1 Kupfertitel bei Th. 1.) 8°. (Auch in Frankf. a. M.) (36 Mk. J. Halle, München, 1905; 60 Kr. Halm & Goldmann, 1907.)

* — — Dasselbe. 6 Thle. Leipzig, Thom. Fritsch, 1697. 1697. 1710. S. a. 1710. 1722. (Nebst 1 Kupfertitel.) 8°.
Ausser Vorst. u. Regg. 403, 360, 360, 353, 317 u. 343 SS. Vom 2. Theile giebt es also 2 verschiedene Drucke vom Jahr 1697, und die 2. Ausg. des 4. Theils hat keine Jahrzahl.

* — — Dasselbe (Nachdruck), titulo: Herrn von Hoffmannswaldau und andrer Schlesier bissher noch nie zusammen-gedruckter Gedichte 5 Thle. Th. 1—4. Glückstadt u. Leipzig, Gotthilff Lehmann, 1704. Th. 5. Ibid. 1705. 8°.
(In Berlin nur Th. 1 u. 5 dieser Ausgabe; Th. 4 u. 5 in Marburg, Univbibl.) Dieselbe Sammlung, wie die vorige, in der Redaction vielfach abweichend. Dedic. d. 1. Th. ist C. H. unterz. In der Vorrede thut der Verleger als ob er eine ganz neue Sammlung herausgäbe. — Vom 4. Th. giebt es auch Drucke ibid. 1706. 8°.

* — — Dasselbe. (Nachdruck.) 6 Thle. Franckfurt, Verlegts Paul Straube, 1725. Buchh. zu Halle in Schwaben. Th. 7. (Hrsg. v. Glo. Fr. Wilh. Juncker.) Franckfurt u. Leipzig, Verlegts Paul Straube, 1727. Buchh. in Wien. (Nebst 1 Kupfertitel.) 8°. (40 Mk. Adolf Weigel, 1902; 70 Mk., tadelloses Expl., c. 1905.)
(Theil 1, 3—5 u. 7 in Berlin; Theil 3—7 in Frankf. a. M.) Ausser Vorst. u. Regg. 403, 360, 360, 353, 317, 343, u. 320 SS. Vom 7. Theile giebt es auch Drucke ibid. s. a. (in Berlin).

Hofmann von Hofmannswaldau, Christian, Herrn // von Hoffmannswaldau // und andrer Deutschen // auserlesener // und // bisher ungedruckter // Gedichte // siebender theil, // nebst // einer untersuchung // der Hanckischen weltl. gedichte. // Mit Kön. Pohln. und Churfürstl. Sachs. allergn. Privilegio // Franckfurt und Leipzig, // Verlegts Paul Straube, 1727. // Buchhändler in Wien. - 39 Blatt (nicht paginiert) Titelblatt, Widmung, Vorrede, Gottlob Friedrich Wilhelm Junckers Untersuchung Herrn Gottfried Benjamin Hanckens Weltlicher Gedichte und Register. - 320 Seiten.

B. S. T. 8°.322.

* — — Dasselbe. (Nachdruck.) 6 Thle. Leipzig, Mich. Blochberger, 1730—31. 8°. (In Berlin nur Th. 2 u. 6 dieser Ausg.)

* — — Dasselbe. 7 Thle. Franckfurt u. Leipzig, Mich. Blochberger, 1734—45. 8°. (In Berlin nur Th. 4 u. 5 dieser Ausg.)
Die ersten 6 Theile vom gleichen Verleger finden sich selten, zuweilen ist ein Exemplar aus allen verschiedenen Ausgaben zusammengesetzt. — In Stuttgart befinden sich laut handschriftl. Catalog Th. 1: 1751 (?); 2: 1743; (3 fehlt); 4: 1736; 5: 1734; 6: 1743; 7: o. J. — In Darmstadt sind: Th. 1: 1697 u. 1734; 2: 1697 u. 1743; 3: 1703 u. 1737; 4: 1736; 5: 1734; 6: 1709 u. 1743; 7: o. J. — In München 1 Expl. in 4 voll. 1697—1727.

— — Auserlesene Gedichte des Herrn *Christian Hofman von Hofmanswaldan* (so!). Mit einer Einleitung hrsg. von F. P. Greve. Leipzig, Insel-Verlag, 1907. 8°. (Echt Büttenpap., geh. Mk. 2,50; in Halbprgmt. gebd. Mk. 3,50.) (2 Mk., Hprgt., Schweitzer u. Mohr, Berlin, 1910.)
Diese kleine Sammlung will eine „Rettung" im Sinne Lessings bedeuten, indem sie zu zeigen sucht, daß Hofmanswaldau zu Unrecht von der Literaturhistorik, die sich vom Schlagwort „der Schwulst der zweiten schlesischen Dichterschule" nicht lösen kann, verhöhnt worden ist und sehr wohl Anspruch auf den Ehrentitel eines Dichters machen darf.

— C. V. H. Poetische Geschicht-Reden. Die erleuchtete Maria Magdalena. Die Thränen der Tochter Jephtä. Die Thränen Johannis unter dem Creutze. Klage Hiobs aus dem dritten Capitel und Cato. 32 S. — Hochzeit-Gedichte. 64 S. — Begräbniß-Gedichte. 80 S. — Breslau, E. Fellgiebels Wittib und Erben [1701].

* — — *C. H. v. H.* (aber Hoffmannswaldau wohl nur untergeschoben) Ein Gratulations-Schreiben wegen vollzogener Heyrath.
Lascive Darstellgn. in Prosa: Die neue Wirthschafft; die neue Schiffahrt; der neue Krieg. — In: S. v. G. Auferweckte Gedichte (s. dort) . . . . Franckf. u. Lpz. (Stettin), Joh. Adam Plener, 1702. 8°. S. 193—196. — Sep.-Abdr. Cöln [Franz Teubner] 1890. Kl. 8°. Büttenp. (Wirkl. Druckort Budapest.) Vergriffen!

§ — — Helden-Briefe (bereits 1663 verfasst). Leipzig u. Bresslau, In Verlegung Jesaiae Fellgiebels, Buchh. Im Jahr 1680. (Nebst Kupfertitel v. Sandrart.) 8°. (Auch in Göttingen u. in Breslau, Stadtbibl.)
Tit., 5 Bll. Vorr., 160 SS. Daran: Hochzeit-Gedichte. 63 SS. — Vermischte Gedichte. 88 SS. — Poetische Geschicht-Reden u. Die erleuchtete Maria Magdalena. 32 SS. Den Schlüssel zu den erdichteten Namen und Personen in den Heldenbriefen findet man in: Specimen Dissertationis historico-criticae de poetis germanicis huius seculi praecipuis, in Academia quadam celeberrima publice ventilatum, a. M. *E. N.* (Mag. *Erdmann Neumeier*). Anno 1706. 4°. p. 73. (Daraus bei Jördens II, 452.) Zuerst gedr. 1694. 4°. — Spätere Ausgabe: Vitembergae 1708. 4°. — S. auch besonders Ernst, Gotthold, Die Heroide in der deutschen Litteratur. (Diss.) Heidelb. 1901. S. 27—39. — Waldberg Max Frhr. v., Die Galante Lyrik. Strassburg 1885. S. 132—137. Es heisst da S. 133: „In den meisten dieser Briefe wird in unerhörtester Weise die roheste Sinnlichkeit gepredigt, zu Ehebruch, Unzucht etc. aufgefordert, und die fleischliche Lust mit den glühendsten Farben geschildert." — Jellinek, M., Hoffmannswaldaus Heldenbriefe. Weimar 1891. Gr. (S.-A.) 40 S. (1 Mk. Jos. Baer & Co., Frf. a. M., 1911.)

— — Dasselbe. Ibid. 1704. 8°. 7 Bll. u. 160 S. (4 Mk. Adolf Weigel, c. 1905.)

— — Dasselbe. Ibid. 1717. 8°. (3 Mk. 50 Pfg. Baer & Co., vor 1885.)

— — Dasselbe. Ibid. 1730. 8°. 7 Bll. u. 160 S.

- - , Leichenreden,
siehe Des Todes Tempel.

Christian Hoffmann von Hoffmannswaldau Deutsche Rede-Übungen, ein Werck darinnen allerhand Abdanckungs- Hochzeit- Glückwünsch, Bewillkommnungs- und andere vermischte Reden enthalten sind; Nebst beygefügten Lob-Schrifften vornehmer Standes-Personen, entworffen von Christian Gryphio. Leipzig, bey Joh. Ludwig Gleditsch, Im Jahr 17o2.

§ * — — *C.H.v.H.* Deutsche Uebersetzungen und Gedichte. Mit Bewilligung deß Autoris. Mit Portr. u. Kpfrn. von Joach. Sandrart, Melch. Küsell u. Andern. Breßlau, Jesaias Fellgiebel, 1679. 8⁰. (Auch in Göttingen: P. 3017.) (75 Mk., schönes Expl. mit Exlibris des Historiographen der Meistersinger, Joh. Christ. Wagenseil, Mart. Breslauer, Berlin, 1908.)

Inh.: Heldenbriefe. 1680. — Hochzeitgedichte. — Der Getreue Schäfer (des Bapt. Guarini, deutsch, mit Kpfrn. v. Melch. Küsell). — Der sterbende Socrates. 1681. — Geistliche Oden. — Vermischte Gedichte. — Poetische Grabschrifften. — Poetische Geschichtreden. — Begräbnissgedichte. (Sämmtlich mit separaten Titeln u. Seitenzahlen.)

* — — Dasselbe. Ibid. 1700. 8⁰. (Auch in Göttingen.)

C.H.v.H. Deutsche Übersetzungen und Gedichte ... Breszlau, Verlegts Esaiä Fellgiebels sel. Wittib und Erben, 17o4.

— — Deutsche Übersetzungen und Gedichte. Breslau, E. Fellgiebels Witwe, 1710. 8⁰. *Mit Kupfern und Musiknoten: Liedkompositionen teilw. von* JOH. SEB. BACH. Schöner nur leicht fleck., blindgepr. Schweinsldbd. d. Z. 665.—

C. III. 269, 4. Die Ausgabe setzt sich folgendermaßen zusammen: 1. (Vorstücke:) Doppelseitiges Frontispiz (zum „Getreuen Schäfer"). Gesamttitel, 32seitige (sehr interessante und u. a. längere Stellen aus Otfried u. a. altdeutschen Dichtern zitierende) Vorrede H's und 3 Bl. „Der vorredende Alpheus" von Lohenstein übersetzt. — 2. Der getreue Schäfer. 192 S. Mit 5 Kupfern. — 3. Helden-Briefe. Frontispiz, 7 Bl. 160 S. — 4. Hochzeit-Gedichte. 64 S. — 5. Begräbniß-Gedichte (u. Trauerrede). 80 S. — 6. Geistliche Oden, Vermischte Gedichte, und Poetische Grabschrifften. 128 S. Mit Noten (typogr. Notation). — 7. Poetische Geschicht-Reden. Die erleuchtete Maria Magdalena. Die Thränen der Tochter Jephta. Die Thränen Johannis unter dem Creutze. Klage Hiobs ... und Cato. 32 S. — 8. (Die Epicedia:) Lohensteins Lobrede bei Hofmannswaldaus Leichenbegängnis, Chr. Gryphius, Das bethränte Breßlau, H. Muhlpforts lat. Gedicht auf H. 30 Bl. M. 1 gestoch. Porträt H's und 1 Kupfertafel (Epigramme des Porträts).

— Deutsche Übersetzungen und Gedichte. [= eine spätere Ausgabe der gleichen Sammlung]. Breslau & Leipzig, M. Hubert, 1717. 8⁰. *Mit Kupfern und Musiknoten.* Pgt. d. Z. m. Rückenaufschrift. 600.—

C. III. 269, 4. Diese Ausgabe ist inhaltlich genau so zusammengesetzt wie die vorhergehende von 1710

* — — Dasselbe. Breßlau und Leipzig, Michael Hubert, 1717. 8⁰. (Auch in Darmstadt, Göttingen und in Eisenach, Bibl. des Bach-Museums.)

Darin auch 9 Oden u. 7 Gedichte, in Musik gesetzt von Joh. Sebast. Bach.

[—] C. H. v. H. Teutsche Übersetzungen und Gedichte, Mit Röm. Kayserlicher Majestät wie auch Königl. Poln. und Churfürstl. Sächs. Privilegio. Breßlau und Leipzig, Zu finden bey Michael Hubert, 1730. Kl.8⁰. 11 Teile in 1 Bde. *Mit 1 blattgroßen u. 3 doppelseit. gestoch. Titeln (1 davon wiederholt), 1 Frontispiz und 5 Kupfern.* Schöner neuerer Pgtbd.

G. III. 269, 1: 4 zitiert diesen Druck als die letzte der Sammelausgaben der Hofmannswaldauschen Werke. Sie durfte die vollständigste sein und enthält: 1. Der vorredende Alpheus von H. D. C. v. LOHENSTEIN übersetzt. 3 Bl. — 2. Der getreue Schäfer (nach GUARINI), 192 S. (mit 2seit. Frontispiz und 5 Kupfern). — 3. Poetische Geschicht-Reden. Die erleuchtete Maria Magdalena. Die Thränen der Tochter Jephthä. Die Thränen Johannis unter dem Creutze. Klage Hiobs aus dem dritten Capitel, und Cato. 32 S. — 4. Der sterbende Socrates, 158 S. (mit doppelseit. Titelkupfer). — 5. CHRISTIAN GRYPHIUS· Das bethränte Breßlau (Gedicht auf den Tod Hofmannswaldaus; 4 S. (Vorgebunden eine Wiederholung des doppelseitigen Titelkupfers zum Getreuen Schäfer). — 6. LOHENSTEIN, DAN. CASPAR VON. Lob-Rede, Bey... Hern. Christian von Hofmannswaldau... Leich-Begängnisse (beginnend mit den Worten: Der große Pan ist tot") 22 Bl. — 7. Begräbniß-Gedichte (nebst der Trauerrede von 1646) 80 S. — 8. MÜHLPFORT, HEINR. Latein. Lobgedicht auf Hofmannswaldau (Illustrem et magnificum...") 4 Bl. — 9. (Hofmannswaldaus) Vorrede" An den geneigten Leser" über alle seine Dichtungen. Er spricht darin von seinen Absichten, seiner Kunst, seinen Übersetzungen, aber auch von den Dichtern des Mittelalters wie Wolfram von Eschenbach, Walter v. d. Vogelweide, Otfried v. Weißenburg etc. Die Bedeutung dieser Vorrede unterstreicht u. a. E. Rotermund (Chr. H. v. H. Stg. 1963) p. 56. Daran schließen sich 10. die „Hochzeit-Gedichte" mit 64 S. — 11. Helden-Brieffe. Mit eigenem Verlagsvermerk und Datum 1732, 160 S., voraus ein Frontispiz: Amor an einem Baum.

— deutsche Uebersetz. u. Gedichte. 8. Bresl. Meyer. 730.

Hofmana, Karl, s. Hofmann.

Hofmaninger, Jos., Besuchungen des allerheiligsten Sakramentes für jeden Tag der Woche, nach dem heil. Alphons Maria von Liguori für Schulkinder bearb. und für Erwachsene brauchbar. 16. (32 S.) Linz 882, Haslinger. *

Hofmaninger, Jos., das Kind vor dem Tabernakel. Gebete und Andachtsübungen zum tägl. Gebrauche für Schulkinder bei den Besuchungen des allerheiligsten Sakramentes und bei der heil. Messe. 16. (88 S.) Linz 885, Haslinger. cart.

—— dass. — Gebete und Andachtsübungen zum tägl. Gebrauche für Schulkinder bei den Besuchungen des allerheiligsten Sakramentes, mit einem Anhang von Morgen-, Abend-, Meß-, Beicht- und Communion-Gebeten, zwei Litaneien und mehreren Liedern. 2. wesentlich verm. Aufl. 32. (VIII, 120 S.) Ebendas. 886. geb. **

Hofmaninger, Jos., das Kind vor dem Tabernakel. Gebete u. Andachtsübungen zum tägl. Gebrauche f. Schulkinder bei den Besuchgn. d. allerheiligsten Sakramentes, nebst e. Anh. der gewöhnl. Gebete. 4. Aufl. 32. (VIII, 240 S.) Salzburg 891. Pustet. n. — 48

Hofmaninger, Jos., Mahnworte ans Kindesherz. Zum Gebrauche f. Seelsorger, Eltern u. Erzieher. (VIII, 147 S. m. Titelbild.) 8. Linz 904. Preßverein. n. 1.—; geb. n. 1.40

Hofmann, Der. Schauspiel nach Chaveau. Frankfurt 1772. V: *Faber, Johann Heinrich.* (GGr) (Ky) (ML)

Hofmann, der., Schausp. von Chaureau. 8. Frankf. Andr. 772.

Hoffmann, Ernst Emil. Darmst. Tagblatt Nr. 9 u. 10 vom 12. und 13. Januar 1909, S. 15, 22. V: *Raab, Philipp.* (Hessische Biographien von Herman Haupt. Darmstadt II/2 [1921], S. 104)

Hofmann, Georg Wilhelm von. Eine biographische Skizze. Trier 861. Lintz. gr. 8. (56 S.) 9 ngr.

Hofmann, Prof. J. Chr. K. v., Erinnerungen an denselben, s.: Grau, R. F.

Hofmann

— s. a. **Hofeman, Hoffman(n), Hoofman.**

Hofmann, ..., s. Abentheuer d. Herzens.

Eine Abhandlung über den Brief an den Diognet. 22 S. Recklinghausen, Progr. 1860

Hofmann v.: Abhandlung über die Eisenhütten. Hof, 1783.

v. Hofmann, Freiherr ..., Abhandlung über Eisenhütten. 2 Thle. Mit Kpf. 4. Hof 794. (Grau). 1 rthl 8 gr.

Hofmann: Die Astronomie der Griechen bis auf den Dichter Euripides und seine Zeitgenossen. 30 S. 8⁰ – Triest, Progr. 1865

Hofmann, gerichtlich-anthropologische Bemerkungen zum Entwurfe des neuen Strafgesetzbuches für das Königr. Bayern. München 856. Fleischmann. 8. (VI, 71 S.) n. 8 ngr.

Hofmann, s.: Bericht der IX. Kommission des Reichstags üb. den Entwurf e. Invalidenversicherungsgesetzes.

Tabellarische Bestimmung der Bestandtheile der merkwürdigsten Neutral und Mittelsalze in hundert Theilen; nach Bergmann, Kirwan, Wiegleb, Wenzel und anderen Scheidekünstlern; nebst Bezeichnung ihrer Auflösbarkeit sowohl in Wasser als Weingeist und der Bemerkung der eigenthümlichen Schwere der Körper für Physiker, Aerzte, Scheidekünstler und Apotheker. Weimar, 1791. Fol. Two tables.

Hofmann, Darstellung d. zehnjährigen polit. Ereignisse zwischen Rußland, Deutschland u. Frankreich. 8. Altenb. Petersen. 815.

Hofmann, v., Darstellung d. Wahrheit contra Rettberg. Lemgo, Meyer. 794. Rthlr.

Hofmann: Der Dom zu Worms und seine Wiederherstellung. Rede. Darmstadt 1897

Hofmann. Die Entwicklung der Militär-Witwen- und Waisen-Versorgung in Oesterreich-Ungarn. (Aus: „Militär-Blatt". Jhg. 1896, Nr. 7—11.) Wien 1896.

Hofmann, Geschichtszahlen zum Gebrauch an höheren Lehranstalten. gr. 8. (26 S.) Ems 887. Sommer. n. — 40

Hofmann, das Gewehr 98. Mit 26 Orig.-Abbildgn. (38 S.) gr. 8. München 903. R. Oldenbourg. n. — 50
Sonderabdruck aus: „Müller u. v. Zwehl, Handb. f. den Einjährig-Freiwilligen etc., hrsg. von Th. Frhr. v. Mallen."

Hofmann, (Ober-Grenz-Controlleur) ..., Handbuch über den Königl. Preuß. Zoll- u. Steuer-Aufsichts-Dienst für ambulante Grenz- u. Steuer-Beamten. gr. 8. Weißensee 828. (Eupel in Sondersh.) 1 Rthlr 6 gGr

Hofmann: De hippodromo Graecorum additis quibusdam ad Sephocl. Electr. v. 680-763 recte interpretandos. 17 S. –Neustadt i/W., Progr. 1866

Hofmann, (Pfarrer), s.a. Injurienprozeß, der merkwürdigste, dieses Jahrhunderts.

(Hofmann,) der merkwürdigste Injurienprozeß dies. Jahrhunderts, od. d. dritte Untersuch. geg. d. Pfarrer Hofmann, von Sprendlingen, gegenwärtig zu Darmstadt. Allen Juristenfacultäten u. Rechtsgelehrten d. deutschen Bundesstaaten mit d. Frage gewid., ob d. hohen constitution. Monarchen u. Fürsten dies. Staaten nicht d. Recht haben, in Fällen, wie d. gegenwärt. ist, besond. Immediatcommissionen zu deren Entscheid. niederzusetzen. gr. 8. (11¾ B.) Bern 838, Fischer.

Hofmann. Justinus des Märtyrers Brief an Diognetus, griechisch und deutsch mit Einleitung und Erläuterungen. 26 S.
Neiße, Progr. 1851

Hofmann, (Prof. Dr.,) s. Kirchenblatt, Mecklenburg.

Hofmann. Leben und Thaten Peter Ernsts Grafen von Mansfeld. Leipzig 1718.

Hofmann, Frhr. v., systematischer Lehrgang zur Ausbildung der Infanterie im Bajonettiren. 1. u. 2. unveränd. Aufl. 16. (23 S.) Metz 893. G. Scriba. — 15

Hofmann's Lexicon der chemisch-technischen und pharmaceutischen Präparate. Ein Lehr- u. Nachschlagebuch für merkantile u. industrielle Fachleute, insbesondere auch für Lehrinstitute dieser Branchen u. deren Zöglinge. Mit einem Vorworte u. Sachregister von Emil Winckler. Dresden 861. Klemm. gr. 8. (XXXII, 208 S.) 1 Rthlr

Hofmann, s.: Luftschiffahrt, die.

[Hofmann]: Neuestes Noth- u. Hülfs-Viehbuch ... Frankf. u. Leipz. 1797. 186 S.

Hofmann, üb. die Pflichten der Eltern, s.a. Volksschriften, Dresdner. Nr. 7.

Hofmann, Amtsrichter, Dr., Über die Pflichten u. Rechte der Eltern nach dem Bürgerlich. Gesetzbuche. »Volksschriften, Dresdner.« (8 S.) Dresden 1901. O. V. Böhmert.

Hofmann, ..., 4 Predigten auf den selig. Laurent. v. Brundisi, s. Franz u. Schubert.

Hofmann, der Reactionär in der Westentasche oder rhythmischer Gang der qualitativen chemischen Analyse. Didactisches Poëm mit elegisch-spectralanalytischem Epilog und einer Gedenkpyramide der Analyse. In chemische Knüttelreime gebracht. 3—6. Aufl. Breslau 861, 62. Maruschke & Berendt. 16. (2 Bl., 43 S.) n. 7½ ngr.

Hofmann, v., die Augsburger Rechtfertigung der Augsburger Adresse. gr. 8 (8 S.) Nördlingen 874. Beck. n. — 20

— die Schlacht von Borodino mit einer Uebersicht des Feldzugs von 1812. gr. 8. (Mit 1 Karte u. 3 Tab.) Coblenz 846, Bädeker. n. 1 Rthlr

Hoffmann, d. sächsische Subhastationsordnung. Mit Einleitg., Parallelstellen u. Sachregister. Leipz. 885.

Hofmann, die Thätigkeit des Gemeindevorstehers nach dem Reichsgesetze betr. die Gewerbegerichte vom 29. Juli 1890. Nach dessen Tode hrsg. v. e. Verwaltungsbeamten. 8. (XII, 176 S.) Leipzig 893. Roßberg. n. 2. —

Tabellarische Uebersicht aller zur pharmaceutischen Scheidekunst gehörigen Werkzeuge und Geräthschaften nebst kurzer Beschreibung der Anwendung derselben. Weimar, 1791.

Hofmann, s.: Ueber die Erhaltung des Heidelberger Schlosses.

Hofmann, Vorschläge z. Abhülfe der Noth. Breslau 848.

Hofmann, das Werk d. innern Mission in Mecklenburg. Ein Bericht, im Auftrage des Hauptvereines f. innere Mission in den mecklenburg. Landen. gr. 8. (3½ B.) Rostock 841, Leopold. Thlr.

v. Hofmann, aus neuer und alter Zeit. Coblenz 854. Hergt. 8. (34, 13 S.) 10 ngr.

Hofmann v.: Zeitschrift für Protestantismus u. Kirche. Erlang. 1853–57. 5 Bde. 8°

Hofmann, A.

—— Anleitung Insekten zu sammeln, zu tödten, zu ordnen, aufzubewahren u. zu versenden. 8. (1¼ B.) München 831. (Nördlingen, Beck'sche Buchh.)

Hofmann, A., theoret.-prakt. Anweisung z. Radical-Heilung Stotternder. Nach eigenen Erfahrn. u. mit Berücksichtigung aller bis jetzt bekannt gewordenen Heilmethoden dies. Uebels bearb. gr. 8. (5 B.) Berlin 840, Schroeder. Thlr.

Hofmann, A., Beobachtungen u. Erfahrungen auf dem Gebiete der Schulgesundheitspflege. Mit briefl. Gutachten üb. Luftheizg. von Frhrn. J. v. Liebig u. mehreren Professoren, Aerzten, Technikern u. Schulmännern. Für Schulgemeinden u. Schulfreunde. gr. 8. (108 S. m. 1 Holzschntaf. in qu. gr. 4.) Nürnberg 874. Korn'sche Buchh. n. 1. 50

Hofmann, A. v[on]. Der Bergsturz über Goldau, oder: Die trauernden Schweizer an der grossen Grab-Stätte des eingestürzten Rossberges im Canton Schwiz. Eine Cantate. 8. *o. O.* (1806).

Hofmann, A. (I.), Crocodiliden aus dem Miocaen der Steiermark, s. Beiträge zur Paläontologie Oesterreich-Ungarns.

— Robinson Crusoe. Nach Campe f. die Jugend bearb. 8. (116 S. m. 6 Farbendr. v. W. Schäfer.) Berlin 889. Norddeutsches Verlags-Institut, J. Jolowicz geb. 3. –

Robinson Crusoe. Nach Campe für d. Jugend bearb. von A. Hofmann. Berlin: A. Engel [R. Gahl 1899]. (155 S.) 8°

Hofmann, A., Robinson Crusoe. Nach Campe f. die Jugend bearb. Illustr. v. F. Schneider. gr. 8. (116 S. m. 3 Farbdr.) Berlin (899). R. Gahl. Geb. — 75; erb. Pr. 2. 25

— dasselbe. Nach Campe's Erzählg. f. die Jugend bearb. Mit (3) Illustr. in Farbendr. gr. 8. (116 S.) Berlin (902). Globus-Verlag. Geb. — 60

Hofmann's (A.) Deklamatorium. Eine gewählte Sammlung ernster und launiger Dichtungen zum Vortrag in geselligen Kreisen. 6 Hefte. 8. (384 S.) Berlin 850—51, Hofmann und Comp. à Heft * 5 Ngr. *

Hofmann, A.: Entwurf einer Medizinal-Ordng. ..., s. Hoffmann, Adolf

Hofmann, A., die Fauna v. Göriach, s.a. Abhandlungen der k. k. geologischen Reichsanstalt.

Hofmann, A.: Die Fauna von Göriach. Von –. (Mit 17 Lichtdr.-Taf. u. 1 Zinkotypie.) Wien: K.k. geol. Reichsanst. 1893. (87 S.) 4°
= Abhandlungen d. k.k. geol. Reichsanstalt. Bd 15, H. 6.

Hofmann, A.: „Kurzer systematischer Grundriss für eine encyclopädische Landwirthschaftslehre mit besonderer Rücksicht auf die allgemeinen Grundsätze des Pflanzenbaues und der Thierzucht; für systematische Denkübung und allgemeine theoretische Belehrung der mittlern Jugend bearbeitet", Regensburg 1838 (Reitmeier).

Hofmann, A., Märchenschatz. Eine Sammlg. der schönsten Märchen v. Grimm, Hauff, Andersen, Bechstein u. A. Mit 4 Farbendr.-Bildern u. vielen Illustr. gr. 8. (316 S.) Fürth 888. G. Löwensohn. geb. 3. —

Hofmann, A., s. Organ für die Interessen des Kunst- u. Landkartenhandels.

Hofmann, A., Proletarier-Weihnachten, s.: Arbeiterbühne.

Hofmann, A., deutsche Volksmärchen. Eine Auswahl schöner Märchen. 8. (76 S. m. 3 farb. Bildern.) Fürth 893. G. Löwensohn. Kart. n. — 50

Hofmann, A., neuer praktischer Wegweiser zum Lehren und Lernen fremder Sprachen. Mit vorzugsweiser Berücksichtigung des französischen u. englischen Unterrichtes in Gewerbeschulen, nebst einem Anhang der Mnemotechnik. Wien 861. Seitler. gr. 8. (47 S.) n. 10 *ngr.*

Hofmann, A. G., Amtsformulare zu schriftl. u. mündl. Anzeigen bei Verwaltung des evangel. Predigt- u. Schulamts. 8. Leipz. Bruder u. H. 814.

Hofmann, A. T., d. kleine Robinson. Eine Erzählung f. Kinder. 8. (5½ B. u. 3 ill. Kpfr.) Hamburg 846, Tramburgs Erben.

—— dass. 16. (5½ B. u. 3 schw. Kpfr.) Ebds. 846.

Hofmannus, Ad. Frid.: Commentatio de iurium et obligationum collisione, ex principiis jurispr. naturalis. Halae Magd. 1728.

Hofmann, Adalbert v.: Die Eroberung von Patay am 4. Dezember 1870. Von Adalbert Edler v. Hofmann, Hauptm. a.D. München: J. Lindauer 1904. (S. 95–100.) 8°
Darstellungen aus d. Bayerischen Kriegs- u. Heeresgeschichte. H. 13. [3.]

Hofmann, Adb. Edler v., d. kgl. bayer. 3. Infanterie-Regt. „Prinz Carl v. Bayern" im Feldzuge 1870/71 geg. Frankreich. 8. (V, 84 S.) Augsburg 898. Gebr. Reichel. n. — 35

Hofmann, Ad[am], prakt. Arzt in Würzburg, früh. Assistenzarzt d. Poliklinik: Die Erfahrungen mit dem Behring'schen Heilserum bei der Behandlung der Diphtherie an der Würzburger med. Poliklinik. *Würzburg 1897 [ersch. 1901/02]: P. Scheiner.* (57 S.) 8°
Würzburg, Med. Diss. v. 1897

Hofmann, Adam „Die Haupt-Grundzüge des Tempelbaues verschiedener Völker und Zeiten". pg. 3—19. 4°. Mit 2 Tafeln. Morich'sche Off.
Schweinfurt, Progr. 1860/61

Hofmann, Ad. „Das Zeichnen an den Gewerbschulen und sein Einfluss auf die Gewerbe". pg. 1—8. 4°. Bayreuth, Th. Burger'sche Off.
Wunsiedel, Progr. 1852/53

Hofmann, Adf., vorläufiger Bericht üb. das Golderzvorkommen von Kasejovic. (2 S.) gr. 8 Prag 906. (F. Řivnáč.) n. — 20

— vorläufiger Bericht üb. turmalinführende Kupferkiese v. Monte Mulatto. (8 S. m. 2 Taf.) gr. 8. Ebd. 903. n. — 50

Ein neues Berthierit-Vorkommen in Böhmen. Von A. Hofmann (in Příbram). *Prag: Kgl. böhm. Ges. d. Wiss. 1897.* (3 S.) 8.
— Věstník Král. Č. Společnosti Náuk. Třida math.-přírodovědecká. 1897. [No] 49. [98. 1993]

Hofmann, A., ein neues Berthierit-Vorkommen in Böhmen. [Aus: „Sitzungsber. d. k. böhm. Gesellsch. d. Wiss."] gr. 8. (3 S.) Prag 897. (F. Řivnáč.) n.n. — 10

Ein Cervuline aus der böhmischen Braunkohlenformation. Von A. Hofmann (in Příbram). *Prag: Kgl. böhm. Ges. d. Wiss. 1897.* (3 S., 1 Taf.) 8.
— Věstník Král. Č. Společnosti Náuk. Třida math.-přírodovědecká. 1897. [No] 50. [98. 3994]

Hofmann, Adf., Geschiebe in Kohlenflötzen. (8 S. m. 2 Taf.) Lex. 8. Prag 909. F. Řivnáč. — 60

Hofmann, Adolf: Über die Hydrazone der Zucker. Diss. Hannover 1908

Hofmann, Adolf: Über die Hydrazone der Zucker. (1908.) 61 S. 8° ¶ Vgl. J. Liebig's Annalen d. Chemie. Bd 366. 1909. Hannover, Dr.-Ing.-Diss. v. 21. 12. 1908

— Über „Kreis- od. Augenkohle" in Braun- und Schwarzkohlenflötzen. (11 S. m. Abbildgn u. 3 Taf.) Lex. 8. Ebd. 909. — 80

— u. F. Ryba, Leitpflanzen der palaeozoischen Steinkohlenablagerungen in Mittel-Europa. Mit 20 Taf. (in qu. gr. Fol., in Mappe). gr. 8. (VI, 108 S. m. 8 Tab.) Prag 899. J. G. Calve. n. 20. —

Hofmann, Ad., Netze f. Zwillings-Krystall-Modelle. I. u. II. Heft. Teschen. Karl Prochaska. In Umschlag à 50 kr. 1883.

Hofmann, A., jugendliche Pyritbildung. gr. 8. (2 S. m. 1 Taf.) Prag 902. (F. Řivnáč). n. — 24
Sonderabdr. aus: „Sitzungsber. d. böhm. Gesellsch. d. Wiss."

— über den Pyrolusit v. Narysov. (5 S. m. 1 Fig.) gr. 8. Ebd. 903. n. — 12
3 Sonderabdr. a.: „Sitzungsber. d. böhm. Gesellsch. d. Wiss."

— u. Fr. **Slavik,** über Telluride in e. Aplitgange bei Zduchovic. (11 S. m. 2 Taf.) Lex. 8. Ebd. 909. — 60
3 Sonderabdrucke aus: „Sitzungsber. d. böhm. Gesellsch. d. Wiss."

— e. neues Withorit-Vorkommen v. Příbram. [Aus: „Sitzungsber. d. k. böhm Gesellsch. d. Wiss."] gr. 8. (7 S. m. 2 Holzschn.) Ebd. 895. n. — 20

Hofmann, Agnes

(F) **Hofmann, A.,** Wiener Fleischspeisen-Küche. 2. Aufl. 8°. (105 S.) Wien: Mickl 1908. K 1.20

Hofmann, Agnes, Die Wiener Kartoffelküche in ihrem ganzen Umfang. Praktische Anweisung zur billigsten Anfertigung von 140 der schmackhaftesten Kartoffelspeisen. 12. (96 S.) —.64
Wien: Wenedikt 1889.

(F) **Hofmann, A.,** Wiener Kartoffel-Küche. 2. Aufl. 8°. (96 S.) Wien: Mickl 1908. K 1.20

Hofmann, Agnes, Die perfecte Köchin für alle Arten Fleischspeisen nebst einem Anhang von Fleisch-Delicatessen. 8. (105 S.) —.64
Wien: Wenedikt 1891.

— — Die Wiener Mehlspeisköchin. Praktische Anleitung zur Bereitung guter und billigst herzustellender Mehl- und Fastenspeisen. 12. (128 S.)
Wien: Wenedikt 1889. —.64

(F) **Hofmann, A.,** Wiener Mehlspeis-Küche. 2. Aufl. 8°. (XV, 125 S.) Wien: Mickl 1908. K 1.20

Hofmann, Agnes, Wiener Saison-Kochbuch, enth.: Fleisch-Speisen u. Delikatessen, Kartoffelspeisen, Mehlspeisen u. Fastenspeisen. Kleine Ausg. des „Universal-Kochbuch". (105, 96 u. IX—XV, 125 S.) 16. Wien 909. F. C. Mickl. 2.50

– Wiener

— — Universal-Kochbuch. Die vier Hauptspecies der ganzen Kochkunst darbietend: I. Fleischspeisen, II. Mehlspeisen, III. Kartoffelspeisen, IV. Conditorei und Backwerke. 8. (105, 128, 96, 253 u. Register XII S.) Cart. Wien: Wenedikt 1891. 2.80

— Wiener Universal-Kochbuch. (Wenedikt's Kochbücher.) (In 4 Tln.) I.—III. Tl. kl. 8. Ebd. à 1. —
I. Wiener Fleischspeisen-Küche. Prakt. Anleitg. zur Bereitg. v. 200 vorzügl. Fleischspeisen u. Fleisch-Delikatessen. 2. [Titel-]Aufl. (105 S.) [889.] 908.
II. Wiener Kartoffel-Küche. Praktische Anleitg. zur Bereitung von 140 ausgezeichneten Kartoffelspeisen. 2. [Titel-]Aufl. (96 S.) [889.] 908.
III. Wiener Mehlspeis-Küche. Praktische Anleitg. zur Bereitung v. 342 Mehl- u. Fastenspeisen. 2. Aufl. (XV, 125 S.) 908.

Hofmann, Al.

— Abhandl. über d. Fragen: Bedarf Baiern d. Wiederherstellung einiger, oder aller Klöster? u. welcher Ordensmänner bedarf es? 8. Münch. 825. (Weber). 5 gr.

v. **Hofmann, Al.,** d. grüne Donnerstag, oder Christus auf dem Oelberge. Ein Gemälde nach den bibl. Texten d. Evangelisten. Aufgestellt zur Betrachtung für d. Charwoche. 8. Münch. 824. (Weber). 3 gr.

Hofmann, Al., Handels- u. Industrie-Zeitung, s. **Handels u. Ind.-Ztg.,** 1. Jahrg.

Hofmann, Alb, die Praxis der Farbenphotographie nach dem Dreifarbenprozess. Nach eigenen Methoden. gr. 8. (VIII, 88 S. m. Abbildgn. u. 1 Taf.) Wiesbaden 900. O. Nemnich. n. 3. —

Hofmann, Alban [app. Arzt aus Mallersdorf]: Über intermittirende Hydronephrose. . . . München, k. Hof- u. Univ.-Buchdr. v. Dr. C. Wolf & Sohn, 1891; 32 S. 8°
München, Med. Fak., Inaug.-Diss. v. 1891

Hofmann, Albert

Hofmann, A[lbert] v., Das Grossherzogtum Baden und das Grossherzogtum Hessen südlich des Mains. Berlin u. Stuttgart [1906]. 8°.
(*Hofmann*, A. v., Hist. Reisebegleiter f. Deutschland 1.)

Hofmann, Alb., Denkmäler, s.a. **Handbuch der Architektur.**

Hofmann, Albert: Denkmäler Von –. Red. d. 'Deutschen Bauzeitung' zu Berlin. 1. Stuttgart: A. Kröner 1906. 4° (8°)
Handbuch d. Architektur. T. 4. Bd 8, H. 2, 1.

Hofmann, Albert [app. Arzt aus Giessen]: Sechs Fälle von wiederholter Laparotomie bei derselben Person . . . Giessen, grossh. Hof- u. Univ.-Dr. C. v. Münchow, 1894; 57 S. 8.
Giessen, Med. Fak., Inaug.-Diss. v. 1894

Hofmann, A. v., die Grundlagen bewußter Stilempfindung. (VI, 154 S.) kl. 8. Stuttgart (906). W. Spemann. n. 3. —

Hofmann, Alb. v., die Grundlagen bewußter Stilempfindung. II. u. III. kl. 8. Stuttgart, W. Spemann. à 3. —
II. Der Begriff des Malerischen. (VIII, 156 S.) (907.)
III. Das Wesen des Künstlerischen. (VIII, 116 S.) (907.)

Hofmann, A[lbert] v., Die bayrische Pfalz und das Reichsland Elsass-Lothringen. Berlin u. Stuttgart [1906]. 8°.
(*Hofmann*, A. v., Hist. Reisebegleiter f. Deutschland. 2.)

— **Historischer Reisebegleiter f. Deutschland. I—III.** kl. 8. Ebd. Geb. in Leinw. à n. 3. —
I. Das Grossherzogt. Baden u. das Grossherzogt. Hessen südlich des Mains. (Neue [Titel-]Ausg.) (VIII, 196 S.) [904] (906).
II. Die bayrische Pfalz u. das Reichsland Elsass-Lothringen. (Neue [Titel-]Ausg.) (VIII, 190 S. m. 4 Karten.) [905] (906).
III. Das Königreich Württemberg u. die Hohenzollernschen Lande. (VI, 218 S. m. 1 Karte.) (906.)

A[lbert] v. **Hofmann.** Historischer Reisebegleiter für Deutschland. 1. Berlin & Stuttgart: Spemann [1904]. 8° (11. 16487

A[lbert] v. **Hofmann.** Historischer Reisebegleiter für Deutschland. [Neue Ausg.] 1. Berlin & Stuttgart: Spemann [1906]. 8° (10. 953311

Hofmann, A[lbert] v[on]. Historischer Reisebegleiter für Deutschland. (Bd.) 3. Das Königreich Württemberg und die Hohenzollernschen Lande. [Mit 1 Karte.] VI + 218 S. 8. Berlin und Stuttgart, W. Spemann, [1906]. (geb. M. 3.—)
Darin S. 118—122: Rottweil; *S. 198—204:* Ravensburg, Weingarten, Weissenau, Waldburg, Friedrichshafen, Tettnang, Langenargen, Montfort.

— Historischer Reisebegleiter v. Deutschland. IV. kl. 8. Ebd. 908. Geb. in Leinw. 3. —
Bayrisch Schwaben, Bayern u. Salzburg. (VI, 234 S. m. 1 Karte.)

Hofmann, A[lbert], Assistenzarzt Dr. med., z. Z. Oberarzt d. Klinik d. Hrn Prof. Dr. Frh. v. Mering: Aus d. med. Klinik d. Hrn Geh. Med.-Rat Prof. Dr. Weber in Halle a. S. Die **Rolle** des Eisens bei der Blutbildung. Zugleich ein Beitrag zur Kenntniss d. Wesens d. Chlorose. *Berlin 1900: G. Reimer.* (73 S.) 8°
Halle, Med. Hab.-Schr. v. 1900

Hofmann, A[lbert] v., Das Königreich Württemberg und die Hohenzollernschen Lande. Berlin u. Stuttgart [1906]. 8°.
(*Hofmann*, A. v., Hist. Reisebegleiter f. Deutschland. 3.)

Hofmann, Albin: Elektrometrische Messungen harter Röntgenstrahlen. Halle a. S. 1910: Kaemmerer. 68 S. 8°
Halle, Phil. Diss. v. 7. Juni 1910, Ref. Dorn
[Geb. 1. März 87 Saalburg; Wohnort: Marktredwitz; Staatsangeh.: Bayern; Vorbildung: Gymn. Zeitz Reife O. 06; Studium: München 2, Halle 6 S.; Rig. 16. Febr. 10.] [U 10. 1753

Hofmann, Alexander: Über das o-Anethol nebst einigen Nachträgen zur Kenntnis des p-Anethols. 1906. 64 S. 8°
¶ Vgl. Berichte d. Deutschen Chem. Gesellschaft. Jg. 37. 38. 1904. 05.
Stuttgart, Dr.-Ing.-Diss. v. 26. 7. 1906

Hofmann, Alois v., einfache, liebeduftende Blumen (Gedichte), gestreut am 27. May 1828 über den *Grundstein des Kgl. Monumentes* (*Max Joseph's I.*) an der Heil- u. Bade-Quelle zu Kreuth. (8 Verszeilen.) München. Gedr. m. Lentner'schen Schriften. 4°. 8 S. Cart.

—, *Friedens-Geschenk für meine Landsleute*, die den königl. Stamm, das Vaterland u. den Frieden lieben. O. O. 1809. 8°. Cart.
Tit. in Einfass. 1 Bl. Widm., 62 S. (incl. Specialtit.), 1 Bl. Err. (handschriftl.).

(Hofmann, Alois v.) *Bayerns Herman* (d. i. *Wrede!*). „Der Leser denke sich hier als *Vignette* einen erwachenden Löwen, der sich von schweren Fesseln losreisst!" Regensburg (o. A. d. V. u. D.) 1814. 8°. Cart.
23 S. (incl. Tit. u. 2 Bll. Vorr., unter der sich Verf. nennt). Selten!

(—) Der *Wittelsbacher Löwe.* Ein Bardiet bey dem Aufrufe Sr. Kgl. Hoheit des Kronprinzen *(Ludwig) von Bayern* an die baier'sche Nation. Gesungen von *A. V. H.* O. O. 1814. Cart.
11 S. 17 achtzeil. Str. selten!

— —, Vision am 9. Septbr. 1828 zu Bad Kreuth. Als ein segnendes Epithalam am Tage der glorreichen Vermählung Ihrer Kgl. Hoheit der Kgl. Prinzessin von Bayern, *Louise Wilhelmine*, mit Sr. Kgl. Hoheit .... *Maximilian Joseph.* O. O. u. J. (1828.) 4°. Cart.
Gedicht in 19 sechszeil. Str. 8 S. Lat. Lett.

Hofmann, Aloys Pt., die Feier d. Hirten; ein Schäferspiel. Fol. Würzb. 793.

Hofmann, And., betender Christ. Frankfurt. (Lpz. Benj. Fleischer) 778.

Hofmann, And., Comment. jur. publici eccles. de jure constit. pontific. atque antistit. ecclesiast. 8. Marburg. (Benj. Fleischer, Lps.) 782.

— Commentat. de scabin. demonstrat. alior. plac. etc. 4. Lps. Benj. Fleischer. 792.

Hofmann, Andr. Flor., die Geschichte d. Pfarrei Marienweiher im Mainkreise d. Königr. Baiern, aus pfarrl. u. andern sichern Urkunden verfaßt. 8. Culmbach 816.

– dass., s.a. Hoffmann.

— **Andr. Georg** (Nürnberg), De perpetuitate debitorum pecuniariorum. Diss. jur. Präs. Christian Thomasius. Halle (Salfeld) 20. III. 1706. 46 S. (7.—) 15649

Hofmann, Andr. Jos.

– s. Aristokraten-Katechismus.

— über Fürstenregiment u. Landstände. 8. Mainz 792.

— d. fränk. Republikaner; e. Wochenschrift. 4. Mainz 792, 93.

— Sätze aus d. Analysis endl. Größen. 8. Mainz.

— Sätze aus d. Philosophie. 8. Mainz 786.

— Sätze aus d. Staatsklugheit. 8. Mainz 786.

Hofmann, Andr. Jos., über d. Studium d. philosoph. Geschichte. 8. Wien 779. Ghelen. 6 gr.

Hofmann, Ans.: De aliquot definitionibus M. T. Cicero 32. Braunau 1889.
Progr.

Hofmann, Ant.: Unmaassgebl. Entwurf ...,
s. Hoffmann, Anton

Hofmann, Ant. Edler v., Schleswig-Holstein meerumschlungen. s.a. Strobl v. Ravelsberg, Max.

Hofmann, Ant. Edler v., Schleswig-Holstein meerumschlungen. (Aus Vergangenheit u. Gegenwart.) Nach d. Erinnerungen ein. aktiven österr. Mitkämpfers ... bearb. u. hrsg. von Max *Strobl v. Ravelsberg.* Wien 1905. 8°.

Hofmann, Arnold, med. pract. aus Uznach (Ct. St. Gallen): Aus der medicinischen Klinik des Herrn Prof. Dr. H. Eichhorst in Zürich. Über maligne Lungengeschwülste. Uznach K. Oberholzer Dr. 1893. 90 S., 1 Bl. 8°.
Zürich, Med. Diss. [v. 18. April 1893].

Hofmann, Arthur, approb. Arzt aus Mannheim: Ueber vier Fälle von primärem Nierencarcinom. *Freiburg i. B. 1901: E. Kuttruff.* (40 S.) 8°
Freiburg i. B., Med. Diss. v. 1901

Hofmann, Arthur, Die Selcherei in Leipzig. Schriften des Vereins für Socialpolitik, Bd. 67. gr. 8°. Leipzig 1897.

Hofmann, August, a. Alsfeld: Ueber Ausscheidung des Veronals bei chronischem Veronalgebrauch. Eine Experimental-Untersuchung. Gießen 1906: Brühl. (20 S.) 8°
Gießen, Veterinär-Med. Koll., Ref. Geppert, Diss. v. 22. Sept. 1906
[Geb. 3. Aug. 77 Alsfeld (Oberhessen); Wohnort: Alsfeld; Staatsangeh.: Hessen; Vorbildung: Realgymn. Gießen Reife O. 95; Studium: Gießen 2, Tierärztl. Hochsch. München 3, Dresden 3 S.; Rig. 3. Aug. 05.]

[J.] **Hofmann,** August [Rechtspraktikant]: Historische und dogmatische Darstellung des Anerkenntnisses im Zivilprozess ... München, J. Schweitzer, 1892; 2 Bl., 48 S. 8.
Würzburg, Jur. Fak., Inaug.-Diss. v. 1892

Hofmann, Aug., die religiöse Erziehung der Kinder aus gemischten Ehen in Bayern. Eine kurze Darstellg. der gelt. Rechtsnormen unter Berücksicht. der Rechtsprechg. des kgl. bayer. Verwaltungsgerichtshofes. (21 S.) kl. 8. München 906. J. Schweitzer Verl. n. — 60
Sonderabdruck aus: „Bayer. Gemeindezeitg."

— Gesetz, betr. Kaufmannsgerichte vom 6. VII. 1904. Mit Erläutergn. u. e. Anh. hrsg. (IV, 67 S.) 8. Ansbach 905. C. Brügel & Sohn. Kart. n. — 80

Hofmann, Aug., die ges. Materialien z. bürgerl. Gesetzbuche einschliesl. d. Reichseinführungsgesetzes u. der bayer. Ausführungsgesetze f. d. Zwecke d. Verwaltg. u. Verwaltungsrechtspflege bearb. (In 18 Lfgn.) 1. u. 2. Lfg. Lex.-8. (S. 1—160.) Ansbach 898. C. Brügel & Sohn. à n. 1. 20

Hofmann, Aug., die gesamten Materialien zum bürgerl. Gesetzbuche einschließlich des Reichseinführungsgesetzes u. der bayerischen Ausführungsgesetze, f. die Zwecke der Verwaltg. u. Verwaltungsrechtspflege bearb. 3.—17. Lfg. 1. Bd. Allgemeiner Tl. u. Recht der Schuldverhältnisse. Lex.-8. (VI u. S. 161—1335.) Ansbach 899—901. C. Brügel & Sohn. n. 16. 40; (1. Bd. vollständig n. 20.—)

— die gesamten Materialien zum bürgerlichen Gesetzbuche einschließlich des Einführungsgesetzes, f. die Zwecke der Verwaltg. u. Verwaltungsrechtspflege bearb. II. Bd. 1. u. 2. Abtlg. (S. 1—640.) Lex.-8. Ebd. 904. à n. 4. —

Hofmann, Aug., radikale Verbesserung des Ackerbaues u. der Viehzucht rc. m. Tab. und Anmerk. von Riem, gr. 8. Lpz. Hartknoch. 803.

Hoffmann A.: Welches sind die besten Ermunterungsmittel z. Aufnahme d. Ackerbaues? Preisschr. Berl. 1805. (12) 78 S.
(M. fransk Overtit.).

— welches sind die besten Ermunterungsmittel z. Aufnahme d. Ackerbaues. gr. 8. Berlin, Lange. 805.

Hoffmann, A., Ermunterungsmittel für Ackerbau. gr. 8. Berlin. 805. Ist jetzt Verlag von Reimer.

— über Fellenbergs Wirthschaft auf Hofwyl rc. 8. Berl. Realschulbchhdl. 809.

Hofmann, August Gottlob

— Grundlinien zu einer zweckmäßigen Methodologie für sogenannte latein. oder gelehrte Schulen. gr. 8. Leipz. 820. Klein. 14 gr.

Hofmann, Aug. Glo., wie wichtig d. Rückblick auf d. Wirkung d. Ausbreitung d. Christenthums in den ersten christl. Jahrh. auch für uns sey rc.; eine Predigt. gr. 8. Leipz. 806. Märker, 3 gr.

v. Hofmann, Frhr. Aug. Konr., Beitrr. zur nähern Kenntniß d. Gesetzgebung u. Verwaltung des Großherzogth. Hessen zur Berichtigung d. Urtheile d. Publikums über den innern Zustand, besond. d. Besteuerung rc. betreffend. gr. 8. (Gießen) 832. Heyer. 1 rf

Hofmann, August Wilhelm

*Berliner Alchemisten und Chemiker. Rückblick auf die Entwickelung der chemischen Wissenschaften in der Mark. Rede gehalten zur Feier des Stiftungstages der militärärztlichen Bildungsanstalten am 2. August, 1882. Berlin, 1882. pp. 79–158, 8vo.

Hofmann, August Wilhelm v. (Hrsg.), s. Aufstellung, Die, der Statue Liebigs an den beiden Stätten seiner Wirksamkeit München u. Giessen.

—— s.a. Bericht über die wissenschaftlichen Apparate auf der Londoner internationalen Ausstellung im J. 1876.

Hofmann, A. W., Bericht über die wissenschaftlichen Apparate auf der Londoner internationalen Ausstellung im Jahre 1876, erstattet von Abbé, Biedermann, Bruns, Cohn, Doergens, Gerland, Helmert u. A. Mit Holzschn. i. Text. Braunschweig 1878. 8°.

Hofmann A W, Bericht über die wissenschaftlichen Apparate auf der Londoner Ausstellung 1876. 2 Teile. Braunschweig 1878-81

Hofmann, August Wilhelm.
*Bericht über die Entwickelung der chemischen Industrie während des letzten Jahrzehndes im Verein mit Freunden und Fachgenossen erstattet von A. W. H. Autorisirter Abdruck aus dem "Amtlichen Berichte über die Wiener Weltausstellung im Jahre 1873." Braunschweig, 1875–77. III parts, 8vo.

Hofmann, A. W.: Zur Beurtheilung der von Prof. Oscar Liebreich gegen die »Materialien zur technischen Begründung des Gesetzentwurfs gegen die Verfälschung der Nahrungs- und Genußmittel« erhobenen Bedenken. Braunschweig 1879

Hofmann, A. W.: Aus Justus Liebig's und Friedrich Wöhlers Briefwechsel ..., s. Wöhler, Emilie.

Hofmann, Aug. Wilh., die organische Chemie u. die Heilmittellehre. Rede zur Feier d. Stiftungstages d. medicinisch-chirurg. Friedrich-Wilhelms-Instituts u. der medicinisch-chirurg. Akademie f. das Militair am 2. August 1871 geh. gr. 8. (26 S.) Berlin 871. Hirschwald. n. — 80

Hofmann, A. W., u. a.: Die Denaturirung des Spiritus durch Vermischung mit Holzgeist. Berlin (1881). (Aus »Verhandlungen des Vereins zur Beförderung des Gewerbfleißes« 1881)

Hofmann, A. und G. Kraemer und L. Loewenherz: Die Denaturierung des Spiritus durch Vermischung mit Holzgeist. Berlin 1882.

Hofmann (A. W.), Einleitung in die moderne Chemie. 2. Aufl. Braunschweig 1866. 8.
Desgl. ein 2. Exemplar.
Desgl. 4. Aufl. Ebendas. 1869. 8.

Hofmann, August Wilhelm von.
Einleitung in die moderne Chemie. Nach einer Reihe von Vorträgen gehalten in dem Royal College of Chemistry zu London. Braunschweig, 1866. pp. xvi–257, 8vo.
Zweite Auflage. Braunschweig, 1866. 8vo.
Vierte Auflage. Braunschweig, 1869. 8vo.
Fünfte gekürzte und verbesserte Auflage. Braunschweig, 1871. 8vo.
Sechste mit der fünften übereinstimmende Auflage. Braunschweig, 1877. 8vo.

Hofmann, Aug. Wilh., Einleitung in die moderne Chemie. Nach einer Reihe von Vorträgen gehalten in dem Royal College of Chemistry zu London. 1.—3., umgearb. Aufl. gr. 8. (XXI und 304 S. mit eingedr. Holzschn.) Braunschweig 866,67, Vieweg und Sohn. *

— Einleitung in die moderne Chemie. Nach e. Reihe v. Vorträgen geh. in dem royal college of chemistry zu London. 5. gekürzte u. verb. Aufl. gr. 8. (XXII, 333 S. m. eingedr. Holzschn.) Braunschweig 871. Vieweg & Sohn. n. 5. —

Hofmann, Aug. Wilh., Einleitung in die moderne Chemie. Nach einer Reihe von Vorträgen, gehalten in dem Royal College of Chemistry zu London. 6., mit der 5. übereinstimmende Aufl. gr. 8. (XXII, 333 S.) Braunschweig 877. Vieweg & Sohn. n. 5. —

Hofmann, Aug. Wilh., zur Erinnerung an Jean Baptiste André Dumas. Mit Dumas' (Stahlst.-)Portr. [Aus: „Berichte d. deutschen chem. Gesellsch."] gr. 8. (132 S.) Berlin 885. Dümmler's Verl. n. 3. —

Hofmann, A. W. v., zur Erinnerung an vorangegangene Freunde. Gesammelte Gedächtnissreden. Mit Porträtzeichngn. v. J. Ehrentraut. 3 Bde. gr. 8. (XIII, 401; V, 408 u. V, 432 S.) Braunschweig 889. Vieweg & Sohn. n. 20.

HOFMANN, A. W. VON. Zur Erinnerung an Peter Griess. Berlin, 1892. 8vo. Portrait.

— zur Erinnerung an Gustav Magnus. Nach e. am 14. Decbr. 1870 in der General-Versammlg. der deutschen chem. Gesellschaft zu Berlin gehaltenen Vortrage. Mit Portr. (in Photogr.) u. Facsm. (3 lith. S.) gr. 8. (111 S.) Berlin 871. Dümmler's Verl. n. 2. 80

—— zur Erinnerung an Quintino Sella. gr. 8. (93 S. mit Sella's Lichtdr.-Portr.) Berlin 886, Hirschwald. *
Vorstehende zwei Schriften sind aus: Berichte der deutschen chemischen Gesellschaft, besonders abgedruckt.

—— zur Erinnerung an Friedrich Wöhler. Mit Wöhler's (Stahlst.-)Portr. und 1 Facs. seiner Handschrift. gr. 8. (164 S.) Berlin 883, Dümmler's Verlagsh. '
Aus: Berichte der deutschen chemischen Gesellschaft, besonders abgedruckt.

— chemische Erinnerungen aus der Berliner Vergangenheit. Zwei akadem. Vorträge. gr. 8. (158 S.) Berlin 882. Hirschwald. n. 3. —

Die Frage der Theilung der philosophischen Facultät. Rede zum Antritte des Rectorats der Friedrich-Wilhelms-Universität am 15. Oct. 1880 gehalten von August Wilh. **Hofmann.** Berlin 1880. (50 S.) 4°
* Erschien in 2. Aufl. u. mit einem Anhange vermehrt Berlin: F. Dümmler 1881.

— die Frage der Theilung der philosophischen Facultät. Rede, zum Antritte des Rectorats in der Aula der Friedrich-Wilhelms-Universität zu Berlin am 15. October 1880 geh. 2. Aufl. mit einem Anh.: Zwei Gutachten über die Zulassung von Realschul-Abiturienten zu Facultäts-Studien, Sr. Exc. dem königl. Minister des Unterrichts erstattet von der philosoph. Facultät der königl. Friedrich-Wilhelms-Universität in den J. 1869 u. 1880. gr. 8. (VIII, 83 S.) Berlin 881. Dümmler's Verl. n. 1. 50

—— Gedächtnissrede auf Thomas Graham gehalten am 11. Decbr. 1869 in der General-Versammlung der deutschen chemischen Gesellschaft zu Berlin. Mit dem photograph. Bildniss und (lithogr.) Facs. Graham's. gr. 8. (30 S.) Berlin 870, Dümmler's Verlag. *

Ein Jahrhundert chemischer Forschung unter dem Schirme der Hohenzollern. Rede zur Gedächtnissfeier des Stifters der Kgl. Friedrich-Wilhelms-Universität zu Berlin am 3. Aug. 1881 gehalten von dem zeitigen Rector August Wilh. **Hofmann.** Berlin 1881. (74 S.) 4° * Wieder abgedr. in d. Verf. Chemische Erinnerungen aus der Berliner Vergangenheit. Berlin: A. Hirschwald 1882 S. 5-77.

—— Chemische Industrie, s. Bericht, amtlicher, über die Wiener Weltausstellung im J. 1873.

Hofmann, Aug. Wilh. v., Justus v. Liebig. — Friedrich Wöhler. 2 Gedächtnissreden. Mit dem Bruchstück e. Autobiographie Liebig's als Anh., m. den Porträts v. Liebig u. Wöhler, sowie den Abbildgn. der Denkmäler in München, Giessen u. Göttingen. gr. 8. (80 S.) Leipzig 891. Veit & Co. n. 2. —

Hofmann, B.

— allgemeine Bemerk. über den Staat in Rücksicht seiner Aufnahme. gr. 8. Ebend. 796.

– dass., s.a. Hoffmann.

v. HOFMANN: Einige Bemerkk. üb. d. Staat in Rücksicht seiner Aufnahme. *Berlin.* 805. 8.

Hofmann, B., Herzog Ernst der Fromme. Ein Gedenkblatt zu seinem 300jähr. Geburtstag. gr. 8. (29 S. m. 1 Bildn.) Friedrichroda (901). (Gotha, E. F. Thienemann). n. — 30

Hofmann, B. v.: Etwas über Gesetze, s. Hoffmann.

Hofmann, B., die deutsche Kultur in ihrer geographisch. Grundlage u. geschichtlichen Entwicklung, als Lehrstoff f. e. abschliess., vereinigten kulturgeograph. u. kulturgeschichtl. Unterricht im letzten Schuljahr gehobener Volksschulen, sowie als Hilfsmittel f. die staatsbürgerl. Erziehg. in der Fortbildungsschule bearb. (XV, 238 S.) 8. Leipzig 907. F. Brandstetter. 2.50; kart. 3. —

— Die Selbständigkeit der Schule innerhalb der allgemeinen Staatsverwaltung. Als Diskussionsvortrag f. die Thüringer Lehrerversammlg. zu Weimar bearb. (36 S.) gr. 8. Berlin (908). Gerdes & Hödel. — 80

— zum Universitätsstudium der Volksschullehrer, s.: Blätter, pädagogische, f. Lehrerbildung. 9. Erg.-Hft.

— die allgemeine Volksschule. Eine Schulorganisationsfrage. Vortrag. Geh. auf der Generalversammlg. des gothaischen Landeslehrervereins am 16. IX. 1903. (II, 36 S.) gr. 8. Gotha 904. [R. Schmidt.] R. Wöpke. n. — 60

(8) — Die allgem. Volksschule. 904. (KVL 33.) Jetzt: Weinheim, F. Ackermann.

Hofmann, B., wäre die Entfernung des Religionsunterrichts aus der Volksschule pädagogisch gerechtfertigt? Mit Bezug auf die Denkschrift der brem. Lehrerschaft: „Religionsunterricht od. nicht?" beantwortet. (36 S.) gr. 8. Berlin 906. Schnetter & Dr. Lindemeyer. n. — 60

Hofmann, Benedikt, s. Hoffmann

Hofmann, Bernh., der Bürgermeister v. Rothenburg. Trauerspiel in 5 Aufzügen. 8. (III, 127 S.) München 894. C. H. Beck. n. 2. —

Hofmann, Bernh., Dichter u. Markgraf. Lustsp. in 1 Aufzng. 8. (31 S.) Ebd. 896. n. — 50

Hofmann, Bernh., Neues u. Altes. Ausgewählte Gedichte. 8. (VI, 145 S.) München 901. C. H. Beck. n. 3. —

Hofmann, C., s.a. Hoffmann, C. L.

Hofmann, C., s.a. Hofmann, Karl Berthold.

Die Fabrikation der Spirituosen-Extracte von C. **Hofmann,** Prof. d. Chemie. *Berlin: F. Stahn [1898].* (32 S.) 8° [F.] (o. 333

Hofmann C., Ueber den Meier Helmbrecht. Mit 1 Karte. München 1864. (A.) 8°. (60 Pfg. der Vorige.)

Hofmann, C., y G. J. Wolf, Primavera y flor de romances, s. Primavera.

Hofmann, C., s. Schneider, Gr. Chr. Gll., Lehre vom rechtl. Beweise in bürgerl. Rechtssachen.

Specialitäten der Kunstwein- und Liqueur-Fabrikation. Eine auserles. Sammlung d. vorzüglichsten, bisher ganz geheim gehalt. Vorschriften von C. **Hofmann,** Prof. d. Chemie. [Nebst] Anhang. *Berlin: F. Stahn 1883–[98].* 2 Bde 8° [F.] (o. 334

Hofmann, C., chemisch-technisches Universal-Receptbuch, enth.: Das ganze Wissen der warmen und kalten Destillation, sowie die vollständ. Fabrikation der dazu erforderl. äther. Oele und Essenzen, Tincturen, Farben und Fruchtsäfte ꝛc. Mit Abbild. 1.—3. Lfg. gr. 8. (S. 1—128.) Berlin 879, Stahn. à Lfg. *ℳ 50 Pf. *

— - chemisch-technisches Universal Receptbuch, enthaltend: Das ganze Wissen der warmen und kalten Destillation, sowie die vollständ. Fabrication der dazu erforderl. äther. Oele und Essenzen, Tincturen, Farben und Fruchtsäfte ꝛc. Mit Abbild. 1. Bd. 4.—12. Lfg. und 2. Bd. 18 Lfgn. 1. und 2. Aufl. gr. 8. (1. Bd. XVII, S. 129—406; 2. Bd. XVI, 560 S.) Ebendas. 879—82. à Lfg. * 50 Pf. *
compl. 2 Bde. * ℳ 15.; geb. in Leinw. * ℳ 18.; in Halbfrz. *
1. 3. Lfg. Ebendas. 1879. à * 50 Pf.

Chemisch-technisches Universal-Receptbuch enth.: Das ganze Wissen d. warmen u. kalten Destillation. Hrsg. von C. **Hofmann**, Prof. d. Chemie. Mit zahlr. Abb. 3. Aufl. Bd 1. 2. *Berlin: F. Stahn [1895–96].* 2 Bde 8° [F.]
[03 333]

Hofmann, C., wie soll e. einfache, dabei zweckmässige u. nicht kostspielige Operationssaal-Einrichtung in e. grösseren Krankenhause beschaffen sein? gr. 8. (17 S. m. 2 Fig.) Wien 902. F. Deuticke. n. 1. —
Sonderabdruck aus: „Klin.-therapeut. Wochenschr."

Hofmann, C. F., Darstellung des Nutzens u. Schadens aller europäischen Insekten, nebst Angabe, wie die Verminderung u. Ausrottung der lästigen u. schädl. Arten möglich sei; so wie mehrerer merkwürd. Eigenschaften derselben, welche zum Theil zur Aufklärung u. Verdrängung vielen Aberglaubens u. unrichtiger Begriffe dienen. Mit 2 Anhängen. 8. München 834. (Nördlingen, Beck'sche Buchh.) n. 7/12 ℛ
Die 2 Anhänge sind a. unt. folg. Tit. einzeln zu haben:
- Anleitung, Insekten zu sammeln, zu tödten, zu ordnen, aufzubewahren u. zu versenden. 8. Ebend. 834. 1/8 ℛ
- Verzeichniß aller in Europa vorkommenden Geschlechter der Insekten nach Latreille's System. 8. Ebd. 834. 1/8 ℛ

—— Verzeichniss aller in Europa vorkomm. Geschlechter d. Insekten nach Latreille's System. 8. (1½ B.) München 834. (Nördlingen, Beck'sche Buchh.)

Hofmann, C. F., s.a. Hofmann, Karl Friedrich

Hofmann, C. F., de ara Victoriae imperatoribus christianis odiosa. Viteb. 1759. 4.

Hofmann, C. F., kurze deutsche Grammatik. 8. Lpz. H. Richter. 802.

[Hofmann, C. F.]. *Der Patriotische Kinderfreund.* Ein höchst unterhaltendes und angenehmes Bilderbuch für deutsche Knaben und Mädchen, als versprochender Nachtrag zum Mensch von Anbeginn ... Mit 18 fein ausgemahlten und schwarzen Kupfer-Tafeln. Vom Verfasser des Vater Hellmuth ... u. a. m. Leipzig, bey Bruder und Hofmann [1810]. XX, 243 S. Kl.-8° (fast quadratisch). Grüner Kartonbd. d. Z. in altem Rosa-Schuber. 48.—
Sehr selten, es scheint nur diese Ausgabe erschienen zu sein. Biographien, hauptsächlich der Helden d. klass. Altertums, ferner Armin, die „Schweizer", Alfred d. Gr., Jeanne d'Arc, Gustav Wasa, die „Niederländer", Luther, Gustaf Adolf usw. — Das Frontispiz zeigt in handkolor. Umrißstich den Rütlischwur, die übrigen 8 Tafeln mit geschichtl. Szenen u. Taten sind zweigeteilt und sämtlich handkoloriert. Sie sind durchnumeriert von 1—17, die Angabe „18" a. d. Titel beruht auf einem Irrtum. Der Verfasser nennt sich am Schluß der Vorrede. — Einige wenige unbedeutende Gebrauchsspuren a. d. letzten Bll. Von Taf. VIII (Jeanne d'Arc u. Gustav Wasa) ist ein unkolor. Doppel eingefügt. Einband leicht bestoßen, Rücken ausgebess.

Hofmann, C. F.: Lehrbuch der Arithmetik .... s. Hofmann, Chr. Dn. Fr.

Hofman, C. F., kurze deutsche Sprachlehre für Bürger- und Landschulen, 4te verb. und verm. Aufl. 8. Leipzig, Hinrichs. 820.

Hofmann, C. G., s.a. Hofmann, Karl Gottlob

Hofmann, C. G., an in vita aeterna animae beatorum corpore separatae sint se invicem visurae atque nosciturae? Viteb. 772. 4.

Hofmann, C. G., de sanctorum angelorum confirmatione in bono. ib. 771. 4.

Hofmann, C. G., cur Josephus caedem infantum Bethlehem. tacuerit. Viteb. 1741. 4; rep. in ejsd. var. sacr. p. 25 ss.

H[ofmann]. C. G.: Delineatio constitutionis de notariis in comitiis Coloniensibus a. 1512 a Maximiliano I. imperatore sancitae praemissa lectionibus in illam publicis. Francofurti ad V. (1729).

— — de dignitate generis humani ex angelorum tutela manifesta. ib. 772. 4.

Hofmann, C. G., über Einquartierung u. deren gleichförm. Vertheilung. Nebst Tabellen. 8. Gießen 807. Heyer. 8 gr

Hofmann, C. Gv., Num Angeli boni corpora hominum interdum obsideant. Viteb. 760. 4.

Hofmann, C. J., der beredte Spanier, s.: Robert's, Otto, Sprachführer. A. IV.

Hofmann, C. J., Spanisch, s.: Sprachführer, kleine. IV.

Hofmann, C. T., Beschr. d. Knochen und Muskeln des menschl. Körpers. mit K. lat. und deutsch. gr. Fol. Nrnb. Campe.
illum.

Hofmann, Carl, s. Hofmann, Karl

Hofmann, Carl August, s. Hofmann, Karl August

Hofmann, Carl Berthold, s. Hofmann, Karl Berthold

Hofmann, Carl Donat., s. Hofman.

Hofmann, Carl Friedrich, s. Hofmann, Karl Friedrich

Hofmann, Carl Gottlob, s. Hofmann, Karl Gottlob

Hofmann, Ch. W.: Kriegslisten, s. Hoffmann, Christoph Wilhelm

Hofmann, Chr. Dn. Fr., s.a. Hoffmann, Chr. Fr.

Hofmann, Chr. Dn. Fr., Lehrbuch d. Arithmetik für Bürger- u. Landschulen. 8. Stuttg. 815. Steinkopf. 1 ℛ 2 gr 2e verb. Aufl. 8. Ebd. 828. 1 ℛ 12 gr

Hofmann, C. F., Lehrbuch der Arithmetik für Schulen und zum Selbstunterrichte. 8. Stuttgart, Steinkopf. 815.

— s. G. Marschall, Beschreibung.

— die Pestalozzische Zahlenlehre u. d. Schmidschen Elemente d. Zahl, nach ihrem arithmet. u. formalen Werth dargestellt u. mit einander verglichen. 8. Stuttg. 810. Steinkopf. 1 ℛ

Hofmann, Christian Gottfried, s.a. Hoffmann, Chr. Gottfried

– s.a. Hoffmann, Christian Gottfried

Hofmann, C. Gf., bibliotheca juris publici. 4. Frft. 734.

— collectio nova scriptor. ac monumentor. part. rarissimor. etc. II Tmi. 4. Lps. Gleditsch. 731–33.

Hofmann, C. Gfr., commentarius juris canonici de coemet. ex urbibus tollendis. 8. Frankf. 775. (Academ. B.) 4 gl

— **Christian Gottfried,** De insignioribus defectibus jurisprudentiae criminalis Germanicae eorumque emendandorum ratione ac mediis. Commentat. acad. — Acced. ejusd. praenotiones juridicae de origine progressu et natura jurisprudentiae criminalis Germanicae. Frankfurt a. O. (Tobias Schwartz) 1757. 110 S. (9.50) 15662

— Ehre des Hauſ. Mannsfeld in d. Leben und Thaten Peter Ernſt. 8. Lpz. 718.

— Einleit. in d. Ius publ. d. H. R. Reichs u. ſ. w. 8. Frkft. Straus. 734.

— Grundſ. d. im H. Röm. Reiche eingef. Staatsrechts. 8. Frankf. Strauß. 736.

— — daſſelbe. 4. Ebend. 736.

— historiae juris Romano Iustinian. II Vol. 4. Lps. Gross. (a. Frommann in Iena.) 754.

Hofmann, C. Gf., introductio in jurisprudentiam canonico-pontificiam. 8. Frft. (Frommann in Iena.) 725. Rthl.

— notae in constitut. Ioachimi I. de Successionibus. 4. Frft. Strauss. 734.

Hofmann, Chr. Gottfr.: Nucleus legum imperii et pacificationum novissimarum, i. e. analysis pacis Westphalicae, ejusdemque cum pace religiosa, pace Noviomagensi, Rysvicensi, Rastadiensi ac Badensi, Altranstadiensi, item conventione, nec non R. J. de a. 1654. et capitulationibus subsequentibus harmonica collatio. *Francof. ad Viadr.* 731. 4.

— specimen conjecturar. politicar. de origine et natura legum germanicar. 4. Lps. Iunius. 715.

— praecognita general. jurisprudentiae. Frft. (Frommann, Iena.) 723.

— de rege rom., vivente imper. electo. 4. Frft. Strauss 733.

— scriptores rerum germanicar. fol. Baus. 719.

— series rerum per Germaniam et in comitiis a transactione Passaviensi ad annum 1720. gestar. 4. Lps. Iunius. 720.

— Vorſtell. der Religionsbeſchwerd. im H. Röm. R. 8. Lpz. Gleditſch. 722.

— **Christian Gottlieb** (Chemnitz). De jure meliorationis rei usufructuariae ab usufructuario factae. Specim. cont. caput jur. controv. Präs. Christian Heinr. Breuning. Lpz. (Langenheim) 27. VII. 1768. 12 S. (5.50) 15663
Gew.: Christian Friedrich Hauck (Freiberg).

Hofmann, Chr(istian) Gottl(ieb): Nachricht von der Anstalt für arme Kranke zu Altorf im Nürnbergischen 1 - 4, gbd., Abb.

Altorf u. Nürnberg: Monath 1787 - 1790

JB 5.372

— s.a. Hoffmann, Chr. Gottlieb

— **Christian Sigismund** (Wetzlar), Dissertationis juridicae de operarum debitarum mutatione. Von Veränderung der schuldigen Dienste, pars tertia potissimum de remediis in mutatione operarum juste adhibendis, agens. Präs. Melch. Dethmar Grolmann (Darmstadt). Giessen (Joh. Reinh. Vulpius' Wwe.) April 1715. 66 S. (8.50) 15664
Widm. v.: Präs., Johann Heinr. Münch (v. Kaunitz u. Ritberg'scher Rat), H. V. Diest (Winerda-Batavus; dtsch.), Heinrich v. Diest, Johann David Schetla.

Hofmann, Christian Sigmund: Diss. jur. de operarum debitarum mutatione, P. III., s. Grolmann, Melch. Dethmar (Präs.)

Hofmann, Christian Sigismund aus Wetzlar (Comes Palatinus Caesareus Diversorumque S. R. I. Statuum Consiliarius.)
Dissertatio inauguralis juridica, sistens, positiones ex diverso jure.
Giessae 13. Juli 1729: vidua Joh. Reinh. Vulpii. 23 (1) S. 4°
pro obtinendis summis in utroque jure honoribus doctoralibus.

Hofmann, Conrad, s. Hofmann, Konrad

Hofmann, D. C. G., Institutiones theologiae exegeticae in usum academicarum praelectionum adornatae. Edit. nova. 8. (VII, 297 S.) St. Louis 877. (Dresden, H. J. Naumann.) *

Hofmann, D. E. G., methodus catechetica. 8. Chemnitz, Mauke. 776.

Hofmann, Donat.

— Anfangsgründe d. latein. Sprachlehre, zum Gebrauch d. Schuljugend. 8. Augsb. 751. M. Rieger. 6 gl

Hofmann, Donat., (†d. 8. April 1783.) kurzer Begriff d. deutſchen u. zugleich allgem. Sprachlehre. 8. Augsb. 768. N. A. 776. Rieger. 7 gl

— kurzer Begriff d. deutſchen Sprachlehre für d. niedere Jugend. 8. Augsb. 763. 2e A. 777. Rieger. 5 gl

— s. Gegenwart Gottes, von der.

— dreitäg. Gemüthsſammlung. 8. Kempten 766. Köſel. 4 gl

— bibl. Geſchichten d. alten u. neuen Teſtaments. 8. Kempten 767. Köſel. 5 gl

— doctrinae christianae institutio historica, dogmatica, ethica. 757. Ed. II. Kempten 759. Ed. III. ibid. 769. Kösel. 4 gl

— eloquentiae prosa et versa instit. tripartit. 8. Kempt. 778. Kösel. 6 gl

— introductio exegetica in jurisprudentiam positivam humanam, ecclesiast. et civilem. II Tom. Augsb. 763. N. A. 765 u. 66. Kempten, Kösel. 16 gl

— introductio in philosophiam universam, veterem et novam, exegeticam et dialecticam. IV Tom. 8maj. Lindau 749. Ed. II. aucta. Augsb. Edit. III. Lindau 767—69. Otto. 4 ß

— s. Leben d. Piariſten.

— s. R. Maſchab, Scholarum.

Hofmann, Dorothea, aus des lieben Gottes Garten, — aus d. Kinderleben, } s.: Kinderbibliothek.

Hofmann, E., kurzes, einfaches Lehrbuch der englischen Sprache. (VI, 90 u. Wörterbuch 34 S.) 8. Leipzig 905. O. R. Reisland. Geb. in Leinw. u. geh. n. 1.20

Hofmann, E., kurzes, einfaches Lehrbuch der engl. Sprache. 2 Tle. 8. Leipzig 909. O. R. Reisland. Geb. 4.60.
1. Unterstufe. 2., durch e. Anh. verm. Ausg. (VIII, 151 und Wörterbuch 53 S.) Geb. 2. —
2. Oberstufe. I. u. III. Tl.: Lehr- u. Übungsbuch. II. Tl.: Grammatik. (VII, 315 S.) Geb. 2.60; m. farb. Plan v. London 3. —

Hofmann, E., die Leipziger Mundart u. ihre Behandlung in der Volksschule. (27 S.) gr. 8. Leipzig 904. Dürr'sche Buchh. n. — 60

Hofmann, E., 1001 Nacht. Sammlung arab. Märchen, f. die Jugend bearb. 8. (128 S. m. 6 Farbendr. v. W. Schäfer.) Berlin 889. Norddeutsches Verlags-Institut, J. Jolowicz. geb. 3. —

Hofmann, E., 1001 Nacht. Sammlung arab. Märchen, f. die Jugend bearb. Illustriert v. F. Schneider. gr. 8. (127 S. m. 3 Farbdr.) Berlin (899). R. Gahl. Geb. — 75; erh. Pr. 2.25

Hofmann, Eduard v.

Hofmann, Ed. Ritter v., Atlas d. gerichtl. Medicin, s.a. Lehmann's medicin. Handatlanten.

Hofmann, Eduard v., Atlas der gerichtlichen Medizin, s.a. Puppe, Geo., Atlas u. Grundriss der gerichtl. Medizin.

Atlas der Gerichtlichen Medizin nach Originalen von Maler A. Schmitson von Prof. E[duard] R[r] v. Hofmann, Wien. Mit 56 Taf. u. 193 Abb. München: J. F. Lehmann 1898. (56 num., 87 unnum. Taf.) 8°
Hand-Atlanten, Lehmann's Medicinische. Bd 17.

Hofmann, Eduard [app. Arzt aus Stadt-Ilm '(Schwarzb.-Rudolst.)']: Ein Fall von Carcinoma ventriculi im jugendlichen Alter ... Würzburg, Becker's Univ.-Buchdr., 1893; 22 S., 1 Bl. 8.
Würzburg, Med. Fak., Inaug.-Diss. v. 1893

Hofmann, Ed., Lehrbuch der gerichtlichen Medicin. Mit besond. Berücksichtigung der österreichischen u. deutschen Gesetzgebung. gr. 8. (X, 814 S.) Wien 877. Urban & Schwarzenberg. n. 18. —

Hofmann, Ed., Lehrbuch der gerichtlichen Medicin. Mit gleichmäss. Berücksicht. der deutschen und österreich. Gesetzgebung. 2. verm. und verb. Aufl. 2 Hälften. gr. 8. (XII, 867 S. mit 95 eingedr. Holzschn.) Wien 881, Urban und Schwarzenberg. à Hälfte *M 9. *
—— dass. — 3. verm. und verb. Aufl. 2 Hälften. gr. 8. (XII, 976 S. mit 108 eingedr. Holzschn.) Ebendas. 883,84. à Hälfte *M 9. *

Hofmann, E. R. v., Lehrbuch der gerichtlichen Medicin. Mit gleichmäss. Berücksicht. d. deutschen u. österreich. Gesetzgebg. 4., verb. Aufl. Mit zahlr. Holzschn. gr. 8. (VIII, 1012 S.) Wien 887. Urban & Schwarzenberg. n. 20. —; geb. n. 22. —

— dasselbe. 5., verm. u. verb. Aufl. Mit zahlr. Holzschn. gr. 8. (VIII, 1015 S.) Ebd. 891. n. 20. —; geb. n. 22. —

Hofmann, Ed. R. v., Lehrbuch der gerichtlichen Medicin. Mit gleichmäss. Berücksicht. der deutschen u. österreich. Gesetzgebg. 6., verm. u. verb. Aufl. gr. 8. (VIII, 1011 S. m. Abbildgn.) Wien 893. Urban & Schwarzenberg. n. 20. —

Hofmann, Dr. Eduard R. v., Lehrbuch der gerichtlichen Medicin. Mit gleichmässiger Berücksichtigung der deutschen und österreichischen Gesetzgebung. 7. vermehrte und verbesserte Auflage. Mit 130 Holzschnitten. Gr.-8. (VIII, 1028 S.) 12.—, geb. 13.20
Wien: Urban & Schwarzenberg 1895.

— Lehrbuch d. gerichtl. Medicin. M. gleichmäss. Berücksicht. d. deutschen u. österreich. Gesetzgebg. 8., verm. u. verb. Aufl. gr. 8. (VIII, 984 S. m. 140 Holzschn.) Wien 897. Urban & Schwarzenberg. n. 20. —; geb. n. 22. —

Lehrbuch der gerichtlichen Medicin. M. gleichmäss. Berücks. d. deutschen u. österreich. Gesetzgeb. Von Dr. Eduard R. v. Hofmann, ... Prof. ... in Wien. 8., verm. u. verb. Aufl. M. 140 Holzschn. *Wien & Leipzig: Urban & Schwarzenberg 1898.* (VIII, 984 S.) 1 Bd 8.

Hofmann's, Eduard Ritter v., Lehrbuch der gerichtl. Medicin, m. gleichmässiger Berücksicht. der deutschen u. österreichischen Gesetzgebung. 9., verm. u. verb. Aufl., hrsg. v. Alexis Kolisko. Mit 141 Holzschn. gr. 8. (XI, 1079 S.) Wien 902. 903. Urban & Schwarzenberg. n. 23. —; geb. n.n. 25.50

— Lehrbuch der gerichtlichen Medicin m. gleichmäss. Berücksicht. der deutschen u. österr. Gesetzgebg. 9., verm. u. verb. Aufl., hrsg. v. Alex. Kolisko. Neue Ausg. (XI, 1079 S. m. 141 Holzschn.) Lex. 8. Wien 909. Urban & Schwarzenberg. 23.—; geb. n 25.50

Hofmann, Edwin, o alte Burschenherrlichkeit, s.: Zentraltheater.

— Einer v. der Heilsarmee, s.: Zentraltheater.

— Auf Leben u. Tod, s.: Zentraltheater.

— In der Sommerfrische, s.a. Apollotheater.

Hofmann, Edwin: In der Sommerfrische. Lustspiel in 1 Akte von –. Leipzig: R. Gleißenberg [1908]. (24 S.) 8°
Apollotheater. No 5.

— Verlobt, s.: Zentraltheater.

Hofmann, Elisabeth, Aschenbrödel. Aus dem Pensionsleben. Erzählungen f. erwachsene Mädchen. gr. 8. (178 S.) m. 6 farb. Bildern.) Nürnberg 893. Verlag der Kinder-Gartenlaube. n. 3. —; geb. in Leinw. n. 4. —

Hofmann, Else. 's Annebärbele. Erzählung f. junge Mädchen. Stuttgart, Thienemann, c. 1890. M. 8 Taf. 8°. Orlwd. Einige Gebrauchsspuren. 7.—

Hofmann, Else, 's Annebärbele. E. Erzählg. f. junge Mädchen. M. 8 Tondr.-Bild. v. Erdm. Wagner. 8. (240 S.) Stuttgart 895. K. Thienemann. Geb. in Leinw. n. 4. —

— Carry. Sein Tod — seine Sühne, s.a. Kürschner's Bücherschatz.

Hofmann, Else v.: Carry. Sein Tod – seine Sühne. Erzählg v. –. M. Ill. v. A. v. Schrötter. Berlin, Eisenach, Leipzig: H. Hillger [1898]. (126 S.) 1 Bd. 8°
Bücherschatz, Kürschners. No 94.

Hofmann, Else, daheim u. Draußen. Erzählungen f. die weibl. Jugend. Mit (8) Farbendr.-Bildern v. E. Voigt. (160 S.) 8. Reutlingen (908). Enßlin & Laiblin. Geb. in Leinw. 1.20

Hofmann, Else, Dorfprinzeßchen. Eine Erzählg. f. junge Mädchen. Mit 5 Autotyp. nach Originalen von Fritz Bergen. (210 S.) gr. 8. Stuttgart (903). Levy & Müller. Geb. in Leinw. n. 4.50

Hofmann, Else, Elli. Eine Erzählg. f. Mädchen. Mit 8 Vollbildern. 8. (VII, 129 S.) Stuttgart (901). Loewe. Geb. in Leinw. m. Goldschn. 2.50

— Elli. Eine Erzählg. f. Mädchen. Mit 8 Vollbildern. 2. Aufl. (VII, 129 S.) 8. Stuttgart (905). Loewe. Geb. in Leinw. m. Goldschn. 2.50

— Erlauschtes u. Erträumtes. 8. (VII, 260 S.) Leipzig 898. P. List. n. 3.—; geb. 4.—

Hofmann, Else s. Familienbibliothek, Schweizer. Nr. 87.

Hofmann, Else, das siebente Gebot u. andere Erzählungen f. die Jugend. (96 S. m. 4 Farbdr.) kl. 8. Reutlingen (907). Enßlin & Laiblin. Geb. —50

— Errungenes Glück, s.: Enßlin's Roman- u. Novellenschatz.

— Yvonne, s.: Jugendbücherei, farb. illustr.

— Karin. Eine Erzählg. f. junge Mädchen. Illustriert v. G. Stöber. (175 S.) 8. Leipzig 904. Abel & Müller. Geb. in Leinw. n. 3.—

Hofmann E. *Kitty*. Eine Erzählung für Mädchen. Mit 4 Ton- und 24 Textbildern. Stuttgart, Löwe [c. 1900]. 8°. Ill. Orlwd. 7.—

— Kitty. Eine Erzählg. f. Mädchen. Mit 4 Ton- u. 24 Textbildern. (VII, 144 S.) gr. 8. Stuttgart (903). Loewe. Geb. in Leinw. 3.—

— Lida v. Lenor. Erzählung für junge Mädchen. Mit (z. Tl. farb.) Bildern v. M. Flashar. (216 S.) 8. Reutlingen (910). Enßlin & Laiblin. Geb. in Leinw. 2.50

— Das goldene Mädchenbuch, s.: Glaß, Luise.

— Müller-Liesel. E. Erzählg. f. erwachs. Mädchen. 1. u. 2., unveränd. Aufl. gr. 8. (160 S. m. Titelbild.) Leipzig 896. F. Hirt & Sohn. 2.25; geb. in Leinw. 3.50

— die böse Sieben, s.: Jugend-Bücherei, farb. illustr.

— Baroness Steffi. Roman. Buchschmuck. (3 farb. Vollbilder) v. Leo Rauth. (195 S.) kl. 8. Leipzig (910). Abel & Müller. 3.—; geb. in Leinw. 4.—

— Aus jungen Tagen. Zwei Erzählgn. f. die Jugend. 1.—5. Taus. (Buntbilder v. Karl Schicktanz.) (174 S. m. 4 farb. Taf.) 8. Ebd. (909). Geb. in Leinw. 3.—

— Vierblatt. Eine Erzählg. f. junge Mädchen. Mit 4 Autotypien nach Originalen v. O. Meyer-Wegner. gr. 8. (222 S.) Stuttgart (901). Levy & Müller. Geb. in Leinw. n. 4.50

— Im Waldpensionat. Eine Erzählg. f. junge Mädchen. Mit 4 Autotyp. nach Originalen v. O. Meyer-Wegner. gr. 8. (228 S.) Ebd. (900). Geb. in Leinw. n. 4.50

— Im Waldpensionat. Eine Erzählg. f. junge Mädchen. Mit 4 Autotypien nach Originalen v. O. Meyer-Wegner. 7. Aufl. (228 S.) 8. Stuttgart (909). Levy & Müller. Geb. in Leinw. 4.50

— der Weg gen Golgatha. Roman. 8. (305 S.) Leipzig (900). P. List. n. 3.—; geb. 4.—

— Zu spät. Unterm Christbaum, s.: Enßlin's Roman- u. Novellenschatz.

Hofmann, Emil, Alt-Wien. Geschichten aus 4 Jahrhunderten. Mit Bildern v. M. Barascudts. (262 S.) kl. 8. Wien (907). A. Pichler's Wwe. & Sohn. Geb. in Leinw. 3.60

— dasselbe, s.a. Pichler's Jugendbücherei.

(F) Hofmann, E., Alt-Wien. Geschichten aus vier Jahrhunderten. 1. Bd. [Pichlers Jugendbücherei. Bd. 36.] 8°. (94 S.) Wien: Pichler 1907. geb. K 1.—

(F) Hofmann, E., Alt-Wien. Geschichten aus vier Jahrhunderten. 2. Bd. [Pichlers Jugendbücherei. Bd. 37.] 8°. (98 S.) Wien: Pichler 1907. geb. K 1.—

(F) Hofmann, E., Alt-Wien. Geschichten aus vier Jahrhunderten. 3. Bd. [Pichlers Jugendbücherei. Bd. 38.] 8°. (74 S.) Wien: Pichler 1907. geb. K 1.—

(F) Hofmann, E., Alt-Wien. Geschichten aus vier Jahrhunderten. 2. Aufl. 8°. (ill. 261 S.) Wien: Pichler 1908. geb. K 3.60

— dasselbe. Geschichten u. Sagen. 2. Folge. (233 S. m. 9 Vollbildern.) kl. 8. Ebd. 908. Geb. in Leinw. 3.60

(F) Hofmann, E., Alt-Wien. Geschichten und Sagen. 1. Bd. [Pichlers Jugendbücherei. Bd. 57.] 8°. (74 S.) geb. K 1.— Wien: Pichler 1909.

(F) Hofmann, E., Alt-Wien. Geschichten und Sagen. 2. Bd. [Pichlers Jugendbücherei. Bd. 58.] 8°. (72 S.) geb. K 1.— Wien: Pichler 1909.

Hofmann, E., Alt-Wien. Geschichten und Sagen. 3. Bd. [Pichlers Jugendbücherei. Bd. 59.] 8°. (91 S.) geb. K 1.— Wien: Pichler 1909.

Hofmann, Emil (Red.), s. Deutsch-Oesterreich, Das literarische.

— Die Donau m. ihren Burgen u. Schlössern, s.: Hlaváček, Ant.

— Erzählungen u. Bilder aus der Geschichte f. österreichische Bürgerschulen, s.: Schwalm, Karl.

(Hofmann, Emil.) Die Fahrt 1902 von Zürich-Walenstadt-Trübbach-Gottlieben-Schaffhausen des Pontonnier Fahrverein Zürich (*Umschlag:* Im Langweidling von Z' nach Sch' ...). Am 18./19., 20. und 21. Juli 1902. (Separatabdruck aus der Neuen Zürcher Zeitung.) [Mit mehreren Beigaben.] 24 S. 8. Zürich, Dr. der Neuen Zürcher Zeitung, 1902.

Hofmann, Emil, e. brennende Frage d. gegenwärt. Israels. gr. 8. (54 S.) Reichenberg 896. P. Sollors. n. 1.50

Hofmann, Emil. Freiheit und Vaterland. Briefe und Erinnerungen aus schöneren Tagen der vierten Seminarklasse (von Küsnacht) 1884 85. 8. Meilen 1885.

Hofmann, E. Freiheit u. Vaterland. Briefe und Erinnerungen aus schöneren Tagen d. 4. Seminarklasse 1884/85. In-8°, 78 S. Meilen, Druck v. J. C. Hirzel. 1885.

Hofmann, Emil, die Geschichte der Fabrikgesetzgebung im Kanton Thurgau bis zum J. 1877. Eine Abhandlg. gr. 8. (102 S.) Frauenfeld 893. J. Huber's Verl. n. 1. -

— Kleine Heimatkunde v. Wien. Ein Wiederholungsbüchlein f. Schüler. Mit 23 Abbildgn. im Texte, e. doppelseit. Titelbilde u. dem Entwicklungsplane der Stadt. (48 S.) 8. Wien 908. A. Pichler's Wwe. & Sohn. — 50

Hofmann, Emil: Die Industrialisierung des Oberamtsbezirkes Göppingen (Württemberg). Göppingen 1910: Müller. VIII, 190 S. 8°

Heidelberg, Phil. Diss. v. 25. Okt. 1910, Ref. Gothein

[Geb. 14. Aug. 86 Göppingen; Wohnort: Göppingen; Staatsangeh.: Württemberg; Vorbildung: Oberrealsch. Göppingen Reife M. 04; Studium: Tübingen 4, Heidelberg 4 S.; Rig. 2. Juni 10.] [U 11. 226]

Hofmann, Emil, Legenden u. Sagen vom Stephansdom. Mit Bildern v. Ernestine Lohwag. (II, 178 S.) Lex.-8. Wien 904. (G. Szelinski.) Geb. n. 6. —

— dasselbe, s.a. Pichler's Jugendbücherei.

— Legenden u. Sagen vom Stephansdom. Mit Bildern v. M. Barascudts. (265 S.) kl. 8. Ebd. (907). Geb. in Leinw. 3. 60

(F) Hofmann, E., Legenden und Sagen vom Stephansdom. 1. Bd. [Pichlers Jugendbücherei. Bd. 33.] 8°. (109 S.) geb. K 1. Wien: Pichler 1907.

(F) Hofmann, E., Legenden und Sagen vom Stephansdom. 3. Bd. [Pichlers Jugendbücherei. Bd. 35.] 8°. (61 S.) geb. K 1.– Wien: Pichler 1907.

Hofmann, Emil, der Lehrer als Dichter, s.: Kosel, Herm. Clem.

Hofmann, Emil, die Schweiz als Industriestaat. gr. 8. (139 S.) Zürich 902. Schultheß & Co. n. 3. —

— Im Siegeszeichen. Geschichten aus deutscher Vorzeit. Mit 12 künstler. Vollbildern. (221 S.) kl. 8. Wien (908). A. Pichler's Wwe. & Sohn. Geb. in Leinw. 3. 60

— dasselbe, s.a. Pichler's Jugendbücherei.

(F) Hofmann, E., Im Siegeszeichen. I. [Pichlers Jugendbücherei. Bd. 54.] 8°. (ill. 70 S.) geb. K 1.– Wien: Pichler 1908.

(F) Hofmann, E., Im Siegeszeichen. II. [Pichlers Jugendbücherei. Bd. 55.] 8°. (ill. 75 S.) geb. K 1.– Wien: Pichler 1908.

(F) Hofmann, E., Im Siegeszeichen. III. [Pichlers Jugendbücherei. Bd. 56.] 8°. (ill. 79 S.) Wien: Pichler 1908. geb. K 1.–

Hofmann, E[mil]. Kommunale Sozialpolitik in der Schweiz. (Separat-Abdruck aus Band 22 Heft 2 (März-Heft 1906) des Archivs für Sozialwissenschaft und Sozialpolitik....) II S. + S. 467—523. 8. (Tübingen, J. C. B. Mohr.)

Hofmann, Ernst

Hofmann, E., geognost. Beobachtungen, angestellt auf e. Reise um d. Welt, in d. J. 1823 b. 1826, unt. d. Befehl d. Russ. Kaiserl. Flott-Capit. u. Ritters, Hrn. O. v. Kotzebue. gr. 8. (5 B.) Berlin 829, Reimer.

Hofmann, Ernst, s.: Geisteshelden.

Hofmann, Ernst, die Gross-Schmetterlinge Europas, 3. Aufl., s.a. Spuler, Arnold, die Schmetterlinge Europas.

Hofmann, E., die Gross-Schmetterlinge Europas. 19.—22. (Schluss-)Lfg. gr. 4. (S. 113—196 m. 10 color. Steintaf.) Stuttgart 887. C. Hoffmann. à Lfg. n. 1. — (cplt. geb.: n. 25. —)

Hofmann, Ernst, die Gross-Schmetterlinge Europas. 71 Taf. m. 2000 Abbildgn. u. begleit. Text. 2. Aufl. 25 Lfgn. gr. 4. (XXXXI, 240 S. m. 26 Taf.) Stuttgart 891—894. C. Hoffmann. à 1. — (kplt. geb.: n. 28. —; in Prachtbd. n. 30. —)

Der Umschlag der Lieferungs-Ausg. hat d. T.: H., die Schmetterlinge Europas.

—— landwirthschaftlich schädliche Insekten, s. Jäger, Gust.

Hofmann, Ernst, die schädlichen Insekten des Garten- und Feldbaues. 8 Doppelfol.-Taf. in Farbendr. und Colorit mit erklär. Text. Fol. (15 S.) Eßlingen 881, Schreiber. cart. *

Hofmann, E.: Isoporien der europäischen Tagfalter. Stuttgart 1873.

Unsere grösseren Käferarten in Wort und Bild. 4. Aufl. von K. G. Lutz. Mit Abbildd. auf 20 farb. Taf. Ebda 1892. 8.

—— der Käfersammler. 20 (lithogr. und color.) Taf. mit 502 Abbild. und begleit. Text. 8. (VIII, 186 S.) Stuttgart 883, Hoffmann'sche Verlagsh. cart. *

Hofmann, Ernst, der Käfersammler. Unsere größeren Käferarten in Wort u. Bild. 4., verb. Aufl. v. K. G. Lutz. 8. (VIII, 141 S. m. üb. 500 Abbildgn. auf 20 farb. Taf.) Stuttgart 892. C. Hoffmann. Geb. n. 4. —

Hofmann, E., der Käfersammler. Unsere größeren Käferarten in Wort u. Bild. Mit üb. 500 Abb. in Farbendr. auf 20 Taf. 6., unveränd. Aufl. v. K. G. Lutz. (VIII, 141 S.) 8. Stuttgart 903. W. Nitzschke. — A. Brettinger. Geb. in Leinw. n. 4. —

Hofmann, Ernst, Dr., Materialien zur Anfertigung geologischer Karten der Kais. Bergwerks-Distrikte des Ural Gebirges. St. Petersburg 1870.

Hofmann, insektentötende Pilze m. besond. Berücksicht. der „Nonne". Vortrag, geh. im naturwissenschaftl. Verein zu Regensburg am 8. Dezbr. 1890. [Aus: „Aus d. Walde".] 1. u. 2. Aufl. gr. 8. (15 S. m. 14 Holzschn.) Frankfurt a/M. 891. Berlin, P. Weber. n. — 40

— die Raupen u. Schmetterlinge Europas, deren Nahrungspflanzen u. Eier. 1.—5. Lfg. gr. 4. (XXIV u. S. 1—32 m. eingedr. Abbildgn. u. je 2 Taf. in Farbendr.) Ebd. 890. à Lfg. n. 1. —

Hofmann, Ernst. Die Raupen der Schmetterlinge Europas, deren Nahrungspflanzen u. Eier. 1.—20. Lfg. gr. 4. (S. 1—152 m. 40 Taf. in Farbendr.) Stuttg. 890—92, C. Hoffmann. à Heft 1 —; 20 —

Hofmann, Ernst, Die Raupen u. Schmetterlinge Europas, deren Nahrungspflanzen u. Eier, (später: »Die Raupen der Schmetterlinge« und die Schlusslieferungen tragen den Titel »Die Raupen der Grossschmetterlinge«.) mit eingedr. Abbildungen u. Taf. in Farbendr. Lf. 1—26. Stuttgart 1890—1893. gr. 4.

— die Raupen d. Schmetterlinge Europas, 2. Aufl., s.a. Spuler, A.

Hofmann, Ernst, Reise nach den Goldwäschen Ostsibiriens, s.: Beiträge zur Kenntniss des Russ. Reiches, 12. Bdchn.

Hofmann, E.: R e i s e nach den Goldwäschen Ostsibiriens. Petersburg 1847. 8°

— die Raupen der Gross-Schmetterlinge Europas. 6.—26. (Schluss-)Lfg. gr. 4. (S. 33—318 m. eingedr. Abbildgn. u. 40 Taf. in Farbendr.) Ebd. 891—893. n. 22.— (kplt.: n. 27.—; geb. n.n. 30.—)
6.—25. Lfg. à n. 1.—. — 26. (Doppel-)Lfg. n. 2.—.

— die Schlaffsucht [Flacherie] der Nonne [Liparis monacha], nebst e. Anh.: Vortrag üb. insektentöt. Pilze. Mit 20 Orig.-Abbildgn. gr. 8. (15 S.) Ebd. 891. n. 1.—

HOFMANN, Ernst: Die Schmetterlinge Europas. - Stuttgart 1884-1887. 22 Lfg. - Lfg. 1-18: XL, 112 S., 61 Taf. - Lfg. 19-22 (Schluss-) Lfg. u. d. T.: Die Großschmetterlinge Europas. S. 113-196, 10 Taf.

— die Schmetterlinge Europas. (In 25 Lfgn.) 1—18. Lfg. gr. 4. (XL u. S. 1—112 m. 61 color. Steintaf.) Ebend. 884—86. à n. 1.—

Hofmann, Ernst, die Schmetterlinge Europas. 22 Lfgn. hoch 4. (196 S. mit 72 color. Stnt.) Stuttgart 885—87, Hofmann'sche Verlagsh. à Lfg. *M 1.—. * geb. *

—— Die Schmetterlinge Europas. 2. Aufl. Nach dem Tode d. Verf. bearb. v. O. Hofmann. (In 25 Lfgn.) 1.—4. Lfg. gr. 4. (XL, S. 1—8 m. 9 Fig. u. 12 farb. Taf.) Ebd. 892. à Lfg. 1 —; 4 —

Hofmann, E., die Schmetterlinge Europas, 3. Aufl., s.: Spuler, Arnold.

—— Schmetterlings-Etiketten. 8. (43 Bl.) Ebendas. 887. *

— Schmetterlings-Etiketten. 2. Aufl. 8. (I, VIII, 27 u. 10 Bl. m. 6 Abbildgn.) Ebd. 893. n. 1. 20

Hofmann, Ernst, Schmetterling-Etiketten. 3. Aufl. 8. (X S. u. VIII, 38 Bl. m. 6 Fig.) Stuttgart 898. C. Hoffmann. n. 1. 50

⑧ — Schmetterling-Etiketten. 898. (KBL 29.) Jetzt: Stuttgart, E. Schweizerbart.

— der Schmetterlingsfreund. Beschreibung der vorzüglichsten mitteleurop. Schmetterlinge, nebst Anleitg., dieselben zu fangen, deren Puppen u. Raupen aufzuziehen u. e. Sammlg. anzulegen. Für die Jugend verf. Mit 236 Abbildgn. auf 23 (lith. u. color.) Taf. 8. (XVI, 112 S.) Ebend. 883. cart. n. 4.—

— der Schmetterlingsfreund. Beschreibung der häufigsten mitteleurop. Schmetterlinge, nebst Anleitg., dieselben zu fangen, deren Puppen u. Raupen aufzuziehen u. e. Sammlg. anzulegen. Für die Jugend verf. 4. u. 5. Aufl. 8. (XVI, 112 S. m. 236 Abbildgn. auf 23 farb. Taf.) Ebd. 891. 892. Geb. in Leinw. n. 4.—

— der Schmetterlingsfreund. Beschreibg. d. häufigsten mitteleurop. Schmetterlinge nebst Anleitg., dieselben zu fangen, deren Puppen u. Raupen aufzuziehen u. e. Sammlg. anzulegen. Für d. Jugend verf. M. 236 Abb. auf 23 (farb.) Taf. 6. Aufl. 8. (XVI, 112 S.) Ebd. 897. Geb. in Leinw. n. 4.—

Hofmann, Ernst, der Schmetterlingsfreund. Beschreibung der häufigsten mitteleurop. Schmetterlinge nebst Anleitg., dieselben zu fangen, deren Puppen u. Raupen aufzuziehen u. e. Sammlg. anzulegen. Für die Jugend verf. Mit 236 Abb. auf 23 (farb.) Taf. 7. Aufl. 8. (XVI, 112 S.) Stuttgart (901). C. Hoffmann. Geb. in Leinw. n. 4.—

— Der Schmetterlingsfreund. Für die Jugend verf. 9., vollst. umgearb. u. verm. Aufl. v. H. Fleischer. (XVI, 125 S. m. 23 farb. Taf.) 8. Stuttgart (907). W. Nitzschke. — A. Brettinger. Geb. in Leinw. 4.—

— s.: Schreiber's colorierte Wandtafeln landwirthsch. nützlicher u. schädlicher Thiere.

Hoffmann, E.: Sämmtliche, bis jetzt bekannte T r i l o b i t e n Russland's. (Aus d. Verh. der k. miner. Gesellsch.) Petersburg. 1858. 8°

Hofmann, Ernst *Emil* [aus Moskau]: François [Tristan l'Hermite, sein Leben und seine Werke. Tl 1: Tristans Leben ... Leipzig, Druck v. F. Richter, 1894; 79 S. 8.
Leipzig, Phil. Fak., Inaug.-Diss. v. [7. März] 1894

Hofmann, Ernst, François Tristan l'Hermite, sein Leben u. seine Werke. 1. Tl.: Tristans Leben. Diss. gr. 8. (79 S.) Leipzig 894. (G. Fock.) n. 1. 60

Hofmann, Ernst, François Tristan L'Hermite, s. Leben u. s. Werke. II. Tl.: Tristans Werke. gr. 8. (88 S.) Leipzig 898. Buchh. G. Fock. n. 2.—; (Kplt.: n. 3. 50)

——— und Helmersen (G. v.). Geognostische Untersuchung des Süd-Ural-Gebirges. Berlin, Posen und Bromberg 1831. 8.

—— und G. v. Helmersen, geognost. Untersuchung d. Süd-Ural-Gebirges, ausgeführt in d. J. 1828 u. 1829. M. (2) Karten u. (4) Profilzeichn. gr. 8. (6 B.) Berlin 831, Mittler.

Hofmann, Ernst, der nördliche Ural, s.a. Ural, der nördliche.

Hofmann, Ernst: Der nördliche U r a l und das Küstengebirge Pae-Choi. Untersucht und beschrieben von einer in den Jahren 1847, 1848 und 1850 durch die Kaiserlich Russische Geographische Gesellschaft ausgerüsteten Expedition. Bd. 1. 2. St. Petersburg 1853 u. 1856. 2 Bde. LXXVI, 307 S., 1 Tf., 1 Krt.: IV, 352. (75, 49) S. 4°

Hofmann, Eug., gegenseitige Reduction der Altenburgischen, Sächsischen und Preussischen Längen- und Flächen-Maasse. Ein praktisches Handbuch für Landwirthe, Techniker u. Geschäftsleute. Leipzig 860. Hirschfeld. gr. 8. (2 Bl., 19 S.) 7½ ngr.

Hofmann, Eug., Reductions-Tabellen der bis jetzt in Deutschland gebräuchlichen Flächenmaaße auf das neue, durch Bundesbeschluß in Norddeutschland eingeführte Flächenmaaß. 1. Heft: Reductions-Tabelle sächsischer Flächen auf das neue Flächenmaaß, zur Aufsuchung aller Flächen von 1 bis 800 Quadrat-Ruthen und von 1 Acker bis zu 1000 Ackern. 8. (12 S.) Leipzig 868, Reichenbach'sche Buchh.

Hofmann, F., s.a. H o f f m a n n , Franz

– s.a. H o f f m a n n , Friedrich

Hofmann, F. (Hrsg.), s. J a h r e s b e r i c h t über die Fortschritte der Anatomie und Psychologie

Hofmann, F. De provinciali sumtu populi Romani. 24 S.
Berlin, Gr. Kl., Progr. 1851

Hofmann, F., die Ueberschwemmung von Wien und Umgebung im Februar 1862. Nach den besten Quellen dargestellt. 6. Aufl. Wien 862. F. Klemm in Comm. Lex.-8. (32 S.) n. 2 ngr.

Hofmann, F. (Hrsg.), s. Z e i t s c h r i f t für das Gymnasialwesen.

Hofmann, F. E., Würzburg-Stadt. Meteorologische Verhältnisse u. medizinische Statistik f. die J. 1903 u. 1904. (87 S. m. 2 Taf. u. 2 Tab.) gr. 8. Würzburg 905. A. Stuber's Verl. n. 2. 50
Sonderabdruck aus: „Verhandlgn. d. phys.-med. Gesellsch. zu Würzburg". — Erschien früher u. d. T.: Statistik, medizinische, der Stadt Würzburg.

Hofmann, F. Gottl.

— Abbild. d. vornehmst. Tischlerarbeit., welche er verfertiget ꝛc. mit K. gr. 4. Ebend. 789.

Hofmann, F. Gottl., neues Verzeichniß und Musterkarte f. Meuble-Magazins. Fol. Lpz. Griesbammer. 795.

Hofmann, F. Glo., s. Jh. Glo. Hofmann's Leben.

Hofmann, F. T. v., Darstellung d. reinen Wahrheit gegen d. Lügen d. Rottbergischen Schrift. 8. Lemgo, Meyer. 795.

Hofmann, F. W., Dubiorum, quae doctrinae de poenis damnatorum aeternis objici solent, potiorum solutio. Erl. 775. 4.

Hofmann, F. Wilh.: Observationum juris Germanici libb. II. *Frcf.* et *Lips.* 738. 8.

Hofmann, F. W.: Observv. quae ad usum fori spectant fasc. *Francf. a. O.* 736. 4.

Hofmann, Ferd., poetische Ergüsse in Prosa u. Versen, zur Erheiterg. gesell. Zirkel durch theatral. Auftritte m. od. ohne Bühne, Gesänge, Deklamationen humoristisch, komisch u. ernst f. Dilettanten u. reif. Künstler. 8. (137 S.) Asch 874. (Winkler.) 1. 20

Hofmann, Ferd., geographisch-statistisches Nachschlagebuch über alle Theile der Erde in alphabet. Ordnung. Mit 2 Tabellen (in Fol. u. qu. gr. Fol.). gr. 8. (IV, 63 S.) Wien 877. Hölder in Comm. n. 2. —

Hofmann, Fr., s.a. Hoffmann, Fr.

– s.a. Hoffmann, Friedrich

Hofmann, Fr., s.: Archiv f. Hygiene.

Hofmann Fr.: Über die Bedeutung der handwerksmäßig betriebenen Dichtung des XIII. bis XVII. Jahrh. und deren Verhältnis zum gesellschaftlichen Leben. 21. Troppau. R. 77. Progr.

Hofmann, Fr. v., Helene. Eine Novelle aus den vierziger Jahren des 19. Jahrhunderts. Cassel 859. Bohné. 8. (VI, 185 S.) n. 24 ngr

Hofmann Fr.: Katalog der Bibliothek der St.-R. in Troppau 1852—1882. 82. Troppau R. 82. Progr.

Hofmann, Fr., zum Polterabend! Eine Auswahl der besten u. beliebtesten Gedichte u. Vorträge f. Polterabend und Hochzeit. 16. (32 S.) Reutlingen 890. Enßlin & Laiblin. — 15; feine Ausg. (64 S.) — 50

Hofmann, Fr. Jh. Ph., das neueste gerichtl. u. kirchl. Ereigniß d. Zeit. Ein Sendschreiben an die sämmtl. Lehrer u. Bischöfe d. kathol. sowohl als der protest. Kirche ꝛc. 8. Zürich 830. Schultheß. 8 gr

— s. ferner: 1) Darstell. des Hannöv. L. Katechismus. 2) Dialoge üb. die 10 Gebote. 3) Chr. Forello. 4) Kirchenagende, allgemeine. 5) Pfarrcompetenz. 6) Predigten nach Grundsätzen ꝛc. 7) Schulbesuche. 8) Volksbelehrr. in katechet. Form.

Hofmann, Fr. Ldw., leichte Aufgaben z. Uebersetzen in d. Latein. u. Deutsche. 8. Ansbach 808. 2e Aufl. 817. Gassert. 8 gr

Hofmann's, F. L., leichte Aufgaben zum Übersetzen ins Lateinische und Deutsche. Aufl. 2. Ansbach 818. 8. 8 gr.

v. Hofmann, Fr. Wlh. III., s. Beitrr. z. Kenntn. d. Rechtspflege.

Hofmann, Franz

Hofmann, Franz (Hrsg.), s. Arndts, Ludwig: Lehrbuch der Pandekten.

Hofmann, Frz., die Bedeutung v. Fleischnahrung u. Fleischconserven mit Bezug auf Preisverhältnisse. Beitrag zur rationellen Verpflegung vom sanitären u. wirthschaftlichen Standpunkte f. Aerzte u. Beamte. gr. 8. (III, 120 S.) Leipzig 880. F. C. W. Vogel. n. 3. —

Hofmann, Frz. (I.), Beiträge zur Geschichte des griech. und röm. Rechts. gr. 8. (VIII, 136 S.) Wien 870, Manz. *

Hofmann, Frz., die Entstehungsgünde der Obligationen, insbesondere der Vertrag, m. Rücksicht auf: Siegel's „Das Versprechen als Verpflichtungsgrund." gr. 8. (116 S.) Wien 874. Manz. n. 1. 60

Hofmann, Frz. Excurse üb. österreichisches allgemeines bürgerliches Recht, s. Pfaff, Leop.

— zur Geschichte der Fideicommisse, s. Pfaff, Leop.

Hofmann, Frz., u. L. Meister, Journal von u. für Helvetien. 8. Bern 799. Wöchentl. 1 Bogen.

Hofmann, Frz., Commentar zum österreichischen allgemeinen bürgerlichen Gesetzbuche, s. Pfaff, L.

Hofmann, Frz., die Compilation der Digesten Justinians. Kritische Studien. Nach des Verf. Tode hrsg. v. Ivo Pfaff. gr. 8. (VII, 233 S.) Wien 900. Manz. n. 6. —

— die Lehre vom titulus u. modus adquirendi u. der justa causa traditionis. gr. 8. (140 S.) Ebend. 873. n. 2. 40

Hofmann, Fr. (I.), s. Leipzig, die Stadt, in hygienischer Beziehung.

v. Hofmann, Frz., Leitfaden f. die Vorträge üb. Arithmetik u. Algebra in den k. k. Cadeten-Schulen u. zum Selbststudium f. Anfänger. gr. 8. (VIII u. 264 S.) Graz 851, Kienreich. (Leipzig, G. Wigand.) n. 1⅓ ₰

— über das Periculum beim Kaufe. Ebend. 870. gr. 8. (VIII, 188 S.) n. 1 ₰ 6 ngr

Hofmann, Fr., und Ch. F. Horlbeck, Pilgerstab, s.a. Horlbeck.

Hofmann, Frz., und Chr. Frdr. Horlbeck, Pilgerstab. Ein evangelisches Gebetbuch. 3. verm. Aufl. Mit 1 Stahlst. Leipzig 861. O. A. Schulz. 16. (XX, 388 S.) 10 ngr

— u. Chr. Fr. Horlbeck, Pilgerstab. Ein evangel. Gebetbuch f. alle Morgen u. Abende der Woche, f. die Festzeiten u. besondere Fälle. 5. verm. Aufl. Mit e. Stahlst. gr. 16. (XXIV, 391 S.) Leipzig 875. Schulz. cart. n. 1. 20; geb. m. Goldschn. n. 2. 75

Hofmann, Frz., 52 nachgelassene Predigten. gr. 8. (V, 330 S.) Greiz 873. Bredt. n. 2. 50

Rectoratswechsel an der Universität Leipzig am 1. Nov. 1888. I. Rede des abtretenden Rectors Dr. Otto Ribbeck: Bericht über das Studienjahr 1887/88. II. Rede des antretenden Rectors Dr. Franz **Hofmann**: Die Quellen und die Ausbreitung der Volkshygiene. Leipzig, Druck v. Alexander Edelmann, Univ.-Buchdr., 1888; 40 S. 4°

Hofmann, Franz: Rechtsgutachten zur Frage über die Haftung der Mitglieder einer Genossenschaft, s. Grünhut, Karl Samuel

Hofmann, Franz v., Sammlung von Aufgaben aus der Arithmetik und Algebra nebst 4 Taf. über die Vergleichung der vorzüglichsten Maße, Gewichte und Münzen mit den österreichischen. Für k. k. Kadetten- und Regiments-Schulen. gr. 8. (VIII und 194 S.) Graz 851, Kienreich. (Leipzig, G. Wigand.) Thlr. *

Hofmann, Franz: Kritische Studien im römischen Rechte. E. Festschrift (für Leop. Pfaff). Wien 1885.

[Inhalt:]

1. Der Verfall der röm. Rechtswissenschaft.
2. Quaestio Domitiana.
3. Ueber den Grund des Anwachsungsrechtes unter Miterben.
4. Favor testamenti.
5. Ueber das Anwachsungsrecht beim testamentum militis.
6. Ueber das sog. formelle Notherbenrecht.

— kritische Studien im römischen Rechte. Eine Festschrift. gr. 8. (XII, 228 S.) Wien 885, Manz'sche Hof-Verlags- und Universitäts-Buchh. *

HOFMANN, Franz (München): Der Uebergang von Nahrungsfett in die Zellen des Thierkörpers.- München: Oldenbourg 1872. 1 Bl.,29 S.
29.7.1868 - Urk (Titel: De differentia alimentorum ex regno animalium et plantarum.); F 72; Chr 1868/69,13

Hofmann, F., über den Verlobungs- u. den Trauring. [Aus d. Sitzungsber. d. k. Akad. d. Wiss.] Lex.-8. (39 S.) Wien 870. Gerold's Sohn in Comm. n. — 60

Hofmann, Frz., Verwandtschaft u. Familie. Vortrag, geh. in der feierl. Sitzg. der kaiserl. Akademie der Wissenschaften. 8. (32 S.) Wien 891. (F. Tempsky.) n. — 60

Hofmann, Frz. (I.), die Wasserversorgung zu Leipzig. Gutachten, dem Rathe der Stadt Leipzig vorgelegt. Lex.-8. (IV, 62 S. mit 3 lithogr. Plänen.) Leipzig 877, Duncker und Humblot. *

— **Franz Joseph** (Himmelstadt), De transmissione hereditatis, fideicommissorum, legatorum juriumque conventionalium in heredes. Diss. jur. Würzburg (Franz Ernst Nitribitt) 10. IX. 1807. 37 S. (6.50) 15666

v. Hofmann, Frz. Karl, die neue Kiesreinigungsmethode behufs zur Beschotterung der Staats-, Kreis-, Distrikts- u. Vicinalstraßen, auch zur Erzeugung reinen u. feinen Sandes für Mörtelbereitung, dann Läuterung der steinigen Gartenerde. Nebst Beschreibung u. Zeichnung der Maschine. Mit 1 Steintaf. gr. 12. München 839. Franz. 1/3 Thlr.

– Dass., s.a. Hoffmann, Franz Karl

Hofmann, Frz. Wlh., Abhandlung über die geeignetsten Maßregeln bei der pachtweisen Uebernahme und Rückgabe landwirthschaftl. Objekte. 12. Prag 844, Haase Söhne. 1/3 Thlr.

Hofmann, F. W. Landwirthschaftlicher Anschauungsunterricht in Form einer Erzählung für die Jugend. 1. Band; enthält: Feld- und Wiesenbau, Viehzucht und landwirthschaftliche Verrichtungen. Mit 300 Abbildungen. 8. (150 S.) Wien. Gedr. bei Leop. Grund. Im Verlage der k. k. Schulbücherverschleiß-Administration 1853.

Hofmann, F. W. Landwirthschaftlicher Anschauungsunterricht in Form einer Erzählung für die Jugend. Von — —. I. — II. Band. 8. Wien. Gedruckt bei Leopold Grund. 1853 I Band. Enthält: Feld- und Wiesenbau, Viehzucht und landwirthschaftliche Verrichtungen. Mit 300 Abbildungen. (146 S. 2 Bl.) — II. Band. Enthält: Die Seiden-, Bienen- und Fischzucht. — Das Wild. — Der Gemüse-, Wein- und Hopfenbau — Der Handelspflanzen-, Obst- und Waldbau. – Edle Schwämme und Giftpflanzen. Mit 250 Abbildungen. (130 S. 3 Bl.) Jeder einzelne Band kostet broschirt 40 kr. C. M.

Hofmann, Frz. W., die Bienenzucht mit Rücksicht auf die Ergebnisse der neusten Forschungen in allen Betriebsarten. Mit 2 (lith.) Taf. Abbildgn. Wien 854. Wallishausser. gr. 8. (VIII, 283 S.) n. 1 Thlr. 24 ngr.

– Flachsbau, s. Tafeln, Landwirthschaftliche

Hofmann, Frz. W., die Gesammtlandwirthschaft. Ein Lernbuch f. angehende Landwirthe. gr. 8. (VIII u. 272 S.) Wien 852, Lechner. n. 1 Thlr. 6 ngr.

Hofmann, Frz., W., die Gesammtlandwirthschaft. (Ein Lernbuch für angehende Landwirthe. 1. u. 2. (Titel-) Ausg. Wien (852.) 853. Lechner. gr. 8. (VIII, 272 S.) n. 20 ngr.

– Hopfenbau, s. Tafeln, Landwirthschaftliche.

— der Hopfenbau, auf Grund eigner vieljähr. Erfahrung dargestellt. 8. (5⅝ B. u. 8 Stnt.) Görlitz 843, Koblitz.

Hospodářství v obrazích pro mládež. Dle F. W. Hofmanna. Díl I a II. Se 550 obrazy. V *Vídni* 1858. V. c. k. školním knihoskladu. I. Bd. S. 1—144. II. Bd. S. 1—142. 8°.
(Die Landwirthschaft in Bildern für die Jugend. Nach F. W. Hofmann. I. u. II. Bd. Mit 550 Bildern. *Wien. Im k. k. Schulbücherverlag.*)

— die Cultur der Handelsgewächse. gr. 8. (21⅓ B.) Prag 845, Calve'sche Buchh.

Hofmann, F. W., die Cultur des Hopfens. Wien 866. Beck'sche Universitäts-Buchh. gr. 8. (16 S.) n. 4 ngr.

Hofmann, F. W., Die Cultur des Hopfens. gr. 8. (16 S.) Wien, Beck'sche U.-B. (A. Hölder.) 1866. 20 kr.

— **die Cultur des Tabakes in Oesterreich.** Wien 868. Gerold's Sohn. gr. 8. (42 S.) n. 8 ngr.

— kurzgefaßte Lehre der Landwirthschaft in Fragen u. Antworten verfaßt. Zum Gebrauche f. die Dorfjugend u. den ältern Landmann. Mit 7 (lith.) Taf. Abbildungen. gr. 8. (VI u. 132 S.) Wien 851, Wallishausser. n. 16 ngr.

— kurzgefaßte Lehre üb. die Verhältnisse des Landmannes u. der Landwirthschaft in Fragen u. Antworten, zum Gebrauche f. den Landmann. gr. 8. (VI u. 253 S.) Ebd. 851. n. 1 Thlr.

— das Obstbuch. Kurze Anleitung Obstbäume zu ziehen, zu veredeln und zu pflegen, wie auch das Obst zu verwahren, zu verwenden u. auf das Vortheilhafteste zu verwerthen. Mit Abbildgn. (Holzschn. im Text.) Pest 855. Heckenast. 8. (IV, 83 S.) 6 ngr.

Seidenraupenzucht, s. Tafeln, Landwirthschaftliche.

— System den Reinertrag der Güter und den Werth derselben zu erhöhen. Wien 857. Ludwig u. Zang in Comm. gr. 8. (1 Bl., 266 S.) n. 2 ₰.

Hofmann's, Frz. W., System, den Reinertrag der Güter und Werth derselben zu erhöhen. 3. unveränd. Aufl. Wien 861. Gerold. gr. 8. (154 S.) 1 ₰

— System des Futterbaues. 1. u. 2. durchges. u. verm. Aufl. Wien 853, 54. Wallishausser. gr. 8. (7 Bl., 356 S.) 2 ₰.

— das Tret-Rad als Triebwerk landwirthschaftl. Maschinen. Mit 8 Tafeln Abbild. gr. 8. Wien 844, Wallishausser. 1⅓ ₰

Hofmann, Friedrich

s.a. Hoffmann, Friedrich

Hofmann, Friedrich, s.a. Hofmann, Fritz

Hofmann, Frid. (geb. Landsberg bei Halle a. S. [illegible]): De aedilibus Romanorum. Berolini [illegible] 8°
Berlin, Phil. Diss. v. [illegible] Sept. 1842

Hofmann, F., de aedilibus Romanorum. 8. Berolini 843, Besser. n. ⅙ ₰

Hofmann, Friedr. (III.), der kritische Apparat zu Cicero's Briefen an Atticus geprüft. gr. 8. (V und 65 S.) Berlin 863, Weidmann'sche Buchh. *

Hofmann, Friedr. (II.), Aufgaben über Anwendung der Algebra auf Geometrie. Für höhere Lehranstalten bearb. gr. 8. (40 lithogr. S. und 1 Stnt.) Bayreuth 865, Grau'sche Buchh. *

— Aufgaben aus der niedern Arithmetik. Zum Gebrauch in den unteren Klassen höherer Lehranstalten bearb. Ebd. 865. gr. 8. (IV, 116 S.) n. 12 ngr.

Hofmann, Friedr. (I.), Aufgaben aus der niederen Arithmetik. Zum Gebrauch in den unteren Klassen höherer Lehranstalten bearb. 2. Aufl. 1872, und 3. mit Rücksicht auf das neue Maß- und Münz-System umgearb. Aufl. gr. 8. (IV, 123 S.) Bayreuth 874, Grau'sche Buchh. *

—— Resultate zu dessen Aufgaben aus der Arithmetik und Algebra. 3 Thle. gr. 8. Ebendas. *
Inhalt:
Thl. 1. 4. Aufl. (VIII, 64 S.) 871. *ℳ 9.
" 2. 4. Aufl. (IV, 116 S.) 871. *ℳ 1,50.
" 3. 3. Aufl. (XVI, 75 S.) 872. *ℳ 1,20.

Hofmann, Frdr., Aufgaben üb. die Grundrechnungsarten m. Buchstabengrößen. Für Gymnasien u. Realschulen bearb. (14 S.) 8. Bayreuth 887. Leipzig, P. Eger. n. — 40
Auch die übrigen mathemat. Lehrbücher desselben Verf. gingen aus d. Verlage der Grau'schen Buchh. in Bayreuth an obige Firma über.

Hofmann, Fr.: Berechnung des Vorübergangs der Venus vor der Sonnenscheibe. 34 S. u. Taf. – Bayreuth, Progr. 1872.

Hofmann, Friedrich (Lehrer der Mathematik) „Ueber die Berührungskreise des Dreiecks und damit zusammenhängende Aufgaben". pg. 3—8. 4°. Mit einer Tafel. Carl Georges.
Landau, Progr. 1844/45

Friderici Hofmanni Silesii Gymnasii Elbingensis quondam Con-Rectoris Lusuum Epigrammaticorum Centuriae Accessit Fasciculus Epigrammatum selectissimorum Joco-Seriorum Trecentorum. Bremae, Typis & impensis Johannis Wesselii, Anno 1705.

Hofmann, Friedr. (II.), die Veste Coburg. Gang durch die Geschichte in Dichtungen. 16. (157 S. mit 1 Stnt. in Tondr.) Hildburghausen 854, F. Kesselring. *

– Dass., s.a. Hofmann, Fritz

Hofmann, Friedrich, Schloss Wocklum (Westf.): Ueber Cyanursäure und Cyamelid. *Heidelberg: Heidelb. Verlagsanst. u. Druckerei 1901.* (37 S.) 8°
Würzburg, Phil. Diss. v. 1901

Hofmann, Frdr., Dichterweihe. Schauspiel in e. Aufzuge. [Für Bühnen Mscr.] 8. (40 S.) Leipzig 875. bibliograph. Institut. — 75

Hofmann, Friedr. (I.), Deutschlands Erniedrigung und Erhebung. Ein Stück Geschichte in Wort und Lied für deutsche Sängerbünde. gr. 8. (54 S.) Coburg 862, Streit's Verlag. *

Hofmann, F[riedrich]: Über die Errichtung öffentlicher höherer Mädchen-Schulen in Berlin. Bericht an den Magistrat. — Berlin: Weidmann 1875. 64 S. 8°

—— ein hohes Fest der Glaubenstreue, s. Fest.

Hofmann, Friedrich [app. Arzt aus Neustadt a. d. Haardt]: Ueber Fieberverhältnisse bei Meningitis. . . . Freiburg i. B., Buchdr. v. Chr. Strecker, 1880; 41 S., 1 Taf. 8°
Freiburg i. B., Med. Fak., Inaug.-Diss. v. 1880

—— Geisterspuk oder das große Umgehen auf der Veste Koburg. Fröhliches Heldengedicht in 15 Stücklein. Mit 38 (eingedr.) Holzschn.-Bildern nach Zeichnungen von Gr. Arthur M.-P. und Gust. Sundblad. Lex.-8. (VIII, 111 S.) Ebendas. 877. *

Hofmann, Frdr., Generalregister zum 1—28. Jahrgang, s.: Gartenlaube, die.

Hofmann, Frdr., die Geschäftsordnungen der deutschen Statutargemeinden Österreichs. Eine Studie zum österreich. Gemeinderechte. (168 S.) gr. 8. Wien 907. F. Tempsky. 6. —

Hofmann, Frdr., das Gewindeschneiden auf der Leitspindeldrehbank m. den dazu gehörigen Berechnungen. Leichtfaßlich dargestellt u. m. vielen Beispielen versehen. (30 S.) 8. Landshut (905). (F. P. Attenkofer.) n. — 40

Hofmann, Friedr., Grundriß der mathematischen Geographie. Zum Gebrauch an höhern Lehranstalten bearb. Mit 7 Steindrucktaf. Baireuth 858. Grau. gr. 8. (56 S.) n. 8 ngr.

Hofmann, Friedr. (I.), Grundriß der mathematischen Geographie. Zum Gebrauch an höheren Lehranstalten bearb. 2. verb. und verm. Aufl. 8. (IV, 88 S. mit 7 Stnt.) Bayreuth 878, Grau'sche Buchh. cart. *

— Grundriß der Stereometrie. Zum Gebrauch an höheren Lehranstalten bearb. Ebend. 858. gr. 8. (31 S. u. 8 lith. Taf.) n. 7 ngr.

— Grundzüge der Statik u. Dynamik fester Körper. Für höhere Lehranstalten bearb. Ebend. 865. gr. 8. (80 lith. S.) n. 12 ngr.

— die Harfe im Sturm. Erinnerungen an unsere große Zeit. gr. 8. (VIII, 71 S.) Leipzig 871. Wartig. — 75

Hofmann, Friedr. (II.), nach 55 Jahren. Ausgewählte Gedichte. 16. (XII, 308 S.) Leipzig 886, Keil's Nachf. geb. mit Goldschn. *

— drei Kämpfer. Festspiel in 1 Aufzug zum deutschen National-Siegesfest am 2. Septbr. 16. (36 S.) Leipzig 873. E. J. Günther. n. — 60

Hofmann, Friedr., Kinderfeste. 1. Heft: Das Schulfest. Declamation und Gesang für Schulkinder. Dichtung von ꝛc. Composition von Jul. Otto. (Text.) Schleusingen 853. Glaser. gr. 8. (16 S.) n. 1 ngr.

(Ausgabe für den Lehrer.) Ebend. 853. gr. 8. (21 S.) 1½ ngr.

— Kinderfeste. 4. Hft. Das Vaterlandsfest. Declamation u. Gesang f. Schulkinder. Mit Clavier- od. Orchester-Begleitg. Composition v. Jul. Otto. Op. 147. Textbuch. 8. (22 S.) Schleusingen 875. Glaser. — 20; verbind. Declamation (15 S.) — 30

Hofmann, Friedr. (I.), Lehrbuch der Geschichte für die oberen Klassen höherer Lehranstalten. 1.—3. Heft. gr. 8. Berlin, Springer. *

Inhalt:
Heft 1. Griechische Geschichte. (48 S.) 881. * 50 Pf.
- 2. Römische Geschichte. (X, 89 S.) 882. * ℳ 1.
3. Geschichte des Mittelalters. (VIII, 126 S.) 884. * ℳ 1,40.

Hofmann, Frdr., Lehrbuch der Geschichte f. die oberen Klassen höherer Lehranstalten. 2—6. Hft. 8. Berlin, Springer. cart. n. 5. 50 (cplt.: n. 6. —)
2. Römische Geschichte. 2. Aufl. (X, 89 S.) 885. n. 1. 20
3. Geschichte d. Mittelalters. (VIII, 126 S.) 884. n. 1. 40
4. Neuere Geschichte. Von der Reformation bis zu Friedrich dem Großen. (V, 104 S.) 886. n. 1. 20
5. Neuere Geschichte II. Von Friedrich dem Großen bis zur Gründg. d. neuen deutschen Reichs. (VI, 107 S.) 887. n. 1. 20
6. Brandenburgische Geschichte bis zu Friedrich d. Großen. (IV, 30 S.) 887. n. — 60

Hofmann, F., Lehrbuch der Geschichte f. die oberen Klassen höherer Lehranstalten. 1.—3. Hft. 8. Berlin, Springer. cart. n. 3. 10
1. Griechische Geschichte. 3. Aufl. (IV, 43 S.) 887. n. — 50
2. Römische Geschichte. 3. Aufl. (X, 88 S.) 889. n. 1. 20
3. Geschichte d. Mittelalters. 2. Aufl. (VIII, 124 S.) 887. n. 1. 40

Hofmann, Frdr., Lehrbuch der Geschichte f. die oberen Klassen höherer Lehranstalten. 1.—5. Hft. gr. 8. Berlin, J. Springer. Kart. n. 5. 60
1. Griechische Geschichte. 5. Aufl. (IV, 43 S.) 892. n. — 50
2. Römische Geschichte. 4. Aufl. (X, 88 S.) 891. n. 1. 20
3. Geschichte des Mittelalters. 3. Aufl. (VIII, 124 S.) 891. n. 1. 40
4. Neuere Geschichte. I. Von der Reformation bis zu Friedrich dem Großen. 2. Aufl. (VI, 104 S.) 891. n. 1. 20
5. — dasselbe. II. Von Friedrich dem Großen bis zur Gründg. des neuen deutschen Reichs. 2. Aufl. (VI, 108 S.) 892. n. 1. 20

Hofmann, Frdr., Lehrbuch der Geschichte f. die oberen Klassen höherer Lehranstalten. 3.—5. Hft. Durchgesehen u. hrsg. v. Hans Meyer. gr. 8. Berlin, J. Springer. Kart. n. 3. 80
3. Geschichte des Mittelalters. 4. Aufl. (VIII, 126 S.) 896. n. 1. 40
4. Neuere Geschichte. I. Von der Reformation bis zu Friedrich dem Großen. 3. Aufl. (VI, 101 S.) 896. n. 1. 20
5. Dasselbe. II. Von Friedrich dem Großen bis zur Gründg. d. neuen deutschen Reichs. 3. Aufl. (VI, 109 S.) 896. n. 1. 20

Hofmann, Frdr., Lehrbuch d. Geschichte f. d. ob. Klassen höh. Lehranst. 1. u. 2. Hft. Durchgesehen u. hrsg. v. Hans Meyer. 8. Berlin 897. J. Springer. Kart. n.n. 1. 70
1. Griech. Geschichte. 6. Aufl. (IV, 43 S.) n.n. — 50
2. Röm. Geschichte. 5. Aufl. (X, 88 S.) n.n. 1. 20

[F. u. Ant.] Lehrbuch der Geschichte f. d. oberen Klassen höh. Lehranstalten v. Dr. Friedrich Hofmann. 6. Aufl. Durchges. u. hrsg. v. Prof. Dr. Hans Meyer. II. 1. 2. *Berlin: J. Springer 1897.* 8.

Hofmann, Frdr., Lehrbuch der Geschichte f. die oberen Klassen höherer Lehranstalten. 1. 2. 4. u. 5. Heft. Durchgesehen u. hrsg. von Hans Meyer. gr. 8. Berlin, J. Springer. Kart. n.n. 4. 10
1. Griechische Geschichte. 7. Aufl. (IV, 43 S.) 903. n.n. — 50
2. Römische Geschichte. 6. Aufl. (X, 88 S.) 904. n. 1. 20
4. Neuere Geschichte I. Von der Reformation bis zu Friedrich dem Großen. 4. Aufl. (VI, 100 S.) 904. n. 1. 20
5. Dasselbe II. Von Friedrich dem Großen bis zur Gründung des neuen Deutschen Reichs. 4. Aufl. (VI, 110 S.) 904. n. 1. 20

Hofmann, Friedrich „Ueber Leibrenten, Lebensversicherungen und Wittwenpensionen". pg. 3–12. 4°. C. Georges.
Landau, Progr. 1847/48

— lateinisches Lesebuch, s.: Greife.

— über das metrische Maass- u. Gewichtssystem. Ebend. 868. 4. (24 S.) 6 ngr.

— 1001 Nacht, s.: Lauckhard, C. F.

Hofmann, Frid. (IV.), de origine belli civilis Caesariani commentarius. 8maj. (XII und 163 S.) Berolini 856(57,) Springer. *

— **Friedrich** (Friedberg/Hessen), De paracusi. Diss. med. Bln. (Ferdinand Nietack) 27. IX. 1830. 37 S. mit Biogr. (M.: W. Baden.) (3.—) 15667
Oppon.: A. Liepmann, G. Schwalbe, A. Wernher. — Gew.: Friedrich Houth.

Hofmann, *Friedrich* Rede bei der Trauerfeierlichkeit für Kaiser Wilhelm I., gehalten am 10. März 1888. — Rede bei der Gedächtnisfeier für Kaiser Wilhelm I., gehalten am 22. März 1888. — Gedächtnisrede für Kaiser Friedrich, gehalten am 30 Juni 1888. 4 (S. 13–23 der Schuln.)
Progr. G. z. grauen Kloster *Berlin* 1889 (51)

Hofmann, Frdr., Sammlung von Aufgaben aus der Arithmetik u. Algebra. Für Gymnasien u. Gewerbschulen bearb. In 3 Thln. 1 Thl.: Arithmetische Aufgaben. gr. 8. (VIII u. 170 S.) Bayreuth 852, Grau. n. ½ ₰

— Sammlung von Aufgaben aus der Arithmetik und Algebra. Für Gymnasien u. Gewerbschulen bearb. In 3 Thln. Bayreuth, Grau. gr. 8.
1. Theil: Arithmetische Aufgaben. 2. verb. u. verm. Aufl. 856. (IV, 178 S.) n. 15 ngr.
2. 3. Theil: Algebraische Aufgaben. 2 Abthlgn. 853. (VI, 206; IV, 312 S.) n. 1 ₰. 20 ngr. — 2. verb. u. verm. Aufl. 856, 58. (288; 232 S.) 1. Abth. n. 15 ngr; 2. Abth. n. 21 ngr.

— Resultate dazu. 3 Thle. 854. n. 1 ₰. 10 ngr. 2. Aufl. 856–58. Ebend. gr. 8. (60; IV, 116; IV, 76 S.) 1.: n. 8 ngr; 2.: n. 15 ngr; 3.: n. 12 ngr.

Hofmann, Friedr. (II.), Sammlung von Aufgaben aus der Arithmetik und Algebra. Für Gymnasien und Gewerbschulen. 2. Thl.: Algebraische Aufgaben. (1. Abthl.) 3., verb. und verm. Aufl. gr. 8. (304 S.) Bayreuth 865, Grau'sche Buchh. *

— Sammlung von Aufgaben aus der Arithmetik und Algebra. Für Gymnasien und Gewerbschulen. 1. Thl.: Arithmetische Aufgaben. 3., verb. und verm. Aufl. gr. 8. (IV und 176 S.) Bayreuth 867, Grau'sche Buchh. *

—— Sammlung von Aufgaben aus der Mathematik und Algebra. Für Gymnasien und Gewerbschulen bearb. In 3 Thln. gr. 8. Ebendas.

Inhalt:

Thl. 1. Arithmetische Aufgaben. 4. und 5. Aufl. 1871.72. *M 1,60., und 6. mit Rücksicht auf das neue Maß- und Münzsystem umgearb. und verm. Aufl. (VIII, 224 S.) *M 2.
" 2. Algebraische Aufgaben. [1. Abthl.] 4. und 5. Aufl. 1871,72. *M 2,80., und 6. mit Rücksicht auf die deutsche Reichswährung veränd. Aufl. (IV, 324 S.) *M 3.
" 3. Algebraische Aufgaben. [2. Abthl.] 3. verm. und verb. Aufl. (VI, 256 S.) 874. *M 2,40.

— dasselbe. Resultate. 1—3. Thl. gr. 8. Ebend. 871. 72. n. 3. 60
1. 4. Aufl. (VIII, 64 S.) n. — 90. — 2. 4. Aufl. (IV, 116 S.) n. 1. 50. - 3. 3. Aufl. (XVI, 75 S.) n. 1. 20.

— Sammlung v. Aufgaben aus der Mathematik u. Algebra. Für Gymnasien u. Gewerbschulen bearb. In 3 Thln. gr. 8. Ebend. 874. n. 7. 40
1. Arithmetische Aufgaben. 6. m. Rücksicht auf das neue Maß- u. Münzsystem umgearb. u. verm. Aufl. (VIII, 224 S.) n. 2. —
2. Algebraische Aufgaben. [1. Abth.] 6. m. Rücksicht auf die deutsche Reichswährg. veränd. Aufl. (IV, 321 S.) n. 3. —
3. Algebraische Aufgaben. [2. Abth.] 3. verm. u. verb. Aufl. (VI, 256 S.) n. 2. 40

—— Sammlung von Aufgaben aus der Arithmetik und Algebra. Für Gymnasien und Gewerbschulen bearb. In 3 Thln. gr. 8. Ebendas.

Inhalt:

Thl. 1. Arithmetische Aufgaben. 7. verm. Aufl. (VIII, 227 S.) 877. *M 2.
" 2. Algebraische Aufgaben. [1. Abthl.] 7. Aufl. (IV, 324 S.) 877. *M 3.
" 3. —— dass. — [2. Abthl.] 4. verm. und verb. Aufl. (VI, 266 S.) 878. *M 2,40.

—— Resultate zu dessen Aufgaben aus der Arithmetik und Algebra. 3 Thle. gr. 8. Ebendas. [1. Thl. 5.—7. Aufl. (63 S.) 873—77. *M 1,20.; 2. Thl. 5.—7. Aufl. (IV, 116 S.) 874—77. *M 1,50.; 3. Thl. 4. Aufl. (XVI, 96 S.) 877. *M 1,50.]

— Sammlung von Aufgaben aus der Arithmetik u. Algebra. Für Gymnasien u. Realschulen bearb. [In 3 Tln.] 1. Tl.: Arithmetische Aufgaben. 8., verb. Aufl. gr. 8. (VIII, 227 S.) Ebend. 881. n. 2. —

Hofmann, Frdr., Sammlung v. Aufgaben aus der Arithmetik u. Algebra. Für Gymnasien u. Realschulen bearb. (In 3 Tln.) 3. Tl.: Algebraische Aufgaben. (2. Abtlg.) 5., verm. Aufl., bearb. v. Chrph. Dietsch. gr. 8. (VI, 280 S.) Bayreuth 892. Grau n. 2. 60; Resultate. 5., verm. Aufl. (123 S.) 893. n. 2. —

Hofmann, Frdr., Sammlung von Aufgaben aus d. Arithmetik u. Algebra. Für Gymnasien u. Realschulen bearb. (In 3 Tln.) 2. Tl.: Algebraische Aufgaben. (1. Abtlg.) 10. unveränd. Aufl. gr. 8. (IV, 336 S.) Bayreuth 902. Grau. n. 3. —

— Sammlung von stereometrischen Aufgaben. Für Gymnasien und Gewerbschulen bearb. Ebend. 854. gr. 8. (VIII, 104 S.) n. 10 ngr.

— Sammlung der wichtigsten Sätze aus der Arithmetik u. Algebra. Zum Gebrauch an höheren Lehranstalten zusammengestellt. 1. u. 2. unveränd. Aufl. Ebend. 858. gr. 8. (32 S.) n. 3 ngr.

— Sammlung der wichtigsten Sätze aus der Arithmetik u. Algebra. Zum Gebrauch an höheren Lehranstalten zusammengestellt. 3. verb. u. verm. Aufl. gr. 8. (36 S.) Ebend. 874. n. — 40

— Sammlung der wichtigsten Sätze aus der Arithmetik u. Algebra. Zum Gebrauch an höheren Lehranstalten zusammengestellt. 4., verb. u. verm. Aufl. gr. 8. (40 S.) Ebend. 881. n. — 40

— die wichtigsten Sätze und Aufgaben der Planimetrie. Zum Gebrauch an höhern Lehranstalten zusammengestellt. Mit 1 Steindrucktaf. Ebend. 858. gr. 8. (48 S.) n. 6 ngr.

— die wichtigsten Sätze u. Aufgaben der Planimetrie. Zum Gebrauch an höheren Lehranstalten zusammengestellt. 2., verm. Aufl. Mit 17 Steindr.-Taf. gr. 8. (VI, 66 S.) Ebend. 877. cart. n. 1. 50

— die wichtigsten Sätze u. Aufgaben der Trigonometrie. Zum Gebrauch an höheren Lehranstalten. Ebend. 858. gr. 8. (18 S.) n. 7 ngr.

Hofmann, Friedr., die Schlacht bei Focksan, Schausp. in 5 Aufz. Zur Erinnerung an d. 100jähr. Geburtstag d. Helden Friedrich Josias, Prinzen v. Sachsen-Koburg, d. 26. Dec. 1837. 8. (13 ¼ B.) Jena 838, (Bran'sche Buchh.)

Hofmann, Frdr., die öffentlichen Schulen u. das Schulgeld. Berlin 869. Springer's Verl. gr. 8. (44 S.) n. 10 ngr.

Hofmann, Friedr., der römische Senat zur Zeit der Republik nach seiner Zusammensetzung und innern Verfassung betrachtet. gr. 8. (VI und 177 S.) Berlin 847, Duncker und Humblot.

( ) Tabelle zur Vergleichung verschiedener Maße, Gewichte und Münzen aus Hofmann's Aufgaben, Bd. 1. Ebend. 856. gr. 8. (17 S.) n. 2 ngr.

Hofmann, Friedr. (I.), neues Thierbilder-Buch, s. a. Thierbilder-Buch, neues.

Hofmann, Frdr., neues Thierbilder-Buch für kleine brave Kinder. Mit Zeichnungen von H. Leutemann. Wien 860. Wenedikt. qu. 4. (24 S. u. 12 color. Holzschntaf.) 24 ngr.

Sphärische Trigonometrie mit Anwendungen auf Astronomie. Von Friedrich Hofmann, Prof. — 1851. B., Hereth. — S. 3—18 mit 1 Figurentafel. —
Progr. Bayreuth

[F.] **Hofmann**, Friedrich: Kritische Untersuchungen zu Lucian ... [= Progr. d. Neuen Gymn. in Nürnberg 1894.] Nürnberg, Buchdr. v. J. L. Stich, 1894; 49 S. 8.
Erlangen, Phil. Fak., Inaug.-Diss. v. 1894

—— das Vaterlandsfest. Dichtung in 2 Thln.: Der Krieg um den Rhein und der Krieg um Paris. Als deutsches Schülerfest zur Sedanfeier komponirt von Jul. Otto. 16. (56 S.) Leipzig 875, (Bibliograph. Institut.) 75 Pf.; geb.

—— dass. — 2. Aufl. 16. (56 S.) Leipzig 876, (Wartig's Verlag.)

Gegenseitige Verwandlung der astronomischen Zeitbestimmungen. — Von Friedr. Hofmann, P. — 1857. B., Burger. — S. 3—18.
Progr. Bayreuth

Hofmann, Frdr., u. Hugo Beißwänger, d. Viehseuchengesetze m. d. zu ihrer Ausführg. im Reich u. in Württemberg ergang. Vorschriften. Im Auftr. d. kgl. württ. Ministeriums d. Innern zusammengest. u. erläut. gr. 8. (XXX, 626 S.) Stuttgart 897. W. Kohlhammer. n. 6. 50; geb. n. 7. 50

Hofmann, Frdr., Die deutschen Volksmundarten und ihre poetische Benutzung. Eine Bitte an die deutschen Dichter. Hildburghausen 1845. 8.

Vorübergang der Venus vor der Sonnenscheibe am 6. Dezember 1882, berechnet von Friedrich Hofmann, G. P. — 1881, Bayreuth, Theod. Burger. — S. 3—40°.
Progr. Bayreuth, K. Gymn.

Hofmann, Friedrich (Hrsg.), s. Weihnachtsbaum.

— der Kinder Wundergarten. Märchen aus aller Welt. Mit 60 in den Text gedr. Holzschn. nach Zeichngn. von C. v. Binzer, Osk. Pletsch, Ludw. Richter, Paul Thumann u. E. Schmidt u. 4 Bunt-Druckbildern. 8. (XXVII, 316 S.) Leipzig 874. E. J. Günther. n. 2. 25

— dasselbe. Pracht-Ausg. Mit 88 in den Text gedr. Holzschn., 2 Tonbildern u. 6 Bildern in Farbendr. Nach Zeichngn. von C. v. Binzer, O. Pletsch, Ludw. Richter, Emil Schmidt u. Paul Thumann. gr. 8. (XII, 529 S.) Ebend. 874. n. 6. —

— dasselbe. 2. Aufl. 8. (VIII, 344 S.) Ebend. 875. n. 2. 50

— dasselbe. 4. Aufl. 8. (VIII, 344 S.) Ebend. 875. n. 2. 40

—— dass. — Mit 60 in den Text gedr. Holzschn. nach Zeichnungen von C. v. Binzer, Osc. Pletsch, Ludw. Richter rc. und 4 Buntdr.-Bildern. 5.—8. Aufl. 8. (VIII, 352 S.) Ebendas. 876—78.

—— der Kinder Wundergarten. Märchen aus aller Welt. Mit 124 in den Text gedr. Holzschn., 2 Tonbildern und 6 Bildern in Farbendr. Nach Zeichnungen von C. v. Binzer, Osc. Pletsch, Ludw. Richter rc. Pracht-Ausg. 2. verm. Aufl. gr. 8. (XIV, 546 S.) Leipzig 878, E. J. Günther Nachf. cart.

Hofmann, Friedr. (II.), der Kinder Wundergarten. Märchen aus aller Welt, ausgewählt und hrsg. Mit 60 in den Text gedr. Holzschn. nach Zeichnungen von C. v. Binzer, Osc. Pletsch, Ludw. Richter, Paul Thumann und E. Schmidt und 4 Buntdr.-Bildern. (Kleine Ausg.) 9. und 10. Aufl. 8. (VIII, 352 S.) Leipzig 880, E. J. Günther's Nachf. cart. *

— dass. — (Kleine Ausg.) 11.—15. Aufl. 8. (VIII, 352 S.) Leipzig 881—84, Abel. geb. *

— dass. — Mit 124 in den Text gedr. Holzschn., 2 Tonbildern und 6 Bildern in Farbendr. Nach Zeichnungen von C. v. Binzer, Osc. Pletsch, Ludw. Richter rc. Pracht-Ausg. 3. Aufl. gr. 8. (XIV, 546 S.) Ebendas. 882. cart. *

— dasselbe. Mit 60 in den Text gedr. Holzschn. nach Zeichnungen von C. v. Binzer, O. Pletsch, Ludw. Richter rc. u. 4 Buntdr.-Bildern. 13. Aufl. 8. (VIII, 352 S.) Ebend. 882. cart. n. 2. 50

—— der Kinder Wundergarten. Märchen aus aller Welt. Ausgewählt und hrsg. Nach Zeichnungen von C. v. Binzer, Osc. Pletsch, Ludw. Richter rc. Pracht-Ausg. 4. Aufl. gr. 8. (XIV, 546 S. mit 124 in den Text gedr. Holzschn., 2 Tonbildern und 6 Bildern in Farbendr.) Leipzig 885, Abel. cart. *

—— dass. — (Kleine Ausg.) 16.—19. Aufl. 8. (VIII, 352 S. mit 60 in den Text gedr. Holzschn. nach Zeichnungen von C. v. Binzer, O. Pletsch, Ludw. Richter rc. und 4 Buntdr.-Bildern.) Ebendas. 885—88. cart. *

— dasselbe. 20. u. 21. Aufl. gr. 8. (VII, 376 S. m. 80 Holzschn., 10 Tonbildern u. 4 Farbendr. nach Orig.-Zeichngn. von C. v. Binzer, Osc. Pletsch, Ludw. Richter u. A.) Ebd. 889. 890. geb. n. 3. —

Hofmann, Frdr., der Kinder Wundergarten. Märchen aus aller Welt. Ausgew. u. hrsg. M. üb. 80 in d. Text gedr. Holzschn., 10 Tonbild. u. 4 Buntdr.-Bildern n. Orig.-Zeichngn. v. C. v. Binzer, Osc. Pletsch, Ludw. Richter, C. Römer, Paul Thumann u. E. Schmidt. 30. Aufl. (Volksausg.) gr. 8. (VII, 376 S. m. Bildn.) Leipzig 898. Abel & Müller. Geb. in Leinw. n. 3. —

— dasselbe. M. 113 in d. Text gedr. Holzschn., 12 Tonbild. u. 6 Bildern in Farbendr. Nach Zeichngn. v. C. v. Binzer, Osc. Pletsch, Ludw. Richter, H. Scherenberg, Emil Schmidt, P. Thumann u. G. Urlaub. Pracht-Ausg. 7. Aufl. gr. 8. (XVI, 528 S. m. Bildn.) Ebd. 898. Geb. in Leinw. n. 6. —

Hofmann, Frdr., der Kinder Wundergarten. Märchen aus aller Welt. Ausgewählt u. hrsg. Mit üb. 80 in den Text gedr. Holzschn., 10 Tonbildern u. 4 Buntdr.-Bildern nach Orig.-Zeichngn. von C. v. Binzer, Osc. Pletsch, Ludw Richter, C. Römer, Paul Thumann u. E. Schmidt. 31.—34. Aufl. (Volksausg.) gr. 8. (à VII, 376 S. m. Bildnis.) Leipzig 899—902. Abel & Müller. Geb. in Leinw n. 3. —

— dasselbe. Mit 113 in den Text gedr. Holzschn., 12 Tonbildern u. 6 Bildern in Farbendr. Nach Zeichngn. von C. v. Binzer, Osc. Pletsch, Ludw. Richter, H. Scherenberg, Emil Schmidt, P. Thumann u. G. Urlaub. Pracht-Ausg. 8. Aufl. gr. 8. (XVI, 528 S. m. Bildnis.) Ebd. (901). Geb. in Leinw. n. 6. —

Hofmann, Frdr., der Kinder Wundergarten. Märchen aus aller Welt. Ausgewählt u. hrsg. Mit über 80 in den Text gedr. Holzschn., 10 Tonbildern u. 4 Buntdr.-Bildern nach Orig.-Zeichnungen von C. v. Binzer, Osc. Pletsch, Ludw. Richter, C. Römer, Paul Thumann u. E. Schmidt. 36. Aufl. (Volksausg.) (VII, 376 S. m. Bildnis.) 8. Leipzig (904). Abel & Müller. Geb. in Leinw. n. 3. —

— dasselbe. Mit 113 in den Text gedr. Holzschn., 12 Tonbildern u. 6 Bildern in Farbendr. Nach Zeichngn. von C. v. Binzer, Osc. Pletsch, Ludw. Richter, H. Scherenberg, Emil Schmidt, P. Thumann u. G. Urlaub. Pracht-Ausg. 9. Aufl. (XVI, 528 S. m. Bildnis.) gr. 8. Ebd. (904). Geb. in Leinw. n. 6. —

Hofmann, Friedr., Die Zukunft der deutschen Gewerkschaften und ihre nächste Aufgabe. Mit einem Anhang: Die Thätigkeit der Vertrauensleute in der Organisation. 8⁰. Berlin, Sassenbach, 1896.

— Zusammenstellung der wichtigsten Figuren aus dem Gebiete des mathematischen Unterrichts an Gymnasien u. Realschulen. gr. 8. (16 S. mit 28 Steintaf.) Ebend. 878. cart. n. 2. —

Hofmann, Friedrich Gottlob

Hofmann, Fr. Glo., Katharina v. Bora oder Dr. M. Luther als Gatte u. Vater. Ein Beitrag zur Geschichte der Priesterehe, so wie des ehelichen u. häuslichen Lebens des großen Reformators, nach den Quellen bearb. Mit dem Bildniß der Katharina v. Bora. gr. 8. Leipzig 845, Klinkhardt. 3/4 ℛ

— Lebensbeschreibung des Ablaßpredigers Johann Tezel. Ein Beitrag zur Geschichte der deutschen Kirchenreformation im 16. Jahrh. (Herausgeg. von Max. Poppe.) gr. 8. Leipzig 844, Schwickert. 2/3 ℛ

Hofmann, Friedrich Hermann

Hofmann, Frdr. H., Bayreuth u. seine Kunstdenkmale. Mit 1 Titelbild in Kudka-Gravüre, 1 Farben-Beilage, 14 Taf. u. 128 Text-Illustr. Lex.-8. (VIII, 112 S.) München 902. Vereinigte Kunstanstalten. n.n. 7, —; geb. in Leinw. n.n. 9. —

Hofmann, Frdr. Herm., s.: Bildnisse König Ludwigs II.

— die Kunst am Hofe der Markgrafen v. Brandenburg, fränkische Linie, s.a. Studien zur deutschen Kunstgeschichte. 32. Hft.

Die Kunst am Hofe der Markgrafen von Brandenburg. Fränkische Linie. Von Friedrich H. Hofmann. Mit 4 Textabb. u. 13 Taf. *Strassburg: J. H. E. Heitz 1901.* (XIV, 271 S.) 8°
== Studien z. deutschen Kunstgeschichte. H. 32.
München, Phil. Diss. v. 1901

— u. Fel. **Mader,** die Kunstdenkmäler des Bez.-Amts Beilngries bzw. Neumarkt, s.: Kunstdenkmäler, die, des Kgr. Bayern. XII u. XVII.

— die Kunstdenkmäler des Bez.-Amts Parsberg, s.: Kunstdenkmäler, die, des Königr. Bayern.

— Altes bayerisches Porzellan. Ausstellung im Studiengebäude des bayer. Nationalmuseums in München, veranstaltet vom bayer. Nationalmuseum u. vom bayer. Verein der Kunstfreunde (Museumsverein), 25. VII.—20. IX. 1909. Offizieller Katalog, im Auftrag der Direktion des bayer. Nationalmuseums bearb. (262 S. m. 24 Taf.) 8. München 909. (Leipzig, K. W. Hiersemann.) 10. —

— Das europäische Porzellan des bayer. Nationalmuseums, s.a. Kataloge des bayer. Nationalmuseums. X.

Hofmann, Friedrich H.: Das europäische Porzellan des Bayer. Nationalmuseums. Von —. (Mit 12 Taf., 100 Textabb. u. 5 Markentaf.) München: Bayerisches Nationalmuseum 1908. X, 252 S. 4° (8°)
(Kataloge d. Bayer. Nationalmuseums. Bd 10.)

— **Friedrich Paul** (Noricus), De commissariis militaribus. Von Kriegs=Commissarien. Diss. jur. privato-publici. Präs. Joh. Andreas Frommann. Tübing. (Johann Conrad Eitel) Mai 1704. 110 S., z. gr. Tl. dtsch. (10.—) 15668
Widm. v.: Christoph Reuchlin, Ferdinand Christoph Harpprecht, Gabriel Schweder, Michael Grass, Ernst Theophil Majer (Crusianus), Präs., Joh. Georg Hofmann, Andreas Adam Hochstetter, Elias Camerarius, M. J. F. Walliser (Vaihingen auff den Fildern; dtsch.), J. J. v. Holtze, Carl Wilhelm Bender von Bienenthal.

— **Friedr. Reinhard** (Frankfurt/M.), De concursu extra concursum creditorum. Diss. jur. Präs. Justus Henning Boehmer. Halle (Christoph Peter Franck) Okt. 1744. 48 S. (7.—) 15669

Hofmann, Friedrich Wilhelm

Hofmann, Fr. Wilh., s. Abwesenheit.

Abwesenheit macht Zwist. Lustspiel in 5 Aufzügen nach Voltaire's la femme qui a raison. Breslau 1783. V: *Hofmann, Friedrich Wilhelm.* (MGT) (Ky)

Hofmann, Fritz, s.a. Hofmann, Friedrich

Hofmann, Fritz. Avoir u. estre in den umschreibenden Zeiten d. altfranzösischen intransitiven Zeitworts. Diss. gr. 8. (III, 65 S.) Berl. 890, (Mayer u. Müller). * 1 20

Hofmann, F. *Avoir* und *estre* in den umschreibenden Zeiten des altfranzösischen intransitiven Zeitworts. Diss. Kiel 1890. 65 S.

Hofmann, Fritz, die Veste Koburg. Gang durch die Geschichte in Dichtungen. Hildburghausen 854. F. Kesselring. 16. (157 S. u. 1 Lithogr.) n. 15 ngr.

– Dass., s.a. Hofmann, Friedrich

Hofmann, Fritz, die Eselsjagd. Ein fröhl. Heldengedicht in 8 schönen Stücklein. Mit kunstreichen Bildern (Holzschn.) v. Arthur Graf M.—P. u. Gust. Sundblad. 2. verb. Aufl. 16. (32 S.) Leipzig 874. Wartig. — 50

Hofmann, Fritz, Geisterspuk oder das große Umgehen auf der Veste Koburg. Fröhliches Heldengedicht in 15 Stücklein. Mit 38 (eingedr.) Holzschn.-Bildern nach Zeichnungen v. Gr. Arthur M.-P. u. Gust. Sundblad. Lex.-8. (VIII, 111 S.) Leipzig 877. Bibliograph. Institut. n. 3. —

—— die synthetischen Grundlagen der Theorie des Tetraedroid-Complexes. gr. 8. (38 S. mit 4 Taf.) Leipzig 887, C. A. Koch. *
Aus: Grunert's Archiv der Mathematik und Physik, besonders abgedruckt.

Hofmann, Fritz, kleines Handbuch f. den deutschen Unterricht an den Unter- u. Mittelklassen höh. Lehranstalten 2 Tle. gr. 8. Leipzig 902. B. G. Teubner. Geb. à n. 1.20, in 1 Bd. geb. n. 2. —
1. Sexta bis Quarta. Zugleich 3. Aufl. der Grundzüge der deutschen Grammatik v. F. Wüseke. (VIII, 108 S.)
2. Untertertia bis Untersekunda. (VII, 88 S.)

Hofmann, Fritz, kleines Handbuch f. den deutschen Unterricht an den Unter- u. Mittelklassen höherer Lehranstalten. 2 Tle. gr. 8. Leipzig, B. G. Teubner. Geb. à n. 1. 20
1. Sexta bis Quarta. 2. Aufl. Zugleich 4. Aufl. der Grundzüge der deutschen Grammatik v. F. Wüseke. (XI, 108 S.) 904.
2. Untertertia bis Untersekunda. 2. Aufl. (X, 94 S.) 904.

— dasselbe. 2. Aufl. Zugleich 4. Aufl. der Grundzüge der deutschen Grammatik v. F. Wüseke. 2 Tle. in 1 Bde. (XIV, 108 u. 94 S.) gr. 8. Ebd. 904. Geb. n. 2. —

Hofmann, Fritz, kleines Handbuch f. den deutschen Unterricht an den Unter- u. Mittelklassen höherer Lehranstalten. 2 Tle. 8. Leipzig, B. G. Teubner. In 1 Bd. geb. 2. —
1. Sexta bis Quarta. 3. Aufl. Zugleich 5. Aufl. der Grundzüge der dtschn. Grammatik v. F. Wüseke. (XII, 112 S.) 907. Geb. 1. 20
2. Untertertia bis Untersekunda. 3. Aufl. (X, 97 S.) 909. Geb. 1. 20

—— die Harfe im Sturm. Erinnerungen an unsere große Zeit. gr. 8. (VIII, 71 S.) Ebendas. 871.

Hofmann, Fritz, Dr.: Hilfsbüchlein für den deutschen Unterricht an den Mittelklassen höherer Lehranstalten. *Coepenick (1901): H. Jenne.* (62 S.) 8° [F.]
Coepenick, st. R, OP 1901 (130)

—— drei Kämpfer. Festspiel in 1 Aufzug zum deutschen National-Siegesfest am 2. Septbr. 16. (36 S.) Leipzig 873, C. J. Günther. *

Hofmann, Fritz, die Constructionen doppelt berührender Kegelschnitte mit imaginären Bestimmungsstücken. Eine Wanderung durch die Theorie der Kegelschnitte in doppelter Berührung an der Hand anschaul. Methoden. gr. 8. (IV, 109 S. mit Fig.) Leipzig 886, Teubner. *

—— Methodik der stetigen Deformation von zweiblätterigen Riemann'schen Flächen. Ein Uebungsbuch für den geometr. Teil der Funktionentheorie. gr. 8. (VI, 50 S. mit vielen in den Text eingedr. Fig.) Halle 888, Nebert. *

Hofmann, Fritz [aus Cölleda '(Prov. Sachsen)']: Über die o-Chlorphosphine und o-Oxychlorphosphine des Parakresols ... Rostock, C. Hinstorffs Buchdr., 1895; 49 S., 1 Bl. 8.
Rostock, Phil. Fak., Inaug.-Diss. v. [1. Aug.] 1895

( ) Koborgher Quäckbrünnlä. Tausend Stück lauter Schlumperliedlä, Späßreumlä u. Tanzvärschlä, zum Singä unter der Dorflinden u. in d'n Wërthshäusern, auf'n Tanzböden u. in der Lichtstubm, für die jungä u. lustighen Leut' in ganz Nordfranken, vom Thüringerwald bis zum Mé' u. zum Mä' u. vom Fichtelgebërgh bis hi zu der Rhön äh. Mit der Sing: weis' derbei u. schön'n Bildlen (Holzschn. im Text) ōbmdrei von x. 1. Bändlä. 500 Stück, mit z'sammt der Widming u. der Ei leiting. Hildburghausen 857. Kesselring'sche Hofbuchhdlg. 12. (XXXI, 82 S.) 18 ngr.

—— 101 ausgewählte Schachaufgaben. 8. (IV, 71 S. mit eingedr. Diagrammen.) München 886, Rieger'sche Universitäts-Buchh. *

Hofmann, G., s.a. Hofmann, Georg Wilhelm

Hofmann, G., und E. Geissler, Analysen Dresdner Biere. Ausgeführt im öffentl. chem. Laboratorium. gr. 8. (4 S.) Dresden 880, (Burdach.) *
Aus: Pharmaceutische Centralhalle, besonders abgedruckt.

Hofmann, G., de more veterum in locis editis colendi Deum. Hal. 1754. 4.

Hofmann, G. F., s.a. Hoffmann, Georg Friedrich

Hofmann, G. F., üb. Entwickel. u. Bild. der Erkenntnißkräfte rc. gr. 8. Basel, Sam. Flick. 805. Rthlr.

Hofmann, G. A., Anfangsgr. der Kegelschnitte, nebst d. Perspektive derselben. Mit 3 Kpft. gr. 8. Karlsr. 816. Marx. 1 ꝑ

— Dass., s.a. Hoffmann, G. A.

Hofmann, Georg, s.a. Hoffmann

Hofmann, Georg, a. Neuburg a. D.: Kritische Analyse der beiden ersten Bücher der platonischen Gesetze. München 1905: C. Wolf. (55 S.) 8°
München, Phil. Fak., Ref. v. Müller, Diss. v. 11. Juli 1905
[Geb. 9. Febr. 80 Neuburg a. D.; Wohnort: Regensburg; Staatsangeh.: Bayern; Vorbildung: St. Anna-Gymn. Augsburg Reife Juli 98; Studium: München 3, Berlin 1, München 4 S.; Rig. 11. Juli 05.]

Triest, St.-G.: Die Stipendienstiftung „Anania" v. G. Hofmann. 3. 1882. Progr.

Hofmann, G.: Über Apollonius von Tyana und zwei in seinem Leben berichtete Erscheinungen am Himmel. 29 S. 8° – Triest d. OG., Progr. 1871.

Hofmann, G.: Die Astronomie der Griechen bis auf Euripides. Triest 1865.

Hofmann, Geo., Aufgaben zum Zifferrechnen. 1. Heft: Die vier ersten Rechnungsarten mit unbenannten u. einfach benannten Zahlen. 2. Heft: Die vier einfachen Rechnungsarten mit mehrfach benannten Zahlen nebst einer Eintheilung der sächs. Münzen, Maaße, Gewichte u. Zählungsarten. 3. Heft: Die vier ersten Rechnungsarten mit gemeinen u. Decimalbrüchen. 4. Heft: Einfache, gerade u. umgekehrte Regel de tri ohne u. mit Brüchen. 5. Heft: Die zusammengesetzte Regel de tri, die Interessen- u. die Kettenrechnung. 6. Heft: Die einfache u. zusammengesetzte Gesellschaftsrechnung u. die Alligations- oder Vermischungsrechnung. 8. Freiberg 844—46, Graz u. Gerlach. à n. 1/24 ꝑ — 25 Exemplare n. 1 ꝑ

— Auflösungen dazu. 6 Hefte. (2. Heft. 2. Aufl. 846.) 8. Ebend. 844—46. à n. 1/12 ꝑ

Hofmann, Geo., Aufgaben zum Zifferrechnen. 2. Aufl. 1—6. Heft. 8. (à 16 S.) Freiberg 847, (Reimmannsche Buchh.) à Heft * 1¼ Ngr. *

—— Auflösungen der Aufgaben. 2. Aufl. 1—6. Heft. 8. (à 16 S.) Freiberg 847, Reimmannsche Buchh. à Heft * 2½ Ngr. *

—— dass. — 7. Heft. Die Rabatt-Rechnung, einschließlich der Disconto- und Provisions-Rechnung; die Termin-Rechnung. Das Ausziehen der Quadrat- und Cubikwurzeln, endlich die Flächen- und Körperberechnung. 8. (20 S.) Ebds. 847. *

—— dass. — Auflösungen der Aufgaben. 7. Heft. 8. (20 S.) Ebds. 847. *

Hofmann's, Geo., Aufgaben zum Zifferrechnen. 1. Heft 8. Aufl. 4. Heft 4. Aufl. und 6. Heft 2. Aufl. 8. (à Heft 16 S.) Plauen 853—54, Schröter. à Heft ** 1¼ Ngr. **

Hofmann's, Geo., Aufgaben zum Zifferrechnen. 1—4. Heft. Plauen 857, 58. Schröter. 8. Jedes Heft (à 16 S.) n. 1¼ ngr.
1. Heft: Die 4 ersten Rechnungsarten mit unbenannten u. einfach benannten Zahlen. 8—10. Aufl. — 2. Heft: Die 4 einfachen Rechnungsarten mit mehrfach benannten Zahlen nebst einer Eintheilung der sächs. Münzen, Maße, Gewichte u. Zahlungsarten. 6. Aufl. — 3. Heft: Die 4 ersten Rechnungsarten mit gemeinen u. Decimalbrüchen. 6. Aufl. — 4. Heft: Einfache, gerade u. umgekehrte Regel de tri ohne u. mit Brüchen. 4. u. 5. Aufl.

Hofmann's, Geo., Aufgaben zum Zifferrechnen. 1—4. Hft. 8. (à 16 S.) Plauen 872. Schröter. à n. — 10
1. 14. Aufl. — 2. 9. Aufl. — 3. 8. Aufl. — 4. 7. Aufl.

— Georg Über die bei griechischen u. römischen Schriftstellern erwähnten Auf- u. Untergänge der Sterne. 43 S. 8. Staatsg. *Triest* 1879 Progr.

Hofmann, G., Beiträge zur Kritik und Erklärung der pseudoxenophontischen Ἀθηναίων πολιτεία. Pr. 1907. 40 S. 1.25

Hofmann, Georg: Über Darstellung und Diktion des Geschichtsschreibers Sallustius, s.a. Jahresbericht, Sechster, über das k.k. kath. Staats-Gymnasium zu Leutschau.

Hofmann: Ueber die Darstellung und Diktion des Geschichtsschreibers Sallustius. 20 S. -Leutschau kath.. Progr. 1857

Hofmann G.: Drei synchronistische Daten des röm. Kalenders vor der Julianischen Reform. 19. Triest St.-G. 76. Progr.

— Sammlung arithmet. u. geometr. Aufgaben f. Gymnasien u. höhere Bürgerschulen, zunächst im Königr. Sachsen, mit besond. Rücksicht auf die neuverordneten Klassenziele. 1. Hft. Für die Schüler der 4. Gymnasialklasse. Mit 1 (lith.) Figurentaf. (in qu. 4.) gr. 8. (126 S.) Freiberg 818, Engelhardt. 12 ꝑ

Hofmann, Georg Ueber die Schrift des Censorinus, betitelt: „De die natali liber". 8 (S. 3—19). Progr. K. k. G. *Triest* 1891

Hofmann, Georg Die in einem Fragmente des Dichters Pindar erwähnte Sonnenfinsternis. 8 (S. 43—49). K. k. G. *Triest* 1889 Progr.

Hofmann, G.: Über eine von Plutarch in seiner Schrift: De facie quae in orbe lunae appareat, erwähnte Sonnenfinstemis. 28 S. 8°.– Triest d. OG., Progr. 1873.

Hofmann G.: Über eine Sonnen- und Mondesfinsternis, welche von Plutarch im Leben Dio's erwähnt wird. 23. Triest StG. 75. Progr.

Hofmann, G.: Die Sonnenfinsternis des Thales am 28. Mai 585 v. Chr. 14 S. 8°.– Triest d. OG., Progr. 1870.

Hofmann: Die Sonnen- und Mondesfinsternisse in der römischen Geschichte des Cassius Dio. S. 24–46. 8° – Triest, Progr. 1868.

Hofmann, Georg Sämtliche bei griechischen u. lateinischen Schriftstellern des Altertums erwähnte Sonnen- u. Mondfinsternisse neu berechnet. 62 S. 8. Progr. Staatsg. *Triest* 1884.

v. Hofmann, (General-Major), Tagebuch d. 2n russ. Corps in d. Feldzügen v. 1812, 13 u. 14. 1r Thl. gr. 8. Münster 830. (Coppenrath). 12 ꝑ

Hofmann: Vorstellungen der Alten von der Unterwelt und dem Zustand nach dem Tode. 40 S.–Kreuznach, Progr. 1867

Hofmann, Georg August, s. Hoffmann

Hofmann, Georg Daniel, s. Hoffmann

Hofmann, Georg Fr.

— medicin. Annalen-, Wochenblatt- u. Rathgeber, s. Jh. V. Müller.

Hofmann, Geo. Fr., Etwas zur Beherzigung f. Menschen, denen ihre Gesundheit lieb ist, für Leser aus allen Ständen. gr. 8. Frankf. a. M. 793. Andreä. 1 ßl

— s. J. V. Müller, Repertorium.

— üb. Ursachen u. Heilmittel der sogen. Gichten bey Schwangern. 8. Ebend. 795.

Hoffmann, G. F., der Jüngere. Versuch einer Abhdl. üb. d. Ursachen u. Heilmittel der sogen. Gichter od. Konvulsionen bey Schwangern, Gebährenden u. Kindbetterinnen. Frkf. a. M. 12°.

— Versuch e. medicin. prakt. Abhandl. über d. Ursachen u. Heilmittel der Konvulsionen oder Gichten bei Schwangern rc. 8. Frkf. a. M. 795. Andreä. 4 gl

— s. Vollmar, ..., f. Hebammen.

Hofmann, Geo. Fr., wie können Frauenzimmer frohe Mütter gesunder Kinder werden u. selbst dabei gesund u. froh bleiben? 3 Thle. 8. Frankf. a. M. 789—96. Jäger. (1r R. Aufl. 791. 3e Aufl. 818.) 2 ßl 21 gl Hbg. Pr. 15 gl

Hoffmann, G. Wie konnen Frauenzimmer frohe Mütter gesunder Kinder werden u. selbst dabei gesund u. schön bleiben? 2 Aufl. Frankf. 1791 96. 3 Bde.

Hofmann, Georg Franz. Beitrage zur Kulturgeschichte Neapels. In Erzählungen der Schicksale der Erziehungs- und Bildungsanstalt des G. F. H. 8. Aarau 1823.

Dass., s.a. Hoffmann, G. Fr.

— **Georg Ludwig** (Nürnberg), Theses de foro competente nobilium imperii immediatorum et eorum prorogatione jurisdictionis alterius. Altdorf (Jod. Wilh. Kohles) Okt. 1723. 24 S. (6.50) 15670

Hofmann, Georg Melchior: Rusticus seditiosus, s. Weber, Immanuel [Praes.]

Hofmann, Georg Wilhelm v.

Hofmann, G. v., zur Geschichte d. Feldzuges v. 1813. gr. 8. (18⅞ B.) Posen 838. (Berlin u. Bromberg, Mittler.) *

v. Hofmann, zur Geschichte des Feldzuges von 1813. 2. neu bearb. u. verm. Aufl. gr. 8. Berlin 843, Mittler. n. 1⅔ ßl

v. Hofmann, (Georg Wilh.), Zur Geschichte des Feldzuges von 1815 bis nach der Schlacht von Belle-Alliance. gr. 8. (IV u. 127 S.) Koblenz 849, Bädeker. u. ½ ßl — 2. sehr verm. Aufl. gr. 8. (IV u. 143 S.) Berlin 851, Mittler's Sort.-B. 18 ngl

— das neue Percussions-Gewehr und dessen Anwendung. 1. Aufl. (16 S.) 3 Ngr. und 2., verm. Aufl. gr. 8. (31 S.) Coblenz 852, Hergt.

(----) die Schlacht bei Leipzig. gr. 8. (5⅛ B.) Posen 835. (Berlin u. Bromberg, Mittler.)

Hofmann, G[ottfried], von Hagenbuch (Ct. Zürich): Ueber Selencyan- und Selenazol-Verbindungen. [Abgeändert in: Liebig's Annalen der Chemie. Bd 250. S. 294–322]. Uznach K. Oberholzer Dr. 1888. 53 S. 8°.
Zürich, Phil. Diss. [v. 27. Juli 1888].

Hofmann, Gottfried August, s. Hoffmann

Hofmann, Gottfried Daniel, s. Hoffmann.

Hofmann, Gottfried Stephan, s.a. Hoffmann

— über den Scheintod, s. Scheintod.

Hofmann, Gf. Steph., über das Verhalten u. die Lebensordnung in hitzigen Krankheiten. 8. Coburg 792. (Riemann). 4 gl

Hofmann, Gottlieb, Arzt u. Zahnarzt aus Rieth: Über Placenta succenturiata. *Jena 1900: B. Engau.* (26 S.) 8°
Jena, Med. Diss. v. (1. Aug.) 1900

Hofmann, Gottlob

— s. Kleinigkeiten, cameralist.

Hofmann, Glo., Landwirthschaft f. Herren u. Diener. gr. 8. Prag u. Wien 783. Schönfeld. 16 gl

— s. Religion nach d. Politik.

— **Gottlob Benedict** (Wittenberg), De ara victoriae imperatoribus christianis odiosa. Disp. histor. Präs. M. Carl Friedrich Hofmann (Bruder). Wittenbg. (Ephraim Gottlob Eichsfeld) 11. II. 1760. 39 S. mit Titelvign. (7.—) 15671

— — u. **Gottfried Traugott Kosche** (Lauban/Laus.), De jurisjurandi obligatione accessoria. Lpz. (Langenheim) 28. VIII. 1762. 24 S. (6.50) 15672

— — De poena ordinaria nonnunquam mitiganda. Diss. jur. Lpz. (Loeper) 9. XI. 1762. 27 S. (6.50) 15673

Hofmann, Gustav: Beiträge zur Kritik und Erklärung der pseudoxenophontischen Αθηναιων Πολιτεια. München 1907: F. Straub. (40 S.) 8°
München, k. Maximilians-G P 1907°

Hofmann, Gust., s.: Hauff's, Wilh., Märchen.

Hofmann, Gustav [aus Limburg a. d. Lahn]: Die logudorresische und campidanesische Mundart .... Marburg, Univ.-Buchdr. (R. Friedrich). 1885; 4 + 160 S. 8°.
Strassburg, Phil. Fak., Inaug.-Diss. v. 1885.

Hofmann, Gustav, die logudorresische und campidanesische Mundart. Diss. Strassburg i. Els. 1885, Trübners Buchh. u. Antiqu. (E. d'Oleire). 8°. 160 S.

Hofmann, Gust., die Reise nach dem Mond. Nach Jul. Verne für die reifere Jugend bearb. Mit 8 Bildern in Farbendr. nach Zeichnungen von E. Kunab. 8. (VIII, 250 S.) Leipzig 877, Oehmigke's Verlag. cart. *

Hofmann, Gust. (geb. Walldorf in Meiningen 10. 4. 1862): Tabes und Syphilis. Berlin (1884). (39 S.) 8°
Berlin, Med. Diss. v. 15. Aug. 1884

— eine Weltreise unter dem Meere. Nach Jul. Verne für die reifere Jugend bearb. Mit 8 Bildern in Farbendr. nach Zeichnungen von E. Kunab. 8. (VII, 247 S.) Ebendas. 878. geb. *

Hofmann, H.: Der grosse A r a r a t und die Versuche zu seiner Besteigung. Nach dem Russischen (von E. G. Weidenbaum).
in: Mitteilungen des Vereins für Erdkunde zu Leipzig. 1884. S. 133–202. Leipzig 1885. 70 S. 8°

Hofmann, H., das neue deutsche Gerichtsverfahren. Nach den Justizgesetzen dargestellt. gr. 8. (V, 105 S.) Hamburg 879, Grädener. *

Hofmann, H., verkieselte Hölzer aus Aegypten. gr. 8. (8 S. mit 1 Stnt.) Halle 884, (Tausch und Grosse.) *
Aus: Zeitschrift für Naturwissenschaften, besonders abgedruckt.

Hofmann, Dr. H. Phänologische Karte von Mittel-Europa. Bezogen auf die April-Blüthen von Giessen. 1 : 3 700 000. Gotha 1881. 1 Bl. c. L.

Hofmann, H., die Schule der Zuschneidekunst f. die gesammte Herren-Garderobe. Illustrirtes Lehrbuch f. den Selbstunterricht. 2., gänzlich umgearb. Aufl. gr. 4. (229 S. m. 2 Tab., 1 Taf. u. 1 Reductions-Schema.) Wien 893. Hofmann & Sohn. Geb. in Leinw. n 17. —

Hofmann, H. A., Anleit. zum zweckmäß. Anbau der Burgunder- oder Runkelrüben f. die Zuckerfabrikanten. 8. München 826. (Schorner in Straubing.) 2 gr

Hoffmann, (H. A.) Anleit. z. zweckmäß. Anbau d. Burgunder- oder Runkelrüben f. d. Zuckerfabrikanten. 8. München 827, (Schorner in Straubing.)

— Anleit. zur Syrup-Fabrikation aus Runkelrüben, f. Rohzucker-Fabrikanten, nebst e. weitern Bearbeit. dieses Syrups zu einem Roh- u. Kandis-Zucker, u. e. Alkohol. Mit 1 Holzschnitt. 8. München 826. (J. Lindauer). 4 gr

Hofmann, H. C.: Ueber d. Einfluss allgemeiner Pfandrechte auf d. einz. Sachen d. Schuldners. *Darmst.* 830. 8.

Hofmann, H. H., Ueb. den Zusammenhang zw. Chorliedern und Handlung in den erhaltenen Dramen des Euripides. Diss. 1916. 115 S. 3.—

Hofmann, H. L., die Rittergüter des Königr. Sachsen. Ein Abriss ihrer Geschichte u. rechtl. Stellg., nebst topograph. u. statist. Nachrichten über sämtl. Rittergüter pp. gr. 8. (333 S.) Dresden-Blasewitz 901. R. v. Grumbkow. n. 9. —; geb. n. 10. —

Hofmann, Hans, Goethe's Faust in ursprünglichster Gestalt, s.a. Sammlung leicht ausführbarer Bierdramen.

[F.] Goethe's Faust in ursprünglichster Gestalt. Ein akadem. Scherz in 3 Aufzügen v. Hans Hofmann. *Bonn: O. Paul [1897].* (24 S.) 1 Bd 8.
— Sammlung leicht ausführb. Bierdramen f. akadem. Kneipabende u. Stiftgsfeste. [No] 1. (97. 3137

Hofmann, Hans, für Feste u. Fahrten. Ein Taschenliederbuch f. Deutschlands Jugend. (IV, 51 S.) 16. Leipzig 902. [Dürr'sche Buchh.] O. R. Reisland. nn — 25

Hofmann, Hans (Hrsg.), s. F i s c h e r , Johann Georg: Schiller - Reden 1849-1893.

Hofmann, Hans, Einj.-freiwilliger Arzt beim B. K. S. Feld-Art.-Regt. Nr. 32 in Riesa: Aus dem pathologischen Institut des Stadtkrankenhauses Dresden-Friedrichstadt. (Direktor: Obermedizinalrat Prof. Dr. Schmorl.) Zur Frage der placentaren Infektion mit Milzbrand. Leipzig 1905: B. Georgi. (37 S.) 8°
Leipzig, Med. Fak., Ref. Marchand, Diss. v. 1. Dez. 1905
[Geb. 10. Aug. 79 Dresden; Wohnort: Riesa; Staatsangeh.: Sachsen; Vorbildung: Kreuzgymn. Dresden Reife O. 99; Studium: Würzburg 1, Leipzig 7, Freiburg i. B. 2 S.; Coll. 1. Dez. 05; Approb. 15. Juni 04.]

Hofmann, Hans, Gerichtsassessor: Die Gefangenenbefreiung in ihren historischen Grundlagen sowie in rechtsvergleichender und dogmatischer Darstellung. *Darmstadt 1903: H. Uhde.* (116 S.) 8° [F.]
Tübingen, Jur. Diss. v. 1903

Hofmann, Hans, die Gefangenenbefreiung in ihren historischen Grundlagen sowie in rechtsvergleichender u. dogmatischer Darstellung. Diss. (VI, 116 S.) gr. 8. Darmstadt 903. (Tübingen, F. Fues.) n. 2. 80

Hofmann, Hans, zur Geschichte der Leipziger Gesangbücher. Eine hymnologische Studie. Progr. (22 S.) 4. Leipzig 904. (J. C. Hinrichs' Verl.) n.n. — 75

Hofmann, Hans: Zur Geschichte der Leipziger Gesangbücher. Eine hymnologische Studie. Leipzig 1904: C. G. Naumann. (22 S.) 4°
Leipzig, 1. st. R OP 1904 (663)

Hofmann, Hans, Dr.: Goethe am Rhein. *Wetzlar 1899: F. Schnitzler.* (S. 33—45.) 8°
Wetzlar, k. G, Festschr. 1899 (1900 No 507)

Hofmann, Hans, Wilhelm Hauff. Eine nach neuen Quellen bearb. Darstellg. seines Werdeganges. Mit e. Samnlg. seiner Briefe u. e. Auswahl aus d. unveröffentl. Nachlaß des Dichters. gr. 8. (XVI, 297 S. m. 4 Bildnissen.) Frankfurt a/M. 902. M. Diesterweg. n. 4. —; geb. in Leinw. n. 6. —

Hofmann, Hans, Leitfaden f. den evangelischen Religionsunterricht an höheren Lehranstalten, s.: Goldacker, Max

Die Mohnblumen. Lyr. Dichtung f. Tenorsolo, gemischten Chor u. Orchester von Edgar Tinel. Op. 20. Kleiner Konzertführer von Hans Hofmann. Leipzig: Breitkopf & Härtel [1898]. (12 S.) 8° [F.]
= Musikbücher, Breitkopf & Härtels. Abt. 2. No 604. (98. 4094

Hofmann, Hans, Edgar Tinel, die Mohnblumen. Lyrische Dichtg. f. Tenorsolo, gemischten Chor u. Orchester. Op. 20. Kleiner Konzertführer. 12. (12 S.) Leipzig (900). Breitkopf & Härtel. n. — 10

Hofmann, Hans, die Mohnblumen. Lyrische Dichtung für Tenorsolo, gemischten Chor u. Orchester v. Edgar Tinel. Op. 20. Kleiner Konzertführer. (12 S.) kl. 8. Leipzig (904). Breitkopf & Härtel. n. — 10

Hofmann, Hans, nach Brasilien u. zurück in die Heimat. Tagebuchblätter. Mit 6 Tondr.-Bildern. gr. 16. (319 S.) Stuttgart 879. Eßlingen, Schreiber. n. 2. —

Hofmann, Hans [aus Ulm]: Ein Nachahmer Hermanns von Sachsenheim ... Marburg, Univ.-Buchdr. '(R. Friedrich)', 1893; 72 S., 1 Bl. 8.
Marburg, Phil. Fak., Inaug.-Diss. v. [13. Dez.] 1893

Hofmann, Hans, Dr.: Pädagogisches im Werther. *Wetzlar 1899: F. Schnitzler.* (S. 47—51.) 8°
Wetzlar, k. G, Festschr. 1899 (1900 No 507)

Hofmann, Hans, Dr.: Unser Recht und unsere Pflicht Schillers Todestag zu feiern. Gedenkrede bei der Hundertjahr-Feier am 9. Mai 1905. Solingen 1906: B. Boll. (8 S.) 4°
Solingen, G u. R P 1906 (580)

Hofmann, Hans (Hrsg.), s. S t r e i c h e r , Andreas: Schillers Flucht von Stuttgart und Aufenthalt in Mannheim . . .

Hofmann, Hans, a. Berlin: 1. Untersuchungen über Pergamyn. u. Veränderung des Zellstoffes durch Trocknung. Göttingen 1906: Dieterich. (73 S., 1 Taf.) 8°
Göttingen, Phil. Fak., Ref. Tollens, Diss. v. 13. Dez. 1906
[Geb. 16 Juli 82 Berlin; Wohnort: Berlin; Staatsangeh.: Preußen; Vorbildung: Wilhelmsgymn. Berlin Reife O. 01; Studium: Berlin T.H. 1, Univ. 2, T.H. 3, Göttingen Univ. 2 S.; Rig. 24. Okt. 06.]

Hofmann, Hans, Referendar in Köln a. Rh.: Die Voraussetzungen für die vertragliche Haftung der Eisenbahn im Gütertransportverkehr. Borna-Leipzig 1907: R. Noske. (94 S.) 8° [F.]
Leipzig, Jur. Fak., Diss. v. 16. Sept. 1907
[Geb. 19. Sept. 83 Elgersburg (Thüringen); Wohnort: Cöln; Staatsangeh.: Preußen; Vorbildung: Städt. Realgymn. u. Gymn. Cöln Reife O. 02; Studium: Bonn 3, Freiburg i. B. 1, Bonn 2 S.; Rig. 20. Juli 05.]

Hofmann, Hans Karl, aus Würzburg: **Beitrag zur Kenntnis der Purkinje'schen Fäden im Herzmuskel.** Mit 2 Taf. *Leipzig: W. Engelmann 1903.* (20 S.) 8° ¶ (Aus: Zeitschrift f. wiss. Zool., Bd 71, H. 3.)
Würzburg, Med. Diss. v. 1902

Hofmann, Harald, römische Militärgrabsteine der Donauländer, s.a. **Sonderschriften des osterreichischen archäologischen Institutes in Wien. V.**

Römische Militärgrabsteine der Donauländer von Harald **Hofmann.** Mit 64 Abb. Wien: A. Hölder 1905. (91 S.) 4°
= **Sonderschriften** d. österr. archäol. Institutes in Wien. Bd 5. [05. 13480

Hofmann, Harald: **Untersuchungen** über die Darstellung des Haares in der archaischen griechischen Kunst. (Mit 2 Abb. im Text u. 3 Doppeltaf.) *Leipzig 1900: B. G. Teubner.* (S. 171—212.) 8° ¶ (Aus: Jahrbücher f. class. Philol., Suppl.Bd 26.)
Heidelberg, Phil. Diss. v. 1900

Hofmann, Harald, Untersuchungen üb. die Darstellung des Haares in der archaischen griechischen Kunst. gr. 8. (S. 171—212 m. 2 Abbildgn. u. 3 Doppeltaf.) Leipzig 900. B. G. Teubner. n. 3. —
Sonderabdruck aus: „Jahrbücher f. class. Philologie".

Hofmann, Harald: Griechische Vasen im Grossh. Hofantiquarium in Mannheim. Mannheim 1909: Haas. 14 S. 4°
Mannheim, großh. RG P 1909 (845) [S 09. 200

Hofmann, Heinr., s.a. **Anschauungsbilder, biblische, zum Neuen Testament.**

Hofmann, Heinr, biblische Anschauungsbilder z. Neuen Testament f. d. Schule. Hrsg. v. Jul. Lohmeyer. I. Serie. Imp.-Fol. (5 Bl.) Breslau 895. C. T. Wiskott. n. 15. —; auf Leinw. m. Oesen n. 20. —; einz. Blatt à n. 3. —; aufgez. à 4. —
1. Anbetg. d. Weisen. — 2. Auferweckg. d. Jünglings zu Nain. — 3. Bergpredigt.
4. Kreuzigg. — 5. Am Auferstehungsmorgen.

— dasselbe. II. Serie. Imp.-Fol. (5 Bl.) Ebd. 896. n. 15. —; auf Leinw. m. Oesen n. 20. —; einz. Blatt à n. 3. —; aufgez. à 4. —
1. Flucht nach Ägypten. — 2. Jesus u. d. Samariterin.
3. Verurtheilg. Christi. — 4. Grablegg.
5. Christi Himmelfahrt.

Hofmann, Heinr. (II.), Donna Diana, Oper, s. Breitkopf und Härtel's Text-Bibliothek Nr. 180.

— Editha, s.: Breitkopf & Härtel's Textbibliothek. Nr. 149.

[J.] **Hofmann,** Heinrich [Rechtspraktikant aus Tiefenklein]: Die Erbfolge in das Vermögen für tot erklärter Personen ... Passau, Buchdr. v. A. Liesecke, 1894; 75 S. 8.
Erlangen, Jur. Fak., Inaug.-Diss. v. 1894

Hofmann, Heinr., Erlebnisse e. Deserteurs, s.: Rode, A. C.

Hofmann H, Gedenke Mein. 12 Zeichnungen aus dem Leben des Heilandes. fol In Mappe. München 1885

Hofmann, Heinr. (I.), gedenke Mein! Ein Weihgeschenk für christl. Familien. 8. verm. Aufl. Fol. (15 Zeichnungen in Lichtdr. aus dem Leben des Heilandes.) München 887, F. A. Ackermann. In Leinw.-Mappe
Vgl.: „Gedenke Mein."

Hofmann, Heinr., gedenke mein! Ein Weihgeschenk f. christl. Familien. 15 Zeichngn. aus dem Leben des Heilandes. 20. Aufl. (15 Bl. m. 1 Bl. Text.) gr. Fol. München 904. F. A. Ackermann. In Leinw.-Mappe 25. —

Hofmann, Heinr., gedenke mein! Ein Weihgeschenk f. christl. Familien. 15 Zeichngn. aus dem Leben des Heilandes. 21. Aufl. (15 Bl. u. Titelbl.) 48,5×33,5 cm. München (907). F. A. Ackermann. In Lw.-Mappe. 25. —

— **Ich bin bei Euch. Eine Festgabe f. d. christl. Familie. 15 Darstellgn. aus d. Leben d. Heilandes (in Photogravure). 4. (16 Bl. Text m. Widmungsbl.) Ebd. (897). Geb. in Leinw. m. Goldschn. 15. —**

Hofmann, Heinrich: Ich bin bei Euch. Eine Festgabe f. d. christl. Familie. Von –. 15 Darstell. aus d. Leben d. Heilandes. Breslau: C. T. Wiscoll [1898]. (15 Taf. mit je 1 Erl.Bl.) 4°

Hofmann, Heinr. Johanna von Orleans. Scenen nach Schillers Drama. Für Soli, Männerchor u. Orchester. op. 105. Textbuch. 8. (16 S.) Lpz. 891, C. F. W. Siegel. * — 15

Hofmann, Heinr., Cantate, s. Breitkopf und Härtel's Text-Bibliothek Nr. 138.

—— **Kommet zu mir! Bilder aus dem Leben des Heilandes. Festgabe für christl. Familien. Fol. (12 Lichtdr.-Taf. mit 1 Bl. Text.) Breslau 887, Wiskott. In Leinw.-Mappe ***

Hofmann, Heinrich: Kriegsversicherung. Borna-Leipzig 1908: Noske. VIII, 47 S. 8°
Erlangen, Phil. Diss. v. 25. Sept. 1908, Ref. v. Eheberg
[Geb. 1. Sept. 82 Stuttgart; Wohnort: Stuttgart; Staatsangeh.: Württemberg; Vorbildung: Oberrealsch. Ulm a. D. Reife O. 08; Studium: Stuttgart Techn. Hochsch. 4, Göttingen 3, Erlangen 1 S.; Rig. 15. Juli 08.] [U 09. 828

— in memoriam. Gedenke mein! Weihgeschenk f. christl. Familien. 15 Zeichngn. aus dem Leben d. Heilandes (in Kupferätzg.). gr. 8. (1 Bl. deutsch., französ. u. engl. Text.) München 896. F. A. Ackermann. In Leinw.-Mappe 18. —; erm. Pr. 16. —

Hofmann, Heinrich, Gerichtsass.: Die Rechtszuständigkeit des Gesellschaftsvermögens der offenen Handelsgesellschaft. Borna-Leipzig 1908: Noske. IX, 43 S. 8°
Leipzig, Jur. Diss. v. 20. Nov. 1908
[Geb. 27. Sept. 81 Greiz; Wohnort: Greiz; Staatsangeh.: Reuß ä. L. u. Preußen; Vorbildung: Gymn. Greiz Reife O. 00; Studium: Göttingen 1, München 3, Leipzig 5 S.; Rig. 9. Juli 04.] [U 09. 2551

Maur. Reden und Arbeiten verwandten Inhalts des † Br. Heinr. Hofmann. Nach seinem Hinscheiden am 26. November 1863 veröffentlicht. Karlsruhe: [1864]: Macklot. 24 S. 8°. 21.

Hofmann, Heinr., Studienblätter, s.: **Aus Studien-Mappen deutscher Meister.**

— s.: Testament, d. Neue

Hofmann, Heinrich: Waldfräulein. Ein Märchen frei nach Zedlitz v. A. Büchner. Für Soli, Chor u. Orchester komp. v. Heinrich Hofmann. (Op. 111.) Leipzig: Breitkopf & Härtel [1893]. (25 S.) 8°
Textbibliothek, Breitkopf & Härtel's. No. 306.

—— Wilhelm v. Oranien, s. Fels, Rob. v.
—— dass. — s. Breitkopf und Härtel's Text-Bibliothek Nr. 155.

Hofmann, Heinrich [aus München]: Ueber die Wirkungen des Phenyl- und Tolyl-dihydrochinazolins. . . . Erlangen, k. b. Hof- u. Univ.-Buchdr. v. Fr. Junge (Junge & Sohn), 1889; 49 S. 8°
Erlangen, Med. Fak., Inaug.-Diss. v. Jul. 1889

Hofmann, Heinrich Gotthilf Noach

— — De donis Spiritus S. extraordinariis in ecclesia primitiva. Disp. histor. philol. Präs. Gottlob Friedrich Lechla. Lpz. (Langenheim) 16. V. 1759. 28 S. (6.—) 15676

— — Lectionum Philonianarum specimen. Präs. Christoph Friedrich Loesner (Leipzig). Lpz. (Langenheim) Nov. 1758. 32 S. (4.—) 15675

— Heinrich Gotthelf Noach (Püchau), De stilo Josephi ad scripta Josephi intelligenda et emendanda profuturum. Exercit. Flavian. I. Präs. Jo. August Ernesti. Lpz. (Langenheim) 31. VII. 1756. (S. 35—48.) (5.—) 15674

Hofmann, Heinrich Karl Georg

Hofmann, Heinr. Karl, Beiträge zur Erörterung vaterländ. Angelegenheiten, s.a. Beiträge.

Hofmann, Hnr. Karl Geo., Beitrr. zur Erörterung vaterländ. Angelegenheiten. 1r Bd., 1e—3e Liefer. 8. Darmst. 831. (Leske). (à 12 gr) 1 ß 12 gr

— s. Uebersicht d. Hessisch. Geschichte.

— Versuche in Bearbeit. des röm. Rechts. 1s Hft. Auch u. d. T.: Ueber den Einfluß allgem. Pfandrechte auf die einzelnen Sachen des Schuldners. 8. Darmst. 830. Leske. 12 gr 2s Hft. Auch u. d. T.: Beitrr. zur Lehre von der Eintheilung der Sachen. 8. Ebd. 831. 16 gr

(Hoffmann, Heinr. Karl Geo.) Teutsche Volks-Geschichten aus dem 1. Jahrh. vor u. nach Christi . . . . Geburt. Mit 10 Bildern (gez. vom Verf., geätzt von *Rauch* u. *Schilbach*) u. 1 (color.) Landkarte. Gedr. in der Elben'schen Buchdr. in Stuttgart. Heidelberg, 1821, bei Mohr u. Winter. Gr. 8°. Eleg. roth. Hchgrb.
VIII 312 S., 1 Bl. Err.

Hofmann, Henry, come unto me! Scenes from the life of Christ. A festive gift for christian families. gr. Fol. (15 Lichtdr.-Taf. m. 1 Bl. Text u. farb. Titel.) Berlin 894. Hessling & Spielmeyer. In Leinw.-Mappe. 25. —

Hofmann, Hermann, Referendar beim Kgl. Amtsgericht zu Zwenkau: Bedeutung und rechtliche Natur des Erbschaftsanspruchs im heutigen Recht. Leipzig-Eutritzsch 1907: Böhme & Lehmann. (VIII, 56 S.) 8° [J.]
Leipzig, Jur. Fak., Diss. v. 11. Juni 1907
[Geb. 11. Febr. 83 Leipzig; Wohnort: Zwenkau; Staatsangeh.: Sachsen; Vorbildung: König-Albert-Gymn. Leipzig Reife O. 02; Studium: Leipzig 3, Straßburg 1, Leipzig 5 S.; Rig. 30. Juli 06.]

Hofmann, Hermann, approb. Arzt aus Kirchheim u. Teck: Aus d. Laboratorium d. Kgl. Universitäts-Augenklinik zu Würzburg. Ein Beitrag zur Kenntniss der Gefässveränderungen im Auge bei chronischer Nephritis, gewonnen durch histologische Untersuchung zweier Bulbi von einem unter dem typischen Bilde der 'Embolie der Centralarterie' erkrankten Patienten. Mit 5 Abb. *Marburg 1901: (C. Ritter in Wiesbaden).* (18 S.) 8°
Marburg, Med. Diss. v. (25. Nov.) 1901

Hofmann, Hermann: Zur Erinnerung an Nikolaus Michailowitsch Prshewalski. ([S.-A.] Mittheilungen des Vereins für Erdkunde zu Leipzig. 1888.) Leipzig 1889. 45 S. 8°

Hofmann, Herm., Untersuchungen über fossile Hölzer. Inaugural-Dissertation. gr. 8. (44 S.) Halle 884. (Leipzig, Fock.)

Hofmann, Hugo

Nach der neuen amtlichen Rechtschreibung! Praktisches Übungsbuch für den Unterricht im Rechtschreiben. Für d. Hand d. Schüler bearb. von Hugo Hofmann, Rektor. 2. Aufl. *Berlin: Gerdes & Hödel [1902].* (38 S.) 8° [Umschl. T.] [illegible]

Hofmann, Hugo, praktisches Übungsbuch f. den Unterricht im Rechtschreiben. Für die Hand der Schüler bearb. (Nach der neuen amtl. Rechtschreibg.) 2. Aufl. gr. 8. (38 S.) Berlin (902). Gerdes & Hödel. Kart. n. — 80

Hofmann, J., üb. Feuerbestattung. Vortrag, geh. am 25. Apr. 1894. gr. 8. (26 S.) Jena 895. B. Vopelius. — 30

Hofmann, J., Geburt, Heirat u. Tod bei den Wakamba, s.: Vorträge auf dem Lausitzer Missionslehrkursus. 3.

Hofmann, J. (II.), Grundzüge der Naturgeschichte. Ein Lehr- und Lesebuch für Gewerbsschulen und gewerbl. Fortbildungsschulen. Mit Berücksichtigung des Unterrichtsplanes der neuen Schulordnung für die techn. Schulen. 12. (VIII und 478 S. mit eingedr. Holzschn.) München 866, Central-Schulbücher-Verlag. cart. * *

—— Grundzüge der Naturgeschichte für den Gebrauch beim Unterrichte. 3 Thle. gr. 8. München, Exped. des königl. Zentral-Schulbücher-Verlag. ** M 3,60.; geb. **
Inhalt:
Thl. 1. Das Thierreich. 4. Aufl. (VIII, 280 S.) 1877; 5. Aufl. (VIII, 232 S. mit 206 dem Texte beigedr. Holzschn.) 879. ** M 1,50.; geb. ** M 1,75.
„ 2. Das Pflanzenreich. 4. Aufl. (X, 277 S. mit 256 dem Texte beigedr. Holzschn.) 878. ** M 1,50.; geb. ** M 1,75.
„ 3. Mineralogie. 3. verm. und verb. Aufl. (VIII, 144 S. mit 55 dem Texte beigedr. Holzschn.) 874. ** 60 Pf.; geb. ** 80 Pf.

Grundzüge der Naturgeschichte für den Gebrauch beim Unterrichte. 2. und 3. Thl. gr. 8. München, Exped. des königl. Zentral-Schulbücher-Verlags. geb. **
Inhalt:
Thl. 2. Das Pflanzenreich. 5. Aufl. (VII, 258 S. mit 288 dem Texte beigedr. Holzschn.) 883. geb. ** M 2,20.
„ 3. Mineralogie. 4. Aufl. (VII, 147 S. mit 138 dem Texte beigedr. Holzschn.) 884. geb. ** M 1,20.
1. Thl. Ebendas. 1879. geb. ** M 2.

Hofmann, J. (I.), Grundzüge der Naturgeschichte für den Gebrauch beim Unterrichte. [In 3 Tln.] 1. und 3. Tl. gr. 8. München, Oldenbourg, Abtl. für Schulbücher. geb. **
Inhalt:
Tl. 1. Naturgeschichte der Menschen und der Tiere. 6. Aufl. (IX, 279 S. mit 236 dem Text beigedr. Holzschn.) 885. geb. * M 2.20.
„ 3. Mineralogie. 5. Aufl. (VII, 155 S. mit 145 dem Texte beigedr. Holzschn.) 887. geb. ** M 1.30.
2. Tl.: Pflanzenreich. Ebendas. 1883. geb. * M 2.20.

— Grundzüge der Naturgeschichte f. den Gebrauch beim Unterrichte. [In 3 Tln.] 1. u. 2. Tl. Mit dem Text beigedr. Holzschn. gr. 8. München, Exped. d. k. Zentral-Schulbücher-Verlags. geb. à n.n. 2. 20
1. Naturgeschichte d. Menschen u. der Tiere. 6. Aufl. (IX, 279 S.) 885.
2. Das Pflanzenreich. 5. Aufl. (VII, 258 S.) 883.

Hofmann, J., Grundzüge der Naturgeschichte f. den Gebrauch beim Unterrichte. (In 3 Tln.) 3. Tl. Mineralogie. Mit 145 dem Texte beigedr. Holzschn. 6. Aufl. gr. 8. (VII, 162 S.) München 890. Oldenbourg, Abteilg. f. Schulbücher. geb. n.n. 1. 30 (cplt.: n. 5. 70)

Hofmann, J., Grundzüge der Naturgeschichte f. d. Gebrauch beim Unterrichte. I. Tl. gr. 8. München 895. R. Oldenbourg, Abteilg. f. Schulbücher. Geb. in Leinw. n.n. 2. 20
Naturgeschichte des Menschen u. der Tiere. 8. Aufl. (VIII, 288 S. m. 274 Holzschn.)

Hofmann, J., Grundzüge d. Naturgeschichte f. d. Gebr. b. Unterrichte. II. u. III. Tl. gr. 8. München, R. Oldenbourg, Abtheilg. f. Schulbücher. Geb. in Leinw. n.n. 3. 50
II. D. Pflanzenreich. M. 321 d. Text beigedr. Holzschn. (VIII, 272 S.) 896. n.n. 2. 20
III. Mineralogie. 7. Aufl. (VII, 161 S. m. 176 Holzschn.) 895. n.n. 1. 30

Hofmann, J., Grundzüge der Naturgeschichte f. den Gebrauch beim Unterrichte. (In 3 Tln.) I. Tl. Naturgeschichte des Menschen u. der Tiere. Mit 274 dem Texte beigedr. Holzschn. 9. Aufl. gr. 8. (VIII, 288 S.) München 901. R. Oldenbourg. Geb. in Leinw. n.n. 2. 20

Hofmann, J., Jesusgeschichten, s.: Religionsunterricht, evangelischer. 3. Bd.

Hofmann, J., der außerordentliche Jubel-Ablaß d. J. 1881. Ein Jubiläums- u. Gebetbüchlein zur Gewinnung d. f. dieses Jahr vom heil. Vater verliehenen Jubelablasses. 16. (112 S. mit 1 eingedr. Holzschn.) Würzburg 881. Woerl. n. — 20

Hofmann, J. (II.), der außerordentliche Jubel-Ablaß des J. 1886. Ein Jubiläums- und Gebetbüchlein zur Gewinnung des für dieses Jahr vom heil. Vater verliehenen Jubelablasses. 12. (95 S. mit 1 Portr.) Würzburg 886, Woerl. *

Hofmann, J., heilige u. selige Kinder. Eine kleine Legenden-Sammlg. v. heil. u. sel. Kindern. 12. (46 S.) Würzburg 892. (A. Göbel.) — 20

— dasselbe. 2. Aufl. gr. 16. (50 S.) Ebd. 894. — 15

Hofmann, J., heilige u. selige Kinder. E. kleine Legenden-Sammlg. v. heil. u. sel. Kindern. D. lieben christl. Jugend gewidmet. 10. Aufl. Bearb. v. Arsenius Dotzler, O. S. Fr. 16. (67 S.) Würzburg 898. A. Göbel. Kart. n. — 25; geb. n. — 35

Hofmann, J., heilige u. selige Kinder. Eine kleine Legenden-Sammlg. v. heil. u. sel. Kindern. Der lieben christl. Jugend gewidmet. 16.—20. Taus. Bearb. v. Arsenius Dotzler, O. F. M. gr. 16. (67 S.) Würzburg 900. Göbel & Scherer. Kart. n. — 25; geb. in Leinw. m. Titelbild n. n. — 35

Hofmann, J., aus der Missionsarbeit unter den Wakamba, s.: Lichtstrahlen im dunkeln Erdteile. Nr. 7.

Hofmann, J., Missionsperlen oder die Gnadenschätze der heil. Mission und der kathol. Kirche. Ein vollständ. Missions u. Andachtsbüchlein zur Begründung u. Bewahrung eines gottsel. Lebenswandels nebst vollständ. Anleitung zur Generalbeicht für fromme kathol. Christen. 6. Aufl. Würzburg 856. Etlinger. 8. (150 S. u. 1 Holzschn.) n. 4 ngr

Hofmann J, Naturlehre. Stuttgart 1859

Hofmann, J., Paulus scriptt. profanos ter allegans, nec tamen in omni literatura graeca versatus. Tubing. 1770. 4.

Hofmann, J., Rede x. über die deutschen Universitäten. Erlangen 1871. 4.

Hofmann, J. Dr. „Resultate einiger im Laufe des Schuljahres im chem. Laboratorium ausgeführter Untersuchungen". pg. 1—4. 4°. Franz Datterer. Freising, Progr. 1866/67

Hofmann, J.: Chemische Untersuchungen. Freising 1867.
Schul-/Univ.-Schrift

Die Vegetations-Verhältnisse der Umgebung von Freising. I. Theil. Die Flora, zugleich als Hilfsmittel zur leichten Bestimmung der im Gebiete vorkommenden wildwachsenden und allgemein cultivirten Gefäßpflanzen. — Von Dr. J. Hofmann, L. P. — 1875. Freising, ibid. — S. 3—64°.

Dasselbe. Fortsetzung. — Von Dr. J. Hofmann, L. P. — 1876. Freising, ibid. — S. 65—128°.

Dasselbe. Schluß. — Von Dr. J. Hofmann, L. P. — 1877. Freising, ibid. — S. 129—180°.
Progr. Freising, K. Lyzeum

— Verehrung des heiligen Aquilin und dessen Reliquie, welche durch Fürsorge des hochw. Herrn Bischofs Georg Anton seinen Diöcesanen als Geschenk überbracht wurde. Nebst der kurzen Geschichte des heil. Aquilin x. Ebend. (857.) 8. (20 S. u. 1 Holzschn.) 1½ ngr

Hofmann J, romanische Wandmalereien der Königlich Bayerischen Burg Neuschwanstein. (40 T) fol München (1896)

Hofmann, J., wie erhält man seine Zähne am längsten? Populäre Beschreibung v. Zahn- u. Mundkrankheiten m. nützl. Ratschlägen, nebst Bemerkgn. üb. Zahnersatz, Füllungsmaterial u. Rezepte f. Zahnpulver u. Mundwasser. gr. 8. (44 S.) Strassburg 898. J. Singer. n. 1. —

Hofmann, J: Sachliche Würdigung der in Deutschland ertheilten Patente. Klasse 45. Häckselmaschinen. Berlin (1892)

Hofmann, J. A.: Abhandlung ... Kriegsstaate, s. Hoffmann, Johann Andreas

Hofmann, J. A. H., Belehrungsbuch gemeinnütziger Kenntnisse. 8. Ansb. 806. Gassert. 16 gl. s.a. Hofmann, Johann Heinr.

Hofmann, J. Andr., Variae significationes-bnoulorum judiciariorum aliorumque. Progr. Marburgi Catt. 1783. 4. . . . . (BRU.)

Hofmann, J. B., Festreden u. Trinksprüche, s.: Gentag, Otto.

Hofmann, J. C., de hostibus matrimonii. Viteb. 1755. 4.

HOFMANN, J. C., De lucro societatis conjugalis: Von Gewinnung der Eheleute. 1705. 4°.
8 Sgr. Scheible vor 1875 (ohne Ortsangabe).

Hofmann, J. C., de vero cereorum usu in s. coena. Lips. 1774. 4.

Hofmann, J. C. M. (Hrsg.), s. Annalen, Allgemeine, der Gewerbkunde.

Hofmann, J. F., Handbuch für Liebhaber und Liebhaberinnen des Schönen und Angenehmen. 8. Nürnberg, Stein. 820. Rthlr.

Hofmann, J. G.

— Betrachtung der gemachten Vorschläge für das Wohl der arbeitenden Klassen. gr. 8. Berlin 845, J. A. Wohlgemuth. n. ⅙ ℛ

Hofmann, J. G., de circumcisione nomine sacramenti V. T. non privanda. Altorf. 1771 4.

Hofmann, J. G.: Darstellung des Zustandes, worin sich die Verbreitung und der Gebrauch des Branntweins dermalen im preußischen Staate befindet. Berlin. 1843.

Hofmann, J. G., de Jesu Nazareno. Altorf. 1770. 4.

Hofmann, J. G., die Macht des Geldes. Eine Aufsuchung der Ursachen der Verarmung u. d. sittlichen Verfalls so vieler unserer Mitmenschen nebst Mitteln z. Abhülfe. gr. 8. Leipzig 845, O. Wigand. n. 8 ngl

Hofmann, J. G.: Sammlung kleiner Schriften: Darstellung des Zustandes, worin sich die Verbreitung und der Gebrauch des Branntweins dermalen im preußischen Staate befindet. Berlin. 1843.

Hofmann, J. G. H., Versuch in ernsthaften Gedichten; nebst e. Fragmente e. Abhandlung über die Verbesserung d. geistl. Dichtkunst. Mit 1 Titelkpf. 8. Prag 795. Buchler. 4 gl

Hofmann, J. G., Vorschläge zur Reinigung der Stadt Breslau und die Schwemmkanalisation. gr. 8. (14 S. mit 1 erläut. Stndr.-Taf.) Breslau 877, Maruschke und Berendt.

Hofmann, J. Gf.

Diss. de solutione aequationum directa — Georgiae Aug. sacrae semisec. gratulaturus J. Gf. *Hofmann*. Königsberg, 4. 1787.

Hofmann, J. J. (J.), s. Hoffmann, Joh. Jos. Ign. v.

Hofmann, J. M., Vorschriften z. gründl. Erlern. d. Schönschreibekunst, z. Gebr. in Schulen u. beim Privatunterr. Gestochen v. Neubauer. qu. gr. 4. (30 Bl. u. Text auf d. Umschlage.) Frankfurt a. M. 826, (Hermann.)

Hofmann, J. M. H., Friede sei m. Euch. Bilder aus d. Leben d. Heilandes. gr. Fol. (14 Kunstdr. m. 1 Bl. Text.) München 898. F. Hanfstaengl. In Leinw.-Mappe 25. —

Hofmann, J. P.: Ueber Einquartirungen und deren gleichförmige Vertheilung mit Bez. a. neu angelegte Militärstraßen nebst Tabellen. Giessen u. Darmstadt 1807.

Hofmann, J. P., das Chemische Laboratorium der Ludwigs-Universität zu Gießen, dargestellt. Nebst einem Vorwort von Dr. Justus Liebig. Mit einer äußeren u. einer inneren Ansicht nebst 6 Blätt. erläut. Rissen u. Detailzeichnungen. Lex.-8. Heidelberg 842, C. F. Winter. n. 3 ₰

Hofmann J. P.: Acht Tafeln z. Beschreibung d. chem. Laboratoriums zu Giessen. Heidelb. 1842. 8 Tvl. St. Fol. (Text mgl.).

Hofmann, J. V., Somatologie oder Lehre von der inneren Beschaffenheit der Körper auf Grund einer vergleichenden Betrachtung der chem., morpholog. und physikal. Eigenschaften derselben. gr. 8. (VII und 192 S. mit 12 in den Text eingedr. Holzschn.) Göttingen 864, Vandenhoeck und Ruprecht's Verlag. *

Hofmann, J. V., s. Unterkircher, Casp., [illegible] Biblica catholica.

Bericht über die Landesirrenanstalt in Buitenzorg ⟨Java, Niederl.-Ostindien⟩ von 1894 bis Anfang Juli 1901. (Verf.: J. W. Hofmann, Arzt. Dir., Buitenzorg.) *Batavia 1902: Landesdr.* (V, 122 S.) 4°(8°) [illegible]

Hofmann, J. W. Fr., praktische Schemas f. Zähler u. Messinstrumente. Prüfung u. Behandlg. nebst Erläutergn. nach Verwaltg., Eichkontrolle u. Statistik. (III, 47 S. m. Fig., 1 Tab. u. 3 Formularen.) Lex. 8. Berlin 908. H. Meusser. 4. 50

— Systemprüfungen neuester Wechselstrom-Zählertypen m. Kurventafeln u. Tabellen. (24 S. m. 1 Taf.) Lex. 8. Ebd. 908. 1. 50

Hofmann, Jak. Die Heiligen u. Seligen des Bisth. Würzburg. Eine kleine Legenden-Sammlg. als Andenken an d. im Juli 1889 begangene 1200jähr. Jubelfeier d. Martyriums der hl. Frankenapostel Kilian, Colonat u. Totnan. gr. 8. (VI, 161 S.) Würzb. 889, Woerl. 1 80

Hofmann, Ida, aus dem Reiche d. Herzens. Skizzen u. Erzählungen. 8. (VII, 211 S.) Berlin 887. Rosenbaum & Hart. n. 2. —

Hofmann, Ignaz, s. Hofmann von Hofmannsthal

Hofmann, Jo. Andreas [Praes.], s. Boenhart, Christian Adolph: De simul investitis.

— Jo. Andr., Prolusio de usufructu in bonis filii militiam deserentis confiscatis parentibus in Hassia adscripto disputationibus publicis in Jo. Gottlib. Heineccii jcti elementa juris civilis secundum ordinem institutionum. Marburg (Müller) 15. V. 1762. 20 S. (6.—) 15677

Hofmann, Johann, s.a. Hoffmann

Hofmann, Jh. III., Anweis. zur Verfassung letztwilliger Anordnungen mit einer tabell. Uebersicht, nebst einer Abhandlung üb. alle, auf Testamente, Codicille u. deren Folgen Bezug habende Gegenstände. 8. Wien 813. Geistinger. 8 ₰

— kurze topograph. Beschreib. des merkwürdigen Herrnhuts, nebst Entstehung, Verfassung, Sitten u. Gebräuchen der Herrnhuter. 8. Wien 817. v. Mösle. 8 ₰

Hofmann, Joh. [von Marthalen. Kt. Zürich]: Ueber die chem. Bestandteile einiger Pilze. [Mit einer Tabelle.] Andelfingen 1901. 84 S. 8°.
Zürich. Phil. Diss. II. S. 1901/1902.

— vom Bestand-Vertrage u. den entgeldlichen Verträgen über Dienstleistungen, oder von Miethe, Pacht, Lohn, Verlagsvertrage 2c. 8. Wien 819. v. Mösle. 9 ₰

— vom Darleihensvertrage u. der Befestigung der Rechte u. Verbindlichkeiten, od. Unterricht in Geld- u. Wechselgeschäften, nebst vorschriftmäßiger Führung der Bücher der Handelsleute 2c. 8. Wien 818. v. Mösle. 8 ₰ 2e Aufl., unt. d. T.: Hülfsbuch bei Darleihens-Geschäften, oder was haben jene, welche Geld aufnehmen oder darleihen, zu wissen nöthig, um keinen Schaden zu leiden? Nebst Anweis. zur Verfassung d. Schuldscheine 2c. gr. 8. Ebd. 825. (Fr. Fleischer in Leipz.) 10 ₰

Hofmann, (Joh.,) Hülfsbuch bei Darleihens-Geschäften, od. was haben jene, welche Geld aufnehmen oder darleihen, zu wissen nöthig, um keinen Schaden zu leiden? Nebst Anweis. zur Verfassung d. Schuldscheine 2c. 2e verb. u. verm. Aufl. gr. 8. Wien 825. (Lpz., Fr. Fleischer.)

Hofmann, Jh. II., Hülfsbuch für Gewerbs- u. Handelsleute und für Jene, welche um Gewerbe ansuchen. Enthalt d. wichtigst. in Gewerbs- u. Handelssachen u. bei freien Beschäftigungen täglich vorkomm. Gegenstände, nebst beigefügten Formularen zu Anbringen 2c. gr. 8. Wien 833. Tendler. [illegible]

Hofmann, Joh., Jesusgeschichten, s.: Religionsunterricht, evangelischer. 3. Bd.

Hofmann, Joh., die Cultur der Futtergräser und Futtergemenge auf den Feldern, Wiesen und Weiden. Nach eigenen Erfahrungen dargestellt. 8. (III und 87 S.) Frankfurt a. M. 863, Sauerländer's Verlag.

Hofmann, Johann: Die Lehrmittel des Anschauungsunterrichtes ⟨ausser Physik und Naturkunde⟩ am K. humanistischen Gymnasium Straubing. Straubing 1909: Attenkofer. VII, 35 S. 8°
Straubing, k. G P 1909* [S 09. 207

Hofmann, Joh.: Die allgemeine obligatorische Mädchen-Fortbildungsschule. Vortrag. — Leipzig: Wunderlich 1903. 19 S. 8°

v. Hofmann, Jh. II., Nachricht von dem Eismeere. 8. Pesth 818. Hartleben. 5 ₰

Hofmann, Joh., C. Ss. R., Opfergang des Sohnes Gottes. 7 Vorträge über den Kreuzweg in seiner Beziehg. zum Hohenpriestertume u. zum Opfer des Sohnes Gottes. (83 S.) 8. Dülmen 906. A. Laumann. n. 1. 20

— der Pilger nach Maria-Zell. Ein Taschenbuch f. Freunde d. Naturschönheiten, des Alterthums u. besonders f. Reisende. Nebst ausführl. Geschichte v. Maria-Zell 2c. 2e Aufl. 12. Wien 826. Grund. (Fr. Fleischer in Leipz.) 20 ₰

— der Pilger nach dem Sonntagberge u. Mariataferl, sammt Beschreibung d. Rückreise auf der Donau nach Wien. Nebst Beschreibung v. Sonntagberge ꝛc. 12. Wien 825. (Fr. Fleischer in Leipz.) 8 gl

— Die Strafen in der Volksschule, s.a. M a g a z i n , pädagogisches.

Hofmann, Joh.: Die S t r a f e n in der Volksschule. Vortrag geh. . . . von Joh. Hofmann, Rektor in Coburg. Langensalza: Beyer 1908. 44 S. 8°
(Pädagogisches Magazin. H. 328.)

Hofmann, Johann, Gymn.-Assist.: **Studien** zur Drakontischen Verfassung. *Straubing 1899: C. Attenkofer.* (30 S.) 8°
Straubing, k. humanist. G., P. 1898/99

Hofmann, Johann Adolf, s.a. H o f f m a n n

Hofmann, Johann Adolph. Politische Anmerkungen von der wahren und falschen Staatskunst . . . 3. . . . Ausg. Hamb. 1758. H: *Schwabe, Joh. Joachim.* (Ky) (ML)

Hofmann, Jh. Ad., († ...) polit. Anmerkk. d. wahren u. falschen Staatskunst ꝛc. 3e Aufl., verm. u. verb. (v. J. J. Schwabe). 8. Hamb. 758. (Schnuphase in Altenb.) 18 gl

— s. M. A. A n t o n i n , Betrachtt. über sich selbst.

Hofmann, J. A. Zwey Bücher von der wahren Zufriedenheit . . . Verb. Ausg. Hamburg 1760. H: *Schwabe, Joh. Joachim.* (Ky) (ML)

— zwei Bücher von der Zufriedenheit. Verbess. Ausg. (von J. J. Schwabe). gr. 8. Hamb. 760. (Schnuphase in Altenb.) 1 Thlr 8 gl

Hofmann, Joh. Andreas, s.a. H o f f m a n n

Hofmann, J. A. Abhandelung von dem vormaligen und heutigen Kriegsstaate, den Aufgeboten, Errichtung der Landmiliz und beständiger Regimenter aus der Geschichte, Urkunden etc. 2 Bde. 8. Lemgo 1769

Hofmann, Joh. Andreas (Präs.), s. B a u m , Johann Theophil: De sumtibus studiorum in legitimam non imputandis.

Hofmann, Joh. Andr.: Auserlesene jedoch vollständige juristische Bibliothek, worinne die auserlesensten Wercke, Bücher und acad. Abhandlungen, welche von allen Theilen der Rechtsgelahrheit . . . zum Vorschein gekommen, mit aufrichtigen Urtheilen wie auch . . . Preisen begleitet. Th. [1.] 2. Jena 1748.

Hofmann, Johann Andreas [Praes.], s. C o r a e u s , Jacob Wilhelm: De rebus principibus S. R. J. regentibus ad imperium . . .

Hofmannus, Jo. Andr.: Commentatio de scabinorum demonstrationibus aliorumque placitis, sermone patrio Von Schoeffen- und anderen Weisthümern, et de iudiciis marcalibus, hubariis, centenariis, denunciatoriis atque visitationibus provinc. in Hassia. Marburgi Catt. 1792.

Hofmann, Joh. Andr., Du sollst deinen Vater und Mutter ehren! Eine Predigt für kleine und — große Kinder. St. Gallen 853. Huber u. Co. 16. (34 S.) $4\frac{1}{2}$ ngr.

Hofmann, Jh. Andr., Erzählungen aus der Geschichte des Menschengeschlechtes für die reifere Jugend. Zur Unterhaltung, Belehrung u. Bildung des Gemüthes. 8. Zürich 842, Schultheß. $1\frac{3}{4}$ gl

Freuet euch in dem Herrn allewege, und abermal sage ich: Freuet euch! Eine Predigt für Kinder. St. Gallen 853. Scheitlin u. Zollikofer. gr. 8. (16 S.) n. 2 ngr.

HOFMANN, J. A., H a n d b u c h d e s T e u t s c h e n E h e r e c h t s. Jena 1789. 8°. (In Rostock, Univ.-Bibl.)

— H e n a u im Toggenburg, in der Vor- und Jetztzeit, mit vorzüglicher Berücksichtigung der dortigen evangel. Gemeinde und deren Pfarrer. St. Gallen 854. Scheitlin u. Zollikofer. gr. 8. (VIII, 268 S.) n. 24 ngr.

Hofmann, Joh. Andr.: Teutsche Reichspraxis, worin der unter- und obergerichts- besonders aber der ordentliche gemeine, und Reichs-proceß mit seinen haubt- und nebenstücken, in der ersten, auch den übrigen instanzen etc. in 3 theilen abgehandelt wird. Frankfurt a. M. 1765.
[Th. 2. 3. fehlt.]

— religiöse Unterhaltungen eines Lehrers mit seinen Schülern erster Klasse. (Kindern zwischen dem 5. u. 7. Lebensjahre.) 16. Zürich 845, Meyer u. Zeller. 7 ngl

Hofmann, Joannes Baptista: De verbis quae in prisca latinitate extant deponentibus commentatio. (Greifswald) 1910: Abel. 50 S. 8°
München, Phil. Diss. v. 21. Juli 1909, Ref. Vollmer, Crusius
[Geb. 11. Febr. 80 Neukenroth; Wohnort: Neukenroth; Staatsangeh.: Bayern; Vorbildung: Altes Gymn. Bamberg Reife Juli 04; Studium: München 8 S.; Rig. 21. Juli 09.] [U 10. 3660

Hofmann, Johann Chr.

— s. A u f e r s t e h u n g Jesu.

Hofmann, Jh. Chr. III., Briefe üb. die Verbesserung d. deutschen Gesangbücher. 8. Bautzen 774.

Hofmann, Johann Christian Konrad

H o f m a n n , J. Chr. K. v., vermischte A u f s ä t z e. Eine Auswahl aus der Zeitschrift für Protestantismus und Kirche, zusammengestellt von H. Schmid. gr. 8. (XXVI, 527 S.) Erlangen 878, Deichert.

Hofmann, Joh. Chr. Konr., B e l e u c h t u n g des über Dr. Baumgarten's Lehrabweichungen abgegebenen Consistorial-Erachtens. Nördlingen 858. Beck. 8. (58 S.) n. 8 ngr.

H o f m a n n , Jo. Chrstn. Conr., de b e l l i s ab Antiocho Epiphane adversus Ptolemaeos gestis. Dissert. Smaj. ($3\frac{1}{2}$ B.) Erlangae 835, Heyder.

— des Herrn Julius W i g g e r s Beruf zum öffentl. Ankläger in der luther. Kirche geprüft. 8. Rostock 843, Stiller'sche Hofbuchh. $\frac{1}{4}$ Thlr

Hofmann, J. Chr. K. v., geb. 21. XII. 1810 — gest. 20. XII. 1877, Briefe an Heinrich Schmid, geb. 31. VII. 1811 — gest. 17. XI. 1885, hrsg. v. Charlotte Schmid. Mit e. Vorwort von Herm. v. Bezzel. (IV, 265 S.) gr. 8. Leipzig 910. A. Deichert Nachf. 4.20; geb. 5. —

Hofmann, J. Chr. K. v., theologische B r i e f e , s.: D e l i t z s c h , Frdr.

—— Encyclopädie der Theologie, nach Vorlesungen und Manuscripten hrsg. von H. J. Bestmann. gr. 8. (XII, 389 S.) Nördlingen 879, Beck'sche Buchh.

—— Erinnerungen an denselben, s. Grau, R. F.

—— theologische Ethik. Abdruck einer im Sommer 1874 gehaltenen Vorlesung. gr. 8. (VII, 350 S.) Ebendas. 878.

Hofmann, J. Ch. K. v., an die protestantische Geistlichkeit des diesseitigen Bayern. Ein Wort zur Verständigg. im Hinblick auf die bevorsteh. Landtagswahlen. Nördlingen 870. (Beck.) gr. 8. (8 S.) n. 1 ngr

⊙ Die schleswig-holsteinische Geistlichkeit und die evangelische Kirchenzeitung. Ein Wort zum Schutz und Trutz v. J. Chr. K. **Hofmann.** ⟨Abdruck aus der Zeitschrift für Protestantismus und Kirche.⟩ Erlangen, Altona. 1850. 8°

Hofmann, J(oh.) Chr(stn.) K(onr.), die schleswig-holsteinische Geistlichkeit und die evangelische Kirchenzeitung. Ein Wort zu Schutz und Trutz. 1. Ausg. (27 S.) 1850. und 2., mit einer Erwiederung auf Rudelbach's dänische Parteischrift verm. Ausg. gr. 8. (32 S.) Erlangen 852, Bläsing's Commissions-Conto. *

Hofmann, J(oh). Chr(stn.) C(onr.), die schleswig-holsteinische Geistlichkeit und die evangelische Kirchenzeitung. Ein Wort zu Schutz und Trutz. 2., mit einer Erwiederung auf Rudelbach's dänische Parteischrift verm. Ausg. gr. 8. (32 S.) Erlangen 852, (Bläsing's Commissions-Conto.) *

Hofmann, Jo. Chr. Con., Geschichte des Aufruhrs in den Sevennen unter Ludwig XIV. Nach den Quellen erzählt. 8. Nördlingen 837. Beck. 1 1/6 ℛ

Grundlinien der Theologie Joh. Christ(ian) K(onrad) v. **Hofmanns** in seiner eigenen Darstellung. Eine Jubiläumsgabe. Mitgeteilt von D. Dr. Johannes Haussleiter, Prof. Leipzig: Deichert 1910. XII, 82 S. 8°
(Quellenschriften z. Geschichte d. Protestantismus. H. 11.)

— biblische Hermeneutik. Nach Manuscripten u. Vorlesungen hrsg. v. W. Volk. gr. 8. (X, 267 S.) Ebend. 880. n. 4. 50

—— die siebenzig Jahre d. Jeremias u. d. siebenzig Jahrwochen d. Daniel. Zwei exeget.-histor. Untersuchungen. gr. 8. (7 B.) Nürnberg 836, Stein.

— die gegenwärtige Lage u. was wir aus ihr lernen sollen. Vortrag zu Erlangen gehalten am 2. März 1870. Ebend. 870. gr. 8. (16 S.) n. 2 ngr

— Lehrbuch d. Weltgeschichte für Gymnasien. 1e Hälfte. Die Welt vor Christo. 2e Hälfte. Die Welt seit Christo. gr. 8. Nördlingen 839. Beck. (I. ¼ ℛ II. ¾ ℛ) 1 5/12 ℛ

Hofmann, Joh. Chrstn. Konr., Lehrbuch der Weltgeschichte f. Gymnasien. 2 Hälften. 2. Aufl. gr. 8. Nördlingen 843, 44, Beck'sche Buchh.
Hälfte 1. Die Welt vor Christo. (14 B.) 20 Ngr.
" 2. Die Welt seit Christo. (21½ B.) 27½ Ngr.

—— dass. Anh.: d. Zeitraum v. 1789—1815 umfassend. Separat-Abdruck zunächst für die Besitzer der ersten Aufl. gr. 8. (4½ B) Ebds. 844.

— die Mission in der Heidenwelt u. unter Israel. Ein Vortrag. Nürnberg 856. Raw. 8. (16 S.) n. 2 ngr

Hofmann, J. Chr. K. v., die Offenbarung Johannis, hinsichtlich ihrer Bedeutung f. die Gegenwart u. ihrer Verwerthung in den Gemeinden. — **Wiesinger, J.**, Blicke in den Gährungsproceß unserer Zeit. 2 Vorträge, geh. auf der 5. allgemeinen Pastoralconferenz zu Erlangen. gr. 8. (39 S.) Erlangen 874. Deichert. — 75

Hofmann, J. Ch. K. v., d. Offenbarung St. Johannis, f. weit. Kreise bearb., s: Lorenz, E. v.

—— Paulus, eine Döllingerische Skizze, mit einem Vorworte an Hrn. Dr. Döllinger und einem Nachworte an Alle, die den Herrn anrufen von reinem Herzen. gr. 8. (32 S.) Erlangen 851, Bläsing. *

— Paulus, e. Döllingerische Skizze. Erwiderung auf Döllinger's Lutherskizze. In 2. Aufl. hrsg. von Th. Kolde. gr. 8. (39 S.) Leipzig 890. Deichert Nachf. n. — 60

Hofmann, J. Chr. K. v., die Augsburger Rechtfertigung der Augsburger Adresse. gr. 8. (8 S.) Nördlingen 874, Beck'sche Buchh. *

— Rede beim Antritt des Prorektorats der königl. bayer. Friedrich-Alexanders-Universität Erlangen am 4. Novbr. 1853 gehalten. Erlangen 853. Bläsing. 4. (9 S.) 3 ngr

Hofmann, Joh. Chrn. Konr. v., die heilige Schrift neuen Testaments zusammenhängend untersucht. 1. u. 2. Thl. 1. u. 2. Abth. Nördlingen 862—64. Beck. gr. 8. n. 5 ℛ 16 ngr
I.: (VII, 368 S.) n. 1 ℛ 26 ngr; II. 1.: (IX, 242 S.) n. 1 ℛ 10 ngr; II. 2.: (VII, 131 S.) n. 2 ℛ 10 ngr

— die heilige Schrift neuen Testaments zusammenhängend untersucht. 2. Thl. 3. Abth. Ebend. 866. gr. 8. (IV, 365 S.) n. 1 ℛ 26 ngr

—— die heilige Schrift neuen Testaments zusammenhängend untersucht. 1.—7. Thl. gr. 8. Nördlingen, Beck'sche Buchh. *

Inhalt:

Thl. 1. Die Aufgabe. Ausgangspunkt der Untersuchung. Der erste und zweite Brief Pauli an die Thessalonicher. 2. vielfach veränd. Aufl. (VII, 368 S.) 869. *ℳ 5,60.
" 2. 1. Abthl. Der Brief Pauli an die Galater. 2. vielfach veränd. Aufl. (VI, 235 S.) 872. *ℳ 4.
" 2. 2. Abthl. Der erste Brief Pauli an die Korinther. 2. vielfach veränd. Aufl. (V, 416 S.) 874. *ℳ 7.
" 2. 3. Abthl. Der zweite Brief Pauli an die Korinther. (IV, 365 S.) 866. *ℳ 5.60.
" 3. 1. und 2. Abthl. Der Brief Pauli an die Römer. 2 Abthlgn. (IX, 633 S.) 868. *ℳ 10.
" 4. 1. Abthl. Der Brief Pauli an die Epheser. (VII, 291 S.) 870. (*ℳ 4,70.) *ℳ 4.80.
" 4. 2. Abthl. Die Briefe Pauli an die Kolosser und Philemon. (V, 218 S.) 870. (*ℳ 3,75.) *ℳ 4.
" 4. 3. Abthl. Der Brief Pauli an die Philipper. (VII, 190 S.) 871. *ℳ 3,40.
" 5. Außerbiblisches über des Paulus letzte Lebenszeit. Geschichtliche Bezeugung der paulin. Briefe. Der Brief an die Hebräer. (X, 561 S.) 873. (*ℳ 9,50.) *ℳ 9,60.
" 6. Die Briefe Pauli an Titus und Timotheus. (V, 322 S.) 874. *ℳ 5,20.
" 7. Die Briefe Petri, Judä und Jacobi. 1. und 2. Abthl. 1. Abthl.: Der erste Brief Petri. (IV, 231 S.) 875.; 2. Abthl.: Der zweite Brief Petri und der Brief Judä. (V, 229 S.) 875. à Abthl. *ℳ 4,40.

—— die heilige Schrift neuen Testaments zusammenhängend untersucht. 7. Thl. 3. Abthl. und 8. Thl. 1. Abthl. gr. 8. Ebendas. *

Inhalt:

Thl. 7. 3. Abthl.: Der Brief Jakobi. Geschichtliche Bezeugung der Briefe Petri, Judä und Jakobi. (IV, 179 S.) 876. *ℳ 3,10.
" 8. 1. Abthl.: Das Evangelium des Lukas. Cap. I—XXII, 66. Mit einem Anhang. Cap. XXII, 66—XXIV, 53 enth. (IV, 552 S.) 878. *ℳ 9.
1.—7. Thl. 1. und 2. Abthl. Ebendas. 1866—75. *ℳ 68.

— die heilige Schrift neuen Testaments zusammenhängend untersucht. 2. Thl. 3. Abth. Der 2. Brief Pauli an die Korinther. 2., vielfach veränd. Aufl. gr. 8. (IV, 350 S.) Ebend. 877. n. 5. 60

— dasselbe. 8. Thl. 1. Abth. Das Evangelium des Lukas. Cap. I—XXII, 66. Mit einem Anh. Cap. XXII, 66—XXIV, 53 enth. gr. 8. (IV, 552 S.) Ebend. 878. n. 9. —

— dasselbe. 9. Thl. Zusammenfassende Untersuchung der einzelnen neutestamentl. Schriften. Nach Manuskripten u. Vorlesungen bearb. v. W. Volck. gr. 8. (XII, 411 S.) Ebend. 881. n. 7. — (I—VIII, 1. u. IX.: n. 87. 40)

Hofmann, J. Chr. K. v., die heilige Schrift neuen Testaments zusammenhängend untersucht. 10. u. 11. (Schluß-) Thl. Nach Manuskripten u. Vorlesgn. bearb. v. W. Volck. gr. 8. Nördlingen 883. Beck. n. 12. 50 (cplt.: n. 99. 90)
10. Die biblische Geschichte neuen Testaments. (VII, 419 S.) 883. n. 7. —
11. Biblische Theologie d. neuen Testaments. (X, 328 S.) 886. n. 6. 50

Hofmann, J. Chr. K. v., die heilige Schrift neuen Testaments, zusammenhängend untersucht. 11. (Schluß-)Thl.: Biblische Theologie des neuen Testaments. Nach Mscr. und Vorlesungen bearb. von W. Volck. gr. 8. (X, 328 S.) [Nördlingen 886.] München, Beck'sche Verlagsh.
1.—10. Thl. Ebendas. 1868—83. *ℳ 94.40.

—— der Schriftbeweis. Ein theolog. Versuch. 1. Hälfte. gr. 8. (XIV und 576 S.) Nördlingen 851 (52,) Beck'sche Buchh. *

—— der Schriftbeweis. Ein theolog. Versuch. gr. 8. (XXIV und 1645 S.) Nördlingen 852—56, Beck'sche Buchh. *

— der Schriftbeweis. Ein theologischer Versuch. 2. Hälfte. 1. u. 2. Abth. Nördlingen 853, 55. Beck. gr. 8. (407; VIII, 662 S.) II. 1.: n. 1 ℛ𝓉. 24 ngr.; II. 2.: n. 3 ℛ𝓉. 5 ngr.

— — 1. Hälfte. 2., durchgängig veränd. Aufl. Nördlingen 857. Beck. gr. 8. (VIII, 678 S.) n. 3 ℛ𝓉. 10 ngr.

— der Schriftbeweis. Ein theologischer Versuch. 2. durchgängig veränd. Aufl. 2. Hälfte. 1. u. 2. Abth. Ebend. 859, 60. gr. 8. (VII, 555; VII, 731 S.) 1.: n. 2 ℛ𝓉 24 ngr.; 2.: n. 3 ℛ𝓉 14 ngr.

— Schutzschriften für eine neue Weise, alte Wahrheit zu lehren. 1. Stück: Die Versöhnung Gottes und Rechtfertigung des Menschen betreffend rc. Nördlingen 856. Beck. 8. (1 Bl., 31 S.) n. 5 ngr.

— — 2. Stück: Christi Versöhnungswerk betr., u. zwar, was die Kirche davon lehrt, u. wie sich hiezu verhält, was ich davon lehre. Ebend. 857. gr. 8. (106 S.) n. 16 ngr.

— Schutzschriften für eine neue Weise, alte Wahrheit zu lehren. 3. u. 4. Stück. Ebend. 859. gr. 8.
3. Stück: Christi Versöhnungswerk betreffend, u. zwar, wie ich meine, daß man es die Unmündigen lehren soll. (65 S.) n. 10 ngr.
4. Stück: Die Aufgabe der systematischen Theologie u. der Schriftbeweisführung betreffend. (57 S.) n. 10 ngr.

Hofmann, J. Chr. K. v., die Universitäten im neuen deutschen Reich. Rede am 4. Novbr. 1871 geh. 8. (20 S.) Erlangen 871. Deichert. n. — 40

— Weissagung u. Erfüllung im alten u. neuen Testamente. Ein theologischer Versuch. 1. u. 2. Hälfte. Lex.-8. Nördlingen 841, 44, Beck'sche Buchh. (à 2 ℛ𝓉) 4 ℛ𝓉

Hofmann, Jh. Chr. Konr., das Werk der innern Mission in Mecklenburg. Ein Bericht, im Auftrage des Hauptvereines für innere Mission in den meklenburg. Landen. gr. 8. Rostock 844, Leopold. 1/4 ℛ𝓉

— Berliner Zeichenschule. 1. und 2. Tl. 4. (Ebendas.) 884. *

Inhalt:
Tl. 1. Netz- und stigmographisches Zeichnen für die Unterstufe. 3. verb. und verm. Aufl. (IV, 48 lithogr. S.) *75 Pf.
„ 2. Das freie Zeichnen für die Mittelstufe. (III, 40 lithogr. S.) *ℳ 1.

— ägyptische und israelitische Zeitrechnung. Ein Sendschreiben an den Hrn. Geh. Rath Dr. Böckh. gr. 8. (70 S.) Nördlingen 847, Beck'sche Buchh.

—— über die Zukunft der theologischen Fakultäten. Rede beim Antritte des Prorektorats der Universität Erlangen gehalten. 8. (20 S.) Erlangen 875, Deichert. *

Hofmann, Johann Conrad, s. Hofmann, Johann Konrad

Hofmann. Joh. Dan. Programma de Henrico de Hohenlohe, magistro ordinis teutonici generali et rebus sub illo gestis. 4. Elbing 1757.

Hofmannus, Joh. Frid.: Modus et norma instituendi et prosequendi processum austregarum ... Cum insertis fatis cameralibus ab anno 1495. usque ad annum 1693. per duo secula continuatis. Ed. 2. Wezlariae 1720.

Hofmannus, Joh. Frid.: Praxis juris et processus cameralis novissima. Wetzlariae 1721.

HOFMANN, Johann Gottfried: Die Berechnung und Benutzung des Bauholzes. · Königsberg 1799

Hofmann, Johann Gottlob

Hofmann's, M. Jh. Glo. III., Abriß seines Lebens u. Wirkens. Ein Beitrag zur Feier d. 7. Mai 1822, (von seinem Sohne Glo. Hofmann), gr. 8. Leipz. 822

(—). — Als die Wohledlen und Wohlgelahrten Herrn, Herr **Johann Gottlob Hofmann** (Leipzig), Herr **Carl August Lencke** (Auerbach i. V.), Herr **Johann Gottlob Terne** (Roitsch), Herr **Gottlieb Siegmund Juspis** (Chemnitz) die höchste Würde der Weltweisheit auf der hohen Schule zu Leipzig den 20sten Hornung 1749 rühmlichst erhielten, wünschte denenselben das unter Seiner Hochwürdigen Magnificenz, Herrn D. Salomo Deyling, blühende Collegium Examinatorio-Disputatorium deswegen von Herzen Glück. Lpz. (Friedr. Gotthold Jacobäer). 2 Bl. (6.—) 15682

Hofmann, Jh. Glo. II., s. Laforest, üb. d. Kunst.

Hofmann, Johann Heinrich, s.a. Hoffmann

Hofmann, Jh. Hnr. I, Belehrungsbuch gemeinnütziger Kenntnisse. 8. Ansb. 806. Gassert. 16 gr. s.a. Hofmann, J. A.

— Geschichte unserer Zeit. Eine Darstellung d. Ereignisse seit zehn Jahren. 8. Nürnb. 814. Zeh. 10 gr.

— Geschichte unserer Zeit. Darstellung d. polit. Ereignisse in den J. 1812, 13 u. 14. 8. Dinkelsb. 816. (Leipz., Knobloch). 9 gr.

— Handbuch f. Liebhaber u. Liebhaberinnen des Schönen u. Angenehmen. 8. Eßling. 811. Fixdorf. (Nürnb., Stein). 12 gr.

Hofmann, Johann Heinrich, die Sternecklade. Komisches Epos. gr. 8. (VIII und 80 S.) Wrssowic bei Prag 865, Selbstverlag.

Hofmann, Johann Jacob: „Lexicon universale historico-geographico-chronologico-poetico-philologicum. Continens historiam omnis aevi, geographiam omnium locorum, genealogiam principum familiarum .....", Tom. I et II Basil. 1677. — Continuatio. „Praeter addenda comprehendens historiam animalium, plantarum, lapidum ..... ex omnium gentium, inprimis Hebreae, Graecae, Romanae monumentis sacris, civilibus erutam", Tom. I—III, ib. 1683. — Vorh.: StB Nürnberg.

Hoffmann, I. I., Supplement. Lexici univers. hist.-geogr. chronolog. etc. in III Tom. dig. fol. Frcf. Andreae. 713.

Hofmann, Jh. Jak. Cph. Raym., († d. 8. Mai 1808.) s. Homer, Ilias, 1r Gesang.

— **Johann Julius Christoph** (Roehrsdorf-Montanus), De verbi divini ministro ad aegrotorum lectulos commorante. Diss. med. Wittbg. (Christian Heinrich Graessler) 19. XII. 1806. 34 Seiten. (6.50) 15683
Gew.: Gotthelf Graefe (St. Nicolai b. Chemnitz), M. Johann Heinrich Gotthelf Voigtlaender (Schneeberg).

Hofmann, Johann Konrad

— **Joh. Conrad** (Lauffâ-Noricus), De procurationibus canonicis. Von Visitations=Mahlen und Verpflegungen. Diss. jur. Präs. Felix Spiz (Nürnberg). Altdorf (Jodocus Wilhelm Kohles) Mai 1701. 42 S. (7.—) 15678

— — Dasselbe. 1717. (7.—) **15679**

Hofmann, Jh. Mich., († d. 13. Jan. 1799.) Abhandl. über d. Bleichsucht, Jungfernkrankheit rc. 3 Hefte. 8. Frankf. a. M. 788. 89. Jäger. 1 ß

— Abhandl. über d. Unsterblichkeit der Seele rc. 8. Frankf. a. M. 788.

— Abhandl. über d. Ursprung u. Heilung d. meisten Wassersuchten. 2 Hfte. 8. Frankf. a. M. 789. Jäger. 16 gr

— Gedanken u. Anmerkk. über die Kuren des Mr. Tisserant. 8. Frankf. a. M. 773.

— die Konföderirten u. Dissedenten; ein Trspl. 8. Frankf. u. Leipz. 771.

— von allen angenehmen u. unangenehmen Leidenschaften d. Menschen. 2 Hefte. 8. Frankf. a. M. 789. Jäger. 16 gr

— sonderbare Nachrr. v. einigen Schauspielergesellschaften am Main u. Ober- u. Niederrhein. 8. Frankf. a. M. 771.

Hofmann, Jh. Mich., der verführte u. wieder gebesserte Student; ein Lstspl. 8. Frankf. u. Leipz. 771.

— dass., s.a. Hoffmann

— s. Wochenblatt, zur Erhalt. d. Gesundheit.

Hofmann, Johann Moritz

Hoffmann, I. Maur., acta laboratorii chemici Altorfini. 4. Nürnb. Monath. 719.

Hoffmann, Johann Moritz.

* Acta laboratorii chemici Altdorfini, chemiæ fundamenta, operationes præcipuas et tentamina curiosa, ratione et experientia suffulta, complectentia. Norimbergæ et Altdorfii, apud hæredes Joh. Dan. Tauberi, 1719. pp. [iv]–288–54, sm. 4to. Portrait.
[Appendix i]: Auctuarium, notas, observationes et experimenta ad actorum sectionem primam. Declarationem ulteriorum necessaria una cum programmato invitatorio ad inaugurationem laboratorii chemici Altdorfini præmisso, et monumento ad memoriam posteritatis publice erecto, ac indice rerum ac verborum, exhibens. pp. 42.
[Appendix ii]: Laboratorium novum chemicum apertum medicina cultoribus, cum amicâ ad orationem inauguralem invitatione. A. C. 1683. pp. *from* 43–54–[xiv]. Norimbergæ et Altdorfii, 1719.
One of the first works issued dealing with researches conducted in a chemical laboratory. Compare, however, Hjärne, Urban.

Johannis Mauricii Hoffmanni [Hofmann] Acta laboratorii chemici Altdorfini, chemiae fundamenta, operationes praecipuas & tentamina curiosa, ratione & experientia suffulta, complectentia. (Sect. 1.2.) [Nebst] Auctuarium. Norimbergae & Altdorfii: Tauber 1719. 1 Bd 8°

(Sect. 1.2:) 1719.
Auctuarium: Notas, observationes et experimenta ad Actorum sect. 1. declarationem ulteriorem necessaria ... ac ind. exhibens. 1719
[Sondert.:] [Hofmann] Hoffmann: Laboratorium novum chemicum apertum... Juxta ex. Altdorfinum primum recusum.
Altdorf, Univ.-Schr. v. 1683

— Sciagraphia institution. medicar. per quaest. et respons. cur. Schulze. 8. Halae. 742.

— syntagma pathologico-therapevticum ad. I. Hartmanni praxin chymiatricam concinn. etc. 4. Nürnb. Monath. 727.

Jo(annis) Maur(icii) Hoffmanni [Hofmann] Syntagma pathologico-therapeuticum ad Johannis Hartmanni Praxin chymiatricam concinnatum. ... Lipsiae: Monath 1728. 1136,204 S. 8°

[Sondert.:] [Hofmann] Hoffmannus: Prolusiones de remediorum delectu ad Joh. Hartmanni libri 1. praxeos chemiatricae...

Hofmann, Jh. Pt., s.a. Hoffmann

Hofmann, Jh. Pt., Anweis., wie man d. Jugend zum Briefschreiben anführen soll. 8. Prag 796. Widtmann. 4 gr

— neuer Blumenkranz für Kinder beiderlei Geschlechts, besteh. aus Fabeln, Gedichten, Gesprächen, kleinen Erzählungen rc. aus d. Jugendjahren vortreffl. Männer, Sitten- u. Klugheitslehren rc. 8. Prag 803. Krammer. 6 gr

— Feuerbüchlein für d. Jugend. Mit 7 Holzstichen. 8. Prag 796. Widtmann. 8 gr Hbg. Pr. 6 gr

— Feuerkatechismus fürs Landvolk rc. 8. Prag 798. Widtmann. 5 gr

— geistl. Gesangbuch für kathol. Christen. 12. Prag 817. (Haas in Wien). 2 gr

— ganz neues Geschenk für artige u. fleißige Kinder, bestehend in Fabeln u. kl. Erzähll. 8. Prag ... (Leipz., Centr.-Cpt.) 16 gr

— zweites neues Geschenk für artige u. fleißige Kinder, bestehend in Fabeln, Erzähll., wie auch in e. prakt. Anweis. zum Briefschreiben rc. 8. Prag 811. Buchler. 5 gr

— die gebildete Jungfrau im Gespräch mit Gott, ein christkathol. Gebetbuch. Taschenformat. Prag 816. Enders. 12 gr.

Hofmann, Jh. Peter, Lebensgeschichte der heil. Ludmilla, Herzogin der Böhmen. Nebst vierfacher chronolog. Tabelle über die älteste Kirchengeschichte Böhmens. Mit Titelbild. 12. Pilsen 838. Reiner u. Schmid. n. 7 gr.

— d. Stern von Nepomuck, oder Gesang u. Gebete zur Ehre des heil. Nepomuck. Prag 816. Enders. 10 gr.

— Versuch in ernsthaften Gedichten. Mit 1 Kupf. 8. Prag 795. Buchler. (a. Haslinger in Linz). 5 gr.

— s. Volksfreund, d. Prager.

Hofmann, Jh. Ph., s. Hofmann, Fr. Jh. Ph.

Hofmann, Jh. Theoph., (†1821.) Antwort auf d. Sendschreiben e. Sächsischen Landpredigers üb. Reinhards Predigt. 8. Dresd. 801. (Goedsche in Meißen). 6 gr.

Hofmann, Johannes *Eduard* [aus Nürnberg]: Beiträge zur Kenntnis der Eisen- und Mangansaccharate sowie zur Charakteristik der Verbindungen mit alkoholischem Hydroxyle ... Erlangen, k. b. Hofbuchdr. v. A. Vollrath, 1891; 49 S., 1 Bl. 8.
Erlangen, Phil. Fak., Inaug.-Diss. v. 10. Dez. 1891

Hofmann, Joh[annes]. Ueber die chem. Bestandteile einiger Pilze. Diss. Phil. [II.] Univ. Zürich. [Mit 2 Tabellen.] 84 S. 8. Andelfingen, W. Hepting, 1901.

Hofmann, Johannes, prakt. Arzt a. Sebnitz i. Sa.: Ueber den Einfluß der arsenigen Säure auf die Zahl der roten und weißen Blutkörperchen. Leipzig 1906: B. Georgi. (40 S.) 8°
Leipzig, Med. Fak., Ref. Boehm, Diss. v. 1. Juni 1906
[Geb. 23. März 80 Sebnitz; Wohnort: Leipzig; Staatsangeh.: Sachsen; Vorbildung: Gymn. Meißen Reife O. 01; Studium: Leipzig 9, München 1 S.; Coll. 1. Juni 06; Approb. 18. Mai 06.]

Hofmann, Johs., ein Nachweis d. Richtigkeit d. Fermat'schen Satzes (im Anschluß an die Schrift: K. Heim, „Das Weltbild der Zukunft".) (50 S. m. Fig.) gr. 8. Leipzig 909. M. Heinsius Nachf. 1.20

Hofmann, Johannes, approb. Arzt aus Leipzig: Aus d. chirurg. Poliklinik zu Kiel. Über Plattfüsse. *Kiel 1899: H. Fiencke.* (21 S.) 8°
Kiel, Med. Diss. v. [1. Juni] 1899

Hofmann, J[ohannes]. Rationelle Verwendung der Dünger. Mit besonderer Berücksichtigung der landwirtschaftl. Verhältnisse des Kantons Zürich. [Mit 2 Figuren.] II + 39 S. 8. Zürich, Paul Bender, 1907.

Hofmann, Josef: Die B a r o c k e in Nordwest-Böhmen, mit besond. Berücks. d. Sct. Maria-Magdalenen-Kirche in Karlsbad u. ihres Erbauers Kilian Ignaz Dienzenhofer. Von Josef Hofmann, [Bürgerschullehrer, Karlsbad]. Mit 33 Bild. Karlsbad: Jakob 1898. 111 S. 8⁰

HOFMANN, Joseph (München): Das regelwidrige weibliche Becken.- München 1839. 106 S., 1 Bl. 26.6.1837 - Urk; F 63
Diss. Ingolst. Landsh.-Mchn.

Hofmann Jos.: Bedeutung des Eckenliedes. 22. Kaaden 85. Progr.

Hofmann, J. (I.), kritische Beleuchtung der in Heranbildung von Staatsärzten bestehenden Mängel und Unzukömmlichkeiten mit besond. Berücksichtigung der Verhältnisse in Bayern. gr. 8. (III und 164 S.) Erlangen 864, Palm und Enke. *

Hofmann, Jos. (I.), gerichtsärztliche Bemerkungen zum Entwurfe eines Strafgesetzbuchs für das Königr. Bayern. gr. 8. (114 S.) München 860, Fleischmann's Separat-Conto.

—— Bericht über die Vorkommnisse beim königl. Bezirksgerichtsphysikate München im Quinquiennio 185⁵/₆. Ein Beitrag für Physikatsärzte, die Bedürfnisse des Richters kennen und befriedigen zu lernen. gr. 8. (106 S.) Erlangen 860, Palm und Enke. *

Hofmann, Josef, Chronik des Karlsbader Turnvereins 1860—1900. 101 S., Gr.-8°.

Hofmann, Josef: Lausa Dinga. Scherzreime in d. Mundart d. Karlsbader Umgegend. Ill. v. A. Drumm. 3. Aufl. Karlsbad '01. 81 S. (Hofmann: Egerländer Histörchen. N. F.) Selbstverlag.

Hofmann, Joseph, aus Unterneuses: Über die Emission von Oxyden. Erlangen 1904: Junge & Sohn. (26 S.) 8°
Erlangen, Phil. Fak., Ref. Wiedemann, Diss. v. 30. Juni 1904
[Geb. 6. Jan. 79 Unterneuses; Staatsangeh.: Bayern; Vorbildung: Gymn. Amberg, Bamberg u. Burghausen Reife 99; Studium: München Univ. u. T.H. 5, Erlangen 5 S.; Rig. 30. Juni 04.]

Hofmann, J., Exkursionsflora f. die Umgebung v. Freising. Ein Hilfsmittel zur leichten Bestimmung der daselbst vorkomm. wildwachs. u. mehrfach kultivierten Gefässpflanzen. 8. (XX, 162 S.) Freising 893. J. O. Wölfle. n.n. 1.60

Hofmann, Joseph „Die Flora von Freysing". 1/II u. pg. 1—26. 4°. Franz Datterer.
Freising, Progr. 1853/54

Hofmann, Joseph „Die Flora von Freysing". (Fortsetzung.) Ein Blatt und pg. 27—58. 4°. Franz Datterer.
Freising, Progr. 1854/55

Hofmann, Joseph „Die Flora von Freysing". 2 Seiten und pg. 59—82. 4°. (Fortsetzung.) Franz Datterer.
Freising, Progr. 1855/56

Hofmann, Joseph „Flora von Freysing, enthaltend die in der Umgebung von Freysing wild wachsenden und allgemein cultivirten phanerogamischen Gewächse, geordnet nach dem Linnéischen System". III—VIII und pg. 83—106. 4°. (Schluss.) Franz Datterer.
Freising, Progr. 1856/57

HOFMANN (J.). Flora . . . von Freising. Freising, 1871. 8°.

Hofmann, J., Flora d. Isar-Gebietes von Wolfratshausen bis Deggendorf, enth. e. Aufzählg. u. Beschreibg. der in diesem Gebiete vorkomm. wildwachs. u. allgemein kultivierten Gefässpflanzen. Unter Mitwirkg. mehrerer Freunde der Botanik bearb., u. hrsg. v. dem botan. Verein in Landshut. 8. (LXIV, 877 S. m. 1 chromolith. Karte.) Landshut 883. (Krüll.) n.n. 8.—

Flora des Isar-Gebietes von Wolfratshausen bis Deggendorf enthaltend eine Aufzählung und Beschreibung der in diesem Gebiete vorkommenden wild wachsenden und allgemein kultivierten Gefässpflanzen. Unter Mitwirkung mehrerer Freunde der Botanik bearbeitet von J. HOFMANN, und herausgegeben von dem botanischen Verein in Landshut. Landshut, 1883. Im Selbstverlag des botanischen Vereines. 8°.

Hofmann, J., Flora der Umgebung von Freising. Ein Hilfsmittel, zur leichten Bestimmung der im Gebiete wildwachsenden und allgemein cultivirten Gefäßpflanzen. 8. (180 S.) Freising 878, Datterer. cart. *

Hofmann, Jos., Aus dem Gerichtssaale. 1. und 2. Heft. gr. 8. Erlangen, Palm und Enke. [1. (V und 186 S. mit 2 Stnt. in qu. gr. 4.) 854., 2. (V und 202 S.) 850. à Heft * 28 Ngr.] Thlr. *
Aus: A. Henke's Zeitschrift für die Staatsarzneikunde, besonders abgedruckt.

Hofmann, Jos., Aus dem Gerichtssaale. 1—3. Heft. Abdr. aus Henke's Zeitschrift für die Staatsarzneikunde. Erlangen 854—58. Palm u. Enke. gr. 8. (V, 186 S. u. 2 lith. Taf.; V, 202 S.; 2 Bl., 131 S. u. 2 lith. Taf.) 1. u. 2.: à n. 28 ngr.; 3.: n. 20 ngr.

—— aus dem Gerichtssaale. 5. Heft. gr. 8. (III und 207 S.) Erlangen 864, Palm und Enke.

1.—4. Heft. Ebendas. 1854—60. * 3 Thlr. 6 Ngr.
Vorstehende zwei Schriften des Verf. wurden aus: A. Henke's Zeitschrift für die Staatsarzneikunde, besonders abgedruckt.

Hofmann, Josef: Handwerk, Kunst und Industrie. Prag '02. 35 S. 4° Aus: Festschr. d. Stadt Karlsbad gew. d. 74. Vers. dt. Naturforscher u. Ärzte in Karlsbad, 1902.

Hofmann, Jos., Egerländer Historchen. Scherzreime in d. Mundart d. Karlsbader Umgegend. 2. Aufl. 12. (66 S.) Karlsbad 897. H. Jakob. n. 1. —

Hofmann, Josef: Egerländer Histörchen. Scherzreime in d. Mundart d. Karlsbader Umgegend. [Nebst] N. F. 3. Aufl. Karlsbad '01. Selbstverlag.

Hofmann, Jos., das Kopfrechnen. Im Vereine mit mehreren Schulmännern methodisch bearb. Freiburg im Br. 855. Herder. 12. (XI, 169 S.) n. 5 ngr.

Hofmann, Josef: Lenz und Liesel. Eine Hochzeitsgesch. aus d. *Elbogner* Kreise. [Karlsbad] '08. 29 S. Selbstverlag.

Hofmann, Josef: Münzen und Spielmarken. Gedichte, Scherze u. Plaudereien Ill. v. W. Schneider. 1. Aufl. Karlsbad '01. 96 S. Selbstverlag.

— Popelrausen. Hochdeutsche u. Egerländer Scherzreime u. Schildereien. Ill. von A. Drumm. 1. Aufl. Karlsbad '01. 86 S. Selbstverlag.

Hofmann, Josef, učitel na měšťanské škole v Karlových Varech, 22 předloh se souborným listem pro sedláře a řemenáře. Pro školy pokračovací a těmto příbuzné ústavy. Navrhl a vykreslil. Česky upravil Fr. Vyrazil, ingenieur, professor na c. k. průmyslové škole v Praze. Vydáno přispěním c. k. ministerstva osvěty a vyučování. (22 Vorlagen für Sattler und Riemer. Für Fortbildungsschulen und verwandte Anstalten.) Gr.-Br.-Fol. (22 Blatt u. 10 S. Text.) In Mappe Wien: Graeser 1898.

— Rechtschreibübungen für den öffentlichen und Privatunterricht. Stuttgart 858. Nitzschke. 12. (91 S.) n. 8 ngr.

—— die Reformfrage der Physikate in Bayern. gr. 8. (72 S.) Erlangen 861, Palm und Enke. *
Vorstehende drei Schriften des Verf. wurden aus: Henke's Zeitschrift für die Staatsarzneikunde, besonders abgedruckt.

— Sprachbuch für deutsche Volksschulen, sowie für die unteren Klassen der Gymnasien und Realanstalten. Oder: Anweisung zur Entwiklung und Bildung der deutschen Sprache in Wort und Schrift. 7 Abthlgn. nebst: Sprachmusterstüke nebst den nöthigsten grammatikal. Erklärungen aus dem Sprachbuch ꝛc. Für die Hand der Schüler. Freiburg im Br. 853. Herder. 12. (XVIII, 75; 50; 78; 54; 76; 38; 36; 120 S.) weiß Pap. n. 18 ngr.
Die Ausg. auf ord. Pap. wird nur in Partien, à n. 11½ ngr., abgegeben.

— die gerichtsärztliche Sprache. Ein Versuch die in gerichtsärztlicher Wissenschaft und Praxis vorkommenden Begriffe festzustellen. Für Aerzte u. Juristen. München 860. Literar. artist. Anstalt. gr. 8. (XII, 322 S.) n. 1 ₰ 18 ngr.

HOFMANN, Jos. u. Jos. ZEIDLER: Statistik und Geschichte des Gföhler- und Drosserwaldes. - Krems 1873. 131 S., 1 Kt.

und Frz. **Sträßle**, erster Unterricht in den Realien. Stuttgart 858. Nitzschke. 12.
1. Bdchn.: Geschichte. Bearb. von Jos. Hofmann. (192 S.) n. 18 ngr.

Hofmann, Jos., und Frz. **Sträßle**, erster Unterricht in den Realien. Stuttgart 859. Nitzschke. 12.
2. Bdchn.: Naturgeschichte. Bearb. von Frz. Sträßle. (176 S.) n. 18 ngr.
3. Bdchn.: Naturlehre. Bearb. von Jos. Hofmann. Mit 65 Holzschn. (102 S.) n. 12 ngr.
4. Bdchn.: Geographie. Bearb. von Frz. Sträßle. (196 S.) n. 10 ngr.

— 28 Egerländer Volks-Lieder, dem Volksmunde abgelauscht. 1. Aufl. Karlsbad '01. 22 S. Selbstverlag.

Hofmann, Josef. Die nordwestböhmische Volkstracht im 19. Jahrhundert unter besonderer Berücksichtigung der des Elbogner Kreises ... Mit einem Anhange enthaltend a) Einen Artikel über die Tracht der Plan-Tachau-Pilsner Gegend von Michel Urban ... Karlsbad Im Selbstverlage des Verfassers 1908
V ... m. 240 Abb. 4

Hofmann, Joseph Dr. „Die chemischen Vorgänge bei der Keimung der Pflanzen". pg. 1—34. 4°. Mit Textfigur. Franz Datterer. Freising. Progr. 1863/64

Hofmann, Jos, Vorlageblätter f. Sattler u. Riemer. 22 Taf. m. 1 Übersichtsblatte (z. Thl. in Farbdr.) Z. Gebr. an gewerbl. Fortbildungsschulen u. verw. Anstalten. M. Unterstützg. d. k. k. Ministeriums f. Cultus u. Unterricht hrsg. gr. Fol. (1 Bl. Text.) M. Textheft. gr. 8. (11 S.) Wien 897. C. Graeser. In Mappe n. 16. —

Hofmann, Josef, Vorlageblätter für Sattler und Riemer. 22 Tafeln mit einem Uebersichtsblatte. Mit Unterstützung des k. k. Ministeriums für Cultus und Unterricht. Wien 1898. Verlag von Karl Graeser.
(Auch in der von Professor Fr. Vyrazil in Prag bearbeiteten böhmischen Ausgabe.)

— 60 (lith.) Zeichnungs-Vorlegeblätter für Volksschulen und Familien, in so grossem Maassstabe ausgeführt, dass sie als allgemeines Lehrmittel gebraucht werden können. 3 Abthlgn. Ellwangen (856.) (Hess.) qu. Fol. n. 1 ₰ 26 ngr.
Einzeln: 1. Abth. (18 Bl.) n. 16 ngr. — 2. Abth. (20 Bl.) n. 18 ngr. — 3. Abth. (22 Bl.) n. 22 ngr.

Hofmann, Jul., Francisco de Goya. Katalog seines graph. Werkes. (X, 192 S. m. 18 Lichtdr.-Taf.) 31×24 cm. Wien 907. Gesellschaft f. vervielfältig. Kunst. 40. —

— u. Ludw. **Pöhlmann**, die Gymnastik der Herzleidenden. (78 S. m. Abbild.) 22,5×29 cm. Berlin (907). H. Bermühler. 3. —

Hofmann, J., & L. **Pöhlmann**: Die Gymnastik der Herzleidenden. München 1908. 78 S. m. Abb.

Hofmann, Jul., funktionelle Herzmuskelschwäche u. Nervensystem. Eine klin. Studie. (84 S. m. 54 Fig.) gr. 8. München 903. Seitz & Schauer. n. 2. 40

Ⓢ **Hofmann,** Jul., funktionelle Herzmuskelschwäche. 903. (KBL 33.) Jetzt: München, Verlag d. ärztl. Rundschau.

Hofmann, Jul., Carlsbad seine Quellen u. Quellenprodukte sowie deren therapeut. Anwendg. gr. 8. (29 S.) Karlsbad 873. Feller. n. 1. —

— Carlsbad ses sources et leurs produits comme leur usage thérapeutique. gr. 8. (44 S.) Ebend. 873. n. 1. —

— Carlsbad, its springs a. their products; the therapeutic application of the waters. 8. (30 S.) Ebend. 874. n. 1. —

Hofmann, Jule, Gedichte. (38 S.) 8. Marburg 907. A. Ebel. — 80

Hofmann, Julius. Festbericht. Nachklänge z Jubelfeier der Zions-gmde 15.-17. Okt 1905. Baltimore, 1906

-- Festschrift - 15. Okt 1905 d Zionsgmde [Balt] z 150 Jub, 1755-1897, dargeboten v ihrem Pastor. Baltimore, 1905.

— **Julius** (Dresden), De limitanda laude auscultationis praemissa brevi hujus artis historia. Diss med. Lpz. (G. Wuttig) 6. IX. 1836. 72 S. mit 8 S. umfass. Bibliographie. (7.—) 15684

Hofmann, Julius, approb. Arzt aus Leipzig: Aus d. psychiatr. Klinik zu Gießen. Zur **Lehre** von den Geistesstörungen im Senium. *Gießen 1902: v. Münchow.* (29 S.) 8°
Gießen, Med. Diss. v. 1902

Kastell Osterburken von Julius Hofmann, (Osterburken). *(Osterburken): Selbstverl. 1897.* (72 S.) 8° [F.]

Hofmann, Julius Albert

Hofmann, Jul. Alb., Encyclopädie der Diätetik, oder allgemeines Gesundheits-Lexicon. Ein vollständ. Real-Wörterbuch des geistigen u. körperl. Verhaltens im gesund. u. kranken Zustande für Jedermann. Ein Volks- und Hülfsbuch ꝛc. 1e—12e Lfrg. gr. 8. Leipzig 834—40. Baumgärtner. (à Lfrg. n. ⅓ ₰) 4 ₰

Hofmann, Jul. Albert, Encyclopädie der Diätetik, oder allgemeines Gesundheits-Lexicon. Ein vollständ. Real-Wörterbuch des geistigen u. körperl. Verhaltens im gesunden u. kranken Zustande für Jedermann, jedes Alter, Geschlecht, Temperament, jeden Stand u. alle Verhältnisse des Lebens. 2. Ausg. von Schnabel. Neue. 13. u. 14. Lfgn. (Schluß-Lfgn. 3.) gr. 8. Leipzig 842, Baumgärtner's Buchh. n. ⅙ ₰ (1—14: n. 4⅔ ₰)

Hofmann, Dr. Jul. Albr., Handbuch d. Arzneimittellehre in katechet. Form, zur Erleichterung d. Studiums dieser Disciplin, mit möglichster Vermeidung alles Theoriewesens, nach den besten Quellen zum Selbststudium u. zum Gebrauche bei Vorlesungen u. Repetitionen, Behufs zu überstehender Prüfungen ꝛc. entworfen u. in d. Einleitung mit einer Receptirkunst versehen. gr. 8. Leipz. 829. Baumgärtner. 1 ₰ 12 gr

— **Julius Albert** (Dresden), Rabiei caninae ad Celsum usque historia critica. Lpz. (Joh. Fr. Glück) 19. XII. 1826. 54 S. (6.50) 15685
Gew.: Johann Sigismund Hofmann (Vater). Jo. Chr. Aug. Heinroth.

— Rabiei caninae ad Celsum usque historia critica. gr. 4 Leipz. 827. E. Klein. 8 gr

— Unterricht für alle diejenigen, welche sich die Abwartung u. Pflege d. Cholerakranken unterziehen wollen. 8. Leipz. 832. Hartmann. 6 gr

Hofmann, Julius Reinhold, s. Hofmann, Reinhold.

Hofmann, K., s. Lully.

Hofmann, K., das holländer Rind, s.: Monographien landwirtschaftlicher Nutztiere. 4. Bd.

Hofmann, K. A., Volhard's Anleitung zur qualitativen chemischen Analyse, s.: Pechmann, H. v.

Hofmann, Karl (II.), die Basaltgesteine des südlichen Bakony. Lex.-8. (IV, 245 S. mit 3 lithogr. und color. Taf. und 1 geolog. chromolithogr. Karte.) Budapest 879, (Kilian's Universitäts-Buchh.)
Aus: Mittheilungen aus dem Jahrbuche der k. ungar. geolog. Anstalt, besonders abgedruckt.

Hofmann, Karl, der Bauernaufstand im badischen Bauland u. Taubergrund 1525. 8. (93 S.) Karlsruhe 902. [K. Scherer.] Weinheim, F. Ackermann's Verl. n. 1.20; geb. n.n. 1.50

Hofmann, Karl (Giessen)
Beitrag zur Lehre der Behandlung regelwidriger Kindeslagen.
Giessen: Brühl I. 1850. 40 S. ( )
Diss. med. 2.3.1850. vorh. 26. 11. A.

Hofmann, Karl: Beiträge zur Frage der Konstitution des Chinophtalons und Isochinophtalons. 1903. 59 S. 8⁰ ¶ Vgl. Berichte d. Deutschen Chem. Gesellschaft. Jg. 37. 1904.
München, Dr.-Ing.-Diss. v. 10. 8. 1903

Hofmann, Karl, Schönbrunn i. Ezgb.: **Beiträge zur Kenntniss der Entwicklung von Distomum leptostomum Olsson.** Mit 2 Taf. *Jena: G. Fischer 1899.* (30 S.) 8°
Rostock, Phil. Diss. v. [17. Nov.] 1898

Hofmann, K., Beiträge zur Kenntniss der Fauna des Haupt-Dolomites u. der älteren Tertiär-Gebilde des Ofen-Kovácsier Gebirges, s.: Mittheilungen aus dem Jahrbuche der k. ungar. geolog. Anstalt.

Hofmann, Karl, Dr.: Das kurpfälzische Oberamt Boxberg im 30jährigen Kriege. *Pforzheim 1902: (J. Knoblauch).* (44 S.) 8°
Pforzheim, OR, MP 1902 (701)

Hofmann, Karl (I.), Diäten-Schema für die verschiedenen Dienstes-Kategorien sämmtlicher k. k. Staatsbeamten, behördlich autorisirter Civilingenieure, Geometer, Staatsbergbaubeamten, behördlich autorisirter Bergbauingenieure und der Civilärzte. Mit den nöth. Tabellen zur Berechnung der vorschriftsmäßigen Fuhrkosten nach den neuesten metr. Entfernungsmaßen. Unter Berücksicht. der gegenwärtig gelt. gesetzl. Vorschriften zusammengestellt. gr. 8. (III, 71 S.) Wien 878, Manz'sche Hofbuchh.

Der Dom zu Worms und seine Wiederherstellung. Rede ... am 25. Nov. 1897 in d. Aula d. Grh. Techn. Hochschule zu Darmstadt geh. v. Baurat Prof. [Karl] Hofmann. *Darmstadt: J. C. Herbert'sche Hofbuchdr. 1897.* (29 S.) 1 Bd 8.

Hofman, K., Donat. Lateinisches Lehrbuch in stufenweisen Uebungen. 2 Thle. Heidelberg 854, 56. Bangel u. Schmitt. 8. (VIII, 488; IV, 428 S.) Jeder Thl. n. 1 ₰.

Hofmann, Karl, Erinnerungen an den deutsch-französischen Feldzug 1870—1871. 16. (144 S.) Limbach 872. Alt. n. 1. —

Hofmann, K., Erläuterungen zur geologischen Specialkarte der Umgebungen von Bánffy-Hunyad, s.: Koch, A

Hofmann, Carl, Erläutergn. z. geolog. Specialkarte d. Umgebgn. v. Marmaros-Szigot, s.: Posewitz, Thdr

Hofmann, Carl [aus Höchst (Hessen)]: Über einige Fälle von verzögerter Resolution bei croupöser genuiner Pneumonie ... Erlangen, Druck v. A. Vollrath's k. b. Hofbuchdr., 1891, 24 S., 1 Bl., 1 Taf. 8.
Erlangen, Med. Fak., Inaug.-Diss. v. 20. Febr. 1891

Hofmann, K., Ueber neu entdeckte Fragmente d. ahd. Isidorus de nativitate domini. S.-A. 1869. 7 S. —.60

Hofmann, Carl, Wiener Frisir-Schule, m. e. Anh.: Das Haar u. seine Pflege im gesunden wie im kranken Zustande. Von G. A. Wallenstein. gr. 8. (VIII, 108 S. m. Abbildgn.) Wien 895. (R. Heger.) Geb. in Leinw. n. 2. 50

Hofmann, Karl, Gedichte zur Heimatkunde Badens. (VIII, 110 S.) 8. Karlsruhe 903. F. Gutsch. 1.20; geb. 1. 50

Hofmann, Karl [Dr.]: Zur Geschichte eines Volksliedes '(Reiters Morgengesang von Hauff)'. Pforzheim, Druck v. H. Ruf, 1897; 19 S. 4.
Pforzheim, grossh. R, P 1897 (651)

Hofmann, Karl, praktisches Handbuch der Papierfabrikation. Mit zahlreichen in den Text gedr. Holzschn. u. lith. Taf. 1—9. Lfg. gr. 4. (S. 1—568 m. eingedr. Holzschn.) Berlin 874. 75. Springer's Verl. à n. 8. —

Hofmann, Carl, praktisches Handbuch der Papierfabrikation. 10. (Schluss-)Lfg. gr. 4. (XVI, S. 569—650 mit zahlreichen in den Text gedr. Holzschn. und lithogr. Taf.) Berlin 876, Springer. *
1.—9. Lfg. Ebendas. 1874,75. à Lfg. *M. 8.; compl. geb. *M. 84.

Hofmann, Carl, praktisches Handbuch der Papierfabrikation. 2., umgearb. u. vergrösserte Ausg. 1. Bd. gr. 4. (XII, 852 S. m. 771 Fig.) Berlin 886—891. C. Hofmann. Geb. in Halbfrz. n.n. 30. —; auch in 22 Lfgn. à n. 1. —

Hofmann, C., praktisches Handbuch der Papierfabrikation. 1.—12. Lfg. (Nur für Abonnenten der Papier-Ztg.) gr. 4. (S. 1—520 m. Illustr.) Berlin 886—89. C. Hofmann. n.n. 15. —

Hofmann, Carl. Praktisches Handbuch d. Papierfabrikation. 2. verm. Ausg. m. zahlreichen in den Text gedr. Holzschn. 13.—22. Lfg. gr. 4. (1. Bd. S. 521—776.) Berl. 889,90, C. Hofmann. ** 15 —
1.—12. Lfg. Ebd. 1886—89. ** 15 —

— dasselbe. 23.—28. Lfg. 2., verm. Ausg. m. zahlreichen in den Text gedr. Holzschn. gr. 4. (S. 853—1088.) Ebd. 891. 892. à n.n. 1. —

Hofmann, Carl, prakt. Handbuch d. Papierfabrikation. 2., verm. Ausg. 39.—46. Lfg. 4. (VIII u. S. 1089—1770 u. Reg. XVIII S. m. Holzschn.) Berlin 895—897. C. Hofmann. à Lfg. n.n. 1. —; (Kplt. in 2 Halbfrzbdn.: n.n. 60. —)
Wurde d. Abonnenten der „Papierzeitung" gratis geliefert.

Hofmann, Karl Ulrich *Fritze* u. Maximilian *Theobald*: Handbuch des im Bezirk des früheren Kurfürstenthums Hessen geltenden Civilrechts in alph. Ordnung. 2. Aufl. Kassel 1888. 8° *[1. Aufl. 1860.]*

— — Das 4. Inf.-Reg. als Royal-Baviere 1706—1716. Berlin 1883. 72 S.

Zur Kritik der Byzantinischen Quellen für die Römerkriege Kobad's I. — Von Karl Hofmann, G. P. 1877. Würzburg, ibid. S. 3—41"
Progr. Schweinfurt. K. Gymn.

Hoffmann C.: Die Kunst die Lebens- u. Dienstdauer d. Pferde zu verlängern, nach den Vorschriften d. besten Lehrer. Koburg u. Leipz. 1803. 582 S.

Hofmann, Karl I., († 1808.) die Kunst, die Lebens- u. Dienstdauer der Pferde zu verlängern. 8. Koburg 803. Sinner. 1 ℳ 12 ₰

— Lieder u. Mären aus dem Frankenland. (37 S.) gr. 8. Wertheim (910). E. Buchheim Nachf. — 60

HOFMANN, Karl (Freiung): Die Luftröhren- wie Lungen-Schwindsucht ist heilbar.- München: Giesser 1839. 23 S.
22.5.1839 - Urk (Titel: Phthisis trachealis sicuti phthisis pulmonalis sanabilis.); F 64
Diss. Ingolst.-Landsh.-Mchn.

Hofmann, Karl: Heinrich Mühlpfort und der Einfluss des Hohen Liedes auf die zweite schlesische Schule. Nebst e. Anhang: Coemeterium Henrici Muhlpfortii. Heidelberg, Buchdr. v. Ph. Wiese, 1893. 5 Bl., 107 S. 8.
Heidelberg, Phil. Fak., Inaug.-Diss. v. [.. März] 1893

Hofmann, Karl, Heinrich Mühlpfort u. der Einfluss d. hohen Liedes auf die 2. schlesische Schule. Nebst e. Anh.: Coemeterium Henrici Mühlpfortii. gr. 8. (VII, 107 S.) Heidelberg 893. (Leipzig, G. Fock.) n. 2. 50

Hofmann, Karl [Dr. phil. aus München]: Über das Nitroprussidnatrium. München, Druck v. V. Höfling, 1895; 58 S. 8
München, Phil. Fak., Hab.-Schr. v. 1895
(Nicht für den Austausch)

— s.: Papier-Zeitung.

Hofmann, Carl, deutsche Prosa. Auswahl von Lesestücken mit französ. und engl. Uebersetzung. 3 Thle. 8. Heidelberg 857, Bangel und Schmitt. *
Inhalt:
Thl. 1. Deutsche Prosa. Auswahl von Lesestücken. (XII und 288 S.) * 12 Ngr.
„ 2. Prose allemande. Recueil de morceaux choisis. Traduit par Léop. Pilliard, Eug. Ihlé, Eug. Seinguerlet. (IX und 305 S.) * 16 Ngr.
„ 3. Selections of german prose. Translated into english. (IX und 300 S.) * 16 Ngr.

Hofmann, Karl, das Räthsel des Lebens u. die Versuche, es zu deuten. Rede, geh. bei der Inauguration als Rector Magnificus der k. k. Karl-Franzens-Universität in Graz am 4. XI. 1898. gr. 8. (44 S.) Graz 899. Leuschner & Lubensky. n. 1. 60

Hofmann, Karl IV., alphabet. Register üb. die Großherzogl. Hess. Verordnungen, s. L. v. Zangen.

— u. W. Heß, alphabetisches Repertorium des Inhalts d. Großherzogl. Regierungsblätter v. d. Jahren 1819 bis Ende 1839. gr. 8. Darmstadt 840. Jonghaus. 1⅓ ℳ

— prakt. Roßheilkunde. Mit e. Vorr. v. G. v. Tennecker. 2 Bde. 8. Erf. 805. u. 8. Keyser. 2 ℳ 6 ₰

— dass., s.a. Hoffmann.

Hofmann's, Karl (II.), gesammelte Schriften alpinen und vermischten Inhalts. Hrsg. von Joh. Stüdl. 8. (195 S.) Gera 871, Amthor. *

— die radioactiven Stoffe nach dem gegenwärtigen Stande der wissenschaftlichen Erkenntnis. gr. 8. (54 S.) Leipzig 903. J. A. Barth. n. 1. 60

Hofmann, Karl, die radioaktiven Stoffe nach dem neuesten Stande der wissenschaftlichen Erkenntnis. 2., verm. u. verb. Aufl. (76 S.) gr. 8. Leipzig 904. J. A. Barth. n. 2. —

Hofmann, Karl V [aus München]: Über die Terbinerde ... (Hamburg, L. Voss.), 1893; 47 S. 8.
München, Phil. Fak., Inaug.-Diss. v. 1893

Die moderne Therapie der Cystitis von Dr. Karl R. v. Hofmann. *Leipzig & Wien: F. Deuticke 1901.* (93 S.) 8° [nr. 3358

Hofmann, Karl V., s. Uebersicht d. Königreichs Sachsen.

Umgebungen von Bánffy-Hynyad, s. Koch, Anton

— Carl (Nürnberg), De usufructu parentum statutario inprimis Norico. Diss. jur. Altdorf (Joh. Georg Meyer) 10. III. 1749. 68 S., tlws. dtsch. (8.50) 15650

- Die geologischen Verhältnisse des Ofen-Kovácsier-Gebirges, s. Mittheilungen aus dem Jahrbuche der k. ungar. geolog. Anstalt

englische Vorschule 2 Thle Heidelberg 858 Bangel u. Schmitt 8 n. 1 ℳ 20 ngr
1 Thl Die Lehre von der Aussprache des Englischen nebst einem Abrisse der Formenlehre. (X, 356 S.) n. 1 ℳ
2 Thl English primer. Englisches Uebungsbuch zu stufenmäßiger Erlernung der Aussprache, Gespräche, Uebersetzungsaufgaben u. Lesestücke (X, 344 S.) n. 20 ngr

— — englische Vorschule. 2 Thle. 8. Heidelberg 859, Bangel und Schmitt. *

Inhalt:
Thl. 1. Die Lehre von der Aussprache des Englischen nebst einem Abrisse der Formenlehre. (X und 356 S.) * 1 Thlr.
" 2. English primer. Englisches Uebungsbuch zu stufenmäßiger Erlernung der Aussprache, Gespräche, Uebersetzungsaufgaben und Lesestücke. (X und 344 S.) * 20 Ngr.

Hofmann, Karl, u. J. Stüdl, Wanderungen in der Glockner-Gruppe. Mit e. botan. Anh. v. R. Hinterhuber u. P. R. Hutter, e. (chromolith.) Originalkarte der Glocknergruppe (in gr. Fol.) v. P. Wiedemann, dem Portr. Karl Hofmann's in photograph. Pressendruck, 5 Farbenlith. (in 8. u. qu. 4.) u. e. autograph. Taf. gr. 8. (IV, 392 S.) München 871. Lindauer. n. 7. —

Hofmann, Karl IV., Zusammenstellung der Gesetze, Verordnungen u. Staatsverträge über das Forststrafwesen u. die Forstgerichtsbarkeit in den Provinzen Starkenberg u. Oberhessen. 8. Darmstadt 842 Heyer. ¼ ℳ

Hofmann, Karl: Zwangssiedelungen in Baden aus der Zeit der Merowinger und Karolinger. Ein Beitr. z. Besiedelungsgeschichte Badens. Karlsruhe 1909: Malsch & Vogel. 22 S. 4°
Karlsruhe, Humboldt-RG P 1909 (841) [S 09. 208

Hofmann, Karl August

Hofmann, Carl Aug., Tabelle der Feld- u. Flurengrößen aller civilisirten Staaten der Erde u. Vergleich derselben hinsichtlich ihrer Größe gegen einander. Berechnet u. auf eine für Jeden faßliche Weise zusammengestellt. Dresden 867. (Schönfeld's Buchh.) qu. gr. Fol. n.n. 6 ngr

HOFMANN, CARL AUGUST.
Systematische Uebersicht der Resultate von 242 chemischen Untersuchungen von Mineralwässer . . Berlin, 1815.

Hofmann, Karl Berthold, s.a. Hofmann, C

Hofmann, Karl B., Anleitung zur Untersuchung d. Harns, s.a. Ultzmann, R.

—— und R. Ultzmann, Anleitung zur Untersuchung des Harnes, mit besond. Berücksicht. der Erkrankungen des Harnapparates. 2. verm. und verb. Aufl. gr. 8. (VIII, 191 S. mit eingedr. Holzschn.) Wien 878, Braumüller. *

—— Atlas der physiologischen und pathologischen Harnsedimente, s. Ultzmann, R.

— Beiträge d. antiken Legierungen. S.-A. 1884. 57 S.

Hofmann, K. B., das Blei bei den Völkern des Alterthums, s.a. Sammlung gemeinverständlicher wissenschaftlicher Vorträge.

HOFMANN, K. B.
Das Blei bei den Völkern des Alterthums. Berlin, 1885. 8vo
Sammlung gemeinverstandlicher wissenschaftliche Vorträge xx 472.

Hofmann, Karl Berthold Die Fabrikation der Spirituosen-Extracte von C[arl Berthold] Hofmann, Prof d Chemie Berlin F Stahn [1898] (32 S.) 8°

— K. B., Zur Geschichte d. Zinkes bei d. Alten. S.-A. 1882. 47 S.

— Die Getränke der Griechen u. Römer vom hygienischen Standpunkte. S.-A. 1888. 39 S.

Hofmann, Karl B., Kenntnisse der klassischen Völker v. den physikalischen Eigenschaften des Wassers, s.a. Sitzungsberichte der kais. Akademie der Wissenschaften in Wien. Philos.-histor. Kl. 163, II u. 164, II.

Hofmann, Karl Berthold: Kenntnisse der klassischen Völker von den physikalischen Eigenschaften des Wassers. Von Prof. Karl B[erthold] Hofmann Wien Hölder in Komm 1909 79 S. 8°
(Sitzungsberichte d. Kais. Akad. d. Wiss. in Wien. Philos.-hist. Klasse. Bd 163, Abh. 2.)

Hofmann, K. B., Kenntnisse der klassischen Völker von den physikalischen Eigenschaften des Wassers. (III. Temperaturverhältnisse.) [Sitzungsber. der kais. Akad. d. Wiss. Philos.-histor. Klasse.] Gr.-8°. (69 S.) † Wien Hölder 1910. K 1.70

Hofmann, K. B., Kenntnisse der klassischen Völker von den physikalischen Eigenschaften des Wassers. (IV. Geschmack und Geruch.) [Sitzungsber. d. kais. Akad. d. Wiss. Philos.-histor. Klasse.] Gr.-8°. (37 S.) † Wien Hölder 1910. K 1.10

— Lehrbuch der physiologischen Chemie. 1. Abth. Zoochemie. 1. Hft. gr. 8. (144 S. m. eingedr. Holzschn.) Wien 876. Manz. n. 3. —

Hofmann, Karl B., Lehrbuch der physiologischen Chemie. 1. Abth. Zoochemie. 2. Hft. br. 8. (S. 145—352 m. 11 eingedr. Holzschn.) Wien 877. Manz. n. 3. 60

— dasselbe. 1. Abth. Zoochemie. 3. [Schluss-]Hft. Mit 50 in den Text gedr. Holzschn. u. einer lith. Farbendr.-Taf. br. 8. (XVII u. S. 353—729.) Ebend. 879. n. 5. 40 (cplt.: n. 12. —)

Hofmann, Karl B, Lehrbuch d. Zoochemie. Neue Ausg. 8. (XVII u. 729 S. mit 50 eingedr. Holzschn. und e. Farbendruck-Tafel). Wien, Manz'sche H.-V.- u. U.-B. 3 fl. 1883.

HOFMANN, Karl B.

Das Räthsel des Lebens und die Versuche es zu deuten. Rede, gehalten bei der Inauguration als Rector magnificus der k. k. Karl-Franzens-Universität in Graz am 4. November 1898 von Prof. Dr. Karl B. Hofmann. Der Reinertrag ist dem Freitisch-Institut der Universität gewidmet. Graz. 1899. Leuschner & Lubensky. Gr.-8°. 44 S. fl. —.96

Specialitäten der Kunstwein- und Liqueur-Fabrikation. Eine auserles. Sammlung d. vorzüglichsten, bisher ganz geheim gehalt. Vorschriften von C[arl Berthold] Hofmann, Prof. d. Chemie. [Nebst] Anhang. Berlin: F. Stahn 1883–[98]. 2 Bde. 8°

Chemisch-technisches Universal-Receptbuch enth.: Das ganze Wissen d. warmen u. kalten Destillation. Hrsg. von C[arl Berthold] Hofmann, Prof. d. Chemie. Mit zahlr. Abb. 3. Aufl. Bd 1. 2. Berlin: F. Stahn [1895–96]. 2 Bde. 8°

Hofmann, Karl Friedrich

[HOFMANN, CARL FRIEDRICH.] *Der Mensch von Anbeginn bis auf unsre Zeiten.* Ein höchst nützliches und unterhaltendes Bilderbuch für wißbegierige und fleißige Knaben und Mädchen . . . Mit 50 überaus charakteristischen, sauber illuminirten Kupfer-Abbildungen, zwey guten Karten und einem deutsch-russischen Kalender auf 1810 mit 12 schönen Vignetten . . . Vom Verfasser des Vater Hellmuth. Leipzig, bey Bruder und Hofmann [1809/10]. XVI S., 1 Bl. 226 S. Kl.-4°. Pappbd. d. Z. 45.—

★ Erstausgabe. Holzmann-Bohatta nennen als mutmaßlichen Verfasser noch FRIEDR. WILH. HEMPEL. Carl Friedr. Hofmann hat die Vorrede unterzeichnet. — Interess. historisches (u. teilw. auch anthropolog.) Lesebuch. Die hübschen und teilw. kuriosen, handkolor. Kupfer (auf 14 Taf.) zeigen histor. Ereignisse, Mythologisches, Bräuche, Kostüme usf. — Der auf dem Titel angegebene Kalender wurde nicht beigegeben, er findet sich nicht im Inhaltsverzeichnis. — Einige Fleckchen u. leichte Gebrauchsspuren, Einband etwas abgenutzt, trotzdem gutes Ex.

— — (Leipzig), De officiis humanitatis eorumque obligatione. Wittbg. (Ephraim Gottlob Eichsfeld) 16. X. 1762. 24 S. (6.—) 15652

— — (Leipzig. Wittenberg. Schlieben), De postulionibus veterum Romanorum sive von denen Buß= u. Bet=Tagen des alten Römischen Volks. Comment. posterior. Wittbg. (Ephraim Gottlob Eichsfeld) 1764 (S. 25—41). (5.50) 15653
Tl. I s. Holst, F. L. (Nr. 15778).

Process, Der, des Levoz wider die Eigenthümer der Redoute und Vauxhall zu Spaa (von *Carl Friedr. Hofmann*). O. O. 1785.
Anon.-Lex. III. p. 303 (nach Meusel). — Sehr rar!

— **M. Carl Friedrich** (Leipzig) u. **Georg Ernst Hebenstreit** (Leipzig), De Constantini M. sepulcro. Disp. histor.-critica. Lpz. (Breitkopf) 31. III. 1759. 40 S. (7.—) 15651
Gew.: Carl Gottlob Hofmann (Wittenberg; Vater).

— — (Markendorf b. Jüterbog), De periculoso systematum theoreticorum usu in medicina. Diss. med. Bln. (Brueschck) 30. XI. 1822. 32 S. mit Biogr. (M.: H. Mueller.) (6.50) 15654
Oppon.: C. F. Lichtenberg, F. Scholz, A. Herzog.

Hofmann, Karl Gli., († d. 12. Aug. 1799.) s. Propertius, Elegien.

Hofmann, Karl Gottlob, s.a. Hoffmann, C. Glieb.

— — De abusu verborum Paulli apostoli I. Cor. V, 12. Wittbg. (Carl Christian Dürr) 5. V. 1772. 16 S. (—.80) 15661

— kurze Antwort auf Dr. C. A. Heumanns Erweis, daß die Lehre d. reform. Kirche vom heil. Abendmahl die rechte u. wahre sei. 8. Wittenb. 765. Kühne. 3 gr.

Hofmann, C. G., Gegründete Anzeige deren Herrnhuthischen Grund-Irrthümer (Greuel). Wittenberg u. Zerbst 1749. 8°. 8 Bll. u. 110 S.

— — Dasselbe. Andere Aufl. Ebd. 1749. 8°. 111 S.

— gegründete Anzeige d. Herrnhutischen Grundirrthümer. 3 Thle. 8. Wittenb. 749—52. Zimmermann. 9 gr.

Hofmanni, Car. Gottlob, progr. quo ostendit Archangelum a S. Juda commemoratum esse angelum creatum. Lips. 756. 4. Viteb. 758. 4.

— Auslegung d. Fragstücke Lutheri rc. zergliedert, s.a. J. G. Anton.

Hofmann, Karl Glo., († d. 19. Sept. 1774.) Auslegung d. Fragstücke M. Luthers, in 27 Buß= u. Abendmahls=Andachten. 8. Leipz. 754. Fritsch. 8 gr. N. Ausg., besorgt von Cl. Harms. 8. Kiel 819. 2e Aufl. 822. Hesse. 16 gr.

Hofmann's, Carl Glo., Auslegung der Fragstücke im kleinen Katechismo Lutheri, in 27 Buß= u. Abendmahls=Andachten, Um die Mitte des vorigen Jahrhunderts wiederholt gedruckt, — mit Abänderungen, Weglassungen und Zusätzen, mit wenigen, zu einem neuen Abdrucke jetzt zum dritten Male besorgt von Claus Harms. Kiel 853. Schwers. gr. 8. (VI, 229 S.) n. 20 ngr.

— theolog. Bedenken bey Verwandten=Heirathen. 4. Wittenb. Zimmermann. 743.

Hofmann, Carl Gottlob [Praes.], s. Bermann, Chn. Heinr.: Quaestio num quis propter Christum. . .

— der geistl. Betaltar oder Gebetbuch. 12. Leipz. 755.

— orthodoxa confessio cathol. et apostol. eccles. graecae. 8. Bresl. 750. W. G. Korn. 12 gr.

— die Ehre d. sel. Hrn. Dr. Val. E. Löschers u. d. theolog. Fakultät zu Wittenberg wider die Zinzendorf= u. Gradinischen Anschuldigungen gerettet. 8. Wittenb. 750. Kühne. 3 gr.

— Grundsätze seiner akadem. Vorlesungen üb. die geistl. Beredtsamkeit. 8. Wittenb. 752. Zimmermann. 4 gr.

— institution. theologiae exeget. 8. ibid. 734.

— institutiones theologiae exegeticae. 8. Wittenb. 751. Kühne. 12 gr.

— **M. Carl Gottlob** (Leipzig. Wittenberg), Introductionis in lectionem epistolae S. Paulli apostoli ad Colossenses sectio I. Lpz. (Saalbach) 26. VIII. 1739. 40 S. (6.80) 15655
Gew.: Christian Gottlieb v. Holtzendorf (Baerenstein, Lichtenau).

— introduct in lection. epist. P. ad Galatas etc. 4. Leipz. 750. Weidmann. 12 gl.

— 3 Investiturpredigten. 4. Ebend. 746.

— Casualpredigten in Leipz. u. Wittenberg. 8. Wittenb. 743.

— Leben Zinzendorfs, s. Leben.

— das letzte Lob- u. Dankopfer eines Sterbenden rc. 4. Wittenberg, Zimmermann. 745.

— — De magistro contradictionis II. Wittbg. (Carl Christian Dürr) 6. VI. 1770. (S. 27—52) mit genealog. Biogr. von M. Johann Bücher (Danzig. Jessen; M.: J. H. Meisner.) (7.—) 15659

— memoria saecularis etc. D. Mart. Lutheri. 4. Wittenb. Ahlfeld. 746.

— methodus catechetica. 8. Chemnitz 776. Maucke. 3 gl.

— — De discrimine fidei divinae et humanae pauca praefatus ad orationem qua professoris theologiae munus in academia Vitembergensi invitat. Lpz. (Langenheim) 24. IX. 1739. 24 S. (4.50) 15656

— die Pflicht d. Heil., auch im Trubsale Gott zu loben; e. Predigt. 4. Wittenb. 756. Zimmermann. 3 gl.

— Predigten von unerkannten Sünden. 4. Leipzig, Weidmann. 747.

— — De primitiis S. Spiritus ad Rom. VIII. 23. Wittbg. (Ephraim Gottlob Eichsfeld) 1760. 20 S. (5.50) 15657

— heil. Reden von Jesu üb. die Evangelien. 4. Leipz. 758. Weidmann. 2 rf.

— Reformationshist. der Stadt u. Universität Leipzig. 8. Ebend. 739.

— offenb. Religionsmengerey der Herrnhuter. 8. Ebend. 749.

— Samml. von einig. Befehlen wider d. Herrnhuter. 1r u. 2r Thl. 4. Wittenb. 749.

— — De sepulcro Lutheri honorando atque honorato. Wittbg. (Carl Christian Dürr) 26. VII. 1770. 26 S. mit Biogr. v. Christian Gottlieb Istrich (Pricobaci b. Königsbrück / Ob.-Laus.; Rochlitz; M.: R. Jungnikel.) (6.—) 15660

— manifestus hernhuthianorum syncretismus. 4. Wittenb. Zimmermann. 745.

— — De theologo alia docente alia sentiente. Wittenbg. (Gerdes) 1768. 24 S. mit Biogr. v. Friedrich Immanuel Schwarz (Lorenzkirch; M.: Ch. S. Sappuhn.) (4.50) 15658

— Trost u. Unterr. f. Schwachgläubige. 8. Leipzig, Fritsch. 748.

— varia sacra seu opuscula academica. 4. Wittenb. 752. Kühne. 12 gl.

— was ein armes Volk nach überstandener Belagerung zu thun habe? eine Predigt. 4. Wittenb. 760. Zimmermann. 3 gl.

Hofmann, Karl Julius: Gedrängte Darstellung der Kulturgeschichte, Chronologie und Statistik des Weinbaues im Königreich Sachsen nebst Uebersicht des Elbstromes. Meißen: Hofmann 1851. 58 S. Aus: Hofmann: Das Meißner Niederland etc. -- 14°
--- Dass. Meißen: Mosche 1853. 58 S. -- 14°

Hofmann, Karl Jul., gedrängte Darstellung der Kulturgeschichte, Chronologie u. Statistik des Weinbaues im Königreich Sachsen nebst Uebersicht des Elbstromes. Eine vaterländische Skizze als Extrakt aus dem Werke „das Meißner Niederland rc." Meißen 853. Mosche. 12. (58 S.) n. 4 ngr.

— protestantische Glaubens- und Jubel-Hymne zur 300jähr. Gedächtnißfeier des augsburger Religionsfriedens vom 25. Septbr. 1555. gr. 8. (8 S.) Dresden 855, (Breyer.)

Hofmann, Karl Jul., Lebensgemälde Friedrich August's des Gerechten, Königs von Sachsen, und Beschreibung seines Ehrendenkmals im Zwinger zu Dresden u. seiner Weihe am 7. Juni 1843. (Mit lith. Abbild. des Monumentes.) gr. 8. Dresden 843. (Adler u. Dietze.) n. 1/6 ₰

— das Meißner Niederland in seinen Naturschönheiten u. Merkwürdigkeiten oder das sächsische Italien in den Meißner u. Dresdner Gegenden mit ihren Ortschaften. Ein Volksbuch für Natur- u. Vaterlandsfreunde topograph.-histor. u. poetisch dargestellt. Neue (Titel-)Ausg. Meißen 853. Mosche. 12. (840 S.) n. 1 ₰. 15 ngr.

Hofmann, Karl Ludwig, Marienwerder Wpr.: Über den Begriff der Waffe im Reichsstrafgesetzbuch. Danzig 1907: Schwital u. Rohrbeck. (VIII, 64 S.) 8° [Fr.]
Rostock, Jur. Fak., Ref. Wachenfeld. Diss. v. 25. Juli 1907
[Geb. 25. Juni 81 Magdeburg; Wohnort: Danzig; Staatsangeh.: Preußen; Vorbildung: König-Wilhelms-Gymn. Magdeburg, Klostersch. Roßleben Reife O. 99; Studium: Leipzig 2, München 1, Halle 3 S.; Rig. 9 Jan. 06.]

Hofmann, Kaspar

Chr. Godofr. Gruner progr. continens specimen correctionum Galenicarum ab Casparo Hofmanno olim conscriptarum. Jen. 1776. 4. (Casp. H. Prof. Altorfinus, commentarium in Galeni libros scripserat 26 Voll. continentem, qui ms. in bibliothecam Thomasii, quae Norimbergae erat, dein vero Londinum in bibl. Askevianam pervenit, sed nunquam typis excusus est. Aliud vero Caspari H. opus ms. continens emendationes in Galeni editionem Basil. 1538, quas inde ab anno 1619 usque ad annum 1622 conscripserat, in Gruneri bibliothecam pervenit, qui hoc programmate specimen illius exhibet; cfr. Murr Journal IV. 70 sq.)

Hofmann, Casp., Tractatus tres de usu lienis, cerebri et de ichoribus. Fref. 4°.

1765

Hofmann, Kaspar Friedrich

— üb. die Abendmahlsvereinigung d. Protestanten. 8. Erl. 800.

— wahre Absicht der Beschwerden d. Diakonen der Domkirche zu Bremen. 4. Wetzlar 805.

Hofmann, Kp. F.: Briefe u. Abhandl. über die jetzige Verfass. d. K. u. R. K. G. Regensburg. 1—4s St. 785—88. 8.

[Hofmann, Kasp. Friedr.]: Gedanken über die Einrichtung der Senate am Reichskammergerichte zu extrajudicial- und judicial-Sachen. Wetzlar 1788.

(Hofmann, Casp. Friedr.): Rechtsausführung der Herrn Grafen von der Schulenburg wider Braunschweig Wolfenbüttel. [Nebst] Nachtr. o. O. 1778.
(Unvollständig. Titelbl. hs. erg.)

—s.a. Rhapsodien aus d. Reichs-Kammer-Rechte.

(Eb.): Rhapsodieen a. d. R. K. G. Rechte u. Processe. Eb. 795. 8. (5 Gr.)

Hofmann, Csp. Fr., von den neuen Versuchen des königl. Preuß. Hofes, die Lüttichische Sache zu vermitteln. 8. Berl. 791.

Hofmann, Katharina, das Erbe der Helfensteiner. Preisgekrönte histor. Erzählg. f. das kathol. Volk. Mit e. Vorwort v. Konr. Kümmel. (XI, 362 S.) kl. 8. Freiburg i/B. (909). Herder. 2.60; geb. in Leinw. 3.20

— Der Lindenmüller. Preisgekrönte Volkserzählg. (V, 247 S.) kl. 8. Ebd. 907. 2.—; geb. in Leinw. 2.50

HOFMANN, KITTY: Auf dem allerhöchsten Jubelfest der 50jährigen Priesterweihe ... des Hochw. Herrn Agramer Bischof Maximilian Verhovacz von Rakitovecz am 1. Juni 1826. Agram o. J. Gedr. bei Jos. Rossy. 2 f. - 4°

Hofmann Kitty, (geb. Blei,) Theater für Kinder. 1) Das Angebinde. 2) Die kleine Aschenbrödel. 3) Die Wundergaben. 4) Gewinn durch Verlust. gr. 12. Kaschau 824, Wigand.

Hofmann, Kitty, Theater für Kinder: Die Angebinde. -- Die kleine Aschenbrödel. -- Die Wundergaben. — Gewinn durch Verlust. 2e Ausg. 12. Leipzig 833. (Pesth) Heckenast. 2/3 ℛ

Hofmann, Klementyne, s. Hofmanowa.

Hofmann Dr. Kleophas: Heliotropismus im Phosphoreszenzlichte mineralischer Substanzen. (6). Duppau Pr. G. 03.
Progr.

Hofmann Dr. Kleophas: Der Begriff „Instinkt" im Tierreich. 15. 20. Duppau 01. 05.
Progr.

Kleobhas HOFMANN Untersuchungen über Scolopendrium hybridum Diss., Prag 1901/1902

Hofmann, Konrad

Hofmann, Conrad, s. Alexis.

— siehe: Amis et Amiles.

Hofmann, Konrad, s. Bibliothek des litterarischen Vereins in Stuttgart CLIII.

Briefe Konrad Hofmanns an Eduard v. Kausler aus den Jahren 1848 bis 1873 mit Einl. u. Anm. mitgeteilt von Karl Vollmöller. Nebst 2 Beil.: 1. Das Geusenliederbuch von 1611, 2. Dr. Karl Friedrich Wilhelm Lanz, u. 2 Taf. Erlangen: F. Junge 1907. (S. 1041–1080.) 8°
Aus: Mélanges Chabaneau. Roman. Forschungen. 23. [07. 14339 7

Hofmann, Konr. (Hrsg.), s. Brut, Der Münchener.

Hofmann, Conr., über ein Fragment des Guillaume d'Orenge. gr. 4. (63 S.) München 851, Franz in Comm. n. 24 ℛ — Nachträge u. Berichtigungen. [Aus den Abhandlungen. der k. bayr. Akad. der Wissensch. I. Cl. VI. Bd. 3. Abthlg.] gr. 4. (7 S.) Ebd. 852. n. 4 ℛ (cmplt. n. 28 ℛ)

—— Nachträge und Berichtigungen dazu. gr. 4. (7 S.) Ebds. 852. *
Aus: Abhandlungen der k. bayr. Akad. der Wissensch. I. Cl. VI. Bd. 3. Abthl., besonders abgedruckt.

Hofmann, Konrad. Gedächtnisrede auf ihn, s. Hertz, Wilh.

—— altfranzösische lyrische Gedichte aus dem Berner Codex 389 hrsg. gr. 8. (43 S.) München 868, (Franz'sche Buchh.) *
Aus: Sitzungsberichte der k. Akademie der Wissenschaften, besonders abgedruckt.

Hofmann, Konr., über die Gründung der Wissenschaft altdeutscher Sprache u. Literatur. Festrede, gehalten in der öffentl. Sitzung der k. Akad. d. Wiss. am 28. Novbr. 1856. München 857. (Franz.) gr. 4. (1 Bl., 14 S.) n. 5 ℛ

Hofmann, Konr., Joh. Andr. Schmeller. Eine Denkrede. gr. 4. (87 S.) München 885, (Franz' Verlag.) **

Hofmann, Konr., zur Textkritik der Nibelungen. [Aus „Abhandlgn. d. k. b. Akad. d. Wiss."] gr. 4. (96 S.) München 873. Franz in Comm. n. 3. 60

—— ein katalanisches Thierepos von Ramon Lull. gr. 4. (70 S.) Ebendas. 872. *
Vorstehende zwei Schriften sind aus: Abhandlungen der k. bayer. Akademie der Wissenschaften, besonders abgedruckt.

Hofmann, Conrad [aus Nauborn]: '(Aus d. chirurg. Univ.-Klinik in Bonn.)' Über Tonsillenhypertrophie und die nach der Tonsillotomie auftretenden Blutungen ... Bonn, Univ.-Buchdr. v. C. Georgi, 1892; 44 S., 1 Bl. 8.
Bonn, Med. Fak., Inaug.-Diss. v. [7.] März 1892

Hofmann, Konr., altburgundische Uebersetzung der Predigten Gregors über Ezechiel, aus der Berner Handschrift. [Aus: „Abhandlungen d. k. b. Akad. d. Wiss."] gr. 4. (126 S.) München 881. Franz in Comm. n.n. 5. —

Hofmann, Kurt, approb. Arzt aus Reichenbach i. V.: Ueber luetische Affektionen der Chorioidea. Leipzig 1903: B. Georgi. (37 S.) 8°
Leipzig, Med. Diss. v. 19. Juni 1903

Hofmann, Kurt, a. Heidelberg: Ueber die Einwirkung von Kohlensäure auf Hydrazin. Heidelberg 1906: K. Rössler. (63 S.) 8°
Heidelberg, Naturw.-math. Fak., Ref. Curtius, Diss. v. 15. März 1906
[Geb. 5. Sept. 83 Heidelberg; Wohnort: Heidelberg; Staatsangeh.: Baden; Vorbildung: Gymn. Heidelberg Reife M. 00; Studium: Heidelberg 11 S.; Rig. 28. Nov. 05.]

Hofmann, L., Anweisung z. geregelten Anbau, d. Ernte u. Aufbewahr. d. Kürbis, Cucurbita L., als nothwend. Voraussendung z. Darstell. d. Krystall-Zuckers aus derselben, sammt Vergleichung mit d. Erzeugung d. Zuckers aus d. Runkelrübe. Sammt e. Vorbericht v. B. v. Sonnenthal. gr. 8. (1 1/8 B. u. 1 Stnt.) Wien 837. (Leipzig, Polet.) *
s.a. Hoffmann.

Hofmann, L., u. G. Kobmann, Aufgaben f. den Aufsatz-Unterricht. Nach den Fordergn. der mittelfränk. Lehrordng. u. m. Berücksicht. des in den Nürnberger Volksschulen eingeführten Lesebuches bearb. 3 Hfte. gr. 8. Nürnberg 901. F. Korn. à n. — 20
1. (3. u. 4. Schulj.) (43 S.)
2. (4. u. 5. Schulj.) Bearb. ferner v. G. Lober. (42 S.)
3. (6. u. 7. Schulj.) (57 S.)

Hofmann, L., de singulari Hebraeorum cura sepeliendi mortuos. Viteb. 1726. 4.

Hofmann, L., (Forstmeister,) (†...) der vollkommene Jäger mit d. Vorsteh-Hunde u. sichere Schütze. 12. Wien 808. 2e Aufl., v. Karl Timlich. (Mit 6 Kpfrn.) 12. Wien 824. Tendler. 16 gℛ

Hoffmann, L., (Forstmeister) der vollkommene Jäger mit d. Vorstehhunde u. sichere Schütze. 3e stark verm. u. zweckmäßig verb. Aufl. von Ed. Krosigk. gr. 8. Wien 834. Wendler. 1 ꝛf

Hofmann, L. u G Kobmann

— — u. G. Lober, Übungsstoff f. den Unterricht im Deutschen. Nach den Fordergn. der mittelfränk. Lehrordng. u. m. Berücksicht. des in d. Nürnberger Volksschulen eingeführten Lesebuches bearb. 2.—7. Schulj. gr. 8. Ebd. à n. — 20
2. 22., neu bearb. Aufl. (52 S.) 900.
3. 20. Aufl. (58 S.) 900.
4. 20. Aufl. (71 S.) 900.
5. 18. Aufl. (60 S.) 900.
6. 14., neu bearb. Aufl. (70 S.) 900.
7. 10., neu bearb. Aufl. (76 S.) 900.

Hofmann, L., Verzeichniss der hessischen Pastoren, nach dem Datum ihrer Geburt. 16. (45 S.) Darmstadt 887. Waitz. n. — 50

Hofmann, L., Verzeichniss der hessischen Pastoren, nach dem Datum ihrer Geburt, auf Grund des Linss-Habicht'schen Handbuches und mit Ergänzung der seit 1884 in den Dienst der hess. Landeskirche getretenen nach dem Stand vom 1. Juni 1887 entworfen und der jubilierenden Mater alma, dem evangel. Predigerseminar zu Friedberg 26. Juli 1887 als geringes Zeichen der Dankbarkeit dargeboten. 16. (45 S.) Darmstadt 887, Waitz. *

Hofmann, Lenz, Flatuner. Tragödie in 6 Aufzügen. (148 S.) 8. Traunstein 908. (M. Endter.) 3. —

— Volk u. Ich. National-philosophische Streitschrift. (114 S.) 8. Ebd. 908. 2. —

Hofmann, Leopold, k k Artill Major Lehrbuch der Elementar Mechanik zum Gebrauche der k k. Marine Akademie und der k k Marine Schul Compagnie. (Mit 7 Taf) 8 Wien 1856.

Hofmann, Leopold Alois, s. Hoffmann

Hofmann, Ludwig Beiträge zur Pathologie des Diverticulum Meckelii. *Kiel 1897: P. Peters.* (27 S.) 8°
Kiel, Med Diss v [11 Jan] 1898

Hofmann, Ludwig, Medizinalprakt.: Bericht über 1000 Geburten der Kgl. Universitätsfrauenklinik zu Würzburg. Würzburg 1908 P Scheiner. 51 S. 8°
Würzburg, Med. Diss. v 25. Febr. 1909, Ref. Hofmeier
[Geb. 23. Okt 81 Würzburg; Wohnort Würzburg; Staatsangeh.: Bayern. Vorbildung Gymn Würzburg Reife Juli 02, Studium: Würzburg 9, Kiel 1 S. Coll 20 Mai 8 Approb 20. Jan 08] [U 09. 4118

Hofmann, Edw., Fest-Gesange für die evangel.-christl. Kirche des Herzogthums Nassau. qu. gr. 4. Weilburg 834. Lanz. 2 ꝛf

Hofmann, Ludwig: Lösungen von Aufgaben aus der analytischen Mechanik. *Magdeburg 1898: E. Baensch jun.* (26 S.) 4° [F.]
Magdeburg, Guericke-S. (OR u. RG.), P 1898 (283)

Hofmann, Ludw. v., s.: Maler, deutsche.

Hofmann, Ludew., die heil. Passion, od. Gesch. d. Leidens u. Sterbens uns. Herrn u. Heilandes, Jesu Christi, nach den vier Evangelien. Zum Gebr. in Kirchen u. Schulen währ. d. heil. Fastenzeit. Mit Gebeten u. Liedern, nebst e. kurzen Gesch. d. Zerstör. Jerusalems. gr. 8. (6¾ B. u. 1 f. Holzsch.) Leipzig 841, K. Tauchnitz.
Der Holzschnitt apart 4 Gr.

Hofmann, Ludw. v., Skizzen u. Buchschmuck aus d. Kunstzeitschrift Pan. gr. 8. (19 Bl. m. V S. Text.) Berlin 898. F. Fontane & Co. n. 3. —

Hofmann, Ludw. v., Tänze. (12 Bl.) gr. Fol. Mit Text von Hugo v. Hofmannsthal. (3 S.) 4. Leipzig 905. Insel-Verlag. In Leinw.-Mappe 200. —

Hofmann, Ludwig [aus Darmstadt]: Ueber die Verwendung antiseptischer Dauerverbände im Felde . .. Berlin, Buchdr. v. M. Goedecke vorm. E. Müller (1886), 34 + 2 S. 8°.
Berlin, Med. Fak., Inaug. Diss. v. 2. Aug 1886.

Hofmann, Marie, zur Gründung eines Arbeiterinnen-Vereins. Vortrag, gehalten in der Frauenversammlung am 26. Febr. 1885 in Berlin. gr. 8. (16 S.) [Berlin 885.] Gera, Th. Hofmann. *

Hofmann, Marie, die Kunst, Papierblumen täuschend ähnlich in kurzer Zeit anfertigen zu lernen. Als nützlicher u. angenehmer Zeitvertreib für Damen. Mit einem Anh. u. dem Schnitte der Muster in zahlreichen u. versinnlichenden Illustr. (Holzschn. im Text.) Wien 857. Wenedikt. 16. (63 S.) 6 ngr

Hofmann, Martin, Der 22. Psalm ins Arabische übersetzt und erklärt von R. Jepheth Ben Eli Ha-Baçri. Ehingen, 1880, 21 S., Gymnas.-Progr.

Hofmann, Max, die Arterien der normalen u. skoliotischen Wirbelsäule, s.a. Bibliotheca medica. Abt. E. 6.

Hofmann, Max: Die Arterien der normalen und skoliotischen Wirbelsäule. Von Dr. Max Hofmann, Assist. in Graz. Mit 5 Taf. u. 8 Textfig. Ausgeführt an d anatom. Anst d k.k. Univ in Graz. Stuttgart: E. Nägele 1904. (20 S) 4°
Bibliotheca medica. Abth. E. H. 6.

— Dem Faust einen Tempel! Ein Appell an die Gebildeten Deutschlands. (31 S.) kl. 8. Ebd. 907. — 40

Hofmann Max: Mathematische und physische Geographie bei Aristoteles.
H. 1909 PN 2631 Diss. Wien, Univ. 2406

Hofmann, Max, Handbuch der praktischen Werkstatt. Mechanik, Metall- u. Holzdreherei, s.a. Hartleben's, A., mechanisch-technische Bibliothek. 5. Bd.

Hofmann, Max, Handbuch d. prakt. Werkstatt-Mechanik, Metall- u. Holzdreherei. Die Werkzeuge Arbeitsmethoden, Materialien z. Herstellg. physikal.-mechan., elektr. u. opt. Apparate. gr. 8. (XIV, 168 S. m. 139 Abb.) Wien 896. A. Hartleben. n. 3. 60; geb. n. 4. 50

Hofmann, M., Handbuch der praktischen Werkstattmechanik, Metall- und Holzdreherei. [A. Hartlebens mechanisch-technische Bibliothek Bd. V. 2. Aufl.] Gr.-8°. (ill. XVI, 176 S.)
Wien: Hartleben 1903. K 4.—, geb. K 5.—

Ich liebe meine Einsamkeit. Gedichte von Max Hofmann. Berlin-Leipzig: Modernes Verlagsbureau 1905. (50 S.) 8° [F.] [04. 3663

— Lieben ist Leiden! Ein Schauspiel in 1 Aufzuge. (45 S.) 8. Wien 907. P. Knepler. 1. —

Hofmann, Max, der Erde Weh — der Erde Glück. Neue Gedichte. (83 S.) kl. 8. Leipzig 909. Verlag f. Literatur, Kunst u. Musik. 2. —

Hofmann, Max, „wia der Schnabi g'wachsen is". 8. (IV, 95 S.) München 898. Seitz & Schauer. Kart. n. 1. 50

Hofmann, Mich., S. J., der Katholicismus im 20. Jahrh. nach Professor Dr. Ehrhard. gr. 8. (26 S.) Innsbruck 902. F. Rauch. n. — 30
Sonderabdruck aus: „Zeitschr. f. kath. Theologie."

Hofmann, *Michael Joseph*: Kritische und exegetische Bemerkungen zu den Satiren Juvenals. München, Druck v. H. Kutzner, 1890; 38 S. 8°
München, k. Wilhelms-G, P 1890

Zur Kritik und Erklärung einiger Satiren des Juvenal. -- Von M. J. Hofmann, Stdl. — 1878. Amberg, Ed. Pohl. -- S. III—XXXII⁸.
Progr. Amberg, K. Gymn.

Hofmann, Miska Ernst, landwirthschaftliche Hilfsbücher. 1. Buch: Die Milch vom Ursprung bis zur Butter und dem Käse unter Aufführung der Weide, Futter, Krankheiten und Pflege der Kühe sowie Aufführung der Heilmittel und vorzüglich der Beobachtung gegen die Uebelstände beim Milchwesen. gr. 8. 2., unveränd. Aufl. (86 S. mit 2 Illustr. in eingedr. Holzschn. und einem Nachtrage mit 1 Illustr. in eingedr. Holzschn.) Göttingen 863, Deuerlich'sche Buchh. *

—— Nachtrag zu dem ersten Buche der landwirthschaftlichen Hülfsbücher „die Milch." gr. 8. (31 S. mit 1 Illustr. in Holzschn.) Göttingen 863. (Lübeck, v. Rohden'sche Buchh.) *

Hofmann, Moritz

Maur. Hofmann de circumcisione V. T. sacramenti nomine non privanda. Altorf. 1770. 4.

Mauricius Hoffmannus [Hofmann]: De Procidentia uteri. [Resp.:] Ernestus Henricus Wedelius [Wedel]. Ienae 1709: Krebs. 12 S. 8°
Altdorf, Med. Disp. v. 3. Apr. 1695

Hofmann Moriz: Das Wesen des ästhetischen Verhaltens.
II 1888 PN 507 Diss.Wien, Univ. 35

Hofmann, Moritz Adolf

Beiträge zur Geschichte des Neu- und Erweiterungs-Baues (1893—1894) der Loge zu den ehernen Säulen Dresden-Neustadt. [Unterz.:] M[or.] A[dolf] Hofmann. Dresden [1894]: Lehmann. 25 S. 8° [Umschlagtit.] 193.

Hofmann, N., Chemie für die 4. Classe der Gymnasien u. Realgymnasien, s.: Hejzlar, F.

Hofmann, N.: Der Şigainer Kind oder der gefundener Suhn. [Auch russischer Titel.] Wilna 1880.

Hofmann, N. E., s. Hofman.

Hofmann, N. W., neue Kunstschmiede-Arbeiten in modernem Stil. 1. Serie, enth. Thür-, Fenster- u. Oberlicht-Füllgn., Einfriedigungs-, Balkon-, Stiegen-, Aufzugs- u. Grabgitter, Thore m. zugehör. lauf. Gittern u. s. w. 48 Taf. Orig.-Entwürfe. gr. 4. Wien (901). F. Wolfrum & Co. In Mappe n. 15. —
Fortsetzung s.: Kunstschmiedearbeiten, Wiener.

Hofmann, Nic., Wiener Bautischler-Arbeiten in Orig.-Entwürfen m. Details in natürlicher Grösse, zum prakt. Gebrauche für Architekten, Bautischler etc. 6 Hfte. Fol. (à 3 Bl. u. 6 Bl. Details in Steindr.) Karlsruhe 878. Veith. à 4. —

Hofmann, Nic., Bronce-Arbeiten in deutscher Renaissance, nach Orig.-Zeichnungen. 2 Lfgn. Fol. (25 Bl. in Facs.-Druck.) Berlin 881,82, Nicolai'sche Verlagsh. à Lfg. ℳ 15. *

Hofmann, Nicolaus, Chemie mineralná na základě pokusů pro vyšší školy realné. 4. verbesserte Auflage. Prag und Wien. 1898. F. Tempsky —.75, geb. 1.—

— Renaissance-Möbel und Decoration. 1. und 2. Abthl. 1. und 2. Ausg. Fol. (50 Taf. in Facs.-Druck.) Ebendas. 876—81. In Mappe

— dass. — 3. Abthl. 1. Lfg. Fol. (13 Taf. in Facs.-Druck.) Ebendas. 880. In Mappe

— dasselbe. 3. Abth. 1. Lfg. Fol. (13 Taf. in Fcsm.-Druck.) Ebend. 881. In Mappe. n. 12. 50

Hofmann, Octav., giebt es e. Fortleben nach dem Tode? Ein Wegweiser zu wahrem Glück u. Frieden auf Grundlage wissenschaftl. Forschg. 8. (24 S.) Haimhausen 902. [Reform-Verlag C. v. Schmidtz.] Lorch, C. Rohm. n. — 40

Hofmann, Oskar, Ref. in Döhlen: Der Einfluß der rechtsgeschäftlichen Veräußerung und Belastung des vermieteten Grundstücks auf das Mietverhältnis nach dem Deutschen Bürgerlichen Gesetzbuche. Borna-Leipzig 1906: R. Noske. (VIII, 113 S.) 8° [F.]
Leipzig, Jur. Fak., Diss. v. 3. Febr. 1906
[Geb. 5. Febr. 80 Oberdlant.; Wohnort: Potschappel b. Dresden; Staatsangeh.: Sachsen; Vorbildung: Gymn. Zwickau Reife O. 99; Studium: Leipzig 7 S.; Rig. 26. Febr. 03.]

Hofmann, O(swald) K(urt): Zur Kenntnis organischer Ammoniumsalze. 1. Molekulargrößen von Ammoniumsalzen. 2. Chromoisomerie von Phenylakridoniumsalzen. Weida i. Th. 1910: Thomas & Hubert. 50 S. 8°
Leipzig, Phil. Diss. v. 6. Juni 1910, Ref. Hantzsch, Beckmann
[Geb. 11. April 84 Dresden; Wohnort: Leipzig; Staatsangeh.: Sachsen; Vorbildung: Annensch. Dresden bis 00, Pharmaz. Staatspr. Leipzig Nov. 06, Disp. v. 3. März 10; Studium: Leipzig 10 S.; Rig. 6. Mai 10.] [U 10. 3157

Hofmann, Otto: Über die Einwirkung von Hydrazin und Salpetriger Säure auf Di- u. Triglykolamidsäureester. Heidelberg 1910: Hanzelky. 44 S. 8°
Heidelberg, Naturw.-math. Diss. v. 12. Juli 1910, Ref. Curtius
[Geb. 22. Febr. 85 Mannheim; Wohnort: Heidelberg; Staatsangeh.: Baden; Vorbildung: Gymn. Heidelberg Reife Juli 04; Studium: Kiel 1, Berlin 1, Heidelberg 9 S.; Rig. 1. März 10.]

Hofmann [Ottomar] und A. Geigel, Anweisung zur Ernährung und Pflege der Kinder im ersten Lebensjahre, speciell der mutterlos aufzuziehenden. 2. unveränd. Abdr. gr. 8. (4 S.) Würzburg 882, (Stahel'sche Universitäts-Buchh.) Preis für 25 Exempl.
1. Aufl. war nicht im Handel.

Hofmann [Ottomar], Anweisung zur möglichsten Verhütung der Weiterverbreitung von Diphtheritis und Scharlach. 2. unveränd. Abdr. gr. 8. (3 S.) Würzburg 882, (Stahel'sche Universitäts-Buchh.) Preis für 25 Exempl.
1. Aufl. war nicht im Handel.

—— über den Einfluß der Witterung auf die Gesundheit im Allgemeinen und über Erkältungskrankheiten insbesondere, s. Fortbildungsschule, die unterfränkische.

— medicinische Statistik der Stadt Würzburg f. die Periode 1871—1875. Mit 3 lith. Taf. [Aus: „Verhandlungen d. phys.-med. Ges. zu Würzb."] gr. 8. (91 S.) Würzburg 877. Stahel. n. 3. 20

— dasselbe für das Jahr 1876. Mit 2 lith. Taf. [Aus: „Verhandlgn. d. phys.-med. Gesellsch. zu Würzburg".] gr. 8. (43 S.) Ebend. 877. n. 2. —

— dasselbe für das Jahr 1879. Mit 2 lith. Taf. [Aus: „Verhandlgn. d. phys.-med. Gesellsch. zu Würzburg".] gr. 8. (65 S.) Ebend. 881. n. 2. —

Hofmann, P.: Bemerkungen über d. alte Missale von Völs. Brixen 1864. 20 S.
Schul-/Univ.-Schrift

Hofmann, P., s. Hofmann, Peerlkamp.

Hofmann, P. J. G.: „Repertorium der preussisch-brandenburgischen Landesgesetze", 3., besonders auf die Forst- und Jagdgesetze gerichtete Fortsetzung, Züllichau 1804.

Hofmann, Paul, aus Berlin: Kant's Lehre vom Schlusse und ihre Bedeutung. *Berlin 1901: Wilhelm & Brasch.* (37 S.) 8°
Rostock, Phil. Diss. v. [24. Juli] 1901

Hofmann, Paul: Untersuchungen über die Bestimmung von Kohlenoxyd mittelst Silberlösungen. Promotionsarbeit techn. Wiss. Techn. Hochschule Zürich. [Mit 1 Fig.] 32 S. 8° Uznach, K. Oberholzers Erben, 1930.

Hofmann, Paul Gottlieb (Präs.), s. Hermann, Georg Andreas: De primo creationis opere.

— **Paul Gottlieb** (Pastor u. Superintendent), Programma, quo ad solemnia investiturae suae regio mandato in templo peragenda dominos seniores, pastores, diaconos et substitutos dioeceseos Annaemontanae, fratres in Christo conjunctissimos, invitat. Annaberg (August Valentin Frisius) 4. X. 1725. 8 Bl. mit Namen d. Pastoren. (6.—) 15688

Hofmann, Pet., s.: Erbfolge-Krieg, österreichischer.

Hofmann, Philipp, Iwan v. Müllers ausgewählte lateinische u. griechische Stilübungen, bearb., verm. u. m. e. stilist. Anh. versehen. (VI, 93 S.) gr. 8. München 908. J. Lindauer. 2.—; kart. 2. 20

Hofmann, Philipp, Dr.: Aristarchs Studien „de cultu et victu heroum" im Anschluss an Karl Lehrs. München 1905: F. Straub. (60 S.) 8°
München, k. Ludwigs-G P 1905*

Hofmann, Philipp: Aristarchs Studien „de cultu et victu heroum" im Anschluss an Karl Lehrs. München 1905: F. Straub. (65 S.) 8°
München, Phil. Fak., Ref. v. Müller, Diss. v. 12. Juli 1905
[Geb. 9. Juli 77 Wendelstein, Mittelfranken; Wohnort: Erlangen; Staatsangeh.: Bayern; Vorbildung: Gymn. Erlangen Reife Juli 96; Studium: Erlangen 4, München 3 S.; Rig. 9. Juli 03.]

Hofmann, Philipp Ernst: Diss. jur. de operarum debitarum mutatione. P. II., s.a. Grolmann, Melchior Dethmar (Präs.)

— **Philipp Ernst** (Wetzlar), Dissertationis juridicae de operarum debitarum mutatione. Von Veränderung der schuldigen Dienste, pars secunda. Präs. Melch. Dethmar Grolman (Darmstadt). Giessen (Joh. Reinh. Vulpius' Wwe.) 12. V. 1714. 140 S., tlws. dtsch. (10.—) 15690
Widm. v.: Joh. Bartholom. Rüdiger, Präs., J. J. Wieger, Georg Ludwig Handwerck, Franz Heinr. Reimers, Anton Ludwig v. Berlepsch (dtsch.), Hartm. Sam. Krebs, Friedrich Thom, Johann David Schetla.

Hofmann, R., Otto v. Bismarck, s.: Röhling, Carl.

— R., Eisenbahnen, s. Abhandlgn. z. schweiz. Recht.

Hofmann, R. Der Kladderadatsch und seine Leute. 1848—1898. Ein Culturbild. Berlin. A. Hofmann & Comp. 1898.
Tit., 1 Bl., 304 S. m. 43 Abb. 8°

Hofmann, R. K. A., Geschichtszahlentabellen, nach psychologisch-pädagog. Grundsätzen bearb. 8. (44 S.) Langensalza 882. Beyer & Söhne. cart. n. — 50

Hofmann, Raf., Justus Möser, der grosse deutsche Patriot u. Schriftsteller. Vortrag, geh. im wissenschaftl. Club zu Wien am 22. XI, 1897. 2. Aufl. (8 S.) gr. 8. Haimhausen (908). Ascona, C. v. Schmidtz. — 20
Sonderabdruck aus: „Monatsblätter d. wiss. Club in Wien".

Hofmann, Raphael: Justus Möser, der deutsche Staatsmann, Dichter und Verteidiger der deutschen Literatur. Von –. Mit Einl. von F[riedrich] W[ilhelm] Brepohl. Temesvar 1910: Südungar. Buchdr. 31 S. 8°

Hofmann, Rafael, naturgemäße Religions- u. Sittenlehre. Für den privaten Unterricht zusammengestellt. Mit e. Begleitwort neu hrsg. von C. v. Schmidtz. 8. (52 S.) Haimhausen 902. [Reformverlag (C. v. Schmidtz.)] Lorch, C. Rohm. n. — 75

Hofmann, Rafael. Naturgemässe Religions- und Sittenlehre. Eltern und Erziehern dargegeben von R' H'.... Mit einem Begleitwort neu hrg. von C(arl) von Schmidtz. 3. [unveränderte] Aufl. 52 S. 8. [Ascona,] Verlag C. v. Schmidtz. [Tipogr. artistica, Locarno, 1904]. [cart. fr. 1. —]
[2. Aufl.] Haimhausen 1902. [M. —. 75]

† Hofmann, Regina, (Carl Ferd. Philippi,) das Hausbuch f. echte Hausfrauen, das ist: die Wirthschafterin in d. Stadt u. auf d. Lande in allen ihren Geschäften u. Verhältnissen. Ein Rathgeber f. Hausmütter u. Brautgeschenk f. deutsche Mädchen. 3 Bdchn. gr. 12. Grimma 835, 36, Verlags-Comptoir. [1. (6⅚ B.), 2. (7½ B.), 3. (5¾ B.) à * ¼ Thlr.] Thlr. *
Vgl. Hoffmann—Hofman.

Hofmann, Reinhold

Hofmann, R.: Dr. Georgius Agricola aus Glauchau, der Vater der Mineralogie. Glauchau, 1878.

Hofmann, Rhold., Dr. Georgius Agricola aus Glauchau, d. Vater d. Mineralogie. [Aus: „Schönburg. Geschichtsblätter".] gr. 8. (IV, 84 S. m. Bildn.) Glauchau 898. A. Peschke. n. 1. 20

Hofmann, Rhold, Dr. Georg Agricola. Ein Gelehrtenleben aus dem Zeitalter der Reformation. (VII, 149 S. m. 1 Bildnis.) 8. Gotha 905. F. A. Perthes. n. 3. —

— Erzählungen aus der alten Welt, s.: Becker, Karl Frdr.

[J.] **Hofmann,** *Julius* Reinhold [aus Ebmath i. V., Realschuloberl.]: Zur Geschichte der Stadt Pirna ... *Pirna, Druck v. F. J. Eberlein, 1891;* 68 S., 1 Bl. 8.
Leipzig, Phil. Fak., Inaug.-Diss. v. [5. Mai] 1891*)

— zur Geschichte der Stadt Pirna. Nach urkundl. Quellen. gr. 8. (68 S.) Pirna 891. G. Glöckner. n. 1. 60

Hofmann, Rhold., Geschichte der Kirche St. Marien (Stadtkirche) in Pirna. Festschrift zur Einweihg. der Kirche am 27. Oktbr. 1890. Auf Veranlassg. d. Kirchenvorstandes verf. gr. 8. (128 S.) Pirna 890. (Dresden, v. Zahn & Jaensch.) n. — 50

— **Reformationsgeschichte der Stadt Pirna. Nach urkundl. Quellen dargestellt. [Aus: „Beiträge z. sächs. Kirchengesch."] gr. 8. (III, 329 S.) Leipzig 893. (Glauchau, A. Peschke.) n. 4. —**

— Rückblick auf d. Geschichte d Stadt Glauchau u ihrer gewerbl. Entwickelg., s.a. Festschrift z. 50jähr. Jubiläum d. Gewerbevereins zu Glauchau.

Hofmann, Reinhold, Realsch.-Oberl. Rückblick auf d. Gesch. d. Stadt Glauchau u. ihrer gewerbl. Entwickelung. *Glauchau 1897*
in. Festschrift z. 50j. Jubiläum d. Gewerbever. zu Glauchau. [97. 1-7]

— die deutschen Volksbücher, s.: Schwab, Gust.

Hofmann, Reinhold Die kirchlichen Zustände der Stadt Pirna vor der Einführung der Reformation im Jahre 1539. Nach urkundlichen Quellen bearbeitet. 8 (113 S.).
Progr. Rsch. mit Prg. *Pirna* 1887 (535).

Hofmann, Richard. Althorn-Schule. [Cornet in D oder Es.] Op. 38. Leipzig.

Hofmann R, Bericht über die Stellung der sächsischen Textilindustrie auf der Weltausstellung zu Chicago gegenüber anderen Ländern. (9 S) (Plauen 1893)

Hofmann, Rich., Blätter u. Blumen f. Flächen-Decoration. Eine Vorlagensammlg. f. Zeichnen-, Webe- u. gewerbl. Fortbildungsschulen, Fabrikanten u. Musterzeichner. 30 Taf. in Schwarz- u. Farbendr. Fol. (2 Bl. Text.) Leipzig 886. E. Twietmeyer. In Mappe. n. 36. —; auf extrastarkem Pap. n. 45. —

— Blumen-Studien nach der Natur. 1. Serie. Fol. (6 Chromolith.) Ebend. 884. n. 16. —; in Leinw.-Mappe n.n. 20. —; Mappeap. n.n. 4. —; einzelne Blätter à n. 3. —

— Cornet-Schule. 16. Werk. 9. Auflage. Leipzig.

Hofmann R Ermahnungen und Winke zur unfallsicheren Gestaltung der Arbeiten an Holzbearbeitungsmaschinen. (78 S) Stuttgart 1905

Hofmann's, Rich., Führer durch die Violin-Literatur. Ein nach Schwierigkeitsgraden eingeteiltes Verzeichnis v. Violinwerken f. Lehrer u. Lernende, m. e. Anh., enth. Viola-Literatur u. Verzeichnis v. Büchern üb. Violin-Unterricht usw. (VIII, 178 S.) kl 8. Leipzig (904). J. H. Zimmermann. n. 2. —

Hofmann, Rich.: Mrischer Gosang „Eine kurze Spanne Zeit", Dichtung von Alb. Linge, für Männerchor u. Klarv.-Begl. Leipzig: Kahnt. o. J. *[KfF. 1911 S. 139.]*

Hofmann, Rich., gewerbliche Geschmacks- u. Stillehre. 52 Wandtaf., in verkleinertem Massstabe nach Lichtbausen hergestellt. (Taf. 24 „Farbenlehre" befindet sich nur in der grossen Ausg.) Nebst: Erläuterungen f. d. Unterricht an Handels-, Web- u. anderen gewerbl. Schulen. gr. 8. (58 S.) Plauen 901. Ch. Stoll. In Halbleinw.-Mappe n. 6. —

— Grundriß der Musikgeschichte, s.: Musiol, Rob.

Hofmann, Rich., Handbuch der Musik, s.: Lobe, J. C.

— Practische Hornschule. 17. Werk. 3. Auflage. Leipzig.

Hofmann, Rich., Practical instrumentation. Translated by Robin H. Legge. 7 parts. gr 4. Leipzig 898. Dörffling & Franke. n. 30. —
1. The strings. (VII, 95 S.) n. 5. —
2. The wood-wind. (VII, 83 S.) n. 5. —
3. Strings and wood-wind combined. (VII, 53 S.) n. 3. —
4. The horns. (VII, 57 S.) n. 3. —
5. The combinations of strings, wood-wind and horns. (VII, 55 S.) n. 3. —
6. The trumpets, cornets, trombones, tubas and instruments of percussion. (VII, 113 S.) n. 6. —
7. Harp, mandoline, zither, guitar, piano (cempalo), cimbal, organ and harmonium. (VII, 87 S.) n. 5. —

Hofmann, Rich., prakt. Instrumentationslehre. 7 Thle. gr. 4 Leipzig 893. Dörffling & Franke. n. 30.
1. Die Streichinstrumente. (VIII, 95 S.) n. 5.
2. Die Holzblasinstrumente. (VIII, 83 S.) n. 5
3. Die Streich- u. Holzblasinstrumente zusammenwirkend (VIII, 53 S.) n. 3.
4. Die Hörner. (VIII, 57 S.) n. 3
5. Die Vermischung der Streich- u. Holzblasinstrumente nebst Hörnern. (VIII, 55 S.) n. 3.
6. Die Trompeten, Cornette, Posaunen, Tuben u. Schlaginstrumente. (VIII, 113 S.) n. 6.
7. Die Harfe, Mandoline, Zither, Guitarre, Clavier (Cembalo), Cymbal, Orgel u. Harmonium (VIII, 90 S.) n. 5. —

Hofmann, Rich., praktische Instrumentationslehre. II.—VII. Thl. 2. Aufl. gr. 4. Leipzig, Dörffling & Franke. n. 25. —
II. Die Holzblasinstrumente. (VIII, 88 S.) (901.) n. 5. —
III. Die Streich- u. Holzblasinstrumente zusammenwirkend. (VIII, 53 S.) (901.) n. 3. —
IV. Die Hörner. (VIII, 57 S.) (901.) n. 3. —
V. Die Vermischung der Streich- u. Holzblasinstrumente, nebst Hörnern. (VIII, 55 S.) (901.) n. 3. —
VI. Die Trompeten, Cornette, Posaunen, Tuben u. Schlaginstrumente. (VIII, 113 S.) (901.) n. 6. —
VII. Die Harfe, Mandoline, Zither, Guitarre, Clavier (Cembalo), Cymbal, Orgel u. Harmonium. (90 S.) (902.) n. 5 —

Hofmann, Rich., praktische Instrumentationslehre. 3. Aufl. I. u. II. Thl. 32×24,5 cm. Leipzig, Dörffling & Franke. à 5. —
I. Die Streichinstrumente. (VIII, 95 S.) (907.)
II. Die Holzblasinstrumente. (VIII, 90 S. m. 1 Taf.) (909.)

— Katechismus der Kompositionslehre, s.: Lobe, Joh. Christ.

— Katechismus der Musik, s.: Lobe, J. C.

Hofmann, R., Katechismus der Musikinstrumente 6., neu bearb. Aufl. 8. (X, 270 S. m. 189 eingedr. Abbildgn.) Leipzig 890. J. J. Weber. geb. n. 4.

— der Klavierunterricht, s.: Köhler, Louis.

Hofmann, R[ich.]. Medaillons- u. Teller-Verzierungen f. Gouache u. Aquarellmalerei. 10 Blätter in Farbendr. Lpz. 891, Baldamus, Sep.-Cto. * 4 —; einzelne Blätter à * — 50

Hofmann, Rich. Musikinstrumente, s.a. Weber's, J. J., illustr. Katechismen Nr. 47.

Hofmann R. Musikinstrumente. 5. Aufl. (Weber's Katechismen 47) Leipzig 1890

Die Musikinstrumente, ihre Beschreibung u. Verwendung von Richard Hofmann. 6., vollst. neu bearb. Aufl. Mit 205 Abb. u. zahlr. Notenbeispielen. *Leipzig: J. J. Weber 1903.* (XII, 274 S.) 8° [F.]
(Webers ill. Katechismen Bd 47) [03. 1999]

Hofmann, Rich., Muster für Gardinenfabrikation, Hand- und Maschinenstickerei, sowie eine Anzahl von Naturstudien, angefertigt in der kunstgewerbl. Fachzeichenschule zu Plauen i. V. 50 Photogr. in 2 Abthlgn. 1. und 2. Aufl. I. (1 Bl. Text.) Plauen 883, Neupert. In Mappe *

— **Muster f. Textil-Industrie (auch als Vorbilder verwendbar f. andere Zweige des Kunstgewerbes),** entworfen in der königl. Industrieschule zu Plauen i.V. Mit Genehmigg. des königl. Ministeriums des Innern hrsg. I. u. II. Serie. gr Fol. (à 20 Lichtdr.-Taf.) Plauen 894. Ch. Stoll. In Mappe. à n. 20. —

— Muster f. Textil-Industrie (auch als Vorbilder verwendbar f. and. Zweige d. Kunstgewerbes), entworfen in d. kgl. Industrieschule zu Plauen i. V. M. Genehmigg. d. kgl. Ministeriums d. Innern hrsg. v. II. III. u. IV. Serie. gr. Fol. (à 20 Taf. in Lichtdr.) Ebd. 896. In Mappe à n. 20. —

Hofmann, R., Muster f. Textil-Industrie. Entworfen in der königl. Kunst-Schule f. Textil-Industrie zu Plauen i. V. Mit Genehmigg. des königl. Ministeriums des Innern hrsg. V. Serie. (24 Lichtdr.-Taf.) gr. Fol. Plauen (904). Ch. Stoll. In Mappe n. 20. —

— Weltausstellung Paris 1900. Die vogtl. Spitzen-Stickerei- u. Gardinen-Industrie. gr. Fol. (38 Lichtdr.-Taf.) Ebd. (901). In Mappe n. 32. —

—— Stilisirte Pflanzenformen in industrieller Verwendg u. m. Berücksicht. der Technik u. d. Zweckes. 1. Serie: Spitzen. gr. Fol. (12 Lichtdr.-Taf. m. 1 Bl. Text.) Plauen i. V. 892, Stoll. In Mappe * 15 —

Hofmann, R., Pflanzen-Ornamente. 12 (farb.) Vorlagen f. d. Zeichenunterr. m. Berücksicht. d. Stickerei-Technik. Zugl. Fortsetzg. zu d. Werke: 20 Vorlagen f. d. Zeichenunterr. an Mädchenschulen etc. gr. Fol. (1 Bl. Text.) Plauen 897. Ch. Stoll. n. 10. —

— moderne Pflanzen-Ornamente. Entworfen in d. kgl. Industrie-Schule zu Plauen i. V. M. Genehmigung des kgl. Ministeriums des Innern hrsg. v. II. gr. Fol. (21 Lichtdr.-Taf.) Ebd. 898. In Mappe n. 20 —

— moderne Pflanzen-Ornamente. Entworfen in der königl. Industrie-Schule zu Plauen i. V. Mit Genehmigung des königl. Ministeriums des Innern hrsg. II. u. III. Serie. gr. Fol. Ebd. In Mappe à n. 20. —
II. (24 Lichtdr.-Taf.) (899.) — III. (25 Lichtdr.-Taf.) (901.)

— moderne Pflanzen-Ornamente. Entworfen in der königl. Kunst-Schule f. Textil-Industrie zu Plauen i. V. Mit Genehmigung des königl. sächs. Ministeriums des Innern hrsg. IV. Serie. (20 Lichtdr.-Taf.) gr. Fol. Ebd. (904). In Mappe n. 20. —

Hofmann R. Moderne Pflanzenornamente IV (20 T) fol Plauen (1905)

— Pflanzen-Studien nach der Natur. Zeichnungen u. Malereien, ausgeführt in der kunstgewerbl. Fachzeichenschule zu Plauen i/V. unter Leitg. d. Hrsg. R. H. 80 Photogr. Fol. Ebend. 886. In Mappe. 45. —

— Practische Posaunen-Schule. 19. Werk. 5. Auflage. Leipzig.

Schule d. Zeichnens, s. a. Schlohahn, Albin.

— Die Schule des Zeichnens und Malens von Pflanzen nach der Natur. (18 Bl mit Text) Imp fol Leipzig

Hofmann, Rich., moderne Spitzen. Entworfen in der königl. Industrie-Schule zu Plauen i. V. Mit Genehmigung des kgl. Ministeriums des Innern hrsg. gr. Fol. (20 Lichtdr.-Taf.) Plauen (901). Ch. Stoll. In Mappe n. 20. —

— moderne Spitzen. Entworfen in der königl Kunst-Schule f. Textil-Industrie zu Plauen i. V. Mit Genehmigg. des königl. sächs. Ministeriums des Innern hrsg. (20 Lichtdr.-Taf.) gr. Fol. Ebd. (904). In Mappe n. 20. —

— Spitzen aus dem Museum der königl. Kunstschule f. Textil-Industrie zu Plauen i. V. Mit Genehmigg. des königl. sächs. Ministeriums des Innern hrsg. I. u. II. Bd. (à 80 Lichtdr.-Taf.) gr. Fol. Ebd. (903. 904). In Mappe à n. 24. —

— Tenorhorn-Schule. Op. 21. Leipzig.

-- Vorlagen f. d. Zeichenunterr. m. Berücksicht. d. Stickerei-Technik. 1. u. 2. Lfg. gr. Fol. (20 farb. Taf. m. 1 Bl. Text.) Ebd. 897. In Mappe n. 8. —

—— 20 Vorlagen für den Zeichenunterricht in den oberen Mädchenklassen mittlerer und höherer Volksschulen, Töchterschulen etc. mit Berücksicht. der weibl. Handarbeitstechnik. 1. Lfg. Fol. (10 Chromolithogr. auf Carton mit 2 S. Text.) Ebendas. 887. In Mappe *

— 20 Vorlagen für den Zeichenunterricht in d. oberen Mädchenklassen mittlerer und höherer Volksschulen, Töchterschulen etc. mit Berücksicht. der weiblichen Handarbeitstechnik. 2. Lfg. Fol. (10 Chromolithogr auf Carton mit 2 S. Text.) Plauen 888, F. E. Neupert. In Mappe * 8
1. Lfg. Ebd. 1887. * 8 —

Hofmann, Rob., Anleitg. z. Erlernung d. Tertl-Spieles. 2., vollst. umgearb. Aufl. 12. (16 S.) München 898. A. Oehrlein. n. — 50

Hofmann, Robert Über die Umlagerung von Dimethylketazin, s. Frey, Karl Wilhelm

Hofmann, Rudolf

Hofmann, Rud., Betrübet nicht den heiligen Geist Gottes! Predigt am Bußtag, u. die Auferweckung des Jünglings zu Nain. Predigt am Todtenfest in der Universitätskirche zu Leipzig gehalten. Leipzig 861. Voß. gr. 8. (29 S.) n. 5 ngr.

Hofmann, Rud. (II.), über die Entwickelung und das Bestreben im modernen Kunstgewerbe. Vertrag, gehalten im Gewerbeverein zu Freiburg im Br. am 24. März 1884 und mit dessen Einwilligung veröffentlicht durch den Vorstand des Gewerbevereins. 8. (31 S.) Freiburg i. Br. 884, Kiepert und v. Bolschwing. *

Hofmann, Rud., über den Berg Galiläa. (Matth. 28, 16.) Ein Beitrag zur Harmonie der evangelischen Berichte von den Erscheinungen des Auferstandenen. Abdr. aus dem Programm zur Stiftungsfeier der königl. sächs. Landesschule zu Meissen. Leipzig 856. Fr. Voigt. gr. 4. (37 S.) 10 ngr.

Zur Feier des Reformationsfestes und des Übergangs des Rectorats auf Dr Emil Friedberg ladet hiermit ein der Rector der Universität Dr. Ernst Windisch durch den designirten Decan der theologischen Facultät D. Rudolph **Hofmann.** — Galilaea auf dem Oelberg, wohin Jesus seine Jünger nach der Auferstehung beschied. E. Beitr. z. Lösg d. vermeintl. Widersprüche in d. evangel. Berichten v. d. Erscheingn d. Auferstandenen. Leipzig, Druck v. A. Edelmann, Universitätsbuchdr., 1896; 2 Bl., 53 S. 4.

Galilaea auf dem Oelberg, wohin Jesus seine Jünger nach der Auferstehung beschied. E. Beitr z. Lösg d. vermeintl. Widersprüche in d. evangel. Berichten v. d. Erscheingn des Auferstandenen v. D. Rud **Hofmann,** o. Prof. u. Kgl. Sächs. Geh. Kirchenr. *Leipzig: J. C. Hinrichs 1896.* (1 Bl., 53 S.) 1 Bd 8. [illegible]

Hofmann, Rud., die Gemälde-Sammlg. d. grossherzogl. Museums zu Darmstadt. gr. 16. (X, 158 S.) Darmstadt 872. (Diehl's Sort.) n. 1. 25

Hofmann, Rud. (I.), die Gemälde-Sammlung des grossherzogl. Museums zu Darmstadt. Verzeichnet von R. H. 3. Aufl. 12. (XIV, 167 S. mit 8 lithogr. S. Künstlernamen und Monogrammen.) Darmstadt 885, (Jonghaus.) cart. **

-- Biblische Geschichte u. Lehre in urkundl. Wort, zugl. f. d. Unterr. in d. Bibelkunde f. d. höh. Abtheilgn. d. evang. Schule bearb. 2 Thle. Der „Schulbibel" 5. Aufl. gr. 8. Dresden 898. C. C. Meinhold & Söhne. n 2. 50; geb. n. 4. —; in 1 Bd. n. 3. 50
1. Der alte Bund. (VII, 721 S.) n. 1. 80; geb. n. 2. 60
2. Der neue Bund. (VI, 263 S.) n. — 70; geb. n. 1. 40

Hofmann, Rud. (II.), der ungerechte Haushalter. Predigt, gehalten am 9. Sonntage nach Trinitatis in der Universitätskirche zu Leipzig. 8. (18 S.) Leipzig 885, Hinrichs'sche Buchh., Verlag.

Hofmann, Rudolph, Geh. Kirchenrath P. O. D.. **Ist es wünschenswerth, daß der Religionsunterricht ganz in die Hände von Geistlichen, resp. Theologen, gelegt werde?** *Leipzig 1902: A. Edelmann.* (41 S.) 4°
Leipzig, Progr. zum Reformationsfeste u. Rektoratswechsel 1902

Hofmann, Rudolf [app. Arzt aus Planig] : Aus d. patholog. Institut zu Giessen. Zur Casuistik der vom Pharynx ausgehenden Aktinomykose . . . Giessen, C. v. Münchow, Univ.-Druckerei 1889. 22 S. 8°
Giessen, Med. Fak., Inaug.-Diss. v. 1889.

Hofmann, Rud., das Leben Jesu nach den Apokryphen im Zusammenhange aus den Quellen erzählt und wissenschaftlich untersucht. gr. 8. (XVI und 484 S.) Leipzig 851, Voigt.

— die Lehre von dem Gewissen. Leipzig 866. Hinrichs' Verlag. gr. 8. (VIII, 286 S.) n. 1 ₰ 26 ngr.

Hofmann, Rud.: Illustrierter Leitfaden für die Unfallverhütungstechnik in Möbel- und Holzwarenfabriken . . . Hrsg. v. d. Vorstand d. Südwestdeutschen Holz-Berufsgenossensch. . . . Verf. von Rud. Hofmann, Rechnungsbeamter. (Stuttgart): Holz-Berufsgenossensch. (1905). VI, 175 S. 8°

Hofmann R. illustrierter Leitfaden für die Unfallverhütungstechnik in Möbel- und Holzwarenfabriken usw. 2. Auflage. (175 S) Stuttgart 1909

—— s. Predigt und Vorträge, gehalten bei der 25jährigen Jubelfeier der Meißner Konferenz.

Hofmann, Rud. (II.), Predigten gehalten in der Universitätskirche zu Leipzig. gr. 8. (VI, 196 S.) Leipzig 869, Roßberg'sche Buchh.

Hofmann, Rud. (I.), Predigten über das Vaterunser, gehalten in der Universitätskirche zu Leipzig. 8. (IV, 115 S.) Leipzig 881, Hinrichs'sche Buchh. *M 1,60.; geb. *

Hofmann, Rud., Schulbibel. Biblische Geschichte u. Lehre in urkundl. Wort f. die höheren Abtheilgn. der evangel. Schule. 1. Hft. gr. 8. (192 S.) Dresden 874. Meinhold & Söhne. — 50

Hofmann, Rud., Schulbibel. Biblische Geschichte und Lehre in urkundl. Wort für die höheren Abtheilungen der evangel. Schule. 2 Thle. 2. Aufl. gr. 8. Dresden 877, Meinhold und Söhne. *
Inhalt:
Thl. 1. Der alte Bund. (VII, 724 S.) *M. 1,80.
" 2. Der neue Bund. (IV, 263 S.) * 70 Pf.

Hofmann, Rud., der strafrechtliche Schutz der schweizer. Eisenbahnen, s.a. **Abhandlungen** zum schweizer. Recht.

Hofmann, Rudolf. Der strafrechtliche Schutz der schweizerischen Eisenbahnen. VIII + 98 S. 8. Bern, Stämpfli & Cie., 1907.
Ausg. A: Diss. Jur. Bern.
Ausg. B: Von Dr. R' H' .... [fr. 2.40.] — **Abhandlungen** zum schweizerischen Recht, hrg. von Dr. Max Gmür, Professor .... Heft 19.

— Symbolik oder systematische Darstellung des symbolischen Lehrbegriffs der verschiedenen christlichen Kirchen und namhaften Sekten. Ebend. 857. gr. 8. (XVI, 550 S.) 3 ₰.

— zum System der praktischen Theologie. gr. 4. (38 S.) Leipzig 874. (Dürr'sche Buchh.) 1. 50

— die praktische Vorbildung zum höheren Schulamt auf der Universität. gr. 8. (43 S.) Leipzig 881, Edelmann. *

—— Was haben die Thränen in den Augen des Erlösers zu bedeuten? Predigt am 10. Sonntage nach Trinit. in der Universitätskirche zu Leipzig gehalten. gr. 8. (16 S.) Leipzig 869, Priber.

—— die Wiederkunft Christi und das Zeichen des Menschensohns am Himmel. (Matth. 24, 30.) Von der Commission der v. Ammon'schen Stiftung gekrönte Preisschrift. gr. 8. (64 S.) Leipzig 849, Voigt. *

Hofmann, Rudolf Hugo

Zur Feier des Reformationsfestes und des Überganges des Rectorats auf Dr. Wilhelm Wundt ladet hiermit ein der Rector der Universität Dr. Franz Hofmann durch den designierten Decan der theolog. Facultät D. Rudolph Hugo Hofmann. Rechtfertigung der Schule der Reformation gegen ungerechtfertigte Angriffe. Leipzig, Druck v. Alexander Edelmann, Univ. Buchdr., 1889; 2 Bl. + 53 S. 4°

Hofmann, Rud. Hugo. Rechtfertigung d. Schule der Reformation gegen ungerechtfertigte Angriffe. gr. 8. (53 S.) Lpz. 889, Edelmann. ** 1 30

Hofmann, Sam. Gli. I., († d. 10. März 1801.) Verzeichniß d. neuesten optischen Instrumente; nebst e. deutl. Anweis., wie sich diesen. zu verhalten haben, die sich zur Conservation ihrer Augen d. Lorgnetten u. Lünetten bedienen wollen. 8. Leipz. 800. Berf.

Hofmann, Siegfried: Die Stellung des deutschen Kaufmanns im Ausland, nach den deutschen Handels- u. Konsularverträgen. Nürnbg '03. 83 S. Jur. Diss. Erlangen.

Hofmann, Siegfried, aus Aschaffenburg, gepr. Rechtspraktikant in Erlangen: Die **Stellung** des deutschen Kaufmanns im Ausland, nach den deutschen Handels- und Konsularverträgen. *Nürnberg 1903: J. L. Stich.* (83 S.) 8°
Erlangen, Jur. Diss. v. [6. Febr.] 1903

Hofmann, Th., Haupt-Sach- u. Orts-Register zu den Gesetz- u. Verordnungsblättern d. Königr. Bayern, umfassend die Jahrgg. 1874 bis m. 1890. gr. 4. (IV, 180 S.) München 891. (J. Lindauer.) n.n. 5 50

Hofmann, Th., Register zu den Gesetz- u. Verordnungsblättern 1874 m. 1897 u. den Gesetzblättern, dann den Regierungsblättern der J. 1806 m. 1873. 4. (IV, 367 S.) München 899. (J. Lindauer.) n. 7.—; ermäß. Pr. n. 4.—

Hofmann, Th. Ph., s. Geschichte d. Könige v. Frankreich.

Hofmann, Theobald

Bauten des Herzogs Federigo di Montefeltro als Erstwerke der Hochrenaissance von Prof. Theobald **Hofmann,** Architekt. Als Ms. gedr. o. O. (1904). (219 Sp. bzw. S.) quer-4° [05. 791 3

Hofmann, Theob., Bauten des Herzogs Federigo di Montefeltro als Erstwerke der Hochrenaissance. (221 S. u. Sp. m. 451 Abbildgn.) qu. 4. Leipzig (906). (Gilbers.) Geb. n. 100. —

Raffael in seiner Bedeutung als Architekt von Theobald **Hofmann,** Architekt. *Zittau 1900: R. Menzel; [Dresden: Gilbers in Komm.].* (121 S.) 8° [03. 6781 2

Raffael in seiner Bedeutung als Architekt Von Prof. Theobald **Hofmann,** Architekt. Als Ms. gedr. (2. durchges. verm. u. num. Textaufl. 1.) Zittau 1908: Menzel; (Leipzig: Gilbers). quer-4° [11. 108

Hofmann, Theob., Raffael in seiner Bedeutung als Architekt. Hierzu als Einleitg. „Bauten des Herzogs Federigo di Montefeltro als Erstwerke der Hochrenaissance". 1904. 2. Bd. (Werdegang u. Besitzgn.) (150 Sp. m. Abbild. u. 60 Lichtdr.-Taf.) 33×48,5 cm. Zittau 909. Leipzig, Gilberts. In Mappe 80. —

— dasselbe. I. Villa Madama zu Rom. Grosse Staatspreis-Studie 1890—92. Im Original ausgezeichnet m. der goldenen Medaille auf der internationalen Raffael-Ausstellg. zu Urbino 1897. Für die Veröffentlichg. bearb. Auszug zu 50 Lichtdr.-Taf., durchgesehen v. Breitfeld. qu. gr. Fol. (47 S. Text.) Ebd. 900. In Mappe n.n. 60. —

Hofmann, Theodor [approb. Arzt aus Aidhausen] : Über die Dihydroxybenzole Brenzcatechin, Hydrochinon u. Resorcin und ihre Anwendung bei Gonnorhöe . . . Würzburg: P. Scheiner's Buchdr. 1885. 52 S. 8°
Würzburg, Med. Fak., Inaug.-Diss. v. 1885.

Hofmann, Theodor, über die Dihydroxybenzole Brenzcatechin, Hydrochinon und Resorcin und ihre Anwendung bei Gonorrhöe. Diss. Würzburg 1885, Stahelsche Univ.-Buchh. 8°. 52 S.

Hofmann, Theodor Die korachitischen Psalmen aus Saadias arabischer Übersetzung und Erklärung der Psalmen. 4 (S. 15 – 30 u. 8 S. arab. Text). Progr. Kgl. G. *Ehingen* 1891 (578).

Hofmann, Theodor [Prof.]: Die korachitischen Psalmen aus Saadias arabischer Übersetzung und Erklärung der Psalmen. Stuttgart, Druck d. J. B. Metzlerschen Buchdr., 1891; S. 15–30, 1–8; 4°
Ehingen, k. G, P 1891 (578)

Hofmann, Theod. Arabische Übersetzung und Erklärung des XXII. Psalms von R. Jepheth ben Eli Ha Baçri. Nach Handschriften veröffentlicht und ins Deutsche übersetzt. 21 S. *Ehingen* 1880.
Progr.

Hofmann, Thdr., arabische Übersetzung und Erklärung des 22. Psalms von R. Jepheth Ben Eli Ha-Baçri. Nach Handschriften veröffentlicht und ins Deutsche übers. gr. 4. (30 S.) Tübingen 880, (Fues.) *

Hofmann, Thomas, Anweisung // zur // Orthographie /// so fern dieselbe // auf eine genaue Unterscheidung // der // gleichlautenden Wörter // ankömmt, // Nach alphabetischer Ordnung, // In nützlichen und lustigen Exempeln, // Aus der Historie, Antiquitaet, Geographie, Reiche der // Natur und Morale, // Zum Gebrauche der Jugend // in den // Trivial=Schulen, // Die // unter der Anführung eines geschickten Lehrers // zu einer rechten Schreib=Art hierdurch gleichsam // spielend geleitet wird, // Ingleichen // für alle und iede, die etwas richtiger // zu schreiben begehren, // Verfertiget // von // M. Thomas Hofmann, // der Schule in Eilenburg Con-Rectore. // LEIPZIG, // Bey Wolffgang Deer, unter Hr. Joh. Schwabens // Hause in der Grimmschen Gasse. A. 1725. - 16 Blatt (nicht paginiert) Titelblatt, Widmung und Vorrede. - 502 S. und noch 61 Blatt (nicht paginiert) Register.
B. S. T. 8°.321.

s.a. Hoffmann.

Hofmann, Valentin (Lehrer des Bossirens) „Abbildung und Beschreibung des Modelles einer Wasserheb-Maschine der Londoner Industrie-Ausstellung 1851". pg. 3 – 8. 4°. Mit einer Tafel. Wailandt's Wittib.
Aschaffenburg, Progr. 1851/52

Hofmann, W.: Beschreibung der Erde nach ihrer natürlichen Beschaffenheit, s. Hoffmann.

Hofmann, W. Einleitung in die moderne Chemie. Braunschweig. 1866. dgl. 6. Auflage. Ebend., 1877.

Hofmann, W., Entlassungsreden, gehalten bei der halbjährigen Schlußfeier seiner Erziehungsanstalt. gr. 8. (16 S.) Wiesbaden 865, (Limbarth.)

Hofmann, W., methodischer Lehrgang für das Netz- und stigmographische Zeichnen. 4. (IV, 44 lithogr. S.) Berlin 882, (H. R. Mecklenburg.) *

— Rechenfibel für die Unterstufe. 8. (40 S.) Ebend. 882. n. — 25

Hofmann, W., Rechenfibel f. die Unterstufe. 12. (40 S. m. Abbildgn.) Berlin (899). H. Zitelmann. n. — 25

Hofmann, W., zwei Wege! Der eine nach dem Himmel — der andere nach der Hölle. Auf welchen von den zweien bist du? 8. (16 S.) Bonn 893. (J. Schergens.) n. — 10

Hofmann's, W., Berliner Zeichenschule. 1. u. 2. Thl. 4. Berlin 884. (H. R. Mecklenburg.) n. 1. 75
1. Netz- u. stigmographisches Zeichnen f. die Unterstufe. 2., verb. u. verm. Aufl. (IV, 48 lith. S.) n. — 75
2. Das freie Zeichnen f. die Mittelstufe. (III, 40 lith. S.) n. 1. —

— Berliner Zeichenschule. 2 Tle. 4. Ebd. (899.) n. 1.75
1. Netz- u. stigmographisches Zeichnen für die Unterstufe. 3. verb. Aufl. (IV, 48 S.) n. — 75
2. Das freie Zeichnen f. die Mittelstufe. (III, 40 S.) n. 1. —

Hofmann, W. N., der Beleuchtungskörper u. seine künstler. Ausschmückung. Für Bronze, Schmiedeeisen, Glas u. s. w. Eine Sammlg. v. zum Theil ausgeführten Arbeiten der hervorrag. kunstgewerbl. Ateliers in Wien. (1. Folge.) 50 Taf. in Lichtdr. gr. Fol. (III S. Text.) Wien (899). [M. Jaffé.] (E. Berté & Co.) In Mappe n. 100. —

Hofmann, W. N., das Ornament in d. Kunstschlosserei u. d. verw. Gewerben. Vorlagen f. Fach- u. Zeichenschulen u. d. prakt. Gebrauch f. Schlosser u. andere Kunstgewerbetreib. 25 Taf. in Lichtdr. u. Photolith., nebst e. Vorworte. gr. Fol. (1 Bl. Text.) Wien 895. M. Jaffé. In Mappe n. 25. —

— dasselbe. 2. Folge. 25 Taf. in Lichtdr. u. Photolith. gr. Fol. Ebd. 896. In Mappe n. 25. —

Hofmann, Walther von, aus Berlin: Zur Geschichte der päpstlichen Kanzlei vornehmlich in der zweiten Hälfte des 15. Jahrhunderts. Kap. 4: Die Praxis der Ämterbesetzung und ihre Folgen. (Borna-Leipzig: 1904: R. Noske.) (04 S.) 8°
(Soll vollst. erscheinen.)
Berlin, Phil. Diss. v. 9. Juli 1904.

Über Wesen und Rechtswirkungen der Bestellung eines Schriftwerks durch den Verleger. E. Beitr. z. Lehre vom Verlagsvertrag. Von Walther **Hofmann**, Dr. jur. *Gera: Th. Hofmann 1896.* (70 S.) 1 Bd 8.
[96. 30]

Hofmann, Wenzel

Hofmann, W., kritische Beleuchtung der beiden Grundbegriffe der Mechanik: Bewegung u. Trägheit u. daraus gezogene Folgerungen betreffs der Achsendrehung der Erde u. des Foucault'schen Pendelversuches. (43 S.) gr. 8. Wien 904. M. Kuppitsch Wwe. n. 2. —

Hofmann Wenzel: Kritische Bemerkungen zu einigen Fragen der analytischen Geometrie. 18. Wien I. R. 90
Progr.

— Das ebene Dreieck als specieller Fall des sphärischen. 16. ibd. 92
Progr.

— die unbestimmten Gleichungen. Eine neue Methode zur Auflösg. der unbestimmten Gleichgn. 1. Grades überhaupt u. e. eingeh. Betrachtg. der unbestimmten Gleichgn. m. drei u. mehr Unbekannten. (82 S.) gr. 8. Ebd. 902. n. 2. —

Hofmann, W., Die unbestimmten Gleichungen. 8°. (32 S.)
Wien: Kuppitsch 1904. K 2.40

Die unbestimmten Gleichungen. Eine neue Methode z. Auflösung d. unbestimmten Gleichungen 1. Grades überhaupt u. e. eingehende Betrachtung d. unbestimmten Gleichungen mit drei u. mehr Unbekannten. Von W[enzel] **Hofmann**, Prof. Wien: Selbstverl. 1902. 32 S. 8° A 11. 9748

Hofmann, Werner, Referendar: Der öffentliche Glaube des Handelsregisters. Heidelberg 1909: Rössler & Herbert. 61 S. 8°
Heidelberg, Jur. Diss. v. 18. Febr. 1909, Ref. Schröder
[Geb. 29. Mai 84 Bad Ems; Wohnort: Nassau a. L.; Staatsangeh.: Preußen; Vorbildung: Gymn. Koblenz Reife O. 04; Studium: Tübingen 4, Kiel 1, Berlin 1, Marburg 2 S.; Rig. 14. Dez. 08.]

Hofmann, Wilh.: Die Ansiedlung nassauischer Colonisten auf den südpreussischen Gütern des Erbprinzen Wilhelm von Oranien im Jahre 1799. *Bad Ems (1898): H. Ch. Sommer.* (47 S.) 4°
Bad Ems, RPG (in Umwandl. zu e. R begr.), OP 1898 (424)

Hofmann, Wilhelm, aus Meiningen: Ein Beitrag zur Kenntnis colloidaler Metallhydroxyde. *Heidelberg 1898: J. Hörning.* (32 S.) 8°
Heidelberg, Naturw.-math. Diss. v. [26. Nov.] 1898

Hofmann, Wilhelm, approb. Arzt: Ein Fall von primärer isolierter Tonsillartuberkulose. *Leipzig 1902: H. Georgi.* (18 S.) 8°
Leipzig, Med. Diss. v. (14. Apr.) 1902

Hofmann, Guilelmus [Rhenanus]: De iurandi apud Athenienses formulis .... Darmstadii, typ. G. Otto, 1886; 2 Bl. + 60 S. + 1 Bl. 8°.
Strassburg, Phil. Fak., Inaug. Diss. v. 1886.

Hofmann, Wilh., Peter Melander, Reichsgraf zu Holzappel. Ein Charakterbild aus der Zeit des 30jähr. Krieges, bearb. nach den Akten des Archivs zu Schloß Schaumburg. 8. (323 S.) München 882. Bibliographisch-artist. Institut. n. 4. --

Hofmann, Wilh., Peter Melander, Reichsgraf zu Holzappel. Ein Charakterbild aus der Zeit d. 30jähr. Krieges, bearb. nach den Akten d. Archivs zu Schloß Schaumburg. 2. Aufl. gr. 8. (823 S.) Leipzig 885. Unflad. n. 3. —

Hofmann, Wilhelm [aus Offenbach a. M.]: Über p-Nitroso und p-amido-phenyl-α-naphtylamin ... Erlangen, kgl. bayer. Hofbuchdr. v. A. Vollrath, 1895; 18 S., 1 Bl. 8.
Erlangen, Phil. Fak., Inaug.-Diss. v. 26. Juni 1895

Die Politik des Fürstbischofs von Würzburg und Bamberg Adam Friedrich Grafen von Seinsheim von 1756–1763. Ein Beitrag z. Geschichte d. Siebenjähr. Krieges. Nach archival. Quellen bearb. von Dr. Wilhelm **Hofmann**. *München: M. Rieger 1903.* (102 S.) 8° [03. 4038
München: Phil. Diss. von 1903.

Hofmann, Wilhelm [app. Arzt aus München]: Über combinirte Systemerkrankung des Rückenmarks ... München, Buchdr. v. M. Ernst, 1892; 27 S. 8.
München, Med. Fak., Inaug.-Diss. v. 1892

Hofmann, Guil. Franz. Sigism. Gust. (geb. Braunfels im Rheinl. 17. 9. 1835): De verborum Graecorum quae in formulas abierunt usu et natura. Berolini (1860). (60 S.) 8°.
Berlin, Phil. Diss. v. 30. Juli 1860

Hofmann, Wilhelm Theodor, und Hofmann, Agnes Ida: [Statut des Hofmann-Rathslebenschen Stipendiums am Realgymnasium zu Borna.] *Borna 1898: A. Reiche.* (S. 28.) 4°
Borna, st. RG, OP 1898 (574)

Hofmann, Wilhelmine, praktisches Kochbuch für einfache Haushaltungen. 8. (32 S.) Chemnitz 885, Hager.

Hofmann v. Asperburg, Jos., die Entstehung u. Entwicklung der österreichisch-ungarischen Monarchie, s.: Vorträge, volksthümliche.

Hofmann-Chappuis, Alb. v., die nachgelassene Correspondenz zwischen dem Herzog Eugen v. Württemberg u. dem Chef seines Stabes während der Kriegsjahre v. 1813 u. 1814, dem damaligen Obersten in russischen, u. späterhin General in preußischen Diensten, v. Hofmann, sowie e. skizzirtes Lebensbild d. Letzteren. gr. 8. (III, 128 S.) Cannstatt 883. Stehn. n. 2. 80

Hofmann-Chappuis, Alfred v., k. preuss. Oberstlieut. a. D. Die nachgelassene Correspondenz zwischen dem Herzog Eugen von Württemberg und dem Chef seines Stabes während der Kriegsjahre von 1813 und 1814, dem damaligen Obersten in russischen, und spätterhin General in preussischen Diensten, v. Hofmann, sowie ein skizzirtes Lebensbild des Letzteren. gr. 8. Cannstatt 1883.

Hofmann von Donnersberg, A. Geschichte des k. u. k. Inf.-Reg. Nr. 61. 1798–1892. Mit Portr. Wien 1892. 484 S.

Hofmann Edler von **Hofmannsthal** Hugo: Ueber den Sprachgebrauch bei den Dichtern der Plejade. H. 1898 PN 1135 **Diss.** Wien Univ. 2243

(Hofmann von Hofmannsthal, Ignaz): Bericht über das Wiener-Israelitenspital vom Jahre 1843, 1844, 1845. Bd 1 - 3, gbd., Abb.

Wien: {Bd 1-2: typ.v.Schmid & Busch 1843 - 1844
Bd 3: typ.v.Schmid 1845}

JB 5.414

Hofmann von Hofmannsthal, Ig(naz): Die Caruba di Giudea gegen Lungendampf und andere Brustkrankheiten. 24 S., gbd., 1 Taf.

Wien: typ.PP.Mechitaristen 1842

Hofmann Edler v. Hofmannsthal, Ign., die Caruba di Giudea gegen Lungendampf u. and. Brustkrankheiten, naturhistor. u. medizin. bearb. — Im Auszuge vorgetragen am 15. Mai 1840 in der k. k. Gesellschaft der Aerzte in Wien. Nebst 1 lithogr. Abbild. gr. Lex. 8. Wien 843. (Gerold.) n. 1/3 ₰ — illum. n. 1/2 ₰

Hofmann (von Hofmannsthal), Ignaz: Genius morborum epidemicus anno MDCCCXXXII Vindobonae observatus haustus ex observationibus in nosocomio C.R.Universitatis Viennensi institutis. Accedunt (= Pars secunda) historiae morborum notatu digniores hoc anno ibidem in divisione quinta medica tractatorum. 164 S., gbd.

Vindobonae: typ.Congregatio Mechitaristica 1833

JB 5.144

Hofmann, Ign., Genius morbor. epidemicus an. MDCCCXXXII Vindobonae observatus haustus ex observationibus in nosocomio C. R. universali Viennensi institutis. Acced. histor. morbor. notatu digniores hoc an. ibidem in divisione quinta medica tractator. C. XII tab. litho impressis. Lex.-8. (11¼ B. u. 2 Tab. gr. 4.) Vindobonae 833, (Gerold.)

(Hofmann) von Hofmannsthal, Ignaz: Statuten des Israelitischen Gemeindespitals in Triest. Aus dem Italienischen übers. 39 S., gbd.

Wien: typ.Strauß & Sommer 1843

JB 5.386

Hofmann v. Hofmannswaldau, Christian, s. Hofman v. Hofmannswaldau

Hofmann-Oedenkoven, Ida, Wie gelangen wir Frauen zu harmonischen und gesunden Daseinsbedingungen? Offener Brief an die Verfasserin von „Eine Mutter für Viele“.

Hofmann-Oedenkoven, Ida, Wie gelangen wir Frauen zu harmonischen und gesunden Daseinsbedingungen? Offener Brief an die Verfasserin von „Eine Mutter für Viele“. 15 S. 8. Ascona ... Selbstverlag; ... C. ... Schmidt, ... 1902.

... Aloïs Blumauer. Literargeschichte ... Zeitalter der Aufklärung. gr. 8.

... von Wellenhof Paul: Michael Denis. Ein Beitrag zur deutschen Literaturgeschichte des 18. Jahrh.
... PN ... 11

Hofmann-Wellenhof, P. v., Michael Denis. Ein Beitrag zur deutsch-österreich. Literaturgeschichte des XVIII. Jahrh. gr. 8. (VIII, 379 S.) Innsbruck 881. Wagner. n. 6. 40

Hofmann v. Wellenhof, Paul, die Feldverpflegung im ... Heere. Dargestellt nach den Erfahrungen im Feldzuge 1870—71 u. im Vergleiche zu unseren Einrichtungen. gr. 8. (65 S.) Wien 878. Seidel & Sohn. n. 1. 20

... des Arminius-Cultus ... Abhandlung. ... (Schluss.) 8. (12 S.) Progr. Landes-Oberrealsch. Graz 1887. 1888.

Hofmann-Wellenhof, Paul v. [† Christophorus Treumund], ...

— Shakespeare's „Pericles“ and George Lillo's „Marina“. ... (21 S.) Wien ..., Pichler's Wwe. und Sohn. *

Hofmann v. Wellenhof, P., Steiermark, Kärnten, Krain ... Deutschtum. 8. Hft.

Hofmann v. Wellenhof Paul: Steiermark, Kärnten, ... Von Dr. P[aul] Hofmann v. Wellenhof. ... München: J. F. Lehmann 1899. ... Deutschtum. H. 8.

... von Wellenhof Viktor: Dr. Johann Hindubeck, sein Leben und seine Schriften.
... Diss. Wien Univ. 730

Hofmann v. Wellenhof, Vikt., s. Katalog der Bibliothek des k.k. Finanz-Ministeriums. Bd. 2.

Hofmann v. Wellenhof, Vikt., der Winterpalast des Prinzen Eugen v. Savoyen, jetzt k. k. Finanzministerium in Wien. (40 S. m. Abbildgn. u. 7 Taf.) 4. Wien (905) (Hof- u. Staatsdruckerei.) n. 5. —

Hofmannsegg, Johann Centurius von, ... von Hoffmansegg.

...; Ehrenkodex f. Duellgegner, ... des „Ehrenkodex“ v. ... v. Otto Herschmann u. e. ... Ehrenrat-Instruktion der ... Anti-Duell-Liga (Verein zur Verbesserg. des Ehrenschutzes). (XVII, 116 S.) kl. 8. Wien 910. ... 2. —

— Prüfungs-Fragen u. -Antworten aus dem österreichischen Wechsel- u. Scheckrecht. Unter Berücksicht. der Werke v. C. S. Grünhut u. anderen Autoren, sowie der einschläg. Entscheidgn. des Obersten Gerichtshofes. (VII, 92 S.) kl. 8. Ebd. 907. 1. 25

Hofmannsthal, Hugo v. (geb. zu Wien, ... 1874). Der Abenteurer und die Sängerin oder die Geschenke des Lebens. In einem Aufzug, mit einer Verwandlung. (In: Theater in Versen.) Berlin, S. Fischer, 1899.

Hofmannsthal, Hugo v., der Abenteurer u. die Sängerin od. Die Geschenke des Lebens. Ein Gedicht in 2 Aufzügen. (2. Ausg. [5.—6. Aufl.]) (155 S.) kl. 8. Berlin 909. S. Fischer, Verl. 3.—; geb. n 4.—

Hofmannsthal, Hugo v., kleine Dramen. (Das Bergwerk zu Falun. Der Kaiser u. die Hexe. Das kleine Welttheater.) (132 S.) 8. Leipzig 906. Insel-Verlag. n. 4.—; geb. in Halbperg. n. 6.—

— Kleine Dramen. 2 Bde. (128 u. 139 S.) 8. Leipzig 907. Insel-Verlag. 8.—; geb. in Halbperg. 12.—

— Elektra. Tragödie in 1 Aufzug. 1.—7. Aufl. (à 94 S.) 8. Berlin 904—906. S. Fischer, Verl. n. 2.—; geb. n.n. 3.—

Elektra. Tragödie in 1 Aufzug von Hugo v. Hofmannsthal. 4. Aufl. *Berlin: S. Fischer 1904.* (93 S.) 8°

— Elektra. Tragödie in 1 Aufzuge. 8.—11. Aufl. (94 S.) kl. 8. Berlin 909. S. Fischer, Verl. 2.—

— dasselbe, s.a. Strauss, Rich.

— Der weisse Fächer. Ein Zwischenspiel. Mit 4 Holzschn. v. Edward Gordon Craig. (24 S.) 35×25,5 cm. Leipzig 907. Insel-Verlag. Auf Büttenpap., geb. in Halbperg. 20.—; auf Japanpap., geb. in Brokat 50.—

Hofmannsthal, Hugo v., die Frau im Fenster. — Die Hochzeit der Sobeide. — Der Abenteurer u. die Sängerin. Theater in Versen. 8. (260 S.) Berlin 899. S. Fischer, Verl. n. 3.50; geb. n. 5.—

— Die Frau im Fenster. Ein Gedicht. (2. Ausg. [5. Aufl.]) (49 S.) kl. 8. Berlin 909. S. Fischer, Verl. 1.—; geb. n 2.—

— ausgewählte Gedichte. 2. Ausg. (59 S.) gr. 8. Berlin 904. (K. Schnabel.) Kart. n. 6.—; erhöhter Preis erst 8.—; jetzt n. 13.50

— Die gesammelten Gedichte. (2. u. 3. Aufl.) (102 S.) 8. Leipzig 907. 09. Insel-Verl. 4.—; geb. in Halbperg. 6.—

Hugo v. Hofmannsthal. Die gesammelten Gedichte. 3. Aufl. Leipzig: Insel-Verl. 1910. 102 S. 8°

Gestern. Studie in 1 Akt, in Reimen von Théophil Morren [d. i. Hugo v. Hofmannsthal]. Leipzig: J. Klinkhardt [1892]. (47 S.) 8°

— Gestern. Dramatische Studie in 1 Akt in Versen. 2. Aufl. (57 S.) 8. Berlin 904. S. Fischer, Verl. n. 1.25; geb. n.n. 2.—

— Gestern. Dramatische Studie in 1 Akt in Versen. 3. Aufl. (57 S.) kl. 8. Berlin 909. S. Fischer, Verl. 1.—; geb. n 2.—

— Cristinas Heimreise. Komödie. 1.—3. Aufl. (219 S.) kl. 8. Ebd. 910. 3.—; geb. in Halbperg. n 4.—

— s.: Hesperus.

— Die Hochzeit der Sobeide. Dramatisches Gedicht. (2. Ausg. [5.—6. Aufl.]) (118 S.) kl. 8. Berlin 909. S. Fischer, Verl. 2.—; geb. n 3.—

— Victor Hugo, s.a. Dichtung, die, 3. Bd.

Hofmannsthal, Hugo von: Victor Hugo. Von —. Berlin & Leipzig: Schuster & Loeffler [1904]. (78 S.) 8°
= Dichtung, Die. Bd 3.

— der Kaiser u. die Hexe. Mit Zeichngn. v. Heinr. Vogeler-Worpswede. 4. (59 S. m. farb. Titel u. 1 Farbdr.) Berlin 900. Leipzig, Insel-Verlag. Geb. in Schweinsldr. n. 30.—

— das Märchen der 672. Nacht u. andere Erzählungen, s.a. Bibliothek moderner deutscher Autoren. 2. Bd.

Hugo v. Hofmannsthal. Das Märchen der 672. Nacht u. andere Erzählungen. Umschl. von Walter Hampel. Wien & Leipzig: Wiener Verl. [1905]. 123 S. 8°
(Bibliothek moderner deutscher Autoren. Bd 2.)

— s.: Morgen.

— König Ödipus, s.: Sophokles.

Ödipus und die Sphinx. Tragödie in 3 Aufz. von Hugo v. Hofmannsthal. 2. Aufl. Berlin: S. Fischer 1906. (179 S.) 8°

— Oedipus u. die Sphinx. Tragödie in 3 Aufzügen. 5. Aufl. (176 S.) kl. 8. Berlin 906. S. Fischer, Verl. n. 3.—; geb. n.n. 4.—; in Perg. n.n. 6.—
3. u. 4. Aufl. (à 180 S.) 906.

— Prosaische Schriften, gesammelt in 4 Bdn. 1. u. 2. Bd. (145 u. VI, 187 S.) 8. Berlin 907. S. Fischer, Verl. 3.—; geb. à n 4.—

— Theater in Versen. Die Frau im Fenster. Die Hochzeit der Sobeide. Der Abenteurer u. die Sängerin. 2. Aufl. 8. (260 S.) Berlin 899. S. Fischer, Verl. n. 3.50; geb. n. 5.—

— der Tod des Tizian. Ein dramat. Fragment. Geschrieben 1892. Aufgeführt als Totenfeier f. Arnold Boecklin im Künstlerhause zu München den 14. II. 1901. gr. 8. (22 S.) Berlin 901. [Schuster & Loeffler.] Leipzig, Insel-Verlag. Geb. n. 1.—

Hofmannsthal, Hugo von. Der Tod des Tizian. Ein dramatisches Fragment geschrieben 1892. Aufgeführt als Totenfeier für Arnold Böcklin in München. (2. Aufl.) 33 S. 8. (Leipzig, Insel-Verlag, 1904.) [M. 1.—]

— der Tod des Tizian. Ein dramat. Fragment. Geschrieben 1892. Aufgeführt als Totenfeier f. Arnold Böcklin in München. (3. Aufl.) (31 S.) kl. 8. Leipzig (906). Insel-Verlag. n. 1.—; geb. n. 1.50
2. Aufl. (33 S.) 904. n. 1.—; geb. n. 1.50.

— Der Tod des Tizian. Ein dramat. Fragment. Geschrieben 1892. Aufgeführt als Totenfeier f. Arnold Böcklin in München. 4. Aufl. (31 S.) kl. 8. Leipzig 908. Insel-Verlag. 1.—; geb. 1.80

— der Thor u. der Tod. 2. Aufl. 8. (40 S.) Berlin 900. Schuster & Loeffler. Geb. n. 3.—

Der Thor und der Tod von Hugo v. Hofmannsthal. (3. Aufl.) *Berlin: Schuster & Loeffler 1901* (39 S.) 8°

Hofmannsthal, Hugo v.: Der Thor und der Tod von —. Leipzig: Insel-Verl. 1901. (39 S.) 8°

— der Tor u. der Tod. 5. u. 6. Aufl. (à 44 S.) kl. 8. Ebd. 904. 906. n. 2.—; geb. in Halbperg. n. 3.—; in Ldr. n. 3.50

— Der Tor u. der Tod. 8. Aufl. (38 S.) kl. 8. Ebd. 908. 2.—; geb. 3.—

— Unterhaltungen üb. literarische Gegenstände, s.a. Literatur, die, 1. Bd.

Hofmannsthal, Hugo v.: Unterhaltungen über literarische Gegenstände von . Mit 2 Heliograv., 10 Vollbild. u. vielen Vignetten. Berlin: Bard, Marquardt & Co. [1904]. (V, 64 S.) 8°
= Literatur, Die. Bd 1.

— das gerettete Venedig. Trauerspiel in 5 Aufzügen. (Nach dem Stoffe e. alten Trauerspiels v. Thomas Otway.) 1—3. Aufl. (à 235 S.) 8. Berlin 905. S. Fischer, Verl. n. 3. —; geb. in Leinw. n.n. 4. —; in Perg. n. 5. 60

— Vorspiele. (42 S.) kl. 8. Ebd. 908. 2.—; in Pappbd. 3. —

— das kleine Welttheater od. die Glücklichen. (37 S.) gr. 8. Leipzig 903. Insel-Verlag. Geb. in Perg. n. 8. —

Oppenheimer. — Hofmannsthal, Dr. J. v. — Samuel ..... der Römisch kaiserl. Majestät Leopold I. Ober-Kriegs- und Hoffactor, Gründer des Wiener Israelitenspitales im Jahre 1698. Eine biographische Skizze. 8. Wien 1849.

Hofmannsthal, O. Edler v., Handbuch d. Block Tarott. 2. Aufl. 8. (40 S.) Wien 889. (Leipzig, Literar. Anstalt [Aug. Schulze].) Verklebt. n. 1. 40

Hofmanowa, Klementyne, s. Hoffmanowa.

Hofmansegg, Johann Centurias von, s. Hoffmann von Hoffmansegg.

Hofmanswaldau, Christian Hofmann v., s. Hofman v. Hofmannswaldau

Hofmarschall, an einen Deutschen, ein Deutscher Bürger (J. C. C. v. Springer). 8. Leipz. 774. Hartknoch. 16 kr

Hofmayer, K., s.: Normal-Liedersammlung.

Hofmeier, Gustav

Hofmeier, G. (Hrsg.), s. Anzeiger, Evangelisch-kirchlicher, v. Berlin. Jge. 7.8.

Hofmeier, die Bibel ist Gottes Wort. In welchem Zeitpunkt u. in welcher Weise ist bei dem Katechismusunterricht der Konfirmanden diese Lehre zu behandeln? 8. (28 S.) Kropp 889. Buchhandlg. „Eben-Ezer". n. — 20

Hofmeier, G., meine Entlassung aus dem lutherischen Pfarramte in Straupitz. Ein Beitrag zur Beantwortung der Frage: Ob die lutherische Kirche unter landesherrlicher Kirchengewalt in Preußen noch zu Recht bestehen soll? Actenmäßig dargestellt. Berlin 863. Rauh. gr. 8. (IV, 83 S.) n. 18 ngr.

Hofmeier, G., Erklärung d. kleinen Katechismus Martin Luther's in Frage u. Antwort f. den Schul- u. Konfirmanden-Unterricht. 8. (VII, 196 S.) Kropp 892. Buchh. „Eben-Ezer". n. 1. 20

— ganz Israel wird selig werden. Unser Glaube an die Auferstehg. d. Fleisches. Zwei Aufsätze. [Aus: „Neue Luther. Kirchenzeitg."] 8. (24 u. 11 S.) Kropp 890. Buchhandlg. „Eben-Ezer". n. — 30

— die Höllenfahrt Christi im Katechismusunterricht. [Aus: „Mecklenburg. Kirchen- und Zeitblatt".] gr. 8. (16 S.) Lübeck 889. Schmersahl. n. — 30

Hofmeier, Gust., Ihm sei Ehre in Ewigkeit! Predigt am Jünglingsbundesfest in der St. Nicolai-Kirche zu Potsdam am Trinitatisfestabend 1860 gehalten. gr. 8. (15 S.) Berlin 860, (W. Schultze.) * *

— die kirchlichen Introiten in kurzen Ansprachen und Betrachtungen, zum Verständniß ihres Zusammenhanges mit den Perikopen u. mit der Idee der Sonn- u. Festtage, erläutert. Die festliche Hälfte des Kirchenjahres. Im Anh.: Abschiedsvortrag, gehalten den 23. Sept. 1857. Ebend. 857. 8. (120 S.) n. 10 ngr.

Hofmeier, Gust., Aus den evangelischen Jünglings-Vereinen des Oestlichen Bundes. Berlin 857. W. Schultze. 8. (56 S.) n. 2 ngr.

Hofmeier, Gustav, aus Nürnberg: Ueber anorganische Kryptoide und Kolloide. Erlangen 1904: E. Th. Jacob. (85 S.) 8°
Erlangen, Phil. Fak., Ref. Fischer, Diss. v. 24. Juni 1904
[Geb. 25. Jan. 78 Nürnberg; Wohnort: Nürnberg; Staatsangeh.: Bayern; Vorbildung: Altes (Melanchthon-)Gymn. Nürnberg Reife 96; Studium: Erlangen 7 S.; Rig. 24. Juni 04.]

Hofmeier, Gust., lasset uns bleiben auf dem Wege nach Jerusalem! Predigt über 1. Cor. 13. am Sonntage Esto mihi 1877 in der St. Jacobi-Kirche zu Lübeck geh. gr. 8. (20 S.) Lübeck 877. Grautoff. n. — 30

— geistliche, liebliche Lieder, s.a. Lieder, geistliche.

— geistliche, liebliche Lieder, nebst Volks- und Vaterlandsliedern. Liederbuch für die Evangelischen Jünglings-Vereine des Oestlichen Bundes. 2. verm. Aufl. Ebend. 857. 8. (96 S.) n. 7½ ngr.

— die heiligen Sacramente. Predigten, geh. in den Katechismusgottesdiensten zu St. Marien in Lübeck. 1. u. 2. Abth. 8. Bremen 879. 80. Müller. n. 3. 80
1. Das Sacrament der heil. Taufe. (VIII, 138 S.) n. 2. —
2. Das Sakrament des Altars. Ein Beicht- u. Kommunionbuch. (V, 181 S.) n. 1. 80

— Singet dem Herrn! Lieder für Schule und Haus. gr. 16. (48 S.) Berlin 859, W. Schultze. * *

Hofmeier Karl: Der Einfluß des genealogischen Momentes auf die Tronfolge im Chalifate bis zum Untergang des Umaijadenreiches.
1909 PN 2725 Diss. Innsbruck. Univ. 2907

Hofmeier, Car. (Frid.) (geb. Merseburg 7. 7. 1822): De metritide chronica eiusque exitu. Berolini (1845). (38 S.) 8°
Berlin, Med. Diss. v. 13. Sept. 1845

Hofmeier, Max

Hofmeier (I.). Zur Behandlung u. Heilung der Carcinoma uteri. gr. 8. (1 S.) Würzb. 891, Stahel. * — 20
Aus: Sitzungsber. d. Würzb. phys.-med. Gesellsch., besonders abgedruckt.

Hofmeier, M., Beiträge zur Anatomie d. schwangeren u. kreissenden Uterus, s.: Benckiser, A.

— anatomische u. klinische Beiträge zur Lehre von der ektopischen Schwangerschaft. [Aus: „Verhandlgn. d. physikal-medicin. Gesellsch. zu Würzburg".] gr. 8. (32 S. m. 6 Abbildgn. u. 1 Doppeltaf.) Ebd. 894. n. 1. 60

Hofmeier, Max, Dr., ö. o. Prof. d. Geburtshilfe u. Gynäkologie, z. Z. Rektor d. Univ.: Die Entwickelung der deutschen geburtshülflichen Unterrichtsanstalten in ihrem Verhältnis zum Puerperalfieber im 19ten Jahrhundert. (Enthält ausserdem: Chronik.) *Würzburg 1900: H. Stürtz.* (35 S.) 4°
Würzburg, Festrede zur Feier d. 318j. Bestehens d. Univ. 1900

— Gedächtnissrede auf Karl Schroeder, geh. beim Wiederbeginn der Klinik am 14. Febr. 1887. [Aus: „Deutsche med. Wochenschr."] gr. 8. (8 S.) Leipzig 887. G. Thieme. n. — 50

Hofmeier, M., die Gelbsucht der Neugeborenen. Eine klinisch-physiolog. Studie. Mit 2 (lith.) Kurventaf. gr. 8. (69 S.) Stuttgart 882. Enke. n. 2. —

— Grundriss der gynäkologischen Operationen. Mit 134 Holzschn. gr. 8. (X, 362 S.) Wien 888. Deuticke. n. 9. —

— Grundriss der gynäkologischen Operationen. 2., vielfach verm. Aufl. gr. 8. (XIX, 381 S. m. 148 Holzschn.) Wien 892. F. Deuticke. n. 10. —

Hofmeier, M., Grundriss d. gynäkologischen Operationen. 3., vielfach verm. u. umgearb. Aufl. Mit 153 Holzschn. gr. 8. (XI, 468 S.) Wien 898. F. Deuticke. n. 12. —

Hofmeier, M., Grundriss der gynäkologischen Operationen. 4., vollkommen umgearb. u. vielfach verm. Aufl. (XII, 580 S. m. 234 Abbildgn. u. 2 Taf.) Lex.-8. Wien 906. F. Deuticke. n. 15. —

Hofmeier, M., die Grundsätze der med. Behandlung d. Fibromyome des Uterus, s.: Abhandlungen, Würzburger, a. d. Gesamtgebiet der prakt. Medizin. II. 10.

Handbuch der Frauenkrankheiten von M[ax] Hofmeier, Prof., Würzburg. Zugleich als 13. Aufl. d. Handbuches d. Krankheiten d. weibl. Geschlechtsorgane von Karl Schroeder. Mit 182 Abb. im Text u. 5 Taf. *Leipzig: F. C. W. Vogel 1901.* (XII, 660 S.) 8° 1901. 5107 10

Hofmeier, M., Handbuch der Frauenkrankheiten. Zugleich als 14. Aufl. des Handbuches der Krankheiten der weibl. Geschlechtsorgane v. Karl Schroeder. (XVI, 616 S. m. 268 Abbildgn. u. 10 Taf.) Lex. 8. Leipzig 908. F. C. W. Vogel. 14.—; geb. 16. —

— Handbuch d. Krankheiten d. weibl. Geschlechtsorgane, s.: Schroeder, Carl.

Hofmeier, M., die Myotomie. Dargestellt an 100 in der kgl. Universitäts-Frauenklinik zu Berlin ausgeführten Operationen. Mit 28 in den Text gedr. Holzschn. gr. 8. (VII, 112 S.) Stuttgart 884. Enke. n. 4. —

— die menschliche Placenta. Beiträge zur normalen u. patholog. Anatomie derselben. Hrsg. unter Mitarbeit v. G. Klein und P. Steffeck. gr. 8. (XI, 168 S. m. 17 eingedr. Fig. u. 10 lith. Taf. nebst 10 Bl. Erklärgn.) Wiesbaden 890. Bergmann. n. 15. —

Hofmeier, M., s.: Universitäts-Frauenklinik, die kgl., in Würzburg 1889—1903.

— Unterrichts-Tafeln f. den gynäkologischen Unterricht. 15 (farb.) Taf. 100,5×79 cm. Nebst Vorwort. (III S.) 31,5×24 cm. Wiesbaden 909. J. F. Bergmann. In Mappe 64. —

— s.: Verhandlungen d. deutschen Gesellschaft f. Gynäkologie.

Hofmeier, M., d. Verhütg. d. Kindbettfiebers in d. geburtshilflichen Unterrichtsanstalten, s.a. Sammlung klin. Vorträge.

Die Verhütung des Kindbettfiebers in den geburtshilflichen Unterrichtsanstalten. Von M[ax] Hofmeier (Würzburg). *Leipzig: Breitkopf & Härtel 1897.* (32 S.) 8.
— Sammlung klinischer Vorträge. N. F. No 177. 1897. 4044

— s.: Zeitschrift f. Geburtshülfe u. Gynäkologie.

Hofmeister, der, eine moral. Schrift. 3 Bde. 8. Kopenhag. 751. Pelt. 3 ℳ

Hofmeister, Der, oder Vortheile der Privaterziehung. Eine Komödie. Leipzig 1774. V: *Lenz, Jacob Michael Reinhold.* (Ky) (Mn) (R-N) (GGr) (BrMm)

— der, oder Vortheile der Privaterziehung. Comödie (v. J. M. R. Lenz). 8. Leipz. 774. Weygand. 8 gℓ

— über die, (v. Grafen Frz. J. v. Kinsky). Ein Nachtrag zu d. Erinnerung über Böhmen. 8. Prag 776. Gerle. 6 gℓ

— die, Schausp. in 5 A. für Eltern und Erzieher, v. Fabre d'Eglantine, frey übers. v. Frau von Kotzebue. 8. Leipzig, Kummer. 801.

Hofmeister, der, od. d. Monument im Mühlenthale. Eine Familiengesch. v. C. A. S—Röder. 3 Thle. 8. (44½ B.) Leipzig 830, Glück. 3 Thlr.

Hofmeister, Der, nach der Mode; ein Lustspiel. 1762. V: *Richter, Christoph Gottlieb* [?]. (ML) (Ky) (BrMm)

(Hofmeister, Bischof Nikolaus II. von Konstanz, verschied 1344.) Njbl. s. [Usteri, Johann Caspar].

Hofmeister

— s. a. **Hoffmeister.**

(Hofmeister,) das Dutzend Pferdezüchtungs-Glaubensartikel, s. Pferdezüchtungs-Glaubensartikel.

Hofmeister, Telemach. Schspl. in 2 A. 8. Passau 800. Ambrosi. 4 gℓ

Hofmeister, Ado. (I.), Ronneburger Blätter z. Belehr. u. Unterhalt. üb. Literatur, Kunst, Gewerbe, Handel rc. 1—5. Jahrg. 1838—42, à 104 Nrn. (½ Bog.) gr. 4. Altenburg. (Leipzig, Brauns.) à **

Hofmeister, (in Altenburg,) Ad., Ronneburger Blätter zur Belehrung u. Unterhaltung über Literatur, Kunst, Gewerbe, Handel rc. 5. u. 6. Jahrg. 1842, 1843. à 104 Nummern. (½ Bogen.) gr. 4. Altenburg, Helbig. à baar 1½ ℳ

Hofmeister, Ad., d. Fabrikat. d. Alauns, so wie d. Handel mit dies. Produkte u. die über ihn erschienene Literatur. Nach den besten Quellen, neuesten Forschungen u. Entdeckungen dargest. zum Gebrauch für Techniker, Künstler und Professionisten, ganz besonders aber für Besitzer von Alaunwerken, Färber, Kaufleute rc. Mit Abbildg. 8. Leipzig 840. Hinrichs. 1/3 ℛ︀

— die Fabrikation der weichen Seife, wie d. grünen, schwarzen, braunen rc., nebst Angabe des damit getriebenen Handels u. der darüber erschienenen Schriften. Zur Benutzung f. Seifensieder, Land- und Hauswirthe, Hausmütter rc. abgehandelt. 8. Leipzig 842, Theile. 1/3 ℛ︀

Hofmeister, Adph., über Gebrauch und Bedeutung des Jota demonstrativum bei den attischen Rednern. Inaugural-Dissertation. gr. 8. (48 S.) Halle 877. (Gera, Griesbach's Verlag.) *

Hofmeister, A., Die Gerichtsscene im Schilde d. Achill, Ilias XVIII. 497—508. S.-A. 1879. 11 S. 1.—

Hofmeister, Adolph, Handbuch der musikalischen Literatur, s.a. Handbuch.

Hofmeister, Adolf: Handbuch der musikal. Literatur, s.a. Hofmeister, Friedrich

Hofmeister, Ado., Handbuch d. musikal. Literatur, s.a. Whistling, C. F.

Hofmeister, Ad. (I.), Handbuch der musikal. Literatur, s.a. Whistling, C. J.

Hofmeister, Ado. (II.), Handbuch d. musikal. Literatur, od. allgem. systemat. geordn. Verzeichniss gedruckter Musikalien, auch musikal. Schriften u. Abbildn. mit Anzeige d. Verleger u. Preise. 3. Ergänzungsbd. (zu C. F. Whistling's Handb. d. musik. Lit.), die v. Jan. 1834 bis z. Ende d. Jahres 1838 neu erschien. u. neu aufgelegten musikal. Werke enthalt. gr. 8. (26 B.) Leipzig 839, Hofmeister. 1 1/2 Thlr., Schrbp.

Whistling, Handbuch etc., nebst 1. u. 2. Bd. Ergänz. Ebendas. 1828—34. 7 Thlr. 12 Gr., Schrbp. 10 Thlr.

[Hofmeister]. C. F. Whistling's Handbuch der musikalischen Literatur. Dritte, bis zum Anfang des Jahres 1844 ergänzte Auflage. Bearbeitet und herausgegeben von Adolph Hofmeister. Theil 1–3. Leipzig 1844. 1844. 1845. (Dazu 7 Ergänzungsbände.)

Hofmeister, Ad., u. C. F. Whistling, Handbuch der musikalischen Literatur oder allgemeines systematisch-geordnetes Verzeichniss der in Deutschland und den angrenzenden Ländern gedruckten Musikalien, auch musikalischen Schriften und Abbildungen ... 3. ... Aufl. Th. 1—6. u. Erg.-Bd. 1. (2. 3.) Leipzig 1844—69. gr. Lex.-8. (D. z. T.)

[Vierter Band oder] Erster Ergänzungsband. Die vom Januar 1844 bis Ende des Jahres 1851 neu erschienenen und neu aufgelegten musikalischen Werke enthaltend. Leipzig 1852.

Hofmeister, Adph., Handbuch der musikalischen Literatur oder allgemeines systematisch geordnetes Verzeichniss der in Deutschland u. in den angrenzenden Ländern erschienenen Musikalien, auch musikalischen Schriften, Abbildungen u. plastischen Darstellungen mit Anzeige der Verleger u. Preise. 5. Bd. oder 2. Ergänzungsbd. Die von Anfang 1852 bis Ende 1859 neu erschienenen u. neu aufgelegten musikalischen Werke enthaltend. Leipzig 860. Hofmeister. 1. (VI, 470 S.) n. 5 ℛ︀; Schreibpap. n. 7 ℛ︀ 15 ngr

Sechster Band oder dritter Ergänzungsband. Die von Anfang 1860 bis Ende 1867 ..... Werke enthaltend. Leipzig 1868.

— der Heinrichs-Tag. 12. Juli 1843. Gedicht z. Feier d. Namenstages S. Durchlauchtigen [illegible] Reuß gr. 4. Ronneburg 843, Hofmeister. [illegible]

Hofmeister, Adolph, der Heinrichs-Tag. 12. Juli. Gedicht zur Feier des Namenstages der Fürsten und Herren Reuß. 3. Aufl. gr. 4. (4 S.) Ronneburg 847, Hofmeister. n. 1/12 ℛ︀

Hofmeister, Adf., die heilige Lanze e. Abzeichen des alten Reiches, s.a. Untersuchungen zur deutschen Staats- u. Rechtsgeschichte. 96. Heft.

Die heilige Lanze ein Abzeichen des alten Reichs von Adolf Hofmeister. Breslau: M. & H. Marcus 1908. (XI, 86 S.) 8°
= Untersuchungen z. Deutschen Staats- u. Rechtsgeschichte. H. 96. [illegible]

Hofmeister, Adolf, a. Rostock in Mecklenburg: Markgrafen und Markgrafschaften im italischen Königreich in der Zeit von Karl dem Großen bis auf Otto den Großen (774—962). Allgemeiner Teil, Kap. 1—3. [Umschlagt.:] Innsbruck: Selbstverl. (1905). 1906. 32 S. 8° *(Ersch. vollst. in: Mitteilungen des Institutes für österreichische Geschichtsforschung, Erg. Bd 7, H. 2.)
Berlin, Phil. Fak., Ref. Schäfer. Tag. d. Diss. v. 5. Aug. 1905
[Geb. 9. Aug. 83 Rostock; Heimatsort: Steglitz; Staatsangeh.: Mecklenburg; Vorbildung: Gymn. Rostock Reife [illegible]; Studium: Rostock 2, Halle 1, Berlin [illegible] S.; Rig. 23. Febr. 05.]

Hofmeister, Adph., s.: Matrikel, die, d. Universität Rostock.

—— musikalisch-literarischer Monatsbericht, s.a. Monatsbericht, musikalisch-literarischer.

— Musikalisch-literarischer Monatsbericht neuer Musikalien, musikalischer Schriften und Abbildungen. Als Fortsetzung des Handbuchs der musikalischen Literatur. Leipzig 1829. 1830. 1831—1840. 1845—1892. 1894 ff.

Hofmeister, Adph., das Schloß Osterstein, die Residenz der Reußen Fürsten bei Gera. Culturhistor. Beiträge zur Charakteristik der Gegenwart nebst fernerer öffentl. Antwort für Freund u. Feind auf fortgesetzte öffentl. Verfolgung. Constanz 866. Magg. 8. (16 S.) 6 ngr

— Quellenkunde zur Weltgeschichte, s.a. Herre, Paul.

Hofmeister, Adolf, [illegible] und Paul Herre, Quellenkunde zur Weltgeschichte. [illegible] Leipzig [illegible]

— Deutsche Romanzen- u. Novellen-Bibliothek. 1. Bd. A. u. d. T.: Winter-Abende. Romant. Erzählungen aus Vergangenheit u. Gegenwart. 8. (272 S.) [illegible] 847, in Comm. n. 1 ℛ︀

— ein Steckbrief. Recht u. Gerechtigkeit im Fürstenth. Reuß Jüngere Linie. Mahnruf an Deutschlands hochherzige Monarchen nebst öffentl. Antwort für Freund u. Feind auf öffentl. Verfolgung. Stuttgart 865. (Aue.) 8. (50 S.) n. 10 ngr

— Unterhaltungs-Saal.

— die 7. Versammlung deutscher Land- und Forstwirthe in Altenburg. Vom 4.—10. Sept. 1843. gr. 8. Ronneburg 843. (Leipzig, Brauns.) 1/12 ℛ︀

[Hofmeister]. Verzeichniss der im Jahre 1852 (bez. 1853 ff.) erschienenen Musikalien, auch musikalischen Schriften und Abbildungen .... Jahrgang 1 ff. Leipzig 1852 ff.

—— Verzeichniss sämmtlicher in Deutschland und den angrenzenden Ländern gedruckten Musikalien, s. Verzeichniss.

Hofmeister, Adph. Das Wappen der Stadt Rostock. gr. 8. (26 S. m. Abbildgn.) Rostock 880. (Stiller). * — 80
Aus: Beiträge zur Geschichte der Stadt Rostock, besonders abgedruckt.

Whistling's C. F., Handbuch der musikal. Literatur.

Hofmeister, B., Diabetes mellitus, s.: Klinik, Wiener.

Hofmeister, C. F. A., Predigten z. Beförder. häusl. Tugenden 2c. Braunschw. Vieweg. 801.

Wellnr.

Hofmeister, C. G. M.: Das verbesserte Eutiner Amts- und Stadtgestüt und das allenthalben anwendbare Harmoniegestüt. Von Pferdebesitzern eutinischer u. holsteinischer Dorfschaften resp. verb. u. erfunden, von ersteren auch bevorredet u. hrsg. Eutin 1828. XXXII, 144 S.

Hofmeister, Christ. Heinr. (Bremen), De crisi febris variolosae. Diss. med. Götting. (H. M. Grape) 18. III. 1790. 31 S. (6.50) 15691
Gew.: Joh. Ernst Wichmann (Hannover).

Hofmeister, Chr. Hor., Diss. med. de crisi febris variolosae. 4. Götting. 792. Dieterich. 2 gr.

[Hofmeister. Diethelm.] August Hermann Francke (1663–1727). (*Ausg. B* Ein christliches Lebensbild.) [Mit 1 Tafel.]
Ausg. A. Njbl Waisenh Zurich 1859. 4. [Zürich.]
Ausg. B SA. 8. Zürich 1859.

[Hofmeister. Diethelm.] August Hermann Francke (1663–1727). Ein christliches Lebensbild. [Mit 1 Tafel.] 8. Basel 1881

[Hofmeister. Diethelm.] Johann Martin Usteri (1812–1865). [Necrolog.] ⟨SA.⟩ 8. Zürich 1865.

Hofmeister, F. L. Plan von Strassburg. Heidelberg. 1 Bl. L.

HOFMEISTER, F. P. Einige Untersuchungen aus der organischen Chemie. Tübingen, 1867.

Hofmeister, Frz., Beiträge zur Kenntniss der Amidosäuren. [I.—III. Mittheilung.] Lex.-8. (30 S.) Wien 877, (Gerold's Sohn.) **
Aus: Sitzungsberichte der k. Akademie der Wissenschaften, besonders abgedruckt.

Hofmeister, Franz [cand med. aus Tübingen]: Beiträge zur Lehre vom Kreislauf der Kaltblüter . . . Tübingen, 1890; 2 Bl. + 68 S. 8°
Tübingen, Med. Fak., Inaug.-Diss. v. 1890

Hofmeister, Frz., s.: Beiträge zur chemischen Physiologie u. Pathologie.

Hofmeister, F., s.: Chirurgie der Extremitäten.

Hofmeister, F., s.: Chirurgie des Halses usw.

— Leitfaden f. den praktisch-chemischen Unterricht der Mediciner. 8. (VII, 104 S.) Braunschweig 899. F. Vieweg & Sohn. Geb. in Leinw. n. 3.—

— Leitfaden f. den praktisch-chemischen Unterricht der Mediziner. 2. neu durchgeseh. u. vervollständ. Aufl. (VIII, 136 S.) 8. Braunschweig 906. F. Vieweg & Sohn. n. 3.50; geb. in Leinw. n. 4.—

— Leitfaden f. den praktisch-chemischen Unterricht der Mediziner. 3. neu durchgeseh. u. vervollständ. Aufl. (VIII, 144 S.) 8. Braunschweig 908. F. Vieweg & Sohn. 4.—; geb. 4.75

Hofmeister, Frz., üb. Microorganismen im Urin gesunder Menschen. [Aus: „Fortschritte d. Medicin".] gr. 8. (16 S.) Berlin 893. Fischers medicin. Buchh —75

Hofmeister, F., s.: Neisser, A., stereoscop. medicin. Atlas.

— die chemische Organisation der Zelle. Ein Vortrag. 8. (29 S.) Ebd. 901. n. —60

Hofmeister, Franz [Dr., Assistenzarzt an d. chirurg. Klinik]: Experimentelle Untersuchungen ueber die Folgen des Schilddrüsenverlustes . . . (Aus: Beitr. z. klin. Chir., Bd XI Heft 2.) Tübingen, Druck v. H. Laupp jr. 1894; 1 Bl., 411—523 S., 5 Taf. 8.
Tübingen, Med. Fak., Hab.-Schr. v. 1894
(Nicht für den Austausch)

Hofmeister, Frz., Untersuchungen üb. die Zwischensubstanz im Hoden der Säugethiere. [Aus dem physiolog. Institute der Universität zu Prag.] [Mit 1 (lith.) Taf. (in 4.)] [Aus „Sitzungsber. d. k. Akad. d. Wiss."] Lex.-8. (24 S.) Wien 872. (Gerold's Sohn.) n. — 80

— Verbandtechnik. 8. (VII, 106 S. m. 107 Abbildgn.) Tübingen 901. H. Laupp. Geb. in Leinw. n. 3.—

Hofmeister, Friedrich: Handbuch der musikalischen Literatur, s.a. Hofmeister, Adolf

Hofmeister, Friedr., Handbuch der musikalischen Literatur oder Verzeichniss der im deutschen Reiche und in den angrenzenden Ländern erschienenen Musikalien, auch musikal. Schriften, Abbildungen und plast. Darstellungen mit Anzeige der Verleger und Preise. 7. und 8. Bd. oder 4. und 5. Ergänzungsbd. Die von Anfang 1860 bis Ende 1879 neu erschienenen und neu aufgelegten musikal. Werke enthaltend. gr. 4. Leipzig, Hofmeister.

Ausg. auf Schreibpap.

Inhalt:
Bd. 7. Systematisch geordnet. 1868—1873. (VIII, 575 S.) 876. *ℳ 36.; Ausg. auf Schreibpap. *ℳ 48.
» 8. In alphabetischer Ordnung, mit systematisch geordneter Uebersicht. 1874—1879. (VIII, CXLI, 685 S.) 881. *ℳ 52.; Ausg. auf Schreibpap. *ℳ 68.
Vgl. XV. Bd. 1. Abthl.: Handbuch der musikalischen Literatur.

Hofmeister, Friedr., Handbuch der musikalischen Literatur oder Verzeichniss der im deutschen Reiche und in den angrenzenden Ländern erschienenen Musikalien, auch musikal. Schriften, Abbild. und plast. Darstellungen mit Anzeige der Verleger und Preise. In alphabet. Ordnung mit systemat. geordneter Uebersicht. 9. Bd. oder 6. Ergänzungsbd.: Die von Anfang 1880 bis Ende 1885 neu erschienenen und neu aufgelegten musikal. Werke enthaltend. gr. 4. (VIII, CXCVIII, 773 S.) Leipzig 887, Hofmeister. *
Ausg. auf Schreibpap. *

Hofmeister, Frdr., Handbuch der musikalischen Literatur od. Verzeichniss der im deutschen Reiche u. in den angrenzenden Ländern erschienenen Musikalien, auch musikal. Schriften, Abbildgn. u. plast. Darstellgn. m. Anzeige der Verleger u. Preise. In alphabetischer Ordng. m. systemat. geordneter Uebersicht. 10. Bd. od. 7. Ergänzungsbd. Die von Anfang 1886 bis Ende 1891 neu erschienenen u. neu aufgelegten musikal. Werke enth. gr. 4. (VIII, CCLII, 947 S.) Leipzig 893. F. Hofmeister. n. 82.—; auf Schreibpapier n. 102.—

Hofmeister, Frdr., Handbuch d. musikalischen Literatur od. Verzeichniss der im deutschen Reiche, in den Ländern deutschen Sprachgebietes, sowie der f. den Vertrieb im deutschen Reiche wicht., im Auslande erschienenen Musikalien, auch musikal. Schriften, Abbildgn. u. plast. Darstellgn. m. Anzeige der Verleger u. Preise. In alphabet. Ordng. m. systematisch geordneter Uebersicht. 11. Bd. od. 8. Ergänzungsbd. Die von Anfang 1892 bis Ende 1897 neu erschienenen u. neu aufgelegten musikal. Werke enth. gr. 4. (VIII, 819 u. 1040 S.) Leipzig 900. F. Hofmeister. n. 92.—; auf Schreibpap. n. 115.—

Hofmeister, Frdr., Handbuch der musikalischen Literatur od. Verzeichniss der im deutschen Reiche, in den Ländern deutschen Sprachgebietes, sowie der f. den Vertrieb im deutschen Reiche wicht., im Auslande erschienenen Musikalien, auch musikal. Schriften, Abbildgn. u. plast. Darstellgn. m. Anzeige der Verleger u. Preise. In alphabet. Ordng. m. systematisch geordneter Uebersicht. 12. Bd. od. 9. Ergänzungsbd. Die von Anfang 1898 bis Ende 1903 neu erschienenen u. neu bearb. musikal. Werke enth. (VII, 335 u. 1151 S.) Lex. 8. Leipzig 906. F. Hofmeister. 126.—; auf Schreibpap. 150. —

Ein Lehrgedicht von Friedr. Hofmeister. Vorgetragen beim Stiftungsfeste der Loge Apollo in Leipzig am Ostersonntage 1862 und auf den Wunsch der theilnehmenden Brüder gedr. [Leipzig 1862: Polz.] 7 S. 8⁰ [Umschlagtit.] Tt. 2187. „Warum ihr Menschen seid ihr so?" 138.

— musikalisch-literarischer Monatsbericht üb. neue Musikalien, musikalische Schriften u. Abbildgn. 80.—82. Jahrg. 1908—1910. à 12 Nrn. (à ca. 32 S.) Lex. 8. à Jahrg. 8. —
Vergl.: Monatsbericht, musikalisch-literarischer.

— Friedrich August Wilhelm (Dahme), De calculis urinariis collectanea quaedam. Diss. med. Präs. Christian Gotthold Eschenbach. Lpz. (Glück) 16. IV. 1821. 31 S. mit 1 Tfl. Abb. (J. F. Schröter ad nat. del. et sc.) (6.50) 15692
Gew.: Johann Wilhelm Richter (Luckau/Laus.)

— — Dasselbe. Ohne Präs. Lpz. (C. H. Reclam) 1821. Mit farb. Abb. (6.50) 15693

— Friedrich Gunther (Hildesheim), De jure coquendi et vendendi cerevisiam tam in terris Brunsvicensibus et Luneburgicis quam in episcopatu Hildesiensi. Tractatio specialis. Präs. Christian Ludwig Scheid. Götting. (Joh. Christ. Lud. Schulz) 9. V. 1739. 130 S., z. gr. Tl. dtsch. (12.50) 15694
Gew.: David Georg Strube.

Hofmeister, G. C. M., Das verbesserte Eutiner Amts- und Stadtgestüt, u. das allenthalben anwendbare Harmoniegestüt, von Pferdebesitzern, Eutinischen u. Holsteinischen Dorfschaften erfunden u. verbessert, resp. von ersterem auch bevorredet u. herausgegeben, eingeführt aber von letzterem. 8. Eutin 28. Steuer. (Hannover, Hahn.) M. 2.50

Hofmeister, Geo. Eberh., Genealogie des Hauses Wettin von der ältesten bis zur neuesten Zeit in allen seinen Haupt- und Nebenlinien mit kurzen histor. Anmerkungen. Nebst einer genealog. Übersicht der alten Herzöge von Sachsen bis zum J. 1423 und der alten Landgrafen von Thüringen bis zum J. 1247. Ronneburg 858. Hofmeister. gr. Fol. (4 Bl., 15 Tab.) n. 3 ₰.; Velinp. n. 4 ₰.

Hofmeister, G. E., das Haus Wettin von seinem Ursprung bis zur neuesten Zeit in allen seinen Haupt- u. Nebenlinien, nebst einer genealog. Übersicht der alten Markgrafen v. Meissen, der alten Herzöge von Sachsen bis zum J. 1423, der alten Landgrafen von Thüringen bis zum J. 1247. Nach den Quellen bearb. Festgabe zur 800jähr. Jubelfeier der Gelangg. der Markgrafsch. Meissen an das Haus Wettin im J. 1889. gr. Fol. (9 S. m. 24 genealog. Taf.) Leipzig 889. Spamer. cart. n. 12. —; feine Ausg., auf stärkerem Pap., geb. n. 20. —

Hofmeister, Georg Xaver Adolf

ROSENAU, Wilh. v. (d. i. *Georg Xaver Adolf Hofmeister*), Gundobald v. Schwarzeneck. Eine Geschichte aus den Zeiten der Vehmgerichte u. Kreuzzüge. 2 Bde. Nordhausen, Fürst, 1839. 8⁰.
200 u. 198 SS. — Zahm.

Hofmeister, Gustav

Hofmeister, G., Adelbert v. Chamisso. gr. 4. (30 S.) Berlin 883, Gaertner's Verlag.

Hofmeister, Gustav [Oberl.]: Bernhard von Clairvaux. Erster Teil. Berlin, R. Gaertners Verlagsbuchh. H. Heyfelder, 1889; 21 S. 4⁰
Berlin, Charlotten-S, OP 1889 **

Hofmeister, Gustav [Oberl.]: Bernhard von Clairvaux. Zweiter Teil. (Forts. d. P-Beil. 1889.) Berlin, R. Gaertners Verlagsbuchh., 1890; 28 S. 4⁰
Berlin, Charlotten-S, OP 1890

Hofmeister, H., s.a. Hofmeister, Rudolf Heinrich

Hofmeister, H., die Ausgrabungen auf der Altenburg bei Niedenstein, s.: Boehlau, J.

Hofmeister, H., die maritimen und kolonialen Bestrebungen des Grossen Kurfürsten 1640—1688. 4. (64 S.) Emden 886, W. Haynel. *
Aus: Archiv für Post und Telegraphie, besonders abgedruckt.

— Die Grabungen auf der Pipinsburg in den J. 1907 u. 1908. Mit e. Beitrage v. C. Schuchhardt. (27 S. m. Abbildgn. u. 7 Taf.) 8. Hannover 909. E. Geibel. 1.20
Sonderabdruck aus: „Jahresber. d. Männer v. Morgenstern".

Hofmeister, H., drahtlose Telegraphie, s.: Bildung, Nr. 2.

[Hofmeister, Heinrich.] Kurze Beschreibung der Stadt und des Cantons Zurich. Mit illuminirten und schwarzen Kupfern [7 Tafeln], einer Landkarte des Cantons, und einem Grundrisse der Stadt und der umliegenden Gegend. 2. Aufl. 8. Zürich [1802].

Hofmeister, Heinrich [app. Arzt aus Marktbreit]: Zwei Fälle von spastischer Spinalparalyse ... München, Buchdr. v. M. Ernst, 1894; 33 S. 8.
München, Med. Fak., Inaug.-Diss. v. 1894

Hofmeister, Hermann, aus Hannover: Die Gründung der Universität Helmstedt. *Hannover 1904: Gebr. Jänecke* [übergekl.: *Marburg 1904*]. (74 S.) 8⁰ [℈.]
Marburg, Phil. Diss. v. [27. Juni] 1904

Hofmeister, Hermann Emil [Arzt aus Halle a. S.]: Statistik über 232 Fälle von placenta praevia . . . Strassburg, Univ.-Buchdr. v. J. H. H. Heitz 1890. 61 S. 8⁰
Strassburg, Med. Fak., Inaug.-Diss. v. 1890.

Hofmeister, J.

Hofmeister, J.: Das Geheimnis der Entrückung. Dargest. in e. kurzen Übersicht d. Reihenfolge d. Ereignisse d. letzten Zeit von –. Kassel: J. G. Oncken Nachf. in Komm. 1902. (64 S.) 8⁰.

— Johann Melchior (Hildesheim), De ephoris juvenum, vulgo, Von Hofmeistern bey jungen Herren. Disp. jur. Giessen (Henning Müller) 14. IV. 1698. 32 S. (7.—) 15696
Widm. v.: Friedrich Nitzsch, Joh. Nicolaus Hert, Bernh. Ludw. Mollenbec, J. J. Gersten (dtsch.), J. H. Müller (Giessen), Johann Friedrich Hofmeister (Hild.; Bruder), Gg. Wilh. u. Joh. Ernst Schultz.

— — Dasselbe. Lpz. (Andr. Martin Schre[illegible]) 171[illegible]. 32 S. (6.80) [illegible]
Widm. v.: Nitzsch. Hart. Mellerb[illegible]

Hofmeister, Johannes. Einkommen der [illegible] nicht nur derjenigen, welche dem Synod[illegible] einverleibt, sondern auch derjenigen, von [illegible] tons Glarus und Appenzell, wie auch [illegible] Aus zuverläßigen und authentischen Nachrichten [illegible] zusammengetragen. Mit Kupfern (3 Tafeln.) 8. [illegible] 1789.

Hofmeister, L., d. Deichband d. Stats u. [illegible] dessen Interessenten im J. 1819. Ein Beitrag zur Geschichte dieses Deichbandes u. der beschloss. [illegible] bereien desselben. gr. 8. (31 S.) Oldenburg 882, [illegible] n. ½ ℳ

Hofmeister, L., die Pferdezucht des Herzogth. Oldenburg 18[illegible]—1884. gr. 8. (VI, 122 S. mit 11 Orig.-Holzschn.: 2 Portr. und 9 Abbild. berühmter oldenburg. Hengste.) Oldenburg 88[illegible], Schmidt's Sortiment. [illegible]

Hofmeister, R.: Lebensskizze der Künstlergesellschaft von Zürich. s. Neujahrsblatt der Künstlergesellschaft in Zürich

Hofmeister, Richard [Dr.]: Ein noch ungedrucktes [illegible] französisches Gedicht über die Griseldissage. Erfurt. Druck v. F. Bartholomäus, 1894; 1 Bl., 1[illegible] 18 S. 8.
Erfurt, k. RG, Festschr. 1894 (202)

Hofmeister, Rich., sprachliche Untersuchung der [illegible] Bernart's v. Ventadorn, s.a. Ausgaben und Abhandlungen aus dem Gebiete der romanischen Philologie

Hofmeister, R. Sprachliche Untersuchung der [illegible] Bernart's von Ventadorn. Diss. Marburg 18[illegible]. [illegible]

Hofmeister, Rich., die Thompson'sche [illegible] Harnprobe u. ihre diagnostische Verwerthung [illegible] tisch dargestellt. gr. 8. (29 S.) Wien 889. [illegible]

Hofmeister, Rud., Kulturbilder aus [illegible] gr. 8. (31 S.) Bamberg 895. [illegible]

Hofmeister, Rudolf Heinrich

Hofmeister, R. H. Geschichte der Zunft zum Weggen. Zürich [illegible]

— über die Hochwasser in der Schweiz im J. 1868. Vortrag, gehalten den 4. Febr. 1870 in Zürich. Zürich 870. Schulthess. gr. 8. (22 S.) 9 ngr.

Hofmeister, Rud. (Prof.) Das Leben des Kunstmalers Karl Gleyre. In-4°, 28 S. Mit Portrait u. 1 Tfl. Zürich, Druck von J. J. Ulrich.
*** Züricher Neujahrsblatt d. Künstlergesellschaft. N. F. Nr. 39. 1879.

[Hofmeister, Rudolf Heinrich.] [1.] Das Leben des Malers Ferdinand Simon (1828–1862). [Von R. H. H. [illegible] Tafeln.] — 2. Uebersicht der Sammlungen der Künstlergesellschaft. [Vom Verwalter Jacob Hess.] Njbl. Künstlerges. Zürich 18[illegible]. 4. [Zürich.]

[Hofmeister, Rudolf Heinrich.] Das Leben des Architekten Ferdinand Stadler von Zürich (1813–1870). [Mit 2 Tafeln.] Njbl. Künstlerges. Zürich 1872. 4. [Zürich.]

[Hofmeister, Rudolf Heinrich.] Lebensskizze der Künstlergesellschaft von Zürich s. (Gonzenbach, Carl [Arnold] v[on].) Personalien von Caspar Heinrich Merz ... [Zürich.]

Hofmeister, [illegible] (mit 4 farbigen [illegible]) [illegible]

[illegible]

[illegible]

Hofmeister, [illegible] (III, 135 S.) Zürich 88[illegible], Orell, Füssli und Comp. cart. [illegible]

Hofmeister, [illegible] Zürich 8[illegible]. Orell u. Comp. [illegible]

[illegible]

[illegible]

[illegible]

[illegible]

[illegible]

[illegible]

Hofmeister, Th., der Gummidruck u. seine Verwendbarkeit als künstlerisches Ausdrucksmittel in der Photographie. 2., umgearb. Aufl. (IV, 37 S. m. 5 Taf.) 8. Halle 907. W. Knapp. 2.—

Hofmeister, Theod. (geb. [illegible]): De natura [illegible] [illegible]
Berlin, Phil. Diss. [illegible]

Hofmeister, W., Anleitung zur [illegible]

Hofmeister, W., Beitrag zur [illegible] s. Eilenburger.

Hofmeister, W., Beiträge zur Kenntniss der Gefässkryptogamen. Heft 4. (60 S. mit 18 Stnt.) Leipzig 852, [Hirzel.] [illegible]
Aus: Abhandlungen der königl. sächs. Gesellschaft der Wissenschaften besonders abgedruckt.

Hofmeister, Wilh., Beiträge zur Kenntniss der Gefässkryptogamen. II. (Farrnkräuter. Ophioglosseen. Salvinia.) Mit 13 (lith.) Taf. (Aus d. Abhdlgn. d. Königl. Sächs. Gesellsch. d. Wiss.) Leipzig 857. Hirzel. 4. (81 S.) n. 1 ℛ︎ 10 ngr.

Hofmeister, W., neue Beiträge zur Kenntniss der Embryobildung der Phanerogamen. 1. (Thl.) Dikotyledonen mit ursprünglich einzelligem, nur durch Zelltheilung wachsendem Endosperm. Mit 27 (lith.) Taf. (Aus den Abhdlgn. der K. Sächs. Gesellschaft der Wissensch.) Leipzig 859. Hirzel. 4. (150 S.) n. 2 ℛ︎ 20 ngr.

— — 2. (Thl.) Monokotyledonen. Mit 25 (lith.) Taf. (Aus den Abhdlgn. der K. Sächs. Gesellsch. der Wissensch.) Ebend. 861. 4. (132 S.) n. 2 ℛ︎ 20 ngr.

Hofmeister, Wilh., d. Entstehung d. Embryo d. Phanerogamen. Eine Reihe mikroscop. Untersuch. Mit 14. Kpf. gr. 4. Leipzig, 1849. (Abel.) 2. 28

— die Entstehung des Embryo der Phanerogamen. Eine Reihe mikroskop. Untersuchungen. Mit 14 Kpftaf. gr. 4. (VI u. 89 S.) Leipzig 849, Hofmeister (jetzt: Abel). n. 2 ℛ︎ 28 ngr.

Hofmeister, Wilh., Handbuch der physiologischen Botanik, s.a. Handbuch.

Hofmeister, Wilh., Handbuch der physiolog. Botanik. Leipzig 1865—77. 8°.
Bd. I, Abth. 1: Die Lehre von der Pflanzenzelle. Mit 58 Holzschn.
Abth. 2: Allgemeine Morphologie der Gewächse. Mit 134 Holzschn.
Bd. II: Morphologie und Physiologie der Pilze, Flechten und Myxomyceten von De Bary. Mit 101 Holzschn. und 1 Kpftfl.
Bd. III: Vergleichende Anatomie der Vegetationsorgane der Phanerogamen u. Farne von De Bary. Mit 241 Holzschn. u. 1 Register.
Bd. IV: Handbuch der Experimentalphysiologie der Pflanzen von C. Sachs.

— die Lehre von der Pflanzenzelle, s.a. Handbuch der physiolog. Botanik

Hofmeister, W.: Die Lehre v. der Pflanzenzelle. Leipz. 1867. 404 S. Fig. (= Handb. d. physiolog. Botanik. Bd. 1. Abth. 1: [illegible])

— allgemeine Morphologie der Gewächse. s.a. Handbuch der physiolog. Botanik.

— Allgemeine Morphologie d. Gewächse. Leipz. 1868. (260) S. Fig. (= do. Bd. 1 Abth. 2).

—— vergleichende Untersuchungen der Keimung, Entfaltung und Fruchtbildung höherer Kryptogamen (Moose, Farrn, Equisetaceen, Rhizocarpeen und Lycopodiaceen) und der Samenbildung der Coniferen. gr. 4. (VIII und 179 S. mit 33 Kpfrt.) Leipzig 851, Hofmeister. *

Hofmeister, Wilhelm s. Meister, Leonhard, und Hofmeister, Wilhelm.

Hofmeisterin, die, e. moral. Wochenschrift auf d. J. 1754. 1r Bd. 8. Braunschw. 755. Gerner. 1 ℛ︎
[Hrsg. Joh. Traugott Schulze]

— die, oder die kleine Akademie für d. Frauenzimmer. Aus d. Engl. 8. Lpz. 761. Weidmann. 8 ℊ︎

FRAUENZIMMERS, Des Galanten, kluge Hofmeisterin, aus dem Französischen ins Teutsche übersetzt. Leipzig, [illegible] 1696. [illegible]

Hofmeyer, Ed., das neue Krankenversicherungsgesetz vom 10. Apr. 1892. Praktische Winke f. Arbeitgeber u. Versicherte, sowie f. Alle, welche sonst mit dem Krankenversicherungsgesetz zu thun haben. 12. (25 S.) Köln 892. Kölner Verlagsanstalt u. Druckerei A.-G. — 30

Hofmeyer, J., und Gev. Vogel, Ehre sei Gott in der Höhe! Zwei Jubelfestpredigten, in der evangel. Kirche zu Gronau am 50. Jahrestage ihrer Weihe [Dom. Rogate 1884] gehalten. Auf wiederholtes Verlangen in Druck gegeben durch Karl Gehrt. gr. 8. (56 S.) [Frankfurt a. M. 884, Drescher.] Leipzig, Wilh. Weber. *

Gegensätze im Christenleben. Von N.G. Hofmeyr. In d. Deutsche übertr. von G. Holtey-Weber. *Hagen i. W.: O. Rippel 1903.* (189 S.) 8° [F.]
[03. 4037 6]

Hofmeyr. Nikolaus Jakobus

Hofmeyr, N. J., aus der Finsternis zum Licht. Ein Wegweiser f. Heilsbegierige. In das Deutsche übertr. v. G. Holtey-Weber. (IV, 328 S. m. Bildnis.) 8. Barmen 908. Buchh. des Blauen Kreuzes. Geb. in Leinw. 4. —

[F.] Die Buren und Jamesons Einfall in Transvaal. Auf Grund d. Quellen dargest. v. N. J. Hofmeyr in Pretoria (Transvaal). *Bremen: C. E. Müller 1897.* (XII, 356 S., 3 Kt.) 1 Bd 8. [97. 1164]

— Jesu Herrlichkeit in seinem Erdenleben. Uebertr. v. G. Holtey-Weber. (V, 172 S.) 8. Ebd. (910). 2.—; geb. in Leinw. 2. 50

Nicht Knecht, sondern Kind [Niet Knecht, maar Kind]. Der Segen d. neuen Bundes. Von D. N(ikolaus) J(akobus) Hofmeyr, Prof. In d. Deutsche übertr. von G(ustav) Holtey-Weber, Pastor in Caternberg. Barmen: Elim 1905. (354 S.) 8° [F.] [05. 8524]

— Biblisches Tagebüchlein. Hrsg. v. G. Holtey-Weber. (370 S.) kl. 8. Lengo (906). D. Mai. Geb. 1. —

Hofmiller, Josef: Die ersten sechs Masken Ben Jonson's in ihrem Verhältnis zur antiken Literatur. *Freising 1901: [illegible]* (94 S.) 8°
[illegible]

Hofmiller, Jos., Versuche. (261 S.) 8. München 909. Süddeutsche Monatshefte. 2. —

— Zeitgenossen. (218 S.) 8. Ebd. 910. 2.—; geb. 3. —

Hofmiller, O., Grundzüge der orthogonalen Projektion. Zum Gebrauch an Lehrerbildungsanstalten u. gewerbl. Fortbildungsschulen, sowie f. Volksschullehrer gesammelt u. bearb. Mit 16 Fig.-Taf. (in 4. u. Leinw.-Mappe). gr. 8. (V, 49 S.) Bamberg 888. Buchner. n. 3. 80

Hofmiller, Otto, Schemata u. Lehrproben, s.: Königbauer, Joach.

Hofmiller, Thadd., die grosse Orgel v. St. Ulrich in Augsburg, 1903 erbaut v. Heinrich Koulen & Sohn, m. 78 klingenden Registern, 20 Koppeln (durchgeführter Sub- u. Superoktavkoppel), 3 freien Combinationen, Register- u. Jalousieschweller, Hochdruck u. Fernwerk eingehend beschrieben v. H., in ihrer geschichtl. Entwicklg. vorgeführt v. Jos M. Friesenegger. 2. verb. u. verm. Aufl. (68 S.) 8. Augsburg 903. (Literar. Institut v. Dr. M. Huttler.) n.n. — 60

Hofmockel, Fredr., kleines bürgerliches Gesetzbuch. Z. Erleichterg. d. Studiums u. d. Gebrauchs d. bürgerl. Gesetzbuchs. Zugl. als Volks- u. Laienausg. geltend. 8. (XV, [illegible] S.) Augsburg 898. Gebr. Reichel.

Hofmockel, Frdr., zur künftigen deutschen Civil-Gesetzgebung. Ein Versuch. gr. 8. (36 S.) Memmingen 876. Hartnig. — 75

Hofmokl, üb. operative Behandlung der serösen, eiterigen u. blutigen Ergüsse in die Brusthöhle, s.: Klinik, Wiener.

Hofmokl, zur Frage der chirurgischen Behandlung d. Pyothorax m. besond. Berücksicht. der Bülau'schen Operationsmethode, s.: Zeit- u. Streitfragen, klinische.

— klinische Mittheilungen über Darmocclusionen, s.a. Zeit- und Streit fragen, Klinische.

Hofmokl, über die Pathologie u. Therapie des Furunkels u. des Anthrax; über angeborene u. erworbene ungleichmässige Entwickelung der unteren Extremitäten bei Kindern. s.: Klinik. Wiener. 1879.

Hofmokl, E., die Organisation des öffentlichen Sanitätsdienstes in Oesterreich, s.: Kusý v. Dúbrav, E.

Hofmokl, Eug., Wiener Heilanstalten. Darstellung deren baul. Anlage u. Einrichtg. Nebst Beiträgen v. Bartholom. Piekniczek. (IV, 216 S. m. 233 Abbildgn.) Lex. 8. Wien 910. A. Hölder. 5. 20
Sonderabdruck aus: „Das öst. Sanit.-Wesen".

Hofmokl, Franciszek, Ersitzungstitel des römischen Rechts. Historisch-dogmat. Versuch. (VIII, 189 S.) gr. 8. Wien 905. Manz. n. 5. —

Hofmokl, J., klinische Beiträge zur Chirurgie der Pleura u. der Lungen, s.: Zeit- u. Streitfragen, klinische.

— klinische Beiträge zur Symptomatologie u. Therapie der eingeklemmten u. zur Radicaloperation der freien Brüche, s.: Klinik, Wiener.

Hofmokl, J. Eingeklemmte u. freie Brüche, s. Klinik, Wiener.

— Chirurgie d. Pleura u. d. Lungen. — Darmocclusionen.

— Pyothorax, s. Zeit- u. Streitfragen, klinische.

Hofmokl, Sigism., Ideen-Skizze zur Begriffsbestimmung der Ökonomik als Sonderdisciplin. Eine theoret. Studie. gr. 8. (XII, 220 S.) Wien 901. Manz. n. 5. —

Hofmaninger Josef, Besuchungen des allerheiligsten Sakramentes für jeden Tag der Woche nach d. m heil. Alphons v. Liguori, f. Schulkinder bearbeitet u. f. Erwachsene brauchbar. 12. (82 S.) geh. 8 kr. Linz: Haslinger 1882.

Hof-Museum, das k. k. naturhistorische, in Wien. Erbaut von Carl Frhr. v. Hasenauer. 2 Lfgn. qu. Fol. (10 Lichtdr.-Taf.) Wien 894. V. A. Heck. à n. 5. —

Hof-Museum, das k. k. naturhistorische, in Wien. Erbaut v. Carl Frhr. v. Hasenauer. 3.—6. Lfg. qu. Fol. (à 10 Lichtdr.-Taf.) Wien 895—897. V. A. Heck. à Lfg. n. 5. —

Hoefnagel, Georg. Archetypa studiaque patris Georgii Hoefnagelii. Jacobus Hoefnagel sc. 50 Blatt. Blumen und Früchte. 4°

Hofnarr, Der. Berlin [Wien] 1784. N. A. 1785. V: *Hegrad, Friedrich.* (MGT) (Ky) V: *Hegrad, C.* (Wr)

Hofnarr, der, (v. Fr. Hegrad). 8. Wien 784. N. A. 2 Thle. 785. v. Mößle. 16 gr.

Hofnarr, Der, eine gar wundersame Originalhistorie in neun Poemen ... Stuttgart 1831. V: *Langenschwarz, Max Leop.* (EK)

—der, eine gar wundersame Originalhistorie in 10 Poëmen. Mit e. polit. Intermezzo; „Die große Woche," herausgg. v. ***. 2 Bde. gr. 12. Stuttg. 831. Hallberger. 2 fl 12 gr

HOF-NARR, Der lustige und possierliche, welcher Seine possierliche Erzehlungen und Handlungen in Rätzeln, Gesprächen, schertzhafften Reden .... nebst einer anmuhtigen Beschreibung des Judenbacher Wirtshauses an den Tag leget. Von *J. P. R.* Mit TKpf. O. O. u. J. (um 1700?). 12°. Aeusserst rar!

Hofnarren, die beiden, e. Geschichte aus d. Zeiten Franz I. (1524.) (Von Jacob.) N. d. Franz. bearb. v. J. Sporschil. 8. (27½ B.) Leipzig 831, Hartmann.

Über die k. k. Hof-Naturalienkabinete in Wien. (Aus Schmid's „Wien wie es ist" besonders abgedruckt) Wien 1833. 8°.

Hofner, Karl, Ehrverletzungen unter dem Schutze des § 193 StrGB. in Theorie u. Praxis m. besond. Berücksicht. der Presse. (VI, 129 S.) gr. 8. Paderborn 903. F. Schöningh. n. 1. 80

Höfner, Gabriel. Die Tagfalter Deutschlands, der Schweiz u. Oesterreich-Ungarns. Wolfsberg. (Plwtz). 1879. 153 S.

Höfner, Gabr., die Tagfalter Deutschlands, der Schweiz u. Oesterreich-Ungarns. Analytisch bearb. Mit e. (lith.) Erläuterungstaf. 12. (VI, 147 S.) Wolfsberg 879. (Berlin, Herm. Ulrich.) n. 2. —

Höfner's, Hub. Frz., Nachr. von dem in Toscana entdeckten natürl. Sedativsalze u. d. Borax etc. Aus d. Italien. v. B. F. J. Hermann. 8. Wien 781. Beck. 4 gr

Höfner, Max Joseph (Eibelstadt)
Otto I. Bischof von Bamberg in seinem Verhältnisse zu Heinrich V. und Lothar III.
Giessen: Brühl 1868. 80 S. u. 2 Bl. Thesen.
Habil. phil. 16.4.1868. vorh. 11.

Höfner, Maxim. Jos. Kaiser Otto der Grosse. Vortrag beim Schlussakt 1879. S. 27—31. Progr. Rg. *Mainz* 1880.

Höfner, M. J., Untersuchungen zur Geschichte d. Kaisers L. Septimius Severus u. seiner Dynastie. 1. Bd. 3 Abthlgn. gr. 8. (VIII, 328 S.) Giessen 872—75. Ricker. n. 6. 60

Höfner, M. J. Untersuchungen zur Geschichte des Kaisers L. Septimius Severus und seiner Dynastie. I. (328) 8. Giessen 1874. 6,60.

Hofnung(en), s. Hoffnung(en)

Hofnungsreich, des Herrn von, hinterlassene Briefe, s. Halle, 780. Hendel. 15 sgl.

Hofoperntheater, das k. k., in Wien. Erbaut v. Ed. van der Nüll u. Aug. v. Sicoardsburg. 12 Lfgn. qu. Fol. (à 5 Liehtdr.-Taf., u. 1 Bl. Text.) Wien 891—894. V. A. Heck. à n. 5. —

Hof-Operntheater, Das kaiserlich-königliche, in Wien. Statistischer Rückblick auf die Personal-Verhältnisse und die künstlerische Thätigkeit während des Zeitraumes vom 25. Mai 1869 bis 30. April 1894. Herausgegeben von Albert Josef Weltner, Alois Przistaupinsky und Ferdinand Graf. Lex.-8. (XXXVIII, 232 S.) 3.—, cart. * 3.50, gebunden Wien: Künast 1894. * 4.—

Hofordnung, die, Kurfürst Joachims II. v. Brandenburg, neu hrsg. u. durch Untersuchungen üb. Hofhalt u. Verwaltung unter Joachim II. erläutert v. Mart. Hass, s.: Studien, historische.

Hofordnungen, deutsche, des 16. u. 17. Jahrh., hrsg. v. Arth. Kern, s.a. Denkmäler der deutschen Kulturgeschichte.

Deutsche Hofordnungen des 16. und 17. Jahrhunderts. Mit Unterstützung d. K. Preuß. Akad. d. Wiss. hrsg. von Dr. Arthur Kern. Bd 1. Berlin: Weidmann 1905. 8° [F.]
= Denkmäler d. deutschen Kulturgeschichte. Abt. 2, Bd 1. [illegible]

Hof-Rang-Ordnung, königlich sächsische, vom 30. Septbr. 1862. gr. 8. (14 S.) Dresden 863, (Meinhold und Söhne.) *

—— dass. — 32. (12 S.) Borna 862, Schulze. * In Seide geb. *

Hofrangordnung, die königl. sächsische, in ihrer dermaligen Geltung. 1886. 16. (24 S.) Dresden 887. Warnatz & Lehmann. n. — 60

Hofrangordnung, die königl. sächsische, in ihrer dermaligen Geltung. 2. u. 3. Aufl. Novbr. 1891. 16. (29 S.) Dresd. 391,92, Warnatz u. Lehmann. * 1 —

Hofrangordnung, die königl. sächsische, in ihrer dermaligen Geltung. 4. Aufl. Jan. 1894. gr. 16. (31 S.) Dresden, Warnatz & Lehmann. n. 1. —

Hofrangordnung, die kgl. sächsische, in ihrer jetz. Geltg. 6. Aufl. Septbr. 1898. gr. 16. (35 S.) Dresden, H. Burdach. n. 1. —

Hofrangordnung, die königl. sächsische, in ihrer jetzigen Geltung. 7. Aufl. Novbr. 1901. gr. 16. (36 S.) Dresden, H. Burdach. n. 1. —

Hofrangordnung, die königl. sächsische, in ihrer jetzigen Geltung. 8. Aufl. Jan. 1904. (36 S.) gr. 16. Dresden '03, H. Burdach 1. —

Hofrangordnung, die königl. sächsische, in ihrer jetzigen Gestalt. 9. Aufl. Dezbr. 1905. (36 S.) 16. Dresden, H. Burdach. n. 1. —

Hofrangordnung, die königl. sächsische, in ihrer jetzigen Gestalt. 10. Aufl. Mai 1907. (36 S.) 16. Dresden, H. Burdach. 1907 1. —

Hofrangordnung, die königl. sächsische, in ihrer jetzigen Geltung. 11. Aufl. Dezbr. 1909. (37 S.) 16. Dresden, H. Burdach. 1. —

Hofrath, Der; Lustspiel. München 1783. V: *Eckartshausen, Carl von.* (Ky)

Hofrath, der; Lstspl. (v. K. v. Eckartshausen). 8. Münch. 783. Gsftl. 4 ℊ

Hofräthe, die beyden, oder die wunderbare Fügung des Schicksals; ein komischer Roman, von C. Stein. 8. Berlin, Friedr. Maurer. 818.

Hofraths Instruction d. Baierisch. Markgrafschaft etc. 8. Karlsr. 805. Macklot. 1 ℛ 2 ℊ Schrbp. 1 ℛ 8 ℊ

— mit Anzeigen der Abänderungen, d. aus d. neuen Organisation entstanden sind. 8. Karlsr. 825. Braun. 1 ℛ 2 ℊ Schrbp. 1 ℛ 8 ℊ

Hofrathsordnung und Instruction, Markgräfliche. Karlsruhe 1794. H: *Brauer, Johann Nicolaus Friedrich.* (MGT) (HS)

Hofratificationsdecret

Kayserl. Allergnädigstes Hof-Ratifications-Decret an Eine Hochlöblich allgemeine Reichs-Versammlung zu Regenspurg de dato 5. Sept. 1758. Die von Reichswegen verwilligte 20. Römer-Monathe betreffend. 4. (2 Bl.)

Hofreiter, Jos., die Bayern in Rußland, oder: Beschreibung der Kriegsthaten u. Schicksale des bayerischen Heertheiles bei der großen Napoleonischen Armee im Feldzuge von 1812 gegen Rußland. Commentar des großen Obeliscus auf d. Karolinenplatze in München. gr. 12. Landshut 833. (Krüll.) 7/12 ℛ

Hofrichter, die russische Armee in Einzelschriften, s.: Tettau, Frhr. v.

— s.: Schiessregeln für die schweren, leichten u. reitenden Batterien der russ. Feldartillerie.

Hofrichter: Übersichtstabelle der steirischen Weine. Graz 1827. -- [Zit. nach Bibliotheca oenologica, Nachtr. 4]

Hofrichter, Benedikt

Hofrichter, Bened., Diss. de locis in melancholia adfectis. 38 pp. Hal. 4°. (Sectionsresultate, fleißige Sammlung.)
1791

Hofrichter, Ben., De locis in melancholia adfectis. 38 pp. Hal. 8°.
1797

Hofrichter, Benedictus: Succus gastricus pro causa excitante famis habendus. Vratislaviae (1814). (10 S.) 4°
Breslau, Med. Fak., Hab.-Schr. v. 17. Aug. 1814

— Tabellen über die Arzneimittel der Pharmacopoea borussica nach ihren vorwaltenden Grundtheilen. gr. Fol. Bresl. 817. Holäufer. 8 ℊ

Hofrichter, Bdkt., Versuch über das Entzündungsfieber u. d. Entzündung. gr. 8. Bresl. 806. J. F. Korn. 12 ℊ

Hofrichter, Erwin, üb. aufsteigende Degeneration d. Rückenmarkes auf Grundlage pathologisch-anatomischer Untersuchung. Mit 3 (lith.) Taf. gr. 8. (25 S. m. 3 Bl. Taf.-Erklärgn.) Jena 883. (Pohle.) n. 2. —

Hofrichter, J. C. Die Kärntner-Bahn. II. Aufl. Klgft., Leon, 1871. 56 S. (1. Aufl. soll 1863 anonym erschienen sein.)

Hofrichter, J. C., die Köflach-Wieser-Bahn in Steiermark. Historisch-topograph. Beschreibg. m. Andeutg. der Nebenwege. gr. 16. (32 S.) Graz 874. Verl. Leykam-Josefsthal. n. — 50

Hofrichter, J. C. Die Kronprinz Rudolfs-Bahn im Bereiche von Steiermark u. Kärnten. Klgft., Bertschinger. 1871. 66 S.

Hofrichter, J. C., Quellen des steierischen Staats- u. Privatrechts u. ältere Steiermark betreffende Gesetze. Ein Beitrag zur Baierlandeskunde u. Rechtsgeschichte. gr. 8. Grätz 846, Dirnböck. n. 6 ngl

— die Raaber-Bahn [ungarische Westbahn] im Bereiche der Steiermark. Ein Vademecum f. Touristen auf derselben. gr. 16. (21 S.) Ebend. 874. n. — 50

Hofrichter, Joh. Bapt., Rückblicke in die Vergangenheit von Graz. 12. (522 S.) Graz 885, Styria. geb. **
Aus: Grazer Volksblatt, besonders abgedruckt.
Vergriffen.

Hofrichter, Johann Georg (Scheidewigsdorf/Schles.), De arte clinica in nosocomiis opportune addiscenda. Diss. med.-polit. Präs. Salomon Constantin Titius. Wittbg. (Tzschiedrich) 9. X. 1795. 24 S. (6.50) 15698
Gew.: Salomon Christoph Jacob Locke (Lauban). — Widm. v.: Genser.

Hofrichter, R. Neue Specialkarte des Kreises Leobschütz mit Beschreibung und alphabetischem Ortsverzeichniss. 1:125000. 1 Bl. c. Photolitogr. Ff.

Hofrichter, Rob., Heimatkunde des Kreises Leobschütz. 1. Tl. u. 2. Tl. 1. Heft. 8. Leobschütz, C. Rothe's Nachf. 2. 75
1. (71 S. m. Fig. u. 1 Karte.) 909. 1.25; geb. 1. 60
2. Geschichtliches. 1. Heft. Geschichtliches des Kreises im allgemeinen. (VI, 63 S. m. Abbildgn.) 910. 1. 50

Hoefs, Alb.

Hoefs, A., s.: Brot, hausbacken.

Hoefs, A., der belehrte Clown, s.a. Daheim u. Auswärts.

Hoefs, Alb.: Der bekehrte Clown oder: Wie Gott aus einem seiner Verächter ein auserwähltes Rüstzeug in s. Hand machte. Dem Engl. nacherzählt von –. Cassel: J. G. Oncken Nachf. 1902. (45 S.) 8°
= Daheim u. Auswärts. H. 1.

— Gelegenheitsgedichte f. Stammbuch, Hochzeit, Geburtstag, Ordination, Predigereinführung, Jubiläum, Predigerabschied, Kapelleneinweihung u. Trauerfälle. 1. Bd. (160 S.) 8. Kassel 909. J. G. Oncken Nachf. 1. 50

— der eigne Herd. Gedanken üb. Eheschließg. u. Eheleben v. C. H. Spurgeon, F. B. Meyer, J. R. Miller, Th. Cuyler u. a. Erweitert u. bearb. 8. (VIII, 104 S.) Kassel 902. J. G. Oncken Nachf. 1. —; geb. in Leinw. 1. 50; m. Goldschn. 1. 80

Hoefs, A., der eigene Herd. Gedanken üb. Eheschließg. u. Eheleben v. C. H. Spurgeon, F. B. Meyer, J. R. Miller, Th. Cuyler u. a. Erweitert u. bearb. 3. u. 4., durchgeseh. u. verm. Aufl. (à VIII, 134 S.) 8. Kassel 903. 904. J. G. Oncken Nachf. Geb. in Leinw. 1. 50; m. Goldschn. 1. 80; Prachtausg. m. Goldschn. n. 2. 80

Hoefs, Alb.: Der eigene Herd. Gedanken über Eheschliessung u. Eheleben . . . Erweitert u. bearb. von –. 7. Aufl. Kassel: Oncken 1909. 133 S. 8°

Hoefs, A. (Red.), s. Der Wahrheitszeuge.

Was lieblich ist und wohl lautet. Ein Buch über d. guten Ton von A[lb.] Hoefs. *Kassel: J. G. Oncken Nachf. 1903.* (144 S.) 8° [F.]

Gedichte von Otto Höfig. *Berlin: Fussinger 1903.* (90, 11 S.) 8°

Hof-Schauspiel, das Münchener. 15 Portr. mit Text von Felix Philippi und Max Bernstein. Die photogr. Orig.-Aufnahmen von Fr. Müller. 16. (105 S.) München 884, Verlags-Anstalt für Kunst und Wissenschaft. *
geb. mit Goldschn. *

— und Staats-Schematismus des österreich. Kaiserthums für 1820 u. 1821. gr. 8. Wien, Gerold (in Comm.) à 4 Rtl.

Hof- u. Staats-Schematismus des österreich. Kaiserthums. 2 Thle. gr. 8. Wien 836. (Gerold.) $5^{1}/_{3}$ ng

Hof= und Staats=Schematismus der röm. kais. auch kais. königlich= und erzherzoglichen Haupt= und Residenzstadt Wien . . .
Wien: Jos. Gerold 1785—1804. 8°
1785: 492 S., 37 Bl. [Kupfervort.]
1795: 28 Bl., 488 S., 30 Bl. mit Verzeichniß der in der k. k. Haupt- und Residenz-Stadt Wien, sammt den dazu gehörigen Vorstädten und Gründen, befindlichen numerirten Häuser, derselben wahrhafte Eigenthümer, und Schilder. 1795. 198, 102 S., 11 Bl., S. 247—270, 16 Bl., 1 Tab.
1804: 6 Bl., 544 S., 34 Bl.

Hofscheu und ländliches Heimweh. Eine Biographie. Hamburg 1818. V: *Berghofer, Amand.* (WBL)

Hofscheu und ländl. Heimweh. Eine Biographie, von A. Berghöfer. 8. Hamburg, Herold d. jüng. 818.

Hofscheu u. ländliches Heimweh, eine Biographie. (Lebensgesch. Am. Berghofers, nebst mehreren Briefen von ihm u. an ihn.) 8. Hamb. 819. Herold. 14 gl

Hofschläger, *Theobald Johannes* Reinhard [aus Soldin, N.-M.]: Zwei bemerkenswerte Fälle von Metastasenbildung bei Aderhautsarcom . . . Greifswald, Druck v. J. Abel, 1896; 30 S. 8.
Greifswald, Med. Fak., Inaug.-Diss. v. 1. Aug. 1896

Hof-Silberkammer, Die, und die Hof-Kellerei zu Dresden. Dresden 1880. V: *O'Byrn, Frdr. Aug. Freih. v.* (Kat. d. stat. Bureaus. Dresden 1890.)

Hof-Silberkammer, die, u. die Hof-Kellerei zu Dresden. 8. (208 S.) Dresden 880. (Baensch.) cart. n. 2. —

Hofsner, M. Zur Geschichte der unbetonten Vokale im Alt- und Neufranzösischen. (Sprachliches und Metrisches.) Diss. Freiburg 1886. 74 S.

Hofsommer, Ernst: Die 'kirchlichen Verbesserungspunkte' des Landgrafen Moritz des Gelehrten von Hessen. Marburg (Berlin: Trenkel) 1910. 199 S. 8°
Marburg, Phil. Diss. v. 5. Okt. 1910, Ref. Busch
[Geb. 22. Dez. 85 Frankenhain, Kr. Eschwege; Wohnort: Magdeburg; Staatsangeh.: Preußen; Vorbildung: Wilhelms-Gymn. Kassel Reife M. 04; Studium: Theol. u. Phil. Marburg 3, Straßburg 1, Berlin 1, Marburg 6 S.; Rig. 25 Mai 10.]
[U 11. 3459

HOFSPIEGEL, Der, oder Prinz Ferdinand, eine Fürsten-Geschichte in Briefen. (Frivoler Roman.) Frkft. a. Mayn, bey Gebhard u. Körber, 1791. 8°. XXVIII—544 SS.
Auf d. Rücks. d. Titels steht: „Mädchen sollen ihre Hände nicht nach diesen Briefen ausstrecken. Man bindet ihnen dieses strenge Verbot auf ihr Gewissen. Auch Jünglinge werden wohlmeinend erinnert hier behutsam zu seyn". *Am Schluss:* Ende d. 1. (u. einz.) Theils.

I. K. M. von Schweden Hof- u. Krieges-Staat. (1 B.) 4. [illegible] 17[illegible].

Hof-, Civil- u. Militair-Staat, Königl. Sächsischer, im J. 1819—1828. gr. 8. Lpz. 819—28. Weidmann. 1828. 1 ₰ 12 gr

Hofstadt, Fr., gothisches ABC-Buch, das ist: Grundregeln des gothischen Styls für Künstler u. Werkleute. Mit 42 Vorlegeblättern (worunter einige, zum Theil ausgeführte, Entwürfe) u. einer Abhandlung über Geschichte u. Restauration der deutschen Baukunst, nebst e. Wortverzeichnisse über deren Kunst- u. Handwerks-Ausdrücke. 1e Lfrg. (Mit 10 gemalten Vign., 9 lithogr. Tafeln u. 2 gemalten Titel-Blättern.) Roy.-Fol. Frankfurt a. M. 840, Schmerber. n. 9 ₰

Hofstädter, Erich: Über das Eindringen von Bakterien in feinste Capillaren. Mit 1 Taf. 1905. 63 S., 1 Taf. 8⁰ ¶ Aus: Archiv f. Hygiene. Bd 53.
Dresden, Dr.-Ing.-Diss. v. 17. 3. 1905

Hofstädter, Gotthard

Über [illegible] vgr.
Separatabdruck

Hofstädter Gotthard Peter: Untersuchung des Fettes des Kopfes des Pottwales (Physeter macrocephalus [illegible]) 20
Separatabdruck

Hofstäter, Felix Franz

— s.a. Gedichte, altdeutsche.

Hofstäter, F. Frz., altdeutsche Gedichte. 2 Bde., s. Gedichte.

— s. Magazin für Kunst u. Litt.

HOFSTAETER F[elix] F[ranz]. Nachrichten von Kunstsachen in Italien. . . Von –. Kurzbeck, Wien. 1. Theil Venedig. 2. Theil Padua, Ferrara, Bologna.

Hofstäter, F. F., Nachrichten von Kunstsachen in Italien. Wien 792. 2 Thle. 8.

Hofstäter, Fel. Frz., († d. 22. Aug. 1814.) Nachrr. v. Kunstsachen in Italien. 2 Thle. gr. 8. Wien 793. (Heubner). 2 ₰

— von d. Uebereinstimmung d. Werke d. Dichter rc., s. Spence, von d. Uebereinstimmung.

Hoffstätter, A., Aufgabe u. Ziel des Missionsseminars, s.: Vorträge auf d. Lausitzer Missionslehrkursus. Nr. 2.

Hoffstätter, A., die Berechtigung u. Schranke d. Frauenmission. Vortrag, geh. auf d. sächs. Missionskonferenz zu Dresden. [Aus: „Allg. ev.-luth. Kirchenzeitg."] gr. 8. (21 S.) Leipzig 896. Verlag d. evang.-luther. Mission. n. — 20

— s.: Handlexikon, kirchliches.

— die Augsburgische Konfession in ihrer Bedeutg. f. d. kirchl. Leben d. Gegenwart. Zum Ehrengedächtniß Melanchthons. Vortrag, geh. auf d. Chemnitzer Konferenz am 21. II. 1897. [Aus: „Allg. ev.-luth. Kirchenzeitg.] gr. 8. (20 S.) Leipzig 897. Dörffling & Franke. n. — 40

— Kwarango, die 1. Station d. Leipziger ev.-luth. Mission in Deutsch-Ostafrika, s.: Lichtstrahlen im dunkeln Erdteile.

— Madschame, die erste Station der Leipziger ev.-lutherischen Mission in Deutsch-Ostafrika, s.: Lichtstrahlen im dunkeln Erdteile. Nr. 4.

Hoffstätter, Albr., die Heidenwelt in den Augen Jesu. Predigt üb. Joh. X, 16, geh. am Missionsfeste zu Nürnberg in der St. Lorenzkirche den 5. Juni 1894. gr. 8. (12 S.) Nürnberg 894. G. Löhe. n. — 20
Vergriffen.

Hofstätter, C., s. Hofstätter, Jakob

Hofstätter, Carl, s. Hofstätter, Karl

Hofstätter, Felix Franz, s. Hofstäter.

Hofstaetter, Gerhard, appr. Arzt a. Lübeck: Ein Fall von operativ behandeltem echinococcus cerebri. Rostock 1909: Adler. 45 S. 8⁰
Rostock, Med. Diss. v. 12. März 1909, Ref. Müller
[Geb. 1. Juni 78 Nusse; Wohnort: Bremen; Staatsangeh.: Lübeck; Vorbildung: Gymn. Doberan Reife M. 00; Studium: Tübingen 2, Göttingen 3, München 1, Rostock 4 S.; Coll. 10. Okt. 07; Approb. 19 Nov. 08.] [U 09. 4716

HOFSTATTER, Heinrich (Aindling; München): Commentatio ad leges 1. de legatis I.- Monachii 1829. 16 S. Diss. Ingolst.-Landsh.-Mchn.
1829 – F 48

Hofstätter, J. Siehe: *Wylimann, J. H.*

Hofstätter, Jakob

Hoffstätter, J., die Bäder und Heilquellen der Schweiz, nebst den bekanntesten Molken-, Kräuter- u. Kaltwasserkuranstalten, oder: Kurzgefaßtes schweizerisches Heilquellenlexicon. Nach den besten Quellen bearb. Bern 857. (Zürich, Schabelitz.) 8. (2 Bl., 91 S.) 15 ngr

Hoffstätter, Jak., Aus Berg und Thal. Blätter aus dem Volke für das Volk. 1. Bdchn. 863. (227 S.) — 2. verm. u. durchgesch. Aufl. Zürich 865. Meyer & Zeller. 8. (XI, 215 S.) n. 24 ngr

— — 2. Bdchn. Ebend. 864. 8. (VII, 287 S.) n. 26 ngr

Hoffstätter, Jak., aus Berg u. Thal. Blätter aus dem Volke für das Volk. 3. Bdchn. 2., verm. u. durchgeseh. Aufl. Zürich 865. Meyer & Zeller's Verlag. 8. (XV, 216 S.) n. 26 ngr

Hofstätter, Jacob. Der erste Uhrmacher im Jouxtal — 's Storchenest. Zwei Erzählungen nebst drei Skizzen von Jakob H'. [Mit Titelvignette.] IV+48 S. 8. Bern, Verein für Verbreitung guter Schriften (*Innentitel:* Haller'sche Buchdr. A.-G.). September 1911. fr. —. 10
Verein für Verbreitung guter Schriften. Bern. Nr. 82.

Hoffstätter, C., 's Wydebüßeli. 's Storchennest. Unverhofft chunnt oft. Es paar Stückli vom famöse Bäniragger. Der Zürihegel. D'r Tannhöfer, s.a. Bergkristalle. I. 10.

(Hofstätter, J[acob]. 's Wydebüsseli - 's Storchennest - Unverhofft chunnt oft - Es paar Stückli vom famöse Bäniragger - Der Zürihegel - D'r Tannhöfer. Sechs Dorfgeschichten im Kriegstetterdialekt ⟨Solothurn⟩ von C. Hofstätter. Illustriert von C[aroline] Müller — *Umschlag:* S' Wydebüsseli und andere Erzählungen. Von J. Hofstätter —.) 142 S. 8. [fr. 1. 50]
Bergkristalle.... (Serie I.) Band 10. 1. bis 3. Tausend. Biel, Ernst Kuhn, 1903.

v. Hofstätter, Jh. Erasm., jurist. Wörterbuch für gerichtl. Geschäfte. 8. Wien 798. Schaumburg u. C. 1 ₰ 8 gr Hbg. Pr. 1 ₰

Hofstätter, Karl

Hofstätter, Carl, die Arbeit im Reiche Gottes ist Dienst am Wort. Predigt über Römer 11, 36, geh. am Bibelfeste zu Nürnberg in der St. Aegydienkirche am 15. Juni 1881. gr. 8. (18 S.) Nürnberg 881. Raw. n. — 20

Hofstätter, Carl, von Bethanien nach Golgatha. Predigten üb. die Leidensgeschichte d. Herrn. gr. 8. (VIII, 175 S.) München 891. C. H. Beck. n. 2. —; geb. n.n. 2. 80

Hofstätter, Carl, e. Hephata in der Erinnerung an e. große Zeit. Predigt zur Sedanfeier, am 12. Sonntag nach Trin. geh. 8. (14 S.) Nördlingen 876. Beck. n. — 40

Hofstätter, L.

Ergänzungsbezirkskarte des k. k. Heeres. Masst. 1:2,000,000. Von L. Hofstätter. Qu.-Fol. Tonfarbdk. Wien, *Artaria & Co. Gefalzt in gr. 8. 75 kr. N. b. 1883. S. 177
— — d. k. k. Landwehr (resp. Honved). Ebenso. *Ebds.

Nieder- und Ober-Oesterreich und Salzburg, Gerichts- und Gendarmeriekarte von. v. L. Hofstatter (Nr 1) Gr.-Q.-Folio. Mit lithogr. Grenzen. Wien, *Artaria & Co. 75 kr. (Nr. 2) von Mähren und Schlesien. Ebenso 1884. S. 244

Hofstaetter, Walther, a. München: Innere Geschichte von H. C. Boies „Deutschem Museum" ⟨1776—1791⟩. Leipzig: R. Voigtländer 1907. (104 S.) 8° [K.] ¶ (Erscheint vollst. u. d. T.: „Das Deutsche Museum ⟨1776—1788⟩ und das Neue Deutsche Museum ⟨1789—1791⟩" als „Probefahrten" Bd 12 im gleichen Verlage.)
Leipzig, Phil. Fak., Ref. Köster-Sievers, Diss. v. 24. Dez. 1907
[Geb. 27. Juli 83 München; Wohnort: Uffenheim; Staatsangeh.: Bayern; Vorbildung: Nikolai-Gymn. Leipzig Reife O. 02; Studium: Leipzig 10 S.]

Hofstaetter, Walth., das Deutsche Museum (1776—1788) u. das Neue deutsche Museum (1789—1791), s.a. Probefahrten.

Hofstaetter, Walther. Das Deutsche Museum ⟨1776—1788⟩ und das Neue D' M' ⟨1789—1791⟩. Ein Beitrag zur Geschichte der deutschen Zeitschriften im 18. Jahrhundert. X + 238 S. 8. Leipzig, R. Voigtländer, 1908. [M. 6.—]
Probefahrten. Erstlingsarbeiten aus dem Deutschen Seminar in Leipzig. Hrg. von Albert Köster. Band 12.
Darin Vieles über [Johann Jacob] Bodmer, [Isaac] Iselin, [Johann Caspar] Lavater, Johannes [von] Müller, [Johann Georg] Sulzer, [Johann Georg] Zimmermann *etc. (s. S. 233/7); s. auch S. 124. 191. 199. 227 etc.*

Hofstede, Jh. Pt., beurtheilter Belisar von Marmontel. Aus d. Holländ. v. M. D. Stenigke. 8. Leipz. 769. (Brockhaus). 12 gl.

Hofstede, Peter. Des Herrn Marmontel's herausgegebener Belisar, beurtheilt . . . a. d. Holländ. . . . Leipzig u. Wesel 1769. Ü: *Stenigke, Mart. Dieterich.* (MI.)

Hofstede, W. H., de regiminis in Drenthina regione forma, cum antiqua tum nova. 8maj. Gröning. 821. Boekeren. (Leipz., Barth). 12 gl.

Hofstede de Groot, Anna, Lieder. 16. (48 S.) Elberfeld 866, Bädeker'sche Buchh.

Hofstede de Groot, C. P., hundert Jahre aus der Geschichte der Reformation in den Niederlanden. 1518—1619. Aus dem Holl. v. O. Greeven. Mit Vorwort v. Fr. Nippold. gr. 8. (XXIV, 434 S.) Gütersloh 893. C. Bertelsmann. n. 6. —; geb. n. 7. —

Hofstede de Groot, Cornelis

Hofstede de Groot, C., Meisterwerke der Porträtmalerei auf der Ausstellung im Haag 1903. (49 Taf. m. V, 47 S. Text.) Fol. München 903. Verlagsanstalt F. Bruckmann. Geb. n. 80. —

—s.a. Quellenstudien zur holländ. Kunstgeschichte.

Hofstede de Groot, Corn., Quellenstudien zur holländischen Kunstgeschichte. Arnold Houbraken u. seine „Groote Schouburgh", kritisch beleuchtet. gr. 8. (XIV, 530 S.) Haag 893. M. Nijhoff. n. 10. —

Hofstede de Groot, Cornelis, s.: Rembrandt.

Hofstede de Groot, C., Rembrandt, s.: Bodo, Wilh.

— s.: Schubart. Sammlung Schubart.

— s.: Urkunden, die, üb. Rembrandt.

Hofstede de Groot, C., s.: Vermeer v. Delft u. Carel Fabritius, Photogravüren.

Hofstede de Groot, C., beschreibendes u. kritisches Verzeichnis der Werke der hervorragendsten holländischen Maler des XVII. Jahrh. Nach dem Muster v. John Smith's Catalogue raisonné zusammengestellt. (In 10 Bdn.) 1.—3. Bd. gr. 8. Esslingen, P. Neff. à 25.—; Liebhaberausg. m. Heliograv., geb. in Schweinsldr. 40.—
1. Unter Mitwirkg. von W. R. Valentiner. (VIII, XV, 649 S.) 907.
2. Unter Mitwirkg. v. Kurt Freise. (IX, 698 S.) 908.
3. Unter Mitwirkg. v. Kurt Freise u. Kurt Erasmus. (VIII, II, 745 S.) 910.

Hofstede de Groot, P., Basilides am Ausgange des apostolischen Zeitalters als erster Zeuge für Alter und Autorität neutestamentlicher Schriften, insbesond. des Johannisevangeliums in Verbindung mit andern Zeugen bis zur Mitte des 2. Jahrh. Deutsche verm. Aufl. gr. 8. (VIII und 144 S.) Leipzig 868, Hinrichs' Verlag.

Hofstede de Groot, P., Betr[illegible] bei den Trübsalen in Hamb[illegible] u. 8. Mai 1842.) Einige [illegible] ben. — Aus der holländ. [illegible] setzt. gr. 8. Groningen 8[illegible]. ([illegible]) n. 1/4 [illegible]

Hofstede de Groot, P., Ary Scheffer. Ein Charakterbild. gr. 8. (46 S. mit 5 Photogr.) Berlin 870, Heinersdorff. [Leipzig, Gülker und Comp.] cart. *

— die Gröninger Theologen. Aus dem Holländ. übers. von A. P. Goudschaal. gr. 8. (X und 202 S.) Gotha 863, F. A. Perthes.

— die moderne Theologie in den Niederlanden, nach den Hauptwerken ihrer berühmtesten Vertreter geschildert. gr. 8. (IV, 38 S.) Bonn 870, Marcus.

Hofstede de Groot, P., was müssen Evangelische und Römisch-Katholische Christen von einander lernen, um bessere Christen zu werden? Ein Beitrag zur Beförderung der Evangelisch-Kathol. Kirche der Zukunft. Aus dem Holländ. von C. O. Keil. Colberg 854. Post. 8. (31 S.) 6 ngr.

Hofstein, Hermann, a. Samter ⟨Posen⟩: Über Scoliosis ischiadica. Emmendingen: Druck- u. Verlags-Ges. vorm. Dölter 1907. (32 S.) 8°
Freiburg i. B., Med. Fak., Ref. Kraske, Diss. v. 1907
[Geb. 9. Aug. 83 Samter; Wohnort: Freiburg i. B.; Staatsangeh.: Preußen; Vorbildung: Gymn. z. Heiligen Kreuz Dresden Reife O. 02; Studium: Berlin 5, München 2, Berlin 1, Freiburg i. B. 3 S.; Coll. 7. Juni 07; Approb. S.-S. 07.]

Hofsteller, A.: Das Genossenschaftswesen, speziell die Gründung von Kredit- und Konsumgenossenschaften für die Landwirte. Luzern 1881.

Hofsten, J. C. v., das kleine Kleeblatt u. andere Kindergeschichten. Bearb. v. Helene Spieker. Illustr. v. H. Seeger u. Jenny Nyström. 8. (III, 208 S.) Leipzig 891. Spamer. n. 3. —; cart. n. 3. 50

Hoffsten, J. C. v., das kleine Kleeblatt u. andere Kindergeschichten. Bearb. v. Helene Spieker. Illustr. v. H. Seeger u. Jenny Nyström. 2. (Titel-)Aufl. 8. (III, 208 S. m. farb. Titelbild.) Leipzig 894. O. Spamer. n. 3. —; geb. in Leinw. n. 3. 50

Hoffsten, J. C. v., d. kleine Kleeblatt u. andere Kindergeschichten. Bearb. v. Helene Spieker. Illustr. v. H. Seeger u. Jenny Nyström. 3. [Titel-] Aufl. 8. (III, 208 S.) Leipzig (894) 897. O. Spamer. n. 3. – ; geb. in Leinw. n. 3. 50

Hofsten, Nils v., Planaria alpina im nordschwedischen Hochgebirge. (11 S.) 8. Uppsala 907. (Berlin, R. Friedländer & Sohn.) nn — 60

— Drei neue **Rhabdocölen aus schwedischen Binnengewässern. (15 S. m. 1 Taf.) 8. Ebd. 907. nn 1. —**

— Rotatorien aus dem Mästermyr (Gottland) u. einig. andern schwedischen Binnengewässern. (125 S. m. 27 Fig.) 8. Ebd. 909. b nn 3. —
3 Sonderabdrucke aus: „Arkiv f. zool."

Hofsten, Nils Gustaf Erland. von: Studien über Turbellarien aus dem Berner Oberland. Inaugural-Dissertation von Nils von Hofsten. Leipzig 1907. 8⁰. 269 S., 6 pl. (Ur: Zeitschr. f. wiss. Zool., Bd 85.)
Diss. Uppsal. phil.

Hofsten, Nils von. Studien über Turbellarien aus dem Berner Oberland. Mit Tafel 22—27 und 8 Figuren im Text. 8.
In: Zeitschrift für wissenschaftliche Zoologie, begründet von Carl Theodor v[on] Siebold und Albert v[on] Kölliker, hrg. von Ernst Ehlers .... Band 85. (Heft 3 und 4. Ausgegeben den 11. Januar 1907) ... Leipzig, Wilhelm Engelmann, 1907. [*Heft 3/4* M. 16. —.] S. 391—654.

Hofsteter, Johann Adam, s. Hofstetter

Hoffstetten, Frz. Alfr., Maria in d. deutschen Dichtung d. Mittelalters, s.: Broschüren, Frankfurter zeitgemäße.

Hofstetten, J. B. von. Vide: Social-Demokrat.

Hofstetten. J. B. v.. Mein Verhältniss zu Herrn von Schweitzer und zum „Social-Demokrat". gr.-8⁰. Berlin. Reichardt u. Zander. 1869.

Hofstetter. Ein Traum. Vortrag, gehalten an der Sitzung der Section Zürich des Eidg. Vereins. 2. Febr. In-16⁰, 15 S. 1885.

Hofstetter, A. Die verschiedenen Arten des Appenzellischen Zedels nach ihrer rechtlichen und wirtschaftlichen Bedeutung. In-8⁰. 105 S. Bern. These. 1895.

Hofstetter, Giovanni, s. Hofstetter, Jean Bapt.

Hoffstetter, H., deutsche Drogistengesetzgebung unter besond. Berücksicht. der Drogistengesetzgebung in Elsaß-Lothringen. Zusammengestellt u. hrsg. 2. Aufl. (104 S.) 8. Straßburg 910. Schlesier u. Schweikhardt. 1. 50

— Die Drogistengesetzgebung v. Elsaß-Lothringen. Zusammengestellt u. hrsg. (XXXII S.) 8. Ebd. 907. 1. —

— Deutsche Drogistentaxe. Zusammengestellt u. hrsg. im Auftrage des deutschen Drogisten-Verbandes v. 1873 E. V. Bez.-Verein Elsass-Lothringen. 2. Aufl. (167 S.) 8. Ebd. 911. 2.50; geb. 2. 80

(Hofstetter, J. , und Gautschy, (Rudolf).) Kurze Beschreibung der Heilquellen im Heustrich bei Thun. 8. Bern 1856.

Hofstetter, Jean Bapt.

Hofstetter, J. B., Italienisches A B C. Mit 24 color. Kpfrn. 8. Wien (840). Bermann u. Sohn. 1 ℛ. ohne Kpfr. ²/₃ ℛ

Hoffstetter, Jean Bapt., Italienisches A B C. Mit 24 color. Abbild. gr. 8. Wien 841, Bermann u. Sohn. geb. 1 ℛ — Mit 1 color. Kupfer: ²/₃ ℛ

— l'Anecdotier moderne. Der neueste franz. Anekdotenkrämer, od. Tausend biograph. Skizzen, Erzählungen, Anekdoten, witzige Einfälle ɪc., aus der neuesten Zeit geschöpft, zur Veredlung des Verstandes u. des Herzens; für solche Leser, die sich im Franz. auf eine angenehme u. nützl. Art üben wollen. 1e — 6e Lfrg. 16. Wien 838. Wallishausser. (à ¹/₄ ℛ) 1 ¹/₂ ℛ

— faßliche Anleitung zum Französisch-Lesen für die zarte Jugend u. für Anfänger. Enthaltend: I. Das ABC. II. Leseregeln. III. Bemerkungen für Lehrer u. Lehrerinnen. IV. Leseübungen. V. Sammlung d. nöthigsten Wörter zum Sprechen. VI. Neujahrs- u. a. Glückwünsche f. Kinder. VII. Kleine Bildergallerie, durch erheit. Erzählungen erklärt. Mit 15 color. Abbildd. gr. 8. Wien 837. Bermann u. Sohn. n. 1 ℛ

—— Bogen-Bibliothek f. Philologen, s. Bogen-Bibliothek.

— le chemin de fer de St. Pétersbourg à Moscou. gr. 8. Wien 846, Mörschner's Wtw. et Bianchi. 12 ngl

— Clef de la Conversation française, oder Anleitung, das Französische richtig zu sprechen. 1e u. 2e Lfrg. 16. Wien 837, 38. Heubner. (à ⁵/₁₂ ℛ) ⁵/₆ ℛ

—— Code de la morale etc., s. Code.

— la véritable conducteur Viennois. Ou le plus complet, le plus nouveau et le meilleur guide des étrangers à Vienne. 16. Vienne 844, Wallishausser. relié. n. 1 ℛ

Hofstetter, Jean Bapt., le véritable conducteur Viennois. Ou le plus complet, le plus nouveau et le meilleur guide des étrangers à Vienne. Indiquant le moyen de connaître en peu de jours tout ce que cette capitale renferme de curieux etc. 16. (500 S.) Vienne 848, libr. Wallishausser.

Hofstetter, J. B., le petit Conteur français, od.: Französ. Bilder-Gallerie f. d. fleiß. Jugend. gr. 8. (10¼ B. u. 6 col. Kpfrt.) Wien 838, Bermann u. Sohn. Thlr. *

— Galerie historique de la maison d'Autriche, ou traits de courage, de grandeur d'ame, de bienfaisance; réponses sublimes, réparties ingénieuses des souverains qui ont règné sur les états héréditaires, depuis Rudolphe de Habsbourg jusqu'à François I. Ornée de 6 gravures enluminées. gr. in-8. Vienne 840. Bermann et fils. 1¹/₃ ℛ

— Gallerie malerischer Reisen in Asien, Afrika, Amerika u. Australien. Für die Jugend. Mit einer franz. Uebersetzung zur Seite u. 8 sorgfältig color. Abbildd., Trachten der Völker vorstellend. A. u. d. T.: Galerie des Voyages Pittoresques dans l'Asie, l'Afrique, l'Amérique et les terres Australes. 8. Wien 840. Müller. 1¹/₃ ℛ

—— biblische Geschichte des alten und neuen Testamentes für Deutschlands fromme Mütter und Töchter. gr. 8. (VI und 138 S.) Prag 8[illegible], Haase Söhne, Verlags-Expedition.

—— keine Grammatik! sondern der französische Frage-unterricht, od.: die leichteste Methode durch Fragen u. Antworten in der kürzesten Zeit geläufig französ. zu conversiren. gr. 8. (3½ B.) Wien 842, Pichler's sel. Wwe.

— Gymnastique pour la Jeunesse, ou Guide pratique des exercices utiles à la santé et propres à l'amusement. Avec 1 Planche. 8. Vienne 842, Pichler. 5/12 ℛ

— Handbuch der franz. Sprache, oder auserlesene Stücke der vorzügl. franz. Prosaiker, mit zwei Tausend Regeln u. Bemerkungen über die franz. Satzbildung u. Rechtschreibung. gr. 8. Wien 841. Wallishauser. 2 ℛ

Hofstetter, Joh. Bapt., Conversations-Panorama der französischen Sprache. Ein vollständiges Wörterbuch aller Gallicismen, Proverbien u. Façons de parler. Unentbehrlich zur Ausbildung in der französischen Umgangssprache u. zum leichten Verständnisse französischer Schriftsteller. 2. Ausg. Wien 860. Leo. 12. (VI, 432 S.) 20 ngr

Hofstetter, J. B., Kunst, zu Erzählen, oder Anleitung, die französ. Sprache correct zu sprechen und zu schreiben. 8. St. Pölten 839. Passy. 1/3 ℛ

— Kunst, die italien. Sprache in einigen Monaten zum nothwendigen Bedarf, Sprechen, Lesen u. Verstehen zu lernen; od. Erster Unterricht in der italien. Sprache für Jung und Alt ꝛc. gr. 8. Wien 838, Wallishauser. 5/12 ℛ

— analytisch-theoretisch-prakt. Lehrbuch der franz. Sprache u. Literatur. In einer Reihe auf einander folgender Vorlesungen für Hochschulen und Privat-Lehranstalten. gr. 8. Wien 837. (Grund. (Leipzig, Fr. Fleischer.) 1½ ℛ

— e Giorgio Kudaj, Manuale della lingua araba vol[illegible] colla spiegazione italiana e tedesca e colla pronunz[illegible] d ogni parole araba. — Handbuch der arabischen [illegible] mit deutscher und italienischer Erklärung [illegible] Aussprache eines jeden arabischen Wortes. [illegible] faßl. Methode verfaßt für Reisende, Pilger, [illegible] und Seefahrer. Roy.-4. Wien 846. (Mörschner's Wittwe u. Bianchi.) 4 ℛ

— le monde en miniature, ou encyclopédie des enfans. gr. in-8. (Mit 8 illum. Kupfertaf.) Vienne 842, Hermann et Fils. relié 1⅓ ℛ

—— neueste engl. Novellistik im verklein. Massstabe, od. Samml. d. vorzügl. engl. Novellen. Für Anfänger u. Liebhaber d. engl. Sprache. Mit erklär. deutscher Uebersetz. 1. Novelle. The Vacant Chair. gr. 8. (1 B.) Wien 846. (St. Pölten, Passy.)

— Recueil de lectures interessantes pour servir de passe-temps agréable. 1. et 2. Livr. 16. Vienne 841, 42, Pfautsch et Comp. 1/4 ℛ

— der französische Schnelllehrer, od. einfachste u. leichtfaßlichste Methode, durch welche Jedermann in kurzer Zeit ohne Hilfe eines Lehrers, gründlich französisch sprechen u. schreiben lernt. Mit 2000 Uebungsstücken. 2. (Titel-)Ausg. gr. 8. (296 S.) Wien 851, Mayer & Co. 21 ngr

— Wörterbuch der Gallicismen, Proverbien u. Façons de parler für alle Ergebnisse der franz. Conversation u. zur leichteren Verständniss der franzos. Klassiker in alphabet. Ordnung der deutschen Sprache naher gerückt. 12. (VII u. 432 S.) Wien 848, Schmidt & Leo. n. 1⅓ ℛ

Hofstetter, Johann Adam

Johannis Adami Hofsteteri [Hofstetter] Epistola gratulatoria, <in qua de experientia et ratione, tanquam fulcris à principiis cognoscendi in arte medica, agitur ...> ad ... Georgium Sigismundum Schweitzerum ... summos in arte sua honores solenni specimine decenter ambientem. Halae Magdeb. (1705): Henckelius. 6 Bl. 8°

(= Stahl, Georg Ernst: Dissertationes medicae. P.2 [25a].)

Hofsteter, Johann Adam (Halle), Epistola gratulatoria (in qua summa medicorum hujus & superiorum temporum autoritas & excellentia e jure & historia demonstratur,) ad virum-juvenem Joh. Gottfried Grehlmann (Grimma/Misn.). Halle (Johann Gruner) Sept. 1703. 5 Bl. (5.55) 15698

Hofsteter, J. A., resp. Fr. König, Pr. in quo unica hominis anima asseritur, eamque materialem esse variis argumentis probabiliter adstruitur. 4 l. Hal. 4°. (1. ed. 1678.) 1706

—— Epistola gratulatoria, (in qua unica hominis anima asseritur, eamque materialem esse variis argumentis probabiliter adstruitur,) ad virum-juvenem Johann Friedrich König (Osterode/Hannover). Halle Juni 1706. 4 Bl. (5.—) 15700

Hofstetter, J. Ad., vortreffliche Güte des natürlichen, jedoch rein gewachsenen Zinnobers. 4. Kopenh. ... (Brummer). 2 gl

— vortreffliche Güte des natürlichen Zinnobers. 4. Kopenhagen, Proft.

Hofstetters, J. Ad., ob der Zinnober als Arzney gebr. werden könne? 8. Leipz. Junius. 768.

Hofsteter, J. A., resp. Göz, Pr. in quo de papavere et opio esculentis agitur, insimulque virtus ipsorum medica exponitur. 6 l. Hal. 4°. 1704

Hofstetter, Johann Philipp (St. Gallen), Compendii logici, disputatio secunda. Präs. N. J. P. v. Crosa. Lausanne 1706. Bern (Andreas Hügenet). 16 Blatt. (7.—) 15701

Gew.: Joseph Schaffhauser, Melchior Mittelholzer, Gg. u. Daniel Wegelin, Michael Schlatter, Gabriel Hofmann, Johann Jacob Scherrer, Johann Jacob Manget, Johann Le Maire, David Bazin, Philipp u. Johann Jacob Hofstetter (Vater und Bruder). — Widm. v.: Abraham v. Champ-Renaud, Peter Benjamin v. Montricher (Lausanne).

Hofstetter, Karl Em.

Hofstetter, Carl Em., pract. Arzt aus Zug [von Entlebuch, Kt. Luzern]: Zur Casuistik der Pons-tumoren. Zug J. M. A. Blunschi Dr. 1880. 70 S., 2 Taf., 1 Bl. 8°.

Zürich, Med. Diss. [v. 4. Aug. 1880].

Hofstetter, Phil., species factorum de matrimonii sacramento et de contractu sponsalitio. 8. Regensb. 715.

Hofstetter-Leu, Friedrich, Bacc. iur. utr., Advokat: Der Boykott nach Schweizer Recht. Borna-Leipzig 1910: Noske. X, 117 S. 8°.

Leipzig, Jur. Diss. v. 25. Nov. 1910.

Hofstetterus. s. Hofstetter

Hoft, Norbert

Hoft, N., Wolkslied. Dichtung v. Fel. Dahn, deutsch-patriot. Volkslied f. einstimm. Massenchor m. charakterist. Vor u. Nachspiel. gr. 8. (1 S.) München 890. Hoft. n. — 10

— Sammlung v. 1-, 2- u. 3stimmigen Orig.-Gesängen im Volkston [a capella u. m. Begleitung], im Anschlusse an die eingeführten Liederbücher m. Rücksicht auf besondere Gebrauchsfälle für Volks- u. Mittelschulen u. Institute in Musik gesetzt. 1. Lfg. Ausg. A: für kathol. Schulen. 16. (55 S.) Ebd. 890. n. — 50

Hoft, Norbert, Turner-Kommerslied f. einstimmigen Kantus, Dichtung v. Conrad Weigt, München, 4°.

Hoft, Norbert, Turner-Marsch-Lied, Dichtung v. Joseph Schwabl, Klaviersatz m. Text, München, 4 S., 4°.

Hoeft, A., Dienstinstruktion f. den Polizeisergeanten. 8. (VI, 41 S.) Berlin 893. E. S. Mittler & Sohn. n. — 75

Hoeft, Bernh., es ging e. Säemann. Roman. (375 S.) 8. Dresden (906). H. Minden. n. 4. —; geb. n. 5. —

Hoeft, Bernh., es ging e. Säemann. Roman. 2.—7. Aufl. (375 S.) 8. Dresden (907). H. Minden. 4.—; geb. n 5. —

— befreite Seelen. Novellen. (160 S.) 8. Zahna. 906. Alb. Stößner. (Nur direkt.) n. 2. —

— Befreite Seelen. Novellen. 1. u. 2. Aufl. (160 S.) 8. Ebd. 908. 2.—; geb. n 3. —

— Väter u. Söhne. Roman. 2.—6. Aufl. (379 S.) 8. Ebd. (910). 4.—; geb. n 5. —

Höft, C., die Verwaltung der Stadt Altona. Neue Ausg., bearb. v. A. Trenkner. (56 S.) 8. Altona 909. J. Harder, Sort. 1. —

Hoeft, E. S. vom, s.: Cunard-Linie New-York—Liverpool—Boston.

Höft, F. (Hrsg.), s. Urds-Brunnen, Am.

Chronik Rendsburgs. [1.] Geschichte der St. Marien-Kirche in Rendsburg. Zur 600j. Gedächtnißfeier der Kirche im Jahre 1887 bearb. v. F[erdinand] Höft. Rendsburg. 1888. 8°
A. u. d. T.:
Versuch einer Geschichte der St. Marienkirche zu Rendsburg v. F[erdinand] Höft. Rendsburg. 1887. 8°

Chronik Rendsburg. [2.] Die Eider und die Eiderarme bei Rendsburg, sowie deren Nutzbarmachung für die Bewohner der Stadt v. F[erdinand] Höft. ebd. 1889. 8°

Höft, F., über Ursprung u. Bedeutung unserer geographischen Namen in besond. Berücksicht. der Umgegend von Rendsburg mit eingestreuten topographisch histor. Erörtergn. Rendsburg 869. (Kiel, Universitätsbuchhandlung.) 8. (111 S.) n. 10 ngr

Höft, Gust., s.: Books for the young.

Höft, Gust., englische Serien. Schnelle u. natürl. Einführg. in die engl. Sprache durch Unterscheidg. zwischen objektiver u. subjektiver Sprache, durch zeitl. Folge der Lebensvorgänge u. durch innere Anschaug. I. u. II. Tl. Englischer Sprachstoff nach den Grundsätzen Fr. Gouin's. gr. 8. (VIII, 176 S. m. Fig.) Hamburg, O. Meissner's Verl. n. 4. —
I. (VIII, 176 S. m. Fig.) 899. n. 1. 60
II. (VII, 206 S.) 902. n. 2. 40

Höft, Gust., englische Serien. Schnelle u. natürl. Einführung in die engl. Sprache durch Unterscheidung zwischen objektiver u. subjektiver Sprache, durch zeitl. Folge der Lebensvorgänge u. durch innere Anschauung. I. Tl. Englischer Sprachstoff nach den Grundsätzen Fr. Gouin's. 5. Aufl. (VII, 156 S. m. Fig.) gr. 8. Hamburg 906. O. Meissners Verl. n. 1. 60; geb. n. 2. —

— Französische Serien. Schnelle u. naturgemässe Einführung in die französ. Sprache durch Unterscheidg. zwischen objektiver u. subjektiver Sprache, durch zeitl. Folge der Lebensvorgänge u. durch innere Anschaug. I. Tl. Französ. Sprachstoff nach den Grundsätzen Fr. Gouins. Mit Zeichngn. v. Adf. Maack. (VIII, 115 u. Anh. 30 S.) 8. Hamburg 907. O. Meissner's Verl. 1.60; Anh. allein — 40

— die Serien-Methode. Anleitung zum fremdsprachl. Unterricht, zugleich als Begleitwort zu des Verf. „Englische Serien". Schnelle u. natürl. Einführg. in die engl. Sprache durch Unterscheidg. zwischen objektiver u. subjektiver Sprache, durch zeitl. Folge der Lebensvorgänge u. durch innere Anschaug. gr. 8. (56 S.) Ebd. 899. n. 1. —

Höft, Gust., wie wird es enden? Episoden aus dem Leben e. Grossmutter. Nach d. Holl. des J. A. Bientjes u. auf Grund eigener Erlebnisse erzählt. 2. Aufl. 8. (XI, 203 S.) Hamburg 894. A. Scheibenhuber. 1. —

Höft, H., die gebräuchlichen Bezahlungsweisen der Milch. gr. 8. (31 S.) Leipzig 898. M. Heinsius Nachf. n. — 80

— Leitfaden der Milchwirtschaft. Zur Einführg. in d. modernen Molkereibetrieb f. Molkereischüler u. Landwirte zusammengest. gr. 8. (VI, 102 S. m. 39 Abb.) Bremen 896. Ebd. n. 1. 35; geb. n. 1. 80

Höft, Heinrich: Zusammensetzung und Eigenschaften des dem Alluviallehm angehörenden Bodens des landwirthschaftlichen Versuchsfeldes der Universität Leipzig. . . . Bremen, Druck v. C. H. Meierdierks, 1889; 51 + 1 S. 8°
Leipzig, Phil. Fak., Inaug.-Diss. v. 4. Dez. 1889

Höft, Richard, approb. Arzt aus Berkau i. Altm.: Aus d. pathol. Institute zu Kiel. Ein Fall von Magenkrebs und krebsigem Duodenalgeschwüre. *Kiel 1902: P. Peters.* (13 S.) 8°
Kiel, Med. Diss. v. [10. Febr.] 1902

Hoeft, Richard, aus Potsdam: Über Rupturen der Milzkapsel, Milzgewebshernien und multiple Cystenbildung in der Milz. *Würzburg 1902: A. Borst.* (30 S.) 8°
Würzburg, Med. Diss. v. 1902

Hoftheater von Barataria oder Sprichwortspiele. Leipzig 1828. V: *Benzel-Sternau, Carl Christian Ernst Graf von.* (streisandkat. 23.)

Hoftheater, das Dresdner, in der Gegenwart. Biographien u. Charakteristiken. Neu hrsg. v. Bodo Wildberg. 8. (X, 270 S. m. 112 Portr.) Dresden 902. E. Pierson. n. 4. —; geb. n. 5. —

(B) — d. Dresdner. 902. (KVB 31.) Jetzt: Berlin, Verlag Berlin-Wien.

Hoftheater, das herzogl., zu Dessau. E. Erinnerungsgabe an die Winter-Saison 1909/1910. (27 S. m. Abb. u. 1 eingedr. Plan.) gr. 8. Dessau 910. Mohr. — 50

Hoftheater, das Königl., zu Dresden, in künstlerischer u. administrativer Hinsicht; beleuchtet von einem Kenner der Kunst u. Freunde der Wahrheit. 16. Leipzig 838. O. Wigand. n. 1/3 ₰

Hoftheater, das königliche, zu Dresden. Kritische Beleuchtg. der neuen Semper'schen Pläne v. R. F. gr. 8. (31 S.) Dresden 871. (L. Wolf's Buchh.) n. — 60

Hof- und Nationaltheater, das, in München nach seiner inneren technischen Einrichtung. Mit 18 Plänen. Herausgeg. mit Genehmigung des Magistrats der Haupt- und Residenzstadt München. Roy.-Fol. Wien 842, Förster. n. 2⅔ ℳ

Hoftheater, das Herzogl. S., zu Coburg-Gotha. Am 1. Juni 1877, dem Tag des 50jährigen Bestehens. Lex.-8. (168 S. m. 2 Photogr.) Gotha 877. (Thienemann.) n. 3. —

Wiener Hof-Theater-Almanach auf ... [Hrsg.: Georg Friedrich Treitschke.] [Wien:] Ph. J. Schalbacher [1804]. 12°
[Kupfert.]
1804: Auf das Schaltjahr 1804. ([Mit Kupf. v.] L[udwig] Maillard, [gest. v.] J[ohann] Blaschke.) [1803?] 6 Bl., S. [49]—213, 1 Bl., 1 Titelkupf., 6 Kupfertaf. [*Davon fehlen Titelkupf. u. Taf. Nr. 2 u. 5.*]

Hoftheater-Almanach, Wiener, für 1804—6 und für 1807. Wien. H: *Collin, Hnr. Jos. Edler von.* (Ky)
Jg. 2. 1805 u. d. T.: Hof-Theater-Taschenbuch.

Hoftheater-Almanach, Wiener, für 1804—6. u. f. 1807. (v. Hnr. Jos. v. Collin.) Mit Kpf. 12. Wien, (Rohrmann u. S.) 8 ℳ 16 ℊ

Hoftheater-Journal, Wiener, a. d. J. . . . Hg.: Koller u. Czerny. 1825. 385 S.
Goedeke VIII, 131, 29.

Hoftheater-Journal, Wiener, auf d. Jahr 1827. herausg. v. Koller u. Czerny. gr. 8. Wien 826. Mechitaristen. Congr. B.

Hoftheatertaschenbuch, s.a. Taschenbuch.

Wiener *Hof-Theater-Taschenbuch* auf das Jahr ... [Mit Kupfern.]
Wien: Wallishausser
Jg. 2. 1805.
Jg. 1 unter dem Titel: Hof-Theater-Almanach

Hoftheater-Taschenbuch, Wiener, auf das Jahr 1807. Wien 1806. H: *Collin, Heinrich Joseph Edler von.* (Kn) (MGT)

Hoftheater-Taschenbuch, Königl. Würtembergisches, auf die Jahre 1816—1819. Stuttgart 1816—19. H: *Korsinsky, Bernhard.* (MGT) (Heyd)

Hoeftman, ärztliche Zimmergymnastik, s.: Schreber, Dan. Glob. Mor.

Hoftmann, F. W., der preußische Rothe Adler-Orden u. der königliche Kronen-Orden. In Urkunde u. Bild. Mit 8 Taf. in Farbendr. Lex.-8. (VI, 60 S.) Berlin 878. v. Decker. n. 8. —; geb. n 10. —

Der Preußische Rote Adler-Orden und der Königliche Kronen-Orden. In Urkunde u. Bild von F[riedrich] W. **Hoeftmann,** Geh. Kanzleirat a. D. Neue rev. Ausg. Mit 6 Taf. Berlin: Selbstverl. 1908. (58 S.) 4° [J.] ...

Hoeftmann, F. W., das eiserne Kreuz u. die Kriegs-Denkmünze f. den Feldzug gegen Frankreich 1870—1871. In Urkunde u. Bild. 4. (13 S. m. 3 Chromolith.) Berlin 872. Mitscher & Röstell. n. 1. 50

Hoeftmann, F. W., der preußische Ordens-Herold. Zusammenstellung sämmtl. Urkunden, Statuten u. Verordnungen über die preuß. Orden u. Ehrenzeichen. 4 Liefgn. Berlin 867, 68. Mittler & Sohn. gr. 4. (VII, 204 S. mit 18 Chromolithogr. u. lith. Titel.) Subscr.-Pr. jeder Liefg. n. 2 ℳ; Ladenpr. cplt. n. 10 ℳ

Hoeftmann, F. W.: Der Preußische Ordens-Herold. Zusammenstellung sämmtl. Urkunden, Statuten u. Verordnungen über die Preuß. Orden u. Ehrenzeichen. [Nebst] Nachtr. [1.] 2. Berlin 1868—1900. fol.

— das **Verdienstkreuz** f. Frauen u. Jungfrauen. Gestiftet am 22. März 1871. In Urkunde u. Bild. Mit dem Namen-Verzeichniss der Beliehenen. 4. (VIII, 54 S. m. e. Chromolith.) Ebend. 872. n. 2. - -

Hof-Tracht. Allerhöchste Bestimmungen vom 1. Mai 1890 über Hof-Tracht. 8°.

Hof- u. Staatstrachten, neueste, in Frankreich. Vorgeschrieben v. Napoleon. 3 Hfte. Mit 18 ill. Kpf. Leipz., Magazin f. Ind. 18 ℊ

Hoftrauer, die, s.a. **Lustspiele f. Deutsche.**

Hoftrauer die; oder das Testament. Lustsp. von Heiberg. 8. Zurich. Orell. 795.

Hof-Uniform für Civil-Staatsdiener. Fol. (1 Bl. Text mit 5 Chromolithogr. und 1 lithogr. Details-Bog.) Dresden 882, (Burdach.) * ¢
Mit nur 1 Chromolithogr. * ¢
1 Chromolithogr. allein * ¢

Hofversammlung, große, in Paris, dargestellt v. A. v. Kotzebue. 2) Der Abschied von Cassel. Ein Singespiel von Fr. Germanus. 3) Steckbrief d. Casseler Bürgerschaft hinter Hieronym. Napoleon, nebst Signalement. 8. Ilmenau 813. Voigt. 2 ℊ

Hofwolt, O. M: Prospecto über Getreidereinigungsmaschinen usw. Rostock i. M. (1897?)

Hofzinser, Franz Xaver

Hofzinser, F. X. Über den innern Dienst der Cavallerie. Bd 1—3. Wien 1845. 8°.

Hofzinser, Frz. Xaver, über den inneren Dienst der schweren und leichten Cavallerie. Ein ausführliches Hilfsbuch für Offiziere. 3 Bde. gr. 8. (Mit 21 Taf. Abbild. u. 1 Tab.) Wien 846. (Lechner's Univ.-Buchh.) n. 7 ℳ

Hofzwerge, die, in alter Zeit, s.: **Familien-Bibliothek.**

Hog, Herm., s.: Lexikon des Arbeitsrechts.

Hogarth, William, und seine Zeit; oder London im 18. Jahrhundert. Eine Sammlung von Stahlst. nach Hogarth's Originalen, mit Erzählungen von Adph. Görling. 1—10. Heft. 4. (à 12 S. Text und 3 Stahlst.) Leipzig 851—52, Payne. à Heft * 7½ Ngr. *

Hogarth, William, und seine Zeit; oder London im 18. Jahrhundert. Eine Sammlung von Stahlstichen nach Hogarths Originalen. Mit Erzählungen von Aph. Görling. 2. Aufl. (In 25 Heften.) 1. Heft. Leipzig 864. Payne. 4. (S. 1—8 u. 4 Stahlst.) 7½ ngr.

Hogarth, William, u. seine Zeit; oder London im 18. Jahrhundert. Eine Sammlung von Stahlst. nach Hogarth's Originalen. Mit Erzählungen von Adph. Görling. 2. Aufl. 2—25. Heft. Leipzig 865. Payne. 4. (S. 9—199 mit 73 Stahlst.) Jedes Heft 7½ ngr.

Hogarth, William

Hogarth [Friedrich von Schiller] & Winkelmann [L. F. Huber]. Avanturen des neuen Telemachs oder Leben und Exsertionen Koerners ... von Hogarth [Friedrich von Schuller] in . Kupfern abgefaßt und mit befriedigenden Erklarungen versehen. Rom 1786. Nach den Original-Zeichnungen Fr. v. Schillers u. der Original-Handschrift L. F. Hubers ... Hrsg von Carl Künzel. Leipzig, Englische Kunst-Anstalt von A. H. Payne [1863]. 13 Bl., 13 farb. Taf. 4°

— · s. Beavington-Atkinson, J.

— — Die Begebenheiten einer Buhlschwester. (6 Platten, nach Hogarth gest. v. F. N. u. J. J. Rolffsen in Hamburg, mit 60 S. gestoch. Tit., Vorr. u. erklärend. Text.) Hamburg u. Leipzig (o. Adresse) 1769. 4°.

Der mit allegor. Kpf.-Vignette geschmückte Haupttitel lautet: „Die Werke des Hrn. William Hogarth, in Kupferstichen moralisch- u. satyrisch erläutert."

— — Die Begebenheiten einer Buhlschwester. Die Begebenheiten eines Lüderlichen. Die Heyrath nach der Mode. (I—III. Abthlg. aus den Werken, wahrscheinl. alles was erschienen.) Mit moral. u. satyr. Erläutergn. 3 starke Hefte. Hamburg u. Leipzig, Herold u. Weidmann, 1769—70. 4°. (Heft 1—2 in Stralsund, Rathsbibl.) (18 Mk. Adolf Weigel, Mai 1906:)

„Sehr seltene älteste deutsche Ausgabe Hogarthscher Stiche, von F. N. Rolffsen nachgestochen. Die Stiche d. ersten beiden Abthlgn. sind in Vignettenform, die der dritten in 4° gestochen. Der deutsche Text nach Trusler u. Rouquet. — Nagler führt bei Rolfssen nur die I. Abth. an." — Der Cat. Monath I. p. 79 hat: „Die Heurath nach der Mode". Ebd. „1771." 4°.

— — Die Begebenheiten eines Lüderlichen. Aus den Werken des Herrn William Hogarth in Kupferstichen in 8 Platten. Hamburg und Leipzig 1770. 8°. (2 Mk. G. Priewe. Heringsdorf, c. 1895; jetzt theurer!)

— sämmtliche Kunstwerke in 74 Blättern Steindruck. 16, 26 Hft. qu. Fol. Leipz. 831, 32. Pönicke u. Sohn. Pr.-Pr. 3 ℛ𝓉

— sämmtliche Kunst-Werke in 74 Blättern Steindruck. 38 — 126 Hft. gr. Fol. Leipzig 833 — 35. Pönicke u. Sohn. (à Hft. 1½ ℛ𝓉) 15 ℛ𝓉 — Wohlf. Ausg. in 74 Bl. (in 1 Bde.) qu. ½ Fol. Ebd. 836. 6 ℛ𝓉

Hogarth, Will., sämmtl. Kunstwerke in 74 Blätt. Steindr. 2., wohlf. Ausg. in 1 Bde. 836. * 6 Thlr., 3. A. (12 Lfgn.) qu. ½ gr. Fol. Leipzig 841, Pönicke u. Sohn.

Hogarth's, Wlh., (Werke) Kupferstiche mit verkleinerten, aber vollständigen Kopien derselben von E. Riepenhausen u. Erklär. von G. C. Lichtenberg. 12 Lfrgen, 8. u. gr. Fol. Götting. 794 —816. Dieterich. 36 ℛ𝓉 16 gℛ Die Lichtenbergische Erklärung apart. 8. Ebd. 794 — 816. 12 ℛ𝓉 16 gℛ Die Kupfer apart 24 ℛ𝓉 N. wohlf. A.: Samml. Hogarthischer Kupferstiche. 13 Lfrgn. (13e Lfrg. mit Text v. J. P. Lyser.) gr. Fol. Ebd. 831. 13 ℛ𝓉 12 gℛ Dass. ins Französ. übers. v. M. M. Lamy. 1 Thl. 8. Ebd. 797. 16 gℛ

Hogarth, Meisterbilder, s. Weicher's Kunstbücher.

Die Meisterbilder von [William] Hogarth. Eine Auswahl von 60 Reprod. nach Orig. Aufnahmen. Berlin: Weicher 1910. 63 S. 8°
(Weichers Kunstbücher. Nr 33.) [illegible]

§ — — Sammlung Hogarthischer Kupferstiche. Lfrg. 1—14 (soviel ersch.?). (Platte 1—88.) O. O. u. J. (Göttingen 1794.) Fol. (In München ex bibl. erot. Krenneriana: Art. 33, 1 vol.) Sehr rar!

Hogarths Studien. 8. Lpz. Rein.

Schreiby.

§ — — Die Werke des William Hogarth in Kupferstichen erläutert. 2 Abthlgn. O. O. u. J. 4°. (In München: Art. 46, 1 vol.) Sehr rar!

Hogarths Werke mit Erklärungen von G. Ch. Lichtenberg in 8. und 6 Kupfern von E. Riepenhausen. Fol. 12te Lief. Göttingen, Dieterich. 816.

— — Der Text besonders.
(1ste — 12te Lieferg. compl. mit Kupf. 36 Rthlr. 16 Gr.)

Hogarths Werke (in verkleinerten aber vollständigen Copien) von E. Riepenhausen. Neue Ausg. von H. Loedel. 1—8. Lfg. (Taf. 1—50 in Kpfrst.) Fol. Göttingen 850—52, Dieterichsche Buchh. à Lfg. * 20 Ngr. *

Hogarths Werke in verkleinerten aber vollständigen Copien von F. Riepenhausen. Neue Ausg. von H. Loedel. 9—14. Liefg. Taf. 51—88 (in Kpfrst.). Göttingen (853, 54.) Dieterich. Fol. Jede Liefg. Subscr.-Pr. n. 20 ngr.; Ladenpr. n. 1 ℛ𝓉.

Hogarth, Will., Werke. Nach den Orig.-Platten auf 118 Blättern photolith. von Carl Haack in Wien, nebst einem biographischen Essay über den Genius u. die Schöpfungen Hogarth's, sowie Erklärungen der einzelnen Bilder von John Nichols. Bearb. von Emil Charles Barschall. gr. Fol. (X, 49 S.) Brünn 878. Karafiat. geb. m. Goldschn. n. 90. —; in losen Blättern in Mappe n. 70. —

Hogarth's Werke. Eine Sammlg. v. Stahlstichen nach seinen Originalen. Mit Text v. G. Ch. Lichtenberg. Rev. u. vervollständigt v. Paul Schumann. 3. Aufl. [In ca. 32 Lfgn.] 1—22. Lfg. gr. 4. (à 3 Stahlst. m. Text S. 1—264.) Roudnitz b. Leipzig 886. Payne. à n. 1. —

Hogarth's Werke. Eine Sammlg. v. Stahlstichen nach seinen Originalen. Mit Text v. G. Ch. Lichtenberg. Rev. u. vervollständigt v. P. Schumann. 3. Aufl. 23.—30. (Schluss-)Lfg. gr. 4. (21 Stahlst. m. Text XXV u. S. 265—364.) Leipzig 887. Payne. à n. 1. — (cplt: n. 30. —)

Hogarth's Werke in verkleinerten aber vollst. Kopien v. E. Riepenhausen. Neue Ausg. v. H. Loedel. Neudr. qu. Fol. (88 Kupfertaf.) Nebst: Geo. Chrph. Lichtenberg's ausführl. Erklärg. d. Hogarthischen Kupferstiche. Neue verb. Ausg. 12. (XVIII, 228; IV, 267; 290, 244; X, 73 u. XII, 88 S.) Leipzig 897. Dietrich'sche Verl. Taf. in Leinw.-Mappe, Text in Leinw. geb. n. 25. —

Hogarth's, William, sämmtliche Werke in einem Bande. (74 Blätter mit Erklärung in Steindr.) 3. Aufl. 12 Liefg. ½ qu. gr. Fol. (à 6 Blätter.) Leipzig 841, 42, Pönicke u. Sohn. à n. ⅓ ℛ𝓉

Hogarth's, William, the Works of, including the Analysis of Beauty, elucidated by descriptions critical, moral and historical, with some account of his Life, 3 vols. post 8vo with 92 plates, by Cooks, bound in cloth and lettered. London ... Black and Armstrong. 6 £ 7 s

—— Zeichnungen, nach d. Originalen in Stahl gest. Mit d. vollständ. Erklär. ders. v. G. C. Lichtenberg. Hrsg. mit Ergänz. u. Fortsetz. ders., nebst e. Biographie Hogarth's v. Frz. Kottenkamp. 2 Abthln. (od. 26 Hfte.) gr. Lex.-8. (95 Stahlst. u. 65 B. Text.) Stuttgart 839, 40, [Scheible, Rieger u. Sattler.] à H. ⅜ Thlr., zusamm. genomm.

— Zeichnungen, [illegible] in Stahl [illegible] der vollständigen [illegible] herausg. u. fortges. [illegible] (Stuttg.). gr. Lex. 8. (24 Lfg. auf farb. Pap. [illegible]) Stuttgart 840, [illegible] compl. 2 ℳ (1.–20.: [illegible])

— Zeichnungen. Nach den Originalien in Stahl gest. Mit der vollständigen Erklärung derselben von G. C. Lichtenberg. Herausg. mit Ergänzung und Fortsetzung derselben, nebst einer Biographie Hogarth's von Frz. Kottenkamp. 2. verb. Aufl. (24 Liefgn.) Stuttgart (857, 58.) Rieger. Lex. 8. (XXV, 576 S. u. 92 Stahlst.) 4 ℳ. 24 ngr.

Hogarth's, William, Zeichnungen. Nach den Originalen in Stahl gestochen. Mit der vollständ. Erklärg. derselben v. G. C. Lichtenberg. Hrsg. m. Ergänzg. u. Fortsetzg. derselben, nebst e. Biographie Hogarth's v. Frz. Kottenkamp. 3. aufs Neue durchgeseh. u. verb. Aufl. Lex.-8. (XXXII, 604 S. m. 87 Stahlst.) Stuttgart 873. Rieger. 18. —

Hogarth's, Will., Zeichnungen. Nach den Originalen in Stahl gestochen. Mit der vollständ. Erklärung derselben von G. C. Lichtenberg. Hrsg. mit Ergänzung und Fortsetzung derselben, nebst einer Biographie Hogarth's von Frz. Kottenkamp. 3. aufs Neue durchges. und verb. Aufl. Neue Ausg. 12 Lfgn. gr. 8. (XXXII, 606 S. mit 93 Stahlst.) Stuttgart 882, Rieger'sche Verlagsh. à Lfg. *ℳ 1. * geb. *

— Zeichnungen. 60 Bilder, m. erklär. (eingedr.) Texte v. P. d'Elwers. gr. 4. (1 Bl. Text.) Wien 888. Mich. Stern. In Mappe. 20. —; geb. 24. —
Restauflage übernahm Fock in Leipzig. Herabg. Pr. n. 12. —

— Zergliederung der Schönheit. Aus d. Engl. von Chrlb. Mylius. Mit 2 Kpft. gr. 4. London u. Hannov. 754. Hahn. 3 Thlr. (Voß in Berl.) 2 Thlr.

— — dieselbe, a. d. Engl. Original-Ausgabe. gr. 4. Hannov. Hahn. 754.

Hogarth, Wilhelm. Zergliederung der Schönheit, die schwankenden Begriffe von dem Geschmack festzusetzen ... a. d. Engl. ... von C[hristlob] Mylius. Verbesserter ... Abdruck. Berlin u. Potsdam 1754. V (Bd. 2 ff. »Vorbericht«): *Lessing, Gotth. Ephr.* (Syst. Verz. d. Less.-Litt. Wolfenb. 1889.)

Hoge, W. J., der blinde Bartimäus und sein großer Arzt. Aus dem Engl. 8. (III und 176 S.) Hamburg 867, J. G. Oncken. cart.

Höge, Otto: Die Deminutivbildungen im Mittelenglischen. Heidelberg 1906: E. Geisendörfer. (55 S.) 8°
Heidelberg, Phil. Fak., Ref. Hoops, Diss. v. 1906
[Geb. 27. Okt. 80 Eppingen; Wohnort: Karlsruhe; Staatsangeh.: Baden; Vorbildung: Realgymn. Karlsruhe Reife Juli 01; Studium: Heidelberg 7 S.; Rig. 31. Juni 05.]

Hogel, Chr. Imm.

— gedrängte Darstellung d. Geschichte u. d. Staatsveränderungen d. Römer. Ein Taschenbuch für gebildete u. studir. Leser. 2 Bdchn. 8. Eisenberg 810. Schöne. ...

— Entwurf zur Theorie d. Statistik. Mit 1 Tabelle. gr. 8. Altenb. 829. Litt.-Cpt. 8 gr.

Hogel, Chr. Imm., († d. 3. Decbr. 1834.) empirische Psychologie u. allgem. Logik, e. Leitfaden für Studirende u. zum Gebrauch bei Villaume's prakt. Logik. 8. Cassel 808. Gera 810. Heinsius. 18 gr.

Hogel, Georg Emanuel (Erfurt), De expositione infantum ex idea juris naturalis, Romani atque Germanici. Diss. jur. Präs. Rudolph Christoph Henne. Erfurt (Hering) 24. V. 1756. 30 S. (7.—) 15703
Dtsche. Widm. v. s. Brüdern: M. Wilhelm Emanuel Hogel (Pfarrer in Kerspleben), Andreas Emanuel Hogel.

— **Zacharias** (Director d. Gymnas.), Degeneres animos timor arguit . . . (Einlad. für Georg Heinr. Büchner, Johann Christoph Lungershausen, Sebald Hopffensack). Erfurt (Limprecht) 1709. 1 Bl. (1.50) 15704

— horologium historic. 12. Lips. 704.

Hogel, Zach., manuductio ad historiam univers. c. Junckeri continuat. 12. Lips. Hilscher. 712.

Hoegel: Über den Standpunkt und die Behandlungsweise des Unterrichts in neueren Sprachen an Realschulen. 8 S. – Wien OR.Sch., Progr. 1854.

Högel. Der Unterricht in der englischen Sprache und Literatur an Ober-Realschulen. Wien, O. R. a. d. Landstr., 1868. 29 S. 4. Progr.

Hoegel, Hugo, die Einteilung der Verbrecher in Klassen, s. a. Beiträge, kritische, zur Strafrechtsreform.

Die Einteilung der Verbrecher in Klassen von Dr. Hugo **Hoegel**, Oberstaatsanw. Mit 2 Fig. Leipzig: W. Engelmann 1908. (IX, 201 S.) 8°
— **Beiträge**, Kritische, z. Strafrechtsreform. H. 2. [08. 17096

Hoegel, Hugo. Führer in das Lavantthal in Kärnten. Wolfsberg, (typ. v. Waldheim, Wien), 1884. 84 S.

— Gesamtreform des österreich. Strafrechts (einschl. des Pressrechtes). (XII, 475 S.) gr. 8. Leipzig 909. W. Engelmann. 11. —

Hoegel, Hugo, Geschichte des österreichischen Strafrechtes in Verbindung m. e. Erläuterung seiner grundsätzlichen Bestimmgn. 1. u. 2. Heft. gr. 8. Wien, Manz. n. 13. 10
1. I. Uebersicht der Geschichte des österreichischen Strafrechts. II. Die allgemeinen Schuldformen. (III, 230 S.) 904. n. 6. —
2. III. Die vorsätzl. Straftaten gegen Leib u. Leben. (VI, 331 S.) 905. n. 7. 10

Hoegel, Hugo, das Gesetz betr. die Entschädigung f. ungerechtfertigt erfolgte Verurtheilung. gr. 8. (III, 164 S.) Wien 901. Manz. n. 3. 20

— die Straffälligkeit der Jugendlichen. gr. 8. (69 S.) Leipzig 902. F. C. W. Vogel. n. 3. —

Hoegel, Hugo, Straffälligkeit u. Strafzumessung. gr. 8. (VIII, 212 S.) Wien 897. M. Perles. n. 5.60

— **Teilreformen auf dem Gebiete d. österreich. Strafrechtes (einschl. des Pressrechtes).** (XII, 253 S.) gr. 8. Hannover 908. Helwing. 4.50

Högel, Johann Baptist

Hoegel J. B.: Bemerkungen über das Studium der englischen Vocabeln und mehrere methodische Behandlungsweisen, an einigen Beispielen praktisch dargestellt. 53. Wien R. III. 77. **Progr.**

Hoegel, J(oh.) B(apt.), Lehrbuch der englischen Sprache. 1. Thl. A. u. d. T.: Elementarbuch der englischen Sprache. Sprachbuch und Anleitung zum Lesen und Betonen nach genet. Grundsätzen, nebst einem synthet. Anhange und Lesеübungen. hoch 4. (XXVIII und 248 S.) Wien 852, Gerold's Sohn.

Hoegel, J. B., Lehrbuch der englischen Sprache. 2 Thle. 2., nach des Verfassers eigener Methode umgearb. Aufl. Wien 862. Gerold. gr. 8. Jeder Bd. n. 1 *rthl* 20 *ngr.*
1. Bd.: Elementarbuch, oder praktisch-methodische Anleitung zum Lesen u. Verstehen, Sprechen u. Schreiben des Englischen. (IV, 263 S.)
2. Bd.: Compendium der englischen Grammatik u. praktische Beispiele zur Anschauung der Regeln für den Satzbau u. die Anwendung der einzelnen Redetheile. (IV, 287 S.)

Hoegel, J. B., Lehrbuch der englischen Sprache. 1. Thl. Elementarbuch, oder praktisch methodische Anleitung zum Lesen u. Verstehen, Sprechen u. Schreiben des Engl. 3., nach des Verf. eigener Methode umgearb. Aufl. Wien 869. Gerold's Sohn. gr. 8. (VII, 296 S.) n. 1 *rthl* 20 *ngr.*

Hoegel, J. B., Lehrbuch der englischen Sprache. 1. u. 2. Thl. gr. 8. Wien 874. 75. Gerold's Sohn. à n. 4. —
1. 4. gänzlich umgearb. Aufl. (V, 356 S.) — 2. 3. umgearb. u. verm. Aufl. (IV, 396 S.)

Hoegel, J. B., Lehrbuch der englischen Sprache. 5. Aufl. gr. 8. (X, 433 S.) Wien 881, Hölder. *

Hoegel, J. B., Englisches Lese- und Uebungsbuch. Praktische Anleitung zum Verstehen, Sprechen u. Schreiben des Englischen. Mit grammat. Noten, Uebersetzungen, Redensarten rc. Wien 854. Seidel. Lex.-8. (VI, 312 S.) n. 1 *rthl*. 10 *ngr.*

— **readings** in English prose (original and translated from the German) designed, to serve also as Key to the authors „Exercises for translating from the German into English," and as a Text-book for Englishmen to translate from the English into German. Prag 859. Tempsky. gr. 8. (2 Bl., 242 S.) n. 24 *ngr.*

—— methodisch geordnete **Uebungen** zum Uebersetzen aus dem Deutschen ins Englische, und prakt. Anleitung zur Verfassung engl. Aufsätze. gr. 8. (IV und 247 S.) Prag 859, Tempsky.

—— **Vorschule** des Englischen. Elementarmethodische Anleitung zur engl. Sprache und Grammatik. gr. 8. (VI und 192 S.) Wien 852, Gerold's Sohn. *

Högel, J. J., Situations-Plan der Wiener Weltausstellung und des Praters mit allen Haupt- und Nebengebäuden. In vier Farben gedr. Fol. Wien 873, Lechner's Verlag. *

v. Högelmüller, Ritter Geo., († d. 16. April 1826.) Anleitung zur Erkenntniß d. Pferdealters aus den natürl. Veränderungen d. Zähne. 8. Wien 811.... (Vergl. Anleit. rc. Münch. 819., welches dasselbe zu seyn scheint.)

Högelmüller, Georg von (Übers.):

s.: Hippokrates: Abhandlung...von der Luft, den Wässern und den Gegenden. (De aëre, aquis, locis. Dt.) Nach der franz. Bearbeitung des (Adamantios) Korais. Wien: 1803

JB 387

– s. Lespinasse: Versuch.

v. Högelmüller, Ritter Geo., († d. 16. April 1826.) Vorschlag zur Theilnahme an den in Oesterreich zu errichtenden Brandversicherungs-Privat-Anstalten. Wien...

Högelmüller, Georg von, Tractatus de vulnerationibus equorum per arma inflictis, pro veterinariis belli tempore. (Übers. n. Wolstein.) Wien 08.

– s.a. Wolstein, J. G.: Tractat. de vulnerationibus.

— Wünsche u. Vorschläge zur Errichtung e. Erziehungs-Instituts für Dienstboten rc. 4. Wien 810.

Högelsberger Karl: Sprachvergleichende Studien aus dem Persischen.
H. 1908 PN 2597 **Diss.** Wien, Univ. 2902

Högelsberger, Karl Georg

Högelsberger: Alliteration u. Alliterationspoesie. 20 S. 8° –Wien OR.L., Progr. 1857

Programm, zweites — der k. k. Ober-Realschule in der Vorstadt Landstraße in Wien. 8. (104 S. und 1 Plan.) Wien, Gedruckt bei Ant. Schweiger. 1853.
Inhalt: Schulnachrichten. — Beleuchtung einiger Einwürfe gegen das Wesen der jetzigen Realschule. — Ueber den Unterricht in der deutschen Sprache; ein geschichtlicher Rückblick Von C. G. Högelsberger. — Ueber den Einfluß des Studiums der Physik.

Högelsberger, Karl Geo., das Gesammtgebiet der deutschen Sprachwissenschaft im Abriss. Wien 859. Gerold. gr. 8. (XXIV, 676 S.) n. 3 *rthl* 6 *ngr.*

Högelsberger, C. G. Ueber das Sonett. Wien, O. R. a. d. Landstr., 1866. 22 S. Progr.

Högelsberger, K.G.: Der Unterricht in der deutschen Sprache an der Landstrasser Ob.-Realschule. Ein geschichtl. Rückblick auf das verflossene Schultriennium. S. 40-56. 8° – Wien OR. Ldst. Progr. 1853.

v. Högen, Edler Jos., Gedichte. 2 Thle. 8. Grätz 793. Ferstl. 10 gr.

Hoegen, Wilhelm: Die Menschheitsdichtungen der französischen Romantiker Vigny-Lamartine-Hugo. Darmstadt 1908: Otto. X, 224 S. 8°
Heidelberg, Phil. Diss. v. 25. Aug. 1908, Ref. Neumann
[Geb. 30. April 80 Heidelberg; Wohnort: Mannheim; Staatsangeh.: Baden; Vorbildung: Realgymn. Mannheim Reife M. 04; Studium: Heidelberg 8 S.; Rig. 27. Mai 08.] [U 09. 1998

Hoegen, Wilhelm v., Referendar a. Brand b. Aachen: Die Wirkungen der Verjährung nach dem heutigen bürgerlichen Rechte. Aachen 1900: Aachener Verlags- und Druckerei-Gesellschaft. (50 S.) 8°
Rostock, Jur. Fak., Ref. Bernhöft, Diss. v. 30. Dez. 1900
[Geb. 25. Mai 82 Cornelimünster, Landkr. Aachen; Wohnort: Brand b. Aachen; Staatsangeh.: Preußen; Vorbildung: Gymn. Aachen Reife O. 02; Studium: Bonn 2, Heidelberg 1, Leipzig 1, Bonn 2 S.; Rig. 23. Juli 06.]

Hogendorp, D. van, commentatio de juris gentium studio in patria nostra, post Hugonem Grotium. Amstelodami 856. (Leipzig, T. O. Weigel.) gr. 8. (3 Bl., XII, 186 S.) n. 1 ₰. 15 ngr.

van Hogendorp, Comte Gysbert Karl, (†d. 5. Aug. 1834.) Lettres sur la prospérité publique, adressées à un Belge dans les années 1828, 29 et 30. 2 Tom. gr. in 8. Amsterdam 828—30. Diederichs frères. (Leipz., W. Vogel). 3 ₰ 12 ℊ

—Opinion, emise le 17. April 1816. ensuite de la réunion de la Hollande et de la Belgique. Trad. du Hollandais. gr. in 8. Amsterd. 831. Diederichs frères. (Leipz., W. Vogel). 2 ₰

— Séparation de la Hollande et de la Belgique (d. 22. Oct. 1830.) 2e A. gr. in 8. Amsterd. 830. Diederichs frères. (Leipz., W. Vogel). 14 ℊ

v. Hogendorp, M. W., Beschreib. d. Insel Timor in Asien. gr. 8. Wien 812. Gerold. 4 ℊ

Hoeger, Andreas Martin (Nürnberg), De expensis litis victori refundendis a victo ex juramento judiciali et litis decisorio. Diss. jur. Altdorf (Joh. Georg Meyer) 26. VI. 1755. 36 S. (7.—) 15361
Widm. v.: Wolfg. Albert Spis, Georg Friedrich Deinlein (dtsch.), Joh. Stephan Joninger, Johann Lorenz Drechsler, Johann Sigismund Pfinzing v. Henfenfeld.

Höger, Ernst, appr. Arzt, a. Bad Essen, Bez. Osnabrück: Aus d. Kgl. mediz. Universitätspoliklinik zu Göttingen. Zusammenstellung der Fälle von Tuberkulose, welche vom 1. März 1899 bis 1. März 1904 seitens der medizinischen Poliklinik in der Stadt Göttingen behandelt würden. Göttingen 1904: Dieterich. (30 S.) 8°
Göttingen, Med. Fak., Ref. Damsch, Diss. v. 30. Jan. 1905
[Geb. 25. Febr. 77 Bad Essen, Bez. Osnabruck; Wohnort: Bad Essen; Staatsangeh.: Preußen; Vorbildung: Rats-Gymn. Osnabruck Reife O. 97; Studium: Tubingen 4, Halle 1, Göttingen 3, Halle 2, Göttingen 1 S.; Coll. 21. Dez. 04; Approb. 4. März 04.]

Höger, Fr., die Architektur des hamburgischen Geschäftshauses, s.: Bröcker, Paul.

Höger, Franz

— sieben Brod in Predigten. Fol. Ebend. 740.

— Evangelium den Arm. u. Reich. gepredigt. Fol. Ebend. 744.

— eröffn. Heiligthum, z. Heiligmachung der Christen. Fol. Ebend. 726.

Höger, Franz, S. J. Unaufhörlicher Kirchen-Glantz, Das ist: Ausserordentliche Lob- und Red-Verfassungen Bey verschiedenen Fest-Begängnissen der Heiligen, Wie auch Unterschiedlichen Andachten, Bett-Gäng, und feyerlichen Kirchen-Gepräng, Samt Oelberg- und Exempel-Predigen . . . Ingolstadt, Johann Andre de la Haye, 1726. Fol. 12 Bl. 199 S., 6 Bl., S. 203—313; 2 Bl. 31 S.; 2 Bl. 112 S. 15 Bl. Titel in Rot und Schwarz. Leicht berieb. Ldbd. d. Z.
De B.-S. IV, 407/08: 4 Erstausgabe: das Werk wurde so beliebt, daß es einige Neuauflagen erlebte.

— Kirchenglanz. Fol. Ebend. 738.

Hoeger, Frz., sylva cogitationum sacrar. pro cathedra. 8. Ingolst. Krüll. 761.

Hoeger, Frz., sylva cogitationum sacrar. pro cathedra. 8. Ingolst. 781. Krüll. 10 ℊ

Höger, Franz Christian

Höger, Fr. Chr., kleine Beiträge zur Bestimmung und Erklärung der im Codex Falkensteinensis, im Codex traditionum Garzensis und im Codex traditionum Augiensium vorkommenden Personen- und Ortsnamen. gr. 8. (XII, 50 S.) Freising 882, (Datterer.)

Kleine Beiträge zur Erklärung von Vergils Aeneis. — Von Franz Christian Höger, G. P. — 1875. Landshut, ibid. — S. 3 · 36[4].
Progr. Landshut, K. Gymn.

Höger, Franz Christian [Rekt.]: Aus der Schule. Kleine Beiträge zur Erklärung des Horaz. . . . Freising, Buchdr. v. Dr. F. P. Datterer, 1891; S. 69–85; 8°
Freising, StA, P 1891

Höger, Franz Christian [Rekt.]: Kleine Beiträge zur Kritik und Erklärung der Monumenta Boica im Anschluss an den General-Index Teil II. zu Bd. XV XXVII. Freising, Buchdr. v. Fr. P. Datterer, 1889; XI, 80 S. 8°
Freising, k. StA, P 1889

Höger, Franz Christian, Rektor, Oberstudienr.: Zur Geschichte und Statistik des K. hum. Gymnasiums Freising vom Schuljahre 1878/79 bis zum Schlusse des Schuljahres 1902/03. *Freising 1903: A. Fellerer.* (34 S.) 8°
Freising, k. humanist. G, P 1903

Höger, Frz. Chrn., Grundzüge der griechischen Bühne. Einleitung in die Lektüre der griech. Tragiker für Gymnasialschüler bearb. 8. (61 S. mit 1 lithogr. Beilage in qu. 4.) Landshut 863, Thomann'sche Buchh.

Nekrolog auf Joh. Nep. Kösporer, Mus.-L., und Pr. Willibald Rausch, G.-P. (Beigabe zum Jahresbericht 1900). -- Von Fr. Christian Höger, G.-R. — Ebenda. — P. 44—47.
Progr. Freising, K. Lyzeum und Gymnasium

Höger, F. Ch., s. Salbuch des Stiftes Niedermünster in Regensburg.

Höger, Fr. Chr.: Zur mittelalterlichen Topographie und Geschichte Bayerns aus Prof. Freudensprung's Sammlungen. 22 S.– Landshut, Progr. 1872.

Höger, Gottfr., „Sieben Gesichter des vielträumenden „Kolonisten." Erschienen am 23. Mai 1964. „Das 8., 9. u. 10. Gesicht." Ersch. am 4. Sept. 1864 bei L. Lietzsche, Odessa

Hoeger, J. B. (Hrsg.), s. Volkskalender, Thomas'scher.

— **Johann Christoph** (Nürnberg), Controversiarum juris naturae et gentium ex historia Graeca illustratarum specim. II (de usu veneni in bello). Präs. Christian Gottl. Schwarz. Altdorf (Jod. Wilh. Kohles) 8. X. 1711. 14 Bl. (7.—) 15362
Widm. v.: Präs., Septimius Andreas Mercklein (dtsch.), Joh. Matth. Schnizzer, Franz Heinrich Reimers.

— — De usu condictionis causa data, causa non secuta. Diss. jur. Altdorf (Magnus Daniel Meyer) Nov. 1714. 47 S. (7.—) 15363

— **Johann Tobias** (Nürnberg), De irrevocabilitate subfeudi post resolutum jus concedentis. Diss. jur. Altdorf (Magnus Daniel Meyer) 8. VI. 1719. 28 S. (7.—) 15364

Höger, Jos. — Aquarell-Schule von — —. 1. Heft. Nr. 1—6 Wien, J. Rauh's lith. Kunstanstalt. Wien, bei L. T. Neumann. (Fol.) 1855

Höger, J., Landschaften, s. Paterno's, F., systematische Zeichnenschulen.

— Landschafts-Schule. Nach der Natur gezeichnet und lithogr. Heft 1—12. 4. à 30 kr.
1861

Höger, J., Kleine Landschaftenschule. Wien, Ant. Paterno. 12 Hefte in 8., jedes mit 6 Blatt. à 30 kr.
1861

Höger, J., Kleine Landschaftsschule. 13.—23. Heft zu 6 Blatt. Wien, F. Paterno. à Heft 30 kr.
1863

Höger, J., Kleine Landschaftsschule. 24. Heft zu 6 Bl. Wien, F. Paterno. 30 kr.
1864

Höger, J., Landschaft-Schule. Heft Nr. 25, 26, 27, 28, 29, 30. Wien, F. Paterno. à 30 kr.
1865

— — Gründliche Landschaftszeichenschule. Heft 43—50. Wien L. Th. Neumann. à 25 kr.
1865

Höger, Josef —. Gründliche Landschafts-Zeichnungs-Schule entworfen und lithographirt von — —. Wien, 1856. Gedr. bei Josef Stoufs. Verlag von L. T. Neumann. (12 Bl. 4.)

Höger, Karl, aus eigener Kraft! Die Geschichte e. österreich. Arbeitervereines seit 50 Jahren. Hrsg. vom niederösterreich. Buchdrucker- u. Schriftgiesser-Vereine. Im Auftrage des Vereines verf. gr. 8. (VIII, 594 S. m. Abbildgn. u. 29 Tab.) Wien 892. (1. Wiener Volksbuchh., I. Brand.) Geb. in Leinw. n. 4. —

— die Lebensmittelvertheuerung, s.: Volksbibliothek, Wiener politische.

Höger, Karl, die typographischen Phänomene. Versuch e. Geschichte d. Setzmaschinen. I. Abth.: Die verschied. nichtmaschinellen Satzbeschleunigungsversuche. [Aus: „Vorwärts".] (104 S.) 8. Wien 897. (Leipzig-N., R. Härtel.) n. 1. —

Höger, Rud. W., Andeutungen über Creirung und Administration der Pensionsfonde für landwirthschaftliche Diener. Kurze Darstellung aller bei der Verfassung des bezügl. Statuts und bei der Verwaltung der betreff. Capitalien wesentl. Momente. gr. 8. (VI, 56 S.) Graz 869, Pock. (Verlag Leykam-Josefsthal.) *

Höger, Rud. W., der Arbeiter u. das Gespann als Arbeitskräfte der Landwirthschaft. Nebst Darstellung der Mittel u. Wege, die Arbeitskosten einer Wirthschaft zu vermindern, dem Mangel an ländlichen Arbeitern abzuhelfen rc. Mit besonderer Berücksichtigung der gegenwärtigen Verhältnisse für das praktische Bedürfniß der deutschen Landwirthe bearb. Weimar 860. Voigt. gr. 8. (XII, 187 S.) $17\frac{1}{2}$ ngr.

Höger, Rud. W., kritische Betrachtungen üb. die Futter-Normen f. landwirthschaftliche Nutzthiere nebst Anleitg. zur Verfassg. der Futterprojecte u. zur Composition der Futterrationen auf Grundlage derselben. 8. (IV, 119 S.) Prag 871. Calve. n. 2. 40

— das Ganze der landwirthschaftlichen Geschäftspraktik. 1. Bd. Die Buchführung des landwirthschaftl. Gross-Geschäftes nach der Manier der ital. doppelten Buchhaltung. Vollständige Darstellung ihrer Theorie u. Praxis. 1. Thl. Pilsen 870. Steinhauser & Korb. gr. 8. 1 ℛ 6 ngr.
Theoretische Darstellung der Buchführung in doppelten Posten u. ihrer Formen für das landwirthschaftliche Gross-Geschäft. (175 S.)

— das Ganze der landwirthschaftlichen Geschäftspraktik. 1. Bd. Die Buchführg. d. landwirthschaftl. Gross-Geschäftes nach der Manier der ital. doppelten Buchhaltg. Vollständige Darstellg. ihrer Theorie u. Praxis. 2—4. Thl. gr. 8. Pilsen 871. Steinhauser. 9. 40; (I, 1—4.: 13. —)
2. Chronologische Darstellg. d. Verbuchungs- u. Geschäftsganges bei e. mittelgrossen Gutskörper. (S. 176—334.) 2. 60
3. Praktische Darstellg. der Rechng. e. mittelgrossen Gutskörpers. (S. 335—532.) 5. —
4. Theoretische u. prakt. Darstellg. der Verfassg. der Ertragsbilanzen. (XIV u. S. 533—593.) 1. 80

Hoeger, W., Lehrbuch der Pantoplastik od. Vergrösserung u. Verkleinerung plast. Modelle auf chemisch-techn. Wege. Deutsches Reichs-Patent Nr. 24109. gr. 8. (30 S. m. 8 Abbildgn.) Stuttgart 888. (Motzler's Sort.) geb. n. 5. —

Hoeges, W., Geschichtliche Nachrichten über ältere Schulverhältnisse zu München-Gladbach. München-Gladbach. 1867
Schul-/Univ.-Schrift

Hogeweg, D., u. A. Krüssenberg, die gefährlichen Strömungen auf sozialem Gebiet u. die Aufgabe der Schule beim Blick auf dieselben. Vorträge, geh. in der amtl. Konferenz der Kreisschulinspektion Mülheim a. d. Ruhr am 30. Juni 1891. gr. 8. (36 S.) Mülheim a. d. R. 892. H. Baedeker. n. — 50

Hogg, s. Jefferson.

Hogg, J., Notice sur les bains de Bonn dans le canton de Fribourg, restaurés et desservis par J. H.... [Avec 1 planche.] 8. Fribourg 1865.

Hogg, J., die Wanderer im Hochlande; aus d. Engl. v. S. May. 2 Thle. 8. Berl. 802. (Fr. Fleischer in Leipz.) 2 ℛ 8 ℊ

Hogg, James, praktischer Unterricht über d. Krankheiten der Schaafe, deren Ursachen u. zweckmäßigste Verhütungsmittel. A. d. Engl. von Mart. Hnr. Schilling. gr. 8. Leipz. 821. Baumgärtner. 16 ℊ

Hogg, Th. Jfferson, 209 Tage, oder Tagebuch eines Reisenden auf d. Festlande. Aus d. Engl. 1r Thl. 8. Stuttg. 828. Löflund u. Sohn. 1 ℛ 16 ℊ

Anton Hoegg

Observationes medico-chirurgicae. Ienae (1762:) Marggraf. 32 S. 8°

Jena, Med. Diss. v. 2. Apr. 1762

Hoegg, Art., Diss. Obs. med. chir. 32 pp. Jen. 4°. J. de méd. XX, 553. *Sandifort* III, 83—93.
1762

Einfache christliche Grabmäler für Niederdeutschland. Unter Mitw. von Bremer Architekten hrsg. von Prof. E[mil] **Högg,** Dir., u. Pastor Fr[iedrich] Holtz, Altengamme. Berlin: Deutsche Landbuchh. (1910). 40 S. 8°
(Schriften z. Dorfkirche. H. 2.)
[11. 1740]

Högg, *Ernst* [Prof.]: Das Freihandzeichnen nach Körpermodellen und Naturobjekten im Schulzeichenunterricht. M. 75 Abb. auf 10 Taf. Stuttgart, Buchdr. v. C. Hammer, 1897; 30 S., 8 Bl. Taf. 4.
Stuttgart, k. Friedrich-Eugens-R, P 1897 (624)

Högg, E., das Freihandzeichnen nach Körpermodellen u. Naturobjekten im Schulzeichenunterricht. Mit 75 Abb. auf 16 Taf. Progr. 4. (30 S.) Stuttgart 897. W. Effenberger. n. 1.20

Högg, E., das Freihandzeichnen nach Körpermodellen u. Naturobjekten im Schulzeichenunterricht. 2., verb. u. verm. Aufl. Mit vielen Abbildgn. auf 20 Taf. (30 S.) gr. 4. Stuttgart 904. [W. Effenberger.] K. Wittwer. n. 2. —

Högg, E., das Freihandzeichnen nach Körpermodellen u. Naturobjekten im Schulzeichenunterricht. 3. Aufl. Mit vielen Abb. auf 20 Taf. (30 S.) Lex. 8. Stuttgart 907. K. Wittwer. 2. —

Högg, E., Vorbilder für das Ornamentenzeichnen, s. Kolb, H.

Högg, E., Vorlagen-Werk zur stilistischen Ausbildung v. Gold-, Silber- u. Bronce-Arbeiter, Modelleuren, Graveuren, Ciseleuren etc. u. zum Gebrauch in gewerbl. Fortbildungsschulen, sowie zur Selbstbelehrg. Nach Orig.-Arbeiten aus allen Kunstepochen unter Leitg. der königl. württemberg. Centralbehörden f. Gewerbe u. Handel u. f. die gewerbl. Fortbildungsschulen zusammengestellt u. gezeichnet. [In 3 Lfgn.] 1. Lfg. gr. Fol. (10 Steintaf.) Stuttgart 876. Nitzschke. In Mappe. n. 12. —

Hoegg, Franz, approb. Arzt aus Wollstein: Aus d. Tübinger Universitäts-Augenklinik. Bericht über die Wirksamkeit der Universitäts-Augenklinik in Tübingen in der Zeit vom 1. Januar bis zum 31. Dezember 1902. *Tübingen: F. Pietzcker 1903.* (27 S.) 8°
Tübingen, Med. Diss. v. 1903

Hoegg, Frz. Xaver, Andeutungen zum Gebrauche der latein. Lehr- u. Lesestücke. 8. (3 B.) Stuttgart 845, Erhard.

Hoegg: De aliquot Horatii carminibus commentatio. 20 S.–Arnsberg, Progr. 1862

Hoegg, Franz. Xav. De ironicis quibusdam Horatii carminibus [Od. I. 28. III, 12. III, 7. III, 20. III, 17. Epod. 16.] 16 S.
Arnsberg, Progr. 1853

Hoegg, F. X. Festrede, am Vorabende der Geb.-Feier Sr. Maj. (Lob des Königs, besond. wegen der Verdienste um d. Schulen.) 4 S.
Progr. Cöln e. 1835

Högg, F. Xav. Ueber den Gebrauch der Zeiten in der indirecten Rede der deutschen Sprache. 20 S.
Arnsberg, Progr. 1854

Hoegg, F. A. De difficiliorib. quibusd. Virgilii locis. (Aen. III. 684, IV. 242, 436. VI. 615, 743.) 16 S. . . . .
Progr. Cöln e. 1833

Hoegg, Franz Xav. Rede, gehalten bei der Einführung in sein neues Amt [als Director] am 10. October 1842. 6 S. . .
Arnsberg, Progr. 1843

Hoegg: Ueber Schülerbibliotheken. 15 S.–Arnsberg, Progr. 1868

Hoegg, Frz. Xav., Uebungsstücke z. Uebersetzen aus d. Deutschen ins Latein. u. a. d. Latein. ins Deutsche in method. Stufenfolge. 1. u. 2. Thl. 8. Köln, DuMont-Schauberg.
Thl. 1. Für die Sexta eines Gymnasiums. 1. Aufl. (13 B.) 829., 2. A. (12 B.) 830. à 10 Gr.
" 2. Für die Quinta eines Gymnasiums. (21 B.) 832. 16 Gr.

Hoegg, Frz. Xav., Uebungsstücke z. Uebersetzen a. d. Deutschen ins Latein. u. a. d. Latein. ins Deutsche, in method. Stufenfolge. 2 Thle. 8. Köln, Du Mont-Schauberg.
Thl. 1. Für die Sexta e. Gymnasiums. 3., verb. Aufl. 838. 10 Gr.
" 2. Für die Quinta e. Gymnasiums. 2., verb. u. verm. Aufl. 837. 16 Gr.

—— Uebungsstücke z. Uebersetzen aus d. Deutschen ins Lateinische u. aus d. Latein. ins Deutsche, in method. Stufenfolge. 2 Thle. gr. 12. Köln, Dumont-Schauberg'sche Buchh.
Thl. 1. Für die Sexta eines Gymnasiums. 4., verb. Aufl. (7½ B.) 842. 12½ Ngr.
" 2. Für die Quinta eines Gymnasiums. 3., verb. Aufl. (12½ B.) 844. 20 Ngr.

Hoegg, Frz. Xav., Uebungsstücke zum Uebersetzen aus dem Deutschen ins Lateinische und aus dem Lateinischen ins Deutsche, in method. Stufenfolge. 1. Thl.: Für die Sexta eines Gymnasiums. 7. verb. u. verm. Aufl. Köln 855. DuMont-Schauberg. 12. (XII, 164 S.) 12½ ngr.

Hoegg, Frz. Xav., Uebungsstücke zum Uebersetzen aus dem Deutschen ins Lateinische und aus dem Lateinischen ins Deutsche, in method. Stufenfolge. 1. Thl.: Für die Sexta eines Gymnasiums. 8. verb. Aufl. 8. (VIII, 160 S.) Köln 870, DuMont-Schauberg'sche Buchh.
2. Thl. 5. Aufl. Ebendas. 1856. ℳ 2.

—— Verzeichniß der von den höhern Bildungsanstalten Westfalens für Schülerbibliotheken empfohlenen Werke. Im Auftrage der westfälischen Directorenconferenz nach einer mit den Correferenten den Gymnasialdirectoren Rumpel in Gütersloh, Hildebrand in Dortmund und Hoelscher in Recklinghausen, vereinbarten Auswahl geordnet. gr. 8. (66 S.) Paderborn 870, Schöningh. *

(——) erstes Wörterbuch des angeh. Lateiners, s. Wörterbuch &c.

Hoegg, Gebhard Hil.

—— **Ablativ Singul., Nominativ und Genitiv Plur. der 3. latein. Deklination nach ihrer Formbildung übersichtl. dargestellt. (Tab. II.) Lex.-8. (3 S.) Ebendas. 857.**

— Andeutungen zum Gebrauche der latein. Lehr- u. Lesestücke. 8. Ebend. 845. ⅙ ℛ︀

Högg, G. H., das Geschlecht der lateinischen Substantive erkennbar aus Stamm und Nominativbildung. (Tab. I.) Lex.-8. (4 S.) Nördlingen 857, Beck'sche Buchh.

— Grammatik der lateinischen Sprache für Schulen. Nördlingen 854. Beck. gr 8. 1 ℛ︀. 2 ngr.
Inhalt: Wortlehre der latein. Sprache für Schulen. Von Högg. 852. (VIII, 144 S.) — Satzlehre der latein. Sprache für Schulen. Von Högg. Nebst Metrik von Alb. Vogelmann. (XII, S. 145—356.) — Metrik der latein. Sprache für Schulen. Von Alb. Vogelmann. (IV, 24 S.)
Högg's Satzlehre nebst Vogelmann's Metrik einzeln 20 ngr.

—— **die Kasusformen der lateinischen Sprache in vergleichender Uebersicht. (Tab. III.) Lex.-8. (8 S.) Ebendas. 857.**

Högg, Gebh. Hil., lateinische Lehr- und Lesestücke für den Anfangsunterricht. I. u. II. 8. (Mit 1 Tab.) Stuttgart 845, Erhard. ⅙ ℛ︀

— **Aufgaben dazu. I. u. II. 8. Ebend. 845. ⅛ ℛ︀**

Högg, Gebh. Hil., lateinische Lesestücke aus der Naturbeschreibung der Alten. Mit Abbildungen. 8. (IV und 122 S. mit 3 Stnt.) Nördlingen 854, (Beck'sche Buchh.) *

Högg, Gebh. Hil., über d. Nothwendigkeit, den latein. Elementar-Unterr. zweckmäßiger einzurichten. Nebst erläut. Bemerkn. zu e. dahin zielenden Versuche. 4. (5½ B.) Stuttgart 839, Neff.

— deutsche Rechtschreibung nach Rud. v. Raumer. Regeln u. Wörterbüchlein. Ellwangen 858. Heß. 8. (26 S.) n. 4 ngr.

— Satzlehre der lateinischen Sprache für Schulen. Nebst Metrik von Alb. Vogelmann. gr. 8. (XII und S. 145—350 und Metrik IV und 24 S.) Nördlingen 851, (Beck'sche Buchh.)

— Wortlehre der lateinischen Sprache für Schulen. gr. 8. (VIII und 144 S.) Nördlingen 852, Beck'sche Buchh.

Hoegg, Heinr. Xav. Ex Taciti Agricola praefatio illustrata. 20 S. Arnsberg. Progr. 1846

Högg, Hilar, die altdeutschen Götter im Pflanzenreiche. Eine Skizze. 16. (IV, 44 S.) Stuttgart 871. Bonz & Co. n. 1. —

Högg, Hilar, die altdeutschen Götter im Pflanzenreiche. Eine Skizze. 16. (IV, 44 S.) Stuttgart 871, Metzler's Verlag. *

Högg, K., die wichtigsten Repetir-Verschluss-, Schloss- u. Abzugs-Mechanismen, sammt kurzer geschichtl. Entwickelg. des neuen österreich. Armee-Gewehres Modell 1888] Schematisch dargestellt nach Vorträgen d. Hrn. Nik. Ritter v. Wuich. 2 Tableaux m. 80 Fig. Imp.-Fol. Wien 888. Seidel & Sohn. n. 3. 20

Högg, Karl, die wichtigsten Repetir-Verschluss-, Schloss- und Abzugs-Mechanismen, sammt kurzer geschichtl. Entwickelung des neuen österreich. Armee-Gewehres [Modell 1888]. Schematisch dargestellt nach Vorträgen von Nik. Ritter v. Wuich. Imp.-Fol. (2 Tableaux mit 80 Fig.) Wien 888, Seidel und Sohn. * 3 20

Högg, Carl u. Ed. Edl. v. Dietrich. Schiess-Tableaux u. Schiess-Spiel f. den Repetir-Carabiner M. 1890 u. Schiess-Tableau f. den Revolver. 3 Tableaux. 77×82 cm. Wien 892, Braumüller. * 5 60; Tableaux allein * 4 20; Schiess-Spiel allein * 1 80

HOEGGARD Emanuel. Die entehrende Tonsur exemplarischer Busserinnen unter der Regierung Josef-II. Durch -. Gerold, Wien 1782. 1 vol. 36 S.

Högger, Peter: De officiis conjugum. 23 S.– Basel, Jur.Diss.v. 8.Mai.1705.

Högger, Rob., eine Abrechnung. Schauspiel in 5 Aufzügen. (III, 96 S.) 8. Dresden 903. E. Pierson. n. 1. 80

Högger, Rob., Felsenburg. Schausp. in 5 Aufzgn. 8. (94 S.) Dresden 897. E. Pierson. n. 1. 50

— Felsenburg. Schauspiel in 5 Aufzügen. 2., neubearb. Aufl. (III, 88 S.) 8. Ebd. 903. n. 1. 50

— um Geld u. Ehre. Drama in 4 Aufzügen. (III, 74 S.) 8. Ebd. 903. n. 1. 50

Junges Leben. Gedichte von Robert Högger. München: Selbstverl. 1894. (95 S.) 8°

Högger, Rob., junges Leben. Gedichte. 8. (VIII, 95 S.) München 894. (L. Finsterlin.) n. 1. 50

Högger, Rob., junges Leben. Gedichte. 2., verm. Aufl. 12. (VII, 189 S.) Paderborn 901. F. Schöningh. n. 2. —; geb. n. 3. 20

Högger, Sebastian: De foro soli et poli eorumque differentiis. 69 S.– Basel, Jur.Diss.v. 5.April 1709.

Hogguér, Frhr. v., Reise nach Lappland u. d. nördl. Schweden. Nebst 1 Atlas v. 20 lith. Taf. (Imp.-4.) gr. 8. (15 B.) Berlin 841, Reimer. *

v. Hogguer, A., s. Mad. Necker de Saussüre, die Erziehung des Menschen. — Nodier, Werke.

Hoegh, Jh. Jürg. Chr., Anleitung zu einem zweckmässigen Ackerbau u. Aufhebung der Gemeinheit. Preisschrift aus dem Dänischen von F. W. Otte. 8⁰. Schleswig 1799. (Hammerich in Altona.)

Dänisches Lesebuch für Schleswigholsteiner, welche die Sprache Dänemarks zu lernen gesonnen sind, versehen mit den nöthigen Anmerkungen und einem dänisch-deutschen Wörterverzeichnisse v. Frederik Hoegh-Guldberg. Kiel. 1809. 8°

Hoghelande, Theobald von

*Abhandlung von denen Hindernissen bey der Alchymie. Darin gezeiget wird was ein Liebhaber dieser Kunst zu wissen, und zu meiden hat, wenn er zur Vollkommenheit gelangen will. Aus dem Lateinischen in das Deutsche übersetzet. Gotha, verlegts Christian Mevius, 1749. pp. [xxx]-176, 12mo.

Beweis dass die Alchymey oder Goldmacherkunst ein sonderbares Geschenk Gottes sei." Leipzig, 1804. 8vo.

Schmieder remarks that Hoghelande was an important personage in the history of alchemy, for after experiencing serious doubts of the transmutation of metals he became a vigorous defender of the faith and freely made his convictions known. The above work is a collection of marvellous tales concerning veritable (?) transmutations.

Hoegl, (Hoegel), Joh. Bapt., umfassende prakt. Anleitung zum Lesen u. Betonen der engl. Sprache m. einem Lesebuch. gr. 8. (VIII u. 169 S.) Wien 849, Wittenbecher, Siegel & Kollmann. n. 1 ₰

— Lehrbuch der engl. Sprache. 1. Thl. A. u. d. T.: Elementarbuch der engl. Sprache. Sprachbuch u. Anleitung zum Lesen u. Betonen nach genet. Grundsätzen, nebst e. synthet. Anh. u. Leseübungen. hoch 4. (XXVIII u. 248 S.) Wien 852, Gerold. 1½ ₰

— Vorschule des Englischen. Elementarmethodische Anleitung zur engl. Sprache u. Grammatik. gr. 8. (VI u. 192 S.) Ebd. 852. n. 1 ₰

Högl, Math., die Bekehrung der Oberpfalz durch Kurfürst Maximilian I. Nach Archiv-Akten bearb. I. u. II. Bd. gr. 8. Regensburg 903. (Verlagsanstalt vorm. G. J. Manz). n. 7. —
I. Gegenreformation. (VII, 182 S.) n. 3. —
II. I. u. II. Regeß (i. J. 1629 u. 1630). (IV, 220 S.) n. 4. —

— die Gegenreformation im Stiftlande Waldsassen. Nach Archiv-Akten bearb. (XI, 246 S.) 8. Ebd. 905. n. 5. —

Högl, Math., Geschichte u. Andachtsbüchlein v. Maria Hilf bei Amberg. 12. (96 S. m. Abbildgn.) Amberg 900. (F. Pustet.) n. — 40

Des Kurfürsten Maximilian Soldaten in der Oberpfalz und an der böhmischen Grenze von 1621–1626. Die dreimalige Entwaffnung d. Oberpfälzer. Zugleich e. Beitrag z. Gesch. d. 30jähr. Krieges. Nach Archiv-Akten bearb. von Dr. Mathias Högl, Präfekt. Regensburg: vorm. G. J. Manz in Komm. 1906. (VII, 172 S.) 8° [J.]

— Vernunft u. Religion. Für Gebildete erörtert. gr. 8. (III, 138 S.) Regensburg 901. (Verlagsanstalt vorm. G. J. Manz.) n. 2. —

Hoglauer, A., kurze Winke und Andeutungen zur näheren Ergründung der Natur u. Behandlung der orientalischen Cholera. 8. Regensburg ... (Augsburg, Kollmann.) 1/6 ₰

HÖGLAUER, Georg (Roding): Die genuine pneumonie.- München: Schurich 1862. 1 Bl.,24 S.
4.8.1855 - Urk (Titel: De pneumonia genuina.); F 68
Diss. Ingolst.-Landsh.-Mchn.

Hoeglauer, J. G., kurze Winke u. Andeutungen z. nähern Ergründung d. Natur u. Behandlung d. oriental. Cholera. 8. (2½ B.) Regensburg 831, Pustet.

HOEGLAUER, Johann Georg (Teisendorf): Tentamen inaugurale medicum sistens febrim puerperalem.- Landishuti: Sterno 1821. 36 S.
2.7.1821 - Pe 386; F 58
Diss. Ingolst.-Landsh.-Mchn.

Höglund, Z., die Waffen nieder! Eine Abrechng. mit dem Militarismus. Aus dem Schwed. ins Deutsche übers. v. e. deutschen jugendl. Arbeiter. Hrsg. v. sozialdemokrat. niederrhein. Agitationskomitee. (16 S.) 8. Elberfeld 909. (Buchh. „Freie Presse".) — 15

Die Waffen nieder! Eine Abrechnung mit d. Militarismus. Von Z. Höglund. Aus d. Schwed. ins Deutsche übers. von e. deutschen jugendl. Arbeiter ... Elberfeld: Molkenbuhr (1909). 16 S. 8°

Högman, Olav (Upland/Schweden), De distinctione naturae et gratiae in conversione et renovatione hominis. Diss. theol. Wittbg. (Adam Christian Charisius) 28. IV. 1786. 22 S. (6.50) 15365

Högn, J., Bau-Schematismus, s. Bau-Schematismus.

—— die Kunst, dem Rauchübel bei Feuerungen aller Art auf eine verläßliche, minder kostspielige Weise selbst abhelfen zu können. Gesammelt nach einer vieljähr. prakt. Erfahrung. 12. (1⅛ B. u. 1 Stnt.) Wien 843. (Jasper's Verl.) *—

Högner, Paul, Lichtstrahlung u. Beleuchtung, s. a. Elektrotechnik in Einzeldarstellungen. 8. Heft.

Högner P, Lichtstrahlen und Beleuchtung. (66 S 7 T) (Elektrotechnik in Einzeldarstellungen 8) Braunschweig 1906

Hoegner, Wilh., in der Dämmerung. Gedichte. (99 S.) 8. Leipzig 909. Modernes Verlagsbureau. 2. —

Hogonnai, V. (Gräfin, aus Ungarn). Das erste Hundert Croupoperationen in Zürich. Ein Beitrag zur Statistik. Inaugural-Dissertation. In-8⁰, III u. 108 S. Mit 2 Tfln. Zürich, Druck von Orell F. & Cie. 1879

Hogrebe, Anton: Ein Fall von Agnathia partialis mit Verbildung des äusseren und mittleren Ohres. *Greifswald 1898: J. Abel.* (28 S.) 8°
Greifswald, Med. Diss. v. 28. Apr. 1898

Hogrebe, [Hermann], Dir.: [Die Einweihung des neuen Realschulgebäudes.] *Peine 1899: Löffler & Diehl.* (S. 16—17.) 4°
Peine, R, P 1899 (303)

Hogrebe, Hermann: I. Ueber die Einwirkung der salzsauren Formimidoester auf einige Aldehyde, Ketone und Ketonsäureester. II. Ueber O-Benzoyl- und O-Anisoyl-Derivate der Ketonoxalsäureester und der Oxalessigsäureester. *Kiel 1898: P. Peters.* (45 S.) 8°
Kiel, Phil. Diss. v. ... Mai 1898

Hogrefe, Karl [app. Arzt aus Herzberg]: Ueber Scopolaminum hydrobromicum und seine Anwendung in der Augenheilkunde ... Göttingen, Druck d. Dieterich'schen Univ.-Buchdr., 1893; 39 S. 8.
Göttingen, Med. Fak., Inaug.-Diss. v. [15. Juli] 1893

Hogrefe, Karl, üb. Scopolaminum hydrobromicum u. seine Anwendung in der Augenheilkunde. Diss. gr. 8. (39 S.) Göttingen 893 (Vandenhoeck & Ruprecht) n. — 80

Hogrefe, L., s. Blätter, deutsch-soziale.
— s. Correspondenz, antisemitische.

Hogreve, Jh. Ldw., s. Hogrewe

Hogrewe, Jh. Ldw.

Hogrewe, J. L., Anweis. zur militär. Aufnahme od. Vermess. im Felde. m. K. gr. 8. Hannov. Helwing. 797.

— Anweisung zum Nivelliren oder Wasserwägen ꝛc. Mit 5 Kpft. gr. 8. Hannov. 800. Helwing. 1 ₰ 8 gr

— prakt. Anweisung zum Bau schiffbarer Canäle, wie solche zu entwerfen, mit allen dabei vorkomm. Werken einzurichten u. s. w. Mit 1 Karte u. 17 ill. Kpf. 4. Hannov. 805. Helwing. 8 ₰ 12 gr

— prakt. Anweis. zum planimetrischen Vermessen d. Feldmarken ꝛc. Mit 12 Kpft. gr. 4. Hannov. 798. Helwing. 4 ₰ 6 gr

Hogreve, Jh. Ldw., prakt. Anweisung zum planimetr. Vermessen der Feldmarken und zur Ausarbeitung u. Berechnung der davon zu entwerfenden Karten. 2e, umgearb., verb. u. mit vielen Zusätzen verm. Aufl., herausg. von J. C. H. Ludowieg. Mit 13 Kpfrtaf. gr. 4. Hannov. 835. Helwing. n. 4⅔ ₰

— prakt. Anweis. zum topograph. Vermessen e. ganzen Landes. Mit Kpf. 8. Leipz. 773. (Hannov., Hahn). 1 ₰

— Anweis. z. topogr. Vermessung e. Landes. m. K. gr. 8. Hannov. Hahn. 806.

Hogreve, Jh. Ldw., (†1814.) theoret.-prakt. Anweis. zur militair. Aufnahme oder Vermess. im Felde. Mit 9 Kpf. gr. 8. Hannov. ... N. A. 797. Helwing. 2 ₰

— Beschreib. d. in England seit 1759. angelegten ꝛc. schiffbaren Canäle. Mit Kpf. gr. 4. Hannov. 780. Helwing. 4 ₰ illum. 6 ₰

— ausführl. Erzähl., nebst Grundriß d. Belagerung von Schweidnitz durch d. Preußen 1762. gr. 8. Hannov. 774. Hahn. 8 gr

— u. J. F. Heiliger, Karte, geographische, d. Länder zwischen d. Elbe u. Weser, auch Trave u. Hunte besonders d. vormal. churf. u. herzogl. Braunschw.-Lüneburg. Lande, nach ihrer Vertheilung zwischen d. Kaiserthum Frankreich u. Königreich Westphalen ꝛc. In 6 Blättern. Hannov., Hahn. 6 ₰

Hogrewe, J. L. Plan der Königlich Churfürstlichen Residenz-Stadt Hannover im Jahre 1800. 1 Bl. K.

— theoret.-prakt. Unterr. zur topograph. Aufnahme oder Vermessung e. ganzen Landes. Mit 8 Kpft. gr. 8. Hannov. 806. Helwing. 1 ₰ 16 gr

Hogrewe, Ludwig [Referendar in Bremen]: Das selbständige Klagerecht des Adressaten einer Postsendung ... Göttingen, Druck d. Univ.-Buchdr. v. E. A. Huth, 1895; 49 S. 8.
Göttingen, Jur. Fak., Inaug.-Diss. v. [10. März] 1895

Högström, Pehr. Beschreibung von Lappland . . . A. d. Schwed. Kopenh. u. Leipz. 1748. Ü: *Templin.* (CBH)

Högströms, P., Beschr. des Schwed. Lapplands. m. K. 8. Kopenh. Proft. 748.

(**Högström,** Peter): Peter Högstroms Beschreibung des der Crone Schweden gehörenden Lapplandes nebst Arwid Ehrenmalms Reise durch West-Nordland nach der Lappmark Aschle und einer bey solcher Gelegenheit entworfenen geographischen Charte. Aus dem Schwedischen übersetzt. Copenhagen und Leipzig 1748. 422 S. 8°.

Hogue, Mary J.: Über die Wirkung der Centrifugalkraft auf die Eier von Ascaris Megalocephala. Leipzig: W. Engelmann 1910. S. 109—145. 8° ¶ (Aus: Archiv f. Entwicklungsmechanik. Bd 29, H. 1.)
Würzburg, Phil. Diss. v. 15. April 1910, Ref. Boveri
[Geb. 12 Okt. 83 West Chester, Pennsylv.; Wohnort: West Chester; Staatsangeh.: Vereinigte Staaten; Vorbildung: Woman's Coll. Baltimore B. A. 05; Studium: Baltimore 8, Würzburg 5 S.; Rig. 23. Juli 09.] [U 10. 4393

Högwein, Nik. Fd., Vorschlag zur Errichtung allgemein. Armenanstalten in ganzen Provinzen u. d. Staat. Mit besonderer Rücksicht auf Tyrol ꝛc. gr. 8. Insbr. 805. Wagner. 16 ℋ

Högyes, Andreas

Högyes, A., die experimentelle Basis der antirabischen Schutzimpfungen Pasteur's, nebst einigen Beiträgen zur Statistik der Wuthbehandlg. gr. 8. (VIII, 108 S.) Stuttgart 889. Enke. n. 4. —

Högyes, A., Zoonosen. 2. Abth. Lyssa, s. a. Pathologie u. Therapie, specielle

Högyes, A[ndreas]: Zoonosen. Abt. 2. Lyssa. Mit 18 Abb. Wien 1897. XI, 240 S.
(Specielle Pathologie u. Therapie. Hrsg. von Herm. Nothnagel. Bd 5, Thl 5, Abth. 2.)

Högyessi, M. L., Doctrina religionis R. Catholicae. 8. Posoni. (Eggenberger in Pesth). 805.

— — idem liber. 8. Pressburg, Belnay. 806.

Hoh, Prof., Klimatographische Arbeiten zu Bamberg, in 30 Jahren vom 1. Januar 1857 bis 1887. [o. O. u. J.]

HOH, Heinrich (Bamberg): De maniae pathologia.- Bamberg 1838.
16.4.1836 - Urk; F 63
Diss. Ingolst.-Landsh.-Mchn.

Hoh, Theodor

Hoh, Th., Elektricität u. Magnetismus als kosmotellurische Kräfte. s. a. Bibliothek, elektro-technische.

Hoh, T: Elektrizität und Magnetismus als kosmotellurische Kräfte. Wien, Pest und Leipzig 1887

Hoh, Thdr., Elemente der physikalischen Mechanik für Gymnasien. gr. 8. (VIII und 182 S. mit 50 eingedr. Orig.-Holzschn.) Leipzig 861, O. Wigand. +

Entwicklungs-Geschichte der Gleichungen von Dr. Hoh. — 1859. Bamberg, Gärtner. — S. 3—24.
Progr. Bamberg

— Gift und Kontagium. Darstellung der Gifte und Ansteckungsstoffe, ihrer Wirkungen und Heilmittel. Für alle Freunde der Naturwissenschaft und Medizin. gr. 8. (VII und 724 S.) Leipzig (861)62, O. Wigand. *

Hoh, Thdr., Compendium der Physik. Erlangen 866. Enke's Verlag. gr. 8. (III, 281 S. mit eingedr. Holzschnitten.) n. 1 ℛ 6 ngr.

Hoh, Th. Wissenschaftliche Mittheilungen.

Hoh, Thdr., die Physik in der Medicin. Versuch einer elementaren Darstellg. der organ. Naturlehre. Für Aerzte, Naturforscher u. Studirende. Lex.-8. (XI, 786 S.) Stuttgart 875. Enke. n. 14. 80

Die Stellung der Atomenlehre zur Physik des Athers. Geschichtlich-physikalische Studie. — Von Theodor Hoh, Dr. ph. — 1885, Bamberg, W. Gärtner (G. Siebenkees). — S. 3—86.
Progr. Bamberg, K. Lyzeum

Hoh, G. T. Ueber die menschliche Stimme und Sprache; mit einigen allgemeinen Untersuchungen in der akustischen Mechanik. Bamberg, St. A., 1857. 36 S. 4. Progr.

Hoh, G. Theodor Dr. med. „Chemischer Stoffwechsel und mechanische Stoffbewegung. Monographie über Molecular-Mechanik". pg. 3—27. 4°. Fr. Campe & Sohn.
Nürnberg, Progr. 1855/56

Höh, Friedrich, Referendar: Zur juristischen Natur der Geldstrafe. Borna-Leipzig 1909: Noske. x, 48 S. 8°
Erlangen, Jur. Diss. v. 9. Jan. 1909, Ref. Allfeld
[Geb. 7. Febr. 81 Hückeswagen; Wohnort: Düsseldorf; Staatsangeh.: Preußen; Vorbildung: Gymn. Barmen Reife O. 02; Studium: Bonn 5, Freiburg i. B. 1 S.; Rig. 12. Dez. 08.] [U 09. 695

Hohage, Karl

Hohage, Carl: Ueber einige Anwendungen des Elektrometers bei Wechselstrommessungen. 1903. 30 S. 8° ¶ Auch bei Enke in Stuttgart u. als: Sammlung elektrotechn. Vorträge. Bd 4, H. 7.
Darmstadt, Dr.-Ing.-Diss. v. 21. 7. 1903

Hohage, Karl, über einige Anwendungen des Elektrometers bei Wechselstrommessungen. (30 S. m. 11 Fig.) gr. 8. Stuttgart 903. F. Enke. n. 1. 20
Sonderabdruck aus: „Sammlung elektrotechn. Vorträge".

Hohage, K., die elektrische Minenzündung, s.: Handbuch der Elektrotechnik. XI, 2.

Hohage, Karl (Mitarb.), s. Wärmetechnik und Signalwesen.

Hohagen, A., Paulus als Seelsorger, s.: Weg, der, göttlicher Zeugnisse. III. 6.

Hohaus, Wilhelm

Hohaus, W. [Dr.]: Die Bedeutung Gregors des Grossen als liturgischer Schriftsteller. I. Teil. Primus Ordo Romanus. Glatz, Druck v. L. Schirmer, 1889; 21 S. 4°
Glatz, k. kath. G, OP 1889 ·173

Hohaus, s.: Geschichtsquellen der Grafsch. Glatz.

Hohbach, D. Johann Albrecht Bengel. Vortrag. 8. (44 S.) Stuttgart 888. Buchhandlg. der Evang. Gesellschaft. n. — 20

Hohbach, A. W., Aus Amerika. 8. (VIII und 224 S.) Leipzig 856, Wengler. *

– Dass., s.a. Hohbach, Fr. W.

Hohbach, Chrn. Ernst, schriftmäßige Beleuchtung der Bestrebungen des Tempels vom Kirschenhardthof. Nebst einem Anh.: Lebendiger Trost der evangel. Kirche von Ernst Glieb. Woltersdorf. Stuttgart 866. Belser's Verlag. gr. 8. (96 S.) n. 4 ngr.

Hohbach, F. W., Feuerungs-Principien u. Formen. Wien 1868. 8°. brosch.

Hohbach, Fr. W., Aus Amerika. Leipzig 856. Wengler. 8. (VIII, 224 S.) 20 ngr.

– Dass., s.a. Hohbach, A. W.

Hohbach, Gust., Beiträge z. Strafrechte u. Strafverfahren, mit besond. Rücksicht auf Württemberg. gr. 8. (20 B.) Leipzig 837. [Stuttgart, Scheible, Rieger u. Sattler.]

Hohbach, Hnr. Eph., († 1828.) Predigten üb. d. Evangelien am Aposteltage. gr. 8. Anspach 795. (Gassert). 14 Gr.

Hohbarr [Schlagwort]

Hohbarr. Leissner, A., u. E. Audiguier, Panorama vom Hohbarr bei Zabern im Elsass. Aufgenommen v. der Plattform d. Felsens oberhalb der Kapelle. 3 Blatt. Farbendr. schmal Fol. Zabern 892. H. Fuchs. n. — 80

Hohbaum, A[uguste], Ärztin a. Eichenbarleben b. Magdeburg: Aus d. Sanatorium f. Lungenkranke in Schömberg, O. A. Neuenbürg, Chefarzt Dr. Koch. Ueber Sonnenlichtbehandlung bei Kehlkopftuberkulose. Leipzig 1908: B. Georgi. (34 S.) 8°
Leipzig, Med. Fak., Ref. Curschmann, Diss. v. 22. Juli 1908
[Geb. 23. Mai 81 Eichenbarleben; Wohnort: Tübingen; Staatsangeh.: Preußen; Vorbildung: Kgl. Gymn. Dresden-N. Reife M. 01; Studium: Göttingen 5, Leipzig 5 S.; Coll. 29. Juli 08; Approb. 15. März 08.]

Hohberg, Edwin, Norge. Eine Nordlandfahrt. Mit 20 Orig.-Illustr. (152 S.) 8. Berlin 909. F. Dümmler's Verlag. 2.50; geb. in Leinw. 3.50

Hohborg, Hermann, cand. med. aus Auerbach i. V.: Über Wirkungen der Phenylmethylpyrazolonsulfosäure. *Erlangen 1899: A. Vollrath.* (36 S.) 8°
Erlangen, Med. Diss. v. 6. März 1899

Hohberg, J. W. v., Beytrag z. schlesisch. Helikon. 8. Sorau, Hebold. 733.

§ * HOHBERGS, Des Herrn von, Beytrag Zum Schlesischen Helicon, Oder Sammlung auserlesener Gedichte, Worunter viele Neukirchische befindlich, Mit großer Mühe zusammen gebracht, und dem Druck übergeben. SORAU, Zu finden in Hebolds Buchladen, 1733. 8°. (In Berlin: Yf 2311, mit 1 Beibd.; auch in Breslau, Kgl. u. Univ.-Bibl.: Litt. Teut. I. 91.) (6 Mk. Geo. Lissa, Berlin, 1895.)

8 Bll. Vorst. (incl. Tit. in Roth- u. Schwarzdruck), 304 S. Dedic. ist vom Verleger Hebold unterz. Dieser erhielt die Neukirch'schen Gedichte als Manuscr. von v. Hohberg, der sich als Freund N's für die Herausgabe interessirte, in dem Buch selbst aber sich nicht nennt. — Inhalt: Herrn von L.** Dicht-Kunst S. 1—16. — Geistl. Gedichte S. 17—86. — Vermählungs-Ged. S. 87—172. — Vermischte Ged. S. 173—236. — Satyr. Ged. S. 237—268. — Sinn-Gedichte (Neukirch's). S. 209—277. — Grabschriften (meist von Neukirch). S. 278—294. — Neukirchs Gedancken Von Richtigkeit .... der teutschen Sprache. S. 295—304 (Ende).

— Leiden Jesu, nebst Brockes oratorio vom Leiden Jesu in Vers. 8. Zerbst, Göcking. 725.

Hohberg, Wolff Helmhard von: Georgica curiosa, Das ist: Umständlicher Bericht und klarer Unterricht Von dem Adelichen Land- und Feld-Leben / ... auch wie die Weinberge / Obst- Kuchen- Artzney- und Blumen-Gärten auf das beste einzurichten / ... (Th. 3. u. d. T.: Hohberg: Georgica curiosa aucta. Oder: Adelichen Land- und Feld-Lebens Auf alle in Teutschland übliche Land- und Hauswirthschafften.) [Verf.: Wolff Helmhard von Hohberg.] Th. 1-3. Nürnberg: Endter 1682-1715. -- 7*.9~*(Th. 3.)

--- Dass. u. d. T.: Hohberg: Georgica curiosa aucta. Das ist: Umständlicher Bericht ... Haus-Wirthschafften gerichtet / hin und wieder mit vielen untermengten raren Erfindungen und Experimenten versehen / einer mercklichen Anzahl schöner Kupffer gezieret / ... Th. 1.2. Ebd. 1701. -- ...*
[Th. 1, S. 459-524 über Wein.]

Georgica Curiosa Aucta. Das ist: Umständlicher Bericht und klarer Unterricht Von dem vermehrten und verbesserten Adelichen Land- und Feld-Leben, Auf alle in Teutschland übliche Land- und Haus-Wirthschafften gerichtet ... ung in Dreyen absonderlichen Theilen, in zwölff Büchern bestehende, vorgestellet; Also und dergestalt, dasz in dem Ersten Theil Der Land-Güter Zugehörungen und Beobachtungen ... enthalten. Im Andern Theil Wie der gantze Feldbau auf das leichteste, beste und nutzlichste anzuordnen ... abgehandelt wird; Im Dritten Theil Ist, was bevorab, in berührten 12. Büchern, gar nicht oder kürtzlich enthalten, nunmehro vollständig ausgeführt zu finden; worbey ein bewährtes sehr nutzliches Koch-Buch ... Durch ein Mitglied der hochlöbl. Fruchtbringenden Gesellschafft zum fünfften mal ans Liecht gegeben ... Nürnberg, in Verlegung Martin Endters. Im Jahr Christi, 1716 (Vol. 3, 1715!)

von Hohberg, Wolfgang Helmhard: „Georgica curiosa", „das ist umständlicher Bericht und klarer Unterricht von dem Adelichen Land- und Feldleben, auf alle in Teutschland übliche Land- und Hauswirthschaften gerichtet", 1. Ausgabe, 2 Theile, Nürnberg 1687 anonym herausgegeben von einem Mitglied der „fruchtbringenden Gesellschaft" (deren Mitglied auch der Autor unter dem Beinamen der „Sinnreiche" war). Unter dem Namen Hohbergs erschienen nach seinem Tode († 1688) noch Ausgaben von 1695, 1701, um einen 3. Theil vermehrt 1716 und 1749 zu Nürnberg.

— österreich. Hauswirthschaftsbuch rc. u. einem Anhang v. Mahlen u. Müllerordn. 8. Wien. (Monath, Nürnb.) 744.

HOHBERG, Wolf Helmhard v.: Waidmannschafft durchs gantze Jahr. o. O. 1703. - Neue Aufl. 1707, 1716

Hohburg, C.

— unbekannt. Christus. 8. Ebend. 727.

— postilla mystica compendiaria. 4. Büding. 720.

Hohburg, C., praxis Arndtiana, oder Herzensseufzer über J. Arndts wahres Christenthum. m. K. gr. Druck. 8. Frkf. Förster. 725. Rthlr.

— — dass. kl. Dr. 12. Ebend. 718.

— theologia mystica, oder Kraftheologie rc. 8. Sulzbach. 730.

— sicherster Weg z. Reich Gottes. 8. Nrnb. 730.

Hohburg. Geo. v. der, der Forbacher Garnisonteufel! Glossen zum Prozeß Bilse nebst neuen Details 2. Aufl. (29 S.) 8. Zürich 904. C. Schmidt. n. — 50

Hohdahl, Heinrich Jac. (Hamm/Westf.), De guarantia pactorum foederumve religionis ergo percussorum exercitatio. Präs. Jo. Christoph Wilh. Steck. Halle (Gebauer) 31. III. 1756. 43 S. (7.—) 15706
Gew.: Diderich Gerh. Friedrich Sudthausen (Goy, Nassauerhoff), Peter Silberberg (Elberfeld), Peter Grube (Hamm).

Hohe, Adf., d. Bekämpfg. u. Heilung d. Lungenschwindsucht u. Deutschlands geschloss. Heilanstalten f. Lungenkranke. gr. 8. (VIII, 146 S. m. 6 Ansichten u. 2 Bildn.) München 897. Piloty & Loehle. 1. 50

Hohe, Adolph [k. b. Major a. D. München]: Eine Studie über Tuberkulose ... München, kgl. Hof- u. Univ.-Buchdr. v. Dr. C. Wolf & Sohn, 1896; 33 S. 8.
München, Med. Fak., Inaug.-Diss. v. 1896

Hohe, C., die Anfangsgründe der Linear-Perspective. Mit 11 schwarzen u. 2 color., den Text erläuternden (lith.) Taf. (in qu. Fol.) Bonn 854. Habicht. gr. 8. (IV, 44 S.) n. 1 ℳ. 10 ngr.

Hohe, C., **praktische Aquarellschule für Anfänger, mit Hinweisung auf die dazu erforderlichen Materialien.** 2. Aufl. qu. gr. Fol. (12 lithogr. und chromolithogr. Bl. mit lithogr. Titel und Text in deutscher, französ. und engl. Sprache in qu. Fol.) Bonn 858, Mats. Thlr. *

Hohe, C., die Verhältnisse und Eintheilungen des menschlichen Körpers. Zum Selbstunterricht f. Figurenzeichner. qu. gr. 4. (Mit 14 lith. Taf.) Bonn 846, Habicht. geb. n. 1 ℳ

Hohe, C., Vorlagen für angehende Landschaftszeichner. 1. Heft. qu. Fol. (4 S. Text und 24 Stnt.) Bonn 851, Habicht. Thlr. *

— 22 (lith.) Vorlagen für angehende Landschaftszeichner. (Nebst 1 Bl. Text.) qu. Fol. Bonn 845, Habicht. *

Hohe, Fr., s. Tempelruine von Corinth rc.

Hohe, Friedr., der Begleiter. **Wissenschaftliche Tabellen und Notizen mit 4 (lithogr.) und ill. Karten (in qu. 8.) Eine Gedächtnißhilfe für Jedermann. 16. (VIII und 282 S.) München 857, (Hohe und Brugger.)** *

Hohe, Jos., s. Absolutorialaufgaben, die, in Bayern.

Hohe, Jos., Erläuterungen zu den lateinischen Absolutorialaufgaben an den humanistischen und Real-Gymnasien Bayerns, s. Absolutorialaufgaben, die, in Bayern.

Hohe's Erläuterungen zu d. Absolutorialaufgaben aus dem Lateinischen, s.: Stahel's Sammlung v. Prüfungsaufgaben. Nr. 5.

Hohe, Maximilian, approb. Arzt aus München: Ueber **Gravidität** und Geburt nach Uterusruptur. *Würzburg 1903: A. Boegler.* (53 S.) 8°
Würzburg, Med. Diss. v. 1903

Höhe, die, der Prozeßkosten. gr. 8. (28 S.) Leipzig 883, Grunow.
Aus: Grenzboten, besonders abgedruckt.

Höhe, Fritz v. der, s.: Flugschriften, pädagogische.

v(on) d(er) **Hoehe,** Gust. Guil. (geb. Gemünd in d. Eifel 14. 3. 1816): Prostatae morborum adumbratio pathologica. Berolini (1840). (32 S.) 8°
Berlin, Med. Diss. v. 27. Aug. 1840

Höhe, Ig., d. Kochersbergerland. Eine histor. Studie. gr. 8. (135 S. m. 15 Bild. u. 1 Karte.) Straßburg 895. (F. Noiriel.) n. 1. 60

Höhe, Jos. v. d., Wanderungen durch das Aggertal u. seine nächste Umgebung. Mit zahlr. Abbildgn. u. 2 Karten nach zuverläss. Quellen. (32 S.) kl. 8. Siegburg (904). C. Dietzgen. n. — 80

Hoheburgk, Ch. Langwieriger verwirrter deutscher Krieg. 12. Frankfort 1710. 0,75.

Hohegeiss [Schlagwort]

Hohegeiss, s.: Benneckenstein.

Hohe Hülbe [Schlagwort]

Hohe Hülbe, s.: Württemberg. Höhenkurvenkarte.

Hohe-Jagd, die, in allen ihren Verzweigungen. Ein unentbehrl. Handbuch f. jeden Jäger u. Jagdfreund. Bearb. v. ein. Jägervereine. 1. u. 2. Bd. à 5 Hfte. gr. 8. (48½ B., 1 Kpfr. u. 3 Stnt.) Ulm 816, 47, Ebner. à H. 10 Ngr.

Hoheim, General Graf, u. seine Kinder, s. Walden, S. J. F.

Hoheisel, C., Otto Magnus Freiherr v. Stackelberg, als Mensch, Künstler u. Gelehrter. Eine biographische Skizze. (Abdr. aus der Baltischen Monatsschrift.) Riga 864. Kymmel in Comm. gr. 8. (119 S.) n. 20 ngr.

Hoheisel, C. Ludwig

Hoheisel, C. L., de Maria in nuptiis Cananaeis repulsam ferente. Gedau. 1732. 4.

Hoheisel, C. Lud., observat. philolog. - exeget. in nonnulla Esaiae loca. 8. Gedani, Knoch. 729.

Hoheisel, David Friedrich

— — Amicabilis compositio litis inter dd. agitatissimae: utrum successor singularis expellere queat conductorem; vulgo: Ob Kauff Miethe breche? qua, evitandarum omnium litium ergo novus aliquis contractus, locatores inter et conductores celebrandus, commendatur. Halle (Johann Grunert) o. J. 16 S. (5.—) 15723

— — Dasselbe. Editio nova. Halle (Johann Friedrich Grunert) 1735. 29 S. (5.—) 15724

— — **Dispositionum juris divini positivi de incestu fundamenta ex sana ratione petita et petenda.** Halle (Hendel) 2. X. 1723. 16 S. (6.—) 15712

— — **Dasselbe. (Schediasma de fundamentis dispositionum juris divini positivi de incestu e sana ratione repetendis.) Auctius atque emendatius recusum adjecto scriptionum Hoheiselianarum catalogo. Halle (Joh. Adam Spoerl) 1731. 24 S. (6.50) 15713**
Gew.: Samuel Frh. v. Cocceji.

— — Edictum praetorium: quod quisque juris in alterum &c. aequitate omnique usu apud veteres caruisse denuo demonstrat. Halle (Grunert) 11. V. 1726. 12 S. (4.50) 15717

— — Ex chirographo non oriri literarum obligationem demonstrat. Halle (Jo. Christian Hilliger) 1728. 14 S. (5.50) 15719

— — Prolusio critica sistens explicationem loci vexatissimi in Horatii lib. II. satyr. VII. ut vitale putes qua 1730 lectiones suas aestivas commendavit. Recusa una cum inscriptione in obitum domini Nicolai Hieronymi Gundlingii viri celeb. tertium impressa. Halle (Hendel) 1731. 8 S. u. 4 Bl. (4.—) 15722
s. a. Nr. 15721.

— — De fundamentis in doctrina de praescriptione et derelictione gentium tacita distinctius ponendis. Diss. jur. Halle (Hendel) 15. IV. 1723. 56 S. (7.50) 15711
Gew.: Christian Thomasius.

Hoheisel, Dan. F., Gedanken v. d. Consequenzmacherey. 4. Frkf. 731.

— — De edicti praetorii: quod quisque juris in alterum etc. iniquitate et non-usu tam antiquo, quam hodierno disserit. Halle (Hendel) 1724. 20 Seiten. (6.—) 15714

Hoheisel, Dan. F.: Pr. de edicti praetorii quod quisque jur. in alterum statuit, iniquitate et non usu tam antiquo quam hodierno. *Hal.* 724. 4. — Ej. Pr. Edict. Praetorium, quod quisque juris etc. aequitate omnique apud veteres usu caruisse denuo demonstratur. *Ib.* 726. 4.

— — Institutionum jurisprudentiae publicae S. R. G. Imperii lib. II. (tit. I. II.) Präs. Carl Otto Rechenberg. Lpz. (Immanuel Titius) 30. VII. 1718. (S. 57—80.) (6.—) 15709

— — Dasselbe. Part. poster. tit. III. IV. Lpz. (Immanuel Titius) 24. IX. 1718. (S. 81—108.) (5.50) 15710

Hoheisel(l), Daniel Friedrich (Danzig), De matrimonio imparium. Diss. jur. Präs. Samuel Friedrich Willenberg. Danzig (Johann Zacharias Stoll) 13. V. 1717. 30 Bl. (8.—) 15707
Widm. v.: Präs. (dtsch.), Gottl. Schelwig, Christ. Gabriel Ferber (Danzig), Benjamin Gottl. Schlieff (Danzig), C. G. Brandis (Danzig; dtsch.), D. H. Stockdeich (Danzig), Johann Bentzmann.

— — Dasselbe. Vom Ehe=Stande ungleicher Personen. Neudruck o. O. u. Drucker 1734. 52 S. (7.50) 15708
Widm. v.: Gottl. Schelwig.

— — De methodo docendi antiquitates juris Romani. Halle (Johann Friedrich Krottendorff) 8. X. 1728. 12 S. (4.—) 15720

Hoheisel, Dan. Frid.: Observationes ex iure publico universali selectae de principe legibus libero. Halae Magd. 1730.

— — Piis manibus . . . viri domini Nicolai Hieronymi Gundlingii, jurisconsulti celeberrimi . . . septimo idus decembris a. r. s. 1729 almae Fridericianae fatali fatis eheu functi. 4 Bl. (2.—) 15721
s. a. Nr. 15722.

— — De retorsione jurium statutariorum variantium nec aequa, nec prudente, (per modum supplementi ad proxime editum programma) e principiis politices jurisque prudentiae disserit. Halle (Hendel) 17. II. 1725. 22 S. (6.—) 15715

— — Dasselbe. Accedit ejusdem auctoris disputatio saepius desiderata de concursu duarum causarum lucrativarum in eandem rem et personam ad §. 6. & 9. I. de Legat. Halle (Hendel) 1736. 56 S. (7.50) 15716

Hoheisel, Dan. Frid.: De pupillaribus tabulis a matre confectis. Ad l. 33. pr. D. de vulg. et pupill. substit. commentatur. Halae Magdeb. 1726.

— — (Präs.), Theses controversae juris naturae et gentium ad ductum V. capit. ultim. atque integri libri II. opusculi b. Samuelis L. B. de Pufendorff de officio hominis et civis ac Titii observationum subjectarum collectae publicisque disputationibus. Halle (Johann Christian Hendel) 1726. 16 Seiten. (6.—) 15718
Respondenten: Johann Nicolaus Oemchen (Preussen), Erdmann Friedr. Finger (Sorau/Laus.), Georg Leopold Hoyer (Mühlhausen/Thür.), Johann Caspar u. Georg Christian Wolff (Stade/Bremen), Joh. Ernst Schimmelfennig (Danzig), Conrad Dietrich Volckmann (Hamburg), Justus Friedr. Bernh. Helmkampff (Braunschw.).

— — De tutore in locum testamentarii defuncti a maistratu dando, contra Ulpianum in L.XI. §. 3. D. de testam. tut. & Paullum in L. VI. D. de legit. tut. Halle (Joh. Christian Hendel) 1736. 24 S. (6.—) 15725

Hoheisel, J., Der Geymüller'sche Garten bei Petzleinsdorf in vier Gedichten. Wien, 1821. 8⁰. 16 S. Selten! (12 Kr. Gilhofer & Ranschburg, 1912.)
Karajan's Bibl. II. no. 4463. — Rar!

Hoheisel, Jh., theoret.=prakt. Anleitung zu schriftl. Aufsätzen, mit besond. Hinsicht auf die die deutschen Erbländer d. österreich. Monarchie betreff. Gesetze. 3 Thle. 8. Wien 815. Armbruster. 2 ℛß

— theoret.=prakt. Anleitung zur deutschen Rechtschreibung, mit vielen, für jede Regel besonders gewählten Uebungsstücken rc. 8. Wien ... Pichler. 2e Aufl. Ebd. 831. 12 ɡℊ

Hoheisel, Joh., vollständ., theoret.=pract. Anleitung z. deutschen Rechtschreibung, mit vielen, f. jede Regel besond. gewählten Uebungsstücken u. e. damit verbund. Denk= u. Vorbereitungsschule z. schriftl. Gedanken=Ausdrucke. 2. Aufl. 8. (15½ B.) Wien 831, Pichler.

Sammtliche Gedichte von *Johann Hoheisel*. Wien, gedruckt bey Anton Pichler. 8⁰. 229 S., 2 Bll. Inh.
Goedeke VI, 566, 49, 3 (ohne Jahrsangabe).

— — Sämmtliche Gedichte. Wien, gedruckt bey Anton Pichler. 1819. 8°.
234 S. (incl. Tit., 1 Bl. Vorr. u. 2 Bll. poet. Epistel an Herrn Simon), 2 Bll. Inh. — Stellenweise sehr frei sind darin „Tändeleyen der Jugend" (anakreont. u. lyr. Sachen, S. 113—168; zuerst gedr. 1802, laut Vorr.). Genaue Inh.-Angabe bei Goedeke VI, 566, 3.

Hoheisel, Johann, Tändeleyen der Liebe und der Freude. Wien, in Commission bey Aloys Doll. 1802. 8°. 132 S. (Expl. in Warmbrunn.)
„Eigentlich eine Uebersetzung der Küsse des Johannes Secundus, wovon jedem Gedichte ein besondrer Titel vorgesetzt ist. Als Anhang befinden sich dabei ein paar Elegien, Fabeln und Friedensgesänge". (Goedeke.)

—— neue, f. jede Regel besond. gewählte Uebungsstücke z. deutschen Rechtschreibung. 8. (16 B.) Wien 831, Pichler.

Hoheisel, Karl

— deutsche Grammatik f. die höheren Unterrichtsanstalten der Ostseeprovinzen. gr. 8. (XVI, 229 S.) Reval 872. Kluge. n. 2. 50

—— deutsche Grammatik für die höheren Unterrichtsanstalten der Ostseeprovinzen. gr. 8. (XVI, 229 S.) Reval 873, Kluge's Verlag. *

Hoheisel, Carl, deutsche Grammatik für die höhern Unterrichtsanstalten der Ostseeprovinzen. 2. verb. Aufl. von K. Sallmann. gr. 8. (XVI, 234 S.) Reval 879, Kluge's Verlag. * 2 50

Hoheisel, Karl, deutsche Grammatik für höhere Unterrichtsanstalten. 3. umgearb. Aufl. von Sallmann. gr. 8. (XVI, 240 S.) Reval 886, Kluge. * 2 40

Hoheisel, Carl, Goethes dramatische u. epische Hauptwerke kurz erläutert u. beurtheilt. gr. 8. (IV, 191 S.) Eisenach 873. Bacmeister. n. 2. 40; geb. n. 3. 40

Hoheisel, Karl Ludwig. Herrn // Carl Ludwig Hoheisels, // wohlverdient-gewesenen Prof. Publ. Gr. // & OO. LL. des Dantziger Athen. // vier auserlesene // Predigten, // welche auf // vielfaltiges Verlangen // ans Licht gestellet // worden. // Mit einer Vorrede // Hrn. Albrecht Meno // Verpoortens, // SS. Th. Doct. Prof. Publ. Illust. Athen. // Rect. & AEd. SS. Trinitatis Pastoris.// Dantzig, // Gedruckt und verlegt durch Thomas Johann Schreiber, // E. E. Hochw. Raths u. E. löbl. Gymnas. Buchdr. // 1733. - 12 Blatt (nicht paginiert) Titelblatt und Vorrede. - 200 Seiten.
B. S. T. 8°.323.

Hoheisell, s. Hoheisel

Hoheit, die bestätigte, der Fürsten, Grafen und Herren des deutschen Reichs. 4. Frkf. Fleischer. 747.

Hoheit, Ihrer Königlichen, der Prinzessin Margarethe Caroline von Sachsen, Hochverlobten . . . des Erzherzogs Carl Ludwig von Östreich . . . Olbernhau 1856. V: *Jacobi, Heinrich W.* (Bem I, 1, S. 507)

Hoheit, zweierlei. Roman v. Juvenalis Minor. 8. (316 S.) Zürich 894. Verlags-Magazin. n. 3. 60

Hoheitsfrage, die. Nach den historischen, wie den bestehenden Rangverhältnissen hoher deutscher Fürsten beleuchtet, als einen Beitrag z. Zeitgeschichte, v. e. unparteiischen Beobachter derselben. Lpz. 8. (1 B.) Nürnberg 844, Felsecker.

Hoheitsrecht. Das neue H' des St. Gallischen Grossen Rathes. Ein Sendschreiben an die Bürger des Kantons St. Gallen. 8. St. Gallen 1841.

Hohelied, das, erklärt von Hitzig, s. Handbuch, exeget., zum Alten Testament.

— vergl. Salomo.

Hohelied, das, ein Collectiv-Gesang auf Serubabel, Esra Nehemia, als d. Wiederhersteller einer jüdischen Verfassung in d. Provinz Juda. Uebersetzt u. mit histor. u. philologisch-krit. Bemerkk. erläut., nebst e. Anh. üb. das 4e Buch Esra, v. G. Ph. C. Kaiser. Mit 1 Kupf. 8. Erl. 825, Palm.

Hohelied, das, in deutscher Uebersetzung, Erklärung und kritischer Textausgabe. Von Ernst Meier. gr. 8. (XI und 168 S.) Tübingen 854, Buchh. Zu-Guttenberg. *

Hohe Lied, das, übersetzt von Willeram, erklärt von Rilindis und Herrat, Äbtissinen zu Hohenburg im Elsasz (1147—1196). Aus der einzigen Handschrift der k. k. Hofbibliothek zu Wien hrsg. von Jos. Haupt. gr. 8. (XXX und 180 S. mit 1 Holzschntaf.) Wien 864, Braumüller. *

Hohe Lied, das. Uebersetzt u. erklärt von M. Friedländer. Berlin 867. Benzian. 8. (30 S.) n. 10 ngr.

—— das, metrisch übersetzt und mit Anmerkungen nach dem Midrasch versehen von Herm. Tietz. gr. 8. (VIII, 56 S.) Berlin 870, (Poppelauer.) **

-- ein dramatisches Gedicht. Metrisch bearb. von Heinr. Stadelmann. Mit 1 Titelbild (in Holzschn.) von Jul. Schnorr. Eichstätt 870. Krüll. 16. (46 S.) 10 ngr.; in engl. Einb. mit Goldschn. 15 ngr.

Hohelied, das. Eine Verherrlichg. d. isr. Frauencharakters hebräisch commentirt u. deutsch übers. v. Benjamin Holländer, verm. m. lexikal. Erklärgn., e. deutschen Paraphrase d. Hohenliedes; e. histor. Charakterbild ausgezeichneter israelit. Frauen, zur Belebg. v. patriot. Gesinnugn. hrsg. v. Jos. Natonek. gr. 8. (XLII, 62 S.) Budapest 871. Grill. n. 2. --

DAS Hohelied. Kritisch und metrisch übersetzt von O. P. Vincenz Zapletal. Freiburg (Schweiz) 1907. 8°. IX, 152 S.

— das arabische, der Liebe, herausg. von Hammer-Purgstall, s. Ibnol Fáridh.

Hohelied der Liebe, das arabische, d. i. Ibnol Fáridh's Táïjet in Text und Uebersetzung zum ersten Mal zur I. Säcular-Feier der k. k. oriental. Akademie hrsg. von Hammer-Purgstall. 4. (XXIV, 70 und 53 S. mit lithochrom. Titel.) Wien 854, (Gerold's Sohn.) Thlr. *

Hohelied, Das . . . von seinen Vorwürfen gerettete. Celle 1771. V: *Jacobi, Johann Friedrich.* (Budde, Gesch. d. althebr. Liter. 1909, S. 280) (Zeitschr. f. Büch. 1923, S. 88)

Hohelied, das, Salomonis, neudeutsch v. Will Vesper, s.: Statuen deutscher Kultur. III.

Hohelied, Das, Salomonis aus zwoen alten deutschen Handschriften . . . Augsburg 1752. H: *Schöber, Dav. Gfr.* (Rüdiger, Neuester Zuwachs, Liegnitz 1787—93. IV, 129.)

Hoheliedd, das, Salomos?! Ein bibl. Liebesrätsel, endgültig gelöst u. f. die Poesie zurückgerettet! Mit Geleitwort v. Aug. Ludwig. (24 S.) gr. 8. Dresden (909). [A. Ludwig.] Leipzig, C. Beck. 1. —

Höhematte Interlaken. Dokumente die Erwerbung derselben betreffend, samt Plan. Zusammengestellt und hrg. durch die Kurhausverwaltung Interlaken 1905. II + 64 S. 8. (Interlaken, J. Aemmer.)

Hohe Möhr [Schlagwort]

Hohe Möhr. Karte der Hohen Möhr. 1:10,000. 28 × 32,5 cm. Farbdr. Schopfheim 906. G. Uehlin. Auf Leinw. 1. —

Hohen, Eduard von, seine Zeitgenossen u. Gefährten. 8. Lpz. Linke. 793.

HOHEN, Eduard von, seine Zeitgenossen und Gefährten. Mit Titelvign. Leipzig, bei Friedrich Schneidern. 1794. 8°. 276 S. (incl. Tit.).
Einiges etwas frei. — Kayser hat die unrichtige Jahrzahl „1793"

Höhen, die,. Schausp. v. Iffland. 8. Leipz. Göschen.

Höhen, Absolute, der Festpunkte des Gradmessungs-Nivellements zwischen Berlin u. Denekamp. Mit 1 lithogr. Karte. Berlin 1883. gr. 8.
Publikation des kgl. preussischen geodätischen Institutes.

[F.] Zu lichten **Höhen**! Fromme Lieder dtscher Dichter u. Sänger aller Zeiten. M. Bildern nach Meisterwerken christl. Kunst. *Hannover: Dunkmann [1897].* (4 Bl., 90 S., 3 Bl., 8 Taf.) 1 Bd 4. [98. 1003 Ge

Aus lichten **Höhen**. No. 1. L[engerich i. W.]: B[ischof] & K[lein 1903]. 8° [F.] [06. 3976

Höhen über N. N. von Festpunkten im linksniederrheinischen Gebiet zwischen Uerdingen und Hönnepel. Bur. f. d. Hauptnivellements u. Wasserstandsbeobachtungen im Min. d. öff. Arb. Mit 1 Übersichtstaf. Berlin 1910: Stankiewicz. VI, 11 S. 8° [11. 9663 II

Höhen über N. N. von Festpunkten und Pegeln an Wasserstrassen ... Bür. f. d. Hauptnivellements u. Wasserstandsbeobachtgn im Minist. d. öff. Arb. (Hrsg.: Prof. Wilhelm Seibt.) Heft 1. *Berlin: Dr. v. P. Stankiewicz 1896.* 8. [96. 660]

Hoehen über N. N. von Festpunkten und Pegeln an Wasserstrassen. Berlin.
H. 13. Der Kaiser-Wilhelm-Kanal. 1910.
„ 14. (Erweit. Ausg. d. 4. Heftes.) Die Elbe von der sächs. Grenze bis z. Seevemündung. Die Saale von der anhalt. Grenze bis z. Mündung. Die Jeetzel von Siedenlangenbeck bis z. Mündung. Die Ilmenau von Lüneburg bis z. Mündung. 1910.

Hamburg, Bau-Deputation, Vermessungsbureau. Höhen über Hamburger Null (H. N.) und Normal-Null (N. N.) von Festpunkten und Pegeln in Hamburg und Umgebung. Mit 3 Uebersichtskarten. Hamburg 1898.

Höhen. Aus H' und Tiefen. Ein Jahrbuch für das deutsche Haus, hrg. von Dr. Karl Kinzel ... und Ernst Meinke.... Mit Illustrationen. Jahrg. 11. [Mit 8 Tafeln.] IV + 384 S. 8. Berlin, Emil Richter, 1908. [geb. M. 4. 50]
Darin S. 8–14: Requiem. Eine Skizze von Ernst Zahn (Göschenen).

Aus den **Höhen** u. Tiefen der Arbeit am rauhen Stein. Sammlung vergilbender Bauzeichnungen. [Hrsg. von E. Suchsland.] H. 1. Halle 1910.
cf. Bh. 53 (1010) S. 280; R. 37 (1910) S. 63 (l).
5 Hefte in Aussicht genommen.
[Volkening, E.: Antiquar. Anzeiger. 3 (1910) Nr 212.]

Aus den **Höhen** und Tiefen der Arbeit am rauhen Stein. Sammlung vergilbender Bauzeichnungen in zwanglosen Heften mit je 5 Arbeitsstücken von Emil Suchsland. H. 1, 2. Halle a. S.: Warsdorff. 1910–1911. 8°.
1. 29 S. 1910; 2. 31 S. 1911.

Höhen. Trigonometrisch bestimmte H' des Kantons Aargau. Aarau 1845 s. Michaelis, E[rnst] H[einrich].

Höhen, Trigonometrisch und barometrisch bestimmte, des Herzogthums Salzburg. Salzburg 1836. V: *Thurwieser, Peter Carl.* (Hr)

Trigonometrisch bestimmte **Höhen** der Schweiz. Aus den Protokollen der schweizerischen Triangulation ausgezogen. Zürich 1838 10 S. 8°.

Hohenacker, Die Geisterseherin Gräfin Seraphine von, eine Geschichte zu Anfang des vorigen Jahrhunderts ... Leipzig 1796—98. V: *Seidel, Carl Aug. Gottlieb.* (StAt)

Hohenacker, Gust., und Carl Wüst, Ordnungs- und Stabübungen, nach O. Jägers Turnschule zusammengestellt im Auftrag des Landesausschusses für die Turnvereine des XI. Kreises Schwaben. gr. 8. (40 S. mit eingedr. Fig.) Ulm 882, (Frey.) cart. *

Hohenacker, R. F., Algae marinae siccatae, s. Algae.

Hohenacker, R. F., Algae marinae siccatae. Eine Sammlung europäischer und ausländischer Meeralgen in getrockneten Exemplaren, mit e. kurzen Texte versehen von L. Rabenhorst und G. v. Martens. 3. 4. Liefg. (Nr. 101–200.) Esslingen 853. Weychardt in Comm. Fol. Jede Liefg. von 50 Bl. nn. 4 ℛ.
1. 2. Liefg. s. Algae etc. (in Bd. XI.)

Hohenadel, Max, pharmacognost. Studien üb. d. Sagapenum. Diss. gr. 8. (48 S.) Ulm 895. (Born, H. Körber.) n. — 90

Hohenadel, Therese, der Dank des Gnomenkönigs, s.: Bloch's, Ludw., Kinder-Theater.

Hohenadel, Wlh., Forst- u. Jagdkalender. Nebst e. Anh.: der holzgerechte Förster ꝛc. gr. 4. Ulm 808. 2e Aufl. 812. Stettin 12 gr.

Hohenadel, Wlh., theoret.-prakt. Meßkunst für unstudirte Forstmänner u. solche, die sich in diesem Fache selbst unterrichten wollen. 3 Thle. Mit 42 Kpft. 8. Augsb. 824. v. Jenisch u. St. 2 ℛ 16 gr.

— Taschenbuch für Forstmänner. gr. 8. Augsb. 820. 2e A. mit 1 Kpf. 828. 3e A. 829. Bäumer. (Leipz., Hinrichs). 1 ℛ

Hohenadel, W., Taschenbuch für Forstmänner, so wie überhaupt für Jeden, der bei Ein- und Verkaufen von Bau- und Werkholz betheiligt ist. Mit 1 (ill.) Abbildung des Gabelmaaßes u. der vorkomm. verschied. Baumstämme. Neueste (4e) Aufl. (3 lithogr. B. Tabb.) gr. 8. Augsburg 835. (Lampart u. Comp.) n. 1 ⅙ – 5e, mit der Reduktion nach d. Decimal-Maaße verm. u. verb. Aufl. Mit 1 Kpfrtaf. u. Tabb. gr. 8. Ebd. 841. (Kollmann) n. ¾ ⅙

Hohenadel's, W., Taschenbuch für Forstmänner so wie überhaupt für Jeden, der bei Ein- und Verkaufen von Bau- und Werkholz betheiligt ist. Mit Tabellen rc. Neueste mit ... verm. stereotyp. Aufl. gr. 8. (Mit 1 col. Taf.) Augsburg 843, Kollmann. ⅔ ⅙

Hohenadel's, W., Taschenbuch für Forstmänner so wie überhaupt für Jeden, der bei Ein- und Verkäufen von Bau- und Werkholz betheiligt ist. Mit Hülfstabellen zur schnellen Berechnung und Bestimmung des körperl. Gehaltes und des Geldbetrags der Bau- und Werkholzstämme rc. Nebst 2 angehängten Tabellen zum Gebrauch der Waldabschätzungen rc. Mit einer ill. Abbildung in Kpfrst. des Gabelmaaßes und der vorkomm. verschied. Baumstämme. Neueste, und verm. stereot. Aufl. gr. 8. (14 und LX S.) Augsburg 847, Kollmann'sche Buchh.

Hohenadl, s. Hochenadl.

Hohenadl, Andr., über d. Rechtliche u. Nützliche d. Landeskultur, nebst deren Folgen u. Hindernissen. 8. Münch. 796. Lentner. 12 ✗

— Versuch über d. anwendbarsten Grundsätze bei Kulturprocessen u. Theilungen bei Gemeinheiten. 8. Münch. 794. Lentner. 5 ✗

Ostseebad Hohenau, Station Langballig. (Flensburg.) o. J. 8°

Hohenau, A., Kampf u. Sieg. Frei nach dem Engl. gr. 8. (275 S.) Anklam 888. (Leipzig, Buchhandlg. d. Vereinshauses.) n. 4. —; geb. n. 5. —

L. F. H. Betrachtungen u. Gebethe beim Kirchenbesuche im Jubeljahre 1826. Von L. F. H. Klgft., Leon, 1826. 20 S. (Verf.: Franz Lorenz Hohenauer.)

Hohenauer, F(ranz) L(orenz), Blumenlese aus den Ziergärten katholischer Zeitschriften zur Nahrung für Geist und Herz. 8. (182 S.) Wien 847, Mechitaristen-Congregations-Buchh.

Hohenauer, Franz Lorenz. Kärntens Geistlicher Ehrenkranz. Villach, Hoffmann, 1851. 196 S.

—— die Stadt Friesach. Ein Beitrag zur Profan- und Kirchen-Geschichte von Kärnten. Nebst einem Anhange: Die Olsa ein Eisenbergbau und Hochofen bei Friesach. gr. 8. (156 S. und 1 lithogr. Plan in Fol.) Klagenfurt 847, Leon'sche Buchh.

Hohenauer, Franz Lorenz. Kurze Kirchengeschichte von Kärnthen. Klgft., Sigmund (Liegel), 1850. 400 S.

F. L. H. Ein Recept gegen die Brandweinpest. Von F. L. H. Klgft., Leon, 1843. 124 S. (Verf.: Franz Lorenz Hohenauer.)

*Hohenauer, Franz Lorenz. Verehrung der heiligsten Jungfrau u. Mutter Gottes Maria. Klgft., Leon, 1831.

Hohenauer, Ign., d. Grafen K. L. Rundgang in den Thiergärten. Für die Jugend deutsch bearb. qu. Fol. (82 S. m. 12 Chromolith.) Budapest 871. Lauffer. geb. n. 7. 20; ohne Text n. 4. 80

Höhenbach, O. D. v., die Farm am Kenhawa, s.: Zehnpfennig-Bibliothek. Frankfurter. Nr. 12.

— Indianische Ruinen, s.: Zehnpfennig-Bibliothek, Frankfurter. Nr. 8.

v. Hohenbalken, Kap. Karl, († d. 22. Juli 1797., s. Cyprianus, Werke.

Hohenbaum van der Meer, P. Moritz. Kurze Geschichte Der Tausendjährigen Stiftung Des freyeximirten Gotteshauses Rheinau: Nebst einem treuen Verzeichniße Der Aebte Und der merkwürdigen Begebenheiten, Die sich unter ihnen zugetragen haben. Verfasset Auf das tausendjährige Jubelfest. [Mit 2 Vignetten.] fol. Donaueschingen 1778.

Hohenbaum van der Meer, P. Moritz s. Mayer, Joh[ann] Georg. Skizze einer Geschichte der schwäbischen ... Benedictiner-Congregation. [Brünn 1888.]

Hohenberg [Sachl. OW.]

HOHENBERG, Cäcilie von. Ein romantisches (zahmes) Gemälde. 2 Thle. Danzig 1804, bey Carl Goldstamm. 16°. (1⅓ Rthl.) 238 u. 99 Seiten. (In Danzig, Stadtbibl.)

— Franz, od. d. Rosentempel; e. Familiengemälde aus d. letzten Hälfte d. 18ten Jahrh. Seitenstück z. G. Schilling's Julius, m. K. 8. Lpz. Joachim. (a. Volt in Prag.)

— die, Grafen v., v. Caroline Pichler, geb. v. Greiner. 2 Thle. 8. Lpz. Gerh. Fleischer. 811.

Hohenberg, die Grafen v., v. Caroline Pichler, geb. v. Greiner. 2 Thle. 2te Auflage. 8. Leipz. Gerh. Fleischer. 814.

Hohenberg, die Grafen von, von Carol. Pichler. 2 Bde. N. Aufl. (Der sämmtl. Werke N. A. 5r 6r Bd.) 8. Wien, Pichler. 820. (Liebeskind.)

Hohenberg, Gust., od. d. christl. Negercolonie am grünen Vorgebirge. Eine moral. Erzähl. f. d. reif. Jugend. gr. 12. (10⅓ B.) Hadamar 832, Coudray. (Frankfurt a. M., Andreä.)

Hohenberg, d. Hrn. v., u. der Fräulein v. Blumenthal, Gesch., nach dem Geschmack des Hrn. Fieldings. 8. Langens. Martini. 757.

Hohenberg, Knapp Konrad von, genannt d. Stählerne. Schaup. in 5 A. nach d. romant. Gemälden d. Vorwelt bearbeitet v. J. W. D. 8. Cassel, Griesbach. 798. Rthlr.

Hohenberg [Schlagwort]

Hohenberg, s.: Wiener Ausflugskarten.

Hohenberg [Verf.]

Hohenberg, Arthur v.

Hohenberg, A. v., die sociale Frage in dem katholischen Deutschland, s. Broschüren, Frankfurter zeitgemäße.

Hohenberg, Arth. von, Die sociale Frage in dem katholischen Deutschland. Frankfurt a. M. 1884. 8.
A. u. d. T.: Frankf. zeitgem. Brosch. N. F. Bd. 6. H. 1. . . . . (LHK.)

Hohenberg, Arth. v., socialer Katechismus. Grundzüge der gesellschaftl. Ordnung in Familie, Gemeinde, Staat und Kirche. 8. (VIII, 150 S.) Mainz 879, Kirchheim. 1 35

Hohenberg, Johannes *August Friedrich* [Marine-Stabsarzt aus Sorau]: Ueber die zweckmässigste Bekleidung von Schiffsbesatzungen unter verschiedenen klimatischen Verhältnissen ... Berlin, Buchdr. v. G. Schade, *1891*; 72 S., 1 Bl. 8.
Berlin, Med. Fak., Inaug.-Diss. v. 13. Okt. 1891

Hohenberg, O., das erste deutsche Sängerbundesfest in Dresden vom 22. bis 25. Juli 1865. Für die Berliner Sängerschaft zusammengestellt. gr. 8. (20 S.) Berlin 865, Walloch.

Hohenberg, Osk. Über Lessings Lehrgedichte. 23 S. Kö. Rg. *Berlin* 1883. Progr.

Hohenberg-Wittstock, W., die höhere Conditorei in allen Nebenzweigen im weitgehendsten Sinne. 7 Hfte. gr. 8. (192 u. 294 S. m. Fig. u. Taf.) Wittstock 888. (Leipzig, Gracklauer.) n.n. 27. —

Hohenberger, Anton [Dr. med. aus Rimpar in Unterfranken]: Pigmentnaevus des Augenlides mit beginnender sarkomatöser Degeneration ... (Aus: v. Graefe's Arch. f. Ophthalmol., Bd. XXXVIII Abth. 2.) Leipzig, W. Engelmann, 1892; 17 S., 1 Taf. 8.
Würzburg, Med. Fak., Inaug.-Diss. v. 1892

Hohenberger, Karl, Franz Ludwig Frhr. v. u. zu Erthal, Fürstbischof von Würzburg u. Bamberg. Kleine Festgabe zur Säkularfeier der Universität Würzburg. 8. (48 S.) Aschaffenburg 881. (Würzburg, Stahel.) n. — 50

Trigonometrische Höhenbestimmungen für die (württemb.) Atlasblätter (Abt. 7—11). Stuttgart 1874—77. 4°.

Höhenbestimmungen, trigonometrische und barometrische, für die Blätter des Topogr. Atlasses von Württemberg. 5 Bde 8° und 5 Bde 4°. Stuttgart

Höhenbestimmungen, trigonometrische u. barometrische, (Normalnull-Höhen) in Württemberg, bezogen auf den einheitlich deutschen Normalnullpunkt. Donaukreis: 1. Hft. Oberamtsbez. Biberach. Bearb. v. C. Regelmann. Hrsg. v. dem k. statist. Landesamt. (34 S.) 8. Stuttgart 904. (H. Lindemann.) Kart. n.n. — 50

Höhenbestimmungen, trigonometrische u. barometrische in Württemberg, bezogen auf den einheitl. deutschen Normalnullpunkt. (Normalnullhöhe in Württemberg.) Donaukreis: 3. Hft. Oberamtsbez. Ehingen. Bearb. v. C. Regelmann. Hrsg. v. dem k. statist. Landesamt. 8. (36 S.) Stuttgart 892. (H. Lindemann.) Kart. n. — 50

— dasselbe. Donaukreis: 14. Hft. Oberamtsbez. Ulm. 8. (38 S.) Ebd. 897. Kart. n.n. — 50

Höhenbestimmungen, trigonometr. u. barometr., (Normalnull-Höhen) in Württemberg, bezogen auf d. einheitl. deutschen Normalnullpunkt. Neckarkreis: 5. Hft. Oberamtsbez. Cannstatt. Bearb. v. C. Regelmann. Hrsg. v. d. k. statist. Landesamt. 8. (22 S.) Stuttgart 895. (H. Lindemann.) Kart. n.n. — 50
Hft. 1, 2 u. 4 erscheinen später.

Höhenbestimmungen, trigonometrische u. barometrische, (Normalnull-Höhen) in Württemberg, bezogen auf den einheitlich deutschen Normalnullpunkt. Neckarkreis. 7. Hft. Oberamtsbez. Heilbronn. Bearb. v. C. Regelmann. Hrsg. v. dem k. statist. Landesamt. 8. (38 S.) Stuttgart 901. (H. Lindemann.) Kart. n.n. — 50

— dasselbe. Schwarzwaldkreis: 10. Hft. Oberamtsbez. Reutlingen. 8. (32 S.) Ebd. 893. Kart. n.n. — 50

— dasselbe. Schwarzwaldkreis: 11. Hft. Oberamtsbez. Rottenburg. Bearb. v. C. Regelmann. Hrsg. v. dem k. statist. Landesamt. 8. (31 S.) Ebd. 899. Kart. n.n. — 50

Hohenbichel, Ludwig, Freih. v., genannt Heufler zu Rasen. Maria Loretto bei Hall. Ein Beitrag zur Kunde Tirols. 8. (43 S.) Innsbruck, Wagner'sche U.-B. 30 kr.
1883

Hohenblum, s.: Simitsch, Reichsritter v. Hohenblum.

Hohenbogen, Ferd., **kaufmännisches Examinatorium oder das Interessanteste und Wissenswürdigste aus sämmtlichen Zweigen der Handelswissenschaft in systemat. Fragen und Antworten. Für junge Kaufleute zur Vorbereitung auf das, ihrer Etablirung vorausgehende, jetzt in allen deutschen Staaten vorgeschriebene Examen. 8. (IV und 276 S.) Weimar 861, Voigt.**

Hohenbruck, Arth. Frhr. v., die Ausstellungen in Stettin, Frankfurt und Cöln im J. 1865. Bericht an das k. k. Ministerium für Handel und Volkswirthschaft. gr. 8. (V und 157 S. mit eingedr. Holzschn.) Wien 866, Gerold's Sohn. *

— **u. Geo. Wieninger, Beiträge zur Darstellung der Wirtschaftsverhältnisse des Kleingrundbesitzes in Österreich. Hrsg. vom Executiv-Comité f. die österreich. landwirtschaftl. Ausstellg. in Paris 1900. (In deutscher u. französ. Sprache.) gr. 4. (VI, 315 S. m. Abbildgn. u. 7 Plänen.) Wien 900. (Hof- u. Staatsdruckerei.)** n. 8. —

Hohenbruck, Arth. Frhr. v., Beiträge zur Statistik der Flachs- u. Hanf-Production in Oesterreich. Mit 2 (chromolith.) Karten (in gr. Fol.) hoch 4. (24 S.) Wien 873. Faesy & Frick. n. 2. 40

—— Bericht über die erste dalmatinisch-croatisch-slavonische Ausstellung in Agram im Herbste 1864. Mit Anmerkungen von H. W. Pabst. Im Auftrage des k. k. Ministeriums für Handel und Volkswirthschaft. gr. 8. (69 S.) Wien 864, (Manz.) *

—— Besuch mehrerer englischer Fabrikstädte im J. 1862. Populärer Vortrag, gehalten im nied.-österreich. Gewerbe-Verein am 19. März 1863. Lex.-8. (31 S. mit 1 chromolithogr. Karte in 4.) Wien 863, (Manz.) *

Hohenbruck, Arth. Frhr. v., österreich. land- u. forstwirthsch. Bibliographie. Beiträge zu e. Zusammenstellg. der Literatur üb. die land- u. forstwirthschaftl. Verhältnisse Oesterreichs. (Archiv f. Landwirthschaft. XXXV.) hoch 4. (IX, 255 S.) Wien 899. (C. Gerold's Sohn.)
Geb. in Leinw. n. 10. —

La petite culture en Autriche par MM. le Bon Arthur de **Hohenbruck** et George Wieninger. Publ. par les soins du Comité exécutif pour l'exposition agricole de l'Autriche à Paris en 1900. Beiträge zur Darstellung der Wirtschafts-Verhältnisse d. Kleingrundbesitzes in Österreich. Zsgest. von A. v. Hohenbruck u. G. Wieninger ... *Wien: K. k. Hof- u. Staats-Dr. 1900.* (VI, 315 S.) 4°(8°) [illegible]

Hohenbruck, Arthur Freiherr v., Der Holzexport Oesterreichs nach den [illegible] des mittelländischen und schwarzen Meeres, sowie nach den Stapelplätzen an der Donau. Im Auftrage des k. k. Ministeriums für Handel und Volkswirthschaft aus Consularberichten zusammengestellt und mit einer Einleitung versehen. (Sep.-Abdr. a. d. österr. Monatsschrift für Forstwesen.) gr. 8. (126 S.) Wien, Braumüller 1 [illegible]
1867

— der Holzexport Oesterreichs. Im Auftrage des k. k. Ackerbau-Ministeriums aus Consularberichten zusammengestellt. 2. u. 3. Thl. Wien 869. Braumüller. n. 3 ℳ
2. Der Holzexport Oesterreichs nach dem Westen u. Norden. Mit einer (chromolith.) Karte (in qu. 4.). gr. 8. (XXXII, 305 S.) n. 2 ℳ
3. Tabellen über den Holzhandel der wichtigeren Handelsplätze des Auslandes mit besonderer Berücksichtigung der Betheiligung Oesterreichs hieran. gr. 4. (III, 164 S.) n. 1 ℳ

—— 25 verschiedene Hunde-Raçen. Nach Photografien. Lithogr. gr. Fol. Wien 863. (Leipzig, A. Hoffmann.) *

Hohenbruck, A. Frhr. v., Katalog d. an d. Lehrkanzel f. Betriebslehre d. k. k. Hochschule f. Bodencultur in Wien befindl. Sammlg. v. Orig.-Bauplänen typischer landwirthschaftl. Gebäude d. Kleingrundbesitze in Oesterreich u. v. Publicationen üb. landwirthschaftl. Bauwesen. gr. 8. (32 S.) Wien 898. (W. Frick.) n. — 80

— der internationale Congress der Flachs-Interessenten, s.: Ausstellungs-Bericht, officieller.

— die Landtage und die Landwirthschaft. Zusammenstellung der Verhandlungen über landwirthschaftl. Fragen in der 4. (1865/66) Session der österreich. Landtage. gr. 8. (56 S.) Wien 867, Hartleben's Verlag. *

— dass. — In der 5. (1866) Session der österreich. Landtage. 2. Heft. gr. 8. (101 S.) Ebendas. 867. *

Hohenbruck, Arthur Frhr. v., Mittheilungen über Pensions-Normalien, s. Micklitz, Rob.

Hohenbruck, Arth. Frhr. v., die Molkerei-Genossenschaften u. andere gemeinschaftliche Unternehmungen zur Verwerthung der Molkereiproducte in den im Reichsrathe vertretenen Königreichen u. Ländern nach den pro 1891 vorliegenden Daten. Im Auftrage d. k. k. Ackerbau-Ministeriums nach amtl. Quellen zusammengestellt. [Aus: „Statist. Monatsschr."] gr. 8. (43 S.) Wien 892. A. Hölder. n. — 80

Hohenbruck, A. Frhr. v., s. Pläne landwirthschaftlicher Bauten des Kleingrundbesitzes in Oesterreich.

Hohenbruck, Freiherr v. u. Romstorfer, Karl Adolf: Pläne landwirtschaftlicher Bauten des Kleingrundbesitzes in Österreich. Wien: Faesy & Frick, Paris: Morel 1878.

— Sammlung v. landwirtschaftlichen Schriften aus der Pariser Weltausstellung 1900. (Wien 1900). 22 S. P.

Hohenbruck, Arth. Frhr. v., u. Frdr. Ritter v. Zimmerauer, der land- u. forstwirthschaftliche Unterricht in den im Reichsrathe vertretenen Königreichen u. Ländern. Mit 4 Karten u. 2 Diagrammen. Lex.-8. (II, 268 S.) Wien 890. Hof- u. Staatsdruckerei. n. 2. —

— Vereine zum Wohle der arbeitenden Klassen, s. Vorträge, populäre.

— Verhandlungen des Seidenbau-Congresses. Wien am 15., 16. und 17. Oktbr. 1867. Mit Benützung der stenograph. Aufzeichnungen zusammengestellt. Mit einem Anh.: Nachträge zur Enquête über den Seidenbau in Oesterreich. gr. 4. (62 S. mit 1 Stnt.) Wien 867, Hof- und Staatsdruckerei. *

— die Vertheilung der Gesammtfläche Oesterreichs zwischen Gross- u. Kleingrundbesitz. Lex.-8. (8 S. m. 2 Taf.) Wien 900. A. Hölder. n. — 40
Sonderabdruck aus: „Statist. Monatschrift".

— die Weinproduction in Oesterreich. Nach den neuesten statist. Erhebgn. v. Fachmännern aus den einzelnen Weinbautreib. Ländern zusammengestellt. Veröffentlicht vom k. k. Ackerbau-Ministerium. Mit 1 (chromolith.) Karte in gr. Fol. gr. 4. (XI, 203 S.) Wien 873. Faesy & Frick. n. 8. —

Hohenbruck, Arth. Frhr. v., über Werth und Nutzen von Ausstellungen, s. Vorträge, populäre.

Hohenbruck, Ed., *Freih. v.* Rückblick auf die Jubelfeier. Vorgetragen in der allgem. Versammlung der k. k. Landwirthschafts-Gesellschaft in Wien am 26. Jänner 1858. *Wien* 1858. *K. k. Hof- u. Staatsdr.* 19 S. 8°.

Hohenbruck, Ott. Frhr. v., Anleitung zur Abhaltung der Gesellenprüfungen bei handwerksmäß. Gewerben, s.: Baubzer, Frdr.

Hohenbrunn [Schlagwort]

Hohenbrunn, s.: Bayern. Karte.

Hohenbühel, Ludw. Frhr. v., gen. Heufler zu Rasen, Beiträge zur Geschichte d. Tiroler Adels. Hrsg. v. der k. k. herald. Gesellschaft „Adler" in Wien. Lex.-8. (130 S.) Wien 891. (Gerold & Co.) n. 3. —

Hohenbühel, Frhr. Ludw. v., genannt Heufler zu Rasen, Beiträge zur Kunde Tirols. 8. (IX, 254 S. mit 4 facs. Autographen.) Innsbruck 885, Wagner'sche Universitäts-Buchh. * 2 —

Hohenbühel-Heufler, Ludov. libero barone de, enumeratio Cryptogamarum Italiae Venetae. [Ex Actorum cesareo-regiae societatis.] gr. 8. (150 S.) Wien 871. Gerol'ds Sohn. n. 2. —

Hohenbühel, Ludw. Frhr. v., gen. Heufler zu Rasen, die Flüsse Tirols. Sinngedichte. 16. (24 S.) Innsbruck 882, Wagner'sche Universitäts-Buchh. *

— Hall am Inn. Epigramme. 16. (15 S.) Ebendas. 882. *

— die Holzschnitte der Handschrift des Heilthum-Büchleins im Pfarrarchive zu Hall in Tirol. Ein Beitrag zur Kunst- und Culturgeschichte des beginnenden 16. Jahrh. gr. 4. (39 S. mit 23 Textbildern.) Ebendas. 884.
Aus: Mittheilungen der k. k. Central-Commission zur Erforschung und Erhaltung der Kunst- und historischen Denkmale, besonders abgedruckt.

— mein Idyll. Zwei Bücher Epigramme. 16. (60 S.) Ebend. 883. n. 2. —

— Josephine v. Kwiatkowski, geb. Gorstorf. Eine botanische Schriftstellerin Oesterreichs aus dem ersten Drittel des laufenden Jahrhunderts. [Aus: „Oesterr. botan. Ztschr."] gr. 8. (6 S.) Wien. Ebend. 882. n. — 40

— Maria Loreto bei Hall. Ein Beitrag zur Kunde Tirols. 12. (48 S.) Ebend. 883. n. — 54

Hohenbühel, Ludw. Frhr. v., genannt Heufler zu Rasen, auf den Mai. Sinngedichte. 8. (48 S.) Innsbruck 879, Wagner'sche Universitäts-Buchh. * 1 20

— Franz v. Mygind der Freund Jacquin's. Ein Beitrag zur Geschichte der Botanik. (Aus Verhandlgn. der k. k. zool.-bot. Gesellschaft in Wien.) gr. 8. (46 S.) Ebend. 870. n. — 80

— geographische Späne aus Tirol. [Aus: „Bote f. Tirol u. Vorarlberg".] 8. (19 S.) Ebend. 881. n. — 24

— Untersuchungen über den tirolischen Ortsnamen Igels. [Aus: „Zeitschr. d. Ferdinandeums".] gr. 8. (15 S.) Ebend. 881. n. — 30

Hohenburg [Sachl. OW.]

Hohenburg, Graf Brand, von,. 8. Lpz. Joachim.

HOHENBURG, Mathilde von. (Zahmer Roman.) 2 Thle. Leipzig, bei Adolph Wienbrack. 1828. 8°. Tit., 225 u. 222 SS.

Hohenburg [Schlagwort]

Hohenburg. s.: Bayern. Karte.

Hohenburg [Verf.]

Hohenburg, Aug., 100 Namenstags-Glückwünsche f. Kinder. (48 S.) kl. 8. Mülheim-Ruhr (909). J. Bagel. — 20

— Vexier- u. Zauberstücke zur Unterhaltung u. Belehrung. (48 S.) kl. 8. Ebd. (910). — 25

— Vorträge f. Hochzeiten. 1. u. 2. Bdchn. (Je 80 S.) kl. 8. Ebd. (909). à — 40

Hohenburg, H. v., s. Correspondenz, ungedruckte wissenschaftliche, zwischen Joh. Kepler und H. v. H.

Höhenburgen und Schlösser, Eppauer, und Begebenheiten um und in Eppau aus der Geschichte Tirols. Bozen 1903. V: *Buch, August Emil.* (Berl)

Höhen-Charte, s. Höhen - Karte

Höhencoten der noch nicht publizierten Nivellementszüge. — Altitudes des points des lignes de nivellements, dont les données n'ont pas encore été publiées. Hrsg. v. eidgenöss. topograph. Bureau. Fol. (42 S.) Bern 897. (Schmid & Francke.) n.n. 1. 60

Hohendorf, Artur, pr. Arzt: Ueber Radioskopie der Lungen speziell des Pneumothorax. Erfurt 1910: Luther. 40 S. 8°
Jena, Med. Diss. v. 22. Febr. 1910, Ref. Stintzing
Geb. 26. März 79 Gr.-Aßlacken; Wohnort: Pulz; Staatsangeh.: Preußen; Vorbildung: Gymn. Rastenburg Reife O. 00; Studium: Königsberg 5, Kiel 2, Königsberg 1, Jena 2 S.; Coll. 15. Dez. 09; Approb. 31. Juli 08.] [U 10. 2290

Hohendorff, Hans, der Floh, s.: Lustspiele.

— Des wilden Röschens Weihnachtsgabe, s.: Weihnachtsbühne.

Hoheneck [Sachl. OW.]

Hoheneck, Bertha v., od. d. Gaufriede; e. romant. Sage d. Vorzeit. 8. Dresd. Richter. (Fuchsel in Zerbst.) 795.

HOHENECK, Bertha v., oder der Gaufriede. Eine romantische Sage der Vorzeit für gegenwärtiges Jahrzehend. Zerbst, b. Andreas Füchsel. 1798. 8°. 348 S. Zahm.

Hoheneck [Schlagwort]

Hoheneck. Nacher, J., Panorama v. dem Hoheneck in den Süd-Vogesen bei Münster. 2 autogr. Taf. qu. Fol. Strassburg i/E. 892. J. H. E. Heitz. n. 1. —

Hoheneck [Verf.]

Hoheneck, v., geneal. u. hist. Beschr. d. Stände Oesterreichs ob d. Ens. m. Wapp. u. Tabell. 2 Thle. n. Supplem. Fol. Passau. (Montag. Regensb.) 727—32. 1

Hoheneck, Kurt, die Garde vom Flügelrad. Episoden aus dem Dienstleben der Eisenbahn-Beamten. (VII, 205 S.) 8. Braunschweig 905. Leipzig, R. Sattler. n. 2. 50; geb. n. 3. 50

— ein Justizopfer. Roman aus dem Leben. (IV, 221 S.) 8. Leipzig 906. R. Sattler. n. 2. 50

Hoheneck, Theodora, die natürliche Schönheitspflege. 8. (IV, 41 S.) Ulm (902). (Verlag der Ulmer Zeitg.) n. — 50

v. Hohenecken, Robert; Trspl. (v. Edw. Ph. Hahn). 8. Leipz. 778. Weygand. 8 gl

Hohenegg, Friedr. Graf, Elmire u. Ferdinand, od.: Der Liebe Heldenmuth. (Gedicht.) 8. (16 B.) Leipzig 841, Hunger.

Hohenegger, Agapit, d. Kapuziner-Kloster z. Meran. E. Denkmal habsburg. Frömmigkeit. Anläßl. d. 50jähr. Regierungsjubiläums d. Kaiser Franz Josef I. nach Archivalien beschrieben. Durch 16 Bilder illustr. gr. 8. (VIII, 202 S.) Innsbruck 898. F. Rauch. n. 2. —

Hohenegger, Anselm, das heilige Sacrament der letzten Oelung in seiner Beziehung auf das Leben, den Tod und das Fegfeuer. gr. 8. (14 S.) Mainz 879, Faber'sche Buchh. — 15

HOHENEGGER, LAURENZ: Anrede an das löbl. informirte Schützen-Korps der kön. Freistadt Raab. o. O. 1810. o. Dr. 16 S. - 8°

HOHENEGGER, LAURENZ: Beleuchtung der Gregor von Borzeviczyschen Schrift: »Nachrichten über den jetzigen Zustand der Evangelischen in Ungarn«. Gran 1825. Gedr. bei Jos. Beimel. VIII, 284 S. - 220 mm

Hohenegger, Laur., Beleuchtung d. G. v. Berzeviczyschen Schrift: Nachrichten üb. d. jetz. Zustand d. Evangelischen in Ungarn. gr. 8. (19 B.) Gran 825. (Wien, Wimmer.)

HOHENEGGER, LAURENZ: Bemerkungen über Ferdinand Friedrichs's Vertraute Briefe über die äußere Lage der evangelischen Kirche in Ungarn. Gran 1828. Gedr. bei Jos. Beimel. VIII, 482, 1 S. - 220 mm

—— Bemerkungen üb. F. Friedrich's vertraute Briefe üb. d. äußere Lage d. evangel. Kirche in Ungarn. Lex.-8. (31 B.) Gran 828. (Wien, Wimmer.)

HOHENEG(G)ER (LAURENZ): Der Erzabt auf dem Martinsberg. Eine Legende. Gedicht. In: Arch. f. Gesch. Jg. 11. 1820. Nr. 18 v. 18. II. S. 73 f.

HOHENEGGER, LAURENZ: Festpredigten. Handschriftlicher Nachlaß. 2 Bde. Wien 1853: Mechitaristen-Congregations-Buchhandlung. - gr. 8°

—— Nekrolog Sr. Eminenz, d. hochwürd. Hrn., u. erlauchten Fürsten Alexander v. Rudna u. Divék-Ujfalu. (Aus d. „theol. Zeitschr. v. Pletz" abgedr.) gr. 8 (3¼ B.) Wien 833, Wimmer.

HOHENEGGER, LAURENZ: Predigt am 12. November 1809 als dem 25-ten Sonntag nach Pfingsten, den 5-ten nach der Erscheinung des Herrn, an welchem . . . Herr Johann Fennes . . . seine erste Messe hielt. Oedenburg 1809. Gedr. bei Sießischen Erben. 26 S. - 8°

HOHENEGGER, LAURENZ: Rede am Oster-Montage des 3. April 1809 als am Erinnerungstage der von den Türken wiedereroberten Stadt und Festung Raab. Raab (1809) Gedr. mit Helena Streibig'schen Schriften. 23 S. - 8°

HOHENEGGER, LAURENZ: Dem Durchlaucht. Hochw. Ernst Fürsten von Schwarzenberg . . . bei seinem am 24. März 1819 gehaltenen feierlichen Einzuge in das Bisthum Raab. Gesungen von Laurenz Hohenegger. (Gedicht). Mit Sangnoten. Oedenburg 1819. Gedr. bey den Sießischen Erben. 8 S. - 4°

— Zeichen d. Zeit, auch ein Beitrag z. Wiedervereinigung d. getrennten christl. Confessionen. gr. 8. Preßburg 823. Wigand. 1 ngl

Hohenegger, Ludwig

Hohenegger, L. Ueber die Arbeiten zur Erforschung der geologischen Verhältnisse der Umgebungen von Teschen. (Aus d. Berichten von Freunden der Naturw.) Wien. 1849. 8.

Hohenegger, Ludw., Metallurg. Betrachtungen üb. den Sphärosiderit, s. a. Abhandlungen, naturwissenschaftl., hrsg von W. Haidinger, III. Bd.

Hohenegger, L., Metallurgische Betrachtungen über den Sphärosiderit der Karpathen. (Aus den naturw. Abh. v. W. Haidinger Vol. III.) Wien. 1849. 4

Briefe über Schlesien an W. Haidinger und M. Hörnes. (Aus d. Ber. von Freunden d. Naturw. i. Wien. 1849. 8

Neue Erfahrungen aus den Nordkarpathen. (Aus d. Jahrb. d. k. k. geol. Reichsanst.) Wien. 1855. 4

Hohenegger, Ludw., geognostische Karte der Nord-Karpathen in Schlesien und den angrenzenden Theilen von Mähren und Galizien. Chromolithogr. qu. Imp.-Fol. Mit Text. (III und 50 S. in hoch 4. mit 1 lithogr. Karte in qu. Fol.) Gotha 861, J. Perthes. *

Hohenegger, Ludw., geognostische Karte des ehemaligen Gebietes von Krakau mit dem südlich angrenzenden Theile von Galizien. Zusammengestellt durch Cornel. Fallaux. Chromolithogr. Fol. (32 S. Text in gr. 4.) Wien 867, (Gerold's Sohn.) In Carton.
Aus: Denkschrift der k. Akademie der Wissenschaften zu Wien, besonders abgedruckt.

Geognostische Skizze der Nordkarpathen von Schlesien und den nächsten Umgrenzungen. (Aus d. Jahrb. d. k. k. geol. Reichsanst.) Wien. 1852. 4.

Hohenegger, Die geognostischen Verhältnisse der Nordkarpathen. Nebst geognost. Karte. Gotha 1861. 8.

Hohenegger, W. Ueber Constructionen an Weichen u. Kreuzungen. Wien 1872. fol.

Hohenegger, W., Uebersicht üb. die Völkerwanderungen in Westasien u. Europa bis z. 4. Jahrhunderte nach Christus. gr. 8. (44 S.) Wien 901. (J. Eisenstein & Co.) n. — 90

Hohenleichen, Clara von, s. Clara.

Hohenekk, Herm., ein Sklave. Lebensbild e. Masochisten. schmal 8. (133 S.) Zürich (902). C. Schmidt. n. 1.60

Hohenekk, Herm.. ein Sklave. Lebensbild e. Masochisten. (133 S.) schmal 8. Zürich 903. C. Schmidt. n. 1.60

Hohenelbe [Schlagwort]

Hohenelbe. Stelzig, Heinr., Karte des Bezirkes Hohenelbe. 1:100,000. 40 × 21 cm. Farbdr. Aussig 897. (Trautenau, G. Lorenz.) n. — 20

Hohenelber, Geo. jun, der böhmische Rübezahl, d. i.: kurzweilige Mährchen, Abentheuer u. Schwänke, so sich mit dem bekannten Berggeiste im Riesengebirge sollen begeben haben. Auf's Neue wiedererzählt. Mit 1 Steindruck. 8. Leitmeritz 839. Medau. 5/12 [illegible]

Hohenemser, Alfr., üb. Rückfallfieber b. multipler Sarkombildung, s.: Jahrbücher d. hamburg. Staatskrankenanstalten.

Hohenemser, Alfr., Ruptur e. Aneurysmas der Aorta in die Vena cava superior. [Aus: „Jahrbb. d. hamburg. Staatskrankenanstalten" 3. Bd.] gr. 8. (6 S.) Hamburg 894. L. Voss. n. — 75

Hohenemser, Ernst: Die **Lehre** von den kleinen Vorstellungen bei Leibniz. *Heidelberg: F. W. Rochow 1899.* (74 S.) 8°
Heidelberg, Phil. Diss. v. 1899

[J.] **Hohenemser,** Hermann [Gerichtsass. in Frankfurt a. M.]: Die Consumtion des Geldes durch Vermischung und Verausgabung ... Marburg, Univ.-Buchdr. (R. Friedrich), 1892; VIII, 80 S. 8.
Marburg, Jur. Fak., Inaug.-Diss. v. [15. Dez.] 1892

Hohenemser, Herm., die Consumtion d. Geldes durch Vermischung u. Verausgabung. gr. 8. (VI, 80 S.) Marburg i/H. 893. N. G. Elwert's Verl. n. 1.60

Hohenemser, Otto

Hohenemser, O., Narkosen m. Chloroformium medicinale Pictet, s. a. Abhandlungen, Münchener medicinische.

Hohenemser, *Otto* [app. Arzt aus Frankfurt a. M.]: Narkosen mit Chloroformium medicinale Pictet ... München, J. F. Lehmann, 1892; 1 Bl., 57 S. 8.
München, Med. Fak. Inaug.-Diss. v. 1892

Hohenemser, O. Narkosen mit Chloroformium medicinale Pictet. In-8°. 57 S. Oberstrass, Komm.-Verlag von E. Speidel. 1892 1 35

XI. Deutsches Turnfest in Frankfurt a. M. 1908. Katalog der Ausstellung literarischer und technischer Hilfsmittel für das deutsche Turnen. (Varrentrappschule). [Verf.: Paul **Hohenemser.**] Beil.: Facs. e. Originalbriefes von Friedrich Ludwig Jahn an d. Turngemeinde zu Stettin, 12. 5. 1848. Frankfurt a. M. (1908): Voigt & Gleiber. (78 S.) 8° [illegible]

Hohenemser, Paul, aus Frankfurt a. M.: **Kritik der Quellen zur Schlacht bei Hochkirch.** 14. Oktober 1758. *Frankfurt a. M.: Boch & Englert 1899.* (74 S.) 8°
Heidelberg, Phil. Diss. v. 18. März 1899

Hohenemser, Paul, a. Mannheim: Über den monomolecularen Succindialdehyd und einige neue Derivate desselben. Kiel 1908: Lüdtke & Martens. (46 S.) 8°
Kiel, Phil. Fak., Ref. Harries, Diss. v. 2. Juni 1908
[Geb. 13. Nov. 81 Mannheim; Wohnort: Mannheim; Staatsangeh.: Baden; Vorbildung: Gymn. Mannheim Reife M. 00; Studium: München 2, Heidelberg 2, Berlin 4, Kiel 5 S.; Rig. 29. Febr. 08.]

Hohenemser, Rich., welche Einflüsse hatte die Wiederbelebung der älteren Musik im 19. Jahrh. auf die deutsch. Komponisten?, s. a. Breitkopf & Härtel's Sammlung musikwissensch. Arbeiten. 4.

Hohenemser, Richard: **Welche** Einflüsse hatte die Wiederbelebung der älteren Musik im 19. Jahrhundert auf die deutschen Komponisten? *Leipzig 1900: Breitkopf & Härtel.* (39 S.) 8° ¶ [Erschien vollst. 1900 als Bd 4 v. Breitkopf & Härtels Sammlung musikwiss. Arbeiten von deutschen Hochschulen.]
München, Phil. Diss. v. 1900

Hohenemser, Wilhelm, aus Frankfurt a. M.: Zur **Stereochemie** der Piperidinreihe. *Berlin (1901): G. Schade.* (42 S.) 8°
Berlin, Phil. Diss. v. 18. Mai 1901

Hohen-Entringen im Schönbuch, Schloss u. Rittergut. Einst u. jetzt. 12. (12 S.) Tübingen 890. Fues. n.n. — 25

Hohenester, Amalie, [sog. Doctorbäuerin von Mariabrunn], die Urinkunde. 8. (24 S.) [Neu-Ulm 881, Stahl.] Regensburg, Verlags-Bureau.
Aus: Arzneimittelschatz, besonders abgedruckt.

Hohenfeld, Hans, Elisabeth v. Ungarn. Trauerspiel in 5 Aufzügen. 8. (117 S.) Leipzig 891. Mutze. n. 2.

— **Körner's** Ideale. Deutsche Frauengestalten aus des Dichters Leben u. Liedern. Mit 6 Illustr. u. e. Begleitwort v. Herm. Lingg. 8. (48 S.) München 893. Verlag der „Allgem. Kunst-Chronik". n. 1.25; geb. 2. —

—— Reichslands Lieder. gr. 8. (40 S.) Straßb. 889, Bomhoff. * — 60

Hohenfeld, Hans (Alex. Joh. Birt), Wilhelm der Große. Patrioten- u. Herold-Gespräche, e. Volks-Festspiel m. Gesängen in 3 Abteilgn. Dem deutschen Heere u. Volke zum 30jähr. Gedächtnis des Siegesjahres 1870/71 um die Jahrhundertwende 1900 gewidmet. gr. 8. (VII, 55 S.) Königsberg 899. Hübner & Matz. — 75

Hohenfeld, J., unter falscher Flagge, s.: Braun's Novellen- u. Roman-Sammlung. 30. Bd.

Hohenfeld, Johs. B., der deutsche Bote, e. Lebensskizze des Wandsbecker Boten u. Gedichte e. deutsch. Reichsgesellen. (XII, 251 S.) 8. Leipzig 907. O. Mutze. 3.—; geb. n 4. —

Hohenfels, Friedrich von [Pseud.], s.a. B e c k , Karl

Hohenfels, Frdr. v., Jesuiter, Jesuwider! 2. verm. Aufl. 8. (IV, 67 S.) Stuttgart 873. E. Müller. — 90

Hohenfels, Günther v., der Rennhusar. Sportroman. (211 S.) 8. Berlin (910). C. Duncker. 3. —

Hohenfels, Hans v., entgleiste Dichter. Eine parodist. Soloscene für Herrenabende. 2. Aufl. (14 S.) gr. 8. Strassburg (904). Berlin, Moderne Bücherei. n. 1. 50

— Tannhäuser od. Das Ueberbrettl auf der Wartburg. Eine alte Oper, neu behobelt u. aufpoliert im Geiste Wolzogens. 2. Aufl. (26 S.) gr. 8. Ebd. (904). n. — 75

Hohenfels, K. Frh. v.

v. Hohenfels, Frhrr., ..., sch. Engelfall.

ENGELFALL, D e r , ein komisches (zahmes) Gedicht in sieben Gesaengen von *K. B. V. H. K.* (d. i. *K.* Frhr. *v. Hohenfels*). Mit Tkupf. u. gestoch. Titel. O. O. (Graz?) 1793. 8°. LXII u. 296 S. (10 Mk. Adolf Weigel, 1906.)
Goedcke V, 448, 9: „In Blumauers Art schildert er das alte jüdische Volk, das Alte Testament travestirend." — Das Anon.-Lex. II. p. 23 hat „Grätz" (nach Kayser u. Meusel).

Hohenfels, M., der Segen kommt von oben!, s.: Album f. Liebhaber-Bühnen. Nr. 435.

v. Hohenfels, Frau Mar., lehrreiche Lebensgeschichte. Ein Denkmal mütterl. Liebe zur Beherzigung für alle Jungfrauen und Frauen, welche das Ziel ihrer hohen Bestimmung zu erreichen wünschen. Mit 1 Kpf. 8. Leipz. 824. Kummer. 1 ß

Hohenfinow [Schlagwort]

Hohenfinow, s.: Geologische Karten, Preussen. 80.

Höhenforschungen, metaphysische. Für Alpinisten. Von e. Höhenkletterer. (31 S.) gr. 8. Berlin (SO. 26) 906. Gust. Ferd. Müller. n. — 75

Hohenforst, M., Waldmyrte. Erzählung. 8. (III, 112 S.) Arolsen 898. A. Speyer. n. 2. —; geb. in Leinw. n. 2. 80

Hohenfriedeberg. Eine Missionsstation in Usambara. (Von Paul Döring.) 8. (III, 63 S. m. 8 Illustr.) Berlin 900. M. Warneck. n. — 40

Hohenfriedeberg-Feier, die, am 4. VI. 1910. Reden u. Ansprachen bei der Weihe des in der Eule bei Striegau f. die österr. u. sächs. Gefallenen errichteten Denkmals. (8 S. m. 2 Abb.) gr. 8. Freiburg i/Schl. 910. H. Heiber. — 20

Hohenfurth, s.: Woerl's Reisehandbücher.

Hohenfurth, Franz von [Pseud.]

s. Proschko, Franz Isidor [Wirkl. Name]

Hohengeroldseck, die Grafen v.; od. Rache f. Weiberraub; v. W. Vogler. Gemälde d. vaterländ. Vorzeit. in 4 Aufz. 8. Augsb. Stage. 813.

Hohenhard, P. v., Preuss. Neuburg und dessen Gerechtsame. Mit Stammtfl. d. Grafen v. Neufchâtel. Teutschenthal 1708.

Hohenhaus, Ernst, appr. Arzt a. Lippstadt ⟨Westfalen⟩: Über die Beziehungen der Rinder- und Menschentuberkelbazillen sowie deren Infektionswege im menschlichen Körper. Leipzig (1906): A. Edelmann. (15 S.) 8°
Leipzig, Med. Fak., Ref. Hofmann, Diss. v. 29. Juni 1906
[Geb. 7. März 79 Lippstadt; Wohnort: Freienwalde; Staatsangeh.: Preußen; Vorbildung: Gymn. Freienwalde Reife O. 00; Studium: Berlin 9 S.; Coll. 29. Juni 06; Approb. 26. Juni 05.]

Hohenhausen, Carl von.
Untergang eines Jünglings von achtzehn Jahren ... Braunschweig 1836. V: *Hohenhausen, Elise von geb. von Ochs.* (Gd)

Hohenhausen, Elise von

Hohenhausen, Fr. v., romantische Biographien aus der Geschichte. 8. (307 S.) Leipzig 878, Schlicke. * 4 50

Hohenhausen, Fr. v., Brevier der guten Gesellschaft u. der guten Erziehung. Gesetzbuch bei Uebg. d. guten Tones, der feinen Sitten, gesell. Talente u. häusl. Pflichten. Unter Benutzg. der Rathschläge von Graf Phpp. D. Stanhope v. Chesterfield, d. Frhrn. Adf. Frdr. Frz. Ludw. v. Knigge u. Karl Fr. L. Fel. v. Rumohr. Mit 50 in den Text gedr. Abbildgn. u. e. Titelbilde (in Holzschn.) 8. (X, 270 S.) Leipzig 876. Spamer. geb. n. 6. —; m. Goldschn. n. 7. 50

Hohenhausen, Fr. v., Brevier der guten Gesellschaft und der guten Erziehung. Gesetzbuch bei Uebung des guten Tones, der feinen Sitten, geselliger Talente und häusl. Pflichten. Unter Benutzung der Ratschläge von Graf Phpp. D. Stanhope v. Chesterfield, des Frhrn. Adf. Friedr. Frz. Ludw. v. Knigge und Karl Fr. L. Fel. v. Rumohr. (Neue Ausg.) 8. (X, 270 S. mit 50 in den Text gedr. Illustr. und 1 Titelbilde.) Leipzig 887, Schumann. *M 1.50.; geb. * 2 40

— s. Byron, d. Korsar.

Hohenhausen, Baronin Elise v., die feine junge Dame. Ein Buch des Rates f. alle Fragen des feineren gesell. Verkehrs u. der guten häusl. Sitte m. besond. Rücksicht auf die Ausbildg. v. Geist, Herz u. Gemüt. Nebst e. Anh.: Lebensregeln. 12. (XI, 297 S.) Stuttgart (902). Schwabacher. Geb. in Leinw. m. Goldschn. n. 5. —

Hohenhausen, Elise v., geb. von Ochs, das Geheimniß des Glücks oder der Schlüssel zum Heil. In Erzählungen u. Noveletten, welche die Fehler der Jugend bekämpfen. Nach einem Original der Gräfin Drohojowska selbstständig bearb. Mit 1 (lith. u. color.) Titelkpfr. Weimar 855. Voigt. 16. (VIII, 154 S.) 12½ ngr

— schöne Geister u. schöne Seelen oder Denkmale der Freundschaft berühmter Männer u. Frauen. 8. (211 S.) Leipzig 873. E. J. Günther. 4. —

— die gute Gesellschaft u. die Uebung des guten Tones, geselliger Talente u. Pflichten. Gesetzbuch der feinen Sitten u. der guten Erziehung. Unter Benutzung der Rathschläge von Graf Phpp. D. Stanhope v. Chesterfield, des Frhrn. Adlf. Frdr. Frz. Ludw. v. Knigge u. Karl Fr. L. Fel. v. Rumohr. 2. Ausg. Mit 50 in den Text gedr. Illustr. u. einem Titelbilde. 8. (X, 270 S.) Leipzig, Spamer. geb. n. 4. —

Hohenhausen, Fr. v., die gute Gesellschaft und die Uebung des guten Tones, geselliger Talente und Pflichten. Gesetzbuch der feinen Sitten und der guten Erziehung. Unter Benutzung der Rathschläge von Graf Phpp. D. Stanhope v. Chesterfield, des Frhrn. Adlf. Friedr. Frz. Ludw. v. Knigge und Karl Fr. L. Fel. v. Rumohr. 2. Ausg. 8. (X, 270 S. mit 50 in den Text gedr. Illustr. und 1 Titelbilde.) Leipzig 882, Spamer. geb.

—— neuestes Handbuch über die Vorschriften des feinen Anstandes und der guten Sitten. Mit einem Anhang von Ratschlägen über die Schönheits- und Gesundheitspflege. Aus den Papieren der Gräfin D. O. zusammengestellt und bearb. 8. (VII, 156 S.) Leipzig 888, Schumann. * 1 50

— — aus Goethe's Herzensleben. Wahrheitsgetreue Darstellungen. 8. (VII, 274 S.) Leipzig 884, Bergmann. geb.

— die Jungfrau und ihre Zukunft in unserer Zeit, oder mütterlicher Rath einer Pensionsvorsteherin an ihre scheidenden Zöglinge über ihren Eintritt in die Welt, Zeitanwendung, Tageseintheilung, Lebensklugheit, Anstand und würdige Haltung, nebst einer hierauf bezüglichen Beispielsammlung, enthltd.: Mädchenschicksale, nach dem Leben gezeichnet. Weimar 854. Voigt. 12. (X, 176 S.) 15 ngr; Velinp. 20 ngr

—— drei Kaiserinnen. Die ersten drei Kaiserinnen des neuen deutschen Reichs: Kaiserin Augusta, Kaiserin Victoria und Kaiserin Augusta Victoria. Biographische Skizzen. gr. 8. (115 S.) Berlin 888, Vossische Buchh. 1 50

—— berühmte Liebespaare. 8. (IX, 296 S. mit 18 Portr. in eingedr. Holzschn.) Braunschweig 870, Westermann. * geb. **

— berühmte Liebespaare. Neue Folge. 8. (296 S.) Leipzig 876. Schlicke. n. 5. —; geb. n. 6. 50 (1. u. 2.: n. 9. —)

— — berühmte Liebespaare. 3. und 4. Folge. 8. (VII, 316; 293 S.) Leipzig 882,84, [Schlicke.] Barsdorf. à Folge ℳ 5. geb. à Folge ℳ 6,50.

— berühmte Liebespaare. 4. Folge. 2. Ausg. 8. (III, 293 S.) Leipzig 886. Barsdorf. 5. —; in 3 Bdchn. à 1. —

Hohenhausen, Elise v. (Fr. v. Hohenhausen), berühmte Liebespaare. 13 ausgew. geschichtl. Bilder. 2. Aufl. 2 Halbbde. gr. 8. (VII, 284 S.) Leipzig 895. W. Fiedler. 4. —; in 1 Bd. geb. m. Goldschn. 5. —

— Lies mich in Deinen Leiden und ich werde Dich trösten. Ein Lebens- und Beruhigungsbuch in schweren Tagen. Weimar 855. Voigt. 12. (IV, 202 S.) $17\frac{1}{2}$ ngr

— die Marquesas-Insel. Eine Weihnachtsgabe. Bremen 853. Heyse. 16. (VII, 70 S.) 15 ngr

— Minden u. seine Umgebungen ꝛc. 8. Minden. 819. (Hannov., Hahn). 6 gr

— Natur, Kunst u. Leben. Erinnerungen, gesammelt auf e. Reise von d. Weser zum Rhein, u. auf einem Ausfluge an d. Gestade d. Nord- u. Ostsee. 8. Altona 820. Hammerich. 16 gr

v. Hohenhausen, Elise, Novellen. 3 Bdchen. Mit d. Bildn. der Königin v. Dänemark, Karoline Mathilde. 8. Braunschweig 829. Verlags-Compt. 3 ℳ 18 gr Hbg. Pr. 1 ℳ 8 gr

— Poggezana. Romant.-histor. Erzählung aus d. Zeit d. deutschen Ordens im 14n Jahrhund. 8. Danz. 825. Expert. 20 gr

v. Hohenhausen, (Elise,) Poggezana. Romantisch-histor. Erzählung. Aus d. Zeit des deutschen Ordens im 14ten Jahrh. 8. Danzig 825. (Leipz., Rein.)

—— der Roman des Lebens. Neue Novellen aus der höheren Gesellschaftswelt. 2 Bde. 8. (313; 331 S.) Ebendas. 876. * 10 —

Hohenhausen, Elise v., geb. v. Ochs, Rousseau, Göthe, Byron, ein kritisch-literarischer Umriß aus ethisch-christlichem Standpunkte. 8. (119 S.) Kassel 847, Hotop.

v. Hohenhausen, Elise, geb. v. Ochs, s. Scott, W., sämmtl. Romane. Neue Kabinets-Ausgabe.

— s.: Tondichter-Album, deutsches.

Hohenhausen, Baronin E. v. (E. Rüdiger), wie geben wir unsere Gesellschaften? Diner u. Soiree? Hochzeit? Polterabend? Ball? ꝛc. Die Kunst, Festlichkeiten zu veranstalten, daran teilzunehmen u. sich dabei zu amüsieren. M. e. Anh.: Trinksprüche. — Behandlg. d. Weine. — Menüs. 8. (VI, 326 S.) Stuttgart 897. Schwabacher. n. 3. 60; geb. in Leinw. n. 4. 50

—— Johann und Kornelius de Witt oder das ewige Edikt. Histor. Schauspiel in 5 Aufz. aus der Zeit Ludwig XIV. 8. (93 S.) Kassel 847, Hotop.

— s. Youngs, Ed.: Nachtgedanken.

Hohenhausen, Elise Felicitas von

—— auf Flügeln des Gesanges. Dichterstimmen aus der neudeutschen Lyrik. 8. (153 S. mit Illustr. von Paul Thumann und anderen Meistern.) [Berlin 886, Neufeld und Mehring.] Oranienburg, Freyhoff's Verlag. geb. mit Goldschn. * 3 —

Auf Flügeln des Gesanges. Dichterstimmen gesammelt von [Elise Felicitas] Freiin v. Hohenhausen. Mit Ill. von Paul Thumann u. anderen Meistern. 4. Aufl. *Berlin: J. Gnadenfeld & Co. [1902].* (150 S.) 8° [5.] [04. 3701]

Hohenhausen, Elis. Phil. Amalie, geb. v. Ochs, Frühlingsblumen. 8. Münster (817.) (Leipz., Centr.-Centr.) 20 gr

v. Hohenhausen, (Elise,) Frühlingsblumen. 8. Leipz. 823, Centr.-Compt.

Hohenhausen, Elise (Philipp. Amal.) v., Novellen. 3 Bdchn. 8. ($37\frac{1}{4}$ B. u. Bildn. d. Königin v. Dänemark, Karoline Mathilde.) Braunschweig 829, [Horneyer.] 3 Thlr. 18 Gr., hrbgs. Pr. Thlr.

v. Hohenhausen, Elise, Novellen. 3 Bde. 8. Braunschweig ...; jetzt Fischer in Cassel. $3\frac{1}{4}$ ℳ

— neue Novellen. 8. (III, 164 S.) Berlin 890. Freund & Jeckel. n. 2. —

Hohenhausen, Georg, Experimenteller Beitrag zur Kenntniss der septischen Pneumonie. Diss. Dorpat. 8°. 44 pp. 1875

Hohenhausen, Henriette v., Bilder aus d. Leben. Erzähln., Novellen u. Gedichte f. d. reif. weibl. Jugend. 8. (19½ B.) Rinteln 835, Osterwald.

— s. Maiblumen.

v. Hohenhausen, Henriette, Zeichnungen aus d. Gemüthsleben. (Novellen). 8. Rinteln 829. Osterwald. 1 ℳ 12 ₰

Hohenhausen, Karl

Hohenhausen, Carl v., s. a. Carl.

v. Hohenhausen, Karl, Untergang eines Jünglings von 18 Jahren. Zur Beherzigung für Eltern, Erzieher, Religionslehrer u. Aerzte. Mit 2 Bildn. gr. 8. Braunschw. 836. Vieweg. 1 ℳ

v. Hohenhausen, (Leop. Freyh.,) Biographie d. Generals v. Ochs (Aus den Originalpapieren d. Generals u. sonstigen authent. Mittheilungen.) Mit 1 Portr. gr. 8. Cassel 827, Luckhardt.

— über d. Ortsbestimmung d. Hermannsschlacht, s. H. v. Hammerstein.

— s. Sonntagsblatt, e. Zeitschrift.

Hohenhausen u. Hochhaus, Frhr. Leop. Max F. W. Sylv. A. v., Ueber die Versorgung verarmter Dienstboten. Eine gekrönte Preisschrift. 8°. Berlin 1802.

Hohenhausen u. Hochhaus, Sylvester Josef v.

— s. a. Alterthümer Daciens.

Hohenhausen, von, Alterthümer Daciens. Wien 775. 4.

v. Hohenhausen u. Hochhaus, Frhr. Sylvester Jos., († d. 25. Sept. 1814.) Illyrien, d. i. d. Geschichte dieses Landes. 8. Essek in Slavonien, 774. (24 S.)

– s. Vorgang in d. Taktik.

Die unter der Direction des land- und forstwirthschaftlichen Gesammt-Instituts stehende Ackerbauschule und Gartenbauschule Hohenheim. - Stuttgart 1873. 14 S.

Hohenheim, Schloß und Akademie, s. Frölich, Herm.

Hohenheim, A., u. Ellen Richards, Chic! Ein Ratgeber f. Damen in allen Toilettenfragen, m. besond. Berücksicht. der Farben. 1. u. 2. Aufl. 12. (VI, 162 S.) Stuttgart 890. Greiner & Pfeiffer. geb. n. 3. —

Hohenheim, Klara

Hohenheim, Clara v., praktische Anweisung zu Tapisserie-Arbeiten in allen gebräuchlichen Stichen. 8. (28 S. mit 23 Stnt.) Weimar 853, Jansen und Comp.

Hohenheim, Klara v., praktische Anweisung zu Tapisserie-Arbeiten in allen gebräuchlichen Stichen. 2. (Titel-)Ausg. 8. (28 S. mit 23 lithogr. Taf. in 8. und 4.) Berlin (853)69, Mode's Verlag.

Hohenheimer-*Thier-Album*. Rindvieh. 12 Photographien nach der Natur v. C. F. Schmid. Text v. L. v. Rau. Stuttg. (1877). (4) S. 12 Tvl. St. Fol.

Hohenhofen, Matthias Blank-, s. Blank-Hohenhofen.

HOHENHOLTZ, JO. ERN., De veris ideas dividendi distingvendique fundamentis. Kiliae. 1718. 4. P. [Resp. Jac. Brodersen].

Hohenholz [Schlagwort]

Hohenholz, s.: Geologische Karten. Preussen. 66.

Höhen-Karte

Höhen-Charte, oder bildlich vergleichende Uebersicht der bedeutendsten Berge in Europa, Asien, Afrik. Amerika und den Südsee-Ländern. Weimar im Verlage des Geograph. Instituts. 1820. 1 Bl.

Höhenkarte oder bildlich vergleichende Uebersicht der vorzüglichsten Erhebungen im Lande der Deutschen, entworfen und gezeichnet im Jahre 1821 von K. F. Hoffmann. Stuttgardt und Tübingen in der J. G. Cotta'schen Buchhandlung 1825. in Stein grav. von C. Fleischmann. Ohne M. 1 Bl.

Höhen-Karte des Königreichs Baiern. Herausgeg. vom kgl. baier. statistischen Bureau zu München. 1852 Folio.

Höhenkarte der Elbepegel von Melnik bis Cuxhaven. Reducirt nach der Zusammenstellung d. 29. Nov. 1864 von Wawra und Lilddecke. (Wien 1864.) . . . . . . [illegible]

Höhenkarte der württemberg'schen Staatseisenbahnen. Im techn. Bureau der k. Eisenbahn-Bau-Commission nach Anleitung von v. Morlok unter Benützung seiner älteren Karte erneuert und ergänzt von A. Schönnagel. Fol. Stuttgart 870, Wittwer. *ℳ 1,80.; color. *

Höhenkarte der k. württembergischen Staats-Eisenbahnen. Bearb. nach der älteren Karte von v. Morlok und unter dessen spezieller Anleitung im techn. Bureau der k. Eisenbahnbau-Commission. Lithogr. Imp.-Fol. Stuttgart 877, (Aue.) *

Hohenkirch, Bernhard, approb. Arzt aus Wolbeck i. W.: **Beitrag** zur Kasuistik der Fälle von Echinococcus hepatis unter Anführung zweier Fälle aus der chirurgischen Klinik zu Kiel aus den Jahren 1890 und 1903. *Kiel 1903: Schmidt & Klaunig.* (19 S.) 8°
Kiel, Med. Diss. v. [14. Juli] 1903

Höhenklima und Bergwanderungen in ihrer Wirkung auf den Menschen. Ergebnisse experimenteller Forschungen im Hochgebirge und Laboratorium von Dr. N[athan] Zuntz ..., Dr. A[dolf] Loewy ..., Dr. Franz Müller ..., Dr. W[ilhelm] Caspari... 1. Aufl. [Mit Illustrationen, 2 Panoramen, 3 Tafeln, 2 Karten, sowie 33 und 2 graphischen Tabellen.] XVI + 497 S. 4. Berlin *etc.*, Bong & Co., 1906. [M. 18. —, geb. 20. —]

Hohenkrähen, Graf Wolf von; eine Ballade aus den Fehdezeiten. Berlin 1789. V: *Schmidt, Frdr. Wilh. Aug.* (MGT) (NN)

Höhenkurvenkarte von Württemberg. 1:25000. Bearbeitet und herausgegeben vom Königlichen Statistischen Landesamt. (ca. 190 Bl im Erscheinen) Stuttgart

Höhenlage, Die, der Havelgegend zu Brandenburg, Rathenow und Havelberg ... Berlin 1893. V: *Seibt, Wilh.* (Berl)

Hohenloitner, Max: Primäre Darmtuberkulose beim Erwachsenen. (Fütterungstuberkulose). *München 1898: Kastner & Lossen.* (26 S.) 8
München, Med. Diss. v. 1898

HOHENLEITNER, Michael (Landsberg): De febri puerperali.- Monachii: Poessenbacher 1842. 28 S.
27.8.1841 - Urk; F 65
Diss.Ingolst.-Landsh.-Mchn.

HOHENLEITNER, Sebastian (München): Ueber die Wuthkrankheit bei Menschen.- München: Deschler 1842. 16 S.
21.8.1840 - Urk (Titel: De rabie canina.); F 65
Diss.Ingolst.-Landsh.-Mchn.

Höhenlicht. Erzählungen f. junge Mädchen. 1.—5. Heft. (à 16 S.) 8. Berlin (909). Buchh. des ostdeutschen Jünglingsbundes. à nn -- 10

Hohenlinden, Heinrich Baron von [Pseud.], s.a. O e l s n i t z, Carl Eduard Frhr. von der

v. H o h e n l i n d e n, (H. Baron, C. v. d. Oelsnitz.) der Liebe Lust u. Weh. Sechs Bilder nach dem Leben. 8. Leipz. 825, Müller.

H o h e n l o h, Carl von e. Zeichnung d. Hofe in Carrikatur; e. Romänchen, kein Roman. 2 Bde. 8. Lpz. Joachim. 805.

Hohenlohe, Fürst Alexander von, und Carl S. Richter . . . **Frankf. a. M. 1821.** V: *Schneider, Joseph.* (Call)

H o h e n l o h e, der Fürst v., und seine Gegner. gr. 8. (26 S.) Würzburg 867, Julien. *

Hohenlohe, Fürstin Marie zu, u. Ferd. v. Saar. Ein Briefwechsel. Hrsg. v. Ant. Bettelheim. (XXXIV, 247 S. m. 2 Bildnissen.) 8. Wien 910. Ch. Reisser's Söhne. 4.50; geb. n 5. 70

H o h e n l o h e, Fürst v., Hirtenbrief, s. H i r t e n b r i e f.

Hohenlohe, Alexander v., s. H o h e n l o h e - S c h i l l i n g s f ü r s t, Leopold Alexander K. v.

Als der Allerdurchlauchtigst, Grosmächtigst und unüberwindlichsten Königin und Frauen, Frauen Sophie Magdalenå, Königin zu Dännemarck . . . Allerhöchster Geburts-Tag den 28. 11. 1734 einfiele . . . v. Christian Ludwig Moritz Grafen von Hohenlohe. Oehringen. o. J. 2 Bl. Fol.

Hohenlohe, Constantin, s. H o h e n l o h e, Konstantin

v. Hohenlohe, Friederich's, Bischof's v. Bamberg, Rechtsbuch, s.a. Q u e l l e n s a m m l u n g f. fränkische Geschichte. 3. Bd.

Friederich's von Hohenlohe Rechtsbuch. (1348.) Zum ersten Male hrsg. und mit einem Commentar [illegible] C. Höfler. Bam[illegible] 1852. [illegible] fränkische Geschichte. [illegible]

v. Hohenlohe, J. Ch. (Fürstbischof), Schreiben an d. Geistlichkeit seiner Diöces. Fol. Bresl. 799. J. F. Korn. 2 gl.

v. Hohenlohe, Karl, Zeichnung d. Höfe in Carricatur. 8. Nürnb. 804. Schmidmer. 8 gl.

Hohenlohe, Konstantin

Hohenlohe, Constant. v., O. S. B., Friedrich Karl Graf Schönborn, Reichsvizekanzler u. Bischof am Bamberg u. Würzburg (1674—1746), s.a. Vorträge u. Abhandlungen, hrsg. v. der Leo-Gesellschaft.

(F) Hohenlohe, P. C. v., Friedrich Karl Graf Schönborn. Eine biographische Skizze. [Vorträge und Abhandlungen, herausg. von der Leo-Gesellschaft. 26] Gr. 8°. (42 S.) K —.80
Wien: Mayer 1906.

H o h e n l o h e - I n g e l f i n g e n, Kraft Prinz zu, militärische Briefe. I. und II. gr. 8. Berlin 884, Mittler und Sohn. à *ℳ 3. *
Inhalt:
I. Ueber Kavallerie. (VI, 149 S.)
II. Ueber Infanterie. (VI, 159 S.)

Hohenlohe-Ingelfingen, Kraft Prinz zu, militärische Briefe. I—III. gr. 8. Berlin, Mittler & Sohn. n. 10. —
1. Ueber Kavallerie. 2. Aufl. (VI, 149 S.) 886. n. 3. —
2. Ueber Infanterie. 2. Aufl. (VI, 159 S.) 886. n. 3. —
3. Ueber Artillerie. (VI, 226 S.) 885. n. 4. —

Hohenlohe-Ingelfingen, Kraft Prinz zu, militärische B r i e f e. II III. gr. 8. Berlin. Mittler & Sohn. n. 7. —
II. Ueber Infanterie. 3. Aufl. (VI, 165 S.) 890. n. 3.
III. Ueber Feld-Artillerie. 2. Aufl. (VI, 241 S.) 887. n. 4. —

strategische B r i e f e. I. II. gr. 8. Ebd. 887. n. 12. 50
I. 1. u. 2., unveränd. Aufl. Mit 3 Skizzen in Steindr. (IV, 351 S.) n. 7. —
II. Mit 1 Skizze u. 1 Schlachtplan in Steindr. (III, 274 S.) n. 5. 50

Hohenlohe-Ingelfingen, K. Prinz zu, E r i n n e r u n g e n des Garde-Feld-Artillerie-Regiments, s.a. E r i n n e r u n g e n.

Hohenlohe-Ingelfingen, K. Prz zu. Erinnerungen des Garde-Feld-Art.-Regiments an den Feldzug 1866. Berlin 1868. 108 S.

— die F e l d - A r t i l l e r i e in ihrer Unterstellung unter die General-Kommandos. Betrachtungen, vornehmlich den Kameraden der anderen Waffen gewidmet. gr. 8. (49 S.) Ebd. 889. n. 1. —

Hohenlohe-Ingelfingen, K. Prz zu. Das gezogene Geschütz. Berlin 1860. 144 S.

— G e s p r ä c h e üb. Reiterei. gr. 8. (VIII, 297 S.) Ebd. 887. n. 5. 50

Hohenlohe-Ingelfingen, Kraft, Prinz zu, Ideen über Belagerungen. Ein Vortrag geh. in der militair. Gesellschaft zu Berlin d. 15. März 1872. gr. 8. (54 S.) Berlin 872. Voß. n. 1. —

(Hohenlohe-Ingelfingen, Kraft Prinz zu.) Ideen über Befestigungen. Berlin 1888. 8°.

— I d e e n über die Verwendung der Feld-Artillerie in Verbindung mit den andern Waffen nach der Einführung gezogener Gewehre u. Geschütze. Vortrag gehalten in der militär. Gesellschaft zu Berlin am 18. März 1860. Berlin 860. Voß'sche Buchh. gr. 8. (52 S.) 7½ ngr

Hohenlohe-Ingelfingen, Prinz Kraft zu, aus meinem L e b e n. Aufzeichngn. 1. Bd. B. Revolutionsjahr 1848 b. z. Ende d. Kommandos in Wien 1856. Nebst e. Lebensskizze u. d. Bildniß d. Verf. gr. 8. (LIII, 379 S.) Berlin 897. E. S. Mittler & Sohn. n. 8. —; geb. in Leinw. n.n. 9. 50

Hohenlohe-Ingelfingen, Prinz Kraft zu, aus meinem Leben. Aufzeichnungen. 2.—4. Bd. gr. 8. Berlin, E. S. Mittler & Sohn. n. 27. —; geb. n. 31. 50; (Kplt. n. 35. —; geb. n.n. 41. —)
2. Flügeladjutant unter Friedrich Wilhelm IV. u. König Wilhelm I. 1856—1863. 1. u. 2. Taus. u. 3. bis 5. unveränd. Aufl. (Je IX, 382 S.) 905. 906. n. 7. 50; geb. n.n. 9. —
3. Die Kriege 1864 u. 1866. Friedenszeit bis 1870. 1.—5. Aufl. Mit 1 Titelbild u. 4 Skizzen im Text. (Je VIII, 412 S.) 906. n. 8. —; geb. nn. 9. 50
4. Der Krieg 1870/71. Reise nach Rußland. Mit 2 Bildertaf., der Nachbildg. e. Briefes, 2 Skizzen im Text u. 4 Kartenbeilagen in Steindruck. (IX, 566 S.) 907. n. 11. 50; geb. n.n. 13. —

v. Hohenlohe-Kirchberg, Prinz Fr. Ebhrd., Morgen- u. Abendandachten auf 12 Wochen. 8. Stuttg. 804. 7e Aufl. 813. Löflund. 20 gr.

Hohenlohe-Kirchberg, Prinz Friedr. Eberh. zu, Morgen- u. Abend-Andachten, nebst and. Gebeten u. geistl. Liedern. 8. Aufl. Mit e. Lebensabriß d. Verf. bevorw. (v. C. Grüneisen). gr. 8. (23½ B.) Stuttgart 838, Beck u. Fränkel.

Hohenlohe-Schillingfürst, Alexander v., s. Hohenlohe-Schillingsfürst, Leopold Alexander K. v.

Hohenlohe-Schillingsfürst, Clodwig Karl Victor Fürst v., Statthalter von Elsaß-Lothringen. Eine biograph. Skizze. 8. (25 S. mit Portr.) Metz 885, Scriba. — 50

Denkwürdigkeiten des Fürsten Chlodwig zu **Hohenlohe**-Schillingsfürst. Im Auftr. d. Prinzen Alexander zu Hohenlohe-Schillingsfürst hrsg. von Friedrich Curtius. 1.–5. Taus. Bd 1. 2. Mit Bildn. Stuttgart & Leipzig: Deutsche Verl.-Anst. 1906. 2 Bde 8° [F.]
2. Mit 1 Faks.-Beil. (o6. 1979)

Denkwürdigkeiten des Fürsten Chlodwig zu **Hohenlohe**-Schillingsfürst. Im Auftr. d. Prinzen Alexander zu Hohenlohe-Schillingsfürst hrsg. von Friedrich Curtius. 6. Taus. Bd 1. 2. Mit Bildn. Stuttgart & Leipzig: Deutsche Verl.-Anst. 1906. 2 Bde 8° [F.]
2. Mit 1 Faks.-Beil. (o6. 1979) 6

Denkwürdigkeiten des Fürsten Chlodwig zu **Hohenlohe**-Schillingsfürst. Im Auftr. d. Prinzen Alexander zu Hohenlohe-Schillingsfürst hrsg. von Friedrich Curtius. 9.–15. Taus. (2:4. Abdr.) Bd 1. 2. Mit Bildn. Stuttgart & Leipzig: Deutsche Verl.-Anst. 1907. 2 Bde 8° [F.]
2. Mit 1 Faks.-Beil. (o8. 6303) 10

Hohenlohe-Schillingsfürst, Leopold Alexander von

v. Hohenlohe, (Alex. Fürst,) Andacht, welche in allerlei Leiden der Seele u. des Leibes, nach abgelegter würdigen Beicht, u. empfang. heil. Communion ꝛc., heilsamst geübt werden kann. 8. Bamb. 822, Lachmüller. Rthlr.

— d. Priesters Beruf, Würde u. Pflichten. 8. Bamb. 821. Kunz. 4 gr.

v. Hohenlohe-Waldenburg-Schillingsfürst, Alex., des Priesters Beruf, Würde u. Pflichten. 821. jetzt Dresch in Bamberg. 1/6 Thlr.

HOHENLOHE, ALEXANDER FÜRST VON: Des katholischen Christen Betrachtungen und Gebethe vor Gott und seinem Erlöser Jesus Christus, der da ist der hochgelobte Gott von Ewigkeit. Sacerdos catholicus in oratione. Eine freye deutsche Übersetzung von Alexander Fürst von Hohenlohe. Bearbeitet von Sebastian Sailer. Gratz 1825: Greiner. XVI, 179 S. 1 t. - 160 mm

Hohenlohe-Waldenburg-Schillingsfürst, Alex. Fürst v., Biographie u. christl. Züge aus d. Leben u. Charakter d. Fürstin Judith v. Hohenlohe-Waldenburg-Schillingsfürst, geb. Baronesse v. Reviczky. Eine Blume auf d. Grab d. Mutter. Mit Portr. 8. (9½ B.) Regensburg 838, Manz.

v. Hohenlohe-Waldenburg-Schillingsfürst, Alex., der betende Christ, oder Anbetung u. Verehrung Gottes nach dem Geiste d. heil. Kirche. 12. Wien ... Riedl's Witwe u. Sohn. 1/3 Thlr. — Postp. mit 6 Kpfrn. 5/12 Thlr.

— d. betende u. betrachtende Christ, nach d. Geiste d. kathol. Kirche. 1r Thl. der betende Christ. 1e Aufl. 8. Grätz 823. Ferstl. 2. 8. 8 gr. Schrbp. 12 gr. Postp. 20 gr. gr. 8. 10 gr. Schrbp. 20 gr.

— dess. 2r Thl. der nach dem Geiste d. kathol. Kirche betrachtende Christ. Eine freie deutsche Uebersetz. d. latein. Werkes Sacerdos catholicus etc., für jeden kathol. Christen überhaupt bearbeitet v. S. Sailer. Mit 1 Kupf. 8. Grätz, Ferstl. 6 gr. Schrbp. 8 gr. Postp. 12 gr. gr. 8. 8 gr. Schrbp. 12 gr.

HOHENLOHE, FÜRST ALEXANDER VON: Der nach dem Geiste der katholischen Kirche betende Christ von Fürst Alexander von Hohenlohe mit einem Anhang aller Kirchengesänge. Wien 1818: Leopold Grund. 180 (4) S. - 18
- Dass. Linz 1822. 3. verm. Aufl.: Eurich. 180 S. - 160 mm
- Dass. Wien 1840: Lienhart. 256 S. 4 t. - 150 mm

— der, nach d. Geiste d. kathol. Kirche betende Christ. Mit 1 Kpf. 8. Bamb. 819. 2e verb. Aufl. 822. Kunz. 12 gr. Schrbp. 16 gr. 3e verb. u. verm. Aufl. mit 1 Titelkpf. 8. Leipz. 824. Brockhaus. No. 1. 6 gr. No. 2. 8 gr. No. 3. 6 gr. No. 4. 8 gr. 4e Aufl. 8. 822. (Passau, Ambrosi). 8 gr.

HOHENLOHE, ALEXANDER FÜRST VON: Der im Geiste der katholischen Kirche betende Christ von Alexander Fürst von Hohenlohe. Neuhaus u. Tabor (1831): Joseph Aloys Landfraß. 189 (8) S. - 120 mm WScholt

— der im Geiste der kathol. Kirche betende Christ. 12. Regensburg 840. Reitmayr u. 5 gr.

— das entstellte Ebenbild Gottes in dem Menschen durch die Sünde. Dargestellt in einer Folge v. Predigten zur heil. Fastenzeit. gr. 8. Regensburg u. Landshut 836. Manz; Wien, Mechitaristen-Congregat.-Buchh. 7/12 Thlr.

Hohenlohe Waldenburg-Schillingsfürst, Alexander v., das entstellte Ebenbild Gottes in dem Menschen durch die Sünde. Dargestellt in einer Folge von Predigten zur heil. Fastenzeit. 2., verb. Aufl. gr. 8. (11 B.) Regensburg 844, Manz.

— Erinnerungen für Seelsorger am Krankenbette. gr. 12. (5½ B.) Wien 843. (Kaulfuß Wwe., Prandel u. Comp.) *

— christkathol. Gebetbuch. Mit großen Lettern. 8. Wien ... Riedl's Wwe. u. Sohn. 1 Thlr. — auf Druckp. 3/4 Thlr. — dass. mit kleinen Lettern. 12. Velinp. mit 1 Kpfr. 5/6 Thlr. Druckp. 7/12 Thlr.

v. Hohenlohe-Schillingsfürst, Leop. Alex. K. Emmer., tägl. Gebet- u. Betrachtungsbuch für alle Gesunde u. Kranke, welche sich d. ewigen Glückseligkeit theilhaftig machen wollen. 8. Bamb. 823. Kunz. 20 gr. 2e Original-Ausg. unt. d. T.: christkathol. Hausmission. Ein Gebet- u. Betrachtungsbuch f. Alle, welche sich d. ewigen Glückseligkeit theilhaftig machen wollen. Originalausg. Mit 1 Kpf. u. 1 Vign. gr. 12. Wien 822. (Leipz., Liebeskind). 16 gr. In gr. 8. 16 gr.

— tägliches Gebet- u. Betrachtungsbuch für alle Gesunde u. Kranke, welche sich der ewigen Glückseligkeit theilhaftig machen wollen. 823. jetzt Dresch in Bamberg. 5/6 Thlr.

— christkathol. Hausmission. Ein Gebet- u. Betrachtungsbuch f. Alle, welche sich der ewigen Glückseligkeit theilhaftig machen wollen. Originalausg. Mit 1 Kpf. u. 1 Vign. gr. 12. Wien 822, (Leipz., Liebeskind) 16 gr. In gr. 8.

HOHENLOHE, ALEXANDER FÜRST VON: Christkatholische Haus-Mission. Ein Gebeth- und Betrachtungsbuch für Alle, welche sich der ewigen Glückseligkeit theilhaftig machen wollen. Wien 1824: Riedl. XVI, 316 S. - 180 mm

— das reuige Herz in Demuth vor Gott. Ein Gebet- u. Erbauungsbuch für kathol. Christen. Mit 6 Kpfr. gr. 12. Wien ... Riedels Witwe u. Sohn. 1½ Thlr.

*Hohenlohe-Schillingsfürst, Leopold Alexander Fürst. V' duhi katolshke zerkve molezh Kristjan. V' Zelovzi, Gelb. 1822. Duodez. 96 S.

HOHENLOHE, ALEXANDER FÜRST VON: Der fromme Lebenswandel des heiligen Johannes von Gott. Großwardein 1826. o. Dr. 18 S. - 180 mm

— Lichtblicke u. Ergebnisse aus d. Welt u. dem Priesterleben; gesammelt in d. Jahren 1815–1833. Von dem Hrn. Verfasser genehmigte Originalübersetzung aus dem Franz. Mit d. Bildnisse d. Verfassers. gr. 8. Regensburg u. Landsh. 836. Manz; Wien, Mechitaristen-Congregat.-Buchh. 1½ Thlr.

Hohenlohe Waldenburg-Schillingsfürst, Alex. von, aus dem Nachlasse, s. Aus.

HOHENLOHE, ALEXANDER FÜRST: Predigt bei der feierlichen Einweihung der für die barmherzigen Schwestern bestimmten Kirche in . . . Szatmári-Németi . . . 1845. Großwardein (1845): Druck von Alois Tichy. 16 S. - 8°

HOHENLOHE-SCHILLINGFUERST VON RATIBOR UND CORVEY, ALEXANDER, PRINZ ZU: Predigt, am hohen / Namensfeste Maria / gehalten / zu / Maria Radna / im / Königreiche Ungarn / von / Alexander Fürsten von Hohenlohe / Domprobsten zu Großwardein. Wien 1842: P. P. Mechitaristen. 12 S. - 204 mm

— Predigten für die heil. Charwoche, zu Nürnberg gehalten. 8. Bamb. 819. Kunz. 6 gr.

HOHENLOHE, ALEXANDER FÜRST VON: Predigten in der heiligen Charwoche am Palmsonntage, heil. Charfreytage, und am heil. Ostertage. Grätz 1822: Verlag der Bibliothek für kathol. Seelsorger. 51 S. - 160 mm

HOHENLOHE-WALDENBURG-SCHILLINGFÜRST, ALEXANDER FÜRST VON: Predigten auf das ganze Kirchenjahr Regensburg 1839 Verlag von G. Joseph Manz. - 210 mm
1. Bd. 1839. VIII, 342 S.
2. Bd. 1839.
3. Bd. 1839. (4) 332 S.
4. Bd. 1840. (4) 294 S.

— der kathol. Priester im Gebet u. in d. Betrachtung vor Gott u. seinem Heilande Jesus Christus. Aus d. Latein. Mit 1 Kpf. 8. Sulzb. 824. v. Seidel. Postp. 12 gr. Weiß Druckp. 9 gr.

—— Rede auf d. 300jähr. Jubelfeier d. Ordens d. heil. Angela Merici od. d. ehrwürd. F. F. Ursulinerinnen. Geh. zu Großwardein im Königr. Ungarn. gr. 8. (2½ B.) Regensburg 838, Manz.

—— gesamm. Reden vermischten Inhalts, nebst d. Leidensgesch. Jesu. gr. 12. (11⅔ B.) Wien 830, Mausberger. (Leipzig, Hunger.)

— Sacerdos catholicus in oratione et contemplatione positus coram Deo et Salvatore suo Jesu Christo qui est Deus benedictus in saecula. 18. Bamb. 820. Kunz. 1 Rthl. 4 gr. Velinp. 1 Rthl. 12 gr. Deutsch, s. oben: Priester, d. katholische.

— Sacerdos catholicus in Oratione et contemplatione positus coram Deo et Salvatore suo Jesu Christo qui est Deus benedictus in saecula. 18. 820. jetzt Dresch in Bamberg. 1⅙ Rthl. Velinp 1½ Rthl.

HOHENLOHE-WALDENBURG-SCHILLINGFÜRST, ALEXANDER VON: Über das heilige Sacrament der Busse. Vorgetragen in sechs Kanzelreden an den sechs Sonntagen der heiligen Fastenzeit von Alexander Fürst von Hohenlohe-Waldenburg-Schilligsfürst, infulirtem Abte, Domherrn und Erz-Diacon des hochwürdigsten Domcapitels zu Großwardein. Regensburg 1839: G. Joseph Manz. XIV, 146 S. - 270 mm

— s. A. J. K. Schmid, Glaube, Hoffnung, Liebe.

— Schriften. 8. Bamb. 821. (Enhalt. d. Priesters Beruf rc. u. was bindet d. Katholiken an d. röm. Stuhl.)

—— die Segnungen d. kathol. Christenthums in d. Sicherung uns. Heiles bei d. Gefahren im Verkehr mit d. Welt. In sechs Kanzelvorträgen an d. sechs Sonntagen d. heil. Fastenzeit. gr. 8. (11 B.) Regensburg 838, Manz.

—— von der Selbstprüfung des Christen und den Gefahren der Täuschung im Geschäfte der Buße. 8 Fastenpredigten. 8. (V und 160 S.) Innsbruck 847, Wagner'sche Buchh.

HOHENLOHE-WALDENBURG-SCHILLINGFÜRST, ALEXANDER FÜRST VON: Über den Unglauben unserer Tage. Vorgetragen in sechs Kanzelreden während der heiligen Fastenzeit des Jahres 1839. Von Alexander Fürst von Hohenlohe-Waldenburg-Schillingfürst &&, Großpropst des hochwürdigen Domcapitels zu Großwardein. Regensburg 1840: Verlag von G. Joseph Manz. 147 S. - 207 mm

—— des katholischen Christen Wandel vor Gott. 7 Fastenpredigten. 8. (72 S.) Innsbruck 848, Wagner'sche Buchh.

—— die Wanderschaft e. Gott-suchenden Seele allhier im Thränenthale, od. d. Pallast d. Wissenschaft d. Heils. Eine allegor.-moral. Erzähl. 12. (9 B.) Wien 830, Mausberger. (Leipzig, Hunger.)

—— von den sieben leibl. und geistl. Werken der Barmherzigkeit. Sieben Fastenpredigten. 8. (104 S.) Innsbruck 849, Wagner'sche Buchh.

HOHENLOHE-SCHILLINGFÜRST, ALEXANDER VON: Vergißmeinnicht für meine Geistesverwandte. Großwardein 1844: Alois Tichy. 183 S. - 12°

— abgedrungene Vertheidigung gegen einen Aufsatz im Oppos.-Blatte 1819 No. 78. überschrieben: Kaum glaubliche Proselytenmacherei, in Bezug auf den Uebertritt des Dr. Wetzel zu Bamberg zur kathol. Kirche. gr. 8. o. O. (Nürnb. 820. Riegel u. W.) 4 gr.

– s.a. Was bindet d. Katholiken an den römischen Stuhl?

HOHENLOHE-SCHILLINGFÜRST, FÜRST ALEXANDER VON: Was bindet den Katholiken an den römischen Stuhl? Bamberg 1821. - 8°

Hohenlohe, Alex. Fürst v., Was ist der Zeitgeist? Adventrede. Bamberg 1821, gr. 8°. (Dasselbe Augsburg, Doll.)
über die kleine Schrift s. Rosenthal, Konvertitenbilder I, 1, 816 f. (2. Aufl..

HOHENLOHE-SCHILLINGFÜRST, FÜRST ALEXANDER VON: Was ist der Zeitgeist? Advent-Rede vorgetragen zu Bamberg 1820. (Bamberg 1821): Gobhardt. 30 S. - 210 mm

— was ist d. Zeitgeist? Rede, vorgetragen im Advent zu Bamberg. gr. 8. Bamb. 821. (Riegel u. W. in Nürnb.) 6 gr. (Doll in Augsb.) 1¼ gr.

— des Priesterberufes Würde u. Pflichten. 8. Bamb. 821. Kunz.

HOHENLOHE-WALDENBURG, ALEXANDER VON: Cura animarum et agonizantium (Sorge um die Seelen und Sterbenden). In deutscher Sprache S. 17-42; in Latein S. 1-16, 94-132; in Ungarisch S. 42-69; in Böhmisch S. 69-94. Wien 1831: Mechitaristen. 132 S. - 180 mm

Hohenlohe-Waldenburg, F. K. Fürst zu, sphragistisches Album, s. Album, sphragistisches.

Hohenlohe-Waldenburg, F. K. Fürst zu, sphragistisches Album. Eine Sammlung mittelalterl. Siegel der im Mannstamme noch blühenden Geschlechter des deutschen Adels. 2—4. Heft. Frankfurt a. M. 865, 66. Keller. qu. Fol. (32 Steintaff. in Tondr. mit 3 Bll. Text.) Jede Liefg. n. 2 Rthl. 20 ngr.

Hohenlohe-Waldenburg, F. K. Fürst zu, sphragistische Aphorismen. 300 mittelalterliche Siegel, systematisch classificirt u. erläutert. 1. Lfg. Nr. 1—100. gr. 4. (IV, 33 S. m. 9 Holzschntaf.) Heilbronn 882. Scholl. n. 3. —

Hohenlohe-Waldenburg, F. K., Fürst zu, die deutschen Farben: Schwarz, Gold, Roth und die histor. Berechtigung der rothen Farbe im deutschen Banner. April 1866. gr. 4. (7 S. mit eingedr. Holzschn. und 2 Stnt., wovon 1 color.) Stuttgart 870. (Leipzig, Brockhaus' Sortiment und Antiquarium.) **

v. Hohenlohe-Waldenburg. Ueber den Gebrauch der heraldischen Helm-Zierden im Mittelalter Mit einer radirten und 8 lith Tafeln und vielen Holzschnitten Stuttgart 1868 4°.

Hohenlohe-Waldenburg, Fürst zu, zur Geschichte d. heraldischen Doppel-Adlers. Mit (eingedr.) Holzschn. gr. 4. (36 S.) Stuttgart 871. J. Weise. 2. 25

Zur Geschichte des Fürstenberg'schen Wappens (von F. K. Fürst zu Hohenlohe-Waldenburg). Mit 10 zum Theil color. Tfln. u. vielen Holzschn. Als Manuscript gedruckt. O. O. 1860. 4.

Das heraldische Pelzwerk. Monographie v. **F. K.** Fürst zu **Hohenlohe-Waldenburg.** Nebst einem Anhange 1. die ältesten deutschen gemalten Wappen-Sammlungen und 2. die heraldischen Schildformen vor dem Jahr 1450. Mit 6 lithographirten Tafeln und vielen Holzschnitten. o. O. 1867. 4°.

Hohenlohe-Waldenburg, Fürst zu, das heraldische und decorative Pelzwerk im Mittelalter. Neue, ganz umgearb. Aufl. Mit 5 lithogr. Taf. und vielen (eingedr.) Holzschn., nebst einem sphragist. System zur Classification der Siegel. gr. 4. (56 S.) Stuttgart 876, J. Weise. * 4 25

—— der sächsische Rautenkranz. Heraldische Monographie. gr. 4. (VIII und 26 S. mit eingedr. Holzschn. und 23 Stnt., wovon 2 in Buntdr.) Stuttgart 863, Weise. *

Sammlung interessanter mittelalterlicher Frauen-Siegel v. **F. K.** Fürst zu **Hohenlohe-Waldenburg.** Stuttgart. 1861. 4°.

Über die Siegel der Pfalzgrafen von Tübingen v. **F. K.** Fürst zu **Hohenlohe-Waldenburg.** Stuttgart. 1862. 4°.

Hohenlohe-Waldenburg, F. K. Fürst zu, Stammtafel des Hauses Fürstenberg. 1861. fol.

Das Hohenlohische Wappen (von C. v. Hohenlohe-Waldenburg). Mit 8 Tfln. Oehringen 1850. fol.

Das Wappen der Reichsschenken von Limpurg. Heraldische Monographie v. **F. K.** Fürst zu **Hohenlohe-Waldenburg.** Besonderer Abdruck aus dem Correspondenzblatt 1861. Stuttgart. (1861.) 4°.

Hohenlohe-Waldenburg-Schilling(s)fürst, Alexander v., s. Hohenlohe-Schillingsfürst, Leopold Alexander von

Hohenmarkt, e. Vater, d. seine Tochter liebt, s.: Theater, neues Wiener.

Braunschweig, Hohenmessungen im Herzogthume Braunschweig. (Besonderer Abdruck aus dem „Braunschweigischen Magazin," Jahrg. 1865, 66, St. 51, 52 und 1867, St. 1 und 3.) [o. O. u. J.]

Hohenmölsen [Schlagwort]

Hohenmölsen, s.: Geologische Karten. Karte (Preussen). — Preussen. Messtischblätter.

Höhen-Namen, Die, in der Umgebung von Salzburg und Reichenhall... Salzb. **1861.** V: *Prinzinger, August sen.* (Hr) (Cat. d. Stadtbibl. Zürich. Zürich 1864—97.)

Höhen-Namen, die, in der Umgebung von Salzburg und Reichenhall. Ein Beitrag zur Orts-, Sprach- und Volkskunde, vorgetragen in den Monatsversammlungen des Vereins für salzburger Landeskunde am 6. Jänner, 8. Febr. und 8. März 1861 von A. P. Lex.-8. (23 S.) Salzburg 861, (Mayr'sche Buchh.)

Hohenner, Heinr., graphisch-mechanische Ausgleichung trigonometrisch eingeschalteter Punkte. Mit 16 Fig., 1 Zahlentab. u. 2 graph. Taf. (VII, 47 S.) Lex.-8. Stuttgart 904. K. Wittwer. n. 2. 80

Hohenner, H., Geodäsie, s.a. Naturwissenschaft u. Technik in Lehre u. Forschung.

Hohenner, Heinrich, a. o. Prof. d. Geodäsie an d. techn. Hochsch. Stuttgart: Graphisch-mechanische Ausgleichung trigonometrisch eingeschalteter Punkte. Stuttgart: Wittwer 1904. 47 S., 2 Taf. 8° ¶ Auch als Buch.
München, Dr.-Ing.-Diss. v. 22. 6. 1904

Geodäsie. Eine Anleitung zu geodät. Messungen f. Anfänger m. Grundzügen d. Hydrometrie u. d. direkten ⟨astronomischen⟩ Zeit- u. Ortsbestimmung von Dr.-Ing. H[einrich] **Hohenner**, Prof. Mit 216 Fig. Leipzig & Berlin: Teubner 1910. XI, 347 S. 8°
(Naturwissenschaft u. Technik in Lehre u. Forschung. [5.]) 10. 17357

Hohenofenarbeit, üb. die, d. Herren v. Reden. 8. Wien, Gerold. 790.

Hohenofenarbeit, über die, d. Herren v. Reden. 8. Wien 790. Gerold. 3 gl.

Höhen-Panorama vom Gaisberg u. Mönchsberg aus gesehen. Mit Angabe der trigonometrisch bestimmten Höhen aus den Protokollen der k. k. Kataster-Landes-Vermessungs-Direktion. Salzburg 861. Glonner. 4. (1 lith. Bl.) 3 ngr.

Hohenpeissenberg (sic), der. Allgemeine Beschreibung desselben von *Chp. Ott* (Pfarrer u. meteorolog. Observator das.). 2. verbess. Aufl. Mit 1 Prospektkarte. Kaufbeuren (Name d. Druckers unleserl.) 1850. 8°. Ppb.
V—54 S. 1 Bl. lab. Ed. 1. 1844.

Auf **Höhenpfaden** neuerer Literatur. Meisterstücke deutscher Erzählungskunst f. Anhänger d. Kurzschrift Stolze-Schrey. Hrsg. v. Stenogr.-Verband Stolze-Schrey. Bd 1. Berlin: Steffenhagen [1909]. 8° A 12. 9438

Höhenpunkte, trigonometrisch bestimmte, des Herzogth. Salzburg. 8. (3/4 B.) Salzburg 844, Duyle'sche Buchh.

Höhenrauch, über, u. ähnliche meteorologische Erscheinungen nebst Bemerkungen über das Wesen der Atmosphäre u. deren Einfluß auf Leben u. Gesundheit. gr. 8. (28 S.) Erlangen 817, Enke. n. 4 ngr.

Hohenreuther, Joh., kunstgeschichtliche Darstellung des Domes zu Worms. Zugleich ein Führer für den Besucher des Domes. Worms. 857. Schmidt. 8. (2 Bl., 40 S.) 3½ ngr.

Hohenreuther, J., Rathhaus oder Bischofshof? Zur Erledigung der histor. Streitfrage, in welcher dieser beiden Räumlichkeiten Luther zu Worms vor Kaiser und Reich gestanden hat. gr. 4. (18 S.) Frankfurt a. M. 862, (Sauerländer's Verlag.) *

—— Und dennoch Rathhaus! Zur Widerlegung und Beleuchtung der Schrift des Dr. Eich: „In welchem Lokale stand Luther in Worms vor Kaiser und Reich." gr. 8. (29 S.) Mainz 863, (Le Roux'sche Hofbuchh.) *

Hohenried, L. St., Kattenburg. Ein Sang aus der Zeit d. Bauernkrieges. 12. (VII, 323 S.) Wien 887. Frick. n. 4. 80; geb. m. Goldschn. n. 6. 40

Hohensalza [Schlagwort]

— s. a.: Forstkarten.

Hohensalza, Kreis. Baron, Paul, Wandkarte d. Kreis. Hohensalza, entworfen nach d. neuesten Hilfsquellen. 1 : 40,000. 4 Bl. à 55×58,5 cm. Farbdr. Lissa (909). O. Eulitz. 12.—; auf Leinw. m. Stäben 15.—

— Spezialkarte des Kreises Hohensalza. Rev. v. den zuständ. Behörden. 1 : 100,000. 2. Aufl. 46×48,5 cm. Farbdr. Ebd. (909). — 50; auf Leinw. 1.—

Hohensalzburg [Sachl. OW]

Hohensalzburg u. die Festungsbahn. Ein Geleit- u. Erinnerungsbuch. 12. (39 S. m. 15 Illustr. u. e. Panorama v. Tony Grubhofer.) Salzburg 892. H. Kerber. n. — 65

Die Veste Hohensalzburg. 17 Heliogravuren von Otto Schmidt und 4 Textillust. Mit erläuterndem Text (1 S.) von Dr. Alb. Ilg 15.—

Hohensalzburg [Schlagwort]

Hohensalzburg. Baumgartner, Alfr., Panorama vom Aussichtsthurm der Festung Hohensalzburg. 542 m. Nach der Natur aufgenommen u. m. der Feder gezeichnet. 22×149 cm. Lith. Mit Geschichte u. Beschreibg. der Festung u. der neuen Drahtseilbahn. schmal gr. 8. (4 S.) Salzburg (897). H. Dieter. Ermäss. Pr. n. — 60

Höhenschichten-Karte v. Bayern. (Massst. 1:250,000.) Bl. 7. [München]: Kgl. Top. Bureau 1906. [07. 918]

Höhenschichtenkarte von Böhmen. Schichten mit 25 Metres Distanz, in 4 Bl., deutsch u. böhmisch. Bisher erschien Bl. 2. Prag, Tempsky. Farbendruck 1 fl. 60 kr., schwarz 1 fl. 20 kr.

1870

Deutsche **Höhenschichtenkarte**. (Maßst. 1:50,000.) Nr. 1631. (Kassel: M. Brunnemann) [1905]. [lith.] [kol.] [07. 185]

Höhenschichtenkarte vom **Harz**. Maasst. 1:50,000. Blatt [1]. Brocken. *Eisenach: Hofbuchdr. (1903).* 8° [kol.] [03. 5396]

Hoehenschichten-Karte des **Harzgebirges**. Bearb. auf Grundlage d. Auhagen'schen topographischen Karte von d. Kgl. Preuss. Geol. Landesanst.: 1 : 100 000.

Höhenschichtenkarte des **Harzgebirges**, bearbeitet auf Grundlage der Auhagen'schen topographischen Karte von der Königlich Preussischen Geologischen Landesanstalt. Berlin, 1881.

Höhenschichtenkarte vom **Sauerland, Siegerland** und Wittgenstein in Schichten von 50 zu 50 m. Auf Veranlassung d. Sauerland. Gebirgsvereins hrsg. Bl. Nr. 1. *Eisenach: H. Kahle [1904].* [lith.] [kol.] 04. 5376

Höhenschichtenkarte des **Schwarzagebietes**. (Unter Beihilfe d. Wissenschaftl. Abth. d. Thüringerwald-Ver. hrsg. vom Th. W. V. Schwarzburg.) Massstab 1:37,500. ⟨Theil Schwarzburg.⟩ *Gotha: H. Keil [1901].* 8° [kol.] [01. 11064]

Höhenschichtenkarte der **Norddeutschen Stromgebiete**, 4 Bl. im Massst. 1:1,000,000. Bearb. im Bureau d. preuss. Wasserausschusses. *Berlin: D. Reimer 1901.* (4 Kartenbl. je 39 × 63 cm.) quer-gr 2° [Umschlagt.] [farbig] [01. 4539]

[Umschlagt.:] **Höhenschichten-Karte** des Thüringer W a l d e s. 1:100000. Hälfte [1. 2.] Eisenach: H. Kahle [1895.96]. 2 Bde 8° [1.] Westl. Hälfte. [1895]. (1 Ktnbl.) [2.] Oestl. Hälfte. [1896.] (1 Ktnbl.)

Höhenschichten-Karten der österreichischen Kronländer. Im Auftrage der Unterrichtsbehörde für den Gebrauch der Schulen ausgeführt von V. Streffleur, k. k. General-Kriegscommissär. in Verbindung mit A. Steinhauser, kais. Rath. Wien, k. k. Schulbücher-Verlag. (Debit bei Artaria & Comp. 1. Lfg. 1. Erzherzogthum Oesterreich mit Salzburg, 2. Herzogthum Steiermark, 3. Königreich Böhmen.) Nebst einem Vorworte von Prof. Fr. Simony. Zusammen col. 2 fl.; einzeln: Oesterreich 80 kr., schwarz 15 kr.; Böhmen 1 fl., schwarz 15 kr.: Steiermark 60 kr., schwarz 15 kr.

1865

Höhenschichten-Karten der österreichischen Kronländer. Im Auftrage der Unterrichtsbehörde für den Gebrauch der Schulen ausgeführt von V. Streffleur, k. k. General-Kriegscommissär, in Verbindung mit A. Steinhauser, kais. Rath. Wien, k. k. Schulbücher-Verlag. (Debit bei Artaria & Comp.) 2. Lfg. 1 fl. 60 kr.

1866

Hohen-Schönhausen [Schlagwort]

Hohen-Schönhausen, s.: Berlin.

HOHENSCHUTZ: Jagdliches aus dem Regierungsbezirk Trier. - Trier 1906. 48 S.

Hohenschwangau [Sachl. OW]

Hohen-Schwangau, die Burg der Welfen, d. Hohenstauffen, d. Wittelsbacher. gr. 12. (3 B.) Berlin 836, Reimer.

Hohenschwangau und Füssen — Hautrelief der Gegend von — angefertigt von H. Stolz, Ing. Geogr. 1842 — 46. 25,000. Dazu Erklärungskarte 100,000.

Hohenschwangau, das Königliche Lustschloß, und seine Umgebungen. Ein gründlicher Wegweiser für jeden Wanderer in dieser Gebirgsgegend. Füssen 854. (Augsburg, v. Jenisch u. Stage in Comm.) 16. (44 S. u. 1 Lithogr.) n. 5 ngr.

Hohenschwangau [Schlagwort]

Hohenschwangau, s.: **Füssen.**

Hohensee, Georg [pract. Arzt aus Barwalde in Pommern]: Statistik über die im Jahre 1887 in Barwalde i. P. und Umgegend aufgetretenen Infectionskrankheiten . . . Greifswald, Druck v. Julius Abel, 1888; 15 S. 8°

Greifswald, Med. Fak., Inaug.-Diss. v. 8. Aug. 1888

Hohensee, M., das Saarbrücker Steinkohlengebirge, s.: **Prietze, A.**

Hohensolms, Ludwig Fürst zu, s. S o l m s - L i e d und H o h e n s o l m s, Ludwig Fürst zu

Hohenstamm, die Familie, oder Geschichte edler Menschen von C. G. Ludwig, 4 Theile, 8. Leipzig, 795/96. Gräff. 5 Rthl Ho

Hohenstamm, d. Familie, od. Gesch. edler Menschen v. Sophie Ludwig, m. K. 4 Bde. 8. Lpz. Hinrichs. 796—801. (à 1 Rthlr. 6 gr.)

Hohenstamm, die Familie, oder Geschichte edler Menschen. 4 Theile. 2te wohlf. Ausg. Mit Kupf. 8. Leipzig, Franz. 817.

Hohenstatt, J. M., die Bäckerzunft in ihrer organischen Auflösung. Eine kurze Darstellung der Brodbereitungs-Verhältnisse für alle Brodconsumenten. gr. 8. (85 S.) Hanau 861, (König's Verlag.)

Hohenstaufen [Sachl. OW]

Hohenstaufen, Die. Epos in 6 Gesängen. Hildburghausen 1859. V: *Schloenbach, Carl Arnold.* (Franz Brümmer, Lexikon der deutschen Dichter des XIX. Jhdts. 6. Aufl. Leipz. [1913 ff.]. VI, 207—208) (Hdschr. Mitth. von Gustav Gugitz, Wien.) (Schriften der Ges. f. Theatergeschichte, Bd. X. [Berl. 1916.] S. 210)

Hohenstaufen, die. Ein Epos in sechs Gesängen. gr. 8. (XI und 512 S. mit 1 Stahlst.) Hildburghausen 859, Bibliographisches Institut.

Hohenstaufen, Der. –
Göppingen. – 1. I. ? 1863 – 30. IX. 1937.

Hohenstaufen [Schlagwort]

Hohenstaufen, s.: Göppingen-Hohenstaufen.

Hohenstauffen, der, nach d. Natur aufgenommen u. gemalt v. C. Frommel. In Stahl gest. v. C. Frommel u. Henry Winkles. (Roy.-Fol.) Mit e. histor. Texte v. Wolfg. Menzel. Imp.-Fol. (1 B) Stuttgart 838, S. G. Liesching's Vrlgbh.
1 Thlr., chines. Pap.

Hohenstein [Sachl. OW]

Hohenstein, Eduard, u. s. Freunde; e. Familiengesch. uns. Zeiten. 3 Thle. 8. Leipz. Schäfer. (Kühn.) 802—5. (I. 1 Rthlr. 16 gr. II. 1 Rthlr. 14 gr. III. 1. 2. à 1 Rthlr. 12 gr.)

HOHENSTEIN, Karl von, und Mathilde von Lilienthal. Eine Geschichte aus dem ersten schlesischen Feldzuge Friedrichs des Großen. 2 Thle. Neue Aufl. Mit 2 figurenreichen feinen Titelkpfrn. (W. Jury del. et fec.). Posen und Leipzig, bey Johann Friedrich Kühn. 8°. Zahm. (In Breslau, Kgl. u. Univ.-Bibl.)
1: VI (Tit. u. Inh.), 266 S. 2: VI (Tit. u. Inh.), 1 Bl. Kühn'scher Verlag, 200 S. Beide Titel gestoch. — Zuerst gedr. ebd. 1806.

v. Hohenstein, Karl, u. Mathilde v. Lilienthal. 2 Thle. 8. Posen 810. Kühn. (Leipz., Centr.-Compt.) 2 ₰ 16 ℛ

v. Hohenstein, der Stallmeister, u. seine Freunde. Beitrag zur Menschen- u. Pferdekunde. Eine Novelle. Auf Verlangen aus d. 15. Jahrg. von Tenneckers Jahrbuch besond. abgedr. 12. Weimar 838. Voigt. 5/12 ₰

Hohenstein [Schlagwort]

Hohenstein, s.: Geologische Karten. Spezialkarte. (Sachs.)

Hohenstein. Grafsch., s.: Nordhausen.

Hohenstein, s.: Sachsen. Karte. Messtischblätter.

Hohenstein [Verf.]

Hohenstein, das Jagdschloß, s. Bibliothek, europäische.

Hohenstein, A., die Leidensgeschichte unsers Herrn Jesu Christi in 12 Passionsbildern. Lithographie in Kreidemanier mit Tondr. 1. und 2. Lfg. Imp.-Fol. (4 Bl.) Stuttgart 851, [Dittmarsch und Comp.] *
Einzelne Bl. à *

Hohenstein, A., die Leidensgeschichte unsers Herrn Jesu Christi in 12 Passionsbildern. Lithographie in Kreidemanier mit Tondr. (In 6 Lfgn.) 1 u. 2 Lfg. Imp. Fol. (4 Bl.) Stuttgart 851. 52, Kneller. (à n. 2 ₰) n. 4 ₰; einzelne Blatt à n. 1 ₰ 12 ngr.

Hohenstein, A., neuer Liebes-Briefsteller. Anleitung zur Abfassung aller Arten von Briefen in Liebes- u. Heirats-Angelegenheiten. Mit einem Anh.: Die schönsten Liebesgedichte, Akrosticha u. Stammbuchverse enth. 12. (64 S.) Oberhausen 882. Spaarmann. — 25

Hohenstein, A., neuer Liebes-Briefsteller. Anleitung zur Abfassg. aller Arten v. Briefen in Liebes- u. Heirats-Angelegenheiten. Mit e. Anh: Die schönsten Liebesgedichte, Akrosticha u. Stammbuchverse enth. 24. Aufl. 12. (64 S.) Styrum 892. A. Spaarmann. — 25

Hohenstein, Adolf, a. Boppard a. Rhein, Referendar am Kgl. Amtsgericht zu Köln: Zur Darlehnslehre nach B.G.B. Bonn 1907: S. Foppen. (135 S.) 8°
Erlangen, Jur. Fak., Ref. Binder, Diss. v. 31. Dez. 1907
[Geb. 7. März 81 Boppard; Wohnort: Köln; Staatsangeh.: Preußen; Vorbildung: Gymn. Koblenz Reife 00; Studium: Heidelberg 3, München 1, Bonn 3 S.; Rig. 18. Okt. 07.]

Hohenstein, Adf., die Eichenschäl-Wirthschaft, nebst einfacher, gründlicher Anleitung zur Anlage neuer Eichenschäl-Wälder durch Saat und Pflanzung, zur Umwandlung anderer vorhandenen Wälder, zur zweckmässigen Behandlung der Eichenschäl-Wälder etc. gr. 8. (IV und 227 S. mit eingedr. Holzschn.) Wien 861, Gerold's Sohn.

Hohenstein, Adf., die Pottaschen-Fabrikation für Waldbesitzer und Forstmänner. Lex.-8. (IV und 224 S. mit 65 in den Text eingedr. Holzschn. und 5 beigebund. xylograph. Taf. in qu. gr. 4.) Wien 856, Braumüller. *

—— **die Theer-Fabrikation** für Forstmänner und Waldbesitzer. Lex.-8. (VI und 262 S. mit eingedr. Holzschn.) Wien 857, Gerold's Sohn. *

—— **der Wald** sammt dessen wichtigem Einfluss auf das Klima der Länder, Wohl der Staaten und Völker, sowie die Gesundheit der Menschen. Nutzen einer forstwirthschaftl. Einrichtung und Vorschrift für die Vermessung, Schätzung und Betriebs-Einrichtung der Wälder. gr. 8. (VII und 816 S.) Wien 860, Gerold's Sohn.

Hohenstein, Angelica, aus schönen Stunden. Acht Bilder. gr. 16. (224 S.) Gütersloh 878, Bertelsmann. * 2 —

Hohenstein, Cäcilie v., Briefsteller f. Damen. Eine Sammlung v. Musterbriefen für alle Vorkommnisse des weibl. Lebens. Mit besond. Regeln üb. Briefstyl, Titulaturen, kleinen deutschen Sprachlehre 2c. 16. (XII, 316 S.) Berlin 871. Cronbach. 1. 50

Hohenstein, Cäcilie v., Briefsteller für Damen. Eine Sammlung von Musterbriefen für alle Vorkommnisse des weiblichen Lebens. Mit besond. Regeln über Briefstyl, Titulaturen, kleinen deutschen Sprachlehre 2c. 2. Aufl. 16. (XII, 316 S.) Berlin 879, Cronbach. cart. 1 50

Hohenstein, Else v., sprechende Blumen u. Blüten. Neue Darstellg. u. Deutg. der Blumensprache nebst Wörterbuch dazu u. Blumengrüße f. Postkarten. 12. (35 S.) Mülheim a/R. 899. J. Bagel. — 25

Hohenstejn, H. vam
s. Vam Hohenstejn [H. Holzdeppe]. A 12.9463

Hohenstein, Karl, Verordnung, die Gerichts-Kosten u. Gebühren betr., vom 18. Jan. 1882 / 23. Juli 1890. [Reg.-Bl. Nr. 31 v. 1890.] Textausg. m. Anmerkgn., Tabellen u. Sachregister. gr. 8. (IV, 144 S.) Darmstadt 891. (Jonghaus Verl.) n. 1. 50

Hohenstein, Leo, aus Breslau: **Melibeus und Prudentia. Der liber consolationis et consilii des Albertano von Brescia in zwei deutschen Bearbeitungen d. 15. Jhs. T. 1.** *Breslau 1903: H. Fleischmann.* (45 S.) 8° ¶(Die vollst. Arbeit, die Einl. zu einer kritischen Ausg. d. beiden deutschen Melibeus-Versionen, erscheint später.)
Breslau, Phil. Diss. v. 9. Mai 1903

Hohenstein, Leopold von: Über die wahre Ortsbestimmung der Hermannsschlacht, s. Hammerstein, Hans

Hohenstein-Ernstthal [Schlagwort]

Hohenstein-Ernstthal, s.: Chemnitz, Umgeg.

Hohenstein-E., s.: Limbach.

Hohenstern, s.: Borosini v. Hohenstern.

Hohensyburg [Schlagwort]

Hohensyburg. Karte der Umgebung v. Hohensyburg. Ausschnitt aus der Karte der Umgebg. v. Dortmund u. des mittleren Ruhrgebietes. 1 : 60,000. 39×47 cm. Farbdr. Dortmund (901). Köppen. n. — 80

Höhen-Tableau der vorzüglichsten Gebirge, Strassenzüge . . . in Steiermark . . . Gratz 1846. V: *Hofrichter, J. C.* (Schlossar)

Höhentafel, vergleich., der bemerkenswerthesten Monumente d. Erde. Lith. Roy.-Fol. Carlsruhe 840, Velten.

Hohen Tauern [Schlagwort]

Hohen Tauern — Karte der — entw. u. gez. von Carl Edl. v. Sonklar, Oberst. 144,000. (Hor. Curven). Wien 1867, Beck. 1 Bl.

v. Hohenthal, Hildegard; v. Verf. d. Ardinghello (W. Heinse). 3 Thle. 8. Berl. 795. 96. N. A. 804. Voß. 3 ₰ 18 𝒦

Hohenthal, Die Obriste von. Schauspiel. O. O. 1781. V: *Haller, J. G.* (GGr)

Hohenthal, Der Obriste von; ein Originallustspiel in fünf Aufzügen. Prag 1788. V: *Haller, J. G.* (MGT)

Hohenthal, der Obriste von,. Lustsp. 8. Prag, Diesbach. (Hinrichs in Leipz.) 788.

v. Hohenthal, Graf Pt. Karl Wlh., eine Darstellung seines Lebens u. seiner Handelsweise. (Von J. Wlh. Sleam. Lindner.) 8. Ilmenau 827. Voigt. 3 𝒦

Hohenthal, Aug., der Socialdemokrat in der Westentasche. Ein Wort zur Aufklärg. f. das deutsche Volk. 1.—6. Taus. 16. (38 S.) Mainz 891. Kupferberg. n.n. — 25

Hohenthal, Carl ..., s. Hohenthal, Karl ...

(—). — Ordinarius senior et rel. doct. facult. jur. Lips. comitis **Christian Gottlieb von Hohenthal** (Merseburg) examen. Lpz. (Saalbach) 31. VII. 1801. 16 S. mit Biogr. (M.: Ch. L. v. Wuthenau). (3.50) 15731
Inest respons. jur. 123: De justa aestimatione successionis in quantum feudale.

Hohenthal, Ernst, der Balldirektor. Anweisung zur Leitung von Contre-Tänzen, Quadrillen, Polonaisen, Kotillons u. s. w. 12. (48 S.) Oberhausen (Styrum) 887, Spaarmann. — 80

Hohenthal, Johannes [aus Münster i. W.]: Über die Verrenkungen der Kniescheibe. . . Berlin, Buchdr. v. Gustav Schade (Otto Francke) (1889). 30 S. 1 Bl. 8°
Berlin, Med. Fak., Inaug.-Diss. v. 5. März 1889

Hohenthal, Karl Anton Friedrich von

— systemat. Darstell. d. Natur-, allgem. Staats- u. Völkerrechts. 4. (Regensb.) 789. Montag u. W. ...

— systemat. Darstellung d. in Deutschland geltend. Rechte. 4. (Regensb.) 789. Montag u. W. ...

— s. J. St. Pütter, Staatsrecht.

v. Hohenthal, Graf Karl Ant. Fr., († d. 28. Oct. 1800.) d. Recht des Stärkern nach seinem Ungrund, auf d. Freiheit d. Völker geschildert. Eine Rede. 4. Regensb. 789. Montag u. W. 10 𝒦

(Hohenthal.) — Ordinarius senior et doct. facult. jur. Lips. comitis **Carl Anton Friedrich von Hohenthal** (Dresden) examen. Lpz. (Saalbach) 1793. 20 S. mit Biogr. (M.: J. F. C. v. Rex.) (4.—) 15728
Insunt respons. juris 23—25.

— der Weise u. Menschenfreund als Weltbürger. Eine Rede. 4. Regensb. 789. Montag u. W. ...

(—). — Ordinarius senior et assess. facult. jur. Lips. examen vir **Carl Friedrich Anton Grf. v. Hohenthal** (Merseburg). Lpz. (Staritz) 23. I. 1826. 20 S. mit Biogr. (M.: E. F. W. v. Krosigk.) (4.—) 15729
Praemitt. quaestio 84.

— **Carl Ludwig August Freih. von (Merseburg). De statu Germaniae publico regnante Rudolpho I. maxime ex codice epistolari Rudolphi. Diss. jur.** Wittbg. (Tzschiedrich) 16. V. 1789. **62 Seiten.** (6.50) **15730**

(—). — Ordinarius senior et rel. assess. facult. jur. Lips. examen vir **Peter Alfred Grf. v. Hohenthal.** Lpz. (Staritz) 21. III. 1828. 20 S. mit Biogr. (M.: J. v. Unruh.) (4.—) 15732
Praemitt. quaestio 86.

(—). — Ordinarius senior et rel. assess. facult. jur. Lips. examen comitis **Peter Carl von Hohenthal** (Dresden). Lpz. (Saalbach) 26. IX. 1804. 19 S. mit Biogr. (M.: Ch. S. v. Watzdorf.) (4.—) 15733
Inest respons. jur. 156: De facultate donationem propter liberos supervenientes revocandi.

(—). — Ordinarius senior caeterique doct. facult. jur. Lips. laudabil. examen domini **Peter Carl Wilhelm Freih. v. Hohenthal** (Trossin b. Torgau). Lpz. (Langenheim) 1774. 16 S. mit Biogr. (M.: D. E. v. Haeseler.) (4.—) 15734
Observatio 576.

Hohenthal, Löwenbalk

Hohenthal, Graf, vollständige Geschichte des deutsch-französ. Krieges von 1870 in zusammenhängender übersichtl. u. populärer Darstellung nach den besten Quellen u. amtl. Berichten. Ein Gedenk- u. Erinnerungsbuch für alle Zeitgenossen u. Mitkämpfer. Mit Karten, Plänen, Abbildgn. (In eingedr. Holzschn.) u. einem Wegweiser für Reisende auf dem Schlachtfelde. (In 2 Thln.) 1. Thl. Von Ems bis Metz. Leipzig 871. R. Schäfer. br. 8. (184 S.) n. 10 ngr.

Hohenthal, Löwenball, vollständige Geschichte des deutsch-französischen Krieges von 1870—71 in zusammenhängender übersichtl. u. populärer Darstellung nach den besten Quellen u. amtl. Berichten. Ein Gedenk- u. Erinnerungsbuch für alle Zeitgenossen u. Mitkämpfer. Mit Karten, Plänen u. Abbildgn. (in eingedr. Holzschn.) u. e. Wegweiser f. Reisende auf dem Schlachtfelde. 2. u. 3. (Schluß-) Thl. br. 8. Leipzig 871. R. Schäfer. n. 2. 50 (cplt. n. 4. —)

2. Von Metz bis Paris. (S. 185—386.)
3. Um u. in Paris. (S. 387—672.)

Hohenthal, M. Graf v., unsere brennendste Frage. gr. 8. (28 S.) Berlin 879, Heinicke. — 30

Hohenthal, Peter Graf v. (Hrsg.), s. Abhandlungen, Ökonomisch-physikalische.

– s. Ackerbauschule.

– s. Ellis, W.: V. Erbauung d. Zimmerholzes.

– s. Haushaltungs- u. Landwirthschaftswissenschaft.

– s. Hering, Chr.: Ökonom. Wegweiser.

– s. Nachrichten Oekonom. 180 Stücke u. neue ökonom. Nachrichten 60 Stcke.

Hohenthal, Peter von: „Der Sammler, zum Zeitvertreib und Nutzen der Deutschen", Erlangen 1764.

– s. Sammlungen, Verm. ökonomische.

Hohenthal, Peter Friedr. Frh. v. (Präs.), s. Carlowitz, Carl Wilhelm von: De Foederibus finium.

— **Peter Fried. Freih. von** (Leipzig), **De nationis Germanicae in curia Romana protectione. Diss. philos. Präs. Joh. Gottlob Boehm(e). Lpz. (Breitkopf) 7. IX. 1763. 60 S. mit Widm. v. Präs.** (6.—) 15735

Hohenthal, Peter Karl Wilhelm v.

— s. Lebensbeschreib. d. Frhrn. v. Gutschmidt.

Hohenthal, Petrus Carolinus Guilielmus B. ab: „Liber de politica, adspersis observationibus de causarum politiae et justitiae differentiis", Lipsiae 1776. — Vorh.: Bibl. des Oberlandesgerichts Celle — Qua 173.

v. *Hohenthal*, Graf Pt. Karl Wlh., († d. 15. Jan. 1825.) liber de politia. 8maj. Lelpz. 776. Compt. f. Lit. 20 ℊ

– s. Reinhard, F. V.: System d. Moral.

— **Peter Wilhelm Graf von u. (Respond.) Moritz Dam von Pforte, Examen quaestionis utrum administrator jurisdictionis patrimonialis munere suo sine caussae cognitione recte privetur iis quae super ea re in comitiis Saxonicis a. 1805 disputata sunt adcommodatum. Lpz. (Breitkopf-Haertel) Juli 1819. 80, XX S. (6.50)** 15737
Gew.: Peter Carl Wilhelm Grf. v. Hohenthal (Königsbrück; Vater).

(—). — **Ordinarius senior et rel. assess. facult. jur. Lips. examen vir Peter Wilhelm Grf. v. Hohenthal** (Dresden). **Lpz.** (Dürr) 19. X. 1818. 18 S. **mit Biogr.** (M.: Ch. S. v. Watzdorf.) (4.—) 15736
Praemitt. quaestio 70.

Hohenthal-Püchau, die conservative Partei in Sachsen und ihre Stellung zur deutschen Frage. Lex.-8. (36 S.) Dresden 850, Arnoldische Buchh. *

Hohenthal-Städteln (Stetteln), Wilhelm v.

– s. a. Heinse, Fr.

Hohenthal-Stetteln, Guil. Conde de, † (Friedr. Heinse,) las dos Comedias famosas, s. Comedias.

—— de Vincentio Ferrerio confessore S. S. theolog. doctore, homileta apostol., sacri palati magistro, inter pontif., inter regni Arragonum competitores, et in synodo Constantiensi arbitro, divis adscripto prolusiuncula. 4maj. (3½ B. u. Ttlbild.) Lipsiae 839, (libr. Hinrichs.) *

v. Hohenthal-Städteln, Graf Wlh., Gedanken, die Parität der Rechte zwischen den kathol. u. nichtkathol. Unterthanen der deutschen Bundesstaaten betreffend. 8. Leipz. 831. Baumgärtner. 6 ℊ

Hohenthal-Stetteln, Wilh. Graf v., † (Friedr. Heinse,) Nicol. Machiavell, s. Machiavell.

v. Hohenthal-Staedteln, W. Niccolo Machiavelli. (9½ B.) 8
Leipzig 1837 2,25

— s. N. Machiavelli, d. Fürst.

—— das Naturrecht in seinen wissenschaftl. Grundzügen, s. a. Naturrecht.

— Naturrecht, das, in seinen wissenschaftlichen Grundzügen. gr. 8. Leipz. 833. (832.) Hinrichs. 3 ℊ

— vom liturgischen Rechte, s. Karl Chr. Schmidt.

(——) Reise- u. Lebens-Skizze rc., s. Heinse, Fr.

Hohenthanner, Ernst, Lieder u. Romanzen. 12. (142 S.) Passau 891. Schulbuchh. u. Lehrmittelanstalt M. Krakowitzer. n. 2. —; geb. m. Goldschn. n. 3. —

Hohentwiel [Sachl. OW]

Hohentwiel. Beschreibung und Geschichte. Von O. Fraas, P. Hartmann, F. Karrer, E. Paulus u. A. Hrsg. von dem k. statistisch-topograph. Bureau. Mit 1 (lithogr.) Ansicht, 1 (lithogr.) Plan und 1 Facs. gr. 8. (100 S.) Stuttgart 879, Knapp. * 1 —

Hohentwiel. Beschreibung u. Geschichte von O. Fraas, P. Hartmann, F. Karrer, E. Paulus u. A. Hrsg. von dem Kgl. statistisch-topograph. Bureau. Mit einer (lith.) Ansicht, einem (lith.) Plan u. einem Fcsm. 2. Aufl. 8. (III, 92 S.) Stuttgart 882. Bonz & Co. n. 1. —

Hohentwiel [Schlagwort]

Hohentwiel, s.: Geognostische Karten (Württemberg).

Höhenverhältnisse der Bad und Luftcurorte und der Postrouten in Graubündten... 1872 s. a. M[üller-]W[egmann, Johann].

Höhenverhältnisse der Bad- und Luftkurorte und der Postrouten in Graubünden. 16. (14 S.) Chur 878, Hitz'sche Buchh. * — 40

1. Die Höhenverhältnisse des Bistritz-Fluss-Gebietes. 2. Die Höhenverhältnisse des Bistritzer Districts od. Nösnerlandes.– Bistritz, Progr. 1869, 70.

Höhen-Verzeichnis von Kärnten in Meter. Klgft., Leon, (1885). 61 S. (Kärntner Volksbücher Nr. 11.)

Hohenwald, Die Grafen. Ein rührendes Originaldrama in 5 Aufzügen verfasset von dem Freyherrn von O**. Wien 1772. V: *Otterwolf, Franz Freiherr von.* (Bespr. Theater-Almanach. Wien 1774. S. 19—27) (GGr V/316 sub 32/2) (BiblPort) (DARP)

Hohenwald, E., die Notwendigkeit e. Ergänzung des Reichsgesetzes über den Unterstützungswohnsitz im Interesse derjenigen Armenverbände, in deren Bezirk sich Kranken-, Bewahr- oder Heil-Anstalten befinden. (16 S.) gr. 8. Berlin (Lützowstr. 87) 904. Rob. Rohde. n. — 50

Hohenwald, Ernst, Verhütg. d. Zahnkrankheiten. Gemeinverständl. Anleitg. z. naturgem. Erhaltg. d. Zähne, der Schönheit d. Antlitzes u. d. Gesundheit d. Verdauungsorgane. gr. 8. (72 S.) Berlin-Grosslichterfelde 898. (Berlin, P. Hüttig.) 1. —

Hohenwald, H., illustriertes Viktoria-Kochbuch der nord- u. süddeutschen Küche. 8. (XXXVI, 694 S. m. 1 Titelbild, 1 kolor. Pilztaf. u. 63 Textabbildgn.) Oranienburg 890. Freyhoff. geb. n. 5. —

Hohenwald, Hedwig v., d. kleine Viktor. Kochbuch f. Unverheiratete ohne Küche. gr. 8. (VIII, 40 S.) Berlin 897. F. Belling. Kart. n. — 75

Hohenwald, Hedwig v., illustriertes Viktoria-Kochbuch der nord- u. süddeutschen Küche. Lehr- u. Handbuch zur sparsamen Herrichtg. d. einfachen u. feinen Tisches. Unter besond. Berücksicht. d. Serviettenbrechens, erläutert durch 7 Vollbilder, d. Selbsteinschlachtens, der Obstweinbereitg. u. Einmachekunst. Enth.: Eine kolor. Pilztaf., zahlreiche Notizblätter f. einzuschalt. Rezepte u. 1780 geprüfte u. selbsterprobte Rezepte m. 63 Abbildgn. 1. u. 2. Aufl. 8. (XXXVI, 694 S.) Oranienburg 891. 892. E. Freyhoff. Geb. in Leinw. n. 5. —

— dasselbe. 3. u. 4. Aufl. 8. (XXXVI, 662 u. XLIX S.) Ebd. 893. 894. Geb. in Leinw. n. 5. —

— illustr. Viktoria-Kochbuch d. nord- u. süddeutschen Küche. E. unentbehrl. Lehr- u. Handbuch f. alle Anfängerinnen, jede Hausfrau u. Köchin z. sparsamen Herrichtg. d. einfachen u. feinen Tisches. Unt. bes. Berücksicht. d. Serviettenbrechens, erläut. durch 7 Vollbild., d. Selbsteinschlachtens, d. Obstweinbereitg. u. Einmachekunst. Enth. e. kolor. Pilztaf., zahlr. Notizblätter f. einzuschalt. Rezepte u. 1905 geprüfte u. selbsterprobte Rezepte m. 65 Abb. 6. Aufl. 8. (XXXIX, 676 u. XLIX S.) Oranienburg 897. E. Freyhoff. Geb. in Leinw. n. 5. —

Hohenwald, Hedw. v., Illustr. Viktoria-Kochbuch der nord- u. süddeutschen Küche. Ein unentbehr. Lehr- u. Handbuch f. alle Anfängerinnen, jede Hausfrau u. Köchin zur sparsamen Herrichtg. des einfachen u. feinen Tisches. Unter besond. Berücksicht. des Serviettenbrechens, erläut. durch 7 Vollbilder, des Selbsteinschlachtens, der Obstweinbereitg. u. Einmachekunst. Enth. gegen 2000 geprüfte u. selbsterprobte Rezepte m. 65 Abbildgn., e. kolor. Pilztafel sowie zahlreiche Notizblätter f. einzuschalt. Rezepte. 7. Aufl. 8. (XXXIX, 691 u. XLIX S.) Oranienburg (899). Berlin, E. Freyhoff. Geb. in Leinw. n. 5. —

Hohenwald, Hedw. v., illustr. Viktoria-Kochbuch der nord- u. süddeutschen Küche. Enth.: Ueber 2000 Orig.-Rezepte m. 65 Abbildgn. u. belehr. Abschnitten, ferner e. kolor. Pilztafel, 1 Titelbild in Kpfr., sowie zahlr. Notizblätter f. einzuschalt. Rezepte. Unter besonderer Berücksicht. des vorteilhaften Einkaufs, des Selbsteinschlachtens, der Einmachekunst v. Früchten, Gemüsen u. Fleisch, der Behandlg. u. Aufbewahrg. v. Vorräten, der Obstweinbereitung u. des Abziehens der Lagerweine, sowie der Reinigung v. Tisch- u. Küchenwäsche, v. Tisch- u. Kochgeräten. Ratgeber bei allen Fragen des einfachen Tisches u. der Festtafel, wie z. B. beim Anrichten, Zerlegen der Braten, Garnieren der Speisen, Servieren, Tischdecken, Serviettenbrechen usw. Mit vielen Illustr. 8. Aufl. (XXVIII, 743 S.) gr. 8. Berlin 904. Viktoria-Verlag. Geb. in Leinw. n. 4. 50

Hohenwald, Hedw. v., illustr. Viktoria-Kochbuch der nord- u. süddeutschen Küche. Enth.: Über 2000 Orig.-Rezepte m. 65 Abb. u. belehr. Abschnitten, ferner e. kolor. Pilztafel, 1 Titelbild in Kpfr., sowie zahlr. Notizblätter f. einzuschalt. Rezepte. Ratgeber bei allen Fragen des einfachen Tisches u. der Festtafel, wie z. B. beim Anrichten, Zerlegen der Braten, Garnieren der Speisen, Servieren, Tischdecken, Serviettenbrechen usw. Mit vielen Illustr. 10. Aufl. (XXVIII, 741 S.) gr. 8. Berlin (909). Viktoria-Verlag. Geb. in Leinw. 4.50; erh. Pr. 6. —

Hohenwalde [Schlagwort]

Hohenwalde, s.: Geologische Karten. Karte (Preussen).

Hohenwalde [Verf.]

Hohenwalde, K. v., adel. Briefbuch. 8. Augsburg, Lotter. 751.

Hohenwart, Beust, Andrássy u. ihre Politik. Enthüllgn. aus dem Briefwechsel berühmter Staatsmänner. Von D. K . . . 8. (IV, 117 S.) Leipzig 872 G. Schulze. n. 1. 50

Hohenwart, Ernst, Land und Leute in den Vereinigten Staaten. gr. 8. (VIII, 251 S.) Leipzig 886, O. Wigand. * 3 50

--D Zukunft d dten Unterrs im anischen Unterrswesen. Milw, 1905.

Hohenwart, Frz. Graf v., Wegweiser f. die Wanderer in d. berühmten Adelsberger Kaiser Ferdinands-Grotte, bei Adelsberg in Krain. Als Erklär. d. v. Aloys Schaffenrath, (1830) gez. Ansichten dies. Grotte. Lex.-8. (19 Kpfrt., qu. ½ Fol. u. 3¼ B. Text.) Laibach 837, (Giontini.) Thlr. *

HOHENWART Sigmund von. Fragmente zur Mineral- u. botanischen Geschichte Steyermarks u. Karntens. Klagenfurt 1783.

Hohenwart, Sigmund v., v.: Reiner, Josef.

v. Hohenwart, Siegm., botan. Reisen, s. J. Reiner.

Hohenwarter, Th.: Beitrag zur Behandlungsweise der Aesthetik in der obersten Gymnasialklasse. 13 S. 8°.– Görz, Progr. 1858.

Hohenwarter: Schillers Wallenstein. 18 S. 8° -Goerz, Progr. 1865

Hohenweiler, d. Amtmännin von, e. weibl. Gesch. a. Familienpapieren, v. Verf. d. Walter v. Montbarry. 8. Leipz. Weygand. 787.

Hohenziel, Erich, s. †Friedmann, Fr.

Hohenziel, Erich, auf der Wahlstatt des Lebens. Roman. 8. (256 S.) Leipzig 881. Friedrich. n. 5. —

Hohenzollern [Sachl. OW.]

Hohenzollern. Festspiel zur Zweijahrhundert-Feier des Königreichs Preussen. [Berlin 1901.] V: *Demandowski, Axel von.* (Berl)

Hohenzollern. Festspiel zur Zweijahrhundert-Feier des Königr. Preußen. (Von Axel Delmar.) 4. (140 S. m. Abbildgn.) Berlin 900. (R. v. Decker.) n. 2. —

Hohenzollern, Les, et l'Allemagne. Recueil de biographies des souverains de Prusse . . . Berlin 1892. V: *Riemann, E. F.* (Berl)

Hohenzollern, les, et l'Allemagne. Recueil de biographies des souverains de Prusse depuis le Grand-Électeur jusqu'à l'empereur Frédéric. 8. (VIII, 175 S. m. Bildnissen.) Berl. 892, F. Luckhardt. * 2 —

Hohenzollern, Bischof Friedrich v., Tagebuch über ihn, s. Dreher, Th.

Hohenzollern — Die Fürstenthümer —. 100,000. Bearb. i. J. 1842 unter Leit. des Oberforstm. C. Karl. Lithogr. bei Bucher in Sigmaringen. 1 Bl.

Hohenzollern u. der Gustav-Adolph-Verein oder Federn aus einem „Fliegenden Blatt." Von einem Hohenzoller. Sigmaringen 866. (Liehner'sche Buchh.) gr. 8. (33 S.) n. 4 ngr.

Hohenzollern od. Habsburg? Von der innerpolit. Gesundg. Alldeutschlands bis zur deutschen Weltmachtstellg. Von Futurus (Th. Nickel). (VIII, 88 S.) gr. 8. Papiermühle (907). Gebr. Vogt. 1. 50

Hohenzollern oder Habsburg? Von der innerpolitischen Gesundung Alldeutschlands bis z. Deutschen Weltmachtstellung. Von Futurus. (Schöneberg-Berlin 1907.) 8°.

Das Haus Hohenzollern [Genealog. Tafel.] 2. Aufl. Wesel: Kühler 1900. 1 Taf. gr. 2° [Kopft.] [illegible] 5

— das Haus. Genealogische Tafel. 61×48 cm. 3. Aufl. Wesel 901. C. Kühler. Auf Leinw. u. lackiert n. — 75

Hohenzollern, das Haus. Genealogische Tafel. 61×48 cm. 4. Aufl. Wesel 903. C. Kühler. Auf Leinw. u. lackiert — 75

Hohenzollern, Die, und die Innere Mission. Berlin [1897]. V: *Niemann, A.* (Berl)

Hohenzollern, der, Stammburg d. erlauchten preuß. Königshauses. N. d. Natur aufgenommen u. gemalt v. C. Frommel. In Stahl gest. v. C. Frommel u. Henry Winkles. qu. ½ gr. Fol. (1 B. Text.) Stuttgart 838, S. G. Liesching's Verlsbuchh. 1 Thlr., chines. Pap.

Hohenzollern, die, und die Volksschule. Ein Beitrag zum richt. Verständniß des preuß. Volksschulwesens. 1. und 2. Aufl. gr. 8. (50 S.) Hannover 869, Meyer. *

Hohenzollern [Schlagwort]

Hohenzollern, s.a Baden.

Hohenzollern, s.a Baden. Streich.

— s.a. Deutschland. Kürschner-Peip.

Hohenzollern, s.a. Hand- u. Reisekarten. 19. 21.

— s.a. Heimatskarten.

— s. a.: Geognost. Karten. Fraas, O.

Hohenzollern, s. a.: Regenkarten.

— s.a. Würtemberg.

Hohenzollern. Zingeler, K. Th., archäologische Übersichts-Karte v. Hohenzollern. Mit Angabe der vorhistor., röm. u. alamannisch-fränk. Überreste unter Zugrundelegg. der v. F. H. Schuh 1892/93 gezeichn. Übersichtskarte der hohenzoller. Lande im Massstab von 1:100,000 gezeichnet. 68×71 cm. Farbendr. Sigmaringen 894. (C. Liehner.) n. 3. —

Hohenzollern [Verf.]

Hohenzollern, Comte de, Evêque de Culm, Oraison funèbre de très-haut . . . Prince Frédéric Second . . . prononcée en langue Allemande le 10. Sept. 1786 dans l'Eglise Catolique de Berlin. Berlin 1787. (11 S.)

Hohenzollern-Anekdoten II. Humor Friedrichs des Großen, bearb. v. Frdr. Schmidt-Hennigker, s.a. Anekdoten-Bibliothek.

Hohenzollern-Anekdoten. 1. 2. Stuttgart: R. Lutz 1900–07. 2 Bde 8° [F.]
1. Gesammelt u. bearb. von Hermann Jahnke. 1907.
2 = Schmidt-Hennigker, Friedr.: Humor Friedrichs d. Großen. 5. Aufl. 1900.
= Anekdoten-Bibliothek. Bd 2. 3. [07. 8039

Das Königliche Hohenzollerngymnasium. — Feier des Einzuges in das neue Schulgebäude am 30. Juni 1906. 13 S. 4.
Progr. Kgl. Hohenzollerngymn. *Düsseldorf* 1907 (542).
I. Beschreibung des neuen Schulgebäudes. Architekt: Kgl. Baurat J[ohannes] Radke. II. [Asbach, Julius]: Die Feier der Einweihung des Hohenzollerngymnasiums.

Hohenzollern-Hechingen [Schlagwort]

Hohenzollern-Hechingen. Karte von Hohenzollern-Hechingen u. Umgebung. 1:200,000. Lith. Fol. Tübingen 890. Fues. n. — 80; auf Leinw. n. 1. 40

Hohenzollern-Jahrbuch. Forschgn. u. Abb. z. Geschichte d. Hohenzollern in Brandenburg-Preußen, hrsg. v. Paul Seidel. 1. u. 2. Jahrg. 1897—1898. Fol. (VIII, 203 S. m. 87 Text- u. 27 Vollbildern.) Leipzig, Giesecke & Devrient. à n. 20. —; geb. à n. 24. —
1. (VIII, 203 S. m. 87 Text- u. 27 Vollbild.).
2. (VIII, 250 S. m. 115 Text- u. 32 Vollbild.)

Hohenzollern-Jahrbuch. Forschungen u. Abbildgn. zur Geschichte der Hohenzollern in Brandenburg-Preußen, hrsg von Paul Seidel. 3.—6. Jahrg. 1899—1902. Fol. Leipzig, Giesecke & Devrient. à n. 20. —; geb. à n. 24. —; Liebhaberausg. geb. in Ldr., Vollbilder in Mappe à 60. —
3. (VIII, 266 S. m. 125 Text- u. 38 Vollbildern.) 899.
4. (Festausgabe zur 200jähr. Jubelfeier der preuß. Königskrone 18. I. 1701 bis 18. I. 1901.) (XII, 337 S. m. 282 Abbildgn. 40 Vollbildern u. 4 Beilagen.) 900.
5. (IX, III, 276 S. m. 160 Abbildgn. u. 58 Vollbildern u. Beilagen.) 901.
6. (VI, 268 u. IX S. m. 175 Abbildgn. u. 48 Vollbildern u. Beilagen.) 902.

Hohenzollern-Jahrbuch. Forschungen u. Abbildungen zur Geschichte der Hohenzollern in Brandenburg-Preußen, hrsg. v. Paul Seidel. 7.—10. Jhrg. 1903—1906. Fol. Leipzig, Giesecke & Devrient. à n. 20. —; geb. in Leinw. à n. 24. —
7. (VIII, 298 S. m. 225 Abbildgn. u. 43 Vollbildern u. Beilagen.
8. (VIII, XVIII, 243 S. m. über 200 Abbildgn. u. 40 Vollbildern u. Beilagen.)
9. (VIII, 325 S. m. ca. 300 Abb. u. 31 Vollbildern u. Beilagen.)
10. (VIII, 284 S. m. 280 Abbildgn. u. 36 Vollbildern u. Beilagen.)

Hohenzollern-Jahrbuch. Forschungen u. Abbildgn. zur Geschichte der Hohenzollern in Brandenburg-Preußen, hrsg. v. Paul Seidel. 11.—14. Jahrg. 1907—1910. 36×26,5 cm. Leipzig, Giesecke & Devrient. à 20. —; geb. in Leinw. à 24. — (Für Behörden Vorzugspreise.)
11. (VIII, 278 S. m. Abb. u. 40 z. Tl. farb. Vollbildern u. Beil.)
12. (X, 270 S. m. Abb. u. 32 z. Tl. farb. Vollbildern u. Beil.)
13. (VIII, 291 S. m. Abb. u. 41 z. Tl. farb. Vollbildern u. Beil.)
14. (VIII, 251 S. m. Abb., 38 z. Tl. farb. Vollbildern u. Beilagen.)

Hohenzollern-Kaiser, drei. Kaiser Wilhelm I. Von B. Kugler. — Kaiser Friedrich III. Von F. v. Köppen. — Kaiser Wilhelm II. Von Hildebrandt-Strehlen. Mit 3 Portr. in Lichtdr. [Aus: „Ohorn's deutschem Fürstenbuch".] gr. 4. (44 S.) Leipzig 890. Renger. n. 5. —

Hohenzollern-Kalender 1903. 1. Jahrg., hrsg. v. Paul Seidel. (86 S. m. Abbildgn., 1 farb. Taf. u. Wandkalender.) hoch 4. Ebd. 1. —

Ho[illegible], der, [illegible] patriot. [illegible] [illegible] als Wegweiser im [illegible] von Wilhelm v. [illegible] gr. 8. (16 S.) [illegible] 893. F. [illegible]. n. — 60

Hohenzollern-Museum, das, im k. Schlosse Monbijou. 12 Taf. in Lichtdr. mit erläut. Text. Fol. (10 S.) Berlin 878, Wasmuth. In Mappe * 12 —

Hohenzollernsche Lande [Schlagwort]

Hohenzollernsche Lande, s.: Württemberg.

Hohenzollern-Standbilder, Die, in Preussen. Berlin 1868. S.-Abdr. aus d. Kgl. Preuss. Staats-Anzeiger. V: *Maercker, Traugott.* Vgl. Kat. d. Berl. Stadt-Bibl. 6 (1907), S. 98. (DARP)

Hohenzollern-Standbilder, die, in Preußen. [Aus dem Königl. preuß. Staats-Anzeiger.] Berlin 868. v. Decker. gr. 8. (57 S.) n. 5 ngr

Hohenzollern-Tafel. Die brandenburgisch-preuß. Regenten aus dem Hause Hohenzollern. 1 Bl. m. 18 Holzschn.-Porträts. Imp.-Fol. Leipzig 883. G. Wigand. n. — 50

Hohenzollerntafel. Abbildungen der brandenburgisch-preuß. Regenten aus dem Hause Hohenzollern. Leporello-Album. 12. (18 Bl.) Leipzig 888. G. Wigand. In Futteral. n. 1. —

Hohepriesterthum, das, Christi und die Sachwalterschaft Christi. 1. und 2. Aufl. 8. (47 S.) Elberfeld 876,78, (Langewiesche's Buchh.) *

Hohepriesterthum, das, Christi u. die Sachwalterschaft Christi. 2. Aufl. 8. (47 S.) Elberfeld 877. (Langewiesche) n. — 40

Hohepriesterthum, das, Christi und die Sachwalterschaft Christi. 2. Aufl. 8. (47 S.) Elberfeld 890. (Faßbender.) n. — 20

Hohepriesterthum, das, Christi u. die Sachwalterschaft Christi. 3. Aufl. 8. (40 S.) Elberf. 891, (Faßbender). * — 15

Hohepriestertum, das, Christi u. die Sachwalterschaft Christi. 4. Aufl. (40 S.) kl. 8. Elberfeld 903. R. Brockhaus (durch F. Faßbender). n. — 15

Höher, Arthur, Rechtskandidat a. Sagan: In welchem Umfang besteht nach Handelsgesetzbuch § 377 eine Pflicht des Käufers zur Untersuchung der Ware? Namslau 1906: Opitz. (VII, 59 S.) 8°
Breslau, Jur. Fak., Ref. Beyerle-Dahn, Diss. v. 10. Juni 1906
[Geb. 7. März 79 Liegnitz; Wohnort: Sagan; Staatsangeh.: Preußen; Vorbildung: Gymn. Sagan Reife M. 99; Studium: Breslau 8 S.; Rig. 15. Dez. 05.]

Höher, Peter, dessen Thaten, Possen, Schwänke und abenteuerliches Leben. Orig.-Volksschwank von G. und W. Dom. 8. (61 S.) Urfahr-Linz 878, Kraußlich.

Hoher Göll [Schlagwort]

Hoher Göll, s.: Bayern. Positionskarte.

Hoher-Gras-Turm [Schlagwort]

Hoher-Gras-Turm. Haupt, G., Orientirungs- u. Entfernungs-Tafel der hauptsächlichsten Punkte d. Panorama's vom Hohen-Gras-Turm bei Cassel. Rev. v. L. Deichmann. Längenmaassstab 1 : 58,000,000, Entfernungsmaassstab 1 : 750,000. Steindr. 81,5 × 45,5 cm. Cassel 892. L. Deichmann. n. — 50

Hohe Rinne [Schlagwort]

Hohe Rinne. Touren-Verzeichnis u. Umgebungskarte. (1 : 25,000. 28×49 cm. Farbdr.) f. das Kurhaus „auf der hohen Rinne". Hrsg. von der Section „Hermannstadt" S. K. V. 12. (9 S.) Hermannstadt 901. (W. Krafft.) In Leinw. kart. n. 1. 70

Hoher Karsten [Schlagwort]

Hoher Karsten, s.: Alpen. Hösli, Aug.

Hoeherl, Frz. Xav., Johann Jacob Scheuchzer, der Begründer der physischen Geographie des Hochgebirges, s.a. Studien, Münchener geographische. 10.

Hoeherl, Franz Xaver, Assist. an d. k. Realschule in Weilheim: Johann Jacob Scheuchzer der Begründer der physischen Geographie des Hochgebirges. *München: Th. Ackermann 1901.* (VIII, 108 S.) 8° ¶ [= Münchener geogr. Studien. Stück 10.]
München, Phil. Diss. v. 1901

Hoherpriester, Haupt und Hirte. Zur Anregung für gemeinsames Bibellesen zusammengestellt von G. M. Striegau [1905]. V: *Maske, G.* (Berl)

Hoher Schwarzwald [Schlagwort]

Hoher Schwarzwald, s.: Freiburg i/B.

Hohe Tatra [Sachl. OW]

Hohe Tatra und Central-Karpaten von Koristka. 100,000. G. M. 1864.

Hohe Tatra [Schlagwort]

Hohe Tatra, s.a. Alpen. Kolbenheyer.

Hohe Tátra. Karte der Hohen Tátra. Bearb. im k. k. militär-geograph. Institut. 1 : 75,000. 2. Aufl. Lith. Nebst Panorama. qu. gr. Fol. Wien 889. Hartleben. In Leinw.-Carton. n. 1. 35

Hohe Tatra. Karte der Hohen Tatra. Wegmarkiergn. nach Angaben v. Frz. Dénes. 1 : 75,000. 41×58 cm. Farbdr. Wien (906). R. Lechner's Sort. n.n. 2. 40; auf Leinw. n.n. 3. 20

— Otto, A., Touristen-Karte der Hohen Tatra. 1 : 50,000. 31×55,5 cm. Farbdr. Breslau (904). W. G. Korn. n. 2. —

Hohe Tauern [Schlagwort]

Hohe Tauern, s.a. Alpen. Artaria.

Hohe Tauern, s.a. Tirol. Thöni. — Touristenkarten. Freytag.

Hohe Tauern. Karte der Hohen Tauern. 1 : 250,000. 2. Aufl. 87,5×38,5 cm. Farbdr. Nebst: Panorama v. der Schmittenhöhe 1968 m. 17×64,5 cm. Wien (906). A. Hartleben. In Leinw.-Decke n. 1. 80

Hohe Veitsch [Schlagwort]

Hohe Veitsch, s.: Alpen. Artaria.

Hohe Veitsch, s.: Oesterreich-Ungarn. Freytag, G.

Hohe Wand [Schlagwort]

Hohe Wand, s.: Wiener Ausflugskarten.

Hohfeld, Hermann Andreas Dominicus (Mainz), De servitutibus personalibus. Disp. jur. Präs. Johann Heinr. Meier. Erfurt (Kirsch) 4. VI. 1680. 14 Bl. (7.—) 15738

Höhing, C. J. F., über die Verwendung der thierischen Ueberreste unserer Hausthiere, das Pferdefleisch-Essen und die Aufhebung der Kleemeistereien. Eine Abhandlung für Staatsbeamte, Landwirthe, Thierärzte rc., namentlich Württembergs. gr. 8. (X und 84 S.) Stuttgart 848, Hoffmann'sche Vrlgsh.

Höhing, M. Heinerike, Maria, die kleine Seidenzüchterin. Eine belehrende und unterhaltende Erzählung für fleißige, brave Knaben und Mädchen. gr. 16. (IV und 66 S. mit 4 Stnt.) Reutlingen 850, Fleischhauer und Spohn.

Hoh-Königsburg [Sachl. OW]

Hoh-Königsburg, die, im Elsass. Mit 2 (lith.) Ansichten u. 2 (lith.) Plänen. Hrsg. von der Sektion Schlettstadt des Vogesenclubs. 8. (VI, 62 S.) Strassburg 878. Schultz & Co. n. 1. —

Hohkönigsburg [Schlagwort]

Hohkönigsburg, s.a. Schlettstadt.

Hohkönigsburg. Umgebungskarte, neueste, der Hohkönigsburg (Schlettstadt — Rappoltsweiler). 1 : 50,000. 31,5×31 cm. Farbdr. Freiburg i/B. (902). F. P. Lorenz. n. — 50

Hohl, Gesetz üb. d. Verwaltungsrechtspflege v. 16. 12. 76. Stuttg. 877.

Hohl, ..., (aus Buschweiler), s. Sprachlehrer, französ.

Hohl, A., die ersten Anfangsgründe d. Arithmetik, Algebra u. allgem. Größenlehre. Gründl. u. leichtfaßl. dargest. u. mit vielen Beispielen u. Aufgaben versehen. gr. 8. (23 B.) Stuttgart u. Tübingen 838, Cotta'sche Buchh.

Hohl, A., Aufgaben zur Lehre vom Grössten und Kleinsten der Differenzial-Funktionen. Mit vielen einfachen Beispielen zur Uebung für Anfänger im Differenziiren und Integriren und in der höheren Geometrie. gr. 8. (IV und 161 S.) Stuttgart 852, Belsersche Buchh.

Hohl, A., leichtfaßliche und strenge Begründung der in der Elementar-Geometrie vorkomm. Proportionen. gr. 8. (IV und 85 S. mit 1 Stnt.) Tübingen 847, Buchhandlung zu Guttenberg. —

Hohl, A., die Elementar-Mathematik. 1. Thl., welcher die niedere Arithmetik nebst e. ausführl. Anleitung z. ersten arithmet. Unterricht enthält. gr. 8. (19 B.) Reutlingen 844, Enßlin u. Laiblin.

— dass. 2. Thl., enth. die ersten Elemente der allgem. Zahlen- und Größenlehre, die reine, ebene und körperliche Geometrie und einen Anhang über die Kegelschnitte. Mit Holzschn. im Text. gr. 8. Ebend. 844. 1⅝ ₰

Hohl, (Prof. Dr.) A., die Elemente d. analytischen Trigonometrie nach einer neuen Methode dargestellt. Mit 1 Figurentafel (in qu. Fol.) gr. 8. Tübing. 832. Osiander. 18 gr

— Grundzüge einer einfachen u. strengen Theorie der sieben arithmetischen Species, in Verbindung mit d. Elementen d. rechnenden Geometrie. Mit 1 Steintaf. 8. Tübingen 840. Fues, ...

—— die Lehre von den Polyedern. Rein-geometrisch dargestellt. 8. (17½ B. u. 11 Fig.-Taf.) Tübingen 842, Fues, Vrlgsh.

Hohl, A., die Lehre von den Polyedern. Rein-geometrisch dargestellt. Mit 11 (lith.) Fig.-Taf. Neue (Titel-)Ausg. 8. (VIII, 256 S.) Tübingen (1842) 881. Fues in Comm. n. 3. —

Hohl, A., zur Rettung aus dem Eisenbahnkrach. 43 S. 8. Winterthur, Druck von Bleuler-Hausheer & Co. 1877 1. —

Hohl, A., Theorie der vier arithmetischen Operationen mit Beispielen und Aufgaben. Zum Selbststudium und zum Gebrauch an Gymnasien und höheren Bürgerschulen. Stuttgart 854. Belser. gr. 8. (IV, 220 S.) 1 ₰

– – elementare geometrisch-algebraische Uebungen. In 6 Abschnitten, welche betreffen: Einige Aufgaben aus der Planimetrie und Stereometrie, und einige Eigenschaften der Parabel, Hyperbel, Ellipse und der Kegelfläche. gr. 8. (III, 151 S. mit 100 Holzschn. im Text.) (Ebendas.) 881.

— Vorschule zur analytischen Stereometrie für schiefe Axen. Mit 1 lith. Taf. gr. 8. Tübing. 830. Osiander. 20 gl.

—— Vorschule d. reinen Stereometrie. Mit vielen Uebungsaufgaben. 8. (7¾ B. u. 3 Figtaf.) Tübingen 840, Fues.

Opfer der Ehrfurcht und Liebe. Dem Mstr. v. St. am Altar des Or. zu Weissenfels dargebracht und bey Gelegenheit des 26sten Stiftungsfestes, verbunden mit einer Schwester[n]-Loge, niedergelegt von A. D. Hohl jun. den 17ten März 1811. [Weissenfels 1811]: Leyckam. 2 Bl. 8° [Umschlagtit.]
Kl. 1805. Lied ohne Noten: „Es kehrt der Lenz im Blumenkleide wieder, . . .“

Hohl, Alb., das unenthüllte Geheimniß. Lustspiel in 2 Aufzügen. Nach dem Engl. von Charles Mathews frei bearb. [Den Bühnen gegenüber Mscr.] Weinfelden 869. (Aarau, Christen.) br. 8. (IV, 59 S.) n. 8 ngr.

Hohl, A[lbert]: Jakob Stämpfli (1820–1879). Eine Denkschrift auf den grossen Volks- und Staatsmann. (Festschrift zur Enthüllung des Stämpfli-Denkmals.) [Mit 1 Ansicht und 1 Porträt.] 8. Bern 1884.

Hohl, Albert. Zur Geschichtlichen Würdigung der Tell-Erzählung. (Vortrag.) 8. Amrisweil 1868.

Hohl, Anton [aus Halle a. S.]: Ueber Verimpfung des Echinococcus durch Punktion ... Halle a. S., Hofbuchdr. v. C. A. Kaemmerer & C., 1892; 29 S., 1 Bl. 8.
Halle, Med. Fak., Inaug.-Diss. v. 30. Juli 1892

Hohl, Ant. Friedr., Analogien d. asiat. Cholera mit d. blauen Krankheit, u. daraus entnomm. Resultate. gr. 8. (3 B.) Halle 831, Buchh. d. Waisenhauses.

Hohl, (Ant. Friedr.,) medic. Argos, s. Argos.

Hohl, Antonius Fridericus: Commentatio de deformitatibus, quae inveniuntur in foetu, qui, dum maturescit, locum incolit angustiorem. Halis 1861: Hendel. S. 2–18. 8° (4°)
Halle-Wittenberg, Progr. z. akad. Preisverteilung 1860

Hohl, Ant. Fr., die geburtshülfliche Exploration. 1r Thl. Das Hören. Mit 1 Kpfrtaf. gr. 8. Halle 833. Buchh. d. Waisenhauses. 1⅓ ℳ — 2r Thl. Das explorative Sehen u. Fühlen, nebst e. Anhange u. 1 Tabelle. gr. 8. Ebd. 834. 2 ℳ

Hohl, Ant. Friedr., die Geburten missgestalteter, kranker und todter Kinder. gr. 8. (VIII und 383 S.) Halle 850, Buchhandlung des Waisenhauses.

—— die Krankheiten im Kindesalter, s. Belehrungen, unterhaltende.

Hohl, Ant. Friedr., Lehrbuch der Geburtshülfe mit Einschluss der geburtshülfl. Operationen und der gerichtl. Geburtshülfe. Lex.-8. (XLIV und 1139 S. mit 76 eingedr. Orig.-Holzschn.) Leipzig 855, Engelmann. *

Hohl, Ant. Friedr., Lehrbuch der Geburtshülfe mit Einschluss der geburtshülflichen Operationen und der gerichtlichen Geburtshülfe. 2., umgearb. Aufl. Lex.-8. (XXIV. und 954 S. mit 64 eingedr. Orig.-Holzschn.) Leipzig (861)62, Engelmann. *

Hohl, Antonius Fridericus: De microcephalia. Halae (1827): Gebauer. 65 S. 8°
Halle-Wittenberg, Med. Diss. v. 8. Apr. 1827
Geb. Lobenstein (Reuss) 17. 11. 1800 [vielmehr: 1789]. V.

—— Zur Pathologie des Beckens. Zwei Abhandlungen. A. u. d. T.: Das schräg-ovale Becken. Seine Entstehung, Erkennung und Einwirkung auf die Geburt. Rhachitis und Osteomalacie. Ihre Identität und Einwirkung auf das Becken und die Geburt. gr. 4. (VIII und 111 S. mit 13 Stnt.) Leipzig 852, Engelmann. *

Hohl, Anton Friedrich, De aneurysmatis eorum medendi manuumque opera sanandi ratione. Commentat. med. Halle (Orphanotrophei) 3. XI. 1830. 132 S. u. 1 Tfl. Abb. (G. Sturm sc. Halle). (6.—) 15739
Gew.: C. A. Schottin.

Hohl, Ant. Fr., Vorträge über die Geburt des Menschen. gr. 8. Halle 845, Buchh. d. Waisenhauses. n. 2⅔ ℳ

—— Worte für die Geburtshülfe bei der Reform der Medicinal-Verfassung Preussens. gr. 8. (44 S.) Halle 847, Buchhandlung des Waisenhauses.

Hohl, Arnold, en Automobil-Vereinsusflug. Lustspiel in 1 Akt m. Gesang. In Glarner u. Zürcher Mundart. (27 S.) 8. Aarau 909. H. R. Sauerländer & Co. —50

Hohl, C., Gesetz über die Verwaltungsrechtspflege vom 16. Dezbr. 1876. Mit den Motiven, dem Kommissionsbericht u. Auszügen aus den Kammer-Verhandlungen. gr. 8. (V, 196 S.) Stuttgart 877. Kohlhammer. n. 2. 40

— Konkursordnung für das Deutsche Reich, nebst dem Einführungsgesetz, dem württembergischen Ausführungsgesetz u. Immobiliar-Exekutionsgesetz, sowie dem Reichsgesetz über Anfechtung außerhalb des Konkurses, erläutert. 8. (XII, 291 S.) Ebend. 879. n. 5. —

— Rathgeber in Geldgeschäften, s. a. Hausbücher.

Hohl, C. Ratgeber in Geldgeschäften. Belehrung über die Anlage in Wertpapieren und Lebensversicherung usw. Stuttgart 1882.

Hohl, C. v., s.: Stein, A. H., u. F. v. Kübel, Handbuch des württemb. Erbrechts.

Hohl, Chr. David

– s. Grotius, H.: Von d. Wahrheit.

Hohl, Chr. Dav., († d. 12. April 1792.) commentat. de scholis veterum philosophorum Graecorum. 4. Lpz. 764

– s. Unterricht in den schön. Wissenschaften.

– s.a. Urtheil über Mortczini.

Gründliches freimüthiges Urtheil über die Begebenheiten des Freyherrn von Mortczinni (von *Chrn. David Hohl*) . . . . O. O. (Chemnitz) 1782.
So im Anon.-Lex. IV. p. 278 (nach Meusel). — 1782 correct?

Verzeichnis der Bücher-Sammlung der ger. u. vollk. St. Johannis-Loge Zu den drei Cedern [in Stuttgart]. Systemat. zsgest. [von Gust. Hohl]. Stuttgart 1883: [Metzler]. XII, 107 S. 8⁰
Tt. 85. Teilweise Seltenheiten.

Verzeichnis der in deutscher Sprache arbeitenden Freimaurerlogen Europas. [Zsgest. von Gust. Hohl.] Stuttgart: Hohl 1881. 1 Bl. 2⁰ [Kopftit.]
Tt. 423.

Hohl, J. J.

— s.: Räsonnir-Lieder.

Hohl, J. J., meine Reise nach Amerika oder Winke und Rathschläge zur Warnung und Belehrung für das auswanderungslustige Publikum, zumal aus der Schweiz. (Mit dem Umschlagstitel: Neuester Rathgeber und Wegweiser für Auswanderer, zumal aus der Schweiz, nach Nord-Amerika und Californien. gr. 16. (100 S.) Basel 849, Schabelitz. Thlr.

Hohl, Johann Jacob s. Weber, Gottlob Huldreich, und Hohl, Johann Jacob.

Hohl, Mich., s. Bruchstücke aus dem Leben u. den Schriften Irving's.

Hohl, Mich., Bruchstücke aus d. Leben u. d. Schriften Edu. Irving's, gewes. Predigers an d. schott. Nationalkirche in London. gr. 8. (17¾ B. u. J's. Bildn. u. Facsim., Stahlst.) St. Gallen 839, (Scheitlin u. Zollikofer.)

Hohl, Rudolfus: De atropini effectu. Halis Saxonum (1863): Ploetz. 23 S. 8⁰
Halle-Wittenberg. Med. Diss. v. 3. Sept. 1863
Geb. Halle a. d. S., 3. 9. 1838. V.

Hohl, Rudolfus: De novis pulpae dentis formationibus. Halis (1868): Heynemann. 26 S., 2 Taf. 8⁰
Halle-Wittenberg, Med. Hab.-Schr. v. 20. Jan. 1868
Deutsche Ausg. im Buchhandel u. d. T.: Ueber Neubildungen der Zahnpulpe. Halle: Pfeffer 1868. 37 S., 2 Taf.

Hohl, Rud., über Neubildungen der Zahnpulpe. Mit 2 (lith.) Taff. Halle 868. Pfeffer. gr. 8. (37 S.) n. 12 ngr.

Hohl, Th., üb. die gegenwärtige Stellung und Aufgabe d. Geistlichen betreffend specielle Seelsorge. Referat vor der Schaffhauser Geistlichkeit. gr. 8. (39 S.) Basel 889. (Schneider.) Geering. n. — 80

Hohl, *Georg* Theodor [pr. Arzt aus Kulmsee in Westpr.]: Ueber Desinfection von Spritzen und Injectionsflüssigkeiten . . . Berlin, Buchdr. v. G. Schade, 1893; 28 S., 2 Bl. 8.
Berlin, Med. Fak., Inaug.-Diss. v. 1. Dez. 1893

Hohl, Wilh., Landgemeindeordnung f. d. Provinz Hessen-Nassau. V. 4. VIII. 1897. Textausg. m. ausführl. Anmerkgn., Einleitg., Inhaltsverzeichn. u. alphabet. Sachreg. z. prakt. Gebr. M. e. Anh. v. einschläg. Gesetzen u. Ministerial-Anweisgn. gr. 16. (VIII, 205 S.) Wiesbaden 897. Ch. Limbarth Verl. Kart. n. 1. 60

— Städteordnung f. d. Prov. Hessen-Nassau. V. 4. VIII. 1897. Textausg. m. ausführl. Anmerkgn., Einleitg., Inhaltsverzeichniß u. alphabet. Sachreg. z. prakt. Gebr. 16. (147 S.) Ebd. 897. Kart. n.n. 1. 50

Hohl, Wilh., Städte-Ordnung f. den Reg.-Bez. Wiesbaden vom 8. Juni 1891. Text-Ausg. m. Anmerkgn., Einleitg., Inhaltsverzeichniß u. alphabet. Sachregister zum prakt. Gebrauch. Nebst e. Anh., enth. die Geschäftsordngn. der Stadtverordnetenversammlgn. zu Wiesbaden u. derjenigen v. Homburg v. d. H. 16. (VI, 107 S.) Wiesbaden 894. Ch. Limbarth. Kart. n. 1. 20

Hohl-Stämpfli, Hans [prakt. Arzt in Bern]: Ueber die Beurteilung von Fingerverletzungen in der Unfallpraxis mit besonderer Berücksichtigung der Fingerverluste. Bern 1897. 79 S. 8⁰.
Bern. Med. Diss. 1897/98.

Bericht d. schweizer. Konsuls in Barcelona (Hrn. J. Hohl v. Trogen) üb. d. J. 1874 vom 14. Juni 1875.

Hoehl, Erwin, Atlas der normalen Histologie der weiblichen Geschlechtsorgane, s.: Moraller, Frz.

Hoehl, Heinrich [Assist. am k. Real-Gymn. zu München]: Experimentelle Beiträge zu den Newton'schen Ringen im durchgehenden Licht . . . München, k. Hof- u. Univ.-Buchdr. v. Dr. C. Wolf & Sohn, 1890: 16 S. u. 2 Taf. 8⁰
München, Phil. Fak., Inaug.-Diss. v. 1890

Hoehl, Heinrich: Über Haemophilie als geburtshülfliche Komplikation. Bonn: Rost 1910. 25 S. 8⁰
Freiburg i. B., Med. Diss. v. 1910, Ref. Krönig
[Geb. 9. April 85 Geisenheim; Wohnort: Geisenheim; Staatsangeh.: Preußen; Vorbildung: Realgymn. Wiesbaden Reife O. 04; Studium: Freiburg i. B. 6, München 1, Berlin 1, Freiburg i. B. 2 S.; Coll. 12. Nov. 09.] [U 11. 1078

Höhl, Heinrich [Dr., Assist.]: Studien über Probleme der theoretischen Photometrie in der Physik und Astronomie. München, J. G. Weiss'sche Buchdr., 1891; 61 S., 2 Taf. 8⁰
München, k. RG, P 1891 •

Höhl, Heinrich Dr. „Studien über die Zusammensetzung der Materie und die absoluten Maße der Gasmoleküle". pg. 3—24. 8⁰. J. P. Himmer. Augsburg, Progr. 1897/98

Höhl, Leopold

— kleiner Führer zum Ammergauer Passionsspiel im Jahre 1880. Mit einer (lith.) Karte von Bayern u. 3 Illustr. (Holzschntaf.). 12. (V, 154 S.) Ebend. 880. cart. n. 1. —

Höhl, Leop., Führer zum Ammergauer Passionsspiel im Jahre 1880. Mit einer (lith.) Karte von Bayern u. 3 Illustr. (Holzschntaf.). 12. (XVII, 274 S.) Würzburg 880. Woerl. geb. n. 2. —

Höhl, Leop. Rhönspiegel, s. Woerl's Reisebibliothek.

— Rhön-Troubadour. Erinnerungs- u. Trostbüchlein f. Rhönbesucher. 12. (VI, 144 S.) Würzburg 892. (Bamberg, Schmidt.) n.n. 1. —

— Wanderungen durch Vorarlberg. gr. 16. (365 S. m. 1 lith. Karte in Fol.) Ebend. 880. geb. n. 4. —

Hoehl, Max *Carl Julius* [aus Thurnau in Schles.]: Aus d. geburtshülfl. Klinik zu Greifswald. Über zwei Formen von typisch lokalisirter angeborener Verengerung der Vagina . . . Greifswald, Buchdr. C. Sell, 1895; 36 S., 2 Bl. 8.
Greifswald, Med. Fak., Inaug.-Diss. v. 13. Dez. 1895

Hohlbaum, Rob., ein Leben. (54 S.) 8. Leipzig 909. Modernes Verlagsbureau. 1. —

Hohlbaum Robert: Die Marienburg im Drama. II. 1910 PN 2011 Diss. Wien. Univ. 349

Aus Sturm- und Sonnentagen. Gedichte von Robert **Hohlbaum**. Berlin-Leipzig: C. Wigand 1908. 53 S. 8° (09. 1483)

Hohlbaum, Rud., zeitgemässe Herstellung, Bearbeitung u. Verzierung des feinen Hohlglases. (VII, 255 S. m. 249 Abb. u. 7 [2 farb.] Taf.) Lex 8. Wien 910. A. Hölder. 6.80

— Kurzgefaßter Lehrtext d. Technologie d. Tafel- u. Hohlglases. Zum Gebrauche an Fortbildungsschulen f. d. Glasergewerbe. (Lehrtexte f. Fachschulen.) (III, 77 S. m. 111 Abb.) gr. 8. Ebd. 909. 1.20

Höhlbaum, Konstantin

— u. Herm. **Keussen**, Kölner Inventar, s.a Inventare hansischer Archive d. 16. Jahrh.

Kölner Inventar. Bearb. v. Konstantin **Höhlbaum**. Unt. Mitw. v. Hermann Keussen. Bd 1. *Leipzig: Duncker & Humblot 1896.* 4. = Inventare hansischer Archive d. sechszehnten Jhs. Bd 1.

Kölner Inventar. Bearb. von Konstantin **Höhlbaum**. Mit e. Akten-Anhang. Bd 1. 2. *Leipzig: Duncker & Humblot 1896–1903.* 2 Bde 4° = Inventare hansischer Archive d. sechszehnten Jhs. Bd 1. 2. 1. 1531–1571. Unter Mitw. von Hermann Keussen. 2. 1572–1591.

— der Kurverein v. Rense i. J. 1338, s.a Abhandlungen der königl. Gesellschaft der Wissenschaften zu Göttingen. Philol.-histor. Klasse. N. F. VII. 3.

Der Kurverein von Rense i. J. 1338. Von Konstantin **Höhlbaum**. *Berlin: Weidmann 1903.* (84 S.) 4° = Abhandlungen d. Königl. Gesellschaft d. Wiss. zu Göttingen. Phil.-hist. Kl. N. F. Bd 7, No 3.

Höhlbaum, Konst., s.: Mittheilungen aus d. Stadtarchiv v. Köln.

Höhlbaum, K., d. jüngere livländische Reimchronik d. Bartholomaeus Hoeneke 1315—1348. gr. 8. (LV, 37 S.) Leipzig 872. Duncker & Humblot. n. 2. —

Höhlbaum, Konst., s.a Renner's, Joh., livländ. Historien.

— Joh. Renner's livländische Historien u. d. jüngere livländische Reimchronik. 1. Thl. gr. 8. (IV, 129 S.) Göttingen 872. Vandenhoeck & Ruprecht's Verl. in Comm. n. 2. —

— s.: Urkundenbuch, hansisches.

— das Buch Weinsberg, s.: Publikationen der Gesellschaft f. Rheinische Geschichtskunde.

Hohlbeck, Fromhold, Ein Beitrag zur Blasenstein-Krankheit und zum Seitenblasenschnitte mit besonderer Berücksichtigung der durch diese Operation erzeugten Harn-Mastdarmfistel. Diss. Dorpat. 8°. 51 pp.
1860

Hohlbeck, Marc., ein Beitrag zur Lehre von der Embolie der Lungencapillaren. gr. 8. (42 S.) Dorpat 863, (Gläser's Verlag.)

Hohle, Karl

Hohle, Carl, Führer durch die Stadt Kaiserslautern und Umgebung. 8. (17 S. mit 1 Stadtplane, 1 Umgebungskarte und 1 Ansicht der Stadt.) Kaiserslautern 885, A. Gottlold's Verlag. *

Höhle, die, des alten Kinderfressers, oder die rothen Brüder. 8. Wien, Haas.

HÖHLE, Die, des Alten Kinderfressers, oder die rothen Brüder. Aus den Papieren eines Reisenden. Mit Titelkpf., Titelvign. u. gestoch. Titel. Wien u. Prag, Haas, 1799. 8°. 180 S. (2 Mk. Taussig, 1906.) Zahm.

Höhle, die, des alten Kinderfressers, od. die rothen Brüder. Aus d. Papieren e. Reisenden. (Neue Ausg.) 8. (11¼ B., Ttlkpfr. u. Ttlvign.) Wien 835, Haassche Buchh.

— —, Die, von Strozzi, oder das enthüllte Verbrechen in der sehr merkwürdigen Geschichte des Antonio, aus dem Hause Fiducci Cornaro, eines edlen Venetianers (von *Joh. Jac. Brückner*). Mit Titelkpf. Leipzig, bey Reinicke & Hinrichs. 1799. 8°. Gestoch. Titel u. 156 S.
Einiges etwas frei.

Höhle, Die, von Strozzi, oder das enthüllte Verbrechen ... Leipz. 1799. V: *Regnault-Warin, Jean Jacques.* Ü: *Brückner, Johann Jacob.* (GGr) (MGT) (Ky)

—die, des Todes; aus d. Französ. v. Fr. Karoline Schlegel. 8. Leipz. 800. Rein. 16 K

Führer durch die Stifts-Ruine zu Hersfeld mit e. geschichtl. Darstellung d. Reichs-Abtei Hersfeld von **Höhle**, Pförtner. Hersfeld 1908: Funk. 54 S. 8° 4

Höhle, Heinrich: Basilika und Zentralanlage. Leitideen der kirchlichen Planentwickelung von Konstantin dem Großen bis zum Ausgang der Romanik. 1906. 75 S. 8° Aachen, Dr.-Ing.-Diss. v. 28. 8. 1906

Höhle, Herm., die Wiederaufrichtung der französisch-reformirten Kirche im 18. Jahrh. durch Antonie Court 1. Tl. 4. (34 S.) Bautzen 886. (Rühl.) n. 1. —

Höhle, J. Arkadien vor der Zeit der Perserkriege. Erster Teil. 44 S. Progr. *Meerane* 1883.

Höhlein, Nicolai, üb. die Einwirkung der Milzzellen auf das Hämoglobin. Diss. gr. 8. (84 S.) Jurjew (Dorpat) 891. (E. J. Karow.) n. 1. —

Höhlen, künstliche, in Oberbayern. [Aus: „Beiträge zur Anthropologie, Ethnologie und Urgeschichte Bayerns".] Lex.-8. (33 S. m. 3 Steintaf.) München 878. Literarisch-artist. Anstalt. n. 4. —

Höhlen, die schauerlichen, eine Sammlung höchst interessanter, abenteuerlicher Geschichten der Räuberbanden in Deutschland, Frankreich, Italien u. Spanien. Nach d. Franz. 8. Cassel 826, Luckhardt.

Hohlenberg, Matth. Haq., Fragmentum libri nominum hebraicor. antiquissimum. E cod. Parisiensi edit. et illustr. 4maj. (15¾ B.) Havniae 836, (libr. Gyldendal.) *

Hohler, Emer. Thdr., Abbildd. griech. u. röm. Alterthümer nach Antiken. Mit Erläutt. 1s—3s Hft. Mit Kpf. (1s, 2s Hft. mit 25 Kpft.) gr. 8. Wien 823. (Leipz., Liebeskind). 3 ß

— — praktische Anleitung zum Uebersetzen aus dem Lateinischen ins Deutsche, oder lateinische Lectionen für Anfänger mit Uebersetzung, Anmerk. und Erläuterungen. Zum Privatgebrauch für die studirende Jugend. 6 Hefte. gr. 8. Wien, Geistinger. (Leipzig, W. Vogel in Comm.) 818.

— prakt. Anleit. zum Uebersetzen aus dem Lateinischen ins Deutsche, od. latein. Lectionen für Anfänger mit Uebersetz., Anmerkk. u. Erläuterungen. Zum Privatgebrauch für d. studirende Jugend. 6 Hfte. gr. 8. Wien 818–23. (Gerold). 4 Rthlr. Hbg.Pr. 2 Rthlr.

Hohler, Emer. Thdr., prakt. Anleit. z. Uebersetzen aus d. Latein. in d. Deutsche, od. latein. Lektionen mit Uebersetzung, Anmerkk. u. Erläuterungen. 1s Bdchn. Vorübungen. (Initium sapientiae.) 2e Aufl. 12. Wien 837. Mayer u. Comp. — 2s Bdchn. Gespräche. (De Deo etc.) 3e Aufl. 12. Ebd. 838. 1/4 Rthlr. — 3s Bdchn. Einrichtung d. Weltgebäudes. (Universus mundus etc.) 3e Aufl. 12. Ebd. 837. 1/4 Rthlr. — 4s Bdchn. Naturgeschichte. (De animalibus in genere.) 12. Ebd. 840. 1/4 Rthlr. — 5s Bdchn. Vom Menschen. (De homine.) 3e Aufl. 12. Ebd. 838. 1/4 Rthlr. — 6s Bdchn. Erzählungen. (Narrationes.) 3e Aufl. 838. 1/4 Rthlr. — 7s Bdchn. Fabeln. (Hoedus et lupus.) 817. 1/4 Rthlr.

Hohler, Emer. Theod., prakt. Anleitung z. Uebersetzen a. d. Latein. in d. Deutsche, od. lat. Lektionen mit Uebersetz., Anmerkn. u. Erläuterungen. 7 Bdchn. 12. Wien, Mayer u. Comp. à 1/4 Thlr.

Bdchn. 1. Vorübungen (Initium sapientiae etc.). 3. Aufl. 837.
" 2. Gespräche (De Deo etc.). 3. Aufl. 838.
" 3. Einrichtung d. Weltgebäudes (Universus mundus etc.). 3. Aufl. 837.
" 4. Naturgeschichte (De animalibus in genere). 840.
" 5. Vom Menschen (De homine). 3. Aufl. 838.
" 6. Erzählungen (Narrationes). 3. Aufl. 838.
" 7. Fabeln (Hoedus et lupus). 817.

– s. Ausgabe latein. Classiker.

– s. Bibliotheca selecta probatiss. latin.

Hohler, Em. Th., s. Caesar, C. J., de bello Gallico.

– s. Cicero, in compendio.

— s. Cornelius Nepos.

— (anonym) die Einführung der Reformation in Dresden im J. 1539, nebst Darstell. d. wichtigsten kirchl. Ereignisse währ. des 16. Jahrhunderts in dieser Stadt. Zur 300jähr. Jubelfeier derselb. im J. 1839. gr. 8. Dresden u. Leipz. 839. Arnold. 1/3 Rthlr.

– s. Erasmi Des. comment. de verborum ...

— histor.-polit. Erläuterung über Bankanstalten überhaupt u. über die österreichische Nationalbank insbesondere. 8. Wien 816. Heubner. 8 fl.

— civilrechtliche Erörterung d. §. 1287. des allgem. B. G. B. über die gesellschaftlichen Versorgungsanstalten. Aus Wagners Zeitschrift für österreich. Rechtsgelehrsamkeit rc. abgedruckt. gr. 8. Wien 828. Sollinger. 3 fl.

– s. Eutropii breviar. Historiae Rom.

– s. Eutropius, historiarum.

– s. Horatii de arte poëtica liber.

— am Sarkophage Ihr. Durchl. d. Fürstin Pauline zu Schwarzenberg, geb. Herzogin v. Amberg. Elegie. 4. Wien 810. Wimmer. 2 fl.

– s. Schönberger, Frz. X.: Latein.- deutsches Hand-Lexicon.

— — kurze Uebersicht der allgemeinen Geschichte. 2 Thle. 12. Wien, Geistinger. (Leipzig, W. Vogel in Comm.) 810.

— kurze Uebersicht d. allgemein. Weltgeschichte als Erläuterungen zum Strom d. Zeiten. 2 Bdchn. 12. Wien 813. Geistinger. 1 Rthlr.

Hohler, E. Th. Über die gesellschaftlichen Versorgungsanstalten. 1854.

– s. Virgilii Georgicorum libri IV.

— warum werden d. Bankozettel eingezogen? Was hat Oesterreich von dies. Maßregeln zu erwarten? Zur Berichtigung d. Meinungen über das Patent vom 20. Febr. 1811. 8. Wien, Geistinger. 4 fl.

— welche Hülfsmittel hat d. österreich. Monarchie zur Herstellung eines regelmäß. Geldumlaufes? 8. Wien 816. Heubner. 8 fl.

Hohler, Emil. Beiträge zur Kenntnis der elektrolytischen Abscheidung des Magnesiums und Darstellung einer geeigneten Schmelze. Diss. Phil. [II.] Univ. Zürich. [Mit Figuren.] 44 S. 8. Frankfurt a. M., R. Th. Hauser & Co., 1904.

Höhler, A., die eßbaren Pilze, welche leicht erkennbar sind und häufig vorkommen. 4. (12 S. mit 8 color. Abbild. auf 2 Taf.) Wiesbaden 878, Limbarth. *

Höhler, J. Th., Elegie am Sarkophage d. Fürstin Pauline z. Schwarzenberg. 4. Wien, Kupfer u. W. 810.

Die Anfänge des Handwerks in Lübeck v. Jakob Höhler. Ausschnitt aus: Archiv für Kulturgeschichte hrgg. v. Georg Steinhausen. Bd. 1. H. 2. Berlin. 1903. 8°.

Höhler, Matthias, Beichtbüchlein f. jung u. alt. Kurze Belehrgn. üb. d. hl. Sakrament d. Buße. 1.—5. Tauf. (164 S.) 16. Mainz 907. Kirchheim & Co.
Kart. — 30; geb. in Leinw. — 40

Höhler, Matthias, Matteo Bonello. Historischer Roman aus den J. 1160—1166. 8. (527 S.) Steyl 882, Missionsdruckerei. *

Höhler, Matthias, Matteo Bonello. Historischer Roman aus den J. 1160—1166. 2. Aufl. 8. (396 S.) Steyl 900. Missionsdruckerei. Geb. in Leinw. n. 3. —

— Eli. Erzählung aus dem Leben einer Schwergeprüften. 8. (309 S.) Ebend. 880. n. 2. 50

Höhler, Matthias, Kaiser Friedrich II., s. a. Broschüren, Frankfurter zeitgemäße.

Höhler, Matth. Kaiser Friedrich II. Eine Lebens- und Charakter-Skizze. 8. Frankfurt a. M. 1880.

Höhler, Matth., Für u. Wider in Sachen der katholischen Reformbewegung der Neuzeit. (181 S.) gr. 8. Freiburg i/B. 903. Herder. n. 1. 20

— Geschichte d. Bist. Limburg m. besond. Rücksichtnahme auf d. Leben u. Wirken d. dritten Bischofs Peter Josef Blum. (XIX, 211, 408, XCVII u. 11 S. m. 81 Abb. u. 2 Karten.) gr. 8. Limburg 908. Limburger Vereinsdruckerei. nn 3.75; geb. in Leinw. nn 4.75

— ist d. hl. Rock zu Trier echt? s. a. Dasbach's, Frdr., Volksbibliothek.

[5.] Ist der hl. Rock zu Trier echt? E. kleine Hotelgesch. v. Dr. [Matthias] Höhler, Domkapit. 2. Aufl. *Trier: Paulinus Dr. 1898.* (31 S.) 1 Bd 8. = Volksbibliothek, Dasbach's. N. F. H. 17.

[F.] Fortschrittlicher 'Katholizismus' oder Katholischer Fortschritt? Beiträge z. Würdigg d. Broschüre d. Hrn Prof. Dr. Schell zu Würzb.: 'D. Katholizismus als Prinzip d. Fortschritts.' Von Dr. [**Matthias**] **Höhler**, Domkapitular zu Limburg a. d. L. . . . *Trier: Paulinus-Dr. 1897.* (88 S.) 1 Bd 8. [97. 6099]

Fortschrittlicher 'Katholizismus' oder Katholischer Fortschritt? Beiträge z. Würdigung d. Broschure d. Herrn Prof. Dr. Schell zu Würzburg: 'Der Katholizismus als Princip d. Fortschritts.' Von Dr. [**Matthias**] **Höhler**, Domkapitular zu Limburg a. d. Lahn. ⟨2. unveränd. Aufl.⟩ *Trier: Paulinus-Dr. 1897.* (88 S.) 8° [F.] 5

Höhler, M., fortschrittlicher „Katholizismus" od. kathol. Fortschritt? 3., verb. Aufl. gr. 8. (89 S.) Trier 897. Paulinus-Druckerei. 1. —

— der bethlehemitische Kindermord, s.: Theater-Bibliothek.

Höhler, Matth., Kreuz und Schwert. Historische Erzählung aus den J. 1164—1170. 2 Bde. 8. (XVI, 350; IV, 384 S.) Regensburg 877, Pustet.

— Kreuz u. Schwert. Historische Erzählung aus den J. 1164—1170. 2., verb. Aufl. (536 S. m. Titelbild.) 8. Regensburg 903. F. Pustet. n. 3. —; geb. in Leinw. n. 4. —

— das dogmatische Kriterium der Kirchengeschichte. Ein Beitrag zur Philosophie der Geschichte d. Reiches Gottes auf Erden. gr. 8. (82 S.) Mainz 893. F. Kirchheim. — 75

– Lavinia, s. Theaterbibliothek.

– Die Makkabäer, s. Theaterbibliothek.

– Mirjam, s. Theaterbibliothek.

— der Mönch v. Lützelburg, s.: Unterhaltungs-Bibliothek, Steyler. Nr. 2.

— d. hl. Nacht, s.: Theater-Bibliothek.

Höhler, M., Religionskrieg in Sicht? Ein Wort zum Frieden unter den christl. Konfessionen in Deutschland. 8. (184 S.) Trier 890. Paulinus-Druckerei. n. 1. 80

— Religionskrieg in Sicht? Ein Wort zum Frieden unter den christl. Konfessionen in Deutschland. 2., verb. u. m. e. Sach- u. Personenregister verm. Aufl. 8. (VIII, 181 S.) Trier 891. Paulinus-Druckerei. n. 1. —

Höhler, Matth., Revolution u. Kirche. Katholik 1876, Bd. 2 S. 225—87.

H. nimmt Bezug auf die Joh. Hub. Reinkens'sche Schrift: Revolution u. Kirche. Beantwortung einer Tagesfrage mit Rücksicht auf die gegenwärtige Tendenz u. Praxis der röm. Kurie. Bonn, Neusser, 1876, gr. 8°, 79 S., 2 Mk., worin letzterer zu beweisen sucht, daß das Vorgehen der röm. Hierarchie in d. kirchenpolit. Kämpfe der Neuzeit ein revolutionäres u. antievangelisches sei. H. unterzieht d. Behauptungen des altkath. Bischofs vom sog., natur- u. kirchenrechtl., hist. u. theol. Standpunkte einer scharfen Kritik.

— Roman e. Seminaristen. (493 S.) kl. 8. Bonn 905. P. Hanstein. n. 3. 50; geb. n. 4. —

— der Sarazenin hl. Nacht, s.: Theater-Bibliothek. Nr. 20.

— konfessionslose Schule, religionsloses Volk, s.: Dasbach's Volksbibliothek.

— der Stern v. Bethlehem, s.: Theater-Bibliothek.

— Peter de Vineis. Historische Erzählung aus den Zeiten des deutschen Kaisers Friedrich II. 8. (275 S.) Steyl 880. Missionsdruckerei. n. 2. 50

— Peter de Vineis. Historische Erzählg. aus den Zeiten des deutschen Kaisers Friedrich II. 2. Aufl. 8. (242 S.) Steyl 899. Missionsdruckerei. Geb. in Leinw. n. 2. —

Höhler, M., Gottes [illegible] Erinnerungen an die Trierer Wallfahrt. 8. (131 S.) Heiligenstadt 893. F. W. Cordier. n. — 60

—— Aus sturmbewegter Zeit. Zwei Novellen. 8. (196 S.) Mainz 879, Kirchheim.

Hoehler, *Hermann* Max [aus Forst i. L.]: Ein Fall von Leberabscessen mit tötlichem Ausgang verursacht durch einen Spulwurm . . . Greifswald, Druck v. J. Abel, 1895; 27 S. 8.

Greifswald, Med. Fak., Inaug.-Diss. v. 9. Aug. 1895

Höhler, Wilhelm

Höhler, *Wilhelm* [Dir.]: *Bericht über die Feier des 50jährigen Bestehens der Anstalt.* Ettenheim, Druck v. F. X. Leibold, 1891; S. 4—7: 4°

Ettenheim, grossh. RPG, P 1891 (600)

Höhler, Wilh., d. Cornutus-Scholien z. 1. Buche d. Satiren Juvenals, hrsg. v. H. [Aus: „Jahrbb. f. class. Philol.", 23. Suppl.-Bd.] gr. 8. (63 S.) Leipzig 896. B. G. Teubner. n. 2. 40

[F.] **Höhler,** Wilhelm [Dir.]: Geschichte des Realprogymnasiums zu Ettenheim. Ettenheim, Druck v. F. X. Leibold, 1891; 1 Bl., 50 S., 8 Taf. 8°

Ettenheim, grossh. RPG, Festschr. 1891 (609)

Höhler, *Wilhelm* [Dir.]: Die Lateinschule zu Mahlberg. 1804—1850. Ettenheim, Druck v. F. X. Leibold, 1892; 28 S. 4.

Ettenheim, grossh. RPG, P 1892 (612)

Hermetische Philosophie und Freimaurerei. Ein Beitrag zur Vorgeschichte der Freimaurerei von Wilh. Höhler. Ludwigshafen a. Rh.: Weiss & Hameier 1905. 164 S. 8°

Recens: Bh. 48 (1905) S. 416 (O. Heinichen); H. 16 (1905) Nr 37.

cf. Bbl. 19 (1905) S. 598 (W. Schwarz); Z. 36 (1905—1906) S. 96 (H. Glücksmann); Bh. 49 (1906) S. 258—260; Brh. 3 (1906) S. 177; S. 13 (1906) S. 5; DrL. 87 (1906 bis 1907) S. 214 (J. H. Papsdorf); Acacia. (Paris) [11] (1908) S. 361—367, 421—430 (O. Wirth), abgedr. in: Wirth, O.: Le Symbolisme hermétique. [1909] S. 83—106.

Enth. die Abhandlungen: Welt u. Mensch. Astrologie. Theosophie. Magie. Kabbalah. Alchymie.

Höhler, *Wilhelm: Professor Adolf Richter, gestorben am 27. März 1900.* 4 (S. 3—4). Grofsh. Rg. *Mannheim* 1900

Progr.

Hoehler, W., Scholia Juvenaliana inedita. Pr. 1889. 15 S. 4°.

Kenzingen.

Hoehler, Gvilelmvs [Dir.]: Scholia Ivvenaliana inedita. II. (Forts. d. P-Beil. Kenzingen 1889.) Ettenhemi, typ. F. X. Leiboldi, 1890; 28 S. 4°

Ettenheim, grossh. RPG, P 1890

Hoehler, W., scholia Juvenaliana inedita. I. II. gr. 4. Konzingen. (Leipzig, Fock.) n. 2. 50

I. (15 S.) 889. n. 1. —. — II. (28 S.) 890. n. 1. 50

Hohlfeld

— vergl. Holfeld.

Hohlfeld, über die Möglichkeit einer erfolgreichen Behandlung der Schwindsucht. 16. (24 S.) Hamburg 867, Bernhardt.

Hohlfeld, Alexander [aus Dresden]: Die altenglischen Kollektivmistorien. . . . (Aus: Anglia Bd. 11.) Halle a. S., Druck v. Ehrhardt Karras, 1888; 69 [1 S. 8°
Leipzig, Phil. Fak., Inaug.-Diss. v. 29. Okt. 1888

Hohlfeld, A., die altenglischen Kollektiv-Mistorien. Inaug.-Diss. gr. 8. (69 S.) Halle 888. (Leipzig, Fock.) n. 1. 50

Hohlfeld, Arved, approb. Arzt aus Arensburg i. L., Dorpat: Ueber das Myoma Uteri und seine sarcomatöse Degeneration. *Leipzig 1900: B. Georgi.* (43 S.) 8
Leipzig, Med. Diss. v. (24. Dez.) 1900

Hohlfeld, C. W., Erinnerungen an die Kirchhöfe zu Berlin. Eine Auswahl d. vorzüglichsten Grabschriften auf denselben, nebst 2 größern Gedichten: der Abend u. Morgen auf d. Kirchhofe; begleitet mit Vorerinnerungen u. e. Schlußgedichte. gr. 8. Leipz. 826. (Reclam). 20 gl

Hohlfeld, Christoph Christian, s. Hohlfeldt.

Im Fremdensaal. Aus d. Leben e. Komtesse von Dora Hohlfeld. Umschlag von Bruno Hohlfeld. Berlin & Leipzig: Schuster & Loeffler 1907. (190 S.) 8° [F.] [08. 1819

Hohlfeld, Dora, die arme Josefa. Ein Wort v. Kommen u. Gehen. Roman. (359 S.) 8. Berlin 906. Schuster & Loeffler. n. 5. —; geb. n. 6. —

— aus dem Krautwinkel. (152 S.) kl. 8. Ebd. 905. n. 2. —

Geringe Leute. Roman von Dora Hohlfeld. Berlin & Leipzig: Schuster & Loeffler [1909]. 270 S. 8° [10. 1561

Hohlfeld, Dora, wie sie üb. die Erde gehen. Roman. (216 S.) 8. Berlin (909). Schuster & Loeffler. 3.—; geb. 4.—

Hohlfeld, Edm., an der Schwelle des Selbstmordes. Ein Lehrerleben im Auslande. (72 S.) 8. Leipzig 905. Dieterich. n. 1. —

Hohlfeld F. über die Ordnung. Dresden 1878

Hohlfeld, Ferd. Joan. (Resp.), s. Rudolphi, Car. Asmund: Dissertatio sistens disquisitionem de pupillae artificialis conformatione.

Hohlfeld, Fr., Handbuch für Tuchfabrikanten und Tuchkaufleute beim Ver- und Einkauf nach dem Ellenmaaße. 8. (75 S.) Forst 855. (Guben, Berger.) *

Hohlfeld, Martin, Dr. med.: Aus der Universitätskinderklinik in Leipzig. Über die Bedeutung des Colostrums. Stuttgart 1907: Deutsche Verlagsgesellschaft. (67 S. mit Taf.) 8° ¶ (Aus: Archiv f. Kinderheilkunde Bd 46 H. 3—6.)
Leipzig, Med. Fak., Hab.-Schr. v. 1907
(Nicht für den Austausch, lag nicht vor.)

Hohlfeld, *Moritz Emil* Martin [app. Arzt. aus Forst i. L.]: Die Behandlung des Prolapsus Recti m. Veröffentlichg v. 6 Fällen ... Halle a. S., Hofbuchdr. v. C. A. Kaemmerer & C., 1890; 23 S., 1 Bl. 8.
Halle, Med. Fak., Inaug.-Diss. v. 8. Aug. 1890

Joh. Amos Comenius und Karl Christian Friedr. Krause von P[aul] Hohlfeld. Berlin: Comenius-Gesellschaft; Münster i. W.: Bredt 1895. 15 S. 8° [Umschlagtit.]
Auch in: MCG. 1 (1892) S. 3—15.

Hohlfeld, Paul, Festrede auf Direktor R. Kaden, s.: Musikschule, die pädagogische, zu Dresden.

Hohlfeld, Paul. Die Feuerbestattungsvereine im Gliedbau der menschlichen Gesellschaft. Vortrag 23. März 1892 in Dresden. Druck der Dresdener Verkehrsanstalt „Hansa".

— s.: Glaubensbekenntnisse, die, e. Naturforschers u. e. Philosophen.

Hohlfeld, Paul, Fröbels Grundgesetz. Vortrag. gr. 8. (31 S.) Berlin 901. L. Oehmigke's Verl. n. — 50
Sonderabdruck aus: „Kindergarten, Bewahranstalt u. Elementarklasse".

– (Hrsg.), s. Krause, Karl Christian Friedrich: Anschauungen.

Hohlfeld, Paul, s.: Krause's, Karl Christ. Frdr., Briefwechsel.

– (Hrsg.), s. Krause, Karl Christian Friedrich: Das Urbild der Menschheit.

– (Hrsg.), s. Krause, Karl Christian Friedrich: Vorlesungen über Psychische Anthropologie.

– (Hrsg.), s. Leonhardi, Hermann: Karl Christian Friedrich Krause als philosophischer Denker.

– (Hrsg.), s. Leonhardi, Hermann: Karl Christian Friedrich Krauses Leben und Lehre.

—— Ueber die Ordnung. Vortrag, gehalten im Dresdener Gewerbeverein am 21. Octbr. 1878. 16. (32 S.) Dresden 879, Weiß. *

Hohlfeld, Paul, über Herbart's praktische Philosophie. [Aus: „Die deutsche Schule".] gr. 8. (15 S.) Neuwied 877. Heuser's Verl. n. — 40

— die Krause'sche Philosophie in ihrem geschichtlichen Zusammenhange u. in ihrer Bedeutung für das Geistesleben der Gegenwart. Von der philosoph. Facultät der Universität Jena gekrönte Preisschrift. gr. 8. (XIV, 146 S.) Jena 879. Costenoble. n. 4. —

— die drei letzten Predigten. Hrsg. von J. Balțer. gr. 8. (20 S.) Prenzlau 881. Vincent in Comm. n.n. — 30

Hohlfeld, Paul, Referendar in Leipzig: Die Verjährungsfrist und die Garantiefrist für die Mängelansprüche beim Kauf- und Werkvertrag. Leipzig 1907: Ramm & Seemann. (93 S.) 8° [F.]
Leipzig, Jur. Fak., Diss. v. 4. Febr. 1907
[Geb. 21. Nov. 78 Mainz; Wohnort: Leipzig; Staatsangeh.: Sachsen; Vorbildung: Nikolai-Gymn. Leipzig Reife O. 99; Studium: Leipzig 6 S.; Rig. 10. Juli 03.]

— die Vermittlung der Gegensätze, Fröbel's Grundgesetz. [Aus: „Deutsche Schule".] gr. 8. (24 S.) Neuwied 877. Heuser's Verl. n. — 40

Hohlfeld, Rudolph (Leobschütz/Schles.), De diabete mellito. Diss. med. Bln. (August Petsch) 25. I. 1828. 32 S. mit Biogr. (M.: J. Rother.) (6.50) 15740
Oppon.: H. Bresler, S. Simson, M. Kalisch. — Gew.: Ferdin. Hohlfeld (Regensburg; Bruder).

Hohlfelder. Das bayerische Bürger-Militär in allen Waffengattungen und Uniformen, vom Jahr 1790 bis zum Jahr 1854. 38 color. Bl. München 1854.

Hohlfeldt, Ch. Schicksale der Dresdner Elbbrücke seit vier Jahrhunderten. Dresden 1844. 4.

(Hohlfeldt, Chrstph. Chrstn.,) die Einführung d. Reformation in Dresden im J. 1539, nebst Darstell. d. wichtigsten kirchl. Ereignisse währ. d. 16. Jahrh. in dieser Stadt. Zur 300jähr. Jubelfeier ders. im J. 1839. gr. 8. (4 B.) Dresden u. Leipzig 839, Arnoldische Buchh.

Hohlfeld, Cph. Chr., Harfenklänge. gr. 8. Dresd. 824. Walther. 1 ₰ 8 gr. 2s Bdchn. (A. u. d. T.: Neuere lyr. Gedichte.) gr. 8. Dresd. 830. Arnold. 1 ₰ 16 gr.

Hohlfeld, Cph. Chr., Harfenklänge. (Gedichte.) 2e verm. u. verb. Aufl. gr. 8. Dresden u. Leipzig 836. Arnold. 2 ₰

Hohlfeldt, Ch(rstph.) Ch(rstn.), Harfenklänge. 2., verm. und verb. Aufl. 2. (Titel-)Ausg. gr. 8. (VIII und 368 S.) Leipzig 850, Arnoldische Buchh.

— s. Horatii F. F., Carmen 1.

[Lied.] Zum Johannisfeste 5840 seinen theuern Brüdern der vereinigten □ z. d. 3 Schwertern u. Asträa z. grünenden Raute, so wie denen der geliebten Schwester □ z. goldenen Apfel im Or. Dresden, gewidmet vom Br. [Christoph Christian] **Hohlfeldt.** Dresden [1840]: Ramming. 2 Bl. 8° [Umschlagtit.]
Ohne Noten: „Singt Johannes, dem Erprobten, ...“

– s. Menke, K. F.: Urania.

Hohlfeldt, C. C., Maurerischer Nachlass. Herausgegeben zur Begründung eines Pensions- und Wittwenfonds für die Lehrer an der mit der vereinten Loge zu den drei Schwertern und Asträa zur grünenden Raute verbundenen Lehr- und Erziehungs-Anstalt in Friedrichstadt-Dresden. Dresden, Ramming (1851.) gr. 8. VIII. 218 S.

Hohlfeldt, C(hrph.) C(hrn.), maurerischer Nachlaß. gr. 8. (VIII und 218 S.) Dresden 857, (am Ende.) *

— s. A. Pope. d. Mensch.

Körner, Theod.: **Hohlfeld,** Christoph Christian: Rede beim Abschiede des Brs. Th. Körner in der L. „Zu den Schwertern und Wahren Freunden“. Dresden 1815.

— die dritte Säkularfeier der Einführung der Reformation in Dresden den 6. Julius 1839, nach authent. Mittheilungen geschildert. gr. 8. Dresden 839. Wagner. n. 1/4 ₰.

Hohlfeldt, Chrstph. Chrstn., die Schicksale der dresdner Elbbrücke seit 4 Jahrhunderten, nach glaubwürdigen, zum Theil archivar. Nachrichten bearb. gr. 4. (3 B. u. 3 Pläne.) Dresden u. Leipzig 844, Arnoldische Buchh. *

HOHLHAUSEN: Abhandlung von den Gerechtsamen und Pflichten eines Ober-Märkers bei den in Ober-Teutschland befindlichen Mark-Gesellschaften sowohl überhaupt als in Anwendung auf die Mark bei Miltenberg, worinnen die denen fünf Gemeinden: Kleinheubach, Laudenbach, Breitendiehl, Rüdenau und Bullau auf sothane Mark zustehende Samt-Eigenthums- und andere daraus folgende Rechte ... vertheidiget und mit 61 alten und neuen Urkunden bestärket werden. - Miltenberg 1757. 90 S., 62 Beil.

Höhlke, Fritz. Ueber die Harzbehälter und die Harzbildung bei den Polypodiaceen und einigen Phanerogamen. Diss. Phil. Bern. Mit drei Tafeln. Separat-Abdruck aus: «Botan. Centralblatt». Beihefte. Bd. 11. Heft 1. 1901. 43 S. 8. Cassel, Gebr. Gotthelft, 1901.

Höhlmann, Oscar [pract. Arzt]: Ueber die in der Zeit von Ostern 1885 bis Ostern 1886 in der Frauenklinik zu Breslau operirten 35 Urinfisteln ... Breslau, Druck v. Otto Gutsmann, 1886; 2 Bl. + 13 + 1 S.
Bresl. [illegible] Fak., Inaug.-Diss. v. 18. Nov. 1886.

Höhlmann, O., üb. die in der Zeit von Ostern 1885 bis Ostern 1886 in der Frauenklinik zu Breslau operirten 35 Urinfisteln. Inaug.-Diss. gr. 8. (43 S.) Breslau 886. (Köhler.) n. 1. —

Hohloch [Schlagwort]

Hohloch, s.: **Schwarzwald.** Karte.

Hohloh [Schlagwort]

Hohloh, s.: **Schwarzwald.** Karte. — **Touristenkarten.**

Hohlstein, P., Remscheid, s.: **Grüber,** K.

Hohlweg, Hermann, appr. Arzt aus Coburg: **Fötus papyraceus** und kurze histologische Betrachtung der retinierten Placenten. *München 1903: C. Wolf & Sohn.* (31 S.) 8°
München, Med. Diss. v. 1903

Hohlweg, Hermann, Dr., Assist. d. Med. Universitätsklinik in Gießen: Zur functionellen Leberdiagnostik. Giessen 1909: Brühl. 47 S. 8°
Gießen, Med. Hab.-Schr. v. 1908 [U 09. 1247

Hohlwein, Ludw., Turf. 12 (farb.) Rennsportbilder. 51 × 52 cm. München (909). Kunstanstalt „Graphia“. In Leinw.-Mappe 35. —

Höhm, Ferd., geometrische Anschauungslehre für die IV., V. u. VI. Klasse der Mädchen-Lyzeen. (94 S. m. 60 Fig.) 8. Wien 904. F. Tempsky. Geb. in Leinw. n. 1. 50

Höhm, Ferd., geometrische Anschauungslehre f. die I. bis IV. Klasse der Mädchen-Lyzeen. 2 Tle. gr. 8. Wien 907. F. Tempsky. Kart. 1. 80
1. Für d. I. u. II. Klasse. (53 S. m. Fig.) 1. —
2. Für d. III. u. IV. Klasse. (42 S. m. Fig.) — 80

— Lehr- u. Uebungsbuch der Arithmetik f. Mädchen-Lyzeen. 2 Tle. gr. 8. Ebd. Geb. in Leinw. n. 4. 20
1. (f. die I. u. II. Klasse). Inhaltlich unveränd., nach der neuen Rechtschreibung hergestellter Abdr. der 1. Aufl. (IV, 140 S.) 902. n. 2. 30
2. (f. die III. u. IV. Klasse). (IV, 104 S.) 904. n. 1. 90

Höhm Ferdinand, Lehr- und Übungsbuch der Arithmetik für Mädchenlyzeen. III. Teil. (Für die V. und VI. Klasse.) Wien 1905. F. Tempsky.

Hohman, Johann Georg: Der lange Verborgene Freund, oder: Getreuer und Christlicher Unterricht für Jedermann, Enthaltend: Wunderbare und probmäßige Mittel und Künste, sowohl für die Menschen als das Vieh. *Mit vielen Zeugen bewiesen in diesem Buch, und wovon das Mehrste noch wenig bekannt ist, und zum allerersten Mal in Amerika im Druck erscheint. Herausgegeben von . . , Nahe bey Reading, in Elsaß Taunship, Berks County. Zweite und verbesserte Auflage. [1819.] 87 S.*

Hohmann, s. Liberalismus u. Verfassung.

Hohmann, Schneidermeister. Vortrag in der städtischen Ressource in Königsberg. 1840. 8 S. 8.

Hohmann, A.

—— s. a. Wegweiser auf dem Gebiete des Geldwesens.

Hohmann's, A., Wegweiser auf dem Gebiete des Geldwesens. Coursblatt für Papiergeld, Münzen, Dividenden rc. 6.—9. Jahrg. 1868—1871. à Jahrg. 6 Nrn. (Bog.) gr. 8. Plauen, Hohmann. à Jahrg.

Hohmann, A., s. a. Wegweiser auf dem Gebiete d. Geld- u. Verkehrswesens.

Hohmann's, A., Wegweiser auf dem Gebiete d. Geld- u. Verkehrswesens. Notizblatt f. Papiergeld, Münzen, Coupons, Post- u. sonst. Verkehrswesen. 27.—30. Jahrg. 1889—1892. à Jahrg. 6 Nrn. (Bog.) schmal Fol. Plauen, (Hohmann). à Jahrg. — 75
Frühere Jahrg. s. Wegweiser.

Hohmann's, A., Wegweiser auf dem Gebiete des Geld- u. Verkehrswesens. Notizblatt f. Papiergeld, Münzen, Coupons, Post- u. sonst. Verkehrswesen. 29.—32. Jahrg. 1891—1894. à 6 Nrn. (Bog.) schmal Fol. Plauen, (Hohmann's Sort.). à Jahrg. n. — 75

Hohmann's, A., Wegweiser auf d. Gebiete d. Geld- u. Verkehrswesens. Notizblatt f. Papiergeld, Münzen, Coupons, Post- u. sonst. Verkehrswesens. 33.—36. Jahrg. 1895—1898. à 6 Nrn. (à ca. 2 Bog.) schmal Fol. Plauen, (A. Hohmann's Sort.) à Jahrg. — 75

Hohmann's, A., Wegweiser auf dem Gebiete des Geld- u. Verkehrswesens. Notizblatt f. Papiergeld, Münzen, Coupons, Post- u. sonst. Verkehrswesen. 37.—40. Jahrg. 1899—1902. à 6 Nrn. schmal Fol. (à ca. 8 S.) Plauen (Hohmann). à Jahrg. — 75

Hohmann's, A., Wegweiser auf dem Gebiete des Geld- u. Verkehrswesens. Notizblatt f. Papiergeld, Münzen, Coupons, Post- u. sonst. Verkehrswesen. 41.—44. Jahrg. 1903—1906. à 6 Nrn. (à 8 S.) schmal Fol. Plauen (Hohmann). à Jahrg. — 75

Hohmann's, A., Wegweiser auf d. Gebiete des Geld- u. Verkehrswesens. Notizblatt f. Papiergeld, Münzen, Coupons, Post- u. sonst. Verkehrswesen. 45.—48. Jahrg. 1907 bis 1910. à 6 Nrn. (à ca. 8 S.) 31,5×15,5 cm. Plauen (Hohmann). à Jahrg. — 75

Hohmann, B.

—— (B.), Die wissenschaftliche Fehlerausgleichung in der Markscheidekunst nebst entsprechend ausgewählten Abschnitten aus der höheren Analysis. Freiberg i. Sachsen 1885. 8. In duplo.

Hohmann, Chrn. Heinr., 72 Choräle für den vierstimmigen Männergesang. Mit Berücksicht. der im 16. und 17. Jahrh. üblichen Lesearten bearb. 3., verm. Aufl. Lex.-8. (IV und 64 S.) Nördlingen 856, Beck'sche Buchh. *

— praktische **Klavier-Schule.** Ein methodisch geordneter, mit Bezeichnung des Fingersatzes versehener Uebungsstoff zur leichten u. gründl. Erlernung des Klavierspiels. Für angehende Klavierspieler bearb. 3., erweiterte Aufl. 2. Abdr. Aus drei Kursen bestehend und 360 Uebungssätze aus allen Tonarten enthltd. Fürth 853. Schmid. gr. 4. (3 Bl., 32; 1 Bl., 40; 1 Bl., 40 lith. S.) n. 2 ℳ.

Hohmann, Chrn. Heinr., Lehrbuch der musicalischen Composition. Nach pädagog. Grundsätzen bearb. 1. Thl. Harmonie- und Generalbaßlehre. 1. Hälfte. 2., umgearb. und verm. Aufl. gr. 8. (216 S.) Altdorf 849. Nürnberg, (Riegel und Wießner.) *

Hohmann, Chrn. Heinr., Lehrbuch der musikalischen Composition. Harmonie und Generalbaßlehre. Nach pädagog. Grundsätzen bearb. 4. Aufl. gr. 8. (VII, 488 S.) Nürnberg 870, W. Schmid.

Hohmann, Chrn. Heinr., Lehrbuch der musikalischen Composition. 1. Thl. Harmonie- und Generalbaß-Lehre. Nach pädagog. Grundsätzen bearb. 5. verm. Aufl. gr. 8. (XII, 488 S.) Nürnberg 876. Schmid. 6. —

Hohmann, Chr. Hnr., praktischer Lehrgang des Gesang-Unterrichts in Volksschulen. I. Cursus. 2e verb. Aufl. u. II. Cursus. gr. 8. Schweinfurt 839. Wetzstein. n. 1/3 ℳ

Hohmann, Chr. Hnr., prakt. Lehrgang d. Gesang-Unterrichts in Volksschulen. 3 Kurse. Uebungen u. Lieder f. die Unter-, Mittel- u. Oberklassen. 4. verb. Aufl. gr. 8. Nürnberg 842, Riegel u. Wießner'sche Buchh. 3/8 ℳ

— prakt. Lehrgang für den Gesang-Unterricht in Volksschulen. Nach pädagog. Grundsätzen bearb. 2. Kursus: Uebungen u. Lieder f. Mittelklassen. 5. durchaus umgearb. Aufl. gr. 8. (IV S. u. S. 21–60.) Nördlingen 852, Beck. 4 ngr.

— praktischer Lehrgang für den Gesang-Unterricht in Volksschulen. Nach pädagog. Grundsätzen bearb. 1–4. Kursus. Nördlingen, Beck. gr. 8. n. 14 ngr.
1. 2. Kursus. 6. Aufl. 858. (IV, 20; IV, 44 S.) — 3. 4. Kursus. 5. durchaus umgearb. Aufl. 853. (IV, 51; IV, 39 S.)
Jeder Kursus ist auch einzeln zu haben.

Hohmann, Chrn. Heinr., praktischer Lehrgang f. den Gesang-Unterricht in Volksschulen. Nach pädagog. Grundsätzen bearb. 3. Kurs. Uebungen u. Lieder für Oberklassen. 8. Aufl. gr. 8. (IV, 52 S.) Nürnberg. 879. W. Schmid. n. — 70

Hohmann, Chrn. Heinr., praktischer Lehrgang f. den Gesang-Unterricht in Volksschulen. Nach pädagog. Grundsätzen bearb. 1. Kurs. Uebungen u. Lieder für Unterklassen. 8. Aufl. 8. (20 S.) Nürnberg 882. W. Schmid. — 25

Hohmann, Chrn. Heinr., praktischer Lehrgang f. den Gesang-Unterricht in Volksschulen. Nach pädagog. Grundsätzen bearb. 2. u. 4. Kurs. 8. Erlangen 884. Metzer. 1.30
2. Übungen u. Lieder f. Mittelklassen. 8. Aufl. (VI, 48 S.) — 60
4. Drei- u. vierstimm. Übgn. u. Lieder f. gehobene Oberklassen, Mittelschulen u. höhere Töchterschulen. 6. Aufl. (IV, 76 S.) n. — 70

Hohmann, Chrn. Heinr., praktischer Lehrgang für den Gesang-Unterricht in Volksschulen. Nach pädagog. Grundsätzen bearb. 2. Kursus: Übungen und Lieder für Mittelklassen. 9. verm. Aufl. gr. 8. (IV, 50 S.) Erlangen 888, Metzer.
1., 3. und 4. Kursus. Ebendas. 1879–84. ℳ 1.65.

Hohmann, Ch. H., praktischer Lehrgang für den Gesang-Unterricht in Volksschulen. Nach pädagog. Grundsätzen bearb. 1. u. 2. Kurs. gr. 8. Erlangen 889. Metzer. — 85
1. Uebungen u. Lieder für Unterklassen. 9., verm. Aufl. (IV, 24 S.) 889. — 25
2. Uebungen u. Lieder für Mittelklassen. 9., verm. Aufl. (IV, 50 S.) 888. — 60

Hohmann, Chrn. Heinr., Orgel-Schule. Eine theoretisch practische Anleitung zur gründlichen Erlernung des Orgelspiels. Für angehende Organisten bearb. (In 3 Kursen.) 1. u. 2. Kursus. Nürnberg 859, 60. Raw. gr. 4. (IV, 32; IV, 32 S.) 1.: n. 22½ ngr.; 2.: n. 24 ngr.

—— der erste Unterricht im Clavierspiel in 180 instructiven Uebungssätzen. 2., verb. Aufl. qu. 4. (32 lithogr. S.) Nördlingen 850, Beck'sche Buchh.

Hohmann, Chr. Heinr., praktische Violin-Schule. Ein methodisch geordneter, mit Bezeichnung des Bogenstriches und Fingersatzes versehener Uebungsstoff zur leichten u. gründlichen Erlernung des Violinspiels. Für angehende Violinspieler bearb. 4. erweiterte Ausg. der 100 Uebungsstücke für 2 Violinen. 2 Thle. (in 5 Cursen.) Nürnberg (855.) Riegel u. Wießner. Fol. (8 S., 120 lith. S. u. 1 lith. Taf.) un. 2 ꝑ. 26 ngr.

— Zwischenspiele zu 50 der gebräuchlichsten Choräle der protestantischen Kirche in Bayern. Dem Knecht'schen Choralsatze sich anschliessend. 2. Abdr. Nördlingen (853.) Beck. gr. 8. (48 S.) n. 7 ngr.

Hohmann, Christoph, aus Mainz: Zur Kenntnis des p-Oxy-m-nitrobenzylchlorids. *Rostock 1903: C. Boldt.* (50 S.) 8°
Rostock, Phil. Diss. v. [23. Sept.] 1903

Hohmann, Edm., die Modulation mittels gemeinschaftl. Akkorde auf arithmetischer Grundlage. (69 S.) 8. Erlangen 907. H. Metzer. 1.80

Hohmann, Ernestus, Wormdittensis: De indole atque auctoritate epimythiorum Babrianorum. Regimonti 1907: Hartung. (126 S.) 8°
Königsberg, Phil. Fak., Ref. Ludwich, Diss. v. 18. Febr. 1907
[Geb. 7. Juli 78 Wormditt; Wohnort: Rössel; Staatsangeh.: Preußen; Vorbildung: Gymn. Braunsberg Reife M. 98; Studium: Königsberg 3, München 1, Königsberg 4 S.; Rig. 9 Jan. 07.]

Hohmann, Ernst: Plato ein Vorgänger Kants? Kritische Bemerkungen zu P. Natorps „Platos Ideenlehre. Eine Einführung in den Idealismus." Rössel 1906: B. Kruttke. (25 S.) 4°
Rössel, k. G. OP 1906 (16)

Tourenbuch für Radfahrer im Bonngau. Zsgest. v. Ernst Höhmann. *Bonn: E. Strauss 1897.* (57 S.) 1 Bd 8. 96. 334

Hohmann, F[erdinand]: ⟨Aus der Privatklinik von Prof. Dr. Dührssen-Berlin.⟩ Ueber Retroflexio uteri gravidi partialis. *Marburg 1898: J. A. Koch.* (26 S.) 8°
Marburg, Med. Diss. v. 17. Mai 1898

Hohmann, Frz., Feiertag-Vespern. Ein Auszug aus dem in Paderborn u. Fulda kirchlich approbirten Vesperbuch. Psalmen u. Hymnen des Christenthums. gr. 16. (VIII, 208 S.) Kempten 873. Kösel in Comm. n. — 50

— Herz-Jesu-Andachten, Lieder und Litaneien nebst Gebets-Apostolat u. Herz-Mariä-Andacht. gr. 16. (VIII, 254 S.) Ebend. 873. — 70

— Psalmen u. Hymnen d. Christenthums, metrisch bearb. zugleich e. Vesperbuch. Mit Titel-Stahlst. 8. (XVI, 616 S.) Dülmen 871. Laumann. n. 3. 40

Hohmann, Frdr., die veränderlichen Belastungen u. Entlastungen der Erdoberfläche u. deren primäre Zwecke. (94 S.) gr. 8. Ebd. 908. 1. 50

Hohmann, Frdr., Beschreibung, Theorie u. Gebrauch des Präcisions-Polarplanimeters [Patent Hohmann u. Coradi]. gr. 8. (46 S. m. 1 Steintaf.) Karlsruhe 882. (Erlangen, Deichert.) n. 1. 50

— das Linear-Roll-Planimeter [System Hohmann-Coradi]. Ein Nachtrag zu den Abhandlungen über das Präcisionsplanimeter und über das freischwebende Präcisionsplanimeter und dessen Modificationen. gr. 8. (24 S. mit Abbild. [1 eingedr. Holzschn. und 1 Stnt.]) Ebendas. 884. *

— das freischwebende Präcisionsplanimeter [Patent Hohmann u. Coradi] u. dessen Modificationen. Mit e. Anh.: Variationen verschiedener Polarplanimeter-Constructionen. Mit Abbildungen (eingedr. Holzschn. u. 3 Steintaf.). gr. 8. (36 S.) Ebend. 883. n. 1. 20

Hohmann, Fritz, Referendar in Magdeburg: Das Wiederkaufs- und Wiederverkaufsrecht während des Konkurses eines der Beteiligten. Quedlinburg [1908]: H. Klöppel. (30 S.) 8°
Jena, Jur. Fak., Ref. Danz, Diss. v. 24. Juli 1908
[Geb. 21. Dez. 81 Quedlinburg; Wohnort: Magdeburg; Staatsangeh.: Preußen; Vorbildung: Gymn. Quedlinburg Reife O. 02; Studium: Jena 4, München 1, Berlin 1, Halle 3 S.; Rig. 16. Juni 08.]

Hohmann, G., im Amt, s.: Heinze, Wilh.

Hohmann, Geo, Die deutschen Getreidezölle. 8⁰. Berlin, L. Simion Nchf., 1911. (Volkswirtschaftl. Zeitfragen, 261—262.)

Hohmann, Georg, aus Eisenach: Studie über Gießfieber. *Würzburg 1903: Stahel.* (33 S.) 8°
Würzburg, Med. Diss. v. 1903

Hohmann, Heinr., eine Mittelmeer-Reise. Tagebuchblätter. (67 S. u. 13 S. Abb.) 8. Darmstadt 907. H. Hohmann. 2.—; geb. 3.—

— Eine Nordlands-Fahrt. Schottland, Island, Nordkap, Norwegen. (83 S. m. Abb.) 8. Ebd. 907. 2.—

Hohmann, Hugo. Untersuchungen über die Klauenlederhaut des Rindes. Diss. Vet.-Med. Bern. *Kopftitel:* Aus der Poliklinik der königl. thierärztlichen Hochschule zu Berlin. — Mit 12 Abbildungen. Sonderabdruck aus Monatshefte für praktische Thierheilkunde. Band 13. IV + 48 S. 8. Stuttgart, Union Deutsche Verlagsgesellschaft, 1901.

Hohmann, J., die belgische Armee in ihrer gegenw. Uniformierung. Mit 12 Taf. Abb. in lith. Farbendr., gez. v. H. (20 S.) 8. Leipzig (908). M. Ruhl. 2.50; geb. n 3.—

Hohmann, J., die niederländische Armee nebst den Kolonialtruppen u. Freiwilligenkorps in ihrer gegenwärtigen Uniformierung. Nach authent. Quellen bearb., nebst 16 Taf. Abbildgn. in lithogr. Farbendr. (32 S.) 8. Leipzig (906). M. Ruhl. n. 2. 50; geb. n. 3. —

Hohmann, Jo. Friedr. (Präs.), s. Brückner, Jo. Friedrich: De Praescriptione.

Hohmann, M. Jo. Friedrich, De praescriptione geradae. Diss. jur. Präs. D. Johann Florens Rivinus. Lpz. (Immanuel Titius) 25. IV. 1719. 27 Seiten. (7.—) 15741
Gew.: Abrah. Christoph Plaz (Mocca). — Widm. v. Präs.

— — (Leipzig), De quaestione: an usurae ex mutuo, non tantum ob pactum et moram, sed et propter naturam contractus solvendae sint? Disp. jur. Lpz. (Immanuel Titius) 7. III. 1720. 7 Bl., 64 S. (7.50) 15742
Gew.: Christoph Heinrich Grf. v. Watzdorff (Crossa, Städten . . .).

Hohmann, Joh. Geo., der lang verborgene Freund, enth. wunderbare und probmäßige Mittel und Künste für Menschen und Vieh. Demselben ist beigefügt G. F. Helfenstein's vielfältig erprobter Hausschatz der Sympathie. 12. (108 S.) Harrisburg 853. (Philadelphia, Schäfer und Koradi.) •

Hohmann, Josef: Das Zunftwesen der Stadt Fulda von seinen Anfängen bis zur Mitte des 17. Jahrhunderts. Fulda 1909: Fuldaer Actiendr. 125 S. 8° •(Ersch. auch als: Veröffentlichung d. Fuldaer Geschichtsver. 8.)
Münster, Phil. Diss. v. 23. Dez. 1909, Ref. Meister
[Geb. 19. Juli 87 Fulda; Wohnort: Münster i. W.; Staatsangeh.: Preußen; Vorbildung: Gymn. Fulda Reife O. 06; Studium: München 1, Berlin 2, Münster 4 S.; Rig. 23. Juli 09.] [U 10. 3776

Hohmann, K., prakt. Anleit., gutes Bier zu brauen. gr. 8. Würzb. 818. Stahel. 6 gl.

Hohmann, Karl. Beiträge z. Väterbuch. s. a. Hermaea. VII.

Hohmann, Karl: Beiträge zum Väterbuch. ⟨Kap. 1—3.⟩ Halle a. S. 1909: Karras. 50 S. 8° ¶(Ersch. vollst. als: Hermaea. H. 7.)
Halle, Phil. Diss. v. 7. Mai 1909, Ref. Strauch
[Geb. 6. Okt. 85 Stendal; Wohnort: Stendal; Staatsangeh.: Preußen; Vorbildung: Gymn. Stendal Reife O. 04; Studium: Freiburg i. B. 1, Berlin 1, Halle 5 S.; Rig. 14. Nov. 08.] [U 09. 1662

Beiträge zum Väterbuch. Von Karl **Hohmann**. Halle: Niemeyer 1909. XIV, 121 S. 8°
(Hermaea. 7.) 09. 13140 3

Hohmann, Karl [app. Arzt aus Neukirchen b. Z.]: Aus d. med. Klinik d. Herrn Prof. Riegel in Giessen. Ueber Milzschwellung bei Lungenentzündung. . . . Giessen, Druck v. Wilhelm Keller, 1888. 2 Bl. + 21 S., 1 Bl. 8°
Giessen. Med. Fak., Inaug. Diss. v. 1888

Hohmann, Karl Ant. Aug.

— Bemerkk. über d. Einquartierungs-Verordn. v. 5. Juni. 8. Gießen 815. (Heyer).

Hohmann, Karl Ant. Aug., (†d. 21. Juni 1831.) über d. Gemeindeschulden-Tilgungsanstalt im Großherzogthum Hessen. gr. 8. (Darmst. 818. Heyer). 8 gl.

Hohmann, Karl Hnr. Fd., († ...) s. Euripides Orestes.

Hohmann, L., über die Gemeindeschulden-Tilgungsanstalt im Großh. Hessen. gr. 8. (Darmstadt, Heyer und L.) 818. —

Hohmann, Ludwig

Hohmann, L., die Erziehung im Elternhause, s. a. Sammlung pädagog. Vorträge.

Die Erziehung im Elternhause. Von L. **Hohmann**, Rektor in Berlin. *Bielefeld: A. Helmich [1897].* (27 S.) 8.
= Sammlung pädagogischer Vorträge. Bd IX. H. 9. 97. 1454

— Die Gefahren einseitiger Verstandespflege für die Volksschulbildung, s. Sammelmappe, Pädagogische.

Hohmann, Ludw., Geschichte der Pädagogik. Die Grundwissenschaften der Pädagogik. Allgemeine Pädagogik, s. a. Mittelschullehrer- u. Rektoratsprüfung, die. I, 1.

Geschichte der Pädagogik. Die Grundwissenschaften der Pädagogik. Allgemeine Pädagogik. Von L[udwig] **Hohmann**. Breslau: Hirt 1898. 72 S. 8°
(Mittelschullehrer- u. Rektoratsprüfung. Reihe 1. H. 1.) 98. 112

Geschichte der Pädagogik. Die Grundwissenschaften d. Pädagogik. Allg. Pädagogik. Von **Ludwig Hohmann**, Rektor in Berlin. 2., verb. Aufl. *Breslau: F. Hirt 1903.* (88 S.) 8° [F.]
= **Mittelschullehrer**- u. die **Rektoratsprüfung**, Die. Reihe 1, H. 1. 04. 4241

Geschichte der Pädagogik. Die Grundwiss[ensch]aften der Pädagogik. Allgemeine Pädagogik. Von Ludwig **Hohmann**. Breslau: Hirt 1908. 90 S. 8°
(Die Mittelschullehrer- u. d. Rektoratsprüfung. R[eih]e 1, H. 1.) 09. 1107 2

— vaterländ. Geschichte. Ein Lehr- u. Lesebuch f. gehob. Volksschulen, f. Mittel- u. höh. Mädchenschulen. gr. 8. (VIII, 284 S.) Berlin 898. Nicolai's Verl. Geb. n. 1. —

Hohmann, Ludw., vaterländische Geschichte. Ein Lehr- u. Lesebuch f. gehobene Volksschulen, f. Mittel- u. höh. Mädchenschulen. 2. verb. Aufl. 5.—7. Tauf. gr. 8. (VIII, 280 S.) Berlin 900. Nicolai's Verl. Geb. n. 1. —

— d. Grundlinien d. Seelenlebens, dargest. unt. steter Berücksicht. d. Schulpraxis. [Aus: „Pädagog. Blätter f. Lehrerbildg."] gr. 8. (27 S.) Gotha 897. E. F. Thienemann, Verl. n. — 40

— pädagogisches Handbuch für die Vor- u. Fortbildung der Lehrer u. Lehrerinnen. 3 Bde. gr. 8. Breslau, F. Hirt. n. 12. 80; geb. in Halbfrz. n. 15. 80
1. Pädagogische Psychologie, dargestellt unter Berücksicht. der übr. Grundwissenschaften der Pädagogik sowie ihrer Grenzwissenschaften. Mit 22 Abbildgn. im Text. (465 S.) 906. n. 4. 50; geb. n. 5. 50
2. Methodik der einzelnen Unterrichtsfächer in zeitgemäßer Gestaltung. Ein Führer durch die Methodologie der Unterrichtsfächer. 2., durchgeseh. u. verm. Aufl. (541 S.) 904. n. 4. 80; geb. in Halbfrz. n. 5. 80
3. Schulpraxis. Ein Führer im Lehramt, sowie ein Nachschlagewerk f. Schulaufsichtsbeamte. 2 Tle. in 1 Bde. I. Die Schulpraxis im engen Sinne. II. Schulverwaltung, Schulgesetze u. schulamtl. Verordngn. (416 S.) n. 3. 50; geb. in Halbfrz. n. 4. 50

F. 2. 140

— Methodik des evangelischen Religionsunterrichts. 2., durchgeseh. u. verm. Aufl. (94 S.) gr. 8. Ebd. 904. n. 1. —

— Methodik des Unterrichts in der Naturkunde. 2., durchgeseh. u. verm. Aufl. (62 S.) gr. 8. Ebd. 904. n. — 70
3 Sonderabdrucke aus: „Methodik der einzelnen Unterrichtsfächer in zeitgemäßer Gestaltg."

— Methodik des Unterrichts in der deutschen Sprache. 2., durchgeseh. u. verm. Aufl. (128 S.) gr. 8. Ebd. 904. n. 1. 20

Hohmann, Ludw., Methodik der einzelnen Unterrichtsfächer in zeitgemäßer Gestaltung. Ein Führer durch die Methodologie der Unterrichtsfächer. gr. 8. (510 S.) Breslau 902. F. Hirt. n. 4. 50; geb. in Halbfrz. n. 5. 50

— dasselbe, s. a. Hilfsbücher f. d. erdkundl. Unterricht. III.

Methodik der einzelnen Unterrichtsfächer in zeitgemäßer Gestaltung. Ein Führer durch d. Methodologie d. Unterrichtsfächer von Ludwig **Hohmann**, Rektor. 2., durchges. u. verm. Aufl. Breslau: F. Hirt 1904. (541 S.) 8° [F.]
= [**Hohmann**: Pädag. Handbuch. Bd 2.] 07. 3428

— s.: Mittelschullehrer- u. Rektoratsprüfung, die.

Hohmann, Ludw., allgem. Pädagogik u. Didaktik. Aus d. Schulprax., s. d. Mittelschullehrer- u. Rektoratsprüfung, die. II, 1.

Allgemeine Pädagogik und Didaktik. Aus d. Schulpraxis. Von Ludwig Hohmann. 2., erw. u. verb. Aufl. Breslau: Hirt 1909. 96 S. 8°
(Die Mittelschullehrer- u. d. Rektoratsprüfung. Reihe 2, H. 1.) [09. 10619 2

Pädagogische Psychologie, dargest. unter Berücks. d. übrigen Grundwissenschaften d. Pädagogik sowie ihrer Grenzwissenschaften von Ludwig **Hohmann**, Rektor. Mit 22 Abb. Breslau: F. Hirt 1906. (468 S.) 8° [F.]
= **Hohmann**: Pädag. Handbuch. Bd 1. [07. 5441

— uns. Schuleinrichtgn. u. d. Reformbestrebgn. im Lichte d. Erziehungsprinzips u. d. Zeitforderg n., s. a. Sammlung pädagog. Vorträge.

Unsere Schuleinrichtungen und die Reformbestrebungen im Lichte des Erziehungsprinzips und der Zeitforderungen. Von L. Hohmann, Rektor in Berlin. *Bielefeld: A. Helmich [1895].* (17 S.) 8.
= Sammlung pädagogischer Vorträge. Bd VIII. H. 7. [96. 1012

Schulpraxis. Ein Führer im Lehramt, sowie e. Nachschlagewerk f. Schulaufsichtsbeamte. Von Ludwig **Hohmann**, Rektor in Berlin. 2 Teile in 1 Bd. Breslau: F. Hirt 1903. (416 S.) 8° [F.]
1. Die Schulpraxis im engeren Sinne.
2. Schulverwaltung, Schulgesetze u. schulamtl. Verordnungen.
= [**Hohmann**: Pädag. Handbuch. Bd 3.] [07. 5403

Hohmann, Ludwig [Cand. d. hoh. Schulamts]: Über Sprache und Stil des altenglischen Lai Havelok þe Dane .... Marburg, Univ.-Buchdr. (R. Friedrich), 1886; 2 Bl. + 38 S. + 1 Bl. 8°.
Marburg, Phil. Fak., Inaug.-Diss. v. [25. Nov.] 1886.

Hohmann, Ludwig, Dr.: Studien zu Luis Velez de Guevara. *Hamburg (1899): Lutcke & Wulff.* (20 S.) 4°
Hamburg, OR u. R vor d. Holstenthore, OP 1899 (781)

Hohmann, L., Studien zu Luis Velez de Guevara. Progr. gr. 4. (20 S.) Hamburg 899. (Herold.) n.n. 1. 50

—— wie gelangt der Mensch nach dem heutigen Stande der Pädagogik zu wahrer Bildung, s. Sammelmappe, pädagogische.

— Zahlenbilder z. Zerlegg. d. Grundzahlen durch d. Teilungsstrich. 14 Taf. à 44×57,5 cm. Nebst Begleitwort. gr. 8. (8 S.) Leipzig 895. F. Hirt & Sohn. n. 1. 60

Hohmann, Ottomar, e. vegetarischer Spaziergang nach Palermo im Juli u. Aug. 1893. gr. 8. (16 S.) Berlin 894. (P. Quack i/H. H. Rother.) n. — 40

Hohmann, Ottom., Verschwendung u. Haushalt im erkrankten Nervensystem. Eine naturärztl. Studie üb. Diät-, Luft- u. Sonnenkuren bei chron. Krankheiten. gr. 8. (92 S.) Berlin (W., Perlebergerstr. 5) (902). Selbstverlag. 1. 50

Hohmann, Ottom., „Verschwendung" u. „Haushalt" im erkrankten Nervensystem. Die Heilg. der Nervenleiden durch die Gesundheitslehre der nervenstarken Kulturvölker. 3. Aufl. (80 S.) 8. Berlin (908). E. Beyer. 1. —

Hohmann, P., Kanarienzucht, s.: Lehrmeister-Bibliothek.

Hohmann, P., s.: Taschenkalender f. Geflügelzüchter.

Hohmann, Reinhold, Kammergerichtsrefer.: Die Anfechtung ausserhalb und innerhalb des Konkurses in vergleichender Darstellung. Berlin 1910: Ebering. 107 S. 8° ¶ (Im Buchh. ebd.)
Heidelberg, Jur. Diss. v. 23. Dez. 1910, Ref. v. Lilienthal
[Geb. 28. Aug. 86 Berlin; Wohnort: Berlin; Staatsangeh.: Preußen; Vorbildung: Luisenstädt. Gymn. Berlin Reife O. 05; Studium: Berlin 9 S.; Rig. 15. Nov. 10.] [U 11. 2019

— **Theodor August,** Incorporationem allodii in feudum regale. Präs. Carl Otto Rechenberg. Lpz. (Immanuel Titius) 20. VII. 1728. 40 Seiten. (7.—) 15743
Gew.: Peter Hohmann (Hohen-Priesnitz . . .; Vater).

Hohmann, Walther, a. Quedlinburg: Aitolien und die Aitoler bis zum lamischen Kriege. Halle a. S. 1908: Hohmann. (46 S.) 8°
Halle, Phil. Fak., Ref. Niese, Diss. v. 7. Febr. 1908
[Geb. 6. Okt. 83 Quedlinburg; Wohnort: Halle a. S.; Staatsangeh.: Preußen; Vorbildung: Gymn. Quedlinburg Reife O. 04; Studium: Freiburg i. B. 3, Berlin 2, Halle 2 S.; Rig. 30. Juli 07.]

Hohmann, Wilhelm, appr. Arzt: Die künstliche Sterilisierung des Weibes. Heidelberg: Heidelberger Verlagsanst. u. Dr. 1910. 46 S. 8° ¶ (Im Buchh. ebd.)
Heidelberg, Med. Diss. v. 5. Aug. 1910, Ref. Menge
[Geb. 26. April 82 Dillich; Wohnort: Jesberg; Staatsangeh.: Preußen; Vorbildung: Wilhelms-Gymn. Kassel Reife M. 03; Studium: Marburg 2, München 1, Kiel 2, Berlin 2, Marburg 3 S.; Coll. 12. Juli 10; Approb. 12. Juli 10.] [U 11. 2201

Hohmann, Wilh., die künstl. Sterilisierung d. Weibes. (Diss.) (47 S.) 8. Heidelberg 910. Heidelberger Verlagsanstalt u. Druckerei. 1. —

Hohmann-Berlin, die Phantasie im Dienste des Unterrichts, s. Sammelmappe, pädagogische, Heft 104 und 105.

Höhmann und v. **Lancizolle**, generelles Project zu einem Kanal Potsdam-Teltow-Köpenick. gr. 8. (III, 16 S. mit 2 lithogr. Taf.) Berlin 882, Springer. *

Höhmann, Ernst, Tourenbuch f. Radfahrer im Bonngau. 12. (57 S.) Bonn 897. E. Strauss. Geb. n. 1. —

(B) **Höhmann,** E., Tourenbuch f. Radfahrer im Bonngau. 897. (KBL 29.) Jetzt: Bonn. F. Cohen.

Höhmann, Hans, Medizinalprakt.: Aus d. Prosektur d. Krankenh. r. d. I. ⟨Prosektor: Oberndorfer.⟩ Ein Fall von enormer solitärer Sarkommetastase an der Pleurakuppe nach primärem Extremitäten-Sarkom. ⟨Mit 1 Abb.⟩ München 1910: Wolf. 34 S., 1 Taf. 8°
München, Med. Diss. v. 20. Sept. 1910, Ref. Borst
[Geb. 20. Mai 83 Kassel; Wohnort: Kassel; Staatsangeh.: Preußen; Vorbildung: Wilhelms-Gymn. Kassel Reife O. 01; Studium: Jura Würzburg u. Marburg zus. 7, Med. Würzburg 2, München 1, Straßburg 2, Würzburg 2, München 3 S.; Coll. 20. Sept. 10; Approb. 14. Aug. 10.] [U 11. 3644

Höhmann, Heinrich, Medizinalprakt.: Ein Fall von sogenannter kryptogener, periurethraler Phlegmone mit consecutiver Sepsis. München 1905: Kastner & Callwey. (42 S.) 8°
München, Med. Fak., Ref. v. Bollinger, Diss. v. 18. Juni 1906
[Geb. 29. Nov. 80 Cassel; Wohnort: Cassel; Staatsangeh.: Preußen; Vorbildung: Wilh.-Gymn. Cassel Reife O. 99; Studium: Würzburg 7, München 4 S.; Coll. 18. Juni 06; Approb. 15. Mai 05.]

Höhme, C., das städtische Depositalwesen. Grundsätze zur Einrichtg., Führg. u. Beaufsichtigg. städt. Depositalkassen, nebst e. Entwurf zur Deposital-Ordng. u. 12 Muster-Formularen. Fol. (71 S.) Berlin 894. C. Heymanns Verl. Geb. in Halbleinw. n. 3. —

Hohmeier, F(ritz), approb. Arzt aus Grossenwieden, Prov. Hess.-Nass.: Ueber die Aenderungen der Fermentmengen im Mageninhalt, ein Beitrag zur Physiologie der Magenverdauung. *Tübingen: F. Pietzcker 1901.* (26 S.) 8°
Tübingen, Med. Diss. v. 1901

Hohmeister, Karl [(Dr. med.), pr. Arzt in Salmünster '(Reg.-Bez. Cassel)']: Beitrag zur Behandlung des Klumpfusses mittelst Exstirpatio tali .... Schlüchtern, C. Hohmeister's Buchdr., 1894; 31 S. 8.
Würzburg, Med. Fak., Inaug.-Diss. v. 1894

Deutscher Verein gegen d. Mißbrauch geistiger Getränke. Der Kampf der Polizei-Verwaltung in Herford gegen den Mißbrauch geistiger Getränke seit 1. Okt. 1900 bis Ende 1905 und die erzielten Erfolge. (Verf.: [Karl] **Hohmuth.** Polizeiinsp.) Berlin: Mäßigkeits-Verl. 1906. (11 S.) 8° [F.] [06. 740

Hohn, Adolph.: De ethicis Politicorum Aristotelis principiis. Berolini 1851 (64 S.).

Hohn, Alexander [aus Siegburg]: Zwei Fälle von Laparotomie bei Perityphlitis ... Geilenkirchen, Druck v. C. van Gils, 1893; 30 S. 8.
Würzburg, Med. Fak., Inaug.-Diss. v. 1893

Hohn, Constantin, s. H o h n , Konstantin

Hohn, Eduard, Referendar: Die Verjährung der Ansprüche gegen einen offenen Handelsgesellschafter aus Verbindlichkeiten der Gesellschaft. (§§ 159 u. 160 H.G.B.). Trier 1910: Trierer Dr.-Gesellsch. VI, 50 S. 8°
Leipzig, Jur. Diss. v. 19. Nov. 1910
[Geb. 21 De . 85 Cöln; Wohnort: Cöln; Staatsangeh.: Preußen; Vorbildung: Kaiser-Wilhelms-Gymn. Cöln Reife O. 05; Studium: Bonn 2, München 1, Leipzig 1, Bonn 2 S.; Rig. 21. Juli 10.] [U 11. 2865

Hohn, Joseph, approb. Arzt aus Köln: Aus d. chirurg. Klinik zu Giessen. **Beitrag** zur Exstirpation des Ganglion Gasseri. *Giessen 1901: v. Münchow.* (31 S.) 8°
Giessen, Med. Diss. v. 1901

Hohn, Karl Friedrich

Hohn, Karl Fr., prakt. Anweis. zum Uebersetzen aus d. Deutschen ins Lateinische nach Bröders Grammatik. 8. Würzb. 809.

Hohn, Karl Fr., Atlas von Bayern. Geographisch-statistisch-historisches Handbuch zur Kenntniß d. Zustandes von Bayern in seiner gegenw. Beschaffenheit. 2e umgearb. u. verm. Ausg. Mit 9 Karten. 1e—3e Lfrg. Mit 2 ill. Karten in Kpfrstich. qu. 4. Nürnberg 840. Stein. à 5 ℊ

Hohn, Karl Fr., Atlas v. Bayern. Geograph.-statist.-histor. Handb. z. Kenntniß d. Zustandes v. Bayern in seiner gegenwärt. Beschaffenheit f. alle Stände. (9 Lfgn.) 2., umgearb. u. verm. Ausg. qu. 4. (119 B. u. 9 ill. Kart., Kpfrst.) Nürnberg 840, 41, Stein.

Hohn, Karl Fr., Atlas von Bayern. Geographisch-statistisch-historisches Handbuch zur Kenntniß des Zustandes von Bayern in seiner gegenwärtigen Beschaffenheit für alle Stände. 2., durchaus umgearb. u. verm. Ausg. 3.—7. Liefg. Niederbayern. — Die Pfalz. — Oberpfalz und Regensburg. — Oberfranken. — Mittelfranken. qu. 4. (Mit 5 illum. Karten in Kpferst.) Nürnberg 840, 41, Stein. à 6¼ ngl — 8. u. 9. Liefg.: Unterfranken u. Aschaffenburg. — Schwaben und Neuburg. Mit 2 illum. Karten u. Generalregister und Verbesserungen über das ganze Werk. qu. 4. Ebend. 841. à n. 6¼ ngl

Hohn, Karl Fr., auch ein Beitrag z. Verbreit. d. Reiches Gottes. 8. Bamb. 802. 2e verb. Ausg. 810.

Hohn, Karl Friedr., Beschreibung d. Königr. Bayern nach d. neuesten Bestimmungen. gr. 8. (42 B. u. 1 Tab. qu. gr. Fol.) München 833, Literar.-Artist. Anstalt.

— geograph.-statist. Beschreib. d. Ober-Mainkreises d. Königr. Baiern. Ein Beitr. zur nähern Kenntniß d. Vaterlandes. gr. 8. Bamb. 826. Dederich. 1 ℛ 12 ℊ

—— kurzgefaßte Beschreibung d. Königr. Bayern nach d. neuesten Bestimmn., z. Gebr. beim Unterr. in d. vaterländ. Volksschulen. gr. 8. (12 B.) Bamberg 835, Dresch.

— Elementarbuch für d. Schulunterricht in der Geographie. Bamb. ... 8e A. 820. 9e nach den neuesten Bestimm. rc. umgearb. Aufl. 8. Ebd. 824. Wesché. 9 ℊ

— Elementarübungen, aus d. Deutschen ins Lateinische, zum öffentlichen u. Privatunterrichte. 3 Bde. 8. Salzb. 802—3. Duyle. 1 ℛ

— Festpredigten. 1r Bd. 8. Bamb. 802.

— neueste Geographie d. Königr. Baiern für d. vaterländ. Schulen dies- u. jenseits d. Rheins. 2e verm. u. ganz umgearb. Aufl. 8. Bamb. 818. 3e A. 820. (Wesché in Frankf.) 18 ℊ

Hohn, K. Fr., neueste Geographie des Königreichs Baiern für die vaterländ. Schulen dieß- und jens. des Rheins. 3te verm. und ganz umgearb. Aufl. 8. Bamberg, Gebhardt. 821.-

— Grundriß der Statistik des Königreichs Bayern. gr. 8. Bamberg 833. Dresch. 5/12 ℛ

— Lehrbuch d. allgemeinen Erdbeschreib. nach d. neuesten polit. Bestimmungen. 1e Abtheil. gr. 8. Bamb. 822. Drausnick. 1 ℛ 8 ℊ Hdg.-Pr. 20 ℊ

— latein. Lesebuch. 8. Salzb. 805. Mayr. 4 ℊ

—— topo-geograph.-statist. Lexicon v. Bayern, s. Eisenmann, Jos. Ant.

— libellus precum in usum litt. studiosorum aliorumque christianorum. 8. Bamb. 819. (Wesché in Frankf.) 8 ℊ Schrbp. 10 ℊ Velinp. 14 ℊ

— s. Jh. Nep. M ü l l e r, Lehrb. d. Weltgeschichte.

Ueber den Nutzen und Werth der Geschichte, von Prof. Dr. K. F. Hohn. — 1827. Ebend. — S. 3—8.
Progr. Bamberg

— der Regenkreis d. Königr. Baiern, geogr. u. statist. beschrieben. gr. 8. Stutg. 830. v. Cotta. 1 ℛ

— die Studienanstalten im Königr. Baiern, ein Handbuch für Rectoren u. Lehrer an denselben, zur leichtern Führung ihres Amtes, u. für alle, welche sich über d. Einrichtung d. vaterländischen höhern Bildungsanstalten unterrichten wollen. gr. 8. Bamb. 819. (Wesché in Frankf.) 16 ℊ

— gemeinfaßl. Vorträge auf e. Feste Mariens, d. Heiligen u. a. Gelegenheitsreden. 1r u. 2r Beitrag. 8. Salzb. 803. Duyle. 20 ℊ (Auch ohne f. Namen unt. d. T.: Anh. zu d. Gelegenheitsreden für d. Landvolk. 1s u. 2s Bdchn. Vergl. Gelegenheitsreden.

—— das Wissenswürdigste aus d. Geographie d. Königr. Bayern. 3., nach d. neuesten im Juli 1840 eingetret. Veränderungen verm., verb. u. m. größ. Schrift gedr. Aufl. 8. Bamberg, Dresch.

— das Wissenswürdigste aus der Geographie des Königreichs Bayern. Nach d. neuen Eintheilung des Königreichs für die königl. bayer. Stadt- u. Landschulen bearbeitet. 3e nach den neuesten im July 1840 eingetretenen Veränderungen verm. verb. Aufl. 12. Bamberg 837. Dresch. 1/10 ℛ

Hohn, Clara v., prakt. Haushaltungskunde, s.: Böcke, J.

Hohn, Konstantin

HOHN, Constantin (Stetten): Von Essen.- Würzburg: Becker 1853. 17 S.
16.8.1853 - Urk (Titel: De oeconomia.); F 68
Diss. Ingolst.-Landsh.-Mchn.

Hohn, Moritz [aus Troisdorf (Rheinl.)]: Zur Aetiologie und Symptomatologie der Cholelithiasis ... Greifswald, Druck v. J. Abel, 1896; 24 S. 8.
Greifswald, Med. Fak., Inaug.-Diss. v. 11. Juli 1896

Hohn, Wilhelm: Die socialökonomischen **Beziehungen** charitativer Genossenschaften, speciell untersucht an den Nancy-Trierer Borromäerinnen in Deutschland 1810—1899. *Berlin 1900: Germania.* (62 S.) 8°
Berlin, Phil. Diss. v. 12. März 1900

Hohn, Wilh., die Nancy-Trierer Borromäerinnen in Deutschland. 1810—1899. Ein Beitrag zur Statistik u. Geschichte der barmherz. Schwestern, ihres wohlthät. u. sozialen Wirkens. gr. 8. (VIII, 215 S.) Trier 899. Paulinus-Druckerei. n. 2. 50

Hohn, Wilhelm, Hausindustrie und Heimarbeit in den Regierungsbezirken Koblenz und Trier. Schriften d. Vereins f. Socialpol., Bd. 86. gr. 8⁰. Leipzig 1899.

Hohn, W., s.: Kultur, soziale.

— barmherzige Schwestern vom hl. Karl Borromäus. 1652—1900. Bilder aus der Geschichte der kathol. Charitas. Entworfen v. Clem. Brentano, Jos. v. Görres, Gedeon v. der Heide (J. B. Berger) u. den Chronisten der Genossenschaft, ergänzt u. hrsg. v. H. gr. 8. (XVI, 467 S. m. 6 Abbildgn.) Ebd 900. n. 4. —; geb. n. 5. 20

Hohn, W.: Wirkungen des ländlichen Genossenschaftswesens, Trier 1901.

Hoehn, Führungstechnik der Artillerie (Feldartillerie u. schwere Artillerie) im Feldkriege. 2. vollst. umgearb. Aufl. (IV, 100 S.) 8. München 910. Th. Riedel. 1.80

Höhn, Vortrag, s.: Götze, W., aus der Lehrerbildungsanstalt d. deutschen Vereins f. Knabenhandarbeit.

Höhn, A., Auslegung der Regul d. heil. Bischofs Aurelius Augustinus. 4. Würzb. 754. Stahel. 16 kr.

HÖHN, A., Die Grafenbraut. (Colportage-) Roman. 4 Thle. Mit zahlr. Illustr. Neusalza, o. J. 8⁰. 2398 S. (4 Kr. 80 H., Hlwd., A. H. Huber, Salzburg, c. 1905.)

Höhn, Chrn., Anleitung zur Stereotypen-Giesserei in Gips- u. Papiermaché..., s.: Isermann, A.

Höhn, Eduard

Höhn, E., der Handfertigkeits-Unterricht und die höheren Schulen. 4. (25 S.) Leipzig 887. (Fock.) n. 1. —

Höhn, E., der Melaphyr vom Schneidemüllerkopf bei Ilmenau. Inaugural-Dissertation. gr. 8. (33 S.) Jena 878. (Neuenhahn.) — 75

Höhn, Fritz: Untersuchungen über Wasserstoffpersulfid. 1909. 48 S. 8⁰ ¶ Vgl. Berichte d. Deutschen Chem. Gesellschaft. Jg. 41. 1908.
München, Dr.-Ing.-Diss. v. 2. 3. 1908

Hoehn, G. A. Der nanische Turnerbund u seine Stellung zur Arbeiterfrage. StL, 1892.

Hoehn, G. Seb., De epilepsia. 45 pp. Wirceb. 4°. 1752

Höhn, Geo., Kronen-, Stamm- u. Wurzelpflege, s.: Stock, Fr. Karl.

Höhn, H., Sitte u. Brauch bei Geburt, Taufe u. in d. Kindheit, s.: Mitteilungen üb. volkstüml. Überlieferungen in Württemberg.

Höhn, Heinrich, a. Grötzingen: Geschichte der württembergischen Stadt Grötzingen unter Berücksichtigung der Ämter Nürtingen und Neuffen bis 1700. Stuttgart 1907: W. Kohlhammer. (51 S.) 4° [F.] ¶(Aus: Württembergische Jahrbücher f. Statistik u. Landeskunde. 1906.)
Tübingen, Phil. Fak., Ref. Busch, Diss. v. 30. März 1907
[Geb. 21. Apr. 77 Grötzingen, O.-A. Nürtingen; Wohnort: Zell, O.-A. Kirchheim u./T.; Staatsangeh.: Württemberg; Vorbildung: Gymn. Nürtingen, Lauffen, Seminare Schönthal, Urach Reife M. 00; Studium: Tübingen 9 S.; Coll. 5. Juli 06.]

Höhn, Heinrich: Leben und Werke des Landschaftsmalers Georg von Dillis. Strassburg 1908: Heitz. 50 S. 8° ¶(Ersch. vollst. u. d. T.: Studien z. Entwickelung d. Münchener Landschaftsmalerei v. Ende d. 18. u. v. Anfang d. 19. Jhs., als: Studien z. dtsch. Kunstgesch. H. 108. 1909.)
München, Phil. Diss. v. 24. Juli 1908, Ref. Riehl, Wolters
[Geb. 8. April 81 Eisenach; Wohnort: Eisenach; Staatsangeh.: Sachsen-Weimar; Vorbildung: Realgymn. Eisenach Reife O. 00; Studium: Berlin Kunstsch. 6, Univ. 3, München 7 S.; Rig. 24. Juli 08.] [U 09. 3467

Höhn, Heinr., Studien z. Entwickelung d. Münchener Landschaftsmalerei v. Ende d. 18. u. v. Anf. d. 19. Jahrh., s.a. Studien z. deutsch. Kunstgesch. 108. Heft.

Studien zur Entwickelung der Münchener Landschaftsmalerei vom Ende des 18. und vom Anfang des 19. Jahrhunderts von Heinrich Höhn. Strassburg: Heitz 1909. XI, 282 S. 8°
(Studien z. deutschen Kunstgeschichte. H. 108.) [09. 381

Höhn, J., Bad Radein in Steiermark und seine Quellen. [Braumüllers Badebibliothek. Nr. 101.] 8°. (VII, 262 S.) K 2.40
Wien: Braumüller 1909.

Höhn, J. H. Anleitung zur Berechnung der alten Schweizer Münzen in neue Franken. Kirchlindach 1850.

Höhn, J. H., Anleitung zum Kurzrechnen. Mit besond. Rücksicht aufs prakt. Leben ausgearbeitet. gr. 8. (IV u. 460 S., Schlüssel dazu 90 S. u. Anh.: Die Rechnung mit Dezimalen 61 S. mit 1 Tab. in qu. gr. Fol.) St. Gallen 852, Scheitlin & Zollikofer. n. 1 Thlr. 26 Ngr.; in Leinw. geb. n. 2 Thlr.

Höhn, J. H. Die Rechnung mit Dezimalen. Speicher 1850.

Höhn, Jos., Bad Radein in Steiermark u. seine Quellen, s.a. Braumüller's Bade-Bibliothek. Nr. 101.

Bad Radein in Steiermark und seine Quellen von Dr. Josef Höhn. Mit zahlr. Abb. Wien & Leipzig: Braumüller 1909. VII, 262 S. 8°
(Braumüllers Bade-Bibliothek. Nr 101.) [09. 10100

Höhn, Karl, geschichtliche Entwicklung d. gewerblichen Lebens der Stadt Schmölln. Nach aufgefundenen Akten zusammengestellt. gr. 8. (XIV, 142 S. m. farb. Titel u. 1 Ansicht.) Schmölln 892. (Altenburg, Schnuphase.) n. 2. —

Höhn, K[arl]: Drei Hammerschläge. Eine mrische Neujahrsbetrachtung. [Blicke rückwärts, gib dich zufrieden, auf zur Arbeit!] FZ. 51 1897 S. 65—69.

Höhn, Karl: Ueber Salze einer grünen und einer violetten Propionatochrombase. Ulm a. D. 1910: Frey. 60 S. 8°
Tübingen, Naturwiss. Diss. v. 11. Mai 1910, Ref. Wislicenus
[Geb. 29. Okt. 80 Ulm a. D.; Wohnort: Ulm; Staatsangeh.: Württemberg; Vorbildung: Realgymn. Ulm Reife M. 00; Studium: Stuttgart Techn. Hochsch. 2, Tübingen 2, München 7 S.; Coll. 11. Mai 10.] [U 10. 4243

Höhn, Kurt, Referendar a. D.: Das Verfügungsrecht über das Frachtgut während des Transportes, insbesondere des Eisenbahntransportes. Weimar 1910: Dietsch & Brückner. VIII, 38 S. 8°
Jena, Jur. Diss. v. 3. Juni 1910, Ref. Fehr
[Geb. 17. Mai 83 Kahla; Wohnort: Weimar; Staatsangeh.: Sachsen-Altenburg; Vorbildung: Gymn. Altenburg Reife O. 02; Studium: Leipzig 4, Jena 3 S.; Rig. 3. Mai 10.] [U 10. 2346

Höhn, Max, Referendar in Eisfeld: Der Erbschein nach dem Rechte des deutschen BGBs. Jena 1907: G. Neuenhahn. (102 S.) 8° [F.]

Jena, Jur. Fak., Ref. Thon, Diss. v. Sept. 1907

[Geb. 23. Febr. 84 Crock in S. Meiningen; Wohnort: Eisfeld; Staatsangeh.: Sachsen-Meiningen; Vorbildung: Gymn. Meiningen Reife O. 02; Studium: Leipzig 2, München 3, Berlin 1, Jena 3 S.; Rig. 28. Mai 07.]

Hoehn, M. Führungstechnik der Feld-Artillerie im Gefecht. München 1908. 46 S.
— — 2. umgearb. Aufl. u. d. T.: Führungstechnik der Artillerie (Feldartillerie u. Schwere Artillerie) im Feldkriege. 1910. 100 S.

Hoehn, Paul: Beiträge zur Auslegung Horazischer Oden. Weimar, Druck d. Hof-Buchdr., 1894; 1 Bl., 16 S. 4.
Weimar, Wilhelm-Ernstisches G, OP 1894 (677)

Hoehn, Paul, de codice Blandinio antiquissimo. Dissertatio philologica. gr. 8. (55 S.) Jena 883, (Deistung's Buchh.) *

Höhn, W., kurze Geschichte der Kirchenreformation in der gefürsteten Grafsch. Henneberg, s.: Schriften f. das deutsche Volk.

Hohnau, A. L., Anleitung z. Zucht u. Dressur aller Arten d. Jagdhunde. Nebst d. neuesten, besten Mitteln, die am häufigsten vorkomm. Krankheiten d. Hunde zu heilen. Ein nützl. Schrift f. Jäger u. Jagdfreunde. 8. (8 B.) Quedlinburg 833, Basse.

Hohnau, A. L., Anleitung z. Zucht u. Dressur aller Arten d. Jagdhunde, insbesondere des Hühner-, Leit-, Schweißhundes, des Saufinders, des Hetz-, Sau- od. Packhundes ꝛc. Eine nützl. Schrift f. Jäger u. Jagdfreunde. 2. Aufl. 8. (8 B.) Quedlinburg 846, Basse.

Hohnau, A. L., Anleitung zur Zucht und Dressur aller Arten der Jagdhunde. Nebst den neuesten, besten Mitteln, die am häufigsten vorkommenden Krankheiten der Hunde zu heilen. Eine nützl. Schrift für Jäger und Jagdfreunde. 3. Aufl. 8. (118 S.) Quedlinburg 852, Basse.

Hohnau, A. L., Anleitung zur Zucht und Dressur aller Arten der Jagdhunde, insbesond. des Hühner-, Leit-, Schweißhundes ꝛc. Nebst den neuesten besten Mitteln, die am häufigsten vorkomm. Krankheiten der Hunde zu heilen. Eine nützl. Schrift für Jäger und Jagdfreunde. 4., verb. Aufl. 8. (126 S. mit 1 lithogr. Abbild.) Quedlinburg 865, Basse.

Hohnau, A. L., die Zucht u. Wartung d. Stubenvögel u. d. Hausgeflügels, nebst Anweisn. z. Fange d. Vögel, z. Erkennung u. Heilung ihrer Krankheiten ꝛc. 8. (9 B.) Quedlinburg 838, Basse. Thlr.

Hohnbaum, Arno, über Vibrations-Massage. (V, 93 S. m. 1 Taf.) 8. Hannover 906. Hahn. n. 2.50

Hohnbaum, C., von ein. besond. Art des übermäßigen Monatsflusses. 8. Erlang. Breuning. 811.

Hohnbaum, (C.,) üb. d. Fortschreiten d. Krankheits-Processes, insbesondere d. Entzündung. Ein Beitrag z. allgem. Krankheitslehre. 8. Hildburgh. 826, Kesselring.

Hohnbaum, C., über den Lungenschlagfluß. gr. 8. Erlangen, Palmsche Verl. Buchhdl. 818.

Hohnbaum, F. C. P., über Erziehung; nach d. Engl. 8. Bamb. 822. Wesché in Frankf. 8 ¼

— d. erfahrne Rathgeber für alle Stände oder nützl. u. belehr. Handbuch für Künstler, Handwerker, Oekonomen, Hausfrauen ꝛc. Aus d. vorzüglichsten Werken zusammengetragen. Mit Abbildd. 8. Bamb. 822. 2e A. 823. (Wesché in Frankf.) 18 ¼

Hohnbaum, Jh. Cph., († d. 13. Nov. 1825.) über d. heil. Abendmahl. 8. Cob. 781. (Riemann). 4 Kr

— Berichtig. d. Geschichte d. Vater- u. Muttermörders Hofmann ꝛc. 8. Hildburgh. 791. Hanisch. 3 Kr

— Gesänge u. Predigten bei Einweihung d. neuen Kirche zu Gauerstein. 8. Hildburgh. 800. Hanisch. 3 Kr

— s. J. G. Pfranger, Predigten.

— Predigten über d. Geschichte d. Alt. Testaments. 2 Thle. 8. Cob. 787—89. (Riemann). 1 ₰ 18 Kr

Hohnbaum, Karl

— von einer besondern Art d. übermäßigen Monatsflusses. 8. Erlang. 811. (Heyder). 8 Kr

— s. Bibliothek d. ausländ. Litt. für Medicin. 5r Bd.

Hohnbaum, Carl, medic. Conversationsblatt, s. Conversationsblatt.

Hohnbaum, Karl, über d. Fortschreiten d. Krankheits-Processes, insbesondere d. Entzündung. Ein Beitrag zur allgemeinen Krankheitslehre. 8. Hildburgh. 826. Kesselring. 1 ₰ 12 Kr

Hohnbaum, Carl, psychische Gesundheit u. Irreseyn in ihren Uebergängen. Ein Versuch zur nähern Ergründung zweifelhafter Seelenzustände f. Kriminalisten u. Gerichtsärzte. gr. 8. (12 B.) Berlin 845, G. Reimer.

—— Hausmittel z. Verhütung u. Behandl. d. Cholera. gr. 8. (2 B.) Hildburghausen 831, Kesselring.

— s. Hildebrandt, G. Fr.: Lehrb. d. Physiologie.

Hohnbaum, (Karl) (Hrsg.):

s.: Konversationsblatt, Medicinisches. Jg. 1-3. Hildburghausen: 1830-32.

JB 6.158

— Hildebrandts Leben u. letzte Krankheit. 8. Erlang. 816.

— über den Lungenschlagfluß. gr. 8. Erlang. 818. Palm. 14 Kr

— s. Maclean: Pestgelbes Fieber.

Hohnbaum, Carl, über d. Pulsation in d. Oberbauchgegend als begleit. Symptom d. Indigestion. 8. ($6^3/_4$ B.) Hildburghausen 830, Kesselringsche Hofbuchh.

— s. Ramadge, die Lungenschwindsucht.

Karl Hohnbaum

Hohnbaum, C[arl]: Einige Worte über das Verhältniß von Leib und Seele, in Bezug auf des Hrn. Prof. Nasse's Abhandlung: über die Abhängigkeit oder Unabhängigkeit des Irreseyns usw. 8°

Aus: Zeitschrift für psychische Aerzte. Bd 2. 1818. H. 1.

Hohnbaum-Hornschuch, Ehrhardt (Putbus a. Rügen), Eisenbahntransport Verwundeter auf Sanitätszügen. Diss. med.-chir. Bln. (Gustav Lange [Paul Lange]) 8. III. 1876. 32 S. mit Biogr. (6.—) 15744
Oppon.: E. Dippe, H. Taubner, P. Staege.

Hohnbaum-Hornschuch, Reinh. Fr. Maur., de anguillarum sexu ac generatione. Dissertatio inaug. 4maj. (3¾ B. u. 1 Stnt.) Gryphiae 842. (Koch.) *

Hohndell, Gust., arithmet. Unterhaltungen. I. — A. u. d. T.: Pract. Anleitung z. Bildung u. Berechnung magischer od. sogen. Zauber-Quadrate. Für Freunde d. Rechenkunst. Lex.-8. (17 B. mit vielen eingedr. Fig.) Leipzig 837, [Wöller.]

—— dass. — (Wohlfeile Ausg.) — U. d. T.: 384 Zauber-Quadrate, od. arithmet. Belustign. f. Freunde d. Rechnenkunst, nebst Anleit. zu ihrer Bildung u. Berechn. Lex.-8. (17 B. u. viel. eingedr. Fig.) Ebds. 839.

Hohndorf, Luise

— Über die sogenannte Emancipation der Frauen. Nebst einigen fragmentarischen Ideen über die dem weiblichen Geschlechte zu gebende Bildung. — Crefeld: Funcke 1839. 44 S. 8⁰

Hohndorf, Luise, Frauenleben u. Frauenberuf. In Briefen. Berlin 869. E. Müller. gr. 8. (XI, 171 S.) n.: 27 ngr

Hohndorf, Luise, Frauenleben und Frauenberuf. In Briefen. 2. Aufl. 8. (VIII, 171 S.) Halle 873. Gesenius. n. 2. 70

Hohndorf, Luise, aus erlauchtem Geschlecht, s. Eisenbahn-Unterhaltungen.

Hohndorf, Luise, Norah. Ein Frauenleben. 16. (119 S.) Barmen 868, Langewiesche's Buchh.

— aus bewegten Tagen. Eine Erzählung. 2 Thle. 8. (218 u. 200 S.) Ebend. 873. n. 5. 40

Hohndorf, S., Zur Geschichte der deutschen Zünfte. 8⁰. Cassel 1861.

Höhndorf, Paul (geb. am 14 Apr. 1851 in Eupen): Ueber das Sarcom der Uvea ... Bonn, Buchdr. v. P. Neusser (1872). 29 S., 1 Bl. 8.
Bonn, Med. Fak., Diss. v. 23 Juli 1872

Höhne, Das Rettungshaus Moritzburg, s.: Stätten u. Werke der inneren Mission im Königr. Sachsen.

Höhne, der Romanismus gegenüber dem Germanismus. Rede zur Feier d. Geburtstages d. Königs in der Aula d. Gymnasiums zu Zwickau, geh. 8. (24 S.) Zwickau 871. (Richter.) n. — 40

Hoehne, (Adolf), Prof. Dr.: **Chronik der ersten 25 Jahre** des Wohlauer Gymnasiums. *Wohlau 1898: Schulze.* (36 S.) 4⁰ [Ant. u. Jl.]
Wohlau, K. G. Festschr. 1898 (1899 No 220)

Hoehne, (Fridricus) Adolphus (*geb. Kuhnau in Schles. 18.9.1839*): De infinitivi apud Graecos classicae aetatis poetas usu qui fertur pro imperativo. Vratislaviae (1867). (40 S.) 8⁰
Breslau, Phil. Diss. v. 21. Mai 1867

Höhne, Alwin, elektr. Bogenspiel od.: Blumen- u. Rosenspiel. 30 Gruppenbilder in Verbindg. m. Freiübgn. f. Turnerinnen. (15 S. m. 1 Taf.) 8. Leipzig (907). Rauh & Pohle. 1. 50

Höhne, Ant.

Höhne, A., die deutsche evangelische Landeskirche. Ein Beitrag zur Lösung der Verfassungsfrage. gr. 8. (28 S.) Bromberg 872. Mittler. n. — 60

Höhne, A., kurzer Lebensabriß der Heiligen auf jeden Tag d. Jahres, nebst Erwägg. u. Gebet. 3. Aufl. 12 Lfgn. 8. (992 S. m. 1 Stahlst.) Stolberg (Rhld.) 887. Matthes. à n. — 50 (cplt.: n. 6. —; geb. n. 7. —)

Höhne, Ant., Lucia. Religiöses Schauspiel in 3 Aufzügen. (78 S.) kl. 4. Aachen 903. G. Schmidt. n. — 50

— Katechetische Predigten, s. Wermelskirchen, C. M.

Katechetische Predigten. Von C. M. **Wermelskirchen** in Cöln. Fortges. von A[nt.] Höhne in Düsseldorf. [Neue Titelausg.] Bd 1–3. *Aachen: R. Barth 1898.* 3 Bde 8⁰ [Jl.]
1. Vom Glauben. 2. Von d. Geboten. 3. Von d. Gnadenmitteln. [6.– 3.– 5

Katechetische Predigten. Von C. M. **Wermelskirchen.** Fortges. von A[nt.] Höhne. [Lief.-Ausg.] H. 1. *Aachen: R. Barth 1902.* 8⁰ [Jl.] –.60

Höhne, A., Rathgeber für Confirmanden auf dem neuen Lebenswege. 8. (31 S.) Czarnikau 879. Deuß. n. — 15

Höhne, A., Rathgeber für Confirmanden auf dem neuen Lebenswege. 2. umgearb. Aufl. 8. (30 S.) Czarnikau 885, Deuß. *

Hoehne, A(rthur), aus Wohlau i. Schl.: **Condensation zwischen Aldehyden und Ketonoxalestern.** *Kiel 1904: H. H. Peters.* (62 S.) 8⁰
Kiel, Phil. Diss. v. [27. Febr.] 1904

Hoehne, Aug., Kernlieder der evangelischen Kirche nach ihrer besondern Veranlassung zum Gebrauche für Lehrer und für Freunde des Kirchenliedes dargestellt. 8. (VIII und 118 S.) Berlin 854, Springer. *

Höhne, Carl, s. Höhne, Karl

Hoehne, Christophorus (*geb. Schreiberhau in Schles. 24.11.1815*): De strangulatione intestinorum interna. Vratislaviae (1841). (36 S.) 8⁰
Breslau, Med. Diss. v. 26. Juli 1841

Höhne, E., die Berührungspunkte zwischen Moses u. Plato: das ist zwischen Altem Testamente u. platon. Philosophie, zum Teil nach Philo. (Erweiterter Vortrag.) gr. 8. (39 S.) Leipzig 893. G. Wigand. n. — 80

Hoehne, E., Nordkap u. Mitternachtssonne. Eine norweg. Reise. (III, 180 S.) Hamburg 885. Hoffmann & Campe Verl. n. 2. 50

—— Der evangelische Religionsunterricht an höheren Lehranstalten, s. Zimmer's Handbibliothek der prakt. Theologie.

Höhne, Ed., Grundzüge der Methodik des Religions-Unterrichts nebst Bemerkungen über die allgem. Schulmethodik. Mit einem Anhange. gr. 8. (56 S.) Hohnstein 850, Centralschulbuchhandlung.

Höhne, Emil, zu Klingers „Christus im Olymp". gr. 8. (24 S.) Gütersloh 900. C. Bertelsmann. n. — 40
Sonderabdruck aus: „Beweis des Glaubens".

Höhne, Emil, Danket dem Herrn, denn Er ist freundlich und Seine Güte währet ewiglich! Erntepredigt über Psalm 188, V. 1, gehalten am 28. Aug. 1887. gr. 8. (15 S.) Meißen 887, Mosche. *

— **danket dem Herrn! 7 Erntefest-Predigten. gr. 8. (80 S.) Meißen 892. L. Mosche. n. 1. —**

Höhne, Emil Darstellung und Beurteilung des Kantischen Pelagianismus, d. h. der Lehren: 1) vom radikalen Bösen, 2) von der Freiheit, 3) von der Autonomie, 4) von der Autarkie der praktischen Vernunft. 61 S. Progr. Fürst. Meissen 1881.

Höhne, Emil, Frauenideale. [Aus: „Beweis d. Glaubens".] gr. 8. (28 S.) Gütersloh 898. C. Bertelsmann. n. — 50

Höhne, Emil, mancherlei Gaben, ein Geist. Vorträge über Themen aus den Grenzgebieten der Theologie. gr. 8. (140 S.) Gütersloh 877. Bertelsmann. n. 1. 50

Höhne, Emil, Kaiser Heinrich IV. Sein Leben u. seine Kämpfe (1050—1106), nach dem Urteile seiner deutschen Zeitgenossen dargestellt. (VIII, 847 S.) 8. Gütersloh 906. C. Bertelsmann. n. 5. —; geb. n. 6. —

— zur Kritik des Kant'schen Nomismus, s.: Dissertationes, VI, varii argumenti variorum auctorum.

—— das Neue im Christentume gegenüber dem altklassischen Heidentume. Durchgeseh. und erweit. Sonderausg. 8. (IV, 206 S.) Leipzig 887, Ronge. *

— Kant's Pelagianismus u. Nomismus. Darstellung u. Kritik. gr. 8. (VII, 157 S.) Leipzig 881. Dörffling & Franke. n. 3. —

Hoehne, Aemil., Anselmi Cantuariensis philosophia cum aliorum illius aetatis decretis comparatur ejusdemque de satisfactione doctrina dijudicatur. Dissertatio inauguralis. 8. (64 S.) Leipzig 867, Fues's Verlag. *

— Umfang u. Art der Bibelbenutzung in Goethes Faust. (35 S.) gr. 8. Ebd. 905. n. — 60
Sonderabdruck aus: „Der Beweis des Glaubens".

— goldene Worte. Anklänge an die Worte u. Gedanken des heil. Vater Unser's aus fast allen Jahrhunderten der Kirche. Zur religiösen Erbauung u. Anregung zusammengestellt. gr. 8. (VII, 472 S.) Leipzig 882. Dörffling & Franke. n. 5. —; geb. n. 6. 20; m. Goldschn. n. 6. 50

Höhne, *Friedrich Albert* Ernst [aus Lübben in d. Nieder-Lausitz]: Über die Heilung des Rectumcarcinoms durch Exstirpation ... Halle a. S., Hofbuchdr. v. C. A. Kaemmerer & C., 1894; 39 S., 1 Bl. 8.
Halle, Med. Fak., Inaug.-Diss. v. 14. März 1894

Höhne, Ernst, die vier humanen Sinne, s. Magazin, pädag.

Die vier humanen Sinne. Von Dr. Ernst **Höhne**. Langensalza: Beyer 1908. 45 S. 8°
(Pädagogisches Magazin. H. 330.) [illegible]

Höhne, Fr., und C. W. Rösling, Handbuch für die Kupferschmiede, s. Schauplatz, neuer, der Künste und Handwerke.

Höhne, F., u. C. W. Rösling, Handbuch f. Kupferschmiede. Nebst den nöt. Belehrgn. üb. die Erzeugg. u. Behandlg. d. Rohkupfers. 2., neu bearb. Aufl. v. Chr. Schröder. Mit e. Atlas v. 12 Foliotaf. gr. 8. (X, 314 S.) Weimar 888. B. F. Voigt. 7. 50

Höhne, F., u. C. W. Rösling, Handbuch f. Kupferschmiede. Nebst den nöt. Belehrgn. üb. die Erzeugg. u. Behandlg. d. Rohkupfers. Gänzlich neu bearb. v. Chr. Schröder. 3. (Titel-)Aufl. Mit e. Atlas v. 12 Foliotaf. gr. 8. (X, 314 S.) Weimar 894. B. F. Voigt. 5. —

Höhne u. Rösling, Handbuch f. Kupferschmiede, 4. Aufl., s.: Petit, Waldem., der Kupferschmied.

Höhne, Fr., und C. W. Rösling, das Kupferschmiedhandwerk, s. Schauplatz d. Künste, 101. Bd.

Höhne, Fr., u. C. W. Rösling, das Kupferschmiedhandwerk mit den nöthigen Vorlehren über die Erzeugung u. Behandlung des Rohkupfer, so wie aller in dieses Fach einschlag. Produkte; mit 36 lith. Tafeln. 8. Weimar 839. Voigt. 1¼ ₰ (Vgl. Schauplatz d. Künste u. H. 101r Bd.)

Mitteilungen d. Ver. d. Kupferschmiedereien Dtschlds. 1895-97. 4° Hannover 1895-97

Höhne, *Gotthilf Theodor* Friedrich [aus Stettin]: Die Gedichte des Heinzelein von Konstanz und die Minnelehre ... Leipzig-R., Druck v. O. Schmidt, 1894; 66 S., 1 Bl. 8.
Leipzig, Phil. Fak., Inaug.-Diss. v. [27. Apr.] 1894

Höhne, Fdr., die [illegible] d. [illegible] v. [illegible] u. die Minnelehre. [illegible] Diss. gr. 8. (66 S.) [illegible] 894. (G. Fock.) n. [illegible]

Höhne, Friedrich, Dr.: Komik und Humor in Henry Fieldings Roman Joseph Andrews. Abh. 1. *Greifswald (1902): F. W. Kunike.* (S. 3–41.) 4°
Greifswald, st. G. m. R. nebst VS, P. 1902 (151)

Hoehne, Fritz, z. Z. Einj.-freiw. Arzt im Gren.-Reg. König Friedr. Wilh. I (2. Ostpr.) No 3: Aus d. Kgl. Universitäts-Frauenklinik in Königsberg i. Pr. Ueber puerperale Mortalität und Morbidität in der Königlichen Universitäts-Frauenklinik in Königsberg i. Pr. während der Jahre 1898 bis 1902. *Königsberg i. Pr. 1903: O. Kummel.* (59 S.) 8°
Königsberg, Med. Diss. v. 7. Apr. 1903

Höhne, Ghelf., Kornblumen. Festgedicht z. 100jähr. Geburtstagsfeier Sr. hochsel. Maj. weil. Kaiser Wilhelms I. 8. (4 S.) Berlin 897. E. Bloch. n. — 60

— dasselbe, s. a. Zur 100jähr. Geburtstagsfeier Sr. hochsel. Maj. weil. Kaiser Wilhelms I.

Höhne, H. W. C., Euripides u. die Sophistik der Leidenschaft. Pr. 1867. 89 S. 4°.

Hoehne, Heinrich (Bochum), De morborum sexus muliebris cum masculo communium peculiari ratione. Diss. med.-chir. Bln. (Nietack) 8. IX. 1834. 40 S. m. Biogr. (M.: E. Schulte.) (6.50) 15366
Oppon.: Ad. Sauer, Theod. Ameke, Jos. Thoenissen.

Höhne, Johannes, Ueber die Anwesenheit der Gallensäuren im physiologischen Harne. Diss. Dorpat. 8°. 72 pp.
1873

Hoehne, Johs., das Amt Pr. Eylau um 1600 unter bes. Berücksicht. d. Kirchspiels Kl. Dexen. (36 S.) 8. Königsberg 909. (Evangel. Buchh. d. ostpr. Prov.-Vereins f. innere Mission.) nn — 75

Das Amt Pr. Eylau um 1600 unter besond. Berücks. d. Kirchspiels Kl. Dexen von Johannes **Hoehne**. (2. Aufl.) Pr. Eylau 1909: Schöffler. 36 S. 8° [illegible] 10

Höhne, K., Kirchweihpredigt, gehalten den 9. Nov. 1846, am Tage der Einweihung der neuen Kirche zu Knauthayn. gr. 8. (15 S.) Leipzig 847, Klinkhardt. *

Höhne, C., der sogenannte Leih-Vertrag. Prüfung seines Inhalts u. Feststellg. seiner rechtl. Natur. gr. 8. (15 S.) Berlin 885. H. W. Müller. n. — 50

Höhne, C., die gesetzliche Regelung der Raten- u. Abzahlungsgeschäfte. gr. 8. (VII, 144 S.) Berlin 891. Siemenroth & Worms. n. 3. —

— Theorie d. sogenannten Leih-Vertrages u. Fixirung der Stellung d. Allgemeinen Deutschen Handelsgesetzbuches gegenüber dem Allgemeinen bürgerlichen Rechte behufs Beantwortung der Frage, ob sogenannte Leihgeschäfte, v. e. Kaufmanne gewerbsmäßig betrieben, Handelsgeschäfte sein können, nebst Urtheilsentwürfen mit prakt. Anwendg. der entwickelten Rechtssätze. gr. 8. (42 S.) Ebend. 886. n. 1. —

Höhne, Carl, wie werde ich e. tüchtiger Stenograph? Ratschläge aus d. Praxis f. Anhänger aller Systeme. (73 S.) kl. 8. Berlin 908. Gerdes & Hödel. 1. —

Höhne's, Carl Traug., Auswanderung nach Australien und Rückkehr in's Vaterland von ihm selbst erzählt und mit sonstigen zuverlässigen Nachrichten über Australien verknüpft. 12. (96 S.) Bautzen 853, (Schmaler.)

Hoehne, M., Warum? s. a. Volks-Bibliothek, christl.

[S.] Warum? E. Lebensbild von M. **Hoehne**. *Berlin: Hauptver. f. christl. Erbauungsschr. 1898.* (2 Bl., 44 S.) 1 Bd 8.
= **Volks-Bibliothek**, Christliche. Bd 60. 98. 4459

Hoehne, Ottomar, z. Z. Assist. am Pathol. Institut zu Rostock: Aus d. Universitäts-Klinik f. Ohren- u. Kehlkopfkrankheiten zu Rostock. **Beiträge zur Kenntnis des Tastsinnes der Haut und der Schleimhäute besonders in der Medianlinie des Körpers.** *Rostock 1898: C. Boldt.* (33 S.) 8°
Rostock, Med. Diss. v. [17. Dez.] 1898

Hoehne, O., die Erfolge u. Dauererfolge der Hebosteotomie an der Kieler Universitätsfrauenklinik, s. a. Sammlung klin. Vorträge.

Die Erfolge und Dauererfolge der Hebosteotomie an der Kieler Universitätsfrauenklinik. Von Privatd. Dr. O[ttomar] **Hoehne**. Mit 6 Tab. Leipzig: J. A. Barth 1908. (20 S.) 8° [Umschlagt.]
= **Sammlung** klinischer Vorträge. N. F. No 497/498. 08. 1918

Hoehne, Ottomar, Dr., Oberarzt der Universitäts-Frauenklinik zu Kiel: (Aus der Universitäts-Frauenklinik zu Kiel. Direktor: Geh. Med.-Rath Prof. Dr. Werth.) Zur Frage der Entstehung intramusculärer Abzweigungen des Tubenlumens. Mit 13 Abbild. Berlin 1904: L. Schumacher. (40 S.) 8°. ¶(Aus: Archiv für Gynäkologie, Bd 74, H. 1.)
Kiel, Med. Fak., Hab.-Schr. v. 29. Juli 1904
(Nicht für den Austausch)

Höhne, Richard [aus Dresden]: Analytische Untersuchung Steinerscher Maxima- und Minimaprobleme welche Beziehungen zwischen Umfang und Inhalt ebener Figuren enthalten. ... Freiberg, Buchdr. Ernst Mauckisch, 1880. 1 Bl. + 51 + 1 S. 8°
Leipzig, Phil. Fak., Inaug.-Diss. v. 31. März 1880

Höhne, W., Euripides und die Sophistik der Leidenschaft. Plauen.
Schul-/Univ.-Schrift 1867

Höhne, W., die deutsche Tanne. Ein Idyll aus deutsch. Bergwald, nach eigenen Worten f. e. tiefe Männerstimme, Chorgesang u. Orchester v. Friedrich E. Koch. Op. 30. Thematischer Führer. (Kahnts Musikführer.) (10 S.) 8. Leipzig 908. C. F. Kahnt Nachf. — 10

Höhne, Wilh., Geschäftsaufsätze u. Briefe in zusammenhäng. Folge method. aufgebaut. Handbuch f. Lehrer an gehob. Volksschulen, an Mittelschulen, Fortbildungsanstalten u. gewerbl. Fachschulen, sowie z. Selbststudium. 4 Lehrgänge, darstellend den schriftl. Verkehr je aus u. m. e. Schneider-, Tischler- u. Buchbinder-Werkstatt. 1 Lehrgang, enth. e. Brieffolge aus dem Erwerbsleben der weibl. Jugend. 1 Lehrgang, enth. Eingaben an Behörden auf Grundlage d. bürgerl. Gesetzbuches u. d. sozialen Arbeitergesetze. gr. 8. (120 S.) Berlin (902). H. Kitelmann. n.n. 1. 50

Hohneck's Märchen-Bilderbuch. (Aschenbrödel. Dornröschen. Hänsel u. Gretel. Der gestiefelte Kater. Rotkäppchen. Schneewittchen.) (109 S. m. 54 farb. Vollbildern.) 8. Stuttgart (905). G. Weise. Geb. n. 2. 50

Hohneck, Maria, u. Meta Voigt, für frohe Kinderherzen. Ein Bilderbuch f. das erste Kindesalter m. e. Auswahl der schönsten Kinderreime. Mit Farbendr.-Bildern nach Orig.-Aquarellen. 3 Sorten. gr. 4. (à 6 Bl.) Wesel (900). W. Düms. Kart. à 1. —

— u. Meta Voigt, für frohe Kinderherzen. Ein Bilderbuch f. d. erste Kindesalter, m. e. Auswahl d. schönsten Kinderreime. Mit Farbendr.-Bildern nach Orig.-Aquarellen. 2 Sorten. (à 10 Bl.) Lex. 8. Wesel (908). W. Düms. Geb. à 1. —

— — Kinderreime aus Großmutters Jugendzeit. Schöne alte Reime, f. Mutter u. Kind ausgewählt u. m. (farb.) Bildschmuck versehen. (10 S. auf Pappe.) Lex. 8. Ebd. (910). Geb. 1. 50

Hohneck, Maria, frohe Lieder, s.: Güll, Frdr.

— — Ringel-Ringel-Reihe. Ein Buch f. Mutter u. Kind. Sammlung der schönsten Kinderreime, m. 18 Farbendr.-Bildern nach Orig.-Aquarellen. gr. 4. (18 Bl.) Ebd. (900). Geb. 2. 50; auf Leinw. 3. 50; auf Pappe (18 S.) 3. —

— Scherz u. Ernst, s.: Hey, Wilh.

— — Die Uhr schlägt sechs! u. andere schöne alte Kinderreime. Für Mutter u. Kind ausgewählt u. m. (farb.) Bildschmuck versehen. (10 S. auf Pappe.) Lex. 8. Ebd. (910). Geb. 1. 50

Höhnel, Frz. Ritter v., über die Art des Auftretens einiger vegetabilischer Rohstoffe in den Stammpflanzen. Lex.-8. (11 S. mit 1 lithogr. Taf.) Wien 884, (Gerold's Sohn.) **
Aus: Sitzungsberichte der k. Akademie der Wissenschaften, besonders abgedruckt.

Höhnel, Frz. v., Beitrag z. Kenntniss d. Laubmoosflora d. Hochgebirgstheiles d. Sierra Nevada in Spanien. [Aus: „Sitzungsber. d. k. Akad. d. Wiss."] Lex.-8. (40 S.) Wien 895. (C. Gerold's Sohn.) n. — 70

— u. Vikt. **Litschauer**, Beiträge zur Kenntnis der Corticieen. (I.—III. Mitteilg.) gr. 8. Wien, A. Hölder. 7. 80
I. (72 S. m. 10 Fig.) 906. 2. 30
II. (114 S. m. 20 Fig. u. 4 Taf.) 907. 4. —
III. (44 S. m. 10 Fig.) 908. 1. 50
Sonderabdrucke aus: „Sitzungsber. d. k. Akad. d. Wiss."

Höhnel, F. Ritter v., Beiträge zur Physik des Waldes, s.: Mittheilungen aus dem forstl. Versuchswesen Oesterreichs.

Höhnel, Franz von: Ueber den negativen Druck der Gefässluft. Wien, Buchdruckerei von Carl Gerold's Sohn. 1876. 8. II, 32 S.

Höhnel, Frz. v., Eumycetes et Myxomycetes, s.: Ergebnisse d. botan. Expedition d. kaiserl. Akademie d. Wiss. nach Südbrasilien 1901. II.

Höhnel, Frz. Ritter v., Fragmente zur Mykologie. (I. Mittheilg.) (70 S.) gr. 8. Wien 902. (A. Hölder.) n. 1. 30

— dasselbe. (II. Mittheilg., Nr. 64 bis 91.) (47 S. m. 2 Fig.) gr. 8. Ebd. 906. n. 1. 40.
2 Sonderabdrucke aus: „Sitzungsber. der k. Akad. d. Wiss."

— Fragmente zur Mykologie. (III.—XI. Mitteilg.) VI.—IX. Mitteilg. gleichzeitig 2.—5. Mitteilg. üb. d. Ergebn. d. m. Unterstützg. d. kaiserl. Akademie 1907 bis 1908 v. ihm ausgeführten Forschungsreise nach Java. gr. 8. Wien, A. Hölder. 24. 90

III.	Nr. 92—155. (80 S. m. 1 Taf.) 907.	2. 30
IV.	Nr. 156—168. (33 S.) 907.	— 95
V.	Nr. 169—181. (48 S. m. 3 Fig. u. 4 Taf.) 908.	2. 40
VI.	Nr. 182—288. (178 S. m. 35 Fig. u. 1 Taf.) 909.	5. 40
VII.	Nr. 289—353. (92 S. m. 3 Fig.) 909.	2. 50
VIII.	Nr. 354—406. (90 S. m. 1 Fig. u. 2 Taf.) 909.	5. 20
IX.	Nr. 407—467. (92 S. m. 1 Fig.) 909.	2. 45
X.	Nr. 468—526. (61 S.) 910.	2. —
XI.	Nr. 527—573. (63 S.) 910.	1. 70

Sonderabdrucke aus: „Sitzungsber. d. k. Akad. d. Wiss."

— Fragmente zur Mykologie. 3. Mitteilung. Nr. 92 bis 155 (mit 1 Taf.). S. 116. l. 83 . 2.30
— — 4. Mitteilung. Nr. 156 bis 168. S. 116. l. 65 . —.95
— — 5. Mitteilung. Nr 169 bis 181 (mit 4 Taf. und 3 Textfiguren). S. 117. l. 98 . 2.40
— — 6. Mitteilung. Nr. 182 bis 288, gleichzeitig 2. Mitteilung über die Ergebnisse der mit Unterstützung der Kaiserl. Akademie 1907—1908 von ihm ausgeführten Forschungsreise nach Java (mit 1 Taf. und 35 Textfiguren). S. 118. l. 75 . 5.40
— — 7. Mitteilung. Nr. 289 bis 353, gleichzeitig 3. Mitteilung über die Ergebnisse der mit Unterstützung der Kaiserl. Akademie 1907—1908 von ihm ausgeführten Forschungsreise nach Java (mit 3 Textfiguren). S. 118. l. 803 . 2.50
— — 8. Mitteilung. Nr. 354 bis 406, gleichzeitig 4. Mitteilung über die Ergebnisse der mit Unterstützung der Kaiserl. Akademie 1907—1908 von ihm ausgeführten Forschungsreise nach Java (mit 2 Taf. und 1 Textfigur). S. 118. l. 1157 . 5.20
— — 9. Mitteilung. Nr. 407 bis 467, gleichzeitig 5. Mitteilung über die Ergebnisse der mit Unterstützung der Kaiserl. Akademie 1907—1908 von ihm ausgeführten Forschungsreise nach Java (mit 1 Textfigur). S. 118. l. 1961 . 2.45
— — 10. Mitteilung. Nr. 468 bis 526. S. 119. l. 20 . 2.—
— 11. Mitteilung. Nr. 527 bis 573. S. 119. l. 67 . 1.70
— — 12. Mitteilung. Nr. 574 bis 641 (mit 1 Textfigur). S. 119. l. 87 . 2.20
— — 13. Mitteilung. Nr 642 bis 718. S. 120. l. 59 . 2.75
— — 14. Mitteilung. Nr. 719 bis 792 (mit 2 Taf. und 7 Textfiguren). S. 121. l. 39 . 3.10
— — 15. Mitteilung. Nr. 793 bis 812 (mit 7 Textfiguren). S. 122. l. 25 . 1.80
— 16. Mitteilung. Nr 813 bis 875 (mit 32 Textfiguren). S. 123. l. 49 . 3.70
Separatabdruck

— die Gerberrinden. Ein monograph. Beitrag zur techn. Rohstofflehre. gr. 8. (VI, 166 S.) Berlin 880. Oppenheim. n. 3. —

— über stockwerkartig aufgebaute Holzkörper. Lex.-8. (18 S.) Wien 884, (Gerold's Sohn.) **

— Index zu M. Britzelmayr's Hymenomyceten-Arbeiten. (178 S.) 8. Wien (907). (Berlin, R. Friedländer & Sohn.) 5. —

Höhnel, Frz. v., über den Kork und verkorkte Gewebe überhaupt. Lex.-8. (156 S. mit 2 lithogr. Taf. in 4.) Wien 878, (Gerold's Sohn.) *

Höhnel, F. Ritter v., die Mikroskopie der technisch verwendeten Faserstoffe. Ein Lehr- u. Handbuch der mikroskop. Untersuchg. der Faserstoffe, Gewebe u. Papiere. Mit 69 in den Text gedr. Holzschn. gr. 8. (VIII, 163 S.) Wien 887. Hartleben. n. 4. 50; geb. n. 5. 50

Höhnel, Frz. Ritter v., die Mikroskopie der technisch verwendeten Faserstoffe. Ein Lehr- u. Handbuch d. mikroskop. Untersuchung der Faserstoffe, Gewebe u. Papiere. 2. Aufl. (VIII, 248 S. m. 94 Holzschn.) gr. 8. Wien (905). A. Hartleben. n. 6. —; geb. n. 7. 50

— Revision v. 292 der v. J. Feltgen aufgestellten Ascomycetenformen auf Grund der Orig.-Exemplare. (139 S.) gr. 8. Wien 906. (A. Hölder.) n. 3. 20
Sonderabdruck aus: „Sitzungsber. d. k. Akad. d. Wiss."

Höhnel, F. v: Die Stärke und die Mahlproducte. Kassel und Berlin 1882

Höhnel, F., über Trypanosoma congolenses, s.a. Archiv f. Schiffs- u. Tropenhygiene. 3. Beiheft.

Über Trypanosoma congolense. Von F. **Höhnel**, Hamburg. (Aus d. Seemannskrankenh. u. Inst. f. Schiffs- u. Tropenkrankh. in Hamburg.) Mit 2 Taf. Leipzig: J. A. Barth 1908. (30 S.) 8°
= **Archiv** f. Schiffs- u. Tropenhygiene. Bd 12, Beih. 3. (08. 10241

— histochemische Untersuchung über das Xylophilin u. das Coniferin. [Aus: „Sitzungsber. d. k. Akad. d. Wiss."] Lex.-8. (54 S.) Ebend. 878. n. — 80

— anatomische Untersuchungen über einige Secretionsorgane der Pflanzen. [Mit 6 (lith.) Taf.] [Aus: „Sitzungsber. d. k. Akad. d. Wiss."] Lex.-8. (39 S.) Ebend. 882. n. 3. —

— anatomische Untersuchungen über einige Secretionsorgane der Pflanzen. Lex.-8. (39 S. mit 6 lithogr. Taf.) (Ebendas.) 882. *
Vorstehende zwei Schriften sind aus: Sitzungsberichte der k. Akademie der Wissenschaften, besonders abgedruckt.

Höhnel, Frz. v., morphologische Untersuchungen über die Samenschalen der Cucurbitaceen u. einiger verwandter Familien. [Mit 4 (lith.) Taf. (in qu. 4.)] [Aus „Sitzungsber. d. k. Akad. d. Wiss."] Lex.-8. (41 S.) Wien 876. (Gerold's Sohn.) n. 2. 40

Höhnel, Ludwig

—— A. Rosiwal, E. Toula u. E. Suess. Beiträge zur geolog. Kenntniss d. östl. Afrika. Imp.-4. (140 S. m. 9 Taf., 1 Karte u. 4 Textfig.) Wien 891, (Tempsky). * 12 —
Aus: Denkschr. d. k. Akad. d. Wiss., besonders abgedruckt.

von Höhnel, Ludwig Ritter: Bergpodd-Sammlung während Graf Samuel Telekis Afrika-Expedition 1887 83 aufgenommen. Wien (1890) 2 S., 32 Kn. 8°.

Höhnel, L. Die Ostafrikanische Binnen-Seen-Kette zwischen Kilimandscharo und Kaffa. Oro-hydrographische Skizze. 1:4 000 000. Gotha 1889. 1 Bl. c. L. Sch.

Höhnel, L. Ritter v., Ostäquatorial-Afrika zwischen Pangani u. dem neuentdeckten Rudolf-See, s.a. Petermann's, A., Mitteilungen aus Justus Perthes' geographischer Anstalt.

Ostäquatorial-Afrika zwischen Pangani und dem neuentdeckten Rudolf-See. Ergebnisse der Graf S. Telekischen Expedition 1887—88. Von **Ludwig** Ritter **von Höhnel.** (Mit 3 Karten.) = Petermanns Mitteilungen aus Perthes' geogr. Anst. Ergänzungsbd. 21. Nr. 99. Gotha. 1890. 4°.

— zum Rudolf-See und Stefanie-See, s.a. Vorträge d. Vereines zur Verbreitung naturwissenschaftlicher Kenntnisse in Wien.

—— Zum Rudolph-See u. Stephanie-See. Die Forschungsreise d. Grafen Samuel Teleki in Ost-Aequatorial-Afrika 1887—1888, geschildert v. seinem Begleiter. Mit 179 Orig.-Illustr. u. 2 groß. Karten in Farbendr. 30 Lfgn. gr. 8. (XVIII, 877 S.) Wien 891,92, Hölder. à Lfg. * — 50; 15 —; geb. * 17 —

Hoehnel, Max [aus Bromberg]: Ueber das Convolvulin, das Glycosid der Tubera Jalapae '(Ipomaea Purga Hayne)' ... *Berlin, Buchdr. G. Schenck Sohn, 1897*: 43 S. 8.
Freiburg i. B., Phil. Fak., Inaug.-Diss. v. 1897

Höhnemann, Eugen

Höhnemann (E.), Zur Entstehungs-Geschichte der neumärkischen Thäler. Mit Uebersichtsk. d. nördl. Neumark. 8.

[J.] **Höhnemann,** Eugen [Dr.]: Zur Heimatskunde von Landsberg a. W. Landsberg a. d. W., Druck v. Dermietzel & Schmidt, 1896; 24 S. 4.
Landsberg a. d. W., k. G m. Realkl., OP 1896 (80)

Höhnemann, Eug., Landeskunde d. Neumark, s. a. Schriften d. Vereins f. Geschichte d. Neumark.

[F. u. Ant.] Landeskunde der Neumark v. Dr. Eugen Höhnemann. *Landsberg a. W.: In Komm. bei F. Schaeffer & C.; (Dr. v. P. Schneider & Sohn) 1897.* (1 Bl., 65 S.) 1 Bd 8.
= Schriften d. Vereins f. Geschichte d. Neumark. H. VI. [97. 8376

Höhnemann, E[ugen]: Die physikalischen Schülerübungen am Gymnasium. Landsberg a. d. Warthe 1908: Dermietzel & Schmidt. S. 3—12. 4°
Landsberg a. d. W., k. G u. R OP 1908 (94) [S 08. 194

Höhnemann, E(ugen): Die Verwendung von Vektoren für elementare Behandlung physikalischer Probleme. Landsberg a. W. 1909: Dermietzel & Schmidt. S. 98—105. 8°
Landsberg a. W., k. G u. R, in Festschr. z. 50j. Jubil. T. 2. OP 1909 (93)** [S 09. 197

Höhnemann, G., prakt. Lehrbuch d. Mathematik zum Selbstunterr. I. Algebra. 8. (94 S.) Leipzig 898. A. Strauch. n. 1. 50

— Mathematik f. Damen. I. Algebra. 8. (94 S.) Ebd. 895. Kart. n. 2. —

Höhnen, August

Höhnen, A. Formale Bildung und Methode des fremdsprachlichen Unterrichts an höheren Bildungsanstalten. Barmen, höh. G. S., 1870. 21 S. 4. Progr.

Höhnen, August [Dr., Dir.]: Für die Grammatikstunde. Breslau, Druck v. Grass, Barth & C., 1893: 21—30 S. 4.
Breslau, st. kath. R. OP 1893 (227)

Höhnen, August [Dr., Dir.]: 25 Jahre! Breslau, Druck v. Grass, Barth & C., 1893: 3—4 S. 4.
Breslau, st. kath. R. OP 1893 (227)

Höhnen, A. Shakspeare's Passionate Pilgrim. Diss. Jena 1867. 31 S.

Höhnen, L[eopold]: Die Lehre vom Niessbrauch an Forderungen nach gemeinem Recht. *Breslau [1897]: Bresl. Gen.-Buchdr.* (26 S.) 8°
Erlangen, Jur. Diss. v. 1897

Anfänge und Entwicklung einer grossen Industrie (Hohnersche Harmonika-Fabriken. 1857–1907. Trossingen 1907.) (16 Bl.) 8° [Umschlagt.] [07. 16756

Hohnerlein, Max, s.: Dilettantenbühne, kathol.

Hohnerlein, Max, es ist erreicht!, s.: Dilettantenbühne, katholische, 195. Heft.

Erwischt. Posse in 3 Akten f. nur männl. Rollen. Nach J. Nestroy frei bearb. von Max Hohnerlein. *Essen (Ruhr): Fredebeul & Koenen 1903.* (48 S.) 8° [F.]
— Vereinstheater, Neues. No 34. [03. 4835 6

[F.] Eulenspiegel oder: Schabernack über Schabernack. Posse m. Gesang in 7 Aufz. f. nur männl. Rollen. Nach J. Nestroy frei bearb. v. Max Hohnerlein. *Münster i. W.: A. Russell [1896?].* (66 S.) 1 Bd 8. [96. 4923

— Gesetzesunkenntniß schützt vor Strafe nicht, s. Theaterbibliothek.

Hohnerlein, Max, Haushaltungskunde, s.: Schmid, Frz.

Hohnerlein, Max, d. kurierte Heiratskandidat. Posse in 1 Aufz. m. nur männl. Rollen. Nach J. B. Molière frei bearb. 8. (23 S.) Münster 896. A. Russell. n. — 70

— s.: Jahrbuch der pädagogischen Literatur.

— Lesebuch f. männl. Sonntags- u. Fortbildungsschulen, zugl. e. Hausbuch f. Landwirte, Handwerker rc. 2., verm. u. verb. Aufl. gr. 8. (XIV, 485 S.) Horb 896. H. Christian. Kart. n. 1. 50

— närrische u. vernünftige Leute. s.: Theaterbibliothek.

— Nachweis v. Quellen zu pädagogischen Studien u. Arbeiten. Ein litterar. Führer f. Lehrer, Erzieher u. pädagog. Schriftsteller. gr. 8. (X, 282 S.) Stuttgart 900. Süddeutsche Verlagsbuchh. (D. Ochs). n. 2. 80

— Naturgeschichte f. d. Volksschule. Ein Hilfsbuch f. Lehrer, zun. im Anschl. an d. Lesebuch f. d. kath. Volksschulen Württembergs. Unt. Mitwirkg. mehr. Schulmänner hrsg. (In 4 Hftn.) 1.—3. Hft. gr. 8. Ebd. n.n. 3. 40
1. (80 S.) 897. n.n. — 80. — 2. (S. 81—208.) 898. n.n. 1. 30
3. (S. 209—320.) 898. n.n. 1. 30

— Naturgeschichte für Volks- u. Mittelschulen. Ein Hilfsbuch f. Lehrer, zunächst im Anschluß an das Lesebuch f. die kath. Volksschulen Württembergs. Unter Mitwirkg. mehrerer Schulmänner hrsg. 4. u. 5. Hft. gr. 8. (X u. S. 321—579.) Horb 899. P. Christian. à n.n. 1.80; (kplt. geb. in Leinw. n.n. 6. —)

— d. Plagegeister. Lustsp. in 3 Aufzgn. m. nur männl. Rollen. Nach J. B. Molière frei bearb. 8. (29 S.) Münster 895. A. Russell. n. — 70

— der verwunschene Prinz, s.: Dilettantenbühne, kathol. 198.

– In der eigenen Schlinge gefangen, s. Theater-Bibliothek.

— Sprüche d. Weisheit a. Shakespeare's Werken, ges., nach einheitl. Grundsätzen geordnet u. m. e. biograph. Anh. vers. v. H. 8. (168 S.) Stuttgart 895. Süddeutsche Verlagsbuchh. n. 1. 50; geb. n. 2. 40

— Wegweiser durch die populär-wissenschaftliche kathol. Litteratur, zunächst f. gebildete Laien, besonders f. Lehrer u. Erzieher. (In ca. 8 Lfgn.) 1. Lfg. gr. 8. (S. 1—80.) Horb 894. H. Christian. — 50

— d. Wette. Posse in 1 Aufz. f. nur männl. Rollen. Nach J. Nestroy frei bearb. 8. (20 S.) Münster 895. A. Russell. n. — 70

— Die gute, alte Zeit in Krähwinkel, frei nach A. v. Kotzebue, s.: Dilettantenbühne, katholische.

[F.] Der Zerrissene. Posse m. Gesang in 3 Aufz. f. nur männl. Rollen. Nach J. Nestroy frei bearb. v. Max Hohnerlein. *Münster i. W.: A. Russell [1896?].* (67 S.) 1 Bd 8. [96. 4919

Hohnfeldt (A.). Spaltoeffnungen auf unterirdischen Pflanzentheilen. Koenigsb. 1880. 8°.

Hohnfeldt, Ernst Albrecht [pract. Arzt]: Ueber die Histogenese der durch Staphylococcus-Invasion hervorgerufenen Bindegewebsabscesse .... Jena, Gustav Fischer, 1888; 2 Bl. + 11 + 1 S. + 1 Bl. 8°
Königsberg, Med. Fak., Inaug.-Diss. v. 12. Mai 1888

Hohnfeldt, Rich., über das Vorkommen und die Verteilung der Spaltöffnungen auf unterirdischen Pflanzenteilen. Inaugural-Dissertation. gr. 8. (50 S.) Königsberg 880, (Hartung'sche Verlagsdruckerei.)

Hohnholz, D., aus Jevers Vergangenheit. Erinnerungsblätter zur Jubelfeier des Schützen-Vereins. 8. (IV, 94 S. mit 1 Lichtdr.-Portr.) Jever 886, (Mettcker und Söhne.) *

Hohnhorst, v., Jahrbücher d. großhrzgl. Badisch. Ober-Hofgerichts zu Mannheim, s. Jahrbücher rc.

Hohnhorst, v.: Vollständige Uebersicht der gegen Karl Ludw. Sand wegen Meuchelmords, verübt an Kotzebue, geführten Untersuchung. Mit Bildn. Stuttgart: Cotta 1820.

Hohnhorst, C. L., Reden bei Einsegnung d. Fräuleins von Ferber rc. gr. 8. Stendal 796. Franzen u. Gr. 2 ℳ

Hohnhorst, Ed., über den Einfluss desinficirender Mittel auf die Blutgerinnung im lebenden Organismus. Inaugural-Dissertation. 8. (35 S.) Königsberg 879. Hartung. n. 1. 25

Hohnhorst, Ed., Kinder! es ist die letzte Stunde! Abschiedspredigt an meine geliebten Gemeinden Alt-Ruppin u. Gransen, gehalten am 3. Juli 1853, VI. p. trinit. Potsdam 853. Stechert. gr. 8. (15 S.) 3½ ngr

Hohnhorst, Baronin H. v., Reisebilder aus dem Libanon. 8. (IV, 312 S. mit 3 Lichtdr.- und 5 Holzschn.-Taf.) Braunschweig 884, J. H. Meyer.

Hohnhorst H. Ueber die Variationen der Bahn-Elemente eines Punktes, welcher von einem festen Centrum im widerstrebenden Mittel angezogen wird. 1874. 8. Diss. Rostock.

Hohnhorst, K. W., Predigt am Jahresfeste d. Andenkens an die Leipziger Schlacht. gr. 8. Berl. 815. Mittler. 2 ℳ

— die Stimme Gottes bei unsern Klagen am Grabe d. Königin. Zum Gedächtniß d. Königin Louise, vor d. Trauerversammlung in d. Domkirche zu Havelberg. gr. 8. Berl. 818. Mittler. 3 ℳ

HOHNJEC, Josephus: De peccato in religione antiquorum Aegyptiorum. — (1901) 65 S. 4° (Handschr.) Diss. 682
Diss. Wien, Univ.

Mittheilungen aus dem Burger Stadtarchiv v. Helene Höhnk. Zur Geschichte des Hafens (von Burg). Aus: Fehmarnsches Wochenblatt. Jg. 45, Nr. 74—79. Burg a. F. 1900. Fol.

Anna Owens (Hoyer) v. Helene Höhnk. Ausschnitt aus: Eiderstedter Nachrichten, Nr. 3575. d. 10. Dez. Garding. 1898. Fol. geb. in 8°. Bei: Carlander, Bild u. Wappen d. Anna Owena Hoyers. Stockholm. 1893. 8°.

Königs- und Echtebriefe (v. Helene Höhnk). Sonderdruck aus der Zeitschrift „Der Deutsche Herold". 1900. Nr. 5. (Berlin. 1900.) 1 Bl. 4°.

Stammbaum der Familie Schoof in Dithmarschen. Nach urkundl. Quellen aufgestellt von Helene Höhnk. — Glückstadt 1910: Augustin. 4 Bl. geb. in 4°

Stammtafel der Familie Ufen. Nach den Kirchenbüchern zu Esens, Nesse u. Dornum in Ostfriesland, den Kirchenbüchern zu Kronprinzenkoog, Meldorf u. Wörden in Dithmarschen aufgest. von Helene Höhnk. — (Wandsbek 1902.) 1 Bl. 4° (2°)

Telsche Wollersien. Eine Erzählung aus dem dithmarscher Freiheitskriege. Nach dem Dänischen bearb. v. Helene Höhnk. Ausschnitt aus: Deutsche Zeitung. Nr. 74—87. 29. März — 13. April 1900. (Berlin. 1900.) Fol., geb. in 4°.

Höhnke, üb. Hufkrebs. [Aus: „Rundschau auf dem Gebiete der Thiermed."] gr. 8. (4 S.) Osterwieck 885. (A. W. Zickfeldt.) — 50

Hohns, Aurel, d. Naturgesetz. Naturbetrachtgn. gr. 8. (23 S.) Leipzig 896. [M. Spohr.] E. Fiedler. n. — 60

Hohns, Gust., deutsches Turner-Gesangbuch. (381 S.) 16. Crefeld 907. G. Hohns. Geb. in Leinw. — 65

Dtschs. Turnergesangbuch, hrsg. unt. Mitw. v. Alfred Fischer v. Gustav Hohns, Crefeld 1910, 467 S., 16°.

Hohnstedt, s. Honstedt, G. W. v.

v. Hohnstedt, G. W., über d. Gefahren, welche den Ackerbau in den Heidegegenden d. Königr. Hannover bedrohen. gr. 8. Hannov. 828. Hahn. 4 ℳ

— praktische Untersuch. über d. Ablösung d. grund- u. gutsherrl. Lasten im Königr. Hannover. gr. 8. Hannov. 832. Hahn. 6 ℳ

Hohnstein [Schlagwort]

Hohnstein — Comitatvs — nec non Dynastiarvm Lohra et Klettenberg Geographica delineatio etc. Studio Homannianorum Heredum. A. 1761. 1 : 100,000. 1 Bl.

Hohnstein und Schandau — Topographische Karte der Gegend von — oder des besuchtesten Theils der sächsischen Schweitz Original-Aufnahme aus dem Jahre 1823 von Otto Freyh. von Odeleben. Dresden gedruckt bey Carl Ramming 1830. Gestochen in Dresden von Ferdinand Julius Reyher 1827—30. 1 : 24,000. 1 Bl. mit einem gedruckten Comentar.

Hohnstein [Verfasser]

Hohnstein, Anweis. d. Stein u. Krebs zu heilen. 8. Frankenhausen (Nitzsche in Nordhausen) 808.

Hohnstein, O., culturhistorische Bilder aus alter Zeit. Braunschweig am Ende d. Mittelalters. 8. (VII, 256 S.) Braunschweig 886. Ramdohr. n. 3. —; geb. n. 4. 50

Hohnstein, O., culturhistorische Bilder aus alter Zeit. Neue Folge. Braunschweig in der Zeit vor dem dreißigjähr. Kriege. 8. (VII, 253 S.) Braunschweig 891. Appelhans & Pfenningstorff. n. 3. —; geb. n. 4. — (1 u. 2.: n. 6. —; geb. n. 8. 50)

Hohnstein, O., die Harzburg. Nach Sage und Geschichte dargestellt. Mit 1 Titelbild (Holzschntaf.): „Die Harzburg im J. 1574". Braunschweig 878, H. Bruhn.

— Heinrich der Löwe. Sein Leben, seine Thaten u. seine Verdienste um Braunschweig. Ein vaterländ. Gedenkbuch. gr. 8. (208 S.) Braunschweig 881. Wreden. n. 2. 40

Hohnstein, Otto, der Fähnrich v. Braunschweig. Historische Erzählg. aus dem 17. Jahrh. (132 S. m. 2 Taf.) 8. Braunschweig 906. F. Bartels Nachf. n. 2. —; geb. n. 3. —

(Volkstümliche) Geschichte des Herzogtums Braunschweig von O(tto) Hohnstein, Oberl. Mit 6 Abb. Braunschweig: F. Bartels Nachf. 1908. (XV, 512 S.) 8° [J.]

Hohnstock, G. L. W.

— Anweis., wie man den Skirrhus u. Krebs auf eine sichere u. gründl. Art erkennen u. heilen ꝛc. kann. 8. Nordh. 808. (Leipz., Lauffer). 8 gl.

— — Anweisung, wie man den Skirrhus und Krebs auf eine sichere und gründliche Art erkennen und heilen ꝛc. kann. 8. Nordhausen, Happach. 812.

Hohnstock, G. L. W., († d. 6. Juli 1820.) über Hysterie u. Hypochondrie u. deren Heilart ꝛc. 8. Sondersh. 816. (Lauffer in Leipz.) 12 gl.

— die Magen- u. Nierenentzündung u. ihre Heilarten. 8. Sondersh. 808.

Hohoff: Ueber analytische Sphärik. 34 S. Figurent. – Progr. Recklinghausen 1855.

Hohoff, J. Ueber die Bildung durch Mathematik und Physik. 24 S. . Progr. Recklinghausen 1840

Hohoff, J. Über den Stand des Barometers und Thermometers in Recklinghausen. 28 S. . . .
Recklinghausen, Progr. 1848

Begleitworte für die katholische weibliche Jugend bei der Entlassung aus der Schule. Von M[aria] Hohoff. *Münster i. W.: Alphonsus-Buchh. (1898).* (15 S.) 8° [F.] [98. 7811

Begleitworte für die katholische weibliche Jugend bei der Entlassung aus der Schule. Von M[arie] Hohoff. 2. Aufl. *Münster: Alphonsus-Buchh. (1899).* (15 S.) 8° [F.] [00. 8370 6

Hohoff, Maria, Begleitworte f. die kathol. weibl. Jugend bei der Entlassung aus der Schule. 3. Aufl. 16. (15 S.) Münster (901). Alphonsus-Buchh. 100 Stück n. 6. —

Hohoff, Maria, ein neues Büchlein v. Vater unser u. Gegrüßt seist du, Maria. D. lieben Jugend gewidmet. M. Illustr. 8. (113 S.) Regensburg 897. Nationale Verlagsanstalt. n. 1. —; geb. n. 1. 60

[F.] Glocken-Klänge fürs Kindesherz. Anmutiges Begleit-Büchlein durch das katholische Kirchenjahr. Von M. Hohoff ... *Münster i. W.: Alphonsus-Buchh. (1895).* (175 S.) 1 Bd 8. [96. 1633

— Glocken-Klänge fürs Kindesherz. Anmut. Begleitbüchl. durch das kathol. Kirchenjahr. 2. Aufl. 12. (175 S. m. Abb.) Münster 898. Alphonsus-Buchh. Geb. n. — 80

Hohoff, Maria, Glockenklänge fürs Kinderherz. Anmutiges Begleit-Büchlein durch das kathol. Kirchenjahr. 3. Aufl. (192 S. m. Abbildgn.) kl. 8. Münster 908. Alphonsus-Buchh. Geb. in Leinw. 1. —

Hohoff, M., die Haushaltungsschule, s. a. Theater f. die weibliche Jugend. XXVII.

Die Haushaltungsschule. Lustspiel in 3 Akten von M[aria] **Hohoff**. Paderborn: F. Schöningh [1905]. (45 S.) 8° [F.]
— **Theater** f. d. weibliche Jugend. 27. [07. 14150

[F.] Lebensperlen. Lehrreiche Erzählungen f. d. Jugend (v. M[aria] Hohoff) ... *Dülmen i. W.: A. Laumann 1898.* (112 S., 1 Bl., 8 Taf.) 1 Bd 8. [98. 3017

— der Schutzengel u. das Beichtkind. Erzählgn., Belehrgn., Ermahngn. u. Gebete f. alle Kinder, welche das Sakrament der Buße würdig empfangen wollen. gr. 16. (82 S. m. 1 Stahlst.) Limburg 899. Limburger Vereinsdruckerei. Geb. in Leinw. n. — 50

— Die Schutzgeister des Hauses, s.: Theater f. die weibliche Jugend.

— sie will Lehrerin werden. Lustspiel in 1 Akt. 12. (24 S.) Ebd. (901.) n. — 25

— sie will Lehrerin werden. Lustspiel in 1 Akt. 2. u. 3. Aufl. (24 S.) kl. 8. Münster 903. 904. Alphonsus-Buchh. — 25

Sie will Lehrerin werden. Lustspiel in 1 Akt von M[aria] **Hohoff**. 4. Aufl. Münster i. W.: Alphonsus-Buchh. 1906. (24 S.) 8° [F.] [06. 11330 6

— d. schönste Tag d. Lebens. Erzählgn., Belehrgn. u. Gebete f. d. Vorbereitungszeit der hl. Erst-Kommunion. M. e. Vorwort v. Th. Beining. 12. (64 S. m. Bild.) Ebd. 897. n. — 20

— der schönste Tag des Lebens. Erzählgn., Belehrgn. u. Gebete f. die Vorbereitungszeit der hl. Erst-Kommunion. Mit e. Vorwort v. Th. Beining. 2. Aufl. gr. 16. (64 S. m. Abbildgn.) Münster 899. Alphonsus-Buchh. n. — 20

Der schönste Tag des Lebens. Erzählungen, Belehrungen u. Gebete f. d. Vorbereitungszeit d. heil. Erst-Kommunion. Von [Maria] **Hohoff**. Mit e. Vorw. von Pfarrer Th[eodor] Beining. 2. Aufl. Münster i. W.: Alphonsus-Buchh. (1903). (64 S.) 8° [F.] [03. 14670 6

Der schönste Tag des Lebens. Erzählungen, Belehrungen u. Gebete f. d. Vorbereitungszeit d. heil. Erst-Kommunion. Von M[aria] **Hohoff**. Mit e. Vorw. von Pfarrer Th[eodor] Beining. 3. Aufl. Münster i. W.: Alphonsus-Buchh. (1903). (64 S.) 8° [F.] [04. 819 6

— Der schönste Tag des Lebens. Erzählungen, Belehrgn. u. Gebete f. die Vorbereitungszeit der hl. Erst-Kommunion. Mit e. Vorwort v. Th. Beining. 4. Aufl. (64 S. m. Abb.) kl. 8. Münster (908). Alphonsus-Buchh. — 20

— Treue um Treue, s. a. Bibliothek für junge Mädchen.

[F.] Treue um Treue. Von Maria Hohoff. M. 3 ganzseit. Tonbild. u. 10 Textill. v. O. Maehly. *M. Gladbach & New York: A. Riffarth [1898].* (132 S., 3 Taf.) 1 Bd 8.
— **Bibliothek** f. junge Mädchen. Bdch. IX. [99. 1581

Hohoff, Maria, d. Trotzpeter, s. a. Erzählungen f. Schulkinder. 3. Hftchn.

Der Trotzpeter. Von Maria **Hohoff**. *M. Gladbach & New-York: A. Riffarth [1898].* (16 S.) 8° [F.]
— **Erzählungen** f. Schulkinder. [Ser. 1,] H. 3. [00. 7398

[F.] Vaterhaus und Fremde. Erzählgn aus d. Leben f. d. Jugend ... [Vf.: Maria Hohoff.] *Dülmen i. W.: A. Laumann 1898.* (126 S., 1 Bl., 8 Taf.) 1 Bd 8. [99. 1118

Hohoff, Th., Politische Eintheilung des Deutschen Reiches in Verwaltungsbezirke (Kreise, Bezirksämter, Amtshauptmannschaften ...) mit Angabe des Flächeninhalts derselben und der Bevölkerungsziffer nach der Volkszählung vom 3. Dec. 1875. M. 1:2 000 000. Nach amtl. Quellen bearbeitet. Berlin, Berliner lithogr. Inst., 1880. Imp.-Fol. . . . . (LHK.)

Hohoff, Th., Karte des Deutschen Reichs mit dem Ergebniss der Reichstagswahlen in Farbendruck. M. 1:2 000 000. gr.-Fol. Nebst 1 vollst. Verzeichniss der Wahlbezirke, Zahl der Wahlberechtigten, Stimmenzahl der einzelnen Parteien mit Berücksichtigung der Wahlen von 1884, Namen der Gewählten und Namen der Hauptwahl- und Stichwahl-Kandidaten. Nach amtlichen Quellen zusammengestellt. Berlin, Berliner Lithogr. Inst., 1887. Lex 8. (M. 1,20.)

Hohoff, Th., Deutsches Reich. Ergebniss der Reichstagswahlen vom 30. Juli 1887. und sämmtlicher Stichwahlen. 1:2 000 000. Mit Text in 8. Berlin, Lithogr. Inst., 1878. Imp.-Fol. Chromolith. . . . . (Br. Mus.; D.)

Hohoff, Theodor: Die Verwirrung der Weinfrage und Was sollen wir trinken? Nebst Wein-Bericht pro 18../59. Oestrich 1889: Etienne. 32 S. -- 43*

Hohoff, Wilh., die Bedeutung der Marxschen Kapitalkritik. (339 S.) gr. 8. Paderborn 908. Bonifacius-Druckerei. 4.50

Hohoff, Wilh., s.: Christenthum u. Sozialismus.

Hohoff, Wilh., Protestantismus u. Socialismus. Historisch-polit. Studien. gr. 8. (184 S.) Paderborn 881. Bonifacius-Druckerei. 1. 50

— dasselbe. 2., verm. Aufl. gr. 8. (XVI, 226 S.) Ebend. 883. n. 2. —

Hohoff, Wilh., die Revolution seit dem 16. Jahrh. im Lichte der neuesten Forschung. gr. 8. (VII, 759 S.) Freiburg i. Br. 887, Herder'sche Verlagsh. *M 9.—.; geb. *

— Herman Schell üb. die soziale Frage. (20 S.) 8. Paderborn 908. F. Schöningh. — 50

— **Warenwert u. Kapitalprofit. Eine Einführg. in das Studium der polit. Ökonomie gr. 8. (III, 72 S.) Paderborn 902. Junfermann. n. 1.20**

Hohorst, Bernh., d. Größe d. Weisen. 4. Hamburg, Bohn. 751.

Laboratoriumsbuch für die anorganische Grossindustrie von Dr. C. v. **Hohorst**. Nebst e. Kapitel: Kunstdüngerindustrie von Ing.-Chem. Milan Rosenberg. Halle: Knapp 1910. VIII, 119 S. 8°
(Laboratoriumsbücher f. d. chem. u. verwandte Industrien. Bd 13.) [11. 3449

Hohorst, Conrad, s. Hohorst, Konrad

Hohorst, Ernst: Über Wert und Technik der Azetonprobe mit Orthonitrobenzaldehyd nebst Bemerkungen über die Haferkur bei Diabeteskranken. Erlangen 1910: Junge. 30 S. 8°
Erlangen, Med. Diss. v. 23. Mai 1910, Ref. Penzoldt
[Geb. 22. Mai 84 Oldenburg i. Gr.; Wohnort: Chemnitz; Staatsangeh.: Preußen; Vorbildung: Gymn. Oldenburg Reife O. 04; Studium: Jena 2, Freiburg i. B. 1, Berlin 1, Kiel 1, München 5 S.; Coll. 18. Dez. 09; Approb. 15. April 10.] [U 10. 802

Hohorst, Jo. Chr., praes. Mich. **Alberti**, De morum et remediorum nexu. 47 pp. Hal. 4°. 1728

Hohorst, Johann Ehrenfried (Dresden), De morum et remediorum nexu. Diss. med. Präs. D. Michael Alberti. Halle (Joh. Christian Hendel) Juni 1728. 47 S. (7.50) 15745

Hohorst, Konrad

Hohorst, Conrad v., a. Naumburg a. S.: Über 6-Pseudokumenol-5-carbinol. Marburg 1907: R. Friedrich. (39 S.) 8°
Marburg, Phil. Fak., Ref. Zincke, Diss. v. 7. März 1907
[Geb. 5. Febr. 83 Halle a. S.; Wohnort: Naumburg a. S.; Staatsangeh.: Preußen; Vorbildung: Thomas-Gymn. Leipzig, Domgymn. Naumburg a. S. Reife O. 02; Studium: Marburg 4, Leipzig 2, Marburg 2 S.; Rig. 12. Dez. 06.]

Höhr: Algebraische Aufgaben. 70 S. 8°. – Schässburg, Progr. 1869.

Höhr, Adolf: Rektor Daniel *Höhr*. Sein Leben u. s. Lebensarbeit. Segesvár ⟨Schässburg⟩ '06. S. 31—70. 4° Schässburg, Bischof Teutsch-G., P. 1905/06.

Höhr, Adolf: Siebenbürgisch-sächsische Kinderreime und Kinderspiele. Gesammelt und erläutert. IX S., 1 Bl., 143 S. 4.
Ev. Gymn. A. B. (Bischof Teutsch-Gymn.) *Segesvar (Schäßburg)* 1903
Progr.

Höhr, Adf., Buör lånk Ewend. Låstich Geschichten å sächsesche Reimen. (VII, 56 S.) 8. Hermannstadt 906. W. Krafft. n. — 75; geb. n. 1. 25

Höhr, Dan., Lehrbuch der Arithmetik für Untergymnasien und verwandte Lehranstalten. 2 Thle. gr. 8. Wien 876, [Sallmayer und Comp.] Graeser. *
Inhalt:
Thl. 1. Für die 1. und 2. Klasse. (152 S.) *M 1,40.
" 2. Für die 3. und 4. Klasse. (171 S.) *M 1,60.

Höhr, Dan., Lehrbuch der Arithmetik für Untergymnasien. 1. u. 2. Tl. gr. 8. Hermannstadt 899. W. Krafft. Geb. n.n. 3. 06
1. Für die 1. u. 2. Klasse. 2. vollst. umgearb. Aufl. (VIII, 142 S.) n.n. 1. 70
2. Für die 3. u. 4. Klasse. 2., umgearb. Aufl. (VI, 92 S.) n.n. 1. 36

Höhr, Dan, Lehrbuch der Arithmetik für Untergymnasien. I. Tl. Für die 1. u. 2. Klasse. 3. Aufl. (VIII, 142 S.) gr. 8. Ebd. 903. Geb. n.n. 1. 70

— dasselbe. Mit Anh. f. Realschulen. I. Tl. Für die 1. u. 2. Klasse. 3. Aufl. (VIII, 160 S.) gr. 8. Ebd. 903. Geb. n.n. 1. 79

Höhr, Daniel: Mitteilungen über das neue Schulhaus und dessen Einweihung. S. 3—9, 2 Taf. 4.
Progr. Ev. Gymn. (Bischof Teutsch-Gymn.) *Schäßburg* 1902.

Höhr, Dan. Rechenbuch f. die oberen Klassen der Elementar od. Volksschulen. gr. 8. (96 S.) Hermannst. 888, Krafft. cart. ** — 60

Höhr, Daniel: Zwei Schulreden. a) Dr. Martin Luthers Verdienste um Erziehung und Unterricht. (Rede zur vierhundertjährigen Gedächtnisfeier des Geburtstages Luthers am ev. Gymnasium A. B. in Schäßburg, gehalten in der Bergkirche am 27. Oktober 1883.) S. 9—15. 4. b) Rede, zur 400jährigen Gedächtnisfeier des Geburtstages Philipp Melanchthons am evang. Gymnasium A. B. in Schäßburg, gehalten im Stadthaussaale am 16. Februar 1897. S. 15—20. 4. Ev. Gymn. (Bischof Teutsch-Gymn.) *Schäßburg* 1902.
Progr.

Höhr, Heinrich: Homologie der beiden primären Keimblätter. I. Teil. S. 3—30, 1 Bl. 4. II. Teil. S. 3—27, 3 S. ungez., 2 Taf. 4.
Ev. Gymn. A. B. (Bischof Teutsch-Gymn.) *Segesvár (Schäßburg)*
Progr. 1905. 1906.

Hohrath, Klara

Hohrath, Clara, Dan u. Lizzie. Ein Roman v. den normann. Inseln. Mit Buchschmuck von Lina Burger. (248 S.) 8. Leipzig 906. F. W. Grunow. n. 3. —; geb. in Leinw. n. 3. 50

— Fintje. Eine Erzählg. aus dem alten Brüssel. (214 S.) kl. 8. Ebd. 905. Kart. n. 3. —

Hohrath, Clara, das Lied des Meeres. Roman. (459 S.) 8. Leipzig 909. F. W. Grunow. 4.50; geb. in Leinw. 5. —

— Im Wuppertal. Barmer Geschichten aus dem 15. Jahrh. (388 S.) 8. Ebd. 907. 4.—; geb. 4. 50

Hohrath, O., e. kurze Freundschaft, s.: Immergrün 125.

Hohrath, O., Margarete. Eine Erzählung f. erwachs. junge Mädchen. 8. (IV, 288 S.). Barmen 895, H. Klein. n. 3. —; geb. n. 4. —

Ⓑ Hohrath, O., Margarete. 895. (KVL 29.) Jetzt: Basel, E. Finckh.

Hohschaid, W., die Rekrutirung auf die neue Mode. Schausp. in 2 Akt. (In schwäb. Dialekt.) Mit e. Zueignung an Freih. v. Wöllwarth. 8. (4½ B.) Stuttgart 843, Rieger'sche Bh.

Hohtmann, H., Kochbuch f. d. Gasherd. Enth. 400 zuverläss. u. selbstgeprüfte Rezepte zur Bereitung der verschiedenart. Speisen f. d. gute bürgerl. Küche, nebst Anleitung z. Handhabung d. Apparate. 4., verm. u. verb. Aufl. gr. 8. (XVIII, 148 S. m. Fig.) Hannover 897, Klindworth. Geb. n.n. 1. 25

Hohwald [Schlagwort]

Hohwald. Kuntz, J. E., Karte v. Hohwald u. Umgebung. 1 : 25,000. Farbendr. 36×58 cm. Mit Text. gr. 8. (1 S.) Zürich 891. Artist. Institut Orell Füssli, Verl. n. 1 20

Hohwald [Verf.]

Hohwald, Erwin, wer war der Mörder? Kriminal-Roman nach dem Russ. (96 S.) 8. Neuweißensee (905.) E. Bartels. 1.—

Hojelsinus, Andreas, Petr. f. (Nycopia [= Nykjöbing] Dänemark), De venae sectionis in pede gravidarum usu tuto et salubri. Diss. med. Präs. D. Michael Alberti. Halle (Jo. Christian Hendel) April 1724. 40 S. (7.50) 15746
Widm. v.: D. Johann Juncker, Carl Alexand. v. Unruh (Schles. Adel). — Tit.-Bild: Liebe sculpsit).

Hoier, A., de nuptiis propinquorum jure divino non prohibitis. Hal. 1723. 4.

Einige Anmerkungen über das 103. Capitel des Sleswigschen Stadt-Rechts v. Andreas **Hojer.** Sleswig. (1741.) 4°

... anstatt einer Einladungsschrift an alle Hohe Patronen etc. etc. v. Andreas **Hojer.** Slefwig. 1743. 4°.

Andreas **Hojern** Kurtzgefasste Dännemärckische Geschichte vom Anfang dieses mächtigen Reichs bis zum Ausgang des 17. Secul. aus den bewährtesten Scribenten zu mehrerer Deutlichkeit in Fragen und Antworten verfasset und mit nöthigen Allegationibus versehen. Flensburg. 1719. (Titel fehlt!) 8°.

Hoier, Andreas: Illustrissimo excellentissimoque domino, ... [Glückwunschgedicht zur Ordensüberreichung auf Joachim **Brocktorff,** Geh. Konferenz- u. Landrat, 31. März 1751.] — Hamburgi [1751]: König. 4 Bl. 2°

Hoier, Andreas: Als der hoch-wolehrwürdige und hochgelehrte Herr ... [Hochzeitsgedicht auf Johann Friedrich Noodt, Pastor, und Metta Christina Kirchhoffin, 3. Okt. 1742.] — Schleswig (1742): Holwein. 2 Bl. 2°

Hojer, Andr., König Friederich d. Vierten glorwürdigstes Leben. 2 Thle. gr. 8. (42 B.) Tondern 829. (Altona, Aue.)

Kurtze Nachricht Von dem anderthalb Jährigen Fasten, Einer annoch lebenden Haderslebenischen Jungfer, nebst Einigen zufälligen Gedanken darüber, zur Curieusität entw. [v. Andreas **Hojer**]. Copenhagen. 1722. 8°.

Hoier, Andreas: De officio juventutis scholasticæ erga patrem patriæ. [Geburtstagsrede auf Christian VI., König von Dänemark, 30. Nov. 1735.] — Slesvici (1735): Holwein. 2 Bl. 4°

Hojer, Andreas: Den grosen Vorzug einer seeligen Reise nach der Ewigkeit ... [Trauergedicht auf Ulrich **Petersen,** Historicus, † 6. April 1735.] — Schleswig (1735): Holwein. 4 Bl. 4°

Hoier, Andr., De vanitate, qua nonnullorum de ratione docendi lingvam latinam consilia laborant. Slesvici. 1739. 4. P. (Progr.).

Hoier, J. C., quae Const. M. favoris in Christianos fuerint causae. Jen. 1768. 4.

Hoiermann, Albert Philipp (v. Krosick'scher Rat), Edictum Juliani contra philosophos Christianos. Präs. Jo. Peter Ludwig. Halle (Jo. Christian Hendel) 21. VII. 1702. 30 S. (7.—) 15748
Gew.: Bernhard Friedrich v. Krosigk (Poplitz ..), Heinrich Gottlieb u. Gebhard Paradi v. Werder (Gröbzig ..).

Hoiermann, A. P., edictum Juliani contra philosophos christianos. Hal. 1740. 4.

Höing, W., Overberg. Ein Lehrervorbild. 8. (38 S.) Paderborn 889. F. Schöningh. n. — 40

Höinghaus, Richard

Höinghaus, R., Ausführungsbestimmungen zum neuen deutschen Reichsstempelabgabengesetz vom 1. Juli 1881. Mit sämmtl. Anmeldungsformularen. 8. (32 S.) Berlin 881. Hempel. n. — 40

Höinghaus (Komm.), s. B a n k g e s e t z v. 14.3.1875.

—— Das neue Einkommensteuer-Gesetz f. die preuß. Monarchie. Vom 24. Juni 1891. Ergänzt u. erläut. durch die amtl. Materialien der Gesetzgebg. 12. (112 S.) Berl. 891, Dümmler's Verlag. — 60

— das neue preußische Ergänzungssteuer-Gesetz (Vermögenssteuer-Gesetz), nebst dem Gesetz, betr. Aenderung d. Wahlverfahrens. Ergänzt u. erläutert durch die amtl. Materialien der Gesetzgebg. 12. (95 S.) Ebd. 893. n. — 60

Höinghaus, R., das neue Expropriations-Gesetz. Gesetz üb. die Enteigng v. Grundeigenthum. Auf Grund der amtl. Materialien der Gesetzgebg. [Motive, Commissionsberichte u. Verhandlgn. der beiden Häuser d. Landtages] ausführlich ergänzt u. erläutert. gr. 8. (192 S.) Berlin 874. Burmester & Stempell. n. 2. 25

Höinghaus, R., das neue Feld- u. Forst-Polizeigesetz. Ausführlich ergänzt u. erläutert durch die amtlichen Materialien der Gesetzgebung. 12. (136 S.) Berlin 880. Hempel. n. 1. 50

— das neue Fischerei-Gesetz f. den preußischen Staat. Nach amtl. Motiven u. den Kommissionsberichten d. Landtages ausführlich ergänzt u. erläutert. gr. 8. (56 S.) Berlin 874. Hempel. n. — 75

— rechtliche Folgen außerehelicher Schwängerungen u. Geburten. Gesetz vom 24. April 1854. Nebst Ergänzgn., Erläutergn. u. Tabellen u. Entscheidgn. d. kgl. Ober-Tribunals. 16. (III, 52 S.) Berlin 872. deutsches Verlags-Institut. n. — 75

Höinghaus, Rich., Formularbuch zu Akten der freiwilligen Gerichtsbarkeit, für Eintragungs-Verfügungen in das Hypothekenbuch und Expeditionen in Hypothekensachen, nebst den Stempel- und Kosten-Tarifen. Lex.-8. (IV und 85 S.) Berlin 863, Hempel. *

Höinghaus, R., d. neue preuß. Gerichtskosten-Gesetz, nebst Gebührenordng. f. Notare. Ergänzt u. erläut. durch d. amtl. Materialien d. Gesetzgebg. 12. (160 S.) Berlin 895, F. Dümmler's Verl. n. 1. —

— Gesetz gegen die gemeingefährlichen Bestrebungen der Socialdemokratie. Ergänzt u. erläutert durch die amtl. Materialien der Gesetzgebung. Im Anh.: Genossenschafts- u. Hülfskassen-Gesetze. 8. (120 S.) Ebend. 878. n. 1. —

Höinghaus, R., Gesetz gegen die *gemeingefährlichen Bestrebungen der Socialdemokratie* vom 21. Octob. 1878, ergänzt u. erläutert durch die amtlichen Materialien der Gesetzgebung. Im *Anhang:* Genossenschafts- u. Hülfskassen-Gesetze. 2. Aufl. Berlin 1878. 12°. 120 S. Gebr., m. vielen hdschr. Randnot. Cart.°)

Höinghaus, R.: Gesetz betr. den Erlaß polizeilicher Strafverfügungen wegen Uebertretungen. Erl. durch die amtl. Motive u. Landtagsverhandlungen. Mit Anh. Berlin 1883.

Höinghaus, Gesetz v. 23/4. 83, betr. d. Erlass polizeil. Strafverfügungen wegen Uebertretungen. 2. Aufl. Berlin 883.

Höinghaus R, Gesetz betr. d. Erwerbs- u Wirtschaftsgenossenschaften. Berlin 1889

Höinghaus, R., Gesetz, betr. die Invaliditäts- u. Altersversicherung. Vom 22. Juni 1889. Ergänzt u. erläutert durch die amtl. Materialien der Gesetzgebung. 2. Aufl. Mit Nachtrag: Verordnung, betr. die Inkraftsetzg. der §§ 18 u. 140 des Gesetzes, betr. die Invaliditäts- und Altersversicherg., vom 22. Juni 1889. Vom 30. Dezbr. 1889. [Preuß. Ministerial-] Anweisung zur Ausführg. der §§ 18, 138, 156—161 des Reichsgesetzes, betr. die Invaliditäts- u. Altersversicherg., vom 22. Juni 1889. Vom 26. Febr. 1890. Zusammenstellung der zur Durchführg. der Invaliditäts- u. Altersversicherg. errichteten Versicherungsanstalten. [Beschluß d. Bundesraths vom 8. März 1890.] 12. (143 u. Nachtrag 28 S.) Berlin 890. Dümmler's Verl. n. 1.20; Nachtrag allein n. — 30

— Gesetz betr. die **Pensionirung** der unmittelbaren Staatsbeamten sowie der Lehrer u. Beamten an den höheren Unterrichtsanstalten. Vom 27. März 1872. Ergänzt u. erläut. auf Grund der amtl. Materialien der Gesetzgebg. 16. (VIII, 72 S.) Berlin 872. deutsches Verlags-Institut. n. — 75

Höinghaus, d. Gesetz betr. d. Pfandleihgewerbe, erläut. Berlin 881.

— Gesetz, betr. die im Geltungsbereich d. Rheinischen Rechts außerhalb d. vormaligen Herzogth. Berg bestehenden Pfandschaften, sowie die Abänderg. u. Ergänzg. d. Gesetzes vom 12. Apr. 1888 üb. das Grundbuchwesen u. die Zwangsvollstreckg. in das unbewegl. Vermögen im Geltungsbereich d. Rhein. Rechts. Ergänzt u. erläutert durch die amtl. Materialien der Gesetzgebg. gr. 8. (15 S.) Bielefeld 893. A. Helmich. n. — 40; kart. n. — 50

— Gesetz, betr. den Verkehr mit Nahrungsmitteln, Genußmitteln u. Gebrauchsgegenständen. Ausführlich ergänzt u. erläutert durch die amtl. Motive, Kommissionsberichte u. Verhandlungen des Reichstages. Nebst dem amtl. Gutachten des kaiserl. Gesundheitsamts über die Verfälschungen der wichtigsten Lebensmittel u. Gebrauchsgegenstände. gr. 16. (127 S.) Ebend. 878. n. 1. 20

—— Gesetz, betr. den Verkehr mit **Nahrungsmitteln**, Genußmitteln und Gebrauchsgegenständen. Ausführlich ergänzt und erläutert durch die amtl. Motive, Kommissionsberichte und Verhandlungen des Reichstages. Nebst dem amtl. Gutachten des kaiserl. Gesundheitsamtes über die Verfälschungen der wichtigsten Lebensmittel und Gebrauchsgegenstände. gr. 16. (127 S.) Ebendas. 879. *

— Gesetz, betr. die **Zuständigkeit** der Verwaltungsbehörden u. Verwaltungsgerichtsbehörden im Geltungsbereiche der Provinzialordnung. Ergänzt u. erläutert durch die amtl. Motive, Landtagsverhandlgn. 2c. gr. 8. (144 S.) Berlin 876. Hempel. n. 2. —

— Gesetz, betr. die Zwangsvollstreckung in das unbewegliche Vermögen. Unter Mittheilung der vollständigen Regierungs-Motive und der Kommissions-Berichte beider Häuser des Landtags. Nebst dem Gesetze betr. die Gerichtskosten bei Zwangsversteigerungen und Zwangsverwaltungen von Gegenständen des unbewegl. Vermögens. gr. 8. (246 S.) Ebendas. 883.

— das neue Gesetz, betr. den Forstdiebstahl. Ausführlich ergänzt u. erläutert durch die amtl. Motive, Landtagsverhandlungen 2c. gr. 16. (96 S.) Ebend. 878. n. 1. 20

Höinghaus, R., das neue Gesetz, betr. den Erlaß polizeilicher Strafverfügungen wegen Uebertretungen. Erläutert durch die amtl. Motive u. Landtagsverhandlgn. Mit Anh. enth.: Strafgesetzbuch, 29. Abschnitt [§§ 360 bis 370]: Uebertretungen u. dazu ergangene gerichtl. Entscheidgn. 2. Aufl. 8. (60 S.) Berlin 883. Dümmler's Verl. n. 1. —

Höinghaus, R.: Das neue Gesetz betr. den Forstdiebstahl. Ausführl. erg. u. erl. durch die amtl. Motive, Landtagsverhandlungen etc. 2. Aufl. Berlin 1878.

—— das neue Gesetz, betr. das Pfandleihgewerbe. Ergänzt und erläut. durch die amtl. Begründung und die Verhandlungen beider Häuser des Landtags. Nebst Anhang, enthaltend: Das Gesetz über den Wucher, nebst den amtl. Materialien; die gesetzl. Vorschriften über die vertragsmäßigen Zinsen. 8. (96 S.) Ebendas. 881.

Höinghaus, R., das neue preußische Gesetz betr. den **Austritt** aus den jüdischen Synagogengemeinden. Nebst den älteren noch gilt. die Verhältnisse der Juden betr. Gesetzen. Mit den amtl. Motiven u. den bedeutendsten Reden der Landtags-Mitglieder in authent. Wortlaut hrsg. gr. 8. (55 S.) Berlin 876. Hempel. n. 1. —

— Gesetz üb. die **Presse** vom 7. Mai 1874. Nach den amtl. Motiven, sowie den Kommissionsberichten u. Verhandlgn. d. Reichstages ausführlich ergänzt u. erläutert. gr. 8. (95 S.) Berlin 874. Hempel. n. 1. 25

— Gesetze üb. das Grundbuchwesen u. die Zwangsvollstreckung in das unbewegliche Vermögen und die Vereinigung der Rechtsanwaltschaft und des Notariats im Geltungsbereich d. rheinischen Rechts. Ergänzt u. erläutert durch die amtl. Materialien der Gesetzgebg. 1. u. 2. Aufl. gr. 8. (69 S.) Bielefeld 888. Helmich. n. 1. 50; geb. n. 2. —

—— die kirchenpolitischen Gesetze in ihrer jetzigen Gültigkeit. [1871—1886.] Mit dem neuen Gesetz von 1886. Hrsg. und erläut. durch die amtl. Materialien der Gesetzgebung. gr. 8. (128 S.) Berlin 886, [Hempel.] Dümmler's Verlagsh. *

—— deutscher **Gesetzeskalender** für Jedermann aus dem deutschen Volke für das J. 1879. 16. (183 S.) Berlin 878, Donny und Sohn. *

— deutscher Gesetzeskalender für Jedermann aus dem deutschen Volke für das J. 1879. 16. (183 S.) Berlin 878. Leipzig, Mertens. n. 1. —

Höinghaus, R., s. Gesetz-Sammlung, vollständige, für das deutsche Reich.

Höinghaus R, Gesetzsammlung f. d. D. R. 1867-72. 3 Bdchn Berlin 1871-72

— Gesinde-Ordnung für die königl. preuß. Staaten. Mit dem neuen Gesinde-Gesetz von 1882, den sämmtl. sonstigen gesetzl. Bestimmungen u. Verordnungen u. den wichtigsten gerichtl. Entscheidungen. Für den prakt. Gebrauch nach dem amtl. Material hrsg. Vollständigste Ausg. Mit ausführl. Register. 8. (67 S.) Berlin 882. Hempel. n. 1. —

— Gesinde-Ordnung f. die königl. Preuß. Staaten. Mit den sämmtl. darauf bezügl. gesetzl. Bestimmgn. u. Verordngn. u. den wichtigsten Entscheidgn. d. höchsten Gerichtshöfe rc. Für den prakt. Gebrauch nach dem amtl. Material hrsg. 2. Aufl. Mit ausführl. Register. 12. (88 S.) Berlin 891. F. Dümmler's Verl. n. — 50

Höinghaus, R., Gesinde-Ordnung f. die königl. preuß. Staaten. Auf Grundlage des vom 1. I. 1900 an gelt. Rechts. Mit den sämmtl. bezügl. gesetzl. Bestimmgn., Verordngn. u. den wichtigsten Entscheidgn. der höchsten Gerichtshöfe. Für den prakt. Gebrauch nach dem amtl. Material hrsg. 3. Aufl. Bearb. v. Otto Kotze. Mit ausführl. Register. 12. (112 S.) Berlin 900. F. Dümmler's Verl. n. — 50

—— Gewerbe-Ordnung für den norddeutschen Bund. Für den prakt. Gebrauch ausführlich ergänzt und erläutert durch die amtl. Motive, die Erklärungen der Bundes-Kommissare und die Verhandlungen des Reichstages. Nach den amtl. Uebersichten der bisher. Gesetzgebung sämmtl. Bundesstaaten über die steh. Gewerbe, welche einer besond. Genehmigung bedürfen und über den Gewerbebetrieb im Umherziehen. Mit vollständ. Sachregister. 1.—3. Aufl. 8. (192 S.) Berlin 869, Hempel. *

—— dass. — Supplement, enth. die Anweisung zur Ausführung der Gewerbeordnung vom 4. Septbr. 1869. gr. 8. (S. 1—32.) Ebendas. 869.

—— dass. — 2. Suppl., enth. Anweisung zur Ausführung des Tit. III. der Gewerbe-Ordnung [Hausirgewerbe betr.], Erlaß betr. Concessionsertheilung an Schauspiel-Unternehmer, vom 30. Septbr. 1869, Bekanntmachung, betr. Prüfung der Aerzte, Zahnärzte, Thierärzte rc. vom 25. Septbr. 1869, Bekanntmachung, betr. Prüfung der Seeschiffer und Seesteuerleute auf deutschen Kauffartheischiffen, vom 25. Septbr. 1869. gr. 8. (S. 33—68.) Ebendas. 869.

—— Gewerbe-Ordnung für das Deutsche Reich in ihrer jetzigen Gültigkeit. Für den prakt. Gebrauch ergänzt und erläutert durch das amtl. Material der Gesetzgebung unter Einfügung der neuen Gesetze. 4. Aufl. (192 S.) 1869. * M 2.; 5. und 6. Aufl. 8. (168 S.) Berlin 878, Hempel. *

— Gewerbe-Ordnung für das Deutsche Reich in ihrer jetzigen Gültigkeit. Für den prakt. Gebrauch ergänzt u. erläutert durch das amtl. Material der Gesetzgebung unter Einfügung der neuen Gesetze. 5—7. Aufl. 8. (168 S.) Ebend. 880. n. 1. 60

— - Gewerbeordnung für das Deutsche Reich in der Fassung des Gesetzes vom 1. Juli 1883. Mit den Ausführungs-Bestimmungen des Bundesraths, Ministerial-Erlassen, gerichtl. Entscheidungen, Gesetzesstellen, erläut. amtl. Motiven rc. für den prakt. Gebrauch hrsg. 8. Aufl. 8. (160 S.) Ebendas. 884.

— Gewerbeordnung f. das Deutsche Reich in der Fassung d. Gesetzes v. 1891 (Arbeiterschutzgesetz). Nebst dem Reichsgesetz betr. die Gewerbegerichte. Ergänzt u. erläutert durch die amtl. Materialien der Gesetzgebg. 9. Aufl. 12. (192 S.) Ebd. 891. n. 1. —

— dasselbe. Mit der kaiserl. Verordng. vom 28. März 1892. Nebst dem Reichsgesetz betr. die Gewerbegerichte. Ergänzt u. erläutert durch die amtl. Materialien der Gesetzgebg. 10. Aufl. 12. (192 S.) Ebd. 891. n. 1. —

— Gewerbeordnung f. d. Deutsche Reich in d. Fassg. d. Gesetzes v. 1896. Nebst d. Gesetz z. Bekämpfung d. unlaut. Wettbewerbes v. 27. Mai 1896 u. d. Gesetz z. Schutze d. Waarenbezeichngn. Ergänzt u. erläut. durch d. amtl. Materialien d. Gesetzgebg. 11. Aufl. 12. (191 S.) Berlin 896. F. Dümmler's Verl. n. 1. —

— Gewerbeordnung f. das Deutsche Reich in d. Fassg. des Gesetzes vom 30. VI. 1900. Ergänzt u. erläutert durch die amtl. Materialien der Gesetzgebg. 12. u. 13. Aufl. Bearb. v. Otto Kotze. 12. (à 220 S.) Ebd. 900. n. 1. —; geb. n. 1. 20

Höinghaus, R., Gewerbeordnung für das Deutsche Reich. Nach der Bekanntmachg. des Reichskanzlers vom 26. VI. 1900. Nebst dem Gesetz von 1903 betr. Kinderarbeit in gewerbl. Betrieben. Fortgesetzt u. ergänzt v. Otto Kotze. 14., bis auf die neueste Zeit ergänzte Aufl. (214 S.) 12. Berlin 903. F. Dümmler's Verl. n. 1. —; kart. n. 1. 20

— das neue Gewerbesteuer-Gesetz f. die preußische Monarchie. Ergänzt u. erläutert durch die amtl. Materialien der Gesetzgebg. 12. (80 S.) Ebd. 891. n. — 60

— die neuen preußischen Grundbuch- u. Hypotheken-Gesetze. Ergänzt u. erläut. durch die vollständ. amtl. Motive, die Commissions-Berichte u. Verhandlgn. d. Landtags. 2. Aufl. gr. 8. (309 S.) Berlin 872. Hempel. 3. —

— dasselbe. Anhang. Enth.: Allgemeine Verfügg. vom 1. Septbr. 1872, die Bildg. der Grundbuchämter im Geltungsbereiche der Grundbuch-Ordng. vom 5. Mai 1872 betr. — Allgemeine Verfügg. vom 2. Septbr. 1872 zur Ausführg. der Grundbuch-Ordng. vom 5. Mai 1872. — Anweisung vom 19. Septbr. 1872 zur Ausführg. d. Gesetzes vom 5. Mai 1872, betr. die Stempelabgaben v. gewissen, bei dem Grundbuchamte anzubring. Anträgen. gr. 8. (84 S.) Ebend. 872. n. 1. —

Höinghaus, R.: Die neuen Preußischen Grundbuch- und Hypotheken-Gesetze. Erg. u. erl. Berlin 1872.

Höinghaus, R., Grundbuchordnung f. d. Deutsche Reich u. Reichs-Gesetz üb. d. Zwangsversteigerg. u. d. Zwangsverwaltg. Nebst d. Einführungsgesetz. Ergänzt u. erläut. durch d. amtl. Materialien d. Gesetzgebg. M. ausführl. Sachreg. 8. (124 S.) Ebd. 897. n. — 80; geb. in Leinw. n. 1. 20

— Grundbuchwesen u. Zwangsvollstreckung in das unbewegliche Vermögen im Geltungsbereich d. Rheinischen Rechts. Mit dem Abänderungsgesetz v. 1893. Ergänzt u. erläutert durch die amtl. Materialien der Gesetzgebg. 3. Aufl. gr. 8. (III, 83 S.) Bielefeld 893. A. Helmich. n. 1. 60; geb. n. 2. 10

—— Handbuch für Kriminal- und Civil-Protokollführer. 2., umgearb. Aufl. gr. 8. (VI und 144 S.) Berlin 866, C. Heymann.

— Handbuch für Schiedsmänner. Die neue preußische Schiedsmannsordnung. Ausführlich ergänzt u. erläutert durch die vollständ. amtl. Motive, Kommissionsberichte u. Verhandlungen beider Häuser des Landtags. gr. 16. (164 S.) Ebend. 879. n. 2. —

— das neue Handwerker-Gesetz v. 26. VII. 1897 u. Gewerbeordng. f. d. Deutsche Reich in d. Fassg. d. Gesetzes v. 6. VIII. 1896. Nebst d. Gesetz z. Bekämpfung d. unlaut. Wettbewerbes u. dem Gesetz zum Schutze der Waarenbezeichngn. Ergänzt u. erläut. durch die amtl. Materialien d. Gesetzgebg. 11. Aufl. 12 (63 u. 192 S.) Ebd. 897. n. 1. 20

—— die neue Hinterlegungsordnung für die königl. preußischen Staaten. Ausführlich ergänzt und erläutert durch die amtl. Motive, Landtagsverhandlungen rc. gr. 16. (141 S.) Ebendas. 879.

Höinghaus, Rich., Preußens neues Hypotheken-Wesen. (Gesetz betr. die Abänderungen der Hypotheken-Ordnung vom 20. Dezbr. 1783.) Nebst Ergänzungen und Erläuterungen nach den legislatorischen Quellen ꝛc. 853. (63 S.) n. 10 ngr. — 2. verm. Abdr. mit Hinzufügung der Instruction des Justizministers vom 3. Aug. 1853, nebst Formularen. Berlin 853. Allgem. deutsche Verlagsanstalt. gr. 8. (110 S.) n. 12 ngr.

— die evangelische Kirchengemeinde-, Synodal- u. General-Synodal-Ordnung f. Preußen, nebst den dazu gehör. Gesetzen u. Verordngn. Durch die amtl. Motive, Landtags-Verhandlgn. ꝛc. ergänzt u. erläutert. gr. 8. (158 S.) Ebend. 876. n. 1. 80

— die neuen Kirchengesetze v. 1874. Nach den amtl. Motiven sowie den Kommissionsberichten u. Verhandlgn. d. deutschen Reichstags u. Preuß. Landtags ergänzt u. erläutert. gr. 8. (166 S.) Ebend. 874. n. 2. —

— die neuen Kirchengesetze v. 1875. Nebst den amtl. Materialien der Gesetzgebg. Mit Anh.: Kirchengesetze 1873/1874. gr. 8. (288 S.) Berlin 875. E. Mecklenburg. 3. 50

— die neuen Kirchengesetze in Preußen nebst den vollständ. amtl. Motiven u. Kommissionsberichten u. darauf bezügl. Reden der Minister in authent. Wortlaut. 8. (168 S.) Ebend. 873. n. 1. 50

— die preußischen Kirchengesetze v. 1876 betr.: Die Vermögensverwaltung in den katholischen Diözesen; die Aufhebg. der Parochialexemtionen; die Beseitigg. einzelner kirchl. Abgaben u. Leistgn.; die Ablösg. der den Kirchen ꝛc. zusteh. Holzabgaben. Erläutert durch die amtl. Motive u. die Landtagsverhandlgn. gr. 8. (87 S.) Berlin 876. Hempel. n. 1. 20

Höinghaus, R., das neue preußische Kommunalabgaben-Gesetz, nebst dem Gesetz wegen Aufhebung direkter Staatssteuern (Ueberweisungs-Gesetz) u. dem Gesetz, betr. die Beihülfe zu Volksschulbauten. Ergänzt u. erläutert durch die amtl. Materialien der Gesetzgebg. 12. (167 S.) Berlin 893. F. Dümmler's Verl. n. 1. —

— Konkurs-Ordnung sowie Einführungs-Gesetz vom 8. Mai 1855, Gesetz, betr. die Befugniß der Gläubiger zur Anfechtung der Rechtshandlungen zahlungsunfähiger Schuldner außerhalb des Konkurses, vom 9. Mai 1855, und Verordnung über die im Konkurse und erbschaftl. Liquidationsprozesse zu erhebenden Gerichtskosten, vom 4. Juni 1855, nebst Erläuterungen nach den legislator. Quellen. Mit e. Vorw. von Sachs. Berlin 855. Moeser. Lex.-8. (3 Bl., II, 247 S.) n. 20 ngr.

— Konkurs-Ordnung für das Deutsche Reich nebst Einführungsgesetz u. Gerichtsverfassungsgesetz. Ergänzt u. erläutert durch die amtl. Materialien der Gesetzgebung. 1—4. Aufl. gr. 8. (XVI, 270 S.) Berlin 877. Stuhr. n. 3. —; geb. n. 3. 60

— Konkurs-Ordnung f. das Deutsche Reich v. 10. Febr. 1877, nebst Gerichtsverfassungsgesetz v. 27. Jan. 1877 u. Einführungsgesetzen. Mit alphabet. Sachregister. 6. Taus. Neue bill. (Titel-)Ausg. 8. (XVI, 270 S.) Berl. 892, Gerstmann. * 1 25; cart. * 1 50

— Krankenversicherungsgesetz. Reichs-Gesetz betr. die Krankenversicherg. der Arbeiter v. 15. Juni 1883 in der Fassg. d. Gesetzes v. 10. April 1892. 4. Aufl. 12. (111 S.) Berl. 892, Dümmler's Verl. * — 60

— Kreis-Ordnung in der Fassung der Novelle von 1861. Für den prakt. Gebrauch ausführlich ergänzt u. erläutert durch die amtl. Motive u. bezügl. Gesetze u. Gesetzesstellen. 4. Aufl. Mit Anh., enth.: Gesetz über die Organisation der allgemeinen Landesverwaltung. Gesetz, betr. die Verfassung der Verwaltungsgerichte u. das Verwaltungsstreitverfahren, nebst den Abänderungs- u. Einführungsgesetzen. Gesetz, betr. Abänderung der Provinzialordnung. gr. 8. (208 S.) Berlin 881. Hempel. n. 2. 60

— Kreis-Ordnung f. die Prov. Preußen, Brandenburg, Pommern, Posen, Schlesien u. Sachsen. Vom 13. Dezbr. 1872. Für den prakt. Gebrauch ausführlich ergänzt u. erläutert durch die amtl. Motive u. bezügl. Gesetze u. Gesetzesstellen. 3. Aufl. gr. 8. (236 S.) Ebend. 873. n. 2. —

— dasselbe. 1. Supplement. gr. 8. (72 S.) Ebend. 873. n. — 75

— Kreis-Ordnung für die Provinzen Preußen, Brandenburg, Pommern, Posen, Schlesien und Sachsen. Vom 13. Dezbr. 1872. Für den prakt. Gebrauch ausführlich ergänzt und erläutert durch die amtl. Motive und bezügl. Gesetze und Gesetzesstellen. 1.—3. Aufl. gr. 8. (236 S.) Berlin 873, Hempel. *

— dass. — ergänzt und erläutert. Ergänzung zu allen Ausgaben der Kreis-Ordnungen. 1. Supplement. gr. 8. (72 S.) Ebendas. 873. *

— die Kreis- und Provinzialordnung für die Rheinprovinz. Für den prakt. Gebrauch ergänzt und erläut. durch die amtl. Materialien der Gesetzgebung. gr. 8. (102 S.) Bielefeld 887, Helmich. * ℳ 2.—; geb. *

— Kreis- u. Provinzialordnung f. die Prov. Westfalen. Für den prakt. Gebrauch ergänzt u. erläutert durch die amtl. Materialien der Gesetzgebg. gr. 8. (IV, 120 S.) Bielefeld 886. Helmich. n. 2. 25; geb. n. 2. 75

Höinghaus, Rich., das Kriminal- und Civil-Protokollführer-Examen mit besond. Rücksicht auf das neue Straf-Gesetzbuch dargestellt in Fragen und Antworten nebst schriftl. Probearbeiten. 8. (VI und 101 S.) Berlin 851, C. Heymann.

— dass. — Anhang enth.: Die Gebühren-Taxe in Untersuchungssachen. gr. 8. (43 S.) Ebds. 852.

Höinghaus, d. preuss. Landesgesetzgebung. Berlin 880.

— die preußische Landeskulturgesetzgebung. Das neue Gesetz, betr. das Verfahren in Auseinandersetzungsangelegenheiten [Ablösungen, Regulirungen, Gemeinheitstheilungen ꝛc. ꝛc.]. Ergänzt u. erläutert durch die amtl. Materialien. Mit einem Anh., die ältere noch gült. Gesetzgebung dazu enth. 8. (333 S.) Ebend. 880. n. 4. —

— Landgemeindeordnung vom 23. Juli 1845 und Gemeindeverfassungsgesetz vom 15. Mai 1856 für die Rheinprovinz m. den durch die nachfolgende Gesetzgebg. eingetretenen Aenderungen. gr. 8. (61 S.) Ebd. 887. n. — 75; geb. n. — 90

— Landgemeindeordnung f. die sieben östlichen Provinzen der Preußischen Monarchie. Ergänzt u. erläutert durch die amtl. Materialien der Gesetzgebg. 12. (128 S.) Ebd. 891. n. 1. —

— und Fenner, allgemeines Landrecht nebst Ergänzungen und Erläuterungen und neues Strafgesetzbuch für die gesammten preuß. Staaten. Systematischer Auszug für höhere Justiz-Subaltern-Beamte. 1—5. Lfg. gr. 8. (VI und 483 S.) Berlin 853, Nauck und Comp. *

—— Militär-Strafgesetzbuch für das deutsche Reich. Vom 20. Juni 1872. Ausführlich ergänzt und erläutert durch die vollständ. amtl. Motive, die Commissionsberichte und Verhandlungen des Reichstages. 1. und 2. Aufl. gr. 8. (152 S.) Ebendas. 872. *

— das neue Patentgesetz für das Deutsche Reich. Ergänzt und erläutert durch die Motive der Regierung und die Verhandlungen des Reichstages. gr. 8. (88 S.) Berlin 877, Hempel. * 1 50

— Rechtsanwalts-Ordnung für das Deutsche Reich. Ausführlich ergänzt und erläutert durch die amtl. Materialien der Gesetzgebung. Mit einem Anhang enth.: 1. Eine Darstellung des bestehenden Rechtszustandes und die amtl. Zusammenstellung der landesgesetzl. Vorschriften über Zulassung, Ernennung, Anstellung der Rechtsanwälte, sowie Lokalisirung der Rechtsanwaltschaft. 2. Reichs-Gerichtskostengesetz. 3. Reichs-Gebührenordnung für Gerichtsvollzieher. 4. Reichs-Gebührenordnung für Zeugen- und Sachverständige. gr. 8. (155 S.) [Berlin 878, Donny und Sohn.] Leipzig, Mertens. * 2 25

Höinghaus, R., deutsches Reichs-Bankgesetz. Ausführlich ergänzt u. erläutert durch die amtl. Materialien der Gesetzgebg. gr. 8. (148 S.) Berlin 875. C. Mecklenburg. 1. 75

—— Reichs-Genossenschaftsgesetz. Gesetz, betr. die Erwerbs- u. Wirthschaftsgenossenschaften. Ergänzt u. erläut. durch die amtl. Materialien der Gesetzgebg. 12. (192 S.) Ebd. 889. * 1 20

—— dass. — 2. Aufl. Mit Nachtrag: Bekanntmachung, betr. die Führg. d. Genossenschaftsregisters u. die Anmeldgn. zu demselben. Vom 11. Juli 1889. 12. (192 S.; Nachtrag 23 S.) Ebd. 890. * 1 40
Nachtrag allein * — 30

— Reichs-Gesetz über d. Angelegenheiten der freiw. Gerichtsbarkeit. (Allgem. Vorschriften, Vormundschaftssachen, Annahme an Kindesstatt, Personenstand, Nachlaß- u. Theilungssachen, Schiffspfandrecht, Handelssachen, Vereinssachen, Güterrechtsregister, Offenbarungseid, Untersuchung u. Verwahrg. v. Sachen, Pfandverkauf, gerichtl. u. notar. Urkunden.) Ergänzt u. erläut. durch d. amtl. Materialien d. Gesetzgebg. M. ausführl. Sachreg. 12. (104 S.) Ebd. 898. n. 1. —; geb: n. 1. 20

Höinghaus, R. Reichs-Gesetz betr. die Besteuerung des Branntweins. Vom 24. Juni 1887. Mit dem Gesetze betr. die Abänderg. d. Gesetzes üb. die Besteuerg. d. Branntweins. Vom 8. Juni 1891. Nebst Ergänzgn. u. Erläutergn. 2. Aufl. gr. 8. (112 S.) Berl. 891, Dümmler's Verlag. * 1 —

— Reichs-Gesetz betr. die Krankenversicherung der Arbeiter. Vom 13. Juni 1883. Ergänzt und erläut. durch die amtl. Materialien der Reichs-Gesetzgebung. Nebst den amtl. Entwürfen des Statuts einer Orts-Krankenkasse, des Statuts einer Betriebs-[Fabrik-]Krankenkasse nach der Bekanntmachung vom 14. März 1884. 2. Aufl. gr. 8. (186 S.) Ebendas. 884. *

Höinghaus R. Reichsgesetz betr.d.Unfallversich.d.b.Bauten beschäft.Pers. Berlin 1887

—— Reichs-Gesetz betr. die Unfall- und Krankenversicherung der in land- und forstwirthschaftlichen Betrieben beschäftigten Personen. Ergänzt und erläut. durch die amtl. Materialien der Reichs-Gesetzgebung. 8. (115 S.) Ebendas. 886. *

— Reichs-Gesetz, betr. die Unfall- u. Krankenversicherung der in land- u. forstwirthschaftl. Betrieben beschäftigten Personen. Vom 5. Mai 1886 [Reichs-Gesetzblatt S. 132]. Ergänzt u. erläutert durch d. amtl. Materialien der Reichs-Gesetzgebg. 2. Aufl. Mit dem preuß. Gesetz v. 1887 betr. die Abgrenzg. u. Organisation d. Berufsgenossenschaften. gr. 8. (135 S.) Ebd. 887. n. 1. 50

— Reichsgesetz, betr. die Unfallversicherung d. bei Bauten beschäftigten Personen. Ergänzt und erläutert durch die amtl. Materialien der Reichs-Gesetzgebg. unter Beifügg. der angezogenen anderweit. Gesetzes-Vorschriften. gr. 8. (87 S.) Ebd. 887. n. 1. 20

Höinghaus R. deutsche Reichsgesetze, betreffend I. das neue Münzwesen. II. Mass- und Gewichtsordnung. III. Eichordnung und Eichgebührentaxe. 12° Berlin 1872

Höinghaus R, die deutschen Reichsgesetze über Bundes- und Staatsangehörigkeit, Passwesen, Armenwesen etc. Berlin 1871

Höinghaus, d. deut. Reichsges. üb. Bundes- u. Staatsangehörigk., Passwes, Armenwes. etc., erläut. 3. Aufl. Berlin 871.

— das neue Reichs-Gesetz v. 1887, betr. die Besteuerung d. Branntweins. Nach der amtl. Begründg. u. den Verhandlgn. d. Reichstages ausführlich ergänzt u. erläutert unter Beifügg. der anderweit. gesetzl. Bestimmgn. gr. 8. (112 S.) Ebd. 887. n. 1. 50

Höinghaus, R., das neue Reichs-Gesetz betr. die Krankenversicherung der Arbeiter. Ergänzt und erläut. durch die amtl. Materialien der Reichs-Gesetzgebung. 1. und 2. Aufl. gr. 8. (132 S.) Ebendas. 883. *

— dasselbe. Nebst den amtl. Entwürfen: d. Statuts e. Orts-Krankenkasse, d. Statuts e. Betriebs-[Fabrik-] Krankenkasse nach der Bekanntmachg. vom 14. März 1884. 2. Aufl. gr. 8. (186 S.) Ebend. 884. n. 2. —

— Das neue Reichsgesetz betreffend die Unfall- und Krankenversicherung der in land- und forstwirtschaftlichen Betrieben beschäftigten Personen. Berlin 1886

— s.: Reichsgesetze, deutsche.

— die deutschen Reichsgesetze üb. Armenwesen u. Unterstützungswohnsitz in der Fassung des Gesetzes vom 12. März 1894. Nebst den gesetzl. Bestimmgn. üb. Staatsangehörigkeit, Paßwesen u. Freizügigkeit. Ergänzt u. erläutert durch die amtl. Materialien der Gesetzgebg. 3. Aufl. 12. (88 S.) Ebd. 894. n. — 60

— die deutschen Reichsgesetze üb. Bundes- u. Staatsangehörigkeit, Paßwesen, Freizügigkeit, Armenwesen u. Unterstützungswohnsitz, sowie üb. Eheschließungen. Nebst dem preuß. Gesetz vom 8. März 1871, betr. die Ausführg. d. Gesetzes üb. den Unterstützungswohnsitz, und der Ministerial-Instruction dazu v. 10. April 1871. Ergänzt u. erläut. durch die amtl. Motive u. die Verhandlgn. d. Reichstages, sowie d. preuß. Landtages. 3. Aufl. gr. 8. (168 S.) Berlin 871. Hempel. n. 1. 50

— das neue Reichs-Militärgesetz. Durch die amtl. Motive, die Erklärgn. der Bundesbevollmächtigten u. die Verhandlg. d. Reichstages ausführlich ergänzt u. erläutert. gr. 8. (104 S.) Ebend. 874. n. 1. —

— deutsches Reichs-Musterschutzgesetz, nebst Gesetz betr. Schutz der Photographien u. Gesetz betr. Urheberrecht an Werken der bildenden Künste. Ergänzt u. erläutert durch die amtl. Materialien der Gesetzg. 16. (98 S.) Berlin 876. C. Mecklenburg. 1. —

— deutsches Reichs-Musterschutzgesetz, nebst Gesetz betr. Schutz der Photographien u. Gesetz betr. Urheberrecht an Werken der bildenden Künste. Ergänzt u. erläutert durch die amtl. Materialien der Gesetzgebg. Mit Anh. 16. (98 u. Anh. 31 S.) Berlin 887. H. R. Mecklenburg. cart. u. geh. 1. —

—— deutsches Reichsstempelabgabengesetz in der Fassung des Gesetzes vom 1885, nebst Tarif. Erläutert durch die amtl. Materialien der Gesetzgebung. Nebst den Ausführungsvorschriften des Bundesraths vom 15. Septbr. 1885 und sämmtl. Anmeldeformularen. 9. Aufl. 8. (112 S.) Berlin 885, [Hempel.] Dümmler's Verlagsb. cart. *
Ausführungsvorschriften allein (32 S.) *

—- das neue deutsche Reichsstempelabgabengesetz nebst Tarif. [Stempel von Aktien, Renten, Schuldverschreibungen, Schlußnoten, Rechnungen, Lotterielosen 2c.] Erläutert durch die amtl. Materialien der Gesetzgebung. Nebst Anhang, enthaltend: Uebersicht der französ., engl., holländ. und ital. stempelgesetzl. Bestimmungen über die Besteuerung der in dem Gesetze behandelten Gegenstände. 1.—7. Aufl. 8. (72 S.) Ebendas. 881. *

Hölnghaus, R. Das deutsche Reichsstempelabgabengesetz in der Fassung des Gesetzes von 1885. (Das neue Börsensteuergesetz.) 8. Auflage. Berlin 1885.

— deutsches Reichs-Viehseuchengesetz in der Fassung des Gesetzes vom 1. Mai 1894. Ergänzt u. erläutert durch die amtl. Materialien der Gesetzgebg. 12. (86 S.) Bielefeld 894. A. Helmich. n. 1. —

— das neue deutsche Reichs-Wucher-Gesetz v. 1893. (Geld- u. Sachwucher, Vieh- u. Grundstückswucher 2c.) Ergänzt u. erläutert durch die amtl. Materialien der Gesetzgebg. 12. (64 S.) Berlin 893. F. Dümmler's Verl. n. — 50

— das neue deutsche Reichs-Civil-Ehe-Gesetz üb. die Beurkundg. d. Personenstandes u. die Eheschliessg. Ausführlich ergänzt u. erläutert durch die amtl. Materialien der Gesetzgebg. gr. 8. (96 S.) Ebend. 875. 1. —

—— neue preußische Sportelgesetzgebung. (Gesetz vom 9. Mai 1854, betr. die Abänderungen des Gesetzes über den Ansatz und die Erhebung der Gerichtskosten 2c.) nebst Ergänzungen und Erläuterungen nach den legislator. Quellen 2c. gr. 8. (IV und 119 S.) Schönebeck 854, Berger. *

— Städteordnung u. Landgemeindeordnung f. d. Prov. Hessen-Nassau. V. 4. VIII. 1897. Ergänzt u. erläut. durch d. amtl. Materialien d. Gesetzgebg. 2. Aufl. M. d. Ausführungsbestimmgn.: Anweisg. z. Einführg. d. Städteordng. v. 4. X. 1897. Anweisgn. z. Ausführg. d. Landgemeindeordng. v. 6. X. u. 30. XI. 1897. 12. (192 S.) Ebd. 898. n. 1. 60; kart. n. 1. 80; Ausführungsbestimmgn. allein (48 S.) n. — 40

— Städte-Ordnung f. die Rheinprovinz vom 15. Mai 1856 m. den durch die neuere Gesetzgebg. bedingten Abänderungen. gr. 8. (43 S.) Bielefeld 887. Helmich. n. — 65; cart. n. — 75

—— Preußens Stempelgesetze. Mit Rücksicht auf die neuere gerichtl. Sportel-Gesetzgebung besonders für die königl. Justiz-Beamten hrsg. 1. Aufl. (IV und 67 S.) 1852. und 2., verm. Aufl. gr. 8. (VI und 72 S.) Berlin 855, C. Heymann.

—— Preußens Stempelgesetzgebung. 1. Thl.: Allerhöchste Verordnungen, Ministerial-Verfügungen und Bekanntmachungen, betr. die Erhebung der Stempelsteuer in dem vormal. Königr. Hannover, dem vormal. Kurfürstenth. Hessen 2c. gr. 8. (IV und 118 S.) Berlin 867, C. Heymann. *

Höinghaus, Rich., Preußens Stempelgesetzgebung. Stempelsteuer-Gesetz vom 7. März 1822 nebst Ergänzungen und Erläuterungen. 1. Thl. 3., verm. und verb. Aufl. br. 8. (VIII und 124 S.) Berlin 867, C. Heymann. *

—— dass. — 2. Thl. gr. 8. (IV und 118 S.) Ebendas. 867. *

—— Preußens Stempelgesetzgebung. 2. Thl.: Allerhöchste Verordnungen, Ministerial-Verfügungen und Bekanntmachungen betr. die Erhebung der Stempelsteuer in Hannover, Hessen und Nassau, in den vormals bayer. Gebietstheilen, in Frankfurt a. M. 2c. 2. verm. Aufl. gr. 8. (X, 149 S.) Berlin 869, C. Heymann's Verlag. *

— preuß. Stempelsteuer-Gesetz v. 31. Juli 1895, nebst d. preuß. Erbschaftssteuer-Gesetz in d. Fassung des Gesetzes v. 1895. Ergänzt u. erläutert durch die amtl. Materialien d. Gesetzgebg. 2. Aufl. 12. (140 S.) Ebd. 896. n. 1. —

- das neue Strafgesetzbuch für den norddeutschen Bund in der durch Vereinbarung mit dem Reichstage endgiltig festgestellten Fassung, mit den vollständ. amtl. Motiven, den Motiven zu den erfolgten Abänderungen u. dem Wichtigsten aus den Verhandlungen des Reichstages. 1—4. Aufl. Berlin 870. Hempel. gr. 8. (VIII, 210 S.) n. 20 ngr.

—— Strafgesetzbuch für das Deutsche Reich mit der Strafgesetz-Novelle von 1876. Erläutert durch die amtl. Materialien der Gesetzgebung und die Entscheidungen des preuß. Obertribunals von 1870 bis 1876. 5. und 6. Aufl. gr. 8. (279 S.) Berlin 876, Hempel. * 2 40

— Strafgesetzbuch f. das Deutsche Reich. (Mit den bis 1. Apr. 1894 ergangenen Abändergn.) Ergänzt u. erläutert durch die amtl. Materialien der Gesetzgebg. u. die Rechtsprechg. 7. Aufl. 12. (160 S.) Ebd. 894. n. 1. —

— Strafgesetzbuch f. das Deutsche Reich, in der durch die Reichsgesetze vom 10. XII. 1871, 26. II. 1876, 10. II. 1877, 24. V. 1880, 5. IV. 1888, 13. V. 1891, 26. III. 1893, 19. VI. 1893, 3. VII. 1893, 12. III. 1894, Art. 34 des Einf.-Ges. zum bürgerl. Gesetzbuch vom 18. VIII. 1896 u. das Gesetz v. 1900 (lex Heinze) bedingten Fassg. Ergänzt u. erläutert durch d. amtl. Materialien d. Gesetzgebg u. die Rechtsprechg. Fortgeführt u. ergänzt v. O. Kotze. 8. Aufl 12. (156 S.) Ebd. 900. n. 1. —; geb. n. 1. 20

— Strafprozeß-Ordnung für das Deutsche Reich, nebst Gerichtsverfassungsgesetz u. Einführungsgesetzen. Ergänzt u. erläutert durch die amtlichen Materialien der Gesetzgebung. gr. 8. (XVI, 274 S.) Berlin 877. Stuhr. n. 3. —; geb. n. 3. 50

— Strafprozeß-Ordnung f. das Deutsche Reich vom 1. Febr. 1877, nebst Gerichtsverfassungsgesetz vom 27. Jan. 1877 u. Einführungsgesetzen. Mit alphabet. Sachregister. Ergänzt u. erläutert durch die amtl. Materialien der Gesetzgebg. 5. Taus. Neue bill. (Titel-)Ausg. 8. (XVI, 274 S.) Berlin 892. S. Gerstmann. n. 1. 25; kart. n. 1. 50

— die neue preußische Subhastations-Ordnung nebst Ergänzungen u. Erläuterungen. Unter Benutzung der amtl. Motive u. der Kommissions-Berichte des Landtags bearb. Mit einem Anh. Ebend. 869. gr. 8. (159 S.) n. 20 ngr.

— die neuen preußischen Subhastations-Gesetze. Enth.: I. Gesetz, betr. die Zwangsvollstreckung gegen Benefizialerben u. das Aufgebot der Nachlaßgläubiger; II. Gesetz, betr. die Zwangsvollstreckung in das unbewegliche Vermögen; III. Subhastations-Ordnung vom 15. März 1869, nebst dazu gehörigen Vorschriften; IV. Verordnungen u. Ministerial-Verfügungen. Ergänzt u. erläutert durch das amtliche Material der Gesetzgebung u. die Entscheidungen des Obertribunals. gr. 16. (164 S.) Berlin 878. Hempel. n. 2. —

— die neuen preußischen Subhastations-Gesetze. Enth.: I. Gesetz, betr. die Zwangsvollstreckung gegen Benefizialerben und das Aufgebot der Nachlaßgläubiger; II. Gesetz, betr. die Zwangsvollstreckung in das unbewegl. Vermögen; III. Subhastations-Ordnung vom 15. März 1869, nebst dazu gehör. Vorschriften; IV. Verordnungen und Ministerial-Verfügungen. Ergänzt und erläutert durch das amtl. Material der Gesetzgebung und die Entscheidungen des Obertribunals. gr. 16. (164 S.) Berlin 879, Hempel. * 2 —

Hölinghaus, R., Unfallversicherungsgesetz f. das Deutsche Reich. Mit der amtl. Begründg. der Reichsregierg., den Erklärgn. der Bundes-Kommissare u. den wichtigsten Verhandlgn. d. Reichstages ꝛc. gr. 8. (148 S.) Berlin 884. Dümmler's Verl. n. 1. 50

— neue preuß. Vormundschafts-Ordnung. Für den prakt. Gebrauch ausführlich ergänzt u. erläutert durch die amtl. Materialien der Gesetzgebg. gr. 8. (276 S.) Berlin 875. E. Mecklenburg. 3. —

—— norddeutsches Wechselstempelsteuer-Gesetz vom 10. Juni 1869 nebst den Ausführungs-Verordnungen des Bundesraths und des Bundeskanzlers vom 13. Dezbr. 1869. Ausführlich ergänzt und erläutert durch die amtl. Motive, die Erklärungen der Bundes-Commissare ꝛc. 1.—5. Aufl. 8. (52 S.) Ebendas. 870. *

— die Wehrpflicht im Deutschen Reich in der jetzt gültigen Gestalt. Mit e. Einleitg. 12. (64 S.) Berlin 888. Dümmler's Verl. n. — 80

Höinghaus, R., das neue preußische Civil-Ehe-Gesetz. Gesetz über die Beurkundung des Personenstandes und die Form der Eheschließung. Ergänzt und erläut. durch die amtl. Motive, die Kommissionsberichte und Verhandlungen des Landtages. gr. 8. (80 S.) Berlin 874, Hempel. *

Höinghaus, R., Civilprozeß-Ordnung für das Deutsche Reich nebst Gerichtsverfassungsgesetz und Einführungsgesetzen. Ergänzt und erläutert durch die amtl. Materialien der Gesetzgebung. 1.—3. Aufl. gr. 8. (435 S.) Berlin 877, Stuhr'sche Buchh. * ℳ 4,50.; geb. *

Hölinghaus, R., Civilprozeß-Ordnung f. das Deutsche Reich vom 30. Jan. 1877, nebst Gerichtsverfassungsgesetz vom 27. Jan. 1877 u. Einführungsgesetzen. Mit alphabet. Sachregister. Ergänzt u. erläutert durch die amtl. Materialien der Gesetzgebg. 5. Tausd. Neue bill. (Titel-)Ausg. 8. (435 S.) Berlin 892. S. Gerstmann. n. 1. 75; kart. n. 2. —

Hoinigg, J., Glückwünsche in Versen u. Briefen f. Kinder, in ihrer Sprache, aus ihren Gefühlen u. Begriffen, zu allen Festen u. Gelegenheiten, an Aeltern, Lehrer, Wohlthäter ꝛc. In 3 Abthl. 12. (8 B.) Grätz 830, Damian u. Sorge.

Hoiningen, gnt. Hüne, A. A. Frh. v., Stammtafeln der freiherrl. Familie von Hoiningen gnt. Hüne. Bonn 1871.

Hoiningen-Huene, Christine von: Beiträge zur Geschichte der Beziehungen zwischen der Schweiz und Holland im 17. Jahrhundert. Dessau 1899. 144 S. 8°.
Bern. Phil. Diss. 1898/99.

Hoiningen-Huene, Christine Freifrau v., Beiträge zur Geschichte der Beziehungen zwischen der Schweiz u. Holland im XVII. Jahrh. gr. 8. (VIII, 272 S.) Berlin 899. A. Duncker. n. 6. 40

(v. Hoiningen, gen. Huene.) Beiträge zur Geschichte des 3. Garde-Grenadier-Regiments Königin Elisabeth, 1859—1870. Als Mscr. gedr. (153) 8. Berlin 1870. 2,25.

Hoiningen-Huene, Christine Frein v. Erinnerungen an Amalie v. Lasaulx, Schwester Augustine, Oberin der barmherz. Schwestern im St. Johannishospital in Bonn. 4. Aufl. gr. 8. (IX, XLIII, 388 S. m. 5 Portr.) Gotha 891, F. A. Perthes. * 4 —; geb. * 5 —
Die 1.—3. Aufl. erschienen anonym.

Hoiningen-Huene, Christine Freifrau v., d. deutsche Justiz u. d. Entmündigungsgesetz. gr. 8. (99 S.) Zürich 896. (Verlags-Magazin.) n. 1. 60

v. Hoiningen gen. Huene, Hans Freiherr (geb. am 7 Sept. 1856 in Siegen): Beiträge zur geschichtlichen Entwicklung des strafbaren Bankerutts in Deutschland ... Bonn, Univ.-Buchdr. v. C. Georgi 1878. 3 Bl., 100 S. 8.
Bonn, Jur. Fak., Diss. v. 15 Juni 1878

Hoinville, Jean. lectures allemandes s.: Otto, Émile.

— u. J. Hübscher, deutsches Lesebuch f. höhere Klassen, m. 32 Illustr., 1 Karte des Deutschen Reichs u. 1 Plan v. Berlin. gr. 8. (IV, 316 S.) Lausanne 899. F. Payot & Co. Geb. in Leinw. n.n. 3. 20

Hoinville, Jean, zwei Zürcher Lyriker. Eine krit. Studie. gr. 8. (42 S.) Stuttgart 886. Schröter & Meyer. n. — 80

Hoinville, Jean, die Schneewitwe. Roman aus den Hochalpen. (197 S.) 8. Bern (907). Neukomm & Zimmermann. 3. 20

Hoinville, J., Thusnelda in Rom, s. a. Bergkristalle. II 4.

Hoinville, J[ean]. Thusnelda in Rom. Ein Ehe-Roman. Illustriert von L[ouis] Dunki. [Sep.-Ausg. von: Bergkristalle.... Serie II. Band 4.] 178 S. 8. Biel, Ernst Kuhn, 1903. [fr. 1. 50]

Hojo Takuji, Die Kunst der Selbstverteidigung bei tätlichen Angriffen nach d. japanischen Dschiu-Dschitsu, m. Abb., Leipzig, 92 S., 8°.

Hoischen, G., vier Bilder aus dem Leben Kaiser Wilhelms I. Der lieben deutschen Jugend gewidmet zum 22. III. 1897. 8. (16 S. m. Bild.) Hamm 897. Breer & Thiemann. n. — 10

Hoischen, Gerh., „Allweg gut Zollre", s.: Dierkesmann, F.

Hoischen, Gerh., der Jubilarin Ehrenkranz, s.: Esser's, J., Sammlung leicht aufführbarer Theaterstücke.

Hoischen, Gerh., ein Ehrenkranz dem Kaiserpaar im Silberglanz. Festspiel zur Silberhochzeit des deutschen Kaiserpaares. Der lieben deutschen Jugend gewidmet. (32 S. m. Abbildgn.) 8. Dorsten (906). Dortmund, J. Amedick. n. — 20

— der Engel der Familie,
— Heideröschen,
— des Helden Sohn,
— Henry's Schwur,
— der König des Tempels od. ein Königssohn in seiner Martyrerkron,
— Licht u. Schatten im Reiche der Mitte,
— Waltrud, die letzte Drude vom Drengau,
— u. K. Kamp, Volldampf voraus,

s.: Jugendperlen.

— Veronika od. an der Krippe u. unter'm Kreuze. Eine Erzählg. aus der Zeit Christi. 8. (259 S. m. 6 Abbildgn.) Kempten 900. J. Kösel. 1. 80; geb. in Leinw. n. 2. 40

— dasselbe, s. a. Volks-Bibliothek, kathol. 7. Bd.

Hoisel, J., Cilli und dessen Sandbäder. 8. (VII, 63 S.) Wien 877, Braumüller. * 1 —

Hoisel, J., der landschaftliche Curort Rohitsch-Sauerbrunn in Steiermark. Mit e. lith. Taf. (in qu. gr. 4.) u. 4 (eingedr.) Holzschn. 8. (VI, 120 S.) Wien 875. Braumüller. n. 2. 40

Hoisel, J., der landschaftliche Curort Rohitsch-Sauerbrunn in Steiermark. 2. mit einem Anhang verm. Aufl. 8. (VI, 123 S. mit 1 lithogr. Curventaf.) Wien 881, Braumüller. *

Hoisel, J., der landschaftliche Curort Rohitsch-Sauerbrunn in Steiermark. [Braumüller's Bade-Bibliothek, Nr. 68.] 3. gänzlich umgearb. Aufl. 8. (V, 74 S. mit 1 Karte.) Wien 885, Braumüller. * 2 —

Hoisel, J., der landschaftliche Curort Rohitsch-Sauerbrunn in Steiermark. 3., gänzlich umgearb. Aufl. (Neue m. e. Anh. verm. Ausg.) 8. (III, 76 S. m. 1 Karte.) Wien 893. W. Braumüller. n. 2. —

Hoisel, J., der landschaftliche Kurort Rohitsch-Sauerbrunn in Steiermark. (Braumüllers Badebibliothek.) 5. gänzlich umgearb. Aufl. (III, 87 S. m. 1 Karte.) kl. 8. Wien 904. W. Braumüller. In Leinw. kart. n. 1. 40

Hoiß, Jh. Pt., Grundriß zum Unterricht über Buße u. Abendmahl. 8. Münch. 811. Giel. 3 K

— deutsche Vesperandacht, zunächst für d. kathol. Pfarrgemeinde Sindelsdorf. 8. Münch. 815. Giel. 4 K

Hoiß, P., deutsche Vesperandacht. zunächst für die katholische Pfarrgemeinde Sindelsdorf. 8. München, Giel. 818. -

Hojßak, M., Leitfaden für den geographischen Unterricht an Unter-Realschulen. 1. Heft: Umrisse und Vorbegriffe. gr. 8. (IV und 60 S.) Wien 853, Seidel. *

Holst, A., ten tales, s.: Library, English.

— ten of grandmama's tales, s.: Library, little English, vol. 6.

Holst, A., ten little pretty tales, siehe: Library, little English. vol. 2.

— twelve interesting tales, s.: Library, little English. vol. 5.

Holst, R., ten of grandmamma's tales, — twelve interesting tales, s.: Library, little english.

Hoitz, Hans, Eifelwanderbuch. 180 Tageswandergn. in der Eifel. Hrsg. im Auftrage des Eifelvereins. (59 S. m. 1 farb. Karte.) kl. 8. Köln 906. (Bonn, C. Georgi.) — 80

Eifelwanderungen. Von Hans **Hoitz**. 4. Aufl. Bonn: Georgi 1010. 115 S. 8° A 12 5010 5

Rheinwanderbuch. 18 Tage auf d. Rheinhöhen u. im Rheintal mit 4 Wegekt. Hrsg. ... von Hans **Hoitz**. Bonn: Georgi in Komm. **1908** 128 S. 8° 109. 3054 5

— **Rheinwanderbuch. 18 Tage auf den Rheinhöhen u. im Rheintal m. 4 Wegekarten. Hrsg. im Auftrage des rhein. Verkehrsvereins. 2. Aufl. (105 S. m. Abbildgn.) kl. 8. Bonn 910. C. Georgi.** 1. 20

— **Das Siebengebirge. Ein Wegweiser f. Wanderer u. Sommerfrischler m. vielen Wandergn. u. 1 Wegekarte im Massstabe 1 : 25000. 2. Aufl. (42 S. m. Abb.) kl. 8. Köln 907. 08. (Bonn, C. Georgi.)** — 50

— **180 Tageswanderungen in der Eifel. Hrsg. im Auftrage des Eifelvereins. 2. Aufl. (74 S. m. 1 farb. Karte.) kl. 8. Köln 910. (Trier, Mosella-Verl.)** — 30

— **200 Wanderungen bei Köln, Bonn u. in der Eifel m. 5 farb. Wegekarten, hrsg. im Auftrage der Ortsgruppe Köln des Eifelvereins. 4. Aufl. (108 S. m. 1 farb. Karte.) kl. 8. Bonn 910. C. Georgi.** 1. —

Hok, Hök, s. a. Hoeck, Höck.

Hök, Friedrich, Gab. filius (Calmar), Usum theoriae nexus rerum universalis in philosophia civili delineantis. Pars prior diss. acad. Präs. Johann Ihre. Upsala 3. III. 1750. 18 S. (6.50) 15370
Gew.: Thure Gabriel Bielke, Axel Gabriel Oxenstierna, Gabriel Hök (Vater). — Widm. v.: A. Bäckerström.

Hoek, Henry

— **u. E. C. Richardson, der Ski u. seine sportliche Benutzung. 1. deutsche Aufl., besorgt v. Henry Hoek. Mit 8 Kunstblättern u. 120 Textbildern. (VIII, 196 S.) 8. München 906. G. Lammers. n. 3. —; geb. n. 4. —**

Hoek, Henry, und E. C. **Richardson**: Der Schi und seine sportliche Benutzung. 3. Aufl. von Henry Hoek. München und Wien 1908

— **u. E. C. Richardson, der Schi u. seine sportliche Benutzung. 4. deutsche Aufl., besorgt v. Henry Hoek. Mit 4 Kunstblättern u. 160 Textbildern. (VIII, 215 S.) 8. Ebd. 910.** Geb. in Leinw. 4. —

— **u. Heinr. Wallau, Schi-Fahrten im südlichen Schwarzwald. (XX, 71 S. m. 49 eingedr. Karten.) kl. 8. Ebd. 908.** Geb. in Leinw. 2. —

Hoek, Henry, die Schi-Literatur (bis 1. I. 1908). (20 S.) 8. München 908. [G. Lammers.] Verlag der Deutschen Alpenzeitung. — 50
Sonderabdruck aus: „Der Winter".

Hoek, Henry, aus Davos: Geologische **Untersuchungen** im Plessurgebirge um Arosa. Mit 4 Taf., 1 Kartenskizze, 1 Panorama u. 20 Fig. im Text. *Freiburg i. B. 1903: C. A. Wagner.* (56 S.) 8° ¶ (Aus: Berichte d. Naturf. Ges. Freiburg i. B., Bd 13.)
Freiburg i. B., Phil. Diss. v. 1903

Hoek, Henry, geologische Untersuchungen im Plessurgebirge um Arosa. Mit 1 Karte, 1 Panorama, 4 Profiltaf. u. 20 Fig. im Text. (56 S.) gr. 8. Freiburg i/B. 903. (Tübingen, J. C. B. Mohr.) n. 4. —
Sonderabdruck aus; „Berichte d. naturforsch. Gesellsch. zu Freiburg i/B."

Hoek, H.: Wie lerne ich Schi-Laufen. München & Wien 1907. 32 S. m. Abb.
— — 2. Aufl. 1909. 48 S.
— — 3. Aufl. 1910 48 S.

Hoek, Paulus Peromius Cato

Hoek, P. P. C., Bericht üb. Eier u. Larven v. Gadiden, m. besond. Berücksicht. der seit Juli 1908 veröffentlichten Arbeiten üb. diesen Gegenstand dem Central-Ausschuss f. die internationale Meeresforschg. erstattet. (29 S.) Lex. 8. Kopenhagen 909. (A. F. Høst & Søn.) nn 1. 60
Sonderabdruck aus: „Rapports et procès-verbaux du conseil international pour l'exploration de la mer".

Laichgeschäft und Fang-Verhältnisse der Gadiden-Arten in der Nordsee. Von P[aulus] P[eronius] C[ato] **Hoek.** Copenhague: Høst en comm. 1910. 72 S. 8°
(Conseil permanent internat. pour l'exploration de la mer. Publications de circonstance. No 57.) [11. 10933 2

Hokamp, s.: Hoch-Feld, Fritz vom.

Hokamp, Friedrich Wilhelm [pr. Arzt in Baumholder]: Beitrag zum knöchernen Ersatz grosser Schädeldefecte ... Würzburg, Becker's Univ.-Buchdr., 1891; 19 S. 8.
Würzburg, Med. Fak., Inaug.-Diss. v. 1891

Hokamp, Karl, Medizinalpraktikant a. Hamm in Westfalen: Aus der Prosektur des Krankenhauses r. d. I. in München. Ueber Perihepatitis fibrosa. Mit e. Taf. München 1905: Kastner & Callwey. (35 S.) 8°
München, Med. Fak., Ref. v. Bollinger, Diss. v. 12. Aug. 1905
[Geb. 31. Aug. 78 Hamm i. Westfalen; Wohnort: Hamm; Staatsangeh.: Preußen; Vorbildung: Gymn. Hamm Reife O. 00; Studium: München 8, Berlin 1 S.; Coll. 9. März 05; Approb. 1. Febr. 05.]

Hoke Frida: Wachstumsmaxima von Keimling-stengeln und Laboratoriumsluft (mit 3 Taf.). S. 121. 1. 78 . . . . —.90
Separatabdruck

Hoke, Karl, Einführg. in d. Linearzeichnen. Ein Vorlagenwerk f. gewerbl Fortbildungs-, allgem. Handwerker- u. Bürgerschulen. 26 Taf. 2., verb. Aufl. gr. Fol. Mit erläut. Text. gr. 8. (32 S.) Pilsen 897. C. Maasch Sort. In Mappe n. 13. —

Höke, August Entwurf eines Lehrplans für den Zeichenunterricht am Realgymnasium. 4 (S. 3—16). Progr. Rg. *Lippstadt* 1886 (345).

[Z.] **Höke,** August [Zeichenlehrer]: Zur Methodik des Körperzeichnens an höheren Lehranstalten. Lippstadt, Druck: A. Staats, *1891;* S. 1—16; 4°
Lippstadt, RG, OP 1891 (362)

Höke, Aug., üb. Wesen u. Wert der verschiedenen Methoden graphischer Darstellung der Körper, sowie deren Zweck, Anwendg. u. Aufeinanderfolge im Zeichenunterrichte der allgemeinen Bildungsanstalten. gr. 8. (20 S. m. 1 Taf.) Lippstadt 894. (Bielefeld, A. Helmich.) n.n. — 50

Ho kiēn fu [Schlagwort]

Ho kiēn fu, s.: Kriegsschauplatzkarten.

Hoekstra, Jan Freerk [aus Apeldoorn '(Niederl.)']: Die Oro- und Hydrographie Sumatra's nach dem Standpunkte unserer heutigen Kenntnisse. '(M. e. Ktnsk.)' ... Groningen, J. B. Wolters, 1893; 4 Bl., 127 S., 1 Kt. 8.
Göttingen, Phil. Fak., Inaug.-Diss. v. [11. Apr.] 1893

Hoekstra, Johannes Albert Sophus

— Dank- und Ermahnungs-Predigt am 1. Tage des neuen Jahrhunderts d. 1. Jan. 1801. Nach dem holländischen Original übersetzt. Altona. 1801. [Overs. ved GERRIT BEETS, der nævner sig under Fortalen].

HOEKSTRA, JOH. ALB. SOPHUS, Dichtkundige Mengelingen. 1—2. Deel. Altona. U. A. [1800]. (M. Portr.). (Hver Del i 4 St.).

Hoekstra, Tjeerd: Immanente Kritik zur Kantischen Religionsphilosophie. Kampen 1906: J. H. Kok. (93 S.)
Heidelberg, Phil. Fak., Ref. Windelband, Diss. v. 15. Mai 1906
[Geb. 20. Dez. 80 Urk, Niederlande; Wohnort: Urk; Staatsangeh.: Niederlande; Vorbildung: Gymn. Kampen Reife M. 99; Studium: Theol. Hochsch. Kampen 8, Heidelberg 5 S.; Rig. 26. Febr. 06.]

Hokus-Pokus, die Taschenspielerkunst leicht zu erlernen. 2 Thle. 8. Lpz. Sommer.

Hokus Pokus! Oper v. Vulpius. 8. Leipz. Gleditsch. 794.

Hol' mich ab. Sammelblätter für gesunde u. kranke Menschen. Hrsg. v. Wilh. Kühn. Juni 1906. (8 S.) 4. München, Seitz & Schauer. — 10
Fortsetzung erscheint nicht.

Hol, Rudolf

Hol, R.: „Handbuch bei Wechselgeschäften in Pari", 2. Auflage, Basel 1807.

Hol, Rud., Hauptwechselbuch in Pari, zum Gebrauch für alle Wechsel- u. Handlungsplätze in Europa. 1r Thl. 8. Basel 792.

Holain, Peter Waldemar

Holain, P. W., die Gesetze u. Verordnungen über Vermiethungen, Verpachtungen u. die Hauszins-Steuer. Zum Gebrauche f. Juristen, Haus- u. Grundeigenthümer 2c. zusammengestellt u. m. den Entscheidungen d. obersten Gerichtshofes u. Formularien versehen. gr. 8. (IV, 156 S.) Wien 874. Manz. n. 3. —

— oesterreichische Handelsgesetze. Eine Sammlg. der in Oesterreich derzeit in Kraft steh. handelsrechtl. Bestimmgn. Leichtfaßlich erläutert vorzugsweise f. Kaufleute, Industrielle u. Handels-Akademiker. gr. 8. (X, 738 S.) Wien 874. Braumüller. n. 12. —

— das Verfahren in Auszieh-Streitigkeiten nach der kaiserl. Verordng. vom 16. Novbr. 1858 m. Ausführg. der gesetzl. Aufkündigungs- u. Räumungs-Termine in den bedeutendsten Städten der k. k. österr. Monarchie [diesseits der Leitha], nebst e. Anh. 2c. 2., bedeutend verm. u. verb. Aufl. 16. (144 S.) Graz 871. Verl. „Leykam-Josefsthal." n. 1. 60

Holain's, Pet. Wold., Verfahren in Ausziehstreitigkeiten nach der kaiserl. Verordng. v. 16. Novbr. 1858 [Nr. 218 R.-G.-Bl.] m. Anführg. der „gesetzl. Aufkündigungs- u. Räumungstermine" in den bedeutendsten Städten der k. k. österreich. Monarchie [dießseits der Leitha], nebst e. Anh. 3. verb. Aufl. 12. (VI, 143 S.) Graz 891, Leykam. * 1 60

Hoeland, Ernst [Dr jur.]: Die Organe der Actiengesellschaften. Saalfeld, Druck v. Wiedemann (1886); 110 S. 8°.
Erlangen, Jur. Fak., Inaug.-Diss. v. 1886.

Hoeland, Ernst, die Organe der Aktiengesellschaften. gr. 8. (VIII, 110 S.) Jena 886, Doebereiner Nachf. * 3 —

Höland, Richard [aus Sondershausen]: Ueber einige Substitutionsproducte des Methylenchlorids . . . Jena, Druck v. Julius Hossfeld, 1886; 26 S. + 1 Bl. 8°.
Jena, Phil. Fak., Inaug.-Diss. v. 1886.

Holandre, s. Hollandre.

Holárek, Emil, die Nacht. Fol. (22 Bildertaf. m. VII S. Text.) Prag 902. B. Kočí. n. 20. —

— Reflexionen aus dem Katechismus. 50 Bl. Federzeichngn. Komp. 1895. Die Hauptsünden. — Die Hauptsünden. — Die Werke der leibl. u. geist. Barmherzigkeit. — Die fremden Sünden. — Die Sünden wider den hl. Geist. gr. Fol. (50 Taf. m. 11 S. Text.) Ebd. (901. 902). In Mappe n. 55. —
Erschien auch in 10 Lfgn. à 5. —.

— dasselbe. Volksausg. kl. 4. (62 S.) Ebd. 901. n. 1. —

— ein Traum. gr. Fol. (9 Bildertaf. m. V S. Text.) Ebd. 901. Geb. in Leinw. n. 25. —

Holaubek, Geo., Paul Pacher. Eine Gedenkschrift, unter Mitwirkg. v. Freunden Pachers hrsg. (225 S. m. 1 Taf.) gr. 8. Salzburg 908. E. Höllrigl. 2.50

Holäufer, Karl Wilh., Lateinisches Lesebuch zur Einübung der in Otto Schulz lateinischer Schulgrammatik von Seite 247—297 enthaltenen syntaktischen Regeln aus den römischen Klassikern zusammengestellt. 8. Berlin u. Küstrin 842, Enslin'sche Buchh. 5/12 ℔

Holaeufer, Carolus Wilhelmus: *De vera verborum ἐπιστέφειν et ἐπιστρέφειν apud Homerum saepius occurrentium notione. 21 Bl. 8° (4°)
Halle-Wittenberg, Phil. Diss. v. 26. Mai 1827
Geb. [Rösa (Kr. Bitterfeld) 1. 5. 1800]

Holaus, Frz., Alpenrosen, dramatische Gedichte. 16. (16 S.) Wien 891. (Leipzig, Literar. Anstalt A. Schulze.) n. — 40

— kleine Gedanken in müßigen Stunden. 12. (27 S.) Ebd. 888. n. — 60

Holaus, Maxim. Kurze Geschichte des k. k. Gymnasiums zu Hall. III. Abschnitt. 29 S. 8. [I. II: 1874. 1875.] *Hall* 1876. **Progr.**

Holážek, Franz Dr., Ueber Schwingungen fester Körper in Flüssigkeiten. (S.-A.) gr. 8. (32 S.) Wien, *Carl Gerold's Sohn. 25 kr. 1883

Hoelb, Johann Theodor (Themar), Commentatio de litterarum studiis Joann. Nicolai Maurocordati principis Walachiae. Jena (Schill) 1755. 20 Seiten. (4.50) 15371
Gew.: Johann Adam Loewe.

Holba, E. F., die Bekämpfung der Diphtheritis. gr. 8. (IV, 9 S.) Hermsdorf 889. (Sagan, Schönborn.) n. — 50

Holba, Marian: Katalog der Lehrerbibliothek des k. k. deutschen Staatsgymnasiums in Budweis. S. 3—43. 8. (Fortsetzung.) S. 3—42. 8. **Progr.** K. k. deutsches Staatsgymn. *Budweis* 1902. 1903.

Holba, Marian, Kirchenlieder u. Gebete f. katholische Schüler deutscher Gymnasien. 12. (VII, 111 S.) Linz 891. F. J. Ebenhöch. n. — 60

Holba, Marian Über das Wesen Poseidons. 8 (S. 3—34). **Progr.** Deutsch. Staatsg. *Budweis* 1886.

Holbach, Maude M., Dalmatien. Das Land, wo Ost u. West sich begegnen. Deutsch v. Marie Seifert. (XVI, 255 S. m. 56 Abbild. u. 1 farb. Karte.) 8. Wien 909. A. Hartleben. Geb. in Leinw. 8. —

Holbach, Paul Heinrich Dietrich Baron von

Holbach, Baron v., s. a. † Helvetius, Cl. Adr.

– Geschichte

§ — — der menschlichen Ausartung und Verschlimmerung durch das gesellschaftliche Leben. Eine Schrift, die ehedem durch den Henker zu Paris verbrannt worden, jetzt allen Königen und Priestern zum Frommen herausgegeben. (Aus d. Französ. des *Paul Heinr. Dietrich* Baron *v. Holbach* übers. von Chrn. Ludw. Paalzow.) 2 Thle. Altona, Verlagsgesellschaft, 1795—96. 8°. (2 Rthl. Scheible.) Rar!
Anon.-Lex. II. p. 192 nennt irrig nicht Holbach, sondern *Paalzow* als Verfasser.

Holbach, Paul Heinrich Dietrich Baron. System der Natur … a. d. Franz. Liegnitz u. Leipz. 1783. Ü: *Schreiter, Carl Gfr.* (ErGr)

[Paul Heinrich Dietrich v.] Holbach's Sociales System oder Natürliche Principien der Moral und der Politik mit e. Unters. üb. d. Einfluss der Regierg auf d. Sitten. Nach d. Orig. übs. v. Johann Umminger … *Leipzig: Comm.-V. v. Th. Thomas 1898.* (XI, 212, 173, 167 S.) 1 Bd 8.
[98. 2401 Gr

d'Holbach, (Mirabaud,) Umriß des Systems der Natur, oder die Gesetze der sittlichen und natürlichen Welt. Aus dem Französ. von C. G. Allhusen. 8. (63 S.) Kiel 851. (Altona, Verlagsbureau.)

Hoelbe, A., De Tyrtaei patria. Pr. 1884. 24 S. Dresden.

Hölbe, C. A., Regeln u. Wörterverzeichnisse zur Begründung e. einheitlichen lateinischen Orthographie auf Gymnasien u. anderen höheren Schulen. 2. wesentlich umgearb. Aufl. gr. 8. (44 S.) Hannover 874. Hahn. geb. — 60

Hoelbe C. A., Vorschläge zu einer einheitlichen lateinischen Orthographie auf d. Gymn. u. Realsch. Pr. 1872. 15 S. —.80

Hölbe, Gh. Fr. Thdr., Festrede bei der Säcularfeier der Geburt Joh. Chr. Friedrichs v. Schiller, am 10. Novbr. 1859 in Pößneck. gr. 12. (11 S.) Pößneck 859, [Alberts.] *

—— Leitfaden für den Confirmandenunterricht nach Luthers kleinem Katechismus. Eine kurze Uebersicht des Lehrbegriffs der evangel. Kirche, für die Hand der Kinder bearb. 8. (48 S.) Pößneck 860, [Alberts.] *

Hölbe, Christ. Frdr. Thdr., Leitfaden f. den Confirmandenunterricht nach der Ordng. v. Luthers kleinen Katechismus bearb. 2., verb. u. verm. Aufl. gr. 8. (64 S.) Poeßneck 873. Latendorf. n. — 50

Hölbe, Fr. Wilh.

— Geschichte d. Stammbücher, nebst Vorschlägen einer bessern Einrichtung derselben. 8. Camb. (Altenb.) 798. Petersen. 10 gℊ

Hölbe, Fr. Wlh., Samml. vermischter Gedichte. 8. Hildburgh. 804. Hanisch. 12 gℊ

Hölbe, Jul. Ludw. Klee. Sein Leben, Character und seine wissenschaftl. Bedeutung. Ein Vortrag gehalten im literar. Verein zu Dresden am 17. Decbr. 1867. Nebst einer Auslese von ungedruckt hinterlass. Gedichten und einem Auszug aus einer humorist. Abhandlung „über das Schlagen". gr. 8. (39 S.) Dresden 868, (Kuntze.) **

Hölbe, T. A., Rede zum 2. Septbr. gr. 8. (12 S.) Poeßneck 875. Latendorf. n. — 25

Holbeck, Karl, der Gelegenheitsdichter f. Lehrer, Kinder u. Kinderfreunde. Eine Samml. v. Neujahrs-, Geburts- u. Namenstags-, Hochzeits-, Jubel- u. Abschiedsgedichten, sowie v. Gedichten zu feierl. Schultagen, bei Todesfällen u. a. Gelegenheiten, nebst Stammbuchaufsätzen f. Kinder, Grabschriften ꝛc. 1. u. 2. Lfg. 8. Quedlinburg, Basse. [1. (6½ B.) 830. 10 Gr., 2. (15 B.) 834. 12 Gr.]

Holbeck, Karl, der Gelegenheitsdichter f. die Schule u. das Haus. Eine Sammlg. v. Neujahrs-, Geburtstags-, Jubel- u. Abschiedsgedichten, sowie v. Gedichten bei Todesfällen u. anderen Gelegenheiten. 2. Aufl. 8. Quedlinburg 871. Basse. 1. —

—— Schul-Anekdoten, nebst witzigen u. lächerl. Einfällen, überrasch. Wortspielen u. erheit. Scherzen aus d. Schule, d. Lehrerleben u. d. Jugendwelt. 1—3. Lfg. 16. Quedlinburg 831, Basse. [1. 1. u. 2. Aufl. (à 4 B.) 830, 32., 2. u. 3. (à 4 B.) 834, 35. à 6 Gr.]

† Holbeck, Karl, (H. W. Nörecke,) Schul-Anekdoten, nebst witzigen u. lächerl. Einfällen, überrasch. Wortspielen u. erheit. Scherzen aus d. Schule, dem Lehrerleben u. d. Jugendwelt. 4. u. 5. Lfg. 16. (à 6 B.) Quedlinburg 837, 38, Basse. à
1—3. Lfg. Ebendas. 1830—35. à 6 Gr.

Holbein. Hans H' der Jüngere von Basel. (Njbl.) s. [Burckhardt. Abel].

Holbein, Hans, s. Maler, der, Hans Holbein.

Holbein, der Maler Hans. Basel 857. Fischer u. Co. 16. (96 S. m. Holzschn. im Text.) 10 ngr.

Holbein und seine Zeit, s. Woltmann, Alfr.

Holbein u. seine Zeit. Des Künstlers Familie, Leben u. Schaffen. Leipzig 1866-68. 2 Bde u. Suppl. 8. 2 Aufl. 1874-76. 2 Bde. 8.

Holbein, Fr. Ign. v.

– s. Angelot u. Comberousse.

Holbein, Frz. v., deutsches Bühnenwesen. Ein Handbuch für Alle, welche auf irgend eine Weise mit dem Theater in Beziehung stehen, oder sich auch nur für das Innere desselben interessiren. 1. Thl. gr. 8. (188 S.) Wien 853, Gerold's Sohn. *

— Dilettantenbühne für 1826. 1r Jahrg. (Enth.: Correspondenz zwischen dem Verfasser u. d. Regisseur Eckardt-Koch. — Volks-Stimme. — Der Vorsatz. — Die Nachschrift. — Geniren Sie sich nicht. — Das Preisgedicht. — Commentar.) 12. Wien 826. Wallishausser. 1 ℛ

Holbein, Frz. v., der Doppelgänger. Lustsp. in 4 Aufz., nach Adolph v. Schadens Erzähl. frei f. d. Bühne bearb. gr. 4. (8 B.) Hannover 833, (Helwing'sche Hofbuchh.) *

Holbein, Frz. v., der Doppelgänger. Lustsp. in 4 Aufz.; nach A. v. Schadens Erzählung frei f. die Bühne bearb. 8. (8 B.) Wien 843, Wallishausser. –

– s. Dumas, A.: Die verhängnißvolle Wette.

— das Erntefest, — Der Bruder u. die Schwester. — Die Wittwe u. d. Wittwer, s. A. v. Kotzebue, Almanach, Jahrg. 1820.

— Fridolin; Schspl. in 5 Aufz. Wien 808. Wallishausser. 12 gℊ

— Ida; Schspl. in 4 A. 8. Wien 807. Wallishausser. 6 gℊ

Holbein, Fr. v., das Käthchen von Heilbronn. Großes romant. Ritterschauspiel in 5 Aufzügen nebst einem Vorspiel in 1 Aufzug genannt: Das heimliche Gericht, von Heinrich v. Kleist. 8. (88 S.) Pest 860, Hartleben.

Holbein, F. v., Liebe kann Alles, s. Universal-Bibliothek Nr. 2135.

—— die erlogene Lüge. Orig.-Lustsp. in 4 Aufz. gr. 8. (2½ B.) Hannover 839, Helwing'sche Hofbuchh. *

— Mirina, Königin d. Amazonen; dramat. Gedicht in 3 A. 12. Wien 807, Geistinger. 1 ℛ 8 gℊ

— Maria Petenbeck. Hist.-romant. Drama in 5 Aufz., frei nach Bruckbräus Erzählung. gr. 4. Ebd. 833. n. 2$\frac{1}{12}$ ℛ

— die Schlittenfahrt, oder der Herr vom Hause, s. Taschenbuch dramat. Originalien.

v. Holbein, Frz. Ign., Theater. 1r Bd. (Enth.: 1) Fridolin; Schspl. in 5 Aufz. 16 gℊ 2) Brautschmuck; Schspl. in 5 Aufz. 16 gℊ 3) Der Verstorbene; ein romant. Gemälde in 3 Aufz. 10 gℊ 4) Der Verräther; Lstspl. in 1 Akt. 6 gℊ) gr. 8. Rudolst. 811. Hofbuchh. 2 ℛ (2r Bd. Enth.: 1) Leonidas; dramat. Gedicht in 5 Aufz. 18 gℊ 2) Mirina, Königin d. Amazonen in 3 Aufz. 9 gℊ 3) Die beiden Blinden; Oper in 3 Aufz. 12 gℊ 4) Wiedersehen; ein ländl. Gemälde in 1 Aufz. 6 gℊ) Ebd. 812. 1 ℛ 12 gℊ

— neuestes Theater. No. 1. Das Turnier zu Kronstadt. 8. Pesth 820. Hartlebeh. 18 gℊ (NB. erschien erst unt. d. Tit.: Theaterbibliothek.)

v. Holbein, (F.,) neuestes Theater. Nr. 2. Das Kätchen von Heilbronn; großes romant. Ritterschauspiel in 5 A. nebst e. Vorspiel des heiml. Gericht, von H. v. Kleist. gr. 8. Pesth 822, Hartleben.
— Nr. 3. Liebe kann Alles, oder die bezähmte Widerspenstige; Lustspiel in 4 Abtheilungen. Frei nach Shakspeare u. Schink. gr. 8. Ebd. 822, Ebd.
— Nr. 4. Das Alpen-Röslein, das Patent u. der Shawl; Schausp. in 3 Abthlgn nach einer Erzähl. Clauren's. gr. 8. Ebd 822, Ebd.
— Nr. 5. Der Wunderschrank. Lustspiel in 4 Aufzüg. gr. 8. Pesth 823, Hartleben.

v. Holbein, Frz., neuestes Theater. No. 1. A. u. d. T.: Das Turnier zu Kronstein, oder die drei Wahrzeichen. Lustspl. in 5 Abthll. 2e unveränd. Aufl. gr. 8. Pesth 835. Hartleben. ¾ ℛ
— No. 2. A. u. d. T.: Das Käthchen von Heilbronn. Großes romant. Ritterschausp. in 5 Aufz. Nebst e. Vorspiele in 1 Aufz., genannt: Das heimliche Gericht. Von Heinr. v. Kleist. Für die Bühne bearb. v. Holbein. (2e Aufl.) gr. 8. Ebd. 834. ¾ ℛ

—— der Verräther. Lustsp. in 1 Akt. 2. Aufl. gr. 8. (2 B.) Wien 835, Wallishausser.

— der Verräther. Lustspiel in 1 Akte. 2. Aufl. gr. 8. Wien 845, Wallishauser. 8 ngℊ

—— die Verrätherin. Orig.-Lustsp. in 1 Aufz., als Seitenstück des Orig.-Lustsp.: „Der Verräther." gr. 8. (2 B.) Hannover 840, Helwing'sche Hofbuchh. *

– s. Volksbücher.

— der Vorsatz, s. A. Müllner, Almanach f. Privatbühnen. 3s Bändchen.

— die Waffenbrüder. Gemälde d. Vorzeit in 5 Abtheilungen. Nach H. v. Kleist's: Familie Schroffenstein, f. d. Bühne bearb. gr. 8. Wien 824, Wallishauser.

Holbein, Hans

—— alphabetum mortis. Des Malers Hans Holbein Todtentanz-Alphabet, vollständig in 24 Holzschn. nach dem dresdner Originale zum ersten Male nachgebildet von H. Lödel, mit Randzeichnungen von Geo. Osterwald, und beigegebenen Sprüchen aus der heil. Schrift und den Kirchenvätern hrsg. 8. (29 S.) Köln 849, Heberle. –

Holbein, Hans (d. J.). Bonifacius Amerbach von H' H'. Nebentext: Hans Holbeins Leben. 1 Bl. + IV S. (Umschlag mit Text). fol.
Meisterbilder fürs deutsche Haus. Hrg. vom Kunstwart. Blatt 29. München, Georg D. W. Callwey, [1902]. M. –.25

Auswahl der Werke Hans Holbein des Jüngeren von Basel, welche sich auf der öffentlichen Bibliothek daselbst befinden. 1. Theil. Passions-Geschichte in 8 Abtheilungen, nach den Original-Gemälden in gleicher Grösse lithographirt. Basel. Fol.

Holbein der Aeltere, Hans, die Heiligen Barbara u. Elisabeth, s.a. Meisterbilder fürs deutsche Haus.

Holbein, Hans d. Ä. Die Heiligen Barbara und Elisabeth von H' H' dem Alteren. Nebentext: Hans Holbeins des Aelteren Leben. 1 Bl. + IV S. (Umschlag mit Text). fol.

Meisterbilder fürs deutsche Haus. Hrg. vom Kunstwart. Blatt 87. München, Georg D. W. Callwey, (1903). M. —. 25

Holbein, Hans. Bilder aus der Passion. 13 Blatt, nach den Originalzeichnungen in Kupfer gestochen von Chr. v. Mechel. Stuttgart, Conr. Wittwer. In Leinwandmappe 13 35
1880

Holbein's d. J., Hans, Bilder zum alten Testament, s.a. Liebhaber-Bibliothek alter Illustratoren.

Holbein, Hans, d. J., *Bilder zum alten Testament*: Historiarum ueteris Instrvmenti Icones ad uium expressæ. Vnà cum breui, sed quoad fieri potuit, dilucida earum expositione. (Vign.: Druckersignet.) Lvgdvni, svb scvto Coloniensi. M.D.XXXVIII. (*In fine*: Excvdebant Lvgdvni Melchior et Gaspar Trechsel Fratres. 1538.) München, Georg Hirth, 1884. 4°. Unbeschn. in modern. Hpgmtb., mit Beibd.

52 Bll. (Büttenpap.), unpag., aber mit Signatur. Liebhaber-Bibliothek alter Illustratoren in Facsimile-Reproduction. Bdchn. IX. — Vorbemerkung Geo. Hirth's, Bl. 2: Hans Holbein d. J. hat seine „Bilder des Alten Testaments" sehr viel früher auf Holz gezeichnet, als der erste datirte Abdruck in Lyon, nämlich 1538, erschienen ist. Da der Holzschneider, dem wir diese wunderbare Wiedergabe Holbein'scher Kunst verdanken, der berühmte Hans Lützelburger in Basel, schon im Jahre 1526 gestorben ist, so dürfen wir annehmen, dass auch die Zeichnungen aus der Zeit vor 1526 herrühren" etc.

Holbein, Hans. Bilder des Todes. Leipzig, o. J. [= Insel-Bücherei Nr. 221.] H & V des Nachwortes: ***Emil Waldmann.*** **(Hdschr. Mitth. von Otto Kurz, Wien.)**

Hans Holbeins Bilder des Todes. Reprod. nach den Probedr. u. d. Lyonner Ausg. v. 1547 in d. Kunsthalle zu Hamburg. (Hrsg.: Alfred Lichtwark.) *Hamburg: (Commeter'sche Kunsthandlg) 1897.* (3 Bl., 19 S., 49 Taf.) 1 Bd 8.
(Hamburgische Liebhaberbibliothek.) 98. 8546

Holbein d. J., Hans, Bildnis e. älteren Herren, s.a. Meisterbilder fürs deutsche Haus.

Holbein, (Hans) d. J. Bildnis eines älteren Herrn von Holbein d. J. Nebentext: Holbeins Leben. 1 Bl. + IV S. (Umschlag mit Text). fol.

Meisterbilder fürs deutsche Haus. Hrg. vom Kunstwart. Blatt 99. München, Georg D. W. Callwey, (1904). M. —. 25

Holbein, H., Bildnis des Holbein. — Bildnis von Holbeins Frau. (Orig. im Kensington Pol.) Farbenstiche von Bartolozzi. 1798. Reproduktion in farbiger Heliogravüre. 51 × 39 cm
Wien: Hof- & Staatsdruckerei 1910. auf Chinapapier à K 50.—

Holbein d. J., Hans, Bildnis eines jungen Mannes. 1541. (Kais. Gal. Wien.) Farbige Autogravure. 35 × 47 *cm* K 45.
Wien: Anger & Göschl

Holbein der Jüngere, Hans, Bildnis eines Unbekannten, s.a. Meisterbilder.

Holbein, Hans d. J. Bildnis eines Unbekannten. 1 Bl. + IV S. (Umschlag mit Text). fol.

Meisterbilder. Hrg. vom Kunstwart. Neue Reihe. Blatt 170. München, Georg D. W. Callwey, [1907]. M. —. 25

Holbein, Hans, Bildnisse v. berühmten Persönlichkeiten d. engl. Geschichte aus d. Zeit Heinrich VIII. u. d. Orig.-Handzeichngn. v. H. in d. Bibliothek zu Windsor Castle. M. e. geschichtl. Einleitg. v. Rich. R. Holmes, F. S. A. gr. Fol. (54 Lichtdr.-Taf. m. 3 S. Text.) München 895. F. Hanfstaengl.
Geb. in Halb-Schweinsldr. n. 100. —

Holbein's des Jüngeren, Hans, Biographie u. Charakteristik, s.: Wessely, J. E.

Holbein, (Hans) d. J. Christus als Kreuzträger. 1 Bl. + IV S. (Umschlag mit Text.) fol. K

Meisterbilder. Hrg. vom Kunstwart. Neue Reihe. Blatt 184. München, Georg D. W. Callwey, (1909). M. —. 25

Holbein, Hans, dessins d'ornements. Fac-similé en photogravure. Texte par Éd. His. gr. Fol. (43 S. m. 51 Taf.) Berlin 886. Boussod, Valadon & Co. In Mappe. n. 200. —

Holbein, Hans d. J. Erasmus von Rotterdam (Original [im] Louvre...). Bildnis von H' H' d. J. Nebentext: Hans Holbeins Leben. 1 Bl. + IV S. (Umschlag mit Text). fol.

Meisterbilder fürs deutsche Haus. Hrg. vom Kunstwart. Blatt 13. München, Georg D. W. Callwey, ([1901; — Neudruck] 1906). M. —. 25

Holbein's [Hans, des Aelteren] Feder- und Silberstiftzeichnungen. Durch Lichtdr. als Facs. reproducirt nach den Orig. in 11 Kunstsammlungen. Mit Text von His. gr. Fol. (76 Taf. mit 8 S. Text.) Nürnberg 885, Soldan's Hofbuchh. * 85 —

Holbein, Hans, Gemälde in der königl. Galerie zu Berlin, s.: Dürer, Albr.

— Georg Gisze, s.a. Meisterbilder fürs deutsche Haus.

Holbein, Hans d. J. Georg Gisze von Hans Holbein d. J. Nebentext: Hans Holbeins Leben. 1 Bl. + IV S. (Umschlag mit Text). fol.

Meisterbilder fürs deutsche Haus. Hrg. vom Kunstwart. Blatt 84. München, Georg D. W. Callwey, (1903). M. —. 25

— Die Gruppe d. Köpfe rechts. Imperialf. 24 —
— Dasselbe links. Imperialformat. 1888 24 —

Holbein der Jüngere, Hans, Handzeichnungen. In Auswahl hrsg. v. Paul Ganz. (Entwurf des Orig.-Einbds. v. Emil Rud. Weiss.) (50 Taf. m. 74 S. Text u. Text auf der Rückseite der Taf.) gr. 8. Berlin 908. J. Bard. Geb. in Leinw. 15.—; Luxusausg. 35. —

— Heinrich VIII., s.a. Meisterbilder.

Holbein, Hans d. J. Heinrich VIII. 1 Bl. + IV S. (Umschlag mit illustriertem Text). fol.

Meisterbilder. Hrg. vom Kunstwart. Neue Reihe. Blatt 179. München, Georg D. W. Callwey, (1907). M. —. 25

Holbein, Hans, die Holbeiner. Ein Ueberblick üb. e. 700jähr. bürgerl. Familiengeschichte, m. Stammbäumen. (VIII, 113 S. m. 5 Stammtaf.) gr. 8. Leipzig 905. E. A. Seemann. n. 8. —

Holbein's, Hans, Initial-Buchstaben mit dem Todtentanz. Nach Hans Lutzelburger's Orig.-Holzschn. im dresdner Kabinet zum ersten Mal treu (in Holzschn.) copirt von Heinr. Loedel. Mit erläut. Denkversen und einer geschichtl. Abhandlung über die Todtentänze von Adf. Ellissen. gr. 16. (131 S.) Göttingen 849, Dieterichsche Buchh. *
Vlnp. *
Die Initial-Buchstaben allein auf 1 Bl. in qu. Fol. **

— Initialen. Hrsg. v. Gust. Schneeli u. Paul Heitz. hoch 4. (104 Taf. m. 14 S. Text.) Strassburg 900. J. H. E. Heitz. n. 20. —

Holbein, Hans d. J. 3 *Kunstblätter*. (*1. u. 2.*: Nebentext: Hans Holbeins Leben.) *je* 1 Bl. + IV S. (Umschlag mit Text). 4.

[1.] Holbeins Frau und Kinder von Hans Holbein d. J.
[2.] Jane Seymour von Hans Holbein.
[3.] Die Madonna des Bürgermeisters Meyer von Hans Holbein.

Meisterbilder fürs deutsche Haus. Hrg. vom Kunstwart, Blatt 41. 47, 52. München, Georg D. W. Callwey, (1902). *je* M. —. 25

—— Leidensgeschichte unsers Herrn Jesu Christi lithogr. nach den Originalzeichn. und hrsg. von A. Gysin. Imp.-4. (10 Bl.) Basel 848, (Schneider und Comp.) Chin. Pap. *

Holbeins Madonna in Darmstadt u. Dresden. gr. 8. (20 S.) Leipzig 871. F. C. W. Vogel. n. — 40

— Die Madonna mit dem Kind allein. Extraformat. 1888 48 —

Holbein, Hans, d. j. Madonna (des Bürgermeisters Meier). Nach dem Originalgemälde in Darmstadt, in Kohle-Photographie von Franz Hanfstängl. Royalformat, 39 u. 26 cm. Darmstadt, Bergsträsser. 1888 8 —
Imperialformat 24 —, Extraformat 48 —

— s.: Meisterbilder fürs deutsche Haus.

— Meisterbilder, s.a. Weicher's Kunstbücher.

Holbein, [Hans] d. J. Die Meisterbilder von Holbein dem Jüngeren. Eine Auswahl von 60 Reproductionen grösstenteils nach Hanfstänglschen Original-Aufnahmen. (1—6. Tausend.) [Mit illustriertem Umschlag.] 68 S. 8. Leipzig, Wilhelm Weicher, 1907. (M. —. 80, geb. 2. —)
(Weichers Kunstbücher Nr. 13.)

Die Meisterbilder von [Hans] Holbein d. Jüngeren (1497-1543). Eine Auswahl von 60 Reprod. grösstenteils nach Hanfstänglschen Orig.-Aufnahmen. Berlin & Leipzig: Weicher 1908. 66 S. 8°
(Weichers Kunstbücher. Nr 13.) [1e. 17656]

Holbein, Hans, la passion de notre Seigneur, gravée d'après les desseins originaux, qui se trouvent à la Bibliothèque publique de la ville de Basle. Publiée par Chr. de Mechel. Nouvelle édit. gr. 4. (12 Kpfrst. und Titel in Kpfrst.) Uttweil 859. [Stuttgart,] Uhler. *

Holbein, Hans, la passion de notre Seigneur, gravée d'après les desseins originaux, qui se trouvent à la Bibliothèque publique de la Ville de Basle, publiée par Chr. de Mechel, graveur et membre de diverses académies. A Basle 1784. gr. 4. (12 Bl. u. Titel in Kpfrst.) Stuttgart 880. Wittwer. In Leinw.-Mappe. n. 10. —

— Portraits of illustrious personages of the court of Henry VIII. Reproduced in imitation of the original drawings in the collection of his Majesty. With short historical notes by Rich. R. Holmes. II. Series. (28 Bl. m. VIII S. Text.) gr. Fol. London (905). München, F. Hanfstaengl. Geb. n. 75. —

— 12 Portraits. Kpfrst. Fol. Ebend. 881. In Leinw.-Mappe. n. 15. —

Holbein, Hans. Recueil de XII costumes suisses Civils et Militaires. Hommes et Femmes du Seizième Siècle. Gravés d'après les Dessins originaux du célèbre Jean Holbein, qui se trouvent à la Bibliotheq.e publiq.e de la Ville de Basle. Publié par Chrétien de Mechel et se trouve chez lui à Basle MDCCXC [1790].
Kupfertit.; 10 Taf. in Kupferst. 2°.

—— Sammlung von Portraits. Nach den Originalen in Kpfr. gest. von Chr. Mechel. Neue Ausg. 18 Bl. in gr. Fol. Uttweil 858. [Stuttgart,] Uhler. *

— — Sammlung von Portraits. 13 Blatt, nach den Originalen in Kupfer gest. von Chr. v. Mechel. Ebendaselbst. In Leinwandmappe 20 —
1880

— Saul u. Samuel, s.a. Meisterbilder fürs deutsche Haus.

Holbein, (Hans der Jüngere). Saul und Samuel. 1 Bl. + IV S. (Umschlag mit Text). fol.
Meisterbilder. Hrg. vom Kunstwart. Neue Reihe. Blatt 142. München, Georg D. W. Callwey, (1905). M. —. 25

Hans Holbein's des Aelteren Silberstiftzeichnungen im kgl. Museum zu Berlin. In Originalgrösse durch Lichtdruck ausgeführt von A. Frisch. Mit Text von Dr. A. Woltmann. Nürnberg (Soldan). 4 Blatt Text u. 72 Tfln. Fol.

Holbein's des Aeltern, Hans, Silberstift-Zeichngn. im königl. Museum zu Berlin. In Orig.-Grösse durch Lichtdr. nachgebildet. Mit Text v. Alfr. Woltmann. (Neue [Titel-]Ausg.) (72 Bl. m. 10 Bl. Text.) 50×33,5 cm. Leipzig [877] (909). K. W. Hiersemann.
In Mappe 70. —

—— altes Testament in 50 Holzschnitten getreu nach den Originalen copirt. Hrsg. von Hugo Bürkner. Mit einer Einleitung von D. F. Sotzmann. br. 8. (20 S. Text.) Leipzig 850, G. Wigand. *

— aus dem Totentanz, s.a. Meisterbilder fürs deutsche Haus.

Holbein's, Hans, Todtentanz in 53 nach den Holzschnitten lithographirten Blättern. Herausg. vom k. Prof. J. Schlotthauer. Mit erklär. Texte. (Und: Erläuterungen zur Geschichte u. Bedeutung d. Holbeinschen Todtentanzes, vom Prof. Dr. H. F. Maßmann.) gr. 12. München 832. Jaquet. (Leipz., Barth). 3 ℛ 8 𝔤𝔯 Beste Ausg. 4 ℛ Chines. Pap. 6 ℛ

Holbein, Hans, der Todtentanz, od. d. Triumph d. Todes, n. d. Orig.-Holzschn. v. C. H. 1—5. Hft. gr. 4. (37 Stnt. m. beigedr. altdeutsch. Versen u. 1½ B. Text.) Magdeburg 835, 36, Rubrahn u. Comp. à ½ Thlr.

—— der Todtentanz oder Triumph des Todes mit 48 getreu nach den Original-Holzschn. in Kpfr. gestochenen Blättern von Chr. Mechel. Mit Text begleitet von C. Weiß. 8. (VIII S.) Uttweil 858. [Stuttgart,] Uhler. geb. *
geb. mit Goldschn. *

— der Todtentanz oder Triumph des Todes mit 48 getreu nach den Orig.-Holzschn. in Kpfr. gestochenen Blättern von Chr. Mechel. Mit (8 S.) Text begleitet von C. Weiß. Uttweil 859. Uhler. 8. n. 2 ℛ 24 𝔫𝔤𝔯

— der Todtentanz. Nach dem Exemplare der 1. Ausg. im königl. Kupferstichcabinet zu Berlin in Lichtdr. nachgebildet von A. Frisch. Hrsg. von Frdr. Lippmann. 8. (40 Bl. m. 17 S. Text.) Berlin 879. Wasmuth. n. 10. —

Holbein, Hans. Der Todtentanz. In 47 getreu nach den Original-Holzschnitten in Kupfer gest. Blättern von Chr. v. Mechel. Ebendaselbst. 1880
In Liebhaber-Franzband 16 —

—, *Todtentanz*: Les simulachres & historiees faces de la mort, avtant elegamme't pourtraictes, que artificiellement imaginées. (Vign.: Druckersignet.) A Lyon, soubz l'escu de Coloigne. M.D.XXXVIII. (*In fine*: Excvdebant Lvgdvni Melchior et Gaspar Trechsel Fratres. 1538.) München, Georg Hirth, 1884. 4°. Unbeschn. Bcibd.
54 Bll. (Büttenpap.), enpag., aber mit Signatur. Liebhaber-Bibliothek .... Bdchn. X.
Die Haupttitel beider Neudrucke in Roth- u. Schwarzdruck.

— Todtentanz, s.a. Liebhaber-Bibliothek alter Illustratoren in Facsimile-Reproduction. X.

Holbein, Hans. Hans Holbein's Todtentanz. (Les simulachres & historiées faces de la mort....) Lyon, Trechsel fratres, 1538. 2. Aufl. [IV + 104 S.] kl.-4. München, Georg Hirth, 1903. (M. 5. —, geb. M. 8. —)
Liebhaber-Bibliothek alter Illustratoren in Facsimile-Reproduction. Bändchen 10.

— Der Totentanz, s.a. Hausschatz deutscher Kunst der Vergangenheit.

Holbein, Hans d. J. Der Totentanz. Vierzig Holzschnitte von H' H' dem Jüngeren. Faksimile-Nachbildungen der ersten Ausgabe mit einer Einleitung von Professor Dr. Jaro Springer. Hrg. vom Jugendschriften-Ausschuss des allgemeinen Lehrervereins Düsseldorf (*Umschlag*: H' Holbeins T' neu hrg. zu Berlin 1907). [11 S. + 40 Bl.] 8. Berlin, Fischer & Franke, (1907). [Subscr. M. —. 80, Einzelpreis 1. 20]
(Hausschatz deutscher Kunst der Vergangenheit. [Bändchen] 4.)

—. Holbein's Todtentanz in den Wandbildern zu Chur. Einleitender Text von S. Plattner. Zeichnungen von J. Weber Chur 1885
7 S.; 17 Taf. in Lithogr. 8°.
Wiederholungen eines Teiles der Holzschnittfolge nach Hans Holbein d. J

Holbein, (Hans der Jüngere). Aus den Totentanzbildern. 1 Bl. + IV S. (Umschlag mit Text). fol.
Meisterbilder. Hrg. vom Kunstwart. Neue Reihe. Blatt 164: Hans Holbein d j: Aus dem Totentanz. München, Georg D. W. Callwey, (1906). M. —.25

— le triomphe de la mort, gravé d'après les dessins originaux par Chrn. de Mechel, gravour à Basle. 1780. gr. 8. (47 Kpfrtaf.) Stuttgart 881. Wittwer. geb. n. 12. —

Holbein, Hans. Sir Bryan Tuke von Hans Holbein. Nebentext: Hans Holbeins Leben. 1 Bl. + IV S. (Umschlag mit Text). 4.
Meisterbilder fürs deutsche Haus. Hrg. vom Kunstwart. Blatt 33. München, Georg D. W. Callwey, (1902). M. —.25

Holbein, L., s. Holberg, Ludwig v.

Holbein, B., s. Magazin für Pädagogik.

Holbein-Mappe. ([Bilder] Hans Holbeins d. J.) Hrg. vom Kunstwart. [Mit Titel-Porträt.] [7 S. + 9 Tafeln,] in *Umschlag*. fol. München, Georg D. W. Callwey, [1903]. (M. 2. —)

Holberg, Eleutherie, (Karol. Paulus), Wilhelm Dünidub; ein Roman. 8. Lübeck 806. N. A. 808. Niemann. (Comm. Compt. in Leipz.) 1 rß

Holberg, Franciscus: De theologia naturali Raimundi de Sabunde. Halis (1843): Semmler. 77 S. 8°
Halle-Wittenberg, Phil. Diss. v. 1. Sept. 1843
Geb. [Hasserode (Kr. Wernigerode) 1. 10. 1819]

Holberg, Ludwig v.

Holberg, L. v., moral. Abhandl. a. d. Dän. 2 Thle. 8. Copenh. Mengel. 744.

Holberg, L., Kurzes Bedenken über die jetziger Zeit regierende Viehseuche. Aus dem Dänischen übersetzt. Wismar 746.

v. Holberg, Ldw., († ...) Beschreib. d. Haupt- u. Handelsstadt Bergen in Norwegen. 2 Thle. 8. Kopenh. 753. (Brummer). 8 gr

— Beschreib. d. Hauptst. Bergen in Norwegen. 2 Thle. 8. Copenh. Proft. 759.

Ludewigs Freyherrn von Holberg Beschreibung der berühmten Haupt und Handelsstadt Bergen in Norwegen II Theile. Aus dem Dänischen. Copenhagen und Leipzig. In Verlag der Rothischen Buchhandlung. 1753.

— moral. Briefe. 8. Copenh. 745.

— vermischte Briefe. 5 Thle. 8. Schlesw. 760. (Hammerich in Altona). 2 rß 12 gr

Holberg, L., Don Ranudo de Colibrados, s. a. Theater-Bibliothek, classische.

— Don Ranudo di Colibrados, oder Armuth u. Hoffarth. Lstspl. 8. Kopenh. 755. (Brummer). 3 gr

— compendium geographicum. 8. Kopenh. 754. (Brummer). 1 gr

— Coniectur. sur les Causes de la Grandeur des Romains. 8. Frcft. Esslinger. 753.

Holberg, L. v. Kurze Einleitung zur allgemeinen Weltgeschichte . . . Karlsruhe 1783. Ü: *Günderode, Hector Wilh. v.* (Ky)

— kurze Einleit. zur allgem. Weltgeschichte, nach d. Latein. umgearb. u. verbess. (v. H. W. v. Günderode). 8. Karlsr. 783. Macklott. 8 gr (Haller in Bern), 6 gr

v. Holberg, Ludw.: Einleit. in das Natur- u. Völkerrecht. Ins Teutsche übers. *Kopenh.* u. *Leipz.* 748. 8.

— epigrammatum libri VII. 8. Copenh. Wenzel. 750.

— ad virum perillustr. epistola. 8. Frcft. et Lips. Lossius. 736.

Holberg, Ludwig von. Moralische Fabeln mit beygefügten Erklärungen einer jeden Fabel. A. d. Dän. . . . Leipzig 1751. Ü: *Scheibe, Johann Adolph.* (Pettersen, Anon. og Pseudonymer. Kristiania 1890.)

— moral. Fabeln. 8. Copenh. Proft. 769.

— moral. Gedanken; aus d. Dän. übers. (mit Anmerkk.) v. El. Köp. Reichard. 8. Flensb. 744. Neue v. D. Miller verm. A. 8. Schlesw. 767. (Hammerich in Altona). 1 rß 12 gr

— Gedanken üb. d. Wort, Schicksal. 8. Langens. Martini. 759.

Herrn Ludwig Holbergs Freyherrn der Baronie Holberg etc. Jüdische Geschichte von Erschaffung der Welt bis auf gegenwärtige Zeiten. Aus dem Dänischen ins Deutsche übersetzt von Georg August Detharding. Erster (-Zweyter) Theil. Altona und Flensburg, In Verlag der Gebrüdere Korte, 1747.

— — Verglichene (sic!) Geschichte verschiedener Heldinnen und andrer berühmten Damen. Nach dem Beyspiel des Plutarchs. Aus dem Dänischen ins Deutsche übersetzt. 2 Thle. Kopenhagen u. Leipzig 1754. 8°. 20 Bll., 376 u. 388 Seiten. (8 Mk., Hfrz., E. Frensdorff, 1907.)
Enthält folgende Biographien: Margarete, Königin v. Dänemark. — Elisabeth, Königin v. England. — Agrippina, Mutter des Nero. — Katharina von Medicis. — Kleopatra. — Anna v. Bollein (so!). — Sigbritt. — Chiossa. — Mdme. de Montpensier. — Mdme. de Mazarin. — Johanna Gray. — Eleonore Christine. — Maria I. von England. — Maria II. v. England. — Maria Stuart. — Christine, Königin v. Schweden. — Marianne. — Agrippina. — Berenice. — Margaretha v. Valois. — Jeanne d'Arc oder la Pucelle d'Orleans. — Antoinette de Bourignon.

— verglichene Geschichte verschied. Heldinnen u. and. Damen, nach Plutarchs Beispielen. 2 Thle. 8. Schlesw. 760. (Hammerich in Alt.) 18 gr

— Hexerei, s. Meyer's Volksbücher.

— Herodians Röm. Historie, s. Herodian.

— Jeppe vom Berge, s.: Meyer's Volksbücher.

— Nicolai Klimii iter subterraneum novam telluris theoriam ac historiam quintae monarchiae ... exhibens. Copenhagen & Leipzig, Pelt, 1754. Kl. 8°. *Frontispiz, gestoch. Titel*, 4 Bl. 366 S. *und 7 Kupfer*. HLd. von ca. 1800. 88.—
Grosse III. 321. Stammhammer II. 171.

— — [Ausgabe des lateinischen Originals]. Nicolai Klimii iter subterraneum novam telluris theoriam historiam quintae monarchiae adhuc nobis incognitae exhibens e Bibliotheca B. Abellini. Editio Tertia. Kopenhagen & Leipzig, Pelt, 1754. 8°. *Frontispiz, gest. Titel,* 4 Bl., 366 S. *und 7 Kupfer (davon 2 gefalt.)* Marmor. Ldrbd. d. Z. m. Rsch. u. Rv.

Gute Ausgabe mit allen den kuriosen Kupfern (frühere Ausgaben enthielten nur deren 4). —

— — [Dasselbe, eine andere latein. Ausgabe:] Editio quarta auctior et emendatior. Copenhagen & Leipzig, Pelt (ca. 1758 ?). 8°. *Titelkupfer, gestoch. Titel,* 4 Bl. 360 S. *und 7 Kupfer von Brühl.*

— Nicol. Klimii iter subterran. Cum fig. 8. Kopenh. 766. (Schubothe). 16 gr

— der politische Kannengießer, s.a. Bibliothek humoristischer Dichtungen.

Holberg, Ludw. Frhr. v., der politische Kannegießer, s.a. Bibliothek der Gesamtliteratur.

— der polit. Kannengießer, s.a. Bibliothek guter Lustspiele.

Holberg, L. v. Der politische Kanngießer, s.a. Meyer's Volksbücher.

Holberg, L., der politische Kannengießer, s.a. Theater-Bibliothek, classische. — Universal-Bibliothek.

— der polit. Kannengießer. Lstspl. 8. Frankf. 762. (Schäfer). 2 gr NB. s. auch Bibliothek guter alter Lustspiele.

— dass. ein Faschingsstück in 5 A. Nach d. Dän. 8. Münch. 787. J. Lindauer. 5 gr

Der politische Kannegießer [Den politiske Kandestøber]. Ein Lustspiel in 5 Akten von Ludwig F^rh. v. **Holberg**. Aus d. Dän. übers. von Dr. Gustav Herberich. Mit e. Vorbemerkung. Halle a. S.: O. Hendel [1906]. (58 S.) 8° [J.]
(Bibliothek d. Gesammtliteratur d. In- u. Auslandes. No 1976.) [07. 1695]

Holberg, Ludwig von. Allgemeine Kirchenhistorie . . . bis auf Lutheri Reformation. A. d. Dän. Hsg. von G. A. Detharding. Kopenh. 1749—77. Ü (Th. 3-6): *Köhler, Joh. Ludw.* (Ky)

— allgem. Kirchenhistorie ꝛc. bis auf Lutheri Reformation. Aus d. Dän. Herausg. v. G. A. Detharding, 2 Thle u. 3r—6r Thl., oder 1e—4e Fortsetzung (von J. L. Kohler). 4. Kopenh. 749—77. Pelt. (1r, 2r Ulm, Wohler). 6 ß 16 gr

— s. Klimii (Nicol.) iter subterraneum.

—— ausgewählte Komödien, s. Bibliothek ausländischer Klassiker.

— eigene Lebensbeschreibung in Briefen an einen vornehmen Herrn. 8. Flensb. 763. (Proft in Kopenh.) 12 gr

— eigene Lebensbeschreibung in Briefen. 8. Flensburg. (Proft, Cop.) 764.

—— Närrische u. vernünftige Leute, s. Theaterbibliothek. 8. Bdchn.

— Lustspiele. 8. Alt. Korte. 745.

v. Holberg, Ldw., Lustspiele; übers. v. Adm. Oehlenschläger in 4 Thlen. 8. Leipz. 822, 23, Brockhaus. 9 ß 8 gr Hbg. Pr. 4 ß (1r Thl der politische Kannegießer. — Jean de France, oder Hans Franzen. — Jeppe von Berge ꝛc. — Geert Westphaler. — Der 11te Junius. — Die Wochenstube. 2 ß 12 gr 2r Thl. das arabische Pulver. — Die Weihnachtsstube. — Die Maskerade. — Jakob v. Tybo. — Ulysses v. Ithaca. — Die Reise zur Quelle. 2 ß 3r Thl. Melampe. — Heinrich u. Pereille. — Diederich Menschenschreck. — Zauberei. — Der verpfändete Bauernjunge. — Der glückl. Schiffbruch. 2 ß 8 gr 4r Thl. Erasmus Montanus. — Pernille als Tochter v. Hause. — Die Unsichtbaren. — Viel Geschrei u. wenig Wolle. — Die honette Ambition. — Der Poltergeist. — Don Ranudo de Colibrados. 2 ß 12 gr)

Sechs Lustspiele. Anfänglich in Dänischer Sprache geschrieben von Herrn Ludwig Holberg, Assesor des Consistorii und Professor der Universität Coppenhagen. Anitzo ins Deutsche übersetzt von J.G.L. Zweyte Auflage. Copenhagen und Leipzig, bey Gabriel Christian Rothe, 1746.

Zum zweyten male Sechs Lust-Spiele. so anfänglich in Dänischer Sprache geschrieben von Herrn Ludwig Holberg ... ins Deutsche übersetzt ... von J.H.L.v.A. Zweyte Auflage. Copenhagen und Leipzig, Bey Gabriel Christian Rothe. 1748.

(Sieben Lustspiele aus dem Dänischen von Holberg, in 1 *Bande*): 1) Don Ranudo de Colibrados, oder Armuth und Hoffart. 2te Aufl. Kopenh. u. Leipz. 1755. — 2) Die Wochenstube. — 3) Jean de France, oder der deutsch Franzose. — 4) Bramarbas oder der groszsprecherische Officier. — 5—7) Drey Lustspiele, Aus dem Dänischen des Herrn Prof. Holbergs übersetzt. Copenhagen u. Leipz. 1743. (*Enthält:* Der Elfte Junius; Der Pfalzgraf; Ulysses von Ithaca). 8o.

– Die Maskerade, s. Meyer's Volksbücher.

— metamorphosis, oder Verwandlung in zwey Büchern, a. d. Dän. m. K. 8. Copenh. Proft. 746.

Ludvig Holbergs ... Metamorphosis Oder Verwandelungen, in 2 Büchern. Aus dem Dänischen ins Deutsche übersetzet. Mit Kupfern. Copenhagen und Leipzig, Verlegts Gabriel Christian Rothe. 1746.

— opusculor. latin. II Part. 8. Copenh. Wenzel. 737. 42.

HOLBERG, Ludw. Frhr. v. (geb. 1684 zu Bergen in Norwegen, † in der Nacht vom 27.—28. Jan. 1754 zu Kopenhagen). — Peter Paars, ein comisches Heldengedicht aus dem Dänischen des Herrn Barons *von Holberg* ins Deutsche übersetzt von J. A. S. (d. i. Joh. Adolf Scheibe), K. D. C. (Königl. Dän. Capellmeister). Mit Titelkpfr. (Kammerjungfer Dorothea's Bildniß, Brühl sc.), Titelvign. m. Signet d. Verlegers u. 13 merkw. Kupfern (Radierungen von J. Haas, unsign., aber bez. m. N. II—XIV). Leipzig, verlegts Franz Christian Mumme, Buchhändl. in Kopenhagen, 1750. 8°. (18 Mk., tadelloses Expl., E. Frensdorff, 1906.)

34 Bll. Vorst. (incl. Vorr. u. pros. Inhaltserzählg. der 4 Bücher), 466 S.

Höchst abentheuerlich ausgeschmückte Reise eines Krämers Peter Paars, von Kallingburg nach Aarhus.

Diese erste Ausgabe d. Scheibe'schen Uebersetzung v. Jahre 1750 war bald vergriffen und ist daher sehr selten

Das dänische Original erschien zuerst mit dem Pseud. Just. Justesen m. d. Titel: „Hans Michelsens nye Viise om Peder Paars." Kopenhagen 1720. (Der Schauplatz des Gedichts ist hauptsächlich die Insel Anholt im Kattegat. „Der Autor vergisst sich manchmal bei Zweideutigkeiten und etwas saftigen Wortspielen.")

Orig. (spätere Ausgabe): Peder Paars, et heroisk-comisk poema. Udgivet paa nye ved et Selskab. Kjöbenhavn 1772. 4°. Mit 16 Kpfrn. u. 12 Vignetten, J. W. inv., J. G. Clemens sc. (25 Mk. Karl W. Hiersemann, Lpz., 1905:) „Seiner drolligen, humorvollen Kupfer wegen gesuchtes Buch."

— — Dasselbe. Neue, vermehrte und verbesserte Uebersetzung. Nebst einer Nachricht von dem Leben und den Schriften des Verfassers. Hrsg. von Johann Adolph Scheiben, Königl. Dän. Kapellmeister. Mit Kpfrn. (nämlich 1 Titelkpf. u. 16 blattgr. Radierungen von J. Haas, in guten Abdrücken). Kopenhagen und Leipzig, Bey Franz Christian Mummens Wittwe. 1764. Gr. 8⁰. (20 frcs. Georg & Co., Basel, 1904; 6 Mk. Ferd. Schöningh, Osnabr., 1907, schönes Expl; 4 Mk. 80 Pfg. A. Buchholz, München, 1906.)

CLXXX—376 S. Die Uebersetzung ist dem kgl. dän. Oberhofmarschall, Geheimen Rath Adam Gottlob Moltke, Grafen v. Bregentved, gewidmet.

Schwedische Uebers. erschien im gleichen Jahre mit der ersten deutschen, titulo: Poema Heroico-comicum ang. den berömlige Peder Pårses Hjelte Bedrifter. Öfvers. Stockholm 1750. 8⁰. (H. Bukowski's Stockholmer April-Auct. 1885, no. 1656.)

— — Peter Paar's, ein Heldengedicht; aus d. Dän., mit Kpf. 2e A. v. J. A. Scheibe. gr. 8. Kopenh. 764. (Schubothe). 1 rß 6 gr (Wienbrack in Leipz.) 1 rß 4 gr

Ludwig (Freyherrn von) Holbergs Dänische Reichs-Historie ins Deutsche übersetzt. (Hrgg. v. Elias Caspar Reichard.) Der 2. Theil. Flensburg und Altona. 1743. 4⁰k.

Holberg, L. v. Dänische Reichs-Historie, ins Deutsche übersetzt. Flensburg u. Altona 1743—44. Ü: *Reichard, Elias Caspar.* (Schl.) (BrMm) (Bruun, Bibl. Danica. III, 16.) (AarK) 2. Aufl. Flensb. u. Leipz. 1757—59. H: *Detharding, Georg August.* (Bruun, Bibl. Danica. III, 16.)

Herrn Ludwig **Holbergs** Dänische Reichs-Historie [Dannemarkes Riges Historie] ins Deutsche übers. Th. 1—3. — Flensburg u. Altona: Korte 1743—44. 8°

— dänische Reichshistorie, n. d. Dän. verb. v. Detharding. 3 Bde. 4. Schlesw. Christiani. 747.

Herrn Ludwig, Freyherrn von Holberg, Dänische Reichs-Historie ins Deutsche übersetzt. Der Erste (-Dritte) Theil. Die zweyte nach der letzten dänischen Edition verbesserte Auflage. Flensburg und Leipzig, Bey Joh. Christoph Korte, und in Altona im Kortenschen Bücherlager, 1757.

Ludwig, Freyherrn von Holberg Dänische Reichs-Historie ins Deutsche übersetzt. Die 2. nach der letzten dänischen Edition verbesserte Aufl. 4⁰k.

Der 1.—3. Theil. Flensburg und Leipzig. 1757—59. Mit einem vollständigen Register über alle drey Theile. ebd. 1759.

Holberg, L., Niels Klim's underjordiske Reise, s. a. Baggesen, Jens, Danske Værker.

— s. a. Klim's unterirdische Reise.

— dieselbe, s. auch Karl Lappe.

[HOLBERG, LUDWIG VON]. Nicolai Klims Unterirdische Reise worinnen eine ganz Neue Erdbeschreibung wie auch eine umständliche Nachricht von der fünften Monarchie ... enthalten ist. Aus Dem Bücher-Vorrathe Herrn B. Abelins anfänglich Lateinisch heraus gegeben, jetzo aber ins Deutsche übersetzt. Copenhagen & Leipzig, J. Preuß 1741. Kl. 8⁰. 382 S. inkl. *Frontispis (Menzel sc., Nicolaus Klim darstellend) u. mit 3, kuriosen Kupfern, wovon 1 gefaltet.* Etwas abgenutzter Pbd. d. Z. 140.—

Deutsche Erstausgabe des ursprünglich lateinisch geschriebenen „Nils Klim" welche der dänischen Zensur wegen in Leipzig und eher in deutscher als in dänischer Übersetzung erschien: „eine Reisebeschreibung nach Art der Lucian und Swift. Gegenstand der Satire sind hier alle Verhältnisse der Mitwelt, sowohl in politischer als sozialer und litterarer Beziehung. Diese Satire, witzig und sicher treffend, wie je zuvor, erweckte ein unermeßliches Aufsehen und machte Holbergs Namen weltbekannt" (Ph. Schweitzer). „Eines der eigenartigsten Werke. Die Dichtung ist das reine Märchen ... überreich an Pointen, voll von Witz, geistreich und unterhaltend, eine der bedeutendsten Satiren überhaupt ..." (Kirchenheim, Schlaraffia politica p. 176 ff.): S. a. Kat. der Samml. Hevesy 1393, Stammhammer, Bibliogr. d. Sozialismus u. Communismus II. S. 171. — Wahrscheinlich hatte der Verf. Anteil an der dt. Übersetzung.

— — Dasselbe Werk, aber ohne Illustrationen. O. O. 1748. Kl. 8⁰. 382 S. Späterer Pbd. 120.—

Diese Ausgabe (wohl ein Raubdruck) nicht bei Stammhammer, Bibliographie des Socialismus u. Communismus II, 171. u. a.

— — Dasselbe Werk. Neue und vermehrte Auflage. Copenhagen und Leipzig, F. C. Pelt, 1753. Kl. 8⁰. *Frontispis,* 5 Bl. 382 S. *und 7 Kupfer.* Abgenutzter u. läd. Pbd. d. Z. 120.—

Hinzugekommen sind eine Vorrede von Nic. Klims Enkeln Peter u. Andreas und einige Kupfer, darunter die originelle Darstellung der „Einwohner der Musicanten Lande": Menschen, die auf sich selber Cello spielen.

[Holberg, Ludwig von]. Nicolai Klims Unterirdische Reise worinnen eine ganz Neue Erdbeschreibung wie auch eine umständliche Nachricht von der fünften Monarchie die uns bisher ganz und gar unbekannt gewesen, enthalten ist. Aus dem Büchervorrathe Herrn B. Abelins anfänglich Lateinisch herausgegeben, jetzo aber ins Deutsche übersetzt. Neue und vermehrte Auflage. Copenhagen und Leipzig, Pelt, 1780. 8°. Titel, 4 Bl. 376 S. *Mit Frontispiz und 7 kuriosen Kupfern von Brühl, davon 1 gefaltet.* Neuerer HLdbd. im Stil d. Zeit mit Rv. ub.

Diese relativ späte Ausgabe hat den vollständigsten Text der deutschen Übersetzung (an der Holberg beteiligt war) zur Vorlage und enthält auch alle die kuriosen Kupfer. Über diese berühmte, von Lukian und Swift beeinflußte satirische Reisebeschreibung vgl. u. a. Kirchheims „Schlaraffia politica" p. 176 ff.. Stammhammers Bibliogr. d. Sozialismus u. Communismus II, p. 171. —

— Nil Klim's unterirdische Reise; aus d. Latein., mit Kpf. 8. Kopenh. 780. (Schubothe). 14 gr

Holberg, L. v. Nil Klim's unterirdische Reise, neu verdeutscht. Berl. 1788. Ü: *Mylius, Wilh. Christhelf Sigmund.* (Ky)

— Dies. neu verdeutscht (v. W. C. S. Mylius). 8. Berl. 788. (Central-Compt. in Leipz.) 1 rß 8 gr

— dies. für die Jugend bearb. Mit ill. Kpf. 8. Nürnb. 824. Campe. 1 rß 12 gr

Die Dänische Schaubühne geschreiben von dem Freyherrn Ludwig von Holberg, und nun in die deutsche Sprache übersetzt. Vierter und letzter Band. Copenhagen und Leipzig, verlegts Gabriel Christian Rothe, 1750.

v. Holberg, Ldw., dänische Schaubühne. 5 Thle. 8. Kopenh. 759—62. (Brummer). 3 rß

— dän. Schaubühne. 5 Thle. 8. Copenh. Proft. 759—66 (1r—3r 1 Thlr. 12 gr. 4r 20 gr. 5r 16 gr.)

—— dänische Schaubühne. Die vorzüglichsten Komödien. In der ältesten deutschen Uebersetzung mit Einleitungen und Anmerkungen neu hrsg. von Jul. Hoffory und Paul Schlenther. 10 Lfgn. oder 2 Bde. gr. 8. (XV, 388, 123; III, 540 S.) Berlin 885—88, G. Reimer. à Lfg. *ℳ 1.—. * 10 —

— kleine Schriften. 8. Kopenh. 755. (Brummer). 8 gr

Ludewig **Holbergs** Dännemarckische norwegische Staats- und Reichshistorie. In teutscher Sprache übers. u. ans Licht gebracht von Frider[ich] Gerhard Voss. — Copenhagen: Paul 1730. 858 S. 8°

— Dänische u. Norwegische Staatsgeschichte, in d. Deutsche übers. (von Ludolph Konr. Bargum). 4. Kopenh. 750. (Brummer). 1 rß 4 gr

— Staatshistorie v. Dänemark u. Norwegen. 4. Copenh. Proft. 750.

— synopsis historiae universalis. 8. Kopenh. 759. N. A. 771. Rothe. (W. Vogel in Leipz.) 6 gr

— Vergleichung der Historien und Thaten verschiedener insonderheit Orientalisch- und Indianischer Grosser Helden und berühmter Männer. Nach Plutarchi Beyspiel. Aus dem Dänischen übersetzet und mit einer Vorrede begleitet von I. F. S. — 2 Teile in 1 Bde. Kopenhagen & Leipzig, J. Preuß, 1741. 8°. 24 Bl. 556 S.; 1 Bl. 558 S. Erster Titel in Rot und Schwarz. Leicht benutzter Pgtbd. d. Z., Kanten teilw. leicht lädiert.

Erste deutsche Ausgabe, der Übersetzer konnte nicht ermittelt werden. Enth. u. a. die Biographien Tamerlans, Montezumas u. d. letzten Inkakönigs Atapaliba (od. Atahualpa), Zoroasters und Mohammeds, verschied. Sultane, auch antiker Herrscher usw. sowie abendländ. Helden wie Ziska, Skanderbeg, Peter der Große u. a. Die 20 S. lange „Vorbereitung" des Übersetzers ist interessant wegen ihrer krit. Stellungnahme zum Schrifttum des 17./18. Jahrh.

— Vergleichung d. Historien u. Thaten verschied. besonders oriental. u. indianischer großer Helden u. berühmter Männer, nach d. Beispielen Plutarchs; aus d. Dän. 2 Thle. 8. Kopenh. 753. (Brummer). 18 gr

— Vergleichung der Historien und Thaten verschiedener insonderheit Orientalisch- und Indianischer Grosser Helden und berühmter Männer. Nach Plutarchi Beispiel. Aus dem Dänischen übersetzet und mit einer Vorrede begleitet. Zwei Theile in 1 Bde. Copenhagen, Rothische Buchhdl., 1753. 8⁰. 18 Bl. 555 S. 1 Bl. 558 S. Ein wenig fleck. Pgt. d. Z. 85.—

1. deutsche Ausgabe.

— Vorstellung d. allgem. Welthistorie. Zuerst aus d. Latein. übersetzt, nachher aber durchgängig verbessert u. bis auf d. neuesten Zeiten fortgesetzt v. K. H. Jördens. 8. Berl. 777. N. A. 790. Lange. (Haller in Bern; Coppenrath in Münster). 10 gl

HOLBERG, Ludwig Baron von 1684 - 1754
Des Freiherrn von Holberg kurze Vorstellung der allgemeinen Weltgeschichte für Anfänger.
Zuerst aus dem Lateinischen übersetzt, nachher aber durchgängig verbessert und bis auf die neuesten Zeiten fortgesetzt [von K. H. Jördens]
Vierte abermals verbesserte und vermehrte Auflage.
Berlin-Stralsund: Gottlieb August Lange. 1790. 346 S. 8°.
Zentralbibliothek Luzern
Übers. v. Synopsis historiae universalis, Kopenhagen 1759.
1. Aufl. 17 . 2. Aufl. 1771 [Bayerische Staatsbibliothek München] enthält keine nennenswerten Hinweise auf Amerika. 3. Aufl. 1777 [Frankfurt-Leipziger Meßkatalog, Michaelismesse 1777, S. 337] konnte nicht gefunden werden.
Karl Heinrich Jördens, 1757-1835

— voyage dans le monde souterrain, trad. par Mauvillon. 8. Kopenh. u. Leipz. 753. (Pelt). 16 gl

—— Niels Klim's Wallfahrt in die Unterwelt, s. a. Bibliothek der Classiker des Auslandes.

Holberg, Ludw., Niels Klims Wallfahrt in die Unterwelt, s. a. Bibliothek class. Romane u. Novellen, 15. Bd.

Holberg, Ludw., Niels Klim's Wallfahrt in die Unterwelt. Aus dem Latein übersetzt von Ernst Gottlob Wolf. 2. Aufl. 8°. Leipzig, Brockhaus, 1817.

Holbeck, F. W., Geschichte der Stammbücher nebst Vorschlägen einer bess. Einrichtung derselben. 8. Altenburg, Petersen. 798.

— Sammlung verm. Gedichte. 8. Hildburgh. Hanisch. 804.

Hölbling, Jh. Evang., die Reihen-Egge, ein sehr einfaches u. höchst wirksames Lockerungs-Ackerwerkzeug bei dem Baue u. der Bearbeitung von Kartoffeln, Runkelrüben, Weißkraut, Kukrutz rc. Nach mehrjähriger eigenhändiger Ausübung und gesammelten vielfält. Erfahrungen beschrieben. (Mit 1 lith. u. illum. Abbild. dieses Ackerwerkzeuges.) gr. 8. Wien 842, Beck. n. 3/8 ℛ

Hölbling, Jh., neues System des Ackerbaues. Mit 1 Steintaf. gr. 8. Wien 834. (Gerold.) 1/3 ℛ

Hölbling, Ludwig —. Die Rillensaat der Körnerfrüchte mittelst der Rillen- (Scheiben-) Walze, in 3-, 4-, 5-, 6zölliger Reihen-Entfernung, wodurch mit Einem Pferde und Einem Führer ohne sonstige Vorrichtung auf die einfachste und schnellste Weise täglich 5 nied. österr. Joch gleichmäßiger, als mit den besten englischen oder anderen Säemaschinen in 3-, 4-, 5-, 6zölligen Reihen als vollkommenste Drillkultur bestellt werden. Mit einer lithographirten Abbildung dieses Ackerwerkzeuges zu 1/2 der wirklichen Größe. Wien, 1855. Gedruckt bei A. Dorfmeister. Bei dem Verfasser. (32 S. 8.)

Hölbling, Vict., die Fabrikation der Bleichmaterialien. gr. 8. (VIII, 282 S. m. 240 Fig.) Berlin 902. J. Springer. Geb. in Leinw. n. 8. —

Hölbling, Vict., Fortschritte in der Fabrikation der anorganischen Säuren, der Alkalien, des Ammoniaks u. verwandter Industriezweige. An der Hand der systematisch geordneten Patentliteratur dargestellt. 1895—1903. (VI, 763 S. m. Abbildgn.) Lex.-8. Berlin 905. J. Springer. n. 30. —; geb. in Leinw. n. 32. 40

Holboell, Karl

Holböll, Carl, ornithologischer Beitrag zur Fauna Groenlands. Uebers. u. m. e. Anhang versehen v. J. H. Paulsen. gr. 8. (7 B. u. 1 ill. Ttlkpfr.) Leipzig 846. Ernst Fleischer. –

Holboell, Carl, ornithologischer Beitrag zur Fauna Grönlands. Uebersetzt und mit einem Anh. versehen von J. H. Paulsen. Neue (Titel-)Ausg. Leipzig (846.) 854. E. Fleischer. gr. 8. (X, 102 S. u. 1 color. Kpfrtaf.) 22½ ngr

Holborn, Gerhard, a. Mittelnkirchen ⟨Hannover⟩: Wortaccent und Rhythmus im provenzalisch-französischen Zehnsilbler. Greifswald 1905: J. Abel. (57 S.) 8°
Greifswald, Phil. Fak., Ref. Stengel, Diss. v. 10. März 1905
[Geb. 29. März 81 Mittelnkirchen, Hannover; Wohnort: Greifswald; Staatsangeh.: Preußen; Vorbildung: Oberrealsch. Hannover Reife O. 00; Studium: Greifswald 3, Berlin 2, Greifswald 3 S.; Rig. 30. Jan. 05.]

Holborn, Ludwig [aus Göttingen]: Ueber die Abweichung vom Tagesmittel, welche die Deklination und die Horizontal-Intensität zu verschiedenen Tageszeiten aufweisen, und über die jährliche Periode derselben .... Göttingen, Druck d. Dieterich'schen Univ.-Buchdr. W. Fr. Kästner, 1887; 34 S. u. 4 Taf. 8°.
Göttingen, Phil. Fak., Inaug.-Diss. v. 7. März 1887.

Holborn, L., und A. Day: Über die Ausdehnung einiger Metalle in hoher Temperatur. Leipzig (1901)

Holborn, L., u. Arth. Day, über die Ausdehnung von Platin, Platiniridium, Palladium, Silber, Nickel, Eisen, Stahl u. Constantan in hoher Temperatur. gr. 8. (5 S.) Berlin 900. (G. Reimer.) n. — 50

Holborn, L., und E. Grüneisen: Ueber die Ausdehnung von Porzellan und Glas in hoher Temperatur. Leipzig 1901

Holborn, L., und F. Henning: Über die Ausdehnung des geschmolzenen Quarzes. Leipzig 1903 (Mitteil. a. d. Physik.-Techn. Reichsanst.)

Holborn, L., und F. Henning: Eine neue Bestimmung des Sättigungsdruckes von Wasserdampf zwischen 50 und 200°. Berlin 1909 (Mitteil. a. d. Physik.-Techn. Reichsanst.)

Holborn, L., und W. Wien: Die bisherigen Bestimmungen des Wärmeleitungsvermögens von Metallen. (Berlin 1896)

Holborn, L.: Ueber das Härten von Stahlmagneten. Berlin 1891 (Mittheil. a. d. Physik.-Techn. Reichsanst.)

Holborn, L., Dr., Ueber das Härten von Stahlmagneten. (Separ.-Abdr. aus der Zeitschr. für Instrumentenkunde, April 1891.) Berlin.

– s. Kohlrausch, F.: Neue Grundlagen für die Werthe der Leitvermögen von Elektrolyten.

Holborn, L., d. Leitvermögen d. Elektrolyte, s.: Kohlrausch, F.

— u. F. Henning, über die Lichtemission u. den Schmelzpunkt einiger Metalle. (7 S.) Lex.-8. Berlin 905. (G. Reimer). n. — 50

Holborn, L., s.: Logarithmentafeln, vier- u. fünfstellige.

Holborn, L., und A. Day: Ueber das Luftthermometer bei hohen Temperaturen. Leipzig 1899

Holborn, L.: Die Magnetisirung von Stahl und Eisen in schwachen Feldern. Berlin 1897

Holborn, L., und W. Wien: Ueber die Messung hoher Temperaturen. Berlin 1892 (Mittheil. a. d. Physik.-Techn. Reichsanst.)

Holborn, L., Dr., und Wien, W., Dr., Ueber die Messung hoher Temperaturen. (Sep.-Abdr. a. d. Z. f. Instrk. 1892.) Berlin.

Holborn, L., und W. Wien: Ueber die Messung hoher Temperaturen. 2. Abh. Leipzig 1895

Holborn, L., und W. Wien: Ueber die Messung tiefer Temperaturen. (Berlin 1896)

Holborn, L.: Über pyrometrische Messungen mit dem Le Chatelier'schen Thermoelement. Berlin 1897. (Aus: Zeitschr. d. Ver. deutsch. Ing. Bd 41. 1897)

Holborn, L., und F. Henning: Über das Platinthermometer und den Sättigungsdruck des Wasserdampfes zwischen 50 und 200°. Leipzig 1908 (Mitteil. a. d. Physik.-Techn. Reichsanst.)

— u. F. Kurlbaum, über e. optisches Pyrometer. gr. 8. (8 S. m. Fig.) Ebd. 901. n. — 50
Sonderabdruck a.: „Sitzungsber. d. preuss. Akad. d. Wiss."

Holborn, L., und F. Kurlbaum: Über ein optisches Pyrometer. Leipzig 1903 (Mitteil. a. d. Physik.-Techn. Reichsanst.)

Holborn, L. Resultate aus den Beobachtungen der magnetischen Declination, welche während der Jahre 1844 bis 1886 zu Clausthal angestellt sind. Göttingen, 1887.

Holborn, L., und A. Day: Über den Schmelzpunkt des Goldes. Leipzig 1901

— u. S. Valentiner, Temperaturmessungen bis 1600° m. dem Stickstoffthermometer u. m. dem Spektralphotometer. (7 S.) Lex.-8. Ebd. 906. n. — 50
2 Sonderabdrucke a.: „Sitzungsber. d. k. preuss. Akad. d. Wiss."

— — über die Thermoelektricität einiger Metalle. gr. 8. (5 S.) Ebd. (899.) n. — 50
Sonderabdruck a.: „Sitzungsber. d. preuss. Akad. d. Wiss."

Kohlrausch, F., und L. Holborn: Ueber ein störungsfreies Torsionsmagnetometer. Leipzig 1903 (Mitteil. a. d. Physik.-Techn. Reichsanst.)

Kohlrausch, F., und L. Holborn: Über ein tragbares Torsionsmagnetometer. Leipzig 1904 (Mitteil. a. d. Physik.-Techn. Reichsanst.)

Holborn, L.: Untersuchungen über Platinwiderstände und Petrolätherthermometer. Leipzig 1901

Holborn, L., und S. Valentiner: Eine Vergleichung der optischen Temperaturskale mit dem Stickstoffthermometer bis 1600°. Leipzig 1907 (Mitteil. a. d. Physik.-Techn. Reichsanst.)

Holborn, L., Dr., Ueber den zeitlichen Verlauf der magnetischen Induction. (Sitzungs-Berichte der Akademie der Wissenschaften zu Berlin, Gesamtsitzung vom 27. Februar 1896.) Berlin 1896.

— üb. d. Vertheilung d. inducirten Magnetismus in Cylindern. [Aus: „Sitzungsber. d. k. preuss. Akad. d. Wiss."] gr. 8. (10 S. m. 2 Fig.) Berlin 898. (G. Reimer.) n. — 50

Holborn, L., und F. Henning: Über die spezifische Wärme von Stickstoff, Kohlensäure und Wasserdampf bis 1400°. Leipzig 1907 (Mitteil. a. d. Physik.-Techn. Reichsanst.)

Holborn, L., und F. Henning: Über die spezifische Wärme des überhitzten Wasserdampfes. Leipzig 1905 (Mitteil. a. d. Physik.-Techn. Reichsanst.)

Holborn, L., und W. Dittenberger: Über den Wärmedurchgang durch Heizflächen. Berlin (1900)

Holborn, L., und L. Austin: Die Zerstäubung elektrisch geglühter Platinmetalle in verschiedenen Gasen. Berlin 1903 (Mitteil. a. d. Physik.-Techn. Reichsanst.)

Holborn, L., u. F. Henning, über die Zerstäubung u Rekrystallisation der Platinmetalle. gr. 8. (8 S. m. Abbildgn.) Berlin 902. (G. Reimer.) n. — 50

Holborn, W., von der Reichs- u. Staatsverfassung, s. a. Unteroffizier-Bibliothek. 15. Bd.

Holborn, W., Von d. Reichs- u. Staatsverfassg. Für den Unteroffizier bearb. (54 S.) kl. 8. Oldenburg, G. Stallings Verlag. —. 50; geb. —. 90.
Unteroffizier-Bibliothek, Bd. 15.
1910

Holbrook, John Edwards, North American Herpetology; or, a description of the Reptiles inhabiting the United States. Vol. I. Roy.-4. Mit 23 sauber color. Steintaf. Philadelphia 836. (Hamburgh, Perthes-Besser et Mauke.) n. 20 ₰

Holbrook, M. L., schmerzlose Entbindung. Anleitungen, wie die Frauen dem auf ihnen last. Erbfluch entgehen können. 15. Taus. Autoris. Uebersetzg. v. Emma Emmerich. 8. (VII, 122 S.) München 892. Joh. Palm's Verl. n. 2. —

— dasselbe, s. a. Bücherei, freie hygienische. Nr. 10.

Holbrook, M. L., schmerzlose Entbindung. Anleitgn., wie d. Frauen d. auf ihnen last. Erbfluch entgehen können. 16. u. 17. Taus. M. e. Anh.: Behandlg. d. Kinder v. Clementine S. Lozier. Einzige autoris. Übersetzung v. Emma Emmerich. 8. (VI, 114 S.) München 895. A. Oehrlein. 2. —

Holbrook, M. L., schmerzlose Entbindung. Anleitungen, wie die Frauen die Leiden der Schwangerschaft u. Entbindg. zu lindern vermögen. 18.—20. Taus. Mit e. Anh.: Behandlung der Kinder v. Clementine S. Lozier. Einzige autoris. Uebersetzg. v. E. Emmerich. (120 S.) 8. München (900). Stettin, Verlag Concord. n. 2. —

Holbrook, M. L., die Verhütung, hygienische Behandlung u. Heilung der Lungenschwindsucht. Autoris. deutsche Übersetzung. — Das Tuberkulose-Merkblatt. Bearb. im kaiserl. Gesundheitsamt Berlin. — Anh.: Sollen Lungenschwache radfahren? Nach noch nicht veröffentlichen ärztl. Gutachten zusammengestellt v. E. Emmerich. gr. 8. (XV, 216 S.) München (900). Verlag Concord. Kart. n. 3. 60

Hölck, Emil

(Hölck, E.:) Denkschrift zum 25jährigen Bestehen des Landschaftlichen Kreditverbandes für die Provinz Schleswig-Holstein. Kiel 1907: Vollbehr & Riepen. 28 S. 4°

Hölck, Rudolf [prakt. Arzt aus Fahren in Mecklenburg-Schwerin]: Ueber Abdominalgravidität .... Berlin, Buchdr. v. Gustav Schade (Otto Francke) (1887); 34 S. + 1 Bl. 8°.
Berlin, Med. Fak., Inaug.-Diss. v. 29. Jan. 1887.

Holcombe, Wm. H., Aphorismen des neuen Lebens. Nebst Erläuterungen und Bestätigungen vom Neuen Testament, Fenelon, Madame Guyon und Swedenborg. 12. (92 S. mit 1 Stahlst.) Philadelphia 884, (Schäfer und Koradi.) geb. * 1 25

Holcroft, Thomas. Napoleon Bonaparte nach dem Leben geschildert. A. d. Engl. ... [Leipzig] 1814. Ü: *Bergk, Joh. Adam.* (MGT) (NN) (Ky) (Wr)

Holcroft, Thomas, Napoleon Bonaparte, nach dem Leben geschildert. Aus d. Engl. (v. J. A. Bergk). 8. Sonnenstadt (814.) (Joachim in Leipz.) 10 gr

— Reise nach Paris, s. a. Magazin d. n. Reisebeschreibb. 28r Bd.

HOLCROFT, Th., Reise nach Paris. Aus d. Englischen übersetzt v. J. A. Bergk. Mit 1 Ansicht. Berlin 1806. 8°. (3 Mk. Ant. Creutzer, Aachen, 1909.)
Schilderungen eines Engländers aus dem Pariser Leben und Treiben nach der Revolutionszeit.

— Hugo Trevor, sein Leben u. Schicksal. 8. Leipz. ... Breitkopf u. 1 ₰ 16 gr

Holcroft, ..., Hugo Trevor, sein Leben u. Schicksale; aus d. Engl. 8. Leipz. 795. Breitkopf u. H. 1 ₰ 16 gr

Hokus Pokus; Oper, neu bearb. v. Vulpius, s. a. Opern, übersetzt v. Vulpius. 1r Bd.

Holczabek, Fel., deutsche Metrik u. Poetik, nebst e. Abriß der Literaturgeschichte u. e. Sammlung von Beispielen. Ein Hilfsbuch f. d. deutsch. Unterricht an Mädchen-Lyceen, höh. Mädchen-Fortbildungsschulen, Lehrer- u. Lehrerinnen-Bildungsanstalten, wie z. Selbstunterrichte. gr. 8. (XVI, 198 S.) Wien 901. C. Graeser & Co.
Geb. in Leinw. n.n. 2. 60

Holczabek, Fel., deutsche Metrik u. Poetik, nebst e. Abriß der Literaturgeschichte u. e. Sammlung v. Beispielen. Ein Hilfsbuch f. den deutschen Unterricht an Mädchen-Lyzeen, höheren Mädchen-Fortbildungsschulen wie zum Selbstunterrichte. 2., verb. Aufl. (XVIII, 197 S.) 8. Wien 906. K. Graeser & Co. Geb. n. 2. 60

Holczabek, Joh. W., Kurzgefaßte Haushaltungskunde für Schulen. 1 Bdchn. Mit 19 in den Text gedruckten Abbildungen. kl. 8. (72 S.) Wien, Dirnböck's B. (Georg Draudt.) 30 kr.

1869

— — Kurzgefaßte Haushaltungskunde für Schulen. 2. Bdchn. Mit 16 in den Text gedruckten Abbildungen. 8. (68 S.) Ebds. 30 kr.

1870

(10.) Holczabek, Joh. W., kurzgefaßte Haushaltungskunde für Schulen. 1. Bdchn. Mit 19 in den Text gedruckten Abbildungen. 3. vermehrte und verbesserte Auflage. 1871. 8. (VII u. 75 S.) Wien, Dirnböck's B. (G. Draudt.) 30 kr.

Holczabek, Joh. W., Ant. Katschinka u. Joh. Klausberger, Lehr- u. Lesebuch f. Schüler an gewerbl. Vorbereitungs- u. Fortbildungsschulen, s. a. Lehrtexte f. die österr. gewerbl. Fortbildungsschulen. IV.

Holczabek, Joh. W., Ant. Katschinka u. Joh. Klausberger, Lehr- u. Lesebuch für Schüler an gewerblichen Vorbereitungs- u. Fortbildungsschulen. Hrsg. im Auftr. d. Gewerbeschullehrer-Versammlg. in Wien. 8., verb. Aufl. gr. 8. (IV, 220 S. m. Abb.) Wien 897. C. Graeser.
Kart. n. 1. —

Lehr- und Lesebuch für Schüler an gewerblichen Vorbereitungs- und Fortbildungsschulen. Herausgegeben von Johann W. Holczabek, Anton Katschinka und Johann Klausberger. 9. Auflage. Wien 1898. Karl Graeser. Cart. —.50

Lehr- und Lesebuch für Schüler an gewerblichen Vorbereitungs- und Fortbildungsschulen. Herausgegeben von Johann W. Holczabek, Anton Katschinka und Johann Klausberger. 10, verbesserte Auflage. Wien 1903. Karl Graeser & Kie. Preis, kartoniert 1 K 20 h.

— — — deutsches Lesebuch f. die Unterklassen der gewerblichen Vorbereitungsschulen. 3. umgearb. Aufl. (111 S.) 8. Wien 906. F. Deuticke. Kart. n. —80

Holczabek, J., A. Katschinka u. J. Klausberger, erstes Lesebuch für gewerbliche Vorbereitungsschulen. gr. 8. (112 S.) Wien 888. Graeser. cart. n. —60

Holczabek, Joh. W., Ant. Katschinka u. Joh. Klausberger, erstes Lesebuch f. gewerbliche Vorbereitungsschulen. 2. Aufl. gr. 8. (112 S.) Ebd. 901. Kart. n. —60

Holczabek, Joh. Wilh., Das Nothwendigste aus der deutschen Literatur. In Verbindung mit einer Sammlung zahlreicher passender Gedichte nebst biographischen Notizen. Für gehobene Volks- und höhere Töchterschulen, sowie zum Selbstunterrichte. 1869. (IV u. 136 S.) Wien, Dirnböck's B. (G. Draudt.) 30 kr.

Holczabek, Joh. Wilh., das Nothwendigste aus der deutschen Literatur. Eine durch zahlreiche Beispiele erläuterte Poetik m. e. Sammlg. pros. u. poet. Lesestücke u. e. Ueberblicke der Literaturgeschichte. Ein Lehr- u. Lesebuch f. die oberen Klassen der Bürger-, Töchter- u. Fortbildungsschulen, sowie f. Lehrer u. Lehrerinnen-Bildungsanstalten. 2. gänzlich umgearb. u. sehr verm. Aufl. 8. (IV, 280 S.) Wien 873. Dirnböck. n. 1. 60

— u. A. J. Winter, stufenmäßig geordnete Rechen-Aufgaben f. Schule u. Haus. 1. Hft., 2. Schuljahr. 8. (IV, 36 S.) Wien 871. Gronemeyer. n. — 40

— u. Adalb. Winter, Sagen u. geschichtliche Erzählungen der Stadt Wien. Nach den besten Quellen bearb. 5. Aufl. (IV, 165 S. m. Abbildgn.) 8. Wien (905). K. Graeser & Co. Geb. in Leinw. n. 2. 60

—— und A. Winter, Sagen und Geschichten der Stadt Wien. Nach den besten Quellen bearb. 1. Bdchn. 2. Aufl. 8. (158 S. mit 3 Abbild.) Ebendas. 886. geb. * 1 60

Holczabek, J. W., u. Adb. Winter, Sagen u. Geschichten der Stadt Wien. Nach den besten Quellen bearb. 1. Bdchn. 3., durchgeseh. Aufl. m. Abbildgn. gr. 8. (IV, 112 S.) Wien 895. C. Graeser. Geb. in Leinw. n. 1. 60

— u. Adb. Winter, Sagen u. Geschichten der Stadt Wien. Nach den besten Quellen bearb. 2. Bdchn. gr. 8. (V, 91 S.) Wien 901. C. Graeser & Co. Geb. in Leinw. n. 2. —; (kplt. in 1 od. in 2 Leinw.-Bdn. n. 3. 60)

— Vorschläge üb. die Erziehung u. den Unterricht schwachbefähigter Kinder, s. a. Sammlung gemeinnütz. populärwissenschaftl. Vorträge.

Holczabek, J. W., Vorschläge üb. d. Erziehg. u. d. Unterricht schwachbefähigter Kinder. »Samml. gemeinn. pop.-wissensch. Vortr.« (24 S.) Wien 1876. Hartleben.

— Karl B. Kratochwil, Emil Adf. Richter, wie können die Übelstände in der häuslichen Erziehung, die sich namentl. in der Großstadt zeigen, beseitigt werden? 8 preisgekrönte Abhandlgn., veröffentlicht vom Curatorium der Wiener Pestalozzi-Stiftg. gr. 8. (67 S.) Wien 900. Manz. n. 1.20

Hold, (Erbherr auf Narrenhold, Psdn.), die Uebervölkerung in Krähwinkel, oder Leben u. Tod d. Doctor Fuselgrimm. 1 Posse in 2 Akt. 16. Leipz. 827. Magaz. f. Ind. u. Lit. 6 gl.

Hold, A. G., neue interess. Erzählungen aus d. Thierwelt, nebst e. Naturgesch. d. Hausthiere, z. angeneh. u. nützl. Unterhalt. f. d. Jugend. M. 6 ill. Stndr. qu. 16. (4 B.) Arnsberg 833, Ritter.

Hold, Alexander, s. Hold v. Ferneck

Hold, August [app. Arzt aus Elberfeld]: Ueber degenerative Veraenderungen der Leber und des Herzens bei Phthisikern … Freiburg i. B., Buchdr. v. Chr. Ströcker, 1891; 30 S., 1 Bl. 8.
Freiburg i. B., Med. Fak., Inaug.-Diss. v. 1891

Hold, Chrn., vernünft. Denken u. kathol. Glaube. Erwäggn. f. d. gebild. Welt. 8. (VII, 284 S.) Kempten 897. J. Kösel. 2. 40; geb. in Leinw. n. 3. —

Hold, Carl, s. Hold, Karl

Hold, Ernst, Bilder a. d. Jugendwelt, s. Edgeworth, Mar.

Hold, Er., neuer Briefsteller für Kinder, oder prakt. Anweis. zur Abfassung u. gehör. Einrichtung d. Briefe. Nebst e. Briefsammlung für Knaben u. Mädchen, welche ihre ersten Versuche in schriftl. Aufsätzen machen wollen, v. J. C. Kopf. 8. Leipz. 813. 2e A. 824. Hinrichs. 16 gl.

— erstes Buch für Kinder, oder ABC- u. Lesebuch nach den neuesten pädagog. Grundsätzen, mit Kpf. gr. 8. Leipz. 814. 4e A., mit 20 Kpf. 829. Hinrichs. 1 ßl 8 gl.

— erstes Buch f. Kinder, od. ABC- u. Lesebuch nach d. neuesten pädagog. Grundsätzen mit neuen Kupf. verm. Aufl. gr. 8. Leipz. Hinrichs. 816. schwarz
mit illum. K.

Hold, Ernst, erstes Buch für Kinder entworfen. 3te verb. und verm. Aufl. mit 20 color. Kupfert. gr. 8. Leipzig, Hinrichs. 813.

— erstes Buch f. Kinder, oder ABC- u. Lesebuch. 4e Aufl. Mit 14 f. kolor. u. 6 schwarzen Kupfert. gr. 8. Leipz. 826, Hinrichs.

—— erstes Buch f. Kinder, od. ABC- u. Lesebuch. 4., verm. u. verb. Aufl. M. 20 ill. Kpfr. aus d. Naturgesch. 2c. nach Straßberger. gr. 8. (10½ B.) Leipzig 829, Hinrichs.

Hold, Er., erstes Buch für Kinder, oder ABC- und Lesebuch. 5. verb. u. verm. Aufl. Mit 39 ausgemalt. Kpf. auf 16 Taf. gr. 8. Leipzig 844, Hinrichs'sche Buchh. geb. 1⅙ ₰

— zweites Buch für Kinder zur Begründung ihrer Kenntnisse von d. Welt, dem Menschen u. d. Natur, nach den neuesten pädagog. Grundsätzen. (A. u. d. T.: Unterhaltungen für Kinder 2c., mit Kpf. u. Karten.) gr. 8. Leipz. 815, 3e A. 819. Hinrichs. 21 g ill. 1 ₰ 4 g 4e A., mit 20 ill. Kpft. 12. Ebd. 1 ₰ 12 g

— — zweytes Buch für Kinder zur Begründung ihrer Kenntnisse von der Welt, dem Menschen und der Natur. 3te verm. und verb. Aufl. mit vielen color. Kpfrn. und Charten. gr. 8. Ebend. 818.

Hold, Ernst [Hrsg.]
s. Edgeworth, M.: Erzählungen. 1827.

— s. M. Edgeworth, d. Jugend Lohn.

— Erzählungen aus d. Fremde; zur Kunde d. Lebensweise d. Sitten 2c. d. Völker. 2e mit 8 illum. Kupf. verm. Ausg. 8. Leipz.. Hinrichs Rthlr.

— Erzählungen aus d. Fremde, zur Kunde d. Lebensweise, d. Sitten, Meinungen u. Gebräuche fremder Völker. Mit Kpf. 8. Leipz. 819. 2e Aufl., mit 8 ill. Kpf. 823. Hinrichs. 1 ₰

— neue Erzählungen f. d. Jugend, mit 8 K. 8. Ebendas. 815. Velinp.

Hold, Er., neue Erzählungen für d. Jugend, zur Bildung d. sittl. Gefühls. Mit 8 Kpf. 8. Leipz. 816. 2e A. 831. Hinrichs. 20 g color. 1 ₰ 4 g

— neue Fibel f. Kinder, od. ABC- u. Lesebuch f. Bürger- u. Landschulen. gr. 8. Ebend. 812. schwarz illum.

— — dasselbe. ohne Kupf.

— — neue Fibel für Kinder, oder ABC- und Lesebuch für Bürger- und Landschulen entworfen. Zweyte verb. und verm. Aufl. gr. 8. Ebend. 820.

— — dasselbe gebunden mit 6 schwarzen Kupfertafeln. 18. gr. colorirt. Ebendas.

— neue Fibel f. Kinder oder ABC- u. Lesebuch f. Bürger- u. Landschulen. 3e Aufl. 8. Leipz. 827, Hinrichs. 3 gr. Mit 18 Kupf. 8 gr. ill.

Hold, Ernst, neue Fibel f. Kinder, od. ABC- u. Leseb. f. Bürger- u. Landschulen. 4., verb. u. verm. Aufl. gr. 8. (4½ B.) Leipzig 840, Hinrichs'sche Buchh. ⅙ Thlr., m. 6 ill. Kpfrt.

Hold, (Ernst,) Geschichten f. d. Jugend, mit 3 Kupf. 1e Ausg. 8. Leipz. Hinrichs.

— Geschichten aus d. Jugendwelt. Mit 3 color. Kpf. 8. Leipz. 818. Hinrichs. 1 ₰ 4 g Wohlf. Ausg. 21 g

– s. Klaudine.

—— der Jugend Lohn, f. Edgeworth, M.

—— der Jugend Lohn, f. Engel, Rob.

Hold, Ernst, Weltgeschichte f. Kinder, als eine Vorbereitung zu dem histor. Unterricht d. Jugend entworfen u. durch 78 illum. K. erläutert. gr. 8. Leipzig, Hinrichs. 814.

— d. Weltgeschichte für d. Jugend bis auf d. neuesten Zeiten dargestellt. Mit 81 Abbildd. gr. 8. Leipz. 814. N. A. 818. 2 ₰ 8 g auf Schrbp. mit 81 color. Abbildd. gr. 8. Ebd. 818. 3 ₰ 12 g

—— die Weltgeschichte f. d. Jugend, bis auf d. neuesten Zeiten dargest. 3., verm. Aufl. gr. 8. (22½ B. u. 24 Kpfrt.) Leipzig 836, Hinrichsche Buchh. 2 Thlr., m. col. Abbildn.

Hold, Ewald, Schilderungen aus d. Geschichte u. dem Menschenleben f. wißbegierige Kinder von 10 bis 14 Jahren; nebst dichterischen Darstellungen aus d. Gemüthswelt. Mit 8 Kpfrstich. 8. Leipzig 837. Hinrichs. 1¼ ₰ — Ausg. mit 8 ill. Kpfrstich. 8. Ebd. 838. Geb. in satinirt. farb. Umschlag m. Goldbr. 1½ ₰

Hold, F. *Das bunte Buch.* Geburtstags- und Weihnachts-Geschenk für Knaben und Mädchen. Herausgegeben von Friedrich Hold. Mit vier Kupfern [handkolor. Lithogr. nach J. Voltz]. Reutlingen, Joh. C. Mäcken jun. [1830]. 70 S. Kl.-8°. Pappbd. d. Z. 22.—
Reizendes Büchlein: kleine Erzählungen, Rätsel, Gedichte (v. Goethe, Dieffenbach u. a.). Sehr schöne Bilder. — Etwas fleckig u. benutzt, Einband etwas beschäd.

Hold, Karl [Pseud.], s. a. L u c k , Johann Peter Carl

Hold, Karl

Hold, Carl, Amilia. Neue Feierabende f. d. Jugend, f. Straus, Carl.

——, Bardale, f. Straus, C.

Hold, Karl, Benignus. Schilderungen nach d. Leben. — Dartata. Neue Lebensbilder, f. Karl Straus.

—— Deodata. Neue Lebensbilder, f. Straus, Carl.

Hold, Karl, Anton Halm u. sein Schützling. Begebenheit aus d. 30jähr. Kriege. Mit 1 Vign. 8. Hamb. 826. Herold jun. 1 ₰ 4 g

– Vater Gutmanns M a p p e , s. S t r a u s , Karl

– Vater Gutmanns M i t t h e i l u n g e n , s. S t r a u s , Karl

— Schuld um Schuld, od. die Rache d. Schicksals. Mit 1 Vign. 8. Hamb. 826. Herold jun. 1 ₰

—— der Spanier od. d. Pflegesöhne d. Sechzigers. Ein histor.-romant. Gemälde aus Hamburgs Vorzeit. 2 Bde. 8. (36 B.) Hamburg 828, Herold.

Hold, Ldw., s. Torq. *Tasso*, Rime.

†(Hold, Luise), f. Hölder, Luise.

Hold, Thdr., Rosen und Vergißmeinnicht. Denkmal der Liebe u. Freundschaft für Stammbücher. Aus d. besten deutschen Dichtern u. Schriftstellern ausgewählt. Mit Titelbild. 16. Reutlingen 834. Fleischhauer u. Spohn. ⅓ ₰

Hold, Thdr., Rosen und Vergißmeinnicht. Denkmal der Liebe und Freundschaft für Stammbücher. Aus den besten deutschen Dichtern und Schriftstellern ausgewählt und hrsg. 2. Aufl. 32. (192 S.) Reutlingen 851, Fleischhauer und Spohn.

Hold, Thdr., Rosen und Vergißmeinnicht. Denkmal der Liebe und Freundschaft für Stammbücher. Aus den besten Schriftstellern gewählt u. herausg. 3. Aufl., verm. u. verb. von J. J. Algier. Reutlingen 853. Fleischhauer u. Spohn. 32. (191 S.) 6 ngr.

Hold, Thdr., Rosen u. Vergißmeinnicht. Denkmal der Liebe u. Freundschaft für Stammbücher. Aus den besten Schriftstellern gewählt u. herausg. 4—6. Aufl., verm. u. verb. von J. J. Algier. Reutlingen 859—63. Fleischhauer & Spohn. 32. (191 S.) 6 ngr.

Hold, Theod., Rosen u. Vergißmeinnicht. Denkmal der Liebe u. Freundschaft. Stammbücher. Aus den besten Schriftstellern gewählt. 8. Aufl. verm. u. verb. v. J. J. Algier. 32. (IV, 191 S.) Reutlingen 873. Fleischhauer & Spohn. — 60

Hold, Thdr., Rosen und Vergißmeinnicht. Denkmal der Liebe und Freundschaft für Stammbücher. Aus den besten Schriftstellern gewählt und hrsg. 9. Aufl., verm. und verb. von J. J. Algier. 24. (IV, 191 S.) Reutlingen 880, Fleischhauer und Spohn.

Hold, Thdr., Rosen und Vergißmeinnicht. Eine reichhalt. Sammlung Stammbuchaufsätze, der Liebe und Freundschaft gewidmet. 10. Aufl. 16. (190 S.) Reutlingen 888, Fleischhauer und Spohn. cart. — 60

Hold, Thdr., Rosen u. Vergißmeinnicht. Eine reichhalt. Sammlg. Stammbuchaufsätze, der Liebe u. Freundschaft gewidmet. 10. Aufl. 32. (190 S.) Reutlingen 895. Fleischhauer & Spohn. Kart. — 60

Hold v. Ferneck, Alexander

Hold, Alexander, Oberst im k. k. Generalstabs-Corps Behelfe zum Studium des operativen Generalstabs-Dienstes. 2. Auflage. (1 Bd. Text und 1 Schuber.) 8. Wien 1882.

Hold, Feldmarschall-Lieutenant Alexander Ritter von. Beitrag zur Technik der Kriegsmärsche. Über Marsch- und Nächtigungs-Anordnungen dann Befehlsgebung und Train-Sicherung in tiefen Armee-Colonnen. Besprochen gelegentlich des Intendanz-Kriegsspieles. Mit einer lithographierten Beilage. (Als Manuscript gedruckt.) 8. Wien 1892.

Hold, Alex., Geschichte des Feldzuges 1866 in Italien. Mit Benützung authent. Quellen. gr. 8. (IV und 344 S. mit 4 chromolithogr. Karten in Fol. und gr. Fol.) Wien 867, Gerold's Sohn. *

Hold, Alexander, Major im Reg. Geschichte des k. k. 48. L.-Inft.-Reg. von seiner zweiten Errichtung im Jahre 1798 an. (81 Beil.) gr. 8. Wien 1875.

Hold v. Ferneck, Alex. Frhr., die Kriegskonterbande. Ein Beitrag zur Reform des internation. Seerechtes. (VI, 172 S.) gr. 8. Wien 907. Manz. 3.10

Hold v. Ferneck, Frhr. Alex., die Rechtswidrigkeit. Eine Untersuchg. zu den allgemeinen Lehren des Strafrechtes. I. Bd. u. II. Bd. 1. Abtlg. gr. 8. Jena G. Fischer. n. 11.50
I. Der Begriff der Rechtswidrigkeit. (XIII, 409 S.) 904. n. 8.—
II. 1. Notstand u. Notwehr. (V, 159 S.) 905. n. 3.50

Hold, Alex., Requisition und Magazins-Verpflegung während der Operation. Ein Beitrag zur Beleuchtung des operativen Elementes in der Feld-Verpflegung. gr. 8. (85 S.) Wien 878, (Seidel und Sohn.) * 1 50
Aus: Organ der militär-wissenschaftlichen Vereine, besonders abgedruckt.

Hold, Alexander, k. k. Major, Generalstabs-Offizier. Studie über Feld-Verpflegung. 8 Beilagen. (Als Manuskript gedruckt.) kl. 8. Wien 1875.

HOLDA und Falkar, oder die Flucht aus der Räuberhöhle. 2 Theile. Mit Titelkupfern. Wien, Degen, 1811. 8°. 224 u. 222 Seiten. Zahm.

Holdau, Max, der Pachthof. Idylle. 16. (V und 133 S. mit 1 Stahlst.) Kassel 852, Bollmann.

Holdheim, Paul, s.: Monatsschrift f. Handelsrecht u. Bankwesen.

Holde, David

Holde, D., Bericht üb. vergleich. Schmierölunterſuchgn., s. a. Mitteilungen aus d. kgl. techn. Versuchsanstalten zu Berlin.

Bericht über vergleichende Schmierölunterſuchungen, ausgeführt in den Jahren 1889–1894. Von Dr. D[avid] Holde. Berlin: J. Springer 1895. (78 S.) 4° [F.]
= Mittheilungen aus d. Königl. techn. Versuchsanstalten zu Berlin. Jg. 13. Erg.H. 1.

Holde, David [aus Crossen a. O.]: Ueber die Löslichkeit von Sulfaten in Schwefelsäure .... Berlin, Buchdr. v. J. S. Preuss (1887); 36 S. + 1 Bl. u. 1 Taf. 8°.
Berlin, Phil. Fak., Inaug. Diss. v. 9. Jul. 1887.

Holde, D., und R. Eickmann, Über verharzte Produkte in Mineralölen. Berlin, 1907. 10 S.

Holde, D., Untersuchung der Mineralöle u. Fette sowie der ihnen verwandten Stoffe m. besond. Berücksicht. der Schmiermittel. 2. Aufl. der Untersuchg. d. Schmiermittel u. verwandter Produkte der Fett- u. Naphtaindustrie. (XII, 408 S. m. 99 Fig.) 8. Berlin 905. J. Springer. Geb. in Leinw. n. 10.—

Holde, D., Untersuchung der Mineralöle u. Fette sowie der ihnen verwandten Stoffe. 3., verb. u. verm. Aufl. (XII, 459 S. m. 92 Fig.) 8. Berlin 909. J. Springer. Geb. in Leinw. 12.—

Die Untersuchung der Schmiermittel u. verwandter Produkte d. Fett- u. Naphta-Industrie. Von Dr. D. Holde, Vorsteher ... an d. Kgl. mech.-techn. Versuchsanst. zu Charlottenburg. M. 59 Fig. *Berlin: J. Springer 1897.* (VI, 259 S.) 1 Bd 8.

— Vorschläge z. Herbeiführung einheitlicher Prüfungsmethoden bei Mineralschmierölen. [Aus: „Chem. Revue".] 4. (10 S. m. Fig.) Wien 896. (Leipzig, E. Baldamus.) n. — 50

Holdefleiss, Friedrich: Ueber die Aufschliessung des Phosphorits durch Compostirung. Halle 1874: Gebauer-Schwetschke. 40 S. 8°
Halle-Wittenberg, Phil. Diss. v. 21. Nov. 1874
Geb. Bennstedt (Seekr. Mansfeld) 7. 10. 1846. V.
Ersch. erheblich umgearb. u. verm. u. d. T.: Ueber die Umsetzungen der Phosphorsäure mineralischer Phosphorite und das Verhalten stickstoffhaltiger Verbindungen in humosen Medien. In: Landwirtschaftliche Jahrbücher. 6 (Suppl. 1). Berlin 1877. S. 159—216.

Beitrag zu der Frage: Wodurch können wir in Deutschland d. kleberreicheren ausländ. Weizen entbehrlich machen? Von Paul Holdefleiss. *Halle a. S.: H. Peter 1901.* (6 S.) 8° [Umschlagt. F.]
Aus: Fühling's landw. Zeitung. 1901.

Holdefleiß, F., Bericht üb. Kartoffelanbau-Versuche, ausgeführt auf Veranlassg. des Breslauer landwirthschaftl. Vereins im J. 1889. gr. 8. (50 S.) Breslau 890. Korn. n. — 50

Holdefleiss, F., s.: Berichte, amtliche, über die Internationale Fischerei-Ausstellung zu Berlin 1880.

Die öffentliche Förderung der Tierzucht in Deutschland. Von Dr. Friedrich Holdefleiß, Prof. T. 1. Breslau: W. G. Korn 1905 (1906). 8° [F.]

— das Knochenmehl, seine Bedeutung u. Verwendung. gr. 8. (VII, 175 S.) Berlin 890. Parey. n. 5. —

Staatliche Maßregeln zur Förderung der Tierzucht. Von Dr. Friedrich Holdefleiß, Prof. Breslau: W. G. Korn 1905 (1906). (XVI, 356 S.) 8° [F.]
— Holdefleiß: Die öffentl. Förderung d. Tierzucht in Deutschland. T. 1.
[07. 1816

Holdefleiß, Fr., landwirthschaftliche Reiseskizzen aus England u. Schottland. gr. 8. (III, 48 S.) Berlin 876. Wiegandt, Hempel & Parey. n. 1. 50

Holdefleiß, Fr., die Rinderzucht Schlesiens. Erfahrgn. üb. alle in Schlesien gehalt. Rinderschläge. gr. 8. (VIII, 232 S. m. 13 Tab.) Breslau 896. W. G. Korn. n. 4. 60; geb. n. 5. 40

— Untersuchungen über den Stallmist. 1. u. 2. Aufl. gr. 8. (VII, 204 S.) Breslau 889. Korn. n. 4. —; geb. n.n. 5. —

Holdefleiss, Friedrich: Ueber die Werthbestimmung der Kartoffeln. Berlin 1877: Unger. 51 S., 1 Taf. ([Nr] VII) 8°
Halle-Wittenberg, Phil. Hab.-Schr. v. 13. Jan. (1877)
Aus: Landwirthschaftliche Jahrbücher. Jg. 6 (Suppl.). Berlin 1877. S. 107 bis 157.

Holdefleiß, Paul, die Bedeutg. d. verdauten Antheils der Rohfaser f. d. thier. Ernährg., s.a. Berichte a. d. physiolog. Laboratorium u. d. Versuchsanst. d. landwirthschaftl. Instituts d. Universität Halle.

Holdefleiss, Paul *Johann Friedrich Richard Robert* [aus Salzmünde]: Die Bedeutung des verdauten Antheils der Rohfaser für die thierische Ernährung ... (Erscheint vollst. in: Ber. aus d. physiol. Labor. u. d. Versuchsanst. d. landw. Inst. d. Univ. Halle hrsg. v. J. Kühn, Heft 12.) Halle a. S., *Druck v. J. Bürler, Dresden,* 1894; 1 Bl., 35 S., 1 Bl. 4.(8.)
Halle, Phil. Fak., Inaug.-Diss. v. 8. Dez. 1894

Holdefleiß, Paul, die Bedeutung der Meteorologie f. d. Landwirth. gr. 8. (11 S.) Leipzig 899. H. Voigt. n. —40

— Beitrag zu der Frage: Wodurch können wir in Deutschland den kleberreicheren ausländischen Weizen entbehrlich machen? gr. 8. (6 S.) Halle 901. H. Peter. n. — 20
Sonderabdruck aus: „Fühling's landw. Zeitg."

— Bericht üb. d. Feier d. 70. Geburtstages v. Jul. Kühn, s.: Ohnefalsch-Richter, Max.

Holdefleiß, Paul, Betriebslehre f. den kleinen Landwirt, s.: Landmanns, des, Winterabende. 26. Bdchn.

— a. d. Fragekasten d. Bundes d. Landwirthe, s.a. Schuhr's landwirthschaftl. Bibliothek.

[F.] Aus dem Fragekasten des Bundes der Landwirthe. Fragen u. Antw. aus d. Gebiete d. prakt. Landwirthschaft behandelt v. Dr. Paul Holdefleiss, Halle a. S. ... *Berlin: G. Schuhr 1897.* (XVI, 128 S.) 1 Bd 8.
— Bibliothek, Schuhr's Landwirthschaftliche. Bd III. [97. 8377

Holdefleiss P.: Fütterungslehre. Hann. 1907. 150 S.
(: Allgemeine Tierzucht. 2). 418.

Holdefleiss, Paul [Dr. phil.]: Über den Gehalt der reifen Stroh- und Spreuarten an nichteiweissartigen stickstoffhaltigen Stoffen ... Halle a. S., Hofbuchdr. v. C. A. Kaemmerer & C., 1897; 1 Bl., 35 S. 8.
Halle, Phil. Fak., Hab.-Schr. v. 4. Aug. 1897

— über d. Gehalt d. reifen Stroh- u. Spreuarten in nichteiweissart. stickstoffhalt. Stoffen. [Aus: „Ztschr. f. Naturwiss."] gr. 8. (34 S.) Leipzig 898. C. E. M. Pfeffer. n. — 60

— Julius Kühn, s.: Wohltmann, F.

— Mittheilung über Anbauversuche aus dem Gebiete der landwirthschaftlichen Pflanzenzüchtung, s.: Berichte aus dem physiolog. Laboratorium etc. des landwirthsch. Instituts der Universität Halle. 14. Hft.

Holdefleiß, Paul, landwirtschaftliche Pflanzenzüchtung, s.a. Bibliothek der gesamten Landwirtschaft.

Landwirtschaftliche Pflanzenzüchtung. Von Paul Holdefleiss. Hannover: Jänecke 1908. XXIV, 201 S. 8°
(Bibliothek d. gesamten Landwirtschaft. Bd 24.)
(Jäneckes Bibliotheken. Reihe B.) [09. 11011 7

— Landwirtschaftliche Taxationslehre, s.a. Bibliothek der gesamten Landwirtschaft.

Landwirtschaftliche Taxationslehre und Reinertragsveranschlagung von P(aul) Holdefleiss. Hannover: Jänecke 1908. XVIII, 185 S. 8°
(Bibliothek d. gesamten Landwirtschaft. Bd 6.)
(Jäneckes Bibliotheken. Reihe B.) [09. 11009 7

— Allgemeine Tierzucht, s.a. Bibliothek der gesamten Landwirtschaft.

Allgemeine Tierzucht. Von Dr. P[aul] Holdefleiss. 1. 2. Hannover: M. Jänecke 1907. 2 Bde 8° [F.]
1. Züchtungslehre. 2. Fütterungslehre.
— Bibliothek d. gesamten Landwirtschaft. Bd 25. 26. [08. 10991 7

Holdefleiss F.: Untersuchungen üb. den Stallmist. 2. durchges. Aufl. Bresl. 1889. 204 S.

— Witterungskunde f. Landwirte. Eine Anleitg. zur Anstellung v. meteorolog. Beobachtgn. u. zur Benutzg. v. Wetterkarten. Mit 14 Textabbildgn. u. 6 Wetterkarten. (VII, 84 S.) gr. 8. Stuttgart 907. E. Ulmer. 2. 40

Holdefleiss P.: Züchtungslehre. Hann. 1907. 101 S. Fig.
(-: Allgemeine Tierzucht. 1). 418.

Holdefreund, Johann Röttg. Salomo

— Abhandl. von d. epidem. Stickhusten d. Kinder. 8. Helmst. 775. (Fleckeisen). 3 gl.

— v. d. epidem. Stickhusten d. Kinder. 8. Helmst. Kühnlin. 775.

Holdefreund, J. R. S., praes. Ge. Aug. **Langguth,** Diss. sistens casum de motibus spasmodicis vagis, junctis deliriis periodicis jucundis, annexa eorum theoria atque therapia. 36 pp. Vitemb. 4°. 1764

— Erzählung merkwürd. Krankengeschichten. 8. Braunschw. 775. Albrecht. 6 gl.

Johann Roettger Salomo Holdefreund

—

Johann Roettiger Salomo Holdefreund, Erzählungen merkwürdiger Krankengeschichte. Braunschweig & Wolfenbüttel: Meißner 1775. XII, 111 S. 8°

Holdefreund, Jh. Röttg. Sal., Gedanken über d. Sonne. 8. Quedlinb. 761. Ernst. 3 gl.

KAHLE (Vielfresser). — Holdefreund, J. R. S. Historische Nachricht von dem Wittenbergischen Vielfresser Jacob Kahle. 1776. 4°. 4 S. (Gelehrte Beyträge z. d. braunschw. Anzeigen, 77. Stück.)

Holdeman, Johs., der alte Grund und Fundament aus Gottes Wort gefaßt und geschrieben. gr. 16. (VIII und 147 S.) Lancaster, Pa., 862. (Philadelphia, Schäfer und Koradi.) geb. *

v. Holdemann, H. G., s. Reise, empfindsame, von Oldenburg ꝛc.

Holden, ..., neue Erfindung für Schumacher, um Schuhe u. Stiefeln mittelst einer Maschine stehend zu verfertigen. 8. Leipz. 805. Magaz. f. Ind. 4 gl.

— — dieselbe. 12. Wien, Gerold. 800.

Holden, Edward S., Wilhelm Herschel. Sein Leben und seine Werke. Uebers. von A. B. Mit einem Vorwort von W. Valentiner. 8. (X, 238 S.) Berlin 882, Hertz. *
geb. **

Holden, Henr., divinae fidei analysis, s.a.Bibliotheca regularum fidei. Tom. II.

Holden, Hnr., divinae fidei analysis, seu de fidei christianae resolutione. Lib. II. 8. Köln 782. Rommerskirchen. 16 gl. Schrbp. 20 gl.

Holden, Henrici, divinae fidei analysis seu de fidei christianae resolutione libri duo. Edidit Jos. Braun. 8maj. Bonnae 844, Pleimes. $1^1/_3$ ß

Holden, J. Stuart, Fülle des Lebens. Biblische Gedanken üb. den Hl. Geist. Autoris. Übersetzg. aus dem Engl. v. Margar. Plinzner. (55 S.) 8. Stuttgart (909). Christl. Verlagshaus. — 40; geb. in Leinw. — 80

HOLDENBURG, Otto von. Eine (Schweizer-) Geschichte. Mit Titelvignette. Preßburg, Löwe, o. J. (178*?). 8⁰. 4 Bll. u. 184 S.

In 18 (zahmen) Briefen. Dedic. an eine Freundin ist unterz.: *H—d.* Mit e. interess. Ballade, bezüglich auf Tell und Geßler.

Holdenburg, Otto von. Eine Geschichte. Pressburg 1784. V: *Hegrad, Fch.* (Wienerblättchen 1784, Nr. 12, Sp. 193 bis 196) (H. W. Behrisch, Die Wiener Autoren 1784, S. 43) (biblPort)

Holdenecker, Achilles, die Künstler der Neuzeit in ihren Bilder-Werken. Übersicht der seit 1840 bis zum J. 1862 in Deutschland, Österreich und den Niederlanden nach Zeichnungen und Gemälden namhafter Künstler erschienenen Bildercyklusse und illustr. Werke. Mit einem Anh.: Die Werke älterer Meister in neuern Reproductionen. gr. 8. (XVI und 48 S.) Basel 862, Schweighauser's Verlag. cart.

—— die Künstler der Jetztzeit in ihren Bilderwerken. Übersicht der in den J. 1862 und 1863 neu erschien. Bildercyklen, Albums und illustr. Prachtwerke nebst Repertorium zu dem die Publicationen von 1840 bis zum J. 1862 umfass. Hauptkatalog „die Künstler der Neuzeit." gr. 4. (II und 17 S.) Basel 864, Schweighauser's Verlag.

Holdenecker Sohn ält., J., Behandlungsart d. Scheintodten, s. Behandlungsart.

Holdener, Fridolin [von Schwyz]: Experimentelle Untersuchungen über die Transplantation der Schilddrüse. Zürich 1898. 60 S. 1 Bl. 8⁰.

Zürich. Med. Diss. 1898 99.

Holdenried, J.

(Holdenried)

Chronik von Weichs. (49 Stücke, in: Feier-Stunden. Blätter z. Unterhaltung u. Belehrung am häusl. Heerd. [Wochenbeilage z. „Amper-Bote".] Nr. 43–52, 1883, u. Nr. 1—39, 1884.) Dachau, Fr. Mondrion. 4⁰. Stahlblau Hsrsb. m. Schwarzdrucktit. auf Deckel.

Holdenried, J, Chronik von Weichs, Pfarrei, Benefizium, Hofmark, Spital, Schule, Häuser, Familien und Edelgeschlecht von Weichs. Mit 2 geneal. Tabellen. Dachau 1885. 4.

Holder, Alfr., s.: Beowulf.

Holder, Alfr., s.: Büchorschatz, germanischer.

— d. Durlacher u. Rastatter Handschriften, s.: Handschriften, die, d. grossherzogl. bad. Hof- u. Landes-Bibliothek in Karlsruhe.

Holder, Alfr., die Reichenauer Handschriften, s.d.Handschriften, die, der grossh. bad. Hof- u. Landesbibliothek in Karlsruhe.

Holder, Alfred. Die Reichenauer Handschriften. Beschrieben und erläutert von A' H'. Band 1: Die Pergamenthandschriften. X + 642 S. 4. Leipzig, B. G. Teubner, 1906. [M. 20.—]

Die Handschriften der Grossherzoglich Badischen Hof- und Landesbibliothek in Karlsruhe. (Band) 5 ....

– s. Horatius Flaccus, Quintus: Opera.

Holder, A., s.: Inventio sanctae crucis.

Holder, A., s.: Lex salica.

— s.: Nibelungenlied, das, in seiner ältest. Gestalt.

– s. Saxo Grammaticus: Gesta Danorum.

— s.: Scholia antiqua in Q. Horatium Flaccum.

— alt-celtischer Sprachschatz. 1.—6. Lfg. Lex.-8. (Sp. 1—1536.) Leipzig 891—894. B. G. Teubner. à n. 8.—

— alt-celtischer Sprachschatz. 7.—10. Lfg. Lex.-8. (1. Bd. Sp. 1537—2064 u. 2. Bd. Sp. 1—512.) Leipzig 895—898. B G. Teubner. à n. 8.—

— alt-celtischer Sprachschatz. 11.—14. Lfg. gr. 8. (II. Bd., Sp. 513—1536) Leipzig 899—901. B. G. Teubner. à n. 8.—

— alt-celtischer Sprachschatz. 15. u. 16. Lfg. (Sp. 1537 bis 2026.) Lex.-8. Leipzig 903. 904. B. G. Teubner. à n. 8.—

Holder, Alfr., alt-celtischer Sprachschatz. 17.—19. Lfg. (III. Bd. Sp. 1—768.) Lex. 8. Leipzig 907—10. B. G. Teubner. à Lfg. 8.—

– s. Tacitus, Publius Cornelius: De origine et situ Germanorum.

Holder, Aug., Alleweil vergnüagt! Schwäbisches Vortrag- u. Singbuch. Mit vielen Orig.-Beiträgen einheim. Dichter. Der heiteren Gesellschaft gewidmet. 12. (138 S.) Stuttgart 899 R. Lutz. Geb. n. 1.50

Holder, Aug., alleweil vergnüagt! Schwäbisches Vortrag- u. Singbuch. Mit vielen bisher unveröffentlichten Beiträgen einheim. Dichter. Der heiteren Gesellschaft gewidmet. 2., neubearb. Aufl. (143 S.) kl. 8. Stuttgart 906. R. Lutz. Geb. n. 1.50

Holder, Aug., alleweil vergnüagt! Schwäbisches Vortrag- u. Singbuch. Mit vielen unveröffentlichten Beiträgen einheim. Dichter. Der heiteren Geselligkeit gewidmet. 3. Aufl. (143 S.) kl. 8. Stuttgart (910). R. Lutz.
Geb. in Halbleinw. 1.50

Cajus und Sabina oder die Einführung des Weinbaus in Niederschwaben. Eine zabergäuische Liebesgeschichte aus der Römerzeit, erzählt in lustigen Versen und der Heilbronner Ortsgruppe des schwäbischen Albvereins in nachbarschaftlicher Gesinnung gewidmet von AUGUST HOLDER, Mitgründer des Zabergäuvereins (1899). (Mit beigegebenen Erläuterungen.) Erligheim 1901. (Druck von Heinrich Knufinke in Stuttgart.) 8°.

Holder, Aug., die schlimmste Erfahrung meines Lebens od. des gleis. Wolfs v. Wunnenstein jüngste Spukerscheing. 1893. Ein aktenmäß. Beitrag zur Leidensgeschichte des württemberg. Volksschullehrerstandes. gr. 8. (16 S.) Stuttgart 894. R. Lutz. — 30

— s.: Faustbuch, das alte.

Holder, Aug., Geschichte d. schwäbischen Dialektdichtung m. vielen Bildn. mundartl. Dichter u. Forscher. Offenbargn. uns. stammheitl. Volks- u. Sprachgeistes aus drei Jahrhunderten, kulturgeschichtl. beleuchtet. gr. 8. (XVI, 245 S.) Heilbronn 896. Stuttgart, M. Kielmann. n. 4. —; geb. n. 5. —

Holder A, Dr. Friedrich von Hack, Oberbürgermeister von Stuttgart 1872

— die Schillerstadt Marbach, sow. d. Bottwarthal u. s. Umgebg. Illustr. v. Aug. Müller. 12. (XII, 52 S. m. 1 Karte.) Stuttgart 897. Greiner & Pfeiffer. n. — 80

– (Hrsg.), s. Mitteilungen des Zabergäu–Vereins.

Holder, Aug., die Ortschroniken, ihre kulturgeschichtliche Bedeutung und pädagogische Verwertung. Ein Beitrag zur richt. Beurteilung des idyll. Chronikenkults. gr. 8. (VII, 80 S.) Stuttgart 886, Kohlhammer. * 1 20

– (Hrsg.), s. Vierteljahrshefte desZabergäu–Vereins.

Holder, Aug., der Wunnenstein. Geschichte, Tradition und Sage oder was man vom Wunnenstein weiß und über ihn sagt. Chronologisch geordnet. 1.—3. Aufl. 12. (80 S.) Stuttgart 880, (Metzler'sche Buchh.) *

Holder, Karl

Holder, Carl. Beiträge zur Geschichte der Amortisationsgesetzgebung unter der Regierung der Kaiserin Maria Theresia ⟨1740—80⟩. Von Prof. Dr. K' H' in Freiburg ⟨Schweiz.⟩ ([Sep.-Abdr. aus:] Archiv für Kirchenrecht. [Band] 84.) S. 283—298. 8. [Mainz, F. Kirchheim, 1904.]

Holder, Karl, die Designation der Nachfolger durch die Päpste. Diss. gr. 8. (113 S.) Freiburg (Schweiz) 892. Universitätsbuchh. n. 1. 60

Holder, Carl. Das Landrecht von Jaun. Ein Beitrag zur Freiburger Rechtsgeschichte von Dr. K' H'.... [Sep.-Abdr. aus: Freiburger Geschichtsblätter, Jahrg. 9.] II + 75 S. 8. Freiburg ⟨Schweiz⟩, Gebrüder Fragnière, 1902.

Holder, C[arl]. Les visites pastorales dans le diocèse de Lausanne depuis la fin du 16e siècle jusqu'à vers le milieu du 19e siècle. Étude sur l'histoire du droit et de la discipline ecclésiastique dans la Suisse romande par le Dr Ch. H'.... [Tirage à part da la 3e livr. du Tome 7 des Archives de la Société d'histoire du canton de Fribourg.] 187 p. 8. Fribourg ⟨Suisse⟩, Fragnière Frères, 1903.

Holder, Max, aus Strehlen ⟨Schles.⟩: **Beiträge** zur Kenntnis des meta-ana-Dichlor-para-Bromchinolins und seiner Derivate. *Breslau 1900: Grass, Barth & Co.* (45 S.) 8°
Freiburg i. B., Phil. Diss. v. 1900

HOLDER, MAX. Beiträge zur Kenntnis des meta-ana-Dichlor-para-Bromchinolins und seiner Derivate. (Freiburg i. B.) Breslau. 1900.

Holder-Egger, üb. die Weltchronik d. sogenannten Severus Sulpitius u. südgallische Annalen d. 6. Jahrh. Eine Quellenuntersuchg. gr. 8. (75 S.) Göttingen 875. Peppmüller. n. 1. 80

Holder-Egger, Frz. Kurzer Leitfaden zur schnellen Erlernung: mir u. mich, Sie u. Ihnen richtig anzuwenden. 2. u. 3. Aufl. 12. (116 S.) Berl. 889,90, Stahn. * 1 —

—— neueste durchaus praktische und gründliche Sprach-Schule zum Selbstunterricht in der deutschen Sprache, nach welcher die so häufig vorkommende und anstößige Verwechselung zwischen mir und mich überhaupt die Verwechselung aller Sprachverhältnißfälle nach wenigen Tagen gänzlich vermieden wird. gr. 8. (40 S.) Berlin 859, (Th. Grieben.) **

Holder-Egger, Frz., neueste kleine deutsche Sprachlehre mit besond. Hinweisung auf die richtige Anwendung der Verhältnißfälle. Zum Gebrauche für Volksschulen, wie auch zum Selbstunterricht. 2. Aufl. 8. (III und 52 S.) Berlin 860, A. Abelsdorff. *

Holder-Egger, F., vollständiges und alphabetisch geordnetes Waaren-Verzeichniß, s. Waaren-Verzeichniß.

Holder–Egger, Oswald

Holder-Egger, O., s.: Geschichtschreiber, die, der deutschen Vorzeit.

Holder-Egger, O. Indices, s. Monumenta Germaniae historica.

Holder-Egger, Osw., s.: Monumenta Erphesfurtensia.

Holder-Egger, O., die Monumenta Germaniae und ihr neuester Kritiker. Eine Entgegng. gr. 8. (35 S.) Hannover 887. Hahn. n. — 60

Hölder's geographische Jugend- u. Volksbibliothek, hrsg. von Frdr. v. Hellwald u. Frdr. Umlauft. 1—12. Hft. 8. Wien 879—81. Hölder. cart. n. 17. 52

1. Die vulkanischen Berge. Von Frz. Toula. Mit einem Tonbild u. einer (lith.) Karte. (150 S.) n. 1. 28
2. Arabische Landschaften. Von Amand v. Schweiger-Lerchenfeld. Mit 2 Abbildungen. (Holzschn-taf.) (127 S.) n. 1. 20
3. Die Alpen. Bilder aus dem Hochgebirge. Von Ferd. Grassauer. Mit 2 Abbildgn. (Holzschntaf.). (159 S.) n. 1. 28
4. Das Meer. Von J. M. Jüttner. Mit 5 Abbildungen (Holzschntaf.). (163 S.) n. 1. 28
5. Verkehrswege zu Wasser u. zu Lande. Ein historisch-geographisches Bild von Carl Zehden. Mit 3 (Holzschn.-)Illustr. u. 1 (chromolith.) Karte. (126 S.) n. 1. 44
6. Die Donau. Von Ferd. Grassauer. Mit einer (lith.) Abbildung u. 2 (chromolith.) Karten. (144 S.)
7. Bosnien u. die Nebenländer: Schilderungen von Land u. Leuten zwischen der Donau u. der Adria. Von Geo v. Gyurkovics. Mit 4 (Holzschn.-) Illustr. (IV, 168 S.) n. 1. 60
8. Die afrikanischen Neger. Ethnographische Bilder von Phpp. Paulitschke. Mit einer (Holzschn.-) Abbildg. u. 1 (chromolith.) Karte. (IV, 176 S.) n. 1. 60
9. Aus dem tropischen Amerika. Land u. Leute in Mexico, geschildert von Karl B. Heller. Mit 3 Illustr. (Holzschntaf.). (147 S.) n. 1. 60
10. Californien von Einst u. Jetzt. Ein historisch-geographisches Bild von Carl Zehden. Mit 4 Illustr. (Holzschntaf.) u. 1 (chromolith.) Karte. (159 S.) n. 1. 60
11. Das Wasser in seiner geologischen Wirksamkeit. Von Carl R. Rieck. Mit 3 Abbildungen (Holzschntaf.). (153 S.) n. 1. 60
12. Albanien. Schilderungen von Land u. Leuten. Von Geo. v. Gyurkovics. Mit 3 Illustr. (Holzschntaf.). (160 S.) n. 1. 60

Hölder's geographische Jugend- u. Volks-Bibliothek. Hrsg. von Frdr. v. Hellwald u. Frdr. Umlauft. 13 u. 14. Bdchn. 8. Wien 882. Hölder. cart. à n. 1. 25
13. Norwegen. Ein historisch-geograph. Bild v. Karl Zehden. Mit 3 (Holzschn.-)Illustr. (142 S.)
14. Eine Weltumsegelung. Reise der Corvette „Erzherzog Friedrich" in den J. 1874 bis 1876. Von Jos. Ritter v. Lehnert. Mit 7 Orig.-Illustr. (in Holzschn.) u. e. (lith.) Karte. (163 S.)

Hölder's Classiker-Ausgaben für den Schulgebrauch. 1.—26. Bdchn. gr. 8. Wien 888—890. Hölder. à n. — 50

Inhaltsübersicht in alphabet. Ordnung:

Goethe, Egmont. Ein Trauerspiel in 5 Aufzügen. Hrsg. von J. Pölzl. 2. Aufl. (V, 80 S.) (11. Bdchn.)
— Faust. Eine Tragödie. 1. Thl. Mit e. Einleitg. u. Anmerkgn. versehen v. Hugo Th. Horak. (162 S.) (19. Bdchn.)
— Götz v. Berlichingen m. der eisernen Hand. Ein Schauspiel. Hrsg. v. W. Toischer. 2. Aufl. (X, 100 S.) (15. Bdchn.)
— Hermann u. Dorothea. Hrsg. von J. Pölzl. 2. Aufl. (IV, 60 S.) (1. Bdchn.)
— Iphigenie auf Tauris. Ein Schauspiel. Hrsg. von J. Pölzl. 2. Aufl. (IV, 65 S.) (5. Bdchn.)
— Torquato Tasso. Ein Schauspiel. Mit e. Einleitg. u. Anmerkgn. versehen v. E. Breyer. (XII, 104 S.) (20. Bdchn.)
Goethe's u. Schiller's Prosa. Hrsg. v. J. Pölzl. (II, 152 S.) (18. Bdchn.)
Herder, der Cid. Nach span. Romanzen. Mit Einleitg. u. Anmerkgn. v. Hans Lambl. 2. Aufl. (VIII, 130 S.) (16. Bdchn.)
Kleist, H. v., die Hermannsschlacht. Ein Drama. Hrsg. u. erläutert von Edm. Kamprath. (XIV, 97 S. mit 1 Karte.) (24. Bdchn.)
Klopstock's Oden. [In Auswahl.] Mit Einleitg. u. Anmerkgn. v. Chrph. Würfl. 2. Aufl. (XIV, 144 S.) (17. Bdchn.)
Lessing, Minna v. Barnhelm od. das Soldatenglück. Ein Lustspiel in 5 Aufzügen. Hrsg. v. J. Pölzl. 2. Aufl. (V, 84 S.) (3. Bdchn.)
Emilia Galotti. Ein Trauerspiel. Mit Einleitg. u. Anmerkgn. v. Raim. Dundaczek. 2. Aufl. (X, 78 S.) (14. Bdchn.)
— Laokoon. Hrsg. v. J. Pölzl. Mit e. Abbildg. 2. Aufl. (IV, 99 S.) (7. Bdchn.)
— Nathan der Weise. Ein dramat. Gedicht in 5 Aufzügen. Hrsg. v. J. Pölzl. 2. Aufl. (V, 134 S.) (9. Bdchn.)
Schiller, die Braut von Messina od. die feindlichen Brüder. Ein Trauerspiel m. Chören. Hrsg. v. J. Pölzl. 2. Aufl. (XIV, 86 S.) (12. Bdchn.)
— über naive u. sentimentale Dichtung. Mit Einleitg. u. Anmerkgn. v. Karl Tumlirz. 2. Aufl. (X, 100 S.) (13. Bdchn.)
Don Carlos, Infant v. Spanien. Ein dramat. Gedicht. Mit Einleitg. u. Anmerkgn. v. Wilh. Swoboda. (XIV, 213 S.) (21. u. 22. Bdchn.)
— die Jungfrau von Orleans. Eine romant. Tragödie. Hrsg. v. J. Pölzl. 2. Aufl. (V, 120 S.) (8. Bdchn.)
— Maria Stuart. Ein Trauerspiel. Hrsg. v. J. Pölzl. 2. Aufl. (IV, 130 S.) (6. Bdchn.)
— die Räuber. Ein Schauspiel. Hrsg. v. Frz. Spengler. (V, 128 S.) (23. Bdchn.)
— Wilhelm Tell. Ein Schauspiel. Hrsg. v. J. Pölzl. 2. Aufl. (IV, 106 S. m. 1 Karte.) (2. Bdchn.)
Wallenstein. Ein dramat. Gedicht. Hrsg. v. J. Pölzl. 2. Aufl. (VI, 253 S.) (4. Bdchn.)
Shakespeare, Julius Cäsar. Trauerspiel. Uebersetzt v. Aug. Wilh. v. Schlegel. Hrsg. von J. Pölzl. 2. Aufl. (V, 76 S.) (10. Bdchn.)
Wieland's „Oberon". Ein episches Gedicht. Mit Einleitg. u. Anmerkgn. v. Wilh. Swoboda. (XII, 199 S.) (25. u. 26. Bdchn.)

Hölder's Classiker-Ausgaben f. den Schulgebrauch. 1., 3.—5., 7., 27.—29. Hft. gr. 8. Wien, A. Hölder. n. 4. 3(
1. Hermann u. Dorothea v. Goethe. Hrsg. v. J. Pölzl. 3. Aufl. (IV, 60 S.) 891. n. — 6(
3. Minna v. Barnheim od. das Soldatenglück. Ein Lustspiel i[n] 5 Aufzügen v. Lessing. Hrsg. v. J. Pölzl. (V, 84 S.) 891. n. — 60
4. Wallenstein. Ein dramat. Gedicht v. Schiller. Hrsg. v. J. Pölzl. 3. Aufl. (VI, 253 S.) 895. n. 1. —
5. Iphigenie auf Tauris. Ein Schauspiel v. Goethe. Hrsg. v. J. Pölzl. 3. Aufl. (IV, 65 S.) 894. n. — 50
7. Laokoon. Von Lessing. Hrsg. v. J. Pölzl. 3. Aufl. (IV, 99 S. m. 1 Abbildg.) 894. n. — 5[0]
27. Coriolanus. Trauerspiel v. Will. Shakespeare. Nach der Übersetzg. L. Tiecks u. anderen Übertraggn. Mit Einleitg. u. Anmerkgn. v. Ludw. Wyplel. (XII, 115 S.) 890. n. — 50
28. 29. Goethe's Gedichte. Ausgewählt u. erläutert v. Wendelin Toischer. (VII, 143 S.) 893. n. — 80

Hölder's Classiker-Ausgaben f. d. Schulgebr. 2. u. 19. Hft. gr. 8. Wien, A. Hölder. n. 1. 30
2. Wilhelm Tell. E. Schauspiel v. Schiller. Hrsg. v. J. Pölzl. 3. Aufl. (IV, 106 S. m. 1 Karte.) 895. n. — 50
19. Goethe's „Faust". E. Tragödie. I. Thl. M. e. Einleitg. u. Anmerkgn. vers. v. Hugo Th. Horak. 2. Aufl. (162 S.) 898. n. — 80

Hölder's Klassiker-Ausgaben f. den Schulgebrauch. 3. Hft. 8. Wien 906. A. Hölder. n. — 48
Mina v. Barnhelm od. das Soldatenglück. Ein Lustspiel in 5 Aufzügen. Von Lessing. Hrsg. v. J. Pölzl. 4. Aufl. (V. 84 S.)

Hölder's Klassikerausgaben f. den Schulgebrauch. 1. Heft. 8. Wien, A. Hölder. — 44
Goethe, Hermann u. Dorothea. Hrsg. v. J. Pölzl. 4. Aufl. (IV, 60 S.) 907.

Hölder, über die Möglichkeit und die Bedingungen wahrer Erkenntniss. gr. 4. (37 S.) Urach 878. (Tübingen, Fues'sche Sortimentsh.) * 1 20

Hölder, A. Zur Reform d. medizin. Studien- u. Prüfungs-Ordnung. — [2]) Kritik d. Entw. d. Prüfungs-Ordnung f. Ärzte v. einem Naturforscher. Freiburg i. B. 1882.

Hölder, Alfr., Darstellung der Kantischen Erkenntnisstheorie m. besond. Berücksicht. der verschiedenen Fassgn. der transscendentalen Deduction der Kategorien. gr. 8. (114 S.) Tübingen 874. Laupp. n. 2. —

Hölder, Alfr. Über die Möglichkeit und die Bedingungen wahrer Erkenntnis. 37 S. **Progr.** *Urach* 1878.

Hölder, Alfred: Verlags-Katalog 1862—1905. Wien 1905
Nebst: Nachtrag 1—3. 1907—1912

Hoelder, Benjamin Benedict (Württemberg), Paradoxon pro jure retractandi transactionem, novis instrumentis repertis, ad L. 35. ff. de re jud. & LL. 19. ac 29. C. de transact. Präs. Joh. Pet. Ludwig. Halle (Joh. Jac. Krebs) 13. XII. 1704. 86 S. (9.—) 15373

— **Chr. Th.,** Comparatio Franco-Gallorum cum veterum Graecorum tragoedia. Stuttgart (Gebr. Maentler) 1827. 22 S. (6.—) 15374

Hölder, Christian Gottlieb

— s. Delavigne, Meissen, Lieder.

[Hölder, Christian Gottlieb.] Fragmente über die Schweiz. Geschrieben im Junius 1803. 8. Stuttgart 1804.
(Aus dem zweiten Theile „meiner Reise über den Gotthard ..." hier besonders abgedruckt.)

—— und G. Kißling, französ. u. deutsche Gespräche u. Redensarten. Ein Handb. f. alle Diejen., welche sich im Französ. u. Deutschen üben u. diese Sprachen richtig sprechen wollen. 1. u. 2. Bdchn. 8. (14 u. $14^{3}/_{4}$ B.) Ulm 839, Ebnersche Bh. à Thlr.

—— und G. Kißling, französische und deutsche Gespräche und Redensarten. Ein Handbuch für alle Diejenigen, welche sich im Französ. und Deutschen üben und diese Sprache richtig sprechen wollen. 2 Bdchn. 2. (Titel-)Aufl. 8. (457 S.) Tuttlingen (839)58, Kling.

Hölder, Chr. Gtli., Handbuch d. ältern u. neuern franz. Literatur, mit erläut. Anmerkn., u. biograph. Notizen üb. d. Schriftsteller z. Gebr. in höh. Lehranstalten, in 4 Abthln. geordnet. gr. 8. ($44^{1}/_{2}$ B.) Stuttgart 829, [Beck u. Fränkel.]

Hölder, Chr. Gtl., Handbuch d. ältern u. neuern französ. Literatur, mit erläut. Anmerkk. u. biograph. Notizen über d. Schriftsteller, in 4 Abtheill. geordnet. gr. 8. Stuttg. 829. Löflund. 1 Rthlr 16 ggr

— Handbuch d. ältern u. neuern französ. Literatur, mit erläut. Anmerkungen u. biograph. Notizen über die Schriftsteller, z. Gebrauche in höheren Lehranstalten in 4 Abtheil. geordnet. Neue Ausg. gr. 8. Stuttgart 842, Metzler'sche B. $1^{3}/_{4}$ Rthlr

Hölder, C. G., Handbuch der älteren u. neueren französischen Litteratur mit biographischen Notizen über die Schriftsteller u. erläuternden Anmerkungen für die oberen Klassen der Gelehrten- u. Realschulen. 3. Aufl. neu bearb. von Otto Hölder. Stuttgart 863. Metzler. gr. 8. (IV, 352 S.) n. 1 Rthlr

Hölder, C. G., Handbuch der älteren und neueren französischen Litteratur mit biograph. Notizen über die Schriftsteller und erläut. Anmerkungen für die oberen Klassen der Gelehrten- und Realschulen. 3. Aufl. 1862. und 4. Aufl. bearb. von Otto Hölder. gr. 8. (IV und 352 S.) Stuttgart 865, Metzler's Verlag. *

Hölder, C. G., Handbuch der älteren u. neueren französischen Litteratur m. biograph. Notizen üb. die Schriftsteller u. erläut. Anmerkgn. f. die oberen Klassen der Gelehrten- u. Realschulen. 5. Aufl. bearb. v. Otto Hölder. gr. 8. (IV, 352 S.) Stuttgart 873. Metzler. n. 3. 50

Hölder, C. G., Handbuch der älteren und neueren französischen Litteratur, mit biograph. Notizen über die Schriftsteller und erläut. Anmerkungen für die oberen Klassen der Gelehrten- und Realschulen. 6. Aufl. Bearb. von Otto Hölder. gr. 8. (IV, 352 S.) Stuttgart 878, Metzler'sche Buchh. * 3 50

Hölder's Handbuch der älteren und neueren französischen Litteratur, mit biographischen Notizen über die Schriftsteller und erläut. Anmerkungen für die oberen Klassen der Gelehrten- und Realschulen. 7. Aufl. Neu bearb. von Léon Bertrand. gr. 8. (IV, 384 S.) Stuttgart 882, Metzler'sche Buchh.

Hölder's Handbuch der älteren u. neueren französischen Litteratur m. biographischen Notizen üb. die Schriftsteller u. erläuternden Anmerkungen f. die oberen Klassen der Gelehrten- u. Realschulen. Neu bearb. v. Léon Bertrand. 8. Aufl. gr. 8. (III, 377 S.) Stuttgart 893. J. B. Metzler's Verl. n. 3. 60

—— neuer franz. Handelscorrespondent, eine Auswahl des Vorzüglichsten, was in dieser Gattung des Briefstyls erschienen, nebst Formularen f. Wechsel, Anweisungen, Quittungen, Vollmachten, Rechnungen, Frachtbriefe, Proteste, Certepartie ꝛc., u. ein. franz.-deutschen Verzeichniß der in der Handelssprache gebräuchl. Ausdrücke. 8. (20½ B.) Ulm 844, Ebner'sche Bh.

Hölder, neuer französischer Handelscorrespondent, eine Auswahl des Vorzüglichsten, was in dieser Gattung des Briefstyls erschienen, nebst Formularen für Wechsel, Anweisungen, Quittungen ꝛc. 2. (Titel-)Aufl. Tuttlingen (844.) 858. Kling. 8. (IV, 320 S.) 21 Ngr.

— französ. Lesebuch für d. Alter von 12—15 Jahren, mit e. vollständ. Wörterverzeichnisse. 8. Stuttg. 828. Löflund. 16 gGr

Hölder, Chr. Gl., französisches Lesebuch für das Alter von 12—15 Jahren, mit e. vollständ. Wörterverzeichnisse. 2e verb. Aufl. 8. Stuttgart 834. Löflund; jetzt Beck u. Fränkel. ⅔ Thlr

— französ. Lesestücke zum Uebersetzen ins Deutsche. gr. 8. Tübing. 827. Laupp. 5 gGr

— s. Mozin's, kleines deutsch-französ. u. französ.-deutsches Taschen-Wörterbuch.

s.a. Reise über den Gotthard

(Hölder, Chr. Gottl.) Meine Reise über den Gotthard, nach den Borromäischen Inseln und Mailand und von da zurück über das Val Formazza, die Grimsel und das Oberland, im Sommer 1801. 2 Thle. Stuttgart 1803-4. 8⁰.

Enthält interessante Sittenschilderungen über Italien, die Mailander Freudenmädchen etc., auch interess. Einzelheiten über das Kiltgehen in der Schweiz. I: Tit. u. 278 S. II: Nebst Fragmenten über die Schweiz. Tit., 187 S. u. Zugabe 1 Bl., 80 S. Im *Anhange* zu Theil 2 Spezielles über die Prostitution in Bern. — Bemerkenswerth auch die Uebersetzung verschiedener „basia" des Johannes Secundus I, S. 126—202, und eine Notiz über die Päpstin Johanna I, S. 242—243—

— größere praktische französische Sprachlehre für den Unterricht u. das Privatstudium. 2e verb. Aufl. gr. 8. Stuttgart 834. Löflund; jetzt Beck u. Fränkel. 1½ Thlr

— prakt. französ. Sprachlehre für Anfänger. gr. 8. Tüb. 826. (Laupp). 21 gGr 2e Aufl. gr. 8. Stuttg. 831. Löflund. 20 gGr

Hölder, Chr. Gtli., prakt. franz. Sprachlehre f. Anfänger. 3., verb. u. verm. Aufl. gr. 8. (25 B.) Stuttgart 836, Beck u. Fränkel.

— prakt. französ. Sprachlehre für d. Unterricht u. d. Privatstudium. gr. 8. Stuttg. 827. (Laupp in Tübing.) 1 Thlr 8 gGr

— französ. Uebersetzung d. deutschen Uebungsstücke ꝛc., s. Uebersetzung.

— französ. Uebersetzung d. deutschen Uebungsstücke in seiner französ. Sprachlehre. gr. 8. Stuttg. 827. Löflund. 7 gGr

— Uebungen z. Erlernung d. französ. Sprache nach der Hamiltonschen Lehrart, mit e. kurzen Einleit. 2e verb. Aufl. (2 Abthll.) gr. 8. Stuttg. 833. Löflund; jetzt Beck u. Fränkel. $^5/_{12}$ Thlr

—— dramatische Versuche. 1. Bdchn. 8. (29¼ B.) Stuttgart 830, [Beck u. Fränkel.]
Inh.: Liebe u. Großmuth. — Der Zerstreute. — Wiederfinden.

Hölder, C. G., dramat. Versuche. 1s Bdchen. Enth.: Liebe u. Großmuth; Schspl. — Der Zerstreute; Lstspl. — Wiederfinden; Schspl. 8. Stuttg. 830. Löflund u. S. 2 Thlr

Hölder, Chr. Gli., dramatische Versuche. 1s Bdchn., enthaltend: Liebe u. Großmuth. — Der Zerstreute. — Wiederfinden. 2e Ausg. 8. Stuttgart 836. Beck u. Fränkel. 1 Thlr

— neues vollständ. Wörterbuch d. deutschen u. engl. Sprache, s. *Mozin*, nouv. Dictionnaire.

Hölder, Dn. Bdkt., die Zeiten d. neuen Bundes aus d. Offenbar. Jesu u. d. Danielit. Weissagungen. 2 Thle. 8. Frankf. u. Leipz. 777.

Hölder, Eduard

Hölder, Ed., zwei Abhandlungen aus dem römischen Recht, s. Brinz, A.

Hoelder, Eduard: Die Auslegung des deutschen bürgerlichen Gesetzbuches. *Leipzig (1898): A. Edelmann.* (31 S.) 8°
Leipzig, Progr. z. Gedächtnissfeier f. B. F. R. Lauhn am 13. Mai 1898

—— Beiträge zur Geschichte des römischen Erbrechtes. gr. 8. (VIII, 163 S.) Erlangen 881, Deichert. †

Hölder, E[duard], Dr. jur., d. Z. Decan: Die litis contestatio des Formularprocesses. *Leipzig (1903): A. Edelmann.* (31 S.) 8°
Leipzig, Progr. zur Gedächtnisfeier f. Ch. Fr. Kees 1903

Hölder, Ed., die römische Ehe. Ein academ. Vortrag. gr. 8. (46 S.) Zürich 874. Orell, Füssli & Co. n. 1. 20

— die Entwickelungsformen des römischen Privatrechtes. Akademischer Antrittsvortrag. gr. 8. (16 S.) Ebend. 880. n. — 40

Hölder, E., über den Entwurf eines deutschen bürgerlichen Gesetzbuches. Vortrag. 8. (32 S.) Leipzig 889. Deichert Nachf. n. — 60

Hölder, E., Bürg. Gesetzbuch, siehe Kommentar.

Hölder, Ed., Institutionen des römischen Rechtes. gr. 8. (XVI, 273 S.) [Tübingen 877, Laupp'sche Buchh.] Freiburg i. Br., Mohr. 5 —

— Institutionen d. römischen Rechtes. 2. Aufl. gr. 8. (XVI, 368 S.) Freiburg i/Br. 883. Mohr. n. 6. —

Hölder, Ed., Institutionen d. römischen Rechtes. 3., rev. Aufl. gr. 8. (XVI, 357 S.) Freiburg i/B. 893. J. C. B. Mohr. n. 6. —; geb. in Leinw. n. 7. —

Hölder, E[duard], Dr. jur., d. Z. Dekan: Über das Klagrecht. T. 1. *Leipzig (1903): A. Edelmann.* (38 S.) 8°
Leipzig, Progr. zur Gedächtnisfeier f. B. F. R. Lauhn 1903

Hölder, E[duard], Dr. jur., d. Z. Dekan: Über das Klagrecht. T. 2. *Leipzig (1903): A. Edelmann.* (31 S.) 8°
Leipzig, Progr. zur Gedächtnisfeier f. C. F. Kregel v. Sternbach 1903

Hölder, Ed., Kommentar zum Allgem. Theil des bürgerl. Gesetzbuchs, s.: Kommentar zum bürgerl. Gesetzbuch.

Hölder, Eduard, zur Lehre v. der Auslegung der Willenserklärungen u. der Bedeutung des Irrtums üb. ihren Inhalt, s.a. Aus römischem u. bürgerlichem Recht.

Hoelder, Edu., Zur Lehre von der Auslegung der Willenserklärungen und der Bedeutung des Irrtums über ihren Inhalt. Weimar 1907. 8°. [Umschlagtit.]
Aus: Festschrift f. Bekker. Aus röm. u. bürgerl. Recht.

Über die Natur des Rechtes. Rede b. Antritt d. Prorectorats d. Kgl. Bayer. Friedrich-Alexanders-Universität Erlangen am 4. Nov. 1891 geh. v. Dr. Eduard Hölder, o. Prof. d. Rechte. Erlangen, Druck d. Univ.-Buchdr. v. E. Th. Jacob, 1891; 11 S. 4.

— üb. die Natur d. Rechtes. Rede, beim Antritt d. Prorectorats der königl. bayer. Friedrich-Alexanders-Universität Erlangen am 4. Novbr. 1891 geh. gr. 4. (11 S.) Erlangen 892. (Th. Blaesing.) n. — 60

Hölder, Ed., Pandekten. 1. Bd. 1. Lfg. gr. 8. (IV, 192 S.) Freiburg i. Br. 886, Mohr. * 3 —

— Pandekten. Allgemeine Lehren. Mit Rücksicht auf den Civilgesetzentwurf. 2. (Schluß-) Lfg. gr. 8. (VII u. S. 193—402.) Freiburg i/B. 891. J. C. B. Mohr. Subskr.-Pr. n. 3. — (kplt.: n. 7. —; geb. in Halbfrz. n. 8. 50)

Natürliche und juristische Personen. Von Dr. Eduard Hölder, Prof., Leipzig. Leipzig: Duncker & Humblot 1905. (X, 362 S.) 8° [J.] [05. 13480]

— Über das Privatrecht als Objekt gerichtl. Geltendmachung. Rede d. antret. Rektors beim Rektorwechsel an der Universität Leipzig am 31. X. 1909. (21 S.) Lex. 8. Leipzig (909). A. Edelmann. nn — 90

— üb. objectives u. subjectives Recht. Ein Vortrag. 8. (51 S.) Leipzig 893. A. Deichert Nachf. n. — 75

— Savigny u. Feuerbach, die Koryphäen der deutschen Rechtswissenschaft, s.a. Sammlung gemeinverständlicher wissenschaftlicher Vorträge.

Hölder E, Savigny und Feuerbach, die Koryphäen der deutschen Rechtswissenschaft. (Sammlung wissenschaftlicher Vorträge 378) Berlin 1881

Hölder, E, d. Stellg. d. römischen Erben. [Aus: „Zeitschr. d. Savigny-Stiftung f. Rechtsgeschichte".] gr. 8. (81 S.) Weimar 895. H. Böhlaus Nachf. n. 2. —

— zum allgemeinen Theil d. Entwurfes e. deutschen bürgerlichen Gesetzbuches. [Aus: „Archiv f. die civilistische Praxis".] gr. 8. (160 S.) Freiburg i/Br. 888. J. C. B. Mohr. n. 3. —

— zur Theorie der Willenserklärung, s.a. Beiträge, drei, zum bürgerlichen Recht.

Hölder, Ed.: Zur Theorie der Willenserklärung. Leipzig 1905.
(in: Drei Beiträge z. bürgerl. Recht.)

— die Theorie der Zeitberechnung nach römischem Recht. gr. 8. (IV, 144 S.) Göttingen 873. Vandenhoeck & Ruprecht's Verl. n. 3. —

Hoelder, Eduard: C. G. von Waechter. *Leipzig (1898): A. Edelmann.* (24 S.) 8°
Leipzig, Progr. z. Gedächtnissfeier f. Ch. F. Kees am 12. Febr. 1898

Ueber das Wesen der juristischen Personen. Rede beim Antritt des Prorektorats der K. Bayerischen Friedrich-Alexanders-Universität Erlangen am 4. Nov. 1886 gehalten von Dr. Eduard Hölder, ord. Prof. der Rechte. Erlangen, Druck d. Univ.-Buchdr. v. Junge & Sohn, 1886; 14 S. 4°.

— üb. das Wesen der juristischen Personen. Rede, beim Antritt des Prorektorats der königl. bayer. Friedrich-Alexanders-Universität Erlangen am 4. November 1886 geh. gr. 4. (14 S.) Erlangen 886. (Metzer.) n. — 80

Hölder, E., Willenserklärgn., s. Aus röm. u. bürgerl. Recht.

Worte der Erinnerung an Carl Georg von Waechter gesprochen am 19. Dec. 1897 in d. Aula d. Univ. Leipzig von Eduard Hoelder. *Leipzig: A. Edelmann [1897].* (22 S.) 8° [04. 613] 6

— s.: Zum Entwurf e. deutschen bürgerl. Gesetzbuches.

Hölder, Friedrich: Über Hernia properitonealis. . . . (Aus: Beitr. z. klin. Chir. VII. Bd. II H.) Tübingen, Verl. d. H. Laupp'schen Buchh., 1890; 38 S. 8°
Heidelberg, Med. Fak., Inaug.-Diss. v. [6. Jun.] 1889

Hölder, Fritz

Hoelder, F., lyrische Dichtungen. 8. (III, 78 S.) Heidelberg 889. (Burow.) n. 1. —

Hoelder, Fritz. Lyrische Dichtungen. 8. (III, 78 S.) Heidelb. 889, (vorm. Weiß'sche Buchh.). * 1 —

Hoelder, Fritz, lyr. Dichtungen 2. Aufl., s.: Doehler, Gfr., Heidelberger Tagebuch u. andere Gedichte.

Hoelder, G., die Fortschritte in der Konstruktion der Pumpen, s.a. Schauplatz, neuer, der Künste und Handwerke. 280. Bd.

Hölder, G., Die Fortschritte in der Construction der Pumpen, Saugapparate, Wasserhebungs-, Wasserhaltungs- und Wassersäulen-Maschinen, Dampf- und Handfeuerspritzen, Brunnenanlagen, Wasserleitungen etc. während der neuesten Zeit. Mit 24 Foliotfln. Weimar 1867. Text 8°. Atlas 4°.

Hölder, H. v., Die Skelete des röm. Begräbnissplatzes in Regensburg. S.-A. 1881. 51 S. m. 2 Taf. u. 1 Plan. 4°. 1.20

Hölder, H. v., Untersuchgn. üb. d. Skelettfunde in d. vorröm. Hügelgräbern Württembergs u. Hohenzollerns, s.: Fundberichte aus Schwaben.

Hölder, H. v., Zusammenstellung der in Württemberg vorkommenden Schädelformen. Mit e. (lith. u. color.) Karte u. 6 (lith.) Taf. gr. 4. (VI, 35 S.) Stuttgart 876. Schweizerbart. n. 6. —

Hölder, Hermann

Hölder, H. v., pathologische Anatomie der Gehirnerschütterung beim Menschen. Gegründet auf Leichenöffngn. v. 87 Verunglückten, sowie 58 Selbstmördern durch Schuss in den Kopf. Verglichen m. den Erfunden bei mehreren durch Gehirnkrankheiten aus inneren Ursachen Gestorbenen. (VII, 80 S. m. 14 farb. Taf. u. 14 Bl. Erklärgn.) gr. 8. Stuttgart 904. J. Weise. n. 5. –

Hölder, Hermann v. (Bearb.), s. Ashwell, Samuel: Lehrbuch der Krankheiten des weiblichen Geschlechts.

Hölder, H., Lehrbuch der venerischen Krankheiten. — Lehrbuch der Unterleibsbrüche, s.: Hand-Bibliothek, medicinische.

Hölder, Hugo. Die christliche Glaubenslehre in apologisch-rationeller Fassg. u. Begründg., f. die studier. Jugend u. nachdenk. Christen aller Stände dargestellt. gr. 8. (VII, 382 S.) Stuttg. 889, Metzler's Verlag. * 4 50

(Hölder, Jul.,) das Leben Adolf Schober's. Zur Erinnerung für seine Freunde dargestellt von der Hand eines Freundes. Mit den von den Abgeordneten Probst und A. Seeger am Grabe gesprochenen Worten und einigen Sonnetten auf den Tod Schober's als Anhang. gr. 8. (48 S.) Stuttgart 852, Göpel. *

Hölder, Ludw., das steinerne Bild. 2 Thle. 8. (36⅛ B.) Heilbronn 838, Drechsler.

—— das steinerne Bild. 2 Thle. 2., wohlf. Ausg. 8. (36⅛ B.) Heilbronn 842, Drechsler'sche Buchh.

Hölder, Ludw., an Ulrich Rudolph Schmid, s. Schmid.

Hölder, Luise, Allerlei. Ein ergötzl. Weihnachts- u. Geburtstagsgeschenk zur Unterhaltung u. Bildung d. Jugend durch Schauspiele, Erzähll., Mährchen rc. 8. Coburg 832. Sinner. 1 ℛ︀

— s. Cervantes, Leben u. Thaten.

Hölder, Louise, s. Cervantes Don Quixote.

— geschichtl. Erntekranz für Kinder von 6—12 Jahren, in ausgesuchtesten Weltbegebenheiten d. mittlern u. neuern Zeit. Mit 2 ill. Kpf. 8. Nürnb. 825. Zeh. 1 ℛ︀ 16 ℊ︀

— fromme Erzählungen. Ein Familiengemälde zur Erweckung eines religiösen Sinnes rc. 8. Nürnb. 829. (v. Ebner). 21 ℊ︀ Mit 5 ill. Kpf. 1 ℛ︀ 8 ℊ︀ 2e Aufl., s. unt. relig.-moral. Erzähll.

— kurze naturhistor. Erzählungen zur angenehmen Unterhaltung kleinerer Kinder. Als erste Vorbereitung zur Naturgeschichte. 16 Bdchen, mit 6 color. Kpf. 8. Leipz. 829. Enobloch. 1 ℛ︀ 8 ℊ︀

—— relig.-moral. Erzählungen. Ein Familiengemälde z. Erweckung e. frommen Sinnes, z. Belehr. u. Unterhalt. f. gute Kinder jed. Alters. Nach d. „Stunden d. Andacht" bearb. 1. Bd. 2. Aufl. 8. (25 B. u. 5 ill. Kpfr.) Nürnberg 831, v. Ebner. 1 Thlr. 8 Gr., ohne Kpfr. Hat gleichen Inhalt mit deren „fromm. Erzählungen." vgl. oben.

—— dass. 2. Bd. — A. u. d. T.: Frommer Sinn u. häusl. Glück. Ein Familiengemälde in fortlauf. Erzählungen rc. 8. (25 B. u. 5 ill. Kpfr.) Ebds. 831. 1 Thlr. 8 Gr., ohne Kpfr.

Hölder, Luise, religiös-moralische Erzählungen. Ein Familiengemälde. Nach d. Stunden der Andacht bearbeitet. 2 Bde. 2e Ausg. Mit 10 ill. Kpfrn. 8. Nürnb. 834. (833.) v. Ebner. 2⅔ ℛ︀ — ohne Kpfr. 1⅓ ℛ︀

Hölder, Luise, Erziehungsschule, s. unten d. Familie Lindorf.

Hold, Luise, (Louise Hölder), d. Erziehungsschule, in anziehenden, muntern u. lehrreichen Unterhaltungen. Ein Lesebuch zum Vergnügen u. zur Belehrung für Schulen u. zum Selbstgebrauch. 1r/2r Bd. 8. Leipz. 824, 26. Enobloch. 2 ℛ︀

— Euthymia. Erheiternde u. gemüthl. Erzählungen für d. Jugend beiderlei Geschlechts. Mit 6 (sauber ill.) Kpf. 8. Leipz. 832. Magaz. f. Ind. 1 ℛ︀ 12 ℊ︀

— kurze naturhistor. Fabeln u. Erzählungen, zur belustigenden Unterhaltung kleiner Kinder. Mit 6 fein color. Kpf. 8. Leipz. 826. Enobloch. 1 ℛ︀ 4 ℊ︀

— unterhaltende Fabeln u. Erzähll. aus d. Naturgeschichte d. Fische, Käfer, Insekten, d. Gewächs- u. Mineralreichs, für kleinere Kinder. Mit 6 color. Kpf. 8. Leipz. 830. Enobloch. 1 ℛ︀ 12 ℊ︀

— neue Gesellschaftsspiele u. Unterhaltungen zum Vergnügen rc. für d. Jugend. Mit 4 Kpf. 8. Ulm 824. v. Ebner. 20 ℊ︀ ill. 1 ℛ︀

— kl. Kindergeschichten, Fabeln u. Erzähl. z. Belehr. u. Belust. f. kl. Kinder. Mit 12 illum. Kupfrn. qu. 16. Nürnb. 824, Bauer u. R.

— kleine Kindergeschichten, Fabeln u. Erzählungen zur Belehrung u. Belustigung für kleine Kinder. Mit 12 Kpf. 16. Nürnb. 825. N. A. 828. Bauer u. R. 1 ℛ︀

Hölder, Louise, † (Louise Hold,) kleine Kindergeschichten. Fabeln u. Erzähln. z. Belehr. u. Belustigung f. kleine Kinder. 3. Ausg. qu. 16. (14⅛ B. u. 12 ill. Kpfrn.) Nürnberg 838, Bauer u. Raspe.

— neues Kindertheater, zur Unterhaltung u. Belehrung durch Beispiele. 2 Bdchen, mit 2 Kpf. 12. Nürnb. 820. N. A. 827. Bauer u. R. 20 ℊ︀

Hölder, Louise, neues Kinder-Theater. 2 Bdchen. 12. Nürnb. 821. 2e A. 826. Bauer u. R. 1 ℛ︀

Hölder, (Luise,) neues Kinder-Theater, zur Unterhaltung u. Belehrung. 2 Bdchn. Mit 2 Kpfrn. Neue Aufl. 16. Nürnb. 826, Bauer u. R.

—— neues Kinder-Theater z. Unterhalt. u. Belehr. 3. Ausg. 16. (10 B. u. Ttlkpfr.) Nürnberg 837, Bauer u. Raspe.

— die Familie Lindorf. Eine unterhaltende Jugendschrift z. Belehrung aus d. Welt- u. Naturgesch., d. Völker- u. Sternkunde, f. Erdbeschreibung, Mythologie rc. 1r u. 2r Bd. (Neue Aufl. der Erziehungsschule,) u. 3r u. 4r Bd. Mit 4 Kupf. 8. Leipzig 827, Enobloch.

— d. Familie Lindorf. Eine unterhaltende Jugendschrift, zur Belehrung aus d. Welt- u. Naturgeschichte, d. Völker- u. Sternkunde, f. Erdbeschreibung, Mythologie rc. 1r u. 2r Bd. (Neue unveränd. Aufl. d. Erziehungsschule), u. 3r u. 4r Bd., mit 4 Kpf. 8. Leipz. 828. Enobloch. 3 ℛ︀

—— lehrr. Mährchen, z. Bildung u. z. Vergnügen jugendl. Herzen. gr. 12. (16⅔ B. u. Ttlbild.) München 838, Jaquet.

— Reiseabentheuer auf dem festen Lande, zu Meer u. auf einer wüsten Insel. Ein lehrreiches u. belustigendes Unterhaltungsbuch für die reifere Jugend. Mit 6 ill. Kpfrn. gr. 12. Nürnberg 834. Bauer u. Raspe. ⅔ ℛ︀

—— Reiseabentheuer auf d. festen Lande, zu Meer u. auf e. wüsten Insel. Ein lehrr. u. belustig. Unterhaltungsb. f. d. reif. Jugend. gr. 12. (10 B. u. 6 ill. Kpfrt.) Nürnberg 835, Bauer u. Raspe.

— Rückreise Robinson's d. Jüngern nach seinem Eilande, in Begleitung seiner Kinder. Ein moral. u. naturhistor. Lesebuch für d. Jugend. Mit 1 Kpf. 12. Nürnb. 821. 2e A. 826. Bauer u. R. 16 ℊ︀ Dass., mit noch 7 ill. Kpf. Ebd. 1 ℛ︀

—— Rückreise Robinson d. Jüng. nach seinem Eilande in Begleit. seiner Kinder. 3. Ausg. 12. (9½ B. u. 8 ill. Kpfrn.) Nürnberg 830, Bauer u. Raspe.

—— kleine Schauspiele z. Nutzen u. Vergnügen d. Jugend. Geeignet, in e. Zimmer od. Garten, ohne besond. Vorbereit. aufgeführt zu werden. 16. (19 B.) Wien 835, [Gerold's Vrlgh.]

—— dramatisirte Sprüchwörter, z. schauspielmäß. Darstell. eingerichtet. Ein lehrr. Spiegel f. d. Jugend, der sie in versch. Abschnitten ihres Lebens handelnd darstellt. gr. 12. (15 B. u. Ttlbild.) München 838, Jaquet.

— kleine Weltgeschichte von den ältesten bis auf d. neuesten Zeiten. 2 Thle, mit 24 ill. Kpf. 3 ₰ 8 gr. 2r Thl. A. u. d. T.: geschichtl. Erndtekranz für Kinder. Mit 12 ill. Kpf. 8. Nürnb. 824. Zeh. 1 ₰ 16 gr.

— Dasselbe. A. u. d. T.: d. Familie Edmund, oder d. Weltgeschichte im Kleinen, zur Belehrung für Kinder von 6—12 Jahren. Mit 12 ill. Kpf. gr. 8. Nürnb. 823. Zeh. 1 ₰ 20 gr.

Hölder O. Beiträge zur Potentialtheorie. 1882. 8.

Hölder, Osc., Arbeiten der Schlosser, Schmiede und Kupferschmiede, s. Vorlegeblätter für technisches Freihand-Zeichnen.

—— Arbeiten der Schreiner. 40 (chromolithogr.) Vorlegeblätter für techn. Freihandzeichnen, enthaltend durchbrochene und eingelegte Arbeiten, zum Gebrauche in Gewerbe- und gewerbl. Fortbildungsschulen entworfen und gezeichnet. Fol. (1 Bl. Text.) Stuttgart 883, Nitzschke. In Mappe *

Die Formen der römischen Thongefässe diesseits u. jenseits der Alpen v. Prof. Oscar Hölder. In Verbindg m. d. Württ. Altertumsver. hrsg. v. d. Altertumsver. Rottweil ... *Stuttgart: W. Kohlhammer 1897.* (4 Bl., 38 S., 24 Taf.) 1 Bd 4.(8.) (97. 6100

—— Pflanzenstudien und ihre Anwendung im Ornament mit besond. Berücksicht. der weibl. Handarbeit. Für weibl. Fortbildungsschulen, Töchter- und Frauenarbeitsschulen hrsg. 60 (chromolithogr.) Taf. Fol. (1 Bl. Text.) Ebendas. 884. In Mappe *

—— Schlüsselschilde. Vorlagen für Schlosser beim Unterricht im techn. Freihandzeichnen an gewerbl. Fortbildungsschulen. 15 (chromolithogr.) Taf. Zugleich eine „Vorschule" zu dem vom Verf. hrsg. Werke „Arbeiten der Schlosser, Schmiede und Kupferschmiede. Vorlegeblätter zum techn. Freihandzeichnen". Fol. (1 Bl. Text.) Ebendas. 881. In Mappe *

Hölder, Osk. Die römischen Thongefässe der Alterthumssammlung in Rottweil. Lex.-8. (26 S. m. 22 Taf.) Stuttg. 890, Kohlhammer. * 3 —

Hölder, Osc., 60 (lith.) Vorlegeblätter für das elementare Freihandzeichnen in Volks-, Real- u. Töchterschulen. gr. 4. Stuttgart 882. Nitzschke. In Mappe. n. 8. —

— Vorlegeblätter für technisches Freihandzeichnen: Arbeiten der Schlosser, Schmiede, Kupferschmiede etc. I. II. (22 T) fol Stuttgart

Hölder O. Vorlegeblätter für technisches Freihandzeichnen: eingelegte Arbeiten für Schreiner etc. (24 Bl) fol Wien 1876-80

— Vorlegeblätter für Metallarbeiter, vornehmlich Flaschner u. Schlosser. 40 (chromolith.) Blätter, enthaltend Füllungen, Vergitterungen, Krönungen etc., zum Gebrauch in Gewerbe- u. gewerblichen Fortbildungsschulen entworfen u. gezeichnet. Fol. (1 Bl. Text.) Ebend. 882. In Mappe. n. 14. —

Hölder, Otto, Anschauung u. Denken in der Geometrie. Akademische Antrittsvorlesg., geh. am 22. VII. 1899. Mit Zusätzen, Anmerkgn. u. e. Register. gr. 8. (75 S.) Leipzig 900. B. G. Teubner. n. 2.40

Hölder, Otto, Grammatik der französischen Sprache. gr. 8. (VIII und 490 S.) Stuttgart 865, Nitzschke. *

Holderberg, Karl, Camillo Schnörke's Reise-Abenteuer, s.: Volksbibliothek, deutsche.

Holderberg, M. H. v., s. Rehrhoff v. Holderberg.

Holderegge, Kitty, Blutehe. Tagebuchblätter e. Oberleutnants. Roman. (111 S.) 8. Berlin 907. H. Bermühler. n. 2. —; geb. n. 3. —

Liebe und Roheit. Roman von Kitty Holderegge. Berlin: H. Bermühler 1907. (140 S.) 8° [F.] (08. 6367

Holderegger, Oswald, s. Holder-Egger

Holderegger, Werner, prakt. Arzt von Gais (Kt. Appenzell): Aus dem pathologischen Institut der Universität Zürich. Über einen Fall von Sarkom des vordern Mediastinums. Zür. Orell Füssli Dr. 1896. 45 S., 1 Bl. 8°.
Zürich, Med. Diss. [v. 21. März 1896].

Hölderich. Ign.

— Anleit. zum Studium d. allgem. Geographie, zum öffentl. u. Privatgebrauch. gr. 8. Münch. ... 4e verb. A. 819. 6e A. 826. Lindauer. 8 gr.

— s. Betrachtungen, religiöse.

Hölderich, (J.,) religiöse Betrachtt., nebst e. Gedichten sinnverwandten Inhalts. N. wohlf. Ausg. gr. 12. Münch. 826, Lindauer. 8 gr. Fein Pap.

Hölderich, Ign., Conjugations-Tabellen d. latein. Sprache. Fol. Münch. 818. Lindauer. 1 gr.

— kurzer Leitfaden beim ersten Unterricht in d. Erdbeschreibung. 8. Münch. 815. 2e A. ... 3e A. 818. 4e A. 824. Lindauer. 4 gr.

— Leitfaden beim ersten Unterrichte in d. Erdbeschreib., zum öffentl. u. Privat-Gebrauch. 4e Aufl. 8. Münch. 824. Lindauer.

— Uebersicht der Geschlechtsregeln der latein. Sprache. In e. Tabelle. gr. Fol. München 820, Lindauer.

— — Uebersicht der Geschlechts- und Conjugationstabelle. Fol. Ebendas. 816.

Holderied, Carl (Dekan) „In Moses Christus". pg. 36—12. 4°. J. Kayser. Kaiserslautern, Progr. 1858/59

Holderleder, J. Lorz., Nachricht v. d. Weißenfels. Alethophilischen Gesellschaft. 8. Lpz. Junius. 750.

HÖLDERLIN, David (Lindau): De victu et amictu militis.- Landshut: Thomann 1820. 24 S., 4 Bl. 15.11.1820 - Po 381; F 38
Diss. Ingolst.-Landsh.-Mchn.

Hölderlin, Johann Christoph Friedrich

Friedrich Hölderlin. Ausgewählte Briefe. Hrsg. von Wilhelm Böhm. Jena: Diederichs 1910. LII, 350 S. 8° (10. 14211 4

Hölderlin, Fr., s. Carl, C. T.

— Dichtungen, s. Statuen deutscher Kultur. VI.

Hölderlin, Friedr., Dichtungen. Mit biograph. Einleitung hrsg. von K. Köstlin. Mit 2 Abbild. (in Holzschn. und Lichtdr.). 2 Thle. in 1 Bd. 8. (XII, LXII, 184; 187 S.) Tübingen 884, Fues. *
geb. in Leinw. * ℳ 4,40.; in Halbfrz. *

[F.] (Johann Christoph Friedr.) Hölderlin's gesammelte Dichtungen. Neu durchges. u. verm. Ausg. in 2 Bdn. M. biogr. Einl. hrsg. v. Berthold Litzmann. Bd 1. *Stuttgart: J. G. Cotta Nachf. (1895).* 8. (Cotta'sche Bibliothek d. Weltlitteratur.) [97. 949

— dasselbe, s.a. Bibliothek, Cotta'sche, d. Weltlitteratur.

[F.] (Johann Christoph Friedr.) Hölderlins gesammelte Dichtungen. Neu durchges. u. verm. Ausg. in 2 Bdn. M. biogr. Einl. hrsg. v. Berthold Litzmann. Bd 1. 2. *Stuttgart: J. G. Cotta Nachf. [1897].* 2 Bde 8.
1. Inh.: Gedichte. (292 S.) 2. Inh.: Hyperion. Empedokles. (311 S.)
(Cotta'sche Bibliothek d. Weltlitteratur.) [97. 1793

Hölderlin's gesammelte Dichtungen. Neu durchgeseh. u. verm. Ausg. in 2 Bdn. M. biograph. Einleitg. hrsg. v. Berth. Litzmann. 8. (292 u. 311 S. m. Bildn.) Stuttgart 898. J. G. Cotta Nachf.
In 1 Leinw.-Bd. n. 2. —

– Gedichte, s.a. Meyer's Volksbücher; – Universal-bibliothek.

Hölderlin, Friedrich. Gedichte. Stuttgart und Tübingen 1826. H: *Uhland, Ludwig & Gustav Schwab.* (Bresl 31, S. 108)

Hölderlin. (Fr.,) Gedichte. 8. Stuttg. 826, v. Cotta.

Hölderlin, Fr., Gedichte. (Nebst Lebensumständen des Dichters u. Bildniß.) 16. Stuttg. 843, Cotta. fein geb. 1⅓ ₰

Hölderlin, Friedr., Gedichte. 4. Aufl. gr. 16. (XXIII, 198 S.) Stuttgart 878, Cotta'sche Buchh. * ℳ 2,50.; geb. * 3 50

Hölderlin, Frdr., Gedichte, s.a. Bibliothek der Gesamtlitteratur.

Gedichte von Friedrich Hölderlin. Hrsg. u. mit e. Vorbemerkung versehen von Oscar Linke. Mit e. Bilde d. Dichters. *Halle a. d. S.: O. Hendel (1899).* (VIII, 208 S.) 8° [F.]
— Bibliothek d. Gesamtlitteratur d. In- u. Auslandes. No 1290–1292. [99. 10733

— dasselbe, s.a. Handbibliothek, Cotta'sche.

Gedichte von Friedrich Hölderlin. *Stuttgart & Berlin: J. G. Cotta Nachf. [1902].* (255 S.) 8° [F.]
— Handbibliothek. Cotta'sche. No 35. [02. 14557

– s. Geister, Führende.

– Hyperion, s.a. Meyers Volksbücher.

– – s.a. Universal-Bibliothek.

Hölderlein, Fr., Hyperion, od. d. Eremit in Griechenland, 2 Thle. 8. Tüb. Cotta. 797. 99. (1 fl 10 gr. 2 fl 12 gr.)

Hölderlin, (Fr.,) Hyperion, oder der Eremit in Griechenland. 2 Bde. 2e Aufl. 8. Stuttg. 822, v. Cotta, schwissenschaftl. Werke.

— Hyperion oder d. Eremit in Griechenland. 1r Bd. 2e Aufl. 8. Stuttg. 822, v. Cotta.

Hölderlin, Friedrich, s. Klassiker, moderne.

Hölderlin's, Frdr., s.: Klassiker-Bibliothek, goldene.

— s. Sophokles, Trauerspiele.

— Der Tod des Empedokles. Für e. festl. Aufführg. bearb. u. eingerichtet von Wilh. v. Scholz. (94 S.) 8. Leipzig 910. Insel-Verlag. 2.—; in Pappbd. 3.—

(Johann Christian Friedrich) Hölderlins Werke in 4 Bdn. Hrsg., mit Einl. u. Anm. versehen von Marie Joachimi-Dege. T. 1–4 [in 1 Bd]. Berlin, Leipzig, Wien, Stuttgart: Bong [1905]. 8°
1. Gedichte. Mit e. Lebensbild versehen.
2. Hyperion. 3. Empedokles. 4. Übersetzungen. Theoret. Schriften
(Goldene Klassiker-Bibliothek.) [05. 7531

Hölderlin, Friedr., ausgewählte Werke, hrsg. v. Christ. Theod. Schwab. 8. (V, 293 S.) Stuttgart 874. Cotta. n. 2. 40; geb. n. 3. 25

Hölderlin, Frdr., gesammelte Werke. (Buchschmuck v. E. R. Weiß.) 3 Bde. 8. Jena 905. E. Diederichs. n. 9. —; geb. in Leinw. n. 12. —; in Pergam. 13. 50; erh. Pr. n. 15. —; Liebhaberausg. n. 25. —
1. Hyperion. Mit Einleitg. u. Auswahl seiner Briefe. Hrsg. v. Wilh. Böhm. Mit 2 Portr. u. Brieffksm. (LXXII, 293 S.)
2. Gedichte. Hrsg. v. Paul Ernst. Mit 1 Grav. (318 S.)
3. Dramen u. Übersetzungen. Empedokles, Ödipus, Antigonä. Hrsg. v. Wilh. Böhm. Mit Portr. Hölderlins. (298 S.)

Friedrich Hölderlin. Gesammelte Werke. (Mit Einl. hrsg. von Wilhelm Böhm. 2., verm. Aufl.) Bd 1–3. Jena: Diederichs 1909–11. 8°
1. Hyperion. Mit 2 Portr. 1911. 2. Gedichte. Mit 1 Grav. 1909.
3. Empedokles, Übers., Philos. Versuche. Mit Portr. Hölderlins. 1911. [11. 3681 3

Hölderlin, Friedr., sämmtl. Werke hrsg. v. Christ. Th. Schwab. 2 Bde. 1. Bd. Gedichte u. Hyperion. 2. Bd. Nachlaß u. Biographie. gr. 8. (46½ B.) Stuttgart 846, Cotta'sche Buchh.

Holdermann, D. F., Aufgaben zum Kopf- und Tafelrechnen. Nach dem Tode des Verf. neu bearb. und hrsg. von prakt. Schulmännern. Für die Hand des Schülers. 4 Hefte. 8. Heidelberg 888. (Karlsruhe, Kundt.) [1. Heft. (18 S.) * 20 Pf.; 2. Heft. (32 S.) * 20 Pf.; 3. Heft. (32 S.) * 20 Pf.; 4. Heft. (52 S.) * 25 Pf.] * — 85
—— dass. — mit Auflösungen für den Lehrer. 4 Hefte. 8. (Ebendas.) 888. [1. Heft. (24 S.) * 25 Pf.; 2. Heft. (39 S.) * 40 Pf.; 3. Heft. (36 S.) * 40 Pf.; 4. Heft. (65 S.) * 50 Pf.] * 1 55

Holdermann, D. Fr., praktische Aufgaben zum Kopf-Rechnen in den vier Grundrechnungen zum Schul- u. Hausgebrauch. 1. u. 2. Stufe. Für Schüler vom 6—10. Lebensjahre. Heidelberg 860. (C. Mohr.) 8. (72 S.) 6 ngr.; mit Auflösungen (36 S.) 9 ngr.

—— praktische Aufgaben zum Tafelrechnen in den vier Rechnungsarten mit unbenannten Zahlen für die Hand der Schüler bearb. 1. Heft. 15., unveränd. Aufl., 2. Heft. 14., unveränd. Aufl. und 3. Heft. 9. Aufl. 8. (20, 32, 32 S.) Heidelberg 863, (C. Mohr.)
Mit den Auflösungen zum Gebrauch des Lehrers. 3 Hefte. (24, 48, 48 S.)

—— praktischer Lautir-, Lese- und Sprachunterricht nebst Uebungen im Rechtschreiben nach geistbildenden Grundsätzen bearb. für die untern Klassen der deutschen Schulen. 8. (64 S.) Heidelberg 860, (C. Mohr.) cart.

Holdermann, E., Kommentar z. Arzneibuch f. d. Deutsche Reich, s.: Vulpius, G.

— Kommentar d. Nachtrags z. Arzneibuch f. d. deutsche Reich (Pharmacopoea Germanica Ed. III.). M. Zugrundelegg. d. amtl. Textes (Bundesratsbeschluss v. 20. Dezbr. 1894). Im Anschl. an d. v. Vulpius u. Holdermann hrsg. Schlickum'schen Kommentar bearb. gr. 8. (II, 38 S.) Leipzig 895. E. Günther. n. — 80

Holdermann, E., u. **Ernst Kindle,** chem. Reagentien u. Reaktionen des deutschen Arzneibuches IV. Zugleich prakt. Rechenbuch bei der Ausführg. der quantitativen Bestimmungsmethoden. gr. 8. (IV, 156 S.) Berlin 901. Gebr. Borntraeger. Geb. in Leinw. n. 5. —

Holdermann, Frdr., aus der Geschichte v. Roetteln. Zur Erinnerg. an die Jubelfeier des 50jähr. Bestehens u. der Neuherstellg. der Kirche. (VIII, 183 S. m. 6 Taf.) gr. 8. Lörrach 903. C. R. Gutsch. 2. —; geb. 3. —

Holdermann, G., Antrittspredigt in d. Pfarrkirche St. Pauli zu Bruchsal gehalten d. 19. Sept. 1813. 8. Mannheim, Löffler. 814. Rthlr.

Holdermann, G., Sammlung von Religionsvorträgen bey gewöhnl. u. besond. Gelegenheiten. 8. Mannheim, Löffler. 810.

Holdermann, Ghrd Ant.

— Antrittspredigt zu Bruchsal d. 19. Sept. 1813 gehalten. 8. Manh. 814. Löffler. 4 gGr.

Holdermann, Ghrd. Ant., christl. Religionsvorträge bei gewöhnl. u. besondern Gelegenheiten. 8. Manh. 806. Löffler. 1 Rthlr.

Dr. Gerh. Anton Holdermann. Das Schullehrer-Seminar. 14 S. 4°. Vor den Schuln. Rastatt, P 1823

Holdermann, Gerh. Ant.: Das Verhalten des am 31. July 1812 zu Heidelberg hingerichteten Veit Krämer u. des begnadigten Seb. Lutz, während ihrer Vorbereitung zum Tode. Heidelberg 1812.

Holdermann, Karl: Betrachtungen und Versuche über die Bildung der Harnsäure im tierischen Organismus. 1904. 95 S. 8° ¶ Vgl. Sitzungsberichte d. Kais. Akademie d. Wissenschaften. Math.-naturw. Kl. Bd 122. Abt. 2b. Wien 1913. S. 5ff. (= Monatshefte f. Chemie u. verwandte Teile anderer Wissenschaften. Bd 34. 1913. S. 623ff.)
Karlsruhe, Dr.-Ing.-Diss. v. 15. 7. 1904

— u. **R. Setzepfandt,** Bilder u. Erzählungen aus der allgemeinen u. deutschen Geschichte. Ein Hilfsbuch f. die untere u. mittlere Stufe des Geschichtsunterrichtes an höheren Lehranstalten. 3 Tle. gr. 8. Ebd. n. 3. 50; geb. n.n. 4. 40
1. Sagen u. Geschichten aus dem Alterthume. Mit 60 Abbildgn. u. 4 Karten in Farbendr. (IV, 162 S.) 888. n. 1. —; geb. n.n. 1. 30
2. Sagen u. Geschichten aus dem Mittelalter. Mit 59 Abbildgn. u. 4 Karten in Farbendr. (IV, 112 S.) 889. n. 1. —; geb. n.n. 1. 30
3. Bilder u. Erzählungen aus der Geschichte der Neuzeit. Mit 57 Abbildgn. u. 4 Karten in Farbendr. (IV, 188 S.) 889. n. 1. 50; geb. n.n. 1. 80

— u. **Rich. Setzepfandt,** Bilder u. Erzählungen aus der allgemeinen u. deutschen Geschichte. Ein Hilfsbuch f. die untere u. mittlere Stufe d. Geschichtsunterrichtes an höheren Lehranstalten. Ausg. f. paritát. Schulen. 3 Tle. gr. 8. Ebd. n. 3. 70; geb. n.n. 4. 60
1. Sagen u. Geschichten aus dem Altertume. (IV, 164 S. m. 57 Abbildgn. u. 4 Karten in Farbendr.) 891. n. 1. 20; geb. n.n. 1. 50
2. Deutsche Sagen u. Geschichtsbilder aus dem Mittelalter. (IV, 112 S. m. 58 Abbildgn. u. 4 Karten in Farbendr.) 892. n. 1. —; geb. n.n. 1. 30
3. Erzählungen aus der Neuzeit. (199 S. m. 53 Abbildgn. u. 4 Karten in Farbendr.) 892. n. 1. 50; geb. n.n. 1. 80

— — dasselbe. Ausg. f. evangel. Schulen. 1. Tl.: Sagen u. Geschichten aus dem Altertume. 2., verb. Aufl. gr. 8. (III, 179 S. m. 71 Abbildgn. u. 2 farb. Taf.) Ebd. 894. Geb. in Leinw. n. 2. —

Holdermann, Karl, u. Rich. **Setzepfandt,** Bilder u. Erzählungen aus der allgem. u. deutschen Geschichte. Ein Hilfsbuch f. die untere u. mittlere Stufe des Geschichtsunterrichtes an höh. Lehranstalten. 4. Aufl., bearb. v. R. Setzepfand u. Art. Böttcher. 1.—3. Tl. 8. Leipzig, G. Freytag. — Wien, F. Tempsky. Geb. 8. —
1. Sagen u. Erzählgn. aus dem Altertum. Mit 83 Abbildgn. im Text, 3 Farbentaf. u. 3 farb. Karten. (180 S.) 909. Geb. 2. 80
2. Deutsche Sagen u. Geschichtsbilder aus dem Mittelalter. (128 S. m. 66 Abbildgn. u. 4 farb. Karten.) 907. Geb. 2. 20
3. Erzählungen aus der Neuzeit. (201 S. m. 98 Abbildgn. u. 5 farb. Karten.) 906. Geb. 3. —

Holdermann, K., Bilder u. Erzählungen aus der badischen Geschichte. gr. 8. (III, 80 S. m. 4 Abbildgn. u. 1 Titelbild.) Leipzig 889. Freytag. n. 1. 50

Holdermann, Karl, zur weiblichen Bildung. 1. Die grundlegenden Unterschiede zwischen Knaben- und Mädchenschule. Auf Veranlassung des Vereins für das höhere Mädchenschulwesen im Königr. Sachsen. gr. 8. (V, 49 S.) Leipzig 888, Freytag. * — 60

Holdermann, Karl, Lehrbuch der allgemeinen Geschichte, s.: **Löhlein, Thdr.**

Holdermann, K., Lehrbuch der allgemeinen Weltgeschichte, s.: Löhlein, Th.

— deutsches Lesebuch f. höhere Mädchenschulen. 5.—8. Schuljahr. Im Auftrage d. bad. u. elsaß-lothring. Zweigvereins f. das höhere Mädchenschulwesen hrsg. gr. 8. Leipzig, Freytag. n. 4. 60; geb. n. 5. 80
5. Schuljahr. Mit 16 Abbildgn. (VIII, 183 S.) 890. n. 1. 20; geb. n.n. 1. 50
6. Schuljahr. (VIII, 242 S.) 888. n. 1. —; geb. n.n. 1. 30
7. Schuljahr. Mit 33 Abbildgn. (VIII, 228 S.) 888. n. 1. —; geb. n.n. 1. 30
8. Schuljahr. Mit 14 Abbildgn. (VIII, 290 S.) 889. n. 1. 40; geb. n.n. 1. 70

Holdermann, Karl, deutsches Lesebuch f. höhere Mädchenschulen. 2.—4. Schulj. Nach den Verhandlgn. d. bad. u. elsaß-lothring. Zweigvereins f. d. höhere Mädchenschulwesen hrsg. gr. 8. Leipzig, G. Freytag. n. 2. 60; geb. n. 3. 20
2. u. 3. Schulj. (VIII, 213 S. m. 45 Abbildgn.) 892. n. 1. 40; geb. n. 1. 70
4. Schulj. (IX, 217 S. m. 89 Abbildgn.) 891. n. 1 20; geb. n. 1. 50

Holdermann, Karl, s.: Meisterwerke d. deutschen Litteratur.

— Mustersammlung deutscher Gedichte für höhere Mädchenschulen. Als Ergänzg. d. „Deutschen Lesebuches" 7. u. 8. Schuljahr hrsg. Mit e. alphabet. geordn. Abriß der Lebensgeschichte der Dichter u. e. kurzen Verslehre. gr. 8. (VII, 128 S.) Ebd. 890. n. — 75; geb. n. 1. 5

Holdermann, Karl, Ricordo d'Italia. gr. 8. (78 S.) **Mannheim 882, Bensheimer.** *

Holdermann Karl, **Langer** Armin und **Scholl** Roland: Tetraäthylester und Tetramid der Asparagindicarbonsäure als Einwirkungsprodukte von Ammoniak auf Dicarbintetracarbonsäureester. S. 122. IIb. 5 . . . . vgr.
Separatabdruck

Holderneß, Mistreß, Reise von Riga nach d. Krimm. Aus d. Engl. gr. 8. Jena 824. Bran. 1 Rthlr.

Holdcroft, Th., deaf and dumb, s. Schüler-Bibliothek, englische.

Historische Nachricht von der Weissenfelsischen Alethophilischen Gesellschaft, welche, nebst dreyen in derselben vorgelesenen Abhandlungen, I. Von den Ursachen der historischen Unwahrheiten, II. Von der Gewalt der Majestât ûber das Recht der Natur, III. Von der Natur des Eides, hrsgiebt Joh. Laurentius Holderrleder. Leipzig: Lankisch 1750. XL, 188 S. 8°
Kl. 1903. 1736 gestiftet.

— — De principiis interpretat. legum adaequatis occas. leg. XVII. Dig. de LL. Scire leges non est verba earum tenere sed vim ac potestatem. Diss. jur. Lpz. (Breitkopf) 8. III. 1736. 76 S. (7.30) 15753

Holderrieder, Joh. Lorenz: De Successione legitimatorum . . . s.a. Bauer, Joh. Gottfried (Praes.)

Holderrieder, Johann Lorenz (Weissenfels). De successione legitimatorum per nuptias exsule in feudis. Diss. jur. Präs. D. Jo. Gottfried Bauer. Lpz. (Breitkopf) 17. IX. 1734. 56 S. (7.—) 15751
Gew. (v. Präs.): Johann Lorenz Holderrieder (Storckau. Weissenfels; Vater d. Verf.).

— — Dasselbe. Lpz. (Langenheim) 1768. (7.—) 15752

VETTER Hammers Wanderungen im Reiche der Phantasie (von *Hs. Jac. Holderspecht*). Egerking. 1839. (In Zürich, Stadtbibl.) Selten!
Anon.-Lex. IV. IV. p. 373 (nach Cat. genannter Bibliothek).

Holdey, Damian, die Braut von Reutlingen. Historische Novelle. 8. (186 S.) Reutlingen 870, Baur.

—— Hugo v. Trymberg, der Meistersänger. Novelle. gr. 16. (III, 174 S.) Leipzig 868, Kollmann. *

Holdhaus, C., Industrie und Handel im Kaiserth. Oesterreich, s. Brodhuber, E.

Holdhaus C und F Migerka, die Verwendung weiblicher Arbeitskräfte in der Fabrikindustrie Österreichs. 2. A. (155 S) (Weltausstellg. 1873 Wien) Brünn 1873

Holdhaus Karl: Über die Coleopteren- und Molluskenfauna des Monte Gargano (unter besonderer Berücksichtigung der Adriatisfrage. D 87. 431 . . . . 2.70
Separatabdruck

— Monographie der paläarktischen Arten der Coleopterengattung Microlestes (mit 32 Textfiguren). D 88. 477 . . . . 7.—
Separatabdruck

Holdhaus, Karl, Orthoptera, s.: **Velitchkovsky, Vladimir**, Faune du district de Walouyki.

Untersuchungen über die Zoogeographie der Karpathen (unter besond. Berücks. d. Coleopteren). Von Karl **Holdhaus** u. Friedrich Deubel. Mit 1 Kt. Jena: Fischer 1910. VI, 202 S. 4°(8°)
(Abhandlungen d. K. K. Zool.-bot. Gesellschaft in Wien. Bd 6, H. 1.) [11. 338

Holdheim, Kurt, Kammergerichtsrefer.: Die Berücksichtigung der Forderung des Vorprozesses, 3 Streitfragen aus dem Reichsanfechtungsgesetze von 1898. Berlin: Lewin 1910. 50 S. 8°
München, Jur. Diss. v. 6. April 1910, Ref. v. Seuffert
[Geb. 9. Aug. 88 Berlin; Wohnort: Charlottenburg; Staatsangeh.: Preußen; Vorbildung: Französ. Gymn. Berlin Reife M. 06; Studium: München 2, Berlin 4 S.; Rig. 6. April 10.] [U 10. 3432

Holdheim, Paul, d. Aktiengesellschaften u. d. Reichsstempelgesetz. 8. (V, 66 S.) Berlin 896. C. Heymann's Verl. n. 1.20

Holdheim, Paul, die Fusion der liberalen Parteien und die Demokratie. Rede, gehalten am 31. März 1884 im demokrat. Verein zu Frankfurt a. M. 8. (16 S.) Würzburg 884, Stuber's Verlagsh.

— s.: Monatsschrift f. Aktienrecht u. Bankwesen, Steuer- u. Stempelfragen.

Holdheim, Paul, s.: Monatsschrift f. Handelsrecht u. Bankwesen.

Holdheim, P., Mortgage u. Mortgagebonds. Eine Studie. [Aus: „Wochenschr. f. Aktienrecht u. Bankwesen".] 8. (III, 40 S.) Berlin 895. C. Heymanns Verl. n. 1.—

– (Hrsg.), s. Wochenschrift f. Aktienrecht und Bauwesen...

Holdheim, Sam., Abschiedspredigt bei dem Scheiden aus seinem Amte als Landes-Rabbiner des Großherzogthums Mecklenburg-Schwerin am 28. Aug. 1847. gr. 8. (16 S.) Schwerin 847, [Hildebrand.] Thlr.

—— Antrittspredigt bei dessen Einführung in sein Amt als Rabbiner und Prediger der Genossenschaft für Reform im Judenthum zu Berlin am 5. Sept. 1847. gr. 8. (14 S.) Berlin 847, Behr's Buchh. **

Holdheim, Sam., Antrittspredigt, bei der feierl. Introduction in sein Amt als Großherzogl. Mecklenburg. Landesrabbiner in Schwerin am Sabbath כי תבא 5600 (19. Sept. 1840) geh. gr. 8. Schwerin 841, Kürschner'sche B. n. 6¼ ngl

Holdheim, Sam., die religiöse Aufgabe in dem neuen Vaterlande. Predigt, bei Gelegenheit der Befreiung der Israeliten Mecklenburg-Schwerins von der Abgabe d. Schutzgeldes gehalt. gr. 8. (1 B.) Schwerin 846, Kürschner'sche Buchh.

—— die religiöse Aufgabe in dem neuen Vaterlande. Predigt gehalten den 14. Nov. 1846. gr. 8. (15 S.) Schwerin 847, [Hildebrand.]

—— über Auflösbarkeit der Eide von S. L. Rappoport, beleuchtet. gr. 8. (3 B.) Hamburg 845, Gobert.

— über die Autonomie der Rabbinen und das Princip der jüdischen Ehe. Ein Beitrag zur Verständigung über einige das Judenthum betreff. Zeitfragen. gr. 8. Schwerin 843, Kürschner. (Berlin, Plahn'sche Buchh.) n. 1 ß

—— über die Autonomie der Rabbinen und das Princip der jüdischen Ehe. Ein Beitrag zur Verständigung über einige das Judenthum betreff. Zeitfragen. 2., verm. Aufl. gr. 8. (XIII und 263 S.) Schwerin 847, [Hildebrand.]

—— über die Beschneidung zunächst in religiös-dogmatischer Beziehung. gr. 8. (5⅝ B.) Schwerin 844, Kürschner'sche Buchh. * –

—— das Ceremonialgesetz im Messiasreich. Als Vorläufer einer größern Schrift üb. die religiöse Reform d. Judenthums. Nebst e. kritischen Anh. üb. den Aufsatz: Reformbestrebungen u. Emancipation in der Zeitschrift f. die Interessen d. Judenthums. 8. (9¾ B.) Schwerin 845, Kürschner'sche Buchh. *

—— gemischte Ehen zwischen Juden und Christen. Die Gutachten der berliner Rabbinatsverwaltung und des königsberger Consistoriums beleuchtet. gr. 8. (VIII und 88 S.) Berlin 850, Lassar. *

—— Einsegnung einer gemischten Ehe zwischen einem Juden und einer Christin in Leipzig. gr. 8. (8 S.) Berlin 849, Stargardt. *

—— es ist Pflicht jed. Israeliten, f. d. Erhaltung d. Religion seiner Väter zu sorgen. Rede. gr. 8. (1½ B.) Frankfurt a. d. O. 838, (Tempel. ?) *

Holdheim, Sam., der religiöse Fortschritt im deutschen Judenthume. gr. 8. Leipzig 840. (Fritzsche.) n. 1/6 ₰

— Gebet u. Belehrung vereinigt, sind die Bestandtheile des jüdischen Gottesdienstes. Rede. gr. 8. Frankfurt a. d. O. 837. (Tempel.) n. 1/6 ₰

— über das Gebetbuch nach dem Gebrauche des neuen Israelit. Tempelvereins zu Hamburg. Ein Votum. gr. 8. Hamburg 841, Berendsohn. 1/6 ₰

Holdheim, Sam., Gebete und Gesänge für das Neujahrs- und Versöhnungsfest (Roschhaschanah und Jomkippur) zum Gebrauche für die öffentl. und häusl. Andacht jüd. Reformgemeinden. 8. (X und 146 S.) Berlin 859, [König's Verlag.] *

—— Gedächtnißrede zu der d. glorr. Andenken Sr. Hochsel. Maj. d. Königs Friedrich Wilhelm III. in d. Synagoge zu Frankfurt a. d. O. am 23. Juni 1840 geh. Todtenfeier. gr. 8. (1 B.) Leipzig, Fritzsche.

Holdheim, Sam., Geschichte der Entstehung und Entwickelung der jüdischen Reformgemeinde in Berlin. Im Zusammenhang mit den jüdisch-reformator. Gesammtbestrebungen der Neuzeit. Berlin 857. J. Springer. gr. 8. (VIII, 255 S.) n. 1 ₰. 2 ngr.

Holdheim, Sam., jüdische Glaubens- und Sittenlehre. Leitfaden beim Religionsunterricht der jüd. Jugend. Zunächst für die Religionsschule der jüd. Reformgemeinde zu Berlin. gr. 8. (XII und 150 S.) Berlin 856(57,) Springer. *

——, Jakob u. Israel. Pred. gr. 8. (1¼ B.) Schwerin 841, Kürschner'sche Vrlsh. (Berlin, Plahnsche Buchh.) *

— Jehova ist der wahre Gott! Eine Neïlapredigt, gehalten am Abend des Versöhnungstages 5620 [8. Octbr. 1859] im Gotteshause der jüdischen Reformgemeinde zu Berlin. Berlin 860. Peiser. gr. 8. (7 S.) n. 2 ngr.

—— Jehova ist der wahre Gott! Eine Neïlapredigt, gehalten am Abend des Versöhnungstages 5620 (8. Octbr. 1859) im Gotteshause der jüd. Reformgemeinde zu Berlin. gr. 8. (7 S.) Berlin 861, Peiser. *

—— der Kampf bis zum Anbruch der Morgenröthe. Eine Predigt gehalten am 2. April, dem Stiftungstage der Genossenschaft für Reform im Judenthume zu Berlin. gr. 8. (16 S.) Berlin 848, Lassar.

— Licht im Lichte! oder das Judenthum u. die Freiheit. Eine Festpredigt gehalten am Wochenfeste Schabuoth 5619 [8. Juni 1859] im Gotteshause der jüdischen Reformgemeinde zu Berlin. Ebend. 860. gr. 8. (8 S.) n. 2 ngr.

Holdheim, Sam., Licht im Lichte! oder das Judenthum und die Freiheit. Eine Festpredigt gehalten am Wochenfeste Schabuoth 5619 (8. Juni 1859) im Gotteshause der jüd. Reformgemeinde zu Berlin. gr. 8. (8 S.) Berlin 861, Peiser. Thlr. *

— Moses Mendelssohn und die Denk- und Glaubensfreiheit im Judenthume. Mit besond. Beziehung auf die Confirmation. Berlin 858. Huber. gr. 8. (2 Bl., 78 S.) n. 15 ngr.

—— zweite Mittheilung aus einem Briefwechsel über die neueste jüdische Literatur. Ein Fragment v. Sams. Raph. Hirsch beleuchtet. 8. (1 B.) Schwerin 844, Kürschner'sche Buchh. *

—— der glaubensvolle Muth des israelit. Volkshirten dem Murren seiner Gemeinde gegenüber. Predigt, gehalten in der Synagoge zu Schwerin am 29. Juni 1844. gr. 8. (1 B.) Schwerin, Kürschner'sche Buchh. *

—— Predigt bei d. am 2. April stattgefundenen Einweihung des Gotteshauses d. Genossenschaft f. Reform im Judenthum. gr. 8. (1½ B.) Berlin 846, Behr's Buchh. *

Holdheim, Sam., drei Predigten. gr. 8. (22 S.) Berlin 864, Peiser.

— Predigten über die jüdische Religion. Ein Buch der religiösen Belehrung und Erbauung für's jüdische Haus, gehalten im Gotteshause der jüdischen Reform-Gemeinde zu Berlin. 2. Bd. Berlin 853. David. gr. 8. (XVIII, 318 S.) n. 1 ₰. 10 ngr.

— — 3. Bd. Berlin 855. J. Springer. gr. 8. (XIV, 314 S.) n. 1 ₰.

Holdheim, Sam., Predigten über die jüdische Religion. Gehalten im Gotteshause der jüd. Reform-Gemeinde zu Berlin. 4. Bd.: Fest- und Gelegenheitspredigten. gr. 8. (XI, 214 S.) Berlin 869, Benzian. *
1.—3. Bd. 1852—55. *ℳ 11.

Holdheim, Sam., Predigten üb. d. jüd. Religion. 4. Bd. Fest- u. Gelegenheitspredigten. gr. 8. (XI, 214 S.) Berlin 869. M. Poppelauer. n. 4.—; erm. Pr. n. 1. 80

—— 6 Predigten. gr. 8. (72 S.) Berlin 868, (Asher und Comp.) *

— die erste Rabbinerversammlung und Dr. Frankel. gr. 8. Schwerin 845, Kürschner'sche B. (Berlin, Plahn'sche Buchh.) n. 1/6 ₰

Holdheim, Zur Reform d. jüdischen Ehegesetze. Schwerin 845.

—— die sittl. Reinigung des Menschen. Pred. gr. 8. (1 B.) Schwerin 841, Kürschner'sche Vrlsh. (Berlin, Plahnsche Bh.) *

—— Religion, Gesetzmäßigkeit u. Frieden in Israel wieder herrschend zu machen, ist der heil. Beruf des jüd. Geistlichen. Rede, (theilweise) geh. am Sabbath Paraschath Schekalim d. J. 5597 (4. März 1837). gr. 8. Frankfurt a. d. O., (Tempel. ?) *

—— die Religionsprincipien des reform. Judenthums entworfen nnd den Reformgenossenschaften zur Prüfung und Annahme empfohlen. gr. 8. (30 S.) Berlin 847, Behr's Buchh. *

—— das Religiöse u. Politische im Judenthum. Mit besond. Beziehung auf gemischte Ehen. Eine Antwort auf Dr. Frankel's Kritik der Autonomie der Rabbinen u. der Protocolle der ersten Rabbiner-Versammlung in Betreff der gemischten Ehen. gr. 8. (6½ B.) Schwerin 845, Kürschner'sche Buchh. *

—— der Sambation. Eine Sabbathpredigt, gehalten im Gotteshause der jüd. Reformgemeinde zu Berlin, am 20. Febr. 1859. 8. (8 S.) Berlin 859, [König's Verlag.]

—— neue Sammlung jüdischer Predigten worunter über alle Feste des Jahres gehalten im Gotteshause der jüd. Reformgemeinde zu Berlin. 1. Bd. gr. 8. (VIII und 319 S.) Berlin 852, David. *

— der Segen d. Gotteshauses u. d. Gottesdienst in d. Wahrheit. 2 Predigten gehalt. in der israelit. Gemeinde zu Goldberg bei d. Einweihungsfeier d. neuen Synagoge (11. Sept.) u. den darauf folgenden Sabbath (13. Sept. 1845.) gr. 8. Ebend. 846. n. 1/4 ₰

— Sie hörten nicht auf Moses vor Kürze des Odems und vor schwerer Arbeit. Predigt am Sabbath Waera (24. Jan.) in der Synagoge zu Schwerin. gr. 8. Schwerin 840, Kürschner'sche B. n. 1/12 ₰

Holdheim, Sam., die religiöse Stellung des weibl. Geschlechts im talmudischen Judenthum. M. besond. Rücksicht auf eine diesen Gegenstand betreff. Abhandlung d. Hrn. Dr. S. Adler in d. Protokollen d. 2. Rabbiner-Versammlung. 8. (5 B.) Schwerin 846, Kürschner'sche Buchh. Thlr.

—— die drei Symbole des Ueberschreitungsfestes. Worte des Schmerzes u. der Erhebung am Tage der feierl. Beisetzung Sr. kgl. Hoheit des Großherzogs Paul Friederich, 19. März 1842, (am Sabbath vor dem Ueberschreitungsfeste) gesprochen. gr. 8. (10 Seit.) Schwerin 842, Kürschner'sche Buchh. *

—— Stahl's christliche Toleranz beleuchtet. 8. (40 S.) Berlin 856, J. Abelsdorff. *

—— Trennung und Anerkennung. Predigt, gehalten im Gotteshause der jüd. Reformgemeinde zu Berlin, am 3. März 1850. gr. 8. (14 S.) Berlin 850, Lassar. *.

—— der Unterschied zwischen Meinung und Gesinnung im Kampfe auf religiösem und politischem Gebiete. Ein religiöser Vortrag gehalten zu Berlin, am 7. Jan. 1849. gr. 8. (13 S.) Berlin 849, Lassar. *.

—— die geprüfte Vaterlandsliebe. Predigt gehalten am Tage vor Eröffnung der preuß. Kammern (25. Febr. 1849.) im Tempel der Genossenschaft für Reform im Judenthum. gr. 8. (15 S.) Berlin 849, Lassar. *.

—— Verketzerung u. Gewissensfreiheit. Ein zweites Votum in dem Hamburger Tempelstreit, mit besond. Berücksichtig. der Erwiderung eines Ungenannten auf mein erstes Votum. gr. 8. (7¼ B.) Schwerin 842, Kürschner'sche Buchh. *

Holdheim, Sam., Vorschläge zu einer zeitgemäßen Reform der jüdischen Ehegesetze. Der nächsten Rabbinerversammlung zur Prüfung übergeben. 8. Schwerin 845, Kürschner'sche B. (Berlin, Plahn'sche Buchh.) n. 1/6 ℛ

—— Vorträge üb. die mosaische Religion f. denkende Israeliten. gr. 8. (11½ B.) Schwerin 844, Kürschner'sche Buchh. *

—— was er uns war, u. was er uns hätte werden können. — Gedächtnißpredigt auf den Tod des hochsel. Großherz. Paul Friederich, am 17. April 1842, im israelit. Gotteshause zu Schwerin. gr. 8. (1 B.) Schwerin 842, Kürschner'sche Buchh. *.

— welches Zeugniß gibt der Bau eines Gotteshauses für unsere Gemeinde, und welche Hoffnungen knüpfen sich an dessen Vollendung? Predigt gehalten bei Gelegenheit des Richtfestes des neuen Gotteshauses der jüdischen Reform-Gemeinde zu Berlin (am 4. Dezbr. 1853). Berlin 853. Nesselmann. gr. 8. (16 S.) n. 5 ngr

—דִּבְרֵי ה' Worte Gottes, oder gottesdienstl. Vorträge. 1s—3s Hft. gr. 8. Frankfurt a. d. O. 839, 40. (Tempel; auch Fritzsche in Leipzig.) (à n. ⅔ ℛ) 2 ℛ

Holdheim, Sam., die Wunder der Versöhnung. Eine Predigt am Morgengottesdienste des Versöhnungstages 5620 [8. Octbr. 1859] gehalten im Gotteshause der jüdischen Reformgemeinde zu Berlin. Berlin 860. Pelser. gr. 8. (7 S.) n. 2 ngr

—— die Wunder der Versöhnung. Eine Predigt am Morgengottesdienste des Versöhnungstages 5620 (8. Octbr. 1859) gehalten im Gotteshause der jüd. Reformgemeinde zu Berlin. gr. 8. (7 S.) Berlin 861, Pelser. *

—— die Würdigung der Arbeit. Eine Predigt gehalten im Tempel der Genossenschaft für Reform im Judenthum zu Berlin, am 29. Oct. 1848. gr. 8. (13 S.) Berlin 848, Lassar. *

— die jüdische Zeitrechnung. Eine Predigt am 2. Tage des Neujahrsfestes 5617 (1. Octbr. 1856) gehalten in der Synagoge der jüdischen Reformgemeinde zu Berlin. Berlin 856. J. Springer. gr. 8. (15 S.) 3 ngr

—— Zuruf an d. israelit. Gemeinde in Frankfurt a. d. O. — Des israelit. Geistlichen Beruf u. Stellung in uns. Zeit. Pred. gr. 8. (1⅓ B.) Schwerin 841, Kürschner'sche Brlsh. (Berlin, Plahn'sche Buchh.) *

Holdheim, Wilhelm [aus Berlin]: Über Nacherkrankungen bei Gonorrhoe ... Berlin, Buchdr. v. G. Schade, *1893*; 35 S. 8. Berlin, Med. Fak., Inaug.-Diss. v. 21. März 1893

Holdheim, Wilh., Wegweiser f. private u. öffentliche Lungenheilstätten. Hrsg. v. der Zeitschrift f. ärztl. Fortbildg., red. v. R. Kutner. (8 S.) Lex.-8. Jena 906, G. Fischer. n. — 80

Sonderabdruck aus: „Zeitschr. f. ärztl. Fortbildg."

Holdich, T. H. Specialkarte der Russisch-Afghanischen Grenzgebiete. 1:1250000. Gotha 1887. 1 Bl. c. A. Sch.

Holdinghausen, Ed., die Sonne und die kosmische Elektricität. Allen Freunden der Astronomie, der Meteorologie und der Elektricitätslehre gewidmet. gr. 8. (VI, 164 S. mit 1 Holzschn.-taf.) Hilchenbach 884, (Wesener.) *

Holdmann, Edw., d. Naturlehrer, oder elementar. Begriffe der Physik, mit 2 Kpf. 8. Hamb. 808. (Aue in Altona). 8 ℊℊ

Holdorf [Schlagwort]

Holdorf, s.: Preussen. Messtischblätter.

Holdorf [Verf.]

Inhaltliche Zusammenstellung der in den Marineverordnungsblättern und den Marinebefehlen enthaltenen Verfügungen, welche noch Gültigkeit oder einen geschichtlichen Wert haben. Von W[ilhelm] **Holdorf.** 2. umgearb. Aufl. Kiel: Schaidt 1900. XII, 10, S. 8°

Holdschmidt, Adolf

— Wittekinds Bekehrung. Ein religiöses Schauspiel in 3 Akten. Für gesell. Vereine. 12. (52 S.) Paderborn 901. Bonifacius-Druckerei. — 45

Cornelius. Eine Erzählung aus d. letzten Tagen Jerusalems. Für d. reifere Jugend. Von A[dolf] Holdschmidt. Mit 4 Kunstdruckbild. u. Einbandzeichnung von W. Rohm. *Köln a. Rh.: J. P. Bachem [1903].* (126 S.) 8° [J.]

= Jugendschriften, Bachems neue illustrierte. Bd 26.

Holdschmidt, A., Muhamed Ben Abbad. Religiöses Schauspiel in 3 Akten aus der Zeit der Kreuzzüge. Für gesell. Vereine. 12. (52 S.) Paderborn 898. Bonifacius Druckerei. — 45

Im Kampf um die Freiheit. Erzählung aus d. letzten Zeit d. Erbuntertänigkeit d. Bauern. Von Adolf **Holdschmidt.** Mit 4 Kunstdruckbild. u. Einbandzeichn. Cöln: J. P. Bachem [1900]. (194 S.) 8° [J.]

= **Jugendschriften,** Bachem's neue illustr. Bd 32.

Der Türkenschreck. Eine Erzählung aus d. Zeit d. Belagerung Wiens durch d. Türken im J. 1683. Für d. reifere Jugend. Von Ad. Holdschmidt. Mit 4 Farbendr.-Bildern von Wilh. Rohm. *Köln: J. P. Bachem [1902].* (178 S.) 8° [J.]

— **Jugendschriften,** Bachems neue illustrierte. Bd 21.

— der Türkenschreck. Eine Erzählg. aus der Zeit der Belagerg. Wiens durch die Türken im J. 1683. Für die reifere Jugend. Mit 4 Farbendr.-Bildern v. Wilh. Rohm. 2. Aufl. (178 S. m. 1 Karte.) 8. Ebd. (906). n. 2. 50; geb. in Leinw. n. 3. —

Holdsworth, Annie E. (Mrs. Lee-Hamilton), A garden of spinsters, s.a. Collection of British authors.

A Garden of spinsters. By Annie E. Holdsworth (Mrs. Lee-Hamilton). Copyright ed. Leipzig: Tauchnitz 1904. 287 S. 8°
(Collection of british authors. Tauchnitz Ed. Vol. 3758.)

Holdsworth, Annie E. (Mrs. Lee-Hamilton), the iron gates, s.: Unwin's library.

— The Gods arrive, s.a. Collection of British authors.

The Gods arrive. By Annie E. Holdsworth [d. i. Mrs. Lee-Hamilton]. Copyright ed. Leipzig: Tauchnitz 1898. 287 S. 8°
(Collection of British authors. Tauchnitz Ed. Vol. 3281.)

Holdsworth, Annie E. (Mrs. Lee-Hamilton), Great Lowlands, s.a. Collection of British authors.

Great Lowlands. By Annie E. Holdsworth (Mrs. Lee-Hamilton). Copyright ed. Leipzig: Tauchnitz 1902. 287 S. 8°
(Collection of British authors. Tauchnitz Ed. Vol. 3555.)

— the valley of the great shadow, s.a. Collection of British authors.

The Valley of the Great Shadow. By Annie E. Holdsworth (Mrs. Lee-Hamilton). Copyrighted. Leipzig: Tauchnitz 1900. 272 S. 8°
(Collection of British authors. Tauchnitz Ed. Vol. 3424.)

Holdsworth, Annie E,
— the years that the locust hath eaten, s.a. Collection of British authors.

The Years that the locust has eaten. By Annie E. Holdsworth [d. i. Mrs. Lee-Hamilton]. Copyright ed. Leipzig: Tauchnitz 1897. 280 S. 8°
(Collection of British authors. Tauchnitz Ed. Vol. 3213.)

Holdsworth, W. S., s. Schirrmeister, G., Das bürgerl. Recht Englands.

Holdt, Alfr.

— glaubt an nichts Uebernatürliches. gr. 8. (45 S.) Ebd. 894. n. — 30

Holdt, Alfr., der kleine Pfaffenspiegel od. wie das Pfaffentum entstanden ist. 8. (III, 62 S.) Berlin 893. Th. Mayhofer Nachf. — 30

Holdt, Andreas Christian Christiansen

Holdt, A. C. C., Flensburg früher und jetzt. Historisch-photogr. Bilder aus Vorzeit und Gegenwart. Mit einer photogr. Ansicht: „Flensburg anno 1700". gr. 8. (XII, 406 S.) Flensburg 884, Huwald'sche Buchh. *M 5.; geb. *

– (Hrsg.), s. Søndagsblad, Nordslesvigsk.

Holdt, Val. Mich. Antoine, Journal du palais du conseil souverain d'Alsace, publié par Angel Ingold, s.: Revue d'Alsace. II. III.

Holdheim, Berth., Märchen der Liebe. (VII, 90 S.) 8. Dresden 904. E. Pierson. n. 1.50; geb. n. 2.50

Hole, Anleitung und Tabelle zur Berechnung des Litergehalts von ungeeichten Gefässen. (61 S) Stuttgart 1880

Hole, Anleitung u. Tabelle zur Berechnung d. Liter-Gehalts v. ungeeichten Gefäßen u. die Literzahl d. Inhalts bei nur theilweiser Füllung der Gefäße. 2. Aufl. 12. (61 S. m. eingedr. Fig.) Stuttgart 889. Metzler's Verl. n. — 60

Hole, Anleitung u. Tabelle zur Berechnung des Liter-Gehalts v. ungeeichten Gefäßen u. der Literzahl des Inhalts bei nur teilw. Füllung der Gefäße. 3. Aufl. 12. (61 S. m. Fig.) Stuttgart 902. J. B. Metzler. n.n. – 70

Hole, Karl, Handbuch f. evang. Prediger, s.: Beck, K.

— d. 3. Jahrgang d. württembergischen Perikopen, Textentwicklg. u. Predigtenentwürfe, unt. Mitwirkg. v. F. Braun, G. Feldweg u. a. hrsg. Nebst e. Anh.: Bearbeitg. v. freien Texten f. d. Trinitatishalbjahr. [Suppl. zu Beck's Handbuch f. evang. Prediger.] gr. 8. (400 u. Anh. 272 S.) Stuttgart 896. D. Gundert. n. 6. —
Erschien auch in 8 Lfgn. à n. 1. —.

— freie Texte d. Alten u. Neuen Testaments in kurzen Dispositionen, unter Mitwirkg. v. mehr. württembrg. Theologen bearb. [Anh. zu Hole's „3. Jahrgang württ. Perikopen".] gr. 8. (272 S.) Ebd. 896. n. 3. —

Hole's, Reynolds, Buch von der Rose. Nach der 6. Aufl. des engl. Originals mit Genehmigung des Verf. deutsch bearb. von Ferd. Wortbmann. gr. 8. (VIII, 232 S.) Berlin 880, [Wiegandt, Hempel und Parey.] Parey. *

HOLECEK, Johannes: Supremum principium moralitatis actuum humanorum respsectu habito ad opiniones nunc temporis a philosophiis propagatas constituatur et demonstretur. — (1905) 171 Bl. 4° (Handschr.)
Diss. Wien, Univ. Diss. 824

Holeček, W., Beiträge zur Kenntniss der Mineralquellen in Österreich, s. Streit, S.

Holeczek, Adf., Delia. Sittenbild in 5 Akten. (III, 137 S.) 8. Dresden 904. E. Pierson. n. 2. —

Holeczek, Joh., die Seehäfen d. Weltverkehrs, s.: Lehnert, Jos. R. v.

Holek, Wenzel, Lebensgang e. deutsch-tschechischen Handarbeiters. Mit e. Vorwort hrsg. v. Paul Göhre. (Mit Buchausstattg. v. F. H. Ehmcke.) (VII, 328 S.) gr. 8. Jena 909. E. Diederichs. 4.50; geb. 5.50

Holekamp, A., und A. Detmer, alphabetisches Waaren-Verzeichniß zum Vereins-Zoll-Tarife, s. Detmer, A. — Waaren-Verzeichniß, alphabetisches.

Hoelemann, Armin Gustav, s. Hoelemann, Hermann Gustav

Hoelemann, Emil, d. Bau d. menschl. Körpers, s.: Fiedler, A.

Hoelemann, Emil, anatom. Wandtafeln, s.: Fiedler, A.

Hölemann, Herm. Gust., hebräische Anthologie. Mit Commentar u. Lexidion. gr. 8. (12¾ B.) Leipzig 834, Barth.

Hoelemann, Herm. Gust., Bibelstudien. 1. und 2. Abthl. gr. 8. Leipzig 859. 60, Purfürst. [1. Abthl. (XX und 182 S). 2. Abthl. (IV und 191 S.) à Abthl. * 1 Thlr. 15 Ngr.] *

Hoelemann, Herm. Gust., letzte Bibelstudien. gr. 8. (XII, 595 S.) Leipzig 885, [Wolf.] Levien. * 12 —

Hoelemann, Herm. Gust., neue Bibelstudien. gr. 8. (XXV und 400 S.) Leipzig 866, Bredt. *

Hoelemann, A. G., Commentarius in epistolam divi Pauli ad Philippenses, s. Theile, C. G. W., Comment. in N. T. Vol. XIII.

—— die Einheit der beiden Schöpfungsberichte Genesis I—II. Apologet. Bibelstudie mit einem Sendschreiben an Hrn. Domherrn Dr. Kahnis. gr. 8. (XXIII und 59 S.) Leipzig 862, [Haynel.] *

— Herlmann Gustav u. (Respond.) Aug. Gottlob Wilhelm, De bibliorum Dinteri ingenio exegetico sive interpretationis epistolae ad Philippenses Paulinae specimina ac symbolae. Part. I. Lpz. (Staritz) 14. V. 1834. 35 S. (6.20) 15376
Gew.: Carl Gottfr. Wilh. Theile.

— de interpretatione sacra cum profana feliciter conjungenda. Comment. exeget. 8maj. Leipzig 832. (Berger) 1/6 ℳ

Hoelemann, Armin Gust. (Bauda/Misnico), De interpretatione sacra cum profana feliciter conjungenda. Commentat. exegetica qua viro Geo. Bened. Winer munerum a patria recens delatorum honores gratul. societas exegetica Lipsiensis. Lpz. (Teubner) 1832. 18 S. mit Namen d. Gratul. (6.—) 15375

Hoelemann, Herm. Gust.. de evangelii Joannei introitu introitus Geneseos augustiore effigie. Libellus thetico-exegeticus praemissa antithetica typico-mythicae hermeneutices Novi Testamenti censura. Lipsiae 855. Doerffling et Franke. gr. 8. (1 Bl., 76 S.) n. 15 ngr.

— die Krone des Hohen Liedes. Einheitliche Erklärung seines Schlußactes. Mit Einleitung über das Verständniß des Hohen Liedes und das Princip der Uebertragung alttestamentl. Poesie. Leipzig 856. Dörffling u. Franke. 8. (VIII, 144 S.) n. 22 ngr.

Hoelemann, Armin. Gust., s. Nahumi Oraculum.

Hoelemann, Herm. Gust., die Reden d. Satan in der heiligen Schrift. Eine exegetisch-rhetor. Analyse u. eth. Zeitspiegelg. Neueste Bibelstudie. gr. 8. (VI, 308 S.) Leipzig 875. Hinrichs' Verl. n. 6. —

Hoelemann, Herm. Gust., de justitiae ex fide ambabus in vetere testamento sedibus ter in novo testamento memoratis commentatio exegetica. Academ. Denkschrift. gr. 8. (96 S.) Leipzig 867, Bredt. *

—— die Stellung St. Pauli zu der Frage um die Zeit der Wiederkunft Christi. Eine apologetisch-exegetische Studie. gr. 8. (32 S.) Leipzig 858, Dörffling und Franke. *

—— die Stiftung der Heidenmission auf dem Berge in Galiläa. Missionsfestpredigt über Evangel. Matth. Cap. 28, V. 16—20 in der Marienkirche zu Zwickau am 6. Aug. 1865 gehalten. gr. 8. (18 S.) Zwickau 865, (Werner.)

— die trostreiche Ueberzeugung, daß Gott über die Schicksale gebietet. gr. 8. Leipzig 831. (W. A. Künzel.) 1/12 ℳ

—— die trostr. Ueberzeugung, daß Gott üb. d. Schicksale gebietet, bei trüben Aussichten in e. kriegerische Zukunft. Eine gekr. Preispredigt üb. Psalm 46, 9. 10. 11. gr. 8. (1 B.) Leipzig 831, Schumann.

Holenia, Edm., die Achillesferse d. konstitutionellen Systems. Polit. Studie. gr. 8. (16 S.) Wels 896. (F. Trauner.) n. — 60

Holenia, E., Erinnerungen aus meinem Leben. 8. (134 S.) Wels 892. J. Haas. n. 1. 50

Holenia, E., der Socialismus und seine Stellung zur Staatsgewalt. Social-polit. Studie. 8. (25 S.) Wels 890. Haas. n. — 40

Holenia, Edm., Wünsche f. Deutschland. gr. 8. (14 S.) Linz 848, Fint. n. 2 ngr

Holenius, Z., De Dalkarlia. II. Diss. 1725. 55 S. 4°.

Holenstein, Aug., Geräte- u. Maschinenkunde, s.: Bürki.

Holenstein, Aug., die Horn- u. Klauenpflege des Rindes. Praktische Winke f. Viehbesitzer, Viehzüchter u. Viehwärter. Zugleich Leitfaden f. Horn- u. Klauenpflegekurse. (VII, 55 S. m. 23 Abb.) gr. 8. Aarau 903. E. Wirz. n. 1. —

H[olenstein], Th[omas]. Erinnerungen an Nationalrat Dr. G(ebhard) Lutz. Separat-Abzug aus dem »Vaterland« [Jahrg. 77]. [Mit 1 Porträt.] II + 47 S. 8. Luzern, Räber & Cie., 1910.

Holenz, J. W., Elementarwerk für Landschulen. 16 Heft. 8. Brieg. 808.

Holenz, J. W., die deutsche Sprache als Schulsprache u. Unterrichtsgegenstand in den Elementarschulen derjen. Distrikte Schlesiens, wo noch d. poln. die Sprache d. Volkes ist. Geschichtl., apologet. u. unterrichtl. dargestellt. M. 1 Stnt. 8. Breslau 835, Verf. (Max u. Comp.)

— wie sichern d. evangel. Lehrer d. Kirche vor schädlichen Einflüssen d. Zeitgeistes? Eine Predigt üb. Ephes. 4, 11—14. am 31. Oct. 1820 zu Oppeln gehalten. 8. Bresl. 820. Graß, B. u. C. 2 gr.

Holer, Osk., die Einwilligung des Verletzten, s.a. Beiträge, Zürcher, zur Rechtswissenschaft. XIII.

Holer, Oscar. Die Einwilligung des Verletzten. 151 S. 8. Zürich, Schulthess & Co., 1906.

Ausg. A: Diss. Jur. Univ. Zürich ... von Oskar H'... .
Ausg. B: Ein Beitrag zu den allgemeinen Lehren des Strafrechts. Von Dr. jur. Oskar H'. (fr. 3.60.) — Zürcher Beiträge zur Rechtswissenschaft.... [Heft] 13.

Das gold'ne Mainz und seine Geschichte von den ältesten Zeiten bis zur Gegenwart. Georg Ignaz Höler. Bd 1. Mainz: Verf. (1909). 4° (11. 2490 B

Höler, Geo. Ign., das gold'ne Mainz u. seine Geschichte von den ältesten Zeiten bis zur Gegenwart. Mit 24 Taf. Bilderschmuck nebst e. Bilde d. Hrsg. (In 2 Bdn.) 1. Bd. (XII, 157 S.) 32×25 cm. Mainz (910). G. J. Höler. Geb. in Leinw. nn 5. —

Höler, Naaz, lachste, dann lach herzlich. Eine Sammlg. rhein. Humoresken. 1. Bd. (2. Aufl.) (V, 84 S. m. Bildnis.) 16. Ebd. (908.) 1. —

Holeschek, s. Holetschek

Holetschek, Johannes

Holetschek, J., über die Bahn eines Kometen, der während seiner günstigen Helligkeit nicht aus den Sonnenstrahlen heraustreten kann. Lex.-8. (64 S. mit 5 eingedr. Holzschn.) Wien 884, (Gerold's Sohn.) *

Holetschek, Joh., üb. die Bahn d. Planeten (111) Ate. [Aus: „Sitzungsber. d. k. Akad. d. Wiss."] Lex.-8. (32 S.) Wien 875. (Gerold's Sohn.) n.n. — 50

Holetschek, Joh., über die Bahn des Planeten (111) Ate. II. Thl. [Aus: „Sitzungsber. d. k. Akad. d. Wiss."] Lex.-8. (27 S.) Wien 882. (Gerold's Sohn.) n.n. — 50 (1. u. 2.: n.n. 1. —)

Holetschek, J., üb. die Bahn d. Planeten (111) Ate. III. Tl. [Aus: „Sitzungsber. d. k. Akad. d. Wiss."] Lex.-8. (31 S.) Wien 888. (Tempsky.) n. — 50 (I—III.: n. 1. 50)

Holetschek, Johs., Bahnbestimmung des ersten Kometen vom J. 1871. 1. und 2. Abthlg. Lex.-8. (24; 20 S.) Wien 873,74, (Gerold's Sohn.) à Abthl. * 40 Pf. *
Aus: Sitzungsberichte der k. Akademie der Wissenschaften, besonders abgedruckt.

— Bahnbestimmung d. 4. Kometen vom J. 1874. Lex.-8. (27 S.) Ebend. 882. n.n. — 50

— Bahnbestimmung des 6. Kometen vom Jahre 1874. [Aus: „Sitzungsber. d. k. Akad. d. Wiss."] Lex.-8. (19 S.) Ebend. 878. n. — 40

Holetschek, Joh., Bahnbestimmung des Planeten (118) Peitho. Lex.-8. (18 S.) Wien 875, (Gerold's Sohn.) *
Aus: Sitzungsberichte der k. Akademie der Wissenschaften, besonders abgedruckt.

— Bahnbestimmung des Planeten (118) Peitho. 2. Thl. [Aus: „Sitzungsber. d. k. Akad. d. Wiss."] Lex.-8. (19 S.) Ebend. 881. n. — 40 (1. u. 2.: n. — 80)

— Bahnbestimmung des Planeten (118) Peitho. III. Tl. [Aus: „Sitzungsber. d. k. Akad. d. Wiss."] Lex.-8. (47 S.) Ebd. 889. n. — 80 (I—III.: n. 1. 60)

Holetschek, J. Bahnen der Planeten Ate und Peitho. 1875.

—— eine Berechnung der Entfernung des Sonnen-Apogaeums, s. Sachau, Ed.

Holetschek, Joh., üb. die scheinbaren Beziehungen zwischen den heliocentrischen Perihelbreiten u. den Periheldistanzen der Kometen. (29 S.) gr. 8. Wien 902. (A. Hölder.) n. — 60
Sonderabdruck aus: „Sitzungsber. d. k. Akad. d. Wiss."

Holetschek, J., Über die scheinbaren Beziehungen zwischen den heliocentrischen Perihelbreiten und den Periheldistanzen der Kometen. [Aus: Sitzungsber. d. k. Akad. d. Wiss.] Gr.-8°. (29 S.) † K —.60
Wien: Gerold 1903.

Holetschek, J., neue Ephemeriden zur Aufsuchung des Halley'schen Kometen bei seiner bevorstehenden Wiederkehr. (8 S.) gr. 8. Wien 908. (A. Hölder.) — 30

— über die Frage nach der Existenz von Kometensystemen. [Aus: „Sitzungsber. d. k. Akad. d. Wiss."] Lex.-8. (22 S.) Ebd. 887. n.n. — 45

Holetschek, J., üb. d. Helligkeitseindruck v. Sternhaufen. gr. 8. (45 S.) Wien 901. (C. Gerold's Sohn.) n. — 90

— Über die Helligkeitsverhältnisse der 4 Sternschnuppenkometen (1861 I, 1862 III, 1866 I u. Biela). (29 S.) gr. 8. Ebd. 908. — 90

Holetschek, J., üb. den Kometen d. J. 1689. [Aus: „Sitzungsber. d. k. Akad. d. Wiss."] Lex.-8. (54 S.) Wien 891. (F. Tempsky.) n. 1. —

— über die Richtungen der grossen Axen der Kometenbahnen. [Aus: „Sitzungsber. d. k. Akad. d. Wiss."] Lex.-8. (29 S.) Ebd. 887. n. — 60

HOLETSCHEK, J.
Ueber die Unsichtbarkeit von Kometen für den Aequator und für höhere geographische Breiten von Dr. J. Holetschek. (Aus den Sitzungsberichten der kaiserl. Akademie der Wissenschaften in Wien. Mathem.-naturw. Classe. CIX. Bd. Abth. IIa. October 1900.) Wien. 1900. In Comm. Gerold's Sohn. Gr.-8°. 96 S. K 1.70

Holetschek, Joh., Untersuchgn. üb. d. Grösse u. Helligkeit d. Kometen u. ihrer Schweife. I. D. Kometen bis z. J. 1760. [Aus: „Denkschr. d. k. Akad. d. Wiss."] gr. 4. (258 S.) Wien 896. (C. Gerold's Sohn.) n. 7. 20

— Untersuchungen üb. die Grösse u. Helligkeit der Kometen u. ihrer Schweife. II. Die Kometen von 1762 bis 1799. (107 S.) 4. Ebd. 905. n. 6. 30
Sonderabdruck aus: „Denkschr. d. k. Akad. d. Wiss."

Holetschek Johannes, Dr.: Untersuchungen über die Größe und Helligkeit der Kometen und ihrer Schweife. 3. Die Kometen von 1801 bis 1835 und auszugsweise auch noch die helleren bis 1884. D 88. 76 . . . . K 10.—
Separatabdruck

— Über die scheinbare Verlängerung e. Kometenschweifes beim Durchgange der Erde durch die Ebene der Kometenbahn. (24 S. m. 2 Fig.) gr. 8 Ebd. 906. — 70
Sonderabdr. aus: „Sitzungsber. d. k. Akad. d. Wiss."

— über die Vertheilung der Bahnelemente der Kometen. [Aus: „Sitzungsber. d. k. Akad. d. Wiss."] Lex.-8. (32 S.) Ebd. 890. n. 6. —

— über die mutmassliche Zeit der Wiederauffindung des Halley'schen Kometen bei seiner nächsten Erscheinung. (14 S.) gr. 8. Ebd. 906. n. — 50
Sonderabdruck aus: „Sitzungsber. d. k. Akad. d. Wiss."

— über den scheinbaren Zusammenhang der heliocentrischen Perihellänge mit der Perihelzeit der Kometen. [Aus: „Sitzungsber. d. k. Akad. d. Wiss."] Lex.-8. (25 S.) Ebd. 890. n. — 40

Holey, Franz, prakt. Arzt a. Merzdorf b. Riesa: Ueber Osteoplastik. Leipzig 1907: B. Georgi. (39 S.) 8°
Leipzig, Med. Fak., Ref. Trendelenburg, Diss. v. 10. Mai 1907
[Geb. 21. Sept. 78 Merzdorf b. Riesa; Wohnort: Beierfeld i. S.; Staatsangeh.: Sachsen; Vorbildung: Gymn. Plauen i. V. Reife O. 98; Studium: München 1, Leipzig 13 S.; Coll. 17. Mai 07; Approb. 5. Juni 05.]

Holey, Karl R., Baugeschichte der Kirche St. Karl Borromäus in Wien im XIX. Jahrh. Ein Beitrag zur prakt. Denkmalpflege. (36 S. m. 19 Abbildgn. u. 3 Taf.) Lex. 8. Wien 907. Lehmann & Wentzel. 1. 20
Sonderabdr. a.: „Ztschr. d. öst. Ingenieur- u. Architekten-Ver."

Holfeld, K. Frz., vermischte forstwissenschaftl. Aufsätze für prakt. Forstmänner. gr. 8. Prag 826. Krauß. (Haase S.) 22 gr.

Holfeld, Carl, s. Holfeld, Karl

v. Holfeld, H., Weisung, wie d. Ertrag einer Herrschaft für ein u. mehrere Jahre aus d. Wirthschaftsrechnungen zu ersehen ist. 8. (Leipz., Andrä). 2 gr.

Holfeld, Hermann [Dir. Prof. Dr.]: *Bericht über seine Einführung als Direktor der Anstalt.* Essen, Buchdr. C. W. Haarfeld, 1897; 27—29 S. 4.
Essen, RG, P 1897 (408)

Holfeld, Hermann, Dir. Prof. Dr.: Bericht über die Einweihungsfeier (des neuen Schulgebäudes). *Essen 1900: C. W. Haarfeld.* (S. 8—22.) 4°
Essen, RG, P 1900 (514)

[Umschlagt.:] Holfeld, Hermann [Dir. Prof. Dr.]: Einführungs-Rede. Essen, Buchdr. C. W. Haarfeld, 1897; 3—10 S. 4.
Essen, RG, P 1897 (408)

Holfeld [Oberl. Dr.]: Die Merkmale des Überganges vom Althochdeutschen zum Mittelhochdeutschen in der Deklination Willirams. Guben, Druck v. A. Koenig (1890); S. 1—20; 4°
Guben, G, RG u. VS, OP 1890

Holfeld, Herm., üb. die Sprache d. François de Malherbe. Inaugural-Dissertation. gr. 8. (78 S.) Posen 875. (Göttingen, Vandenhoeck & Ruprecht's Verl.) n. 1. 60

Holfeld, Jh., († d. 7. Nov. 1814.) neue Theorie von d. Wahl d. Standlinien, nebst trigonometr. Berechnung d. Fehler im Winkelmessen rc. 4. Lemberg 793.

Holfeld, Karl, die Bedeutung d. phosphorsauren Kalkes f. die Ernährung u. Gesundheitserhaltung d. Hoch- u. Rehwildes u. dessen Einfluss auf die Knochen-, Geweih- u. Gehörnbildung, nebst Anleitg. üb. seine empfehlenswerte Verabreichung im Walde. gr. 8. (32 S. m. 1 Tab.) Toplitz 890. (Dresden-Blasewitz, Wolff.) n. 2. —

Holfeld, Carl, die Bedeutung d. phosphorsauren Kalkes, d. Kochsalzes u. einiger Pflanzenstoffe f. die Ernährung u. das Gedeihen d. Hoch- u. Rehwildes, sowie der Einfluss d. ersteren auf die Knochen-, Geweih- u. Gehörnbildg., nebst Anleitg. üb. deren empfehlenswerthe Verabreichg. im Walde. Mit 38 Taf. in photograph. Lichtdr. nach Natur-Aufnahmen. 2., verm. u. umgearb. Aufl. gr. 8. (92 S. m. 3 Tab.) Teplitz 893. (Dresden-Blasewitz, P. Wolff.) n.n. 6. —

Holfeld, Carl, vegetabilische Leoksteine, ihre Verwendg. f. Wildlecken u. d. daraus f. Wild u. Jäger erwachs. Vortheile. 2. Aufl. gr. 8. (11 S.) Teplitz 896. (A. Becker.) n.n. 1. —

Holfeld, Carl, vegetabilische Salz-Lecksteine, ihre Verwendg. f. Wildlecken u. die daraus f. Wild u. Jäger erwachs. Vortheile. 2. Aufl. gr. 8. (16 S. m. 1 Taf.) Teplitz-Schönau 901. (A. Becker.) n. 1. —

Holfeld, Kurt, Referendar in Halle (Saale): Die Geschäftsschulden bei Veräußerung eines Handelsgeschäfts. Halle a. S. 1904: C. A. Kämmerer & Co. (X, 61 S.) 8°
Leipzig, Jur. Fak., Diss. v. 8. Dez. 1904
[Geb. 13. Febr. 77 Karlsruhe; Wohnort: Halle a. S.; Staatsangeh.: Preußen; Vorbildung: Kath. Gymn. Oppeln Reife O. 00; Studium: Breslau 2, München 1, Gießen 1, Halle 2 S.; Rig. 16. Juli 03.]

Holfeld, Walther, Referendar in Löbejün: Die **Haftung** des Tierhalters nach bürgerlichem Recht (§ 833 B.G.B.). *Borna-Leipzig 1904: R. Noske.* (X, 68 S.) 8°
Leipzig, Jur. Diss. v. 1904

Holfelder, Carl, s. H o l f e l d e r, Karl

Holfelder, Jo. Leonhart (Gailsheim/Ansbach), Vindicias scholarum in republica necessariarum. Präs. M. Jo. Conrad Boeckmann (Magdeburg). Wittbg. (Christian Gerdes) 19. X. 1709. 16 S. (6.—) 15755

Holfelder, K., d. Stadt Regensburg Heirats-Ordnung v. 14. Septbr. 1580. gr. 8. (49 S.) Regensburg 896. (H. Bauhof.) n.n. 1. 20

Holfelder, Karl

Holfelder, Carl [Rechtspraktikant in Regensburg]: Ueber die rechtliche Natur des Einkindschaftsvertrages ... Regensburg, Druck v. M. Wasner, 1895; 35 S. 8.
Erlangen, Jur. Fak., Inaug.-Diss. v. Nov. 1895

Holfelder[in], Christiane Phil. [geb. Beckin]. Des seel. Herrn D. JOHANNIS LASSENII Heiliger Perlen-Schatz, in Reimen gebracht Von Weyland S. T. Frauen Christiana Philippina Holfelderin ... zum Druck befördert von Derselben hinterlassenen Freunden und Testaments-Erben. Onolzbach, Chr. L. Messerer [1771]. Kl.8°. 3 Bl. 608 S. 5 Bl. Berieb. Pbd. d. Z., Rücken lädiert.

Holfert, H. F., geometrische Aufgaben. Ein Uebungsbuch zum Gebrauche in Realschulen, höheren Bürgerschulen, Seminaren, Gewerbeschulen 2c. Nach der Maß-, Gewichts- u. Münzordng. d. deutschen Reiches bearb. I. u. II. 2. verm. u. verb. Aufl. 8. Dresden 874. 75. Huhle. à n. — 90
I. Planimetrie. (50 S.)
II. Stereometrie. (IV, 50 S.)

Holfert, H. F., geometrische Aufgaben. Ein Uebungsbuch zum Gebrauche in Realschulen, höheren Bürgerschulen 2c. Auflösungen. I. u. II. 2., verm. u. verb. Aufl. gr. 8. (à 16. S.) Ebend. 874. à n.n. — 50
I. Planimetrie.
II. Stereometrie.

Holfert, H. F., geometrische Aufgaben. Ein Uebungsbuch zum Gebrauche in Realschulen, höheren Bürgerschulen, Seminaren, Gewerbeschulen 2c. I. Planimetrie. 3. verb. Aufl. gr. 8. (55 S.) Dresden 880, Huhle. * 90 Pf.; cart. *
2. Heft. Ebendas. 1875. * 90 Pf.; cart. * M 1.

Holfert, H. F., geometrische Aufgaben. Ein Ubungsbuch zum Gebrauche in Realschulen, höheren Bürgerschulen, Seminarien, Gewerbeschulen 2c. I. u. II. gr. 8. (à IV, 51 S.) Dresden, Huhle. à n. — 90; Auflösgn. (à 16 S.) à n.n. — 50
I. Planimetrie. 4. verb. Aufl. 885; Auflösgn. 3. Aufl. 882.
II. Stereometrie. 3. verb. Aufl. 884; Auflösgn. 3. Aufl. 884.

Holfert, H. F., geometrische Aufgaben. Ein Übungsbuch zum Gebrauche in Realschulen, höheren Bürgerschulen, Seminaren, Gewerbeschulen 2c. I. und II. Nebst Auflösungen. gr. 8. Dresden, Huhle. **
Inhalt:
I. Planimetrie. 4. verb. Aufl. (IV, 51 S.) 885 und 5. Aufl. (49 S.) 888. * 90 Pf. — Auflösungen. 3. verb. Aufl. (16 S.) 882. ** 50 Pf.
II. Stereometrie. 3. verb. Aufl. (IV, 51 S.) 884. * 90 Pf. — Auflösungen. 3. verb. Aufl. (16 S.) 884. ** 50 Pf.

Holfert, H. F., geometrische Lehrsätze u. Übungsaufgaben, zum Gebrauche in Realschulen u. verwandten Anstalten f. die Hand der Schüler bearb. 4 Hfte. Ministerial-Verordng. vom 20. März 1884. gr. 8. Dresden 892. A. Huhle. n. 1. 65
1. Quarta. (20 S.) n. — 25. — 2. Tertia. (24 S.) n. — 30. — 3. Sekunda. (48 S.) n. — 50. — 4. Prima. (56 S.) n. — 60.

Holfert, H. F., Rechnen-Aufgaben für die praktische Anwendung der geometrischen Lehrsätze. Auf Grund der norddeutschen Maß- und Gewichtsordnung bearb. I. Planimetrie. gr. 8. (VII, 68 S.) Dresden 869, Huhle. *
Auflösungen dazu (22 S.) *
—— dass. — II. Stereometrie. gr. 8. (V, 58 S.) Ebendas. 870. *
Auflösungen dazu (22 S.) *

Holfert, Johann

Holfert, J., volksthümliche Arzneimittelnamen. Eine Sammlg. der im Volksmunde gebräuchl. Benenngn. der Apothekerwaaren. Nebst e. Anh.: Kneipp's Heilmittel. Unter Berücksicht. sämmtl. Sprachgebiete Deutschlands zusammengestellt. gr. 8. (V, 228 S.) Berlin 892. J. Springer. n. 3. —; geb. in Leinw. n. 4. —

Holfert, J., volksthüml. Arzneimittelnamen. Eine Sammlg. d. im Volksmunde gebräuchlich. Benenngn. d. Apothekerwaaren. Nebst e. Anh.: Pfr. Kneipps Heilmittel. Unt. Berücksicht. sämmtl. Sprachgebiete Deutschlands zusammengestellt. 2., sehr verm. Aufl. 8. (VI, 226 S.) Berlin 898. J. Springer. n. 3. —; geb. in Leinw. n. 4. —

Holfert, J., volksthümliche Arzneimittelnamen. Eine Sammlung der im Volksmunde gebräuchl. Benenngn. der Apothekerwaaren. 3., verb. u. verm. Aufl., bearb. v. G. Arends. 8. (IV, 235 S.) Berlin 902. J. Springer. n. 3. —; geb. in Leinw. n. 4. —

Holfert, J., volkstümliche Namen der Arzneimittel, Drogen u. Chemikalien. Eine Sammlg. der im Volksmunde gebräuchl. Benenngn. u. Handelsbezeichngn. 4., verb. u. verm. Aufl. Bearb. v. G. Arends. (IV, 230 S.) 8. Berlin 906. J. Springer. Geb. in Leinw. n. 4. —

Holfert, J., volkstüml. Namen der Arzneimittel, Drogen u. Chemikalien. Eine Sammlg. der im Volksmunde gebräuchl. Benenngn. u. Handelsbezeichngn. 5., verb. u. verm. Aufl. Bearb. v. G. Arends. (VII, 243 S.) 8. Berlin 908. J. Springer. Geb. in Leinw. 4. —

— s.: S c h u l e der Pharmazie.

— **Specialitäten u. Geheimmittel m. Angabe ihrer Zusammensetzung, s.: Hahn, Ed.**

— **Waarenkunde, s.: Schule der Pharmacie.**

Holfert, Johannes [aus Dippoldiswalde in Sachsen]: Die Nährschicht der Samenschalen. . . . (Aus: „Flora od. allg. bot. Zeitung." 1890. H. 4.) Marburg, Univ.-Buchdr. (R. Friedrich), 1890; 2 Bl., 35 S., 2 Taf. 8°
Erlangen, Phil. Fak., Inaug.-Diss. v. 1890

Holford, Margaret

Holford, Miß, Warbeck v. Wolfstein, s.a. **Bilder aus d. Leben.**

Holford, Margaret verehel. Hodson. Warbeck von Wolfstein, ein Roman . . . Jena 1822. Ü: *Wesselhöft, Elisabeth* (?). (schl)

Holford, Margaret
Warbeck von Wolfstein. Roman aus den Zeiten des 30jährigen Krieges. Nach dem Englischen der Miß Holford [später: Margaret Hodson]. Th. 1-3. Jena: Fromann 1822. 8°
(Bilder aus dem Leben. Th. 6-8.)

Holford, (Miß,) Warbeck v. Wolfstein. Roman aus den 30jähr. Kriege, a. d. Engl. 3 Thle. 8. Jena 823 Frommann.

HOLG, Johann Baptist (Freising): De asthmate. (Titel nach der Urkunde) 14.8.1829 - Urk; F 59
Diss. Ingolst.-Landsh.-Mchn.

Holgenthal, F. A., Eilsen u. seine Umgebungen. Eine freundl. Gabe f. dess. Freunde u. Besucher. ... Minden ... Eßmann. 5/6 ℛ

Holger Danske. Eine Oper. Nach dem Daen. von K. F. Cramer. Die Musik von Herrn Kunzen. Kiel o. J. [1789]. 8. V: *Baggesen, Jens.* (DARP)

Holger, Danske. Oper; nach d. Dän. v. K. F. Cramer. 8. Kiel 789. (Kph. Brummer). 7 gl

Holger Danske. Oper nach d. Dän. v. C. F. Cramer. 8. Kiel. Proft. 789.

Holger, Hans

— Ina Holms Ehe. (128 S.) kl. 8. Ebd. 908. 2.—; geb. in Halbperg. n 3.—

Holger, Hans, über meinem Hause die Sonne. (207 S.) 8. Leipzig 908. Xenien-Verlag. 8.—; geb. in Leinw. n 4.50

Holger, Ritter v. Analyse der Meteoreisen von Léonarto und Agram. 1829.

Holger, J. v., Zeitschrift f. Physik, s. Zeitschrift.

v. Holger, Ritter Ph. Al., chemische Beiträge zur Erkenntniß d. Natur d. Cholera, mit Berücksichtigung d. Hermann'schen Versuche. gr. 8. Wien 832. (Mechitar.-Congreg.-B.) 6 gl

Holger, Ph. Al. v. Kurze Beschreibung der am Manhartsberge in Oesterreich vorkommenden Felsarten. Wien. 1842. 8.

— physikal.-chem. Beschreib. d. Klausner Stahlwassers in Steyermark. gr. 8. Wien 829. (Gerold). 12 gl

Holger, Phil. Aloys v., Chemie für Damen. 16. (14½ B.) Wien 843, Kaulfuß Wwe., Prandel u. Comp.

—— Elemente d. Geognosie nach streng wissenschaftl. Consequenz, f. nachdenkende Geognosten zusammengestellt. 1. Abthl. Petrographie. gr. 8. (11½ B.) Wien 846, Kaulfuß Wwe., Prandel u. Comp. *

Holger, Phil. v., Elemente der Geognosie nach streng wissenschaftl. Consequenz für nachdenkende Geognosten zusammengestellt. A. u. d. T.: Die Geognosie vom philosoph. Standpunkte betrachtet. 2. Abthl.: Orographie. 1. und 2. Hälfte. (Schluß.) gr. 8. Wien, Kaulfuß Witwe, Prandel und Comp. [Hälfte 1. (188 S.) 847., 2. (VI und 170 S.) 850. à * 1 Thlr.] *

Holzer, Ph. v. Die Geognosie vom philosophischen Standpunkte betrachtet. Wien. 1847—1850.

Holger, Ph(ilipp) Aloys von: Philipp Carl Hartmann, der Mensch, Arzt, Philosoph. Aus seinen Werken geschildert. 111 S., gbd.

Wien: Mechitaristen-Congregations-Buchhandlung 1831

JB 5.766

—— geognostische Karte d. Kreises ob dem Mannhartsberge in Oesterreich unter der Ens (in gr. Fol.) nebst einer kurz. Beschreibung der daselbst vorkommenden Felsarten. Nach eig. Beobachtungen. gr. 8. (2¾ B.) Wien 842, Singer u. Goering.

— Lehrbuch der Kameralchemie. Zunächst für k. k. österr. polit. Beamte überhaupt u. Gefällsbeamte insbesond., dann als Leitfaden zum Behufe der öffentl. außerord. Vorlesungen über Kameralchemie an der k. k. Universität zu Wien. 1. Bd.: Chemische Kameralwaarenkunde. 1.—5. Liefg. gr. 8. Wien 841, 42, Singer u. Goering. à ½ ℛ

—— die Staatswirthschafts-Chemie, als Leitfaden zum Behufe der öffentl. Vorlesungen über diesen Gegenstand an der k. k. Wiener-Universität, u. als Handbuch f. österr. polit. Beamte überhaupt, für industrielle u. Gefällsbeamte insbesond. 6 Hfte. gr. 8. (45 B., 2 Stnt. u. 3 Tab.) Wien 843, 44, Kaulfuß Wwe., Prandel u. Comp. à Hft. 20 Ngr.

Inhalt:

Hft. 1. Einleitung in die Staatswirthschafts-Chemie.
„ 2. Die allgem. Verzehrungssteuer u. die Bierbrauerei.
„ 3. Die Branntweinbrennerei.
„ 4. Die Essigsiederei. Stärkefabrikation. Die Glasmacherei ꝛc. u. die Zollgefälls-Kontrole.
„ 5., 6. Von den kontrolpflichtigen Gewerben, der Zuckersiederei u. Tabakfabrikation für k. k. Gefälls-Beamte.

Holger, Phil., oryctognostische Studien als Fortsetzung und im Anschlusse an die Geognosie vom philosophischen Standpunkte betrachtet. Wien 853. Prandel u. Meyer. 8. (2 Bl., 207 S.) n. 1 ℛ. 15 ngr.

v. Holger, (Ph.,) Versuch über d. Kyan u. seine Verbindungen, mit Berücksichtigung d. neuesten Entdeckungen über diesen Gegenstand. gr. 8. Wien 826, Geistinger.

— Versuch über den Kyan u. seine Verbindungen, mit Berücksichtigung d. neuesten Entdeckungen über diesen Gegenstand. gr. 8. Wien 826. (Gerold). 12 gl Hbg. Pr. 8 gl

Holger, Philipp Ritter von — Das Wissenswürdigste aus dem Gebiete der Waarenkunde. Als Leitfaden für die Vorträge aus der theoretischen Waarenkunde am k. k. Wiener Hauptzollamte und als Studienheft für die Prüfungen aus der Waarenkunde für Bewerber um höhere k. k. Gefälls-Dienste. Von — —. Wien, 1857. Gedr. bei den Edlen v. Ghelen'schen Erben. [XVI. 143 S. 8.)

— s. Zeitschrift für Physik.

Hölgyfutár. „Damen-Kourier. Pesth, 1855. (Nr. 1—297.)

HOLIK, JOSEF: Mariathal, der Gnadenort. Zusammengestellt von Holik Josef jun. Pozsony (Preßburg) 1908: Johann Mühlhammer. 15 S. - 16°
- Dass. Pressburg 1927: Concordia. 27 S. 8 t. - 8°

Holitscher, A., die Abstinenz als Forderung des Sittengesetzes. Vortrag, geh. in der Studentenversammlg. des X. internationalen Kongresses gegen den Alkoholismus. (23 S.) kl. 8. Reichenberg i/B. (Schloßgasse 3) 906. Verwaltung des „Alkoholgegner". n. — 18

Holitscher, A., Alkohol u. Kind, s.: Arbeiter-Abstinenten-Bund, deutscher. Nr. 15.

— Alkohol u. Tuberkulose. Eine Erwiderg. (15 S.) gr. 8. Prag (906). (Wien, Brüder Suschitzky.) n. — 25
Sonderabdruck aus: „Prager med. Wochenschr."

— Alkoholsitte u. Abstinenz. Eine Erwiderg. auf Prof. Dr. Ferdinand Hueppes Vortrag; „Alkoholmißbrauch u. Abstinenz". (32 S.) 8. Wien 904. Brüder Suschitzky. n. — 40

— Alkoholsitte — Opiumsitte. Ein Vergleich. (39 S.) gr. 8. München 908. E. Reinhardt. — 80

Holitscher, A., gewerbliche Gesundheitslehre, s. a. Bibliothek der gesamten Technik. 14. Bd.

Gewerbliche Gesundheitslehre. Gemeinverständl. dargest. von Dr. med. A. Holitscher. Mit 30 Abb. Hannover: M. Jänecke 1907. (173 S.) 8°
— Bibliothek d. gesamten Technik. Bd 14. [08. 11014 7

Das sentimentale Abenteuer von Arthur Holitscher. Berlin: S. Fischer 1905. (208 S.) 8° [F.] [05. 149

— der Kampf gegen den Alkoholismus als sittliche u. nationale Pflicht. Vortrag, geh. am 12. III. 1903 im großen Kurhaussaale in Karlsbad. (31 S.) 16. Reichenberg i/B. (Schloßgasse 3) (903). Verwaltg. des „Alkoholgegner". — 10

— Taschen-Atlas zur Alkoholfrage. (18 Taf. m. 57 S. Text.) 8. Berlin (910). Deutscher Arbeiter-Abstinenten-Bund. 1. —

Holitscher, Arth., das sentimentale Abenteuer. (208 S.) 8. Berlin 905. S. Fischer, Verl. n. 2. 50; geb. n.n. 3. 50

— Charles Baudelaire, s.: Literatur, die. 12. Bd.

Charles Baudelaire von Arthur Holitscher. Mit 9 Vollbild. u. 3 Faks. Berlin: Bard, Marquardt & Co. [1904]. (64 S.) 8°
— Literatur, Die. Bd 12. [05. 8741

Holitscher, Arth., der vergiftete Brunnen. Roman in 3 Büchern. 8. (428 S.) München 900. A. Langen. n. 4.—; geb. n. 5.—

Holitscher, Arth., der Golem. Ghettolegende in 3 Aufzügen. (135 S.) kl. 8. Berlin 908. S. Fischer, Verl. 2.—; geb. n 3. —

— Leben m. Menschen, s. a. Kultur, die. 16. Bd.

Leben mit Menschen von Arth. Holitscher. Mit 11 Vollbild. in Tonätzung. Berlin: Bard, Marquardt & Co. [1906]. (72 S.) 8°
— Kultur, Die. Bd 13. [06. 14348

Holitscher, Arth., weiße Liebe. E. Roman aus d. Quartier Latin. 8. (280 S.) München 896. A. Langen. n. 3. —

Holitscher, Arth., leidende Menschen. Novellen. 8. (126 S.) Dresden 893. E. Pierson. n. 2. —; geb. n. 3. —

An die Schönheit. Trauerspiel in 2 Akten von Arthur Holitscher. *Paris, Leipzig, München: A. Langen 1897.* (116 S.) 8° [F.] [97. 7300

Von der Wollust und dem Tode. Von Arthur Holitscher. München: Langen 1902. 186 S. 8° [02. 8799

— Worauf wartest du? Roman. (234 S.) kl. 8. Ebd. 910. 3.—; geb. n 4. —

Holitscher, Paul, experimentelle Untersuchungen üb. den remanenten Magnetismus des Eisens. Diss. gr. 8. (69 S. m. 9 Taf.) Zürich 900. (Zürcher & Furrer.) n. 2. —

Holitscher, Ph., im Banne Fortuna's. Eine Erzählung. gr. 8. (III, 340 S.) Budapest 883. Grill in Comm. n. 5. —

Holitscher, Phpp., Giordano Bruno. Histor. Drama in 5 Abtlgn. gr. 8. (III, 83 S.) Stuttgart 898. Süddeutsches Verlags-Institut. n. 2. —

Holitscher, Phpp., Giordano Bruno. Historisches Drama in 5 Abtlgn. 2. [Titel-]Aufl. gr. 8. (III, 83 S.) Breslau [898.] 902. Schles. Buchdruckerei x. n. 2.—; geb. n. 3.—

Holitscher, Ph., Erzählungen. gr. 8. (III, 352 S.) Budapest 884. Grill. n. 4. —

— d. Goldes Fluch. Drama in 2 Akten. 8. (III, 88 S.) Ebd. 896. 1. 50

Holitscher, Ph., Gedanken u. Gestalten. Dichtungen. 8. (IV, 124 S.) Breslau 887. (Schlesische Verlagsanstalt.) n. 2. —

— der letzte König v. Polen. Drama in 5 Aufzügen. gr. 8. (150 S.) Ebd. 894. n. 3. —

— Märchen-Dichtungen. 8. (218 S.) Ebd. 902. n. 3.—; geb. n. 4. —

— im Reiche der Dichtung. Dichtungen. 8. (VI, 238 S.) Ebd. 903. n. 3.—; geb. n. 4. —

Holitscher, Philipp: Splitter und Balken. Dichtungen von —. Stuttgart: Süddeutsches Verl.- Inst. 1895. IV, 92 S. 8°

Holitscher, Phpp., Carols Weltreisen u. Abenteuer. Ein Märchen f. die reifere Jugend. Illustrirt v. H. Strafe. Lex.-8. (76 S. m. Textbildern u. 8 Taf.) Stuttgart 891. Süddeutsches Verlags-Institut. Geb. in Leinw. n. 4. 50

Hölk, Cornelius [Itzehoeensis]: De acusmatis sive symbolis Pythagoricis ... Kiliae, ex offic. H. Fiencke, 1894; 1 Bl., 69 S., 1 Bl. 8.
Kiel, Phil. Fak., Inaug.-Diss. v. [27. Febr.] 1894

Hölk, C[ornelius]: [Bericht über seine Einführung als Direktor der Anstalt.] S. 13—18. 4. Progr. Johanneum *Lüneburg* 1910 (423)

Holke, Ferdinand August (Leipzig), Disquisitio de acie oculi dextri et sinistri in mille ducentis hominibus sexu, aetate et vitae ratione diversis examinata. Diss. med. Lpz. (Hirschfeld) 6. IV. 1830. 23 S. (6.50) 15756
Gew.: Ernst Heinrich Weber, August Carl Bock.

Holke, F. A., disquisitio de acie oculi dextri et sinistri in mille ducentis hominibus sexu, aetate et vitae ratione diversis examinata. Diss. inaug. medica. 4maj. Leipz. 830. (Voss). 1 ⅓ ß

Hölken, A[dolf]: Ueber Thio- und Selenoderivate des Pyridins und Lutidins. Rostock 1904: C. Hinstorff. (48 S.) 8°
Rostock, Phil. Fak., Ref. Michaelis, Diss. v. 22. Sept. 1904
[Geb. 21. Aug. 78 Mannheim; Wohnort: Friedenau b. Berlin; Staatsangeh.: Baden; Vorbildung: Fünfte Realschule Berlin Reife M. 94; Studium: Charlottenburg T.H. u. Berlin 6, Rostock 7 S.; Rig. 23. Juli 04.]

Hölker, Hermann: Über carcinomatöse Lebercirrhose. *Freiburg i. Br. 1898: H. Epstein.* (48 S.) 8°
8. Freiburg i. B., Med. Diss. v. 1898

(Hölker, J., u. G. Dieckhoff,) Aufgaben z. Uebersetzen a. d. Deutschen ins Lat., s.a. Aufgaben.

Hölker, J., und G. Dieckhoff, Aufgaben zum Uebersetzen aus dem Deutschen ins Lateinische und aus dem Lateinischen ins Deutsche, ein Uebungsbuch zu Kistemaker's latein. Sprachlehre. 3., verb. Aufl. gr. 8. (IV und 332 S.) Münster 852, Theissingsche Buchh. Thlr. –

Hölker, Johs., über Gott u. die Welt. Eine populärphilosoph. Darstellg. e. auf erkenntniskrit. Grundlage aufgebauten Weltanschauung f. denk. Leser jeden Standes insbesondere f. Studierende aller Fakultäten. (IV, 104 S.) gr. 8. Leipzig 904. Buchh. G. Fock. n. 1.60

Holl, Joseph u. dessen Brüder. Trfpl. 8. Würzb. 777. Rienner. 3 gr

Holl: Der Turbinenrechenschieber und seine Anwendung zur Projektierung von Wasserkraftanlagen. Berlin 1908

Holl, A., wie u. in welchem Umfange kann d. Volksschule durch Berücksicht. d. wirtschaftl. Verhältnisse in d. heimatl. Umgebg. d. Kinder d. ält. Schuljugend auf ihren künft. Lebensberuf vorbereiten?, s.a. Für d. Schule aus d. Schule.

[J.] Wie und in welchem Umfange kann die Volksschule durch Berücksichtigung der wirtschaftlichen Verhältnisse in der heimatlichen Umgebung der Kinder die ältere Schuljugend auf ihren künftigen Lebensberuf vorbereiten? Von A. Holl, Lehrer in Horchheim. *Neuwied [&] Leipzig: Heuser 1897.* (15 S.) 1 Bd 8.
= Schule, Aus der, für die Schule. H. 71. (96. 4373

Holl, Albert, Rechtsprakt.: Der Begriff der Oeffentlichkeit im Reichsstrafgesetzbuche. Erlangen 1910: Jacob. VIII, 103 S. 8°
Erlangen, Jur. Diss. v. 31. Okt. 1910, Ref. Allfeld
[Geb. 17. Mai 85 München; Wohnort: Sonthofen; Staatsangeh.: Bayern; Vorbildung: Gymn. Neuburg Reife 04; Studium: München 5, Berlin 1, Erlangen 2 S.; Rig. 21. Juni 10] [U 11. 830

Holl, Alfred, a. München, Rechtsprakt. am Kgl. Amtsgerichte zu Immenstadt: Der Begriff des Beamten im strafrechtlichen Sinne. Kempten 1908: J. Kösel. (VIII, 56 S.) 8°
Erlangen, Jur. Fak., Ref. Allfeld, Diss. v. 20. Mai 1908
[Geb. 21. Juli 83 München; Wohnort: Immenstadt; Staatsangeh.: Bayern; Vorbildung: Gymn. Neuburg a. D. Reife 02; Studium: München 4, Berlin 1, München 1, Erlangen 2 S.; Rig. 12. Dez. 07.]

Holl, Alfr., Führer durch Pfronten u. Umgebg. Hrsg. vom Verschönerungs-Verein Pfronten. (VII, 80 S. m. Abbildgn. u. 1 Karte.) kl. 8. Kempten (905). (J. Kösel.) Geb. in Leinw. n. — 70

Holl, Alfred, aus Stuttgart: Ueber das sogen. Sulfimid. *Würzburg 1902: C. J. Becker.* (45 S.) 8°
Würzburg, Phil. Diss. v. 1902

Holl, C. F., u. J. C. Schmidt, Deutschlands Schwämme in getrockneten Exemplaren. 1ste u. 2te Lief. No. 1—50. 4. Leipz. Voß. 815. (à 1 Rthlr.)

Holl, C. F., J. C. Schmidt u. G. Kunze, Deutschlands Schwämme in getrockneten Exemplaren. 9 Hefte. 4. Leipz. 815—22. Voß. 9 ℛ

Holl, Carl, s. Holl, Karl

Holl, Elias. Baumeister's der Stadt Augsburg [1573—1646.] Selbstbiographie. Hrsg. v. Chr. Meyer. gr. 8. (VI, 62 S.) Augsburg 873. Sandmeyer. n. 2. —

HOLL, Ferdinand: Die Karst-Aufforstung. - Sarajevo 1901. 112 S., 5 Taf.

Holl, Franz Xaver

– harmonia juris naturae, canonici, civilis et publici Germaniae circa educationem liberorum, in casu, quo uxor Hebraea, reluctante marito, ad christiana sacra transit. 4. Heidelb. 782.

Holl, Frz. Xav., († d. 6. März 1784.) statistica ecclesiae germanicae. Tom. I. 8maj. (Manh.) 779. Ed. nova 788. Löffler. 1 ℛ

Holl, Friedrich

– u. Gust. Heynhold, Flora von Sachsen. Beschreibung der im Königreich Sachsen, dem Herzogth. Sachsen preuß. Antheils, den Großherzogl. u. Herzogl. Sächs. Landen Ernestinischer Linie, den Herzogl. Anhaltischen, Fürstlich [illegible] burg. u. Fürstlich [illegible] Landen wildwachs. u. allgem. angebauten [illegible], mit besond. Berücksicht. ihrer [illegible] dung in der [illegible], [illegible] u. Oekonomie rc. [illegible] 1. [illegible] 1. u. 2. [illegible] A. u. d. T.: Flora von Sachsen. 1. [illegible] von Heynhold. 1. u. 2. [illegible] Dresden 842, Naumann. 1. Abthl. 1 ℛ 2. Abthl. 1⅔ ℛ

– Handbuch d. Petrefaktenkunde. 16—46 Bdchen. Mit e. Einleit. über d. Vorwelt d. organ. Wesen auf d. Erde, von L. Choulant. gr. 12. Dresd. 829—31. Hilscher. 1 ℛ 21 gr

Holl, Friedr., Handbuch d. Petrefactenkunde. 5 Bdchn. Mit e Einleitung üb. d. Vorwelt d. organ. Wesen auf d. Erde, v. L. Choulant. gr. 12. (37⅓ B.) Dresden 829—31. [Zittau, Nauwerck.] 1 Thlr. 21 Gr., hrbgs. Pr.
Aus d. „Allgem. Taschenbibl. d. Naturwissenschaften,“ besond. abgedr.

Holl, Fr., Handbuch der Petrefaktenkunde. 4 Bdchn. gr. 12. Dresden 830, jetzt Ernst in Quedlinburg. 1 ℛ (aus d. allgem. „Taschenbibliothek.“)

Holl, Friedr., Handbuch der Petrefactenkunde. Beschreibung aller bis jetzt bekannten Versteinerungen aus d. Thier- u. Pflanzenreiche. Mit Einleit. über die Vorwelt der organ. Wesen auf der Erde, v. Ludw. Choulant. 2 Bdchn. Neue Ausg. 12. (10 B.) Quedlinburg 843, Ernst'sche Buchh.

— dass. 3—5. Bdchn. Neue Ausg. (5. Bdchn. A. u. d. T.: Die Vorwelt der organischen Wesen auf der Erde rc. Eine Einleitung zu Holl's Petrefactenkunde v. Ludw. Choulant.) 12. (14⅔ B.) Ebds. 843.

Holl, Friedr., der Nelkengärtner rc. s. S. Bd.: Nelken rc.-Gärtner.

Holl, Fr., das Schiff u. d. See. Ein Lehr- u. Bilderbuch für kleine u. große Leutchen, die sich vom Seewesen einen richtigen u. deutlichen Begriff machen wollen. Mit 7 ill. u. 3 schw. Kpf. 12. Pirna 830. Friese. 1 ℛ 12 gr

Holl, Fr., Wörterbuch deutscher Pflanzen-Namen, oder Verzeichniß sämmtl. in der Pharmacie, Oekonomie, Gärtnerei, Forstkultur u. Technik vorkomm. Pflanzen u. Pflanzentheile nach ihren Provinzial- u. systemat. Namen, nebst Angabe der lat. in., wie auch der Stellung im künstl. und natürl. System. Lex.-8. Erfurt 833. (Winkler.) 2 ℛ

Holl, Friedrich Christian (Fryruthensis/Vogtl.), De consiliario principis curatore uxoris ejusdem principis. Diss. jur. Präs. D. Dieterich Hermann Kemmerich. Wittbg. (Wwe. Gerdes) 26. IV. 1725. 24 S. (6.50) 15757
Gew.: Joh. Heinrich Bürckner (Mosel).

Holl, Fritz

Mars et Justice. Moralité. (Ms. Paris, Bibliothèque nationale, fonds fr., 24340. 4°.) Herausgegeben und mit Einleitungen versehen — von Dr. ph. Fritz Holl, G.-L. — 1906, Schwabach, G. Hensolt. — P. 3—50.
Progr. Schwabach, Progymn.

Holl, Fritz, das politische u. religiöse Tendenzdrama des 16. Jahrh. in Frankreich, s.a. Beiträge, Münchener, zur romanischen u. englischen Philologie. 26. Hft.

Das politische und religiöse Tendenzdrama des 16. Jahrhunderts in Frankreich. Von Dr. Fritz Holl. *Erlangen & Leipzig: A. Deichert 1903.* (XXVI, 219 S.) 8°
= Beiträge, Münchener, z. roman. u. engl. Philologie. H. 26. [03. 700

Holl, Fritz: Das politische Theater in Frankreich zur Zeit der Reformation. *Naumburg a. S. 1902: Lippert & Co.* (38 S.) 8° ¶ [Erschien vollst. 1903 als: Münchener Beiträge zur roman. u. engl. Philol., H. 26.]
München, Phil. Diss. v. 1902

HOLL, Georg (Augsburg): Beiträge zur Hydrotherapie fieberhafter Krankheiten.- Ulm 1873. 10.7.1872 - Urk (Titel: De febrium hydrotherapia.); Chr 1871/72,20
Diss. Ingolst.-Landsh.-Mchn.

Holl, J. C., Berechnung d. Luftmaschine z. Schemnitz. gr. 8. Wien, (Höchenberg, Pr.) 771. Rthlr.

— — dasselbe. 8. Wien, Camesina. 771.

— **Johann Leonhard** (Ulm), De matrimonio cum defunctae uxoris sorore. Diss. jur. Giessen (Johann Jacob Braun) 6. VIII. 1772. 23 S. (6.50) 15758

Holl, Johannes [app. Arzt aus Stadecken, Rheinhessen]: Zur Kenntniss der Wirkung der Eisenpraeparate. . . . Freiburg i. B., Buchdr. v. Chr. Strücker, 1890; 33 S. + 1 Bl. 8°
Freiburg i. B., Med. Fak., Inaug.-Diss. v. 1890

Holl, Jos., die Encyclika des heil. Vaters Leo XIII. [1. Novbr. 1885] über die christliche Staatsordnung. Sachlich gegliedert und mit Nachklängen versehen. 8. (98 S.) Kempten 886, Kösel'sche Buchh. *

Holl, Jos., Gedanken. gr. 16. (VI und 190 S.) Köln 860, (Bachem.) *

Holl, Jos., Geschichte der Stadt Weißenhorn m. Streiflichtern auf die Umgebung. Mit 28 Abbildgn. im Text (u. 5 Stammbäumen). (VII, 258 S.) 8. Kempten 904. (J. Kösel.) n. 2. —

Holl, Jos., der Kampf der Liebe. gr. 16. (266 S.) Köln 862, (Bachem.) *

—— Magdalena. Eine Dichtung. 16. (VI und 108 S.) Köln 861, (Bachem.) *

Holl, Jos., der Mensch. 410 Aphorismen. 2. gänzl. umgearb. u. verb. Aufl. 8. (91 S.) Essen 900. Fredebeul & Koenen. n. 1. —

—— der Mensch als Christ. 16. (VIII und 175 S.) Schaffhausen 859, Hurter'sche Buchh.

Holl, Jos., Sursum corda. Sinngedichte. 1. u. 2. Thl. 16. Aachen, A. Jacobi & Co. à n. 1. 20; geb. in Leinw. m. Goldschn. à n. 2. 40
1. (76 S.) 891. — 2. (97 S.) 895.

— Sursum corda. Gedichte. 3., verm. u. verb. Aufl. 12. (XV, 119 S.) Aachen 899. A. Jacobi & Co. n. 1. 20; geb. in Leinw. m. Goldschn. n. 2. 40

Holl, Jos., Sursum corda. Gedichte. 5., verm. Aufl. (XVI, 110 S. m. 1 Taf.) kl. 8. Aachen 906. A. Jacobi & Co. n. 1. 20; geb. in Leinw. m. Goldschn. n. 2. 40
4. Aufl. (XV, 96 S.) 904. n. 1. 20; geb. n. 2. 40.

Holl, Joseph: Sursum corda. Gedichte von —. 6. verm. Aufl. Aachen: Jacobi 1908. 124 S. 8°

Holl, Jos., d. Teufel in Goethe's Faust, s.a. Broschüren, Frankfurter, zeitgem.

[S.] Der Teufel in Goethes Faust. Von Joseph Holl, Stadtpfarrer in Weissenhorn. Frankfurt a. M.: P. Kreuer 1897. (36 S.) 8°
= Broschüren, Frankfurter zeitgemässe. N. F. Bd 18. H. 12. [98. 7101

Holl, Jos., die Verherrlichung der allerseligsten Jungfrau Maria in der katholischen Kirche. Schaffhausen 867. Hurter'sche Buchh. 16. (VIII, 228 S.) n. 12½ ngr.

Holl, Joseph, Referendar aus Köln a. Rh.: Die Verträge zu Gunsten Dritter nach dem deutschen bürgerlichen Gesetzbuche. *Köln 1899: F. A. Eckelmann.* (53 S.) 8°
Erlangen, Jur. Diss. v. 23. Nov. 1898

Holl, K., praktische Anleitung f. den elementaren Unterricht im Körperzeichnen, s.: Ritter, L.

Holl, K., Die Naturales Quaestiones des Philosophen Seneca. Diss. 1935. 58 S. 2.50

Holl, Karl, Amphilochius v. Ikonium in seinem Verhältnis zu den grossen Kappadoziern. (VII, 266 S.) gr. 8. Tübingen 904. J. C. B. Mohr. n. 6. —

Holl, Karl: Johannes Calvin. Berlin 1909: G. Schade. 32 S. 4°
Berlin Univ., Rede zur 400. Wiederkehr d. Geburtstages Calvins 1909 [U 09. 307

Holl, Karl, Johannes Calvin. Rede zur Feier der 400. Wiederkehr des Geburtstages Calvins, geh. in der Aula der königl. Friedrich-Wilhelms-Universität zu Berlin am 10. VII. 1909. Erweiterte u. m. Anmerkgn. verseh. Ausg. (IV, 59 S.) gr. 8. Tübingen 909. J. C. B. Mohr. — 80

Holl, Karl, Enthusiasmus u. Bussgewalt beim griech. Mönchtum. Eine Studie zu Symeon dem neuen Theologen. gr. 8. (VI, 332 S.) Leipzig 898. J. C. Hinrichs' Verl. n. 10. —

Holl, C., die Erdbeschreibung in zwei Lehrstufen für die Schule bearb. 1. Aufl. 1863. * 9 Ngr. und 2. und 3., verb. und verm. Aufl. gr. 8. (VIII und 119 S.) Stuttgart 866,68, Metzler's Verlag. *

Holl, Carl, die Erdbeschreibung in zwei Lehrstufen für die Schule bearb. 5. Aufl. 1871, und 6. Aufl. gr. 8. (VIII, 133 S.) Stuttgart 873, Metzler's Verlag. *

Holl, C., die Erdbeschreibung in zwei Lehrstufen für die Schule bearb. 7. und 8. Aufl. gr. 8. (VIII, 133 S.) Stuttgart 876,79, Metzler'sche Buchh. *

Holl, C., Erdbeschreibung in zwei Lehrstufen. 9. Aufl. Neu bearb. v. K. Holl u. Fr. Keßler. gr. 8. (VII, 170 S.) Stuttgart 884. Metzler's Verl. n. 1. 80

Holl, C., Erdbeschreibung in 2 Lehrstufen. 10. Aufl. 2. der Neubearbeitg. Hrsg. v. K. Holl u. Fr. Keßler. gr. 8. (X, 190 S.) Stuttgart 887. Metzler's Verl. n. 1. 40; m. Anh.: Württemberg (23 S.) n. 1. 50

Holl, C., Erdbeschreibung in 2 Lehrstufen. 11. Aufl., 3. der Neubearbeitg. Hrsg. v. K. Holl u. Fr. Keßler. gr. 8. (VIII, 199 S.) Stuttgart 891. J. B. Metzler's Verl. n. 1. 40; mit Anh.: Württemberg (VIII, 221 S.) n. 1. 50

Holl, C., Erdbeschreibung in 2 Lehrstufen. 12. Aufl. 4. der Neubearbeitg. Hrsg. v. K. Holl u. Fr. Keßler. gr. 8. (VIII, 244 S.) Stuttgart 896. J. B. Metzler'sche Verl. n. 1. 50

Holl, C., Erdbeschreibung in 2 Lehrstufen. 14. Aufl. 6. der Neubearbeitg. Hrsg. v. Karl Holl u. Frdr. Keßler. gr. 8. (VIII, 260 S.) Stuttgart 902. J. B. Metzler. n. 1. 60

Holl, C., Erdbeschreibung in 2 Lehrstufen. 15. Aufl. 7. der Neubearbeitg. Hrsg. v. Karl Holl u. Frdr. Keßler. (VIII, 345 S.) 8. Stuttgart 909. J. B. Metzler. Kart. 2. 80

Holl, Karl, Fragmente vornicänischer Kirchenväter aus den sacra parallela, s.: Texte u. Untersuchungen zur Geschichte der altchristl. Literatur. V. 2.

Holl, Karl: Zur Geschichte der Lustspieltheorie. Berlin: Felber 1910. 24 S. 8° ¶ (Vollst. als: Literarhistor. Forschungen. H. 44.)
Heidelberg, Phil. Diss. v. 9. Dez. 1910, Ref. v. Waldberg
[Geb. 26. Mai 86 Heidelberg; Wohnort: Heidelberg; Staatsangeh.: Baden; Vorbildung: Oberrealsch. Heidelberg Reife M. 04; Studium: Heidelberg 3, Berlin 1, Heidelberg 6 S.; Rig. 21. Juli 09.] [U 11. 2268

Holl, Carl, der deutsche Hausfreund. Ein Volksbuch für Jung und Alt. Enth.: Neubearbeitete Musterbeispiele zu Briefen, Eingaben, Bittgesuchen, Klageschriften, Geschäftsaufsätzen, Zeitungsanzeigen, Verträgen und Testamenten, Titulaturen, Wechsellehre, Stammbuch-Aufsätzen, Blumensprache und einem Fremdwörterbuch rc. gr. 8. (VIII, 232 S.) Sigmaringen 878, Tappen.

Holl, Carl, geographische Heimathskunde v. Württemberg u. Deutschland m. Rücksicht auf Kartenzeichnungen. gr. 8. (25½ B. u. 14 Stnt.) Reutlingen 841, Kalbfell-Kurtz.

— Land u. Volk Israel für Schule u. Haus. Mit einem Grundriß des herodian. Tempels (in eingedr. Holzschn.). Ebend. 869. 8. (V, 126 S.) n. 8 ngr.

— Leitfaden der mathematischen Geographie f. höhere Schulen. 8. (VIII, 151 S. m. eingedr. Holzschn.) Stuttgart 871. Aue. n. 1. 60

—— Materialien zur Anfertigung der schriftlichen Aufgaben in den deutschen Elementarschulen, sowie zur Uebung im schriftlichen Gedanken-Ausdrucke überhaupt. 8. (III, 164 S.) Sigmaringen 870, (Tappen.)

— Modernismus s.a.: Volksbücher, religionsgeschichtliche. IV, 7.

Holl, Karl: Der Modernismus. Von Prof. Karl Holl-Berlin. (Vortrag, geh. in Dahme 1908.) 1.–5. Taus. Tübingen: J. C. B. Mohr 1908. (48 S.) 8°
= Volksbücher, Religionsgeschichtliche, f. d. deutsche christl. Gegenwart. Reihe 4. H. 7.

— s.: Philotesia.

— die Rechtfertigungslehre im Licht der Geschichte des Protestantismus, s.a. Sammlung gemeinverständlicher Vorträge u. Schriften aus dem Gebiete der Theologie. 45.

Die Rechtfertigungslehre im Licht der Geschichte des Protestantismus. Von D. Karl Holl, Prof. Tübingen: J. C. B. Mohr 1906. (42 S.) 8° [J.]
— Sammlung gemeinverständl. Vorträge u. Schriften aus d. Geb. d. Theol. u. Religionsgeschichte. 45. [06. 9669

— d. sacra parallela d. Johannes Damascenus, s.: Texte u. Untersuchungen zur Geschichte d. altchristl. Literatur.

— Die handschriftliche Überlieferg. des Epiphanius (Ancoratus u. Panarion), s.a. Texte u. Untersuchungen zur Geschichte der altchristlichen Literatur. III, 6, II.

Die handschriftliche Überlieferung des Epiphanius (Ancoratus und Panarion). Von D. Karl Holl. Leipzig: Hinrichs 1910. 98 S. 8°
(Texte u. Untersuchungen z. Geschichte d. altchristl. Literatur. Bd 36, H. 2.) [10. 18979

— die geistlichen Übungen des Ignatius v. Loyola, s.a. Sammlung gemeinverständlicher Vorträge aus dem Gebiet der Theologie usw. 41.

Holl, Karl: Die geistlichen Übungen des Ignatius von Loyola. Eine psycholog. Studie. Von Karl Holl, Prof. Tübingen: J. C. B. Mohr 1905. (35 S.) 8°
= Sammlung gemeinverständl. Vorträge u. Schriften aus d. Geb. d. Theol. u. Religionsgeschichte. 41.

— Was hat die Rechtfertigungslehre dem modernen Menschen zu sagen? [Aus: Die Religion in Gesch. u. Gegenwart".] (27 S.) 8. Tübingen 907. J. C. B. Mohr. — 50

Holl, Konst., Fürstbischof Jakob Fugger v. Konstanz u. die kathol. Reform der Diözese im ersten Viertel d. 17. Jahrh., s.a. Studien aus dem Collegium Sapientiae z. Freiburg. I.

Holl, Konstantin: Fürstbischof Jacob Fugger von Konstanz '(1604–1626)' und die kathol. Reform d. Diöz. im ersten Viertel d. 17. Jhs. Von Dr. –. M. 1 Heliograv. d. ... Fugger. Freiburg i. Br.: In Comm. d.'Charitasverbandes f. d. kathol. Deutschland'; (Buchdr. J. Vollmer) 1898. (XII, 295 S., 1 Port.) 1 Bd. 8°
= Studien aus d. Collegium Sapientiae zu Freiburg i. Br. Bd 1.

Holl, Konst., die Jugend großer Männer. Sonntagslesungen f. Jünglinge. (VIII, 372 S.) kl. 8. Freiburg i/B. 910. Herder. 2.20; geb. in Leinw. 2. 80

— Sturm u. Steuer. Ein ernstes Wort üb. e. heikeln Punkt an die studier. Jugend. 2. verb. Aufl. (X, 300 S.) kl. 8. Ebd. (909). 1.80; geb. in Leinw. 2. 40

— Wahn u. Wahrheit. Ein Führer auf des Glaubens Sonnenberg f. gebildete Jünglinge. (VIII, 366 S.) kl. 8. Ebd. 909. 2.20; geb. in Leinw. 2. 80

Holl, Moritz

Holl, M., zur Anatomie der Mundhöhle von Rana temporaria. (Mit 2 Taf.) [Aus: „Sitzungsber. d. k. Akad. d. Wiss."] Lex.-8. (40 S.) Wien 887. (Tempsky.) n. 1. —

— zur Anatomie der Mundhöhle von Lacerta agilis. (Mit 1 Taf.) [Aus: „Sitzungsber. d. k. Akad. d. Wiss."] Lex.-8. (9 S.) Ebd. 888. n. — 40

Holl, M., zur vergleichenden Anatomie des Hinterhauptlappens. (83 S. m. 4 Taf.) gr. 8. Wien 907. A. Hölder. 2. 90
Sonderabdr. aus: „Sitzungsber. d. k. Akad. d. Wiss."

Holl, M., üb. den Bau der Spinalganglien. [Aus dem physiol. Institute der Wiener Universisät.] [Aus: Sitzungsber. d. k. Akad. d. Wiss."] Lex.-8. (7 S.) Wien 875. (Gerold's Sohn.) n. — 20

Holl, M., über bisher unbekannte Bildungen im hintersten Inselgebiet des Menschen- u. Affenhirns. (50 S. m. 4 Taf.) gr. 8. Wien 909. A. Hölder. 2. 50

Holl, M., ein Biologe aus der Wende des XV. Jahrh. Leonardo da Vinci. Inaugurations-Rede, geh. am 4. XI. 1905. (24 S.) gr. 8. Graz 905. Leuschner & Lubensky. n. — 60

Holl, M., über die Blutgefässe der menschlichen Nachgeburt. [Hiezu 2 (chromolith.) Taf.] [Aus: „Sitzungsber. d. k. Akad. d. Wiss."] Lex.-8. (42 S.) Wien 881. (Gerold's Sohn.) n. 2. 60

Holl, M., üb. die bildliche Darstellung der Lage des menschlichen Beckens. Ein historisch-anatom. Excurs. Festschrift der k. k. Karl-Franzens-Universität in Graz aus Anlass der Jahresfeier am 15. Novbr. 1893. Imp.-4. (17 S. m 3 Taf.) Graz 894. Leuschner & Lubensky. n. 5. —

— über die richtige Deutung der Querfortsätze der Lendenwirbel u. die Entwicklung der Wirbelsäule des Menschen. [Aus dem Wiener anatom. Institute.] [Mit 4 (lith.) Taf. u. 2 Tab.] [Aus: „Sitzungsber. d. k. Akad. d. Wiss."] Lex.-8. (52 S.) Ebend. 882. n. 2. 50

— Die Entwicklung der Bogenwindg. an der hinteren Insel des Menschen- u. Affenhirns. (107 S. m. 2 Taf.) gr. 8. Ebd. 909. 3. —

— üb. die Entwickelung der Stellung der Gliedmassen d. Menschen. [Aus: „Sitzungsber. d. k. Akad. d. Wiss."] Lex.-8. (50 S. m. 1 Taf.) Wien 891. (F. Tempsky.) n. 1. 80

— über das Epithel in der Mundhöhle von Salamandra maculata. Lex.-8. (42 S. mit 1 lithogr. Taf.) (Ebendas.) 885. *
Vorstehende drei Schriften sind aus: Sitzungsberichte der k. Akademie der Wissenschaften, besonders abgedruckt.

— über das Foramen caecum des Schädels. [Aus: „Sitzungsber. d. k. Akad. d. Wiss."] Lex.-8. (24 S. m. 1 Taf.) Ebd. 893. n. — 90

— Über Furchen u. Windungen der Scheitel-Hinterhauptgegend an den Gehirnen der Affen der neuen Welt. (82 S. m. 8 Fig. u. 6 Taf.) gr. 8. Ebd. 908. 3. 15

Holl, M., über Gesichtsbildung. [Aus: „Mitth. d. anthropol. Gesellsch. in Wien".] Hiezu 22 Fig. u. e. graph. Tab. im Texte, 20 Fig. auf Taf. I u. II, 5 graph. Tab. u. 2 Maasstab. gr. 4. (44 S.) Wien 898. (A. Hölder.) n. 5. —

— Harn- u. Geschlechtsorgane, s.: Disse, J.

— Die Insel des Menschen- u. Affenhirns in ihrer Beziehung zum Schläfenlappen. (46 S. m. 5 Taf.) gr. 8. Ebd. 908. 2. 75

— Zur vergleichenden Morphologie der „vorderen Insel" des menschlichen Gehirns. (40 S. m. 1 Fig. u. 4 Taf.) gr. 8. Ebd. 908. 2. 30

— d. Muskeln u. Fascien d. Beckenausganges (Männl. u. weibl. Damm), s.a. Handbuch d. Anatomie d. Menschen.

Die Muskeln und Fascien des Beckenausganges. (Männlicher u. weibl. Damm.) Von Prof. Dr. M[oritz] Holl in Graz. Mit 34 Orig.-Abb. · Jena: G. Fischer 1897. (IV, 139 S.) 4°(8°)
— Harn- u. Geschlechtsorgane. T. 2, Abt. 2.
— Handbuch d. Anatomie d. Menschen. Bd 7; T. 2, Abt 2. [96. 1103]

— die Operationen an der Leiche. Ein Leitfaden f. Operationsübgn. m. besond. Berücksicht. der Anatomie. Mit 32 (eingedr.) Orig.-Abbildgn. gr. 8. (VI, 162 S.) Stuttgart 883. Enke. n. 3. 60

— über die Reifung der Eizelle des Huhns. [Aus: „Sitzungsber. d. k. Akad. d. Wiss."] Lex.-8. (60 S. m. 1 Taf.) Ebd. 890. n. 1. 40

— üb. die Reifung der Eizelle bei den Säugethieren. [Aus: „Sitzungsber. d. k. Akad. der Wiss."] Lex.-8. (61 S. m. 3 Taf.) Ebd. 893. n. 2. 20

— Die erste äussere Übergangswindung d. Ateles-Gehirne. (39 S. m. 1 Taf.) gr. 8. Ebd. 908. 1. 50
6 Sonderabdr. aus: „Sitzungsber. d. k. Akad. d. Wiss."

Holl, P., die Projektierung v. Wasserkraftanlagen u. die Berechnung v. Wasserturbinen mittels des Turbinenrechenschiebers. (VII, 131 S. m. 39 Abbildgn. u. 4 Taf.) 8. München 908. R. Oldenbourg. 3. 50

Holl, Paul, le général Kléber. Notes et souvenirs, publiés à l'occasion du centenaire de sa mort. gr. 8. (43 S. m. 1 Bildnis u. 2 Taf.) Strassburg 900. (J. Noiriel) n. 2. —; auf Büttenpap. n. 2. 50

— Souvenirs du vieux Strasbourg. Avec 15 planches, dont 7 en couleurs. qu. gr. 4. (40 S.) Strassburg 901. Treuttel & Würtz. n. 2. —

Holl, Ph. Jos., († 1797.) Anweis., wie d. junge Adel in Religion, Sitten ꝛc. zu erziehen. 1r Thl. 8. Leipz. 777. Compt. f. Liter. 12 gr

— manuale hominis christiani. 18maj. Würzb. 774. N. A. 793. 817. (Wesché in Frankf.) 6 gr Mit Kpf. 9 gr in 12. Luzern 816. Anich. 6 gr

— manuale hominis christ. cum fig. 18. Würzb. (Göbhard, Bamb.) 793.

Holl, P. J., manuale hominis christiani. 18maj. Bamberg, Göbhardt. 817.

— — Ebendas. 12. Lucern, Anich. 817.

— rudimenta novissima, oder Grundlegung zur deutschen u. latein. Sprache. 8. Würzb. ... 2e A. 776. 3e A. (v. Andr. Schelter) 789. 4e A. 810. (Wesché in Frankf.) 6 gr

— rudimenta novissima, oder Grundl. z. deutsch. u. latein. Sprache. 8. Würzb. (Göbhard in Bamb.) 810.

— Unterricht von d. Mythologie d. heidnischen Dichter. Mit 17 Kpft. 8. Nürnb. 775. N. A. 786 u. 89. Hösch. (André in Leipz.) 16 gr ill. 1 rthl 4 gr

— Unterr. v. d. Mythologie der heidn. Dichter. m. K. 8. Nrnb. Hösch (a. Bauer) 789.
m. ill. K.

Holl, W., Lehrbuch der Geometrie. Die Lehre von den geometr. Raumgrößen in geeigneter Verbindung mit Zeichnen und Rechnen für Mittelschulen, einklassige Realschulen, Fortbildungsschulen und niedere landwirthschaftl. Lehranstalten. 8. (VIII, 95 S. mit 8 Stnt.) Stuttgart 882, Kohlhammer. *
Auflösungen zu den Aufgaben. (31 S.) *

Holl, W. Lehrbuch der Geometrie. Die Lehre v. den geometr. Raumgrößen in geeigneter Verbindg. m. Zeichnen u. Rechnen f. niedere landwirtschaftl. Lehranstalten, Realschulen, Mittelschulen und gewerbl. Fortbildungsschulen. Neu bearb. v. K. Holl. 2. Aufl. 8. (X, 156 S. m. 236 Fig.) Stuttg. 890, Kohlhammer. cart. * 1 80

Holl, W., Lehrbuch der Geometrie. Neu bearb. v. K. Holl. 2. Aufl. 8. (X, 156 S. m. Fig.) Stuttgart 890. Kohlhammer. cart. n. 1. 80; Auflösungen zu den Aufgaben, 2. Aufl. (64 S. m. Fig.) n. — 80

Holl, W., Lehrbuch der Geometrie. Die Lehre von den geometr. Raumgrößen in geeigneter Verbindg. mit Zeichnen u. Rechnen. I/III. Ausg. für niedere landwirtschaftl. Lehranstalten. Mit 236 in den Text aufgen. Fig. 2., verm. Aufl. 8. (X, 156 S.) Stuttgart 891. W. Kohlhammer. Kart. n. 1. 80

— dasselbe. Ausgabe für Realschulen, Mittelschulen u. gewerbl. Fortbildungsschulen. I/II. Mit 93 in den Text aufgen. Fig. 2., verm. Aufl. 8. (X, 104 S.) Ebd. 891. Kart. n. 1. 40

— Auflösungen zu den Aufgaben in dem Lehrbuch der Geometrie. Teil I/III. 2. Aufl. 8. (64 S.) Ebd. 891. n. — 80

— dasselbe. Teil I/II. 8. (31 S.) Ebd. 891. n. — 60

Holl, W., Lehrbuch d. Geometrie. D. Lehre v. d. geometr. Raumgrößen in geeign. Verbindg. m. Zeichnen u. Rechnen f. niedere landwirtschaftl. Lehranst., gewerbl. Fortbildungsschulen, Mittelschulen u. Realschulen. Neu bearb. v. K. Holl. 3. Aufl. 8. (IX, 131 u. 76 S. m. Fig.) Stuttgart 897. W. Kohlhammer. Kart. n. 1. 80

Holl, W., Lehrbuch der Geometrie. Die Lehre v. den geometr. Raumgrößen in geeigneter Verbindg. m. Zeichnen u. Rechnen f. niedere landwirtschaftl. Lehranstalten, gewerbl. Fortbildungs- u. Mittelschulen. Neu bearb. v. K. Holl. 5. Aufl. (VIII, 228 S. m. Fig.) 8. Stuttgart 906. W. Kohlhammer. Kart. n. 2. —

— Rechenbuch für landwirthschaftliche Schulen. 3 Thle. 8. Stuttgart 877. Metzler's Verl. à n. — 75; Auflösungen à n. — 60
1. Die Hausthiere (VIII, 102 S.); Auflösungen (22 S.)
2. Wein-, Obst- u. Gartenbau (VIII, 80 S.); Auflösgn. (32 S.).
3. Acker-, Hopfen-, Wiesenbau u. Weidenanlage (V, 77 S.); Auflösungen (24 S.).

Holl, W., Rechenbuch für landwirthschaftliche Schulen. 3 Thle. 8. Stuttgart 877, Metzler'sche Buchh. à Thl. * 75 Pf. * Auflösungen à * 60 Pf. *
Inhalt:
Thl. 1. Die Hausthiere. (VIII, 102 S.); Auflösungen. (22 S.)
" 2. Wein-, Obst- und Gartenbau. (VIII, 80 S.); Auflösungen. (32 S.)
" 3. Acker-, Hopfen-, Wiesenbau und Weidenanlage. (V, 77 S.); Auflösungen (24 S.)

Holl, Werner

Quellen des Humors. Humoristische Meistererzählungen. Gesammelt und mit biographischen Notizen versehen von Werner Holl.
Berlin: Henschel o.J. 433 S. 8°

Holl, Wilh., histor. Nachrichten üb. Burg, Amt u. Markt Thierstein. M. e. Ansicht u. e. Grundriß d. Burg nach Helfrecht. 8. (69 S.) München 897. (Wunsiedel, G. Kohler.) n. — 80

Holl v. Stahlberg, M. A. N., Vademecum. Anweisgn. f. d. gesellschaftl. Verkehr auf Grundlage echt christl. Prinzipien, m. Vorzug d. Erziehungsanstalten gewidmet. 12. (X, 151 S.) Wien 898. (H. Kirsch.) n. 1. —

Höll, Joseph Karl

Berechnung der Luftmaschiene, welche in der Niederungarischen Berg-Stadt zu Schemniz bey der Amaliae Schacht, von Herrn *Joseph Carl Höll* erfunden, erbauet, und in Jahre 1753. d. 23. März ist angelassen worden. Wien, gedruckt bey Kurzbök, 8. 5 Bog. Text, 1 Kupf. 1771.

Höll, J. C., s. Beschreibung der von ihm erfund. Luftmaschine.

Hollack's patriotischer Kalender f. 1895. 16. (64 S. m. 12 Bildnissen des sächs. Königshauses.) Dresden, (v. Zahn & Jaensch). n. — 30

Hollack's patriot. Kalender f. 1897. 16. (68 S. m. 1 Abb. u. 12 Bildn. d. sächs. Königshauses.) Dresden, (v. Zahn & Jaensch.) n.n. — 30

Hollack's patriot. Taschenkalender auf d. J. 1900. 16. (92 S. m. 2 Abbildgn. u. 12 Bildnissen des sächs. Königshauses.) Dresden, H. Burdach. n.n. — 50

Hollack, Emil: Erläuterungen zur vorgeschichtlichen Übersichskarte von Ostpreußen. Im Auftr. d. ostpreuß. Prov.-Verbandes bearb. u. hrsg. von –.
Glogau, Berlin: Flemming in Komm. 1908. LXXXVIII, 234 S. 8°

Hollack, Emil, u. Frdr. Tromnau, Geschichte des Schulwesens der königl. Haupt- u. Residenzstadt Königsberg i. Pr. m. besond. Berücksicht. der nied. Schulen. Ein Beitrag zur Kulturgeschichte Altpreußens. gr. 8. (XIV, 710 S.) Königsberg 899. J. H. Bon's Verl. n. 20. —

Hollack, Emil, u. F. E. Peiser, das Gräberfeld v. Moythienen. (V, 57 S. m. 49 Abbildgn. u. 14 [1 farb.] Taf.) Lex.-8. Königsberg 904. Gräfe & Unzer, Buchh. n. 20. —

Hollack, Emil: Vorgeschichtliche Übersichtskarte von Ostpreußen. Im Autfr. d. ostpreuß. Prov.- Verbandes bearb. u. hrsg. von --. [Nebst] Erl. Glogau, Berlin: Flemming in Komm. 1908. 8°

Hollack, Erich, aus Groitzsch i. Sa.: Vergleichende Studien zu der Hereford-Wiclif'schen und Purvey'schen Bibelübersetzung und der lateinischen Vulgata. (Ein Beitrag zur altengl. Syntax.) *Leipzig 1903: H. John, Halle a. S.* (84 S.) 8°
Leipzig, Phil. Diss. v. [7. Aug.] 1903

Hollack, Rhold., entweder † oder ?! Kritische Gedanken. 1.—4. Taus. (IX, 86 S.) gr. 8. Leipzig 910. Teichmann & Co. 1. —

Hollaky, F. v., u. M. Frohnhöfer, neue farbige Ornamente f. Wand u. Decke. 500 Motive. gr. Fol. (28 farb. Taf.) Berlin 899. [v. Hollaky & Frohnhöfer.] F. Toussaint. In Mappe n. 32. —

Hollán, E. — Das künftige Eisenbahn-System für Ungarn und Siebenbürgen in seinen Beziehungen zum Welthandel und den inneren Verkehr von — —. Mit einer Eisenbahnkarte. Wien, 1856. Verlag, Druck und Papier von Leopold Sommer. (36 S. 8.)

Holland [Sachliches OW]

Holland. Handbüchlein f. Reisende, die sich selbst leicht u. schnell zurecht finden wollen. 8. (15¾ B. u. 1 Karte.) Coblenz 839, Baedeker.

Holland. Handbüchlein f. Reisende, nach eigener Anschauung u. den besten Hülfsquellen bearb. M. 1 Reisekarte u. den Plänen der Städte Amsterdam, Haag, Leyden, Rotterdam u. Utrecht. 2., umgearb. Aufl. 8. (15½ B.) Koblenz 845, Bädeker. *

Holland. Handbuch für Reisende, nach eigener Anschauung und den besten Hülfsquellen bearb. 3., verb. Aufl. 8. (XLVIII und 216 S. mit 1 lithogr. Reisekarte, und den lithogr. Plänen der Städte Amsterdam, Haag, Leyden, Rotterdam und Utrecht in 8. und 4.) Koblenz 851, Bädeker. *

Holland. Prakt. Reisehandbuch. 10. Aufl. neu bearb. von O. Fiedler. Mit 7 Karten. Berlin: A. Goldschmidt 1906–07. (IV, 150 S.) 8°
— **Reiseführer**, Griebens. Bd 98. [07. 8318

Holland. Prakt. Reiseführer. 12. Aufl. neu bearb. von Dir. Knoote. Mit 8 Kt. u. 2 Grundr. Berlin: A. Goldschmidt 1910–11. IV, 163 S. 8°
(Griebens Reiseführer. Bd 98.) [10. 9107

Holland. A pract guide. With 7 maps and 2 ground-pl. Berlin: Goldschmidt 1910–11. 151 S. 8°
(Grieben's Guide Books. Vol. 142.)

Holland u. Belgien. Allerneuestes Spiel. Nebst 5 Figuren (von Zinn, in e. Schachtel), e. color. Spielplane (in kl. Fol., auf Pappe), worauf d. topograph. Uebersichtsblatt d. Schauplatzes d. dortigen Begebenheiten. (Mit ¼ B. Text in 8.) Amsterd. 832. van Huyles. (Dresd., Meser). 6 gr.

Holland u. Belgien. Eine Untersuch. üb. Belgiens Verhältnisse zu Holland, mit besond. Rücksicht auf d. Trennungsfrage. Nebst Aktenstücken. gr. 8. (17 B.) Frankfurt a. M. 832, Brönner.

Holland und Deutschland. Wichtige Zeitfrage. Köln 1838. V: *Wythof.* (CBH)

—— und Deutschland. Wichtige Zeitfrage. gr. 8. (5½ B.) Köln 838. (Leipzig, Polet.)

Holland und sein souveräner Fürst. Wien 1814. V: *Rittig von Flammenstern, Andreas.* (WBI.)

Holland, Lord Heinrich, Herzog von Exeter, oder irregeleitete Grossmuth ... Lpzg. 1791. V: *Naubert, Christiane Bened. Eug. geb. Hebenstreit.* (EE) (MGT) (Ky)

Holland, Lord, Heinrich, Herzog von Exeter, oder irregeleitete Großmuth, (v. B. Naubert). 8. Leipz. 791. Weygand. 1 ₰ 4 gr

Holland vor und nach der Revolution ... Frankf. a. M. 1798. V: *Hatzfeld, Frdr. Heinrich.* (MGT) »1796« (Ky)

Holland, vor u. nach d. Revolution, in Bezieh. mit d. Statthalterwürde betrachtet, (v. F. H. Hatzfeld). 8. Frankf. a. M. 798. Hermann. 8 gr

Holland [Schlagwort]

Holland, s.a. Deutschland. Hirschmann, L., u. G. Zahn.

Holland, s.a. Eisenbahnkarten.

Holland, s.a. Niederlande

Hollandia — Belgii pars Septentrionalis communi nomine vulgo — etc. exhibente Joh. Bapt. Homanno. Norimbergae. 1: 640,000. 1 Bl.

Holland — Charte vom Königreich — nach etc. Gezeichnet von Tobias Mayer. Mit den neuen Eintheilungen versehen herausgeg. von Homanns Erben. Nürnb. 1809. 1: 600,000. 1 Bl.

Holland — Karte von — in seinen Provinzen, Departementen und Ringe (Kreise) getheilt etc., entworfen von F. L. Güfsefeld. Wien bey Artaria u. Comp. 1808. 1ste Auflage von 1806 hat den Titel: Karte v. d. Batavischen Republik in ihre Provinzen, Departementen und Ringe (Kreise) getheilt. 1: 400,000. 2 Bl.

Hollandia — Septem Provinciae seu Belgivm Foederatvm quod generaliter — audit etc. Auctore Tobia Mayero. Edentibus Homannianis Heredibus 1748. 1: 600,000. 1 Bl.

Hollandia — Septem Provinciae seu Belgium Foederatum, quod generaliter audit — etc. Prostant Augustae Vindelicorum apud Joannem Walch 1805. 1: 550,000. 1 Bl.

Hollandiae — Tabvla Comitatvs — cum ipsius confiniis Dominii nimirum Ultrajectini nec non Geldriae et Frisiae. Tradita curis Homannianorum Heredum Norib. A. 1733. 1: 300,000. 1 Bl.

Holland, Pr. Karte des Kreises Pr. Holland im Reg.-Bez. Königsberg. Hrsg. v. der kartogr. Abtheilg. der königl. preuss. Landesaufnahme 1875. Aufgenommen vom königl. preuss. Generalstab 1867—71. 1 : 100,000. 42×57,5 cm. Farbdr. Berlin (R. Eisenschmidt). n.n. 2. —; ermäss. Preis n.n. 1.50

Holland [Verfasser]

Holland, pterologische Untersuchungen. Grfsw. 1865.
Schul-/Univ.-Schrift

Holland, A., Vorschule od. Volksschule? Eine christlich-pädagog. u. social-polit. Frage. [Aus: „Rhein. Schulmann".] Lex.-8. (33 S.) Neuwied 888. Heuser's Verl. n. — 50

Holland, Alb., die Buchhaltung des kleineren Landwirths. Ein Leitfaden zur Erlernung der landwirthschaftl. Buchführung für Ackerbauschüler, Verwalter und Gutsbesitzer. Für den Unterricht u. zur Selbstbelehrung bearb. Mit 15 Formularien. Stuttgart 853. Metzler. 4. (IV, 82 S.) 26 ngr.

Holland's A. Reise-Tagebuch. (Deutschland und Böhmen) Manuskript. 1844

Holland A. landwirtschaftliches Tagebuch. 1833/39. 2 Bde Manuskript.

Holland, Albert, Tagebuch über eine mit besond. Beziehung auf Landwirthschaft unternommene Reise durch Bayern, Sachsen-Altenburg, Königr. Sachsen, Böhmen, Mähren u. Oestreich. Mit 3 lith. Taf. 12. Reutlingen 845, Mäcken. 5/8 ₰

Holland, G., über Lungenleiben, s. Evans, J. T., Vorlesungen.

Holland, C. F., de arrestorum materia utilissima. 4. Tub. Cotta. 729.

— discurs. vel compend. equestre de origine, jurib. ac privil. ord. teutonici. 4. Frcf. Hermann. 749.

Holland, C. Ios., Examen s. commentar. in IV libros institution. imperial. 4. Vien. 727.

Holland, Christian Friedrich: Theses ex jure naturali, civ., feudali, publico et can. 11 S.–
Basel, Jur.Diss.v. 19.Juli 1729.

Holland's, D., Reisen durch d. ionischen Inseln, Thessalonien, Macedonien rc., s. Reisen, neue, d. Engländer.

Holland, C. G., Leben und Werke Channing's. Aus dem Engl. frei übers. von B. S. (Als Suppl. zu „Channing's Werken in einer Auswahl.") gr. 16. (154 S.) Leipzig 856, H. Schultze.

Holland, G., s. Holland, Johann Georg

Holland, Geo., s.: Rechenbuch f. Fortbildungs-, Fach- u. gewerbliche Schulen.

— reflexions philosophiques sur le système de la nature. II Pties. 8. Paris 772. et Neufchatel 775. Dass., ins Deutsche übersetzt v. J. L. Wezel. s. folgendes:

Holland, Geo. Jonathan, († 1784.) Abhandl. über d. Mathematik, d. allgem. Zeichenkunst u. d. verschied. Rechnungsarten. 8. Tübing. 764. v. Cotta. 3 gr.

Holland, Anmerk. über das System d. Natur, a. d. Franz. 2 Thle. 8. Bern, Typ. 772.

— Anmerkk. über d. System d. Natur; aus d. Französ. v. J. L. Wezel. 2 Thle. 8. Bremen 772. (Bern, Typogr. Soc.) 1 Thlr.

Holland, Georg Jonathan: Dilucidationes continuatae analyseos finitorum Kaestnerianae, s. Kies, Johann [Praes.]

— u. Pfeiffer, Inhalt d. Kastner'schen Vortrags vom Newtonschen Parallelogramm. 4. Tübing. 765. v. Cotta. 12 gr.

— über d. Mathematik rc. 8. Ebend. 764.

Holland, Georg Richard, s. Holland, Richard

Holland, Gust. Alb., Eisenbahn-Lexikon von Mittel-Europa. Verzeichniss sämmtlicher in Deutschland und den angrenzenden Ländern gelegenen Eisenbahnen, Eisenbahn- und Telegraphen-Stationen, zum grössten Theile nach amtlichen Quellen gefertigt. Ein Vademecum für den Güterverkehr. Nebst einer bis auf die neueste Zeit ergänzten (lith.) Uebersichtskarte über das mitteleuropäische Eisenbahnnetz (in Fol.). Friedrichshafen 855. (Ulm) Höchel. 12. (XII, 172 S. u. 1 Tab. in Fol.) 21 ngr.

Holland, H. R., Reminiscenzen, s. Lese-Cabinet, historisches.

Holland, H. S. u. W. S. Rockstro. Jenny Lind. Ihre Laufbahn als Künstlerin. 1820 bis 1851. Nach Briefen, Tagebüchern u. anderen v. Otto Goldschmidt gesammelten Schriftstücken. Autoris. deutsche Uebersetzg. v. Hedw. J. Schoell. Mit 6 Heliograv., 8 Abbildgn. u. Musikbeilagen. 2 Bde. gr. 8. (XXII, 392; XIII, 418 S.) Lpz. 891, Brockhaus. * 18 —; geb. * 20 —

Holland, Heinrich *Friedrich Wilhelm* [aus Berlin]: Über die Verwendbarkeit des Chininum bimuriaticum zur subcutanen Injection, insbesondere bei Kindern. . . . Bonn, Buchdr. J. Bach Wwe., 1891; 34 S. 8°

Bonn, Med. Fak., Inaug.-Diss. v. [15.] Mai 1891

Holland, Henry: Bemerkungen und Beobachtungen aus dem Gebiete der Medicin. (Medical Notes and reflections. Dt.) Übers. und mit Anmerkungen versehen von Joseph Wallach. Abth.1, 282 S., gbd.

Heidelberg u.Leipzig: Groos 1840

JB 2.529

Holland, Henry, Bemerkungen u. Betrachtungen a. d. Gebiete d. Medicin. A. d. Engl. übertr. u. mit einigen Anmerkn. vers. v. Jos. Wallach. 2 Abthln. gr. 8. (18¼ u. 25½ B.) Heidelberg 840, 41, Groos.

Holland, Henry, Bemerkungen u. Betrachtungen aus dem Gebiete der Medicin. Aus dem Engl. übertragen u. mit einigen Anmerkungen versehen v. Jos. Wallach. 2. Abtheil. gr. 8. Heidelberg 841, Groos. Beide Abtheil. 3 Thlr.

Holland's, Sir Henry, Essays wissenschaftlichen und literarischen Inhalts. Aus dem Engl. von Bernh. Althaus. 3 Bde. 8. (IX und 287 S., III und 332 S., III und 394 S.) Hamburg 864,65, Lührsen. à Bd. 22½ Ngr.

Holland, Hyazinth, s.: Adam. Das Werk der Künstlerfamilie A.

Holland, H., deutsche Charakterbilder aus verschiedenen Jahrhunderten. gr. 8. (IV und 156 S.) München 864, Kaiser. cart.

Holland, H., die Entwicklung des deutschen Theaters im Mittelalter und das ammergauer Passionsspiel. Eine literaturhistorische Studie. gr. 8. (III und 66 S.) München 861, Fleischmann's Separat-Conto.

Holland, H., die Entwicklung d. deutschen Theaters im Mittelalter und das Ammergauer Passionsspiel. Eine literatur-histor. Studie. 2. (Titel-)Aufl. gr. 8. (III, 66 S.) München 890. Merhoff. n. 1. —

Holland, H., illustrirte Erinnerungen an Münchener Künstler. 1. Heft. 4. (S. 1—8 mit Illustr.) München 884, Staegmeyr'sche Verlagsb.

—— Erinnerungen an Ernst v. Lasaulx. gr. 8. (46 S.) München 861, Fleischmann's Separat-Conto.

—— Geschichte der altdeutschen Dichtkunst in Bayern. Lex.-8. (VI und 658 S.) Regensburg 862, Pustet.

—— Geschichte der münchener Frauenkirche, s.a. Geschichte.

(*Holland*, Dr. H.) Geschichte der Münchener Frauenkirche des alten und neuen Baues, nebst Nachrichten über deren Restauration; ferner von Kaiser *Ludwig dem Bayer* u. dessen Grabstein; von *St. Benno* († 16. Juni 1106) u. vielen andern Merkwürdigkeiten. Ein Volksbüchlein f. Jedermann. Stuttgart 1859. 12°. Srsb. IV—93 S., 1 S. Err.

Holland, Hyacinth, Geschichte der deutschen Literatur. Mit besonderer Berücksichtigung der bildenden Kunst. 1. Bd. Mittelalter. (Mit Auszügen, Uebersetzungen u. Proben der schönsten altdeutschen Dichtungen.) Regensburg 853. Manz. gr. 8. (VIII, 422 S.) 1 Thlr. 25 ngr.

—— zu Fr. Overbeck's Heimgang. Ein Blatt der Erinnerung. gr. 8. (20 S.) Augsburg 870, Kranzfelder'sche Buchh.

Holland, Hyazinth: Theodor Horschelt, s.a. Bibliothek, Bayerische.

Holland, H., Theodor Horschelt. Eine biograph. Skizze. Mit e. Handzeichng. Horschelt's in Albertotypie. gr. 8. (15 S.) München 871. Manz. n. — 60

—— Kaiser Ludwig der Bayer und sein Stift zu Ettal. Ein Beitrag zur Kunst- und Sagengeschichte des Mittelalters. gr. 8. (32 S. mit 2 Holzschnt.) München 860, Fleischmann's Separat-Conto. *

—— s. Lüttich, E. v., deutsche Minnesänger in Bild und Wort.

—— das Ammergauer Passionsspiel im J. 1870. 8. (28 S.) Münster 870, Russell's Verlag.
Aus: Zeitgemäße Broschüren, besonders abgedruckt.

Holland, das Passionsspiel zu Oberammergau, s.: Familien-Bibliothek.

– Franz Graf Pocci, s.a. Bibliothek, Bayerische.

Holland, Hyacinth. Franz Graf Pocci. Ein Dichter- und Künstlerleben. Mit 26 Bildern nach Zeichnungen von Franz Graf Pocci und dessen Bildnis. (Bayorische Bibliothek, Bd. 3.) Bamberg 1890. 8°.

Holland, Dr. H., Franz Graf Pocci als Dichter u. Künstler. München, 1877. Kgl. Hof- u. Univers.-Buchdr. von Dr. C. Wolf & Sohn. (S.-A. aus Bd. 36 d. oberbayer. Archivs.) Imp.-8°. Cart.

53 S. — Diese höchst fleissige Arbeit bringt ausser Lebensskizze ein Verzeichniss von 526 Nrn. Pocci'scher Schöpfungen, nebst 24 Nrn. Biographisches und 17 Nrn. Portraits, auf Pocci bezüglich. — P's Vater, Graf Fabricius, stammte aus Viterbo, † als k. b. Generallieut. u. Oberrsthofmeister d. Königin, 1. Febr. 1844.

Holland, Hyazinth, Ludwig Richter, s.a. Kunst, die, dem Volke.

Holland, Dr. H., Ludwig Richter. (Biogr. u. Aufzählung s. Kunstschöpfungen.) Mit 17 Bildern R's (Hlzschn. im Texte). (Sep.-Abdr. aus *Isabella Braun's* „Jugendblättern", Jahrg. 1884.) 8°. 27 S. Cart.

— Moritz v. Schwind, sein Leben u. seine Werke. Aus d. Künstlers eigenen Briefen u. den Erinnergn. seiner Freunde zusammengestellt. gr. 8. (220 S.) Stuttgart 878. Neff. n. 4. —

—— s. Werk, das, der Künstlerfamilie Adam.

Holland, H., das Werk d. Müchener Künstlerfamilie Adam, s.: Adam.

Holland, H., s.: Zur Erinnerung an Franz Pocci.

Holland, J. Isaac, Samml. f. chymischen Schrift. 8. Wien, Blumauer. 773.

Holland, Jacob Friedrich (Rosenfeld) u. **Christoph Friedrich Vellnagel** (Plattenhard), Observationes de delictis et poenis ad recentiorem libellum Italicum de hoc argumento. Diss. jur. naturalis. Präs. Christoph Friedrich Schott. Tübing. (Sigmund) Okt. 1767. 20 S. (6.50) 15760

Holland, Jan., Darwinia. Deutsch bearb. von Alb. Haeger. 2 Thle. 8. (III, 185 u. III, 229 S.) Deventer 877. Hulscher. n. 7. —

Holland, Johann Friedrich: Über den tuberkulösen Tumor der Flexura sigmoidea. Leipzig 1907: A. Pries. (25 S.) 8° ¶ [Aus: Deutsche Zeitschr. f. Chirurgie Bd 88 H. 1. 1907.]
Königsberg, Med. Fak., Ref. Lexer, Diss. v. 27. Juni 1907
[Geb. 3. März 80 Königsberg i. Pr.; Wohnort: Königsberg; Staatsangeh.: Preußen; Vorbildung: Wilhelms-Gymn. Königsberg Reife O. 01; Studium: Königsberg 9 S.; Coll. 15. Nov. 06; Approb. 21. Dez. 06.]

Holland, Jh. Geo., Erklärung d. sonntägl. Evangelien, ein Lesebuch für d. Bürger u. Landmann rc. 2 Bde. gr. 8. Münch. 789, 90. Fleischmann. 1 *ß*

— kurze Predigten auf alle Feste des Jahres, aus verschied. französ. Predigten gezogen. 2 Thle. 8. Bamb. 785. N. Aufl. 790. (Wesché in Frankf.) 20 *gl*

— kurze Predigten auf alle Sonntage des Jahres. 2 Thle. gr. 8. Bamb. 782. 2e A. 783. 3e A. 785. (Wesché in Frankf.) 1 *ß* 16 *gl*

Holland, Otto, Geschäftsgänge für den Unterricht in der **kaufmännischen Buchführung, s.: Haese, A.**

— Handelskorrespondenz u. Formularkunde. Ein Beitrag zur Methodik in kaufmänn. Fortbildungsschulen. (35 S.) gr. 8. Berlin 909. F. Ashelm. 1. —

— Handlungslehrling u. Handlungsgehilfe, s.: Hilgers', Herm., illustr. Volksbücher.

— Lehrpläne f. Fortbildungsschulen, s.a. Eckardt, B.

Holland, Otto: Lehrpläne für Mädchen-Fortbildungsschulen. — Berlin: Ashelm 1908. 40 S. 8° (Eckardt, B., u. O. Holland: Lehrpläne f. Fortbildungsschulen. T.1.)

Holland, Ric., de Alpheo et Arethusa, s. Commentationes Philologae quibus Ottoni Ribbeckio congratulantur Discipuli Lipsienses.

Holland (Richard), The fossil Foraminifera. 1910. s.
Ergebnisse, Wissenschaftl., der schwedischen Südpolar-Expedition 1901—1903. Bd 3, Lfg 9.

Holland, Richard [Dr.]: Heroenvögel in der griechischen Mythologie m. e. Anhange über Diomedes in Italien. Leipzig, Druck v. A. Edelmann, Univ.-Buchdr., 1895; 1 Bl., 37 S. 4.
Leipzig, Thomas-G, OP 1895 (553)

Holland, Rich., Heroenvögel in d. griech. Mythologie. Mit e. Anh. üb. Diomedes in Italien. Progr. gr. 4. (38 S.) Leipzig 895. (J. C. Hinrichs' Sort.) n. 1.20

Holland, Richard: Die Sage von Daidalos und Ikaros.
38 S. 4. Progr. Thomasschule — Städt. Gymn. — *Leipzig* 1902 (602).
Ovid und die Alexandriner. 2. Die Tragiker. 3. Die Perdixsage. 4. Die Komiker. 5. Ikaros. 6. Zur Wielandsage.

Holland, Richard, Dr.: Die Sage von Daidalos und Ikaros. *Leipzig 1902: A. Edelmann.* (38 S.) 4°
Leipzig, Thomas-S (st. G), OP 1902 (602)

Holland, Rich., die Sage v. Daidalos u. Ikaros. Progr. gr. 4. (38 S.) Leipzig 902. (J. C. Hinrichs' Verl.) n. 1.20

Holland, Ricardus, Dr.: Studia Sidoniana. Leipzig 1905: A. Edelmann. (36 S.) 4°
Leipzig, ThomasS-st.G P 1905 (650)

Holland, Ricardus, Studia Sidoniana. Progr. (36 S.) Lex.-8. Leipzig 905. (J. C. Hinrichs' Verl.) n. 1.20

Holland, Richard J.: Ueber die Aenderung der electrischen Leitfähigkeit einer Lösung durch Zusatz von kleinen Mengen eines Nichtleiters ... [Aus: Ann. d. Phys. u. Chem., N. F. Bd 50 Heft 2.] Leipzig, J. A. Barth, 1893; 34 S., 1 Bl. 8.
Leipzig, Phil. Fak., Inaug.-Diss. v. [23. Nov.] 1893

Holland, Siegfried [aus Stolp in Pomm.]: Zur Behandlung des Struma ... Halle a. S., Hofbuchdr. v. C. A. Kaemmerer & C., 1896; 21 S., 1 Bl. 8.
Halle, Med. Fak., Inaug.-Diss. v. 10. Aug. 1896

Holland (T. H.), Sketch of the Mineral Resources of India. [With 3 plates.] Calcutta, Berlin 1908. 86 S. 4°

Holland, Th.: Die Wirbelthiere Pommerns, system. geordnet nebst Tabellen zur Bestimmung derselben nach der analytischen Methode. – Stolp, Städt. G., Progr. 1871.

Holland, Thdr., die Wirbelthiere Pommerns, sytematisch geordnet nebst Tabellen zur Bestimmung derselben nach der analyt. Methode. gr. 8. (IV, 119 S.) Stolp 871. Schrader. n. 2. —

Holland, Thdr., Wirbeltiere Pommerns. 8. (119 S.) Stolp. 892. H. Hildebrandt. — 75
Vergriffen.

Holland, Thomas (Dunstable)
De dyspepsia. Inaug. Diss.
[lt. Dekanatsbuch nur handschriftlich eingesandt.]
Dr. med. Giessen 23.5.1842.

Holland, W., s. Bibliothek des litterarischen Vereins in Stuttgart XXI, XXXVI, LVI, LXXXVIII, CVII, CXXII, CXXXII, CXLIV, CLVII, CLXVII.

Holland, Wilh. Ludw.: Das Buch der Beispiele der alten Weisen, nach Handschriften hrsg., s. Bibliothek des litterarischen Vereins in Stuttgart, Bd. 56

Holland, Wilh. Ludw., s. Crestien v. Troies, li romans dou Chevalier au Lyon.

Holland, Wilh. Ludw., Crestien v. Troies, s.a. Crestien v. Troies.

Holland, W. L., Crestien v. Troies. Eine literaturgeschichtliche untersuchung. gr. 8. (X und 284 S.) Tübingen 854, L. F. Fues. *

—— zu Ludwig Uhlands Gedächtniß. Mittheilungen aus seiner akadem. Lehrthätigkeit. gr. 8. (102 S.) Leipzig 886, Hirzel. *

—— die Legende der heiligen Margarete, altfranzösich und deutsch. gr. 8. (XVI und 81 S.) Hannover 863, Rümpler. *

Holland, Wilh. Ludw., über Uhlands Ballade „Merlin der Wilde". gr. 8. (60 S.) [Stuttgart 876, Cotta'sche Buchh.] Frankfurt a. M., Völcker's Verlag. (* ℳ 2.) *

– Schreiben des Kurfürsten Karl Ludwig von der Pfalz und der Seinen, s. Bibliothek des litterarischen Vereins in Stuttart, Bd 167.

Holland, Wilhelm Ludwig [Hrsg.], s. Uhland, Ludwig: Gedichte und Dramen

Holland-Letz, Rudolf, a. Steinbach-Hallenberg, z. Zt. Medizinalpraktikant in d. Augenklinik zu Jena: Statistisches aus der Augenklinik zu Jena. Jena 1907: G. Neuenhahn. (26 S.) 8°
Jena, Med. Fak., Ref. Wagenmann, Diss. v. 6. Juni 1908
[Geb. 13. Mai 83 Steinbach-Hallenberg; Wohnort: Jena; Staatsangeh.: Preußen; Vorbildung: Gymn. Gotha Reife O. 02; Studium: Jena 6, Kiel 1, Jena 3 S.; Coll. 2. Aug. 07; Approb. 6. Juni 08.]

Hollanda, Francisco de, vier Gespräche üb. die Malerei, hrsg. von Joaquim de Vasconcellos, s.a. Quellenschriften f. Kunstgeschichte. N. F. IX.

Hollanda, Francisco de: Vier Gespräche über die Malerei geführt zu Rom 1538. Originaltext mit Übers., Einl., Beilagen u. Erläut. v. Joaquim de Vasconcellos. Wien: C. Graeser 1899. (CLX. 240 S.) 8°
= Quellenschriften f. Kunstgeschichte u. Kunsttechnik d. Mittelalters u. d. Neuzeit. N. F. Bd 9.

Hollande, Abrégé de l'Histoire naturelle des quadrupèdes vivipares et des oiseaux etc. IV Vol. av. fig. gr. 8. Deux-ponts, Sansons. 789. 90.

Hollander, De, in Duitschland. Handleiding tot het spreken der Duitsche Taal zonder onderwijs. Bonn: C. Georgi [1897]. (32 S.) 8° [Umschlagt.]
= Kuntze, Methode Polyglotte. [10.]

Hollander, De, in Engeland. Handleiding tot het spreken der Engelsche Taal zonder onderwijs. Bonn: C. Georgi [1900]. (32 S.) 8° [Umschlagt.]
= Kuntze, Methode Polyglotte. [11.]

Hollander, De, in Frankrijk. Handleiding tot het spreken der Fransche Taal zonder onderwijs. Bonn: C. Georgi [1897]. (32 S.) 8° [Umschlagt.]
= Kuntze, Methode Polyglotte. [12.]

Hollander, d. preuss. Bodencredit-Aktienbank. Berlin 878.

Hollander, v., die Fürsorge f. Erhaltung des Haushalts, s.a. Schriften d. deutschen Vereins f. Armenpflege. 55.

Die Fürsorge für Erhaltung des Haushalts, insbes. durch Hauspflege. Von v. Hollander, Bürgermeister in Mannheim. *Leipzig: Duncker & Humblot 1901.* (76 S.) 8° [F.]
= Schriften d. deutschen Vereins f. Armenpflege u. Wohlthätigkeit. H. 55. [t.]

v. Hollander, Hauspflege, s. Schrift d. Ver. f. Armenpflege

— wie ist d. Nothstand d. städt. Grundbesitzes zu beseitigen. Berl. 879.

Hollander, Bernhard A.: Wilhelm Ferdinand Häcker, Buchdruckerei, Riga 1804 bis 1904. Eine Gedenkschr. zum 1. April 1904. — Riga: Häcker 1904. 60 S. mit Abb. 2°

Hollander, Bernh[ard] A.: Zum 70. Jahrestag der Ges. für Geschichte und Altertumskunde der Ostseeprovinzen Rußlands. Rede . . . . — Riga 1905: Häcker 11 S.
Aus: Sitzungsberichte der Ges. für Geschichte und Altertumskunde der Ostseeprovinzen Rußlands für das Jahr 1904.

Hollander, Bernh. A., Sachregister, s. Urkundenbuch, liv-, est- u. kurländisches.

Hollander, Carl Wilhelm, s. Hollander, Karl Wilhelm

Hollander, Charles, aus Baltimore: (1.) Synthese der Ecgoninsäure. (2.) Studien zur Synthese des Hygrins. *München 1902: V. Höfling.* (47 S.) 8°
München, Phil. Diss. v. 1902

Hollander, Eduard: Die Jubelfeier des fünfzigjährigen Bestehens der Fraternitas Rigensis im Januar 1873. — Lpg: Bidder (1873). X, 149 S. 4°

Hollander, F., der Berliner Figaro. Lustspiel in 5 Aufzügen. [Als Mscr. gedr.] gr. 8. (78 S.) Dresden 869, Bach. *

—— Geist und Körper. gr. 8. (20 S.) Ebendas. 870. *

Hollander, F., Table of german grammar. With an appendix, containing a complete list of the irregular verbs. 8. (2 B.) Leipzig 840, Arnoldische Buchh. *

Hollander, Gottfried, Kammergerichts-Ref. in Berlin: Haftung des Verkäufers beim Erstreiten eines beschränkten dinglichen Rechts oder Besitzanspruches an der Kaufsache durch einen Dritten. Nach gemeinem Recht. Mit besond. Berücks. d. Bürgerl. Gesetzbuches f. d. Deutsche Reich. *Berlin 1900: 'Gutenberg'.* (67 S.) 8°
Jena, Jur. Diss. v. (13. Okt.) 1900

Hollander, Gust., de rebus Metapontinorum. Dissertatio inauguralis. 8maj. (48 S.) Gottingae 851, (Vandenhoeck und Ruprecht.) *

Hollander, Heinr. v., über den animus im Recht des Besitzes der Römer, s.a. Festgabe für Hermann Fitting.

Uber den animus im Recht des Besitzes der Römer von Heinrich v. Hollander. *Halle a. S.: M. Niemeyer 1903.* (42 S.) 8°
Aus: Festgabe d. jur. Fak. d. Univ. Halle-Wittenberg f. H. Fitting.

Hollander, H[einrich] von, Dr. jur.: Zur Lehre vom 'Error' nach römischem Recht. *Halle a. S. 1898: Waisenhaus.* (X, 178 S.) 8°
Halle, Jur. Hab.-Schr. v. 1898

— zur Lehre vom „Error" nach römischem Recht. (X, 179 S.) gr. 8. Halle 898. (G. Niemann.) n. 4.—

Hollander, H. v., zur Lehre vom „Error" nach röm. Recht. 2. [Titel-]Ausg. (X, 179 S.) gr. 8. Halle [898] 908. M. Niemeyer. 5.—

Hollander, H. v., vis major als Schranke der Haftung nach römischem Recht. gr. 8. (VI, 62 S.) Jena 892. G. Fischer. n. 2.—

Hollander, Hermannvs ⟨geb. am 26 Aug. 1838 in Hamburg⟩: De Hecataei Milesii descriptione terrae qvaestio critica ... Bonnae, form. Carthavsianis (1861). 1 Bl., 32 S., 1 Bl. 8. ¶ Erschien zugleich selbständig bei Lemperts in Bonn.
Bonn, Phil. Fak., Diss. v. 5 Aug. 1861

Hollander, Herm., üb. die neu bekannt geword. Handschriften d. homer. Hymnen, s.a. Festschrift zur 300jähr. Jubelfeier d. Ratsgymnasiums zu Osnabrück.

Hollander, Hermann [Prof. Dr.]: Über die neu bekannt gewordenen Handschriften der homerischen Hymnen. *Osnabrück, Druck v. J. G. Kisling, 1895;* 1—24 S. 8.
Osnabrück, Rats-G, Festschr. 1895**

Hollander, Hermann Die handschriftliche Überlieferung der homerischen Hymnen. 4 (36 S.). Ratsg. *Osnabrück* 1886 (295).
Progr.

Hollander, Herm., die handschriftliche Überlieferung der homerischen Hymnen. gr. 4. (36 S.) Leipzig 886. Fock. n. 1.—

Hollander, J., Courszettel-Commentar der Allgemeinen Börsen-Zeitung für Privat-Capitalisten u. Rentiers. 4. Jahrg. gr. 4. (76 S.) Berlin 881. Merkantil. Verlags-Anstalt. n. 1.—
Nicht weiter erschienen.

Hollander, J., der biblische u. der göthe'sche Faust. Vortrag. 8. (22 S.) Trier 881. Stephanus in Comm. n.—50

— das Judengemetzel in Bulgarien. Rede, geh. am 8. Tage des Laubhüttenfestes. gr. 8. (17 S.) Posen 877. Jolowicz in Comm. n.—50

—— die Pfandbriefe und Pfandbrief-Institute Deutschlands. (2. völlig umgearb. Aufl.) gr. 8. (136 S.) Ebendas. 881.

Hollander, J. Tabellarische Zusammenstellung der Verhältnisse sämmtlicher Hypothekenbanken in Deutschland. Berlin 1877.

Hollander, J. J., Handleiding tot de beoefening van het Maleiisch letterschrift; ter dienste van hen, die zich tot de lessen aan de koninkl. milit. akad. wenschen voor te bereiden. gr. 12. (IV u. 36 S.) Breda 847. (Amersfoort, Gebr. Taats.) n. 1/3 ℛ

Hollander, J. J. v., De Euripidis Supplicibus. Diss. 1840. 69 S.

Hollander, Iacobus: *De Rabban Gamaliele hašaken, theologo. 67 S. 4° (2°)
Halle-Wittenberg, Phil. Diss. v. 10. März 1869
Geb. [Altona (Holst.) 4. 2. 1846]

Hollander, Karl von: Über die Bedeutung von Fechners 'Nanna' für die Gegenwart. Göttingen 1908: Kaestner. 61 S. 8°
Göttingen, Phil. Diss. v. 1. Sept. 1908, Ref. Baumann
[Geb. 5. Mär 84 Wolmar (Livland); Wohnort: Göttingen; Staatsangeh.: Braunschweig; Vorbildung: Gymn. Blankenburg a. H. Reife M. 03; Studium: München 2, Berlin 3, Göttingen 4 S.; Rig. 8. Juli 08.] [U 09. 1301

Hollander, Karl Wilhelm

Hollander, Carl Wilh., dat Appelwiew, oder de trojanische Krieg. En plattdütsch-griechisch-mytho-unlog. Geriemels in veer ungliefe Avdhelungen. 8. (26 S.) Hamburg 887, (Nestler und Melle's Verlag.) *

—— Gedichte in Platt- und Hochdeutsch. Zum Vortrag in gesell. Vereinen. Mit Selbstbiographie. 12. (VI, 119 S. mit Lichtdr.-Bild des Verf.) Ebendas. 887. *

v. Hollander, Paul [pr. Arzt]: Aus d. anatom. Institut zu Königsberg i. Pr. No. 11. Ein Beitrag zur Anatomie der Scheitelbeine des Menschen. '(M. e. Taf.)' ... Königsberg i. Pr., Druck v. M. Liedtke, 1894; 1 Bl., 57 S., 2 Bl., 1 Taf. 8.
Königsberg, Med. Fak., Inaug.-Diss. v. 19. Juli 1894

Hollander, Paul v., e. Beitrag zur Anatomie der Scheitelbeine des Menschen. Diss. gr. 8. (57 S. m. 1 Taf.) Königsberg 894. (W. Koch.) n. 1.—

Hollander, P. J., Bibliothek f. unstud. Religionsliebhaber. 5 Thle. 8. Frkf. 752.

— allgem. Kirchengeschichte A. u. N. Testam. 8. Ebend. 765.

Holländer, Die, oder Was vermag ein vernünftiges Frauenzimmer nicht. Lustspiel in 3 Aufzügen. Leipzig 1778. Wien 1778. B: *Bock Joh. Chn.* (nach *Carlo Goldoni*), (Journal von ausw. u. teutschen Theatern. Wien 1778—1779. 2. Theil, S. 125. 134) (BIBLPORT) (Theater der Deutschen XIX) Königsberg u. Leipzig 1783. V: *Goldoni, Carlo.* Ü: *Bock, Joh. Chn.* (GGR IV²/132/119; 646/9, I a) (DARP)

Holländer, die, oder was vermag ein vernünftiges Frauenzimmer nicht? Lstspl. 8. Leipz. 786. Compt. f. Lit. 6 gl.

Holländer, Die. Eine karakteristische Skizze aus der Völkerkunde ... Leipz. u. Jena 1791. V: *Ehrmann, Theoph. Frdr.* (Kat. d. Lipperheide'schen Kostümbibl. 1. Berlin 1896—1901.)

Holländer, die, eine charakterist. Skizze aus d. Völkerkunde von Europa. Mit 18 ill. Kpf. 8. Nürnb. 791. Schneider u. W. 12 gl.

Holländer, der beredte. Eine Anleitg., in sehr kurzer Zeit, ohne Hülfe e. Lehrers, leicht u. richtig holländisch lesen, schreiben u. sprechen zu lernen. 12. (160 S.) Bern 890. Heuberger. n. 1.—

Holländer, der beredte. Eine Anleitg., in sehr kurzer Zeit, ohne Hilfe e. Lehrers, leicht u. richtig holländisch lesen, schreiben u. sprechen zu lernen. Praktisches Hilfsbuch f. Alle, welche in der holländ. Umgangssprache schnelle u. sichere Fortschritte machen wollen. 2. Aufl. (160 S.) kl. 8. Bern 909. F. Semminger. 1. —

Der ehrwürdige Holländer bei seiner Geldkiste. Sinnbild auf den Reichtum des holländischen Volkes. Flugblatt: Anon. Kupfer. ca. 1780. Qu.-Fol. 12.—

Muller 4370. In der Mitte teilt ein Holländer sein Geld an seine Landsleute (den Handel, Fleiß usw.) aus und wehrt die von links andringenden Fremdlinge ab. Vorne rechts verfolgt der holländische Löwe die englische Dogge und den französischen Hahn.

Holländer, der fliegende, Zauberposse mit Gesang in drei Aufzügen. (Auf dem zweiten Theater in Hamburg 40 Mal nach einander mit immer steigendem Beifall aufgeführt.) Mit illum. Titelbild. gr. 12. Hamburg 841, Berendsohn. 1/3 ℛ

Holländer, der fliegende. Neuestes Liederbuch für Seeleute. Hrsg. von Thdr. Sievers. 1. Aufl. 1850. 4 Ngr., und 2. Aufl. 32. (128 S.) Altona 852, (Lehmkuhl und Comp.) Thlr.

Holländer, der fliegende. Neuestes Liederbuch für Seeleute. Hrsg. von Th. Sievers. (2. Aufl.) 32. (128 S.) Altona 852, Sievers.

Holländer, der fliegende. Neuestes Liederbuch für Seeleute. Hrsg. von Thdr. Sievers. 32. (128 S.) Altona 850. (Lehmkuhl.) n. 4 ℊℊ — 2. Aufl. 32. (128 S.) Altona 852, Simons. 3 ℊℊ

— der geschickte, oder die Kunst, ohne Lehrer, in 10 Lectionen holländisch lesen, schreiben u. sprechen zu lernen. Von Dr. S. 16. Cöln 846, Lengfeld. 1/6 ℛ

—— der geschickte, oder die Kunst, ohne Lehrer, in 10 Lektionen holländisch lesen, schreiben und sprechen zu lernen. Von S. 16. (60 S.) Cöln 847, Lengfeld.

Holländer, der geschickte, od. die Kunst, ohne Lehrer in 10 Lectionen holländisch lesen, schreiben u. sprechen zu lernen von S. 3. Aufl. gr. 16. (60 S.) Leipzig 873. Mayer. — 60

Holländer, der geschickte, oder die Kunst, ohne Lehrer in zehn Lectionen holländisch lesen, schreiben und sprechen zu lernen. Vom Verf. des geschickten Franzosen. 4. verb. Aufl. 12. (60 S.) Köln 882, Mayer.

Holländer, A., Die Kriege d. Alamannen m. d. Römern im 3. Jahrh. n. Chr. 1874. 47 S. 1.20

Hollaender, A.. Kunaxa. 1893. Siehe unter Xenophon.

Hollaender, A., u. A. Hessler, Malerisches aus Alt-Würzburg. 29 Federzeichngn. Mit Begleitwort von A. Hessler. Ein Buch f. Freunde volkstüml. Kunst. (71 S.) gr. 8. Würzburg 908. S. Perschmann. 1. 20

Hollaender, Abraham, Referendar: Die Folgen unrichtiger Eintragungen im Handelsregister. Posen 1909: Decker. III, 61 S. 8°

Erlangen, Jur. Diss. v. 4. Okt. 1909, Ref. Sehling

[Geb. 24. Okt. 85 Samter; Wohnort: Posen; Staatsangeh.: Preußen; Vorbildung: Marien-Gymn. Posen Reife O. 04; Studium: Heidelberg 1, Berlin 3, Königsberg 2 S.; Rig. 25. Mai 09.] [U 10. 703

Holländer, Albert, Referendar aus Hamburg: Die rechtliche Natur der Gebrauchsbefugnis des Mieters im Bürgerlichen Gesetzbuch. *Rostock 1901: C. Hinstorff.* (71 S.) 8° [J.]

Rostock, Jur. Diss. v. [20. Juni] 1901

Hollaender, Alcuin, e. Strassburger Legende, s.: Beiträge zur Landes- u. Volkeskunde v. Elsass-Lothringen.

Hollaender, A., Strassburg im französischen Kriege 1552, s.: Beiträge zur Landes- u. Volkeskunde v. Elsass-Lothringen.

Holländer, Alcuin, Strassburg im Schmalkaldischen Kriege. gr. 8. (VII, 94 S.) Strassburg 881, Trübner. *

Hollaender, Alexis, Liederbuch f. mittlere u. höhere Mädchenschulen, s.: Kühn, Musik.

Hollaender, Alfr., de anaglyphis sepulcralibus graecis quae coenam repraesentare dicuntur. Dissertatio inauguralis archaeologica. gr. 8. (48 S. mit 1 Stnt.) Berlin 865, (Calvary und Comp.) *

Holländer, B., e. Christabend od. der Findling, s. Theater, kleines.

Holländer, Bernard, aus Wien: **Historisches über die Localisation der psychischen Thätigkeiten im Gehirn mit besonderer Berücksichtigung der Lehren Gall's.** *Berlin 1899: (L. Schumacher).* (32 S.) 8°

Freiburg i. B., Med. Diss. v. 1899

Holländer, Bernard, die Localisation der psychischen Thätigkeit im Gehirn. Ergebnisse der Experimental-Physiologie, v. Sectionsbefunden, v. anatom. u. klin. Beobachtgn., verwerthet f. die Localisationslehre u. Psychiatrie. gr. 8. (328 S.) Berlin 900. A. Hirschwald. n. — 80

Holländer, geb. Kießhauer, Charl., gründliche Anweisung, alle Arten künstlicher Blumen anfertigen zu können, ohne in dieser Kunst Unterricht gehabt zu haben. Ein auf viele Erfahrung begründetes, belehr. u. nützl. Buch f. junge Damen, die diese Kunst zum Vergnügen sowohl, als zum Erwerbszweig zu erlernen wünschen. Mit 2 lith. Taf. gr. 12. Münster 840, Coppenrath'sche Buch- u. Kunsth. 3/8 ℛ

Hollaender, Ernst, Apotheker aus Leobschütz i. Schles.: **Beiträge zur Kenntnis der α-Phenyl-β-naphtocinchoninsäure und der α-Methyl-β-naphtocinchoninsäure.** *Freiburg i. B. 1899: Ch. Lehmann's Nachf.* (59 S.) 8°

Freiburg i. B., Phil. Diss. v. 1899

Holländer, Ernst, approb. Arzt aus Homburg ⟨Pfalz⟩: **Ueber Fremdkörper der Speiseröhre.** *München 1903: Kastner & Callwey.* (44 S.) 8°

München, Med. Diss. v. 1903

Holländer, Ernst, Gerichtsass. in Berlin: **Die gewillkürte Stellvertretung. Berlin & Leipzig: Rothschild 1910. VIII, 81 S. 8°** ¶(Ersch. auch als Buch ebd.)

Leipzig, Jur. Diss. v. 28. Febr. 1910

[Geb. 4. April 83 Berlin; Wohnort: Charlottenburg; Staatsangeh.: Preußen; Vorbildung: Askan. Gymn. Berlin Reife O. 01; Studium: Freiburg i. B. 1, Berlin 1, Genf 1, Berlin 3 S.; Rig. 13. Juli 04.] [U 10. 2738

Hollaender, Eugen [aus Halle/S.]: Über aequivalente Abbildung. . . Halle/S., *Druck v. E. Marks, Mülheim a. d. R.*, 1891; 1 Bl., 35 S., 1 Bl. 4°

Halle, Phil. Fak., Inaug.-Diss. v. 4. Apr. 1891

Hollaender, *Eugen* [Dr.]: Ueber flächentreue Abbildung. (= Inaug.-Diss. Halle 1891.) Mülheim a. d. R., Buchdr. v. E. Marks, 1891; 35 S. 4°

Mülheim (Ruhr), G m. Realkl., P 1891 (447)

Holländer, Eug., die Karikatur u. Satire in der Medizin. Mediko-kunsthistor. Studie. (XV, 354 S. m. 223 Abbildgn. u. 10 farb. Taf.) 4. Stuttgart 905. F. Enke. Geb. n. 24. —; in Leinw. n. 27. —

— die Medizin in der klassischen Malerei. (XII, 276 S. m. 165 Abbildgn.) hoch 4. Ebd. 903. In Mappe n. 16. —; geb. in Leinw. n. 18. —

Holländer, Eugen. Die Medizin in der klassischen Malerei. 3. Aufl. Stuttgart, Ferdinand Enke 1923.
XIV + 488 S. m. 307 Abb. 4°.

Holländer, F., die neue Gemeinschaft, s.: Hart, Jul.

Hollaender, Felix u. Lothar Schmidt [d. i. Goldschmidt].
A c k e r m a n n. Tragikomödie in 3 Akten.
Berlin: S. Fischer 1903. (135 S.) 8°

Hollaender, Fel., Charlotte A b u t t i. Ein Buch der Liebe. 1.—3. Aufl. (352 S.) 8. Berlin 908. Verlag Dr. Wedekind & Co. 4.—; geb. n 5. —

Hollaender, Fel., der Baumeister. Roman. (322 S.) 8. Berlin 904. P. Letto. n. 4.—; geb. in Leinw. n. 5. —

— Der B a u m e i s t e r. Roman. (322 S.) 8. Berlin (909). Globus Verlag. 1.—; geb. 1. 50

Hollaender, Fel., M a g d a l e n e D o r n i s. Ein moderner Roman. 3. Aufl. 8. (316 S.) Berlin 896. S. Fischer, Verl. n. 4. —; geb. n. 5. —

— u. Hans Land, die heilige Ehe. Ein modernes Schauspiel in 5 Akten. 8. (104 S.) Ebd. 898. n. 2. —

Hollaender, Fel., Erlösung. Roman. 1.—3. Aufl. 8. (à 302 S.) Berlin 899. S. Fischer, Verl. n. 3. 50

— Pension Fratelli. Ein kurzer Roman u. Anderes. 2. Aufl. 8. (III, 174 S. m. Bildnis.) Ebd. 896. n. 2. —; geb. n. 3. —

— Pension Fratelli. Ein kurzer Roman u. Anderes. 3. Aufl. 8. (VII, 174 S. m. Bildnis.) Ebd. 896. n. 2. —

— das letzte Glück. Roman. 1.—6. Aufl. 8. (à 296 S.) Ebd. 899. 900. n. 3. 50

— Unser H a u s. Ein Buch. (Umschlag: Roman.) (342 S.) 8. Berlin 911. E. Reiß. 4.—; geb. 5. —

— J e s u s u. J u d a s. Ein mod. Roman. 3. Aufl. 8. (364 S.) Ebd. 895. n. 4. —; geb. n. 5. —

— der Pflegesohn, s.: Bibliothek moderner deutscher Autoren.

— s.: R o m a n, der, der XII.

Hollaender, Fel., moderne R o m a n e. I. II. 8. Berlin, S. Fischer Verl. à n. 3. 50; geb. à n. 4. 50
I. Jesus u. Judas. (364 S.) 891.
II. Magdalene Dornis. (324 S.) 892.

— Frau Ellin Röte. Aus dem Leben e. jungen Frau. 8. (339 S.) Ebd. 893. n. 3. 50; geb. n. 4. 50

— Frau Ellin Röte. Ein Ehe-Roman. 5. u. 6. Aufl. 8. (à 339 S.) Ebd. 899. n. 4. —

— Agnes F e u s t e l s Sohn. Roman. 4. Aufl. (341 S.) 8. Berlin (909). S. Schottlaender's schles. Verlagsanstalt. 5.—; geb. 6.—; in Ldr. 7. —

Felix Hollaender. Sturmwind im Westen. Ein Berliner Roman. 7. Aufl. *Berlin: S. Fischer 1896.* (314 S.) 8° [F. u. Ant.]

— T r a u m u. T a g. Roman. 1. u. 2. Aufl. (Je 346 S.) 8. Berlin 905. S. Fischer, Verl. n. 4. —; geb. n.n. 5. —

— der W e g des Thomas Truck. Ein Roman in 4 Büchern. 2 Bde. 1.—3. Aufl. 8. (à 404 u. 421 S.) Ebd. 902. n. 8. —; geb. n.n. 10. —

— der W e g des Thomas Truck. Ein Roman in 4 Büchern. 5—8. Aufl. (Neue wohlf. Ausg. in 1 Bd.) (à 404 u. 421 S.) 8. Ebd. 904. 905. n. 4. —; geb. n.n. 5. —

— Der W e g des Thomas Truck. Ein Roman in 4 Büchern. 9. u. 10. Aufl. (421 S). 8. Berlin 910. S. Fischer, Verl. 4. —

— Die W i t w e. Kleine Geschichten. (192 S.) kl. 8. Ebd. 908. 2.—; geb. n 3. —

Die Witwe. Kleine Geschichten von Felix **Hollaender**. 2. Aufl. Berlin: S. Fischer 1908. 194 S. 8° [n. 43ks 11

Hollaender, George (Burghersdorp/Cap. d. guten Hoffnung), Experimentelle Versuche über Unschädlichmachung tuberculöser Sputa. Diss. med. Halle. (Gebauer-Schwetschke) 26. 1. 1884. 26 S. mit Biogr. (6.—) 15759
Referent: Ackermann. — Oppon.: Paul Welcker, Felix Löwenhardt. — Gew.: Bernhard Küssner.

Hollander, H., Die hs. Ueberlieferung der homerischen Hymnen. Pr. 1886. 36 S. 4°. 1.50

Hollaender, Josef: Studien in der Cumarinreihe. 1909. 66 S. 8°
Berlin, Dr.-Ing.-Diss. v. 12. 3. 1909

Holländer, Julius [prakt. Arzt]: Ueber die Erkrankungen des Processus vermiformis mit besonderer Berücksichtigung der dabei vorzunehmenden operativen Eingriffe .... Breslau, Druck d. Bresl. Genossenschafts-Buchdr. (1886): 36 S. 8°.
Breslau, Med. Fak., Inaug.-Diss. v. 27. März 1886.

Holländer, Jul., üb. die Erkrankungen d. Processus vermiformis m. besond. Berücksicht. der dabei vorzunehmenden operativen Eingriffe. gr. 8. (35 S.) Breslau 886. (Köhler.) n. 1. —

Holländer, Karl [Dr. jur., Kammergerichtsref. aus Berlin]: Das jus offerendi et succedendi nach römischem Recht ... Berlin, Druck d. Ver.-Buchdr., 1894; 55 S. 8.
Erlangen, Jur. Fak., Inaug.-Diss. v. 1894

Hollaender, Ludwig

H o l l a e n d e r, L., de militum coloniis ab Augusto in Italia deductis, s.a. D i s s e r t a t i o n e s philologicae Halenses.

Hollaender, Ludovicus: De militum coloniis ab Augusto in Italia deductis. Halis Saxonum 1880: Karras. 38 S. 8°
Halle-Wittenberg, Phil. Diss. v. 23. Okt. 1880
Geb. Burghersdorp am Kap der guten Hoffnung (Südafrika) 2. 5. 1858. V. Ersch. auch in: Dissertationes philologicae Halenses. Vol. 4. Halis Saxonum 1880. S. 345—384.

Hollaender, Ludwig [Dr.]: Kunaxa. Histor.-kritische Beitr. z. Erklärung v. Xenophons Anabasis. Naumburg a. S., Druck v. H. Sieling, 1893; 36 S. 4.
Naumburg a. S., Dom-G., OP 1893 (245)

Hollaender, Ludw., Kunaxa. Historisch-krit. Beiträge zur Erklärg. v. Xenophons Anabasis. Progr. gr. 4. (86 S.) Naumburg a/S. 898. (Leipzig, G. Fock.) n. 1. 20

Holländer, Ludw., die Lage der deutschen Mühlenindustrie unt. d. Einfluss d. Handelspolitik 1879—1897, s.a. Studien, Münchener volkswirtschaftl.

Holländer, Ludwig, cand. jur. et cam. aus Wiesbaden: **Die Lage der Deutschen Mühlenindustrie unter dem Einfluss der** Handelspolitik 1879 1897. *Stuttgart 1898: Union.* (VI, 97 S.) 8° ¶|— Münchener volkswirtschaftl. Studien, Stück 29.]
München, Staatswirtsch. Diss. v. 1898

Die sozialen Voraussetzungen der antisemitischen Bewegung in Deutschland. Vortrag geh. von Ludwig **Holländer**, Rechtsanw. Berlin: Levy 1910. 30 S. 8° [Umschlagt.] [u. 3696

Holländer, Ludwig Heinrich

Hollaender, Ludw. H., die Anatomie der Zähne des Menschen u. der Wirbelthiere, sowie deren Histiologie u. Entwickelung, nach Charles S. Tomes' Manual of dental anatomy human and comparative bearb. Mit 180 in den Text gedr. Holzschn. gr. 8. (VIII, 320 S.) Berlin 877. Hirschwald. n. 8. —

— Beiträge zur Zahnheilkunde. Neun Abhandlungen. Mit 8 (eingedr.) Holzschn. gr. 8. (VII, 171 S.) Leipzig 881. Felix. n. 6. —

Hollaender, L., das Bromaethyl in der zahnärztlichen Praxis. Vortrag, geh. zu Berlin, August 1890. gr. 8. (14 S.) Halle a/S. 890. (Leipzig, G. Fock.) n. — 80

Hollaender, Ludw. **Das Bromaethyl in der zahnärztl. Praxis.** Vortrag. gr. 8. (14 S.) Halle a. S. 891. (Lpz., Fock.) * — 80

Hollaender, Ludovicus Henricus *(geb. Leobschütz 4. 2. 1833)*:
De corneae et scleroticae conjunctione et de ceteris partibus hic concurrentibus. Vratislaviae (1856). (34 S.) 8°
Breslau, Med. Diss. v. 27. Mai 1856

—— die Extraction der Zähne. Für Aerzte und Studirende. gr. 8. (48 S. mit 22 eingedr. Holzschn.-Abbild.) Leipzig 878, Felix.

—— die Extraction der Zähne. Für Aerzte und Studirende. 2. verm. und verb. Aufl. gr. 8. (VIII, 68 S. mit 41 eingedr. Holzschn.-Abbild.) Ebendas. 882.

Hollaender, L. H., die Extraction der Zähne. Für Ärzte und Studirende. 3. umgearb. Aufl. gr. 8. (VIII, 73 S. mit 45 eingedr. Abbild.) Leipzig 888, Felix. *
geb. *

— die Extraction der Zähne f. Ärzte u. Studirende. 4., neu bearb. Aufl. gr. 8. (VIII, 97 S. m. 54 Abbildgn.) Leipzig 894. A. Felix. n. 3. 20

—— das Füllen der Zähne und deren Extraction. Mit theilweiser Benutzung von J. Taft's Operative dentistry. 3d edit. Philadelphia 1877. gr. 8. (VIII, 188 S. mit 122 eingedr. Holzschn.-Abbild.) Ebendas. 878. *

—— das Füllen der Zähne mit Gold und anderen Materialien. 2. umgearb. Ausg. gr. 8. (XII, 218 S. mit 98 Abbild.) Ebendas. 885. *ℳ 8.—; geb. *

Hollaender, L., das Füllen der Zähne. Ein Leitfaden f. Anfänger u. Geübtere. 3., neu bearb. Aufl. gr. 8. (XI, 200 S. m. 106 Abb.) Leipzig 896. A. Felix. n. 6. —

— u. **Schneidemühl,** Handbuch der zahnärztlichen Heilmittellehre. gr. 8. (III, 254 S.) Ebd. 890. n. 7. 50

—— s. Handbuch der Zahnheilkunde.

— das Pental [C_5H_{10}] als Anaestheticum. [Aus: „Allg. Wiener medicin. Zeitg."] gr. 8. Halle a/S. 892. (Leipzig, G. Fock.) n. — 30

(Hollaender, [Ludwig]): Programm für das zahnärztliche Studium auf der Universität Halle a/S. o. O. [nach 1873 und vor Juni 1885]. 2 Bl. 8° [Kopft.]

Hollaender, Ludovicus Henricus: De dentium ex ordine rodentium structura penitiori. Halis Saxonum 1873: Ploetz. 30 S., 1 Taf. 8°
Halle-Wittenberg, Med. Hab.-Schr. v. 20. Febr. 1873

Holländer, Ludw., die Zahnheilkunde und ihre Bedeutung. Für Laien und Aerzte. 1. Aufl. (VIII, 120 S.) 1872. *ℳ 2., und 2. bedeutend verm. und verb. Aufl. 8. (VIII, 185 S.) Berlin 873, Oliven. *

Holländer, Martin [aus Neubrandenburg]: Ueber den späteren Gang der Entwickelung der chronischen Hirnabscesse. . . . Würzburg, P. Scheiner's Buchdr., 1880; 17 S. 8°
Würzburg, Med. Fak., Inaug.-Diss. v. 1880

Hollaender, Maximilian [Dr. med.]: Bericht über die im Jahre 1893 in der kgl. Universitätsaugenklinik in München stationär behandelten Kranken nebst e. Fall v. Ablatio retinae ... München, Buchdr. v. M. Ernst, 1894; 26 S. 8.
München, Med. Fak., Inaug.-Diss. v. 1894

Hollaender, Sigismundus *(geb. Loslau in Oberschles. 28. 1. 1824)*:
De phosphoro. Vratislaviae (1846). (30 S.) 8°
Breslau, Med. Diss. v. 7. Dez. 1846

Hollaender, Vict., das muss man seh'n!, s.: Freund, Jul.

Hollaender, Victor: Gesangstexte aus: Der rote Kosak. Operette in 3 Akten von Louis Herrmann u. Hermann Hirschel. Mus. von —. Berlin: E. Bloch [1902]. (47 S.) 8°

Hollaender, Vict., Gesprungene Herzen. Singspiel in e. Akte v. B. Bergfeld. Musik v. H. Op. 170. Vollst. Text- u. Regiebuch. 12. (26 S.) Leipzig 898. C. F. W. Siegel. — 60

Der Jockeyklub. Operette in 3 Akten von Robert Misch. Musik von Victor **Hollaender**. Text d. Gesänge. Berlin: Harmonie 1909. 44 S. 8° [u. 3617

Hollaender, Vict., der rote Kosak. Operette in 3 Akten v. Louis Herrmann u. Herm. Hirschel. Musik v. V. H. Gesangs-Texte. 8. (47 S.) Berlin (901). E. Bloch. — 50

Hollaender, Vict. Das Rheinweinlied. Liederspiel in 1 Aufzuge v. Karl Gilck. Musik v. V. H. Op. 75. Text- u. Regiebuch. 8. (35 S.) Lpz. 892, C. F. W. Siegel. * — 50

Hollaender, Vikt., s.: Sang u. Klang im XIX/XX. Jahrh.

San-Lin. ⟨Das Neujahrsfest.⟩ Episode a. d. Volksleben im Chinesenviertel zu San Francisco, nach 'The Cat and the cherub' des Chester Bailey Fernald von Heinrich Blau. Musik von Victor **Holländer**. *Berlin: E. Bloch 1898.* (24 S.) 8° [F.] [oo. 7448

Hollaender, Victor: San-Lin ⟨Das Neujahrsfest⟩. Oper aus d. Volksleben im Chinesenviertel von San-Francisco, nach d. Drama 'The Cat and the Cherub' von Chester Bailey Fernald von Heinrich Blau. Musik von —. Klavierpartitur. Berlin: E. Bloch 1898. (106 S.) 4°

— Der Teufel lacht dazu! s.: Freund, Jul.

Hollaendersky, Sara, a. Suwalki ⟨Russ.-Polen⟩: Zur Kasuistik der Nabeltumoren. Freiburg i. Br. 1905: K. Henn. (26 S.) 8°
Freiburg i. B., Med. Fak., Ref. Kraske, Diss. v. 1905
[Geb. 17. April 83 Suwalki; Wohnort: Lodz; Staatsangeh.: Rußland; Vorbildung: Mädchengymn. Lodz u. Reval 00; Studium: Halle 3, Freiburg i. B. 6 S.; Rig. 28. Juli 05.]

Hollandi criminalia. 4. Bas. Flick. 758.

Hollandia, s. H o l l a n d [Schlagwort]

Holländisch f. Deutsche. (Holländisch in e. Monat, m. genauer Angabe der Aussprache.) schmal gr. 8. (36 S.) Amsterdam (901). J. C. Auf der Heide (nur direkt). —60

Holländisches für das deutsche Volk. Vom Verfasser des »Quellwassers«. Zwickau 1861. V: *Schmid, Xaver.* (EB)

Holländisches für das deutsche Volk. Vom Verf. des „Quellwassers." 8. (IV und 99 S.) Zwickau 861, Buchh. des Volksschriften-Vereins.

—— dass. — 2., stark verm. Aufl. 16. (X und 270 S.) Erlangen 861, Bläsing.

Hollandre, D., abrégé de l'histoire naturelle des quadrupèdes vivipares et des oiseaux. IV Vols. av. fig. gr. 8. Deux-ponts et Gotha 789, 90. Sansons. 75 ɥß

— allgem. Uebersicht d. Naturgeschichte. Aus d. Französ. v. Fr. Ekkard. 2 Thle, mit Kpf. gr. 8. Nürnb. 793, 94. Schneider u. W. 3 ɥß 8 gγ ill. 6 ɥß 16 gγ

Hollandre, D., allg. Uebers. d. Naturgesch. 1r Thl. m. Nachtr. und 2r Thl. (od. Rosenblätter 6.—8.) m. K. gr. 8. Nrnb. Weigel. 793. 94. (1r 1 Thlr. 8 gr. Nachtr. 12 gr. 2r 1 Thlr. 12 gr.)
illum. (1r mit Nachtr. 3 Rthlr. 8 gr. 2r 5 Rthlr. 8 gr.)

Holland's Jugend. Ein Postkarten-Malbuch. (8 [4 farb.] perforierte Bl.) Lex. 8. Nürnberg (910). Th. Stroefer. —75

Hollands Lucretia, oder: Ein Opfer der Freiheit. Historisch-romant. Zeitgemälde aus dem 13. Jahrhundert von Ed. B***, Verf. der „Zeitklänge." 2 Abthlgn. 8. (XIV und 362 S.) Leipzig 847, Reichenbach'sche Buchh.

Holland's Staatsverfassung, s. Bray.

Hollands, Dr. Henry. Reisen durch die j o n i s c h e n I n s e l n, A l b a n i e n, T h e s s a l i e n, M a c e d o n i e n und G r i e c h e n l a n d in den Jahren 1812 und 1813. 8. Jena 1816.

Hollandt, Ferd., Jesus u. Maria. Lyrisches Gedicht in drei Gesängen. 8. (6½ B.) Braunschweig 837, Horneyer. (?) *

Hollandt, Ferd., die Rose des Libanon. Epische Idylle in drei Gesängen. 16. (XIV, 82 S.) Braunschweig 870, Sievers und Comp. geb. mit Goldschn. *

Hollandt, Friedrich: Über ein neues Verfahren zur Acylierung von Alkoholen und Phenolen. *München 1898: V. Höfling.* (48 S.) 8°
München, Phil. Diss. v. 1898

Hollandt, Richard, appr. Tierarzt a. Herges-Vogtei: Die Zungenaktinomykose des Schweines; neue, krenothrixähnliche Fruktifikationsformen des Aktinomyces in der Zunge und in den Tonsillen. Berlin 1906: L. Schumacher. (49 S.) 8° ¶(Aus: Archiv für wiss. u. prakt. Tierheilkunde. Bd 31. 1905.)
Gießen, Med. Fak., Ref. Olt, Diss. v. 4. Mai 1906
[Geb. 16. März 77 Herges-Vogtei; Wohnort: Berlin; Staatsangeh.: Preußen; Vorbildung: Realgymn. Eisenach Reife O. 96; Studium: Tierärztl. Hochschulen: Dresden 5, Berlin 2 S.; Rig. 3. Aug. 05.]

Hollandus, Johannes Isaak

Sammlung unterschiedlicher bewährter chymischer Schriften, namentlich: Hand der Philosophen, opus saturni, opera vegetabilia, opus minerale, cabala, de lapide philosophico; Nebst einem Tractat von den Irrgängen derer Alchymisten, Auctoris incerti, neue und verbesserte Auflage, mit gehörigem Fleisse übersehen und mit einem Verzeichniss derer in jeglichem Tractat befindlichen wichtigsten Materien vermehret, wie auch mit nöthigen Kupfern gezieret. Wien, in Verlag bey Joh. Paul Krauss, Buchhändler, 1773. pp. [xvi]–762, 12mo.

HOLLANDUS, ISAAK.
Rariores chemiæ operationes. Lipsiæ. 1714. 8vo.

Hollard, A., u. L. Bertiaux, Metall-Analyse auf elektrochemischem Wege. Technische Metalle, Legiergn., Erze, Hüttenprodukte. Autoris. deutsche Ausg. v. Fritz Warschauer. (VIII, 127 S. m. 11 Abbildgn.) Lex.-8. Berlin (906). M. Krayn. n. 5.—

Hollard. Alb. Amad. Ldw., († d. 18. Juli 1800.), s. G. F. *Seiler*, la religion.

Hollard, H., Betrachtungen über die Natur, zur Bildung des Verstandes u. Veredlung d. Herzens. Enthalt. die hauptsächl. Erscheinungen der allgem. Physik u. Chemie, Astronomie, Meteorologie, Geologie, Botanik u. Zoologie. Ein von d. Gesellschaft der christl. Moral in Paris gekröntes Werk. Aus d. Franz. v. A. v. H. In 3 Bdchn. 1. u. 2. Bdchn. 12. Ludwigsburg 845, Nast'sche Buchh. (Leipzig, Herbig.) [Bdchn. 1. (8⅔ B.) 2. (11 B.)] pro 3 Bdchn. *

Hollard, H., das Buch der Natur oder das Wissenswürdigste aus allen Gebieten der Naturwissenschaften für die Gebildeten aller Stände. Ein von der Gesellschaft der christl. Moral in Paris gekröntes Werk. Aus dem Französ. übers. von A. v. H. Neue, wohlf. (Titel-)Ausg. Mit einer Vorrede von Ed. Riehm. gr. 12. (XVI und 630 S.) Ludwigsburg 856, Riehm. *

Hollard, Henriette, Pauvregarçon, bearb. von Aug. Eckermann, s.: S c h u l b i b l i o t h e k, französische u. englische.

Hollard, Jean Pierre, Helvet. Verbigenensis [Waadt]. Dissertatio inauguralis medica de renum structura et usu. 1309
Basel, med. Diss. v. 1705

Hollard, Samuel Jacques: De t e s t a m e n t i s tam ex jure Helveto-Veldensi quam civili Romano. 11 S.–
Basel, Jur.Diss.v. 20.Okt.1780.

Hollard, W. E., südafrikanische Justiz. 3 Abhandlgn. als Beitrag zur Rechtspflege in der Südafrikan. Republik (Transvaal). Aus dem Holl. übers. gr. 8. (24 S.) Potsdam 894. (R. Hachfeld.) n. 1.—

Hollatko Anton: De particulis asseverationis causa ab utroque Seneca adhibitis.
II. 1908 PN 2446 Diss. Wien, Univ. 1634

Hollatz, Albert David

Hollaz, (Hollatz), Albert Dav., offener Brief an e. gläubigen, ungelehrten Freund in der evang. Landeskirche Preußens, der Grund fordert der Hoffnung, die in uns ist. gr. 8. (17 S.) Leipzig 848, Dörffling & Franke. n. 1/6 ℛ

Hollatz, Alb. Dav., über die Möglichkeit einer Vereinigung d. deutsch-reformirten u. d. deutsch-lutherischen Kirche. 8. (2½ B.) Stettin 841, Weiß.

Hollatz, Alb. David, das Princip der Union nach Lehre der heil. Schrift. Eine Beleuchtung des von Herrn Pastor Moll zu Löckenitz aufgestellten Unions-Princips. 8. Stettin 843, Weiß. n. 1/6 ℛ

—— die rechte Sache im Christenthume dem falschen Wesen entgegengesetzt aufs Neue durchgesehen u. hrsg. v. Thym. 8. (3¾ B.) Malchin 845, Piper. *

Hollatz, Arthur, Tierarzt: Aus d. Chir. Klinik d. Tierärztl. Hochsch. zu Dresden. Untersuchungen über die Veränderungen des Kiefergelenks bei Zahn- und Gebißanomalien des Pferdes. Mit 10 Abb. Dresden 1910: Heineck. 51 S. 8°

Leipzig, Veterinär-Med. Diss. v. 20. Febr. 1910, Ref. Röder

[Geb. 8. Nov. 84 Kl.-Lappen; Wohnort: Mickelau Wpr.; Staatsangeh.: Preußen; Vorbildung: Gymn. Graudenz Wpr. Reife O. 05; Studium: Med. Königsberg 4, Vet. Med. Berlin Tierärztl. Hochsch. 5 S.; Coll. 25. Febr. 10; Approb. 21. Juli 08.] [U 10. 1983

Hollatz, David

— Abhandl. v. Stande d. Kirche Christi zur letzten Zeit. 8. Bresl. 773. J. F. Korn. 6 gr

— Anweisung zum recht. Gebet, rechte Sache im Christenthum etc. 8. Wittenb. 747.

— — dasselbe. 8. Frkf. Andreä. 747.

— Examen theologico-acroamaticum c. annot. Rom. Teller. 4. maj. Lps. Breitkopf. 763.

HOLLAZ, DAV., Fortsetzung einiger mit Gebet und Flehen vermischter Gedanken bey dem Lesen der Geschichte der letzten Leiden unsers Jehovah, Schöpfers und Erlösers Jesu Christi. Flensburg. 1763.

Hollaz, Dav., Gloria Christi, d. i. messian. Theologie. 8. Bresl. 773. J. F. Korn. 6 gr

Hollatz, David. Evangelische Gnaden-Ordnung . . . vermehrte Auflage. Leipzig u. Görlitz 1745. H: *Kramsch, Joh. Gottlob.* (BrMm)

— evangel. Gnadenordnung in vier Gesprächen. 8. Görlitz 772. (J. F. Korn in Bresl.) 4 gr Dies. 8. Bautzen 787. (Andrä in Leipz.) 8 gr Dies. 8. Basel 810. Holdenecker. 6 gr Auch Fischer in Reutling. 4 gr

— — dies. 8. Bautzen, Deinzer. 787.

Hollaz, Dav., Evangel. Gnadenordnung, wie eine Seele von der eigenen Gerechtigkeit u. Frömmigkeit herunter, u. zur Erkenntniß ihres sündl. Elends gebracht, hierauf aber zu den Wunden Jesu geleitet werde etc. In vier Gesprächen etc. N. verb. Ausg. 8. Reutlingen 833. Fischer. 1/6 ℛ

— dass. N. stark verm. Aufl. 8. Nürnberg 833. N. unveränd. Ausg. 838. (Raw.) 1/4 ℛ

— dass. 8. Berlin 841. Wohlgemuth. 1/4 ℛ

Hollaz, weil. Pastor Dav., evangel. Gnadenordnung. Neue verb. Aufl. 8. Nürnberg 841, Raw'sche Buchh. 1/4 ℛ

— dass. Neue verb. Ausg. 8. Frankfurt a/M. 843, Brönner. 3/8 ℛ

—— evangelische Gnaden-Ordnung. Anhang: Gebahnte Pilger-Straße nach dem Berge Zion, der Stadt des lebendigen Gottes. Ueber die Lehrart des Apostels Paulus. 10. Aufl. 8. (110 S.) Berlin 848, J. A. Wohlgemuth.

—— evangelische Gnadenordnung. 4., durchgef. Aufl. 8. (XXXII und 130 S.) Nürnberg 848, Raw'sche Buchh.

—— die evangelische Gnaden-Ordnung in vier Gesprächen. 8. (208 S.) Basel 851, Bahnmaier's Buchh. *

—— evangelische Gnaden-Ordnung. Neue verb. Aufl. gr. 16. (188 S.) Philadelphia 851, E. Schäfer. *

Hollaz, Dav., evangelische Gnadenordnung in 4 Gesprächen. Neue verb. Ausg. 12. (XXVI und 186 S.) Basel 866, Bahnmaier's Verlag. *

— — 2., verb. Aufl. Barmen 867. Klein. 8. (136 S.) n. 4 ngr

Hollaz, Dav., evangelische Gnadenordnung in vier Gesprächen. Anh.: Evangelischer Augenschein in welchem sich ein kurzer Abriß vom Vorsatz Gottes zum Heil der Menschen darstellt von M. Phil. Dav. Burk. 8. (XXVII, 164 S.) Basel 871, Spittler. *

—— dass. — 2. verb. Aufl. Neue Ausg. 8. (136 S.) Elberfeld 873, Buchh. der evangelischen Gesellschaft. *

Hollaz, Dav., evangel. Gnadenordnung in vier Gesprächen. Mit e. Vorrede u. Anweisg. zum fruchtbaren Lesen dieser Gnadenordng. f. diejenigen, die es nicht besser wissen u. sich doch gern raten u. weisen lassen, v. J. G. Kramsch; nebst e. Anh.: Evangelischer Augenschein, in dem sich e. kurzer Abriß vom Vorsatze Gottes zum Heile der Menschen darstellet, v. Ph. D. Burk. 2. Aufl. 8. (XXXI, 144 S.) Basel 894. Jaeger & Kober. n. — 80

Evangelische Gnadenordnung in vier Gesprächen von David Hollaz, weil. Pastor zu Güntersberg. (Hrsg.: Johann Gottlob Kramsch, ev. Prediger.) *Szillen: J. L. Sukuth [um 1900].* (XXV, 128 S.) 8° [J.] [H 44.9610

— Kleeblatt, oder Passions-, Buß- und Krönungspredigten. 4. Wittenb. 718.

—— die Kraft des Blutes Christi. Neu hrsg. von der Pilgermission auf St. Chrischona. 8. (189 S.) Basel 865, Spittler. *

—— dass. — 2., verb. Aufl. 8. (136 S.) Barmen 867, Buchh. der evangelischen Gesellschaft. *

Hollaz, Dav., die Kraft des Blutes Christi. 3. Aufl. 8. (128 S.) Basel 880. Spittler. n. — 40

— die Kraft des Blutes Christi. 5. Aufl. 8. (108 S.) Ebd. 894. n. — 60

Hollaz, Dav., die Kraft d. Blutes Christi. 5. Aufl. 8. (108 S.) Basel 895. Kober. n. — 60

Hollatz, D. Gebahnte Pilger-Strasse nach dem Berge Zion ... Neueste Aufl. Leipzig u. Görlitz 1745. H: *Kramsch, Joh. Gottlob.* (BrMm)

— — dass. 8. Frkf. Andreä. 745.

— — dass. 8. Görlitz. (Korn der ält. in Breslau.) 749.

— Pilgerstraße nach dem Berge Zion. 8. Bautzen 794. Andrä in Leipz. 4 ngr

Hollaz, Dav., Pilgerstraße nach dem Berge Zion. 8. Bautzen, Deinzer. 794. Rthlr.

— Pilgerstraße nach dem Berge Zion, der Stadt des lebend. Gottes u. himml. Jerusalem. 8. Nürnberg 841, Raw. ¼ Thlr

—— gebahnte Pilger-Straße nach dem Berge Zion, der Stadt des lebendigen Gottes und himml. Jerusalem. Neueste amerikan. Ausg. 16. (IV und 140 S.) Baltimore 844. (Philadelphia, E. Schäfer.) *

Hollaz, David, Pilger-Straße nach dem Berge Zion, der Stadt des lebendigen Gottes, und himmlischen Jerusalem. Neue, revid. Aufl. 8. (VIII und 120 S.) Nürnberg 855, Raw'sche Buchh. *

—— die gebahnte Pilgerstraße nach dem Berge Zion, der Stadt des lebend. Gottes, dem himml. Jerusalem; nebst einem Anh. über die Lehrart Pauli in seinem Brief an die Römer. Neu hrsg. von der Pilgermission auf St. Chrischona. 8. (VIII und 123 S.) Basel 866, Spittler. *

Hollaz, David: Die gebahnte Pilger-Straße nach dem Berge Zion, der Stadt des lebendigen Gottes und himmlischen Jerusalems. Nebst e. Anh. ... Unveränd. Abdr. Memel: C. Gedrat 1898. (136 S.) 8°

— d. Messianische Religion od. Alt- u. Neu-Testamentische Weise d. d. Verdienst Christi rc. 8. Züllichau. (Frommann in Jena.) 748.

— erbaul. Schriften. 2 Thle, mit Kpf. 8. Görl. 772. (J. F. Korn in Bresl.) 1 Thlr 13 ngr Anhang dazu. 8. Ebd. 773. 1 ngr

— sämmtl. erbaul. Schriften. 3 Bde. 8. Frankf. a. M. ... N. A. 782. Brönner. 1 Thlr 16 ngr

— Scrutinium veritatis in mysticorum dogmata. 4. ibid. 711.

— v. Stande der Kirche Christi z. letzt. Zeit. 8. Bresl. Korn d. ä. 773.

— Verherrlichung Christi mit seinem Blute. 8. Potsd. 774. Horvath. 3 ngr

— vom Zustande d. Kirche Christi z. letzten Zeit. 2 Thle. 8. Berl. 752—54.

— vom Zustande der Kirche z. letzt. Zeit. 8. Kopenh. Proft. 753.

Hollatz, Harry: Begriff und Wesen der Staatsservituten ⟨völkerrechtlichen Dienstbarkeiten⟩. Berlin 1908: G. Schade. (62 S.) 8°
Breslau, Jur. Fak., Ref. Brie-Gretener, Diss. v. 11. Mai 1908
[Geb. 30. April 83 Tremessen (Reg.-Bez. Bromberg); Wohnort: Posen; Staatsangeh.: Preußen; Vorbildung: Friedrich-Wilhelms-Gymn. Posen Reife O. 01; Studium: Berlin 5, Genf 1, Breslau 2 S.; Rig. 24. Nov. 05.]

Hollatz, H. W., Begriff u. Wesen der Staatsservituten. (62 S.) 8. Berlin (909). (Leipzig, Buchh. G. Fock.) 1. 20

Hollatz, Harry, Strafgesetzbuch f. das Deutsche Reich, s.: Hillger's, Herm., illustr. Volksbücher.

Holläufer, A. v., zwei Jahre im fürstl. schwarzburg-sondershausenschen Staatsdienste. 1. und 2. Heft. gr. 8. (58 S.) Halle 848, (Buchhandlung des Waisenhauses.)

—— politische Zeitfragen in Preußen beleuchtet. I. Die deutsche Frage. II. Das Wahlgesetz und die Kammern. gr. 8. (IV und 52 S.) Halle 850, Buchhandlung des Waisenhauses.
vgl. Holleuffer

Hollaz, s. Hollatz

(Hollbach, Freiherr von): „System der bürgerlichen Gesellschaft, oder natürliche Grundsätze der Sittenlehre und Staatskunst", 2 Teile, aus dem Französischen, Breslau 1788.

Hollbach, Aug., die Fabrikation des Grünspans, nach den in Frankreich üblichen und den in Deutschland ausführbaren Methoden. Ausführliche Anweisung zur Bereitung des basischen, wie des neutralen oder destillirten Grünspans, nach allen üblichen oder noch möglichen Methoden und mit Benutzung der neuesten Erfindungen und Verbesserungen. 8. (61 S. mit 1 Stnt. in 4.) Quedlinburg 850, Basse.

Hollborn, Karl [aus Nette]: Ueber die Einwirkung von Thionylchlorid auf einige Amidoverbindungen der aromatischen Reihe ... Rostock, C. Boldt'sche Hof-Buchdr., 1894; 37 S. 8.
Rostock, Phil. Fak., Inaug.-Diss. v. [1. Febr.] 1894

Hollbusch, Jh. Sebast., Tonsystem; abgefaßt in e. Gespräche zweier Freunde. 8. Mainz 792.

Holldack, Felix, Referendar aus Königsberg i. Pr.: Die kanonischrechtlichen Einflüsse im Eherecht des Bürgerlichen Gesetzbuches. *Borna-Leipzig 1903: R. Noske.* (70 S.) 8°
Leipzig, Jur. Diss. v. 1903

Holldack, Fel., zur Geschichte der donatio ante nuptias u. der dos. Betrachtungen üb. das Verhältnis des hellenist. Rechts zu der armeno-kaukas. Rechtsbild. (S. 505—560.) gr. 8. Berlin 910. F. Vahlen. 1. 80
Sonderabdruck aus: „Festgabe f. Dr. Karl Güterbock".

— Zwei Grundsteine zu e. grusinischen Staats- u. Rechtsgeschichte. (XII, 256 S.) 8. Leipzig 907. J. C. Hinrichs' Verl. 6.80; geb. in Leinw. 7. 80

Holldack, Felix, Dr. jur., a. Königsberg i. Pr.: Von der Sage und dem Reich der Grusinischen Königin Tamara. ⟨Verfassungsgeschichtliches und Rechtsphilosophisches.⟩ Leipzig 1906: Hartmann & Wolf. (88 S.) 8°
Heidelberg, Phil. Fak., Ref. Hampe, Diss. v. 9. Sept. 1906
[Geb. 10. Okt. 80 Königsberg i. Pr.; Wohnort: Charlottenburg; Staatsangeh.: Preußen; Vorbildung: Gymn. Königsberg Reife O. 99; Studium: München 1, Königsberg 1, Heidelberg 1, Berlin 1, Königsberg 2 S.; Rig. 14. Febr. 06.]
19°

— s.: Zeitschrift f. Völkerrecht u. Bundesstaatsrecht.

Holldack, Hans, Dipl. Landwirt aus Königsberg i. Pr.: Experimentelle **Untersuchungen** über die Individualität und Futterdankbarkeit der Milchkuh. *Königsberg i. Pr. 1904: O. Kümmel.* (68 S.) 8°
Königsberg, Phil. Diss. v. 15. Febr. 1904

Hölldampf, Franz [aus Waldsee '(Württemb.)']: Über Leberveränderungen bei Typhus abdominalis ... Würzburg, P. Scheiner's Buchdr., 1896; 22 S. 8.
Würzburg, Med. Fak., Inaug.-Diss. v. 1896

Hölldobler, Jos., Porto-Tarif für Brief- und Fahrpost-Sendungen auf alle Entfernungen im innern Verkehr von Bayern, sowie im Verkehr mit dem norddeutschen Bunde, dem Kaiserthum Oesterreich mit Lichtenstein etc. nebst den Correspondenzgebühren nach allen Welttheilen. Hrsg. nach den amtl. Tarifen der kgl. bayer. Verkehrs-Anstalten. Imp.-Fol. Würzburg 868, Kellner.

Hölldorfer, E[mmeram]: Die geschichtliche **Entwicklung** des Begriffes der Polizei nach deutschem Staatsrecht. *München 1899: Kastner & Lossen.* (108 S.) 8° [A.]
Tübingen, Jur. Diss. v. 1899

Holldorff, C. J. F., Anleitung zum Schärfen der französischen Mühlsteine. 8. (28 S.) Lübeck 892. Lübcke & Hartmann. n. 1. —

Holle, Berthold v. Hrsg. von Carl Bartsch. gr. 8. (LXXVIII und 250 S.) Nürnberg 858, Bauer und Raspe.

Holle, s.a. Frau Holle

Holle, Frau. Ein hessisches Volksmärchen ... Cassel 1819. 1825. V: *Schmieder, Carl Chph.* (Ky) (GGr)

Holle, Frau; ein hess. Volksmährchen, (v. K. Chr. Schmieder) 8. Cassel 819. Bohné. 8 gr 2e Aufl. 825. 6 gr

Holle, die wirthschaftliche Zusammenlegung der Feldmark Steinheim. [Aus: „Landw. Jahrbb."] gr. 8. (24 S. m. 2 Taf.) Berlin 889. P. Parey. n. 2. —
Vergriffen.

Holle, Alfr., Einteilung u. Orometrie des Tatragebirges nebst e. Beitrag zur Wald- und Knieholzgrenze, s.a Abhandlungen der k. k. geograph. Gesellschaft in Wien. VIII, 2.

Holle, Alfred: Einteilung und Orometrie des Tatragebirges nebst einem Beitrag zur Wald- und Knieholzgrenze. Mit 1 Karte u. 6 Taf.) Wien: Lechner 1909. 135 S. 4° ¶(Aus: Abhandlungen der K.K.Geogr.Gesellsch. in Wien. Bd 8, Nr 2.)
Leipzig, Phil. Diss. v. 2. Nov. 1909, Ref. Partsch, Bruns
[Geb. 29. Sept. 81 Chemnitz i. S.; Wohnort: Chemnitz; Staatsangeh.: Sachsen; Vorbildung: Realgymn. Chemnitz Reife O. 02; Studium: Dresden Techn. Hochsch. 3, Leipzig 7 S.; Rig. 24. Juli 08.] [U 10. 3158

Holle, Alfred: Einteilung und Orometrie des Tatragebirges nebst e. Beitrag z. Wald-u. Knieholzgrenze. Von Alfred Holle aus Chemnitz ‹Sa.›.‹Mit 1 Kt. u. 6 Taf.› Wien: Lechner 1909.
IV, 135 S. 4⁰ (8⁰)
(Abhandlungen d. K. k. Geograph. Gesellschaft in Wien. Bd 8, Nr. 2.)

Holle, August, approb. Arzt: Klinische Beobachtungen über das Theobrominum-Natrio-aceticum 'Agurin'. *München 1902: C. Wolf & Sohn.* (40 S.) 8°
München, Med. Diss. v. 1902

Holle, Berthold v., Demantin. Hrsg. von Karl Bartsch, s. Bibliothek des litterarischen Vereins in Stuttgart, Bd. 123.

Holle, C., die Prometheussage mit besonderer Berücksichtigung ihrer Bearbeitung durch Aeschylos, s.: Sammlung gemeinverständl. wissenschaftl. Vorträge.

Holle, C.: Sophokles. Ein griechisches Dichterleben. 20 S. – Emden, Progr. 1869.

Holle, Carl, s. Holle, Karl

Holle, F., der englische Canal. Vollständige Beschreibung der Küsten und Inseln, Sandbänke, Klippen und Riffe, der Tiden und der gesammten Marken und Seezeichen. Nach den besten engl. Quellen ausgearbeitet. Hamburg 857. (Leipzig, Gerhard.) 8. (XII, 531 S.) n. 2 ₰.

Holle, F., die Schmetterlinge Deutschlands für junge Naturfreunde, insbesond. für die Schuljugend bearb. 4 Lfgn. gr. 8. (IV und 319 S.). Altona 865, Mentzel. à Lfg. 12 Ngr.

Holle, F., das Seelenleben der Vögel. [Charakterbild.] gr. 8. (90 S.) Altona 888. Mattig. n. 1. 50

Holle, Fritz, aus Magdeburg: Avoir und savoir in den altfranzösischen Mundarten. *Marburg 1900: C. L. Pfeil.* (95 S.) 8°
Marburg, Phil. Diss. v. [21. Mai] 1900

Holle, G. v., Beobachtungen üb. die dem Hohensteine der Weserkette angehörigen beiden hybriden Formen der Gattung Hieracium (L.). gr. 8. (15 S.) Hannover 892. Schmorl & v. Seefeld Nachf. n. — 50

Holle, G. v., zur Entwickelungsgeschichte von Borrera ciliaris. Inaugural-Dissertation. gr. 4. (III und 43 S. mit 2 Stnt.) Göttingen 849, Deuerlich. *

Holle, G. v., Farnflora der Gegend von Hannover. 8. (III und 31 S.) Hannover 862, Rümpler. *

—— Flora von Hannover. Ein Taschenbuch zum Bestimmen der um Hannover wildwachsenden und allgemeiner cultivirten Gefässpflanzen. (In 3 Heften.) 1. Heft. 8. (197 S.) Hannover 862, Rümpler. *

Holle, G., de quibusdam hepatis vitiis organicis. 8. Gött. 808. Brose. 3 gr

Holle, G. v., über die Zellenbläschen der Lebermoose. Eine pflanzen-physiologische Untersuchung. gr. 8. (26 S. mit 1 Stnt. in gr. 4.) Heidelberg 857, Bangel und Schmitt. *

Holle, Gustav [aus Bayreuth]: Ueber den anatomischen Bau des Blattes in der Familie der Sapotaceen und dessen Bedeutung für die Systematik ... München, Buchdr. O. Boeck, 1892; 59 S., 1 Bl., 1 Taf. 8.
Erlangen, Phil. Fak., Inaug.-Diss. v. 1892

Holle, Gust., üb. Bau u. Entwickelung der Ophioglosseen. Inauguraldissertation. [Aus: „Botan. Zeitg."] 4. (44 S.) Leipzig 875. (Göttingen, Vandenhoeck & Ruprecht's Verl.) n. 1. —

Holle, Hermann Gustav

Holle, H. G., Leitfaden der Chemie u. Biologie für die Prima des Gymnasiums. 2 Tle. 8. Bremerhaven (909). L. v. Vangerow. 1. 50; in 1 Bd. geb. 1. 80
1. Chemie. (52 S.) — 90. — 2. Allgemeine Biologie (37 S.) — 60.

Holle, H. G., Leitfaden der Pflanzenkunde f. den Unterricht an höh. Schulen. Mit 5 Taf. Abbildgn. 2. Aufl. gr. 8. (VI, 125 S.) Bremerhaven 899. L. v. Vangerow.
Geb. in Leinw. n. 1. 80

— Leitfaden der Pflanzenkunde f. den Unterricht an höh. Schulen. 3. Aufl. (134 S. m. 5 eingedr. Taf. u. 1 eingedr. Karte.) gr. 8. Ebd. 910. 2. 20

Holle, H. G., Leitfaden für den Unterricht in der Botanik an höheren und mittleren Schulen. gr. 8. (VIII, 80 S.) Bremerhaven 884, v. Vangerow.

Holle, H. G[ustav], Prof. Dr.: Der Schulgarten des Gymnasiums und der Realschule zu Bremerhaven und seine Verwendung für den naturgeschichtlichen Unterricht. Bremerhaven 1904: Nordwestdeutsche Zeitung. (S. 1—36.) 4°
Bremerhaven, G u. R OP 1904 (845)

Holle, H[ermann] G[ustav]: Der biologische Unterricht in der Oberprima des Gymnasiums zu Bremerhaven. Bremerhaven 1909: Provinzial-Zeitung. S. 3—25. 4°
Bremerhaven, G u. R OP 1909 (976) [S 09. 20]

Holle, J. Megara im mythischen Zeitalter. 24 S. *Recklinghausen* 1881.
Progr.

Holle, J., De Periandro Corinthiorum tyranno. Diss. 1869. 50 S.

Holle, J. C. F., von d. Gewißheit d. göttl. Vorsehung aus d. Leben großer u. ausgezeichneter Menschen. 8. Götting. 804. Brose. 2 *K*

Holle, J. C. F., von der Gewißheit d. göttl. Vorsehung a. d. Leben groß. u. ausgezeichn. Menschen. 8. Göttingen, Brose. 805.

Holle, Johann Wilhelm

Holle, J. W., die Fürstengrüfte der Hohenzollern zu Kulmbach, Bayreuth u. Himmelkron. 8. (4½ B. u. 1 Stammtaf.) Bayreuth 815, Buchner'sche Buchh. *

Holle, Joh. Wilh., alte Geschichte d. Stadt Bayreuth, von d. ältesten Zeiten bis z. Abtretung ders. an d. Krone Preußens im J. 1792. M. 4 Steinzeichn. (incl. 2 gr. 4.) gr. 8. (15 B.) Bayreuth 833, Buchner.

Holle, J. Wilh., Geschichte der Stadt Bayreuth von den ältesten Zeiten bis 1792. 2. Aufl., durchgesehen u. bis zum J. 1900 fortgeführt v. Gust. Holle. Mit e. Stadtansicht, den Portr. v. Markgraf Friedrich, Jean Paul Fr. Richter, Richard Wagner u. e. Namen- u. Sachregister. gr. 8. (VII, 371 S.) Bayreuth 901. B. Seligsborg. n. 4. —; geb. n. 4. 75

—— und Glaßers kleine latein. Grammatik f. Anfänger, nach Zumpt bearb. 2. Ausg., durchaus verm. u. verb. v. J. W. Holle. gr. 8. (6½ B.) Bayreuth 833, Grau.

De antiquissimis terrae quondam Baruthinae incolis commentatio. Scrips. Dr. Joan. Guil. Holle. — 1846. Ibid. — S. 1—14.
Progr. Bayreuth

Holle, Joseph, Prof. Dr.: Zur Geschichte des Gymnasiums zu Recklinghausen. *Recklinghausen (1901): J. Bauer.* (S. 3—30.) 4° ¶ (Für die Zeit 1730—1829 vgl. d. P-Beil. 1833 von Prof. Wilh. Caspers.)
Recklinghausen, G, P 1901 (393)

Holle, Karl

— Carl (Hameln), De nervorum systemate quaedam generalia. Diss. med.-chir. Bln. (Nietack) 24. XII. 1833. 32 S. mit Biogr. (M.: Ch. Renzhausen.) (6.50) 15762
Oppon.: Bornitz, Elvers, Pecqueur.

Holle, Carl [Dir.]: Kurzer Rückblick auf den 25jährigen Bestand des Gymnasiums. Waren, Druck v. C. Quandt, *1894*; 1—10 S. 4.
Waren, st. G, P 1894 (655)

Holle, L., Neueste Eisenbahn- und Post-Karte von Deutschland u. den angrenzenden Ländern. Wolfenbüttel, Holle, 1854. Fol. Lith. u. kolor.

Holle, L., vollständiger Handatlas von Nord-Amerika. 40 Blätter (in 10 Lfgn.) 1. und 2. Lfg. gr. Fol. (4 lithogr. und ill. Bl.) Wolfenbüttel 852—53, Holle's Verlag. à Lfg. * 10 Ngr. *

— f.: Schul-Atlas.

Holle, L.: Kleiner Schulatlas, s.a. Schulatlas

— kleiner Schul-Atlas der neuesten Erdkunde in 10 lith. u. color. Karten. 7. vielfach verm. Aufl. Separat-Ausgabe für den Oesterreichischen Kaiserstaat. Wolfenbüttel 853. Holle. qu. Fol. n. 7½ *ngr.*

— — Separat-Ausgabe für den Preussischen Staat. Ebend. 853. n. 7½ *ngr.*

Holle, L.: Vollständiger Schulatlas, s.a. Schulatlas

— vollständiger Schul-Atlas der neuesten Erdkunde in 29 (lith. u. color.) Karten. 9—11. vielfach verb. u. verm. Aufl. Wolfenbüttel 854, 55. Holle. qu. Fol. n. 20 *ngr.*

Holle, L., vollständiger Schul-Atlas der neuesten Erdkunde in 29 chromolithogr. Karten. 17., gänzlich umgearb. und verm. Aufl. qu. 4. Wolfenbüttel 867, Holle. *

—— Schulwandatlas der neuesten Erdkunde, s.a. Schulwandatlas.

Holle, L. Schulwandatlas der neuesten Erdkunde. Nr. 21. Oesterreichischer Kaiserstaat. Fol. Wolfenbüttel 1852.

Holle, L., historisch-geographischer Schulwandatlas zur alten, mittleren und neuen Geschichte. 1. Abthl.: Alte Geschichte. Nr. 9, 10, 12, 13, 31 und 37. à 4 lithogr. und ill. Bl. in Imp.-Fol. Wolfenbüttel 853—57, Holle. [Nr. 9, 10, 12 und 13. à * 20 Ngr., auf Leinw. und in Mappe à * 1 Thlr. 20 Ngr.; Nr. 31 und 37. à * 1 Thlr., auf Leinw. und in Mappe à * 2 Thlr.] *

Inhalt:

Nr. 9. Italien zur Zeit des Anfangs des ersten punischen Krieges 264 v. Chr. nebst Italien zur Zeit der Gründung Roms und Italien bis 450 v. Chr. 853.
» 10. Italien von den punischen Kriegen bis zum Untergange des weströmischen Reiches. 853.
Nr. 12. Griechenland zur Zeit der dorischen Wanderung. 854.
» 13. Griechenland zur Zeit der Perserkriege. 854.
» 31. Herzogthum Braunschweig. 855.
» 37. Ungarn, Galizien und Siebenbürgen, Dalmatien, Croatien-Slavonien, Serbien-Banat nebst der k. k. Militär-Grenze. Durchgesehen und ergänzt von M. Schirkhuber. 857.

Holle, L., Schulwandkarte von Africa. Neue sorgfält. revid. Ausg. 4 Bl. Lithogr. und color. Imp.-Fol. Wolfenbüttel 878, [Holle's Nachf.] Zwissler. *M* 2,50.; auf Leinw. *

Holle, L., Schul-Wand-Karte von Deutschland, Holland, Belgien und Schweiz. [Schul-Wandatlas Nr. 8.] Neue Ausg. 4 Bl. Fol. Wolfenbüttel 868, Holle.

Holle, L., Schul-Wand-Karte von Deutschland, Holland, Belgien und Schweiz. 4. verb. Aufl. Neue sorgfältig revid. Ausg. 4 Bl. Lithogr. und color. Imp.-Fol. Wolfenbüttel 878, [Holle's Nachf.] Zwissler. *M* 2,50.; auf Leinw. *

Holle, L., Schulwandkarte v. Palaestina zur Zeit Jesu u. der Apostel. [L. Holle's historisch-geograph. Schulwandatlas Nr. 3.] 4 lith. u. col. Bl. in Imp. Fol. Wolfenbüttel 852, Holle. ⅔ *ngr*

Holle, L., Specialkarte von Deutschland, Niederlande u. Belgien im Massstabe von 1:200000. (In 84 Bll.) 1. Abthlg.: Das Königreich Hannover, Grossherzogthum Oldenburg, Herzogthum Braunschweig und die freien Städte Hamburg, Bremen und Lübeck. M. 1:200000. Wolfenbüttel. Holle [1851?]
Nur Bl. 1—9, 16—19, 21, 25, 29—32, 35, 36 erschienen. . . . .

Holle, L., grosse Wandkarte der Planigloben. [Schul-Wandatlas Nr. 1a.] Neue Ausg. 6 Bl. Fol. Wolfenbüttel 868, Holle.

Holle, L., grosse Wandkarte der Planigloben. Neue sorgfältig revid. Ausg. 6 Bl. Lithogr. und color. Imp.-Fol. Wolfenbüttel 878, [Holle's Nachf.] Zwissler. *
Auf Leinw. *

Holle, L., Wandkarte des preussischen Staates und der übrigen norddeutschen Länder. [Schul-Wandatlas Nr. 20.] Neue Ausg. 7 Bl. Fol. Wolfenbüttel 868, Holle.

Holle, Luise: Austern, Hummern, Krebse, Kaviar, s. Trojan, Johannes

Holle, Luise, Feste u. Geselligkeiten im häuslichen Kreis, s.a. Grethlein's praktische Hausbibliothek. 30. Bd.

Holle, Luise. Feste und Geselligkeiten im häuslichen Kreis. Leipzig, Konrad Grethlein [1905]. 103 S. 8°.
(Grethlein's praktische Hausbibliothek Bd 30.)

Holle, Luise (Hrsg.), s.a. Hause. – Im Deutschen Hause.

— im deutschen Hause. Ein Ratgeber u. Helfer f. das gesamte häusl. Leben der deutschen Familie. Unter Mitwirkg. v. Geo. Aster, Hermine Bartesch, Emil Brenning u. a. Mit etwa 900 Text-Abbildgn., 24 Taf. in Autotyp. u. 8 Taf. in Dreifarbendr. nach Entwürfen erster deutscher Künstler. 2 Bde. (X, 864 u. VIII, 1010 S.) gr. 8. Hanau (903). F. König.
Geb. in Leinw. n. 20.—; auch in 36 Lfgn. à n. — 60

— die Hauswirtschaft, s. a. Hillger's illustr. Volksbücher. 13. Bd.

Die Hauswirtschaft von Frau Luise **Holle.** Mit 27 Ill. Berlin, Leipzig: H. Hillger [1904]. (94 S.) 8° [F.]
= **Volksbücher,** Hillgers illustrierte. Bd 13. (5.1003)

Holle, Luise, Herrin im Hause. Praktisches Wirtschaftsbuch f. junge Hausfrauen, welche m. gegebenem Wirtschaftsgelde das bestmögliche erreichen möchten. gr. 8. (IV, 256 S.) Magdeburg 892. Creutz. Geb. n. 4.—

Holle, Luise, prakt. Kochbuch, s.: Davidis, Henriette.

— Die Kochkiste, e. unentbehrliches Hilfsmittel jeder Küche, s.: Hillgers, Herm., illustr. Volksbücher.

Die Kochkiste, e. unentbehrl. Hilfsmittel jeder Küche von Luise **Holle.** Berlin, Leipzig: H. Hillger [1907]. (77 S.) 8° [F.]
— **Volksbücher,** Hillgers illustrierte. Bd 71. [07. 16188]

Holle, Marie

— s. C. Fr. Engelmann, neues einfaches Kochbuch.

Holle, Marie, die besorgte Hausfrau für d. Winter, s. Hausfrau, die wirthliche.

Holle, Marie, s. Hausfrau, Die wirtschaftliche

Holle, Marie, bürgerl. vier- bis sechsfacher Küchenzettel f. Hausfrauen des Mittelstandes auf jeden Tag im Jahre, nebst einem Küchenzettel für Kranke u. einer Anweis. zum Bereiten d. gewöhnl. Patienten-Essen bei homöopath. u. allöopath. Kuren 8. Pirna 830. N. A. 831. Friese. 6 Ӄ

Holle, Marie, bürgerl. vier- bis sechsfacher Küchenzettel f. Hausfrauen d. Mittelstandes, auf jed. Tag im Jahre, nebst e. Küchenzettel f. Kranke u. e. Anweis. z. Bereiten d. gewöhnl. Patientenessen bei homöopath. u. allöopath. Kuren. (4 B.) 830. Neue Ausg. mit e. Speisezettel vor u. während dem Grassiren d. asiat. Cholera. (4¼ B.) 8. Pirna 831, [Leipzig,] Friese. à

Holle, Otto [aus Hamburg]: Zur Kenntnis der tertiären Phosphine und Arsine und über die Oxyphenylphosphinsäuren ... Rostock, Univ.-Buchdr. v. Adler's Erben, 1892; 37 S. 8.
Rostock, Phil. Fak., Inaug.-Diss. v. [21. Dez.] 1891

Holle, Phil. Jos., mythologia seu fabulosa deorum historia. 8. Budae 806. Typogr. Soc. 9 Ӄ

Holle, St. v. der, Stellung u. Aufgabe der Frau in unseren Tagen der Entscheidung. gr. 8. (43 S.) Wien 876. Scheuble. n. 1. —

Holle, Walter, a. Hannover: Zur Kenntnis des Borstickstoffes und des Bors. (Berlin 1908: E. S. Mittler & Sohn.) (39 S.) 8°
Berlin, Phil. Fak., Ref. Fischer, Diss. v. 4. Aug. 1908
[Geb. 1. Juli 81 Hannover; Wohnort: Hannover; Staatsangeh.: Preußen; Vorbildung: Realgymn. Hannover Reife O. 01; Studium: Techn. Hochsch. München 3, Hannover 2, Univ. Berlin 9 S.; Rig. 23. Juli 08.]

Hölle, Die, auf Erden: ein Roman 1800. Leipzig 1800. V: *Gruber, Johann Gottfried.* (Ky) (MGT)

Hölle, die, auf Erden, od. Gesch. d. Familie Fredini, v. J. G. Gruber. Ein Gegenstück zu Salzmanns Himmel auf Erden. 8. Leipzig, Kummer. 800.

Hölle, Meine. Ein Gedicht. Berlin 1785. V: *Vulpius, Chn. Aug.* Vgl. Jb. d. Samml. Kippenberg 6 (1926), S. 71.

Holleben: Deutsches Flottenbuch, s.a. Holleben, D. – Holleben, Heinrich

Holleben, v., deutsches Flottenbuch. Erlebnisse e. See-Kadetten in Krieg u. Frieden. 6. u. 7. Aufl. Mit 100 Text-Abbildgn., 6 Ton- u. 2 Chromobildern nach Zeichngn. v. Rich. Knötel, Willy Stöwer u. a., sowie nach Orig.-Photogr. gr. 8. (VIII, 398 S.) Leipzig 892. 894. O. Spamer. n. 5. —; geb. in Leinw. n.n. 6. 50

Holleben, v, deutsches Flottenbuch. Erlebnisse eines See-Kadetten in Krieg u. Frieden. 9. [Titel-]Aufl. Mit 104 Text-Abbildgn. u. 5 Chromobild. nach Zeichngn. v. Rich. Knötel, Willy Stöwer u. a., sowie nach Orig.-Photogr. gr. 8. (VIII, 400 S.) Leipzig [899.] 901. O. Spamer. n. 5. —; geb. in Leinw. n.n. 6. 50

Holleben, v., deutsches Flottenbuch. Erlebnisse e. Seekadetten in Krieg u. Frieden. 12. [Titel-]Aufl. Mit 122 Text-Abbildgn. u. 4 Chromobildern nach Zeichngn. von Rich. Knötel, Willy Stöwer u. a., sowie nach Orig.-Photographien. (VIII, 404 S.) gr. 8. Leipzig [908] (910). O. Spamer. 6.—; geb. in Leinw. 7. 50

Holleben, v., Gebrauchs-Tabellen für Marine-Artilleristen. gr. 8. (VI, 94 S.) Berlin 879. F. Luckhardt. cart. n. 6. —

Holleben, v. Die wissenschaftliche Grundlage für den Offizier und die Reorganisation des Kadetten-Korps. Berlin 1902. 8°.

— Leitfaden zum Vortrage d. Kriegswissenschaften. 3 Abtheill. Mit 1 Steintaf. gr. 4. Berl. 832. Reimer. 12 gGr

Holleben, Albert von

Erinnerungen an Eugen u. Moritz v. Hirschfeld aus Deutschland u. Spanien. Zsgst. v. einem Veteranen des Yorkschen Korps (v. Holleben). Berlin 1863. 211 S.

Holleben, v., Geschichte des Frühjahrsfeldzuges 1813 u. seine Vorgeschichte, s.a. Geschichte der Befreiungskriege 1813–1815.

Geschichte des Frühjahrsfeldzuges 1813 und seine Vorgeschichte. Bearb. von (Albert) v. Holleben, Gen. d. Inf. z. D. Bd 1. *Berlin: E. S. Mittler & Sohn 1904.* 8° [F.]
— Geschichte d. Befreiungskriege 1813–1815. [1], Bd 1. [04. 1418]

[F.] Die Pariser Kommune 1871 unter den Augen der Deutschen Truppen. Von Albert v. Holleben, General ... M. 1 farb. Pl. v. Paris ... *Berlin: E. S. Mittler & Sohn 1897.* (VI S., 1 Bl., 309 S., 1 Pl.) 1 Bd 8. [97. 197]

Holleben, B. v., die Aufforstung verödeter Muschelkalkberge unter Anknüpfung an die Verhältnisse im Fürstenth. Schwarzburg-Rudolstadt. Ein Versuch im Interesse vaterländ. Landescultur. 2., verm. Aufl. gr. 8. (V und 57 S.) Leipzig 862. T. O. Weigel. *

— examen theologicum acroamaticum universam theologiam thetico-polemicam complectens. Cum praef. D. R. Teller. 4maj. Leipz. 763. Breitkopf u. H. 3 Rthlr

Holleben, Carl Ludwig Bernhard, s. Holleben, Karl Ludwig Bernhard

Holleben, D. v. Deutsches Flottenbuch. Erlebnisse e. See-Kadetten in Krieg u. Frieden. In 6. Aufl. neu bearb. Mit 100 Text-Abbildgn., 6 Ton- u. 2 Chromobildern. gr. 8. (VIII, 398 S.) Lpz. 892, Spamer. * 5 —; geb. ** 6 50
vgl. Holleben. – Holleben, Heinrich

v. Holleben, Ed., Altarrede, s. Hankel, Gustav.

Holleben, Edu. v., Predigt u. Altarrede rc., s. Hankel, Gust.

(v. Holleben, F.) Militärische Betrachtungen aus den Erfahrungen eines Preussischen Offiziers. (286) 8. Mit 32 Fig. 9 Pl. Berlin 1838. 9.00.
vgl. Holleben, H. von

v. Holleben, H. und Gerwien, P. Geometrische Analysis. I, II. Berlin, 1831/32.

v. Holleben, H., u. P. Gerwien, Aufgaben-Systeme u. Sammlungen aus d. ebenen Geometrie, zu e. selbstständigen Unterricht in d. Analysis geordnet u. durch Gesetze vorbereitet. 1r Thl. A. u. d. T.: geometr. Analysis. 1r Bd., mit 19 Steindr. gr. 8. Berl. 831. Reimer. 1 Rthlr 8 gGr 1r Thl. (2r Bd.) A. u. d. T.: geometr. Analysis. 2r Bd. Aufgaben. Mit 42 Steintaf. gr. 8. Ebd. 832. 3 Rthlr 8 gGr

—— und P. Gerwien, Aufgaben-Systeme u. Sammlungen aus d. ebenen Geometrie, zu e. selbstständ. Unterr. in d. Analysis geordnet u. durch Gesetze vorbereitet. 1. Thl. — A. u. d. T.: Geometr. Analysis. 1. u. 2. Bd. gr. 8. Berlin, Reimer.
Bd. 1. Anleitungen u. Gesetze. (20½ B. u. 19 Stnt. gr. 4.) 831. 1 Thlr. 8 Gr.
" 2. Aufgaben. (34½ B. u. 42 Stnt. gr. 4.) 832. 3 Thlr. 8 Gr.

(Holleben, H. v.) Militärische Betrachtungen aus den Erfahrungen eines preuß. Offiziers. Berlin 1838. 8°.
vgl. Holleben, F. von

Holleben, Heinrich: Deutsches Flottenbuch, vgl. Holleben. – Holleben, D.

Holleben, Heinr. v., Deutsches Flottenbuch. Erlebnisse eines See-Kadetten in Krieg u. Frieden. 8., verb. Aufl. Mit 104 Text-Abb. u. 4 Chromobild. nach Zeichngn. v. Rich. Knötel, Willy Stöwer u. a., sowie nach Orig.-Photographien. gr. 8. (VIII, 400 S.) Leipzig 899. O. Spamer. n. 5. —; geb. in Leinw. n.n. 6. 50

Holleben, Heinr. v., deutsches Flottenbuch. Erlebnisse e. Seekadetten in Krieg u. Frieden. 10. Aufl. Mit 122 Text-Abbildgn. u. 4 Chromobildern nach Zeichngn. v. Rich. Knötel, Willy Stöwer u. a., sowie nach Orig.-Photographien. (VIII, 404 S.) gr. 8. Leipzig 905. O. Spamer. n. 6. —; geb. in Leinw. n. 7. 50

Holleben, H. v., deutsches Flotten-Leben. 8. (III, 152 S.) Kiel 884. Universitäts-Buchh. n. 1. 50

Holleben, H. v., drei Junggesellen. Bilder aus dem deutschen Flottenleben. 8. (124 S.) Kiel 886, Universitäts-Buchh. * geb. *

Holleben, Heinr. v., auf d. Meer hinaus. Abenteuer e. Heimatlosen. Mit 12 bunten Bildern u. 12 Textillustr. v. Ferd. Lindner. 2. Aufl. 8. (VII, 367 S.) Breslau 897. E. Trewendt. Geb. in Leinw. n. 4. —

— auf das Meer hinaus. Abenteuer eines Heimatlosen. Mit 12 bunten Bildern u. 12 Textillustr. v. Ferd. Lindner. 3. Aufl. (375 S.) 8. Berlin (904). E. Trewendt. Geb. in Leinw. n. 4. 50

— Seehelden u. Seeschlachten in neuerer u. neuester Zeit. (VII, 330 S. m. 60 Abbildgn.) gr. 8. Leipzig 907. O. Spamer. n. 5. 50; geb. in Leinw. n. 6. 50

— Seehelden u. Seeschlachten in neuerer u. neuester Zeit, geschildert. 2. [Titel-]Aufl. (V, 330 S. m. 60 Abb.) gr. 8. Ebd. [907] (909). 5.50; geb. in Leinw. 6. 50

— sieben Jahre Seekadet. Mit 8 (photolith.) Portraits, gezeichnet von C. W. Allers. gr. 8. (XI, 268 S.) Kiel 882. Universitäts-Buchh. n. 5. —

Holleben, Herrm. v., Erinnerungen aus dem Leben d. Generals der Infanterie H. v. H., s.: Beiheft zum Militär-Wochenblatt.

Holleben, v. — Aus den hinterlassenen Papieren des Generals der Infanterie von Holleben. Berlin 867. Mittler & Sohn. gr. 8. (VI, 158 S, mit 2 lith. Plänen u. 2 Beilagen in 4. u. hoch 4.) 1 Rthlr

HOLLEBEN, Karl Ludwig Bernhard v.: Beiträge zur Naturgeschichte des Nonnenspinners (Phalaena bombyx monacha L.) gesammelt in den Jahren 1828-1840. - Rudolstadt 1840. 75 S., 1 Kt.

Holleben, Carl Ludw. Bernh. v., Maß-Reductions-Tafeln. 2., verm. u. verb. Aufl. gr. Lex.-8. (3⅛ B.) Dresden u. Leipzig 840, Arnoldische Buchh.

Holleben, Wilhelm

Holleben, v., der Feldwebel. Aus der Praxis für die Praxis. Mit 9 Anlagen. (112 S.) kl. 8. Berlin 907. Liebel. 1. 40

Holleben, Wilh. v., Geschichte der Familie v. Holleben. gr. 8. (V, 191 u. 16 S. m. Wappen im Text, 1 Farbendr. u. 2 Karten.) Gotha 895. (F. A. Perthes.) n. 8. —

Der Kammerunteroffizier. Aus d. Praxis f. d. Praxis. Von [Wilhelm] v. Holleben, Major. Mit 3 Abb. Berlin: Liebel 1907. (32 S.) 8° [F.]

Holleben, v., die Kriegsartikel. Erläuterg. derselben an Beispielen, nach Geschichten deutscher Truppen zusammengestellt. 12. (VII, 63 S.) Berlin 896. E. S. Mittler & Sohn. n. — 60

Holleben, v., die Kriegsartikel. Erläuterg. derselben an Beispielen, nach Geschichten deutsch. Truppenteile aller Waffen unter Berücksicht. d. Allerhöchsten Kabinetts-Ordre v. 22. IX. 1902 zusammengest. 2. Aufl. 12. (VII, 91 S.) Berlin 903. E. S. Mittler & Sohn. n. — 70

— Der Schießunteroffizier. Aus der Praxis f. die Praxis. 2., völlig umgearb. Aufl. Mit 23 Bildern, 1 Taf. im Text u. 5 Anlagen. (56 S.) kl. 8. Ebd. 910. — 60

Holleck, Heinrich, Dir. Prof. Dr. [Bericht über die Feier des 150jährigen Bestehens des Gymnasiums.] *Leobschütz 1903: W. Wilke.* (S. 11—15.) 4°
Leobschütz, k. kath. G, P 1903 (228)

Holleck, Henricus *(geb. Slupna in Oberschles. 29. 11. 1849)*: Conjectanea critica in Aelii Aristidis Panathenaicum. Vratislaviae 1874. (37 S.) 8°
Breslau, Phil. Diss. v. 20. Aug. 1874

Holleck, Heinrich: Feier des 150jährigen Bestehens des Gymnasiums. S. 11—15. 4. Kgl. kath. Gymn. *Leobschütz* 1903 (228).
Progr.

Holleck, (Heinrich), Dir. Prof. Dr.: Die Gründung und Erneuerung des Gymnasiums zu Leobschütz. *Leobschütz 1902: W. Wilke.* (S. 3—34.) 8°
Leobschütz, k. kath. G, Festschr. 1902**

Holleck, (Heinrich), Dir. Prof. Dr.: Kanon der im Geschichtsunterricht einzuprägenden Jahreszahlen, für das Gymnasium zu Leobschütz zusammengestellt. Leobschütz 1904: W. Witke. (25 S.) 8°
Leobschütz, k. kathol. G OP 1904 (232)

Holleck, Heinrich [Oberl. Dr.]: Der harpalische Prozess des Demosthenes. Beuthen O.-S., Druck v. B. Wylezol & C., 1892; 1 Bl., 20 S. 4.
Beuthen O.-S., k. G, OP 1892 (171)

Holleck, (Heinrich), Dir. Prof. Dr.: Übersicht über die Leiter und Lehrer, sowie über die Zahl der Schüler und Abiturienten des Gymnasiums in den Jahren 1802—1902. *Leobschütz 1902: W. Witke.* (S. 181—207.) 8°
Leobschütz, k. kath. G, Festschr. 1902**

Holleck-Weithmann, Fritz, zur Quellenfrage v. Shakespeares Lustspiel „Much ado about nothing", s.a. Studien, Kieler, zur engl. Philologie. 3. Hft.

Holleck-Weithmann, Fritz, aus Beuthen O.-S.: Zur Quellenfrage von Shakespeares Lustspiel 'Much Ado About Nothing.' *Heidelberg: C. Winter 1902.* (49 S.) 8° ¶[Erschien vollst. 1902 als: Kieler Studien zur engl. Philol., H. 3.]
Kiel, Phil. Diss. v. [30. Nov.] 1901

Holleder, E.E. (Hrsg.), s. Acerra, Antonio d': Der König der Erde.

Hollodoror, Heinrich: Über bewegliche Nieren im Kindesalter. Erlangen 1897: A. Vollrath. (34 S.) 8°
Erlangen, Med. Diss. v. 16. Dez. 1897

Hollefeld, Albert [app. Arzt, aus Emsdetten '(Prov. Westf.)']: Beitrag zur Kenntniss der compensatorischen Leberhypertrophie beim Menschen … Göttingen, Druck d. Dieterichschen Univ.-Buchdr., 1896; 29 S. 8.
Göttingen, Med. Fak., Inaug.-Diss. v. [16. Dez.] 1896

Hollefeld, Alb., Beitrag zur Kenntniss d. compensator. Leberhypotrophie beim Menschen. Diss. gr. 8. (29 S.) Göttingen 896. (Vandenhoeck & Ruprecht.) n. — 80

Hollefreund, Karl [Dr.]: Anwendungen des Gauſs'schen Prinzipes vom kleinsten Zwange. M. 1 Taf. Berlin, R. Gaertner, 1897; 24 S., 1 Taf. 4.
Berlin, Luisenstädt. RG, OP 1897 (97)

Hollefreund, Karl, Dr.: Die Elemente der Mechanik vom Standpunkte des Hamilton'schen Prinzips. (T. 1.) Mit 1 Taf. *Berlin: Weidmann 1903.* (25 S.) 4°
Berlin, Luisenstädt. RG, OP 1903 (110)

Hollefreund, Karl, Prof. Dr.: Die Elemente der Mechanik vom Standpunkte des Hamilton'schen Prinzips. T. 2. Berlin 1906: Weidmann. (23 S., 2 Taf.) 4° ¶(Forts. d. P-Beil. 1903.)
Berlin, Luisenst. RG OP 1906 (113)

Hollefreund, Karl, die Gesetze der Lichtbewegung in doppelt brechenden Medien nach der Lommel'schen „Reibungstheorie" und ihre Uebereinstimmung mit der Erfahrung. gr. 4. (39 S.) Halle 883. (Leipzig, Engelmann.)
Aus: Nova Acta der k. Leop.-Carol. deutschen Akademie der Naturforscher, besonders abgedruckt.

Hollefreund, Karl Aug., theoret.-prakt. Anleit. z. gründl. Kenntniß u. vortheilhaften Ausübung d. Landwirthschaft. Für angehende Landwirthe. 2 Thle, mit 3 Kpft. gr. 8. Berl. 830. Amelang. 1 ℛ 12 𝑔𝑟

Hollefreund, Paul [aus Rathenow]: Beiträge zur Ermittelung des Phosphors bei gerichtlich-chemischen Untersuchungen. … Erlangen, *Druck v. R. Isaac, Charlottenburg,* 1890; 35 S. 8°
Erlangen, Phil. Fak., Inaug.-Diss. v. 1890

Holleman, Arnold Frederik

Holleman, A. F., die direkte Einführung von Substituenten in den Benzolkern. Ein Beitrag zur Lösg. des Substitutionsproblems in aromat. Verbindgn. Kritische Literaturübersicht u. experimentelle Untersuchgn. (VI, 516 S. m. Fig.) gr. 8. Leipzig 910. Veit & Co. 20. —

Lehrbuch der Chemie. Von A[rnold] F[rederik] Holleman, Prof., Groningen. Autor. deutsche Ausg. T. 1. 2. *Leipzig: Veit & Co. 1899—1900.* 2 Bde 8°
1 = Lehrbuch d. organ. Chemie. Unter Mitw. d. Verf. hrsg. von Hans Hof.
2 = Lehrbuch d. anorgan. Chemie. In Gemeinsch. mit d. Verf. bearb. von Wilhelm Manchot. 11

Holleman, A. F., Lehrbuch der Chemie. Autoris. deutsche Ausg. 1. u. 2. Thl. gr. 8. Leipzig, Veit & Co. Geb. in Leinw. à n. 10. —
1. Organische Chemie. Für Studierende an Universitäten u. techn. Hochschulen. 2., verb. Aufl. In Gemeinschaft m. dem Verf. bearb. u. hrsg. v. Wilh. Manchot. (X, 483 S. m. Abbildgn.) 902.
2. Anorganische Chemie. Für Studierende an Universitäten u. techn. Hochschulen. In Gemeinschaft m. dem Verf. bearb. u. hrsg. v. Wilh. Manchot. (XII, 440 S. m. Abbildgn. u. 2 Taf.)

Holleman, A. F., Lehrbuch der Chemie. Autoris. deutsche Ausg. Organischer Tl. Für Studierende an Universitäten u. techn. Hochschulen. 3. u. 4. verb. Aufl. (à X, 490 S. m. Abbildgn.) gr. 8. Leipzig 904. 905. Veit & Co. Geb. in Leinw. n. 10. —

— dasselbe. Lehrbuch der unorgan. Chemie f. Studierende an Universitäten u. techn. Hochschulen. 4., verb. Aufl. (XII, 451 S. m. Abbildgn. u. 2 Taf.) gr. 8. Ebd. 906. Geb. in Leinw. n. 10. —
2. Aufl. (XII, 436 S.) 903. — 3. Aufl. (XII, 436 S.) 905.

Holleman, Arnold Frederik: L e h r b u c h der Chemie von Dr. A[rnold] F[rederik] Holleman, Prof., Amsterdam. Autor. deutsche Ausg. 6. verb. Aufl. T. [1. 2.] Leipzig: Veit & Co. 1908. 2 Bde 8⁰
[1.] Organ. T. Lehrbuch d. organ. Chemie.
[2.] Unorgan. T. Lehrbuch d. unorgan. Chemie.

Holleman A. F.: Lehrbuch d. Chemie. Autorisierte deutsche Ausg. Unorganischer u. organischer Teil. 7. verb. Aufl. Leipz. 1909.
(O. m. Særtit., se 45 og 46).

— **L e h r b u c h der Chemie. Autoris. deutsche Ausg. Lehrbuch der organ. Chemie f. Studierende an Universitäten u. techn. Hochschulen. 8., verb. Aufl. (X, 490 S. m. Fig.) gr. 8. Ebd. 910. Geb. in Leinw. 10. —**

— **dasselbe. Lehrbuch der unorgan. Chemie. 8., verb. Aufl. (XII, 456 S. m. Fig., 1 Tab. u. 2 Taf.) gr. 8. Ebd. 910. Geb. in Leinw. 10. —**

— **Einfache Versuche auf dem Gebiete der organ. Chemie. Eine Anleitg. f. Studierende, Lehrer an höh. Schulen u. Seminaren sowie zum Selbstunterricht. Deutsch durch Wilh. Meigen. (VIII, 88 S. m. Fig.) 8. Ebd. 907. Geb. in Leinw. 2. 20**

Hollen, Heinrich [pr. Arzt aus Westpreussen]: Aus d. patholog. Institute zu Greifswald. Zur Casuistik der Nierengeschwülste.... Greifswald, Druck v. J. Abel, 1880; 31 S. 8⁰
Greifswald, Med. Fak., Inaug.-Diss v. 29. Sept. 1880

Hollenbach, Frieda M: Schweden, seine wirtschaftliche Entwickelung und sein Handel mit Deutschland. (Komité zur Vorbereitung des deutsch-schwedischen Handelsvertrags) Berlin 1910. Liebheit & Thiesen. 62 S. 8⁰

Hollenbach, Joh. Michael Christian

Hollenbach, J. M. Christian (Lehrer der Gewerbsencyklopädie) „Abhandlung über Vorbedingungen zur Hebung der vaterländischen Industrie überhaupt und einiger Industriezweige insbesondere". pg. 3—10. 4⁰. Brügel'sche Offizin.
Ansbach, Progr. 1837/38

Hollenbach, Joh. Mich. Chr. (Lehrer des Zeichnens) „Bericht über eine hier (Ansbach) stattgehabte Gewerbs-Ausstellung". pg. 11—21. 4⁰. Brügel.
Ansbach, Progr. 1844/45

Hollenbach, J. M. C. „Ueber den Elementar-Unterricht in der freien Handzeichnung an technischen Gymnasien". pg. 3—10. 4⁰. Brügel.
Ansbach, Progr. 1840/41

Hollenbach, J. M. Chr. „Die Zeichnenkunst ein Förderungsmittel der Industrie". pg. 3—12. 4⁰. Brügel.
Ansbach, Progr. 1848/49

Hollenbach, Wilh., Bilder aus Thüringen. I.: Tragikomische Geisterbeschwörung auf dem Galgenberge bei Jena in der Christnacht des J. 1715. Nach den Orig.-Quellen wahrheitsgetreu dargestellt. Mit interessanten Bruchstücken der Streitschrift des Jenaischen Arztes Andreä und dem Gutachten der theolog. und jurist. Fakultät zu Leipzig. 8. (IV, 56 S.) Jena 885, Mauke's Verlag. *

Hollenbach, Wilh., Darstellung u. Beurteilung der Pädagogik Kants. Inaugural-Dissertation. gr. 8. (91 S.) Jena 881. (Neuenhahn.) n. 2. —

Hollenbach, Wilh., die Winkelverhältnisgleichungen des Dreiecks u. das Trisektionsproblem. Ein neues Gebiet der Elementar-Mathematik. (23 S. m. 17 Fig.) gr. 8. W.-Jena (908). Chemnitz-Gablenz, Thüringer Verlagsanstalt. 1. —

Hollenberg, d. sociale Gesetzgebg. u. d. christl. Ethik. Haarlem 880.

Hollenberg, A., s.: Dingler's polytechn. Journal.

Hollenberg, A. [Hrsg.], s. J o u r n a l, Polytechnisches

Hollenberg, A., die Kalibrirung der Eisenwalzen, s.: Daelen, R.

Hollenberg, A., s.: Schulblatt, evang.

Hollenberg, A., die neueren Windräder, die sogenannten amerikanischen Windmühlen, speciell die Halladay-Windräder. Mit besond. Berücksicht. ihrer Verwendung für Ent- und Bewässerung. Für Cultur- und Eisenbahn-Ingenieure, Landwirthe, Gewerbetreibende und Alle, welche sich für eine bill. Betriebskraft interessiren, gemeinfassl. dargestellt. gr. 8. (IV, 79 S. mit 6 Taf. und 56 Holzschn.) Leipzig 885, [Baumgärtner's Buchh.] Mendelssohn. *

Hollenberg, Adolf: Aus dem L e b e n des Lehrers Matthias Hollenberg ..., s. H o l l e n b e r g, Wilhelm

Naturlehre für Volksschulen. Hülfsbuch f. Lehrer von Ad[olf] **Hollenberg**, Sem.Oberl.a.D. 4.Aufl. Langensalza: H.Beyer & Söhne 1907. (VIII, 92 S.) 8⁰ [F.]
Erschien vorher u. d. T.: Stücke aus d. Physik. [07: 4177 3

Hollenberg, Ad., Naturlehre f. Volksschulen. Hilfsbuch für Lehrer. 5. Aufl. (VIII, 92 S.) gr. 8. Langensalza 910. H. Beyer & Söhne. 1. 20

— **dasselbe. Wiederholungsbuch f. die Hand der Schüler. 13. Aufl. (32 S.) kl. 8. Ebd. 908. — 20**

Hollenberg, Ad., Stücke aus der Physik. Ein Hülfsbuch für Lehrer an Volksschulen. 8. (IV, 94 S.) Moers 884, Spaarmann.
— dass. — Ein Wiederholungsbuch für Schüler der Volksschulen. 8. (32 S.) Ebendas. 884.

Hollenberg, Ad., Stücke aus der Physik. Ein Hülfsbuch für Lehrer an Volksschulen. 2. durchgeseh. Aufl. 8. (VIII, 94 S.) Moers 885, Spaarmann. *

—— dass. — Ein Wiederholungsbuch für Schüler der Volksschulen. 2. und 3. Aufl. 8. (32 S.) Ebendas. 885,88. *

Hollenberg, Ad., Stücke aus der Physik Ein Hülfsbuch f. Lehrer an Volksschulen. 3., erweit. Aufl. m. Abbildgn. gr. 8. (VIII, 126 S.) Moers 891. J. W. Spaarmann. n. 1. 20

— **dasselbe. Ein Wiederholungsbuch f. Schüler der Volksschulen. 6. Aufl. 8. (32 S.) Ebd. 894. n. — 20**

Hollenberg, Adolf: S t ü c k e aus der Physik. Ein Wiederholungsbuch f. Schüler d. Volksschulen von Adolf Hollenberg, Sem.-Oberl. a. D. 8. Aufl. Moers: J. W. Spaarmann 1900. (32 S.) 8⁰ [Umschlagt.]

— **Stücke aus der Physik. Ein Wiederholungsbuch f. Schüler der Volksschulen. 9. Aufl. 8. (32 S.) Mörs 901. J. W. Spaarmann. n. — 20**

— **Stücke aus der Physik. Ein Wiederholungsbuch f. Schüler der Volksschulen. 10. Aufl. (32 S.) 8. Mörs 904. J. W Spaarmann. n. — 20**

[F.] Sprachliche Untersuchungen besonders etymologischer u. onomatischer Art angeknüpft an die deutsche Benenng d. menschl. Körpers u. seiner Teile. Von Ad. **Hollenberg**, Seminar-Oberl. a. D. *Gütersloh: C. Bertelsmann 1895.* (110 S.) 1 Bd 8. [94. 1418

— — das Volksschulwesen am Niederrhein vor 1815 und seine Entwickelung unter Preußen. Festrede zur Königs Geburtstags-Feier am 19. März 1880 im königl. Seminar zu Rheydt. 8. (20 S.) Rheydt 880, Langewiesche.

Hollenberg, Arno. Untersuchungen über Bromderivate des Anethols. (Bern) Stuttgart, 1897.

Hollenberg, Bertha, aus großer Zeit, s.a. Festspiele für Schulen, Pensionate u. Vereine.

Aus grosser Zeit. Ein vaterländ. Festspiel f. Schulen. Von **Bertha Hollenberg**. *Berlin: Selbstverl. 1897;* (übergeklebt: *E. Bloch 1898*). (20 S.) 8° [F.]
— **Festspiele** f. Schulen, Pensionate u. Vereine. No 9.

Hollenberg, F., über Kupferstiche und andere Kunstdrucke, ihre Geschichte, Behandlung, Aufbewahrung und Reinigung, s. Universal-Bibliothek der bildenden Künste.

Hollenberg, Geo. Hnr., († d. 15. Sept. 1831.) über d. vortheilh. Anwend. d. prakt. Geometrie bei Theilung offener u. gemeiner Feldmarken. Mit 4 Kpft. 8. Stend. 803. Franzen u. Gr. 12 gr

— Beitr. zur prakt. Baukunst, worin sowohl d. Aufführung neuer bürgerl. Wohnungen, als Reparatur u. Veränderung d. Gebäude beschrieben 2c. werden. Mit 4 Kpft. 8. Götting. 804. Dieterich. 20 gr

— Bemerkk. üb. verschied. Gegenstände auf e. Reise durch Deutschland, in Briefen. gr. 8. Stendal 782. Franzen u. Gr. 20 gr

— s.a. Nachrr. von dem Leben d. Mathematiker.

— Nachrichten von den Leben u. den Erfind. d. Mathematiker. 8. Münster, Coppenrath. 788.

Hollenberg, Geo. Hnr., s. Sprichwörter, deutsche.

— Vorlesung vom Daniel Speckle. 4. Gött. 777. Dieterich. 1 gr

— Vorübungen zur prakt. u. theoret. Geometrie für Kinder. Mit 7 Kpf. 8. Götting. 791. 2e A. 803. Dieterich. 8 gr

Hollenberg, L., ex occasione nummi Cufici de nom. Dei Gud. in Suio-Goth. cognatisque ling. origine, disquis. hist. et philol. 4. Hamb. Hofmann. 796.

Hollenberg, Joh. Der Charakter der alexandrinischen Übersetzung des Buches Josua und ihr textkritischer Wert untersucht. 20 S.
Progr. *Mörs* 1876.

Hollenberg, Joh. [Oberl.]: 1. Zur Methodik des biblischen Unterrichts in den oberen Gymnasialklassen. 2. Über Übungsbücher zum Übersetzen in das Lateinische für Tertia. Bielefeld, Druck v. Velhagen & Klasing, 1889; S. 3–20; 4°
Bielefeld, G u. RG, OP 1889 (332)

Hollenberg, Johannes Über Übungsbücher zum Übersetzen in das Lateinische für Tertia. 4 (S. 13—20).
Progr. G. u. Rg. *Bielefeld* 1889 (332).

Hollenberg, Wilhelm, s.a. Hollenberg, Wilhelm Adolf

Hollenberg, Wilh., Choralbuch zum evangel. Gesangbuche f. Rheinland u. Westfalen. s.a. Nelle, Wilh.

Hollenberg, Wilh., u. Wilh. Nelle, Choralbuch zum evangelischen Gesangbuche f. Rheinland u. Westfalen. Im Auftrage der vereinigten Gesangbuchskommissionen hrsg. qu. gr. 4. (XXIV, 105 u. III S.) Dortmund 893. W. Crüwell. n. 5. —; geb. n.n. 6. 50

— u. Wilh. Nelle, Choralbuch zum evangel. Gesangbuche f. Rheinland u. Westfalen. Im Auftrage der verein. Gesangbuchskommissionen in 1. Aufl. hrsg. 2. Aufl. Neu bearb. v. Wilh. Nelle. qu. gr. 4. (XLVII, 131 S.) Dortmund 899. W. Crüwell. n. 5. —; geb. in Halbldr. n.n. 6. —

Hollenberg, Wilhelm: Choralbuch zum Evangelischen Gesangbuche für Rheinland und Westfalen. Im Auftr. d. verein. Gesangbuchskommissionen in 1. Aufl in Verb. mit Wilhelm Hollenberg hrsg. u. in 2. Aufl. neu bearb. von Wilhelm Nelle. 3. verb. u. verm. Aufl. Dortmund: Crüwell 1910. XLIII, 137 S. quer- 8°

Hollenberg, W.: Commentatio de scholiis in Lucanum ab Angelo Maio olim editis. 2 S.– Saarbrücken, Progr. 1872.

Hollenberg, Wilh. Empedoclea. 31 S.
Berlin, Joach. G., Progr. 1853

Hollenberg, Wilh., **die sociale Gesetzgebung und die christliche Ethik. gr. 8. (109 S.) Haarlem 880. (Leipzig, Harrassowitz.) cart. ***

Hollenberg, Wilhelm: Aus dem Leben des Lehrers Matthias Hollenberg nebst älterer Familiennachrichten. Ein Denkmal d. Liebe. Geschrieben von d. Söhnen Wilhelm u. Adolf Hollenberg. Elberfeld 1904: Baedeker. (120 S.) 8°

Hollenberg, W., Liederreigen und Aufzüge für das Knabenturnen. Auch in Vereinen anwendbar. 8. (12 S. mit 2 autogr. Fig.-Taf.) Rheydt 881, Langewiesche.

Hollenberg, Guilelmus: • Observationes in quosdam locos Parmenidis et Empedoclis. 41 S. 2°
Halle-Wittenberg, Phil. Diss. v. 5. Aug. 1850
Geb. [Meiderich (Kr. Mülheim a. d. Ruhr) 5. 6. 1824]
Überarb. u. z. T. wörtlich übernommen in des Verf.: Empedoclea. Berlin 1853: Akad. d. Wiss. 31 S. 8° (4°) Joachimsth. Gymn., Progr.

Hollenberg, Wilh. Luthers sogenannte Promotionsrede. 6 S.
Progr. G. *Saarbrücken* 1879.

Hollenberg, W., die Religion Jesu Christi. Von der Ludwigstiftg. m. dem 1. Preise gekrönt. gr. 8. (44 S.) Bremen 897. M. Nößler. n. — 60

Hollenberg, W., die Religion Jesu Christi. (Von der Ludwig-Stiftg. m. dem 1. Preise gekrönt.) 2. verb. Aufl. 3. Abdr. gr. 8. (42 S.) Bremen 900. C. Schünemann. n. — 60

Hollenberg, Wilh., zur Religion und Kultur. Vorträge und Aufsätze. gr. 8. (IV und 118 S.) Elberfeld 867, Friderichs. *

—— **Studien zu Bonaventura. 8. (VII und 116 S.) Berlin 862, (Gsellius'sche Buchh.)**

—— **die freie christliche Thätigkeit und das kirchliche Amt. (Erste gekrönte Preisschrift.) gr. 8. (VII und 80 S.) Berlin 857, Wiegandt und Grieben. ***

— **welchen werth hat die statistik der sittlichen thatsachen f. die sittlichen wissenschaften, u. welchen einfluss muss sie auf d. studium jener wissenschaften haben? Von der Teyler'schen Gesellschaft gekrönte Preisschrift. gr. 8. (VIII, 95 S.) Harlem 876. (Leipzig, Harrassowitz.) n.n. 2. 40**

Hollenberg, W. (Hrsg.), s. Zeitschrift für das Gymnasialwesen.

Hollenberg, Wilhelm Adolf, s.a. Hollenberg, Wilhelm

Hollenberg, W. A., Beiträge zur christlichen Erkenntniß f. die gebildete Gemeine. Aus Aufzeichngn. u. Briefen e. Freundes (J. Hülsmann) ausgewählt u. hrsg. gr. 8. (VIII, 464 S.) Oberhausen 872. Spaarmann. 4. 50

Hollenberg, W. A., der Brief an Diognet hrsg. und bearb. gr. 8. (IV und 91 S.) Berlin 853, Wiegandt und Grieben. *

Hollenberg, W. A., die Deutschen in Amerika, s. Deutschen, die.

Hollenberg, W. A., Ermunterung u. Anleitung zum Bibellesen. Für die Gebildeten in der Gemeinde. Berlin 862. Hertz. 8. (85 S.) 7½ ngr.

—— de Hermae pastoris codice Lipsiensi. gr. 8. (32 S.) Berolini 856, Wiegandt und Grieben. *

—— Hülfsbuch für den evangelischen Religionsunterricht in Gymnasien. gr. 8. (XII und 292 S.) Berlin 854, Wiegandt und Grieben. *

· Hülfsbuch für den evangelischen Religionsunterricht in Gymnasien. 854. (XII, 292 S.) — 2. verb. Aufl. Berlin 857. Wiegandt u. Grieben. gr. 8. (IX, 308 S.) n. 25 ngr.

—— Hülfsbuch für den evangelischen Religionsunterricht in Gymnasien. 2—4. Aufl. gr. 8. (VIII und 304 S.) Berlin 857—61, Wiegandt und Grieben. Thlr. *

— Hülfsbuch für den evangelischen Religionsunterricht in Gymnasien. 3. Aufl. 859. — 4. Aufl. 861. — 5. Aufl. 863. — 6. Aufl. Berlin 864. Wiegandt & Grieben. gr. 8. (VIII, 304 S.) n. 25 ngr.

— — 1. Abth. 4. Aufl. Ebend. 861. gr. 8. (IV, 52 S.) n. 5 ngr.

—— Hülfsbuch für den evangelischen Religionsunterricht in Gymnasien. 5.—9. Aufl. gr. 8. (VIII und 304 S.) Berlin 863—68, Wiegandt und Grieben. *

— — 1. Abth. [Ausg. für das k. Wilhelms-Gymnasium zu Berlin.] 2. Aufl. Mit hinzugefügten Melodien zum Gebrauch bei den Schulandachten. Ebend. 870. gr. 16. (101 S.) cart. n. 10 ngr.

—— Hülfsbuch für den evangelischen Religionsunterricht in Gymnasien. 11. Aufl. gr. 8. (V, 292 S.) Berlin 871, Wiegandt und Grieben. *

—— dass. — 1. Abthl. [Ausg. für das k. Wilhelms-Gymnasium zu Berlin.] 2. Aufl. 1870, und 3. Aufl. Mit hinzugefügten Melodien zum Gebrauch bei den Schulandachten. gr. 16. (101 S.) Ebendas. 873. cart. *

Hollenberg, Wilh. A., Hülfsbuch für den evangelischen Religionsunterricht in Gymnasien. 12.—19. Aufl. gr. 8. (V, 292 S.) Berlin 872—77, Wiegandt und Grieben. *

Hollenberg, Wilh. A., Hülfsbuch für den evangelischen Religionsunterricht in Gymnasien. 1. Abthl. [Ausg. für das K. Wilhelms-Gymnasium zu Berlin.] 4. Aufl. Mit hinzugefügten Melodien zum Gebrauch bei den Schulandachten. gr. 16. (102 S.) Berlin 877, Wiegandt und Grieben. cart. *

Hollenberg, W. A., Hülfsbuch für den evangelischen Religionsunterricht in Gymnasien. 20.—25. Aufl. gr. 8. (V, 292 S.) Berlin 880,81, Wiegandt und Grieben. *

—— dass. — 1. Abthl. 25. Aufl. gr. 8. (52 S.) Ebendas. 881. *

—— dass. — 1. Abthl. [Ausg. für das K. Wilhelms-Gymnasium zu Berlin.] 5. Aufl. Mit hinzugefügten Melodien zum Gebrauch bei den Schulandachten. gr. 16. (102 S.) Ebendas. 879. cart. *

Hollenberg, Wilh. A., Hülfsbuch für den evangelischen Religionsunterricht in Gymnasien. 26.—38. Aufl. gr. 8. (V, 320 S.) Berlin 882—89, Wiegandt und Grieben. *

—— dass. — 1. Abthl. 26.—35. Aufl. gr. 8. (52 S.) Ebendas. 882—88. *

— dasselbe. 1. Abthlg. [Ausg. für das Kgl. Wilhelms-Gymnasium zu Berlin.] 6. Aufl. Mit hinzugefügten Melodien zum Gebrauch bei den Schulandachten. gr. 16. (102 S.) Ebd. 884. geb. n. 1. —

Hollenberg, W. A. Hilfsbuch f. den evangelischen Religionsunterricht in Gymnasien. 38. Aufl. gr. 8. (VIII, 320 S.) Berl. 890, Wiegandt u. Grieben. 2 50

—— dass. — 1. Abtl. (Ausg. f. das Königl. Wilhelms-Gymnasium zu Berlin.) 7. Aufl. Mit hinzugefügten Melodien zum Gebrauch bei den Schulandachten. gr. 16. (108 S.) Ebd. 889. cart. 1 —

Hollenberg, W. A., Hülfsbuch für den evangelischen Religionsunterricht in Gymnasien. 38. Aufl. gr. 8. (V. 320 S.) Berlin 889. Wiegandt & Grieben. n. 2. 50

— dasselbe. 1. Abthlg. 35. Aufl. gr. 8. (52 S.) Ebd. 888. n. — 50

Hollenberg, W. A., Hülfsbuch f. den evangelischen Religionsunterricht in Gymnasien. 43. Aufl., nach den neuen preuß. Lehrplänen vom 6. Jan. 1892 umgearb. gr. 8. (VII, 808 S.) Berlin 894. Wiegandt & Grieben. n. 2. 50

Hollenberg, W. A., Hilfsbuch f. den evangelischen Religionsunterricht in Gymnasien u. Realgymnasien. 49. Aufl., nach den neuen preuß. Lehrplänen v. 1901 umgearb. (v. Osw. Gerhardt). (VII, 320 S.) gr. 8. Berlin 903. Wiegandt & Grieben. Geb. in Leinw. n. 2. 80

— dasselbe (Tertia bis Prima). 2. Aufl. der Neubearbeitg. (XI, 330 S. m. 2 farb. Karten.) gr. 8. Ebd. 905. Geb. n. 2. 80

—— Professor J. Hülsmann. Aus seinem Leben und seinen Aufzeichnungen. gr. 8. (VIII, 310 S.) Heidelberg 874, C. Winter's Universitäts-Buchh. *

—— biblisches Lesebuch für Schule und Haus. gr. 8. (XVI und 280 S.) Berlin 863, Th. C. F. Enslin. *

—— biblisches Lesebuch für Schule und Haus. 2. Aufl. gr. 8. (259 S.) Berlin 877, Enslin. *

—— Logik, Psychologie und Ethik als philosophische Propaedeutik für höhere Schulen. gr. 8. (VI, 86 S.) Elberfeld 869, Friderichs. *

Hollenberg, Wilh. Ad. [Dir. Dr.]: Gegen einen Missbrauch abstrakter Rede. Kreuznach, Druck v. Fr. Wohlleben, 1880; S. 3-16; 8° Kreuznach, k. G, OP 1880 (420)

Hollenberg, Wilh., Philosophische Propädeutik [Logik, Psychologie u. Ethik] f. höhere Schulen. 2. Aufl. gr. 8. (VIII, 100 S.) Elberfeld 875. Friederichs. n. 1. 20

—— philosophische Propädeutik (Logik, Psychologie und Ethik) für höhere Schulen. 3. Aufl. 8. (VI, 97 S.) [Elberfeld 881, Friederichs.] Berlin, Wiegandt und Schotte. *

Hollenberg, Wilh., philosoph. Propädeutik [Logik, Psychologie u. Ethik] f. höhere Schulen. 4. Aufl. gr. 8. (VI, 97 S.) Berlin 887. Wiegandt & Schotte. n. 1. 20

Hollenberg, hebräisches Schulbuch. Bearb. v. K. Budde. 8. Aufl. gr. 8. (VII, 164 S.) Berlin 895. Weidmann. Geb. in Leinw. n. 3. —

—— hebräisches Schulbuch. 2. Aufl. gr. 8. (IV und 95 S.) Berlin 861, [Steinthal.] *

— hebräisches Schulbuch. 3. Aufl. bearb. v. Joh. Hollenberg. gr. 8. (VI, 127 S.) Berlin 873. Steinthal. n. 2. 80

—— hebräisches Schulbuch. Bearb. von Joh. Hollenberg. 4. Aufl. gr. 8. (VIII, 141 S.) Berlin 880, Weidmann'sche Buchh. *
—— dass. — 5. Aufl. gr. 8. (VII, 148 S.) Ebendas. 884. geb. *

—— hebräisches Schulbuch. Bearb. von Joh. Hollenberg. 6. Aufl. gr. 8. (VIII, 148 S.) Berlin 886, Weidmannsche Buchh. geb. *

— hebräisches Schulbuch. Bearb. v. J. Hollenberg. 7. Aufl. gr. 8. (VIII, 158 S.) Berlin 889. Weidmann. geb. n. 3. —

Hollenberg, Wilh., hebräisches Schulbuch. Bearb. v. K. Budde. 9. Aufl. gr. 8. (VIII, 178 S.) Berlin 900. Weidmann. Geb. in Leinw. n. 3. —

Hollenberg, hebräisches Schulbuch. Bearb. v. Karl Budde. 10. Aufl. (VIII, 188 S.) 8. Berlin 906. Weidmann. Geb. n. 3. —

Selbstbiographie von W[ilhelm] A[dolf] Hollenberg, Kgl. Gymn.-Dir. a. D. Nach s. Tode hrsg. mit Hinzufügung einiger nachgelassener Aufsätze. *Coblenz 1900: Buchdr. d. Ev. Stifts.* (235 S.) 8° [F.] (00. 10816 7

Höllenbrand, W. [Pseud.], s.a. Bauschke, Moritz Gustav

† Höllenbrand, W., die Rache, s.a. 8. Bd.: Olschen, M. W. v., der wilde Jäger (die Anmerk.).

Höllenbrand, W., die Rache, oder der furchtbare Räuberbund. 8. Breslau 835. Verlags-Compt. 1½ ₰

HOLLENBRAUT, Die, oder die Feeninsel des 19. Jahrh. Natürliche Wundergeschichte. Vom Verf. des Romans „Der Türk in Sachsen". Mit Titelkpfr. Leipzig, Karl Drobisch in Commiss., 1837. 8⁰. VIII—147 S. Zahm. (1 Mk. 50 Pfg. Frz. Teubner, c. 1898.)
Der andere auf d. Titel erwähnte Roman ist: Osman (ps.), Der Türk in Sachsen. 1834; rep. 1836. (Weller, Lex. Ps. p. 404.)

Höllenbraut, die, oder die gespenstischen Rächer. Historisch-romant. Sage dem Volke erzählt von G. und B. Dvm. 16. (48 S.) Urfahr-Linz 878, Kraußlich.

Höllenbreughel als Erzieher. Auch v. e. Deutschen (Ferd. Pfohl). 1.—8. Aufl. gr. 8. (96 S.) Lpz. 890,91, Reißner. * 1 —

Höllenbreughel als Erzieher. Auch v. e. Deutschen (Ferd. Pfohl). 8. Aufl. gr. 8. (96 S.) Leipzig 891. Dresden, E. Reißner. n. 1. —

Hollender, Aron —. Neuestes Postbüchel für das höchst merkwürdige und noch nie dagewesene Schaltjahr 1856 mit Illustrationen. Ehrfurchtsvoll dargebracht von — —. Bochnia. 1856. Gedruckt bei Laurenz Pisch. (12 S. 16.)

Hollender, Herm., ärztliche Gutachten u. ärztliche Statistik vor dem Forum e. exakten Beurteilungsmethode, s.: Bücher des Fortschritts.

Hollender, Hermann, Diplom-Ingenieur aus Köln: Neue Theorie der excentrischen Belastung. *Köln 1900: J. P. Bachem.* (63 S.) 8°
Rostock, Phil. Diss. v. [7. Aug.] 1900

Hollender, Herm. Jos., über eine neue graphische Methode d. Zusammensetzg. v. Kräften u. ihre Anwendg. zur graph. Bestimmg. v. Inhalten, Schwerpunkten, statischen Momenten u. Trägheitsmomenten ebener Gebilde. Mit 4 lith. Taf. gr. 8. (VI, 44 S.) Leipzig 896. B. G. Teubner. n. 3. —

Hollender, Josef: Der Eisenbahnfrachtvertrag über Passagiergut und die Haftung aus demselben. Köln, Druck v. J. P. Bachem, *1897*; 42 S. 8.
Erlangen, Jur. Fak., Inaug.-Diss. v. 1897

Hollender, Max, die Postvollmacht. Für den prakt. Gebrauch hrsg. (VIII, 60 S.) 8. Dresden 910. G. Kühtmann. 2. —

Höllenfahrt, D. Karl Friedrich Bahrdt's; ein Schauspiel . . . in fünf Aufzügen. Friedrichs- und Christinenlust [Halle] 1792. V: *Hermstädt, Johann Adolph.* (Mn) (MGT) (Ky) (GGr)

Höllenfahrt v. Heinrich Heine (v. Wolfg. Müller v. Königswinter), hrsg. v. Siegfr. Aschner s.a. Neudrucke literar-historischer Seltenheiten, Nr. 4.

Höllenfahrt von Heinrich Heine. 1. u. 2. Aufl. Hannover 856. Rümpler. 8. (140 S.) 22½ ngr.

Höllenfahrt von Heinrich Heine. Hannover 1856. Amsterdam 1862. V: *Müller (von Königswinter), Wolfgang.* (Meyer, Fr., H. Heine-Bibliothek. Leipzig 1905. S. 97. 107.) (GGr)

Höllenfahrt, Die, der Istar. Ein altbabylonisches Epos. Nebst Proben assyrischer Lyrik. Von Eberhard Schrader. Giessen 1874.

Höllenfahrt, Die, der Istar. Eine altbabylonische Beschwörungslegende. Von Alfred Jeremias. [Diss.] München 1886.

Orléans Höllenfahrt. Ein Trauerspiel. Berlin 1793. 8⁰. (24 xr., mit Beibd., Beck, Nördl., vor 1875.) Sehr selten!

Höllenfahrt, Professors. Hum. Epos von x + y. Wien 1904. V: *Czerny, Alfred Ritter von.* (EB)

(F) **Professors Höllenfahrt.** Humoristisches Epos. 8°. (14 S.) † Wien: Daberkow 1904. K —.40

Hollenhaag, Hans v., vom Typus in der Kunst. Proben. (82 S.) gr. 8. Wien 905. Akadem. Verlag f. Kunst u. Wissenschaft. n. 2. —

Höllenmaschine, Die, eine romantische Geschichte . . . Cüstrin 1792. V: *Knoblauch, Friedrich Heinrich.* (MGT) (Ky) (GGr) »1802« (Hitzig)

Höllenmaschine, die, eine romant. Geschichte 2c. (v. F. Hnr. Knoblauch). 12. Küstrin 803. Neumann. 16 gr

Die Höllenmaschine in der Kaserne. Schwank in 1 Akt. *Berlin: E. Bloch (1901).* (19 S.) 8° [F.]
— Militär-Festmappe, Ludwig Blochs, f. vaterl. Gedenktage ... II. 64. [02. 1076]

HÖLLEN-Parade der Galerie interessanter Romane der Gegenwart. Buch I: Der Teufel in Berlin. Buch II: Der Teufel in Paris. Berlin, o. J. (18**). 8°. Selten! (3 Mk. 50 Pfg. Schnabel & Walter, Potsdam, 1906.)

Höllenrath, der, eine unterweltliche Reichsrathssitzung; oder die Quelle der Verwirrungen in gegenwärt. Zeit. Nebst einem Anhange über die Gerichtssitzungen in der himml. Welt. 1. Aufl. (24 S.) und 2. Aufl. mit einer Zugabe: Acht Seligkeiten für unsere Zeit. gr. 8. (26 S.) Barmen 849, (Langewiesche.) *

Höllenrichter, Die. Zürich 1776. V: *Lenz, Jacob Michael Reinhold.* (Ky) (R-N)

Höllenrichter, die, (v. J. M. R. Lenz). 8. Zürich 776.

Hollenstedt [Schlagwort]

Hollenstedt, s.: Preussen, Messtischblätter.

Höllenstein [Sachliches OW]

Höllenstein, Wendelin v., oder die Todtenglocke. Schauersage aus dem 12. Jahrh. Neue verb. Aufl. 8. (285 S. mit 1 Stnt.) Wien 864, Bachmann.

Höllenstein [Schlagwort]

Höllenstein, s.: Wiener Ausflugskarten.

Hollensteiner, K., der Bau des Reiches Gottes nach den Sprüchen u. Gleichnissen Jesu vom Reich Gottes. gr. 8. (VIII, 184 S.) Stuttgart 873. J. F. Steinkopf. n. 2. 40

Hollensteiner, K., das Buch der Bücher. In Bibelstunden. 8. (V, 254 S.) Hamburg 880. Ev. Buchhandlg. n. 1. 20

Hollensteiner, K. Das Buch der Bücher. In Bibelstunden. 2. Aufl. (XII, 256 S.) Hamb. 891, Evangel. Buchh. 1 20; geb. 1 80

Hollensteiner, K., die vier köstlichen Dinge der heiligen Schrift. Eine Sylvesterabend-Predigt. Hrsg. v. Burgwardt-Wismar. gr. 8. (16 S.) Ludwigslust 883. Hinstorff's Verl. — 25

— dreimal Fünfundneunzig. Zum 400jähr. Geburtstag Luthers. 1. und 2. Abdr. gr. 8. (46 S.) Kiel 883, Lipsius und Tischer. *

Hollensteiner, K., Enchiridion pastorale. Zusammenstellg. alles dessen, was zur Führg. des geistl. Amtes in der evangelisch-luther. Landeskirche Schleswig-Holsteins zu wissen unentbehrl. ist. Nach amtl. Quellen bearb. (VIII. 148 S.) 8. Oldenburg i. H. (905). Hauptpastor Hollensteiner. 4. —

Hollensteiner, K., das dritte Gebot u. d. Sonntag. gr. 8. (72 S.) Gütersloh 896. C. Bertelsmann. n. 1. —

— Gedanken aus zwei Welten. gr. 8. (III, 183 S.) Ebd. 896. n. 2. 40; geb. n. 3. —

Hollensteiner, K., aus vergangenen Tagen. Chronikbilder aus der Vergangenheit Oldenburgs in Holstein. 8. (488 S.) Oldenburg i. Holst. 884. (Altona, Harder.) *

— das Weltelend u. die Welterlösung. Versuch e. Pneumatik. gr. 8. (VIII, 676 S.) Gütersloh 894. C. Bertelsmann. n. 10 —; geb. n. 12. —

Hollensteiner, Carl, der Christenglaube nach Ursprung, Beschaffenheit und Wirkung katechet. entwickelt, bibl. begründet und durch viele Beispiele aus der heil. Geschichte erläutert. Ein Hülfsbuch für den Religionsunterricht in Kirche, Schule und Haus. gr. 8. (143 S.) Speyer 847, Neidhard's Buchh. *

Hollensteiner, Carl, Ludwig v. Gienanth, k. bayer. Reichsrath, Ritter und Hüttenwerksbesitzer in Schönau, nach seinem Leben und Wirken geschildert. 8. (VIII und 60 S.) Frankfurt a. M. 852, [Völcker.]

Hollensteiner, Karl, Glaube, Liebe, Hoffnung. Ein Buch üb. die Bergpredigt. gr. 8. (234 S.) Berlin 898. Rehtwisch & Langewort. n. 1. —; geb. in Leinw. n. 1. 50

Hollensteiner, Karl [Hrsg.], s. Pastorenvereinsblatt für Schleswig-Holstein-Lauenburg

—— deutsche Sprachlehre in Beispielen. Ein Hülfsbuch zur Belebung und Förderung des Unterrichts in der deutschen Sprache, für Lehrer und Schüler bearb. 8. (VIII und 168 S.) Frankfurt a. M. 850, [Völcker.] *

Hollensteiner, Karl [Hrsg.], s. Verzeichnis der Kirchengemeinden und Geistlichen im Bezirk des kgl. evang.-luth. Konsistoriums in Kiel.

Höllenstrafe, Die, der Frömmler. Zwei neu entdeckte Gesänge ... Leipzig 1830. V: *Streckfuss, Carl.* (Bachmann, Hengstenberg. Gütersloh 1876—92. II, 47.)

Höllenstrafe, die, d. Frömmler. Zwei neu entdeckte Gesänge zur Hölle des Dante Alighieri, übers. u. herausg. von Lebr. Fromm. 1u Gesang. 8. Leipz. 830. Weidmann. 6 gr

Höllenstudien. Erlebnisse eines Poeten beim Teufel. Wahrheitsgetreu geschildert von F. Kriticus. gr. 16. (52 S.) Leipzig 877. Dreschke? n. — 75

Hollenweger, C., evangelisch-lutherische Christenlehre für Schüler in Taubstummenanstalten. gr. 8. (72 S.) Marienburg 887. Giesow. n. — 80

Hollenweger, C., evangelisch-lutherische Christenlehre f. Schüler in Taubstummenanstalten. 2., verb. Aufl. gr. 8. (72 S.) Marienburg W./Pr. 893. L. Giesow. n. — 80; kart. n.n. 1. —

Hollenweger, C., evangelische Christenlehre, f. einfache Schulverhältnisse bearb. 4., verb. Aufl. (80 S.) gr. 8. Leipzig 904. Dürr'sche Buchh. n. — 80

Denkschrift zum 75jährigen Bestehen der Provinzial-Taubstummen-Anstalt in Marienburg Westpr. 1. April 1908. Vom Anst.Dir. C. Hollenweger. Marienburg (1908): O. Halb. (72 S.) 8° [F.] [08. 6797 10

— evangelisches Religionsbuch f. einfache Schulverhältnisse. Biblische Geschichten m. Beziehg. zum Lernstoff im Katechismus. 2., verb. Aufl. m. Bildern. (VI, 181 S.) gr. 8. Ebd. 908. Geb. n. 1. —

Hollenweger, C., evang.-luther. Religionsbuch. Biblische Geschichten m. Beziehg. zum Lernstoff im Katechismus. gr. 8. (IV, 82 S.) Marienburg 895. (L. Giesow.) Kart. n.n. — 80

Hollenweger, C. Der Taubstumme vor, während u. nach seiner Schulbildung. Im Anh.: Die stotternden u. die stammelnden Schulkinder. Kleiner Ratgeber f. Eltern ꝛc. gr. 8. (17 S.) Marienburg i. W.-Pr. 892, (Giesow). — 60

Hollenweger, Wilhelm: Über die Condensationsfähigkeit der β_1-Amido-α_3-naphtol-β_4-sulfosäure. 1904. 49 S. 8⁰
Karlsruhe, Dr.-Ing.-Diss. v. 15. 7. 1904

Höllenzwang, philosophischer, oder Kritik aller Religionsbücher d. Menschheit. 8. Leipz. 797. Mittler. 16 K

Holler (A.). Laub- und Torfmoose . . . von Augsburg. Augsb. 1873. 8°.

Holler, Adolf [Rect.]: Bau und Einrichtung der Lechenicher Hofburg. Lechenich, Druck v. B. Lenz, *1891;* 12 S. 4⁰
Lechenich, h. S, OP 1891 ••

Holler, E., Seneca und die Seelenteilungslehre und Affektpsychologie der Mittelstoa. Diss. 1934. 72 S. 2.50

Holler, Fr., lateinisch-deutsche Absolutorialaufgaben an den bayr. Realgymnasien 1892—1909. (16 S.) 8. Nürnberg 909. F. Korn. — 30

Holler, G. B., Geschichte und Würdigungen der deutschen Patrimonial-Gerichtsbarkeit in Rücksicht auf Bayern. gr. 8. Bamb. Göbhard. 809.

— — dieselbe. gr. 8. Landshut, Krüll. (Hagen.) 806.

Holler, Geo. Ehrd., Geschichte u. Würdigungen d. deutsch. Patrimonial-Gerichtsbarkeit in Rücksicht auf Baiern. gr. 8. Landsh. 804. Krüll. 16 K (Storno). 18 K (Wesché in Frkf. a. M.) 16 K

Holler, Joh., Ave Maria. Unserer lieben Frau zum Preis. (27 S.) kl. 8. Neuburg a/D. 904. (J. Schneid.) — 40

— Lourdes. „Unserer Lieben Frau z. Preis". Dargestellt im Gewande der Poesie. (129 S. m. 1 Farbdr.) kl. 8. Ebd. 904. 1. —

Holler, L., Basrelief am Sarkophag des Jahrzehends. 8. Sulzb. 800. v. Seidel. 1 K

Holler, Max, Temperaturmessungen im Quecksilberbergwerk v. Idria, s.: Scheimpflug.

Höller Ant.: Geschichte der Entstehung des Schlosses und Marktes Ried. 15. Ried 75.
Progr.

Höller, Aug., Arion. Ernste u. heitere Lieder f. Schüler höherer Lehranstalten. (III, 167 S.) gr. 16. Bonn 903. P. Hanstein. In Leinw. kart. n. 1. —

Arion. Ernste u. heitere Lieder f. Schüler höherer Lehranstalten. Zsgest. von August Höller, Konviktspräses. 2. Aufl. *Bonn: P. Hanstein 1903.* (165 S.) 8° [F.] [04. 1456

Höller, Aug., Arion. Ernste u. heitere Lieder f. Schüler höh. Lehranstalten. 3. Aufl. 5.—8. Tauf. (VIII, 168 S.) 16. Bonn 907. P. Hanstein. Geb. 1. —

HÖLLER, Ferdinand: Der König und die Königin der Lährbäume. Eine Darstellung in Versen, samt physikalisch-topographischer Beschreibung dieser Naturmerkwürdigkeiten Schlesiens. - Brünn 1820. 8 Bl., 1 Taf. - (Riesenlärchen im Milkendorfer Forst der fürstl. Lichtensteinschen Herrschaft Jägerndorf, Kr. Troppau)

Höller, d. König u. d. Königin d. Löhrbäume im Gesenke. Physikal.-topograph. Beschreibung. 4. Brünn 821. Gastl. 8 K

Höller, Fr. (Red.), s. Abendbote, Linzer.

Höller, Franz: Spècimen historiae cancellariorum Universitatis Viennensis eorundemque praepositorum, quibus gestis ad vitae usque exitum inclaruerint, in lucem datum a rhetorica Viennensi... 172 S., gbd., Abb.

Viennae: Schwendimann 1729

Höller jun., Geo., Orgelbegleitung zu den bei den heiligen Aemtern vorkommenden Wechselgesängen zwischen Priester und Volk. qu gr. 4. (IV, 87 S.) Würzburg 877. Bucher. *

Höller, Geo., Orgelbegleitung zu den bei den hl. Aemtern vorkommenden Wechselgesängen zwisch. Priester u. Volk. 4. unveränd. Aufl. qu. gr. 4. (IV, 87 S.) Würzburg (902). F. X. Bucher. n. 4. —

Höller, Guido, Hans Christian Andersen u. seine Märchen. (Monographieen zur Jugendschriftenfrage. Hrsg. v. den vereinigten deutschen Prüfungsausschüssen f. Jugendschriften.) (47 S.) gr. 8. Leipzig 905. E. Wunderlich. n. — 60

— Leben u. Taten des scharfsinnigen Edlen Don Quijote v. La Mancha, s.: Cervantes Saavedra, Miguel de.

Höller, Guido, von losen u. einfältigen Leuten, s.: Schaffstein's Volksbücher f. die Jugend.

— Der abenteuerliche Simplicissimus, nach Hans Jak. Christoffel v. Grimmelshausen, s.: Schaffstein's Volksbücher f. die Jugend.

Höller, Hermann, a. Solingen: Ueber Duplobenzylidenthioaceton. Freiburg i. B.: Speyer & Kaerner 1907. (53 S.) 8°
Freiburg i. B., Phil. Fak., Ref. Gattermann, Diss. v. 1907
[Geb. 8. Aug. 85 Solingen; Wohnort: Freiburg i. B.; Staatsangeh.: Preußen; Vorbildung: Gymn. m. Oberrealsch. Solingen Reife O. 03; Studium: Bonn 4, Freiburg i. B. 4 S.; Rig. 4. Mai 07.]

Gmunden und Umgebung. Gez. von J(acob) Höller. Massst. 1 : 10,000. *Gmunden & Ischl: E. Mänhardt (1900); Lith. C. Loos in Wien.* (1 Kartenbl. 32×20 cm.) 8° [kol.]
[Umschlagt.:] Plan von Gmunden u. dessen nächster Umgebung von Höller. [03. 3009

Höller, Jakob, Plan von Gmunden und dessen nächster Umgebung. Maßstab 1 : 10.000. In Umschlag 40 kr. Gmunden u. Ischl: Mänhardt 1882.

— — Plan von Ischl und dessen nächster Umgebung. Maßstab 1 : 12000. In Umschlag 40 kr. Gmunden u. Ischl: Mänhardt 1882.

Höller, Joseph: Ehekatechismus. Ein Leitfaden f. kath. Braut- u. Eheleute. Von P. Josef Höller, Priester. Dübnen: A. Laumann 1899. (78 S.) 8⁰

Höller, Jos., C. Ss. R., Ehekatechismus. Ein Leitfaden f. kathol. Braut- u. Eheleute. 2. verb. u. verm. Aufl. 16. (72 S.) Dülmen 900. A. Laumann. n. — 20

Höller, Jos., C. Ss. R., Ehekatechismus. Ein Leitfaden f. kathol. Braut- u. Eheleute. 3. verb. u. verm. Aufl. (78 S.) 16. Dülmen 906. A. Laumann. n. — 20

— Himmelsmacht u. Erdenherrschaft. Sanct Petri ird. Reich. Jubiläumsbroschüre zu Ehren des hohen Gefangenen im Vatikan. 1. Tl. Geschichte des Kirchenstaates. (XI, 207 S. m. Abbildgn. u. 1 farb. Karte.) 12. Münster 908. Alphonsus-Buchh. 1.80

— dasselbe. Sanct Petri ird. Reich. Festschrift zur Thronbesteigg. Sr. Heil. Papst Pius' X. 2. Tl. Notwendigkeit des Kirchenstaates. (XVI, 182 S.) 12. Ebd. 903. 1. 50

— ist das Papsttum Gotteswerk? Jubiläumsbroschüre aus Anlaß des 25. Jahres der Thronbesteigg. Sr. Heil. Papst Leo's XIII. 1. u. 2 Aufl. 12. (à 194 S. m. 1 Bildnis.) Münster 902. Alphonsus-Buchh. —. 50; feinere Ausg., geb. n. 2. —

Höller, Konr., s.: Bibliothek, naturwissenschaftl., f. Jugend u. Volk.

— Das Bild im naturgeschichtlichen Unterricht. Eine pädagog. Studie. Zugleich e. Ratgeber f. Lehrer u. Schulbehörden. (62 S. u. 16 S. Abb.) gr. 8. Leipzig 907. E. Nägele. 1. —

— Die sexuelle Frage u. die Schule, nebst Versuch e. Eingliederung des z. sexuellen Aufklärg. notwend. Lehrstoffs in den Lehrplan e. 8stuf. Schule. (56 S.) gr. 8. Ebd. 907. 1. —

Höller, Val., prakt. Chorgesang-Schule, s.: Lutz, Pet.

Höller, Victor (Oberlehrer am Kaiser-Wilhelmsgymn. zu Trier), a. Schultheis-Mühle im Kr. Wipperfürth: Untersuchungen über den langwelligen Teil des Baryumspektrums. Leipzig 1908: J. A. Barth. (24 S.) 8°

Bonn, Phil. Fak., Ref. Kayser, Diss. v. 27. Febr. 1908

[Geb. 8. Dez. 81 Schultheis-Mühle; Wohnort: Trier; Staatsangeh.: Preußen; Vorbildung: Gymn. Münstereifel Reife O. 02; Studium: Münster 3, Bonn 5 S.; Rig. 15. Jan. 08.]

Hollerbach, Christoph. Linse und Corpus epitheliale im Cephalopodenauge und ihre Entwicklung. Diss. Vet.-Med. Bern. [Mit 2 Tafeln.] 40 S. 8. Oppenheim a. Rh., Wilh. Traumüller, [1903].

Hollerbach, Julius: Die gregorianische Partei, Sigmund und das Konstanzer Konzil. Rom 1910: Tipogr. Roma. 93 S. 8° ¶ (Aus: Röm. Quartalschrift f. christl. Altertumsk. u. f. Kirchengesch. Jg. 23. 24.)

Freiburg i. B., Phil. Diss. v. 1910, Ref. Finke

[Geb. 4. März 84 Kippenheim; Wohnort: Freiburg i. B.; Staatsangeh.: Baden; Vorbildung: Berthold-Gymn. Freiburg i. B. Reife Juli 03; Studium: Freiburg i. B. 9 S.; Rig. 27. Febr. 09.] [U 10. 1058

Hollerbusch, Jos., üb. die intrauterinen Unterschenkelbrüche. gr. 8. (44 S.) Fürth 893. G. Rosenberg. n. — 80

Erlangen, Med. Fak., Inaug.-Diss. v. Juni 1893.

Hollerith, A., Gesetz, betr. die Erbschaftssteuer in Elsaß-Lothringen vom 12. Juni 1889. Mit Erläutergn. u. e. Anleitung zur Abgabe der Erbschaftserklärgn. 8. (VI, 135 S.) Straßburg 889. Trübner, Verl. cart. n. 2. —

Hollerith, A., die Gesetze üb. das Enregistrement in Elsaß-Lothringen, übers., systematisch zusammengestellt u. durch die Rechtsprechg. der elsaß-lothring. Gerichte u. d. Reichsgerichts erläutert. 8. (XI, 386 S.) Straßburg i/E. 891. F. Bull. n. 5. 80

Hollerith, Otto, aus Zweibrücken: Ein Beitrag zur Kenntnis neuer Condensationsprodukte aus mehrwertigen Phenolen und alkylsubstituierten Acetessigestern. *Tübingen 1902: G. Schnürlen.* (43 S.) 8°

Tübingen, Naturw. Diss. v. 1902

Hollerius de Doblhoff, F., Tractatus de morbis capitis. Ratisb. 4°. 1720

Höllerl, A., u. Mario S. Tavagnutti, die Kanzel. Ein nach 90 Materien geordnetes kathol. Predigt-Verzeichniss. I. Die Predigt-Litteratur der J. 1837—1861 enth. gr. 8. (VI, 68 S.) Wien 887. [Woerl.] Administration d. Oesterr. literar. Centralblattes. n. — 60

— — dasselbe. Ein nach 84 Materien geordnetes kathol. Predigt-Verzeichniss der letzten 25 Jahre. II. Mit e. Anh. der in den Jahren 1886—1888 erschienenen homilet. Werke. 2. Aufl. 8. (67 S.) Ebd. 888. n. — 50

s.: Tavagnutti, M. S.

Höllerl, Adf., der Diamantschmetterling. Roman aus der Hochstaplerwelt. (210 S.) 8. Berlin (906). C. Duncker. n. 2. 50

— Geprellt, s.: Blätter u. Blüten. Nr. 3.

Höllerl, Adolph [Hrsg.], s. Handweiser, Wiener literarischer, für die Katholische Welt

Höllerl, Adf., s. Kanzel, die.

Höllerl, Adf., s.a. Kloster-Schematismus.

Kloster-Schematismus. Ein Verzeichnis sämtl. Klöster, Hospitien, klösterl. Institutionen u. Niederlassungen Deutschlands u. Oesterr.-Ungarns, von Adolf Höllerl. 3. Aufl. Nach dem neuesten amtl. Quellenmaterial zsgest. *Paderborn: Junfermann 1899.* (VIII, 291 S.) 8° [F.]

— nur e. Papierstreifen, s.a. Kaufmann's moderne Zehnpfennig-Bibliothek. II. 1.

— dasselbe, s.a. Klambt's Bücherschatz. 2. Bd.

Nur ein Papierstreifen. Detektiv-Roman von Ad[olf] Höllerl. Hamm i. W.: W. W. (Ed.) Klambt (1903). (87 S.) 8°
— Buecherschatz, Klambts. Bd 2. [07. 13423] 6

Nur ein Papierstreifen. Detektiv-Roman von Ad[olf] Höllerl. *Neurode: Zehnpfennig-Bibliothek 1903.* (158 S.) 8° [F.]
— Zehnpfennig-Bibliothek, Kaufmann's moderne. Jg. 2, Bd 1. [04. 11671]

Hollerung, Edm., die Medianschrift. Eine ärztl. Studie über den Sitz, das Schreiben u. die Schrift in den Schulen. gr. 8. (30 S. m. 5 Textfig. u. 1 Taf.) Wien 890. Szelinski. n. — 80

vgl. Hollerung, Edwin

Hollerung, Edwin, Erfahren u. Erleben. Vortrag, geh. am 22. X. 1909 in der Gesellschaft f. Psychologie in Wien. (20 S. m. 1 Taf.) Lex. 8. Graz 910. Leuschner & Lubensky. — 70

Hollerung, Dr. Edwin, Die Medianschrift. Eine ärztliche Studie über den Sitz, das Schreiben und die Schrift in den Schulen. Mit 5 Textfiguren u. 1 Tafel. 8. (30 S.) —.40
Wien: Szelinski 1890.

vgl. Hollerung, Edm.

HOLLERUNG, KARL: Was ist das für ein Werk, das die Hilfsanstalt treibt? Preßburg 1899: C. F. Wigand. 11 S. - gr. 8°

Hollerung, Ottmar, Rechtspraktikant in München: Das Pfandrecht an Forderungen. *München 1904: E. Huber.* (69 S.) 8°
Würzburg, Jur. Diss. v. 1904

Holletschek, Rob., Eisbahnen u. Eislaufvereine. Anleitung zur Anlegg. u. Unterhaltg. von Eisbahnen, Gründg. u. Verwaltg. v. Eislaufvereinen u. s. w. Technische, administrative, sportl., organisator. u. s. w. Winke. Im Auftrage des deutschen Eislauf-Verbandes hrsg. (VIII, 174 S. m. 90 Abbildgn.) 8. Wien 907. A. Hartleben. n. 4. —

Holletschek, Rob., Kunstfertigkeit im Eislaufen. 3473 systematisch geordnete Grundfiguren, Combinationen, Tänze, Übersetzer, Figuren u. Eisscherze, nebst Text. 3., verm. Aufl. 16. (XXXII, 104 S.) Troppau 890. (Buchholz & Diebel.) geb. n.n. 1. 50

Holletschek, Rob., Kunstfertigkeit im Eislaufen. 4080 systematisch geordnete Grund- u. Schulfiguren, Combinationen, Tänze, Sternfiguren, Reben, diverse Figuren, Uebersetzer, Gesellschaftsfiguren u. Eisscherze m. 1025 Zeichngn. u. Text. 4., verm. Aufl 16. (XV, 206 S.) Wien 892. A. Hartleben. n. 1. 20

Holletschek, Rob., Kunstfertigkeit im Eislaufen. 5000 Fig. m. 1000 Zeichngn., Grund- u. Schulfiguren u. deren Combinationen, Schritte, Tänze, Studien, Eissterne, Uebersetzer, Reben, Gesellschaftsfiguren, Eisscherzo etc. etc. 5., umgearb. u. verm. Aufl. 16. (XVI, 282 S.) Troppau 896. Buchholz & Diebel. n. 1. 60

— **Kunstfertigkeit im Eislaufen.** 5000 Fig. m. 1000 Zeichngn., Grund- u. Schulfiguren u. deren Kombinationen, Eisschritte, Tänze, Studien, Eissterne, Uebersetzer, Reben, Gesellschaftslaufen, Eisscherze etc. etc. 6., umgearb. u. verm. Aufl. (VIII, 289 S.) 16. Troppau 904. Buchholz & Diebel. n. 1. 80

Holletschek, Rob., **Kunstfertigkeit** im Eislaufen. 7., umgearb. u. verm. Aufl. 5000 Fig. m. 1000 Zeichngn. (X, 277 S.) kl. 8. Troppau (909). Buchholz & Diebel. 2. —

— Schlittschuhlauf-Figuren, s.: **Swatek,** W.

— Eine physiologische **Schreibstudie.** (Umschlag: Die schwere Schreibhand u. ihre Beseitigg.) Vortrag, geh. im Deutschen pädagog. Verein zu Troppau. (18 S. m. 1 lith. Taf.) gr. 8. Wien 908. A. Pichler's Wwe. & Sohn. — 50

v. **Holleuffer,** A., politische Zeitfragen in Preußen beleuchtet. I. Die deutsche Frage. II. Das Wahlgesetz u. die Kammern gr. 8. (IV u. 52 S.) Halle 850, Buchhandlung des Waisenhauses. 1/4 ℛ

Holleuffer, B. H. v., die Bearbeitung des Reit- und Kutschpferdes zwischen den Pilaren als eine der leichtesten und lohnendsten Unterstützungen bei der Dressur. Mit (9 Taf.) Zeichnungen von A. Stocke und einem Anhang über Jagdpferde, Tourniere, Lanzengefechte, Carussels, Kopf- und Ringrennen und Ballet aus de la Gueriniere. gr. 8. (XI, 231 S.) Hannover 882, Hahn'sche Buchh. *

Holleuffer, B. H. v., d. Bearbeitg. d. Reit- u. Kutschpferdes zwischen d. Pilaren als e. d. leichtesten u. lohnendsten Unterstützgn. bei d. Dressur. M. 40 Zeichnungen v. A. Stocke u. e. Anh. üb. Jagdpferde, Turniere, Lanzengefechte, Carussels, Kopf- u. Ringrennen u. Ballet aus de la Gueriniere. 2., verb. Aufl. gr. 8. (XIII, 219 S.) Hannover 896. Hahn. n. 4. 50

Holleuffer, C. E. A. v., Rechtssicherheit, unabhängige Justiz, ministerielle Cabinets-Justiz im Fürstenth. Schwarzburg-Sondershausen. Actenmäßige Darstellung eines in den J. 1863 und 1864 verhandelten Preßprozesses. (Als Mscr. gedr.) gr. 8. (XVI und 102 S.) Dessau 864, (Neubürger.)

Holleuffer, K. v., französische **Hühnerzucht.** (61 S.) 8. Berlin (904). F. Pfenningstorff. n. — 65

— **Technik der künstlichen Brut.** Illustrierter Leitfaden f. prakt. Geflügelzüchter. (40 S.) 8. Ebd. (905). n. — 65

Hollfeld, v., k. preuss. Hauptm. a. D. Theoretische und praktische Anleitung für die Ausbildung der älteren Mannschaften als Patrouillenführer bei der Infanterie und den Jäger-Bataillonen. Mit 5 in den Text gedruckten Skizzen. gr. 8. Berlin 1883.

HOLLFELDER, Georg (Schesslitz): De vertigine. (Titel nach der Urkunde) 18.7.1873 - Urk; Chr 1873/74 16
Diss. Ingolst.-Landsh.-Mchn.

Höllfritsch, H., Vorlagen f. Flaschner, s.: **Haass,** Otto.

— Einfache Zimmereinrichtungen u. Einzelmöbel, s.: **Für die Werkstatt.** I.

Hollick, Alf. J., the four seasons. Eine Beschreibg. v. Hölzels Jahreszeitenbildern, auf Sprechmaschinenplatten gesprochen. (6 S.) gr. 8. Stuttgart 910. W. Violet. — 10

Hollick, Fred., der Ursprung d. Lebens od. d. Hergang der Befruchtung. I. Die Befruchtung. II. Künstliche Befruchtung. III. Hervorbringung d. e. od. d. andern Geschlechts nach Willen. IV. Angeborene Eigenschaften u. Veredlg. der Race. Auf Grund der neuesten Entdeckgn. Mit Abbildungen (in eingedr. Holzschn.) Mit Genehmigg. d. Autors aus dem Engl. u. aus dessen grösseren Werke „the marriage guide" übers., zusammengestellt u. hrsg. v. **Jos. Müller.** 8. (116 S.) Mainz 875. (Kleiner.) n. 1. —

Holliger, H[ans]. Kurze Anleitung zur Berechnung von Flächen und Körpern für Schule und Praxis, mit 81 in den Text gedruckten geometrischen Figuren. 53 S. 8. Leipzig-Aarau-Stuttgart, Edward Erwin Meyer, (1906). [fr. —. 80]
Ausg. A: Ausgabe ohne Lösungen.
Ausg. B: Ausgabe mit Lösungen.

Holliger, J., s.: **Juristen-Zeitung,** schweizerische.

Holliger, Jacob. Das Kriterium des Gegensatzes zwischen dem öffentlichen Recht und dem Privatrecht, dargestellt im Prinzipe und in einigen Anwendungen, mit besonderer Berücksichtigung des schweizerischen Rechtes. Diss. Jur. Univ. Zürich von Jakob H'.... VIII + 185 S. 8. Affoltern a. A., J. Weiss, 1904.

Holliger, Max. Zur Bestimmung des Schwefels in Kohlen und Koks. Diss. Phil. [II.] Univ. Zürich. 88 S. 8. Zürich, Juchli & Beck, 1908. V Zür

Holliger, Wilhelm. Bakteriologische Untersuchungen über Mehlteiggärung. Diss. Phil. [II.] Univ. Zürich. *Kopftitel:* Arbeit aus dem landw.-bakteriol. Laboratorium des eidgen. Polytechnikums in Zürich. — (Abdruck aus dem Centralblatt f. Bakteriologie, Parasitenkunde u. Infektionskrankheiten. Abteilung 2.... Band 9. 1902.) II + 75 S. 8. Jena, Gustav Fischer, 1902.

Holliger, W[ilhelm]. Die Versorgung der Pflanzen mit Stickstoff. 97 S. 8.
Jahresbericht über das Aargauische Lehrerseminar Wettingen. Schuljahr 1900/1901. Beilagen: ...II... Baden, O. Wanner, 1901.

Hollin, F., und **G. Knoblauch,** die neue Synagoge in Berlin, s. **Knoblauch.**

Holling, J., Kommentar zu P. Ovidii Nasonis Carmina Selecta. 3. Aufl. 8°. (III, 159 S.) K 2.--, geb. K 2.40
Wien: Karl Graeser 1907.

Holling, Theodor [aus Högel (Hannover)]: Beitrag zu den Uterusmyomen und deren Entfernung durch die Myomotomie. . . . Würzburg, Becker's Univ.-Buchdr., 1890; 21 S. 8°
Würzburg, Med. Fak., Inaug.-Diss. v. 1890

Hölling, Adolf, approb. Arzt aus Buer (Westf.): (Aus d. hygien. Institut d. Univ. Bonn.) Das Verhältnis der Milchsäurebakterien zum Streptococcus lanceolatus (Pneumoniecoccus, Enterococcus u. s. w.). *Bonn 1904: C. Georgi.* (31 S.) 8°
Bonn, Med. Diss. v. 23. März 1904

Hoelling, Adolph. (geb. Buer in Westf. 7. 1. 1840): De vomitu. Berolini (1863). (31 S.) 8°
Berlin, Med. Diss. v. 7. Aug. 1863

Hölling, C., geistl. Betr. v. d. Pflichten e. Christen. 8. Hildesh. Schröder. 729.

Hölling, Edu. Die Armillarsphäre und ihre Anwendung beim Unterricht in der mathematischen Geographie. 34 S. *Warburg* 1882.
Progr.

Hoelling, Jo. Conr. Steph. (Hannover), De baetiliis veterum. Diss. philol. Groningen 5. X. 1715. Leipzig u. Bremen (P. C. Ehrt) 1724. 25 Seiten. (7.—) 15377
Widm. v.: Heinr. Ludw. des Moulins.

Hoelling, J., de baetyliis veterum. Groning. 1715. 4; rec. Lips. 1724. 4; Brem. 1729. 4.

Hölling, J. Conr. Steph., Einleit. zur weltl. Kirchen- und Hist. des Stiftes Hildesh. 4. Ebend. 730.

Hoelling, Joseph H., a. Weitmar, Kr. Bochum: Untersuchungen über die Bewegung des Planeten (13) Egeria. (Kiel 1907: C. Schaidt.) (30 S.) 4° ¶(Aus: Astronomische Abhandlungen, als Ergänzungshefte zu d. Astron. Nachrichten herausg. v. Prof. Dr. H. Kreutz, Nr. 12.)
Berlin, Phil. Fak., Ref. Bauschinger, Diss. v. 15. März 1907
[Geb. 5. Jan. 77 Weitmar, Kr. Bochum; Wohnort: Berlin; Staatsangeh.: Preußen; Vorbildung: Gymn. Münstereifel u. Bochum, Reife Altona M. 01 als Extraneus; Studium: Berlin 8 S.; Rig. 30. Juli 06.]

Hoelling, Jos. H., Untersuchungen üb. die Bewegung des Planeten (13) Egeria, s.a. **Abhandlungen, astronomische.**

Hollinger, Adolf, appr. Arzt aus Neunkirchen (Rheinprov.): Ueber das **Schicksal** der peritonealen Implantationen bei den papillären Ovarialkystomen. *München 1903: Kastner & Callwey.* (43 S.) 8°
München, Med. Diss. v. 1903

Hollinger, Jos., Fasten-Predigten. gr. 8. (79 S.) Würzburg 882, Bucher.
Aus: Kanzelstimmen, besonders abgedruckt.

Hollinger, Jos., aus dem Herzen! Poetische Versuche. 8. (IV, 44 S.) Bruchsal 882. Kapff. n. — 50

Hollinger, Jos., d. Kindes Theologie. Die kathol. Glaubenswahrheiten in Fragen u. Antworten, Gebeten u. Sprüchen f. Kinder d. 1., 2. u. 3. Schuljahres. gr. 16. (135 S.) Regensburg 876. Manz. — 75

Hollinger, Konr., Altvogt Andres u. seine deutschkathol. Gemeinde. Eine Schwarzwälder Dorfgeschichte. 8. (VI u. 61 S.) Villingen 848, Förderer in Comm. 8 ngr — 2. Aufl. 32. (87 S.) Stuttgart 849. Scheible. 5½ ngr

—— Kerkerblüthen aus Bruchsal. (Gedichte.) 8. (VIII und 48 S.) Villingen 848, (Förderer.)

Gaiety Chronicles. By John Hollingshead. *Westminster: A. Constable & Co. 1898.* (XVI, 493 S.) 8° [oo. 6480

Hollingworth, S. Abhandlung von den Sitten, der Regierungsart und dem Geist der Völker in Afrika . . . Halle 1789. U: ***Walterstern, Anton Hnr. v.*** **(EngG) (MGT)**

Hollingworth, S., Abhandl. von d. Sitten u. d. Regierungsart d. Völker in Afrika; aus d. Engl. 8. Halle 789. Gebauer. 9 gr

Hollin's Liebeleben; e. Roman (v. L. A. v. Arnim). 8. Götting. 802. Dieterich. 12 gr Hbg. Pr. 4 gr

Hollitscher, Jacob. Das historische Gesetz. Zur Kritik der materialistischen Geschichtsauffassung. Diss. Phil. Bern von... Jakob Hollitscher.... IV + 135 S. 8. Borna-Leipzig, Robert Noske, 1901.

Hollitscher, Jak., das historische Gesetz. Zur Kritik der materialist. Geschichtsauffassg. gr. 8. (VIII, 134 S.) Dresden 901. C. Reissner. n. 3. —

Hollitscher, Jacob. Friedrich Nietzsche. Darstellung und Kritik Von Jakob J H', Phil. Doctor. Mit einem Titelbild [Tafel]: M[ax] Klein's Nietzsche-Statue. XVI + 270 S. 8. Wien und Leipzig, Wilhelm Braumüller, 1904. [M. 5. —]

Hollkamm, F., Lesebuch, s.: Lüben u. Nacke.

Hollkamm, F., Präparationen f. d. Schreiblesеunterricht im 1. u. 2. Schuljahr. Nach den Grundsätzen der Herbart'schen Pädagogik bearb. gr. 8. (XII, 124 S.) Altenburg 898. H. A. Pierer. n. 1. 60

— Präparationen f. den Schreiblese-Unterricht im 1. u. 2. Schulj. Nach den Grundsätzen der Herbartschen Pädagogik bearb. 2. verm. u. verb. Aufl. (XII, 133 S.) gr. 8. Altenburg 903. H. A. Pierer. n. 2. —

Hollkamm, F., Präparationen f. den Schreiblese-Unterricht im 1. u. 2. Schulj. Nach d. Grundsätzen d. Herbartschen Pädagogik bearb. 3. durchgeseh. u. verb. Aufl. (XII, 133 S.) gr. 8. Altenburg 908. H. A. Pierer. 2. —

Hollkamm, F., die Streitfragen d. Schreiblese-Unterrichts v. Standpunkte der Herbartschen Psychologie aus betrachtet, s.a. **Magazin, pädagog.** (In Bd. 30 d. Bücherlexikons.)

Hollkamm, Franz: Die Streitfragen des Schreiblese-Unterrichts vom Standpunkte der Herbartschen Psychologie aus betrachtet. Von –. Langensalza: H. Beyer & Söhne 1897. (31 S.) 8°
= Magazin, Pädagogisches. H. 99.

— die kulturhistorischen Stufen u. ihr Verhältnis zu d. konzentr. Kreisen u. zur fachwissenschaftl. Anordnung. s.: Zur Pädagogik d. Gegenwart. 9. Hft.

— der erziehende Unterricht in der einklassigen Landschule. Mit e. Anh., betr. den Unterricht in der Halbtagsschule u. in der zweiklass. Schule. (XII, 357 S.) gr. 8. Langensalza 904. H. Beyer & Söhne. n. 4. 20

Hollkamm, F., erziehender Unterricht u. Massenunterricht, s.a. Magazin, pädagogisches.

HOLLMANN, Peter, der kleine Krämer. Eine (zahme) Familiengeschichte. Mit Titelkpf. u. gestoch. Titel mit Vignette. Prag, bei Caspar Widtmann, 1797. 8°. 3 Bll., 452 S. (9 Mk. 50 Pfg. [so!] Edm. Meyer, Berlin, 1908; 3 Mk. 50 Pfg., etwas fleckig, Oskar Rauthe, Berlin, 1909.)

Hollmann, Peter, der kleine Krämer. Mit 1 Kpf. u. Vign. 8. Prag 797. 2e Aufl. 810. Widtmann. 1 rthl 8 gr

Hollmann, wer hat das Deutsche Reich geschaffen? Das Deutsche Reich u. seine Feinde! Ein Beitrag zur Wahrheit e. unbekannten Bismarck-Korrespondenz. (29 S.) 8. München (906). O. Mütterlein. n. — 75

Hollmann, A., Hurrah, die Franzosen! od. Ehrlich währt am längsten, s.: Theater, kleines.

Hollmann, A., Christian Lippe, Direktor der Erziehungsanstalt. Neuer Separat-Abdruck. 8 Stn. Aarau, Sauerländer. 8. 1875.

Hollmann, A. B., kurze Darstellung der Sturmfluthen des J. 1825, betr. die Erbherrschaft Jever u. die Herrlichkeit Kniphausen. Oldenburg 857. Schulze. gr. 8. (VIII, 106 S. u. 4 lith. Taf. in 4.) n. 20 ngr.

Hollmann, A. B., Repertorium der Gesetz-Sammlung für das Großherzogth. Oldenburg, 3. Bd., den Zeitraum vom 1. Jan. 1836 bis zum 1. März 1849 umfassend. Im Anschlusse an das von dem Oberamtmann Strackerjan bearb. und 1837 herausgegebene Repertorium. gr. 8. (IV und 334 S.) Oldenburg 862, Schulze'sche Buchh. *

—— dass. — 4. Bd., den Zeitraum vom 1. März 1849 bis 1862 umfassend. gr. 8. (III und 458 S.) Ebendas. 865. *

Hollmann, A. B., Repertorium der Gesetz-Sammlung für das Großherzogth. Oldenburg. 4. Bd., den Zeitraum vom 1. März 1849 bis 1862 umfassend. Oldenburg 865. Schulze'sche Buchh. gr. 8. (III, 458 S.) n. 1 ₰ 26 ngr.

Hollmann, D. Ant. Georg (Oldenburg), Animadversiones ad cap. III et XIII epistolae Pauli I. ad Corinthios. Lpz. (Laufer) 1819. 48 S. mit 2 S. Verlagsverz. v. Wilhelm Laufer. (6.—) 15768

Hollmann, Ant. Geo., Predigten. gr. 8. Celle 798. Schulze. 1 ₰ 2 gl. 8. Oldenb. 804. Schulze. 1 ₰

Hollmann, A. G., Predigten. 8. Oldenb. Schulze. 804.

— Unterricht in d. christl. Lehre, s. E. H. Mutzenbecher.

Hollmann, Anton H.

Hollmann, A. H., die Arbeiteransiedelung in den 3 nordischen Königreichen, s.: Stumpfe, E., die Seßhaftmachung d. Landarbeiter.

— Haller u. J. Frost, der Butterhandel in Dänemark, Frankreich u. den Niederlanden, s.: Berichte üb. Land- u. Forstwirtschaft im Auslande 18. Stück.

Hollmann, Anton H.: Der Butterhandel in Dänemark, Frankreich und den Niederlanden, vgl. Hollmann, Max

— die Entwicklung der dänischen Landwirtschaft unter dem Druck der internationalen Konkurrenz u. ihre gegenwärtige Stellung auf dem Weltmarkt. (V, 156 S.) Lex.-8. Berlin 904. P. Parey. n. 5.—

— u. Skalweit, Gras- u. Kleesaaten, Gewinng. u. Handel in Dänemark, Großbritannien u. Irland, s.a. Berichte üb. Land- u. Forstwirtschaft im Ausland. 20.

Hollmann, Anton H.: Gras- und Klee saaten, Gewinnung und Handel in Dänemark, Großbritannien und Irland. Von Dr. [Anton H.] Hollmann, Kopenhagen, u. Dr. [Bruno] Skalweit, London. Berlin: Deutsche Landwirtschafts-Gesellsch. 1909. 52 S. 8°
(Berichte über Land- u. Forstwirtschaft im Ausland. Mitget. v. Ausw. Amt. St. 20.)

Hollmann (A. H.), Gras- u. Kleesamengewinnung in Dänemark, s.a. Berichte üb. Land- u. Forstwirtschaft im Ausland. 19.

Hollmann, Anton H.: Gras- und Klee samengewinnung in Dänemark. Von Dr. —. Berlin: Deutsche Landwirtsch.-Gesellsch. 1909. 31 S. 8°
(Berichte über Land- u. Forstwirtschaft im Ausland. Mitget. v. Ausw. Amt. Buchausg. St. 19.)

— die Landwirtschaft im Kreis Bonn m. besond. Berücksicht. der sozialen Verhältnisse der ländlichen Bevölkerung. (VIII, 197 S. m. 2 Taf.) gr. 8. Bonn 903. F. Cohen. n. 4. —

Hollmann, A[nton] H., aus Wellbergen i. Westf.: Die sozialen **Verhältnisse** der Landbevölkerung im Kreis Bonn. *Bonn 1903: (Fischer & Wittig, Leipzig).* (34 S.) 8° ¶[Erschien vollst. 1903 bei F. Cohen in Bonn u. d. T.: Die Landwirtschaft im Kreis Bonn.]
Bonn, Phil. Diss. v. [18. Juli] 1903

Hollmann, Anton H.: Die dänische Volkshochschule und ihre Bedeutung für die Entwicklung einer völkischen Kultur in Dänemark. Von Dr. –. Berlin: Parey 1909. VI, 130 S. 4°(8°)
(Landwirtschaftliche Jahrbücher. Bd 38, Erg. Bd. 3.)

— dasselbe, s.a. Jahrbücher, landwirtsch. 38. Bd. 3. Erg.-Bd.

Hollmann, Aug., Vortrag über die Bibel, als Religionslehrbuch in der Schule. Gehalten am 3. März 1872 im Schwurgerichtssaal zu Aarau. gr. 8. (25 S.) Aarau 872, Sauerländer's Verlag.

—— Vortrag über Fröbel'sche Kindergärten, ihre erziehliche und sittlich-religiöse Bedeutung. Gehalten am 16. Febr. im Schwurgerichtssaale zu Aarau. gr. 8. (23 S.) Aarau 874, Christen.

Hollmann, Augustus Diedericus (geb. am 13 Febr. 1801 in Plettenberg Rgbz. Arnsberg): Centuria observationum de animi affectionibus et alienationibus per impetum in animum sensusque directum curatis ... Bonnae, typ. F. C. Baadeni (1828). 2 Bl., 27 S., 1 Bl. 4.
Bonn, Med. Fak., Diss. v. 17 Juli 1828

Hollmann, Carl, s. Hollmann, Karl

Hollmann, Chr., resp. Benj. **Zihn**, Diss. de stvpendo naturae mysterio anima hvmana sibi ipsi ignota. Sect. tertia. 20 pp. Vitemb. 1724. 4°.

Hollmann, Elise, geb. Werner, s. Hinko v. Waldstein.

Hollmann, Emil: Ueber Basalteisenstein des nordwestlichen Vogelsberges. Düsseldorf 1909: Dietz. 51 S. 8°
Gießen, Phil. Diss. v. 1. Mai 1910, Ref. Kaiser
[Geb. 9. Dez. 71 Hörde; Wohnort: Gießen; Staatsangeh.: Preußen; Vorbildung: Realgymn. Dortmund Reife O. 93; Studium: Techn. Hochschulen Aachen 4, Hannover 1, Berlin Bergakad. 2, Gießen 3 S.; Rig. 29. Juli 09.] [U 10. 1383

Hollmann, Fr., († d. ... Febr. 1817.) Blicke in d. Harmonie d. Menschenwelt. 8. Hamb. 810.

Hollmann, Fr., über nationale Erziehung. Vortrag, am 24. Febr. [8. März] 1882 in der Aula der Universität zu Dorpat gehalten. gr. 8. (16 S.) Dorpat 882, Karow. *

— s. Freundschaftsgeschenk.

— Gedanken. 8. Halberst. 796.

— s. Neujahrsgabe.

— s. Bäter Arnold.

Hollmann, Frant., počátek křesťanství na Moravě a v Cechách. Prag 863. Kober in Comm. gr. 8. (VI, 72 S. u. 1 Holzschnitafel.) n. 8 ngr.

Hollmann, Frdr., der evang. Religionsunterricht auf d. Elementarstufe. Den Lehrern u. Lehrerinnen d. livl. Consistorialbezirks gewidmet. gr. 8. (VI, 81 S.) Riga 897. L. Hoerschelmann. n. 1. —

Hollmann, Frdr., die Volksschule in Livland, s.a. Aus baltischer Geistesarbeit. XII.

Hollmann, Friedrich: Die Volksschule in Livand. (Hrsg.: Th. Gaehtgens, Generalsup.) Riga: Jonck & Poliewsky 1909. 57 S. 8°
(Aus baltischer Geistesarbeit. 12.)

Hollmann, G. H., Commentarius philologico-criticus in carmen Deborae, Judicum V. 8maj. (Lipsiae, W. Vogel in comm.) 818.

Hollmann (Geo.), zwei Ansprachen an Abiturienten, s.: Stephani.

Hollmann, Georg, Dr. phil., cand. min.: Die Bedeutung des Todes Jesu nach seinen eigenen Aussagen auf Grund der synoptischen Evangelien. *Halle a. S. 1901: H. Laupp jr. in Tübingen.* (52 S.) 8° ¶ [Erschien vollst. 1901 bei J. C. B. Mohr in Tübingen.]
Halle, Theol. Diss. v. 4. Febr. 1901

— s.: Freiheit, protestantische.

Hollmann, Georg, Predigtamts-Kand. aus Erfurt: Prolegomena zur Genesis der Religionsphilosophie Kants. *Halle a. S. 1899: R. Leupold in Königsberg i. Pr.* (40 S.) 8° ¶ (Erschien vollst. in: Altpreuss. Monatsschrift, 1899)
Halle, Phil. Diss. v. 1899

— s.: Schriften, die, des Neuen Testaments.

— Urchristentum in Korinth. Eine religions- u. kulturgeschichtl. Studie. (82 S.) gr. 8. Leipzig 903 J. C. Hinrichs' Verl. n. — 80

— Was kann ich f. die Jugend uns. Volkes tun? s.: Flugblätter des Bundes deutscher Jugendvereine.

— neue Wege zur Jugendpflege, s.: Classen, Walth.

— Welche Religion hatten d. Juden, als Jesus auftrat? s.a. Volksbücher, religionsgeschichtliche.

Welche Religion hatten die Juden als Jesus auftrat? Von Lic. Dr. G[eorg] Hollmann-Halle. 1.–10. Taus. Halle a. S.: Gebauer-Schwetschke 1905. (83 S.) 8° [F.]
— Volksbücher, Religionsgeschichtliche, f. d. deutsche christl. Gegenwart. R. 1, H. 7. [05. 4749]

Hollmann, Georg: Welche Religion hatten die Juden, als Jesus auftrat? Von Pfarrer Lic. Dr. –. 2. Aufl. Tübingen: Mohr 1910. 64 S. 8°
(Religionsgeschichtliche Volksbücher. R. 1, H. 7.)

Hollmann, Georgius Hermannus: Commentarius philologico-criticus in Carmen Deborae Judicum V. Lipsiae (1818): Vogel. 59 S. 8°
Halle-Wittenberg, Phil. Diss. v. [28. Juli] 1818
Geb. [Jever b. Ostfriesland 17. 4. 1791]
Im Buchhandel Leipzig: Vogel 1818. Verf. wurde ohne Rigorosum promoviert. Er erlebte das goldene Dr.-Jubiläum 1868 als Schaumburg. Hofrat und Lektor der franz., engl. u. italien. Sprache an der Universität Halle.

Hollmann, H. F., Rustringen, d. ursprüngl. Heimath des ersten russischen Großfürsten Ruriks u. seiner Brüder. gr. 8. Bremen 816. Kaiser. 6 gGr.

Hollmann, Hans, Kurlands Agrarverhältnisse. Eine historisch-statist. Studie. Lex.-8. (56 S. m. 1 Tab.) Riga 893. L. Hoerschelmann. n. 1. 60

Hollmann, Hans, Hundesteuer, Tollwuth u. Schutzimpfung. Eine statist. Skizze. [Aus: „Rig. Tagebl."] gr. 8. (42 S.) Reval 896. F. Kluge. n. 1. 20

Hollmann, Karl

Hollmann, Carl: Ueber die geburtshülfliche Bedeutung des Pilocarpins. Halle 1881: Karras. 31 S. 8°
Halle-Wittenberg, Med. Diss. v. 31. Mai 1881
Geb. Tossens (Oldenburg) 7. 5. 1856. V.

[F.] Deutsches Lesebuch für Ackerbauschulen, landwirtschaftliche Winterschulen und ländliche Fortbildungsschulen. Hrsg. v. M. Hollmann u. P. Knak, Lehrer ... in Wittstock ... (Vorr.: Fr. Schneider, Kgl. Ökonomierat.) *Berlin: P. Parey 1897.* (VIII, 328 S.) 1 Bd 8.
(Landwirtschaftliche Unterrichtsbücher. [Bd 28.]) [97. 4424]

Deutsches Lesebuch für Ackerbauschulen, landwirtschaftliche Winterschulen u. ländliche Fortbildungsschulen. Nach d. Erlasse d. Minist. f. Landw. v. 30. Okt. 1895 bearb. von M. Hollmann, Oberl. in Thorn u. P. Knak, Lehrer in Wittstock. 2., durchges. Aufl. *Berlin: P. Parey 1900.* (VIII, 308 S.) 8° [F.]
— Unterrichtsbücher, Landwirtschaftliche. [28.] [00. 5950]

— u. P. Knak, deutsches Lesebuch f. Ackerbauschulen, landwirtschaftl. Winterschulen u. ländl. Fortbildungsschulen. Nach dem Erlasse des Hrn. Ministers f. Landwirtschaft, Domänen u. Forsten vom 30. X. 1895 bearb. (Landwirtschaftliche Unterrichtsbücher.) 3., durchgeseh. Aufl. (X, 308 S.) 8. Ebd. 905. Geb. in Leinw. n. 2. —

Hollmann, M., Physik, s.a. Unterrichtsbücher, landwirtschaftliche.

Hollmann, M., Physik. 3., durchgeseh. Aufl. M. 161 Textabb. (Landwirtschaftl. Unterrichtsbücher.) 8. (VII, 128 S.) Berlin 898. P. Parey. Geb. in Leinw. n.n. 1. 30

Hollmann, M., Physik. (Landwirtsch. Unterrichtsbücher.) 4., durchgeseh. Aufl. 8. (VII, 128 S. m. 160 Abbildgn.) Berlin 901. P. Parey. Geb. in Leinw. n.n. 1. 30

Hollmann, Max: Physik. Von M[ax] Hollmann, Oberl. in Strasburg in Westpr. 5., durchges. Aufl. Mit 160 Textabb. Berlin: P. Parey 1903. (VII, 128 S.) 8°
= Unterrichtsbücher, Landwirtschaftliche. [6.]

Hollmann, M., Physik. (Landwirtsch. Unterrichtsbücher.) 6., durchgeseh. Aufl. (V, 130 S. m. 161 Abb.) 8. Berlin 906. P. Parey. Geb. in Leinw. n.n. 1. 30

Hollmann, M., Physik. (Landwirtschaftliche Unterrichtsbücher.) 7., durchgeseh. Aufl. (VII, 132 S. m. 164 Abb.) 8. Berlin 908. P. Parey. Geb. in Leinw. 1. 40

Hollmann, Martin, a. Braunschweig: Beiträge zur Kenntnis der **Arylhydantoine.** **Rostock 1904:** Adlers Erben. (62 S.) 8°
Rostock, Phil. Fak., Ref. Michaelis, Diss. v. 12. Sept. 1904
[Geb. 21. Juni 75 Wolfenbüttel; Wohnort: Braunschweig; Staatsangeh.: Braunschweig; Vorbildung: Gymn. Braunschweig Reife nach ½-jähr. Besuch von Obersekunda; Studium: Braunschweig 1. H. 7, Rostock 2 S.; Rig. 6. Aug. 04.]

Der Butterhandel in Dänemark, Frankreich und den Niederlanden. Von d. landwirtsch. Sachverständigen Dr. [Max] **Hollmann**-Kopenhagen, Dr. [Hermann] Hailer-Paris, u. von Dr. J[ulius] Frost-Brüssel. Berlin: Deutsche Landwirtsch.-Gesellsch. 1906. (38 S.) 8° [F.]
= **Berichte** über Land- u. Forstwirtschaft im Auslande. Mitget. vom Ausw. Amt. Buchausg. St. 13. [07. 745

vgl. H o l l m a n n , Anton H.

Wetterkunde. Eine allgemeinverständl. Anleitung z. Beurteilung d. Wetterlage. Von Prof. M[ax] **Hollmann,** Danzig. Mit 17 Textabb. Berlin: P. Parey 1907. (52 S.) 8° [F.] [07. 12674

Hollmann, Otto [app. Arzt aus Essen a. d. R.]: Ein Beitrag zur Frage des Empyems der Stirnhöhle. . . Berlin, Druck v. Thormann & Goetsch, 1890; 38 S. 8°
Leipzig, Med. Fak., Inaug.-Diss. v. 2. Aug. 1890
(Nicht für den Austausch)

Hollmann, Otto Henr. Rud. (geb. Bünde in Westf. 8. 12. 1839): De nervorum in nutritionem efficacitate a physiologica et pathologico-therapeutica parte spectata. Berolini (1863). (31 S.) 8°
Berlin, Med. Diss. v. 10. Apr. 1863

Hollmann, Peter [aus Mettmann]: Aus d. med. Klinik d. Univ. Bonn. Ueber Paramyoclonus multiplex (Friedreich). . . . Bonn, Buchdr. J. Bach Wwe., 1891; 87 S. 8°
Bonn, Med. Fak., Inaug.-Diss. v. [28.] Febr. 1891

Hollmann, R., unter Henkers Hand beim König v. Uganda, s.: **Jugend- u. Volksbibliothek.**

Hollmann, Rud., d. klimat. Curort Spindelmühle (Sct. Peter)-Friedrichsthal im Riesengebirge. E. Führer f. d. Besucher d. Curortes u. s. Umgebg. Im Auftr. d. Curvereines in Spindelmühle bearb. 12. (IV, 112 S. m. 2 Karten.) Spindelmühle 894. (Warmbrunn, E. Leipelt.) Geb. in Leinw. n. 1. —

Hollmann, Rud., Untersuchgn. üb. d. Erzväter bei d. Propheten bis zum Beginn d. babylon. Exils. gr. 8. (IV, 84 S.) Jurjew (Dorpat) 897. (E. J. Karow.) n. 1. 80

Hollmann, Samuel Christian

Hollmann, Sam. Chr., († d. 7. Sept. 1787.) illorum, quae per universam philosophiam, aut successive ab ipsomet reperta, aut magis illustr. sunt, anacephalosis. 8maj. Götting. 781. Vandenhöck u. R. 14 gr

— **Samuel Christ.,** De rerum philosophicarum ad majorem et certitudinem, et consensum, reducenda cognitione. Götting. (Hager) 1735. 16 S. mit handschriftl. Widm. (6.—) 15769

— collect. tract., de stupendo naturae mysterio, anima humana sibi ipsi ignota. 4. Götting. 752. Bossiegel. 5 gr

— — Prudentii, Simplicii, et Philalethis, de eo quod nimium est in philosophando, dialogus. Götting. (Hager) 28. V. 1743. 32 S. (6.50) 15771
Christ. Just. Georg Froboese (Hannover), Jo. Joach. Hoppen (Hannover), H. Conr. Zachar. Rosenhagen (Eitzendorf/Hann.), Jul. Gust. Alberti (Hannov.), Herm. Andr. Rieffestahl (Stade), Just. Christ. Stuss (Ilefeld).

Hollmann, Sam. Christ.: E p i s t o l a e amoebaeae de harmonia praestabilita, s. B ü l f i n g e r , Georg Bernhard

— **von der menschl. Erkenntniß u. d. Quellen d. Weltweisheit. 8. Ebend. 737.**

— Fragment u. Geschichte d. Universität Göttingen. Vollendet u. mit e. Vorrede versehen von Jh. Beckmann. gr. 8. Götting. 787. Vandenhöck u. R. 8 gr

— zufällige Gedanken üb. verschied. wichtige Materien. 6 Sammlungen. gr. 8. Götting. 773—76. Vandenhöck u. R. 1 ℛ 4 gr (Vergl. auch Gedanken.)

— **Sam. Christian,** De diversis certitudinis humanae generibus. Götting. (Hager) Mai 1740. 36 S. (6.50) 15770
Christ. Dieter. Bergstaedt (Bremen), Rudolph Wedekind (Horsta/Hannov.), Jo. Roger Christ. Corwante (Celle), Gabr. Conr. Fried. Schramm (Hannov.), Levin Theod. Kitzov (Cheruscus), Sam. Christ. Lappenberg (Bremen).

Hollmann, S. Chr., die Universität Göttingen im 7jähr. Kriege. Aus der handschriftl. Chronik d. S. Ch. H. [1696—1787] m. Erläutergn. u. Beilagen hrsg. v. A. Schöne. gr. 8. (XII, 82 S.) Leipzig 887. Hirzel. n. 2. 80

Hollmann, Sam. C., de harmonia inter anim. et corpus praestabilita, ex mente Leibnitii et Wolfii. 4. Viteb. 724. Rthlr.

— institution. pnevmatologiae et theol. natural. 8. ibid. 741.

— introduct. in philosophiam univers. II Tmi. 8. ibid. 738.

— jurisprudentiae natural. primae lineae. Gött. Vandenhoek. 751.

— jurisprudentiae naturalis primae lineae. 8. Götting. 751. Multum auctae et emend. 753. Vandenhöck u. R. 10 gr

— philosophiae moralis seu ethices primae lin. 8. Götting. 767. Vandenhöck u. R. 10 gr

— philosophiae moral. primae lin. 8. ibidem. 770.

[Philosophia naturalis, Ausz.] Philosophiae naturalis primae Lineae in auditorum gratiam ductae. ([Verf.:] S[amuel] C[hristian] H[ollmann].) Gottingae: Vandenhoek 1748. 317 S. 8°

— philosophiae naturalis primae lin. 8. Götting. 749. Ed. II. 753. Ed. III. 765. N. A. 777. Vandenhöck u. R. 10 gr

Hollmannus. Sam. Chr., Commentatio de miraculis. Witt. 727. 8.

— oratio in prorectoratum. 8. Götting. 759. Vandenhöck u. R. 5 gr

— pneumatologiae, psychol., theol. nat. uberior. pertract. 8. Götting. 780. Vandenhöck u. R. 1 ℛ 4 gr

— prima philosophia, quae metaphys. dict. (introduct. P. II.) 8. ibid. 747.

— philosophia rationalis, quae logica dicitur (introduct. in philosoph. P. I.) 8. Götting. 767. Vandenhöck u. R. 20 gr

— de systematica cogitandi agendique ratione. 8. Gött. 766. Bossiegel. 5 gr

Sam[uelis] Christiani Hollmanni [Hollmann] Commentationum, in Reg. scient. Societate inde ab a. 1756 recensitarum Sylloge. Gottingae: Vandenhoek 1762. 200 S. 4

— sylloge commentationum in Regia Scient. Societ. inde ab a. MDCCLVI. recensitarum. Sylloge I. et II. 4maj. Götting. u. Frankf. 762 u. 75. Ed. nova. 4. Götting. 784. Vandenhöck u. R. 2 Rthl. 4 gr

Hollmanni, S. C., Commentationum in societate Götting. recensitarum sylloge. Götting. 765. 4. 1 rthl. Sylloge altera. Ib. 775. 4. 1 rthl. Pars II. Ib. 778. 4. 1 rthl. 4gr. Ib. 785. 4.

— nöthiger Unterricht von Thermometern u. Barometern; nebst Nachricht von d. seit 1743 u. 1752 in Göttingen verfertigten beiden Arten. gr. 8. Götting. 785. (Vandenhöck u. R.) 20 gr

— überzeug. Vortr. von Gott u. d. Schrift. 8. Lpz. Gleditsch. 733.,

Hollmann, Theodor, Assistenzarzt am Landkrankenhause zu Detmold: Über die Entstehung von Orbitalgeschwülsten nach traumatischen Einwirkungen. *Leipzig: G. Fock 1899.* (27 S.) 8°
Leipzig, Med. Diss. v. 24. Mai 1899
(Nur in beschränkter Zahl für den Austausch)

Hollmann, Th[eodor]: Gedanken und Bemerkungen über den Rechenunterricht im ersten Schuljahre. Düsseldorf 1905: L. Voss. (S. 7—14.) 4° [J]
Düsseldorf, st. Mädchen-Mittelschule an der Florastrasse P 1905 [71]

Hollmann, Th., Lehrbuch der Stimmkunst f. Berufsstimmer. gr. 8. (118 S.) Hamburg 902. A. Bockelmann. n. 3. —

Hollmann, Th., Mathematik f. höh. Mädchenschulen. Nach den neuen Lehrplänen bearb. I. u. II. Nebst Lösgn. gr. 8. Düsseldorf, L. Schwann. Geb. u. geh. 6. 30
I. Geometrie. (VI, 132 S. m. Fig. u. 1 Winkelmesser.) 909. Geb. 2.—; Lösungen (43 S. m. Fig.) (910.) 1. —
II. Arithmetik u. Algebra. (175 S.) 910. Geb. 2. 50; Lösungen. (36 S.) 910. — 80

— dasselbe. I. Geometrie. Sonderabdr.: Die Lehre v. den Linien, Winkeln u. Dreiecken. (31 S. m. Fig.) 8. Ebd. 909. — 40

Hollmann, Th., Rechenbuch f. höh. Mädchenschulen. Nach den neuen Lehrplänen bearb. 1.—6. Heft. 8. Düsseldorf, L. Schwann. Geb. 5. 70
1. Für Klasse X. (61 S.) 909. Kart. — 60
2. Für Klasse IX. (68 S.) 910. Geb. — 80
3. Für Klasse VIII. (67 S.) 910. Geb. — 80
4. Für Klasse VII. (75 S.) 910. Geb. 1. —
5. Für Klasse VI. (79 S.) 910. Geb. 1. —
6. Für Klasse V. (129 S.) 910. Geb. 1. 50

Hollmesberger, Jos., s. Fata Morgana.

—— s. Katze, die verwandelte.

Hollmeyer, Heinr., Spezial-Seefisch-Kochbuch, s.: Braune, Clara.

Hollms, Ant., die Geisteskrankheiten, s.: Möller, Alfr.

— Irrenhaus oder Privatpflege? Ein Wegweiser zum vollen Verständnis der Leiden der Geistes- u. Nervenkranken u. zu ihrer richt. Behandlg. Mit Beiträgen v. Alfr. Möller. gr. 8. (40 S.) Hamburg (901). F. Grabow. — 50

Hollmut, Frdr., Rob. v. Saverny, s.: Aus allen Zeiten u. Ländern.

Hollnack, Max

Hollnack, die französische Infanterie-Compagnie. Eine vergleich. Reglementsstudie. gr. 8. (32 S.) Hannover 889. Helwing's Verl. n. — 60

— Kriegserinnerungen e. alten 37ers. 16. (XI, 166 S.) Ebd. 890. n. 2. —

Hollnack, Premier-Lieut. d. R. des Füsilier-Reg. v. Steinmetz. Die Schiessausbildung der französischen Infanterie. 8. Hannover 1889.

Hollnack, Max. Die französische Infanterie-Compagnie. Eine vergleich. Reglementsstudie. gr. 8. (32 S.) Hannov. 889, Helwing's Verlag. — 60

Hollnagel, H., Messungen im langwelligen Spektrum, s.: Rubens, H.

Hollnagel, Herbert, a. Boston: Ueber die Abhängigkeit der Energieverteilung und Wellenlänge der Reststrahlen von den Versuchsbedingungen. (Berlin 1910: Ebering.) 32 S. 8°
Berlin, Phil. Diss. v. 13. Aug. 1910, Ref. Rubens
[Geb. 10. Juli 83 Dubuque; Wohnort: Schöneberg b. Berlin; Staatsangeh.: Vereinigte Staaten; Vorbildung: High School Dubuque Reife O. 00; Studium: Boston Inst. of Technol. 14, Berlin 4 S.; Rig. 21. Juli 10.] [U 10. 177

HOLLNSTEINER, Josef: Die synoptische und johanneische Predigtweise Christi. — (1909) 124 Bl. 8° (Handschr.) Diss. 687
Diss. Wien, Univ.

Hollonius, Ludw., somnium vitae humanae, s.: Neudrucke deutscher Litteraturwerke d. XVI. u. XVII. Jahrh.

Hollós, Ladisl., die Gasteromyceten Ungarns. Im Auftrage der ungar. Akademie der Wissenschaften bearb. Mit 31 zum Tl. color. Taf. nach Orig.-Zeichngn. u. Photographien. Autoris. deutsche Uebersetzg. Mit Unterstützg. der ungar. Akademie der Wissenschaften. (278 S.) Fol. Leipzig 904. O. Weigel. Geb. n.n. 80. —

HOLLÓSY, JOHANN: Gottes Erbarmen in Tagen der Heimsuchung. Ein Kanzel-Vortrag bei Gelegenheit des feierlichen Dankfestes für die gnädige Abwendung der Cholera-Seuche, am 27. Nov. 1831 im Dome zu Preßburg gehalten von Johann Hollósy. Preßburg 1831. Gedr. bei Carl C. Schnischek. 19 S. - 210 mm

HOLLÓSY, JOH(ANN): Gottes Vorsehung wachet. Ein Kanzel-Vortrag bei Gelegenheit der Dankfeier für die gnädige Abwendung eines grösseren Schadens, mit welchem der, durch einen Blitzstrahl in Brand gesetzte Thurm der Pressburger Dom- und Stadtpfarrkirche, Nachts vom 12. auf den 13. Juni, die Stadt bedrohl. Preßburg 1833. Gedr. bei Anton Edlen v. Schmid. 16 S. - 8°

HOLLÓSY, JOHANN: Huldigungsgruß Seiner Fürstlichen Gnaden des Hochw. Herrn Johann Simor Fürst-Primas von Ungarn, Erzbischof von Gran, bei Gelegenheit Seiner feierlichen Einführung auf den Erzbischöflichen Sitz am 16. Maj 1867. ehrfurchtsvoll entboten von Johann Hollósy Pfarrer zu Püspöki. Preßburg 1867. Druck v. Siebers Erben (F. R. Meyer) 5 S. - 8°

HOLLÓSY, JOHANN: Dein Stern. Gedicht Sr. Fürstlichen Gnaden Herrn Joseph von Kopácsy, bei Gelegenheit seiner Inthronisation zum Ungarns Reichs-Primas . . . am 28. Mai 1839. Pressburg 1839. Gedr. bei Anton Edler von Schmid. (4 f.) - 4°

HOLLÓSY, JOH(ANN): Was soll unsere Wallfahrt seyn? Lohnt es sich der Mühe zu wallfahrten? Beantwortet in einem Kanzel-Vortrage zu Maria-Zell bei Gelegenheit der Preßburger Wallfahrt am 21. August 1834 von Johann Hollósy. Preßburg o. J. (1836): Belnay. 20 S. - 210 mm

HOLLÓSY, JOHANN: Erhabenes Ziel unsers Vereins. Ein Kanzelvortrag, gehalten bei Gelegenheit, als der neu gebildete Kirchenmusik-Verein zum heil. Martin am 24. November 1833. als am Sonntage unter der Octav der heil. Cäcilienfestes ins Leben trat, von Johann Hollósy, Domprediger und Vereins-Mitglied Preßburg 1833: Belnays Erben. 22 S. - 200 mm

Holloway, Arthur Stephan (Ryde/South-Wales)
A handbook for students of the pianoforte.
London (1857).
[Zur Promotion eingereicht.]
Dr. phil. Giessen 29.7.1858. 26 Kriegsverlust.

Hollpein, H., telegraphische Depeschen, s. Bloch's, E., Theater-Gartenlaube.

—— Er experimentirt, s. Bloch's, E., Volks-Theater.

Höllriegel, Ulrich. Geschichte eines Würtembergischen Magisters . . . Wandangelloch u. Leipzig [Nördlingen] 1801. V: *Pahl, Johann Gottfried.* (Wr) (Gradmann, Gel. Schwaben. 1802.)

Höllriegel, Ulrich, kurzweil. u. lehrreiche Geschichten e. würtemberg. Magisters. 8. Nördling. 802. Beck. 16 gr.

Höllriegel, W. A., Unterricht im Seidenbaue, nach eigener Erfahrung. Mit Vorwort von C. G. Scharold. 8. Würzb. 826. (Strecker). 6 gr.

Höllrigl, Aug., Fidelitas. Sammlung v. Heimat-, Wander- u. Studentenliedern, besonders f. Erziehungsanstalten zusammengestellt. (169 S.) 16. Linz (906). Preßverein. n. — 60; geb. n. — 90

Höllrigl, B., Blüthen des Glaubens und der Tugend. Denksprüche und Lieder für die Schulkinder, aber auch für Lehrer, Eltern und Erzieher. 8. (200 S. mit 1 Kpfr.) Wien 860, Pichler's Wwe. und Sohn.

Höllrigl, Bened., die zehn Gebote Gottes. Zehn Betrachtungen als geistliche Uebungen für Priester, u. Alle, die es werden wollen. Wien 863. Mechithar.-Congreg.-Buchhdlg. 8. (IV, 157 S.) n. 16 ngr

— — 2. wohlf. Ausg. Wien 865. Sartori. 8. (IV, 157 S.) 12 ngr

Höllrigl, Bened., das betrachtete heil. Magnificat. Ein frommes Andenken an die Mutter Gottes während u. nach vollendeter Maienzeit, in 32 Betrachtungen. Wien 865. Braumüller. 8. (IV, 264 S.) n. 1 rthl

Höllrigl, Bened. Jos., Apologetik der Wahrheit. Für Studienanstalten u. zum Selbstunterrichte. gr. 8. (VI, 218 S.) Wien 875. Braumüller. n. 3. —

Höllrigl, Frz., s.a. Cicerone, Wiener.

Höllrigl, F., Wiener Cicerone. Illustrierter Fremdenführer durch Wien und Umgebung. XVIII. Jahrg. 8°. (ill. VII, 265 S. u. 1 Tafel) Wien: Dorn 1909. geb. K 2.—

Höllrigl, F.: Wiener Cicerone. III. Fremdenführer durch Wien und Umgebung. XIX. Jahrg. (VII, 265 S.) Wien: Dorn 1910.

Höllrigl, Frz., die Freifrauen. E. Possensp. in 8 Aufzgn. 8. (III, 88 S.) Leipzig 896. Literar. Anstalt, A. Schulze. n. 1. 20

— Schönbrunn. Die Liebesgeschichte der Nixe des schönen Brunnens. Ein Gartenmärchen. (93 S. m. Abb.) 8. Wien 907. (C. W. Stern.) 1. 80

v. Höllrigl, J. G., Ideen über Magenleiden, seine Formen u. ihre Behandlung. gr. 8. Insbr. 808. Fischer. 16 gr. (Ebner in Ulm). 20 gr.

Hollrung, Max, kurzgefaßte Anleitung zur Erkennung, Beurteilung, Verhütung u. Beseitigung der wichtigsten Pflanzenkrankheiten, s.a. Bibliothek der gesamten Landwirtschaft.

Kurzgefasste Anleitung zur Erkennung, Beurteilung, Verhütung und Beseitigung der wichtigsten Pflanzenkrankheiten. Von Prof. Dr. Max **Hollrung**. Hannover: M. Jänecke 1907. (VI, 48 S.) 8° [F.]
— **Bibliothek** d. gesamten Landwirtschaft. Bd 23. [08. 1099] 7

Hollrung: Behandlung der Reblaus in den Weinbergen des Saale-Unstruttals. In: Landwirtschaftliche Wochenschrift für die Provinz Sachsen. 7. Halle 1905, S. 381. -- [Zit. nach Weinhold]

Einige Bemerkungen üb. die Rübenblattminierfliege (*Anthomyia conformis*) sowie die Trockenfäule . . . d. Zuckerrüben. 1905. [Rostr. Saml.].

Hollrung, M., dio Flora v. Kaiser-Wilhelms-Land, s.: Nachrichten über Kaiser-Wilhelms-Land u. den Bismarck-Archipel.

Hollrung, M.: Die Flora von Kaiser-Wilhelms-Land. s. Schumann, Karl

Hollrung, M., Handbuch d. chem. Mittel gegen Pflanzenkrankheiten. Herstellg. u. Anwendg. im Großen. gr. 8. (XII, 178 S.) Berlin 898. P. Parey. Geb. in Leinw. n. 4. 50

Hollrung, M., s.: Jahresbericht üb. die Neuergn. u. Leistungen auf d. Gebiete d. Pflanzenschutzes.

Hollrung, M., s.: Jahresbericht üb. usw. Pflanzenkrankheiten.

— s.: Jahresbericht d. Sonderausschusses f. Pflanzenschutz.

[Kopft.:] [F.] Die wichtigsten Obstschädiger und Mittel zu ihrer Bekämpfung. Auf Veranl. d. Landwirtschaftskammer f. d. Prov. Sachsen hrsg. v. Dr. M[ax] **Hollrung,** Vorsteher d. Versuchsstation f. Pflanzenschutz zu Halle a. S. *Berlin: P. Parey [1898].* 1 Bl. quer-gr. 2. [98. 9369]

Hollrung M.: Pflanzenkrankheiten. Hann. 1907. 48 S. P.

— der Rübenbau, s.: Knauer, F.

Holls, Friedr. Wilh., Franz Lieber. Sein Leben und seine Werke. Vortrag, gehalten vor dem deutschen gesellig-wissenschaftl. Verein von New York, am 6. Decbr. 1882. gr. 8. (45 S. mit 1 Stahlst.-Portr.) New York 884, Steiger und Comp. *

Höllsteig [Schlagwort]

Höllsteig, s.: Baden, Karte.

Das Herzogthum **Hollstein.** Nr. 297. [ca. 1 : 530000.] o. O. u. J. Kupferstich. kol. 1 Bl. 4°. 28/37 cm.
1791 von J. Albrecht in Wien gestochen.

Die Landschaft **Hollstein.** Nr. 298. [ca. 1 : 320000.] o. O. u. J. Kupferstich. kol. 1 Bl. 4°. 28/37 cm.
1791 von J. Albrecht in Wien gestochen.

Hollstein, Adolf [prakt. Arzt zu Laasphe]: Ueber das Wiederaufplatzen der Bauchwunde nach Laparatomieen. (sic!) ... Marburg. Univ.-Buchdr. (R. Friedrich), 1886; 21 S. 8°.
Marburg, Med. Fak., Inaug.-Diss. v. 6. Jul. 1886.

Hollstein, Carl, s. Hollstein, Karl

Hollstein, Eman., deutsches Eichenlaub. Gedichte. (IV, 180 S. m. Bildnis.) 8. Dresden 903. E. Pierson. n. 2.—; geb. n. 3.—

Hollstein, Ernst: Geschichte der Stadt Wanfried 1608–1908 von Dr. –.
(Schmalkalden 1908): Israel. 115 S. 8°

Hollstein, Ernst, aus Wanfried (Hess.-Nass.): **Verhältnis von Ben Jonson's 'The Devil is an Ass' und John Wilson's 'Belphegor, or the Marriage of the Devil' zu Machiavelli's Novelle vom Belfagor.** *Halle a. S. 1901: C. A. Kaemmerer & Co.* (52 S.) 8°
Halle, Phil. Diss. v. 1901

Hollstein, Franz, approb. Arzt aus Driesen i. d. N.: **Aus d. Hygien. Institut d. Universität Rostock. Über die Zusammensetzung einiger in Mecklenburg gewonnenen Magerkäse.** *Rostock 1902: H. Winterberg.* (32 S.) 8°
Rostock, Med. Diss. v. [31. Jan.] 1902

Hessischer Tierschutzver. zu Cassel. Sind die Bestrebungen der Tierschutzvereine durch die Schule zu unterstützen, ev. wie kann dies am erfolgreichsten geschehen? Vortrag, geh. zu Cassel 1892 von G. Hollstein. *(Cassel 1892: Baier & Lewalter.)* (11 S.) 8° [Kopft. F.] 10

Hollstein, Geo., Anker u. Kette. Ein Roman. (260 S.) 8. Dresden 909. C. Reißner. 3.—; geb. 4.—

Hollstein, Georg *Friedr.* [aus Bremen]: Aus d. chirurg. Klinik d. Univ. Bonn. Zur Diagnose des traumatischen Aneurysma arteriosovenosum. ... Bonn, Buchdr. J. Bach Wwe., 1891; 31 S. 8°
Bonn, Med. Fak., Inaug.-Diss. v. [24.] Jun. 1891

Hollstein, Geo., Fräulein Frosch u. andere anspruchslose Geschichten. 8. (III, 128 S.) Königsberg (902). Hartung. 1.50

Fräulein Frosch und andere anspruchslose Geschichten. Von Georg Hollstein [d. i. Georg Oskar Thran]. 2. Aufl. *Königsberg i. Pr.: Hartung [1902].* (128 S.) 8° [F.] 10

Hollstein, Geo., Zoddelmann u. Wuschelkopf, m. Zeichngn. v. Herm. Frenz. (27 Bl.) 4. Königsberg i/P. (Steindamm 10 B) (906). (Geo. Thran.) Kart. n. 3.—

— **Zoddelmann u. Wuschelkopf.** Mit Zeichngn. v. Herm. Frenz. (27 Bl.) 32,5><26 cm. Diessen (907). Leipzig, P. E. Lindner. Kart. 2.80

Hollstein, H., Lieder f. den Kindergottesdienst. s.: Bauer, J.

Hollstein, Karl

Hollstein, Carl (geb. Berlin 31. 5. 1860): Die Antisepsis in der Augenheilkunde. Berlin (1883). (33 S.) 8°
Berlin, Med. Diss. v. 12. Febr. 1883

(Hollstein, Karl, und Gust. Zürn), das Leiden und Sterben unsers Herrn Jesu Christi nach den vier Evangelisten, mit Chorgesängen und Liederversen für den kirchlichen Gottesdienst, sowie auch für die häusliche Andacht. Schreiberhau 854. (Breslau, Dülfer.) 8. (1 Bl., 49 S.) n. 2 ngr.

Hollstein, L(eon) (Hrsg.u.Comm.):
s.: Civiale, (Jean): Über die medicinische Behandlung und Verhütung des Steines und Grieses; nebst einer Abhandlung über die Steine aus Cystin. (Du Traitement médical et préservatif de la pierre et de la gravelle, avec un mémoire sur les calculs de cystine. Dt.) Berlin: 1840

JB 3.774

Hollstein, L., Compendium der Anatomie, s. Wilson, E.

Hollstein, L., Lehrbuch der Anatomie des Menschen, m. 180 in den Text eingedr. Abbildgn. (in Holzschn.) 2. umgearb. u. verm. Aufl. der Beurb. v. E. Wilson's anatom. Vademecum. 4 Lfgn. gr. 8. (XVI u. 732 S.) Berlin 850. 51, Schroeder. (à n. 1 ₰) n. 4 ₰

Hollstein, L., Lehrbuch der Anatomie des Menschen. 8., völlig umgearb. Aufl. Mit 200 in den Text gedr. Abbild. (in Holzschn.), theilweise nach E. Wilson's anatom. Vademecum. 4 Lfgn. hoch 4. (XXIV und 1064 Sp.) Berlin 856—60, Schroeder's Verlag. à Lfg. * 1 Thlr. *

— — 4. neu bearb. Aufl. Mit 120 in den Text eingedr. Abbildgn. (in Holzschn.) (In 4 Liefgn.) 1—3. Liefg. Ebend. 863, 64. 4. (Sp. 1—800.) n. 3 ₰ 15 ngr.

Hollstein, L., Lehrbuch der Anatomie des Menschen. 4., neu bearb. Aufl. 4. Liefg. Berlin 865. Schroeder's Verlag. hoch 4. (XXIV Sp. u. Sp. 801—1100 mit 90 in den Text eingedr. Abbild. in Holzsch.) n. 1 ₰ 5 ngr.

Hollstein, L., Lehrbuch der Anatomie des Menschen. 5. veränd. Aufl. Mit zahlreichen in den Text eingedr. Abbildgn. (in Holzschn.) gr. 8. (XXIII, 1195 S.) Berlin 873. Schroeder. n. 16.—

—— de methodo antiphlogistica remediisque, quae illa amplectitur. Comment. crit.-histor., a facult. med. Universit. Berolin. praemio aureo ornata. 8maj. (13 B.) Berolini 837, Heymann.

Hollstein, Lion (Lesnensis [= Lissa] / Posen), De notione methodi antiphlogisticae. Partis primae caput primum amplioris cujusdam commentationis, a facultate medica universitatis Fridericae Guilelmae praemio ornatae. Diss. critico-medica. Bln. (Nietack) 6. IX. 1836. 61 S. mit Literatur u. Biogr. (M.: A. Caro.) (7.—) 15772
Oppon.: B. Koner, S. H. Gans, R. Remak. — Gew.: Moritz Caro (Onkel), Joseph Hollstein (Vater).

Hollstein, L., s. Wilson, W. J. E., Compendium der Anatomie.

Hollstein, Otto, a. Eschwege: Beiträge zur vergleichenden Anatomie der Stengel und Rhizome von dikotylen Alpenpflanzen. Mit 1 Taf. Göttingen 1907 (Rostock: C. Hinstorff). (VIII, 198 S.) 8°
Göttingen, Phil. Fak., Ref. Peter, Diss. v. 6. Nov. 1907
[Geb. 17. Okt. 84 Eschwege; Wohnort: Eschwege; Staatsangeh.: Preußen; Vorbildung: Gymn. Muhlhausen in Thur. Reife O. 03; Studium: Gottingen 9 S.; Rig. 19. Juni 07.]

Hollstein (R. T. H.). Gefaessbundelverlauf im Stamme der Gesneraceen. Halle, 1879. 8°.

Hollstein, Robert: Ueber den Gefässbündelverlauf im Stamme der Gesneraceen. Halle a. S. 1878: (Oertel in Bernstadt i. Schles.). 40 S. 8°
Halle-Wittenberg, Phil. Diss. v. [6. Febr. 1879]
Geb. Lüben (Schles.) 5. 11. 1853. V.

HOLLSTEIN, ROBERT.
Kurze Geschichte der Lehre vom Isomorphismus und Polymorphismus. Realprogymnasium zu Lüdenscheid. Wissenschaftliche Abhandlung zum Jahres-Bericht 1884–85. Lüdenscheid. 1885. pp. 20, 4to.

HOLLSTEIN, Simon (Bamberg): Von der Gallenblasenentzündung.- München: Deschler 1840. 16 S. 13.6.1840 - Urk: F 65
Diss. Ingolst.-Landsh.-Mchn.

Holtzs Friedrichs des Grossen Darstellung der Ursachen des österreichischen Erbfolge- und des schlesischen Krieges. Programm der höheren Bürgerschule zu Riesenburg. 1879 4. 24 S.

Hollub Josef: Abiturienten des Saazer Gymnasiums vom Schuljahre 1853 bis zum Schlusse des Schuljahres 1872. (10). Saaz 90.
Progr.

Hollub, Josef: *Professor Johann Lang, gestorben 29. November 1896.* 8 (S. 51—52).
Progr. K. k. Staats-Ober-G. *Saaz (Böhmen)* 1897.

Hollub J.: Titel der in der Lehrerbibliothek des St. G. in Saaz befindlichen älteren Druckwerke, zusammengestellt u. mit Anm. versehen. 14. Saaz 87.
Progr.

Hollmb. Karl. s.: Zeitschrift f. Eis- u. Kälte-Industrie.

Hollunder, Christian Fürchtegott

Beiträge zur Farben-Chemie und chemischen Farben-Kunde. Leipzig, 1827. 8vo.
Also with the title: Handbuch des technisch-koloristischen Theiles der chemischen Fabrikenkunde [etc.].

— ausführl. Beschreibung des in Ober-Schlesien, dem Königreich Polen u. dem Gebiete d. freien Republik Krakau gewöhnl. Zinkhütten-Processes. Mit 1 großen Steint. gr. 8. Leipz. 824. Fr. Fleischer. 16 gr

— Handbuch des techn.-colorist. Theiles d. chemischen Fabrikenkunde. A. u. d. T.: Beitrr. zur Färbe-Chemie etc. gr. 8. Leipz. 827. Hinrichs. 1 Thlr 16 gr

— Tagebuch einer metallurg.-technol. Reise durch Mähren, Böhmen, einen Theil von Deutschland u. d. Niederlande. Mit 28 Steint. gr. 8. Nürnb. 824. Schrag. 3 Thlr

Hollunder, (Ch. Fü.) Versuch e. Anleit. zur mineralurgischen Probir-Kunst auf trocknem Wege. Nach eignen Erfahrungen u. mit Benutzung d. neuesten Entdeckungen. 2 Thle. gr. 8. Nürnb. 826, Schrag. Rthlr.

Hollunder, Chr. Fürchteg., Versuch e. Anleit. zur mineralurg. Probirkunst auf trocknem Wege. Nach eignen Erfahrungen u. mit Benutzung d. neuesten Entdeckungen. 2 Thle. gr. 8. Nürnb. 826. Schrag. 2 Thlr 16 gr 3r Thl. A. u. d. T.: Beitrr. zur Begründung e. analyt. Chemie auf trocknem Wege. gr. 8. Nürnb. 827. Schrag. 1 Thlr 20 gr

Hollunder, Christian Fürchtegott: „Die zweckmässigste Zinkfabrikation, bei Steinkohlen-Feuerung, in nächster Beziehung auf das Königreich Sachsen, als eines neuen und nützlichen Industrie-Zweiges für dieses gewerbfleissige Land, und ausserdem für alle Bergwerks-Gegenden, welche ihre Blende oder andere zinkhaltige Fossilien und Produkte auf eine einfache und nicht kostspielige Weise zu Gute machen wollen", mit einer Kupfertafel, Dresden 1822. — Vorh.: Preuß. Oberbergamt Dortmund — F. k. 9 — und Bücherei der Industrie- und Handelskammer Leipzig.

— d. zweckmäßigste Zinkfabrikation bei Steinkohlen-Feuerung; in nächster Beziehung auf d. Königr. Sachsen u. außerdem für alle Bergwerks-Gegenden. Mit 1 Kpft. 8. Dresd. 822. Arnold. 12 gr

Hollunder, Ed., chem. Fabrik, worin kostenfrei das beste u. neueste Verfahren gelehrt wird, Essig scharf u. dauernd binnen 24 Stunden, Rum ächt u. schnell auf kaltem Wege zu bereiten; die berühmte Holländ. trockene Hefe zu fertigen, u. Spiritus auf kaltem Wege sogleich zu reinigen. M. 2 Abbild. 8. (7¼ B.) Berlin 834, (Schumann.)

Hollunder-Apotheke, die, od. gründl. u. deutl. Anweis., die gewöhnl. innern u. äuß. Krankheiten durch die uns aus d. Hollunder u. seinen Theilen bereit. Mittel bald u. sicher zu heilen. Ein Handbuch f. Landbewohner, verfaßt v. e. prakt. Landarzte. 8. (5¼ B.) Arnstadt 830, Mirus.

Hollunder-Apotheke, die, od. gründl. u. deutl. Anweis., d. gewöhnl. innern u. äußern Krankheiten durch die aus d. Hollunder u. seinen Theilen bereit. Mittel bald u. sicher zu heilen. Ein Handb. f. Jedermann, verfaßt von e. prakt. Arzte. (Neue Ausg.) 8. (5¼ B.) Leipzig 838, [Melzer.]

Hollunderbaum, d. gemeine, in Hinsicht auf Oekonomie u. Hausarzneikunde. 8. Grätz 805. Ferstl. 6 gr

Hollweck: Anwendung des Differenzialquozienten in der Elementarmathematik. 21 S. und Figt.–Passau, Progr. 1863

Hollweck, Joh. Nep., Geschichte des Volksschulwesens in der Oberpfalz. Aus den Quellen dargestellt. Mit e. Anh. v. Archivalien. gr. 8. (VII, 452 S.) Regensburg 895. F. Habbel. u. 3.—

Hollweck, Joh. Nep., die Schulgeldfrage. Ein Beitrag zu ihrer Lösg. gr. 8. (IV, 58 S.) Regensburg 899. Verlagsanstalt vorm. G. J. Manz. n. — 60

— zur Verstaatlichung der bayerischen Volksschule. gr. 8 (IV, 88 S.) Ebd. 899. n. 1.—

Hollweck, Jos., das kirchliche Bücherverbot. Ein Commentar z. Constitution Leo's XIII., „Officiorum ac munorum". 2., verm. u. verb. Aufl. gr. 8. (VIII, 78 S.) Mainz 897. F. Kirchheim. n. 1.—

Hollweck, Jos., das Civileherecht des bürgerl. Gesetzbuchs. Dargestellt im Lichte des canon. Eherechts. gr. 8. (VII, 234 S.) Mainz 900. F. Kirchheim. n. 4.50

Hollweck, Jos., Lehrbuch des katholischen Kirchenrechts, s.: Hergenröther, Philipp.

— Staat u. Kirche. Vortrag im kathol. Kasino Augsburg am 22. IX. 1904. (12 S.) 4. Augsburg (904). Literar. Institut v. Dr. M. Huttler. n. — 10

— die kirchlichen Strafgesetze. Zusammengestellt u. commentirt. gr. 8. (XLI, 386 S.) Ebd. 899. n. 10.—

— d. apostol. Stuhl u. Rom. Eine Untersuchg. üb. d. rechtl. Natur d. Verbindg. d. Primates m. d. Sedes Romana. gr. 8. (VII, 191 S.) Ebd. 895. n. 2.60

Das Testament des Geistlichen nach kirchlichem und bürgerlichem Recht. Von Dr. Joseph Hollwock, Prof. in Eichstätt. Mainz: F. Kirchheim 1901. (IV, 123 S.) 8°

Das Civileherecht des Bürgerlichen Gesetzbuchs. Dargest. im Lichte d. canon. Eherechts von Dr. Joseph Hollweck, Prof. in Eichstätt. *Mainz: F. Kirchheim 1900.* (VI, 264 S.) 8° [F.]

Hollweck, Mart., das Binomialtheorem als Grundlage der Logarithmotechnie u. Goniometrie. gr. 8. (IV, 44 S. m. 1 Steintaf.) Passau 872. (Waldbauer.) n. — 60

Hollweg, zur Geschichte des Waldes im Netze-District. Vortrag in d. histor. Gesellschaft f. d. Netze-District in Bromberg. gr. 8. (104 S.) Bromberg 900. (Mittler.) n. 1. 80

Hollweg, Walt., s.: Calvinstudien.

— Dr. Georg Hessler, e. kaiserl. Diplomat u. röm. Kardinal des 15. Jahrh. Versuch e. Biographie. (IV, 130 S.) gr. 8. Leipzig 907. J. C. Hinrichs' Verl. 2.40; geb. 3. 20

Hollweg, Walter, a. M.-Gladbach: Hesslers Leben und Arbeit bis zu dem von ihm durchgeführten Anfall des burgundischen Erbes an das Haus Habsburg. Ein Beitrag zur Geschichte des ausgehenden Mittelalters. Erlangen 1907: Junge & Sohn (XI, 59 S.) 8° ¶ (Erscheint vollst. u. d. T.: „Dr. Georg Hessler, ein kais. Diplomat u. röm. Kardinal des 15. Jahrh. Versuch einer Biographie". Leipzig, J. C. Hinrichs.)

Bonn, Phil. Fak., Ref. Schulte, Diss. v. 9. Juli 1907

[Geb. 23. Mai 83 M.-Gladbach; Wohnort: M.-Gladbach; Staatsangeh.: Preußen; Vorbildung: Gymn. M.-Gladbach Reife M. 02; Studium: Bonn 1, Halle 3, Bonn 5 S.; Rig. 20. Febr. 07.]

Hollwehl, Christoph (Bremen), De natura atque indole cum philosophiae, tum maxime philosophiae moralis partem primam. Diss. philos. moralis. Präs. Jacob Hasaeus. Bremen (Hermann Brauer) 1716. 20 S. (6.50) 15773

Gew.: Bernhard Köhnen, Simon Hollwehl (Vater). — Widm. v.: G. C. Sagittarius, Daniel Gerdes.

Hollwell, s. Holwell.

Hollwerk, M.: Das Binomialtheorem als Grundlage der Logarithmotechnie und Goniometrie. II. u. 44 S. 8°. u. Figt. – Passau, Progr. 1871.

Holly, F. J., Bedeutung d. Rheins f. die mittelalterliche Poesie, s.: Broschüren, Frankfurter zeitgemäße.

Holly, F. J., unterm Christbaum. Fünf Weihnachtsnovellen. 8. (169 S.) Trier 892. Paulinus-Druckerei. n. 2. —; geb. n. 3. —

— Himmelsschlüssel. Blüten f. Geist u. Herz der Jugend. 8. (VII, 136 S. m. Abbildgn.) Frankfurt a. M. 895. A. Foesser Nachf. Geb. in Leinw. n. 1. 80

Holly, Franz Jakob: der deutsch-französ. Krieg im Lichte der vaterländ. Poesie, s.a. Broschüren, Frankfurter zeitgem.

Holly, Franz Jakob: Der deutsch-französische Krieg im Lichte der vaterländischen Poesie. Festgabe z. Jubil. d. Frankfurter Friedensschlusses am 10. Mai 1896. Von Dr. –. Frankfurt a. M.: A. Foesser Nachf. 1896. (36 S.) 8°

= Broschüren. Frankfurter zeitgemässe. N. F. Bd 17. H. 3.

– Hans Sachs. Ein Gedenkblatt z. s. 400jähr. Geburtstage (5. Nov. 1894), s. Broschüren, Frankfurter zeitgem.

Holly, J., Quaestiones Anacreonteae. Diss. 1885. 52 S.

Holly, Leon (Fritz Schweynert), Kettenklirren. Gedichte u. Erzählgn. aus dem Gefängnis. 1. u. 2. Tauf. (159 S.) 8. Berlin 908. Verlag der Tribüne. 2. —

Leon Holly [d. i. Fritz Schweynert]. Sturm und Stille. Erfurt: G. A. Brodmann 1904. (VI, 80 S.) 8° [F.] (05. 13484 3

Holly, Leon (Fritz Schweynert), Sturm u. Stille. (VI, 80 S.) 8. Erfurt 904. W. Schenker. n. — 75

Leon Holly [d. i. Fritz Schweynert]. Sturm und Stille. (2. Aufl.) Erfurt: G. A. Brodmann 1904. (VI, 80 S.) 8° [F.] (05. 5510

Holly, Wilhelm

Holly, v., Bau-Polizei-Ordnung f. die Stadt Halle a/S. vom 10. Apr. 1889, nebst einschläg. gesetzl. Vorschriften, hrsg. u. erläutert. 8. (X, 129 S.) Halle 889. Hofstetter. n. 2. —

Holly, v., Polizei Vorschriften der Stadt Halle a. d. Saale, nebst den wichtigsten Polizei-Verordnungen für den Reg.-Bez. Merseburg und die Prov. Sachsen. Zusammengestellt und erläutert. gr. 8. (VIII, 299 S.) Halle 882. Hofstetter.

Holly, Wilh. v.: Polizei-Vorschriften, Ortsstatute und Regulative der Stadt Halle a/S. Zsgest. u. erl. v. [Wilh.] v. Holly, Stadt- u. Polizeir. [Nebst] Nachträgen.
Halle a. S.: O. Hendel 1894–99. 2 Bde 8°
Polizei-Vorsch. 2. vollst. umgearb. Aufl. 1894. Nachtr. Amtl. Ausg. 1899.

Holly, v., Polizeivorschriften, Nachträge, s.a. Nachträge.

Holly, v., Steuer- u. Gebühren-Ordnungen der Stadt Halle a. S. Zusammengestellt u. erläutert. (VI, 91 S.) gr. 8. Halle 895. O. Hendel. n. 2. —

v. Holly und Ponientzietz, Richard [Rekt. Dr.]: Ansprache, gehalten bei der Einführung ins Amt am ... 1. Februar 1888. Marne, Druck v. L. Altmüller, 1890; S. 3–8; 4°

Marne, RPG, P 1890

[F.] v. Holly, Richard [Dir.], und Johannssen, Herm. [Dr.]: Bücherverzeichnis der Lehrer-Bibliothek des Realprogymnasiums zu Marne '(Holst.)'. Marne, Druck v. L. Altmüller, 1895; 39 S. 8.

Marne, RPG, OP 1895 (295)

Die staatsmännische Thätigkeit Ottos von Schwerin unter der Regierung des grofsen Kurfürsten. Ein Beitrag zur Regierungs-Geschichte des Kurfürsten Friedrich Wilhelm von Brandenburg v. Richard von Holly [und Ponientzietz]. Abth. 2. Vom Beginn des schwedisch-polnischen Krieges bis zur Einsetzung der Oberpräsidentenwürde. Marne. 1876. 4°. Progr. d. Höh, Bürgersch.

Frederick Hollyer. Frederick T. Hollyer. Katalog von Platina-Reproduktionen, aufgenommen von Hollyer, u. von ihm beziehbar. (Vorr.: Horace Townsend.) (London: F. Hollyer) 1901 (1902). (59 S.) 8° (03. 130

Hollyer, Frederick: Katalog von Platina-Reproduktionen aufgenommen von Hollyer u. von ihm beziehbar. Adresse: Mr. Frederick Hollyer ... London. (München) 1901 (1902): (A. Bruckmann). (59 S., 18 Taf.) 8°

Holm [Sachliches OW]

Holm, Kuno von, eine Skizze, 8. Berlin, (Libau) 792. (Friedrich) 13 sgl.

HOLM, Kuno v. Eine Skizze. Berlin (Leipzig, Rein) 1792. 8°. (1/3 Rthl. Scheible, c. 1870; 4 Mk. O. Rauthe, Berlin, 1909.)

Einiges etw. frei. 4 Bll. u. 150 SS. Ein Kapitel überschrieben: „Armer Kuno bist ein Kastrat?, Liebe Leserinn, überschlage dies Kapitel! Hörst du?"

Holm, des ehrbar u. tugendsamen Ritters, Liebes- u. Heldengesch. in 7 Gesängen. 8. Dessau, Gel. Handl. 783.

Holm, Peder. Gebet am Säkularfeste 1801 a. d. Dän. übersetzt. [Halle 1778.] V: *Gehren, Carl Chn von.* (MGT)

Holm genannt Salomo. Ostermesse 1783. Offenbach. V: *Günderode, Philipp Maximilian von.* (BGE III³, 336)

Holm [Schlagwort]

Holm, s.: Preussen. Messtischblätter.

Holm [Verfasser]

Halm, A., Beyträge zur neuesten Gesch. d. Herzogthums Mecklenb.-Schwerin. gr. 8. Rostock, Stiller. 806.

vgl. Holm, F.

Holm, A. Etude sur André Chénier. Lübeck, G., 1853. 57 S. 4. Progr.

— u. Frida Schanz, Puppenspiel. Ein Buch f. kleine Mädchen. Mit Bildern v. A. H. u. Versen v. F. S. 4. (32 S. m. 16 Farbendr.) Stuttgart 893. G. Weise. Geb. 3. —

Holm, A., Wau! Wau! Ein Bilderbuch f. die lieben Kleinen. Mit Versen v. Frz. Bonn. 4. (23 S. m. farb. Bildern.) München 893. Braun & Schneider. Kart. n. 3. —

Holm, A. C., 30 zweistimm. Lieder zum Gebrauche f. die unteren Klassen d. hiesigen Gymnasiums u. anderer Lehranstalten. 8. (33 S.) Mainz 875. Le Roux. n. — 40

Holm, A. F., der Naturfreund 2c., s. a. Naturfreund.

— der Naturfreund, mit Kupf. 8. Berlin, Oehmigke d. j. 810.

Holm, Adb., d. Fabrik-Engel od. Melittas Geheimniß. 100 Hfte. (4 Bde.) gr. 8. (602, 602, 620 u. 563 S. m. 100 Vollbild.) Neusalza 896—898. H. Oeser. à Hft. — 10

— das Geheimnis d. Scharfrichters v. St. Petersburg. Orig.-Roman. 80 Hfte. (4 Bde.) gr. 8. (492, 480, 486 u. 440 S. m. 80 Bild.) Ebd. 897—898. à Hft. — 10

Holm, Adb., das Geheimnis des Scharfrichters von St. Petersburg. Roman. (Umschlag: Graf Roszdin, der geheime Anführer der gefürchtetsten Räuberbande seiner Zeit. Nach den hinterlassenen Papieren des Scharfrichters Gabriloff erzählt.) 80 Hfte. gr. 8. (492, 480, 486 u. 440 S. m. je 1 Vollbild.) Neusalza (899). H. Oeser. à — 10

— d. Grafenbraut. Roman. 100 Hfte. (4 Bde.) gr. 8. (606, 610, 626 u. III, 556 S. m. 100 Bild.) Ebd. 895—896. à Hft. — 10

HOLM, Adalbert (ps.), Heimlich vermält. Original-Roman. Verlag von Werner Große, Berlin.
Hefte 6 u. 8 verboten vom Kr.-G. Leitmeritz am 26. März 1895.

Holm, Adb., lebendig begraben hinter vergitterten Fenstern, od.: Im Irrenhause. Romantische Erzählung. 1.—5. Hft. gr. 8. (S. 1-176 m. je 1 Illustr.-Taf.) Berlin 890. W. Grosse. à — 10

Holm, Adb., lebendig begraben hinter vergitterten Fenstern od.: Im Irrenhause. Romantische Erzählg. 6.—100. (Schluß-)Hft. gr. 8. (S. 177—3200 m. 95 Illustr.-Taf.) Berlin 890. 891. Verlagshaus f. Volkslitteratur u. Kunst. à — 10

— 1001 Nacht. E. Auswahl d. schönsten morgenländ. Märchen, f. d. Jugend bearb. 8. (125 S.) Dresden 895. M. Fischer. — 50; kart. — 60; m. 4 farb. Bild.; auf bess., breit. Pap., geb. 1. 50; gr. 8. (207 S. m. 4 farb. Bild.) Geb. 2. 50

— 1001 Nacht. Eine Auswahl der schönsten morgenländ. Märchen, f. die Jugend bearb. 8. (123 S. m. 4 Farbdr.) Dresden (899). M. Fischer. Geb. 4. —

— dasselbe. gr. 8. (207 S. m. 4 Farbdr.) Ebd. (899). Geb. 6. —

— Scharfrichters Töchterlein od. die verschwundene Erbin. Roman. 1.—80. Hft. gr. 8. (1. Bd. 566 S. u. 2. Bd. S. 1—160 m. 80 Bild.) Neusalza 894. H. Oeser. à — 10

— Scharfrichters Töchterlein od. die verschwund. Erbin. Roman. 81.—100. (Schluß-) Hft. gr. 8. (2. Bd. S. 161—606 u. 3.—4. Bd. 598 u. 620 S. m. 60 Bild.) Ebd. 895. à Hft. — 10

— unschuldig im Kerker, od.: Leiden u. Schicksale der Gräfin Rolandseck, geb. Waldow. Ergreifende Schilderg. der Erlebnisse e. entsetzlich schwer geprüften Gattin u. Mutter. 100 Hfte. (4 Bde.) gr. 8. (602, 602, 620 u. 563 S. m. je 1 Vollbild.) Neusalza (901). H. Oeser. à — 10
Identisch mit Holm, Adb., der Fabrik-Engel. Ebd. 896—898.

Holm, Adolf

Holm, Ad., Beitrage zur Berichtigung der Karte des alten Siciliens. 4. (40 S. mit 1 lithogr. Karte in qu. gr. 4.) Lübeck 866, (Asschenfeldt.) *

Holm, Ad., das alte Catania. Mit 1 (chromolith.) Plane. 4. Lübeck 873. Bolhoevener. n. 3. —

Holm, A., Ad Caroli Lachmanni exemplar de aliquot Iliadis carminum compositione quaeritur. Pr. 1853. 24 S. 4°. 1.—

Holm, Adf., griechische Geschichte, s.: Calvary's philologische u. archäologische Bibliothek.

— Geschichte Siciliens. 2. Bd. Mit 7 (lith.) Karten (in gr. 8. u. 4.) gr. 8. (XII, 506 S.) Leipzig 874. Engelmann. n. 10. 50 (cplt.: n. 19. 50)

—— Geschichte Siciliens im Alterthum. 2 Bde. gr. 8. Leipzig, Engelmann. [1. Bd. (XII, 454 S. mit 7 lithogr. Karten in gr. 8. und 4.) 869. ℳ 9.; 2. Bd. (XII, 506 S. mit 7 lithogr. Karten in gr. 8. und 4.) 874. *ℳ 10,50.] *

— Geschichte Siciliens im Alterthum. (In 2 Bdn.) 1. Bd. Mit 7 (lith.) Karten (in gr. 8 u. 4.). Leipzig 870. Engelmann. gr. 8. (XII, 454 S.) 3 ₰

Holm, Ad., Geschichte Siciliens im Alterthum. 3. Bd. M. 8 Münztaf. in Lichtdr., 1 Karte, Nachtrag hauptsächl. z. I. u. II. Bd. u. e. Register üb. d. 3 Bde. gr. 8. (XVI, 787 u. 20 S.) Leipzig 898. W. Engelmann. n. 18. —; geb. n.n. 21. — (Kplt.: n. 37. 50; geb. n.n. 46. 50)

Holsteinische Gewächse. Aufgezogen u. z. Schau gestellt (in Wort u. Bild) von Adolf Holm. Leipzig: A. G. Liebeskind 1896. (163 S.) 8° [J.] (07.6.95 B

— Jahresber. üb. Geographie u. Topographie von Unteritalien u. Sicilien. 1873—74. S.-A. 1874. 44 S.
— F. 1876 u. 1877. S.-A. 1877. 41 S.
— F. 1878 u. 1879. S.-A. 1879. 42 S.
— F. 1880 u. 1881. S-A. 1881. 59 S.

Holm, A., Italie. S. A. O. J. 15 S.

Holm, Adf., Köst u. Kinnerbeer. Und sowat mehr. Zwei Erzählgn. aus d. holstein. Landleben. gr. 8. (III, 136 S.) Leipzig 897. Stuttgart, J. G. Cotta Nachf. Geb. in Leinw. n. 2.40

[J.] Köst und Kinnerbeer. Und sowat mehr. Zwei Erzählgn aus d. holstein. Landleben v. Adolf Holm. *Leipzig: A. G. Liebeskind 1897.* (2 Bl., 136 S.) 1 Bd 8. [97. 3398

— W. Deecke, W. Soldau, Kulturgeschichte d. klass. Altertums. (Sonderausg. v. Hellwald's Kulturgeschichte, 4. Aufl., 2. Bd.) Lex.-8. (XII, 594 S. m. 318 Abb., 7 Taf. u. 2 Karten.) Leipzig 897. Moors, G. Planken. n. 10.—; geb. n. 12.50

Holm, Adf., Lübeck, die freie u. Hanse-Stadt. Mit 122 Abbildgn. aus dem Kunstverlage v. Joh. Nöhring in Lübeck. (Sammlung v. Monographien.) gr. 8. (160 S.) Bielefeld 900. Velhagen & Klasing. In Leinw. kart. n. 4.—; auf Extra-Kunstdr.-Pap., geb. in Ldr. n. 20.—
Zugleich Suppl.-Bd. zu: Monographien zur Weltgeschichte.

Holm, Adolph. (geb. Lübeck 8. 8. 1830): De ethicis Politicorum Aristotelis principiis. Berolini (1851). (64 S.) 8°
Berlin, Phil. Diss. v. 14. Aug. 1851

Holm, Adf., Rugnbarg. Roman aus Holstein. (184 S.) gr. 8. Hamburg (904). J. Kriebel. n. 3.—; geb. in Leinw. n. 4.—

Holm, Adf., Schlaufuchs u. andere Geschichten in Bild u. Wort. gr. 8. (III, 40 S. m. farb. Abbildgn.) Glogau (900). C. Flemming. Geb. n. 3.—

Holm, A., Das alte Syrakus. S.-A. 1884. 15 S. —.80

Holm, Alb., die Heldin der Saison, s.: Bachem's Novellen-Sammlung.

Holm, Carl, s. Holm, Karl

Holm, Chr., moral. Lieder, zum Nutzen u. Vergnügen d. Landvolkes. 8. Prag 802. Buchler. 4 gr. Schrbp. 6 gr.

Holm, Curt, s. Holm, Kurt

Holm, E., Kampen vom Landboreformerne, 1773—1791. gr. 8°. Kopenhagen 1888.

Holm, E., das Objectiv im Dienste der Photographie. Mit zahlr. Textfig. u. Aufnahmen. gr. 8. (142 S.) Berlin 902. G. Schmidt. Geb. in Leinw. n. 2.—

Holm, E., das Objektiv im Dienste der Photographie. 2. durchgeseh. Aufl. Mit zahlreichen Textfig. u. Aufnahmen. (VII, 152 S.) gr. 8. Berlin 906. G. Schmidt. Geb. in Leinw. n. 2.—

— Photographie bei künstlichem Licht (Magnesium-Licht), s.a. Bibliothek, photographische.

Photographie bei künstlichem Licht. Anleitung z. Photographieren bei Magnesium-Licht. Von Dr. E[mil] Holm. Mit zahlr. Abb. u. 6 Taf. *Berlin: G. Schmidt 1903.* (X, 132 S.) 8°
— Bibliothek, Photographische. Bd 16. [03. 3600

— das Photographieren m. Films s.a: Bibliothek, photograph.

Das Photographieren mit Films. Von Dr. E. Holm. Mit 51 Abb. Berlin: G. Schmidt 1904. (64 S.) 8°
— Bibliothek, Photographische. Bd 11. [03. 1636

Holm, Emil [aus Mecklenburg-Strelitz]: Zur Kreosot-Therapie bei Lungentuberkulose. . . . Greifswald, Druck v. Julius Abel, 1889; 30 S. 8°
Greifswald, Med. Fak., Inaug.-Diss. v. 13. März 1889

Holm, Engelbert. Ihr Geheimniß. Humoreske nach dem Französ. 8. (90 S.) Mannh. 890, Bensheimer's Verlag. * 1 50

Holm, Erich, Henrik Ibsens politisches Vermächtnis. Studien zu den vier letzten Dramen des Dichters. (104 S.) 8. Wien 906. Wiener Verlag. n. 1.50

Holm, Erich (Frau Mathilde Prager), Henrik Ibsens politisches Vermächtnis. Studien zu den vier letzten Dramen des Dichters. 2. Aufl. (XXIV, 104 S. m. 1 eingeklebten Bildn.) kl. 8. Leipzig 910. Xenien-Verl. 1.50

Holm, Erik, jenseits der Ehe. Novelletten. 8. (III, 41 S.) Dresden 900. E. Pierson. n. 1.—; geb. n. 2.—

Holm, Ernst: Romantische Dichtungen, s. Holm, Karl

Gedichte v. Ernst Ludwig Emil Holm. Flensburg 1869. 8°

Holm, F., (nach Meusel Edw. Mor.), Beitr. zur neuesten Geschichte d. Herzogth. Mecklenburg-Schwerin. gr. 8. Rostock 806. Stiller. 12 gr.

vgl. Holm, A.

Holm, F., über die nervösen Elemente in den Nebennieren. [Aus den Sitzungsber. der k. Akad. der Wiss.] Wien 866. (Gerold's Sohn.) n.n. 6 ngr.

—— experimentelle Untersuchungen über die traumatische Leberentzündung. Lex.-8. (8 S.) Wien 867, (Gerold's Sohn.)
Vorstehende zwei Schriften des Verf. wurden aus: Sitzungsberichte der k. Akademie der Wissenschaften, besonders abgedruckt.

Holm, Felix Harald, a. Zeist i. Holland: Untersuchungen über das β-Alanin. Marburg 1904: R. Friedrich. (75 S.) 8°
Marburg, Phil. Fak., Ref. Schmidt, Diss. v. 22. Nov. 1904
[Geb. 26. März 77 Zeist in Holland; Wohnort: Zeist; Staatsangeh.: Holland; Vorbildung: Hoogere Burger-School Amsterdam Reife 94; Studium: Marburg 3, Leipzig 4, Marburg 5 S.; Rig. 27. Juli 04.]

Holm, Ferd., histor.-romant. Erzählungen. (Erik Gide. — Hans v. Rechberg.) 8. (12½ B.) Magdeburg 830, Rubach.

—— Lustspiele. Die Irrungen. — Die Brautfahrt. 8. (11¼ B.) Nürnberg 828, Campe.

Holm, Fritz, Rechtsanwalt in Frankfurt a. M.: Wirken Vertrag und Urteil, die nach § 917 B.G.B. die Richtung des Notweges feststellen, gegen den späteren Eigentümer des belasteten Grundstücks? Greifswald 1906: F. W. Kunike. (36 S.) 8°
Greifswald, Jur. Fak., Ref. Pescatore, Diss. v. 31. Okt. 1906
[Geb. 10. Juni 76 Cassel; Wohnort: Hanau; Staatsangeh.: Preußen; Vorbildung: Gymn. Hanau Reife O. 97; Studium: Marburg 5, München 2 S.; Rig. 26. Juli 06.]

Holm, G.

—— Illaeniden, s. Mémoires de l'Académie impériale des sciences de St-Pétersbourg.

Holm, G., Illaeniden, s.: Schmidt, F., Revision der ostbaltischen silurischen Trilobiten.

Holm, Ghard., über die Organisation des Eurypterus Fischeri Eichw. gr. 4. (III, 57 S. m. 10 Taf. u. 10 Bl. Erklärgn.) St. Pétersbourg 898. (Leipzig, Voss' Sort.) n. 8.—
Sonderabdruck aus: „Mémoires de l'acad. imp. des sciences de St. Pétersbourg".

Holm, G., über die innere Organisation einiger silurischer Cephalopoden, s. Abhandlungen, palaeontologische.

Holm, Hans, (†...) erbaul. Christenerwägung des Leidens u. Sterbens Jesu Christi. 8. Hadersleben 794.

HOLM, Hans (ps.), Ueber die Höllenstrafen und ihre Ewigkeit. Germanien (Helmstädt, Fleckeisen) 1805. Selten!
Weller, fing. Druckorte.

— d. Zunder zu Revolutionen. (Enth. e. Beschreib. seiner Schicksale). 8. Helmst. 805.

Holm, Hermann, aus Flensburg: Beiträge zur Kenntnis des Cers. München 1902: V. Höfling. (33 S.) 8°
München, Phil. Diss. v. 1902

Holm, Herm., Fachzeichnen f. Gärtner, s.: Lachner's, Karl, Lehrhefte.

Holm, Herm., e. Schandfleck Europa's. Die Gewaltherrschaft d. Spielpächters in Monaco. 8. (47 S.) Leipzig 876. Hartknoch. n. 1.—

Holm, J. C., die Technik d. Badens. Anleitung z. Gebrauche v. Bädern. Mit e. Vorwort v. M. Sänger. 8. (64 S.) Wiesbaden 887. Bergmann. n. 1.—

Holm, Janus Albert. Leonhard.: Theses theologicae. Berolini (1822). (2 Bl.) 4°
Berlin, Theol. Thes. v. 23. März 1822

Holm, Johann (Wismar), Dissertatio de eo, quod justum est, circa ephemerides literarias concinnandas. Was bey Ausfertigung eines Journals in Acht zu nehmen. Präs. Ern. Joh. Frider. Mantzel. Rostock (Nicolaus Schwiegerov) 22. IV. 1722. 18 S. (6.50) 15778
Gew.: Friedr. Wagner, Christoph Groening, Gabriel Lembck.

Holm, John F. [aus Stockholm '(Schweden)']: Ueber den feinern Bau der Leber bei den niedern Wirbelthieren ... M. 2 lithogr. Taf. Jena, G. Fischer, 1867; 12 S., 2 Taf. 8.
Freiburg i. B., Phil. Fak., Inaug.-Diss. v. 1867

HOLM, JULIEN. Untersuchungen über die Diazoamidoverbindungen. (Basel) Zürich, 1889.

Holm, K. Fd., die Zeitungsbraut, s. Jahrbuch deutscher Bühnenspiele v. Gubitz. 17r Jahrg.

Holm, Karl

Holm, Carl [app. Arzt aus Wiesbaden]: Aus d. medizin. Klinik in Kiel. Zur Behandlung der Typhlitis ... Kiel, Druck v. L. Handorff, 1894; 44 S., 1 Bl. 8.
Kiel, Med. Fak., Inaug.-Diss. v. [14. März] 1894

Holm, Carl, daheim u. draußen. Novellen u. Skizzen. 8. (III, 219 S.) Hamburg 901. Schröder & Jeve. Geb. in Leinw. n. 4.—

HOLM, Karl u. Ernst (nicht in Weller's Lex. Ps.), Romantische Dichtungen. Berlin, Maurer in Commiss., 1804. 8°. (14 ggr.)

Holm, Carl, im scheeben Stebel u. andere hamburgische Geschichten. 1.—3. Tausend. (109 S.) 8. Hamburg 909. M. Glogau jr. 1.—; geb. in Leinw. n. 1.50

Holm, Karl, Unterarzt b. Inf.-Reg. Nr. 149, appr. Arzt: Die Versorgung des Stumpfes nach der Amputation des Wurmfortsatzes. Berlin 1910: Loewenthal. 23 S. 8°
Berlin, Med. Diss. v. 1. Febr. 1910, Ref. Hildebrand
[Geb. 15. Aug. 84 Militsch; Wohnort: Schneidemühl; Staatsangeh.: Preußen; Vorbildung: Luisen-Gymn. Berlin Reife M. 03; Studium: Berlin K. W. A. 10 S.; Coll. 19. Jan. 10; Approb. 26. Jan. 10.] [U 10. 46

Aus schwerer Zeit. Eine Erzählung aus dem Cholerajahre nach Tagebuchblättern eines Hamburger Arztes [v. Karl **Holm**]. Hamburg. 1896. 8°

Holm, Karl Friedrich Wilhelm Theodor, s. Holm, Theodor

Holm, Korfiz, Arbeit. Schauspiel in 3 Akten. 8. (166 S.) München 900. A. Langen. n. 2.—

Holm, Korfiz, Thomas Kerkhoven. Roman. (486 S.) 8. München 906. A. Langen. n. 5.—; geb. n. 6.—

— die Könige. Dramatisches Gedicht in 4 Akten. gr. 8. (101 S.) Ebd. 901. n. 2.—; geb. n. 3.—

Holm, Korfiz, Mesalliancen, s.: Bibliothek Langen, kleine.

— die Sünden der Väter u. andre ironische Geschichten, s.a Bibliothek Langen, kleine. 82. Bd.

Holm, Korfiz: Die Sünden der Väter u. andre ironische Geschichten. München: Langen 1905. 142 S. 8°
(Kleine Bibliothek Langen. Bd 82.)

Holm, Korfiz, Schloß Übermut, s.: Bibliothek Langen, kleine.

Holm, Kurt

Tota mulier! Tragikomödie in 1 Akt von Curt **Holm** [d. i. Benno Kaehler]. Dresden & Leipzig: E. Pierson 1900. (18 S.) 8° [Ant. u. F.] [16. 1132

— meine Welt. Gedichte. 1888—1899. 8. (192 S.) Berlin 900. S. Calvary & Co. n. 2.—; geb. n. 3.—

Holm, Edw. Mor., s. F. Holm.

Holm, Mia, Gedichte. 8. (VIII, 344 S.) Berlin 882. Bohne. 3.—; geb. 4.—; m. Goldschn. 4.50

Holm, Mia, Mutterlieder. Illustr. v. Adf. Münzer. gr. 4. (60 S.) München 897. A. Langen. Geb. in Leinw. m. Goldschn. n. 10.—

Holm, Mia, Mutterlieder. Wohlfeile Ausg. 12. (89 S.) München 902. A. Langen. n. 1.—; geb. n. 1.50

— Verse. kl. 4. (125 S.) Ebd. 900. n. 2.—; geb. n. 3.—

Holm, Mor., das Schwarzthal, od. ein Nachtgemälde &c. aus d. Verlassenschaft e. Verstorbenen herausgg. 8. Leipz. 799. (Brockhaus). 12 gr

HOLM, Moriz (sic!), (Schwerinischer Hofrath, geb. in Hagenow), Das Schwarzthal oder Ein Nachtgemälde nebst mehrern Beilagen und einem Fragment aus der Verlassenschaft eines Verstorbenen. Hrsg. (verfaßt) von —. Leipzig, bei Joh. Sam, Heinsius 1799. 8°. (3 Mk. Taussig, Prag, 1907.)
Tit., 2 Bl. Vorr. u. 164 S., nebst 1 Bl. Inh.: Das Nachtgemälde. — Der Traum. — Über die Fortdauer der Freundschaft nach d. Tode. — Nachtphantasien. — Die Klosterruine. — Begeisterungen. — Rudolphs Vermächtniss, u. Fragmente über den Menschen. (Sämmtlich zahm.)

Holm, R. J., s. Missionsblatt aus d. Brüdergemeinde.

Holm, Olaf, Christus od. Ibsen? Alte od. neue Weltanschaug.? Autoris. Uebersetzg. aus dem Norweg. von H. Hansen. (III, 192 S.) 8. Hamburg 903. G. Schloeßmann. n. 3. —

Holm, Olga, dein Buch. Zierat v. H. Vogeler-Worpswede. (132 S.) 8. Leipzig 907. Modernes Verlagsbureau. 3. —

Holm, Orla [d. i. Dorrit Zürn] : Dein Buch. Von —. Zierat von H. Vogeler-Worpswede. Berlin-Leipzig: C. Wigand 1907. (132 S.) 8°

— Jessa Straffens Liebe. Roman. (392 S.) 8. Ebd. 910. 5.—; geb. 6. —

Holm, Orla (Frau Dorrit Zürn), aus Mexiko. Mit wirtschaftl. u. polit. Beiträgen v. Ralph Zürn. (VIII, 247 S.) gr. 8. Berlin 908. F. Fontane & Co. 3.50; geb. 5. —

— Ovita. Episode aus dem Hererolaud. (VII, 275 S.) 8. Dresden 909. C. Reißner. 4.—; geb. 5. —

Holm, Orla, Pioniere. Ein Kolonialroman aus Deutsch-Südwest-Afrika. (294 S.) 8. Berlin 906. F. Fontane & Co. n. 3.50; geb. n. 5. —

Holm, Otto, appr. Arzt a. Groß-Quern: Ein Fall von primärem Sarkom der Leber. Rudolstadt 1904: F. Mitzlaff. (13 S.) 8°
Tübingen, Med. Fak., Ref. v. Baumgarten, Diss. v. 22. Sept. 1904
[Geb. 14. März 77 Groß-Quern, Schleswig; Wohnort: Tübingen; Staatsangeh: Preußen; Vorbildung: Gymn. Flensburg Reife O. 98; Studium: Tübingen 7, Kiel 2, Berlin 1 S.; Coll. 2. Mai 04; Approb. 1. Aug. 03.]

HOLM, Otto Leonard.
Beiträge zur Kenntniss der Alcyoniden-gattung Spongodes Lesson. Inaugural-Dissertation von Otto Holm. Jena 1895. 8:o. 70 s., 2 pl. (Ur: Zool. Jahrb., Abth. f. System., Bd 8.)
Diss. Upsal. phil.

Holm, Ragnar, experimentelle Untersuchungen üb. die geschichtete positive Glimmlichtsäule, insbesondere üb. das Schichtenpotential in H_2, N_2, He, s.a. Abhandlungen der königl. Gesellschaft der Wissenschaften zu Göttingen. Mathem.-physik. Klasse. N. F. VI, 2.

Holm, Ragnar: Experimentelle Untersuchungen über die geschichtete positive Glimmlichtsäule, insbesond. über d. Schichtenpotential in H_2, N_2, He. Von —. Mit 3 Taf. u. 6 Fig. Berlin: Weidmann 1908. (49 S.) 4°
= Abhandlungen d. Kgl. Gesellschaft d. Wiss. zu Göttingen. Math.-phys. Kl. N. F. Bd 6, No 2.

Holm, Reimer, prakt. Arzt in Hamme: Über einen Fall geheilter Invagination. ⟨Aus d. pathol.-anat. Institut zu Erlangen.⟩ *Bochum 1902: W. Stumpf.* (23 S.) 8°
Erlangen, Med. Diss. v. 15. Febr. 1902

Holm, Saemund Magnussen.
Vom Erdbrande auf Island im Jahr 1783 ... A. d. Dän. ... Kopenhagen 1784. Ü: *Pflueg. C. C.* (BrMm)

Holm, S. M., von d. Erdbrande auf Island im J. 1783, mit 2 Karten. 8. Kopenh. 784. (Brummer). 14 gr Schrbp. 16 gr

Holm, Th., der schmerzliche Todeskampf des Herrn. Predigt, gehalten am Charfreitag 1869 über Matth. 27, 45—50. 8. (20 S.) Lübeck 869, Grautoff. *

Holm, Th., Versuch einer kurzen Darstellung d. Lehre des Apostels Johannes. gr. 8. Lüneb. 832. (Herold u. W.) 8 gr

Holm, Theod., fünf Predigten. gr. 8. (6 B.) Hamburg 816, Perthes-Besser u. Mauke. *

Holm, *Karl Friedrich Wilhelm* Theodor [app. Arzt aus Steinberg in Angeln]: Über Ursache, Verlauf und Therapie der hinteren und vorderen Scheitelbeineinstellung unter Benutzg v. Beobachtgn d. Marburger Frauenklinik ... Marburg i. H., O. Ehrhardt's Buchdr., 1896; 51 S. 8.
Marburg, Med. Fak., Inaug.-Diss. v. 24. Sept. 1896

Holm, (W.) Gedichte. 8. Leipz. 824, Glück.

Holm, W., Gedichte verm. Inhalts. 8. Leipz. 824. Glück. 12 gr

Abdul-Kassim, der edle Targi. Eine Erzählung aus d. algerischen Sahara Von Werner Holm. *Styrum: A. Spaarmann [1899?].* (32 S.) 8° [F.]
— Jugend-Bibliothek, Kleine. No 189. [01. 4006

Abenteuer im Kaukasus. Von Werner Holm. *Styrum & Leipzig: A. Spaarmann [1899?].* (31 S.) 8° [F.]
— Jugend-Bibliothek, Kleine. No 147. [01. 4378

Holm, Werner: Wilhelm Brinkhoff, der letzte Räuber des Niederrheins. Eine wahre Erzählung aus d. Jahren 1859–60. Von —. Styrum: A. Spaarmann [1896]. (48 S.) 8°
= Volkserzählungen, Neue. No 46.

Im Dorfe der Bubis. Eine Erzählung aus Kamerun von Werner Holm. *Styrum & Leipzig: A. Spaarmann [1899?].* (32 S.) 8° [F.]
— Jugend-Bibliothek, Kleine. No 143. [01. 4376

Tong-fu, der Schrecken von Singapore. Eine Erzählung aus Hinterindien von Werner Holm. *Styrum & Leipzig: A. Spaarmann [1899?].* (32 S.) 8° [F.]
— Jugend-Bibliothek, Kleine. No 146. [01. 4377

Holm, Werner, s.: Volkserzählungen, neue.

Holm, Werner, Erwin v. Waldheim, s.: Erzählungen, patriot.

Holman, William Frank: Die piezoelektrische Erregung von Rohrzucker. Mit 2 Taf. Leipzig: Barth 1908. 41 S. 8°
¶(Aus: Annalen d. Physik. Folge 4, Bd 29, H. 6.)
Göttingen, Phil. Diss. v. 23. Jan. 1909, Ref. Voigt
[Geb. 6. März 83 Friend, Nebr.; Wohnort: Tobias, Nebr.; Staatsangeh.: Vereinigte Staaten; Vorbildung: High School Tobias Reife Juni 98, Nebraska State Univ. B. Sc. Febr. 04, M. A. Juni 06; Studium: Göttingen 4 S.; Rig. 31. Juli 08.] [U 09. 1362

Holmann, Friedrich

Blicke in die Harmonie der Menschenwelt. [Von F. Holmann.] Hamburg: 1810. 64 Bl. 8°
Kl. 577. Dem Frmrbunde gewidmet. Philosophische Betrachtungen über die sittl. Weltordnung enthaltend.

Bundesgesänge der Freymaurer-Freundschaft geweiht. [Von F. Holmann.] [Hannover 1800 ?: Lamminger.] 12 Bl. 4°
[Umschlagtit.:] Bundesgesänge von H[o]lm[an]n.
Kl. 1617. 8 Gedichte, 1 Spruch, 0 Lieder mit Noten.

Liebe und Freude. Ein Gesellschaftsgesang für gute frohe Menschen von ihrem Freunde [Friedr.] Holman. Hannover 1801. 8°
Kl. 1780.

[Lied.] Dem Wohle der Freimaurer-Schwestern. Von [Friedr.] H[o]lm[ann]. [Hamburg 1809.] 2 Bl. 8° [Umschlagtit.]
[Dasselbe.] [ca 1810.] 2 Bl. 8°
Ohne Noten: „Lass den Gold und Purpurschein . . ."

[Lied.] Dem Johannisfeste der vereinigten Log[en] engl[ischer] Consti-t[ution] in Hamburg. [Von Friedr.] H[olman]n. Hamburg [1810]. 2 Bl. 8° [Umschlagtit.]
Ohne Noten: „Der Bothe Gottes kam — und sprach . . ."

[Lieder.] Dem Johannisfeste der vereinigten englischen Logen zu Hamburg. [Von Friedr.] H[o]lm[an]n. Altona [1809]: Eckhardt. 4 Bl. 8° [Umschlagtit.]
3 Lieder ohne Noten.

Schwesterlied. [Unterz.: Friedr.] H[olman]n. [Hamburg 1814]: Menck. 1 Bl. 8° [Kopftit.]
Ohne Noten: „Lasst in seinem Feuerschein..."

Schwestern-Lied. [Unterz.: Friedr.] H[olmann]. [Hamburg: ca 1820.] 1 Bl. 8° [Kopftit.]
Ohne Noten: „Bekränzt mit Freude nun den lieben Becher, . . ."

Holman's, James, des Blinden, Reise um die Welt. Im Auszuge aus d. Engl. v. G. N. Bärmann. 1. Thl. 8. (148.) Kiel 846, Universitäts-Buchh.

Holman's, James, des Blinden, Reise um die Welt. Im Ausz. aus dem Engl. von G. N. Bärmann. 2. und 3. (letzter) Thl. 8. (200 und 240 S.) Kiel 848, Universitäts-Buchh. à Thl. 20 Ngr.

Holmberg, Axel Em., Nordbon under Hednatiden. Populär Framställing of våra Förfaders äldsta Kultur. 1. Afdelingen. gr. 8. (VIII u. 302 S. m. eingedr. Holzschn. u. 1 lith. Taf.) Stockholm 852. (Leipzig, Lorck.) n. n. 2 ℛ

Holmberg, Cecilia Bååth — s. Bååth-Holmberg

Holmberg. E. J., De funeribus Romanorum commentatio. Diss. 1878. 79 S. 2.—
1908.

Holmberg, G. H. v., Kooperationen bland de jordbrukande klasserna. En framställning af hittils uppnadda result i olika land. (Genossenschaften unter den ackerbautreibenden Klassen.) 8°. Stockholm, Björck u. Börjesson, 1905.

Holmberg, H. J., über Fischkultur in Finnland. (3. Serie.) gr. 8. (66 S. mit 1 Stnt.) Moskau 862. (Dorpat, Gläser's Verlag.) *

Holmberg, H. J., ethnographische Skizzen über die Völker des russischen Amerika. I. Abthl. gr. 4. (142 S. mit 1 lithogr. Karte in Imp.-Fol.) Helsingfors 855. (Leipzig, Brockhaus' Sortiment und Antiquarium.) *
Aus: Akten der finnländ. Societ. der Wissenschaften, besonders abgedruckt.

Holmberg, John: Schwedisch-deutsches Wörterbuch, s. Auerbach, Carl

Holmblad, Alexandrine v., Professor Sylvan's junge Ehe u. andere Novellen. 8. (290 S.) Dresden 891. E. Pierson. n. 3. —

Holmblad, Alexandrine v., kleine Geschichten. 12. (168 S.) Hamburg 888. Verlagsanstalt u. Druckerei, A.-G. n. 2. —; geb. n. 3. —

— dasselbe. Neue Folge. 12. (155 S.) Ebd. 890. n. 2. —; geb. n. 3. —

Holmboe, B. (Hrsg.), s. Abel, Niels Henrik: Oeuvres complètes.

Holmboe, Carl Fred., s. Holmboe, Karl Fred.

Holmboe, Chr. Andr.

Holmboe, C. A., de prisca re monetaria Norvegiae, et de nummis aliquot et ornamentis in Norvegia repertis. Editio nova recognita. Acced. VII tab. lapidi incisae (in 4.). Christianiae 854. (Leipzig, Brockhaus.) gr. 8. (2 Bl., 66 S.) nn. 1 ℛ.

Holmboe, Chr. Andr., det norske Sprog væsentligste Ordforraad, sammenlignet med Sanskrit og andre Sprog of samme Æt. Bidrag til en norsk etymologisk Ordbog. gr. 4. (XX und 496 S.) Wien 852. (Leipzig, Kummer.) *

Holmboe, Karl Fred.

Holmboe, Carl Fred., Berechnung u. Ausführung der Hochspannungs-Fernleitungen. (VII, 88 S. m. 61 Fig.) 8. Berlin 905. J. Springer. n. 3. —

Holmboe, Carl Fred.: Die Heißdampf-Schiffsmaschine. Von –. Mit Textabb. T. [1.] 2. Berlin 1910–12. 8°
[1.] Eine Samml. von Erfahrungsangaben f. d. Berechnung d. Abmessungen u. d. Dampfverbrauches ... 2. Die Überhitzersysteme ...

Holme, B., Ruf an alle Menschen, sich zu d. Geist Christi in ihnen zu kehren; aus d. Engl. 8. Pyrm. 795. (Helwing in Hannov.) 8 gr.

Holmeger, J. S. (Jos. Schmeger), Ansichtskarten, s.a. Dilettanten-Theater.

Ansichtskarten. Lustspiel in 3 Akten. Nach d. Motiv seiner gleichnamigen Humoreske von J. S. Holmeger [d. i. Josef Schmeger]. *Paderborn: F. Schöningh [1901].* (43 S.) 8° [F.]
— Dilettanten-Theater. N. F. 2. [04. 3449

Holmen, Halgar, ... und nicht müde werden! Gedichte. (62 S.) kl. 8. Stuttgart (907). M. Kielmann. 1. 20

Holmer, Magnus Friedr. v., s. Hippologische Blätter. 1833 ff. — Veredlung der Pferdezucht auf Alsen. 1839.

Holmes, Detektiv Sherlock, u. seine weltberühmten Abenteuer. Red.: F. Butsch. 1.—10. Bd. (à 32 S.) Lex. 8. Berlin (907). Verlagshaus f. Volksliteratur u. Kunst. à — 20
Fortsetzg. s.: Aus den Geheimakten des Welt-Detektivs.

Holmes, C. G., Hiroshige. Fol. (8 S. m. 6 Abbildgn. u. 1 farb. Taf.) Wien 902. Gesellschaft f. vervielfältig. Kunst. n. 6. —
Sonderabdruck aus: „Graph. Künste".

Holmes, Dav. H., index Lysiacus. gr. 8. (VII, 213 S.) Bonn 895. F. Cohen. n. 8. —

— die m. Präpositionen zusammengesetzten Verben bei Thukydides. gr. 8. (47 S.) Berlin 895. Weidmann. n. 1. 20

Holmes, G. M., Untersuchungen über das Vorderhirn der Vögel, s.: Edinger, Ludw., Untersuchungen über die vergleichende Anatomie des Gehirnes.

Holmes, Gordon, die Geschichte der Laryngologie von den frühesten Zeiten bis zur Gegenwart. Aus dem Engl. übers. von Otto Körner. gr. 8. (V, 104 S.) Berlin 887, Hirschwald. * 2 —

Holmes, J. H., & Co.: Catalogues of motors and dynamos. 1910 etc. Newcastle-on-Tyne

Holmes, Jesse H. Paraxylenedisulphonic acid. (Johns-Hopkins) Bal-

Holmes, J. R., d. wahre Moral od. Theorie u. Praxis d. Neo-Malthusianismus. Deutsch v. H. B. Fischer. gr. 8. (106 S.) Leipzig 896. M. Spohr. n. 1. 80

Holmes, Mrs. Mary, bewegte Bahnen, s.a. Aus Vergangenheit u. Gegenwart. 25

Bewegte Bahnen. Von Mrs. Mary Holmes. *Kevelaer: Butzon & Bercker 1900.* (142 S.) 8° [F.]
— Vergangenheit, Aus, u. Gegenwart. Bdch. 25. [04. 1066 B

— Lillis Brautschatz, s. Berlepsch, Lina Freifrau v.: Romanbibliothek.

— Die Erbherren v. Millbank, s. Berlepsch, Lina Freifrau v.: Romanbibliothek.

Holmes, Mary J.: Edith's Geheimniß, s. Berlepsch, Lina Freifrau v.: Romanbibliothek.

Holmes, Mrs. Mary J., düstere Schatten, s.: Berlepsch, Lina Freifrau v., Romanbibliothek. 60. Bd.

— Nach dunkelen Stunden, s. Berlepsch, Lina Freifrau v.: Romanbibliothek.

— Wie der Morgen tagt, s. Berlepsch, Lina Freifrau v.: Romanbibliothek.

Holmes, Oliver Wendell: The Autocrat of the Breakfast-Table, s. Collection of British Authors.

— The Poet at the Breakfast-Table, s. Collection of British Authors.

— The Professor at the Breakfast-Table, s. Collection of British Authors.

—— Der Professor am Frühstückstische, s. XVIII. Bd. 2. Abthl. S. 146: Meyer's Volksbücher.

Holmes, Oliver Wendell, over the teacups, s.: Collection of British authors.

Holmes, O. W., der Tisch-Despot, s.: Philosophen der neuen Welt.

Holmes, O. W., Elsie Venner, s.a. Bibliothek, amerikanische.

Holmes, Oliver Wendell, Elsie Venner, s.a. Dürr's Collection of standard american and british authors.

— Elsie Venner. Ein Schicksalsroman. 2 Bde. 2. Aufl. 8. (348 u. 297 S.) Leipzig 871. Kollmann. 6. —

Holmes, Rich. R., s.: Holbein, Hans, Bildnisse v. berühmten Persönlichkeiten.

Holmes, Rich. R., s.: Holbein, Hans, portraits of illustrious personages of the court of Henry VIII.

Holmes, S. E., s. Propaganda des individualistischen Anarchismus in deutscher Sprache.

Holmes, Samuel: Tagebuch einer Reise nach Sina und in die Tartarei mit der Brittischen Gesandtschaft in den Jahren 1792 und 1793. Nach dem Französischen von T. F. Ehrmann.
in: Bibliothek der neuesten und wichtigsten Reisebeschreibungen. Bd. 28. Weimar 1805. XII, 200 S. 8°.

Holmes, Sarah E., die Frauenfrage, s.: Yarros, Vict.

— Romane, s.: Berlepsch, Lina Freifrau v., Romanbibliothek.

Holmes Demokrat: 1851-? Millersburg, OH

Holmes Demokrat: 1872?-? Millersburg, OH
Democratic weekly.

Holmgren, Ann' Margret, Frau Strahle. Autoris. Uebersetzg. v. Marie Kurella. (Collection Wigand.) 8. (258 S.) Leipzig 897. G. H. Wigand. n. 1. 50

Holmgren, Aug. Emil., Monographia Ophionidum Sueciae. Imp.-4. (158 S.) Stockholm 861, (Bonnier.) *

— Monographia Tryphonidum Sueciae. Imp.-4. (III und 302 S. mit 2 Stnt.) Stockholm 856, (Bonnier.) **
Vorstehende beide Schriften des Verf. sind aus: Verhandlungen der Akademie der Wissenschaften zu Stockholm, besonders abgedruckt.

Holmgren, Erik, über die Existenz der Grundlösung bei einer linearen partiellen Differentialgleichung der 2. Ordnung vom elliptischen Typus. (S. 209—224.) gr. 8. Stockholm 903. (Berlin, R. Friedländer & Sohn.) n.n. — 70

— über Randwertaufgaben bei e. linearen Differentialgleichung der 2. Ordnung. (S. 401—417.) gr. 8. Ebd. n.n. — 70
x Sonderabdr. a.: „Arkiv f. matematik, astronomi och fysik".

Holmgren, Frithiof, die Arbeiten des Hrn. Prof. Cohn über Farbenblindheit. Eine kritische Erwiderung. [Aus: „Upsala Läkareförenings Förhandlingar".] gr. 8. (II, 62 S.) Upsala 879. (Breslau, Köhler.) n. 1. —

Holmgren, Frithiof, s.: Archiv, skandinavisches, f. Physiologie.

— die Farbenblindheit in ihren Beziehungen zu den Eisenbahnen und der Marine. Deutsche autoris. Uebersetzung. gr. 8. (VI, 162 S. mit 5 eingedr. Holzschn. und 1 chromolithogr. Taf.) Leipzig 878, F. C. W. Vogel. ☼

Holmgren, Frithiof, über den Mechanismus des Gasaustausches bei der Respiration. Lex.-8. (86 S. mit 1 Stnt.) Wien 864, (Gerold's Sohn.) *
Aus: Sitzungsberichte der k. Akademie der Wissenschaften, besonders abgedruckt.

Holmgren, J., über den Einfluss der Basedow'schen Krankheit u. verwandter Zustände auf das Längenwachstum nebst einigen Gesetzen der Ossifikation. (Diss.) (VIII, 244 S. m. 2 Taf.) gr.8. Leipzig 909. (Stockholm, Nordiska Bokhandeln.) 7. 50

Sur le développement de l'électricité au contact de l'air et de l'eau. Par K[arl] A[lbert] Holmgren. *Lund: Imp. E. Malmström 1895.* (1 Bl., 51 S.) 4.
= Acta Universitatis Lundensis. Lunds Univ. års-skrift. T. 31. (Afd. 2. [No] 11.) (96. 5545

Holmgren, Nils, madagassische Termiten, gesamm. v. Valter Kaudern. (24 S. m. 5 Abb. u. 2 Taf.) 8. Uppsala 909. Berlin, R. Friedländer & Sohn. nn 1. 50
Sonderabdruck aus: „Arkiv f. zoologi".

Holmgren, Nils, Termitenstudien. 1. Anatomische Untersuchgn. (215 S. m. 76 Abb. u. 3 Taf.) 31,5×25,5 cm. Berlin 909. R. Friedländer & Sohn. nn 10. 80
Sonderabdruck aus: „Kungl. svenska vetenskapsakademiens handlingar".

Holmqvist, Brynolf, Über Beziehungen zwischen binären und ternären Formensystemen. Lund 1898. 8:o. (1 bl. + 21 s.)

Mary Holmquist. Most. Gedichte. Cassel: C. Vietor 1906. (70 S.) 8° [07.11320 4

Der Musculus protractor hyoidei ⟨geniohyoideus auctt.⟩ und der Senkungsmechanismus des Unterkiefers bei den Knochenfischen. Zugleich e. Beitrag z. Kenntnis d. Atembewegungen. Von Otto Holmqvist. Aus d. Zoolog. Inst. d. Univ. Lund. Mit 1 Taf. u. 4 Textfig. Lund 1910: Ohlsson. 24 S. 4°
(Lunds Universitets Årsskrift. N. F. Afd. 2, Bd 6, Nr 6.) A 10. 7408

Holmquist, Per Johan. Synthetische Studien über die Perowskit- und Pyrochlormineralien. Upsala 1897. 8:o. 2 bl., 88 s., pl. 1 -3. (Ur: Bull. of the Geol. Instit. Ups. Vol. 3.)
Diss. Upsal. phil.

Holms, F., Jacob, wo bist du? ABC. (Ausgestanzt.) schmal Fol. (16 S. m. z. Tl. farb. Bild.) Nürnberg 895. Th Stroefer. — 75

Holms, F., des kleinen Künstler's Zeichen- u. Malbuch. (Ausgestanzt.) 4. (40 z. T. farb. Bl.) Nürnberg 894, Th. Stroefer. n. 1. 50

Holmschiold, Th., beata ruris otia fungis Dan. II T. c. fig. fol. Copenh. Brummer.
illum.

Holmsen, Bjarne P., Papa Hamlet. Uebers. u. m. e. Einleitg. versehen v. B. Franzius. 8. (182 S.) Leipzig 889. [Reissner.] Berlin, Issleib. n. 3. —

Holmskiold, Theod., beata ruris otia fung. Dan. II Tom., c. fig. Fol. Kopenh., (Brummer). 54 ß Besser Pap. 60 ß ill. 160 ß

— Corophaei clavarias ramariasque complectentes, cum structurae interior. expositione denuo cum annott. ed. C. H. Persoon. Cum IV tabb. 8maj. Leipz. 797. Schmidt. 1 ß 12 ℳ

Holmström, Alex., am Vorabend des Glücks. Schauspiel in 5 Akten. 8. (63 S.) Dresden 900. E. Pierson. n. 1. —

Holmström, Olof, die Gemeindepflege in der evangelisch-lutherischen Kirche. Autoris. deutsche Ausg. in Uebersetzg. v. Herm. Stocks. Mit e. Vorwort v. E. Chr. Achelis. (X, 324 S.) gr. 8. Hamburg 903. G. Schloeßmann. n. 5. — ; geb. n. 5. 80

Holn, Max R.: Der Sanitätsdienst im Kriege . . ., s. Kusmanek, Hermann

Holnstein, Bruno Graf v., Festspiel zur Feier des 50jähr. Priester-Jubiläums Sr. Heil. Papst Pius X., s.: Volksbühnenwerke.

— Vom Fels zum Meer. Patriotisches Festspiel m. leb. Bildern in e. Teile nebst e. Vorspiel. (50 S.) 8. Köln (907). (Leutkirch, J. Bernklau.) — 60

Holnstein, Gräfin C., Goldkörner. Eine Sammlg. kleiner Rathschläge zur Vervollkommng. u. zur Beglückg. des Lebens. Im Anschlusse an das französ. Original bearb. gr. 16. (VIII, 280 S.) Paderborn 890. Bonifacius-Druckerei. n. 1. —

Holnstein, Gräfin C., Goldkörner. E. Sammlg. kleiner Ratschläge z. Vervollkommng. u. z. Beglückg. d. Lebens. Im Anschluß an d. französ. Original bearb. 2., verb. Aufl. gr. 16. (VIII, 288 S.) Paderborn 896. Bonifacius-Druckerei. n. 1. —; feine Ausg. n. 1. 60

Holnstein, Gräfin C., Goldkörner. Eine Sammlg. kleiner Ratschläge zur Vervollkommng. u. zur Beglückg. des Lebens. Im Anschlusse an das französ. Original bearb. 4., verb. Aufl. gr. 16. (304 S. m. Bildnis.) Paderborn 902. Bonifacius-Druckerei. n. 1. —

Holnstein, Gräfin C., Goldkörner. Eine Sammlg. kleiner Ratschläge zur Vervollkommnung u. zur Beglückung des Lebens. Im Anschlusse an das französ. Original bearb. 6., verb. Aufl. (304 S. m. Bildnis.) 16. Paderborn 904. Bonifacius-Druckerei. n. 1. —

Goldkörner. Eine Sammlung kleiner Ratschläge z. Vervollkommnung u. Beglückung d. Lebens. Im Anschlusse an d. franz. Orig. bearb. von Gräfin C[arola] **Holnstein**. 6., verm. Aufl. Paderborn: Bonifacius-Dr. 1907. (308 S.) 8° [F.] [07. 1197

Holnstein, Gräfin C., Goldkörner. Eine Sammlg. kleiner Ratschläge zur Vervollkommng. u. Beglückg. des Lebens. Im Anschlusse an das französ. Original bearb. 8. Aufl. (306 S. m. Bildnis.) 16. Paderborn 909. Bonifacius-Druckerei. 1. —

Holnstein, Ida Gräfin, s.: Flora, die römische Martyrerin.

Holnstein, Ida Gräfin v., geb. Gräfin v. Mengersen, die Geschichte der Familie v. Mengersen. (89 S.) 8. Paderborn (908). (J. Esser.) n. 2. —

Holnstein, Ida Gräfin v., geb. Gräfin v. Mengersen, Lob dem Herrn. Gedichte. Eine kleine Festgabe besonders für Verehrer des heiligsten Altarssakraments. 16. (87 S.) Paderborn 886, Bonifacius-Druckerei. — 75

— Lob des Herrn. Gedichte. E. kleine Festgabe bes. f. Verehrer d. heil. Altarssakraments. 2., verb. u. verm. Aufl. gr. 16. (128 S.) Ebd. 895. — 90; geb. in Leinw. n. 1. 30

Holnstein, Ida Gräfin v., am See, s. Bachem's Novellen-Sammlung.

Holnstein, Max Graf v., d. Ultramontane! E. Antwort auf d. Frage: „Ist Politik v. Religion zu trennen?" gr. 8. (14 S.) Augsburg 895. Regensburg, Nation. Verlagsanstalt. n. — 20

Holocaustum Sapientiae in physicomoralibus solis motionibus concinnatum . . . Graecii 1710. V: *Pettinati, Jacob.* (Jes)

Holodenko, Dav., s.: Cholodenko, Dav.

Holodets, Leiser, aus Szedrin (Rußl.): **Beiträge zur Kenntnis der Kondensationsprodukte der Benzilsäure durch Einwirkung von konzentrierter Schwefelsäure.** *Königsberg i. Pr. 1903: H. Jaeger.* (45 S.) 8°
Königsberg, Phil. Diss. v. 14. Nov. 1903

Holovackij, Jakow

Hołowackij, Jakow, Chrestomatija cerkownosłovenskaja i drevno ruskaja w połzu uczenykow wysszoi Gymnazii w c. k. austryjskoj derżawi. Sostawył — —. 8. (358 S.) W W.dny.18 4.(Kirchenslavische und altrussische Chrestomathie zum Gebrauche der Ober-Gymnasien im Kaiserthume Oesterreich.) Preis 1 fl. 15 kr. C M.
Wien: Verlag der Schulbücher 1855.

Hołowackij, Jakow. Čin swjaščennyja i božestwennyja Liturgii bywajemyja sice w hr. kat. cerkwi, s prewodom nimeckim i polskim. V *Lwowi* 1858. Tipom *Stawropigijskaho Instituta.* 268 S. 8°.
(Die heilige göttliche Liturgie, wie sie in der gr. kath. Kirche gefeiert wird. Kirchenslavischer Text mit deutscher und polnischer Uebersetzung. *Lemberg* 1858. Druck des *Stauropigianischen Instituts.*) — (Kirchenslavisch, deutsch u. polnisch.)

Hołovackij, Iván F., russisches Lesebuch. Poetischer Theil. Mit besond. Rücksicht auf Betonung und Aussprache. Ein Beitrag zur darstellenden Unterrichts-Methode. gr. 8. (XVIII und 211 S.) Wien 860, (Rospini.) *

Holovtschiner, E., über haemorrhagische Dyspnoë, s. Archiv für Anatomie und Physiologie, Suppl.-Bd. zur physiolog. Abthl.

Hołowiński, A., Etudes expérimentales sur les aberrations de l'oeil. Avec 2 planches lithogr. (in qu. Fol.). gr. 8. (47 S.) Dorpat 870, Gläser. [Schnakenburg.] *

Holowko, Ant., ein Beitrag zur Prophylaxe der Puerperalerkrankungen, m. besond. Berücksicht. der Lehre v. der Selbstinfection. Inaug.-Diss. gr. 8. (78 S.) Dorpat 890. (Karow.) n. 1. 50

Holper, Ernst [app. Arzt aus München]: Ein seltener Fall von Erkrankung des Gefässapparates '(multiple Aneurysmenbildung der Aorta)' und des Gehirns auf luetischer Basis . . . München, kgl. Hof-Buchdr. Kastner & Lossen, 1897; 45 S. 8.
München, Med. Fak., Inaug.-Diss. v. 1897

Hoelper, Franz [aus Wiesbaden]: Die englische Schriftsprache in Tottel's „Miscellany" '(1557)' und in Tottel's Ausgabe von Brooke's „Romeus and Juliet" '(1562)' . . . Strassburg i. E., Buchdr. W. Friedrich, 1894; 3 Bl., 65 S. 8.
Strassburg, Phil. Fak., Inaug.-Diss. v. 1894

Hoelper, Frz., die englische Schriftsprache in Tottel's „Miscellany" (1557) u. in Tottel's Ausgabe v. Brooke's „Romeus a. Juliet" (1562). Diss. gr. 8. (65 S.) Strassburg 894. (Leipzig, G. Fock.) n. 1. 50

Hölper, Ph. W., Anleitung zum schriftlichen Geschäftsverkehr f. Schüler in den oberen Klassen der Elementar- u. Mittelschulen, sowie f. Gewerbe- u. Fortbildungsschulen u. zur Selbstübung f. angeh. Gewerbtreibende. 8. (VIII, 103 S.) Wiesbaden 874. Limbarth. n. — 70

Hölper, Ph. W., Auswahl zweistimmiger Volkslieder, s.: Christ, Bernh.

Hoelper, Wilhelm [aus Elberfeld]: Indication und Prognose der Encheirese bei Diabetes mellitus. . . . Bonn, Buchdr. Jos. Bach Wwe., 1890; 26 S. + 2 Bl. 8°
Bonn, Med. Fak., Inaug.-Diss. v. 8. Febr. 1890

Holpern, Max: Abenteuer mit einem Wahnsinnigen. Erzählung von —.
Berlin: (A. Weichert) [1896]. (S. 54–63.) 8°
= Indianer- u. Volksbibliothek. 75, [2.]

Holpp, A., s.: Kalender f. Geflügelzüchter.

— über Pflege u. Aufzucht junger Hunde. 12. (20 S.) Heilbronn (900). O. Weber — 25

Holrecht

— die Canalisation von Berlin. Im Auftrage d. Magistrats ausgeführt. 2. Ausg. Nebst e. Atlas in gr. Fol., enth. 30 Taf. (in Mappe). Berl. 887.

Holsatia [Schlagwort], s. Holstein [Schlagwort]

Holsatius, s.a. Allerlei.

Allerlei v. Holsatius. Glückstadt. [1908.] 8°

Holsatus, Ludov. Rossius, s. Inscriptiones.

Holsboer, l'établissoment, s.: l'Europe illustrée.

Holsche, August Karl

— histor.-topograph.-statist. Beschreib. d. Grafschaft Tecklenburg, nebst einigen speciellen Landesverordnn., mit Anmerkk., als ein Beitrag zur vollständ. Beschreib. Westphalens. gr. 8. Frankf. a. M. 788. Academ. B. 1 ₰ 12 gl.

v. Holsche, Aug. Karl, Geographie u. Statistik von West-, Süd- u. Neu-Ostpreußen. 3 Thle, mit Kart. gr. 8. Berl. 800—807. Maurers B. 5 ₰ 12 gl.

— der Netzdistrikt, e. Beitrag zur Länder- u. Völkerkunde. gr. 8. Königsb. 793. Nicolovius. 1 ₰

— s.a. Regierungsform, monarchische.

— über monarchische Regierungsform. 8. Ebendas. 79.

Holsche, Fr., († 1783.) neu invent. Backofen, bei d. Feuerung von Steinkohlen Brod zu backen. Mit Kpf. gr. 4. Berl. 781. N. A. 792. W. Oehmigke. (Reimer). 8 gl.

Holsche, F., neu invent. Backofen, b. Steinkohlen Brod zu backen. gr. 4. Berlin, Oehmigke der jüng. 792.

— — dass. 4. Berl. Pauli. 781.

— Grundsätze zur Ausfertigung richtiger Bauanschläge in d. Kur- u. Neumark etc. 8. Berl. 777.

Holscher, Briefe über das Cammergericht. 1s—4s Hft. 8. Hannov. Helwing. 785—88.

Holscher, A. G. G. A., artis obstetriciae pars medica etc. 4. Götting. 784. Brose. 6 gl.

Holscher, A. G. G. A., artis obstetriciae pars menica etc. 4. Gött. Brose. 804. Rthlr.

Holscher, Ach., kurze Anleit. für Lehrer und Aufseher in Industrieschulen. 8. Hannov. Hahn. 792.

Holscher, Achatius: Programm der maurerischen Jubelfeier des Brs. Holscher senior, am 18. Juli 5831. Gegeben im Or. von Hannover am 11. Juli 5831 in unserer ger. und vollk. St. Joh. ▭ zur Ceder. [Unterz.: Georg Phil.] Holscher. [Hannover] 1831. 1 Bl. 4⁰ [Kopftit.]
Kl. 3005. 193.

[Worte] Am 20sten Sept. 1814 in der g. v. u. v. St. Joh.-Loge zur Ceder [in Hannover] gesprochen von [Achatius] Holscher. o. O. [1814]. 1 Bl. 4⁰ [Kopftit.]
Üb. d. Streben d. Frmrs. 193.

Holscher, G.P. (Hrsg.):

s.: Annalen, Hannoversche, für die gesammte Heilkunde. Bd 1-2. Hannover: 1836-37.

JB 6.080

— s. Brodie, patholog. Beobachtt.

Holscher, G. P., Erwiederung auf ein Sendschreiben des Hofmedicus Dr. H. Vezin zu Osnabrück, die Ausübung der Wundarzneikunst betreffend. Im Aug. 1846. gr. 8. (55 S.) Hannover 847, (Hahn'sche Hofbuchh.) *

Holscher, G. P., Mittheilungen üb. d. asiat. Cholera. Ein Auszug a. Berichten üb. e. im Auftrage d. Kgl. Hannoverschen Immediat-Commission geg. d. Cholera unternomm. Reise in gesunde u. inficirte Kgl.-Preuß. Provinzen. gr. 8. (6 B.) Hannover 831, Hahn.

Blumenhagen, Wilh.: Gedächtnissrede auf Wilh. Blumenhagen gehalten in der St. Johannis ▭ zur Ceder [in Hannover] vom Meister vom Stuhl der St. Johannis ▭ zur Ceder [d. i. Georg Phil. Holscher]. Auf Verlangen dem Druck übergeben. Hannover 1839: Culemann. 14 S. 8⁰ [Umschlagtit.]
Kl. 1490 b.

Credner, J. W. E.: Nachruf an den zum ewigen Osten vorangegangenen Br. Credner. [Unterz.: Georg Phil.] Holscher. Hannover 1846: Jänecke. 7 S. 8⁰ [Umschlagtit.]

Rede am Neujahrsfeste 5831, gehalten von [Georg Phil.] Holscher. Hannover 1831: Kius. 13 S. 8⁰ [Umschlagtit.]
Kl. 1240. Gelegenheitsrede.

Klop, Karl: Rede des Br. [Georg Phil.] Holscher, gehalten in der am 17. Mai 5840 wegen des Ablebens des Br. Klop, statt gehabten Trauerloge. [Hannover 1840.] 8 S. 8⁰ [Kopftit.]

Holscher, H., Rede, geh. an der Höheren Mädchenschule, Brückenstraße, Chemnitz, bei Entlassung der abgehenden Schülerinnen am 2. April 1887. gr. 8. (16 S.) Chemnitz 887. May. — 30

Holscher, H., üb. Stellung u. Aufgabe der höheren Töchterschule nebst e. Vorlage f. die Organisation e. solchen in Chemnitz. gr. 8. (80 S.) Chemnitz 871. Focke. n. 1. —

Holscher, Heinr., der Communismus als Ziel der Zeitbestrebungen. Ein vollständ. Umriß über die Wesenheit der Gleichheitslehre und über ihre zukünftige Bedeutung. Geschrieben für Jedermann. 12. (124 S.) Köln 849, (Eisen'sche Sortimentsh.) *

Holscher, Johann Konrad Achatz

Holscher, Jh. Konr. Achatz, kurze Anleit. für Lehrer u. Aufseher in Industrie-Schulen. 8. Hannov. 792. Hahn. 5 gr.

— Ansichten über Christusreligion, in Briefen. 8. Hannov. 801. (Hahn). 15 gr.

— Ansichten über Christusreligion in Briefen. 8. Hannov. Ritscher. 801.

— Beruhigungsgründe beim Tode unserer Freunde im Kriege. 1s Heft. 8. Hannov. 794. Hahn. 5 gr.

— väterl. Ermahnungen über d. beste Anwendung d. Jahre nach d. Confirmation, in Hinsicht auf sittlich-religiöse Ausbildung. 8. Hannov. 808. Hahn. 2 gr. (Aus d. Leitfaden rc. abgedr.)

— prakt. Handb. für Ephoral- u. Kirchen-Geschäfte. 1r u. 2r Th. gr. 8. Hannov. Hahn. 802. 805. (1r 1 Rthlr. 2r 1 Rthlr. 8 gr.)

— Leitfaden zu Unterredungen u. Wiederholungen mit u. für Confirmanden. 8. Hannov. 808. Hahn. 12 gr.

— s. 1) Gf. Leß; e. biograph. Fragment. 2) Versuch über d. Landprediger.

— Worte d. Beruhigung bei d. Tode unsrer Freunde im heil. Vertheidigungskampfe. 8. Hannov. 815. Hahn. 6 gr. (Auch als 2s Heft d. Beruhigungsgründe rc.)

Holscher, Ludw. Aug. Thdr., Beschreibung des vormaligen Bisthums Minden nach seinen Grenzen, Archidiaconaten, Gauen u. alten Gerichten. Ein historischer Versuch. [Aus: „Ztschr. f. Gesch. u. Alterthumskde. Westfalens".] Mit einer (lith.) Karte. gr. 8. (XII, 407 S.) Münster 877. Regensberg in Comm. n. 6. —

Holscher, Ludw. Aug Thdr., die Parochie Horka im Rothenburger Kreise, bestehend aus den Ortschaften Ober-, Mittel-, Nieder-Horka u. Mückenhain, topographisch, statistisch, historisch beschrieben. Rothenburg 856. (Görlitz, Heyn.) gr. 8. (IV, 160 S.) n. 12½ ngr.

Holscher, Ludw. Aug. Thdr., die Parochie Horka im rothenburger Kreise, bestehend aus den Ortschaften Ober-, Mittel-, Nieder-Horka und Mückenhain, topographisch, statistisch, historisch beschrieben. gr. 8. (IV und 160 S.) Rothenburg i. d. L. 856(59). (Görlitz, Remer.) * —

Holscher, Ludw. A. Th., die ältere Diöcese Paderborn, nach ihren Grenzen, Archidiaconaten, Gauen u. alten Gerichten. [Aus: „Ztschr. für Geschichte u. Alterthumskunde Westfalens".] gr. 8. (484 S.) Münster 886. Regensberg. n. 4. —

Hölscher, die Bedeutung der Busse f. das heutige Recht. (58 S.) 8. Leipzig 904. (B. Franke.) n. 2. —

Hölscher, Geschichte der christlichen Kirche, s.: Siemers.

Hölscher, s.: Literaturblatt, theologisches.

Hoelscher: Der Spieghel der leyen ein niederdeutsches Lehrgedicht aus dem Jahre 1444 im Auszuge mitgetheilt. 26 S.–Recklinghausen, Progr. 1861

Hölscher, A., Lehrbuch der Physik u. Chemie f. höhere Mädchenschulen, s.: Sumpf, K.

Hölscher, Adolf [approb. Arzt aus Pyrmont]: Ueber einen Fall von Darmverschluss durch perforirten Gallenstein .... Freiburg i. B., Univ.-Buchdr. v. H. M. Poppen & Sohn, 1887; 33 + 1 S. + 1 Bl. 8°.
Freiburg i. B., Med. Fak., Inaug.-Diss. v. 1887.

Hölscher, Adolf, aus Gastedt (Hannover): Ein Fall von Inversio uteri puerperalis. *Greifswald 1899: J. Abel.* (26 S.) 8°
Greifswald, Med. Diss. v. 28. Febr. 1899

Hölscher, Aug., Geschichte d. christl. Kirche, s.: Siemers, Klem.

Hölscher, August [app. Arzt aus Wiesbaden]: Ueber die Complicationen bei 2000 Fällen von lethalem Abdominaltyphus. ... (Aus d. Münch. Med. Wochenschr.) München, Druck d. Akad. Buchdr. v. F. Straub, 1891; 17 S. 8°
München, Med. Fak., Inaug.-Diss. v. 1891

– De lectione sacrae Scripturae, s.a. Hölscher, B. A.

Hoelscher, Augustin., De lectione sacrae Scripturae. Recklinghausen, 1840. Gymnas.-Programm.
Ins Deutsche wortgetreu übersetzt Rottenburg, 1846. Umgearbeitet und bedeutend erweitert u. d. T.:

Hölscher, Aug., über das Lesen der heiligen Schrift nach den Satzungen der katholischen Kirche. Insbesondere seinen ehemal. Schülern zum freundl. Andenken. 8. (133 S.) Münster 885, Theissing'sche Buchh. * 1 —

Hölscher, Aug.: De legendis auctorum classicorum libris. 27 S.– Münster, Progr. 1854.

Hölscher, Aug., Religions-Handbuch für die unteren u. mittleren Klassen kathol. Gymnasien u. höherer Bürgerschulen. 1. Abthl. Die Glaubenslehre. 2. Abthl. Die Pflichtenlehre. gr. 8. Münster 844, Theissing. pro 2 Abthl. ¾ ß

Hölscher, Aug., Religions-Handbuch f. die unteren u. mittleren Klassen kathol. Gymnasien u. höherer Bürgerschulen. 1. u. 2. Abthl. gr. 8. Münster 844, Theissing'sche Buchh.
Abthl. 1. Die Glaubenslehre. (22¾ B.)
" 2. Die Pflichtenlehre. (12 B.)

Hölscher, Aug., Religions-Handbuch für die mittleren Klassen katholischer Gymnasien. 2., verb. und verm. Aufl. gr. 8. (XII und 612 S.) Münster 852, Theissingsche Buchh. *

Hölscher, B. De Ss. Damasi papae et Hilarii episcopi Pictaviensis qui feruntur hymnis sacris. 24 S.
Münster, Progr. 1858

Hölscher, B., niederdeutsche geistliche Lieder und Sprüche aus dem Münsterlande, s. Lieder und Sprüche, niederdeutsche und geistliche.

Hölscher, B.: Einige Textbemerkungen zu Schiller's Wallenstein. 6 S. 4°.– Recklinghausen, Progr. 1872.

Hölscher, B. A. Dissertatio de lectione sacrae Scripturae. 22 S.
Progr. Recklinghausen 1841

– Dass., s.a. Hölscher, August

Hölscher, B.: Herm. Ludw. Nagermann als Dichter kath. Kirchenlieder. 32 S. 8° – Recklinghausen, Progr. 1870.

Hölscher, Bernh. Zur Erklärung einer Stelle in Lessings Drama „Nathan der Weise". S. 20—21. Progr. *Recklinghausen* 1876.

Hölscher, B. Über das deutsche Kirchenlied vor der Reformation. 40 S.
Recklinghausen, Progr. 1846

Hölscher, B., das deutsche Kirchenlied vor der Reformation. Mit alten Melodien. 12. (VI und 218 S.) Münster 848, Regensberg. *

Hölscher, Bernh. Über den jetzigen Standpunkt der Frage nach dem Verfasser der 4. Bücher von der Nachfolge Christi. 20 S.
Progr. *Recklinghausen* 1879.

Hoelscher, Bernardus Guil. (geb. Mesum in Westf. 1814): De personarum usu in ludis scenicis apud Romanos. Berolini (1841). (60 S.) 8°
Berlin, Phil. Diss. v. 21. Aug. 1841

Hölscher, C. F., Erfahrungen von der Bienenzucht. gr. 8. Hannov. Hahn. 780.

Hoelscher, Carl Georg Ludwig, s. Hoelscher, Ludwig

Hölscher, Emil Erich, bacc. iur. Referendar in Augustusburg i. Erzgeb.: Die Bedeutung der Buße für das heutige Recht. Leipzig 1904: W. Wigand. (88 S.) 8°
Leipzig, Jur. Fak., Diss. v. 12. Sept. 1904
[Geb. 6. Sept. 80 Norden; Wohnort: Leipzig; Staatsangeh.: Sachsen u. Preußen; Vorbildung: Nikolaigymn. Leipzig Reife O. 00; Studium: Leipzig 2. Göttingen 3. Leipzig 2 S.; Rig. 13. Jan. 04.]

Hölscher, Ernst, über eine Combinationsgeschwulst von Dermoid mit Kystom des Ovariums. Inaugural-Dissertation. gr. 8. (25 S.) Göttingen 878. (Vandenhoeck & Ruprecht.) n. — 60

Hölscher, F., die Bau- u. Kunstdenkmäler von Westfalen, s.: Ludorff, A.

Hölscher, F., s. Hiob, das Buch.

Hölscher, Fr. M. A.

Hölscher, F. M. A., unsre Stellung zum reformierten Bunde, s.a. Streitschriften, freundschaftliche.

Unsre Stellung zum reformierten Bunde. Vortrag geh. vor d. Versamml. d. reform. Bundes zu Bentheim 1889. Von Fr. M. A. Hölscher. Barmen: D. B. Wiemann (1889). (19 S.) 8° [F.]
— Streitschriften, Freundschaftliche. No 18. [o4. 1509

Hölscher, Fr. M. A., die naturwissenschaftliche Weltansicht in Beziehung auf Religion und Staat, Erwerb und Ehe. Kritik von M. Nordaus convent. Lügen rc. gr. 8. (III, 126 S.) Gotha 888, F. A. Perthes. * 2 40

Hölscher, Franz: Katalog der Münzsammlung des Gymnasiums zu Attendorn. Siegen, Druck v. W. Vorländer, 1880; 34 S. 4°
Attendorn, G, P 1880 (334)

Hölscher, Franz: Genealogische Tafeln für den Geschichtsunterricht. Siegen, Druck v. W. Vorländer, 1894; 20 Bl. 4.
Attendorn, G, P 1894 (340)

Hölscher, Frz., genealogische Tafeln f. den Geschichtsunterricht zusammengestellt. 8. (VII S. m. 56 Tab.) Leipzig 894. G. Fock. Kart. n. 2. —

Hölscher, [Franz]: Verzeichnis der Abiturienten des Paul[inischen] Gymnasiums zu Münster i. W. Münster 1909: Aschendorff. S. 3—48. 4°
Münster i. W., k. Paulinisches G P 1909 (479) [S 09. 198

Hölscher, (Franz): Verzeichnis der Abiturienten des Paul. Gymnasiums zu Münster i. W. (von 1867—1900). Münster 1910: Aschendorff. S. 1—44. 4° ¶ (Forts. d. P-Beil. 1909.)
Münster i. W., k. Paulinisches G P 1910 (482) [S 10. 184

Hölscher, Frz., Verzeichnis der Abiturienten des Paul. Gymnasiums zu Münster i. Westf. von 1820 bis 1866. (48 S.) Lex. 8. Münster 909. (Aschendorff.) — 60

Hölscher, (Franz): Verzeichnis der Abiturienten des Paul. Gymnasiums zu Münster i. W. (von 1867—1900). Münster 1910: Aschendorff. S. 1—44. 4° ¶ (Forts. d. P-Beil. 1909.)
Münster i. W., k. Paulinisches G P 1910 (482) [S 10. 184

Hölscher, Friedrich, appr. Tierarzt a. Osnabrück: Aus d. Pharmakol. Institut d. Universität Gießen. Der Chloroformgehalt von Blut und Gehirn während der Narkose. ⟨Mit einer Abb.⟩ Gießen 1906: v. Münchow. (27 S.) 8°
Gießen, Med. Fak., Ref. Geppert, Diss. v. 18. Mai 1906
[Geb. 30. Jan. 79 Osnabrück; Wohnort: Gelsenkirchen; Staatsangeh.: Preußen; Vorbildung: Gymn. Carolinum Osnabrück Reife O. 00; Studium: Hannover Tierärztl. Hochsch. 8 S.; Rig. 19. Jan. 06.]

Hölscher, Fritz, die Behandlung des Typhus m. Guajakolcarbonat. Experimenteller u. klin. Beitrag zur Darmantisepsis. [Aus: „Allg. med. Centralzeitg."] gr. 8. (7 S.) Berlin 898. O. Coblentz. n. 1. —

Hölscher, Fritz [aus Mülheim a. Rhein]: Aus d. chirurg. Klinik zu Bonn. 1890. Beitrag zur Kenntniss und Behandlung bösartiger Nieren-Geschwülste... Guben, Druck v. F. Krollmann, 1890; 42 S. 8°
Bonn, Med. Fak., Inaug.-Diss. v. Apr. 1890

Hölscher, Geo., d. Buchhändler, s.: Was willst du werden?

Hölscher, Geo., der Kölner Dom, seine Geschichte u. Beschreibung. (48 S. m. Abbildgn.) 8. Köln (905). Hoursch & Bechstedt. n. 1. —

Hölscher's, (Geo.), Eifelführer m. genauen Wegebeschreibungen, geschichtl. u. anderen Mitteilungen, sowie 10 Karten. 2. neubearb. Aufl. d. „Eifelwandergn." (115 S.) kl. 8. Köln 909. Hoursch & Bechstedt. Kart. 1.50

— A guide to the Rhine. Describing a summer tour from Düsseldorf to Mainz, including visits to the valleys of the Nahe, Lahn, Moselle, Ahr, the Siebengebirge, etc. With many interesting notes from legendary and historical sources, maps, 4 town-plans, and numerous illustr. Translated by A. Mitchell. 2. ed. (VIII, 100 S.) kl. 8. Ebd. (905). n. 1. 50

A guide to the Rhine, describing a Summer Tour from Düsseldorf to Mainz, including visits to the Valleys of the Nahe, Lahn, Moselle, Ahr, the Siebengebirge, etc. by G[eorg] Hölscher. With many interesting notes from legendary and hist. sources, maps, 4 town-plans, and numerous ill. Transl. by A[ndrew] Mitchell, Edinburgh. 3. Ed. Cologne: Hoursch & Bechstedt [1907]. (VI, 102 S.) 8° [07. 9848

— Huit jours aux bords du Rhin! Guide pratique. Traduit de la 3. éd. allemande par Louise Wolter. Cartes, plans et nombreuses illustr. (VIII, 86 S.) kl. 8. Ebd. (905). n. 1. 50

Köln am Rhein. Ein Wegweiser u. Andenken von Georg Hölscher. Mit zahlr. Ill., 1 Stadtpl. u. 3 Theaterpl. *Köln: Hoursch & Bechstedt [1903].* (68 S.) 8° [03. 3397 5

Hölscher, Geo., Köln am Rhein. Ein Wegweiser u. Andenken. Mit zahlreichen Illustr., e. farb. Stadtplan u. 3 Theaterplänen. Kleine Ausg. 2. Aufl. (76 S.) kl. 8. Köln (905). Hoursch & Bechstedt. n. — 60

— dasselbe. (Grosse Ausg.) 2. Aufl. (105 S.) 8. Ebd. (905). n. 1. —

Köln am Rhein. Ein Wegweiser u. Andenken von Georg Hölscher. Mit zahlr. Ill., 1 Stadtpl. u. 2 Theaterpl. Kleine Ausg. 3. Aufl. Köln a. Rh.: Hoursch & Bechstedt [1906]. (72 S.) 8° [07. 9830

[Georg] **Hölschers** Moselführer für eine Sommerfahrt durch d. Moselland, an die Saar, in d. Hunsrück, nach Luxemburg u. in d. Luxemburgische Schweiz. Mit vielen geschichtl., wirtschaftl. u. anderen Mitteilungen, 9 Karten u. 38 Ill. 2., neu bearb. Aufl. von 'Acht Tage an der Mosel'. Köln a. Rh.: Hoursch & Bechstedt 1908. (105 S.) 8° 08. 13616

— **Rheinführer f. eine Sommerfahrt von Mainz bis Düsseldorf unter Berücksicht. der Städte Wiesbaden u. Frankfurt, ferner der Täler der Nahe, Lahn, Mosel, Ahr, sowie des Siebengebirges etc. Mit viel. geschichtl., wirtschaftl. u. anderen Mitteilgn., Terrain-Karten u. Stadtplänen, zahlr. Illustr. u. 1 farb. Karte des Rheinlaufes. 6., neu bearb. Aufl. v. Hölschers „8 Tage am Rhein". (166 S.) kl. 8. Ebd. 910.** 1. 50

— **Acht Tage an der Mosel! Ein prakt. Führer f. e. Sommerfahrt durch das Moselland, an die Saar u. nach Luxemburg. Mit vielen geschichtl., wirtschaftl. u. anderen Mitteilgn., 6 Kartenskizzen u. 32 Illustr. (VIII, 88 S.) kl. 8. Ebd. (905).** n. 1. —

Acht Tage am Rhein! Ein prakt. Führer für e. Sommerfahrt von Mainz bis Düsseldorf unter Berücks. d. Täler d. Nahe, Lahn, Mosel, Ahr. d. Siebengebirges etc. Von G[eorg] **Hölscher**. Mit vielen Mitteilungen aus Sage, Gesch. etc., 6 Kartenskizzen, 3 Stadtpl. u. zahlr. Ill. Ausg. A: Fahrt rheinabwärts. *Köln: Hoursch & Bechstedt 1903.* (103 S.) 8° 03. 8978

Acht Tage am Rhein! Ein prakt. Führer für e. Sommerfahrt von Düsseldorf bis Mainz unter Berücks. d. Täler d. Nahe, Lahn, Mosel, Ahr, d. Siebengebirges etc. Von G[eorg] **Hölscher**. Mit vielen Mitteilungen aus Sage, Gesch. etc., 6 Kartenskizzen, 3 Stadtpl. u. zahlr. Ill. Ausg. B: Fahrt rheinaufwärts. *Köln: Hoursch & Bechstedt 1903.* (102 S.) 8° 03. 8986

— **Acht Tage am Rhein! Ein prakt. Führer f. e. Sommerfahrt v. Mainz bis Düsseldorf unter Berücksicht. der Städte Wiesbaden u. Frankfurt, ferner der Täler d. Nahe, Lahn, Mosel, Ahr, sowie des Siebengebirges etc. Mit vielen interessanten Mitteilgn. aus Sage, Geschichte etc., 10 Kartenskizzen, 4 Stadtplänen u. zahlreichen Illustr. Ausg. A: Fahrt Rheinabwärts. 3., neubearb. Aufl. (VIII, 121 S.) kl. 8. Ebd. 905.** n. 1. —

— **dasselbe. Ausg. B: Fahrt Rheinaufwärts. 3., neu bearb. Aufl. (VIII, 121 S.) kl. 8. Ebd. 905.** n. 1. —

— **Acht Tage am Rhein! Ein prakt. Führer f. e. Sommerfahrt von Mainz bis Düsseldorf unter Berücksicht. d. Städte Wiesbaden u. Frankfurt, ferner der Täler der Nahe, Lahn, Mosel, Ahr, sowie des Siebengebirges etc. Mit vielen interess. Mitteilgn. aus Sage, Geschichte etc., Kartenskizzen, Stadtplänen, zahlr. Illustr. u. e. farb. Karte des Rheinlaufes. Ausg. A.: Fahrt Rheinabwärts. 4., neu bearb. Aufl. (VI, 141 S.) kl. 8. Ebd. (906).** 1. 25

— **dasselbe. Ausg. B.: Fahrt Rheinaufwärts. 4., neu bearb. Aufl. (VI, 141 S.) kl. 8. Ebd. (906).** 1. 25

Acht Tage am Rhein! Ein prakt. Führer f. e. Sommerfahrt von Mainz bis Düsseldorf unter Berücks. d. Städte Wiesbaden u. Frankfurt, ferner d. Täler d. Nahe, Lahn, Mosel, Ahr, sowie d. Siebengebirges etc. von G[eorg] **Hölscher**. Mit vielen interess. Mitteilungen aus Sage, Geschichte etc., Kartenskizzen, Stadtpl., zahlr. Ill. u. 1 Karte d. Rheinlaufes. 5. unveränd. Aufl. Ausg. B.: Fahrt Rheinaufwärts. Köln a. Rh.: Hoursch & Bechstedt [1907]. (VI, 144 S.) 8° 08. 13673

Hölscher, G., Bonner Wanderbuch m. genauen Wegbeschreibungen u. 1 Karte. Eine reiche Auswahl v. nahen u. fernen Ausflügen. 12. (68 S.) Köln 894. G. Hölscher. (Bonn, O. Paul.) n. 1. —

Hölscher's Wanderbücher. Nr. 1 u. 5—7. Köln, P. Neubner. n. 3. —

1. Kölner Wanderbuch m. genauen Wegebeschreibungen, vielen geschichtlichen u. anderen Notizen u. 6 Karten. 1. Bdchn. 3. u. 4., neu bearb. Aufl. (5.—6. Taus.) 12. (98 S.) (900.) n. 1. —
5. Führer durch das Siebengebirge m. genauen Wegebeschreibungen, geschichtl. u. and. Notizen, sowie e. Wegekarte. 3. u. 4., neu bearb. Aufl. (4. u. 5. Taus.) 8. (31 S.) (902.) n. — 50
6. Führer durch das Ahrtal m. genauen Wegebeschreibungen, geschichtlichen u. anderen Notizen, sowie e. Karte. 2., neu bearb. Aufl. 8. (44 S.) (902.) n. — 75
7. Führer durch das Siegtal m. genauen Wegebeschreibungen, geschichtlichen u. anderen Notizen, sowie e. Wegekarte. 2., neu bearb. Aufl. 8. (39 S.) (902.) n. — 75

Hölscher's Wanderbücher. Nr. 5—10. 8. Köln (P. Neubner.) n. 4. 85

5. Führer durch das Siebengebirge m. genauen Wegebeschreibgn., histor. u. and. Notizen, sowie 1 Wegekarte. 2., neu bearb. Aufl. (88 S.) 896. n. — 50
6. Führer durch d. Ahrthal m. genauen Wegebeschreibgn., geschichtl. u. and. Notizen u. 1 Karte. (33 S.) 895. n. — 75
7. Führer durch d. Siegthal m. genauen Wegebeschreibgn., geschichtl. u. and. Notizen u. 2 Karten. (39 S.) 895. n. — 75
8. Führer durch d. Aggerthal m. genauen Wegebeschreibgn., geschichtl. u. and. Notizen u. 1 Karte. (28 S.) 895. n. — 75
9. Führer durch d. Bröhlthal m. genauen Wegebeschreibgn., geschichtl. u. and. Notizen u. 1 Karte. (24 S.) 895. n. — 60
10. Eifelwandergn. m. genauen Wegebeschreibgn., vielen Touren-Zusammenstellgn., geschichtl. u. and. Notizen, sow. 7 Karten. (102 S.) 896. n. 1. 50

Bd. 1/2 u. 3 erschienen nur u. d. Einzeltiteln: Wanderbuch, Kölner (895) u. Hölscher, G., Bonner Wanderbuch (894). — Bd. 4 erscheint später.

— **Wanderbücher. Nr. 2 u. 4. 8. Köln, P. Neubner.** n. 1. 75

2. Kölner Wanderbuch m. genauen Wegebeschreibungen u. 4 Karten. Eine reiche Auswahl von ferneren Ausflügen. 2. Bdchn. 3., neu bearb. Aufl. (94 S.) (903.) n. 1. —
4. Bonner Wanderbuch m. genauen Wegebeschreibungen u. 3 Karten. Eine reiche Auswahl von Ausflügen. 2. Bdchn (94 S.) (903.) n. — 75

— **Wanderbücher. Nr. 5. kl. 8. Köln, J. G. Schmitz.** — 50

5. Illustr. Führer durch das Siebengebirge m. genauen Wegebeschreibungen, Sagen, geschichtl. u. anderen Notizen, sowie e. Wegekarte. 5., neubearb. Aufl. (5. u. 6. Taus.) (31 S.) 908.

Hölscher, Gust., die Geschichte der Juden in Palästina seit dem J. 70 nach Chr., s. a. **Schriften des Institutum Delitzschianum zu Leipzig. 2. Heft.**

Hölscher, Gustav: Die Geschichte der Juden in Palästina seit dem Jahre 70 nach Chr. Eine Skizze von Lic. G[ustav] Hölscher, Privatd. Leipzig: Hinrichs 1909. 64 S. 8°
(Schriften d. Institutum Delitzschianum zu Leipzig. H. 2.)

Hölscher, G[ustav], Lic. Dr.: Kanonisch und Apokryph. Ein Kapitel aus der Geschichte des alttestamentlichen Kanons. Naumburg a. S. 1905: Lippert & Co. (VI, 77 S.) 8°
Halle, Theol. Fak., Hab.-Schr. v. 1905

Hölscher, Gust., Kanonisch u. Apokryph. Ein Kapitel aus der Geschichte des alttestamentl. Kanons. (VIII, 77 S.) gr. 8. Leipzig 905. A. Deichert Nachf. n. 2. —

— **Landes- u. Volkskunde Palästinas,** s. a. **Sammlung Göschen.**

Hölscher, Gustav: Landes- und Volkskunde Palästinas von Dr. Gustav Hölscher, Privatd. Mit 8 Vollbild. u. 1 Kt. Leipzig: Göschen 1907. 168 S. 8°
(Sammlung Göschen. 345.)

Hölscher, Gustav: **Palästina in der persischen und hellenistischen Zeit.** Eine hist.-geogr. Untersuchung. *Berlin: Weidmann 1903.* (VIII, 99 S.) 8°
Leipzig, Phil. Diss. v. [17. Mai] 1902

— **Palästina in der persischen u. hellenischen Zeit,** s. a. **Quellen u. Forschungen zur alten Geschichte u. Geographie. 5. Hft.**

Palästina in der persischen und hellenistischen Zeit. Eine hist.-geogr. Untersuchung von Gustav Hölscher. *Berlin: Weidmann 1903.* (VIII, 99 S.) 8°
— Quellen u. Forschungen z. alten Geschichte u. Geogr. H. 5.

Hölscher, Gustav, Dr. phil.: Die Quellen des Josephus für die Zeit vom Exil bis zum jüdischen Kriege. *Leipzig 1904: B. G. Teubner.* (85 S.) 8°
Marburg, Theol. Diss. v. [23. Juli] 1904

— der Sadduzäismus. Eine krit. Untersuchung zur späteren jüd. Religionsgeschichte. (IV, 116 S.) gr. 8. Leipzig 906. J. C. Hinrichs' Verl. n. 2.80

— s.: Sanhedrin u. Makkot.

Hölscher, H., Anleitung zur Berechnung und Theilung der Polygone bei rechtwinkligen Coordinaten für Geometer und Eleven der Meßkunde. 8. (112 S. mit eingedr. Holzschn.) Berlin 864, Huber.

— s. Termin-, Tagebuch- und Hülfs-Kalender für Geometer.

Hölscher, Heinr., der Communismus als Ziel der Zeitbestrebungen. Ein vollständ. Umriß über die Wesenheit der Gleichheitslehre u. üb. ihre zukünftige Bedeutung. Geschrieben für Jedermann. 12. (121 S.) Köln 849, Eisen'sche Sort.-B. in Comm. n. 1/2 ₰

Hölscher, Hnr. Konr., († d. 21. Juli 1802.) Erfahrr. von d. Bienenzucht. gr. 8. Hannov. 780. Hahn. 6 gr.

Hölscher, Hermann Wilhelm Heinrich

— u. A. v. Stählin, zwei Festpredigten, bei d. 41. Hauptversammlg. d. Evangel. Vereins d. Gustav-Adolf-Stiftg. in Nürnberg am 13. u. 14. Septbr. 1887 geh. gr. 8. (26 S.) Leipzig 887. (Hinrichs' Verl.) n.n. — 30

Hölscher, Herm. Wilh. Heinr., die wissenschaftliche Fortbildung der Geistlichen im Amte. Vortrag, gehalten auf der Leipziger Pastoralkonferenz im Juni 1884. gr. 8. (32 S.) Leipzig 885, Dörffling und Francke. * — 60

—— Predigt über 1. Mos. 12, 2, bei der Trauerfeier zum Gedächtniß Kaiser Wilhelms am Tage Seiner Beisetzung den 16. März 1888 gehalten. gr. 8. (10 S.) Leipzig 888, Buchh. des Vereinshauses. — 30

—— zwei Predigten, am 1. März und 12. April 1885 in der St. Nicolai-Kirche zu Leipzig gehalten. gr. 8. (25 S.) Leipzig 885, Hinrichs'sche Buchh., Verlag. * — 50

Hölscher, K. G. L. Lessing als Dramatiker. Abth. 1. 18 S. Abth. 2. 22 S.
Siegen, Progr. 1842, 1843.

(Verein d. deutschen Bibliothekare.) Die Bibliothek und Karten-Sammlung der Geographischen Anstalt von Justus Perthes in Gotha. (Verf.: Dr. Karl Hölscher.) *(Gotha: J. Perthes 1901.)* (10 S.) 8° [Kopft.]

Hölscher, Karl [aus Wiesbaden]: Die öffentliche Meinung in Deutschland über den Fall Strassburgs während der Jahre 1681 bis 1684 ... [Erschien vollst. u. berichtigt 1896 u. d. T.: Die ... 1684. Nach Druckwerken u. Handschriften d. k. Hof- u. Staatsbibl. zu München.] München, Ch. Kaiser, 1896; 4 Bl., 163 S., 1 Bl. 8.
München, Phil. Fak., Inaug.-Diss. v. 1896

Hölscher, L., unsere Taufnamen. Eine Erklärg. üb. deren Sinn u. Bedeutg. 12. (44 S.) Minden 899. J. C. C. Bruns. n. — 50

Hölscher, Ludwig

Hölscher, Ludw. Über das Buch des Apulejus de mundo. 24 S.
Herford, Progr. 1846

Hölscher, L. Die älteren Druckschriften der Gymnasialbibliothek. 11 S. Progr. *Herford* 1877.

Hölscher: Ueber Lessings Emilia Galotti. 22 S. – Progr. Herford 1851.

Hoelscher, [Ludw.], Geschichte des Gymnasiums in Herford. [Tl] 1. 2. Herford 1869. 1872. 8° (4°).
Herford, Friedrichs-Gymnas., P 1869. 1872

Hölscher, L. Zur Geschichte der Stadt Herford im 17. Jahrh. (18) 4. Herford 1875.

Hölscher, Ludwig [Prof. Dr., Oberl. a. D.]: Jahrbücher der Geschichte des Gymnasiums zu Herford seit 1840. Herford, Buchdr. v. Gebr. Heidemann, 1890; S. 1—69; 8°
Herford, ev. Friedrichs-G, Festschr. 1890 1891

Hoelscher: Die Labadisten in Herford. 15 S. – Herford, Progr. 1864.

Hölscher, L. Quaestiunculae Lysiacae. 14 S.
Herford, Progr. 1857

Hölscher, L., Reformationsgeschichte der Stadt Herford. Im Anh.: Die Herforder Kirchenordng. v. 1532. 8. (108 S.) Gütersloh 888. Bertelsmann. n. 1.20

Hölscher, kurzer Ueberblick üb. d. Geschichte der Abtei u. Stadt Herford. (Mit statist. u. histor. Erläutergn. u. kleinem Führer.) (Festschr. zum XIX. westfäl. Städtetag am 21. u. 22. Juni 1895.) gr. 16. (36 S. m. Ansicht u. farb. Stadtplan.) Herford 895. (H. Wolff.) n. — 75

Hoelscher, (Car. Georg.) Ludov. (geb. Herford 16. 10. 1814): De Lysiae oratoris vita et dictione. Particula dissertationis de Lysiae vita et scriptis. Berolini (1837). (47 S.) 8° • Vollst. ersch. u. d. T.: De vita et scriptis Lysiae. Berolini: Reimer 1837.
Berlin, Phil. Diss. v. 24. Juni 1837

Hoelscher, Ludov., de vita et scriptis Lysiae orator. commentat. 8maj. (14½ B.) Berolini 837, Reimer.

Hölscher, Matthias: Die mit dem Suffix -acum, -iacum gebildeten französischen Ortsnamen . . . Strassburg, Buchdr. v. A. Dusch & Co., 1890; 101 S. 8°
Strassburg, Phil. Fak., Inaug.-Diss. v. 1890

Hölscher, Otto: *Bericht über den Verlauf des Festaktes anläßlich der Fertigstellung des Erweiterungsbaues der Anstalt.* (S. 12—14).
Städt. G. mit Oberrsch. Bon
Progr.

Hoelscher, Otto Avgvstvs (geb. am 2 Juli 1842 in Trier): De Irmini dei natvra Germanorvmqve nominis origine ... Bonnae, typ. F. Krvegeri (1865). 2 Bl., 41 S., 1 Bl. 8.
Bonn, Phil. Fak., Diss. v. 24 Juli 1865

Hölscher, Richard *Friedrich August* [app. Arzt aus Pyrmont]: Aus d. med. Klinik zu Kiel. Über die Beziehungen zwischen Psoriasis und Asthma ... Kiel, Druck v. H. Fiencke, 1893; 30 S. 8.
Kiel, Med. Fak., Inaug.-Diss. v. [20. Juni] 1893

Hölscher, Richard: Experimentelle Untersuchungen über die Entstehung der Erkrankungen der Luftwege nach Aethernarkose. *Berlin 1898: L. Schumacher.* (60 S.) 8° ¶(Aus: Archiv für klinische Chirurgie, Bd 57 H. 1.)
Kiel, Med. Hab.-Schr. v. [17. Mai] 1898
(Nicht für den Austausch)

Hölscher, Richard: Der Zeichenunterricht an dem Neuen Gymnasium zu Darmstadt. Darmstadt, Druck v. G. Otto's Hof-Buchdr., 1896; 1—13 S. 4.
Darmstadt, grossh. Neues G, P 1896 (645)

Hölscher, Sophie, Düsseldorfer, auf 20jähr. Erfahrung gegründetes, Kochbuch. Oder Unterricht in d. Koch- u. Haushaltungskunst. Nebst Anweisung zur Bereitung von Getränken, zum Einmachen u. Trocknen des Obstes u. der Gartenfrüchte, Pflege u. Wartung des Hausgeflügels, Mästung der Schweine, Kühe u. Kälber, Butter- u. Käse-Machen, Brodbacken, Bierbrauen ıc. 8. Düsseldorf 834. Schaub. 2/3 ℛ

Hölscher, U., Die Entwicklung und der Zusammenhang der ionischen Prosa mit den homerischen Epen. Diss. 1875. 42 S. —.90

Hölscher, U. Geschichte des herzogl. Pädagogiums in Bützow (1760—1780) nach den Quellen bearbeitet. 28 S. *Bützow* 1881.
Progr.

Hölscher, U., die Kunstdenkmäler der Prov. Hannover, s.: Wolff, Carl.

*Hölscher, Uvo (Kgl. Regierungsbauführer): Beschreibung des neuen Schulgebäudes. S. 1—3, 3 Taf. 4.
Progr.

Hölscher, U., zur Einführung in das Studium der altfriesischen Rechtsquellen. 4. (24 S.) Bützow 880. (Emden, Haynel.)

Hölscher, die Geschichte d. Reformation in Goslar, s.a. Quellen u. Darstellungen zur Geschichte Niedersachsens.

Hölscher, Uvo: Die Geschichte der Reformation in Goslar. Nach d. Berichte d. Akten im städt. Archive dargest. von Prof. Dr. [Uvo] Hölscher in Goslar. Hannover & Leipzig: Hahn 1902. (193 S.) 8°
= Quellen u. Darstellungen z. Geschichte Niedersachsens. Bd 7.

Hölscher, Uvo, das hohe Tor v. Medinet Habu, s.a. Veröffentlichung, 12. wissenschaftl., der deutschen Orient-Gesellschaft.

Hölscher, Uvo, Reg.-Baumeister: Das Hohe Tor von Medinet Habu. Eine baugeschichtliche Untersuchung. 1909. 38 S., 1 Taf. 8° ¶ Vollst. als: Wissenschaftl. Veröffentlichung d. Deutschen Orient-Gesellschaft. 12.
Berlin, Dr.-Ing.-Diss. v. 15. 10. 1909

Hölscher, Uvo: Das Hohe Tor von Medinet Habu. Eine baugeschichtl. Untersuchung von —. Mit 65 Abb., 6 einfarb. u. 4 doppelfarb. Taf. Leipzig: Hinrichs 1910. 68 S. 2°
(Wissenschaftliche Veröffentlichung d. deutschen Orient-Gesellschaft. 12.)

Hölscher, Uvo [Dr., Oberl.]: Die Verwaltung der römischen Provinzen zur Zeit der Republik. I. Die Provinz Sizilien. Goslar, Buchdr. v. J. Jäger & Sohn, 1890; 16 S. 4°
Goslar, RG u. G, OP 1890

Hölscher, Uvo [Prof. Dr.]: Verzeichnis der in der Marktkirche zu Goslar '(S. S. Cosmae et Damiani)' aufbewahrten alten Druckwerke. M. e. Verzeichn. der im Archive zu Goslar vorhand. alten Handschriften u. einem kurzen Vorw. über d. Geschichte d. Marktkirchen-Bibliothek. 1. Tl. Latein. Werke. Goslar, Druck v. J. Jäger & Sohn, 1896; 51 S. 8.
Goslar, RG u. G, P 1896 (331)

Hölscher, Uvo, Verzeichnis der in der Marktkirche zu Goslar (S. S. Cosmae et Damiani) aufbewahrten alten Druckwerke. Mit e. Verzeichnis der im Archive zu Goslar vorhandenen alten Handschriften u. e. kurzen Vorworte über die Geschichte der Marktkirchen-Bibliothek. I. Tl. Lateinische Werke. (51 S.) gr. 8. Goslar 896. (L. Koch.) n. — 75

Hölscher, W., die wissenschaftliche Fortbildung der Geistlichen im Amte. Vortrag. gr. 8. (32 S.) Leipzig 885. Dörffling & Franke. n. — 60

Hölscher, W., s. Fröhlich im Herrn.

— s.: Mutterwort, ein.

Hölscher, W., Predigt üb. Joh. 12, 20—24, geh. am Missionsfeste zu Nürnberg in d. St. Lorenzkirche den 7. VI. 1898. gr. 8. (9 S.) Nürnberg 898. G. Löhe. n. — 20

— zwei Predigten, am 1. März u. 12. Apr. 1885 in der St. Nicolai-Kirche zu Leipzig geh. gr. 8. (25 S.) Leipzig 885. Hinrichs' Verl. n. — 50

— Zugabe zu Erks Spruchbuche, s.: Rothert, W.

Hölscher, Walter

Hölscher, die otogenen Erkrankungen der Hirnhäute, s.a. Sammlung zwangloser Abhandlungen aus dem Gebiete der Nasen- u.s.w. Krankheiten. VII, 6. 7. u. VIII. 4.—6.

Die otogenen Erkrankungen der Hirnhäute. Von Stabsarzt Dr. [Walter] Hölscher in Ulm. T. 1. *Halle a. S.: C. Marhold 1904.* 8°
= Sammlung zwangloser Abhandlungen aus d. Geb. d. Nasen-, Ohren-, Mund- u. Hals-Krankh. Bd 7, H. 6/7. [04. 580] 3

Hölscher, Walther: Aus der chirurgischen Universitätsklinik zu München. Zwei Fälle von intratranieller [!] Operation nach Krause bei Neuralgie des Trigeminus. *München 1898: Kastner & Lossen.* (53 S.) 8°
München, Med. Diss. v. 1898

Fremdkörper im äußeren Gehörgange und ihre Behandlung. Wie weit dürfen Extractionsversuche seitens nicht specialistisch ausgebildeter Ärzte gemacht werden? Von Oberarzt Dr. [Walter] Hoelscher in Ulm. *Halle a. S.: C. Marhold 1902.* (18 S.) 8° [Umschlagt.]
Aus: Sammlung zwangloser Abhandl. aus d. Geb. d. Nasen-, Ohren-, Mund- u. Halskrankh. Bd 6, H. 3. [04. 4144

Die otitische Sinusthrombose und ihre operative Behandlung. Von Stabsarzt Dr. [Walter] Hölscher in Ulm. *Halle a. S.: C. Marhold 1902.* (46 S.) 8°
Aus: Sammlung zwangloser Abhandl. aus d. Geb. d. Nasen-, Ohren-, Mund- u. Halskrankh. Bd 6, H. 6–8. [04. 4145

Holsenbürger, J., die Herren v. Deckenbrock (v. Droste-Hülshoff) u. ihre Besitzungen 1209—1798. 1. Thl. in 2 Abthlgn. Münster 870. Regensberg. gr. 8. n. 1 ℛ 15 ngr.
I. 1. 1209—1570. Grösstentheils aus dem Nachlasse des Frhrn. Werner Constant. v. Droste Hülshofs kurz zusammengestellt. (VIII u. S. 1—103.) 1868. n. 20 ngr.
I. 2. 1570—1798. Aus archival. Quellen. (S. 104—239.) 1869. n. 25 ngr.

Holsenbürger, J., die Herren v. Deckenbrock (v. Droste-Hülshoff) und ihre Besitzungen 1209—1798. 1. Thl. in 2 Abthlgn. gr. 8. Münster 870, Regensberg. *
Inhalt:
Abthl. 1. 1209—1570. Grösstentheils aus dem Nachlasse des Frhrn. Werner Constant. v. Droste zum Hülshofe kurz zusammengestellt. (VIII, S. 1—103.) 868. *ℳ 2.
» 2. 1570—1798. Aus archivalischen Quellen. (S. 104—239.) 869. *ℳ 2,50.

Holst, von

— Von d. Entstehg. d. Union bis z. Kompromiss v. 1833. Düsseldorf 873.

Holst: Handbuch zur Führung einer Spar- und Darlehnskasse für Vorstands- und Aufsichtsratsmitglieder. Kiel: Schmidt & Henkel 1910. *

Holst, Ad., komische Käuze, s.: Schelbach, Elisab.

— Kinderland, du selig Land. Verse v. H., Bilder v. Ad. Jöhnssen. (16 S. m. 8 Farbdr.) 24,5×30 cm. Nürnberg (909). E. Nister. Kart. 2. 50

— Lustiges Kleinkinderbuch, s.: Caspari, Gert.

— König ist unser Kind, s.: Caspari, Gertr.

— Die blaue Kutsche. Märchen. Bilder v. Max Liebenwein. (38 S. m. 4 Farbdr.) Lex. 8. Nürnberg (907). E. Nister. Kart. 3. —

Holst, Adf., allerliebster Plunder. Kinderlieder. Mit Bildern geschmückt v. Paul Hey. (46 S. m. farb. Abbildgn.) Lex.-8. Nürnberg (905). E. Nister. Geb. n. 3. 50

Holst. Adf.. Sternschnuppen, s.a. Lyriker, neue deutsche.

Sternschnuppen. Gedichte von Adolf Holst. *Berlin: G. Grote 1902.* (VI, 149 S.) 8° [F.]
— Lyriker, Neue Deutsche. Bdch. 2. [08. 7430

— So geht es in Schnützelputzhäusel, s.: Jöhnssen, Ad.

— O Tannenbaum! O Tannenbaum! Lieder u. Märlein in Auswahl. Mit (8) farb. (Voll-)Bildern v. Paul Hey u. M. Liebenwein. (32 S.) Lex. 8. Nürnberg (910). E. Nister. Geb. 2. —

— Mein Tierbilderbuch, s.: Oswald, Eug.

Holst, Adf., träumen. Lyrische Gedichte. 12. (X, 89 S.) Erfurt 895. E. Moos. n. 2. 25; geb. n. 3. —

— Lustige Vögel aus meinem Garten. (Den Titel zeichnete Luise Rudolph.) (116 S.) kl. 8. Leipzig (910). F. Eckardt. 1.50; geb. 2. 50

Holst, A. — Cora Lauzils *Bilderbuch*, mit Reimen von Adolf Holst: Wenn's schneit und friert und Winter wird. Leipzig, A. Anton & Co. [c. 1910]. 4°. 12 S. inkl. Titel, auf starkem, „unzerreißbarem" Karton. Lwd.-Rücken. 8.—

— Mit Wolken u. Winden. Neue Gedichte. (144 S.) kl. 8. Ebd. 909. 2.50; geb. 3. 50

Holst, Amalie

— vergl. Amalie v. Justi.

Holst, Amalie, geb. v. Justi, über d. Bestimmung d. Weibes zur höhern Geistesbildung. 8. Berl. 802. Duncker u. H. 1 Thlr. 4 gGr. Hbg. Pr. 16 gGr.

Holst, Amalia, geb. von Justi: Über die Bestimmung des Weibes zur höhern Geistesbildung. — Berlin: Frölich 1802. 300 S. 8°

Holst, Aug. Friedr., über Altes u. Neues in d. Kirchen- u. Schulwesen d. Königr. Sachsen. Ein Sendschr. an Hrn. Kirchen- u. Schul-Rath rc. Gotth. Ferd. Döhner. 8. (2 B.) Mittweida 835, Billig. *

Holst, Aug. Fr., Andeutungen zu einem fruchtbaren Lesen der Schriften d. N. Testaments. gr. 8. Neust. 823. Wagner. 6 gGr.
— Beiträge zur häusl. Erbauung. 4 Abtheill. gr. 8. Meißen 818—20. Goedsche. 2 Thlr. 19 gGr.

Holst, Aug. Fr., Beleuchtung d. Hauptgründe für den Glauben an Erinnerung u. Wiedersehen nach d. Tode. 8. Eisenb. 828. Schöne. 16 gGr.

— Denkwürdigkeiten aus d. Geschichte d. Augsburg. Confession, für den Bürger u. Landmann u. zum Gebrauch für Schulen. Nebst e. Anhange, d. vollständ. Confession enthaltend. 8. Eisenb. 829. Schöne. 10 gGr.

(——) Gericht d. Königs, s. Gericht.

— d. Glaube an d. göttl. Offenbarung d. Christenthums, in seiner sittl. Nothwendigkeit dargestellt. 8. Altenb. 823. Liter.-Compt. 9 gGr.

— Predigt bei d. Jubelfeier d. 50jähr. Regierung Friedrich Augusts, am 18. Sonnt. nach Trin., d. 20. Sept. 1818 zu Döbeln gehalten. 8. Leipz., Andrä. 3 gGr.

—— Predigten. Ein Vermächtniß an seine Gemeinden. gr. 8. (13½ B.) Berlin 839, Reimer.

— d. Reise in d. Heimath. Miscellen aus d. Gebiete d. Moral u. d. Physiologie. 8. Dessau 824. Ackermann. 1 Thlr. 8 gGr.

— Scenen aus d. Leben Abrahams. Ein Beitrag zur Bildung des Geistes u. Herzens. 8. Chemnitz 826. 2e A. 828. Stärke. 1 Thlr. 12 gGr.

— d. verlorne Sohn. Denkenden Christen f. d. Tage ihrer Abendmahlsfeier u. wohlunterrichteten Söhnen u. Töchtern bei ihrem Eintritte ins größere Leben geweiht. 8. Eisenb. 830. Schöne. 12 gGr.

Holst, Aug. Friedr., der verlorne Sohn. Denkenden Christen für die Tage ihrer Abendmahlsfeier u. wohlunterrichteten Söhnen u. Töchtern bei ihrem Eintritte in's größere Leben geweiht. 2. Ausg. 8. (9½ B.) Eisenberg 845, Schöne'sche Buchh.

— Sonnenblicke in d. Dämmerung des irdischen Lebens; als Wegweiser für Leidende, durch Selbstdenken Trost u. Beruhigung zu finden. 8. Zerbst 825. Kummer. 14 gGr.

—— die Todesstrafe aus d. Standpunkte d. Vernunft u. d. Christenthums betrachtet. Briefe an e. Freund. gr. 8. (15½ B.) Berlin 837, Reimer.

Holst, Aug. Friedr., über d. Verwilderung in e. Theile d. unt. Volksklasse. Bitten u. Hoffnungen d. Vaterlandes bei d. 2. ständ. Versamml. f. d. Königr. Sachsen. gr. 12. (2½ B.) Grimma 837, Verlags-Comptoir. Thlr.

—— die Verwilderung d. untern Volksklassen in Sachsen. 8. (3¾ B.) Grimma 846, Verlagscomptoir.

Holst, Axel. Übersicht üb. die Bakteriologie f. Ärzte u. Studirende. Autoris. Uebersetzg. aus dem Norw. v. Osc. Reyher. gr. 8. (XI, 210 S. m. 24 Holzschn. u. 2 Farbendr.) Basel 891, Sallmann. * 6 —

Holst, Axel, s.: Untersuchungen z. Strassenhygiene.

Holst, Axel, Die Wohnungsfrage in Norwegen. Schriften d. Vereins f. Sozialpolitik, Bd. 97. gr. 8⁰. Leipzig 1901.

Holst, C., die Entwickelung der Stadt Fellin und ihrer Verfassung. Dorpat 864. Gläser. gr. 8. (36 S.) n. 9 ngr.

Holst, Carl, s. Holst, Karl

Holst, Carl Heinrich, s. Holst, Karl Heinrich

Holst, C., Svensk Läsebok. Schwedisches Lesebuch. Eine Auswahl von Musterstücken aus den vorzüglichsten neueren Schriftstellern Schwedens, nebst vollständigem Wörterbuche. 1. Thl.: Musterstücke schwed. Prosa. 8. (VII und 255 S.) Lübeck 858, Aschenfeldt. *

Holst, Felix, prakt. Arzt zu Berlin-Schöneberg: Aus d. Inneren Abt. des Krankenhauses Bethanien zu Berlin (Dirig. Arzt: Prof. Dr. W. Zinn). Ueber doppelseitige primäre Nebennierentumoren. Leipzig 1904: B. Georgi. (66 S.) 8°
Leipzig, Med. Fak., Ref. Marchand, Diss. v. 16. Dez. 1904
[Geb. 23. Jan. 76 Lübeck; Wohnort: Berlin; Staatsangeh.: Lübeck; Vorbildung: Gymn. Katharineum Lübeck Reife O. 95; Studium: Genf u. Paris 3, Leipzig 1, Marburg 3, Berlin 6 S.; Coll. 24. Dez. 04; Approb. 11. Aug. 03.]

Holst, Fr., de acidi nitrici usu medico. 8. Christianiae 818. (Kopenh., Brummer). 1 ₰

— morbus, quem Radesyge vocant, quinam sit, quanamque ratione e Scandinavia tollendus? Commentatio. 8maj. Christianiae 818. (Brummer in Kopenh.) 1 ₰ 6 ß

Holst, Friedrich von

v. Holst, F. Anleitung, wie man mit geringen Mitteln sich ein sorgenfreies Alter versichern kann. Berlin 1839.

Holst, Friedr. v., die Verwaltung der preuß. Renten-Versicherungs-Anstalt. Ein Wort zu seiner Zeit. gr. 8. (4½ B.) Berlin 842, Springer. *

Holst, Fried. Leberecht Gottvertrau (Barby), De postulionibus. Diss. prior. Präs. Carl Friedrich Hofmann (Leipzig). Wittbg. (Ephraim Gottlob Eichsfeld) 7. I. 1762. 22 S. (6.20) 15778
Tl. II s. Hofmann, C. F. (Nr. 15653).

Holst, Georg [aus Braunschweig]: Ueber α-Dichlor-α-dimethylbernsteinsäure und einige verwandte Verbindungen. . . . Braunschweig, Druck v. Friedrich Vieweg u. Sohn, 1889; 45 + 1 S. 8°
Rostock, Phil. Fak., Inaug.-Diss. v. 13. März 1887

Holst, Ghrd., († d. 13. Dec. 1815.), s. Harries, Gedichte.

Holst, H. v., die Administration Andrew Jackson's in ihrer Bedeutung f. die Entwickelung der Demokratie in den Vereinigten Staaten von Amerika. gr. 8. (51 S.) Düsseldorf 874. Buddeus. n. 1. —

(**Holst, H. v.**), s. Attentat, das, vom 4. April 1866.

Holst, H. v., Federzeichnungen aus der Geschichte des Despotismus. 1. Bdchn.: Ludwig der Vierzehnte. gr. 8. (169 S.) Heidelberg 868, Bassermann'sche Verlagsh. *

v. Holst, H. Ludwig XIV. (160) 8. Heidelberg 1868. 2,80.

Holst, H. v., das Staatsrecht der Vereinigten Staaten von Amerika, s. a. Handbuch des öffentlichen Rechts der Gegenwart.

Holst Hv, das Staatsrecht der Vereinigten Staaten von Amerika. (Handbuch des öffentlichen Rechts von Marquardsen IV, 1. 3) Freiburg 1895

— **Verfassung u. Demokratie der Vereinigten Staaten v. Amerika.** 1. Thl. Staatensouveränetät u. Sklaverei. gr. 8. (X, 436 S.) Ebend. 873. n. 10. —

Holst, H. v., Verfassung und Demokratie der Vereinigten Staaten von Amerika. 1. Thl.: Staatensouveränetät und Sklaverei. 2. Abthl.: Von der Administration Jackson's bis zur Annexion von Texas. A. u. d. T.: Verfassungsgeschichte der Vereinigten Staaten von Amerika seit der Administration Jackson's. 1. Bd. gr. 8. (IX, 611 S.) Berlin 878, Springer.
1. Thl. 1. Abthl. Stuttgart 1873, Ebner und Seubert. * ℳ 10.

Holst, H. v., Verfassung und Demokratie der Vereinigten Staaten von Amerika. 1. Thl.: Staatensouveränetät und Sklaverei. 3. und 4. Abthl. gr. 8. Berlin, Springer.
Inhalt:
Abthl. 3. Von der Annexion von Texas bis zum Kompromiß von 1850. A. u. d. T.: Verfassungsgeschichte der Vereinigten Staaten von Amerika seit der Administration Jackson's. 2. Bd. (XV, 474 S.) 881. * ℳ 12.
4. Vom Kompromiß von 1850 bis zur Wahl Buchanan's. A. u. d. T.: Verfassungsgeschichte der Vereinigten Staaten von Amerika seit der Administration Jackson's. 3. Bd. (XIX, 798 S.) 881. * ℳ 16.
1. Thl. 1. und 2. Abthl. Ebendas. 1873,78. * ℳ 22.

—— Verfassung und Demokratie der Vereinigten Staaten von Amerika. I. Thl.: Staatensouveränetät und Sklaverei. 5. Abthl.: Von der Inauguration Buchanan's bis zur Zerreißung der Union. 1. Hälfte. A. u. d. T.: Verfassungsgeschichte der Vereinigten Staaten von Amerika seit der Administration Jackson's. 4. Bd. 1. Hälfte. gr. 8. (284 S.) Berlin 888, Springer. * 6 —
I. Thl. 1.—4. Abthl. Ebendas. 1873—84. * ℳ 50.—.

Holst, H. v. Verfassung u. Demokratie der Vereinigten Staaten v. Amerika. 1. Thl.: Staatensouveränetät u. Sklaverei. 5. Abthl.: Von der Inauguration Buchanan's bis zur Zerreißg. der Union. 2. Hälfte. A. u. d. T.: Verfassungsgeschichte der Vereinigten Staaten v. Amerika seit der Administration Jackson's. 4. Bd. 2. Hälfte. (Schluß d. Werkes.) gr. 8. (XIX, S. 285—670.) Berl. 891, Springer. * 8 —
1. Thl. 1.—5. Abthl. 1. Hälfte. Ebd. 1873—88. * 56 —.

Holst, H. P., Dansk Læsebog for Mellemclasserne og de høiere Classer. 2. Afdeling: Den poetiske Deel. 3. Udgave. gr. 8. (XX u. 308 S.) Kopenhagen 847, Reitzel. n. 1 ₰ (1. 2: n. 2¼ ₰)

Holst, H. P., sicilianische Novellen und Skizzen, s. Conversations- und Reisebibliothek.

Holst, Heinr. v., zur Aetiologie der „Puerperalinfection" des Foetus und Neugeborenen. Inaugural-Dissertation. gr. 8. (47 S.) Dorpat 881, (Karow.)

'Fröhliche Leute.' Abendgespräche m. Schülern. Von H[einrich] v. Holst, Prof. Gütersloh: Bertelsmann (1910). VII, 135 S. 8° in. ℳ

Holst, Hermann von

Programm wodurch zur Feier des Geburtsfestes Seiner K. Hoheit unseres durchlauchtigsten Grossherzogs Friedrich . . . einladet der gegenw. Prorector Dr. Hermann v. Holst. Inhalt: Das Verfassungsrecht der Vereinigten Staaten von Amerika im Lichte des englischen Parlamentarismus. Freiburg, Univ.-Buchdr. v. Chr. Lehmann, 1887; V + 59 S. 4°

Reden bei der öffentlichen Feier der Uebergabe des Prorectorats . . . am 8. Mai 1888 gehalten von dem abtretenden Prorector Geh. Hofrath Prof. Dr. v. Holst und dem antretenden Prorector Geh. Hofrath Prof. Dr. Bäumler. Freiburg i. B., Univ.-Buchdr. v. Chr. Lehmann, 1888; 48 S. 4°

Holst, Hermann Eduard v. Die Administration Andrew Jackson's in ihrer Bedeutung für die Entwicklung der Demokratie in den Vereinigten Staaten von Amerika. Düsseldorf, 1874.

Holst, J. E. v., der am Kreuz ist meine Liebe. Morgen- u. Abendandachten f. alle Tage d. hl. Passionszeit. gr. 8. (III, 369 S.) Riga 895. N. Kymmel's Verl. n. 2. 75; geb. n. 4. —

Holst, J. E., Eins ist Noth. Eine Evangelienpostille für alle Sonn- u. Feiertage des Kirchenjahres. Riga 870, Bacmeister & Brutzer. gr. 8. (V, 426 S.) n. 1 ₰ 20 ngr; in engl. Einb. n. 2 ₰ 2½ ngr

Holst, J. E., Eins ist Noth. Eine Evangelienpostille für alle Sonn- und Feiertage des Kirchenjahres. gr. 8. (V, 426 S.) Riga 870, Brutzer und Comp. *ℳ 5.; geb. *

Holst, J. E., Eins ist Noth. Eine Evangelienpostille für alle Sonn- u. Feiertage d. Kirchenjahres. 2. Aufl. gr. 8. (V, 466 S.) Riga 877. Brutzer & Co. Verl. n. 5. —

Holst, J. E., Eins ist Noth. Eine Evangelienpostille f. alle Sonn- u. Feiertage d. Kirchenjahres. 3. Aufl. gr. 8. (V, 466 S.) Riga 883. Kymmel. n. 5. —; geb. n. 6. 50

Holst, J. E., Eins ist Noth. Eine Evangelienpostille für alle Sonn- u. Feiertage d. Kirchenjahres. 4. Aufl. gr. 8. (V, 466 S.) Riga 889. Kymmel's Verl. n. 5. —; geb. n. 6. 50

Holst, J. E. v., der Prophet Elias. Ein alttestamentl. Geschichts- u. Charakterbild. 12. (XIII, 202 S.) Riga 893. L. Hoerschelmann. n. 2. 20; geb. in Leinw. n.n. 2. 60; m. Goldschn. n.n. 2. 90

—— Leitfaden zum Religions-Unterricht für Elementarschule und Haus. 8. (XI, 223 S.) Riga 869, Bacmeister. *

—— dass. — für Schule und Haus. 2. umgearb. bis 4. Aufl. 8. (XVI, 256 S.) Riga 872—75, Brutzer und Comp. *

— Leitfaden zum Religions-Unterricht f. Schule u. Haus. 4. Aufl. gr. 8. (XIII, 256 S.) Ebend. 875. n. 1. 50

— Leitfaden zum Religions-Unterricht f. Schule u. Haus. 16. Aufl. 8. (XIII, 271 S.) Ebend. 886. cart. n. 1. 50

— Leitfaden zum Religions-Unterricht f. Schule u. Haus. 17. Aufl. 8. (XIII, 271 S.) Ebd. 887. cart. n. 1. 50

Holst, J. E., Leitfaden zum Religions-Unterricht für Schule und Haus. 16. und 17. Aufl. 8. (XIII, 271 S.) Riga 886,88, Kymmel's Verlag. cart. * 1 50

—— Leitfaden zum Religions-Unterricht f. Schule u. Haus. 18. Aufl. 8. (271 S.) Ebd. 890. cart. * 1 50

— Leitfaden zum Religions-Unterricht f. Schule u. Haus. 19. Aufl. 8. (XIII, 271 S.) Riga 892. N. Kymmel's Verl. Kart. n. 1. 50

— Leitfaden z. Religions-Unterricht f. Schule u. Haus. 20. Aufl. 8. (XVI, 271 S.) Ebd. 895. Kart. n. 1. 50

Holst, J. E., Leitfaden zum Religions-Unterricht f. Schule u. Haus. 25. Aufl. (XVI, 271 S.) 8. Riga 909. N. Kymmel. Geb. 1. 50

Holst, J. E., Predigten. Leipzig 864. Naumann. gr. 8. (2 Bl., 55 S.) n. 8 ngr

Holst, J. E., Predigten. gr. 8. (III und 55 S.) Leipzig 864, Naumann. *

Holst, J. G., Gedichte. 8. (15 B.) Altona 838. (Dessau, Aue.) *

Holst, J., Lukas Msinga, der Saramoknabe. (111 S. m. 1 Abbildg.) 8. Berlin (904). Buchh. der Berliner ev. Missionsgesellschaft. n. 1. —

Holst, Joh. Gottl., Feierklänge. Eine Sammlung religiöser Gedichte. gr. 8. (15 B.) Flensburg 843. (Kastrup.)

Holst, J[oh.] G[ottl.], Gedichte. Schleswig (Husum). 1836.

Holst, J(oh.) G(ottl.), der Unterthaneneid im Lichte des göttl. Wortes. 8. (8 S.) Husum 849. (Schleswig, Bruhn's Buchh.) *

van Holst, Jh. Jak., de Eranis veterum Graecorum, inprimis ex jure Attico. 8maj. Leyd. 832. Cyfveer. (Leipz., Weidmann; Weigel). 1 ₰ 16 gr

Holst, Johann Ludolf, s. Anacreontis carmina.

— Beiträge zur Geschichte unserer Zeit. 8. Hamb. 813. Perthes u. B. 10 gr

— Darstell. d. Meinung, ob auch in Hamburg eine Zettelbank, od. überhaupt Papiergeld zu errichten sey? 8. Hamb. 800. (Aue in Altona). 4 gr

Holst, Lud., über d. Fundament Kants, s. Fundament.

— Gegenstück d. Agonieen d. Hrn. Hrn. J. L. v. Heß, d. Republik Hamburg im Frühjahr 1813 betreffend. gr. 8. Hamb. 815.

— Judenthum in allen dessen Theilen aus einem staatswissenschaftl. Standpunkte betrachtet. 8. Mainz 821. Kupferberg. 1 ₰ 20 gr

— von d. künstl. Naturgange d. griech. Sprache. gr. 8. Hamb. 784. Ernst in Quedlinb. (Wienbrack in Leipz.) 5 gr

— s. Principien d. Wissens.

— über d. bisher. Sperre d. Hamburg. Handels. gr. 8. Hamb. 801. (Campe). 6 gr

— Uebersicht der Völker-Seerechte. 1r Bd. gr. 8. Hamb. Gundermann. 802.

— s. Verhältnisse d. Juden.

— Versuch e. krit. Uebersicht d. Völker-Seerechte; aus d. Geschichte, d. Staatslehre u. d. Philosophie. 1r Thl. gr. 8. Hamb. 802. N. A. 823. (Aue in Altona). 1 ₰

Holst, L., wie können Banquerotte, selbst in großer Anzahl, aus Mangel an baarem Gelde entstehen? 8. Hamburg, Gundermann. 800.

Holst, Jh. Ludolf, († d. 28. Aug. 1825.) wie können Banqueroutte, selbst in großer Anzahl, aus Mangel an baarem Gelde entstehen? 8. Hamb. 804. (Aue in Altona). 4 gr

Holst, Johann Ludwig, s. Holst, Johann Ludolf

— **Johann Valentin** (Riga), Emendatio doctrinae practicae de correis eorumque mutua actione (vulgo regressu). Präs. Daniel Friedr. Hoheisel. Halle (Johann Friedrich Krottendorff) 28. IX. 1731. 32 S. mit Widm. v. Präs. (7.—) 15779

Holst, Johs., Beiträge zur Gynäkologie und Geburtskunde. 1. Heft. Mit 1 (lith.) Taf. Abbildgn. (in 4.) Tübingen 865. Laupp. gr. 8. (VI, 202 S.) n. 1 ℛ 8 ngr

Holst, Johs., Beiträge zur Gynäkologie und Geburtskunde. 1. und 2. Heft. gr. 8. (VI und 202 S., V und 220 S., mit 2 Stnt. Abbild.) Tübingen 867, Laupp'sche Buchh. à Heft * 1 Thlr. 8 Ngr. *

Holst, Johs. v., Conceptionstermin u. Schwangerschaftsdauer. gr. 8. (65 S.) Dorpat 881. Karow. n. 1. 60

Holst, Joannes ab, de structura musculorum in genere et annulatorum musculis in specie observationes microscopicae. Accedit tabula lithogr. Dissert. inaug. 8maj. (2 B.) Dorpati Livon. 846. (Gläser.) *

Holst, Karl

⊙ Haide-Blumen. Alte und neue Gedichte v. Carl Holst. Kiel. [1874.] 8°.

Holst, Karl Heinrich

Holst, Carl Heinr., s.a. Familienstammbuch.

Holst, Carl Heinr., Familienstammbuch. 2., umgearb. u. verb. Aufl. Lex.-8 (32 S.) Schleswig 898. J. Ibbeken. Kart. n. — 50; geb. in Leinw. m. Goldschn. n. 1. —

Holst, Carl Heinr., Familien-Stammbuch. 5. Aufl. (31 S.) gr. 8. Schleswig (903). J. Ibbeken. Kart. n. – 50; geb. in Leinw. n. 1. 25

Holst, L., das Kriegs-Museum in Washington. gr. 8. (34 S.) Würzburg 865, Stahel'sche Buchh.
Aus: Medicinische Zeitschrift, besonders abgedruckt.

Holst, L. v. (Red.), s. Wochenschrift, St. Petersburger medicinische.

v. Holst, Leop., d. Erziehung als integrir. Theil unseres Kampfes gegen d. Böse. gr. 8. Dorpat 821. (Leipz., Barth). 1 ℛ 12 gr

Holst, Leop., über benzoylirte Sulfamidophenole und Sulfamidophenol-Anilide. Inaugural-Dissertation. 8. (28 S.) Hannover 880. (Göttingen, Vandenhoeck und Ruprecht's Verlag.) *

Holst, Ludolf, s. Holst, Johann Ludolf

von Holst, Max [app. Arzt aus Dorpat-Livl.]: Über die Raynaud'sche Krankheit symmetrischer Hautgangraen ... Halle a. S., Hofbuchdr. v. C. A. Kaemmerer & C., 1896; 60 S., 2 Bl. 8.
Halle, Med. Fak., Inaug.-Diss. v. 16. Mai 1896

Holst, N. O., hat es in Schweden mehr als eine Eiszeit gegeben? Übers. v. W. Wolff aus Sveriges Geologiska Undersökning. gr. 8. (43 S.) Berlin 899. J. Springer. n. 1. 20

von Holst, Rudolph [pr. Arzt]: Zur Frage über die Extraction des nachfolgenden Kopfes mit der Zange ... Jena, G. Neuenhahn Univ.-Buchdr., 1891; 29 S. 8.
Jena, Med. Fak., Inaug.-Diss. v. [3. Febr.] 1892

Holst, V., über die Bedeutung der Behandlung von Nervenkranken in besonderen Anstalten. gr. 8. (22 S.) Riga 880. Stieda. n. 1. 50

—— die Behandlung der Hysterie, der Neurasthenie und ähnlicher allgemeiner functioneller Neurosen. 1. und 2. Aufl. gr. 8. (75 S.) Stuttgart 883, Enke. *

Holst, V. Die Behandlung der Hysterie, der Neurasthenie u. ähnlicher allgemeiner functioneller Neurosen. 3. umgearb. Aufl. gr. 8. (IV, 98 S.) Stuttg. 891, Enke. * 2 40

Holst, Bericht über die Thätigkeit der Heilanstalt für Nervenkranke von Dr. H. in Riga, nebst Bemerkungen über die Behandlung von Nervenkranken in besonderen Anstalten. gr. 8. (40 S.) Riga 886, (Stieda's Verlag.) * 1 20

— der Elementar-Unterricht. Eine ärztliche Betrachtung zur Beherzigung für Eltern u. Erzieher. 8. (31 S.) Riga 881. Helms. n. 1. —

Holst, V. v., Erfahrungen aus e. vierzigjährigen neurologischen Praxis. (67 S.) gr. 8. Stuttgart 903. F. Enke. n. 1. 60

Holst, V. v., „Erkenntnisse" nicht „Bekenntnisse" e. alten Arztes. 8. (36 S.) Riga 902. Jonck & Poliewsky. n. — 75

Holst, V., die Individualisirung beim Unterricht in den Knaben-Gymnasien. Ein Mahnwort an Lehrer und Eltern. gr. 8. (11 S.) Riga 886, (Stieda's Verlag.) * — 80

Holst, Val. v., Bericht, s.: Missionsfeier in der St. Petri-Kirche zu Riga.

Holst, Val. v., Christus der Sünderheiland. Drei Predigten üb. das Gespräch Christi m. der Samariterin u. fünf Predigten üb. das Gleichniß vom verlorenen Sohn. gr. 8. (IV, 106 S.) Reval 870. Kluge. n. 1. 50

Holst, Valentin, Zur Lehre von den Selbstamputationen. Diss. Dorpat. 8°. 45 pp. mit zwei lithographirten Tafeln. 1862.

—— s. Missionsfeier in der St. Petri-Kirche zu Riga.

Holst, Val. v., Predigten für alle Sonn- und Festtage des Kirchenjahres. Mit einem Vorworte von Theodos. Harnack. Lex.-8. (XVI und 490 S.) Dorpat 862, (Gläser's Verlag.) **

— Predigten f. alle Sonn- u. Festtage d. Kirchenjahres. Mit e. Vorworte von Theod. Harnack. 2. Aufl. gr. 8. (XVI, 540 S.) Ebend. 871. n. 9. —; geb. n. 10. 50

Holst, Val. v., Predigten für alle Sonn- und Festtage des Kirchenjahres. 2. Sammlung. gr. 8. (IV, 544 S.) Dorpat 880, Karow. *
geb. *
1. Sammlung. Reval 1871. Kluge's Verlag. *M 9.; geb. *M 10,50.

Holst, W., zur Geschichte d. Männer-Turnvereins zu Güstrow, sowie d. mecklenburg. Turnverein-Verbandes u. der deutschen Turnerschaft. Als Festschrift zum 25jähr. Jubiläum d. Männer-Turnvereins zu Güstrow verf. gr. 8. (48 S.) Güstrow 886. (Opitz & Co.) n. 1. —

Holst, Walt. v., über geistige Energie u. persönliche Leistungsfähigkeit. (16 S.) gr. 8. Reval 903. F. Kluge. n. — 60

— welche Geisteskranken gehören in die Irren-Anstalt? Vortrag, geh. auf dem livländ. Aerztetage in Pernau den 8. VI. 1903. (12 S.) 8. Riga 903. Jonck & Poliewsky. n. — 40

HOLST-Wildenradt, Anna (ps.), Ein Scandal. Episode aus dem Leben eines (liederlichen) Lieutenants. Aus d. Dänischen. Altona. Verlags-Bureau (Prinz). O. J. (c. 1865). 8°. (6 Mk. Adolf Weigel, 1907.)
119 S. (incl. Tit. u. 2 Bll. Vorr.), 1 S. Druckanz. Darstellung nicht übel. aber wohl nicht von einer Dame. — Nicht in Weller's Lex. Ps.

Holste, A., trockene u. nasse Flechten u. Hautausschläge. Ihre Entsteh., ihr Wesen u. ihre Heilg. Ein prakt. Wegweiser f. die ges. Menschheit. gr. 8. (26 S.) Leipzig (900). Ficker's Verl. n. 1. —

Holste, Arnold [aus Hannover, Assistenzarzt a. d. K. med. Poliklinik zu Göttingen]: Über Harnleiterunterbindung .... Göttingen, Druck d. Dieterich'schen Univ.-Buchdr. (W. Fr. Kästner), 1888; 1 Bl. + 46 S. + 1 Bl. 8°
Göttingen, Med. Fak., Inaug.-Diss. v. 8. März 1888

Holste, Arnold, über Harnleiterunterbindung. Inaugural-Dissertation. gr. 8. (46 S.) Göttingen 888, (Vandenhoeck und Ruprecht.) * 1 20

Holste, Carl, s. Holste, Karl

Holste, Carl Georg, s. Holste, Georg

Holste, Egmont, aus Altona, Referendar in Hamburg: Die Benachrichtigung des Schuldners von der Forderungsübertragung. *Altona 1900: P. Meyer.* (72 S.) 8° [F.]
Erlangen, Jur. Diss. v. 14. Nov. 1899

Holste, G. Chr. F. Ant., zwei Confirmations-Handlungen: nebst einer reichhaltigen Sammlung bibl. Sprüche nach d. Folge d. Bücher d. alten u. neuen Testaments. 8. Lüneb. 821. Herold u. W. 8 gGr

Holste, G. H. F. A., zwey Confirmations-Handlungen, nebst einer reichhaltigen Sammlung biblischer Sprüche nach der Folge der Bücher des alten und neuen Testaments. 8. Lüneburg, Herold und Wahlstab. 821.

Holste, *Carl* Georg [aus Hannover]: Ein Beitrag zur Kenntnis des Fenchons ... Göttingen, Druck d. Univ.-Buchdr. v. E. A. Huth, 1894; 56 S., 1 Bl. 8.
Göttingen, Phil. Fak., Inaug.-Diss. v. [1. Juni] 1894

Holste, Geo., e. Beitrag zur Kenntnis des Fenchons. Diss. gr. 8. (56 S.) Göttingen 894. (Vandenhoeck & Ruprecht.) n. 1. 40

Holste, Georg, a. Kl.-Hehlen b. Celle: Das Nervensystem von Dytiscus marginalis L. Ein Beitr. z. Morphol. d. Insektenkörpers. Mit 12 Fig. im Text. Marburg in Hessen 1910: (Breitkopf & Härtel, Leipzig). 62 S. 8° ¶(Aus: Zeitschrift f. wiss. Zool. Bd 96, H. 3.)
Marburg, Phil. Diss. v. 10. Okt. 1910, Ref. Korschelt
[Geb. 30. Juni 83 Celle; Wohnort: Marburg; Staatsangeh.: Preußen; Vorbildung: Gymn. Celle Reife M. 04; Studium: München 2, Berlin 1, Göttingen 1, Marburg 7 S.; Rig. 23. Febr. 10.] [U 11. 3461

Holste, Heinrich, Referendar in Osnabrück: Die Vererbung des Sachbesitzes auf den Nacherben nach dem Bürgerlichen Gesetzbuche. Borna-Leipzig 1906: R. Noske. (IX, 38 S.) 8°
Leipzig, Jur. Fak., Diss. v. 13. Sept. 1906
[Geb. 1. Sept. 81 London; Wohnort: Georgsmarienhütte; Staatsangeh.: Preußen; Vorbildung: Realgymn. Quakenbrück Reife O. 00, Gymn. Lingen Reife M. 00; Studium: Marburg 1, Freiburg i. B. 1, Leipzig 2, Göttingen 2 S.; Rig. 28. Febr. 05.]

— **Jacob Christoph Wilhelm** (Nürnberg), De prima Alcorani sura. Diss. philos. Präs. Dom. Johann Andr. Mich. Nagel. Altdorf (Johann Adam Hessel) 8. V. 1743. 56 S. mit Widm. v. Präs. (7.—) 15784

Holste, Karl

Holste, Carl, Medizinalpraktikant a. Wittingen (Hann.): Ueber den Residualharn im Wochenbett. München 1906: F. X. Seitz. (22 S.) 8°
München, Med. Fak., Ref. v. Winckel, Diss. v. 6. Sept. 1906
[Geb. 25. März 82 Wittingen; Wohnort: Wittingen; Staatsangeh.: Preußen; Vorbildung: Kgl. Gymn. Salzwedel Reife O. 01; Studium: Tübingen 1, Göttingen 3, München 1, Berlin 1, München 4 S.; Coll. 6. Sept. 06; Approb. 31. Aug. 06.]

Holste, Rud., die prophet. Schrift d. Jesaias, ein Lieblingsbuch Jesu. 8. Hannov. 818. Hahn. 6 gGr

Holsteen & Lauenborg. Em. Bærentzen & Co. Lith. Inst. Kjøbenhavn. 1859. Fol.
31 lithogr. Blätter mit dänischem und deutschem Text.

Holstein [Sachliches OW]

Das Herzogthum **Holstein** unter dänischer Herrschaft. Ein Beytrag zur Zeitgeschichte. Deutschland. 1814. 8°

Das Herzogthum **Holstein** und seine Rechte. Eine Denkschrift für die holsteinische Stände-Versammlung von einem Preußen. Berlin. 1863. 8°

Holstein u. Lauenburg, die Herzogthümer, m. d. Fürstenth. Lübeck und den Gebieten der freien Städte Hamburg u. Lübeck. Imp. Fol. Lith. Hamburg 849, Hoffmann & Campe in Comm. ⅚ Thlr

— — die Herzogthümer, mit d. Fürstenthum Lübeck u. den Gebieten d. freien Städte Lübeck u. Hamburg, hauptsächlich nach Vermessungen unter d. Direction d. Conferenzraths Schumacher, ausgeführt von C. v. Beutzon. gr. Fol. Kpfrst. Kopenhagen 848. (Altona, Schlüter.) n. 1⅔ Thlr; col. n. 3 Thlr

Herzogthümer Holstein und Lauenburg, Fürstenthum Lübeck und Freie Städte Hamburg und Lübeck nebst Amt Bergedorf. 1 : 430 000. (Aus Meyers Handatlas). Hildburghausen 1864. 1 Bl. c. L. Ff.

Holstein, Das österreichische Kavalleriekorps, und das Vordringen der preussischen Hauptkraft gegen Wien. Mit Benutzung der Feldakten des k. u. k. Kriegsarchivs bearbeitet von einem Generalstabsoffizier. Wien 1907. V: *Steinitz, Eduard Ritter von.* (EB)

Das Österreichische Kavalleriekorps **Holstein** und das Vordringen der preußischen Hauptkraft gegen Wien. Mit Benützung d. Feldakten d. k. u. k. Kriegsarchivs bearb. von e. Generalstabsoffizier. Mit e. Generalkarte 1 : 200.000 d. Operationsraumes, 10 Beilagen u. 2 Textskizzen. Wien: L. W. Seidel & Sohn 1907. (XI, 206 S.) 4°(8°)
— **Königgrätz**, Von, bis an d. Donau. [2.] [07. 3719

Holstein und **Lauenburg.** Die Hanse-Städte Hamburg und Lübeck mit ihren Gebieten und das Fürstenthum Lübeck. Revidirt v. F. H. J. Geerz in Kiel 1838. (1 : 1000 000.) Gotha. o. J. Kupferstich. 1 Bl. 4°, 25,4 32 cm. **K 67: Nr. 22**
Aus: Stielers Atlas der Deutschen Bundesstaaten, Bl. 11.
—— Kol.

Holstein. Lauenburg. Hamburg, Lübek etc. Hamburg. o. J. Stahlstich, kol. 1 Bl. Fol., 28,7 35 cm. **K 67: Nr. 25**
Mit einem Grundriss von Hamburg.
Aus: Schuberth's Handatlas. Nr. 23.

Holstein, Lieb, musst mehr Kirchen bauen. Rendsburg 1856. V: *Bruun-Neergard, Harald Emil Daniel Heinrich von.* (schr) *Neelsen, H. B.* (Ky) (zu)

Holstein oder Venetien, die Wahl und die Qual Oesterreichs. gr. 8. (31 S.) Berlin 865, Stilke und van Muyden. *

Holstein [Schlagwort]

Holstein, s. a: Fideikommissgüter.

Holstein, s.a. Heimatskärtchen. 21.

Holstein, s.a. **Radfahrerkarten. Hansen.**

Holstein, s.a. **Schleswig-Holstein.**

Holstein, s.a. Seekarten.

Charte von **Holstein.** Mit Verbesserungen hrgg. v. Homann. Erben. (1 : 320000.) Nürnberg. 1807. Kupferstich, kol. 1 Bl. Imp.-Fol., 56,5/68,5 cm.

Holstein und Lauenburg — Karte von den Herzogthümern — mit dem Fürstenth. Lübeck etc. in 8 Blättern. Vom Generalstabe. Kopenhagen 1861—64. 120,000.

Holsatiae Mappa universalis in suos Ducatus nimirum etc. accurate distincta cura et impensis Matth. Seutt etc. August. Vindel. 1728? 1: 300,000. 1 Bl.

Holsatiae — Tabulae Generalis — complectens Holsatiae Dithmarsiae Stormariae, et Vagriae Ducatus edita a J. B. Homanno. Noribergae 1712? 1: 300,000. 1 Bl.

Holstein [Verfasser]

Holstein, s.a. **Staël v. Holstein.**

Holstein. Verzeichniß derjenigen Schüler, welche seit 1783 von dem Domgymnasium nach vollendetem Schul-Cursus abgegangen sind. 12 S.

Naumburg, Progr. 1859

Holstein, Alexander Waldemar Hugo, s. Holstein, Hugo

Holstein, Clemens, s. Holstein, Klemens

v. Holstein, Dir. F.: Vollst. Register üb. d. offic. Wochenbl. f. 1815—21. *Ebend.* 816—22. 4.

Holstein, F., zum 100jährigen Todestage der Königin Luise. Gedächtnispredigt. (14 S.) 8. Berlin 910. G. Nauck. —30

Holstein, Frz. v., der Erbe von Morley, s.: Breitkopf & Härtel's Textbibliothek.

— nachgelassene Gedichte, hrsg. u. mit einer biograph. Einleitung versehen von Heinr. Bulthaupt. 8. (XII, 220 S.) Leipzig 880. Breitkopf & Härtel. 4. 50; geb. n. 5. 75

— der Haldeschacht, s.: Breitkopf & Härtel's Textbibliothek.

Holstein, Friedr. v., die Partheien in Deutschland, s. 8. Bd.: Partheien.

Ueber das Wesen und den Werth berathender Provinzialstände in Dännemark. Abhandlungen und Aufsätze des Grafen (Friedrich Adolf) von **Holstein** und des Professor (Christian Georg Nathan) **David.** A. d. Dän. übers. Hrgg. mit einer Vorrede v. Nikolaus Falck. Schleswig. 1833. 8°.

Holstein, H., Johann Reuchlin's Komödien. Ein Beitrag zur Geschichte d. latein. Schuldrama. gr. 8. (VIII, 172 S.) Halle 888. Buchhandlg. d. Waisenhauses. n. 4. —

Holstein, Hans, Prof.: Geschichtszahlen. Für den Unterricht am k. Ulrichs-Gymnasium in Norden im Einverständnis mit der Fachkonferenz zusammengestellt. Norden 1906: D. Soltau. (33 S.) 8°
Norden, k. Ulrichs-G P 1906 (385)

Holstein, Hedw. v., eine Glückliche, in ihren Briefen u. Tagebuchblättern. 2. verm. u. verb. Aufl. 8. (III, 400 S. m. 3 Bildnissen.) Leipzig 902. H. Haessel, Verl. n. 4.—; geb. n. 5. —
1. Aufl. (349 S. m. Bildn.) Ebd. 901. n. 4.—; geb. n. 5.—.

[**Holstein, Hedw. v.**] — Eine Glückliche. Hedwig v Holstein in ihren Briefen u. Tagebuchblättern. 3., verm. u. verb. Aufl. (III, 481 S. m. 6 Vollbildern.) kl. 8. Leipzig 907. H. Haessel Verl. n. 5. —; geb. n. 6. —

HOLSTEIN, H[EINR. CPH.] V., Einige Worte über das Verarmen der arbeitenden Classen. Oldenburg. 1835. P.

Holstein, Hugo (Hrsg.), s. Ackermann, Johann: Dramen.

Holstein, Hugo, Beiträge zur Geschichte des altstädtischen Gymnasiums in Magdeburg. [Aus: Vierteljahrsbericht des Vereins für die Geschichte u. Alterthumskunde des Herzogth. u. Erzstifts Magdeburgs.] Magdeburg 866. Baensch. 8. (24 S.) 7½ ngr.

Holstein, Hugo Bericht über die Eröffnung des Progymnasiums. 7 S. **Progr.** *Geestemünde* 1879.

Holstein, Hugo, s. Bibliothek des litterarischen Vereins in Stuttgart CLXX.

Holstein, [Alexander Waldemarus **Hugo**]: • De Phaedri Platonici consilio atque aetate. (Prolegomenon ad Platonis Phaedrum Part. 1. 2.) 109 S. 8° (4°)
Halle-Wittenberg, Phil. Diss. v. 25. April 1856
Geb. [Magdeburg 22. 2. 1834]

Holstein, H., das Drama vom verlornen Sohn. Ein Beitrag zur Geschichte des Dramas. gr. 4. (54 S.) Halle 880. Hendel. n. 2. 50

Holstein: De Plinii minoris elocutione. 36 S.–Naumburg, Progr. 1862

Holstein: De Plinii minoris elocutione. P. II. 26 S.– Magdeburg D., Progr. 1869.

Holstein, Hugo, de Plinii minoris elocutione disputatio altera. gr. 4. (26 S.) Magdeburg 869. (Leipzig, Teubner.) *

Holstein, Hugo Findlinge aus der Reformationszeit. 4 (S. 3—20). **Progr.** G. *Wilhelmshaven* 1887 (302).
I. Gedichte und Lieder. II. Vorreden und Widmungen. III. Briefe.

Holstein, Hugo [Dir. Prof. Dr.]: Zur Gelehrtengeschichte Heidelbergs beim Ausgang des Mittelalters. Wilhelmshaven, Druck v. Th. Süss, *1893*; 3–26 S. 4.
Wilhelmshaven, k. G, OP 1893 (321)

Holstein, Hugo, zur Gelehrtengeschichte Heidelbergs beim Ausgang des Mittelalters. 4. (26 S.) Wilhelmshaven 893 C. Lohse. n. 1, —

Holstein, H[ugo], Geschichte der ehemaligen Schule zu Kloster Berge. gr. 8. (III, 120 S.) Leipzig 886, Teubner. * 2 —
Aus: Neue Jahrbücher für Philologie und Pädagogik, besonders abgedruckt.

—— die Reformation im Spiegelbilde der dramatischen Litteratur des 16. Jahrh., s. Schriften des Vereins für Reformationsgeschichte.

Holstein, Hugo, Dr. Prof. Dr.: Johannes **Sinapius,** ein deutscher Humanist (1505—1561). *Wilhelmshaven (1901): Th. Süss.* (S. 3—19.) 4°
Wilhelmshaven, k. G, OP 1901 (349)

— s.: Urkundenbuch des Klosters Berge bei Magdeburg.

Holstein, H., Urkundenbuch des Klosters Berge bei Magdeburg, s. **Geschichtsquellen der Provinz Sachsen.**

Holstein, J. Gräfin v., am See, s.: Bachem's Novellen-Sammlung.

Holstein, Justus, Gerichtsassessor in Dortmund: Vorname und Familienname in rechtlicher Bedeutung. Dortmund 1907: W. Crüwell. (63 S.) 8°
Leipzig, Jur. Fak., Diss. v. 4. Nov. 1907
[Geb. 6. Dez. 76 Dortmund; Wohnort: Dortmund; Staatsangeh.: Preußen; Vorbildung: Gymn. Dortmund Reife M. 96; Studium: Göttingen 4, Leipzig 1, Kiel 2 S.; Rig. 5. Nov. 01.]

Holstein, Klemens

Holstein, Clem., was die Schwalbe sang. Gedichte u. Lieder f. Herz u. Gemüt. Gesammelt v. H. (160 S. m. Titelbild.) 16. Reutlingen (907). R. Bardtenschlager.
Geb. in Leinw. m. Goldschn. 2. 40

Holstein, Max v., militairische Notizen, den Dienst der französischen Cavallerie betreffend. Gesammelt im J. 1847. gr. 8. (35 S.) Kiel 851, Schröder und Comp. *

Holstein, Woldemar, aus Moscau: Ueber Lage und Beweglichkeit des nicht-schwangeren Uterus. Zür. Orell Füssli Cie Dr. 1874. 76 S., 1 Bl. Thesen. 8°.
Zürich. Med. Diss. [v. 26. Febr. 1874].

Holstein-Beck, Herzog F. K. L., s. Friedrich Karl Ludwig.

Holstein Beck, F. H. zu: Versuch üb. die Schaafzucht in Preussen nebst einigen Vorschlägen zu ihrer Veredelung . . . Leipz. 1800. 126 S. 3 Tvl. 3 Tab.

Holstein-Ledreborg, Graf Joseph [aus Dänemark]: Aus den landwirtschaftlichen Zuständen in Dänemark. Mit einem Schlusswort von Prof. Dr. G. Ruhland. Freiburg (Schweiz) 1900. VIII, 94 S. 8°.
Freiburg i. Schw. Jur. Diss. 1899/1900.

Holstein-Ledreborg, Jos. Graf v., aus den landwirtschaftlichen Zuständen in Dänemark. Mit e. Schlusswort v. Gust. Ruhland. gr. 8. (94 S.) Berlin 900. W. Issleib. n. 1. 50

The Holstein Advance: Nov. 1886–1918
Weekly edition of THE ADVANCE (in English), published in English and German. Circulation of English edition: 1890, 875; 1900, 1125; 1910, 900 (est.). Edited & published by W. F. Hutton, 1886–1918.
Holstein, IA

Holstein Bulletin: 1884 Holstein, IA
Weekly.

Holsteiner, Ein, an seine Landsleute in den dänischen Provinzen . . . O. O. 1793. V: *Reiche, K. F.* (Kordes, Schlesw.-holst. u. eutin. Schriftst. Schleswig 1797.) Dagegen: Lübker-Schröder, Lex. I (1829), 457.

Holsteiner, Ein, an seine Landsleute in den dänischen Provinzen, um sie gegen den unsinnigen Freyheitsschwindel zu verwahren . . . O. O. 1793. V: *Thiessen, Johann Peter.* (MGT)

Holsteinische Schweiz [Schlagwort]

Holsteinische Schweiz. Plan der holsteinischen Schweiz. Touristenführer, nach den Generalstabs-Karten bearb. 1 : 150,000. Chromolith. gr. Fol. Mit Ortschaften-Verzeichniss auf der Rückseite. Hamburg 889. C. Adler. n. — 50

— Reisekarte der Holsteinischen Schweiz u. Touristenführer. Nach den Generalstabskarten bearb. Mit Ortschaftsverzeichniss auf der Rückseite. 1 : 150,000. Farbendr. gr. Fol. Hamburg 890. Adler. n. — 50

Holsteinische Schweiz. Touristen-Karte der holsteinischen Schweiz m. Ortschaften-Verzeichniss (auf der Rückseite). Nach den Generalstabskarten bearb. 1 : 150,000. 4. Aufl. 41×49,5 cm. Farbendr. Hamburg 894. C. Adler. n. — 50

Holsteinische Schweiz. Verkehrs- u. Touristenkarte der Holsteinischen Schweiz. (Umschlag: J. Köhler's Verkehrs- u. Touristenkarte der ostholsteinischen Schweiz.) 1 : 50,000. 41,5×55 cm. Farbdr. Hamburg (906). (C. Boysen.) n. 1 —

Holsteins Rechte in Schleswig. Mit einem Vorwort von E. M. Arndt. gr. 8. (28 S.) Frankfurt a. M. 858, Sauerländer's Verlag. *

Holsten, Carl, s. Holsten, Karl

Holsten, Dietrich Chr. Heinrich: Beantwortung

— einig. Einwendung. geg. d. Lehre vom Leiden Jesu. 8. Wismar, Bödner. 773.

— Beantwort. e. Einwendungen gegen d. Lehre vom Leiden Jesu. 8. Bützow 773.

Holsten, Dietr. Chr. Hnr., († d. 5. April 1793.) über den Werth d. Ehrbegierde, besonders in ihrer Anwendung auf Erziehung u. Unterricht. 8. Rostock 793. (Stiller). 1 ₰ 4 ℛ

Holsten, Geo., Betrachtgn. üb. stenographische Vokalbezeichnung. [Aus: „Kurzschriftl. Mitteilgn."] 2. Aufl. gr. 8. (16 S.) Leipzig 897. (J. H. Robolsky.) n.n. — 25

Holsten, H.: Neuester Plan der Stadt Emden, s. Reinke, W.

Holsten, Karl

Holsten, C., die Bedeutung des Wortes ΣΑΡΞ im Neuen Testament. 1. Die Bedeutung des Wortes ΣΑΡΞ im Lehrbegriffe des Paulus. Rostock 855. Stiller. gr. 4. (44 S.) n. 12 ngr.

—— Deutung und Bedeutung der Worte des Galater-Briefes cap. 3, 21 in ihrem Zusammenhange. gr. 8. (39 S.) Rostock 853, Stiller'sche Hofbuchh. *

— die drei ursprünglichen, noch ungeschriebenen Evangelien. Zur synopt. Frage. gr. 8. (VII, 79 S.) Karlsruhe 883. Reuther. n. 1. 60

Holsten, C., die synoptischen evangelien nach der form ihres inhaltes. Für das studium der synopt. frage dargestellt und erläutert. gr. 8. (VIII, 213 S. mit 1 Tab.) Heidelberg 886, K. Groos. * 4 —

Holsten, C., das Evangelium des Paulus dargestellt. 1. Tl. Die äussere entwicklungsgeschichte des paulin. evangeliums. 1. Abtlg. Der brief an die gemeinden Galatiens u. der erste brief an die gemeinde in Korinth. gr. 8. (XX, 498 S.) Berlin 880. G. Reimer. n. 8. —

Holsten, C., d. Evangelium d. Paulus. II. Tl. Paulinische theologie, nebst e. Anh.: „D. gedankengänge d. paulin. briefe", hrsg. u. m. e. abriss v. Holsten's leben eingel. v. Paul Mehlhorn. gr. 8. (XXVI, 173 S.) Berlin 898. G. Reimer. n. 5. — (I, 1. u. II.: n. 13. —)

Holsten, Carl, zum Evangelium des Paulus und des Petrus. Altes und Neues. gr. 8. (XI und 447 S.) Rostock 868, Stiller'sche Hofbuchh. *

Holsten, C., Inhalt und Gedankengang des Briefes an die Galater. gr. 4. (72 S.) Rostock 859, Stiller'sche Hofbuchh. **

Ist die Theologie Wissenschaft? Akademische Rede . . . am 23. Nov. 1887 beim Vortrage des Jahresberichtes und der Verkundigung der akademischen Preise gehalten von C. Holsten D. u. o. ö. Prof. d. Theol. d. z. Prorektor d. Groszh. Bad. Univ. Heidelberg. Heidelberg, Univ.-Buchdr. v. J. Hörning, 1887; 41 S. 1°

—— die protestantische Kirche und die theologische Wissenschaft. 54 Thesen, für den 18. Protestantentag aufgestellt. gr. 8. (29 S.) Berlin 881, Haack. *

Holsten, K., Goethe's drei letzte Lebenstage. Die Handschrift e. Augenzeugen, hrsg. v. K. H. gr. 8. (15 S.) Heidelberg 889. K. Groos. n. — 60

— Ursprung u. Wesen der Religion. Thesen u. Vortrag. gr. 8. (44 S.) Berlin 886. G. Reimer. n. — 60

—— Ursprung und Wesen der Religion. Thesen und Vortrag. gr. 8. (44 S.) Berlin 886, G. Reimer. * — 60
Aus: Protestantische Kirchenzeitung, besonders abgedruckt.

— wie ward Luther Reformator? Rede, geh. zur Feier d. 400jähr. Geburtstages Luthers beim akademisch-kirchl. Festgottesdienste in der Kirche zum Heiligen Geist in Heidelberg. gr. 8. (26 S.) Heidelberg 884. K. Groos. n. — 60

Holstenii, Lucae, codex regularum Monasticarum et Canonicarum. VI Tom. Fol. Wien 759. (Eggenberger in Pesth). compl. 20 ₰ (Kranzfelder in Augsb.) 12 ₰

— epistolae ad diversos, quos ex editis et ineditis codicibus collegit atque illustravit J. F. Boissonade. 8maj. Paris 817. Bibl. graec., latin., germ. (Boselli in Frankf.) 3 ₰ 18 K

Holsten, Rich., Hoch Heidelberg! Burschenlieder. 12. (V, 60 S.) Heidelberg 886, [Bangel und Schmidt.] Petters. * 1 —

Holsten, [Robert]: Antrittsrede. S. 4—10. 4.
Progr. Kgl. Bismarck-Gymn. *Pyritz* 1907 (179).

Holsten, Robert, Dr.: Die **Bedeutung** des siebenten Jahrhunderts für die Entwickelung der sittlichen Anschauungen der Griechen. *Stettin 1903: Herrcke & Lebeling* (S. 3—27.) 4°
Stettin, König-Wilhelms-G, OP 1903 (172)

Holsten, Robert, Dr.: Platos **Ethik** in ihrem Verhältnis zum griechischen Volksglauben. *Stettin (1899): Herrcke & Lebeling.* (S. 3—40.) 4°
Stettin, König-Wilhelms-G, OP 1899 (151)

Holsten, Rob., de Stesichori et Ibyci dialecto et copia verborum. Dissertatio inauguralis philologica. gr. 8. (78 S.) Gryphiswaldiae 884. (Stralsund, Bremer.) *

Holsten, Robert: Griechische Sittlichkeit in mykenischer Zeit. 26 S. 4. Progr. Kgl. Bismarck-Gymn. *Pyritz* 1908 (194).
I. Sicherheit von Leib und Leben. II. Sicherheit des Eigentums. III. Freiheit. IV. Hohe Stellung der Frau. Schluß.

Holsten, Robert: Griechische Sittlichkeit in mykenischer Zeit. Pyritz 1908: Backe. S. 1—26. 4°
Pyritz, k. Bismarck-G OP 1908 (194) [S 08. 200

*Holsten, Robert: Die Verkehrsverhältnisse im Pyritzer Weizacker in vorgeschichtlicher Zeit. 1 Bl., 35 S., 1 Karte. 8.
Festschrift zur 50 jähr. Jubelfeier Kgl. Bismarck-Gymn. *Pyritz* 1909.
Progr

Holsten, Robert. Festschrift z. 50 jähr. Jubelfeier des Kgl. Bismarck-Gymnasiums zu Pyritz. Die Verkehrsverhältnisse im Pyritzer Weizacker in vorgeschichtlicher Zeit. Von Prof. Dr. Robert Holsten, Gymn. Dir. Pyritz 1909: Backe 35 S. 8o

— **Theod. Augustin** (Ribniz/Mecklenburg), De praestatione ratae, vulgo: Von Erlegung seines Strangs. Disp. jur. Präs. Johann Peter Schmidt. Rostock (Joh. Jac. Adler) März 1741. 52 Seiten. (7.—) 15788
Gew.: Theod. Friedrich v. Smith. — Widm. v. Präs.

Holstenspiegel. Kopenhagen 1850. H: *Lobedanz, Edm.* (Collin, Anonymer. Kiobenh. 1869.)

Holster, Herrn Ludw., Idiotismus venatorius das ist Aufrichtiger kleiner Lehrprinz der Jägersprache. Der neuen Jägerei vom Jahr des Unheils gewidmet u. mit 50 dauerhafften Kupffern gezieret. Düsseldorf 855. Arnz u. Co. (Elkan u. Co.) gr. 4. (Lith. Tit. u. 20 lith. Taf. mit Text.) n. 1 ₰. 10 ngr.

HOLSTON und Augusta (pss.), Merkwürdige Begebenheiten einiger deutschen Frauenzimmer, welche auf Reisen, sowohl zu Lande als zu Wasser durch Verheyrathung sehr reich und glücklich worden, und durch Ankauf ansehnlicher Güter sich in Niedersachsen niedergelassen. Aus eigener Erfahrung niedergeschrieben von —. Mit (unsign.) Titelkpfr. Frankfurt und Leipzig (o. Adresse). 1780. 8°. (5 Mk. 75 Pfg. Paul Alicke, Dresden, 1909; 6 Mk. Max Jaeckel, Potsdam, 1909.)
Tit. (roth u. schwarz gedr.) u. 300 S. — Rar! Nicht erotisch. Fehlt in Weller's Lex. Ps.

Kolibri 360 GmbH
Ferdinand-Jühlke-Straße 7
99095 Erfurt, Deutschland
produktsicherheit@kolibri360.de